Handbuch der Geschichte der Sozialpolitik in Deutschland

Band 3: Sozialpolitik in der Bundesrepublik Deutschland bis zur Herstellung der Deutschen Einheit

Von

Dr. rer. pol. Johannes Frerich

Univ.-Professor an der Rheinischen Friedrich-Wilhelms-Universität Bonn

und

Diplom-Volkswirt Martin Frey

Stellv. Leiter des Sekretariats des Ausschusses für Arbeit und Sozialordnung des Deutschen Bundestages

Zweite Auflage

R. Oldenbourg Verlag München Wien

Die Deutsche Bibliothek - CIP-Einheitsaufnahme

Frerich, Johannes:
Handbuch der Geschichte der Sozialpolitik in Deutschland /
von Johannes Frerich und Martin Frey. - München ; Wien :
Oldenbourg.

NE: Frey, Martin:

Bd. 3. Sozialpolitik in der Bundesrepublik Deutschland bis zur
Herstellung der deutschen Einheit. - 2. Aufl. - 1996
ISBN 3-486-23788-8

Gesamtherstellung: R. Oldenbourg Graphische Betriebe GmbH, München

ISBN 3-486-23788-8

Vorwort

Der Begriff der Sozialpolitik wurde erst in der Mitte des vergangenen Jahrhunderts – als die neuere staatliche Sozialpolitik bereits anderthalb Jahrzehnte alt war (Preußisches Regulativ von 1839) – in die gesellschaftspolitische Diskussion eingeführt und war insbesondere nach der Gründung des Vereins für Socialpolitik im Jahre 1872 aus dieser nicht mehr wegzudenken. War es ursprünglich die Soziale Frage im Sinne der Arbeiterfrage, die im Mittelpunkt der wissenschaftlichen Beschäftigung insbesondere der Kathedersozialisten mit der Sozialpolitik stand, so deutete sich bereits um die Jahrhundertwende eine Loslösung der Sinngebung des Begriffs der Sozialpolitik von der Arbeiterfrage einerseits und der Begrenzung auf staatliche Aktivitäten andererseits an. Verstärkt setzte nach dem Ersten Weltkrieg die Entwicklung der Sozialpolitik in Richtung auf eine allgemeine Gesellschaftspolitik ein. Zunehmend wurde die Sozialpolitik aus der historischen Bindung an die Soziale Frage des 19. Jahrhunderts gelöst und als gesellschaftliche Ordnungspolitik bzw. Gesellschaftspolitik schlechthin verstanden. In diesem Sinne kann Sozialpolitik definiert werden als die Gesamtheit aller staatlichen und außerstaatlichen Maßnahmen und Bestrebungen zur Verbesserung der Lebenslage von wirtschaftlich und/oder sozial schwachen Personenmehrheiten. Von ihrer Zielstellung her ist Sozialpolitik immer Verteilungspolitik; sie ist in ihrem Kern stets Beeinflussung von sich ansonsten einstellenden Verteilungen, sei es von Rechten oder Pflichten, von Einkommen oder Vermögen, sei es interpersonal und/oder intertemporal. Die soziale Umverteilung mit Hilfe der Sozialtransfers und ihrer Finanzierung ist ebenso Gegenstand der Sozialpolitik wie die kollektive Regelung der Arbeitsentgelte und Arbeitsbedingungen.

Die vorliegende Geschichte der Sozialpolitik ist im Grenz- und Schnittbereich von Wirtschaftswissenschaft, Geschichtswissenschaft und Politikwissenschaft angesiedelt und in mehrjähriger gemeinsamer Arbeit aufgrund umfangreicher eigener Quellenforschung entstanden. Das Buch bietet mehr als eine Ereignisdarstellung zur Sozialpolitik im historischen Ablauf, sondern dient vor allem dem Zweck, sozialpolitische Maßnahmen und Bestrebungen in gesamtwirtschaftliche und gesamtgesellschaftliche Zusammenhänge unter Berücksichtigung des jeweiligen politisch-administrativen Systems sowie der sozialpolitisch relevanten gesellschaftlichen Gruppen einzuordnen. Dadurch wird das vorliegende Buch zugleich zu einer Wirtschafts- und Gesellschaftsgeschichte, wenn auch aus dem Blickwinkel des Sozialpolitikers betrachtet.

Das vorliegende dreibändige Handbuch zur Geschichte der Sozialpolitik bietet gewiß mehr als eine erste Einführung. Es soll letztlich einen umfassenden Überblick über seinen Gegenstandsbereich geben. Zielgruppe des Buches sind nicht nur Studenten der Wirtschafts-, Sozial- und Rechtswissenschaften, sondern auch und gerade interessierte Wirtschafts- und Verwaltungspraktiker; für an Universitäten und Hochschulen sowie außerhalb dieser Einrichtungen tätige Wissenschaftler dürfte das Buch als Nachschlagewerk wertvoll sein, das auch für spezielle Fragestellungen mehr als nur eine erste Orientierung bietet. Besonderer Wert wurde bei der Erstellung des Buches auf die Erfassung umfangreichen empirischen Datenmaterials und sämtlicher Gesetzesquellen sowie der relevanten Literatur gelegt. Die Literaturangaben im laufenden Text erfüllen einerseits die übliche Zitier- und Belegfunktion, dienen andererseits jedoch dem Zweck, dem Leser eine eigene weitergehende Arbeit im Hinblick auf die angesprochene Thematik zu erleichtern. Das Literaturverzeichnis wird ergänzt durch ein weiteres nach Sachbereichen strukturiertes Quellenverzeichnis. Abkürzungs- und Tabellenverzeichnisse sowie detaillierte Personen- und Sachregister schließen die einzelnen Bände ab.

Der Band 3 des vorliegenden Buches befaßt sich in seinem ersten Kapitel mit der sozialpolitischen Entwicklung in der Bundesrepublik Deutschland bis Mitte der 70er Jahre, das zweite Kapitel mit der anschließenden Entwicklung bis zum Ende der 80er Jahre. Die in dieser Weise vorgenommene Zweiteilung der Sozialpolitikgeschichte der »alten« Bundesrepublik hat seinen besonderen Grund darin, daß die Sozialpolitik – insbesondere im Hinblick auf das Sozialleistungssystem – bis Mitte der 70er Jahre durch eine nahezu unaufhörliche Expansion gekennzeichnet war; auch im Bereich der kollektiven Gestaltung von Arbeitsentgelten und Arbeitsbedingungen waren eher Fortschritte, denn Eingrenzungen festzustellen. Die Wirtschaftskrise der 70er Jahre führte dann jedoch zu einer Finanzkrise des Staates und über diese zu einer »Krise des Sozialstaates«. Insofern war die weitere gesellschaftliche Entwicklung dann durch ein Nachdenken über die »Grenzen des Sozialstaates« gekennzeichnet. In der Politikgestaltung prägte sich dieses »neue sozialpolitische Bewußtsein« in Konsolidierungs-, Sanierungs- und Eingrenzungsmaßnahmen bis hin zu Maßnahmen der Deregulierung des Arbeitsmarktes aus. Das dritte Kapitel behandelt die Grundzüge der internationalen Sozialpolitik; die Einbeziehung dieser Dimension von Sozialpolitik war schon deshalb geboten, da die Einbettung der deutschen Sozialpolitik in die internationalen Zusammenhänge – vor allem mit der fortschreitenden europäischen Integration – zunehmend festere Formen annimmt. Im weiteren wurden schließlich die Arbeiten an diesem Band von der deutsch-deutschen Entwicklung bestimmt. Dabei ging es insbesondere darum, die sozialpolitischen Aspekte des deutschen Einigungsprozesses in einem vierten Kapitel im Zusammenhang darzustellen, um die relativ komplexen Prozesse der jüngsten Vergangenheit transparenter zu machen. Ein Ausblick auf die sich abzeichnenden Zukunftsperspektiven und -probleme der Sozialpolitik bildet den Abschluß dieses Bandes.

Im Zuge der Fertigstellung dieses Bandes ist eine nicht unbeträchtliche Dankesschuld entstanden. Dank gebührt einmal den Mitarbeiterinnen und Mitarbeitern der Bibliotheken des Deutschen Bundestages sowie der Rechts- und Staatswissenschaftlichen Fakultät der Rheinischen Friedrich-Wilhelms-Universität Bonn. Ganz ganz besonders zu danken ist Herrn Horst Meixner, der vor allem bei der Beschaffung von Materialien und Dokumenten sehr behilflich war. Zu danken haben wir weiterhin einigen wissenschaftlichen Mitarbeitern – Diplom-Volkswirt Jost Lüking, Diplom-Volkswirtin Ellen Troska – und Studenten des Wirtschaftswissenschaftlichen Fachbereichs der Universität Bonn, die die Abschlußphase des Buches in konstruktiv-kritischer Weise begleitet haben und bei der Durchführung der Korrekturen und der Erstellung der Register behilflich waren. Dank gebührt auch unseren Familienangehörigen, die unserer mehrjährigen Arbeit sehr viel Verständnis entgegengebracht haben.

Johannes Frerich

Martin Frey

Inhaltsverzeichnis

Kapitel 1

Sozialpolitik in der Bundesrepublik Deutschland bis Mitte der 70er Jahre

1. Ausgangssituation in der unmittelbaren Nachkriegszeit

1. 1 Politische und ökonomische Situation nach dem Zusammenbruch

Mit dem Ende des Zweiten Weltkrieges und dem Zusammenbruch des **Dritten Reiches** gingen im Mai 1945 mehr als 12 Jahre nationalsozialistischer Herrschaft zu Ende. Während für die einen die **bedingungslose Kapitulation** vom 8. Mai 1945 vor allem eine schwere Niederlage darstellte, die die militärische Besetzung zur Folge hatte, bedeutete sie „für Tausende von deutschen Widerstandskämpfern, politischen Häftlingen und Gegnern des Regimes und Millionen von ausländischen Kriegsgefangenen, Zwangsarbeitern und KZ-Insassen ... eine politische Befreiung“ *(Kleßmann, 1982, S.37)*. Deutschland wurde in vier **Besatzungszonen** aufgeteilt, in denen die Militärbefehlshaber der USA, Großbritanniens, Frankreichs und der Sowjetunion die oberste staatliche Gewalt repräsentierten *(vgl. F. Ernst, 1963, S.126ff.)*. Die gesetzgebende Befugnis oblag damit für die einzelnen Zonen den jeweiligen Militärbefehlshabern, in Angelegenheiten, die Deutschland als Ganzes betrafen, dem **Alliierten Kontrollrat** in Berlin, der allerdings ab dem 20. März 1948 nicht mehr zusammentrat. Ungeachtet der noch während des Krieges auf alliierter Seite entwickelten und auf verschiedenen Konferenzen diskutierten Deutschland-Pläne (z.B. Atlantik-Charta, Morgenthau-Plan) sahen sich die Alliierten nach ihrem Sieg zunächst einer gravierenden wirtschaftlichen und sozialen **Notsituation** fast der gesamten deutschen Bevölkerung gegenüber, die die Sicherung der bloßen Existenz der Menschen sehr schnell zu einer ihrer Hauptaufgaben werden ließ. Nahezu jede wirtschafts- und gesellschaftspolitische Maßnahme hatte vor diesem Hintergrund weitreichende soziale Folgewirkungen *(vgl. Harmssen, 1947; DIW, 1947; Stolper, 1949; Stolper/Häuser/Borchardt, 1966; Kleinhenz/Lampert, 1971, S.106; Hardach, 1976, S.107 ff.; Hockerts, 1980)*.

In wirtschaftlicher und sozialer Hinsicht müssen die ersten Nachkriegsjahre als **»Jahre der Not«** bezeichnet werden. Die sich schon gegen Kriegsende verschärfenden ökonomisch-sozialen Probleme nahmen mit der Unterbrechung des Wirtschaftskreislaufes im Zuge der alliierten Besetzung dramatische Ausmaße an. Zum Hauptproblem der Bevölkerung wurden vor allem die sich katastrophal verschlimmernde **Ernährungslage**, die verheerenden **Wohnverhältnisse** sowie die völlig unzureichende **Grundversorgung** mit Kleidung und Hausrat *(vgl. Henning, 1978, S.191; Kleßmann, 1982, S.37ff.)*. In einigen Gebieten war die Ernährung zeitweise nicht mehr gesichert, wobei von der Nahrungsmittelknappheit die städtische Bevölkerung naturgemäß stärker betroffen war als die ländliche. Noch Mitte 1946 lagen die Nahrungsmittelzuteilungen z. T. deutlich unter der für Normalverbraucher vorgesehenen Ration von 1.500 Kalorien täglich. Ohnehin mußte die bereits im Kriege eingeführte Rationierung von Konsumgütern (**Lebensmittelkarten**) beibehalten und vielfach noch ausgedehnt werden. Dies wiederum führte dazu, daß sich ein gewaltiger **Schwarzmarkt** entfaltete, der „mehr als jeder andere Faktor das alltägliche Leben in den Zonen, insbesondere in den Städten (bestimmte)" *(Kleßmann, 1982, S.49)*. Gleichzeitig ließ die Unterernährung in Verbindung mit den unzureichenden Wohnverhältnissen die Fälle **ansteckender Krankheiten** alarmierend ansteigen. Die enorme, regional sehr unterschiedliche Vernichtung von Wohnraum machte die **Wohnbedingungen** zu einem weiteren bestimmenden Element der sozialen Gesamtlage. Gegenüber der Vorkriegszeit war rd. ein Viertel der Wohnungen total zerstört oder so stark beschädigt, daß diese praktisch nicht mehr bewohnbar waren. Auch hier war die Lage in den durch Luftangriffe zerstörten Großstädten, die in vielen Teilen nurmehr Trümmerlandschaften darstellten, besonders dramatisch. Schätzungen zufolge hatte nahezu jeder dritte Haushalt keine eigene Wohnung.

Beträchtlich verschärft wurden die bestehenden sozialen und ökonomischen Probleme in den Besatzungszonen durch die enorme Zahl von Flüchtlingen und Zwangsumgesiedelten. Dabei war die Bevölkerung in den westlichen Teilen Deutschlands durch die riesenhaften **Fluchtbewegungen** der ostdeutschen Bevölkerung vor der Roten Armee sowie die offiziellen **Evakuierungsmaßnahmen** ohnehin bereits stark angewachsen. Das trotz der hohen Kriegsverluste rapide Ansteigen der Bevölkerungszahlen stellte eine große Belastung mit einer außerordentlichen Verschärfung des **sozialen Elends** dar, zumal mangels funktionierender Verteilungsmechanismen sich die Vertriebenen und Flüchtlinge in sehr unterschiedlichem Umfang auf einzelne Gebiete verteilten. Ende 1946 zählten von den 22,3 Mio. Bewohnern der britischen Zone 4.927.000 oder 22 % zur Gruppe der »Entwurzelten« (Vertriebene, Ausgewiesene, Evakuierte). In der amerikanischen Zone stellte diese Gruppe 24%, in der sowjetischen Zone (einschl. Berlin) 21 % der Bevölkerung *(vgl. Harmssen, 1947)*. Erschwerend kam hinzu, daß viele Flüchtlinge nicht zuletzt aus Gründen der Wohnungsversorgung dort konzentriert waren, wo es keine Arbeitsplätze gab, obschon in anderen Gebieten Arbeitskräfte fehlten.

Kriegseinwirkungen, Demontage sowie unterlassene Ersatzinvestitionen hatten zu einem drastischen Schrumpfungsprozeß der industriellen und gewerblichen **Produktionskapazitäten** geführt; hinzu kamen die Unterversorgung der Wirtschaft mit Rohstoffen und Halbfabrikaten sowie ein gravierender **Energiemangel**, so daß noch nicht einmal die deutlich reduzierten Produktionskapazitäten voll genutzt werden konnten. Für den wirtschaftlichen Wiederaufbau bildete auch die besonders starke **Zerstörung des Transport- und Verkehrssystems** ein erhebliches Hemmnis. Ebenso nachteilig waren für einen arbeitsteiligen Wirtschaftsprozeß die Aufteilung Deutschlands in Besatzungszonen und das Fehlen einer einheitlichen Rechtsordnung. Die **Arbeitsmarktsituation** war unmittelbar nach dem Kriege durch „ein Überangebot von Arbeitskräften auf dem Lande, Arbeitslosigkeit in bestimmten Branchen aufgrund von Kriegszerstörungen und alliierten Beschäftigungsverboten und gleichzeitigem Arbeitskräftemangel in Bereichen wie Bergbau und Bauwesen aufgrund regionaler Fehlleitung der Arbeitskräfte" *(Kleßmann, 1982, S.50)* gekennzeichnet. Im Jahresdurchschnitt 1946 wurden bei rd. 2 Mio. verdeckten Arbeitslosen offiziell 1,36 Mio. Arbeitslose registriert. Auf **öffentliche Unterstützung** waren Anfang 1947 in der britischen Zone 2,3 Mio. Personen (10 % der Bevölkerung) und in der amerikanischen Zone 1,4 Mio. (8 %) Personen angewiesen *(Harmssen, 1947, S.20, 27)*.

1. 2 Sozialpolitische Vorstellungen der alliierten Besatzungsmächte

1. 2. 1 Restauration tradierter Strukturen

Die anfänglich durchaus vorhandenen **Ansätze einer gemeinsamen Wirtschafts- und Gesellschaftspolitik** der alliierten Siegermächte zerbrachen sehr schnell, nachdem sich bereits kurz nach Kriegsende die zunächst durch das erklärte Ziel der Vernichtung Hitler-Deutschlands verdeckten ideologischen Divergenzen zwischen den Westmächten und der Sowjetunion erneut zeigten *(vgl. Henning, 1978, S.186ff.)*. In der Praxis gingen daher die Wirtschafts- und Gesellschaftspolitik in den **Westzonen** einerseits und in der **sowjetischen Besatzungszone** andererseits sehr bald getrennte Wege. In den Westzonen boten sich nach vielen Jahren eines Systems der Unfreiheit die Chancen zum Aufbau eines freiheitlich-demokratischen und sozialen Rechtsstaates, während in der sowjetischen Besatzungszone die Entwicklung auf eine zentrale Verwaltungswirtschaft sowjetischen Typs mit einer Orientierung am marxistischen Gesellschaftsmodell hinsteuerte *(vgl. Hartwich, 1964, S.121ff.; Bog, 1971, S.108f.; Gladen, 1974, S.114)*.

Die Politik der westlichen Siegermächte ermöglichte zwar den Wiederbeginn einer **freiheitlichen Sozialpolitik**, doch trug diese zugleich alle wesentlichen Züge einer Restauration vornationalsozialistischer Regelungssysteme und Organisationsformen. Überlegungen zu einer derartigen Wiederbelebung des tradierten Systems staatlicher Sozialpolitik existierten auf seiten der **Westmächte** bereits im Jahre 1944. Entsprechende Grundregeln wurden in einem **Handbuch** für die Militärregierung mit den Richtlinien für die zukünftige Politik der amerikanischen Besatzungsmacht fixiert.

Danach sollte die deutsche Sozialversicherung (Unfallversicherung, Krankenversicherung, Rentenversicherung der Arbeiter, Angestellten und Bergleute, Arbeitslosenversicherung) zum Zwecke der wirtschaftlichen und sozialen Absicherung von Kranken, Invaliden, Alten und Hinterbliebenen sowie Arbeitslosen nach Maßgabe der vorhandenen Gesetze und Verordnungen weitergeführt werden. Ähnliches galt für die Versorgung kriegsbeschädigter Soldaten sowie der Zivilopfer des Krieges. Bei grundsätzlicher Fortgeltung der vorhandenen Regelungssysteme sollte jedoch jede diskriminierende Benachteiligung oder Bevorzugung bestimmter Gruppen aufgrund von Rasse oder Hautfarbe sowie von Glaube oder politischer Einstellung beseitigt werden. Darüber hinaus wurde die Gewährung von Sozialleistungen an das Vorhandensein deutscher Mittel gebunden *(vgl. Baker, 1977, S. 23f.)*.

Die Wiederherstellung des tradierten **Sozialleistungssystems** war in der unmittelbaren Nachkriegszeit zweifellos eine der wichtigsten Aufgaben der Besatzungspolitik. Daneben sorgte die Politik der Militärregierung für die Entwicklung neuer demokratischer Strukturen in der **Arbeits- und Sozialpolitik**, wobei in vielen Bereichen eine gleichberechtigte Zusammenarbeit von Arbeitgebern, Arbeitnehmern und Gewerkschaften angestrebt wurde *(Baker, 1977, S.23)*.

1. 2. 2 Einführung der Einheitsversicherung in Berlin

Noch bevor in der Sowjetzone der Übergang zu einem Einheitsversicherungssystem praktisch vollzogen wurde, war in Berlin durch Beschluß des Magistrats mit der **Anordnung über den Wiederaufbau der Sozialversicherung vom 14. Juli 1945** [VOBl. Berlin S.64] als einziger Träger der gesamten Sozialversicherung die **Sozialversicherungsanstalt Berlin** (VAB) errichtet worden. Gleichzeitig übernahm die VAB sämtliche Aufgaben der bis dahin in Berlin tätigen reichsgesetzlichen Versicherungsträger. Mehrere zwischen Mitte Oktober 1945 und Ende März 1946 erlassene Durchführungsbestimmungen regelten die organisatorische und materiell-rechtliche Gestaltung dieser **Einheitsver-**

sicherung, durch die die Vorschriften der RVO in wesentlichen Punkten außer Kraft gesetzt wurden *(vgl. Noetzel, 1977, S.37ff.; Peters, 1978, S.137)*.

Entsprechend der neuen Rechtslage umfaßte der Kreis der Versicherungspflichtigen alle in Berlin beschäftigten Personen unabhängig von der Höhe ihres Einkommens einschl. der Selbständigen und Gewerbetreibenden, soweit sie nicht mehr als 5 Arbeitnehmer beschäftigten. Außerdem bestanden umfangreiche Möglichkeiten der freiwilligen Versicherung. Die Einheitsversicherung bezog sich auf die typischen Risiken wie Krankheit, Unfall, Alter und Invalidität sowie ab Mitte 1946 auch auf das Risiko der Arbeitslosigkeit. Die Finanzierung der Leistungen erfolgte durch Beiträge, die einheitlich auf 20 % des Erwerbseinkommens bis zu einer Beitragsbemessungsgrenze von 600 RM – je zur Hälfte vom Arbeitnehmer und vom Arbeitgeber zu zahlen – festgelegt wurden. Besondere Beitragsregelungen galten für Selbständige und freiwillige Mitglieder *(vgl. Baker, 1977, S.24 ff.; Peters, 1978, S. 138)*.

Während die Krankenversicherung vergleichsweise schnell reorganisiert werden konnte, indem die in Berlin ansässigen Ärzte durch Verordnung verpflichtet wurden, Patienten auf Krankenschein unentgeltlich zu behandeln, bereitete die Wiederaufnahme der Rentenzahlungen infolge fehlender finanzieller Rücklagen weitaus größere Probleme. Immerhin setzten erste Rentenzahlungen – nivelliert und außerordentlich gering – bereits am 1.11.1945 ein. Allerdings wurden Leistungen bis zum 1.5.1946 nur bei Bedürftigkeit gewährt. Im übrigen entsprachen die Leistungen im wesentlichen denen der RVO, wenngleich es einige interessante Änderungen gab (Frauen erhielten schon mit Vollendung des 60. Lebensjahres Altersrente, gesundheitliche Leistungen unterlagen nicht mehr der Aussteuerung, entschädigt wurden auch sog. Privatunfälle).

Mit diesen unmittelbar nach dem Zusammenbruch eingeleiteten Maßnahmen zur Reorganisation der Sozialversicherung war eine Situation geschaffen worden, die die später in Berlin einziehenden Westalliierten vor vollendete Tatsachen stellte. Allerdings war Berlin Ende 1945 „das einzige Gebiet, in dem eine vollständig organisierte und einheitliche Sozialversicherungsanstalt arbeitete" *(Baker, 1977, S.25)*.

1.2.3 Einheitsversicherungspläne der Alliierten

Das in Berlin praktizierte Konzept der Einheitsversicherung wurde von den sowjetischen Besatzungsorganen vorbehaltlos unterstützt. Allerdings standen auch die westlichen Alliierten der **Idee der Einheitsversicherung** keineswegs ablehnend gegenüber. Insbesondere nach der Realisierung der einheitlichen Sozialversicherung in Berlin und entsprechenden Ansätzen in der Sowjetzone – bestärkt durch seit langem auch unter deutschen Sozialpolitikern erwogene Reformkonzepte – wurden auch in den westlichen Besatzungszonen Pläne diskutiert, alle Sozialversicherungsträger in einer einzigen Institution zusammenzufassen. Im März 1946 billigte der **Alliierte Kontrollrat** sogar einen Gesetzentwurf, der sich für eine Einheitsversicherung aussprach und entsprechende Grundsätze einer einheitlichen Organisation enthielt.

„Die Kontrollratsrichtlinien sahen die Verabschiedung entsprechender Gesetze durch die deutschen Behörden in jeder der vier Zonen vor. Bestehende Träger sollten zu einer einzigen Institution verschmolzen werden. Zur Beratung der Verwaltung der Einheitsversicherung in jeder Zone sollten paritätisch besetzte Ausschüsse von Arbeitgebern und Arbeitnehmern gebildet werden. Die Funktionen dieser Ausschüsse sollten durch Richtlinien der deutschen Behörden mit Billigung der zuständigen Militärbehörde der Zone festgelegt werden" *(Baker, 1977, S.29)*.

Der Realisierung dieser Vorstellungen von einer Einheitsversicherung standen wesentliche Unterschiede im Aufbau der verschiedenen Verwaltungsinstitutionen der einzelnen Besatzungszonen entgegen, die nur schwer zu überwinden waren. So prägten zentralistische Grundsätze die Verwaltungsorganisation in der britischen, föderalistische Prinzipien diejenige in der amerikanischen Besatzungszone, während in der französischen Besatzungszone vor allem Autonomieprinzipien zum Tragen kamen. Diese strukturellen Unterschiede der Verwaltungsinstitutionen erschwerten auch zunächst die Zusammenarbeit der verschiedenen Sozialleistungsträger über die Zonengrenzen hinweg.

Indessen waren es keineswegs nur praktische Schwierigkeiten, die eine Verwirklichung der Einheitsversicherung scheitern ließen. Zwar legte der Alliierte Kontrollrat am 20. August 1946 noch einen zweiten Entwurf für eine Einheitsversicherung vor, zur Annahme gelangte dieser jedoch nicht mehr *(vgl. Peters, 1978, S.128).* In dem Maße, in dem sich das **politische Klima** zwischen den drei westlichen Alliierten und der Sowjetunion verschlechterte und zugleich die tradierten Versicherungsträger im großen und ganzen zufriedenstellend arbeiteten, sank die Bereitschaft, die Idee der Einheitsversicherung weiterzuverfolgen *(vgl. Baker, 1977, S.29f.).* Damit wurde zugleich die „Absicht, Deutschland als wirtschaftliche und rechtliche Einheit zu behandeln und zentrale deutsche Verwaltungsstellen zu errichten ... auch im Bereich der Sozialversicherung nicht verwirklicht" *(Peters, 1978, S.128).*

Im Anschluß an das Scheitern der Beratungen des Alliierten Kontrollrates über eine gesamtdeutsche Sozialversicherung erließ die SMAD am 28. Januar 1947 den Befehl Nr. 28 über die »Einführung eines einheitlichen Systems und von Maßnahmen zur Verbesserung der Sozialversicherung« [AuS, 1947, S.92] *(vgl. Mitzscherling, 1977, S.86f.).* Damit wurde in der **sowjetischen Zone** die tradierte Struktur des Sozialversicherungssystems beseitigt. An die Stelle des vielgegliederten Systems trat eine Einheitsversicherung, wobei zugleich neues Sozialrecht geschaffen wurde.

Im Gegensatz dazu kam es in den **Westzonen** zu keinen grundlegenden Reformen, zumal es auch „keinen als dringlich empfundenen Grund zu weitreichenden Änderungen" *(Zöllner, 1981, S.136)* gab. Wenn auch zunächst noch sehr lückenhaft, so erfüllte die Sozialversicherung doch ihre Funktionen, und dies sogar zunehmend besser. Obwohl die drei westlichen Alliierten in ihren jeweiligen Besatzungszonen grundsätzlich das vorhandene Sozialversicherungsrecht bestehen ließen, entwickelte es sich in den einzelnen Zonen dennoch recht unterschiedlich fort, so daß bis zur Gründung der Bundesrepublik eine erhebliche **Rechtszersplitterung** im Sozial- und Arbeitsrecht eintrat. Hinzu kam, daß es sich bei den in den verschiedenen Zonen getroffenen Regelungen um Besatzungsrecht handelte. Allerdings wurden „allmählich ... immer mehr Zuständigkeiten auf die langsam wieder errichteten deutschen Stellen übertragen" *(Wannagat, 1965, S.94).*

In **Berlin** führte die politische Spaltung ab 1948 sukzessive auch im Bereich der Sozialversicherung zu einer unterschiedlichen Entwicklung in den einzelnen Sektoren. Während sich das Sozialversicherungsrecht in Ost-Berlin rasch demjenigen in der sowjetischen Zone anglich, begann in West-Berlin – trotz anfänglicher Beibehaltung des Prinzips der Einheitsversicherung – allmählich eine gewisse Anpassung an die westdeutschen Verhältnisse. Nach Errichtung der Bundesrepublik Deutschland kehrte man auch in West-Berlin schrittweise zum **System der gegliederten Sozialversicherung** zurück.

1.3 Sozialpolitische Maßnahmen in den Westzonen

1.3.1 Wiederaufnahme der Sozialversicherungsleistungen

Die Wiederherstellung des tradierten Sozialleistungssystems war in der unmittelbaren Nachkriegszeit vor allem mit erheblichen finanziellen Problemen verbunden. Der nahezu völlige **finanzielle Zusammenbruch der Sozialversicherung** war hauptsächlich darauf zurückzuführen, daß die Sozialversicherungsträger aufgrund der **Verordnung vom 14. April 1938** [RGBl.I S.398] fast drei Viertel ihres Vermögens in Reichs- und Staatsanleihen angelegt hatten, die durch die Auflösung des Reiches wertlos geworden waren. Hinzu kam, daß das in Grundstücken oder Immobilien angelegte Vermögen durch die Kriegsereignisse teilweise zerstört oder unbrauchbar geworden war. Schätzungen zufolge belief sich der hierdurch eingetretene **Vermögensverlust** der gesamten Sozialversicherung auf rd. 16,5 Mrd. RM *(vgl. Peters, 1978, S.126)*. Außerdem konnte über Teile des noch vorhandenen Vermögens nach der zwangsweisen Schließung der in Berlin zentralisierten Sozialversicherungsträger durch die Sowjets nicht mehr verfügt werden *(vgl. Baker, 1977, S.28)*.

Die Beitragseinnahmen flossen auf der anderen Seite nur sehr spärlich, da die Wirtschaftstätigkeit in den drei Westzonen auf etwa ein Drittel des Niveaus des Jahres 1938 gesunken war *(vgl. Henning, 1978, S.191 ff.)*. In dieser Situation eigentlich notwendige drastische Beitragserhöhungen ließen die wirtschaftlichen Verhältnisse nicht zu. Zur Finanzierung der verzögert und deutlich reduziert wieder aufgenommenen Sozialleistungen mußten daher vielfach Überbrückungskredite der Banken sowie Finanzhilfen der Freien Wohlfahrtsverbände in Anspruch genommen werden *(vgl. Baker, 1977, S.28)*.

Neben den finanziellen Schwierigkeiten gab es organisatorische Probleme, da zahlreiche reichseinheitliche, in Berlin ansässige Einrichtungen ihre Arbeit eingestellt hatten. Unter den gegebenen Bedingungen erfolgte der Wiederaufbau daher zunächst vor allem auf Länderebene, der allerdings dadurch erschwert war, daß „die Länder keine von der Besatzungsmacht unabhängigen Gesetzgebungsbefugnisse hatten" *(Wannagat, 1965, S.94)*.

Materiell-rechtlich blieben die bisherigen reichs- und landesgesetzlichen Bestimmungen zunächst in Kraft, es sei denn, sie wurden durch die zuständigen Stellen aufgehoben bzw. abgeändert. Weitgehend unverändert in Kraft ließen die Militärbehörden der Westzonen das Recht der Sozialversicherung; hier wurden lediglich rein nationalsozialistisch motivierte Regelungen beseitigt. Während in der amerikanischen Zone der »Länderrat« *(vgl. Härtel, 1951)* schon bald eine sich an das bisherige Recht anlehnende Fortführung und Neuregelung der Sozialversicherung vornehmen konnte, entstand in der britischen Zone durch zahlreiche Sozialversicherungsdirektiven (SVD) der »Manpower Division«, die durch eine Vielzahl von Sozialversicherungsanordnungen (SVA) und Erlasse des Zentralamtes für Arbeit (ZfA) in Lemgo ergänzt wurden, ein einheitliches Sozialversicherungsrecht. Trotz einiger einschneidender Änderungen vor allem in organisatorischer Hinsicht (z. B. Übertragung zahlreicher Aufgaben auf die LVA, Beseitigung sämtlicher Krankenkassen mit Ausnahme der AOK) wurden die in der RVO angelegten Grundstrukturen des Sozialversicherungsrechts auch in der französischen Zone im wesentlichen aufrechterhalten *(vgl. Hudemann, 1979; Peters, 1978, S.128 ff.)*.

Während die einzelnen Zonenregelungen noch weitgehend provisorischen Charakter hatten, wurde die Sozialversicherungsgesetzgebung im **Vereinigten Wirtschaftsgebiet** teilweise bereits zum Vorläufer der späteren Bundesgesetzgebung. Dem – in der Anfang 1948 errichteten Bizone – von den britischen und amerikanischen Militärregierungen geschaffenen **Wirtschaftsrat** wurde das Recht zugestanden, zu grundlegenden Angelegenheiten im Bereich der Sozialversicherung gesetzgeberisch tätig zu werden. Dabei beschränkte sich der Wirtschaftsrat in dieser Phase im allgemeinen auf punktuelle Leistungsverbesserungen und kleinere Systemkorrekturen, die durch die politische und gesellschaftliche Entwicklung notwendig geworden waren. Allerdings zwang die **Währungsreform** dann jedoch zu umfangreicheren Anpassungsmaßnahmen. Nach dem **Umstellungsgesetz vom 20. Juni 1948** [WiGBl. S.13, Beilage Nr.5] waren die Beiträge und Leistungen der Sozialversicherung – im Gegensatz zum allgemeinen Grundsatz von 10:1 – im Verhältnis 1:1 umgestellt worden. Diese Maßnahme benachteiligte nicht nur die Leistungen aus der Privatversicherung, sondern brachte auch die Sozialversicherungsträger in erhebliche Schwierigkeiten. Außerdem kam es dadurch zu einigen Verzerrungen bei der Rentenberechnung *(vgl. Wannagat, 1965, S.96f.; Orda, 1977, S.100; Peters, 1978, S. 97; vgl. auch Caesar, 1949)*.

Als Folge davon ergingen ein Jahr später das **Sozialversicherungs-Anpassungsgesetz (SVAG) vom 17. Juni 1949** [WiGBl. S.99] mit dem **ÄndG vom 10. August 1949** [WiGBl. S.248] und der DV vom 27. Juni 1949 [WiGBl. S.101], das **Knappschaftsversicherungs-**

Anpassungsgesetz (KnVAG) **vom 30. Juli 1949** [WiGBl. S.202] sowie das **Gesetz über Verbesserungen der gesetzlichen Unfallversicherung vom 10. August 1949** [WiGBl. S. 251]. Die Regelungen des SVAG erstreckten sich auf sämtliche Versicherungszweige, insbesondere jedoch auf die RV. Im Vordergrund stand eine Anhebung der Sozialversicherungsrenten entsprechend der Lohn- und Preisentwicklung, die allerdings vorwiegend in globaler Form und ohne Bezugnahme auf das individuelle Versicherungsleben erfolgte *(vgl. Orda, 1977, S.100).* Daneben sah das Gesetz einige strukturelle Verbesserungen vor, die später Bundesrecht werden sollten *(vgl. Zumbansen, 1949).*

Im einzelnen brachte das SVAG außer der Aufhebung einer Reihe von Sondervorschriften der Kriegs- und Nachkriegszeit in der RV pauschale Zuschläge zu den Renten sowie die Festsetzung bestimmter Mindestrenten (Invalidenrente und Ruhegeld 50 DM, große Witwenrente 40 DM, Waisenvollrente 30 DM). Ferner wurden für Versicherungsfälle ab Juni 1949 auch in der Arbeiterrentenversicherung die unbedingte Witwenrente eingeführt und die Invaliditätsgrenze für Arbeiter von 66 ⅔ auf 50 % der Erwerbsfähigkeit herabgesetzt, wodurch die Rechtsstellung der Arbeiter in zwei wesentlichen Punkten derjenigen der Angestellten angeglichen wurde *(vgl. Hockerts, 1980; Zöllner, 1981, S.135; Hermann, 1984, S.60f.).* Kinderzuschüsse und Waisenrenten wurden einheitlich bis zum vollendeten 18. Lebensjahr gewährt. In der RV wurde der Beitragssatz von 5,6 auf 10 % erhöht, dafür jedoch jener in der Arbeitslosenversicherung von 6,5 auf 4,0 % gesenkt. In der GKV wurden bei Anhebung der Versicherungspflichtgrenze von 3.600 auf 4.500 DM die Beiträge zwischen Arbeitgebern und Versicherungspflichtigen wieder halbiert *(vgl. Aye, 1949 a, S.378 ff.; Tabellen 6 und 9).*

Im Bereich der UV führte das Gesetz vom 10. August 1949 zu erheblichen Vergünstigungen im Leistungsrecht; neben der Festsetzung von Höchst- und Mindestgrenzen für alle Renten wurden v. a. die Renten für Schwerverletzte und die Kinderzulagen erhöht und auch bei mitverschuldeten Wegeunfällen erneut Renten gewährt. Das KnVAG sah für die knappschaftliche RV ähnliche Verbesserungen wie das SVAG vor. Hier wurden die Beiträge ebenfalls erhöht, wobei die Unternehmer 14,5 %, die Versicherten 8 % zu zahlen hatten. Angestellte bis zu einem Jahreseinkommen von 8.400 DM wurden in die KnRV einbezogen *(vgl. auch Tabelle 11).*

Ebenfalls noch eine Maßnahme des Wirtschaftsrates bildete das **Gesetz über die Behandlung der Verfolgten des Nationalsozialismus in der Sozialversicherung vom 22. August 1949** [WiGBl. S.263], das die Wiedergutmachung auf dem Gebiet der Sozialversicherung regelte. Danach waren dem „Personenkreis der Verfolgten ... verlorengegangene Versicherungszeiten anzurechnen und die dementsprechenden Leistungen zu gewähren, vorenthaltene Leistungen nachzuzahlen. Sämtliche Mehraufwendungen waren den Versicherungsträgern von den Ländern zu erstatten" *(Wannagat, 1965, S.98).*

Die genannten gesetzlichen Maßnahmen bezogen sich ursprünglich nur auf das Vereinigte Wirtschaftsgebiet; um die nach 1945 eingetretene Rechtszersplitterung zu beseitigen, wurde ihr Geltungsbereich durch Verordnung vom 12. Mai 1950 [BGBl. I S.179] auf das gesamte **Bundesgebiet** ausgedehnt.

1.3.2 Kriegsopferversorgung

Über den Bereich der **Sozialversicherung** hinaus zeigten sich allerdings durchaus bedeutsame **Differenzen** in den sozialpolitischen Aktivitäten der westlichen Besatzungsmächte. Diese wurden insbesondere im Hinblick auf die Kriegsopferversorgung deutlich.

Die amerikanische Besatzungsmacht löste die vorhandenen Versorgungsämter auf und stellte zunächst die Rentenzahlungen an die Kriegsopfer generell ein; die britischen Besatzungsbehörden erlaubten die Kriegsopferversorgung nur noch im Rahmen der Rentenversicherung, außerdem nur gemäß dem Prinzip der Fürsorge und der damit verbundenen Bedürftigkeitsprüfung (SVD Nr.11, in Kraft getreten am 1. August 1948); die französische Besatzungsmacht ließ die Versorgungsrenten mit mehr oder weniger starken Einschränkungen weiterzahlen *(vgl. Trometer, 1977, S.192).* Erst 1947 wurde auch in der amerikanischen Zone die Versorgung von Kriegsopfern wieder aufgenommen, wobei sich die Leistungsabgabe nach den Vorschriften der Unfallversicherung richten sollte (Gesetz über Leistungen an Körperbehinderte vom 26. März 1947 [LRGS S.163]). Eine derartige Regelung galt seit 1947 im Prinzip auch in der britischen Besatzungszone (SVD Nr.27 vom 2. Mai 1947). In der französischen Zone galt ab 1. Februar 1949 ein Landesversorgungsgesetz, das allerdings der Versorgung in der britischen Zone vergleichbare Leistungen gewährte *(vgl. Aye, 1948)*.

Die Versorgung der ehemaligen deutschen Soldaten war in besonderem Maße von kriegsbedingten Ressentiments der Besatzungsmächte geprägt. Die getroffenen Regelungen waren überwiegend eine „vollkommen unorganisierte Verkoppelung mit der Fürsorge einerseits und der Unfallversicherung andererseits" *(Trometer, 1977, S.193)* und blieben daher insgesamt äußerst unbefriedigend.

1.3.3 Arbeitslosigkeit und Arbeitsschutz

Die Arbeitsämter und Landesarbeitsämter nahmen zwar ebenfalls unmittelbar nach Kriegsende ihre Tätigkeit wieder auf, infolge der Blockierung der Mittel des Reichsstocks für Arbeitseinsatz konnten bis 1946 jedoch keine Unterstützungen an Arbeitslose gezahlt werden. Aus den laufenden Beitragseinnahmen – die Beiträge wurden zunächst in alter Höhe weiter erhoben – wurden 1946/47 angesichts starker und zunehmender Arbeitslosigkeit in einzelnen Ländern der Westzonen vorübergehend wieder Zahlungen aufgenommen. Schließlich verständigten sich der Länderrat der amerikanischen Zone und das britische Zentralamt für Arbeit im Herbst 1947 auf ein ÄndG zum AVAVG [LRGS S. 152], durch das am 1.10.1947 in diesen beiden Zonen das **Arbeitslosenversicherungsrecht** aus der Weimarer Zeit im Grundsatz wiederhergestellt wurde *(vgl. Oppermann, 1946; Wermel/Urban, 1949)*.

Die völlig **unzureichende Versorgung** der Bevölkerung mit den notwendigsten wirtschaftlichen Gütern sowie das ungeheure Maß an Zerstörung und Desorganisation der deutschen Wirtschaft führten dazu, daß die wiederaufgenommene Produktion sich vor allen Dingen an existentiellen Grundbedürfnissen der Menschen orientierte. Die Erstellung dieser Güter mußte jedoch vielfach in teilweise zerstörten oder demontierten Fabriken unter sehr **schlechten Arbeitsbedingungen** erfolgen.

Dem Arbeitsschutz kam in jener Zeit nur ein sehr geringer Stellenwert zu, und entsprechend stieg auch im Laufe der ersten Nachkriegsjahre die Zahl der Arbeitsunfälle rapide an. Zwar hatten die Unfallversicherungen ihre Tätigkeit wieder aufgenommen und galten auch die tradierten Normen des Arbeitsschutzes weiter, doch waren ihre praktische Durchsetzung und Kontrolle angesichts der tatsächlichen Produktionsverhältnisse und -notwendigkeiten vor unüberwindliche Schwierigkeiten gestellt. Insbesondere war die Zahl staatlicher Gewerbeaufsichtsbeamter viel zu klein; außerdem verfügten die technischen Aufsichts- und Beratungsdienste der Berufsgenossenschaften über zu wenig geeignete Mittel, um dem Anstieg von Unfallhäufigkeit und Unfallschwere effektiv entgegentreten zu können.

Die Politik der Alliierten orientierte sich in diesem Bereich weitgehend an **pragmatischen Erfordernissen** und war daher durchaus widersprüchlich. Während die **KRDir. Nr. 26 vom 26. Januar 1946** [KRABl. S.115] den 8-Stunden-Tag formal wiederherstellte und zum Normalarbeitstag erklärte, ermächtigte wenig später das **KRG Nr.32 vom 10. Juli 1946** [KRABl. S.166] die Behörden, von den Schutzbestimmungen der GewO für Frauenarbeit abzuweichen und Frauen auch für Bauarbeiten einzusetzen.

Unter den gegebenen Bedingungen nahmen die Arbeitnehmer die Zurückdrängung des Arbeitsschutzes weitgehend hin; selbst die Beseitigung tradierter Schutzvorschriften stieß nicht auf nennenswerten Widerstand der Arbeitnehmer. Erst mit der Überwindung der Jahre der Not sollte die **Arbeiterschutzpolitik** erneut Konturen gewinnen *(vgl. Schüssler, 1977, S.315ff.)*.

1.3.4 Entwicklungen im Bereich des kollektiven Arbeitsrechts

Das nationalsozialistische System der Unfreiheit hatte mit seiner totalen Mißachtung der Menschenwürde und der demokratischen Bürgerrechte die in der Weimarer Zeit und teilweise sogar früher entstandenen Elemente einer **Wirtschaftsdemokratie** fast völlig abgebaut. Nach dem Zusammenbruch des Dritten Reiches wurde nunmehr – begünstigt durch eine positive Haltung der drei Westmächte – eine Neuentwicklung demokratischer Strukturen im Bereich der **Regelung der Arbeitsentgelte sowie der Arbeitsbedingungen und -beziehungen** möglich. Ebenso wie für den politisch-gesellschaftlichen Bereich die Staatsform der Demokratie angestrebt wurde, wurde auch für den Bereich der Wirtschaft eine **demokratische Legitimation und Kontrolle wirtschaftlicher Macht** von nahezu allen gesellschaftlichen Gruppen für die Zukunft gefordert. „Wenn dieser allgemeine Konsens sich auch nicht als dauerhaft erwies und schon bald eine erbitterte Auseinandersetzung um die Mitbestimmung der Arbeitnehmer begann, so gab die Zeit unmittelbar nach dem Krieg dennoch die wohl entscheidenden Anstöße für die Entwicklung der Mitbestimmung in der Bundesrepublik Deutschland bis in die heutige Zeit" *(Fitting, 1977, S.375)*.

Aufhebung von NS-Gesetzen und Wiederherstellung von Grundrechten

Die Alliierten unterstützten die demokratischen Neuordnungsbestrebungen im Bereich der Arbeitswelt insofern, als sie innerhalb kurzer Zeit damit begannen, das in der NS-Zeit eingeführte, am Führerprinzip orientierte Arbeitsrecht aufzuheben und Errungenschaften aus der Zeit der Weimarer Republik, die 1933 beseitigt worden waren, wiederherzustellen.

Nachdem das schon beim Einmarsch der Besatzungstruppen verkündete **Gesetz Nr.77 der Militärregierung vom 18. September 1944** [MRABl. S.35] jede weitere Tätigkeit der **Reichstreuhänder der Arbeit** untersagt und das **KRG Nr.1 vom 20. September 1945** [KRABl. S.6] die Deutsche Arbeitsfront aufgelöst hatte, setzte das **KRG Nr.40 vom 30. November 1946** [KRABl. S.299] das **Arbeitsordnungsgesetz** außer Kraft. Zugleich bestanden keine Zweifel, daß die **Koalitionsfreiheit** nach den Jahren der Gewaltherrschaft wiederhergestellt werden mußte. Formell erfolgte dies durch die **KRDir. Nr.31 vom 3. Juni 1946** [KRABl. S.160], die die Gründung von **Gewerkschaften** und deren Zusammenschluß auf der Ebene einzelner Zonen gestattete. Ungeachtet der grundsätzlichen Anerkennung der Koalitionsfreiheit unterlagen Arbeitnehmer- und Arbeitgeberverbände zunächst jedoch noch „mancherlei Restriktionen und Vorbehalten, die einmal dem verständlichen Wunsche der Besatzungsmächte, die Demokratisierung unter ihrer Kontrolle zu behalten, zum anderen ihren Bedenken gegen wirtschaftliche Machtzusammenballungen (namentlich auf Arbeitgeberseite) entsprangen" *(Hueck/Nipperdey, 1960, S. 88f.)*.

Vergleichsweise problemlos war demgegenüber die Wiederherstellung einer unabhängigen **Arbeitsgerichtsbarkeit**. Dies geschah schon durch das **KRG Nr. 21 vom 30. März 1946** [KRABl. S.124]. Während sich das Verfahren weitgehend an das Arbeitsgerichtsgesetz von 1926 anlehnte, waren Organisation und Besetzung der Arbeitsgerichte teilweise neu gestaltet (konsequente Trennung von den ordentlichen Gerichten; Vorsitzender brauchte nicht Jurist zu sein) *(vgl. Rajewsky, 1972, S.25)*. Allerdings war auch das Arbeitsgerichtsgesetz lediglich ein Rahmengesetz, das Raum für landesrechtliche Modifikationen ließ und damit den Weg zu einer Rechtszersplitterung öffnete *(vgl. Fitting, 1947; Hueck/Nipperdey, 1960, S.813).*

Tarif- und Schlichtungswesen

Die Wiederherstellung der **Tariffreiheit** erwies sich als ungleich schwieriger. Zum einen fehlten zunächst Rechtsgrundlagen zum Erlaß neuer Tarifverordnungen, zum anderen war die Vereinbarung von Arbeitsbedingungen zwischen den Tarifparteien infolge des durch die **KRDir. Nr.14 vom 12. Oktober 1945** [KRABl. S.40] aufrechterhaltenen **Lohnstopps** stark eingeengt.

Allerdings enthielten sowohl die KRDir. Nr.14 (Ziff.3 f u. 4) wie auch die KRDir. Nr.26 vom 26. Januar 1946 [KRABl. S.115] und Nr.41 vom 17. Oktober 1946 [KRABl. S.213] Bestimmungen, die in gewissen Grenzen Entgeltvereinbarungen zwischen Gewerkschaften und Arbeitgebern zuließen, sofern sie von den zuständigen Landesarbeitsämtern genehmigt wurden. In der amerikanischen Zone regelte zudem eine Verordnung vom 22. Mai 1946 [ABl. bay. ArbMin S.75] den Abschluß und den Inhalt von Tarifverträgen.

Eine weitergehende Regelung des Tarifvertragsrechts wurde jedoch spätestens erforderlich, als das **Gesetz zur Aufhebung des Lohnstopps vom 3. November 1948** [WiGBl. S. 117] *(vgl. Herschel, 1948, S.121ff.; Sturn, 1949)* für das Vereinigte Wirtschaftsgebiet „inhaltlich die volle Tarifvertragsfreiheit einführte" und die Tarifverträge „an die bisher gestoppten Arbeitsbedingungen nicht mehr gebunden" *(Hueck/Nipperdey, 1960, S.166)* waren. Ein auf Entwürfe der Gewerkschaften zurückgehender Initiativantrag der SPD im Wirtschaftsrat führte schließlich mit einigen Änderungen und Ergänzungen am 3. November 1948 zur Verabschiedung eines **Tarifvertragsgesetzes** (TVG), dem allerdings zunächst insbesondere wegen der Ausgestaltung der Allgemeinverbindlichkeitserklärung die Genehmigung der beiden Militärregierungen versagt blieb. Erst nach entsprechenden Korrekturen konnte das Tarifvertragsgesetz unter dem 9. April 1949 [WiGBl. S. 55] verkündet werden und am 22. April 1949 in Kraft treten *(vgl. Nipperdey, 1949a, S. 81ff.; Fettback, 1949, S.404ff.; Hueck/Nipperdey, 1950; Farthmann, 1977, S.442).*

Im Gegensatz zu diesen Neuregelungen des Tarifvertragswesens und des kollektiven Arbeitsrechtes kam es jedoch nicht zu gesetzlichen **Schlichtungsregelungen**. Nach dem **KRG Nr.35 vom 20. August 1946** [KRABl. S.174] und den später von den einzelnen Ländern erlassenen Ausführungsbestimmungen wurden Schlichtungsinstanzen zur Vermeidung von Arbeitskämpfen geschaffen, die von den Tarifvertragsparteien nicht in Anspruch genommen werden mußten *(Bührig, 1947; Bührig, 1948, S.11ff.; Beine, 1948; Hessel, 1949, S.13ff.).* Vielmehr stellten die neugeschaffenen **Schiedsausschüsse** und **Landesschlichter** „lediglich ein Angebot des Staates dar, mit Einverständnis beider Parteien zwischen diesen zu vermitteln. Die Inanspruchnahme des staatlichen Schlichtungsdienstes und die Annahme des Regelungsvorschlages (standen) deshalb im freien Ermessen der Tarifvertragsparteien" *(Farthmann, 1977, S.444).* Allerdings sahen unter den Voraussetzungen der Gefährdung öffentlicher Interessen verschiedene **Landesgesetze** eine Verbindlichkeitserklärung von Schiedssprüchen gegen den Willen der Tarifvertragsparteien vor.

Betriebsverfassung und Mitbestimmung

Im Bereich der **Betriebsverfassung** trugen die Alliierten der faktischen Neuentstehung von Arbeiterausschüssen und Betriebsräten mit einer Restauration des Betriebsrätegesetzes Rechnung. Das **KRG Nr.22 vom 10. April 1946** [KRABl. S.133] enthielt als Rahmengesetz nur einige wichtige Prinzipien der Betriebsverfassung, bildete aber die Basis für im wesentlichen an das Betriebsrätegesetz von 1920 angelehnte **Betriebsrätegesetze der westdeutschen Länder** (mit Ausnahme von Nordrhein-Westfalen, Hamburg und Niedersachsen). Damit wurde zwar die bestehende Rechtsunsicherheit auf Landesebene beseitigt, zugleich aber auch in diesem Bereich eine nicht unerhebliche Rechtszersplitterung in Kauf genommen *(vgl. Drath, 1948, S.130ff.; Fitting, 1948, S.89ff.; Broekker, 1948; Loppusch, 1948)*.

Parallel zur Neuregelung des Betriebsverfassungsrechts kam es in der britischen Zone zu einer „bahnbrechenden Entwicklung in der Frage der Unternehmensmitbestimmung" *(Fitting, 1977, S.377)*, als die britische Militärregierung im August 1946 ernsthaft daran ging, die Eisen- und Stahlindustrie neu zu ordnen und dazu die North German Iron and Steel Control als Kontrollbehörde einsetzte. Ziel war es, die alten Monopolverbände zu zerschlagen und eine **Neuorganisation der Montanindustrie** in betriebsfähigen, aber überschaubaren neuen Unternehmenseinheiten zu erreichen *(vgl. Muszynski, 1975, S. 76f.)*.

Im Rahmen dieser Entflechtungsmaßnahmen boten die Unternehmer an, den Belegschaften und Gewerkschaften weitgehende Mitbestimmungsrechte einzuräumen. Das mit diesem Entgegenkommen verfolgte Ziel, die Aufgliederung der Eisen- und Stahlindustrie abzuwenden, wurde nicht erreicht; bis zum Frühjahr 1948 waren aus den 8 großen Eisen- und Stahlkonzernen 25 neue Unternehmen gebildet worden, deren Aktienkapital eine deutsche Treuhandverwaltung im Auftrag der alliierten Stahlkontrollbehörde übernahm.

Sozialpolitisch bedeutsam war an dieser Maßnahme, daß – nicht zuletzt auf fortgesetztes Drängen der Gewerkschaften hin – in allen entflochtenen Unternehmen eine **paritätische Besetzung der Aufsichtsräte** verfügt wurde. Die Aufsichtsräte der mitbestimmten Unternehmen setzten sich aus jeweils 5 Arbeitgeber- und Arbeitnehmervertretern sowie einem Vertreter der deutschen Treuhandverwaltung zusammen. Außerdem waren die Arbeitnehmer im Vorstand durch einen **Arbeitsdirektor** vertreten, der für die sozialen und personellen Angelegenheiten zuständig war *(vgl. Muszynski, 1975, S.76; Fitting, 1977, S.377)*. Insgesamt war die Erreichung einer **paritätischen Mitbestimmung** „das Resultat des gewerkschaftlichen Drängens auf Demokratisierung in der Wirtschaft, ebenso wie des Interesses der britischen Besatzungsmacht, den ungestörten Produktionsprozeß in der Schwerindustrie zu sichern" *(E. Schmidt, 1973, S.82)*.

1.3.5 Soziale Gestaltung der Steuern

Der Wiederbeginn staatlicher Sozialpolitik nach dem Zweiten Weltkrieg führte nicht nur zu einer Wiederaufnahme der **direkten Sozialleistungen**, sondern zeigte sich auch in dem Bemühen, erneut zu einer sozialen Gestaltung von Steuern und Abgaben zu gelangen. Diese Tendenz wurde vor allem auf dem Gebiete der **Einkommensbesteuerung** sichtbar.

Das KRG Nr. 12 vom 11. Februar 1946 [KRABl. S.60] führte zu einer Neugestaltung der Kinderermäßigung bei der Einkommensbesteuerung; ohne Rücksicht auf die Höhe des Einkommens wurde für jedes zu berücksichtigende Kind ein konstanter Freibetrag in Höhe von 400 RM eingeführt; zugleich wurden die Altersgrenze auf das 16. Lebensjahr zurückverlegt und das Erfordernis der Haushaltszugehörigkeit oder der Unterhaltsgewährung wieder eingeführt; für Kinder in beruflicher Ausbildung wurde eine Kinderermäßigung auf Antrag nur noch dann gewährt, wenn die betreffenden Kinder das 21. Lebensjahr noch nicht vollendet hatten. Das KRG Nr. 12 stufte weiterhin unverheiratete Steuerpflichtige ohne Kinderermäßigung in die für verheiratete Personen ohne Kinderermäßigung maßgebende Steuerklasse ein, wenn sie mindestens vier Monate vor Ablauf des Veranlagungszeitraumes das 65. Lebensjahr vollendet hatten; dadurch ergab sich ein Haushaltsfreibetrag von bis zu 12.400 RM (mit Wirkung ab dem 21.6.1948 von bis zu 600 DM). Durch Art. IX Ziff. 2 des KRG

Nr. 12 wurde die steuerliche Absetzbarkeit von Bausparkassenbeiträgen im Rahmen der Sonderausgaben aufgehoben.

Die EStDV 1947 führte zu einer Umbenennung der gewöhnlichen Belastungen in die sog. »zumutbare Mehrbelastung«; gleichzeitig wurden die Vomhundertsätze der zumutbaren Mehrbelastung angehoben und die Bemessung der Mehrbelastungsgrenze nach dem um die Einkommensteuer gekürzten Einkommen festgelegt.

Nach dem Gesetz der Militärregierung Nr. 64 vom 22. Juni 1948 [MRABl. S.889] wurde die Abzugsfähigkeit von Bausparkassenbeiträgen als Sonderausgaben wieder eingeführt; der Kreis der abzugsfähigen Sonderausgaben wurde durch den ersten Erwerb von Anteilen an Bau- und Wohnungsbaugenossenschaften erweitert. Die Kinderfreibeträge wurden auf 600 DM festgesetzt; gleichzeitig wurden die durch das KRG Nr. 12 erfolgten Änderungen der Anspruchsvoraussetzungen aufgehoben.

Im Bereich der **Vermögensbesteuerung** führten die **KRG Nr. 13 vom 11. Februar 1946** [KRABl. S.71] und **Nr. 59 vom 20. Oktober 1947** [KRABl. S.294] zunächst zur Beseitigung sämtlicher Freibeträge für Familienangehörige; ein Freibetrag von 10.000 RM wurde nur noch für den Steuerpflichtigen selbst gewährt. Erst das **Gesetz Nr. 64 zur vorläufigen Neuordnung der Steuergesetze vom 22. Juni 1948** [MRABl. S.889] führte erneut zu einer beschränkten Wiedereinführung der Freibeträge des Vermögensteuergesetzes 1934.

Die Freibeträge betrugen von da an für den Steuerpflichtigen und die Ehefrau jeweils 10.000 DM und für die Kinder bis zur Vollendung des 18. Lebensjahres (früher bis zur Volljährigkeit) je 5.000 DM. Für Kinder vom 18. bis zum 25. Lebensjahr wurde der Kinderfreibetrag dann gewährt, wenn die Kinder auf Kosten des Steuerpflichtigen unterhalten und für einen Beruf ausgebildet wurden. Auch der Freibetrag wegen Alters oder Erwerbsunfähigkeit wurde durch das Gesetz Nr.64 wiedereingeführt.

Im Hinblick auf die **KraftSt-Ermäßigung** bestimmte die **1. KraftStDV** zum **KRG Nr. 14 vom 11. Februar 1946** [KRABl. S.73] in § 9 die Fortgeltung des in den §§ 44, 45 KraftStDB 1935 [RGBl.I S.875] geregelten Kraft-Steuererlasses für gewisse Körperbehinderte.

1.4 Politischer Neubeginn auf deutscher Seite

1.4.1 Reorganisation von Gewerkschaften und politischen Parteien

Die Neuentwicklung demokratischer Strukturen in Gesellschaft und Wirtschaft vollzog sich in der ersten Phase weitgehend ohne **staatliche** bzw. **quasi-staatliche Eingriffe**. Bereits unmittelbar nach dem Einmarsch der alliierten Truppen bildeten sich spontan und zunächst vielfach noch ohne Wahlen **Arbeiterausschüsse** und **Betriebsräte**. Ebenfalls schon im Mai 1945 kam es zur Konstituierung erster **Gewerkschaftsgruppen**. Die zunächst überwiegend ohne Genehmigung der jeweiligen Militärregierungen entstandenen betrieblichen und überbetrieblichen Arbeitnehmervertretungen nahmen in dieser Zeit nicht allein ihre traditionellen Funktionen wahr, sondern sahen ihre Aufgabe vor allen Dingen darin, angesichts der vorhandenen Zerstörungen und der katastrophalen Ernährungslage die Produktion wieder in Gang zu setzen. Durch die Übernahme **öffentlicher Aufgaben** und den entschiedenen Einsatz für **gesamtwirtschaftliche Belange** schufen sie wesentliche Voraussetzungen für den Wiederaufbau der deutschen Wirtschaft. Ihnen ist es mit zu verdanken, daß nach kurzer Zeit die ersten Betriebe ihre Produktion wieder aufnahmen, die Verkehrsmittel wieder benutzt und eine einigermaßen geregelte Lebensmittelversorgung gewährleistet werden konnten *(vgl. L. Rosenberg, 1948, S.123ff.; Schuster, 1973, S.80f.; Fitting, 1977, S.374f.)*.

Abbildung 1: Politische Wahlplakate aus der unmittelbaren Nachkriegszeit

Neben der Bewältigung dieser Aufgaben bildete der **organisatorische Neuaufbau** das Zentralproblem der frühen deutschen Gewerkschaftsbewegung nach 1945. In dieser Hinsicht kam es allerdings sowohl mit den Besatzungsmächten als auch innerhalb der

Gewerkschaftsbewegung zu heftigen Auseinandersetzungen. Obwohl unter den im Widerstand und im Exil tätigen Gewerkschaftern das **Prinzip der Einheitsgewerkschaft** im Sinne der Abkehr von den alten Richtungsgewerkschaften unumstritten war, gab es über die im einzelnen zu wählende Organisationsform dennoch recht unterschiedliche Auffassungen. Während die einen eine zentralistische, nur nach Branchen oder Berufsgruppen gegliederte allgemeine Gewerkschaft favorisierten, bestanden andere Gewerkschafter auf relativ autonomen, nach dem Industrieverbandsprinzip strukturierten Einzelgewerkschaften. Probleme bereitete auch die von vielen angestrebte Überwindung der Aufsplitterung der Arbeitnehmerseite in Arbeiter, Angestellte und Beamte.

In dieser Situation erlangte die Haltung der Alliierten entscheidendes Gewicht. Diese gaben zwar stets vor, die Gewerkschaftsbewegung fördern zu wollen, verzögerten jedoch durch zahlreiche **hemmende Eingriffe** einen schnellen organisatorischen Neuaufbau. So verlangten sie nicht nur einen Aufbau »von unten«, sondern ließen Gewerkschaften zudem zunächst nur auf örtlicher Ebene zu. Erst allmählich gestatteten sie die organisatorische Zusammenfassung der einzelnen lokalen Gruppen auf der Ebene der Länder bzw. der Zone. Zentralistische Organisationsvorstellungen zahlreicher deutscher Gewerkschafter stießen bei den Westalliierten dabei jedoch auf dezidierten Widerstand *(vgl. Schuster, 1973, S.79)*.

Auch wenn die Verzögerungsstrategie der Westalliierten zur Folge hatte, „daß die Gewerkschaften als handlungsfähiger politischer Faktor nicht gleich auf den Plan treten konnten und ihre Energien durch den von außen bürokratisierten Aufbau absorbiert wurden" *(Kleßmann, 1982, S.128)*, nahm der **organisatorische Zusammenschluß** zunehmend konkretere Züge an *(vgl. Karl, 1949, S.121ff.)*. Zwar erlaubten Franzosen und Amerikaner lediglich zentrale Organisationen auf Landesebene, in der britischen Zone konnte jedoch schon im April 1947 auf Zonenebene ein »Deutscher Gewerkschaftsbund« gegründet werden. Die Errichtung der Bizone führte am 6. November 1947 zur Bildung des Gewerkschaftsrates, dem sich ein Jahr später die Gewerkschaftsvertreter der französischen Zone anschließen konnten *(vgl. Karl, 1949, S.121ff.)*. Trotz mehrerer **Interzonen-Konferenzen** zwischen 1946 und 1948 kam es vor dem Hintergrund der wachsenden Ost-West-Konfrontation nicht mehr zu einem geplanten gesamtdeutschen Gewerkschaftskongreß. Stattdessen fand der organisatorische Neuaufbau im Oktober 1949 mit dem Zusammenschluß der Gewerkschaftsbünde der Westzonen zum **Deutschen Gewerkschaftsbund** (DGB), der als Dachverband 16 Einzelgewerkschaften vereinigte, seinen Abschluß. Obwohl diese Gewerkschaften für alle Arbeitnehmergruppen offen waren, scheiterte die Einbeziehung der bereits 1946 gebildeten **Deutschen Angestellten-Gewerkschaft** (DAG) in den DGB. Ebenfalls außerhalb des DGB schufen sich die Beamten mit dem 1950 neu gegründeten **Deutschen Beamtenbund** eine eigene Organisation. Allen administrativen Behinderungen zum Trotz erreichten die Gewerkschaften sehr schnell beachtliche Mitgliederzahlen; in der britischen Zone stieg die Zahl der Mitglieder von ca. 1,2 Mio. im Juni 1946 auf 2,526 Mio. im Frühjahr 1948. Ende 1948 wurden in den Westzonen bei 12,028 Mio. Beschäftigten bereits 4,779 Mio. Gewerkschaftsmitglieder gezählt *(vgl. Schuster, 1973, S.79)*.

Ähnlich wie bei den Gewerkschaften verlief der Neuaufbau **politischer Parteien**. Auch hier entstanden bereits unmittelbar nach Kriegsende erste Organisationen auf lokaler Ebene; ihre organisatorische Weiterentwicklung wurde jedoch gleichfalls durch zahlreiche Auflagen der Besatzungsmächte erschwert und verzögert. Während politische Parteien „in der sowjetischen Zone schon im Sommer und in der britischen im September 1945 zonenweit erlaubt wurden, kam es in der amerikanischen und vor allem in der französischen Zone erst mit erheblicher Verzögerung zum überlokalen Parteiaufbau" *(Kleß-*

mann, 1982, S.136). Neben der Wiedergründung von **SPD** und **KPD**, die organisatorisch und programmatisch an ihre Traditionen vor 1933 anknüpften, ist als deutlichster „parteigeschichtlicher Neuansatz“ die **Christlich-Demokratische Union** (CDU) hervorzuheben, die programmatisch den Charakter einer breiten bürgerlichen Sammlungsbewegung trug und in sich unterschiedlichste ideologische und regionale Parteitraditionen vereinigte *(vgl. Flechtheim, 1963; Kleßmann, 1982, S.142f.)*. Wieder aufgebaut wurden auch **liberale Parteien** sowie das **Zentrum**, das jedoch nicht mehr jenen Einfluß erreichte, den es in der Zeit der Weimarer Republik besessen hatte.

Auch die Parteien konnten trotz der mannigfaltigen Alltagsprobleme schon in dieser Anfangsphase durchaus beachtliche Organisationserfolge verbuchen; die SPD zählte 1947 bereits 875.479 Mitglieder, die CDU ca. 400.000, die CSU 82.189, die KPD 324.214 und die FDP im Jahre 1948 rd. 120.000 *(vgl. näher Kleßmann, 1982, S.434)*.

1.4.2 Neuordnungsvorstellungen der Parteien und Gewerkschaften

Geprägt von den gemeinsamen Erfahrungen im Widerstand und im Exil gab es unmittelbar nach dem Ende der Nazi-Herrschaft bei Politikern aller parteipolitischen Richtungen eine starke Bereitschaft zu **antikapitalistischen Strukturveränderungen**. Eine **Demokratisierung der Wirtschaft** und **Sozialisierungsbestrebungen** wurden nicht nur von SPD und KPD vertreten, entsprechende Pläne hatten auch in der neugegründeten CDU starke Befürworter.

Die SPD bekannte sich ausdrücklich zum **Sozialismus** als einer **Gegenwartsaufgabe** und machte deutlich, daß für sie „der Aufbau eines in Ruinen liegenden Landes nicht nach den Prinzipien einer kapitalistischen Wirtschaft erfolgen könne und dürfe“ *(Miller, 1978, S.15)*, da diese weder die nötige Effektivität besitze, noch den Erfordernissen der Gerechtigkeit genüge. Durch eine **Lenkungswirtschaft** und Sozialisierung sollte auf wirtschaftlichem Gebiet die sozialistische Idee verwirklicht werden. Für die deutsche Volkswirtschaft sollte auf sozialistischer Grundlage ein Ordnungsrahmen geschaffen werden, der „die zu sozialisierenden Grundstoffindustrien und die staatlich kontrollierten Finanzinstitute“ *(SPD, 1947, S.228)* umfassen sollte. Allerdings wollte die SPD keineswegs eine zentralisierte und sich administrativer Anweisung bedienende Planung, basierend auf einer vollständigen Sozialisierung im Sinne von Verstaatlichung *(vgl. Rudzio, 1978, S.1 ff.)*, im Vordergrund stand vielmehr das Konzept der **Sozialgemeinschaften**, das für die Verwaltungs- und Lenkungsorgane der Wirtschaft paritätisch besetzte Gremien vorsah, in denen Produzenten, Gewerkschaften und Gemeinden als Vertreter der Konsumenten sowie Landes- und Sozialgemeinschaften als Vertreter der wirtschaftlichen Belange des gesamten Volkes vertreten sein sollten *(vgl. De Cesare-Müller/Kompe, 1984, S.134)*. Nachdrücklich unterstützt wurden von der SPD die Mitwirkung von Gewerkschaftsvertretern in den Aufsichtsräten der privaten Kapitalgesellschaften sowie das Modell der **paritätischen Wirtschaftskammern**.

Zumindest in der Anfangsphase gab es auch bei der CDU starke »antimonopolistische Kräfte«, die einer Rückkehr zum kapitalistischen System skeptisch gegenüberstanden. In ihren 1945 vorgelegten »**Kölner Leitsätzen**« forderte die CDU, die »Vorherrschaft des Großkapitals, der privaten Monopole und Konzerne ... zu beseitigen«. Bei grundsätzlicher Bejahung des Privateigentums hielt man vor allem eine Vergesellschaftung der Monopole und Schlüsselindustrien für notwendig. Noch das **Ahlener Programm** der CDU vom Februar 1947 stellte fest, daß das kapitalistische Wirtschaftssystem den staatlichen und sozialen Lebensinteressen des deutschen Volkes nicht gerecht geworden sei. Notwendig sei daher eine »Neuordnung von Grund auf«, wobei Inhalt und Ziel dieser sozialen und wirtschaftlichen Neuordnung nicht mehr das kapitalistische Gewinn- und Machtstreben, sondern nur das Wohlergehen des Volkes sein könne. Angestrebt werden sollte eine gemeinwirtschaftliche Ordnung; es wurden dabei die Notwendigkeit einer Vergesellschaftung der Grundstoffindustrien anerkannt und die Beteiligung von Arbeitnehmervertretern in den Aufsichtsräten privater Unternehmen befürwortet *(vgl. Hohlfeld, 1952, S.204)*.

Mit den Vorstellungen der SPD und den frühen Positionen der CDU weitgehend im Einklang standen die Forderungen der **Gewerkschaften** nach einer Neuordnung der deutschen Wirtschaft. Neben der Überführung der Grundstoffindustrien in Gemeineigentum verlangten sie vor allem eine unmittelbare Beteiligung in den Organen der Großbetriebe. Die Betriebsräte sollten in allen sozialen und arbeitsrechtlichen Angelegenheiten der Betriebe ein Mitbestimmungsrecht erhalten und verantwortlich bei der Produktion und der Verteilung des Ertrages mitentscheiden und mitarbeiten können. Ein Hauptziel der Gewerkschaften war zudem die Mitwirkung in der staatlichen Wirtschaftsplanung und in den wirtschaftlichen Selbstverwaltungskörperschaften *(vgl. Bührig, 1950, S.98f.; E. Schmidt, 1973, S.66ff.)*.

Trotz günstiger Ausgangsbedingungen mit einer generellen Aufgeschlossenheit großer Teile der Bevölkerung gegenüber einer grundsätzlichen **Änderung der Gesellschafts- und Wirtschaftsstrukturen** blieben auch diesmal – ungeachtet der Erfahrungen aus der Weimarer Republik, als die angestrebte soziale Neuordnung weitgehend gescheitert war und die restaurativen konservativen Kräfte sich erneut durchgesetzt hatten – **wirtschaftsdemokratische Neuordnungskonzepte** schon in den Ansätzen stecken *(vgl. Huster u.a., 1972)*. Sehr bald schon erwiesen sich die „Prophezeiungen vom Ende des Kapitalismus als Illusion" *(E. Schmidt, 1973, S.73)*. Besondere äußere Umstände, aber auch konzeptionelle und strategische Defizite aufseiten der Arbeiterbewegung, ermöglichten es den neu formierten restaurativen Kräften, mit Unterstützung insbesondere der amerikanischen Besatzungsmacht rasch erneut entscheidenden Einfluß auf die deutsche Politik zu erlangen. Auch dauerte es nicht lange, bis – nunmehr allerdings unter massiver Einwirkung der westlichen Besatzungsmächte – die Auseinandersetzungen um die Realisierung der Forderungen nach Demokratisierung der Wirtschaft und Sozialisierung der Schlüsselindustrien wieder die traditionellen Formen annahmen, wie man sie aus der Weimarer Zeit gewohnt war *(vgl. E. Schmidt, 1973, S.73)*.

2. Gesellschaftliche Rahmenbedingungen der Sozialpolitik

2. 1 Grundgesetz und Länderverfassungen

Mit dem Inkrafttreten des **Grundgesetzes für die Bundesrepublik Deutschland vom 23. Mai 1949** [BGBl.I S.1] ging nicht nur die Gesetzgebungsbefugnis an die verfassungsmäßig berufenen deutschen Instanzen zurück, zugleich wurde damit der Verfassungsrahmen abgesteckt, innerhalb dessen sich die zukünftige Sozialpolitik zu vollziehen hatte. In der Art und Weise, wie das Grundgesetz (GG) diesen Rahmen festlegt, unterscheidet es sich sowohl von der Weimarer Reichsverfassung (WRV) als auch von den meisten nach 1945 geschaffenen **Länderverfassungen**. Im Gegensatz zu diesen äußert sich das GG nur äußerst zurückhaltend hinsichtlich der **sozialen Grundrechte** *(vgl. O.E.Kempen, 1982, S.135)*. Während die WRV eine aus vielen Einzelnormen bestehende soziale Programmatik enthielt, kennt das GG „keine sozialen Grundrechte und keine sonstigen, ausdifferenzierten sozialen Programmsätze" *(Papier, 1988, S.114)*. Stattdessen beschränkt sich das GG mit der Festschreibung des **Sozialstaatsgrundsatzes** in Art. 20 Abs.1 GG nach herrschender Auffassung auf die Formulierung eines **sozialen Staatszieles**. Nach

Art. 20 Abs. 1 GG ist die Bundesrepublik Deutschland ein »demokratischer und sozialer Bundesstaat«. Der darin normierte Sozialstaatsgrundsatz wurde durch Art. 28 Abs. 1 S.1 GG auf die **Bundesländer** erstreckt, deren verfassungsmäßige Ordnung damit ebenfalls den Grundsätzen eines republikanischen, demokratischen und sozialen Rechtsstaates entsprechen muß *(vgl. v. Maydell, 1986c, S.361; Papier, 1988, S.114)*. Einen besonderen Rang erhielt dieses Sozialstaatspostulat allerdings dadurch, daß es wie die sonstigen »Grundsätze« aufgrund von Art. 79 Abs. 3 GG zu den **unabänderlichen Bestandteilen** des Grundgesetzes gehört *(vgl. Hartwich, 1974, S.350)*.

Anders jedoch als bei den in Art. 20 Abs. 1 und Art. 28 Abs. 1 S. 1 GG neben der sozialstaatlichen Zentralnorm erwähnten **Staatsfundamentalnormen** (Demokratie, Bundesstaat, Rechtsstaat) wurde für den Sozialstaatsgrundsatz auf eine nähere **verfassungsmäßige Ausgestaltung** weitgehend verzichtet. Während die übrigen Fundamentalnormen im GG selbst eine nähere Konkretisierung erfuhren, indem der Verfassungsgeber in verschiedenen Einzelnormen eine Inhaltsbestimmung vornahm, lassen sich im GG „nur wenige Bestimmungen (finden), die offensichtlich als Elemente und inhaltliche Präzisierung des »sozialen Staates« nach Art. 20 Abs. 1 GG gelten müssen" *(Hartwich, 1974, S.351)*. Insgesamt erschöpfen sich die verfassungsmäßigen Direktiven in diesem Punkt in einer allgemeinen Zielvorgabe *(vgl. Zacher, 1977, S.152ff.; Benda, 1985, S.95ff.; Gruss, 1951; Schnapp, 1970, S.199ff.; Papier, 1988, S.115)*.

In dieser Vorgehensweise unterscheidet sich das GG von den meisten nach 1945 ergangenen Länderverfassungen, die sich erstmals in der deutschen Verfassungsgeschichte ausdrücklich zum **Sozialstaatsprinzip** bekannt haben und in diesem Punkt dem GG als Vorbilder dienten. Im Gegensatz zum GG enthalten sie neben der sozialstaatlichen Zentralnorm in unterschiedlichem Umfange spezifische **soziale Programmsätze**.

In der Tat finden sich in den meisten Länderverfassungen umfangreiche Kataloge von Verfassungsbestimmungen über Arbeit, Arbeitnehmerschaft, Arbeitsbedingungen, Arbeitsrecht und Schlichtungswesen. Die Arbeit wurde in allen Verfassungen unter den besonderen Schutz des Staates gestellt, in den Verfassungen Hessens (Art. 28), Bremens (Art. 8 und 49) sowie Badens (Art. 37) sogar ausdrücklich ein Recht auf Arbeit statuiert. Nahezu durchgängig wurden zudem explizit die Koalitionsfreiheit garantiert, die Tarifvertragsfreiheit der Verbände und das Streikrecht anerkannt (dabei erklärte die hessische Verfassung in Art. 29 die Aussperrung für rechtswidrig). Ergänzend verbürgen verschiedene Verfassungen zahlreiche einzelne soziale Grundrechte (z. B. Ansprüche auf gerechten Lohn, ausreichende Freizeit und Urlaub, den 8-Stunden-Tag, Arbeitsschutz). Außerdem sichern einzelne Verfassungen in unterschiedlichem Maße die Mitwirkung und Mitbestimmung der Arbeitnehmer verfassungsmäßig ab und schränken die Entfaltungsfreiheit der Unternehmen deutlich ein *(vgl. Hartwich, 1970; Hartwich, 1974, S.349ff.)*.

Für die Entscheidung des Verfassungsgebers, im GG auf einzelne verfassungsrechtliche Normen mit sozialpolitischem Inhalt zu verzichten, waren sowohl bestimmte Rahmenbedingungen der Entstehungsgeschichte des GG als auch die wesentlichen **Grundziele der politischen Parteien** maßgebend *(vgl. Merkl, 1965; Sörgel, 1969; Hartwich, 1974, S. 358)*. Während im **Parlamentarischen Rat** die Aufnahme der »klassischen« **Grundrechte** in das GG unumstritten war, wurden Grundrechte sozialrechtlicher Art von der überwiegenden Mehrheit als nicht hinreichend konkretisierbar angesehen, um sie als unmittelbar geltendes Recht in der Verfassung festzuschreiben. Dominierend war hier die Auffassung, daß gerade diese Art von Rechten der Ausgestaltung durch den Gesetzgeber bedürfe. Entscheidender noch dürfte allerdings gewesen sein, daß die beiden großen Parteien, CDU wie SPD, wenn auch aufgrund unterschiedlicher Motivationen, die Arbeiten am GG unter dem Aspekt geführt hatten, „daß die künftige Ausgestaltung der Sozialordnung ‚offen' sei und auch durch verfassungsrechtliche Festlegungen im einzelnen nicht blockiert werden dürfe" *(Hartwich, 1974, S.368)*. In der Erwartung auf einen kommenden Wahlsieg war die SPD bestrebt, den Verfassungsrahmen als ein **Provisorium** zu gestalten, das genügend Raum ließ, ihre Sozialstaatskonzeption auf dem Wege der Gesetzgebung zu verwirklichen. Die CDU war umgekehrt daran interessiert, Zeit zu gewinnen, bis die von ihr im Wirtschaftsrat eingeleitete Wirtschaftspolitik jene Erfolge zeigte, von denen sie hoffte, daß sie ihr eine breite parlamentarische Mehrheit sichern würden.

Es sollte sich schon bald zeigen, daß die **Strategie der SPD** nicht aufging. Zum einen verlor das GG schon vor seiner endgültigen Verabschiedung zunehmend den Provisoriumscharakter, zum anderen „war die Situation hinsichtlich der künftigen Gestalt der Sozialordnung nicht mehr wirklich offen", zumal das Fehlen einer „Wirtschaftsverfassung ... die Anerkennung einer prinzipiellen Autonomie ‚der Wirtschaft'" *(Hartwich, 1974, S. 369)* bedeutete. Mit der **Ausklammerung sozialer Grundrechte** blieb die »Verfassung der Wirtschaft« in Westdeutschland, zumindest faktisch „jene seit der Währungsreform etablierte ‚soziale Marktwirtschaft', die den Autonomiebestrebungen des Unternehmertums optimal entsprach, zwar nicht ein für allemal gesichert, wohl aber die Chance ihrer künftigen Bewährung gewahrt" *(Sörgel, 1969, S. 101)*.

Während das Fehlen einer konkreten Ausgestaltung der Sozialrechte bisweilen als Nachteil des GG empfunden wird, heben zahlreiche Kommentatoren vor allem die Bedeutung der Aufnahme der Sozialstaatsnorm in die Verfassung hervor und verweisen darauf, daß damit ein wesentlicher Schritt über Weimar hinaus getan worden sei. „Der neue Staat soll nicht erst von künftigen Parlamentsmehrheiten zum Sozialstaat ausgebaut werden *dürfen*, sondern er ist verfassungsrechtlich *zwingend* als soziales Ordnungsgefüge, d. h. wörtlich genommen, als ein gesellschaftlicher Staat normiert" *(O.E. Kempen, 1982, S. 135)*. Die Fundamentalnorm der Verfassungsstaatlichkeit bringe im Art. 20 Abs. 1 GG in bezug auf die Sozialstaatlichkeit zwar „unmittelbar nur eine Beschreibung des – verfassungsrechtlich gewollten – Zustands des Gemeinwohls zum Ausdruck", seine **normative Kraft** entfalte dieser Verfassungsartikel jedoch dann, „wenn die aktuellen Gegebenheiten der verfassungsrechtlichen Qualifikation des Gemeinwesens nicht (entsprächen)" *(Papier, 1988, S. 114)*. Verwiesen wird zudem darauf, daß entstehungsgeschichtlich der Sozialstaatsgrundsatz des Art. 20 Abs. 1 GG immerhin einen **Bestandsschutz** „für all jene Elemente traditioneller deutscher Sozialstaatlichkeit (darstelle), die dem deutschen Verfassungsgedanken seit der BISMARCK-Zeit eigen ist" *(Hartwich, 1974, S. 373)*.

Auch wenn umstritten ist, ob sich aus dem allgemeinen Sozialstaatsgebot des GG ähnlich den im Grundrechtskatalog verankerten Freiheitsrechten überhaupt **materielle Sozialrechte** ableiten lassen, können gleichwohl einer Reihe von Bestimmungen des GG sozialpolitische Aussagen entnommen werden.

Von Bedeutung sind insbesondere die Freiheiten der Berufswahl und der Berufsausübung (Art. 12 Abs. 1 GG), die Koalitionsfreiheit, die eine verfassungsmäßige Absicherung der Gewerkschaften beinhaltet (Art. 9 Abs. 3 GG), die Gewährleistung (Art. 14 Abs. 1 GG), aber auch die Sozialbindung des Eigentums (Art. 14 Abs. 2 GG) und schließlich die Ermächtigung zur Sozialisierung (Art. 15 GG). Auswirkungen auf den Möglichkeitsbereich praktischer Sozialpolitik haben zudem das Bekenntnis zur Menschenwürde (Art. 1 Abs. 1 GG), die freie Persönlichkeitsentfaltung (Art. 2 Abs. 1 GG), der Gleichheitsgrundsatz (Art. 3 GG) sowie der in Art. 6 GG zugesicherte besondere Schutz von Ehe und Familie. Dagegen läßt sich die Verfassungsmäßigkeit anderer, inzwischen durch Gesetz gewährleisteter sozialer Rechte (vgl. §§ 2 ff. SGB I) nur mittelbar aus dem GG ableiten.

Dessenungeachtet hat die Festlegung des GG allein auf eine sozialstaatliche Zentralnorm die Ableitung von **sozialpolitischen Leitbildern** und **Zielsystemen** zu einer Aufgabe gemacht, die notwendigerweise mit einem weiten Spielraum für **unterschiedliche Interpre-**

tationen verbunden war und ist und die zugleich verschiedenste Auslegungen des Wortes »sozial« mit sich brachte *(vgl. Menger, 1953; Abendroth, 1954; Abendroth, 1966; Hartwich, 1970; Bull, 1973; Fechner, 1973; Niehl, 1975; Pilz, 1978).* Um die **inhaltliche Ausdeutung** des Sozialstaatsprinzips und dessen **Rechtscharakter** ist seit Bestehen des GG eine äußerst kontroverse Auseinandersetzung im Gange, „die bis heute nichts an Aktualität verloren hat" *(v. Maydell, 1986c, S.361).* Wenngleich an dieser Stelle auf die zahlreichen Interpretationsansätze im einzelnen nicht eingegangen werden kann *(vgl. Frerich, 1987, S.22f.)*, bleibt doch festzuhalten, daß eine breite Übereinstimmung darin besteht, daß die konkrete Ausgestaltung der **Wirtschafts- und Sozialordnung** ein politisches Problem bleibt und das GG hierzu keine Vorentscheidung getroffen hat. Grundgesetzlich verankert sehen die meisten Autoren lediglich „Rahmen und Spannungsverhältnis, in dem diese Gesellschaftsordnung eingebettet ist" *(Neumann/Schaper, 1981, S.35).* Dagegen ist die nach 1949 entstandene Wirtschafts- und Sozialordnung nur eine nach dem GG mögliche Ordnung, keineswegs aber die allein mögliche. „Andere Sozialstaats-Leitbilder und eine andere Wirtschaftsordnung als die ‚soziale Marktwirtschaft' sind ebenso wie sozialpolitische Veränderungen des ‚Status quo' unserer Gesellschaftsordnung verfassungskonform" *(Neumann/Schaper, 1981, S.35; vgl. auch Lampert, 1990a).*

Wiederholt hat das BVerfG gerade die **wirtschaftspolitische Neutralität** des GG hervorgehoben, die es dem Gesetzgeber ermöglicht, die ihm jeweils sachgemäß erscheinende Wirtschaftspolitik zu verfolgen, sofern er dabei das GG beachtet [BVerfGE 50, S.290 ff.; BVerfGE 4, S.7, 17 f.]. Dies bedeutet jedoch keineswegs, daß dem Parlament die Verfolgung jeder beliebigen Wirtschaftspolitik gestattet ist *(vgl. O.E. Kempen, 1982, S.136)*; entsprechendes gilt auch für die sozialpolitischen Aktivitäten des Gesetzgebers. Der Sozialstaatsgrundsatz – so jedenfalls die herrschende Meinung und die Rechtsprechung – ermächtigt zwar den Gesetzgeber, leistend und sozialgestaltend tätig zu werden, und erteilt ihm sogar einen **Handlungsauftrag**, einen angemessenen Ausgleich der widerstreitenden Interessen und erträgliche Lebensbedingungen für Notleidende herbeizuführen [BVerfGE 1, S.97, 105], er legitimiert jedoch nicht zu beliebiger Sozialgestaltung. Das „grundgesetzliche Bekenntnis zum Sozialstaat (steht) in einem Spannungsverhältnis zu anderen grundlegenden Verfassungsprinzipien wie vor allem der **Rechtsstaatlichkeit** und dem **Gleichheitsgrundsatz**. Dieses Spannungsverhältnis darf nicht einseitig zugunsten der Sozialstaatlichkeit aufgelöst werden. Auch stehen die gewachsenen sozialen Institutionen nicht beliebig zur Disposition" *(v. Maydell, 1986c, S.363).*

Auch wenn das Sozialstaatsprinzip nicht unmittelbar „als Grundlage administrativer Eingriffe in die Sphäre des einzelnen" *(Zacher, 1979, S.159)* genommen werden kann und die Auffassung vorherrscht, daß es zu unbestimmt sei, um eine tragfähige Grundlage für bestimmte **soziale Leistungsansprüche** zu bilden, ist das Sozialstaatsprinzip nicht ohne **rechtliche Wirkung**; es ist nicht nur eine Schranke für den Gesetzgeber, sondern vor allen Dingen ein Argument für **politisches und administratives Handeln** sowie eine Grundlage der Beurteilung und Auslegung von Gesetzen. Dabei ist die Offenheit und Allgemeinheit von erheblicher Bedeutung im Hinblick auf die typische **Dynamik** dieses Bereichs der Gesellschaftspolitik. In diesem Sinne ist insbesondere der Bundesgesetzgeber gefordert, überträgt doch der Art. 74 GG dem Bund die Zuständigkeit zur konkurrierenden Gesetzgebung für wesentliche Bereiche der Sozialpolitik *(vgl. Auerbach, 1949, S. 401ff.).*

Selbst für den Kernbereich der Sozialpolitik, die **Sozialversicherung**, setzt das GG lediglich Rahmenbedingungen. Eine verfassungsmäßige Gewährleistung des Systems der Sozialversicherung ist nach herrschender Auffassung aus Art. 20 Abs. 1 GG nicht abzuleiten. Allerdings gestattet dieser Artikel auch nicht, das gesamte System der Sozialversicherung oder Teile davon „vollständig und ersatzlos abzuschaffen" *(Gitter/Oberender, 1987, S.67; vgl. auch Wannagat, 1965, S.223f.).* Nicht verlangt wird vom Sozialstaatsprinzip aber eine bestimmte Form oder Organisation der Sozialversicherung *(vgl. Gitter, 1985 a, S.83).* Grundsätzlich besteht die Möglichkeit, die von der Verfassung geforderte **soziale Sicherheit** und soziale Gerechtigkeit auch mittels prinzipiell anders strukturierter „umfassender Systeme der Sozialen Sicherung" [BVerfGE 45, 376, 387] zu gewährleisten *(vgl. auch Schnapp, 1970, S.199ff.).* Durchaus denkbar wäre z. B. auch, das derzeitige auf einer sozialen Selbstverwaltung beruhende Sozialversicherungssystem durch ein unmittelbar staatlich organisiertes und aus Staatsmitteln finanziertes System kollektiver Fürsorge (z. B. nach skandinavischem Muster) zu ersetzen *(vgl. Wannagat, 1965, S.224 ff.; Gitter, 1985 a, S.83).*

2. 2 Sozio-ökonomische Rahmenbedingungen

2. 2. 1 Entscheidung für die soziale Marktwirtschaft

Richtungweisend für die wirtschaftliche und soziale Entwicklung der Bundesrepublik Deutschland nach 1949 war ohne jeden Zweifel die noch in der Zeit des Wirtschaftsrates gefallene Entscheidung zugunsten der Einführung der **»sozialen Marktwirtschaft«** *(vgl. Neumann/Schaper, 1981, S.22).* Das mit diesem Begriff bezeichnete Konzept war in Ansätzen bereits vor 1945 entwickelt worden. Nach dem Zusammenbruch setzte sich eine Reihe maßgebender Wissenschaftler – allen voran A. MÜLLER-ARMACK, W. EUCKEN, W. RÖPKE und L. ERHARD – dafür ein, das wirtschaftspolitische Leitbild der sozialen Marktwirtschaft zur Grundlage der wirtschaftlichen Neuordnung zu machen *(vgl. Müller-Armack, 1947; Müller-Armack, 1956, S.390ff.; Eucken, 1948, S.56ff.; Eucken, 1952; v. Hayek, 1952; Röpke, 1979).* Ausgehend von den Erfahrungen mit der Wirtschaftslenkung in der Sowjetunion und im Dritten Reich sowie der Forderung des Ordoliberalismus nach staatlicher Gewährleistung eines **funktionsfähigen Wettbewerbs** forderten die Befürworter der sozialen Marktwirtschaft, die unternehmerische Initiative wieder voll für die Wirtschaft nutzbar zu machen. Dies sollte jedoch nicht zu einem Konkurrenzkapitalismus traditioneller Prägung führen, sondern zu einer um deutliche **soziale Komponenten** ergänzten **Marktwirtschaft**. Zentrales Element der Wirtschaftsordnung sollte die **Konsumentensouveränität** sein; angestrebt wurde ein Angebot größerer und mannigfaltiger Gütermengen zu Preisen, die der Konsument durch seine Nachfrage entscheidend mitbestimmt. Unter **Wahrung des Subsidiaritätsprinzips** sollte der Staat lediglich dort korrigierend eingreifen, wo ein Versagen des Marktes zu befürchten war *(vgl. Harbusch/Wiek, 1975; Stützel/Watrin/Willgerodt/Hohmann, 1981; Schuon, 1984, S.697; Pohl, 1986).*

Daß sich das ordnungspolitische Konzept der sozialen Marktwirtschaft schließlich durchsetzen würde, war nach dem totalen Zusammenbruch und der sich daraus ergebenden Notwendigkeit, über eine **wirtschaftliche Neuordnung** zu entscheiden, keineswegs abzusehen gewesen. Tatsächlich gab es in der Bevölkerung eine „übergroße und unter den damaligen Verhältnissen durchaus verständliche Neigung, das wenige noch Vorhandene zentral zu verwalten, zu verplanen und möglichst gerecht zu verteilen" *(Biedenkopf, 1975, S.47).* Der **Stimmung in der Bevölkerung** entsprachen zunächst auch die wirtschaftspolitischen Vorstellungen der Parteien. Nicht nur die SPD forderte eine **sozialistische Neugestaltung**, auch die CDU verlangte in ihren »Kölner Leitsätzen« von 1945 und im Ahlener Wirtschaftsprogramm von 1947 eine sichtbar antikapitalistisch ausgerichtete wirtschaftliche Neuordnung *(vgl. S.15f.).* Lediglich die FDP befürwortete von Beginn an eine auf der Stärkung des Privateigentums und des freien Wettbewerbs basierende Gestaltung der Wirtschaft.

Die starke **sozialistische Tendenz** in der Bevölkerung und bei den Parteien drückte sich auch in zahlreichen Bestimmungen noch 1946/47 verabschiedeter Länderverfassungen aus. Eine **Sozialisierungskompetenz** des Staates wurde u.a. in den Verfassungen von Hessen, Bayern und Bremen verankert, um Schlüsselindustrien, insbesondere Schwerindustrie und Energiewirtschaft, sowie Banken in Gemeineigentum überführen zu können. Konkrete Sozialisierungsbestrebungen in den Ländern scheiterten jedoch entweder an fehlenden parlamentarischen Mehrheiten oder am **Veto der Besatzungsmächte**.

Besonders nachdrücklich zeigten sich die amerikanischen Vorbehalte im Zusammenhang mit den Auseinandersetzungen um die hessische Verfassung im Dezember 1946. Obgleich sich 71,9 % der Stimmberechtigten in der vom amerikanischen Militärgouverneur angeordneten Sonderabstimmung für die in Art. 41 der hessischen Verfassung niedergelegten Sozialisierungsbestimmungen aussprachen, behinderten die amerikanischen Behörden massiv die Durchführung dieses Verfassungsauftrages *(vgl. E. Schmidt, 1973, S.85)*.

Der **Umschwung** zugunsten einer marktwirtschaftlichen Gestaltung der Wirtschaft wurde erst spürbar, als die USA im Zuge des sich verschärfenden **Ost-West-Gegensatzes** eine neue wirtschaftliche Konzeption für Europa entwickelten, deren Hauptzweck nunmehr ganz in der **Abwehr sowjetischer Expansionsbestrebungen** bestand. In dem hierfür entwickelten Konzept, das mittels umfangreicher amerikanischer Finanzhilfen einen dauerhaften wirtschaftlichen Aufschwung Europas anstrebte, kam dem reaktivierten westdeutschen Wirtschaftspotential eine strategische Schlüsselrolle zu. Diese auszufüllen war nach Auffassung der Amerikaner indessen nur durch eine freie Entfaltung unternehmerischer Initiativen, nicht durch sozialistische Umgestaltung möglich. Zwar war die in **Großbritannien** regierende Labour Party durchaus aufgeschlossen gegenüber Vergesellschaftungsplänen, die kriegsbedingte finanzielle Abhängigkeit von den USA führte jedoch dazu, daß die amerikanische Besatzungsmacht schnell einen dominierenden Einfluß auf die Wirtschaftspolitik in den Westzonen erlangte.

Unterstützung fanden die geänderten wirtschaftspolitischen Vorstellungen der USA zunehmend in der CDU, wo sich allmählich jene Kräfte durchsetzten, die eine Lösung der wirtschaftlichen und sozialen Probleme im Nachkriegsdeutschland nur auf der Basis einer **Restauration marktwirtschaftlich-kapitalistischer Strukturen** der Wirtschafts- und Gesellschaftsordnung – relativiert durch sozialstaatliche Prinzipien – für möglich hielten. Den Befürwortern einer auf die Autonomie der Wirtschaft setzenden Ordnung kam dabei der Umstand entgegen, „daß es den Staat, den die Verfechter der Verwaltungs- und Planwirtschaft zur Verwirklichung ihres Konzeptes brauchten, (noch) nicht gab" *(Biedenkopf, 1975, S.48)*. Tatsächlich fiel die Entscheidung über den einzuschlagenden wirtschaftspolitischen Weg zu einem Zeitpunkt, als sich die Bundesrepublik noch nicht als Staat konstituiert hatte.

Präjudiziert durch die Politik der Besatzungsmächte wurden die entscheidenden **Weichen** in Richtung auf die »soziale Marktwirtschaft« bereits durch den Wirtschaftsrat gestellt, in dem die CDU mit dem von ihr gestellten Wirtschaftsdirektor LUDWIG ERHARD die Mehrheit besaß. Der von ERHARD offensiv vertretenen Politik des **Abbaus aller Bewirtschaftungsvorschriften** und der Einführung **freier Wettbewerbsverhältnisse** kamen die 1948 einsetzende US-Finanzhilfe im Rahmen des **Marshall-Planes** und die im selben Jahr von den Westalliierten in ihren Zonen durchgeführte **Währungsreform** ausgesprochen entgegen. Vor diesem Hintergrund konnte mit dem **Gesetz über die Leitsätze**

für die Bewirtschaftung und Preispolitik nach der Geldreform vom 24. Juni 1948 [WiGBl. S.59] die **soziale Marktwirtschaft** zur Wirtschaftsordnung der entstehenden Bundesrepublik Deutschland bestimmt werden.

Die Entscheidung zugunsten einer »**kapitalistischen Restauration**« stieß vor allem bei der SPD und den Gewerkschaften auf erbitterten Widerstand. Sie fühlten sich durch die massive Einflußnahme insbesondere der US-Besatzungsmacht um die Entscheidung über die Ordnung von Staat und Wirtschaft geprellt, dies umso mehr, als vieles dafür spricht, daß sich das von ihnen entwickelte und verfochtene Konzept eines »**Demokratischen Sozialismus**« zumindest bis 1946 mit den Vorstellungen der Mehrheit der Bevölkerung gedeckt haben dürfte. Daß sie mit ihren Neuordnungsvorstellungen letztlich unterlagen und auch bereits eingeleitete Sozialisierungsmaßnahmen rückgängig gemacht wurden, lag indessen nicht nur an den Vorbehalten der Militärbehörden. Neben der weltpolitischen Situation und ihren Auswirkungen auf die Macht- und Interessenstrukturen in Deutschland war es auch die **Machtpolitik** STALINS (zumal die Form der Besatzungspolitik in der sowjetischen Zone), die sozialistisch orientierte Konzepte desavouierte; hinzu traten strategische Fehleinschätzungen und nicht zuletzt der Zeitfaktor, der dazu beitrug, daß die Überwindung der schlimmsten Not von der Bevölkerung ohne weitere Überlegungen als Erfolg der Politik des Wirtschaftsrates gewertet wurde.

Die allmähliche Besserung der Lebensverhältnisse war sicherlich auch ein Hauptgrund dafür, daß in der **ersten Bundestagswahl**, die während des Wahlkampfes zu einer Entscheidung über die Wirtschafts- und Sozialordnung hochstilisiert worden war, sich eine – wenn auch zunächst kleine – Mehrheit der Bevölkerung für das Konzept der **sozialen Marktwirtschaft** entschied. Konnte diese Entscheidung von den Gegnern einer marktwirtschaftlichen Ordnung noch als Zufallsergebnis abgetan werden, erfuhr die soziale Marktwirtschaft vor allem ab Mitte der ersten Hälfte der 50er Jahre, als die wirtschaftlichen Erfolge auch für breitere Bevölkerungskreise erfahrbar wurden, eine stetig **wachsende Akzeptanz**.

2.2.2 Wirtschaftswunder und Sozialpartnerschaft

Die Entscheidung zugunsten der sozialen Marktwirtschaft markierte zusammen mit der Währungsreform den Beginn einer ungeahnten **Mobilisierung aller wirtschaftlichen Kräfte**, in deren Rahmen eine gezielte Vollbeschäftigungs- und Wachstumspolitik zu einer steilen Aufwärtsentwicklung – zum sog. »**Wirtschaftswunder**« – führte. Insbesondere die Art und Weise des erstaunlich raschen und dynamischen wirtschaftlichen Wiederaufbaus haben „über viele Jahre hinaus die ökonomischen und sozialen Strukturen ... bestimmt, auch geistige Einstellungen und politische Haltungen geprägt" *(Matthöfer, 1979, S.280)*. Auch wenn die **Erfolge** der sozialen Marktwirtschaft beim Wiederaufbau außer Zweifel stehen und die Kritik an ihr in dem Maße verstummte, wie die ersten wirtschaftlichen Aufwärtsentwicklungen sichtbar wurden, darf nicht übersehen werden, daß die auf diesem Konzept basierende Wirtschaftspolitik von günstigen Rahmenbedingungen profitierte und in der Anfangsphase nicht zögerte, auch systemwidrige Instrumente einzusetzen.

Der Staat beschränkte sich beim Auslösen der **wirtschaftlichen Dynamik** jener Jahre nicht nur auf „die Befreiung des Wirtschaftslebens von den Fesseln der Zwangs- und Mangelwirtschaft" *(Matthöfer, 1979, S.280)*, sondern ergriff auch gezielte und durchgreifende **wirtschaftslenkende Maßnahmen**. Um die **Eigeninitiative** der Unternehmungen zu stärken und die **Investitionstätigkeit** nach der Währungsreform anzuregen, wurden bei hohen Steuersätzen für den normalen Steuerzahler außerordentlich **hohe Steuervergünstigungen** für Investitionen gewährt. Die „auf breiter Front durchgeführte Politik der Investitionsförderung und damit gleichzeitig eine umfassende Erneuerung und Modernisierung des wirtschaftlichen Produktionsapparates" *(Matthöfer, 1979, S.280)* trugen schon im Anfangsstadium wesentlich zum Aufschwung der Wirtschaft bei *(vgl. Kroll, 1958).*

Entscheidende »wirtschaftslenkende« Effekte gingen gerade in den Nachkriegsjahren vom Steuersystem aus. Eine steuerliche Entlastung und damit geradezu einen Zwang zu Neuinvestitionen brachten vor allem die extrem günstigen Abschreibungsregelungen. Neben dem § 7 EStG, der in den ersten Wiederaufbaujahren ein hohes Maß an Abschreibungen ermöglichte, sah der § 7a EStG ab 21. Juli 1948 die Bewertungsfreiheit für »Ersatzbeschaffung« vor; daneben führten die 1949 geschaffenen Abschreibungsmöglichkeiten der §§ 7b und 7c EStG zu einer erheblichen Förderung des Wohnungsbaus. Ferner wurde mit dem § 7d EStG eine Bewertungsfreiheit für Schiffe und ab 1949 mit dem § 7e EStG die Bewertungsfreiheit für Fabrikgebäude und landwirtschaftliche Betriebsgebäude eingeführt. Letztere Regelung sah neben der Normalabschreibung zusätzliche Abschreibungen von 10% in den ersten beiden Jahren vor. Einen weiteren Finanzierungsvorteil für die Privatwirtschaft bedeutete auch die 1952 eingeführte degressive Abschreibung. Außerdem brachte das Investitionshilfegesetz von 1952 für Investitionen im Bereich der Grundstoffindustrie Sonderabschreibungsmöglichkeiten von bis zu 50% im ersten Jahr. Schätzungen zufolge ergaben die verschiedenen Maßnahmen in den Jahren 1949–1956 Steuervorteile für die Unternehmen in Höhe von rd. 50 Mrd. DM *(vgl. Matthöfer, 1979, S.280ff.).*

Ergänzt wurden die steuerlichen Maßnahmen der Wirtschaftspolitik durch gezielte Investitionshilfen, eine Wirtschaftsbelebung mittels Kreditausweitung, eine allgemeine Exportförderung sowie die Abwertung der DM *(vgl. Stolper/Häuser/Borchardt, 1966, S.262f.; Oberhauser, 1963, S.154ff.; Wallich, 1955).* Darüber hinaus wurden spezielle **Arbeitsbeschaffungsprogramme** realisiert, die insbesondere den überwiegend strukturellen Charakter der vorhandenen Arbeitslosigkeit berücksichtigten *(vgl. Kleinhenz/Lampert, 1971, S.110ff.; Henning, 1978, S.193ff.).*

Begünstigt wurde der Wirtschaftsaufschwung weiterhin durch den enormen **Nachholbedarf an Produkten** bei der gesamten Bevölkerung sowie durch den Umstand, daß ein großes qualifiziertes **Arbeitskräftepotential** zur Verfügung stand, das überdies durch den Zustrom von Flüchtlingen und Vertriebenen ständig aufgefüllt wurde. Von den Heimatvertriebenen gingen zudem positive Impulse in bezug auf die regionale Wirtschaftsstruktur aus; aufgrund ihrer Mobilität wurden durch sie gerade in den unterentwickelten ländlichen Gebieten in bedeutendem Umfange mittelständische gewerbliche Unternehmen gegründet *(vgl. Henning, 1978, S.205).* Von Bedeutung waren ferner die am Weltmarkt orientierte Struktur des deutschen Güterangebots sowie der forcierte Wiederaufbau des **schwerindustriellen Potentials** an Rhein und Ruhr, der nicht zuletzt durch eine veränderte Haltung der Westalliierten hinsichtlich einer deutschen Wiederaufrüstung ermöglicht wurde. Hinzu traten positive Effekte der **Marshall-Plan-Hilfe** und günstige weltwirtschaftliche Begleitumstände (**Korea-Boom**).

Aus dem Zusammenwirken all dieser Faktoren resultierte zwar bereits nach kurzer Zeit eine deutliche Belebung der Konjunktur, die ihrerseits den wirtschaftlichen Spielraum für die Lösung sozialer Aufgaben entscheidend ausweitete *(vgl. Kleinhenz/Lampert, 1971, S.110ff.; Henning, 1978, S.193ff.),* die einseitige Wirtschaftsförderung hatte aber auch zur Folge, daß andere öffentliche Aufgaben vernachlässigt und die Lösung gesellschaftlicher Probleme hinausgeschoben wurden. Zugleich produzierte das durch die soziale Marktwirtschaft induzierte »Wirtschaftswunder« erhebliche **soziale Ungerechtigkeiten** und trug viel zur Einseitigkeit der Vermögensbildung bei; hohen Gewinnen und einer dadurch verschärften **einseitigen Vermögenskonzentration** in Unternehmerhand sowie hohen Selbstfinanzierungsquoten der Industrie standen eine zunächst nur mäßige

Verbesserung der Einkommenssituation der Masse der Arbeitenden und sogar eine partielle Verarmung von Hunderttausenden von Sozialleistungsempfängern gegenüber.

Tabelle 1: Demographische Entwicklung 1946–1976

Jahr	Wohnbevölkerung (Jahresende)			Geburten		Wanderungsbewegung		
	insgesamt	Frauen	65 Jahre und älter	insgesamt	Saldo	Zuzüge insgesamt	darunter Ausländer	Saldo
	in 1.000	Anteil in %						in 1.000
1946	46.456,1	55,3	–	732.900	+ 144.667	–	–	–
1948	48.842,7	54,0	–	806.100	+ 290.982	–	–	+ 906,9
1950	50.336,1	53,5	9,32	812.800	+ 284.088	433.570	–	+ 416,3
1952	51.051,9	53,5	9,77	799.100	+ 253.117	320.019	–	+ 72,8
1954	52.126,8	53,4	10,05	816.000	+ 260.569	408.119	45.206	+ 226,6
1956	53.318,8	53,3	10,29	855.900	+ 256.474	556.814	80.147	+ 348,2
1958	54.606,0	53,3	10,39	904.500	+ 307.160	438.809	106.407	+ 305,0
1960	55.784,8	53,1	10,90	968.629	+ 325.667	620.397	317.685	+ 335,8
1962	57.247,2	52,8	11,35	1.018.522	+ 373.733	620.833	494.481	+ 283,3
1964	58.587,5	52,6	11,81	1.065.437	+ 421.309	778.159	625.484	+ 301,5
1966	59.792,9	52,5	12,30	1.050.345	+ 364.024	745.693	632.496	+ 131,6
1968	60.463,0	52,5	12,82	969.825	+ 235.777	686.080	589.562	+ 278,3
1970	61.001,2	52,3	13,31	810.808	+ 75.695	1.072.442	976.232	+ 575,2
1972	61.809,4	52,2	13,75	701.214	– 30.050	903.076	787.162	+ 330,5
1974	61.991,5	52,2	14,30	626.373	– 101.138	629.786	538.574	– 9,3
1976	61.442,0	52,4	14,86	602.851	– 130.289	488.667	387.303	– 72,3

Quellen: Statistisches Jahrbuch für die Bundesrepublik Deutschland, versch. Jge.

Defizite wies das Konzept der sozialen Marktwirtschaft aber nicht nur in bezug auf die soziale Komponente auf; schon frühzeitig zeichnete sich eine fortschreitende **Unternehmenskonzentration** ab, die „zunehmend die von der Theorie der sozialen Marktwirtschaft postulierte Selbststeuerungsfähigkeit der Wirtschaft über den Markt in Frage stellte" *(Schuon, 1984, S.698)*. Zwar wurde versucht, mit dem **Gesetz gegen Wettbewerbsbeschränkungen** (Kartellgesetz) **vom 27. Juli 1957** [BGBl.I S.1081] dieser Entwicklung entgegenzusteuern, dennoch haben sich Marktbeherrschung und Marktmacht einzelner Unternehmen auch in den folgenden Jahren noch erhöht.

Die mit der Überwindung der ärgsten Krisenfaktoren der frühen Jahre mögliche volle Entfaltung des wirtschaftlichen Rekonstruktionsprozesses und der in der Folgezeit „ständig wachsende Wohlstand überdeckte(n) die Ungleichheit in der Verteilung der Lasten ... Der reale Einkommenszuwachs schuf vor dem Hintergrund der erlebten Vor- und Nachkriegsmisere eine private Wohlstandsorientierung, auf der die Stabilität der fünfziger Jahre wesentlich aufbaute" *(Kleßmann, 1982, S.226)*.

Daß sich die Bundesrepublik Deutschland in den 50er Jahren zum »ordnungspolitischen Wunderland« Westeuropas entwickelte, wird nicht zuletzt im internationalen Vergleich zu einem wesentlichen Teil auf die Haltung der deutschen **Gewerkschaften** und das daraus entstandene Konzept der sog. »**Sozialpartnerschaft**« zurückgeführt.

Spätestens seit Ende des Zweiten Weltkrieges charakterisierten sich die deutschen Gewerkschaften nicht mehr als autonome Organisationen, „deren Politik einzig und allein von den erklärten Mitgliederinteressen bestimmt wird" *(Bergmann/Jacobi/Müller-Jentsch, 1975, S.17)*. Durch eine Reihe historischer Veränderungen in bezug auf die gewerkschaftliche Organisation, aber auch als Folge der »Institutionalisierung des Klassenkampfes« sowie einer verstärkten ökonomischen Regulierungstätigkeit des Staates entwickelten sich die Gewerkschaften zusehends zu einer Art wirtschafts- und gesellschaftspolitischer »Institution«, deren Politik weitreichenden Einfluß auf makroökonomische Größen hat. Zwar sind sie nach wie vor Interessenorganisationen ihrer Mitglieder, zugleich jedoch gezwungen, die gesamtwirtschaftlichen Folgen ihres Handelns zu berücksichtigen. Als Gegenleistung für die Anerkennung durch Staat, Unternehmen und Rechtsprechung wird von ihnen erwartet, daß sie die Rolle eines »Ordnungsfaktors« spielen – mit der im Interesse des Systems doppelten Funktion, einerseits die „Folgebereitschaft derer, die sie vertreten, zu erhalten und andererseits im Interesse der Stabilität vertretbare materielle Kompromisse auszuhandeln" *(E. Schmidt, 1971, S.8)*.

Eine diesen Vorstellungen entsprechende **kooperative Politik** wird den Gewerkschaften vor allem in der Frage der Lohnpolitik für die 50er Jahre bescheinigt. Trotz vielfach kaum das Existenzminimum deckender Verdienste der Industriearbeiter und einem phasenweise inflationären Preisanstieg übten die Gewerkschaften eine beträchtliche Zurückhaltung, so daß **Verteilungskonflikte** selten waren. Die gewerkschaftliche Lohnpolitik begnügte sich weitgehend damit, die „Prosperität tarifpolitisch auszunutzen, sie jedoch nicht zu gefährden" *(Bergmann/Jacobi/Müller-Jentsch, 1975, S.133)*. Nach dem Scheitern der wirtschaftsdemokratischen Neuordnungsvorstellungen und der Niederlage der vom DGB bei der Bundestagswahl 1953 unterstützten SPD begann in den DGB-Gewerkschaften „ein Prozeß der pragmatischen Anpassung an die sich stabilisierenden kapitalistischen Verhältnisse" *(Bergmann/Jacobi/Müller-Jentsch, 1975, S.133)*. Das **DGB-Aktionsprogramm von 1955** enthielt als weitergehendes Ziel nurmehr die Mitbestimmungsforderung, beschränkte sich jedoch ansonsten auf **traditionelle tarif- und sozialpolitische Forderungen**. Die Verwirklichung dieser Forderungen war vor dem Hintergrund des beachtlichen Wirtschaftswachstums zumindest in einem Umfange möglich (z. B. jährliche Reallohnerhöhungen, schrittweise Verkürzung der tariflichen Arbeitszeit und Verlängerung des Tarifurlaubs), der eine breite, wenn auch passive Loyalität der Mitgliederschaft erzeugte und insgesamt ein im internationalen Vergleich entspanntes **soziales Klima** mit relativ **wenigen Arbeitskämpfen** gewährleistete *(vgl. auch Erdmann, 1966)*.

2. 2. 3 Gesamtwirtschaftliche Eckdaten der sozialpolitischen Entwicklung

Nach der Überwindung bzw. Entschärfung verschiedener Anfangsschwierigkeiten (inflationärer Preisanstieg, wachsende Kluft zwischen Preis- und Lohnentwicklung, strukturelle Produktions- und Versorgungsengpässe vor allem im Energiesektor, anhaltende Arbeitslosigkeit) erreichte die gesamtwirtschaftliche Situation in der Bundesrepublik Mitte der 50er Jahre eine weitgehende **Stabilisierung**. Innerhalb weniger Jahre waren die Produktionskapazitäten in den verschiedenen Wirtschaftssektoren wieder aufgebaut und zugleich an den aktuellen Stand der Technik herangeführt worden. Ab Mitte 1952 setzte eine steile Aufwärtsentwicklung ein, die bis zum ersten großen Einbruch von 1966/67 anhielt. Zwar verlief das reale Wirtschaftswachstum in diesem Zeitraum nicht völlig stetig, die entstehenden **konjunkturellen Schwankungen** blieben jedoch überwiegend auf den Bereich der Zuwachsraten des (realen) BSP beschränkt. Nominal stieg das **BSP** von 98,6 Mrd. DM im Jahre 1950 auf 1.029,4 Mrd. DM im Jahre 1975, real erfuhr es in diesen 25 Jahren praktisch eine Vervierfachung. Die **Zuwachsraten des BSP** betrugen jahresdurchschnittlich nominal 13,1% von 1950 bis 1955, 10,8% von 1955 bis 1960, 8,4% von 1960 bis 1970 und 8,8 % von 1970 bis 1975.

Die **Zahl der Erwerbstätigen** stieg von 20,0 Mio. (1950) auf 26,2 Mio. im Jahre 1960; seitdem blieb diese Zahl weitgehend konstant. Bei rd. 26,1 Mio. Erwerbstätigen waren

1975 rd. 44% der Bevölkerung erwerbstätig (57,1% der männlichen und 30,9% der weiblichen Bevölkerung). Allerdings ist die Erwerbsquote insgesamt und vor allem bei den jüngeren Altersgruppen seit 1955 rückläufig. Zugleich ergaben sich beachtenswerte **strukturelle Verschiebungen**. So stieg die Zahl der abhängig Beschäftigten von 1950 bis 1960 von 13,67 auf 20,26 Mio. und auf 22,47 Mio. im Jahre 1975. Ihr Anteil an der Gesamtzahl der Erwerbstätigen erhöhte sich im selben Zeitraum von 68,4 auf 86,0%. Verändert hat sich auch die innere Struktur der abhängig Beschäftigten; während die Angestellten 1950 erst 15,8% der Erwerbstätigen stellten, waren es 1975 bereits 33,6%; ebenfalls nahezu verdoppelt hat sich in der genannten Periode der Anteil der Beamten an der Gesamtzahl der Erwerbstätigen *(vgl. IW, 1981, 1985; StTB, 1989).*

Tabelle 2: Entwicklung des Sozialbudgets 1950–1990

Jahr	Sozialbudget insgesamt				Sozialleistungsquote in %	Pro-Kopf-Sozialbudget	
	total Mio. DM	Index	darunter (Mio. DM) GRV	darunter (Mio. DM) GKV		DM	Index
1950	16.754	100	3.898	2.521	17,1	333	100
1955	29.498	176	7.748	4.685	16,4	560	168
1960	68.943	412	19.587	9.662	22,7	1.235	371
1965	114.603	684	31.569	15.988	25,0	1.931	580
1970	180.144	1.075	52.224	26.088	26,7	2.952	886
1975	346.598	2.069	101.125	61.142	33,7	5.623	1.689
1980	478.512	2.856	142.585	90.066	32,0	7.788	2.339
1985	575.498	3.435	175.220	114.400	31,1	9.427	2.831
1986	607.875	3.628	178.820	120.188	31,2	9.961	2.991
1987	634.878	3.789	185.835	125.366	31,5	10.384	3.118
1988	662.071	3.952	194.893	134.745	31,2	10.811	3.247
1989[1]	678.465	4.051	204.937	130.362	30,0	10.996	3.302
1990[1]	703.058	4.196	216.500	134.932	29,4	11.270	3.384

1) vorläufig, teilweise geschätzt.
Quellen: Schewe, D. u. a.: Übersicht über die Soziale Sicherung. Stand: 1. April 1977, Bonn Juli 1977, S.26; BArBl., Heft 7-8/1988, Tab. 214 ff.; Sozialbericht 1990, Tab. I-1, S.202, I-4.1, S.207.

Die **Arbeitslosigkeit** *(vgl. S.83)*, die trotz ständig steigender Beschäftigungszahlen infolge der anhaltenden Zuwanderung aus dem Osten zunächst noch ein gravierendes Problem blieb, ging angesichts der enormen Expansion der Wirtschaft ab Mitte der 50er Jahre ebenfalls deutlich zurück; eine anhaltende Nachfrage der Wirtschaft nach Arbeitskräften verbunden mit strukturellen Veränderungen des Erwerbspersonenpotentials (Einführung der Wehrpflicht, Verlängerung der Ausbildungszeiten, Versiegen der Zuwanderung aus der DDR nach dem Mauer-Bau) führten sogar dazu, daß es Anfang der 60er Jahre zu einem **Arbeitskräftemangel** kam, der einen verstärkten Rückgriff auf **ausländische Arbeitskräfte** erforderlich machte *(vgl. Frey, 1982 a, S.55ff.).*

Die Zahl der Arbeitslosen, die sich 1950 noch auf 1,8 Mio. (10,7% Arbeitslosenquote) belief, verringerte sich bis 1955 auf knapp 1,1 Mio. (5,6%). 1960 waren nur noch 271.000 (1,3%) und 1965 147.000 (0,7%) Personen arbeitslos. Das Konjunkturtief 1966/67 führte zu einer Verdreifachung der Zahl der Arbeitslosen und der Arbeitslosenquote. Bereits 1970 waren jedoch wieder nur noch 148.846 Personen (0,7%) arbeitslos. 1973 belief sich die Zahl der Arbeitslosen auf 273.498 Personen (1,2%). Parallel zu dieser Entwicklung der Arbeitslosigkeit (stets Jahresdurchschnittswerte) ergab sich zunächst auch ein Rückgang der Zahl der Kurzarbeiter bis zum Jahre 1965; mit 1.105 Kurzarbeitern wurde im Jahre 1965 der niedrigste Stand der Kurzarbeit in der Geschichte der Bundesrepublik erreicht; nur das Jahr 1969 wies noch eine ähnlich günstige Situation auf. 1973 belief sich die Zahl der Kurzarbeiter auf 43.710, dies entsprach in etwa dem Mittelwert der Jahre 1958/59 *(vgl. auch Tabelle 21, S.83).*

Die günstige wirtschaftliche Entwicklung bewirkte zwar eine allgemeine **Verbesserung der sozialen Lage**, die verfügbaren Einkommen verteilten sich allerdings recht unterschiedlich auf die verschiedenen Gruppen der Erwerbsbevölkerung, wobei auch zu berücksichtigen ist, daß sich der **Anteil der Selbständigen** an der Gesamtzahl der Beschäftigten nachhaltig verringerte (von 1950 bis 1960 von 32 auf 23 %). Vor allem im Jahrzehnt bis 1960 lag die Zunahme der Löhne unter dem Produktivitätsfortschritt *(vgl. Henning, 1978, S.241)*.

Der durchschnittliche Lohnsatz in der Industrie (ohne Energiewirtschaft und Bauhauptgewerbe) belief sich 1950 noch auf 1,28 DM und stieg bis 1955 auf 1,80 DM sowie bis 1960 auf 2,75 DM an. Die (bereinigte) Lohnquote sank im gleichen Zeitraum von 71,0 % auf 65,0 % ab *(vgl. IW, 1990)*. Erst in der Folgezeit lagen die Lohnsteigerungen vielfach über der Produktivitätsentwicklung und führten einerseits zu einer Erhöhung der Lohnquote und andererseits zu nicht unerheblichen Preissteigerungen. 1965 belief sich der durchschnittliche Lohnsatz auf 4,51 DM. Von 1970 bis 1975 stieg der durchschnittliche Lohnsatz von 6,92 auf 12,10 DM an, dem eine Zunahme des Produktivitätsindex von 100,0 auf lediglich 123,7 gegenüberstand *(vgl. Tabelle 24)*.

Tabelle 3: Ökonomische Kennziffern 1950–1976

Jahr	BSP real in Mio. DM[1]	Handelsbilanzsaldo in Mio. DM	Erwerbstätige (JD)[2]		reales BSP je Erwerbstät.-std. 1950 =100	Verbraucherpreise[3] 1950 = 100	durchschnittliches monatl. Einkommen	
			insgesamt in 1.000	abhäng. Beschäftigte in 1.000			DM (nominal)[4]	1950 = 100 (real)
1950	143.600	− 3.012	19.997	13.674	100	100,0	213	100
1952	172.700	+ 702	20.910	14.754	116	110,0	261	111
1954	200.800	+ 2.698	21.995	15.968	138	108,2	293	127
1956	241.300	+ 2.897	23.435	17.483	145	112,9	339	141
1958	264.500	+ 5.862	24.128	18.188	160	117,7	378	151
1960	613.400	+ 5.223	26.247	20.257	184	120,5	432	168
1962	671.700	+ 3.477	26.690	21.032	203	126,9	512	189
1964	738.500	+ 6.081	26.753	21.484	226	133,8	586	206
1966	799.300	+ 7.958	26.801	21.765	247	143,1	683	224
1968	847.900	+ 18.372	25.968	21.183	275	147,3	736	234
1970	957.500	+ 15.670	26.668	22.246	308	157,0	894	267
1972	1.029.000	+ 20.279	26.875	22.841	332	175,1	1.070	287
1974	1.080.800	+ 50.846	26.829	23.036	358	195,7	1.260	302
1976	1.125.000	+ 34.469	25.974	22.512	387	216,8	1.404	304

1) 1950-1958 Bundesgebiet ohne Saarland und Berlin (West), in Preisen von 1962; ab 1960 in Preisen von 1976; 2) in der Abgrenzung der VGR (Inländerkonzept); 3) Vier-Personen-Haushalt mit mittlerem Einkommen; 4) Netto-lohn- und Gehaltssumme je beschäftigtem Arbeitnehmer.
Quellen: Statistisches Jahrbuch für die Bundesrepublik Deutschland, versch. Jge.; WiSt., lfde. Hefte; Jahresgutachten 1987/88 des Sachverständigenrates zur Begutachtung der gesamtwirtschaftlichen Entwicklung.

Trotz der vor allem in den 60er und frühen 70er Jahren positiven Entwicklungen zugunsten der Arbeitnehmer sind beträchtliche sozialpolitische Defizite geblieben. Nach wie vor bestehen zwischen den einzelnen Arbeitnehmergruppen **erhebliche Einkommensdifferenzen**. Deutlich unter den Verdiensten der Männer blieben auch diejenigen der **Frauen**; 1950 verdienten Arbeiterinnen durchschnittlich über 40 % weniger, 1960 etwa 40 % und 1972 immer noch 32 % weniger als die männlichen Arbeiter.

Die Erhöhung des Lebensstandards durch die Lohn- und Gehaltsentwicklung wurde ergänzt durch eine **Verbesserung der Arbeitsbedingungen** (Verkürzung der tariflichen

Arbeitszeit, Erhöhung des Urlaubsanspruchs, Verringerung der Unfallgefährdung am Arbeitsplatz).

Belief sich die durchschnittliche tarifliche Wochenarbeitszeit der Arbeiter bzw. Angestellten in der gewerblichen Wirtschaft und den Gebietskörperschaften 1956 noch auf 47,1 bzw. 47,5 Std., so verringerte sie sich bis 1960 auf 44,1 bzw. 44,5 und bis 1965 auf 42,0 bzw. 43,1 Std. 1970 waren durchschnittliche tarifliche Wochenarbeitszeiten von 40,7 bzw. 41,6 Std. erreicht, die sich bis 1973 noch auf 40,4 bzw. 40,7 Std. verminderten. Anfang der 70er Jahre war also die 40-Stunden-Woche für die Mehrheit der Arbeitnehmer realisiert *(vgl. StTB, 1990, Tab.4.1; Tabelle 24)*.

Auf der anderen Seite war die wirtschaftliche und soziale Situationsveränderung jedoch mit ständigen Wandlungen der technisch-organisatorischen Rahmenbedingungen der Produktions- und Arbeitsprozesse bei gleichzeitig steigenden **Mobilitätsanforderungen** an die Arbeitnehmer verbunden.

„Der einmal erlernte Beruf gab keine Garantie mehr für eine stetige Berufsausübung, da sich sowohl das Berufsbild des erlernten Berufes wandelte und immer neue Anforderungen an den Arbeitnehmer stellte, als auch durch Automatisierung, Rationalisierung und Konzentrationsvorgänge in der Wirtschaft viele traditionelle Berufe verschwanden und völlig neue hinzukamen. Die grundlegenden Strukturveränderungen der Wirtschaft zwangen viele Arbeitnehmer, zwei bis drei verschiedene Tätigkeiten während ihres Arbeitslebens zu erlernen und auszuüben. Der bisher an eine stabile Berufsausübung gewohnte Arbeitnehmer konnte – da nur mangelhaft oder gar nicht vorbereitet auf die Veränderungsprozesse – den wachsenden Anforderungen an seine Mobilität und Anpassungsfähigkeit nicht immer gerecht werden ...“ *(Behrendt, 1977, S.339 f.)*.

2.3 Sozialpolitische Reformüberlegungen

2.3.1 Reformdiskussion der 50er Jahre

Mitte der 50er Jahre hatte sich die wirtschaftliche und soziale Lage der Menschen in der Bundesrepublik Deutschland im Vergleich zur unmittelbaren Nachkriegszeit entscheidend gewandelt. Die Jahre der Not gehörten der Vergangenheit an. Die Wirtschaft hatte sich zunehmend konsolidieren können, und die Arbeitslosigkeit stellte kein Massenphänomen mehr dar. Das tradierte Sozialleistungssystem war restauriert und in verschiedener Hinsicht ergänzt worden; sein Leistungsumfang hatte sich beträchtlich ausgeweitet; materielle und auch personelle Sicherungslücken waren in bemerkenswerter Weise eingegrenzt worden *(vgl. Fehrs, 1955, S.797ff.; H.-Ch. Hansen, 1955, S. 279ff.)*.

Dennoch trat in dieser Situation kein Stillstand in der staatlichen Sozialpolitik ein. Einerseits veränderte sich der gesellschaftspolitische Stellenwert überkommener Aufgaben unübersehbar, andererseits zeichneten sich bereits neue sozial- und verteilungspolitische Aufgaben ab. Zudem schien es nicht mehr ausreichend zu sein, dem Wandel gesellschaftlicher Problemlagen lediglich adaptiv und reaktiv mit Hilfe des tradierten Systems der sozialen Sicherung Rechnung zu tragen; in zunehmendem Maße wurde eine umfassende Sozialreform für dringlich erachtet und ihre Realisierung angesichts ständig steigenden Wohlstands sogar für möglich gehalten *(vgl. u.a. Elsholz, 1955, S.243ff., 1956, S.77ff.; Boettcher, 1957; Hampel, 1970, S.1ff.; Hockerts, 1977, S.341ff.)*.

Als die politischen Entscheidungsträger in der Bundesrepublik Deutschland im Jahre 1953 eine umfassende **Sozialreform** ankündigten, knüpften sie damit an eine bereits bestehende intensive Diskussion an:

Bereits 1952 hatte G. MACKENROTH vor dem Verein für Socialpolitik seine Überlegungen zu einer Reform der Sozialpolitik durch einen deutschen Sozialplan dargelegt. Die Reformvorstellungen MACKENROTHs richteten sich insbesondere auf die Erstellung eines einheitlichen und durch deutliche Prioritäten gekennzeichneten Sozialbudgets und auf dessen Abstimmung mit dem volkswirtschaftlichen Kreislauf; seine Überlegungen führten zu der Forderung nach einer Ausrichtung der verschiedenen Sozialleistungen an den Arbeitseinkommen unter Vermeidung der durch das tradierte Kausalitätsdenken entstandenen Leistungskumulationen *(vgl. Mackenroth, 1952, S.39ff.)*. Diese zukunftsweisenden Überlegungen MACKENROTHs standen nur am Anfang einer umfassenden Diskussion, in deren Verlauf vielfältige Reformpläne und Reformideen konzipiert wurden.

Ähnlich wie G. MACKENROTH entwickelte auch W. AUERBACH einen Gesamtplan zur Sozialreform, der jedoch in Analogie zu bekannten Modellkonstruktionen der Nationalökonomie das Modell einer optimalen Lösung der sozial- und verteilungspolitischen Frage zum Inhalt hatte. Dieses Modell sollte Grundlage für die Ableitung praktisch-politischer Folgerungen sein. Im Vergleich dazu wandte sich G. MACKENROTH unmittelbar den realen Problemen der Sozial- und Verteilungspolitik zu, wie sie sich nach einem halben Jahrzehnt der Erfahrungen mit dem restaurierten Sozialleistungssystem ergeben und verdichtet hatten *(vgl. Auerbach, 1952, S.106ff.; Mackenroth, 1952, S. 39ff.)*.

Wenige Jahre später wurden bereits **umfassende Sozialprogramme** vorgelegt, die ein deutlich verändertes System der sozialen Sicherheit intendierten:

Die sog. »Rothenfelser Denkschrift« von H. ACHINGER u.a. zur »Neuordnung der sozialen Leistungen« schlug eine stärkere Ausrichtung des Sozialleistungssystems an allgemeinen Lebenstatbeständen vor und befürwortete damit eine deutlich finale Prägung der sozialen Sicherheit. Die Abstimmung des Sozialleistungssystems mit der allgemeinen Wirtschaftspolitik, die grundsätzliche Bevorzugung einer Beitragsfinanzierung und schließlich die Zusammenfassung des gesamten Sozialleistungsrechts in einem umfassenden Sozialgesetzbuch stellten weitere wesentliche Programmpunkte der »Rothenfelser Denkschrift« dar *(vgl. Achinger u.a., 1955; vgl. ferner Achinger, 1954; Achinger, 1971)*. Die Programmpunkte der »Rothenfelser Denkschrift« deckten sich überwiegend mit der Grundstruktur des sog. »Schreiber-Plans«, dessen wesentliche Kernstücke in der Konzipierung einer dynamischen Rente für Alte und Hinterbliebene und der sog. Jugendrente im Rahmen des Familienlastenausgleichs zu sehen sind *(vgl. W.Schreiber,1955; W.Schreiber,1957,S.75ff.)*. 1957 folgte ein umfassender »Sozialplan für Deutschland«, der von W. AUERBACH u.a. vorgelegt wurde. Auch dieser Sozialplan zielte auf eine Neuordnung der sozialen Leistungen mit einer stärkeren finalen Ausrichtung bei gleichzeitiger Erhöhung der Klarheit und Geschlossenheit des Systems ab *(vgl. Auerbach u.a., 1957; vgl. ferner Auerbach, 1971)*. Im Gegensatz hierzu weniger bekannt geworden sind die Reformpläne von L. SABEL, F. THIEDING sowie B. SKRODZKI, obschon auch sie zweifellos bedeutsame Ansatzpunkte einer Reform der Sozialleistungen mit grundlegenden Systemkorrekturen enthielten *(vgl. L. Sabel, 1955, S.81ff.; Thieding, 1956, S.328ff.; Skrodzki, 1956)*.

Im Vergleich zu diesen Reformprogrammen wurde das tradierte Sozialleistungssystem von W. BOGS sowie von W. ROHRBACH u.a. weniger stark in Frage gestellt. Das 1954 erstellte Gutachten von W. BOGS enthielt vor allem wertvolle Gedanken zu einer Reform der Rentenversicherung, die die weitere Diskussion wesentlich befruchteten *(vgl. W. Bogs, 1955)*. Die »Kölner Denkschrift« von W. ROHRBACH u. a. setzte sich vor allen Dingen kritisch mit der »Rothenfelser Denkschrift« auseinander, baute aber auch manche Überlegungen von H. ACHINGER u. a. konsequent aus *(vgl. Rohrbach/Roehrbein/Meyrich, 1955)*. Beide Untersuchungen lieferten zugleich grundlegende Ansatzpunkte für die weitere Diskussion in den 50er, aber auch in den beginnenden 60er Jahren, die sich überwiegend auf Einzelprobleme der Neugestaltung des Sozialleistungssystems bezog, ohne jedoch die Gesamtschau völlig zu vernachlässigen *(vgl. v. Bethusy-Huc, 1976, S.79ff.)*.

Von besonderer Bedeutung war in diesem Zusammenhang das Gutachten von H. JECHT, der sich vor allem mit den gesamtwirtschaftlichen Problemen der Produktivitätsrente auseinandersetzte *(vgl. Jecht, 1956)*. Nicht weniger beachtenswert war die Arbeit von G. SCHMÖLDERS, der die Pläne zur Neuordnung der sozialen Leistungen vom finanz- und währungspolitischen Standpunkt kritisch beleuchtete *(vgl. Schmölders, o.J.)*. Auch das Ifo-Institut für Wirtschaftsforschung legte 1956 eine Schrift vor, die – vielfach in deutlichem Gegensatz zu den Auffassungen von H. JECHT und G. SCHMÖLDERS – die gesamtwirtschaftliche Problematik der dynamischen Sozialrente diskutierte *(vgl. Ifo-Institut, 1956; vgl. ferner Albers, 1957; Grohmann, 1965)*. Die Reformdiskussion wurde weiterhin belebt durch Vorschläge der Gesellschaft für Versicherungswissenschaft und -gestaltung *(1954,1955,1958)*, der Gesellschaft für sozialen Fortschritt *(1954, 1955, 1958, 1960)* sowie des Deutschen Vereins für öffentliche und private Fürsorge *(1955, 1958)*. Hinzu kamen bedeutsame Reformvorschläge zu einzelnen Bereichen der sozialen Sicherung von H. ACHINGER, L. PRELLER, H. KÖHRER, H. PETERS, H.-A. BISCHOFF, O. von NELL-BREUNING und W. ALBERS in den Jahren 1954 bis 1960 *(vgl. v. Bethusy-Huc, 1976, S.91 ff.)*. Nicht unterschätzt werden darf auch die gesellschaftspolitische Relevanz vielfältiger Reformvorschläge der verschiedensten Interessenverbände, namentlich der Arbeitgeberorganisationen, der Gewerkschaften, der Ärzteverbände, der Verbände des Versicherungswesens sowie anderer Interessengruppen, und schließlich auch der Parteien und der Ministerien *(vgl. v. Bethusy-Huc, 1976, S.100ff.)*. Wenngleich auch damit typische Interessenverbands-, Partei- und Bürokratiestandpunkte in die Diskussion einflossen, so darf doch auch die damit verbundene sachbezogene Bereicherung der Reformüberlegungen nicht übersehen werden *(vgl. auch Abendroth, 1967; Aktionsgemeinschaft Soziale Marktwirtschaft, 1959; Bank, 1970, S.101 ff.; Budischin, 1976)*.

2.3.2 Reformüberlegungen der 60er und frühen 70er Jahre

Eine gewisse Verdichtung erreichte die sozialpolitische Reformdiskussion Mitte der 60er Jahre mit der sog. **Sozialenquête**, die das tradierte Sozialleistungssystem kritisch beleuchtete und Möglichkeiten einer zukunftsweisenden Gestaltung aufzeigte. Im wesentlichen brachte die Sozialenquête eine Fülle wertvoller Einzelüberlegungen und Modellbetrachtungen für eine rationale Sozialpolitik; indem sie schließlich zu dem Ergebnis kam, daß sich das historisch gewachsene Sozialleistungssystem im wesentlichen bewährt habe, wurde zugleich die Idee einer grundlegenden Neuordnung der sozialen Sicherheit aufgegeben *(vgl. Achinger u.a., 1966)*.

Entsprechend sind auch von politischer Seite die Überlegungen zu einer umfassenden Sozialreform niemals im erforderlichen Umfange konkretisiert worden. Im Gegensatz zu den grundlegenden Neugestaltungsplänen der anfänglichen Reformdiskussion und der Fülle von Einzelvorschlägen im Hinblick auf die verschiedensten Teilbereiche der sozialen Sicherheit konzentrierte sich die parlamentarische Arbeit Mitte der 50er Jahre im wesentlichen auf die Rentenreform, die Reform der gesetzlichen Krankenversicherung sowie die Neuregelung des Familienlastenausgleichs bei gleichzeitiger Fortführung der früher begonnenen sozial- und verteilungspolitischen Aktivitäten *(vgl. v. Bethusy-Huc, 1976, S.139ff.)*.

Erst die späten 60er Jahre ließen in der Bundesrepublik Deutschland erneut und weit verbreitet ein Bewußtsein angestauter, längst überfälliger Reformen entstehen *(vgl. Standfest, 1979, S.56)*. Es hatte sich gezeigt, daß die (markt-)wirtschaftliche Entwicklung zunehmend mit **systemimmanenten Instabilitäten** verbunden war und daß die sozialen Disparitäten und gesellschaftlichen Spannungen sich nicht von selbst lösten, sondern sich vielmehr in einem kumulativen und eigendynamischen Prozeß zu verstärken schienen. Die Forderung nach einer umfassenden Neuorientierung staatlicher Politik zwecks Überwindung tradierter, festgefahrener Strukturen bewirkte einerseits einen »Umschwung der Planungsmentalität« *(vgl. Pankoke, 1977, S.89f.; Mayntz/Scharpf, 1973; Scharpf u.a., 1974; Bartholomäi, 1974, S.57ff.; R. Werner, 1975; Offe, 1975)* und andererseits eine Veränderung gesellschaftspolitischer Leitbilder in Richtung auf »**Lebensqualität**«, »**Chancengleichheit**« und »**Demokratisierung**« *(vgl. Pankoke, 1977, S.89)* als Inbegriff innerer Reformen. Die Sozialpolitik erhielt im Gesamtsystem der Politik einen neuen und herausragenden Stellenwert *(vgl. auch H. Bogs, 1973)*; Skepsis an der Machbarkeit des Angestrebten kam zunächst nicht auf *(vgl. Standfest, 1979, S.56)*; vor allem schien die wirtschaftliche Entwicklung ab Ende der 60er Jahre die Erfüllung der sozial- und verteilungspolitischen Reformziele nicht in Frage zu stellen *(vgl. Glastetter, 1977)*.

Unabhängig von allen Überlegungen zu einer grundlegenden Neugestaltung des Systems der sozialen Sicherheit knüpfte die beginnende **Expansion des Sozialleistungssystems** weitgehend an die tradierten Leistungs- und Finanzierungsstrukturen an. Ihre sukzessive Weiterentwicklung führte zwar zu einer im Durchschnitt recht beachtlichen sozialen Absicherung der Menschen, beseitigte aber nicht die vielen Ungereimtheiten des tradierten Systems *(vgl. v. Ferber, 1967)*. Nach wie vor war ein Nebeneinander von **Kausal- und Finalprinzip** festzustellen *(vgl. Schäfer, 1972)*; auch die beträchtlichen Differenzen im Niveau der Alterseinkommen zwischen **Überversorgung und Unterversorgung** wurden nicht entscheidend reduziert *(vgl. Standfest, 1975, S.138ff.)*. Überhaupt waren nur wenige Ausnahmen von einer Politik der kleinen Schritte zu erkennen; es ist jedoch eine andere Frage, ob deswegen die Reformgesetzgebung zu Beginn der 70er Jahre als konzeptionslos bezeichnet werden kann *(vgl. Murswieck, 1977, S.126ff.)*.

Insgesamt beschränkte sich die staatliche Sozial- und Verteilungspolitik zu Beginn der 70er Jahre auf das weitgehend konfliktfrei im politischen Raum Durchsetzbare *(vgl. Standfest, 1979, S.108)*, und dieses bestand im wesentlichen in **additiven Leistungsverbesserungen**. Weiterreichende Systemkorrekturen wurden nur punktuell realisiert: in der Alterssicherung durch die flexible Altersgrenze und die Rente nach Mindesteinkommen, in der Gestaltung der Arbeitsbedingungen und Arbeitsbeziehungen sowie in der Arbeitsmarktpolitik durch vielfältige vorbeugende Maßnahmen und die damit verbundene Entwicklung neuer Konzeptionen, in der Politik für Behinderte durch das Schwerbehindertengesetz sowie das Rehabilitations-Angleichungsgesetz. In der Gesundheitspolitik sowie den anderen Bereichen der sozialen Sicherung wurden dagegen nur punktuelle Erfolge einer Politik sichtbar, die weit entfernt von der ursprünglichen Programmatik waren *(vgl. H.P. Widmaier, 1976; Standfest, 1979, S.61ff.)*.

3. Soziale Entschädigungspolitik

3. 1 Ausgangslage

Nach dem Zweiten Weltkrieg mußten im Nachkriegsdeutschland und in der neu geschaffenen Bundesrepublik beträchtliche **Kriegszerstörungen** überwunden und Millionen von Deutschen aufgenommen werden, die aus ihren Heimatgebieten vertrieben worden oder von dort geflohen waren. Die lang andauernde **Kriegsgefangenschaft** tausender ehemaliger deutscher Soldaten sowie die auf den Krieg zurückzuführende Notwendigkeit der **Währungsumstellung** brachten zusätzlich für zahlreiche Personen weitreichende personelle und materielle Schäden.

Im Bundesgebiet waren insbesondere durch den **Luftkrieg** für rd. 3,4 Mio. Personen Sachschäden mit einem Gesamtwert von etwa 26 Mrd. RM eingetreten. Die **Währungsreform** 1948 berührte rd. 100 Mrd. RM an Spareinlagen, Lebensversicherungen, Privathypotheken und Wertpapieren. Dadurch wurden für 368.000 Personen Entschädigungsansprüche im Sinne der späteren Lastenausgleichsgesetzgebung *(vgl. Schewe u.a., 1970, S.215)* begründet.

Deutlich schwierigere soziale Probleme als die Bewältigung der materiellen Verluste bereitete die Aufnahme und Integration der enormen Zahl von **Vertriebenen** und **Flüchtlingen** in einem stark zerstörten Land mit einer zunächst noch schwach entwikkelten Wirtschaftskraft. Von ca. 16,5 Mio. Deutschen, die bei Kriegsende in den deutschen Ostgebieten oder ost- und südosteuropäischen Staaten lebten, waren bis 1950 rd. 11,7 Mio. vertrieben worden oder geflohen; weitere 2,1 Mio. hatten bei der Flucht, der Vertreibung oder der Deportation den Tod gefunden. Außerdem waren rd. 5 Mio. Heimkehrer aus der **Kriegsgefangenschaft** sowie etwa 330.000 heimgekehrte **Zivilverschleppte** und **Zivilinternierte** zu betreuen und Hunderttausende von **Evakuierten** innerhalb des Bundesgebietes an ihre Heimatorte zurückzuführen *(vgl. Korspeter/Haack, 1977, S.275; Wander, 1950, S.218ff.).*

Trotz außerordentlicher Bevölkerungsverluste durch den Krieg stieg die Bevölkerung des Bundesgebietes von Mai 1939 bis September 1950 um 7,2 Mio. oder 16,7 % von 43,0 auf 50,2 Mio.; bis 1961 erhöhte sie sich um weitere 5,99 Mio. auf 56,2 Mio. Bei der Volkszählung 1950 belief sich die Zahl der Vertriebenen im Bundesgebiet auf 8 Mio. oder 16 % der Bevölkerung. Dabei ist zu berücksichtigen, daß die Vertriebenen v.a. in den unzerstört gebliebenen Dörfern und Kleinstädten von Schleswig-Holstein, Niedersachsen, Hessen und Bayern untergebracht waren. Entsprechend betrug der Vertriebenenanteil 1950 in Schleswig-Holstein 33 %, in Niedersachsen 27,2 %, in Bayern 21 % und in Hessen 16,5 %. Rund 45 % der 1950 gezählten Bevölkerung Schleswig-Holsteins hatten 1939 ihren Wohnsitz außerhalb des Bundesgebietes oder in einem anderen Bundesland. 1961 schließlich wurden 8.956.200 Vertriebene (mit Ausweis A oder B) sowie 3.099.100 Deutsche aus der ehemaligen sowjetischen Besatzungszone gezählt; zusammen stellten sie 21,5 % der Gesamtbevölkerung. Der unmittelbar nach dem Kriegsende erfolgten Vertreibung schloß sich seit Ende der 40er Jahre ein anhaltender Flüchtlingsstrom aus der DDR an. Allein zwischen 1950 und 1961 registrierten die Notaufnahmelager rd. 2,8 Mio. DDR-Flüchtlinge *(vgl. Statistisches Bundesamt, 1967).*

Die ungleiche regionale Verteilung der Vertriebenen machte umfangreiche **Umsiedlungsaktionen** erforderlich; im Rahmen mehrerer Programme wurden bis Ende 1968 insgesamt 1.032.400 Vertriebene und Flüchtlinge mit einem Kostenaufwand von rd. 2 Mrd. DM innerhalb des Bundesgebietes umgesiedelt *(vgl. Korspeter/Haack, 1977, S. 280).* Zudem waren **Vermögensschäden** in einer Gesamthöhe von etwa 100 Mrd. RM zu bewältigen, die durch die Vertreibung entstanden waren. Schließlich waren die **Hinterbliebenen** von über 4 Mio. im Zweiten Weltkrieg gefallener Soldaten und von 2,8 Mio. Zivilpersonen, die infolge des Krieges oder seiner unmittelbaren Folgen zu Tode gekommen waren, sowie mehr als 1,5 Mio. **Kriegsbeschädigte** zu versorgen *(vgl. Schewe u.a., 1977, S.301ff., 322).*

3. 2 Lastenausgleich

3. 2. 1 Soforthilfemaßnahmen

Die Forderung nach einer **gerechten Verteilung der Kriegsfolgelasten** gehörte nicht nur zu „den zentralen politischen Diskussionspunkten in der Öffentlichkeit" *(Kleßmann, 1982, S.240),* die Lösung der Vertriebenen- und Flüchtlingsproblematik und der mit der Währungsumstellung zusammenhängenden sozialpolitischen Probleme wurde auch als dringlich und letztlich unabweisbar angesehen. Die Durchführung einer **sozial tragbaren Kriegsfolgenbewältigung** bereitete dennoch mehr Probleme als ursprünglich erwartet und zog sich länger hin, als anfänglich beabsichtigt gewesen war *(vgl. Lemberg/Edding, 1959; BMVFK, 1962ff.).*

Erste Überlegungen zu einem Lastenausgleich standen in engem Zusammenhang mit den Plänen zu einer **Währungsreform**, ging man doch allgemein davon aus, daß „eine Währungsreform unbedingte Voraussetzung eines effektiven Lastenausgleichs war und dieser andererseits eine notwendige Ergänzung einer Geldreform bildete" *(Kleßmann, 1982, S.240).* Auch wenn dieser Zusammenhang nicht in Frage stand, erfolgte nicht zuletzt auf Drängen der Alliierten zunächst isoliert die Währungsreform. In der Präambel des **Umstellungsgesetzes vom 20. Juni 1948** [WiGBl. S.13, Beilage Nr.5] wurde lediglich festgehalten, daß den deutschen gesetzgebenden Stellen die Regelung des Lastenausgleichs als vordringliche, bis zum 31.12.1948 zu lösende Aufgabe übertragen werde. Dies ließ die Vermutung aufkommen, daß die Alliierten „die technischen und politischen Schwierigkeiten eines Lastenausgleichs realistischer einschätzten, als das in der deutschen Öffentlichkeit der Fall war" *(Kleßmann, 1982, S.240)*.

Tatsächlich führte bereits der erste Versuch des **Wirtschaftsrates**, Regelungen zum Lastenausgleich zu treffen, zu Problemen mit den Alliierten, die ein auf dem Prinzip der individuellen Entschädigung basierendes Verfahren ablehnten und für eine Beschränkung auf soziale Hilfen eintraten. Erst mit einiger Verzögerung kam es daher zu dem am 14. Dezember 1948 vom Wirtschaftsrat beschlossenen, wegen alliierter Einwendungen jedoch erst am 8.8.1949 verkündeten **Soforthilfegesetz** (SHG) [WiGBl. S.205], mit dem erste Hilfen an Vertriebene und Flüchtlinge zur Linderung dringender sozialer Notstände möglich wurden. Das Gesetz sah als Vorstufe eines umfassenden Lastenausgleichs – nach dem Bedürftigkeitsprinzip und ohne vorhergehende Schadensfeststellung – Unterhaltshilfen sowie Hilfen für eine Berufsausbildung, für einen Existenzaufbau, zur Schaffung von Arbeitsplätzen und Wohnraum und zur Beschaffung von Hausrat vor, wobei die finanzielle Absicherung dieser und vergleichbarer Leistungen mit dem **Hypothekensicherungsgesetz vom 2. September 1948** [WiGBl. S.87] angestrebt wurde. Die Durchführung des Soforthilfegesetzes erforderte insgesamt 6,339 Mrd. DM. Später wurden diese ersten Soforthilfemaßnahmen durch Maßnahmen der **Notaufnahme** [BGBl.I 1950, S.367; 1951, S.470], der **Arbeitsbeschaffung** [BGBl.I, 1951, S.1006; 1953, S.719] und der **Umsiedlung** [BGBl.I 1950, S.4; 1951, S.350; 1952, S.236; 1952, S.636; 1953, S.26] ergänzt *(vgl. Weisser, 1955, S.62ff.)*.

3. 2. 2 Lastenausgleichsgesetzgebung

Ungeachtet der allseits anerkannten Dringlichkeit des Lastenausgleichs kam es erst vier Jahre nach der Währungsreform zu einer umfassenden **gesetzlichen Regelung**. Umfangreiche Diskussionen zwischen Interessenverbänden und Parteien hatten zuvor deutlich gemacht, daß es durchaus unterschiedliche Vorstellungen über einen Lastenausgleich – insbesondere über das anzuwendende Prinzip der Entschädigung – gab. Im Mittelpunkt der Erörterungen stand dabei vor allem die Frage eines **sozialen oder quotalen Lastenausgleichs**.

Während die SPD im Lastenausgleich einen Ansatzpunkt zur Herstellung größerer sozialer Gerechtigkeit und Egalität sah und eine Wiederherstellung früherer Vermögensverhältnisse – selbst in verkleinertem Maßstab – vermeiden wollte, setzte sich die CDU für eine Wiederherstellung früherer Eigentumsstrukturen ein und plädierte daher primär für den Ersatz des individuell erlittenen Schadens. Letztendlich basierte die Lastenausgleichsgesetzgebung dann doch auf einem „Kompromiß zwischen beiden Prinzipien, wenn auch das quotale Prinzip sich gegenüber Versuchen zur Änderung von überkommenen Eigentumsstrukturen deutlich durchsetzte" *(Kleßmann, 1982, S.240)*.

Als erste Gesetze der engeren Lastenausgleichsgesetzgebung wurden das **Währungsausgleichsgesetz vom 27. März 1952** [BGBl.I S.213] sowie das **Feststellungsgesetz vom 21. April 1952** [BGBl.I S.237] verabschiedet.

Während das erstere Vertriebenen, die eine Spareinlage im Vertreibungsgebiet hatten, eine Entschädigung für Verluste an RM-Sparguthaben gewährte, diente das Feststellungsgesetz als Vorbereitung des Lastenausgleichs zur individuellen Feststellung der erlittenen Schäden. Nach einem komplizierten System sollten die verschiedenen Formen der Schäden (Vertreibungs-, Kriegssach- und Ostschäden) erfaßt, der Kreis der Antragsberechtigten abgegrenzt und eine genaue Grundlage für die Anmeldung individueller Ansprüche geschaffen werden.

Am 16. Mai 1952 schließlich verabschiedete der Bundestag gegen die Stimmen von SPD und KPD das eigentliche **Lastenausgleichsgesetz** (LAG) **vom 14. August 1952** [BGBl.I

S.446], dessen Kern darin bestand, alle über den Krieg und die Vertreibung geretteten Vermögen ab einer bestimmten Höhe sowie Gewinne aus der Währungsumstellung mit Abgaben zu belegen (§ 31 LAG). Aus diesen Abgaben sollten – ergänzt um direkte Zuschüsse aus dem Staatshaushalt – nach einem gestaffelten System Entschädigungen in verschiedener Form gezahlt werden. Ergänzt wurde dieses Gesetz durch das **Altsparergesetz vom 14. Juli 1953** [BGBl.I S.495]. In den folgenden Jahren wurde die Lastenausgleichsgesetzgebung (allein bis 1975 durch 28 Novellen) wiederholt geändert, um vor allem Härten zu beseitigen und Lücken zu schließen; außerdem wurden in diesem Zeitraum in mehr als 70 Rechtsverordnungen Einzelheiten der Pflichten und Ansprüche geregelt. Die **Grundstruktur** des Gesetzgebungswerkes ist dabei insgesamt jedoch erhalten geblieben *(vgl. Schewe u.a., 1977, S.321)*.

Tabelle 4: Leistungsempfänger und Ausgaben beim Lastenausgleich 1952–1990

Jahr	Leistungsempfänger (Jahresende)[1]				Ausgaben (Mio. DM)[3]			Unterhaltshilfe monatl. in DM[5]
	Kriegsschadenrente insgesamt	darunter			insgesamt	darunter für		
		Unterhaltshilfe	davon Vertriebene	Entschädigungsrente		Hauptentschädigung[4]	Unterhaltshilfe	
1952	945.752[2]	711.984	623.464	1.446	1.448	–	387	70,00
1955	874.378	849.958	609.095	71.458	3.925	–	799	100,00
1960	794.140	684.012	531.432	289.450	3.072	652	720	140,00
1965	692.032	595.863	491.836	353.795	4.179	899	1.422	190,00
1970	516.158	450.131	392.204	296.743	3.893	992	1.293	235,00
1975	349.433	306.955	280.687	211.244	4.108	878	1.421	384,00
1980	240.838	216.579	202.864	142.981	2.671	452	1.350	426,00
1985	158.547	144.706	137.823	91.793	1.702	270	1.028	600,00
1987	132.136	121.208	116.058	75.498	2.172	183	895	600,00
1988	120.555	110.828	106.355	68.212	1.935	155	853	651,00
1989	109.546	100.918	–	61.308	1.303	134	785	667,00
1990	98.706	91.126	–	54.488	1.150	82	721	689,00

1) nur Leistungen der Ausgleichsverwaltung; 2) Soforthilfe letzter ermittelter Stand am 31. Dezember 1952, in der nachfolgenden Zeit einschließlich der auslaufenden Fälle nach § 273 Abs.3 bzw. 4 LAG; 3) Ist-Ausgaben des Ausgleichsfonds, 1960: Rechnungsjahr 1.4. bis 31.12.; 4) Hauptentschädigung (Kassenausgaben), nur Barerfüllung; 5) Berechtigter.

Quelle: Bundesausgleichsamt: Statistik über den Lastenausgleich, Statistischer Bericht LA - 2/90, Bad Homburg Februar 1990.

Die **Aufgabe** der Lastenausgleichsgesetzgebung und der Folgegesetze bestand darin, einen **Schadensausgleich** zu bewirken, der aufgrund von Vertreibungen und Zerstörungen in der Kriegs- und Nachkriegszeit und infolge der Neuordnung des Geldwesens bei der Währungsreform unter dem Aspekt der sozialen Gerechtigkeit notwendig wurde; die Ausgleichsleistungen wurden aufgrund von Vertreibungsschäden, Kriegssachschäden, Ostschäden, Sparerschäden oder Schäden in der DDR als **Leistungen mit Rechtsanspruch** und **Leistungen ohne Rechtsanspruch** gewährt.

Die Leistungen mit Rechtsanspruch umfaßten die Hauptentschädigung, die Kriegsschadensrente in Form der Unterhaltshilfe bzw. Entschädigungsrente, die Hausratentschädigung, die Entschädigung im Währungsausgleich für Sparguthaben Vertriebener und die Entschädigung nach dem Altsparergesetz. Die Leistungen ohne Rechtsanspruch bestanden aus Eingliederungsdarlehen (Aufbau- und Arbeitsplatzdarlehen), Wohnraumhilfen, Leistungen aus dem Härtefonds (als laufende Beihilfen, als Beihilfen zur Beschaffung von Hausrat, als Darlehen zum Existenzaufbau und zur Beschaffung von Wohnraum) sowie aus sonstigen Förderungsmaßnahmen (Ausbildungshilfen, Heimförderung, Übernahme von Bürgschaften, Gewährung von Liquiditätskrediten, Beteiligung an öffentlichen Anstalten und Darlehen zur Förderung von Flüchtlingssiedlungen).

Der Finanzierung der Leistungen dienten bestimmte Stichtagsabgaben (21. Juni 1948) in Form der Vermögensabgabe, der Hypothekengewinnabgabe und der Kreditgewinnabgabe. Allen Ausgleichsabgaben gemeinsam war, daß sie aufgrund bestimmter Tatbestände, die am Währungsstichtag vorlagen oder infolge der Neuordnung des Geldwesens eintraten, erhoben wurden. Durch die Vermögensabgabe wurde das am Stichtag noch vorhandene und über den Krieg gerettete Vermögen mit einer Abgabeschuld von 50 % belegt; diese Abgabeschuld war je nach der Vermögensart zu verzinsen und zu tilgen. Durch die Hypothekengewinnabgabe wurden Währungsgewinne, die durch die währungsmäßige Umstellung der Hypotheken entstanden waren, in Höhe von 90 % erfaßt. Die Kreditgewinnabgabe betraf die Währungsgewinne der gewerblichen Unternehmen in entsprechender Weise.

Zur Durchführung des Lastenausgleichs wurden Ausgleichsbehörden geschaffen, die aus dem Bundesausgleichsamt, den Landesausgleichsämtern sowie den Ausgleichsämtern bestanden und bei denen begrenzte Mitwirkungsmöglichkeiten der Geschädigten gegeben waren.

Die Lastenausgleichsleistungen dienten einem begrenzten sozialen Schadensausgleich und stellten **keine Abgeltung** der entstandenen Verluste dar; sie sollten vor allem die **Wiedereingliederung** der betroffenen Personen in wirtschaftlicher Hinsicht erleichtern.

3.2.3 Vertriebenenpolitik und Auswirkungen des LAG

Die Lastenausgleichsgesetzgebung gilt bis heute als eine der wichtigsten sozialpolitischen Errungenschaften in der Aufbauphase der Bundesrepublik. Der Lastenausgleich als die „größte Vermögensabgabe der Weltgeschichte" *(Bucerius, 1979)* hat allerdings „weder zu einer deutlichen Vermögensumschichtung noch zur Änderung der Sozialstruktur geführt. Er hat aber zur sozialen Befriedung eines großen deklassierten Bevölkerungsteils beigetragen und so letztlich eine beträchtliche Integrationsleistung erbracht" *(Kleßmann, 1982, S.242)*. Jedenfalls wurde die oft beschworene Gefahr einer sozialen Radikalisierung der Flüchtlinge und Vertriebenen niemals aktuell.

In bezug auf die Vertriebenen wurde die LAG-Gesetzgebung durch das **Bundesvertriebenengesetz** (BVFG) **vom 19. Mai 1953** [BGBl.I S.201] und das **Bundesevakuiertengesetz vom 14. Juli 1953** [BGBl.I S.586] flankiert *(vgl. Straßmann/Nitsche, 1953)*. Diese Gesetze bildeten den rechtlichen Rahmen, um die Vertriebenen möglichst reibungslos in die Gesellschaft und den Arbeitsprozeß zu integrieren *(vgl. Neumann-Duesberg, 1954, S.46ff.; Verlag C.H. Beck, 1953)*. Nach diesen Gesetzen hatten sie Anspruch auf bevorzugte Berücksichtigung auf allen Gebieten des wirtschaftlichen Lebens *(vgl. Schewe u.a., 1970, S.252)*.

Das BVFG, das auch als »Grundgesetz« der Vertriebenen und Flüchtlinge angesehen wird, schuf als Grundlage für die darin und in anderen Gesetzen enthaltenen Eingliederungsbestimmungen einen bundeseinheitlichen Vertriebenen- und Flüchtlingsbegriff. Außerdem regelte es die Erteilung von Ausweisen, die Einschränkung der Betreuungsberechtigung, die Organisation der Flüchtlingsverwaltung sowie die Eingliederung in das Erwerbsleben und die Wohnungszuweisung. Ferner enthielt es Vorschriften über die Schuldenregelung, über soziale Angelegenheiten, über Anerkennung von Prüfungen, über den Ersatz von in Verlust geratenen Urkunden und über die Familienzusammenführung *(vgl. Bode u.a., 1954)*.

Nach den Bestimmungen des LAG waren ursprünglich von rd. 3 Mio. Bürgern insgesamt 37 Mrd. DM zu zahlen. Diese zunächst gewaltig erscheinende Abgabenbelastung erwies sich in der Praxis als weniger gravierend, zumal immobile Vermögensteile nach dem Einheitswert und nicht nach dem erheblich höheren Verkehrswert bewertet wurden. Da zudem die Abgabe über größere Zeiträume verteilt wurde, die damaligen Vermögensteile jedoch innerhalb weniger Jahre enorme Wertzuwächse erfuhren, war die tatsächliche Belastung deutlich geringer. Bis Ende 1975 wurden für den Soforthilfe- und Ausgleichsfonds insgesamt 98,6 Mrd. DM aufgebracht und verteilt.

Im einzelnen stammten die finanziellen Mittel in Höhe von 48,8 Mrd. DM aus Ausgleichsabgaben (einschl. Soforthilfeabgaben) sowie dem Aufkommen an Umstellungsgrundschulden; mit Zuschüssen in Höhe von 29,2 Mrd. DM trugen Bund und Länder zur Durchführung der LAG-Aufgaben bei. Insgesamt wurden bis Anfang 1975 rd. 2,1 Mio. Anträge auf laufende Rentenleistungen bewilligt, von denen 1,44 Mio. auf Unterhaltshilfen, 0,61 Mio. auf Entschädigungsrenten und 0,05 Mio. auf sonstige laufende Leistungen entfielen. Von den Auszahlungen in Höhe von 94 Mrd. DM (Ende 1974) wurden u. a. 12,9 Mrd. für die Hauptentschädigung, 9,4 Mrd. DM für die Hausratentschädigung u. ä., 12,9 Mrd. DM für Eingliederungshilfen im Wohnungsbau und 26,96 Mrd. DM für Unterhaltshilfen aufgewandt. 58,1 Mrd. DM oder 67,9 % der aufteilbaren Auszahlungen erhielten Vertriebene, 15,2 Mrd. DM (17,8 %) Kriegssachgeschädigte, 8,1 Mrd. DM Sparergeschädigte, 3,6 Mrd. DM Flüchtlinge aus Mitteldeutschland und 0,5 Mrd. DM sonstige Geschädigte. Im Rahmen des Lastenausgleichs und der Vertriebenenpolitik gelang es Bund und Ländern bis Ende 1973 außerdem, etwa 985.000 vertriebenen oder geflüchteten Landwirten einschl. ihrer Angehörigen eine landwirtschaftliche Existenz oder eine ländliche Heimstätte zu verschaffen. In diesem Rahmen wurden rd. 9,8 Mrd. DM an Darlehen und Beihilfen zur Verfügung gestellt *(vgl. Bundesausgleichsamt, Statistik über den Lastenausgleich, lfde. Jahre).*

3. 2. 4 Fortführung der LAG-Gesetzgebung und Hilfen für DDR-Flüchtlinge

Wie bereits erwähnt, erfuhr die LAG-Gesetzgebung des Jahres 1952 zahlreiche Novellierungen. Außerdem wurden im Laufe der Zeit weitere **Personenkreise** und **Schadenstatbestände** durch besondere Gesetze in den Lastenausgleich einbezogen oder für sie vergleichbare Hilfs- und Entschädigungsregelungen geschaffen. Im Mittelpunkt der gesetzlichen Maßnahmen standen dabei vor allem die **Flüchtlinge aus der DDR**.

Diese Personen mußten seit dem 26. 8. 1950 beim Eintreffen im Bundesgebiet ein sog. Notaufnahmeverfahren durchlaufen; im Rahmen dieses Verfahrens konnten sie die Anerkennung beantragen, aus einer durch die politischen Verhältnisse bedingten Zwangslage geflohen zu sein. Diesen nach dem BVFG anerkannten Personen standen Hilfen aus dem Härtefonds des Lastenausgleichs (u. a. laufende Beihilfen, besondere laufende Beihilfen, Beihilfen zur Beschaffung von Hausrat sowie Existenzaufbau- und Wohnraumbeschaffungsdarlehen) zu. Die übrigen Flüchtlinge aus der DDR, die 1959 und später zugezogen waren, erhielten erst seit 1962 aufgrund einer Bund-Länder-Vereinbarung (»Richtlinien zur Eingliederungshilfe«) eine Eingliederungshilfe. Bis Mitte 1965 wurden auf dieser Grundlage 115.000 Flüchtlingen insgesamt etwa 48,2 Mio. DM gewährt *(vgl. Schewe u.a., 1977, S.335).*

Schon seit den 50er Jahren waren dagegen **Hilfen für politische Häftlinge** aus der DDR, Ost-Berlin und den Aussiedlungsgebieten gesondert gesetzlich geregelt. Nach dem **Häftlingshilfegesetz** (HHG) **vom 6. August 1955** [BGBl. I S.498] erfuhren diese Personen eine den ehemaligen Kriegsgefangenen vergleichbare Behandlung mit entsprechenden Leistungen. Neben finanziellen Eingliederungshilfen und besonderen Ausgleichsleistungen sah das HHG Darlehen zum Aufbau und zur Sicherung der wirtschaftlichen Existenz sowie zur Beschaffung von Wohnraum und Hausrat vor. Außerdem wurde nach den Vorschriften der KOV eine Beschädigten- und Hinterbliebenenversorgung gewährt. Insgesamt wurden für Eingliederungshilfen nach dem HHG bis Ende 1975 rd. 330 Mio. DM aufgewandt *(vgl. Schewe u.a., 1977, S.337).*

Für DDR-Flüchtlinge ohne Anspruch auf Leistungen aus dem LAG-Härtefonds schuf schließlich das **Flüchtlingshilfegesetz** (FlüHG) **vom 15. Juli 1965** [BGBl. I S.612] eine Rechtsgrundlage, um ihnen hinsichtlich Voraussetzungen und Höhe die gleichen Leistungen gewähren zu können, wie sie anerkannte DDR-Flüchtlinge erhielten. Lediglich bei der Einrichtungshilfe galten nach dem FlüHG bestimmte Einkommensgrenzen. Die Kosten des FlüHG beliefen sich bis Ende 1975 auf mehr als 120 Mio. DM, von denen der Bund 80 % und die Länder 20 % zu tragen hatten *(vgl. Schewe u.a., 1977, S.336).*

Nachdem ursprünglich für Vermögensschäden in der DDR und Ost-Berlin keine Entschädigung gewährt wurde, brachte das **Beweissicherungs- und Feststellungsgesetz** (BFG) **vom 22. Mai 1965** [BGBl.I S.425] zumindest eine Rechtsgrundlage, um Vermögensschäden in diesen Gebieten zu erfassen, die durch den Zweiten Weltkrieg und seine Folgen sowie Maßnahmen des NS-Regimes entstanden waren. Nach langjährigem Drängen des betroffenen Personenkreises wurden durch das **21. ÄndG-LAG vom 18. August 1969** [BGBl.I S.1232] endlich die auf diese Weise festgestellten Vermögensschäden in einem nach sozialpolitischen Gesichtspunkten begrenzten Rahmen in die Hauptentschädigung des Lastenausgleichs einbezogen. Zunächst noch bestehende einschränkende Bestimmungen (Berücksichtigung von Einkommens- und Vermögensgrenzen, Begrenzung der Hauptentschädigung) wurden ab Januar 1971 sukzessive abgebaut. Letzte noch bestehende Benachteiligungen der DDR-Flüchtlinge gegenüber Heimatvertriebenen und Kriegsbeschädigten in bezug auf die Hauptentschädigung entfielen mit dem **28. ÄndG-LAG vom 27. Januar 1975** [BGBl.I S.401] (Gewährung des 10 %igen »Entwurzelungszuschlags« zum Grundbetrag der Hauptentschädigung).

Parallel zur Vermögensentschädigung für DDR-Flüchtlinge wurden mit dem **Reparationsschädengesetz** (RepG) **vom 12. Februar 1969** [BGBl.I S.105] bestimmte im Lastenausgleich bis dahin nicht erfaßte Schadenstatbestände in die Entschädigung nach Hauptentschädigungsgrundsätzen einbezogen; insbesondere konnten nach dem RepG Personen, die Reparations-, Restitutions-, Zerstörungs- oder Rückerstattungsschäden erlitten hatten, bei unzureichender Altersversorgung Kriegsschadensrente erhalten.

Hinsichtlich der LAG-Gesetzgebung im engeren Sinne ist vor allem auf die **24. und 25. LAG-Novelle** hinzuweisen. In dem Bestreben, den Lastenausgleich allmählich abzuschließen, sah das **24. ÄndG-LAG vom 22. Februar 1972** [BGBl.I S.189] eine Verkürzung der Fälligkeiten der Vierteljahresbeträge der Hypothekengewinnabgabe vor. Unter Einräumung eines Abzinsungssatzes sollte damit erreicht werden, daß die Abgabe bis Ende 1979 erbracht wurde. Durch das **25. ÄndG-LAG vom 24. August 1972** [BGBl.I S.1521] wurde die Dynamisierung der Sätze der Unterhaltshilfe eingeführt. Zum 1. 1. 1973 erfolgte die Leistungsanpassung noch durch das Gesetz selbst, ab dem 1. 1. 1974 demgegenüber durch besondere Rechtsverordnungen.

Nach dieser Neuregelung waren die Sätze der Unterhaltshilfe einschl. bestimmter Leistungszuschläge alljährlich durch RechtsVO entsprechend den Veränderungen der allgemeinen Bemessungsgrundlage in der GRV anzupassen. Dies geschah seitdem durch alljährliche sog. Unterhaltshilfe-Anpassungsverordnungen-LAG, erstmalig durch die 1. UhAnpV vom 22. November 1973 [BGBl.I S. 1740] mit einer Anhebung der Sätze der Unterhaltshilfe um 11,35 % ab 1. 1. 1974. Diese Dynamisierungsregelung führte dazu, daß z. B. für ein ehemals selbständiges Ehepaar die Unterhaltshilfe von 490 DM im Jahre 1969 auf 1.002 DM monatlich (ab Juli 1976) anstieg *(vgl. Schewe u.a., 1977, S.326 ff.)*.

3. 3 Kriegsopferversorgung

3. 3. 1 Entstehung des Bundesversorgungsgesetzes

Mit der sozialen Entschädigung für Vertriebene, Flüchtlinge und Kriegsgeschädigte ist in der Bundesrepublik Deutschland weitgehend sozialpolitisches Neuland betreten worden. Bezüglich der Situation der **Kriegsopfer** und ihrer Angehörigen konnte dagegen die Nachkriegsgesetzgebung auf tradierte Normen der Weimarer Zeit zurückgreifen *(vgl. Kleinhenz/Lampert, 1971, S.115; Schulin, 1988, S.1047)*. Allerdings war zunächst die in der unmittelbaren Nachkriegszeit entstandene **Rechtszersplitterung** zu beseitigen; dies ermöglichte das Inkrafttreten des GG, dessen Art.74 Nr.10 die Kriegsopferversorgung der konkurrierenden Gesetzgebung zuwies. Als erstes Bundesgesetz auf dem Gebiete der Kriegsopferversorgung wurde das **Gesetz zur Verbesserung von Leistungen an Kriegs-**

opfer vom 27. März 1950 [BGBl.I S.77] erlassen; die Regelungen dieses Gesetzes waren als Überbrückungsmaßnahmen gedacht, um den Lebensunterhalt der Kriegsbeschädigten, Kriegshinterbliebenen und der Angehörigen der Kriegsgefangenen durch Rentenzuschläge, einen Härteausgleich sowie eine Verbesserung des Pflegegeldes oder Pflegezulagen zu sichern *(vgl. Trometer, 1977, S.193f.)*.

Der entscheidende Schritt in der Neuordnung der Kriegsopferversorgung wurde mit dem **Bundesversorgungsgesetz** (BVG) **vom 20. Dezember 1950** [BGBl.I S.791] vollzogen, das in Anlehnung an das RVG vom 12. Mai 1920 [RGBl. S.989] einerseits eine Vereinheitlichung der rechtlichen Grundlagen für die Versorgungsansprüche brachte, andererseits aber auch mit deutlichen **Leistungsverbesserungen** verbunden war *(vgl. Schieckel, 1951, S.49ff.; Aye, 1956)*.

Die nach dem BVG erbrachten Leistungen der Kriegsopferversorgung umfaßten insbesondere Rentenzahlungen an Beschädigte sowie Hinterbliebene mit einer weitgehenden Ausrichtung an der Schwere der Beschädigung und/oder an dem typischen Bedarf sowie Maßnahmen der Heilbehandlung und Rehabilitation mit vielfältigen ergänzenden Leistungen, die die Wiedereingliederung der Kriegsopfer in Beruf und Gesellschaft fördern sollten.

Tabelle 5: Leistungsempfänger und Ausgaben der Kriegsopferversorgung 1950–1991

Jahr	Versorgungsberechtigte[1,2]	darunter				Ausgaben (Mio. DM)		
		Beschädigte	Witwen	Waisen	Elternteile	insgesamt	für Renten	Kriegsopferfürsorge
1950	3.938.701	1.512.361	888.983	1.335.644	201.713	2.142,0	1.867,0	–
1952	4.378.320	1.561.740	1.128.693	1.438.232	249.655	3.249,0	2.900,0	–
1955	4.142.723	1.503.042	1.168.678	1.130.982	193.232	3.614,0	2.817,0	–
1960	3.253.103	1.419.283	1.163.875	417.030	159.129	3.897,5	3.246,0	169,7
1965	2.806.453	1.337.141	1.157.146	97.846	144.834	5.802,2	4.774,0	345,5
1970	2.620.396	1.237.417	1.127.510	54.927	143.532	7.388,6	6.016,0	455,4
1975[3]	2.260.612	1.058.364	1.040.964	33.806	103.664	11.074,9	8.722,0	893,7
1980	2.015.339	940.451	962.902	27.435	73.247	13.293,0	10.481,0	964,0
1985	1.684.884	786.262	836.320	20.433	38.703	13.107,0	10.172,0	1.088,0
1987	1.556.648	724.812	783.377	18.245	28.470	12.762,0	10.732,0	1.192,0
1988	1.492.863	694.355	755.609	17.381	24.196	12.656,0	9.729,0	1.264,0
1989	1.429.187	664.231	727.171	16.437	20.382	12.582,0	9.646,0	1.315,0
1990	1.363.858	633.395	697.275	15.569	16.913	12.221,0	9.472,0	1.317,0
1991	1.298.338	603.206	665.894	14.923	13.789	12.398,0	9.371,0	1.421,0

1) 1950, 1952 jeweils 30. September; 1955, 1965 jeweils 31. Dezember; ab 1970 jeweils 31. Januar; 1950, 1952 und 1955 ohne Saarland und Berlin (West); 2) einschl. Elternpaare (Kopfzahl); versorgungsberechtigte Kriegsopfer und gleichgestellte Personen; 3) Leistungsempfänger 1975 = Januar 1976.
Quellen: BMA, Arbeits- und Sozialstatistik, lfde. Jge.; Statistisches Jahrbuch für die Bundesrepublik Deutschland, lfde. Jge.; BArBl., Heft 10/1990, S.130.

Während das BVG aus dem RVG die Rentenelemente der Grund- und Ausgleichsrente übernahm, erweiterte es gegenüber diesem den begünstigten Personenkreis jedoch beträchtlich; anspruchsberechtigt waren nicht allein die Soldaten der ehemaligen Wehrmacht und ihre Angehörigen, sondern vielmehr alle durch unmittelbare Kriegseinwirkung (einschließlich Kriegsgefangenschaft und Internierung im Ausland) Beschädigte. Damit trug es der Tatsache Rechnung, daß „im Zweiten Weltkrieg die zivile Bevölkerung, vor allem bedingt durch Luftangriffe gegen Kriegsende, in nahezu dem gleichen Maße in das Kriegsgeschehen einbezogen wurde wie die kämpfende Truppe" *(Krause, 1986a, S.171)*. Finanziert wurden die Entschädigungsleistungen der Kriegsopferversorgung von vornherein aus öffentlichen Mitteln, insbesondere Haushaltsmitteln des Bundes. In organisatorischer Hinsicht waren für die Versorgung der Kriegsopfer die durch Bundesgesetz errichteten und unter Staatsaufsicht stehenden Versorgungsdienststellen (Landesversorgungsämter, Versorgungsämter) zuständig.

Obgleich das BVG seinerzeit als fortschrittliches Gesetz gewertet wurde, konnten mit ihm längst nicht alle berechtigten Forderungen der Kriegsopfer befriedigt werden. Tatsächlich ging es zunächst primär darum, den rd. 4,5 Mio. Kriegsopfern unter gesamtwirtschaftlich schwierigsten Bedingungen „in kürzester Frist ihr Existenzminimum zu sichern. Dies konnte nur im Rahmen einer Massenverwaltung bei Leistungen geschehen, die kaum über dem Fürsorgeniveau lagen und in größtmöglichem Umfang pauschaliert werden mußten" *(Schulin, 1988, S. 1050).* Immerhin führte das BVG schon 1951 zu einer finanziellen Belastung des Bundes in Höhe von rd. 3 Mrd. DM jährlich.

3. 3. 2 Entschädigungsregelungen in Anlehnung an das BVG

Ungeachtet der sehr weitreichenden Regelungen des BVG entstand bereits Anfang der 50er Jahre die Notwendigkeit, in Anlehnung an die KOV weitere Entschädigungssysteme für besondere **militärbedingte Personenschäden** zu schaffen. In einer Reihe von Gesetzen wurden die BVG-Regelungen auf weitere Personenkreise übertragen, denen analoge **Aufopferungsansprüche** zuerkannt wurden. Hierzu gehörten das **Gesetz über die Unterhaltsbeihilfe für Angehörige von Kriegsgefangenen vom 13. Juni 1950** [BGBl.I S.204], das **Heimkehrergesetz vom 19. Juni 1950** [BGBl.I S.221] *(vgl. Draeger, 1950, S. 217f.; 1953)* und das **Kriegsgefangenenentschädigungsgesetz** (KgfEG) **vom 30. Januar 1954** [BGBl.I S.5] *(vgl. Verlag C.H. Beck, 1954).* In einem gewissen sachlichen Zusammenhang mit diesen Gesetzeswerken stand ferner das **Häftlingshilfegesetz vom 6. August 1955** [BGBl.I S.498] *(vgl. Töpfer, 1961; Korspeter/Haack, 1977, S.275ff.; Schulin, 1988, S. 1048).*

Die Hilfen für Heimkehrer aus der Kriegsgefangenschaft umfaßten eine Reihe von Rechten und Vergünstigungen, die die berufliche und wirtschaftliche Eingliederung der betroffenen Personen erleichtern sollten. Konkret wurden bestimmte Übergangsleistungen, Darlehen, Beihilfen und Entschädigungen gewährt, wobei insbesondere für Darlehen und Beihilfen bestimmte Ausschlußfristen galten. Nach dem Kriegsgefangenenentschädigungsgesetz erhielten rd. 2 Mio. Heimkehrer bis zum 31. 12. 1974 insgesamt 1,36 Mrd. DM an Entschädigungen. Außerdem wurden Darlehen in Höhe von rd. 335 Mio. DM und Beihilfen in Höhe von 36 Mio. DM gewährt *(vgl. auch Bonner Almanach 1975, S. 172).*

Erwähnenswert sind auch die durch das **4. KgfEG-ÄndG vom 22. Juli 1969** [BGBl.I S.931] errichtete **Heimkehrerstiftung** als Stiftung für ehemalige Kriegsgefangene sowie die durch das 4. HHG-ÄndG vom selben Tage [BGBl. I S.934] ins Leben gerufene **Stiftung für ehemalige politische Häftlinge.**

Die Heimkehrerstiftung gewährte an ehemalige Kriegsgefangene des Zweiten Weltkrieges sowie an Witwen verstorbener ehemaliger Kriegsgefangener Darlehen zum Aufbau und zur Sicherung der wirtschaftlichen Existenz, zur Beschaffung von Wohnraum, für sonstige förderungswürdige beruflichen, sozialen oder ähnlichen Zwecken dienende Vorhaben sowie schließlich einmalige Zuwendungen zur Linderung unverschuldeter Notlagen. Zwischen 1970 und 1975 wurden insgesamt 1.778 Darlehen mit 37,5 Mio. DM bewilligt und 1.642 Darlehen mit einer Gesamtsumme von 34,2 Mio. DM ausgezahlt, wobei die Mehrzahl der Darlehen zur Beschaffung oder Erhaltung von Wohnraum diente *(vgl. Schewe u.a., 1977, S.362).* Die Stiftung für ehemalige politische Häftlinge bewilligte an wirtschaftlich besonders beeinträchtigte ehemalige Häftlinge von Juli 1970 bis Mitte 1976 für 3.600 Berechtigte Unterstützungen von 6,3 Mio. DM *(vgl. Korspeter/Haack, 1977, S. 286).*

Die Schaffung der Bundeswehr und die Einführung einer allgemeinen Wehrpflicht machten darüber hinaus in der zweiten Hälfte der 50er Jahre eine Neuregelung der Versorgung beschädigter Berufs- und Nichtberufssoldaten erforderlich *(vgl. Hamelbeck, 1956).* Mit dem **Soldatenversorgungsgesetz vom 26. Juli 1957** [BGBl.I S.785] wurde die Versorgung nach einer Dienstbeschädigung in Friedenszeiten rechtlich geregelt.

Bei unterschiedlichen Regelungen für beide Soldatengruppen galten für die Entschädigung auch hier im wesentlichen die Vorschriften des BVG. Versorgungsmäßig den wehrpflichtigen Soldaten gleichgestellt wurden in der Folgezeit zum Bundesgrenzschutz- bzw. Zivilschutzdienst Verpflichtete sowie – aufgrund des Zivildienstgesetzes vom 13. Januar 1960 [BGBl.I S.10] – Kriegsdienstverweigerer, die zivilen Ersatzdienst leisten (§ 47 Abs.1 ZDG).

Anfang der 60er Jahre verstärkte sich ferner die Idee, daß Aufopferungsansprüche begründende **Sonderopfer** auch unabhängig von Krieg und Kriegsfolgen und somit jederzeit in Staat und Gesellschaft auftreten können. In diesem Sinne entschied man sich dafür, für bestimmte Sachverhalte „mangels anderer adäquater Regelungsmodelle ... Spezialnormen zu erlassen, die eine staatliche Einstandspflicht dem Grunde nach vorsehen, hinsichtlich der entschädigungsmäßigen Rechtsfolgen jedoch auf das Bundesversorgungsgesetz (verweisen)" *(Schulin, 1988, S.1048)*. Typisch hierfür war die Regelung des **Impfschadensausgleichs** im **Bundesseuchengesetz vom 18. Juli 1961** [BGBl.I S.1012, 1300], das zwar der Art, nicht jedoch der Höhe nach dem BVG vergleichbare Leistungen vorsah. Erst die **Novelle des BSeuchG vom 25. August 1971** [BGBl.I S.1401] führte dazu, daß die Leistungsvorschriften des BVG nunmehr voll bei Opfern von Impfschäden anzuwenden sind.

3. 3. 3 Strukturelle Verbesserungen und Erhöhungen der BVG-Leistungen

Neben der Ergänzung der KOV durch Spezialgesetze begann spätestens nach der Rentenreform von 1957 eine intensive Diskussion um eine **Besserstellung der Kriegsopfer**, zumal bis dahin der Fürsorgegedanke ein beherrschendes Element in der Gestaltung des KOV-Rentenrechts war. Vor dem Hintergrund des ungeahnten Wirtschaftsaufschwungs und der damit verbundenen Steigerung des Lebensstandards für große Bevölkerungsteile strebten die Kriegsopfer insbesondere danach, „eine Festigung ihrer Versorgungsbezüge unabhängig von Bedürftigkeitsprüfungen zu erreichen" *(Trometer, 1977, S.196)*. Zugleich ging es darum, „die Entschädigungsleistungen einerseits durch entsprechende Erhöhungen mehr dem tatsächlichen Schadensausgleich anzunähern, andererseits dem Entschädigungsgedanken durch mehr Individualisierung der Schadensermittlung und Leistungsbemessung Rechnung zu tragen" *(Schulin, 1988, S.1050)*. Trotz großen Verständnisses für die Wünsche der Kriegsopfer bei allen Parteien setzten haushaltspolitische Restriktionen den Reformvorhaben nach wie vor Grenzen.

Entsprechend erfüllte das **Erste Neuordnungsgesetz-KOV** (1. NOG-KOV) **vom 27. Juni 1960** [BGBl.I S.453] vor allem hinsichtlich der Erhöhung der Grundrenten längst nicht die Erwartungen der Betroffenen. Außer der Schwerbeschädigtenzulage für Erwerbsunfähige brachte das Gesetz dafür jedoch mit der Einführung des **Berufsschadensausgleichs** eine der bislang wesentlichsten strukturellen Verbesserungen des Leistungssystems.

Ziel dieser Maßnahme war es, einen Ausgleich für den konkret-individuellen Einkommensverlust des Beschädigten zu schaffen. Rentenberechtigte Beschädigte, deren Einkommen aus gegenwärtiger oder früherer Tätigkeit durch die Schädigungsfolgen gemindert war, erhielten nunmehr für diesen Einkommensverlust einen Berufsschadensausgleich. Anspruch auf diese Leistung hatten zunächst allerdings nur die erwerbsunfähigen Beschädigten; zudem war die Entschädigung ihrer Höhe nach auf 30 % des fiktiv zu errechnenden Einkommensverlustes begrenzt.

Nachdem sich in der Praxis gezeigt hatte, daß die für den Berufsschadensausgleich erforderlichen Feststellungen keine unüberwindbaren Probleme bereiteten, konnte mit dem **2. NOG-KOV vom 21. Februar 1964** [BGBl.I S.85] der Kreis der Anspruchsberechtigten erweitert werden (Ausdehnung auf alle Schwerbeschädigtengruppen). Gleichzeitig wurde zur Abgeltung des beruflichen Schadens für die Witwen von Beschädigten ein besonderer **Schadensausgleich** eingeführt, für dessen Festsetzung jedoch eigene, sich insbesondere an unterhaltsrechtlichen Gesichtspunkten orientierende Maßstäbe galten.

Nach der Erreichung einer der Tendenz nach „entschädigungsrechtlichen Ausgestaltung" des BVG zielten die weiteren Bemühungen der Kriegsopfer und ihrer Interessenvertreter vor allem darauf ab, auch für die KOV eine kontinuierliche **Anpassung der Leistungen** an die allgemeine wirtschaftliche Entwicklung zu erreichen *(vgl. Trometer, 1977, S.199)*. Einen ersten Schritt in diese Richtung bildete das **3. NOG-KOV vom 28. Dezember 1966** [BGBl.I S.750], das die Bundesregierung verpflichtete, in zweijährigem Abstand (erstmals 1969) über Möglichkeiten der Leistungsanpassung in der Kriegsopferversorgung unter Berücksichtigung der gesamtwirtschaftlichen Situation zu berichten.

Endgültig erreicht wurde das angestrebte Ziel mit dem **1. AnpG-KOV vom 26. Januar 1970** [BGBl.I S.121], das mit Wirkung vom 1.1.1970 die **Dynamisierung der Rentenleistungen der KOV** analog zu dem in der GRV angewandten Verfahren brachte. Als Ergebnis der Dynamisierung stiegen die Renten für Beschädigte, Waisen und Eltern von 1970 bis 1975 um durchschnittlich 96%, die der Witwen um durchschnittlich 113,3%. Allerdings bedeutete dies auch für den genannten Zeitraum Mehraufwendungen für die KOV in Höhe von 12,8 Mrd. DM. Neben den jeweiligen Leistungsanpassungen enthielten einige der alljährlichen Anpassungsgesetze auch verschiedene nicht unbeachtliche **strukturelle Verbesserungen**.

So brachte z. B. das 5. AnpG-KOV vom 18. Dezember 1973 [BGBl.I S.1909] eine Gleichstellung der Pflegezulagenempfänger, die nicht Schwerbeschädigte sind, mit den Schwerbeschädigten hinsichtlich der Heil- und Krankenbehandlung, führte zu einer Erhöhung des Bestattungsgeldes und zur Schaffung einer Alterssicherungsgrundlage für Personen, die Pflegezulagenempfänger unentgeltlich gepflegt haben. Das 6. AnpG-KOV vom 23. August 1974 [BGBl.I S.2069] führte zu einer Gleichstellung der Pflegezulagenempfänger mit einer Minderung der Erwerbsfähigkeit von weniger als 50% mit den Schwerbeschädigten hinsichtlich der Rentenleistungen.

Zahlreiche weitere Leistungsverbesserungen erfuhren die Kriegsopfer und ihre Angehörigen auch durch verschiedene Gesetze außerhalb der KOV-Gesetzgebung. Zu nennen sind insbesondere das **RehaAnglG vom 7. August 1974** [BGBl.I S.1881] *(vgl. S.82f.)* sowie das **Gesetz über die unentgeltliche Beförderung von Kriegs- und Wehrdienstbeschädigten sowie von anderen Behinderten im Nahverkehr vom 27. August 1965** [BGBl.I S.978], welches auch Schwerkriegsbeschädigten mit einer Minderung der Erwerbsfähigkeit von mindestens 50% das Recht zur unentgeltlichen Benutzung der Nahverkehrsmittel einräumte.

3.4 Wiedergutmachung

Das Dritte Reich und der von ihm ausgelöste Zweite Weltkrieg führten nicht nur zu einer enormen Zahl von Kriegsopfern, Vertriebenen und Flüchtlingen, durch die Nazi-Gewaltherrschaft wurden auch Millionen von Menschen wegen ihrer politischen Einstellung, ihres Glaubens oder ihrer Rasse verfolgt. Daraus resultierten neben Beeinträchtigungen von Leben, Gesundheit und Eigentum und der Einschränkung oder dem Verlust der Freiheit auch Nachteile im beruflichen und wirtschaftlichen Fortkommen. Um diesen Personen die erlittenen Schäden wenigstens ansatzweise zu ersetzen, wurde nach dem Kriege neben dem Lastenausgleich und der Kriegsopferversorgung mit der sog. **Wiedergutmachung** ein dritter sozialer Entschädigungsbereich begründet *(vgl. Krause, 1986b, S.429)*.

Zur Regelung der Wiedergutmachung wurde seit Beginn der 50er Jahre eine Reihe von Gesetzen erlassen, darunter als wichtigstes das **Bundesentschädigungsgesetz (BEG) vom 18. September 1953** [BGBl.I S.1387] *(vgl. Verlag C.H. Beck, 1957)*. Für besondere Problembereiche ergingen ferner die Gesetze zur Regelung der Wiedergutmachung nationalsozialistischen Unrechts in der Sozialversicherung vom 22. August 1949 [WiGBl. S.263], für Angehörige des öffentlichen Dienstes vom 11. Mai 1951 [BGBl.I S.291, 354] und in der Kriegsopferversorgung vom 25. Juni 1958 [BGBl.I S.412] sowie das **Bundesrückerstattungsgesetz (BRüG) vom 19. Juli 1957** [BGBl.I S.734] *(vgl. Blessin/Giessler, 1967; W. Schwarz, 1979, S.178ff.)*.

Ziel des BEG war es, eine angemessene und den jeweiligen Verhältnissen entsprechende Wiedergutmachung vorzunehmen. Überwiegend wurden zwar Einkommensleistungen in Form von Kapitalabfindungen gezahlt; gewährt werden konnten aber auch Renten, die nach dem Diensteinkommen bzw. der Versorgung vergleichbarer Beamter berechnet wurden (eine Anpassung der Rentenleistungen konnte bei Erhöhung der Dienst- und Versorgungsbezüge der Beamten vorgenommen werden). Für Verfolgte, die durch die Gewaltmaßnahmen körperliche oder geistige Schäden erlitten hatten, konnten zudem Heilverfahren, Hausgeld, Umschulungsbeihilfen und Leistungen zur Versorgung der Hinterbliebenen gewährt werden.

Nach § 1 BEG galten als Verfolgte Personen, die infolge der Gewaltherrschaft Schaden an Leben, Körper, Gesundheit, Freiheit, Eigentum, Vermögen sowie im beruflichen oder wirtschaftlichen Fortkommen erlitten hatten. Den Verfolgten i. e. S. gleichgestellt wurden verschiedene andere Personengruppen, die gleichfalls durch das NS-Regime geschädigt wurden. Der Entschädigungsanspruch beschränkte sich zudem nicht nur auf natürliche Personen, sondern umfaßte auch verfolgte juristische Personen (Anstalten, Vereine, Gesellschaften) (§ 142 BEG).

Auch die verschiedenen Wiedergutmachungsgesetze sind im Laufe der Jahre mehrfach geändert worden, wodurch in der Hauptsache einzelne Härten beseitigt wurden. Den Abschluß fand die Gesetzgebung zur Wiedergutmachung nationalsozialistischen Unrechts im Prinzip mit dem **BEG-SchlußG vom 14. September 1965** [BGBl.I S.1315], durch das die bis dahin ergangenen Gesetze zur Wiedergutmachung einschließlich der Änderungen aufeinander abgestimmt und die Antragsfrist für Entschädigungsleistungen bis zum 31. 12. 1969 begrenzt wurden. Daneben brachte das Gesetz für bestimmte NS-Verfolgte einige Sonderregelungen.

Auf der Grundlage des BEG wurden bis 1975 insgesamt rd. 4.299.000 Entschädigungsanträge gestellt, von denen bis dahin 4.257.000 erledigt wurden. Hierfür wurden bis 1975 etwa 37,8 Mrd. DM aufgewandt. Nach dem BRüG, das den Ersatz für aus diskriminierenden Gründen entzogene Gegenstände regelte, wurden bis 1975 rd. 730.000 Anträge gestellt, die bis auf einen Rest von etwa 7.000 ebenfalls erledigt wurden. Weitere 289.000 Anträge wurden auf der Grundlage des 3. BRüG-ÄndG vom 2. Oktober 1964 [BGBl.I S.809, 930], das zusätzliche Härteleistungen gewährte, gestellt. Im Rahmen dieser Rückerstattung entstanden bis 1975 Ausgaben von insgesamt rd. 3,8 Mrd. DM *(vgl. auch Bonner Almanach 1975, S.255)*.

Neben dem BEG wurden zur Wiedergutmachung nationalsozialistischen Unrechts mit 12 europäischen Staaten **Wiedergutmachungsabkommen** zugunsten von verfolgten Bürgern dieser Staaten und ihrer Hinterbliebenen geschlossen. Für Leistungen aufgrund dieser Abkommen wurde bis Ende 1975 insgesamt rd. 1 Mrd. DM aufgewandt. Von besonderer Bedeutung war darüber hinaus das sog. **Israel-Abkommen vom 10. September 1952** (Ratifizierungsgesetz vom 20. März 1953 [BGBl.II S.35]), in welchem sich die Bundesrepublik verpflichtete, als globale Entschädigung für die Ansiedlung und Ausstattung von ehemaligen jüdischen Einwohnern Europas (rd. 500.000 Personen) bis 1965 an den Staat Israel 3 Mrd. DM und an den Härtefonds der Jewish Claims Conference zugunsten jüdischer Verfolgter außerhalb Israels 450 Mio. DM zu zahlen. Bis März 1966 wurden die Verpflichtungen aus diesem Abkommen erfüllt *(vgl. Bonner Almanach 1975, S.256; Böhm, 1976, S.437ff.)*.

4. Gestaltung der Alters- und Hinterbliebenensicherung

Nachdem sich die Forderungen nach Einführung einer einheitlichen Volksversicherung in der unmittelbaren Nachkriegszeit nicht hatten durchsetzen können, präjudizierte das SVAG zumindest implizit eine Restauration der alten **institutionellen Gliederung** der Sozialversicherung einschließlich der unterschiedlichen versicherungsrechtlichen Behandlung von Arbeitern und Angestellten *(vgl. Hockerts, 1980, S. 150ff.; Hermann, 1984, S. 63)*. Im Bereich der Rentenversicherung fand die organisatorische Wiederherstellung der traditionellen Strukturen ihren vorläufigen Abschluß im Jahre 1953 mit der Errichtung einer separaten **(Bundes-)Versicherungsanstalt für Angestellte** [BGBl. I S. 857].

4.1 Entwicklungen bis Mitte der 50er Jahre

Für die Mehrheit der Bevölkerung besaßen in den Anfangsjahren der Bundesrepublik allerdings weniger organisatorische und strukturelle Fragen eindeutige Priorität, sondern vielmehr die **Verbesserung der Rentenleistungen**. Die Orientierung der sozialen Rentenversicherung am Prinzip der »Beitrags-Leistungs-Äquivalenz« ohne Berücksichtigung des Kaufkraftschwundes und des Einkommensanstiegs führte insbesondere nach der Währungsreform dazu, daß die Renteneinkommen zunehmend hinter den Arbeitnehmereinkommen zurückblieben *(vgl. auch Elsner/Proske, 1953, S. 101ff.)*.

Traditionell stellte die deutsche Rentenversicherung auf die Gegebenheiten einer stationären Wirtschaft ab; Grundlage der Rentenberechnung bildete der Nominalbetrag der in der Vergangenheit geleisteten Beiträge, gleichgültig, wie sich der innere Wert der Beitragseinheit verändert hatte. Die damit verbundene Diskrepanz der Rente zum jeweiligen Erwerbseinkommen zum Zeitpunkt der Rentenfestsetzung wurde noch dadurch verschärft, daß der Rentner mit Beginn des Rentenbezuges nicht mehr an der Steigerung des Lebensstandards in Form wachsender Nominaleinkommen teilnahm *(vgl. Wannagat, 1965, S. 106ff.; Orda, 1977, S. 95ff.)*.

Mit Beginn des »Wirtschaftswunders« stiegen indessen nicht nur die Löhne, sondern auch das Preisniveau, so daß es in der Folge zu einer immer gravierenderen **Auseinanderentwicklung** zwischen den **Lohneinkommen und dem allgemeinen Rentenniveau** kam. Zwar waren durch das SVAG die Renten ohne Bezug auf individuelle Beitragszahlungen erhöht worden, dennoch konnte dies nicht verhindern, daß damals mit dem Ausscheiden aus dem Arbeitsprozeß für den Rentner ein steiler sozialer und wirtschaftlicher Abstieg verbunden war *(vgl. Wannagat, 1965, S. 106)*. Trotz weiterer **Anpassungsmaßnahmen**, die infolge des begrenzten finanziellen Spielraums des Bundeshaushalts und der Bevorzugung des wirtschaftlichen Wiederaufbaus durchweg zu niedrig ausfielen, sank das Rentenniveau in vielen Fällen unter das Existenzminimum.

Während die durchschnittliche Versichertenrente – bei einem vergleichbaren Aktiveneinkommen von netto 227 DM monatlich – Anfang 1950 in der Arbeiterrentenversicherung (ArV) 60,50 DM bzw. 92,90 DM in der Angestelltenversicherung (AnV) betrug, belief sie sich 1955 (bei einem monatlichen Durchschnittsverdienst von nunmehr netto 322 DM) auf 89,70 DM (ArV) bzw. 137,30 DM (AnV). Mitte 1956 erreichten die Rentner in der ArV nur 28 %, in der AnV 32 % der durchschnittlichen Bruttoarbeitsentgelte vergleichbarer Versicherter. Wie unbefriedigend die Rentenhöhe war, zeigt ein Vergleich mit den Fürsorgeleistungen; 1957 lag der Regelsatz (Durchschnitt) der Sozialhilfe ohne Mietbeihilfen und Alterszuschläge für den Haushaltsvorstand bei 63 DM, für Haushaltsangehörige über 18 Jahre bei 51 DM. Besonders dramatisch war die Lage der Arbeiterwitwen mit durchschnittlichen Witwenrenten von 36,20 DM (1950) bzw. 57,50 DM (1955) monatlich *(vgl. auch Tabellen 9, 28; SB 1983, Materialband, S. 241)*.

Obwohl die äußerst unbefriedigende Lage der rd. 6 Mio. Rentner der GRV kein Geheimnis war und eine grundsätzliche Neuordnung des Alterssicherungssystems als unumgänglich angesehen wurde, unterblieb zunächst der Aufbau einer ausreichenden individual-orientierten sozialen Alterssicherung. Mit einer Reihe von **Aufbesserungsgesetzen** – die allesamt keine befriedigende Lösung darstellten – wurde bis 1957 versucht, die **materielle Not der Sozialrentner** wenigstens teilweise zub lindern.

Tabelle 6: Grundzahlen zur gesetzlichen Rentenversicherung (ArV und AnV) 1948–1991

Jahr	Durchschnittl. Bruttoarbeitsentgelt[1]	Allgem. Bemessungsgrundlage[1]	Beitragsbemessungsgrenze[1]	Beitragssatz in %[2]	Pflichtversicherte in 1.000[3]	Renten[4]	Rentenfallquotient[5]	Nettorentenniveau (45 Vj.) in %
1948	2.219	–	–	5,6	–	2.481.538	–	–
1950	3.161	–	600	10,0	–	3.201.791	–	–
1955	4.548	–	600	11,0	–	4.882.902	–	–
1957	5.043	4.281	750	14,0	16.816,0	5.834.000	34,7	66,6
1960	6.101	5.072	850	14,0	17.522,0	6.555.286	37,4	63,2
1965	9.229	7.275	1.200	14,0	18.469,0	7.568.873	38,9	59,3
1970	13.343	10.318	1.800	17,0	19.213,9	8.839.966	44,5	63,9
1975	21.808	16.520	2.800	18,0	19.186,6	10.330.063	51,7	66,4
1980	29.485	21.911	4.200	18,0	21.276,6	11.733.331	53,7	71,1
1985	35.286	27.099	5.400	18,7	20.876,6	12.737.837	56,2	73,2
1986	36.627	27.885	5.600	19,2	21.072,0	12.865.230	–	71,6
1987	37.726	28.945	5.700	18,7	21.290,0	13.087.573	–	72,1
1988	38.896	29.814	6.000	18,7	21.574,0	13.310.389	54,9	71,8
1989	40.064	30.709	6.100	18,7	21.950,0	13.650.346	55,2	72,4
1990	41.585	31.661	6.300	18,7	22.814,0	13.897.522	56,6	67,6
1991	44.505	33.149	6.500	18,7	–	13.988.105	57,6	68,4

1) in DM; 2) 19,2 % ab 1.6.1985; 3) Pflichtversicherte in der ArV/AnV gemäß Mikrozensus; 4) Versicherten- und Witwenrenten in der ArV/AnV, ab 1960 Anzahl der laufenden, durch die Post gezahlten Renten zur Jahresmitte (bis 1955 Jahresdurchschnitt, 1948 und 1950 ohne Saarland und Berlin, 1955 ohne Saarland), bis 1975 nur ins Inland gezahlte Renten; 5) Anzahl der Versicherten- und Witwenrenten der ArV/AnV je 100 Beitragszahler; bis 1980 beschäftigte Arbeiter und Angestellte, ab 1980 zzgl. Arbeitslose; Beschäftigte 1988: 22.008 (in 1.000); 1989 + 1,4 %, 1990 + 1,1 %.

Quellen: VDR, Rentenversicherung in Zahlen 1987; BMA, Arbeits- und Sozialstatistik, lfde. Jge.; Sozialpolitische Informationen, 22.Jg., Nr.15/2. Dezember 1988; BMA (Hrsg.): Übersicht über die Soziale Sicherheit, Bonn Januar 1990, S.146 ff.; Rentenanpassungsbericht 1989, BR-Drs. 725/89.

Den Anfang bildeten das Rentenzulagengesetz (RZG) vom 10. August 1951 [BGBl.I S.505] und das Teuerungszulagengesetz vom gleichen Tage [BGBl.I S.507], durch die die Renten – bei partieller Anwendung des Äquivalenzprinzips – um durchschnittlich 25 % angehoben und Rentenzulagen von mindestens 3 DM gewährt wurden. Neben dem Teuerungszulagen-ÄndG vom 25. Juni 1952 [BGBl.I S.350] brachte vor allem das Grundbetragserhöhungsgesetz vom 17. April 1953 [BGBl.I S.125] eine abermalige Aufbesserung der beitragsunabhängigen Rentenbestandteile (Erhöhung der Versichertenrenten um einheitlich 5 DM, der Witwenrenten um 4 DM und der Waisenrenten um 3 DM).

Unter den Aufbesserungsgesetzen nahm das **Renten-Mehrbetrags-Gesetz (RMG) vom 23. November 1954** [BGBl.I S.345] eine gewisse Sonderstellung ein *(vgl. W. Bogs, 1954, S.455ff.)*. Mit ihm wurde erstmals darauf reagiert, daß das System der Rentenversicherung „durch ein niedriges Leistungsniveau, durch das Ausgehen von Mindestsätzen und schematischen Anpassungen zunehmend in Gefahr (geriet), zu einer einheitlichen Fürsorgeleistung auf niedrigem Niveau zu degenerieren" *(Matthöfer, 1979, S.286)*.

Erstmalig wurde nicht eine pauschale und schematische Rentenerhöhung angestrebt, vielmehr wurde versucht, „die Aufwertung der Renten entsprechend dem Kaufkraftverlust (vorzunehmen), den die Beiträge in den verschiedenen Zeiträumen erfahren hatten" *(v. Bethusy-Huc, 1976, S.195; vgl. auch Hensen, 1977, S.139)*. Hierzu wurden die Steigerungssätze der Renten in Abhängigkeit vom Zeitpunkt der Beitragsentrichtung den Gegenwartswerten angepaßt. Auch wenn es sich bei dieser Maßnahme lediglich um einen einmaligen Vorgang handelte und zudem das hierfür bereitgestellte Finanzvolumen äußerst bescheiden war, wurden mit dem RMG erste methodische Voraussetzungen der modernen Rentendynamik entwickelt *(vgl. Orda, 1977, S.106; Zöllner, 1981, S.146)*.

Entgegen der ursprünglichen Absicht wurden bis zum Inkrafttreten der in Angriff genommenen »großen Rentenreform« weitere Zwischenlösungen erforderlich. Während mit dem Sonderzulagen-Gesetz (SZG) vom 2. Dezember 1955 [BGBl.I S.733] und dem 2. SZG vom 16. November 1956 [BGBl.I S.854] von bestimmten Stichtagen ab die Mehrbeträge aufgestockt wurden, gewährte das Rentenvorschußzahlungsgesetz (RVZG) vom 23. Dezember 1956 [BGBl.I S.1072] bereits Vorschüsse auf die zu erwartenden Rentenerhöhungen.

Neben den im Vordergrund stehenden **nominalen Leistungsverbesserungen** ergingen zahlreiche Gesetze, die zu punktuellen **Systemkorrekturen** führten oder gezielt das materielle Recht einzelner Rentenversicherungszweige änderten. Die Einkommens- und Preisentwicklung machten ferner eine Anhebung der **Versicherungspflicht- und Beitragsbemessungsgrenzen** erforderlich.

Tabelle 7: Einnahmen und Ausgaben der Rentenversicherung (ArV und AnV) 1950–1990

Jahr	Arbeiterrentenversicherung				Angestelltenversicherung			
	Einnahmen[1]		Ausgaben[1]		Einnahmen[1]		Ausgaben[1]	
	insgesamt	dar. Staatszuschüsse	insgesamt	dar. für Renten	insgesamt	dar. Staatszuschüsse	insgesamt	dar. für Renten
1950	2.874	580	2.562	1.995	1.125	74	1.001	780
1955	6.318	1.784	4.866	4.027	2.878	694	2.192	1.917
1960	13.032	3.517	12.219	9.366	6.301	1.223	5.736	4.893
1965	20.497	4.982	20.051	14.414	11.252	916	9.765	8.137
1970	32.936	6.359	31.939	24.414	19.135	2.595	16.409	13.979
1975	62.940	10.974	61.725	45.680	42.535	4.832	43.178	27.152
1980	80.876	17.283	80.145	65.821	59.301	4.709	57.131	43.551
1985	97.414	20.706	96.101	81.349	77.585	4.661	77.490	59.934
1988	105.534	22.540	104.568	90.394	89.149	5.073	86.769	69.951
1989	110.300	23.266	109.782	94.173	93.610	5.237	90.988	73.731
1990[2]	115.766	24.241	115.104	98.128	101.963	5.456	93.015	77.746

1) in 1.000 DM; 2) vorläufige Ergebnisse.
Quellen: BMA, Arbeits- und Sozialstatistik. Hauptergebnisse 1987, S.109; Verband Deutscher Rentenversicherungsträger; Rentenanpassungsbericht 1989, BR-Drs. 725/89.

Zu erwähnen sind in diesem Zusammenhang u.a. das Gesetz über die Höherversicherung in den Rentenversicherungen der Arbeiter und Angestellten vom 14. März 1951 [BGBl.I S.188], das Gesetz über die Erhöhung der Einkommensgrenzen in der Sozialversicherung und der Arbeitslosenversicherung und zur Änderung der 12. AufbauVO vom 13. August 1952 [BGBl.I S.437] (Erhöhung der Versicherungspflicht- und der Beitragsbemessungsgrenze in der ArV und der AnV auf 9.000 DM, in der KnV von 8.400 auf 12.000 DM), das Gesetz zur Änderung der Paragraphen 1274 ff. RVO vom 13. August 1952 [BGBl.I S.443], das eine wesentliche Milderung der Ruhensvorschriften in der GRV enthielt, das Gesetz zur einheitlichen Anwendung des Paragraphen 397 des AVG vom 25. Dezember 1954 [BGBl.I S.506], durch das Angestellte bei mindestens einjähriger Arbeitslosigkeit bereits mit 60 Jahren Anspruch auf Altersruhegeld erheben konnten, das Gesetz über die Umstellung von knappschaftlichen Renten auf das nach dem 31.12.1942 geltende Recht der knappschaftlichen Rentenversicherung vom 18. Juli 1953 [BGBl.I S.659], das der Gleichstellung aller Knappschaftsrentner diente, sowie das Gesetz über Bergmannsprämien vom 20. Dezember 1956 [BGBl.I S.927], das den begünstigten Personenkreis definierte und den Beitragsanteil der Arbeitgeber festlegte.

Von besonderer Bedeutung war insbesondere für die Vertriebenen und Flüchtlinge weiterhin das **Fremdrenten- und Auslandsrentengesetz** (FAG) **vom 7. August 1953** [BGBl.I S.848] mit den Änderungsgesetzen vom 21. Januar 1956 [BGBl.I S.17] und vom 4. September 1956 [BGBl.I S.767], durch das die Rechtsbeziehungen aus den Versicherungsverhältnissen bei nicht mehr bestehenden, stillgelegten oder außerhalb des Bundesgebietes befindlichen Trägern der GRV und GUV geklärt wurden *(vgl. Hoernigk u.a., 1954)*.

Tabelle 8: Rentenbestand der Rentenversicherung (ArV und AnV) 1950–1990 (in 1.000)

Jahr	Arbeiterrentenversicherung				Angestelltenversicherung			
	Renten insgesamt[1]	darunter Versicherten-renten	darunter Witwen-renten	darunter Waisen-renten	Renten insgesamt[1]	darunter Versicherten-renten	darunter Witwen-renten	darunter Waisen-renten
1950	3.036,0	1.799,0	679,0	558,0	864,0	414,0	303,0	147,0
1955	4.512,0	2.524,0	1.111,0	877,0	1.477,0	715,0	511,0	251,0
1960	5.399,1	3.134,9	1.835,2	429,1	1.886,4	1.006,8	683,3	196,2
1965	5.951,8	3.627,9	2.024,4	299,5	2.150,4	1.209,9	812,9	127,6
1970	6.921,5	4.365,9	2.230,1	325,6	2.536,9	1.486,1	930,1	120,7
1975	7.958,4	5.197,1	2.402,7	358,7	3.150,1	1.962,3	1.040,8	146,9
1980	8.509,5	5.575,2	2.569,7	364,5	3.871,3	2.561,4	1.149,9	159,9
1985	8.718,9	5.793,2	2.625,4	300,4	4.560,7	3.188,2	1.221,4	151,2
1988	8.965,8	6.040,4	2.680,4	245,0	4.940,3	3.541,7	1.266,8	131,8
1989	9.056,8	6.142,1	2.688,8	225,9	5.060,9	3.656,6	1.280,4	123,9
1990	9.149,2	6.248,4	2.689,7	211,2	5.194,9	3.782,8	1.292,6	119,4

1) 1950, 1955 am Jahresanfang; ab 1960 am Jahresende; ohne die ruhenden und die von den Versicherungsträgern unmittelbar gezahlten Renten.
Quellen: BMA, Arbeits- und Sozialstatistik, lfde. Jge.; VDR, Die gesetzliche Rentenversicherung im Jahre 1989, Frankfurt 1990.

Mit diesem Gesetz wurden einerseits die Leistungen an Berechtigte im Ausland, andererseits „die Rechtsansprüche jener Deutschen bzw. ihrer Hinterbliebenen gegen die Sozialversicherung geregelt, die als Vertriebene anerkannt oder Deutsche sind oder Deutsche waren und infolge der Kriegseinwirkungen die früher für sie zuständigen Versicherungsträger eines auswärtigen Staates nicht mehr in Anspruch nehmen können oder nach dem 8. Mai 1945 zur Arbeitsleistung in ausländisches Staatsgebiet verbracht wurden" *(Kleinhenz/Lampert, 1971, S.118; vgl. auch Peters, 1978, S.207)*.

4. 2 Beginn der Rentenreformgesetzgebung

4. 2. 1 Rentenreform von 1957

Die **Neuordnung** der gesetzlichen Rentenversicherung war bereits zu Beginn der 50er Jahre ein Kernstück der sozialpolitischen Reformdiskussion. Es bestand ein breiter gesellschaftlicher Konsens darüber, daß die Alters-, Invaliditäts- und Hinterbliebenenrenten stärker als bisher **Lohnersatzeinkommen** sein sollten; gemäß diesem Funktionswandel sollten sie verstärkt den Arbeitseinkommen folgen; die bisherige diskretionäre Rentenanpassung, die wesentlich zu der Unübersichtlichkeit des Rentenversicherungsrechts beigetragen hatte, wurde allgemein als unbefriedigend empfunden. Lücken im über die Rentenzahlung hinausgehenden Leistungskatalog der Rentenversicherung sollten beseitigt und das Rentenversicherungsrecht für Arbeiter, Angestellte und Bergarbeiter vereinheitlicht werden *(vgl. v. Friedeburg/Weltz, 1958; Hönig, 1961; Brück, 1976, S.30f.; v. Bethusy-Huc, 1976, S.195ff.; Maunz/Schraft, 1961)*.

Während in der Regierungserklärung vom Oktober 1957 noch von einer »umfassenden Sozialreform« gesprochen wurde, erfolgte schon bald eine „Reduktion der Sozialreform auf eine Reform einzelner Sozialversicherungszweige, zunächst der gesetzlichen Rentenversicherung" *(Standfest, 1979, S.30)*. Trotz einer sehr umfangreichen und lebhaften Reformdiskussion, die durch die Vorlage zahlreicher Gutachten und Denkschriften begleitet wurde *(vgl. S.28ff.)*, kamen zunächst die konkreten **Gesetzgebungsarbeiten** nicht richtig in Gang. Dem politischen Handlungsdruck folgend, veranlaßte daher Bundeskanzler ADENAUER Anfang 1955 die Bildung eines »**Sozialkabinetts**« sowie die Errichtung eines beim BMA angesiedelten »Generalsekretariats für die Sozialreform«, wobei letzteres vor allem die Aufgabe erhielt, weitgehend unabhängig von der in der politischen Öffentlichkeit laufenden Grundsatzdiskussion pragmatische, d. h. gesetzgeberisch umsetzbare Reformvorschläge auszuarbeiten *(vgl. Jantz, 1977, S.109; Zöllner, 1981, S.143)*.

Tabelle 9: Entwicklung der durchschnittlichen Rentenhöhe (ArV und AnV) 1950–1991

Jahr	Durchschnittlicher Monatsbetrag der laufenden Renten[1]						Standard-Monatsrente bei	
	ArV			AnV				
	Versicherte	Witwen	Waisen	Versicherte[4]	Witwen	Waisen	40 Vj.[5]	45 Vj.[5]
1950[2]	60,50	36,20	23,50	92,90	48,10	28,50	–	–
1955	89,70	57,50	32,30	137,30	73,30	38,20	–	–
1957	90,40	56,00	31,80	244,50	74,20	38,60	214,10	240,90
1960	152,00	110,30	54,50	373,00	157,00	59,40	240,60	270,70
1965	214,90	166,00	78,50	534,20	244,70	87,70	335,90	377,90
1970	313,20	249,20	114,90	858,10	370,00	127,70	489,00	550,20
1975[3]	536,70	436,50	195,30	1.054,20	629,50	213,90	826,00	929,30
1980	690,80	581,00	234,70	1.173,80	822,80	253,10	1.095,60	1.232,50
1985[3]	813,10	699,15	247,25	1.193,11	981,95	273,32	1.355,00	1.524,40
1986	840,92	720,62	250,21	1.221,83	1.008,68	276,39	1.394,30	1.568,60
1987	869,73	745,99	254,26	1.257,41	1.041,30	280,48	1.447,30	1.628,20
1988	893,20	765,50	257,20	1.283,90	1.065,50	283,70	1.490,70	1.677,10
1989	920,05	785,84	260,20	1.314,54	1.090,70	286,98	1.535,50	1.727,40
1990	948,04	806,83	263,16	1.346,74	1.117,11	290,32	1.583,10	1.781,00
1991	993,50	841,57	268,77	1.402,89	1.161,96	296,13	1.657,60	1.864,70

1) DM/Jahresanfang; 2) 1950 ohne Berlin-West; 3) 1975 und 1985 jeweils Juni; 4) ohne die von der AnV festgestellten Handwerkerrenten; 5) Altersruhegelder (Bestandsrenten) für Juli, brutto bei einer persönl. Bemessungsgrundlage von 100 % (Durchschnittsverdienst).
Quellen: Rentenanpassungsberichte; BMA, Arbeits- und Sozialstatistik, lfde. Jge.; Materialband zum Sozialbudget 1990; VDR, Rentenversicherung in Zahlen. Ausgewählte statistische Daten. Stand: Juni 1990, Frankfurt 1990.

Nachdrücklich beeinflußt wurden diese Reformarbeiten durch den Wirtschaftswissenschaftler W. SCHREIBER, der die Einführung einer dynamischen Rente anregte; danach sollten die Renten jährlich automatisch an die Lohnentwicklung bei Anwendung des Umlageverfahrens angepaßt werden. Dieser Vorschlag rief innerhalb des Regierungslagers und in der Öffentlichkeit nicht nur erhebliches Aufsehen hervor, sondern stieß vor allem auf seiten der Wirtschaft und ihrer Interessenvertreter sowie bei Banken und privaten Versicherungen auf massive Widerstände. Der „Plan der Bindung der Renten an die Lohnentwicklung durchbrach bisheriges sozialpolitisches Denken so konsequent, daß die FDP als Koalitionspartner ihn nicht einmal als ernsthafte Diskussionsgrundlage akzeptieren wollte" *(Kleßmann, 1982, S.250)*. Es bedurfte Adenauers gesamten Einflusses, um die dynamische Rente innerhalb der eigenen Reihen durchzusetzen. Während der von der SPD-Fraktion am 18. April 1956 eingebrachte Gesetzentwurf [BT-Drs. II/2314] erstmals die Forderung nach einer jährlichen Anpassung der Renten beinhaltete, sah der Regierungsentwurf vom 21. Juni 1956 [BT-Drs. II/2437] zunächst nur eine Rentenanpassung in fünfjährigen Abständen vor. Ansonsten waren jedoch die beiden Gesetzentwürfe nicht „nur in ihren Grundzügen, sondern auch hinsichtlich vieler Einzelbestimmungen außerordentlich ähnlich" *(v. Bethusy-Huc, 1976, S.196; vgl. auch Brück, 1976, S. 130ff.; Hockerts, 1980, S.309, 316ff.; Hermann, 1984, S. 71ff.)*.

Nach dem Versanden der »Gesamtreform« setzte ADENAUER alles daran, nun „dieses zentrale Teilstück gegen den Widerstand in den eigenen Reihen, bei der FDP und bei den Arbeitgeberverbänden zu realisieren" *(Kleßmann, 1982, S.251)*, zumal für ihn nicht nur i. e. S. sozialpolitische, sondern eher allgemeinpolitische Motive eine wesentliche Rolle spielten *(vgl. Zöllner, 1981, S.143)*. Maßgebend waren sowohl wahlkampftaktische Überlegungen – die »dynamische Rente« als positive Ergänzung zur Wahlparole »Keine Experimente« *(vgl.Hockerts, 1980, S.350)* – als auch gesellschaftspolitische und gesamtdeutsche Gesichtspunkte. „Durch Abbau von Spannungsherden sollte die bestehende Gesellschaftsordnung gefestigt werden und damit zugleich die Bundesrepublik ‚attraktiv bleiben' für die ‚Menschen in der Zone'" *(Kleßmann, 1982, S.251)*.

Schließlich verabschiedete der Bundestag nach einer viertägigen Debatte am 21.1.1957 das Rentenreformgesetz gegen die Stimmen der Koalitionspartner FDP und eines großen Teils der DP, aber mit den Stimmen der SPD. Unter Beibehaltung wesentlicher Grundlagen des alten Rentenversicherungsrechts sowie der alten Organisationsformen brachten das **Arbeiterrentenversicherungs-Neuregelungsgesetz** (ArVNG) **vom 23. Februar 1957** [BGBl.I S.45], das **Angestelltenversicherungs-Neuregelungsgesetz** (AnV NG) **vom 23. Februar 1957** [BGBl.I S.88] und das einige Monate später beschlossene **Knappschaftsrentenversicherungs-Neuregelungsgesetz** (KnVNG) **vom 21. Mai 1957** [BGBl.I S.533] eine weitreichende Neuordnung der gesetzlichen Rentenversicherung. Diese erfolgte im wesentlichen identisch für die drei Versicherungszweige, wobei zugleich eine Angleichung des materiellen Rechts der Rentenversicherung der Arbeiter an das der Angestelltenversicherung stattfand. Verbunden war die Rentenreform außerdem mit einer beträchtlichen **Erhöhung der Renten** (durchschnittlich um 65 %).

Die Rentenreformgesetzgebung war ein bedeutender **sozialpolitischer Erfolg**; nicht nur der DGB begrüßte die Reform als „das bedeutendste Sozialgesetzgebungswerk seit der Einführung der Sozialversicherung überhaupt" *(WdA, 25.1.1957)*, sie trug zweifellos auch wesentlich dazu bei, daß die CDU/CSU bei den kurz darauf stattfindenden Wahlen zum 3. Deutschen Bundestag enorme Zuwächse verzeichnete und im Parlament eine absolute Mehrheit erreichte. Das Institut für Demoskopie in Allensbach stellte fest, daß bisher kein Beispiel bekannt sei, „daß irgendein Gesetz, eine Institution oder sogar Verfassung und Symbole des Staates eine auch nur annähernd so positive Resonanz gehabt haben wie die Rentenreform" *(o. V., BArBl., 1960, S.66)*.

Grundelemente dieser Rentenreform waren der Übergang zu einer neuen **Grundfunktion der Rente** (nicht mehr Zuschuß zum, sondern Sicherstellung des Lebensunterhalts), die Einführung der **lohnbezogenen (dynamischen) Rente** sowie des veredelten **Umlageverfahrens**, der **Wegfall der Anwartschaft** (Halbdeckung), die Trennung der Altersversicherung von der Versicherung wegen Berufs- und Erwerbsunfähigkeit und der Grundsatz des Vorrangs der **Rehabilitation** vor der Rentengewährung.

Die Abgrenzung des in den drei Rentenversicherungszweigen versicherten Personenkreises erfolgte im wesentlichen gemäß den bisherigen Rechtsgrundlagen. Im Gegensatz zur Arbeiterrentenversicherung und zur Knappschaftsversicherung blieb es in der Angestelltenversicherung bei der Pflichtversicherungsgrenze, die jedoch wesentlich erhöht wurde. Die Möglichkeiten der freiwilligen Versicherung wurden eingeschränkt; die Selbstversicherung entfiel, während die freiwillige Weiterversicherung mit allerdings erschwerten Bedingungen (ebenso wie die freiwillige Höherversicherung) aufrecht erhalten wurde. Gegenüber dem bisherigen Vorrang von Rentenzahlungen wurde die Bedeutung der Rehabilitationsmaßnahmen im Leistungskatalog der Rentenversicherung eindeutig gesteigert. Der alte Invaliditätsbegriff wurde durch die einheitlich geltenden Begriffe der »Berufs-« und »Erwerbsunfähigkeit« ersetzt; in der knappschaftlichen Rentenversicherung wurde der Begriff der »verminderten bergmännischen Berufsfähigkeit« eingeführt.

Kernstück des Reformwerks war die Neuordnung der Rentenberechnung und der Rentenanpassung. Grundsätzlich wurde die Beitragsäquivalenz der Renten stärker betont, was zu einem Fortfall der Mindestrenten führte. In die Rentenberechnung wurden neben den anrechnungsfähigen Versicherungsjahren (Beitragszeiten, Ersatzzeiten, Ausfallzeiten und Zurechnungszeiten) ein Vomhundertsatz der persönlichen Bemessungsgrundlage (relative Lebenseinkommensposition des Versicherten), ein Steigerungssatz je Jahr (differenziert nach der Rentenkategorie: 1,5 % bei der Alters- und Erwerbsunfähigkeitsrente sowie 1,0 % bei der Berufsunfähigkeitsrente; Sonderregelungen für die Knappschaftsversicherung) sowie die allgemeine Bemessungsgrundlage (Dreijahresdurchschnitt der Bruttoarbeitsentgelte aller Versicherten) einbezogen. Mit der Berücksichtigung der allgemeinen Bemessungsgrundlage wurde zugleich die bruttolohnbezogene Dynamisierung der Renten eingeführt; Zugangsrenten waren nach Maßgabe der jeweils gültigen allgemeinen Bemessungsgrundlage festzusetzen, während für die Bestandsrenten eine entsprechende Anpassung im Rahmen von Anpassungsgesetzen zu erfolgen hatte.

Bei grundsätzlicher Beibehaltung der bisherigen Altersgrenzenregelung wurde die Möglichkeit des Bezugs eines vorgezogenen Altersruhegeldes geschaffen. Frauen, Arbeitslose und Bergleute sollten unter bestimmten Voraussetzungen bereits mit Vollendung des 60. Lebensjahres Altersrenten beziehen können. Außerdem wurde eine Rente auf Zeit *(vgl. Bekemeier, 1968, S.268ff., 300ff.)* eingeführt.

Die Höhe der Altersrente sollte im Normalfall etwa 60 % der jeweiligen Bruttoarbeitsentgelte betragen. Die Witwenrente wurde auf 60 % der Berufsunfähigkeitsrente bzw. der Erwerbsunfähigkeitsrente des Versicherten festgesetzt, wobei die Zurechnungszeiten außer Ansatz blieben. Die Waisenrenten wurden mit 10 % der Versichertenrente für Halbwaisen und mit 20 % der Versichertenrente für Vollwaisen festgelegt.

Die Leistungen der Rentenversicherung waren grundsätzlich über Beiträge und Bundeszuschüsse zu finanzieren. Für die Beitragsfinanzierung wurde das Abschnittsdeckungsverfahren (mit einem 10-jährigen Deckungsabschnitt und der Verpflichtung zur Bildung einer Rücklage in Höhe einer Jahresausgabe) eingeführt. Der Bundeszuschuß sollte sich nach Maßgabe der Veränderung der allgemeinen Bemessungsgrundlage anpassen.

4.2.2 Reform der Handwerkerversicherung

Die im Rahmen der »großen Rentenreform« ebenfalls beabsichtigte Neuregelung der Handwerkerversicherung scheiterte zunächst. Es blieb vorerst bei jenem Rechtszustand, der durch das **Gesetz zur vorläufigen Änderung des Gesetzes über die Altersversorgung für des Deutsche Handwerk vom 27. August 1956** [BGBl.I S.755] entstanden war. Dabei handelte es sich um eine **Übergangsregelung**, die grundsätzlich an den Bestimmungen des Handwerkerversorgungsgesetzes von 1938 *(vgl. Bd.1, S.302f.)* festhielt. Übergangscharakter hatten auch die im AnVNG für die Handwerkerversorgung getroffenen Regelungen *(vgl. v. Bethusy-Huc, 1976, S.211ff.; Peters, 1978, S.203; Zöllner, 1981, S.150).*

Erst gegen Ende der 3. Legislaturperiode erfolgte – basierend auf Gesetzentwürfen der CDU/CSU und der FDP – auch in diesem Bereich mit dem **Handwerkerversicherungsgesetz (HwVG) vom 8. September 1960** [BGBl.I S.737] eine umfassende Neuregelung, durch die ab dem 1.1.1962 die Durchführung der Handwerkerversicherung von der Angestellten- auf die Arbeiterrentenversicherung übertragen wurde.

Das HwVG begrenzte die Dauer der Versicherungspflicht kraft Gesetzes auf 18 Jahre (216 Monate), womit das Gesetz lediglich eine Grundsicherung für die Handwerker in Form einer Sockelrente vorsah. Der Versicherungspflicht unterlagen ohne Rücksicht auf die Höhe des Einkommens alle Handwerker, die in die Handwerksrolle eingetragen waren. Im Anschluß an die Versicherungspflichtzeit bestand die Möglichkeit der freiwilligen Weiterversicherung. Die Ersetzung der Versicherungspflicht durch eine private Lebensversicherung war nicht mehr möglich, und im Beitragsrecht wurden feste Durchschnittsbeiträge eingeführt, die der Durchschnittshöhe der Arbeitnehmerbeiträge entsprachen. Von diesen Sonderregelungen abgesehen, galten insbesondere hinsichtlich des Leistungsrechts für die Handwerkerversicherung grundsätzlich die Vorschriften der Rentenversicherung der Arbeiter *(vgl. Kahmann u.a., 1964).*

Im Bereich der Handwerkerversicherung kam es in den 60er Jahren nur zu begrenzten Änderungen. Hervorzuheben ist das Schornsteinfegergesetz (SchfG) vom 15. September 1969 [BGBl.I S.1634], das die gesondert geregelte Versicherung der Bezirksschornsteinfegermeister in das System der sozialen Sicherung einbezog und für diese eine Versicherungspflicht in der Handwerkerversicherung ohne zeitliche Begrenzung begründete. Das 3. RVÄndG vom 28. Juli 1969 [BGBl.I S.956] brachte ferner eine neue Beitragsklassenregelung für pflichtversicherte Handwerker gem. § 1387 RVO; zugleich wurden Erleichterungen in der Beitragszahlung für bestimmte Kleinbetriebe wirksam.

Die begrenzte Versicherungspflicht sowie verschiedene Ausnahmeregelungen führten zusammen mit dem Rückgang der Zahl der Handwerksbetriebe zu einer stetigen Abnahme des in der HwV versicherten Personenkreises; belief sich der Versichertenbestand 1965 noch auf rd. 195.000, waren Mitte 1976 nur noch rd. 113.000 Handwerker versicherungspflichtig *(vgl. Schewe u.a., 1977, S.128)*.

4.2.3 Neuregelung des Fremd- und Auslandsrentenrechts

Im weiteren Sinne sind auch die im Jahre 1960 unternommenen Bemühungen, die Eingliederung der Flüchtlinge und Vertriebenen in die GRV zu verbessern, zur Reformgesetzgebung 1957 zu rechnen, zumal nun die Mängel des auf dem Entschädigungsprinzip beruhenden Fremdrentenrechts um so schärfer zu Tage traten. „Die Bezugnahme des Entschädigungsprinzips auf das Recht und die wirtschaftlichen Verhältnisse des Herkunftslandes führten zu schwer verständlichen Unterschieden im Vergleich zu einheimischen Versicherten, aber auch der Vertriebenen untereinander" *(Zöllner, 1981, S.150)*. Mit dem **Fremdrenten- und Auslandsrenten-Neuregelungsgesetz** (FANG) **vom 25. Februar 1960** [BGBl.I S.93] wurden Vertriebene und Flüchtlinge so gestellt, als ob sie ihr Versicherungsleben in vollem Umfange in der Bundesrepublik zurückgelegt hätten; das ursprüngliche **Entschädigungsprinzip** wurde damit durch das **Eingliederungsprinzip** ersetzt. Für die Ermittlung der persönlichen Bemessungsgrundlage wurde unterstellt, daß der Versicherte ein Entgelt verdient hatte, das dem Durchschnitt der Berufsgruppe entsprach, zu der der Versicherte bei Ausübung seiner Beschäftigung in der Bundesrepublik gehört hätte *(vgl. K. Jahn, 1965, S.358ff.)*.

4.3 Änderungen des Rentenversicherungsrechts während der 60er Jahre

Die weitere Entwicklung der sozialpolitischen **Gesetzgebung** auf dem Gebiete der Rentenversicherung brachte zwar bis zum Beginn der 70er Jahre vielfältige Änderungen, ohne jedoch die **Grundstruktur** der Rentenreform des Jahres 1957 wesentlich zu modifizieren.

4.3.1 Knappschaftliche Rentenversicherung

Erste wesentliche Änderungen wurden im Bereich der knappschaftlichen Rentenversicherung *(vgl. Miesbach, 1959, S.21ff.)* erforderlich, nachdem **strukturelle Probleme im Bergbau** umfangreiche Entlassungen zur Folge hatten, von denen vor allem ältere Bergleute betroffen waren. Allein zwischen 1958 und Anfang 1963 wurden 24 Schachtanlagen stillgelegt, 10 Kokereien außer Betrieb gesetzt und zahlreiche Kleinzechen zu Großanlagen zusammengelegt. Die Folge war im genannten Zeitraum ein Rückgang der Beschäftigten im Bergbau um 140.000 (21,3 %). In dieser Situation schlug die SPD vor, für langjährig unter Tage tätig gewesene Bergleute die Altersgrenze vom 60. auf das 55. Lebensjahr herabzusetzen oder alternativ diesen Bergleuten bei Vollendung des 55. Lebensjahres eine fiktive Berufsunfähigkeitsrente zu gewähren. Obwohl beide Vorschläge von der CDU/CSU-Mehrheit abgelehnt wurden, kam es nicht zuletzt auf Drängen der IG Bergbau durch das **Gesetz zur Änderung des Reichsknappschaftsgesetzes vom 23. Mai 1963** [BGBl.I S.359] zur Einführung der sog. **»Knappschaftsausgleichsrente«**, die als eine Härteregelung für langjährige Hauer oder ihnen gleichgestellte Bergleute gedacht war. Die anhaltende Krise im Bergbau war auch der Anlaß für das **ÄndG vom 10. August 1966** [BGBl.I S.482], das eine Ausweitung dieser Härteregelung brachte *(vgl. Arendt, 1977, S.239ff.)*.

Tabelle 10: Versicherte und Rentenbestand in der knappschaftlichen Rentenversicherung 1950–1991

Jahr	Versi-cherte[2]	Rentenbestand nach Rentenarten					Durchs. Versi-cherten-rente[3]
		insge-samt[1]	darunter				
			Versicher-tenrenten	Witwen-renten	Waisen-renten	KAR[4]	
1950	597.545	566.389	270.814	184.163	81.253	–	145,96
1955	669.036	643.907	326.531	214.434	70.746	–	174,71
1960	654.561	691.238	386.975	253.993	43.343	–	323,16
1965	517.331	735.393	401.666	287.572	40.292	3.733	489,00
1970	351.059	753.435	390.150	315.523	36.291	11.357	715,10
1975	302.451	739.178	374.023	325.350	31.593	8.212	1.143,10
1980	276.530	726.434	352.771	328,617	26.238	18.808	1.471,40
1985	250.073	722.201	357.483	322.767	20.822	21.129	1.818,50
1986	248.684	717.980	357.090	319.676	19.489	21.725	1.876,80
1987	240.275	712.577	356.855	315.890	18.285	21.547	1.962,70
1988	228.938	709.337	359.739	313.850	15.813	19.935	2.034,60
1989	224.535	708.584	366.442	310.569	14.495	17.078	2.104,70
1990	212.342	708.244	371.469	307.396	13.130	16.249	2.177,80
1991	210.581	709.170	377.391	304.232	11.935	15.612	2.262,00

1) einschl. Knappschaftssold; 1950 Jahresende, 1960-1970 am 30. Juni, 1955 Jahresdurchschnitt, ab 1975 jeweils Ende Januar; 2) bis 1988 jeweils Juli; ab 1989 Ende Januar; 3) Versichertenrenten, einschl. Sold, 1950 = 1952; jeweils Dezember; ab 1985 jeweils Juli; 4) KAR = Knappschaftsausgleichsrente.
Quellen: BMA, Arbeits- und Sozialstatistik, lfde. Jge.; Rentenanpassungsbericht 1989, BR-Drs. 725/89.

Während die Knappschaftsausgleichsrente, die ihrer Höhe nach der Berufsunfähigkeitsrente entsprach, ursprünglich bestimmten Bergleuten bei unverschuldetem Verlust des Arbeitsplatzes nach Vollendung des 55. Lebensjahres gezahlt wurde, konnten Bergleute diese Leistung nunmehr auch dann beanspruchen, wenn sie auf ihren Antrag hin wegen einer zu erwartenden Kündigung aus der knappschaftlichen Tätigkeit ausschieden. Durch das Gesetz zur Änderung des RKnG und anderer Gesetze vom 22. Dezember 1971 [BGBl.I S.2110] wurden die Härteregelungen für über 50jährige Bergleute für den Fall des Arbeitsplatzverlustes infolge von Stillegungs- und Rationalisierungsmaßnahmen im Steinkohlenbergbau und Braunkohlentiefbau nochmals erweitert.

Als Folge der **Finanzkrise des Bundes** erfuhr das knappschaftliche Versicherungswesen Ende der 60er Jahre grundlegende organisatorische Veränderungen. Nachdem bereits das Finanzänderungsgesetz 1967 vom 21. Dezember 1967 [BGBl.I S.1259] die Errichtung einer **Bundesknappschaft** vorsah, wurde die neue organisatorische Trägerschaft durch das Bundesknappschafts-Errichtungsgesetz (BKnEG) vom 28. Juli 1969 [BGBl.I S.974] präzisiert *(vgl. Nettekoven, 1968, S.111ff.)*.

An die Stelle der 1945 entstandenen 8 selbständigen Bezirksknappschaften trat ab 1. 8. 1969 die Bundesknappschaft, die bei getrennter Haushaltsführung zugleich die knappschaftliche Renten- und Krankenversicherung besorgte. Erreicht werden sollte damit u. a. eine Minderung der finanziellen Belastungen des Bundes, die infolge der ungünstigen Versichertenstruktur in diesem Bereich besonders hoch waren.

Tabelle 11: Finanzielle Entwicklung der knappschaftlichen Rentenversicherung 1950–1990

Jahr	Durchs. Brutto-arbeits-entgelt[1]	Beitrags-satz in %[2]	Ausgaben[3]		Einnahmen[3]		
			insge-samt	darunter für Renten	insge-samt	darunter Staats-zuschüsse	Anteil in %[4]
1950	3.194	22,50	606,0	541,0	628,0	176,0	28,03
1955	4.596	23,50	1.273,9	1.144,6	1.368,3	475,2	34,73
1960	6.165	23,50	2.688,0	2.386,0	2.726,3	1.235,3	45,31
1965	9.326	23,50	4.047,0	3.509,7	4.045,2	2.188,9	54,11
1970	13.485	23,50	6.131,5	5.114,9	6.113,5	3.409,2	55,77
1975	22.039	23,50	9.750,9	7.666,5	9.750,9	5.415,4	55,54
1980	29.798	23,50	13.302,7	10.171,9	13.302,7	8.139,9	61,19
1985	35.660	24,45	14.705,7	12.198,6	14.705,7	8.494,8	57,77
1986	37.015	24,95	14.919,3	12.492,6	14.919,3	8.568,1	57,43
1987	38.125	24,45	15.330,7	12.935,2	15.330,7	8.960,8	58,45
1988	39.307	24,45	15.921,9	13.527,0	15.921,9	9.416,7	59,14
1989	40.565	24,45	16.517,0	14.089,0	16.517,0	9.860,9	58,72
1990	42.429	24,45	17.225,3	14.663,0	17.225,3	10.336,2	60,00

1) in DM; 2) 24,95 % ab 1. Juni 1985; 3) in 1.000 DM; 4) Anteil der Staatszuschüsse in % der Gesamteinnahmen.
Quellen: BMA, Arbeits- und Sozialstatistik, lfde. Jge.

4. 3. 2 Rentenversicherung der Arbeiter und Angestellten

Nachdem im Anschluß an die Rentenreform ab 1958 die jährlichen **Rentenanpassungsgesetze** die laufenden Renten lediglich dem veränderten Lohnniveau entsprechend der wirtschaftlichen Entwicklung angepaßt hatten *(vgl. Schewe, 1959, S.123ff.)*, kam es ab 1965 doch zu einigen Gesetzen, die das Rentenversicherungsrecht punktuell veränderten und ergänzten *(vgl. Schroeter, 1965, S.33f.; Köhler, 1965, S.246f.; Mähler, 1965, S.205ff., 226ff.; Hippe, 1966; Elsholz, 1966, S.263ff.)*.

Den Auftakt bildete das RVÄndG vom 9. Juni 1965 [BGBl.I S.476], das verschiedene Härteregelungen brachte; mit ihm sollten verschiedene im Zuge der Rentenreform entstandene Härten in personeller und materieller Hinsicht abgebaut werden (Änderung in der Rentenberechnung; Individualisierung der Werteinheiten beitragsloser Zeiten). Das 2. RVÄndG vom 23. Dezember 1966 [BGBl.I S.745] führte ab dem 1.1.1967 eine Pflichtversicherung für bei Ehegatten beschäftigte Personen – bei eng begrenzten Befreiungsmöglichkeiten – ein *(vgl. Pascheck, 1968)*.

Auch im Bereich der Rentenversicherung der Arbeiter und Angestellten bildete die **wirtschaftliche Rezession** 1966/67 Anlaß zu gewissen **Einsparungsmaßnahmen**.

Durch das Finanzänderungsgesetz 1967 vom 21. Dezember 1967 [BGBl.I S.1259] wurde mittels Aufhebung der Jahresarbeitsverdienstgrenze in der AnV der pflichtversicherte Personenkreis erweitert. Außerdem wurden die Beitragssätze erstmals seit 1957 erhöht (von 14 auf 15 %), die Beitragserstattung an heiratende weibliche Versicherte abgeschafft, für die Rentner ein eigener Beitrag zu ihrer Krankenversicherung eingeführt sowie bestimmte Ruhensvorschriften erweitert. Gleichzeitig wurden die Bundeszuschüsse für die Jahre 1968 bis 1971 herabgesetzt *(vgl. Krasney, 1968, S.66ff.; Ruf, 1968, S.42; Warda/Höller, 1968, S.69ff., 104ff., 137ff., 197ff.)*.

Einer weiteren und insbesondere langfristigen **Sanierung der Rentenfinanzen** sollte auch das 3. RVÄndG vom 28. Juli 1969 [BGBl.I S.956] dienen *(vgl. Schewe, 1969, S.463; Höller/Warda, 1969, S.365f., 1970, S.15, 75f., 110f.; Fenge, 1969, S.275ff.; Zöllner, 1981, S.155)*.

Neben einer abermaligen Erhöhung des Beitragssatzes (von 16 % im Jahre 1969 stufenweise auf 18 % ab 1. 1. 1972) brachte dieses Gesetz die Einführung des reinen Umlageverfahrens mit einer vorgeschriebenen Rücklage von 3 Monatsausgaben; innerhalb der Arbeiterrentenversicherung wurden ferner ein Finanzierungsverbund und ein Liquiditätsausgleich eingerichtet und zugleich ein finanzieller Verbund zwischen der ArV und der AnV herbeigeführt (Fortführung der Maßnahmen des Rentenfinanzausgleichsgesetzes von 1964). Der weiterreichende Finanzausgleich war erforderlich geworden, um den finanziellen Auswirkungen der relativ höheren Zahl von RVO-Renten und einer sinkenden Zahl von Beitragspflichtigen bei umgekehrt proportionaler Entwicklung im Bereich des AVG zu begegnen.

Weitere Änderungen enthielt ein Gesetz vom 22. Juli 1970 [BGBl.I S.1117], das als Stichtag der Entwürfe der jährlichen Anpassungsgesetze den 31. März eines jeden Jahres bestimmte. Schließlich wurde mit dem Gesetz zur Änderung und Ergänzung der Vorschriften über die Wiedergutmachung nationalsozialistischen Unrechts in der Sozialversicherung vom 22. Dezember 1970 [BGBl.I S.1846] ein Ausgleich derjenigen Schäden angestrebt, die Versicherte der gesetzlichen Rentenversicherung und der gesetzlichen Unfallversicherung durch nationalsozialistische Verfolgung erlitten hatten (erweiterte Möglichkeiten zur freiwilligen Weiterversicherung und Nachentrichtung von Beiträgen; verbesserte Anrechnung von Ersatzzeiten).

4. 4 Rentenreformgesetzgebung der frühen 70er Jahre

Nach entsprechenden Ankündigungen in der Regierungserklärung vom 28. Oktober 1969 *(vgl. SB 1970, Tz.66)* und umfangreichen Vorarbeiten beschloß die sozialliberale Bundesregierung am 20. Oktober 1971 einen Gesetzentwurf, der dem gesellschaftlichen Wandel Rechnung tragen und die größte Reform der Rentenversicherung seit 1957 bringen sollte. Grundgedanke des Reformvorhabens war, dem Versicherten mehr Freiheit in der Gestaltung seiner Alterssicherung zu geben. Der **Gesetzentwurf** selbst enthielt fünf **Schwerpunkte**: Einführung einer flexiblen Altersgrenze, Renten nach Mindesteinkommen bei langjähriger Versicherungszeit, zusätzliches Versicherungsjahr für Frauen (»Babyjahr«), Öffnung der Rentenversicherung für weitere Gesellschaftsgruppen und Schaffung eines rentenrechtlichen Versorgungsausgleichs bei Ehescheidung *(vgl. SB 1972, S.4; Arendt, 1972, S.198ff.; Schewe, 1977, S.187; Leingärtner, 1972, S.335ff., 368ff.)*.

Aufgrund der finanziellen Konsolidierungsmaßnahmen des Jahres 1969 wurde davon ausgegangen, daß das Reformprogramm auf einer soliden finanziellen Basis stand. Damaligen Schätzungen zufolge stand bis 1986 ein wahrscheinlicher Finanzspielraum von rd. 169 Mrd. DM zur Verfügung, der allerdings nicht voll ausgeschöpft werden sollte. In der Rentenversicherung der Arbeiter und Angestellten sollte das Reformprogramm bis 1986 Mittel in Höhe von rd. 139 Mrd. DM beanspruchen. Es wurde damit gerechnet, daß im Jahre 1973 rd. 337.000 Personen (dar. 228.000 noch im Erwerbsleben stehende Personen) die Voraussetzungen erfüllten, um das flexible Altersruhegeld in Anspruch nehmen zu können. Die Öffnung der GRV sollte etwa 375.000 Selbständigen und etwa 7 Mio. nicht-erwerbstätigen Hausfrauen die Möglichkeit einer eigenständigen sozialen RV bieten. Von der Rente nach Mindesteinkommen sollten im Jahre 1973 rd. 460.000 Rentner (davon 420.000 Frauen) profitieren *(vgl. SB 1972, S.5)*.

Der Verabschiedung des Rentenreformgesetzes gingen lebhafte **parlamentarische Auseinandersetzungen** voraus; aufgrund der kurz vor der Auflösung des Bundestages entstandenen Mehrheit der CDU/CSU wurde der ursprüngliche Regierungsentwurf in zahlreichen wesentlichen Punkten im Sinne der Anträge der Opposition abgeändert. Ein derartiger Änderungsantrag der CDU/CSU führte auch zur völligen Streichung des sog. »Babyjahres« *(vgl. Hermann, 1984, S.169f.)*. In der Schlußabstimmung am 21. September 1972 stimmten dennoch auch die Parteien der Regierungskoalition der veränderten Reform uneingeschränkt zu.

Das **Rentenreformgesetz** (RRG) **vom 16. Oktober 1972** [BGBl.I S.1965] brachte ungeachtet der im Gesetzgebungsverfahren vorgenommenen Änderungen weitreichende **strukturelle Leistungsverbesserungen**, wobei die Einführung der **flexiblen Altersgrenze** und die **Rente nach Mindesteinkommen** zweifellos den Kern der zweiten Nachkriegsrentenreform bilden *(vgl. Pelikan, 1972; Arendt, 1972; WSI, 1974, S.280f.)*.

Die besonderen Mehrheitsverhältnisse und die sich günstig darstellenden finanziellen Prognosen hatten allerdings zu Beschlüssen geführt, die „die ursprünglich geplanten Mehrausgaben etwa verdoppelten" *(Zöllner, 1981, S.161)* und die Finanzlage der RV langfristig erheblich belasteten *(vgl. u.a. Buttler/Seffen, 1975; Hensen, 1977, S.137 ff.; Waldmann, 1972, S.288ff.)*.

Mit dem RRG wurde die gesetzliche Rentenversicherung für praktisch alle Bürger geöffnet, indem für Selbständige eine Versicherungspflicht auf Antrag (innerhalb der ersten 2 Jahre nach Aufnahme der selbständigen Tätigkeit) eingeführt und für fast alle nicht-erwerbstätigen Personen (z. B. nichterwerbstätige Hausfrauen) die Möglichkeit der freiwilligen Versicherung geschaffen wurden. Zugleich wurden großzügige Nachversicherungsmöglichkeiten eingeräumt und wegen Überschreitens der Versicherungspflichtgrenze vormals ausgeschiedenen Angestellten die Rückkehr in die GRV gestattet *(vgl. Fritzsche, 1975)*.

Die Einführung der flexiblen Altersgrenze bedeutete, daß ab 1. 1. 1973 alle Versicherten mit mindestens 35 Versicherungsjahren schon ab Vollendung des 63. Lebensjahres (Behinderte, Berufs- und Erwerbsunfähige ab dem 62. Lebensjahr) entscheiden konnten, ob sie ein vorgezogenes Altersruhegeld beantragen wollten. Allerdings war das bei Inanspruchnahme der flexiblen Altersgrenze erzielbare Altersruhegeld niedriger als bei einer Weiterarbeit bis zum 65. Lebensjahr. Umgekehrt wurde bei Hinausschiebung des Renteneintrittsalters über das 65. Lebensjahr hinaus ein besonderer Rentenzuschlag eingeführt. Ebenfalls wurde der Bezug des vorgezogenen Altersruhegeldes wegen einjähriger Arbeitslosigkeit *(vgl. Schewe, 1973)* erleichtert.

Das RRG sah daneben eine gezielte Anhebung von sog. Kleinrenten durch die Einführung einer »Rente nach Mindesteinkommen« vor. Dazu wurden Versicherte mit 25 anrechnungsfähigen Versicherungsjahren (ohne freiwillige Beitrags- und Ausfallzeiten) mindestens so gestellt, als ob sie während der Pflichtbeitragszeit vor dem 1. 1. 1973 stets 75 % des Durchschnittsentgelts aller Versicherten verdient hätten. Hierdurch wurde praktisch eine nachträgliche Lohnkorrektur nach oben vollzogen, die insbesondere Frauen begünstigte, die traditionell am unteren Ende der Lohnskala rangierten *(vgl. Brück/Eichner, 1974, S.13f.; Griesewell, 1975, S.221 ff.; Kremp, 1974, S.236ff.; Pappai, 1973, S. 147ff.)*.

Schließlich brachte das RRG eine Verbesserung der Geschiedenenwitwenrenten und die Beitragserstattung bei nichterfüllter Wartezeit für Witwer und an Ausländer. Außerdem wurde die Rentenanpassung um ein halbes Jahr auf den 1. 7. 1972 vorgezogen *(vgl. Frerich, 1987, S.83f.)*. Ferner wurde das Rentenniveau zusätzlich zu den bereits festgelegten Kriterien zum Maßstab für die Rentenanpassung gemacht (Rentenniveausicherungsklausel), um langfristig ein Rentenniveau zu gewährleisten, das 50 % des durchschnittlichen Bruttoentgelts aller Versicherten entsprechen sollte *(vgl. Schmähl, 1972, S.75ff., 1974; H.-W. Müller, 1973, S.144ff.; Schenke, 1973, S.1 ff.)*.

Mit der bei den vorgezogenen Bundestagswahlen vom November 1972 erzielten klaren Mehrheit nahm die SPD/FDP-Koalition gleich zu Beginn der 7. Legislaturperiode verschiedene **Korrekturen des RRG** vor, die durch die CDU/CSU-Mehrheit entgegen dem Regierungsentwurf eingefügt worden waren.

Durch das am 20. 12. 1972 verabschiedete und am 1. 1. 1973 in Kraft getretene 4. RVÄndG vom 30. März 1973 [BGBl.I S.257] wurde die Ausgestaltung der flexiblen Altersgrenze durch Abschaffung des uneingeschränkten Hinzuverdienstes und der Weiterarbeit bei Inanspruchnahme der vorgezogenen Altersrente revidiert. Zugleich wurde der Rentenzuschlag bei Verschiebung des Renteneintrittsalters umgestaltet (Erhöhung von 0,4 auf 0,6 % pro Monat bei gleichzeitiger Reduzierung der max. Bezugszeit von 4 auf 2 Jahre). In entsprechender Weise wurde durch das 16. RAG vom 8. Juni 1973 [BGBl.I S.525] die durch das RRG geschaffene sog. Rentenniveausicherungsklausel modifiziert und dadurch letztlich völlig ausgehöhlt (Maßstab war nunmehr das zuletzt bestimmte Durchschnittsentgelt des Versicherten) *(vgl. v. Bethusy-Huc, 1976, S.209)*. Interessant ist andererseits, daß die SPD/FDP-Koalition das als wesentlichen Fortschritt propagierte »Babyjahr« nicht mehr aufgriff *(vgl. Hermann, 1984, S.170f.)*.

Zu den Reformmaßnahmen in der ersten Hälfte der 70er Jahre gehörten schließlich auch das **RehaAnglG vom 7. August 1974** [BGBl.I S.1881], das auch auf die GRV bedeutsame Auswirkungen hatte, sowie das **Gesetz über die Sozialversicherung Behinderter**

(SVBG) **vom 7. Mai 1975** [BGBl.I S.1061], durch das verschiedene Gruppen von Behinderten (z. B. Behinderte in geschützten Werkstätten) als Pflichtmitglieder in die GRV einbezogen wurden.

4.5 Auf- und Ausbau einer landwirtschaftlichen Altersversorgung

Nach der Neuregelung der GRV versuchte die Regierung, kurz vor Ende der 2. Legislaturperiode auch für die **selbständigen Landwirte** als der zweiten großen Gruppe von Selbständigen neben den Handwerkern ein **eigenständiges Alterssicherungssystem** zu schaffen *(vgl. Lünendonk, 1956, S.253; Frehsee/Zöllner, 1977, S.263ff.)*. Daß ein solches Sicherungssystem bis dahin fehlte, war nicht allein ein sozialpolitisches Versäumnis, vielmehr hatte der **Deutsche Bauernverband** bis Mitte 1956 eine gesetzliche Regelung der Alterssicherung, insbesondere die Einführung eines Versicherungszwanges, als unvereinbar mit der Daseinsform des freien Bauern nachdrücklich abgelehnt. Die Einbeziehung der selbständigen Landwirte in das soziale Sicherungssystem erfolgte schließlich mit dem **Gesetz über eine Altershilfe für Landwirte (GAL) vom 27. Juli 1957** [BGBl.I S.1063], das am 1.10.1957 in Kraft trat. Bei der Verabschiedung des Gesetzes, das bewußt von einer Vollsicherung im Alter absah, spielten nicht nur sozialpolitische, sondern auch agrarpolitische Motive eine Rolle *(vgl. Zöllner, 1964; v. Bethusy-Huc, 1976, S. 215)*.

Die landwirtschaftliche Altershilfe (LAH) war als Grundsicherung konzipiert, da davon ausgegangen wurde, daß „im allgemeinen Einsatz (das Recht auf Wohnung) und Auszug (das Recht auf Verpflegung,..., die Sorge in kranken Tagen usw.) durch die zwischen dem Hofübernehmer und dem Hofübergeber abzuschließenden Übergabeverträge gewährleistet blieben. Durch die Gewährung des Altersgeldes (sollte das Gesetz) jedoch den zusätzlichen Bargeldbedarf der Altenteiler decken, der aufgrund der allgemeinen ländlichen Strukturwandlung im modernen Sozialstaat gestiegen war und durch die Bargeldleistungen des Hofübernehmers nicht gedeckt werden konnte. Es wollte weiter die rechtzeitige Hofübergabe fördern und damit zu einer Intensivierung und Rationalisierung der landwirtschaftlichen Unternehmen beitragen" *(Noell, 1983, S.123; vgl. auch Noell/Rüller, 1957; Noell, 1958, S.222, 1978, S.76ff.; Schewe, 1957, S.261 ff.; Schewe/Zöllner, 1957, S.531; Wannagat, 1957, S.225ff.)*.

Das GAL 1957 gewährte im Rahmen einer Grundsicherung Altersgeld in Form eines Bargeldzuschusses zum Altenteil für ehemalige Landwirte und deren Witwen/Witwer (Festbeträge). Voraussetzungen für die Zahlung des Altersgeldes an landwirtschaftliche Unternehmer waren die Erfüllung der Wartezeit von 15 Jahren, die Vollendung des 65. Lebensjahres sowie die Hofübergabe nach Vollendung des 50. Lebensjahres. Der Anspruch der Witwen landwirtschaftlicher Unternehmer auf Altersgeld war gebunden an die Vollendung des 60. Lebensjahres. Für Landwirte, die die Wartezeit nicht mehr erfüllen konnten, wurden Übergangsregelungen geschaffen. Mithelfende Familienangehörige wurden zunächst noch nicht in das Sicherungssystem einbezogen. Die Aufbringung der Mittel sollte durch für alle Beitragspflichtigen gleichhohe Beiträge (10 DM/Monat) erfolgen; jedoch wurden Zuschüsse des Bundes in Form von Darlehen als Starthilfe vorgesehen. Als Träger der Altershilfe *(vgl. auch Melzner, 1981, S.21 ff.)* wurden bei jeder landwirtschaftlichen Berufsgenossenschaft landwirtschaftliche Alterskassen errichtet.

Im Jahr der Einführung der LAH gab es rd. 805.000 beitragspflichtige Landwirte; im selben Jahr erhielten aber auch bereits 259.000 Landwirte Altersgeld, das seinerzeit 60 DM für ein Ehepaar und 40 DM für einen Alleinstehenden betrug. Der seit 1949 zu verzeichnende Rückgang der Zahl der landwirtschaftlichen Betriebe wirkte sich auch auf die LAH aus. Die Zahl der Beitragszahler stieg zwar bis 1965 (nach einem Rückgang auf 771.000 im Jahre 1960) durch Einbeziehung weiterer Personengruppen nochmals auf 793.000, seitdem jedoch sank die Zahl kontinuierlich auf 647.000 im Jahre 1975 ab. Gegenläufig entwickelte sich hingegen die Zahl der Leistungsempfänger; die Zahl der Altersgeldempfänger erhöhte sich von 320.400 (1960) über 398.300 (1965) auf 570.000 im Jahre 1975. Das auf Veränderungen der Agrarstruktur beruhende ungünstige Verhältnis von Beitragszahlern zu Altersgeldberechtigten ließ eigentlich von Anfang an erhebliche Finanzierungsprobleme erwarten. Entsprechend stieg der erforderliche Bundeszuschuß dann auch von 69 Mio. DM (38,0 %

der Gesamtausgaben) im Jahre 1960 auf 1.349,5 Mio. DM (77,5 %) im Jahre 1975 *(vgl. Tabellen 12, 13; Schewe u.a., 1977, S.132).*

Tabelle 12: Beitragspflichtige und Leistungsempfänger in der LAH 1960–1990

Jahr	Versicherte [1]			Empfänger von (Jahresende)				
	landwirt-schaftl. Unter-nehmer [3]	beitrags-pflichtige Unter-nehmer [2]	mitarbeit. Familien-ange-hörige	Altersgeld: landwirt-schaftl. Unter-nehmer	Altersgeld: Witwen und Witwer	Altersgeld: mitarbeit. Familien-ange-hörige	vorzeiti-gem Al-tersruhe-geld ins-gesamt	Landab-gabe-rente
1960	912.485	770.870	–	177.204	143.186	–	–	–
1965	876.026	792.796	1.318	218.093	166.127	899	13.157	–
1970	808.501	736.716	9.558	262.049	193.670	28.267	55.955	2.351
1975	694.047	647.453	3.155	260.096	203.074	26.044	80.627	36.972
1980	626.614	597.395	1.432	244.559	200.015	20.724	88.888	51.094
1985	572.482	529.849	1.835	207.755	194.040	13.789	110.657	55.046
1986	560.956	511.558	2.696	206.680	192.373	12.924	112.473	54.092
1987	547.698	492.244	2.026	207.881	191.055	12.168	115.731	52.993
1988	535.163	471.276	1.413	207.927	189.995	11.376	119.374	51.887
1989	520.388	447.774	983	206.540	188.786	10.611	123.549	50.705
1990	505.800	426.590	701	206.613	187.300	9.719	125.253	49.447

1) 1960–1975 jeweils 30. Juni, ab 1980 Jahresende; 2) Beitragspflichtige gem. §§ 1 u. 27 GAL; 3) landwirtschaftliche Unternehmer sowie deren Witwen oder Witwer.
Quellen: BMA, Arbeits- und Sozialstatistik, lfde. Jge.; Agrarberichte der Bundesregierung, versch. Jahre.

Tabelle 13: Finanzielle Entwicklungen im Bereich der LAH 1960–1990

Jahr	Monat-licher Einheits-beitrag	Alters-geld für Ver-heiratete [1]	Altersgeld f. mitarb. Familien-angehör. [2]	Land-abgabe-rente [3]	Gesamt-ausgaben	Beiträge der Landwirt-schaft	Bundes-mittel § 13 GAL	Bundes-mittel in % [4]
	DM monatlich				in Mio. DM			
1960	12,00	60,00	–	–	181,7	112,2	69,0	38,0
1965	12,00	150,00	40,00	–	496,0	128,2	383,6	77,3
1970	27,00	175,00	65,00	275,00	963,7	254,7	638,0	66,2
1975	48,00	320,10	108,80	468,60	1.741,7	405,5	1.349,5	77,5
1980	70,10	536,60	179,00	607,70	2.549,1	550,7	1.985,0	77,9
1985	129,00	744,40	248,30	710,50	3.060,6	885,8	2.060,0	67,3
1986	152,00	782,60	261,00	726,10	3.304,2	1.009,6	2.296,4	69,5
1987	162,00	829,60	276,70	747,10	3.507,9	1.054,3	2.415,0	68,8
1988	187,00	872,20	290,90	764,30	3.766,2	1.168,3	2.605,0	69,2
1989	220,00	916,60	305,70	782,00	3.958,0	1.320,0	2.740,0	69,2
1990	236,00	965,80	322,10	802,10	4.131,5	1.346,6	2.756,7	66,7

1) Höchstbetrag für verheiratete landwirtschaftliche Unternehmer; 2) Höchstbetrag für mitarbeitende Familienangehörige; 3) für verheiratete landwirtschaftliche Unternehmer; 4) in % der Gesamtausgaben.
Quellen: BMA, Arbeits- und Sozialstatistik, lfde. Jge.; Agrarberichte der Bundesregierung, versch. Jahre.

Sehr schnell erwies sich die **Beitragsfinanzierung** der LAH als weitgehend unmöglich, entstanden doch bei den landwirtschaftlichen Alterskassen in zunehmendem Maße **Defizite**. Erste Praxiserfahrungen ließen zudem verschiedene Einzelvorschriften im materiellen und formellen Recht als änderungsbedürftig erscheinen. Knapp zwei Jahre nach der Einführung wurden deshalb mit dem **Gesetz zur Neuregelung der Altershilfe für**

Landwirte vom 3. Juli 1961 [BGBl.I S.845] bereits umfangreiche Änderungen vorgenommen *(vgl. Beuster, 1961, S.382; E. Schreiber, 1961 a, S.168ff., 1961 b, S.317ff.; Zöllner, 1961, S.474).*

Mit der Einführung des Prinzips der Fehlbedarfsdeckung aus Bundesmitteln wurde die Finanzierung der LAH auf eine neue Grundlage gestellt; diese Fehlbedarfsdeckung sah bis 1972 vor, daß der Unterschiedsbetrag zwischen dem Beitragsaufkommen einerseits und den Gesamtaufwendungen andererseits in voller Höhe aus Bundesmitteln zu decken sei. Ferner wurden ein gesetzlich bestimmter Monatsbeitrag in Höhe von 12 DM festgelegt, die Befreiungsmöglichkeiten neu geregelt, der Begriff des landwirtschaftlichen Unternehmers objektiviert, die Möglichkeiten zur freiwilligen Weiterentrichtung von Beiträgen verbessert und verschiedene andere Lücken im bisherigen Recht beseitigt.

In der Folgezeit wurde mit dem **2. ÄndG-GAL vom 23. Mai 1963** [BGBl.I S.353] und dem **3. ÄndG-GAL vom 13. August 1965** [BGBl.I S.801] der Leistungskatalog der LAH beträchtlich erweitert *(vgl. Enz, 1963, S.388; Beuster, 1967).*

Zunächst wurde durch das 2. ÄndG-GAL erstmals seit 1958 das Altersgeld deutlich erhöht (auf 100 DM für Verheiratete bzw. 65 DM für Alleinstehende) und ein vorzeitiges Altersgeld bei Erwerbsunfähigkeit, Hofabgabe und Entrichtung von Beiträgen für mindestens 60 Kalendermonate eingeführt. Das 3. ÄndG-GAL brachte eine weitere diskretionäre Anpassung des Altersgeldes (auf 150/100 DM); außerdem wurden im Zuge eines allgemeinen Ausbaus präventiver und rehabilitativer Maßnahmen auch in der LAH die Möglichkeit einer Gewährung medizinischer Rehabilitationsleistungen einschl. der Stellung einer Betriebs- und Haushaltshilfe geschaffen und die LAH auf hauptberuflich mithelfende Familienangehörige, die am 1.5.1965 das 50. Lebensjahr noch nicht vollendet hatten, ausgedehnt (Zahlung des halben Unternehmerbeitrags durch den landw. Unternehmer).

Ebenso wie die GRV wurde auch die landwirtschaftliche Altershilfe von **Einsparmaßnahmen** im Zuge der wirtschaftlichen Rezession getroffen. Das Finanzänderungsgesetz 1967 vom 21. Dezember 1967 [BGBl.I S.1259] verfügte nicht nur eine sukzessive Erhöhung des Monatsbeitrags (zwischen dem 1.1.1968 und dem 1.1.1971 von 20 auf 24 DM), sondern hob auch de facto die volle Fehlbedarfsdeckung des Bundes auf, indem die zu leistenden Bundeszuschüsse für 1968 auf höchstens 555 Mio. DM, für die Folgejahre auf 565 Mio. DM limitiert wurden. Dadurch möglicherweise entstehende Defizite sollten durch zusätzliche Beitragserhöhungen aufgefangen werden.

Obgleich die LAH von Beginn an als „sozialpolitische Maßnahme bewußt in den Dienst der Strukturpolitik gestellt worden“ *(Frehsee/Zöllner, 1977, S.268)* war, erhielt die **strukturpolitische Funktion** vor allem Ende der 60er Jahre eine besonders nachhaltige Bedeutung, als im Zuge des Ausbaus der gemeinsamen EWG-Agrarpolitik eine weitere Reduzierung der Erwerbstätigen in der Landwirtschaft unabwendbar wurde. Vor diesem Hintergrund entstanden Überlegungen, im Rahmen der LAH die Hofaufgabe sozial zu erleichtern und Inhabern landwirtschaftlicher Betriebe, die keine Investitionshilfen erhielten, das Ausscheiden zugunsten einer besseren Verwertung der damit freiwerdenden landwirtschaftlichen Nutzflächen zu ermöglichen. Dies führte schließlich zu der durch das **4. ÄndG-GAL vom 29. Juli 1969** [BGBl.I S.1017] eingeführten sog. **Landabgaberente**, die sich als eine besondere zeitlich befristete, aus Bundesmitteln finanzierte sozialrechtliche Maßnahme der **Strukturverbesserung** darstellte *(vgl. Noell, 1973, S.1ff., 1978, S.76ff.).*

Gewährt wurde die Landabgaberente bei Aufgabe des landwirtschaftlichen Unternehmens zum Zwecke der Strukturverbesserung, sofern der abgebende Landwirt sein Unternehmen in den letzten 5 Jahren überwiegend hauptberuflich bewirtschaftet, mindestens 5 Jahre Beiträge entrichtet, das 60. Lebensjahr vollendet hatte oder berufsunfähig war, eine bestimmte Betriebsgröße (ca. 8–10 ha) nicht überschritten und der Antrag auf Aufgabe zwischen dem 1.8.1969 und dem 31.12.1973 gestellt wurde. Anfänglich belief sich die Landabgaberente für Verheiratete auf 275 DM (Ledige: 180 DM). Aufgrund erster Erfahrungen wurde das Landabgaberecht bereits durch das Agrarsoziale Ergänzungsgesetz (ASEG) vom 21. Dezember 1970 [BGBl.I S.1774] in wesentlichen Punkten geändert. Neben einer Anhebung des Betrages der Landabgaberente (auf 350/230 DM) wurde v.a. die obere Grenze des begünstigten Betriebsgrößenbereichs wesentlich erweitert (im begünstigten Größenbereich von 20-25 ha befanden sich rd. 75 % aller Voll- und Nebenerwerbslandwirte). Schließlich wurde durch das 6. ÄndG-GAL vom 26. Juli 1972 [BGBl.I S.1293] die für die Gewährung der Landabgaberente notwendige Anerkennung, daß die Hofübergabe strukturverbessernd erfolgte, flexibler gestaltet, um der besonderen Situation in einigen Regionen besser Rechnung tragen zu können *(vgl. Rieger, 1972, S.497ff.; Noell, 1974)*. Im Rahmen dieser Strukturmaßnahme wurden zwischen 1969 und Ende 1975 insgesamt 353.000 ha landwirtschaftliche Fläche zur Strukturverbesserung abgegeben. Bis 1975 stieg die Zahl der Empfänger einer Landabgaberente auf rd. 37.000 ehemalige Landwirte.

Parallel zu diesen Strukturmaßnahmen brachten verschiedene GAL-Änderungs- und Ergänzungsgesetze ab 1969 insbesondere Änderungen des **Finanzierungssystems**, die **Dynamisierung** der Altersgelder sowie die **Zuschußgewährung** zur Nachentrichtung von Beiträgen zur GRV *(vgl. Schwede, 1972, S.1; Schwede, 1974, S.5; Weidner, 1979, S. 239ff.)*.

Das 4. ÄndG-GAL vom 29. Juli 1969 setzte neue Höchstbeträge für die Bundesmittel fest (1969: 673 Mio. DM; 1970: 639 Mio. DM), hob den Betrag des Altersgeldes (auf 175/115 DM) an, erhöhte den Monatsbeitrag (1970: 27 DM) und beschränkte die Höhe der Betriebsmittel. Das im ASEG enthaltene 5. ÄndG-GAL brachte weitere Erhöhungen der jährlich zur Verfügung gestellten Bundesmittel sowie der zu entrichtenden Monatsbeiträge. Als weitere ergänzende soziale Maßnahme der Strukturverbesserung ist auch die Einführung einer Zuschußgewährung zur Nachentrichtung von Beiträgen zur GRV zu sehen, die Landwirte erhalten konnten, die ihren Betrieb aufgaben und anschließend rentenversicherungspflichtig tätig wurden. Um diesem Personenkreis eine ausreichende Alterssicherung zu ermöglichen, wurde unter bestimmten Voraussetzungen die Beitragsnachentrichtung gestattet und ein Zuschuß in Höhe von 70 % der nachzuentrichtenden Beiträge gewährt *(vgl. Theile, 1971, S.11; W. Bogs, 1972, S.477ff.; Jantz, 1972, S.176; Tabelle 13)*.

Durch das 7. ÄndG-GAL vom 19. Dezember 1973 [BGBl.I S.1937] wurden die Altersgelder um 10 % ab 1.1.1974 erhöht. Gleichzeitig wurden mit Wirkung ab 1.1.1975 die Altersgelder in das in der Renten- und Unfallversicherung geltende Dynamisierungsrecht einbezogen. Diese Dynamisierung wurde auch auf die Waisengelder übertragen, die erst 1975 in die LAH eingeführt wurden (Halbwaisen ¼, Vollwaisen ½ des Altersgeldgrundbetrages eines unverheirateten Landwirts). Außerdem führte dieses Gesetz eine Staffelung der Höhe des Altersgeldes nach der Dauer der Beitragszahlung an die landwirtschaftliche Alterskasse ein *(vgl. Forsbach, 1974 a, S.67; 1974 b, S.1; Michels, 1975, S.241; G. Niemeyer, 1975, S.290)*.

Die zahlreichen Leistungsverbesserungen, die dem Altersgeld den Charakter eines bloßen Bargeldzuschusses nahmen *(vgl. Noell, 1983, S.128)*, machten jedoch eine Neuordnung der **Finanzierung** der LAH erforderlich; auf der Basis der 1973 zur Verfügung gestellten Bundesmittel wurde ein **Bundesmittelhöchstbetrag** (1.070 Mio. DM) festgelegt, der entsprechend der Entwicklung der laufenden Geldleistungen angepaßt werden sollte; faktisch war damit die Einführung einer Fehlbedarfsdeckung durch die Beiträge der Versicherten verbunden *(vgl. auch Schmitt/Witzke, 1975)*.

4. 6 Entwicklung der sonstigen Alterssicherungssysteme

4. 6. 1 Berufsständische Versorgungswerke

Im Gegensatz zu den Handwerkern und den selbständigen Landwirten wurde die dritte große Selbständigengruppe, die **Angehörigen sog. Freier Berufe**, bislang nicht in das System der sozialen Sicherung einbezogen *(vgl. H. Schneider, 1959; Wannagat, 1968, S. 291ff.)*. Ihre Alters- und Hinterbliebenensicherung erfolgt zumeist durch besondere **Versorgungswerke**, die grundsätzlich – mit einigen Ausnahmen – eine **Vollsicherung** der begünstigten Personen bezwecken. **Leistungen** werden bei Berufs- und Erwerbsunfähigkeit, im Alter sowie zugunsten der Hinterbliebenen gewährt; das Leistungsspektrum ist in etwa vergleichbar mit demjenigen der Rentenversicherung und wurde auch im Laufe der Zeit weitgehend in ähnlicher Weise fortentwickelt *(vgl. Schewe u.a., 1977, S.143ff.).*

Erste Versorgungswerke der verkammerten Freien Berufe als öffentlich-rechtliche Einrichtungen mit Pflichtmitgliedschaft wurden bereits in den 20er Jahren gegründet; weitere Neugründungen folgten in der ersten Hälfte der 50er Jahre. Vor allem nach der Rentenreform des Jahres 1957 kam es bis zur Rentenreform 1972 zu einer großen Zahl von Neugründungen, da die Angehörigen der Freien Berufe noch keinen allgemeinen Zugang zur gesetzlichen Rentenversicherung hatten. Nach der Rentenreform 1972 nahm die Zahl der **Neugründungen** von Versorgungswerken erheblich ab *(vgl. Tabelle 14).*

Tabelle 14: Entwicklung der Versorgungswerke

1920/25	Notarkasse in München 1920/25; Bayerische Ärzteversorgung (Ärzte einschl. Pfalz u. Rheinhessen, Zahnärzte einschl. Pfalz, Tierärzte einschl. Pfalz, Saarland, Rheinland-Pfalz) 1923; Bayerische Apothekerversorgung (einschl. Rheinland-Pfalz und Baden-Württemberg) 1925.
1951/57	Saarländische Ärzteversorgung sowie Baden-Württembergische Versorgungsanstalt für Ärzte, Zahnärzte und Tierärzte 1951; Versorgungswerk der Architektenkammer des Saarlandes 1952; Versorgungswerk der Bezirksärztekammer Koblenz 1953; Versorgungswerke der Steuerberater und Steuerbevollmächtigten im Saarland sowie der Rechtsanwaltskammer des Saarlandes 1954; Versorgungswerk der Bezirksärztekammer Trier 1956; Versorgungswerke der Zahnärztekammer Westfalen-Lippe sowie der Zahnärztekammer Nordrhein 1957.
1958/71	Versorgungswerk der Tierärztekammer Hessen 1958; Versorgungswerke der Zahnärztekammer Hessen sowie der Ärztekammer Nordrhein 1959; Versorgungswerke der Tierärztekammer Schleswig-Holstein und der Ärztekammer Westfalen-Lippe 1960; Versorgungswerke der Tierärztekammer Nordrhein, der Tierärztekammer Niedersachsen sowie der Landeszahnärztekammer Rheinland-Pfalz 1961; Notarversorgungskasse Koblenz 1962; Versorgungswerk der Tierärztekammer Westfalen-Lippe 1963; Versorgungswerke der Ärztekammer Niedersachsen, der Ärztekammer Schleswig-Holstein sowie der Zahnärztekammer Hamburg 1964; Versorgungswerke der Zahnärztekammern Berlin/Bremen sowie der Zahnärztekammer Niedersachsen; Versorgungswerk der Ärztekammer Berlin 1966; Versorgungswerke der Zahnärzte Schleswig-Holstein sowie der Ärztekammer Bremen 1967; Versorgungswerk der Landesärztekammer Hessen 1968; Versorgungswerk der Architektenkammer Baden-Württemberg (einschl. Schleswig-Holstein) 1970; Versorgungswerke der Ärztekammer Hamburg sowie der Landesapothekerkammer Hessen und Bayerische Architektenversorgung (einschl. Niedersachsen - Freischaffende Architekten - und Rheinland-Pfalz) 1971.
ab 1972	Gemeinsame Ausgleichskasse im Seelotsenwesen der Reviere 1975; Versorgungswerke der Apothekerkammer Westfalen-Lippe sowie der Saarl. Notarkammer 1978; Versorgungswerke der Apothekerkammer Nordrhein sowie der Architektenkammer Nordrhein-Westfalen 1979; Versorgungswerk der Apothekerkammer Niedersachsen 1980; Versorgungswerk der Apothekerkammer Schleswig-Holstein 1981.

Bei der **Finanzierung** ihrer Leistungen legen die Versorgungswerke im allgemeinen modifizierte Anwartschaftsdeckungs- bzw. Kapitaldeckungsverfahren zugrunde, da sie im Falle von finanziellen Schwierigkeiten nicht mit staatlicher Hilfe rechnen können. Die **Rechtsgrundlage** für die Versorgungswerke bilden sehr unterschiedliche Landesgesetze, deren Entwicklung im einzelnen hier nicht nachgezeichnet werden kann.

4.6.2 Beamtenversorgung

Obwohl die Alliierten der Beamtenschaft, die durch ihre Haltung im NS-Staat aufs stärkste kompromittiert war, besonders mißtrauisch gegenüberstanden und die **Entnazifizierung** zu einer „so umfassenden Säuberung der Beamtenschaft (führte), daß die Verwaltung fast ‚lahmgelegt' wurde" *(Ruland, 1983, S.90)*, ließen sie das **Deutsche Beamtengesetz von 1937** *(vgl. Bd.1, S.306ff.)* im wesentlichen in Kraft. In den einzelnen Ländern kam es zu sehr unterschiedlichen Beamtengesetzen, die sich jedoch insgesamt weitgehend damit begnügten, vereinzelte Änderungen am Beamtengesetz von 1937 vorzunehmen. Trotz der Vorbehalte gegenüber den Beamten mußte jedoch zur Bewältigung des Notstandes erneut auf sie zurückgegriffen werden. Diese »Unentbehrlichkeit« ermöglichte es ihnen, sich und ihre **Privilegien** rasch wieder fest zu etablieren. In Art.33 Abs.5 GG wurde festgeschrieben, daß das Recht des öffentlichen Dienstes unter »Berücksichtigung der hergebrachten Grundsätze des Berufsbeamtentums zu regeln« ist *(vgl. Ruland, 1983, S.92ff.; Ellwein/Zoll, 1973, S.67ff.; Hattenhauer, 1980; Merkl, 1965)*.

Die Entwicklung der Beamtenversorgung in der Bundesrepublik begann im Jahre 1950 mit dem nach heftigsten innenpolitischen Auseinandersetzungen *(vgl. Hattenhauer, 1980, S.472ff.)* verabschiedeten **Gesetz zur vorläufigen Regelung der Rechtsverhältnisse der im Dienst des Bundes stehenden Personen vom 17. Mai 1950** [BGBl.I S.207], das weitgehend Bezug nahm auf das Beamtengesetz von 1937 und im Bereich des Versorgungsrechts keine wesentlichen Änderungen brachte. Eine Neuregelung der Versorgung der Bundesbeamten und ihrer Hinterbliebenen erfolgte schließlich durch das **Bundesbeamtengesetz vom 14. Juli 1953** [BGBl.I S.551] mit weitgehender Anknüpfung an die Regelungen vor 1937 *(vgl. Neumann-Duesberg, 1953, S.361ff.)*. Dabei wurden unter stärkerer Betonung des Leistungsprinzips die 10jährige **Wartezeit** und die alte »**Pensionsskala**« wieder eingeführt.

In der Folgezeit wurde mit dem **Beamtenrechtsrahmengesetz** (BRRG) **vom 1. Juli 1957** [BGBl.I S.667] versucht, das Beamtenrecht der Länder und des Bundes zu vereinheitlichen, was allerdings wegen des Rahmencharakters des BRRG nur zum Teil gelang *(vgl. Grabendorff, 1958)*. So verzichteten die Länder im Gegensatz zum Bund durchgängig darauf, die 10jährige Wartezeit einzuführen *(vgl. Ruland, 1983, S.98)*. Von verschiedensten Detailänderungen abgesehen, erfuhren die versorgungsrechtlichen Bestimmungen des Bundesbeamtengesetzes bis Mitte der 70er Jahre keine grundlegenden Änderungen.

Die Zahl der Beamten stieg von rd. 852.000 im Jahre 1950 auf 1.171.400 (1960); Mitte 1975 waren im unmittelbaren öffentlichen Dienst insgesamt 1.574.000 Beamte (ohne Soldaten) und 14.600 Richter beschäftigt (der mittelbare öffentliche Dienst beschäftigte zu diesem Zeitpunkt 19.400 Beamte). Ohne den kommunalen Bereich wurden Anfang 1975 Versorgungsbezüge an knapp 470.000 Ruhestandsbeamte, etwa 373.000 Witwen bzw. Witwer sowie an ca. 40.000 Waisen gezahlt. Die Aufwendungen für die Beamtenversorgung stiegen von 2,53 Mrd. DM im Jahre 1950 auf 5,16 Mrd. DM (1960), 10,65 Mrd. DM (1965), 15,83 Mrd. DM (1970) und 26,02 Mrd. DM im Jahre 1975 *(vgl. Schewe u.a., 1977, S.151ff.; BMA, 1990a, S.254; Tabelle 52)*.

4.6.3 Zusatzversorgung

Die Zusatzversorgungseinrichtungen im Bereich der Alters- und Hinterbliebenensicherung bezwecken in erster Linie eine **Aufstockung der Leistungen** der gesetzlichen Rentenversicherung; sie erfüllen insofern eine **Ergänzungsfunktion**. Die Zusatzversorgung gewährt hauptsächlich Renten bei Berufs- und Erwerbsunfähigkeit sowie bei Alter und an Hinterbliebene. Auch im Bereich der Zusatzversorgung wurde Anfang der 50er Jahre zunächst im wesentlichen auf die **Rechtsgrundlagen** aus der Zeit vor 1945 zurückgegriffen.

Das Gesetz zur vorläufigen Regelung der Rechtsverhältnisse der im Dienst des Bundes stehenden Personen vom Mai 1950 schrieb vor, für Angestellte und Arbeiter die Gemeinsame Dienstordnung für die Verwaltungen und Betriebe des Reiches über die zusätzliche Alters- und Hinterbliebenenversorgung der nichtbeamteten Gefolgschaftsmitglieder vom 10. Dezember 1943 [RBB S.218] weiterhin anzuwenden. Im folgenden Jahr wurde die Zusatzversorgungsanstalt des Reiches in Versorgungsanstalt des Bundes und der Länder (VBL) umbenannt. 1952 schließlich wurde durch Tarifvertrag das Dienstordnungsrecht des Bundes mit geringen Abweichungen auch auf den Bereich der Länder übertragen. Der Wiederherstellung der wesentlichen Rechtsgrundlagen der Zusatzversorgung folgte in den Jahren 1955/57 in einem zunehmendem Maße der Abschluß von Tarifverträgen für den Bereich des Bundes und der Länder mit Zusatzversorgungsregelungen.

Im Laufe der 60er Jahre erfuhr die **Zusatzversorgung des öffentlichen Dienstes** nach mehrjährigen, wiederholt unterbrochenen Tarifverhandlungen eine wesentliche **Änderung** und **Weiterentwicklung**.

Den Ausgangspunkt bildeten 1962 aufgenommene Tarifverhandlungen im Bereich des Bundes, der Länder und der Gemeinden zum Zwecke einer Neuregelung der Zusatzversorgung; Ziele dieser Verhandlungen waren der Abbau der zwischenzeitlich entstandenen Überversorgung, die Umstellung des Finanzierungssystems und die Dynamisierung der Gesamtversorgung [GMBl. S.627; MinBlFin S.734]. 1966 wurde ein entsprechender Versorgungstarifvertrag mit Wirkung vom 1.1.1967 abgeschlossen *(vgl. Rübsteck, 1965, S.147 f.; Jahnz, 1966 a, S.179 ff.; 1966 b, S.341 ff., 373 ff.; Meenzen, 1966, S.198 ff.; Brigmann, 1967)*; dieser Tarifvertrag brachte eine Umgestaltung der Zusatzversorgung in Anlehnung an die Beamtenversorgung sowie eine Umstellung der Finanzierung auf ein kombiniertes Beitrags- und Umlagesystem mit Abschnittsdeckungsverfahren (Arbeitnehmerbeitrag von 1,5 %, Arbeitgeberbeitrag von 1,0 % und Restfinanzierung durch von den Arbeitgebern aufzubringende Umlagen). Bereits 1970 kam es erneut zu Änderungen des Beitragsrechtes und des Finanzierungssystems der öffentlich-rechtlichen Zusatzversorgung mit der Folge einer schrittweisen Übernahme des Arbeitnehmerbeitrags seitens der Arbeitgeber. Für Arbeitnehmer des Bundes, der Länder und kommunalen Verwaltungen übernahmen die Arbeitgeber ab 1. 7. 1973 zusätzlich den Beitragsanteil der Arbeitnehmer.

Die Zusatzversorgungen im öffentlichen Dienst werden durch eine Vielzahl recht unterschiedlich ausgestalteter **öffentlich-rechtlicher Körperschaften** und **Anstalten** durchgeführt. Der wichtigste Träger ist die Versorgungsanstalt des Bundes und der Länder, bei der die Arbeitnehmer und Lehrlinge der an ihr beteiligten Arbeitgeber pflichtversichert sind.

Der Versichertenbestand der VBL stieg von 954.412 (1967) auf knapp 1,3 Mio. Ende 1975; die Zahl der Bezieher einer Versorgungs- bzw. Versicherungsrente erhöhte sich im selben Zeitraum von 163.389 auf 251.188, die Zahl der Empfänger von Hinterbliebenenrenten von 73.967 auf 93.733. 1967 standen den Einnahmen in Höhe von 1,026 Mrd. DM Ausgaben in Höhe von 258 Mio. DM gegenüber; bis 1975 stiegen die Einnahmen auf 2,308 Mrd. DM, während sich die Ausgaben nunmehr auf insgesamt 1,279 Mrd. DM beliefen. Das Vermögen erreichte Ende 1975 einen Stand von 13,4 Mrd. DM (1967: 5,7 Mrd. DM). Einen größeren Versichertenbestand wiesen zu Beginn der 70er Jahre neben der VBL noch die Bundesbahn-Versicherungsanstalt, Abt.B, sowie die Versorgungsanstalt der Deutschen Bundespost (1972: 215.059 Versicherte) auf; vor allem erstere kennzeichnete sich dabei durch ein ausgesprochen ungünstiges Verhältnis von Versicherten zu Leistungsempfängern; bei 210.075 Versicherten waren 1972 an 93.454 Personen Ruhegeld und 85.790 Hinterbliebenenrenten zu zahlen *(vgl. StJbBRD, 1973, S.400; vgl. Tabelle 50)*.

Parallel zu den Zusatzversorgungen im öffentlichen Dienst entstanden im Laufe der Zeit Zusatzversorgungsregelungen auch für spezifische Berufsgruppen; hervorzuheben sind hiervon insbesondere die **Hüttenknappschaftliche Zusatzversicherung im Saarland** sowie die **Zusatzversorgung für Arbeitnehmer der Land- und Forstwirtschaft**.

Die Hüttenknappschaftliche Zusatzversicherung im Saarland reicht in ihren Anfängen bis Mitte des vorigen Jahrhunderts zurück; ihre heutige Existenz geht jedoch vor allem auf das Jahr 1923 zurück, als im damals vom Deutschen Reich abgetrennten Saarland die Zusammenführung der Grundsicherung und Zusatzversorgung zur knappschaftlichen Rentenversicherung unterblieb. Während für die saarländischen Bergleute dieser Schritt nach Rückgliederung des Saarlandes 1935 nachgeholt wurde, blieb es für die Arbeiter der Saarhütten bei einem vom übrigen Reich abweichenden Rechtszustand. 1938 führte dies zur Herausbildung einer eigenständigen Versicherung, die organisatorisch 1947 unter der Bezeichnung »Hüttenknappschaftliche Pensionsversicherung« der Landesversicherungsanstalt für das Saarland angegliedert wurde. Das Leistungs- und Mitgliedschaftsrecht wurde in den Folgejahren mehrfach geändert (1952: Ausdehnung der Versicherungspflicht auf Arbeiterinnen und Angestellte der Saarhütten; Öffnung der Versicherung für vergleichbare Unternehmen; 1957: Überführung des Versicherungsrechts in Bundesrecht; 1965: Erhöhung der Leistungen).

Mit dem Ziel, diese Versorgungseinrichtung in Richtung auf eine moderne überbetriebliche Zusatzversicherung weiterzuentwickeln, wurde mit dem **Hüttenknappschaftlichen Zusatzversicherungs-Gesetz vom 22. Dezember 1971** [BGBl.I S.2104] eine Reihe grundlegender Neuregelungen vorgenommen.

Durch das Gesetz wurde die Versicherung zu einer überbetrieblichen Zusatzversicherung auf öffentlich-rechtlicher Grundlage ausgebaut; pflichtversichert waren in ihr die Arbeitnehmer der Saarhütten sowie die Arbeitnehmer von rd. 35 Unternehmen der Eisenindustrie. Die Ausgaben der Versicherung wurden durch Beiträge, die vom Versicherten und vom Arbeitgeber je zur Hälfte zu tragen waren, finanziert (Beitragssatz für Pflichtversicherte: 4,5 % des Bruttoverdienstes bis zur halben Beitragsbemessungsgrenze in der ArV). Außerdem erhielt die Versicherung einen Bundeszuschuß in Höhe von 6 Mio. DM. Gleichzeitig erlaubte das neue Gesetz, durch Rechtsverordnung der Bundesregierung die Bestandszusatzrenten in einem Rhythmus von zwei Jahren den veränderten wirtschaftlichen Verhältnissen anzupassen.

Die Zahl der Versicherten der Hüttenknappschaftlichen Zusatzversicherung stieg von 20.899 (1952) über 37.049 (1960), 33.068 (1970) auf 52.862 im Jahre 1973; seitdem war die Zahl leicht rückläufig. Während 1952 insgesamt 16.268 Personen (darunter 8.514 Versicherte) eine Rente bezogen, waren es Ende 1975 immerhin 29.766 (darunter 16.733 Versicherte). 1975 lag die Durchschnittsrente eines typischen Zusatzrentners zwischen 160 und 178 DM. Im selben Jahr beliefen sich die Einnahmen auf 68,85 Mio., die Ausgaben auf 35,56 Mio. DM (1960: 18,57 bzw. 8,64 Mio. DM) *(vgl. Schewe u.a., 1977, S.169 ff.)*.

Die im Vergleich zu Arbeitnehmern anderer Wirtschaftszweige traditionell niedrigen Renten ehemaliger Land- und Forstarbeiter, die dazu führten, daß der Lebensstandard dieser Personen im Alter oder bei vorzeitiger Erwerbsunfähigkeit regelmäßig empfindlich absank, waren Anlaß für einen am 20. 11. 1973 zwischen den landwirtschaftlichen Tarifparteien geschlossenen **Tarifvertrag**, in dem zur Aufbesserung der Renten für noch erwerbstätige landwirtschaftliche Arbeitnehmer die **Einführung einer Zusatzaltersversorgung** vereinbart wurde. Dieser Tarifvertrag wurde am 15.1.1974 für **allgemeinverbindlich** erklärt [BAnz Nr.14 v. 22.1.1974] und durch das **Gesetz über die Errichtung einer Zusatzversorgungskasse für Arbeitnehmer der Land- und Forstwirtschaft** (ZVALG) **vom 31. Juli 1974** [BGBl.I S.1660], in dem sich der Bund bereit erklärte, in Form von Ausgleichsleistungen die sog. »Alt- und Uraltlast« zu übernehmen, ergänzt.

Die tariflich vereinbarte, allein von den Arbeitgebern zu finanzierende Zusatzversorgung (Monatsbeitrag: 10 DM je versicherungspflichtigem Beschäftigten) sah unter bestimmten Voraussetzungen (z.B. Bezug einer Rente aus der GRV; mindestens 180monatige Beschäftigung in der Landwirtschaft) die Zahlung einer Beihilfe an Versicherte und deren Witwen Witw(er) vor, deren Höhe sich auf 2,50 DM je 12 Monate der nach dem 1. 7. 1972 liegenden Versicherungszeit belief. Für Arbeitnehmer, die durch den Tarifvertrag nicht erfaßt wurden (bereits aus dem Erwerbsleben ausgeschieden) oder wegen fortgeschrittenen Alters nurmehr geringe Ansprüche erwerben konnten, gewährte das ZVALG aus der Höhe nach begrenzten Haushaltsmitteln des Bundes sog. Ausgleichsleistungen. Derartige Ausgleichsleistungen von monatlich höchstens 50 DM (verheiratete Berechtigte) wurden 1975 an 22.500 Empfänger gezahlt. Zur Durchführung der landwirtschaftlichen Zusatzversorgung wurden das Zusatzversorgungswerk (ZLF) sowie die Zusatzversorgungskasse (ZLA) für Arbeitnehmer in der Land- und Forstwirtschaft errichtet.

4.6.4 Betriebliche Altersversorgung

Eine ähnliche Bedeutung wie die öffentlich-rechtliche Zusatzversorgung erlangte im Laufe der Zeit auch die betriebliche Altersversorgung *(vgl. Huhle, 1957)*. Mitte der 70er Jahre umfaßte diese mit ihren **Leistungen bzw. Anwartschaften auf Leistungen** etwa 30% aller Unternehmen und 60% aller Arbeitnehmer. Zum Teil handelte es sich dabei um eine zusätzlich zum Arbeitsentgelt finanzierte **Höherversicherung** in der Rentenversicherung oder um spezielle **Versorgungszusagen** der Arbeitgeber; hinzu traten Leistungen aus **Pensionskassen** (mit Rechtsanspruch aufgrund der Mitgliedschaft des Begünstigten) oder aus **Unterstützungskassen** (ohne Rechtsanspruch nach Maßgabe eines Leistungsplanes); häufig waren auch Leistungen aus **Versicherungsverträgen** zugunsten der Arbeitnehmer festzustellen. Unabhängig von der rechtlichen Ausgestaltung im einzelnen konnten die betrieblichen Versorgungszusagen auf Einzelarbeitsverträgen, Betriebsvereinbarungen oder Tarifverträgen beruhen *(vgl. Rohs/Hartmann, 1951; Heissmann, 1953, 1955 und 1957, S.251ff.; A. Hueck, 1957a, 1957b; Felix, 1958, S.89; Heissmann, 1962, 1968a, S.47ff., 1968b, S.126ff., 1969, S.262ff.; v. Arnim, 1970; Geiß, 1972, S.290ff., 324ff.; P. Rosenberg, 1973, S.290ff.; Weiß, u.a., 1952)*.

Nachdem sich die betriebliche Altersversorgung bis Ende der sechziger Jahre praktisch ohne **staatliche Eingriffe** entwickelt hatte, unterzog die Bundesregierung diesen Sicherungsbereich Anfang der 70er Jahre einer **kritischen Analyse**. Gleichzeitig prüfte sie Möglichkeiten für die Beseitigung der wichtigsten Mängel (Mobilitätshemmnisse, fehlende Anpassung der Betriebsrenten, u.U. Verlust der Ansprüche bei Konkurs des Unternehmens) und für die Ausdehnung der betrieblichen Altersversorgung auf bislang nicht erfaßte Arbeitnehmergruppen. Das Ergebnis dieser Bemühungen war das **Gesetz zur Verbesserung der betrieblichen Altersversorgung vom 19. Dezember 1974** [BGBl.I S.3610], das erstmals gesetzliche **Mindestnormen** für die betriebliche Altersversorgung etablierte.

Durch dieses Gesetz wurde die Verfallbarkeit betrieblicher Versorgungsanwartschaften beim Ausscheiden des Arbeitnehmers aus dem Betrieb weitgehend beseitigt; die Anrechenbarkeit anderer Versorgungsbezüge auf betriebliche Versorgungsbezüge wurde begrenzt; die Altersgrenzen der betrieblichen Altersversorgung wurden an diejenigen der gesetzlichen Rentenversicherung angeglichen. Außerdem wurden die Arbeitgeber verpflichtet, alle drei Jahre eine Anpassung der Betriebsrenten zu prüfen. Die Ansprüche aus der betrieblichen Altersversorgung wurden auch für den Fall der Zahlungsunfähigkeit des Arbeitgebers gesichert; Träger der Insolvenzsicherung wurde der Pensionssicherungsverein (VVaG) in Köln, an den die Arbeitgeber entsprechende Beiträge zahlen müssen *(vgl. Heubeck u.a., 1975; Höfer u.a., 1975; Höfer/Höfer, 1976; Höhne u.a., 1975; Ortlepp, 1975; Riedlbauer, 1975; A. Schmidt, 1975, S.65 ff.; Blomeyer, 1977, S.1 ff.; Doetsch, 1977, S.26 ff.; Wiedemann, 1977, S.13ff.; Lücking, 1977, S.366ff.; Sonne, 1978; Schaub, 1980, S.155ff.)*.

5. Soziale Sicherung bei Krankheit und Invalidität

5.1 Kranken- und Unfallversicherung zu Beginn der 50er Jahre

Die erste, bis etwa Mitte der 50er Jahre reichende Phase der Nachkriegsentwicklung der sozialen Krankenversicherung brachte keine einschneidenden Systemveränderungen, sondern im wesentlichen nur eine **Restauration** der vor 1933 bestehenden Rechtsverhältnisse. Zu dieser Entwicklung beigetragen hat sicherlich auch die Ausgangslage im Jahre 1945, die „mit ihrem hohen Bedarf an ärztlicher Versorgung ... eine rasche Wiederherstellung der Funktionsfähigkeit der Krankenkassen auf örtlicher Ebene erforderlich (machte), was sich verständlicherweise nur auf der noch vorhandenen Struktur der Kassenorganisation erreichen ließ“ *(Holler, 1977, S.305; vgl. auch Glock, 1949, S.378ff.)*.

Für grundlegende Veränderungen fehlten zum einen tragfähige Organisationskonzepte, zum anderen die erforderlichen Gesetzgebungsbefugnisse. Handlungsgrundlage bildete somit auch weiterhin die teilweise »entnazifizierte« RVO.

Endgültig wiederhergestellt wurde der vor 1933 geltende Rechtszustand – jedenfalls in seinen Grundzügen – nach Gründung der Bundesrepublik durch das **Gesetz über die Selbstverwaltung und über Änderungen von Vorschriften auf dem Gebiete der Sozialversicherung vom 22. Februar 1951** [BGBl.I S.124] *(vgl. S.152)*. Im übrigen ging es in jener Zeit vor allem darum, die durch die Besatzungszeit eingetretene **Rechtszersplitterung** weiter abzubauen und gewisse **Anpassungen** an veränderte ökonomische Verhältnisse vorzunehmen.

Neben der 1. Verordnung über Ortslöhne und Jahresarbeitsverdienste in der Sozialversicherung vom 9. August 1950 [BGBl.I S.369] geschah dies insbesondere durch das Einkommensgrenzengesetz vom 13. August 1952 [BGBl.I S.437], durch das in der GKV die Versicherungspflichtgrenze für Angestellte, die Beitrags- und Leistungsbemessungsgrenze sowie die Beitrittsgrenze von 4.500 auf 6.000 DM jährlich angehoben wurden.

Einfluß auf die Gesundheitsversorgung und die GKV hatten darüber hinaus zahlreiche im Rahmen der Kriegsfolgengesetzgebung ergangene Gesetze, die für bestimmte Personengruppen (Empfänger von Unterhaltshilfe, Heimkehrer, Kriegsopfer und deren Hinterbliebene, Vertriebene und Flüchtlinge) einen ausreichenden Krankenversicherungsschutz sicherstellten und die Krankenkassen zu gewissen Durchführungsaufgaben heranzogen. Neu geregelt wurde ferner der Krankenversicherungsschutz erwerbstätiger werdender Mütter und Schwerbeschädigter durch das Mutterschutzgesetz vom 24. Januar 1952 [BGBl.I S.69] bzw. das Schwerbeschädigtengesetz vom 16. Juni 1953 [BGBl. I S.389] *(vgl. Peters, 1978, S.156f.)*.

Auch in der gesetzlichen **Unfallversicherung** ging es zunächst hauptsächlich darum, die Rechtsgrundlagen im organisatorischen Bereich an die neuen Verhältnisse anzupassen und die Leistungen entsprechend der wirtschaftlichen Entwicklung zu gestalten.

In bezug auf die Leistungsverbesserungen in der GUV war neben dem Teuerungszulagengesetz vom 10. August 1951 [BGBl.I S.507] vor allem das – später mehrfach geänderte – Unfallversicherungszulagengesetz vom 29. April 1952 [BGBl.I S.253] i. d. F. des ÄndG vom 30. April 1952 [BGBl.I S.259] von einiger Bedeutung. Zu den Geldleistungen der UV wurden durch diese Gesetze Zulagen in Höhe von 5 bis 25 % gewährt; außerdem wurden die Mindestsätze der Unfallrenten angehoben (Vollrente mindestens 90 DM) und der Rahmen für das Pflegegeld erweitert (maximal 150 DM). Leistungsverbesserungen brachte auch die 5. BKVO vom 26. Juli 1952 [BGBl.I S.395], die die Zahl entschädigungspflichtiger Berufskrankheiten von 27 auf 40 erhöhte.

5. 2 Neuordnung des Verbände- und Kassenarztrechts

Ebenfalls von zentraler Bedeutung für die Organisation der Gesundheitsversorgung waren das **Gesetz über die Verbände der gesetzlichen Krankenkassen und Ersatzkassen vom 17. August 1955** [BGBl.I S.524] sowie das **Gesetz über Kassenarztrecht (GKAR) vom 17. August 1955** [BGBl.I S.513], die beide in vielfacher Weise an die vor 1933 herausgebildeten Strukturen anknüpften *(vgl. Küchenhoff, 1955, S.413ff.; Peters, 1955; Heinemann/Koch, 1955; Hadrich, 1955)*.

Mit dem ersten Gesetz wurde eine neue gesetzliche Grundlage für den organisatorischen Aufbau sowie die Rechtsstellung und Aufgaben der Landesverbände der Krankenkassen und ihrer Bundesvereinigungen geschaffen. Danach hatten die Krankenkassen jeder Art Landesverbände zu gründen, die ihrerseits jeweils einen Bundesverband bilden sollten. Die Kassenverbände erhielten den Status von Körperschaften des öffentlichen Rechts und unterstanden der staatlichen Aufsicht. Ebenso wie die Kassen waren die Kassenverbände nach den Grundsätzen der sozialen Selbstverwaltung aufgebaut.

Auch das GKAR hielt an den Eckpfeilern des alten, in den Jahren der Weltwirtschaftskrise entstandenen Systems fest und brachte nur wenige wirkliche Neuerungen. Neben einer bundesrechtlichen

Kodifizierung des Kassenarztrechts erfolgte zugleich seine Integration in das 2. Buch der RVO (§§ 368 ff.). Neu gestaltet wurde vor allem das Zusammenwirken der Ärzte mit den Krankenkassen, wobei an den Grundsätzen des vertraglichen Einvernehmens festgehalten wurde. Das Vertrags- und Zulassungswesen wurde zwar modifiziert, die Verhältniszahl bei Senkung auf 1:500 jedoch beibehalten. Während auf der einen Seite die Möglichkeit eines vertragslosen Zustandes und eines Ärztestreiks durch die Einführung eines Schiedsabkommens beseitigt wurde, übertrug das Gesetz andererseits den Kassenärztlichen Vereinigungen das alleinige Recht zur Sicherstellung der kassenärztlichen Versorgung. Festgehalten wurde im Prinzip auch an der vertraglichen Vereinbarung einer von den Kassen zu entrichtenden Gesamtvergütung und einer Honorarverteilung unter den Ärzten durch die Kassenärztliche Vereinigung. Während die Errechnung der Gesamtvergütung weiterhin auf einem – wenn auch modifizierten – Kopfpauschalsystem basierte (bei Zulassung der Rückkehr zur Einzelleistungsvergütung), war eine Verteilung der Gesamtvergütung allein nach der Anzahl der Behandlungsfälle nicht mehr zulässig *(vgl. Hamann, 1981, S.96ff.)*.

Mit dem GKAR erfolgte zugleich eine Dezentralisierung; an die Stelle der 1945 außer Funktion getretenen Kassenärztlichen Vereinigung Deutschlands als alleinigem Vertragspartner der Krankenkassen traten die Kassenärztlichen Vereinigungen als Verhandlungspartner der Kassen. Als öffentlich-rechtliche Körperschaften mit Selbstverwaltung wurden sie Vertretungsorgane der in ihnen durch Zwangsmitgliedschaft zusammengeschlossenen niedergelassenen Ärzte; die gesetzliche Errichtung sicherte ihnen dabei nicht nur die Kompetenz zum Vertragsabschluß, sondern übertrug ihnen auch die Verantwortung für die ordnungsgemäße Durchführung der kassenärztlichen Versorgung *(vgl. Herzog, 1986, S.134)*. Die insgesamt 18 Kassenärztlichen Vereinigungen bildeten gemeinsam die Kassenärztliche Bundesvereinigung (KBV). Schließlich war die Einsetzung verschiedener gemeinsamer Ausschüsse mit den Kassenverbänden vorgesehen; der nach § 368 o RVO zu errichtende Bundesausschuß der Ärzte und Krankenkassen als Organ der Gemeinsamen Selbstverwaltung wurde u. a. damit beauftragt, Richtlinien über die Gewährleistung einer »ausreichenden, zweckmäßigen und wirtschaftlichen« Versorgung der Kranken zu erlassen *(vgl. Günther, 1988, S.92ff.; Krause, 1988, S.253ff.)*. Ähnlich geregelt wurde die Stellung der Kassenzahnärzte und ihrer Verbände.

Die Rahmenvorschriften des GKAR über die Zulassung zur kassenärztlichen bzw. kassenzahnärztlichen Tätigkeit wurden durch die **Zulassungsordnungen** vom 28. Mai 1957 für Kassenärzte [BGBl.I S.572, 608] und für Kassenzahnärzte [BGBl.I S.582] konkretisiert.

5. 3 Entwicklungen im Bereich der GKV und der Gesundheitsversorgung seit Mitte der 50er Jahre

Nachdem die organisatorischen Rahmenbedingungen der Gesundheitsversorgung und das Vertragsrecht bis Mitte der 50er Jahre eine gesetzliche Konkretisierung und partielle Neuordnung erfahren hatten, konzentrierte sich das weitere **Reforminteresse** im Bereich der GKV vor allem auf eine Neugestaltung des Leistungs- und des Mitgliedschaftsrechts. Trotz gewisser Verknüpfungen lassen sich dabei zum einen die Bestrebungen zur Gleichstellung von Arbeitern und Angestellten bei der **Entgeltfortzahlung** und zum anderen die **Krankenversicherungsreform** im engeren Sinne unterscheiden *(vgl. v. Bethusy-Huc, 1976, S.153)*.

5. 3. 1 Reform der Entgeltfortzahlung für kranke Arbeiter

Einen wichtigen Gesichtspunkt zahlreicher sozialpolitischer Reformüberlegungen der Nachkriegszeit bildete die unterschiedliche sozialrechtliche Behandlung von Arbeitern und Angestellten. Besonders nachhaltig machte sich diese **Ungleichbehandlung** seinerzeit u. a. in der Frage der Entgeltfortzahlung im Krankheitsfalle bemerkbar. Während die Angestellten seit 1931 nach § 616 Abs.3 BGB im Krankheitsfall gegenüber dem Arbeitgeber einen unabdingbaren Gehaltsfortzahlungsanspruch für sechs Wochen besaßen, erhielten Arbeiter nur ein Krankengeld von 50 % des Grundlohnes (bei 3 Karenztagen).

Eine Initiative des DGB aufgreifend, brachte die SPD am 28. September 1955 im Bundestag einen **Gesetzentwurf** [BT-Drs. II/1704] ein, der darauf abzielte, die Arbeiter in bezug auf die Entgeltfortzahlung im Krankheitsfalle den Angestellten völlig gleichzustellen. Um Klein- und Mittelbetriebe durch diese Regelung nicht über Gebühr zu belasten, sah der Entwurf einen Risikoausgleich für Betriebe mit weniger als 100 Beschäftigten vor. Sowohl dieser Gesetzentwurf wie auch ein Kompromißvorschlag hatten allerdings angesichts der bestehenden parlamentarischen Mehrheitsverhältnisse keine Aussicht auf Verabschiedung. CDU/CSU und FDP waren zwar nicht grundsätzlich gegen eine Gleichbehandlung, hielten aber die mit einer solchen Regelung auf die Wirtschaft zukommenden Kosten für nicht vertretbar. Dennoch führte ein während der parlamentarischen Beratungen entstandener Gesetzentwurf schließlich zu dem **Gesetz zur Verbesserung der wirtschaftlichen Sicherung der Arbeiter im Krankheitsfalle vom 26. Juni 1957** [BGBl. I S.649], das auf der Grundlage einer sog. »gespaltenen Lösung« gewisse Verbesserungen für die Arbeiter brachte *(vgl. Schelp, 1957, S.245ff.; Schmatz/Fischwasser, 1957; Höhne, 1958; Schediwy, 1958, S.51ff.)*.

Das Gesetz verpflichtete die Arbeitgeber zur Zahlung eines Zuschusses zu den Leistungen der GKV (Krankengeld, Hausgeld) bis zu einer Dauer von sechs Wochen zwecks Realisierung einer Gesamtleistung in Höhe von 90 % des Nettoarbeitsentgelts (nur noch 2 Karenztage). Gleichzeitig wurde das Krankengeld auf 65 % zuzüglich 4 % für den ersten und 3 % für jeden weiteren Angehörigen angehoben (Begrenzung auf max. 75 %). Bei einer Krankheitsdauer von mehr als 14 Tagen entfielen zudem die Karenztage. Auf die Bildung eines Ausgleichsstocks für mittelständische Betriebe wurde angesichts dieser Regelung verzichtet.

Kaum war das Lohnfortzahlungsgesetz in Kraft getreten, führte ein signifikanter Anstieg der **Morbiditätsraten** (der allerdings primär mit einer Grippewelle korrelierte) zu einer heftigen **öffentlichen Kontroverse**.

Während die eine Seite den Anstieg des Krankenstandes als Resultat einer mißbräuchlichen Inanspruchnahme der Leistungsverbesserung interpretierte, wandte sich vor allem der DGB entschieden dagegen, das erhöhte Krankengeld als ursächlich für diese Entwicklung anzusehen. Vermutungen wurden auch laut, die Bestimmung, daß die Karenztage bei einer mehr als 14tägigen Krankheitsdauer entfielen, habe krankheitsverlängernde Wirkungen *(vgl. Hamann, 1981, S.31ff.; vgl. ferner Oppen, 1984, S.46ff.; Wusterhausen, 1976, S.137ff.)*.

Sehr schnell wurde deutlich, daß die Regelung des Jahres 1957 die äußerst kontroverse Diskussion um die Lohnfortzahlung keineswegs beendet hatte. SPD und Gewerkschaften gaben sich mit den beschränkten Verbesserungen zudem keineswegs zufrieden; ein von der SPD eingebrachter **Gesetzentwurf** vom 21. Juni 1960 [BT-Drs. III/1927] sah eine Erhöhung des Arbeitgeberzuschusses sowie den Wegfall der Karenztage vor. Die CDU/CSU reagierte darauf mit einer leicht modifizierten Vorlage vom 10. Februar 1961 [BT-Drs. III/2478], die gegen die Stimmen der FDP schließlich zum **Änderungs- und Ergänzungsgesetz vom 12. Juli 1961** [BGBl. I S.913] führte *(vgl. Schelp, 1961, S.306ff.)*. Unter Beibehaltung der »gespaltenen Lösung« wurde die bisherige Regelung in einer Reihe von Punkten verbessert. Zugleich wurden erste Weichen für eine arbeitsrechtliche Lösung gestellt, „indem neue Vorschriften über die Berechnung des Krankengeldes und des Zuschusses mit einem auf die Arbeitsleistung abgestellten Lohn" *(Peters, 1978, S. 162)* eingeführt wurden.

Im einzelnen wurden mit diesem Gesetz durch Erhöhung des Arbeitgeberzuschusses das Krankengeld auf 100 % aufgestockt, die Zahl der Karenztage auf einen Tag vermindert und die Bezugsdauer des Krankengeldes für dieselbe Krankheit von 26 auf 78 Wochen verlängert. Ferner wurde das Krankengeld über die 6. Woche hinaus in gleicher Höhe (65–75 % des Grundlohnes statt wie bis dahin 50 %) weiter gewährt *(vgl. Haberkorn, 1962, S.180ff.)*.

Während einerseits die Gegner dieser Neuregelung einen abermals zu beobachtenden Anstieg des Krankenstandes *(vgl. Oeter, 1966, S.64ff.)* zur Fortsetzung der Auseinandersetzung nutzten, sorgte bei anderen die allgemeine **Unzufriedenheit mit der gespaltenen Regelung** aus sozialpolitischen wie verwaltungstechnischen Gründen dafür, daß das Thema Lohnfortzahlung aktuell blieb. Diesmal war es die Bundesregierung selbst, die am 7. Dezember 1962 einen **Änderungsentwurf** vorlegte [BT-Drs. IV/817], der in Form einer arbeitsrechtlichen Lösung eine Gleichstellung der Arbeiter im Krankheitsfalle bringen sollte. Nach längeren Kontroversen blieb der Entwurf ohne parlamentarischen Erfolg.

Der Gesetzentwurf (volle Lohnfortzahlung für 6 Wochen, keine Karenztage, Einschaltung des Vertrauensärztlichen Dienstes zur Begutachtung der Arbeitsunfähigkeit, Erstattungspflicht der GKV gegenüber dem Arbeitgeber in Höhe von 3/4 der Aufwendungen für die Entgeltfortzahlung) war Teil eines »Sozialpakets«, das zugleich eine Neuregelung der GKV (Einführung der Selbstbeteiligung; Versicherungspflichtgrenze für Arbeiter) und ein Bundeskindergeldgesetz umfaßte. Die Verknüpfung dieser Reformvorhaben dürfte letztlich eine der Hauptursachen gewesen sein, daß die Neuregelung der Entgeltfortzahlung scheiterte. Trotz massiver Kritik verschiedenster Kreise an der GKV hielt die CDU/CSU lange Zeit an dem von ihr aufgestellten Junktim zwischen Lohnfortzahlung und Krankenversicherungsreform fest *(vgl. H. Schreiner, 1963, S.254ff.; Holler, 1964, S.50ff.)*. Erst kurz vor Ende der Legislaturperiode bemühte sich die Bundesregierung um eine getrennte Verbesserung der Lohnfortzahlung, die jedoch nicht mehr zum Erfolg führte *(vgl. Hamann, 1981, S.57f.)*.

Nachdem der konjunkturelle Einbruch die politische Diskussion um die Lohnfortzahlung vorübergehend in den Hintergrund hatte treten lassen, da eine zusätzliche Kostenbelastung der Wirtschaft als nicht angezeigt erschien, wurde die Suche nach einer **arbeitsrechtlichen Lösung** Anfang 1968 erneut aufgenommen.

Als wichtige Gesichtspunkte waren inzwischen hinzugekommen, daß sich bei einer arbeitsrechtlichen Lösung zugleich eine finanzielle Konsolidierung der in Bedrängnis geratenen GKV und GRV erzielen ließe. Außerdem hoffte man, durch ein Entgegenkommen in der Frage der Entgeltfortzahlung die Gewerkschaften in der Phase der konjunkturellen Erholung zu zurückhaltenden Lohnforderungen bewegen zu können. Entschieden dagegen waren unter Hinweis auf die Kostenbelastungen weiterhin die Arbeitgeber, die die von der FDP in die Diskussion gebrachte versicherungsrechtliche Lösung unterstützten. Obgleich beide Parteien der Großen Koalition prinzipiell für die arbeitsrechtliche Lösung eintraten, zögerte sich die Reform abermals hinaus, nicht zuletzt, da die CDU zunächst auf einer parallelen Neuregelung der GKV beharrte. Der endgültige sozialpolitische Durchbruch gelang erst auf der Basis zweier getrennter Gesetzentwürfe der Fraktionen der Regierungskoalition vom 18. März 1969 [BT-Drs.V/3983 und V/3985], die sich im wesentlichen nur in Detailfragen unterschieden.

Mit dem **Lohnfortzahlungsgesetz vom 27. Juli 1969** [BGBl.I S.946] wurde nach mehr als 10jährigen öffentlichen und parlamentarischen Auseinandersetzungen endlich die lange angestrebte »arbeitsrechtliche Lösung« realisiert und die völlige Gleichstellung von Arbeitern und Angestellten in dieser Frage erreicht *(vgl. Brecht, 1969; E. Bauer, 1969, S. 321ff.; Maus, 1969; Holler, 1977, S.310; Töns, 1970; C. Becher, 1971; Hartwig, 1971, S. 293ff., 332ff.; Kehrmann/Pelikan, 1973; Kehrmann, 1978, S.313ff.; Zöllner, 1978, S. 304ff.)*.

Seitdem erhalten alle Arbeitnehmer im Falle ihrer Arbeitsunfähigkeit eine Entgeltfortzahlung für die ersten 6 Wochen in Höhe des ihnen bei regelmäßiger Arbeitszeit zustehenden Arbeitsentgelts (einschl. Sozialabgaben); gleiches gilt für Arbeitsverhinderungen aufgrund von Heilbehandlungen, die ein Sozialleistungsträger bei voller Kostenübernahme bewilligt hat. Ausgenommen von der Lohnfortzahlungsregelung blieben lediglich kurzfristig oder geringfügig beschäftigte Arbeitnehmer. Der Nachweis der Arbeitsunfähigkeit mußte innerhalb von 3 Kalendertagen durch ärztliches Attest erfolgen; auch weiterhin war eine vertrauensärztliche Begutachtung des Gesundheitszustandes möglich; eine Überprüfung der Arbeitsunfähigkeit konnte allerdings nicht direkt vom Arbeitgeber veranlaßt werden; nur in begründeten Zweifelsfällen konnte er dies von der Krankenkasse verlangen.

Die Finanzierung der Kosten der Lohnfortzahlung oblag fortan den einzelnen Arbeitgebern; für Betriebe mit regelmäßig nicht mehr als 20 Beschäftigten sah das Gesetz jedoch ein Ausgleichsverfahren vor; diese Betriebe konnten sich 80 % der ihnen durch die Lohnfortzahlung entstandenen Kosten von den Krankenkassen aus Finanzmitteln erstatten lassen, die durch eine Umlage der am Ausgleichsverfahren beteiligten Arbeitgeber aufgebracht werden sollten.

Das Lohnfortzahlungsgesetz brachte nicht nur für die Arbeiter erhebliche Verbesserungen; es führte auch für die Krankenkassen – zumindest vorübergehend – zu einer deutlichen **finanziellen Entlastung**. Die Ausgaben der Krankenkassen für Barleistungen gingen von 4,281 Mrd. DM (1969) auf 2,467 Mrd. DM (1970) zurück; dies ermöglichte 1970 eine Reduktion des durchschnittlichen Beitragssatzes für Pflichtmitglieder von 8,45 auf 8,12 %.

5. 3. 2 Bemühungen um eine Strukturreform der GKV

Obgleich im Zuge der sog. »Sozialreform« in den 50er Jahren die Reform der Rentenversicherung deutlich in den Vordergrund gerückt war, blieb die Reform der GKV auf der politischen Tagesordnung. Nachdem schon 1955 ein Ausschuß für Fragen der Krankheitsbekämpfung und der Krankenversicherung gebildet worden war, machte die CDU/CSU-Regierung in der Regierungserklärung vom 29. Oktober 1957 deutlich, daß sie sich nach Abschluß der Rentenreform vorrangig der **Neuordnung der Krankenversicherung** zuwenden wollte. Die Zielrichtung sollte dabei sein, »den Gedanken der Selbsthilfe und der privaten Initiative in jeder Weise zu fördern und das Abgleiten in den totalen Versorgungsstaat ... zu verhindern«.

Entsprechend dieser Zielrichtung sah ein im Dezember 1959 vorgelegter **Referentenentwurf** im Kern den Übergang zur Einzelleistungsvergütung der Ärzte und in Verbindung damit eine **Selbstbeteiligung der Patienten** an jeder einzelnen Leistung vor.

Die Versicherten sollten dadurch motiviert werden, „ärztliche Leistungen nicht ‚leichtfertig' in Anspruch zu nehmen" *(Holler, 1977, S.308)*; außerdem sollten die Krankenversicherungen von sog. »Bagatellfällen« entlastet und Anreize geschaffen werden, den Arzt von einer ungerechtfertigten Leistungsausweitung abzuhalten. Dieser Reformentwurf stieß nicht nur auf strikte Ablehnung der SPD-Fraktion im Parlament; auch außerhalb rief er entschiedenste Kritik hervor, die von den Gewerkschaften bis zu den ärztlichen Standesorganisationen reichte. Ungeachtet dieser Reaktionen legte die Regierung im Januar 1960 dem Bundestag einen Entwurf für ein Krankenversicherungs-Neuregelungsgesetz vor [BT-Drs. III/1540]. Begonnene parlamentarische Beratungen wurden knapp ein Jahr später allerdings ergebnislos abgebrochen *(vgl. W. Bogs, 1960, S. 41 ff.)*.

Das Scheitern im Parlament und die **massive öffentliche Kritik** hielten die nunmehr aus einer Koalition von CDU/CSU und FDP bestehende Regierung allerdings nicht davon ab, zu Beginn der 3. Legislaturperiode die Reformbestrebungen fortzusetzen. In der Regierungserklärung vom 28. November 1961 wurde nochmals betont, daß es im Bereich der Sozialpolitik darum gehe, »die Eigenverantwortung der Menschen zu stärken«. In einem zweiten Anlauf legte die Regierung am 7. Dezember 1962 als Teil eines **»Sozialpakets«** einen im Kern unveränderten, in der Form der Selbstbeteiligung jedoch leicht modifizierten Entwurf eines Krankenversicherungs-Neuregelungsgesetzes vor [BT-Drs. IV/816]. Die Verknüpfung mit den beiden anderen Gesetzen, die zum einen die volle Lohnfortzahlung durch den Arbeitgeber und zum anderen die Entlastung der Arbeitgeber von den Kosten für das Kindergeld vorsahen, sollte zweifellos dazu dienen, die politische Durchsetzbarkeit der in der Öffentlichkeit höchst umstrittenen GKV-Reform zu erhöhen *(vgl. Zöllner, 1981, S. 152; H. Schreiner, 1963, S. 254 ff.)*.

In den Hauptpunkten sah der Gesetzentwurf neben differenzierten, stufenweise greifenden Selbstbeteiligungsregelungen für die Versicherten (prozentuale Selbstbeteiligung mit Mindest- und Höchstbeträgen) die Gleichstellung von Arbeitern und Angestellten im Versicherungsrecht insbesondere durch Einführung einer Versicherungspflichtgrenze für Arbeiter, die restriktivere Gestaltung der freiwilligen Weiterversicherungsmöglichkeiten (Beschränkung der Versicherungsberechtigung), die Einführung von Vorsorgebeihilfen, die Kostenübernahme bei Zahnersatz in Abhängigkeit von einer regelmäßigen Zahnpflege sowie Modifikationen in bezug auf die Beitragsgestaltung vor *(vgl. Naschold, 1967, S.220ff.; v. Bethusy-Huc, 1976, S.154f.; Deppe, 1987, S.40ff.)*.

Ebenso wie wenige Jahre zuvor sah sich der Bundesarbeitsminister THEODOR BLANK mit einer massiven öffentlichen und parlamentarischen Opposition konfrontiert; vehementer Widerstand kam erneut von der SPD, den Gewerkschaften sowie den Ärzteverbänden, die in den beabsichtigten Neuregelungen eine »Gefährdung der gesundheitlichen Versorgung der Bevölkerung« sahen. Nachdem der neue Bundeskanzler ERHARD in seiner Regierungserklärung vom Oktober 1963 bereits ein Abrücken von den Reformplänen angedeutet hatte, indem er eine gründliche Durchleuchtung der Sozialgesetzgebung durch eine Sozialenquête anregte, kam mit dem Ende der Legislaturperiode das **endgültige Scheitern** auch des zweiten GKV-Reformversuchs.

Das Parlament reagierte darauf mit dem Beschluß vom 29. April 1964 zur Einsetzung einer **Sozialenquête-Kommission**, die im Juli 1966 ihren Bericht vorlegte. Obwohl dieser Bericht insgesamt eine beachtliche Anerkennung fand, brachte er hinsichtlich der Weiterentwicklung der GKV kaum neue Impulse. Die Autoren attestierten dem GKV-System eine »imponierende Geschlossenheit und innere Konsistenz« und sahen lediglich in Randbereichen Schwächen und Mängel. Andererseits äußerten sie aber auch den Verdacht, daß das Krankenversicherungssystem teurer als nötig sei *(vgl. Achinger u.a., 1966, S.198ff.; Webber, 1988, S.156ff.)*.

Trotz allgemeiner Anerkennung einer **Reformbedürftigkeit** des GKV-Systems unterblieben bis zum Beginn der 70er Jahre weitere Reformschritte. Neuregelungen erfolgten lediglich in ganz wenigen Einzelfragen (z.B. Erhöhung der Beitragsbemessungs- und Versicherungspflichtgrenze) *(vgl. Heyn, 1966, S.62ff., 124ff.)* oder als Ausfluß gesetzlicher Änderungen in anderen Bereichen.

Erwähnenswert ist ferner, daß das mit dem Lohnfortzahlungsgesetz von 1969 eingeführte System der Beitragsrückgewähr (»Krankenscheinprämie«) mangels ausreichender Bewährung mit Wirkung vom 1.1.1974 an wieder beseitigt wurde. Nach der seinerzeitigen Regelung erhielt der Versicherte für jedes Quartal (bei einer Versicherungszeit von mindestens 60 Tagen), in dem er weder einen Krankenschein eingelöst noch Krankenhauspflege in Anspruch genommen hatte, eine Prämie von 10 DM (maximal 30 DM je Kalenderjahr).

5.3.3 Entwicklung der Krankenversicherung der Rentner

Ungeachtet des Scheiterns der GKV-Gesamtreform war es seit Mitte der 50er Jahre im Bereich der **Krankenversicherung der Rentner** (KVdR) zu einigen Neuregelungen gekommen, die primär dem Zweck dienten, das Problem steigender Aufwendungen für Rentner in den Griff zu bekommen. Nach der 1941 eingeführten Regelung, wonach Rentner unabhängig von eventuellen Vorversicherungszeiten in der GKV pflichtversichert waren, zahlten die Rentenversicherungsträger zur Deckung der KV-Ausgaben lediglich Pauschbeträge an die Krankenkassen *(vgl. Solcher, 1975, S.165ff.; Heine, 1985, S.345ff.)*.

Eine wesentliche Änderung erfolgte erstmals nach dem Kriege mit dem **Gesetz über die Krankenversicherung der Rentner vom 12. Juni 1956** [BGBl.I S.500]. Die wesentlichste Neuerung bestand darin, daß die Rentner als **echte Mitglieder** der Krankenkassen in den Krankenversicherungsschutz einbezogen wurden.

Nach dem neuen Gesetz waren allerdings nurmehr diejenigen Rentner pflichtversicherte KV-Mitglieder, die während der letzten 5 Jahre vor Stellung des Rentenantrages mindestens 52 Wochen der

GKV angehört hatten. Für die übrigen Rentner bestand lediglich die Möglichkeit der freiwilligen Versicherung in der GKV. Beseitigt wurde zugleich die bisherige Unterbrechung des Krankenversicherungsschutzes nach dem Ausscheiden aus dem Erwerbsleben bis zur Erteilung des Rentenbescheides. Für die pflichtversicherten Rentner war die KV kostenlos; dagegen wurden die RV-Träger verpflichtet, an die Krankenkassen für jeden versicherten Rentner Beiträge zu leisten. Hinsichtlich des Leistungsrechts wurden die Rentner den übrigen Versicherten im wesentlichen gleichgestellt, ausgenommen bestimmte Barleistungen (z. B. Krankengeld, Hausgeld), auf die die Rentner keinen Anspruch hatten. Schließlich wurden die Ersatzkassen in die Zuständigkeit für die KVdR einbezogen.

Eine neuerliche Änderung des in der KVdR pflichtversicherten Personenkreises brachte das **Finanzänderungsgesetz 1967 vom 21. Dezember 1967** [BGBl.I S.1259].

Fortan war jeder in der GKV pflichtversichert, der eine Rente beantragt hatte und die Voraussetzungen für den Bezug einer Rente erfüllte. Für »Alt-Rentner«, die bislang nicht in der GKV versichert waren, wurde innerhalb eines begrenzten Zeitraumes (1. 1. bis 30. 6. 1968) die Möglichkeit des Beitritts eröffnet. Zugleich hatten sich die Rentner mit 2 % ihrer Rente an den Aufwendungen der RV-Träger für die GKV zu beteiligen. Dieser sog. Rentnerbeitrag wurde allerdings schon durch Gesetz vom 14. April 1970 [BGBl.I S.337] wieder abgeschafft, und durch das Beiträge-Rückzahlungsgesetz vom 15. März 1972 [BGBl.I S.433] wurden sogar die für 1968 und 1969 entrichteten Beiträge pauschaliert zurückgezahlt.

5. 3. 4 Weiterentwicklung der GKV zu Beginn der 70er Jahre

Nach einer gewissen »Handlungspause« in der Sozialpolitik und der vorangegangenen „Phase der Ökonomisierung und der Anpassungsmaßnahmen an die Rezessionsfolgen" *(Zöllner, 1981, S. 157)* weckte die im Herbst 1969 gebildete, von der SPD geführte sozialliberale Koalition auch im Bereich der Krankenversicherung erhebliche **Reformerwartungen**, zumal in jener Zeit der Glaube an den sozialen, gesellschaftlichen und wirtschaftlichen Fortschritt noch ungebrochen war.

Ausdruck des Reformwillens der neuen Regierung bildeten ein schon bald vorgelegtes, nach Prioritäten geordnetes »Entwicklungsprogramm« sowie die auf ihren Beschluß hin im April 1970 eingesetzte **Sachverständigenkommission zur Weiterentwicklung der sozialen Krankenversicherung**, die sich schwerpunktmäßig mit folgenden Fragen befassen sollte:

Verbesserung der medizinischen Versorgung insbesondere in unterversorgten Gebieten (ländlicher Raum), Stärkung der Krankenkassen gegenüber den Anbietern medizinischer Leistungen, Aufnahme von Früherkennungsmaßnahmen in den GKV-Leistungskatalog, Ausdehnung des Versicherungsschutzes auf weitere Personenkreise, Sicherung des finanziellen Gleichgewichts der GKV und Kodifizierung des Krankenversicherungsrechts. Dabei war vorgesehen, die sukzessive vorzulegenden Vorschläge und Empfehlungen der Kommission möglichst umgehend gesetzgeberisch umzusetzen.

Den Auftakt zur Weiterentwicklung der GKV, in deren Rahmen bis 1975 erhebliche **Leistungsverbesserungen** eingeführt und der Krankenversicherungsschutz auf zahlreiche **neue Personenkreise** erweitert wurde, bildete das **2. KVÄndG vom 21. Dezember 1970** [BGBl.I S.1770].

Mit diesem Gesetz erfolgten zum einen die Aufnahme von Vorsorge- und Früherkennungsmaßnahmen in den Leistungskatalog der GKV (Einführung eines Anspruchs auf Untersuchungen zur Früherkennung von Krankheiten für Kinder bis zu 4 Jahren, Frauen ab dem 30. und Männer ab dem 45. Lebensjahr), zum anderen die Öffnung der GKV für nichtversicherungspflichtige Angestellte. Nichtkrankenversicherungspflichtige Berufsanfänger konnten fortan innerhalb von 3 Monaten nach Aufnahme der Beschäftigung der GKV beitreten. Gleichzeitig wurde für nichtversicherungspflichtige oder von der Versicherungspflicht befreite Angestellte ein unabdingbarer Anspruch gegen ihren Arbeitgeber auf einen Zuschuß zu ihrem KV-Beitrag geschaffen. Schließlich wurde die Beitragsbemessungsgrenze (zugleich Versicherungspflichtgrenze für Angestellte) dynamisiert, indem sie auf 75 % der Beitragsbemessungsgrenze der Arbeiterrentenversicherung festgelegt wurde.

Eine erhebliche Erweiterung des Versichertenkreises erfolgte mit dem **Gesetz über die Krankenversicherung der Landwirte (KVLG) vom 10. August 1972** [BGBl.I S.1433]. Durch die Einführung einer eigenständigen Krankenversicherung für Landwirte wurden rd. 1,23 Mio. in der Landwirtschaft tätige Personen sowie etwa 1,2 Mio. unterhaltsberechtigte Familienangehörige in einen umfassenden Krankenversicherungsschutz einbezogen *(vgl. Hungenberg, 1972, S.289ff.; Noell u.a., 1987)*.

Nach dem KVLG waren ab dem 1.10.1972 sämtliche landwirtschaftlichen Unternehmer, mitarbeitenden Familienangehörigen sowie Altenteiler in der Krankenversicherung der Landwirte pflichtversichert. Grundsätzlich sollte die neue KV die gleichen Leistungen wie die GKV erbringen; im Hinblick auf die besonderen Verhältnisse in der Landwirtschaft war in bestimmten Fällen anstelle von Krankengeld die Gestellung oder Bezahlung einer Ersatzkraft für den Betrieb *(vgl. Michels, 1972, S.231)* vorgesehen (Betriebshilfe). Finanziert werden sollte die KVL durch Beiträge der Versicherten (Aufwendungen für Altenteiler sollten durch Bundesmittel gedeckt werden). In organisatorischer Hinsicht wurden 19 landwirtschaftliche Krankenkassen als Selbstverwaltungskörperschaften geschaffen, mit denen die Landkrankenkassen vereinigt wurden.

Tabelle 15: Mitglieder in der GKV nach Versichertengruppen und Kassenarten 1950–1990

Jahr	Mitglieder[1]	Versichertengruppen			Kassenarten				Krankenkassen[3]
		Pflichtmitglieder[1]	Rentner[1]	Freiwillige Mitgl.[1]	OKK[1]	BKK[1]	IKK[1]	Angestell.-Ersatz-K.[1]	
1950	20.443,0	13.245,0	4.734,0	2.464,0	13.838,0	2.300,0	398,0	1.764,0	1.996
1955	24.535,4	15.447,9	6.205,2	2.882,3	16.143,0	2.960,0	660,0	3.071,0	2.070
1960	27.060,0	17.655,4	5.503,5	3.901,1	15.433,3	3.600,4	935,5	4.909,2	2.028
1965	28.739,8	17.200,8	5.884,2	5.654,8	15.442,4	3.874,3	1.243,9	6.082,2	1.972
1970	30.646,2	17.839,2	8.008,5	4.798,5	15.990,2	4.171,8	1.403,0	7.068,3	1.827
1975	33.493,2	19.136,9	9.631,8	4.724,5	16.137,8	4.255,7	1.586,7	9.063,8	1.465
1980	35.339,6	20.637,8	10.247,5	4.454,3	16.495,4	4.287,2	1.824,2	10.395,4	1.319
1985	36.208,8	21.105,7	10.622,9	4.480,2	16.206,6	4.187,4	1.912,8	11.547,4	1.215
1986	36.450,1	21.385,5	10.652,3	4.412,3	16.194,9	4.237,9	1.908,2	11.757,1	1.194
1987	36.717,5	21.558,9	10.712,9	4.445,7	16.166,9	4.252,7	1.910,9	12.029,3	1.182
1988	37.001,3	21.837,7	10.791,1	4.372,5	16.158,0	4.257,2	1.916,6	12.309,3	1.169
1989	37.229,8	21.885,0	10.903,4	4.441,4	16.162,0	4.305,0	1.922,0	12.476,0	1.157
1990[2]	37.704,6	22.268,5	10.982,0	4.454,1	16.349,4	4.393,4	1.957,8	12.635,1	1.149

1) In 1.000; 1950-1989 Jahresdurchschnitt; 2) April 1990; 3) Jahresdurchschnitt; OKK = Ortskrankenkassen, BKK = Betriebskrankenkassen, IKK = Innungskrankenkassen.
Quellen: BMA, Arbeits- und Sozialstatistik, lfde. Jge.

Das sich anschließende **Leistungsverbesserungsgesetz (KVLG) vom 19. Dezember 1973** [BGBl.I S.1925] führte für Versicherte unter bestimmten Voraussetzungen ab 1.1.1974 einen Anspruch auf Haushaltshilfe bei Krankenhaus- und Kuraufenthalt sowie auf Krankengeld bei Erkrankung eines Kindes ein; außerdem wurde seitdem die Krankenhauspflege zeitlich unbegrenzt gewährt.

Zu einer weiteren Ausdehnung des Mitgliederkreises führten schließlich das **Gesetz über die Sozialversicherung Behinderter (SVBG) vom 7. Mai 1975** [BGBl.I S.1061] sowie das **Gesetz über die Krankenversicherung der Studenten (KVSG) vom 24. Juni 1975** [BGBl.I S.1536] *(vgl. v. Borries, 1975, S.133ff.; Krengel, 1975, S.266ff.; Holler, 1975, S. 414ff.)*.

Tabelle 16: Grunddaten der Gesetzlichen Krankenversicherung 1950–1990

Jahr	GKV-Versicherte[1]	Allgemein. Beitragssatz[2]	Beitragsbemessungsgrenze[6]	Arbeitsunfähigkeitsfälle in 1.000	Arbeitsunfähigkeitsfälle je 100 Mitglied.[3]	Krankenstand[4]	Arbeitsunfähigkeitstage je Fall[5]	Ausgaben je Mitglied[7]
1950	–	6,00	375	7.076,0	45,0	3,92	24,7	125,00
1955	–	6,20	500	9.812,0	53,5	4,02	22,6	187,73
1960	46.236,0	8,40	660	15.240,0	70,7	5,11	22,3	352,30
1965	50.758,0	9,90	900	16.025,0	70,1	4,94	22,5	549,21
1970	53.531,0	8,20	1.200	19.951,0	88,1	5,62	19,4	822,78
1975	55.577,0	10,47	2.100	20.431,0	85,6	5,30	19,0	1.820,95
1980	55.565,0	11,38	3.150	24.938,0	100,7	5,70	17,6	2.542,02
1985	55.954,1	11,81	4.050	23.387,0	109,3	4,70	16,0	3.151,39
1986	55.138,9	12,20	4.200	25.211,1	116,7	4,80	15,3	3.288,54
1987	55.098,2	12,62	4.275	25.873,9	118,7	4,80	15,5	3.404,26
1988	55.136,6	12,90	4.500	26.545,2	120,2	5,00	15,4	3.631,65
1989	54.732,1	12,90	4.575	26.539,8	128,3	5,10	14,9	3.489,10
1990	55.831,9	12,54	4.725	–	–	5,20	–	3.719,47

1) 1976, da 1975 keine Mikrozensuserhebungen zum Versicherungsschutz; Angaben in 1.000; ab 1985 eigene Erhebung der GKV zum 1.10.; 2) in %; ab 1970 Beitragssatz für Pflichtmitglieder mit Entgeltfortzahlungsanspruch für mind. 6 Wochen einschl. Arbeitslose; 3) ohne Rentner, ab 1980 ohne Studenten, ab 1985 ohne Behinderte, landwirtschaftliche Unternehmer sowie Wehr-, Zivil- und Grenzschutzpflichtdienstleistende; 4) Arbeitsunfähigkeitskranke in % der Mitglieder, Pflichtmitglieder ohne Rentner, Studenten, Künstler etc.; 5) Durchschnittszahl; 6) in DM; 7) in DM; Gesamtausgaben je Mitglied einschließlich Rentner.
Quellen: BMA, Arbeits- und Sozialstatistik, lfde. Jge.

Tabelle 17: GKV-Leistungsausgaben nach Sektoren 1950–1990 (Mio. DM)

Jahr	Insgesamt[1]	darunter für: Behandlung durch Ärzte	Behandlung durch Zahnärzte	Arzneimittel	Heil- u. Hilfsmittel	Zahnersatz	Krankenhauspflege	Krankengeld
1950	2.098,0	458,0	110,0	438,0		100,0	438,0	436,0
1955	4.073,0	1.035,3	240,3	598,6		110,7	825,8	938,1
1960	8.966,2	1.874,1	467,6	1.093,4	212,4	268,6	1.565,4	2.688,0
1965	14.914,5	3.194,6	953,3	2.020,6	372,1	401,2	2.947,2	3.698,2
1970	23.849,2	5.457,9	1.708,1	4.224,0	667,4	828,2	6.009,4	2.467,4
1975	58.170,5	11.258,5	4.129,5	8.901,4	2.581,9	4.180,1	17.534,2	4.664,2
1980	85.955,7	15.358,9	5.517,7	12.572,5	4.880,7	7.351,2	25.465,3	6.653,9
1985	108.703,8	19.660,1	6.656,1	16.602,9	6.512,0	7.666,0	35.049,1	6.378,6
1986	114.061,0	20.295,4	7.164,6	17.625,6	7.220,7	6.897,0	37.489,3	6.874,8
1987	118.834,0	20.965,8	7.370,0	18.888,9	7.848,8	6.283,0	39.211,9	7.391,2
1988	128.059,0	21.649,7	7.692,1	20.435,2	8.905,8	9.650,7	40.668,4	7.781,9
1989p	123.292,4	22.703,6	7.691,4	20.229,9	7.766,6	4.955,9	40.891,2	8.612,2
1990p	133.831,7	24.404,9	6.873,1	21.778,8	8.330,6	4.814,7	44.542,5	9.739,8

1) 1950 ohne Saarland und Berlin, 1955 ohne Saarland; p = vorläufig.
Quellen: BMA, Arbeits- und Sozialstatistik, lfde. Jge.

Nach dem SVBG sind Behinderte in geschützten Werkstätten, die ohne oder gegen Entgelt in gewisser Regelmäßigkeit eine Leistung erbringen, die einem Fünftel der Leistung eines voll erwerbstätigen Beschäftigten in vergleichbarer Beschäftigung entspricht, seit 1975 in der GKV pflichtversichert. Als maßgebliche Bemessungsgrundlage für ihren KV-Beitrag wird nach § 4 SVBG ein Mindestbetrag festgelegt; dieser beträgt ein Fünftel des 2 Jahre zuvor von allen Versicherten in der GRV erzielten Durchschnittsverdienstes. Zugleich wurden die GKV für nichterwerbstätige Schwerbehinderte geöffnet und die Altersgrenze für behinderte Kinder in der Familienhilfe der GKV beseitigt. Das zweite Gesetz begründete ab dem WS 1975/76 eine Versicherungspflicht in der GKV für Studenten, die nicht anderweitig in ausreichendem Umfange gegen Krankheit geschützt waren (z. B. im Rahmen der Familienhilfe). Der KV-Beitrag für Studenten wurde auf 5 % des jeweiligen BAföG-Förderungsbetrages festgesetzt (1974: 25 DM). Mit Ausnahme der Lohnersatzleistungen gewährte das KVSG den Studenten die gleichen Leistungen wie den übrigen Versicherten.

Das Leistungsrecht der GKV beeinflußt haben auch das **RehaAnglG vom 7. August 1974** *(vgl. S.82 f.)* und das **Strafrechtsreform-ErgG vom 28. August 1975** [BGBl.I S. 2289]; letzteres nahm ab 1.12.1975 die ärztliche Beratung zur Empfängnisverhütung sowie die Leistungen bei Sterilisation und legalem Schwangerschaftsabbruch in den Leistungskatalog der GKV auf (§§ 200 e bis g RVO).

5.4 Entwicklungen im Bereich der Erbringer medizinischer Leistungen

5.4.1 Krankenhauswesen

Die **stationäre Versorgung** erfolgt in Deutschland traditionell durch Krankenhäuser, die einerseits von regionalen und lokalen Gebietskörperschaften, zum anderen von freigemeinnützigen Institutionen getragen werden. **Finanziert** wurden die Krankenhäuser in der Vergangenheit grundsätzlich über den Preis, d. h. die dem Krankenhaus entstandenen Kosten wurden über den Preis erstattet. Die zunehmende Inanspruchnahme dieser Versorgungseinrichtung durch nahezu alle Bevölkerungsschichten überforderte allerdings immer häufiger die finanzielle Leistungsfähigkeit der Krankenhausträger, zumal die Krankenkassen nicht bereit waren, den Krankenhäusern **kostendeckende Pflegesätze** zu gewähren. Vor allem während der Weltwirtschaftskrise hatte dies zur Folge, daß im Krankenhausbereich die Investitionstätigkeit fast völlig zum Erliegen kam. Bei allen Schwierigkeiten blieben jedoch die Rechtsbeziehungen zwischen Krankenhäusern und Krankenkassen zunächst frei von **staatlichen Einflüssen**. Erst ab 1936 unterlagen auch die Pflegesätze der Krankenhäuser dem am 26. November 1936 [RGBl.I S.955] verfügten Verbot von Preiserhöhungen *(vgl. Rausch, 1984)*.

Tabelle 18: Strukturdaten zur stationären Versorgung 1953–1989

Jahr	Krankenhäuser (Jahresende)	Betten insgesamt (Jahresende)	Bettenausnutzung in % [2]	stationär behandelte Kranke in 1.000	Pflegetage in 1.000	Verweildauer in Tagen [6]	Ausgaben der GKV in Mio.DM [3]	Durchs. Pflegesatz je Tag/DM [4]
1953 [1]	3.450	540.400	75,9	5.216,5	149.618	30,3 [5]	518,5	6,50
1955 [1]	3.502	558.340	89,9	6.774,9	183.195	30,2	825,8	9,50
1960	3.604	583.313	93,2	7.350,2	198.595	28,7	1.565,4	17,20
1965	3.639	631.447	91,3	8.121,2	210.475	27,4	2.947,2	29,10
1970	3.587	683.254	88,5	9.337,7	220.826	24,9	6.009,4	52,00
1975	3.481	729.791	83,3	10.426,8	221.784	22,2	17.534,2	134,31
1980	3.234	707.710	85,1	11.595,6	219.885	19,7	25.465,3	173,98
1985	3.098	674.742	85,8	12.155,0	211.149	18,0	35.049,1	225,29
1986	3.071	674.384	86,7	12.601,1	213.235	17,5	37.489,3	241,39
1987	3.071	673.687	86,6	12.868,0	212.914	17,1	39.211,9	251,57
1988	3.069	672.834	86,5	13.226,6	212.956	16,6	40.668,4	261,04
1989	3.027	664.012	86,0	13.372,1	210.151	16,2	40.891,2	276,03

1) ohne Saarland; 2) Pflegetage x 100/(planmäßige Betten x 365); 3) Ausgaben der GKV (einschl. Seekasse) für stationäre Behandlung; 4) bis 1975 kalkulierte Kosten je Krankenhaustag, ab 1980 Pflegesatz gemäß PKV-Krankenhausstatistik; 5) ohne Bayern; 6) Pflegetage x 2/(Zugang + Abgang).

Quellen: Statistisches Bundesamt: Fachserie 12, Reihe 1: Ausgewählte Zahlen für das Gesundheitswesen, lfde. Jge.

Die ungünstigen Entwicklungen in den 30er Jahren sowie vor allem die im Krieg eingetretenen umfangreichen Zerstörungen und Beschädigungen bestehender Krankenhäuser bedingten, daß in der Nachkriegszeit **Lücken im stationären Versorgungsangebot** bestanden. Ihre Beseitigung konnte nur durch Bereitstellung umfangreicher Finanzmittel seitens der Krankenhausträger erfolgen; staatliche Förderungshilfen standen damals nur in sehr geringem Umfange zur Verfügung. Während sich die Entwicklung des Krankenhauswesens lange Zeit ohne gesetzliche Verpflichtung vollzog, d. h. keine Verpflichtung zur Errichtung von Krankenhäusern bestand *(vgl. Genzel, 1983, 1984, S.449ff.)*, blieben die **staatlichen Reglementierungen** der **Preisgestaltung** der Krankenhäuser nach 1945 fortbestehen.

Eine Ausnahme bildete lediglich der Zeitraum von Juni bis Dezember 1948, in welchem für kurze Zeit die Preisbindung aufgehoben war; in dieser Zeit führten dann auch Pflegesatzerhöhungen von 30–40 % zu einer erheblichen Belastung der Krankenkassen. Bereits durch die Anordnung PR Nr. 140/48 vom 18. Dezember 1948 [VfWMBl.II S.199] wurden die Krankenhauspflegesätze jedoch erneut der Preisbindung unterworfen und zudem Kalkulationsregeln erlassen, die festlegten, welche Kosten in welcher Höhe erstattungsfähig waren. Die aus sozial- und gesundheitspolitischen Gründen festgeschriebenen Pflegesätze waren im allgemeinen nicht kostendeckend und führten daher zu beträchtlichen Finanzierungslücken bei den Krankenhäusern. Berechnungen der DKG zufolge entstanden jährlich Defizite in Höhe von 120 Mio. DM *(vgl. Gerdelmann, 1985, S.167ff.; Holler, 1985, S. 157ff.; H. Müller, 1985, S.185ff.)*.

Die als Reaktion darauf erlassene Bundespflegesatzverordnung vom 31. August 1954 [BAnz Nr. 173], die die wirtschaftliche und finanzielle Sicherung der Krankenhäuser zum Ziel hatte, war indessen kaum geeignet „die eingeleitete Defizitwirtschaft der Krankenhäuser ... zu stoppen, sie hat sie vielmehr beschleunigt" *(H. Müller, 1985, S.188)*. Zwar sollten danach die Selbstkosten grundsätzlich durch die Pflegesätze gedeckt werden, bei der Festlegung dieser Pflegesätze durften jedoch bestimmte Kosten (z. B. herkömmlich geleistete Betriebszuschüsse) nicht in Ansatz gebracht werden. Außerdem bestand die Verpflichtung, bei der Pflegesatzbestimmung die wirtschaftliche Leistungsfähigkeit der beteiligten Sozialversicherungsträger ausreichend zu berücksichtigen.

Aufgrund dieser Einschränkungen wurde eine Lösung der bestehenden Probleme auch nicht annähernd erreicht – ungeachtet dessen, daß ab Ende der 50er Jahre der Neubau und die betrieblich-baulichen Erweiterungen von Krankenhäusern ohne Rechtsanspruch in steigendem Umfang durch Länder und Kommunen subventioniert wurden. Verschiedene von der Bundesregierung in Auftrag gegebene Analysen kamen vielmehr zu dem Ergebnis, daß die Krankenhäuser pro Jahr weiterhin ein Defizit von 480 Mio. DM (1959) bzw. 600 Mio. DM (1966) erwirtschafteten. Die sog. »Krankenhaus-Enquête« sprach 1969 sogar von einer jährlichen – je nach Berechnungsweise schwankenden – Unterdeckung von 800 Mio. bis 1,9 Mrd. DM. Zugleich war weitgehend unbestritten, daß die Versorgung mit Krankenhausleistungen unbefriedigend war und infolge der Überalterung der Krankenhäuser (Ende der 60er Jahre war mehr als 1/3 der Krankenhäuser älter als 60 Jahre) ein erhöhter Betriebsaufwand entstand. Zurückzuführen waren die quantitativen und qualitativen Versorgungsmängel nach weit verbreiteter Auffassung in erheblichem Umfang auf die finanziellen Engpässe.

Schon Mitte der 60er Jahre gaben die vielfältigen Probleme der Krankenhäuser daher Anlaß zu verstärkten **Reformüberlegungen** *(vgl. Auerbach, 1968, S.168ff., 194ff.; A. Schmidt, 1970, S.358ff., 1971, S.33ff.)*. Versuche, nahezu vollkostendeckende Pflegesätze einzuführen, scheiterten jedoch am Widerstand der Sozialversicherungsträger. Als Ausweg setzte sich immer mehr das Modell des geteilten Pflegesatzes durch; die Vorhaltekosten sollten danach durch die öffentliche Hand, die laufenden Betriebskosten durch die Krankenkassen getragen werden. Damit wurde zugleich davon ausgegangen, daß die Vorhaltung der Krankenhäuser im Grunde eine **öffentliche Aufgabe** sei. Erst 1969 gelang es jedoch, im GG eine Kompetenz des Bundes zu verankern, Gesetze zur wirtschaftlichen Sicherung der Krankenhäuser und zur Regelung der Pflegesätze erlassen zu können (Art.74 Nr.19a GG). Nunmehr bestand die Möglichkeit einer **staatlichen Krankenhausplanung** und einer Inangriffnahme der Lösung der Finanzierungsprobleme der Krankenhäuser auf Bundesebene.

Auf der Basis der GG-Änderung und der vorangegangenen Reformdiskussion kam es zum **Krankenhausfinanzierungsgesetz** (KHG) **vom 29. Juni 1972** [BGBl.I S.1009] und zur **Bundespflegesatzverordnung** (BPflV) **vom 25. April 1973** [BGBl.I S.333]. Der Zweck des Gesetzes war nach § 1 »die wirtschaftliche Sicherung der Krankenhäuser, um eine bedarfsgerechte Versorgung der Bevölkerung mit leistungsfähigen Krankenhäusern zu gewährleisten und zu sozial tragbaren Pflegesätzen beizutragen«. Den Kern des KHG bildete die Einführung der **staatlichen Krankenhausplanung** und der **dualen Krankenhausfinanzierung**.

Das Gesetz brachte eine öffentliche Förderung der Krankenhäuser durch Übernahme der Investitionskosten. Für die Errichtung und Erhaltung von Krankenhäusern waren fortan Bund, Länder und Gemeinden gemeinsam verantwortlich. Voraussetzung für die Förderung war allerdings, daß die Häuser in die Krankenhausplanung eines Landes aufgenommen waren. An die Stelle der bisherigen Planungsautonomie der Krankenhäuser trat die staatliche Krankenhausbedarfsplanung. Als unmittelbar Betroffene waren Krankenhaus- und Sozialleistungsträger an den Planungsentscheidungen nur nachrangig beteiligt. Im Gegenzug hierzu garantierte das KHG in § 4 sparsam wirtschaftenden Krankenhäusern die Deckung ihrer Selbstkosten. Auf der Basis der BPflV, die Art und Umfang der Betriebskostenerstattung festlegte, wurden zur Abdeckung der erstattungsfähigen Selbstkosten krankenhausindividuelle Pflegesätze von den zuständigen Landesbehörden unter Berücksichtigung von Einigungsverhandlungen zwischen Krankenhäusern und Krankenkassen festgesetzt *(vgl. B. Molitor, 1972, S.267 f.; Harsdorf/Friedrich, 1973; Baumgarten, 1974, S.405 ff.; Thiemeyer, 1975 a, S.95 ff.; Rausch, 1984, S.202 ff.; Eichhorn, 1987, S.268 ff.).*

Die Vorschriften des KHG führten nach 1972 zu einem forcierten Ausbau von Krankenhäusern und Betten zur stationären Versorgung. Zumindest in den ersten Jahren trug das KHG zu einer erheblichen Verbesserung der wirtschaftlichen Lage der Krankenhäuser bei. Die mit dem **Selbstkostendeckungsprinzip** ermöglichte Befriedigung des Nachholbedarfs und die immer aufwendigere Diagnostik und Therapie bewirkten aber auch einen in dem Ausmaß nicht erwarteten Anstieg der Kosten und Pflegesätze. Hinzu kam, daß sich der Bund angesichts der beginnenden Rezession ab 1975 gezwungen sah, seine Plafondmittel gemäß § 22 KHG zu kürzen, so daß erneut Finanzierungsengpässe entstanden *(vgl. H. Müller, 1985, S.190; Kommission Krankenhausfinanzierung, 1987, S.42; BMA, 1979 b).*

5.4.2 Niedergelassene Ärzte

In bezug auf die niedergelassenen Ärzte sind bis 1975 vor allem zwei Entwicklungen hervorzuheben; zum einen die Einführung der **Niederlassungsfreiheit** und zum anderen der Übergang zur **Einzelleistungsvergütung**.

Für die im Rahmen von Reformüberlegungen gemachten Vorschläge, das seit Beginn der 70er Jahre sichtbar werdende Überangebot an Leistungserbringern durch Zulassungsregelungen zu steuern, ist ein Urteil des Bundesverfassungsgerichts (»**Kassenarzturteil**«) vom 23. März 1960 [BVerfGE 11, S.30 ff.] von erheblicher Bedeutung *(vgl. Küchenhoff, 1960, S.202 ff., 241 ff.)* gewesen. In diesem Urteil hatte das Gericht die damals geltenden „Zulassungsbeschränkungen nach Verhältniszahlen für verfassungswidrig gehalten, da dieser Eingriff in die Berufsausübung materiell einer Beschränkung der Berufswahlfreiheit nahekomme und nicht durch besondere wichtige Interessen der Allgemeinheit gerechtfertigt sei“ *(Nicolay/Knieps, 1988, S.629; vgl. auch Wannagat/Gitter, 1985; Blumenwitz, 1985).* Konkret bedeutete das Urteil eine **Zulassungs-** und **Niederlassungsfreiheit** für Ärzte mit der Folge, daß die Krankenkassen keinen Einfluß mehr auf die Zahl der niedergelassenen Ärzte hatten. Während die Auswirkungen dieses Urteils zunächst nicht allzusehr ins Gewicht fielen, hat sich vor allem seit Beginn der 70er Jahre die Situation durch ein enormes **Anwachsen der Ärztezahlen** nachhaltig verändert. Zudem hatte die Zulassungs- und Niederlassungsfreiheit zur Folge, „daß Praxen vorwiegend in Städten eröffnet wurden, (während) ländlichen Gebieten ... eine Unterversorgung (drohte)" *(Herzog, 1986, S.128)*.

Bis in die Gegenwart hatte ferner der im Laufe der 60er Jahre erfolgte Übergang zur sog. **Einzelleistungsvergütung** weitreichende Auswirkungen.

Nachdem bis 1955 generell die Honorierung nach dem Kopfpauschalsystem angewandt worden war, begannen danach zunächst vor allem einzelne Betriebskrankenkassen, die Gesamtvergütung nach Einzelleistungen zu berechnen. Insgesamt erstreckte sich der Wechsel der Honorierungsmethode über einen fast zwei Jahrzehnte dauernden Zeitraum mit einem Mitte der 60er Jahre liegenden Schwerpunkt (1967 wandten 36,1 % der Orts- und 52,8 % der Betriebskrankenkassen die Einzelleistungsvergütung an). Obwohl empirische Beweise für den Zeitraum bis 1975 nicht eindeutig die Aussage belegen, daß die Einzelleistungsvergütung eine Ausweitung des ärztlichen Leistungsvolumens zur Folge hatte, sprechen theoretische Überlegungen dennoch dafür, daß diese Honorierungsform eine angebotsinduzierte Nachfrageerhöhung eher begünstigt hat als das Kopfpauschalsystem *(vgl. Naschold, 1967; v. Leszcynski, 1970; Deppe, 1973, S.97 ff.; Hamann, 1981; Thiemeyer, 1985, S.35 ff.)*.

5.5 Ausgabenentwicklung und Strukturprobleme der GKV

In der Nachkriegszeit entwickelte sich in der Bundesrepublik Deutschland zwar ein im internationalen Vergleich durchaus sehr leistungsfähiges System der gesundheitlichen Versorgung, in dem sukzessive noch vorhandene personelle und materielle Sicherungslücken geschlossen wurden, in dem es aber auch zu Fehlentwicklungen, strukturellen Problemen und vor allem zu einem kontinuierlichen **Anstieg der Ausgaben** für gesundheitliche Leistungen kam. Die soziale Sicherung bei Krankheit vollzog sich dabei im Rahmen eines **vielgegliederten Systems**, in welchem die gesetzliche Krankenversicherung eine dominierende Rolle einnimmt *(vgl. AOK-Bundesverband, 1972, 1976)*.

Bis 1974 stieg die Zahl der Personen, die einen **Krankenversicherungsschutz** besaßen, auf 62,06 Mio.; lediglich 185.000 waren ohne Versicherungsschutz. 55,703 Mio. oder 89,8 % erhielten diesen Schutz durch die GKV, 4,545 Mio. durch die private Krankenversicherung und 1,628 Mio. als Sozialleistungsempfänger durch die Krankenversicherung als Auftragsangelegenheit (z.B. Sozialhilfe, freie Heilfürsorge) *(vgl. Statistisches Bundesamt, Fachserie 13, Reihe 1)*. Zwischen 1950 und 1975 erhöhte sich der **Mitgliederbestand** der GKV von 20,4 Mio. auf 33,5 Mio.; verbunden war dieser Anstieg mit einer nachhaltigen Veränderung der **Mitgliederstruktur**; zwar sank der Rentneranteil an den Mitgliedern von 23,2 % (1950) auf 20,3 % im Jahre 1960, stieg seitdem jedoch kontinuierlich an (1975: 28,8 %). Gleichzeitig wurden vor allem zu Beginn der 70er Jahre verschiedene sog. »**Risikogruppen**« und Personenkreise mit niedrigen Grundlöhnen in die GKV eingegliedert, ohne daß jeweils für ein ausreichendes Beitragsaufkommen gesorgt wurde *(vgl. Tabellen 15 und 16)*.

Abgesehen davon, daß sich die **Gesundheitsausgaben** im Vergleich zu den 50er Jahren ohnehin enorm erhöht haben (1960–1975: von 6,12 auf 10,45 % des BSP), trug in der GKV nicht zuletzt der steigende **Rentneranteil** zu erheblichen Ausgabenzuwächsen bei. Nachdem die GKV-Leistungsausgaben in den Jahren 1965–1970 noch hinter der **Grundlohnentwicklung** zurückgeblieben waren, stand in den Jahren 1970–1975 einer jahresdurchschnittlichen Grundlohnsteigerung von 12,0% ein Ausgabenanstieg von 19,5 % gegenüber. Mit dieser »**Ausgabenexplosion**« lag die GKV deutlich über entsprechenden Entwicklungstrends anderer Sozialleistungsbereiche. Die Entwicklung der Ausgaben der KVdR war hieran maßgeblich beteiligt; betrugen die Leistungsausgaben für Rentner 1960 erst 14,8 % der gesamten Leistungsausgaben, waren es 1970 bereits 27,6 % und 1975 schließlich 31,8 %. Während die GKV 1975 je Mitglied in der Allgemeinen

Krankenversicherung 1.662,98 DM ausgab, waren es in der KVdR schon 1.919,63 DM *(vgl. SB 1986, 1990; Basisdaten des Gesundheitswesens, 1988/89, S.248f.; vgl. auch Tabellen 16 und 17).*

Eine Folge dieses enormen Ausgabenanstiegs, der neben der Veränderung der Mitgliederstruktur auch auf **Überkapazitäten** und **Fehlversorgungen**, fehlenden Anreizen zur Beachtung des **Wirtschaftlichkeitsgebots**, einem systembedingt **mangelnden Kostenbewußtsein** bei Leistungserbringern wie Versicherten sowie einer strukturellen Unterlegenheit der Kassen auf dem Markt für Gesundheitsleistungen beruht, war eine Erhöhung der Beitragssätze von 8,20 % (1970) auf 10,47 % im Jahre 1975 *(vgl. Tabelle 16).*

Parallel zum Anstieg der Gesundheitsausgaben war in den 60er und 70er Jahren eine außerordentliche Expansion der Zahl der im Gesundheitswesen beschäftigten Personen zu beobachten. Die Zahl der Kassenärzte stieg bis Ende 1975 auf 48.308; demgegenüber waren Ende 1959 erst 36.864 Kassenärzte zugelassen; im gleichen Zeitraum stieg die Zahl der Kassenzahnärzte von 23.821 auf 27.240. Ebenfalls deutlich ausgebaut wurde das stationäre Versorgungsangebot; bei einer rückläufigen Zahl von Krankenhäusern stiegen das Bettenangebot zwischen 1960 und 1975 von 583.313 auf 729.791, die Zahl der Krankenhausärzte von 30.767 auf 60.635 und die Zahl der Pflegepersonen (ohne Schüler) von 110.570 auf 245.278. Im Jahre 1976 waren rd. 1,7 Mio. Erwerbstätige im Gesundheitswesen tätig, was etwa 6,6 % aller Erwerbstätigen in der Bundesrepublik entsprach *(vgl. DKG, 1987; Basisdaten des Gesundheitswesens, 1988/89; KBV, 1990; vgl. Tabelle 18).*

Veränderungen im Leistungsangebot und im Inanspruchnahmeverhalten führten zu sehr unterschiedlichen **Ausgabenentwicklungen in den einzelnen Sektoren** des Gesundheitswesens. Während der Anteil für ambulante ärztliche Behandlung an den gesamten GKV-Leistungsausgaben zwischen 1960 und 1975 sogar um gut 1,5 % abnahm, erhöhte sich der Anteil der Leistungsausgaben für Zahnersatz von 3,0 auf 7,2 % und der für Krankenhauspflege von 17,5 auf 30,1 %. Je Mitglied haben sich die Kosten für Krankenhausbehandlung in diesem Zeitraum mehr als verneunfacht *(vgl. Tabellen 15, 17 und 18).*

5. 6 Entwicklung der gesetzlichen Unfallversicherung

5. 6. 1 Reform der gesetzlichen Unfallversicherung

Im Rahmen der in den 50er Jahren diskutierten großen Sozialreform wurden auch verschiedene Ansätze unternommen, die gesetzliche Unfallversicherung zu reformieren. Dem 2. Bundestag lagen zum einen ein Gesetzentwurf der SPD vom 1. Februar 1956 [BT-Drs. II/2054], der allerdings im wesentlichen nur eine Anpassung der Geldleistungen anstrebte, und zum anderen ein Gesetzentwurf der Regierung vom 21. März 1957 [BT-Drs. II/3318] vor, der eine weiterreichende Reform der GUV zum Ziel hatte. Nachdem man sich nicht in der Lage sah, die umfangreichen Reformarbeiten bis zum Ende der Legislaturperiode zu bewältigen, wurde eine größere Neuregelung erst einmal zurückgestellt. Ein ähnliches Schicksal erfuhr auch eine dem 3. Bundestag vorliegende Gesetzesvorlage, die gleichfalls zu keinem Abschluß führte *(vgl. Haase-Koch, 1963, S.18 f.; v. Bethusy-Huc, 1976, S.163f.).*

Ungeachtet des Ausbleibens einer wirklichen Reform wurde in dieser Periode durch verschiedene »**Vorschaltgesetze**« dennoch eine Reihe nicht unwesentlicher Leistungsverbesserungen erreicht.

Im Gegensatz zur GRV entsprachen die neu festgesetzten Unfallrenten zwar dem jeweiligen Stand der Lohnentwicklung, da sie sich nach dem Arbeitsverdienst im letzten Jahr vor dem Unfall richteten, notwendig war aber auch hier vor allem eine „Angleichung des Rentenbestandes an das veränderte Lohnniveau" *(Wannagat, 1965, S.123).* Eine derartige Anpassung der Rentenleistungen an die Entwicklung des Lohn- und Preisgefüges erfolgte durch die beiden Gesetze zur vorläufigen Neuregelung von Geldleistungen in der gesetzlichen Unfallversicherung vom 27. Juli 1957 [BGBl.I S.1071] und vom 29. Dezember 1960 [BGBl.I S.1085].

Durch das erste Gesetz wurden sämtliche Renten, die auf Unfällen basierten, die sich vor dem 1.1. 1957 ereignet hatten, durch Multiplikation der ihnen zugrundeliegenden Arbeitsverdienste mit bestimmten Umstellungsfaktoren (Steigerung der durchschnittlichen Monatsentgelte der Industriearbeiter von 1924 bis 1954) an die aktuellen wirtschaftlichen Verhältnisse angeglichen. Nach denselben Grundsätzen wurden durch das zweite Gesetz die Geldleistungen für Versicherungsfälle vor dem 1.1.1961 umgestellt. Zugleich kam es zu einigen Verbesserungen im Leistungsrecht, wie etwa der Erhöhung der Mindest- und Höchstsätze des Pflegegeldes und der Herabsetzung der Altersgrenze für den Bezug der erhöhten Witwenrente vom 60. auf das 45. Lebensjahr *(vgl. Wannagat, 1965, S. 123)*.

Tabelle 19: Versicherte und Schadensfälle in der Unfallversicherung 1950–1990

Jahr	Versicherte[1,2] in 1.000	Vollarbeiter in 1.000[6]	Arbeitsunfälle und Berufskrankheiten					
			Angezeigte Fälle insges.	davon			Erstmals entschädigte Fälle	
				Arbeitsunfälle	Wegeunfälle	Berufskrankh.	insgesamt[5]	mit Todesfolge
1950[4]	25.198	19.183	1.382.353	1.258.220	86.582	37.551	91.489	7.749
1955[4]	31.946	22.575	2.476.107	2.179.834	244.925	51.348	132.022	8.233
1960[4]	32.864	24.883	3.028.410	2.711.078	283.605	33.727	121.289	6.900
1965	32.606	24.951	2.938.127	2.655.363	255.297	27.467	112.445	6.865
1970	32.550	25.218	2.673.197	2.391.757	255.480	25.960	100.692	6.282
1975[3]	31.690	23.301	1.970.529	1.760.713	171.520	38.296	79.590	4.724
1980	32.854	25.597	2.157.920	1.917.211	195.595	45.114	76.361	3.998
1985	35.079	25.616	1.752.085	1.536.090	178.538	37.457	64.820	2.834
1986	37.734	28.532	1.795.721	1.581.423	169.590	44.708	63.363	2.568
1987	38.852	28.654	1.801.616	1.568.813	185.538	47.265	61.862	2.568
1988	39.721	29.168	1.804.944	1.578.995	174.202	51.747	59.968	2.645
1989	40.302	29.760	1.829.599	1.601.847	173.285	54.467	56.823	2.557
1990	41.134	30.717	1.918.066	1.672.480	187.835	57.751	55.889	2.547

1) im Jahresdurchschnitt, ohne Schülerunfallversicherung; 2) Zahlen enthalten Doppelversicherte mit einem Anteil von ca. 10 %; 3) Rückgang 1975 beruht u.a. auf der Ausgliederung der Berufsschüler in die 1971 eingeführte Schülerversicherung; 4) 1950 ohne Saarland und Berlin; 1955, 1960 ohne Saarland; 5) Fälle, in denen im jeweiligen Jahr erstmals Rente, Sterbegeld oder eine Abfindung gezahlt wurde; 6) Zahl der auf volle Jahresarbeitsleistung umgerechneten beschäftigten Arbeitnehmer.
Quellen: BMA, Arbeits- und Sozialstatistik, lfde. Jge.; Unfallverhütungsberichte, lfde. Jge.

Die eigentliche **Reform der Unfallversicherung** erfolgte erst im Jahre 1963 auf der Grundlage eines von der CDU/CSU zu Beginn der 4. Legislaturperiode eingebrachten, im Laufe der parlamentarischen Beratungen in zahlreichen Punkten geänderten Gesetzentwurfes. Im Mittelpunkt der Reformbestrebungen standen neben strukturellen Leistungsverbesserungen (z.B. bei der Heilbehandlung und Berufshilfe) die Dynamisierung der Rentenleistungen, das in die Kritik geratende Durchgangsarztverfahren der BGen sowie die Verstärkung unfallverhütender Maßnahmen *(vgl. Spitzmüller, 1977, S.326f.)*. Das schließlich verabschiedete **Unfallversicherungs-Neuregelungsgesetz** (UVNG) **vom 30. April 1963** [BGBl.I S.241] hielt einerseits an bewährten Grundsätzen fest, brachte andererseits aber eine Reihe zeitgemäßer Fortentwicklungen sowie eine systematische Rechtsbereinigung (völlige Neufassung des 3. Buches der RVO).

Im einzelnen führte das UVNG zu einer Ausdehnung des Kreises der Versicherten (z.B. Gefangene, ehrenamtlich Tätige und Zeugen) sowie zu einer Erweiterung des Unfallversicherungsschutzes (auf den Weg zum Arzt anläßlich eines Arbeitsunfalles, den Weg zum Kreditinstitut anläßlich der jeweils ersten Lohnabhebung). Verbessert und teilweise neu geregelt wurde zudem die Entschädigung von

Berufskrankheiten, die nunmehr als Arbeitsunfall galten. Dagegen wurden Unfallrenten nurmehr bei einer Erwerbsminderung von mindestens 25 % gewährt. Hinsichtlich des Leistungsumfangs sind weiterhin die Dynamisierung der Renten in einer der GRV vergleichbaren Weise, die Erhöhung der Höchstgrenze des der Rentenberechnung zugrundeliegenden Jahresarbeitsverdienstes von 9.000 auf 36.000 DM, die Verbesserung der einfachen Witwenrente (statt 1/5 fortan 3/10 des rentenmaßgeblichen Jahresarbeitsverdienstes) und der Waisenrente für Vollwaisen (von 20 auf 30 %), die Aufbesserung des Sterbegeldes (Angleichung an den in der GKV gezahlten Betrag) sowie die Neugestaltung der Abfindung von Renten (Abfindung höherer Dauerrenten für einen Zeitraum von max. 10 Jahren in Höhe des 9fachen Jahresbetrages) hervorzuheben *(vgl. Haase, 1963, S.128 ff.)*.

Tabelle 20: Rentenbestand und Ausgaben der Unfallversicherung 1950–1990

Jahr	Rentenbestand[1]				Ausgaben (Mio. DM)			
	insgesamt[2]	darunter			insgesamt[4]	davon für		
		Verletzte[3]	Witwen/ Witwer	Waisen		Renten	Heilbehandlg.	Unfallverhütg.
1950	636.300	471.600	109.600	52.700	599,4	425,0	79,0	12,9
1955	829.652	644.951	129.859	52.649	1.064,7	682,0	202,0	24,6
1960	915.951	724.400	142.653	47.312	1.788,8	1.196,0	323,3	37,4
1965	1.011.933	795.453	157.383	56.443	3.301,5	1.871,9	443,0	70,1
1970	1.018.251	798.821	161.093	57.262	4.881,3	2.565,9	1.008,2	115,9
1975	1.018.100	798.702	160.026	58.507	8.197,0	4.323,4	1.445,4	226,7
1980	1.004.500	798.329	153.265	52.318	11.128,1	5.998,7	1.531,6	355,4
1985	966.100	786.079	141.100	38.503	12.458,2	6.828,7	1.805,6	497,4
1986	956.584	782.398	138.583	35.171	12.827,4	6.896,7	1.869,9	534,8
1987	946.697	778.322	135.888	32.091	13.222,4	7.028,1	1.934,7	572,6
1988	938.671	775.722	133.281	29.306	13.657,6	7.158,4	1.969,8	602,4
1989	930.143	772.218	130.555	27.024	14.234,0	7.289,0	2.840,0	641,0
1990	920.630	767.953	127.437	24.915	15.592,6	7.437,4	3.113,0	704,4

1) ohne Schülerunfallversicherung; 1950 ohne Saarland und Berlin, 1955, 1960 ohne Saarland; 2) Verletzte und Erkrankte, Witwen und Witwer, Waisen, Verwandte aufsteigender Linie; am Jahresende; 3) Verletzte und Erkrankte; 4) Abweichungen zu den Leistungen gemäß Sozialbudget (vgl. S.283)
Quellen: BMA, Arbeits- und Sozialstatistik, lfde. Jge.; Unfallverhütungsberichte, lfde. Jge.

Einen neuen und herausragenden Stellenwert gewann die Unfallverhütung durch das neue Gesetz; Unternehmen mit mindestens 20 Beschäftigten wurden verpflichtet, Sicherheitsbeauftragte zum Zwecke der Förderung der Unfallverhütung einzusetzen. Außerdem wurde die Bundesregierung verpflichtet, einen jährlichen Unfallverhütungsbericht vorzulegen (erstmals erfolgt Ende 1965).

Geändert wurde durch das UVNG ferner die Kostenaufteilung zwischen Unfall- und Krankenversicherung; u.a. wurden die Ersatzansprüche der UV-Träger beseitigt und die von der GKV zu tragenden Kosten der stationären Behandlung auf die ersten 18 Tage begrenzt (unbegrenzte Übernahme der Kosten für die ambulante Behandlung von Unfallverletzten). Beschlossen wurde zudem, daß die gewerblichen BGen und die See-BG die »alte Rentenlast« gemeinsam tragen sollten. Schließlich erhielten alle fachlich befähigten und entsprechend ausgebildeten Ärzte einen Anspruch auf Beteiligung an der Durchführung der Heilbehandlung *(vgl. Jantz, 1963, S.121 ff.; G. Hueck, 1963, S.224 ff.; Spitzmüller, 1977, S.325 ff.)*.

5. 6. 2 Weitere Entwicklungen bis Mitte der 70er Jahre

Bis zum Beginn der 70er Jahre erfuhr die GUV nur sehr geringfügige gesetzliche Änderungen, die primär technischer Natur waren (Berechnungsverfahren für bestimmte Bezugsgrößen) bzw. die **Finanzierung der Rentenlast** der See-BG bzw. der Bergbau-BG betrafen (u. a. Gesetze vom 15. September 1965 [BGBl.I S.1349] und 21. Dezember 1967

[BGBl.I S.1259]). Hervorzuheben ist ansonsten die 7. BKVO vom 20. Juni 1968 [BGBl.I S. 721], die die Einschränkungen in bezug auf die **Infektionskrankheiten** beseitigte, sowie das 13. RAG vom 10. Juli 1970 [BGBl.I S.1037], durch welches das **Pflegegeld** in die Dynamisierung einbezogen wurde.

Einen markanten Eckpunkt in der Geschichte der Unfallversicherung setzte erst wieder das **Gesetz über Unfallversicherung für Schüler und Studenten sowie Kinder in Kindergärten vom 18. März 1971** [BGBl.I S.237], das einen großen, ohne Beziehung zum Arbeitsleben stehenden Personenkreis in den Unfallversicherungsschutz einbezog. Die Einstandspflicht für Unfälle dieser Personengruppen wurde allerdings nicht den gewerblichen BGen, sondern Unfallversicherungsträgern der öffentlichen Hand übertragen (§§ 654 ff. RVO) *(vgl. Gitter, 1988, S. 682 ff.)*.

Konkret brachte das Gesetz für seinerzeit 430.000 Studierende an Hochschulen, 9 Mio. Schüler allgemeinbildender Schulen sowie 1 Mio. Kindergartenkinder ab dem 1. 4. 1971 einen bundeseinheitlichen Unfallschutz. Ziel auch dieses Gesetzes war einerseits eine wirksame Unfallverhütung in den entsprechenden Einrichtungen, andererseits die Sicherstellung von Rehabilitations- und Rentenleistungen im Versicherungsfall. In den Versicherungsschutz einbezogen wurden Begleitpersonen von Kindern auf dem Weg zum Kindergarten. Die Bedeutung dieser gesetzlichen Maßnahme zeigt die Zahl der Unfälle in diesem Bereich: Allein 1972 wurden 452.662 Schul- und 72.498 Wegeunfälle angezeigt; erstmals entschädigt wurden 758 Schul- und 785 Wegeunfälle; unter den Unfällen waren 357 tödliche Unfälle. Im betrachteten Jahr beliefen sich die Leistungsaufwendungen auf insgesamt 60,82 Mio. DM *(vgl. auch Tabelle 55)*.

In besonderem Maße berührt wurde die UV schließlich durch das **RehaAnglG vom 7. August 1974** *(vgl. S. 82)*, zumal medizinische und berufliche Rehabilitationsmaßnahmen in diesem Versicherungszweig traditionell einen wichtigen Stellenwert einnehmen.

5. 7 Behindertenpolitik und Rehabilitation

5. 7. 1 Ansätze in den 50er und 60er Jahren

Die sozialpolitische Reformdiskussion zu Beginn der 50er Jahre umfaßte auch Überlegungen zu einer Neuordnung der bisherigen Systeme der Eingliederung von Behinderten in Wirtschaft und Gesellschaft. Die bis dahin in der gesetzlichen Renten- und Unfallversicherung, im Bundesversorgungsgesetz und Schwerbeschädigtengesetz sowie im Fürsorgerecht vorhandenen Ansätze der Rehabilitation wiesen erhebliche **Strukturschwächen** auf, die die Notwendigkeit einer Gesamtreform mit einer Ausweitung des geschützten Personenkreises sowie einer stärkeren Betonung von **Prävention** und **finaler Orientierung** nahelegten. Die angestrebte Gesamtreform scheiterte jedoch zunächst und wurde durch eine Fülle von Einzelmaßnahmen verdrängt.

In der unmittelbaren Nachkriegszeit und der Wiederaufbauphase bildeten die Versorgung und Eingliederung der **Kriegsopfer** einen deutlichen Schwerpunkt der sozialpolitischen Gesetzgebung.

Das Bundesversorgungsgesetz (BVG) vom 20. Dezember 1950 [BGBl.I S.791] regelte die Kriegsopferversorgung *(vgl. S. 38 f.)* einheitlich für das gesamte Bundesgebiet; das Schwerbeschädigtengesetz vom 16. Juni 1953 [BGBl.I S.389] stellte in entsprechender Weise die Rechtseinheit auf dem Gebiet der Beschäftigung Schwerbeschädigter wieder her *(vgl. S. 107 f.)*. Beide Maßnahmen knüpften im wesentlichen an die entsprechenden Gesetzeswerke der 20er Jahre an und führten zu keinen entscheidenden Neuregelungen. Das BVG änderte in erster Linie die Rentenzahlungen an Kriegsopfer und ließ im Vergleich dazu die Grundsätze der medizinischen und beruflichen Rehabilitation weitgehend unberührt. Das SchwbG sollte die Arbeitsplatzbereitstellung für Behinderte durch Quotenregelungen sowie durch Festlegung einer Ausgleichsabgabe fördern, erwies sich jedoch in der Folgezeit nur als begrenzt wirksam *(vgl. Hautmann, 1955)*.

Die Rentenreformgesetze *(vgl. S.48f.)* des Jahres 1957 [BGBl.I S.45, S.88, S.533] ergänzten den Leistungskatalog der gesetzlichen Rentenversicherung; erstmals wurden Leistungen zur beruflichen Rehabilitation analog zur Kriegsopferversorgung und zur Unfallversicherung (einschl. Übergangsgeld) eingeführt. Außerdem wurden die Maßnahmen zur medizinischen Rehabilitation erweitert und auf die Erhaltung, Besserung oder Wiederherstellung der Erwerbsfähigkeit erstreckt.

Auch die am 3. April 1957 verkündete Neufassung des AVAVG [BGBl.I S.321, 706] nahm erstmals die berufliche Rehabilitation in den Leistungskatalog der Arbeitsförderung auf. Allerdings wurde den einzelnen Behinderten noch kein individueller Rechtsanspruch auf berufsfördernde Maßnahmen eingeräumt; Einkommenshilfen während der Rehabilitation waren noch nicht festzustellen, und die Kooperation mit anderen Rehabilitationsträgern entbehrte noch der gesetzlichen Grundlage.

Im Jahre 1957 schließlich wurden erste Ansätze einer Reform und bundeseinheitlichen Regelung der **Körperbehindertenfürsorge** sichtbar.

Das Körperbehindertengesetz vom 27. Februar 1957 [BGBl.I S.147] knüpfte allerdings an die tradierte Fürsorgegesetzgebung an. Die Vorschriften hinsichtlich der Leistungen (Heilverfahren, orthopädische Versorgung, angemessene Schulbildung, Fortbildung und Umschulung) waren sehr allgemein gehalten, folgten dem Grundsatz der Individualisierung und gaben dem Fürsorgeträger einen erheblichen Ermessensspielraum; darüber hinaus gehende Leistungen wurden noch nicht berücksichtigt. Hervorzuheben ist allerdings, daß durch das Körperbehindertengesetz von 1957 die Kostenregelung, die Einkommensanrechnung sowie die Rückzahlungspflicht im Vergleich zur früheren Fürsorgegesetzgebung sehr großzügig ausgestaltet wurden; zum Teil wurden jedoch diese Regelungen durch das Tuberkulosehilfegesetz vom 23. Juli 1959 [BGBl.I S.513] aus finanziellen Gründen wieder eingegrenzt *(vgl. Glombig, 1977, S.221 f.)*.

Sowohl das Körperbehindertengesetz von 1957 als auch das Tuberkulosehilfegesetz von 1959 wurden durch das Bundessozialhilfegesetz (BSHG) vom 30. Juni 1961 [BGBl.I S.815, 1875] abgelöst. Neben der Zusammenfassung des bisherigen Fürsorgerechts wurde durch das BSHG der Personenkreis auf Gehörbehinderte, Blinde, Sprachbehinderte und geistig Behinderte ausgedehnt, der Leistungskatalog wurde präzisiert und erweitert und der Grundsatz des individuellen Rechtsanspruchs im Gesetz verankert. Allerdings führte das BSHG auch zu einer deutlichen Herabsetzung der Einkommensgrenzen und verschlechterte damit die Situation der Schwerstbehinderten im Vergleich zu den Regelungen des Körperbehindertengesetzes von 1957 und des Tuberkulosehilfegesetzes von 1959.

Für die weitere Entwicklung der Rehabilitation war das Arbeitsförderungsgesetz (AFG) vom 25. Juni 1969 [BGBl.I S.582] von besonderer Bedeutung; danach erhielten Behinderte einen Rechtsanspruch auf geeignete Maßnahmen der Arbeits- und Berufsförderung; die Bundesanstalt für Arbeit wurde zur zentralen Beratungsstelle für die Behinderten.

5.7.2 Neuorientierung zu Beginn der 70er Jahre

In dieser Entwicklung der sozialpolitischen Gesetzgebung zur **Verbesserung der Situation der Behinderten** wurden zweifellos der begünstigte Personenkreis wesentlich ausgedehnt, der Leistungskatalog erweitert sowie die Anrechnung von Einkommen und Vermögen unterhaltsverpflichteter Dritter eingeschränkt. Nichtsdestoweniger darf nicht übersehen werden, daß eine bedeutende **Rechtszersplitterung** entstanden war.

Die Gewährung von Leistungen und Maßnahmen zur Rehabilitation entwickelte sich nicht als eigenständiger Zweig der sozialen Sicherung, sondern war eingebettet in das Leistungssystem der verschiedenen Sozialversicherungszweige. Bis 1974 arbeiteten im wesentlichen 6 Trägergruppen von Rehabilitationsmaßnahmen auf der Basis unterschiedlicher Rechtsgrundlagen; die „dezentrale Einordnung des Rehabilitationsrechts in das gegliederte System (hatte) zur Folge, daß sich die Voraussetzungen, aber auch Art und Umfang der Rehabilitationsleistungen der einzelnen Trägergruppen nach deren originärer Aufgabenstellung richteten“ *(Kolb, 1988, S.1083)*. Zwar wurde 1969 zur Förderung der Zusammenarbeit die »Bundesarbeitsgemeinschaft Rehabilitation (BAR)« gegründet, die unbefriedigende Rechtslage blieb jedoch bestehen. Probleme bereitete nicht nur die unterschiedliche Leistungsgewährung (Abweichungen insb. bei den Bar- und Nebenleistungen), Schwierigkeiten ergaben sich auch aus der vielfach wenig rationalen Abgrenzung der Zuständigkeiten bestimmter Reha-Träger (Zuständigkeit richtete sich teilweise nach der Ursache der Behinderung, teilweise nach der Zugehörigkeit zu einer bestimmten Personengruppe sowie bisweilen nach dem Prinzip der Subsidiarität) *(vgl. Neubert, 1966, S.274 ff., 305 ff.)*.

Neue Impulse erhielt die **Sozialpolitik für Behinderte** insbesondere mit dem Amtsantritt der sozialliberalen Regierung im Oktober 1969. Nachdem in der Regierungserklärung bereits angekündigt wurde, der Behindertenpolitik eine besondere Priorität einräumen zu wollen, folgte am 14. April 1970 die Vorlage eines **»Aktionsprogramms zur Förderung der Rehabilitation«** [BT-Drs.VI/896] durch den Bundesarbeitsminister. Grundkonzept des Programms war nicht mehr die soziale Entschädigung von Behinderten, sondern das Bestreben, die Voraussetzungen zu schaffen, um behinderten Menschen Chancen zur Selbstbehauptung und Selbstentfaltung in Beruf und Gesellschaft zu eröffnen *(vgl. Glombig, 1977, S.224)*.

Im Vordergrund des pragmatisch auf schrittweise Verbesserungen angelegten Aktionsprogramms standen „erstens die Herstellung eines nahtlosen Rehabilitationsverfahrens durch Koordination und Zusammenarbeit der beteiligten Träger, zweitens die Angleichung der unterschiedlichen Rehabilitationsmaßnahmen unter Beibehaltung des gegliederten Systems und drittens die Schaffung eines möglichst geschlossenen Systems von Rehabilitationseinrichtungen" *(Glombig, 1977, S.225)*. Grundsätzlich festgehalten wurde am gegliederten System und den bestehenden Zuständigkeiten, wenngleich man bestrebt war, dessen Nachteile so weit möglich zu überwinden *(vgl. o.V., BArBl. 1970, S. 339; Oldiges/Picard, 1985, S.435 ff.)*.

In der Reihe gesetzgeberischer Maßnahmen zur Verbesserung der rechtlichen Situation Behinderter nahm das **Gesetz über die Angleichung der Leistungen zur Rehabilitation** (RehaAnglG) **vom 7. August 1974** [BGBl.I S.1881] eine Schlüsselfunktion ein, da mit ihm ein erster Schritt zur **Harmonisierung des Rehabilitationsrechts** getan wurde *(vgl. Kolb, 1988, S.1084)*.

Unter Beibehaltung des gegliederten Systems hat das Gesetz Art und Umfang der Leistungen zur medizinischen und beruflichen Rehabilitation sowie der ergänzenden Leistungen bei der Kranken-, Unfall- und Rentenversicherung, im Bereich der Arbeitsförderung und der Kriegsopferversorgung im wesentlichen einander angepaßt; in die Regelungen nicht einbezogen wurden allerdings die Sozialhilfeträger und der öffentliche Dienst. Dagegen wurde die GKV in den Kreis der Rehabilitationsträger aufgenommen, wodurch der zu Rehabilitationsmaßnahmen berechtigte Personenkreis vor allem um die jugendlichen Behinderten und die behinderten Hausfrauen erweitert wurde. Zugleich brachte das Gesetz die Normierung allgemeingültiger Verfahrensvorschriften sowie die Schaffung eines einheitlichen Leistungsrahmens. Angestrebt wurde, daß Hilfen zur Rehabilitation unabhängig von Art und Ursache der Behinderung für alle Behinderten gleichermaßen erreichbar werden. Auch wenn eine exakte Vereinheitlichung der Leistungen nicht erfolgte *(vgl. Kolb, 1988, S.1084)*, wurde doch erreicht, daß die Barleistungen während der Rehabilitation (Übergangsgeld, Krankengeld) hinsichtlich der Leistungshöhe vereinheitlicht wurden *(vgl. Hoppe, 1975 a, S.132 ff.)*. „Unterschiedlich blieben jedoch ... die Anspruchsvoraussetzungen und die Zielsetzungen der Rehabilitationsleistungen der verschiedenen Träger sowie die institutionellen Bedingungen, unter denen die einzelnen Träger ihre Leistungen erbringen" *(Glombig, 1977, S.227; vgl. auch Konstanty/Schmidt, 1974, S.353 ff., 1975, S.6 ff., 34 ff.)*.

Neben dem RehaAnglG dienten sowohl das **3. BSHG-ÄndG** als auch das **Schwerbehindertengesetz** (SchwbG) sowie das **SVBG** der Eingliederung Behinderter und brachten im Vergleich zum RehaAnglG verschiedene Sonderregelungen.

Das 3. BSHG-ÄndG vom 25. März 1974 [BGBl.I S.777] räumte körperlich, geistig oder seelisch wesentlich Behinderten einen Rechtsanspruch auf Eingliederungshilfe ein, verbesserte die Hilfen zur Pflege, erhöhte und dynamisierte das Pflegegeld und brachte Erleichterungen hinsichtlich der Anrechnung von Einkommen und Vermögen unterhalts- oder erstattungsverpflichteter Personen. Das Schwerbehindertengesetz i. d. F. vom 29. April 1974 [BGBl.I S.1005] erweiterte die Regelungen des Schwerbeschädigtengesetzes von 1953; das Gesetz stellte verstärkt auf das Finalprinzip ab und verschärfte die Verpflichtung der Arbeitgeber zur Bereitstellung von Arbeitsplätzen für Schwerbehinderte *(vgl. K. Jung, 1974, S.161 ff.; SB 1976, S.43)*. Wenig später folgte das Gesetz über die Sozialversicherung Behinderter vom 7. Mai 1975 [BGBl.I S.1061], durch das die in Werkstätten für Behinderte für Behinderte oder in Heimen und Anstalten beschäftigten Behinderten in die gesetzliche Kranken- und Rentenversicherung einbezogen wurden *(vgl. Glombig, 1977, S.225; SB 1976, S.33f.)*.

Flankiert wurden das RehaAnglG sowie die anderen Gesetze durch den forcierten **Ausbau von Rehabilitationseinrichtungen** (Erweiterung des Angebots an Spezialeinrichtungen, Schaffung von Ausbildungsplätzen für behinderte Jugendliche) *(vgl. Neumann, 1981, S.143ff.)*. Hinzu kamen Maßnahmen im Bereich der sozialen Rehabilitation (Förderung des behindertengerechten Wohnungsbaus, Schaffung von Freizeiteinrichtungen für Behinderte und Nicht-Behinderte) *(vgl. Hoppe, 1975 b, S.264ff.)*.

6. Arbeitsmarktpolitik und Arbeitsförderung

6. 1 Problembereiche des Arbeitsmarktes

Nachdem die Arbeitsverwaltung vor allem in den frühen 50er Jahren einer beträchtlichen **strukturellen Arbeitslosigkeit** gegenübergestanden hatte, kennzeichnete sich der Arbeitsmarkt in der Bundesrepublik bis Mitte der 70er Jahre – sieht man von dem kurzfristigen konjunkturellen Einbruch 1966/67 ab – weitgehend durch **Vollbeschäftigung**. Während die Arbeitslosenquote im Jahresdurchschnitt 1952 noch 9,2 % betrug und der Arbeitsverwaltung besonders die arbeitsmarktliche Eingliederung der Flüchtlinge und Vertriebenen nicht unerhebliche Probleme bereitete, deutete sich bereits Mitte der 50er Jahre vereinzelt ein **sektoraler Arbeitskräftemangel** an. Im Jahresdurchschnitt 1960 lag die Zahl der Arbeitslosen (270.678) erstmals nach dem Kriege unter der Zahl der offenen Stellen (465.081) *(vgl. Tabelle 21)*.

Tabelle 21: Arbeitsmarktentwicklung und Leistungsempfänger der BA 1950–1975

Jahr[1]	Arbeitslose	Arbeitslosenquote[2]	Kurzarbeiter	Offene Stellen	Arbeitsvermittlungen[3]	Leistungsempfänger		
						Alg[4]	Alhi[5]	Unterhaltsgeld
1950	1.808.534	10,7	109.526	127.218	–	466.952	804.952	–
1955	1.073.600	5,6	24.675	203.800	4.725,7	453.958	435.506	–
1960	270.678	1,3	3.305	465.081	3.794,5	174.992	51.092	–
1965	147.352	0,7	1.105	648.999	2.571,6	96.851	12.153	–
1967	459.489	2,1	142.694	302.008	2.694,0	319.807	36.214	–
1970	148.846	0,7	9.615	794.817	2.988,0	95.821	17.099	34.030
1971	185.072	0,8	86.055	648.084	2.705,7	120.481	15.375	69.497
1972	256.433	1,1	76.263	545.849	2.582,6	156.878	20.080	93.263
1973	273.498	1,2	43.710	572.039	2.652,8	153.646	22.780	95.300
1974	582.481	2,6	292.403	315.375	2.238,5	351.649	40.127	105.424
1975	1.074.217	4,7	773.334	236.174	2.126,7	706.680	110.175	117.888

1) Jahresdurchschnittswerte, ausgenommen 1950: Juni; Kurzarbeiter: Juni 1951 2) in % der abhängig beschäftigten Arbeitnehmer; 3) in 1.000; 4) Alg = Arbeitslosengeld; 5) Alhi = Arbeitslosenhilfe.
Quellen: BA (Hrsg.): Arbeitsstatistik - Jahreszahlen (ANBA-Sondernummer), lfde. Jge.

Die wirtschaftliche Aufwärtsentwicklung stellte allerdings nicht nur erhöhte **Mobilitätsanforderungen** an die Arbeitnehmer, sondern brachte auch deutliche **Strukturverschiebungen in der Arbeiterschaft** mit sich. Die angespannte Arbeitsmarktlage ermöglichte es einerseits vielen qualifizierten deutschen Arbeitskräften, in der Beschäftigtenhierarchie aufzusteigen, hatte andererseits aber zur Folge, daß es in Industrie und Gewerbe, aber auch in der öffentlichen Verwaltung sowie bei den Versorgungswerken zunehmend schwieriger wurde, »einfache« oder mit geringem »Sozialprestige« verbundene Arbeitsplätze zu besetzen.

Vor diesem Hintergrund begann man daher bereits Mitte der 50er Jahre und verstärkt ab 1960 mit einer gezielten **Anwerbung von ausländischen Arbeitskräften.** 1955 belief sich die Zahl der beschäftigten ausländischen Arbeitnehmer zwar erst auf 79.607, 1961 waren es jedoch bereits 507.419 und im Juni 1965 schließlich 1.164.364. Nach einem vorübergehenden Rückgang während der Rezession 1966/67 stieg ihre Zahl bis zum Herbst 1973 auf den bisherigen Höchststand von 2,595 Mio. (11,2 % der Beschäftigten insgesamt) *(ANBA, Jahreszahlen 1986, S.16; vgl. Tabelle 22).*

Während die BA im Zuge der Vollbeschäftigung deutlich weniger mit dem Problem der Arbeitslosigkeit konfrontiert war, gewannen andere Bereiche ihrer Tätigkeit zunehmend an Bedeutung. Die sich infolge der raschen technischen und wissenschaftlichen Entwicklung ständig ändernden beruflichen Anforderungen an Erwerbstätige ließen die **Förderung der beruflichen Aus- und Weiterbildung** zu einem zentralen Aufgabenbereich der BA werden. Nach einer Untersuchung aus dem Jahre 1973 hatte ein Drittel aller Männer, die 1970 berufstätig waren, in der Zeit von 1955 bis 1970 mindestens einmal den Beruf gewechselt *(vgl. Schewe u.a., 1977, S.247).*

Daneben hatte sich die Arbeitsverwaltung vor allem seit Ende der 60er Jahre mit **Strukturkrisen einzelner Wirtschaftszweige** zu befassen. Besondere Maßnahmen waren insbesondere erforderlich, um die Auswirkungen der strukturellen Veränderungen in der Energieversorgung auf den Steinkohlenbergbau zu bewältigen. Die Zahl der Beschäftigten dieses Wirtschaftszweiges verringerte sich zwischen Mitte 1958 und Ende 1975 immerhin von 599.000 auf 204.000 Arbeitnehmer *(vgl. Schewe u.a., 1977, S.266).*

6. 2 Arbeitsvermittlung und Arbeitslosenversicherung nach dem AVAVG

6. 2. 1 Erste Regelungen zu Beginn der 50er Jahre

Im Bereich der **Arbeitsvermittlung** und der **Arbeitslosenversicherung** wurde zunächst wie auch auf vielen anderen Gebieten auf grundlegende Korrekturen verzichtet. Obgleich sich nach 1945 überall in den Westzonen das materielle Recht auf das AVAVG aus dem Jahre 1927 *(vgl. Bd.1, S.199ff.)* stützte, war es in den einzelnen Ländern nichtsdestoweniger zu unterschiedlichen Rechtsentwicklungen gekommen. Mit der Gründung der Bundesrepublik ergab sich daher die Notwendigkeit, das Arbeitslosenversicherungsrecht zu vereinheitlichen und es den veränderten wirtschaftlichen und gesellschaftlichen Verhältnissen anzupassen. Grundlage hierfür bildete Art.74 Ziff.12 GG, der im Rahmen der konkurrierenden Gesetzgebung dem Bund die Gesetzgebungskompetenz für diesen Bereich zuwies.

In organisatorischer Hinsicht erfolgte die **Vereinheitlichung** durch ein **Gesetz vom 10. März 1952** [BGBl.I S.123]; mit diesem Gesetz wurden die **Bundesanstalt für Arbeitsvermittlung und Arbeitslosenversicherung** in Nürnberg errichtet *(vgl. auch Auerbach, 1951, S.121ff.; Wilrodt, 1952, S.121ff.)* und die bis dahin im Hoheitsbereich der Länder stehende Arbeitsverwaltung in diese Bundesanstalt überführt. Der neuen Bundesanstalt unterstanden 12 Landesarbeitsämter und 222 Arbeitsämter mit ihren 650 Nebenstellen. Gleichzeitig übernahm die Bundesanstalt einen Vermögensbestand von rd. 1,26 Mrd. DM *(vgl. Peters, 1978, S.211).*

Zuvor waren bereits durch das **Arbeitslosenversicherungs-ÄndG vom 29. März 1951** [BGBl.I S.219] und das **Arbeitslosenfürsorge-ÄndG** vom selben Tage [BGBl.I S.221] die Bemessung und die Höhe von **Unterstützungsleistungen** bundesrechtlich geregelt worden.

Diese beiden Gesetze ermöglichten es erstmals, bei der Leistungsbemessung berufsfremde Beschäftigungen zu berücksichtigen; darüber hinaus wurden eine Anhebung der Unterstützungssätze vorgenommen sowie die Arbeitslosenunterstützung an die zwischenzeitlich erfolgten Lohnsteigerungen angepaßt.

In der Folgezeit führte das auch für andere Bereiche maßgebende Einkommensgrenzengesetz vom 13. August 1952 [BGBl.I S.437] zu einer Erhöhung der Beitragsbemessungsgrenze auf 6.000 DM sowie zu einer Erweiterung der Entgeltstufen in der Arbeitslosenversicherung. Für den Bereich der Arbeitslosenfürsorge wurde das System der Entgeltstufen erst durch das ÄndG vom 24. August 1953 [BGBl.I S.1022] angepaßt; ferner wurden die Dauer des Anspruchs auf Arbeitslosenunterstützung verlängert und eine erneute Anpassung der Berechnungsgrundlagen der Arbeitslosenfürsorge an das gestiegene Lohnniveau vorgenommen. Ein anderes ÄndG vom 9. Dezember 1952 [BGBl.I S.790] hatte in gewissem Umfange wieder eine Versicherungspflicht für Lehrlinge und Anlernlinge eingeführt; außerdem war durch Gesetz vom 18. Juli 1953 [BGBl.I S.660] die Anrechnung der Grundrente gemäß BVG sowie der entsprechenden Renten nach dem BEG auf die Arbeitslosenunterstützung ausgeschlossen worden *(vgl. v. Bethusy-Huc, 1976, S.169)*. Schließlich brachte das Renten-Mehrbetrags-Gesetz vom 23. November 1954 [BGBl.I S.345] eine Senkung des Beitragssatzes in der Arbeitslosenversicherung von 4 auf 3%.

Die hohe Arbeitslosigkeit zu Beginn der 50er Jahre zwang die Regierung zur Durchführung verschiedener **Arbeitsbeschaffungsmaßnahmen**, zumal nicht nur die SPD-Opposition ein energisches Eingreifen verlangte, sondern auch die Alliierte Hohe Kommission sich für eine aktive Bekämpfung der Arbeitslosigkeit aussprach *(vgl. Wallich, 1955, S.80)*. Ein Anfang 1950 geplantes, dann aber verzögert angelaufenes Arbeitsbeschaffungs- und Wohnungsbauprogramm hatte allerdings nur ein geringes Volumen. In die Maßnahmen zur Arbeitsbeschaffung einbezogen wurde auch die Arbeitslosenversicherung; sie hatte nach einem **Gesetz vom 27. Dezember 1951** [BGBl.I S.1006] Mittel in Höhe von 200 Mio. DM für verstärkte Arbeitsbeschaffungsmaßnahmen bereitzustellen *(vgl. Peters, 1978, S. 213)*.

6.2.2 Neuordnung Mitte der 50er Jahre

Nachdem bis Mitte der 50er Jahre – jeweiligen aktuellen Erfordernissen folgend – das AVAVG modifiziert worden war, unternahm die Regierung mit einem Gesetzentwurf vom 17. März 1955 [BT-Drs. II/1274] den Versuch, das unübersichtlich gewordene Arbeitslosenversicherungsrecht grundlegend neu zu ordnen. Besondere Umstände führten allerdings dazu, die Neuregelung der **Arbeitslosenfürsorge** vorzuziehen; so kam es zu dem **ÄndG vom 16. April 1956** [BGBl.I S.243], das einige Monate später als Art.IV in die große **AVAVG-Novelle vom 23. Dezember 1956** [BGBl.I S.1018] integriert wurde. Als Folge dieser Gesetzesänderungen wurde das nunmehr geltende, sachlich und formell vereinheitlichte AVAVG, das bis dahin auf eine Vielzahl von Rechtsquellen verstreut war, unter dem 3. April 1957 in einer **Neufassung** bekanntgemacht [BGBl.I S.321, 706] *(vgl. Krebs, 1957, S.7ff.)*.

Das Gesetz vom 16. April 1956 beinhaltete im wesentlichen eine Neuordnung der Arbeitslosenfürsorge. Zum Zwecke der Abgrenzung der Arbeitslosenfürsorge von der öffentlichen Fürsorge wurden der Begriff der »Arbeitslosenhilfe« eingeführt, die Unterstützungssätze um bis zu 12% erhöht sowie die Bemessungsgrundlagen für die langfristig Arbeitslosen und die Freibeträge für den Arbeitslosen bzw. seine Angehörigen entsprechend den veränderten wirtschaftlichen Verhältnissen wesentlich heraufgesetzt. Auf der anderen Seite wurden jedoch Mietzuschläge und Sonderbeihilfen gestrichen und der anspruchsberechtigte Personenkreis eingeschränkt (65. Lebensjahr als Altersgrenze, aber auch Ausschluß von Berufs- und Erwerbsunfähigkeitsrentnern).

Die große AVAVG-Novelle selbst definierte erstmals die Begriffe »Arbeitsvermittlung« und »Berufsberatung« und brachte neben der Einführung einer Wegeunfallversicherung für Arbeitslose auch einen umfangreichen Katalog von Maßnahmen zur Verhütung und Beendigung der Arbeitslosigkeit. Die Versicherungspflicht wurde auf alle Arbeitnehmer mit einem Arbeitseinkommen bis zu 15.000 DM jährlich mit einer Beitrags- und Leistungsbemessungsgrenze von 750 DM monatlich ausgedehnt; versicherungsfrei blieben jedoch über 65jährige Arbeitnehmer, Berufs- oder Erwerbsunfähigkeitsrentner sowie bestimmte in der Land- und Forstwirtschaft Beschäftigte mit einem für die Gewährleistung des Lebensunterhalts ausreichenden Eigenbesitz. Die Zahlung des Arbeitslosengeldes, dessen Sätze erheblich angepaßt und durch einheitliche Familienzuschläge sowie durch Erleichterungen in der Anrechnung von Nebeneinkünften verbessert wurden, wurde an die Voraussetzung der Verfügbarkeit des Arbeitnehmers im Hinblick auf die Arbeitsvermittlung gebunden. Außerdem wurden die Voraussetzungen für den Bezug von Arbeitslosenhilfe verbessert (Erweiterung der Tabelle der Unterstützungssätze, Festlegung von Minimal- und Maximalgrenzen und einheitlichen Familienzuschlägen).

6. 2. 3 Änderungen und Ergänzungen bis Ende der 60er Jahre

Die fortschreitende wirtschaftliche Entwicklung und die damit einhergehenden strukturellen Veränderungen des Arbeitsmarktes sowie die Änderungen in benachbarten Rechtsbereichen machten es erforderlich, das AVAVG trotz der großen Novellierung des Jahres 1956 auch in der Folgezeit wiederholt zu ändern und zu ergänzen. Aus der Vielzahl der Änderungen hervorzuheben sind dabei insbesondere die Einführung des **Schlechtwettergeldes** und anderer Maßnahmen zur **Förderung des Winterbaus** im Jahre 1959 sowie das 1967 eingeführte **Unterhaltsgeld** für Teilnehmer an beruflichen Bildungsmaßnahmen.

Das 1. ÄndG zum AVAVG vom 27. Juli 1957 [BGBl.I S.1069] führte zu verschiedenen Anpassungen des AVAVG an die zwischenzeitlich geänderten rentenrechtlichen Vorschriften (z. B. Begründung der Versicherungspflicht für bestimmte Angestellte).

Das 2. ÄndG zum AVAVG vom 7. Dezember 1959 [BGBl.I S.705] brachte Anreize zur ganzjährigen Beschäftigung in der Bauwirtschaft durch Zuschüsse und Darlehen an Bauherrn (Ausgleich für Mehrkosten des Winterbaus) und an Bauunternehmer (Erleichterung zusätzlicher Investitionen); für die Arbeitnehmer sah das Gesetz Zuschüsse und Beihilfen (Trennungsbeihilfen, Zuschüsse zur Winterausrüstung und zu den Fahrtkosten) sowie die Gewährung von Schlechtwettergeld vor. Außerdem enthielt das Gesetz Leistungsverbesserungen im Bereich des Arbeitslosengeldes und des Kurzarbeitergeldes (Bemessungsvorschriften, zeitliche Ausdehnung).

Die weiteren Änderungs- und Ergänzungsgesetze zum AVAVG brachten im wesentlichen nur **punktuelle Veränderungen**.

Während das 3. AVAVG-ÄndG vom 28. Oktober 1960 [BGBl.I S.833] einige Voraussetzungen der Schlechtwettergeldregelung modifizierte *(vgl. Cziczor, 1960, S.361 ff.; Rehker, 1961, S.194 ff.)*, brachte das 4. AVAVG-ÄndG vom 25. April 1961 [BGBl.I S.464] für die Bundesregierung die Ermächtigung, die Beitragserhebung durch Rechtsverordnung ganz oder zum Teil auf Zeit auszusetzen. Das 5. AVAVG-ÄndG vom 15.November 1963 [BGBl.I S.789] betraf wiederum die Gewährung des Schlechtwettergeldes und modifizierte darüber hinaus einige Bestimmungen des Rechts der Arbeitslosenhilfe. Eine Neuregelung der Arbeitslosenversicherungspflicht während des Wehr- und zivilen Ersatzdienstes war in dem RVÄndG vom 9. Juni 1965 [BGBl.I S.476] enthalten. Das 6. ÄndG zum AVAVG vom 28. Juli 1965 [BGBl.I S.641] regelte die Einrichtung von besonderen Dienststellen für zentrale und überbezirkliche Aufgaben seitens der Bundesanstalt für Arbeit. Zu einer Erhöhung der Leistungsbemessungsgrenze für das Arbeitslosengeld (von 750 DM auf 1.300 DM monatlich) führte das Gesetz zur Änderung des Reichsknappschaftsgesetzes und des Gesetzes über Arbeitsvermittlung und Arbeitslosenversicherung vom 10. August 1966 [BGBl.I S.482].

Mit dem Finanzplanungsgesetz vom 23. Dezember 1966 [BGBl.I S.697] wurde die Arbeitslosenversicherungspflicht auf alle Angestellten (Ausnahme: leitende Angestellte) ausgedehnt. Es folgte das 7. ÄndG vom 10. März 1967 [BGBl.I S.266] mit einigen Neuregelungen (Erhöhung des Arbeitslosengeldes und der Arbeitslosenhilfe sowie der Familienzuschläge; Verbesserungen des Schlechtwetter- und Kurzarbeitergeldes; Einführung eines Unterhaltsgeldes für Teilnehmer an beruflichen Bildungsmaßnahmen), die in der damaligen wirtschaftlichen Situation für notwendig gehalten wurden. Schließlich brachte das Gesetz zur Förderung der Stabilität und des Wachstums der Wirtschaft vom 8. Juni 1967 [BGBl.I S.582] die Rechtsgrundlagen für eine teilweise Stillegung der Rücklagen der Bundesanstalt für Arbeit bei der Deutschen Bundesbank aus Gründen der Aufrechterhaltung der Währungsstabilität.

6.3 Ablösung des AVAVG durch das Arbeitsförderungsgesetz

6.3.1 Ausgangslage

Nachdem die Arbeitslosenversicherung während der langanhaltenden konjunkturellen Aufschwungphase und der damit verbundenen **Vollbeschäftigung** in den Hintergrund des öffentlichen und politischen Interesses getreten war, führte die **Rezession 1966/67** in bezug auf die Arbeitsverwaltung zu einem neuen **Problembewußtsein**. Immer stärker „setzte sich die Erkenntnis durch, daß diese nicht nur die Aufgabe habe, Folgen der Arbeitslosigkeit zu mildern, sondern mehr als bisher vorsorgende Aufgaben wahrnehmen müsse“ *(Zöllner, 1981, S.157)*. Obwohl die **Idee der arbeitsmarktpolitischen Vorsorge** ohnehin seit geraumer Zeit in wachsendem Maße die Arbeit der Bundesanstalt prägte *(vgl. Stingl, 1977, S.354)*, mehrten sich Mitte der 60er Jahre Bestrebungen, die Gesetzeslage den sich in der Praxis abzeichnenden Akzentverschiebungen anzupassen. Hinzu kam, daß die sich immer schneller wandelnden **technologisch-organisatorischen Rahmenbedingungen** der Produktions- und Arbeitsprozesse nach einer zeitgemäßen Gestaltung der **Berufsausbildung** *(vgl. R. Großmann, 1966, S.93ff.)* sowie einem Instrumentarium zur Bewältigung struktureller, durch den raschen technischen Fortschritt bedingter Veränderungen des Arbeitsmarktes verlangten *(vgl. R. Weber, 1966, S.274ff.; H. Ernst, 1968, S.12ff.; B. Weller, 1970, S.12ff., 36ff.; vgl. ferner Baethge, 1970)*.

Vor diesem Hintergrund legte die SPD dem Bundestag am 30. August 1966 [BT-Drs. V/887] einen Gesetzentwurf zur Anpassung des Arbeitsmarktes an die Entwicklung von Wirtschaft und Technik vor. Kernpunkte dieses auf eine aktive Arbeitsmarktpolitik und die Verhütung von Arbeitslosigkeit abzielenden Entwurfes eines **Arbeitsmarkt-Anpassungsgesetzes** waren eine Erhöhung der Anpassungsfähigkeit des Arbeitsmarktes an wirtschaftliche und technische Entwicklungen durch den Ausbau der Arbeitsmarkt- und Berufsforschung, eine Anpassung der Berufsausbildung an moderne Erfordernisse, die Förderung der beruflichen Qualifizierung der Arbeitnehmer mittels Verstärkung der Weiterbildung sowie Maßnahmen zur Verhütung von Arbeitslosigkeit und unterwertiger Beschäftigung als Folge von Rationalisierungen *(vgl Behrendt, 1977, S.343)*. Die CDU/CSU- und die FDP-Fraktion reagierten auf diesen Vorstoß am 25. Oktober 1966 mit der Einbringung eines Entwurfes für ein **Berufsbildungsgesetz** [BT-Drs. V/1009]. Infolge der Bildung der Großen Koalition ergab sich für die parlamentarische Behandlung dieser Gesetzentwürfe schon bald allerdings eine veränderte Situation.

Die neue Regierung brachte ihrerseits am 16. November 1967 im Bundestag den **Entwurf eines Arbeitsförderungsgesetzes** [BT-Drs.V/2291] ein, der sich inhaltlich teilweise mit dem Entwurf eines Arbeitsmarkt-Anpassungsgesetzes deckte, insgesamt jedoch weit darüber hinaus ging. Für das Gesetzgebungsverfahren wurde schließlich vereinbart, die drei Gesetzentwürfe (Arbeitsmarkt-Anpassungsgesetz, Berufsbildungsgesetz, Arbeitsförderungsgesetz) gemeinsam zu beraten. Die Ergebnisse der parlamentarischen Arbeiten waren schließlich das vom Bundestag einstimmig beschlossene **Arbeitsförderungsgesetz** (AFG) **vom 25. Juni 1969** [BGBl.I S.582] sowie das **Berufsbildungsgesetz vom 14. August 1969** [BGBl.I S.1112].

6.3.2 Kernpunkte des Arbeitsförderungsgesetzes von 1969

Das AFG von 1969 löste nicht nur das aus dem Jahre 1927 stammende, in seiner 40jährigen Geschichte mehrfach novellierte AVAVG endgültig ab und benannte die Bundesanstalt für Arbeitsvermittlung und Arbeitslosenversicherung in **Bundesanstalt für Arbeit** (BA) um, sondern – was viel entscheidender war – es stellte die gesamte Arbeitsförderung auf eine neue konzeptionelle Grundlage. Den Schwerpunkt bildete nicht mehr die

Linderung von bei Arbeitslosigkeit entstandener Not; Hauptziel und -aufgabe war vielmehr die **Verhütung von Arbeitslosigkeit**. Damit ging das AFG über den engeren Bereich der Sozialleistungspolitik deutlich hinaus und entfaltete seine besondere Bedeutung im Bereich der Beschäftigungs- und Arbeitsmarktpolitik der Bundesregierung *(vgl. Knigge u.a., 1988, S.7)*.

Nach § 1 AFG waren die Maßnahmen nach diesem Gesetz darauf auszurichten, daß ein hoher **Beschäftigungsstand** erzielt und aufrechterhalten, die **Beschäftigungsstruktur** ständig verbessert und damit das **Wachstum der Wirtschaft** gefördert werden. Dabei hatten Maßnahmen zur Verhütung der Arbeitslosigkeit im Vordergrund zu stehen. Der Arbeitnehmer sollte für den veränderten Ablauf des Arbeitslebens krisensicherer gemacht und seine berufliche Mobilität insbesondere durch die verschiedenen Möglichkeiten zur Förderung der beruflichen Bildung und zur Arbeitsaufnahme gestärkt werden. Entsprechend gehörten zu den **vorrangigen Aufgaben der BA** die Arbeitsvermittlung *(vgl. Eberwein/Tholen, 1985, S.146ff.)* und Berufsberatung, die Förderung der beruflichen Ausbildung, Fortbildung und Umschulung, die Arbeits- und Berufsförderung Behinderter und die Gewährung von Leistungen zur Erhaltung und Schaffung von Arbeitsplätzen. Maßnahmen der Vermittlung in berufliche Ausbildungsstellen und Arbeit sowie Maßnahmen zur Förderung der beruflichen Bildung gingen gem. § 5 AFG sonstigen Leistungen nach dem AFG (z.B. bei Arbeitslosigkeit) vor *(vgl. R. Weber, 1973)*. Im einzelnen brachte das AFG im Vergleich zum AVAVG insbesondere die folgenden **Neuregelungen** *(vgl. Berndt u.a., 1969; Müller u.a., 1969a; Sandmann, 1969; Krebs, 1970, S.33ff.; Hoppe, 1971, S.297ff., 336f., 365ff.)*:

Die im AFG geregelte Berufsberatung ist gegenüber den bisherigen Rechtsgrundlagen in ihrer Funktion wesentlich erweitert worden; sie wurde im AFG zu einer allgemeinen Arbeitsberatung, in deren Rahmen die BA Jugendliche und Erwachsene vor Eintritt in das Berufsleben und während des Berufslebens in allen Fragen der Berufswahl und des beruflichen Fortkommens zu beraten hat. Dabei hat die BA die Lage und Entwicklung des Arbeitsmarktes und der Berufe angemessen zu berücksichtigen und die Belange einzelner Wirtschaftszweige und Berufe allgemeinen wirtschaftlichen und sozialen Gesichtspunkten unterzuordnen.

Neu eingeführt wurden durch das AFG die individuelle und die institutionelle Förderung der beruflichen Bildung. Diesen Leistungen der Arbeitsförderung kommt deswegen eine erhebliche wirtschafts- und sozialpolitische Bedeutung zu, da in einer modernen Industriegesellschaft ein hoher Grad der beruflichen Mobilität für eine Erhaltung der Vollbeschäftigung unabdingbar ist. Die individuellen Ausbildungs-, Fortbildungs- und Umschulungsmaßnahmen sollen die Anpassungsfähigkeit der einzelnen Arbeitnehmer an die steigenden Anforderungen einer sich ständig verändernden Berufswelt erhöhen. Die Berufsausbildungsbeihilfen im Rahmen der beruflichen Ausbildung wurden dabei als Zuschüsse oder Darlehen ausgestaltet; im Rahmen der Förderung der beruflichen Fortbildung und der beruflichen Umschulung wurden Unterhaltsgeld und Kostenübernahme für die Bildungsmaßnahmen vorgesehen. Ergänzt wurden die individuellen Förderungsmaßnahmen durch institutionelle Hilfen, die auf die Bereitstellung eines ausreichenden und bedarfsgerechten sowie qualitativ hochstehenden Angebots an beruflichen Bildungseinrichtungen gerichtet sein sollten (z.B. finanzielle Beteiligung an der Errichtung überbetrieblicher Lehrwerkstätten).

Die BA wurde nach dem AFG auch dazu verpflichtet, diejenigen berufsfördernden Leistungen zur Rehabilitation zu erbringen, die erforderlich sind, um die Erwerbsfähigkeit der körperlich, geistig oder seelisch Behinderten entsprechend ihrer Leistungsfähigkeit zu erhalten, zu bessern, herzustellen oder wiederherzustellen und die Behinderten möglichst auf Dauer beruflich einzugliedern. Die Maßnahmen der Arbeits- und Berufsförderung Behinderter werden sowohl für die berufliche Ausbildung als auch für die berufliche Fortbildung und Umschulung weitgehend gemäß den allgemeinen Vorschriften zur Förderung der beruflichen Bildung seitens der BA erbracht, sofern nicht ein anderer Rehabilitationsträger zuständig ist. Das AFG hat der BA die Möglichkeit geschaffen, allgemeine Maßnahmen zur Arbeitsbeschaffung sowie Maßnahmen zur Arbeitsbeschaffung für ältere Menschen durchzuführen. Grundsätzlich wurde eine Förderung durch Darlehen und/oder Zuschüsse an Arbeitgeber vorgesehen (z.B. Lohnkostenzuschüsse).

Das AFG führte zu einer Umstrukturierung der Förderung der ganzjährigen Beschäftigung in der Bauwirtschaft mit einer Konzentration auf die Zuschußförderung an Bauunternehmer nach Maßgabe der Mehrkosten des Baus in der Schlechtwetterzeit. Dabei waren verschiedene Voraussetzungen zu erfüllen, wie z. B. Schutz der Baustellen vor Witterungseinflüssen, Mindestzahl von 800 Arbeitsstunden auf der Baustelle während der Förderungszeit; außerdem war die Höhe der Zuschüsse von der Zahl der tatsächlich geleisteten Arbeitsstunden abhängig, und die Förderungssätze je Arbeitsstunde wurden nach der Witterungsanfälligkeit der Arbeitsplätze differenziert. Die allgemeine Zuschußgewährung konnte ergänzt werden durch Gewährung von Darlehen oder Zuschüssen, um die Beschaffung solcher Anlagen und Geräte zu begünstigen, die die Durchführung von Bauvorhaben in der Schlechtwetterzeit erleichtern.

Die Finanzierung der Leistungen nach dem AFG sollte vorrangig aus Beiträgen der Arbeitgeber und der Arbeitnehmer erfolgen, wobei das AFG eine maximale Ausdehnung des Kreises der Beitragspflichtigen vornahm. Beitragsfrei blieben „im wesentlichen nur noch die Arbeitnehmer mit geringfügiger Beschäftigung, Beamte, Ruhegehaltsempfänger, Empfänger von Renten wegen Erwerbsunfähigkeit aus der gesetzlichen Rentenversicherung, Arbeitnehmer, die wegen Minderung ihrer Leistungsfähigkeit der Arbeitsvermittlung nicht dauernd zur Verfügung stehen, und Arbeitnehmer, die das 63. Lebensjahr vollendet haben. Die Höhe der Beiträge wurde seinerzeit auf je 1 % der Beitragsbemessungsgrundlage festgelegt. Sie sind aufgrund der neu eingeführten Identität der Beitragsbemessungsgrundlage nach dem AFG und der gesetzlichen Rentenversicherung dynamisiert worden“ *(v. Bethusy-Huc, 1976, S.177).*

6. 3. 3 Grundstruktur des Berufsbildungsgesetzes von 1969

Als Ergänzung und quasi als Unterbau des AFG war das **Berufsbildungsgesetz vom 14. August 1969**, das am 1. 9. 1969 in Kraft trat, geschaffen worden. Es sollte die seinerzeit noch immer auf der GewO von 1869 und dem HGB von 1897 basierende Berufsausbildung reformieren *(vgl. Müller u.a., 1969 b; Helfert, 1970, S.152ff., 229ff.; R. Weber, 1970ff.; Hoppe, 1972, S.97ff.).*

Dieses Berufsbildungsgesetz war an dem dualen System der Berufsausbildung in betrieblicher und schulischer Form orientiert. Es regelte das Berufsausbildungsverhältnis durch den Lehrvertrag, der nunmehr zu einem speziellen Arbeitsvertrag ausgestaltet wurde, durch den sowohl dem Ausbildenden als auch dem Auszubildenden bestimmte Pflichten auferlegt wurden. Weiterhin befaßte sich das Berufsbildungsgesetz mit der Ordnung der Berufsbildung und somit mit der Eignung des Ausbilders in persönlicher und fachlicher Hinsicht sowie der Eignung der Ausbildungsstätte, mit der Anerkennung von Ausbildungsberufen und mit der Überwachung der Ausbildung sowie mit dem Prüfungswesen. Das Gesetz regelte weiter die Ausschüsse für Berufsbildung, die paritätisch von Arbeitnehmern, Arbeitgebern und Vertretern der öffentlichen Hand besetzt wurden und in denen grundlegende Berufsbildungsfragen unter beratender Mitwirkung der Lehrer der berufsbildenden Schulen behandelt wurden; mit der Tätigkeit des Bundesausschusses für Berufsbildung sollte die Bundeseinheitlichkeit der Berufsbildung gewährleistet werden (Anhörung vor Erlaß von Rechtsverordnungen), während die Landesausschüsse für Berufsbildung die betriebliche und schulische Berufsbildung koordinieren sollten und die Berufsbildungsausschüsse auf Kammerebene die Zusammensetzung der Prüfungsausschüsse bestimmten. Ferner waren Gegenstand des Regelungssystems des Berufsbildungsgesetzes die Berufsbildungsforschung (Bundesinstitut für Berufsbildungsforschung) sowie die Festlegung der Kompetenzen auf Bundesebene, wobei die koordinierende und übergreifende Zuständigkeit beim BMA angesiedelt wurde und den einzelnen Fachministern – im Einvernehmen mit dem BMA – lediglich die Kompetenz zur Regelung der Ausbildungsfragen in ihrem jeweiligen Bereich zugestanden wurde; für die berufliche Fortbildung und Umschulung wurde zunächst der Bundesarbeitsminister für allein zuständig erklärt, allerdings lag die entsprechende Kompetenz seit 1972 in den Händen des Bildungs- und Wissenschaftsministers *(vgl. Brück, 1976, S.224f.).*

6. 4 Entwicklungen im Bereich der Arbeitsförderung zu Beginn der 70er Jahre

Obwohl mit dem AFG der ihm zugrundeliegende Regelungsbereich völlig neu gestaltet worden war, erfuhr auch dieses Gesetz bereits kurz nach seinem Inkrafttreten eine Reihe von Abänderungen und Ergänzungen.

Noch im Jahr der Verabschiedung des AFG führte das 1. AFG-ÄndG vom 22. Dezember 1969 [BGBl.I S.2360] zu einer verbesserten Ausgestaltung des Unterhaltsgeldes im Verhältnis zum Arbeitsentgelt. Das Unterhaltsgeld wurde von bis dahin einheitlich 120 % des Arbeitslosengeldes auf 130 % für das 1. Halbjahr und 140 % für die darüber hinausgehende Dauer der Bildungsmaßnahme erhöht. Außerdem wurde eine automatische Anhebung des Unterhaltsgeldes eingeführt, um zusätzliche Anreize vor allem für die Teilnahme an langfristigen beruflichen Bildungsmaßnahmen zu schaffen.

Im Mittelpunkt des **2. AFG-ÄndG vom 19. Mai 1972** [BGBl.I S.791] stand die Reform der **produktiven Winterbauförderung** mit dem Ziel, eine ganzjährige Beschäftigung und ein gleichmäßiges Einkommen für die Bauarbeiter zu sichern.

Um eine Erhöhung des Bauvolumens und eine gleichmäßigere Ausnutzung der Unternehmenskapazität zu erreichen, wurden das bisherige Regelungssystem des AFG ausgebaut und das sog. Wintergeld für Bauarbeiter eingeführt; ferner wurde die Finanzierung der produktiven Winterbauförderung durch ein Umlagesystem neu geregelt (Umlage der Betriebe der Bauindustrie und des Bauhandwerks).

Das **3. AFG-ÄndG vom 17. Juli 1974** [BGBl.I S.1481] führte mit dem **Konkursausfallgeld** eine neue Lohnersatzleistung ein, die den Arbeitnehmer bei Zahlungsunfähigkeit des Arbeitgebers absichern sollte *(vgl. Uhlenbruck, 1975, S.182ff.)*.

Mit dem Konkursausfallgeld sollte dem Arbeitnehmer im Falle der Zahlungsunfähigkeit des Arbeitgebers der volle Nettolohn für die letzten 3 Monate einschl. der Sozialversicherungsbeiträge gesichert werden. Träger der Konkursausfallversicherung wurde zwar die BA, die Mittel dafür waren jedoch über die Berufsgenossenschaften von den Arbeitgebern aufzubringen. Gleichzeitig wurden mit Wirkung vom 1. 10. 1974 an das Arbeitslosengeld, die Arbeitslosenhilfe sowie das Unterhaltsgeld dynamisiert (Anpassung nach Maßgabe der Steigerungssätze in der RV).

Während bis dahin die Änderungsgesetze im wesentlichen Leistungsverbesserungen brachten, führte der 1973 einsetzende Konjunkturabschwung schon bald zu eher restriktiven gesetzlichen Maßnahmen. Erstmals wurden die veränderten **ökonomischen Rahmenbedingungen** mit den in Art.44 des EG-EStRG vom 21. Dezember 1974 [BGBl.I S. 3656] erfolgten Änderungen des AFG sowie durch das **Haushaltsstrukturgesetz – AFG vom 18. Dezember 1975** [BGBl.I S.3113] spürbar.

Das EG-EStRG brachte den Fortfall der Familienzuschläge für Kinder, die Ausrichtung der Leistungshöhe am Nettolohn sowie die Festsetzung des Arbeitslosen-, Kurzarbeiter- und Schlechtwettergeldes auf 68%, der Arbeitslosenhilfe auf 58 % und des Unterhaltsgeldes auf 90 % des ausfallenden Nettolohnes. Das HStruktG-AFG enthielt vor allem eine beitragsgerechtere Gestaltung der Regelungen über die Förderung der beruflichen Bildung sowie eine Vereinfachung des Leistungsrechts bei gleichzeitiger Anpassung an die arbeitsmarktpolitischen Ziele des AFG (Aufspaltung des Unterhaltsgeldes bei Teilnahme an Fortbildungs- und Umschulungslehrgängen je nach arbeitsmarktpolitischer Bedeutung der Maßnahme in zwei Sätze – 80 bzw. 58 % des ausfallenden Nettolohnes; Erschwerung des Zugangs zur Arbeitslosenhilfe für Schul- und Hochschulabsolventen); hinzu traten eine Konkretisierung des Begriffs der »Zumutbarkeit« in der Arbeitslosenversicherung, eine Erhöhung des Beitragssatzes für Arbeitgeber und Arbeitnehmer um jeweils 0,5 % auf 1,5 % sowie eine Verbesserung der Liquidität des Rücklagevermögens der BA *(vgl. Kühl, 1982, S.251 ff.)*.

6. 5 Arbeitsmarktzulassung ausländischer Arbeitnehmer

Mit dem wachsenden Rückgriff auf ausländische Arbeitskräfte im Zuge des sich verknappenden deutschen Erwerbspersonenpotentials entstand für die Arbeitsverwaltung ein neues Aufgabengebiet, zumal auch in der Frage der **Arbeitsmarktzulassung ausländischer Arbeitnehmer** auf in der Weimarer Zeit entwickelte Grundprinzipien zurückgegriffen wurde. Bei der 1955 anstehenden Entscheidung über die Öffnung des deutschen Arbeitsmarktes für ausländische Arbeitskräfte drängten vor allem die Gewerkschaften darauf, eine Anwerbung im Ausland ausschließlich den zuständigen Stellen der BAVAV zu gestatten. Außerdem verlangte der DGB von Beginn an die **arbeits- und sozialrechtliche Gleichstellung** der ausländischen Arbeitnehmer *(vgl. Diamant, 1973, S.306).*

In dem staatlichen Vermittlungsmonopol sahen die Gewerkschaften den Garanten einer dem Gesamtinteresse verpflichteten Anwerbung; u.a. sollte dadurch sichergestellt werden, daß Unternehmer nicht direkt nach ihrem Gutdünken und zu von ihnen bestimmten Lohn- und Arbeitsbedingungen anwerben können und daß „die Gesamtverantwortlichkeit für alle Schritte auf dem Gebiet der Arbeitsmarktpolitik und damit auch die Möglichkeit einer einheitlich orientierten Vorsorge für rechtzeitige arbeitsmarktpolitische Maßnahmen in den Händern der Nürnberger Bundesanstalt konzentriert bleibt" *(IG Metall, 1966).*

Tabelle 22: Ausländer und Ausländerbeschäftigung 1954–1990

Jahr	Ausländische Wohnbevölkerung[1]		Beschäftigte Ausländer[3]		Wanderung von Erwerbspersonen[5]		Arbeitslose Ausländer	
	total	in %[2]	total	in %[4]	Zuzüge	Fortzüge	total[6]	in %[7]
1954	484.819	0,93	72.906	0,4	–	–	–	–
1961	686.160	1,22	507.419	2,4	343.654	153.569	1.414	0,3
1965	1.701.973	2,90	1.164.364	5,5	591.820	344.207	1.729	0,2
1967	1.657.099	2,79	1.023.747	4,8	224.260	412.727	15.566	1,5
1970	2.976.497	4,91	1.838.859	8,3	741.099	326.364	5.002	0,3
1973	3.966.200	6,40	2.595.000	11,2	544.231	338.806	19.750	0,8
1975	4.089.594	6,61	2.070.735	9,4	137.975	332.125	151.493	6,8
1978	3.981.062	6,49	1.869.294	8,3	191.626	127.210	103.524	5,3
1980	4.453.308	7,23	2.071.658	8,9	298.484	181.438	107.420	5,0
1982	4.666.917	7,57	1.808.981	8,1	147.459	195.835	245.710	11,9
1985	4.378.942	7,18	1.583.898	7,0	113.315	99.989	253.195	13,9
1986	4.512.679	7,38	1.591.547	7,0	92.043	81.754	248.001	13,7
1987	4.240.532	6,93	1.588.859	6,9	103.650	73.089	262.097	14,3
1988	4.489.105	7,29	1.624.122	7,6	131.616	71.163	269.531	14,7
1989	4.845.882	7,70	1.689.299	7,8	148.077	73.609	232.512	12,8
1990	5.241.801	8,23	1.782.253	8,0	–	–	202.975	10,2

1) 1954: 31.12.; 1961: Ergebnis der Volkszählung; 1965: geschätzt; übrige Jahre: Ausländerzentralregister (AZR) zum 30.9. eines Jahres; 1985-1986: Jahresende; 1987-90: Fortschreibung auf der Basis des AZR und der VZ; 2) Ausländer in % der Gesamtbevölkerung; 3) Sozialversicherungspflichtig beschäftigte Ausländer jeweils Juli bzw. Juni; 4) in % der Beschäftigten insgesamt; 5) Werte für 1961 geschätzt; 6) Jahresdurchschnittswerte: 7) Arbeitslosenquote.
Quellen: Statistisches Jahrbuch für die Bundesrepublik Deutschland, versch. Jge.; BA (Hrsg.): Arbeitsstatistik - Jahreszahlen (ANBA-Sondernummer), lfde. Jge.; Wirtschaft und Statistik, Heft 8/1990, S.542.

Grundsätzlich wiederhergestellt wurde in den frühen 50er Jahren auch das alte **Arbeitserlaubnisrecht**; gestützt auf das Kontinuitätsprinzip setzte der Bundesarbeitsminister im Februar 1952 die Verordnung über ausländische Arbeitnehmer vom Januar 1933 wieder in Kraft [BAnz Nr.3 v. 1.3.1952] *(vgl. Dohse, 1981, S.105ff.).* Im AVAVG von 1957 schließlich wurde dem Bundesarbeitsminister die Kompetenz eingeräumt, durch Rechtsverordnung neben dem Zulassungsverfahren auch »Art, Umfang, Geltungsdauer und Aufhebung« der Arbeitserlaubnis zu regeln (§ 43 Abs. 2 AVAVG).

Die AVAVG-Novelle reduzierte zugleich die „sehr rigiden Kontrollmöglichkeiten der Ausländerbeschäftigung über die Beschäftigungsgenehmigung für einen Betrieb und die ArbE für einen ausländischen Arbeitnehmer auf die ArbE und (setzte) damit die Kontrolle vor allem bei den ausländischen Arbeitnehmern selbst (an)" *(Bieback, 1985, S.39).* Ferner beseitigte die AEVO vom 20. November 1959 [BGBl.I S.689] das seinerzeit fast inexistente Kontrollinstrument der Ausländerausschüsse, über das die Gewerkschaften theoretisch die Möglichkeit gehabt hätten, Einfluß auf die Ausländerbeschäftigung zu nehmen.

Zur Sicherstellung der stark zunehmenden Anforderungen der Wirtschaft nach ausländischen Arbeitskräften folgten dem bereits 1955 unterzeichneten Abkommen mit Italien zu Beginn der 60er Jahre weitere **Regierungsvereinbarungen über Anwerbung und Vermittlung von Arbeitskräften** mit Spanien und Griechenland (1960), der Türkei (1961), Portugal (1964), Tunesien und Marokko (1965) *(vgl. Gaul, 1961; Herbst u.a., 1961; Frey, 1982 a, S.56).*

Grundsätzlich war vorgesehen, daß die ausländischen Arbeitskräfte durch Auslandsdienststellen der BA im Ausland angeworben werden und dort eine sog. Legitimationskarte für die Einreise in die Bundesrepublik erhalten; erst nach Antritt der Arbeit sollten sie eine befristete Arbeitserlaubnis erhalten. Die enorme Expansion der Ausländerbeschäftigung führte allerdings bereits Mitte der 60er Jahre zu rasch abnehmenden Einschaltquoten der BAVAV bei der Anwerbung und Vermittlung ausländischer Arbeitskräfte. Ende 1965 kamen bereits rd. 40 % der ausländischen Arbeiter über den sog. »zweiten Weg« in die Bundesrepublik, d. h. sie reisten ggf. mit einem Touristenvisum in die Bundesrepublik ein, suchten sich einen Arbeitsplatz und beantragten erst dann eine Arbeitserlaubnis.

Seit Inkrafttreten des Arbeitsförderungsgesetzes bildet § 19 AFG die Grundlage für die Regelung der Ausländerbeschäftigung. Danach bedürfen ausländische Arbeitnehmer zur Ausübung einer Beschäftigung einer Erlaubnis der BA, die »nach Lage und Entwicklung des Arbeitsmarktes« unter Berücksichtigung der Verhältnisse des Einzelfalles erteilt wird. In den Einzelheiten wurde das **Arbeitserlaubnisverfahren** in der aufgrund von § 19 Abs.3 AFG erlassenen Arbeitserlaubnisverordnung vom 2. März 1971 [BGBl.I S.152] geregelt.

Vor dem Hintergrund hoher Wachstumsraten sowie anhaltender Vollbeschäftigung und weitgehend getragen vom Konsens aller den Arbeitsmarkt bestimmenden gesellschaftlichen Kräfte *(vgl. Manfrass, 1974, S.323)* war die **Ausländerbeschäftigungspolitik** der Bundesregierung bis weit in die 60er Jahre hinein kaum umstritten. Da angenommen wurde, daß die Beschäftigung ausländischer Arbeitnehmer und damit deren Aufenthalt in der Bundesrepublik – allein zum Zwecke der Arbeit (»**Rotationspolitik**«) – vorübergehender Art sein würden, erschienen politische Konzeptionen lange Zeit nicht zwingend *(vgl. Schröer, 1981, S.4)* und die Erörterung der **sozialen** und **gesellschaftlichen Aspekte** der Ausländerbeschäftigung vernachlässigbar *(vgl. u.a. Hoernigk, 1965, S.215ff.).* Erst als mit der **Zunahme der Aufenthaltsdauer** und dem verstärkten **Familiennachzug** die menschlichen Probleme und **Engpässe** in der **sozialen Infrastruktur**, insbesondere in den Ballungsgebieten, immer deutlicher wurden sowie allmählich die Zweifel an den ökonomischen Vorteilen einer derart expansiven Ausländerbeschäftigung zunahmen *(vgl. Höpfner/Ramann/Rürup, 1973)*, gab die Bundesregierung Anfang der 70er Jahre die einseitige Orientierung ihrer Ausländerpolitik an vornehmlich arbeitsmarktpolitischen Gesichtspunkten auf *(vgl. Frey, 1982 b, S.89).*

Noch bevor die mit dem **Aktionsprogramm zur Ausländerbeschäftigung vom 6. Juli 1973** *(vgl. Bulletin der BReg, 1973, S.693)* eingeleitete Wende in der Ausländerpolitik (Förderung der sozialen Integration, Verbesserung des aufenthaltsrechtlichen Status) in vollem Umfang wirksam werden konnte, verfügte der Bundesarbeitsminister in Anbetracht der sich im Zusammenhang mit der weltweiten Ölpreiskrise abzeichnenden Rezession am 23.11.1973 einen **generellen Anwerbestopp** für ausländische Arbeitskräfte.

Die erhoffte Entlastung brachte der Anwerbestopp allerdings nur teilweise, da er lediglich den Zuzug neuer Arbeitskräfte verhinderte, die Möglichkeit des Nachzugs von Ehegatten und Kindern hier lebender ausländischer Arbeitnehmer jedoch nicht beschränkte. Aufgrund der anhaltend gespannten Arbeitsmarktlage wurde daher am 13. November 1974 die sog. »Stichtagsregelung« eingeführt; diese bedeutete, daß die Arbeitserlaubnis für die erstmalige Beschäftigung im Bundesgebiet sämtlichen Ausländern (einschließlich der nachreisenden Jugendlichen), die nach diesem Stichtag einreisten, generell zu versagen war.

7. Entwicklung der Arbeitsbeziehungen und Arbeitsbedingungen

7. 1 Entwicklung des Tarifvertragssystems

7. 1. 1 Rahmenbedingungen

Mit dem Inkrafttreten des GG wurde durch Art.9 Abs.3 für »jedermann und alle Berufe« das Recht gewährleistet, »zur Wahrung und Förderung der Arbeits- und Wirtschaftsbedingungen Vereinigungen zu bilden«. Die in diesem Artikel positiv statuierte **Koalitionsfreiheit** beinhaltet zum einen das Recht zur Begründung von Koalitionen und zum anderen eine **Bestands- und Betätigungsgarantie** für Koalitionen. Ebenfalls geschützt wurde durch Art.9 Abs.3 GG nach überwiegender Meinung die **negative Koalitionsfreiheit**, d.h. das Recht des einzelnen, einer Koalition fernzubleiben. Im Gegensatz sowohl zur WRV (Art.165 Abs.1 S.2), die die Organisationen der Arbeitnehmer und Arbeitgeber und ihre Koalitionsvereinbarungen explizit anerkannte, als auch zu den Länderverfassungen nach 1945, die eine umfassende Gewährleistung des kollektiven Arbeitsrechts vorsahen, enthält das GG keine ausdrückliche Garantie einzelner Institute des kollektiven Arbeitsrechts *(vgl. Hueck/Nipperdey, 1960, S.173; vgl. allgemein Nipperdey, 1949b, S.214ff.; Nikisch, 1959; Däubler/Hege, 1976; H. Klein, 1979)*.

Die Offenheit des Grundgesetzes für unterschiedliche Interpretationen hat die Ausgestaltung des **Systems der »industriellen Beziehungen«** stark beeinflußt. „Gesetzgebung und Rechtsprechung garantieren zwar die Tarifautonomie, strukturieren und grenzen jedoch Formen und Gegenstandsbereiche des Interessengegensatzes zwischen Kapital und Arbeit durch Schaffung vielfältiger Regeln ein, die eine restriktive kontrollierte Konfliktaustragung erzwingen. Durch Gesetze und Rechtsprechung wurden Rahmenbedingungen und Prinzipien fixiert, nach denen Verhandlungen, Schlichtungen und Arbeitskämpfe abzuwickeln sind" *(Bergmann/Jacobi/Müller-Jentsch, 1975, S.175)*. Insgesamt charakterisieren sich die Konfliktregelungsmechanismen zwischen Arbeitgebern und Gewerkschaften durch einen **hohen Grad an rechtlicher Normierung**, der allerdings weniger das Ergebnis politischer Entscheidungen, sondern Ausdruck der Rechtsprechung ist (**»Richterrecht«**) *(vgl. Bieback u.a., 1979; Weigand/Wohlgemuth, 1980; Däubler, 1984)*.

7. 1. 2 Regelung des Tarifvertragsrechts

Die in Art.9 Abs.3 GG garantierte Koalitionsfreiheit gewährleistet nach herrschender Auffassung zugleich den verfassungsrechtlichen **Schutz der Tarifautonomie**, d.h. das Recht der Koalitionen, unabhängig von staatlicher Einflußnahme die Arbeits- und Wirtschaftsbedingungen zu regeln. Dies bedeutete insbesondere, daß dem Gesetzgeber nicht freistand, das „Rechtsinstitut des Tarifvertrages zu beseitigen und so den Koalitionen die Möglichkeit zu nehmen, die ihnen durch Art.9 Abs.3 GG anvertrauten besonderen Zwekke zu erfüllen" *(Hueck/Nipperdey, 1960, S.173)*. Anerkannt wurde aber die Berechtigung des Gesetzgebers, die **Grenzen der Tarifautonomie** und der Tarifmacht näher zu bestimmen und mit einem Tarifvertragssystem regelnd einzugreifen. Der Staat selbst hat bislang „nicht nur davon abgesehen, das Tarifrecht in allen Einzelheiten gesetzlich zu regeln, er hat darüber hinaus in zunehmendem Maße tarifdispositives Gesetzesrecht geschaffen" *(Farthmann, 1977, S.446)*.

Noch vor der Gründung der Bundesrepublik war das Tarifvertragsrecht für das Vereinigte Wirtschaftsgebiet durch das Tarifvertragsgesetz (TVG) vom 9. April 1949 [WiGBl. S.55] und die aufgrund von § 10 dazu ergangene DV vom 7. Juni 1949 [WiGBl. S.89] geregelt worden. Während das

TVG gestützt auf Art.74 Ziff.12 und Art.125 Ziff. 1 GG später in den Ländern der ehemaligen amerikanischen und britischen Zone Bundesrecht wurde, verzichtete man darauf, es nach Art.127 GG auch in den Ländern der französischen Zone in Kraft zu setzen. Noch vor Beseitigung der dadurch herrschenden Rechtszersplitterung wurde das TVG durch das ÄndG vom 11. Januar 1952 [BGBl.I S. 19] novelliert; dabei wurden einerseits die Voraussetzungen der Allgemeinverbindlichkeitserklärung, die sich als zu eng erwiesen hatten, erweitert und andererseits der Begriff der »Spitzenorganisation« definiert.

Bundesweite Gültigkeit erlangte das TVG von 1949 (einschl. DV von 1949 und ÄndG von 1952) erst durch das **Gesetz über die Erstreckung des Tarifvertragsgesetzes vom 23. April 1953** [BGBl.I S.156]; lediglich in Berlin blieb es zunächst bei einer landesrechtlichen Regelung (Gesetz vom 12. September 1950 [GVBl. Berlin S.417]), die sich jedoch inhaltlich weitgehend an das TVG anlehnte *(vgl. Nikisch, 1959)*.

Das im wesentlichen noch heute geltende TVG geht „von der mit Art.9 Abs.3 i.V. m. Art.2 Abs.1 GG garantierten Tarifautonomie der zur Wahrung und Förderung der Arbeits- und Wirtschaftsbedingungen gebildeten Vereinigungen aus und überläßt die Festlegung der Arbeitsbedingungen den Tarifvertragsparteien im Wege des freien Spiels der Kräfte. Der Staat beschränkt sich auf Mindestregelungen" *(Farthmann, 1977, S.442)*. Nach dem TVG war der Tarifvertrag ein schriftlich festgelegter privatrechtlicher Vertrag, der in seinem schuldrechtlichen Teil die Rechte und Pflichten der Tarifvertragsparteien regelte und in seinem normativen Teil Bestimmungen festlegte, die unmittelbar für die beteiligten Arbeitgeber und Arbeitnehmer galten. Abgeschlossen werden konnte ein Tarifvertrag nach § 2 TVG durch die sog. »tariffähigen Parteien«. Hierzu zählten gem. § 4 TVG auf Arbeitgeberseite der einzelne Arbeitgeber, Arbeitgeberverbände sowie zum Tarifabschluß bevollmächtigte Zusammenschlüsse, auf Arbeitnehmerseite die Gewerkschaften bzw. deren Zusammenschlüsse. Nach § 3 Abs.1 waren die Mitglieder der Tarifvertragsparteien an die Normen des Tarifvertrages gebunden. Im normativen Teil enthielt er Rechtsnormen zur Regelung der Rechtsverhältnisse (insb. Arbeitsverhältnisse) der Mitglieder der beteiligten Tarifvertragsparteien. Für die tarifgebundenen Parteien galten die Bestimmungen unmittelbar und zwingend (Unabdingbarkeit). Dies bedeutete, daß die Arbeitsvertragsparteien von den Tarifvertragsbestimmungen durch Vereinbarung nicht zuungunsten des Arbeitnehmers abweichen konnten; das sog. Günstigkeitsprinzip ließ lediglich Abweichungen zugunsten des Arbeitnehmers zu (§ 4 Abs.3 TVG). Der schuldrechtliche Teil betraf Abreden, die das Rechtsverhältnis der Tarifvertragsparteien untereinander regelten. Im einzelnen waren dies v. a. die sog. »Friedenspflicht« sowie die Tariferfüllungs- bzw. Einwirkungspflicht.

Erhebliche Bedeutung hatte desweiteren § 5 Abs.4 TVG, der den Minister für Arbeit ermächtigte, den Tarifvertrag für allgemeinverbindlich zu erklären, wenn 1) die tarifgebundenen Arbeitgeber nicht weniger als 50 % der unter den Geltungsbereich fallenden Arbeitnehmer beschäftigen oder 2) das öffentliche Interesse die Allgemeinverbindlichkeitserklärung geboten erscheinen läßt. Eine Allgemeinverbindlichkeitserklärung war ferner zur Behebung eines sozialen Notstandes zulässig.

Das Tarifvertragsgesetz ist in den folgenden Jahrzehnten nur bei wenigen Gelegenheiten geändert worden. Zu erwähnen sind die DV vom 20. Februar 1970 [BGBl.I S.193], mit der das **Verfahren der Allgemeinverbindlichkeitserklärung** modifiziert wurde (Tarifausschuß), sowie ein Gesetz vom 29. Oktober 1974 [BGBl.I S.2879], das zum einen das Bundestarifrecht i.V. m. dem Berliner Gesetz vom 14. November 1974 [GVBl. Berlin S.2721] auf das Land Berlin ausdehnte und zum anderen die Geltung des TVG auf arbeitnehmerähnliche Personen erweiterte *(vgl. Güntner, 1974, S.153ff.; Reichel, 1977; Zachert, 1979)*.

Obwohl Art.9 Abs.3 GG die Regelung der Arbeitsentgelte und der Arbeitsbedingungen vorrangig den Tarifvertragsparteien zuwies, erlaubte ein Gesetz vom 11. Januar 1952 [BGBl.I S.17] unter bestimmten Voraussetzungen die **staatliche Festsetzung von Mindestarbeitsbedingungen** *(vgl. Fitting, 1952, S.5ff.)*. Von den Möglichkeiten dieses Gesetzes wurde „nicht zuletzt aufgrund der durch die Tarifvertragsparteien geschaffenen Lohnordnung" *(Farthmann, 1977, S.443)* allerdings im Laufe der bisherigen Entwicklung kein Gebrauch gemacht.

Die Zurückhaltung des Gesetzgebers bei der rechtlichen Regelung des Tarifvertragssystems ermöglichte in verschiedenen Punkten **kontroverse Auffassungen**. Als Folge davon wurde das Tarifvertragsrecht in nicht unwesentlichem Maße durch die Gerichte, insbesondere das BAG, fortentwickelt und fortgebildet. Wesentliche Streitpunkte, die auf diese Weise entschieden wurden, waren der Begriff der **»Tariffähigkeit«** sowie die Zulässigkeit der von den Gewerkschaften geforderten **Differenzierungs- und Effektivklauseln**.

Zu dem im Gesetz nicht näher definierten Begriff der Tariffähigkeit entschied das BVerfG [BVerfGE 20, S.312 f.], daß darunter die Fähigkeit zu verstehen sei, »durch Vereinbarung mit dem sozialen Gegenspieler u. a. die Arbeitsbedingungen des Einzelarbeitsvertrages mit der Wirkung zu regeln, daß sie für die tarifgebundenen Parteien unmittelbar und unabdingbar wie Rechtsnormen gelten«. Hinsichtlich der Merkmale, die eine Koalition erfüllen muß, um tariffähig zu sein, blieb auch zwischen den Gerichten die Frage umstritten, ob zur Voraussetzung der Tariffähigkeit auch die Bereitschaft zum Arbeitskampf gehört. Während das BAG zunächst die Arbeitskampfbereitschaft als Voraussetzung verlangte [BAG AP Nr.11 zu § 11 ArbGG; BAG AP Nr.13 zu § 2 TVG], vertrat das BVerfG die Auffassung, daß den Koalitionen die Wahl der Mittel, die zur Erreichung des Zwecks erforderlich sind, freigestellt bleiben müsse [BVerfG AP Nr.15 zu § 2 TVG]. Durchgesetzt hat sich inzwischen der Grundsatz, daß Koalitionen nur dann tariffähig sind, wenn sie in der Lage sind, »wirkungsvollen Druck auf den sozialen Gegenspieler auszuüben« [BAG AP Nr.25 zu § 2 TVG].

Die Zulässigkeit von Differenzierungsklauseln, die verhindern sollen, daß Nicht-Gewerkschaftsmitglieder in den Genuß der durch die Gewerkschaften erkämpften Verbesserungen gelangen, hat das BAG in einem Grundsatzurteil vom 29.11.1967 [BAG AP Nr.13 zu Art.9 GG] zwar verneint, die grundsätzliche Problematik damit jedoch nicht gelöst. Ebenfalls für unwirksam erklärt hat das BAG in einer Entscheidung vom 14.2.1968 [BAG AP Nr.7 zu § 4 TVG Effektivklausel = BAGE 20, S.308 ff.] die Vereinbarung von Effektivklauseln. Mit diesem Instrument wollten die Gewerkschaften sicherstellen, daß Arbeitnehmern die Summe des bisher tatsächlich gezahlten – auch des übertariflichen – Lohnes und des Betrages der tariflichen Lohnerhöhung als neuer tariflicher Mindestlohn gezahlt wird *(vgl. Farthmann, 1977, S.455)*.

In der Praxis entstand im Laufe der Entwicklung ein **dichtes Netz von Tarifverträgen**, so daß schon bald die meisten abhängig Beschäftigten in den Genuß einer tarifvertraglichen Regelung der Lohn- und Arbeitsbedingungen gelangten.

Allein zwischen 1949 und Ende 1973 wurden rd. 125.000 Tarifverträge in das beim BMA geführte Tarifregister eingetragen, wobei die jährliche Zahl Anfang der 70er Jahre zwischen 7.000 und 8.000 schwankte. Von den am 30.11.1973 registrierten Tarifverträgen galten 943 für das gesamte Bundesgebiet und 6.255 für ein regionales Tarifgebiet (meistens Bundesland). Auf Industrie und Handwerk entfielen 4.543 Tarifverträge, auf den öffentlichen Dienst 929, den Groß- und Einzelhandel 524, den Bergbau 164 und die Landwirtschaft 52. Nach ihrem Vertragsinhalt handelte es sich um 3.137 Lohn-, Gehalts- und Vergütungstarifverträge, 3.486 Manteltarifverträge (von denen 862 auch Lohn- und Gehaltsregelungen enthielten) und 575 Tarifverträge über Ausbildungsvergütungen. Erfaßt wurden durch diese Tarifverträge insgesamt rd. 20 Mio. Arbeitnehmer *(vgl. Die Quelle, 25.Jg., Heft 6/1974, S. 258)*.

7.1.3 Gestaltung des Schlichtungswesens

Nicht zuletzt aufgrund der wenig befriedigenden Erfahrungen mit der Zwangsschlichtung in der Zeit der Weimarer Republik verzichtete der Staat 1949/50 bewußt auf eine eingehende gesetzliche Regelung des **Schlichtungswesens** *(vgl. Söllner, 1974, S.106)*. Mit dem Verzicht auf Eingriffe enthielt sich der Staat einer sehr umstrittenen und die staatliche Autorität gefährdenden Tätigkeit *(vgl. Söllner, 1975, S.258)*. Zwar gab es in der Anfangsphase der Bundesrepublik, insbesondere seitens der FDP, Forderungen nach einer bundeseinheitlichen gesetzlichen Regelung der Schlichtung, eine Mehrheit fand sich aber dafür nicht. Stattdessen wurden die Tarifparteien angeregt, im Rahmen ihrer

Autonomierechte das **freiwillige Schlichtungswesen** weiter auszubauen *(vgl. Raupach, 1964; Königbauer, 1971; Külp, 1972; Dütz, 1978, S.291ff.).*

Die Haltung der **Tarifparteien** selbst war anfangs eher widersprüchlich; nachdem sie zunächst einer gesetzlichen Schlichtungsregelung den Vorzug gaben und hierfür bereits einen gemeinsamen Entwurf ausgearbeitet hatten *(vgl. o. V., RdA, 1949, S.177)*, waren sie schon kurze Zeit später übereinstimmend gegen eine gesetzliche Regelung.

Um jeglichen staatlichen Initiativen zuvorzukommen, einigten sie sich am 12.1.1950 im sog. »Hattenheimer Abkommen« auf den Musterentwurf einer tariflichen Schlichtungsregelung, die verschiedene Grundregeln festlegte (Erfordernis des Antrags einer Partei für das Tätigwerden des Schlichters; Verbindlichkeit des Schiedsspruches mit seiner Annahme durch beide Parteien; Friedenspflicht bis zum Ausschöpfen des gesamten Möglichkeitsbereichs der Konfliktbeilegung). In der Folgezeit fanden die in Hattenheim vorgeschlagenen Schlichtungsklauseln allerdings nur sehr vereinzelt Eingang in die Manteltarifverträge)(1954 enthielten von über 1.000 nur 63 Schlichtungsklauseln).

Tabelle 23: Arbeitskämpfe 1950–1988

Jahr	beteiligte Arbeitnehmer	verlorene Arbeitstage	Jahr	beteiligte Arbeitnehmer	verlorene Arbeitstage	Jahr	beteiligte Arbeitnehmer	verlorene Arbeitstage
1950	58.184	270.716	1963	316.397	1.846.025	1976	169.312	533.696
1951	174.325	1.592.892	1964	5.629	16.711	1977	34.437	23.681
1952	84.097	442.877	1965	6.250	48.520	1978	487.050	4.281.284
1953	50.625	1.488.218	1966	196.013	27.086	1979	77.326	483.083
1954	115.899	1.586.523	1967	59.604	389.581	1980	45.159	128.386
1955	597.353	846.647	1968	25.167	25.249	1981	253.334	58.398
1956	25.340	263.884	1969	89.571	249.184	1982	39.981	15.106
1957	45.134	2.385.965	1970	184.269	93.203	1983	94.070	40.842
1958	202.483	782.123	1971	536.303	4.483.740	1984	399.470	5.617.595
1959	21.648	61.825	1972	22.908	66.045	1985	78.187	34.505
1960	17.065	37.723	1973	185.010	563.051	1986	115.522	27.964
1961	21.052	65.256	1974	250.352	1.051.290	1987	154.966	33.325
1962	79.177	450.948	1975	35.814	68.680	1988	33.503	41.880

Quelle: Statistisches Jahrbuch für die Bundesrepublik Deutschland, versch. Jge. (1952 ff.); Statistisches Bundesamt: Fachserie 1, Reihe 4.3, versch. Jge.

In dem Bemühen, doch noch zu einer wirksamen Aktivierung des Schlichtungswesens zu gelangen, verständigten sich die Spitzenverbände der Tarifparteien (BDA, DGB) im sog. **»Margarethenhof-Abkommen«** vom 7.September 1954 auf eine weitere **Musterschlichtungsvereinbarung**, die im Kern eine „Automatik der Schlichtung, eine Einlassungspflicht und eine absolute Friedenspflicht bis zum endgültigen Scheitern des Schlichtungsverfahrens" *(Farthmann, 1977, S.445)* vorsah.

Im Gegensatz zu früheren Versuchen gelang mit dieser Mustervereinbarung tatsächlich der Durchbruch in der tarifpolitischen Praxis, zumal nunmehr der Abschluß von Schlichtungsvereinbarungen in wichtigen Industriezweigen zustande kam (z. B. Bauindustrie, Ernährungsindustrie, holzverarbeitende Industrie). Besondere Bedeutung erlangte dabei das zwischen IG Metall und Gesamtmetall getroffene Schlichtungsabkommen vom 14. Juni 1965, das im Gegensatz zum Mustervorschlag keine Einlassungspflicht vorsah, dafür jedoch die während des Verfahrens geltende Friedenspflicht besonders präzisierte. Insgesamt wurden Anfang 1958 rd. 8,7 Mio. oder 40–50 % der Arbeitsverhältnisse von tarifvertraglichen Schlichtungsabkommen erfaßt *(vgl. Welter, 1958).*

Eine ernsthafte Bewährungsprobe erfuhr das tarifvertragliche Schlichtungswesen, als die IG Metall in Reaktion auf das BAG-Urteil vom 31.10.1958 [BAGE 6, S.325 f.], in dem sie wegen Verletzung der Friedenspflicht zu einer hohen Schadenersatzsumme (18 Mio. DM) verurteilt wurde, das Schlichtungsabkommen kündigte und gleichzeitig beim BVerfG eine Verfassungsbeschwerde gegen das Urteil einlegte. Obwohl sich die IG Metall danach lange Zeit gegen ein neues Abkommen wehrte, sah sie sich im Anschluß an den großen Metallarbeiter-Streik in Baden-Württemberg im Jahre 1963 dann doch genötigt, am 12.5.1964 in ein neues Schlichtungsabkommen einzuwilligen. Die Vereinbarung brachte nun auch für die Metallindustrie die sog. »Schlichtungsautomatik«; andererseits war ein Schiedsgericht vorgesehen, um den Rechtsweg bei Streitigkeiten aus der Vereinbarung weitgehend auszuschließen *(vgl. Schacht/Unterseher, 1971, S.301; Rajewsky, 1972, S.74)*.

7.1.4 Entwicklung des Arbeitskampfrechts

Noch stärker als das Tarifvertragsrecht wurde das grundgesetzlich gewährleistete Streikrecht durch richterliche Rechtsschöpfungen eingeengt und damit in aller Regel der gewerkschaftliche Handlungsspielraum begrenzt. Ausgehend von den Prinzipien der **»Sozialadäquanz«** und der **»Verhältnismäßigkeit«** entwickelten die Gerichte im Arbeitskampfrecht strenge Kriterien für die **Rechtmäßigkeit von Streiks** *(vgl. Siebrecht, 1964; Auffarth, 1977, S.129ff.; Bieback u.a., 1979; Seegert, 1985)*.

Obgleich das BAG in einem Urteil von 1955 die Auffassung vertrat, daß Art.9 Abs.3 GG weder nach dem Wortlaut „noch nach der klaren Entstehungsgeschichte" *(G. Müller, 1972, S.273)* ein Streikrecht verfassungsmäßig garantiere, wurde an der **Verfassungsmäßigkeit des Streikrechts** zu keiner Zeit ernsthaft gezweifelt *(vgl. Rüthers, 1960; Lerche, 1968)*. Allerdings wurden **politische Streiks** bereits Anfang der 50er Jahre von den Gerichten für unzulässig erklärt.

In den dem Zeitungsdrucker-Streik vom Mai 1952 folgenden Rechtsauseinandersetzungen verurteilten sämtliche LAG mit Ausnahme des LAG Berlin die Gewerkschaften zum Schadenersatz. Während die einfachen Arbeitsgerichte jedoch den Zeitungsdrucker-Streik überwiegend als verfassungswidrige Nötigung des Parlaments verurteilten, erklärten die LAG den politischen Streik für einen rechtswidrigen »Eingriff in den eingerichteten und ausgeübten Gewerbebetrieb« *(vgl. Rajewsky, 1972, S.36ff.)*. In ihrer Argumentation stützten sich die Gerichte vor allem auf die von NIPPERDEY entwickelte Sozialadäquanztheorie; danach sollten Streiks nur erlaubt sein, sofern sie sich „innerhalb des Rahmens der geschichtlich gewordenen sozial-ethischen Ordnung des Gemeinschaftslebens bewegen" *(Nipperdey, 1953, S.40)*. Konkret waren Streiks u.a. sozialadäquat und damit rechtmäßig, wenn sie a) gegen die Arbeitgeber oder deren Vereinigungen gerichtet waren, b) um Arbeitsbedingungen geführt wurden und c) das Streikziel durch privatrechtlichen Arbeitsvertrag verwirklicht werden konnte.

Trotz wiederholter und teilweise heftiger öffentlicher Kontroversen um das **Streikrecht** und vor allem um die Zulässigkeit der **Aussperrung** *(vgl. u.a. R. Hoffmann, 1974, S.47ff., ferner M. Schneider, 1980)* hat der Gesetzgeber bis heute darauf verzichtet, den Arbeitskampf einer rechtlichen Regelung zuzuführen. Stattdessen begann das BAG, durch seine Rechtsprechung faktisch ein **»Arbeitskampfsystem«** zu schaffen. Die dabei aufgestellten Voraussetzungen für die **Rechtmäßigkeit von Streiks** waren überwiegend restriktiv. Vor allem von den Gewerkschaften, aber auch von Teilen der Juristen wurde immer wieder kritisiert, daß sich das BAG an konservativen Ordnungsvorstellungen orientiere und damit die Arbeitgeber einseitig bevorteile *(vgl. Hartwich, 1974, S.400ff; Joachim, 1974, S.27ff.)*. Seine grundsätzliche Einstellung zum Streik hatte das BAG bereits in einem seiner ersten Grundsatzurteile vom 28.1.1955 [BAGE 1, S.291 f.] deutlich gemacht: »Arbeitskämpfe (Streik und Aussperrung) sind im allgemeinen unerwünscht, da sie volkswirtschaftliche Schäden mit sich bringen und den im Interesse der Gesamtheit liegenden sozialen Frieden beeinträchtigen; aber sie sind in bestimmten Grenzen erlaubt, sie sind in der freiheitlichen, sozialen Grundordnung der Deutschen Bundesrepublik zugelassen...«. Auf dieser Grundlage entwickelte das BAG im Laufe der Jahre seine Vorstellungen über die Legalität von Streiks.

Nach der Rechtsprechung wird gefordert, daß der Streik um tarifvertraglich regelbare Ziele von einer tariffähigen Partei geführt wird (Verbot sog. »wilder Streiks«). Verlangt wird ferner, daß Streiks den »Grundsatz der Verhältnismäßigkeit« wahren; sie dürfen also z. B. nicht das Gemeinwohl verletzen, müssen sich als letztes Mittel (»ultima ratio«) nach Ausschöpfung aller Verhandlungsmöglichkeiten darstellen und den Prinzipien fairer Kampfführung entsprechen. Außerdem dürfen Streiks nicht aus anderen Gründen gegen die guten Sitten, die Strafgesetze oder ein spezielles Streikverbot (z. B. für Beamte; *vgl. Ramm, 1970*) verstoßen. Strenge Anforderungen wurden an die Beachtung der Friedenspflicht gestellt; sie war nach der Rechtsprechung bereits verletzt, wenn eine Urabstimmung durchgeführt wurde, die den Arbeitgeber unter den »unmittelbaren Druck eingeleiteter Arbeitskämpfe« setzte *(vgl. Däubler, 1974, S.432)*.

Zu rechtlichen und politischen Auseinandersetzungen hat im Laufe der Jahre wiederholt die Frage der **Zulässigkeit der Aussperrung** geführt, von der die Arbeitgeber in der Bundesrepublik erstmals in großem Umfange während des Metallarbeiter-Streiks 1963 in Baden-Württemberg Gebrauch gemacht haben. Das BAG hat die Aussperrung unter Hinweis auf den Grundsatz der »Waffengleichheit« und der »**Kampfparität**» stets als zulässig erklärt, ja sogar die lösende Aussperrung erlaubt. Hinsichtlich der Auswirkungen der Aussperrung hat das BAG allerdings mit Beschluß vom 21. 4. 1971 seine Auffassung revidiert; ebenso wie Streiks sollen auch Aussperrungen im allgemeinen nur suspendierende Wirkung haben [AP Nr.43 zu Art.9 GG].

7. 2 Neuordnung der Mitbestimmung und Betriebsverfassung

In den ersten Nachkriegsjahren akzeptierten zwar nahezu alle politischen Kräfte eine grundlegende Neuordnung der Rechtsbeziehungen zwischen Arbeitnehmern und Arbeitgebern mit dem Ziel einer verstärkten Mitsprache und Mitentscheidung der Arbeitnehmer in den Betrieben, als es jedoch darum ging, hierzu nach Gründung der Bundesrepublik bundesgesetzliche Regelungen zu schaffen, zeigten sich vor dem Hintergrund veränderter ökonomischer Rahmenbedingungen und politischer Machtverhältnisse sehr schnell manifeste Interessengegensätze. Während die Gewerkschaften nach wie vor im Rahmen einer **Neuordnung der Wirtschaft** die Durchsetzung umfassender **Mitbestimmungsrechte** anstrebten, schwand im Zuge des beginnenden »Wirtschaftswunders« bei bürgerlichen Parteien und Unternehmerverbänden zusehends die Bereitschaft zu Zugeständnissen gegenüber den Gewerkschaften. Allerdings ließ die einsetzende Verbesserung der persönlichen Lebensverhältnisse auch in Teilen der Arbeiterschaft bereits eine wachsende Gleichgültigkeit gegenüber systemverändernden Forderungen bemerkbar werden *(vgl. Dahrendorf, 1963; Kleßmann, 1982, S.237)*.

Bei dieser Ausgangslage konnte es eigentlich nicht überraschen, daß die Neuordnung der Mitbestimmung und Betriebsverfassung **heftige innenpolitische Auseinandersetzungen** mit sich brachte. Zwar fanden auf außerparlamentarischer Ebene im Januar und März 1950 in Hattenheim zwischen **Arbeitgebern** und **Gewerkschaften** Gespräche über Fragen des Mitbestimmungsrechts im Gesamtbereich der Wirtschaft statt, eine Verständigung konnte dabei in wesentlichen Punkten jedoch nicht erzielt werden.

Der Einigung in der Frage einer überbetrieblichen, gleichberechtigten Zusammenarbeit in einem Bundeswirtschaftsrat und in paritätisch besetzten Wirtschaftskammern, die jedoch zu keinen praktischen Konsequenzen führte, standen unüberbrückbare Gegensätze in Fragen der betrieblichen Mitbestimmung gegenüber, bei der die Arbeitgeber den Betriebsräten lediglich Anhörungs- und Informationsrechte zubilligen wollten *(vgl. o. V., RdA, 1950, S.63; Bayer, 1956; E. Schmidt, 1973, S.194f.)*. Endgültig deutlich wurden die Divergenzen zwischen Arbeitgebern und Gewerkschaften in den von beiden Seiten in der Folgezeit präsentierten Gesetzentwürfen und Denkschriften, mit denen die Öffentlichkeit und die politischen Parteien zugunsten der jeweiligen Position mobilisiert werden sollten.

Besondere Faktoren führten dazu, daß sich in der weiteren Auseinandersetzung zwei Problembereiche ergaben, die zwar im Zusammenhang miteinander standen, deren Regelung im Parlament im wesentlichen aber getrennt erfolgte. Trotz bereits aufgenommener Arbeiten an einer bundeseinheitlichen **Kodifikation des Betriebsverfassungsrechts** bewirkten alliierte Schritte, daß zunächst das Schicksal der 1947 eingeführten **Montan-Mitbestimmung** in den Vordergrund des Interesses rückte *(vgl. F. Fricke, 1953, S.5ff.; Deutsches Industrieinstitut, 1955).*

7.2.1 Mitbestimmungsgesetz Kohle und Eisen von 1951

Der sog. »**Kampf um die Montan-Mitbestimmung**« begann Mitte 1950, als die Alliierte Hohe Kommission (AHK) daran ging, die Situation der entflochtenen, aber nicht enteigneten Eisen- und Stahlindustrie, in der 1947 die Arbeitgeber einer paritätischen Besetzung der Aufsichtsräte zugestimmt hatten, endgültig zu regeln. Das von der AHK am 16. Mai 1950 zu diesem Zweck erlassene **Gesetz Nr.27** [ABl. AHK S.299] enthielt zwar keine Aussagen zur Mitbestimmung, die darin beabsichtigte Gestaltung der Eigentumsform sowie damit im Zusammenhang stehende aktienrechtliche Neuregelungen widersprachen nicht nur der gewerkschaftlichen Forderung nach Sozialisierung der Grundstoffindustrien, mehr noch beunruhigte sie die Gefahr, daß mit der Überführung der entstandenen Gesellschaften in deutsches Recht die paritätische Mitbestimmung abgeschafft werden könnte. Entsprechend der geradezu symbolhaften Bedeutung, die die im Montanbereich erreichte Mitbestimmungsregelung für die Gewerkschaften hatte, begannen sie sofort, sich mit allen Mitteln gegen deren Beseitigung zur Wehr zu setzen *(vgl. Potthoff, 1955, 1957).*

Neben Gesprächen mit den Arbeitgebern im Mai/Juni 1950 in Bonn und im Juli 1950 in Maria Laach, die ohne greifbares Ergebnis blieben, legte der DGB am 22. 5. 1950 einen Gesetzentwurf »Zur Neuordnung von Wirtschaft und Gesellschaft« vor, in dem er mit aller Entschlossenheit nicht nur im Montanbereich, sondern für die Gesamtwirtschaft eine Gleichberechtigung von Arbeit und Kapital in den Entscheidungen der Betriebe und der Wirtschaft verlangte. Naturgemäß stießen die gewerkschaftlichen Vorstellungen auf die entschiedene Opposition der Arbeitgeber.

In seine entscheidende Phase trat der Konflikt im Herbst/Winter 1950, als die Bundesregierung über eine DV zum Gesetz Nr.27 zu entscheiden hatte [vgl. ABl. AHK, 1950, S.591].

Dabei stellte sich heraus, daß im Bundeswirtschaftsministerium die von den Gewerkschaften befürchtete Auffassung vertreten wurde, daß bis zur endgültigen Regelung des Betriebsverfassungsrechts nur das deutsche Recht – das keine paritätische Mitbestimmung vorsah – zur Anwendung kommen könne. Um eine in diese Richtung weisende Entscheidung der Bundesregierung zu verhindern und ihrer Position Nachdruck zu verleihen, drohten IG Metall und IG Bergbau mit Kampfmaßnahmen für den Fall, daß bis zum 1. 2. 1951 keine in ihrem Sinne befriedigende Regelung und eine Ausdehnung der Mitbestimmung auf den Kohlebergbau erfolgt seien. Vorsorglich ließen sie Urabstimmungen durchführen, bei denen sich die betroffenen Arbeitnehmer mit überwältigender Mehrheit (95,87 bzw. 92,8 %) für Streiks zur Erhaltung der Mitbestimmung aussprachen.

Die **Streikandrohung** der Gewerkschaften und die entschlossene Haltung der betroffenen Arbeitnehmer bewogen die Bundesregierung schließlich, eine Lösung im Wege der Verständigung zu suchen. Unter **Vermittlung** und Einschaltung von ADENAUER kam es zu Gesprächen zwischen Gewerkschaften und Arbeitgebern, die nach harten Verhandlungen zur Vereinbarung **gemeinsamer Richtlinien** führten, die anschließend Grundlage des Regierungsentwurfes über ein Mitbestimmungsgesetz [BT-Drs. I/2042] wurden. Nach kurzer Beratung in den zuständigen Ausschüssen wurde der Entwurf am 21. 4. 1951 vom Bundestag bei 50 Gegenstimmen verabschiedet.

Das **Montan-Mitbestimmungsgesetz vom 21. Mai 1951** [BGBl.I S.347], dessen Durchsetzung die Gewerkschaften als einen ihrer wichtigsten Erfolge betrachteten, wahrte nicht nur den durch gewerkschaftlichen Kampf erreichten Besitzstand, sondern brachte überdies eine Ausdehnung der **paritätischen Mitbestimmung** auf den Kohlebergbau *(vgl. Boldt, 1951, S.169ff., 1952; Kötter, 1952; Müller/Lehmann, 1952).*

Das Montan-MitbestG schrieb für Kapitalgesellschaften im Montanbereich und bergrechtliche Gewerkschaften (also z. B. nicht für Unternehmen der weiterverarbeitenden Metallindustrie) mit in der Regel mehr als 1.000 Beschäftigten die Bildung eines 11köpfigen, zu gleichen Teilen durch Vertreter der Anteilseigner und Arbeitnehmer zu besetzenden Aufsichtsrates (ergänzt durch einen »neutralen Mann«) vor. Jeweils ein Mitglied der Arbeitgeber- und Arbeitnehmerseite durfte weder dem Unternehmen noch einer (Spitzen-) Organisation der Arbeitgeber oder der Gewerkschaften angehören. Umgekehrt mußten zwei – ein Arbeiter und ein Angestellter – der fünf Arbeitnehmervertreter im Betrieb des betreffenden Unternehmens beschäftigt sein. Nominiert wurden die Arbeitnehmer durch den Betriebsrat, gewählt durch die Aufsichtsratsmitglieder, die sich jedoch an den Wahlvorschlag halten mußten. In Abhängigkeit von der Höhe des Nenn-(Grund-) Kapitals konnte der Aufsichtsrat – bei analoger Zusammensetzung – aus 15 bzw. 21 Mitgliedern bestehen. Ferner wurde der Vorstand um einen Arbeitsdirektor erweitert, der nicht gegen die Stimmen der Arbeitnehmervertreter im Aufsichtsrat bestellt oder abberufen werden konnte; seine Zuständigkeit sollte sich insbesondere auf sozialpolitische und arbeitsrechtliche Fragen erstrecken *(vgl. Höcker/Johannsen, 1951; Boldt, 1952; Spieker, 1960, Seidel, 1963; Muszynski, 1975, S.86ff.).*

7. 2. 2 Betriebsverfassungsgesetz von 1952

Bereits vor der Auseinandersetzung um die Montan-Mitbestimmung hatte die Regierung gemäß ihrer Ankündigung in der Regierungserklärung vom 20. 9. 1949 mit Vorarbeiten begonnen, um die »Rechtsbeziehungen zwischen Arbeitnehmern und Arbeitgebern zeitgemäß neu zu ordnen«. Die von allen Seiten anerkannte Notwendigkeit einer **Neuregelung des Betriebsverfassungsrechts** ergab sich schon aus der wenig befriedigenden Rechtsungleichheit, die durch die – gestützt auf das KRG Nr.46 vom 27. Februar 1947 [KRABl. S.262] erlassenen – voneinander abweichenden landesrechtlichen Regelungen – von denen die Alliierten zudem Teile suspendiert hatten – entstanden war. Obwohl die Regierung, wohl nicht zuletzt mit Rücksicht auf das sozialpolitische Klima, eine **Verständigungslösung** zwischen den Tarifparteien präferierte, zeigte sich schon frühzeitig, daß die innenpolitischen Kräfteverschiebungen eine Erfüllung gewerkschaftlicher Forderungen unwahrscheinlich machten.

Nachdem die Gewerkschaften im Anschluß an die gescheiterten »Hattenheimer Gespräche« vom Januar 1950 einen eigenen Gesetzentwurf veröffentlicht und die Arbeitgeber in einer Denkschrift ihre Positionen verdeutlicht hatten, brachten im Mai 1950 die CDU/CSU [BT-Drs. I/970] und im Juli 1950 die SPD [BT-Drs. I/1229] Gesetzentwürfe im Parlament ein. Nach abermaligen erfolglosen Verhandlungen zwischen Arbeitgebern und Gewerkschaften entschloß sich die Regierung am 31. 10. 1950, einen eigenen Gesetzentwurf [BT-Drs. I/1546] einzubringen. Zwar fand bereits im Juli 1950 die erste Lesung dieser Gesetzentwürfe mit anschließender Überweisung an die Ausschüsse statt, die eigentlichen Beratungen über ein Betriebsverfassungsgesetz und entsprechende außerparlamentarische Kontroversen dazu begannen jedoch erst nach Verabschiedung des Montan-Mitbestimmungsgesetzes.

Der Konflikt spitzte sich zu, als der zuständige Parlamentsausschuß Ende 1951 einen Entwurf vorlegte, in dem die **Gewerkschaften** ihre Vorstellungen in keiner Weise berücksichtigt sahen. Zumal nach dem Erfolg im Montan-Bereich hofften die Gewerkschaften, eine Erweiterung der Rechte der Betriebsvertretungen, insbesondere in sozialen, personellen und wirtschaftlichen Fragen, erreichen zu können. Der vorgelegte Entwurf bedeutete nach ihrer Ansicht sogar eine Verschlechterung gegenüber den in den einzelnen Landesgesetzen verankerten Mitbestimmungsrechten. Erneut versuchten sie, die Gesetzgebung in ihrem Sinne zu beeinflussen; im Gegensatz zur Montan-Mitbestimmung, bei der es um die Verteidigung bereits erkämpfter Rechte ging, war die strategische Ausgangssituation nunmehr weitaus ungünstiger. Durch zahlreiche Kundgebungen, Massendemonstrationen und Warnstreiks sollte eine Rücknahme des Regierungsentwurfs erreicht werden. Den Höhepunkt der Kampagne bildete am 27. / 28. Mai 1952 ein von der IG Druck und Papier durchgeführter zweitägiger **Druckerstreik**. Als die Regierung Verhandlungsbereitschaft signalisierte, brachen die Gewerkschaften ihre Protestaktionen ab. Eine Verhinderung des Betriebsverfassungsgesetzes gelang jedoch nicht mehr; noch vor Abschluß aufgenommener Gespräche verabschiedete der Bundestag mit 195 gegen 139 Stimmen (SPD und KPD) bei 7 Enthaltungen am 19. Juli 1952 das Betriebsverfassungsgesetz.

Die Verabschiedung des BetrVG bedeutete für die Gewerkschaften nicht nur eine **schwere Niederlage**, auch die vorangegangenen Protestaktionen waren ein taktischer Fehlschlag; die Aktionen wurden nicht nur als **Nötigung des Parlaments** und Angriff auf die Pressefreiheit selbst von wohlwollenden Teilen der Öffentlichkeit abgelehnt, sie zogen auch gerichtliche Auseinandersetzungen nach sich, in denen die **Legitimität politischer Streiks** verneint und durch die Gerichte enge Grenzen für das Streikrecht überhaupt gezogen wurden *(vgl. Schmid, 1954; Abendroth, 1954; Rajewsky, 1972)*.

Nach Beseitigung einiger formaler Hindernisse trat das **Betriebsverfassungsgesetz** (BetrVG) **vom 11. Oktober 1952** [BGBl.I S.681] am 14.11.1952 in Kraft. Gleichzeitig wurden gem. § 90 BetrVG die entsprechenden Landesgesetze aufgehoben. Das im wesentlichen pragmatisch konzipierte BetrVG führte die Tradition des BRG 1920 *(vgl. Bd.1, S. 177ff.)* fort, ging aber auch nicht allzu weit darüber hinaus. **Leitende Grundprinzipien** des Gesetzes bildeten die **Schutzfunktion**, der Gedanke der **betrieblichen Demokratie** und der **Partnerschaftsgedanke**.

Im Grundsatz unangetastet blieben die Planungs-, Organisations- und Leitungskompetenz des Arbeitgebers; zugestanden wurden den Arbeitnehmervertretern in wirtschaftlichen Fragen im wesentlichen nur Informations- und Beratungsrechte. In wirtschaftlichen Angelegenheiten beschränkten sich die Aktivitäten der BR auf ein reines Informationsrecht im Rahmen des in allen Betrieben mit mehr als 100 Beschäftigten zu gründenden Wirtschaftsausschusses (§§ 67–71). Indirekte Mitwirkungs- und Mitbestimmungsrechte erhielt der Betriebsrat bei personellen Angelegenheiten (Einstellungen, Umgruppierungen, Versetzungen, Entlassungen). Echte Mitbestimmungsrechte besaß er gem. § 56 vor allem in sozialen Angelegenheiten (z. B. Beginn und Ende der täglichen Arbeitszeit, Urlaubsplan, Durchführung der Berufsausbildung, Regelung von Akkord- und Stücklohnsätzen, Einführung neuer Entlohnungsgrundsätze etc.). Daneben besaß der BR bei Betriebsänderungen, die wesentliche Nachteile für die Belegschaft haben konnten, ein Mitbestimmungsrecht (§ 72); im Konfliktfall sollte über eine eigens zu berufende Vermittlungsstelle ein Ausgleich angestrebt werden; wich der Arbeitgeber »ohne zwingenden Grund« von dem Einigungsvorschlag ab, konnte vor dem Arbeitsgericht auf Zahlung einer Abfindung geklagt werden. Der Geltungsbereich des BetrVG erstreckte sich auf alle Betriebe mit mehr als 5 Beschäftigten. Grundsätzlich beibehalten wurde die traditionelle Differenzierung in Arbeiter und Angestellte. Für die BR-Mitglieder bestand eine Schweigepflicht über vertrauliche Angaben, Betriebs- und Geschäftsgeheimnisse. Dem einzelnen Arbeitnehmer räumte das BetrVG lediglich ein indirektes Anhörungsrecht ein. Schließlich bestimmte das BetrVG, daß in allen unter das BetrVG fallenden Kapitalgesellschaften die Aufsichtsräte zu einem Drittel mit Vertretern der Arbeitnehmer zu besetzen waren *(vgl. Fitting/Kraegeloh, 1952; Erdmann, 1952, 1954; Bühriq, 1953; Galperin, 1953; Spethmann/Schnorr, 1953, S.448 ff.; Küchenhoff, 1954; Gester, 1958; H.R.H. Wagner, 1960; Neumann-Duesberg, 1960, 1962, S.404 ff.)*.

In dieser Weise stellte das BetrVG den Versuch dar, „die Betriebsverfassung der Privatwirtschaft ... in einer für beide Teile tragbaren Weise zu regeln" *(Fitting, 1977, S.383)*. Obwohl es hochgespannte Erwartungen tief enttäuschte, dürfte es gleichwohl „faktisch eine starke Integrationswirkung ... (ausgeübt haben), indem es betriebliche Konflikte im Sinne des Gesetzes »zum Wohl des Betriebes und seiner Arbeitnehmer unter Berücksichtigung des Allgemeinwohls« (Art. 49 BVG) kanalisierte, wie ideologisch befrachtet man diese Zielsetzung des BVG auch einstufen mag" *(Kleßmann, 1982, S.239)*.

7. 2. 3 Personalvertretungsgesetz von 1955

Ebenfalls entgegen den gewerkschaftlichen Forderungen wurde die betriebliche Vertretung der Arbeitnehmer in der Privatwirtschaft und im **öffentlichen Dienst** getrennt geregelt. Die Ausklammerung des öffentlichen Dienstes hatte die Bundesregierung präjudiziert, als sie am 4. Juli 1952 dem Bundestag den Entwurf eines Personalvertretungsgesetzes [BT-Drs. I/3652] zuleitete, der allerdings in der ersten Legislaturperiode nicht mehr zur Verabschiedung gelangte. Erst ein im wesentlichen unveränderter Regierungsentwurf führte schließlich in der folgenen Wahlperiode zum **Personalvertretungsgesetz (PersVG) vom 5. August 1955** [BGBl. I S. 477], das zugleich als Rahmengesetz (§§ 82–95) für die Personalvertretungsgesetze der Länder diente.

Gem. Art. 73 Nr. 8 und Art. 75 Nr. 1 GG stand dem Bund nur die Gesetzgebungskompetenz hinsichtlich der Rechtsverhältnisse der Bundesbediensteten zu; für den Bereich der Länder und Gemeinden besaß er dagegen nur das Recht zum Erlaß von Rahmenvorschriften. Soweit spezifische Besonderheiten des öffentlichen Dienstes nicht entgegenstanden, wurden im PersVG Regelungen analog zu denen im BetrVG getroffen *(vgl. A. Sabel, 1955, S. 328 ff.; E. Molitor, 1955, S. 404 ff.; Fitting u. a., 1955; R. Dietz, 1956; E. Molitor, 1958)*.

7. 3 Weitere Entwicklung der Mitbestimmung und des Betriebsverfassungsrechts

Obgleich die Protestaktionen gegen die Verabschiedung des BetrVG nur auf begrenzte Zustimmung in der Öffentlichkeit gestoßen waren, gab der DGB zunächst nicht auf. Als Konsequenz der Entscheidung im Parlament entschied sich der DGB, unter dem Slogan »Für einen besseren Bundestag« im Sommer 1953 der SPD **massive Wahlhilfe** zu leisten, um über eine **Änderung der politischen Mehrheitsverhältnisse** im Bundestag in einem zweiten Anlauf sein Ziel zu erreichen. Abgesehen von der Verkennung der tatsächlichen Stimmungslage – die CDU/CSU konnte bei dieser Wahl ihre Position noch wesentlich verbessern – führte diese Aktion innerhalb und außerhalb der Gewerkschaften zu heftigen Kontroversen um die **parteipolitische Neutralität der Gewerkschaften** sowie zu weiteren Sympathieeinbußen. Zwar bezogen die Gewerkschaften auch danach noch in einigen Fragen eindeutige politische Positionen (Wiederbewaffnung, Pariser Verträge), mit der Niederlage in der Mitbestimmungsfrage begann jedoch die **Umorientierung der gewerkschaftlichen Politik** auf das unter den gegebenen Machtverhältnissen Erreichbare; dies waren in der Phase des fast ungebremsten wirtschaftlichen Wachstums vor allem Verbesserungen im sozialen Bereich, insbesondere Erfolge auf dem Feld der **Lohnerhöhungen** (Konzept der **expansiven Lohnpolitik**) und der **Arbeitszeitverkürzung** *(vgl. auch O. Brenner, 1966)*. Die Mitbestimmung war zwar noch Bestandteil des am 1. Mai 1955 verkündeten DGB-Aktionsprogramms, in der Praxis der Folgejahre beschränkte sich das gewerkschaftliche Engagement jedoch im wesentlichen auf den Erhalt der Montan-Mitbestimmung.

7. 3. 1 Maßnahmen zum Erhalt der Montan-Mitbestimmung

Bereits wenige Jahre nach der Verabschiedung des MitbestG gab die schon bald wieder einsetzende **Konzentrationstendenz** in der Schwerindustrie Anlaß für erneute Diskussionen um die Montan-Mitbestimmung. Während der parlamentarischen Beratungen war 1951 umstritten und letztlich ungeklärt geblieben, wie die Mitbestimmung in den Obergesellschaften der Montanbetriebe zu handhaben war.

Angesichts der vorherrschenden Rechtsauffassung, daß diese nur bei eigener Erfüllung der gesetzlichen Voraussetzungen unter das MitbestG fallen, drohte der Zusammenschluß mitbestimmter Unternehmen mit anderen Firmen in Holding-Gesellschaften zu einer schleichenden **Aushöhlung der Mitbestimmung** zu führen. Um dieser Entwicklung vorzubeugen, wurden dem Bundestag im September 1954 zunächst durch den Abg. SABEL [BT-Drs. II/842] und am 15.11.1954 durch die Regierung [BT-Drs. II/986] Gesetzentwürfe vorgelegt. Ein Kompromiß aus beiden führte zum **Montan-Mitbestimmungs-Ergänzungsgesetz** (MitbestEG) **vom 7. August 1956** [BGBl.I S.707] *(vgl. Kötter, 1954, S.161ff.; Boldt, 1956, S.241ff., 1957; Lenk, 1961).*

Das MitbestEG entsprach in wesentlichen Teilen den Vorschriften des MitbestG; Anwendung fand es auf Konzernobergesellschaften, die selbst nicht unter das MitbestG fielen, bei denen aber Montanbetriebe mehr als 50 % des Konzernumsatzes erwirtschafteten. Auch für diese Unternehmen galt die paritätische Mitbestimmung; abweichend geregelt waren allerdings die Nominierung der Arbeitnehmervertreter (Einführung eines direkt durch die Belegschaft gewählten Wahlmännerkollegiums) sowie die Wahl des Arbeitsdirektors (einfache Mehrheit des Aufsichtsrates).

Auch die mit dem MitbestEG erreichte Sicherung der Mitbestimmung stellte nur eine **vorläufige Lösung** dar *(vgl. v. Carolsfeld, 1963, S.249ff.)*; die fortschreitende Fusionswelle im Montanbereich und die zu Beginn der 60er Jahre sich verschärfende Krise im Bergbau und in der eisenschaffenden Industrie, die es zunehmend erforderlich machte, das Überleben der Konzerne durch Angliederung weiterverarbeitender Unternehmen zu sichern *(vgl. Muszynski, 1975, S.92)*, drohten abermals zu einer Gefahr für die **Mitbestimmung** zu werden *(vgl. Neumann-Duesberg, 1964, S.132ff.)*. Akut wurde das Problem, als im Jahre 1967 bei der **Rheinstahl AG** (eine der drei verbliebenen mitbestimmten Holdinggesellschaften) der Montanumsatzanteil auf 46 % fiel. Dieser Anlaß bildete den Hintergrund der **Novelle zum MitbestEG** (»lex Rheinstahl«) **vom 27. April 1967** [BGBl.I S.505].

Der mit diesem Gesetz novellierte § 16 MitbestEG verfügte, daß die Voraussetzung des 50%igen Umsatzanteils der Montantöchter zum Wirksamwerden des MitbestEG in 5 aufeinanderfolgenden Jahren vorgelegen haben muß. Umgekehrt mußte diese Marke in 5 aufeinanderfolgenden Jahren unterschritten werden, um die Obergesellschaft aus der qualifizierten Unternehmensmitbestimmung herausnehmen zu können. Gegen dieses Gesetz von Aktionärsseite geltend gemachte verfassungsrechtliche Bedenken wies das BVerfG zurück [BVerfGE 22.5.1969, I 445].

Das Problem der Aushöhlung der Montanmitbestimmung durch Verlagerung der Produktionsschwerpunkte stellte sich allerdings nicht nur in bezug auf die Holding-Gesellschaften, betroffen waren davon auch die Unternehmen im Geltungsbereich des MitbestG 1951. Zwischen 1951 und 1969 ging die Zahl der mitbestimmten Unternehmen von 105 auf 56 Unternehmen zurück, beschleunigt in den Jahren 1966/69, als 14 selbständige Gesellschaften wegfielen.

Nachdem die zwischenzeitlich in Gang gekommene Mitbestimmungsdiskussion eine schnelle gesetzliche Gesamtregelung nicht erkennen ließ, wurde mit den Stimmen von SPD und FDP vorab das **Mitbestimmungs-Fortgeltungsgesetz vom 29. November 1971** [BGBl.I S.1857] verabschiedet, um den mitbestimmungspolitischen Besitzstand zumindest bis zum 31.12.1975 zu sichern.

Das MitbestFG brachte nicht nur eine terminierte Ausweitung der Geltungskriterien beider Mitbestimmungsgesetze, sondern erweiterte auch die Bedingungen, nach denen ein Unternehmen oder eine Holding-Gesellschaft unter die Mitbestimmung fielen. Insgesamt ließ das Gesetz erkennen, „daß es dem Gesetzgeber um die möglichst effektive Verhinderung einer weiteren Reduktion der mitbestimmten Montanunternehmen ging" *(Muszynski, 1975, S.93)*. Im einzelnen bestimmte das Gesetz, daß das MitbestG vom Zeitpunkt des Inkrafttretens des MitbestFG an in mitbestimmten Unternehmen für weitere 5 Jahre anzuwenden war, unabhängig davon, ob die Voraussetzungen des § 1 MitbestG auch weiterhin erfüllt waren. Zugleich wurde die im MitbestEG festgelegte Mindestquote eines 50 %igen Montanumsatzanteils auf 40 % herabgesetzt. Ferner sollte das BetrVG erst dann für Obergesellschaften in Betracht kommen, wenn der Umsatzanteil der mitbestimmten Konzernunternehmen in zwei Folgejahren unter 25 % gesunken war.

7. 3. 2 Ausbau der Unternehmensmitbestimmung

Die Mitte der 60er Jahre einsetzende gesellschaftspolitische Reformdiskussion ermöglichte es den **Gewerkschaften**, in der Frage der **Unternehmensmitbestimmung** nach Jahren der Zurückhaltung erneut initiativ zu werden *(vgl. Leminsky, 1966, S.81ff.; vgl. auch Petwaidic-Fredericia, 1969)*. Einen aus dem Jahre 1965 stammenden Vorschlag des DGB aufgreifend, setzte die Bundesregierung am 8. November 1967 eine unter Leitung von K. BIEDENKOPF stehende **Sachverständigen-Kommission** (9 Professoren, jeweils 3 ständige Berater der Arbeitgeber- und Gewerkschaftsseite) mit dem Auftrag ein, die bisherigen Erfahrungen mit der Mitbestimmung zu untersuchen und auszuwerten *(zu empirischen Erfahrungen vgl. auch Weddigen, 1964)*.

In ihrem im Januar 1970 vorgelegten Bericht entkräftete die sog. »Biedenkopf-Kommission« sehr detailliert, gründlich und überzeugend die einzelnen gegen die Mitbestimmung und ihre Träger vorgebrachten Vorwürfe und Einwände und gelangte zu dem Schluß, daß sich die Mitbestimmung insgesamt bewährt habe. Entgegen den empirischen Erkenntnissen konnte sich die Kommission vor allem aus ordnungspolitischen und funktionalen Gründen allerdings nicht zur Empfehlung einer weiteren Ausweitung der qualifizierten Mitbestimmung entschließen. Stattdessen empfahl sie die Einrichtung einer über das BetrVG 1952 hinausgehenden institutionalisierten Mitbestimmung, bei der jedoch im Konfliktfall die Entscheidung bei den Anteilseignern liegen sollte. Abgelehnt wurden von der Kommission sowohl die Institution des »neutralen Mannes« und die Vertretung des »öffentlichen Interesses« im Aufsichtsrat wie der »gewerkschaftsabhängige« Arbeitsdirektor *(vgl. Biedenkopf, 1970, S.129ff.; Leminsky, 1970, S.220ff.)*.

Bereits vor Erscheinen dieses – die weitere Diskussion nicht unwesentlich beeinflussenden – Berichts war die **Mitbestimmungsdiskussion** auf parlamentarischer wie außerparlamentarischer Ebene längst zu einem politischen Schwerpunktthema geworden.

Einen ersten Akzent in dieser Debatte hatte der DGB im März 1968 mit dem von ihm vorgelegten Gesetzentwurf zur Mitbestimmung gesetzt; die SPD zog am 16. 12. 1968 mit der Einbringung eines Gesetzentwurfes über die Unternehmensverfassung in Großunternehmen und Konzernen [BT-Drs. V/3657], in dem sie weitgehend die Vorstellungen des DGB übernahm, nach. Da sich die Große Koalition auf ein Mitbestimmungskonzept nicht zu einigen vermochte, blieben die parlamentarischen Initiativen zunächst ohne Ergebnis.

Auch nach Bildung der sozialliberalen Koalition hielt die Diskussion an; allein zwischen 1968 und 1973 wurden von unterschiedlichen Seiten über 50 Modelle und Modellvarianten zur Gestaltung der Unternehmensmitbestimmung in die Diskussion eingebracht *(vgl. F. Deppe u.a., 1971; Huss/Schmidt, 1972; Jaeggi, 1973; Hergt, 1973; Muszynski, 1975)*. Im Gegensatz zu zahlreichen anderen Reformvorhaben konnte sich die **sozialliberale Koalition** allerdings nicht kurzfristig auf eine Lösung der Mitbestimmungsfrage verständigen; umstritten waren zwischen SPD und FDP vor allem das Wahlverfahren und die Gruppenvertretung der leitenden Angestellten. Die politisch relevanten **Mitbestimmungskonzepte** wiesen dabei im wesentlichen folgende Unterschiede auf:

Von wenigen eher geringfügigen Fragen abgesehen, entsprach das DGB-Mitbestimmungsmodell weitgehend der geltenden Montan-Mitbestimmung; ausgedehnt werden sollte die paritätische Mitbestimmung auf alle Großunternehmen, bei denen zwei der Merkmale 2.000 und mehr Beschäftigte, Jahresumsatz von 150 Mio. DM oder Bilanzsumme in Höhe von 75 Mio. DM gegeben sind. Abweichend von der Montanregelung beanspruchte der DGB *(vgl. auch DGB, 1973)* einen stärkeren Einfluß der Gewerkschaften auf die Benennung der Arbeitnehmervertreter (Entsendungsrecht für 3 Vertreter und Vetorecht gegen die vom Betriebsrat ausgewählten Vertreter). Die DAG befürwortete zwar ebenfalls grundsätzlich die Montan-Mitbestimmung, lehnte jedoch die Institution des Arbeitsdirektors ab. Neben einer klaren Abgrenzung zwischen den Rechten der Angestellten und denen der Arbeiter empfahl sie vor allem eine starke Vertretung des öffentlichen Interesses.

Die SPD vertrat ein Mitbestimmungsmodell, das sich hinsichtlich des Geltungsbereiches, der Struktur und der Größe des Aufsichtsrates im wesentlichen mit dem DGB-Modell deckte, in bestimmten Punkten (Wahl des Vorstandes) aber auch Elemente des DAG-Modells aufgriff. Die FDP, die sich auf ihrem Freiburger Parteitag 1971 auf das sog. »Riemer-Modell« festgelegt hatte, lehnte das Montan-Mitbestimmungsmodell ab und schlug stattdessen vor, den Aufsichtsrat im Verhältnis 6:4:2 mit Vertretern der Kapitalseite, der Arbeitnehmerseite und der Disposition zu besetzen. Dabei sollten die Gewerkschaften weder ein Entsendungs- noch ein Vorschlagsrecht für die Arbeitnehmervertreter im Aufsichtsrat erhalten. In der CDU, in der sich die Sozialausschüsse mit einem paritätischen Mitbestimmungsmodell nicht hatten durchsetzen können, wurde zunächst ein Modell vertreten, das deutlich unterhalb der Parität blieb; erst der Parteitag 1973 sprach sich zugunsten eines gleichgewichtig von Vertretern der Anteilseigner und der Arbeitnehmer besetzten Aufsichtsrates aus; allerdings wollte auch die CDU eine besondere Repräsentation der leitenden Angestellten auf der Seite der Arbeitnehmer.

Nachdem es in der Mitbestimmungsfrage in der 5. Legislaturperiode infolge der Konzentration auf die Reform der Betriebsverfassung zu keinen Fortschritten gekommen war, bekundete Bundeskanzler BRANDT trotz weiterhin bestehender Meinungsverschiedenheiten in der Koalition in der Regierungserklärung vom 18. 1. 1973 den Willen der SPD/FDP-Regierung, die paritätische Mitbestimmung auf der Grundlage von Gleichberechtigung und Gleichgewichtigkeit von Arbeitnehmern und Arbeitgebern verwirklichen zu wollen. Nach langwierigen und von heftigen öffentlichen Kontroversen begleiteten Verhandlungen gelang es SPD und FDP schließlich Mitte Januar 1974, sich auf einen **Kompromißvorschlag** zu verständigen. Der daraufhin von der Bundesregierung am 20. Februar 1974 vorgelegte Gesetzentwurf eines Mitbestimmungsgesetzes ging allerdings schon nicht mehr von der vollen Parität aus; der von der Kapitalseite gestellte Aufsichtsratsvorsitzende sollte für den Fall einer Patt-Situation eine zweite, entscheidende Stimme erhalten; außerdem war zu Lasten der Arbeitnehmer eine Sondervertretung für leitende Angestellte vorgesehen.

Die endgültige Verabschiedung eines Mitbestimmungsgesetzes, gegen das sich – trotz der vor allem von der FDP durchgesetzten Abschwächungen der Parität – in den Folgemonaten eine von den Arbeitgeberverbänden angeführte **massive Opposition** formierte, gelang erst zu Beginn der zweiten Hälfte der 70er Jahre.

7.3.3 Reform des Betriebsverfassungsrechts

Das Betriebsverfassungsgesetz, gegen das es bereits bei seinem Inkrafttreten 1952 „erhebliche, sachlich und politisch bedingte Kritik“ *(SB 1971, S.37)* gegeben hatte, nicht zuletzt, weil es hinter den Erwartungen und Forderungen der Arbeitnehmer zurückgeblieben war, hatte sich in der Praxis besser bewährt als vielfach erwartet worden war *(vgl. z.B. Kliemt, 1971)*.

Ein Mangel war jedoch, daß es in nur etwas mehr als 6 % aller betriebsratsfähigen Betriebe, in denen allerdings fast 2/3 aller Arbeitnehmer beschäftigt waren, praktiziert wurde. Trotz der im allgemeinen positiven Bilanz blieben – vor dem Hintergrund sich wandelnder gesellschaftlicher Wertvorstellungen sowie des Fortschreitens der wirtschaftlichen und sozialen Entwicklung (Vordringen größerer Betriebseinheiten, Zunahme der Automation, Rationalisierung der Betriebsabläufe) – auch in diesem Bereich Reformwünsche nicht aus. Die im 5. Bundestag von der CDU/CSU [BT-Drs. V/2234], der SPD [BT-Drs. V/3658] und der FDP [BT-Drs. V/4011] eingebrachten Novellierungsvorschläge sahen zwar unterschiedlich weitreichende Modifizierungen vor, hielten aber sämtlich an der bestehenden Grundkonzeption der Betriebsverfassung fest.

Entschieden angegangen wurde die **Reform des BetrVG** in der 6. Legislaturperiode; bereits in der Regierungserklärung vom 28. 10. 1969 hatte die sozialliberale Koalition dieses Reformvorhaben zu einer Schwerpunktaufgabe erklärt. Mit dem Ziel, „den heutigen Anschauungen des arbeitenden Menschen über seine Stellung im Betrieb und über seine

Beteiligung an betrieblichen Entscheidungsprozessen Geltung (zu) verschaffen" *(SB 1971, S.39)*, verabschiedete das Bundeskabinett einen Gesetzentwurf, der am 29.1.1971 dem Bundestag vorgelegt wurde [BT-Drs. VI/1786]. Die Opposition folgte am 5.2.1971 mit einem eigenen Gesetzentwurf [BT-Drs. VI/1806].

Nach sehr umfangreichen und bisweilen leidenschaftlich geführten Ausschußberatungen und Debatten im Plenum verabschiedete der Bundestag am 10.11.1971 ein auf dem Regierungsentwurf basierendes neues Betriebsverfassungsgesetz; infolge verschiedener Änderungswünsche des Bundesrates mußte das Gesetz in den Vermittlungsausschuß, wo jedoch an der beschlossenen Fassung festgehalten wurde. Daraufhin stimmte auch der Bundesrat dem Gesetz am 17.12.1971 zu, so daß es am 18.12.1971 in Kraft treten konnte.

Das **Betriebsverfassungsgesetz** (BetrVG) **vom 15. Januar 1972** [BGBl.I S.13] hielt zwar an den Grundsätzen der **vertrauensvollen Zusammenarbeit** zwischen Arbeitgeber und Betriebsrat und der **betrieblichen Friedenspflicht** fest, trug aber zugleich verschiedenen – vor allem von den Gewerkschaften vorgetragenen – Reformvorstellungen Rechnung, ohne diese in allen Punkten zu erfüllen. Über das bisherige Recht hinaus brachte das Gesetz insbesondere eine Stärkung der Rechtsstellung des einzelnen Arbeitnehmers im Betrieb, einen umfassenderen sozialen Schutz der Arbeitnehmer durch Erweiterung und Stärkung der Mitwirkungs- und Mitbestimmungsrechte des Betriebsrats, einen Ausbau der Rechte und Befugnisse der Gewerkschaften im Betrieb sowie einen Ausbau der Rechte der Jugendvertretung *(vgl. Galperin, 1972; Kittner, 1972; H. Fuchs, 1977; Fitting/Auffarth/Kaiser/Heither, 1987)*.

Durch das BetrVG 1972 erhielt der einzelne Arbeitnehmer erstmalig Mitwirkungsrechte und ein Beschwerderecht in Angelegenheiten, die seine Person und seinen Arbeitsplatz betreffen (Anhörungs-, Unterrichtungs- und Erörterungsrechte). Hinsichtlich des Betriebsrates wurde der Katalog der sozialen Angelegenheiten, die der Mitbestimmung unterliegen, wesentlich erweitert (Mitbestimmungsrechte in allen Arbeitszeitfragen; hinsichtlich der Einführung von Einrichtungen zur Kontrolle und Überwachung der Arbeitnehmer; bei der Zuweisung und Kündigung von Werkswohnungen sowie der Festsetzung von Leistungsentgelten). Ferner erhielt der Betriebsrat erstmals Mitbestimmungs- und Mitwirkungsrechte bei der Gestaltung von Arbeitsplatz, Arbeitsablauf und Arbeitsumgebung sowie bei der Regelung der Unfallverhütung und des Gesundheitsschutzes. Neu war weiterhin die Ausdehnung der Beratungsrechte auf die Personalplanung und -führung (rechtzeitige und umfassende Unterrichtung und Beteiligung). Erheblich ausgebaut wurden schließlich die Widerspruchsrechte des Betriebsrates gegen personelle Einzelmaßnahmen (z. B. bei Kündigungen); zugleich wurde dem Betriebsrat in bezug auf die sozialen Auswirkungen von Betriebsänderungen ein Mitbestimmungsrecht eingeräumt (Möglichkeit, über die Einigungsstelle einen Sozialplan zu erzwingen). Darüber hinaus erleichterte das Gesetz die Wahl von Betriebsräten insbesondere im Hinblick auf kleinere und mittlere Betriebe.

Bereits zwei Jahre später hielt es der Gesetzgeber für notwendig, das BetrVG erneut zu ergänzen. Das **Gesetz zum Schutze in Ausbildung befindlicher Mitglieder von Betriebsverfassungsorganen vom 18. Januar 1974** [BGBl.I S.85] sah die grundsätzliche Verpflichtung des Arbeitgebers vor, **Auszubildende**, die Mitglied der Jugendvertretung, des Betriebsrats, der Bordvertretung oder des Seebetriebsrats sind, auf ihr Verlangen nach Beendigung ihrer Berufsausbildung in ein Arbeitsverhältnis auf unbestimmte Zeit zu übernehmen.

7.3.4 Reform des Personalvertretungsrechts

Im Anschluß an das Betriebsverfassungsrecht wurde auch das Personalvertretungsrecht novelliert. Das **Bundespersonalvertretungsgesetz** (BPersVG) **vom 15. März 1974** [BGBl.I S.693] räumte unter Beachtung der besonderen Verhältnisse des öffentlichen Dienstes den Personalräten erweiterte Befugnisse in innerdienstlichen Angelegenheiten der Bundesbediensteten ein *(Knopp/Schroeter, 1974; Gitter, 1984, S.535ff.)*.

Im einzelnen brachte das Gesetz eine Erweiterung der Mitbestimmungsrechte des Personalrates in formellen, sozialen und organisatorischen Angelegenheiten der Beschäftigten im öffentlichen Dienst; außerdem wurden die Arbeits- und Bildungsmöglichkeiten sowie der Kündigungsschutz der Personalratsmitglieder ebenso wie die Stellung des Vertrauensmannes der Schwerbeschädigten und der Jugendvertretung verbessert. Ferner führte das Gesetz die Mitbestimmung für Beamte sowie das passive Wahlrecht für ausländische Arbeitnehmer ein; schließlich wurde auch hier das Recht der Gewerkschaften auf Teilnahme an Personalversammlungen und Personalratssitzungen ausgeweitet *(vgl. SB 1976, S. 11 ff.)*.

7.4 Sozialer und technischer Arbeitsschutz

7.4.1 Arbeitsrechtlicher Schutz bestimmter Personengruppen

Der Wiederbeginn der sozialpolitischen Gesetzgebung auf dem Gebiete des Arbeitsschutzes *(vgl. Gröninger, 1951)* fällt mit der Neuordnung der Mitbestimmung und Betriebsverfassung in den 50er Jahren zusammen. Schon in der Frühphase der Bundesrepublik wurde die arbeitsrechtliche Stellung bestimmter Personengruppen (Heimarbeiter, schwangere Frauen, Schwerbeschädigte) durch gesetzliche Regelungen besonders geschützt.

Für die in Heimarbeit beschäftigten arbeitnehmerähnlichen Personen brachte das **Heimarbeitsgesetz vom 14. März 1951** [BGBl. I S. 191] Vorschriften über den Arbeits- und Gefahrenschutz sowie die Entgeltregelung und den Kündigungsschutz *(vgl. Fitting, 1950, S. 453 ff.; Reichelt/Schlieper, 1951; Fitting/Karpf, 1953)*. Während dieses Gesetz kaum über die bereits in der Weimarer Zeit bestehenden Regelungen hinausging, brachte das **Heimarbeits-ÄndG vom 29. Oktober 1974** [BGBl. I S. 2879] für die Heimarbeiter (überwiegend Frauen) bedeutsame Fortschritte *(vgl. Brecht, 1977)*.

Das ÄndG sah u. a. vor, für Lohnerhöhungen in der Heimarbeit als Maßstab stärker den Tariflohn für gleiche oder gleichwertige Betriebsarbeit heranzuziehen; durch Verlängerung der Kündigungsfristen und Sicherung der Entgelte sollte zudem der Kündigungsschutz erhöht werden. Die Arbeitgeber wurden verpflichtet, über Unfall- und Gesundheitsgefahren aufzuklären und die Berechnung und Zusammensetzung der Entgelte zu erläutern. Schließlich wurden der Heimarbeiterschutz auf Büroheimarbeit ausgedehnt und die Möglichkeit zur Gewährung vermögenswirksamer Leistungen geschaffen.

Das **Mutterschutzgesetz vom 24. Januar 1952** [BGBl. I S. 69] begründete nicht nur den besonderen Kündigungsschutz vor und nach der Entbindung zur Sicherung des Arbeitsplatzes, sondern enthielt auch Regeln für die Gestaltung des Arbeitsplatzes zugunsten der werdenden Mutter sowie spezifische Beschäftigungsverbote und Vorschriften zur wirtschaftlichen Absicherung der betroffenen Frauen *(vgl. Arndt/Teichmann, 1952; Peters, 1953; Aye, 1953; Theuerkauf, 1954; Bulla, 1952, S. 10 ff., 1954; Bulla u. a., 1975)* (*vgl. auch S. 113 ff.*).

Eine Personengruppe, für die auch nach dem Zweiten Weltkrieg besondere arbeitsrechtliche Schutzvorschriften erforderlich waren, bildeten die Schwerbeschädigten. Bei einer allgemeinen Arbeitslosenquote von 7,5 % wiesen die Schwerbeschädigten 1953 eine Arbeitslosenquote von 9,9 % (46.453 Personen) auf *(vgl. H. J. Becker, 1963, S. 22)*. Zwar war das SchwbG von 1920 formell nach wie vor in Kraft, die zwischen 1945 und 1949 eingetretene länderspezifische Weiterentwicklung sowie die Unklarheit grundlegender Fragen (z. B. Abgrenzung der zu schützenden Personengruppe, Umfang der Beschäftigungspflicht, behördliche Zuständigkeiten) ließen die Ablösung des Reichsgesetzes durch das **Schwerbeschädigtengesetz vom 16. Juni 1953** [BGBl. I S. 389] als zweckmäßig erscheinen. Inhaltlich brachte das Gesetz kaum Neuerungen, sondern hielt sich unter Beibehaltung des Kausalprinzips hinsichtlich der Ziele, der Prinzipien und der Instrumente „sehr eng in den von seinem Vorläufer gezeichneten Bahnen" *(Sanmann, 1988 a, S.62).*

Grundsätzlich sollte der Schutz des Gesetzes nur solchen Personen zukommen, deren Minderung der Erwerbsfähigkeit um mindestens 50% auf Gesundheitsschäden beruhte, die durch „bestimmte, als Selektionskriterien dienende Ereignisse verursacht wurden" *(Sanmann, 1988 a, S.62).* Für die Arbeitgeber bestand weiterhin eine Beschäftigungspflicht (ab 7 Beschäftigte Beschäftigung mindestens eines Schwerbeschädigten, darüber hinaus nach Maßgabe branchenspezifischer Quoten). Erhalten blieben die Zwangseinstellung sowie die besonderen Pflichten der Arbeitgeber und des Betriebsrates. Ebenfalls nicht geändert wurden die Kündigungsvorschriften (Zustimmung der Hauptfürsorgestelle, 4wöchige Kündigungsfrist). Neu zugebilligt wurde den Schwerbeschädigten dagegen ein Anspruch auf bezahlten Zusatzurlaub (6 Tage pro Jahr). Außerdem mußten private Arbeitgeber nunmehr bei Nichterfüllung ihrer Beschäftigungspflicht eine Ausgleichsabgabe in Höhe von 50 DM/ Monat je unbesetztem Pflichtplatz bezahlen *(vgl. Leydhecker, 1953; H.J. Becker, 1953, 1955; Zigan, 1953; Wilrodt u.a., 1953; Wilrodt, 1953, S.201 ff.; Rohwer-Kahlmann, 1953 a, S.57 ff., 1953 b, S.369 ff.; Rohwer-Kahlmann/Mann, 1953; Gröninger, 1954).*

Durch das ÄndG vom 3. Juli 1961 [BGBl.I S.857] erfuhr das Gesetz eine **Novellierung**, bei der neben einer Änderung der Bestimmungen über die Beschäftigungspflicht (nunmehr ab 10 Beschäftigte) der begünstigte Personenkreis erweitert wurde und die Hauptfürsorgestellen als neue Aufgabe die »nachgehende Fürsorge am Arbeitsplatz« zugewiesen bekamen *(vgl. Gotzen, 1961, S.312 ff.; Wilrodt/Neumann, 1964).* Nachdem das Gesetz – nicht zuletzt aufgrund der günstigen konjunkturellen Entwicklung – seinen primären Zweck im wesentlichen erfüllt hatte (1970: 4.577 arbeitslose Schwerbeschädigte), ging man Anfang der 70er Jahre daran, einen „grundlegenden Neuansatz der Arbeitsmarktpolitik für Schwerbehinderte" *(Sanmann, 1988 a, S.68)* einzuleiten. Das Ergebnis bildete das **Schwerbehindertengesetz vom 24. April 1974** [BGBl.I S.981], das entsprechend der Namensänderung den bisher auf bestimmte Behindertengruppen beschränkten Schutz auf alle Behinderten mit einer Erwerbsminderung von mindestens 50% ausdehnte und alle Arbeitgeber (Gleichstellung öffentlicher und privater Arbeitgeber), die über mehr als 15 Arbeitsplätze verfügen, verpflichtete, auf wenigstens 6% dieser Arbeitsplätze Schwerbehinderte zu beschäftigen. Gleichzeitig wurden die Ausgleichsabgabe (auch für öffentliche Arbeitgeber) auf 100 DM erhöht und der Kündigungsschutz ausgeweitet.

Erst Anfang der 60er Jahre wurden mit dem **Jugendarbeitsschutzgesetz vom 9. August 1960** [BGBl.I S.665] der Schutz der Jugendlichen im Betrieb rechtlich neu geregelt und das entsprechende Gesetz aus der NS-Zeit abgelöst; u. a. enthielt das Gesetz Vorschriften zur Kinderarbeit und Arbeitszeit, zu Beschäftigungsverboten sowie zur gesundheitlichen Betreuung. Außerdem konkretisierte es das Verbot der Akkord- und Fließbandarbeit, der Sonn- und Feiertagsarbeit sowie das Nachtarbeitsverbot *(vgl. E. Molitor, 1960, S.281; Brennberger/Bauernfeind, 1960; Knopp/Gossrau, 1961; Natzel, 1961; Riedel, 1961; Krüger, 1967; Molitor/Volmer/Germelmann, 1978; Zmarzlik, 1976, 1985).*

Keine befriedigende Lösung konnte dagegen auch bis zum Beginn der 70er Jahre in der Frage der **Gleichberechtigung der Frau am Arbeitsplatz** erreicht werden, obgleich in Art.3 Abs.2 GG die Gleichberechtigung von Mann und Frau verankert worden war.

Trotz der im Parlamentarischen Rat vorhandenen grundsätzlichen Einigkeit, daß sich Art.3 Abs.2 GG nicht nur auf den Bereich des Ehe- und Familienrechts erstreckt, sondern auch den Bereich der Entlohnung von Mann und Frau umfassen sollte, und zwar mit dem Ziel, daß Mann und Frau bei gleicher Arbeit gleichen Lohn bekommen, wurde diese Inhaltsbestimmung des Parlamentarischen Rates schon bald nach Verabschiedung des GG von den Mehrheitsparteien in ihrem Sinne umgedeutet. Bereits 1950 zeigte sich im Bundestag, „daß entgegen den Intentionen des PR die angesprochene Thematik der Lohngleichheit von der Verfassungs- auf die tarifvertragliche Ebene »zurückgespielt« wurde" *(Hermann, 1984, S.90).* Nach Ansicht der Regierung war es nicht möglich, gesetzlich festzulegen, daß Frauen einen Rechtsanspruch auf gleichen Lohn bei gleicher Arbeit haben *(vgl. Hermann, 1984, S.90 ff.)*.

Abgesehen davon, daß die in Art.117 Abs.1 GG dem Gesetzgeber eingeräumte Frist, bis spätestens 31. 3. 1953 alle gleichberechtigungswidrigen Normen im Sinne des GG zu ändern, ohnehin nicht eingehalten wurde, reduzierte sich die Umsetzung des Gleichberechtigungsgrundsatzes auf eine Novellierung des Ehe- und Familienrechts. Das schließlich verabschiedete Gleichberechtigungsgesetz vom 18. Juni 1957 [BGBl.I S.609] brachte zwar eine Reihe längst überfälliger Änderungen im BGB, bestimmte aber zugleich, „daß das eigentliche Wirkungsgebiet der Frauen auch künftighin Heim und Familie bleiben sollte" *(Evans, 1984, S.241; vgl auch Hermann, 1984, S.101 ff.)*.

7. 4. 2 Verbesserung der allgemeinen Arbeitsbedingungen

Die Gestaltung der allgemeinen Arbeitsbedingungen fiel nach dem GG zwar in weitem Umfange in die **Zuständigkeit der Tarifparteien**, nichtsdestoweniger verabschiedete der Gesetzgeber im Laufe der Jahre eine Reihe von Gesetzen, durch die vor allem gewisse **Mindestbedingungen** festgelegt wurden. Auf vielen Gebieten kommen allerdings für die überwiegende Mehrheit der Arbeitnehmer in der Regel günstigere **tarifvertragliche Regelungen** zur Anwendung.

In diesen Bereich fällt das **Gesetz zur Regelung der Lohnzahlung an Feiertagen vom 2. August 1951** [BGBl.I S.479], das im einzelnen die Zahlung der Arbeitsentgelte für die wegen eines gesetzlichen Feiertages ausfallende Arbeitszeit bestimmte (durch das Haushaltstrukturgesetz vom 18. Dezember 1975 [BGBl.I S.3091] in einigen Punkten geringfügig verbessert).

Im Hinblick auf den **Kündigungsschutz** hatten nach dem Kriege zunächst die Regelungen der §§ 56 ff. AOG fortbestanden. Mit der von den Alliierten verfügten Aufhebung des AOG waren ab 1. 1. 1947 jedoch auch die Bestimmungen über den Kündigungsschutz beseitigt worden. Die dadurch entstandene Lücke in der Gesetzgebung, die erhebliche Rechtsunsicherheit zur Folge hatte, sollte durch ein vom Wirtschaftsrat verabschiedetes Gesetz vom 20. Juli 1949 geschlossen werden *(vgl. A. Hueck, 1949, S.331 ff.)*. Nachdem diesem Gesetz die alliierte Zustimmung versagt worden war, bemühten sich die Spitzenverbände der Tarifparteien um eine Lösung. Im sog. Hattenheimer Entwurf einigten sie sich am 13. 1. 1950 auf eine Kündigungsregelung. Dennoch kam es im Parlament noch zu heftigen Kontroversen, bevor mit dem **Kündigungsschutzgesetz vom 10. August 1951** [BGBl.I S.499] eine bundesrechtliche Regelung des Kündigungsschutzes zustande kam *(vgl. A. Hueck, 1951 b, S.281 ff.)*.

Nach dem KSchG war eine ordentliche Kündigung rechtsunwirksam, wenn sie »sozial ungerechtfertigt« war. Sozial ungerechtfertigt war eine Kündigung immer dann, wenn sie nicht durch Gründe, die in der Person oder dem Verhalten des Arbeitnehmers lagen, oder durch dringende betriebliche Erfordernisse, die einer Weiterbeschäftigung entgegenstanden, bedingt war. Eine Beschäftigung an einem anderen Arbeitsplatz des Unternehmens hatte einer Kündigung vorzugehen. Im Fall von vorgesehenen Massenentlassungen sah das KSchG gegenüber den Arbeitsbehörden eine Mitteilungspflicht, eine Sperrfrist und die Ermächtigung zur Kurzarbeit vor. Neben diesem allgemeinen Kündigungsschutz war ein besonderer Kündigungsschutz für einzelne Gruppen von Arbeitnehmern zu beachten, wie er für ältere Arbeitnehmer, werdende Mütter, Betriebsratsmitglieder u. a. galt *(vgl. A. Hueck, 1951 a, 1951 b, 1954; Herschel/Steinmann, 1953; Galperin, 1966, S.361 ff.; Maus, 1973)*.

Im Vergleich dazu dauerte es noch sehr lange, bis mit dem **Bundesurlaubsgesetz vom 8. Januar 1963** [BGBl.I S.2] erstmals eine bundesgesetzliche Mindesturlaubsregelung geschaffen wurde *(vgl. Neumann, 1963, S.41 ff.; zu den früheren Regelungen vgl. F. Thomas, 1950)*.

Das BUrlG legte eine gesetzliche Mindesturlaubsdauer fest, von der auch in einem Tarifvertrag nicht abgewichen werden durfte. Zugleich wurde bestimmt, daß jeder Arbeitnehmer in jedem Jahr Anspruch auf einen bezahlten Erholungsurlaub hat. Die Anspruchsdauer betrug mindestens 15 Werktage, bei Arbeitnehmern über 35 Jahren sogar mindestens 18 Werktage.

Die gesetzliche Urlaubsregelung hatte vor allem für jene Arbeitnehmer Bedeutung, die nicht in den Genuß tariflicher Regelungen gelangten. Die Verlängerung des Urlaubsanspruchs war seit Beginn der 60er Jahre ein wichtiger Bestandteil **gewerkschaftlicher Tarifpolitik**.

So konnte die IG Metall bereits Mitte der 60er Jahre Urlaubsansprüche – je nach Alter von 19 bis zu 24 Tagen – durchsetzen. Bis Anfang der 70er Jahre hatten die meisten Gewerkschaften einen Grundurlaub durchgesetzt, der deutlich über den gesetzlichen Regelungen lag. Die durch Art.II § 2 Heimarbeits-ÄndG vom 29. Oktober 1974 vorgenommene Heraufsetzung des Mindesturlaubs auf generell 18 Tage betraf in der Praxis somit lediglich einen vergleichsweise geringen Personenkreis.

Tabelle 24: Arbeitszeit und Urlaub 1950–1990

Jahr	Wochenarbeitszeit Industrie		Tariflicher Jahresurlaub		Lohn je geleisteter Stunde in DM	Mehrarbeitsstunden (Jahr)	Effektive Jahresarbeitszeit (Stunden)[2]	Produktivität je Erwerbstätigen-std. in DM[5]
	bezahlte[3]	tarifliche	Männer (Tage)	Frauen (Tage)				
1950[1]	48,1	48,0	–	–	1,28	49,65	2.275,0	6,29
1955[1]	48,6	47,1	–	–	1,80	62,07	2.268,0	8,28
1960	45,3	44,1	16,42	13,74	2,75	97,05	2.151,9	13,00
1965	44,3	42,0	19,02	17,05	4,51	120,58	2.059,6	16,76
1970	44,0	40,7	21,70	20,23	6,92	177,99	1.949,1	21,88
1975	40,5	40,1	24,72	23,51	12,10	99,70	1.800,7	27,07
1980	41,6	40,0	27,76	26,61	17,19	80,20	1.748,5	32,19
1985	40,7	39,8	30,50	29,60	21,18	66,50	1.702,4	40,58
1986	40,5	39,5	30,60	29,70	22,24	66,60	1.690,9	41,18
1987	40,2	39,4	30,80	29,90	23,17	61,50	1.679,4	41,76
1988[4]	40,2	39,2	30,90	30,20	23,95	64,60	1.681,1	42,90
1989[4]	40,1	38,8	30,90	30,20	24,98	68,60	1.667,6	44,24
1990[4]	39,7	38,2	31,00	30,30	26,49	71,00	1.621,0	45,99

1) teilweise grobe Schätzungen; 2) je Erwerbstätigem, Entwicklung der Arbeitstage voll enthalten; 3) durchschnittliche bezahlte Wochenarbeitszeit von Arbeitern in der Industrie; 4) vorläufig, z. T. Schätzungen; 5) bis 1980 auf der Grundlage von Preisen von 1980, ab 1985 von Preisen von 1985.
Quellen: BMA, Arbeits- und Sozialstatistik, lfde. Jge.; Institut der deutschen Wirtschaft, Zahlen zur wirtschaftlichen Entwicklung der Bundesrepublik Deutschland, versch. Jahre; MittAB 4/88, S.467.

Völlig verzichtet hat der Gesetzgeber während der Nachkriegsentwicklung auf eine gesetzliche Neuregelung der Arbeitszeit, sieht man davon ab, daß mit dem Gesetz über den **Ladenschluß vom 28. November 1956** [BGBl.I S.875] ein weitreichender Schutz der in Verkaufsstellen beschäftigten Arbeitnehmer gegen überlange Arbeitszeiten getroffen wurde *(vgl. Schulte Langforth, 1957, S.41ff.)*. Im Hinblick auf die tägliche Arbeitszeit beließ es der Gesetzgeber jedoch bei der **Arbeitszeitverordnung von 1938** *(vgl. Bd.1, S.282 f.)*, die eine wöchentliche Regelarbeitszeit von 48 Stunden vorsah *(vgl. Vauth, 1963)*.

Die Forderung nach **Arbeitszeitverkürzung** *(vgl. Huffelmann, 1964)* bildete dafür spätestens seit dem DGB-Aktionsprogramm von 1955 einen Schwerpunkt der gewerkschaftlichen Tarifpolitik. Langfristiges Ziel der Gewerkschaften war die **Einführung einer 5-Tage-Woche** mit täglich achtstündiger Arbeitszeit bei vollem Lohnausgleich.

Nachdem der zunächst gestartete Versuch, eine zentrale Vereinbarung zwischen dem DGB und der BDA zu treffen, fehlgeschlagen war, machte die IG Metall die Arbeitszeitverkürzung zum Gegenstand ihrer Tarifverhandlungen. Ein erster Durchbruch gelang ihr mit dem Bremer Abkommen vom 25. Juni 1956, in dem ab 1. 1. 1957 eine Verkürzung der regelmäßigen wöchentlichen Arbeitszeit von 48 auf 45 Stunden (unter Anrechnung von 6,6 % der vereinbarten Tariflohnerhöhung) für rd. 2 Mio.

Metallarbeiter vereinbart wurde. In der Folgezeit konnte stufenweise eine weitere Verkürzung erreicht werden. Das zentrale Abkommen von Bad Homburg vom 8. Juli 1960 schließlich sah mit Wirkung vom 1. 1. 1962 eine tarifliche Wochenarbeitszeit von 42,5 Stunden, ab 1. 1. 1964 von 41,25 Stunden und ab 1. 7. 1965 den Übergang zur 40-Stunden-Woche vor.

Durch zweimalige Verschiebung wurde die **40-Stunden-Woche** für den Bereich der Metallindustrie allerdings erst ab 1. 1. 1967 eingeführt. Als Ausgleich für die Arbeitszeitverkürzung (8 Stunden) verzichtete die IG Metall zwischen 1956 und 1967 auf Lohnerhöhungen von insgesamt 17,6% *(vgl. Bergmann/Jacobi/Müller-Jentsch, 1975, S.189ff.)*. Mit unterschiedlicher zeitlicher Verzögerung folgten die übrigen Wirtschaftsbereiche in der Arbeitszeitfrage der Entwicklung in der Metallindustrie.

7. 4. 3 Entwicklung des technischen Arbeitsschutzes

Auf dem Gebiete des technischen Arbeitsschutzes führte das **Gesetz zur Änderung der Titel I bis IV, VII und X der Gewerbeordnung vom 29. September 1953** [BGBl.I S.1459, 1485] für die Bundesregierung zu einer Ermächtigung zum Erlaß von Rechtsverordnungen hinsichtlich der Errichtung und des Betriebes überwachungsbedürftiger Anlagen; damit konnten diese Anlagen weitreichenden **sicherheitstechnischen Vorschriften** unterworfen werden.

Nachdem es lange Zeit auf diesem Gebiet im wesentlichen nur zu punktuellen Verbesserungen gekommen war, wurden die Vorschriften über den technischen Arbeitsschutz insbesondere seit Ende der 60er Jahre einer grundlegenden Überarbeitung unterzogen. Als Folge dieser Entwicklung – vor allem in der ersten Hälfte der 70er Jahre – bestanden Mitte der 70er Jahre kaum noch staatliche Arbeitsschutzvorschriften, die vor dem Ende der 60er Jahre erlassen worden waren *(vgl. Schüssler, 1977, S.319; vgl. auch Nöthlichs, 1974, S.143ff.; Sund, 1975, S.166ff.)*.

Das **Gesetz über technische Arbeitsmittel vom 24. Juni 1968** [BGBl.I S.717] legte die Zulassung von Maschinen und Geräten fest; danach durften nur solche Maschinen und Geräte verwendet werden, die über geeignete Vorrichtungen zur Abwendung von Unfallgefahren verfügten *(vgl. Schüssler, 1967, S.271ff.; Lukes, 1969, S.220ff.)*. Besondere Bedeutung kam zu Beginn der 70er Jahre der **Verordnung über gefährliche Arbeitsstoffe (Arbeitsstoffverordnung)** zu.

Die Verordnung vom 17. September 1971 [BGBl.I S.1609] enthielt Vorschriften über den Umgang mit gefährlichen Arbeitsstoffen und über betriebstechnische Maßnahmen zur Vermeidung einer unmittelbaren Einwirkung derartiger Stoffe auf die Arbeitnehmer. Diese Verordnung wurde durch Verordnung vom 8. September 1975 [BGBl.I S.2493] wesentlich geändert und erweitert; im einzelnen wurden für etwa 450 Stoffe Verpackung und Kennzeichnung vorgeschrieben; konnten durch betriebstechnische Maßnahmen gefährliche Einwirkungen auf die Arbeitnehmer nicht ausgeschlossen werden, so mußten persönliche Schutzausrüstungen zur Verfügung gestellt werden, die Arbeitnehmer in regelmäßigen Abständen über die von gefährlichen Arbeitsstoffen ausgehenden Gefahren unterrichtet und ärztliche Vorsorgeuntersuchungen vor Beginn der Beschäftigung und danach in regelmäßigen Abständen vorgenommen werden *(vgl. SB 1976, S.17)*. Diese Verordnungen wurden durch das Jugendarbeitsschutzgesetz vom 12. April 1976 [BGBl.I S.965] mit erweiterten Schutzvorschriften geändert.

Ebenfalls neue Akzente setzte zudem das **Gesetz über Betriebsärzte, Sicherheitsingenieure und andere Fachkräfte für Arbeitssicherheit vom 12. Dezember 1973** [BGBl.I S.1885]; nachdem in der GUV die Unfallverhütung bereits zur Schwerpunktaufgabe gemacht worden war, sollte mit diesem Gesetz die Sicherheit am Arbeitsplatz so erhöht werden, daß möglichst erst gar keine Unfälle passieren oder sich Berufskrankheiten einstellen *(vgl. Krebs, 1975, S.153ff.; Graeff, 1974; Giese/Ibels/Rehkopf, 1974; Giese u.a. 1975; Rosenbrock, 1982)*.

Das Gesetz führte zu einer Verpflichtung der Arbeitgeber, entsprechende Fachkräfte zum Schutze der Arbeitnehmer zu bestellen; der Einsatz dieser Fachkräfte sollte eine sachverständige Anwendung von Arbeitsschutz- und Unfallverhütungsvorschriften sowie die Umsetzung neuerer arbeitsmedizinischer und sicherheitstechnischer Erkenntnisse bewirken, um schließlich einen optimalen Einsatz der vorhandenen Mittel im Interesse des Arbeitsschutzes und der Unfallverhütung zu realisieren.

Ergänzt wurden die bisher erwähnten Regelungen durch die gestützt auf § 120 e GewO erlassene **Verordnung über Arbeitsstätten vom 20. März 1975** [BGBl.I S.729].

Die Verordnung bezweckte eine Anpassung der Verhältnisse am Arbeitsplatz an moderne Erkenntnisse und Erfordernisse der Sicherheitstechnik, Arbeitsmedizin, Betriebshygiene und Ergonomie. Im einzelnen regelte die VO u. a. die Belüftung, Beheizung und Beleuchtung (§§ 5–7), den Schutz gegen Dämpfe und Lärm (§§ 14, 15), die Raumbemessungen (§ 23), den Nichtraucherschutz am Arbeitsplatz (§ 32) sowie die Anforderungen an Sanitätsräume (§§ 34–37) *(vgl. SB 1976, S. 14 ff., 64)*.

Zu erwähnen ist in diesem Zusammenhang schließlich auch das **Gesetz über die Mindestanforderungen an Unterkünfte für Arbeitnehmer vom 23. Juli 1973** [BGBl.I S. 905], das die Arbeitgeber verpflichtete, Unterkünfte, die sie ihren Arbeitnehmern zur Verfügung stellen, entsprechend gewissen Mindestanforderungen auszugestalten und zu belegen; dieses Gesetz wirkte zugunsten aller Arbeitnehmer, die in Gemeinschaftsunterkünften wohnen.

8. Familienlastenausgleich, Ausbildungsförderung und Jugendhilfe

8. 1 Rahmenbedingungen des Familienlastenausgleichs

Die Gestaltung des Familienlastenausgleichs hängt in entscheidendem Maße von den jeweils verfolgten **sozial-** und **familienpolitischen Vorstellungen** ab. Sozialpolitische Maßnahmen im Bereich der Familie betreffen das Arbeitsrecht, das Einkommensteuerrecht und das Sozialrecht; die **Familienpolitik** insgesamt geht jedoch über die Sozialpolitik i. e. S. weit hinaus; sie hat als „Gesellschaftspolitik ihren bereichsspezifischen Beitrag zur personalen Entfaltung der Familienmitglieder zu erbringen" *(Wingen, 1986, S. 237; vgl. auch Haensch, 1972; Rosenbaum, 1973; Schluchter, 1973)*. Ebenso wie Aufgaben und Ziele der Familienpolitik entsprechend den übergeordneten Leitvorstellungen, denen ihrerseits zentrale **gesellschaftspolitische Wertvorstellungen** zugrundeliegen, Gegenstand politischer Kontroversen sind, unterscheiden sich auch die Konzepte der einzelnen politischen Parteien zum Familienlastenausgleich. Zwar macht das GG bestimmte Vorgaben, indem es Ehe und Familie unter den besonderen Schutz der staatlichen Ordnung stellt; die sich gerade in diesem Bereich ständig ändernden Wertvorstellungen – nicht zuletzt im Hinblick auf die Rolle der Frau und die Funktion der Familie und die sich laufend wandelnden tatsächlichen Verhältnisse – machen es jedoch erforderlich, die Instrumente des Familienlastenausgleichs flexibel zu handhaben und/oder ständig anzupassen (Geburtenrückgang, Zunahme der Frauenerwerbstätigkeit, verändertes Rollenverständnis).

Gerade die sich wandelnden Wertvorstellungen und die Uneinigkeit über übergeordnete familienpolitische Ziele dürften allerdings eine der Hauptursachen sein, daß dem Familienlastenausgleich eine klare konzeptionelle Grundlage fehlt und die „einzelnen Regelungen ... heute mehr denn je ein äußerst uneinheitliches, ja sogar widersprüchliches Bild" *(E.-J. Borchert, 1986, S. 86)* mit zahlreichen Ungereimtheiten *(vgl. Oberhauser, 1980, S. 583)* ergeben.

Grundsätzlich sind als **Ziele des Familienlastenausgleichs** die Förderung der Institution Familie als gesellschaftlich wertvolle Einrichtung, die Anerkennung der in der Familie für die Kinder geleisteten Sozialisationsaufgaben, die Anerkennung des Anspruchs der Kinder auf Förderung durch die Gesellschaft und auf Annäherung der Startchancen sowie die Förderung der Geburtenzahlen anzusehen *(vgl. Oberhauser, 1980, S.585).* Besonders umstritten ist vor allem das **bevölkerungspolitische Ziel** der Geburtenförderung durch den Staat. Obwohl staatlicherseits ein gezielter Eingriff in das generative Verhalten bislang stets abgelehnt wurde, hat die Geburtenentwicklung vor allem seit Beginn der 70er Jahre immer wieder zur Erörterung dieser Frage in der Öffentlichkeit geführt.

Andererseits ist weitgehend unbestritten, daß der Familienlastenausgleich insgesamt unzureichend ist *(vgl. E.-J. Borchert, 1986, S.87).* Trotz einer Vielzahl staatlicher Maßnahmen ergeben alle neueren Untersuchungen, daß „innerhalb aller sozialen Schichten das verfügbare Pro-Kopf-Einkommen Kinderloser deutlich über dem von Familien mit Kindern liegt" *(E.-J. Borchert, 1986, S.87).* Dabei ist auch festzustellen, daß sich präzise Aussagen über die **Effektivität des Familienlastenausgleichs** kaum treffen lassen; ebenso mangelt es an brauchbaren Erkenntnissen über die **Verteilungswirkungen** dieses Sozialleistungsbereichs *(vgl. Gesellschaft für sozialen Fortschritt, 1960).*

8. 2 Reform der Mutterschutzgesetzgebung

Der in Art.6 Abs.4 GG verankerte Anspruch jeder Mutter auf Schutz und Fürsorge der Gemeinschaft zwang bereits den 1. Bundestag, sich mit einer Novellierung der Mutterschutzgesetzgebung zu befassen. Dies war erforderlich, da das Mutterschutzgesetz von 1942 [RGBl.I S.321] lediglich erwerbstätige Frauen in Betrieben und Verwaltungen durch gesetzliche Regelungen begünstigte. Das auf einem SPD-Gesetzentwurf [BT-Drs. I/1182] vom Juli 1950 beruhende **Mutterschutzgesetz** (MuSchG) **vom 24. Januar 1952** [BGBl.I S.69] lehnte sich zwar deutlich an das bisherige Mutterschutzgesetz an, erweiterte jedoch den Kreis der Leistungsberechtigten ebenso wie den Umfang der Leistungen; allerdings wurde dem viel umfassenderen grundgesetzlichen Auftrag dennoch nicht vollständig Rechnung getragen *(vgl. v. Bethusy-Huc, 1976, S.178ff.).*

Der Geltungsbereich des neuen MuSchG erstreckte sich – unabhängig von Alter oder Familienstand – auf alle unter arbeitsrechtlichen Gesichtspunkten als Arbeitnehmerinnen einzustufenden Frauen. Neu einbezogen wurden damit insbesondere Hausgehilfinnen, Tagesmädchen, Heimarbeiterinnen sowie Frauen in Büros von Freiberuflern. Ausnahmen galten dagegen weiterhin für Beamtinnen (aufgrund bestehender Sonderregelungen) sowie für mithelfende Ehefrauen und Töchter ohne Arbeitsvertrag. Ebenso wie das bisherige Gesetz enthielt das MuSchG für werdende Mütter gewisse Beschäftigungsverbote (insbes. bei beschäftigungsbedingter Gefährdung von Leben und Gesundheit der Mutter und des Kindes); entsprechend waren daher auch bestimmte Beschäftigungen generell verboten (schwere körperliche Arbeit, Arbeiten mit gesundheitsgefährdenden Stoffen und Strahlen, Arbeiten mit hohen Berufskrankheiten-Risiken). Ergänzend trat ein Verbot der Nacht- und Sonntagsarbeit sowie der Ableistung von Überstunden hinzu. Beibehalten wurde das Beschäftigungsverbot in den letzten 6 Wochen vor und den ersten 6 Wochen nach der Niederkunft. Insgesamt wurde dabei das bis dahin gültige spezielle Beschäftigungsverbot in Richtung auf ein generelles Beschäftigungsverbot verschärft (lediglich für Haus- und Tagesmädchen war das Beschäftigungsverbot vor der Niederkunft auf 4 Wochen begrenzt). Im übrigen galt auch weiterhin für die gesamte Zeit der Schwangerschaft und die ersten 4 Wochen danach ein Kündigungsschutz (ebenfalls mit Ausnahme der Haus- und Tagesmädchen, denen nach Ablauf des 5. Schwangerschaftsmonats bei Zahlung einer Sonderunterstützung der Krankenkasse gekündigt werden konnte).

Bei Wirksamwerden von Beschäftigungsverboten außerhalb der Schutzfristen wurden zur wirtschaftlichen Absicherung der werdenden Mütter die Arbeitgeber zur Weiterzahlung der durchschnittlichen Arbeitsentgelte der letzten 13 Wochen bzw. 3 Monate verpflichtet; diese Regelung galt während der Schutzfrist vor und nach der Niederkunft auch zugunsten derjenigen Frauen, die nicht in der gesetzlichen Krankenversicherung pflichtversichert waren, während die krankenversicherten Frauen während der Schutzfrist ein Wochengeld in Höhe der durchschnittlichen Arbeitsentgelte von der Krankenkasse erhielten. Diese Leistungen wurden durch das Stillgeld sowie sonstige Wochenhilfeleistungen der GKV ergänzt. Soweit in diesem Zusammenhang der durch die RVO vorgegebene Leistungsrahmen der GKV überschritten wurde, waren die damit verbundenen Mehraufwendungen vom Bund zu erstatten.

Nahezu ein Jahrzehnt nach dem Inkrafttreten des MuSchG von 1952 setzte erneut eine **parlamentarische Diskussion** um die Mutterschutzgesetzgebung ein. Insbesondere die SPD drängte auf Verwirklichung ihres alten Anliegens, nämlich einer Ausdehnung des Mutterschutzes auf alle Frauen. Gleichzeitig forderte sie eine Verlängerung der Schutzfristen und die Gleichstellung der Hausgehilfinnen. Die SPD konkretisierte ihre Vorschläge in einem am 29. 6. 1962 eingebrachten Gesetzentwurf [BT-Drs. IV/562], dem erst mehr als zwei Jahre später (Ende Februar 1965) ein gemeinsamer Gesetzentwurf von CDU/CSU und FDP folgte [BT-Drs. IV/3125 (neu)]. Die letztlich verabschiedete **Mutterschutznovelle vom 24. August 1965** [BGBl.I S.912] folgte der Konzeption der Regierungsparteien und führte die sog. »gespaltene« Lösung ein; während die **Leistungen** (Mutterschaftshilfe und -geld) in der RVO geregelt wurden, beinhaltete das MuSchG im wesentlichen nur noch die **arbeitsrechtlichen Vorschriften** *(vgl. H.-J. Sabel, 1965, S.364f.; Jäger, 1966, S.16ff.)*.

Die Novelle erweiterte die bis dahin geltenden Vorschriften über Beschäftigungsverbote und führte Regeln zur Ausgestaltung der Arbeitsplätze schwangerer Frauen ein. Die Schutzfrist vor der Entbindung wurde einheitlich auf 6 Wochen festgelegt, diejenige nach der Entbindung von 6 auf 8 Wochen (bei Früh- und Mehrlingsgeburten 12 Wochen) erhöht. Werdenden Müttern wurde ein außerordentliches Kündigungsrecht zum Ende der Schutzfrist nach der Entbindung eingeräumt; die für Haus- und Tagesmädchen geltenden kündigungsrechtlichen Sondervorschriften wurden auf Frauen in vergleichbarer Tätigkeit ausgedehnt.

Im Rahmen der Mutterschaftshilfe wurde die medizinische Versorgung der werdenden Mütter ambulant (z. B. Feststellung der Schwangerschaft, Vorsorgeuntersuchungen usw.) und stationär (Anspruch auf Krankenhausentbindung) neu geregelt. Neben diesen Sachleistungen der Krankenversicherung für Schwangere zahlten die Krankenkassen anstelle des früheren Stillgeldes an alle versicherten Frauen unter bestimmten Voraussetzungen (Versicherungspflicht, Bestehen eines Arbeitsverhältnisses, Krankengeldanspruch) einen Pauschbetrag zur Abgeltung der sonstigen im Zusammenhang mit der Entbindung entstehenden Kosten. Die einmalige Zahlung von 150 DM war aus Beiträgen der Versicherten zu finanzieren. An die Stelle des Wochengeldes trat ein nach RVO-Vorschriften zu zahlendes Mutterschaftsgeld; krankenversicherten Frauen wurde es unter den gleichen Voraussetzungen wie der Pauschbetrag gewährt; nichtversicherte Frauen erhielten es nur unter bestimmten Voraussetzungen (Bestehen eines Arbeitsverhältnisses bei Beginn der Schutzfrist; Beschäftigung als Heimarbeiterin; zulässige Auflösung des Arbeitsverhältnisses während der Schwangerschaft). Das Mutterschaftsgeld sollte aus Bundesmitteln finanziert werden.

Infolge der angespannten Haushaltslage trat das novellierte MuSchG stufenweise in Kraft; aufgrund des **Haushaltssicherungsgesetzes vom 20. Dezember 1965** [BGBl.I S. 2065] wurden am 1. 1. 1966 im wesentlichen nur die arbeitsrechtlichen Vorschriften wirksam; die Leistungsregelungen sollten zunächst zum 1. 1. 1967 in Kraft treten; die ungelöste Finanzierungsfrage führte durch das **Finanzplanungsgesetz vom 23. Dezember 1966** [BGBl.I S.697] zu einer abermaligen Verschiebung des Termins. Das **Finanzänderungsgesetz 1967 vom 21. Dezember 1967** [BGBl.I S.1259] brachte schließlich eine **Regelung der Finanzierungsfrage** (Aufteilung der Mittel zwischen Bund und Krankenkassen), zugleich aber auch eine Rücknahme einiger der 1965 vorgesehenen Leistungsverbesserungen *(vgl. Köst, 1968)*.

Das Mutterschaftsgeld gem. RVO (durchschnittliches Nettoarbeitsentgelt der letzten drei Monate bzw. 13 Wochen, mindestens jedoch 3,50 DM und höchstens 25 DM täglich) sollte nunmehr für versicherte Frauen aus Beiträgen der Versicherten (mit einem Bundeszuschuß von 400 DM) und für nichtversicherte Frauen aus Bundesmitteln finanziert werden, wobei gegebenenfalls ein Arbeitgeberzuschuß zur Abdeckung der Differenz zwischen dem bisherigen Nettoarbeitsentgelt und dem Maximalbetrag des Mutterschaftsgeldes gem. RVO gezahlt wurde *(vgl. v. Bethusy-Huc, 1976, S. 184 f.)*.

8. 3 Kindergeldgesetzgebung und Kinderzulagen

Einen seit Gründung der Bundesrepublik besonders umstrittenen Bereich der Sozialpolitik bildet der **Familienlastenausgleich**. Abgesehen davon, daß der Begriff des »Familienlastenausgleichs« in sehr unterschiedlichen Definitionen gebraucht wird *(vgl. E.-J. Borchert, 1986, S. 83; Oberhauser, 1980, S. 583)*, war die Konzeption des Familienlastenausgleichs stets Gegenstand politischer Auseinandersetzungen, die zudem vielfach in besonderer Weise ideologisch geprägt waren *(vgl. Maschler, 1974, S. 10 ff.; Wickenhagen/ Krebs, 1975; Dornbusch, 1983, S. 109 ff.; Igl, 1988, S. 1124)*. Als Kernstück der Familienpolitik geht es beim Familienlastenausgleich i. e. S. vor allem um die »**Minderung des Familienaufwands**« (§ 6 SGB I). Die verfassungsrechtliche Grundlage einschlägiger Maßnahmen bildet Art. 6 GG, der nicht nur eine Institutsgarantie zugunsten von Ehe und Familie beinhaltet, sondern den Staat auch verpflichtet, Familien durch geeignete Maßnahmen zu fördern. Allerdings liefert auch das GG „keine Hinweise für die zu Zwecken des **Familienlastenausgleichs** einzusetzenden **Instrumentarien**, insbesondere nicht dafür, ob der Familienlastenausgleich im Sozialrecht oder im Steuerrecht oder auf beiden Gebieten stattzufinden hat" *(Igl, 1988, S. 1123)*.

Während die **steuerliche Berücksichtigung** von Kindern, insbesondere im Einkommensteuerrecht, von Beginn an gegen die Vorstellungen der SPD erfolgte, bestanden über weitere Maßnahmen zur Honorierung der mit besonderen wirtschaftlichen Lasten verbundenen **Erziehungsleistungen** von Familien vor allem zwischen CDU/CSU und SPD grundlegende, in gegensätzlichen **familienpolitischen Konzeptionen** begründete Auffassungsunterschiede. Zusätzlich erschwert wurden Regelungen in diesem Bereich durch die Erfahrungen im Dritten Reich, als die Instrumente des Familienlastenausgleichs in erheblichem Umfange zur Steuerung des generativen Verhaltens mißbraucht worden waren. Nicht zuletzt deshalb waren die 1935 eingeführten Kinderbeihilfen durch den Alliierten Kontrollrat, der in ihnen einen Teil der NS-Rassegesetzgebung und Bevölkerungspolitik sah, unmittelbar nach Kriegsende abgeschafft worden.

Im Gegensatz zur CDU/CSU, die eine steuerliche Regelung des Familienlastenausgleichs eindeutig präferierte, verlangte die SPD bereits im Frühjahr 1950 in einem erfolglos gebliebenen Gesetzentwurf die Einführung **allgemeiner Kinderbeihilfen** *(vgl. Eilers/ Schanzenbach, 1977, S. 233)*. Erst durch fortgesetztes Drängen der SPD auf Einführung eines Kindergeldes entstand ab Ende 1954 durch mehrere in kurzer Folge verabschiedete Gesetze ein nicht nur äußerst komplizierter neuer Leistungsbereich, sondern auch ein System, dessen **konzeptionelle Mängel** nicht zu übersehen waren *(vgl. Lauterbach/Wikkenhagen, 1958)*.

Den damals geführten Auseinandersetzungen lagen zwei sehr gegensätzliche Grundkonzeptionen zugrunde: während die CDU/CSU-Konzeption lediglich ein Kindergeld ab dem 3. Kind – finanziert aus Beiträgen der Arbeitgeber – vorsah, sollte nach den Vorstellungen der SPD eine Kinderbeihilfe für alle Erwerbstätigen generell ab dem 1. Kind gewährt werden, und zwar finanziert durch allgemeine Steuermittel. Anders als die CDU sah die SPD in der kinderbezogenen Besteuerung eine Begünstigung von Familien mit hohen Einkommen. Daher sollte nach ihrer Ansicht der steuerliche Familienlastenausgleich zugunsten des Ausbaus einer sozialrechtlichen Regelung abgeschafft werden.

Tabelle 25: Kindergeld 1955–1990

Jahr	Kindergeldbezieher[2]	Kinder[2]	Kinder je Bezieher	dar. Anteil der ... Kinder in %			Zahlbetrag je Bezieher in DM[4]	ausgezahlte Beträge in Mio. DM pro Jahr
				Erstes Kind	Zweites Kind	Drittes Kind		
1955	–	431.000	–	–	–[3]	–[3]	–	44,6
1961	–	3.448.000	–	–	37,41	–[3]	–	1.243,0
1964	2.014.612	3.674.924	1,82	–	33,44	–[3]	82,77	2.001,0
1965	2.171.217	4.826.924	2,22	–	44,25	32,19	94,60	2.464,7
1968	2.059.274	4.872.016	2,37	–	41,52	34,01	105,09	2.597,0
1970	2.087.315	5.071.041	2,43	–	40,48	34,83	113,42	2.841,0
1974	2.457.085	5.195.995	2,11	–	46,65	32,31	103,58	3.054,0
1975[1]	7.332.718	14.065.285	1,92	50,72	29,61	12,09	133,21	11.588,0
1978	7.149.648	13.124.287	1,84	53,03	29,94	11,15	138,86	11.958,0
1980	6.931.683	12.541.132	1,81	54,21	30,19	10,43	161,95	13.393,0
1982	6.704.490	11.593.308	1,73	56,74	29,96	9,37	159,49	12.714,0
1984	6.432.781	10.812.068	1,68	58,42	29,52	8,68	144,45	11.271,0
1985	6.408.066	10.664.431	1,66	58,98	29,33	8,43	142,68	10.901,0
1986	6.304.471	10.386.956	1,65	59,58	29,16	8,20	146,20	10.849,0
1987	6.190.976	10.133.533	1,64	59,99	29,01	8,06	146,73	10.743,0
1988	6.163.776	10.071.747	1,63	60,06	28,98	8,02	145,49	10.787,8
1989	6.172.628	10.116.701	1,64	59,72	29,09	8,08	146,60	10.866,4
1990	6.206.341	10.203.026	1,64	59,75	29,21	8,12	155,13	11.553,3

1) ab 1975 Einführung des Erstkindergeldes; 2) jeweils November/Dezember eines Jahres; 3) Aufgliederung nicht möglich; 4) je Monat; ab 1975 durchschnittlicher Zahlbetrag im November/Dezember je Bezieher.
Quellen: Statistisches Jahrbuch für die Bundesrepublik Deutschland, versch. Jge. (1957 ff.); BMA, Arbeits- und Sozialstatistik, lfde. Jge.

Entsprechend den damaligen Mehrheitsverhältnissen basierte das **Kindergeldgesetz** (KGG) **vom 13. November 1954** [BGBl.I S.333] auf den Vorstellungen der CDU/CSU; statt eines staatlichen Kindergeldes wurde eine von bestimmten privaten Wirtschafts- und Berufsgruppen zu tragende Leistung eingeführt *(vgl. Tiede, 1955, S.9ff.)*.

Das KGG führte ab dem 1. 1. 1955 für Arbeitnehmer, Selbständige und mithelfende Familienangehörige unter bestimmten Voraussetzungen einen Rechtsanspruch auf Kindergeld in Höhe von 25 DM für das dritte und jedes weitere Kind bis zum vollendeten 18. Lebensjahr ein. Die Finanzierung erfolgte durch Beiträge der Arbeitgeber (Umlageverfahren mit der Lohnsumme als Bemessungsgrundlage), wobei Bund, Länder und Gemeinden sowie alle Körperschaften, Stiftungen und Anstalten des öffentlichen Rechts, soweit diese Kinderzuschläge zahlten, beitragsfrei blieben. Beitragserhebung sowie Kindergeldzahlung erfolgten durch die bei den Berufsgenossenschaften als Körperschaften des öffentlichen Rechts eingerichteten Familienausgleichskassen, zwischen denen unter bestimmten Voraussetzungen auch ein Finanzausgleich vorgesehen war.

Ergänzt wurde das KGG durch das kurz darauf erlassene **Kindergeldanpassungsgesetz** (KGAG) **vom 7. Januar 1955** [BGBl.I S.17], durch das diejenigen Sozialleistungen in ihrer Höhe dem Kindergeld angeglichen wurden, die bestimmte Empfänger für ihre Kinder nach anderen Gesetzen (RVO, BVG, AVAVG) erhielten. Knapp ein Jahr später führte das **Kindergeldergänzungsgesetz** (KGEG) **vom 23. Dezember 1955** [BGBl.I S.841] unter Beibehaltung des Grundsystems zu einer deutlichen Erweiterung des kindergeldempfangsberechtigten Personenkreises und zu einer Abkoppelung der Kindergeldgewährung von der Voraussetzung der Erwerbstätigkeit *(vgl. Goldschmidt/Andres, 1956)*.

Wurde bis dahin im wesentlichen auf die Versicherung bei einer Berufsgenossenschaft abgestellt, so erfaßte das KGEG nunmehr auch in Privathaushalten beschäftigte Arbeitnehmer sowie alle nicht im Erwerbsleben stehenden Personen; ferner wurden bisher nicht begünstigte Arbeitnehmer des öffentlichen Dienstes berücksichtigt. Sowohl die Beitragserhebung als auch die Kindergeldzahlung erfolgten entweder über die gesetzlichen Unfallversicherungen oder die Familienausgleichskassen. Hinsichtlich der Kindergeldzahlungen an Nichterwerbstätige wurde eine Erstattungspflicht des Bundes eingeführt *(vgl. Eilers/Schanzenbach, 1977, S. 233)*.

Auch danach hielt die Diskussion um eine **Neuordnung der Organisation und Finanzierung des Kindergeldes** an; trotz verschiedener weiterer Änderungsgesetze wurden das Grundsystem zunächst nicht verändert und im wesentlichen nur Härten und Unbilligkeiten bei der **Mittelaufbringung** abgemildert *(vgl. Schieckel, 1960)*.

Das Kindergeld-ÄndG vom 27. Juli 1957 [BGBl.I S.1061] blieb jedoch ungeachtet anderer Vorschläge bei dem bisherigen Regelungssystem, führte aber einen Finanzausgleich zwischen den Familienausgleichskassen ein; außerdem wurden das Kindergeld erhöht (von 25 auf 30 DM für das 3. und jedes weitere Kind) und Härten für untere und mittlere Einkommensgruppen (hinsichtlich der Aufbringung der Beiträge) ausgeglichen. Das 2. Kindergeld-ÄndG vom 16. März 1959 [BGBl.I S.153] erhöhte das Kindergeld von 30 auf 40 DM und setzte die Beitragsfreigrenze für Selbständige herauf.

Eine gewisse Neuorientierung brachte erst das **Kindergeldkassengesetz vom 18. Juli 1961** [BGBl.I S.1001], das ein aus Bundesmitteln zu finanzierendes **Zweitkindergeld** in Höhe von 25 DM (begrenzt auf Bezieher von Einkommen unter 7.200 DM) einführte; mit der organisatorischen Abwicklung des Zweitkindergeldes wurde die am Sitz der Bundesanstalt für Arbeit neu errichtete **Kindergeldkasse** betraut *(vgl. Woltmann, 1961, S. 172)*.

Der „eigentliche Durchbruch in Richtung auf eine zeitgemäße Kindergeldgesetzgebung" *(Igl, 1988, S. 1124)* gelang erst 1964, als der Bundestag den als Teil eines Sozialpaketes am 7. 12. 1962 eingebrachten Entwurf eines Bundeskindergeldgesetzes [BT-Drs. IV/818] *(vgl. Meyer-Stolte, 1963, S. 321 ff.)* verabschiedete, obschon die beiden in Verbindung dazu stehenden Novellierungsvorlagen (Krankenversicherung und Lohnfortzahlung) scheiterten. Mit dem **Bundeskindergeldgesetz** (BKGG) **vom 14. April 1964** [BGBl.I S.265] kam es zu grundlegenden **organisatorischen Neuregelungen** und einer **Vereinheitlichung des Leistungs- und Finanzierungsrechts** einschließlich deutlicher Leistungsverbesserungen. Nach wie vor blieb allerdings der **duale Familienlastenausgleich** bestehen *(vgl. Schieckel, 1964, S. 221 ff.; Wickenhagen/Krebs, 1975, S. 7 ff.)*.

Die entscheidende Änderung bestand darin, daß das Kindergeld fortan insgesamt durch den Bund aus allgemeinen Haushaltsmitteln finanziert wurde. Gleichzeitig wurde die Durchführung des Gesetzes der BAVAV in der Funktion der »Kindergeldkasse« übertragen (Ablösung der 55 Familienausgleichskassen und anderer Träger). Gezahlt wurde das Kindergeld ab dem 2. Kind in Abhängigkeit von bestimmten Einkommensbegrenzungen; erhöht wurde das Kindergeld für das 3. Kind auf 50 DM, für das 4. Kind auf 60 DM und für das 5. und jedes weitere Kind auf 70 DM (für Familien mit 3 und mehr Kindern war zugleich die Einkommensgrenze auf 8.400 DM jährlich angehoben worden) *(vgl. Frerich, 1987, S. 97)*.

In dem folgenden Jahrzehnt wurde das **Bundeskindergeldgesetz** zwar in vielfältiger Weise **geändert** und **ergänzt**, die Grundstruktur des Gesetzes dabei jedoch nicht in Frage gestellt. Im wesentlichen betrafen die Neuregelungen die **Einkommensgrenzen** und die **Höhe des Kindergeldes** *(vgl. Hoppe, 1970, S. 368 ff.)*.

Durch das BKGG-ÄndG vom 5. April 1965 [BGBl.I S.222] wurde die Einkommensgrenze für das Zweitkindergeld bei Personen mit mehr als 2 Kindern aufgegeben, während sie bei Personen mit 2 Kindern von 7.200 auf 7.800 DM heraufgesetzt wurde. Neben den Anhebungen der Jahresarbeitsverdienstgrenze für den Bezug des Zweitkindergeldes (auf 13.200 DM) und einer Änderung des Begriffs des Pflegekindes führte das 2. BKGG-ÄndG vom 16. Dezember 1970 [BGBl.I S.1725] zu einer Erhöhung des Drittkindergeldes von 50 auf 60 DM. Das Gesetz zur Änderung sozial- und beamtenrechtlicher Vorschriften über Leistungen für verheiratete Kinder vom 25. Januar 1971 [BGBl.I S.65] brachte mit Wirkung vom 1. 6. 1970 eine ersatzlose Streichung der Verheiratetenklauseln im Kindergeldrecht sowie im Unfall- und Rentenversicherungsrecht. Das 3., 4. und 5. BKGG-ÄndG vom 13. Dezember 1971 [BGBl.I S.1969], vom 8. November 1973 [BGBl.I S.1593] sowie vom 21. Dezember

1973 [BGBl.I S.1969] brachten im wesentlichen nurmehr Änderungen hinsichtlich der Einkommensgrenzen (die Einkommensgrenze für den Bezug des Zweitkindergeldes belief sich zum 1.1.1974 auf 18.360 DM; keine Einkommensbegrenzung für Personen mit mehr als 2 Kindern).

Nach dem am 1.1.1974 erreichten Rechtsstand wurde das Kindergeld für das 2. und jedes weitere Kind (leibliche Kinder, Adoptivkinder, Stief- und Pflegekinder sowie Enkel und Geschwister bei Aufnahme und überwiegender Unterhaltung durch den Berechtigten) im allgemeinen bis zur Vollendung des 18. Lebensjahres gezahlt, für ältere (auch verheiratete) in der Schul- und Berufsausbildung befindliche oder ein freiwilliges soziales Jahr ableistende Kinder bis zur Vollendung des 25. Lebensjahres, im Falle der Behinderung auch über das 25. Lebensjahr hinaus. Dem Kindergeld vergleichbare Zuschläge zur Rente oder zum Arbeitsentgelt (Kinderzuschüsse/Kinderzulagen gemäß Rentenversicherungs- bzw. Unfallversicherungsrecht; Kinderzuschläge im öffentlichen Dienst) führten jedoch zum Wegfall des Kindergeldes. Außerdem bestanden gewisse Begrenzungen des berechtigten Personenkreises nach Maßgabe ihres Wohnsitzes *(vgl. Wickenhagen/Krebs, 1975; v. Bethusy-Huc, 1976, S.144).*

Obschon seit 1966 an der Regierung beteiligt, gelang es der SPD erst Mitte der 70er Jahre, das von ihr von Anfang an vertretene Konzept eines allein **kindergeldrechtlich organisierten Familienlastenausgleichs** zu verwirklichen. Grundgedanke dieses Konzeptes war, daß jede Familie bei gleicher Kinderzahl auch gleiche Leistungen für ihre Kinder erhält, unabhängig vom Arbeitsplatz und Einkommen der Eltern. Beseitigt werden sollte damit der nach ihrer Auffassung unbefriedigende Zustand, daß Bezieher niedriger Einkommen gar keine oder eine wesentlich geringere Steuerentlastung für ihre Kinder erhalten als Eltern mit hohem Einkommen. Mit dem **EStReformG vom 5. August 1974** [BGBl. I S.1769] wurde mit Wirkung vom 1.1.1975 der **Familienlastenausgleich** grundlegend umgestellt (Beseitigung des **dualen Systems**) und von den bisherigen progressionsabhängigen steuerlichen Kinderfreibeträgen zum **einheitlichen Kindergeld** ab dem 1. Kind übergegangen.

Das Kindergeld, das steuerfrei und einkommensunabhängig gewährt wurde, belief sich ab dem 1.1.1975 auf 50 DM für das 1. Kind, 70 DM für das 2. Kind, 120 DM für das 3. Kind und jedes weitere Kind. Wegen der Beseitigung der steuerlichen Kinderfreibeträge wurden auch die Kinderzuschläge sowohl der Kriegsopferversorgung als auch des öffentlichen Dienstes abgebaut. Für die Zahlung des Kindergeldes war die BA zuständig; im öffentlichen Dienst beschäftigte Berechtigte erhielten das Kindergeld von ihrem Arbeitgeber ausgezahlt. Berücksichtigt wurden Kinder bis zur Vollendung des 18. Lebensjahres, in Ausbildung befindliche Kinder bis zur Vollendung des 27. Lebensjahres. Diese Regelungen galten grundsätzlich auch für ausländische Arbeitnehmer aus den EG-Staaten, während für andere ausländische Arbeitnehmer Sonderregelungen hinsichtlich der Anspruchsberechtigung und der Höhe des Kindergeldes eingeführt wurden *(vgl. SB 1976, S.50, 72 f.; Igl, 1988, S. 1129 ff.).*

8. 4 Ausbildungsförderung

Die Ausbildungsförderung hat zwar insbesondere in den letzten 20 Jahren eine wachsende Bedeutung erlangt, einzelne Ansätze reichen jedoch bis ins letzte Jhdt. zurück. In ihrer Entwicklung und sozialen Ausgestaltung zu unterscheiden sind zudem verschiedene **Formen der Ausbildungsförderung**; die **soziale** (v.a. für Schüler und Studenten aufgrund von Bedürftigkeit), die **personale** (als pädagogische Maßnahme zur Förderung von Hochbegabten), die **finale** (insb. zur Überwindung von Arbeitslosigkeit) sowie die **kategoriale Ausbildungsförderung** (Erleichterung des Ausbildungszugangs für bestimmte Bevölkerungsgruppen, deren Zugang zur Ausbildung ansonsten durch besondere Hindernisse erschwert wäre). Die einzelnen Ausbildungsförderungsformen weisen eine teilweise sehr unterschiedliche Entwicklungsgeschichte auf; außerdem sind einige von ihnen auch nicht zu den Sozialleistungen i. e. S. zu rechnen *(vgl. I. Richter, 1988, S.1151).*

Als erste soziale Ausbildungsförderungsmaßnahme kann die Mitte des 19. Jdhts. für öffentliche Volksschulen eingeführte Unterrichtsgeldfreiheit angesehen werden. Einen bereits weiterreichenden Ansatz enthielt Art.146 Abs. 3 WRV, der vom Staat die Bereitstellung von Mitteln verlangte, um »Minderbemittelten« den Zugang zu mittleren und höheren Schulen zu erleichtern *(vgl. I. Richter, 1988, S.1155)*. Während in der Vergangenheit „die Deckung des Lebensbedarfs von Auszubildenden als alleinige Aufgabe der Eltern im Rahmen des Familienlastenausgleichs und die Errichtung und Erhaltung von Bildungseinrichtungen, die sogenannte institutionelle Bildungsförderung, als staatliche Aufgabe angesehen" *(Eylert, 1986, S.56)* wurde, enthält das GG in den Artt. 2 Abs.1, 12 Abs.1 und 20 Ziele und Verfassungsaufträge, die nicht ohne Ausbildungsförderung erreichbar sind. Im GG ist somit durchaus eine Verpflichtung für den Staat zu sehen, „die Startchancengleichheit bei der Ausbildung zu schaffen und zumindest alle finanziellen Hindernisse abzubauen" *(Eylert, 1986, S. 56)*.

In der neu geschaffenen Bundesrepublik Deutschland wurden staatliche Maßnahmen zur Beseitigung wirtschaftlich bedingter Unterschiede der Bildungschancen zunächst sehr zurückhaltend und mit einiger Verzögerung eingeführt. Einen Anfang bildeten die ab 1950 im Rahmen der **Kriegsfolgengesetzgebung** (BVG, HKG, LAG, BEG) vorgesehenen Ansprüche auf Ausbildungsförderung, mit denen der kriegs- und verfolgungsbedingte Verlust von Ausbildungsmöglichkeiten ausgeglichen werden sollte. Diese Form der Ausbildungsförderung, die in den 50er Jahren durchaus von einiger Bedeutung (1955 wurden nach dem LAG 140.700 Personen gefördert) war, ist im Zeitablauf inzwischen fast bedeutungslos geworden.

Eine im engeren Sinne soziale Ausbildungsförderung setzte erst mit dem sog. **Honnefer Modell** im Jahre 1957 ein; diese Studentenförderung aus Haushaltsmitteln des Bundes und der Länder, die auf eine Hochschulreformkonferenz in Bad Honnef im Jahre 1955 zurückging, gewährte bei Bedürftigkeit und guten Leistungen Stipendien, die teils als Zuschüsse und teils als Darlehen gezahlt wurden. Durch das **Rhöndorfer Modell** wurde diese Förderungsmöglichkeit 1959 über die Universitäten hinaus auf sonstige Hochschulformen erweitert. Den Ländern blieb es überlassen, spezielle Schülerförderungen einzurichten. Ferner waren durch das **BKGG-ÄndG vom 5. April 1965** [BGBl.I S.222] im Rahmen des Kindergeldrechts **Ausbildungszulagen** eingeführt worden, die Eltern mit mindestens 2 Kindern gewährt wurden, wenn die Kinder zwischen dem 15. und 27. Lebensjahr eine öffentliche oder private allgemeine bzw. berufsbilden-de Schule oder eine Hochschule besuchten.

Neben diesen Förderungsmöglichkeiten gab es in der Bundesrepublik auch stets eine Fülle von Förderungsmaßnahmen, bei denen der primäre Leistungsgrund die Begabung war, auch wenn die Gewährung der Leistungen teilweise von der Bedürftigkeit abhängig gemacht wurde.

Hierzu zählen insbesondere die zahlreichen Förderungswerke der politischen Parteien (Friedrich-Ebert-Stiftung, Friedrich-Naumann-Stiftung, Konrad-Adenauer-Stiftung, Hans-Seidel-Stiftung), der Sozialpartner, Kirchen sowie verschiedener privater Stiftungen. Diese Form der Ausbildungsförderung, die die einzelnen Einrichtungen jeweils nach eigenen Förderungskriterien gestalten, umfaßt einen äußerst begrenzten Personenkreis (Studienstiftungen: 1955 1.200 Personen; 1965: 3.400 Personen).

Ende der 60er Jahre bestand zwischen allen im Bundestag vertretenen **politischen Parteien** eine bemerkenswerte **Übereinstimmung** dahingehend, daß auf dem Gebiete der Ausbildungsförderung – nicht zuletzt aufgrund des entstandenen Wildwuchses – neue Wege zu beschreiten seien, um eine **bundeseinheitliche Lösung** der Ausbildungsfrage sowie eine Beseitigung der Rechtszersplitterung zu erreichen. Die Versuche aller drei Bundestagsfraktionen, eine Bundeskompetenz zur Regelung der Ausbildungsförderung aus dem Fürsorgerecht des Art.74 Nr.7 GG abzuleiten, waren weitgehend gescheitert. Darum wurde Art. 74 Nr.13 GG, wonach der Bund die **konkurrierende Gesetzgebungs-**

kompetenz für die Förderung der wissenschaftlichen Forschung hat, durch die Kompetenz für die Regelung der Ausbildungsbeihilfen ergänzt.

Kurz nach dieser GG-Änderung im Mai 1969 wurde durch das **AFG vom 25. Juni 1969** [BGBl.I S.582] die Förderung der beruflichen Bildung neu geregelt und zugleich bei arbeitsmarktpolitischer Zweckmäßigkeit ein **Rechtsanspruch auf Ausbildungsförderung** für alle Versicherten unabhängig vom Eintritt der Arbeitslosigkeit geschaffen. Eine bundeseinheitliche Regelung der schulischen Ausbildungsförderung folgte wenig später mit dem **Ausbildungsförderungsgesetz** (AföG) **vom 19. September 1969** [BGBl.I S.1719], dessen Leistungen in den Jahren 1970/71 durch drei Novellen an die Förderungssätze nach dem Honnefer Modell angepaßt wurden *(vgl. Perl, 1970, S.145).*

Tabelle 26: Ausbildungsförderung 1955–1975

Jahr	Geförderte Personen (nach Förderungseinrichtungen)					Ausgaben in Mio. DM[2]	BAföG-geförd. Studenten	Geförderten-quote in %[3]
	BAföG[1]	AFG	BVG, LAG	Sozialhilfe	Studienstiftungen			
1955	1.500	6.900	141.800	–	1.200	1,7	–	–
1960	32.300	30.600	77.800	8.900	3.000	45,1	–	–
1965	46.000	65.400	87.800	21.760	3.400	122,0	–	–
1970	160.000	192.400	73.000	26.488	4.250	551,0	–	–
1971	360.000	249.000	71.000	25.300	4.698	791,0	–	–
1972	493.000	265.700	74.000	29.900	5.529	1.597,0	270.000	45,0
1973	540.000	223.000	71.000	36.600	6.228	1.750,0	310.000	46,0
1974	520.000	178.200	67.300	41.300	6.480	1.851,0	300.000	41,0
1975	690.000	195.100	57.600	43.351	7.311[4]	2.627,0	323.475	43,5

1) bis 1970 Honnefer Modell, Rhöndorfer Modell und AföG; 2) Ausgaben für Honnefer Modell, Rhöndorfer Modell, Afög und BAföG; 3) in % der Studenten insgesamt; 4) April 1976.
Quellen: D. Schewe u.a. (Hrsg.): Übersicht über die Soziale Sicherheit, Bonn 1970, S.192; BT-Drs. 7/2116.

Das AföG führte mit Wirkung vom 1.7.1970 zu einem individuellen Rechtsanspruch auf Förderung einer der Neigung, Eignung und Leistung entsprechenden Ausbildung, wenn dem Auszubildenden die für seinen Lebensunterhalt und seine Ausbildung erforderlichen Mittel anderweitig nicht zur Verfügung standen. Ausbildungsförderung erhielten Schüler von weiterführenden allgemeinbildenden Schulen und Fachoberschulen ab Klasse 11, Schüler bestimmter Fachschulen sowie Schüler von Fachschulen, Berufsaufbauschulen, Abendrealschulen, Abendgymnasien und Kollegs; in die Förderung eingeschlossen waren ausbildungsbedingte Praktika. Die Förderung selbst erfolgte nach schulgruppenspezifischen Bedarfssätzen (erhöhte Bedarfssätze bei auswärtiger Unterbringung); bei der Bemessung der Förderung wurden Einkommen und Vermögen des Auszubildenden, seines Ehegatten und seiner Eltern in bestimmten Grenzen angerechnet.

Während das 1. ÄndG vom 27. Juni 1970 [BGBl.I S.919] sowie das 3. ÄndG vom 14. Mai 1971 [BGBl. I S.666] eine Anpassung der Bedarfssätze nach dem AföG an diejenigen des Honnefer Modells brachten, betraf das 2. ÄndG vom 9. März 1971 [BGBl.I S.177] hauptsächlich Auszubildende, die neben Waisenrenten oder Waisengeldern gleichzeitig AföG-Leistungen bezogen; gewisse Härten, die sich aus der Anrechnung dieser Leistungen ergaben, wurden durch das Gesetz beseitigt (Einführung eines besonderen Freibetrags von 70 DM monatlich).

Eine einheitliche Regelung des Gesamtbereichs der sozialen staatlichen Ausbildungsförderung erfolgte schließlich mit dem **Bundesausbildungsförderungsgesetz** (BAföG) **vom 26. August 1971** [BGBl.I S.1409]; dieses Gesetz löste die bisherigen Förderungsmaßnahmen (Honnefer Modell, Rhöndorfer Modell, AföG) ab und regelte zugleich die Förderung von Studenten und Schülern. Insgesamt war durch dieses Gesetz „ein bundesgesetzlich geregeltes, von Bund und Ländern gemeinsam finanziertes, durch eine eigene Verwaltung (Ausbildungsämter) durchgeführtes einheitliches Sozialleistungssystem entstanden“ *(I. Richter, 1988, S. 1154)*, das überdies eine wesentliche **Rechtsvereinfachung** brachte.

Der begünstigte Personenkreis entsprach im wesentlichen dem durch die bisherigen Regelungen geförderten Personenkreis; neben der Erfüllung bestimmter sonstiger Voraussetzungen (Förderungswürdigkeit der Ausbildung, persönliche Voraussetzungen) galt für die Gewährung der Ausbildungsförderung der Subsidiaritätsgrundsatz (familienabhängige Förderung); die Höhe der geleisteten Ausbildungsförderung (Bedarf) richtete sich zum einen nach der Art der besuchten Ausbildungsstätte und der Unterbringung (bei den Eltern/auswärts), zum anderen nach dem Einkommen und Vermögen des Auszubildenden, der Eltern und des Ehepartnerns, wobei zunächst vergleichsweise großzügige Freibeträge festgesetzt wurden.

Das BAföG wurde in den Jahren 1973/75 schrittweise **weiterentwickelt**, wobei neben der regelmäßigen Anpassung der Leistungen an die wirtschaftlichen Entwicklungen zunächst überwiegend **strukturelle Verbesserungen** vorgenommen wurden (Erweiterung des begünstigten Personenkreises, Förderung des Auslandsstudiums, Verbesserungen im Bereich der Berufsbildung) *(vgl. SB 1976, S. 55, 65, 74)*; andererseits kam es 1974 mit der Einführung des sog. **Grunddarlehens** auch zu ersten strukturellen **Leistungseinschränkungen** *(vgl. Bäcker/Hofemann, 1975, S. 325ff.)*. Dabei ist zu berücksichtigen, daß die Gesamtausgaben nach dem BAföG allein zwischen 1972 und 1975 von 1,59 auf 2,63 Mrd DM gestiegen waren.

Das BAföG-ÄndG vom 14. November 1973 [BGBl.I S.1637] begünstigte insbesondere Berufsfachschüler (Einbeziehung von Berufsfachschülern ab Klasse 11 ohne Realschulabschluß ab dem 1.1. 1974 in die Förderung nach dem BAföG) und ausländische Auszubildende (Einbeziehung von ausländischen Auszubildenden ab dem 1.8.1974 in die individuelle Förderung der beruflichen Bildung nach § 40 AFG); außerdem brachte das Gesetz eine Erhöhung des Freibetrages vom Einkommen des Auszubildenden. Das 2. BAföG-ÄndG vom 31. Juli 1974 [BGBl.I S.1649] führte für Schüler und Studenten zu einer Anhebung der Bedarfssätze und der Freibeträge um jeweils 20 % mit Sonderverbesserungen für einzelne Gruppen; die Ausbildungsförderung wurde zudem auf Schüler der Klasse 10, die nicht bei den Eltern wohnen, ausgedehnt; fernerwurden die Möglichkeiten verbessert, Ausbildungsförderung auch für den Besuch einer außerhalb Europas gelegenen Ausbildungsstätte zu leisten, und eine elternunabhängige Förderung für Auszubildende, die das 35. Lebensjahr vollendet haben, eingeführt; der Erhöhung der Finanzierungssicherheit der Ausbildungsförderung dienten die Einführung eines Darlehensanteils bei der Förderung des Erststudiums und die Gewährung der Förderleistung für eine weitere – nach einem Fachrichtungswechsel – andere Ausbildung ausschließlich als Darlehen. Das 3. BAföG-ÄndG vom 31. Juli 1975 [BGBl.I S.2081] erweiterte u. a. den Kreis der Förderungsberechtigten auf Auszubildende aus den EG-Mitgliedstaaten sowie unter bestimmten Voraussetzungen auf ausländische Kinder deutscher Eltern (Elternteile).

8.5 Jugendhilfe

Bis heute beruht das Jugendhilferecht in seiner Struktur noch immer auf dem **Reichsjugendwohlfahrtsgesetz** (RJWG) **vom 9. Juli 1922** [RGBl.I S.633]. Im RJWG, das einen Kompromiß zwischen reformpädagogischen Ansätzen und sozialpolitischen Überlegungen darstellte, waren zugleich „die fördernde **Jugendarbeit** als auch die eingreifende **Fürsorgeerziehung**“ *(Münder, 1988, S. 988)* verankert. Durch die Verordnung über das Inkrafttreten des RJWG vom 14. Februar 1924 [RGBl.I S.110] waren in Anbetracht der damaligen Finanznot der öffentlichen Hand das Reich und die Länder ermächtigt worden, auf die Durchführung verschiedener Bestimmungen verzichten zu können. Insbesondere brauchten die nach dem Gesetz vorgeschriebenen Jugendämter nicht errichtet zu werden *(vgl. Hasenclever, 1978, S. 73ff.; Scherpner, 1979)*.

Der Mitte der 20er Jahre erreichte Regelungsstand der Jugendhilfe hatte grundsätzlich auch noch nach Gründung der Bundesrepublik Bestand; eine grundlegende Reform dieses Gesetzes wurde zunächst auch nicht angestrebt; durch das **Gesetz zur Änderung von Vorschriften des RJWG vom 28. August 1953** [BGBl.I S.1035] wurden lediglich die die Ausführung der Jugendhilfe behindernde Verordnung von 1924 aufgehoben und die Pflichtaufgaben des RJWG in der ursprünglichen Fassung wiederhergestellt; außerdem wurden neue organisatorische Regelungen für die Verfassung und das Verfahren des Jugendamts getroffen.

Im Rahmen der Ende der 50er Jahre anstehenden **Reform des Fürsorgerechts** gab es erstmals auch konkrete Bestrebungen hinsichtlich einer grundlegenden Neugestaltung des Jugendhilferechts. Die Absicht, zu Beginn der 60er Jahre zugleich mit dem Bundessozialhilfegesetz ein **neues Bundesjugendhilfegesetz** zu verabschieden, scheiterte jedoch, nachdem Referentenentwürfe des zuständigen Fachministeriums auf erhebliche Bedenken von Fachleuten aus dem Bereich der Jugendhilfe gestoßen waren und die Länder verfassungsrechtliche Bedenken erhoben hatten *(vgl. Köttgen, 1959, S.310; Gerner, 1959, S.318; Würtenberger, 1959, S.15ff.)*.

Vor diesem Hintergrund begnügte man sich mit dem **Änderungs- und Ergänzungsgesetz zum RJWG vom 11. August 1961** [BGBl.I S.1193]. Ohne eine nennenswerte Änderung an seiner Struktur wurde das RJWG von der Bundesregierung mit neuer Paragraphenfolge versehen und unter der Bezeichnung **Gesetz für Jugendwohlfahrt** (JWG) neu bekanntgemacht [Gesetz vom 11. August 1961: BGBl.I S.1205, 1875] *(vgl. Gräber, 1963; Riedel, 1962)*.

Nicht zuletzt aufgrund der immer wieder erwarteten Gesamtreform wurde es weitgehend versäumt, das JWG durch spezielle Änderungsgesetze an die geänderten sozialen und gesellschaftlichen Verhältnisse anzupassen. Eine indirekte Anpassung erfolgte lediglich insoweit, „als das JWG über zahlreiche Verweisungen auf dem Gebiet des Kostenrechts, der Bedürftigkeitsprüfung und des Nachrangs gegenüber Unterhaltspflichtigen an der Rechtsentwicklung auf dem Gebiet der Sozialhilfe teilnimmt“ *(Schellhorn, 1986a, S.115)*. Ansonsten erfolgten lediglich punktuelle, durch Rechtsentwicklungen in anderen Bereichen veranlaßte Änderungen.

Ein Beispiel hierfür ist das JWG-ÄndG vom 27. Juni 1970 [BGBl.I S.920], durch das das JWG an die durch das Gesetz über die rechtliche Stellung der nichtehelichen Kinder vom 19. August 1969 [BGBl.I S.1243] geschaffene Rechtslage angepaßt wurde. Die gesetzliche Amtsvormundschaft des Jugendamtes wurde durch die Amtspflegschaft ersetzt; die nichteheliche Mutter erhielt grundsätzlich die volle elterliche Gewalt. Die Lage aller Kinder, die nicht in der Obhut beider Eltern aufwachsen, wurde verbessert; das Jugendamt wurde verpflichtet, alle werdenden Mütter zu beraten und gegebenenfalls zu unterstützen.

Ungeachtet der in bestimmten Bereichen **veralteten Rechtsgrundlagen** erfuhr die **Praxis der Jugendhilfe** vor allem seit Ende der 60er Jahre nicht zu übersehende Akzentverschiebungen – bei den Aufgaben und bei der pädagogisch-inhaltlichen Ausgestaltung der Jugendhilfe. Daß solche Veränderungen stattfinden konnten, hing eng mit der Rechtsstruktur des RJWG zusammen: „Aufgrund der eher allgemeinen Beschreibung der Aufgaben, denn der präzisen Benennung von Leistungen, war es möglich, unter der Geltung eines solch allgemeinen Gesetzestextes in der **Praxis neue Entwicklungen** zu realisieren“ *(Münder, 1988, S.989)*.

Die damit einhergehende wachsende Diskrepanz zwischen den gesetzlichen Vorschriften und dem faktisch entstandenen System der Jugendhilfe machte eine **grundlegende Reform der Jugendhilfe** immer überfälliger *(vgl. Flamm, 1970, S.25; Jans, 1972, S.343; Böhnisch, 1973; Deutsches Jugendinstitut, 1973; BMJFG, 1974)*. Entsprechend einer Ankündigung in der Regierungserklärung der sozialliberalen Koalition vom Oktober 1969 setzte das BMJFG 1970 eine trägerpluralistische **Sachverständigenkommission** ein, die Vorschläge für eine Reform des Jugendhilfegesetzes erarbeiten sollte. Im April 1973 legte die Kommission – ausgehend von umfangreichen Vorarbeiten von Fachorganisationen der Jugendhilfe – den Diskussionsentwurf eines JHG vor. Unter Berücksichtigung hierzu eingegangener kritischer Stellungnahmen erarbeitete das BMJFG bis März 1974 einen **Referentenentwurf**. Allerdings führten die finanziellen Auswirkungen eines derartigen Gesetzes dazu, daß auf Drängen der Länder von einer Einbringung des Gesetzentwurfes im Bundestag zunächst abgesehen wurde.

Tabelle 27: Jugendhilfe 1950–1989

Jahr[1]	Pflegekinder unter Aufsicht	Amtsvormundschaft[2]	Amtspflegschaft[2]	Fürsorgeerziehung	Freiwillige Erziehungshilfe	Jugendgerichtshilfe	öffentl. Ausgaben	
							insgesamt[3]	Zuschüsse freier Träger
1950	120.597	506.623	58.075	48.244	30.446	64.419	27,0	–
1955	105.297	560.339	52.343	39.923	28.209	131.295	52,0	–
1960	97.666	620.157	61.780	25.926	27.677	131.285	56,0	–
1965	92.498	598.330	69.876	25.017	25.634	152.588	947,1	164,7
1970	71.011	105.855	401.108	18.901	25.186	192.967	1.378,6	302,0
1975	68.559	76.567	333.930	5.959	17.633	228.322	3.369,0	830,8
1980	70.552	67.554	330.137	3.194	15.798	333.546	5.312,9	1.578,5
1983	65.762	60.348	351.803	3.460	13.658	353.809	5.669,5	1.649,1
1985	64.587	54.745	370.375	1.242	12.541	299.687	6.366,9	1.955,7
1986	65.414	51.614	384.984	1.042	11.678	283.772	6.701,0	2.168,4
1987	65.479	49.715	399.077	841	11.367	269.117	7.239,4	2.698,5
1988	68.783	48.501	419.131	712	11.142	253.634	7.606,9	2.872,0
1989	73.932	46.723	442.180	594	10.811	244.710	8.067,0	3.035,0

1) 1950, 1955 ohne Saarland und Berlin; 2) gesetzliche und bestellte Amtsvormund- bzw. Amtspflegschaften; ab 1970 geänderte Rechtsgrundlagen; 3) ohne allgemeine Verwaltungskosten der Jugendbehörden sowie ohne Aufwendungen für Investitionen.
Quellen: Statistisches Bundesamt: Fachserie 13, Reihe 6: Jugendhilfe; Wirtschaft und Statistik, 3/1989, S.99*.

Die Bundesregierung, die keine eigene Aufgabenzuständigkeit für Leistungen der Jugendhilfe besitzt, die aber über die §§ 25, 26 JWG Maßnahmen im Bereich der Jugendarbeit anregen und finanziell fördern kann, hat das dafür vorgesehene Instrumentarium des **Bundesjugendplanes** insbesondere seit Beginn der 70er Jahre deutlich ausgebaut.

Soziale Schwerpunkte des Bundesjugendplanes, in dessen Rahmen der Bund zur Förderung der Jugendarbeit 1974 rd. 115,6 Mio. DM bereitstellte, waren in der ersten Hälfte der 70er Jahre v.a. unterstützende Maßnahmen für Mitarbeiter in der Behindertenhilfe sowie freiwillige soziale Dienste und Hilfen zur Integration jugendlicher Spätaussiedler; hinzu traten ein Programm zur sportlichen Jugendbildung und eine Verstärkung der politischen Bildung als Schwerpunkt der Jugendhilfe. 1974 wurden die Allgemeinen Verwaltungsvorschriften für die Gewährung von Beihilfen zur Eingliederung junger Zuwanderer verbessert und die Regelbedarfssätze für die Bemessung des Unterhalts für nichteheliche Kinder erhöht *(vgl. SB 1976, S. 51 f.)*.

9. Öffentliche Fürsorge und Sozialhilfe

9.1 Öffentliche Fürsorge in den 50er Jahren

Gerade in der Nachkriegszeit kam der **öffentlichen Fürsorge** eine nicht unerhebliche Bedeutung zu. Im Rahmen der offenen Fürsorge erhielten 1949 immerhin 2.411.788 Personen (ohne Berlin) oder 5,13 % der Bevölkerung laufende Unterstützungen. Darunter waren 1,658 Mio. Personen, denen sog. kriegsfolgenbedingte Fürsorge gewährt wurde. Insgesamt beliefen sich die Aufwendungen in der offenen Fürsorge auf 888,7 Mio. DM

(1949). In der geschlossenen Fürsorge waren Anfang 1950 rd. 330.000 Personen untergebracht. Während die Zahl der in geschlossener Fürsorge versorgten Personen in der Folgezeit leicht zunahm, ging die Zahl der laufend Unterstützten in der offenen Fürsorge ab Anfang der 50er Jahre deutlich zurück; bereits 1950 waren es nurmehr 1,31 Mio. Personen (ohne Berlin), 1955 noch 1,08 Mio. Personen *(vgl. Tabelle 28; StJbBRD, 1955, S. 387, 1958, S.361).*

Im Kern beruhte das Fürsorgerecht auch in den Anfangsjahren der Bundesrepublik noch immer auf der **Reichsfürsorgepflichtverordnung** (RFV) vom 13. Februar 1924 [RGBl.I S.1006] sowie den **Reichsgrundsätzen über Voraussetzung, Art und Maß öffentlicher Fürsorgeleistungen** (RGr) vom 26. Juni 1924 [RGBl.I S.660]. Allerdings hatten die Alliierten bereits 1945 ein Kernstück der Reform von 1924, die Gruppenfürsorge bzw. die »gehobene Fürsorge«, beseitigt. „Der 1949 einsetzende wirtschaftliche Aufschwung und die Renten- und Versorgungsgesetzgebung erlaubten es, auf diesen umstrittenen gruppenfürsorgerischen Weg des RAM dauerhaft zu verzichten" *(Tennstedt, 1988, S.108).* Bei aller Bewährung der RFV und der RGr zeigte sich zudem bereits bald nach Gründung der Bundesrepublik, daß das **Fürsorgerecht** „hinsichtlich der dort vorgeschriebenen Leistungen verbesserungsbedürftig geworden war und außerdem der Ausgestaltung von Sozialversicherung und Kriegsopferversorgung angepaßt werden mußte" *(Knopp/Fichtner, 1988, S.2).*

Nachdem umfassende Sozialreformpläne nicht hatten durchgesetzt werden können, wurde mit dem **Gesetz über die Änderung und Ergänzung fürsorgerechtlicher Bestimmungen vom 20. August 1953** [BGBl.I S.967] erstmals nach dem Kriege versucht, einerseits das Fürsorgerecht den veränderten Verhältnissen anzupassen und zum anderen die in der unmittelbaren Nachkriegszeit entstandene Rechtszersplitterung zu überwinden *(vgl. Ruppert/Kraegeloh, 1953; vgl. auch BMI, 1956).*

Durch das Gesetz wurde der Grundsatz wiederhergestellt, „nach dem Fürsorge nur dann und insoweit geleistet werden soll, als tatsächliche Hilfsbedürftigkeit im fürsorgerechtlichen Sinne besteht, so daß folgerichtigerweise nunmehr das gesamte Einkommen des Hilfsbedürftigen einschließlich sämtlicher Rentenzahlungen auf die Leistungen anderer öffentlicher Einrichtungen angerechnet wurde" *(v. Bethusy-Huc, 1976, S.185 f.).* Die Berücksichtigung sonstiger Einkünfte wurde allerdings insoweit eingeschränkt, als zweckgebundene Leistungen anderer öffentlicher Einrichtungen sowie freiwillige Leistungen der Freien Wohlfahrtspflege unter gewissen Voraussetzungen nicht angerechnet wurden. Ebenfalls waren bestimmte Ausnahmen hinsichtlich der grundsätzlichen Verpflichtung vorgesehen, eigenes Vermögen einzusetzen. Zwar wurden erneut regelmäßige Mehrleistungen »über« den sonst für nötig erachteten Richtsätzen der öffentlichen Fürsorge eingeführt, die Anerkennung des Mehrbedarfs setzte jedoch das Vorhandensein bestimmter in der Person des Hilfsbedürftigen begründeter Tatbestände voraus (Alter, Erwerbsunfähigkeit, Kinder etc.). Gegenüber den Reichsgrundsätzen, nach denen Mehrbedarfsleistungen allein aufgrund der generellen Zugehörigkeit zu bestimmten Personengruppen gewährt wurden, bedeutete dies eine einschneidende Änderung des Fürsorgerechts *(vgl. Scherpner, 1962; Schäfer,1965; v. Bethusy-Huc,1976,S.185; Könen,1977,S.404;Orthbrandt, 1980; Tennstedt, 1988, S.108).*

Auf die weitere Entwicklung der öffentlichen Fürsorge hatte ein grundlegendes **Urteil des BVerwG vom 24. Juni 1954** [BVerwGE 1, S.159] entscheidenden Einfluß, in dem das Gericht einen Rechtsanspruch auf Pflichtleistungen der Fürsorge unmittelbar aus den Grundrechtsnormen des GG ableitete und damit einen **subjektiven Rechtsanspruch** auf öffentliche Fürsorge anerkannte. »Soweit das Gesetz dem Träger der Fürsorge zugunsten des Bedürftigen Pflichten auferlegt, hat der Bedürftige entsprechende Rechte«. Die öffentliche Fürsorge stelle eine Konkretisierung der Sozialstaatsklausel des GG dar, „indem sie dem Bürger – unabhängig von anderen Zweigen der sozialen Sicherung – die umfassende Hilfe des Staates zu einem menschenwürdigen Leben" *(Schellhorn, 1986b, S. 315)* garantiere.

In der Nachkriegszeit wurde zugleich der bereits in der Weimarer Zeit begonnene „duale Aufbau des Wohlfahrtsstaates" fortgeführt, indem die Bedeutung der Zusammenarbeit zwischen **öffentlichen Trägern** und **Freien Wohlfahrtsverbänden** gerade im Bereich der Fürsorge mit Nachdruck öffentlich anerkannt wurde.

„Die in der NS-Zeit bedrängten Verbände der freien Wohlfahrtspflege drängten auf quasi »rehabilitative« öffentliche Anerkennung und Förderung" *(Tennstedt, 1988, S.109)*, „getragen von kirchlichem Engagement, einem allgemein kirchenfreundlichen Klima und wirtschaftlicher Prosperität, konnte(n) sie ihre traditionellen Tätigkeiten erheblich intensivieren" *(Stolleis, 1976, S.25)*. Unter Hinweis auf den Grundsatz der Subsidiarität öffentlichen Handelns beanspruchten die Verbände der Freien Wohlfahrtspflege einerseits einen nicht antastbaren Tätigkeitsraum, andererseits die Gewährung öffentlicher (staatlicher) Förderungsmittel.

Tabelle 28: Öffentliche Fürsorge (Sozialhilfe) 1950–1975

Jahr[1]	laufend unterstützte Personen		Hilfe in besond. Lebenslagen[7]	Gesamtaufwand in Mio. DM[4]	darunter lfde. Leistungen in Mio. DM	Eckregelsatz (DM/Monat)	Geschlossene Fürsorge	
	total[2]	in %[3]					Personen[5]	Aufwand[6]
1950	1.306.555	2,75	–	589,1	297,1	–	329.537	323,3
1955	1.077.579	1,80	–	785,3	544,5	62,00	378.381	569,8
1963	761.000	1,72	508.000	965,9	530,8	108,00	390.537	894,2
1965	704.815	1,20	535.877	1.045,0	546,1	118,00	390.867	1.061,4
1970	698.000	1,24	577.000	1.577,0	765,0	155,00	449.636	1.758,0
1975	1.133.530	1,83	709.495	3.682,0	1.988,0	255,00	511.726	4.724,0

1) 1950 ohne Saarland und Berlin; 1955 ohne Saarland; 2) außerhalb von Anstalten, 1950, 1955 Empfänger offener Fürsorge einschl. Kriegsopferfürsorge etc.; 3) in % der Gesamtbevölkerung; 4) Aufwand für die offene Fürsorge; 5) in geschlossenen Anstalten untergebrachte Personen, jeweils 31. März; 6) in Mio. DM.; 7) außerhalb von Anstalten.
Quellen: Statistisches Jahrbuch für die Bundesrepublik Deutschland, versch. Jge. (1953 ff.).

Noch bevor die allgemein als notwendig erachtete Gesamtreform erfolgte, wurde das Fürsorgerecht in Teilbereichen verbessert. So erließ das BMI 1955 neue Verwaltungsvorschriften über den Aufbau der Fürsorge-Richtsätze und ihr Verhältnis zum Arbeitseinkommen, durch die die Leistungen gegenüber 1949 um rd. 50 % angehoben wurden. Ferner wurden mit dem **Körperbehindertengesetz vom 27. Februar 1957** [BGBl.I S.147] und dem **Gesetz über die Tuberkulosehilfe vom 23. Juli 1959** [BGBl.I S.513] erstmals „spezielle Fürsorgegesetze geschaffen, die einem besonderen, über die Bestreitung des allgemeinen Existenzminimums hinausgehenden Bedarf Rechnung trugen" *(Schellhorn, 1986b, S.310)*. Grundsätzlich neu war dabei insbesondere die Einführung von **Einkommensgrenzen**, „die – abweichend vom bisherigen Grundsatz der vollen Einkommensanrechnung – dem Hilfesuchenden einen erheblichen Schutz- und Freiraum für sein Einkommen ließen" *(Schellhorn, 1986b, S.310; vgl. auch Könen, 1977, S.404f.)*.

9.2 Reform der Fürsorgegesetzgebung

Das im GG verankerte Sozialstaatsprinzip in Verbindung mit den dort getroffenen Aussagen zur Entfaltung der Persönlichkeit und zur Menschenwürde sowie die Erfahrungen in der Praxis ließen nach Abschluß der Reform der Rentenversicherung die Reform des Fürsorgerechts zu einem politischen Schwerpunkt werden. Schließlich legte die Bundesregierung am 20.4.1960 den **Entwurf eines Bundessozialhilfegesetzes** [BT-Drs. III/1799] vor, an dessen Erarbeitung Spitzenverbände der Wohlfahrtspflege und Fachleute aus den

Kommunen und Ländern in erheblichem Umfange beteiligt gewesen waren. Begründet wurde die Notwendigkeit der Neuregelung u. a. mit folgenden Argumenten:

Die Vorschriften der RFV und der RGr entsprächen nicht mehr der sozialen Wirklichkeit, vor allem im Hinblick auf die personelle und materielle Ausweitung der Sozialversicherung und der Versorgung. Unter dem alten Fürsorgerecht habe die Hilfe überwiegend darin bestanden, Hilfsbedürftige für den laufenden Lebensunterhalt zu unterstützen; aufgrund der Besserung der wirtschaftlichen Verhältnisse und der Schaffung besonderer Leistungsgesetze sei es jedoch möglich geworden, sich mehr und mehr individuellen Notständen zuzuwenden, die nicht mehr den reinen Lebensunterhalt beträfen. Darüber hinaus habe sich der Kostenausgleich unter den Fürsorgeverbänden als reformbedürftig erwiesen; ferner sei es aus Gründen der Verwaltungsvereinfachung sinnvoll, das gesamte Fürsorgerecht sowohl in materieller als auch in verfahrensmäßiger Hinsicht in einem Gesetzgebungswerk zusammenzufassen. Zudem wären wesentliche Aussagen des GG über das Verhältnis von Staat und Bürger zu berücksichtigen.

Trotz Einigkeit über die Notwendigkeit der Reform und ihre wesentlichen Grundzüge wurde das **Bundessozialhilfegesetz** (BSHG) **vom 30. Juni 1961** [BGBl.I S.815, 1875] vom Bundestag mit 193 gegen 150 Stimmen bei 3 Enthaltungen verabschiedet *(vgl. A. Weller, 1961, S.427ff.)*. Vor allem wegen der Gestaltung des Subsidiaritätsprinzips lehnte die SPD das Gesetz ab. Schon durch die Namensänderung sollte zum Ausdruck gebracht werden, daß es sich nicht mehr um eine Armenfürsorge handelte und daß sich die Vorschriften in ihrer Ausgestaltung und Zielsetzung wesentlich vom bisherigen Recht unterschieden. Stärker als zuvor sollte der Mensch im Mittelpunkt stehen; entsprechend definierte §1 Abs.2 als **Aufgabe der Sozialhilfe**, „dem Empfänger der Hilfe die Führung eines Lebens zu ermöglichen, das der Würde des Menschen entspricht" *(vgl. auch Oestreicher, 1962)*.

Tragende Grundsätze des Sozialhilferechts wurden die Gewährung der Hilfe nach den Besonderheiten des Einzelfalles (Grundsatz der Individualisierung) und der Nachrang der Sozialhilfe (Grundsatz der Subsidiarität), wie sie bereits in den früheren Reichsgrundsätzen verankert waren. Allerdings wurde die Fürsorge dem veränderten Sozialverständnis angepaßt und umfaßte nunmehr (mit unterschiedlichen Voraussetzungen) neben der **Hilfe für den Lebensunterhalt** eine deutlich erweiterte **Hilfe in besonderen Lebenslagen**; so wurde die Hilfe in besonderen Lebenslagen durch Einbeziehung neuer Hilfsarten (z. B. Hilfen für Gefährdete, Familien- und Hauspflege, vorbeugende Gesundheitshilfe, Altenhilfe) mit materiell bedeutsamen Weiterentwicklungsmöglichkeiten nach Inhalt und Umfang ausgebaut *(vgl. Luber, 1961ff.)*.

Das Recht auf persönliche und wirtschaftliche Hilfe nach dem BSHG knüpft an die Hilfsbedürftigkeit der betreffenden Personen an. Hilfsbedürftig im Sinne der Sozialhilfegesetzgebung ist derjenige, der aus eigenen Kräften seinen Lebensunterhalt nicht bestreiten oder sich in besonderen Lebenslagen nicht selbst helfen kann und auch von anderer Seite keine ausreichende Hilfe erhält. Insbesondere im Hinblick auf die Hilfe in besonderen Lebenslagen wurde der Begriff der Hilfsbedürftigkeit nach Maßgabe von Einkommensgrenzen präzisiert; nach Überschreitung dieser Einkommensgrenzen wurde der Hilfesuchende zur Eigenbeteiligung an den Hilfeleistungen verpflichtet; die Verpflichtung zum Ersatz einmal erhaltener Sozialhilfeleistungen – wie in den Reichsgrundsätzen enthalten – wurde jedoch fallengelassen *(vgl. v. Bethusy-Huc, 1976, S.186ff.)*.

In der Folgezeit wurden in mehreren **Änderungsgesetzen** und **Rechtsverordnungen** nach Inhalt und Umfang wesentliche Leistungsverbesserungen vorgenommen.

Das 1. BSHG-ÄndG vom 31. August 1965 [BGBl.I S.1027] berücksichtigte die bis dahin gewonnenen Erfahrungen bei der Durchführung des Sozialhilfegesetzes. Dieses Änderungsgesetz führte hinsichtlich der Regelungen über die Einkommensgrenzen, die Mehrbedarfsbestimmungen für bestimmte Personengruppen und die Blindenhilfe zu schwerpunktmäßigen Verbesserungen. Das 2. BSHG-ÄndG vom 14. August 1969 [BGBl.I S.1153] brachte neben weiteren Präzisierungen der Leistungsregelungen erneut Leistungsverbesserungen, die insbesondere die Sicherung der Eingliederung Behinderter in das Erwerbsleben betrafen; dabei wurde zugleich eine Erweiterung des anspruchsberechtigten Personenkreises (auch Personen, denen eine Behinderung droht; auch psychisch Behinderte) vorgenommen. Neben der Änderung der Einkommens- und Vermögensgrenzen wurden zusätzliche Familienzuschläge eingeführt. Die Leistungen für Blinde und Sehbehinderte wurden in Anpassung an die Leistungen nach dem BVG dynamisiert.

In den Jahren 1970 und 1971 wurde das BSHG durch zahlreiche Rechtsverordnungen weiterentwickelt. Die **Rechtsverordnung vom 24. Februar 1970** [BGBl.I S.213] grenzte den Personenkreis der besonders Schwerbehinderten ab, dem im Rahmen der Hilfe zum Lebensunterhalt ein besonderer Mehrbedarf sowie ein erhöhtes Pflegegeld bei Pflegebedürftigkeit zugestanden wurde. Die **Verordnung vom 9. November 1970** [BGBl.I S.1529] grenzte den Einsatz bzw. die Verwertung kleinerer Barbeträge oder sonstiger Geldwerte vor Inanspruchnahme der Sozialhilfe ein und führte in diesem Bereich Familienzuschläge ein. Durch die Änderung der Regelsatzverordnung für die **Hilfe zum Lebensunterhalt** vom 10. Mai 1971 [BGBl.I S.451] wurden die Regelsätze nach Inhalt und Aufbau neu geordnet und erhöht. Zwei Verordnungen zur **Eingliederungshilfe für Behinderte** vom 28. Mai 1971 [BGBl.I S.728, 731] führten – neben einer Verbesserung der Leistungen der Eingliederungshilfe – zu Präzisierungen in der Abgrenzung des anspruchsberechtigten Personenkreises sowie der maßgebenden Einkommensgrenzen. Die Verordnung vom 26. November 1971 [BGBl.I S.1862] brachte eine Erhöhung des Familienzuschlages bei den Einkommensgrenzen für die Hilfe in besonderen Lebenslagen *(vgl. SB 1972, S.42)*.

Das **3. BSHG-ÄndG vom 25. März 1974** [BGBl.I S.777] setzte die Anpassung des Sozialhilferechts an die allgemeine wirtschaftliche und soziale Entwicklung fort und führte vor allem zu einer Besserstellung der Hilfesuchenden durch Erweiterung der Hilfen in besonderen Lebenslagen sowie durch eine laufende Anpassung von Festbeträgen an die Entwicklung der Regelsätze oder der Arbeitnehmereinkommen. Verschiedene laufende Geldleistungen der Sozialhilfe sowie dem Schutz der Hilfesuchenden dienende Einkommensgrenzen wurden dynamisiert und die Ersatzpflicht unterhaltspflichtiger Angehöriger eingeschränkt. Der Familienzuschlag wurde an den Regelsatz des Haushaltsvorstandes gebunden. Die vorbeugende Gesundheitshilfe sollte seitens der Sozialhilfe in gleichem Umfang wie den Versicherten in der GKV gewährt werden. Hinsichtlich der Zumutbarkeit einer Arbeitsaufnahme bei Kindererziehung wurde eine Gleichstellung von Männern und Frauen vorgenommen. Die Gefährdetenhilfe wurde auf Obdachlose, Nicht-Seßhafte und Strafhaft-Entlassene ausgedehnt, und die Altenhilfe konnte auch zur Vorbereitung auf das Alter dienen *(vgl. SB 1976, S.48f., 71)*.

Die Verordnung vom 15. Januar 1975 [BGBl.I S.267] brachte die notwendige Anpassung der Eingliederungshilfe-Verordnung an die durch das 3.BSHG-ÄndG geänderten Bestimmungen über die Eingliederung für Behinderte. Zwei Verordnungen vom 25. April 1975 [BGBl.I S.997, 998] führten zu einer Anpassung des Pflegegeldes sowie der Grundbeträge der Sozialhilfe an die Entwicklung der allgemeinen Bemessungsgrundlage in der Rentenversicherung der Arbeiter. Die Verordnung vom 12. Mai 1975 [BGBl.I S.1109] bewirkte eine Erhöhung des Mindestbetrages für Behinderte *(vgl. SB 1976, S.71)*.

Mit dem **Strafrechtsreform-Ergänzungsgesetz vom 28. August 1975** [BGBl.I S.2289] wurden die Leistungen der GKV und der Sozialhilfe zugunsten von Frauen erweitert. Das Gesetz führte einen Anspruch auf ärztliche Beratung über Fragen der Empfängnisregelung sowie auf ärztliche Hilfe bei nichtrechtswidriger Sterilisation oder nichtrechtswidrigem Schwangerschaftsabbruch ein. Mit diesem Strafrechtsreform-Ergänzungsgesetz erreichte die Sozialhilfegesetzgebung in der Reform- und Ausbauphase ihren Abschluß.

10. Soziale Wohnungspolitik

10. 1 Ausgangslage

Vor dem Hintergrund umfangreicher Kriegszerstörungen sowie der enormen Bevölkerungsverschiebungen wurde die Versorgung der Bevölkerung mit Wohnraum zu einer der drängendsten sozialpolitischen Aufgaben der frühen Nachkriegsjahre. Schätzungen zufolge waren im Bundesgebiet und West-Berlin während des Krieges rd. 2,17 Mio. Wohnungen zerstört worden *(vgl. Jenkins, 1976, S.13ff.)*; dadurch ergab sich Ende des Krieges ein **Wohnungsfehlbestand** von etwa 4,6 Mio. Wohnungen *(vgl. Kornemann, 1973, S.7ff.)*, der sich durch den enormen Flüchtlingszustrom in der Folgezeit noch deutlich erhöhte. Unter Berücksichtigung der rd. eine Million zwischen 1945 und 1950 wiederhergestellten oder neu gebauten Wohnungen standen 1950 rd. 16,025 Mio. Privathaushalten im Bundesgebiet lediglich 10,1 Mio. Wohnungen (einschl. Notwohnungen) zur Verfügung *(vgl. Tabelle 29)*. Zu berücksichtigen ist dabei, daß zu diesem Zeitpunkt 626.800 Haushalte in Notwohnungen und 726.000 in Unterkünften außerhalb von Wohnungen (Lagern, Fremdenheimen) wohnten *(vgl. Jenkins, 1976, S.20)*.

In Anbetracht dieser Wohnungssituation war es praktisch unumgänglich, die bereits in der Weimarer Zeit begonnene und während des Dritten Reiches verschärfte **Wohnungszwangswirtschaft** beizubehalten.

Mit dem KRG Nr.18 vom 8. März 1946 [KRABl. S.97] wurde für den gesamten Wohnungsbestand eine totale Zwangswirtschaft eingeführt; u.a. wurden sämtliche Wohnungen nach Größe und Belegung erfaßt und von den Wohnungsämtern, falls erforderlich, mit zusätzlichen Personen belegt. Im Gegensatz zu den meisten übrigen Wirtschaftsbereichen konnte der Wohnungsmarkt auch 1949 noch nicht aus der staatlichen Bewirtschaftung entlassen werden. Vielmehr mußten die Zwangsmaßnahmen durch das Gesetz zur Verlängerung der Geltungsdauer des Preisgesetzes vom 8. Juli 1950 [BGBl.I S.274], das Zweite Gesetz zur Verlängerung der Geltungsdauer des Bewirtschaftungsnotgesetzes vom 9. Oktober 1950 [BGBl.I S.689] sowie die Mietenverordnung vom 20. November 1950 [BGBl.I S.759] auch zu Beginn der 50er Jahre beibehalten werden *(vgl. Kleinhenz/Lampert, 1971, S. 121)*.

Obschon die Aufgaben, denen „die Bau-, Wohnungs- und Kreditwirtschaft sowie die Wohnungspolitik nach dem zweiten Weltkrieg gegenüberstanden, erdrückend (waren) und ... fast unlösbar (schienen)" *(Berndt, 1985, S.699)*, hielten sich die parteipolitischen Kontroversen in der Wohnungspolitik in jenen Anfangsjahren in Grenzen. Weitgehend bestand Einigkeit, daß in dieser **besonderen Notsituation** Instrumente gefunden werden mußten, um die erdrückende Wohnungsnot schnellstmöglich zu überwinden. Klar war auch, daß es nicht ausreichte, die Nutzung des noch verfügbaren Wohnungsbestandes unter Fortgeltung des tradierten Mieterschutzes staatlich zu regulieren, sondern daß es darauf ankam, die **Finanzierung großer Wohnungsbauleistungen** zu ermöglichen. In der Regierungserklärung vom 20. September 1949 wurde die Förderung des Wohnungsbaus »mit allen Mitteln in energischster Weise« als eine der dringendsten Aufgaben bezeichnet und damit begründet, daß die Verhältnisse auf dem Wohnungsgebiet »die soziale und ethische Gesundung des deutschen Volkes unmöglich« und »das Leben der Vertriebenen und Ausgebombten so unendlich schwer« machten [BAnz v. 24.9.1949, S.1 f.].

10. 2 Wohnungspolitische Maßnahmen in den 50er Jahren

10. 2. 1 Wohnungsbauförderung nach dem I. WoBauG

Nachdem bis 1949 das Fehlen einer politischen Zentralgewalt das in dieser Notsituation erforderliche entschlossene Handeln verhindert hatte und die Baukapazität nahezu ausschließlich durch die Wiederherstellung kriegszerstörter Wohnungen absorbiert worden war, begann zu Beginn der 50er Jahre – unterstützt durch eine breit angelegte staatliche Förderungspolitik – in großem Umfange auch der Neubau von Wohnungen. Zum entscheidenden Ausgangspunkt einer kaum für möglich gehaltenen Wohnungsbauleistung wurde das vom Bundestag einstimmig verabschiedete **Erste Wohnungsbaugesetz** (I. WoBauG) **vom 24. April 1950** [BGBl.I S.83]. Ohne selbst die Trägerschaft in der Wohnungsbauwirtschaft zu übernehmen, brachten Bund, Länder und Gemeinden in Form indirekter Lenkung durch umfangreiche **Zuschüsse und Darlehen** an Wohnungsbaugesellschaften insbesondere den **sozialen Wohnungsbau** wieder in Gang. Neben den Förderungsinstrumenten und Bestimmungen zur Bewirtschaftung des Wohnungsbestandes enthielt das Gesetz erste Maßnahmen zur Auflockerung der Wohnungszwangswirtschaft (Wiedereinführung eines »freien« Wohnungsmarktes für nach 1949 gebaute privat bzw. frei finanzierte Wohnungen). Außerdem regte das Gesetz bereits Maßnahmen zur Senkung der Baukosten durch Rationalisierung an (z. B. durch Bauforschung, Entwicklung von Normen und Bautypen). Ziel dieses **Wohnungsbauprogramms für breite Schichten** war primär, bis 1956 den Bau von 1,8 Mio. Wohnungen zu ermöglichen.

Zur Ankurbelung des Neuwohnungsbaus sah das Gesetz verschiedene Verfahren vor: Zur Wiederaufnahme des sozialen Wohnungsbaus stellte das Gesetz in großem Umfange zinslose öffentliche Darlehen zur Verfügung, deren Gewährung allerdings an bestimmte Voraussetzungen gebunden war; erstens war die Gesamtwohnfläche der geförderten Sozialwohnungen begrenzt (Normalwohnungen: 32–65 qm; Wohnungen für Großfamilien max. 120 qm), zweitens wurden für die Wohnungen nach Gemeindegröße, Lage und Ausstattung Höchstmietsätze festgelegt (höchstens 1 DM/qm, in Ausnahmefällen 1,10 DM), und drittens war die Vergabe der Sozialwohnungen an Einkommensgrenzen gebunden (1951: 7.200 DM Bruttojahresverdienst). Gefördert wurde ferner der sog. »steuerbegünstigte« Wohnungsbau, in dem auf Entrichtung der Grundsteuer auf Zeit (10 Jahre) und auf die Grunderwerbsteuer verzichtet wurde (Wohnflächenbegrenzung auf 80 qm, in Ausnahmefällen auf 120 qm); allerdings unterlagen derart geförderte Mietwohnungen einer Mietpreisbindung (Kostenmiete gem. § 7 Abs.1, 2 I.WoBauG). Indirekt gefördert wurde schließlich auch der sog. »freifinanzierte« Wohnungsbau über die Einkommensteuerrichtlinien, die eine großzügige Abschreibung der Baukosten ermöglichten. Zur „Sicherung der Wohnungsbaufinanzierung wurden (damit) alle erdenklichen Möglichkeiten ausgeschöpft bis hin zum Sozialpfandbrief, zum § 7 b und ... § 7 c des Einkommensteuergesetzes, der zur Finanzierung des Wohnungsbaus unverzinsliche Darlehen in Milliardenhöhe von Wirtschaftsunternehmen mobilisierte" *(F.-A. Jahn, 1986, S.100)*.

Neben der allgemeinen Wohnungsnot zeigten sich bereits damals bestimmte **strukturelle Versorgungsengpässe**. Zum Problem wurde vielfach, daß gerade in den Industriegebieten mit hohem Arbeitskräftebedarf der Mangel an Wohnungen den Ausgleich zwischen Angebot und Nachfrage bei den Arbeitskräften erschwerte (z. B. Bergbau). Hinzu kam, daß bestimmte Personengruppen größere Schwierigkeiten als andere hatten, eine Wohnung zu finden. Zur Milderung dieser strukturellen Probleme wurden die Maßnahmen des I.WoBauG durch verschiedene **wohnungsbaupolitische Sonderprogramme** ergänzt.

Hierzu gehörten u. a. die Maßnahmen zugunsten des Landarbeiterwohnungsbaus aufgrund der VO über Steuervergünstigungen zur Förderung von Landarbeiterwohnungen vom 7. November 1950 [BGBl.I S.730], der Wohnungsbau für Bergarbeiter *(vgl. Pergande, 1952)* durch das Gesetz vom 23. Oktober 1951 [BGBl.I S.865], der Umsiedlerwohnungsbau sowie der Wohnungsbau für Sowjetzonenflüchtlinge aufgrund des Gesetzes vom 30. Juli 1953 [BGBl.I S.712] und des Flüchtlings-Notleistungsgesetzes vom 9. März 1953 [BGBl.I S.45].

10. 2. 2 Sonstige wohnungspolitische Maßnahmen

Während das I.WoBauG den Schwerpunkt eindeutig auf die Förderung des Massenwohnungsbaus legte *(vgl. Kleßmann, 1982, S.244)*, wurden die mit dem **Wohnungseigen-**

tumsgesetz vom 15. März 1951 [BGBl.I S.175] und dem **Wohnungsbau-Prämiengesetz** (WoPG) **vom 17. März 1952** [BGBl.I S.139] eingeleiteten Akzentverschiebungen in Richtung auf eine Verstärkung der **privaten Eigentumsbildung** im Wohnungsbau vor allem durch das als Novelle zum WoBauG verabschiedete **Wohnraumbewirtschaftungsgesetz vom 25. August 1953** [BGBl.I S.1037] sowie das **Bundesmietengesetz vom 27. Juli 1955** [BGBl.I S.458] verstärkt und zugleich die Bestimmungen der Wohnungszwangswirtschaft sukzessive gelockert. Ergänzend sollte durch das **Baulandbeschaffungsgesetz** vom 3. August 1953 [BGBl.I S.720] die für den Wohnungsbau erforderliche Bereitstellung von Bauland zu trägbaren Bedingungen sichergestellt werden.

Der Wohnungsbau erfuhr zwar weiterhin eine über die bisherigen Maßnahmen hinausgehende Förderung durch den Einsatz öffentlicher Mittel, insbesondere durch Ausgabe verbilligter Darlehen, Übernahme staatlicher Bürgschaften, Bereitstellung von Bauland und Steuervergünstigungen, andererseits wurden unter bestimmten Voraussetzungen beim steuerbegünstigten Wohnungsbau die Mietenbindung aufgehoben und Möglichkeiten zur Umwidmung von Sozialwohnungen in freifinanzierte Wohnungen geschaffen. Zugleich wurden für die Altbauwohnungen etappenweise Anhebungen der gebundenen Mieten eingeführt.

Noch deutlicher zum Ausdruck kam die wohnungspolitische Schwerpunktverlagerung in dem **Wohnungsbau- und Familienheimgesetz** (II. WoBauG) **vom 27. Juni 1956** [BGBl. I S.523]; die Prioritäten wurden nunmehr deutlich auf eine forcierte Erstellung von **privaten Eigenheimen** gelegt; hinsichtlich des **sozialen Wohnungsbaus** wurden insbesondere die Förderungsprinzipien geändert, die staatlich festgelegte »Richtsatzmiete« durch die Kostenmiete ersetzt und Richtlinien für die Mindestausstattung der Wohnungen festgelegt. Zugleich wurde der soziale Wohnungsbau auf die Eigentumsförderung ausgedehnt.

Weiterhin vorrangig gefördert werden sollten die Bezieher niedriger Einkommen, kinderreiche Familien und Schwerbeschädigte. Anstelle der im I. WoBauG dominierenden Bereitstellung öffentlicher Mittel wurde nun aber der Schwerpunkt der Wohnungsbaupolitik stärker auf die Förderung der Finanzierung des Wohnungsbaus durch Eigen- und Kapitalmarktmittel gelegt, deren Beschaffung durch Zins-, Tilgungs- und Aufwendungsbeihilfen erleichtert wurde. Öffentliche Mittel wurden in Form von Darlehen oder Zuschüssen gewährt. Beim Bau von Familieneigenheimen wurden darüber hinaus zinslose Familienzusatzdarlehen in Höhe von 2.000 DM bei zwei Kindern gezahlt, die sich um 3.000 DM für das dritte und jedes weitere Kind erhöhten. Im Rahmen des öffentlich geförderten sozialen Wohnungsbaus wurde die Wohnfläche Begrenzungen unterworfen; außerdem besaßen für den Eigenbedarf bauende Bauherren nur dann einen Förderungsanspruch, wenn das Einkommen bestimmte Grenzen nicht überstieg.

Fortgesetzt wurde die Verstärkung der Förderung der Wohnungseigentumsbildung durch das **Gesetz zur Änderung des I.WoBauG und des II.WoBauG vom 26. September 1957** [BGBl.I S.1393]. Trotz der mit den seit 1950 eingeleiteten Maßnahmen erreichten gewaltigen Wohnungsbauleistung blieb die Wohnungsversorgung noch geraume Zeit unbefriedigend. Daher blieben bei veränderter wohnungspolitischer Programmatik die **Wohnraumbewirtschaftung** und damit auch die Mietpreisbindung zumindest für den sozialen und steuerbegünstigten Wohnungsbau bis 1960 grundsätzlich erhalten; lediglich im freifinanzierten Wohnungsbau konnten bereits damals Marktmieten erhoben werden.

10. 2. 3 Entwicklung der Wohnungsversorgung

Durch konzertierte Anstrengungen und den Einsatz eines breit angelegten Förderungsinstrumentarium gelang es tatsächlich innerhalb kürzester Zeit, eine **enorme Wohnungsbauleistung** zu erreichen. Die Jahre des Wiederaufbaus erlebten die bis dahin größte Wohnungsbauproduktion und umfangreichsten Wohnungsbauinvestitionen. Zugleich wurde der Wohnungsbau zu einer treibenden Kraft der gesamtwirtschaftlichen Entwicklung. Innerhalb von 10 Jahren (1950–1959) wurden insgesamt 5.197.726 Wohnungen gebaut. Die Quote des Wohnungsdefizits sank von knapp 50 % im Jahre 1950 auf rd. 4 % im Jahre 1962 *(vgl. Blumenroth, 1973, S.372).*

Wurden im Zeitraum von 1949 bis 1952 im Jahresdurchschnitt erst 370.000 Wohnungen fertiggestellt, waren es von 1952 bis 1959 jährlich rd. 563.000 Wohnungen; dabei dominierte anfangs deutlich der soziale Wohnungsbau; der Anteil der mit öffentlichen Mitteln gebauten Wohnungen, der 1951 noch bei 69,5 % lag, sank bis 1960 allerdings auf 45,8 % ab. Umgekehrt erhöhte sich der Anteil der in Ein- und Zweifamilienhäusern fertiggestellten Wohnungen von 33 % (1949) auf 45 % im Jahre 1960. Gleichzeitig verbesserte sich bis Anfang der 60er Jahre die Wohnungsqualität; wohnten 1950 noch rd. 34 % der Wohnparteien in untervermieteten Räumen, waren Untermietverhältnisse Anfang der 60er Jahre nurmehr von untergeordneter Bedeutung. Die Zahl der Wohnungen mit Bad stieg im Zeitraum von 1950 bis 1960 von 20 auf 46 %, die Zahl der Wohnungen mit Sammelheizung von 7 auf 12 %. Gleichzeitig stieg die durchschnittliche Wohnfläche je fertiggestellter Wohnung von 53 auf etwa 70 qm. Allein im Zeitraum von 1950 bis 1959 flossen in den Wohnungsbau Investitionen in Höhe von 86,31 Mrd. DM; davon waren 28,917 Mrd. DM oder 33,5 % öffentliche Mittel *(vgl. Häring, 1974, S.231 ff.; Ziercke, 1982, S.92 ff.; Tabelle 29).*

10. 3 Wohnungspolitik in den 60er Jahren

10. 3. 1 Wohnungsbau- und Wohnungsbestandspolitik

Die 60er Jahre waren durch eine **Liberalisierung** und **Konsolidierung** der Wohnungswirtschaft gekennzeichnet. Die Ende der 50er Jahre erreichte Wohnungsversorgung verstärkte die politischen Bestrebungen zur Aufhebung des staatlichen Einflusses. Mit der 1960 beginnenden und weit in die 60er Jahre hineinreichenden zweiten Phase der Nachkriegswohnungspolitik erlangten marktwirtschaftliche Elemente und Wettbewerbsprinzipien auch in der Wohnungswirtschaft wieder Bedeutung. Eingeleitet wurde diese neue Politik mit dem **Gesetz über den Abbau der Wohnungszwangswirtschaft und über ein soziales Miet- und Wohnrecht vom 23. Juni 1960** [BGBl.I S.389] (»Lücke-Plan«) und dem **Bundesbaugesetz vom 23. Juni 1960** [BGBl.I S.341]. Um den sukzessiven Abbau der Wohnraumbewirtschaftung und die Reduzierung der breit angelegten Subventionspolitik sozialpolitisch tragbar zu machen, wurde gleichzeitig die Subjektförderung durch Transferzahlungen ausgeweitet *(vgl. WWI, 1965, S.81 ff.).*

Nach und nach wurde die Wohnraumbewirtschaftung für alle Kreise mit einem rechnerischen Wohnungsfehlbestand von weniger als 3 % (»weiße Kreise«) aufgegeben. Während im frei finanzierten Wohnungsbau schon vorher keine Mietbindungen mehr existierten und auch im steuerbegünstigten Wohnungsbau frei vereinbarte, sich aber an den Kosten orientierende Mieten zugelassen worden waren, wurde jetzt auch das Mietniveau für Altbauten angehoben; erhalten blieben die Miet- und Belegungsbindungen jedoch in den »schwarzen Kreisen« (z. B. Hamburg, Berlin, München) und für den sozialen Wohnungsbau. Der bisherige Mieterschutz wurde durch ein soziales Mietrecht abgelöst *(vgl. Mohnen, 1963, S.292 ff.; WWI, 1965, S.81 ff.; Pergande, 1966; Frerich, 1987, S.264).* Parallel dazu wurden durch das Bundesbaugesetz für den Bodensektor de iure die staatlichen Bodenpreiskontrollen aufgehoben *(vgl. Duwendag, 1975, S.299).*

Im Zuge der Deregulierung der Wohnungswirtschaft und der steigenden Baupreise mußten die Subventionssummen zunehmend steigen, um für den berechtigten Bewohnerkreis im sozialen Wohnungsbau noch tragbare Mieten erzielen zu können. Eine Lösung dieses Problems sollten das **Wohnungsbauänderungsgesetz 1965** (WoBauÄndG 1965) **vom 24. August 1965** [BGBl.I S.945] **und das Wohnungsbindungsgesetz** (WoBindG 1965) **vom 24. August 1965** [BGBl.I S.954] bringen, mit denen u. a. der sog. »Zweite Förderungsweg« und Maßnahmen zur Sicherung der Zweckbestimmung von Sozialwohnungen eingeführt wurden.

Mit diesem Gesetzeswerk wurde ein »gehobener sozialer Wohnungsbau« bzw. der »zweite Weg« geschaffen, der nicht so stark subventioniert wurde und für dessen Belegungen Einkommensgrenzen galten, die um 40 % über denen des sozialen Wohnungsbaus i. e. S. (»Erster Förderungsweg«) lagen. Zugleich diente diese Maßnahme der weiteren Förderung der Eigentumsbildung; hinsichtlich des Förderungsinstrumentariums wurde das degressive Förderungssystem im sozialen Wohnungsbau eingeführt, bei dem Kapitalmarktzinsen mit abnehmenden Quoten für jeweils zeitlich befristete Abschnitte subventioniert wurden.

Tabelle 29: Wohnungsbau und Wohnungsversorgung 1950–1989

Jahr	fertiggestellte Wohnungen			Wohnungsbestand in 1.000[1]	Wohnungen je gen je halt	Räume je Person	Fläche je Person in qm[3]	Wohnungen mit Bad/ Dusche[4]	Mietanteil am Einkommen[5]
	insgesamt	mit öffentl. Mitteln	Anteil in %[2]						
1950	371.924	254.990	68,6	10.082,5	0,614	0,826	15,0	19,7	10,1
1956	591.082	305.740	51,7	12.734,0	0,797	0,981	16,9	42,3	8,8
1960	574.402	263.205	45,8	16.138,9	0,845	1,066	18,4	45,6	9,6
1965	591.916	228.606	38,6	19.019,0	0,897	1,258	21,7	64,3	9,9
1968	519.854	203.931	39,2	19.640,2	0,892	1,382	23,8	67,7	13,5
1972	660.636	182.247	27,6	21.956,7	0,944	1,500	26,5	75,6	13,3
1978	409.012	135.311	33,1	24.708,3	1,002	1,724	31,8	89,7	12,8
1980	388.904	97.171	24,9	25.405,6	1,024	1,741	32,3	90,0	13,4
1982	347.002	99.613	28,3	26.076,0	1,029	1,790	33,6	91,8	13,5
1985	312.053	68.952	22,1	27.081,0	1.027	1,852	35,8	93,1	15,6
1987	217.343	40.623	18,7	26.279,5	0,994	1,870	35,5	95,2	15,9
1989	238.637	68.276	28,6	26.598,3	0,957	1.910	37,9	95,8	17,2

1) bewohnte und unbewohnte Wohnungen, wechselnde Stichtage; 2) in % sämtlicher Wohnungen; 3) bis 1968 teilweise geschätzt; 4) in % der Wohneinheiten in Wohngebäuden; 5) in % des Nettoeinkommens eines 4-Personen-Arbeitnehmerhaushaltes.
Quellen: Statistisches Jahrbuch für die Bundesrepublik Deutschland, versch. Jge. (1952 ff.).

10. 3. 2 Subjektförderung im Wohnungswesen

Nachdem im Rahmen des sozialen Wohnungsbaus den **einkommensschwächeren Bevölkerungskreisen** durch Bindung des Hauseigentümers bei der Vergabe der Wohnungen und der Festsetzung der Mietpreise nur mittelbar geholfen wurde, in den Besitz einer angemessenen Wohnung zu gelangen, wobei Fehlbelegungen zudem nicht gänzlich auszuschließen waren, wurde zu Beginn der 60er Jahre damit begonnen, neben der Objektförderung die **Subjektförderung** im Wohnungswesen zu verstärken. Durch diese zusätzliche Förderungsform sollten zudem die durch die eingeleitete Deregulierung erwarteten Mietpreiserhöhungen ausgeglichen werden.

Mietbeihilfen zum Ausgleich von – durch Gesetzesänderungen verursachten – Mieterhöhungen waren zwar bereits nach dem **Ersten Bundesmietengesetz vom 27. Juli 1955** [BGBl.I S.458] vorgesehen, die eigentliche Wohngeldgesetzgebung begann jedoch mit dem **Gesetz über die Gewährung von Miet- und Lastenbeihilfen vom 23. Juni 1960** [BGBl.I S.399]. Mit diesem Gesetz sollte den Mietern und erstmals auch den Eigentümern von Wohnungen, die hohe Mieten und Belastungen nicht aufbringen konnten, unmittelbar geholfen werden, ein Mindestmaß an Wohnraum wirtschaftlich zu sichern. Entgegen den Erwartungen wurden die nach diesem Gesetz gewährten Beihilfen nur unzureichend in Anspruch genommen (1964: rd. 163.000 Empfängerhaushalte).

Die Erfahrungen mit diesem Gesetz führten zum **Wohngeldgesetz vom 1. April 1965** [BGBl.I S.178], das neben Vereinfachungen der Subjektförderung eine Ausdehnung des anspruchsberechtigten Personenkreises brachte. Außerdem wurde der Begriff der »Miet- und Lastenbeihilfen« durch den Begriff »Wohngeld« ersetzt.

Im Gegensatz zu den bisherigen Regelungen konnte Wohngeld nicht nur für Alt- und Sozialwohnungen, sondern auch für die steuerbegünstigten und freifinanzierten Wohnungen beansprucht werden. Auf die Zahlung des Wohngeldes bestand ein gesetzlicher Anspruch, sofern bestimmte Voraussetzungen erfüllt waren. Wohngeld war ausdrücklich keine Leistung der Sozialhilfe. Allerdings wurde das Wohngeld nur gewährt, wenn das Familieneinkommen unter Berücksichtigung der Zahl der Familienmitglieder bestimmte Höchstgrenzen nicht überschritt und die berücksichtigungsfähige Miete/Belastung über der tragbaren Miete/Belastung lag. Im übrigen durften keine Ausschlußgründe vorliegen (z. B. Erhalt anderer vergleichbarer Leistungen, Vermögensbesitz, mißbräuchliche Inanspruchnahme) *(vgl. M. Fuchs, 1988, S.1113)*. Für das Familieneinkommen galt seinerzeit eine Einkommensgrenze von 9.000 DM jährlich (für das zweite und jedes weitere Haushaltsmitglied erhöhte sich die Grenze um jeweils 1.800 DM). Tragbar war eine Miete/Belastung, wenn sie über in Tabellen festgelegte Vomhundertsätze des Familieneinkommens nicht hinausging, wobei bzgl. der effektiven Belastung nur Wohnraum bis zu bestimmten Höchstgrenzen berücksichtigt werden durfte. Gezahlt wurde das Wohngeld von den Ländern, die jedoch die Hälfte ihrer Aufwendungen durch den Bund erstattet bekamen.

Tabelle 30: Wohngeld 1963–1975

Jahr	Wohngeldempfänger insgesamt[1]	durchschnittlicher Wohngeldanspruch in DM/Monat	Mietzuschuß in DM/Monat	Lastenzuschuß in DM/Monat	Wohngeldausgaben in Mio. DM	Empf. nach soz. Stellung in %: Arbeiter	Rentner	sonstige Nichterwerbspersonen
1963[2]	109.654	31,39	29,64	53,93	19,7	–	–	–
1964[3]	162.653	34,37	31,96	55,79	61,5	–	–	–
1965	394.931	43,51	40,63	69,91	160,2	24,00	55,70	3,80
1966	606.403	45,57	42,11	73,17	388,3	22,81	58,35	3,86
1967	691.317	47,62	44.35	76,09	430,2	24,86	56,09	4,73
1968	810.870	49,75	46,59	78,89	511,5	24,81	56,23	4,71
1969	850.757	49,80	46,97	78,23	571,6	23,32	58,90	4,72
1970	908.335	48,05	45,86	75,28	598,6	16,99	65,18	8,41
1971	1.153.944	57,00	56,00	79,00	844,6	15,90	63,10	11,40
1972	1.277.771	59,74	58,30	81,30	1.183,4	12,29	67,87	11,54
1973	1.301.571	58,99	57,84	79,39	1.134,0	10,11	69,93	13,79
1974	1.649.940	69,48	67,70	95,05	1.486,7	12,09	66,92	13,48
1975	1.665.671	71,99	70,41	97,10	1.642,9	16,62	66,90	16,60

1) am 31. Dezember eines Jahres ohne rückwirkende Bewilligungen; 2) Erstmalige Bewilligungen von Wohnbeihilfe 1.11.1963 bis 30.6.1964; 3) Empfänger von Wohnbeihilfe Ende 1964.
Quellen: Statistisches Bundesamt: Fachserie E, Reihe 7: Wohngeld, lfde. Jge.

Das Gesetz führte vor dem Hintergrund kräftig steigender Mieten zu einem starken Anstieg der Zahl der Wohngeldempfänger. Während 1965 erst 395.000 Haushalte Wohngeld erhielten, waren es 1968 bereits 811.000. Die Aufwendungen für Wohngeld erhöhten sich im selben Zeitraum von 160 auf 512 Mio. DM. Der durchschnittliche monatliche Wohngeldbetrag stieg dabei von 43,51 DM (1965) auf 49,75 DM (1968), wobei die Lastenzuschüsse deutlich über den Mietzuschüssen lagen *(vgl. Tabelle 30)*.

10. 3. 3 Wohnungsversorgung Ende der 60er Jahre

Obgleich die Zahl der jährlich fertiggestellten Wohnungen zwischen 1960 und 1969 mit 570.000 im Durchschnitt noch etwas höher lag als im Jahrzehnt zuvor, ergab die **Wohnungszählung 1968**, daß von einem annähernd ausgeglichenen Wohnungsmarkt noch nicht ausgegangen werden konnte. Rund 22 Mio. Haushalten standen lediglich 19,64 Mio. Wohnungen zur Verfügung *(vgl. Tabelle 29)*. Nach den Ergebnissen der Wohnungszählung wurde von einem **Fehlbestand** von rd. 800.000 Wohnungen ausgegangen. Gleichzeitig hatte der soziale Wohnungsbau in den 60er Jahren zunehmend an Bedeutung verloren. Die Zahl der bewilligten Sozialwohnungen sank von 326.663 (1960) auf 209.271 im Jahre 1965; 1970 schließlich waren es nurmehr 165.135 oder 34,5 % der fertiggestellten Wohnungen *(vgl. WiSt, 9/82, S.675)*.

Charakteristisch für die 60er Jahre war zudem ein enormer Anstieg sowohl der **Baupreise** wie der Mieten. Mußte 1950 ein Industriearbeiter mit einem Durchschnittseinkommen ungefähr das 6fache seines Netto-Jahresverdienstes für ein Einfamilienhaus aufwenden, so war Ende 1970 das 12fache erforderlich. Enorme **Mietsteigerungen** insbesondere für Altbauwohnungen waren vor allem Ende der 60er Jahre zu verzeichnen *(vgl. Helfert, 1971, S.366f.)*.

10. 4 Wohnungspolitik zu Beginn der 70er Jahre

10. 4. 1 Wohnungsbauförderung

Der Wohnungsfehlbestand sowie strukturelle Versorgungsengpässe veranlaßten die sozialliberale Regierung zu Beginn der 70er Jahre, dem sozialen Wohnungsbau erneut verstärkte Beachtung zukommen zu lassen. Zur Herstellung eines langfristig ausgeglichenen Wohnungsmarktes wurde 1970 ein **langfristiges Wohnungsbauprogramm** beschlossen, das ab 1971 sukzessive umgesetzt werden sollte. Vorgesehen war, jährlich etwa 200.000 bis 250.000 Wohnungen wieder aus Mitteln öffentlicher Haushalte zu fördern. Diese Maßnahme umfaßte ein Sozialprogramm, ein Regionalprogramm sowie ein Modernisierungsprogramm *(vgl. SB 1972, S.44f.)*.

Mit der Grundförderung des Sozialprogramms wurde eine angemessene Wohnraumversorgung für einkommensschwache Personengruppen angestrebt; insbesondere für benachteiligte Gruppen wie kinderreiche Familien, alte Menschen und Schwerbehinderte wurde eine zusätzliche Begünstigung in einem Intensivprogramm vorgesehen. Das Regionalprogramm diente der Förderung des Wohnungsbaus in Regionen mit besonders großem Wohnungsbedarf mittels einer degressiv gestaffelten Miet- oder Lastenverbilligung durch Aufwendungsdarlehen für 12 Jahre; dieses Programm galt für Personengruppen, deren Einkünfte die Einkommensgrenzen des sozialen Wohnungsbaus max. um 40 % überschritten. Im Rahmen des Modernisierungsprogramms erfolgte die Förderung der Modernisierung von Altbauwohnungen; dabei wurden die Möglichkeiten für die Vergabe von Darlehen an einkommensschwache Gebäudeeigentümer erweitert und Aufwandszuschüsse zur Verbilligung von Kapitalmarktmitteln für Modernisierungszwecke gewährt.

Im einzelnen umgesetzt wurden die Vorhaben des langfristigen Wohnungsbauprogramms u.a. mit dem **WoBauÄndG 1971 vom 17. Dezember 1971** [BGBl.I S.1993] und dem **WoBauÄndG 1973 vom 21. Dezember 1973** [BGBl.I S.1970]. Ferner erging das **Städtebauförderungsgesetz vom 27. Juli 1971** [BGBl.I S.1125], das einerseits die Durchführung von Sanierungs- und Entwicklungsmaßnahmen der Gemeinden erleichtern und gleichzeitig sicherstellen sollte, daß von Sanierungsmaßnahmen tangierte soziale Aspekte in ausreichender Weise Berücksichtigung fanden (Verpflichtung zur Aufstellung eines Sozialplanes).

Mit dem WoBauÄndG 1971 wurde das II. WoBauG an die neuen Förderungsmethoden des langfristigen Wohnungsbauprogramms angepaßt; die Einkommensgrenzen wurden angehoben (für den Haushaltsvorstand von 9.000 auf 12.000 DM, Zuschlagsbetrag für jeden Familienangehörigen von 2.400 auf 3.000 DM); außerdem wurden besonders einkommensschwache Wohnungssuchende bei der Vergabe älterer und damit billigerer Sozialwohnungen als bevorrechtigt eingestuft; die Bindungsfrist bei freiwilliger vorzeitiger Rückzahlung der öffentlichen Mittel wurde auf 10 Jahre verlängert *(vgl. SB 1972, S.60)*.

Nochmals angehoben wurden – mit Wirkung von 1974 an – die Einkommensgrenzen für die Wohnberechtigung im sozialen Wohnungsbau durch das WoBauÄndG 1973; folgende Einkommensgrenzen wurden festgelegt: 18.000 DM zzgl. 9.000 DM für das zweite und 4.200 für jedes weitere Familienmitglied, Zuschlag von 4.200 DM für jeden Schwerbehinderten, Zuschlag von 4.800 DM für junge Ehepaare unter 40 Jahren während der ersten 5 Jahre. Im weiteren brachte das WoBauÄndG 1973 eine Ermächtigung zum Erlaß von Rechtsverordnungen zur Erreichung einer sozial befriedigenden Nutzung des Sozialwohnungsbestandes *(vgl. SB 1976, S.58)*.

10.4.2 Soziale Wohnungsbestandspolitik

Die enorme Wohnungsbauleistung der 50er und 60er Jahre hatte es als möglich erscheinen lassen, auch in der Wohnungswirtschaft primär den Markt über Angebot und Nachfrage entscheiden zu lassen. Die Mietpreissteigerungen vor allem gegen Ende der 60er Jahre und damit verbundene Probleme insbesondere sozial schwächerer Bevölkerungsgruppen, eine angemessene Wohnung zu finden, führten Anfang der 70er Jahre jedoch erneut zu verstärkten **staatlichen Interventionen** im Bereich der Wohnungswirtschaft.

Immer mehr setzte sich die Auffassung durch, daß die Subjektförderung allein nicht ausreicht, um marktbedingte Disparitäten auszugleichen. Daher wurde es für erforderlich gehalten, die **Rechtsstellung des Mieters** zu stärken und den Schutz gegen unmotivierte und willkürliche Kündigungen zu verbessern, zumal rd. 40 Mio. Menschen zur Miete wohnten (rd. 15 Mio. der insgesamt 23,1 Mio. Wohnungen waren Mietwohnungen). Ausdruck der neuerlichen Umorientierung in der Wohnungspolitik und der Erhöhung des staatlichen Einflusses waren das **Mietrechtsverbesserungsgesetz vom 4. November 1971** [BGBl.I S.1745] und das **Wohnraumkündigungsschutzgesetz vom 25. November 1971** [BGBl.I S.1839].

Mit diesen Gesetzen wurde der gesamte Wohnungsbestand erneut strengen Bindungen unterworfen und der Bestandsschutz für Mietverhältnisse verstärkt. Eingeführt wurden u.a. Mietpreisregelungen nach dem Vergleichsmietenkonzept und strenge Kündigungsschutzvorschriften, die auch den Bestand an frei finanzierten Wohnungen erfaßten. Nachdem bis dahin der Grundsatz der freien Kündbarkeit des Mietverhältnisses bestand, war fortan eine Kündigung nurmehr zulässig, wenn der Vermieter ein berechtigtes Interesse an der Kündigung nachweisen konnte (z. B. erhebliche schuldhafte Verletzung der Vertragspflichten durch den Mieter, Eigenbedarf des Vermieters). Das Fehlen angemessenen Ersatzwohnraumes zu zumutbaren Bedingungen wurde fortan i. d. R. als Härtefall angesehen, der einen Kündigungswiderspruch des Mieters rechtfertigte. Gänzlich ausgeschlossen wurde für die vorgesehene Zeitdauer die Kündigung zum Zwecke der Erhöhung des Mietzinses. Allerdings sollte der Vermieter vom Mieter unter bestimmten Voraussetzungen eine Zustimmung zur Erhöhung der Miete verlangen können. Erschwert wurde zudem die Umwandlung von Mietwohnungen in Eigentumswohnungen (Berufung auf Eigenbedarf erst nach 3 Jahren). Schließlich brachte das Gesetz eine besondere Strafbestimmung gegen Mietwucher.

Die zunächst als Übergangsregelung gedachten und bis zum 31.12.1974 befristeten Kündigungsschutzbestimmungen vom November 1971 wurden durch das vom Bundestag nahezu einstimmig verabschiedete **Zweite Wohnraumkündigungsschutzgesetz** (2. WKSchG) **vom 18. Dezember 1974** [BGBl.I S.3603] als Dauerrecht in das BGB eingeführt *(vgl. Frerich, 1987, S.264)*.

Bestätigt wurde durch das 2.WKSchG die Bestimmung, wonach vertragstreuen Mietern grundsätzlich nur bei berechtigtem Interesse des Vermieters (z.B. Eigenbedarf) gekündigt werden durfte; nicht gestattet waren weiterhin Kündigungen zum Zwecke der Mieterhöhung. Durch die Begrenzung auf die ortsübliche Vergleichsmiete sollte der Mieter vor ungerechtfertigten Mieterhöhungen geschützt werden; vereinfachte Erhöhungsmöglichkeiten waren allerdings bei Modernisierungsmaßnahmen vorgesehen.

10.4.3 Weiterentwicklung der Wohngeldgesetzgebung

Auch die Subjektförderung in Form des Wohngeldes erfuhr bereits zu Beginn der 70er Jahre einen weiteren Ausbau. Abgesehen davon, daß Anwendungsschwierigkeiten des

1. WoGG beseitigt werden sollten, wurden mit der Novellierung auch qualitativ weitergehende Ziele verfolgt; das Wohngeld sollte nicht mehr nur dazu dienen, ein Mindestmaß an Wohnraum wirtschaftlich zu sichern und damit soziale Härten zu vermeiden, vielmehr sollte es ein angemessenes und familiengerechtes Wohnen ermöglichen. Entsprechende Verbesserungen sollte das **Zweite Wohngeldgesetz vom 14. Dezember 1970** [BGBl.I S.1637] bringen.

Das 2. WoGG paßte zum einen mit Wirkung vom 1. Januar 1971 das Wohngeld an die veränderten Wohn- und Einkommensverhältnisse an und erweiterte zum anderen durch Erhöhung der Einkommensgrenzen den Kreis der Wohngeldberechtigten. Neue Höchstbeträge für Mieten und Belastungen – verbunden mit neuen Wohngeldtabellen – sollten zu einer strukturellen Anhebung des Wohngeldes führen. Außerdem wurden unbillige Härten beseitigt; schließlich brachte das Gesetz die Einführung eines vereinfachten, schnelleren und billigeren Verfahrens der Wohngeldermittlung mittels besser ausgewogener, EDV-gerechter Wohngeldtabellen. Das WoGG-ÄndG vom 15. Juli 1971 [BGBl.I S.974] regelte im Sinne einer Übergangsregelung die Neubewilligung von Wohngeld nach Inkrafttreten des Zweiten Wohngeldgesetzes bei Verschlechterung der finanziellen Verhältnisse.

In der Folgezeit führten das **2. WoGG-ÄndG vom 24. November 1971** [BGBl.I S.1837] zu einer Erhöhung des Wohngeldes für Haushalte mit mehr als 8 Familienmitgliedern und das **3. WoGG-ÄndG vom 10. Dezember 1973** [BGBl.I S.1855] ab 1. 1. 1974 zu einer Anpassung der Leistungen des WoGG an die allgemeine Einkommens- und Mietenentwicklung *(vgl. SB 1976, S.59)*.

Diese Gesetzesänderungen zu Anfang der 70er Jahre haben die Bedeutung des Wohngeldes weiter steigen lassen; allein zwischen 1970 und 1975 erhöhte sich die Zahl der Wohngeldempfänger von rd. 908.300 auf 1.665.700; Mitte der 70er Jahre erhielten damit etwa 7 % der Haushalte Wohngeld. Den Großteil der Empfänger stellten die Rentner (rd. 67 %); dagegen war der Anteil der geförderten Arbeiterhaushalte bereits 1969/72 von 23,3 auf 12,3 % zurückgegangen *(vgl. Tabelle 30)*.

11. Soziale Vermögenspolitik

11. 1 Hintergründe und Ziele der Vermögenspolitik

Bereits in den Anfängen der sozialpolitischen Diskussion in Deutschland wurde in der weitgehenden **Vermögenslosigkeit** der Arbeitnehmer ein entscheidender Faktor für ihre wirtschaftliche und soziale Notlage gesehen. Die staatliche Sozialpolitik vernachlässigte diesen Problembereich jedoch zunächst weitgehend. Vorübergehend gab es nach dem **Ersten Weltkrieg** eine steuerliche Förderung von Sparverträgen zur Altersvorsorge mit einer Mindestlaufzeit von 20 Jahren; allerdings wurde diese Sparförderung im Jahre 1934 wieder abgeschafft und stattdessen die steuerliche Begünstigung des Bausparens eingeführt *(vgl. Ruf, 1977, S.432)*.

Nicht zuletzt die besondere Entwicklung der deutschen Volkswirtschaft nach dem **Zweiten Weltkrieg**, die eine **einseitig hohe Vermögensbildung** des Unternehmenssektors und des Staates ermöglichte, war ausschlaggebend dafür, daß schon frühzeitig Bemühungen unternommen wurden, durch staatliche Maßnahmen breitere Bevölkerungsschichten an der Ersparnisbildung zu beteiligen. „Die ungleichgewichtige Vermögensbildung zwischen den sozialen Gruppen wurde in weiten Kreisen der Öffentlichkeit als unbefriedigend, von manchen Kritikern sogar als skandalös empfunden und galt damit als ein Gefahrenherd sozialer Spannungen und wirtschaftlicher Instabilität“ *(Guski, 1979, S. 514)*.

Daß der Vermögenspolitik eine ausgesprochen wichtige gesellschaftspolitische Bedeutung beigemessen wird, hat unterschiedliche Gründe; während man auf eher konservativer, marktwirtschaftlicher Seite der Überzeugung ist, „daß Privateigentum und Eigenverantwortung die Fundamente für wirtschaftlichen Fortschritt und Stabilität sind" und daß man durch das Eintreten für die Bildung individuellen Vermögens „einen Beitrag zur Festigung und zum Ausbau einer freiheitlichen Wirtschaft" *(Guski, 1979, S.515)* leistet, sehen Gewerkschaften und andere politische Kräfte in der Vermögensverteilung vor allem ein Problem der **sozialen Kontrolle wirtschaftlicher Macht**. Ihnen geht es daher auch weniger um die Verteilung des Geldvermögens, sondern primär um das Produktivvermögen. Mit letzterem verknüpft sind „wirtschaftliche Dispositionsrechte, insbesondere die Möglichkeit, über den Einsatz von Menschen als Arbeitskräfte zu bestimmen". **Ziel gewerkschaftlicher Vermögenspolitik** ist es daher, durch Umverteilung der Produktivvermögenszuwächse Institutionen zu schaffen, „die eine Gegenmacht gegen die jetzt unter Kontrolle einiger weniger stehenden Großunternehmen bilden und damit als Instrument zur Kontrolle wirtschaftlicher Macht dienen können" *(Adam, 1979, S.540)*.

Diese unterschiedlichen Begründungen einer Vermögenspolitik haben zwangsläufig zu unterschiedlichen Instrumenten und zu unterschiedlichen vermögenspolitischen Strategien geführt *(vgl. Bitz, 1971)*. Vor diesem Hintergrund überrascht es auch nicht, daß die vermögenspolitischen Aktivitäten überwiegend kontrovers diskutiert wurden, zumal wenn es um die Umverteilung des Produktivvermögens, die gesellschaftspolitisch eigentlich brisante Frage, ging *(vgl. Adam, 1979, S.540)*.

So wenig eine ungleiche Vermögensverteilung ernsthaft bestritten wurde und wird, so heftige Kontroversen gibt es doch bis heute über den Grad der **Ungleichheit der Vermögensverteilung**.

Nach Untersuchungen von KRELLE für das Jahr 1960 sowie SIEBKE für die Mitte der 60er Jahre besaßen 1,7 % der privaten Haushalte 70 bzw. 77 % des Eigentums an gewerblichen Unternehmen. Betrachtet wurde dabei allerdings nur die Konzentration innerhalb des gewerblichen Produktivvermögens der Inländer. Bezieht man die sonstigen Vermögensbesitzer (Staat, Ausländer) mit ein, besaßen 1,7 % der privaten Haushalte »nur« 44 % des Produktivvermögens in der Bundesrepublik *(vgl. Krelle/Schunck/Siebke, 1968, S.381; Siebke, 1974, S.65)*. Nach einer Untersuchung für Ende 1969 besaßen 2,5 bis 3 % aller privaten Haushalte 70 % des gewerblichen Produktivvermögens *(vgl. Wicke, 1975 a, S.59, 1975 b)*. Nach derselben Untersuchung verfügten die Selbständigen-Haushalte im Durchschnitt über ein Produktivvermögen von rd. 110.700 DM, die Arbeitnehmer-Haushalte dagegen nur über eines von 2.286 DM.

Schon deutlich günstiger sah die Vermögensverteilung hinsichtlich des Gesamtvermögens aus; Ende 1969 belief sich das durchschnittliche Nettovermögen der Arbeitnehmer-Haushalte auf 36.195 DM, das von Selbständigen-Haushalten (ohne Landwirte) auf 281.409 DM. Entscheidend geändert hat sich seit den 50er Jahren ohne Zweifel auch die Verteilung der gesamtwirtschaftlichen Vermögensbildung; während von 1950 bis 1959 nur 23 % der Vermögensbildung auf die privaten Haushalte (dagegen 45 % auf die Unternehmen) entfielen, belief sich dieser Anteil in der Periode 1960–1969 bereits auf 37 % und 1970-1977 sogar auf 60 %. Nach einer Untersuchung von FÖHL waren in den Jahren 1950-1959 75 % des privaten Vermögenszuwachses allein auf 17 % der Haushalte entfallen *(vgl. Föhl, 1964)*.

Abgesehen davon, daß all diese Zahlen je nach Standpunkt heftig umstritten geblieben sind, geht es bei den Kontroversen über die Vermögenspolitik nicht allein um die quantitative Vermögensverteilung, sondern auch um die mit Eigentum verbundene Verfügungsgewalt über Produktionsmittel *(vgl. auch B. Molitor, 1965)*.

11. 2 Staatliche Sparförderung

Die Maßnahmen, die in der Bundesrepublik von seiten des Staates zur Beeinflussung der Vermögensverteilung ergriffen wurden, beschränkten sich in den 50er Jahren weitgehend auf Anreize zur **Erhöhung der Spartätigkeit** der Arbeitnehmerhaushalte. Bereits im Anschluß an die Währungsreform 1948 wurden die Beiträge an Lebensversicherungen und Bausparkassen, die Zahlungen für Kapitalansammlungsverträge sowie die Aufwendungen für den Ersterwerb von Aktien in die einkommensteuerliche Sonderausgabenregelung einbezogen; diese Maßnahmen sollten jedoch vor allen Dingen die **gesamtwirtschaftliche Kapitalbildung** fördern und dienten weniger der Vermögensbildung in Arbeitnehmerhand *(vgl. Ruf, 1977, S.432)*.

Auch die weiteren Maßnahmen staatlicher Sparförderung zielten primär darauf ab, die Besitzer niedriger Einkommen durch Gewährung von Vergünstigungen zu vermehrtem Sparen anzuregen und durch Koppelung dieser Vergünstigungen an eine bestimmte Mindestspardauer die Sparer zu veranlassen, ihre Ersparnisse möglichst lange auf dem Konto zu belassen. Da die steuerlichen Regelungen in erster Linie die Bezieher hoher Einkommen begünstigten, ging man im Laufe der Zeit verstärkt zur Gewährung von Prämien über. Den Anfang in einer Reihe von staatlichen Fördermaßnahmen bildete das **Wohnungsbau-Prämiengesetz vom 17. März 1952** [BGBl.I S.139]. Gleichzeitig wurde die einkommensteuerliche Begünstigung des privaten Wohnungsbaus ununterbrochen fortgesetzt und sogar noch verstärkt.

Das Wohnungsbau-Prämiengesetz gewährte Prämien für Bausparleistungen, Sparleistungen (bei Verwendung der Sparsummen im Rahmen des Wohnungsbaus oder zum Erwerb von Wohnungseigentum), den Erwerb von Anteilen an Bau- und Wohnungsgenossenschaften und für Kapitalansammlungsverträge mit gemeinnützigen Wohn- und Siedlungsgesellschaften. Die familienbezogene Staffelung der Prämiensätze ermöglichte Prämien von 25 bis 35 %. Der Jahreshöchstsatz für prämienbegünstigte Aufwendungen belief sich auf 400 DM. Zu weiteren Prämiengewährungen kam es zunächst noch nicht.

Erst das WoPG-ÄndG vom 24. Juli 1958 [BGBl.I S.539] brachte eine verstärkte Begünstigung des Erwerbs von Eigenheimen; außerdem wurde mit diesem Gesetz die Prämie im Falle der Abtretung des Anspruchs aus dem Bausparvertrag (Ausnahme: völlige Erwerbsunfähigkeit) beseitigt.

Mit dem **Spar-Prämiengesetz vom 5. Mai 1959** [BGBl.I S.241] wurde schließlich die bis dahin allein auf den Wohnungsbau ausgerichtete Prämiengewährung erweitert; das Gesetz bezweckte die Bildung von Eigentum durch Förderung des Sparens und ersetzte die zunehmend kritisierte steuerbegünstigte Sparförderung durch ein Prämiensystem; die Gewährung von Sparprämien in Höhe von 20 % (höchstens 120–360 DM je nach Familienstand) erfolgte für bestimmte Sparbeiträge, die grundsätzlich auf 5 Jahre festzulegen waren.

In der Folgezeit wurden die Voraussetzungen für die Prämiengewährung, die Höhe der Prämien und der begünstigte Personenkreis zwar mehrfach geändert, ohne daß dies zu grundlegenden Korrekturen am **System der staatlichen Sparförderung** geführt hätte *(vgl. Halbach, 1967, S.118ff.; Höhnen, 1968)*.

Das SparPG-ÄndG vom 6. Februar 1963 [BGBl.I S.90] führte zu einer deutlichen Anhebung der Prämiensätze und Höchstbeträge für Sparer mit Kindern. Das SteuerÄndG 1966 vom 23. Dezember 1966 [BGBl.I S.702] leitete die Harmonisierung der Sparförderung ein; Gegenstand dieses Gesetzes waren Änderungen der Sonderausgabenregelung sowie des Wohnungsbau- und des Spar-Prämiengesetzes mit Einschränkungen der Kumulierungsmöglichkeit und einer Verlängerung der Sperrfristen. Das SteuerÄndG 1969 vom 18. August 1969 [BGBl.I S.1211] führte eine verstärkte Sparförderung für Bezieher niedriger und mittlerer Einkommen sowie für kinderreiche Familien durch Erhöhung der Wohnungsbau- und Sparprämien sowie Gewährung einer einkommensabhängigen Zusatzprämie ein. Das SparPG-ÄndG vom 31. Juli 1972 [BGBl.I S.1337] führte in Anpassung an das 3.

VermBG von 1970 zu einer Erweiterung des Katalogs der sparprämienbegünstigten Anlagemöglichkeiten.

Obgleich die öffentliche Hand im Zeitraum 1949-1974 allein für Spar- und Wohnungsbauprämien rd. 29,8 Mrd. DM (haushaltsmäßige Auswirkung) aufwandte und die private Ersparnis- und Vermögensbildung insgesamt mit rd. 56,6 Mrd. DM (26,8 Mrd. DM Steuermindereinnahmen; ohne steuerliche Begünstigungen des Wohnungsbaues sowie gem. den Vermögensbildungsgesetzen) förderte *(vgl. BMA, 1977, S.168 ff.)*, wird überwiegend bezweifelt, ob durch diese Maßnahmen tatsächlich die Vermögensbildung unterer und mittlerer Einkommensschichten nennenswert beeinflußt wurde. Vielmehr gelangten nahezu sämtliche Untersuchungen zu dem Ergebnis, daß die staatliche Sparförderung nur geringe Auswirkungen auf die private Kapitalbildung gehabt habe. Beeinflußt wurde danach im wesentlichen nur die Form der Ersparnisbildung; durch die staatlichen Anreize begünstigt wurden die recht breite Streuung des Wohnungseigentums sowie das Versicherungssparen zum Zwecke der Alterssicherung. Außerdem wurde festgestellt, daß die Inanspruchnahme der gesetzlichen Sparförderung mit wachsendem Einkommen stieg *(vgl. Adam, 1976, S.52 ff.)*

Die im Zuge der Einkommensverbesserung ohnehin deutlich **erhöhte Spartätigkeit der Bevölkerung** hat zu Beginn der 70er Jahre zunehmend „die Frage aufkommen lassen, ob der staatliche Aufwand in der bisherigen Höhe zur Förderung der Vermögensbildung noch gerechtfertigt ist" *(Guski, 1979, S.525)*. Zwar hat die Bundesregierung eingeräumt, daß „unter den heutigen wirtschaftlichen Verhältnissen ... eine Förderung des Sparens nicht mehr in diesem Umfang notwendig (erscheine)" *(Bulletin der BReg, 1975, S.1100)*, die 1975 erfolgte **Wende** in der bisherigen **vermögenspolitischen Sparförderung** dürfte allerdings vornehmlich vor dem Hintergrund zunehmender Defizite in den öffentlichen Haushalten zu erklären sein.

Das Haushaltsstrukturgesetz (HStruktG) vom 18. Dezember 1975 [BGBl.I S.3091] führte zu einer Senkung des Prämiensatzes bei Sparprämien von bisher 20 % auf 14 % und zu einer Herabsetzung der Wohnungsbauprämien von bisher 23 % auf 18 %. Zusätzlich zu diesen Grundprämien wurden jeweils 2 % für jedes Kind unter 18 Jahren gezahlt. Insgesamt sollte durch diese Neuregelung eine Verringerung der künftigen Haushaltsbelastungen bewirkt werden *(vgl. Ruf, 1977, S.427; SB 1976, S. 46 ff.; Frerich, 1987, S.123 ff., 579 ff.)*.

11.3 Tarifliche Vermögensbildung

Ein weiterer konzeptioneller Ansatz der Vermögenspolitik bildete neben der staatlichen Sparförderung schon frühzeitig die **tarifliche Vermögenspolitik** bzw. der sog. **Investivlohn**. Obgleich neben dem Investivlohn-Plan von K. Arnold (Arnold-Plan) in den 50er Jahren von seiten der Wissenschaft und der Politik noch zahlreiche weitere Vermögensbildungspläne vorgelegt wurden *(vgl. Ruf, 1977, S.429)*, erfuhren derartige Ansätze erst Anfang der 60er Jahre eine Realisierung. Grundgedanke der Konzepte tarifvertraglicher Vermögensbildung war das **Sparen ohne Konsumverzicht**; „die Arbeitnehmer soll(t)en eine Barlohnerhöhung erhalten, darüber hinaus aber noch zusätzlich einen Investivlohn, den sie sparen müssen" *(Adam, 1979, S.544)*. Das Ziel bestand darin, zu erreichen, daß Teile einer Lohnerhöhung (Investivlohn) aufgrund von Vereinbarungen zwischen den Tarifparteien oder einer gesetzlichen Regelung für investive Zwecke zur Verfügung gestellt werden. Ein bestimmter Lohnanteil sollte somit nicht ausgezahlt, sondern zugunsten des Arbeitnehmers vermögenswirksam angelegt werden *(vgl. Winterstein, 1961; Pohlschröder, 1966; Guski, 1971, S.282 ff.; Guski/Schneider, 1977; Guski, 1979, S.526)*.

Entgegen den Erwartungen mancher Sozialpolitiker zeigten die Gewerkschaften zunächst allerdings relativ wenig Interesse an der Vermögensbildung. Stattdessen begann der Staat, durch Gewährung zusätzlicher Prämien die Einführung **vermögenswirksa-**

mer Leistungen zu unterstützen. Mit dem **Ersten Vermögensbildungsgesetz** (VermBG) **vom 12. Juli 1961** [BGBl.I S.909] sollte nicht wie bisher der Sparwillen breiter Bevölkerungskreise angeregt werden, sondern erstmals die Sparfähigkeit der Arbeitnehmer durch Lohnsteuer- und Sozialabgabenfreiheit vermögenswirksamer Leistungen des Arbeitgebers bis 312 DM jährlich gefördert werden *(vgl. Halbach, 1961, S.309ff.).*

Das Gesetz begünstigte die mindestens 5jährige Festlegung von Teilen des Arbeitslohnes bis zu 312 DM jährlich; unter Anknüpfung an die bestehenden Sparförderungsvorschriften ließ das Gesetz als Anlageformen gebundene Sparbeiträge, Bau, Erwerb und Entschuldung öffentlich geförderter Familienheime, Erwerb von Belegschaftsaktien sowie die Begründung von Darlehensforderungen gegen den Arbeitgeber zu. Die Anlage mußte auf der Grundlage von Betriebs- oder Einzelvereinbarungen zwischen Arbeitgeber und Arbeitnehmer erfolgen.

Das Gesetz hatte nur wenig Erfolg und blieb praktisch bedeutungslos (1964 erhielten lediglich 380.000 Arbeitnehmer vermögenswirksame Leistungen). Eine wesentliche Ursache für das Scheitern lag u. a. darin, daß das Gesetz nur in bezug auf Einzelarbeitsverträge bzw. auf betrieblicher Ebene anwendbar war, der Abschluß vermögenswirksamer Tarifverträge jedoch ausgeschlossen blieb *(vgl. Ruf, 1977, S.436).*

Einen neuen Impuls erhielt diese Form der Vermögenspolitik erst wieder durch die **IG Bau, Steine, Erden,** die im Herbst 1964 ein auf dem Investivlohngedanken basierendes Programm zur Vermögensbildung der Arbeitnehmer im Baugewerbe vorstellte und auf einen **Tarifvertrag über vermögenswirksame Leistungen** drängte. Obwohl der Vorschlag keineswegs auf einhellige Zustimmung traf, gelang es am 4. März 1965, mit dem Arbeitgeberverband einen derartigen Tarifvertrag abzuschließen.

Der sog. »Leber-Plan« ging von der Erkenntnis aus, daß mit den Mitteln der bisherigen Lohnpolitik Änderungen der bestehenden Vermögensstruktur nicht möglich seien, und verlangte, von der Lohnpolitik zu einer umfassenderen Einkommenspolitik überzugehen. Ziel war, nicht nur das konsumbestimmte Einkommen der Arbeitnehmer zu erhöhen, sondern sie am Kapitalvermögen der Wirtschaft (und damit am Eigentum an Produktionsmitteln) zu beteiligen. Der schließlich unterzeichnete Tarifvertrag verpflichtete die Arbeitgeber, 9 Pfennig je geleisteter Arbeitsstunde zur Vermögensbildung der Bauarbeiter aufzubringen, wenn der einzelne Arbeitnehmer bereit war, selbst ebenfalls 2 Pfennig je Arbeitsstunde vermögenswirksam anzulegen. Über Art und Ort der vermögenswirksamen Anlage sollte allein der Arbeitnehmer entscheiden, wobei hinsichtlich der Anlageform auf das zur Novellierung anstehende Vermögensbildungsgesetz Bezug genommen wurde. Überhaupt hing das Inkrafttreten des Tarifvertrages davon ab, daß der Staat zukünftig bereit war, auch Leistungen aus Tarifverträgen zu begünstigen.

Mit diesem Tarifvertrag wurden „nicht nur Zeichen für die künftige gewerkschaftliche Tarifpolitik (gesetzt), er beeinflußte auch direkt die Gesetzgebung des Deutschen Bundestages“ *(Ehrenberg, 1977, S.420).* Vor dem Hintergrund dieses Tarifvertrages kam – wenn auch erst nach äußerst heftigen Kontroversen – schließlich das **Zweite Vermögensbildungsgesetz vom 1. Juli 1965** [BGBl.I S.585] zustande *(vgl. Biedenkopf, 1965, S.241 ff.; Fitting/Hentrich, 1965; Halbach, 1965; Höhnen, 1965, S.186ff.; Tegtmeyer, 1965, S. 304ff.).*

Das Gesetz dehnte den Kreis der Begünstigten auf alle Arbeitnehmer sowie die Beschäftigten des öffentlichen Dienstes aus; die Anlagemöglichkeiten wurden erweitert und die Möglichkeit des Abschlusses von Tarifverträgen über vermögenswirksame Leistungen eingeführt; die bisherigen Lohnsteuer- und Sozialversicherungsbeiträge für vermögenswirksame Leistungen entfielen; mittelständische Unternehmen erhielten Steuererleichterungen im Falle der Gewährung vermögenswirksamer Leistungen eingeräumt. Eine Novelle vom 3. September 1969 [BGBl.I S.1563] beseitigte gewisse Benachteiligungen bei der Berechnung der Höhe des Krankengeldes und des Arbeitslosengeldes, brachte aber ansonsten keine wesentlichen Änderungen.

Nachdem auch das 2. VermBG die vermögenspolitischen Aktivitäten nur wenig beeinflußt hatte und Ende 1969 vermögenswirksame Tarifvertragsvereinbarungen lediglich für eine Million Arbeitnehmer bestanden, gelang mit dem **Dritten Vermögensbildungsgesetz vom 27. Juni 1970** [BGBl.I S.930] endlich der Durchbruch in der tarifvertraglichen Vermögenspolitik *(vgl. Guski, 1970, S. 203ff.; Laux, 1970; Pröbsting, 1972, S. 217ff.)*. Das Gesetz führte nicht nur zu einer **veränderten Haltung der Tarifparteien**, sondern zeigte innerhalb kurzer Zeit bereits erste Erfolge. Die Zahl der Arbeitnehmer, für die tarifvertraglich vermögenswirksame Leistungen vereinbart wurden, stieg von 8 Mio. (1970) auf 13,4 Mio. (1971) und schließlich auf 16 Mio. im Jahre 1975 *(vgl. Guski, 1979, S. 527)*.

Im einzelnen brachte das Gesetz die Einführung einer Arbeitnehmersparzulage von 30 bzw. 40 % anstelle der bisherigen Lohnsteuer- und Sozialabgabenbefreiung; gleichzeitig wurde der Anlagekatalog durch Einbeziehung von Lebensversicherungsverträgen erweitert; durch Einführung einer Einkommensgrenze (24.000 DM bzw. 48.000 DM bei zusammenveranlagten Ehegatten) wurde die Konzentration der staatlichen Förderung auf untere und mittlere Einkommensbereiche verstärkt; die Steuervergünstigung für Kleinbetriebe wurde von 3.000 auf 6.000 DM pro Jahr erhöht. Für Beamte, für die keine Tarifverträge vereinbart werden, sah das Gesetz über vermögenswirksame Leistungen für Bundesbeamte, Berufssoldaten und Soldaten auf Zeit vom 17. Juli 1970 [BGBl.I S.1097] die Zahlung von vermögenswirksamen Leistungen an untere Besoldungsgruppen in Höhe von monatlich 13 DM vor; diese Begrenzung vermögenswirksamer Leistungen auf untere Besoldungsgruppen wurde durch das 1. BesVNG vom 18. März 1971 [BGBl.I S.208] beseitigt.

So positiv die Auswirkungen des 3.VermBG auch waren, so förderte doch auch dieses Gesetz primär die Geldvermögensbildung, kaum jedoch die Beteiligung der Arbeitnehmer am Produktivvermögen. Überhaupt wurde von bestimmten Kreisen kritisiert, daß „weder die staatliche Sparförderung noch die tarifvertraglichen vermögenswirksamen Leistungen noch die betriebliche »Vermögensbeteiligungspolitik« ... durchschlagende Erfolge auf dem Weg zu einer breiteren Streuung des Vermögens" *(Adam, 1979, S. 552)* gehabt hätten. Fast überwiegend sei Geldvermögen gebildet worden, und „das überwiegend aus eigenen Mitteln der Arbeitnehmer und nicht zu Lasten der unverteilten Gewinne. Von einer wirksamen Kontrolle wirtschaftlicher Macht, dem eigentlichen Ziel der Vermögenspolitik" *(Adam, 1979, S. 552)* sei man daher nach wie vor weit entfernt *(vgl. auch Leminsky/Höhnen, 1971, S. 101ff.)*.

11.4 Vermögenspolitische Pläne

In Anbetracht dessen, daß die traditionelle Vermögensbildungspolitik kaum in der Lage war, nennenswerte Veränderungen hinsichtlich der Verfügung über das Produktivvermögen zu erreichen, wurden bereits in der zweiten Hälfte der 50er Jahre Überlegungen zu einer **überbetrieblichen Gewinnbeteiligung** der Arbeitnehmer in die Diskussion eingebracht, so z. B. von B. GLEITZE, der 1957 die Idee einer überbetrieblichen Ertragsbeteiligung entwickelte *(vgl. Gleitze, 1968; Seiler, 1974, S. 9ff.; Allekotte, 1976)*.

Trotz dieser frühen Ansätze erlangten Strategien, die Vermögenspolitik „nicht bei der Verwendung des Einkommens der Arbeitnehmer (konsumtiv oder investiv), sondern direkt bei den Gewinnen der Unternehmen anzusetzen" *(Adam, 1979, S. 552)*, erst Anfang der 70er Jahre eine breitere politische Aufmerksamkeit. Stark beeinflußt wurde die Diskussion nicht zuletzt durch die vom DGB 1973 verabschiedeten Thesen für eine gesetzliche überbetriebliche Beteiligung der Arbeitnehmer am Produktivvermögen. Während die FDP schon 1971 ein eigenes Konzept zur Vermögensbildung auf der Grundlage einer überbetrieblichen Vermögensabgabe beschlossen hatte, sprach sich die SPD auf ihrem Parteitag 1973 für eine im wesentlichen mit den DGB-Vorstellungen identische Regelung aus.

Hauptmerkmal der meisten überbetrieblichen Ertragsbeteiligungspläne war, daß Unternehmen einer bestimmten Größenordnung und Gewinnhöhe gesetzlich verpflichtet werden sollten, einen bestimmten Prozentsatz ihrer Gewinne an eigens dafür zu gründende Kapitalsammelstellen oder überbetriebliche Fonds abzuführen. Diese Einrichtungen sollten die ihnen zufließenden Finanzmittel den Unternehmen zur Finanzierung ihrer Investitionen zur Verfügung stellen; gleichzeitig sollten die Arbeitnehmer nach bestimmten Schlüsseln unentgeltlich Anteilscheine (Zertifikate) erhalten, die ihnen ein Eigentumsrecht an den Fonds verschaffen. Durch diese Form der Gewinnbeteiligung sollte ermöglicht werden, daß sämtliche Arbeitnehmer (auch jene in Betrieben, die keine Gewinne erzielen) mit einem gleich hohen Anteil beteiligt werden können *(vgl. R. Scholz, 1973, S.65ff.)*.

Wenngleich auch bestimmte Vorteile einer überbetrieblichen Ertrags- und Gewinnbeteiligung (Vermeidung zusätzlicher Vermögensrisiken und Mobilitätseinschränkungen der Arbeitnehmer) kaum zu bestreiten waren, entzündete sich insbesondere an der Frage der Fondsbildung und der Fondsverwaltung heftigste Kritik. Gegner sahen darin eine nicht zu akzeptierende Machtkonzentration in den Händen der Gewerkschaften; außerdem wurde befürchtet, daß die Kapitalmassen für rein politische Zwecke eingesetzt werden könnten.

Bei alledem war interessant, daß sich die **IG Metall** gegen die überbetriebliche Gewinnbeteiligung aussprach, weil dadurch die aktive Lohnpolitik als eine der Hauptaufgaben der Gewerkschaften beeinträchtigt werde. Nach ihrer Ansicht können überbetriebliche Vermögensfonds weder eine prinzipielle Verbesserung der Lebenslage des einzelnen Arbeitnehmers bewirken noch die fortschreitende Konzentration des Produktivvermögens aufhalten. Stattdessen befürwortete die IG Metall eine weitere Demokratisierung der mit dem Produktivvermögen verknüpften wirtschaftlichen Verfügungsmacht, die Durchsetzung öffentlicher Reformen zur Verbesserung der Qualität des Lebens sowie eine aktive Tarifpolitik, um die Arbeitnehmerhaushalte besser mit individuell verfügbarem Gebrauchsvermögen auszustatten *(vgl. Zerche, 1976, S.241ff.)*.

Die SPD/FDP-Koalition hatte entsprechend ihrer Ankündigung in der Regierungserklärung zwar am 2.2.1974 **Grundlinien eines Vermögensbildungsgesetzes** vorgelegt, die Pläne zum einen aufgrund von technischen Schwierigkeiten, insbesondere wohl aber unter dem Druck der einsetzenden Rezession mit zurückgehenden Gewinnquoten der Wirtschaft zunächst nicht weiterverfolgt.

12. Steuerliche Maßnahmen der Sozialpolitik

12. 1 Einkommensteuer

Nach der Gründung der Bundesrepublik Deutschland wurden verschiedene steuerliche Maßnahmen durchgeführt, die dem Bereich der staatlichen Sozialpolitik, insbesondere dem Familienlastenausgleich, zum Teil aber auch der sozialen Entschädigungspolitik, zuzuordnen waren *(vgl. Muscheid, 1986)*. Durch diese Maßnahmen waren vor allen Dingen die **Steuern auf Einkommen** betroffen. Nachdem die 1941 eingeführte Form der Ehegattenbesteuerung im Jahre 1949 in § 43 EStDV übernommen worden war, kam es mit dem **EStÄndG vom 29. April 1950** [BGBl.I S.95] zu verschiedenen Änderungen der Haushaltsfreibeträge sowie zur Anrechnung von außergewöhnlichen Belastungen.

Das EStÄndG 1950 führte zu einer Veränderung der für die Inanspruchnahme von Steuervergünstigungen relevanten Altersgrenzen. Alleinstehende Steuerpflichtige wurden wie Verheiratete besteuert (§ 32 Abs.3 Ziff.2: Steuerklasse II), wenn sie als Verwitwete das 50. Lebensjahr und in anderen Fällen das 60. Lebensjahr vollendet hatten. Diese Neuregelung wirkte wie ein Haushaltsfreibetrag.

Weiterhin beinhaltete das EStÄndG 1950 eine Streichung der zuvor als Sonderausgabe gemäß § 10 Abs.1 Nr.2f EStG 1949 ausgestalteten Begünstigung der Wiederbeschaffung von Hausrat und Kleidung und ihre nunmehrige Berücksichtigung als außergewöhnliche Belastungen gem. §§ 33 Abs.2 und 33 a EStG. Dabei betraf § 33 Abs.2 jene Personen, die nicht die Freibeträge des neu eingeführten § 33 a in Anspruch nehmen konnten; dies waren vor allem Teilkriegsgeschädigte. Für Flüchtlinge, Vertriebene, politisch Verfolgte, Spätheimkehrer und Totalkriegsgeschädigte waren dagegen zur steuerlichen Abgeltung von Wiederbeschaffungsaufwendungen gem. § 33 a vom Einkommen abzuziehende feste Freibeträge eingeführt worden. Die Abzugsbeträge nach § 33 Abs.2 durften außerdem die Freibeträge nach § 33 a nicht übersteigen.

Das **SteuerÄndG vom 24. Juni 1953** [BGBl.I S.413] brachte eine **kleine Steuerreform,** die die Freibetragsregelungen für Flüchtlinge sowie diejenigen der Pauschbeträge für Körperbehinderte und die Kinderfreibetragsregelungen modifizierte.

Nach dem SteuerÄndG 1953 wurde die Geltung des § 33 Abs.2 EStG auf Wiederbeschaffungsaufwendungen vor dem 1. 1. 1955 beschränkt. Die Gewährung von Freibeträgen gem. § 33 a EStG wurde letztmalig für den Veranlagungszeitraum 1954 vorgesehen. Danach sollten Wiederbeschaffungsaufwendungen nur noch nach den allgemeinen Grundsätzen des § 33 berücksichtigt werden können. Lediglich für einen bestimmten begünstigten Personenkreis (insb. Flüchtlinge) war der § 33 a EStG 1953 aufgrund des § 52 Abs.23 EStG 1979 weiterhin anzuwenden. Ferner wurde eine Ermächtigung für die Bundesregierung geschaffen, die Gewährung von Pauschbeträgen für körperbehinderte Personen auf dem Verordnungswege zu regeln.

Das SteuerÄndG 1953 führte zugleich zu einem ersten Schritt im Sinne einer stärkeren steuerlichen Entlastung kinderreicher Familien durch Anhebung der Freibeträge für das dritte und jedes weitere Kind auf zunächst 740 DM, anschließend auf 840 DM.

Mit dem **SteuerNeuOG vom 16. Dezember 1954** [BGBl.I S.373] ergaben sich wesentliche Rechtsänderungen in bezug auf die steuerliche Anrechnung außergewöhnlicher Belastungen, die Gewährung von Pauschbeträgen für Körperbehinderte, die Einräumung von Kinder-, Alters- und Haushaltsfreibeträgen sowie die Ehegattenbesteuerung.

Das SteuerNeuOG 1954 führte zu einer Unterscheidung zwischen außergewöhnlichen Belastungen allgemeiner Art (§ 33) und außergewöhnlichen Belastungen in besonderen Fällen (§ 33 a). Im Hinblick auf den § 33 brachte das Gesetz begriffliche Abgrenzungen der Außergewöhnlichkeit und Zwangsläufigkeit; außerdem wurde klargestellt, daß die betreffenden Aufwendungen den Umständen nach notwendig sein müssen und einen angemessenen Betrag nicht übersteigen dürfen. Vergleichsmaßstab war dabei die überwiegende Mehrzahl vergleichbarer Steuerpflichtiger. Die Voraussetzung der wesentlichen Beeinträchtigung der steuerlichen Leistungsfähigkeit wurde gestrichen. Die zumutbare Mehrbelastung wurde in zumutbare Eigenbelastung umbenannt und nach dem Familienstand sowie nach dem Einkommen (bis zu und mehr als 3.000 DM) gestaffelt.

Nach dem SteuerNeuOG 1954 wurden die außergewöhnlichen Belastungen in besonderen Fällen im § 33 a festgelegt. Hierbei handelte es sich um Aufwendungen für den Unterhalt und die Berufsausbildung von Personen, für die der Steuerpflichtige keinen Kinderfreibetrag erhielt (§ 33 a Abs.1), um die Kosten der auswärtigen Unterbringung eines in Berufsausbildung stehenden Kindes (§ 33 a Abs.2) sowie um Aufwendungen, die durch die Beschäftigung einer Hausgehilfin erwachsen (§ 33 a Abs.3). Für die Fälle der auswärtigen Unterbringung wurde ein Höchstbetrag von 480 DM, für die beiden anderen Fälle ein Höchstbetrag von 420 DM zuerkannt.

Das SteuerNeuOG 1954 führte den § 33 a Abs.6 mit der Gewährung von Pauschbeträgen für Werbungskosten, Sonderausgaben und außergewöhnliche Belastungen bei körperbehinderten Personen ein. Für körperbehinderte Personen, denen aufgrund gesetzlicher Vorschriften eine Beschädigtenversorgung zustand, konnten nach dem Grad der Minderung der Erwerbsfähigkeit gestaffelte Pauschbeträge festgesetzt werden. Die Bundesregierung war zudem ermächtigt, die Pauschbetragsregelung auf Gruppen in ähnlicher Situation auszudehnen (z.B. Zivilbeschädigte, Hinterbliebene von Körperbeschädigten).

Das SteuerNeuOG 1954 führte zu einer deutlichen Erhöhung der Kinderfreibeträge. Die Freibeträge für das erste und zweite Kind wurden von 600 auf 700 DM und diejenigen für das dritte und jedes weitere Kind von je 840 auf 1.680 DM erhöht.

Das SteuerNeuOG 1954 sah eine Beibehaltung der Zusammenveranlagung von nicht dauernd getrennt lebenden Ehegatten mit allen ihren Einkünften vor. Allerdings wurden eine weitere Einschränkung und Neuregelung der tariflichen Besteuerung der ausscheidenden Einkünfte vorgenommen. Ausgeschieden wurden nunmehr nicht nur die Einkünfte der Ehefrau aus nichtselbständiger Arbeit in einem dem Ehemann fremden Betrieb, sondern auch solche aus selbständiger Arbeit und unter bestimmten Voraussetzungen auch ihre Einkünfte aus Gewerbebetrieb bis zu 12.000 DM (§ 26 Abs.3 S.1 und Abs.4 EStG 1954, § 62 EStDV 1955). Nunmehr wurde auch die Möglichkeit eingeräumt, statt der Einkünfte der Ehefrau diejenigen des Ehemannes auszuscheiden (§ 26 Abs.3 S.2). Ferner konnte eine Zusammenveranlagung mit allen Einkünften auf Antrag durchgeführt werden (§ 26 Abs.2 S.3). Im übrigen wurden die ausscheidenden Einkünfte nunmehr grundsätzlich nach der Steuerklasse I besteuert; auf Antrag konnten allerdings die ausscheidenden Einkünfte nach der familiengerechten Steuerklasse II bzw. III und die in die Zusammenveranlagung fallenden Einkünfte nach der Steuerklasse I besteuert werden (§ 32 a Abs. 1 und 2).

Das SteuerNeuOG 1954 führte zur Einführung eines sog. »Altersfreibetrages« in § 32 b EStG 1954. Gewährt wurde dieser Freibetrag den Steuerpflichtigen, die mindestens 4 Monate vor Ende des Veranlagungszeitraumes das 70. Lebensjahr vollendet hatten. Je nachdem, zu welchem Personenkreis der Steuerpflichtige gehörte, betrug der Freibetrag 360 bzw. 720 DM.

Desweiteren führte das SteuerNeuOG 1954 zu einer Neuregelung der Altersgrenzen als Voraussetzung für die Einordnung des Steuerpflichtigen in die Steuerklasse II. Die unterschiedlichen Altersgrenzen wurden beseitigt; die Altersgrenze wurde einheitlich auf das 55. Lebensjahr festgesetzt. Dadurch erhielten unverheiratete Personen ab einem bestimmten Lebensjahr einen besonderen Freibetrag in Höhe von maximal 900 DM (ab 1.1.1955).

Die Bemühungen um eine soziale Gestaltung der Einkommensteuer wurden auch in der Reform- und Ausbauphase der Sozialpolitik fortgesetzt. Das **SteuerÄndG vom 5. Oktober 1956** [BGBl.I S.781] führte zu Veränderungen der Ehegattenbesteuerung, der Kinderfreibeträge sowie der außergewöhnlichen Belastungen. Hinsichtlich der Ehegattenbesteuerung wurden die Möglichkeit des Ausscheidens von Einkünften des Ehemannes aus der Zusammenveranlagung (§ 26 Abs.3) gestrichen und die Wechselmöglichkeit zwischen den Steuerklassen beseitigt; außerdem wurde ein Freibetrag von 250 DM für den Fall der unbeschränkten Zusammenveranlagung (§ 26 Abs.5) eingeführt. Der Kinderfreibetrag wurde für das 2. Kind auf 1.440 DM erhöht. Im Bereich der außergewöhnlichen Belastungen erfolgte eine Anhebung des Freibetrages für auswärtige Unterbringung auf 720 DM; ferner wurde der Kreis der Steuerpflichtigen, die wegen der Beschäftigung einer Hausgehilfin eine Steuerermäßigung beantragen konnten, zugunsten von erwerbstätigen Ehegatten und unverheirateten erwerbstätigen Personen erweitert, wenn zu ihrem Haushalt mindestens zwei Kinder gehörten.

Das **SteuerÄndG vom 26. Juli 1957** [BGBl.I S.848] führte zu einer grundlegenden Neugestaltung der **Ehegattenbesteuerung**, nachdem das BVerfG in seinem Urteil vom 17. Januar 1957 den § 26 EStG 1951, der die Zusammenveranlagung vorschrieb, wegen Verstoßes gegen Art.6 GG (Schutz der Ehe und Familie) für verfassungswidrig und damit für nichtig erklärt hatte [BVerfGE 6, 45 ff.].

Allerdings brachte das SteuerÄndG zunächst nur eine Übergangsregelung für den Veranlagungszeitraum 1949/57 mit dem Grundgedanken, den Ehegatten die jeweils günstigere Besteuerungsmöglichkeit zu eröffnen; diese Regelung ging daher von dem Grundsatz der getrennten Veranlagung aus (§§ 26, 26 a), gestattete jedoch auf Antrag eine unbeschränkte (§ 26 a) oder – durch Ausscheiden bestimmter Einkünfte aus der Zusammenveranlagung – eine beschränkte Zusammenveranlagung (§ 26 c–d). Für den Veranlagungszeitraum 1955/57 wurden zudem eine Wahlmöglichkeit zwischen der Ausscheidung der Einkünfte des Ehemannes oder derjenigen der Ehefrau sowie ein Wechsel der Steuerklassen zugelassen; ferner wurde der Sonderfreibetrag bei uneingeschränkter Zusammenveranlagung unter Erhöhung auf 600 DM übernommen (§ 26 d Abs.2). Hinsichtlich der außergewöhnlichen Belastungen führte das SteuerÄndG 1957 zu einer Anhebung des Höchstbetrages nach § 33 a Abs.1 EStG auf 900 DM.

Das **SteuerÄndG vom 18. Juli 1958** [BGBl.I S.473] führte zu vielfältigen Veränderungen der Ehegattenbesteuerung, der Alters-, Haushalts- und Kinderfreibeträge sowie der außergewöhnlichen Belastungen und der 7b-Abschreibungen.

Das SteuerÄndG 1958 führte die heutige Form der Ehegattenbesteuerung ein. Den Ehegatten wurde die Wahlmöglichkeit zwischen getrennter Veranlagung oder Zusammenveranlagung eingeräumt; bei Fehlen der erforderlichen Erklärung wurde die Zusammenveranlagung in Form des sog. Ehegattensplittings (§ 32 a Abs.2) durchgeführt.

Hinsichtlich der Haushaltsfreibetragsregelung brachte das SteuerÄndG 1958 eine Neuordnung der Besteuerung der älteren unverheirateten Personen ohne Kinderermäßigung und der unverheirateten Personen mit Kinderermäßigung aufgrund der Neugestaltung des Einkommensteuertarifs im Zusammenhang mit der Einführung des Splitting-Verfahrens. Bestimmten unverheirateten Personen wurde zur steuerlichen Berücksichtigung ihrer verminderten Leistungsfähigkeit ein besonderer Haushaltsfreibetrag zugebilligt. Der Freibetrag wurde auf 840 DM festgesetzt und die dafür maßgebliche Altersgrenze auf das 50. Lebensjahr herabgesetzt. Für unverheiratete Steuerpflichtige, bei denen mindestens ein Kinderfreibetrag vom Einkommen abgezogen wurde, wurde ein neuer Sonderfreibetrag von 1.200 DM (Sonderfreibetrag für Alleinerziehende, sog. Halbfamilien) eingeführt. Gleichzeitig wurde der Altersfreibetrag bei unveränderter Beibehaltung der bisherigen Altersvoraussetzungen einheitlich auf 360 DM festgesetzt.

Im weiteren führte das SteuerÄndG 1958 zu einer Neufestsetzung der Kinderfreibeträge und der Voraussetzungen für ihre Gewährung. Der Anspruch auf Kinderermäßigung wurde an die Voraussetzung der wesentlichen Kostentragung (etwa 75 %) gebunden. Die Höhe der Kinderfreibeträge belief sich für das erste Kind auf 900 DM, für das zweite Kind auf 1.680 DM und für jedes weitere Kind auf jeweils 1.800 DM. Unter bestimmten Voraussetzungen wurde die Kinderermäßigung auch für zum Wehrdienst einberufene Kinder zwischen dem 18. und 25. Lebensjahr gewährt; gleiches galt für über 18 Jahre alte Kinder, die wegen körperlicher oder geistiger Gebrechen dauernd erwerbsunfähig waren.

Hinsichtlich der außergewöhnlichen Belastungen wurden die Höchstbeträge bei auswärtiger Unterbringung eines Kindes sowie für die Beschäftigung einer Hausgehilfin (§ 33 a Abs.2, 3) auf jeweils 900 DM heraufgesetzt.

Art.17 des SteuerÄndG 1958 brachte die Ausdehnung der 7 b-Vergünstigung auf im Saarland errichtete Gebäude. Art.1 Ziff.6a,bb SteuerÄndG 1958 bestimmte, daß bei nach dem 31. Dezember 1958 errichteten Ein- und Zweifamilienhäusern die erhöhten AfA von den 120.000 DM übersteigenden Herstellungskosten nicht mehr vorgenommen werden dürfen. Ferner wurde mit § 7 b Abs.5 die Möglichkeit geschaffen, erhöhte Absetzungen auf Folgejahre zu übertragen, sofern diese im Jahr der Herstellung sowie den beiden Folgejahren nicht genutzt werden konnten.

Mit dem **SteuerÄndG 1960 vom 30. Juli 1960** [BGBl.I 616] erfolgte die Herabsetzung der Vomhundertsätze für die **erhöhten Absetzungen** gemäß § 7b für die beiden ersten Jahre von 10 auf 7,5 %; die Laufzeit der erhöhten Absetzungen für die Folgejahre wurde von 10 auf 8 Jahre bei gleichzeitiger Erhöhung des Vomhundertsatzes von 3 auf 4 % verkürzt; die 7 b-Vergünstigung wurde auch auf zum Wohngebäude gehörende Garagen ausgedehnt; diese Neuregelung galt für Bauten, bei denen der Antrag auf Baugenehmigung nach dem 8. März 1960 gestellt worden war. Hinsichtlich der **außergewöhnlichen Belastungen** in besonderen Fällen führte das SteuerÄndG 1960 zu einer Erhöhung des Betrages, bis zu dem eigene Einkünfte eines Unterhaltsempfängers unschädlich sind (§ 33 a Abs.1), von 480 auf 900 DM. Die **Pauschbeträge für Körperbehinderte** wurden in der EStDV neu geregelt; diese legte außerdem den Kreis der anspruchsberechtigten Personen neu fest. Im Hinblick auf die Steuerbegünstigung des **Bausparens** führte das SteuerÄndG 1960 zu einer Verlängerung der Sperrfrist für Bausparverträge, die nach dem 8. 3. 1960 abgeschlossen worden waren, von 5 auf 6 Jahre sowie zu einer Beschränkung des Sonderausgabenabzugs der nach dem 4. Vertragsjahr geleisteten Bausparbeiträge auf das 1 ½ fache.

Das **SteuerÄndG 1961 vom 13. Juli 1961** [BGBl.I S.981] erhöhte den Kinderfreibetrag für das erste Kind auf 1.200 DM; die überwiegende Kostentragung als Anspruchsvoraussetzung wurde von bisher mehr als 75 % auf 50 % reduziert. Der Altersfreibetrag wurde von bisher 360 bzw. 720 DM auf 600 bzw. 1.200 DM erhöht. Weiterhin brachte das SteuerÄndG 1961 den Wegfall der Pauschalierungsmöglichkeit für Werbungskosten und

Sonderausgaben aufgrund einer Körperbeschädigung sowie eine Erhöhung sämtlicher in § 33 a Abs.1–3 EStG bezeichneten Beträge der außergewöhnlichen Belastungen auf 1.200 DM.

Durch **Gesetz vom 16. Mai 1963** [BGBl.I S.319] wurde der Geltungsbereich des § 7 b EStG eingeschränkt.

Für Gebäude sowie für Zubauten, Ausbauten bzw. Umbauten, für die der Antrag auf Baugenehmigung nach dem 9. Oktober 1962 und vor dem 1. April 1964 gestellt worden war, war nach diesem Gesetz nicht mehr der § 7 b, sondern der neu geschaffene § 54 EStG anzuwenden. Für den genannten Zeitraum gab es keine Begünstigung mehr für den Bau von Mietwohngebäuden (auch Dreifamilienhäusern); gleiches galt für Zubauten, Ausbauten und Umbauten an bestehenden Gebäuden und für den Wiederaufbau von durch Kriegseinwirkungen ganz oder teilweise zerstörten Gebäuden sowie für den Ersterwerb eines eigentumsähnlichen Dauerwohnrechts.

Das **SteuerÄndG vom 25. März 1964** [BGBl.I S.217] verlängerte die Geltungsdauer des § 54 EStG bis zum 30. Juni 1964. Hinsichtlich der außergewöhnlichen Belastungen in besonderen Fällen brachte das Gesetz eine begrenzte Neuregelung; für die Fälle, in denen statt einer Hausgehilfin stundenweise eine Haushaltshilfe beschäftigt wird, wurde die Hälfte des für eine Hausgehilfin zustehenden Höchstbetrages der außergewöhnlichen Aufwendungen zugestanden.

Das **Gesetz zur Neuregelung der Absetzungen für Abnutzung bei Gebäuden vom 16. Juni 1964** [BGBl.I S.353] verlängerte die Geltungsdauer des § 54 EStG bis zum 31. Dezember 1964. Gleichzeitig wurde der § 7 b EStG für Bauvorhaben, für die der Antrag auf Baugenehmigung nach dem 31. Dezember 1964 gestellt worden war, neu gefaßt; diese Neuregelung enthielt gegenüber der alten Fassung des § 7 b EStG eine Reihe erheblicher Einschränkungen. Begünstigt waren nach der Neuregelung nur noch Einfamilienhäuser, Zweifamilienhäuser und Eigentumswohnungen, die zu mehr als 66 ⅔ % Wohnzwecken dienten. Im Jahr der Fertigstellung und in den 7 folgenden Jahren konnten jeweils 5 % der Herstellungskosten abgesetzt werden. Die erhöhten Absetzungen konnten bei Einfamilienhäusern oder Eigentumswohnungen bis zur Grenze von 150.000 DM, bei Zweifamilienhäusern bis zur Grenze von 200.000 DM in Anspruch genommen werden.

Das **Gesetz zur Förderung eines freiwilligen sozialen Jahres vom 17. August 1964** [BGBl.I S.640] stellte die Ableistung eines freiwilligen sozialen Jahres im Hinblick auf die Gewährung eines Kinderfreibetrages der Ableistung des Wehrdienstes bzw. Ersatzdienstes gleich (§ 32 Abs.2 a, cc). Das **SteuerÄndG 1964 vom 16. November 1964** [BGBl.I S.885] setzte hinsichtlich der Kinderfreibeträge die Altersgrenze für über 18 Jahre alte Kinder vom Veranlagungszeitraum 1965 an von 25 auf 27 Jahre herauf; fortan durfte ein Kinderfreibetrag für über 18 Jahre alte Kinder allerdings nicht mehr gewährt werden, wenn die eigenen Einkünfte und Bezüge des Kindes im Veranlagungszeitraum mehr als 7.200 DM betrugen (§ 32 Abs.2 Ziff.2 letzter Satz). Das **SteuerÄndG 1965 vom 14. Mai 1965** [BGBl.I S.377] erhöhte den Altersfreibetrag auf 720 bzw. 1.440 DM und setzte die Altersgrenze für die Gewährung dieses Freibetrages von 70 auf 65 Jahre herab. Die EStDV 1965 hob die für die zumutbare Eigenbelastung bei Anwendung des § 33 maßgebliche Einkommensgrenze von 3.000 DM auf 6.000 DM an; gleichzeitig wurde jedoch die zumutbare Eigenbelastung für Steuerpflichtige mit mehr als vier Kindern herabgesetzt. Das **SteuerÄndG 1966 vom 23. Dezember 1966** [BGBl.I S.702] brachte eine Heraufsetzung der Sperrfrist für Bausparbeiträge von 6 auf 10 Jahre; daneben wurde ein Kumulierungsverbot eingeführt, das die gleichzeitige Inanspruchnahme des Sonderausgabenabzugs für Bausparverträge, einer Begünstigung nach dem Wohnungsbau-Prämiengesetz oder einer Begünstigung nach dem Spar-Prämiengesetz ausschloß.

In der Folgezeit führte das **SteuerÄndG 1968 vom 20. Februar 1969** [BGBl.I S.141] zu Neuregelungen in der Ehegattenbesteuerung, im Bereich der außergewöhnlichen Belastungen, der Sonderausgaben sowie der Alters- und Kinderfreibetragsregelungen.

Das SteuerÄndG 1968 beseitigte die Abweichungen zwischen der Einkommensteuerveranlagung und dem Lohnsteuerverfahren, indem das Veranlagungsverfahren sowohl hinsichtlich der Gewährung von Kinder- und Sonderfreibeträgen (§ 32 Abs.2 Ziff.1 u. Abs.3) als auch hinsichtlich der Ehegattenbesteuerung (§ 26) dem Lohnsteuerverfahren angeglichen wurde. Ab 1970 galt damit für die Anwendung des § 26 nicht mehr die 4-Monats-Frist, sondern das Stichtagsprinzip; außerdem wurde die sog. besondere Veranlagung gemäß § 26 c für das Jahr der Eheschließung bzw. der Auflösung der Ehe durch Tod oder Scheidung eingeführt.

Das SteuerÄndG 1968 führte zu einer Erweiterung des Katalogs der Sonderausgaben um die Aufwendungen für die eigene Berufsausbildung oder die Weiterbildung in einem nicht ausgeübten Beruf. Dabei wurde zugleich sichergestellt, daß die Anwendung des § 33 im Zusammenhang mit außergewöhnlichen Belastungen bei der Berufsausbildung nicht zu einer Schlechterstellung gegenüber der Anwendung der Neuregelung des beschränkten Sonderausgabenabzugs für Berufs- und Weiterbildungskosten (§ 33 Abs.2 Satz 2) führte.

Hinsichtlich der Altersfreibetragsregelung führte das SteuerÄndG 1968 mit Wirkung vom Veranlagungszeitraum 1970 an ein modifiziertes Stichtagsprinzip mit der Maßgabe ein, daß der Altersfreibetrag bereits dann gewährt wird, wenn der Steuerpflichtige 4 Monate vor Beginn des Veranlagungszeitraums, in dem er das 65. Lebensjahr vollendet, das 64. Lebensjahr vollendet hatte. Hinsichtlich der Kinderfreibeträge beseitigte die Neufassung des § 32 Abs.2 Ziff.1 die 4-Monats-Frist als Anspruchsvoraussetzung; es genügte von da an, daß das Kind im Veranlagungszeitraum geboren war bzw. das 18. oder das 27. Lebensjahr noch nicht vollendet hatte; für Kinder über 18 Jahren galt hinsichtlich der Kostentragung und der Berufsausbildung die 4-Monats-Frist jedoch fort; die Vorschrift des § 32 Abs.2 Ziff.4 S. 2 u. 3, wonach nur ein Kinderfreibetrag für dasselbe Kind bei zusammenlebenden Eltern gewährt wurde, wurde auf gemeinsame Kinder bei der besonderen Veranlagung der Ehegatten nach § 26 c ausgedehnt.

Nach der **3. Verordnung über steuerliche Konjunkturmaßnahmen vom 7. Juni 1973** [BGBl.I S.530] wurden die erhöhten Absetzungen gemäß § 7 b für Einfamilienhäuser, Zweifamilienhäuser und Eigentumswohnungen abgeschafft. Diese Neuregelung galt für Wohnungen, für die der Antrag auf Baugenehmigung nach dem 8.5.1972 und vor dem 1. 1. 1974 gestellt wurde.

Vielfältige und sozialpolitisch relevante Neuregelungen des Einkommensteuergesetzes brachte das **EStReformG vom 5. August 1974** [BGBl.I S.1769]. Die Neuregelungen betrafen die Ehegattenbesteuerung, die Alters-, Haushalts- und Kinderfreibeträge sowie die außergewöhnlichen Belastungen.

Hinsichtlich der Ehegattenbesteuerung führte das EStReformG 1974 zum Wegfall der besonderen Veranlagung nach § 26 c; entsprechend dieser Neuregelung wurden die Wahlmöglichkeiten der Ehegatten auf die Zusammenveranlagung (§ 26 d) oder die getrennte Veranlagung (§ 26 a) begrenzt. Für die Inanspruchnahme des Altersfreibetrages genügte es nunmehr, daß der Steuerpflichtige vor Beginn des Kalenderjahres, für das das steuerpflichtige Einkommen ermittelt wird, das 64. Lebensjahr vollendet hatte. Die Regelung der Haushaltsfreibeträge erfolgte nunmehr im § 32 Abs.3; der Haushaltsfreibetrag für ältere Personen betrug weiterhin 840 DM, während derjenige für Alleinerziehende auf 3.000 DM erhöht wurde. Gleichzeitig führte das EStReformG 1974 einen sog. Altersentlastungsbetrag durch die Vorschrift des § 21 a EStG ein; diese Regelung bezweckte die steuerliche Entlastung derjenigen im Alter bezogenen Einkünfte, die nicht Leibrenten gemäß § 22 Nr.1 a oder Versorgungsbezüge gemäß § 19 Abs.2 waren; der Altersentlastungsbetrag belief sich auf 40 % des Arbeitslohnes und der (positiven) Einkünfte, die nicht solche aus nichtselbständiger Arbeit waren, durfte jedoch insgesamt höchstens einen Betrag von 3.000 DM im Kalenderjahr ausmachen; dieser Entlastungsbetrag stand Steuerpflichtigen zu, die vor dem Beginn des Kalenderjahres, in welchem sie ihr Einkommen bezogen hatten, das 64. Lebensjahr vollendet hatten. Weiterhin führte das EStReformG 1974 zur Streichung aller steuerlichen Kinderfreibeträge und brachte den Übergang zur kindergeldrechtlichen Regelung des Familienlastenausgleichs; allerdings wurde in § 32 der einkommensteuerrechtliche Kinderbegriff beibehalten, da dieser für zahlreiche andere einkommensteuerrechtliche Vorschriften seine Bedeutung behielt; die steuerliche Berücksichtigung von Kindern setzte nunmehr nicht mehr voraus, daß der Steuerpflichtige den Unterhalt des Kindes trägt.

Das EStReformG 1974 führte im Bereich der außergewöhnlichen Belastungen zu einer Umbenennung des Begriffs der zumutbaren Eigenbelastung in zumutbare Belastung; der Abzug der gemäß § 33 geltend gemachten außergewöhnlichen Belastungen erfolgte nicht mehr vom Einkommen, sondern vom Gesamtbetrag der Einkünfte; die zumutbare Belastung wurde differenzierter nach der Bemessungsgrundlage und dem Familienstand und weniger nach der Kinderzahl gestaffelt; durch Diätverpflegung entstandene Aufwendungen konnten gem. dem neuen § 10 Abs.1 Ziff.7 S.3 EStG nicht mehr als außergewöhnliche Belastung berücksichtigt werden. Die nach § 33 a als außergewöhnliche Belastungen in besonderen Fällen abzugsfähigen Beträge wurden fortan ebenfalls nicht mehr vom Einkommen, sondern vom Gesamtbetrag der Einkünfte abgezogen; Aufwendungen wegen Unterhalt und Berufsausbildung (§ 33 a Abs.1) wurden nur noch berücksichtigt, wenn sie für Personen geleistet wurden, für die kein Anspruch auf Kindergeld oder eine entsprechende Leistung bestand; die Höchstbeträge der abziehbaren Aufwendungen wurden von 1.200 auf 3.000 DM erhöht; Einkünfte und Bezüge der unterhaltenen Personen wurden ab 3.600 DM (bis dahin 1.200 DM) angerechnet. Die Regelungen über außergewöhnliche Belastungen wegen auswärtiger Unterbringung einer in Berufsausbildung stehenden Person (§ 33 a Abs.2) wurden durch die Regelung über die Ausbildungsfreibeträge (wirksam ab 1977) ersetzt; außerdem wurde ein Altersheim-Freibetrag bei Unterbringung des Steuerpflichtigen oder seines Ehegatten in einem Heim in Höhe von 1.200 DM eingeführt. Die Pauschbeträge für Körperbehinderte und Hinterbliebene wurden mit ihren materiell-rechtlichen Voraussetzungen unmittelbar in das Einkommensteuergesetz aufgenommen, wobei der § 33 a Abs.6 durch den neuen § 33 b ersetzt wurde; die Pauschbeträge für Körperbehinderte wurden um 40 %, für Blinde und ständig Hilflose um 50 % erhöht; das Nachweisverfahren wurde weiterhin durch Rechtsverordnung geregelt (§ 65 EStDV).

Hinsichtlich der Steuervergünstigungen für Bausparbeiträge brachte das EStReformG ein allgemeines Kreditaufnahmeverbot für Bausparverträge. Das Kreditaufnahmeverbot war damit nicht mehr auf die ersten fünf Jahre nach Vertragsabschluß begrenzt. Außerdem wurden die Vorschriften über das Wahlrecht bei Bausparverträgen und das Kumulierungsverbot neu gefaßt.

Das **Gesetz zur Verbesserung der betrieblichen Altersversorgung vom 19. Dezember 1974** [BGBl.I S.3610] brachte die Einführung einer besonderen Lohnsteuer-Pauschalierung bei bestimmten Ausgaben des Arbeitgebers für die Zukunftssicherung der Arbeitnehmer.

Nach § 40 b Abs.1 EStG konnte der Arbeitgeber die Lohnsteuer von seinen Beiträgen für eine Direktversicherung zugunsten des Arbeitnehmers und von den Zuwendungen an eine Pensionskasse mit einem Pauschalsteuersatz von 10 % der Beiträge und Zuwendungen erheben, soweit diese nicht steuerfrei waren. Die pauschale Lohnsteuererhebung war im Falle der Beiträge für eine Direktversicherung nur dann zulässig, wenn die Versicherung nicht auf den Erlebensfall eines früheren als des 60. Lebensjahres abgeschlossen und eine vorzeitige Kündigung des Versicherungsvertrages durch den Arbeitnehmer ausgeschlossen waren. Im übrigen war die Lohnsteuerpauschalierung auf pauschalbesteuerungsfähige Leistungen von 2.400 DM jährlich je Arbeitnehmer begrenzt.

12. 2 Vermögensteuer

Auf dem Gebiete der **Vermögensbesteuerung** führte das **VStG vom 10. Juni 1954** [BGBl. I S.137] zur Gewährung eines Kinderfreibetrages in Höhe von 5.000 DM erstmals auch für Kinder, die das 25. Lebensjahr vollendet hatten, wenn sie auf Kosten des Steuerpflichtigen unterhalten wurden, für einen Beruf ausgebildet wurden und der Abschluß der Berufsausbildung durch Umstände verzögert wurde, die weder die Kinder noch der Steuerpflichtige zu vertreten hatten (§ 5 Abs.1 Nr.3 S.5, 6: z. B. Ableistung des Wehrdienstes). Neu eingeführt wurde ferner ein Freibetrag für Kinder ohne Rücksicht auf ihr Alter, wenn sie außerstande waren, sich selbst zu unterhalten (§ 5 Abs.1 Nr.3 vorletzter S.). Zudem brachte das Gesetz vom 10. Juni 1954 Änderungen in den Voraussetzungen für den Freibetrag wegen Alters oder Erwerbsunfähigkeit; es führte zu einer Neubestimmung der Begriffe »Erwerbsunfähigkeit« sowie des »Einkommens« und des »Gesamtvermögens«.

Im Bereich der Vermögensteuer brachte das **SteuerÄndG vom 26. Juli 1957** [BGBl.I S. 848] eine Neufassung der Freibetragsregelung für Kinder. Für Kinder, die das 18. Lebensjahr vollendet hatten und VSt aufgrund selbständiger Veranlagung zu entrichten hatten, wurde fortan kein Freibetrag mehr gewährt. Zugleich wurden die Vorschriften über den Freibetrag wegen Alters oder Erwerbsunfähigkeit in der Weise geändert, daß nunmehr jeder Ehegatte einen Freibetrag erhielt, wenn er in seiner Person die Voraussetzungen des Alters oder der Erwerbsunfähigkeit erfüllte.

Das **SteuerÄndG 1961 vom 13. Juli 1961** [BGBl.I S.981] führte zu einer Erhöhung der **Freibeträge** für den **Steuerpflichtigen** und seine **Ehefrau** von 10.000 auf 20.000 DM mit Wirkung vom 1. Januar 1960 an (§ 5 Abs.1 VStG); der Ehefrauenfreibetrag wurde dann gewährt, wenn beide Ehegatten unbeschränkt steuerpflichtig waren und nicht dauernd getrennt lebten. Der **Kinderfreibetrag** wurde von 5.000 auf 20.000 DM erhöht (§ 5 Abs.1 Nr.3 VStG).

Gemäß § 5 Abs.2 waren weitere 5.000 DM steuerfrei, wenn der Steuerpflichtige das 60. Lebensjahr vollendet hatte oder voraussichtlich für mindestens drei Jahre erwerbsunfähig sein würde und sein Gesamtvermögen nicht mehr als 100.000 DM betrug (§ 5 Abs.2 Nr. 1, 2); bei Zusammenveranlagung und Erfüllung dieser Voraussetzungen durch beide Ehegatten erhöhten sich der Freibetrag auf 10.000 DM und die Vermögensgrenze auf 300.000 DM. Gleichzeitig wurde ein erhöhter Freibetrag wegen Alters oder Erwerbsunfähigkeit eingeführt, der unter bestimmten Voraussetzungen Steuerpflichtigen gewährt wurde, die das 65. Lebensjahr vollendet hatten oder erwerbsunfähig waren.

Dieser Freibetrag wurde geschaffen, um denjenigen Steuerpflichtigen einen steuerlichen Ausgleich zu gewähren, die keine oder nur geringe steuerfreie Versorgungsbezüge (z. B. aus der Sozialversicherung und der Beamtenversorgung) hatten und ihre Altersversorgung durch Ansammlung privaten Vermögens sicherten; der erhöhte Freibetrag wurde gewährt, wenn der Steuerpflichtige das 65. Lebensjahr vollendet hatte oder voraussichtlich für mindestens drei Jahre erwerbsunfähig war, sein Gesamtvermögen nicht mehr als 100.000 DM betrug und die steuerfreien Ansprüche des Steuerpflichtigen gemäß § 68 Ziff.1–4 und 6 a BewG insgesamt einen Jahreswert von 3.600 DM nicht überstiegen (§ 5 Abs.3 Nr.1–3).

Das **Vermögensteuerreformgesetz vom 17. April 1974** [BGBl.I S.949] brachte hinsichtlich der Voraussetzungen für die Gewährung von **Freibeträgen** für den Steuerpflichtigen und für den Ehegatten sowie für die Freibeträge wegen **Alters** und **Erwerbsunfähigkeit** keine prinzipiellen Änderungen.

Die Freibeträge für den Steuerpflichtigen und seine Ehefrau wurden von 20.000 auf 70.000 DM und somit bei Zusammenveranlagung von Ehegatten auf 140.000 DM erhöht (§ 6 Abs.1). Die Kinderfreibeträge wurden ebenfalls auf 70.000 DM erhöht, allerdings mit der Einschränkung, daß für die Gewährung der Kinderfreibeträge nicht mehr allein das Lebensalter entscheidend ist, vielmehr wurde die Gewährung der Freibeträge an die Voraussetzung der Zusammenveranlagung des Kindes mit den Eltern oder einer Einzelperson geküpft; wesentliche Voraussetzung für die Gewährung von Kinderfreibeträgen war damit, daß das Kind und der Steuerpflichtige eine Haushaltsgemeinschaft bilden (Beseitigung der Mehrfachgewährung von Kinderfreibeträgen; § 6 Abs.2). Der Alters- und Erwerbsunfähigkeitsfreibetrag wurde von 5.000 auf 10.000 DM und die dafür maßgebliche Vermögensgrenze auf 150.000 DM (§ 6 Abs.2) erhöht. Der erhöhte Alters- oder Erwerbsunfähigkeitsfreibetrag wurde von 25.000 auf 50.000 DM, die maßgebliche Vermögensgrenze auf 300.000 DM und die unschädlichen Bezüge gemäß § 111 Nr.1–4 BewG von jährlich 3.600 auf 4.800 DM angehoben (§ 6 Abs.4). Neu eingeführt wurde für den gewöhnlichen Alters- oder Erwerbsunfähigkeitsfreibetrag eine sog. Gleitklausel über die Verminderung des Freibetrages bei Überschreitung der Gesamtvermögensgrenzen; danach verminderte sich der Freibetrag um den Betrag, um den das Gesamtvermögen den Wert von 150.000 DM, im Fall der Zusammenveranlagung von 300.000 DM überstieg; ab einem Gesamtvermögen von 160.000 bzw. 320.000 DM entfiel der gewöhnliche Alters- oder Erwerbsunfähigkeitsfreibetrag gänzlich (§ 6 Abs.3 S.3).

12. 3 Grundsteuer

Die **Wohnungsbauförderung** nach dem **I.WoBauG vom 24. April 1950** [BGBl.I S.83] sah bereits außerhalb des Grundsteuergesetzes für gewisse Wohngebäude eine **Grundsteuerermäßigung** auf bestimmte Zeit vor.

Diese Grundsteuerermäßigungen galten im gesamten Bundesgebiet (außer in Bayern). Begünstigt waren Wohnungen, die nach dem 31. 12. 1949 bezugsfertig wurden; diese Wohnungen mußten durch Neubau, durch Wiederaufbau zerstörter oder Wiederherstellung beschädigter Gebäude oder durch Ausbau oder Erweiterung bestehender Gebäude geschaffen worden sein. Die Steuervergünstigung bestand darin, daß die Grundsteuer auf die Dauer von 10 Jahren nur nach dem Steuermeßbetrag erhoben wurde, in welchem die neugeschaffenen Wohnungen nicht enthalten waren. Begünstigt waren allerdings lediglich Kleinwohnungen mit einer Wohnfläche von max. 80 qm, in besonderen Fällen von nicht mehr als 120 qm. Bei vermieteten Wohnungen durfte die Miete höchstens in Höhe der zur Deckung der Kosten erforderlichen Summe erhoben werden (Kostenmiete gem. § 7 Abs.1 u.2 I.WoBauG).

Ergänzend bestimmte das **GrundStÄndG vom 10. August 1951** [BGBl.I S.515], daß der Bund für Arbeiterwohnstätten, die in der Zeit vom 1. 4. 1937 bis 31. 3. 1945 bezugsfertig geworden waren, zur Erzielung tragbarer Lasten und Mieten eine Beihilfe in Höhe der Grundsteuer für die Dauer von 20 Jahren gewährt.

Der Beihilfezeitraum begann mit dem 1. April, der auf das Kalenderjahr folgte, in dem die Arbeiterwohnstätte bezugsfertig geworden war (§ 21 i. V. m. § 29 Abs.2 GrundStG). Durch Art. 3 Nr.3 des GrundStÄndG 1951 wurde die Bundesregierung zum Erlaß von Rechtsverordnungen (mit Zustimmung des Bundesrates) über eine völlige oder teilweise Grundsteuerbefreiung bis zu 5 Jahren für Neusiedlerstellen ermächtigt; begünstigt wurden dadurch die aufgrund des RSiedlungsG von 1919 und der Bodenreformgesetze der Länder gegründeten Neusiedlerstellen sowie die land- und forstwirtschaftlichen Betriebe, die nach § 2 Abs. 3 u. 5 des Flüchtlingssiedlungsgesetzes als »wüste Höfe« Heimatvertriebenen zur Verfügung gestellt worden waren.

Das II.WoBauG vom 27. Juni 1956 [BGBl.I S.523] und die VA-II.WoBauG vom 20. April 1957 [BStBl.I S.212] führten zu **Neuregelungen** der Grundsteuer, die als flankierende Maßnahmen der sozialen Wohnungs- und Vermögenspolitik gedacht waren. Gegenüber dem I. WoBauG sind erhebliche verfahrensrechtliche, aber auch materiell-rechtliche Abweichungen festzustellen.

Für die Gewährung von Steuervergünstigungen waren nunmehr zwei vollkommen getrennte und selbständige **Verfahren** zu unterscheiden. Den Verwaltungsbehörden oblag das Verfahren zur Bewilligung der öffentlichen Mittel und zur Anerkennung der Objekte als steuerbegünstigt. Das Verfahren zur Gewährung der Grundsteuerbegünstigung war demgegenüber Sache des Finanzamts. Die Grundsteuerermäßigung nach den §§ 92 ff. II. WoBauG wurde für **öffentlich geförderte** und für **steuerbegünstigte Wohnungen** gewährt.

Für Wohnungen mit einer Förderung durch zinsverbilligte Darlehen oder Annuitätszuschüsse der öffentlichen Hand (§ 6 II.WoBauG) war die Gewährung der Grundsteuervergünstigung eine zwingende Folge der öffentlichen Förderung (Vorlage des Bewilligungsbescheides, § 93 Abs.1a II.WoBauG). Während nach den Vorschriften des I.WoBauG eine Wohnung dann steuerbegünstigt war, wenn sie nicht mit öffentlichen Mitteln gefördert wurde, für sie die Grundsteuerermäßigung nach § 7 I.WoBauG in Anspruch genommen wurde und sie nach § 7 c EStG einkommensteuerbegünstigt war, bedurfte es nunmehr nach dem II.WoBauG eines besonderen Verwaltungsaktes, damit eine Wohnung als steuerbegünstigt anerkannt wurde (Anerkennungsbescheid). Voraussetzung für die Anerkennung war die Erfüllung der Vorschriften des § 99 Abs.2 II.WoBauG; die Wohnung mußte nach dem 30. 6. 1956 bezugsfertig geworden und neu geschaffen worden sein; die Wohnfläche der Wohnung durfte die Wohnflächengrenzen für öffentlich geförderte Wohnungen um nicht mehr als 20 % übersteigen. Die Grundsteuerbefreiung wurde für einen Zeitraum von 10 Jahren gewährt; während dieser Zeit erfolgte nur noch eine Besteuerung des Bodenwertanteils.

12. 4 Kraftfahrzeugsteuer

Das **KraftStG vom 30. Juni 1955** [BGBl.I S.417] bestimmte im neugefaßten § 3, daß Körperbehinderten, die sich infolge ihrer Körperbehinderung ein Personenfahrzeug halten müssen, die Steuer für einen Pkw mit nicht mehr als 2.000 ccm Hubraum auf Antrag erlassen werden konnte.

Anspruchsberechtigt waren Schwerbeschädigte i. S. d. Bundesversorgungsgesetzes sowie Personen, die den Körperschaden infolge nationalsozialistischer Verfolgungs- und Unterdrückungsmaßnahmen erlitten hatten, und zwar ohne Rücksicht auf ihre wirtschaftlichen Verhältnisse, bei Minderung der Erwerbsfähigkeit um mindestens 50 %. Sonstigen Körperbehinderten konnte unter Berücksichtigung der wirtschaftlichen Verhältnisse die Steuer erlassen werden, wenn sie zur Fortbewegung auf die Benutzung eines Pkw nicht nur vorübergehend angewiesen waren. Nicht gewährt werden durfte die Steuervergünstigung, wenn der Pkw zur Beförderung anderer Personen bzw. zur Beförderung von Gütern benutzt werden sollte.

Das KraftStG vom 30. Juni 1955 knüpfte die Gewährung von Kraftfahrzeugsteuerermäßigungen für Körperbehinderte daran, daß eine bestimmte Hubraumgrenze nicht überschritten wurde. Durch Art.1 Nr.3u.4 **KraftStÄndG vom 19. Dezember 1960** [BGBl.I S.1005] fiel mit Wirkung vom 1.1.1961 die zu diesem Zeitpunkt geltende Hubraumgrenze von 2.400 ccm weg. Ferner wurde bestimmt, daß bei mißbräuchlicher Verwendung des Kraftfahrzeuges die Steuervergünstigung nur für die Zeit des Mißbrauchs, mindestens jedoch für einen Monat, zu widerrufen war.

Das **KraftStÄndG vom 17. März 1964** [BGBl.I S.145] konkretisierte die Schädlichkeit der Benutzung des steuerbegünstigten Pkw durch andere Personen. Danach durften der Ehegatte sowie Pflegepersonen und u. U. andere Angehörige das Fahrzeug im Rahmen der Haushaltsführung mitbenutzen. Ferner waren die gelegentliche und unentgeltliche Mitbeförderung anderer Personen sowie die Beförderung von Handgepäck unschädlich im Hinblick auf die bestehenden Kraftfahrzeugsteuerermäßigungen.

13. Selbstverwaltung, Sozial- und Arbeitsgerichtsbarkeit

13. 1 Selbstverwaltung

In der Wiederaufbauphase der deutschen Wirtschaft war die sozialpolitische Gesetzgebung im wesentlichen darauf gerichtet, das tradierte System der Sozialversicherung, so wie es in der **Weimarer Zeit** geschaffen worden war, wiederherzustellen und durch punktuelle Korrekturen der Leistungs- und Finanzierungsstrukturen den veränderten wirtschaftlichen und gesellschaftlichen Verhältnissen anzupassen; zu grundlegenden Reformen des Systems kam es nicht *(vgl. Aye, 1949 b; Bungert, 1967, S.257ff., 353ff., 1968, S. 97ff.; Holler, 1974, S.257ff.; W. Richter, 1950, S.447ff.).*

Neben der Restauration der Leistungs- und Finanzierungssysteme der Sozialversicherung gab es bereits unmittelbar nach Kriegsende erste Bemühungen, schnellstmöglich die von den Nationalsozialisten geschaffenen Führungsstrukturen zu beseitigen und die Verwaltung der Sozialversicherung erneut der Selbstverwaltung zu übertragen. Diesem Ziel dienten zunächst auf Landesebene erlassene Gesetze (z. B. Gesetz des Landes Rheinland-Pfalz vom 3.Dezember 1947; das bayerische Gesetz vom 31. Dezember 1948 [GVBl. 1949, S.29]). Vor allem in der Frage der **Zusammensetzung der Organe** gab es jedoch von Anfang an kontroverse Auffassungen. Während sich erste Pläne der Alliierten an gewerkschaftlichen Vorstellungen aus der Zeit der Weimarer Republik orientierten und bei Halbierung der Beitragszahlung eine Besetzung der Selbstverwaltungsorgane zu zwei Dritteln mit Versicherten- und zu einem Drittel mit Arbeitgebervertretern vorsahen, wandten sich v. a. die CDU, die Privatversicherung und die organisierte Ärzteschaft gegen ein derartiges Modell *(vgl. A. Schmidt, 1977b, S.395).*

Weitere Versuche, die Selbstverwaltung zu restaurieren, wurden in den Gremien des Vereinigten Wirtschaftsgebietes unternommen. Die »Bizonale Arbeitsgemeinschaft für Sozialversicherung« legte am 14. 7. 1948 »Grundsätze zur Wiederherstellung der Selbstverwaltung in der Sozialversicherung (ohne Arbeitslosenversicherung) des Vereinigten Wirtschaftsgebietes« vor. Bei Einigkeit in allen wesentlichen Fragen wurden hinsichtlich der Organzusammensetzung in diesem Dokument zwei Vorschläge gemacht: Das eine Modell sah eine generelle Zwei-Drittel-Mehrheit der Versicherten vor, das andere Modell eine Zwei-Drittel-Mehrheit für die Krankenversicherung und die Knappschaft, jedoch eine paritätische Besetzung in der Rentenversicherung der Arbeiter und Angestellten. In weiteren Beratungen des Ausschusses für Arbeit des Vereinigten Wirtschaftsrates, dem ein Ende 1948 von der SPD eingebrachter Gesetzentwurf vorlag, wurde zunächst für den Bereich der Krankenversicherung eine Zwei-Drittel-Regelung favorisiert (paritätische Zusammensetzung in der Unfall- und Rentenversicherung). Aufgrund der in § 12 des Sozialversicherungs-Anpassungsgesetzes vorgesehenen Halbierung der Krankenversicherungsbeiträge wurde dann jedoch auch für diesen Bereich eine paritätische Zusammensetzung angestrebt [Wirtschaftsrats-Drs.898 vom 17.1.1949]. Auf Antrag der FDP beschloß der Wirtschaftsrat schließlich ebenfalls eine grundsätzlich paritätische Zusammensetzung der Selbstverwaltungsorgane *(vgl. A. Schmidt, 1977b, S.395 f.).* Das vom Wirtschaftsrat am 24. Mai 1949 verabschiedete Gesetz über die Wiederherstellung der Selbstverwaltung in der Sozialversicherung, gegen das der Länderrat sein Veto eingelegt hatte, wurde von den Militärregierungen allerdings nicht mehr genehmigt.

Stattdessen überwies der Zwei-Mächte-Kontrollrat in seiner 57. Sitzung am 16. 8. 1949 das Gesetz zur Beschlußfassung an die noch nicht gebildete Bundesregierung, die am 15. 12. 1949 einen entsprechenden Gesetzentwurf [BT-Drs. I/444] im Bundestag einbrachte. Auch hier bildete die Zusammensetzung der Organe die Hauptkontroverse. Während CDU/CSU, FDP und Arbeitgeber für die paritätische Besetzung eintraten, plädierte die SPD für eine Zwei-Drittel-Mehrheit der Versichertenvertreter. Die Gewerkschaften forderten sogar die alleinige Selbstverwaltung durch die Vertreter der Versicherten. In einer knappen Abstimmung sprachen sich 172 Abgeordnete am 13. 10. 1950 für die paritätische Zusammensetzung der Selbstverwaltungsorgane aus; 160 Abgeordnete hatten dagegen gestimmt, vier sich enthalten. Mit dem **Gesetz über die Selbstverwaltung und über Änderungen von Vorschriften auf dem Gebiet der Sozialversicherung** (GSv) **vom 22. Februar 1951** [BGBl.I S.124] wurde die grundsätzlich paritätisch von Arbeitnehmer- und Arbeitgebervertretern geprägte Selbstverwaltung bei den Sozialversicherungsträgern – gegen den entschiedenen Widerstand der Gewerkschaften – restauriert *(vgl. Bogs/v. Ferber, 1977; Dobbernack, 1951; v. Ferber, 1977, S.98ff.; Leopold, 1980; Maunz/Schraft, 1975; Muhr, 1978 a, S.161ff.; Schrader, 1950; Standfest, 1977, S.424ff.; Wertenbruch, 1975, S.518ff.; Winterstein, 1984 a; WSI, 1978).*

Das Selbstverwaltungsgesetz von 1951 beseitigte zunächst die durch das Aufbaugesetz von 1934 eingeführte Verwaltungsform (verantwortlicher Leiter, dem ein beratender Beirat zur Seite gestellt war). In Anknüpfung an die bis 1934 bestehende Rechtslage wurde den Versicherten und ihren Arbeitgebern als den unmittelbar Beteiligten wieder die Verwaltungsführung in eigener Verantwortung übertragen. Die Organe dieser sog. Selbstverwaltung – Vertreterversammlung und Vorstand – werden im allgemeinen je zur Hälfte mit Vertretern der Versicherten und der Arbeitgeber besetzt. Ausnahmen bestehen vor allem bei der Bundesknappschaft und den Ersatzkassen; bei der Bundesknappschaft stellen die Versicherten zwei Drittel und die Arbeitgeber nur ein Drittel der Vertreter; bei den Ersatzkassen sind nur die Versicherten in den Organen vertreten. Außerdem ist der Arbeitgeber bei den Betriebskrankenkassen und der Bundesbahn-Versicherungsanstalt in den Organen lediglich durch eine Person vertreten, hat jedoch die gleiche Stimmenzahl wie die Versichertenvertreter. Von wenigen Ausnahmen abgesehen, wählen die der Sozialversicherung angehörenden Personengruppen alle sechs Jahre bei den sog. »Sozialwahlen« ihre Vertreter. Zwar sind diese Wahlen frei und geheim, abweichend von politischen Wahlen gibt es jedoch das Institut der sog. »Friedenswahl«: Einigen sich die Gruppen, die zur Einreichung von Vorschlagslisten berechtigt sind, auf einen Vorschlag, entfällt die Wahl, weil die Vorgeschlagenen als gewählt gelten. Im Gegensatz zur Regelung vor

1934 wurde 1951 ein Teil der Verwaltungsaufgaben einer hauptamtlichen Geschäftsführung übertragen, die den Selbstverwaltungsorganen gegenüber verantwortlich ist *(vgl. Peters, 1978, S.151)*.

Nachdem verschiedene rechtlich bedeutsame Lücken dieses Gesetzes bereits durch das **Änderungs- und Ergänzungsgesetz vom 13. August 1952** [BGBl.I S.421], das zugleich die Bezeichnung Selbstverwaltungsgesetz (SVwG) einführte, geschlossen worden waren *(vgl. A. Schmidt. 1977 a, S.255f., 1977 b, S.395ff.)*, erfuhr die Selbstverwaltung in den folgenden Jahrzehnten kaum nennenswerte Veränderungen.

Unter anderem wurde durch das Ergänzungsgesetz vom 18. Juni 1953 [BGBl.I S.405] die Selbstverwaltung auch für die Betriebskrankenkassen klargestellt. Desweiteren dehnte das Selbstverwaltungs- und Krankenversicherungsangliederungsgesetz Berlin vom 26. Dezember 1957 [BGBl.I S. 1883] den Geltungsbereich auf Berlin (West) aus. Die mit dem 5. SVwG-ÄndG vom 15. Februar 1962 [BGBl.I S.69] vorgenommenen Änderungen betrafen hauptsächlich die mit der Wahl der Mitglieder der Organe (Ergänzung der Organe) zusammenhängenden Vorschriften.

Etwas umfassendere Änderungen erfolgten erst im Anschluß an den 1967 zu Aufgaben der ehrenamtlichen Selbstverwaltung in der Sozialversicherung und den Möglichkeiten ihrer Fortentwicklung vorgelegten **Bericht der Bundesregierung zu Fragen der Selbstverwaltung in der Sozialversicherung** [BT-Drs. 7/4244]. Auf der Grundlage eines Regierungsentwurfes vom 21. 4. 1967 [BT-Drs. 7/1674] entstand das **7. SVwG-ÄndG vom 3. August 1967** [BGBl.I 845], das zugleich zu einer Neubekanntmachung des Selbstverwaltungsgesetzes (SVwG) unter dem 23. August 1967 führte [BGBl.I S.917]. Der Zweck der Novellierung bestand vor allem in einer Verbesserung der Grundlagen für die Wahlen zur Selbstverwaltung; außerdem sollten in der Vergangenheit gemachte Erfahrungen ausgewertet werden.

Das grundlegende Problem mangelnder **Attraktivität der Sozialwahlen** und der **Dominanz der Friedenswahl** wurde jedoch durch die Gesetzesänderungen nicht beseitigt. Auch bei den Sozialwahlen 1968 wurde nur bei 52 von insgesamt rd. 2.100 Versicherungsträgern tatsächlich gewählt. Bei diesen 52 Trägern waren etwa 28,9 Mio. Versicherte wahlberechtigt; hiervon gaben 5,6 Mio. ihre Stimme ab, d. h. die Wahlbeteiligung erreichte lediglich 19,3 %. Während bei den Ersatzkassen echte Wahlhandlungen seit 1958 die Regel sind, dominieren insbesondere bei den Orts- und Betriebskrankenkassen die Gruppenverhandlungen. 1968 fanden z. B. nur bei 2,4 % der Orts- und 1,4 % der Betriebskrankenkassen Wahlen mit Stimmabgabe statt *(vgl. Bundeswahlbeauftragter, 1986, S. 14)*.

Auch in der Folgezeit gab es zahlreiche Änderungsgesetze, eine prinzipielle Neugestaltung der Selbstverwaltung brachten jedoch auch diese nicht, obschon sich die **Kritik an der Selbstverwaltung** Ende der 60er/Anfang der 70er Jahre erneut verstärkte. Durch das **8. ÄndG des Selbstverwaltungsgesetzes vom 7. August 1973** [BGBl.I S.957] sollte abermals vor allem das Wahlverfahren verbessert werden, um eine Steigerung der Wahlbeteiligung der Versicherten zu erreichen *(vgl. auch Nowak/Schaper, 1981, S.307ff.)*

Entsprechend brachte das ÄndG insbesondere eine Modifizierung des Wahlverfahrens zur Erleichterung der Stimmabgabe und der Wahlorganisation. U. a. stellen die Renten- und Krankenversicherungsträger die Wahlausweise nunmehr von Amts wegen aus und übersenden sie den Wahlberechtigten. Ferner können die Wahlberechtigten ohne weiteres die Briefwahl in Anspruch nehmen und brauchen hierfür nicht mehr einen Antrag zu stellen. Im übrigen wurde das Selbstverwaltungsrecht der Versichertengemeinschaften bei gleichzeitiger Verbesserung der Stellung der Organmitglieder in verschiedenen Punkten gestärkt.

Eine in wesentlichen Punkten andere Organisation erfuhr die Selbstverwaltung im Bereich der **Arbeitsmarktverwaltung und der Arbeitslosenversicherung**. Sowohl die durch Gesetz vom 10. März 1952 [BGBl.I S.123] errichtete Bundesanstalt für Arbeitsvermittlung und Arbeitslosenversicherung wie die durch das AFG im Jahre 1969 in Bundesanstalt für Arbeit umbenannte Einrichtung erhielten den Status einer mit Selbstverwaltung ausgestatteten Körperschaft des öffentlichen Rechts.

Ihre Selbstverwaltungsorgane waren bzw. sind der Verwaltungsrat und der Vorstand; außerdem bestehen bei den Arbeits- und Landesarbeitsämtern Verwaltungsausschüsse. Im Gegensatz zu den Sozialversicherungsträgern sind hier die Selbstverwaltungsorgane drittelparitätisch mit Vertretern der Arbeitnehmer, der Arbeitgeber und der öffentlichen Körperschaften besetzt. In Angelegenheiten der Arbeitslosenversicherung wirken allerdings die Vertreter der öffentlichen Körperschaften nicht mit. Ebenfalls abweichend von der übrigen Sozialversicherung werden die Vertreter nicht unmittelbar durch die Versicherten gewählt, sondern von bestimmten Stellen (z. B. den Gewerkschaften, den Arbeitgeberverbänden, den Gemeinden und deren Aufsichtsbehörden) vorgeschlagen.

13. 2 Sozialgerichtsbarkeit

Während die Wiederherstellung der Selbstverwaltung noch als Restauration des in der Weimarer Zeit entstandenen Systems der Sozialversicherung verstanden werden kann, wurden durch das **Sozialgerichtsgesetz** (SGG) **vom 3. September 1953** [BGBl.I S.1239] die Organisation der Sozialgerichtsbarkeit sowie das Verfahren in der Sozialversicherung auf eine völlig neue Grundlage gestellt *(vgl. W. Bogs, 1953, S.456ff.; Hofmann/Schroeter, 1953, 1955; Vey, 1954; Dapprich, 1960; H. Schmidt, 1975, S.37ff., 76f.).*

Bis dahin waren Rechtsstreitigkeiten über Leistungsanprüche der Versicherten von den Versicherungsbehörden, den Versicherungsämtern, den Oberversicherungsämtern, in einigen Ländern auch den Landesversicherungsämtern in einem dreistufigen Rechtsweg entschieden worden. Die Aufgaben und Befugnisse des 1945 stillgelegten Reichsversicherungsamtes übernahmen in einigen Ländern die dort errichteten Landesversicherungsämter. Im Bereich der Arbeitslosenversicherung entschieden zumeist Spruchkammern, die in einigen Ländern bei den Oberversicherungsämtern, in anderen bei den Landesarbeitsämtern gebildet worden waren.

Nach Inkrafttreten des GG war die früher vorhandene „Identität von Verwaltungsaktivität und Jurisdiktion bei den Aufsichtsbehörden der Versicherung“ *(Brück, 1981, S.68)* nicht mehr aufrechtzuerhalten. Aufgrund der in Art.20 Abs.2 GG geforderten **Gewaltenteilung** und der Forderung des Art.92 GG, wonach für die rechtsprechende Gewalt, die den Richtern anvertraut ist, besondere, von anderen Gewalten unabhängige Organe zu schaffen waren, bedurfte es einer **klaren Trennung** – auch in organisatorischer Hinsicht – zwischen den Verwaltungs- und Rechtsprechungsaufgaben im Bereich der Sozialversicherung *(vgl. Wannagat, 1965, S.101).*

Nachdem das BMA im Mai 1952 einen ersten Referentenentwurf eines Gesetzes über die Sozialgerichtsbarkeit vorgelegt hatte, der vor allem Vorschriften über die Gerichtsverfassung enthielt, erarbeitete im Anschluß an zahlreiche Erörterungen eine vom BMA einberufene Sachverständigen-Kommission bis zum 25. 7. 1952 den Entwurf eines Sozialgerichtsgesetzes und bis zum 31. 10. 1952 den Entwurf einer Sozialgerichtsordnung. Mit Änderungsvorschlägen des Bundesrates und einer Stellungnahme der Bundesregierung wurden beide Gesetzentwürfe anschließend im Bundestag eingebracht und dort im April bzw. Juni 1953 in 1. Lesung beraten. Erst im Zuge der Ausschußberatungen wurden die beiden Gesetzentwürfe unter der Bezeichnung »Sozialgerichtsgesetz« zu einem Gesetzeswerk zusammengefügt, wobei am sachlichen Inhalt der Regierungsvorlagen grundsätzlich festgehalten wurde [vgl. BT-Drs. I/4567]. Während der Bundestag die Vorlage in der Fassung der Beschlußempfehlung des Ausschusses am 3. 6. 1953 mit geringfügigen Änderungen verabschiedete, rief der BR in seiner Sitzung vom 23. 7. 1953 den Vermittlungsausschuß an [vgl. BT-Drs. I/4662 und I/4667]. Nachdem der Bundestag sich daraufhin am 29. 7. 1953 erneut mit dem SGG befaßt hatte, erteilte auch der BR in seiner Sitzung vom 31. 7. 1953 dem Gesetz seine nach Art. 84 Abs.1 GG erforderliche Zustimmung [BR-Drs. 431/53] *(vgl. Hambüchen, 1988, S.326).*

Das SGG schuf eine gesonderte und von den Verwaltungsbehörden getrennte **Sozialgerichtsbarkeit** mit einem **dreistufigen Rechtsweg** (Sozialgerichte, Landessozialgerichte, Bundessozialgericht mit Sitz in Kassel) und entsprach damit der rechtsstaatlichen Forderung des Grundgesetzes nach einer klaren Trennung zwischen Verwaltung und Rechtsprechung, wie sie zuvor noch nicht bestanden hatte *(vgl. Stingl, 1977, S.352; Frerich, 1987, S.348ff.)*.

Das Gesetz regelt sowohl die Gerichtsverfassung als auch das Verfahren. „Den durch das Gesetz neu geschaffenen Gerichten (oblag) nur noch die Rechtsprechung" *(Wannagat, 1965, S.101)*. Die Gerichte der Sozialgerichtsbarkeit haben insbesondere über öffentlich-rechtliche Streitigkeiten in Angelegenheiten der Kranken-, Unfall-, Renten- und Handwerkerversicherung, des Kassenarztrechts, der Altershilfe für Landwirte, der Kriegsopferversorgung sowie der Arbeitslosenversicherung zu entscheiden. Kennzeichnend für die Sozialgerichtsbarkeit ist die starke Beteiligung von Laienrichtern, die bei der Ausübung der Rechtsprechung die gleichen Rechte wie die Berufsrichter haben. Darüber hinaus ist das Verfahren durchgängig von der Offizialmaxime beherrscht und grundsätzlich kostenfrei.

Tabelle 31: Tätigkeit der Sozialgerichte 1955–1975

Jahr	Sozialgerichte				Landessozialgerichte		Bundessozialgericht	
	anhängige Klagen[1]	neu eingereichte Klagen	am Jahresende unerledigt	Erledig. durch Entscheidung	anhängige Berufungen[2]	erledigte Berufungen	anhängige Revisionen[2]	erledigte Revisionen
1955	404.865	223.813	328.116	–	92.492	31.503	1.647	1.554
1960	465.768	204.823	237.614	60.549	93.688	40.441	5.095	2.727
1965	333.974	159.298	164.140	–	47.928	22.346	5.111	2.796
1970	303.014	141.011	150.246	39.457	36.196	17.437	4.084	2.649
1973	271.389	138.479	135.145	36.389	31.813	15.202	3.038	2.056
1975	271.214	126.851	132.388	37.833	30.544	14.515	2.073	1.325

1) am Jahresanfang; 2) am Jahresende.
Quellen: Statistisches Jahrbuch für die Bundesrepublik Deutschland, versch. Jge. (1957 ff.).

Tabelle 32: Verfahren vor den Sozialgerichten nach Angelegenheiten 1960–1975

Jahr	eingereichte Klagen	darunter Angelegenheit der						
		Krankenversicherung	Unfallversicherung	Arbeiterrentenversich.	Angestelltenversich.	Knappschaftl. RV	Arbeitslosenversich.	Kriegsopferversorg.
1960	204.823	5.332	37.002	74.128	28.178	6.280	4.083	37.054
1965	159.298	3.511	31.546	56.156	26.356	4.050	3.478	29.155
1970	141.011	4.254	28.126	51.127	26.722	3.420	3.193	21.068
1973	138.479	4.870	25.700	45.507	29.078	3.306	7.484	19.227
1975	126.851	5.248	21.860	36.939	19.863	3.506	13.408	21.899

Quellen: Statistisches Jahrbuch für die Bundesrepublik Deutschland, lfde. Jge.

Erste Praxiserfahrungen mit der neuen Gerichtsbarkeit führten zum SGG-ÄndG vom 10. August 1954 [BGBl.I S.239]. Das 2. SGG-ÄndG vom 25. Juni 1958 [BGBl.I S.409] zielte vor allem auf eine **Entlastung der Gerichte** sowie eine **Abkürzung der Verfahrensdauer** ab; außerdem brachte es verschiedene Klarstellungen.

In der Folgezeit machte der Gesetzgeber verschiedentlich von der Möglichkeit Gebrauch, weitere öffentlich-rechtliche Streitigkeiten der Sozialgerichtsbarkeit zuzuweisen (z.B. Fragen der Kindergeldgewährung, Rechtsstreitigkeiten aufgrund des Flüchtlingshilfe- und des Soldatenversorgungsgesetzes). Zahlreiche andere Änderungen bis Anfang der 70er Jahre betrafen u. a. die Stellung von Hilfsrichtern (Gesetz vom 16. Mai 1960 [BGBl.I S.305]), den Fristablauf am Sonnabend (Gesetz vom 10. August 1965 [BGBl.I S.753]), die Anfechtung von Wahlen zu den Sozialversicherungsorganen (Sechzehntes Gesetz zur Änderung des GG vom 18. Juni 1968 [BGBl.I S.657]) sowie Änderungen der Amtsbezeichnungen von Richtern und ehrenamtlichen Richtern (Gesetz vom 26. Mai 1972 [BGBl.I S.841, 1830]).

Im Bereich der Sozialgerichtsbarkeit hatten relativ **lange Verfahren** vor den Sozialgerichten v. a. die Lage der wirtschaftlich und sozial schwachen Personenkreise, deren Lebensunterhalt vielfach von den geltend gemachten Ansprüchen abhing, beeinträchtigt. Von besonderer Bedeutung war daher das **Gesetz zur Änderung des Sozialgerichtsgesetzes vom 30. Juli 1974** [BGBl.I S.1625], das die Grundlagen für eine Beschleunigung der Verfahren und für eine weitgehende Angleichung an andere öffentlich-rechtliche Verfahrensordnungen im Interesse einer besseren Verfolgung von Rechtsansprüchen und einer Verkürzung der Laufzeit vor den Sozialgerichten schuf. Kernpunkte dieses Gesetzes waren die Einführung eines Vorverfahrens, die Ausdehnung der Sprungrevision, die weitgehende Einschränkung der Verfahrensrevision und die Einrichtung der Nichtzulassungsbeschwerde *(vgl. SB 1976, S.26, 68)*.

13. 3 Arbeitsgerichtsbarkeit

Vergleichsweise früh nach dem Ende des Zweiten Weltkrieges war mit dem KRG Nr.21 vom 30. März 1946 [KRABl. S.124] wieder eine **eigenständige Arbeitsgerichtsbarkeit** eingeführt worden *(vgl. Hilger, 1981, S.93ff.)*. Als Rahmengesetz gestaltet, ließ dieses Gesetz jedoch Raum für **landesrechtliche Neuregelungen** der Arbeitsgerichtsbarkeit. Entsprechend wurden vor allem in den Ländern der amerikanischen Besatzungszone in den Jahren 1946/47 neue Arbeitsgerichtsgesetze verabschiedet, die sich allerdings sehr weitgehend an das Arbeitsgerichtsgesetz von 1926 *(vgl. Bd.1, S.187f.)* anlehnten *(vgl. S. 339f.)*.

Obgleich sich sämtliche Landesgesetze am Arbeitsgerichtsgesetz von 1926 orientierten, konnte eine Rechtszersplitterung auch in diesem Bereich nicht vermieden werden. So richtete z. B. Rheinland-Pfalz als Revisionsinstanz ein oberstes Arbeitsgericht ein und führte – ebenso wie Baden-Württemberg – wieder das Beschlußverfahren für Betriebsratsstreitigkleiten ein *(vgl. Hueck/Nipperdey, 1960, S.813)*. Nicht zuletzt die sukzessive Vereinheitlichung arbeitsrechtlicher Vorschriften, aber auch das Fehlen einer obersten Instanz (die in Art.96 GG bereits vorgesehen war) zur Gewährleistung einer einheitlichen Rechtsprechung ließen das Bedürfnis nach einem bundesrechtlichen Arbeitsgerichtsgesetz zunehmend dringlicher werden. Bemühungen der Verwaltung des Vereinigten Wirtschaftsgebietes, ein Bizonenrevisionsgericht für Arbeitsstreitsachen zu errichten, waren zuvor vor allem aus Zeitgründen ohne Ergebnis geblieben *(vgl. Fitting/Kraegeloh, 1953, S.IX)*.

Zum Gesetzgebungsprogramm der ersten Bundesregierung gehörte zwar bereits die Schaffung eines Arbeitsgerichtsgesetzes, die von den zuständigen Bundesministerien dafür zu leistenden Vorarbeiten nahmen jedoch mehr Zeit in Anspruch, als erwartet worden war, so daß dem Bundestag erst am 27. Juni 1952 ein entsprechender **Gesetzentwurf** zugeleitet werden konnte.

Dieser Entwurf, der – verglichen mit dem KRG Nr.21 – u. a. Vorschriften über die Zuständigkeit der Arbeitsgerichte für die Entscheidung von betriebsverfassungsrechtlichen Fragen und über die Tariffähigkeit von Vereinigungen enthielt sowie das Beschlußverfahren neu regelte, erfuhr durch die zuständigen Ausschüsse nicht unerhebliche Abänderungen. Schließlich wurde das Gesetz vom Bundestag am 19. Juni 1953 nahezu einstimmig beschlossen. Die Vorschläge des vom Bundesrat angerufenen Vermittlungsausschusses wurden am 29. 6. 1953 vom Bundestag und am 31. 7. 1953 vom Bundesrat angenommen.

Nachdem die Alliierte Hohe Kommission durch Gesetz Nr.9-35 vom 11. August 1953 [AHK ABl. S.2633] das KRG Nr.21 aufgehoben hatte, konnte das **Arbeitsgerichtsgesetz**

(ArbGG) **vom 3. September 1953** [BGBl.I S.1267] im wesentlichen noch am Tage seiner Verkündung in Kraft treten. Dieses Gesetz, das weitgehend die Vorschriften des Arbeitsgerichtsgesetzes vom 23. Dezember 1926 übernahm, brachte für die Bundesrepublik eine **Wiederherstellung der Rechtseinheit** in der Arbeitsgerichtsbarkeit und bildete die Rechtsgrundlage für die Errichtung des Bundesarbeitsgerichts *(vgl. G. Müller, 1953, S. 241ff.; Grüll, 1953; Dersch u.a., 1955; Fitting, 1956, S.9ff.; Ritzmann, 1957, S.320ff.; Sahmer, 1965).*

Das bis heute in seinen Grundzügen nicht veränderte ArbGG regelt die sachliche Zuständigkeit der Arbeitsgerichtsbarkeit (Streitigkeiten aus dem Arbeitsverhältnis, Streitigkeiten der Tarifpartner untereinander, Streitsachen aus dem Betriebsverfassungsrecht) sowie das Verfahren vor den Arbeitsgerichten, Landesarbeitsgerichten und dem Bundesarbeitsgericht einschließlich der Besetzung dieser Gerichte mit Arbeitsrichtern aus den Reihen der am Arbeitsleben Beteiligten. Im Vergleich zum ArbGG von 1926 brachte es allerdings auch einige nicht unwesentliche Neuerungen. Vor allem in der nicht unumstrittenen Frage der Organisation der Gerichte für Arbeitsstreitsachen behielt es die durch das KRG Nr.21 eingeführte strikte Trennung der Arbeitsgerichte von den ordentlichen Gerichten bei. Die in allen Instanzen organisatorisch selbständigen Gerichte wurden hinsichtlich Errichtung, Verwaltung und Dienstaufsicht den obersten Arbeitsbehörden der Länder, das neu geschaffene Bundesarbeitsgericht dem Bundesminister für Arbeit unterstellt. Entgegen mancherlei Bedenken mußten auch nach dem ArbGG von 1953 die Vorsitzenden in der ersten Instanz nicht die Befähigung zum Richteramt im Sinne des Gerichtsverfahrensgesetzes besitzen.

Tabelle 33: Tätigkeit der Arbeitsgerichte 1955–1975

Jahr	während d. Jahres eingereichte Klagen	dar. Erledigung durch		dar. Art des Streitgegenstandes[1]			Berufungen beim Landesarbeitsgericht[2]	Revisionen beim Bundesarbeitsgericht[3]
		Vergleich	streitiges Urteil	Arbeitsentgelt	Kündigung	Arbeitspapiere		
1955	157.766	57.898	15.506	89.520	42.312	7.682	5.975	592
1960	160.394	54.509	16.255	94.566	38.114	11.631	5.930	502
1965	178.165	50.694	16.423	96.577	36.217	12.686	6.270	542
1970	201.166	58.521	18.131	111.408	44.714	14.550	7.269	418
1971	218.726	64.680	20.851	126.289	54.244	15.878	8.210	513
1972	232.980	70.405	22.344	131.116	61.541	16.370	8.839	615
1973	227.341	74.617	23.000	138.447	67.787	17.061	9.232	605
1974	297.162	93.030	26.513	151.899	99.329	16.568	11.365	640
1975	301.625	106.905	30.598	148.847	123.620	14.436	12.882	797

1) bezogen auf die erledigten Klagen; 2) im Berichtsjahr eingereichte Berufungen; 3) im Berichtsjahr eingereichte Revisionen.
Quellen: Statistisches Jahrbuch für die Bundesrepublik Deutschland, lfde. Jge.

Das ArbGG von 1953 hat sich in der Folgezeit weitgehend bewährt und blieb daher bis Mitte der 70er Jahre von grundlegenden Veränderungen ausgenommen. Lediglich die Regelung, wonach in der ersten Instanz die Vorsitzenden der Gerichte keine Volljuristen sein mußten, war 1961 beseitigt worden. Anfang 1957 hatten immerhin 21 % aller Vorsitzenden keine abgeschlossene juristische Ausbildung. Bei der Neuregelung blieben jedoch die Rechte der bereits Ernannten gewahrt *(vgl. Däubler, 1983, S.481).*

Kapitel 2

Sozialpolitik in der Bundesrepublik Deutschland seit Mitte der 70er Jahre

1. Gesellschaftliche Rahmenbedingungen der Sozialpolitik

1. 1 Wirtschaftskrise und »Krise des Sozialstaates«

1. 1. 1 Wirtschaftskrise als konjunkturelle und strukturelle Krise

In der ersten Hälfte der 70er Jahre verschlechterte sich die **gesamtwirtschaftliche Situation** in der Bundesrepublik Deutschland – wie auch in den meisten anderen Industrieländern der westlichen Welt – in einem bis dahin kaum gekannten Ausmaß. Ausgelöst – nicht aber allein verursacht – wurde der erste Wachstumseinbruch durch eine **enorme Rohstoffverteuerung** i.V.m. einer allmählichen Stagnation des Welthandels. Damit einher ging eine deutliche Veränderung der weltwirtschaftlichen **Arbeitsteilung** zwischen Industrie- und Entwicklungsländern, insbesondere im Hinblick auf die sog. Standardartikel des Exports. Die weltweite Verknappung von Energie – aber auch von anderen Rohstoffen – und ihre Verteuerung führten nicht nur in der **Bundesrepublik** zu Wachstums- und Wohlstandsverlusten; die nicht-erdölproduzierenden **Entwicklungsländer** schränkten ihre Importe drastisch ein, und die sog. Schwellenländer verloren ihren dynamischen Charakter im Welthandel.

Entscheidend beeinträchtigt wurde die wirtschaftliche Entwicklung der 70er Jahre durch eine **Verschlechterung** all jener **Rahmenbedingungen**, die bis dahin zu einer Begünstigung des **sekundären Sektors** geführt hatten (Sättigungstendenzen auch bei partiell höherwertigen Gebrauchsgütern, stagnierende Bevölkerung, steigendes Gewicht sozialer Kosten, Beseitigung der DM-Unterbewertung, wachsender internationaler Konkurrenzdruck). Verschärfte **Verteilungskonflikte** zwischen Arbeitgebern und Gewerkschaften sowie eine Verschlechterung der internationalen Wettbewerbsposition ließen die Unternehmergewinne schrumpfen und die Investitionsneigung zurückgehen. Zugleich hatte die lang anhaltende Phase hoher Wachstumsraten die Notwendigkeit richtungweisender **Basisinnovationen** nur unzureichend deutlich werden lassen. Die Folge waren **Beschäftigungseinbußen** und **Kaufkraftverluste**, die ihrerseits einen Rückgang der Konsumgüternachfrage bewirkten *(vgl. BMWI, 1977; Kommission für wirtschaftlichen und sozialen Wandel, 1976)*.

Die enormen Schwierigkeiten im Bereich der **privaten Wirtschaftstätigkeit** konnten seit Mitte der 70er Jahre immer weniger durch **staatliche Gegenmaßnahmen** »abgemildert« werden *(vgl. Bernrath, 1976; Engelen-Kefer, 1976; Goldberg/Jung, 1976; Goldberg u.a., 1977)*. Dabei hatte auch und gerade in der Bundesrepublik die Rezeption der KEYNESschen Theorie die Hoffnung und Erwartung gestützt, „daß die Wirtschaftspolitik in der Lage sei, für Vollbeschäftigung zu sorgen" *(H. Scherf, 1988, S.566)*. Die im Anschluß an die »erste große« Nachkriegsrezession 1967 mit dem Stabilitätsgesetz eingeführten Instrumente der **Globalsteuerung** konnten allerdings ein konjunkturelles Absinken der Zuwachsraten nicht verhindern. Während sich das BSP pro Kopf der Bevölkerung in der Bundesrepublik 1950–1965 noch fast verdreifacht hatte, wurde 1965–1980 nurmehr eine Verdoppelung erreicht.

Bei fallenden Wachstumsraten **sinkende Steuereinnahmen** und steigende **sozialpolitische Ausgabenbelastungen** ließen den Handlungsspielraum für eine **staatliche Wachstumssteuerung** immer enger werden. Das – ohne langfristig destabilisierende staatliche Verschuldung mögliche – Volumen öffentlicher Investitionsprogramme reichte allenfalls noch zur kurzfristigen Kompensation nachlassender privatwirtschaftlicher Investitionen aus, nicht mehr jedoch für die Unterstützung langfristiger struktureller Anpassungsprozesse. Die wirtschaftliche Entwicklung in der Bundesrepublik wurde zunehmend der vorhandenen gesamtgesellschaftlichen Steuerungskapazität entzogen *(vgl. Schuon, 1984, S. 706)*.

Tabelle 34: Wirtschafts- und Beschäftigungsentwicklung 1975–1990

Jahr	Brutto-inlands-produkt in Mio. DM[1]	Arbeits-volumen in Mio. Arb.std.[2]	Erwerbs-personen-potential in 1.000 (JD)	Erwerbs-tätige in 1.000 (JD)	regist. Arbeits-lose in 1.000 (JD)	Stille Reserve in 1.000[5] (JD)	Arbeits-zeit je Erwerbs-tätigem in Arb.std.	Produkti-vität je Erwerbs-tät.std. in DM[6]
1975	1.254.830	47.016,3	27.245	26.110	1.074,2	425,0	1.800,7	26,69
1976	1.322.740	47.651,9	27.139	25.974	1.060,3	549,0	1.834,6	27,76
1977	1.361.790	46.850,8	27.127	26.008	1.030,0	607,0	1.801,4	29,07
1978	1.400.900	46.795,7	27.276	26.219	992,9	639,0	1.784,8	29,94
1979	1.459.040	47.024,8	27.505	26.652	876,1	634,0	1.764,4	31,03
1980	1.478.940	47.312,7	27.789	27.059	888,9	622,0	1.748,5	31,26
1981	1.481.390	46.810,3	28.112	27.033	1.271,6	748,0	1.731,6	31,65
1982	1.471.830	46.461,4	28.434	26.725	1.833,2	950,0	1.738,5	31,68
1983	1.493.920	45.646,2	28.605	26.347	2.258,2	1.085,0	1.732,5	32,73
1984	1.535.990	45.546,4	28.756	26.393	2.265,6	1.207,0	1.725,7	33,72
1985	1.566.480	45.271,9	28.895	26.593	2.304,0	1.289,0	1.702,4	40,58
1986	1.603.030	45.586,7	29.188	26.960	2.228,0	1.350,0	1.690,9	41,18
1987	1.634.270	45.607,5	29.386	27.157	2.228,8	1.338,0	1.679,4	41,76
1988[3]	1.691.470	46.010,0	29.611	27.369	2.241,6	1.372,0	1.681,1	42,90
1989[4]	1.725.300	46.260,9	29.779	27.741	2.037,8	1.300,0	1.667,6	44,24
1990[4]	1.806.389	46.122,3	30.336	28.453	1.883,1	1.323,0	1.621,0	45,99

1) real, in Preisen von 1980; 2) Entwicklung der Zahl der Arbeitstage voll enthalten; 3) teilweise vorläufig; 4) Schätzung; 5) Ergebnisse von Modellrechnungen; 6) ab 1985 auf der Grundlage von Preisen von 1985
Quelle: MittAB 4/1988, S.467; nachrichtlich IAB.

Nach einer kurzen und lediglich begrenzt wirksamen konjunkturellen Erholung der deutschen Wirtschaft zum Ende der 70er Jahre verschärfte sich die Wirtschaftskrise zu Beginn der 80er Jahre in entscheidender Weise. Die **Arbeitslosenziffern** überschritten jene Höchstwerte, die bis dahin für die Anfangsphase der Bundesrepublik kennzeichnend waren. Allerdings waren vielfältige **Bemühungen der deutschen Wirtschaft**, vorhandene strukturelle Schwächen abzubauen und technologische Rückstände aufzuholen, durchaus erfolgreich. Zusätzlich begünstigt durch langsamer steigende Arbeitskosten, günstigere Perspektiven für die Energiepreise, niedrigere Zinsen im In- und Ausland, einen niedrigeren Dollarkurs sowie die Schaffung unternehmensfreundlicherer wirtschafts- und sozialpolitischer Rahmenbedingungen kam es seit Mitte der achtziger Jahre zwar zu einer Belebung der Wirtschaftstätigkeit und zu hohen Unternehmensgewinnen, eine entscheidende Lösung der Arbeitsmarktprobleme war damit bislang jedoch nicht verbunden.

1.1.2 Grundprobleme des »Sozialstaates«

In der Bekämpfung der Massenarbeitslosigkeit hat sich die staatliche Wirtschaftspolitik der 70er und 80er Jahre als weitgehend wirkungslos erwiesen. In den 70er Jahren basierte die Wirtschafts- und Beschäftigungspolitik noch ganz auf dem kaufkrafttheoretischen Konzept einer Steuerung des Wirtschaftsablaufs durch **Beeinflussung der gesamtwirtschaftlichen Nachfrage** *(vgl. Schmahl, 1973, S.216ff.)*. Diese Politik ging angesichts ihrer engen finanziellen Restriktionen – die Steuereinnahmen blieben regelmäßig hinter den jeweiligen Vorausschätzungen zurück – vor allem zu Lasten investiver Ausgabenprogramme, während die **konsumtiven Staatsausgaben** (Sozialleistungen, Subventionen, Verteidigungsausgaben) anfangs noch in einem nahezu eigendynamischen Prozeß fast ungebremst – mit der Folge **steigender Staatsverschuldung** – zunahmen. In dieser Situation traten an die Stelle des in der ersten Hälfte der 70er Jahre noch ungebrochenen Glaubens an den sozialen, gesellschaftlichen und wirtschaftlichen Fortschritt Ende der 70er Jahre verstärkt Zweifel hinsichtlich der **Finanzierbarkeit** vieler in besseren wirtschaftlichen Zeiten geschaffener Leistungsgesetze. Zugleich wurden im Zuge des expansiven Ausbaus des Sozialleistungssystems entstandene offensichtliche **Fehlentwicklungen** des Sozialstaates bewußter zur Kenntnis genommen *(vgl. Scholz/Hofmann, 1983, S.430 ff.; Schmähl, 1988, S.151ff.)*.

Die vor dem Hintergrund einer sich rasch abzeichnenden **allgemeinen Finanzkrise des Staates** entstehende neuerliche **Sozialstaatsdiskussion** kreiste im wesentlichen um zwei Grundprinzipien: „der Auseinandersetzung um volkswirtschaftliches Leistungsvermögen einerseits und Wahrung bzw. Gewährleistung der finanziellen Stabilität andererseits" *(Tegtmeier, 1988, S.210)*. Die notwendige Suche nach problemadäquaten Lösungen – angesichts eines zweifellos vorhandenen **Reformbedarfs** in zahlreichen Sozialleistungsbereichen – wurde allerdings schon bald dominiert von einer grundsätzlichen, vielfach sehr ideologisch ausgerichteten **Kontroverse**. Je nach dem gesellschaftspolitischen oder ordnungspolitischen Standpunkt reichte das Spektrum der Beiträge von „der Forderung nach Entstaatlichung und Stärkung der Eigenverantwortung des Bürgers, dem Nein zu tatsächlichem oder vermeintlichem Sozialabbau und der gegenteiligen Forderung nach Ausbau sozialstaatlichen Handelns bis hin zu Vorstellungen eines generellen Umbaus des Sozialstaates" *(Tegtmeier, 1988, S.210)*. Die Diskussion spitzte sich in Schlagworten wie **»Finanzkrise des Sozialstaates«**, **»Grenzen des Sozialstaates«** oder **»Politik des Sozialabbaus«** *(vgl. Russ, 1975; Molitor/Watrin, 1977; Bäcker/Bispinck, 1977; Strasser, 1979; Herder-Dorneich u.a., 1984; Winterstein, 1986)* zu.

Unabhängig von irgendwelchen ideologischen Positionen bleibt festzuhalten, daß sich die **Sozialausgaben** in der Nachkriegsentwicklung – beschleunigt in den 70er Jahren – beträchtlich ausgeweitet haben. 1990 erreichte das Sozialbudget ein Volumen von 703.058 Mio. DM, gegenüber 68.943 Mio. DM (1960) und 346.598 Mio. DM (1975). In Bezug gesetzt zum nominalen BSP ergab sich für 1990 eine **Sozialleistungsquote** von 29,4 %, die zwar unter dem bisherigen Höchstwert von 33,7 % (1975) lag, aber noch immer die Quote des Jahres 1960 (22,7 %) beträchtlich überschritt. Je Einwohner stiegen die Sozialausgaben von 1.235 DM (1960) über 5.623 DM (1975) auf 11.270 DM im Jahre 1990 *(vgl. Tabelle 2)*. Während allerdings der **Finanzierungsanteil der Unternehmen** zwischen 1970 und 1990 lediglich von 30,9 auf 31,2 % anstieg, erhöhte sich der Anteil der **pri-**

vaten Haushalte immerhin von 22,8 auf 28,7 %. Entlastet wurde in diesem Zeitraum vor allem der Bund, dessen Anteil von 24,9 auf 19,8 % zurückging *(SB 1990, S.212)*. Überdurchschnittlich angestiegen sind seit 1975 vor allem die Ausgaben der Krankenversicherung, der Arbeitsförderung, der Jugendhilfe sowie der Sozialhilfe. Die **Ausgaben der öffentlichen Haushalte** (direkte Übertragungen an Personen) erhöhten sich zwischen 1974 und 1989 von 132,6 auf 333,2 Mrd. DM, d. h. sie sind in dieser Zeit um 151,3 % gestiegen *(vgl. O. Dietz, 1989, S.109; Tabelle 35)*.

Tabelle 35: Öffentliche Ausgaben für soziale Leistungen 1974–1989[1]

Jahr	insgesamt	Sozialversicherung	sonstige soziale Leistungen	darunter				
				Kriegsfolgeleistungen	Sozialhilfe	Kindergeld	Wohngeld	Arbeitslosenhilfe
1974	132.594	104.733	27.961	10.751	8.347	3.054	1.469	189
1978	202.679	155.766	46.913	13.184	12.229	14.410	1.784	760
1980	230.131	177.372	52.759	13.612	14.317	16.216	1.850	876
1981	250.171	191.170	59.001	13.715	16.008	17.688	2.416	3.407
1982	267.651	206.552	61.099	13.852	17.578	15.482	2.667	5.632
1983	271.740	210.179	61.561	13.553	18.619	14.052	2.602	7.477
1984	277.681	215.617	62.064	13.420	19.740	13.647	2.419	9.108
1985	283.032	219.381	63.651	13.006	21.617	13.246	2.504	9.566
1986	292.416	224.186	68.230	12.743	23.716	13.115	3.423	9.685
1987	306.357	235.220	71.137	12.608	24.705	13.537	3.799	9.670
1988[2]	320.936	248.678	72.265	12.564	27.310	12.972	3.774	8.716
1989[2]	333.226	255.580	77.646	12.221	28.774	13.541	3.967	8.265

1) Mio. DM; direkte Übertragungen an Personen in Form von Renten, Unterstützungen und ähnlichen Leistungen, die in Anlehnung an die Volkswirtschaftliche Gesamtrechnung als „Soziale Leistungen" bezeichnet werden (ohne Ausgaben der öffentlichen Haushalte für die Beamtenversorgung); öffentliche Haushalte umfassen die Sozialversicherung; 2) teilweise vorläufig.
Quelle: O. Dietz: Ausgaben der öffentlichen Haushalte für soziale Leistungen, in: Wirtschaft und Statistik, Heft 2/1989, S.109 ff.

Der zweifellos **enorme Anstieg der Sozialausgaben** läßt für sich allein genommen noch keine Aussage darüber zu, ob und inwieweit das Sozialleistungssystem einen insgesamt **dysfunktionalen Umfang** erreicht hat. Auch immer wieder herangezogene internationale Vergleiche bieten hier nur sehr unvollkommene Maßstäbe. Während die sich in den 50er und 60er Jahren – bei allen unbestreitbaren Erfolgen der Marktwirtschaft – zeigenden sozialen Folgeprobleme und Mängel der marktwirtschaftlichen Koordination – die auch heute keineswegs völlig überwunden sind – „den vielfältigen Anstrengungen zur Entwicklung eines fürsorgepflichtigen Sozialstaates und des kollektivvertraglichen Schutzes der Arbeitnehmer eine besondere Legitimation und Durchsetzungskraft" *(Müller/Seifert, 1985, S.253)* gaben, wird der erreichte Umfang staatlicher Verantwortlichkeiten und kollektivvertraglicher Bindungen seit Mitte der 70er Jahre allerdings zunehmend in Frage gestellt. Verschiedene Sozialtheoretiker und Politiker sehen im derzeitigen sozialen Sicherungssystem inzwischen eher eine »unsachgemäße Beeinträchtigung marktwirtschaftlicher Dynamik« sowie in arbeitsmarktlichen Schutzvorschriften und nach unten starren Tariflöhnen eine Hauptursache der Massenarbeitslosigkeit *(vgl. Müller/Seifert, 1985, S.253; Hickel, 1989, S.85ff.)*.

Die Erfolglosigkeit wirtschaftspolitischer Konzepte und wachsende Finanzierungsprobleme bei den Sozialversicherungshaushalten ließen die alte Kontroverse **»Markt ver-**

sus Staat« erneut zu einem zentralen Problemfeld sozialwissenschaftlicher und politischer Debatten werden. Nicht zuletzt verhalf das Versagen der Nachfragesteuerung im Rahmen der Beschäftigungspolitik wirtschaftspolitischen Konzepten zu Einfluß, die primär angebotsseitig orientiert sind. Insbesondere seit der politischen »Wende« im Herbst 1982 werden derartige Konzepte nicht mehr nur als Möglichkeit diskutiert, sondern vielmehr in praktische Politik umgesetzt.

Ausgangspunkt **angebotsorientierter Konzepte** bildet die These, daß die Unternehmertätigkeit durch zu hohe Steuern und Abgaben sowie durch verschiedenste gesetzliche Auflagen und Schutzgesetze zugunsten der Arbeitnehmer in unerträglicher Weise eingeschränkt werde. Gefordert wird, den Staatseinfluß auf die private Wirtschaft mittels Verminderung der Steuer- und Abgabenlast, Reprivatisierung und Deregulierung auf ein Minimum zurückzudrängen. Im Rahmen einer liberalistisch verengten Auslegung des **»Subsidiaritätsprinzips«** sollen vom Staat oder von den parafiskalischen Gebilden der Sozialversicherung getragene Reproduktionsrisiken verstärkt in die **»Eigenverantwortlichkeit«** des einzelnen zurückverlagert werden *(vgl. Drupp/Hoppe/Schulz, 1985, S. 293).* Unter Rückgriff auf die empirisch keineswegs gesicherte These, daß der Leistungswille der Menschen durch weitgehende Schutzgesetze ohnehin ausgehöhlt werde, sollen zur Finanzierung der steuerlichen Entlastung der Unternehmen und zur leistungsbetonenden Korrektur der Lohn- und Einkommensteuertarife *(vgl. Bischoff, 1975, S.119ff.; Laux, 1976, S.690ff.)* Sozialleistungen gekürzt, Personengruppen ausgegrenzt und Bedürftigkeitsprüfungen ausgeweitet werden. Generell sollen all jene Anreize so weit wie möglich abgebaut werden, die zur »Verweigerung von Leistung« führen *(vgl. Kühn, 1985, S.94ff.)* können. Die angebotsseitige Wirtschaftspolitik ist überzeugt, durch die genannten Maßnahmen das Problem unzureichenden Wachstums und hoher Arbeitslosigkeit mittels einer neuerlichen **»Entfesselung«** der Marktkräfte lösen zu können *(vgl. SVR, 1987, Ziff.368ff.).*

Trotz der – spätestens seit Beginn der 80er Jahre unternommenen – Versuche, das Sozialleistungssystem über reine Kostendämpfungsmaßnahmen hinaus strukturell zu verändern, hat sich bisher – von partiellen Ansätzen abgesehen – eine **neue ordnungspolitische Konzeption** noch nicht durchsetzen können. Angesichts der doch sehr tiefgreifenden historischen Wurzeln des deutschen Sozialleistungssystems sowie seiner trotz aller Probleme hohen Akzeptanz bei der Bevölkerung dürften **grundlegende Systemkorrekturen** allerdings auch kaum durchzusetzen sein. Eingriffe in das im Laufe der Zeit gewachsene Organisations-, Leistungs- und Finanzierungssystem erweisen sich als außerordentlich schwierig und stoßen regelmäßig auf **massiven Widerstand unterschiedlichster Interessengruppen.** Verhindert wird dabei allerdings nicht nur ein vermeintlicher **»Sozialabbau«**, die interessengruppenbezogene Wahrung von Besitzständen macht es auch zunehmend schwieriger, sinnvolle, längerfristig unabdingbare Korrekturen des Systems der sozialen Sicherung vorzunehmen, Fehlsteuerungen zu begegnen und das System an veränderte und/oder verengte finanzielle, ökonomische sowie sozio-demographische Rahmenbedingungen anzupassen.

1. 2 Entwicklung des Arbeitsmarktes und der Erwerbsstruktur

Die seit 1975 zu beobachtende Entwicklung des Arbeitsmarktes unterscheidet sich von früheren Zeiträumen insofern, als kurzfristige konjunkturelle Aufschwungphasen offensichtlich nicht mehr ausreichen, um zu einer Vollbeschäftigung zu gelangen. Bei erheblichen Schwankungen in der Wirtschaftstätigkeit ist die Arbeitsmarktlage seit Mitte der 70er Jahre durch ein außerordentlich **hohes Niveau der Arbeitslosigkeit** gekennzeichnet, wobei in weit größerem Ausmaß als in vorangegangenen Zeiten **konjunkturell** und

strukturell bedingte Arbeitslosigkeit zusammentrafen *(vgl. Wacker, 1976)*. Die wiederholten konjunkturellen Belebungsphasen führten zwar unverkennbar zu einer Ausweitung der Produktion, waren aber auch mit umfangreichen **arbeitsplatzsparenden Rationalisierungsschüben** verbunden. Außerdem ist die zeitliche Verzögerung zwischen Wirtschafts- und Arbeitsmarktentwicklung in jüngster Zeit offensichtlich größer geworden.

Strukturelle Wandlungen im Beschäftigungssystem sind zwar keine neue Erscheinung, ihre Bewältigung wurde jedoch in der derzeitigen Krise nicht zuletzt durch demographische Faktoren erschwert. Während das **Erwerbspersonenpotential** von 1974 bis 1977 noch um rd. 157.000 Personen abnahm, war seitdem ein kontinuierlicher Anstieg zu verzeichnen; von 1977 bis 1990 belief sich der Potentialanstieg auf insgesamt 3,209 Mio. Erwerbspersonen *(vgl. auch Tabelle 34)*. Eine Ursache hierfür ist in dem demographisch bedingten **Eintritt geburtenstarker Jahrgänge in das Erwerbsleben** zu sehen. Von erheblicher Relevanz ist aber auch die **steigende Erwerbsneigung der Frauen** *(vgl. auch Beck-Gernsheim, 1976)*; lag die Zahl der weiblichen Erwerbspersonen im Verhältnis zur weiblichen Wohnbevölkerung im erwerbsfähigen Alter 1970 noch bei 46,2 %, so ist die Frauenerwerbsquote nach Berechnungen des IAB 1980 auf 50,2 % und 1988 auf rd. 55 % angestiegen *(vgl. ANBA, Nr. 5/1989, S. 653)*.

Obwohl der letzte Konjunktureinbruch seinen Tiefpunkt bereits 1982 erreicht hatte, stieg die Arbeitslosigkeit noch bis 1985 an. Selbst im Jahre 1985, als – erstmals nach Jahren der Abnahme – die Zahl der **Beschäftigungsverhältnisse** gegenüber dem Vorjahr um 200.000 zunahm, erhöhte sich die Zahl der Arbeitslosen nochmals um über 38.000. Der Wirtschaftsaufschwung, der zwischen 1985 und 1990 insgesamt zu einem **Anstieg der Erwerbstätigenzahl** um rd. 1,86 Mio. beitrug, schlug sich bislang in der Arbeitslosenstatistik nur begrenzt nieder. Weiterhin war eine hohe **Massenarbeitslosigkeit** zu verzeichnen, auch wenn 1990 (JD) die Zahl der registrierten Arbeitslosen erstmals seit 1982 (JD) wieder die Zwei-Millionen-Grenze unterschritt *(vgl. Tabellen 34 und 36)*.

Auch wenn die »Massenarbeitslosigkeit« zum dominierenden Charakteristikum der Arbeitsmarktentwicklung des vergangenen Jahrzehnts geworden ist, so zeigen sich doch im einzelnen recht unterschiedliche Entwicklungen. Belief sich die Zahl der Arbeitslosen (Jahresdurchschnitt) im Jahre 1975 auf 1.074.217, so sank sie bis 1979 auf 876.137 ab. In der Folgezeit nahm die Zahl der Arbeitslosen von 1.271.574 (1981) sukzessive auf 2.304.014 im Jahre 1985 zu. Ungeachtet saisonaler Schwankungen war seither eine gewisse Stabilisierung auf hohem Niveau zu verzeichnen; im Jahresdurchschnitt waren 1988 noch immer 2.241.556 Personen arbeitslos. Damit lag die Arbeitslosenquote mit 8,7 % nur geringfügig unter dem Wert des Jahres 1983 (9,1 %). Ähnlichen Schwankungen unterlag die Entwicklung der Zahl der Kurzarbeiter; auch ihre Zahl sank zunächst von 773.334 (1975) bis auf 87.613 im Jahre 1979, um danach bis 1983 stetig auf 675.102 anzusteigen; 1988 belief sich die Zahl der Kurzarbeiter auf 207.768, um in der Folgezeit erneut abzusinken. Gegenläufig war lediglich die Entwicklung der Zahl der offenen Stellen; ihre Zahl ging von 308.348 im Jahre 1980 auf 75.797 (1983) zurück; seitdem ist ein kontinuierlicher Anstieg zu verzeichnen *(vgl. Tabellen 34 und 36)*.

Noch weitaus aufschlußreicher – insbesondere unter sozialpolitischen Aspekten – ist eine nähere Betrachtung der **Struktur der Arbeitslosen**. Hierbei wird sehr schnell deutlich, daß die zeitweise mehr als zwei Millionen Arbeitslosen keineswegs eine homogene Gruppe bilden.

Obgleich diejenigen, die ihre Arbeitslosigkeit beendeten, auch im Mai/Juni 1988 mit durchschnittlich 6,7 Monaten nicht sehr viel länger arbeitslos waren als 1983 (6,3 Monate) *(ANBA, Nr. 5/1989, S. 677)*, hat sich die durchschnittliche Dauer der Arbeitslosigkeit unter Berücksichtigung sämtlicher Arbeitslosen doch beträchtlich erhöht (1974: 4,5 Monate; 1981: 6,5 Monate; 1986: 12,5 Monate) *(vgl. BA, Arbeitsstatistik 1986, S. 85)*. Entsprechend zugenommen hat die Zahl der sog. Langzeitarbeitslosen; waren Ende September 1980 nur 106.145 Personen länger als ein Jahr arbeitslos, belief sich die Zahl der Arbeitslosen in dieser Gruppe 1984 bereits auf 617.462 und 1988 sogar auf 684.670. Zu den

Langzeitarbeitslosen zählten damit 1988 rd. 33 % aller Arbeitslosen (1980: 12,9 %). Ende September 1988 befanden sich unter den Langzeitarbeitslosen zudem 347.260 Personen (16,5 % aller Arbeitslosen), die länger als 2 Jahre arbeitslos waren. Unter den Langzeitarbeitslosen sind Personen mit vermittlungshemmenden Merkmalen (hohes Alter, gesundheitliche Einschränkungen, ohne Berufsabschluß) überproportional vertreten *(vgl. ANBA, Nr. 5/1989, S. 621 ff.; Tabellen 37, 42)*.

Eine Folge dieser Entwicklung, die erst 1989/90 eine gewisse Trendwende aufwies, war, daß die Zahl derer, die ihren Arbeitslosengeld-Anspruch ausgeschöpft hatten und auf die geringere Arbeitslosenhilfe angewiesen waren, beständig zunahm. Zugleich stieg die Zahl der Personen ohne jeglichen Anspruch auf eine der beiden Leistungen. Hatten Ende September 1975 noch 63,04 % der Arbeitslosen Anspruch auf Arbeitslosengeld, waren es 1986 nurmehr 34,29 %; parallel dazu stieg die Zahl der Empfänger von Arbeitslosenhilfe; 1986 bezogen 27,45 % der Arbeitslosen Arbeitslosenhilfe, gegenüber 12,21 % im Jahre 1975. Der Anteil derjenigen Arbeitslosen, die keinerlei Unterstützung erhalten, stieg zwischen 1975 und 1986 von 24,75 % auf 38,26 %. Die in der Folgezeit zu verzeichnende Trendwende *(vgl. Tabelle 37)* war vor allem auf Neuregelungen des Unterstützungsrechts zurückzuführen *(vgl. S. 180 ff.)*.

Tabelle 36: Arbeitsmarktentwicklung und Leistungsempfänger der BA 1975–1990

Jahr	Arbeitslose[1]	Arbeitslosenquote	Kurzarbeiter[1]	Offene Stellen[1]	Arbeitsvermittlungen[2]	Leistungsempfänger		
						Alg[1]	Alhi[1]	Unterhaltsgeld[1]
1975	1.074.217	4,7	773.334	236.174	2.126,7	706.680	110.175	117.888
1976	1.060.336	4,6	277.008	234.997	2.327,2	615.352	164.476	85.454
1977	1.029.995	4,5	231.329	231.227	2.289,9	557.271	163.390	64.081
1978	992.948	4,3	190.714	245.555	2.137,8	516.267	157.116	64.661
1979	876.137	3,8	87.613	304.016	2.111,2	448.440	134.019	77.309
1980	888.900	3,8	136.562	308.348	1.905,1	454.329	121.632	98.734
1981	1.271.574	5,5	346.859	207.928	1.622,5	697.614	169.731	129.882
1982	1.833.244	7,5	606.064	104.871	1.394,7	926.404	290.726	143.688
1983	2.258.235	9,1	675.102	75.797	1.557,2	1.014.352	485.259	129.995
1984	2.265.559	9,1	383.700	87.929	1.754,2	859.007	597.847	131.283
1985	2.304.014	9,3	234.515	109.996	1.876,4	835.668	617.190	134.523
1986	2.228.004	9,0	197.371	153.866	1.965,4	800.323	600.962	154.280
1987	2.228.788	8,9	277.867	170.690	1.997,7	834.167	576.893	188.380
1988	2.241.556	8,7	207.768	188.621	2.115,7	946.557	528.485	221.728
1989	2.037.781	7,9	107.873	251.415	2.281,9	888.288	496.304	267.265
1990	1.883.147	8,2	55.808	313.604	2.366,9	857.594	432.982	308.554

1) Registrierte Arbeitslose im Jahresdurchschnitt; 2) in 1.000; Alg = Arbeitslosengeld; Alhi = Arbeitslosenhilfe.
Quellen: BA (Hrsg.): Arbeitsstatistik - Jahreszahlen (ANBA-Sondernummer), lfde. Jge.; BA (Hrsg.): Daten zum Arbeitsmarkt, Ausgabe 1990, Nürnberg o.J.

Die weitere Analyse der Struktur der Arbeitslosigkeit zeigt ferner, daß bestimmte Arbeitnehmergruppen überdurchschnittlich häufig arbeitslos werden, überdurchschnittlich lange arbeitslos sind und/oder besondere Schwierigkeiten haben, überhaupt Arbeit zu finden. Diese sog. **»Problemgruppen«** des Arbeitsmarktes *(vgl. Offe, 1977)* sind keineswegs nur Randgruppen, vielmehr sind überdurchschnittliche Beschäftigungsrisiken für die großen Arbeitnehmergruppen der jugendlichen *(vgl. Laterner/Schön, 1975; Kruse, 1976; Schlaffke, 1976)*, weiblichen *(vgl. Däubler-Gmelin, 1977)*, älteren, behinderten und ausländischen Arbeitnehmer typisch. Eindeutig beschäftigungshemmende Merkmale sind **fortgeschrittenes Alter, gesundheitliche Einschränkungen** und **fehlende berufliche Qualifikationen** *(vgl. Bundesanstalt für Arbeit, 1989)*.

Die Zeit, bis ein Arbeitsloser erneut Arbeit findet, korreliert in starkem Maße mit dem Alter. Während nach einer Erhebung vom Mai/Juni 1988 Arbeitslose unter 20 Jahren durchschnittlich nach 4,2 Monaten eine neue Beschäftigung fanden, dauerte es bei 55–60jährigen bereits 11,6, bei 60–65jährigen sogar 22,2 Monate. Die altersspezifischen Arbeitslosenquoten weisen für die Altersgruppen von 20 bis 35 Jahren ebenso wie für die über 55jährigen über dem Durchschnitt liegende Werte auf. Die höchste relative Arbeitslosigkeit hatte im September 1988 mit 12,7 % die Gruppe der 55–60jährigen. Besonders schlechte Arbeitsmarktchancen haben Arbeitslose ohne berufliche Qualifikation; sie stellten im September 1988 48,8 % sämtlicher Arbeitslosen. Ebenfalls überdurchschnittlich von Arbeitslosigkeit betroffen sind Ausländer mit einer Arbeitslosenquote von 14,4 % (1988) bei einem Anteil an den Beschäftigten von lediglich 7,6 % (Juni 1988) sowie Personen mit gesundheitlichen Einschränkungen, bei denen vielfach von vornherein eine verminderte Leistungsfähigkeit unterstellt wird; letztere bildeten 1988 rd. 22,2 % aller Arbeitslosen und 31,4 % der längerfristig Arbeitslosen *(vgl. ANBA, Nr. 5/1989, S. 621 ff.; vgl. auch Tabelle 37).*

Tabelle 37: Struktur der Arbeitslosigkeit 1975–1990[1]

Jahr	nicht qualifiziert[2]	unter 20 Jahre	von 55 bis unter 65 Jahre	m. gesundheitlichen Einschränkungen	Arbeiter	länger als 1 Jahr arbeitslos	Empfänger von	
							Arbeitslosengeld	Arbeitslosenhilfe
1975	58,11	11,49	10,23	20,20	66,20	9,60	63,04	12,21
1978	54,39	10,64	13,36	29,40	60,29	14,69	51,28	16,62
1980	53,96	9,85	15,50	32,20	61,62	12,90	51,09	13,93
1982	51,80	10,71	10,77	21,10	66,91	17,96	46,03	16,91
1984	49,37	8,25	12,52	19,50	64,03	28,81	34,99	27,40
1986	50,82	7,28	12,52	19,90	62,80	31,97	34,29	27,45
1987	50,54	6,25	13,55	19,97	62,87	31,81	38,41	25,41
1988	48,79	4,85	14,85	22,19	61,64	32,61	39,06	25,32
1989	47,18	3,88	16,59	24,11	60,66	31,44	43,44	25,21
1990	46,87	3,50	18,39	25,92	61,26	29,74	47,47	27,02

1) jeweils September; Anteile der einzelnen Gruppen an der Gesamtzahl der Arbeitslosen in %; 2) ohne abgeschlossene Berufsausbildung.
Quellen: BA (Hrsg.): Arbeitsstatistik 1987 - Jahreszahlen (ANBA-Sondernummer), Übersichten 39 ff.; BA (Hrsg.): Statistisches Taschenbuch, Nr.8/1990, Nürnberg 1990, S.14.

Die anhaltende Massenarbeitslosigkeit in der Bundesrepublik Deutschland hat die tradierte Armutsdiskussion in eine neue Richtung gedrängt. In der Tat liegt eine **Verarmung durch Arbeitslosigkeit** nicht nur im Bereich des Möglichen, sondern zeichnet sich bereits in vielfältiger Weise ab. Sie wird insbesondere bei jenen Arbeitslosen sichtbar, die vorher ein geringes Einkommen gehabt haben; aber auch Personen mit mittlerem Einkommen geraten mit zunehmender Dauer der Arbeitslosigkeit in Gefahr, unter die Armutsgrenze der Sozialhilfe abzusinken.

Die Zahl der Fälle, in denen Erwerbslose ersatzweise oder ergänzend Sozialhilfe in Anspruch nehmen müssen, ist seit 1977 (57.400 bzw. 5,9 % der Erwerbslosen) nahezu stetig angestiegen; nach den Ergebnissen des Mikrozensus bezogen 1987 rd. 302.000 Erwerbslose (12,7 % aller Erwerbslosen) Sozialhilfe, knapp 26 % mehr als ein Jahr zuvor. In 14,6 % der Haushalte mit erwerbslosen Personen lag das Haushaltseinkommen unter 800 DM, in weiteren 17,4 % zwischen 800 und 1200 DM *(vgl. ANBA, Nr. 5/1989, S. 708 f.).*

Mit zunehmender Dauer und steigender Häufigkeit der Arbeitslosigkeit entsteht zugleich bei einzelnen Problemgruppen des Arbeitsmarktes eine typische **Entwertung beruflicher Qualifikationen**, die eine Wiedereingliederung in das Beschäftigungssystem schwieriger werden läßt. Die **psycho-sozialen Folgen** für die Arbeitslosen liegen auf der Hand. Soziale Stigmatisierung der betroffenen Personen sowie der Vorwurf des individuellen Versagens und/oder des Drückebergertums verändern den sozialen Status der einzelnen Arbeitslosen in beträchtlicher Weise. Soziale Desintegration, sinkendes Selbstwertgefühl und Selbstbewußtsein sowie die Entwertung und Entfunktionalisierung sozialer Verhaltensweisen bewirken zusammen mit dem Verlust der finanziellen Sicherheit wesentliche **Einengungen individueller Handlungsmöglichkeiten** im familiären und außerfamiliären Bereich *(vgl. Bäcker u.a., 1980, S. 133 f.).*

Selbst bei optimistischen Annahmen droht auch weiterhin ein **Arbeitsmarktungleichgewicht**. Unterstellt man, daß die Wirtschaftskonstellation der letzten Jahre bis Mitte der 90er Jahre weitgehend erhalten bleibt, würden die durchschnittlichen Erwerbstätigenzuwächse kaum die jetzt erwarteten Potentialzuwächse übersteigen, d. h. die Zahl der Arbeitslosen würde die gegenwärtige Höhe nicht wesentlich unterschreiten. Nach der mittleren Variante der IAB-Projektionen aus dem Jahre 1985 wurde für das Jahr 2000 immerhin noch mit einem **Potentialüberschuß** von 2,7 Mio. Erwerbspersonen gerechnet; davon würden etwa 1,8 Mio. Personen **registrierte Arbeitslose** sein *(vgl. Klauder u.a., 1985, S.41ff.)*. „Bei anhaltend hoher bzw. (wie in der zweiten Hälfte der 70er Jahre) lediglich leicht rückläufiger Arbeitslosigkeit ist davon auszugehen, daß die Strukturalisierungsprozesse weitergehen, auch wenn sich zuletzt die durchschnittliche Dauer der Arbeitslosigkeit nicht weiter erhöht hat. **Langzeitarbeitslosigkeit** (im weiteren Sinn, unter Einschluß der Mehrfacharbeitslosigkeit) wird aller Voraussicht nach eine zentrale Herausforderung auch für die Arbeitsmarktpolitik der 90er Jahre bleiben" *(MittAB 4/1988, S.460; vgl. auch Klauder, 1990, S.21ff.; Schütz/Frey, 1987, S.211ff.)*.

Neben der zweifellos im Vordergrund der gesellschaftspolitischen Diskussion stehenden Problematik der Massenarbeitslosigkeit dürfen die in den vergangenen Jahren erfolgten Wandlungen der **Wirtschafts- und Beschäftigungsstruktur** sowie die durchgreifenden Veränderungen im **Erwerbsverhalten** keineswegs vernachlässigt werden. Tiefgreifende sozio-strukturell relevante Auswirkungen bringt auch der sich verstärkende technische Fortschritt mit sich. Nach wie vor ist der Trend zum tertiären Sektor von herausragender Bedeutung; während der primäre und der sekundäre Sektor im Zeitraum 1975/88 einen Rückgang der Erwerbstätigen um 671.000 bzw. 761.000 Personen verzeichneten, nahm die Zahl der im **Dienstleistungsbereich** Beschäftigten um 2,676 Mio. zu. Im Jahre 1988 waren 15,323 Mio. Personen oder 56,2% der Erwerbstätigen (1975: 48,6%) im tertiären Sektor beschäftigt [BT-Drs. 11/8472, S.345]. Auffallend ist weiterhin der seit Mitte der 70er Jahre zu verzeichnende und ansteigende Trend zur **Teilzeitbeschäftigung**; belief sich der Anteil der (sozialversicherungspflichtig) Teilzeitbeschäftigten an allen (sozialversicherungspflichtig) Beschäftigten Mitte der 70er Jahre erst auf rd. 7%, lag er 1988 bereits bei über 10%. Zum Anstieg der Beschäftigung seit 1983 um etwa 1 Million trug die Zunahme der sozialversicherungspflichtigen Teilzeitarbeit mit etwa 30% bei. Insgesamt gab es 1988 schätzungsweise 3,147 Mio. Teilzeitarbeitnehmer, darunter 2.117.222 mit sozialversicherungspflichtiger Beschäftigung *(vgl. Seifert, 1989, S.160; ANBA, Nr.5/1989, S.651ff.)*.

1. 3 Sozio-demographische Entwicklungen

Nicht nur die wirtschaftlichen Rahmenbedingungen haben entscheidenden Einfluß auf die Gestaltungsmöglichkeiten der Sozialpolitik, auch die demographische Entwicklung hat vielfältige Auswirkungen für ein weitgehend umlagefinanziertes Sozialversicherungssystem. Bisweilen wird in der für die Bundesrepublik typischen demographischen Entwicklung und den daraus resultierenden Rückwirkungen sogar die zentrale Zukunftsherausforderung des Sozialstaates gesehen *(vgl. Tegtmeier, 1988, S.214; Henke, 1988a, S. 122; Felderer, 1983)*. Die über Jahrzehnte hinweg **rückläufige Geburtenentwicklung**, die sich in einem Absinken der Nettoreproduktionsrate von 1,174 im Jahre 1960 auf 0,662 im Jahre 1988 ausdrückt *(vgl. StJbBRD, 1990, S.61)*, beeinflußt nicht nur die absolute Bevölkerungsentwicklung, sondern führt zugleich zu einer deutlich veränderten **altersstrukturellen Zusammensetzung** der Bevölkerung.

Nach den gegenwärtig verfügbaren und auf das Ausgangsjahr 1986 aktualisierten **Modellrechnungen** zur Bevölkerungsentwicklung würde die Wohnbevölkerung bis zum Jahre 2000 weitgehend konstant bleiben, danach jedoch drastisch abnehmen. Für das Jahr 2030 wird hiernach eine Gesamtbevölkerung von 49,6 Mio. erwartet *(vgl. Tabelle 39)*. Obwohl demographische Modellrechnungen im Vergleich zu Wirtschaftsprognosen eine erheblich bessere Treffsicherheit aufweisen, sind auch sie mit großen Unsicherheiten behaftet. Schon die Wanderungsentwicklung 1989/90 zwingt dazu, die bereits vorliegenden Prognosen zu korrigieren. Allerdings können trotz aller Schwierigkeiten bei der Abschätzung des Wanderungsverhaltens gewisse in den Modellrechnungen erkennbar werdende Entwicklungspfade als hinreichend sicher angenommen werden *(vgl. Statistisches Bundesamt, 1988; E. Schulz, 1988)*.

Eindeutig abzusehen sind – unabhängig von der Entwicklung absoluter Werte – gravierende Änderungen in der **Altersstruktur**. Nach derzeitigen Erkenntnissen wird der **Altersquotient** (d. h. die Zahl der über 60jährigen in Prozent der 20–59jährigen) von 35,9 % (1987) über 45,0 % (2000) auf 76,7 % im Jahre 2030 ansteigen. Der Anteil der über 65jährigen wird sich von 15,3 % (1987) auf 27,4 % im Jahre 2030 erhöhen. Gleichzeitig wird die Zahl der unter 15jährigen von derzeit 8,98 Mio. auf 5,9 Mio. im Jahre 2030 zurückgehen. Trotz einer Abnahme des **Jugendquotienten** ergibt sich danach vor allem für den Zeitraum nach der Jahrtausendwende eine dramatische Erhöhung des **Gesamtlastquotienten** *(vgl. Statistisches Bundesamt, 1988; Tabelle 39)*.

Selbst bei einer möglichen Umkehr des **generativen Verhaltens** bewirkt die auch für die Zukunft noch zu erwartende Zunahme der **Lebenserwartung** (allein zwischen 1957/58 und 1983/85 hat sich die durchschnittliche Lebenserwartung für männliche Neugeborene von 68 auf 75, für weibliche Neugeborene von 71 auf 78 Jahre erhöht) eine steigende Alterung der Gesellschaft. Entsprechend wird die Zahl der **Hochbetagten** (Personen im Alter von 80 Jahren und mehr), die 1960 erst 0,85 Mio. betrug, aber bereits Ende 1986 auf 2,185 Mio. angestiegen war, auch weiterhin zunehmen *(vgl. Statistisches Bundesamt, 1988)*.

Die Folgewirkungen einer derartigen Altersentwicklung für die **Systeme der Alterssicherung** sind evident. Völlig unstrittig ist, daß zukünftig **weniger Erwerbstätige** für die Transferleistungen an immer mehr Personen aufkommen müssen, die nicht mehr erwerbstätig sind. Die „erwartete demographische Entwicklung führt also zu einer erheblichen Mehrbelastung der »aktiven« im Vergleich zur »passiven« Bevölkerung sowohl in der Sozialversicherung als auch über die Finanzierung der öffentlichen Haushalte" *(Henke, 1988 a, S.123)*. Der Anstieg des **Rentnerquotienten** von gegenwärtig etwa 48 % über ceteris paribus 59 % zur Jahrhundertwende auf etwa 98 % im Jahre 2030 „wird innerhalb der GRV sukzessive zu einer nachhaltigen Gewichtsverlagerung zugunsten der Transferempfänger führen" *(Hermann, 1989, S.86)*. Nachhaltig tangiert wird durch diese Entwicklung vor allem die Finanzierung der **Rentenversicherung**. Unabhängig davon, welchen demographischen Prognosen man folgt und welche Annahmen der zukünftigen Wirtschaftsentwicklung man für realistisch annimmt, steht außer Frage, daß die Lösung der **langfristigen Alterssicherungsprobleme** eine enorme sozialpolitische Herausforderung darstellt. Gleichgültig, ob mögliche Reformkonzepte eher auf nachhaltige Leistungskürzungen setzen oder deutliche Beitragssatzanhebungen in Kauf nehmen, sind **intergenerative Verteilungskonflikte** und **Akzeptanzprobleme** mehr als wahrscheinlich. Keinesfalls kann davon ausgegangen werden, „daß die zukünftigen Rentner ein breites Ausdünnen ihrer Subsistenzmöglichkeiten oder die Erwerbstätigen eine überzogene Verschlechterung heutiger Beitrags-/Leistungsäquivalenz politisch weitgehend widerspruchslos hinnehmen werden" *(Hermann, 1989, S.88)*.

Kaum minder gravierende Probleme drohen der gesetzlichen **Krankenversicherung** durch die Überalterung der Gesellschaft; bereits in den letzten Jahren sind die **Gesundheitsausgaben für Rentner** deutlich überproportional angestiegen. Der medizinisch-technische Fortschritt trägt zwar zur Verlängerung der Lebenserwartung bei, hat aber zugleich zur Folge, daß zunehmend mehr Menschen dauerhaft auf medizinische Versorgung angewiesen sind.

Tabelle 38: Demographische Entwicklung 1975–1990

Jahr	Wohnbevölkerung (JD)			Geburten		Wanderungsbewegung		
	insgesamt	Frauen	65 Jahre u.älter	insgesamt	Saldo	Zuzüge insgesamt	darunter Ausländer	Saldo
	in 1.000	Anteil in %						
1975	61.829,4	52,3	14,5	600.512	− 148.748	429.064	363.559	− 199.378
1980	61.566,3	52,2	15,5	620.657	− 93.460	753.436	631.434	+ 311.936
1981	61.681,9	52,2	15,3	624.557	− 97.635	625.053	501.138	+ 152.348
1982	61.637,6	52,2	15,0	621.173	− 94.684	420.754	321.682	− 71.904
1983	61.423,1	52,2	14,8	594.177	− 124.160	372.027	273.252	− 115.272
1984	61.175,1	52,2	14,7	584.157	− 111.961	457.093	331.140	− 151.147
1985	61.024,1	52,2	14,8	586.155	− 118.141	512.108	399.951	+ 83.381
1986	61.066,1	52,2	15,1	625.963	− 75.942	598.478	479.518	+ 188.383
1987	61.199,3	52,1	15,3	642.010	− 45.409	617.037	473.341	+ 215.781
1988	61.715,0	51,9	15,4	677.289	− 10.267	903.892	648.550	+ 481.945
1989	62.293,0	51,7	15,4	681.537	− 16.193	939.828	572.869	+ 545.871
1990	63.725,7	51,6	15,3	727.199	+ 17.499	1.522.190	770.771	+ 977.223

Quellen: Statistisches Jahrbuch für die Bundesrepublik Deutschland, versch.Jge.; Statistisches Bundesamt: Fachserie 1: Bevölkerung und Erwerbstätigkeit, Reihe 1: Gebiet und Bevölkerung, versch. Hefte, versch. Jahre.

Darüber hinaus beeinflussen Altersstrukturverschiebungen direkt oder indirekt auch **andere Sozialleistungsbereiche**. Demographisch bedingte Veränderungen des **Erwerbspersonenpotentials** betreffen je nach wirtschaftlicher Entwicklung den Arbeitsmarkt (Erhöhung/Verminderung der Arbeitslosigkeit, Erwerbsverhalten); Umfang und Struktur der Erwerbstätigkeit wirken zudem direkt auf die beitragsabhängigen Einnahmen der Sozialversicherungshaushalte sowie über die Steuern auf die öffentlichen Haushalte ein. Zwar lassen die geschilderten Umstände *a priori* ein Absinken der Aufwendungen z. B. beim Kindergeld oder bei der Ausbildungsförderung erwarten; dies muß aber nicht eintreten. Das Ziel der **Steigerung der Geburtenhäufigkeit** könnte es vielmehr als sinnvoll erscheinen lassen, gerade den Familienlastenausgleich spürbar auszubauen. Schließlich ist zu beachten, daß die durch demographische Entwicklungen induzierten **Umschichtungen in den Sozialausgaben** in den verschiedenen Haushalten (privat/öffentlich) nicht zu gleichmäßigen Be- und Entlastungen führen.

Zu den sozio-demographischen Entwicklungstrends mit wesentlichen Auswirkungen auf die Sozialpolitik gehören ferner insbesondere die Zunahme der **nichtehelichen Lebensgemeinschaften** sowie die seit Jahren abnehmende durchschnittliche **Haushaltsgröße**. Kennzeichnend für den Typus des Zusammenlebens ohne Eheschließung ist ein im allgemeinen abweichendes generatives Verhalten (keine oder nur wenige Kinder). Verglichen mit den Ergebnissen der Volkszählung 1970 ist eine eindeutige Tendenz hin zu kleineren Haushalten auszumachen. 1987 lag die Zahl der **Ein-Personen-Haushalte** um mehr als die Hälfte (+58,6%) höher als 1970; zudem wurden 1987 deutlich mehr Zwei-Personen-Haushalte (+25,0%), dagegen auffällig weniger Fünf- und Mehr-Personen-Haushalte (−38,1%) gezählt *(vgl. Wedel, 1989, S.274)*. Diese Entwicklung führt zweifellos zu einem **Abbau innerfamiliärer Pflegemöglichkeiten** – dies bei einer durch die Altersstrukturentwicklung bedingten absoluten Zunahme der Personen, die der personalen Betreuung bedürftig werden.

Tabelle 39: Modellrechnungen zur Gesamtbevölkerung (in 1.000) bis zum Jahr 2030

Jahr	Wohnbevölkerung		unter 20jährige	Jugendquotient[1]	20-59-jährige	über 60jährige	Altersquotient[1]	Gesamtlastquotient
	insgesamt	dar. Ausländer						
1987	61.151,4	4.749,2	13.172,2	37,33	35.279,6	12.669,6	35,91	73,24
1990	61.251,1	5.012,4	12.471,1	34,91	35.728,1	13.051,9	36,53	71,44
2000	60.876,1	5.852,0	12.323,9	36,81	33.475,7	15.077,3	45,04	81,85
2010	58.220,7	6.539,5	10.541,0	32,87	32.070,1	15.609,6	48,67	81,54
2020	54.284,9	6.541,2	8.743,1	30,12	29.026,1	16.516,7	56,90	87,02
2030	49.569,9	6.366,6	8.070,8	34,36	23.492,0	18.007,1	76,65	111,01

Modell I (Deutsche) + Modell D (Ausländer); Modell I: Geburtenhäufigkeit 1986; Zunahme der Lebenserwartung von 71,8 bzw.78,3 Jahren (1986) auf 73,3 bzw. 79,6 Jahre im Jahre 1995, dann konstant; Wanderungssaldo: linearer Rückgang von jährlich + 37.000 (1987) über + 20.000 (1999) auf 10.000 (2029). Modell D: Angleichung der Geburtenhäufigkeit an die der Deutschen; Mortalität 1984/86 konstant; Wanderungssaldo: 1987-2009 jährlich + 55.000. »Alterskorrekturen« 2000-2014: 19.000 Personen, 2015-2030: 35.000 Personen (Zuwanderung jüngerer/Abwanderung älterer Personen); Einbürgerungen: 1987/1999 jährlich 14.000, danach 25.000 Personen. Angaben in 1.000; Quotienten in %; 1) Jugendquotient = Anteil der unter 20jährigen, Altersquotient = Anteil der über 60jährigen an der Bevölkerung im Alter von 20-59 Jahren; Gesamtlastquotient = Jugend- + Altersquotient.
Quelle: Statistisches Bundesamt: Modellrechnungen zur Bevölkerungsentwicklung. Basis: 31.12.1986, Stand: Juni 1988 (VIII B – 174).

Die hier genannten sozio-demographischen Entwicklungstrends machen tiefgreifende Veränderungen des derzeitigen sozialen Sicherungssystems längerfristig unabdingbar. Dabei gilt, daß viele insbesondere „aus der demographischen Entwicklung folgende Probleme ... sinnhafter und finanziell erträglicher zu lösen (sind), wenn sie in einem größeren, integrierten Ansatz angegangen werden" *(Tegtmeier, 1988, S.223)*. Eine derartige Politikgestaltung ist bisher jedoch noch keineswegs sichtbar geworden. Überwiegend erfolgen die **staatlichen Eingriffe** in das tradierte Sozialleistungssystem nach Maßgabe des politisch gerade Durchsetzbaren im Sinne eines **punktuellen Interventionismus**.

2. Arbeitsmarktpolitik und Arbeitsförderung

2. 1 Arbeitsmarktpolitische Sonderprogramme und Arbeitsbeschaffungsmaßnahmen

Angesichts der besorgniserregenden Entwicklung auf dem Arbeitsmarkt erlangten Mitte der 70er Jahre die im AFG *(vgl. S.87ff.)* vorgesehenen **arbeitsmarktpolitischen Maßnahmen zur Schaffung und Erhaltung von Arbeitsplätzen** im privaten und öffentlichen Sektor zunehmende Bedeutung *(vgl. Hennig u.a., 1969ff.; Kellenbenz, 1974; Lutz/Sengenberger, 1974; Duda, 1975, S.188ff.; Lampert, 1975b; Bolle, 1976; Böpple, 1977; Zinn, 1977; Seifert/Simmert, 1977; Biedenkopf/Miegel, 1978a; Gagel, 1984; K. P. Wagner, 1988, S.887ff.)*. Nach den Vorschriften des AFG (§§ 91 ff.) können durch die BA Arbeiten gefördert werden, die 1) sonst nicht, nicht in demselben Umfang oder erst zu einem späteren Zeitpunkt durchgeführt würden, die 2) geeignet sind, a) Voraussetzungen für die Beschäftigung von Arbeitslosen in Dauerarbeit zu schaffen – insbesondere die Folgen von Strukturveränderungen oder der technischen Entwicklung auszugleichen – oder b) strukturverbessernde Maßnahmen vorzubereiten, zu ermöglichen oder zu ergänzen oder c) Arbeitsgelegenheiten für langfristig arbeitslose ältere Arbeitnehmer zu schaffen. Hierfür kann die BA **Zuschüsse zu den Lohnkosten** (je nach besonderer arbeitsmarktpolitischer Bedeutung in Höhe von 50–100%) sowie **Darlehen** an öffentliche und private Träger gewähren *(vgl. Engelen-Kefer, 1979, S.227f.; Zuleeg, 1982, S. 155ff.)*.

Während die BA mit **Arbeitsbeschaffungsmaßnahmen** zu Beginn der 70er Jahre jährlich lediglich rd. 1.600 Arbeitslose gefördert hatte, wurde der Einsatz dieses Instrumentariums im Zuge der ab 1974 drastisch ansteigenden Arbeitslosenzahlen erheblich verstärkt und dabei die Handlungsmöglichkeiten der BA durch zahlreiche **Konjunkturprogramme** von Bund und Ländern ergänzt. Neben allgemeinen Programmen, die auf eine Ausweitung der öffentlichen Investitionen, die Stärkung der Kaufkraft der Verbraucher und die Förderung privater Investitionen abzielten, traten in den Jahren 1974–1980 zahlreiche **arbeitsmarktpolitische Sonderprogramme** *(vgl. Bosch, 1981, S.70ff.)*. Zu erwähnen sind insbesondere

- das *Programm zur Förderung von Beschäftigung und Wachstum bei Stabilität vom 12. Dezember 1974*, das am 30. April 1975 auslief; es umfaßte vor allem eine Förderung längerfristig Arbeitsloser aus Arbeitsamtsbezirken mit besonders ungünstiger Beschäftigungssituation; gewährt wurden Lohnkostenzuschüsse an Arbeitgeber für neueingestellte, bisher arbeitslose Arbeitnehmer sowie Zulagen an Arbeitslose, die bei Wiederaufnahme einer Beschäftigung zu besonderer Mobilität bereit waren;
- das *Programm zur Stärkung von Bau- und anderen Investitionen vom 27. August 1975*, durch das Arbeitsbeschaffungsmaßnahmen der Gemeinden und anderer Träger nach dem AFG mit zusätzlichen Mitteln gefördert wurden;
- das *Sonderprogramm für Arbeitsförderungsmaßnahmen vom Januar 1976*, das ebenfalls der Förderung von zusätzlichen Arbeitsbeschaffungsmaßnahmen sowie von Maßnahmen zum Abbau der Jugendarbeitslosigkeit und zur Verbesserung der Ausbildungsstellensituation diente *(vgl. SB 1976, S.19f., 65f.)*;
- das *Arbeitsmarktpolitische Sonderprogramm vom November 1976*, mit dem aus Bundesmitteln weitere 430 Mio. DM für zusätzliche Mobilitäts- und Eingliederungshilfen für längerfristig und schwer vermittelbare Arbeitslose bereitgestellt wurden;
- das *Arbeitsbeschaffungsprogramm vom Mai 1977* in Höhe von insgesamt 570 Mio. DM für besondere Zielgruppen des Arbeitsmarktes (ältere Arbeitnehmer, Frauen, langfristig Arbeitslose, Angestellte), das zudem gezielte Arbeitsbeschaffungsmaßnahmen in dem neuen Schwerpunktbereich »soziale Dienste« (insbesondere für Teilzeitarbeitsplätze suchende Frauen) enthielt;
- das im Mai 1979 angelaufene *Arbeitsmarktpolitische Programm für Regionen mit besonderen Beschäftigungsproblemen*, das der Verbesserung der Arbeitsmärkte in den Problemregionen mit überdurchschnittlicher Arbeitslosigkeit durch Förderung der beruflichen Qualifizierung der Arbeitskräfte und durch Arbeitsbeschaffungsmaßnahmen diente;
- die auf die Verbesserung der Beschäftigungs- und Ausbildungschancen Schwerbehinderter gerichteten, parallel laufenden Sonderprogramme zur Bereitstellung von Arbeits- und Ausbildungsplätzen für Schwerbehinderte in den Jahren 1977, 1978 und 1979, die v.a. einen gezielten Einsatz der Mittel der Ausgleichsabgabe vorsahen *(vgl. SB 1980, S.13ff., 45ff.)*. Mit dem am 19.11. 1985 beschlossenen *4. Schwerbehinderten-Sonderprogramm* wurden weitere 25 Mio. DM – insgesamt 455 Mio. DM – für die Arbeitsvermittlung und Ausbildung Schwerbehinderter bereitgestellt [BAnz v. 23.11.1985, S.14050].

Durch die aus Mitteln der BA sowie im Rahmen der staatlichen Konjunkturprogramme finanzierten **Arbeitsbeschaffungsmaßnahmen** konnten zwischen 1975 und 1977 etwa 190.000 Arbeitsplätze gesichert bzw. geschaffen werden. In den folgenden beiden Jahren lag die **gesamtwirtschaftliche Beschäftigungswirkung** bei 70.000 bis 90.000 Arbeitsplätzen pro Jahr *(vgl. Engelen-Kefer, 1979, S.234; SB 1980, S.13)*. Während anfänglich unter konjunkturellen Aspekten vornehmlich Arbeitsplätze im Baugewerbe, im Verkehrswesen sowie in der Geländeerschließung gefördert worden waren, führte die Erkenntnis, daß die Arbeitslosigkeit sich in besonders starkem Maße auf sog. benachteiligte Personengruppen konzentriert, ab 1977 zu einer **Schwerpunktverlagerung**. Zum einen wurde die Ausgestaltung der Arbeitsbeschaffungsmaßnahmen stärker an die Struktur der Arbeitslosen angepaßt (Un- und Angelernte, Frauen, ältere Arbeitnehmer, gesundheitlich eingeschränkte Personen) und zum anderen bevorzugt Förderungsprojekte ausgewählt, bei denen es sich um besonders arbeitsintensive Tätigkeiten handelte und bei denen ein gesellschaftspolitischer Nachholbedarf bestand (z. B. Ausbau von Sozialdiensten, Umweltprojekte).

Die umfangreichen Arbeitsbeschaffungsmaßnahmen sind nicht auf einhellige Zustimmung gestoßen. **Kritisiert** wurde u. a., daß die arbeitsmarktpolitischen Konjunktur- und Investitionsprogramme die Staatsverschuldung erheblich erhöhten, ohne die eigentlichen Ursachen der Beschäftigungskrise zu beseitigen. Ebenfalls nicht auszuschließen waren **Mißbräuche** bei der Verwendung von Mitteln der Arbeitsbeschaffung (Entlassungen einerseits und Beschäftigung von mit ABM-Mitteln geförderten Arbeitnehmern andererseits). Ferner wurden an den breit angelegten Arbeitsbeschaffungsprogrammen der ersten Jahre starke Bedenken hinsichtlich ihrer Effizienz angemeldet. Insgesamt dürfte der Erfolg der verschiedenen Programme vornehmlich darin bestanden haben, „einen weiteren Anstieg der Arbeitslosenziffern verhindert zu haben“ *(Biedenkopf, 1979, S. 245)*.

Zu Beginn der 80er Jahre – und dann vor allem bei steigender Arbeitslosigkeit – konzentrierten sich die Arbeitsbeschaffungsmaßnahmen noch stärker als bisher auf typische **Problemgruppen des Arbeitsmarktes**.

Im Herbst 1980 liefen Förderungsprogramme der Bundesregierung zugunsten ausländischer Jugendlicher, lernbeeinträchtigter und sozial benachteiligter Jugendlicher ohne Ausbildungsplatz an, um ihnen eine berufliche Vollausbildung zu ermöglichen. Darüber hinaus wurden zum Zwecke der Wiedereingliederung schwer vermittelbarer Arbeitsloser in den Arbeitsmarkt befristete Arbeitsplätze zur Verfügung gestellt, um einer Langzeitarbeitslosigkeit mit der Folge der Entwertung beruflicher Qualifikationen entgegenzuwirken; diese Maßnahmen (1980/83: ca. 1 Mrd. DM p.a.) betrafen nicht nur ältere Arbeitnehmer, sondern in zunehmendem Maße auch jüngere Arbeitslose (1983 bereits 35 %). Die aus Mitteln des Bundes finanzierten Bildungsbeihilfen für arbeitslose Jugendliche wurden 1983 und 1984 verstärkt (1984: 120 Mio. DM); mittels dieser Bildungsbeihilfen konnten arbeitslose Jugendliche, die bereits mindestens vier Monate beitragspflichtig beschäftigt waren, gefördert werden (Teilnahme an außerschulischen Bildungsmaßnahmen mit Vollzeitunterricht bis zur Höchstdauer von einem Jahr). Das im Oktober 1983 von der Bundesregierung beschlossene einmalige Sonderprogramm zur Bereitstellung über- oder außerbetrieblicher Ausbildungsplätze für Jugendliche sollte v. a. die Ausbildung von Mädchen und Jugendlichen in Regionen mit unzureichendem Bildungsplatzangebot oder überdurchschnittlicher Jugendarbeitslosigkeit (160 Mio. DM) begünstigen *(vgl. SB 1980, S. 15; SB 1983, S. 9 f.)*.

Mitte der 80er Jahre wurden durch Änderung des AFG und der ABM-Anordnung des Verwaltungsrates der BA die Voraussetzungen für die Einbeziehung von Arbeitslosen in eine Arbeitsbeschaffungsmaßnahme erleichtert. Begünstigt wurden dadurch insbesondere **arbeitslose Frauen** sowie **ältere und längerfristig Arbeitslose** (erneute Zulassung von juristischen Personen des öffentlichen Rechts als ABM-Träger). Außerdem wurde durch das **7. AFG-ÄndG vom 20. Dezember 1985** [BGBl. I S. 2484] bestimmt, daß für die Jahre 1986 bis 1989 ältere Arbeitslose bereits mit 50 Jahren (bis dahin 55 Jahre) besonders gefördert werden können *(vgl. SB 1986, S. 14 f.)*.

Trotz gewisser Kritik wurden die Arbeitsbeschaffungsmaßnahmen in den 80er Jahren quantitativ erheblich ausgeweitet. Sie gelten als wichtiges und erfolgreiches Instrument zur **Wiedereingliederung schwer vermittelbarer Arbeitsloser**. Förderungsschwerpunkte sind daher seit einigen Jahren vornehmlich die Beschäftigung älterer und langfristig Arbeitsloser sowie jugendlicher Arbeitsloser (z. B. im Rahmen der Maßnahmen des Typs »Arbeiten und Lernen«). Etwa die Hälfte der Teilnehmer an ABM-Projekten hat die Chance, nach Beendigung der Maßnahme in ein Dauerarbeitsverhältnis zu gelangen, wobei allerdings in vielen Fällen nochmals eine längere Zeit erneuter Arbeitslosigkeit vorausgeht. Die Zahl der in ABM-Projekten im Jahresdurchschnitt beschäftigten Arbeitnehmer sank zunächst von 41.251 (1980) auf 29.189 (1982), stieg bis 1988 auf 114.888 an, um anschließend erneut abzusinken. *(vgl. Tabelle 41).*

2. 2 Berufliche Erstausbildung

In der zweiten Hälfte der 70er Jahre wurde in zunehmendem Maße deutlich, daß für die Masse der Arbeitslosen ein unterdurchschnittliches **Qualifikationsniveau** typisch ist; im September 1975 belief sich der Anteil der Personen ohne Berufsausbildung an der Gesamtzahl der Arbeitslosen auf 58,1% *(vgl. auch Kühlewind/Tessaring, 1975; Petzold, 1976).* Den sich infolge des Heranwachsens der geburtenstarken Jahrgänge abzeichnenden quantitativen Problemen im Bereich der beruflichen Erstausbildung sollte mit dem **Ausbildungsplatzförderungsgesetz** (APlFG) **vom 7. September 1976** [BGBl.I S.2658] begegnet werden *(vgl. Natzel, 1977, S.278ff.).*

Nach diesem Gesetz sollte von allen privaten und öffentlichen Arbeitgebern eine Umlage in Höhe von maximal 0,25 % der jeweiligen Lohn- und Gehaltssumme für den Fall erhoben werden, daß das Angebot an Lehrstellen die Nachfrage nicht um mindestens 12,5 % übersteigt und eine entscheidende Verbesserung der Situation nicht abzusehen ist. Belastet werden sollten mit dieser Ausbildungsabgabe nur jene Betriebe, deren jährliche Lohn- und Gehaltssumme 400.000 DM überschritt. Der Einzug der Berufsausbildungsabgabe sowie der Erlaß der notwendigen Verfahrensregelungen sollte den nach Landesrecht zuständigen Stellen überlassen werden. Zur Durchführung der Aufgaben des Gesetzes wurde das »Bundesinstitut für Berufsbildung« gegründet, das auch die aufgekommenen Finanzmittel verwalten sollte *(vgl. Sadowski, 1979, S.14 ff.; Bäcker u.a., 1980, S.188 f.).* Ferner verpflichtete § 5 APlFG den Bundesminister für Bildung und Wissenschaft, jährlich bis zum 1. März einen Berufsbildungsbericht vorzulegen *(vgl. Görs, 1978, S.310).*

Das **Gesetz zur Regelung zusätzlicher Fragen der Ausbildungsplatzförderung vom 23. Dezember 1977** [BGBl.I S.3108] erweiterte die im APlFG vorgesehenen Länderbefugnisse mit der Möglichkeit, die Berufsausbildungsabgabe über die Berufsgenossenschaften und die übrigen Träger der gesetzlichen Unfallversicherung einzuziehen; die steuerlichen Regelungen des APlFG blieben unberührt. Auf die Erhebung der Abgabe nach dem APlFG – die 1977 hätte erfolgen müssen – wurde jedoch zunächst verzichtet *(vgl. Görs, 1978, S.317; Natzel, 1979, S.148ff.; Frerich, 1987, S.507).*

Die von Anfang an heftige Kritik der Arbeitgeber an der Berufsausbildungsabgabe führte schließlich zum Gang vor das BVerfG. Durch **Urteil vom 10. 12. 1980** [BGBl.I 1981, S.40] erklärte das BVerfG das Ausbildungsplatzförderungsgesetz von 1976 für nichtig; damit entfiel zugleich die erforderliche Rechtsgrundlage für das Bundesinstitut für Berufsbildung und seine Tätigkeit. Allerdings wurden mit dem **Berufsbildungsförderungsgesetz** (BerBiFG) **vom 23. Dezember 1981** [BGBl.I S.1692] sowohl die jährliche Berufsbildungsberichterstattung und die Berufsbildungsstatistik geregelt als auch die Rechtsgrundlagen für das »Bundesinstitut für Berufsbildung« erneuert. Das **Erste BerBiFG-ÄndG vom 4. Dezember 1986** [BGBl.I S.2190] verlängerte die Frist für die Förderung überbetrieblicher Ausbildungsstätten (bisher 31.12.1986) bis zum 31.12.1991; ferner wurde die Förderung von Modellversuchen im außerschulischen Bereich der Berufsbildung mit einer eindeutigen Rechtsgrundlage versehen.

Obwohl die Wirtschaft auf Drängen der Bundesregierung – wohl aber auch, um gesetzlichen Regelungen zuvorzukommen – das Ausbildungsplatzangebot deutlich erhöhte (1982: 650.985 Ausbildungsplätze gegenüber 513.900 im Jahre 1976), entstand in den Jahren 1982 bis 1986 ein **Nachfrageüberhang**, der 1984 mit 37.292 fehlenden Ausbildungsplätzen seinen Höchststand erreichte *(vgl. Tabelle 40).* Als Reaktion auf das sich in der ersten Hälfte der 80er Jahre ergebende **Defizit an Lehrstellen** und auf den daraus resultierenden Anstieg der Zahl der arbeitslosen Jugendlichen wurde die Gewährung von Bildungsbeihilfen aus Bundesmitteln mit dem **1. Bildungsbeihilfe-ÄndG vom 24. Mai 1984** [BGBl. I S. 705] verstärkt.

Tabelle 40: Angebot an und Nachfrage nach Ausbildungsplätzen 1976–1990

Jahr	Neuabgeschlossene Ausbild.-verträge	Unbesetzte Ausbildungsstellen	noch nicht vermittelte Bewerber	Angebot an Ausbildungsplätzen	Nachfrage nach Ausbildungsplätzen	Angebots- (+) bzw. Nachfrageüberhang (−)	
						insgesamt	Prozent
1976	495.800	18.100	27.700	513.900	523.500	− 9.600	− 1,8
1979	640.256	36.940	19.727	677.196	659.983	+ 17.213	+ 2,6
1980	649.989	44.616	17.346	694.605	667.335	+ 27.270	+ 4,1
1981	605.636	37.348	22.140	642.984	627.776	+ 15.208	+ 2,4
1982	630.990	19.995	34.180	650.985	665.170	− 14.185	− 2,1
1983	676.734	19.641	47.408	696.375	724.142	− 27.767	− 3,8
1984	705.652	21.134	58.426	726.786	764.078	− 37.292	− 4,9
1985	697.089	22.021	58.905	719.110	755.994	− 36.884	− 4,9
1986	684.710	31.170	46.270	715.880	730.980	− 15.100	− 2,1
1987	645.746	44.541	33.880	690.267	679.628	+ 10.639	+ 1,6
1988	604.002	61.962	24.791	665.964	628.793	+ 37.171	+ 5,9
1989	583.736	84.913	18.278	668.649	602.014	+ 66.635	+ 11,1
1990	545.190	113.873	13.969	659.063	559.159	+ 99.904	+ 17,9

Quellen: BMBW (Hrsg.): Berufsbildungsbericht 1983, Übersicht 1, S. 8, Berufsbildungsbericht 1990, Übersichten 7-15, S. 25 ff.; BA (Hrsg.): Arbeitsstatistik - Jahreszahlen (ANBA-Sondernummer), lfde. Jge.

Der förderungsfähige Personenkreis wurde durch Ausdehnung auf alle arbeitslosen Jugendlichen unter 22 Jahren erweitert; allerdings wurden jugendlichen Arbeitslosen, die nicht die Voraussetzung einer mindestens viermonatigen, die Beitragspflicht begründenden Beschäftigung nach dem AFG erfüllten, die Bildungsbeihilfen unter Einkommensanrechnung gemäß § 40 AFG gewährt; außerdem erfolgte eine Erweiterung der förderungsfähigen Maßnahmen um solche im Teilzeitunterricht, wobei allerdings nur die Maßnahmen selbst kostenerstattungsfähig waren. Der Zeitpunkt für das Außerkrafttreten des Bildungsbeihilfegesetzes wurde auf den 31.12.1987 festgelegt. Durch die 8. AFG-Novelle vom 14. Dezember 1987 [BGBl. I S. 2602) wurde der von diesem Gesetz erfaßte Personenkreis ab 1.1.1988 in das AFG (§ 40 b) übernommen. Im Jahre 1988 bewilligten die Arbeitsämter 202.400 Anträge (1987: 225.800) auf Berufsausbildungsbeihilfe, darunter 109.100 Erstanträge (1987: 128.500). Die Aufwendungen der BA für diese Leistung beliefen sich 1988 auf 642 Mio. DM *(BA, Geschäftsbericht 1988, S. 39)*.

Unterdessen hat sich – zumindest global – die Lage auf dem Ausbildungsstellenmarkt etwas entspannt; 1990 wurden 99.904 Stellen mehr angeboten als nachgefragt *(vgl. Tabelle 40)*. Allerdings bestehen nach wie vor starke regionale Disparitäten; insbesondere in den nördlichen Gebieten der Bundesrepublik ist teilweise weiterhin ein Mangel an Ausbildungsplätzen zu verzeichnen. Zudem bestehen Zweifel, ob das zu Beginn der 80er Jahre stark aufgeblähte Ausbildungsplatzangebot insgesamt längerfristigen qualitativen Ausbildungserfordernissen entspricht, zumal im Hinblick auf die zu erwartenden technologischen Veränderungen *(vgl. ANBA, Nr. 5/1989, S. 663 ff.)*.

In dem in der Bundesrepublik praktizierten **dualen System der Berufsausbildung** folgen die Deckung des Fachkräftebedarfs und die Realisierung der Berufswünsche im wesentlichen Angebot und Nachfrage. Dieses im Kern marktwirtschaftlich organisierte Ausbildungssystem macht es erforderlich, für die Ausbildung von **benachteiligten Jugendlichen** staatliche Hilfen anzubieten. Durch vielfältige Anstrengungen wurde zwar erreicht, daß Ende der 80er Jahre rd. 90 % der durchschnittlichen Schulentlaßjahrgänge durch Betriebe, Schulen und Hochschulen beruflich qualifiziert wurden, nach wie vor bleiben jedoch rd. 10 % oder 75.000 Jugendliche jährlich ohne abgeschlossene Berufsausbildung

[BT-Drs. 11/6353, S.11]. Dem Ziel, die Zahl ohne Ausbildung bleibender Jugendlicher zu reduzieren, dienen u. a. die Empfehlungen des Hauptausschusses des BIB »zu Problemen des Ausbildungsabbruchs« vom 12. Mai 1989 und zur »Förderung der Berufsausbildung benachteiligter Jugendlicher« vom 19. Juni 1989 sowie die Entschließung des Bundesrates zur »Sicherung angemessener Ausbildungschancen für leistungsgeminderte, jedoch nicht behinderte Jugendliche« vom 20. Oktober 1989. Erreicht werden soll insbesondere, daß

— die allgemeinbildenden Schulen ihre Maßnahmen zur Verminderung des Anteils der Jugendlichen ohne Schulabschluß verstärken,
— in den Berufsschulen Stütz- und Fördermaßnahmen für schwächere Schüler verstärkt und die Abstimmung zwischen Berufsschulen und Ausbildungsbetrieben verbessert werden,
— die BA ihre berufsberatenden und berufsvorbereitenden Bildungsmaßnahmen inhaltlich weiterentwickelt und sie – wie auch die Förderung der Berufsausbildung benachteiligter Jugendlicher – bedarfsgerecht fortführt,
— Betriebe, Praxen und Verwaltungen sich stärker für die Ausbildung von benachteiligten Jugendlichen öffnen und die ausbildungsbegleitenden und -ergänzenden Hilfen sowie die Möglichkeiten der Ausbildungszeitverlängerung stärker nutzen,
— das BIB spezielle Handreichungen für die Aus- und Weiterbildung der Ausbilder erarbeitet und
— die Kammern ihre Ausbildungsberatung verstärken [BT-Drs. 11/6353, S.12].

Besondere Hilfen zur Förderung einer Berufsausbildung benötigen v. a. ausländische Jugendliche, junge Frauen sowie junge Aussiedler. Insbesondere seit Ende der 70er Jahre sind wiederholt für diese Personengruppen spezifische **Modellprojekte** und **Förderprogramme** durchgeführt worden.

Erwähnenswert ist in diesem Zusammenhang ein 1978 vom BMBW begonnenes und später durch andere Maßnahmen fortgeführtes Modellprogramm, mit dem das Ziel verfolgt wurde, durch Erschließung der Berufsausbildung in gewerblich-technischen Berufen das Berufswahlspektrum junger Frauen zu erweitern und ihren ausbildungsentsprechenden Übergang in die Beschäftigung zu erleichtern. Zwar ist der Anteil junger Frauen in der dualen Berufsausbildung in den 80er Jahren kontinuierlich gestiegen, mit einem Anteil von rd. 43 % an allen Auszubildenden waren sie aber auch 1988 in der dualen Berufsausbildung noch unterrepräsentiert (1987: 42,1 %) *(vgl. StJbBRD, 1989, S.347)*. Außerdem gibt es noch immer für Mädchen erhebliche Probleme beim Übergang von der beruflichen Ausbildung in das Beschäftigungssystem. Als wesentliches Hemmnis einer dauerhaft gesicherten qualifizierten Berufstätigkeit gilt u. a. die Konzentration der Mehrzahl der Mädchen und Frauen auf ein enges Spektrum an Ausbildungsberufen und Berufstätigkeiten.

2. 3 Entwicklung der traditionellen Instrumente der Arbeitsförderung

Die anhaltend hohe Arbeitslosigkeit stellte für das 1969 geschaffene AFG die erste ernsthafte **Bewährungsprobe** dar. Dabei zeigte sich schon bald, daß das „verfügbare arbeitsmarktpolitische Instrumentarium nicht ausreichend entwickelt und genutzt wird, um den in den §§ 1 und 2 AFG niedergelegten Zielsetzungen hinreichend Rechnung zu tragen: die Erzielung und Aufrechterhaltung eines hohen Beschäftigungsstandes sowie die ständige Verbesserung der Beschäftigungsstrukturen" *(Engelen-Kefer, 1979, S.234f.; vgl. Bundesanstalt für Arbeit, 1974; BMA, 1979a)*. Gleichzeitig brachte die **Beschäftigungskrise** bei den **Schwerpunkten der Arbeitsmarktpolitik** eine „deutliche Verlagerung zurück zu den finanziellen Ausgleichsleistungen im Falle der Arbeitslosigkeit und Unterbeschäftigung zu Lasten der Maßnahmen einer aktiven vorbeugenden Arbeitsmarktpolitik durch berufliche Qualifizierungs- und Anpassungsmaßnahmen" *(Engelen-Kefer, 1979, S.235)*. Erneut rückten die finanziellen Kompensationsleistungen in den Mittelpunkt der politischen Diskussion. Dabei führte die wachsende **Dauerarbeitslosigkeit** immer häufiger dazu, daß sich der Anspruch auf Arbeitslosengeld erschöpfte und die Arbeitslosen auf die niedrigeren Leistungen der Arbeitslosenhilfe verwiesen wurden bzw. infolge mangelnder finanzieller Bedürftigkeit überhaupt keine Leistungen mehr erhielten.

2.3.1 Erste Anpassungen des AFG

Trotz verschiedener Maßnahmen, die auf eine „Erhöhung der Konzessionsbereitschaft der Arbeitslosen gegenüber den Anforderungen des zunächst noch etwas offenen Arbeitsmarktes" *(Tennstedt, 1988, S.108; vgl. Hauser/Fischer/Klein, 1985, S.213ff.)* abzielten, begann Mitte der 70er Jahre in der Öffentlichkeit eine Kampagne zur **Diffamierung der Arbeitslosen**. Unüberhörbar wurden Anschuldigungen, wonach es Arbeitslose vorzögen, „Arbeitslosenunterstützung zu beziehen, anstelle sich ernsthaft um die Aufnahme einer Beschäftigung zu bemühen" *(Engelen-Kefer, 1979, S.238)*. Seitens verschiedener Interessengruppen wurde versucht, in der Öffentlichkeit den Eindruck zu vermitteln, die **Ursachen** der anhaltend hohen Arbeitslosigkeit lägen allein in den angeblich zu hohen Kosten und Ansprüchen des »Faktors Arbeit«, also bei den Arbeitslosen selbst.

Nachdem mit dem **HStruktG-AFG vom 18. Dezember 1975** [BGBl.I S.3113] bereits die Bedingungen für die »Zumutbarkeit« der von Arbeitslosen anzunehmenden Beschäftigung (§ 103, 1 a AFG) erheblich verschärft worden waren, wurde das AFG in den Folgejahren entsprechend der **Entwicklung der Arbeitsmarktlage** – vielfach in Form von ad hoc-Reaktionen – wiederholt modifiziert *(vgl. Langenberg/Meixner, 1980, S.23ff.)*.

Das 4. AFG-ÄndG vom 12. Dezember 1977 [BGBl.I S.2557] brachte insbesondere Änderungen bei den Vorschriften zur beruflichen Bildungsförderung (Erleichterung des Zugangs zu und der Durchführung von Fortbildungs- und Umschulungsmaßnahmen) sowie Modifikationen in bezug auf die Anspruchsvoraussetzungen und die Leistungen bei der Zahlung von Arbeitslosengeld und Arbeitslosenhilfe. U.a. wurden Sperrzeiten eingeführt, die in Fällen unbegründeter Arbeitsaufgabe oder Ablehnung zumutbarer Arbeiten die Dauer des Anspruchs auf Arbeitslosengeld minderten, die Prüfung der Anspruchsvoraussetzungen verschärft (v.a. wirksamere Kontrolle des unberechtigten Bezuges von Nebeneinkommen) und die Vorschriften über die Anrechnung von Abfindungen beim Ausscheiden aus einem Arbeitsverhältnis neu geregelt. Schließlich wurde zur Deckung der Ausgaben die vorgesehene Rentenversicherungspflicht der Arbeitslosen um ein halbes Jahr vorgezogen (auf den 1.1.1979). Vollständigkeitshalber sei erwähnt, daß die Wintergeld-Verordnung vom 24. Mai 1978 [BGBl.I S.646] Bauarbeitern auf europäischen Baustellen nördlich des 42. Breitengrades einen Anspruch auf Wintergeld einräumte.

Weitere erhebliche Änderungen erfuhr das AFG durch das **5. ÄndG vom 23. Juli 1979** [BGBl.I S.1189], wobei neben der Konkretisierung des Begriffs der **»Zumutbarkeit«** v.a. Verbesserungen der **beruflichen Bildungsförderung** im Mittelpunkt standen *(vgl. Knigge, 1979, S.1552)*.

Die berufliche Fortbildung und Umschulung wurden u.a. dadurch erleichtert, daß das erhöhte Unterhaltsgeld (80 % des letzten Nettolohnes) nunmehr auch Personen gewährt wurde, die einen Mangelberuf ergreifen wollten. Ferner hatten die Arbeitsämter von sich aus zu prüfen, ob die Eingliederung von Arbeitslosen durch Fortbildungsmaßnahmen gefördert werden konnte. Arbeitslosen Jugendlichen wurde die Ausbildungsbeihilfe fortan ohne Anrechnung von Einkommen gezahlt. Weiterhin wurden die Arbeitsämter verpflichtet, ihre Vermittlungsbemühungen auch dann fortzusetzen, wenn der Arbeitslose zunächst einen individuell ungünstigen Arbeitsplatz eingenommen hatte. Schließlich sah das Gesetz Verbesserungen bei der Behindertenförderung sowie einen Ausbau der Winterbauförderung vor (Verlängerung der Förderungszeit, Mehrkostenzuschuß, Wintergeld).

Die ab 1978 zu verzeichnende **Verbesserung der Wirtschaftslage** brachte zwar eine gewisse Entspannung auf dem Arbeitsmarkt (Rückgang der jahresdurchschnittlichen

Arbeitslosenzahl von 1.029.995 im Jahre 1977 auf 876.137 im Jahre 1979), offenbarte aber auch starke **regionale Disparitäten** *(vgl. auch Krieger/Printar, 1977).* Zudem zeigte sich, daß ein Abbau des globalen Arbeitsplatzdefizits nicht automatisch zu einer Beseitigung der tiefgreifenden **Strukturprobleme des Arbeitsmarktes** führt. Besonders nachteilig wirkte sich die lange Dauer der ungünstigen Beschäftigungslage für beruflich Unqualifizierte, Personen mit gesundheitlichen Einschränkungen, Schwerbehinderte und ältere Arbeitnehmer aus. Zu einer besonderen »Problemgruppe« des Arbeitsmarktes entwickelten sich zunehmend auch die Frauen, die zeitweise mehr als die Hälfte der Arbeitslosen stellten. Zum Tragen kamen hier u. a. familienbedingte Flexibilitätshemmnisse, eine vergleichsweise geringe berufliche Qualifikation sowie ein Mangel an Teilzeitarbeitsplätzen. So suchten z. B. im Mai 1980 von rd. 414.000 arbeitslosen Frauen 154.000 ausschließlich einen Teilzeitarbeitsplatz *(vgl. SB 1980, S. 12).*

2. 3. 2 Finanzielle Konsolidierung und Leistungskürzungen

Die leichte Erholung der Beschäftigungslage war allerdings nicht von langer Dauer; schon im Laufe des Jahres 1980 begann ein neuerlicher **schwerer Wachstums- und Beschäftigungseinbruch**, der sich 1981 in einer Stagnation und 1982 in einer Schrumpfung des realen BSP um 1,0% ausdrückte [BT-Drs. 11/8472, S. 361]. Angesichts der noch aus der vorangegangenen Krise stammenden hohen **Sockelarbeitslosigkeit** waren die Auswirkungen dieses Konjunktureinbruchs auf die Arbeitsmarktlage besonders dramatisch; im Jahresdurchschnitt stieg die Zahl der Arbeitslosen von 1980 bis 1982 von 888.900 auf 1.833.244. Verschärfend kam hinzu, daß das **Erwerbspersonenpotential** durch den demographisch bedingten Eintritt geburtenstarker Jahrgänge in das erwerbsfähige Alter seit Beginn der 80er Jahre merklich anstieg. Vor diesem Hintergrund mußte von Beginn an mit einer länger andauernden **Massenarbeitslosigkeit** gerechnet werden *(vgl. auch Tabellen 34 und 36).*

Tabelle 41: Arbeitsmarktförderungsmaßnahmen der BA 1975–1990

Jahr	Berufliche Bildungsmaßnahmen (Eintritte im Laufe des Jahres)				Förderung der Arbeitsaufnahme (Bewilligungen)			in ABM beschäftigte Arbeitnehmer[1]
	insgesamt	darunter			insgesamt	darunter		
		Fortbildung	Umschulung	Einarbeitung		Einglied.-beihilfen	Überbrükkungsbeih.	
1975	270.853	216.407	36.575	17.871	351.152	37.904	58.730	15.810
1977	135.926	100.509	20.048	15.369	566.422	103.188	102.574	38.000
1980	246.975	176.467	37.927	32.581	502.660	43.128	90.259	41.251
1982	265.527	211.928	42.103	11.496	250.813	23.671	61.989	29.189
1983	306.201	243.752	42.322	20.127	234.057	31.174	59.449	44.680
1984	353.140	290.746	43.057	19.337	288.987	36.358	68.750	70.983
1985	409.324	336.520	45.111	27.693	360.305	40.048	80.498	87.026
1986	530.042	425.976	59.139	44.927	543.733	53.496	95.994	102.372
1987	596.354	482.661	64.515	49.178	628.223	40.826	97.571	114.699
1988	565.611	448.736	65.706	51.169	696.163	26.854	115.818	114.888
1989	489.876	388.380	60.695	40.801	269.165	9.907	19.193	96.911
1990	574.031	342.782	63.363	67.886	247.741	6.896	31.290	83.850

1) Bestand (Jahresdurchschnitt).
Quellen: BA (Hrsg.): Arbeitsstatistik - Jahreszahlen (ANBA-Sondernummer), lfde. Jge.

In dieser wirtschaftlich ungünstigen Situation war es nach Ansicht der Bundesregierung erforderlich, sich erneut zu vergegenwärtigen, „daß Leistungsvermögen der Volkswirtschaft und finanzielle Stabilität der sozialen Sicherheit einander bedingen und in einem untrennbaren Zusammenhang stehen" *(SB 1983, S.6)*. Für die Arbeitsmarktpolitik bedeutete dies, daß arbeitsmarktpolitische Maßnahmen in zunehmendem Maße durch die **öffentliche Haushaltslage** diktiert wurden. An die Stelle langfristig angelegter Strategien zur Bekämpfung der Arbeitslosigkeit traten immer häufiger kurzfristige haushaltspolitische Erwägungen. Auch wenn das AFG in seiner Grundstruktur erhalten blieb, ist eine „partielle **Abwälzung der Folgen der Arbeitslosigkeit** auf die Betroffenen" *(Tennstedt, 1988, S.108)* kaum zu bestreiten.

Waren die in der zweiten Hälfte der 70er Jahre getroffenen Maßnahmen wenigstens teilweise noch im Sinne einer aktiven Arbeitsmarktpolitik konzipiert, um Arbeitslosigkeit zu verhindern oder bereits eingetretene Arbeitslosigkeit zu beseitigen, erfolgte Anfang der 80er Jahre bei anhaltender Massenarbeitslosigkeit eine grundlegende **Tendenzwende in der Arbeitsförderung**. Die ursprünglich sekundäre Aufgabe der Gewährung von Lohnersatzleistungen trat eindeutig in den Vordergrund; zugleich wurden zeitweilige Finanzierungsprobleme zunehmend häufiger zu Lasten der Versicherten und der Arbeitslosen durch Beitragserhöhungen und Leistungskürzungen »bewältigt«.

Erste einschneidende Änderungen in dieser Richtung enthielt bereits das **Arbeitsförderungs-Konsolidierungsgesetz** (AFKG) **vom 22. Dezember 1981** [BGBl.I S.1497], das mit Wirkung vom 1. 1. 1982 zum Zwecke der Haushaltskonsolidierung im Bereich des AFG beträchtliche Eingriffe in das bisherige Leistungssystem vornahm *(vgl. Engelen-Kefer, 1982, S.76ff.; Frerich, 1987, S.508f., 535f.)*. Weitgehend abgebaut wurden zum einen die Förderung der beruflichen Bildung und der Integration behinderter Arbeitnehmer *(vgl. Tennstedt, 1988, S.108)*; zum anderen brachte das AFKG den grundsätzlichen Förderungsausschluß der öffentlichen Hand als Träger der Arbeitsbeschaffungsmaßnahmen. Weitere restriktive Elemente bildeten die Senkung der Höhe des Unterhalts- und Übergangsgeldes sowie die zur verstärkten **»Bekämpfung des Leistungsmißbrauchs«** vorgenommenen Änderungen der Bestimmungen über Sperrzeiten, Nebenverdienst und Zumutbarkeit. Zur Verbesserung der Finanzlage der BA erfolgte zudem eine Anhebung der Beiträge zur BA von 3 auf 4% (bei gleichzeitiger Senkung des RV-Beitrages um 0,5%) *(vgl. Knigge u.a., 1988, S.3)*. Im einzelnen sah das Gesetz folgende Neuregelungen vor:

— Kürzung des Unterhaltsgeldes von 80 auf 75 bzw. 68 % (Teilnehmer ohne Kinder) sowie der Berufsausbildungsbeihilfe auf das BAföG-Niveau, Fortfall des Unterhaltsgeldes für Nichtbeitragszahler, Umstellung des Unterhaltsgeldes bei der Zweckmäßigkeitsfortbildung auf Darlehen und verstärkte Orientierung beruflicher Bildungsmaßnahmen an den Grundsätzen der Sparsamkeit und Wirtschaftlichkeit;

— Kürzung des Übergangsgeldes von 100 auf 90 bzw. 75 % (Behinderte ohne Kinder), stärkere Anbindung des Anspruchs auf Übergangsgeld an die vorherige Beitragszahlung (innerhalb von 5 Jahren 2 Jahre beitragspflichtige Beschäftigung) und Orientierung der Rehabilitationsmaßnahmen an den Grundsätzen der Sparsamkeit und Wirtschaftlichkeit;

— Konzentration der Förderung der Arbeitsaufnahme und des Einarbeitungszuschusses an Arbeitgeber auf Arbeitslose und von Arbeitslosigkeit unmittelbar Bedrohte, Herabsetzung der Höchstförderungsdauer für die Eingliederungsbeihilfe von 24 auf 12 Monate, degressive Staffelung der Eingliederungsbeihilfen an Arbeitgeber (Regelbetrag 50 %, Höchstbetrag 70 statt bisher 80 %, nach 6 Monaten Herabsetzung um 10 % des Arbeitsentgelts), Begrenzung der Lohnkostenzuschüsse für die Einstellung älterer Arbeitnehmer (Anhebung der Altersgrenze von 45 auf 55 Jahre, Absenkung des Höchstförderungssatzes von 80 auf 70 %) sowie Einschränkung der ABM-Förderung (Begrenzung auf langfristig arbeitslose Leistungsempfänger, regionale Konzentration);

— Einführung strengerer Voraussetzungen für den Bezug von Arbeitslosengeld (mindestens 12monatige beitragspflichtige Beschäftigung innerhalb der letzten 3 Jahre), Verlängerung der Sperrzeiten von 4 auf 8 Wochen, Berücksichtigung der Lohnersatzleistungen im Rahmen des Lohnsteuer-Jahresausgleichs bzw. bei der Einkommensteuer-Veranlagung, Herabsetzung der Hinzuverdienstgrenze für Arbeitlose (Arbeitslosengeld plus Nebenverdienst maximal 80 % des letzten

Nettoeinkommens), Erweiterung der Ruhensvorschriften bei Ausscheiden aus einem Arbeitsverhältnis ohne Einhaltung der ordentlichen Kündigungsfristen (statt 6 fortan bis zu 12 Monate), Verschärfung der Rechtsfolgen bei Verletzung der Meldepflicht sowie Gewährung der originären Arbeitslosenhilfe nur noch an Personen, die mindestens 150 (bisher 70) Kalendertage beschäftigt waren (Ausnahmen bei Bezug anderer Lohnersatzleistungen, z. B. Krankengeld).

Bei anhaltend schlechter Haushaltslage und weiterhin ungünstigen Arbeitsmarktperspektiven wurde die mit dem AFKG eingeleitete Arbeitsmarktpolitik durch das **Haushaltsbegleitgesetz 1983 vom 20. Dezember 1982** [BGBl.I S.1857] fortgeführt *(vgl. Frerich, 1987, S.509, 536f.)*. Hervorzuheben sind insbesondere folgende Änderungen:

— Absenkung des Übergangsgeldes bei beruflichen Rehabilitationsmaßnahmen ab dem 1.1.1983 von 90 bzw. 75 auf 80 bzw. 70 % und damit Annäherung an die Leistungen bei beruflichen Bildungsmaßnahmen (75 bzw. 68 %);

— stärkere Staffelung der Dauer des Anspruchs auf Arbeitslosengeld nach der Dauer der Beschäftigungszeit (Verhältnis von Beschäftigungszeit zu Leistungsanspruchszeit = 3:1 statt bisher 2:1) bis zu einer Höchstbezugszeit von 12 Monaten bei 36monatiger Beschäftigung;

— Anhebung des Beitrages zur BA von 4 auf 4,6 %;

— Bemessung der von der BA für Leistungsempfänger entrichteten RV-Beiträge nach der Höhe der Lohnersatzleistung und Absenkung des BA-Anteils bei den RV-Beiträgen für Bezieher von Kurzarbeiter- und Schlechtwettergeld von 75 auf 50 %; dafür jedoch wie bis 1979 erneut rentenrechtliche Berücksichtigung der Zeiten des Bezuges von Lohnersatzleistungen der BA (Arbeitslosen-, Unterhalts- und Übergangsgeld, Arbeitslosenhilfe) als Ausfallzeiten.

Auch das **Haushaltsbegleitgesetz 1984 vom 22. Dezember 1983** [BGBl.I S.1532] sah erhebliche Eingriffe in das bestehende Leistungsrecht sowie Maßnahmen zur Verbesserung der Einnahmensituation der BA vor *(vgl. Glöckner, 1984, S. 1ff.; Frerich, 1987, S.509 f., 537)*. Die wichtigsten Änderungen waren:

— Absenkung des »großen« Unterhaltsgeldes von 75 bzw. 68 % auf 70 bzw. 63 % und des bei beruflichen Rehabilitationsmaßnahmen zu zahlenden Übergangsgeldes von 80 bzw. 75 auf 70 bzw. 65 %, Umwandlung des »kleinen« Unterhaltsgeldes (58 %) zur Förderung arbeitsmarktpolitisch zweckmäßiger Bildungsmaßnahmen zu einer Kannleistung und Umstellung auf ausschließliche Darlehensgewährung;

— weitere Kürzung der Einarbeitungszuschüsse (von höchstens 80 auf 70 %) und Leistungsausschluß bei betriebsangehörigen Arbeitnehmern, Einschränkung der Leistungen zur Förderung der Arbeitsaufnahme insbesondere durch Anhebung der Bagatellgrenzen (betroffen davon waren v. a. die Mobilitätshilfen in Form der Bewerbungs- und Reisekosten sowie der Zuschüsse zur Arbeitsausrüstung);

— Absenkung des Kurzarbeiter-, Schlechtwetter- und Arbeitslosengeldes sowie der Arbeitslosenhilfe für Leistungsbezieher ohne Kinder auf 63 bzw. 56 %, geringere Bemessung von Arbeitslosengeld und Arbeitslosenhilfe für Arbeitslose, die zuletzt zur Berufsausbildung beschäftigt waren (50 % des ausbildungsadäquaten möglichen Einkommens) sowie Einführung einer Erstattung der Kosten des Schlechtwettergeldes für die ersten 8 witterungsbedingten Ausfallstunden eines jeden Monats durch die Bauarbeitgeber;

— Einführung der Zahlung von Beiträgen für Bezugszeiten von Krankengeld und von ähnlichen Lohnersatzleistungen (gleichzeitig begründeten derartige Zeiten fortan einen Anspruch auf Arbeitslosengeld) sowie stärkere Einbeziehung von einmalig gezahltem Arbeitsentgelt in die Beitragspflicht zur BA (Übergang von der Monats- zur anteilig erreichten Jahresbeitragsbemessungsgrenze).

— Ergänzend dazu wurde durch die 2.VO zur Änderung der VO über Kurzarbeitergeld für Heimarbeiter vom 27. Dezember 1983 [BGBl.1984 I S.1] das Kurzarbeitergeld in der bisherigen Höhe auf Kurzarbeiter mit mindestens einem Kind beschränkt.

Die finanziellen Konsolidierungsmaßnahmen waren immerhin so erfolgreich, daß die BA im Jahre 1984 Überschüsse in Höhe von 3,16 Mrd. DM verbuchte; allein die Ausgaben für Arbeitslosengeld waren 1984 gegenüber dem Vorjahr um 3 Mrd. DM zurückgegangen. Auf diese Entwicklung reagierte die Regierung sehr schnell mit dem Arbeitsförderungs- und Rentenversicherungs-ÄndG vom 20. Dezember 1984 [BGBl.I S.1713] und dem RVFinanzG vom 16. Mai 1985 [BGBl.I S.766]. Das erste Gesetz brachte u. a. eine:

- Senkung des Beitragssatzes zur BA um 0,2 Prozentpunkte auf 4,4 % (bei gleichzeitiger Erhöhung des RV-Beitragssatzes um 0,2 %);
- befristete Verlängerung der Höchstdauer des Anspruchs auf Arbeitslosengeld von bisher 12 auf 18 Monate für Arbeitnehmer nach Vollendung des 49. Lebensjahres (Staffelung der Verlängerung nach der Beitragsdauer) und der Sperrzeit von 8 auf 12 Wochen für Arbeitnehmer, die ihre Arbeitslosigkeit selbst herbeigeführt hatten.

Für den Bereich der Arbeitsförderung sah das RVFinanzG für den Zeitraum vom 1.6. 1985 bis zum 31.12.1986 eine **Absenkung des Beitragssatzes** um weitere 0,3 % auf 4,1 % vor; dadurch sollte primär eine entsprechende Anhebung des RV-Beitragssatzes um 0,5 % ausgeglichen werden. Darüber hinaus wurde durch die VO über die Verlängerung der Frist für den Bezug des Kurzarbeitergeldes vom 17. Dezember 1984 [BAnz v. 28.12.1984, S.14133] ab dem 1.1.1985 die Bezugsdauer für **Kurzarbeitergeld** auf 24 Monate verlängert.

2.3.3 Ausbau der sozialen Sicherungsfunktion

Die 1985 erneut günstige Finanzlage der BA, wohl aber auch die sich zaghaft andeutende wirtschaftliche Belebung dürften ein Grund dafür gewesen sein, daß mit dem **7. AFG-ÄndG vom 20. Dezember 1985** [BGBl.I S.2484] nach Jahren eher restriktiver Maßnahmen die soziale Sicherungsfunktion der Arbeitslosenversicherung wieder verbessert und die Instrumente zur Beschäftigungförderung ausgebaut wurden. Im einzelnen sah das Gesetz folgende Verbesserungen vor *(vgl. v. Maydell, 1986b, S.214ff.)*:

- Senkung des Beitragssatzes zur BA um weitere 0,1 Prozentpunkte;
- Anhebung des Unterhaltsgeldes für Teilnehmer an beruflichen Bildungsmaßnahmen mit bestimmten Familienpflichten auf 73 %, für die übrigen auf 65 %, und des Übergangsgeldes auf 80 % bzw. 70 %; Erhöhung der Bemessungsgrundlage für das Unterhaltsgeld für Berufsanfänger nach abgeschlossener Berufsausbildung von 50 auf 75 %, Erleichterung der Zugangsvoraussetzungen zur Förderung sowie wesentlich stärkere Berücksichtigung von Zeiten der Unterbrechung der Arbeitstätigkeit wegen Geburt und Betreuung von Kindern;
- weitere Verlängerung der Höchstdauer des Bezuges von Arbeitslosengeld auf längstens 24 Monate für Arbeitslose ab vollendetem 54. Lebensjahr (16 Monate ab vollendetem 44. Lebensjahr) und Gewährung von Arbeitslosengeld und Arbeitslosenhilfe bis zum Rentenbeginn für 58 Jahre alte und ältere Arbeitslose, ohne daß diese sich der Arbeitsvermittlung zur Verfügung stellen müssen (§ 105 c AFG).

Fortgesetzt wurde diese Politik mit dem **Gesetz zur Verlängerung des Versicherungsschutzes bei Arbeitslosigkeit und Kurzarbeit vom 27. Juni 1987** [BGBl.I S.1542], das die folgenden Neuerungen enthielt *(vgl. Niemeyer/Otting, 1988, S.23f.)*:

- Herabsetzung des Verhältnisses der Dauer der beitragspflichtigen Beschäftigungszeit innerhalb der letzten 7 Jahre zur Dauer des Anspruchs auf Arbeitslosengeld von 3:1 auf 2:1 (Reduzierung der »Vorbeschäftigungszeiten«);
- gestaffelte Verlängerung der Höchstbezugsdauer nach Lebensalter und Dauer der beitragspflichtigen Beschäftigung innerhalb der letzten 7 Jahre (z.B. auf 18 Monate für 42jährige und 32 Monate für 54jährige Arbeitslose);
- Verlängerung der Kurzarbeitergeld-Bezugsfrist für die Jahre 1987/89 für Betriebe der Stahlindustrie (die Produktionseinschränkungen nach dem Montan-Vertrag unterliegen) auf bis zu 36 Monate.

Von der Ermächtigung, die Kurzarbeitergeld-Bezugsfrist zu verlängern, wurde mit der VO vom 26. August 1987 [BGBl.I S.2129] Gebrauch gemacht. Zugleich wurden durch neue Richtlinien vom 10. Juni 1987 [BAnz v.7.7.1987, S.8258] die Beihilfen für Stahlarbeiter, die von Maßnahmen i. S. d. Art. 56 § 2 des Montanunionvertrages betroffen werden, verbessert (u. a. altersmäßige Staffelung und Verlängerung der Bezugszeit für das Wartegeld, mit dem das Arbeitslosengeld auf etwa 85 % des früheren Nettolohnes aufgestockt wird; Erhöhung der Umschulungszulage auf monatlich 200 DM; Anhebung des Einkommenshöchstbetrags für die Übergangshilfe, die den älteren Arbeitnehmern der Stahlindustrie einen sozial abgesicherten Übergang in die Altersrente ermöglichen soll, auf 3.000 DM monatlich). Zuvor war bereits – aufgrund der auch in anderen Wirtschaftszweigen bestehenden Beschäftigungsprobleme – durch VO vom 16. März 1987 [BAnz v. 24.3.1987, S.3045] die generelle Möglichkeit, Kurzarbeitergeld für die Dauer von bis zu 24 Monaten zu zahlen, um weitere 2 Jahre verlängert worden *(vgl. Niemeyer/Otting, 1988, S. 24)*.

Eine abermalige Verstärkung und Ergänzung des aktiven arbeitsmarktpolitischen Instrumentariums brachte das **8. AFG-ÄndG vom 14.Dezember 1987** [BGBl.I S.2602]; angestrebt wurde vor allem eine Erweiterung und Verbesserung der Vermittlungsmöglichkeiten der Arbeitsämter, ein Ausbau der Regelungen zur Vermeidung mißbräuchlicher Inanspruchnahme von Leistungen sowie eine weitere Vereinfachung des Arbeitsförderungsrechts.

Unter anderem wurden die bisherigen Förderungsmöglichkeiten des Bildungsbeihilfegesetzes für arbeitslose Jugendliche, die Ausbildungsförderung von benachteiligten Jugendlichen (lernbeeinträchtigte und sozial benachteiligte deutsche und ausländische Auszubildende) sowie die Sprachförderung von Aussiedlern, Asylberechtigten und Kontingentflüchtlingen als dauerhafte Regelung in das AFG übernommen. Für ältere langfristig Arbeitslose sah das Gesetz nach mehrmaliger Verlängerung der Bezugsdauer des Arbeitslosengeldes nunmehr auch die Zahlung eines Lohnkostenzuschusses von bis zu 75 % und bis zu 8 Jahren vor, wenn eine Vermittlung in Beschäftigung ohne diese Förderung nicht möglich ist. Ferner wurden die Bezugsdauer des Überbrückungsgeldes bei Gründung einer selbständigen Existenz durch Arbeitslose von 3 auf 6 Monate verlängert, die Grenze kurzzeitiger Beschäftigung von 19 auf 18 Stunden gesenkt und der Leistungsbezug von Schülern und Studenten bei Arbeitslosigkeit neu geregelt.

2.3.4 Neunte AFG-Novelle vom Dezember 1988

Die verschiedenen Leistungsverbesserungen, die Aufwendungen für die 1986 begonnene **»Qualifizierungsoffensive«** sowie aufgrund gestiegener Zuwanderungszahlen erhöhte Ausgaben für Deutsch-Sprachlehrgänge für Aussiedler, Asylberechtigte und Kontingentflüchtlinge führten dazu, daß im Haushalt der BA 1988 den Gesamteinnahmen von 35,869 Mrd. DM Gesamtausgaben von 40,844 Mrd. DM gegenüberstanden, mithin ein **Finanzierungsdefizit** von 4,975 Mrd. DM entstand *(vgl. Bundesanstalt für Arbeit, 1989, S.49)*. Ohne neuerliche Konsolidierungsmaßnahmen hätte der Haushaltsplan der BA für das Haushaltsjahr 1989 ein Defizit von 5,82 Mrd. DM ausweisen müssen. Selbst bei günstiger Arbeitsmarktentwicklung mußte mit längerfristig hohen Defiziten gerechnet werden (die mittelfristige Finanzplanung sah Bundeshilfen in Höhe von 2,8 Mrd. DM für 1990 und 1,3 Mrd. DM für 1991 vor) *(vgl. Deutsche Bundesbank, 1989 a)*.

Da der Bund infolge seiner eigenen Finanzsituation eine höhere Defizitdeckung nicht übernehmen wollte und eine Beitragssatzanhebung wegen der negativen Folgen auf die Lohnnebenkosten der Betriebe politisch als nicht durchsetzbar erschien, wurden mit der **9. AFG-Novelle vom 20. Dezember 1988** [BGBl.I S.2343] erneut Streichungen im Leistungskatalog des AFG vorgenommen *(vgl. Pröbsting, 1989, S.678ff.)*. Hervorzuheben ist dabei, daß insbesondere bei jenen Leistungen Streichungen vorgenommen wurden, die im Sinne des prophylaktischen Ansatzes des AFG einen Beitrag zur Vermeidung von Arbeitslosigkeit leisten sollten. Dahinter steht u. a. die Absicht der Regierung, die Finanzierung und Organisation von Bildungsmaßnahmen zum Erwerb von Zusatzqualifikationen bzw. zum Zweck des beruflichen Aufstieges stärker der Verantwortung der Tarifvertragsparteien und der einzelnen unter Einschluß einer höheren Eigenbeteiligung zu übertragen [BT-Drs. 11/2990].

Neben der Ausklammerung bestimmter beruflicher Weiterbildungsmaßnahmen in Betrieben von der Förderung beseitigte die Novelle die Möglichkeit, nicht-arbeitslose Arbeitnehmer, die einen Mangelberuf ergreifen wollen, während der Teilnahme an einer Umschulungsmaßnahme mit dem »großen« Unterhaltsgeld zu fördern. Zugleich wurde der Rechtsanspruch auf Erstattung der Teilnehmerkosten (z. B. Unterrichtsgebühren, Lehrmittel, Fahrtkosten etc.) in eine Ermessensleistung der Arbeitsverwaltung umgewandelt (§ 45 AFG). Ferner wurden die Berufsausbildungsbeihilfe für Auszubildende in betrieblicher Ausbildung auf Fälle mit Unterbringung außerhalb des Elternhauses beschränkt, die Obergrenze des Einarbeitungszuschusses auf 50 % des tariflichen (ortsüblichen) Arbeitsentgelts gesenkt, die Gewährung der Überbrückungshilfe (nur Darlehen, höchstens 1.000 DM) auf Härtefälle begrenzt und die Bewilligung einer Eingliederungshilfe nach § 54 Abs.1 AFG an restriktivere Voraussetzungen geknüpft. Mit Ausnahmen für Problemregionen (über 30 % Arbeitslosigkeit) wurde weiterhin beschlossen, daß bei den Allgemeinen Arbeitsbeschaffungsmaßnahmen der Zuschuß 75 % der Arbeitsentgelte im Regelfall nicht mehr übersteigen darf. Schließlich wurden die Zuschüsse zur Winterbauförderung für weitere 3 Jahre ausgesetzt, der 50 %ige Zuschuß zum KV-Beitrag für Kurzarbeiter gestrichen und 63–65jährige Arbeitnehmer in die Beitragspflicht zur BA einbezogen.

Erste konkrete Auswirkungen hatten diese Maßnahmen im Bereich der **Allgemeinen Arbeitsbeschaffungsmaßnahmen**. Für 1989 standen zur Neubewilligung von ABM nurmehr 2,729 Mrd. DM, 24 % weniger als 1988, zur Verfügung. Die Zahl der in ABM beschäftigten Arbeitnehmer ging infolgedessen bis April 1989 auf 99.714 (16.625 weniger als im Vorjahresmonat) zurück *(vgl. BA, Arbeitsmarkt in Zahlen, Aktuelle Eckdaten für April 1989)*. Entgegen den in der 9. AFG-Novelle zum Ausdruck kommenden Einsparabsichten beschloß die Bundesregierung Mitte April 1989 eine »**Aktion Beschäftigungshilfen für Langzeitarbeitslose**«. Im Rahmen dieser Initiative, zu deren Durchführung am 16. Juni 1989 Richtlinien ergingen [BAnz v. 20. 6. 1989], beabsichtigte der Bund, bis Ende 1991 – zur Rückführung von rd. 60.000 **Langzeiterwerbslosen** ins Erwerbsleben – Mittel in Höhe von insgesamt 1,5 Mrd. DM bereitzustellen.

Arbeitgeber, die ein unbefristetes Arbeitsverhältnis mit einem Langzeitarbeitslosen abschließen, sollen für ein Jahr Lohnkostenzuschüsse erhalten, deren Höhe sich nach der Dauer der vorangegangenen Arbeitslosigkeit des neuen Mitarbeiters bestimmt (Zuschuß von bis zu 80 % der Lohnkosten im ersten Halbjahr und bis zu 60 % im zweiten Halbjahr). Ergänzt wurde das Programm für Lohnkostenzuschüsse durch eine Projektförderung aus Bundesmitteln in Höhe von 250 Mio. DM. Damit sollen Beschäftigungsinitiativen für besonders beeinträchtigte Langzeitarbeitslose und weitere schwerstvermittelbare Arbeitslose gefördert werden (z. B. Maßnahmen zur Betreuung und Vorqualifizierung) *(vgl. SozInf, Nr. 7/1989)*.

Unter Bezugnahme auf eine von der Evangelischen Kirche Deutschlands vorgelegte Denkschrift »Gezielte Hilfen für Langzeitarbeitslose« hatte die SPD bereits am 17. 12. 1987 im Bundestag einen Entschließungsantrag eingebracht, mit dem die Bundesregierung aufgefordert werden sollte, alsbald ein **Konzept zur Bekämpfung der Langzeitarbeitslosigkeit** vorzulegen [BT-Drs. 11/1549].

Da die bisherigen Arbeitsbeschaffungsmaßnahmen nicht ausreichten, das Problem der Langzeitarbeitslosigkeit wirksam zu bekämpfen, sei es geboten, kommunale Arbeitsbeschaffungs- und Investitionsprojekte als ein neues Instrument zur Erschließung von Beschäftigungsmöglichkeiten für Langzeitarbeitslose umzusetzen. Hierbei sollte es sich nicht um Sonderprojekte, sondern um normale Investitions- und Dienstleistungsaufgaben der Kommunen handeln. Gedacht war an einen zeitlichen Förderungsrahmen für das jeweilige Projekt von mindestens fünf Jahren. Der Entschließungsantrag veranlaßte den BT-Ausschuß für Arbeit und Sozialordnung, am 8. 6. 1988 eine große Anhörung zur Frage von Beschäftigungsmöglichkeiten für Langzeitarbeitslose durchzuführen. Im Ergebnis waren sich sowohl Sachverständige wie Politiker einig, daß es dringend erforderlich ist, gezielte Hilfen für Langzeitarbeitslose zu organisieren *(vgl. Deutscher Bundestag 1988)*.

Tabelle 42: Entwicklung der Langzeitarbeitslosigkeit 1977–1990

Monatsende	Arbeitslose insgesamt	davon waren arbeitslos seit					
		1 bis 2 Jahren	in %[1]	2 Jahren und mehr	in %[1]	1 Jahr und mehr	in %[1]
Sept. 1977	911.257	90.163	9,89	40.370	4,43	130.533	14,32
Sept. 1978	864.246	84.480	9,77	42.477	4,92	126.957	14,69
Sept. 1979	736.690	71.948	9,77	42.462	5,76	114.410	15,53
Sept. 1980	822.701	64.389	7,83	41.756	5,08	106.145	12,90
Sept. 1981	1.256.396	113.903	9,07	48.601	3,87	162.504	12,93
Sept. 1982	1.818.638	246.026	13,53	80.606	4,43	326.632	17,96
Sept. 1983	2.133.900	377.014	17,67	154.618	7,25	531.632	24,91
Sept. 1984	2.143.008	370.590	17,29	246.872	11,52	617.462	28,81
Sept. 1985	2.150.897	363.110	16,88	302.683	14,07	665,793	30,95
Sept. 1986	2.045.837	333.992	16,33	320.016	15,64	654.008	31,97
Sept. 1987	2.106.950	331.874	15,75	338.296	16,06	670.170	31,81
Sept. 1988	2.099.638	337.410	16,07	347.260	16,54	684.670	32,61
Sept. 1989	1.880.644	276.809	14,72	314.497	16,72	591.306	31,44
Sept. 1990	1.727.742	239.272	13,84	274.133	15,87	513.405	29,71

1) In % der Arbeitslosen insgesamt.
Quellen: BA (Hrsg.): Statistisches Taschenbuch, Nr.8/1990, Nürnberg 1990, S.14; BA (Hrsg.): Arbeitsstatistik - Jahreszahlen (ANBA-Sondernummer), lfde. Jge.

Trotz des mehrjährigen konjunkturellen Aufschwungs hat sich das Problem der Langzeitarbeitslosigkeit verfestigt *(vgl. U. Fink, 1990, S.15)*. Dies ist umso schwerwiegender, als Langzeitarbeitslosigkeit für die Betroffenen erhebliche materielle Einbußen bedeutet; „sie unterhöhlt den Leistungswillen und das Selbstbewußtsein; sie greift die sozialen Bindungen in Ehe und Familie, im nachbarschaftlichen Leben an und zerstört Solidarität. Arbeitslosigkeit trifft Jugendliche besonders schwer ... Es kann zu einem Zerbrechen des sozialen Grundkonsens zwischen Arbeitslosen und Arbeitsplatzbesitzern in unserem Staat kommen, zu einer Entsolidarisierung der gesellschaftlichen Gruppen, zu Unruhe und den inneren Frieden gefährdenden Aktionen" *(EKD/Deutsche Bischofskonferenz, 1985)*. Kritiker verweisen zudem darauf, daß die Kennzeichnung dieses Personenkreises als »Rand- oder Problemgruppen« verschleiere, daß die „heutige Arbeitswelt mit ihren Leistungsstandards, mit gestiegenen Anforderungen an Kenntnisse, Belastbarkeit und Konzentrationsvermögen Personen mit eingeschränkter Anpassungsfähigkeit nicht ausreichend integrier(e)" *(U. Fink, 1990, S.15)*.

Aufgrund erster Ergebnisse bewertete die Bundesregierung das von ihr am 1.7.1989 in Gang gesetzte Sonderprogramm als durchaus erfolgreich. Bis Ende Oktober 1989 waren für 9.500 und bis Ende Februar 1990 für 20.700 Langzeitarbeitslose Leistungen (Lohnkostenzuschüsse) bewilligt worden. Insgesamt gewährten die Arbeitsämter zwischen Juli 1989 und Juli 1990 36.100 Lohnkostenzuschüsse zur Beschäftigung Langzeitarbeitsloser. Weitere 3.900 Anträge waren zu diesem Zeitpunkt noch nicht abschließend bearbeitet *(vgl. Bulletin der BReg, 1989, S.1042; BA-Presseinformation, Nr.9/90 und 36/90)*.

2. 4 Beschäftigungspolitische Maßnahmen der Arbeitszeitverkürzung

Nicht zuletzt die Erfahrungen der letzten Jahre haben die Diskussion über **Strategien gegen die Arbeitslosigkeit** außerordentlich belebt. Trotz sechs Jahre anhaltend hohen Wirtschaftswachstums war es nicht gelungen, das Problem der Arbeitslosigkeit auch nur annähernd zu entschärfen. Zwar hat sich die Zahl der Erwerbstätigen 1983–1989 um rd. 1,4 Mio. erhöht, die Zahl der geleisteten Arbeitsstunden ist seitdem jedoch nicht wesentlich gestiegen. Ohne die Maßnahmen der BA beliefe sich die Zahl der Arbeitslosen im Jahresdurchschnitt sogar auf 2,7 bis 2,8 Mio. Hierbei ist noch nicht einmal berücksichtigt, daß sich die sog. »**stille Reserve**« (Arbeitslose, die arbeiten wollen, sich aber nicht bei den Arbeitsämtern melden) zwischen 1983 und 1989 von 1,085 auf 1,3 Mio. Personen erhöht hat *(vgl. Tabelle 34)*. Der Arbeitsmarktpolitik der BA, die aus beitragsfinanzierten Mitteln in den letzten Jahren die Hauptlast der Bekämpfung der Arbeitslosigkeit trug, gelang es zwar, mit den arbeitsmarktpolitischen Maßnahmen nach dem AFG (ABM, Maßnahmen zur Fortbildung/Umschulung, Kurzarbeitergeld, mitfinanzierte Fälle der Vorruhestandsregelung) 1988 den Arbeitsmarkt um rd. 424.000 Personen (1983: 305.000) zu entlasten *(vgl. Bach u.a., 1988, S.461)*, zur Schaffung dringend notwendiger zusätzlicher Arbeitsplätze reichte ihr Instrumentarium jedoch nicht aus.

Die anhaltend schwierige Arbeitsmarktlage ließ es immer unumgänglicher erscheinen, über den verstärkten Einsatz arbeitsmarktpolitischer Instrumente der Arbeitsverwaltung hinaus Maßnahmen zu ergreifen, um für mehr Menschen Beschäftigungsmöglichkeiten zu schaffen. Obgleich weitgehend unbestritten ist, daß grundsätzlich alle Formen von **Arbeitszeitverkürzungen** zur Entlastung des Arbeitsmarktes beitragen können, waren Fortschritte in dieser Richtung in den letzten Jahren mit harten Auseinandersetzungen verbunden. Vor allem die Vertreter einer angebotsseitigen Wirtschaftspolitik sehen darüber hinaus positive Arbeitsmarkteffekte in einer **Deregulierung der Arbeitsmärkte** und in einer **Flexibilisierung der Beschäftigungsverhältnisse**.

2.4.1 Verkürzung der Wochenarbeitszeit

Nachdem zu Beginn der 70er Jahre in praktisch allen Branchen die 40-Stunden-Woche erreicht worden war, verlor die Frage der **Arbeitszeitverkürzung** vorübergehend an Bedeutung. Während der durchschnittliche jährliche Rückgang des tariflichen Arbeitsvolumens 1960/73 noch bei 1 % lag, sank diese Rate 1973/1980 auf 0,5 %. Allerdings fiel im Zeitraum 1973/80 der Rückgang der effektiven Arbeitszeit je Beschäftigtem fast doppelt so hoch aus wie bei der tariflichen Arbeitszeit *(vgl. Stille/Zwiener, 1988, S.590; Tabelle 24)*.

Politische Kontroversen

Neu belebt wurde die Frage der Arbeitszeitverkürzung erst wieder, als sich angesichts verlangsamten Wirtschaftswachstums und sprunghaft gestiegener und anhaltend hoher Arbeitslosigkeit eine intensive Diskussion über Arbeitszeitverkürzung als **Instrument der Beschäftigungspolitik** entzündete. Seit Ende der 70er Jahre fand der naheliegende Gedanke, „durch eine stärkere Verkürzung der Arbeitszeit die Beschäftigung zu sichern oder sogar über eine Umverteilung des jeweils nachgefragten Arbeitsvolumens Neueinstellungen zu bewirken und die Arbeitslosigkeit zu verringern“, vor allem in Teilen der Gewerkschaften und bei der SPD zunehmend Befürworter. Derartige Überlegungen lösten allerdings schon bald in der interessierten Öffentlichkeit eine äußerst **kontroverse Auseinandersetzung** aus, die bisweilen an einen »Glaubenskrieg« erinnerte. Vehement gegen Arbeitszeitverkürzungen waren nicht nur die Arbeitgeber, auch in der breiteren Öffentlichkeit – einschließlich Teilen der gewerkschaftlichen Mitgliedschaft – gab es zunächst erhebliche Skepsis und Zweifel gegenüber der Sinnhaftigkeit und Durchsetzbarkeit einer allgemeinen Arbeitszeitverkürzung *(vgl. Bosch, 1987, S.227ff.; Kurz-Scherf, 1988b, S.133)*.

Eine entscheidende Rolle spielte in der gesamten Auseinandersetzung die Frage der Gewährung bzw. Nichtgewährung eines **Lohnausgleichs**. Während die Gewerkschaften nachdrücklich eine Arbeitszeitverkürzung mit vollem Lohnausgleich forderten, lehnten die Arbeitgeber, sofern sie der Arbeitszeitverkürzung nicht bereits aus anderen Gründen prinzipiell ablehnend gegenüberstanden, einen Lohnausgleich auf jeden Fall als kostenerhöhend und damit die internationale Wettbewerbsfähigkeit beeinträchtigend ab.

Wenigstens zum Teil beruht diese Kontroverse auf begrifflichen Mißverständnissen *(vgl. Vorkötter/Wied-Nebbeling, 1980, S.46 ff.; Stille/Zwiener, 1988)*. Die Gewerkschaften selbst sprechen von einer Arbeitszeitverkürzung mit vollem Lohnausgleich, solange gewährleistet ist, daß die Monatseinkommen zumindest gleich hoch bleiben. Angestrebt wurden letztlich Lösungen, bei denen die Arbeitszeitverkürzung geringer ist als die Produktivitätssteigerung, so daß sowohl die Nominal- als auch die Realeinkommen der Beschäftigten steigen (wenn auch in geringerem Ausmaß, als dies ohne Arbeitszeitverkürzung der Fall wäre). Allerdings sind selbst bei einem verteilungsneutralen Lohnausgleich die gesamtwirtschaftlichen Auswirkungen der Arbeitszeitverkürzung auf Produktion und Beschäftigung *ex ante* nur bedingt vorhersehbar.

Selbst von den Verfechtern einer forcierten arbeitsmarktpolitisch motivierten Arbeitszeitverkürzung wird akzeptiert, daß sich die Zahl der Beschäftigten nicht um den Prozentsatz erhöht, der sich rein rechnerisch aus einer Reduzierung der Arbeitsstunden pro Kopf ergeben würde. Beschäftigungseffektmindernd sind u. a. kurzfristig zu erwartende Erhöhungen der geleisteten Überstunden, ein Abbau von Kurzarbeit, Friktionen bei der Durchführung der Arbeitszeitverkürzung sowie mögliche Änderungen der Kapitalkosten. Andererseits können durch eine arbeitszeitinduzierte Arbeitsintensivierung sowie durch den Abbau bestehender betrieblicher Unterbeschäftigun-gen auch Produktivitätseffekte ausgelöst werden.

Die **Gegner der Arbeitszeitverkürzung** führten in der Diskussion u. a. an, daß für die Arbeitslosigkeit weitgehend die Wachstumsschwäche der letzten Jahre verantwortlich sei, für die Unternehmen die nachgefragte Arbeitsmenge keine konstante Größe darstelle, die durch Maßnahmen zur Arbeitszeitverkürzung beliebig teilbar sei, die Arbeitszeitverkürzung Arbeitslosigkeit, die auf zu hohen Reallöhnen oder auf Verzerrungen der Lohn-Zins-Relation beruhe, im Kern nicht beseitigen könne, die Gefahr bestehe, daß Arbeitszeitverkürzung einen Anstieg der Stückkosten zur Folge habe, die Unternehmen einer Arbeitszeitverkürzung mit einer Substitution von Arbeit durch Kapital zu begegnen versuchen würden, die Menschen generell mehr arbeiten möchten, als sie könnten, und die Arbeitszeitverkürzung mittel- und langfristig Verknappungstendenzen am Arbeitsmarkt entstehen lasse *(vgl. BMWI, 1977, 1983; Krumper, 1983)*.

Während die Arbeitgeber die **40-Stunden-Woche** als quasi »natürliche Grenze« zur **Verteidigungslinie** ausbauten, die nicht unterschritten werden dürfe, faßten die Gewerkschaften seit Mitte der 70er Jahre verstärkt Beschlüsse und stellten wenig später konkrete **Tarifforderungen**, die Wochenarbeitszeit unter 40 Stunden zu verkürzen. Die Gewerkschaften begründeten ihre Forderung dabei zunehmend mit der anhaltend hohen Arbeitslosigkeit; durch Arbeitszeitverkürzungen anstatt Reallohnsteigerungen sollte in gewissen Grenzen ein Solidarbeitrag für die Arbeitslosen geleistet werden. Angesichts der gewerkschaftlichen Strategie der **Einkommenssicherung**, die im allgemeinen nur kleinere Schritte bei der Arbeitszeitverkürzung ermöglicht, sind allerdings kaum größere Beschäftigungseffekte zu erreichen. Dies bedeutet, daß tendenziell nur die Beschäftigung gesichert wird, der Solidarbeitrag jedoch relativ gering bleibt *(vgl. Stille/Zwiener, 1988, S. 593)*. Daß diese Frage ein äußerst kritischer Punkt für die Gewerkschaften ist, zeigte ihre Reaktion auf den Vorstoß des stellvertretenden SPD-Vorsitzenden OSKAR LAFONTAINE, der im Frühjahr 1988 einen höheren Solidarbeitrag der Beschäftigten forderte und verlangt hatte, ggf. bei entsprechenden Garantien für Neueinstellungen auch Rückgänge bei den Monatseinkommen zu akzeptieren. Obwohl er im Verlauf der Diskussion den Personenkreis, der von Einkommensrückgängen betroffen sein sollte, auf Bezieher höherer Einkommen (z. B. mit einem Bruttoeinkommen von 5.000 DM) beschränkte, reagierten die Gewerkschaften geradezu feindselig auf diese Vorschläge *(vgl. Steinkühler, 1988, S.447)*.

Praxis der Arbeitszeitverkürzung

Ungeachtet des überwiegend ablehnenden öffentlichen Klimas und starker Zurückhaltung in der eigenen Mitgliedschaft *(vgl. Schmidtchen, 1983, S.30f.)* gingen einzelne Gewerkschaften – allen voran die IG Metall – Ende der 70er Jahre in die **»arbeitszeitpolitische Offensive«**. Angesichts der Massenarbeitslosigkeit und der für ihren Abbau ungünstigen Perspektiven übernahmen die Gewerkschaften mit dem Instrument der Arbeitszeitverkürzung selbst weitere beschäftigungspolitische Verantwortung und akzeptierten bzw. propagierten dabei die Notwendigkeit von **Solidarbeiträgen**.

Nachdem die Gewerkschaft NGG im Jahre 1978 erste Vorstöße unternommen hatte, um für ältere Arbeitnehmer in der **Zigarettenindustrie** und im Brauereigewerbe die Arbeitszeit zu verkürzen (ab 1.9.1978 konnte für über 60jährige Zigarettenarbeiter die Arbeitszeit alternativ bei vollem Arbeitsentgelt auf 20 Std. herabgesetzt oder eine völlige Freistellung bei 75 % der Bruttobezüge erreicht werden), kam es um die Jahreswende 1978/79 in der **Eisen- und Stahlindustrie** zur ersten härteren Auseinandersetzung um die Verkürzung der Wochenarbeitszeit. Nach 44 Tagen Streik und Aussperrung gelang es der IG Metall, für Nachtschichtarbeiter bis 1981 sechs zusätzliche Freischichten und für über 50jährige Arbeitnehmer drei zusätzliche freie Tage durchzusetzen. Faktisch bedeutete dies für Nachtschichtarbeiter eine sukzessive Verminderung der wöchentlichen Arbeitszeit auf ca. 39 Stunden *(vgl. WSI-Mitteilungen, 1979, S.137)*.

Ein erster umfassender Durchbruch gelang schließlich 1984, als nach harten und von einem siebenwöchigen Arbeitskampf begleiteten Tarifauseinandersetzungen in der Metall- und in der Druckindustrie der Einstieg in die allgemeine Arbeitszeitverkürzung begann. Der am 1.4.1985 in Kraft getretene Tarifvertrag in der Metallindustrie sah bei einer betriebsdurchschnittlichen **38,5-Stunden-Woche** Arbeitszeitdifferenzierungen zwischen 37 und 40 Stunden, die Festlegung eines Ausgleichszeitraumes und eine mögliche Bündelung von Zeitguthaben zu Freischichten sowie eine stufenweise Erhöhung der Stundenlöhne vor. In der Folgezeit beschleunigte sich das Tempo der tariflichen Arbeitszeitverkürzungen; zugleich kam es in der Öffentlichkeit in dieser Frage zu einem Meinungsumschwung. Außerdem wurde kaum noch ernsthaft bestritten, daß die Absenkung der wöchentlichen Arbeitszeit **positive Beschäftigungseffekte** hat.

Dies änderte allerdings nichts daran, daß die Durchsetzung von Arbeitszeitverkürzungen auch weiterhin regelmäßig mit harten Auseinandersetzungen verbunden war. Während in einigen Tarifbereichen (z.B. Metall- und Druckindustrie) 1987 bereits die zweite Runde im **Kampf um die 35-Stunden-Woche** stattfand und dort die Absenkung der tariflichen Wochenarbeitszeit zum 1.4.1988 auf 37,5 und zum 1.4.1989 auf 37,0 Stunden vereinbart wurde, kam die Wochenarbeitszeitverkürzung im **öffentlichen Dienst** – verglichen mit der Privatindustrie – nur sehr zögernd voran. Erst in der Tarifrunde 1988 gelang auch hier nach langwierigen Verhandlungen und einer schwierigen Schlichtungsrunde der Einstieg in die Arbeitszeitverkürzung (Verkürzung um eine halbe Stunde zum 1.4.1989 und um eine weitere halbe Stunde zum 1.4.1990).

Im Ergebnis führte die gewerkschaftliche Arbeitszeitpolitik zwischen 1984 und 1988 zu einer **Verringerung der tariflichen Arbeitszeit** um fast eine Stunde (von 39,9 auf 39,0 Std.) *(vgl. Kurz-Scherf, 1989, S.115ff.)*. Ende 1988 galt für mehr als 15 Mio. Beschäftigte (83 % der von den Tarifverträgen der DGB-Gewerkschaften erfaßten Arbeitnehmer) eine Arbeitszeit von unter 40 Stunden pro Woche *(vgl. auch Tabelle 24)*.

Bereits in Kraft getreten waren die vereinbarten Arbeitszeitverkürzungen für 9,135 Mio. Beschäftigte; weitere 3,307 Mio. Beschäftigte kamen zu diesem Zeitpunkt in den Genuß einer verkürzten Arbeitszeit in Form von freien Tagen. Die vereinbarte durchschnittliche regelmäßige tarifliche Wochenarbeitszeit betrug sogar nurmehr 38,4 Stunden. Für 43,5 % der Beschäftigten war die Arbeitszeit Ende 1988 bereits auf 38,5 Stunden und für 23,6 % auf 37 Stunden verkürzt worden. Vor allem in der Eisen- und Stahlindustrie war bereits eine Wochenarbeitszeit von 36,5 Stunden erreicht *(vgl. Kurz-Scherf, 1989, S.126ff.)*.

Während mittlerweile die beschäftigungspolitische Bedeutung von Arbeitszeitverkürzungen unstrittig ist, bestehen nach wie vor erhebliche Auffassungsunterschiede hinsichtlich der **Höhe des Beschäftigungseffektes.** Eine Ursache voneinander abweichender Ergebnisse ist sicherlich, daß bis heute beträchtliche methodische und datenmäßige Schwierigkeiten bestehen, den Einfluß von Arbeitszeitverkürzungen auf die Beschäftigungsentwicklung abzuschätzen.

Umso beachtlicher ist, daß die meisten Untersuchungen trotz Anwendung unterschiedlicher Berechnungsverfahren den Wert für die Beschäftigungswirksamkeit zwischen 50 und 75 % veranschlagen (lediglich die Untersuchungen von Gesamtmetall kamen zu einem deutlich niedrigeren Wert). Berücksichtigt man verschiedene zusätzliche beschäftigungsmindernde Einflüsse, kann ein Wirkungsgrad von 50 bis 65 % unterstellt werden *(vgl. Seifert, 1989, S.159 f.).* Auf dieser Grundlage gelangt man zu 220.000–280.000 Beschäftigungsverhältnissen, die durch die seit 1984 wirksam gewordenen tariflichen Arbeitszeitverkürzungen gesichert bzw. geschaffen wurden. Unter Berücksichtigung der Ende 1988 bereits vereinbarten weiteren Verkürzungen erhöht sich der Beschäftigungseffekt auf etwa 250.000–300.000 *(vgl. Seifert, 1989, S.160; Engelen-Kefer, 1989, S.84).*

2. 4. 2 Verkürzung der Lebensarbeitszeit (Vorruhestandsregelungen)

Bereits seit Beginn der 70er Jahre haben sich ohne besondere öffentliche Beachtung Zeitpunkt und Formen des **Übergangs vom Erwerbsleben in den Ruhestand** deutlich verändert. Zunehmend mehr ältere Arbeitnehmer schieden vor dem einst »normalen« Rentenzugangsalter von 65 Jahren aus dem Erwerbsleben aus *(vgl. Bäcker, 1979, S.353ff., 1980, S.3ff.).* Neben der Möglichkeit des Bezuges einer altersunabhängigen Erwerbsunfähigkeitsrente im Fall gesundheitlicher Einschränkungen gewannen dabei in wachsendem Maße Übergangsformen an Bedeutung, „bei denen zwischen dem Ausscheiden aus dem Erwerbsleben und dem Bezug einer Altersrente bestimmte »Zwischenphasen« durchlaufen werden" *(Jacobs/Schmähl, 1988, S.194).* Besondere Aufmerksamkeit erlangte die Beschäftigung älterer Arbeitnehmer und ihr Ausscheiden aus dem Erwerbsleben vor allem vor dem Hintergrund der ungünstigen Arbeitsmarktentwicklung. Nunmehr wurde die Verkürzung der Lebensarbeitszeit als eine der Möglichkeiten angesehen, den Arbeitsmarkt zu entlasten.

Noch bevor ein gezielter arbeitsmarktpolitischer Einsatz dieses Instrumentariums erfolgte, führte die Arbeitsmarktlage zu einer intensiveren Inanspruchnahme der bereits seit langem bestehenden sog. **»59er-Regelung«**.

„Spätestens seit Ende der 70er Jahre machten sich immer mehr Unternehmen diese Regelung zunutze, um ihre Belegschaften auf Kosten der Arbeitslosen- sowie der Rentenversicherung zu verjüngen. Ansonsten nur schwer kündbare Arbeitnehmer, die ihren Betrieb mit 59 Jahren verließen, erhielten zumeist eine Abfindung sowie eine Aufstockung des Arbeitslosengeldes auf ihr bisheriges Nettoentgelt, ehe sie mit 60 Jahren Altersruhegeld beziehen konnten" *(Jacobs/Schmähl, 1988, S.197).* Obwohl derartige Praktiken durch die 1982 eingeführte und 1984 verschärfte Erstattungspflicht der Betriebe für diese weniger lukrativ geworden sind, scheidet auf diesem Wege immer noch eine beträchtliche Zahl von Arbeitnehmern aus dem Erwerbsleben aus *(vgl. Naegele/Voges, 1988; vgl. auch: Wanka, 1982, S.387ff.).*

Arbeitsmarktpolitisch gezielt eingesetzt wurde die Verkürzung der Lebensarbeitszeit mit dem **Vorruhestandsgesetz vom 13. April 1984** [BGBl.I S.601]. Ziel des bis zum 31.12. 1988 befristeten Gesetzes war es, tarif- oder einzelvertragliche Vereinbarungen über das vorzeitige Ausscheiden aus dem Erwerbsleben von Arbeitnehmern, die 58 Jahre oder älter waren, zu erleichtern. Der sog. **Vorruhestand** sollte in der Regel mit 58 Jahren beginnen und bis zum frühestmöglichen Bezug einer Altersrente dauern. Sofern der Arbeitgeber dem freiwillig ausscheidenden Arbeitnehmer während dieser Zeit ein Vorruhestandsgeld von mindestens 65 % des bisherigen Bruttoarbeitsentgelts zahlte und die Stelle wiederbesetzt wurde, gewährte die BA dem Arbeitgeber einen Zuschuß *(vgl. Faude/Schüren, 1985; Oetker, 1986, S.295ff.).*

Das Gesetz verstand sich als Angebot an die Tarifparteien, für den Übergang vom Erwerbsleben in den Ruhestand tarifvertragliche Regelungen zu treffen. Entsprechend war vorgesehen, die Höhe des Vorruhestandsgeldes sowie den Anspruch auf Vorruhestand durch Tarifvertrag oder Einzelvereinbarung (nicht Betriebsvereinbarung) zu regeln. Allerdings mußte das Vorruhestandsgeld, das ab 1. 1. 1985 bis zu einer Höchstgrenze von 36.000 DM jährlich steuerfrei war, mindestens 65 % des bisherigen Bruttoarbeitsentgelts betragen, um Zuschüsse seitens des Arbeitsamtes erhalten zu können. Zuschüsse in Höhe von 35 % des gesetzlichen Vorruhestandsgeldes (65 %) zzgl. der Arbeitgeberbeiträge zur Kranken- und Rentenversicherung wurden zudem nur dann gewährt, wenn der freigewordene Arbeitsplatz durch einen Arbeitslosen oder einen Jugendlichen, der nach Abschluß der Ausbildung einen Arbeitsplatz suchte, wiederbesetzt wurde.

Während die **Gewerkschaften** nach anfänglicher Skepsis das Gesetz schließlich durchaus positiv bewerteten, waren die **Arbeitgeber** mit der Vorruhestandsregelung wenig zufrieden, da sie nach ihrer Ansicht eine zu hohe Kostenbelastung für die Betriebe beinhaltete. Obwohl im Laufe der Zeit zwischen den Tarifparteien rd. 400 Vereinbarungen über die Gewährung von Vorruhestandsgeld abgeschlossen wurden, wobei die meisten Regelungen ein Vorruhestandsgeld von 75 % vorsahen, blieb die Inanspruchnahme deutlich hinter den ursprünglichen Erwartungen zurück.

Gründe dafür waren – neben Anlaufschwierigkeiten – vor allem die Konkurrenz durch die 59er-Regelung. Einfluß dürfte auch die Tatsache gehabt haben, daß für den Bereich der Metallindustrie eine nur wenig attraktive Vorruhestandsvereinbarung ohne ein Anspruchsrecht der Arbeitnehmer getroffen wurde *(vgl. Kühlewind, 1986, S.214)* und im öffentlichen Dienst überhaupt keine tarifliche Vorruhestandsregelung zustande kam.

Nach den Feststellungen der BA machten insgesamt etwa 165.000 Arbeitnehmer von der Möglichkeit des Vorruhestandes Gebrauch. Bis Ende 1988 gingen bei den Arbeitsämtern 101.012 Anträge auf Zuschußgewährung ein. Davon wurden 88.846 bewilligt (4.979 wurden abgelehnt, der Rest war Ende 1988 noch nicht bearbeitet). Von den freigewordenen Stellen wurden im Gesamtzeitraum 85.918 Stellen wiederbesetzt (darunter 66.090 mit arbeitslos gemeldeten Personen, 18.573 mit Jugendlichen, die ihre Ausbildung beendet hatten) *(vgl. ANBA, Nr.5/1989, S.700ff.)*. Obgleich die Maßnahme ohne Zweifel zu einer Entlastung des Arbeitsmarktes beigetragen hat, wurde das Gesamtpotential (1,8 Mio. Arbeitnehmer) der – bezogen auf den gesetzlichen Rahmen – in Frage kommenden Arbeitnehmer nur zu etwa 10 % ausgeschöpft *(vgl. Meinhardt/Zwiener, 1988, S.42)*. Das tarifliche Potential lag bei rd. 540.000 Arbeitnehmern.

Nachdem die Bundesregierung im Januar 1988 beschlossen hatte, das Gesetz über den vorgesehenen **Auslaufzeitpunkt** hinaus nicht zu verlängern, kam es in der Folgezeit zu einer recht **kontroversen Diskussion** über die zukünftige Gestaltung des Übergangs vom Erwerbsleben in den Ruhestand. Während die eine Seite es aus beschäftigungspolitischen Gründen für dringend geboten hielt, verbesserte Möglichkeiten zum vorzeitigen **Ausscheiden aus dem Erwerbsleben** anzubieten, wies die andere Seite vor allem auf die durch solche Regelungen sich langfristig verschärfenden **Finanzierungsprobleme der Alterssicherungssysteme** hin.

Schließlich wurde als politischer Ersatz für die ausgelaufene Vorruhestandsregelung im Rahmen der 9. AFG-Novelle *(vgl. S.181ff.)* mit Wirkung zum 1. 1. 1989 eine sog. **Altersteilzeitregelung** eingeführt. Im Gegensatz zur bisherigen Regelung fördert dieses Gesetz nicht mehr das vollständige vorzeitige Ausscheiden aus dem Beruf, sondern will einen Beitrag leisten zu einem **gleitenden Übergang** älterer Arbeitnehmer vom Arbeitsleben in den Ruhestand. Die nunmehr getroffene arbeitsrechtliche Altersteilzeitregelung ist bis Ende 1992 befristet und soll danach durch eine **rentenrechtliche Dauerlösung** ersetzt werden.

Das Altersteilzeitgesetz legt primär die Voraussetzungen fest, die erfüllt sein müssen, damit ein Arbeitgeber seine Aufwendungen für die Altersteilzeitregelung von der BA erstattet bekommt. Dagegen sind Regelungen darüber, unter welchen Bedingungen ein älterer Arbeitnehmer bei Gewährung einer Kompensationsleistung des Arbeitgebers seine Arbeitszeit verkürzen kann, tarifvertraglichen, betrieblichen oder einzelvertraglichen Vereinbarungen vorbehalten. Das Gesetz selbst gibt dem Arbeitnehmer keinen rechtlichen Anspruch auf eine Altersteilzeitregelung. Stattdessen sollen finanzielle Anreize zum Abschluß kollektiv- und individualrechtlicher Vereinbarungen führen. Die BA erstattet dem Arbeitgeber die Lohnausgleichsleistungen in Höhe der Mindestanforderungen, wenn ein älterer Arbeitnehmer (mindestens 58 Jahre alt, mindestens 3jährige beitragspflichtige Beschäftigung innerhalb der letzten 5 Jahre) mit seinem Arbeitgeber eine Verringerung der regelmäßigen Arbeitszeit auf die Hälfte, mindestens jedoch 18 Stunden, vereinbart und der Arbeitgeber das durch Altersteilzeit erzielte Bruttoarbeitsentgelt durch einen Aufstockungsbetrag (mindestens 20 %) ergänzt, Beiträge zur Höherversicherung in der GRV (mindestens in Höhe des Pflichtbeitrages) entrichtet und den durch Altersteilzeit freigemachten Arbeitsplatz mit einem beim Arbeitsamt arbeitslos gemeldeten Arbeitslosen wiederbesetzt *(vgl. Pröbsting, 1989, S.724)*.

Überwiegend wird davon ausgegangen, daß die **Inanspruchnahme** der Altersteilzeit und ihr **Beschäftigungseffekt** insgesamt geringer sein werden als bei der Vorruhestandsregelung.

Vorteile bringt der gleitende Übergang in den Ruhestand vor allem aus gerontologischer Sicht; günstig bewertet werden auch die bei Altersteilzeit mögliche Ausschöpfung der Leistungskraft älterer Mitarbeiter, die verbesserten Möglichkeiten der Einarbeitung von Stellennachfolgern sowie Flexibilitätsvorteile bei Personalanpassungen. Gegen die Altersteilzeit sprechen insbesondere die häufige Unteilbarkeit der Arbeitsplätze, Schwierigkeiten beim »pairing«, die Erhöhung des Personalverwaltungsaufwandes sowie das Entstehen von lohnunabhängigen Kosten. Erfahrungen mit bereits praktizierten tariflichen Altersteilzeitregelungen (z. B. in der Zigarettenindustrie und der chemischen Industrie) bestätigen, daß sowohl die Betriebe wie die Arbeitnehmer das vollständige Ausscheiden bevorzugen. Inanspruchnahmehemmend auf seiten der Betroffenen wirken u. a. die Einkommensreduzierung bei gleichbleibenden fixen Kosten, der Verlust der Rollenidentität sowie die Furcht vor beruflichen und sozialen Positionsverlusten.

Die ersten Erfahrungen mit der Altersteilzeitregelung waren wenig ermutigend; Mitte 1989 war noch kein Tarifvertrag über Altersteilzeitarbeit zustande gekommen; zudem waren bis zum 30.6.1989 lediglich 111 Anträge auf Leistungen nach § 4 des Altersteilzeitgesetzes gestellt worden, von denen 11 bewilligt und 80 noch nicht abschließend bearbeitet waren [BT-Drs. 11/5037, S.14].

Erwähnenswert ist schließlich, daß ab 1. 1. 1986 die **Altersgrenze**, mit deren Erreichen ein **Bundesbeamter** auf Antrag auch ohne Nachweis der Dienstunfähigkeit in den Ruhestand versetzt werden kann, vom 63. auf das 62. Lebensjahr herabgesetzt wurde. Neben arbeitsmarktpolitischen Zielen diente diese Maßnahme zugleich der Wiederherstellung der Rechtseinheit zwischen Bund und Ländern *(vgl. SB 1986, S.20)*.

2. 4. 3 Teilzeitbeschäftigung und Arbeitszeitflexibilisierung

Teilzeitarbeit

Während die Arbeitgeber wegen angeblicher Mehrkosten und organisatorischer Probleme jahrelang einer **Ausweitung der Teilzeitarbeit** eher ablehnend gegenüberstanden, betrachten Arbeitgeberverbände und Bundesregierung dieses Instrument inzwischen als eine der wirksamsten Möglichkeiten, bei gegebenem Arbeitsvolumen mehr Arbeitskräfte zu beschäftigen und den Arbeitsmarkt zu entlasten *(SozInf, Nr.9/1985)*. Auf erhebliche **Vorbehalte** stößt die Forderung nach vermehrter Teilzeitarbeit noch immer vor allem auf **Gewerkschaftsseite**, wo man davon ausgeht, daß Teilzeitbeschäftigte schlechtere Arbeitsbedingungen erhalten. Die Gewerkschaften befinden sich allerdings hier in „einem zum Teil selbstverschuldeten Dilemma" *(Kurz-Scherf, 1988 a, S. 93)*, da die Schaffung vermehrter Teilzeitarbeitsplätze zweifellos einem **gestiegenen Interesse** zahlreicher Arbeitnehmer an derartigen Beschäftigungsmöglichkeiten entgegenkommt und es die Gewerkschaften lange Zeit versäumt haben, tarifvertragliche Regelungen der Teilzeitarbeit zu erreichen. Obwohl sich zwischen 1960 und 1980 die Teilzeitbeschäftigung vervierfacht und sich die Teilzeitarbeit in einigen Wirtschaftsbereichen bereits zum empirischen Normalarbeitsverhältnis entwickelt hat *(vgl. Kurz-Scherf, 1987, S.694ff.)*, überstieg die Nachfrage nach Teilzeitarbeit seit langem das Angebot. Trotz des beachtlichen Anstiegs von Teilzeitbeschäftigten von 1.569.486 auf 2.117.222 im Zeitraum 1980–1988 suchten 1988 im Jahresdurchschnitt noch immer 239.000 Arbeitslose ausschließlich eine Teilzeitbeschäftigung.

Nur bedingt ermitteln läßt sich der durch Teilzeitarbeit erzielte Beschäftigungseffekt, zumal Daten über den zeitlichen Umfang der Teilzeitbeschäftigung fehlen und der anzunehmende arbeitszeitinduzierte Produktivitätseffekt kaum meßbar ist. Dennoch dürfte sich Schätzungen zufolge für die Jahre 1984 bis 1988 ein durch vermehrte Teilzeitarbeit ausgelöster **»Beschäftigungseffekt«** von etwa 65.000 bis 70.000 Arbeitsverhältnissen ergeben haben *(vgl. Seifert, 1989, S.161)*.

Der deutlich verstärkte Trend zur Teilzeitbeschäftigung wird zwar sowohl von **betrieblichen Flexibilitätsinteressen** wie von **individuellen Bedürfnissen** getragen, gleichwohl sind mögliche negative Effekte durchaus zu beachten. Insbesondere muß vermieden werden, daß die Flexibilisierung der Arbeitsabläufe dazu führt, „daß der Beschäftigungszuwachs vornehmlich durch Ausweitung geringfügiger und sozialrechtlich ungeschützter Beschäftigungsverhältnisse erfolgt" *(SB 1986, S.20)*. Hinzu kommt, daß die **soziale Absicherung** der Teilzeitbeschäftigten noch durch erhebliche Lücken gekennzeichnet ist; erst mit dem am 1.1.1985 in Kraft getretenen **Beschäftigungsförderungsgesetz** wurden ansatzweise spezifische gesetzliche Grundlagen geschaffen und in einigen Wirtschaftsbereichen besondere Tarifverträge zur Regelung der Teilzeitarbeit abgeschlossen (z. B. in der Chemie-Industrie der Tarifvertrag über Teilzeitarbeit vom 13.4.1987 sowie der Tarifvertrag über Teilzeitarbeit zwischen der VW-AG und der IG Metall vom 14.12.1987).

Erhebliche Anstrengungen zur Ausweitung der Teilzeitbeschäftigung wurden in den letzten Jahren im Bereich des **öffentlichen Dienstes** unternommen. Einen entscheidenden Schritt stellte das **Fünfte Gesetz zur Änderung dienstrechtlicher Vorschriften vom 25. Juli 1984** [BGBl.I S.998] dar, durch das die Möglichkeiten der Teilzeitarbeit und der Beurlaubung erheblich erweitert wurden.

Die wichtigsten Neuregelungen waren die Teilzeitbeschäftigung von bis zu 10 Jahren aus arbeitsmarktpolitischen Gründen, der arbeitsmarktpolitische Urlaub von 6 Jahren, die Ausdehnung des Bewilligungszeitraumes für familienbezogenen Urlaub von 6 auf 9 Jahre sowie der sog. Altersurlaub (vom 55. Lebensjahr ab und nach einer Vollbeschäftigung im öffentlichen Dienst von mind. 20 Jahren). Teilzeitbeschäftigung und Urlaub nach der familienpolitischen und nach der arbeitsmarktpolitischen Fallgruppe konnten nunmehr zusammen 18, in Ausnahmefällen 23 Jahre betragen *(vgl. SB 1986, S.20)*.

Durch tarifvertragliche Vereinbarung wurden unterdessen auch für die Angestellten des öffentlichen Dienstes verbesserte Regelungen der Teilzeitbeschäftigung geschaffen (Anwendung des BAT ab einer wöchentlichen Arbeitszeit von 18 Stunden; Verbesserung des Bewährungsaufstiegs; volle Anrechnung der Zeiten einer Teilzeitbeschäftigung; Einbeziehung Teilzeitbeschäftigter in die Zusatzversorgung etc.). Zugleich traten am 1.8.1989 neue Vorschriften über die Teilzeitarbeit von Beamten in Kraft; u. a. wurde der zulässige Zeitrahmen von 10 auf 15 Jahre ausgedehnt und bei Beurlaubung der Zeitraum von 9 auf 12 Jahre erweitert. Allerdings sind diese Regelungen bis zum 31.12.1993 befristet, da man seitens des Innenministeriums Teilzeitarbeit im Prinzip mit den Grundsätzen des Berufsbeamtentums nicht für vereinbar hält.

Immerhin haben die verschiedenen Regelungen des öffentlichen Dienstes dazu geführt, daß sich bereits im Juni 1986 (1988) der Anteil der Teilzeitbeschäftigten im gesamten öffentlichen Dienst (Beamte, Richter, Angestellte, Arbeiter) auf 17,26 % (17,65 %) belief; bei den sozialversicherungspflichtig beschäftigten Arbeitnehmern insgesamt betrug der Anteil erst 9,41 % (1988: 9,96 %) *(vgl. StJbBRD, 1989, S.102, S.443)*.

Arbeitszeitflexibilisierung

Im Zusammenhang mit der Arbeitszeitverkürzung und der Ausweitung der Teilzeitarbeit fordern die Arbeitgeber in jüngster Zeit darüber hinaus verstärkt eine **Flexibilisierung der Arbeitszeiten**. Dahinter steht offensichtlich die Absicht, die nicht zu vermeidenden Arbeitszeitverkürzungen wenigstens betriebswirtschaftlich optimal zu verwenden. Parallel zu den Forderungen nach Verkürzung der Wochenarbeitszeit entwickelte sich daher seit geraumer Zeit eine Diskussion, „wie Arbeitszeiten – insbesondere individuell verkürzte Arbeitszeiten – effizienter und kostengünstiger genutzt werden können" *(Gentz, 1989, S.19)*. Seitdem beherrschen Schlagworte wie »Flexibilisierung der Arbeitszeit« und »Entkoppelung von menschlicher Arbeitszeit und Maschinenlaufzeit« eine teilweise sehr emotionalisierte öffentliche Debatte, an der sich nicht nur die Tarifvertragsparteien, sondern auch die Politiker und nicht zuletzt die Kirchen engagiert beteiligen. Im Kern geht es dabei um die Fragen der **zeitlichen Fixierung der täglichen Arbeitszeit** sowie der Verteilung der Arbeitszeit auf die einzelnen Wochentage einschließlich der Frage der **Samstags- und Sonntagsarbeit**. Während die einen eine – der im Wandel begriffenen Arbeitswelt angepaßte – Neuverteilung der Arbeitszeiten anstreben, sehen andere die **Sonntagsruhe** als »hohes Kulturgut« bedroht und damit ureigenste kirchliche, aber auch familiäre Interessen tangiert *(vgl. Beyer, 1986)*.

Die tarifpolitische Forderung der Arbeitgeberseite, Möglichkeiten für eine Flexibilisierung der verkürzten Wochenarbeitszeit zuzulassen, kristallisierte sich zunehmend als konzeptionelle Reaktion auf die gewerkschaftliche Forderung nach Verkürzung der Wochenarbeitszeit heraus. Zweck der Arbeitszeitflexibilisierung ist es, den Unternehmen durch **Entkoppelung von Betriebs- und Arbeitszeit** eine kostengünstigere Ausnutzung kapitalintensiver Anlagen zu gestatten *(Linnenkohl, 1989, S.86)*. Besonders deutlich zeigte sich dies bei den Auseinandersetzungen um die **Sonntagsarbeit** bei Siemens, IBM und SEL, die für ihre High-Tech-Bereiche eine Ausnahmeregelung gem. § 105 c Abs.1 Nr.4 GewO verlangten *(vgl. Däubler, 1988 b)*.

Einen ersten Erfolg verbuchten die Arbeitgeber, als es ihnen auf der Basis des sog. LEBER-Kompromisses bei den Tarifabschlüssen in der Metallindustrie im Jahre 1984 gelang, als Gegenleistung zur Verkürzung der Wochenarbeitszeit Optionen zu deren »Flexibilisierung« durchzusetzen und damit „eine »Wende« in der Tarif- und Arbeitszeitpolitik (einzuleiten) und das bisher starre Arbeitszeitregime (aufzubrechen)" *(Linnenkohl, 1989, S.85 f.; Gentz, 1989, S.19 ff.)*. Als »Preis« für die Verkürzung der Wochenarbeitszeit mußten die Gewerkschaften eine Arbeitszeitflexibilisierung durch tarifvertragliche Zulassung von drei Grundmodellen akzeptieren: 1) unterschiedliche Arbeitszeiten für Arbeitnehmergruppen desselben Betriebes oder einer Betriebsabteilung, 2) Gewährung von Freischichten und 3) Umverteilung (Umschichtung, Flexion) der Wochenarbeitszeit durch regelmäßige Verkürzung der Anzahl der Arbeitstage bei gleichzeitiger Verlängerung der täglichen Arbeitszeit bis zur Höchstdauer von 10 Stunden *(vgl. Linnenkohl, 1989, S.86)*.

Die Arbeitszeitflexibilisierung wird auch in den nächsten Jahren ein kontroverses Thema bleiben, da ein gemeinsamer **Grundkonsens** der Tarifpartner über die Neugestaltung der Arbeitszeit nicht erkennbar ist. Hinzu kommt, daß „sichtbaren Vorteilen der »Arbeitszeitwende« ... ebensolche Nachteile gegenüber(stehen)" *(Linnenkohl, 1989, S.103)*. Während sie einerseits zweifellos Spielraum für eine **kostengünstigere Organisation** des **Produktionsprozesses** schafft, nimmt andererseits die Individualisierung der Arbeitsverhältnisse – mit der von den Gewerkschaften befürchteten **Gefahr der Entsolidarisierung** der Belegschaften – tendenziell zu. Problematisch ist darüber hinaus die mit der Arbeitszeitflexibilisierung verbundene **Aufwertung der Betriebsautonomie** zu Lasten der Tarifautonomie. Die Verlagerung von Regelungsbefugnissen auf die Betriebsebene berührt verfassungsrechtliche Grenzen, zumal auf dieser Ebene aufgrund von § 74 Abs.2 BetrVG eine »Tarifparität« durch das Mittel des Arbeitskampfes nicht hergestellt werden kann. Enge verfassungsrechtliche Grenzen sind zudem der **Ausdehnung der Sonn-**

tagsarbeit gesetzt; Art. 140 GG i.V. m. Art. 139 WRV schützt den Sonntag und staatlich anerkannte Feiertage als »Tage der Arbeitsruhe und der seelischen Erhebung« und schließt aus, den auf christlich-jüdischer Tradition beruhenden Wochenrhythmus zwischen Sonn- und Werktagen »wirtschaftlichen Gesichtspunkten zu opfern« *(vgl. Richardi, 1988 a).*

2. 5 Deregulierung und Flexibilisierung des Arbeitsmarktes

In Übereinstimmung mit verschiedenen Wirtschaftswissenschaftlern sehen die Arbeitgeber und die seit Herbst 1982 amtierende konservativ-liberale Regierung in einem angeblich allzu starren Arbeitsrecht eines der zentralen **Beschäftigungshemmnisse.** Nach ihrer Ansicht hindern bestehende arbeits- und sozialrechtliche Normen die Unternehmen daran, Arbeitslose einzustellen. Aus ehemals sinnvollen Schutzvorschriften sei eine die weitere wirtschaftliche Entwicklung behindernde »**Übersicherung**« entstanden. Gefordert wird eine **Deregulierung der Arbeitsmärkte.** Insbesondere dürfe die Verfolgung des Schutzinteresses für einzelne Arbeitnehmer nicht dem Beschäftigungsinteresse aller zuwiderlaufen *(vgl. SVR, 1987, S. 19).* Die Befürworter einer Deregulierung verweisen darauf, daß das Maß des gewährten Schutzes nicht von den **Bedürfnissen der Beschäftigten,** sondern von der **Marktmacht** abhängig sei, daß durch Orientierung des Arbeitsverhältnisses an der »männlichen Normalität des Facharbeiters« ein großer Teil der Frauen von der gleichberechtigten Teilnahme am Erwerbsleben ausgeschlossen werde und sich im Rahmen der überkommenen arbeitsrechtlichen Normen neue **Bedürfnisse nach Individualisierung** des Arbeitseinsatzes nicht realisieren ließen *(vgl. Däubler, 1988 a, S. 455).*

Die **Kritiker** – insbesondere aus den Reihen der Gewerkschaften – argumentieren, daß die Deregulierungsstrategie letztlich auf einen **Abbau von Schutzbestimmungen** abziele, also weniger Kündigungsschutz, weniger Mitbestimmung, mehr Sonntags- und Nachtarbeit bedeute und in ihrer radikalsten Form die Ersetzung arbeitsrechtlicher Strukturen durch traditionelles BGB-Zivilrecht anstrebe *(vgl. Däubler, 1988 a, S. 449);* Ziel sei es, den »Faktor Arbeit« besser an die betrieblichen Bedürfnisse anzupassen. Die Gegner der Deregulierung sehen das sog. »**Normalarbeitsverhältnis**« in Gefahr; dieses sei ein auf Dauer angelegtes, in seinem Bestand in gewissem Umfang rechtlich geschütztes Vollzeitarbeitsverhältnis *(vgl. Zachert, 1988, S. 458),* das eine Schutzfunktion für den einzelnen Arbeitnehmer erfülle, indem es seine materielle Existenz und damit seine Handlungschancen im außerbetrieblichen Teil des Lebens sichere.

In einem ersten Schritt kam die Bundesregierung unterdessen den Arbeitgebern entgegen. Mit dem in Teilen bis zum 1.1.1990 befristeten **Beschäftigungsförderungsgesetz** (BeschFG) **vom 26. April 1985** [BGBl.I S.710] sollten die bei den Arbeitgebern bestehenden Barrieren gegen Neueinstellungen abgebaut und das Arbeitsrecht aufgelockert werden. Kernpunkte des BeschFG waren die Erleichterung von **befristeten Arbeitsverträgen** *(vgl. Hanau, 1987, S. 25ff.; Schanze, 1986, S. 30ff.),* erweiterte Einsatzmöglichkeiten von **Leiharbeitskräften,** Einschnitte in den Geltungsbereich des **Kündigungsschutzrechts** sowie Einschränkungen der Verpflichtung zum Abschluß von **Sozialplänen.**

Das BeschFG 1985, das eine Vielzahl von Einzelregelungen enthielt, sah in den sog. arbeitsrechtlichen Vorschriften zur Beschäftigungsförderung u. a. bei Neueinstellungen die Zulassung einer einmaligen Befristigung der Arbeitsverträge auf höchstens 18 Monate vor, in Ausnahmefällen auch auf 2 Jahre, wenn sich der Arbeitgeber in den letzten 6 Monaten vor Vertragsschluß selbständig gemacht hatte (Unternehmen bis zu 20 Arbeitnehmern). Diese Norm galt jedoch nicht bei Kettenarbeitsverträgen und bei einem Arbeitsverhältnis, das vor weniger als 4 Monaten bei demselben Arbeitgeber beendet worden war. Zulässig war dagegen, Auszubildende nach Beendigung der Ausbildung im Rahmen eines befristeten Arbeitsvertrages weiterzubeschäftigen. Für die Dauer der Befristung galt der für Dauerarbeitsverhältnisse maßgebliche Kündigungsschutz.

Darüber hinaus wurde durch das BeschFG 1985 die Teilzeitarbeit arbeitsrechtlich in wesentlichen Punkten neu gestaltet; u. a. wurden Informationspflichten des Arbeitgebers über teilzeitgerechte Arbeitsplätze im Betrieb geschaffen, Möglichkeiten eingeführt, variable Arbeitszeiten je nach Arbeitsbedarf und Arbeitsanfall zu vereinbaren, Rechte und Pflichten beim sog. Job-Sharing normiert, die Anwendungsvoraussetzungen für den Kündigungsschutz modifiziert (insb. durch veränderte Zählweise der Teilzeitbeschäftigten) und festgehalten, daß Teilzeitbeschäftigte im Arbeitsverhältnis vor einer sachlich nicht gerechtfertigten Ungleichbehandlung im Vergleich zu Vollzeitarbeitnehmern geschützt sind *(vgl. Frerich, 1987, S.539 f.; Hauck/Bürsch, 1986, S.25)*.

Nach Ansicht der Bundesregierung hat sich – im Gegensatz zu der Auffassung der Gewerkschaften sowie der SPD und der GRÜNEN – das BeschFG 1985 „als eine von mehreren Maßnahmen im Gesamtkonzept der Bundesregierung zur Bewältigung der Arbeitslosigkeit bewährt" [BT-Drs. 11/4952, S.7]. Sie wies daraufhin, daß Befürchtungen, befristete Arbeitsverträge würden als Instrument zur Umgehung des Arbeitnehmerschutzes genutzt, weitgehend widerlegt worden seien. Dagegen seien Schätzungen zufolge aufgrund des BeschFG bis Mitte 1989 rd. 150.000 zusätzliche Dauerarbeitsverhältnisse geschaffen worden, auch wenn eingeräumt werden müsse, daß das Gesetz u. U. in nicht quantifizierbarer Höhe Beschäftigungsverhältnisse auf Dauer verhindert habe, die ohne das Gesetz zustande gekommen wären *(vgl. Adamy, 1988; Möller, 1988, S.466ff.)*.

Nach den Ergebnissen der von der Bundesregierung in Auftrag gegebenen Evaluationsstudien waren zwischen Mai 1985 und April 1987 knapp 26 % aller befristeten Arbeitsverträge auf der Grundlage des BeschFG abgeschlossen worden (ca. 850.000 Arbeitsverträge). Neueinstellende Betriebe haben in diesem Zeitraum zu rd. 56 % die erleichterten Befristungsmöglichkeiten des Gesetzes genutzt. Von den Betrieben der Privatwirtschaft, die das Gesetz angewandt haben, nahmen eigenen Angaben zufolge 46 % mehr Neueinstellungen als ursprünglich geplant vor. Nach den Untersuchungsergebnissen wurden 56 % der zusätzlich eingestellten Arbeitnehmer anschließend in ein Dauerarbeitsverhältnis übernommen. Allerdings waren nur 2 % der Arbeitsvermittler der Meinung, das Gesetz habe sich »deutlich entlastend« auf die Arbeitsmarktlage ausgewirkt; anerkannt wurde jedoch, daß sich die Arbeitgeber teilweise schneller zu Neueinstellungen entschlossen hätten. Zudem haben knapp 65 % der Arbeitsvermittler festgestellt, daß die Betriebe bei Auftragsrückgang eher bereit seien, befristete Arbeitsverträge nach dem BeschFG 1985 auslaufen zu lassen, als unbefristete Arbeitsverträge zu kündigen. Von den Arbeitnehmern schließlich waren rd. 14 % der Meinung, mehr Leistung als ihre in einem Dauerarbeitsverhältnis stehenden Kollegen erbringen zu müssen; 17 % waren zudem der Ansicht, ihre Rechte schlechter als diese wahrnehmen zu können [BT-Drs.11/4952, S.5 ff.].

Unter Hinweis auf die anhaltend schwierige Arbeitsmarktlage legten die Fraktionen der CDU/CSU und der FDP am 14.7.1989 den **Entwurf eines Gesetzes zur Verlängerung beschäftigungsfördernder Vorschriften** [BT-Drs. 11/4952] vor. Ziel dieses Gesetzentwurfes war es, mehrere befristete gesetzliche Regelungen, die der Beschäftigungsförderung dienen sollen, bis Ende 1995 zu verlängern.

Hierzu gehörten u. a. die Erleichterungen beim Abschluß befristeter Arbeitsverträge, verschiedene Bestimmungen des AFG, die Verlängerung der zulässigen Höchstdauer für die Arbeitnehmerüberlassung auf 6 Monate sowie die Doppel- und Mehrfachanrechnung von schwerbehinderten Auszubildenden auf die Zahl der Pflichtplätze.

Nach heftigen Kontroversen verabschiedete der Bundestag schließlich mit der Mehrheit der Koalitionsfraktionen am 15.11.1989 das **Beschäftigungsförderungsgesetz 1990 (BeschFG 1990) vom 22. Dezember 1989** [BGBl.I S.2406]. Das Gesetz brachte insbesondere die zeitliche Verlängerung einer Reihe von zeitlich befristeten Regelungen, die seit 1985 durch das BeschFG 1985, das 7. und 8. AFG-ÄndG sowie die Novelle 1986 zum SchwbG eingeführt worden waren, bis zum 31.12.1995. Im einzelnen handelt es sich um folgende Regelungen:

- Erleichterungen beim Abschluß befristeter Arbeitsverträge gem. § 1 Abs.1 des Gesetzes über arbeitsrechtliche Vorschriften zur Beschäftigungsförderung;
- weitere Zulässigkeit der unentgeltlichen Vermittlung von Ausbildungsstellen durch Dritte im Auftrag der BA (§§ 29 Abs.4, 242 e AFG);
- Förderung von Arbeitslosen unter 25 Jahren in berufsvorbereitenden Bildungsmaßnahmen ohne Anrechnung von Einkommen bereits nach 4 Monaten beitragspflichtiger Beschäftigung (§ 40 a Abs.1 a AFG) sowie bei Teilnahme an Vorbereitungslehrgängen zum nachträglichen Erwerb des Hauptschulabschlusses und an allgemeinbildenden Kursen zum Abbau von beruflich schwerwiegenden Bildungsdefiziten (§ 40 b AFG);
- Förderung der Teilnahme Jugendlicher unter 25 Jahren an beruflichen Bildungsmaßnahmen im Teilzeitunterricht sowie der Teilnahme an beruflichen Bildungsmaßnahmen für Arbeitnehmer nach der Betreuung und Erziehung eines Kindes durch Teil-Unterhaltsgeld (§ 44 Abs.2 AFG);
- Senkung des Mindestalters für die Zuweisung in Arbeitsbeschaffungsmaßnahmen für ältere Arbeitnehmer auf 50 Jahre (§ 97 Abs.3 AFG) und Erleichterung des Bezuges von Arbeitslosengeld für Arbeitslose nach Vollendung des 58. Lebensjahres bei Beantragung des Altersruhegeldes zum frühestmöglichen Zeitpunkt (§ 105 c Abs.1 AFG);
- Verlängerung der Sperrzeit (12 statt 8 Wochen) wegen unbegründeter Arbeitsaufgabe (§§ 119 a, 155 a AFG);
- Verlängerung der zulässigen Höchstdauer für die Arbeitnehmerüberlassung auf 6 Monate (Art. 6 § 3a Abs.1, 2 AÜG) sowie Erleichterung der »Kollegenhilfe« zur Vermeidung von Kurzarbeit oder Entlassungen und
- Beibehaltung der Vorschrift der Nichtzählung der Ausbildungsplätze für die Zwecke des SchwbG und der Doppel- und Mehrfachanrechnung schwerbehinderter Auszubildender auf die zu besetzenden Pflichtplätze (§ 8 S.1, § 10 Abs.2 SchwbG).

Am heftigsten umstritten blieb in den parlamentarischen Beratungen die Verlängerung der Regelungen über die **erleichterte Zulassung von befristeten Arbeitsverträgen** ohne sachlichen Grund [BT-Drs. 11/5654, S.9 f.]. Während CDU/CSU und FDP die Auffassung vertraten, daß sich die Befristungsregelung bewährt habe, lehnten die SPD und die Fraktion DIE GRÜNEN die Regelungen des BeschFG 1990 überwiegend ab.

Ihre Ablehnung begründeten sie v. a. damit, daß die Befristungsregelung selbst in der Zeit guter Konjunktur zu keinem positiven Beschäftigungseffekt geführt habe. Sie verwiesen darauf, daß der höhere Anteil befristeter Beschäftigung dazu führe, daß bei einem Konjunkturrückgang der Personalabbau schneller durchgesetzt werden könne; deshalb seien sowohl das BeschFG 1985 wie das BeschFG 1990 tatsächlich »Entlassungsförderungsgesetze« und hätten die Funktion, Sozialplankosten zu vermeiden [BT-Drs. 11/5654, S.12]. Außerdem verwiesen sie darauf, daß befristete Arbeitsverträge ohne sachlichen Grund zu einer Zwei-Klassen-Arbeitnehmerschaft führten und das Arbeitsrecht nicht zum »Experimentierfeld für eine ideologisch begründete Deregulierungsaktion werden« dürfe. Während die SPD jedoch den Änderungen des AFG inhaltlich überwiegend zustimmte, enthielten sich DIE GRÜNEN hierzu der Stimme.

Aufgrund der Ausschußberatungen wurden zudem andere Wirtschaftszweige als die Stahlindustrie in die Regelung des § 63 Abs.4 AFG (Personalanpassungen mit Hilfe von Kurzarbeitergeld) einbezogen. Hierzu wurde dem Bundesarbeitsminister die Möglichkeit eingeräumt, durch Rechtsverordnung die Frist für den Bezug des Kurzarbeitergeldes in den Jahren 1990 bis 1995 bis auf 24 Monate zu verlängern.

2. 6 Arbeitnehmerüberlassung und illegale Beschäftigung

In Anbetracht der ungünstigen Arbeitsmarktentwicklung bemühte sich der Gesetzgeber seit Anfang der 70er Jahre um eine wirksamere Regelung der **Arbeitnehmerüberlassung** sowie um eine erfolgreichere Bekämpfung der illegalen Beschäftigung in ihren Erscheinungsformen **Schwarzarbeit, illegale Ausländerbeschäftigung** und **illegale Arbeit-**

nehmerüberlassung. Nach weitgehend übereinstimmender Auffassung stört die illegale Beschäftigung den Arbeitsmarkt, weil sie die Schaffung neuer Arbeitsplätze verhindert und bestehende Arbeitsplätze gefährdet. Ferner gilt sie als eine besonders schlimme Form der Ausbeutung der Arbeitnehmer, die in eklatanter Weise ihrer sozialen Rechte beraubt sind. Zudem wird in ihr eine Belastung der Allgemeinheit gesehen, da im allgemeinen weder Steuern noch Sozialversicherungsbeiträge gezahlt werden *(vgl. Hempel, 1975).*

Während in bezug auf die **Verurteilung der illegalen Beschäftigung** grundsätzliche Einigkeit besteht und sich Meinungsverschiedenheiten allenfalls hinsichtlich der zu ergreifenden Bekämpfungsstrategien ergeben, wird die zugelassene Arbeitnehmerüberlassung sehr unterschiedlich eingeschätzt. Dies gilt auch für das verschiedentlich geänderte **Arbeitnehmerüberlassungsgesetz** (AÜG) **vom 7. August 1972** [BGBl.I S.1393] *(vgl. F. Becker, 1973; Schubel/Engelbrecht, 1973).* „Die einen halten dieses Gesetz für einen überflüssigen bürokratischen Hemmschuh, der sinnvolle arbeitsteilige Produktionsformen erschwert und damit unwirtschaftlich macht. Die anderen sehen in der gesetzlichen Zulassung der Arbeitnehmerüberlassung eine Störung des Arbeitsmarktes und die Gefahr, daß Leiharbeitnehmer zu Arbeitsbedingungen arbeiten müssen, die sozial- und arbeitsrechtlich nicht denen vergleichbarer Stammarbeiter entsprechen" [BT-Drs. 11/2639].

Tabelle 43: Bußgeld- und Strafverfahren im Bereich der BA 1982–1989

	1982	1984	1985	1986	1987	1988	1989
Aufgegriffene Fälle[1]	121.413	155.231	185.223	207.875	254.215	269.818	280.733
erledigte Fälle	123.131	150.030	181.713	202.669	245.139	270.127	275.489
Ahndungen insgesamt[2]	44.712	70.129	88.250	106.351	129.576	147.483	155.446
Verwarnungsgeld	2.535	4.306	5.453	7.149	24.282	27.971	29.270
Geldbußen	27.183	45.325	55.114	65.170	65.726	71.138	70.683
Strafanzeige[3]	3.171	4.413	5.268	4.736	4.620	6.166	5.911
darunter aufgegriffene Fälle nach der Rechtsgrundlage (Bußgeldverfahren)							
Arbeitneh.-Überlassung[4]	2.977	8.259	6.714	8.471	6.980	7.263	6.954
AE-Verfahren[5]	34.171	25.309	23.551	26.108	23.881	23.821	27.769
Alg, Alhi, Uhg[6]	54.344	77.331	106.351	118.266	158.511	168.032	181.430
Kindergeld	26.054	39.688	43.353	50.592	58.980	64.054	59.089

1) Bußgeldverfahren; 2) Verwarnungen mit und ohne Verwarnungsgeld, Geldbußen; 3) Strafverfahren: Strafanzeige oder Abgabe an die Staatsanwaltschaft (von BA-Dienststellen aufgegriffene Fälle); 4) § 228 Abs.1 Nr.1 AFG, Art.1 § 16 Abs.1 Nrn.1 und 3-9 AÜG; 5) § 229 Abs.1 und 2 AFG, Art.1 § 16 Abs.1 Nr.2 AÜG; 6) Mißbrauch bei Lohnersatzleistungen.
Quellen: BA (Hrsg.): Statistik des Straf- und Bußgeldverfahrens, St 45, Nürnberg (jährlich).

2. 6. 1 Legale Arbeitnehmerüberlassung

Während die **Bundesregierung** die **legale Arbeitnehmerüberlassung** im wesentlichen als unproblematisch einschätzt, sehen die **Gewerkschaften** in der Zunahme der Leiharbeit die Möglichkeit der Unterlaufung geltender Tarifverträge sowie die Gefahr einer Spaltung der Arbeitnehmerschaft in Stammarbeitnehmer und Leiharbeitnehmer, die in demselben Betrieb für dieselbe Arbeit unterschiedliche Entgelte erhalten. Gegen die ablehnende Haltung der Gewerkschaften hat die Regierung durch Art.8 des **Beschäftigungsförderungsgesetzes** vom 26. April 1985 [BGBl.I S.710] verschiedene Bestimmungen des **AÜG** gelockert *(vgl. Paasch, 1985, S.337ff.).*

Zum einen wurde die zulässige Überlassungsdauer von 3 auf 6 Monate verlängert, zum anderen wurden Ausnahmen vom AÜG zugelassen (das AÜG ist nicht mehr anzuwenden auf die Arbeitnehmerüberlassung zwischen Arbeitgebern desselben Wirtschaftszweiges zur Vermeidung von Kurzarbeit oder Entlassungen sowie den Verleih innerhalb eines Konzerns zwischen konzernangehörigen Unternehmen). Unter bestimmten Voraussetzungen ist ferner die Abordnung von Arbeitnehmern im Rahmen einer zur Herstellung eines Werkes gebildeten Arbeitsgemeinschaft aufgrund der Änderungen durch das 7. AFG-ÄndG vom 20. Dezember 1985 [BGBl.I S.2484] keine Arbeitnehmerüberlassung.

Quantitativ ist in den letzten Jahren eine Ausdehnung der Leiharbeit festzustellen. Die Zahl der Erlaubnisinhaber stieg von Juni 1984 bis Juni 1988 von 1.224 auf 3.470; insgesamt gab es 1988 als örtliche Einheiten 4.100 Verleihbetriebe (27 % mehr als 1987). Ebenfalls enorm angestiegen ist die Zahl der bei Verleihern unter Vertrag stehenden Arbeitnehmer; waren es Ende Juni 1984 erst 32.976, belief sich ihre Zahl im Juni 1988 bereits auf 87.743. Allein gegenüber 1987 bedeutete dies einen Anstieg um mehr als 20 %. Schätzungen zufolge kommt es jährlich zu rd. 600.000 Überlassungen *(vgl. ANBA, Nr.5/1989, S.691 f.)*.

In einem Gesetzentwurf vom 14. Juli 1987 [BT-Drs. 11/4952] befürworteten die Fraktionen der CDU/CSU und der FDP die Beibehaltung der verlängerten Überlassungsdauer sowie weitere Erleichterungen bei der sog. »Kollegenhilfe« im Bereich kleinerer Handwerksbetriebe.

2. 6. 2 Bekämpfung der illegalen Beschäftigung

Weitgehende Einigkeit besteht allerdings zwischen Bundesregierung, Parteien und Gewerkschaften in der Bekämpfung der **Schwarzarbeit** sowie der **illegalen Arbeitnehmerüberlassung** angesichts der unbestreitbar negativen sozialen und wirtschaftlichen Auswirkungen. Entschiedene Schritte in dieser Richtung erfolgten im Rahmen des **AFKG vom 22. Dezember 1981** [BGBl.I S.1497] sowie des **Gesetzes zur Bekämpfung der illegalen Beschäftigung vom 15. Dezember 1981** [BGBl.I S.1390] *(vgl. Frerich, 1987, S. 526f.)*.

Bis dahin konnten Auftraggeber und Auftragnehmer der Schwarzarbeit nur dann rechtlich belangt werden, wenn sie subjektiv aus Gewinnsucht gehandelt hatten, was regelmäßig sehr schwer nachweisbar war *(vgl. auch Achten, 1957; Gossrau, 1957)*. Nunmehr genügte es zu einer Rechtsverfolgung, wenn wirtschaftliche Vorteile in erheblichem Umfang erzielt wurden. Der Bußgeldrahmen für Auftraggeber und Auftragnehmer wurde auf 50.000 DM erhöht. Mangelnde Kontrollmöglichkeiten sowie der Umfang der illegalen Beschäftigung in der Bauwirtschaft führten zu einem generellen Verbot der Leiharbeit in diesem Bereich. Gegen das illegale Einschleusen von Ausländern wurden Strafvorschriften eingeführt; der Bußgeldrahmen für Arbeitgeber, die nichtdeutsche Arbeitnehmer ohne Arbeitserlaubnis beschäftigen, wurde auf 100.000 DM erhöht.

Im gesamten Bereich der Arbeitnehmerüberlassung wurden die Kontrollen und Sanktionen verschärft. Bis dahin konnten nur gegen illegale Verleiher sowie gegen Entleiher, die nichtdeutsche Arbeitnehmer ohne Arbeitserlaubnis tätig werden ließen, Bußgelder eingesetzt werden; nunmehr konnte generell ein Bußgeld bis zu 50.000 DM gegen Entleiher bei Arbeitnehmerüberlassung ohne Erlaubnis eingesetzt werden. Gleiches galt für Verleiher ohne Erlaubnis zur Arbeitnehmerüberlassung. Die zulässige Überlassungsfrist von Arbeitnehmern wurde festgeschrieben; bei Überschreiten konnte nach Beanstandung ein Bußgeld bis zu 5.000 DM erhoben werden.

Ein Schwerpunkt der Neuregelungen bestand in der Verbesserung und Koordinierung der Zusammenarbeit der Behörden, die mit illegaler Beschäftigung befaßt sind. In der Folgezeit richtete die BA in 25 (später 29) Stützpunkt-Arbeitsämtern Bearbeitungsstellen zur Bekämpfung illegaler Beschäftigung ein, die in der Zeit von Januar bis April 1983 ihre Arbeit aufnahmen. Eine enge Zusammenarbeit mit den Krankenkassen, den Berufsgenossenschaften, Gewerbeaufsichtsämtern, Finanz- und Ausländerbehörden sowie den für die Bekämpfung der Schwarzarbeit zuständigen Landesbehörden wurde angestrebt. Die Möglichkeiten effektiver Kontrollen vor Ort sollten weiterhin verbessert werden.

Ab 1985 wurden die gesetzlichen Rahmenbedingungen zur **Bekämpfung der illegalen Beschäftigung** sukzessive verbessert und die einschlägigen Regelungen weiter verschärft. Zu nennen sind u. a.:

- das *Beschäftigungsförderungsgesetz vom 26. April 1985* [BGBl.I S.710], das Arbeitgeber, die Ausländer in größerer Zahl und über längere Zeit illegal beschäftigen, mit Freiheitsstrafe bedroht;
- das *Steuerbereinigungsgesetz 1986 vom 19. Dezember 1985* [BGBl.I S.2436], nach dem der illegale Entleiher allgemein für die Lohnsteuer der Leiharbeitnehmer haftet;
- die *7. Novelle zum AFG vom 20. Dezember 1985* [BGBl.I S.2484], die ab 1. 1. 1986 die Möglichkeiten der Aufdeckung von Leistungsmißbrauch mittels Betriebsprüfungen der BA verstärkte;
- das *Zweite Gesetz zur Bekämpfung der Wirtschaftskriminalität vom 15. Mai 1986* [BGBl.I S.721], das eine gesamtschuldnerische Haftung des illegalen Verleihers und Entleihers für die Sozialversicherungsbeiträge der Leiharbeitnehmer vorsah;
- das *Gesetz zur Änderung asylverfahrensrechtlicher, arbeitserlaubnisrechtlicher und ausländerrechtlicher Vorschriften vom 6. Januar 1987* [BGBl.I S.89], das die Rückbeförderungspflicht der Beförderungsunternehmen erweiterte, die illegal einreisende Ausländer in die Bundesrepublik gebracht haben;
- die *8. AFG-Novelle vom 14. Dezember 1987* [BGBl.I S.2602], die die Kompetenzen der BA erneut erweiterte.

Bei der BA, die für die Bekämpfung der illegalen Beschäftigung zuständig ist, wurde die Zahl der mit diesen Angelegenheiten befaßten Bediensteten von 258 (1984) auf 377 im Jahre 1987 erhöht. Hinzu kommen Außendienstmitarbeiter, deren Zahl zwischen 1984 und 1987 von 267 auf 360 aufgestockt wurde. Im Jahre 1987 wurden u.a. 3.321 Fälle unerlaubten Verleihs von Arbeitnehmern (Art.1 § 16 Abs.1 Nr.1 AÜG) aufgegriffen. Die Summe der für dieses Delikt verhängten Geldbußen belief sich auf 11,3 Mio. DM. Entdeckt wurden ferner 7.739 Fälle der Beschäftigung von Ausländern ohne Arbeitserlaubnis. Weiterhin wurden 2.620 rechtskräftige Bußgeldbescheide wegen Schwarzarbeit verhängt [BT-Drs. 11/2639].

2. 7 Ausländerpolitik und Beschäftigungssystem

2. 7. 1 Regulierung des Arbeitsmarktzugangs von Ausländern

Seit Mitte der 70er Jahre wurde die **Ausländerpolitik** in der Bundesrepublik Deutschland vor allem durch drei **Grundsätze** geprägt *(vgl. auch Herbert, 1986)*. Zum einen sollten die Ausländer in die Lage versetzt werden, an dem gesellschaftlichen Leben in der Bundesrepublik unter Aufrechterhaltung ihrer heimatlichen kulturellen Bindungen voll und gleichberechtigt teilnehmen zu können. Zum zweiten sollte die rasche Zunahme der Ausländer in der Bundesrepublik gestoppt werden, wobei in der Stabilisierung der Ausländerzahlen nicht zuletzt eine entscheidende Voraussetzung für eine erfolgreiche Integration der Ausländer gesehen wurde. Drittens sollten die Rückkehrfähigkeit und -bereitschaft der Ausländer gefördert werden *(vgl. Frey, 1982 b, S.87 ff.)*.

Nachdem bereits mit dem Kabinettsbeschluß vom 6. Juni 1973 eine **Konsolidierung der Beschäftigung ausländischer Arbeitnehmer** mit dem Ziel angestrebt wurde, die Zahl der ausländischen Arbeitnehmer mit der Aufnahmefähigkeit der sozialen Infrastruktur in Einklang zu bringen, und mit dem Kabinettsbeschluß vom 22./23. November 1973 ein **Stopp der Anwerbung ausländischer Arbeitnehmer** ausgesprochen worden war, wurde mit dem **Gesetz zur Änderung des AFG und des Arbeitnehmerüberlassungsgesetzes vom 25. Juni 1975** [BGBl.I S.1542] verschärft gegen die **illegale Beschäftigung** ausländischer Arbeitnehmer in der Bundesrepublik vorgegangen.

Nach diesem Gesetz wurden die unberechtigte Anwerbung und Vermittlung von Arbeitnehmern im Ausland für eine Beschäftigung im Inland, die unberechtigte Vermittlung und Überlassung ausländischer Arbeitnehmer ohne Arbeitserlaubnis sowie die Beschäftigung und das Tätigwerdenlassen ausländischer Arbeitnehmer ohne Arbeitserlaubnis mit Freiheitsstrafe oder Geldbuße geahndet; den Arbeitgebern wurde untersagt, sich die für den ausländischen Arbeiter entrichtete Vermittlungsgebühr von diesem oder einem Dritten ganz oder teilweise erstatten zu lassen; Zuwiderhandlungen sollten mit einer Geldbuße von bis zu 50.000 DM geahndet werden.

Ab Mitte der 70er Jahre war es für gewöhnliche ausländische Arbeitnehmer aus Nicht-EG-Staaten praktisch unmöglich, zum deutschen Arbeitsmarkt zugelassen zu werden. Gemäß einer am 13. November 1974 ergangenen Anweisung an die Arbeitsämter war nach diesem Zeitpunkt sowohl für neu zur Arbeitsaufnahme einreisende als auch für bereits im Bundesgebiet befindliche Ausländer, die bislang keine Beschäftigung ausgeübt hatten, die **Erteilung einer Arbeitserlaubnis** grundsätzlich zu versagen. Von dieser **Stichtagsregelung** waren zunächst auch die Familienangehörigen von in der Bundesrepublik arbeitenden Ausländern betroffen. Nachdem für diesen Personenkreis bereits im April 1979 sog. »Wartezeitregelungen« eingeführt worden waren, legte das **6. AFG-ÄndG vom 3. August 1981 (»Wartezeitgesetz«)** [BGBl.I S.802] fest, daß Asylbewerbern sowie Ehegatten und Kindern ausländischer Arbeitnehmer eine Arbeitserlaubnis für eine erstmalige Beschäftigung nur dann erteilt wird, wenn sie sich eine bestimmte Zeit im Bundesgebiet aufgehalten haben.

Die Einzelheiten dieser Wartezeitregelung konnten durch den Bundesminister für Arbeit und Sozialordnung mittels Rechtsverordnung festgelegt werden. Für Ehegatten ausländischer Arbeitnehmer betrug die Wartezeit grundsätzlich 4 Jahre, für Kinder 2 Jahre; für letztere entfiel sie sogar ganz, wenn sie einen Rechtsanspruch auf die Aufenthaltserlaubnis insbesondere durch Teilnahme an beruflichen und sprachlichen Eingliederungsmaßnahmen erwarben. Für eine erstmalige Beschäftigung nach Ablauf der Wartezeit galt allerdings auch weiterhin der sog. Inländerprimat. Verschiedentlich geändert wurde die Wartezeit für Asylbewerber; seit Anfang 1987 darf ihnen erst nach einem Aufenthalt von mindestens 5 Jahren eine Arbeitserlaubnis erteilt werden.

Im übrigen ist seit August 1981 ausdrücklich festgelegt, daß eine Arbeitserlaubnis nicht erteilt werden darf, soweit die Beschäftigung durch eine ausländerrechtliche Auflage ausgeschlossen ist (§ 19 Abs.2 AFG). In der Praxis wirkte sich vor dem Hintergrund der ungünstigen Arbeitsmarktlage für die Ausländer vor allem jene Bestimmung negativ aus, nach der der Vorrang deutscher und diesen gleichgestellter ausländischer Arbeitnehmer auf dem Arbeitsmarkt sicherzustellen ist (**»Inländerprimat«**). Einen davon unabhängigen Arbeitsmarktstatus genießen Ausländer, die die **besondere Arbeitserlaubnis** besitzen. Seit dem Inkrafttreten der **8. VO zur Änderung der AEVO vom 24. Juli 1986** [BGBl.I S.1160] am 31. Juli 1986 erwerben ausländische Arbeitnehmer aus Nicht-EG-Staaten einen Rechtsanspruch auf die besondere Arbeitserlaubnis, wenn sie in den letzten 8 Jahren 5 Jahre im Bundesgebiet rechtmäßig eine unselbständige Beschäftigung ausgeübt haben.

Die Zahl der beschäftigten Ausländer hat sich gegenüber dem Höchststand vom Herbst 1973 vor allem infolge der wiederholten Konjunktureinbrüche drastisch verringert; Mitte 1978 wurden nurmehr 1.869.294 sozialversicherungpflichtig beschäftigte Ausländer, 725.706 bzw. 28,0 % weniger als 1973, gezählt. Nach einem vorübergehenden Anstieg auf 2.071.658 bis Mitte 1980 sank die Zahl bis 1985 erneut auf 1.583.898. Damit war die Ausländerquote mit 7,0 % unter den Stand von 1970 gesunken. Von dem seitdem zu verzeichnenden konjunkturellen Aufschwung haben die Ausländer bisher nur wenig profitiert; Ende Juni 1990 waren 1.782.253 Ausländer sozialversicherungspflichtig beschäftigt, 198.355 bzw. 12,5 % mehr als fünf Jahre zuvor. Die Zahl der in der Bundesrepublik wohnhaften Ausländer war dabei bis Ende 1990 auf 5.241.801 gestiegen [BT-Drs. 11/8472, S.346] *(vgl. Tabelle 22)*.

2.7.2 Förderung der Rückkehr ausländischer Arbeitnehmer

Mit der Verschärfung der Massenarbeitslosigkeit zu Beginn der 80er Jahre setzte sich in der Ausländerpolitik der Gedanke einer zumindest partiellen Rückgliederung der Ausländer durch. Mit zunehmend größerem Nachdruck wurde von bestimmten politischen Kreisen die Forderung erhoben, durch **Gewährung finanzieller Anreize** die Rückkehrbereitschaft von Ausländern zu fördern. Nachdem das Bundeskabinett am 14.7.1982 erstmals Grundpositionen zur Rückkehrförderung beschlossen und der Bundeskanzler in seiner Regierungserklärung vom 4.5.1983 die »Förderung der Rückkehrbereitschaft« als eine der ausländerpolitischen Grundpositionen bestätigt hatte, bildete das **Gesetz zur Förderung der Rückkehrbereitschaft von Ausländern vom 28. November 1983** [BGBl.I S.1377] eine gezielte gesetzliche Maßnahme, um die Ausländer zu einer früheren Rückkehr in ihre Heimat zu bewegen.

Ziel des am Prinzip der Freiwilligkeit orientierten Gesetzes sollte es sein, allen auf Dauer zurückkehrenden Ausländern (aus den ehemaligen Anwerbestaaten) zeitlich befristete Hilfen anzubieten. Hierzu enthielt das Gesetz die folgenden drei Maßnahmenschwerpunkte: 1) Zahlung einer **Rückkehrhilfe** als finanziellem Anreiz, 2) Maßnahmen zum **Abbau von Rückkehrhemmnissen** und 3) **Beratung** rückkehrwilliger Ausländer.

Innerhalb eines befristeten Zeitraumes (bis zum 30.6.1984) konnten nach diesem Gesetz ausländische Arbeitnehmer aus ehemaligen Anwerbestaaten (ohne EG-Staaten), wenn sie nach dem 30. Oktober 1983 durch Betriebsstillegung oder Konkurs arbeitslos geworden waren oder mind. sechs Monate hatten kurzarbeiten müssen, eine Rückkehrhilfe von 10.500 DM zzgl. 1.500 DM für jedes zurückkehrende Kind erhalten. Vom zweiten Monat der Arbeitslosigkeit an reduzierte sich, wenn der Ausländer nicht ausreiste, der Grundbetrag von 10.500 DM für jeden angefangenen Monat des Leistungsbezuges um 1.500 DM, im Anschluß an Kurzarbeit um 750 DM. Um dem Ausländer nach Inkrafttreten des Gesetzes ausreichend Zeit für seine Entscheidung zu lassen, traten die Abzüge allerdings erst ab Anfang Januar 1984 ein; Abzüge entfielen auch, wenn die Kinder und der Ehegatte erst später ausreisten, um z. B. noch das Ende des Schuljahres abzuwarten. Spätester Ausreisetermin war allerdings der 30. September 1984.

Ebenfalls innerhalb eines befristeten Zeitraumes (1.10.1983 bis 30.9.1984) konnten sich Ausländer, die ohnehin das Recht der Erstattung der Beiträge zur GRV besaßen und auf Dauer zur Heimkehr entschlossen waren, ihre Arbeitnehmerbeiträge zur GRV ohne die sonst übliche Wartezeit von 2 Jahren erstatten lassen. Als zeitlich unbefristete Maßnahme schuf das Gesetz für zurückkehrende ausländische Arbeitnehmer die Möglichkeit, vorzeitig und ohne Verlust der staatlichen Vergünstigungen über staatlich begünstigte Sparleistungen verfügen zu können und unter bestimmten Voraussetzungen eine Abfindung von Anwartschaften aus der betrieblichen Altersversorgung zu erhalten. Außerdem haben rückkehrende Ausländer Anspruch auf kostenlose Rückkehrberatung.

Insgesamt waren gem. Art.1 RückHG formell 16.920 Anträge auf Gewährung einer Rückkehrhilfe gestellt worden; davon wurden 13.694 bewilligt. Hinzu kamen nach Angaben des BMA ca. 135.000 Anträge auf Erstattung der Arbeitnehmerbeiträge zur GRV gemäß RückHG. Hiervon wurden rd. 120.000 Anträge bewilligt und von den Rentenversicherungsträgern etwa 2,5 Mrd. DM an die Antragsteller ausgezahlt. Insgesamt sprach das BMA davon, daß etwa 300.000 Ausländer infolge des RückHG in ihre Heimatländer zurückgekehrt seien. Diese Zahl dürfte allerdings deutlich überhöht sein; differenzierten Analysen zufolge lassen sich die tatsächlichen zusätzlichen Wirkungen des RückHG mit maximal 133.000 Fortzügen beziffern (»Zusatzeffekt«) *(vgl. Hönekopp, 1987, S.307)*.

Obgleich die Bundesregierung die Wirkung des Gesetzes grundsätzlich als **Erfolg** wertete und der Auffassung war, damit den Bedürfnissen vieler ausländischer Arbeitnehmer entsprochen zu haben, erklärte sie danach mehrfach, daß sie eine erneute Einführung finanzieller Rückkehrhilfen nicht erwäge. Dennoch betrachtet sie auch weiterhin die Förderung der Rückkehrbereitschaft als einen besonderen Schwerpunkt ihrer Ausländerpolitik. Eigenen Angaben zufolge konzentrierten sich ihre Anstrengungen nunmehr vor allem auf **Hilfen bei der Wiedereingliederung** (z.B. Rückkehrberatung, Entsendung von deutschen Lehrern in die Heimatländer, Förderung von Modellprojekten etc.). Als Bestandteil dieser Form der Rückkehrpolitik versteht sie das **Gesetz über eine Wiedereingliederungshilfe im Wohnungsbau für rückkehrende Ausländer vom 18. Februar 1986** [BGBl.I S.280].

Dieses Gesetz gibt rückkehrenden Ausländern aus Nicht-EG-Staaten die Möglichkeit, einen in der Bundesrepublik abgeschlossenen Bausparvertrag steuer- und prämienunschädlich zum Bau oder Erwerb von Wohneigentum im Heimatland zu verwenden. Voraussetzung ist, daß mit der Auszahlung der Bausparsumme oder eines Darlehens zur Zwischenfinanzierung bis zum 31.12.1993 begonnen worden ist und sich der Ausländer verpflichtet, innerhalb von 4 Jahren nach Beginn der Auszahlung der Bausparsumme zurückzukehren. Die transferierbare Bausparsumme ist zudem auf 60.000 DM begrenzt *(vgl. Frey, 1986, S.41; SB 1986, S.83)*.

3. Gestaltung der Arbeitsbedingungen und Arbeitsbeziehungen

3. 1 Fortentwicklung der Arbeitsbedingungen

Mitte der 70er Jahre hatte die Entwicklung des technischen und sozialen Arbeitsschutzes einen gewissen Abschluß erreicht. Nichtsdestoweniger ergaben sich auch in der Folgezeit recht bedeutsame, wenn auch vornehmlich **partiell wirksame Weiterentwicklungen**, die den Berufs- und Betriebsgefahrenschutz, den Jugendarbeitsschutz, den Kündigungsschutz, den Arbeitszeitschutz, den Arbeitslohnschutz sowie die Gleichbehandlung von Männern und Frauen am Arbeitsplatz und die Flexibilisierung arbeitsrechtlicher Schutzvorschriften betrafen. Die seit Beginn der 80er Jahre sich verstärkt bemerkbar machende Welle der **Rationalisierung** und insbesondere die **Computerisierung** vieler Tätigkeiten, die zu völlig neuartig gestalteten Arbeitsplätzen führte, sind zu einer neuen **Herausforderung** für den Arbeitsschutz geworden.

3. 1. 1 Humanisierung des Arbeitslebens

Ein wesentlicher Schwerpunkt der staatlichen Sozial- und Verteilungspolitik war neben der Beschäftigungs- und Arbeitsmarktpolitik bereits in der ersten Hälfte der 70er Jahre die **Humanisierung des Arbeitslebens** im Rahmen einer allgemeinen Verbesserung der Arbeitsbeziehungen und Arbeitsbedingungen. Die Dominanz dieses Politikbereichs, die gleichzeitig in verschiedenen Industrieländern zu verzeichnen war *(vgl. z.B. Hauß/Naschold, 1978)*, erklärt sich einmal aus steigenden Ansprüchen der Arbeiter an die Qualität ihrer Arbeit angesichts verbesserter materieller Lebensbedingungen und andererseits aus der schnellen Veränderung der technischen, organisatorischen und wirtschaftlichen Produktionsbedingungen; wurde einerseits eine »**Krise der Arbeitsmotivation**« sichtbar, so zeigte sich andererseits das Phänomen einer **Belastungsverschiebung** und **Dequalifizierung der Arbeitskraft** mit **neuen Gefährdungen** der Arbeiter im Produktionsbereich *(vgl. Schumann, 1974, S.41 ff.; Osterland, 1975; Mergner/Osterland/Pelte, 1975; Dombois/Schumann, 1976, S.82 f.; Standfest, 1979, S.76 ff.)*.

Der Arbeitnehmer ist im Arbeitsleben einer **Vielzahl von Einflüssen** ausgesetzt, die seine Gesundheit, aber auch sein Leben insgesamt betreffen. So führen die verschiedenen Formen der Industrie-, Gewerbe- und Büroarbeit zu vielfältigen Gesundheitsgefährdungen mit psychischen und physischen Belastungen, wobei mit zunehmender Technisierung die psychischen Belastungen mit Monotonie, Streß sowie geistiger Über- und Unterforderung in den Vordergrund treten. Gleichzeitig steigen jedoch mit wachsendem

Wohlstand die **Ansprüche der Menschen** auf Tätigkeiten mit mehr Gelegenheit zur Abwechslung bei gleichzeitiger Steigerung von Initiative und Verantwortung. Die Bewältigung dieser **Spannungsverhältnisse** ist wesentlicher Inhalt einer Humanisierung des Arbeitslebens *(vgl. Böhle/Altmann, 1972; Böhle/Sauer, 1975, S.66ff.; Böhle, 1977, S.290 ff.; Bunz/Jansen/Schacht, 1974; Funke u.a., 1974; Funke, 1974; Helfert, 1972; Helfert, 1976; W. Fricke, 1975, 1977, S.325ff.; Hofe, 1978; Helfert/Trautwein-Kalms, 1978, S.73 ff.; Kasiske, 1976; Matthöfer, 1977; Matthöfer, 1978, S.1ff.; Mendner, 1975; Vetter, 1974; Vilmar, 1973; Vilmar/Sattler, 1978; W. Wagner, 1976; Winterhager, 1975).*

Eingang in die Politik gefunden hat der Begriff »Humanisierung des Arbeitslebens« mit der Regierungserklärung von Bundeskanzler BRANDT im Jahre 1969. Zwar hat die wirtschaftliche Krise zu einer wesentlichen Beschneidung der ursprünglichen **Reformabsichten** geführt; nichtsdestoweniger ist die umfangreiche Erforschung und Diskussion eines bis dahin fast völlig vernachlässigten Gefährdungsbereichs für die Arbeitnehmer im Betrieb bleibender Bestandteil der sozialpolitischen Entwicklung. Der traditionelle **Schutzgedanke** wurde über die defensive Abwehr von unzumutbaren Belastungen hinaus in Richtung auf einen positiv formulierten, auf die gesamte Situation des einzelnen im Arbeitsprozeß gerichteten Anspruch weiterentwickelt *(vgl. Böhle, 1977, S.295; Standfest, 1979, S.84ff.).*

Der politische Wille, die Arbeitsbedingungen menschengerechter zu gestalten, war nur beschränkt in die Praxis umzusetzen. Aufgrund zahlreicher Wissenslücken stieß die Berücksichtigung arbeitswissenschaftlicher Erkenntnisse für eine menschengerechte Gestaltung der Arbeitsplätze, der Arbeitsabläufe und der Arbeitsumgebung bei der Festlegung von Schutzmaßnahmen vielfach auf Grenzen. Um in diesem Bereich voranzukommen, beschlossen das BMA und das BMFT im Mai 1974 ein gemeinsames Aktionsprogramm »**Forschung zur Humanisierung des Arbeitslebens**«. Das Programm ging – im Gegensatz zu den traditionellen staatlichen Aktivitäten – erstmalig von den Arbeitsbedingungen in einem umfassenden Sinne aus und hatte zum erklärten Ziel, „die Arbeitsbedingungen stärker als bisher den Bedürfnissen der arbeitenden Menschen anzupassen“ *(BMFT, 1974).*

Die für dieses Programm zur Verfügung gestellten Haushaltsmittel stiegen von anfangs 11,3 Mio. DM bis Mitte der 80er Jahre auf rd. 110 Mio. DM an. Nach einer intensiven parlamentarischen Behandlung des bisherigen Programms billigte der Bundestag 1985 die Planung der Bundesregierung für die Weiterentwicklung des Forschungsprogramms. Neue Arbeitsschwerpunkte wurden u.a. »Büro und Verwaltung«, »Menschengerechte Gestaltung von Software«, »Schutz der Gesundheit beim Einsatz neuer Techniken in der Produktion«. Seit 1988 laufende Vorbereitungen für ein Nachfolgeprogramm unter dem Titel »Arbeit und Technik«, dessen wesentliche Zielsetzung die Abwehr und der Abbau von Belastungen am Arbeitsplatz sowie die menschengerechte Anwendung neuer Technologien sein soll *(vgl. Wlotzke, 1989 a, S.10)*, wurden 1989 abgeschlossen. Im August 1989 verabschiedete die Bundesregierung ein neues Forschungs- und Entwicklungsprogramm, für das sie jährlich rd. 100 Mio. DM zur Verfügung stellt. Neben Fragen des vorbeugenden betrieblichen Arbeitsschutzes sollen mit dem Programm anwendungsbezogene, innovative Lösungen für Probleme der Arbeitswelt gefördert werden *(vgl. SB 1990, Tz. 94).*

3.1.2 Berufs- und Betriebsgefahrenschutz

Der technische Arbeitsschutz ist ohne spektakuläre Veränderungen seit Mitte der 70er Jahre beständig fortentwickelt worden, wobei die wachsende Sensibilisierung der Öffentlichkeit für **umweltpolitische Fragen** der Politik neue Impulse gab. So wurden insbesondere für den Umgang mit **gefährlichen Chemikalien** und den **Strahlenschutz** strengere Regelungen erlassen *(vgl. Konstanty, 1976, S.143ff., 1980 a, S.260ff., 1980 b, S.295ff.; H.P. Weber, 1981; S. Kaiser, 1982, S.68ff.; Kühn, 1982).* Im Hinblick auf die für 1992 angestrebte Realisierung des EG-Binnenmarktes bildet seit geraumer Zeit die Angleichung deutscher Bestimmungen an **EG-Richtlinien** einen Schwerpunkt der Arbeitsschutzpolitik. Auf europäischer Ebene schafft insbesondere die **EG-Richtlinie über die Durchführung von Maßnahmen zur Verbesserung der Sicherheit und des Gesundheitswesens der Arbeitnehmer bei der Arbeit vom 12. Juni 1989** [89/391/EWG] einen Rahmen für die Beratung der Unternehmer durch Fachkräfte für Arbeitssicherheit und Betriebsärzte sowie deren Qualifikation. Besondere Bedeutung für die betriebsärztliche Betreuung haben darüber hinaus das **ILO-Übereinkommen 161** über die betrieblichen Dienste und die **Empfehlung 171** betreffend die betriebsärztlichen Dienste (beide vom 26. Juni 1985). Der Berufs- und Betriebsgefahrenschutz umfaßt inzwischen eine eindrucksvolle Liste von Gesetzen und Verordnungen; dabei handelt es sich teilweise um Novellierungen älterer Gesetze, teilweise aber auch um völlig neue Regelungen. Im nachfolgenden seien lediglich die wichtigsten Neuregelungen seit Mitte der 70er Jahre genannt:

— Das *Berufskrebsschutzgesetz vom 13. Mai 1976* [BGBl.II S.577] diente der Ausfüllung des Übereinkommens Nr.139 der IAO über die Verhütung und Bekämpfung der durch krebserzeugende Stoffe und Einwirkungen verursachten Berufsgefahren.

— Die *Strahlenschutzverordnung vom 13. Oktober 1976* [BGBl.I S.2905] brachte eingehende Schutzvorschriften für den Umgang mit radioaktiven Stoffen sowie Vorschriften über die ärztliche Überwachung der damit befaßten Personen; der Umgang, die Beförderung, die Ein- und Ausfuhr sowie der Verkehr mit radioaktiven Stoffen und Neutronenquellen wurden nach Maßgabe des Atomgesetzes grundsätzlich einer besonderen Genehmigung unterworfen.

— Die *Zweite VO zum Sprengstoffgesetz vom 23. November 1977* [BGBl.I S.2189] beseitigte die bisherige Rechtszersplitterung auf dem Gebiete der Lagerung von Sprengstoffen und führte zu bundeseinheitlichen Rahmenbestimmungen für die Aufbewahrung von explosionsgefährlichen Stoffen aller Art *(vgl. SB 1978, S.43)*. Die *Dritte VO zum Sprengstoffgesetz vom 23. Juni 1978* [BGBl.I S.783] brachte eine generelle Anzeigepflicht für Sprengungen *(vgl. SB 1980, S.48)*.

— Die *Erste VO zum Gesetz über technische Arbeitsmittel vom 11. Juni 1979* [BGBl.I S.629] führte zu erhöhten Sicherheitsanforderungen bei Geräten und Maschinen sowie den Teilen, aus denen diese zusammengesetzt sind. Die damit eingeleitete Entwicklung wurde mit dem *Gesetz zur Änderung des Gesetzes über technische Arbeitsmittel und der Gewerbeordnung vom 13. August 1979* [BGBl.I S.1432] fortgesetzt; nach diesem Gerätesicherheitsgesetz wurde der Geltungsbereich des Gesetzes über technische Arbeitsmittel auf Händler und Aussteller ausgedehnt; außerdem wurden Werkzeugeinsätze in den sachlichen Geltungsbereich des Gesetzes einbezogen; medizinisch-technische Geräte sollten strengen Prüfungen unterworfen werden; allgemein wurde ein Sicherheitsprüfzeichen GS gesetzlich verankert *(vgl. SB 1980, S.48)*.

— Die Novellierung der *VO über gefährliche Anlagen vom 27. Februar 1980* [BGBl.I S.173] bewirkte ihre Anpassung an den technischen Fortschritt und betraf die Hersteller und Betreiber überwachungsbedürftiger Anlagen *(vgl. SB 1980, S.49)*.

— Das *Gesetz zur Änderung der Gewerbeordnung vom 17. März 1980* [BGBl.I S.321] brachte organisatorische Erleichterungen hinsichtlich der statistischen oder sonstigen verwaltungsmäßigen Erfassung von Arbeitsschutzmaßnahmen der Arbeitgeber.

— Ein wesentlicher Fortschritt zur Verbesserung des Schutzes aller Beschäftigten und der Verbraucher vor den Gefahren, die von gefährlichen Stoffen ausgehen, sollte mit der am 1. Oktober 1986 in Kraft getretenen *Gefahrstoffverordnung* vom 26. August 1986 [BGBl.I S.1470] erreicht werden. Die Gefahrstoffverordnung enthält Regelungen, die beim Verkauf, beim Herstellen und beim Verwenden gefährlicher Stoffe zu beachten sind. Begegnet wird den Gefahren durch weiter verbesserte Schutzmaßnahmen, durch den Ersatz gefährlicher Stoffe (soweit und sobald dies möglich ist) sowie durch das Verbot von Stoffen (wenn weder ein Schutz möglich ist, noch Ersatzstoffe vorhanden sind). Mit der 1. ÄndVO vom 16. Dezember 1987 [BGBl.I S.2721], die am 1. Januar 1988 in Kraft trat, wurden neben redaktionellen Klarstellungen auch einige inhaltliche Änderungen vorgenommen und Einschränkungen des Geltungsbereichs aufgehoben. Eine erhebliche Verschärfung der Vorschriften der Gefahrstoffverordnung erfolgte mit der 2. ÄndVO vom 23. April 1990 [BGBl.I S.790]. U.a. wurden Asbest in die höchste Gefährdungsgruppe der krebserzeugenden Gefahrstoffe umgestuft, 31 weitere krebserzeugende Gefahrstoffe in die Gefährdungsgruppen der Liste der krebserzeugenden Stoffe eingestuft und sechs EG-Richtlinien in nationales Recht umgesetzt.

— Die neue *Röntgenverordnung vom 8. Januar 1987* [BGBl.I S.114] sah vor allem eine Anpassung des innerstaatlichen Rechts an die EG-Vorschriften vor. Daneben sollte der Strahlenschutz durch zahlreiche zusätzliche Maßnahmen verbessert werden. Hierzu gehören eine Neuregelung der Dosisgrenzwerte und der ärztlichen Überwachung beruflich strahlenexponierter Personen, die Neufassung der Vorschriften über die innerbetriebliche Verantwortlichkeit für den Strahlenschutz, die Einführung eines »Röntgen-Passes« sowie der Aufbau eines Qualitätssicherungssystems für Röntgeneinrichtungen.

— Das sog. *Chemikaliengesetz vom 14. März 1990* [BGBl.I S.493, 521] verbesserte den Gesundheitsschutz der Arbeitnehmer und Verbraucher vor gefährlichen Stoffen. So wurden die Eingriffsschwelle für Verwendungsverbote und Beschränkungen der Erzeugung abgesenkt, die Mitteilungspflichten des Herstellers erweitert, Rechtsgrundlagen für erweiterte Kennzeichnungsvorschriften geschaffen und Stoffe mit Verdacht auf krebserzeugende Eigenschaften in den Kreis der gefährlichen Stoffe einbezogen.

Ergänzt werden diese speziellen gesetzlichen Vorschriften und die darauf basierenden Eingriffsmöglichkeiten durch die den staatlichen Aktivitäten weitgehend gleichgestellten Befugnisse der **Berufsgenossenschaften**. Aufgrund gesetzlicher Bestimmungen haben sie die Aufgabe, durch Erlaß von Unfallverhütungsvorschriften **Unfallverhütung** und **Gesundheitsschutz** zu betreiben. Im Laufe der Jahre haben die Berufsgenossenschaften ein umfangreiches Vorschriftenwerk erarbeitet und fortentwickelt sowie über eine umfangreiche Schulungsarbeit erheblich zur Qualifizierung der betrieblichen Sicherheitskräfte beigetragen.

Als ein Schlüsselgesetz zur Entwicklung einer innerbetrieblichen Arbeitsschutzorganisation hat sich zudem das **Arbeitssicherheitsgesetz** (ASiG) **von 1973** erwiesen, „ohne (das) dem immer differenzierteren und schwieriger werdenden Arbeitsschutz heute überhaupt nicht mehr Rechnung getragen werden könnte" *(vgl. Wlotzke, 1989a, S.9)*. In Beantwortung einer Großen Anfrage bekräftigte die Bundesregierung am 9.11.1989 [BT-Drs. 11/5619], daß sie nachdrücklich einen präventiven Ansatz zur Vermeidung von Unfall- und Gesundheitsrisiken in den Betrieben fördere. Sie erinnerte daran, daß es bis zum Erlaß des ASiG im Jahre 1973 – von einigen Großbetrieben abgesehen – eine nennenswerte **innerbetriebliche Arbeitsschutzorganisation** nicht gab. Seither sei jedoch von allen Beteiligten sowohl in quantitativer als auch in qualitativer Hinsicht eine enorme Aufbauleistung vollbracht worden. Inzwischen gebe es eine ausgebaute innerbetriebliche Arbeitsschutzorganisation mit ausgebildeten Betriebsärzten und Fachkräften für Arbeitssicherheit, die insbesondere auf den rechtlich normierten Gebieten des Arbeitsschutzes die ihr gestellten Aufgaben bewältige.

Nach Auffassung der Bundesregierung müssen Maßnahmen für bessere Arbeitsbedingungen vom Betrieb ausgehen und dort ansetzen, da dies der »Ort des Geschehens« sei. Gerade dort liege die besondere Bedeutung des Arbeitssicherheitsgesetzes für einen wirksamen und umfassenden Arbeitsschutz: „es fordert eine Beratung der Unternehmer in Fragen der Arbeitssicherheit und des Gesundheitsschutzes durch Betriebsärzte und Fachkräfte für Arbeitssicherheit, deren Aufgabenkatalog umfassend angelegt ist und die Gesundheits- und Sicherheitsprobleme in den Betrieben aus einer ganzheitlichen Sicht anspricht ... Zur Verbesserung der Arbeitsbedingungen und zur Stärkung der Prävention setzen die Aktivitäten der Bundesregierung daher bei der Umsetzung des Arbeitssicherheitsgesetzes in den Betrieben sowie der Anwendung wissenschaftlicher Erkenntnisse zur menschengerechten Gestaltung der Arbeit durch Betriebsärzte und Fachkräfte für Arbeitssicherheit an" [BT-Drs. 11/5619, S.2].

Schwachstellen bei der Durchführung des Arbeitssicherheitsgesetzes sieht die Bundesregierung v.a. in der in den meisten Bereichen **fehlenden Beratung der Kleinbetriebe** durch Fachkräfte für Arbeitssicherheit und Betriebsärzte sowie in der unzureichenden Realisierung der umfassenden gestalterischen Ansprüche des Arbeitssicherheitsgesetzes. In die Wege geleitete Maßnahmen zielen daher insbesondere auf die Bereitstellung von Material ab, das die Fachkräfte und Betriebsärzte zur besseren Erfüllung ihrer Aufgaben befähigt, auf die Verbesserung der Qualifikation von Betriebsärzten und Fachkräften und die Erarbeitung von Kriterien für die betriebsspezifische Festlegung der erforderlichen Qualifikation sowie auf die Erarbeitung geeigneter Modelle für die Organisation und Ausübung der Tätigkeit der Betriebsärzte und Fachkräfte für Arbeitssicherheit in Kleinbetrieben.

Im Jahre 1988 hatten im gewerblichen Bereich von den aufgrund von Unfallverhütungsvorschriften bestellungspflichtigen Mitgliedsunternehmen 85 bis 95 % einen Betriebsarzt und 90 bis 100 % eine Fachkraft für Arbeitssicherheit bestellt. Nach einer Statistik der Bundesärztekammer gab es 1988 insgesamt 7.395 Ärzte mit betriebsärztlicher Qualifikation. Schätzungen zufolge waren zudem 60.000 Fachkräfte für Arbeitssicherheit tätig; daneben waren rd. 358.000 Sicherheitsbeauftragte in den Betrieben im Einsatz. Im Bereich der gewerblichen BGen waren 1988 insgesamt 9.267 Ärzte ermächtigt, arbeitsmedizinische Vorsorgeuntersuchungen durchzuführen. 1988 wurden 2.067.942 Untersuchungen nach den Grundsätzen für arbeitsmedizinische Vorsorgeuntersuchungen vorgenommen; hiervon waren 696.379 Erstuntersuchungen; diese Untersuchungen ergaben in 16.290 Fällen befristete und in 17.791 Fällen dauerhafte gesundheitliche Bedenken. Darüber hinaus wurden von der Gewerbeaufsicht 1988 etwa 16.000 Besichtigungen bzw. Überprüfungen im Bereich der innerbetrieblichen Arbeitsschutzorganisation vorgenommen und mehr als 3.000 Besprechungen durchgeführt. Dabei wurden ca. 170 Anordnungen nach § 12 ASiG erlassen [BT-Drs. 11/5619].

Als außerordentlich hilfreich erwiesen hat sich darüber hinaus die Tätigkeit der 1972 errichteten **Bundesanstalt für Arbeitsschutz und Unfallforschung** (BAU). Die Anstalt, die seitdem erheblich ausgebaut wurde, unterstützt das BMA bei der Vorbereitung von Arbeitsschutzvorschriften, prüft Unfallverhütungsvorschriften und allgemein anerkannte Regeln der Technik, berät Betriebe, Verbände und Behörden, vergibt und koordiniert Forschungsvorhaben. Zudem ist sie zuständig für Fragen der Forschungsanwendung sowie der Aus- und Fortbildung. Schließlich ist sie seit 1982 Anmeldestelle nach dem Chemikaliengesetz *(vgl. Kiesau, 1982, S.333ff.)*.

3. 1. 3 Schutz einzelner Arbeitnehmergruppen

Ungeachtet aller Fortschritte im Bereich des Berufs- und Betriebsgefahrenschutzes bedürfen einzelne Arbeitnehmergruppen nach wie vor des **besonderen gesetzlichen Schutzes**. Allerdings wurde vor dem Hintergrund der Beschäftigungskrise in jüngster Zeit wiederholt die Frage aufgeworfen, inwieweit besondere Schutzvorschriften einzelner Arbeitnehmergruppen sich in der Praxis als nachteilig für deren **Beschäftigungschancen** erweisen. Daneben haben Bestrebungen deutlich an Gewicht gewonnen, die darauf abzielen, den verfassungsrechtlichen Grundsatz der **Gleichbehandlung von Mann und Frau** im Arbeitsleben nicht nur formell, sondern auch faktisch durchzusetzen.

Jugendliche Arbeitnehmer

Im Bereich des Jugendarbeitsschutzes ist vor allem das **Gesetz zum Schutze der arbeitenden Jugend** (JArbSchG) **vom 12. April 1976** [BGBl.I S.965] hervorzuheben, durch das das JArbSchG vom 9. August 1960 [BGBl.I S.665] abgelöst wurde *(vgl. Brauser, 1976, S.261ff.; Zmarzlik, 1976; Molitor / Volmer / Germelmann, 1978)*. Das Gesetz ging auf einen Entwurf der Bundesregierung vom 29.3.1974 [BR-Drs. 207/74; BT-Drs. 7/2305] zurück, der nach einigen Änderungen mit nur einer Gegenstimme am 23. 1. 1976 vom Bundestag verabschiedet wurde. Allerdings hatte der Bundesrat den Vermittlungsausschuß angerufen.

Das neue JArbSchG setzte das Mindestalter für die Zulassung zur Arbeit im Grundsatz von 14 auf 15 Jahre herauf, führte für alle Jugendlichen die 40-Stunden- und 5-Tage-Woche ein und verbesserte die Freistellung an Berufsschultagen (Freistellung bereits bei einem Unterricht von 5 Stunden einschl. Pausen). Die Nachtruhe wurde von 20 bis 6 Uhr auf 20 bis 7 Uhr ausgedehnt und die Schichtzeit im Grundsatz auf 10 Stunden begrenzt; ferner wurde der Urlaub für unter 16jährige Jugendliche auf 30, für 16jährige auf 27 und für 17jährige auf 25 Werktage jährlich verlängert. Außerdem brachte das Gesetz eine Verstärkung des Gesundheits- und Gefahrenschutzes durch besondere Beschäftigungsverbote, erweiterte die gesundheitliche Betreuung durch das Angebot jährlicher ärztlicher Untersuchungen und erhöhte den Bußgeldrahmen bei Zuwiderhandlung von 5.000 auf 20.000 DM. Schließlich wurden die Aufgaben der Ausschüsse für Jugendarbeitsschutz ausgedehnt und zur Unterstützung der Aufsichtsbehörden örtliche Jugendarbeitsschutzausschüsse neu eingeführt *(vgl. Zmarzlik, 1985, S.29; SB 1976, S.16)*.

Trotz der relativ einmütigen Verabschiedung des Gesetzes waren bestimmte Regelungen – insbesondere zur Arbeits- und Schichtzeit sowie zum Beginn und Ende der täglichen Beschäftigung – bei den Arbeitgebern von Beginn an heftig umstritten. Nicht zuletzt auf Drängen der Industrie und des Handwerks wurden daher seit Ende der 70er Jahre zahlreiche **Ausnahmeregelungen** in das Jugendarbeitsschutzrecht aufgenommen.

Während die BGS-Jugendarbeitsschutzverordnung vom 11. November 1977 [BGBl.I S.2071] zur Zulassung von Ausnahmen von den Vorschriften des Jugendarbeitsschutzgesetzes für jugendliche Polizeivollzugsbeamte im Bundesgrenzschutz führte, wurden mittels der auf 4 Jahre befristeten Rechtsverordnung zur Verbesserung der Ausbildung Jugendlicher vom 1. August 1983 [BGBl.I S. 1057] Ausnahmen vom gesetzlich festgelegten Beginn und Ende der täglichen Beschäftigung zugelassen, die v. a. die Ausbildungsbereiche in Krankenanstalten, in der Textil- und Papierindustrie sowie auf Bau- und Montagestellen betrafen *(vgl. SB 1980, S.48; SB 1983, S.28)*.

Die auf eine Initiative des Bundesrates [BR-Drs. 228/83] zurückgehende Entwicklung zur flexiblen Gestaltung der täglichen Arbeitszeit von Jugendlichen wurde durch weitergehende Anträge der CDU/CSU und der FDP [BT-Drs. 10/2012] unterstützt und führte schließlich zum **1. JArbSchG-ÄndG vom 15. Oktober 1984** [BGBl.I S.1277].

Die wesentlichsten Änderungen betrafen die Verlängerung der täglichen Arbeitszeit auf 8 ½ Stunden (sofern an anderen Tagen weniger als 8 Std. gearbeitet wird), die Begrenzung der Freistellung an Berufsschultagen, die Verlängerung der Schichtzeit auf 11 Std. (Landwirtschaft, Tierhaltung, Bau- und Montagestellen), die Rückverlegung des zulässigen Arbeitsbeginns von 7 auf 6 Uhr (in Bäckereien von 5 auf 4 Uhr), die Ausdehnung des zulässigen Arbeitsendes in mehrschichtigen Betrieben von 20 auf 23 Uhr sowie die Zulassung von Samstags- und Sonntagsarbeit in bestimmten Gewerben (z. B. Tierhaltung, Kfz-Reparaturwerkstätten, Gaststätten). Außerdem wurde in das Gesetz eine Tariföffnungsklausel zur Anpassung der Arbeitszeitvorschriften an die betrieblichen Erfordernisse eingeführt und die Verordnungsermächtigung auf alle Arbeitszeitbestimmungen ausgedehnt *(vgl. Zmarzlik, 1985, S.30; SB 1986, S.44, 79)*.

Schwerbehinderte

Obwohl mit dem SchwbG von 1974 *(vgl. S.108)* ein weitreichendes Instrumentarium geschaffen worden war, um die **Beschäftigungschancen Schwerbehinderter** zu verbessern, war diese Personengruppe durch die Beschäftigungskrise vor allem seit Anfang der 80er Jahre in besonderem Maße betroffen *(vgl. W. Becker, 1977, S.49ff.)*. Um die Einstellungs- und Beschäftigungschancen Schwerbehinderter angesichts schwieriger gewordener Verhältnisse auf dem Arbeits- und Ausbildungsstellenmarkt zu verbessern, wurden zum einen vier zeitlich befristete **Schwerbehinderten-Sonderprogramme** (v.a. Lohnkostenzuschüsse an Arbeitgeber aus Mitteln der Ausgleichsabgabe) durchgeführt und zum anderen insbesondere der arbeitsrechtliche Teil des SchwbG novelliert. Mit dem **1. SchwbG-ÄndG vom 24. Juli 1986** [BGBl.I S.1110] sollten – bei grundsätzlicher Beibehaltung der Grundkonzeption – u. a. Regelungen beseitigt werden, „die sich für arbeitslose Schwerbehinderte im Ergebnis als Einstellungsbarrieren (erwiesen)“ *(SB 1986, S.41)* haben, und zugleich die Lohnkostenzuschüsse bei Einstellung Schwerbehinderter als Daueraufgabe gesetzlich verankert werden.

Im einzelnen wurden durch das Gesetz der mißverständliche und einstellungshemmende Begriff der »Minderung der Erwerbsfähigkeit« durch den Begriff »Grad der Behinderung« ersetzt, die von den Arbeitgebern zu zahlende Ausgleichsabgabe von 100 auf 150 DM monatlich je unbesetztem Pflichtplatz erhöht, Regelungen zur Förderung der allgemeinen Ausbildungsbereitschaft getroffen sowie die Hilfen für schwerbehinderte Auszubildende verstärkt, der besondere Kündigungsschutz für Schwerbehinderte durch zeitliche Anpassung an den allgemeinen Kündigungsschutz zum Zwecke der Erleichterung von Einstellungen »gelockert«, der Zusatzurlaub auf eine Arbeitswoche festgelegt und die Rechte der Vertrauensleute, auf eine verstärkte Einstellung Schwerbehinderter hinzuwirken, erweitert. Schließlich wurde die finanzielle Förderung der Einstellung und Beschäftigung Schwerbehinderter aus Mitteln der Ausgleichsabgabe durch die BA zu einer gesetzlichen Dauerregelung ausgestaltet. In diesem Rahmen sollen bevorzugt solche Gruppen von Schwerbehinderten gefördert werden, die wegen Art und Schwere ihrer Behinderung besondere Schwierigkeiten auf dem Arbeits- und Ausbildungsstellenmarkt haben *(vgl. Niemeyer/Otting, 1988, S.32)*.

Nach den Erkenntnissen der Bundesregierung haben sich diese gesetzlichen Änderungen positiv auf die Einstellung Schwerbehinderter ausgewirkt. Unterdessen hat die Bundesregierung durch eine am 4. November 1987 beschlossene Neufassung der **Schwerbehinderten-Ausgleichsabgabenverordnung vom 28. März 1988** [BGBl.I S.484] die in der Gesetzesnovelle vorgesehenen erweiterten Förderungsmöglichkeiten konkretisiert.

Entgegen der optimistischen Einschätzung der Bundesregierung hat sich die Arbeitsmarktsituation für Schwerbehinderte nach den Daten der BA eher verschlechtert. Die Zahl arbeitsloser Schwerbehinderter lag zwar 1988 im Jahresdurchschnitt unter dem Wert von 1985, seit 1986 ist jedoch ein kontinuierlicher Anstieg zu verzeichnen (1986: 122.493 arbeitslose Schwerbehinderte; 1988: 130.466). Parallel dazu nahm die Zahl der beschäftigten Schwerbehinderten (einschl. gleichgestellter Personen) von 1.035.291 (1982) auf 860.965 (1987) ab. Im Oktober 1987 waren noch immer 287.200 Pflichtplätze für Schwerbehinderte unbesetzt; das Verhältnis von besetzten Plätzen zur Gesamtzahl der in die Regelung einbezogenen Plätze (Ist-Quote) sank bei den privaten Arbeitgebern von 5,0 (1984) auf 4,6 (1988) und bei den öffentlichen Arbeitgebern von 6,2 (1984) auf 5,8 (1988). 1988 kamen von den 124.300 beschäftigungspflichtigen Arbeitgebern 88.600 (71 % aller Arbeitgeber mit 70 % aller Arbeitsplätze) ihrer Beschäftigungspflicht nicht oder nicht in vollem Umfang nach. 38.900 Arbeitgeber hatten überhaupt keinen Schwerbehinderten beschäftigt. Zwischen 1982 und 1988 stieg die Arbeitslosenquote der Schwerbehinderten von 10,2 auf 13,2 % *(vgl. ANBA, Nr.5/1989, S.670 ff.; DSiöD, 1-2/1990, S.2)*.

Den Vorschlägen des Bundesbeauftragten für die Belange der Behinderten sowie der Sozialministerkonferenz, die **Ausgleichsabgabe** auf 200 bzw. 400 DM zu erhöhen, kam die Bundesregierung bislang nicht nach. Angesichts der in den letzten Jahren eingetretenen Lohnsteigerungen kann die Ausgleichsabgabe nach Ansicht von Kritikern ihre ursprüngliche Ausgleichs- und Anreizfunktion immer weniger erfüllen *(vgl. Görtemaker, 1990, S. 1)*.

Gleichbehandlung von Mann und Frau

Ein vor allem seit Mitte der 70er Jahre erneut ins öffentliche Bewußtsein gerücktes Problem stellt nach wie vor die **Gleichberechtigung der Frau im Arbeitsleben** dar. Spätestens der am 29.8.1980 vorgelegte Schlußbericht der Enquête-Kommission **»Frau und Gesellschaft«** [BT-Drs. 8/4461] machte unübersehbar deutlich, daß – ungeachtet des im GG verankerten Gleichberechtigungsgebots – nach wie vor ein erhebliches **Gleichberechtigungsdefizit** besteht. In einer Beschlußempfehlung vom 21.4.1988 hat der BT-Ausschuß für Arbeit und Sozialordnung zudem festgestellt, daß bei der Anwendung des in Art.119 EWG-Vertrag festgelegten Grundsatzes des gleichen Arbeitsentgelts für Männer und Frauen weiterhin Mängel bestehen [BT-Drs. 11/2176].

Zwar gibt es seit 1972 in den Tarifverträgen keine spezifischen **Frauenlohngruppen** mehr, die bei gleicher oder gleichwertiger Arbeit für Frauen einen niedrigeren Lohn als für Männer vorsehen, bestehen blieben zunächst jedoch die sog. »**Leichtlohngruppen**«, in denen der geringste Lohn gezahlt wird.

In diesen Lohngruppen waren 1978 in der Industrie noch rd. 400.000 Arbeitnehmer beschäftigt, darunter etwa 300.000 Frauen. Nachdem zwischen 1980 und 1985 die Zahl der Tarifverträge mit »Leichtlohngruppen« noch von 52 auf 21 zurückging, wodurch sich die Zahl der in sie eingruppierten Arbeiterinnen und Arbeiter von rd. 140.000 (112.000 Frauen und 28.000 Männer) um rd. 52.000 auf rd. 88.000 (71.000 Frauen und 17.000 Männer) verringerte, sind seitdem keine weiteren Fortschritte festzustellen [BT-Drs. 11/5785].

Die Tatsache, daß in diese untersten Lohngruppen weit mehr Frauen als Männer eingestuft sind, gibt Anlaß zu der Vermutung, daß diese Tarifregelungen **versteckte Formen der Lohndiskriminierung** darstellen. Als besonderes Problem gilt dabei, daß nach wie vor in zahlreichen Tarifverträgen bei der Einstufung noch immer allein auf die »körperliche Belastung« abgestellt wird. Allerdings hat das BAG in zwei Entscheidungen vom 27.4.1988 [4 AZR 707 und 713/87] zu den »Leichtlohngruppen« Stellung genommen und dabei zum Begriff »körperlich leichte Arbeit« seine bisherige Auffassung revidiert.

Während das BAG in seiner früheren Rechtsprechung als Verkehrsanschauung für körperlich leichte Arbeit nur auf das Ausmaß der Muskelbeanspruchung abgestellt hatte [z. B. Urteil vom 17. 4. 1985 – 4 AZR 363/83], kam es nunmehr zu dem Ergebnis, daß für die Bewertung der Arbeitsschwere alle Umstände zu berücksichtigen seien, die auf den Menschen belastend einwirken und zu körperlichen Reaktionen führen. Nach Auffassung des BAG wird die geänderte Verkehrsanschauung dem Verbot der Diskriminierung aufgrund des Geschlechts nach der Rechtsprechung des EuGH besser gerecht als die bisherige Verkehrsanschauung. Die neue Definition läßt es insbesondere nicht mehr zu, Tätigkeiten als körperlich leicht oder mit geringen körperlichen Belastungen einzustufen, die sich im Grenzbereich zur Überschreitung der Dauerbelastungsgrenze bewegen. Für den DGB weisen die neuen Urteile in die richtige Richtung; dagegen hält die Bundesvereinigung der Deutschen Arbeitgeberverbände die BAG-Entscheidung aus mehreren Gründen für verfehlt [BT-Drs. 11/5785].

Trotz der seit 1970 zu beobachtenden Verringerung der Unterschiede bei den Stundenverdiensten zwischen Männern und Frauen verdienten 1986 Arbeiterinnen mit 13,04 DM lediglich 73 % des Stundenverdienstes der Männer. Während der durchschnittliche Monatsverdienst vollzeitbeschäftigter kaufmännischer Angestellter für Männer bei 4.045 DM lag, erhielten Frauen nur 2.738 DM. Nach Untersuchungen des IAB war 1985 jede fünfte vollzeitbeschäftigte Frau über 40 Jahre mit Hoch- bzw. Fachhochschulausbildung als Angestellte in einfacher oder mittlerer Stellung tätig (bei Männern nur jeder zwanzigste) *(vgl. ANBA, Nr.6/1989, S.943)*. Noch immer ist für Frauen auch ein beruflicher Aufstieg schwer zu realisieren. Berufsunterbrechungen, Teilzeitarbeit, Verzicht auf betriebliche Weiterbildungsmaßnahmen außerhalb der tariflichen Arbeitszeit sind primär bedingt durch die familiären Verpflichtungen der Frauen und stehen einer Karriere im Beruf entgegen" *(ANBA, Nr.6/1989, S.943)*. Nach Angaben des DIW belief sich der Anteil von Frauen in Führungspositionen Anfang 1988 auf 23 % im höheren Dienst der öffentlichen Verwaltungen, auf 6 % im Management und 2 % in den obersten Vergütungsklassen des öffentlichen Dienstes *(vgl. SZ v. 22.2.1988)*. Die geringere berufliche Qualifikation, die traditionell herangezogen wird, um den schlechteren beruflichen Status der Frauen zu rechtfertigen, erweist sich dabei als immer weniger stichhaltig. Während 1976 von den erwerbstätigen Frauen erst 43 % eine Lehre, 2,5 % eine Fachschule und 5 % eine Fachhoch-/Hochschule absolviert hatten, verfügten 1985 immerhin 52 % über einen Lehrabschluß, 3,5 % über einen Fachschulabschluß und 7 % über einen Studienabschluß (bei den Männern betrugen die entsprechenden Anteile: 53,9 %, 9,8 %, 11,4 %) *(vgl. MittAB 2/1988)*.

Im Bereich der gesetzlichen Regelungen haben erst die **EG-Richtlinie 76/207 vom 9. Februar 1976** (sog. »Gleichberechtigungsrichtlinie«) [ABl. L 39, S.40] und die damit notwendig gewordene Angleichung des deutschen Arbeitsrechts zu einer breiteren Erörterung der Gleichbehandlung von Männern und Frauen geführt. Das zur Umsetzung dieser Richtlinie verabschiedete **Gesetz über die Gleichbehandlung von Männern und Frauen am Arbeitsplatz und über die Erhaltung von Ansprüchen bei Betriebsübergang vom 13. August 1980** [BGBl.I S.1308], das bereits vor seiner Verabschiedung in der Öffentlichkeit als völlig unzulänglich kritisiert wurde *(vgl. Binkert, 1979, S.747ff.; Pfarr, 1980, S.17ff.)*, hat an der faktisch bestehenden Frauendiskriminierung beim Zugang zur Beschäftigung und beim beruflichen Aufstieg allerdings kaum etwas geändert *(vgl. Dürk/Heilmann/Trümmer, 1986, S.86)*.

Das Gesetz fügte zur Anpassung des deutschen Arbeitsrechtes an EG-Richtlinien u.a. § 611 a in das BGB ein, der den Grundsatz der Gleichbehandlung von Männern und Frauen am Arbeitsplatz bei der Begründung, Durchführung und Beendigung des Arbeitsverhältnisses als Rechtsanspruch fixierte und denjenigen Arbeitgeber schadenersatzpflichtig machte, der aus geschlechtsspezifischen Gründen beim Zugang zur Beschäftigung diskriminierte. Ferner wurden Beweislastregeln und Maßregelungsverbote zugunsten der Arbeitnehmer ebenso wie der Anspruch auf gleiche Vergütung von Männern und Frauen eingeführt. Die Ansprüche der Arbeitnehmer bei Betriebsübergang wurden bis zu einem Jahr festgeschrieben und die Schutzvorschriften für Betriebsräte bzw. Personalratsmitglieder erweitert *(vgl. SB 1980, S.18, 49)*.

Kritisiert wurden an dem Gesetz insbesondere die praktisch **leerlaufenden Sanktionen** bei Einstellungsdiskriminierung (Gewährung eines lediglich symbolischen Schadenersatzes); außerdem wurde es als ungeeignet angesehen, den vielfältigen Formen mittelbarer Diskriminierung von Frauen entgegenzuwirken. Obwohl der **EuGH** durch Urteile vom 10.4.1984 und 21.5.1985 einige zentrale Kritikpunkte bestätigt und Rechtfertigungsversuchen der Bundesregierung [BT-Drs. 10/14] eine deutliche Absage erteilt hat, wurden bisher seitens der Regierung keine Schritte unternommen, um das Gesetz zu korrigieren. Unterdessen hat die SPD-Fraktion am 13.12.1988 dem Bundestag den Entwurf eines »**Gleichstellungsgesetzes**« [BT-Drs. 11/3728] zugeleitet, mit dem durch eine Vielzahl von Einzelregelungen die Chancengleichheit von Frauen im Berufsleben verbessert und Benachteiligungen beseitigt werden sollen *(vgl. B. Kempen, 1989, S.367ff.)*.

Unabhängig davon läuft seit Beginn der 80er Jahre eine nicht zuletzt durch die **Frauenbewegung** forcierte Auseinandersetzung über Strategien zur Überwindung der in der Praxis bestehenden beruflichen **Benachteiligung** der Frauen. Seitdem gibt es eine lebhafte Diskussion über **Frauenförderpläne** sowie **Antidiskriminierungsmaßnahmen** und **Quotierungen** in Betrieben und Verwaltungen. Im Zuge dieser Diskussion scheint sich zumindest allmählich das Bewußtsein durchzusetzen, daß „nicht nur »die Gesellschaft«, der »Staat« oder »die Frauen selber« Verantwortung für die berufliche Gleichstellung von Frauen tragen, sondern auch und gerade der öffentliche Dienst und die privaten Unternehmen: Sie sollen in Zukunft durch gezielte positive Aktionen die weiblichen Beschäftigten als bisher systematisch benachteiligte Gruppe gleichbehandeln und aktiv fördern" *(Weg, 1986, S.567)*.

Obwohl inzwischen weitgehende Einigkeit besteht, daß es aktiver Maßnahmen bedarf, um die historisch gewachsene Benachteiligung zu überwinden, gehen die Meinungen darüber auseinander, mit welchen Instrumenten die Chancengleichheit von Frauen im Beruf am besten erreicht werden kann. Während die von den Gewerkschaften und den seit 1979 entstandenen **Gleichstellungsstellen** geforderten **Frauenförderpläne** (1986 gab es in rd. 50 Privatunternehmen Frauenförderungsmaßnahmen in unterschiedlicher Form) im allgemeinen kaum umstritten sind – allenfalls ihre Wirksamkeit bezweifelt wird –, gibt es hinsichtlich der Forderungen nach einem **Antidiskriminierungsgesetz** sowie einer **Quotierung** heftigste politische und rechtliche Kontroversen.

Auch wenn Versuche der sozial-liberalen Bundesregierung, ein umfassendes Antidiskriminierungsgesetz auf den Weg zu bringen, infolge des Regierungswechsels zunächst ohne Erfolg blieben, gewann die Forderung nach »Bevorzugung« von Frauen beim Zugang zur Beschäftigung durch Quoten in der gegenwärtigen Diskussion über Frauenbenachteiligung immer mehr an Gewicht *(vgl. Däubler-Gmelin/Pfarr/Weg, 1985)*. Auf politischer Seite haben DIE GRÜNEN den bislang weitestgehenden Vorstoß in diese Richtung unternommen; in ihrem 1985 vorgelegten Entwurf eines Antidiskriminierungsgesetzes verlangten sie umfassende Maßnahmen zugunsten der Frauen; u.a. war vorgesehen, verbindliche 50%-Quoten einzuführen, d.h. freie Arbeitsplätze sollten solange mit Frauen besetzt werden, bis diese in den jeweiligen Bereichen 50 % der Beschäftigten stellen *(vgl. DIE GRÜNEN, 1985; Raasch, 1986, S.575ff.)*.

In der Diskussion um die Quotierung wird unterschieden zwischen starren Ergebnisquoten und inhaltlich orientierten bzw. Entscheidungsquoten. Erstere bedeuten entweder, daß bestimmte festgelegte Stellen ausdrücklich für Frauen offengehalten werden oder daß innerhalb einer bestimmten Frist „ein festgelegtes Verhältnis der Geschlechter für bestimmte Positionen zu erreichen sei" *(Pfarr, 1985, S.9)*. Demgegenüber besagen Entscheidungsquoten i.a., daß bei gleicher Qualifikation Bewerber/-innen des unterrepräsentierten Geschlechts solange bevorzugt eingestellt werden, bis die Quote erreicht ist. Während Entscheidungsquoten insbesondere von Vertreterinnen der Frauenbewegung als zu wenig wirksam eingestuft werden, weil sie umgangen werden können, werden gegen Ergebnisquoten erhebliche rechtliche Bedenken geltend gemacht. Personen, die zufällig einem bestimmten Geschlecht angehören, würden bei gleichen sachlichen Voraussetzungen allein wegen ihrer Geschlechtszugehörigkeit privilegiert, und junge Männer in bestimmten Bereichen, in denen derzeit eine starke Unterrepräsentation von Frauen besteht, würden bis zur Erreichung der festgelegten Quote faktisch vollkommen vom Zugang zu Stellen ausgeschlossen *(vgl. Gitter, 1982, S.1570)*. Eingewandt wird gegen Ergebnisquoten außerdem, „sie entwerteten tendenziell Qualifikationen und würden vor allem in qualifizierten Berufen das Vorurteil der »Alibi-Frau« befördern" *(Dürk/Heilmann/Trümmer, 1986, S.95)*.

In Anbetracht der rechtlichen Bedenken und der politischen Verhältnisse dürften dem Ausbau von **Frauenförderplänen** sowie der Einrichtung von **Ombudsfrau-Stellen** in absehbarer Zeit die größte praktische Relevanz zukommen. Dabei wird nach allgemeiner Auffassung dem „öffentlichen Dienst in Sachen Frauenförderung/berufliche Chancengleichheit eine Vorbildfunktion zugeschrieben" *(Weg, 1986, S.570)*. Tatsächlich liegen in den meisten Bundesländern seit 1984/85 für den öffentlichen Dienst **Frauenförderungs-Richtlinien** bzw. **-Leitlinien** vor, die allerdings in ihrer Ausgestaltung teilweise stark voneinander abweichen.

Während die Frauenförderpläne der meisten SPD-regierten Länder für Neueinstellungen und Beförderungen Entscheidungsregeln beinhalten, denen zufolge Frauen bei gleicher Qualifikation der Vorzug gegeben werden soll, beschränken sich die Leitlinien der CDU-Länder und der Bundesregierung überwiegend noch auf Formulierungen, wonach Frauen »bewußter als bisher«, »stärker als bisher« oder »angemessen« berücksichtigt werden sollen *(vgl. Weg, 1986, S.570)*. Allerdings gibt es auch bei Frauenförderplänen rechtliche Probleme; in einem am 15.6.1989 ergangenen Beschluß hat das OLG Münster [6 B 1318/89] es als unzulässig angesehen, Frauen aufgrund der als Verwaltungsvorschrift erlassenen Quotenregelung, wie sie das »Frauenförderungskonzept« des Landes Nordrhein-Westfalen vorsieht, zu bevorzugen. Inwieweit eine sozialstaatlich motivierte Bevorzugung der Frauen im Rahmen eines typisierten Quotensystems verfassungsrechtlich überhaupt zulässig ist, wurde durch das Gericht nicht entschieden. Festgestellt wurde lediglich, daß eine Verwaltungsvorschrift als Rechtsgrundlage für frauenfördernde Kompensationsmaßnahmen nicht ausreicht *(vgl. NJW 1989, S.2561)*.

Als Reaktion auf diese Entscheidung legte die Landesregierung von Nordrhein-Westfalen den Entwurf eines **Gesetzes zur Förderung der beruflichen Chancen für Frauen im öffentlichen Dienst** [LT-Drs. NRW 10/3849] vor, der die Maßnahmen zur Förderung des Beschäftigungsanteils von Frauen im öffentlichen Dienst durch Quoten auf eine gesetzliche Grundlage stellen soll. Obwohl CDU und FDP rechtliche Bedenken gegen den Gesetzentwurf geltend machten, wurde er Ende Oktober 1989 von der SPD-Mehrheit des Landtages verabschiedet.

In ihrer Antwort auf eine Große Anfrage der SPD zum Problembereich »**Binnenmarkt und Frauenpolitik**« vom 31.1.1990 [BT-Drs. 11/6334] stellte die Bundesregierung abermals fest, daß sie es nicht für erforderlich hält, die Einführung des Binnenmarktes durch frauenspezifische Regelungen zur Chancengleichheit von Frauen und Männern zu begleiten. Hinsichtlich frauenpolitischer Maßnahmen wertet sie das Regelungsniveau in der Bundesrepublik im Vergleich zu anderen EG-Mitgliedstaaten als hoch *(vgl. Hörbur-*

ger/Rath-Hörburger, 1988). Quotenregelungen werden insbesondere aus verfassungsrechtlichen Gründen von der Bundesregierung als Instrument der Frauenförderung abgelehnt. Ihrer Ansicht nach sind Richtlinien zur Frauenförderung mit verbindlichen, »aber ausreichend flexiblen Zielvorgaben im Vergleich zu einer Quotenregelung ... wesentlich praktikabler und erfolgreicher« [BT-Drs. 11/6334, S.17]. Im übrigen betrachtet die Bundesregierung Maßnahmen zur Verbesserung der **beruflichen Wiedereingliederung von Frauen** nach der Familienphase als zentralen Schwerpunkt ihrer Gleichstellungspolitik. Zu diesem Zweck hat das Bundeskabinett am 7.7.1988 ein Sonderprogramm zur Wiedereingliederung beschlossen, in dessen Rahmen zum einen Beratungsstellen für Frauen (ab 1.6.1989 insgesamt 17 Beratungsstellen für 3 Jahre) und zum anderen Einarbeitungsmaßnahmen für Berufsrückkehrerinnen gefördert werden. Für den zweiten Teil des Programms stehen Mittel in Höhe von 25 Mio. DM zur Verfügung.

Als Reaktion auf die anhaltende Diskussion um die fortdauernde Diskriminierung von Frauen sowie die durch die Entscheidung des EuGH vom 10. 4. 1984 (Rechtssachen 14/83 und 79/83) beeinflußte nationale Rechtsprechung legte die Bundesregierung am 23. 4. 1990 dem Bundestag den Entwurf eines Gesetzes zur Verbesserung der **Gleichbehandlung von Mann und Frau am Arbeitsplatz** vor. Durch Änderung verschiedener Vorschriften des arbeitsrechtlichen EG-Anpassungsgesetzes soll insbesondere eine wirksame Sanktionsregelung für den Fall einer Benachteiligung wegen des Geschlechts bei einer Einstellung oder Beförderung ausdrücklich im Gesetz verankert werden. Im einzelnen beabsichtigt die Bundesregierung u. a. folgende Neuregelungen [BT-Drs. 11/6946]:

- bei Nichtzustandekommen eines Arbeitsverhältnisses infolge des Verstoßes gegen das Benachteiligungsverbot des § 611 a Abs.1 BGB soll der Arbeitgeber gegenüber dem Bewerber zum Schadenersatz in Höhe von bis zu 4 Monatsverdiensten verpflichtet werden;
- bei Benachteiligung eines Bewerbers bei einer Einstellung durch den Arbeitgeber soll jeder in seinem Persönlichkeitsrecht verletzte Bewerber eine Entschädigung in Höhe von bis zu 3 Monatsverdiensten verlangen können;
- die für die Begründung von Arbeitsverhältnissen geltenden Vorschriften sollen entsprechende Anwendung beim beruflichen Aufstieg finden;
- das Gebot der geschlechtsneutralen Stellenausschreibung in § 611 b BGB soll von einer »Soll-Vorschrift« in eine »Muß-Vorschrift« umgewandelt werden.

Noch unerledigt waren zu diesem Zeitpunkt der von der Fraktion DIE GRÜNEN am 7. 11. 1988 vorgelegte **Entwurf eines Antidiskriminierungsgesetzes – Teil I** [BT-Drs. 11/3266] sowie der von der SPD-Fraktion kurz darauf eingebrachte **Entwurf eines Gleichstellungsgesetzes** [BT-Drs. 11/3728]. Im Gegensatz zu dem Regierungsentwurf sahen diese beiden Gesetzentwürfe als Sanktionsregelung im Falle unterbliebener Einstellung alternativ einen Einstellungsanspruch oder einen Schadenersatzanspruch von bis zu 12 Monatsgehältern vor. Die Oppositionsparteien betrachteten den Regierungsentwurf als völlig unzureichend. Nach ihrer Ansicht griff er weder die neuere verfassungsrechtliche Diskussion zur Frauenförderung auf, noch brachte er eine Verbesserung der rechtlichen Situation von Frauen im Arbeitsleben.

Nach Auffassung der Oppositionsparteien kennzeichnet sich die Verfassungswirklichkeit durch eine Benachteiligung von Frauen gegenüber Männern insbesondere im Arbeitsleben. Nach Ansicht der SPD-Fraktion ist dies eine Folge der immer noch wirksamen geschlechtsspezifischen Arbeitsteilung zwischen Mann und Frau, die Frauen aus eigener Kraft und eigenem Willen nur teilweise verändern können. In der sozialen Wirklichkeit erlebten sie ihren Ausschluß von Entscheidungen, Mitgestaltungs- und Einflußmöglichkeiten. Zwar sei die alltägliche Benachteiligung von Frauen als ein vielschichtiges Problem nicht allein durch die Gleichstellung im Berufsleben zu lösen, der beruflichen

Benachteiligung komme jedoch als größtes Hindernis für eine gesellschaftliche Gleichstellung eine Schlüsselfunktion zu.

Als Lösung sah der Entwurf der Fraktion DIE GRÜNEN Generalklauseln vor, die jede Diskriminierung von Frauen aufgrund ihres Geschlechts, ihrer Gebärfähigkeit, ihrer Lebensform oder ihres Alters verbieten, die Teilnahme von Frauen an der politischen und wirtschaftlichen Macht in allen Bereichen regeln, Frauenverbänden ein eigenständiges Klagerecht gegen Diskriminierung einräumen und die Verpflichtung, die Amts- und Gesetzessprache vom »Sexismus« zu reinigen, enthalten sollten. Ein Quotierungsgesetz sollte eindeutig und übergreifend alle Arbeitgeber zur Vergabe von mindestens 50 % aller Ausbildungs- oder Erwerbsarbeitsplätze an Frauen verpflichten. Mit einem Frauenbeauftragtengesetz schließlich sollte ein möglichst lückenloses Netz von Frauenbeauftragten geschaffen werden, um die Umsetzung und Einhaltung der Vorschriften des Antidiskriminierungsgesetzes auf allen Ebenen zu kontrollieren.

Der SPD-Gesetzentwurf sah neben einer Gleichstellungs-Klausel u.a. ein Benachteiligungsverbot bei Berufswahl und Berufsausübung (auch bei unmittelbaren Benachteiligungen), eine Beweislastumkehr bei Verstößen gegen das Benachteiligungsverbot, die Ahndung von Verstößen mit einer Schadenersatzpflicht und einem Bußgeld von bis zu 100.000 DM, eine Verpflichtung des öffentlichen Dienstes zur Frauenförderung, die arbeits- und sozialrechtliche Gleichstellung von Teilzeitarbeit mit Vollzeitarbeit, die Beseitigung von sozialversicherungsfreien Beschäftigungsverhältnissen, die weitergehende Anerkennung von Kinderbetreuungskosten durch steuerliche Verbesserungen für Alleinerziehende sowie die Verdoppelung der Pflegetage bei Erkrankung von Kindern vor.

Während die Verabschiedung des Gesetzentwurfs der Regierung für den Herbst 1990 vorgesehen war, beschloß der zuständige BT-Ausschuß am 20. Juni 1990 mehrheitlich, die Ablehnung der Gesetzentwürfe der Oppositionsparteien zu empfehlen [BT-Drs. 11/7449]. Die Regierungsparteien begründeten ihre Ablehnung vor allem mit der verfassungsrechtlichen Unzulässigkeit von Quotierungsvorgaben sowie mit der nach ihrer Ansicht einseitigen Ausrichtung der Konzepte auf die Erwerbsbeteiligung von Frauen.

3.1.4 Arbeitsrechtliche Schutzvorschriften

Obgleich vor allem die seit Herbst 1982 regierende CDU/CSU/FDP-Koalition sich in besonderem Maße einer Wirtschaftspolitik verpflichtet fühlte, die die Ausgestaltung der Arbeitsbedingungen als vorrangige Aufgabe autonomer Regelungen der **Tarifvertragsparteien** sowie der Arbeitgeber und der Betriebsräte betrachtet und eher dazu tendiert, staatliche Eingriffe in dieser Sphäre abzubauen, kam es nicht nur während der Amtszeit der sozial-liberalen Koalition, sondern auch in der jüngeren Vergangenheit zu einer Reihe **gesetzlicher Neuregelungen** auf dem Gebiete des **allgemeinen Arbeitsrechts** *(vgl. Däubler, 1985; Halbach u.a., 1989, S.393ff.; Wlotzke, 1989b, S.5ff.)*. Allerdings müssen viele gesetzliche Vorschriften im Zusammenhang mit tarifvertraglichen Regelungen gesehen werden, die nicht selten die Arbeitnehmer günstiger stellende Vereinbarungen enthalten.

Kündigungsschutz

Nur marginal wurde der 1951 geschaffene Kündigungsschutz im Laufe der Jahre verändert. In dieser Frage ging es in den letzten Jahren primär darum, den ungünstigeren Status **jugendlicher Arbeitnehmer** zu verbessern und einzelne Regelungen an das **EG-Recht** anzugleichen.

Das Kündigungsschutzgesetz (KschG) vom 10. August 1951 [BGBl.I S.499] i.d.F. vom 25. August 1969 [BGBl.I S.1317] sah bis Mitte der 70er Jahre für jugendliche Arbeitnehmer einen deutlich geringeren Rechtsschutz im Vergleich zu anderen Arbeitnehmergruppen vor; dies führte in Zeiten wirtschaftlicher Rezession zu überproportionaler Jugendarbeitslosigkeit. Durch das KschG-ÄndG vom 5. Juli 1976 [BGBl.I S.1769] wurde die entsprechende Altersgrenzenregelung im KschG gestrichen und damit der Schutz dieses Gesetzes auf alle jugendlichen Arbeitnehmer ausgedehnt. Das 3.

Arbeitsplatzschutz-ÄndG vom 23. Dezember 1977 [BGBl.I S.3110] verbesserte den Kündigungsschutz für wehrpflichtige Arbeitnehmer und Auszubildende *(vgl. SB 1978, S.41 f.; SB 1980, S.18, 48)*. Das 2. KschG-ÄndG vom 27. April 1978 [BGBl.I S.550] glich die deutschen Kündigungsschutzvorschriften an das EG-Recht an; dabei blieben allerdings diejenigen Vorschriften des deutschen Rechts bestehen, die eine günstigere Regelung für die Arbeitnehmer vorsahen; außerdem wurden die Anzeigepflichten des Arbeitgebers im Falle von Entlassungen präzisiert.

Die für **Arbeiter und Angestellte** unterschiedlichen Kündigungsfristen sind im Laufe der 80er Jahre verstärkt zu einem Streitpunkt geworden. Bereits in einem Beschluß vom 16. 11. 1982 hatte das BVerfG [BVerfGE 62, 256, 275 ff.] festgestellt, daß die für Arbeiter und Angestellte unterschiedliche Berechnung der für die verlängerten Kündigungsfristen maßgeblichen Beschäftigungsdauer mit dem Grundgesetz nicht vereinbar sei, soweit bei Arbeitern Beschäftigungszeiten erst vom 35. Lebensjahr, bei Angestellten aber bereits vom 25. Lebensjahr an berücksichtigt werden.

Während die SPD-Fraktion in einem Gesetzentwurf [BT-Drs. 11/956] vorschlug, die unterschiedlichen Kündigungsfristen für Arbeiter und Angestellte in Anpassung an die für Angestellte geltenden Regelungen zu vereinheitlichen, hielt der Gesetzentwurf der Bundesregierung vom 10. 11. 1989 [BT-Drs. 11/5465] an den für Arbeiter und Angestellte unterschiedlichen Grundkündigungsfristen fest; vorgesehen war lediglich, auch bei Arbeitern Zeiten der Betriebszugehörigkeit zu berücksichtigen, die nach Vollendung des 25. Lebensjahres liegen. Eine entsprechende Änderung des Art. 221 des EG-BGB erfolgte durch das **ArbGG-ÄndG vom 20. Juni 1990** [BGBl.I S.1206].

Weitergehende **arbeitsrechtliche Angleichungen von Arbeitern und Angestellten** wollte die Bundesregierung von ausstehenden Entscheidungen des BVerfG abhängig machen. Nicht unerwartet entschied das BVerfG in einem Urteil vom 20. 7. 1990 [Az.1 BvL 2/83], daß die unterschiedlichen Kündigungsfristen für Arbeiter (14 Tage) und Angestellte (6 Wochen zum Quartalsende) mit dem allgemeinen Gleichheitsgrundsatz des Art.3 Abs.1 GG unvereinbar seien. Gleichzeitig verpflichtete das Gericht den Gesetzgeber, bis zum 30. 6. 1993 eine Neuregelung des § 622 BGB vorzunehmen. Obwohl das BVerfG daran festhielt, daß es durchaus möglich sei, Arbeiter und Angestellte hinreichend deutlich voneinander zu unterscheiden, dürfte dieses Urteil auch Auswirkungen auf die generelle Diskussion haben, inwieweit es überhaupt noch angemessen ist, zwischen Arbeitern und Angestellten zu differenzieren *(vgl. Handelsblatt v. 23.7.1990)*.

Arbeitszeitschutz

Die **Arbeitszeitfrage** *(vgl. Meisel/Hiersemann, 1977; Halbach u.a., 1989, S.393ff.)* wird zwar seit Ende der 70er Jahre durch die **Tarifpolitik** dominiert, dennoch gibt es seit einigen Jahren Bemühungen, die aus dem Jahre 1938 stammende und im wesentlichen bis heute unverändert geltende **Arbeitszeitverordnung** *(vgl. Bd.1, S.282f.)* als das letzte aus der NS-Zeit datierende Arbeitsschutzgesetz abzulösen. Zugleich mißt die derzeitige Bundesregierung der über einzelne Arbeitnehmergruppen hinausgehenden Flexibilisierung von Arbeitszeiten eine besondere Bedeutung zu. Vor diesem Hintergrund hat sie 1984 einen **Gesetzentwurf für ein Arbeitszeitgesetz** vorgelegt und Initiativen ergriffen, um die ihrer Ansicht nach zu starren **Ladenschlußzeiten**, wie sie durch das Gesetz aus dem Jahre 1956 [BGBl.I S.875] geregelt sind, aufzulockern.

Nachdem der Gesetzentwurf aus dem Jahre 1984 in der 10. Legislaturperiode unerledigt geblieben war, legte die Bundesregierung am 25. 5. 1987 dem Bundestag erneut einen Entwurf eines Arbeitszeitgesetzes (ArbZG) vor [BT-Drs. 11/360]. Nach diesem Gesetzentwurf sollte die höchstzulässige werktägliche Arbeitszeit aus Gründen des Gesundheitsschutzes auf 8 Stunden begrenzt werden; allerdings sollten Verlängerungen bis zu 10 Std. werktäglich zulässig sein, wenn innerhalb eines Ausgleichszeitraumes von vier Kalendermonaten 8 Std. werktäglich nicht überschritten werden. Laut

Begründung sollten mit dieser Regelung flexible Arbeitszeitmodelle mit einem langen Ausgleichszeitraum, wie sie in der Praxis zunehmend als notwendig erachtet würden, ermöglicht werden. Zugleich sollten nach der Intention des Gesetzes »im Interesse eines praxisnahen, sachgerechten und effektiven Arbeitszeitschutzes« den Tarifvertragsparteien mehr Befugnisse und Verantwortung übertragen werden. Vorgesehen war ferner, den Frauenarbeitsschutz nach dem Grundsatz der Gleichbehandlung von Männern und Frauen neu zu regeln; er solle nurmehr aufrechterhalten werden, soweit er zur Abwehr geschlechtsspezifischer Gefährdungen der Arbeitnehmerinnen und möglicher Schädigungen des werdenden Lebens erforderlich ist. Hinsichtlich der Sonn- und Feiertagsruhe sah der Gesetzentwurf eine Anpassung der bisherigen Regelungen an die soziale und technische Entwicklung vor. Dabei sollte sichergestellt werden, daß den Arbeitnehmern mindestens ein Ruhetag in der Woche und den an Sonn- und Feiertagen beschäftigten Arbeitnehmern eine Mindestzahl freier Sonntage im Jahr verbleibt.

Entschieden kritisiert wurde dieser Gesetzentwurf von der SPD, die ihrerseits am 8.1.1988 einen Gesetzentwurf im Parlament einbrachte [BT-Drs. 11/1617]. Nach ihrer Ansicht schrieb der Regierungsentwurf im »völligen Gegensatz zur Realität« die 48-Stunden-Woche fest und enthielt faktisch keine Begrenzung der Überstunden. Falsch sei auch das Konzept, »das Gebot der Sonn- und Feiertagsruhe aufzulockern und den Samstag wieder zur regelmäßigen Arbeitszeit zu machen«. Der SPD-Entwurf sah vor, die 40-Stunden-Woche unter Einbeziehung von Sonn- und Feiertagsarbeit kraft Gesetzes als höchstzulässige Regelarbeitszeit einzuführen. Zugleich sollten nurmehr höchstens 2 Std. Mehrarbeit an bis zu 20 Tagen im Jahr zulässig sein. Für Überstunden war als Regelfall ein Freizeitausgleich vorgesehen. Im übrigen sollte aus Gründen des Gesundheitsschutzes eine Höchstgrenze (einschließlich Mehrarbeit) für die tägliche Arbeitszeit von 10 Std. und für die Wochenarbeitszeit von 44 Std. gesetzlich fixiert werden.

Beide Gesetzentwürfe befanden sich Mitte 1989 weiterhin in der parlamentarischen Beratung; allerdings sprach zu diesem Zeitpunkt wenig für eine baldige Verabschiedung eines neuen Arbeitszeitgesetzes.

Erfolgreicher als beim Arbeitszeitgesetz war die Bundesregierung mit ihrer Absicht, die **Ladenschlußzeiten** zu verändern. Nachdem zunächst einzelne begrenzte Lockerungen ermöglicht wurden, verabschiedete der Bundestag – begleitet von Protesten der Gewerkschaften und gleichzeitig laufenden tariflichen Auseinandersetzungen – im Mai 1989 ein Gesetz zur Einführung eines sog. **»Dienstleistungsabends«**.

In einem ersten Schritt war durch Art.9 des Gesetzes vom 25. Juli 1986 [BGBl.I S.1169] in das Ladenschlußgesetz eine Ermächtigung für die Landesregierungen eingefügt worden, durch Rechtsverordnung z. B. den Verkauf von Waren außerhalb der allgemeinen Ladenschlußzeiten auf internationalen Verkehrsflughäfen zuzulassen. Nachdem das OLG Frankfurt in einem Urteil vom 1.10. 1987 diese Erweiterung nur für Fluggäste als zulässig erklärt hatte, stellte der Gesetzgeber durch das LadenschlußG-ÄndG vom 18. Dezember 1987 [BGBl.I S.2793] klar, daß sich die partiellen Auflokkerungen der Vorschriften des Ladenschlußgesetzes vom 28. November 1956 [BGBl.I S.875] i. d. F. des ÄndG vom 5. Juli 1976 [BGBl.I S.1773] nicht auf Reisende beschränken sollen; vielmehr sei es der Wille des Gesetzgebers gewesen, den Verkauf an Reisende und sonstige Benutzer von Flughäfen ohne Kontrollzwänge zu ermöglichen.

Über diese Maßnahme hinaus vereinbarten die Koalitionsparteien zu Beginn der 11. Legislaturperiode die Einführung eines Dienstleistungsabends. Ein daraufhin von der Bundesregierung vorgelegter Gesetzentwurf [BT-Drs. 11/2973, 11/3004] empfahl allen Dienstleistungsbereichen sowie allen Dienststellen des Bundes mit regem Publikumsverkehr, am Donnerstag einen Dienstleistungsabend bis 21 Uhr einzurichten. Zugleich sollte durch Änderung des Ladenschlußgesetzes die Offenhaltung von Verkaufsstellen am Donnerstag bis 21 Uhr zugelassen werden. Auf erhebliche Widerstände stieß dieses Vorhaben v. a. bei den Gewerkschaften DAG und HBV als den Interessenvertretern der im Einzelhandel beschäftigten Arbeitnehmer. Sie versuchten – nicht zuletzt durch zahlreiche Warnstreiks – noch während der parlamentarischen Beratung des Gesetzentwurfes, die Arbeitgeber zum Abschluß von Tarifverträgen zu veranlassen, in denen die Einführung eines Dienstleistungsabends ausgeschlossen wird. Tatsächlich gelang es den Gewerkschaften in einer Reihe von Tarifbezirken, im 1. Halbjahr 1989 derartige Tarifverträge zum Abschluß zu bringen.

Von den Aktivitäten der Gewerkschaften unbeeindruckt hielten die Bundesregierung und die sie tragenden Parteien an ihrem Projekt fest [BT-Drs.11/4649]; gegen die Stimmen insbesondere der Abgeordneten der SPD und der GRÜNEN wurde das **Gesetzesvorhaben der Bundesregierung** am 2.5.1989 vom Bundestag mit 200 Ja-Stimmen gegen 135 Nein-Stimmen verabschiedet [Plenarprot. Dt. BT, 147. Sitzung]. Das **Gesetz zur Einführung eines Dienstleistungsabends vom 10. Juli 1989** [BGBl.I S.1382] erlaubt dem Einzelhandel, am Donnerstag seine Geschäfte bis 20.30 Uhr geöffnet zu halten. Als Ausgleich für die Beschäftigten wurde die Öffnungszeit an »langen Samstagen« in den Sommermonaten auf 16 Uhr begrenzt. Zugleich empfahl das Gesetz den öffentlichen Verwaltungen, ebenfalls donnerstags einen sog. »Dienstleistungsabend« einzurichten. Schließlich ließ das Gesetz den Verkauf in Verkaufsstellen für Bäckerwaren ab 6.30 Uhr zu *(vgl. Vogt, 1989, S.2376)*.

Einer Anfang November 1989 durchgeführten Verbraucherbefragung zufolge haben rd. 25 % der Verbraucher die ersten 5 bzw. 6 Donnerstagabende zu einem Geschäftsbummel oder Einkauf genutzt. Dabei war die Beteiligung in Orten mit weniger als 5.000 Einwohnern deutlich geringer (rd. 13 %) als in Orten mit 5.000 bis 20.000 Einwohnern (rd. 20 %), in Orten mit 100.000 bis 500.000 Einwohnern (rd. 33 %) und Orten mit mehr als 500.000 Einwohnern (rd. 26 %). Die Untersuchung gelangte zu der Schlußfolgerung, „daß der Abendeinkauf am Donnerstag in Zukunft eine Gewohnheit der Verbraucher in den Großstädten werden wird, in Klein- und Mittelstädten jedoch kaum eine Rolle spielen dürfte" *(Institut für angewandte Verbraucherforschung, 1989)*.

Arbeitslohnschutz

Im Bereich des Arbeitslohnschutzes wurden – teilweise der Rechtsprechung folgend – vor allem die gesetzlichen Bestimmungen in bezug auf die **Pfändungsfreigrenzen** sowie die Vorschriften zum **Sozialplan im Konkurs- und Vergleichsverfahren** *(vgl. Grunsky, 1978, S.174ff.)* seit Mitte der 70er Jahre wiederholt geändert.

Die seit 1972 unverändert geltenden Pfändungsfreigrenzen für Arbeitseinkommen wurden mit dem 4. ÄndG der Pfändungsfreigrenzen vom 28. Februar 1978 [BGBl.I S.333] an die Wirtschafts- und Geldwertentwicklung angepaßt; der nicht pfändbare Grundbetrag für einen alleinstehenden Schuldner wurde von 338 auf 579 DM monatlich erhöht; ebenso wurden die zusätzlichen Freibeträge für unterhaltsberechtigte Angehörige der Schuldner angehoben; außerdem führte das Gesetz einen besonderen Pfändungsschutz für Lohn- und Gehaltskonten ein *(vgl. SB 1978, S.42; SB 1980, S.48)*. Dieser Entwicklungstrend der Gesetzgebung wurde mit dem 5. ÄndG der Pfändungsfreigrenzen vom 8. März 1984 [BGBl.I S.364] fortgesetzt; das Gesetz erhöhte mit Wirkung vom 1.4.1984 an die einem Schuldner bei der Zwangsvollstreckung in sein Arbeitseinkommen wegen nicht bevorrechtigter Ansprüche verbleibenden Freibeträge und beseitigte durch Änderung der Konkursordnung den Vorrang der Ansprüche der Sozialversicherungsträger im Falle der Inanspruchnahme der Konkursausfallversicherung gegenüber den rückständigen Lohnforderungen der Arbeitnehmer *(vgl. SB 1986, S.47)*.

Das Sozialplangesetz vom 20. Februar 1985 [BGBl.I S.369] brachte eine Neuordnung der Sozialplanansprüche im Konkurs- und Vergleichsverfahren aufgrund einer Entscheidung des BVerfG und führte zu einem angemessenen Vorrang der Sozialplanansprüche im Konkurs bei gleichzeitiger Begrenzung der Belastung der Konkursmasse *(vgl. SB 1986, S.47, 79)*. Das ÄndG vom 20. Dezember 1988 [BGBl.I S.2450] hat inzwischen die Frist für die Bevorrechtigung von Forderungen aus Sozialplänen, die nicht früher als drei Monate vor dem Antrag auf Eröffnung des Konkurs- oder Vergleichsverfahrens aufgestellt worden waren (§ 61 Abs.1 Konkursordnung), um ein Jahr auf den 31. 12. 1989 verlängert.

3. 2 Mitbestimmung und Betriebsverfassung

3. 2. 1 Politische Kontroversen

Spätestens seit Ende der 60er Jahre bildete die Frage einer Erweiterung der Unternehmensmitbestimmung eines der zentralen Themen der innenpolitischen Auseinandersetzungen *(vgl. v.Beyme, 1974; Leminsky/Otto, 1974; v.Beyme, 1977; Borsdorf/Hemmer,*

1979). Während Sozialdemokraten und Gewerkschaften in der **paritätischen Mitbestimmung** ein wesentliches Element einer »Demokratisierung der Wirtschaft« sahen, wurde sie von den Arbeitgebern – unterstützt durch Vertreter der neoliberalen Schule in der Nationalökonomie und der Rechtswissenschaft sowie vom konservativen Flügel der katholischen Soziallehre – mit allen Mitteln bekämpft. Nachdem sich die sozial-liberale Koalition in ihrer Regierungserklärung vom 18.1.1973 [Sten.BR.,7.BT, S.131] darauf festgelegt hatte, den Grundsatz der Gleichberechtigung und Gleichgewichtigkeit von Arbeitnehmern und Anteilseignern für Großunternehmen zu verwirklichen, und Anfang 1974 einen entsprechenden Gesetzentwurf präsentierte, begleiteten die **Unternehmerverbände** die sich anschließenden parlamentarischen Auseinandersetzungen mit einer Kampagne zur **Verhinderung** eines derartigen Gesetzes und versuchten über eine mit großem publizistischen Aufwand geführte öffentliche Debatte, Einfluß auf die politischen Entscheidungen zu nehmen *(vgl. Raehlmann, 1975).* Gemäß einem Flugblatt der Bundesvereinigung der Deutschen Arbeitgeberverbände (BDA) schadet „die paritätische Mitbestimmung ... der Wirtschaft und nützt den Arbeitnehmern nicht, verändert unsere Wirtschafts- und Gesellschaftsordnung, macht die Gewerkschaften zur stärksten Macht im Staate".

Die Gegner der Mitbestimmung machten vor allem geltend, daß die Mitbestimmung einerseits zu einer Polarisierung, andererseits zu einer Bürokratisierung der unternehmerischen Entscheidungsprozesse führe, welche die Flexibilität der Unternehmensleitungen auf dem Markt, die Anpassung an veränderte wirtschaftliche Verhältnisse und daher die Produktivität und Rentabilität der Unternehmen beeinträchtigen würden. Eingewandt wurde ferner, daß die paritätische Mitbestimmung mit der Eigentumsgarantie des Art. 14 GG sowie der Garantie der arbeitsrechtlichen Koalitionsfreiheit nach Art.9 Abs.3 GG unvereinbar sei. Anstelle der gewünschten Emanzipation der einzelnen Arbeitnehmer führe sie gewollt oder ungewollt zu einer Kumulation wirtschaftlicher Macht in den Händen der Gewerkschaften, die dadurch instandgesetzt würden, eine zentrale Wirtschaftslenkung aufzubauen *(vgl. Kunze, 1972, S.257 ff.; Raiser, 1975, S.270).*

Demgegenüber verfolgten die Gewerkschaften mit ihrer Mitbestimmungspolitik das Ziel, zum einen durch eine Beteiligung an den wirtschaftlichen und sozialen Entscheidungen die gesellschaftliche Emanzipation der Arbeitnehmer zu fördern und zugleich durch Kontrolle wirtschaftlicher Macht die Demokratisierung der Wirtschaft voranzutreiben *(vgl. V. Jung, 1979, S.131).* Befürworter der Mitbestimmung sahen in ihr zudem eine Möglichkeit, das gegenseitige Mißtrauen abzubauen, die Kampfsituation zu beenden und damit zu einer Versachlichung bei der Austragung von Interessenkonflikten zwischen Kapital und Arbeit zu gelangen. Darüber hinaus wurden eine gerechtere Verteilung des Produktionsertrages und eine Ausweitung individueller Freiheitsspielräume erwartet, indem einseitige Machtpositionen abgebaut und ein Gegengewicht zum Konzentrationsprozeß in der Wirtschaft gebildet würden.

Die Einflußnahme der Unternehmer blieb nicht ohne Erfolg. Zu einer Anhörung durch den Bundestagsausschuß für Arbeit und Sozialordnung am 19.12.1974 wurden von der CDU/CSU und der FDP vor allem Gutachter eingeladen, die erklärte Gegner der qualifizierten Mitbestimmung waren. Entsprechend brachten der Verlauf und das Ergebnis des Hearings eine erhebliche Stärkung der Mitbestimmungsgegner. Obwohl sich in der wissenschaftlichen Diskussion der folgenden Monate zunehmend auch Stimmen zu Wort meldeten, die die Vereinbarkeit der paritätischen Mitbestimmung und zumal des Regierungsentwurfs mit dem GG bekräftigten, begann die FDP verstärkt, von den ursprünglichen Koalitionsvereinbarungen abzurücken. Vor diesem Hintergrund kam es am 9.12. 1975 zu neuerlichen Koalitionsübereinkünften in der Mitbestimmungsfrage, die im Ergebnis das Übergewicht der Anteilseigner und die Sonderstellung der leitenden Angestellten verstärkten; außerdem wurden Veränderungen des Wahlverfahrens vereinbart.

Diese **Koalitionsvereinbarung vom 9. Dezember 1975** prägte im wesentlichen den Inhalt des am 18. März 1976 vom Bundestag verabschiedeten Mitbestimmungsgesetzes. Das Abgehen von der vollen Parität führte sogar dazu, daß dem Gesetz in namentlicher Abstimmung 389 Abgeordnete zustimmten; bei einer Enthaltung stimmten lediglich 22 Abgeordnete gegen das Gesetz.

3.2.2 Mitbestimmungsgesetz von 1976

Das **Gesetz über die Mitbestimmung der Arbeitnehmer vom 4. Mai 1976** [BGBl.I S.1153] brachte rund 25 Jahre nach der Einführung der Montan-Mitbestimmung eine Ausdehnung der Unternehmensmitbestimmung auf weitere Wirtschaftsbereiche *(vgl. Fitting u.a., 1976; Hanau/Ulmer, 1981; Hölters, 1979, S.335ff.; Hübner/Niebur, 1979, S.141ff.; Meilicke/Meilicke, 1976; Raiser, 1984; Stein, 1976; Spieker, 1979, S.119ff.; Zuleeg, 1978, S.223ff.)*.

In allen Unternehmen mit eigener Rechtspersönlichkeit (AG, KGaA, GmbH, bergrechtliche Gewerkschaft, Genossenschaft) und mehr als 2.000 Beschäftigten wurde die Mitbestimmung der Arbeitnehmer in den Aufsichtsräten und im Vorstand eingeführt. Ausgenommen waren die der Montan-Mitbestimmung unterliegenden Unternehmen sowie sog. »Tendenzunternehmen« i. S. d. § 118 BetrVG 1972. Die Aufsichtsräte sind seitdem je nach Unternehmensgröße je zur Hälfte mit jeweils 4, 6 oder 7 Vertretern der Arbeitnehmer (Arbeiter, Angestellte, leitende Angestellte, Gewerkschaftsvertreter) und der Anteilseigner zu besetzen. Der Aufsichtsratsvorsitzende und sein Stellvertreter sind durch den Aufsichtsrat mit Zwei-Drittel-Mehrheit zu wählen; wird diese erforderliche Mehrheit nicht erreicht, wählen die Anteilseigner den Vorsitzenden, die Arbeitnehmervertreter den Stellvertreter. Bei Stimmengleichheit im Aufsichtsrat wird die Abstimmung wiederholt, wobei der Aufsichtsratsvorsitzende in diesem Fall 2 Stimmen erhält. Mit Ausnahme der KGaA wird nach dem Mitbestimmungsgesetz ein Arbeitsdirektor bestellt, der – v. a. zuständig für Personalangelegenheiten – gleichberechtigtes Mitglied des zur gesetzlichen Vertretung des Unternehmens berechtigten Organs ist. Anders als im Bereich der Montan-Mitbestimmung haben die Arbeitnehmervertreter hier bei der Bestellung des Arbeitsdirektors kein Vetorecht. Die Arbeitnehmervertreter im Aufsichtsrat können durch Wahlmänner oder in unmittelbarer Wahl durch die Arbeitnehmer gewählt werden.

Während die damalige Regierung das Gesetz naturgemäß als wesentlichen Fortschritt betrachtete, waren die **Gewerkschaften** und die politischen Parteien weitgehend enttäuscht; die **Arbeitgeber** blieben trotz der zuletzt eingefügten Kompromißregelungen bei ihrer uneingeschränkten Ablehnung. Nach Meinung der Gewerkschaften war die Strategie der Arbeitgeber eine der wichtigsten Ursachen dafür, daß das Gesetz aus ihrer Sicht gravierende Mängel enthielt *(vgl. Jürgens/Köstler, 1979, S.160)*.

Kritisiert wurden von den Gewerkschaften die »Scheinparität« im Aufsichtsrat, die Sondervertretung der leitenden Angestellten *(vgl. Galperin, 1977)* sowie das Doppelstimmrecht des Aufsichtsratsvorsitzenden, durch die ein Gleichgewicht verhindert werde. Bemängelt wurde ferner, daß die Arbeitnehmerbank durch Sonderrechte für leitende Angestellte aufgespalten und der Arbeitsdirektor nicht entsprechend dem Montanmodell abgesichert sei. Im übrigen erfasse das Gesetz nur einen Teil der Großunternehmen. Außerdem sei das Wahlverfahren zu kompliziert und wirke entsolidarisierend. Nachdrücklich erklärte der DGB, an seinen Forderungen festzuhalten, auch wenn die gegenwärtigen politischen Verhältnisse ihre Verwirklichung nicht zuließen. Trotz der Unzulänglichkeiten, wurde jedoch betont, werde man alles daran setzen, die Möglichkeiten des Gesetzes voll auszuschöpfen.

Die Arbeitgeber reagierten auf die Verabschiedung des Gesetzes mit unterschiedlichen **Abwehrstrategien**. Zum einen setzte eine sog. **»Mitbestimmungsflucht«** ein, d. h. die gesetzlichen Anknüpfungspunkte für die Einführung der Mitbestimmung (Beschäftigtenzahl und Rechtsform des Unternehmens) wurden gezielt beseitigt, zum anderen wurden massenhaft **Klagen und Verfassungsbeschwerden** gegen das Gesetz eingebracht, mit denen das Ziel verfolgt wurde, das Gesetz ganz zu beseitigen oder zumindest den Arbeitnehmereinfluß auf die Unternehmenspolitik weiter zu reduzieren.

Hervorzuheben ist dabei insbesondere die am 29. 6. 1977 von 29 Arbeitgeberverbänden, 9 Unternehmen und der Deutschen Schutzvereinigung für Wertpapierbesitz e.V. gegen das MitbestG 1976 eingelegte Verfassungsbeschwerde. Diese wurde v.a. damit begründet, daß das Gesetz erstens Art. 14 Abs. 1,2 GG wegen erheblicher Einschränkung der Verfügungsrechte der Kapitaleigner und zweitens Art.9 Abs.3 GG verletze, weil die Präsenz der Arbeitnehmervertreter im Aufsichtsrat die

Gegnerfreiheit und Gegnerunabhängigkeit der Arbeitgeberkoalition nicht mehr gewährleiste [vgl. BVerfGE 50, S.290].

Bundesregierung und Gewerkschaften haben in Stellungnahmen zu der Verfassungsbeschwerde alle gegen das Gesetz erhobenen verfassungsrechtlichen Zweifel zurückgewiesen. Dabei war insbesondere dem DGB daran gelegen, daß sich das BVerfG nur zu dem Streitgegenstand – die Verfassungsmäßigkeit des MitbestG 1976 – äußerte, zumal die Arbeitgeberseite darauf spekulierte, daß „das Bundesverfassungsgericht in der Urteilsbegründung verfassungsrechtliche Schranken gegen einen weiteren Ausbau der Mitbestimmung festschreiben und damit zugleich Begründungen für einen Angriff auf die Montanmitbestimmung liefern würde" *(V. Jung, 1979, S.133)*. Zugleich nahmen die Gewerkschaften aus Protest gegen die Arbeitgeberklage seit 1977 nicht mehr an der »Konzertierten Aktion« teil, wodurch diese zum Scheitern verurteilt war *(vgl. Lampert, 1985, S.239)*.

In seinem **Urteil vom 1. März 1979** hat das BVerfG [BVerfGE 50, S.290] die Verfassungsbeschwerde der Arbeitgeber zurückgewiesen und das MitbestG für mit dem GG vereinbar erklärt. Zugleich teilte das Gericht nicht die Auffassung der Arbeitgeber, daß die Wirtschaftsverfassung durch den institutionellen Schutz- und Ordnungszusammenhang des GG begründet werde. Vielmehr enthalte das GG keine unmittelbare Festlegung und Gewährleistung einer bestimmten Wirtschaftsordnung, sondern überlasse es dem Gesetzgeber, diese innerhalb der durch das GG gezogenen Grenzen zu gestalten.

Im einzelnen stellte das BVerfG fest, daß das MitbestG 1976 nicht gegen die Eigentumsgarantie verstoße, da sich die Begrenzung der Verfügungsrechte der Eigentümer in den Grenzen einer verfassungsrechtlich zulässigen Sozialbindung halte und das Gesetz den Arbeitnehmern keine volle Parität einräume. Hinsichtlich des Problems der Auswirkungen auf die Tarifautonomie führte das Gericht zwar aus, daß auf die prinzipielle Gegnerunabhängigkeit der Koalitionen nicht verzichtet werden könne, sah jedoch durch das Gesetz die Funktionsfähigkeit der Unternehmen und der Tarifautonomie nicht zwangsläufig gefährdet. Letzteres wurde v.a. damit begründet, daß die Anteilseigner auch weiterhin ein Übergewicht hätten und eine behauptete verfassungswidrige Kumulation von Mitbestimmungsrechten aus BetrVG und MitbestG nicht bestünde.

Ungeachtet der anhängigen Rechtsverfahren wurde nach Inkrafttreten des MitbestG am 4.6.1976 mit dessen praktischer Umsetzung begonnen. Zu diesem Zweck wurden am 23. Juni 1977 drei **Wahlordnungen** erlassen [BGBl.I S.861, 893, 934], in denen die Vorschriften über die Wahl und die Abberufung der Aufsichtsratsmitglieder der Arbeitnehmer präzisiert wurden.

Bis zum Ablauf der gesetzlichen Überleitungsfrist am 30. Juni 1978 hatten 472 vom Gesetz erfaßte Unternehmen das neue Recht anzuwenden. Die Ergebnisse der ersten Aufsichtsratswahlen in den mitbestimmten Unternehmen brachten einen klaren Wahlerfolg für die DGB-Gewerkschaften; ihre Vertreter besetzten rd. 85 % der 2.747 Aufsichtsratsmandate für Arbeitnehmervertreter *(vgl. Vetter, 1979, S.294)*. Am 1.4.1980 waren 481 Unternehmen und Konzerne mit rd. 4 Mio. Arbeitnehmern nach dem MitbestG 1976 *(vgl. SB 1980, S.17)* mitbestimmt.

Bis Ende 1989 stieg die Zahl der Unternehmen, die unter das MitbestG 1976 fallen, auf 522 (den Montan-Mitbestimmungsgesetzen unterlagen 31 Unternehmen). Zwar sind seit 1978 z. B. durch Konkurs, Fusion oder Verkleinerung 98 Unternehmen aus dem Geltungsbereich des Gesetzes ausgeschieden, gleichzeitig wurden jedoch 148 Unternehmen mitbestimmungspflichtig. In den 522 mitbestimmten Unternehmen gab es 3.660 Arbeitnehmervertreter (davon 522 leitende Angestellte). 303 Unternehmen hatten die Rechtsform einer AG und 200 die einer GmbH. Allein im Jahre 1989 waren 27 Zugänge zu verzeichnen *(vgl. Kronenberg/Scheibe-Lange, 1990, S.468ff.)*.

3.2.3 Sicherung der Montan-Mitbestimmung

Die in den Montan-Betrieben bestehende Mitbestimmungsregelung blieb von dieser Entwicklung der Gesetzgebung unberührt. Allerdings wurden im Zuge von Schrumpfungs- und Strukturveränderungsprozessen in der Folgezeit abermals **Aushöhlungstendenzen** in der Montan-Mitbestimmung sichtbar. Diesen Entwicklungen wurde durch das **Montan-Mitbestimmungssicherungsgesetz vom 21. Mai 1981** [BGBl.I S.441] entgegengewirkt. Nach diesem Gesetz sollten für die Dauer von 6 Jahren in den Unternehmen, die dem Montan-MitbestG von 1951 und dem MitbestEG von 1956 unterliegen, die geltenden Mitbestimmungsregelungen auch dann weiter angewendet werden, wenn die entsprechenden Voraussetzungen am 1.7.1981 entfallen würden.

Die Herstellung von Walzwerk- und Gießereierzeugnissen aus Eisen oder Stahl wurde definitorisch als Erzeugung von Stahl und Eisen bestimmt, und Betriebe mit dieser Produktion, die einem montan-mitbestimmten Unternehmen verbunden waren, verblieben daher im Anwendungsbereich der Montan-Mitbestimmungsregelungen. Weiterhin bestimmte das Gesetz, daß die nicht der Belegschaft angehörenden Arbeitnehmervertreter künftig nicht mehr von den Spitzenorganisationen der Gewerkschaften entsandt werden konnten, sondern von diesen nur noch vorzuschlagen und gemäß den Wahlvorschriften durch das Verfahren zu wählen waren, das bei der Wahl der belegschaftsangehörigen Aufsichtsratsmitglieder angewendet wird.

Nachdem in den 80er Jahren in fast allen bisher der Montan-Mitbestimmung unterliegenden **Konzernobergesellschaften** der Eisen- und Stahlindustrie die Voraussetzungen für die weitere Anwendung der Montan-Mitbestimmung entfallen waren, bedurfte es abermals gesetzlicher Schritte, um diese Form der Mitbestimmung zu erhalten. Vor einer längerfristigen Regelung wurde zunächst durch das **Verlängerungsgesetz vom 23. Juli 1987** [BGBl.I S.1676] die sechsjährige Auslaufzeit bei Konzernobergesellschaften, die 1987 oder 1988 aus der Montan-Mitbestimmung ausscheiden konnten, bis zum 31. 12. 1988 verlängert.

Ende 1988 schließlich wurden mit Wirkung vom 1. 1. 1989 weitere Maßnahmen beschlossen, die die Montan-Mitbestimmung dauerhaft sichern sollen. Im Rahmen des **Gesetzes zur Änderung des Betriebsverfassungsgesetzes, über Sprecherausschüsse der leitenden Angestellten und zur Sicherung der Montan-Mitbestimmung vom 20. Dezember 1988** [BGBl.I S.2312] wurde festgelegt, daß eine Konzernobergesellschaft ohne eigene Montanproduktion solange montan-mitbestimmt bleibt, wie die montan-mitbestimmten Tochterunternehmen insgesamt mindestens 20 % der Konzernwertschöpfung erzielen oder mehr als 2.000 Arbeitnehmer beschäftigen; auf diese Weise bleibt ein großer Teil der Konzernobergesellschaften der Stahlindustrie, die sonst in den nächsten Jahren aus der Montan-Mitbestimmung herausgefallen wären, weiterhin im Anwendungsbereich der Montan-Mitbestimmungsregelungen.

3. 2. 4 Betriebsverfassung

Nachdem das **Betriebsverfassungsgesetz** aus dem Jahre 1972 *(vgl. Bock-Rosenthal u.a., 1977; Auffarth, 1982, S. 201 ff.)* während vieler Jahre lediglich in Teilbereichen (Schutz der Jugendvertreter, Sozialplan) Änderungen erfahren hatte, sah die im März 1987 zwischen CDU/CSU und FDP getroffene **Koalitionsvereinbarung** eine Weiterentwicklung der Betriebsverfassung vor. Im Gegensatz zur SPD-Fraktion, die im September 1988 einen Gesetzentwurf für ein Betriebsverfassungsgesetz 1988 einbrachte [BT-Drs. 11/2995], beabsichtigte die Koalition allerdings lediglich ein Artikelgesetz, das sich auf Teilbereiche konzentrierte, hielt eine umfassende Novellierung des BetrVG jedoch nicht für erforderlich.

Aus praktischen Gründen mußte die gesetzgeberische Umsetzung der Koalitionsvereinbarung in zwei Schritten erfolgen. Die in dem »Gesamtpaket« vorgesehene Umwandlung der Jugendvertretungen in Jugend- und Auszubildendenvertretungen wurde zeitlich vorgezogen, um im Herbst 1988 Wahlen zu diesen neuen Gremien zu ermöglichen. Zwecks Einhaltung dieses Termins war bereits durch ein **Vorschaltgesetz vom 18. Dezember 1987** [BGBl.I S.2792] die Amtszeit der Jugendvertretungen gemäß § 64 BetrVG bis zum

Herbst 1988 verlängert worden (ansonsten wären im Frühjahr 1988 Wahlen fällig gewesen). Die eigentliche Neuregelung dieses Teilbereichs erfolgte mit dem **Gesetz zur Bildung von Jugend- und Auszubildendenvertretungen in den Betrieben vom 13. Juli 1988** [BGBl.I S.1034].

Nach dem BetrVG waren in Betrieben, in denen i.d.R. mindestens 5 Arbeitnehmer beschäftigt sind, die das 18. Lebensjahr noch nicht vollendet haben, Jugendvertreter zu wählen. Dies bedeutete, daß die aufgrund längerer Schulzeiten immer größere Zahl über 18 Jahre alter Auszubildender nicht wahlberechtigt war. Um dies zu ändern und auch deren Betreuung und Vertretung durch die Jugendvertretung zu gewährleisten, wandelte der Gesetzgeber die Jugendvertretungen in Betrieben in Jugend- und Auszubildendenvertretungen um; nunmehr besteht in den Betrieben eine gemeinsame Vertretung für jugendliche Arbeitnehmer und Auszubildende, die das 27. Lebensjahr noch nicht vollendet haben.

Im Gegensatz zu dieser Neuregelung waren Teile der beabsichtigten sonstigen Änderungen des BetrVG sowie die Einführung von Sprecherausschüssen höchst umstritten. Das im Juni 1988 als Initiativgesetz von CDU/CSU und FDP in den Bundestag eingebrachte Artikelgesetz [BT-Drs. 11/2503] erfuhr im zuständigen Ausschuß eine intensive Behandlung, in deren Rahmen am 28.9.1988 eine äußerst **kontroverse öffentliche Anhörung** von Verbänden, Betriebspraktikern und Rechtswissenschaftlern stattfand. Die **Ausschußberatungen** führten zu einigen nicht unwesentlichen Ergänzungen und Änderungen [vgl. BT-Drs. 11/3618], konnten die SPD und DIE GRÜNEN jedoch nicht zu einer Zustimmung bewegen. Mit den Stimmen von CDU/CSU und FDP wurde das Gesetz schließlich am 1.12.1988 vom Bundestag verabschiedet *(vgl. Wlotzke, 1988, S.397ff.)*.

Das **Gesetz zur Änderung des Betriebsverfassungsgesetzes, über Sprecherausschüsse der leitenden Angestellten und zur Sicherung der Montan-Mitbestimmung vom 20. Dezember 1988** [BGBl.I S.2312] enthält Regelungen zu verschiedenen Sachbereichen: Änderungen des BetrVG (insb. Ausbau des Minderheitenschutzes, Verlängerung der Amtszeit der Betriebsräte, Erweiterung der Unterrichtungs- und Beratungsrechte bei der Planung neuer Techniken), das Gesetz über Sprecherausschüsse der leitenden Angestellten sowie Vorschriften zur Sicherung der Montan-Mitbestimmung.

Am heftigsten umstritten war das Hauptanliegen des Gesetzes, nämlich den Minderheitenschutz im Betriebsverfassungsrecht auszuweiten. Nach der Gesetzesbegründung war es Ziel der Neuregelung, betrieblichen Minderheiten und kleineren Gewerkschaften den Zugang zur Betriebsratswahl zu erleichtern, den betrieblichen Minderheiten mehr Möglichkeiten zur aktiven Mitwirkung bei der Betriebsratswahl zu geben und das Selbstbestimmungsrecht der Arbeiter und der Angestellten begrenzt zu erweitern. Um dieses zu erreichen, wurden u. a. die für Wahlvorschläge erforderlichen Unterschriftenquoren halbiert, ein generelles gewerkschaftliches Vorschlagsrecht und ein Teilnahmerecht von Beauftragten der Gewerkschaften im Wahlvorstand eingeführt, bei der Besetzung der Betriebsratsausschüsse und bei Freistellungen die Verhältniswahl vorgeschrieben und der Gruppenschutz verstärkt. Die DGB-Gewerkschaften und die Arbeitgeber lehnten die erweiterten Minderheitenbestimmungen entschieden ab; nach ihrer Ansicht dienten diese lediglich den Interessen ganz weniger kleiner Gewerkschaften. Sie befürchteten eine Zersplitterung sowie eine Politisierung der betrieblichen Auseinandersetzungen. In der Besetzung der Betriebsratsausschüsse nach den Grundsätzen der Verhältniswahl sahen sie eine mögliche Beeinträchtigung ihrer Funktionsfähigkeit. Die Zusammenarbeit zwischen Betriebsrat und Arbeitgebern dürfe nicht aus sachfremden Konkurrenzgründen und schon gar nicht aus betriebsfremden parteipolitischen oder ideologischen Gründen erschwert werden.

Im übrigen wurden durch das Gesetz die Unterrichtungs- und Beratungsrechte bei der Planung und Einführung neuer Techniken etwas verbessert und konkretisiert, die Amtszeit des Betriebsrates von 3 Jahren auf 4 Jahre verlängert und der Begriff des leitenden Angestellten präzisiert *(vgl. Wlotzke, 1989c, S.111ff.)*.

Ebenfalls bei den Gewerkschaften wie den Arbeitgebern heftig umstritten war das sog. **Sprecherausschußgesetz** (SprAuG) **vom 20. Dezember 1988** [BGBl.I S.2316], mit dem die Regierung insbesondere Wünschen von Teilen der CDU/CSU und der FDP nachkam, den **leitenden Angestellten** stärkere Rechte im Rahmen der betrieblichen Interessenvertretung einzuräumen *(vgl. Wlotzke, 1989 c, S. 173 ff.)*.

Nachdem die BetrVG 1952 und 1972 die leitenden Angestellten aus ihrem Geltungsbereich ausklammerten, drängte die »Union der Leitenden Angestellten« u. a. mit eigenen Gesetzesvorschlägen (1968, 1979 und 1984) auf eine gesetzliche Verankerung von Sprecherausschüssen. Verschiedene in der 9. und 10. Legislaturperiode von CDU/CSU-Abgeordneten bzw. den Fraktionen der CDU/CSU und der FDP ausgehende Gesetzesinitiativen blieben ohne Erfolg. In Anbetracht der lange Zeit erfolglosen Bemühungen um eine gesetzliche Regelung hatten sich in den letzten Jahrzehnten in zahlreichen Unternehmen Sprecherausschüsse auf freiwilliger Basis konstituiert. Ihre Zahl stieg von rd. 30 im Jahre 1973 auf etwa 330 im Jahre 1980 und etwa 400 im Jahre 1985. Zwar hatte das BAG in einer Entscheidung vom 19. 2. 1975 die Bildung von freiwilligen Sprecherausschüssen zugelassen, ihre Handlungsmöglichkeiten waren allerdings sehr beschränkt. Während das nunmehr verabschiedete Gesetz darauf abzielte, Nachteile sowie Unsicherheiten zu beseitigen, und v.a. damit begründet wurde, daß leitende Angestellte Arbeitnehmer mit spezifischen Interessen seien, die zur Durchsetzung ihrer Interessen einer gesetzlich verankerten Vertretung bedürften, lehnten die Arbeitgeber die Einrichtung eines solchen Gremiums ab. Nach ihrer Ansicht können leitende Angestellte nicht mit anderen Arbeitnehmern gleichgestellt werden; leitende Angestellte gehörten zur Führungsschicht des Unternehmens und stünden nicht in einem Interessengegensatz zu dieser. Sie befürchteten, daß mit der betriebsratsähnlichen Ausgestaltung der Sprecherausschüsse ein künstlicher Interessengegensatz zwischen leitenden Angestellten und Unternehmensleitung entstehen könnte.

Das SprAuG hat für die leitenden Angestellten, die nach § 5 Abs. 3 aus dem Geltungsbereich des BetrVG ausgenommen sind, eigene Vertretungen, die sog. »Sprecherausschüsse«, geschaffen. Wahlen zu diesen Ausschüssen sollten erstmals in der Zeit vom 1. März bis zum 31. Mai 1990 stattfinden. Gemäß § 1 SprAuG sind Sprecherausschüsse i.d.R. in Betrieben mit mindestens 10 leitenden Angestellten zu wählen; möglich ist allerdings auch die Bildung eines Unternehmens-Sprecherausschusses, wenn dies die Mehrheit der leitenden Angestellten des Unternehmens verlangt (§ 20 SprAuG). Diese Regelung soll die Bildung eines Sprecherausschusses auch in jenen Fällen ermöglichen, in denen in einzelnen Betrieben des Unternehmens die erforderliche Zahl leitender Angestellter fehlt. Das Gesetz gewährt den Sprecherausschüssen in einer Reihe von Angelegenheiten der leitenden Angestellten (z.B. bei Einstellungen, personellen Veränderungen, Kündigungen) Mitwirkungsrechte (§§ 30, 31 SprAuG). Ferner können das Unternehmen und der Sprecherausschuß freiwillige Richtlinien über den Inhalt, den Abschluß oder die Beendigung von Arbeitsverhältnissen der leitenden Angestellten vereinbaren, die unmittelbar und zwingend gelten (§ 28 SprAuG) *(vgl. Löwisch, 1989, S. 24 f.; Wlotzke, 1989 c, S. 173 ff.; Kappes, 1989, S. 1188 ff.; Niedenhoff, 1991)*.

Ungeachtet der von den Koalitionsparteien durchgesetzten Novellierung hielten SPD und DIE GRÜNEN an den von ihnen eingebrachten Gesetzentwürfen für eine **grundlegende Reform des Betriebsverfassungsrechts** fest [BT-Drs. 11/2995, 11/4525]. Beide Gesetzentwürfe stützten sich sehr weitgehend auf einen detaillierten Gesetzesvorschlag des DGB aus dem Jahre 1985. Darin hatte der DGB insbesondere umfassende Mitbestimmungsrechte für die Betriebsräte gefordert und bessere Arbeitsmöglichkeiten für die Betriebsvertretungen sowie weitergehende Grundlagen für deren Zusammenarbeit mit den Gewerkschaften verlangt. Als Schwachpunkte des BetrVG 1972 erachten die Gewerkschaften v. a. die ihrer Ansicht nach »völlig ungenügenden« Mitbestimmungsrechte des Betriebsrates in personellen Angelegenheiten sowie bei der Einführung und Anwendung technischer Verfahren, neuer Technologien, beim Gesundheits- und beim betrieblichen Umweltschutz. Beklagt werden von ihnen ferner die unzureichenden Möglichkeiten einheitlicher betriebsverfassungsrechtlicher Interessenvertretung bei Betriebsaufspaltungen und der Erlangung vollständiger und frühzeitiger Informationen *(vgl. DGB, 1990 a)*.

Beide Gesetzentwürfe sahen einen Ausbau und eine Ausdehnung der gesetzlichen Mitbestimmungsrechte des Betriebsrates vor, insbesondere im Hinblick auf die Einführung neuer Technologien, die Personaldatenverarbeitung und -planung sowie bei personellen Einzelmaßnahmen. Weiterhin strebten sie eine Verstärkung der Individualrechte der Arbeitnehmer sowie eine Ausdehnung und Präzisierung des Regelungsbereichs des BetrVG an. Schließlich enthielten sie Maßnahmen zur Verstärkung der individuellen und kollektiven Rechte der Arbeitnehmer im Bereich der Förderung von Frauen, beim betrieblichen Datenschutz, bei der Arbeitssicherheit und beim Umweltschutz. Konkret sahen die Entwürfe u. a. eine Verbesserung des Datenschutzes über die Einführung eines allgemeinen Mitbestimmungstatbestandes für die Erhebung, Speicherung, Veränderung und Nutzung von personenbezogenen Daten vor. Ferner sollte dem Betriebsrat ein Mitbestimmungsrecht bei der Personalplanung bis hin zur Festsetzung des Personalbedarfs eingeräumt werden. Angestrebt wurde außerdem, die Sozialplanpflicht auf Kleinbetriebe auszudehnen und das Neugründungsprivileg in § 112a BetrVG aufzuheben. Bei Widerspruch des Betriebsrates gegen eine ordentliche bzw. außerordentliche Kündigung sollte eine Auflösung des Arbeitsverhältnisses vom Arbeitgeber nur auf dem Klagewege erreicht werden können *(vgl. Löwisch, 1990)*.

Zwar führte der zuständige BT-Ausschuß für Arbeit und Sozialordnung am 7.3.1990 zu den beiden Gesetzentwürfen eine **Anhörung** von Verbänden und Sachverständigen durch, angesichts der politischen Mehrheitsverhältnisse war mit einer Neuregelung des BetrVG jedoch nicht zu rechnen. Während die Gewerkschaften die Gesetzesinitiativen der SPD und der GRÜNEN begrüßten, betonten die Arbeitgeber, daß sie die Gesetzentwürfe inhaltlich nicht akzeptieren könnten, weil diese die von der Verfassung gesteckten Grenzen »weit überschreiten« würden. Sie enthielten eine nahezu unbegrenzte Erweiterung der Mitbestimmung und sonstiger Rechte des Betriebsrates und der Gewerkschaften. Eine Verwirklichung dieser Gesetzesvorhaben hätte nach Ansicht der Arbeitgeber „schwerwiegende Folgen für die wirtschaftliche und damit soziale Stabilität" der Bundesrepublik *(BDA, 1990 a)* gehabt.

3.2.5 Bundespersonalvertretungsrecht

Parallel zu den Reformbestrebungen im Bereich des Betriebsverfassungsrechts bemühten sich die Koalitionsfraktionen seit Mitte der 80er Jahre auch um eine Novellierung des BPersVG. Ein Gesetzentwurf von CDU/CSU und FDP zur **Verstärkung der Minderheitenrechte** in den Betrieben und Verwaltungen (MindRG) vom 22. Mai 1985 [BT-Drs. 10/3384], der in der 10. Wahlperiode nicht mehr verabschiedet werden konnte, hatte neben Änderungen des BetrVG insbesondere eine Änderung der Vorschriften des BPersVG über Wahlvorschläge durch Einführung eines eigenen allgemeinen Wahlvorschlagsrechts der in der Dienststelle vertretenen Gewerkschaften und eine Herabsetzung des Quorums für Wahlvorschläge der Beschäftigten von einem Zehntel auf ein Zwanzigstel vorgesehen.

Nachdem bei den Koalitionsverhandlungen Einvernehmen bestand, diesen Punkt in der 11. Legislaturperiode erneut aufzugreifen, legten die Fraktionen von CDU/CSU und FDP dem Bundestag am 16.11.1987 einen **Gesetzentwurf zur Änderung des BPersVG** [BT-Drs. 11/1190] vor.

Nach Ansicht der Koalitionsfraktionen trug das bestehende BPersVG dem Minderheitenrecht nicht in ausreichendem Maße Rechnung. In diesem Zusammenhang wurde zugleich auf den Beschluß des BVerfG vom 16.10.1984 [2 BvL 20/82 = BVerfGE 67, S.369] verwiesen, der die bisherige Regelung des Unterschriftenquorums in § 19 Abs.4 und 5 BPersVG für verfassungswidrig und nichtig erklärt hatte. Nach Ansicht des Gerichts waren diese Vorschriften unvereinbar mit Art.3 Abs.1 GG, weil »ein Unterschriftenquorum von 10 vH die Grundsätze der Allgemeinheit und der Gleichheit der Wahl über das notwendige und damit zulässige Maß« beeinträchtige. Ziel des Gesetzentwurfes war es daher, die Rechte von Minderheiten in den Verwaltungen zu stärken, und zwar durch Änderung der Vorschriften für die Gültigkeit von Wahlvorschlägen und für die Freistellung von dienstlicher Tätigkeit zur Wahrnehmung von Aufgaben der Personalvertretung. Ferner sollte – analog zum Geltungsbereich des BetrVG – die am 29.2.1988 auslaufende Amtszeit der Jugendvertretungen verlängert werden, um vor Neuwahlen das geplante Gesetz zur Umwandlung der Jugendvertretungen in Jugend- und Auszubildendenvertretungen verabschieden zu können.

In Anbetracht der zeitlichen Enge entschied sich der zuständige Ausschuß, die Verlängerung der Amtszeit der Jugendvertretungen von den übrigen Neuregelungen abzutrennen [BT-Drs. 11/1492]. Nachdem mit dem **BPersVG-ÄndG vom 18. Dezember 1987** [BGBl.I S.2746] die Amtszeit der Jugendvertretungen verlängert worden war, wurden durch **Gesetz vom 13. Juli 1988** [BGBl.I S.1037] Rechtsgrundlagen geschaffen, um in den Verwaltungen Jugend- und Auszubildendenvertretungen einzurichten.

Der Art. 1 des Gesetzentwurfes, der vor allem eine Erweiterung der Minderheitenrechte vorsah, blieb weiterhin in Beratung. Nachdem der Innenausschuß am 16.5.1988 eine Sachverständigen-Anhörung durchgeführt hatte, empfahlen die Koalitionsfraktionen dem Plenum die Annahme des Gesetzentwurfes, während die SPD und DIE GRÜNEN ihn ablehnten. Die SPD kritisierte vor allem den nach ihrer Ansicht »übertriebenen Minderheitenschutz«; der Fraktion DIE GRÜNEN fehlten Mitbestimmungsregelungen für den Bereich der neuen Technologien sowie Quotierungen zugunsten der Frauen. Das **BPersVG-ÄndG vom 10. Juli 1989** [BGBl.I S.1380, 1473] brachte schließlich eine **Erweiterung des Minderheitenrechts konkurrierender Gewerkschaften** sowie eine **Erleichterung des Wahlvorschlagsrechts** der Beschäftigten. In weiteren Bestimmungen wurde u.a. die Amtszeit der Personalvertretungen von 3 auf 4 Jahre verlängert, die Rechte der Personalvertretung gegenüber der Dienststelle hinsichtlich der Begründung von Anträgen erweitert und die Äußerungsfristen des Personalrats auf 10 Arbeitstage ausgedehnt.

3.3 Tarifvertragswesen und Arbeitskampfrecht

Auch in der Zeit nach 1975 wurden die Arbeitsbedingungen in ganz erheblichem Umfange durch tarifvertragliche Vereinbarungen geprägt. Allerdings ist die ökonomische Krise nicht ohne Einfluß auf die Gestaltung der Arbeitsbedingungen durch die Tarifvertragsparteien im Rahmen der verfassungsrechtlich anerkannten Tarifautonomie geblieben. Langanhaltende Phasen ökonomischer Stagnation mit **Massenarbeitslosigkeit** führen nicht nur zu härteren **Verteilungskämpfen**, sondern schwächen auch tendenziell die Position der Gewerkschaften. Durch technologischen Fortschritt möglich gewordene und sich in der Zukunft vermutlich ausweitende neue Formen der Beschäftigung (»Fernarbeit«, Computer-Heimarbeit, »neue« Selbständige), soziologische Veränderungen in der Arbeitnehmerschaft sowie gesellschaftspolitische Strömungen in Richtung auf eine stärkere »Individualisierung« stellen zugleich für die Gewerkschaften eine ernsthafte Herausforderung dar, deren Bewältigung für ihre **Legitimationsbasis** und ihre **Handlungsfähigkeit** in Tarifauseinandersetzungen entscheidend ist *(vgl. Wendeling-Schröder, 1986, S.238ff.)*. Auf der anderen Seite werden im Zuge der allgemeinen wirtschaftspolitischen Deregulierungsdiskussion immer offener der »**Abschied von der Tarifautonomie**« propagiert *(vgl. Adomeit, 1984)* und gesetzliche Schritte gegen die »**Macht der Gewerkschaften**« gefordert.

3.3.1 Entwicklung des Tarifvertragswesens

Trotz dieser sich in den letzten Jahren zweifellos verschärfenden gesellschaftspolitischen Auseinandersetzung hat sich in der Praxis bislang kaum etwas an der Bedeutung tarifvertraglicher Regelungen geändert. Auch hat es der Gesetzgeber weiterhin vermieden, das **Tarifvertragswesen** über das Tarifvertragsgesetz von 1949 hinaus einer differenzierteren rechtlichen Regelung zuzuführen. Daran änderte auch die VO vom 19. Dezember 1988 [BGBl.I S.2307] zur Änderung der VO zur Durchführung des Tarifvertragsgesetzes (DVOzTVG) grundsätzlich nichts. Die Änderungen betrafen vor allem das Verfahren der Allgemeinverbindlichkeitserklärung und die Vorschriften für den Tarifausschuß sowie das Tarifregister *(vgl. Lund, 1989, S.626)*.

Zwischen 1949 und Ende 1988 haben die Arbeitgeberverbände bzw. einzelne Arbeitgeber und Gewerkschaften über 230.000 **Tarifverträge** vereinbart, von denen Anfang 1989 rd. 32.000 gültig waren. Hiervon waren 539 (1,7 %) für **allgemeinverbindlich** erklärt worden. Laut BMA wurden allein 1988 insgesamt rd. 7.000 neue Tarifverträge abgeschlossen. Die in Kraft befindlichen Tarifverträge umfaßten mehr als 800 sektoral und regional unterschiedliche Tarifbereiche aller Wirtschafts- und Dienstleistungszweige mit rd. 17,4 Mio. Arbeitnehmern. In den von Tarifverträgen erfaßten Bereichen waren rd. 90 % aller Arbeitnehmer beschäftigt. Ohne Tarifvertrag waren im wesentlichen nur noch einzelne Bereiche des Dienstleistungssektors *(vgl. Clasen, 1989, S.17)*.

Bei den Ende 1988 geltenden Tarifverträgen handelte es sich um rd. 24.000 Verbandstarifverträge sowie etwa 8.000 Firmentarifverträge für mehr als 2.000 einzelne Unternehmen. Die große Zahl von Tarifverträgen ist zum einen darauf zurückzuführen, daß in vielen Bereichen mehrere Tarifverträge für die Höhe des Einkommens nebeneinander bestehen und sonstige Arbeitsbedingungen in gesonderten Manteltarifverträgen bzw. Tarifverträgen mit »Mantelbestimmungen« geregelt sind, zum anderen gibt es neben den Ursprungstarifverträgen eine Vielzahl von Änderungs-, Parallel- und Anschlußtarifverträgen. Von den Ende 1988 geltenden Verbandstarifverträgen waren nur rd. 7.200 Ursprungstarifverträge, von denen etwa 5.500 auf den öffentlichen Dienst und 1.700 auf den Bereich der Privatwirtschaft entfielen. Unterteilt nach dem Inhalt, handelte es sich um rd. 1.000 Manteltarifverträge, 4.100 Tarifverträge mit »Mantelbestimmungen« und etwa 1.900 Lohn-, Gehalts-, Entgelt- bzw. Ausbildungsvergütungstarifverträge. Von den Firmentarifverträgen waren ca. 6.200 Ursprungstarifverträge *(vgl. Clasen, 1989, S.17)*.

Die Tarifverträge zeichnen sich durch eine enorme Regelungsvielfalt aus; berücksichtigt werden durch die Tarifverträge nicht nur die besonderen wirtschaftlichen Gegebenheiten einzelner und z.T. sehr kleiner Wirtschafts- und Dienstleistungszweige, sondern auch unterschiedliche Merkmale der Beschäftigten (Beschäftigtenstatus, Qualifikation, Betriebszugehörigkeit, Alter etc.). Zwar sind Löhne und Gehälter nach wie vor die wichtigsten Regelungsgegenstände, zunehmend bedeutsamer geworden sind mit der Zeit jedoch tarifvertragliche Regelungen der übrigen Arbeitsbedingungen (Arbeitszeit, Urlaub, Entgeltfortzahlung im Krankheitsfall, Akkordbedingungen, Zuschläge, Einstellung und Kündigung, Lohn- und Gehaltsgruppen). Zu diesen schon traditionellen Regelungsbereichen kamen seit Mitte der 70er Jahre völlig neue Inhalte hinzu. Hierzu gehören insbesondere tarifliche Vereinbarungen zum Rationalisierungsschutz, zum Schutz vor nachteiligen Folgen moderner Technologien, über Kündigungsschutz und Verdienstsicherung älterer Arbeitnehmer, Bildungsurlaub und Qualifizierung der Arbeitnehmer, Vorruhestand, Teilzeitarbeit oder Einführung neuer Techniken *(vgl. Wlotzke, 1989 a, S.9; Kurz-Scherf, 1989, S.129 f.)*.

Während die Gewerkschaften der **tarifvertraglichen Absicherung** von Einkommen und Arbeitsbedingungen eine eher noch wachsende Bedeutung beimessen, gibt es seit einiger Zeit auch Bestrebungen, die eine Auflockerung der tariflichen Bindungen fordern. Angestrebt wird z. B. die Freigabe einer Vereinbarung von **untertariflichen Arbeitsbedingungen**, die damit begründet wird, daß auf diese Weise Arbeitslosen der Zugang zur Arbeit erleichtert werden könnte *(vgl. Konzen, 1988 a, S.212)*. Kritisiert wird insbesondere das Institut der **Allgemeinverbindlichkeit** (AVE) von Tarifverträgen, das „ein Paradebeispiel" dafür sei, „wie strukturelle, regionale, branchen- und betriebsgrößenmäßige Probleme einzelner Unternehmen in Tarifverträgen unberücksichtigt bleiben" *(Göbel/ Niedenhoff, 1989, S.121 f.)*. Darüber hinaus diene sie als „Instrument der Tarifnivellierung" *(H. Mundorf, 1988)*. Geltend gemacht wird, daß die mit der AVE verbundene zwangsweise Durchsetzung der tarifvertraglichen Arbeitsbedingungen Arbeitsplätze gefährde oder ihre Schaffung verhindere *(vgl. Hanau, 1988, S.169)*. Der Tarifvertragsordnung wird vorgeworfen, zu wenig Differenzierungen zuzulassen und zu starr zu sein. Angeregt wird, vom Günstigkeitsprinzip abzugehen und es dem einzelnen Arbeitnehmer zu überlassen, einen von tariflichen Regelungen abweichenden Einzelarbeitsvertrag einzugehen *(vgl. Löwisch, 1988, S.409)*. Eine angeblich **unzureichende Flexibilität der Lohn-**

struktur sei verantwortlich für die geringen Beschäftigungseffekte des konjunkturellen Aufschwungs.

Diese Kritik am Tarifvertragssystem wird nicht nur von den Gewerkschaften mit Entschiedenheit zurückgewiesen, auch verschiedene Arbeitsrechtler warnen vor den **Folgen einer Erosion** dieses Systems durch Auflockerung. Eingriffe in die Tarifautonomie und mehr »Spielraum« bedeuten nach ihrer Ansicht zwangsläufig einen **Abbau des Arbeitnehmerschutzes** und eine **Intensivierung der Vertragsfreiheit** *(vgl. Konzen, 1988 a, S. 212).* Die Kritik an der AVE wird empirisch als kaum haltbar angesehen. Unter die für allgemeinverbindlich erklärten Lohn- und Gehaltstarifverträge fallen lediglich 2,4 Mio. Arbeitnehmer, von denen 1,7 Mio. ohnehin in tarifgebundenen Unternehmen tätig sind. Die für allgemeinverbindlich erklärten Lohn- und Gehaltstarifverträge entfallen ganz überwiegend auf sog. »Niedriglohnbranchen« (Einzelhandel, Friseurgewerbe, Gebäudereinigung), in denen die AVE noch immer die alte Schutzfunktion gegenüber der »Schmutzkonkurrenz« erfüllt *(vgl. Kurz-Scherf, 1989, S. 119ff.).*

3. 3. 2 Arbeitskampfrecht

Obwohl es verstärkt seit Beginn der 80er Jahre wieder häufiger Forderungen nach einer gesetzlichen Normierung des Arbeitskampfrechts *(vgl. Brox, 1988, S. 412ff.)* gibt, spielt bis heute das Bundesarbeitsgericht (BAG) als »Ersatzgesetzgeber« die entscheidende Rolle bei der Weiterentwicklung des **richterrechtlichen Arbeitskampfsystems** *(vgl. Seiter, 1981, S. 65ff.; Kittner u.a., 1983; Benda, 1986 b, S. 143ff.).* Nachdem die Gewerkschaften die nach ihrer Ansicht **restriktive Verrechtlichung** des Arbeitskampfes für eine lange Periode der Nachkriegszeit ohne große Gegenwehr praktisch hingenommen hatten *(vgl. Wohlgemuth/Bobke, 1982, S. 273ff.; Bobke, 1986, S. 231),* starteten sie in den 70er Jahren eine »Offensive« zur **Sicherung der Streikfreiheit**. Nicht zuletzt unter dem Eindruck und nach den Erfahrungen mit der Massenaussperrung in der Metallindustrie von Nordwürttemberg/Baden im Jahre 1971 wurde in den Gewerkschaften die Diskussion um die Forderung nach einem **Aussperrungsverbot** neu belebt. Einen Kulminationspunkt erreichten die Auseinandersetzungen um die Zulässigkeit der Aussperrung nach den umfangreichen Aussperrungen in der Druckindustrie 1976 und 1978, in der Metallindustrie 1978 sowie in der Eisen- und Stahlindustrie 1978/79 *(vgl. Kalbritz, 1979; Scholz/Konzen, 1980).*

Die Gewerkschaften – vor allem die IG Metall und die IG Druck und Papier – empfahlen den von Aussperrungen betroffenen Mitgliedern seinerzeit, Klage bei den Arbeitsgerichten zu erheben. Mit dieser Strategie – insgesamt wurden im Anschluß an die Aussperrungen des Jahres 1978 rd. 42.000 Klagen eingereicht – erreichten die Gewerkschaften „eine Politisierung der rechtlichen Auseinandersetzung um das Arbeitskampfrecht“ *(Bobke, 1986, S. 231).* „Unter dem Druck von gewerkschaftlichen Aktivitäten, die die juristischen Verfahren begleiteten, war es möglich geworden, die öffentliche Aufmerksamkeit auf die Gefährdung der Streikfreiheit durch die uneingeschränkte Anerkennung der Aussperrung zu lenken“ *(Bobke, 1986, S. 231).* Zugunsten der gewerkschaftlichen Rechtsposition wirkte zweifellos auch eine Reihe erstinstanzlicher Entscheidungen, die die Aussperrung für unzulässig erklärten. Diese Entscheidungen trugen dazu bei, die Legitimation der alten BAG-Rechtsprechung zu erschüttern, und zeigten, daß von *der* »herrschenden Meinung« in der Frage der Zulässigkeit der Aussperrung kaum mehr gesprochen werden konnte *(vgl. Bobke, 1986, S. 234).*

Ungeachtet aller gewerkschaftlichen Bemühungen und der wiederholten nachdrücklichen Hinweise der Gewerkschaften, daß die Zulassung exzessiver Aussperrungen für sie existenzbedrohend sei, hielt das **BAG** in seinen Entscheidungen vom 10.6.1980 [BAG AP, Nrn. 64-66 zu Art.9 GG] grundsätzlich an der Befugnis der Unternehmer zur Aussperrung fest. Abweichend von früheren Positionen betonte es jedoch die prinzipielle Ungleichheit von Streik und Aussperrung und schränkte die Aussperrungsbefugnis partiell ein; zulässig war demnach nur noch die sog. »**Abwehraussperrung**« als Antwort auf einen Streik. Mit diesen Entscheidungen war die Kontroverse um die Aussperrung allerdings nicht beendet. Zu einem Schwerpunkt der Diskussion wurde in der Folgezeit zunehmend die Frage nach der Gültigkeit des **Aussperrungsverbots** in der **hessischen Landesverfassung** (Art.29 Abs.5).

Nachdem das LAG Frankfurt eine Entscheidung des Arbeitsgerichts Frankfurt aufgehoben hatte, in dem dieses die Aussperrung in der Metallindustrie Hessens im Jahre 1984 für nicht zulässig erklärt hatte, mußte sich das BAG abermals mit dem Aussperrungsverbot der hessischen Verfassung beschäftigen. Inzwischen hat das BAG mit Urteil vom 26. April 1988 [1 AZR 399/86] seine Rechtsprechung bestätigt, wonach das geltende Tarifrecht, das die durch Art.9 Abs.3 GG geschützte Tarifautonomie konkretisiert, Abwehraussperrungen zuläßt. Das Aussperrungsverbot des Art.29 Abs.5 der Hessischen Verfassung wurde durch das Gericht zumindest insofern als nichtig angesehen, als es um suspendierende Abwehraussperrungen geht *(vgl. Kissel, 1989 b, S.15)*.

Nicht nur die Aussperrungsentscheidungen, auch andere Entscheidungen des BAG aus den letzten Jahren fielen zuungunsten der Gewerkschaften aus. Hierzu gehören die Entscheidungen zur **Arbeitskampfrisikolehre**, zu den **Solidaritäts-** bzw. **Sympathiestreiks** sowie über Schadenersatzansprüche wegen **Betriebsblockade** *(vgl. Söllner, 1988, S.333ff.; Konzen, 1988 b, S.181ff.; G.Müller, 1985; Kurz-Scherf, 1988 a, S.103ff.)*.

Hinsichtlich der sog. Arbeitskampfrisikolehre bestätigte das BAG in zwei Entscheidungen vom 22.12.1980 seine früheren Grundsätze; wenn aufgrund eines Arbeitskampfes Produktionsstörungen außerhalb des umkämpften Tarifgebietes auftreten, die die Positionen der im Kampf befindlichen sozialen Gegenspieler beeinflussen, so soll die Arbeitnehmerseite das sog. Arbeitskampfrisiko tragen, d.h. Beschäftigungs- und Vergütungsansprüche verlieren. Zudem soll in Fällen arbeitskampfbedingter Kurzarbeit dem Betriebsrat lediglich ein gestaltendes Mitbestimmungsrecht zustehen; die Anordnung selbst soll dagegen als unternehmerische Entscheidung mitbestimmungsfrei sein. Der Sympathiestreik, mit dem eine Gewerkschaft in den Tarifkonflikt einer anderen eingreift, soll nach einer Entscheidung des BAG vom 5.3.1985 »in der Regel« rechtswidrig sein *(vgl. Bobke, 1981, S.273 ff.)*. Weiterhin hat das BAG in einem Urteil vom 21.6.1988 [1 AZR 653/86] entschieden, daß die im Rahmen eines Arbeitskampfes von einer Gewerkschaft verhängte Blockade gegen ein Unternehmen auch einen Eingriff in den Gewerbebetrieb des Unternehmens darstellt, der Schadenersatzansprüche rechtfertige *(vgl. Kissel, 1989 b, S.15)*.

Ein Teil der neueren Arbeitskampfrechtsprechung stützt allerdings auch **gewerkschaftliche Rechtspositionen**. Bereits die **Aussperrungsentscheidung** von 1980 stellte i.d.S. einen Fortschritt dar, als das BAG dort feststellte, daß heute Einigkeit darüber bestehe, „daß das Streikrecht einen notwendigen Bestandteil der freiheitlichen Kampf- und Ausgleichsordnung darstellt, die durch Art.9 Abs.3 GG im Kern gewährleistet ist" [BAG AP Nr.1 zu Art.9 GG]. Noch etwas weiter ging das BAG in seiner **Warnstreikentscheidung** vom 12.9.1984, mit der es die verfassungsrechtliche Verbürgung der Koalitionsfreiheit bestätigte und erstmals positiv Stellung zur Streikgarantie des Art.6 Ziff.4 der Europäischen Sozialcharta bezog. Für die Gewerkschaften und ihre Arbeitskampfstrategie war von besonderer Bedeutung, daß das BAG Warnstreiks in der Form der »neuen Beweglichkeit« für zulässig erklärte.

Durch die abermalige juristische Anerkennung der Aussperrung sahen sich die Gewerkschaften Anfang der 80er Jahre gezwungen, ihre Arbeitskampfstrategie und -taktik zu überdenken. Vor allem in der IG Metall und der IG Druck und Papier führte dies zur Suche nach beweglicheren Arbeitskampfformen. Das Ergebnis war das Konzept der sog. »neuen Beweglichkeit«, das die IG Metall seit 1981 erfolgreich praktizierte und das seitdem von immer mehr Gewerkschaften übernommen wurde. Anstatt durch umfangreiche Streiks sollen die Arbeitgeber noch während der laufenden Tarifverhandlungen mittels gezielter – nach Ablauf der Friedenspflicht – kurzfristig durchgeführter Warnstreiks zu einem Nachgeben bewegt werden. Regionale Unterorganisationen der Arbeitgebervereinigung Gesamtmetall erhoben bei verschiedenen Arbeitsgerichten Klage mit dem Ziel, der IG Metall derartige Aktionen verbieten zu lassen.

Das BAG, das sich schließlich mit dieser Frage auseinandersetzen mußte, entschied, daß Warnstreiks zulässig sind, wenn nur zu kurzen, zeitlich befristeten Arbeitsniederlegungen aufgerufen werde. Nach Ansicht des Gerichts sei es unerheblich, daß nach Plan und Konzept gestreikt werde; ebenso seien Wiederholungen nicht in jedem Fall ausgeschlossen. Inzwischen hat das BAG in einem Urteil vom 21.6.1988 [1 AZR 651/86] seine Haltung etwas modifiziert; es stellte u.a. fest, daß ein Warnstreik auch in der Form der sog. neuen Beweglichkeit keine gegenüber anderen Arbeitskampfformen privilegierte Kampfform sei, sondern wie diese dem ultima-ratio-Prinzip unterliege. Allerdings verlange das ultima-ratio-Prinzip nicht, daß die Tarifverhandlungen förmlich für gescheitert erklärt werden, damit Arbeitskampfmaßnahmen zulässig werden *(vgl. Kissel, 1989 b, S.15; Richardi, 1988 b, S.270ff.)*.

Die in den 80er Jahren zu beobachtende Veränderung in der Rechtsprechung des BAG, die das Arbeitskampfsystem erheblich modifizierte und es in Teilen auf eine verfassungsrechtliche Grundlage stellte, hat auf Arbeitgeberseite sowie v.a. bei konservativen Juristen und Politikern **heftige Kritik** hervorgerufen. Insbesondere die Warnstreikentscheidung von 1984 veranlaßte die Arbeitgeber, das BVerfG „anzurufen, um auf diesem Wege eine Korrektur der Rechtsprechung des Bundesarbeitsgerichts zu erreichen" *(Bobke, 1986, S.235)*; seine Rechtsprechung beinhaltet nach Ansicht der Arbeitgeber die „Gefahr einer allmählichen Erosion des Kräftegleichgewichts zugunsten der Gewerkschaften" *(Esser, 1988, S.103)*. Dieser Schritt war insofern von Bedeutung, als damit der Konsens aufgekündigt wurde, der bislang darin bestand, daß beide Seiten – insbesondere auch die Gewerkschaften – die Entscheidungen des BAG respektiert hatten *(vgl. Rüthers, 1988, S.293ff.)*.

3.3.3 Neufassung des § 116 AFG

Die zumindest partiell geänderte Rechtsprechung des BAG hat zugleich den politischen Druck verstärkt, von seiten des Gesetzgebers die Handlungsfreiheit der Gewerkschaften einzuschränken. Aus Arbeitgeberkreisen sowie von bestimmten Politikern wurde die Regierung vor allem im Zusammenhang mit der Warnstreikentscheidung des BAG aufgefordert, einen neuen »**Ordnungsrahmen**« für den Arbeitskampf zu schaffen. Diese Initiativen vermochten zwar die Bundesregierung nicht zur Vorlage eines umfassenden Verbände- und Arbeitskampfgesetzes zu veranlassen, sie bewirkten allerdings die Einbringung eines Gesetzentwurfes zur »**Sicherung der Neutralität der Bundesanstalt für Arbeit bei Arbeitskämpfen**«. Ohne direkt in das Arbeitskampfrecht einzugreifen, wurde damit durch den Gesetzgeber eine für die Streikfähigkeit der Gewerkschaften sehr zentrale Frage angegangen. Entsprechend der Bedeutung der – von der Bundesregierung in ihrem Ende 1985 vorgelegten Gesetzentwurf – angestrebten **Änderung des § 116 AFG** für die Gewerkschaften mobilisierten diese die Öffentlichkeit und erreichten, daß es in dieser Frage zu einer heftigen **gesellschafts-** und **rechtspolitischen Auseinandersetzung** kam.

Die Gewährung bzw. Vorenthaltung von Leistungen der BA im Arbeitskampf waren zum Gegenstand heftiger Auseinandersetzungen geworden, nachdem die BA aufgrund des sog. »Franke-Erlasses« vom 18.5.1984 *(vgl. AuR, 1/86, S.30ff.)* von der bis dahin geltenden Praxis abwich und über 300.000 »kalt ausgesperrten« Metallarbeitern außerhalb der Kampfgebiete Nordwürttemberg/Nordbaden und Hessen zunächst die Zahlung von Kurzarbeiter- und Arbeitslosengeld verweigerte. Übereinstimmend waren die Norm des § 116 AFG und die sie ausfüllende Neutralitäts-Anordnung vom 22. März 1973 [ANBA 1973, S.365] vorher dahingehend interpretiert worden, daß an Arbeitnehmer außerhalb des umkämpften Tarifgebietes grundsätzlich Arbeitslosen- bzw. Kurzarbeitergeld zu zahlen ist und daß diese Leistungen die Neutralitätspflicht der BA nicht berühren *(vgl. Kittner/Unterhinninghofen, 1986, S.1; Benda, 1986 a, S.21 ff.)*. Im wesentlichen bestätigt worden waren diese Grundsätze durch das Grundsatzurteil des BSG vom 9.9.1975 [AP Nr.1 zu § 116 AFG]. Diesem Urteil folgend, hatte die BA während der Arbeitskämpfe 1978 und 1978/79 den mittelbar betroffenen Arbeitnehmern Leistungen gewährt.

Die IG Metall klagte gegen den »Franke-Erlaß« und erreichte, daß verschiedene Sozialgerichte den Erlaß im Eilverfahren aufhoben. Daraufhin kündigte die BA kurz vor Ende des Arbeitskampfes Zahlungen unter Vorbehalt an. Noch während sich die Gerichte mit der Rechtmäßigkeit des Erlasses beschäftigten, forderten die Arbeitgeber, die FDP, Teile der CDU/CSU sowie der ehemalige BAG-Präsident G. MÜLLER, durch Gesetzesänderung Zahlungen der BA an mittelbar vom Streik betroffene Arbeitnehmer ganz zu streichen oder drastisch einzuschränken. Nachdem der Vorschlag der Bundesregierung, die Tarifpartner sollten sich über die strittigen Fragen einigen, zu keinem Ergebnis geführt hatte, beschloß die Bundesregierung am 18. 12. 1985 eine gesetzliche Regelung und brachte am 20. 12. 1985 beim Bundesrat einen entsprechenden Gesetzentwurf ein [BR-Drs. 600/85], der dem Bundestag am 5.2.1986 zugeleitet wurde [BT-Drs. 10/4989]. Begründet wurde die Gesetzesinitiative im wesentlichen damit, daß die bestehende Rechtslage unklar sei und die BA nicht zur »Streikkasse der Gewerkschaften« werden dürfe; die verfassungsrechtlich gebotene Neutralitätspflicht der BA schließe die Zahlung an mittelbar betroffene Arbeitnehmer zumindest dann aus, wenn sie von den Ergebnissen des Arbeitskampfes in irgendeiner Weise profitieren könnten.

Aus juristischer Sicht sind v. a. von dem ehemaligen Präsidenten des BVerfG BENDA erhebliche verfassungsrechtliche Bedenken erhoben worden. Er vertrat die Auffassung, die Neuregelung formuliere mit § 116 III AFG einen „verdeckten Eingriffstatbestand", mit dessen Hilfe sie in das Machtgleichgewicht der Koalitionen zu Lasten der Gewerkschaften eingreife. Damit verstoße sie gegen Art.9 Abs.3 GG, denn dieses Machtgleichgewicht zu regeln, sei nicht Aufgabe des Sozialrechts, sondern allein die des Arbeitskampfrechts. Außerdem lasse sich die Neuregelung auch nicht mit Art.14 GG vereinbaren, weil die Leistungsansprüche der auf das Arbeitskampfgeschehen einflußlosen Arbeitnehmer, zumal wenn sie nicht organisiert seien, als „Faustpfand" benutzt würden, um arbeitskampfrechtliche Ziele zu erreichen. Aus diesen Gründen verstoße die Neuregelung letztlich auch gegen den Gleichheitsgrundsatz in Verbindung mit dem Sozialstaatsprinzip *(vgl. Benda, 1986 a)*.

Nach heftigen parlamentarischen und außerparlamentarischen Auseinandersetzungen – die 1. Lesung des Gesetzentwurfs war von umfangreichen **Protestaktionen der Gewerkschaften** begleitet, an denen sich (überwiegend während der Arbeitszeit) zwischen 170.000 und 200.000 Arbeitnehmer beteiligten – und mehrfachen **Änderungen** des zu beschließenden Gesetzestextes im Verlaufe der Ausschußberatungen verabschiedete der Bundestag am 20. 3. 1986 mit den Stimmen von CDU/CSU und FDP gegen 210 Nein-Stimmen der Abgeordneten der SPD und der Fraktion DIE GRÜNEN die Änderung des § 116 AFG. Das **Gesetz zur Sicherung der Neutralität der Bundesanstalt für Arbeit bei Arbeitskämpfen vom 15. Mai 1986** [BGBl.I S.740], gegen das die SPD ein Verfahren der abstrakten Normenkontrolle angekündigt hatte, schränkte die Leistungsgewährung seitens der BA an mittelbar von einem Arbeitskampf betroffene Arbeitnehmer erheblich ein *(vgl. Löwisch, 1986, S.345 ff.; H. Otto, 1987, S.1 ff.; zu früheren Regelungen ferner Hoppe, 1974, S.103 ff.; Löwisch, 1972, S.73 ff.; Möller-Lücking, 1972, S.13 f.; H. Weber, 1972, S.80 ff.)*.

Im Kern wurde durch das Gesetz festgelegt, daß der Anspruch auf Arbeitslosengeld während eines inländischen Arbeitskampfes ruht, wenn der Betrieb, in dem der Arbeitslose zuletzt beschäftigt war, 1. dem räumlichen oder fachlichen Geltungsbereich des umkämpften Tarifvertrages zuzuordnen ist oder 2. nicht dem räumlichen, aber dem fachlichen Geltungsbereich des umkämpften Tarifvertrages zuzuordnen ist und im räumlichen Geltungsbereich des Tarifvertrages, dem der Betrieb zuzuordnen ist, a) eine Forderung erhoben worden ist, die einer Hauptforderung des Arbeitskampfes nach Art und Umfang gleich ist, ohne mit ihr übereinstimmen zu müssen, und b) das Arbeitskampfergebnis aller Voraussicht nach in dem räumlichen Geltungsbereich des nicht umkämpften Tarifvertrages im wesentlichen übernommen wird.

Nach Ansicht der **Gewerkschaften** hat die Bundesregierung mit der Änderung des § 116 AFG „eine akute Bedrohung der gewerkschaftlichen Kampfkraft erreicht" *(Steinkühler, 1988, S.447)*. Für sie zielt dieses Gesetz auf eine Schwächung ihrer Organisation ab. Sie betrachten den früheren § 116 AFG als die Untergrenze des zum Schutze der Koalitionsfreiheit Erforderlichen und die Änderung als eine Bedrohung ihrer Existenz.

Entsprechend werten sie das neue Gesetz als »frontalen Angriff« auf die Tarifautonomie, die Gewerkschaftsfreiheit und das Sozialstaatsprinzip. Ihre Hoffnung richtet sich auf die von ihnen eingelegte **Verfassungsbeschwerde** [BVerfG 1 BvR 1421/86] sowie die beim BverfG anhängigen **Normenkontrollverfahren** [1 BvF 2/86, 1-3/87]. Am 4. 5. 1990 brachte die Fraktion DIE GRÜNEN den Entwurf eines Gesetzes zum **Verbot der Aussperrung** [BT-Drs. 11/7056] im Bundestag ein, der neben dem gesetzlichen Verbot der Aussperrung auch eine ersatzlose Streichung des § 116 AFG vorsieht.

4. Gestaltung der Alters- und Hinterbliebenensicherung

4. 1 Konsolidierung und Weiterentwicklung der Rentenversicherung

4. 1. 1 Finanzielle Sanierungs- und Konsolidierungsmaßnahmen

Bereits Mitte der 70er Jahre zeichneten sich im Bereich der Rentenversicherung in zunehmendem Maße **Defizite** ab, deren Entstehung im wesentlichen auf die beginnende **wirtschaftliche Rezession** sowie auf die **strukturellen Leistungsverbesserungen** der Reformgesetzgebung und die **demographische Entwicklung** in jener Zeit zurückzuführen war. Nachdem noch durch das **16. RAG vom 8. Juni 1973** [BGBl.I S.525], das **17. RAG vom 1. April 1974** [BGBl.I S.821], das **18. RAG vom 28. April 1975** [BGBl.I S.1018] sowie das **19. RAG vom 3. Juni 1976** [BGBl.I S.1373] die Renten aus den gesetzlichen Rentenversicherungen mit zweistelligen Steigerungsraten angepaßt worden waren, wurden nunmehr **Sanierungsmaßnahmen** erforderlich. Mit dem **20. und 21. RAG vom 27. Juni 1977** [BGBl.I S.1040] bzw. vom **25. Juli 1978** [BGBl.I S.1089] wurde eine mittelfristige Konsolidierung der Finanzlage der Rentenversicherung angestrebt *(vgl. W. Elsner, 1977, S.261 ff.; Muhr, 1977, S.1 ff., 33 ff.; Muhr, 1978 b, S.129 ff., 166 ff.; Langenberg/ Meixner, 1980, S.15 f.)*.

Im Rahmen dieser Gesetze wurden verschiedene Leistungseinschränkungen vorgenommen. Zunächst einmal wurde der nächste Rentenanpassungstermin vom 1. 7. 1978 auf den 1. 1. 1979 verschoben und damit der vor 1972 geltende Regelungsstand wieder hergestellt. Zugleich wurde die Berechnung der allgemeinen Bemessungsgrundlage als Basis der Rentenanpassung geändert, so daß das Jahr 1974 mit besonders hohen Lohnsteigerungsraten für die Rentenberechnung irrelevant wurde; für die Jahre 1979–1981 wurde die Rentenanpassung auf 4,5 bzw. 4,0 % begrenzt. Hinzu traten Einschränkungen im Bereich der Kinderzuschüsse und Waisenrenten sowie der Rehabilitationsaufwendungen. Ferner wurden beitragslose Zeiten von Hochschulabsolventen von nun an geringer bewertet und eine Neuregelung der KVdR in Angriff genommen.

Weitere Konsolidierungsmaßnahmen zielten auf eine Erhöhung des Beitragsvolumens ab. Der Beitragssatz sollte ab 1981 von 18 auf 18,5 % erhöht werden. Die BA sollte ab dem 1.7.1978 für die Bezieher von Arbeitslosengeld, Arbeitslosenhilfe oder Unterhaltshilfe die Beiträge zur Rentenversicherung nach Maßgabe der bisherigen Arbeitsentgelte zahlen; diese beitragslosen Zeiten sollten in Zukunft nicht mehr als Ausfallzeiten, sondern als Beitragszeiten in die Rentenberechnung eingehen. Ferner wurden Änderungen in der Beitragsregelung für freiwillig sowie auf Antrag Pflichtversicherte vorgenommen, die zu einer Angleichung der Mindestbeiträge und zu einer Vorverlegung der Zahlungstermine führten. Schließlich wurden die Grenzen für eine versicherungsfreie Beschäftigung ebenso reduziert wie die Hinzuverdienstgrenzen bei Inanspruchnahme der flexiblen Altersgrenze.

In Ergänzung dieser auf Ausgabeneinschränkungen und Beitragserhöhungen gerichteten Konsolidierungsmaßnahmen wurde eine »Abschmelzung« der bisher erforderlichen Rücklage in Höhe von 3 Monatsausgaben zu Lasten der Rentenversicherung auf eine Monatsausgabe vorgenommen. Ferner wurde der Finanzausgleich zwischen den Rentenversicherungsträgern neu geregelt.

Diese Sanierungs- und Konsolidierungsmaßnahmen zeigten bereits Ende der 70er Jahre erste Erfolge, die jedoch im Gesamtzusammenhang der Verbesserung der Wirtschaftslage und der Überwindung des **»kleinen Rentnerberges«** gesehen werden müssen. Die für die Folgezeit relativ günstige Beurteilung der Finanzentwicklung der Rentenversicherung änderte sich jedoch mit der Verschärfung der Wirtschaftskrise in den 80er Jahren in entscheidender Weise. Konnte noch bis Ende 1981 – trotz der Reduzierung des Bundeszuschusses für 1981 um 3,5 Mrd. DM – eine **Schwankungsreserve** von 21,5 Mrd. DM (zweieinhalb Monatsausgaben) aufgebaut werden, so verminderte sich diese – im Spannungsfeld von wirtschaftlicher Entwicklung und erneut einsetzenden Konsolidierungsmaßnahmen – bis Ende 1984 auf knapp 10 Mrd. DM; bezogen auf das Jahr 1984 wurde damit die gesetzliche Untergrenze von einer Monatsausgabe etwas unterschritten. Vor diesem Hintergrund wurden seit Ende 1981 abermals zahlreiche gesetzliche Änderungen vorgenommen.

Den Anfang bildete die sog. **»Operation '82«** mit dem **Arbeitsförderungs-Konsolidierungsgesetz (AFKG) vom 22. Dezember 1981** [BGBl.I S.1497] und dem **2. HStruktG vom 22. Dezember 1981** [BGBl.I S.1523].

Durch diese Gesetze wurden zum einen die Voraussetzungen für die Inanspruchnahme von Rehabilitationsleistungen verschärft und gleichzeitig der Beitragssatz für 1982 und 1983 von 18,5 auf 18,0 % herabgesetzt, um die Anhebung des Beitragssatzes zur BA von 3,0 auf 4,0 % teilweise zu kompensieren. Ferner wurden die aus dem Bundeshaushalt zu zahlenden Beiträge für Wehr- und Zivildienstleistende ab 1982 auf der Basis von 75 % (vorher 100 %) des durchschnittlichen Bruttoentgelts aller Versicherten berechnet.

Um die angesichts der sich weiter verschlechternden Relation von Beitragszahlern zu Leistungsempfängern zukünftig drohenden Defizite in der GRV abzuwenden, sah sich die neue CDU/CSU/FDP-Regierung zu weiteren Eingriffen in das Beitrags- und Leistungsrecht veranlaßt. Einen ersten Schritt hierzu bildete das **Haushaltsbegleitgesetz 1983 vom 20. Dezember 1982** [BGBl.I S.1857], das der Rentenversicherung eine »dringend erforderliche Atempause« verschaffen sollte [BT-Drs. 8/165, S.96] *(vgl. Albrecht/Backhaus, 1983, S.147ff.)*.

Das Haushaltsbegleitgesetz 1983 verschob die Rentenanpassung vom 1.1.1983 auf den 1.7.1983. Weiterhin war vorgesehen, den Beitragszuschuß zur KVdR in Höhe von 11,8 % der Rente, der ab 1.1.1983 die pauschalen Zahlungen der GRV an die GKV ablöste, ab 1.7.1983 um 1 % und ab 1.7.1984 um weitere 2 % zu kürzen; ab 1.7.1985 schließlich sollten die Rentner einen eigenen KVdR-Beitrag in Höhe von 5 % der Rente tragen. Im Vorgriff auf die geplante Erweiterung der Beitragspflicht für das Krankengeld wurden die Zahlungen der GRV an die GKV für das Jahr 1983 pauschal um 1,2 Mrd. DM gekürzt. Ferner wurden die Bemessungsgrundlage der Beiträge für Wehr- und Zivildienstleistende von 75 auf 70 % der Durchschnittsentgelte herabgesetzt und die RV-Beiträge der BA nach der Höhe des tatsächlichen Leistungsbezuges berechnet (vorher: letztes Bruttoarbeitsentgelt). Schließlich wurden der Bundeszuschuß für 1983 um 0,9 Mrd. DM gekürzt und der Beitragssatz zur GRV bereits am 1.9.1983 (vorgesehen: 1.1.1984) um 0,5 % angehoben.

Insgesamt wurden mit diesem Maßnahmenbündel vor allem die Kosten der Arbeitslosigkeit auf die Rentenversicherung verlagert und der Bundeshaushalt entlastet. Kompensiert werden mußten diese **Einnahmenausfälle** durch eine **vorgezogene Beitragserhöhung** sowie eine **hinausgeschobene Rentenanpassung**. Zusammen mit den Änderungen beim KVdR-Beitrag bedeutete dies eine erhebliche Belastung der Rentner. Zwar reichten diese Maßnahmen vorübergehend aus, um die Fehlbeträge, die durch vorangegangene Beitragssenkungen für die GRV entstanden waren, wieder auszugleichen, diese Eingriffe zeigten aber auch, daß „die Instrumentalisierung der GRV für systemwidrige Zwecke ein wesentlicher Faktor der finanziellen Probleme der GRV ist“ *(Rüb, 1988, S.391; vgl. Schewe, 1983, S.2)*.

Noch deutlichere Einschnitte brachte ein Jahr später das **Haushaltsbegleitgesetz 1984 vom 22. Dezember 1983** [BGBl.I S.1532]. Das darin enthaltene Maßnahmenbündel war nach Aussagen der Regierung »Bestandteil einer langfristig angelegten Gesamtkonzeption«, mit der »System und Struktur« der Rentenversicherung nachhaltig verbessert werden sollten. Letztlich liefen die Änderungen auf eine **Neuorientierung der Rentenpolitik** hinaus, wobei zur „wichtigsten Maßnahme ... der veränderte Berechnungsmodus (gehörte), der als »programmatischer Grundsatz« in § 1272 Abs.2 RVO mit der Verteilungsformel der »gleichgewichtigen Entwicklung von Renten und verfügbarem Einkommen« seinen Ausdruck fand" *(Rüb, 1988, S.392)*. Entsprechend entfiel die Rentenniveausicherungsklausel als „normiertes politisches Sicherungsziel" *(Rüb, 1988, S.393)*. Die Herabsetzung der Wartezeit für das **Altersruhegeld wegen Vollendung des 65. Lebensjahres** von 15 auf 5 Jahre wirkte zwar belastend für die Finanzlage der Rentenversicherung, ansonsten enthielt das HBegleitG 1984 jedoch überwiegend **Entlastungsmaßnahmen**.

Entlastend wirkte u. a., daß sich der Faktor der Rentenanpassung nicht mehr nach der durchschnittlichen Einkommensentwicklung von drei vorausgegangenen Jahren, sondern nach dem Zuwachs im Vorjahr richtete. Angesichts rückläufiger Lohnsteigerungen führte dies zu Einsparungen. Sonderzahlungen (z. B. Urlaubs-, Weihnachts-, Übergangsgeld und Verletztengeld aus der UV, Gratifikationen u. ä.) wurden noch stärker als bisher in die Beitragspflicht zur GRV einbezogen. Zugleich wurden die Anspruchsvoraussetzungen für BU- und EU-Renten erschwert, indem sie nurmehr gewährt wurden, wenn dem Eintritt des Versicherungsfalles innerhalb der letzten 5 Jahre eine mindestens 36monatige beitragspflichtige Beschäftigung vorausging. Ferner wurden das Krankengeld voll in die Beitragspflicht einbezogen, die Abfindung für Hinterbliebenenrenten bei Wiederheirat von 5 auf 2 Jahresbeträge gekürzt, die Leistungen zur Behandlung von Tbc-Erkrankungen von der GRV auf die GKV verlagert und der höhere Kindergeldzuschuß bei Neurenten durch das allgemeine Kindergeld ersetzt. Schließlich wurde die GRV bei der Finanzierung der knappschaftlichen KVdR entlastet.

Durch das **Arbeitsförderungs- und Rentenversicherungs-ÄndG vom 20. Dezember 1984** [BGBl.I S.1713] wurde der Beitragssatz zur GRV ab 1.1.1985 von 18,5 % auf 18,7 % erhöht (Senkung des Beitragssatzes zur BA um 0,2 % auf 4,4 %). In einem zweiten Konsolidierungsschritt wurde durch das **RVFinanzG vom 16. Mai 1985** [BGBl.I S.766] der Beitragssatz für den Zeitraum vom 1.7.1985 bis zum 31.12.1986 um 0,5 % auf 19,2 % angehoben; gleichzeitig wurde für diesen Zeitraum der Beitrag zur BA um 0,3 % gesenkt.

Tabelle 44: Rentenneuzugänge in der Rentenversicherung der Arbeiter und der Angestellten 1975–1990 (Versichertenrenten; Männer)

Jahr	BU-Renten	EU-Renten	Altersruhegelder wegen Vollendung des 60. Lebensjahres: Arbeitslose	Altersruhegelder wegen Vollendung des 60. Lebensjahres: Schwerbehind.	63. Lebensjahres	65. Lebensjahres	sonstige Renten	Renten insgesamt
1975	19.088	111.317	12.978	9.668	108.736	91.650	429	353.866
1980	17.048	119.758	21.665	46.110	37.006	41.391	932	283.910
1981	18.406	121.984	23.785	49.506	32.777	33.112	724	280.294
1982	20.838	119.558	30.483	49.884	41.884	28.546	610	291.803
1983	23.729	121.536	28.592	47.192	55.658	28.531	543	305.781
1984	24.349	125.736	34.174	40.757	52.994	39.288	548	317.846
1985	20.920	109.584	34.749	37.907	49.319	51.687	757	304.923
1986	18.623	99.166	31.955	37.920	47.744	54.896	1.262	291.566
1987	18.073	99.772	32.097	38.331	48.786	58.794	1.598	297.451
1988	19.419	102.322	41.131	40.647	60.153	59.735	3.191	326.598
1989	21.156	99.460	46.193	38.418	64.998	63.559	5.769	339.553
1990	21.215	93.674	45.889	37.666	70.719	71.500	9.419	350.082

Quellen: vgl. Tabelle 46.

Außerdem wurde durch das RVFinanzG der von den Rentnern selbst zu zahlende KV-Beitrag zur Jahresmitte 1985 nur um 1,5 % auf 4,5 % statt – wie ursprünglich vorgesehen – auf 5,0 % erhöht; in den folgenden beiden Jahren sollte der KV-Beitrag aber weiter um jeweils 0,7 % auf 5,9 % heraufgesetzt werden. Der Bundeszuschuß für 1985 wurde um den Betrag erhöht, der erforderlich war, um die Schwankungsreserve am Jahresende auf den gesetzlichen Mindeststand von einer Monatsausgabe zu Lasten der Rentenversicherung aufzufüllen; die zusätzlich zu zahlenden Mittel wurden jedoch auf maximal 1,5 Mrd. DM begrenzt.

Tabelle 45: Rentenneuzugänge in der Rentenversicherung der Arbeiter und der Angestellten 1975–1990 (Versichertenrenten; Frauen)

Jahr	BU-Renten	EU-Renten	Altersruhegelder wegen Vollendung des					Renten insgesamt
			60. Lebensjahres			63. Lebensjahres	65. Lebensjahres	
			Arbeitslose	Aufgabe der Beschäftig.	Schwerbehinderte			
1975	15.475	132.485	2.341	87.053	150	5.488	78.034	321.364
1980	4.559	160.071	5.239	104.628	2.438	2.639	49.222	329.553
1981	4.661	163.652	5.669	105.712	3.495	2.260	35.802	321.925
1982	6.147	161.408	5.669	104.877	3.698	2.867	28.668	314.055
1983	7.111	159.306	4.148	110.678	3.918	4.273	29.803	319.841
1984	8.169	163,717	3.600	106.771	3.569	4.349	68.081	359.072
1985	5.234	80.042	2.895	97.001	3.092	3.747	89.994	283.058
1986	4.258	61.597	4.138	115.016	3.586	4.215	146.273	340.345
1987	3.815	59.933	3.945	104.340	3.394	4.283	165.385	346.370
1988	3.698	58.009	5.007	108.615	3.280	4.608	171.761	357.103
1989	3.906	56.962	5.763	106.086	3.182	4.780	176.777	361.128
1990	3.761	53.751	5.123	105.741	3.030	4.529	181.102	364.317

1) einschl. sonstiger Renten (z.B. Erziehungsrenten, hinausgeschobene Altersruhegelder).

Tabelle 46: Rentenneuzugänge und -wegfälle in der Rentenversicherung der Arbeiter und der Angestellten 1975–1990

Jahr	Rentenneuzugänge				Rentenwegfälle			
	Versichertenrenten	Hinterbliebenenrenten			Versichertenrenten	Hinterbliebenenrenten		
		Witwen-/Witwerrenten	davon: Witwerrenten	Waisenrenten		Witwen-/Witwerrenten[1]	davon: Witwerrenten	Waisenrenten
1975	675.230	218.215	–	82.082	393.088	153.147	–	57.376
1980	613.463	204.014	1.024	73.671	461.032	177.386	863	90.014
1981	602.219	201.715	961	69.847	465.436	180.046	798	102.068
1982	605.858	203.105	949	66.121	462.264	180.031	771	104.886
1983	625.622	214.178	1.009	65.184	466.536	186.759	844	110.420
1984	676.918	205.403	1.087	62.664	460.615	184.002	826	110.846
1985	587.961	213.641	1.276	61.860	476.431	187.648	817	116.553
1986	631.911	207.334	9.795	55.493	470.097	189.841	955	116.983
1987	643.821	243.811	42.550	55.217	475.118	190.744	2.407	113.473
1988	683.701	241.354	38.358	54.847	471.574	196.562	4.122	110.425
1989	700.681	242.636	38.005	52.204	470.543	200.728	5.632	102.611
1990	714.399	239.574	36.069	47.456	482.794	210.507	6.706	105.312

1) ab 1987 einschl. der wegen Einkommensanrechnung vollständig ruhenden Witwen-/Witwerrenten.
Quellen (Tabellen 44 - 46): Rentenanpassungsberichte [BT-Drs.11/6123 v. 14.12.1989, BT-Drs. 11/8504 v. 28.11. 1990, BT-Drs.12/1841 v. 16. 12. 1991, S.66 f.].

Aufgrund der sukzessiven Erhöhung des Anteils am KVdR-Beitrag, den die Rentner selbst zu tragen hatten, fiel die **effektive Rentenanpassung** in den Jahren 1984 und 1985 niedriger aus als der im Gesetz vorgesehene Anpassungssatz (1984: 3,4 % brutto, effektiv

1,3 %; 1985: 3,0 % brutto, effektiv 1,41 %). Das **RAG vom 5. Juni 1985** [BGBl.I S.913] enthielt darüber hinaus als Neuerung eine Vergleichsberechnung nach dem Günstigkeitsprinzip (durchzuführen für Monate, in denen Beitrags- mit Ausfall- bzw. Zurechnungszeiten zusammenfallen) sowie eine Verlegung des Termins für den Rentenanpassungsbericht auf den 15. Dezember *(vgl. Hauck/Bürsch, 1986, S.29)*.

Diese Sanierungs- und Konsolidierungsmaßnahmen reichten in der Folgezeit für eine vorläufige finanzielle Sicherstellung der Rentenversicherung aus. Dennoch kam es zeitweilig zu **Liquiditätsengpässen**. Schon im Jahre 1985 mußte deswegen die Zahlung der Bundeszuschüsse zeitlich vorgezogen werden, um die liquiden Mittel der Rentenversicherung solange wie möglich auf dem Stand einer halben Monatsausgabe zu halten; außerdem wurden den RV-Trägern bei Bedarf bis zu 5 Mrd. DM vor dem Jahresende rückzahlbare zinslose **Betriebsmittelkredite** vom Bund gewährt, wenn die eigenen flüssigen Mittel aufgebraucht waren *(vgl. Frerich, 1987, S.357ff.)*.

4.1.2 Neuordnung der Hinterbliebenensicherung

Ende der 60er Jahre wurde mit den seinerzeit geplanten **Reformen des Ehe- und Familienrechts** auch die Frage nach dem Splitten von Rentenanwartschaften im Ehescheidungsrecht sowie die weitergehende Frage der Schaffung einer eigenständigen **sozialen Sicherung der Frau** aufgeworfen *(vgl. Meyer-Harter, 1974; Muhr, 1976, S.193ff.)*. Die anfänglich noch wenig beachtete Diskussion wurde durch das **Witwerrentenurteil** vom 12. März 1975 [BVerfGE 39, S.169 ff.], das **Witwenrentenurteil** vom 6. Juni 1978 [BVerfGE 48, S.346 ff.] sowie das **Urteil zum Versorgungsausgleich** vom 28. Februar 1980 [BVerfGE 53, S.257 ff.] in die Richtung einer allgemeinen **Reform der Hinterbliebenenversorgung** gelenkt. Obgleich das BVerfG die Ungleichbehandlung des Mannes gegenüber der Frau im Hinterbliebenenrentenrecht *(vgl. Leingärtner, 1975, S.79ff.)* noch nicht als verfassungswidrig in Form eines Verstoßes gegen Art.2 Abs.2 GG ansah, trug es dem Gesetzgeber – um einen zukünftigen Verstoß gegen den Gleichheitsgrundsatz auszuschließen – auf, eine entsprechende Reform bis zum Ende des Jahres 1984 durchzuführen *(vgl. Hermann, 1984)*.

Im Hinblick auf den Auftrag des BVerfG setzte die Bundesregierung mit Beschluß vom 17. August 1977 eine unabhängige **Sachverständigenkommission** ein, die nicht nur Vorschläge für die Neuordnung des Hinterbliebenenrechts entwickeln sollte, sondern auch zur Frage einer Neugestaltung der sozialen Sicherung der Frau Stellung nehmen und Möglichkeiten des Abbaus der Ungleichbehandlung der Geschlechter im Rentenrecht erörtern sollte.

Die Kommission legte am 21. Mai 1979 ihren Bericht vor und bot neben einer Problemanalyse alternative Lösungsmodelle an. Hierzu zählten das Modell einer abgeleiteten Hinterbliebenenversorgung, das Modell des Splitting der Rentenanwartschaften, das Modell der Hausfrauen-Pflichtversicherung sowie das Modell einer Teilhaberente. Diese Vorschläge fanden weitreichendes Interesse nicht nur in der Wissenschaft, sondern führten auch zu einer breiten öffentlichen Diskussion, in deren Verlauf nicht nur die Vor- und Nachteile der Kommissionsvorschläge erörtert, sondern auch seitens der Parteien und Sozialpartner eigenständige Lösungskonzepte entwickelt wurden *(vgl. Frerich, 1987, S.166 ff.; Hermann, 1984; Krupp u.a., 1981; Kaltenbach, 1980, S.263 ff.; Rauschenbach/Maier, 1975, S.269 ff.; Sachverständigenkommission, 1979)*.

Die Kommission selbst favorisierte das **Modell der Teilhaberente**. Dieses Modell unterschied, ob der Hinterbliebene bereits selbst Rentner ist oder sich noch in der Erwerbsphase befindet.

Im ersteren Fall sah das Modell die Teilhaberente in Form der Gesamtversorgung vor. Dagegen sollte für die Erwerbsphase eine aus den Anwartschaften des Verstorbenen ableitete Rente bei Kindererziehung oder bei vorgerücktem Alter gezahlt werden. Im einzelnen sollte es nach diesem

Modell zu Lebzeiten der beiden Ehegatten beim geltenden Recht bleiben. Der Tod eines Ehegatten sollte nur dann einen Rentenfall auslösen, wenn eine Bedarfssituation (Versicherungsfall) hinzukam. Ein derartiger Versicherungsfall war das Vorliegen von Berufs- bzw. Erwerbsunfähigkeit oder das Erreichen der rentenrechtlichen Altersgrenze. Entsprechend dem Prinzip der Teilhabe sollte der überlebende Ehegatte einen bestimmten Prozentsatz der von ihm und seinem Ehegatten erworbenen Rentenanwartschaften (d.h. der Gesamtanwartschaften) erhalten. Hinsichtlich der Höhe der Teilhaberente stellte die Kommission verschiedene Varianten zur Auswahl. Die größte Zustimmung fand dabei die Variante 3; danach waren 70 % der Gesamtanwartschaften vor und in der Ehe, jedoch mindestens 100 % der eigenen Anwartschaften (Garantieregelung) als Teilhaberente vorgesehen. Bei Vorliegen der sog. Bedarfssituationen »Kindererziehung« oder »vorgerücktes Alter« sollte der überlebende Ehegatte unter bestimmten Voraussetzungen 75 % der Rentenansprüche des Verstorbenen erhalten (bei teilweiser Anrechnung eigenen Einkommens) *(vgl. Michaelis, 1989, S. 4 ff.)*.

Von den im Bundestag vertretenen politischen Parteien sowie von den Gewerkschaften und den Verbänden wurde – von geringfügigen Nuancierungen abgesehen – das Teilhabemodell (Variante 3) unterstützt. Problematisch an diesem Modell erschien allenfalls seine **fehlende Kostenneutralität**. Nach Berechnungen von VDR und BfA war für das Jahr 2000 mit Mehrausgaben von rd. 1,5 % der Rentenausgaben (etwa 1,8 Mrd. DM) zu rechnen. Trotz dieser zu erwartenden Mehrausgaben hielt auch das BMA zunächst an diesem Modell fest. Aufgrund des Regierungswechsels im Herbst 1982 wurde ein bereits erarbeiteter Gesetzentwurf jedoch nicht mehr veröffentlicht.

Die sich 1983 abzeichnenden Finanzierungsprobleme der Rentenversicherung führten nicht nur zur einer abermaligen Verschiebung der Reform des Hinterbliebenenrentenrechts, sondern auch dazu, daß das Gebot der strikten Kostenneutralität eine besondere Priorität erlangte. In dieser Situation wurde dem von KALTENBACH bereits im Dezember 1982 vorgeschlagenen Modell der **Teilhaberente mit Einkommensanrechnung** zunehmendes Interesse geschenkt. Aufbauend auf diesem Modell legte schließlich das BMA im August 1984 – 10 Jahre nach dem entprechenden Auftrag des BVerfG – einen Diskussionsentwurf vor, der von einer Hinterbliebenenrente mit Einkommensanrechnung unter Berücksichtigung eines Freibetrages ausging. Nachdem ein am 25.9.1984 folgender Referentenentwurf zusätzlich Kindererziehungszeiten berücksichtigte, beschloß das Bundeskabinett am 17.10.1985 einen Gesetzentwurf [BT-Drs. 10/2677], der nicht mehr auf den Kommissionsvorschlägen basierte, sondern ein völlig neues Konzept, ein **Anrechnungsmodell** mit Freibetrag, vorsah.

Im Gegensatz hierzu hielt die SPD in ihrem im Dezember 1984 im Bundestag eingebrachten **Entwurf eines Rentenreformgesetzes 1985** [BT-Drs. 10/2608] an dem von der Sachverständigenkommission vorgeschlagenen Teilhabemodell fest.

Nach dem SPD-Entwurf sollte der hinterbliebene Ehegatte, sofern er selbst bereits Rentner war, aus den gemeinsamen Anwartschaften eine Teilhaberente in Höhe von 70 % der Gesamtanwartschaften beider Ehegatten, mindestens jedoch eine Rente in Höhe der eigenen Anwartschaften, erhalten. Selbst noch nicht rentenberechtigten Hinterbliebenen sollte eine abgeleitete Rente aus den Anwartschaften des Verstorbenen in Höhe von 60 % gezahlt werden, sofern Kinder zu erziehen waren oder der Verstorbene überwiegend den Unterhalt geleistet hatte. Im Gegensatz zum Regierungsentwurf begünstigte das SPD-Modell vor allem Frauen mit keinen oder nur geringen eigenen Anwartschaften. Die Mehrkosten, die durch die Verwirklichung der Teilhaberente entstanden wären, wollte die SPD durch andere Maßnahmen im Rentenrecht kompensieren *(vgl. Michaelis, 1989, S. 12 f.)*.

Das dem Regierungsentwurf im Grundsatz folgende **Hinterbliebenenrenten- und Erziehungszeiten-Gesetz (HEZG) vom 11. Juli 1985** [BGBl. I S. 1450] stellte eine der umstrittensten rentenrechtlichen Neuregelungen dar, da es „eine völlige Neubewertung der Funktion und Ausgestaltung des Hinterbliebenenrechts für künftige Versicherungsfälle“ *(Rüb, 1988, S. 393)* beinhaltete *(vgl. Faupel, 1984, S. 140 ff., 166 ff., 1985, S. 193 ff.; W.*

Niemeyer, 1989, S.5ff.). Im Laufe der Ausschußberatungen hatten die Koalitionsfraktionen allerdings verschiedene Änderungen am Regierungsentwurf durchgesetzt (z.B. Wahlrecht für Ehegatten über 50 Jahre, ob das neue oder alte Hinterbliebenenrentenrecht gelten soll).

Nach dieser Neuregelung erhalten nicht nur Witwen, sondern auch Witwer – neben der eigenen Rente – eine Hinterbliebenenrente in Höhe von 60% der Anwartschaften des verstorbenen Ehepartners. Diese Hinterbliebenenrente wird jedoch dann gekürzt, wenn die eigenen anrechenbaren Einkünfte einen Freibetrag pro Monat von 3,3% der allgemeinen Bemessungsgrundlage (zzgl. 0,7% für jedes waisenrentenberechtigte Kind) übersteigen; der übersteigende Betrag wird zu 40% auf die Hinterbliebenenrente angerechnet.

Zu den eigenen anrechenbaren Einkünften zählen zunächst einmal Renten aus eigener Versicherung, die in unterschiedlicher Weise gekürzt werden. Hinzu treten Erwerbseinkommen (Lohn, Gehalt) sowie Einkünfte, die an die Stelle von Erwerbseinkommen treten (Beamtenpensionen und Leistungen aus berufsständischen Versorgungswerken), die jedoch ebenfalls pauschal gekürzt werden. Nicht angerechnet werden Einkünfte aus Kapitalvermögen, Vermietung oder Verpachtung, Leistungen einer privaten Lebensversicherung, Betriebsrenten und Zusatzversorgungen im öffentlichen Dienst, Grund- und Ausgleichsrenten der Kriegsopferversorgung sowie Wohngeld und andere Sozialhilfeleistungen.

Das Gesetz sieht für Frauen, deren Ehemann in den ersten 10 Jahren nach Inkrafttreten des neuen Gesetzes stirbt, eine Übergangsregelung vor. Danach soll das neue Recht im ersten Jahr nach dem Tod des Ehepartners nicht angewendet werden, und vom 2. bis 5. Jahr soll der Anrechnungsbetrag von 10% des anrechnungspflichtigen Einkommens um jährlich 10% auf 40% steigen. Diese Übergangsregelung gilt auch für Witwer, die nach altem Recht einen Anspruch auf Witwerrente gehabt hätten. Versicherten, die bei Inkrafttreten des Gesetzes am 1. Januar 1986 50 Jahre oder älter waren, wurde Wahlfreiheit eingeräumt, sich bis Ende 1988 für das bislang geltende alte Hinterbliebenenrentenrecht oder das neue Recht zu entscheiden.

Die Neuregelung der Hinterbliebenenversorgung ist über die Rentenversicherung hinaus auch in das Recht der Unfallversicherung sowie der Kriegsopferversorgung einbezogen worden.

Kritisiert wurde an dieser am 1.1.1986 in Kraft getretenen Neuregelung der Hinterbliebenenversorgung insbesondere die laufende Einkommensanrechnung. Abgesehen davon, daß der Katalog der anrechenbaren und nicht anrechenbaren Einkünfte umstritten war, wurde in der Einführung eines permanenten Anrechnungsmodus ein Systembruch im Rentenrecht gesehen, da die Hinterbliebenenrente nunmehr vom Kriterium der finanziellen Bedürftigkeit abhängig gemacht wurde *(vgl. Kolb, 1984, S.635ff.; Kolb, 1985, S. 40ff.; Schmähl, 1985, S.288ff.).* Begründet wurde die Notwendigkeit der Einkommensanrechnung mit dem Ziel der **Kostenneutralität** des Gesetzes. Dies bedeutete, daß die durch die nun anspruchsberechtigten Männer verursachten Mehrkosten durch Erschließung neuer Finanzquellen ausgeglichen werden sollten.

Betroffen von dem Anrechnungsverfahren sind v. a. überlebende Ehefrauen mit einer hohen eigenen Alterssicherung und/oder hohen anderen anrechnungspflichtigen Einkommen. Schätzungen zufolge trat bei Einführung der Neuregelung für 106.500 Witwen eine Teil- bzw. Vollkürzung ein, während 145.000 Männer neu in den Genuß einer vollen bzw. teilgekürzten Witwerrente kamen (bei 141.000 Männern ruhte die Witwerrente infolge der Einkommensanrechnung) *(vgl. Müller/Nowatzki, 1984, S.686f.).*

Das HEZG brachte nicht nur eine Neuordnung des Hinterbliebenenrentenrechts, sondern führte auch als völlig neues Element die Anrechnung von **Kindererziehungszeiten** in die GRV ein. „Die Kopplung dieser beiden Materien in einem Gesetz war intendiert. Da mit dem »Anrechnungsmodell« in der Hinterbliebenenversorgung die soziale Sicherung der Frau – anders als etwa bei dem sog. Teilhabemodell – nicht verbessert wurde, sollte nach dem Willen der Bundesregierung durch die gleichzeitige Einführung der Erziehungszeiten ein ‚Beitrag zu einer Gleichbewertung der Tätigkeit in der Familie und der außerhäuslichen Erwerbstätigkeit' geleistet werden (vgl. Bundestagsdrucksache 10/

2677)" *(Hauck/Bürsch, 1986, S. 30).* Aus funktionalen Gesichtspunkten werden die Einzelheiten zur Regelung der Kindererziehungszeiten in der Rentenversicherung im Abschnitt »Familienlastenausgleich« behandelt *(vgl. S. 334 ff.).*

4.1.3 Soziale Sicherung der selbständigen Künstler und Publizisten

Ungeachtet der umfangreichen Reformmaßnahmen zu Beginn der 70er Jahre bestanden bei künstlerisch und publizistisch tätigen Personen auch weiterhin tiefgreifende **personelle und materielle Sicherungslücken.** Nach den Feststellungen des sog. »Künstlerberichts« der Bundesregierung aus dem Jahre 1975 [BT-Drs. 7/3071] verfügten zahlreiche Angehörige dieses Personenkreises wegen schlechter wirtschaftlicher Lage und Marktposition über keine ausreichende soziale Sicherung. Zwar waren bestimmte selbständige Künstler Pflichtmitglieder der Sozialversicherung, die Versicherungsbedingungen waren jedoch äußerst ungünstig, da sie – wie andere pflichtversicherte Selbständige auch – ihre gesamten Beiträge selbst aufbringen mußten *(vgl. Finke, 1988, S. 879 ff.).*

Ein als Reaktion darauf von der Bundesregierung 1976 vorgelegter Gesetzentwurf [BR-Drs. 410/76] sah vor, daß die versicherten Künstler und Publizisten in Analogie zur Pflichtversicherung der Arbeitnehmer nur mit der Hälfte der Beiträge zur GKV und GRV belastet werden sollten. Die Finanzierung der anderen Beitragshälfte, die durch die Unternehmer erfolgen sollte, die ständig Werke und Leistungen selbständiger Künstler und Publizisten gegen Entgelt in Anspruch nehmen und verwerten (Vermarkter), stieß damals allerdings auf zahlreiche sozial- und verfassungspolitische Bedenken und führte zu politischen Auseinandersetzungen, die maßgeblich zum Scheitern dieser ersten Gesetzesinitiative beitrugen *(vgl. Schulte, 1977, S. 93 ff.).* Ein zweiter, am 22. Mai 1980 eingebrachter Gesetzentwurf, der den Bedenken hinsichtlich der Finanzierung der »zweiten Beitragshälfte« Rechnung trug, indem er einen Bundeszuschuß vorsah, scheiterte am Einspruch des Bundesrates. Nach wie vor gab es verfassungsrechtliche Bedenken in bezug auf die Konstruktion der Künstlersozialabgabe, wobei v. a. kritisiert wurde, daß sämtliche Honorare erfaßt werden sollten, unabhängig davon, ob die Betreffenden im Rahmen des KSVG versichert waren oder nicht *(vgl. Finke, 1988, S. 880).*

Erst ein neuerlicher, zu Beginn der 9. Legislaturperiode von der Bundesregierung unternommener Anlauf (mit einem mit dem gescheiterten im wesentlichen identischen Gesetzentwurf) führte schließlich zum **Künstlersozialversicherungsgesetz (KSVG) vom 27. Juli 1981** [BGBl. I S. 705]. Der Bundesrat machte zwar erneut die Zustimmungsbedürftigkeit geltend, legte diesmal jedoch keinen Einspruch ein, so daß das Gesetz am 1. 1. 1983 im wesentlichen in Kraft treten konnte. Für die selbständigen Künstler und Publizisten, die bisher – von Ausnahmen abgesehen – nicht pflichtversichert waren, wurde damit eine obligatorische Versicherungspflicht in der gesetzlichen Krankenversicherung und in der Rentenversicherung der Angestellten eingeführt *(vgl. Kraegeloh, 1983; Schulze, 1983, Ströer, 1983; Böckel, 1988).*

Die durch das KSVG ab 1. 1. 1983 eingeführte Versicherungspflicht erstreckte sich grundsätzlich auch auf die Krankenversicherung. Allerdings wurde Berufsanfängern während der ersten 5 Jahre ihrer Tätigkeit ein Wahlrecht zwischen der gesetzlichen und der privaten Versicherung eingeräumt. Außerdem erhielten die versicherten Künstler und Publizisten die Möglichkeit, sich von der Versicherungspflicht befreien zu lassen, wenn sie im Drei-Jahres-Durchschnitt die Versicherungspflichtgrenze für Angestellte überschritten. Vergleichbare Regelungen sind für Künstler und Publizisten festzustellen, die das 50. Lebensjahr vollendet haben; die Befreiungsmöglichkeiten wurden auf einen Zeitraum von 5 Jahren nach dem Inkrafttreten des Gesetzes begrenzt.

Die für die Leistungen nach dem KSVG erforderlichen Finanzmittel sollten zur Hälfte von den versicherten Künstlern und Publizisten aufgebracht werden; für die andere Hälfte wurde eine Finanzierung zu zwei Dritteln durch eine Künstlersozialabgabe und zu einem Drittel durch einen Bundeszuschuß festgelegt. Die Künstlersozialabgabe wurde von allen Unternehmern erhoben, die Werke von selbständigen Künstlern vermarkten, wobei diesen Unternehmen die Möglichkeit gegeben wurde, Ausgleichsvereinigungen zu gründen und die Abgabelast abweichend vom Gesetz zu verteilen. Außerdem erhielt der Bundesminister für Arbeit und Sozialordnung die Möglichkeit einer differenzierten Festsetzung des jährlichen Vomhundertsatzes der Künstlersozialabgabe für einzelne Sparten.

Als Organisationseinheit für die Künstlersozialversicherung wurde die Künstlersozialkasse in Wilhelmshaven als Anstalt des öffentlichen Rechts gegründet. Zur Deckung der Verwaltungskosten der Künstlersozialkasse wurde der Bundeszuschuß herangezogen, ohne allerdings den vorgesehenen absoluten Höchstbetrag zu überschreiten.

Das Gesetz stieß sowohl bei den Betroffenen als auch in der Öffentlichkeit von Anfang an auf **Skepsis**. Während bei den Versicherten die Komplexität des Gesetzes – die Einzelheiten seiner Anwendung kaum vermitteln läßt – zu einer eingeschränkten Akzeptanz führte, hielten insbesondere die Vermarkter ihre Zweifel an der **Verfassungsmäßigkeit** des Gesetzes aufrecht und reichten **Verfassungsbeschwerden** ein. In seiner Entscheidung vom 8.4.1987 hat das **BVerfG** [BGBl.I S.1689] allerdings die Verfassungsmäßigkeit des Gesetzes im wesentlichen bejaht und die Argumentation der Beschwerdeführer zurückgewiesen, die eine Verletzung des Gleichheitsgebots des GG darin gesehen hatten, daß sie im Unterschied zu anderen über ihre Steuerpflicht hinaus zu Sozialabgaben verpflichtet würden, die weder ihnen selbst noch ihrer Gruppe zugute kämen.

Stattdessen betrachtete das BVerfG die Künstlersozialabgabe als einen zulässigen Sozialversicherungsbeitrag und wies auf das »besondere, kulturgeschichtlich gewachsene Verhältnis« zwischen selbständigen Künstlern und Publizisten auf der einen sowie den Vermarktern auf der anderen Seite hin. „Die Künstler und Publizisten seien in der Regel nicht die stärkeren Vertragspartner und daher sozial schutzbedürftig. Ihre Beziehungen zu den Vermarktern seien durchaus denen zwischen Arbeitnehmern und Arbeitgebern vergleichbar" *(Finke, 1988, S.881)*. Das Gericht wertete es als sachgerecht, der besonderen Existenzform der Künstler und Publizisten Rechnung zu tragen und nicht zur Bedingung des sozialen Schutzes zu machen, daß sich diese Existenzform auflöse und in ein förmliches Arbeitnehmerverhältnis übergehe. Zur Vermeidung von Wettbewerbsverzerrungen hielt es das Gericht zudem für zulässig, auch die Entgelte der nicht-versicherungspflichtigen Personen bei der Bemessungsgrundlage zu berücksichtigen *(vgl. Rüfner, 1988, S.38 ff.)*.

Die **Erhebung der Künstlersozialversicherungsabgabe** sowie die Abgrenzung des Kreises der Versicherungspflichtigen machten jedoch schon bald gesetzliche Änderungen unumgänglich. Zunächst mußte durch **Gesetz vom 20. Dezember 1985** [BGBl.I S.2474] die Übergangszeit für die Künstlersozialabgabe, in der für alle Branchen ein einheitlicher Abgabesatz von 5 % galt, bis zum Jahre 1987 verlängert werden, da das für eine stärkere Differenzierung des Abgabesatzes erforderliche bereichsspezifische Zahlenmaterial noch nicht vorlag.

Nach wie vor bei der Künstlersozialkasse bestehende Schwierigkeiten in der Ablauforganisation und in der Datenverarbeitung, das äußerst komplizierte Beitragsverfahren sowie bestimmte Folgerungen aus dem Beschluß des BVerfG machten allerdings darüber hinausgehende Gesetzesänderungen erforderlich. Erste Konsequenzen wurden mit dem **Gesetz zur finanziellen Sicherung der Künstlersozialversicherung vom 18. Dezember 1987** [BGBl.I S.2794] gezogen *(vgl. Niemeyer/Otting, 1988, S.30)*.

Mangels ausreichender Berechnungsgrundlagen wurden die Geltungsdauer des einheitlichen Abgabesatzes von 5 % bei der Künstlersozialabgabe auf das Jahr 1988 ausgedehnt und außerdem der Bundeszuschuß an die Höhe des Selbstvermarktungsanteils (25 % der Ausgaben der Künstlersozialkasse) angepaßt. Weiterhin wurden die professionell Eigenwerbung treibenden Unternehmer inden Kreis der zur Künstlersozialabgabe Verpflichteten einbezogen und die Doppelbelastung von Vermarktern, die an von der Versicherungspflicht befreite Künstler und Publizisten einen Zuschuß für eine befreiende Lebensversicherung gezahlt hatten, beseitigt. Die Aufgaben der Künstlersozialkasse wurden auf die Landesversicherungsanstalt Oldenburg-Bremen unter Beibehaltung des Sitzes Wilhelmshaven übertragen.

Die endgültige Konsolidierung sowie die Herstellung einer zufriedenstellenden Funktionsfähigkeit der KSK waren schließlich das Hauptziel des **KSVG-ÄndG vom 20. Dezember 1988** [BGBl.I S.2606], das auf einen Entwurf der Bundesregierung vom 12.8. 1988 [BR-Drs. 367/88] zurückging.

Ab 1.1.1989 ermöglichte das Gesetz erstmals die differenzierte Erhebung der Künstlersozialabgabe, die zwar bereits im Gesetz von 1981 vorgesehen war, von der jedoch während einer Übergangszeit abgewichen werden sollte. Gemäß § 26 VI KSVG n.F. betrug der Vomhundertsatz der Künstlersozialabgabe für 1989 für den Bereich Wort 4,4 % und für die Bereiche Bildende Kunst, Musik und Darstellende Kunst 6,0 %. Neben bereichsspezifischen Abgabesätzen führte das Gesetz eine Belastungsobergrenze bei der Künstlersozialabgabe (1989: 6,0 %, 1990: 6,5 %, ab 1991: 7,0 %) i.V. m. einem Lastenausgleich ein. Zugleich wurden die Abgabepflicht auf weitere Unternehmen erstreckt, der Versicherungsgedanke stärker betont, das Beitragsverfahren in Anlehnung an das übrige Sozialversicherungsrecht vereinfacht, einer ungerechtfertigten Inanspruchnahme von Leistungen der Krankenversicherung entgegengewirkt und den Versicherten die Möglichkeit eingeräumt, ihre finanzielle Absicherung für den Fall der Arbeitsunfähigkeit zu verbessern. „Insgesamt wurde die Regelung des Künstlersozialversicherungsgesetzes dem »normalen« Sozialversicherungsrecht weitestgehend angepaßt" *(Schulte, 1989, S.1022)*. Durch die Künstlersozialabgabe-VO vom 22. September 1989 [BGBl.I S.1779] wurde der Abgabesatz für das Jahr 1990 im Hinblick auf die vier Kunstbereiche für den Bereich Wort auf 3,8 %, für den Bereich Musik auf 6,2 % und für die beiden anderen Bereiche auf 6,5 % festgesetzt.

Bereits vor dieser Novellierung hatte die Bundesregierung in einem Bericht über die mit dem KSVG gemachten praktischen Erfahrungen [BT-Drs. 11/2979] die Auffassung vertreten, daß das Gesetz die mit ihm verfolgte soziale Aufgabe erfüllt habe. Die **Zahl der Versicherten**, die vor Einführung des Gesetzes weitgehend unbekannt war (Schätzungen gingen von 10.000 bis 50.000 Personen aus), stieg von rd. 12.600 (Mai 1983) über 28.358 (Juli 1987) auf 31.784 im Mai 1988 (hiervon kamen 8.424 aus dem Bereich Musik, 6.011 aus dem Bereich Wort, 2.815 aus dem Bereich Darstellende Kunst und 14.498 aus dem Bereich Bildende Kunst). Von den pflichtversicherten Künstlern und Publizisten waren 33,9 % (10.746) Frauen und 66,1 % (20.984) Männer. Bis zum 31. 12. 1989 stieg die Zahl der Versicherten auf 37.215. Zum gleichen Zeitpunkt waren von der KSK 17.681 abgabepflichtige Unternehmer erfaßt. Das Haushaltsvolumen der KSK belief sich 1990 auf rd. 233 Mio. DM; davon entfielen rd. 126,9 Mio. DM (54,5 %) auf Beiträge zur Rentenversicherung, etwa 80,8 Mio. DM auf KV-Beiträge und rd. 7,6 Mio. DM auf Zuschüsse an privat krankenversicherte Künstler und Publizisten *(vgl. Neidert, 1990, S.430 ff.; BMA, 1990 a, S.236 f.)*

4.1.4 Gesetzliche Rentenversicherung seit Mitte der 80er Jahre

Nach der für einen Übergangszeitraum erfolgten Konsolidierung der Finanzen der GRV wurde zunächst auf weitere Reformschritte verzichtet. Einzelne reformnotwendige Regelungsbereiche sollten im Rahmen der angestrebten **Strukturreform der gesetzlichen Rentenversicherung**, mit der zugleich den langfristigen demographischen Herausforderungen begegnet werden sollte, erledigt werden. Im Rahmen der alljährlichen Rentenanpassungsgesetze wurden daher neben Anpassungen der Renten (1. 7. 1986: 2,9 %; 1.7. 1987: 3,8 %; 1.7.1988: 3,5 %; 1.7.1989: 3,3 %) nur marginale Änderungen vorgenommen.

U. a. wurde durch das RAG 1986 vom 13. Mai 1986 [BGBl.I S.697] die Hinzuverdienstgrenze für Bezieher eines vorzeitigen Altersruhegeldes ab Vollendung des 60. Lebensjahres entsprechend der Geringfügigkeitsgrenze in der Sozialversicherung auf 1/7 der monatlichen Bezugsgröße festgesetzt und dadurch dynamisch ausgestaltet. Darüber hinaus enthielt das 7. RVÄndG vom 19. Dezember 1986 [BGBl.I S.2586] insbesondere weitergehende Festlegungen hinsichtlich Art und Umfang der Datenspeicherungen in der RV, verbunden mit einem erweiterten Auskunftsanspruch der Versicherten. Bestimmten Selbständigen, die bis zum 13. 5. 1977 auf Antrag der GRV als Pflichtversicherte beigetreten waren, wurde bis Ende 1988 das Recht eingeräumt, ihr Pflichtversicherungsverhältnis in der GRV zu beenden. Außerdem wurde für selbständige Hebammen, die durch das Hebammengesetz vom 4. Juni 1985 [BGBl.I S.902] in die Versicherungspflicht zur GRV einbezogen worden waren, eine bis zum 30. 6. 1987 befristete Befreiungsmöglichkeit geschaffen, wenn sie das 50. Lebensjahr vollendet hatten *(vgl. Niemeyer/Otting, 1988, S.26ff.)*.

Beachtenswert für die weitere Gestaltung der gesetzlichen Rentenversicherung sind zwei in diesem Zeitraum ergangene **Entscheidungen des BVerfG**. Durch **Beschluß vom 8. 4. 1987** [BVerfGE 75, S.78] erklärte das BVerfG die Regelungen des HBegleitG 1984 für insoweit mit dem GG vereinbar, als Versicherte, die vor dem 1. 1. 1984 eine Versicherungszeit von 60 Kalendermonaten zurückgelegt hatten, ihre Anwartschaften nur durch Weiterzahlung von Beiträgen aufrecht erhalten können.

Im Gegensatz zu den Beschwerdeführern sah das Gericht darin keinen Verstoß gegen Art. 14 GG. Anwartschaften auf EU- und BU-Renten stehen zwar unter dem Schutz des Art.14 GG, der Eingriff sei aber kein Totalentzug der Rechtsposition, sondern nur eine Veränderung. Das BVerfG stellte fest, daß der Gesetzgeber Eigentumspositionen zwar nicht beliebig umgestalten dürfe, Regelungen, welche in geschützte Positionen eingreifen, aber zulässig seien, wenn sie durch Gründe des öffentlichen Interesses unter Beachtung des Grundsatzes der Verhältnismäßigkeit gerechtfertigt seien. „Das öffentliche Interesse wurde in der Stabilisierung der Rentenversicherung, darüber hinaus in der Stärkung des Lohnersatzcharakters der Berufs- und Erwerbsunfähigkeitsrenten sowie im Gedanken der Solidarität der Pflichtversicherten gesehen. Dies alles diene dazu, die Funktionsfähigkeit des Systems zu erhalten, um derentwillen dem Gesetzgeber eine weite Gestaltungsmöglichkeit zustehe" *(vgl. Rüfner, 1988, S.42f.)*.

In einer weiteren **Entscheidung vom 28.1.1987** [BVerfGE 74,S.163] entschied das BVerfG, daß die Regelung, wonach Frauen, anders als Männer, bereits mit 60 Jahren Altersruhegeld beziehen können, nicht gegen Art.3 Abs.2 GG verstoße. Der nicht allzu erhebliche Vorteil der Frauen sei zum Ausgleich vieler Nachteile gerechtfertigt.

Das BVerfG vertrat die Ansicht, daß der Gesetzgeber trotz Art.3 Abs.2 GG Frauen bevorzugen dürfe, wenn er einen sozialstaatlich motivierten typischen Ausgleich von Nachteilen anordnet, die ihrerseits auf biologische Unterschiede zurückgehen. „Darin liege keine Ungleichbehandlung wegen des Geschlechts, sondern eine Maßnahme, die auf eine Kompensation erlittener Nachteile ziele" *(Rüfner, 1988, S.43)*. Allerdings wurde dem Gesetzgeber aufgegeben, die weitere Entwicklung und den Wandel der Verhältnisse zu beobachten, da sich ggf. Umstände ergeben könnten, die zu einer anderen Beurteilung führen würden.

4. 2 Altershilfe für Landwirte

Nach der Einführung des **Dynamisierungsverbundes** zwischen den Leistungen der Altershilfe für Landwirte und denjenigen der GRV sowie der Schaffung eines Waisengeldes in der Altershilfe für Landwirte konzentrierte sich die landwirtschaftliche Sozialpolitik ab Mitte der 70er Jahre auf den weiteren Abbau noch vorhandener personeller und materieller Sicherungslücken *(vgl. Preuss, 1979, S.325ff.)*. Das **Zweite Agrarsoziale Ergänzungsgesetz** (2. ASEG) **vom 9. Juli 1980** [BGBl.I S.905] verbesserte die soziale Sicherung der Hinterbliebenen von landwirtschaftlichen Unternehmern und erweiterte den vom landwirtschaftlichen Sicherungssystem erfaßten Personenkreis *(vgl. SB 1980, S.29f.)*.

Das 2.ASEG führte zu einem Ausbau der sozialen Sicherung der jüngeren Witwen und Witwer in der Landwirtschaft durch Leistungen in besonderen Bedarfssituationen. Die Erweiterung des Leistungsspektrums der LAH umfaßte die Stellung von Betriebs- oder Haushaltshilfen sowie die Zahlung einer Übergangshilfe bzw. eines Hinterbliebenengeldes. Im einzelnen war die in Frage kommende Leistungsart von der Weiterführung oder der Abgabe des landwirtschaftlichen Unternehmens (so-wie von weiteren Voraussetzungen) abhängig.Besondere Bedarfssituationen waren v.a. die Kindererziehung sowie ein vorgerücktes Alter *(vgl. Preuss, 1980, S.354 ff.; Noell, 1983, S.131 f.)*. Das 2. ASEG brachte ferner eine Erweiterung des in der Altershilfe für Landwirte abgesicherten und bis dahin außerordentlich begrenzten Personenkreises der mithelfenden Familienangehöri-gen; die älteren mitarbeitenden Familienangehörigen in der Land- und Forstwirtschaft, die am 1.5.1980 das 50. Lebensjahr, aber noch nicht das 65. Lebensjahr vollendet hatten, wurden im Wege der Pflichtversicherung in den Schutz der Altershilfe für Landwirte einbezogen *(vgl. D. Habermann, 1980, S.601)*. Die soziale Sicherung durch die Altershilfe für Landwirte sowie die Krankenversicherung der Landwirte galt nunmehr auch für die Fluß- und Seenfischer sowie die Imker, soweit sie nicht bereits als landwirtschaftliche Unternehmer erfaßt waren *(vgl. SB 1980, S.29)*.

Tabelle 47: Empfänger von Geldleistungen in der Altershilfe für Landwirte 1980–1990

Jahr	Altersgeld und vorzeitiges Altersgeld				Waisengeld[1]	Hinterbliebenengeld	Übergangshilfe	Beitragszuschuß[2]
	ehemal. landw. Unternehmer	Witwen/ Witwer von Unternehmern	ehemalige mitarbeit. Familienangehör.	insgesamt				
1980	299.327	226.052	28.847	554.226	20.043	871	178	–
1981	294.831	224.582	27.274	546.687	19.691	3.883	595	–
1982	289.292	225.033	25.669	539.994	18.898	4.671	591	–
1983	283.769	223.889	23.932	531.590	18.070	4.944	542	–
1984	281.879	223.389	22.502	527.770	17.211	5.113	491	–
1985	282.498	222.867	20.945	526.310	16.143	5.705	439	–
1986	283.130	221.318	20.075	524.523	14.716	6.340	378	193.518
1987	287.522	219.976	19.418	526.916	13.602	6.849	328	216.897
1988	291.440	218.612	18.571	528.623	12.397	7.284	274	209.456
1989	294.898	217.019	17.668	529.585	11.147	7.455	230	195.883
1990	297.414	214.777	16.520	528.711	10.232	7.483	196	185.282

1) Vollwaisen und Halbwaisen; 2) Unternehmer, Weiterversicherte, mitarbeitende Familienangehörige (einschl. Berechtigte nach der GAL-Beitragszuschuß-VO); leichte Abweichungen zu den Daten in Tabelle 12.
Quelle: Agrarbericht 1990 [BT-Drs. 11/6388], S.149; Agrarbericht 1992 [BT-Drs. 12/2039], S.141

Tabelle 48: Ausgaben, Beiträge und Bundesmittel in der Altershilfe für Landwirte 1980–1990 (in Mio. DM)

Jahr	Ausgaben insgesamt[1]	davon für				Beiträge d. Landwirtschaft	Bundesmittel[4]	Bundesmittel in % d. Gesamtausgaben
		Geldleistungen[2]	Rehabilitation	Betriebs-/ Haushaltshilfe	Beitragszuschüsse[3]			
1980	2.549,1	2.258,4	127,8	89,2	–	550,7	1.985,0	77,9
1981	2.669,4	2.349,4	135,3	99,4	–	577,3	2.100,0	78,7
1982	2.760,1	2.465,7	103,1	102,6	–	702,7	2.105,0	76,3
1983	2.796,5	2.515,1	78,1	104,2	–	766,9	2.000,0	71,5
1984	2.933,6	2.623,1	89,6	115,5	–	919,2	1.960,0	66,8
1985	3.060,6	2.742,8	92,5	126,8	–	885,8	2.060,0	67,3
1986	3.304,2	2.862,7	94,5	142,3	85,0	1.009,6	2.296,4	69,5
1987	3.507,9	3.029,5	97,9	155,3	107,9	1.054,3	2.415,0	68,8
1988	3.766,2	3.205,3	106,4	164,3	162,2	1.168,3	2.605,0	69,2
1989	3.958,0	3.375,3	90,0	163,0	179,0	1.320,0	2.740,0	69,2
1990	4.138,0	3.544,0	82,0	163,0	194,0	1.330,0	2.855,0	69,0

1) Einschl. Verwaltungs- und Verfahrenskosten, Betriebsmittelzuführung, sonstiges ohne Beitragszuschüsse nach der GAL-Beitragszuschuß-VO; 2) Altersgeld und vorzeitiges Altersgeld, Waisengeld, Hinterbliebenengeld und Übergangsgeld, ohne Beitragszuschüsse; 3) einschl. Beitragszuschüsse nach der GAL-Beitragszuschuß-VO; 4) Haushalt-Ist; einschl. Erstattungen der Beitragszuschüsse nach der GAL-Beitragszuschuß-VO.
Quelle: Agrarbericht 1990 [BT-Drs. 11/6388], S.149; BT-Drs. 12/71, S.138; eigene Berechnungen.

Die sich verschärfende **Wirtschaftskrise** sowie die steigende **Staatsverschuldung** führten auch im Bereich der landwirtschaftlichen Altershilfe zu Beginn der 80er Jahre zu verschiedenen **Sparmaßnahmen**, durch die die Haushaltsbelastung der öffentlichen Hand eingegrenzt werden sollte.

Durch das 2. HStruktG vom 22. Dezember 1981 [BGBl.I S.1523] wurde der Bundeszuschuß zur Altershilfe für Landwirte um 105 Mio. DM gekürzt. Entsprechend waren deutliche Beitragserhöhungen erforderlich (ab 1982: 94 DM für landw. Unternehmer). Zugleich wurden verschiedene Leistungseinschränkungen veranlaßt (Erschwerung der Voraussetzungen für Maßnahmen der medizinischen Rehabilitation, keine Kostenerstattung für Verwandte und Verschwägerte als selbstbeschaffte Ersatzkräfte im Rahmen der Betriebs- und Haushaltshilfe, Änderung des Beginns der Zahlung der laufenden Geldleistungen) *(vgl. Kirchner, 1982, S.35 ff.; Noell, 1983, S.133)*. Das Haushaltsbegleitgesetz 1983 vom 20. Dezember 1982 [BGBl.I S.1857] hob die ausgabenabhängige Dynamisierung der Bundeszuschüsse zur Altershilfe für Landwirte auf und brachte eine absolute Begrenzung und Absenkung der Bundesmittel für das Jahr 1983; außerdem wurde die Anpassung der Altersgelder um ein halbes Jahr verschoben und die Regelungen zur Landabgaberente bis Ende 1983 verlängert. Während das Haushaltsbegleitgesetz 1983 noch für das Jahr 1984 eine erneute Dynamisierung der Bundeszuschüsse mit einem Anteilssatz von 79,5 % der Rentenausgaben vorsah, wurden die Bundeszuschüsse durch das Haushaltsbegleitgesetz 1984 vom 22. Dezember 1983 [BGBl.I S.1532] auf 75 % der Ausgaben herabgesetzt; außerdem wurde die Aktualisierung der Rentenanpassung in der gesetzlichen Rentenversicherung ab 1984 in entsprechender Weise auf die Altershilfe für Landwirte übertragen *(vgl. Frerich, 1987, S.100)*.

Mit dem **Dritten Agrarsozialen Ergänzungsgesetz** (3. ASEG) **vom 20. Dezember 1985** [BGBl.I S.2475] wurde eine gewisse Neuorientierung in der landwirtschaftlichen Sozialpolitik eingeleitet. Ziel war es insbesondere, der unterschiedlichen Einkommenslage der landwirtschaftlichen Betriebe stärker Rechnung zu tragen und die in diesem Bereich eingesetzten Bundesmittel gerechter zu verteilen.

Um dies zu erreichen, wurden die Bundesmittel von 75 auf 80,3 % der laufenden Geldleistungen erhöht und zugleich für Klein- und Mittelbetriebe ein Beitragszuschuß eingeführt; dieser wurde nach der Einkommenssituation des Unternehmens gestaffelt und betrug monatlich 25, 50 oder 75 DM, was im Verhältnis zu dem Einheitsbeitrag von 152 DM im Jahre 1986 eine Entlastung um bis zu 50 % bedeutete. Jüngere hauptberuflich mitarbeitende Familienangehörige, die das 25. Lebensjahr vollendet haben, wurden in die Altershilfe für Landwirte einbezogen; ferner wurden in der Hinterbliebenenversorgung der Altershilfe für Landwirte, der Krankenversicherung der Landwirte und der Zusatzversorgung für Arbeitnehmer in der Land- und Forstwirtschaft Härtefälle beseitigt *(vgl. SB 1986, S.42 f.; Hauck/Bürsch, 1986, S.31)*.

Die mit dem 3. ASEG eingeleiteten Maßnahmen reichten allerdings nicht aus, um die von **tiefgreifenden Strukturproblemen** gekennzeichneten – vor allem kleineren und mittleren – bäuerlichen Betriebe nachhaltig zu entlasten. Viele von ihnen wiesen auch weiterhin eine überproportional hohe **Sozialkostenbelastung** auf. Vor dem Hintergrund der Agrarpreisbeschlüsse der EG wurde daher als kurzfristig wirksame Entlastungsmaßnahme das auf einen Gesetzentwurf der CDU/CSU und FDP zurückgehende **Sozialversicherungs-Beitragsentlastungsgesetz** (SVBEG) **vom 21. Juli 1986** [BGBl.I S.1070] beschlossen, durch das weitere rd. 405 Mio. DM jährlich bereitgestellt wurden, um gezielt einkommensschwächeren Landwirten zu helfen *(vgl. Niemeyer/Otting, 1988, S.28)*.

Aufgrund des am 1.1.1986 in Kraft getretenen SVBEG erhalten Landwirte in Abhängigkeit vom Unternehmensumfang und von der Einkommenshöhe eine Geldleistung von jährlich 2.000, 1.500, 1.300, 1.100 oder 1.000 DM zur Reduzierung ihrer Belastung durch die Beitragszahlungen in der landwirtschaftlichen Sozialversicherung. Nebenberufliche Landwirte erhalten wegen der geringeren Beitragslast in der landwirtschaftlichen Sozialversicherung diese Leistung nur in halber Höhe. Sind dagegen im landwirtschaftlichen Betriebe Familienangehörige hauptberuflich tätig, erhöhen sich die Beträge um ein Drittel.

Von den Beitragsentlastungen gem. SVBEG profitierten 1989 immerhin 236.046 landwirtschaftliche Unternehmer mit 31.719 im Unternehmen tätigen Familienangehörigen. Im übrigen erhöhten sich die Altersgelder in der LAH in den letzten Jahren analog den jeweiligen Bruttoanpassungssätzen für die Renten in der GRV. Der höhere effektive Anstieg der Altersgelder war darauf zurückzuführen, daß Altersruhegeldbezieher bereits seit 1983 von ihrem Altersgeld einen Krankenversicherungsbeitrag von durchschnittlich 6 % zahlen. Ab 1.7.1990 (1.10.1991) betrug der Grundbetrag des Altersgeldes für verheiratete Berechtigte 627,10 DM (656,00 DM) und für unverheiratete Berechtigte 418,30 DM (437,60 DM); die entsprechenden Höchstbeträge beliefen sich auf 963,90 (1.029,92) bzw. 643,00 DM (687,00 DM).

Vorrangig strukturpolitischen Zielen dient das **Gesetz zur Förderung der Einstellung der landwirtschaftlichen Erwerbstätigkeit** (FELEG) **vom 21. Februar 1989** [BGBl.I S.233], das laut amtlicher Begründung zur Umsetzung der Beschlüsse des EG-Rates vom 11./12. Februar 1988 zur Wiederherstellung des Marktgleichgewichtes auf den Agrarmärkten der Gemeinschaft und zur Begrenzung der Marktordnungsausgaben notwendig wurde, da sonst während einer längeren Übergangszeit Schwierigkeiten sowohl für einen Teil der Landwirte – insbesondere in fortgeschrittenem Alter und in strukturschwachen Betrieben – als auch für deren Mitarbeiter auftreten würden.

Entsprechend sieht das Gesetz vor, landwirtschaftlichen Unternehmern, die das 58. Lebensjahr vollendet haben, bei Einstellung der landwirtschaftlichen Erwerbstätigkeit ein angemessenes Einkommen (Zahlung einer Produktionsaufgaberente) zu sichern und mögliche Nachteile in der gesetzlichen Sozialversicherung auszuschließen. Gleiches gilt für landwirtschaftliche Arbeitnehmer und mitarbeitende Familienangehörige, deren Beschäftigung aufgrund einer Stillegung und Aufgabe des landwirtschaftlichen Unternehmens oder aufgrund einer Maßnahme der Teilflächenstillegung, Extensivierung oder der endgültigen Aufgabe von Rebflächen im Rahmen der Gemeinschaftsaufgabe »Verbesserung der Agrarstruktur und des Küstenschutzes« endet *(vgl. BArBl., Nr.5/1989, S.30)*. Der Grundbetrag der Produktionsaufgaberente entspricht der Höhe nach der bereits erreichten Altersgeldanwartschaft und wird jährlich wie das Altersgeld dynamisiert. Hinzu kommt bei Stillegung ein jährlicher Flächenzuschlag zwischen 150 und 600 DM/ha entsprechend der Ertragsfähigkeit der stillgelegten Fläche; in der landwirtschaftlichen Krankenversicherung versicherte Unternehmer bleiben dort abgesichert. Indem der Bund bei Stillegung die Beiträge zur GAL übernimmt, wird die Anwartschaft auf ein landwirtschaftliches Altersgeld erhalten und ausgebaut. Im Zuge der Anwendung des FELEG beschäftigungslos gewordene landwirtschaftliche Arbeitnehmer oder hauptberuflich mitarbeitende Familienangehörige erhalten – sofern sie das 58. Lebensjahr vollendet haben – ein Ausgleichsgeld in Höhe von 65 % ihres Bruttoarbeitsentgelts; zugleich werden ihre Beiträge zur GKV und der Arbeitgeberanteil in der Krankenversicherung übernommen. Die Geltungsdauer des Gesetzes ist für Neuanträge auf 3 Jahre befristet.

Das **agrarsoziale Sicherungssystem**, das sich aus einer Reihe von Gründen nicht aus sich selbst heraus finanzieren kann, sondern erheblicher Zuwendungen aus Bundesmitteln bedarf (1990: 5,34 Mrd. DM), soll in absehbarer Zeit einer umfassenden Gesamtreform unterzogen werden. Gerechtfertigt werden die hohen Zuwendungen des Bundes v. a. damit, daß in diesem Sicherungssystem nicht nur sozialpolitische, sondern auch agrar- und einkommenspolitische Ziele verfolgt werden *(vgl. BPA, 1990, S.302ff.)*.

Bei globaler Betrachtung führten die Bundeszuschüsse für das agrarsoziale Sicherungssystem 1989 für einen in allen drei landwirtschaftlichen Sicherungssystemen (Altershilfe, Kranken- und Unfallversicherung) beitragspflichtigen Landwirt zu einer **Sozialkostenentlastung** von durchschnittlich 9.100 DM im Jahr; hinzu kamen in Abhängigkeit von der individuellen Einkommenssituation zu leistende Entlastungen (Beitragszuschuß in der Altershilfe, Entlastungen nach dem SVBEG), die 1990 maximal 4.304 DM/Jahr betrugen. Einen wesentlichen Schwerpunkt der Agrarsozialpolitik bildet dabei die **soziale Abfederung des Ausscheidens aus der Landwirtschaft** sowie des Überwechselns in einen außerlandwirtschaftlichen Beruf. Diese Maßnahmen werden ausschließlich aus Bundesmitteln finanziert. Hierfür sollten 1990 rd. 386 Mio. DM oder 7 % der Bundesmittel für die Agrarsozialpolitik aufgewandt werden *(vgl. auch Breuer, 1988, S. 136ff.)*.

4. 3 Andere Sicherungssysteme

4. 3. 1 Berufsständische Versorgungswerke

Im Bereich der Versorgungswerke waren seit Mitte der 70er Jahre nur sehr **begrenzte Veränderungen** der Leistungs-, Finanzierungs- und Organisationsstrukturen festzustellen. Im wesentlichen ging es darum, das satzungsmäßige Recht der Versorgungswerke partiell an vorhandene Entwicklungen im Bereich der Rentenversicherungen und anderer Sicherungssysteme anzupassen. Die Zahl der **Neugründungen** sank seit der Rentenreform 1972 erheblich ab, und wegen der grundsätzlich anderen Struktur der Leistungs- und Finanzierungsregelungen wurden bei den Versorgungswerken auch nicht jene **Finanzierungsprobleme** sichtbar, die die Entwicklung der Rentenversicherung sowie der Altershilfe für Landwirte seit Mitte der 70er Jahre begleitet hatten.

Ende 1990 existierten 49 berufsständische Versorgungswerke, deren Errichtung mit Ausnahme der Seelotsenversorgung auf landesrechtlichen gesetzlichen Ermächtigungen beruhte. Seit 1983 sind verstärkt Versorgungswerke für Rechtsanwälte hinzugekommen. Insgesamt waren Ende der 80er Jahre rd. 320.000 Mitglieder in den berufsständischen Versorgungswerken versichert *(vgl. BMA, 1991 a, S.238)*.

4. 3. 2 Entwicklung der Beamtenversorgung

Angesichts des Rahmencharakters des 1957 erlassenen **Beamtenrechtsrahmengesetzes** konnte in der Folgezeit nicht verhindert werden, daß sich das Versorgungsrecht der einzelnen Länder und des Bundes unterschiedlich entwickelte. Bemühungen um eine Vereinheitlichung stießen zunächst an rechtliche Grenzen. Erst durch das **28. Gesetz zur Änderung des GG vom 18. März 1971** [BGBl.I S.206] war Art.74a in das GG eingefügt worden, der die konkurrierende Gesetzgebung des Bundes auf die Besoldung und Versorgung der Landesbeamten und der Landesrichter erstreckte. Damit war die Rechtsgrundlage vorhanden, um durch das **Beamtenversorgungsgesetz** (BeamtVG) **vom 24. August 1976** [BGBl.I S.2485, 3839] die Beamtenversorgung ab 1.1.1977 grundsätzlich bundeseinheitlich zu regeln *(vgl. Ruland, 1983, S.20, 1988 b, S.326)*.

Das BeamtVG regelt die Versorgung der Bundesbeamten, der Beamten der Länder, der Gemeinden, der Gemeindeverbände sowie sonstiger der Aufsicht eines Landes unterstehender Körperschaften und gilt grundsätzlich auch für Richter des Bundes und der Länder. Zugleich erfaßt es sowohl die Beamten auf Lebenszeit als auch Beamte auf Probe und Beamte auf Zeit. Dagegen hat das BeamtVG die Rechtsverhältnisse der bei seinem Inkrafttreten vorhandenen Versorgungsempfänger weitestgehend unberührt gelassen (§ 69 BeamtVG) und den Besitzstand der vorhandenen Beamten bewahrt (§§ 77 ff., 84 ff. BeamtVG). Von daher sind die früheren Rechtsquellen der Beamtenversorgung auch weiterhin von Bedeutung. Hinzu kommt, daß die erfaßten Risiken – Dienstunfähigkeit und Alter – nicht durch das BeamtVG definiert werden, sondern durch die einschlägigen Bundes- und Landesgesetze (vgl. z. B. § 25 bzw. § 26 Abs.1 BRRG). Die Beamtenversorgung erbringt Leistungen bei Dienstunfähigkeit und Alter sowie an die Hinterbliebenen beim Tod des Beamten. Dabei können Dienstunfähigkeit und Tod infolge eines Dienstunfalles zu höheren Versorgungsleistungen führen. Das Risiko der Krankheit – das nicht zum Leistungsspektrum der Beamtenversorgung zählt – wird bei Beamten durch die Beihilfe abgedeckt *(vgl. Ruland, 1988 b, S.327)*.

Anspruch auf Versorgungsbezüge haben Beamte bei Dienstunfähigkeit bzw. bei Eintritt in den Ruhestand, in den sie mit Vollendung des 65.Lebensjahres treten (für einzelne Beamtengruppen gelten abweichende Altersgrenzen). Auf eigenen Antrag konnte ein Beamter ohne Nachweis der Dienstunfähigkeit ab dem 63. Lebensjahr in den Ruhestand versetzt werden. Der Ruhegehaltsanspruch setzt die Ableistung einer mindestens 5jährigen Dienstzeit voraus (§4 Abs.1 Nr.1). Ist diese Mindestdienstzeit nicht erfüllt, kann einem Beamten im Falle der Entlassung ein i.d.R. auf Zeit bewilligter Unterhaltsbeitrag gewährt werden. Die Höhe der Versorgung ist ein von der Dauer der ruhegehaltsfähigen Dienstzeit abhängiger Prozentsatz der ruhegehaltsfähigen Dienstbezüge. Er beträgt bis zur Vollendung einer 10jährigen ruhegehaltsfähigen Dienstzeit 35 % und steigt mit jedem weiteren Dienstjahr bis zum vollendeten 25. Dienstjahr um 2 %, von da ab pro Jahr um 1 % bis zum Höchstsatz von 75 % der ruhegehaltsfähigen Dienstbezüge an (§ 14 Abs.1). Die Höchstpension wird damit nach 34,5 Dienstjahren erreicht. Beamtenpensionen sind als (nachträglicher) Arbeitslohn – von einem Versorgungsfreibetrag in Höhe von 4.800 DM im Jahr abgesehen – in voller Höhe steuerpflichtig. § 14 Abs.1 BeamtVG garantiert Beamten zudem ein Mindestruhegehalt, das 65 % der jeweils ruhegehaltsfähigen Dienstbezüge aus der Endstufe der BesG A 3 zzgl. gewisser Zuschläge beträgt. Durch Ankoppelung an die Dienstbezüge sind die Beamtenpensionen »dynamisiert«; eine Erhöhung oder Verminderung der Dienstbezüge hat daher entsprechende Auswirkungen auf die Versorgungsbezüge. Über besondere Anpassungszuschläge partizipieren die Versorgungsempfänger darüber hinaus an strukturellen Verbesserungen der Beamtenbesoldung *(vgl. Ruland, 1988 b, S.329 ff.)*.

Tabelle 49: Versorgungsempfänger des öffentlichen Dienstes 1968–1990

Jahr	insgesamt	Allgemeine Versorgungsempfänger						Versorgungsempfäng. nach Kap. I G 131[3]
		insgesamt[1]	Unmittelbarer öffentlicher Dienst				Mittelbarer öffentlicher Dienst	
			insgesamt[2]	Ruhegehalt	Witwengeld	Waisengeld		
1968[4]	–	928.000	906.000	486.000	384.000	36.000	22.000	–
1974	1.279.000	986.000	962.000	507.000	413.000	42.000	24.000	293.000
1976	1.284.000	1.015.000	989.000	527.000	417.000	45.000	26.000	269.000
1978	1.284.000	1.035.000	1.009.000	542.000	421.000	46.000	26.000	249.000
1980	1.273.000	1.039.000	1.012.000	550.000	417.000	45.000	27.000	234.000
1982	1.251.000	1.038.000	1.010.000	548.000	417.000	45.000	28.000	213.000
1984	1.234.053	1.037.918	1.010.061	550.168	416.226	43.667	27.857	196.135
1985	1.230.914	1.043.298	1.015.275	555.798	416.133	43.344	28.023	187.616
1986	1.225.826	1.046.772	1.018.489	560.638	415.384	42.467	28.283	179.054
1987	1.218.535	1.047.346	1.018.789	564.700	412.934	41.155	28.557	171.189
1988	1.213.718	1.051.013	1.022.941	571.179	411.889	39.873	28.072	162.705
1989	1.206.458	1.051.345	1.022.582	578.267	406.485	37.830	28.763	155.113
1990	1.205.408	1.057.812	1.028.866	587.803	404.426	36.637	28.946	147.596

1) Einschl. Versorgungsempfänger nach Kap.II G 131 (öffentliche Bedienstete ehemaliger Dienststellen, deren Aufgaben übernommen wurden); 2) kommunaler Bereich teilweise geschätzt; 3) verdrängte öffentliche Bedienstete und Angehörige weggefallener Dienststellen, deren Aufgaben nicht übernommen wurden; 4) 2. Oktober 1968, sonst jeweils 1. Februar.
Quellen: Wirtschaft und Statistik, Heft 6/1989, S.377, Heft 6/1990, S.430 ff.

Nach dem BeamtVG steht hinterbliebenen Ehegatten beim Tod des Beamten außer einem Sterbegeld in Höhe der zweifachen Dienstbezüge ein Witwengeld in Höhe von 60 % des Ruhegehalts zu, auf das der Verstorbene Anspruch hatte oder gehabt hätte. Ein Witwengeldanspruch entfällt, wenn die Ehe erst nach der Pensionierung eingegangen worden war bzw. die Ehe weniger als 3 Monate bestand. Das Waisengeld beträgt für Halbwaisen 12 % und für Vollwaisen 20 % des Ruhegehalts. Zusammen dürfen die Hinterbliebenenbezüge jedoch den Betrag des Ruhegehalts, aus dem sie sich errechnen, nicht übersteigen. Begrenzt ist zudem die Kumulation von Witwengeld und eigenen Versorgungsbezügen aus dem öffentlichen Dienst.

Das System der Beamtenversorgung als solches hat sich gegenüber Änderungen durch den Gesetzgeber als weitgehend resistent erwiesen *(vgl. Ruland, 1983, S.185)*. Entsprechend kam es seit Verabschiedung des BeamtVG nur zu **geringfügigen Änderungen im Detail** sowie gewissen **Einschränkungen**, die durch eine außerordentlich angespannte Haushaltslage bedingt waren *(vgl. Clemens/Lantermann, 1982, S.218 ff.)*.

So führte u. a. das 2. BBesG-ÄndG vom 22. Dezember 1977 [BGBl.I S.3103] zu einer partiellen Neuregelung der familienbezogenen Teile der Dienstbezüge der Beamten und das BeamtVG-ÄndG vom 20. März 1979 [BGBl.I S.357] zu verschiedenen Ergänzungen der Alters- und Hinterbliebenenversorgung der Beamten. Weitere Neuregelungen ergaben sich durch das 2. HStruktG vom 22. Dezember 1981 [BGBl.I S.1523]; durch erneute Änderung des BeamtVG und des BBesG wurden verschiedene Leistungseinschränkungen wie die Verschärfung der Anrechnung von Rentenansprüchen auf Pensionsansprüche, die Kürzung der Bezüge im öffentlichen Dienst, die Verschiebung der Besoldungsanpassung sowie die Begrenzung der Beihilfefähigkeit von Arztkosten wirksam.

Abermals Einsparungen im Bereich des öffentlichen Dienstes enthielt auch das Haushaltsbegleitgesetz 1983 vom 20. Dezember 1982 [BGBl.I S.1857]; diese bestanden v.a. aus Einschränkungen bei der Beihilfe sowie aus einer Begrenzung des Besoldungsanstiegs im Jahre 1983 auf 2%. Das Haushaltsbegleitgesetz 1984 vom 22. Dezember 1983 [BGBl.I S.1532] führte zu einer Senkung der Eingangsbesoldung und der Anwärterbezüge. Mit dem Vierten Gesetz zur Änderung besoldungsrechtlicher Vorschriften vom 20. Dezember 1985 [BGBl.I S.2466] wurde die Antragsaltersgrenze für Bundesbeamte vom 63. auf das 62. Lebensjahr herabgesetzt und diese damit an die bereits in den Ländern geltende Regelung angepaßt.

Ebenso wie die gesetzliche Rentenversicherung sieht sich die Beamtenversorgung in wachsendem Umfang mit zahlreichen **strukturellen** und **finanziellen Problemen** konfrontiert. Nicht zuletzt vor dem Hintergrund ungünstiger wirtschaftlicher Rahmenbedingungen sind die im Vergleich zur gesetzlichen Rentenversicherung zumindest teilweise **günstigeren Leistungsvoraussetzungen** der Beamtenversorgung in den letzten Jahren verstärkter Kritik ausgesetzt. Als problematisch gilt auch die sich vergrößernde Diskrepanz zwischen dem **Nettoleistungsniveau** der GRV und dem der Beamtenversorgung. Insbesondere im Hinblick auf die durch demographische Entwicklungen sich abzeichnenden **Mehrbelastungen** der Alterssicherungssysteme wird gefordert, daß die aktiven Beamten einen entsprechenden Beitrag zu den Mehrkosten des eigenen Systems leisten und die steigenden Kosten der Beamtenversorgung nicht allein auf alle Steuerzahler überwälzt werden dürfen *(vgl. Ruland, 1988 b, S.336ff.)*. Seit Jahren gibt es u.a. aus diesen Gründen Forderungen nach einer **Harmonisierung** von Beamtenversorgung und gesetzlicher Rentenversicherung.

Die in den vergangenen Jahrzehnten deutlich gestiegene Zahl von Beamten wird zwangsläufig die Zahl der Versorgungsempfänger und damit die Aufwendungen der öffentlichen Haushalte in den kommenden Jahren beträchtlich erhöhen. Während der öffentliche Dienst (ohne Soldaten) 1960 erst 1,160 Mio. vollbeschäftigte Beamte zählte, waren es 1975 schon 1.577.900 und 1980 1.672.500; Ende Juni 1987 waren es schließlich 1.659.300 vollbeschäftigte Beamte; dabei ist zu berücksichtigen, daß sich die Zahl der teilzeitbeschäftigten Beamten von 1980 bis 1985 von 62.695 auf 135.912 erhöht hat. Für die Versorgung sind auch strukturelle Veränderungen im Stellenkegel sowie die Altersstruktur der Beamtenschaft von Bedeutung; 1980 zählten 21,2 % der Beamten zum höheren Dienst, 32,9 % zum gehobenen Dienst, 36,1 % zum mittleren Dienst und 9,7 % zum einfachen Dienst. 1977 waren von 2,232 Mio. beschäftigten Beamten und Soldaten 26,8 % unter 25 Jahren, 64,7 % im Alter von 25 bis 55 Jahren, und nur 8,2 % waren älter als 55 Jahre *(vgl. StJbBRD, 1981, S.430, 1989, S.443; BPA, Gesellschaftliche Daten 1979, S.113)*.

Einschließlich der Berechtigten nach dem Gesetz zu Art.131 GG erhielten am 1.2.1989 rund 1,206 Mio. Beamte und Richter Versorgungsbezüge; von den allgemeinen Versorgungsempfängern (unmittelbarer öffentlicher Dienst) entfielen 57.718 auf den Bund, 439.091 auf die Länder, 108.850 auf die Gemeinden, 246.539 auf die Deutsche Bundesbahn und 170.384 auf die Deutsche Bundespost *(vgl. Breidenstein, 1989, S.378)*. Derzeit wird geschätzt, daß im Jahre 2010 ca. 1,8 Mio. Versorgungsempfänger zu versorgen sein werden. Hochrechnungen zufolge wird sich die Zahl der Versorgungsempfänger bis zu diesem Zeitpunkt im Bundesbereich (ohne Bahn und Post) auf 173 % des Standes von 1988 erhöhen, in Bayern auf 272 % und in Nordrhein-Westfalen sogar auf 306 %. Im Durchschnitt kommen derzeit auf 100 aktive Beamte 31 ehemalige Bedienstete. Nach der Versorgungsempfängerstatistik waren am 1.2.1986 rd. 22 % der Versorgungsempfänger zuletzt im höheren Dienst (derzeitiger Anteil an den aktiven Beamten: 26 %), 33 % im gehobenen Dienst (36 %), 36 % im mittleren Dienst (32 %) und 9 % im einfachen Dienst (6 %) *(vgl. Ruland, 1988 b, S.332)*. Die Gesamterhebung Anfang 1989 zeigte ein besonders starkes Ansteigen der Versorgungsempfänger in den oberen Besoldungsgruppen; damit wirken sich die Anfang der 70er Jahre im öffentlichen Dienst durchgeführten Strukturverbesserungen nun auch im Bereich der Ruhegehaltsempfänger aus *(vgl. Breidenstein, 1989, S.378)*.

Entsprechend gestiegen sind die Aufwendungen für Beamtenpensionen; ohne Familienzuschläge beliefen sich die Leistungen 1970 auf 15,826 Mrd. DM, 1980 auf 32,948 Mrd. DM und 1990 auf 42,44 Mrd. DM *(vgl. Tabelle 52)*. Das Sozialbudget 1986 rechnete für 1990 noch mit Ausgaben in Höhe von 40,8 Mrd. DM für Beamtenpensionen und 10,3 Mrd. DM für Familienzuschläge *(SB 1986, S.139)*.

Die Beamtenversorgung ist als Teil des Beamtenrechts *(vgl. Wiese, 1982)* geregelt und stellt ein **Sondersystem sozialer Sicherung** dar, das von der »institutionellen Garantie« des Art.33 Abs.5 GG erfaßt wird. Unter rechtlichen Gesichtspunkten ist es daher nicht möglich, die Beamtenversorgung beispielsweise in die Rentenversicherung einzubeziehen. Eine **Reform der Beamtenversorgung** hat stets die strukturellen Besonderheiten zu berücksichtigen, die aus der besonderen Fürsorgepflicht des Arbeitgebers Staat und dem auf Lebenszeit angelegten Dienstverhältnis resultieren. „Die grundsätzlich zu rechtfertigenden Strukturunterschiede schließen aber weder eine Harmonisierung zwischen der Beamtenversorgung und der gesetzlichen Rentenversicherung im Detail noch eine Anpassung der Beamtenversorgung an die geänderten demographischen, wirtschaftlichen und damit auch finanziellen Rahmenbedingungen aus. Ansatzpunkte für solche Anpassungs- und Harmonisierungsmaßnahmen können sowohl die Höhe als auch die Voraussetzungen der Versorgung sein. Es werden auch die aktiven Beamten mit Belastungen rechnen müssen" *(Ruland, 1988 b, S.336)*.

4.3.3 Entwicklung der Zusatzversorgung

Im Zuge der die Alterssicherung betreffenden Armuts- und Harmonisierungsdiskussion wurde seit Mitte der 70er Jahre verstärkt die Frage nach Unter- und Überversorgungssituationen im Alter gestellt. Dabei wurden sog. **Überversorgungssituationen** vor allem für den Bereich des öffentlichen Dienstes konstatiert. Aufgrund der weitgehenden Steuerfreiheit ihrer Sozialleistungen kamen Angestellte und Arbeiter des öffentlichen Dienstes mit ihrer Zusatzversorgung auf ein Nettoversorgungsniveau von 101 bis 105 % [BT-Drs. 7/5569, S.89 f.] *(vgl. Deutsche Bundesbank, 1978, S.26)*. Bereits im Jahre 1977 nahmen die **Tarifpartner** des öffentlichen Dienstes Verhandlungen zum Zwecke eines Abbaus der Überversorgung auf; diese **Verhandlungen** wurden jedoch 1979 unterbrochen, um die Auswirkungen des 21. RAG vom 25. Juli 1978 [BGBl.I S.1089] abzuwarten *(vgl. Jünke, 1979, S.27ff.)*.

Tabelle 50: Zusatzversicherung (VBL) 1967–1990

Jahr	Versicherte[1]	Rentenbestand (1)		Einnahmen in Mio. DM			Ausgaben in Mio. DM	Vermögen in Mio. DM[1]
		Versichertenrenten	Hinterbliebenenrenten	insgesamt	Beiträge	Vermögenserträge		
1967	954.412	163.389	73.967	1.026	568	455	258	5.666
1970	1.032.462	167.011	75.844	1.313	791	518	490	7.543
1975	1.298.531	251.188	93.733	2.308	1.301	1.003	1.279	13.437
1980	1.398.387	343.852	117.472	3.022	1.741	1.245	2.342	17.824
1985	1.449.322	441.863	151.375	3.658	2.063	1.485	3.754	18.680
1986	1.477.781	457.212	153.294	3.650	2.167	1.443	3.792	18.491
1987	1.489.525	474.088	157.298	3.651	2.277	1.370	3.855	18.055
1988	1.508.247	493.322	160.793	3.730	2.335	1.390	4.158	17.596
1989	1.534.906	510.156	164.025	3.081	2.411	1.379	4.297	16.994
1990	1.576.736	524.085	166.590	4.236	2.895	1.336	4.807	16.237

1) Bestand am Jahresende.
Quellen: Versorgungsanstalt des Bundes und der Länder (nachrichtlich); Statistisches Jahrbuch für die Bundesrepublik Deutschland, lfde.Jge.

Mittlerweile war bereits 1978 die Beitragsfinanzierung im Bereich der Zusatzversorgung des öffentlichen Dienstes endgültig beseitigt und die Finanzierung auf ein reines Umlagesystem umgestellt worden. Der sukzessive Abbau der Überversorgung wurde mit der Umstellung des für die Versorgungsrenten geltenden Dynamisierungsverfahrens auf eine Spitzenanrechnung ab dem 1.1.1982 eingeleitet; seitdem wurde die Rente aus der GRV in ihrer tatsächlichen Höhe auf die jeweilige Gesamtversorgung angerechnet, womit nur noch Erhöhungen der Gesamtversorgung nach Maßgabe der Beamtenversorgungsbezüge zu einer Veränderung des verfügbaren Einkommens des begünstigten Personenkreises führen konnten.

Erst in der **Lohnrunde des Jahres 1983** kam es zu einer Einigung zwischen den Tarifvertragsparteien über einen am 1. 1. 1985 in Kraft tretenden weiteren Abbau der Überversorgung im öffentlichen Dienst; nach dieser Vereinbarung wurde die Gesamtversorgung auf 45 bis 89,95 % eines fiktiven Nettoarbeitsentgelts begrenzt, wobei künftige Änderungen der Beitrags- und Steuerbelastung automatisch berücksichtigt werden; im einzelnen beträgt die Gesamtversorgung für die ersten 10 Jahre der gesamtversorgungsfähigen Zeit 45 %, für die folgenden 15 Jahre je 2,33 % und für die weiteren 10 Jahre je 1,0 %. Für bereits vorhandene Versorgungsrentner sowie am 30. 6. 1983 pflichtversicherte Arbeitnehmer wurde eine Übergangsregelung mit einem stufenweisen Abbau der Überversorgung bei gleichzeitiger Begrenzung der erreichbaren Gesamtversorgung auf 91,75 % des fiktiven Nettoarbeitsentgelts vorgesehen. Ist der Versicherungsfall wegen Berufsunfähigkeit eingetreten, wird die Gesamtversorgung auf 80 % gekürzt.

Unterdessen hat der BGH mit Urteil vom 16. 3. 1988 [IVa ZR 154/87] entschieden, daß die zum 1. 1. 1985 erfolgte Begrenzung der Versorgung für die Arbeitnehmer des öffentlichen Dienstes auf die sog. Nettogesamtversorgung rechtswirksam ist. Nach Ansicht des BGH sind die Änderungen auch für die am 1. 1. 1985 bereits vorhandenen Versicherten und Versorgungsberechtigten verbindlich.

Die nach dem **ZVALG vom 31. Juli 1974** [BGBl.I S.1660] gewährten Ausgleichsleistungen an ehemalige Land- und Forstarbeiter ohne Ansprüche oder mit nur geringen Ansprüchen an die tarifvertraglich geschaffene Zusatzaltersversorgung wurden seit Ende der 70er Jahre nur diskretionär an die wirtschaftliche Entwicklung angepaßt.

Tabelle 51: Zusatzaltersversorgung für Arbeitnehmer in der Land- und Forstwirtschaft 1975–1991

Jahr	Leistungsempfänger	dar. Verheiratete in %	Leistungen[1] in Mio. DM	Jahr	Leistungsempfänger	dar. Verheiratete in %	Leistungen[1] in Mio. DM
1975	29.743	47,7	17,213	1986	35.425	32,4	21,907
1980	36.715	40,2	21,715	1987	34.927	31,8	24,651
1982	36.462	37,3	21,496	1988	34.224	31,3	24,281
1983	35.837	35,9	20,729	1989	33.343	30,7	23,973
1984	34.095	34,5	19,999	1990	32.083	30,7	21,797
1985	33.656	34,0	18,990	1991[2]	31.000	32,3	20,600

1) ohne Verwaltungs- und Verfahrenskosten; Leistungen werden aus Bundesmitteln getragen; 2) vorläufig.
Quellen: Zusatzversorgungskasse für Arbeitnehmer in der Land- und Forstwirtschaft (nachrichtlich); BT-Drs. 11/6388, S.150; BT-Drs. 12/2039, S.141.

Durch das 2. ASEG vom 9. Juli 1980 [BGBl.I S.905] wurde der Höchstbetrag der Ausgleichsleistung für die älteren Arbeitnehmer von 50 DM auf 70 DM monatlich angehoben. Das 3. ASEG vom 20. Dezember 1985 [BGBl.I S.2475] verbesserte erneut die Alterssicherung von Landarbeitern durch Erhöhung der Ausgleichsleistung von monatlich 70 auf 90 DM; außerdem wurden weitere 7 Altersjahrgänge in die Zusatzversorgung einbezogen *(vgl. SB 1986, S. 43)*.

Als weitere Zusatzversorgungseinrichtung war Anfang der 70er Jahre die **Seemannskasse** bei der See-Berufsgenossenschaft geschaffen worden. Die Rechtsgrundlage bildet der mit dem Rentenreformgesetz vom 16. Oktober 1972 in die RVO aufgenommene § 891 a. Auf der Vertreterversammlung der See-BG war am 21. 8. 1973 die Errichtung der Seemannskasse beschlossen worden, die satzungsgemäß ihre Tätigkeit am 1.1.1974 aufnahm.

In Anbetracht dessen, daß die Bundesrepublik für Seeleute keine besonderen, vor allem niedrigeren Altersgrenzen kennt, war von Reedern und Seeleuten eine Regelung gefordert worden, die die besondere Belastung der Seeschiffahrt und die daraus erwachsenden betrieblichen und menschlichen Probleme berücksichtigt. Nunmehr ist es möglich, Seeleuten ein **Überbrückungsgeld** bzw. ein Überbrückungsgeld auf Zeit zu gewähren.

Die besonderen Belastungen der Seeschiffahrt machen es den dort Beschäftigten vielfach unmöglich, bis zum Beginn der Altersruhegelder zur See zu fahren, obschon eine Berufs- oder Erwerbsunfähigkeit im Sinne der GRV nicht vorliegt. Die Seemannskasse kann bei der Seekasse rentenversicherungspflichtigen Seeleuten und Küstenfischern, die nach mindestens 20jähriger Seeschiffahrt auf Dauer ausscheiden und das 55. Lebensjahr vollendet haben, ein Überbrückungsgeld zahlen. Personen, die das 40., aber zum Zeitpunkt des Ausscheidens das 52. Lebensjahr noch nicht vollendet haben, können ein Überbrückungsgeld für maximal 3 Jahre erhalten. Das Überbrückungsgeld wird in Höhe eines Altersruhegeldes nach dem Stand des Versicherungskontos in der GRV bei Beginn des Überbrückungsgeldes gewährt und ist wie die Rente der GRV dynamisiert *(vgl. BMA, 1990 a, S. 260ff.)*.

4.3.4 Betriebliche Altersversorgung

Seit der **gesetzlichen Regelung** der betrieblichen Altersversorgung im Jahre 1974 [BGBl. I S.3610] ergaben sich in diesem Bereich der Alterssicherung in der Folgezeit keine wesentlichen Veränderungen. Der bereits Mitte der 70er Jahre erreichte **Verbreitungsgrad** der betrieblichen Altersversorgung nach Arbeitnehmern und Unternehmen hat sich bis in die Gegenwart – trotz einer großen Zahl von Unternehmenszusammenbrüchen – als weitgehend stabil erwiesen und ist auch in den letzten Jahren nur sehr langsam angestiegen. Offensichtlich sind die Unternehmen angesichts der Wirtschaftskrise bei der Einrichtung betrieblicher Altersversorgungen deutlich vorsichtiger geworden. Auf der anderen Seite hat die **Insolvenzsicherung**, die das Gesetz von 1974 gebracht hatte, in vielen Fällen ihre Bewährungsprobe bestanden *(vgl. Blomeyer, 1984; Bunge, 1981, S.13ff.; Heubeck u.a., 1975; Pauly, 1985, S.346ff.; Schoden, 1980, S.78ff., S.109ff.; Serfling, 1976, S.321ff.; Westhoff, 1979, S.412ff.)*.

Von 1972 bis 1981 stieg der Anteil der Unternehmen des produzierenden Gewerbes mit betrieblicher Altersversorgung von 54 auf 59 % und der Anteil ihrer Beschäftigten an der Gesamtbeschäftigtenzahl von 79,6 auf 86,5 %. Während 1981 lediglich 53,2 % der »Kleinunternehmen« (10 bis 49 Beschäftigte) Versorgungsleistungen gewährten, gab es bei fast 100 % der Unternehmen mit mehr als 1000 Beschäftigten eine betriebliche Altersversorgung. Dabei sind die Angestellten durchweg begünstigt; 1981 verfügten 88,9 % der Angestellten über betriebliche Versorgungszusagen, aber nur 75,3 % der Arbeiter (1975 hatten die entsprechenden Zahlen 76,3 bzw. 71,1 % betragen). Die durchschnittlichen Aufwendungen je Arbeitnehmer für die betriebliche Altersversorgung reichten 1981 von 460 DM in Kleinunternehmen bis zu 3.037 DM in Unternehmen mit mehr als 5.000 Beschäftigten. Im Durchschnitt beliefen sich die Aufwendungen auf 1.830 DM je Arbeitnehmer; dies entsprach etwa 5 % des durchschnittlichen Jahresverdienstes *(vgl. Kaukewitsch, 1984, S.705 ff.)*. Bis 1988 hat sich dieser Anteilswert auf rd. 9,4 % erhöht. Die Aufwendungen für die betriebliche Altersversorgung stiegen von 3,05 Mrd. (1970), über 5,32 Mrd. (1975) und 8,1 Mrd. DM (1980) auf 14,51 Mrd. DM im Jahre 1987. Im Jahre 1986 entfielen (bei Gesamtleistungen in Höhe von 11,94 Mrd. DM) 1,45 Mrd. DM auf Pensionskassen, 10,05 Mrd. DM auf Betriebsrenten (Direktzusagen und Unterstützungskassen) und 0,44 Mrd. DM auf Direktversicherungen *(vgl. SB 1986, S.141; BArBl., Nr.7-8/1988)*. Ende 1987 belief sich das Volumen des für Zwecke der betrieblichen Altersversorgung angesammelten Kapitals auf schätzungsweise 300 Mrd. DM *(vgl. Heubeck, 1988 b, S.320)*. Zwar kennzeichnet sich die betriebliche Altersversorgung noch immer durch eine Vielzahl an Gestaltungsformen (betriebliche Ruhegeldzusagen, Pensionskassen, Unterstützungskassen, Direktversicherungen), seit Inkrafttreten des Betriebsrentengesetzes haben jedoch Pensions- und insbesondere Unterstützungskassen an Bedeutung verloren.

Zwar ist in der Industrie der Anteil der Beschäftigten mit betrieblicher Altersversorgung nach Erhebungen des Instituts für Wirtschaftsforschung zwischen 1981 und 1987 von 66 auf 72 % gestiegen, der Anteil der Unternehmen, die ihren Mitarbeitern eine betriebliche Altersversorgung zugesagt haben, sank jedoch von 67 auf 61 %. Viele Betriebe schränkten in den letzten Jahren ihre Versorgungswerke ein, indem sie ihre Leistungen einfroren bzw. neuen Mitarbeitern keine Versorgungszusagen mehr machten *(vgl. Halbach u.a., 1989, S.179)*.

Unter den verschiedenen Formen der betrieblichen Altersversorgung spielt nach wie vor die **Direktzusage** die wichtigste Rolle (bezogen auf die Zahl der begünstigten Arbeitnehmer). Bei ihr erhalten Arbeitnehmer unmittelbare Ansprüche gegenüber dem Arbeitgeber. Die **Direktversicherung**, die sich v. a. durch einen geringen Verwaltungsaufwand auszeichnet, wird insbesondere von Klein- und Mittelbetrieben bevorzugt; zugleich erfährt die Direktversicherung eine relativ großzügige steuerliche Förderung. Allein gegen die Kasse richten sich die Versorgungsansprüche der Arbeitnehmer, wenn die betriebliche Altersversorgung über **Pensions-** oder **Unterstützungskassen** erfolgt. Während bei Pensionskassen ein Rechtsanspruch auf Versorgungsleistungen eingeräumt wird, können betriebliche Unterstützungskassen nur Leistungen ohne Rechtsanspruch gewähren. Im Jahre 1981 erfolgte die betriebliche Altersversorgung in 17,7 % der Unternehmen über Direktzusagen, in 33,4 % durch Pensionskassen, in 3,1 % durch Unterstützungskassen und in 22,9 % über Direktversicherungen *(vgl. Halbach u.a., 1989, S.179ff.)*.

Besondere Bedeutung kommt bei der betrieblichen Altersversorgung kollektivvertraglichen Regelungen zu. Im öffentlichen Dienst und im Baugewerbe z. B. ist die betriebliche Altersversorgung durch **Tarifverträge** geregelt; weit verbreitet sind zudem **Betriebsvereinbarungen** zwischen Arbeitgeber und Betriebsrat. In einem Urteil vom 25. 10. 1988 hat das BAG verschlechternde Betriebsvereinbarungen für zulässig erklärt, soweit davon nicht frühere Arbeitnehmer, die bereits Renten beziehen, betroffen sind *(vgl. DB, 1988, S.2312)*. Zuvor bereits hatte es festgelegt, daß der unverfallbare Teil einer Versorgungsanwartschaft nur in seltenen Fällen aus zwingenden Gründen gekürzt werden kann (Urteil vom 22. 9. 1987) *(vgl. DB, 1988, S.29)*.

Bei nach dem 1.1.1975 eingetretenen Sicherungsfällen sind die Versorgungsberechtigten durch einen besonderen Insolvenzschutz umfassend abgesichert. Insgesamt zählte der als Selbsthilfeeinrichtung gegründete **Pensions-Sicherungs-Verein** Ende 1987 321.732 Versorgungsberechtigte. Mitglied des Pensions-Sicherungs-Vereins waren zu diesem Zeitpunkt 35.725 Unternehmen. Das jährlich aufzubringende Beitragsvolumen schwankte in den letzten Jahren zwischen 167,9 Mio. (1980) und 1.002,3 Mio. (1982). 1982 gab es 363 Sicherungsfälle mit einem Schadensvolumen von 1.220,3 Mio. DM bei 39.564 gemeldeten Versorgungsempfängern *(vgl. Halbach u.a., 1989, S.190)*.

Die Ursachen für die **Stagnation der Ausbreitung** der betrieblichen Altersversorgung werden zum einen in der **Arbeitsrechtsprechung** gesehen, die bestehende Verpflichtungen ausgedehnt und verfestigt habe, zum anderen in der ungünstigen Ertragslage und der zunehmenden „Einengung der unternehmerischen Handlungsspielräume durch überproportional steigende Sozialversicherungsbeiträge und sonstige Lohnnebenkosten" *(Heubeck, 1988 b, S.318)*. Von den Arbeitgebern kritisiert und als Grund für die Zurückhaltung genannt wird insbesondere das Urteil des BAG vom 17.1.1980, das die Betriebe verpflichtet, zur **Anpassung laufender betrieblicher Versorgungsleistungen** ihren Rentnern im Abstand von 3 Jahren einen vollen Inflationsausgleich zu gewähren *(vgl. Chmurzinski, 1981, S.18ff.; Commerzbank, 1981, S.8f.).*

Für die betriebliche Altersversorgung sind verschiedene, am 1.1.1990 aufgrund des **Steuerreformgesetzes 1990 vom 25. Juli 1988** [BGBl.I S.1093] in Kraft getretene Änderungen nicht ohne Bedeutung. Zum einen fiel der Zukunftssicherungsfreibetrag von 312 DM weg und zum anderen wurde der vom Arbeitgeber zu tragende Pauschsteuersatz von bisher 10 % auf 15 % erhöht. Dagegen wurde die Pauschalisierungsgrenze für den einzelnen Arbeitnehmer auf 3.000 DM angehoben.

4. 4 Grundzüge der Rentenreform '92

4. 4. 1 Reformbedarf und Reformvorschläge

Ungeachtet der zahlreichen Konsolidierungsmaßnahmen – die überwiegend der Beseitigung vorübergehender Engpässe dienten – bestand im politischen Raum weitgehend Einigkeit darüber, daß die Rentenversicherung angesichts absehbarer demographischer Veränderungen einer grundlegenden **Strukturreform** bedurfte. Nach Berechnungen des BMA hätte der **Beitragssatz** ohne Reformmaßnahmen bis zum Jahre 2000 auf 22,2 % und bis zum Jahre 2010 voraussichtlich auf 24,6 % steigen müssen. Dagegen wäre der **Bundeszuschuß** nach geltendem Recht von derzeit 17,9 % bis auf 15,1 % der Rentenausgaben im Jahr 2000 gesunken *(vgl. BMA, 1988).* Ein von PROGNOS im Auftrag des VDR erstelltes Gutachten ergab sogar, daß der Beitragssatz zur GRV selbst unter günstigen Annahmen zur wirtschaftlichen Entwicklung bis 2015 auf 27,1 % und bis 2040 auf 36,4 % hätte angehoben werden müssen (unter ungünstigen Annahmen wurde mit einem Beitragssatz von 29,6 bzw. 43,4 % für die betreffenden Jahre gerechnet) *(vgl. PROGNOS, 1987).*

Auch wenn unbestritten ist, daß einschneidende, demographisch induzierte Strukturveränderungen eine gesellschafts- und fiskalpolitische Bewältigung erfordern *(vgl. Heine, 1989, S.147)*, hängt das Ausmaß möglicher Finanzierungsprobleme der Rentenversicherung doch nicht allein von demographischen Faktoren ab; ebenso entscheidend ist die **Entwicklung der wirtschaftlichen Rahmenbedingungen**, insbesondere des **Arbeitsmarktes** sowie der **Frauenerwerbstätigkeit** *(vgl. Ruland, 1988 a, S.818).* Auch bei schrumpfender Bevölkerung und höheren Gesamtlastquotienten sind **steigende Nettolohn- und Gehaltssummen** je Arbeitnehmer durchaus realisierbar. „Höhere Ausgabenlasten bedeuten nicht zwangsläufig sinkende Realeinkommen" *(Heine, 1989, S.148).*

Zweifellos sind bestimmte, v.a. demographische Entwicklungstrends festzustellen, die die Einnahmen und Ausgaben der Rentenversicherung in starkem Maße tangieren. Hierzu gehören **steigende Belastungsquotienten** durch Altersstrukturverschiebungen, der Trend zu **früherem Rentenbeginn**, eine **steigende Lebenserwartung**, eine **sinkende Geburtenhäufigkeit** sowie Veränderungen der **Erwerbstätigkeit** *(vgl. Sanmann, 1988 b, S.189ff.).*

In den Jahren 1987/88 erstellte Modellrechnungen *(vgl. auch Tabelle 39 mit jedoch abweichenden Modellannahmen)* gingen davon aus, daß sich der Gesamtlastquotient von 72 % im Jahre 1990 auf 80 % im Jahre 2000 und schließlich 113 % im Jahre 2030 erhöht. Kamen 1986 auf 1.000 Beitragszahler 481 Rentner (Rentnerquotient) bzw. 557 zu zahlende Renten (Rentenfallquotient), so würden nach den vorliegenden Prognosen im Jahre 2030 auf 1.000 Beitragszahler 1.122 Rentner bzw. 1.325 zu zahlende Renten entfallen. Die sog. »Nettoreproduktionsrate«, die zur Bestandserhaltung der Bevölkerung 100 % betragen müßte, war bis 1985 auf rd. 60 % zurückgegangen, seitdem allerdings wieder leicht auf etwa 64 % im Jahre 1987 und rd. 66 % im Jahre 1988 angestiegen. Parallel zur sinkenden Geburtenrate hat sich die Lebenserwartung kontinuierlich erhöht. Für 60jährige Männer (Frauen) war die Lebenserwartung von 1970/72 bis 1984/86 um 1,8 (2,5) Jahre gestiegen; bis 1995 wird mit einem weiteren Anstieg um etwa 1,5 (2,0) Jahre gerechnet. Die Lebenserwartung würde dann bei etwa 78,5 (83,5) Jahren liegen. Damit verbunden ist zugleich eine Zunahme der Zahl der Hochbetagten (80 Jahre und älter); ihre Zahl wird sich zwischen 1990 und 2030 nahezu verdoppeln, ihr Anteil an der Gesamtbevölkerung von 4,3 % (1986) auf rd. 8 % (2030) steigen. Für die Rentenversicherung entscheidend ist auch das seit Jahren absinkende durchschnittliche Rentenzugangsalter; während vom Jahrgang 1905 noch rd. 60 % der Männer und 40 % der Frauen mit Vollendung des 65. Lebensjahres in die Altersrente gingen, waren es beim Jahrgang 1920 jeweils nurmehr rd. 20 % [BT-Drs. 11/4124, S.136 f.].

Die Anfänge der sich 1988/89 konkretisierenden Strukturreform der Rentenversicherung reichen lange zurück; bereits am 10.6.1981 hatte die damalige Bundesregierung beschlossen, eine **Sachverständigenkommission Alterssicherungssysteme** zu bilden, um von ihr untersuchen zu lassen, ob und inwieweit die bestehenden Alterssicherungssysteme besser harmonisiert werden können, wie die Frage der Neuregelung der Hinterbliebenenversorgung und der sozialen Sicherung der Frau auf andere Systeme übertragen werden und der Forderung des BVerfG nach einer Neuordnung der Gesamtregelung über die Besteuerung von Alterseinkünften entsprochen werden kann. Den von dieser Kommission Ende 1983 vorgelegten Empfehlungen *(vgl. Sachverständigenkommission, 1983 a)* folgte im April 1986 das **Gutachten des Sozialbeirats** über eine Strukturreform zur längerfristigen finanziellen Konsolidierung und systematischen Fortentwicklung der GRV [BT-Drs. 10/5332]. Über die politische Wende vom Herbst 1982 hinaus liefen parallel dazu noch zu Zeiten der sozial-liberalen Koalition aufgenommene Klärungsgespräche zwischen Ministerien, Sozialpartnern und Rentenversicherungsträgern. Im Dezember 1984 unternahm die SPD eine Gesetzesinitiative und legte dem Bundestag den **Entwurf eines Rentenreformgesetzes 1985** vor [BT-Drs. 10/2608].

Im Laufe der Jahre war die Diskussion immer wieder durch neue – teilweise radikale – Reformvorschläge belebt worden, die in der Öffentlichkeit bisweilen erhebliches Aufsehen erregt hatten. Die Vorschläge reichten von maßvollen Strukturänderungen bis zur Beseitigung der jetzigen Struktur, von **systemverträglichen Änderungen mit Evolutionschancen** für die bestehende Grundkonzeption einer beitragsorientierten dynamischen Rente bis hin zu Überlegungen, anstelle des bestehenden Systems eine **steuerfinanzierte Staatsbürgergrundversorgung** einzuführen *(vgl. Heubeck, 1988 a, S.453).*

Besonders kontroverse Reaktionen hervorgerufen haben in der Öffentlichkeit vor allem Vorschläge (wie z. B. des ehemaligen FDP-Vorsitzenden BANGEMANN, aber auch anderer Politiker und politisch engagierter Wissenschaftler), vom derzeitigen Rentenversicherungssystem abzugehen und stattdessen eine aus Steuermitteln finanzierte Grundrente für alle Bürger einzuführen. Der Übergang zu einem sog. »Grundrentenmodell« wird aus sehr unterschiedlichen Gründen verlangt; während bestimmte Befürworter v. a. Finanzierungsüberlegungen in den Vordergrund stellen und eine über eine Grundsicherung hinausgehende staatliche Altersfürsorge für nicht mehr notwendig halten, sehen andere den Zweck hauptsächlich darin, Armut im Alter zu verhindern. Das sog. BANGEMANN-Modell z. B. sieht eine 3-stufige Altersvorsorge vor, bestehend aus einer einheitlichen, steuerfinanzierten Grundrente für jedermann (auch Hausfrauen), einer durch Pflichtbeitrag finanzierten Zusatzrente nach dem Versicherungsprinzip und einer freiwilligen privaten Zusatzrente. Andere Vorschläge gehen überhaupt nur von einer – auf unterschiedliche Weise gestalteten – staatlichen Mindestsicherung aus; die weitere Altersvorsorge soll der Eigenverantwortung des einzelnen durch individuelle Vermögensbildung überlassen sein. Davon zu unterscheiden sind Vorstellungen der SPD oder des CDA-Vorsitzenden FINK, die für eine Grundsicherung in Höhe einer »verbesserten Sozialhilfe« plädieren, um »verschämte Altersarmut« zu überwinden, im übrigen jedoch die Altersvorsorge nach dem derzeitigen Grundkonzept beibehalten wollen. Die Grundrentenmodelle sind auf erhebliche Kritik gestoßen; vorgeworfen wurde ihnen insbesondere, daß sie wesentlich teurer wären als das gegenwärtige System, in ihren Auswirkungen in hohem Maße unsozial seien und große verfassungsrechtliche Probleme implizieren würden *(vgl. Ruland, 1988 a, S.816).*

Eine erhebliche Rolle spielen in der Diskussion auch Forderungen, das Finanzierungsverfahren umzugestalten. Hierzu zählen Vorschläge, die Rentenfinanzierung auf ein Kapitaldeckungsverfahren umzustellen *(vgl. Schwarz-Schilling, 1988)*; durch einen über erhöhte Beiträge aufgebauten Kapitalstock (gedacht ist an etwa 3 Bio. DM) sollen in den demographisch kritischen Phasen durch Rückgriff auf diese Reserven weitere Beitragserhöhungen vermieden werden. Gegen diese Pläne wurde u.a. eingewandt, daß – wenn jährlich 100 Mrd. DM zusätzlich für die Altersversorgung gespart würden – dies in der Gegenwart einen konjunkturellen Einbruch »unvorstellbaren Ausmaßes« bedeuten würde *(vgl. Meinhold, 1978, S.12)*.

Vor allem von den Gewerkschaften sowie der SPD wird seit langem gefordert, statt des Arbeitgeberbeitrags oder ergänzend zu ihm einen von der Wertschöpfung des Unternehmens abhängigen »Maschinenbeitrag« einzuführen. Dadurch soll erreicht werden, daß auch kapitalintensivere Unternehmen in stärkerer Weise zur Aufbringung der Finanzierungslasten der Altersvorsorge herangezogen werden. Neben den damit verbundenen rechtlichen Problemen (fehlende individuelle Zurechenbarkeit) wurden gegen eine Umbasierung des Arbeitgeberbeitrages erhebliche volkswirtschaftliche Bedenken geltend gemacht (»Krelle«-Gutachten) *(vgl. Elixmann u.a., 1985)*. Gleichfalls als problematisch angesehen werden v. a. von Teilen der CDU und aus kirchlichen Kreisen stammende Vorschläge, die Rentenversicherungsbeiträge nach der Zahl der Kinder zu staffeln *(vgl. ZdK, 1988)*.

4. 4. 2 Entwurf des Rentenreformgesetzes 1992

Nachdem die Bundesregierung in ihrer Erklärung vom 18.3.1987 angekündigt hatte, die **Strukturreform der Rentenversicherung** in der 11.Legislaturperiode in Angriff zu nehmen und dabei »eine breite Diskussion und Konsens« anzustreben, hing die weitere Entwicklung zunächst von einer **Grundsatzentscheidung des Finanzministers** ab, in der dieser befriedigende Zusagen zur Erhöhung und Stabilisierung des Bundeszuschusses (Bundesanteils) machen sollte. Erst die nach hinhaltendem Zögern erfolgte Zustimmung zu einer überaus maßvollen **Erhöhung des Bundesanteils** in den Jahren 1990 und 1991 von insgesamt 1,3 Mrd. DM ebnete der Koalitionsarbeitsgruppe den Weg, um Ende August 1988 koalitionsintern die Grundzüge der Rentenreform festzulegen. Hierauf basierend stellte der Bundesarbeitsminister am 14.11.1988 einen **»Diskussions- und Referentenentwurf eines Rentenreformgesetzes 1992«** *(vgl. BMA, 1988)* vor, der schon durch seine Bezeichnung signalisieren sollte, „daß hinsichtlich der einzelnen Regelungen noch keine abschließenden Festlegungen getroffen seien, daß Gesprächs- und Kompromißbereitschaft bestehe“ *(Heine, 1989, S.146)*. An die Traditionen früherer Rentenreformen anknüpfend, bestand sowohl auf seiten der Koalitionsparteien als auch bei der SPD eine große Bereitschaft, zu einer Lösung zu gelangen, die sicherstellt, daß das System der gesetzlichen Alterssicherung auch weiterhin von einer **breiten parlamentarischen Mehrheit** getragen wird. In mehrmonatigen – teilweise schwierigen – Gesprächen gelang es diesen Parteien, einen Konsens zu finden, der es ermöglichte, am 7.3.1989 dem Bundestag einen **interfraktionellen Entwurf eines Rentenreformgesetzes 1992** [BT-Drs. 11/4124] vorzulegen.

Der 1. Lesung des Gesetzentwurfes im Deutschen Bundestag am 10.3.1989 [Sten.Prot. BT, S.9729 ff.] folgte die Überweisung an die Ausschüsse des Bundestages. Am 7.4.1989 befaßten sich die Ausschüsse und am 21.4.1989 das Plenum des Bundesrates mit dem Gesetzentwurf [BR-Drs. 120/89]. Daran schlossen sich am 26. und 28. April 1989 die ersten Anhörungen des BT-Ausschusses für Arbeit und Sozialordnung an. Angestrebt wurde, das Gesetz bis Ende 1989 zu verabschieden, obgleich es in seinen wesentlichen Teilen erst zum 1.1.1992 in Kraft treten sollte. Dabei bestand insbesondere die SPD nachdrücklich darauf, das Rentenreformgesetz zeitgleich mit dem Beamtenversorgungsänderungsgesetz zu verabschieden.

In seinen Grundsätzen und Regelungsmaximen folgte der Gesetzentwurf – unter Berücksichtigung der Empfehlungen des Sozialbeirats, die dieser in den letzten zehn Jahren abgegeben hatte – sehr weitgehend den **Leitlinien des Reformgutachtens des VDR** vom

Juni 1987. Darin hatten sich Sozialpartner und Rentenversicherungsträger auf ein volkswirtschaftlich gut fundiertes gemeinsames Konzept geeinigt *(vgl. VDR, 1987).* Vordringliches Ziel der Reform war laut Gesetzentwurf, die längerfristig drohenden **finanziellen Ungleichgewichte** des Alterssicherungssystems abzuwenden, wobei zugleich Weiterentwicklungen und Ergänzungen wichtiger Strukturelemente der Rentenversicherung vorgenommen werden sollten. Dabei hatten sich die Parteien u. a. auf folgende **Grundsätze** und **Ziele** der Reform verständigt:

— Die Reform sollte im bestehenden System der gesetzlichen Rentenversicherung durchgeführt werden; Rechte und Aufgaben der Organe der einzelnen Versicherungsträger sollten gewahrt bleiben;

— die sich aus dem veränderten Altersaufbau ergebenden Lasten sollten gemeinsam von Rentnern, Beitragszahlern und Bund getragen werden; dabei sollten sowohl die lohn- und beitragsbezogene Rente (d. h. weder Einführung einer steuerfinanzierten Grundrente noch einer bedürfnisorientierten Mindestsicherung) als auch der einheitliche Beitrag mit seiner Differenzierung lediglich nach der Höhe der Arbeitsentgelte der Versicherten (d. h. kein nach der Kinderzahl gestaffelter Beitragssatz und kein Wertschöpfungsbeitrag) erhalten bleiben;

— die Mechanismen zur Stabilisierung der Finanzlage der Rentenversicherung sollten angepaßt und weiterentwickelt werden; ausdrücklich sollte am Umlageverfahren festgehalten, also nicht auf ein Kapitaldeckungsverfahren übergegangen werden; erreicht werden sollte jedoch ein Finanzierungskonzept, das punktuelle Eingriffe des Gesetzgebers auf das Unvermeidliche beschränkt; hierfür sollten Rentenanpassung, Beitragssatz und Bundesanteil in »selbstregulativer« Weise miteinander verbunden werden;

— schließlich sollte die Rentenversicherung auch in Zukunft für langjährig Versicherte die Regelsicherung und als solche »Lebensstandardsicherung« bleiben; hierbei sollten sich die geplanten Maßnahmen an den traditionellen, tragenden Gestaltungsnormen des Rentenrechts messen lassen: dem Prinzip der Beitrags- bzw. Leistungsgerechtigkeit und dem des sozialen Ausgleichs *(vgl. Heine, 1989, S. 149 f.; DIW, 1989, S. 259 f.).*

Die Realisierung der angestrebten Ziele sollte mit einem **»traditionalistischen« Konzept** erreicht werden, das an den Grundsätzen des **Versicherungsprinzips**, des **sozialen Ausgleichs** und der **Bundesbeteiligung** festhält. Ein **Systemwechsel** auf ein Grundrenten- bzw. Einheitsrentensystem, so der Entwurf, »ließe sich nur rechtfertigen, wenn die Anpassung des bestehenden Rentensystems an die sich ändernden Rahmenbedingungen nicht möglich wäre oder eine Grundrente bzw. Einheitsrente mehr als die bestehenden und weiterentwickelten Sicherungsmöglichkeiten den Bedürfnissen der Versicherten entsprechen würde« [BT-Drs. 11/4124, S.137]. Die Reform sollte darüber hinaus eine **Vereinfachung** und **Neusystematisierung** sowie die Einordnung des Rentenrechts in das **Sozialgesetzbuch** bringen. Aus Gründen des Vertrauensschutzes sollten zum 1. 1. 1992 laufende Renten von Änderungen (ausgenommen mögliche Verbesserungen) unberührt bleiben; zudem sollten für die ab 1992 neu zugehenden Renten besondere Übergangsregelungen geschaffen werden. Insgesamt sah der Gesetzentwurf ein **Bündel von Einzelmaßnahmen** vor, um trotz absehbarer Finanzierungsengpässe die bisherige Grundkonzeption beibehalten zu können. Die wichtigsten Änderungen und Neuregelungen des Gesetzentwurfes waren die folgenden:

— Der Ausgleich von Einnahmen und Ausgaben sollte durch einen Selbstregulierungsmechanismus von Bundeszuschuß, Beitragssatz und Rentenanpassung sichergestellt werden. Nach einer zusätzlichen Voraberhöhung des Bundeszuschusses um 0,3 Mrd. DM in 1990 und um 2,3 Mrd. DM in 1991 sowie um den Erstattungsbetrag für Kindererziehungszeiten in 1991 um etwa 4,8 Mrd. DM, sollte der Bundeszuschuß entsprechend dem Anstieg der Bruttoverdienste und dem Anstieg des Rentenversicherungsbeitragssatzes jährlich fortgeschrieben werden. Sowohl die Festsetzung des Beitragssatzes als auch die Anpassung der Renten zum 1. Juli sollten jährlich durch Rechtsverordnung erfolgen; die Rentenanpassung sollte sich am Anstieg der Bruttoverdienste unter Berücksichtigung der Belastungsveränderungen durch Steuern und Sozialbeiträge mit einer Stabilisierung des Nettorentenniveaus orientieren (Übergang zur Nettoanpassung).

- Für die Bewertung beitragsfreier Zeiten sollte ein sog. »Gesamtleistungsmodell« eingeführt werden; danach werden diese Zeiten im Prinzip entsprechend der individuellen Beitragsleistung (während des »Versicherungslebens«) und bestimmter Pauschalwerte für nicht erwerbsmäßige Arbeiten in der Familie bei der Rente angerechnet; gleichzeitig würde die Anrechnungsvoraussetzung der Halbbelegung wegfallen. Dabei sollten Zeiten der Arbeitslosigkeit und Krankheit auf 80 % und Ausbildungszeiten auf 75 % des Gesamtleistungswertes begrenzt werden. Ferner sollten Ausbildungszeiten zukünftig nur noch mit höchstens 7 Jahren angerechnet und ihr Wert auf 75 % des Durchschnittsentgelts aller Versicherten begrenzt werden. Ab 1995 schließlich sollte die Beitragsbemessungsgrundlage für Lohnersatzleistungen auf 80 % des dafür maßgebenden Bruttoarbeitsentgelts erhöht werden (gleichzeitig Behandlung dieser Zeiten als Beitragszeiten).

- Vorgesehen war weiterhin ein Ausbau familienbezogener Elemente u. a. durch Verlängerung der Kindererziehungszeiten von einem auf drei Jahre für Geburten ab 1992, die Einführung von Berücksichtigungszeiten wegen Kindererziehung und Pflege mit Auswirkungen auf die 35jährige Wartezeit, die Aufrechterhaltung des Invaliditätsschutzes und die Gesamtleistungsbewertung von beitragsfreien Zeiten sowie eine Verbesserung der Versicherungsbedingungen für ehrenamtlich tätige Pflegepersonen.

- Ebenfalls Bestandteile des Reformpaketes waren eine Verlängerung der Lebensarbeitszeit sowie die Einführung der Teilrente; die Altersgrenzen von 60 bzw. 63 Jahren sollten (einschl. für Frauen und Arbeitslose) ab dem Jahr 2001 schrittweise auf die Regelaltersgrenze von 65 Jahren angehoben werden (beibehalten werden sollte die Altersgrenze von 60 Jahren für Berufs- und Erwerbsunfähige sowie Schwerbehinderte). Gleichzeitig sollten die Möglichkeit der Inanspruchnahme von Altersrenten als Teilrenten (bei höheren Zuverdienstgrenzen) und ab 2001 eine Wahlmöglichkeit zwischen vorzeitiger und hinausgeschobener Inanspruchnahme der Renten eingeführt werden, wobei die unterschiedlichen Bezugsdauern durch einen Zugangsfaktor ausgeglichen werden sollten (z. B. bei früherer Inanspruchnahme durch Abschläge von 3,6 % pro Jahr).

- Beabsichtigt war ferner, bestimmte Pflichtbeitragszeiten höher zu bewerten (Anhebung des Wertes der ersten 4 Versicherungsjahre vor Vollendung des 25.Lebensjahres sowie weiterer niedriger Pflichtbeiträge während einer Berufsausbildung auf 90 % des Durchschnittsentgelts; Anhebung des Durchschnittswerts niedriger Pflichtbeiträge bei der Berechnung der Rente nach Mindesteinkommen für Zeiten vor 1992 auf das 1,5fache dieses Wertes, höchstens auf 75 % des Durchschnittsentgelts, wenn die 35jährige Wartezeit erfüllt ist).

- Vorgesehen war schließlich auch, die bisherige aus vier Faktoren bestehende Rentenformel durch eine vereinfachte Rentenformel zu ersetzen; dafür sollten individuelle und generelle Bemessungsgrößen je zu einem Faktor zusammengefaßt und auf Monatsbasis umgestellt werden. Zukünftig sollte die Multiplikation der allgemeinen Bemessungsgrundlage mit dem Steigerungssatz für das Altersruhegeld (dividiert durch 12) den sog. »aktuellen Rentenwert« ergeben; desgleichen sollte die Multiplikation der individuellen Versicherungsjahre mit dem persönlichen Vomhundertsatz zu sog. »Entgeltpunkten« führen. Aus diesen beiden Größen wiederum sollte sich die Monatsrente errechnen. Das Verhältnis einzelner Rentenarten zur Rente wegen Alters sollte durch einen »Rentenartenfaktor« bestimmt werden.

Trotz des breiten politischen Konsenses, auf dem der Gesetzentwurf basierte, wurden verschiedene Maßnahmen in der Fachöffentlichkeit als keineswegs unproblematisch angesehen. Kritisiert wurde u. a. die **Verteilung der Konsolidierungslasten**; während den Beitragszahlern rd. 47 % und den Rentnern etwa 24 % der Mehrlasten auferlegt wurden, sollte der Bund gerade 14 % des gesamten Konsolidierungsvolumens tragen *(vgl. Heine, 1989, S.202)*. Aus verteilungspolitischen Gründen wurde daher vielfach ein weitaus **höherer Bundeszuschuß** gefordert *(vgl. DIW, 1989, S.261f.)*. Heftig umstritten war nach wie vor der **Übergang zu höheren Altersgrenzen**, der bereits in den Konsensgesprächen einer der schwierigsten Verhandlungspunkte war. Abgesehen von verschiedenen anderen Implikationen (z. B. Lebensqualität, Invalidisierung etc.) dürfte diese Maßnahme sich nur bei einer entsprechenden Entwicklung des Arbeitsmarktes durchsetzen lassen. Die SPD, die dieser Regelung nur zögernd zugestimmt hatte, setzte daher eine Art verdeckte Revisionsklausel durch, indem der Rentenversicherungsbericht ab 1997 Einschätzungen zu den Auswirkungen der Altersgrenzenverschiebung enthalten muß. Als wenig zufriedenstellend wurden auch die **frauen- und familienpolitischen Komponenten** des Reformkonzepts angesehen.

Auch wenn gewisse negative Verteilungswirkungen zu Lasten der Frauen durch andere familienpolitische Maßnahmen kompensiert werden sollten, wurden weitgehend doch nur Sicherungslücken geschlossen, die das Reformmodell erst aufgerissen hatte *(vgl. Heine, 1989, S.201)*. Bei aller grundsätzlichen Zustimmung zu Maßnahmen, die zu einer eigenständigen Sicherung auch der Hausfrauen und zu einer Aufwertung der Erziehungs- und Pflegetätigkeiten führen, stieß das Konzept der geplanten familienpolitischen Leistungen auf Kritik. „Die familienpolitisch motivierten Rentenleistungen, die nur Hausfrauen(-männern) zugute kommen, führen systematisch zu Verteilungswirkungen, die nicht mit dem Prinzip des sozialen Ausgleichs vereinbar sind: Beitragszahler (-innen) auch aus dem unteren Einkommensbereich werden benachteiligt ... Auch im Hinblick auf das Ziel der beruflichen Förderung von Frauen ist eine Diskriminierung erwerbstätiger Eltern abzulehnen ... Statt die Anerkennung von Kindererziehungszeiten auf Hausfrauen zu beschränken, wäre es mit den Prinzipien der Beitragsgerechtigkeit und des sozialen Ausgleichs besser vereinbar, *allen* Eltern, die ihre Kinder überwiegend erzogen haben, je Kind »Babyjahre« als Zuschlag zur Rente anzuerkennen und dieses Konzept nach und nach auszubauen" *(DIW, 1989, S.265)*.

Während der **Bundesrat** in seiner Stellungnahme den Gesetzentwurf der CDU/CSU, FDP und SPD begrüßte und der Gesamtkonzeption ausdrücklich zustimmte [BT-Drs. 11/4452], übte der **Sozialbeirat** insbesondere Kritik an der vorgesehenen Höhe des Bundeszuschusses, der pauschalen Erstattung von Ausgaben für Leistungen nach dem KLG und HEZG sowie der Höhe der Schwankungsreserve. Uneinigkeit bestand unter den Mitgliedern des Sozialbeirates hinsichtlich der Anhebung der Altersgrenzen, zum Gesamtleistungsmodell sowie zur Rente nach Mindesteinkommen. Nachdrücklich forderte er, Maßnahmen zur Harmonisierung der Alterssicherungssysteme und zur Bekämpfung der Altersarmut zu ergreifen [BT-Drs. 11/4124, 11/4334].

Die Tatsache, daß der Gesetzentwurf auf einem mühsam zustandegekommenen politischen Kompromiß beruhte, schloß praktisch von vornherein größere Änderungen während des **parlamentarischen Verfahrens** aus. Tatsächlich führten die Ausschußberatungen nur zu eher **marginalen Abänderungen**; lediglich im Bereich des Datenschutzes erfuhr der Gesetzentwurf eine wesentliche Ergänzung.

Abweichend vom Gesetzentwurf wurden auf Antrag der CDU/CSU, FDP und SPD u. a. die Zurechnungszeit auf das 60. Lebensjahr angehoben, eine Erfolgsaussicht im Zeitpunkt der Entscheidung über den Antrag nicht zur persönlichen Voraussetzung für eine Rehabilitationsmaßnahme gemacht, die Altersgrenze für den Bezug von Waisenrente vom 25. auf das 27. Lebensjahr heraufgesetzt, der Rentenversicherungsbericht um einen ab 1997 einmal in jeder Wahlperiode vorzulegenden Alterssicherungsbericht ergänzt, die Anrechnung »beitragsloser Beitragszeiten« im Fremdrentenrecht eingeschränkt, Härteregelungen für nicht-deutsche jüdische NS-Verfolgte und für die Nachentrichtung von Beiträgen gem. WGSVG getroffen. Darüber hinaus führte die Ausschußberatung insbesondere zu zahlreichen datenschutzrechtlichen Verbesserungen [BT-Drs. 11/5530].

Nach langen Verhandlungen verabschiedete der Bundestag am 9.11.1989 mit großer Mehrheit (gegen die Stimmen der Fraktion DIE GRÜNEN und mit einigen Enthaltungen von SPD-Abgeordneten) das Rentenreformgesetz 1992 [Sten.Prot. BT, 174.Sitz.]. Nachdem auch der Bundesrat am 1.12.1989 dem Gesetz zustimmte, kann es – wie beabsichtigt – in seinen wesentlichen Teilen am 1.1.1992 in Kraft treten.

Nachdrücklich abgelehnt wurde das RRG 1992 von der Fraktion DIE GRÜNEN; ihre dennoch eingebrachten zahlreichen Änderungsanträge fanden allerdings keine Berücksichtigung. Ebenfalls keinen Erfolg hatte der von ihnen bereits im Herbst 1987 vorgelegte und zusammen mit dem RRG 1992 beratene Antrag für ein **Sofortprogramm für eine**

Alters-Grundsicherung [BT-Drs. 11/1401]. Nach ihrer Ansicht ist die **Altersarmut** in der Bundesrepublik der dringendste Anlaß für eine Reform der Alterssicherung. Aufgrund der sozialen Lage der Betroffenen forderten sie als Sofortprogramm für über 65jährige Personen und Bezieher von EU- und BU-Renten eine durch die Erhöhung des Bundeszuschusses zu deckende Grundsicherung in Höhe von 1.200 DM (Alleinstehende) bzw. 1.850 DM (Ehepaare). Da nicht mehr zeitgemäß, verlangten sie zudem die Abschaffung der **Generationensubsidiarität**. Diese sei Ursache für eine besonders krasse Form der Altersarmut, da sie viele alte Menschen davon abhalte, ihre Ansprüche auf Sozialhilfe geltend zu machen.

4.4.3 Neuregelungen aufgrund des Rentenreformgesetzes 1992

Das **Rentenreformgesetz 1992** (RRG 1992) **vom 18. Dezember 1989** [BGBl.I S.2261], dessen Ziel die Sicherung der Finanzkraft und Leistungsfähigkeit der Rentenversicherung auf der Grundlage des bewährten Systems ist, wird ab 1992 zu einer Reihe von Änderungen im derzeit geltenden Rentenrecht führen. Die Schwerpunkte des Gesetzes bilden die Einführung eines Selbstregulierungsmechanismus von Bundeszuschuß, Beitragssatz und Rentenanpassung, die Neuordnung der beitragsfreien Zeiten, der Ausbau familienbezogener Elemente, die Mindestbewertung bestimmter Pflichtbeitragszeiten, die Flexibilisierung und Verlängerung der Lebensarbeitszeit, der Übergang von der Brutto- zur Nettorentenanpassung sowie die Einordnung des Rentenrechts in das Sozialgesetzbuch (SGB VI). Im einzelnen bringt das Gesetz folgende Neuregelungen:

- Ab 1992 erhöht sich der Bundeszuschuß jeweils jährlich in dem Verhältnis, in dem das durchschnittliche Bruttoarbeitsentgelt aller Versicherten im vergangenen Jahr zu dem Bruttoarbeitsentgelt im vorvergangenen Jahr gestiegen ist. Außerdem wird der Bundeszuschuß bei Veränderungen des Beitragssatzes entsprechend dynamisiert. Der Beitragssatz wird alljährlich so festgesetzt, daß die Einnahmen der Rentenversicherung einschl. des Bundeszuschusses die Ausgaben decken und noch eine Schwankungsreserve von einer Monatsausgabe am Ende des Kalenderjahres vorhanden ist. Schließlich richtet sich die Rentenanpassung ab 1992 im Prinzip nach dem Anstieg des durchschnittlichen Nettoarbeitsentgelts im vergangenen Kalenderjahr.
- Ab 2001 werden die Altersgrenzen schrittweise generell auf 65 Jahre erhöht. Für langjährig versicherte Männer gilt ab 2006, für Frauen und Rentenbezieher im Anschluß an Arbeitslosigkeit ab 2012 das 65. Lebensjahr als Altersgrenze für den Bezug der vollen Rente. Nur für Schwerbehinderte sowie für Berufs- und Erwerbsunfähige bleibt die vorgezogene Altersgrenze von 60 Jahren erhalten. Neu eingeführt wird ab 1992 die Möglichkeit, die Altersrente entweder als Teilrente in Höhe von einem Drittel, der Hälfte oder zwei Dritteln der Vollrente in Anspruch zu nehmen. Je geringer der Anteil der Teilrente, desto höher sind die Möglichkeiten eines Hinzuverdienstes. Desweiteren können die Altersrenten ab 2001 in einem gewissen zeitlichen Umfang vorzeitig in Anspruch genommen werden, wobei sich allerdings die Rentenhöhe durch einen Abschlag entsprechend vermindert.
- Ab 1.1.1992 wird die bisherige Rentenformel durch eine neue vereinfachte Rentenformel (Entgeltpunkte x Zugangsfaktor x aktueller Rentenwert x Rentenartfaktor = Monatsrente) ersetzt; neu ist insbesondere der in die Rentenformel eingebaute »Zugangsfaktor«, der bei vorzeitig oder hinausgeschoben beanspruchten Altersrenten die unterschiedlich lange Bezugsdauer ausgleicht, was zu Abschlägen (bei vorzeitiger Inanspruchnahme: 0,3 % je Monat) und Zuschlägen führt (Inanspruchnahme der Rente nach dem 65. Lebensjahr: 0,5 % je Monat).
- Die Beitragszeiten werden neu geordnet, wobei das Versicherungsprinzip eine stärkere Berücksichtigung findet; soweit für beitragsfreie Zeiten von anderen Sozialleistungsträgern Lohnersatzleistungen (z.B. Kranken- oder Arbeitslosengeld) zu zahlen sind, werden sie ab 1992 Beitragszeiten. Beiträge werden dafür bis 31.12.1994 entsprechend der Höhe der Lohnersatzleistungen gezahlt; ab 1.1.1995 werden die Beiträge auf der Basis von 80 % des Entgeltes, das der Lohnersatzleistung zugrunde liegt, gezahlt. Zugleich werden beitragsfreie und beitragsgeminderte Zeiten nach der individuell erbrachten Gesamtbeitragsleistung bewertet. Dafür entfällt ab 1992 die bislang geforderte »Halbbelegung« mit Pflichtbeiträgen als Anrechnungsvorausset-

zung. Ferner wird bei der Zurechnungszeit der Endzeitpunkt vom vollendeten 55. auf das 60. Lebensjahr hinausgeschoben.

- Einführung von Berücksichtigungszeiten, die insbesondere Frauen zugute kommen; hierzu zählen Zeiten der Kindererziehung bis zum 10. Lebensjahr und Zeiten der nicht erwerbsmäßigen Pflege eines Pflegebedürftigen. Bei der Gesamtleistungsbewertung wirken sie wie Beitragszeiten mit 75 % des durchschnittlichen Bruttoentgelts.
- Die Kindererziehungszeiten werden für Geburten ab dem 1. 1. 1992 um zwei Jahre auf insgesamt drei Jahre verlängert.
- Niedrig bewertete Pflichtbeiträge für Zeiten von 1973 bis 1991 werden in die Anhebung im Rahmen der Rente nach Mindesteinkommen einbezogen, wenn 35 Jahre mit rentenrechtlichen Zeiten vorhanden sind.
- Die Voraussetzungen für die Beitragserstattung wegen Wegfalls der Vorversicherungszeit werden erleichtert (Antragstellung noch bis 31. 12. 1995).
- Die Höchstaltersgrenze für Waisenrenten wird vom vollendeten 25. auf das vollendete 27. Lebensjahr ausgedehnt und die Einkommensanrechnung bei diesen Renten günstiger gestaltet.
- Die Bedingungen für die vorzeitige Wartezeiterfüllung bei der Rente nach einer Ausbildung werden verbessert; zugleich wird die Mindestbewertung bestimmter Pflichtbeitragszeiten (für die ersten 4 Versicherungsjahre, für Behinderte, für Wehr- und Zivildienstleistende) neu geregelt.
- Bereits ab 1. 7. 1990 bringt das Gesetz eine Neuordnung von Teilen des Fremdrentenrechts, um eine Besser- oder Schlechterstellung von Aus- und Übersiedlern im Vergleich zur bundesdeutschen Bevölkerung zu vermeiden.
- Das Gesetz sieht verschiedene Regelungen des Vertrauensschutzes vor; bereits gezahlte Renten (Versicherungsfall bis 31. 12. 1991) werden nicht neu berechnet; für ab 1992 hinzukommende Hinterbliebenenrenten aufgrund bereits gezahlter Versichertenrenten bleibt mindestens die bisherige Höhe der Versichertenrente maßgebend.

Während der Aussprache anläßlich der Verabschiedung des RRG 1992 waren von Vertretern aller Fraktionen Gesetzesänderungen verlangt worden, um eine Besserstellung der Bezieher von **Fremdrenten** abzuschaffen. Insbesondere wurde die Bundesregierung aufgefordert, in Gesprächen mit der polnischen Regierung eine **Revision des deutsch-polnischen Sozialversicherungsabkommens** anzustreben. Infolge der sich ab Mitte 1989 dramatisch erhöhenden Zuwandererzahlen *(vgl. S. 316ff.)* wird das derzeitige Fremdrentenrecht zunehmend in Frage gestellt.

4. 4. 4 Reform der Beamtenversorgung

Grundsätzlich bestand auch weitgehend Einigkeit darüber, daß die durch die Bevölkerungsentwicklung in den kommenden Jahrzehnten bedingten **finanziellen Probleme** nicht nur das Alterssicherungssystem der GRV betreffen, sondern auch jene Alterssicherungssysteme, die ganz oder überwiegend aus Steuermitteln finanziert werden. Teilweise wird sogar davon ausgegangen, daß die finanziellen Belastungen, die auf die öffentlichen Haushalte durch die Beamtenversorgung zukommen, noch gravierender sind als die Schwierigkeiten der GRV. Vor diesem Hintergrund wurde eine **Reformnotwendigkeit** auch der **Beamtenversorgung** nicht bestritten; die Forderung, wie sie z. B. von der Kommission Alterssicherungssysteme erhoben wurde, alle gesetzlichen Alterssicherungssysteme in eine Harmonisierung einzubeziehen, wurde in der aktuellen Reformdiskussion allerdings nicht aufgegriffen *(vgl. auch Sachverständigenkommission, 1983 b)*.

Im Zuge der interfraktionellen Gespräche von CDU/CSU, FDP und SPD über eine Reform der gesetzlichen Rentenversicherung wurde festgehalten, daß Belastungsveränderungen in der GRV unter Beachtung der jeweiligen Besonderheiten sinngemäß auf andere Alterssicherungssysteme übertragen werden sollen. Daher sollte die Anpassung der

Alterssicherung der Beamten an die sich ändernden gesellschaftlichen Rahmenbedingungen unter **Wahrung des eigenständigen Charakters** der Beamtenversorgung und innerhalb der dieses System prägenden Strukturelemente erfolgen. Vor allem sollte eine der Rentenstrukturreform adäquate **Kostensenkung der Versorgungshaushalte** bewirkt und zugleich sichergestellt werden, daß die Lasten innerhalb des Systems der Beamtenversorgung auf alle Betroffenen gleichmäßig verteilt werden.

In einer **interfraktionellen Entschließung vom 7.3.1989** [BT-Drs. 11/4125] wurde der Innenminister beauftragt, den Entwurf eines Beamtenversorgungs-Änderungsgesetzes auszuarbeiten, der von folgenden Eckpunkten ausgehen sollte:

- Streckung und Linearisierung der Zeitvoraussetzungen in der Weise, daß die Höchstversorgung von 75 % der letzten Bezüge erst mit Vollendung des 65.Lebensjahres erreicht wird. Anrechnung von Zurechnungszeiten bei vorzeitiger Dienstunfähigkeit.
- Anpassung und Flexibilisierung der Altersgrenzen vergleichbar mit der GRV; Überprüfung der vorgezogenen gesetzlichen Altersgrenzen unter Berücksichtigung der für Schwerbehinderte vorgesehenen Ausnahmen.
- Konsequente Durchsetzung folgender Grundsätze: Keine Dienstunfähigkeit, wenn eine amtsangemessene Tätigkeit auf einem anderen Dienstposten zumutbar ist; »Rehabilitation vor Versorgung«; Rechtsanspruch auf medizinische und berufliche Rehabilitation für Beamte.
- Erweiterte Anrechnung von Erwerbseinkommen bis zum 65.Lebensjahr bei vorzeitiger Pensionierung.
- Erweiterte Berücksichtigung von Kindererziehungszeiten als Dienstzeit in der Beamtenversorgung.
- Berücksichtigung der künftig wachsenden finanziellen Belastungen der Alterssicherung bei der Besoldungsanpassung; gesetzliche Verpflichtung der Regierung, alle vier Jahre einen Versorgungsbericht mit Hochrechnungen für die nächsten 15 Jahre vorzulegen.

Auf der Grundlage dieses Entschließungsantrages erarbeitete eine Verhandlungskommission aus Vertretern der Fraktionen der CDU/CSU, der FDP und der SPD verschiedene **Konkretisierungen**. U.a. einigte man sich auf eine Streckung und Linearisierung der Ruhegehaltsskala auf 40 Jahre (jährlicher Steigerungssatz 1,875 %), eine bis zum 60. Lebensjahr reichende Zurechnungszeit für wegen Dienstunfähigkeit ausscheidende Beamte, eine allgemeine Altersgrenze von 65 Jahren mit Abschlägen von 2,7 Prozentpunkten pro Jahr bei Inanspruchnahme der vorgezogenen Antragsaltersgrenze (ab dem Jahr 2002) sowie die Berücksichtigung von Kindererziehungszeiten als ruhegehaltsfähige Dienstzeit im einfachen Dienst zu 100 %, in den übrigen Laufbahnen zu 75 % jeweils aus der Endstufe eines mittleren Amtes der Laufbahn *(vgl. Ruland, 1989, S.381ff.)*

Die von den Vertretern der beteiligten Parteien ausgehandelten Kompromisse sind v.a. bei den **Interessenvertretungen der Beamten** auf entschiedene Ablehnung gestoßen. Während die ÖTV den Politikern vorwarf, daß es ihnen offensichtlich weniger um eine Harmonisierung gegangen sei, sondern darum, ein vorgegebenes Kürzungsvolumen zu erreichen, forderte der DBB eine gründliche Überarbeitung der Reformvorhaben, um die »**unannehmbaren negativen Folgen**« zumindest abzumildern.

Widerstand gab es u.a. gegen die Streckung und Linearisierung der Ruhegehaltsskala. Der Ersatz der degressiven Steigerung der Versorgungsansprüche durch eine lineare Erhöhung lasse die Versorgung nach 10 Dienstjahren um 46 %, nach 25 Dienstjahren um 28 % und nach 35 Dienstjahren um 12,5 % sinken. Diese Änderungen träfen vor allem die sozial besonders Schutzbedürftigen unter den Beamten und Beamtinnen, nämlich die Frauen und Schwerbehinderten.

In der Öffentlichkeit sowie bei den Sozialpolitikern hatte auch die ursprünglich von den Innenpolitikern der Parteien getroffene Regelung zur Berücksichtigung von Kindererziehungszeiten zu überaus **heftigen Reaktionen** geführt. Während in der Rentenversicherung **Kindererziehungszeiten** einheitlich für alle Berechtigten die Rente um monatlich 28,80 DM erhöhen, sollten sich die Steigerungen der Versorgungsbezüge bei den Beamten nach dem jeweiligen Gehalt bemessen und im höheren Dienst die Pensionen um 84 DM erhöhen. Die scharfe Kritik an diesem Konzept führte schließlich zu **Neuverhandlungen**, in denen Einvernehmen dahingehend erzielt wurde, daß den Beamten wie den Rentnern Erziehungszeiten einheitlich mit einem Betrag von 28,80 DM monatlich je Erziehungsjahr abgegolten werden sollen.

Ein im wesentlichen auf den Ergebnissen der interfraktionellen Gespräche basierender Gesetzentwurf des Innenministers war am 8.9.1989 dem Bundesrat [BR-Drs. 469/89] und am 11.10.1989 dem Bundestag zugegangen [BT-Drs. 11/5372]. Auch hier ließen die vorab gefundenen **Kompromißlinien** nur noch marginale Änderungen zu [BT-Drs. 11/5537]. Außerdem machte die SPD ihre Zustimmung zum RRG 1992 nachdrücklich davon abhängig, daß die gefundenen Übereinkünfte nicht nachträglich zugunsten der Beamten korrigiert werden. Entsprechend wurde zeitgleich mit dem RRG 1992 am 9.11.1989 vom Bundestag auch eine Neuregelung der Beamtenversorgung beschlossen, der der Bundesrat in seiner 607. Sitzung am 1.12.1989 gleichfalls zustimmte.

Das **Gesetz zur Änderung des Beamtenversorgungsgesetzes und sonstiger dienst- und versorgungsrechtlicher Vorschriften** (BeamtVGÄndG) **vom 18. Dezember 1989** [BGBl. I S.2218] sollte eine Anpassung der Beamten- und Soldatenversorgung an die in der GRV vorgenommenen Änderungen bringen. Zu den wichtigsten Neuregelungen gehören *(vgl. Nitsche, 1990, S.379ff.)*:

- Streckung und Linearisierung der Ruhegehaltsskala auf 40 Jahre bei einem jährlichen Steigerungssatz von 1,875 v.H.; das Ruhegehalt beträgt mindestens 35 % der jeweiligen ruhegehaltsfähigen Dienstbezüge (amtsangemessene Mindestalimentation);
- Erstreckung der Zurechnungszeit bei vorzeitiger Dienstunfähigkeit bis zur Vollendung des 60. Lebensjahres und Berücksichtigung zu zwei Dritteln als ruhegehaltsfähige Dienstzeit;
- Anhebung der allgemeinen Altersgrenze auf 65 Jahre mit Abschlägen bei Inanspruchnahme der vorgezogenen Antragsaltersgrenze (Beibehaltung der besonderen Altersgrenzen für Vollzugsbeamte und Feuerwehr); der Versorgungsabschlag beläuft sich auf 3,6 % für jedes Jahr vor Vollendung des 65. Lebensjahres; allerdings wird die Versorgungsabschlagsregelung erst ab dem Jahr 2002 schrittweise eingeführt (sie gilt nicht für schwerbehinderte Beamte);
- erweiterte Anrechnung von Erwerbseinkommen bei vorzeitigem Ausscheiden bis zum 65. Lebensjahr; neu eingeführt wird eine Anrechnung von außerhalb des öffentlichen Dienstes erzielten Erwerbseinkommen auf das Ruhegehalt; anrechnungsfrei bleibt die sog. Kernversorgung des Ruhegehalts.
- Einführung strengerer Anforderungen bei Versetzung in den Ruhestand wegen Dienstunfähigkeit.

Auch in der Beamtenversorgung wurden aus Gründen des Vertrauensschutzes umfangreiche **Übergangsregelungen** geschaffen; im wesentlichen finden die Neuregelungen keine Anwendung für bereits pensionierte Beamte; besondere Regelungen gelten desweiteren für jene Beamten, die sich am 31.12.1991 in einem Dienstverhältnis befinden; von den Eingriffen in das Leistungsrecht nicht getroffen werden insbesondere Beamte, die 55 Jahre und älter sind.

In einem besonderen **Kindererziehungszuschlagsgesetz** (KEZG), das als Art.16 des BeamtVGÄndG verabschiedet wurde, erfuhr die Berechnung von Kindererziehungszeiten eine dem in der GRV praktizierten Verfahren analoge Regelung. Entgegen der ursprünglichen Konzeption sind die Kindererziehungszeiten nicht als ruhegehaltsfähige Dienstzeiten ausgestaltet worden; gezahlt wird vielmehr für Geburten ab 1992 zusätzlich zur Pension ein einheitlicher steuerfreier Kindererziehungszuschlag, der je Kind maximal dem Rentenerhöhungsbetrag für 3 Kindererziehungsjahre entspricht, wobei nur jene Personen anspruchsberechtigt sind, die ihr Beamtenverhältnis wegen eines Erziehungsurlaubs entsprechend lange unterbrochen haben.

Tabelle 52: Aufwendungen für die Beamtenversorgung und ihre Finanzierung 1950–1990

Jahr	Aufwendungen insgesamt[1]	Finanzierung nach Quellen						Versorgungsberechtigte[4]
		Bund	Länder	Gemeinden	andere Institutionen[2]	Unternehmen[3]	Verrechnungen	
1950	2.531		1.621		52	823	35	–
1955	5.163		3.563		80	1.450	70	–
1960	6.949	1.960	2.240	640	90	1.900	119	–
1965	10.648	3.975	3.186	948	110	2.240	189	–
1970	15.826	5.873	5.019	1.460	160	3.008	306	–
1975	26.015	9.522	8.390	2.425	405	4.705	568	1.281,0
1980	32.948	12.148	11.155	3.113	514	5.265	753	1.273,0
1985	37.028	12.032	13.882	3.853	593	5.790	878	1.230,9
1988	41.358	12.519	16.269	4.452	660	6.419	1.039	1.213,7
1990	42.440	12.721	16.775	4.577	671	6.658	1.038	1.205,4

1) In Mio. DM; 2) Kirchen usw.; 3) Wirtschaftsunternehmen der öffentlichen Hand; 4) Versorgungsempfänger des öffentlichen Dienstes in 1.000.
Quellen: BMA (Hrsg.): Übersicht über die Soziale Sicherheit, Bonn 1990, S.254; Sozialbericht 1990; nachrichtlich: BMA.

Die Neuregelung der Altersversorgung der Beamten hat nicht nur Zustimmung gefunden. Kritisiert wurde v.a., daß die Beamten einschließlich der Abgeordneten weiterhin zahlreiche Privilegien genießen *(vgl. FAZ v. 9.11.1989)*. DIE GRÜNEN wiesen darauf hin, daß durch die mit dem BeamtVGÄndG getroffenen Anpassungsmaßnahmen der sozial- und gesellschaftspolitischen Notwendigkeit, ein **»Zwei-Klassen-System«** für Ruheständler zu vermeiden, nicht entsprochen würde. U.a. kritisierten sie, daß – abgesehen von dem generell günstigeren Sicherungsniveau in der Beamtenversorgung – Ausbildungszeiten weiterhin großzügiger angerechnet würden; ebenfalls günstiger blieben die Hinzuverdienstgrenzen für frühzeitig pensionierte Beamte; schließlich würden den Beamten bei weitem großzügigere Übergangsregelungen und Fristen eingeräumt als den Versicherten in der GRV. Bemängelt wurde auch, daß eine klare gesetzliche Regelung für die Berücksichtigung der sich abzeichnenden Verteuerung der Alterssicherung bei den Gehaltsanpassungen der aktiven Beamten fehle. Das erreichte »Kürzungssoll« sei – um es milde auszudrücken – sehr beamtenfreundlich ermittelt worden *(vgl. Ruland, 1989, S. 383)*.

4.4.5 Rentenanpassung 1990 und Entwicklung der Rentenfinanzen

Durch das **Rentenanpassungsgesetz 1990** (RAG 1990) **vom 28. Mai 1990** [BGBl.I S. 986] wurden die Renten aus der Rentenversicherung der Arbeiter und Angestellten zum 1.7.1990 um 3,1 % angehoben (1988: 3,0 %; 1989: 3,0 %). Da der für Rentner maßgebliche allgemeine KV-Beitragssatz zum 1.1.1990 von 12,9 auf 12,8 % zurückging, ergab sich eine Erhöhung der verfügbaren Renten um 3,16 %.

Die günstige konjunkturelle Entwicklung führte Ende der 80er Jahre zu einer sich sukzessive verbessernden Finanzlage der Rentenversicherung. Nach dem **Rentenanpassungsbericht 1989** [BT-Drs. 11/6123, S.18] sowie späteren VDR-Auskünften stieg die **Schwankungsreserve** in der ArV und AnV (1986: 17,8 Mrd. DM; 1987: 21,0 Mrd. DM; 1988:

23,3 Mrd. DM; 1989: 25,8 Mrd. DM) bis Ende November 1990 auf 28,3 Mrd. DM, was 2,12 Monatsausgaben zu eigenen Lasten im Vorjahr entsprach. Damit wurde Ende 1990 die höchste Schwankungsreserve seit 1982 verzeichnet. Auch mittelfristig wurden keine Liquiditätsprobleme erwartet; ab 1992 wird jedoch mit einem langsamen Abbau der Rücklagen gerechnet. Langfristig (d.h. bis 2003) werden je nach dem der Vorausberechnung zugrundeliegenden Modell Beitragssätze zwischen 20,1 und 20,9 % erforderlich werden; ohne das RRG 1992 müßte der Beitragssatz allerdings auf 22,6 % angehoben werden.

Ungeachtet der insgesamt günstigen Entwicklung des Rentenniveaus stellt das Problem einer **Mindestsicherung im Alter** angesichts der sozialen Lage vieler Rentner auch nach dem Rentenreformgesetz 1992 ein politisch äußerst brisantes Thema dar. Repräsentative Daten zur sozialen Lage älterer Menschen lieferte unterdessen eine in den Jahren 1986/87 von Infratest Sozialforschung im Auftrag des BMA durchgeführte Erhebung.

Nach dieser Erhebung stand 28 % der männlichen Versichertenrentner, 10 % der Versichertenrentnerinnen sowie 14 % der Witwenrentnerinnen lediglich die Rente als Einkommensquelle zur Verfügung; die übrigen Rentner konnten auf mindestens zwei Einkommensquellen zurückgreifen. Rentenbezieher-Ehepaare verfügten 1986 über ein durchschnittliches monatliches Nettogesamteinkommen von 2.637 DM; ledige und geschiedene Rentnerinnen kamen auf einen Betrag von 1.464 DM, alleinstehende männliche Rentner auf 1.890 DM und Witwenrentnerinnen auf 1.464 DM. Nach den weiteren Feststellungen mußten rd. 56.700 ledige/geschiedene Rentnerinnen mit einem monatlichen Nettogesamteinkommen von weniger als 500 Mark auskommen. Für etwa 931.700 alleinstehende Rentnerinnen betrug das Nettogesamteinkommen weniger als 1.000 DM *(vgl. SB 1990, S. 47)*.

4. 5 Reform des agrarsozialen Sicherungssystems

Ebenso wie für die GRV und die Beamtenversorgung wurde Ende der 80er Jahre auch für die LAH eine grundlegende Reform als dringend notwendig erachtet, um ihre Leistungsgestaltung und ihre Finanzgrundlagen über die Jahrtausendwende hinaus zu sichern. In Anbetracht der Komplexität der anstehenden Fragen sah man derzeit jedoch auf seiten der Regierung noch einen erheblichen Diskussionsbedarf. Daher wurde eine umfassende **Reform des agrarsozialen Sicherungssystems** erst für die nächste Legislaturperiode ins Auge gefaßt. Die Tatsache, daß die EG-Kommission die SVBEG-Regelung nur deshalb nicht beanstandet hatte, weil es sich um eine Übergangsregelung handeln sollte und beabsichtigt war, die hierüber bereitgestellten Mittel dauerhaft in das agrarsoziale Sicherungssystem zu integrieren, machte allerdings eine zwischenzeitliche Lösung erforderlich. Mit dem Ziel, die SVBEG-Mittel – zukünftig auf einer dynamisierten Basis – als Übergangsmaßnahme bis zu einer Gesamtreform der LAH rechtlich abzusichern und den Beitragsanstieg in der Altershilfe für Landwirte zu verlangsamen, legten die Fraktionen der CDU/CSU und der FDP am 14. 2. 1990 den **Entwurf eines Vierten Agrarsozialen Ergänzungsgesetzes** [BT-Drs. 11/6469] vor.

Vorgesehen war u. a., die Beitragsentlastung in der Altershilfe für Landwirte künftig um ⅔ der Bundesmittel des aufzuhebenden SVBEG aufzustocken; ein Drittel der SVBEG-Mittel sollte zur Verlangsamung des Anstiegs des Einheitsbeitrages in der LAH eingesetzt werden. Zugleich sollte die Mindestbelastung in der LAH als Vomhundertsatz des Einheitsbeitrags festgelegt werden. Die Ausschlußgrenze für eine Beitragsentlastung sollte dabei bei einem Wirtschaftswert des Betriebes von 60.000 DM liegen. Ferner sollte die Grenze für das Erwerbseinkommen auf das 1,6 fache der Bezugsgröße angehoben werden. Ansonsten sollten die Regelungen an die Grundsätze der bisherigen Beitragsentlastung anknüpfen.

Sowohl die Gesamtreform des agrarsozialen Sicherungssystems als auch der von der Bundesregierung vorgelegte 4. ASEG-Entwurf waren in der politischen Diskussion äußerst umstritten. Einigkeit bestand lediglich hinsichtlich des Reformbedarfs. Nach Ansicht der SPD erfordert die Agrarsozialpolitik eine Lösung aus einem Guß, die eine Reihe wichtiger Fragen umfasse, wie z. B. die sozialgerechte Verteilung der Bundesmittel, Maßnahmen zur Ausgabendämpfung, die Entlastung kleinerer und mittlerer Betriebe und die eigenständige soziale Sicherung der Bäuerin.

Die am 1. 1. 1989 in Kraft getretenen **FELEG-Regelungen** erfüllten ebenfalls nicht die in sie gesetzten Erwartungen. Während bei der Verabschiedung des Gesetzes für 1989 rd. 10.000 und für 1990 rd. 20.000 Leistungsberechtigte erwartet worden waren, erhielten Ende 1989 lediglich 1.737 Landwirte eine Produktionsaufgaberente und nur 23 landwirtschaftliche Arbeitnehmer ein Ausgleichsgeld. Statt der bereitgestellten Bundesmittel in Höhe von 115 Mio. DM wurden daher 1989 auch nur 15 Mio. DM in Anspruch genommen *(vgl. SB 1990, S. 72)*. Ein Hauptgrund der geringen Akzeptanz war, daß die FELEG-Leistungen für den in Betracht kommenden Personenkreis (58 Jahre und älter) keinen äquivalenten Ersatz für das bisher erzielte Einkommen darstellten.

Im Laufe der Beratungen des zuständigen BT-Ausschusses erfuhr der Gesetzentwurf der Bundesregierung eine Reihe nicht unwesentlicher Änderungen. Zudem setzten die Koalitionsfraktionen verschiedene Neuregelungen beim FELEG durch.

Um die durch die Neuregelung eintretenden geringeren Entlastungen kleinerer und mittlerer Betriebe auszugleichen, wurde die Selbstverwaltung der landwirtschaftlichen KV aufgefordert, eine sozial gerechte Verteilung der Beitragslast in der landwirtschaftlichen KV nach den Grundsätzen der allgemeinen KV herbeizuführen. Außerdem sollte die landwirtschaftliche KV durch eine wirksame Spreizung der Beitragsklassen einen Beitrag zur Senkung der Eigenbelastung kleinerer und mittlerer Betriebe leisten. Zur Verbesserung der sozialen Sicherung der Bäuerin wurde festgelegt, die beim Tod des Unternehmers zu zahlenden Leistungen (Hinterbliebenengeld, Übergangshilfe) über das 16. Lebensjahr der Waise hinaus bis zur Vollendung des 18. Lebensjahres zu zahlen und Übergangshilfe auch an behinderte Waisen zu gewähren.

Hinsichtlich des FELEG bestand zwischen den Koalitionsparteien und der SPD zwar Übereinstimmung für einen Ausbau der dort normierten sozialen und einkommensmäßigen Absicherung der älteren landwirtschaftlichen Unternehmer, umstritten war jedoch die von den landwirtschaftlichen Interessenverbänden unterstützte Forderung der SPD, neben den landwirtschaftlichen Unternehmern auch langjährig in der Landwirtschaft tätigen Arbeitnehmern und mitarbeitenden Familienangehörigen unabhängig von der Einstellung der landwirtschaftlichen Erwerbstätigkeit des Unternehmers einen Anspruch auf Ausgleichsgeld einzuräumen. CDU/CSU und FDP lehnten dies mit der Begründung ab, daß damit – begrenzt auf die Landwirtschaft – eine allgemeine Vorruhestandsregelung geschaffen würde.

Die schließlich beschlossenen Verbesserungen beim FELEG betrafen die Ausweitung des berechtigten Personenkreises durch Senkung des Zugangsalters vom 58. auf das 55. Lebensjahr, die Einbeziehung berufsunfähiger Landwirte ab vollendetem 53. Lebensjahr, die Anhebung der Einkommensfreigrenze für Nebenerwerbslandwirte von einem Sechstel auf 30 % der Bezugsgröße (1990: von 548 auf 987 DM), die vollständige Übernahme der Beiträge zur LAH durch den Bund auch bei strukturverbessernder Hofaufgabe (bisher nur bei Flächenstillegung), die Verlängerung der Maßnahme um 5 Jahre (bis Ende 1996) sowie die Abgabe von Forstflächen (im Gegensatz zu landwirtschaftlichen Nutzflächen) auch an Verwandte in gerader Linie, wenn dem Anteil der Forstflächen am Betrieb nur eine relativ untergeordnete Bedeutung zukommt.

Die SPD kritisierte insbesondere, daß die ausschließliche Integration der SVBEG-Mittel in die LAH bei den bisher durch das SVBEG entlasteten Familien zu erheblichen Mehrbelastungen führe. Dagegen würden durch die Neuregelung v. a. größere landwirtschaftliche Betriebe deutlich entlastet. Nach ihrer Ansicht wäre eine sozial gerechte Verteilung der Bundesmittel nur über eine Heranziehung der Summe der positiven Einkünfte möglich. Verlangt wurde ferner, auf eine vollständige Übernahme der Betriebs- und Haushaltshilfe in die landwirtschaftliche KV vorläufig zu verzichten, der Bemessung linearer Beiträge in der landwirtschaftlichen KV das sich aus dem letzten Steuerbescheid ergebende land- und forstwirtschaftliche Einkommen zugrundezulegen und bis zu einer umfassenden eigenständigen Sicherung der Landfrauen als Übergangslösung ein vorzeitiges Altersruhegeld bei Erwerbsunfähigkeit der Landfrau einzuführen.

Da die Koalitionsfraktionen die weitergehenden Forderungen der SPD und der Fraktion DIE GRÜNEN mit dem Hinweis ablehnten, daß es beim 4. ASEG nicht um eine grundlegende Reform der agrarsozialen Sicherung gehe, sondern lediglich darum, überhaupt erst die weitere Beitragsentlastung in der Landwirtschaft zu sichern, wurde der Gesetzentwurf schließlich in der von der CDU/CSU beschlossenen Fassung [BT-Drs. 11/7233] vom Bundestag verabschiedet.

Der Bundesrat beschloß in seiner Sitzung am 22. 6. 1990 die Anrufung des Vermittlungsausschusses [BT-Drs. 11/7502]. In der Begründung dieses Schrittes bedauerte er, daß die beabsichtigte Reform des agrarsozialen Sicherungssystems nicht zustande gekommen sei, und stellte dabei fest, daß das agrarsoziale Sicherungssystem u. a. wegen der verbesserungsbedürftigen Verteilung der Beitragslast reformbedürftig sei, der Gesetzentwurf lediglich eine Übergangsregelung darstellen könne und die Möglichkeiten einer Absicherung des mitarbeitenden Ehegatten des landwirtschaftlichen Unternehmers gegen das Risiko der Erwerbsunfähigkeit noch geprüft werden müßten. Konkret verlangte der Bundesrat, zur Verdeutlichung des Übergangscharakters dieses Gesetzes dessen Geltungsdauer bis zum 31. 12. 1993 zu begrenzen. Im Vermittlungsauschuß verständigte man sich schließlich auf eine Befristung bis zum 31. 12. 1994 [BT-Drs. 11/7844].

Erst nachdem der Bundestag dem Vermittlungsvorschlag mit großer Mehrheit zugestimmt hatte, war der Weg frei, damit das **4. Agrarsoziale Ergänzungsgesetz vom 27. September 1990** [BGBl. I S. 2110] am 1.10.1990 bzw. 1.1.1991 in Kraft treten konnte.

5. Soziale Sicherung bei Krankheit und Invalidität

5. 1 Strukturprobleme des Gesundheitswesens

Seit dem Bestehen der Bundesrepublik Deutschland ist das Sozialleistungssystem durch eine nahezu unaufhörliche **Expansion** gekennzeichnet, die zumindest bis Ende der 70er Jahre deutlich über derjenigen der Wirtschaftsleistung lag. Dieser Entwicklungstrend war auch für die Gesundheitsausgaben typisch. Diese beliefen sich in der Abgrenzung des Sozialberichts im Jahre 1960 auf 18,6 Mrd. DM und stiegen bis 1965 auf 30,9 Mrd. DM an. Für 1970 wurden 53,1 Mrd., für 1975 107,5 Mrd. sowie für 1980 157,8 Mrd. und schließlich für 1990 232,8 Mrd. DM ausgewiesen *(vgl. BMA, 1991 a, S. 536)*. Diese Steigerung der Gesundheitsausgaben lag nicht nur über derjenigen des BSP, sondern überschritt auch die Steigerungsrate für die gesamten Sozialleistungen. Vor allem mit dem Beginn der **Wirtschaftskrise**, begleitet von einem weiterhin ungebremsten Wachstum der Gesundheitsausgaben, schien die zukünftige Finanzierbarkeit gerade dieses Subsystems der sozialen Sicherung noch mehr als die des Sozialleistungssystems insgesamt in Frage gestellt zu sein. Es begann eine intensive politische und wissenschaftliche Diskussion, in deren Rahmen die **Ursachen** dieser Entwicklung sowie die Möglichkeiten einer **Gegensteuerung** diskutiert wurden.

Die **Ausgabenentwicklung** im Gesundheitssektor läßt sich kaum monokausal erklären, vielmehr hat auf sie eine Fülle von Faktoren eingewirkt. Hierzu zählen Wandlungen in den gesellschaftlichen **Rahmenbedingungen**, wie sie sich in **gesamtwirtschaftlichen Prozessen** (Vordringen des tertiären Sektors, Inflation, technischer Fortschritt, konjunkturelle Schwankungen), **demographischen Veränderungen** (Geburtenrückgang und steigende Lebenserwartung, Veränderungen der Alters- und Geschlechtsstruktur der Bevölkerung) sowie in Veränderungen des **Krankheitsbegriffs** und des **Krankheitspanoramas** zeigen. Hinzu kommen Veränderungen der sozialpolitischen Rahmenbedingungen, die sich in Einflüssen der **Sozialgesetzgebung** sowie der **Sozialrechtsprechung** auf die Ausgabenentwicklung im Gesundheitssektor äußern. Ferner ist der Markt für Gesundheitsgüter durch typische **Steuerungsdefizite** gekennzeichnet, die nicht nur zu spezifischen Verhaltensweisen der Ärzte, sondern auch der Patienten, der Apotheker und Pharmaproduzenten, der Krankenhäuser und Krankenkassen führen; vielfältige **Koordinationsdefizite** zwischen den verschiedenen Ebenen der gesundheitlichen Versorgung verschärfen das Grundproblem in entscheidender Weise *(vgl. Adam/Zweifel, 1985; Albers, 1983, S.45ff.; Arnold, 1986; Bartling, 1983, S.2ff.; Beske/Zalewski, 1981; Bilski/Sendler, 1986a, S.100ff.; Breyer, 1984; Brüggemann/Schwefel/Zöllner, 1978; v. Ferber/Reinhardt/Schaefer/Thiemeyer, 1985; v. Ferber, 1985, S.584; Gäfgen, 1986, 1988; Gäfgen/Lampert, 1982; Geigant/Oberender, 1985; Gitter/Oberender, 1987; Henke, 1984; Hamm, 1980; Hamm, 1984a, S.22ff.; Hamm, 1984b, S.89ff.; Hamm u.a., 1984; Herder-Dorneich, 1980; Herder-Dorneich, 1976; Herder-Dorneich, 1984; Herder-Dorneich, 1983; Henke, 1986; Jessen, 1984, S.41ff.; Knappe, 1981, S.499ff.; Knappe/Roppel, 1982; Knappe, 1983; Lampert, 1982, S.267ff.; Lampert, 1983, S.65ff.; Männer, 1984, S.161ff.; Münnich, 1982, S.88ff.; Neubauer, 1984c, S.83ff.; Oberender, 1987; Oberender, 1980; Oberender, 1985; Rosenbrock/Hauß, 1985; Scharf, 1986, S.143ff.; Thiemeyer, 1975a, S.95ff.;).*

Unabhängig von den jeweiligen ordnungspolitischen Positionen ist unumstritten, daß Altersstrukturverschiebungen sowie Veränderungen der Mortalität und Morbidität erhebliche Auswirkungen auf die GKV haben. Während in der AKV die Leistungsausgaben von 1975–1987 von 39,68 auf 70,26 Mrd. DM stiegen, erhöhten sie sich in der KVdR von 18,49 auf 48,56 Mrd. DM. Für die steigenden Ausgaben der KVdR müssen in zunehmendem Maße die aktiven Versicherten herangezogen werden; die Belastung der Aktiven für die KVdR stieg von 0,63 (1970) über 1,88 (1977) auf 3,24 Beitragssatzpunkte im Jahre 1986. Lag das Ausgabenniveau eines Rentners 1970 noch bei 107,6 % eines Aktiven, belief es sich im Jahre 1986 bereits auf 163,7 %. Insgesamt sind diese Ausgabenzuwächse auf viele Faktoren zurückzuführen und nicht allein durch den Anstieg der Zahl der Rentner zu erklären. Genannt werden u. a. die im Alter zunehmende Morbidität, die dank verbesserter Behandlungsmethoden stetig gestiegene Lebenserwartung, das gewachsene Gesundheitsbewußtsein älterer Menschen aber auch das Fehlen einer auf die spezifischen Problemlagen alter Menschen ausgerichteten gesundheitlichen und psycho-sozialen Betreuung *(vgl. Nicolay/Knieps, 1988, S.622; H. Reiners, 1988/1989).*

Als bedenklich angesehen wird auch das durch einen Prozeß der Medikalisierung gekennzeichnete Wachstum der Dienstleistungsfunktion der gesetzlichen Krankenkassen. Damit gemeint ist zum einen die im Vergleich zur Bevölkerungsentwicklung überproportionale Zunahme medizinisch-ärztlicher Leistungen, zum anderen eine »Medikalisierung« des Krankheitsverhaltens auf der Ebene der Patienten: Gesundheitsstörungen werden entsprechend dem medizinischen Leistungsangebot als medizinisch behandlungsbedürftig erkannt. Diese Entwicklung ist um so problematischer, als zugleich nachhaltig beklagt wird, daß die medizinische Versorgung an Fehlorientierungen und Strukturmängeln leide, die die Wirksamkeit, Qualität und Wirtschaftlichkeit der Behandlung beeinträchtigen und letztendlich kostentreibend wirken *(vgl. Scharf, 1986, S.145).* Zu nennen sind in diesem Zusammenhang insbesondere die Einseitigkeit der naturwissenschaftlich orientierten Medizin, die Ausklammerung der psycho-sozialen Komponente und der sozialen Umwelt, die wachsende Zahl angebotener, nicht selten therapeutisch fragwürdiger und in ihrer Wirksamkeit unerwiesener Arzneimittel, die mangelhafte Verzahnung von ambulanter und stationärer Versorgung, die Überbetonung spezialisierter medizinischer gegenüber den Grundleistungen primärärztlicher Versorgung, die Tendenz zur Vermehrung ärztlicher Leistungen (steigende Fallzahlen und Fallwerte), für die es keine medizinisch plausible Erklärung gibt, die Unklarheit der Zweckbestimmung des Krankenhauses sowie eine fehlende bzw. unzureichende Qualitätssicherung und -kontrolle der medizinischen Versorgung.

Die Folge sind Überkapazitäten und Fehlversorgungen, die die knappen Finanzmittel der Krankenkassen an der falschen Stelle binden. Angesichts einer weitgehend angebotsinduzierten Nachfrage nach Gesundheitsleistungen führen steigende Ärztezahlen zu einer kontinuierlichen Ausweitung der Mengenkomponente, zumal wenn man berücksichtigt, daß der Arzt die übrigen Gesundheitsleistungen veranlaßt (Sekundärleistungen). Während es an krankenhausentlastenden Einrichtungen (z. B. Pflegeheimen etc.) mangelt, kennzeichnet sich die stationäre Versorgung durch ausgabensteigernde Überkapazitäten und eine Fehlversorgung. Auffallend sind insbesondere die im internationalen Vergleich überdurchschnittliche Verweildauer sowie die Fehlbelegung von Akutbetten mit Pflegebedürftigen. Nach Erkenntnissen von im Auftrag des BMA durchgeführten Untersuchungen werden 38 % der über 60 Jahre alten Patienten (das sind etwa 1,3 Mio. Patienten im Jahr) zu lange im Krankenhaus behandelt; der Umfang der Fehlbelegungen beläuft sich bei diesen Patienten auf jährlich rd. 10,5 Mio. Pflegetage oder 17 % aller Pflegetage der Patienten über 60 Jahre (dies entspricht 35.000 fehlbelegten Betten) *(vgl. BMA, 1989 b, S. 28)*.

Ein anderer wesentlicher Mangel des Gesundheitssystems ist zweifellos das Fehlen wirksamer Anreize zur Beachtung des Wirtschaftlichkeitsgebotes sowohl auf seiten der Leistungserbringer wie auch – in anderer Form – auf seiten der Versicherten. Bislang geschaffene Instrumente zur Erzielung einer wirtschaftlicheren Behandlungsweise sind von den Leistungserbringern in aller Regel wirksam unterlaufen worden. Nach wie vor liegt es im Interesse der Leistungserbringer, möglichst viele und möglichst aufwendige Leistungen zu erbingen. Auch wenn ein Leistungsmißbrauch durch die Versicherten empirisch nur schwer zu belegen ist, gibt es zweifellos Indizien, die dafür sprechen, daß die Versicherten wenig Bereitschaft zu einer sparsamen und kostengünstigen Inanspruchnahme medizinischer Leistungen zeigen.

Als einen der wesentlichsten Mängel des derzeitigen Gesundheits- bzw. Krankenversicherungssystems betrachten viele Politiker und Wissenschaftler die ihrer Ansicht nach fehlende Orientierung. Sie verweisen darauf, daß keine verbindlichen Zielvorgaben und Prioritäten erkennbar seien, „anhand derer eine zielgerichtete sinnvolle Anpassung des Gesundheitssystems an veränderte gesundheitliche Bedürfnisse und Anforderungen erfolgen und die Aktivitäten der verschiedenen Kosten- und Leistungsträger des gegliederten Gesundheitssystems zusammengefaßt und aufeinander abgestimmt werden könnten“ *(Schmidt/Jahn/Scharf, 1987, S. 36)*. Die Ursache der »Unfähigkeit der gegenwärtigen Gesundheitspolitik« zur Zielformulierung, Prioritätensetzung und Koordination wird insbesondere in zersplitterten Entscheidungskompetenzen, in einer gebrochenen Finanzverantwortung sowie in einer Zweckentfremdung und Instrumentalisierung der Gesundheitspolitik gesehen *(vgl. Schmidt/Jahn/Scharf, 1987, S. 36)*.

Weitere Schwierigkeiten, mit denen das GKV-System verstärkt konfrontiert wird, resultieren aus dem von Brüchen durchzogenen Organisationsrecht; das für einzelne Kassen sehr unterschiedliche Mitgliedschafts-, Beitrags- und Leistungsrecht hat in Verbindung mit dem für einen Großteil der Versicherten geltenden Zuweisungssystem zu erheblichen Beitragssatzunterschieden geführt; im Mai 1988 schwankten die Beiträge zwischen 7,5 % am unteren und 16 % am oberen Ende der Skala – also in einer Breite von deutlich mehr als 100 %. Während der Marktanteil der Ortskrankenkassen kontinuierlich abnahm, verzeichneten vor allem die Angestellten-Ersatzkassen als Folge der sozioökonomischen Entwicklung einen erheblichen Mitgliederzuwachs. Entscheidend an dieser Entwicklung ist, daß damit zugleich eine zunehmend schiefe Verteilung von Risikopotentialen bei den einzelnen Kassenarten einherging. Insbesondere bei den Ortskrankenkassen kam es zu einer überproportionalen Belastung durch sog. »ungünstige Risiken« (Versicherte mit niedrigem Grundlohn, Arbeitslose, Sozialhilfeempfänger, Schwerbehinderte) und in der Folge zu stark ansteigenden Beitragssätzen. Die sich ergebende Entsolidarisierung „führt zu sozialpolitisch unerträglichen und verfassungsrechtlich bedenklichen Belastungsunterschieden, welche eine ernsthafte Bedrohung des gegliederten Krankenversicherungssystems darstellen“ *(Nicolay/Knieps, 1988, S. 625)*.

Ungeachtet vielfacher Empfehlungen und Forderungen von seiten der Wissenschaft und von Praktikern aus dem Bereich des Gesundheitswesens unternahm die Politik keine ernsthaften Versuche, den bereits Mitte der 70er Jahre deutlich sichtbaren **strukturellen Mängeln** durch eine auf die **Ursachen der Fehlentwicklungen** Bezug nehmende **rationale Gesundheitspolitik** zu begegnen. Stattdessen beschränkte sich das politische Handeln nahezu ausschließlich darauf, mit allen Mitteln den **Anstieg der Ausgaben für Gesundheitsleistungen** zu begrenzen *(vgl. Herder-Dorneich, 1977 a, S. 577 ff., 1983, S. 237 ff.; Thiemeyer, 1978, S. 77 ff.)*.

5. 2 Kostendämpfungsmaßnahmen im Gesundheitssektor

5. 2. 1 Grundüberlegungen und Instrumentarien der Kostendämpfungspolitik

Insbesondere in der ersten Hälfte der 70er Jahre sprunghaft gestiegene Ausgaben der GKV – durchschnittlich stiegen die Ausgaben je Mitglied zwischen 1970 und 1975 um jährlich 17,4 % – und dadurch ab Mitte der 70er Jahre sich abzeichnende, kaum mehr übersehbare **Finanzierungsprobleme** im Gesundheitswesen [BT-Drs. 8/166, S.22] wurden als politisches Alarmsignal verstanden und bewogen den Gesetzgeber, über die in der RVO enthaltenen Instrumente hinaus neue gesetzliche **Interventionsmöglichkeiten** und **Steuerungsinstrumente** zu schaffen, um die Ausgabenentwicklung der GKV in den Griff zu bekommen. Den Auftakt im Rahmen der mehrere Jahre andauernden **Kostendämpfungsmaßnahmen** bildete das **Krankenversicherungs-Kostendämpfungsgesetz** (KVKG) **vom 27. Juni 1977** [BGBl. I S.1069]. Laut Begründung der Bundesregierung war es das Hauptziel dieses Gesetzes, die Kostensteigerung im Gesundheitswesen zu dämpfen und damit die Belastung der Beitragszahler und der Wirtschaft in Grenzen zu halten. Unter Aufrechterhaltung des erreichten medizinischen Versorgungsniveaus der versicherten Bevölkerung und unter Berücksichtigung der weiteren Entwicklung des medizinischen Fortschritts sollte die Dynamik der GKV-Ausgaben stärker in Übereinstimmung mit der Einkommensentwicklung gebracht werden [BT-Drs. 8/166, S.1].

Die zahlreichen im Rahmen der Kostendämpfungsbemühungen erlassenen Gesetze und Verordnungen enthielten eine Vielzahl von Einzelbestimmungen, wobei mit den ergriffenen Maßnahmen nicht nur Kosten »gedämpft«, sondern auch **Umschichtungen** innerhalb des sozialen Sicherungssystems und **Verlagerungen** auf die Versicherten vorgenommen wurden. Während es in der ersten Phase noch primär um eine nachhaltige **Eindämmung der Kostenentwicklung** ging, rückte in der zweiten Phase die **Konsolidierung der Staatsfinanzen** zunehmend in den Vordergrund *(vgl. H. Berg, 1986 a, S.10; H. Berg, 1986 b, S. 148 ff.)*. Zusammenfassend beinhalteten die Gesetze im wesentlichen die folgenden allgemeinen Instrumentarien *(vgl. Paffrath/Reiners, 1987, S. 370; U. Geißler, 1980)*:

- **Plafondierung** (Aushandeln einer Gesamtvergütung für ärztliche Leistungen durch die Landesverbände der Krankenkassen; Arzneimittelhöchstbetrag);
- **Wirtschaftlichkeitsprüfungen** und **verbesserte Leistungstransparenz** (Prüfungsausschüsse sollten die Effizienz der Leistungserbringer prüfen; Einführung einer Preisvergleichsliste bei Arzneimitteln);
- **Veränderungen im Leistungskatalog** (Ausgrenzung von Bagatellarzneimitteln aus der Erstattungspflicht; Beschränkungen in der Haushalts- und Familienhilfe, Stärkung der häuslichen Pflege);
- **Selbstbeteiligung der Versicherten** an den Behandlungskosten (Rezeptblattgebühr, Beteiligung an den Kosten für Zahnersatz, Badekuren und Krankenhausaufenthalte);
- **Veränderungen in der Beitragserhebung** (Einbeziehung von Sonderzahlungen in die Beitragsbemessung);
- **organisatorische Veränderungen** (einheitliches Leistungsverzeichnis für alle GKV-Kassen, Finanzausgleich innerhalb einer Kassenart auf Landesebene, Neuordnung des KVdR-Finanzausgleichs);
- **Verbesserung der Koordinierungsinstrumente** (Einrichtung der Konzertierten Aktion im Gesundheitswesen).

Steuerungstechnisch basierten die Maßnahmen vor allem auf den Prinzipien der **Budgetierung** (bzw. Plafondierung) der Gesundheitsausgaben und **kollektiven Verhandlungen** zwischen Vertretern aller Interessengruppen mit dem Ziel der *ex ante*-Beeinflussung der Ausgabenentwicklung in Form von empfohlenen Leitlinien und einer **Orientierung an makroökonomischen Indikatoren** *(vgl. Pfaff, 1983, S. 149)*. Zugleich hatte sich die Einsicht durchgesetzt, daß – zumal nach den enormen Ausgabenzuwächsen in der ersten

Hälfte der 70er Jahre – „der Nachholbedarf, der sich möglicherweise im Gesundheitswesen angestaut hatte, nunmehr gedeckt sei und überproportionale Ausgabensteigerungen nicht mehr zu rechtfertigen seien“ *(Paffrath/Reiners, 1987, S.370)*. Während sich lange Zeit die Einnahmen letztlich an den Ausgaben orientiert hatten, sollte nunmehr das ursprünglich von der AOK entwickelte Konzept der **»einnahmen-orientierten Ausgabenpolitik«** zur Anwendung gelangen *(vgl. AOK-Bundesverband, 1972, 1976, S.33)*.

Kerngedanke dieses Konzeptes bildete die Forderung, daß sich die Entwicklung der Ausgaben an der Entwicklung der Grundlöhne zu orientieren habe. Ein darüber hinausgehender Anstieg der Ausgaben sollte nur hingenommen werden, soweit er durch Verbesserung des Versicherungsschutzes, durch Änderungen der Risikostrukturen oder durch andere unabweisbare Verhältnisse bedingt war. Eine Grundüberlegung bestand dabei darin, daß die Ausgaben der GKV eine Folge der Leistungsinanspruchnahme und der Erbringung medizinischer Leistungen sind. Unter diesem Gesichtspunkt bedeutet Ausgabensteuerung zugleich Steuerung des Bedarfs an medizinischen Leistungen und damit des Umfangs und der Struktur der in Anspruch genommenen bzw. erbrachten Leistungen. Geht man zudem davon aus, daß der Bedarf an medizinischen Leistungen eine Funktion des Angebots ist und sich mit dem Angebot auch die Nachfrage ändert, besteht grundsätzlich die Möglichkeit, über das Angebot die Nachfrage bzw. den Bedarf zu steuern. Unter der weiteren Annahme, daß sich das Angebot über die Vergütung steuern läßt, wird es als möglich angesehen, „den Bedarf an medizinischen Leistungen über eine Festlegung der Ausgaben und damit über das Vergütungsvolumen nach Maßgabe vorgegebener Daten bzw. im Rahmen eines Budgets zu regulieren“ *(Beske/Zalewski, 1981, S.37)*.

Dem KVKG 1977 lag ausdrücklich die Intention zugrunde, die GKV-Ausgaben dadurch zu steuern, daß mittels **Budgetierung der ärztlichen Gesamtvergütung** der Bedarf an medizinischen Leistungen beeinflußt wird. Grundsätzlich wurde angestrebt, die Ausgabenentwicklung möglichst weitgehend der Entwicklung der Versicherteneinkommen anzupassen. Für die Begrenzung sollte allerdings die Nebenbedingung gelten, daß die Erhaltung sowie der erforderliche Ausbau der vorhandenen medizinischen Versorgung sichergestellt werden. Zusammen mit der Forderung nach **stabilen Beitragssätzen** bedeutete dies, daß die Entwicklung der **Versicherteneinkommen** den Rahmen markierte, innerhalb dessen Ausgabenzuwächse erfolgen konnten *(vgl. H. Berg, 1986 a, S.12)*. Implizit wurde unterstellt, daß durch **Erhöhung der Wirtschaftlichkeit** genügend Reserven freigesetzt werden können, so daß die Begrenzung der Gesamtausgaben keine Leistungseinschränkung erforderlich macht *(vgl. Scharf, 1977, S.268ff.)*.

5. 2. 2 Einzelne gesetzliche Maßnahmen

Obgleich bis Anfang der 80er Jahre zahlreiche Folgegesetze Eingriffe vor allem in das Leistungsrecht vornahmen, war das KVKG 1977 zweifellos das grundlegende Gesetz der gesamten Kostendämpfungspolitik *(vgl. Griesewell, 1977, S.84ff., S.110ff.; Paffrath/Reiners, 1987, S.369ff.)*. Im einzelnen enthielt dieses Gesetz folgende Neuregelungen:

Das Gesetz führte zu einer Bindung der Gesamtvergütungen für ärztliche und zahnärztliche Leistungen an verschiedene gesamtwirtschaftliche und kostenorientierte Kriterien wie die Entwicklung der durchschnittlichen Grundlohnsumme der beteiligten Krankenkassen, der Praxiskosten und der für kassenärztliche Tätigkeit aufzuwendenden Arbeitszeit sowie Art und Umfang der ärztlichen Leistungen, soweit sie auf einer gesetzlichen oder satzungsmäßigen Leistungsausweitung beruhen. Weiterhin sollten die unterschiedlichen Gebührenordnungen im Bereich der GKV durch die Entwicklung einheitlicher Bewertungsmaßstäbe für ärztliche und zahnärztliche Leistungen neu gestaltet werden.

Hinsichtlich der Arzneimittelversorgung brachte das Gesetz die Einführung von Höchstbeträgen für Arzneimittel unter Berücksichtigung der Entwicklung der Arzneimittelpreise, der Zahl der behandelten Personen sowie der Entwicklung der durchschnittlichen Grundlohnsumme der beteiligten Krankenkassen. Ferner wurde das Leistungsspektrum der GKV überprüft; Arznei-, Verband- und

Heilmittel, die v. a. bei geringfügigen Gesundheitsstörungen verordnet werden, sollten aus der Leistungspflicht der GKV herausgenommen werden, wenngleich auch durch das Gesetz noch keine Abgrenzung dieser Mittel vorgenommen wurde. Die bisherige Rezeptgebühr von 2,50 DM je Rezept wurde durch 1,00 DM Selbstbeteiligung je verordnetem Arznei-, Verband- oder Heilmittel ersetzt. Nach Maßgabe der Satzung der jeweiligen Krankenkasse konnte der Versicherte nunmehr mit 20 % an den Kosten für Zahnersatz, Zahnkronen und kieferorthopädische Behandlungen beteiligt werden. Ferner wurde die Mitversicherung von Familienangehörigen in der GKV eingeschränkt; Zuschüsse zu Kuren sollten künftig nur noch unter stärker restriktiven Voraussetzungen gewährt werden.

Das Gesetz strebte weiterhin eine Verstärkung der gegenseitigen Durchlässigkeit von stationärer und ambulanter Behandlung an. Die Krankenhäuser sollten nunmehr auch Leistungen im Bereich der vorstationären Diagnose und der nachstationären Behandlung erbringen; den niedergelassenen Ärzten wurde die Möglichkeit einer weiteren Betreuung ihrer Patienten auch im Krankenhaus eröffnet. Im Krankenhausbereich selbst wurden Kostendämpfungsmaßnahmen noch nicht eingeleitet; einzelne Verbesserungen in der Wirtschaftsweise der Krankenhäuser wurden späteren Verordnungen vorbehalten (kaufmännische Buchführung sowie Kosten- und Leistungsrechnung ab 1979 bzw. ab 1980). Der neugeschaffenen »Konzertierten Aktion im Gesundheitswesen« (KAiG) wurde die Aufgabe zugewiesen, einmal jährlich Empfehlungen über eine angemessene Veränderung der ärztlichen Gesamtvergütungen und der Arzneimittelhöchstbeträge abzugeben; Arzthonorare und Arzneimittelkosten sollten auf diese Weise verstärkt in die allgemeine Einkommensentwicklung eingebunden werden.

Nach der angestrebten Neuregelung der KVdR sollte der Beitrag der GRV zu den Krankheitskosten der Rentner auf 11 % der Rentenausgaben begrenzt werden. Die Neubestimmung des Kreises der ohne eigene Beitragsleistung versicherten Rentner sowie die Einführung eines besonderen Belastungsausgleichs zwischen den Krankenkassen für die KVdR machten weitere Kernpunkte dieses Regelungssystems aus. Für die Zukunft war zudem ein Ersatz des bisherigen Pauschalbeitrages der GRV für die KVdR durch einen Beitrag des einzelnen Rentners vorgesehen *(vgl. Marburger, 1979, S.154 ff.)*.

Nachdem die im KVKG vorgenommenen **Neuregelungen in der KVdR** vor allem die GRV entlastet, jedoch enorme Belastungen auf der Einnahmenseite der GKV gebracht hatten, enthielt das **RAG 1982 vom 1. Dezember 1981** [BGBl.I S.1205] eine grundlegende Umgestaltung des Beitragsrechts für Mitglieder der KVdR *(vgl. Köhne, 1981, S.166 ff.; Weidner, 1982, S.9 ff.; Töns, 1982, S.429)*. Mit Wirkung vom 1.1.1983 wurde die Rentenversicherung von ihrer Funktion als Beitragsschuldner der KVdR-Beiträge entbunden und stattdessen wie in der AKV für jeden Rentner individuelle Beiträge errechnet.

Das neue Verfahren machte die Einführung einer Grundlohnberechnung erforderlich; dabei wurden zugleich neben den Renten auch ihnen vergleichbare Einnahmen (z. B. Versorgungsbezüge) sowie Zusatzeinkommen beitragspflichtig. Während von der Rente 11,8 % an Beiträgen zu entrichten waren, galt für beitragspflichtige Zusatzeinkommen die Hälfte des allgemeinen Beitragssatzes der zuständigen Krankenkasse (§ 385 Abs.2, 2a RVO). Als Ausgleich für den KVdR-Beitrag sollten die Rentner einen monatlichen Zuschuß in Höhe von 11,8 % des Rentenzahlbetrages erhalten. Insgesamt sollten die Neuregelungen der GKV im Jahre 1983 Mehreinnahmen in Höhe von 1,3 Mrd. DM bringen *(vgl. H. Berg, 1986 a, S.20)*.

Vor allem in den beiden ersten Jahren nach Inkrafttreten des KVKG hatte sich die **Finanzlage der GKV** tatsächlich etwas entspannt und damit eine **Stabilität der Beitragssätze** ermöglicht; in der Saldierung der Jahre 1977 und 1978 ergab sich ein Anstieg der Leistungsausgaben je Mitglied von 9,8 %; dem stand eine Zunahme der **Grundlöhne** von 12,0 % gegenüber. Nachdem die **moderate Ausgabenentwicklung** 1979 sogar geringe Beitragssatzsenkungen erlaubt hatte, zeigten sich noch im selben Jahr erste Anzeichen eines neuerlichen Kostenauftriebs. Als Folge der nicht gedeckten Defizite mußte der Beitragssatz von 11,26 % (1979) bis Anfang 1982 sukzessive auf 12,0 % (Durchschnitt) angehoben werden *(vgl. Paffrath/Reiners, 1987, S.370 ff.)*. Die Ausgaben für Heil- und Hilfsmittel (+ 10,3 %) und Zahnersatz (+ 11,8 %) erreichten 1980 sogar zweistellige Zuwachsraten bei einem Anstieg der Grundlohnsumme je Mitglied von 5,38 %. Auf das sich für 1981 ergebende »**Kostendämpfungsdefizit**« in Höhe von rd. 3,4 Mrd. DM reagierte die Regierung im Rahmen der **Operation '82** mit weiteren Kostendämpfungsmaßnahmen. Mit dem **2. HStruktG** [BGBl.I S.1523] sowie dem **Kostendämpfungs-Ergänzungsgesetz** (KVEG) [BGBl.I S.1578] **vom 22. Dezember 1981** sollte ein neuer Versuch unternommen werden, die Finanzlage der GKV zu stabilisieren.

Während das 2. HStruktG im Bereich der GKV im wesentlichen den Wegfall der seit 1958 gezahlten Subventionen an die AOK Berlin und die Streichung der Bundeszuschüsse für die Krankenversicherung der Studenten und Praktikanten (deren Beiträge dadurch von 5 % des Grundlohnes auf 7/10 des durchschnittlichen allgemeinen Beitragssatzes stiegen) sowie im Bereich der GRV und der KOV v. a. eine Einschränkung der Inanspruchnahme von Kuren brachte, enthielt das KVEG eine Vielzahl von Maßnahmen, durch die zahlreiche Kosten auf die Versicherten verlagert wurden.

Das KVEG 1981 sah Regelungen zur Ausgabenbegrenzung insbesondere für die bisher unzureichend in das Kostendämpfungskonzept einbezogenen Bereiche Zahnersatz sowie Heil- und Hilfsmittel vor. Die zahnärztliche Leistung wurde zur Sachleistung gemacht und damit in die Gesamtvergütung zahnärztlicher Leistungen mit den sich daraus ergebenden Konsequenzen einbezogen; die Zuschußregelung bei Zahnersatz wurde auf die Labor- und Materialkosten beschränkt; die nach der Satzung der jeweiligen Krankenkasse bestimmten Zuschüsse durften von nun an 60 % dieser Kosten nicht mehr übersteigen. Die Rezeptgebühr bei der Abnahme von Arznei- und Verbandmitteln wurde für jedes verordnete Mittel auf 1,50 DM erhöht; bei Heilmitteln (Massagen, Bädern) sowie bei Brillen wurde die Selbstbeteiligung auf 4 DM festgelegt. Die Kosten für eine Brille übernahm die Kasse nur noch alle 3 Jahre, sofern die Verordnung nicht durch eine Änderung der Sehfähigkeit vorher notwendig wurde oder die Brillen von Kindern unter 14 Jahren benötigt wurden. Fahrtkosten zum Arzt oder zum Krankenhaus wurden nur noch erstattet, soweit diese den Betrag von 5 DM überstiegen. Kuren durften nur noch alle drei Jahre zu Lasten der Krankenkasse gewährt werden. Der Klinikaufenthalt nach einer Entbindung wurde auf 6 Tage begrenzt, soweit nicht ein längerer Aufenthalt medizinisch geboten war. Für Heilmittel, Hilfsmittel und Brillen wurde die Laufzeit der geltenden Preisvereinbarungen bis Ende 1983 verlängert; bisherige Festpreise sollten durch Höchstpreise ersetzt werden, und analog zu den Arzneimittelhöchstbeträgen sollten auch Heilmittelhöchstbeträge eingeführt werden. Für Ärzte und Zahnärzte sollten die geltenden Honorarvereinbarungen bis Ende 1982 verlängert werden *(vgl. H. Berg, 1986 a, S. 21 ff.)*.

Mit den Maßnahmen der Operation '82 wurde das Netz der punktuellen Eingriffe zur Verringerung des Anstiegs der Gesundheitsausgaben deutlich enger geknüpft. Diese Entwicklungslinie der staatlichen Gesundheitspolitik setzte sich mit den Haushaltsbegleitgesetzen 1983 und 1984 fort. Dabei betrafen die Maßnahmen des **Haushaltsbegleitgesetzes 1983 vom 20. Dezember 1982** [BGBl.I S.1857] nicht nur die GKV, sondern nahezu das gesamte Gesundheitssystem *(vgl. Hofemann, 1984, S. 6 ff.)*.

Im Mittelpunkt des Maßnahmenkataloges des HBegleitG 1983 stand eine Ausweitung der Selbstbeteiligung der Patienten. So wurde die Rezeptgebühr für Arzneimittel um 0,50 DM auf 2 DM erhöht; die Kosten für sog. »Bagatellarzneimittel« (z. B. gegen Reisekrankheiten, Husten, Schnupfen, Heiserkeit) sollten nicht mehr von der GKV (Ausnahme: Kinder bis zu 16 Jahren) getragen werden. Bei Krankenhausaufenthalten hatten die Versicherten nunmehr für längstens 14 Tage je Kalenderjahr täglich 5 DM zuzuzahlen; Kinder bis zu 18 Jahren waren aus der Zuzahlungspflicht herausgenommen; für einen Krankenhausaufenthalt anläßlich einer Entbindung war keine Zuzahlung zu leisten. Bei Kuren, die voll von der Krankenkasse oder von einem Rentenversicherungsträger finanziert wurden, war eine Zuzahlung von 10 DM je Kurtag vorgesehen; auch hier waren Kinder bis zu 18 Jahren von der Zuzahlungspflicht ausgenommen; außerdem war wie bei den Bagatellarzneimitteln eine Härteregelung vorgesehen. Andererseits sollten jedoch die einschränkenden Voraussetzungen für Kuren bei über 59jährigen ab 1983 nur noch für über 63jährige gelten. Auch in der KOV wurde die Heil- und Krankenbehandlung eingeschränkt; zudem galten die Rechtsänderungen im Bereich der GKV auch für den Bereich des KVLG.

Bei der Überprüfung von Krankschreibungen wurde der Vertrauensärztliche Dienst stärker eingeschaltet; die Krankenkassen wurden verpflichtet, auf Antrag des Arbeitgebers die Überprüfung der Arbeitsunfähigkeit bei begründeten Zweifeln zu veranlassen. Die Vorschriften über die Ahndung von Verstößen gegen die kassenärztlichen Pflichten (z. B. Ausstellung von Gefälligkeitsattesten) wurden konkretisiert; die Geldbußen wurden von 5.000 auf 20.000 DM erhöht. Zur Verkürzung der

Krankenhauspflege wurde den Krankenkassen die Möglichkeit eingeräumt, neben der medizinischen Pflege auch die Aufwendungen für die Hauspflege zu übernehmen, wenn dadurch ein Krankenhausaufenthalt verkürzt oder vermieden werden konnte.

Die Rentner sollten sich in Zukunft verstärkt an ihrer Krankenversicherung beteiligen. Ab 1.7.1983 sollte der Zuschuß zur Rente um 1 %, ab 1.7.1984 um weitere 2 % und ab 1.7.1985 um zusätzliche 2 % gesenkt werden. Demzufolge sollten sich die Rentner an den Beiträgen für ihre Krankenversicherung im Jahre 1983 mit 1 %, 1984 mit 3 % und 1985 mit 5 % beteiligen (später geändert: 1985: 4,5 %; 1986: 5,2 %; 1987: 5,9 %); die Regelungen zur Beitragspflicht für Zusatzeinkommen wurden nicht geändert.

Die generelle Verschiebung der Rentenanpassung vom Jahresbeginn auf die Jahresmitte betraf nicht nur die GRV, sondern auch die Unfallrenten der GUV. Gleichzeitig wurde das Übergangsgeld für Maßnahmen der beruflichen Rehabilitation gekürzt.

Das **Haushaltsbegleitgesetz 1984 vom 22. Dezember 1983** [BGBl.I S.1532] setzte die mit dem HBegleitG 1983 begonnenen Entlastungsmaßnahmen zugunsten der öffentlichen Haushalte und der Sozialleistungsträger fort. Die Neuregelungen betrafen zwar v. a. die GRV und die GUV, wirkten sich aber auch auf die GKV aus.

Im Bereich der Unfallversicherung wurde die Aktualisierung der Rentenanpassung analog zur Rentenversicherung vorgenommen, wobei auch die Beteiligung der Rentner an den Beiträgen zu ihrer Krankenversicherung im Anpassungssatz der Unfallrenten berücksichtigt wurde. Das Übergangsgeld bei Maßnahmen zur beruflichen Rehabilitation wurde weiter abgesenkt.

Im Bereich der Krankenversicherung wirkte sich v.a. die verstärkte Berücksichtigung von Einmal- und Sonderzahlungen bei der Beitragsbemessung entlastend aus; belastend wirkte die Übernahme der Behandlungskosten für Tbc-Erkrankungen seitens der GKV, entlastend zugunsten der GRV.

5.2.3 Kritik der Kostendämpfungspolitik

Von Beteiligten und Experten werden die **Auswirkungen der Kostendämpfungsgesetze** äußerst kontrovers beurteilt. Während die einen ihnen trotz des weitgehend unverbindlichen Charakters der praktizierten Budgetierungsformen zumindest partielle Erfolge attestieren *(vgl. Pfaff, 1987, S.306)*, betrachten andere die **Bilanz** von 10 Jahren Kostendämpfungspolitik als durchweg negativ *(vgl. Nicolay/Knieps, 1988, S.620)*.

Letztere verweisen darauf, daß die Strukturprobleme der GKV weder ökonomisch noch juristisch gelöst werden konnten und medizinische sowie soziale Probleme nur selten überhaupt zur Kenntnis genommen worden seien. Andere Kritiker verweisen vor allem darauf, daß es die Kostendämpfungsgesetze nicht geschafft hätten, die ihnen gesteckten Ziele zu erreichen *(vgl. Paffrath/Reiners, 1987, S. 372)*. Marktökonomen betrachten es als besonders schlechte Lösung, die Entwicklung der Gesundheitsausgaben auf den Einkommenszuwachs der Versicherten zu begrenzen. Sie halten es für sehr unwahrscheinlich, daß das auf diese Weise bestimmte Budget den tatsächlichen Präferenzen der Bürger gerecht werde *(SVR, 1985, Tz.365)*. Ein derartiges Verfahren lasse superiore Bedürfnisse, Veränderungen im Krankheitspanorama sowie demographische Verschiebungen unberücksichtigt. Zudem stehe die Budgetierung im Konflikt mit der Wachstumsdynamik und führe in eine sich unaufhaltsam verstärkende Planung und Bürokratisierung *(vgl. Münnich, 1984, S.8; Hamm, 1984 b, S.89; Oberender, 1984, 1986, S.185, 1987, S.8; Herder-Dorneich, 1982 a)*.

Das zentrale operative Ziel der Kostendämpfungspolitik, nämlich die GKV-Ausgabenentwicklung mit der Grundlohnentwicklung zu harmonisieren, ist nur teilweise erreicht worden. Von kurzfristigen Anfangserfolgen abgesehen, gelang es vor allem in den 80er Jahren trotz wiederholter Interventionen nicht, den Ausgabenanstieg langfristig zu dämpfen [BT-Drs. 10/3374, S.7] *(vgl. auch Deutsche Bundesbank, 1985 a, S.29ff.; Griesewell, 1985, S.555ff.)*. Während in der Periode 1978 bis 1982 der durchschnittliche jährliche Ausgabenanstieg – bei einer Zuwachsrate des Grundlohns von rd. 5,2 % pro Jahr – ca. 5,8 % betrug, belief sich der Ausgabenüberhang 1984 auf 2,8 sowie 1985 und 1986 auf jeweils 1,3 Prozentpunkte. Allein 1986 überstiegen die Ausgaben den durch den Grundlohn gegebenen Deckungsbeitrag um 5,6 Mrd. DM. Über den Gesamtzeitraum (1977–1986) betrachtet, stand einem Anstieg der durchschnittlichen Leistungsausgaben je Mitglied um rd. 65 % eine Grundlohnsteigerung von nur 61,5 % gegenüber *(vgl. BMfG, 1991, S.175ff.)*.

Eine differenzierte Betrachtung des insgesamt durchaus günstig erscheinenden Globalergebnisses zeigt eine Reihe von Entwicklungen, die die Bewertung deutlich relativieren. Verwiesen wird u. a. darauf, daß die Ausgabenstabilität in der GKV in erheblichem Maße durch zusätzliche Belastungen der Versicherten zustande gekommen ist; Schätzungen zufolge haben die Versicherten zwischen 1977 und 1986 insgesamt rd. 26,5 Mrd. DM an Selbstbeteiligung aufgebracht *(vgl. Paffrath/Reiners, 1987, S.370; H. Berg, 1986 a, 1986 b)*. Zu beachten sind ferner die parallel zu den Kostendämpfungsbemühungen erfolgten Rechtsänderungen in der KVdR; nach den im Jahre 1976 geltenden Finanzierungsverhältnissen hätte die GRV der GKV allein 1984 für die Rentner rd. 12,4 Mrd. DM mehr überweisen müssen. Wesentlich ist ferner, daß es unter der Kostendämpfungspolitik bei den Leistungserbringern partiell zu erheblichen Mengenausweitungen gekommen ist. So stand 1980–1986 einer Abnahme der Originalscheine pro Arzt um 17,9 % eine Zunahme der Leistungsmenge (Punktzahl) von 3,0 % gegenüber; berücksichtigt man dies, so ist es auch im ambulanten Sektor zumindest zu einer relativen Steigerung der Ausgaben gekommen *(vgl. auch Eberle, 1986, S.386 ff.)*.

Zusammenfassend wird im wesentlichen kritisiert, daß die im Rahmen der Kostendämpfungspolitik abgegebenen Empfehlungen zumeist nur allgemein und ohne mengenmäßige Vorgaben blieben, die Vorgaben **nur eine Orientierungsfunktion** für die Verhandlungen hatten, jedoch nicht mit Sanktionen verbunden waren, und **Kostenbegrenzungsaspekte** vielfach vor **Qualitätsgesichtspunkten** standen. Budgetbegrenzungen können zwar ein unkontrolliertes Wachstum der Gesamtausgaben verhindern helfen, garantieren aber nicht, daß die einzelnen Leistungserbringer auch die effektivste und effizienteste Leistungsform wählen. Die praktizierte globale Steuerung einzelner Teilkomponenten unterlag zudem der Gefahr, daß „restriktive Regelungen zu Kostenverlagerungen und nicht zu Kosteneinsparungen führen" *(H. Hauser, 1985, S. 120)*. Vielfach werden die Kostendämpfungsgesetze daher auch als eine Politik des »**Verschiebebahnhofs**« mit beträchtlichen **Kostenverlagerungen auf die Versicherten** bezeichnet *(vgl. U. Geißler, 1980, S.37 ff.; Hamann, 1981; Oldiges, 1987 b, S.373 ff.; Schwefel/v. Eimeren/Satzinger, 1986)*.

5. 2. 4 Konzertierte Aktion im Gesundheitswesen (KAiG)

Zur Durchführung der in den Kostendämpfungsgesetzen enthaltenen Globalsteuerung war 1977 auf der operativen Ebene die »**Konzertierte Aktion im Gesundheitswesen**« (KAiG) geschaffen worden, um für **abgestimmte Verhaltensweisen** zu sorgen und zur **Umsetzung globaler Empfehlungen** beizutragen. Die rechtliche Grundlage dieser Einrichtung bildete der nach kontroversen parlamentarischen Beratungen durch das KVKG 1977 in die RVO eingefügte § 405 a. Die KAiG war als ein Koordinierungsinstrument gedacht, das auf der Ebene des Bundes über eine verbesserte Information und Kommunikation eine **freiwillige Verhaltenskoordinierung** ermöglichen sollte *(vgl. Smigielski, 1981, S.522; Eberle, 1985, S.211 ff.; Wiesenthal, 1981; Henke, 1988 b, S.113 ff.; Herder-Dorneich, 1982 b, S.375 ff.)*.

Zum Teilnehmerkreis der KAiG gehören gemäß § 405 a Abs.2 RVO u.a. die gesetzlichen und privaten Krankenkassen, die Leistungserbringer, die Tarifvertragsparteien, die Länder und Gemeinden sowie verschiedene Bundesministerien. Hauptaufgabe der KAiG ist es, in einer gesetzlich näher geregelten Verfahrensweise bestimmte Ergebnisse unter gesundheits-, sozial- und wirtschaftspolitischer Zielsetzung anzustreben. Konkret sollen die Beteiligten gemeinsam medizinische und wirtschaftliche Orientierungsdaten und Vorschläge zur Rationalisierung, Erhöhung der Effektivität und Effizienz im Gesundheitswesen vorlegen und miteinander abstimmen. Dabei sollen sie sich am Ziel einer bedarfsgerechten Versorgung sowie einer ausgewogenen Verteilung der Belastungen orientieren. Zu diesem Zweck wurde der KAiG u.a. aufgetragen, einmal jährlich Empfehlungen insbesondere über die angemessene Veränderung der ärztlichen Gesamtvergütung und der Arzneimittelhöchstbeträge abzugeben.

Die Einschätzung der Steuerungswirksamkeit der KAiG ist äußerst kontrovers; während der Erfahrungsbericht der Bundesregierung aus dem Jahre 1982 [BT-Drs. 9/1300] die KAiG als eine Einrichtung partnerschaftlicher Verständigung ansah, die sich im großen und ganzen bewährt habe und in der alle Mitglieder ihre Bereitschaft zur konstruktiven Mitarbeit bekundet und in der Regel auch unter Beweis gestellt hätten, gibt es zahlreiche Kritiker, die die Arbeit der KAiG als weitgehend unbefriedigend bewerten. Abgesehen davon, daß sie schon nach kurzer Zeit »Abnutzungserscheinungen« aufgewiesen habe *(vgl. Smigielski, 1981, S.521 ff.)*, sei es ihr nicht gelungen, die ihr gestellten Aufgaben zu erfüllen. Die Ursachen für die geringe Steuerungseffizienz der KAiG werden v. a. in der Konzeption selbst gesehen, insbesondere in den strukturellen Beschränkungen, denen dieses Steuerungsinstrument unterliege. Als problematisch gelten die Zusammensetzung, der Verzicht auf verbindliche Beschlüsse, das Fehlen geeigneter Verfahrensregeln für die Herbeiführung von nicht allgemein konsensfähigen Beschlüssen sowie wirksamer Instrumentarien zur direkten Umsetzung der Empfehlungen in die Praxis. Selbst wenn gemeinsame Empfehlungen zustande kamen, bestanden diese vielfach aus kaum mehr als »Leerformeln«, durch welche die bestehenden Interessenunterschiede mühsam überbrückt wurden *(vgl. Griesewell, 1985, S.563)*.

Die seit Beginn der Kostendämpfungsbemühungen angekündigte Absicht, Voraussetzungen zu schaffen, um die Gesundheitspolitik stärker an **medizinischen Prioritäten** und **Orientierungsdaten** auszurichten, wurde nur sehr zögernd in Angriff genommen. Erst im Dezember 1985 berief der Bundesarbeitsminister einen aus sieben Wissenschaftlern zusammengesetzten **Sachverständigenrat** für die KAiG. Dieser Sachverständigenrat, der inzwischen vier **Jahresgutachten** vorlegte, die in der Fachöffentlichkeit erhebliche Beachtung gefunden haben, erhielt den Auftrag, die Entwicklung der gesundheitlichen Versorgung und der Ausgaben in der GKV zu untersuchen und Fehlentwicklungen aufzuzeigen. Zugleich sollen Vorschläge erarbeitet werden, wie Überversorgungen und Versorgungsdefizite abgebaut und Rationalisierungsreserven besser ausgeschöpft werden können *(vgl. SVR KA, 1987, 1988, 1989, 1990)*.

5.2.5 Neuordnung der Finanzmittelverwaltung bei den Krankenkassen 1979

Nach dem **Gesetz über die Verwaltung der Mittel der Träger der Krankenversicherung (KVMG) vom 15. Dezember 1979** [BGBl.I S.2241] wurde die Beitragsgestaltung der Krankenkassen enger mit ihrer Haushaltsführung verknüpft, wobei die Gestaltung der **Beitragssätze** so auszurichten war, daß innerhalb eines Haushaltsjahres keine Änderung mehr vorzunehmen war.

Ihre Rücklagen sollten die Krankenkassen zwar grundsätzlich selbst verwalten, aber ein Teil der Rücklagen der Mitgliedskassen wurde in einer Gesamtrücklage für finanzielle Engpässe zusammengefaßt. Das Vermögen der Krankenkassen wurde nach den Anlagearten Betriebsmittel, Rücklage- und Verwaltungsvermögen abgegrenzt. Die außergewöhnlichen Belastungen, die sich aus der Kassenzuständigkeit für behinderte Jugendliche in Berufsbildungswerken ergaben, wurden auf eine Vielzahl von Kassen verteilt. Bei der Berechnung der Umlage zum Ausgleich der Arbeitgeberaufwendungen nach dem Lohnfortzahlungsgesetz wurde so verfahren, daß bei Betrieben mit Kurzarbeit nicht mehr der Vollohn, sondern das tatsächlich erzielte Arbeitsentgelt zugrundegelegt wurde.

5.3 Probleme und Entwicklungen einzelner Versorgungsbereiche

5.3.1 Neuordnung der Krankenhausfinanzierung und -planung

Die hohen Zukunftserwartungen, die mit der Verabschiedung des KHG 1972 *(vgl. S.75; siehe auch Harsdorf/Friedrich, 1973)* verbunden waren, hatten sich nur für kurze Zeit erfüllt. Nachdem der Bund mit dem Einsetzen der Rezession 1975 daran gegangen war, seine Plafondmittel zu kürzen, nahm die Zahl der Kritiker der KHG-Regelungen beständig zu. Zunehmend weniger kamen Bund und Länder ihren Verpflichtungen zur Bereitstellung von Fördermitteln nach, so daß im Laufe der Zeit ein immer größerer **Investitionsstau** *(vgl. SVRKA, 1989; Bruckenberger, 1978, 1989)* entstand und die Krankenkassen sich mit enorm steigenden **Pflegesätzen** konfrontiert sahen. In der wissenschaftlichen Diskussion wurde zunehmend die Auffassung konsensfähig, daß die mit dem KHG eingeführte **Krankenhausplanung** erhebliche Mängel aufwies *(vgl. Baumgarten, 1974; Thiemeyer, 1975 a, S.95ff.; Gäfgen, 1984, 1985; E. Jahn, 1984, S.309ff.).*

Kritisiert wurde u.a., daß der für die Krankenhausplanung herangezogene Bedarfsbegriff ausschließlich bestandsgerichtet bzw. bestandsabhängig sei *(vgl. Röpke/Lenz, 1985, S.246)*. Zudem werde mit der Festlegung der Planung auf die Bettenzahl die vorhandene Struktur der stationären Versorgung festgeschrieben. Auch sei es trotz eines sehr hohen Einsatzes von Ressourcen nicht gelungen, ein einheitliches Versorgungsniveau in den Bundesländern zu schaffen. Als wesentlicher Mangel galt weiterhin, daß in die staatlichen Planungsentscheidungen zu wenig die Folgekosten einbezogen und die unmittelbar Betroffenen zu wenig an den Entscheidungen beteiligt wurden. Schließlich wurde dem Regelungssystem vorgeworfen, geradezu Anreize für unwirtschaftliches Verhalten zu beinhalten; insbesondere der Anspruch auf Selbstkostendeckung mit dem Grundsatz des Gewinn- und Verlustausgleichs demotiviere weitgehend die im Krankenhaus Handelnden hinsichtlich eines sparsamen und wirtschaftlichen Umgangs mit knappen finanziellen Mitteln; ebenso sei die Pflegesatzgestaltung in Form des tagesgleichen Pflegesatzes ungeeignet, wirtschaftliches Verhalten zu »honorieren« *(vgl. Abshoff, 1982, S.366ff.; Holler, 1985, S.163f.; Gerdelmann, 1985, S.180; Kommission Krankenhausfinanzierung, 1987, S.42).*

Obgleich zwischen 1975 und 1980 die Veränderungsraten der Ausgaben für die Krankenhauspflege unter den Zuwächsen der gesamten Leistungsausgaben zurückgeblieben waren, verstärkte sich der **politische Druck** auf die Regierung, das KHG grundlegend zu novellieren. Nachdem ein erster Versuch der Bundesregierung 1980 am Veto des Bundesrates gescheitert war, sollte das **Krankenhaus-Kostendämpfungsgesetz 1981** den Reformforderungen Rechnung tragen.

Krankenhaus-Kostendämpfungsgesetz 1981

In Anbetracht der Größenordnung der Ausgaben für die stationäre Versorgung sollte in die Kostendämpfungsbemühungen der frühen 80er Jahre auch der stationäre Sektor einbezogen werden; tatsächlich jedoch beinhaltete das daraufhin verabschiedete **Krankenhaus-Kostendämpfungsgesetz** (KHKG) **vom 22. Dezember 1981** [BGBl. I S.1568] „nicht eine einzige Regelung, von der nennenswerte materielle Einsparungen bei den Krankenkassen zu erwarten waren“ *(Gerdelmann, 1982, S.237).* Neben punktuellen Verbesserungen des KHG brachte es eine etwas stärkere Beteiligung der direkt Betroffenen, indem es erste Ansätze für eine **Gemeinsame Selbstverwaltung** enthielt. Insbesondere mit den durch § 6 KHKG 1981 neu formulierten §§ 372–374 RVO wurden die Kompetenzen der Krankenhäuser und der Krankenkassen ausgeweitet und die Krankenhausgesellschaften de facto zu »Selbstverwaltungs-Substituten« *(Thiemeyer, 1984, S.94)* gemacht.

Das KHKG 1981 zielte auf eine Anpassung des Leistungsangebots der Krankenhäuser an den tatsächlichen Bedarf durch eine wirkungsvollere Bedarfsplanung im Krankenhausbereich ab, um die zwischen den Ländern bestehenden großen Unterschiede in den Bedarfsplänen, der Bettendichte, der Verweildauer und damit den Kosten abzubauen. Das Gesetz sah bei der Erfüllung dieser Aufgaben eine Mitwirkung und Mitverantwortung der Krankenkassen vor, brachte bundeseinheitliche Rahmenvorgaben als Mindestanforderungen für Aufgaben und Inhalt der Bedarfspläne, bezog die Hochschulkliniken, Krankenhäuser der Bundeswehr, der Renten- und Unfallversicherungsträger in die Bedarfspläne ein und sah eine Abstimmung zwischen benachbarten Krankenhäusern hinsichtlich der Beschaffung, Nutzung oder Mitnutzung medizinisch-technischer Großgeräte vor. Zwar wurde grundsätzlich an dem dualen Finanzierungssystem festgehalten; dieses wurde jedoch durch verschiedene Einzelkorrekturen ergänzt, die die Folgekosten der Investitionsentscheidungen der Länder berücksichtigen sollten. Die Pflegesätze sollten nunmehr zwischen Krankenhäusern und beteiligten Sozialleistungsträgern eigenverantwortlich für zukünftige Zeiträume ausgehandelt werden, wobei allerdings das Selbstkostenprinzip sowie der Entscheidungsvorbehalt der Länder im Kern nicht berührt wurden. Der Krankenhausbereich wurde in die KAiG einbezogen. Ergänzende Regelungen des KHKG betrafen die psychiatrische Behandlung im Krankenhaus, die Behandlung von Versicherten in den polyklinischen Einrichtungen der Hochschulen und die Finanzierung der bei den Krankenhäusern eingerichteten Ausbildungsstätten.

Insgesamt brachte das KHKG 1981 eine geringfügige **Abschwächung des staatlichen Einflusses**, indem der Versuch unternommen wurde, in dem bis dahin weitgehend staatlich verantworteten Krankenhausbereich zusätzliche Regelungen in Form verstärkter **ökonomischer Anreize** und eines **Ausbaus von Selbstverwaltungselementen** einzuführen. Kostendämpfende Wirkungen gingen von den Neuregelungen indessen nicht aus; vielmehr kam es 1982 sogar zu einer geradezu gegenteiligen Entwicklung *(vgl. Bayer u.a., 1983, S.42ff.)*.

Während die Leistungsausgaben der GKV insgesamt nur um 0,19 % zunahmen, erhöhten sich die Ausgaben für Krankenhausbehandlung um 7,98 %. Die neue Bundesregierung nannte dann auch in ihrer Regierungserklärung die Novellierung der Krankenhausfinanzierung als ein wesentliches Reformziel. Anfang 1983 berief der Bundesarbeitsminister eine Beratergruppe, die Schwachstellen und Probleme des geltenden Krankenhausfinanzierungssystems aufzeigen, sie bewerten und alternative Lösungsmöglichkeiten erarbeiten sollte *(vgl. BMA, 1983)*.

Krankenhaus-Neuordnungsgesetz 1984

Es dauerte allerdings noch bis 1984, ehe die durch Bundesrat und Bundesregierung vorgelegten konkurrierenden Gesetzentwürfe nach längeren Verhandlungen zu einem Kompromiß vereinigt werden konnten. Obgleich an dem dualistischen Finanzierungssystem mit staatlicher Krankenhausplanung grundsätzlich festgehalten wurde, brachte das **Krankenhaus-Neuordnungsgesetz (KHNG) vom 20. Dezember 1984** [BGBl.I S.1716] eine Reihe wichtiger Neuerungen.

Das KHNG brachte keine grundlegende Neuordnung der Krankenhausfinanzierung, wenngleich auch der bisherige starre Finanzierungsdualismus aufgelockert wurde; Krankenhäuser und Krankenkassen haben seitdem die Möglichkeit, sog. Investitionsverträge abzuschließen und insbesondere Rationalisierungsinvestitionen über den Pflegesatz zu finanzieren. Die finanziellen Mittel für die öffentliche Förderung der Krankenhäuser werden nunmehr allein von den Ländern aufgebracht, und die Befugnisse der Länder bei der Krankenhausplanung wurden entsprechend erweitert.

Der Grundsatz der Trägervielfalt im Krankenhauswesen wurde durch das KHNG konkretisiert; insbesondere sollte bei der Durchführung des KHG 1972 nach Maßgabe des Landesrechts die wirtschaftliche Sicherung freier gemeinnütziger und privater Krankenhäuser gewährleistet werden, die im Gegensatz zu kommunalen Krankenhäusern in aller Regel nicht auf zusätzliche Betriebs- und Investitionszuschüsse ihrer Träger zurückgreifen können. Die Gesamtverantwortung für die Unternehmens- und Betriebsentscheidungen eines Krankenhauses soll grundsätzlich nicht beim Staat, sondern beim Krankenhausträger liegen; insofern darf die Gewährung von Fördermitteln nach dem KHG nicht mit Auflagen verbunden werden, durch die die Selbständigkeit und Unabhängigkeit von Krankenhäusern über die Erfordernisse der Krankenhausplanung und der wirtschaftlichen Betriebsführung hinaus beeinträchtigt werden.

Der Selbstkostendeckungsgrundsatz für die Betriebskosten wurde modifiziert; die Pflegesätze sollten ab 1986 unter Berücksichtigung der Empfehlungen der KAiG zwischen den Krankenhäusern und Krankenkassen im voraus vereinbart werden, und die Kosten, die durch die im voraus kalkulierten Pflegesätze nicht gedeckt sind, sollen nicht mehr nachträglich erstattet werden. Krankenhäuser, die besonders wirtschaftlich geführt werden, können jedoch erzielte Gewinne behalten, wie umgekehrt Krankenhäuser mit Verlusten diese selbst zu tragen haben. Gleichzeitig wurde der Einfluß der Länder auf die Pflegesatzgestaltung beträchtlich reduziert; die vereinbarten Pflegesätze bedürfen lediglich noch der Genehmigung durch die zuständige Landesbehörde.

Bundespflegesatzverordnung 1985

In Ergänzung des KHNG wurde im Laufe des Jahres 1985 eine neue **Bundespflegesatzverordnung** (BPflV) [VO vom 21.8.1985; BGBl.I S.1666] verabschiedet, die am 1. 1.1986 in Kraft trat und die gesetzlichen Vorgaben des KHNG bezüglich der Pflegesätze konkretisierte *(vgl. Büchner, 1985, S.899ff., 1986, S.598ff.).*

Die BPflV vom 21. August 1985 führte für das Krankenhauswesen eine flexible Budgetierung mit prospektiv ausgerichteten Pflegesätzen ein; dem einzelnen Krankenhaus wurden Gewinn- und Verlustmöglichkeiten eröffnet, die sein Interesse an Kostensenkungsmaßnahmen stärken sollen. Nach wie vor decken diese Pflegesätze jedoch die gesamten Kosten der stationären medizinischen Behandlung pauschal ab; dem Patienten ist jedoch mitzuteilen, welche Teilbeträge für die Leistungsbereiche Unterkunft und Verpflegung, Pflege sowie ärztliche und sonstige medizinische Versorgung in den Pflegesätzen enthalten sind.

Die BPflV 1985 bietet die Möglichkeit der vertraglichen Bildung von besonderen Abteilungspflegesätzen sowie von Sonderentgelten für besonders teure Leistungen, wodurch eine kostengerechtere Belastung der Patienten und der Krankenkassen für die vom Krankenhaus erbrachten Leistungen ermöglicht wird. Außerdem werden durch die gesonderte Vergütung teurer Leistungen die Pflegesätze zwischen den Krankenhäusern besser vergleichbar gemacht. Zur Stärkung der Eigenverantwortung der Krankenhäuser können Wagniszuschläge anstelle des sonst vorhandenen Ausgleichs von Schätzfehler-Risiken treten, die nicht auszuschließen sind (z. B. falsche Einschätzung der Lohn- und Preisentwicklung). Dabei wurde gleichzeitig die Zuordnung von Kosten und Leistungen transparenter gestaltet; mit der Umgestaltung des bisherigen Selbstkostenblattes zu einem Kosten- und Leistungsnachweis wurden die Krankenhäuser verpflichtet, neben ihren Kosten erstmals auch ihre Leistungen im medizinischen Bereich näher darzulegen. Die staatliche Pflegesatzfestsetzung wurde endgültig beseitigt; den Landesbehörden obliegt nur noch im Wege der Genehmigung die Rechtmäßigkeitskontrolle getroffener Vereinbarungen.

Nach Ansicht des BMA beeinträchtigen verschiedene Probleme im Bereich der Investitionsfinanzierung, der bisher fehlende Erfolg der Selbstverwaltung bei der Umsetzung des § 19 KHG, Bettenüberhänge (insbesondere Fehlbelegungen), unzureichende interne Anreize zur Wirtschaftlichkeit, Defizite bei der Anwendung besonderer Pflegesätze und Sonderentgelte sowie die noch immer unzureichende Verzahnung zwischen ambulantem und stationärem Sektor weiterhin **Wirtschaftlichkeit, Leistungsfähigkeit** und **Qualität** der stationären Versorgung *(vgl. BMA, 1989b, S.24).* Ein Grund für den Fortbestand der Probleme wird u.a. in der unzureichenden Umsetzung des neuen Rechts durch Krankenkassen und Krankenhausträger gesehen *(vgl. Dalhoff, 1985, S.101ff.; Baumgarten, 1986, S.130ff.; Eichhorn/Schmidt, 1984; Eichhorn, 1986, S.501ff., 1987, S.301ff.; Freymann, 1987, S.443ff.; Gäfgen, 1985, S.85ff.; Kühn, 1988; H. Reiners, 1988; Rüter, 1988; Westphal, 1986, S.18ff.).*

Als erster Erfolg der neuen Regelungen wird die Abflachung des Ausgabenanstiegs betrachtet; zwar stiegen die GKV-Ausgaben für die stationäre Versorgung auch 1987 stärker als die Grundlohnsumme an, mit 4,6 % fiel der Ausgabenanstieg jedoch deutlich niedriger als 1986 aus (7,0 %). Mit einem Anteil von 33 % (rd. 39 Mrd. DM) bildeten die Ausgaben für Krankenhausbehandlung allerdings auch 1987 den größten Einzelposten der GKV-Leistungsausgaben (1970: 25,2 %; 1980: 29,6 %) *(vgl. Tabelle 17).* Der seit Ende der 60er Jahre zu beobachtende Rückgang im Krankenhausbestand, der sich bereits zu Beginn der 80er Jahre deutlich verlangsamt hatte, setzte sich in jüngster Zeit nicht mehr fort. Ebenfalls zu einem weitgehenden Stillstand gekommen ist der Abbau der Bettenkapazitäten, nachdem sich die Zahl der insgesamt vorgehaltenen Krankenhausbetten zwischen 1975 und 1986 noch von 729.791 auf 674.384 reduziert hatte *(vgl. Tabelle 18).* Bei starken Unterschieden zwischen den Bundesländern erhöhte sich die durchschnittliche »Bettendichte« (Betten in Akutkrankenhäusern je 100.000 Einwohner) von 74,9 (1970) auf 79,4 im Jahre 1975 und sank seitdem auf 75,7 (1985) ab. Nach dem Inkrafttreten des KHG (1973) haben die Länder bis zum Jahre 1986 55,036 Mrd. DM in Krankenhäuser investiert; nachdem die Investitionen 1984 noch eine Rekordmarke erreicht hatten (4,701 Mrd. DM), standen in den beiden Folgejahren jährlich nurmehr rd. 4,5 Mrd. DM zur Verfügung. Ende 1987 waren in den Krankenhäusern insgesamt 842.815 Personen beschäftigt, 77.174 mehr als 1980. Von dieser Zunahme entfielen knapp 54 % auf das Krankenpflegepersonal, ohne daß dadurch der sog. »Pflegenotstand« entscheidend entschärft werden konnte *(vgl. Gräb, 1989; BMA, 1989b; DKG, 1987, S.34).*

5.3.2 Regelung der kassenärztlichen Versorgung

Einer umfangreicheren staatlichen Steuerung der ambulant-ärztlichen Versorgung stand u.a. das **Kassenarzturteil** des BVerfG aus dem Jahre 1960 *(vgl. S.75)* entgegen, auf das sich die Ärzteschaft jahrelang mit Erfolg berief, wenn es darum ging, einem möglichen Überangebot an niedergelassenen Ärzten durch **Zulassungsregelungen** entgegenzuwirken. Mit der damaligen Abschaffung der Verhältniszahl war allerdings zugleich ein **Steuerungsmechanismus** beseitigt worden, der in erheblichem Umfang Niederlassungen in unterversorgten Gebieten bewirkt hatte *(vgl. WIdO, 1978a, S.13; U. Geißler, 1979, S.125ff.)*.

Tatsächlich zeigten sich trotz insgesamt steigender Ärztezahlen Ende der 60er Jahre **Versorgungsengpässe** in der ambulanten und zahnmedizinischen Versorgung von ländlichen Regionen und Stadtrandgebieten. Ein Selbstregulierungsmechanimus, der aus sich heraus zu einer allgemein als gleichmäßig und bedarfsgerecht empfundenen Verteilung der niedergelassenen Ärzte führte, war nicht erkennbar. Vor diesem Hintergrund gewannen Positionen an Gewicht, die gesetzliche Regelungen zur Vermeidung einer **ambulant-ärztlichen Unterversorgung** in bestimmten Gebieten für unumgänglich hielten *(vgl. WIdO, 1978a, S.13)*.

Tabelle 53: Beschäftigte im Gesundheitswesen 1952–1989

Jahr	Beschäftigte insgesamt[2]	darunter						
		Ärzte	Zahnärzte	Apotheker	Heilpraktiker	Krankenschwest./-pfleger	Hebammen	Med.-tech. Assistenten
1952	240.880	68.135	27.979	11.414	2.512	100.186	11.524	10.106
1955	273.820	71.967	31.134	12.968	2.635	100.496	10.743	13.929
1960	291.732	79.350	32.509	15.803	2.692	105.187	9.442	12.750
1965	316.970	85.801	31.660	17.725	2.581	110.059	8.230	14.914
1970	372.633	99.654	31.262	20.866	2.732	123.340	6.857	18.047
1975	474.334	118.726	31.774	25.597	3.715	159.208	5.850	23.410
1978	522.614	130.033	32.482	27.480	5.520	176.685	5.541	19.720
1980	560.740	139.431	33.240	28.674	6.654	192.727	5.566	16.005
1982	578.237	146.221	33.679	29.831	7.905	207.138	5.741	14.036
1984	609.909	153.895	34.415	30.865	8.372	200.997	5.358	12.039
1986[1]	657.000[3]	165.015	38.055	33.025	8.700	231.454	5.518	–
1988	698.880[3]	177.001	39.644	34.498	10.850	–	5.810	–
1989	–	188.225	40.805	35.181	7.000	–	–	–

1) wegen geänderter statistischer Erhebungsverfahren Zeitreihe in bisheriger Weise nicht fortsetzbar; 2) im Gesundheitswesen tätige Personen in bundeseinheitlich geregelten Berufen; 3) geschätzt.
Quellen: Statistisches Bundesamt: Fachserie 12: Gesundheitswesen, Reihe 1: Ausgewählte Zahlen für das Gesundheitswesen, versch. Jge.

Nach jahrelangen Diskussionen um die Versorgungsengpässe brachte das **Krankenversicherungsweiterentwicklungsgesetz** (KVWG) **vom 28. Dezember 1976** [BGBl.I S. 3871] die Einführung einer »Kassenärztlichen Bedarfsplanung« *(vgl. U. Geißler, 1978, S. 59ff., 1979, S.125ff.; Matzke, 1978, S.89ff.)*.

Wesentlicher Inhalt dieses Gesetzes war die indirekte öffentliche Lenkung von Investitionen für Arztpraxen, wobei Voraussetzung solcher Maßnahmen im Arztpraxenbereich eine bestehende oder unmittelbar drohende ärztliche Unterversorgung in bestimmten Gebieten war. Im Gegensatz zum Krankenhausbereich bestimmte das Gesetz allerdings nicht den Staat, sondern die Kassenärztlichen Vereinigungen im Einvernehmen mit den Krankenkassen zu Trägern der Bedarfsplanung. Problematisch war jedoch auch hier die bestandsabhängige Bedarfsermittlung; der Bedarf an Arztpraxen bestimmte sich aus den für die verschiedenen Arztgruppen unterschiedlichen Verhältniszahlen von

Arzt je Einwohner, die als Maß der möglichen Inanspruchnahme des Bestandes an Arztpraxen durch die Bevölkerung galten. Eine bestandsunabhängige Beurteilungsnorm für den »Bedarf an Kassenarztversorgung« lieferte das Gesetz nicht *(vgl. Röpke/Lenz, 1985, S.246)*.

Bei allen Mängeln bewirkte das Gesetz doch, daß sich in der Folgezeit vermehrt Ärzte in bis dahin unterversorgten Gebieten niederließen. Unklar ist allerdings, inwieweit dies eine Folge des gesetzlichen Steuerungsinstrumentariums oder aber des sich bereits abzeichnenden allgemeinen **Überangebots an Ärzten** war. Möglicherweise war das Gesetz zwar dazu geeignet, eine regional bestehende Unterversorgung zu beheben, es enthielt jedoch keine Instrumente, um einer kapazitätsmäßigen »**Überversorgung**« zu begegnen.

Während zu Beginn der 80er Jahre – von wenigen Ausnahmen abgesehen – eine Unterversorgung mit Ärzten praktisch nicht mehr bestand, wurde die **Überversorgung** zu einem zunehmend gewichtigeren Problem. In der Entwicklung der Ärztezahlen sehen viele Autoren bereits eine »**Ärzteschwemme**«, die nach ihrer Ansicht bedrohliche Folgen für die Finanzierbarkeit des Gesamtsystems haben könnte *(vgl. Geigant, 1986, S.305ff.; Herder-Dorneich/Schuller, 1985; Krämer, 1988, S.110ff.; SVR KA, 1988, Ziff. 254; P. Rosenberg, 1979, S.121ff.)*. Allerdings lassen sich für die Verdichtungsräume nicht nur überhöhte Ärztezahlen – in bezug auf die versorgungsnotwendigen Verhältniszahlen – feststellen, sondern vor allem eine **unausgeglichene Versorgungsstruktur**; vielfach ist das Verhältnis von allgemeinmedizinisch (hausärztlich) zu fachärztlich tätigen Ärzten unausgewogen *(vgl. Lubecki, 1986, S.633ff., 1987, S.194ff.)*.

Tatsächlich stieg die Zahl der praktizierenden Ärzte von 99.654 (1970) über 139.431 (1980) auf rd. 165.000 Ende 1986 *(vgl. Tabelle 53)*. Hatte 1970 jeder Arzt durchschnittlich noch 612 Einwohner zu versorgen, waren es 1986 nurmehr 371. Die Zahl der Kassenärzte stieg von 46.302 (25.539 Allgemeinärzte) im Jahre 1970 auf 74.817 (28.613 Allgemeinärzte) im Jahre 1986. Ausgehend von der Entwicklung der jährlich erteilten Approbationen und den gegenwärtigen Studentenzahlen wird Schätzungen zufolge mit einem Anstieg der niedergelassenen Ärzte auf 141.000 im Jahre 1995 bis zu 170.400 im Jahre 2000 *(vgl. auch WIdO, 1978 b)* gerechnet [BR-Drs.200/88, Anhang: S.283].

Der Forderung der Spitzenverbände der Krankenkassen, zur Sicherung von Qualität und Wirtschaftlichkeit der kassenärztlichen Versorgung gesetzliche Voraussetzungen für Steuerungsmaßnahmen auch bei einem ärztlichen Überangebot zu schaffen, kam der Gesetzgeber inzwischen mit dem **Gesetz zur Verbesserung der kassenärztlichen Bedarfsplanung vom 19. Dezember 1986** [BGBl.I S.2593], das am 1.1.1987 in Kraft trat, nach.

Hauptziel des Gesetzes soll es sein, die Wirtschaftlichkeit und Qualität der kassenärztlichen Versorgung in regionaler Hinsicht zu verbessern. Nach diesem Gesetz kann die Selbstverwaltung von Ärzten und Krankenkassen für überversorgte Gebiete Zulassungsbeschränkungen anordnen, die zeitlich zu befristen sind und nur für einzelne Arztgruppen gelten. Ausnahmen sind für die Übernahme einer Praxis und bei Tätigwerden in einer Gemeinschaftspraxis vorgesehen. Mindestens die Hälfte aller kassenärztlichen Planungsbereiche muß jedoch für eine Niederlassung frei bleiben. Außerdem dürfen die KVen mit finanziellen Mitteln die freiwillige Praxisaufgabe ab dem 62. Lebensjahr fördern.

In einem engen Zusammenhang mit den wachsenden Ärztezahlen sind auch Maßnahmen zu sehen, durch »höhere Anforderungen an die berufspraktischen Erfahrungen« die Erteilung der Niederlassungserlaubnis zeitlich hinauszuschieben. Offiziell dienen allerdings derartige Regelungen der Sicherung der »Leistungsfähigkeit und Wirtschaftlichkeit der kassenärztlichen Versorgung«. Außerdem wurde durch Änderung der Bundesärzteordnung mit Wirkung ab dem 1.7.1988 die sog. Tätigkeit als **Arzt im Praktikum** (AiP) eingeführt.

In einem ersten Schritt wurde durch zwei Rechtsverordnungen des BMA vom 14. Dezember 1983 [BGBl.I S.1431/1433] die bis dahin sechsmonatige Vorbereitungszeit auf die kassenärztliche Tätigkeit auf 18 Monate verlängert. Diese bis zum 31.12.1988 befristete Regelung ist inzwischen durch das GRG 1988 *(vgl. S.285ff.)* abgelöst worden, das eine einjährige Vorbereitungszeit vorsieht. Die Tätigkeit als Arzt im Praktikum ist ein weiterer Teil der ärztlichen Ausbildung, der nach dem Medizinstudium abzuleisten ist. Diese Praktikumsphase sollte laut Gesetz zwei Jahre dauern (bis Ende 1992 18 Monate); nach dem Willen des Gesetzgebers soll die Dauer des AiP zukünftig generell nur 18 Monate umfassen. Außerdem kann die Tätigkeit als AiP bis zu maximal 6 Monaten auf die Vorbereitungszeit angerechnet werden, sofern sie im Krankenhaus oder in der Praxis eines niedergelassenen Arztes abgeleistet wird. Die obligatorische sechsmonatige klinische Tätigkeit ist damit fortgefallen *(vgl. Bever, 1989, S.49ff.)*.

Schließlich sollte das **Gesetz über befristete Arbeitsverträge mit Ärzten in der Weiterbildung vom 15. Mai 1986** [BGBl.I S.742] zugunsten der Praxisausbildung die Fluktuation von Ärzten in Krankenhäusern fördern. Die Dauer der Befristung wurde auf höchstens 8 Jahre festgelegt, anschließend war ein auf 2 Jahre befristeter Arbeitsvertrag zulässig. Zeiten der Beurlaubung bzw. des Grundwehr- oder Zivildienstes wurden auf die Befristungsregelungen nicht angerechnet.

5.3.3 Psychiatrische Versorgung

Im Gegensatz zu vielen anderen sozialpolitischen Bereichen blieb die psychiatrische Versorgung in der Bundesrepublik sowohl konzeptionell wie organisatorisch hinter internationalen Entwicklungen zurück. Erst ab Mitte der 60er Jahre wurden – wenn auch zunächst ohne nennenswerte Resonanz – in wachsendem Umfange die **Rückständigkeit** der psychiatrischen Versorgung und die **katastrophalen Verhältnisse** der **Anstaltspsychiatrie** angeprangert. Größere Aufmerksamkeit erlangte die Situation der psychisch Kranken in der Fachwelt und der allgemeinen Öffentlichkeit allerdings erst Anfang der 70er Jahre, nicht zuletzt durch den im Bundestag im März 1970 von verschiedenen Abgeordneten eingebrachten Antrag zur Psychiatrie in der Bundesrepublik Deutschland, der „zweifellos die Umsetzung schon bestehender Reformansätze aktiviert (hat)" *(Expertenkommission, 1988, S.3)*. Bereits kurz darauf wurden erste Rahmenpläne für die zukünftige psychiatrische Versorgung entwickelt, die »Deutsche Gesellschaft für soziale Psychiatrie« (1970) und die »Aktion psychisch Kranke e.V.« gegründet sowie schließlich am 31.8.1971 die Sachverständigenkommission zur Erarbeitung einer Enquête über die Lage der Psychiatrie in der Bundesrepublik Deutschland (»**Psychiatrie-Enquête**«) konstituiert.

Von der Psychiatrie-Enquête gingen sowohl während ihrer Arbeiten wie nach Veröffentlichung ihrer Defizitanalyse sowie ihrer Empfehlungen [BT-Drs. 7/4200] umfangreiche „auf Dauer durchgreifende und anhaltende gesundheitspolitische Wirkungen" *(Expertenkommission, 1988, S.1)* aus. In ihrem im Oktober 1973 veröffentlichten Zwischenbericht hatte sie eindringlich darauf hingewiesen, „daß eine sehr große Anzahl psychisch Kranker und Behinderter in den stationären Einrichtungen unter elenden, zum Teil menschenunwürdig zu bezeichnenden Umständen leben müssen" *(zitiert nach: Expertenkommission, 1988, S.3)*, und angemahnt, daß die Beseitigung dieses Tatbestands nicht einfach auf unabsehbare Zeit verschoben werden könne. Als ihr Verdienst gilt dabei insbesondere, einen tragfähigen Ausgleich zwischen vorandrängenden und vorsichtig bewahrenden Kräften auf den Weg gebracht zu haben.

Eine zukünftige allgemeinpsychiatrische Versorgung sollte nach den Empfehlungen der Kommission auf folgenden vier **Grundsätzen** basieren:

- **gemeindenahe Versorgung**;
- **bedarfsgerechte** und **umfassende Versorgung** aller psychisch Kranken und Behinderten;
- **Koordination** aller Versorgungsdienste und
- **Gleichstellung** von psychisch und somatisch Kranken.

Außerdem hatte die Kommission u.a. vorgeschlagen, **Modellversorgungsgebiete** zu bilden, in denen die Umstrukturierung und Ergänzung der bestehenden Einrichtungen und

Dienste bei unterschiedlichen regionalen Verhältnissen erprobt werden könne [BT-Drs. 7/4200, S.410].

Die **Bundesregierung** brachte in ihrer Stellungnahme vom 12.2.1979 [BT-Drs. 8/2565] ebenso wie die Sprecher aller Fraktionen in der dazu stattgefundenen Bundestagsdebatte ihre **grundsätzliche Zustimmung zum Reformkonzept** der Sachverständigenkommission zum Ausdruck. Die Bundesregierung erklärte sich zudem bereit, im Rahmen ihrer Zuständigkeit zusätzliche Finanzmittel in angemessener Höhe für neue Modelle in der Psychiatrie bereitzustellen, um es den Bundesländern zu erleichtern, noch fehlende Einrichtungen im ambulanten, komplementären und rehabilitativen Bereich zu entwickeln, einzurichten und zu erhalten sowie zu einer humaneren Krankenhausversorgung beizutragen.

Im Anschluß an die Empfehlungen der Psychiatrie-Enquête sind zwar die gravierendsten Mängel der psychiatrischen Versorgung seit Mitte der 70er Jahre sukzessive beseitigt und andere gemildert worden; von einer durchgreifenden Verbesserung kann aber bis heute nicht gesprochen werden. Nach wie vor weist die psychiatrische Versorgung verschiedene **Defizite** und **strukturelle Probleme** auf, die weniger die akut und leicht Erkrankten betreffen, sondern vor allem die längerfristig und schwer psychisch Kranken mit **sozialen Folgeproblemen** belasten. Fortschritte gab es insbesondere im **organisatorischen Bereich** sowie hinsichtlich der **Kapazitäten**.

So konnten zum einen die Zahl der Betten je Abteilung und die Zahl der Bettenräume in den psychiatrischen Einrichtungen verringert und gleichzeitig die Zahl der Ärzte, der Psychologen, der sonstigen Therapeuten und Pflegepersonen erhöht werden. Außerdem wurden vermehrt psychiatrische Abteilungen in Allgemeinkrankenhäusern aufgebaut. Die Zahl der niedergelassenen Nervenärzte stieg von 903 (1975) auf 2.847 Ende 1987. Die wachsende Zahl niedergelassener Nervenärzte sichert zwar in zunehmendem Maße ausreichende Möglichkeiten für die ambulante psycho-therapeutische Versorgung; nach wie vor gibt es jedoch zwischen Stadt und Land unterschiedliche Versorgungsniveaus; außerdem fehlt bis heute eine nennenswerte Zusammenarbeit mit nicht-ärztlichen ambulanten Diensten und sozialen Einrichtungen *(vgl. Expertenkommission, 1988, S.XIV)*.

Ausgehend von den Empfehlungen der Psychiatrie-Enquête startete die Bundesregierung 1979 ein auf sechs Jahre angelegtes Modellprogramm zur Reform der Versorgung im psychiatrischen und psycho-therapeutisch/psycho-somatischen Bereich (**Modellprogramm »Psychiatrie«**). Im Rahmen einer umfangreichen **wissenschaftlichen Begleitforschung** sollten die Entwicklung sowie die Auswirkungen der neuen Versorgungsformen beobachtet werden, um wissenschaftlich abgesicherte Praxiserfahrungen für mögliche gesetzgeberische Maßnahmen des Bundes bereitzustellen.

Ziel dieses umfangreichen Modellprogramms – insgesamt befanden sich rd. 140 Projekte in 14 Modellregionen mit Hilfe der Bundesförderung in einer Netzerprobung – war eine den Vorstellungen der Psychiatrie-Enquête entsprechende Erprobung netzartig verbundener stationärer, teilstationärer, ambulanter und komplementärer Einrichtungen und Dienste sowie von Maßnahmen im Krankenhausbereich und im Bereich der beruflichen Rehabilitation. Einen Schwerpunkt bildeten u. a. Versorgungsformen im komplementären Bereich, v. a. im Bereich der sozialen Integration mit neuen Formen der Arbeit, des Arbeitsplatzangebotes und der flexiblen Arbeitszeit sowie der integrierenden Betreuung von Wohnen – Arbeit – Freizeit. Die für die wissenschaftliche Begleitung eingesetzte Expertenkommission hat neben verschiedenen Auswertungsberichten am 11.11. 1988 »Empfehlungen zur Reform der Versorgung im psychiatrischen und psycho-therapeutisch/psycho-somatischen Bereich« vorgelegt *(vgl. Expertenkommission, 1988)*.

Nicht zuletzt die Erkenntnisse dieser Expertenkommission belegen die herausragende gesundheitspolitische Bedeutung der psychiatrischen Versorgung. Schätzungen zufolge beträgt die Zahl der innerhalb eines Jahres psychiatrisch Behandlungsbedürftigen 10–12,5 % der Bevölkerung; dies sind etwa 6–8 Mio. Bürger. Davon erhalten gegenwärtig 1,6 Mio. psychiatrische Hilfe durch niedergelassene Nervenärzte sowie 200.000 durch psychiatrische Krankenhäuser und Abteilungen. Während in der sog. Allgemeinpsychiatrie kein zahlenmäßiger Anstieg der psychisch Kranken festzustellen ist, ist bei den Abhängigkeitskranken (Suchtkranken) eine stetige Zunahme zu verzeichnen. Ihre Zahl beläuft sich derzeit auf rd. 2 Mio. Personen. Wachsende Bedeutung erlangen darüber hinaus die psychischen Alterskrankheiten; Untersuchungen zufolge weisen 24 % der über 65jährigen psychische Störungen auf; ca. 750.000 alte Menschen sind dringend psychiatrisch behandlungsbedürftig (fachärztliche Hilfe erhalten jedoch allenfalls 100.000) *(vgl. Expertenkommission, 1988, S.IVf.)*.

Erste Folgerungen aus dem Modellprogramm wurden auf gesetzlicher Ebene mit dem **Gesetz zur Verbesserung der ambulanten und teilstationären Versorgung psychisch Kranker vom 26. Februar 1986** [BGBl.I S.324] gezogen. Entsprechend dem Ziel des Modellprogramms, Krankenhausaufenthalte so weit wie möglich zu reduzieren, sollte das Gesetz die umfassende ambulante Versorgung psychisch Kranker verbessern. Nach dieser Neuregelung können psychisch Kranke auch ohne vorhergehende vollstationäre Behandlung in Tageskliniken teilstationär behandelt werden. Die Aufgabenstellung von Institutsambulanzen wurde präzisiert und die Vergütung von Leistungen verbessert *(vgl. Niemeyer/Otting, 1988, S.29)*.

5. 4 Behindertenpolitik und Rehabilitation

Ab Mitte der 70er Jahre wurde die Behindertenpolitik im wesentlichen durch das **Reha AnglG vom 7. August 1974** [BGBl.I S.1881] sowie durch das **SchwbG** i. d. F. vom **29. April 1974** [BGBl.I S.1005] und das **SVBG vom 7. Mai 1975** [BGBl.I S.1061] geprägt. Insbesondere das SchwbG enthielt den Auftrag, die rechtlichen Regelungen über Vergünstigungen für Behinderte so zu gestalten, daß der Art und Schwere der Behinderung – unabhängig von der Ursache – und den spezifischen Voraussetzungen einer wirtschaftlichen und/oder gesellschaftlichen Eingliederung der Behinderten Rechnung getragen wird. Darüber hinaus wurde in den Katalog der »sozialen Rechte« des **Sozialgesetzbuches – Erstes Buch** (SGB I) **vom 11. Dezember 1975** [BGBl.I S.3015] auch das Recht der Behinderten auf Hilfe zur Eingliederung in die Gemeinschaft aufgenommen (§ 10 SGB I). Dies war insofern von besonderer Bedeutung, als damit Prinzipien der Rehabilitation für das gesamte Sozialrecht festgelegt wurden *(vgl. auch Glombig, 1989)*.

Den dem ersten **Aktionsprogramm vom 14. April 1970** sowie den verschiedenen Gesetzen zugrundeliegenden Intentionen wurden die in der zweiten Hälfte der 70er Jahre ergriffenen Maßnahmen allerdings nur teilweise gerecht. Verschiedenen Verbesserungen aufgrund des **5. RVÄndG vom 6. November 1978** [BGBl.I S.1710], des **Gesetzes über die unentgeltliche Beförderung Schwerbehinderter im öffentlichen Personenverkehr vom 9. Juli 1979** [BGBl.I S.989] sowie des **5. AFG-ÄndG vom 23. Juli 1979** [BGBl.I S. 1189] standen spürbare Einschränkungen bei den Rehabilitationsleistungen durch das **20. RAG vom 27. Juni 1977** [BGBl.I S.1040] gegenüber.

Das 5. RVÄndG führte zu einer Herabsetzung der flexiblen Altersgrenze in der GRV für Schwerbehinderte. Für berufs- und erwerbsunfähige Versicherte wurde die flexible Altersgrenze zum 1. 1. 1979 auf das vollendete 61. Lebensjahr festgelegt; zum 1.1.1980 wurde die Grenze weiter auf das vollendete 60. Lebensjahr vorverlegt. Die Nebenverdienstgrenze wurde auf 425 DM monatlich bestimmt.

Das Gesetz über die Schwerbehindertenfreifahrt verwirklichte das Prinzip der Finalität für bewegungsbeeinträchtigte Schwerbehinderte; unabhängig von der Ursache der Behinderung waren diese im öffentlichen Personenverkehr freifahrtberechtigt; ausschließlich die Schwere der Behinderung ohne Rücksicht auf wirtschaftliche Verhältnisse war maßgebend für die Freifahrtvergünstigung im öffentlichen Nah- und Fernverkehr. Der Begriff des Nahverkehrs wurde auf alle Omnibuslinien und den Eisenbahnverkehr erstreckt, die in einem Verkehrsverbund zusammengefaßt sind. Zugleich wurde seitdem bei notwendiger Begleitung auch die Begleitperson im Nah- und Fernverkehr unentgeltlich befördert. Die Fahrgeldausfälle im Nah- und Fernverkehr wurden nach einem Vomhundertsatz der von den Unternehmen nachgewiesenen Fahrgeldeinnahmen vom Bund und von den Ländern erstattet.

Mit dem 5.AFG-ÄndG schließlich wurde die Verpflichtung für die BA begründet, Behinderten berufsfördernde und ergänzende Leistungen zur Teilnahme an Maßnahmen der Rehabilitation im Eingangsverfahren sowie im Arbeitstrainingsbereich von anerkannten Werkstätten für Behinderte zu gewähren, sofern zu erwarten ist, daß sie nach Teilnahme an diesen Maßnahmen in der Lage sind, ein Mindestmaß an wirtschaftlich verwertbarer Arbeitsleistung zu erbringen. U.a. wurde dadurch die Grenze beseitigt, die Behinderte mit einer Leistungsfähigkeit von weniger als 30 % von der Förderung durch die BA ausschloß.

Aufgrund von Haushaltsschwierigkeiten v. a. im Bereich der GRV wurden durch das 20. RAG die versicherungsrechtlichen Voraussetzungen für die Inanspruchnahme von Rehabilitationsmaßnahmen insbesondere für freiwillig Versicherte verschärft (Kürzung des Übergangsgeldes; Ausschluß von Beamten und diesen gleichgestellten Personen von Reha-Maßnahmen der Rentenversicherungsträger; Begrenzung der Zuständigkeit der GRV in der beruflichen Rehabilitation auf Versicherte mit einer Versicherungszeit von 15 Versicherungsjahren).

Tabelle 54: Rehabilitationsmaßnahmen 1988 nach Trägern und Art der Maßnahme

Träger der Reha-Maßnahme	insgesamt		medizinische		berufsfördernde		Maßnahmen zur sozialen Eingliederung	
			Rehabilitationsmaßnahmen					
	Anzahl	%	Anzahl	%	Anzahl	%	Anzahl	%
Krankenversicherung[1]	157.568	10,8	157.568	14,6	–	–	–	–
Unfallversicherung	103.157	7,1	80.931	7,5	17.483	5,6	4.743	7,6
Rentenversicherung	842.573	57,8	806.583	74,6	35.990	11,4	–	–
Kriegsopferversorgung	29.420	2,0	29.420	2,7	–	–	–	–
Kriegsopferfürsorge	35.874	2,5	–	–	1.006	0,3	34.868	56,0
Arbeitsförderung	258.909	17,8	–	–	258.909	82,3	–	–
Sozialhilfe	30.980	2,1	7.190	0,7	1.131	0,4	22.659	36,4
insgesamt	1.458.481	100	1.081.692	100	314.519	100	62.270	100

1) Von der gesetzlichen Krankenversicherung wurden zusätzlich 684.928 Krankenhausbehandlungen mit rehabilitativem Charakter durchgeführt.
Quelle: Statistisches Bundesamt, Fachserie 13, Reihe 5.2, Rehabilitationsmaßnahmen 1988, Stuttgart 1991, S.19.

Im Hinblick auf das für 1981 von der UN proklamierte internationale Jahr der Behinderten legte die Bundesregierung im Sommer 1980 ein neues Aktionsprogramm **»Rehabilitation in den 80er Jahren«** vor, das in 10 Punkten Vorschläge zur Fortentwicklung der Rehabilitation und zur weiteren Verbesserung der Situation der Behinderten enthielt.

Unter anderem sprach sich die Bundesregierung in diesem Aktionsprogramm für eine Fortentwicklung des Behindertenrechts aus, plädierte für eine vorbeugende Sozialpolitik sowie die Verbesserung von Früherkennung, Frühbehandlung und Frühförderung, verlangte eine Vervollständigung des Angebots im Bereich der medizinischen Rehabilitation sowie eine Verbesserung der Bildungschancen für behinderte Kinder, Jugendliche und Erwachsene und schließlich eine Fortentwicklung im Bereich der sozialen und beruflichen Rehabilitation. Ferner sollten Verbesserungen im Verfahren und in der Beratung sowie bei der Aus- und Fortbildung von Rehabilitationsfachkräften angestrebt werden. Schließlich sollten Forschung und Dokumentation zur Förderung der Eingliederung Behinderter verstärkt werden *(vgl. Rindt, 1989, S.10)*.

Im Zuge der Verschärfung der Wirtschafts- und Finanzkrise zu Beginn der 80er Jahre erfolgten allerdings abermals **Leistungseinschränkungen**, von denen auch die Rehabilitanden und Behinderten betroffen waren *(vgl. Kolb/Seidel, 1985)*. Neben einer Absenkung der Höhe des Übergangsgeldes sowie verschiedenen Regelungen zur Begrenzung der Maßnahmekosten wurde insbesondere die Schwerbehindertenfreifahrt zum Gegenstand von Einsparungen. Die mit dem **HBegleitG 1984 vom 22. Dezember 1983** [BGBl.I S.1532] eingeführten deutlichen Einschränkungen der unentgeltlichen Beförderung Schwerbehinderter führten allerdings zu verschiedenen Härten, die durch das **Gesetz zur Erweiterung der unentgeltlichen Beförderung Schwerbehinderter im öffentlichen Personenverkehr vom 18. Juli 1985** [BGBl.I S.1516] korrigiert werden mußten.

Nach dem HBegleitG 1984 gehörten Schwerbehinderte mit einer MdE um 80 % und mehr nur noch dann zum begünstigten Personenkreis, wenn sie tatsächlich in ihrer Bewegungsfähigkeit im Straßenverkehr erheblich beeinträchtigt waren. Grundsätzlich wurde eine Eigenbeteiligung von 120 DM jährlich in Form einer Jahreswertmarke eingeführt. Ausnahmeregelungen galten für Blinde und hilflose Schwerbehinderte, für typische Gruppen einkommensschwacher Schwerbehinderter sowie für Kriegsbeschädigte und Verfolgte. Mit Ausnahme der S-Bahn wurde die unentgeltliche Beförderung Schwerbehinderter im Schienenverkehr ersatzlos gestrichen. Die Möglichkeit zur kumulativen Inanspruchnahme der Vergünstigungen im öffentlichen Personennahverkehr und bei der Kraftfahrzeugsteuer wurde eingeschränkt.

Nach dem Gesetz zur Erweiterung der unentgeltlichen Beförderung Schwerbehinderter wurden die Härteregelungen für bestimmte Personenkreise erweitert. Gehörlose und Hilflose, die in ihrer Bewegungsfähigkeit im Straßenverkehr nicht erheblich beeinträchtigt sind, wurden in den berechtigten Personenkreis für die unentgeltliche Beförderung Schwerbehinderter im ÖPNV einbezogen. Auch Sozialhilfe empfangende Heimbewohner erhielten die Berechtigung zum Erhalt einer unentgeltlichen Wertmarke zugesprochen. Hinsichtlich der Eigenbeteiligung von 120 DM jährlich wurde bestimmt, daß diese in Teilbeträgen gezahlt werden kann. Außerdem wurde die unentgeltliche Beförderung im Nahbereich auch wieder mit Eisenbahnen möglich. Im Jahre 1987 betrug die Zahl der Freifahrtberechtigten rd. 1,4 Mio. Personen; für die Fahrgelderstattung an die Verkehrsbetriebe hatten Bund und Länder 662 Mio. DM aufzuwenden. Die Einnahmen aus dem Wertmarkenverkauf beliefen sich 1987 demgegenüber auf rd. 105 Mio. DM [BT-Drs. 11/4455, S.35].

Seit den Anfängen der Kostendämpfungsmaßnahmen im Gesundheitswesen in der zweiten Hälfte der 70er Jahre – dann aber verstärkt mit der sich verschärfenden Wirtschafts- und Finanzkrise und weiteren nahezu vergeblichen Bemühungen zur Bremsung der Ausgabenentwicklung im Gesundheitssektor – wurde auch die **Schwerbehindertengesetzgebung** außerordentlich kontrovers diskutiert.

Trotz eines deutlichen Rückgangs der Kriegsversehrten war die Zahl der Inhaber eines Schwerbehindertenausweises Mitte der 80er Jahre mittlerweile auf über 4 Mio. angestiegen, und der Trend zeigte weiterhin aufwärts. Dabei war die Ermittlung der die Schwerbehinderung bestimmenden MdE um mindestens 50 % im Einzelfall höchst problematisch. So konnten sich viele kleine Behinderungen insgesamt zu einer Schwerbehinderung addieren, und der damit errechnete Behinderungsgrad mußte nicht unbedingt dem Gesamtbild der tatsächlichen Behinderung im Einzelfall entsprechen. Zudem bedeutete die MdE nicht in jedem Falle eine Behinderung in bezug auf den jeweils ausgeübten Beruf; es gab bis Mitte der 80er Jahre keinen engen Bezug zwischen der konkreten Behinderung und der ausgeübten Berufstätigkeit.

Neben Anpassungserfordernissen aufgrund der Arbeitsmarktentwicklung bildete die definitorische Abgrenzung der Schwerbehinderung einen der Gründe für die Forderung nach einer Novellierung des Schwerbehindertengesetzes *(vgl. Möller-Lücking, 1986, S. 224ff.)*. Das **1. Schwerbehinderten-ÄndG vom 24. Juli 1986** [BGBl.I S.1110] ersetzte u.a. den mißverständlichen Begriff der MdE durch den **Grad der Behinderung**. Gleichzeitig wurde der Begriff »Behinderung« in Anlehnung an die von der WHO entwickelte Begriffsbestimmung definiert und dadurch u. a. zum Ausdruck gebracht, daß der Grad der Behinderung nichts über die Leistungsfähigkeit des Behinderten, vor allem im beruflichen Bereich, aussagt *(vgl. Rindt, 1989, S.11)*. Darüber hinaus wurden durch das Gesetz das SGB I geändert und in der grundlegenden Vorschrift über das soziale Recht auf Rehabilitation das Finalitätsprinzip ausdrücklich festgeschrieben. Außerdem modifizierte das ÄndG den **Kündigungsschutz** für Schwerbehinderte und erhöhte die von den Unternehmen zu zahlende **Ausgleichsabgabe**.

Neben diesen gesetzlichen Maßnahmen hat sich der **Bundestag** seit Beginn der 80er Jahre in verstärktem Maße der Lage der Behinderten angenommen. In einer am 25.6. 1982 angenommenen **Entschließung** [BT-Drs. 9/1753] hatte er die Bundesregierung aufgefordert, einmal in der Legislaturperiode einen »Bericht über die Lage der Behinderten und die Entwicklung der Rehabilitation« vorzulegen. In einer weiteren **Entschließung** vom 9.12.1982 [BT-Drs.9/2260] wurde die Bundesregierung ersucht, »auch – und gerade – angesichts veränderter wirtschaftlicher Verhältnisse die Bemühungen um die Eingliederung unserer behinderten Mitbürger in Arbeit, Beruf und Gesellschaft fortzusetzen«. Unterdessen ist die Bundesregierung dem Ersuchen des Parlaments nachgekommen und hat am 4.4.1984 den ersten [BT-Drs. 10/1233] und am 2.5.1989 den zweiten **Behindertenbericht** [BT-Drs. 11/4455] vorgelegt.

Die Berichte informieren detailliert über Leistungen und Hilfen zur Eingliederung Behinderter und verdeutlichen die Verzahnung der verschiedenen Bereiche. Den ersten Bericht hat der Bundestag eingehend beraten und auf dieser Grundlage am 10.12.1986 einstimmig eine Entschließung gefaßt, in der er an der Zielsetzung einer final orientierten Behindertenpolitik festhält und das Recht des Behinderten auf Hilfe betont, die notwendig ist, »die Behinderung abzuwenden, zu beseitigen, zu bessern, ihre Verschlimmerung zu verhüten oder ihre Folgen zu mindern« und »ihm einen seinen Neigungen und Fähigkeiten entsprechenden Platz in der Gemeinschaft, insbesondere im Arbeitsleben, zu sichern« [BT-Drs. 10/6705].

Im Bereich des **Sozialleistungsrechts** geht es auch weiterhin darum, dem Auftrag des RehaAnglG von 1974 nachzukommen und gleich Betroffenen unabhängig von Art und Ursache der Behinderung möglichst gleichwertige Leistungen und Hilfen zuteil werden zu lassen. Nachdem es den Reha-Trägern in jahrelangen Verhandlungen nicht gelungen war, eine befriedigende Harmonisierung der Kraftfahrzeughilfe zu erreichen, trat am 1.10.1987 die Rechtsverordnung der Bundesregierung vom 28. September 1987 über **Kraftfahrzeughilfe zur beruflichen Rehabilitation** [BGBl.I S.2251] in Kraft, die die entstandene Rechtszersplitterung beseitigte und den behinderungsbedingten Bedarf an Hilfen zum Erreichen des Arbeitsplatzes regelte.

Darüber hinaus kündigte die Bundesregierung im Zweiten Behindertenbericht an, das **Behinderten- und Rehabilitationsrecht** vereinfachen und in einheitlicher Form – eingeordnet in das SGB – zusammenfassen zu wollen. Zwar soll dabei eine weitere Harmonisierung erreicht, am gegliederten System der Leistungs- und sonstigen Zuständigkeiten jedoch festgehalten werden [BT-Drs. 11/4455, S.55].

Die zugunsten von Rehabilitanden und Behinderten erbrachten Leistungen haben sich in den letzten Jahren erneut stark ausgeweitet, nachdem v.a. zu Beginn der 80er Jahre als Folge der Leistungskürzungen die Zahl der Rehabilitationsmaßnahmen nachhaltig zurückgegangen war.

Im Jahre 1987 (1986) wurden insgesamt 1.378.849 (1.334.145) Rehabilitationsmaßnahmen durchgeführt; Träger der Maßnahmen war in 814.375 (791.822) Fällen die GRV, in 239.924 (227.434) Fällen die BA, in 134.791 (125.750) Fällen die GKV und in 100.644 (105.685) Fällen die GUV; den Rest der Maßnahmen teilten sich KOV, Kriegsopferfürsorge und Sozialhilfe. Differenziert nach der Art der Maßnahme handelte es sich um 1.037.570 (1.010.049) medizinische und 286.403 (271.513) berufliche Rehabilitationsmaßnahmen sowie um 54.876 (52.582) Maßnahmen zur sozialen Eingliederung *(vgl. Wirtschaft und Statistik, Heft 11/1989, Tab.1, S.737; vgl. auch Tabelle 54 mit entsprechenden Angaben für 1988)*. Im Bereich der BA wurden Ende 1987 insgesamt 94.666 (1983: 77.705) Teilnehmer an berufsfördernden Rehabilitationsmaßnahmen gezählt, darunter 32.467 Frauen (1983: 23.845). Knapp 84 % der 1986 abgeschlossenen berufsfördernden Rehabilitationsmaßnahmen (ohne Maßnahmen im Bereich der Werkstätten für Behinderte) entfielen auf die BA, nurmehr 9,5 % auf die GRV (1981 beliefen sich die Anteile noch auf 65,2 bzw. 30,9 %) [BT-Drs. 11/4455, S.20].

Für behinderte Kinder standen 1986 insgesamt 916 Sonderkindergärten mit etwa 20.400 Plätzen zur Verfügung; ca. 20.000 behinderte Kinder besuchten darüber hinaus Regelkindergärten. Im selben Jahr besuchten 261.461 Schüler Schulen für Behinderte, darunter 152.916 Schulen für Lernbehinderte (1975: 305.187). Der Rückgang der Schülerzahl ist zum einen auf demographische Faktoren, zum anderen auf veränderte Integrationspraktiken in den Regelschulen zurückzuführen. Daneben verfügt die Bundesrepublik inzwischen über ein flächendeckendes Netz von 384 anerkannten Werkstätten für Behinderte (August 1988), in denen Ende 1987 ca. 95.000 Behinderte beschäftigt waren (darunter ca. 13.000 im Eingangsverfahren und Arbeitstrainingsbereich). Zur stationären Unterbringung gab es 1987 nach Angaben der Länder rd. 71.500 Heimplätze in Einrichtungen für Behinderte sowie rd. 155.000 Plätze für Pflegebedürftige in Altenpflegeheimen und Altenheimen. Mit Bundes- und Landesmitteln sind in den Jahren 1977–1987 über 32.000 Wohnungen und fast 10.000 Heimplätze für Schwerbehinderte geschaffen worden. Trotz weiterhin bestehender Mängel sind auch im Bereich der allgemeinen gesellschaftlichen Integration Behinderter Fortschritte zu verzeichnen. Die Zahl der Empfänger der Eingliederungshilfe für Behinderte gem. § 39 ff. BSHG erhöhte sich von 194.800 (1980) auf 236.100 im Jahre 1988; der Aufwand für diese Eingliederungshilfen stieg von 2,7 Mrd. im Jahre 1980 auf 4,95 Mrd. DM im Jahre 1988 [BT-Drs. 11/4455].

5. 5 Unfallversicherung

Im Gegensatz zur Kranken- und Rentenversicherung blieb die Unfallversicherung in den letzten Jahrzehnten von gesetzlichen Neuregelungen weitgehend verschont. Zwar ist die Unfallversicherung nicht frei von Problemen gewesen, im Vergleich zu anderen Sozialleistungsbereichen war in diesem Bereich jedoch insbesondere die Ausgabenentwicklung weitaus moderater. Seit 1975 sind die **Leistungen der Unfallversicherung** gemäß Sozialbudget lediglich von 7,155 Mrd. DM über 10,019 Mrd. DM (1980) auf 13,316 Mrd. DM im Jahre 1990 angestiegen. Der Anteil am Sozialbudget verringerte sich in diesem Zeitraum von 2,1 % (1975) auf 1,9 % (1990) *(vgl. BArBl., Nr.7-8/1989, S.146 ff.; SB 1990, S.207 f.).*

Hinsichtlich der Zahl der Leistungsfälle hielt die seit Jahren günstige Entwicklung weiter an. Die Zahl der angezeigten Arbeitsunfälle ging von 1980 bis 1988 von 1,917 auf 1,579 Mio. zurück; auf 1.000 Vollarbeiter kamen nurmehr 54 angezeigte Arbeitsunfälle (1980: 75). Gleichzeitig verringerte sich in diesem Zeitraum die Zahl der erstmals entschädigten Arbeitsunfälle von 57.873 auf 46.192. Hervorzuheben ist auch der Rückgang der tödlichen Arbeitsunfälle von 3.137 (1975) über 2.597 (1980) auf 1.605 (1988). Auch bei den Wegeunfällen ist ein Rückgang der Anzeigen festzustellen (1980–1986 von 195.595 auf 169.590; 1987 allerdings ein Anstieg auf 185.538, danach 1988 erneut ein Rückgang auf 174.202). Auch hier hat die Zahl der tödlichen Unfälle kontinuierlich abgenommen (1975: 1.400; 1980: 1.197; 1987: 726; Ausnahme 1988: 755). Etwas differenzierter gestaltet sich die Situation bei den Berufskrankheiten; hier steht einer Zunahme der Verdachtsanzeigen eine Abnahme der erstmals entschädigten Fälle gegenüber (1980: 6.235; 1987: 3.760; 1988: 4048) [BT-Drs. 11/3736] *(vgl. auch Tabelle 19).*

Tabelle 55: Daten zur Schüler-Unfallversicherung 1972–1990

Jahr	Versicherte im JD in 1.000	Meldepflichtige Unfälle			Erstmals entschädigte Fälle		Leistungsfälle[1]	Ausgaben insgesamt[2]
		insgesamt	Unfälle i.e. Sinne	Wegeunfälle	insgesamt	dar. tödl. Unfälle		
1972	12.755	525.160	452.662	72.498	1.543	357	344	72.380
1975	14.595	685.124	599.808	85.316	3.295	341	1.732	175.593
1980	14.066	982.131	874.725	107.406	3.835	209	4.461	319.783
1985	12.746	1.006.229	904.653	101.576	3.784	182	6.725	436.893
1987	12.137	991.947	897.810	94.137	3.523	153	7.783	366.310
1988	12.104	994.349	902.057	92.292	3.463	125	8.345	369.191
1990	11.957	969.461	879.163	90.298	2.652	71	9.061	363.463

1) Verletzten- und Hinterbliebenenrenten am Jahresende; 2) ab 1987 werden in der Schüler-Unfallversicherung nur Leistungsausgaben (ohne Unfallverhütung) und Verfahrenskosten gesondert ausgewiesen; in 1.000 DM.
Quelle: BMA (Hrsg.): Die gesetzliche Unfallversicherung in der Bundesrepublik Deutschland im Jahre 1988. Statistischer und finanzieller Bericht, Bonn 1989.

Die Gewerbeaufsicht mit insgesamt 3.265 Gewerbeaufsichtsbeamten registrierte 1987 rd. 1,19 Mio. Beanstandungen, darunter 1.026 im Bereich Unfallverhütung und Gesundheitsschutz, 156.375 im Bereich Sozialer Arbeitsschutz. Der GUV standen zur Überwachung der Unternehmen 1987 insgesamt 1.826 technische Aufsichtsbeamte zur Verfügung (Gesamtpersonalbestand des technischen Aufsichtsdienstes: 3.255 Personen). Von den gewerblichen BG wurden 1987 gegen Mitglieder 1.317 Bußgeldbescheide verhängt und 57.561 Anordnungen ausgesprochen (im Bereich der landw. BG: 5.638 Bußgeldbescheide; 91.341 Anordnungen). Insgesamt waren 1987 in 141.898 Unternehmen Sicherheitsbeauftragte bestellt (außerdem in 31.500 Kindergärten, Schulen und Hochschulen). Zusammen gab es 357.605 Sicherheitsbeauftragte, darunter allein 262.713 im Bereich der gewerblichen BG [BT-Drs. 11/3736].

Die wichtigsten Neuregelungen seit Mitte der 70er Jahre waren die mit dem Haushaltsbegleitgesetz 1984 erfolgte Einbeziehung der GUV in den bereits bestehenden **Anpassungsverbund** von GRV und KOV sowie die **Neuordnung des Hinterbliebenenrentenrechts.**

Während bis 1984 die Renten der GUV durch besondere Gesetze angepaßt wurden, erfolgt die Anpassung der Geldleistungen aus der GUV seitdem entsprechend dem Vomhundertsatz, um den sich die Renten aus der GRV nach Abzug des Krankenversicherungsbeitrages der Rentner verändern (§ 579 RVO). Mit dieser Maßnahme sollten einerseits die Anpassungen aktualisiert werden, indem Anpassungszeitpunkt und Entwicklung der Erwerbseinkommen zeitlich enger verknüpft wurden, andererseits sollte eine Scherenentwicklung gestoppt werden, die sich dadurch kennzeichnete, daß Renten aus der GUV im Vergleich zu den Erwerbseinkommen, aber auch im Vergleich zu den Renten aus der GRV und der KOV ungleich stärker angestiegen waren *(vgl. H.-P. Thomas, 1989, S.12)*. Zuletzt wurden die Unfallrenten und Pflegegelder zum 1. 7. 1987 um 3,03 %, zum 1. 7. 1988 um 3,0 %, zum 1. 7. 1989 um 2,4 % und zum 1. 7. 1990 um 3,16 % angehoben.

Ebenfalls parallel zur GRV erfolgte in der GUV die Neuordnung des Hinterbliebenenrentenrechts *(vgl. S.232ff.)*. Auch hier stand – gegenüber dem unbedingten Anspruch der Witwen auf Witwenrente – dem Witwer eine entsprechende Leistung nur dann zu, wenn die verstorbene Ehefrau den Unterhalt der Familie überwiegend bestritten hatte. Seit dem 1. 1. 1986 orientiert sich auch in der GUV das Hinterbliebenenrentenrecht ausschließlich an der Unterhaltsersatzfunktion der Hinterbliebenenrente und unterscheidet nicht mehr zwischen Witwen und Witwern. Während weiterhin der Jahresarbeitsverdienst des verstorbenen Versicherten Ausgangsbasis für die Rentenberechnung bleibt, werden auf die Rente nunmehr jedoch Erwerbs- und Erwerbsersatzeinkommen nach Abzug bestimmter Freibeträge angerechnet. Damit wurde auch hier die „bisherige Typisierung und Pauschalisierung durch eine Individualisierung und Konkretisierung des tatsächlichen Unterhaltsanspruchs ersetzt" *(H.-P. Thomas, 1989, S.14)*.

Obgleich die **Berufsgenossenschaften** auch in den letzten Jahren Erfolge bei der **Unfallverhütung** erzielen konnten, sind sie im Zusammenhang mit **Berufskrankheiten** in jüngerer Zeit wachsender Kritik ausgesetzt. In Kreisen der Wissenschaft, von Gewerkschaften und Medien wird immer häufiger die Meinung vertreten, „die Berufsgenossenschaften übten sowohl bei den listenmäßig anerkannten Berufskrankheiten als auch bei den Erkrankungen, die aufgrund neuerer Erkenntnisse *wie* Berufskrankheiten zu behandeln sind, eine einengende Entschädigungspraxis zum Nachteil der Versicherten aus" *(Christmann, 1989, S.25)*. Für diese Vermutung spricht nicht zuletzt die enorme Diskrepanz zwischen der Anzahl der Anzeigen auf Verdacht einer Berufskrankheit und der Zahl der tatsächlichen Entschädigungsleistungen; 1988 z. B. wurden bei den Berufsgenossenschaften/Eigenunfallversicherungen 51.747 Verdachtsanzeigen eingereicht, aber nur 5.048 Berufskrankheiten entschädigt *(vgl. Gitter, 1985 b, S.200ff.)*.

Unterdessen wurde die Liste der Berufskrankheiten durch die **VO zur Änderung der BKVO vom 22. März 1988** [BGBl.I S.400] neuen medizinisch-wissenschaftlichen Erkenntnissen angepaßt. U. a. wurden vier neue Berufskrankheiten hinzugefügt und sechs vorhandene weiter gefaßt *(vgl. SB 1990, S.61)*.

Ein wesentlicher Problembereich der GUV ist trotz ständig verfeinerter Diagnoseverfahren nach wie vor die **Bestimmung von Krankheitsursachen**. Erhebliche Ermittlungsschwierigkeiten bereitet insbesondere die für Entschädigungen der GUV maßgebliche Kausalität zwischen einer Erkrankung und einem bestimmten krankheitsverursachenden Arbeitsstoff. Vielfach liegen zwischen der gesundheitsgefährdenden Einwirkung und der Feststellung der Erkrankung mehrere Jahrzehnte. Dies gilt insbesondere für die sich in der jüngsten Zeit häufenden **Asbesterkrankungen** sowie die Erkrankungen von **dioxingeschädigten Versicherten**, deren Ursachen überwiegend auf Umstände in den 50er und 60er Jahren zurückgeführt werden.

Insbesondere bei den asbestbedingten Berufskrankheiten ist neuerdings ein besorgniserregender Anstieg zu verzeichnen. Obwohl 1987 lediglich 3,5 % oder 1.664 Verdachtsanzeigen aufgrund einer asbestbedingten Berufskrankheit erfolgten, betrug der Anteil bei den erstmals entschädigten Fällen bereits 11 % (426 Fälle). Von den dabei entschädigten 275 Berufskrankheitsfällen mit tödlichem Ausgang entfielen 153 auf eine Asbesterkrankung (55 %). Noch alarmierender sind die Veränderungsraten; allein 1987 stiegen die auf Asbesterkrankungen basierenden Verdachtsanzeigen gegenüber dem Vorjahr um 25,5 %, die erstmals entschädigten Fälle um 13,6 % und die Fälle mit tödlichem Ausgang um 17,7 %. Angesichts der überaus langen Latenzzeit von 10 bis 40 Jahren zwischen der Asbesteinwirkung und dem Auftreten der Erkrankung sowie der Tatsache, daß der Asbestverbrauch erst 1976 seinen Höchstwert erreichte und erst Anfang der 70er Jahre Vorschriften zum Schutz der Beschäftigten beim Umgang mit diesem Material erlassen worden waren, dürfte in den kommenden Jahren mit einem dramatischen Anstieg dieser Berufskrankheit zu rechnen sein *(vgl. Ostermann, 1989, S.36f.)*.

5.6 Gesundheits-Reformgesetz 1988

5.6.1 Gesundheitspolitische Reformdiskussion

In ihren Anfängen bereits auf die 70er Jahre zurückgehend, entwickelte sich in den 80er Jahren eine umfassende Diskussion um eine **ordnungspolitische (Neu-)Orientierung des Gesundheitswesens** in der Bundesrepublik. In dieser sehr kontrovers geführten Auseinandersetzung standen sich zwei grundsätzlich verschiedene Positionen gegenüber. Auf der einen Seite wurde eine Verstärkung der **staatlichen Regulierung des Gesundheitssektors** gefordert, um mittels verschärfter Budgetrestriktionen sowohl die Nachfrager als auch die Anbieter von Gesundheitsgütern zwingenden, den Kostenanstieg dämpfenden Begrenzungen zu unterwerfen. Auf der anderen Seite standen die Befürworter von **»mehr Markt im Gesundheitswesen«**, die sich, ausgehend von der ordnungspolitischen Leitidee der sozialen Marktwirtschaft, für mehr Wettbewerb und die Einführung marktlicher Kontroll-, Anreiz- und Sanktionsmechanismen aussprachen.

Zwischen diesen beiden Positionen angesiedelt ist eine kaum mehr übersehbare Zahl von Vorschlägen, die in moderater Form das derzeitige System in die eine oder andere Richtung fortentwickeln wollen *(vgl. Andreae/Theurl, 1985; Andresen/Schulenburg, 1987; Arnold, 1988; Badura, 1981, S.147ff., 1985, S.342 ff.; Badura/v.Ferber, 1981; Baier, 1988, S.231 ff.; Balzer, 1985; Bantling, 1983, S.2 ff.; U. Bauer, 1986, S.293 ff.; Bilski/Sendler, 1986a, S.100ff., 1986b, S.217ff., 1986c, S.269 ff.; Blüm, 1986, S.19ff.; H. Bogs, 1977, 1982, S.415 ff.; G. Borchert, 1984, S.25 ff.; Braun/Reiners, 1988, S.182 ff.; Brunkhorst, 1988, S.234ff.; BKU, 1988; BDA, 1985; Cassel/Henke, 1988, S.13ff.; Cassel, 1987; Cassel, 1984, S.31 ff.; Cichon, 1986, S.23ff.; Ebenbeck, 1987, S.79 f.; Eisen/Schrüfer, 1986, S.207 ff.; Henke, 1984, S.11 ff.; Henke, 1986; Henke/Metze, 1986; AOK-Bundesverband, 1985; Braun u.a., 1983; Deppe, 1987; Gäfgen, 1986; Herder-Dorneich/Sieben/Thiemeyer, 1981, 1982; Herder-Dorneich, 1982c, S.481 ff.; Krämer, 1989; Lampert, 1983, S.65ff.; Metze, 1982; Metze, 1975; Muhr, 1986, S.130ff.; Müller/Wasem, 1987, S.300; Neubauer/Maneval, 1982, S.172ff.; Neubauer, 1984 a, 1984 b, S.149ff., 1984 c, S.83 ff.; Neubauer, 1988, S.91 ff.; Oberender, 1988; Oldiges, 1987 a, S.161 ff.; Pfaff/ Busch, 1987, S.245ff.; Pfaff, 1983, S.133ff.; H. Reiners, 1986; Saekel, 1985, S.176ff.; Schaper, 1978; Schaper, 1979, S.179ff.; Scharf, 1985, S.569ff.; Sendler, 1986, S.230ff.)*.

Ein Teil der Reformkonzepte läßt sich unter dem Begriff »Globalsteuerung und Budgetierung« zusammenfassen. Hierunter sind Ansätze insbesondere auf der Makro-Ebene zu verstehen, die – unterhalb der Schwelle einer Verstaatlichung des Gesundheitswesens – eine stärkere staatliche Einflußnahme auf das Gesundheitswesen verlangen. Eine wesentliche Aufgabe der Gesundheitspolitik wird u.a. darin gesehen, dem Gesundheitssystem durch Zielvorgaben und Prioritätensetzung eine gesamtverantwortliche Orientierung zu geben. Im Vordergrund der Globalsteuerungskonzepte steht allerdings nicht die Vorstellung, ex ante das Ausgabenvolumen zu bestimmen, sondern vielmehr einen inhaltlichen Orientierungsrahmen festzulegen, aus dem heraus die finanzielle Orientierung abgeleitet werden kann. Wesentliches Merkmal derartiger Konzepte ist neben der Vorgabe gesundheitspolitischer Ziele und Prioritäten v. a. die Koordination/Integration der zur Erreichung dieser Ziele von verschiedenen Trägern aufgestellten Finanzplanungen, getroffenen Entscheidungen, aufgebrachten Ressourcen und durchgeführten Aktivitäten. Dabei drückt sich die Gesamtverantwortung insbesondere in der Verbindlichkeit handlungsleitender Ziele aus. Im Gegensatz zu anderen Reformansätzen wird davon ausgegangen, daß das Gesundheitswesen einer verstärkten Planung bedarf, um bei den gegebenen finanziellen Ressourcen ein Höchstmaß an gesundheitlichen Zielen realisieren zu können. Als Instrumente zur Umsetzung dieses Konzeptes werden u. a. die Einrichtung regionaler Gesundheitskonferenzen sowie eine strukturierte Budgetierung genannt *(vgl. SPD-Bundestagsfraktion, 1988; Smigielski, 1986; Neuhaus/Paquet/Schräder, 1985; Pfaff, 1987).*

In der öffentlichen Diskussion haben allerdings v. a. Konzepte besondere Aufmerksamkeit erlangt, die für eine stärkere marktwirtschaftliche Orientierung des Gesundheitswesens plädieren. Für die Befürworter dieser Konzepte stellt die als längst überfällig erachtete Strukturreform nicht nur ein gesundheitspolitisches Anliegen dar; übergeordnetes Ziel der Reformbestrebungen sind vielmehr die »Wiederherstellung und Erhaltung der freiheitlichen Ordnung« und die »Neubesinnung auf die konstituierenden und regulierenden Prinzipien einer sozialen Marktwirtschaft«. Gefordert wird eine ordnungspolitische Neuorientierung, deren Hauptzweck nicht eine Begrenzung der Gesundheitsausgaben ist (diese ergeben sich gemäß den individuellen Präferenzen), sondern die Erhöhung der individuellen Wahl- und Handlungsfreiheit. Hierfür sollen im Gesundheitswesen Strukturen geschaffen werden, die allen Beteiligten mehr Anreize bieten, aus eigenem Interesse das zu tun, was auch für alle günstig ist. Als Instrumente favorisiert werden höhere Selbstbeteiligungen, Wahltarife mit unterschiedlichen Versicherungsleistungen, Kostenerstattungsregelungen sowie ein verstärkter Kassenwettbewerb um die Versicherten. Verschiedene Vorschläge plädieren dafür, die GKV auf eine Grundsicherung zu beschränken und den Leistungskatalog von allen versicherungsfremden Leistungen zu bereinigen. Darüber hinausgehende Risiken sollen über Zusatzversicherungen mit Wahltarifen abgesichert werden können. Zwischen Krankenkassen und Leistungserbringern soll völlige Vertragsfreiheit herrschen, der Sicherstellungsauftrag abgeschafft werden *(vgl. Kronberger Kreis, 1987; Knappe, 1988 b; Gitter/Oberender, 1987; Münnich, 1982; Hamm, 1984 a, 1984 b; Wissenschaftliche Arbeitsgruppe, 1988; B. Molitor, 1987, S.12; Münnich, 1981, S.197 ff.; Münnich, 1978, S.268 ff.; Zweifel/Hauser, 1987, S.301 ff.).*

Zwischen diesen beiden Konzeptionen sind Reformvorstellungen angesiedelt, die die »Gemeinsame Selbstverwaltung« als ein Steuerungs- und Koordinationsverfahren auf »mittlerer Ebene« zwischen »Staat« und »Markt« präferieren. Befürworter der »Gemeinsamen Selbstverwaltung« weisen dieser besondere Problemlösungsfähigkeiten gerade für die im Gesundheitswesen auftretenden Konflikte zu; für einige ist sie schlechthin das einzige brauchbare Steuerungsinstrument im »Nicht-Markt-System« Gesundheitswesen. Vereinfacht wird bei diesem »korporatistischen« Steuerungsmodell davon ausgegangen, daß sich – zur Lösung des volkswirtschaftlichen Hauptproblems, nämlich der Abstimmung von Bedarf und Leistungsangebot, und zur Lösung des Preisbildungs- und Entgeltproblems – einerseits die Versicherten zu Krankenkassen, andererseits die Produzenten von Gesundheitsgütern in Selbstverwaltungskörperschaften zusammenschließen. Anstelle staatlicher Regulierungen soll zwischen den Verbänden der Nachfrager und Anbieter über Verhandlungen ein kollektiver Interessenausgleich herbeigeführt werden *(vgl. Neubauer/Rebscher, 1985; Knappe, 1988 a; H. Reiners, 1987; Gäfgen, 1988; Krause, 1988, S.253 ff.; Lampert, 1984, S.37 ff.; Neubauer, 1986, S.223 ff.; Thiemeyer, 1984, S.63 ff.; Thiemeyer, 1975 b, S.539 ff.; Winterstein, 1984 b, S.9 ff.).*

Neben diesen »traditionellen« ordnungspolitischen Konzepten, bei denen – ungeachtet aller Unterschiede – die optimale Allokation des Ressourceneinsatzes zur Bewältigung von medizinisch definierten Krankheiten im Vordergrund steht, gibt es Konzeptionen, die es als primäre Aufgabe ansehen, die Lebens-, Arbeits- und Umweltbedingungen so zu gestalten, daß vermeidbare Schadensfälle und ein damit einhergehender Ressourcenverzehr erst gar nicht entstehen. Bei der Versorgung eingetretener Krankheiten geht es ihnen weniger um eine Steuerungseffizienz i. S. v. kostenminimierender Produktionseffizienz, sondern um die medizinische und soziale Bewältigung von Krankheiten. Nach dieser Auffassung läßt sich das Krankenversicherungssystem überdies nur dann sinnvoll steuern, wenn die von Steuerungsmaßnahmen ausgelösten Wirkungen mit dem spezifischen Ziel von

Gesundheitspolitik kompatibel sind, d. h. einen positiven Beitrag zur Minderung negativer und zur Förderung positiver Wirkungen auf die Gesundheit der Bevölkerung leisten *(vgl. Rosenbrock, 1988; Naschold, 1977; Abholz, 1981; Hauß/Naschold/Rosenbrock, 1981; Die Grünen, 1986, S.131 ff.)*.

Bei allem Engagement der wissenschaftlichen Auseinandersetzung um **alternative Steuerungsformen** des Gesundheitswesens stellt sich auch die Frage nach dem Sinn einer von den konkreten gesellschaftlichen Problemen oftmals doch sehr abgehobenen Diskussion ordnungspolitischer Grundsätze. Politische Wirklichkeit und historische Erfahrungen sprechen eher für ein **pragmatisches Nebeneinander** unterschiedlicher Steuerungsansätze und **behutsame Weiterentwicklungen** bestehender Strukturen, kaum für radikale Umorientierungen.

5. 6. 2 Reformziele und politische Kontroversen

Als Reaktion auf die jahrelange öffentliche Reformdiskussion und die im Bundestagswahlkampf von allen Parteien bekräftigte unbedingte Notwendigkeit einer umfassenden Strukturreform der GKV verständigten sich Regierung und Koalitionsparteien (CDU/CSU, FDP) unmittelbar nach der Bundestagswahl 1987 auf die Grundzüge einer GKV-Reform, deren Durchführung in der **Regierungserklärung** vom 18.3.1987 als zentrales sozialpolitisches Vorhaben der Regierung für die kommende Legislaturperiode angekündigt wurde. Eine aus Sozialexperten der Regierungsparteien zusammengesetzte Kommission erarbeitete in der Folgezeit **politische Leitlinien** der Reform, anhand derer die Beamten des BMA einen Gesetzentwurf erstellen sollten. Bereits in dieser Phase – von der interessierten Öffentlichkeit kritisch begleitet – zeigten sich wiederholt **Interessengegensätze** zwischen den Regierungsparteien, die oftmals nur mühsam und teilweise nur mittels Ausklammerung umstrittener Bereiche – im Rahmen der sog. »Elefanten-Runde« aus den Vorsitzenden der Regierungsparteien – überbrückt werden konnten. Dennoch gelang es dem BMA, entsprechend dem am 3.12.1987 verabschiedeten politischen Reformkonzept – das den Titel »Solidarität und Eigenverantwortung« trug und einen Katalog von 58 Einzelmaßnahmen enthielt *(vgl. Knieps, 1989)* – am 7.12.1987 einen **Vorentwurf für ein Gesundheitsreformgesetz** vorzulegen.

Entschieden abgelehnt wurde dieser Vorentwurf von den **Oppositionsparteien** SPD und DIE GRÜNEN; insbesondere die SPD verlangte, erst die Ergebnisse der auf ihren Antrag [BT-Drs. 11/310] hin am 4.6.1987 vom Bundestag eingesetzten **Enquête-Kommission** »Strukturreform der gesetzlichen Krankenversicherung« abzuwarten, und bezeichnete das vorgelegte Reformkonzept als ein »Bündel von Maßnahmen zu Lasten der Versicherten«.

Massive Kritik erfuhr der Vorentwurf zudem von den Kassenorganisationen sowie den Verbänden der medizinischen Leistungserbringer. Während dieser Widerstand – wenn auch nicht in der dann erfolgten Schärfe – zu erwarten war, überraschte jedoch, daß auch die Vertreter der einzelnen Koalitionsparteien den Vorentwurf weitgehend verwarfen und bisherige Vereinbarungen zugunsten der Verfolgung von Partikularinteressen erneut in Frage stellten *(vgl. auch Pfaff, 1988, S.247 ff.)*.

Nach abermaligen Koalitionsgesprächen sowie einer ersten Anhörung der Verbände durch das BMA wurde am 20.1.1988 ein Referentenentwurf vorgelegt, der neben fachlich-konstruktiven Verbesserungen allerdings auch eine Reihe weiterer Abstriche – gemessen am Umfang der ursprünglichen Reformabsichten – enthielt. Dennoch wurde dieser Entwurf zum „Gegenstand erbitterter öffentlicher Auseinandersetzungen, die zum Teil die Grenzen der politischen Kultur und des politischen Anstands überschritten" *(Nicolay/Knieps, 1988, S.637)*. Bei Gesundheitsfachleuten auf wenig Anerkennung stoßend, wurde das Reformkonzept in der Öffentlichkeit »einhellig zerpflückt« *(vgl. SZ v. 25.1.1988)*.

Schon zu diesem Zeitpunkt waren kaum mehr Konturen einer wirklichen Strukturreform zu erkennen; so wurden u.a. der Krankenhausbereich mit Rücksicht auf die nicht konsensfähigen Vorstellungen der Länder gänzlich ausgeklammert, die als notwendig erachtete Reform des Kassenorganisationsrechts nurmehr als weiterer Schritt in die zweite Hälfte der Legislaturperiode vertagt und der vom Arbeitsminister als unabdingbar bezeichnete »Solidarbeitrag« der Pharma-Industrie dem (Miß-)Erfolg persönlicher Initiativen des Bundeskanzlers überlassen.

Trotz der zumindest in dieser Schärfe von früheren Gesetzesvorhaben nicht bekannten **Kritik** seitens der betroffenen Organisationen, der **Warnungen** der Fachöffentlichkeit und der unüberhörbaren **Bürgerproteste** hielten die Regierung und die sie tragenden Parteien an ihrem Reformplan fest. Unter Inkaufnahme weiterer Abstriche (z.B. Wegfall des geplanten Fixzuschlages für Apotheker, Begrenzung der Kompetenz des Medizinischen Dienstes, Verwässerung der Transparenzbestimmungen, Verzicht auf den Solidarbeitrag der Pharma-Industrie) und einer weiteren Erosion noch verbliebener struktureller Elemente verabschiedete das Bundeskabinett am 27.4.1988 den **Gesetzentwurf**. Danach orientierte sich die Reform an folgenden **Zielvorstellungen** *(vgl. K. Jung, 1988, S. 33ff., 1989, S.11ff.)*:

— Neubestimmung der Solidarität der sozialen Krankenversicherung; Beschränkung der Leistungen der Krankenversicherung auf das medizinisch Notwendige; Ausgleich von Versorgungsdefiziten und Einführung eines Beitrages der Krankenversicherung zur häuslichen Pflege;

— Stärkung der Eigenverantwortung der Versicherten für ihre Gesundheit und Aufwertung der Gesundheitsvorsorge und Krankheitsfrüherkennung;

— Erhöhung der Wirtschaftlichkeit der Leistungserbringung;

— Modernisierung der Strukturen der Krankenversicherung;

— Neukodifikation des Rechts der gesetzlichen Krankenversicherung, um es für den Bürger verständlicher zu machen.

Diese Ziele sollten u.a. erreicht werden durch Festsetzung von **Festbeträgen** für Arznei-, Heil- und Hilfsmittel bzw. durch spürbare **Erhöhung der Selbstbeteiligung**, Reduktion des Erstattungsbetrages auf 50 % der Kosten für **Zahnersatz** (Versicherte, die zur Individualprophylaxe regelmäßig den Zahnarzt aufsuchen, sollten einen Bonus erhalten), Beschränkung des Kassenzuschusses zu **offenen Badekuren** auf 15 DM täglich, Streichung des **Sterbegeldes** aus dem Leistungskatalog der GKV, Einschränkung der Übernahme von **Fahrtkosten**, stufenweise Einführung neuer Leistungen bei **Pflegebedürftigkeit**, Verbesserung der Leistungen und Rahmenbedingungen im Bereich der **Prävention**, Stärkung der **Wirtschaftlichkeit** und **Transparenz** der Leistungserbringung durch verschiedene Einzelmaßnahmen, Umgestaltung des Vertrauensärztlichen Dienstes zu einem **Medizinischen Dienst** der Krankenkassen, erweiterte Zulassung von **Erprobungsmodellen** (z.B. Beitragsrückgewähr), Einführung eines **obligatorischen Finanzausgleichs** innerhalb einer Kassenart auf Landesverbandsebene sowie einer **Versicherungspflichtgrenze** für Arbeiter. Laut Bundesregierung sollte das Gesetz 1992, wenn alle Maßnahmen voll wirksam geworden sind, zu jährlichen **Einsparungen** bei den Trägern der GKV in Höhe von rd. 14,1 Mrd. DM führen. Durch Wegfall von Zuzahlungen sollten die Versicherten in Höhe von rd. 0,74 Mrd. DM entlastet werden. Vorgesehen war, rd. 7,1 Mrd. DM für neue Leistungen einzusetzen und 6,2 Mrd. DM für Beitragssatzsenkungen zur Verfügung zu stellen [BT-Drs. 11/2237, S.3 f.].

Die politischen Kontroversen und öffentlichen Auseinandersetzungen, die zunehmend von Emotionen, teilweise von sehr unsachlichen Stellungnahmen geprägt wurden, begleiteten auch das **parlamentarische Verfahren**, das im wesentlichen im Ausschuß für Arbeit und Sozialordnung stattfand. Hinzu kam, daß den Abgeordneten nur eine Beratungszeit von 25 Sitzungstagen zur Verfügung stand, um das äußerst umfangreiche Gesetzesvorhaben einschließlich der mehr als 500 **Änderungsanträge** aller Fraktionen zu bewältigen [BT-Drs. 11/3480]. Im Zuge der Beratungen erfuhr der Regierungsentwurf durch die Empfehlungen des Ausschusses [BT-Drs. 11/3320], die schließlich Gesetz wurden, erhebliche Korrekturen. Gegen den entschiedenen Widerstand der parlamentarischen Opposition verabschiedete der Bundestag schließlich mit der Mehrheit der Regierungsparteien CDU/CSU und FDP am 25.11.1988 das Gesundheits-Reformgesetz. Nachdem auch der Bundesrat dem Gesetz am 16.12.1988 zustimmte, konnte es planmäßig zum 1.1.1989 in Kraft treten.

5.6.3 Neuregelungen durch das GRG

Das **Gesundheits-Reformgesetz (GRG) vom 20. Dezember 1988** [BGBl.I S.2477] brachte zwar eine Vielzahl von Neuregelungen. Umstritten war allerdings, inwieweit es tatsächlich eine grundlegende **Strukturreform** darstellte. Zweifel gab es zudem hinsichtlich der **praktischen Umsetzbarkeit** verschiedener Maßnahmen sowie in bezug auf die dem Gesetz zugedachten **finanziellen Auswirkungen**. Zahlreiche Regelungen waren bewußt ausfüllenden Rechtsverordnungen, Gestaltungen durch die Selbstverwaltung sowie Vereinbarungen zwischen Kassen und Leistungserbringern überlassen worden, was zumindest teilweise erhebliche **Probleme der Rechtssicherheit** aufwirft *(vgl. Rüfner, 1989, S. 1002)*. Ordnungspolitisch vereinigte es sowohl marktwirtschaftliche wie stärker bürokratisch-administrative Elemente.

Veränderungen im Organisations-, Mitgliedschafts- und Beitragsrecht

Entgegen den ursprünglichen Absichten und dem Ziel, mit dieser Strukturreform eine »solidarische Erneuerung der gesetzlichen Krankenversicherung« vorzunehmen, brachte das GRG im Organisations- und Mitgliedschaftsrecht nur wenige grundlegende Neuerungen. Festgehalten wurde nicht nur an der bisherigen **Kassengliederung**, verzichtet wurde auch darauf, die Ungleichbehandlung von Arbeitern und Angestellten mit Einkommen unterhalb der Jahresarbeitsverdienstgrenze hinsichtlich der **Kassenwahlfreiheit** zu beseitigen. Neben der Einführung einer **Versicherungspflichtgrenze für Arbeiter** sah das GRG u.a. die Einbeziehung der Ersatzkassen in den Kreis der früheren RVO-Kassen, einen **kassenarteninternen Finanzausgleich auf Landesebene** sowie eine Beseitigung des **originären Beitrittsrechts für Rentner** vor *(vgl. Vielhaber, 1989, S.74ff.; Wasem, 1989 a, S.6ff.)*. Die eigentliche **Organisationsreform** selbst wurde dagegen auf einen späteren Zeitpunkt verschoben.

Entsprechend dem Ziel, Wettbewerbsverzerrungen zwischen den Kassenarten abzubauen, enthält das GRG zahlreiche Regelungen, mit denen insbesondere die Unterschiede im Mitgliedschafts-, Beitrags- und Leistungsrecht zwischen RVO-Krankenkassen und Ersatzkassen abgebaut werden. Die bislang nur für Angestellte bestehende Versicherungspflichtgrenze gilt zukünftig auch für Arbeiter. Zur Überwindung von Beitragssatzunterschieden sieht § 266 SGB V obligatorische Finanzausgleiche innerhalb einer Kassenart auf Landesebene vor; auf Bundesebene können die Spitzenverbände durch Satzung zeitlich befristete, mit Auflagen verbundene Finanzhilfen an notleidende Kassen gewähren (§ 267 SGB V); ferner wurde die freiwillige Vereinigung von Kassen einer Kassenart innerhalb eines Landes und länderübergreifend erleichtert. An die Stelle des in § 385 Abs.2 RVO gesetzlich festgelegten Beitragssatzes in Höhe von 11,8 % für versicherungspflichtige Rentner trat der durchschnittliche allgemeine Beitragssatz aller Krankenkassen (§ 247 SGB V) *(vgl. Krengel, 1989, S.43)*. Gleichzeitig wurde der KVdR-Belastungsausgleich neu gestaltet; zum einen sollten nicht mehr alle Leistungsaufwendungen, sondern nur noch die durch Gesetz ausdrücklich bestimmten Aufwendungen in den KVdR-Ausgleich eingebracht und zum anderen ab 1.1.1991 eine sog. Eigenquote der Krankenkassen eingeführt werden. Dieser Eigenanteil soll zwischen 5 % und 30 % der Aufwendungen je nach Rentnerdichte schwanken (§ 269 SGB).

Im Sinne einer Stärkung des Subsidiaritätsprinzips sollten durch das GRG die Gestaltungsmöglichkeiten der Selbstverwaltung erweitert werden. So erhielten die Krankenkassen die Möglichkeit, in ihren Satzungen im Rahmen zeitlich befristeter Experimentierklauseln Anreize zu wirtschaftlichem Verhalten zu erproben und neue Wege der Prävention und Rehabilitation zu gehen. Dabei wurde auch die Einführung einer Beitragsrückgewähr in der GKV vorgesehen, und zwar zunächst probeweise im Rahmen einer Experimentierklausel bei mindestens einer Krankenkasse in jedem Landesverband. Den Versicherten wurde ein Rechtsanspruch eingeräumt, sich von der Kasse über die Leistungen und Kosten unterrichten zu lassen; die Transparenz im Verhältnis Kasse und Leistungserbringer sollte durch geeignete Datenübermittlung erhöht werden, wobei allerdings der Datenschutz im einzelnen noch beträchtliche Probleme aufwerfen dürfte. Der Vertrauensärztliche Dienst sollte zu einem eigenständigen medizinischen Beratungsdienst der Krankenkassen (organisiert auf Landesebene als Körperschaft des öffentlichen Rechts nur auf Zeit, getragen von allen Kassenarten und losgelöst von Landesversicherungsanstalten, Vorrang von Honorarkräften) umgestaltet werden. Der Konzertierten Aktion wurde nunmehr präzise das Ziel der Gewährleistung der Beitragssatzstabilität vorgegeben; für den Sachverständigenrat für die KAiG wurde eine gesetzliche Grundlage als Kann-Regelung geschaffen.

Ausbau der Gesundheitsvorsorge und Überprüfung des Leistungsspektrums

Erklärtes Ziel des GRG ist eine **Verstärkung der Prävention**, insbesondere die Aufklärung über **Gesundheitsgefährdungen** und die Beratung über **Krankheitsverhütung**. In bezug auf das Leistungsspektrum brachte das GRG einerseits Einschränkungen (Abschaffung des **Sterbegeldes**, Beschränkung der Übernahme von **Fahrtkosten**, Erweiterung der Zuzahlungen v.a. beim **Zahnersatz** und bei **Heilmitteln**), andererseits jedoch verschiedene neue Leistungen. Den Schwerpunkt bilden dabei die neuen **Pflegeleistungen** *(vgl. Saekel, 1989, S.23f.; Dalhoff, 1989, S.25ff.)*.

Im Rahmen eines Ausbaus der Gesundheitsvorsorge verpflichtet § 21 SGB V die Krankenkassen, gruppenprophylaktische Maßnahmen zur Verhütung von Zahnerkrankungen bei Kindern, die das 12. Lebensjahr noch nicht vollendet haben, mitzufinanzieren. Daneben haben Versicherte zwischen dem 13. und dem 20. Lebensjahr Anspruch auf halbjährliche individualprophylaktische Maßnahmen (§ 22 SGB V) *(vgl. Saekel, 1989, S.23 f.)*. Ferner sieht das GRG eine Erweiterung der Früherkennungsmaßnahmen für Erwachsene vor; angesichts des steigenden Gewichts verschiedener Volkskrankheiten soll Versicherten über 35 Jahren ein sog. »Gesundheits-Checkup« angeboten werden, der insbesondere Untersuchungen auf Herz-, Kreislauf-, Nierenerkrankungen und Diabetes umfaßt. An Schulen und Kindergärten soll ein Unterricht in Gesundheitserziehung durch Ärzte eingeführt werden. Außerdem sollen die Krankenkassen auffälligen Befunden nachgehen, die auf eine arbeitsplatz- oder umweltbedingte Gesundheitsschädigung schließen lassen (§ 20 Abs. 1 u. 2 SGB V) *(vgl. Rauterberg, 1989, S.12ff.)*.

Um neue Leistungen finanzieren zu können, wurden durch das GRG verschiedene Leistungen gestrichen bzw. ihre Erstattung durch die Krankenkassen eingeschränkt. So entfällt für alle Personen, die ab dem 1. 1. 1989 in die GKV eintreten, das Sterbegeld; für zu diesem Zeitpunkt in der GKV Versicherte wird nur noch ein einheitliches Sterbegeld in Höhe von 2.100 DM (für mitversicherte Familienangehörige 1.050 DM; keine Dynamisierung) gezahlt. Durch Rechtsverordnung werden unwirtschaftliche Arzneimittel ausgeschlossen; gleiches gilt für Heilmittel mit geringer oder umstrittener therapeutischer Wirkung sowie für Bagatellmittel im Rahmen der Hilfsmittelversorgung (mit Härteregelungen) *(vgl. J. Müller, 1989, S.20ff.)*.

Die aufgrund von Leistungseinschränkungen eingesparten Mittel sollen zu einem wesentlichen Teil dazu dienen, neue Leistungen – v. a. im Rahmen der häuslichen Pflege – zu finanzieren (veranschlagt sind hierfür jährlich 5,1 Mrd. DM). Zusätzlich zur bisherigen häuslichen Krankenpflege gewährt das GRG seit dem 1. 1. 1989 für bis zu 4 Wochen im Kalenderjahr eine Ersatzpflege bei Urlaub, Krankheit oder sonstiger Verhinderung der Pflegeperson. Die Kosten für diese Urlaubsvertretung sind gesetzlich allerdings auf 1.800 DM pro Jahr begrenzt. Ab 1. 1. 1991 erhalten Versicherte darüber hinaus eine Grundpflege und hauswirtschaftliche Versorgung in Form von 25 Pflegeeinsätzen (bis zu je einer Stunde) im Kalendermonat. Wahlweise kann anstelle dieser »Sachleistung«, die aus finanziellen Gründen auf monatlich 750 DM begrenzt ist, eine Geldleistung (Pflegegeld) in Höhe von 400 DM monatlich von der Krankenkasse in Anspruch genommen werden. Gewährt werden beide Leistungen allerdings nur für Schwerpflegebedürftige, die bestimmte Anspruchsvoraussetzungen erfüllen *(vgl. Dalhoff, 1989, S.25ff.)*.

Einführung von Festbeträgen und Zuzahlungsregelungen

Ein Kernelement des GRG bildet das sog. **Festbetragskonzept**, das den – nach Ansicht des BMA – unterentwickelten **Preiswettbewerb** im Arznei- und Hilfsmittelbereich beleben soll. Durch Einführung von Festbeträgen soll Druck auf das Arzneimittelpreisniveau ausgeübt und die **Verschreibung preisgünstiger Generika** gefördert werden. Begründet wurde der Steuerungseingriff damit, daß sich gerade der Arzneimittelmarkt durch **fehlendes Preisbewußtsein** und unzureichende Anreize zu mehr **Wirtschaftlichkeit** in der Arzneimittelverordnung kennzeichne.

Nach der mit dem GRG eingeführten Festbetragsregelung wurden Arzneimittel nach bestimmten Kriterien zu Gruppen zusammengefaßt. Für die Gruppenbildung ausschlaggebend sollten in erster Linie therapeutische, nicht ökonomische Kriterien sein. Für jede vom Bundesausschuß der Ärzte und Krankenkassen gebildete Arzneimittelgruppe haben die Spitzenverbände der Krankenkassen gemeinsam und einheitlich einen Festbetrag festzusetzen. Für die Höhe der Festbeträge nennt das GRG verschiedene Kriterien (§ 35 Abs.5 SGB V); außerdem sieht das Gesetz gewisse Ober- und Untergrenzen der Arzneimittelfestbeträge vor. Bei der Umsetzung der Festbetragsregelung wird von drei Gruppen von Arzneimitteln ausgegangen: wirkstoffgleiche Medikamente (Stufe 1); Arzneimittel mit pharmakologisch-therapeutisch vergleichbaren Wirkstoffen (Stufe 2) und Arzneimittel mit pharmakologisch-therapeutisch vergleichbarer Wirkung (Stufe 3). Bei Arzneimitteln, für die ein Festbetrag festgesetzt ist, entfällt die Rezeptblattgebühr (3 DM). Die Krankenkasse erstattet für diese Medikamente jedoch lediglich den Festbetrag; besteht der Patient auf einem Präparat, dessen Preis über dem Festbetrag liegt, hat er den Differenzbetrag in voller Höhe selbst zu tragen. Mit Rücksicht auf die Arzneimittelforschung werden für Medikamente mit patentgeschützten Wirkstoffen keine Festbeträge eingeführt, sofern die Wirkungsweise dieser Mittel neuartig ist und sie eine therapeutische Verbesserung gegenüber bekannten Medikamenten bedeuten. Außerdem sind für wirkstoffgleiche Arzneien Festbeträge frühestens 3 Jahre nach erstmaliger Zulassung eines Nachahmerpräparates (Generikum) zulässig *(vgl. Schneider/Hartmann-Besche, 1989, S. 17 ff.)*.

Eine vergleichbare Festbetragsregelung wurde auch für Hilfsmittel eingeführt, soweit dies zweckmäßig war; ausgenommen von der Festbetragsregelung sind insbesondere Hilfsmittel, die als Sonderanfertigung für Schwer- und Schwerstbehinderte bereitgestellt werden (z.B. Prothesen). Bei Hilfsmitteln gibt es allerdings keinen einheitlichen Festbetrag, sondern differierende Festbeträge, die ermöglichen sollen, daß auf individuelle Besonderheiten der Behinderung Rücksicht genommen werden kann. Neben den Festbeträgen bei Hörgeräten sollten auch Festbeträge für Brillengestelle sowie für Brillengläser, ggf. auch für Kontaktlinsen, eingeführt werden; soweit Festbeträge für Brillengestelle nicht festgesetzt sind, wird ein Festzuschuß von lediglich 20 DM gewährt; zugleich entfällt der automatische Anspruch auf eine neue Brille alle 3 Jahre; der Anspruch auf eine neue Brille besteht in Zukunft lediglich bei Veränderung der Sehstärke um mindestens 0,5 Dioptrien.

Die ausdrücklich angestrebte Stärkung der **Eigenverantwortung** des Versicherten beinhaltet u. a. den Einsatz finanzieller Anreize für eine **kostenbewußte Inanspruchnahme von Gesundheitsleistungen**. Vor diesem Hintergrund führt das GRG durch umfassende **Zuzahlungsregelungen** zu einer verstärkten **Selbstbeteiligung** der Versicherten. Ergänzend dazu wird beim Zahnersatz auf das **Kostenerstattungsprinzip** übergegangen.

Für Arzneimittel ohne Festbeträge erhöhte das GRG die Rezeptblattgebühr von bisher 2 auf 3 DM; ferner ist ab 1992 eine prozentuale Zuzahlung von 15 % mit einer Obergrenze von 15 DM je Mittel für noch nicht von Festbeträgen erfaßte Arzneimittel vorgesehen. Anstelle von Festbeträgen wurde bei Heilmitteln eine generelle Zuzahlung in Höhe von 10 % (ohne Obergrenze, aber Anwendung der Überforderungsklausel) eingeführt.

Im Bereich der zahnmedizinischen Versorgung erstreckt sich die Zuzahlung der Patienten nicht mehr nur auf die zahntechnischen Leistungen, sondern auch auf die zahnärztlichen Leistungen beim Zahnersatz. Der § 30 SGB V sieht einen Kassenzuschuß von 50 % vor; außerdem erhält der Versicherte einen Vorsorgebonus in Höhe von 10 %, der ab 1.1.1991 entfällt, wenn der Versicherte nicht regelmäßig Individualprophylaxe betrieben hat. Darüber hinaus überträgt § 30 Abs.2 SGB V der Selbstverwaltung von Krankenkassen und Zahnärzten den Auftrag, innerhalb eines Jahres differenzierte Zuschüsse für zahnprothetische Versorgungsformen festzulegen. Gleichzeitig wurde für die Kosten des Zahnersatzes das Kostenerstattungsprinzip eingeführt (eine Überforderung des Versicherten soll durch angemessene Ratenzahlung vermieden werden). Ferner werden Heil- und Kostenpläne sowie Materialpauschalen nicht mehr gesondert vergütet. Bei kieferorthopädischer Behandlung erstattet die Krankenkasse anfangs lediglich 80 % der Kosten; 20 % der Kosten sind zunächst vom Versicherten zu tragen und werden erst dann von der Krankenkasse erstattet, wenn die Behandlung in dem medizinisch erforderlichen Umfang abgeschlossen ist; diese Interessenquote von 20 % verringert sich für das 2. und jedes weitere Kind in kieferorthopädischer Behandlung auf 10 % *(vgl. W. Heller, 1989, S. 15 ff.; Saekel, 1989, S. 23 f.)*.

Die Zuzahlung bei der Krankenhausbehandlung wurde von bisher 5 DM ab 1.1.1991 auf 10 DM erhöht (§ 39 SGB V); entsprechendes gilt für die stationäre Reha-Behandlung gem. § 40 SGB V. Bei Inanspruchnahme von Kuren wird ein Festzuschuß von 15 DM pro Tag für Unterkunft und Verpflegung einschl. Kurtaxe bei offenen Badekuren gezahlt; für Müttergenesungskuren sind allerdings die Zuschüsse der Krankenkassen auch zukünftig in der Höhe nicht begrenzt.

Erheblich reduziert wurde durch das GRG die Übernahme von Fahrtkosten durch die Krankenkasse. Nach § 60 Abs.1 darf die Krankenkasse Fahrtkosten künftig nur übernehmen, soweit sie »medizinisch notwendig« sind. Anders als bisher werden die Fahrtkosten zur ambulanten Behandlung im Grundsatz nicht mehr übernommen. Bei Fahrten zur stationären Behandlung sowie bei Rettungsfahrten trägt die Krankenkasse nur dann die Kosten, soweit die Fahrtkosten 20 DM je einfache Fahrt überschreiten *(vgl. Wasem, 1989 b, S. 27 ff.)*.

Das GRG sieht aus sozialen Gründen besondere **Härtefallregelungen** vor, mit denen eine Überforderung der Versicherten angesichts der umfangreichen Zuzahlungsregelungen vermieden werden soll. Zum einen enthält das Gesetz eine **Sozialklausel** und zum anderen als neues Element eine sog. **Überforderungsklausel**.

Nach der in § 61 SGB V enthaltenen Sozialklausel sind Bezieher niedriger Einkommen von der Zuzahlungspflicht generell befreit, d.h. bei ihnen werden die Kosten voll übernommen. Hierzu zählen u.a. Versicherte, deren monatliche Bruttoeinnahmen zum Lebensunterhalt 40 % der monatlichen Bezugsgröße (§ 18 SGB IV) nicht übersteigen. Diese Einkommensgrenze erhöht sich für den ersten zum Haushalt gehörenden Angehörigen um 15 und jeden weiteren um 10 %. Entsprechend wird bei der Ermittlung der zumutbaren Belastung stets vom gemeinsamen Haushaltseinkommen ausgegangen. Ebenfalls befreit sind Personen, die Sozialleistungen erhalten, deren Bezug Bedürftigkeit voraussetzt, sowie Versicherte, die in einem Alten- oder Pflegeheim wohnen. Kinder unter 18 Jahren sind – ausgenommen Zahnersatzleistungen – generell von Zuzahlungen befreit. Die Überforderungsklausel (§ 62 SGB V) begrenzt die jährlichen Zuzahlungen auf 2 % (4 % bei einem Einkommen von über 54.900 DM) der jährlichen Bruttoeinnahmen zum Lebensunterhalt des Versicherten und der mit ihm im gemeinsamen Haushalt lebenden Angehörigen. Die Gesamteinnahmen werden durch eine Familienkomponente verringert (1. Angehöriger 15 %; weitere Angehörige 10 %). Bei dieser Befreiungsregel werden allerdings nur Zuzahlungen zu Arznei-, Verband- und Heilmitteln sowie Fahrtkosten berücksichtigt, nicht dagegen die Selbstbeteiligung beim Zahnersatz *(vgl. Zipperer, 1989 b, S. 30 ff.)*. Insbesondere die Sozialklausel ist als eine Alles-oder-Nichts-Regelung auf erhebliche Kritik gestoßen.

Einflußnahme auf die Anbieter von Gesundheitsgütern

Ein weiteres erklärtes Ziel der Gesundheitsreform war es, Überversorgung und Verschwendung auf seiten der Leistungserbringer durch Verstärkung des **Wettbewerbs** und eine Verbesserung der **Wirtschaftlichkeitsprüfungen** abzubauen. Grundlegende strukturelle Reformen im Bereich der **Leistungserbringung** hat das GRG allerdings nicht gebracht. Insbesondere die allgemein als dringend erforderlich angesehene Reform des **Krankenhauswesens** war weitgehend ausgeklammert worden.

Das Kassenarztrecht, das in den §§ 72 ff. SGB V neu normiert wurde, brachte v.a. Änderungen bzgl. Inhalt und Umfang der Sicherstellung (§ 75 SGB V) und bei der einjährigen Vorbereitungszeit für Kassenärzte (§ 95 Abs.2 SGB V), den Zulassungsausschluß von Ärzten, die das 55. Lebensjahr vollendet haben (§ 98 Abs.2 SGB V), sowie den Ausschluß der Vergütungen für Heil-/Kostenpläne und pauschale Material- und Laborkosten (§ 85 Abs.2 S.5 SGB V). Die Zulassung als Kassenarzt wurde von einer einjährigen, die als Kassenzahnarzt von einer zweijährigen Vorbereitungszeit abhängig gemacht, die eine 6-monatige Tätigkeit als Assistent oder Vertreter eines Kassenarztes einschließen muß *(vgl. Wanner, 1989, S. 39 ff.)*.

Angestrebt wird nach dem Gesetz eine bedarfsgerechte und dem Stand der medizinischen Erkenntnisse entsprechende Versorgung (§ 70 Abs.1 SGB V) sowie eine humane Krankenhausbehandlung (§ 70 Abs.2 SGB V). Dabei darf die Versorgung das Maß des Notwendigen nicht überschreiten und muß wirtschaftlich erbracht werden. Der Grundsatz der Beitragssatzstabilität ist bei Vergütungsverträgen zu beachten und gilt für Schiedsentscheidungen als rechtlich verbindliche Vorgabe. Verschiedene neue Vorschriften sollen die Qualitätssicherung der kassenärztlichen und kassenzahnärztlichen Versorgung, einschließlich der stationären Versorgung und der Versorgung mit Heil- und Hilfsmitteln gewährleisten (§ 135 ff. SGB V). Außerdem wurde das Schiedswesen für Gesamtverträge gestrafft und vereinfacht. Ausgebaut und konkretisiert wurden durch das GRG die Wirtschaftlichkeitsprüfungen. Für den Umfang ärztlich verordneter Leistungen sollen die Partner der Gesamtverträge arztgruppenspezifische Richtgrößen vereinbaren (§ 84 SGB V), bei deren Überschreitung arztbezogen geprüft werden soll. Neben der Kontrolle nach Durchschnittswerten sind arzt- und versichertenbezogene Stichprobenprüfungen vorgesehen. Ferner sollen von den Gesamtvertragsparteien Verfahren vereinbart werden, die eine Prüfung der Abrechnungen auf Rechtmäßigkeit durch Plausibilitätskontrollen ermöglichen. Grundsätzlich wird der Beratung der Vorrang vor anderen Sanktionen gegeben *(vgl. Rüfner, 1989, S.1005; Knieps, 1989; Wanner, 1989, S.39 ff.; Ruf, 1990 a, S.44)*.

Im Bereich der Krankenhäuser sieht das GRG eine finanzielle Förderung der Umwidmung von Krankenhäusern und Krankenhausabteilungen durch die Länder im Rahmen der Investitionsförderung nach dem KHG zum Zwecke des Abbaus überzähliger Krankenhausbetten sowie als Beitrag zur sachgerechten Betreuung Pflegebedürftiger vor. Die Landesverbände der Krankenkassen wurden neben den örtlichen Kassen als Vertragsparteien in die Verantwortung für die Pflegesatzvereinbarungen eingebunden. Gegenüber unwirtschaftlichen oder nicht bedarfsgerechten Krankenhäusern begründete das GRG ein Kündigungsrecht der Krankenkassenverbände (§ 110 SGB V). Eindeutig festgelegt wurde dadurch auch, daß Krankenhausbehandlung in sog. »Kurbetten« nicht zulässig ist. Die Krankenkassenverbände sollen eine Krankenhauspreisvergleichsliste (§ 39 Abs.3 SGB V) unter Beteiligung der Landeskrankenhausgesellschaften und der Kassenärzte erstellen, die bei der Einweisung durch den Arzt sowie auch durch den Versicherten (ggf. Belastung mit Mehrkosten) berücksichtigt werden soll. Werden auf diese Weise Anreize für die Krankenhäuser gesetzt, dem Preis-Leistungs-Verhältnis größere Aufmerksamkeit zu widmen, so ist auf der anderen Seite die wiederholt in früheren Gesetzen angestrebte bessere Verzahnung zwischen ambulanter und stationärer Versorgung präzisiert worden. Der § 115 Abs.1 und 3 SGB V erteilte den Landesverbänden der Krankenkassen, den Landeskrankenhausgesellschaften und den kassenärztlichen Vereinigungen den Auftrag, bis zum 31.12.1989 ihre künftige Zusammenarbeit in dreiseitigen Verträgen zu regeln. Ferner wurde die notwendige ambulante Versorgung psychisch Kranker in psychiatrischen Krankenhäusern und behinderter Kinder in sozialpädiatrischen Zentren finanziell gesichert. Weiterhin sollen Bedarf und Standorte für medizinisch-technische Großgeräte in Krankenhäusern und bei niedergelassenen Ärzten besser abgestimmt werden. Die inhaltlich in § 107 Abs.2 SGB V neu definierten Vorsorge- oder Rehabilitationseinrichtungen wurden in das vertragliche Zulassungssystem einbezogen. Dieser Maßnahmenkatalog soll ggf. nach Aufarbeitung der Erfahrungen mit dem KHNG und der BPflV *(vgl. S.273 f.)* ergänzt werden *(vgl. G. Hoffmann, 1989, S.57 ff.; Vollmer, 1989, S.61 ff.)*.

Im Bereich der Arzneimittelversorgung aus Apotheken wurden der einheitliche Apothekenabgabepreis sowie der Kassenrabatt von 5 % beibehalten. Allerdings wurde die Arzneimittelsubstitution beim Apotheker durch die Verpflichtung der Ärzte erleichtert, über die Zulassung einer Substitution in jedem Einzelfall auf dem Rezeptblatt zu entscheiden (Austausch eines teuren Originalmittels gegen ein preisgünstigeres Präparat); außerdem wurde die Auseinzelung bei Arzneimitteln erleichtert. U.a. sind die Apotheker seit dem 1.1.1989 zur Abgabe preisgünstiger Importarzneimittel verpflichtet. Den pharmazeutischen Unternehmen wurden Auskunfts- und Deklarierungspflichten auferlegt. Nach § 131 können zwischen Arzneimittelherstellern und den GKV-Spitzenverbänden fakultativ Verträge geschlossen werden, die sich z.B. auf Packungsgrößen und Ausstattung sowie auf Maßnahmen zur Erhöhung der Transparenz, nicht jedoch auf Preise, erstrecken können.

Die Leistungserbringer von Heil- und Hilfsmitteln bedürfen nach dem GRG einer besonderen Zulassung (§§ 124, 126 SGB V). Das Vertragsrecht mit Leistungserbringern von Heilmitteln konzentriert sich neben Zulassungsfragen v.a. auf Preisverhandlungen. Dabei sind die vereinbarten Preise Höchstpreise. Soweit keine Festbeträge festgesetzt sind, gilt dies entsprechend für Verträge mit Hilfsmittelherstellern (§§ 126 ff. SGB V).

Weiterentwicklung des Sozialgesetzbuchs

Im Gegensatz zu den materiellen Änderungen hat die Neu-Kodifikation des Krankenversicherungsrechts als **Fünftes Buch des SGB** nahezu uneingeschränkte Zustimmung gefunden. Eine grundlegende rechtssystematische Überarbeitung war schon deshalb sinnvoll gewesen, da mehr als 125 Änderungsgesetze seit 1911 das 2. Buch der RVO auch für Fachleute zunehmend unübersichtlicher gemacht hatten. Allerdings ist das Kodifikationsziel nur teilweise erreicht worden; nach wie vor ist somit das Recht der Krankenversicherung der Landwirte sowie der Künstler und Publizisten in Sondergesetzen geregelt. Darüber hinaus blieben die Vorschriften über die Sonstigen Hilfen (z. B. Übernahme der Kosten eines nicht-rechtswidrigen Schwangerschaftsabbruchs und einer nicht-rechtswidrigen Sterilisation) sowie über die Leistungen der Mutterschaftshilfe in der RVO verankert. Der Grund dafür waren Vorbehalte zahlreicher CDU/CSU-Abgeordneter, zu Vorschriften über Leistungen beim Schwangerschaftsabbruch als Teil des GRG einen Beschluß zu fassen *(vgl. Zipperer, 1989 a, S.5)*.

5. 7 Auswirkungen des Gesundheits-Reformgesetzes und ungelöster Reformbedarf

Die die Verabschiedung des GRG begleitenden äußerst heftigen parlamentarischen und öffentlichen **Auseinandersetzungen um die Gesundheitspolitik** in der Bundesrepublik sind auch nach Inkrafttreten des GRG am 1. 1. 1989 nur teilweise abgeklungen. Die Umsetzung der im GRG vorgesehenen Neuregelungen und deren Auswirkungen auf die Versicherten und Patienten blieben weiterhin ein zentraler Streitpunkt der gesundheitspolitischen Diskussion. Zunehmend in den Mittelpunkt rückten allerdings jene Problembereiche, deren Lösung im GRG ausgeklammert worden war. Neben Fragen der Umsetzung des GRG beherrschten dabei vor allem drei Themen die gesundheitspolitische Diskussion: die weitere **Reform des Krankenhausbereichs**, die **Verminderung der Überkapazitäten** im Gesundheitswesen und die **Organisationsreform der Krankenkassen**.

Bestehen blieb allerdings auch die **grundsätzliche Kritik am GRG**; während eine Seite der Kritiker dem GRG eine weitere **Verstärkung der staatlichen Regulierung** vorwarf und ihm strukturelle Reformakzente absprach, betrachteten andere es vornehmlich als ein weiteres **Kostendämpfungsgesetz**, das vor allem die Selbstbeteiligung der Versicherten erhöht habe *(vgl. H. Reiners, 1990, S.39 ff.; Kirch, 1990)*. Vielfach wurde auch der Vorwurf erhoben, daß mit dem GRG die Politik des an einer einnahmenbezogenen Ausgabengestaltung orientierten **punktuellen Interventionismus** fortgesetzt worden und auf eine ursachenadäquate Therapie verzichtet worden sei. Marktwirtschaftlich orientierte Gesundheitsökonomen bemängeln insbesondere, daß Elemente einer Verstärkung des Wettbewerbs im Gesundheitswesen nur ansatzweise realisiert worden seien. Diese würden kaum ausreichen, um den »verschwenderischen Umgang mit knappen Gesundheitsgütern« abzubauen. Die Aufgabe einer grundlegenden ordnungspolitischen Umgestaltung des Systems bleibe daher weiterhin bestehen *(vgl. Nord, 1990)*.

5. 7. 1 Allgemeine Entwicklung und finanzielle Auswirkungen

Vorläufigen Berechnungen zufolge bewirkte das GRG im ersten Jahr nach seinem Inkrafttreten einen **Rückgang der Leistungsausgaben** um 3,7 % gegenüber dem Jahr 1988. Die durch das GRG ermöglichten Einsparungen in Verbindung mit einer guten Grundlohnentwicklung (+ 3,6 %) führten bei den Krankenkassen 1989 zu einem Überschuß in Höhe von 9,3 Mrd. DM. Hinsichtlich der eigentlichen Ursachen des Ausgabenrückgangs gehen die Meinungen allerdings auseinander; während der Bundesarbeitsminister vor allem eine konsequente **Ausschöpfung der Wirtschaftlichkeitsreserven** als entscheidend ansah, führten Kritiker dieses Ergebnis primär auf höhere **Eigenbeteiligungen der Versicherten** und Leistungseinschränkungen durch das GRG, aber auch auf reformbedingte **Vorzieheffekte** im 4. Quartal 1988 (»Blüm-Bauch«) zurück. Nachdem sich die Minderausgaben der GKV 1989 noch nicht auf die Beiträge ausgewirkt hatten (durchschnittlicher Beitragssatz 1989: 12,9 %), hielt das BMA für das Jahr 1990 **Beitragssatzsenkungen** auf durchschnittlich 12,5 % für erreichbar *(vgl. SozInf, Nr. 3/1990; SozUmschau, Nr. 112/1990; BMA, 1989a)*.

In den einzelnen Ausgabenbereichen führte das GRG zu sehr unterschiedlichen Ergebnissen. Leistungseinschränkungen und Vorzieheffekte dürften dafür verantwortlich sein, daß beim Zahnersatz und den damit unmittelbar verbundenen Behandlungshonoraren 1989 ein Rückgang um 46,63 % zu verzeichnen war. Ebenfalls primär Leistungseinschränkungen wurden beim Sterbegeld (– 41,05 %) und bei den Transportkosten (– 22,73 %) wirksam; demgegenüber dürften die Ausgabensenkungen bei Sehhilfen (– 43,94 %) und bei Hörhilfen (– 21,89 %) hauptsächlich auf Vorzieheffekten beruhen. Etwas überraschend war der Rückgang bei den Arzneimittelausgaben (nur Apotheken) um 1,91 %, da die ersten Festbeträge erst Anfang September in Kraft getreten waren. Zu erklären ist der Rückgang daher v.a. mit der höheren Verordnungsgebühr sowie der steigenden Generikaverordnung. Gestiegen sind die Vergütungen für ärztliche Leistungen (+ 3,81 %) sowie die Ausgaben für stationäre Behandlung (+ 2,67 %). Sehr unterschiedlich haben die einzelnen Kassenarten von den Einspareffekten profitiert; während die Arbeiter-Ersatzkassen Ausgabensenkungen je Mitglied von 5,58 % verzeichneten, waren es bei den Betriebskrankenkassen 4,83 %, bei den Angestellten-Ersatzkassen 4,55%, bei den Ortskrankenkassen jedoch nur 2,30 % *(vgl. SozUmschau, Nr. 112/1990; SozInf, Nr. 3/1990)*.

Die **Umsetzung** verschiedener im GRG vorgesehener **Reformelemente** gelang unterschiedlich schnell und mit mehr oder weniger großen Schwierigkeiten. Das besondere Interesse galt dabei dem als Herzstück der Reform angesehenen **Festbetragsmodell**. Erste Festbeträge konnten nicht – wie ursprünglich vorgesehen – zum 30. 6. 1989, sondern erst zum 1. 9. 1989 festgelegt werden.

Nach § 35 SGB V bestimmen der Bundesausschuß der Ärzte und Krankenkassen, in welcher Gruppierung für Arzneimittel Festbeträge festgesetzt werden können. Danach setzen die Spitzenverbände der Krankenkassen innerhalb dieser Gruppen Festbeträge fest. Beide Schritte, die Gruppenbildung und die Festbetragsfestsetzung, werden von Anhörungsverfahren begleitet, die die zu beachtenden Gesichtspunkte der Entscheidungsfindung zum Gegenstand haben. Dabei schreibt das GRG vor, die Festbeträge u.a. so festzusetzen, daß eine ausreichende, zweckmäßige und wirtschaftliche Versorgung gewährleistet, Wirtschaftlichkeitsreserven ausgeschöpft und ein wirksamer Preiswettbewerb ausgelöst werden sowie eine für die Therapie hinreichende Arzneimittelauswahl gesichert ist *(vgl. Reher/Reichelt, 1989)*. Für die ersten 10 Wirkstoffe gelang es den Spitzenverbänden, zum 1.9. 1989 Festbeträge festzusetzen. Die bisherigen Preise der Originalhersteller wurden dabei um zumeist 30 und mehr Prozent unterschritten (in Einzelfällen um nahezu 70 %). Für rd. 95 % der von den Festbeträgen betroffenen Arzneimittel senkten die Hersteller die Preise unter das Festbetragsniveau; entsprechend verminderte sich das Preisniveau auf dem Festbetragsmarkt um rd. 19 %. Für fünf Wirkstoffe traten am 1.1.1990 Festbeträge in Kraft. Ende 1989 beschlossen die GKV-Spitzenverbände für weitere sieben Wirkstoffe (Umsatz rd. 600 Mio. DM) Festbeträge, die am 1. 7. 1990 in Kraft treten sollten. Darüber hinaus wurden Festbetragsvorschläge für weitere 21 Wirkstoffe (Umsatz 1,1 Mrd. DM) eingebracht, für die ebenfalls ein Inkrafttreten zum 1.7. 1990 vorgesehen war. Aufgrund der Festbetragsregelungen wurden nicht nur die Preise der Originalpräparate nach unten angepaßt, auch bei den Generika waren z.T. deutliche Preissenkungen zu verzeichnen *(vgl. Reichelt, 1989; Schönbach/Waldeck, 1990, S. 12 ff.; siehe auch Glaeske, 1988/1989)*.

Anfang 1990 wurde davon ausgegangen, daß ab 1.7.1990 Festbeträge für insgesamt 43 Wirkstoffe bzw. rd. 4.500 Arzneimittel gelten würden. Hierdurch sollten Einsparungen bei den Krankenkassen und den Versicherten von insgesamt 840 Mio. DM erreicht werden *(vgl. Litsch u.a., 1990; Reichelt u.a., 1990, S. 417 ff.)*. Zugleich sollten damit bis zu diesem Zeitpunkt Festbeträge für rd. zwei Drittel der Stufe 1 bzw. ein Fünftel des gesamten GKV-Arzneimittelmarktes umgesetzt worden sein. Mit der Aufnahme weiterer 60 Wirkstoffe in die Liste der Festbeträge sollte bis Ende 1990 der realisierbare und finanziell relevante Teil der Stufe 1 ausgeschöpft werden. Im Anschluß daran sollten die ersten Gruppen aus den Stufen 2 und 3 von Festbeträgen erfaßt werden. Mitte 1990 zeigten sich allerdings erhebliche Schwierigkeiten, Festbeträge für Arzneimittel der Stufe 2 festzusetzen.

Entschiedene Kritik an der Festbetragsregelung wurde und wird von seiten der **Pharmaindustrie** geübt. Nach ihrer Ansicht zeigten erste Erfahrungen, daß die Festbeträge kein marktwirtschaftliches Instrument der Selbstbeteiligung, sondern ein **Preisdiktat** darstellen. Nahezu alle Unternehmen hätten sich gezwungen gesehen, ihre Preise auf das Festbetragsniveau zu senken. Sie verweisen darauf, daß insbesondere die forschenden Pharmaunternehmen den Preis für die Festbetragsregelung zu zahlen hätten.

Die Pharmaindustrie geht davon aus, daß die vom BMA vorausberechneten Einsparpotentiale der Festbetragsregelung nicht erreicht werden. In der ersten Stufe würden die Einsparmöglichkeiten bereits nach den ersten 22 Festbeträgen weitgehend erschöpft, da darüber hinaus nur noch Marktsegmente erschließbar seien, auf denen die erzielbaren Einsparungen z.T. nicht einmal mehr die mit der Einführung des Festbetrages wegfallenden Einnahmen aus der Rezeptblattgebühr erreichten. Hinzu komme, daß die Hersteller ihre Preise im bisher nicht geregelten GKV-Arzneimittelmarkt – wenn auch zunächst nur moderat – erhöht hätten. Festbeträge für den generikafähigen Markt (Stufe 1) seien nur dann ohne nachhaltigen Schaden für die Zukunft der industriellen, subventionsfreien Arzneimittelforschung verkraftbar, wenn die »unsoziale« gespaltene Selbstbeteiligung wieder abgeschafft werde. Sie bestrafe die Patienten für die Therapie mit innovativen Präparaten. Während sie nämlich für ein neues Präparat statt bisher 3 DM in Zukunft bis zu 15 DM Selbstbeteiligung zahlen müßten, bleibe das u.U. veraltete Festbetragsmedikament zuzahlungsfrei. Noch verheerendere Folgen für die Arzneimittelforschung werden von den Pharmaunternehmen gesehen, wenn es zur Einführung der Festbeträge der Stufen 2 und 3 (wirkstoffähnliche und wirkungsähnliche Medikamente) kommen sollte *(vgl. Nord, 1990)*.

Die gestützt auf § 34 Abs.4 SGB V vom BMA mit Zustimmung des Bundesrates erlassene **VO über Hilfsmittel von geringem therapeutischen Nutzen oder gringem Abgabepreis in der GKV vom 13. Dezember 1989** [BGBl.I S.2237] trat am 1. 1. 1990 in Kraft. Dagegen bereitete der Erlaß der sog. **Negativliste** nach § 34 Abs.3 SGB V, mit der bestimmte Medikamente und Hilfsmittel aus dem Leistungskatalog der GKV ausgegrenzt werden sollen, erhebliche Schwierigkeiten. Erst zum 1.7.1990 konnte die **VO über unwirtschaftliche Arzneimittel in der GKV vom 21. Februar 1989** [BGBl.I S.301] in Kraft treten, nachdem der Bundesrat am 16. 2. 1990 mit der Mehrheit der CDU/CSU-regierten Länder dieser zugestimmt hatte.

Der Zweck der VO sollte sein, unwirtschaftliche Arzneimittel aus der Leistungspflicht der GKV auszuschließen, wobei als unwirtschaftlich solche Arzneimittel gelten sollten, die für das Therapieziel oder zur Minderung von Risiken nicht erforderliche Bestandteile enthalten oder deren Wirkungen wegen der Vielzahl der enthaltenen Wirkstoffe nicht mit ausreichender Sicherheit beurteilt werden können. Entsprechendes galt für Arzneimittel, deren therapeutischer Nutzen nicht nachgewiesen ist. Konkret vorgesehen waren für die Negativliste zunächst vor allem unwirtschaftliche Mittel mit zweifelhaftem therapeutischen Nutzen sowie Kombinationspräparate mit mehr als drei Wirkstoffen. Ein Mitte 1989 vorgelegter Referentenentwurf löste v.a. bei den Pharmaherstellern, den Apothekern und Ärzten heftige Kritik aus. Insbesondere die Absicht des BMA, Naturheilmittel, die mehr als 6 Wirkstoffe haben, auf die Negativliste zu setzen, stieß auf entschiedenen Widerstand von zahlreichen CDU/CSU-Abgeordneten, dem sich der Bundesarbeitsminister schließlich beugen mußte. Ein überarbeiteter Verordnungsentwurf, dem das Bundeskabinett Ende 1989 zustimmte, verzichtete für einen erheblichen Teil der Naturheilmittel darauf, sie aus der Erstattungspflicht herauszunehmen. Damit reduzierten sich allerdings auch die angestrebten Einsparungen um rd. 70 Mio. DM.

Probleme zeichneten sich auch bei der Umsetzung der neuen **Pflege bei Schwerpflegebedürftigkeit** ab; erst am 1.9.1989 konnten die von den Spitzenverbänden der Krankenkassen festgelegten sog. **Schwerpflegebedürftigkeits-Richtlinien vom 9. August 1989** in Kraft gesetzt werden.

Nach diesen Richtlinien ist für die Beurteilung des Leistungsanspruchs insbesondere die Bewertung des Grades der Hilfsbedürftigkeit wesentlich. Leistungsberechtigt ist demnach nur, wer regelmäßig auf intensive Hilfe angewiesen ist. Dabei hängen die Krankenkassen bei ihrer Leistungsentscheidung von den Vorgaben des die Schwerpflegebedürftigkeit feststellenden Arztes und von der Überprüfung durch den Medizinischen Dienst ab. Von den Krankenkassen als problematisch angesehen wird, daß das GRG die Gewährung der häuslichen Pflegehilfe bei Schwerpflegebedürftigkeit von Vorversicherungszeiten abhängig macht, die von älteren Versicherten oftmals nur schwer nachgewiesen werden können.

Nach ersten Feststellungen der Krankenkassen waren für das Jahr 1989 106.000 Anträge auf häusliche Pflegehilfe wegen Urlaubs oder sonstiger Verhinderung der Pflegeperson (§ 56 SGB V) gestellt worden. Leistungen der Krankenkassen wurden in rd. 65.000 Fällen bewilligt. Von den bearbeiteten Anträgen wurden etwa 12.600 oder 12 % wegen fehlender Vorversicherungszeiten und etwa 11.500 wegen fehlender Schwerpflegebedürftigkeit abgelehnt. Die Ausgaben der GKV für die häusliche Pflege nach § 56 SGB V betrugen im Jahre 1989 rd. 60,5 Mio. DM.

Noch im Aufbau befindet sich der durch das GRG geschaffene **Medizinische Dienst**, der ein Instrument der Krankenversicherung im Sinne einer medizinisch-inhaltlich kompetenten Einrichtung für gestaltende und qualitätssichernde Aufgaben sein soll. Inwieweit der Medizinische Dienst die ihm zugedachte **Steuerungs- und Qualitätssicherungsfunktion** tatsächlich erfüllen kann, wird erst in einigen Jahren wirklich zu beurteilen sein *(vgl. Rebscher, 1989, S.246ff.)*.

Bei aller Unbestrittenheit der **Einsparerfolge des GRG** warnten auch besonnene Kritiker Ende 1989 vor allzu großer Euphorie. Noch seien nicht alle Regelungen in die Praxis umgesetzt, die zu Einsparungen führen sollen. Deren Umsetzung (vor allem die Festbeträge der Stufen 2 und 3) sei ebenso ungewiß wie die Verstetigung der Anfangserfolge, zumal ein dauerhafter Verzicht der Pharmaindustrie auf kompensatorische Preisstrategien ökonomisch kaum rational wäre. Als unabsehbar angesehen wird angesichts des **»Pflegenotstands«** auch die weitere **Kostenentwicklung im Krankenhausbereich**.

Für das Jahr 1990 erwarteten die Krankenkassen deutlich über der Grundlohnentwicklung liegende Zuwachsraten bei den Ausgaben für stationäre Behandlung. Schätzungen gingen von einer Zunahme von über 8 % aus. Die Hauptursache für die außerordentlich hohen Kostensteigerungen bildete primär die Erhöhung der Personalkosten, die aus dem zum 1.8.1989 in Kraft getretenen Tarifvertrag für die Angestellten in der Krankenpflege resultieren. Neben einer Erhöhung der Gehälter brachte dieser Tarifvertrag eine Anhebung der Schichtzulagen und Nachtdienstentschädigungen, verbesserte die Aufstiegsmöglichkeiten für Schwestern und Pfleger und ermöglichte strukturelle Stellenvermehrungen. Kostensteigerungen wurden zudem auf die für den 1.4.1990 tarifvertraglich vereinbarte Arbeitszeitverkürzung sowie das sog. »Pfortenurteil« zurückgeführt [6 AZR 551/88 und 6 AZR 386/89].

Obgleich auch von den Krankenkassen die Notwendigkeit dieses Tarifvertrages anerkannt wurde, um einer weiteren personellen Auszehrung im Pflegebereich vorzubeugen, sahen sie erhebliche Schwierigkeiten, das angestrebte Ziel der Beitragssatzstabilität zu realisieren. Nach Ansicht der Krankenkassen ist daher eine grundlegende Reform des Krankenhausbereichs unabdingbar, um die angehäuften **Überkapazitäten an Krankenhausbetten** abzubauen. Gefordert wurde insbesondere eine Abkehr vom Selbstkostendeckungsprinzip und dem tagesgleichen pauschalen Pflegesatz. Kaum Abhilfe erwarten die Krankenkassen von der durch das GRG geschaffenen Möglichkeit, Verträge mit Krankenhäusern unter bestimmten Umständen zu kündigen.

In verschiedenen im Laufe des Jahres 1989 im Bundestag geführten **gesundheitspolitischen Debatten** blieb es bei der alten Frontstellung; während die Koalitionsparteien das

GRG regelmäßig als **bedeutenden Erfolg** ansahen, hielten SPD und DIE GRÜNEN an ihrer prinzipiellen Kritik fest und bezeichneten das Gesetz als **sozial ungerecht** und **sozialpolitisch schädlich**. Ende Januar 1990 stellte der Bundestag mit der Mehrheit der Koalitionsfraktionen abermals fest, daß das GRG notwendig gewesen sei, weil ohne die Reform das »freiheitliche Gesundheitswesen« wegen überproportional steigender Ausgaben in Kürze unfinanzierbar geworden wäre, und daß das Gesetz ihrer Meinung nach Erfolge zeitige. Ausdrücklich wurde hervorgehoben, daß die neu eingeführten Steuerungsinstrumente gegriffen hätten und sich das »marktwirtschaftlich orientierte Konzept der Festbeträge für Arzneimittel und Hilfsmittel ... bereits in der ersten Phase der Umsetzung als erfolgreich erwiesen habe« [BT-Drs. 11/6260]. Ein abgelehnter **Entschließungsantrag der SPD** forderte die Bundesregierung im Gegenzug auf, »die mit dem sogenannten Gesundheitsreformgesetz eingeleiteten Fehlentwicklungen umgehend zu korrigieren und mit einer Novellierung des Gesetzes ein Konzept einer wirklichen Gesundheitsreform vorzulegen« [BT-Drs. 11/6240].

Erste Änderungen des SGB V

Die ersten Änderungen des SGB V erfolgten durch das zwischen Bundestag und Bundesrat lange umstrittene **KOV-Anpassungsgesetz 1990 vom 26. Mai 1990** [BGBl.I S.1211]. Nachdem das GRG für die Krankenkassen die Möglichkeit beseitigt hatte, auf freiwilliger Basis Leistungen für **künstliche Befruchtung** zu erbringen, beabsichtigte die Bundesregierung, durch Ergänzung des SGB V diese als Kassenleistung erneut einzuführen. Während die Bundesregierung anfänglich das GRG lediglich in diesem Punkte nachbessern wollte [BR-Drs. 65/90], forderte der Bundesrat zusätzliche Änderungen bei der häuslichen Krankenpflege sowie den Rehabilitationsmaßnahmen. Aufgrund der Nichtberücksichtigung seiner weitergehenden Wünsche rief der Bundesrat auf Antrag von Rheinland-Pfalz und Berlin den Vermittlungsausschuß an [BT-Drs. 11/7343].

Im einzelnen hatte der Bundesrat gefordert, die häusliche Krankenpflege zur Sicherung des Ziels der ärztlichen Behandlung zu einer Pflichtleistung der Krankenkassen zu machen, die Vorschriften des Gesetzes über die Großgeräteplanung zu verbessern und die Rehabilitationsmaßnahmen in den Finanzausgleich der KVdR aufzunehmen. Im Vermittlungsausschuß wurde schließlich ein Gesamtkompromiß gefunden, dem der Bundestag am 20. 6. 1990 zustimmte [BT-Drs. 11/7402]. Danach haben die gesetzlichen Krankenkassen künftig die medizinische Behandlung von Pflegebedürftigen zu Hause zu bezahlen, wenn sie zur Sicherung des Ziels der ärztlichen Behandlung erforderlich ist (Behandlungspflege). Die Grundpflege und die hauswirtschaftliche Versorgung blieben dagegen freiwillige Leistungen der Krankenkassen. In den Finanzausgleich der KVdR einbezogen wurden auf Vorschlag des Vermittlungsausschusses nur die Aufwendungen für stationäre Rehabilitationsmaßnahmen, die im Anschluß an eine Krankenhausbehandlung durchgeführt werden. Hinsichtlich der Genehmigung des Standorts eines medizinischen Großgeräts unterbreitete der Vermittlungsausschuß keinen Einigungsvorschlag. Allerdings verpflichtete sich das BMA, bis September 1990 einen Diskussionsentwurf zu diesem Problemkomplex vorzulegen. Schließlich wurde dem Wunsch des Bundesrates gefolgt, die Bestimmung der für die Genehmigung künstlicher Befruchtungen zuständigen Behörde den Ländern zu überlassen.

5. 7. 2 Reformansätze der Enquête-Kommission und des Sachverständigenrates

Anfang Februar 1990 legte die 1987 auf Initiative der SPD eingesetzte und im Oktober 1988 von der CDU/CSU verlängerte Enquête-Kommission »**Strukturreform der gesetzlichen Krankenversicherung**« ihren Endbericht vor. Ausgehend von einer umfassenden Analyse nahezu sämtlicher Bereiche des Gesundheitswesens benannte der Bericht eine Vielzahl von Mängeln und Defiziten des medizinischen Versorgungssystems. Die parteipolitisch geprägte Zusammensetzung der Kommission führte erwartungsgemäß allerdings nur in wenigen Bereichen zu einheitlichen Reformoptionen. In den meisten Bereichen wurden z.T. sehr gegensätzliche Lösungsvorschläge eingebracht. Weitgehend einig waren sich die Mitglieder der Kommission jedoch darin, daß weitere Reformen im Gesundheitswesen unausweichlich sind. Übereinstimmung bestand ferner darin, daß das derzeitige Gesundheitssystem zu stark auf Krankenbehandlung und zu wenig auf Vorbeugung ausgerichtet ist. Besonderer Nachdruck müsse daher zukünftig auf die **Prävention** und die **Rehabilitation** gelegt werden.

Reformbedarf konstatierte die Kommission insbesondere beim ärztlichen Verhalten, im Bereich von Pflege und Vorsorge, bei der Krankenhausversorgung sowie der Kassenorganisationsstruktur. Die besonderen Defizite in der ambulanten Versorgung sah die Kommission in einer mangelnden ärztlichen psycho-somatischen und psycho-sozialen Kompetenz, der Übermedikalisierung, einer unzureichenden Versorgung alter Menschen sowie dem Fehlen pflegerischer und sozialer Dienste. Im zahnärztlichen Bereich wurde v.a. auf die gravierenden Defizite in der Prävention und der Zahnerhaltung bei Kindern und Jugendlichen hingewiesen. Die qualitativ hochstehende, aber auch besonders teure Prothetik wurde als ungeeignete alternative angesehen. Ein ebenfalls hohes Versorgungsniveau wurde der stationären Versorgung bescheinigt, zugleich stellte man jedoch erhebliche ökonomische und soziale Probleme fest. Als problematisch wurden hier vor allem das duale Finanzierungssystem sowie die derzeit praktizierte Entgeltfestsetzung angesehen. Gefordert wurden u.a. ein Ausbau der internen und externen Qualitätssicherung sowie eine Stärkung der Autonomie der Patienten. Besonders umstritten war in der Kommission die Steuerung des Arzneimittelmarktes, wenngleich man sich hinsichtlich der Notwendigkeit verstärkter Qualitätssicherung einig war [vgl. BT-Drs. 11/6380] *(vgl. auch Hermann, 1990 a, S. 57 ff.; Knieps, 1988, S. 693 ff.)*.

Der **Sachverständigenrat der Konzertierten Aktion** teilte in seinem Mitte Februar 1990 vorgelegten **Jahresgutachten** nur bedingt die positive Einschätzung des BMA hinsichtlich der GRG-Auswirkungen. Er hielt stichhaltige Aussagen und Bewertungen frühestens 1991 für möglich. Nachdrücklich wies er darauf hin, daß das Ziel der Beitragssatzstabilität nur realisiert werden könne, wenn die Ausgabenzuwächse in einigen Leistungsbereichen unterhalb der Erhöhung der Grundlohnsumme blieben. Schwerpunkte des Gutachtens bildeten Überlegungen zum Problem **steigender Ärztezahlen**, zur Verbesserung der **altersmedizinischen Versorgung**, zur **Krankenhausvergütung** sowie zur **Evaluation in der Gesundheitsversorgung**. U.a. gab der SVR KA folgende Empfehlungen:

— Um Anreize für ein wirtschaftliches Verhalten im Krankenhaus zu schaffen, wird ein Vergütungssystem mit Tagesgrundpauschalen und Sonderentgelten empfohlen. Die Höhe der Tagesgrundpauschalen solle zwischen den Kassen und dem Krankenhaus vereinbart werden. Etwa 100 Sonderentgelte sollten bundeseinheitlich entwickelt und ihre Vergütungshöhe für eine Versorgungsregion ausgeschrieben oder vereinbart werden. Hierbei sei eine Staffelung nach der Fallzahl angebracht, um die flächendeckende Versorgung nicht in Frage zu stellen.

— Vor dem Hintergrund der wachsenden Bedeutung der Medizin im Alter und der Pflege weist er warnend auf die Notwendigkeit hin, das Leistungsangebot in diesem Bereich angemessen zu gestalten und die ärztliche Versorgung stärker an geriatrischen Zielen zu orientieren. Da Alter nicht mit Krankheit gleichzusetzen sei, müßten die Ärzte umlernen. Eine entscheidende Rolle bei der Betreuung alter Menschen komme dem Hausarzt zu. Entsprechend müsse die geriatrische Kompetenz der Hausärzte in der Aus-, Fort- und Weiterbildung gestärkt werden. In der Weiterbildung sollten Ärzte die Zusatzbezeichnung »Geriatrie« erwerben können.

— In Anbetracht dessen, daß steigenden Ärztezahlen nicht mit Zugangsbeschränkungen begegnet werden könne, wird den Kassenärztlichen Vereinigungen empfohlen, die steigende Niederlassungsbereitschaft mit einer angemessenen Strukturpolitik zu begleiten. U.a. sei die Bildung von Gemeinschaftspraxen zu fördern und das Belegarztsystem zur besseren Verflechtung des ambulanten und des stationären Bereichs auszubauen. Mit einem primärärztlichen Versorgungssystem, gekoppelt mit einem auf Pauschalen basierenden Vergütungssystem, soll einer unwirtschaftlichen Leistungsentwicklung entgegengewirkt werden. Zur Sicherung der Qualifikation der Ärzte wird empfohlen, in der Zulassungsordnung eine 18monatige Vorbereitungszeit als Arzt für primärärztliche Tätigkeit vorzusehen.

— Nachdrücklich befürwortet wird eine systematische interdisziplinäre Evaluation, um eine wirtschaftliche Erbringung des medizinisch Notwendigen zu erreichen. Beklagt wird, daß hinsichtlich der Forschung und der Anwendung von Evaluationstechniken in der Bundesrepublik ein Nachholbedarf bestehe. Wichtig seien u.a. Diagnosestatistiken für die ambulante Versorgung. Primäres Ziel von Evaluationsstudien sei allerdings nicht, Kosten einzusparen, sondern die vorhandenen Mittel möglichst sinnvoll einzusetzen. Insbesondere beim Setzen von Prioritäten innerhalb eines vorgegebenen Finanzrahmens seien Ergebnisse von Evaluationsstudien eine unerläßliche Entscheidungshilfe *(vgl. SVRKA, 1990)*.

5.7.3 Konzepte für eine Reform der Kassenorganisationsstrukturen

In der Anfangsphase der Überlegungen zu einem Gesundheits-Reformgesetz hatte die Bundesregierung auch die Absicht, eine **Organisationsreform** der GKV in Angriff zu nehmen. Frühzeitig wurden allerdings in der Koalitionskommission die Schwierigkeiten deutlich, auf die ein derartiges Vorhaben stößt. Es wurde vereinbart, diesen Problembereich auszuklammern. Stattdessen wurde bei der Verabschiedung des GRG im Bundeskabinett am 27.4.1988 dem BMA ein Vorbereitungsauftrag zur Fortsetzung der Gesundheitsreform zwecks Neuregelung des Organisationsrechts der Krankenkassen erteilt, wobei angestrebt wurde, diese noch in der laufenden Legislaturperiode zu verwirklichen. Bei der Verabschiedung des GRG Ende 1988 wurde zwar erneut auf die Notwendigkeit einer Organisationsreform hingewiesen, diese nunmehr jedoch auf die nächste Legislaturperiode vertagt *(vgl. Vielhaber, 1989, S.74ff.)*.

Dabei ergaben sich unmittelbar im Anschluß an die Verabschiedung des GRG durch eine »Gründungswelle« bei den **Betriebskrankenkassen** neue Argumente für eine schnelle Organisationsreform. Schätzungen zufolge gingen den Ortskrankenkassen 1989 durch BKK-Neugründungen bundesweit rd. 80.000 Mitglieder verloren. Zugleich geriet das Solidaritätsprinzip ernsthaft in Gefahr, so daß im BMA zeitweilig sogar ein **gesetzlicher Errichtungsstopp** für neue Betriebskrankenkassen erwogen wurde *(vgl. Knieps, 1989, S.14; Kruse/Kruse, 1989, S.128ff.)*. Dagegen sprach sich neben verschiedenen CDU/CSU-Abgeordneten allerdings vor allem die FDP aus.

Notwendigkeit und Dringlichkeit einer Organisationsreform basieren insbesondere auf den weiter **auseinander driftenden Beitragssätzen** der einzelnen Kassenarten sowie auf der ungleichen Behandlung von Arbeitern und Angestellten hinsichtlich der Wahl der Krankenkasse. Besonders benachteiligt durch das derzeit geltende Organisationsrecht, das sich durch ein **Zuweisungssystem** auszeichnet, werden vor allem die **Allgemeinen Ortskrankenkassen**, die als Auffangkassen in erheblichem Umfange sog. »schlechte Risiken« als Mitglieder haben *(vgl. Brunkhorst, 1987; Paquet, 1987; W.Leber, 1988, S.313 ff.; Oldiges, 1989, S.47; Hermann, 1990b, S.60ff.)*.

Die außerordentlich zahlreichen, in der Fachöffentlichkeit diskutierten **Reformmodelle** lassen sich im Prinzip auf drei Ansätze reduzieren:

— Ersetzung des gegliederten Systems durch eine **Einheitsversicherung**,
— Ausdehnung des derzeit im wesentlichen auf Arbeiter beschränkten **Zuweisungssystems** auch auf Angestellte mit der Konsequenz, daß die heute bestehenden Wahlmöglichkeiten und der daraus resultierende Wettbewerb generell aufgehoben würden, und
— Einführung einer **generellen Wahlfreiheit** von Arbeitern und Angestellten bei gleichzeitiger Implementierung eines unverzerrten Wettbewerbs zwischen Kassen und Kassenarten.

Das sog. Wahlfreiheitsmodell, das nicht nur von zahlreichen Wissenschaftlern, sondern auch von der Enquête-Kommission sowie dem Sachverständigenrat für die Konzertierte

Aktion favorisiert wird, erfordert allerdings bestimmte Voraussetzungen, über deren Ausgestaltung erheblicher Dissens besteht. Während noch weitgehend Einigkeit über die Notwendigkeit eines allgemeinen Kontrahierungszwanges sowie über die Unabdingbarkeit gleicher – für alle Kassen von Beginn an geltender – Wettbewerbsvoraussetzungen besteht, ist das Erfordernis eines **kassenartenübergreifenden Risikostrukturausgleichs** außerordentlich umstritten.

Dabei wird in der politischen Kontroverse der Risikostrukturausgleich vielfach mit einem reinen Finanzausgleich gleichgesetzt. Im Gegensatz zum Finanzausgleich, bei dem Finanzgrößen – z.B. Ausgaben oder Einnahmen – ausgeglichen werden, sollen beim Risikostrukturausgleich lediglich ganz bestimmte, die Beitragskalkulation beeinflussende Strukturkomponenten, wie z.B. der unterschiedliche Grundlohn, die unterschiedliche Zahl der beitragsfrei mitversicherten Familienangehörigen oder die unterschiedliche Altersstruktur, ausgeglichen werden *(vgl. Henmann, 1990 b, S.60 ff.)*. Befürworter des Risikostrukturausgleichs halten diesen für unabdingbar, wenn bei Wahlfreiheit ein unverzerrter Wettbewerb der Krankenkassen erreicht werden soll.

Unterdessen wird von den Koalitionsparteien ein Konzept einer modifizierten Wahlfreiheit favorisiert. Insbesondere die FDP wendet sich entschieden gegen einen über den KVdR-Ausgleich hinausgehenden kassenartenübergreifenden Finanzausgleich, da dieser lediglich zu mehr Bürokratie, zu geringerer Wirtschaftlichkeit und letztlich in die Einheitskrankenkasse führe. Im übrigen setzt sich die FDP für ein konsequentes Wahlfreiheitsmodell ein, läßt bislang aber offen, ob sich auch die Betriebs- und Innungskrankenkassen für alle Versicherten öffnen müßten. Interessanterweise wird auch in dem von der SPD auf ihrem Münsteraner Parteitag 1988 beschlossenen Programm zur Weiterentwicklung der Krankenversicherung bei Einführung der gleichen Wahlmöglichkeiten aller Versicherten nur ein kassenarteninterner Finanzausgleich verlangt. Dabei wird wohl bewußt in Kauf genommen, daß dies zu einer Verminderung der Zahl der Krankenkassen führen kann *(vgl. Oldiges, 1989, S.54ff.)*.

5. 8 Soziale Absicherung des Pflegefallrisikos

Als eines der dringlichsten, bislang jedoch weitgehend ungelösten sozialpolitischen Probleme stellt sich zunehmend die **soziale Absicherung des Pflegefallrisikos** dar, und dies umso mehr, als mit der sich abzeichnenden Veränderung der Bevölkerungsstruktur die pflegerische Betreuung alter Menschen eine herausragende Bedeutung erlangen wird. Immerhin wird der **Altersquotient** der Bevölkerung nach Prognosen aus dem Jahre 1987 bis zum Ende dieses Jahrhunderts um ca. ein Viertel auf 46,9 % steigen *(vgl. BMI, 1987)*. Trotz der seit langem bekannten unabweisbaren Problemlagen im Pflegebereich ist die Datenlage gegenwärtig noch äußerst unzureichend. Hauptgrundlage der Diskussion bildet bis heute der von der Bundesregierung im Sommer 1984 vorgelegte **Bericht zu Fragen der Pflegebedürftigkeit** [BT-Drs. 10/1943], der sich allerdings selbst überwiegend auf Daten aus den späten 70er Jahren stützt *(vgl. Socialdata, 1980)*. Schätzungen gehen davon aus, daß sich die Zahl häuslicher Pflegefälle inzwischen auf ca. 1,6 Mio. Menschen belaufen dürfte. Weiterhin wird davon ausgegangen, daß rd. 300.000 Pflegebedürftige in Einrichtungen leben [BT-Drs. 11/5284]. Bekannt ist ferner, daß im Jahre 1987 507.000 Personen im Rahmen der Sozialhilfe Hilfe zur Pflege erhielten *(vgl. auch Wasem, 1986, S.232f.; Meyer, 1989, S.299)*.

Die Bedeutung des Problems der Pflegebedürftigkeit wird auch durch die Tatsache verdeutlicht, daß Ende der 80er Jahre bereits rd. 50 % der Bewohner von Altenpflegeheimen auf **Sozialhilfe** angewiesen waren *(vgl. auch Tesic, 1984, S.247)*. Dieser Anteil dürfte sich in Zukunft mit der Verbesserung der Pflegeleistungen sowie den allgemein steigenden Kosten der Pflege weiter erhöhen. Hinzu kommt, daß mit der **Zunahme der Hoch-**

betagten auch die Zahl der Pflegebedürftigen drastisch steigen wird. Gleichzeitig geht jedoch die **Pflegekraft der Familie** mit sinkender Zahl von Familienangehörigen ständig zurück *(vgl. auch Blume, 1968; v. Balluseck, 1982; Dalhoff, 1987, S.85ff.)*.

Obwohl seit Jahren seitens der politisch Verantwortlichen Übereinstimmung dahingehend besteht, daß in diesem Bereich ein **dringender Handlungsbedarf** existiert, ist man in den 80er Jahren über die Diskussion sehr unterschiedlicher Lösungen nicht hinausgekommen. Neben organisatorischen Problemen sind es in erster Linie die **finanziellen Konsequenzen**, die eine Lösung des Problems der **Pflegerisikoabsicherung** verhindert haben. Diesbezüglich haben in der Vergangenheit v.a. die Bundesländer die politische Initiative ergriffen; eine Reihe von ihnen (z.B. Hessen, Rheinland-Pfalz, Bayern) hat in der 10. Wahlperiode Gesetzesanträge zur besseren sozialen Absicherung bei Pflegebedürftigkeit eingebracht, nachdem eine **Bund-Länder-Arbeitsgruppe** schon 1980 Überlegungen zum Ausbau und zur Finanzierung ambulanter und stationärer Pflegedienste angestellt hatte *(vgl. BMJFG, 1980)*.

Die Bundesregierung hatte sich 1984 in ihrem Pflegebericht gegen eine sog. »große« Lösung mit der Begründung ausgesprochen, daß die sich daraus unweigerlich ergebenden zusätzlichen finanziellen Belastungen mit ihren Bemühungen um eine Senkung der Abgabenquote kollidieren würden. Stattdessen stellte sie – unter Ausklammerung des stationären Pflegeproblems – für den ambulanten Bereich ein Bündel gezielter Einzelmaßnahmen in Aussicht. Gedacht wurde insbesondere an eine begrenzte Ausweitung der Pflegeleistungen im Rahmen der GKV. Außerdem plädierte sie für verbesserte Hilfen für das Mehr-Generationen-Wohnen und für einen Ausbau ambulanter Dienste im Rahmen von Arbeitsbeschaffungsmaßnahmen und des Einsatzes von Zivildienstleistenden.

Das von der Bundesregierung vorgeschlagene **Maßnahmenbündel** wurde in Fachkreisen allerdings überwiegend als völlig unzureichend angesehen, um das Problem der Pflegebedürftigkeit auch nur annähernd zu lösen. Von wenigen Ausnahmen abgesehen, plädieren inzwischen fast alle Vorschläge für eine umfassende Lösung. Die Vielzahl der diskutierten Konzepte zur Absicherung des Pflegefallrisikos läßt sich auf verschiedene **Grundmodelle** reduzieren:

- **Eigenvorsorge**: Derartige Konzepte gehen vom Grundsatz der Freiwilligkeit und der Eigeninitiative aus und wollen es weitgehend dem einzelnen überlassen, für den Fall der Pflegebedürftigkeit vorzusorgen. Denkbare Möglichkeiten der finanziellen Eigensicherung sind z.B. das Sparen, die Lebensversicherung oder eine private Pflegefallversicherung. Als ein gewisser Anreiz werden u.a. eine steuerliche Begünstigung derartiger Vorsorgemaßnahmen vorgeschlagen.
- **Private Pflegefallversicherung mit Versicherungszwang**: Dieses Konzept beschränkt den staatlichen Eingriff auf die Statuierung eines Versicherungszwanges, will die materielle Vorsorge jedoch über den Abschluß privater Versicherungsverträge organisieren. Unter Beachtung einer Mindestsicherung soll die Vorsorge nach den individuellen Präferenzen der Versicherungsnehmer gestaltet werden.
- **Gesetzliche Pflegefallversicherung**: In Anlehnung an andere Sozialversicherungszweige soll das Pflegefallrisiko in Form einer Zwangsversicherung mit Rechtsanspruch auf Leistungen bei Pflegebedürftigkeit abgesichert werden. Die organisatorisch eigenständige Versicherung soll durch Zwangsbeiträge finanziert werden. Als Finanzierungsprinzip denkbar sind sowohl das Umlage- als auch das Kapitaldekkungsverfahren. Etwas modifizierte Lösungsvorschläge favorisieren eine gewisse Anbindung der Pflegefallversicherung an die GKV mit Übernahme der diese tragenden Gestaltungsprinzipien. Als Vorteil dieser Konstruktion wird u.a. angesehen, daß die schwierige Unterscheidung zwischen Krankheit und Pflege entfallen würde und keine neue Verwaltung aufgebaut werden müßte.

– **Leistungsgesetz**: Unter Hinweis darauf, daß Pflegebedürftigkeit ein gesamtgesellschaftliches Problem darstelle, gibt dieser Vorschlag der Finanzierung des Pflegefalls im Rahmen der öffentlichen Subjektförderung aus allgemeinen Steuermitteln den Vorzug. Diskutiert werden dabei sowohl eine Leistungsgewährung unabhängig vom ökonomischen Status als auch aufgrund von Bedürftigkeit.

Zwecks Vermeidung einer mißbräuchlichen Nutzung des Systems ist eine genaue **Definition der Pflegebedürftigkeit** in allen Fällen unumgänglich. Als klärungsbedürftig gelten auch der Beginn des Versicherungsschutzes, die Einbeziehung von einkommenslosen Bürgern sowie die Frage, ob nur Langzeit- oder auch Kurzzeitpflege finanziert werden soll. Kritiker der gesamten Diskussion bemängeln, daß, wie so oft in Deutschland, Fragen der **Finanzierung** und **institutionellen Organisation** im Vordergrund stünden, inhaltliche Fragen der Pflege jedoch weitgehend in den Hintergrund gedrängt würden. Unabhängig von den rechtlichen Rahmenbedingungen gehe es darum, ein Pflegekonzept zu entwickeln, das verhindere, daß Altersgebrechen und körperliche, seelische oder soziale Handicaps im Alter lediglich durch intensive Diagnostik zu somatisch begründeten Krankheitsbildern umdefiniert würden. Zwar besteht weitgehend Einigkeit darüber, daß die ambulante Pflege gestärkt werden solle; während die einen jedoch das Schwergewicht auf die Stärkung von **Laien- und Selbsthilfepotentialen** legen, streben andere in erster Linie einen Ausbau der professionellen **ambulanten Sozialdienste** an *(vgl. Naegele, 1985b, S.394ff.; Igl, 1987)*.

Konkrete Lösungsvorschläge haben neben den Wohlfahrtsverbänden insbesondere verschiedene Bundesländer vorgelegt. Darüber hinaus haben DIE GRÜNEN 1984 im Bundestag einen Gesetzentwurf für ein **Bundespflegegesetz** [BT-Drs. 10/2609] eingebracht *(vgl. Igl, 1987, S.435ff.; Schewe, 1986; Meyer, 1989, S.299ff.)*.

Der Gesetzentwurf der GRÜNEN war als Leistungsgesetz ausgestaltet und sah im ambulanten Bereich ein einkommensunabhängiges Pflegegeld vor, das nach Pflegeintensität gestaffelt und bei Inanspruchnahme professioneller Pflegedienste bis zu einem Drittel gekürzt werden sollte. Die stationäre Pflege sollte nach diesem Gesetzentwurf bis 1995 abgeschafft werden. Bis dahin sollten die Kosten für Unterkunft und Verpflegung allerdings übernommen werden.

Nach dem 1985 von Hessen vorgelegten Entwurf eines Pflegeversicherungsgesetzes (PflegeVersG) [BR-Drs. 81/86] sollten alle Personen bei neu zu gründenden Pflegekassen pflichtversichert werden (eine Befreiung war vorgesehen bei Nachweis eines privaten Versicherungsschutzes gegen das Pflegefallrisiko). Die Leistungsgewährung sollte nach dem Sachleistungsprinzip erfolgen; daneben war die Gewährung eines Pflegegeldes bei ambulanter Pflege vorgesehen, das auch hier bei Inanspruchnahme professioneller Pflegedienste gekürzt werden sollte. Die Finanzierung sollte nach dem hessischen Konzept zu 70 % über Beiträge und zu 30 % durch einen Bundeszuschuß erfolgen (bei Arbeitnehmern sollten die Beiträge je zur Hälfte von den Versicherten und ihren Arbeitgebern getragen werden) *(vgl. HMAUS, 1985)*. Aus Gründen der Finanzierbarkeit sowie wegen des neuen Konzepts einer »Volksversicherung« hatte der Gesetzentwurf im Bundesrat keine Unterstützung gefunden *(vgl. Igl, 1987, S.442)*.

Demgegenüber sah der rheinland-pfälzische Entwurf eines Pflegehilfen-Neuregelungsgesetzes aus dem Jahre 1985 [BR-Drs. 137/86] eine Pflegeabsicherung über ein Leistungsgesetz vor. Hauptzweck des Gesetzes sollte die Erweiterung der Hilfen für alte pflegebedürftige Menschen sein; außerdem sollte primär die häusliche Pflege unterstützt werden. Konkret vorgesehen war für den ambulanten Bereich die Gewährung eines steuerfinanzierten, nach der Pflegeintensität gestaffelten, einkommensunabhängigen Grundpflegegeldes in Höhe von zwei Dritteln des Pflegegeldes nach § 69 Abs.4 BSHG. Grundsätzlich wurde das Ziel verfolgt, die Leistungen der individuellen Bedarfssituation der Pflegebedürftigen und der Pflegehaushalte anzupassen. Für den stationären Bereich sollten die pflegebedingten Kosten ohne Anrechnung eigenen Einkommens übernommen werden *(vgl. MSGU Rheinland-Pfalz, 1985)*.

Der von Bayern 1986 im Bundesrat eingebrachte Entwurf eines Gesetzes zur Absicherung des Pflegerisikos [BR-Drs. 138/86] sah vor, den Leistungskatalog der GKV um die sog. Pflegehilfe zu erweitern. Anspruchsberechtigt sollten schwer- und schwerstpflegebedürftige Versicherte nach Erreichen des 65. Lebensjahres sein. Diese zusätzliche Leistung sollte zum einen durch Zahlungen des Bundes an die GKV und zum anderen durch eine Erhöhung der GKV-Beiträge finanziert werden. Als Pflegehilfe sollten Festbeträge gezahlt werden, deren Höhe von den GKV-Trägern im Rahmen bundeseinheitlicher Richtwerte festgesetzt werden sollten. Als Vorteile des bayerischen Gesetzentwurfes galten seine finanzielle Kalkulierbarkeit sowie sein Verzicht auf eine neue Trägerschaft bzw. eine Neuorganisation innerhalb der GKV *(vgl. Igl, 1987, S.446)*.

Deutlich hinter den Länderinitiativen zurück blieb die Bundesregierung mit ihrem 1986 vorgelegten Gesetzentwurf für ein **Pflegeverbesserungsgesetz** [BR-Drs. 270/86]. Der Gesetzentwurf ging davon aus, daß insbesondere bei der Gruppe der Schwerstpflegebedürftigen ein Pflegebedarf bestehe, der die Angehörigen häufig überfordere.

Das Hauptziel sollte daher sein, über ergänzende Hilfen das Verbleiben der Schwerstpflegebedürftigen im häuslichen Bereich zu ermöglichen und die Pflegebereitschaft der Angehörigen zu stärken. Konkret sah der Gesetzentwurf vor, die familiäre Pflege und Versorgung durch einen Anspruch des Schwerstpflegebedürftigen auf 25 Pflegeeinsätze zu unterstützen. Gedacht war dabei an eine Sachleistung der Krankenkassen, die ihrerseits Verträge mit den Erbringern von Pflegeleistungen abschließen sollten.

Obgleich im Juni 1986 der Bundesrats-Ausschuß für Arbeit und Sozialordnung eine **öffentliche Anhörung von Sachverständigen** über die Möglichkeiten gesetzlicher Regelungen für den Pflegefall durchführte, kam eine gesetzliche Regelung in der 10. Wahlperiode nicht zustande. Während die SPD-regierten Bundesländer überwiegend eine eigenständige Versicherungslösung favorisierten, sprachen sich die von der Union geführten Bundesländer vor allem für „mehrdimensionale Ansätze ... zur Stärkung häuslicher (offener, ambulanter) Pflege im Bereich der infrastrukturellen Maßnahmen, des Steuerrechts, der Wohnungsförderung und bei den entsprechenden Vorschriften im Leistungsrecht der gesetzlichen Krankenversicherung aus" *(Igl, 1987, S.447)*. In Einzelfragen wichen allerdings auch deren Vorstellungen z.T. erheblich voneinander ab.

In der Folgezeit wurde das Thema Pflege u.a. im Zusammenhang mit den von der Bundesregierung im Rahmen der **Gesundheitsreform** beabsichtigten **Leistungsausweitungen** im Bereich der **häuslichen Pflege** diskutiert. Dagegen sprach sich die SPD 1988 in ihrem Vorschlag für ein **Bundespflegehilfegesetz** für ein Leistungsgesetz aus. Inzwischen hat sich die SPD-Programm-Kommission »Fortschritt 90« Anfang März 1990 allerdings auf ein Pflegekonzept verständigt, das anstelle des bisher vorgesehenen Leistungsgesetzes ebenfalls eine versicherungsrechtliche Lösung vorsieht. Im Gegensatz zu den Vorstellungen der CDU/CSU befürwortet die SPD einen eigenen Sozialversicherungszweig für die Pflege, der zwar organisatorisch zur GKV gehören, aber finanziell von dieser getrennt sein soll.

Nachdem es im Zuge der Gesundheitsreform zu keiner umfassenden Lösung des Pflegefallproblems gekommen war, haben Baden-Württemberg, Bayern sowie Rheinland-Pfalz Ende 1989/Anfang 1990 neuerliche Initiativen für die Einführung einer **Pflegefallversicherung** ergriffen.

Im Oktober 1989 hatte zunächst eine interministerielle Arbeitsgruppe des Landes Baden-Württemberg den »Diskussionsentwurf Finanzielle Absicherung des Pflegerisikos – Einführung einer Vorsorgepflicht« erstellt. Dieser Entwurf, der grundsätzlich auch bei den Ländern Bayern und Hessen auf Zuspruch stieß, sah im Kern eine Pflicht zur Vorsorge durch den Abschluß einer Pflegeversicherung vor, und zwar für die gesamte Bevölkerung vom vollendeten 45. Lebensjahre an, wobei die Finanzierung »durch individuelle risikonahe Beiträge« erfolgen sollte. In der Öffentlichkeit sowie bei den Parteien und Verbänden löste dieser Entwurf eine erneute lebhafte Diskussion zur Absicherung des Pflegefallrisikos aus.

Schließlich brachte Baden-Württemberg am 28.5.1990 im Bundesrat den **Entwurf eines Pflegevorsorgegesetzes** (PflegeVG) [BR-Drs. 367/90] ein; bereits am 12.6.1990 folgte Rheinland-Pfalz mit dem **Entwurf eines Pflegehilfen-Neuregelungsgesetzes** [BR-Drs. 425/90]. Der Bundesrat hat die beiden Gesetzentwürfe, die zwei unterschiedliche Lösungsansätze verkörpern, am 6.7.1990 beraten und zur weiteren Behandlung an seine Ausschüsse überwiesen.

Der Gesetzentwurf von Baden-Württemberg geht von der Prämisse aus, daß die finanzielle Vorsorge für das Pflegerisiko im Alter grundsätzlich in den Bereich der Eigenverantwortung des einzelnen gehört. Daher soll für alle Personen ab vollendetem 45. Lebensjahr die Verpflichtung eingeführt werden, durch Abschluß einer entsprechenden Pflegeversicherung Vorsorge für das Risiko des Pflegefalles zu treffen. Die Pflegefallversicherung muß nach diesem Entwurf für den Pflegefall mindestens Geldleistungen vorsehen, die nach dem Grad der Pflegebedürftigkeit gestuft sind und bei Schwerstpflegebedürftigkeit monatlich nicht weniger als 1.500 DM betragen. Dabei wird davon ausgegangen, daß bei einem Eintrittsalter von 45 Jahren ein jährlicher Beitrag von 500–600 DM erforderlich sein wird. Durch soziale Entlastungsregelungen soll der individuellen Leistungsfähigkeit der Versicherungspflichtigen Rechnung getragen werden. Vorgesehen sind zudem die steuerliche Abzugsfähigkeit im Rahmen der Sonderausgaben, so daß sich die jährliche Belastung um etwa 30 % verringern würde. Die Entlastung soll in Form von Prämienzuschüssen durch einen Ausgleichsfonds zu Lasten des Bundes erfolgen. Ferner sollen Übergangsregelungen älteren Bürgern helfen, die eine Eigenvorsorge nicht mehr treffen können. U. a. sollen über 65jährige Schwerpflegebedürftige im Rahmen des SGB V bei stationärer Versorgung Geldleistungen von bis zu 750 DM monatlich von der gesetzlichen Krankenversicherung erhalten.

Im Gegensatz zu Baden-Württemberg präferiert der rheinland-pfälzische Entwurf erneut eine **steuerfinanzierte Regelung** anstelle der **individuellen Eigenvorsorge**. Dem leistungsgesetzlichen Lösungsansatz wird u. a. der Vorzug gegeben, weil über den Steuerzahler die größte Solidargemeinschaft herangezogen wird und sich damit die Lasten auf einen größeren Personenkreis verteilen. Anders als Baden-Württemberg betrachtet dieser Ansatz die Absicherung des Risikos der Pflegebedürftigkeit letztlich als eine **gesamtgesellschaftliche Aufgabe**.

Der Entwurf des Pflegehilfen-Neuregelungsgesetzes faßt die gesamte Neuordnung in Form eines Artikelgesetzes zusammen. Die verschiedenen Hilfearten werden in fünf Gesetzen verankert: im neuen Bundespflegehilfegesetz, dem Kernstück der Neuregelung, im BSHG, im SGB V, im WoGG sowie im EStG. Die in den verschiedenen Gesetzen getroffenen Regelungen sollen dennoch als eine Einheit angesehen werden. Erst in der Gesamtheit aller Leistungsangebote könne die staatliche Verpflichtung zur Fürsorge im Alter als erfüllt angesehen werden.

Im einzelnen sieht der Entwurf die Gewährung eines einkommens- und vermögensunabhängigen Pflegegeldes ab dem 60. Lebensjahr vor. Dieses soll sich zusammensetzen aus einem Grundpflegegeld nach dem BSHG von mindestens 236 DM im Monat und aus ergänzenden Zahlungen nach dem BSHG bei wirtschaftlicher Bedürftigkeit. Je nach dem Schweregrad der Pflegebedürftigkeit erhöht sich das Grundpflegegeld auf höchstens 590 DM monatlich. Insgesamt kann das Pflegegeld zwischen 366 und 1.110 DM betragen. Für ältere in Heimen gepflegte Menschen soll nach diesem Konzept künftig zu den pflegebedingten Kosten eine Pflegehilfe von 885 DM geleistet werden. Dagegen soll der Pflegebedürftige die Kosten für Unterkunft und Verpflegung sowie die verbleibenden Pflegekosten als Eigenbeteiligung selbst tragen (bei Bedürftigkeit ergänzende Hilfe nach dem BSHG). Neben Geldleistungen sollen auch Sachleistungen gewährt werden, z. B. Beihilfen und Darlehen zur Verbesserung der Wohnverhältnisse sowie persönliche Hilfen für den Pflegebedürftigen. Darüber hinaus sieht der Gesetzentwurf auch Leistungen für die pflegenden Personen vor. Gedacht wird insbesondere an die Übernahme von RV-Beiträgen und an Steuererleichterungen. Die Kosten des von Rheinland-Pfalz vorgeschlagenen Gesetzes sollen von Bund, Ländern und Kommunen getragen werden. Auf den Bund kämen jährliche Kosten in Höhe von 3,3 Mrd. DM zu, auf die Träger der Sozialhilfe 3,4 Mrd. DM und die gesetzlichen Krankenkassen 0,46 Mrd. DM. Gegenüber dem derzeitigen Leistungssystem entstünden nach den Berechnungen von Rheinland-Pfalz allerdings nur Mehrkosten in Höhe von 1,4 Mrd. DM [BR-Drs. 425/90].

Das BMJFFG, das die Absicherung der Bürger gegen das finanzielle Risiko der Pflegebedürftigkeit als wichtigste soziale Aufgabe der 12. Legislaturperiode betrachtet, arbeitet an einem Konzept, das die Gesetzesinitiativen der beiden Länder verbindet. Das Ministerium rechnet damit, daß für die Absicherung des Pflegerisikos insgesamt etwa 4,6 bis 5,4 Mrd. DM benötigt werden. Allerdings wird davon ausgegangen, daß sich die finanziellen Aufwendungen zukünftig rasch erhöhen, da die Zahl der Pflegebedürftigen und damit auch die Zahl der benötigten Pfleger rapide ansteigen wird.

Nach jüngsten Zahlen gab es 1989 in rd. 926.000 Privathaushalten Personen, die auf die Hilfe anderer zurückgreifen müssen. Etwa 75 % davon benötigen Hilfeleistungen bei täglichen Verrichtungen. Wesentlich geringer ist hingegen die Zahl derjenigen, die ständig bettlägerig sind und damit auf eine Rundum-Betreuung angewiesen sind. Zwar erhielten noch immer rd. 58 % der Pflegebedürftigen Hilfe vor allem durch ihre Familienangehörigen, die familiäre Hilfsbereitschaft weist jedoch eine deutlich sinkende Tendenz auf. Allein zwischen 1985 und 1989 ist die Zahl derjenigen Personen, die unmittelbar von Angehörigen zuhause betreut werden, um mehr als 200.000 zurückgegangen *(vgl. SozUmschau, Nr.368/1990)*.

Der Deutsche Verein für öffentliche und private Fürsorge hält sowohl den von Baden-Württemberg wie den von Rheinland-Pfalz vorgeschlagenen Lösungsweg für nicht geeignet, die sozialpolitisch anstehenden Fragen zu lösen. Insbesondere die Pflichtprivatversicherung hält er nicht für akzeptabel. Vielmehr tritt er weiterhin für eine **sozialversicherungsrechtliche Absicherung** des Pflegerisikos ein *(vgl. dv-aktuell, Sept. 1990)*.

Die Lösung der Pflegeproblematik ist allerdings nicht nur ein **finanzielles Problem**, die steigende Zahl von Pflegebedürftigen, die durch Dritte betreut werden müssen, stellt zunehmend auch ein **kapazitätsmäßiges Problem** dar. Insbesondere zeigt sich ein wachsendes Defizit an qualifiziertem Altenpflegepersonal. Um diesem Mangel abzuhelfen, legte die Bundesregierung am 10. 8. 1990 dem Bundesrat den **Entwurf eines Altenpflegegesetzes** [BR-Drs. 519/90] vor. Die SPD hatte bereits im Mai 1990 im Bundestag [BT-Drs. 11/7094] einen entsprechenden Gesetzentwurf eingebracht.

Beide Gesetzentwürfe verfolgen das Ziel, eine bundeseinheitliche Regelung der Ausbildung von Altenpflegerinnen und Altenpflegern einzuführen. Vorgesehen ist u. a., die Ausbildungszeit einheitlich auf drei Jahre zu verlängern, einen Rechtsanspruch auf Ausbildungsvergütung festzuschreiben und die Berufsbezeichnung zu schützen. Erwartet wird, daß diese Regelungen zu einer spürbaren Verbesserung der Attraktivität dieses wichtigen sozialpflegerischen Berufes führen und so zu einer deutlichen Entspannung des Mangels an qualifiziertem Berufsnachwuchs beitragen.

6. Soziale Entschädigungen

Die Politik der sozialen Entschädigungen mittels der Kriegsopferversorgung, des Lastenausgleichs, der Wiedergutmachung sowie verschiedener Sonderleistungen hatte Mitte der 70er Jahre einen gewissen Abschluß erreicht. Dennoch gab es auch in diesen Bereichen in der Folgezeit noch zahlreiche gesetzliche Änderungen. Hinzu kam, daß das Regelungssystem des Bundesversorgungsgesetzes nach und nach auf andere Entschädigungstatbestände ausgedehnt worden war, die in keinem Zusammenhang mit kriegsbedingter Schädigung standen. Eine neuerliche Aktualität hat der Bereich der sozialen Entschädigungen darüber hinaus durch den seit Beginn der 80er Jahre zu beobachtenden und seit 1987 sprunghaft ansteigenden Zustrom von Aus- und Übersiedlern erlangt, die in unterschiedlicher Weise Ansprüche auf soziale Entschädigungsleistungen haben.

6. 1 Entschädigungen nach dem Bundesversorgungsgesetz

Die rechtliche Grundlage für Leistungen der **Kriegsopferversorgung** bildet bis heute das Bundesversorgungsgesetz (BVG) vom 20. Dezember 1950 *(vgl. S. 37ff.)*. Nach seinen Regeln richtet sich zugleich die Entschädigung bei anderen **Gesundheitsschäden**, für deren

Folgen die **Allgemeinheit** einzustehen hat. Hierzu gehören u.a. die Entschädigung von Wehrdienstbeschädigten nach dem Soldatenversorgungsgesetz (SVG) *(vgl. S.39f.)*, die Entschädigung von Opfern von Gewalttaten nach dem Opferentschädigungsgesetz (OEG) *(vgl. S.310f.)* sowie von Impfgeschädigten nach dem Bundesseuchengesetz (BSeuchG) *(vgl. S.40)*. Für die Gesamtheit dieser Regelungen gilt seit 1976 der im SGB I gewählte Oberbegriff **»Recht der sozialen Entschädigung bei Gesundheitsschäden«**.

Tabelle 56: Versorgungsberechtigte nach dem BVG und entsprechenden Gesetzen 1980–1990

Jahr[1]	Kriegs-opfer (BVG)	Andere Versor-gungsbe-rechtigte	davon gemäß					
			Zivil-dienst-gesetz	Soldaten-versor-gungs-gesetz	Bundes-seuchen-gesetz	Opfer-entschä-digungs-gesetz[2]	Häft-lings-hilfe-gesetz	Sonstige Gesetze
1980	1.958.586	22.087	64	12.921	–	–	4.457	4.645
1981	1.894.468	22.803	69	13.051	–	1.194	4.376	4.113
1982	1.827.476	21.784	72	13.145	–	1.045	4.217	3.305
1983	1.764.284	21.803	79	13.241	1.645	1.001	4.090	1.747
1984	1.698.133	21.774	78	13.204	1.734	1.140	3.963	1.655
1985	1.630.969	21.833	76	13.270	1.783	1.316	3.846	1.542
1986	1.565.733	22.269	81	13.357	1.812	1.841	3.727	1.451
1987	1.502.764	22.595	84	13.485	1.829	2.236	3.587	1.374
1988	1.438.410	22.900	86	13.660	1.850	2.543	3.449	1.312
1989	1.373.518	23.109	89	13.828	1.873	2.756	3.330	1.233
1990	1.307.442	23.355	95	13.983	1.900	3.007	3.208	1.162

1) Jeweils 1. Juli; 2) Angaben für 1990 nicht vollständig.
Quellen: BMA (Hrsg.): Statistik der Versorgung von Kriegsopfern und gleichgestellten Personen innerhalb und außerhalb des Bundesgebietes - BVG 20, versch. Jahre.

Auch mehr als 40 Jahre nach dem Ende des Zweiten Weltkrieges stellen die Kriegsbeschädigten und ihre Hinterbliebenen einen zahlenmäßig keineswegs unbedeutenden Personenkreis dar. Anfang 1990 gab es noch immer 615.427 Kriegsbeschädigte und 725.368 Hinterbliebene, insgesamt also 1,341 Mio. versorgungsberechtigte Kriegsopfer *(vgl. BMA, 1990a, S.401)*. Schätzungen gehen selbst für das Jahr 2000 noch von über 600.000 Betroffenen aus *(vgl. Leven, 1989, S.5)*. Die Zahl der Versorgungsberechtigten (Beschädigte und Hinterbliebene) nach Gesetzen, die Versorgung in entsprechender Anwendung des BVG vorsehen, belief sich Mitte 1990 auf 23.355 Personen *(vgl. Tabelle 56)*. Die Ausgaben für soziale Entschädigungen bei Gesundheitsschäden sind zwar seit 1982 leicht rückläufig, haben aber mit 11,9 Mrd. DM (1989) weiterhin einen beachtlichen Umfang *(vgl. BMA, 1990a, S.422)*.

6.1.1 Weiterentwicklung des Bundesversorgungsgesetzes

Wesentliche Schritte in der Entwicklung vom Bundesversorgungsgesetz zu einem umfassenden Recht der sozialen Entschädigung bei Gesundheitsschäden waren zwar bereits bis 1975 erfolgt, noch immer waren jedoch einzelne Regelungsbereiche verbesserungsbedürftig. Von daher enthalten die nach Einführung der Dynamisierung im Jahre 1969 jährlich ergangenen KOV-Anpassungsgesetze neben der »Anpassung der Versorgungsbezüge« im allgemeinen Vorschriften, die unter dem Begriff **»strukturelle Verbesserungen«** zusammengefaßt werden *(vgl. Leven, 1989, S.7)*. Im einzelnen sahen die seit 1975 ergangenen **KOV-Anpassungsgesetze** folgende Neuregelungen vor:

- 7. KOV-AnpG vom 9. Juni 1975 [BGBl. I S. 1321]: Vorverlegung des Anpassungstermins der Rentenleistungen der KOV auf den 1. Juli und Anpassung der Leistungen um den gleichen Prozentsatz wie in der GRV; außerdem Erhöhung der Pauschbeträge und Zulagen nach dem BVG.

- 8. KOV-AnpG vom 14. Juni 1976 [BGBl. I S. 1481]: Verbesserung der Ermittlung der Vergleichseinkommen zur Feststellung des Berufsschadens- und Schadensausgleichs für alle Berechtigten; durch Einführung einer Gleitklausel Verhinderung des Wegfalls von Ansprüchen auf Witwen- und Waisenbeihilfen bei geringfügigem Überschreiten der Einkommensgrenze.

- 9. KOV-AnpG vom 27. Juni 1977 [BGBl. I S. 1037]: Anpassung der Versorgungsbezüge nach dem BVG zum 1. 7. 1977; in Übereinstimmung mit den Regelungen in der GRV Verschiebung des nächsten Anpassungs-Stichtages auf den 1. 1. 1979.

- 10. KOV-AnpG vom 10. August 1978 [BGBl. I S. 1217]: Anpassung der Versorgungsbezüge um 4,5 % mit Wirkung vom 1. 1. 1979; weitere Anpassung um jeweils 4,0 % mit Wirkung vom 1. 1. 1980 bzw. 1. 1. 1981; punktuelle Leistungsverbesserungen im Bereich der Sachleistungen.

- 11. KOV-AnpG vom 20. November 1981 [BGBl. I S. 1199]: Anpassung der Versorgungsbezüge.

- Haushaltsbegleitgesetz 1983 vom 20. Dezember 1982 [BGBl. I S. 1857]: Verschiebung des Anpassungstermins – analog zur GRV – auf den 1. 7. 1983; Berücksichtigung des Krankenversicherungsbeitrages der Rentner beim jährlichen Anpassungssatz für die KOV-Renten; ferner Änderung der Berechnungsvorschriften für den Berufsschadensausgleich; Ausschluß der von der Versicherungspflicht in der GKV befreiten Personen von den subsidiären Leistungen wegen Nicht-Schädigungsfolgen und von der Krankenbehandlung; Anpassung der im Versorgungsrecht vorgesehenen Zuschüsse zum Zahnersatz an jene in der GKV; Herabsetzung des Übergangsgeldes bei Rehabilitation in Analogie zu den anderen Rehabilitationsträgern; im Gegensatz zur Renten- und Krankenversicherung keine Zuzahlungspflicht bei Kuren für Berechtigte der KOV.

- Haushaltsbegleitgesetz 1984 vom 22. Dezember 1983 [BGBl. I S. 1532]: Ausnahme der KOV von den speziellen Sparmaßnahmen des Gesetzes; allerdings Einschränkungen der beruflichen Rehabilitation im Rahmen der Kriegsopferversorgung entsprechend den für andere Träger der beruflichen Rehabilitation gemäß RehaAnglG vorgesehenen Änderungen; außerdem ergaben sich durch die Aktualisierung der Rentenanpassung in der GRV entsprechende Auswirkungen bei der Erhöhung der Kriegsopferrenten ab 1984.

- 13. KOV-AnpG vom 20. Juni 1984 [BGBl. I S. 761]: Anpassung der Versorgungsbezüge nach dem BVG analog zur Rentenversicherung mit Wirkung vom 1. 7. 1984.

- 14. KOV-AnpG vom 4. Juni 1985 [BGBl. I S. 910]: neben den Leistungsanpassungen strukturelle Leistungsverbesserungen im Bereich des Bestattungsgeldes und der Kapitalabfindungen mit Wirkung vom 1. 1. 1986.

- Hinterbliebenenrenten- und Erziehungszeiten-Gesetz vom 11. Juli 1985 [BGBl. I S. 1450]: Neuregelung der Hinterbliebenenversorgung (Gleichbehandlung von Witwen und Witwern bei der Hinterbliebenenrente) mit Wirkung vom 1. 1. 1986 entsprechend den Regelungen in der GRV und in der GUV.

- 15. KOV-AnpG vom 23. Juni 1986 [BGBl. I S. 915]: Anpassung der Versorgungsbezüge für 1986 in dem gleichen Umfange wie die verfügbaren Renten in der GRV (ab 1. 7. 1986: 2,15 %); außerdem Anhebung der Abgeltungsquote beim Berufsschadensausgleich und beim Schadensausgleich von 40 auf 42,5 %; deutliche Erhöhung der Ausgleichsrente für Beschädigte bei einer MdE um 50 und 60 %; Ausdehnung der Witwen- und Waisenbeihilfe auf Hinterbliebene von Beschädigten mit einer MdE um 30 und 40 %; befristete Weiterzahlung der Elternpaarrente bei Tod eines Elternteils und Verselbständigung weiterer Leistungen der Kriegsopferfürsorge.

- 16. KOV-AnpG vom 27. Juni 1987 [BGBl. I S. 1545]: Anpassung der Versorgungsbezüge entsprechend der Anpassung der verfügbaren Renten um 3,03 %.

- 17. KOV-AnpG vom 21. Juni 1988 [BGBl. I S. 826]: Anpassung der Kriegsopferrenten entsprechend der Anpassung der verfügbaren Renten der Empfänger von Renten aus der GRV; Anhebung der Ausgleichsrente, Unfallschutz auch für Begleitpersonen von Schwerbeschädigten, Einbeziehung von behinderten Familienmitgliedern in die Leistungen der Kriegsopferfürsorge.

- 18. KOV-AnpG vom 30. Juni 1989 [BGBl. I S. 1288]: Erhöhung der Leistungen gem. § 56 BVG um 2,4 % ab 1. 7. 1989; Eröffnung der Möglichkeit, einen zwischen dem 1. 1. 1989 und dem 30. 6.

1989 gestellten Antrag auf Befreiung von der Versicherungspflicht in der GKV zurückzunehmen, und zwar für Personen, die Berechtigte oder Leistungsempfänger nach dem BVG sind.

Im Verbund mit der GRV sind die Kriegsopferrenten seit 1970 insgesamt zwanzigmal erhöht worden. Bei einer durchschnittlichen Erhöhung der Nettoarbeitsverdienste um 156% und einer Verteuerung der Lebenshaltung für Rentner um 105% sind die **Kriegsopferrenten** zwischen 1970 und 1989 um insgesamt 190% angestiegen. Von den seit Mitte der 70er Jahre erfolgten strukturellen Leistungsverbesserungen war zwar auch der **Berufsschadensausgleich** betroffen, nach wie vor stellt dieser jedoch einen der ungelösten Problemkreise der sozialen Entschädigungen dar. Der inzwischen auf 42,5% angehobene, dennoch sehr begrenzte Berufsschadensausgleich kann nach Ansicht verschiedener Kritiker das Ziel, einen individuellen Schadensausgleich hinsichtlich des Einkommensverlustes zu ermöglichen, kaum erreichen *(vgl. Schulin, 1988, S.1050)*. Unterdessen gelangte auch das BMA in einem Anfang 1989 vorgelegten Bericht zu der Feststellung, daß das geltende System des Berufsschadensausgleichs an seine Grenzen gestoßen sei. Eine weitere Anhebung der Abgeltungsquote wird vor allem wegen der Bruttoorientierung des Systems als entschädigungsrechtlich verfehlt angesehen. Als Ausweg wird eine nettoorientierte Weiterentwicklung des Berufsschadensausgleichs angestrebt.

Als ein weiterer Problembereich des Bundesversorgungsgesetzes gilt die Kriegsopferfürsorge, die bisher „eine kaum definierbare Zwischenstellung zwischen Entschädigungs- und Sozialhilferecht einnimmt" *(Schulin, 1988, S.1050)*. Als Ergänzung zu den Versorgungsleistungen sieht das BVG besondere Hilfen im Einzelfall vor (§§ 25 ff. BVG). Die **Kriegsopferfürsorge**, deren Leistungskatalog 1987 erheblich erweitert wurde und die eine stärkere entschädigungsrechtliche Eigenständigkeit erhielt, hat die Aufgabe, sich der Geschädigten und ihrer Familienmitglieder sowie der Hinterbliebenen in allen Lebenslagen anzunehmen, um die Folgen der Schädigung oder des Verlustes von Angehörigen angemessen auszugleichen bzw. abzumildern. Die Leistungen der Kriegsopferfürsorge setzen allerdings nicht nur einen **Bedarf an Hilfe**, sondern zudem – ähnlich wie im Rahmen der Sozialhilfe – **individuelle Bedürftigkeit** voraus. Entsprechend sind bei der Hilfegewährung eigenes Einkommen und Vermögen zu berücksichtigen. Allerdings verlangt die Kriegsopferfürsorge nicht in jedem Fall einen **Kausalzusammenhang** zwischen Schädigung und Hilfebedarf. Aufgrund der Ausrichtung der individuellen Hilfen am jeweiligen Bedarf bilden Hilfen zur Pflege (häusliche Pflege und Heimpflege) inzwischen den Schwerpunkt der Ausgaben. In Anbetracht des hohen Durchschnittsalters der Versorgungsberechtigten wird mit einem auch zukünftig noch wachsenden Bedarf gerechnet. Kritiker verlangen, diesen Bereich noch deutlicher als bisher entschädigungsrechtlich umzugestalten und vor allem die Anrechnung eigenen Einkommens und Vermögens aufzugeben.

Die Tatsache, daß die gesundheitlichen und wirtschaftlichen Probleme der Kriegsopfer mit zunehmendem Alter nicht geringer, sondern eher größer werden, und daß das BVG für bestimmte Situationen keine ausreichende Versorgung gewährleistet, veranlaßte die Bundesregierung am 27.11.1989 zur Einbringung eines Gesetzentwurfes für ein **KOV-Strukturgesetz 1990**, der insbesondere strukturelle Verbesserungen für Pflegezulagenempfänger, für Empfänger von Berufsschadens- und Schadensausgleich sowie für Witwen, die eine Ausgleichsrente beziehen, vorsah [BT-Drs. 11/5831]. Die beabsichtigten strukturellen Maßnahmen sollten bis 1993 zu Mehrausgaben von jährlich rd. 120 Mio. DM führen.

Ziel des im Frühjahr 1990 vom Bundestag verabschiedeten **KOV-Strukturgesetzes 1990 vom 23. März 1990** [BGBl.I S.582] war nach Aussagen der Bundesregierung, „ein ausgewogenes Versorgungsniveau für alle Versorgungsberechtigten zu schaffen und denjenigen Berechtigten eine bessere Versorgung zukommen zu lassen, die im Leistungssystem des sozialen Entschädigungsrechts noch nicht ausreichend versorgt (waren)" *(SB 1990, S.64)*. Im einzelnen brachte das Gesetz folgende **Neuregelungen**:

- Für rd. 300.000 Witwen, die eine Ausgleichsleistung beziehen, wurde die Einkommenssituation durch Anhebung der Ausgleichsrente um monatlich mindestens 12 DM (in besonderen Fällen um 58 DM) verbessert.
- Für weitere rd. 21.000 Beschädigte und Witwen, die bisher noch keine ausreichende Abgeltung ihres beruflichen oder wirtschaftlichen Schadens erhielten, brachte das Gesetz Verbesserungen beim Berufsschadens- und Schadensausgleich.
- Die ab Vollendung des 65. Lebensjahres Schwerbeschädigten gewährte Alterszulage in Höhe von 35 DM monatlich (bei einer MdE von 50 und 60 %) wurde für Schwerbeschädigte mit einer MdE von 70 und 80 % auf 45 DM und für Schwerbeschädigte mit einer MdE von 90 % sowie für erwerbsunfähige Beschädigte auf 55 DM angehoben. Dadurch sollte v. a. der unterschiedlichen physischen Belastung der Beschädigten Rechnung getragen werden.
- Pflegezulagenempfängern, die mit ihrem Ehegatten oder einem Elternteil in häuslicher Gemeinschaft leben und eine fremde Pflegekraft gegen Entgelt beschäftigen, wird künftig in jedem Falle ein Teil der pauschalen Pflegezulage belassen. Nach der Neuregelung sind lediglich ¼ der Aufwendungen für die fremde Pflegekraft aus der Pflegepauschale zu zahlen.
- Witwen eines Pflegezulagenempfängers ab Stufe II erhalten einen Pflegeausgleich, wenn sie den Beschädigten während ihrer Ehe mindestens 20 Jahre lang gepflegt haben. Die monatliche Geldleistung hängt von der Dauer der Pflege und der bezogenen Pflegezulage ab.
- Die Frist für die Gewährung von Kuren an Pflegepersonen wird auf bis zu 10 Jahre nach dem Tode des Beschädigten verlängert, sofern eine Pflegezeit von mindestens 10 Jahren erbracht wurde.
- Der durch das GRG weggefallene Anspruch auf Ausstellung eines Behandlungsscheines, wurde ab 1.4.1990 für die betreffenden Kriegsbeschädigten wieder eingeführt. Außerdem wurde der bisherige Unfallschutz für Hinterbliebene und Begleitpersonen von Beschädigten erweitert und auf Angehörige von Schwerbeschädigten ausgedehnt.

Weitere Verbesserungen brauchte schließlich auch die rückwirkend zum 1.1.1990 in Kraft getretene **1. VO zur Änderung der AusgleichsrentenVO**, der der Bundesrat am 1.6.1990 zustimmte [BR-Drs. 297/90]. Für rd. 20.000 Bezieher von Ausgleichs- oder Elternrenten wurden dadurch die Freibeträge bei der Anrechnung von Zinseinkünften erhöht, die Anrechnungsvorschriften bei Unterhaltsansprüchen von Schwerbeschädigten verbessert und die Bewertung von Sachbezügen neu geregelt. Die ebenfalls zum 1.1.1990 in Kraft getretene Neufassung der **Orthopädie-VO vom 4. Oktober 1989** [BGBl.I S.1834] brachte Leistungsverbesserungen und neue Leistungen in der Versorgung mit Hilfsmitteln. Außerdem wurden die Zuschüsse für Kraftfahrzeuge und für behinderungsgerechte Bedienungseinrichtungen deutlich erhöht.

Das **19. KOV-AnpG 1990 vom 26. Juni 1990** [BGBl.I S.1211] beinhaltete eine Anhebung der in § 56 BVG näher bestimmten Leistungen und des Bemessungsbetrages um 3,16 %. Außerdem wurde die bisher in Richtlinien festgelegte Teilversorgung Deutscher in Ost- und Südosteuropa im BVG selbst näher geregelt.

6.1.2 Entschädigung nicht-kriegsbedingter Gesundheitsschäden

Die bereits in den 50er Jahren mit dem Häftlingshilfegesetz eingeleitete Entwicklung, das BVG als Modellgesetz auf andere Regelungstatbestände anzuwenden, bei denen wegen der gesundheitlichen und wirtschaftlichen Folgen der Schädigung ein Anspruch auf staatliche Entschädigung besteht, wurde auch nach 1975 fortgesetzt. Hinzugekommen ist insbesondere das **Gesetz über die Entschädigung für Opfer von Gewalttaten vom 11. Mai 1976** [BGBl.I S.1181], das wie schon vergleichbare frühere Gesetze lediglich den Entschädigungstatbestand neu schuf, hinsichtlich der Rechtsfolgen jedoch wiederum auf das Leistungssystem des BVG verwies *(vgl. Brockelmann, 1975, S.60f., 1976, S.75ff.)*.

Aufgrund von Berichten über die Not einzelner Verbrechensopfer sowie von Erfahrungen aus dem Ausland hatte sich Anfang der 70er Jahre die Erkenntnis verstärkt, daß „in einem sozialen Rechtsstaat die soziale Sicherung derer, die durch Gewalttaten dauernde Gesundheitsschäden erleiden, als Aufgabe des Staates gesetzlich geregelt werden sollte" *(Leven, 1989, S.10)*. Die Tatsache, daß mit diesem Gesetz schuldlosen Verbrechensopfern geholfen werden soll, ist zwar auf große Zustimmung gestoßen, gleichwohl sehen Juristen das Problem eines überzeugenden Rechtsgrundes weiterhin als ungelöst an. Bisweilen wird die Auffassung vertreten, daß die staatliche Gemeinschaft wenigstens für die Folgen von Verbrechen einzutreten habe, wenn schon der Staat durch den Schutz der Rechtsordnung den Bürger vor gewaltsamen Angriffen auf seine Person nicht bewahren könne *(vgl. Leven, 1989, S.10; Schulin, 1988, S.1049)*.

Nach § 1 Abs.1 Satz 1 OEG haben Personen Anspruch auf Kriminalopferentschädigung, die infolge eines vorsätzlichen, rechtswidrigen Angriffs gegen ihre oder eine andere Person oder durch dessen rechtmäßige Abwehr eine gesundheitliche Schädigung erlitten haben. Entschädigungsfähig sind allerdings nur im Bundesgebiet erfolgte Gewalttaten, einschließlich von Verbrechen auf deutschen Schiffen oder in deutschen Flugzeugen. Uneingeschränkt anspruchsberechtigt nach dem OEG sind zudem nur Deutsche. Ausländer erhalten Leistungen nur, wenn ihr Heimatstaat Gegenleistung gewährleistet. Maßgeblich für die Entschädigung ist darüber hinaus, daß die Schädigung Folge eines vorsätzlichen, rechtswidrigen und tätlichen Angriffs ist. Geschädigte und Hinterbliebene eines Gewaltopfers haben Anspruch auf Entschädigungs- und Versorgungsleistungen entsprechend den Bestimmungen des BVG.

Mit dem **ÄndG vom 10. August 1978** [BGBl.I S.1217] erfolgte eine Ausweitung des Geltungsbereichs der Regelungen des BVG. Ein weiteres **ÄndG vom 20. Dezember 1984** [BGBl.I S.1723] klärte v.a. die Zuständigkeit der Behörden bei der Entschädigung von Gewaltopfern nach dem BVG; diese Regelungen wurden durch die steigende Zahl von Flugzeug- und Schiffsentführungen und dabei verübte Gewalttaten erforderlich. Außerdem wurde eine Härteklausel in das Gesetz eingefügt, die es ermöglichte, bei Bedürftigkeit denjenigen Personen eine Versorgung zu gewähren, die vor Inkrafttreten des OEG Opfer einer Gewalttat geworden waren.

Eine weitere Änderung erfuhr das OEG durch Art.6 des KOV-AnpG 1990 vom 26. Juni 1990 [BGBl.I S.1211]. Damit wurde einem von der EG-Kommission eingeleiteten Vertragsverletzungsverfahren entgegengetreten. Nunmehr wurde klargestellt, daß Bürger der EG-Mitgliedsstaaten ungeachtet des dem OEG ansonsten zugrundliegenden Gegenseitigkeitsvorbehalts Anspruch auf Leistungen nach diesem Gesetz haben. Die durch diese Rechtsänderung verursachten und von Bund und Ländern nach § 4 OEG zu tragenden Mehrkosten beliefen sich allerdings auf weniger als 100.000 DM jährlich [BT-Drs. 11/7097].

6.1.3 Weitere Entschädigungsregelungen

Im Bereich der sonstigen Entschädigungen versetzte das 7. Gesetz zur Änderung und Ergänzung des **Kriegsgefangenenentschädigungsgesetzes** vom 29. Oktober 1979 [BGBl.I S.1769] die **Heimkehrerstiftung** rechtlich und finanziell in die Lage, über ihre nach geltendem Recht zulässigen Leistungen hinaus weitere Leistungen an solche ehemaligen Kriegsgefangenen zu gewähren, denen wegen ihrer Kriegsgefangenschaft in der Rentenversicherung erhebliche Nachteile entstanden.

Diese Nachteile müssen eine wirtschaftliche Härte bedeuten, was unter Berücksichtigung von Einkommens- und Vermögensverhältnissen zu beurteilen ist. Für Rentenausgleichsleistungen zahlte die Stiftung bis Ende 1988 insgesamt 94,5 Mio. DM. Seit ihrer Gründung im Jahre 1970 hat die Heimkehrerstiftung 55.039 Anträge mit Gesamtleistungen in Höhe von rd. 234 Mio. DM bewältigt *(vgl. BMA, 1990 a, S.480)*.

6.1.4 Perspektiven des sozialen Entschädigungsrechts

Langfristig strebt der Gesetzgeber an, das BVG und die entsprechenden Regeln anderer Gesetze im SGB durch ein besonderes Buch »**Soziale Entschädigung bei Gesundheitsschäden**« zu ersetzen. Gegenwärtig fingiert Art.II § 1 Nr.11 und 12 SGB I, daß die derzeitigen einschlägigen Einzelgesetze als besondere Teile des SGB gelten, d. h., daß die Regelungen des SGB I und X auf sie Anwendung finden. Während einige Autoren darauf verweisen, daß sich die Rolle des BVG als „Modellgesetz des sozialen Entschädigungsrechts ... aufgrund der Verweisungen in einer Vielzahl anderer Gesetze verfestigt habe" *(Leven, 1989, S.10f.)*, betonen andere, daß bislang unter dem sozialen Entschädigungsrecht „noch kein einheitliches, in sich geschlossenes (Teil-)System der sozialen Sicherung verstanden werden (könne), sondern daß es sich um eine äußere Zusammenfassung sehr heterogener Ausgleichsinstitute handel(e), bei der die Militärversorgung (...) nach wie vor den ganz beherrschenden Platz (einnehme)" *(Schulin, 1988, S.1049)*. Auch wenn die **Idee eines eigenständigen öffentlich-rechtlichen Schadensausgleichssystems**, das auf dem Gedanken der gesteigerten Allgemeinverantwortung für eine Reihe von Schadenstatbeständen beruht, ganz überwiegend begrüßt wird, halten einige Autoren jedoch eine Prüfung erforderlich, „ob das Regelungsmodell des BVG für alle diese Bereiche gleichermaßen geeignet ist" *(Schulin, 1988, S.1049; vgl. auch Stork, 1990, S.104ff.)*.

6.2 Lastenausgleich

Im Bereich des Lastenausgleichs war mit dem 28. LAG-ÄndG vom 27. Januar 1975 [BGBl.I S.401] im wesentlichen ein Abschluß erreicht worden. Die weitere Entwicklung vollzog sich – insbesondere was die **Anpassung der laufenden Leistungen** betrifft – weitgehend analog zur GRV und zur KOV. Insbesondere stimmten seit dem 1.7.1975 die Anpassungstermine und Anpassungssätze überein, wobei bei der Anpassung der **Unterhaltshilfe** und der **Beihilfe zum Lebensunterhalt** nach dem LAG auch die Beiträge der Rentner zu ihrer Krankenversicherung berücksichtigt wurden. In der **Finanzierung** der Leistungen gewannen die **öffentlichen Zuweisungen** ein immer größeres Gewicht, da das Aufkommen aus den Lastenausgleichsabgaben stark rückläufig war. Zugleich wurden wegen des deutlich geringer werdenden Stellenwerts des Lastenausgleichs im gesamten Sozialleistungssystem Überlegungen zu einer **Anpassung der Lastenausgleichsverwaltung** an die veränderten Verhältnisse angestellt.

Das 30. LAG-ÄndG vom 17. April 1985 [BGBl.I S.629] bestimmte, daß ein Ausgleichsamt auch für mehrere Kreise eingerichtet werden kann, wenn dies aus Gründen der Wirtschaftlichkeit der Verwaltung geboten ist; aus den gleichen Gründen können bestimmte Aufgaben einem anderen Ausgleichsamt oder dem Landesausgleichsamt übertragen werden. Nach diesem Gesetz kann auch auf die Bildung eines Ausgleichsausschusses bei einem Landesausgleichsamt in der Schlußphase des Lastenausgleichs verzichtet werden. Eine weitere organisatorische Anpassung der Leistungsverwaltung an die auch in der Zukunft abnehmende Bedeutung des Lastenausgleichs wird kaum zu vermeiden sein.

Durch eine Gesetzesinitiative der Bundesregierung wurde 1986 dafür Sorge getragen, daß die **Spätaussiedler** auch weiterhin Lastenausgleichsleistungen erhalten können. Diese Gesetzesinitiative war erforderlich geworden, weil in der Rechtsprechung in zunehmendem Maße Zweifel daran geäußert wurden, ob es sich bei den Vermögenseinbußen der Spätaussiedler noch um Vertreibungsschäden im Sinne des Lastenausgleichsgesetzes handelt. Das von der Bundesregierung eingebrachte und vom Bundestag und Bundesrat Ende 1986 verabschiedete **31. LAG-ÄndG vom 26. Januar 1987** [BGBl.I S.474] hat Befürchtungen der Spätaussiedler – zumindest vorübergehend – gegenstandslos gemacht, zukünftig von Lastenausgleichsleistungen ausgeschlossen zu sein.

Tabelle 57: **Leistungen des Lastenausgleichs bis zum 31.12.1990 (ausgezahlte Beträge in Mio. DM)**

Ausgleichsleistung	insgesamt[1]	darunter nach LAG	Ausgleichsleistung	insgesamt[1]	darunter nach LAG
Hauptentschädigung[2]	28.466	27.994	Aufbaudarlehen[4]		
Kriegsschadenrente und			Gewerbl. Wirtschaft		
laufende Wohnraumhilfen			und Freie Berufe	1.906	1.816
(ohne Härtefonds)	52.951	52.612	Landwirtschaft	1.974	1.933
Wohnraumhilfe[3]	5.611	5.611	Wohnungsbau	7.055	6.753
Härtefonds	3.426	3.426	Arbeitsplatzdarlehen[4]	282	282
Währungsausgleich	1.115	1.115	Sonst. Förderungsmaßn.		
Altsparerentschädigung	4.973	4.535	Ausbildungshilfe	1.064	1.064
Landwirt. Darlehen nach			Heimförderung	188	188
§ 46 Abs.3 BVG	497	497	Sonderaktionen[5]	619	619
Förderung des Wohnungs-			Wertpapierbereinigungs-		
baus für Umsiedler	225	225	Schlußgesetz	144	144
Hausratentschädigung	9.637	9.459	Insgesamt[6]	120.133	118.163

1) einschl. des dem LAG vorangegangenen Soforthilfegesetzes; 2) Hauptentschädigung nach dem LAG. Barerfüllung zzgl. Tilgung und Verzinsung von Deckungsforderungen für unbare Erfüllung; 3) einschl. Darlehen aus Umstellungsgrundschulden und sonstigen Wohnungsbauförderungsdarlehen der Länder; 4) Darlehen an einzelne Geschädigte bzw. Betriebe; 5) Darlehen an Kreditinstitute; 6) unter Einbeziehung der »sonstigen Ausgaben« (hauptsächlich zur Vorfinanzierung der Leistungen) betragen die Gesamtauszahlungen aus dem Ausgleichsfonds 132.786 Mio. DM.
Quelle: Statistisches Jahrbuch für die Bundesrepublik Deutschland 1991, S.482.

Tabelle 58: Zuerkennung und Erfüllung der Hauptentschädigung bis Ende 1990

Gegenstand der Nachweisung	Einheit	insgesamt	darunter		
			Vertreibungsschäden	Kriegssachschäden	Schäden i.S.d. BFG[1]
Ansprüche auf Hauptentschädigung					
zuerkannt	Anzahl	5.356.534	3.461.636	1.221.049	518.802
voll erfüllt	Anzahl	5.280.052	3.401.835	1.214.938	509.511
nicht/teilweise erfüllt	Anzahl	76.482	59.801	6.111	9.291
Grundbeträge der Hauptentschädigung					
zuerkannt	Mio. DM	36.520	23.898	5.618	6.135
erfüllt	Mio. DM	36.182	23.665	5.604	6.050
nicht erfüllt	Mio. DM	338	233	14	85
Erfüllungsbeträge d. Hauptentschädigung					
Barerfüllung[2]	Mio. DM	22.830	12.724	3.807	5.515
Begründung von Forderungen	Mio. DM	4.038	3.118	878	–
Umwandlung von Darlehen[3]	Mio. DM	2.344	1.727	482	124
Anrechnung von Kriegsschadenrente[4]	Mio. DM	6.970	6.096	437	411
Hauptentschädigung insgesamt	Mio. DM	36.182	23.665	5.604	6.050
Grundbeträge	Mio. DM	24.440	16.293	4.021	3.629
Zinszuschläge	Mio. DM	11.742	7.372	1.583	2.421

1) Vermögensschäden in der DDR gem. Beweissicherungs- und Feststellungsgesetz; 2) einschl. Erfüllung durch Verrechnung; 3) einschl. sonstiger Maßnahmen; 4) einschl. laufender Beihilfen.
Quelle: Statistisches Jahrbuch für die Bundesrepublik Deutschland 1991, S.483.

Bis Ende 1988 wurden insgesamt 9.044.072 Schadensfälle mit Schäden in einer Gesamthöhe von 62,693 Mrd. RM festgestellt. Hinzu kommen 7.610.511 festgestellte Hausratverluste. Den Hauptanteil (6.200.957 Fälle) bilden Vertreibungsschäden mit einer Schadenssumme von 36,695 Mrd. RM, gefolgt von 1.705.657 Fällen von Kriegssachschäden mit einem Schadenswert in Höhe von 12,663 Mrd. RM *(vgl. StJbBRD, 1989, S.422)*.

Sowohl die Ausgaben als auch die Einnahmen des Ausgleichsfonds waren in den letzten Jahren rückläufig. Im Jahre 1988 betrugen die Ausgaben 1,204 Mrd. DM (1985: 1,512 Mrd. DM) und die Einnahmen 1,201 Mrd. DM (1985: 1,492 Mrd. DM). In den Einnahmen sind Zuschüsse des Bundes mit 0,770 Mrd. DM (1985: 0,925 Mrd. DM) enthalten. Außerdem hatte der Bund Ausgaben aus der Übernahme des Schuldendienstes des Ausgleichsfonds in Höhe von 0,731 Mrd. DM. Seit dem Inkrafttreten des Soforthilfegesetzes (1.4.1949) hat der Ausgleichsfonds bis zum 31.12.1988 insgesamt 132,8 Mrd. DM ausgegeben; den Geschädigten sind davon 115,9 Mrd. DM zugeflossen; der Rest entfällt im wesentlichen auf die Verzinsung und Tilgung aufgenommener Kredite. Ferner sind bis zum 31. 12. 1988 aus Mitteln des Bundeshaushaltes Entschädigungsleistungen nach dem Reparationsschädengesetz in Höhe von 0,588 Mrd. DM gezahlt worden. Der Erledigungsstand der Schadensfeststellung belief sich Ende 1987 nach allen drei Gesetzen (Feststellungsgesetz, Beweissicherungs- und Reparationsschädengesetz) auf jeweils über 97 %. Bezogen auf die bis zum Jahresende 1987 insgesamt eingereichten 8,3 Mio. Feststellungsanträge nach allen drei Gesetzen entspricht die Zahl der noch nicht abschließend erledigten rd. 73.000 Fälle einem Anteil von nurmehr knapp 0,9 %. Die Ausgaben für die Kriegsschadenrente nach dem LAG (Unterhaltshilfe und Entschädigungsrente) betrugen 1988 noch 916 Mio. DM *(vgl. BPA, 1987, S.202, 1988, S.190)*.

Aufgrund der seit Ende 1989 in Mittel- und Osteuropa eingetretenen politischen Veränderungen verstärkten sich im Laufe des Jahres 1990 Bestrebungen, im Zuge einer generellen Neuregelung des auf Aussiedler anzuwendenden Rechts auch in der Frage des Lastenausgleichs zu einer **endgültig abschließenden Regelung** zu gelangen.

6. 3 Wiedergutmachung

Auch die Wiedergutmachung vollzog sich ab der zweiten Hälfte der 70er Jahre v.a. noch im Rahmen des 1953 geschaffenen BEG *(vgl. S.43)*. 1974 wurden die Leistungsregelungen des BEG aktualisiert und 1980 das BEG an das Gesetz über die Prozeßkostenhilfe vom 13. Juni 1980 [BGBl.I S.677] angepaßt. Gemäß Art.1 des Gesetzes vom 19. Dezember 1985 [BGBl.I S.2460] wurde analog zur Renten- und Unfallversicherung sowie zur Kriegsopferversorgung auch die Gleichstellung von Witwen und Witwern im Hinterbliebenenrecht des BEG vollzogen. Im übrigen wurden die nach dem BEG zu zahlenden Renten in den letzten Jahren durch verschiedene Änderungsverordnungen zu den **BEG-Durchführungsverordnungen** an die Verbesserungen der Beamtenbezüge angeglichen. Während nach dem BEG nach wie vor zahlreiche Leistungen erbracht werden, sind nurmehr wenige Verfahren nach dem **Bundesrückerstattungsgesetz** (BRüG) anhängig.

Weitergeführt wird die abschließende **Härtefallregelung** für gesundheitlich schwer geschädigte, notleidende Opfer des NS-Regimes, die aus formellen Gründen keine gesetzlichen Entschädigungsleistungen erhalten. Aufgrund einer Entschließung des Deutschen Bundestages vom 3. Dezember 1987 wurden die Richtlinien für den **Wiedergutmachungs-Dispositions-Fonds** neu gefaßt; Ziel war dabei, den für diese Leistungen antragsberechtigten Personenkreis zu erweitern.

Nach dem BEG und dem BRüG sind im Jahre 1988 Gesamtzahlungen in Höhe von rd. 1,67 Mrd. DM geleistet worden; damit erhöhte sich der bisherige Aufwand für diese beiden Gesetze auf insgesamt 68,63 Mrd. DM. Einschließlich der globalen Wiedergutmachungszahlungen an den Staat Israel und an mehrere europäische Staaten im Gesamtbetrag von etwa 4,45 Mrd. DM sowie sonstiger Wiedergutmachungsleistungen – insbesondere der Wiedergutmachung im öffentlichen Dienst – in Höhe von rd. 7,00 Mrd. DM ergibt sich unter Berücksichtigung der Leistungen gemäß Härtefallregelung (bisher 0,54 Mrd. DM) sowie von Leistungen in Höhe von 1,95 Mrd. DM nach landesrechtlichen Regelungen zum 31.12.1988 eine Gesamtleistung von Bund und Ländern auf dem Gebiet der Wiedergutmachung nationalsozialistischen Unrechts von rd. 82,57 Mrd. DM *(vgl. BPA, 1988, S.189)*.

Ohne Rechtsanspruch werden seit 1980 – auf dem Vergleichswege – auf der Grundlage des Allgemeinen Kriegsfolgengesetzes (AKG) insbesondere **Hilfen für Zwangssterilisierte und Härteleistungen an sonstige NS-Opfer** gewährt.

Nach einer Regelung vom Frühjahr 1980 erhalten Personen, die in den Jahren 1933 bis 1945 nach den Bestimmungen des Gesetzes zur Verhütung erbkranken Nachwuchses (Erbgesundheitsgesetz) vom 14. Juli 1933 [RGBl. I S.529] zwangssterilisiert worden sind, einmalige Zuwendungen von je 5.000 DM. Aufgrund dieser Regelung zugunsten Zwangssterilisierter wurden zwischen 1980 und 1988 in 10.540 Fällen Einmalleistungen beantragt und in 9.680 Fällen gewährt. Einige Anträge wurden auf andere Weise erledigt, z.B. durch Zahlung von Differenzbeträgen zu anderen Leistungen, soweit diese den Betrag von 5.000 DM nicht erreichten *(vgl. BPA, 1988, S.190)*.

Darüber hinaus bestehen aufgrund der Richtlinien der Bundesregierung über Härteleistungen an Opfer nationalsozialistischer Unrechtsmaßnahmen im Rahmen des Allgemeinen Kriegsfolgengesetzes vom 7. März 1988 (AKG-Härterichtlinien) [BAnz vom 19.3.1988, S.1277] Möglichkeiten, in Härtefällen auch sonstigen NS-Opfern Hilfen zu gewähren. Hierbei handelt es sich um Personen, die – ohne Verfolgte im Sinne des § 1 BEG zu sein – vom NS-Regime angefeindet wurden und Schäden durch Verletzung des Lebens, der Gesundheit und der Freiheit erlitten haben, aber wegen Versäumung der Anmeldefristen des AKG von gesetzlichen Entschädigungsleistungen ausgeschlossen sind (z.B. »Euthanasie«-Opfer, Homosexuelle, sog. Wehrkraftzersetzer und Asoziale). Diese Personen können einmalige Härteleistungen bis zu 5.000 DM erhalten, wenn sie u.a. einen erheblichen Gesundheitsschaden erlitten haben und sich in einer wirtschaftlichen Notlage befinden. In besonderen Ausnahmefällen können als weitergehende Hilfen auch laufende Härteleistungen bewilligt werden. 1988 wurden in 10 Fällen laufende Leistungen zugestanden *(vgl. BPA, 1988, S.190)*.

In diesem Zusammenhang muß auf die seit etlichen Jahren stattfindende und teilweise sehr heftige politische Kontroverse zur Frage der **Entschädigung ehemaliger Zwangsarbeiter** sowie der durch das NS-Regime verfolgten **Sinti und Roma** hingewiesen werden, die bereits in der ersten Hälfte der achtziger Jahre zu verschiedenen Anträgen im Bundestag führte. Die Bundesregierung hatte zwar in ihren Antworten vom 21.12.1982 [BT-Drs. 9/2360] und vom 3.5.1985 [BT-Drs. 10/3292] anerkannt, daß den Sinti und Roma sowie verwandten Gruppen durch das NS-Regime schweres Unrecht zugefügt wurde, das als Völkermord anzusehen sei, lehnte jedoch weitergehende finanzielle Entschädigungen ab. Im Juni 1989 haben DIE GRÜNEN im Bundestag einen Gesetzentwurf zur Errichtung einer Stiftung »Entschädigung für NS-Zwangsarbeit« [BT-Drs. 11/4704] eingebracht; zugleich stellten sie einen Antrag, mit dem die Bundesregierung aufgefordert werden sollte, mit Polen ein Globalabkommen zur Individualentschädigung ehemaliger polnischer Zwangsarbeiter abzuschließen [BT-Drs. 11/4706]. Auch die SPD hat in einem Antrag Maßnahmen zur Verbesserung der Situation der Sinti und Roma sowie verwandter Gruppen verlangt.

Eine **Entschädigung wegen Zwangsarbeit** lehnt die Bundesregierung bislang grundsätzlich mit der Begründung ab, daß Art.5 Abs.2 des Londoner Schuldenabkommens dem entgegenstehe. Diese Vorschrift, so die Bundesregierung, schließe die Geltendmachung von Reparationsforderungen vor Abschluß eines endgültigen Friedensvertrages aus. Im Gegensatz hierzu sah das Europäische Parlament in einer Entschließung vom 16.1.1986 zu »Entschädigungsleistungen für ehemalige Sklavenarbeiter der deutschen Industrie« eine klare moralische und rechtliche Verpflichtung der Firmen, die Zwangsarbeiter beschäftigt hatten, Entschädigungsleistungen zu zahlen [Dok. 2-1475/85/rev.].

Ohne Anerkennung einer Rechtspflicht haben zwischen 1958 und 1966 fünf deutsche Unternehmen freiwillig insgesamt rd. 50 Mio. DM an die Claims Conference für die bei ihnen in der NS-Zeit beschäftigten jüdischen Zwangsarbeiter gezahlt *(vgl. Ferencz, 1981)*. Im Januar 1986 stellten darüber hinaus die Feldmühle Nobel AG 5 Mio. DM und im Jahre 1988 die Daimler Benz AG 20 Mio. DM als Entschädigung für ehemalige Zwangsarbeiter zur Verfügung [BT-Drs. 11/6286].

Die zahlreichen Anträge veranlaßten den Innenausschuß des Deutschen Bundestages 1989, einen Unterausschuß **»Wiedergutmachung nationalsozialistischen Unrechts«** einzusetzen. Auf der Basis der Vorarbeiten dieses Ausschusses verabschiedete der Innenausschuß am 22. 6. 1990 einstimmig eine Entschließung zur Entschädigung von NS-Opfern, obgleich diese nach Auffassung der Fraktionen der SPD und DIE GRÜNEN im Grunde nicht weit genug ging.

Gemäß dieser Entschließung soll i. d. R. eine schuldlose Fristversäumnis unterstellt werden, wenn Betroffene gesetzliche Antragsfristen versäumen. Im Ausnahmefall sollen ferner auch dann Leistungen nach den Härterichtlinien gewährt werden, wenn bereits früher Entschädigungen gezahlt worden sind, es sich jedoch um ausgesprochene Bagatellbeträge handelte. Außerdem plädierte die Entschließung dafür, Sonderleistungen (z. B. Kranken- oder Blindenhilfe) nicht anzurechnen, wenn das Einkommen eines Antragstellers berechnet wird, um das Vorliegen einer wirtschaftlichen Notlage festzustellen. Ferner sollen – wenn nur die formellen Voraussetzungen nach dem BEG nicht erfüllt sind – Antragsteller, die verfolgungsbedingte Gesundheitsschäden erlitten haben, im Einzelfall dennoch einmalige oder laufende Leistungen nach den Härterichtlinien erhalten.

Über Anträge der SPD und der Fraktion DIE GRÜNEN, eine **Stiftung zur Entschädigung von Zwangsarbeitern** zu errichten, wollte der Innenausschuß des Bundestages im Herbst 1990 beraten.

6. 4 Maßnahmen zugunsten von Aus- und Übersiedlern

Die seit Beginn der 80er Jahre allmählich steigende Zahl von **Aussiedlern** aus den Ländern Ost- und Südosteuropas sowie insbesondere die seit Mitte 1989 infolge der politischen Entwicklungen in der DDR enorm gewachsene Zahl von **Übersiedlern** hat es erforderlich gemacht, die Hilfen zur wirtschaftlichen und sozialen Eingliederung dieser Personen wiederholt den jeweiligen Verhältnissen anzupassen. Obwohl es sich bei diesen Hilfen nicht ausschließlich um Entschädigungsleistungen handelt, sollen die **sozialen Maßnahmen zugunsten von Aus- und Übersiedlern** im Kontext dieses Abschnittes zusammengefaßt betrachtet werden.

6. 4. 1 Entwicklung der Aus- und Übersiedlung

Obgleich auch in früheren Jahrzehnten alljährlich eine gewisse Anzahl von Personen deutscher Volkszugehörigkeit aus ost- und südosteuropäischen Staaten in die Bundesrepublik kam oder aus der DDR und Ost-Berlin übersiedelte, wurde in der breiteren Öffentlichkeit von dieser **Zuwanderung** vor allem in den 70er Jahren kaum Notiz genommen. Dies hat sich inzwischen grundlegend geändert; die zahlenmäßige Entwicklung dieser Zuwanderung hat in den letzten Jahren die Frage der Aus- und Übersiedler zu einem zentralen **innenpolitischen Problem** gemacht. Die Eingliederung dieser Personen in die bundesdeutsche Gesellschaft ist zugleich zu einer bedeutenden **sozialen Herausforderung** geworden *(vgl. Blaschke, 1989, S.238ff.; Leciejewski, 1990, S.52ff.; Restle, 1989, S.25ff.; Buttler/Winterstein/Jäger, 1989, S.232ff.; Bals, 1989, S.305ff.)*.

Zwischen 1950 und 1990 hat die Bundesrepublik Deutschland insgesamt 2.397.771 **Aussiedler** aufgenommen. Während es bis 1986 jährlich nur etwa 36.300 Aussiedlern gelang, in die Bundesrepublik einzureisen, wurden 1987 von den Durchgangslagern 78.523 Personen registriert, die höchste Aussiedlerzahl eines Jahres seit 1958. Im Jahr darauf stieg die Zahl sogar auf 202.673 Menschen an. Hiervon kamen 140.226 aus Polen, 47.572 aus der Sowjetunion und 12.902 aus Rumänien *(vgl. Fleischer/Proebsting, 1989, S.584; Tabelle 59)*.

Ähnlich entwickelte sich der Zustrom von **Übersiedlern** aus der DDR. Seit dem Bau der Sperranlagen im August 1961 kamen bis Ende 1988 616.051 Übersiedler in die Bundesrepublik; nachdem die Zahl der Übersiedler seit 1970 im Jahresdurchschnitt lediglich bei rd. 14.000 lag, kam es 1984 mit fast 41.000 Übersiedlern erstmals zu einer deutlichen Zunahme. In den folgenden Jahren schwankte die Zahl zwischen rd. 25.000 (1985) und 19.000 (1987), um 1988 erneut auf 39.832 anzusteigen. Die politischen Entwicklungen ab Mitte 1989 führten schließlich in der zweiten Hälfte 1989 zu einem zuvor nicht zu erwartenden Anschwellen der Übersiedlerzahlen; nachdem zwischen dem 1.1.1989 und dem 31.8.1989 bereits 76.929 Übersiedler gezählt worden waren, erhöhte sich die Zahl danach fast täglich um bisweilen mehrere Tausend. Allein in den ersten 30 Tagen nach der **Öffnung der DDR-Grenzen** am 9. November 1989 meldeten sich rd. 150.000 Übersiedler *(vgl. auch Tabelle 59; Fleischer/Proebsting, 1989, S. 585)*.

Tabelle 59: Aus- und Übersiedler 1980–1990

Jahr	Aussiedler				Übersiedler			
	insgesamt[2]	Erwerbspersonen	Nichterwerbspersonen	davon Rentner	insgesamt	Erwerbspersonen	Nichterwerbspersonen	davon Rentner
1980	52.907	28.884	23.187	6.272	12.763	4.759	8.004	5.800
1981	69.455	40.812	28.643	6.988	15.433	7.362	8.071	4.820
1982	48.170	24.896	23.274	8.090	13.208	6.609	6.599	3.744
1983	37.925	19.224	18.701	6.132	11.343	5.695	5.648	2.985
1984	36.459	20.914	15.545	5.119	40.974	25.136	15.838	3.928
1985	38.968	21.760	17.208	5.481	24.912	14.961	9.951	3.569
1986	42.788	23.606	19.182	5.887	26.178	15.498	10.680	4.449
1987	78.523	41.640	36.883	8.637	18.958	11.047	7.911	4.526
1988	202.673	98.120	92.462	15.733	39.832	25.646	14.186	5.644
1989	377.055	196.288	150.558	26.470	343.854	–	–	–
1990	397.073	192.889	177.938	43.159	238.384[1]	–	–	–

1) 1. Halbjahr 1990, teilweise vorläufig; 2) einschl. ungeklärter Fälle.
Quellen: BT-Drs. 11/4171 vom 10. März 1989; Bundesausgleichsamt: Antragsteller und verteilte Personen im Bundesnotaufnahmeverfahren und in Grenzdurchgangslagern, Bad Homburg (jährlich).

Regulierungsmaßnahmen ablehnend, hoffte die Bundesregierung, daß der Übersiedlerstrom insbesondere nach den Wahlen in der DDR abnehmen würde. Diese Erwartung hat sich nur teilweise erfüllt; nachdem 1989 insgesamt 343.854 DDR-Bürger in die Bundesrepublik übergesiedelt waren, zählte man in den ersten 6 Monaten des Jahres 1990 abermals 238.384 Übersiedler. Auf hohem Niveau verharrt auch die Zahl der ins Bundesgebiet zuziehenden Aussiedler; nach 377.055 im Jahre 1989 waren es 1990 insgesamt immerhin 397.073 Personen *(vgl. Bulletin der BReg, 1990, S. 330; vgl. Tabelle 59)*.

Zwar wurde versucht, die Aus- und Übersiedler möglichst gleichmäßig auf die einzelnen Bundesländer zu verteilen (entsprechend einem am 12.12.1962 vom Bundesrat festgelegten Schlüssel), dies gelang jedoch in der jüngsten Zeit nur teilweise. Während Nordrhein-Westfalen 1988 bei einer Sollzahl von 31,7 % immerhin 39,6 % der Aus- und Übersiedler aufnahm, blieben Baden-Württemberg und Bayern unter der Sollzahl [BT-Drs. 11/5102].

Die gewaltige Zahl von Aus- und Übersiedlern, die allein im Laufe des Jahres 1989 in die Bundesrepublik kamen, hat die deutschen Behörden vor **erhebliche Probleme** gestellt. Zu Engpässen kam es insbesondere bei der **Aufnahme** und der **vorläufigen Unterbringung**. Schon 1988 waren zusätzlich zu den bestehenden Aufnahmeeinrichtungen Friedland, Nürnberg und Unna-Massen weitere Aufnahmeeinrichtungen eröffnet worden.

Die sich abzeichnende Altersstruktur der Zuwanderer wird zwar langfristig als Gewinn betrachtet, kurzfristig verursacht die Massenzuwanderung jedoch nachhaltige Probleme auf dem **Wohnungs- und Arbeitsmarkt**. Zugleich haben die verschiedenen Sozialleistungssysteme kurzfristig mit erheblichen Mehraufwendungen zu rechnen. Verschiedene Wirtschaftsforschungsinstitute erwarteten Ende 1989 durch die Zuwanderung von Aus- und Übersiedlern allerdings nur in einer **Übergangsperiode** neben expansiven Impulsen für den Wirtschaftskreislauf Belastungen für die öffentlichen und sozialen Haushalte, bedingt durch Eingliederungskosten sowie den Eingliederungsdruck am Arbeitsmarkt. Dagegen ergäben sich durch die Aussiedler-Integration mittel- und langfristig eindeutige und nachhaltig positive Wirkungen auf den Wirtschaftskreislauf, die Finanzlage der Gebietskörperschaften und das soziale Sicherungssystem, die Bevölkerungsstruktur und den Arbeitsmarkt *(vgl. Institut der deutschen Wirtschaft, 1989)*. Trotz eines anfänglichen Zuschußbedarfs – besonders bei der Arbeitslosenversicherung – sind die Aussiedlerströme nach Ansicht der meisten Experten unter finanziellen Gesichtspunkten vorteilhaft für das System der sozialen Sicherung *(vgl. Buttler/Winterstein/Jäger, 1989, S.232ff.)*.

Als positive Effekte werden u.a. hervorgehoben: eine Verjüngung der Altersstruktur der bundesdeutschen Bevölkerung, ein – wenigstens teilweiser – Ausgleich des für die 90er Jahre erwarteten Arbeitskräftemangels, dauerhafte und nachhaltige Nachfrage-, Wachstums- und Beschäftigungsimpulse in zahlreichen Wirtschaftsbereichen, die den günstigen Konjunkturverlauf zu verlängern vermögen, eine gravierende Entlastung der GRV und der GKV bis weit in das nächste Jahrtausend hinein sowie schließlich zusätzliche Steuereinnahmen, die die Lasten der Eingliederung sukzessive übersteigen. Modellrechnungen kamen zu dem Ergebnis, daß bei einer Zuwanderung von 2 Mio. Personen bis zum Jahre 2000 das reale BSP zu diesem Zeitpunkt um rd. 84 Mrd. DM höher liegen werde als ohne Aussiedlerzuwanderung; bereits Ende 1993 werde ein zusätzliches reales BSP von rd. 60 Mrd. DM erreicht. Außerdem induziere die Zuwanderung infolge der gestiegenen Nachfrage nach Konsumgütern, Dienstleistungen und Wohnungsbauten in den Jahren 1989/93 ein Konjunkturprogramm in der Größenordnung von mehr als 100 Mrd. DM. Für die Gebietskörperschaften werden im Zeitraum von 1989 bis 2000 Steuermehreinnahmen in Höhe von 252 Mrd. DM prognostiziert *(vgl. Institut der deutschen Wirtschaft, 1989)*.

Ungeachtet der günstigen Prognosen wird es allerdings als wünschenswert erachtet, daß die Zuwanderungen möglichst kontinuierlich und über einen möglichst langen Zeitraum verteilt erfolgen. Dabei gibt es über das derzeit in den osteuropäischen Staaten noch vorhandene **Potential an Aussiedlern** lediglich grobe Schätzungen; insgesamt rechnet man mit 3,5 Mio. deutschstämmigen Personen, darunter rd. 2 Mio. in der Sowjetunion und 600.000 bis 1 Mio. in Polen. Unklar ist allerdings, wieviele von ihnen tatsächlich in die Bundesrepublik kommen werden *(vgl. Buttler/Winterstein/Jäger, 1989, S.233; Tiedtke, 1989, S.343ff.; S. Wahl, 1989, S.315ff.)*.

6. 4. 2 Aufnahme von Aus- und Übersiedlern

Deutsche Staatsangehörige sowie **Statusdeutsche** (Deutsche i. S. d. Art.116 Abs.1 GG) und **Vertriebene deutscher Volkszugehörigkeit** genießen ein im Prinzip **unbeschränktes Einreise- und Zuzugsrecht** in die Bundesrepublik Deutschland (Art.11 GG). Statusdeutsche sind Personen deutscher Volkszugehörigkeit, uneheliche Abkömmlinge eines Vaters mit deutscher Staatsangehörigkeit und Ehegatten deutscher Staatsangehöriger, wenn sie im Gebiet des Deutschen Reiches nach dem Stande vom 31.12.1937, also auch in den ehemaligen deutschen Ostgebieten, Aufnahme gefunden haben. Während die Rechtsansprüche der deutschen Staatsangehörigen sowie der Statusdeutschen im wesentlichen unveränderbar sind, ist es denkbar, den Status der Vertriebenen deutscher Volkszugehörigkeit durch Änderung des Bundesvertriebenengesetzes (BVFG) *(vgl. S.*

35) zu modifizieren (z.B. durch ein Aufnahme-Abschlußgesetz, Einschränkung des künftigen Erwerbs der Vertriebenen-Eigenschaft, Kontingentierungen).

In den einschlägigen Rechtsvorschriften werden verschiedene Personengruppen definiert, für die auch unterschiedliche Leistungen vorgesehen sind. Unterschieden werden: **Vertriebene** (dar. Aussiedler), **Übersiedler**, **Heimkehrer**, **Kriegsgefangene** sowie **ehemalige politische Häftlinge**.

- Bei den Vertriebenen handelt es sich um Deutsche, die aus dem Gebiet des Deutschen Reiches (ausgenommen das Gebiet der Bundesrepublik und der DDR) ausgereist sind und ihren ständigen Wohnsitz im Bundesgebiet einschl. West-Berlin nehmen. Diese Personen müssen ihren Wohnsitz im Zusammenhang mit den Ereignissen des Zweiten Weltkrieges infolge von Vertreibung, insbesondere durch Flucht oder Ausweisung, verloren haben. Insgesamt wurden bis 1990 rd. 9,5 Mio. Personen durch Ausstellung des Ausweises A oder B als Vertriebene anerkannt. Allein 1988 wurden noch 131.693 Vertriebenenausweise ausgestellt.
- Als Aussiedler werden jene Personen bezeichnet, die die Aussiedlungsgebiete nach Abschluß der allgemeinen Vertreibungsmaßnahmen verlassen, um ihren ständigen Wohnsitz im Bundesgebiet zu nehmen.
- Heimkehrer sind Deutsche, die als Militärangehörige kriegsgefangen oder als Zivilpersonen außerhalb des Bundesgebietes interniert waren oder dorthin verschleppt wurden. Der Gewahrsam endet dabei nicht mit der Beendigung der Kriegsgefangenschaft, der Internierung oder Verschleppung, sondern erst mit der Möglichkeit der Ausreise in das Bundesgebiet. Dies gilt auch für Kinder, die während des Gewahrsams geboren wurden. Im Jahre 1988 wurden 9.084 Personen als Heimkehrer anerkannt.
- Von den Heimkehrern zu unterscheiden sind die Kriegsgefangenen nach dem Kriegsgefangenenentschädigungsgesetz. Anspruchsberechtigt sind nur Personen, die nach dem 31.12.1946 aus dem ausländischen Gewahrsam entlassen wurden. 1988 wurden 6.817 Anträge aufgrund des Kriegsgefangenenentschädigungsgesetzes gestellt.
- Ehemalige politische Häftlinge sind Deutsche, die in der DDR, Ost-Berlin sowie den Aussiedlungsgebieten aus politischen Gründen in Haft waren und nach ihrer Entlassung aus dem politisch bedingten Gewahrsam in das Bundesgebiet kommen. Insgesamt wurden bis Ende 1988 159.175 Personen als ehemalige politische Häftlinge anerkannt. Von den 1988 anerkannten ehemaligen Häftlingen waren 1.706 vormals in der DDR und 5.338 in den Aussiedlungsgebieten in Haft gewesen.
- Als Übersiedler bezeichnet werden Personen, die aus der DDR und Ost-Berlin in das Bundesgebiet übersiedeln.

Maßgeblich für die Aufnahme von Personen deutscher Volkszugehörigkeit (Aussiedler) ist das BVFG mit den dort vorgesehenen **Vergünstigungen**. Nach den Richtlinien des BMI werden u.a. zinsverbilligte Einrichtungsdarlehen gewährt. Danach können Aussiedler und Zuwanderer beim erstmaligen Bezug einer ausreichenden Wohnung nach dem Eintreffen im Bundesgebiet Darlehen zwischen 3.000 DM (Alleinstehende) und 10.000 DM (Familien mit 5 und mehr Kindern) zur Beschaffung von Möbeln und Hausrat erhalten. Allein im Jahre 1988 wurden 52.977 Darlehen mit einem Gesamtbetrag von rd. 267,0 Mio. DM ausgezahlt *(vgl. BPA, 1988, S.107)*.

Hinsichtlich der Starthilfen und Entschädigungsleistungen wurden Aussiedler und Übersiedler bislang noch unterschiedlich behandelt. Übersiedler aus der DDR und aus Ost-Berlin erhielten nach § 1 des **Aufnahmegesetzes** i. d. F. der Bekanntmachung vom 22. August 1950 [BGBl.I S.367] einen Aufnahmeschein, der die Geltendmachung von Ansprüchen, Hilfen und Vergünstigungen erleichterte. Darüber hinaus diente das Aufnahmeverfahren der Festlegung des Aufnahmelandes und der Beratung der Antragsteller in den Bundesaufnahmestellen in Gießen und Berlin. In Anbetracht des ab August 1989 einsetzenden Massenzustroms war das formelle **Aufnahmeverfahren** sukzessive auf ein Minimum verkürzt worden.

6. 4. 3 Hilfen bei der wohnungsmäßigen Unterbringung

Eines der Hauptprobleme, mit denen die Bundesrepublik durch die umfangreiche Zuwanderung von Aus- und Übersiedlern konfrontiert ist, bildet die **Wohnungsversorgung** *(vgl. Sprink/Hellmann, 1989, S.323ff.; Güttler, 1989, S.353ff.; Sinz, 1989, S.369ff.; Pelzer, 1989, S.359ff.)*. Die vorläufige Unterbringung der Aus- und Übersiedler sowie deren anschließende Versorgung mit Wohnraum ist grundsätzlich Sache der Länder. In Anbetracht des Mangels an geeigneten Unterbringungsmöglichkeiten hatte die Bundesregierung mit dem **Sofortprogramm zur Eingliederung der Aussiedler vom 31. August 1988** und ergänzenden **Beschlüssen zum Aussiedlerwohnungsbau vom 12. Oktober 1988** erste Schritte unternommen, um den Ländern in diesem Bereich zu helfen. So beschloß die Bundesregierung u.a.:

- Finanzhilfen für 1989 in Höhe von 750 Mio. DM zum Bau von 30.000 Wohnungen sowie Fortführung der Finanzhilfen im Jahre 1990 in angemessener Höhe. Mit diesen Mitteln gebaute Wohnungen sollten zunächst – verdichtet belegt – zur vorläufigen Unterbringung von Aus- und Übersiedlern genutzt werden.
- Öffnung des Gemeindeprogramms der Kreditanstalt für Wiederaufbau zu verbesserten Bedingungen auch zur vorläufigen Unterbringung der Aus- und Übersiedler.

Wie sich schon bald herausstellte, konnten diese Maßnahmen der tatsächlichen Entwicklung nicht gerecht werden. Kurzfristig wurden weit umfangreichere Maßnahmen erforderlich. Angesichts der in der Bundesrepublik sowieso vorhandenen Wohnungsprobleme stießen allerdings wohnungspolitische Sondermaßnahmen zugunsten von Aus- und Übersiedlern bei der Bevölkerung auf zunehmende Ablehnung.

Trotz außerordentlicher Anstrengungen gelang es den Ländern und Gemeinden bei der Bereitstellung von Unterbringungskapazitäten nicht, mit dem steigenden Zustrom von Aus- und Übersiedlern Schritt zu halten. Die Notwendigkeit, sehr kurzfristig weitere Plätze zur vorläufigen Unterbringung zu schaffen, bedeutete für die meisten Länder und Gemeinden eine nicht mehr tragbare finanzielle Zusatzbelastung. Zur Entlastung des Wohnungsmarktes und zu einer schnelleren Wohnungsversorgung der Aus- und Übersiedler entschloß sich daher die Bundesregierung Anfang 1990, den Ländern abermals zu helfen. Ein Gesetzentwurf der Bundesregierung über **Finanzhilfen des Bundes gem. Art. 104 a Abs. 4 GG für Investitionen zur vorläufigen Unterbringung von Aussiedlern und Übersiedlern** vom 28. 2. 1990 sah zusätzliche Finanzhilfen in Höhe von bis zu 500 Mio. DM vor [BR-Drs. 154/90]. Allerdings wird vermutlich auch das inzwischen verabschiedete Gesetz vom 5. Juli 1990 [BGBl. I S. 1347] kaum ausreichen, um die schwierige Unterbringungsfrage entscheidend zu entschärfen.

6. 4. 4 Maßnahmen zur Eingliederung auf dem Arbeitsmarkt

Die – trotz des seit 1983 zu verzeichnenden Wirtschaftsaufschwungs – nach wie vor hohe Arbeitslosenzahl machte es unmöglich, die Aus- und Übersiedler ohne Schwierigkeiten auf dem Arbeitsmarkt zu absorbieren. Dabei sind die **Beschäftigungschancen** der Aus- und Übersiedler sehr differenziert zu beurteilen. Während einige in bestehende strukturelle Facharbeiterlücken stoßen, haben andere Personen Berufe, in denen auch in der Bundesrepublik ein Überangebot besteht; in anderen Fällen genügen die im Heimatland erworbenen beruflichen Kenntnisse nicht dem in der Bundesrepublik allgemein verlangten Kenntnisstand. Hinzu kommt, daß sich unter den Aussiedlern zahlreiche Personen mit **unzureichenden deutschen Sprachkenntnissen** befinden *(ANBA, Nr. 5/1989, S. 642; vgl. auch Blaschke, 1989, S. 238ff.)*.

Tabelle 60: Arbeitsförderungsmaßnahmen und Arbeitsvermittlungen 1985–1990

Jahr	Aussiedler			Übersiedler		Aussiedler	
	eingereist	Eintritte in Deutsch-Sprachlehrgänge[1]	Eintritte in FuU (ohne Sprachlehrgänge)[1]	arbeitslos[2]	in Arbeit vermittelt[3]	arbeitslos[2]	in Arbeit vermittelt[3]
1985	38.905	14.413	8.463	6.255	–	30.326	–
1986	42.729	16.362	10.320	6.910	–	29.831	–
1987	78.488	23.751	11.067	5.966	–	36.579	–
1988	202.675	79.877	13.079	10.309	584	72.747	1.381
1989	377.055	155.431	35.273	45.309	17.890	111.806	2.590
1990	397.073	175.434	91.365	90.449	5.912	144.551	4.572

1) 1990: Eintritte Januar-Juni; FuU = Fortbildung und Umschulung; 2) 1985-1989 jeweils September; 1990 Juni; 3) 1988-1989 Arbeitsvermittlungen im Dezember, 1990 im Juni.
Quellen: Bundesanstalt für Arbeit, Statistik II b 3, lfde. Jge.

Vor diesem Hintergrund konzentrieren sich die Maßnahmen der Arbeitsverwaltung insbesondere auf die Durchführung von Deutschsprachkursen sowie das Angebot von geeigneten Fortbildungs- und Umschulungsmaßnahmen. Beides sind Instrumente, mit denen eine schnelle und wirksame **berufliche Eingliederung** der Aus- und Übersiedler erreicht werden soll.

Nach Angaben der BA waren 1988 insgesamt 79.877 Aussiedler in Deutschsprachkurse nach dem AFG eingetreten; 1989 stieg diese Zahl auf 155.431. Die Zahl der Eintritte von Aussiedlern in AFG-Weiterbildungsmaßnahmen belief sich 1988 auf 13.079 und 1989 auf 35.273 Personen. Ferner nahmen im ersten Halbjahr 1990 immerhin 38.103 Übersiedler eine Weiterbildung nach dem AFG auf *(vgl. BA, Arbeitsmarkt in Zahlen. Aussiedler Übersiedler im Juni 1990; Tabelle 60)*. Die rasante Zunahme der von der BA gefördertern Deutsch-Sprachlehrgänge hat inzwischen zu erheblichen finanziellen Belastungen der BA geführt, zumal diese Maßnahmen seit Anfang 1988 nicht mehr aus Bundesmitteln, sondern aus dem Beitragsaufkommen der BA finanziert werden. Die Ausgaben der BA für Sprachförderung stiegen von 843,7 Mio. DM im Jahre 1988 auf 2,07 Mrd. DM im Jahre 1989. Für 1990 sah der Haushaltsplan Ausgaben in Höhe von 2,76 Mrd DM vor *(BA, Geschäftsbericht 1989, S.38)*.

Im Zusammenhang mit der stark gestiegenen Zuwanderung, einem nur begrenzt aufnahmefähigen Arbeitsmarkt und verschiedenen individuellen Schwierigkeiten hat die Arbeitslosenzahl der Aussiedler in den letzten Jahren stark zugenommen. Gegenüber 1987 hat sie sich 1988 jahresdurchschnittlich verdoppelt. Ende Dezember 1988 waren bei den Arbeitsämtern 90.800 arbeitslose Aussiedler registriert. Ende Februar 1990 waren bei der BA schließlich 138.426 Aussiedler arbeitslos gemeldet; hinzu kamen 140.091 arbeitslose Übersiedler; zusammen stellten sie 12,9 % aller Arbeitslosen. Zugleich befanden sich 105.500 Aussiedler in Deutsch-Sprachlehrgängen und 21.300 Personen in beruflicher Fortbildung, Umschulung oder Einarbeitung. Während für die Übersiedler im Februar 1990 immerhin 16.500 Arbeitsverhältnisse seitens der Arbeitsämter angebahnt werden konnten, gelang im Falle der Aussiedler die Vermittlung von nur 3.400 Personen *(BA, Arbeitsmarkt in Zahlen, Aktuelle Eckdaten für Juli 1990, S. 21)*.

Der in der Anfangsphase der großen Übersiedler- und Aussiedlerwelle vorherrschende Enthusiasmus ist inzwischen einer deutlich realistischeren und nüchterneren Betrachtung gewichen *(vgl. Blaschke, 1990, S.260)*. Vor allem die Übersiedler werden nicht mehr nur als willige Arbeitskräfte gesehen, mit denen Arbeitskräftelücken geschlossen werden können, auch bei ihnen wird inzwischen primär auf die nachgefragten Qualifikationen geachtet. „Die früher vorherrschende Einschätzung der guten und breiten Facharbeiterausbildung wurde inzwischen unter dem Eindruck der ersten Erfahrungen aus dem Arbeitseinsatz mit Übersiedlern korrigiert" *(Blaschke, 1990, S.260f.)*. Immer deutlicher zeigte sich, daß die zweijährigen Facharbeiterausbildungslehrgänge der DDR im Vergleich zu westdeutschen Ausbildungen erhebliche Defizite aufweisen. Außerdem ergaben sich bei den Übersiedlern, aber auch den Aussiedlern, erhebliche nachhaltige Anpassungs- und Umstellungsschwierigkeiten. Während allerdings damit zu rechnen ist, daß sich das Übersiedlerproblem im Zuge des deutschen Einigungsprozesses allmählich löst, geht es bei den Aussiedlern um die schwierige Integration bzw. Assimilation von heterogenen Bevölkerungsgruppen mit doch erheblichen Sprachschwierigkeiten in eine relativ homogene einheimische Bevölkerung. Es ist zu befürchten, daß vor allem ein Teil der Aussiedler zu den Langzeitarbeitslosen von morgen werden könnte *(vgl. Adamy, 1990 a, S.256).*

6.4.5 Soziale Leistungen für Aus- und Übersiedler

Grundsätzlich haben Aus- und Übersiedler als deutsche Staatsangehörige mit dem Eintreffen im Bundesgebiet Anspruch auf dieselben sozialen Leistungen wie andere Bundesbürger auch. Zusätzlich sehen verschiedene – überwiegend noch aus den 50er Jahren stammende – besondere Gesetze (z.B. BVFG, LAG, FlüHG etc.) **Sonderleistungen** vor, die eine rasche Eingliederung in der Bundesrepublik gewährleisten sollen.

Gemäß § 1 Abs.2 Nr.3 BVFG i.V.m. § 107 Abs.1 AFG hatten Aussiedler und Übersiedler Anspruch auf Leistungen aus der Arbeitslosenversicherung. Bei der Berechnung des Arbeitslosengeldes wurde der Tariflohn (Nettolohn) der jeweiligen Berufsgruppe zugrundegelegt. Zur Ermittlung des Arbeitslosengeldanspruchs wurden Beschäftigungszeiten und Zeiten einer Arbeitslosigkeit aus politischen Gründen berücksichtigt.

Nach § 90 b BVFG erhielten Aus- und Übersiedler grundsätzlich die gleichen Leistungen wie Versicherte der GKV, sofern sie nicht aufgrund anderer gesetzlicher Vorschriften einen Anspruch auf GKV-Leistungen hatten. Gewährt wurden die Leistungen an diesen Personenkreis durch die Allgemeinen Ortskrankenkassen, denen der hierfür entstehende Aufwand aus Mitteln des Bundes erstattet wurde. Außerdem erhielten sie von den Ländern als Ersatz für entstandene Verwaltungskosten zusätzlich 8 % ihres Aufwandes [BT-Drs. 11/6170] vergütet.

Sowohl nach dem bisherigen **Fremdrentenrecht** wie auch nach dem RRG 1992 werden Aus- und Übersiedler bei Erfüllung bestimmter Voraussetzungen rentenrechtlich eingegliedert, d.h. sie werden so behandelt, als ob sie ihre Versicherungszeiten im Bundesgebiet zurückgelegt hätten.

Ohne am Grundprinzip etwas zu ändern, hat das Fremdrentenrecht durch das RRG 1992 einige Neuerungen erfahren (z.B. Anrechnung von Beitragszeiten; Bewertung von Versicherungszeiten, die nur glaubhaft gemacht werden können; Wegfall der Anrechnung bestimmter freiwilliger Beiträge; Bewertung von Teilzeitarbeit nach dem tatsächlichen Zeitumfang). Darüber hinaus wurde die Wertermittlung für FAG-Zeiten feingliedriger gestaltet. Damit sollte u.a. verhindert werden, daß vor allem Aus- und Übersiedler, die Angestelltenrenten erhalten, mitunter besser gestellt werden als jene Personen, die in der Bundesrepublik Beiträge entrichtet haben [BT-Drs. 11/5530].

Neben dem Anspruch auf sämtliche Sozialleistungen, auf die auch sonstige Bundesbürger Anspruch haben, erhalten Aus- und Übersiedler eine einmalige **Überbrückungshilfe** in Höhe von 200 DM (für Aussiedler zahlen einzelne Bundesländer zusätzliche Überbrückungsgelder; Heimkehrer erhalten zusätzlich ein Entlassungsgeld von 200 DM und eine Übergangshilfe von 300 DM). Nach dem BVFG und dem AFG haben sie ferner Anspruch auf Beratung über schulische, berufliche und soziale Eingliederung. Aussiedlern steht zudem eine **Sprachförderung** nach dem AFG zu. Sie erhalten auch eine Erstattung der **Rückführungskosten** (Personen aus der Sowjetunion z.B. 1.500 DM, Personen aus Polen 300 DM). Aussiedlern wird ferner eine **Hausratentschädigung** nach § 237 LAG gewährt, während Übersiedler i.a. aufgrund von § 7 FlüHG eine **Einrichtungshilfe** erhalten, die allerdings an gewisse Einkommensgrenzen gebunden ist. Schließlich erhöht sich nach § 35 Abs.1 S.5 II.WoBauG für Aus- und Übersiedler die relevante Einkommensgrenze um 6.300 DM bis zum Ablauf des 5. Kalenderjahres nach der Einreise. Desgleichen können sie nach § 16 WoGG einen besonderen Freibetrag geltend machen. Nach § 92 Abs.3 BVFG sind Prüfungs- und **Befähigungsnachweise** von Aus- und Übersiedlern anzuerkennen, wenn sie den entsprechenden hiesigen Prüfungs- und Befähigungsnachweisen gleichwertig sind. Darüber hinaus werden aus dem Garantiefonds Beihilfen zur Fortbildung gewährt. Außerdem können Aus- und Übersiedler **zinsverbilligte Einrichtungsdarlehen** (bis zu 10.000 DM), Hilfen zur Gründung einer selbständigen Existenz sowie Zuschüsse und Darlehen zur Eingliederung in die Landwirtschaft beantragen. Im übrigen sind verschiedene Kosten der Eingliederung bei der **Einkommensbesteuerung** abzugsfähig (§§ 7e und 10a EStG 1987 und § 33a EStG 1953 i.V.m. § 52 Abs. 22 EStG 1987).

Ferner erhalten deutsche Staatsangehörige oder deutsche Volkszugehörige Eingliederungshilfen nach dem HHG, wenn sie aus politischen Gründen in Gewahrsam genommen worden sind. Die Eingliederungshilfen nach den §§ 9 a und 9 c HHG, deren Höhe sich nach der Gewahrsamsdauer richtet und maximal 15.420 DM beträgt, werden nahezu ausschließlich Aussiedlern aus der UdSSR gewährt. Bestimmte Aussiedler aus der UdSSR haben ferner Anspruch auf Entschädigungen nach § 3 Abs.1 KgfEG. Hier ist die Gesamtentschädigung auf einen Höchstbetrag von 12.000 DM begrenzt. Die Eingliederungshilfen nach dem HHG beliefen sich 1988 auf 66,7 Mio. DM bei 5.949 bewilligten Anträgen, die Entschädigungen nach dem KgfEG auf 14,2 Mio. DM bei 2.876 bewilligten Anträgen. Die HHG-Leistungen haben sich 1989 auf 163,6 Mio. DM erhöht [BT-Drs. 11/6413].

6.4.6 Eingliederungsanpassungsgesetz

Vor dem Hintergrund der seit 1987 stark angestiegenen Aufnahme von Aus- und Übersiedlern kamen in Anbetracht der erheblichen Eingliederungskosten zunehmend Zweifel dahingehend auf, ob und inwieweit das vorhandene Eingliederungsinstrumentarium noch zeitgemäß sei. Hinzu traten wachsende Probleme in der Praxis, die erst infolge der erhöhten Zugangszahlen spürbar wurden. Als dringend erforderlich wurde insbesondere eine stärker an der besonderen Lage der Aus- und Übersiedler orientierte Neuregelung der Arbeitsförderung angesehen. Mit der Neukonzipierung der AFG-Leistungen für Aus- und Übersiedler sollte einerseits ein Beitrag zur effektiveren Gestaltung des Eingliederungsprozesses geleistet und andererseits der Kostenzuwachs in kalkulierbaren Grenzen gehalten werden. Mit dem von der Bundesregierung am 31.8.1989 dem Bundestag vorgelegten **Entwurf eines Eingliederungsanpassungsgesetzes** [BT-Drs. 11/5110] sollte dementsprechend eine Reihe von Gesetzen den veränderten Verhältnissen angepaßt werden. Nach umfassenden Beratungen im Innenausschuß, die zu zahlreichen Änderungen führten [BT-Drs. 11/5677], verabschiedete der Bundestag am 16.11. 1989 das Gesetz mit den Stimmen der Koalitionsparteien und der SPD gegen die Stimmen der GRÜNEN.

Die SPD hatte dem Gesetz schließlich zugestimmt, obgleich sie in einem **Entschließungsantrag** vom 16.11.1989 weitergehende Anpassungsregelungen verlangt (Überprüfung des Bundesvertriebenengesetzes sowie Beseitigung von Bevorzugungen; Beendigung des Lastenausgleichsgesetzes zum Jahresende 1991) und von der Bundesregierung die Vorlage eines Gesamtkonzeptes gefordert hatte [BT-Drs. 11/5707]. Das **Eingliederungsanpassungsgesetz** (EinglAnpG) **vom 22. Dezember 1989** [BGBl.I S.2398] führte v.a. im Bereich der Arbeitsförderung durch die Einführung eines sog. **Eingliederungsgeldes** zu erheblichen Änderungen. Im einzelnen enthielt das zum 1.1.1990 in Kraft getretene Gesetz folgende Neuregelungen:

- Anstelle des Anspruchs auf Arbeitslosengeld bzw. Krankengeld erhalten Aus- und Übersiedler zukünftig für 12 Monate ein pauschales Eingliederungsgeld von 928 DM monatlich (Ledige), sofern sie im Heimatland mindestens 5 Monate als Arbeitnehmer beschäftigt waren und beabsichtigen, in der Bundesrepublik eine beitragspflichtige Beschäftigung aufzunehmen. Zur Erleichterung der Eingliederung wird dieses Eingliederungsgeld in den ersten 2 Monaten nach der Einreise auch dann gezahlt, wenn der Aus- oder Übersiedler infolge der Regelung organisatorischer Angelegenheiten dem Arbeitsmarkt nicht zur Verfügung steht. Für Verheiratete, bei denen nur ein Ehegatte anspruchsberechtigt ist, sowie für Alleinerziehende erhöht sich das Eingliederungsgeld unter bestimmten Voraussetzungen um monatlich 130 DM. Besondere Regelungen gelten bei Teilnahme an Deutsch-Sprachlehrgängen oder beruflichen Umschulungsmaßnahmen sowie bei Nichterfüllung der Erwerbstätigkeitsvoraussetzung im Heimatland.

— Nach Ausschöpfung des Anspruchs auf Eingliederungsgeld erhalten Aus- und Übersiedler bei Arbeitslosigkeit eine nach den jeweiligen individuellen Verhältnissen bemessene Arbeitslosenhilfe.

— Gestrichen wurden die bislang geltenden höheren Einkommensgrenzen für Aus- und Übersiedler bei der Vergabe von Sozialwohnungen (Anpassung an das übliche Niveau) sowie die besonderen Freibeträge bei der Bemessung von Wohngeld. Desweiteren entfallen die für Vertriebene bei der Lohn- und Einkommensteuer vorgesehenen besonderen Freibeträge.

— Die Vererbbarkeit von Ansprüchen nach dem Kriegsgefangenenentschädigungsgesetz und nach dem Häftlingshilfegesetz wurde eingeschränkt und der Rechtsanspruch auf Familienzusammenführung nach dem BVFG neu geregelt; der Nachzug von Familienangehörigen des nichtdeutschen Ehegatten eines deutschen Vertriebenen (Aussiedlers) unterliegt künftig ausschließlich den allgemeinen ausländerrechtlichen Regelungen.

Im Innenausschuß kontrovers diskutiert und von diesem schließlich verworfen wurden die im Regierungsentwurf beabsichtigten Änderungen des Lastenausgleichs- und Flüchtlingshilfegesetzes, die insbesondere eine Pauschalierung bei der Hausratentschädigung vorgesehen hatten. Stattdessen verabschiedete der Innenausschuß einen Entschließungsantrag, der die Bundesregierung aufforderte, unter Berücksichtigung des Grundsatzes der Gleichbehandlung einen Vorschlag für eine zukünftige Regelung des Lastenausgleichs zu machen [BT-Drs. 11/5677]. Nach den Statistiken der BA erhielten Ende August 1990 insgesamt 76.787 Personen ein Eingliederungsgeld *(BA-Presseinformation, Nr. 37/90)*.

6.4.7 Initiativen zum Abbau von Sonderleistungen zugunsten von Aus- und Übersiedlern

Die Aufnahme der Aus- und Übersiedler erforderte seit 1987 in wachsendem Umfang Mittel des Bundeshaushaltes. Im Bundeshaushalt 1989 (einschl. Nachtragshaushalt) waren bereits Gesamtkosten in Höhe von 2,557 Mrd. DM für die Eingliederung von Aus- und Übersiedlern angesetzt; weitere 2,662 Mrd. DM waren im Haushalt der BA für die Sprachförderung einkalkuliert (1990 waren im BA-Haushalt bereits 5,5 Mrd. DM veranschlagt). Nicht zuletzt wegen der erheblich steigenden **Kostenbelastungen** wurde Anfang 1990 verstärkt die Frage aufgeworfen, inwieweit die zumeist aus der unmittelbaren Nachkriegszeit stammenden Regelungen für Aus- und Übersiedler noch zeitgemäß sind bzw. sogar dazu beitragen, **Fehlentwicklungen** zu begünstigen. In einer anhaltenden Abwanderungsbewegung aus der DDR wurden zunehmend sowohl Nachteile für die DDR, wo die Massenabwanderung die Gefahr eines Zusammenbruchs der sozialen Versorgungssysteme sowie von Teilen der Wirtschaft in sich barg, als auch Probleme für die Bundesrepublik gesehen, wo angesichts fehlender Wohnungen und Arbeitsplätze der soziale Friede zu zerbrechen drohte [vgl. BR-Drs. 183/90].

Als der saarländische Ministerpräsident LAFONTAINE im November 1989 eine **Abschaffung des Notaufnahmeverfahrens** gefordert und sich stattdessen für Anreize ausgesprochen hatte, die die Menschen zum Verbleiben in der DDR bewegen, war er von der Bundesregierung und Vertretern der Koalitionsparteien noch massiv angegriffen worden. Anhaltend hohe Übersiedlerzahlen sowie immer unerträglicher werdende Zustände in den Kommunen führten in der Folgezeit jedoch insbesondere bei den CDU/CSU-regierten Ländern zu einem allmählichen Meinungsumschwung. Mitte März 1990 schließlich forderten die Bundesländer die Bundesregierung einmütig zu raschem Handeln auf. Verschiedene Ministerpräsidenten sprachen sich dafür aus, unmittelbar nach den Volkskammerwahlen am 18. März 1990 das Notaufnahmeverfahren und die damit verbundenen Sonderhilfen für DDR-Übersiedler abzuschaffen.

In einem Antrag vom 7.2.1990 hatte zudem die SPD-Bundestagsfraktion die Bundesregierung aufgefordert, **Neuregelungen für Übersiedler** zu schaffen, um eine Besserstellung von DDR-Bürgern, die geeignet sei, den sozialen Frieden in der Bundesrepublik zu gefährden, zu beseitigen [BT-Drs. 11/6381].

Im einzelnen verlangte die SPD-Fraktion neben der Abschaffung des Notaufnahmeverfahrens, Übersiedler genauso zu behandeln wie Bürger, die in der Bundesrepublik einen anderen Wohnsitz begründen. Materielle Sonderleistungen, insbesondere die einmalige Überbrückungshilfe in Höhe von 200 DM, die Einrichtungsdarlehen und -hilfen, die Aufbaudarlehen für die gewerbliche Wirtschaft, die Landwirtschaft und den Wohnungsbau, die Unterbringung in Aufnahmeeinrichtungen der Länder, zusätzliche Individualbeihilfen zum BAföG sowie Entschädigungen und Leistungen aus dem LAG sollten gestrichen werden. Ferner sollten Möglichkeiten einer verstärkten Steuerung des Zuzugs über das Meldewesen in Betracht gezogen werden, um der Konzentration der Übersiedler auf die Ballungsgebiete entgegenzuwirken.

Im Laufe der Zeit setzte sich vor allem bei den Landes- und Kommunalpolitikern, die am stärksten mit den aus dem Übersiedlerzustrom resultierenden Problemen konfrontiert sind, die Erkenntnis durch, daß das Aufnahmeverfahren und die Eingliederungsleistungen ihre Berechtigung verloren haben, nachdem DDR-Bürger ohne besondere Erschwernisse in die Bundesrepublik übersiedeln können. Dabei wurde darauf verwiesen, daß die besonderen Hilfen auf solche Situationen zugeschnitten gewesen seien, in denen Menschen aus der DDR ihre Heimat nur unter Gefahren und Entbehrungen verlassen konnten. Mit der Abschaffung der Sondervergünstigungen sowie der Notaufnahme wurde zugleich die Hoffnung verbunden, daß sich dadurch die Bereitschaft von DDR-Bürgern zur Übersiedlung in die Bundesrepublik verringern werde.

Ungeachtet des Drucks der Bundesländer weigerte sich die Bundesregierung zunächst, das Notaufnahmeverfahren abzuschaffen. Sie vertrat den Standpunkt, daß vorher die Übersiedlerzahlen spürbar abnehmen müßten. Nachdem Bremen und das Saarland beschlossen hatten, mit sofortiger Wirkung kein Notaufnahmeverfahren für DDR-Übersiedler mehr durchzuführen und diese nur noch aufzunehmen, wenn die Frage einer angemessenen Unterbringung geklärt sei, beschloß das Bundeskabinett am 20.3. 1990, das umstrittene Notaufnahmeverfahren ab dem 1.7.1990 einzustellen.

Zugleich war beabsichtigt, zum selben Zeitpunkt die Zahlung des einmaligen Überbrückungsgeldes von 200 DM zu beenden und das zinsverbilligte Einrichtungsdarlehen in Höhe von 4.000 DM nicht mehr zu gewähren. Dagegen sollte das monatliche Eingliederungsgeld von höchstens 1.200 DM zunächst noch beibehalten werden. Gerechtfertigt wurde diese – im Gegensatz zu früheren Äußerungen stehende – Entscheidung von der Bundesregierung mit der zu diesem Zeitpunkt beabsichtigten Schaffung der deutsch-deutschen Sozialunion.

Als Ergebnis der Kabinettsberatungen brachte die Bundesregierung noch am 20.3.1990 beim Bundesrat einen **Gesetzentwurf zur Aufhebung des Aufnahmegesetzes** ein [BR-Drs. 216/90]. Danach sollten zum 1.7.1990 das Aufnahmegesetz i.d.F. der Bekanntmachung vom 22. August 1950 [BGBl.I S.367] aufgehoben und gleichzeitig das FlüHG sowie die 2. LeistungsDV-LAG geändert werden; letztere sahen Regelungen zur Beendigung spezifischer Leistungen für Übersiedler nach dem FlüHG und für vergleichbare Leistungen aus dem Härtefonds des Lastenausgleichs vor. Am 30. 3. 1990 folgte die Vorlage des Entwurfs eines **Aussiedleraufnahmegesetzes** (AAG) beim Bundesrat [BR-Drs. 222/90], mit dem der Zuzug von Aussiedlern in die Bundesrepublik entsprechend den veränderten politischen Verhältnissen neu geregelt werden sollte.

Über diese Regelungsabsichten hinaus ging ein Antrag der SPD-Bundestagsfraktion vom 24.1.1990, mit dem die Bundesregierung aufgefordert werden sollte, eine gesetzliche Regelung für die **Beendigung des Neuerwerbs des Vertriebenenstatus** und eine bundeseinheitliche Anwendung des Staatsangehörigkeitsrechts in Angriff zu nehmen [BT-Drs. 11/6311]. Die SPD begründete ihre Initiative damit, daß durch den politischen Wandel in den Staaten Ost- und Südosteuropas eine Situation entstanden sei, die nicht mehr die Annahme rechtfertige, daß Spätfolgen der Vertreibung vorlägen oder ein gegen deutsche Minderheiten gerichteter Vertreibungsdruck vorhanden sei. Sie verwies dabei auch auf ein Urteil des BVerwG vom 10. 11. 1976, in dem dieses festgestellt hatte, daß das BVFG kein Aussiedler-, sondern ein Vertriebenengesetz sei, das auch die Aussiedler nur als Nachzügler der allgemeinen Vertreibung in einer bestimmten geschichtlichen Situation ansehe [BVerwGE 51, 298, 309 f.]. In dieselbe Richtung zielte auch ein Gesetzesantrag der SPD-regierten Länder vom 7. 3. 1990, der vor allem vorsah, die Möglichkeit des **Erwerbs des Aussiedlerstatus** zeitlich zu begrenzen [BR-Drs. 185/90].

In der Begründung ihrer Gesetzesinitiative verwiesen die SPD-regierten Länder darauf, daß nach § 1 Abs.2 Nr.3 BVFG Personen den Aussiedlerstatus erhielten, die die in § 1 Abs.2 Nr.3 BVFG genannten Herkunftsgebiete nicht nur verlassen haben, sondern zukünftig noch verlassen. Die sog. Aussiedler würden statusrechtlich deutschen Staatsangehörigen in wesentlichen Bereichen gleichgestellt und im Gegensatz zu deutschen Volkszugehörigen aus anderen Staaten sozialrechtlich privilegiert. Für eine derartige Privilegierung existiere in Anbetracht der durchgreifenden Demokratisierungsprozesse und dem damit einhergehenden Wegfall des sog. »Vertreibungsdruckes« 40 Jahre nach Entstehen der Bundesrepublik keine Legitimation mehr. Hinzu komme, daß die mit dem Aussiedlerstatus verbundenen materiellen Leistungsanreize das Verlassen der angestammten Heimat stimulierten.

Die Koalitionsparteien hatten andererseits am 14. 2. 1990 einen Gesetzentwurf zur **Änderung des Fremdrentengesetzes** [BT-Drs. 11/6452] eingebracht, der zum Ziel hatte, Personen, die gegen Grundsätze der Menschlichkeit oder Rechtsstaatlichkeit verstoßen haben oder dem herrschenden System politischer Unterdrückung erheblichen Vorschub geleistet haben, von Leistungen nach dem Fremdrentengesetz auszuschließen. Vom Leistungsausschluß sollten Personen ausgenommen sein, die sich vor dem 30. 6. 1989 von den Systemen politischer Unterdrückung abgewendet hatten. Diese Gesetzesinitiative wurde allerdings von den Initiatoren nicht mehr weiter verfolgt.

Nach den heftigen politischen Kontroversen empfahl der Innenausschuß schließlich am 30. 5. 1990 einstimmig, den Entwurf eines Gesetzes zur Aufhebung des Aufnahmeverfahrens anzunehmen [BT-Drs. 11/7282]. Das daraufhin vom Bundestag in seiner 214. Sitzung verabschiedete **Gesetz zur Aufhebung des Aufnahmegesetzes vom 26. Juni 1990** [BGBl.I S.1142] beseitigte ab 1.7.1990 das Notaufnahmeverfahren und damit die Registrierung der DDR-Übersiedler. Dies bedeutete, daß seitdem Übersiedler auf sich selbst gestellt sind und nicht mehr die von den Bundesbehörden gezahlten Eingliederungshilfen erhalten.

Hinsichtlich der Aussiedler hatte der Bundesrat am 11. Mai 1990 in einem einstimmigen Beschluß [BR-Drs. 222/90] u. a. gefordert, die Kriegsfolgenbedingtheit der Aussiedlung klarzustellen, den Vertriebenenstatus für Ehegatten (die weder deutsche Staatsangehörige noch deutsche Volkszugehörige sind) sowie für Kinder von Vertriebenen und schließlich die §§ 3 und 4 des BVFG (sog. Sowjetzonen-Flüchtlinge) sowie die Härteregelung zu streichen.

Im Innenausschuß des Bundestages fand der durch die SPD übernommene Beschluß des Bundesrates keine Mehrheit. Stattdessen wurde empfohlen, den Gesetzentwurf i.d.F. der Gegenäußerung der Bundesregierung zu der BR-Stellungnahme anzunehmen. Das **Aussiedleraufnahmegesetz** (AAG) **vom 28. Juni 1990** [BGBl.I S.1247] machte nunmehr die Rechtsstellung des Aussiedlers davon abhängig, daß er vor dem Verlassen der Aussiedlungsgebiete das **gesetzlich geregelte Aufnahmeverfahren** durchlaufen hat. Ausdrücklich hervorgehoben wurde, daß die Neuregelung keine materiell-rechtlichen Veränderungen bringe und daß das Grundrecht auf Freizügigkeit und der sich nach dem Sozialstaatsprinzip des GG ergebende Anspruch auf Eingliederung für Deutsche i.S.d. Art.116 Abs.1 GG nicht berührt werde.

Das AAG verlangt, daß Aussiedler vor Verlassen des Aussiedlungsgebietes ein Aufnahmeverfahren durchlaufen. Der auf Antrag erteilte Aufnahmebescheid ist Einreise- und Aufenthaltserlaubnis i.S.v. § 1 der Verteilungsverordnung vom 28. März 1952 [BGBl.I S.236]. Der Aufnahmebescheid wird Personen erteilt, die nach Verlassen der Aussiedlungsgebiete die Voraussetzungen als Aussiedler erfüllen. Lediglich in besonderen Härtefällen sollen Aussiedler einen Aufnahmebescheid erhalten, wenn sie ohne diesen ins Bundesgebiet eingereist sind. Zuständig für die Durchführung des Aufnahmeverfahrens ist das Bundesverwaltungsamt, das den Aufnahmebescheid allerdings erst nach Zustimmung des aufnehmenden Landes erteilen darf. Erst bei Vorliegen des Aufnahmebescheides wird es künftig noch möglich sein, im Geltungsbereich des Gesetzes Eingliederungsleistungen als Aussiedler in Anspruch zu nehmen.

Die Neuregelung war u.a. damit begründet worden, daß die durch die jüngsten politischen Veränderungen eingetretenen tatsächlichen Verhältnisse dazu geführt hätten, daß in verschiedenen Ländern bei deutschen Staatsangehörigen und deutschen Volkszugehörigen kein Vertreibungsdruck mehr angenommen werden könne. Dieser sei auch nicht mehr bei Personen festzustellen, denen selbst im engsten Familienkreis deutsche Sprachkenntnisse und deutsche Kulturtraditionen nicht mehr vermittelt worden seien, ohne daß äußere Bedingungen dies zwingend erforderten. Ähnliches gelte für zahlreiche Sammeleingebürgerte. Dagegen sollten Deutsche, bei denen das Kriegsfolgenschicksal noch heute fortwirke und die sich z.T. seit Jahrzehnten um die Ausreise in die Bundesrepublik bemühten, auch weiterhin in die Bundesrepublik einreisen dürfen. Die veränderten politischen Verhältnisse machten es allerdings grundsätzlich zumutbar, daß die Betroffenen solange noch in ihren Heimatgebieten verbleiben, bis das Verwaltungsverfahren zur Prüfung der Voraussetzungen des § 1 Abs.2 Nr.3 BVFG abgeschlossen sei.

Ersten Erfahrungen zufolge hat das AAG nach Ansicht der Bundesregierung einen »Beruhigungseffekt« gebracht. Seit Inkrafttreten des Gesetzes sei die Zahl der neueinreisenden Aussiedler deutlich zurückgegangen. Während im Juli noch 49.773 Aussiedler gezählt worden seien, habe sich die Zahl im August 1990 auf 32.346 verringert *(vgl. Die Welt v. 13.9.1990).*

7. Familienlastenausgleich, Ausbildungsförderung und Jugendpolitik

7. 1 Rahmenbedingungen der Familienpolitik

Während der **demographische Prozeß** in der Bundesrepublik bis Mitte der 60er Jahre durch eine deutlich über der langfristigen Bestandserhaltung liegende **Nettoreproduktionsrate** gekennzeichnet war, setzte danach ein entscheidender Umbruch in der Entwicklung ein, der bis Mitte der 80er Jahre zu einem starken Absinken der Nettoreproduktionsrate der Bevölkerung führte. Erst mit einiger Verspätung begann Anfang der 70er Jahre eine systematische Erforschung der Ursachen und Wirkungen der unabsehbaren Veränderungen im demographischen Prozeß. Dabei zeigte sich, daß die Ursachen der rückläufigen **Geburtenentwicklung** in tiefgreifenden gesellschaftlichen Wandlungen wurzeln und daß diese Entwicklung erhebliche Auswirkungen auf nahezu alle gesellschaftlichen Politikbereiche haben wird. **Praktisch-politische Folgerungen** sind aus den Ergebnissen dieser Forschung jedoch kaum gezogen worden.

Die **Wirksamkeit familienpolitischer Maßnahmen** zur Stabilisierung des Bevölkerungsprozesses wird zwar weitgehend mit Vorbehalten betrachtet, unstrittig ist dagegen, daß jede effiziente Rahmensteuerung des Bevölkerungsprozesses eine stärker **familien- und kindbezogene Orientierung** der Gesellschaftspolitik voraussetzt, die zugleich die **veränderten Verhaltensmuster** der Menschen und die gewandelten **sozio-ökonomischen Lebensbedingungen der Familien** berücksichtigt. Dabei ist von einer wachsenden Konkurrenz zwischen Mutterschaft und Berufstätigkeit im Zuge **steigender Frauenerwerbstätigkeit** ebenso auszugehen wie von **gestiegenen Lebensansprüchen der** Menschen sowie von veränderten Einstellungen der einzelnen und der Gesellschaft gegenüber **kinderreichen Familien** *(vgl. Frerich, 1987, S.477).*

Tabelle 61: Familienpolitische Strukturdaten 1960–1990

Jahr	lebend geborene Kinder	lebend geborene Kinder je 1000 Einwohn.	Summe d. altersspezif. Geburtenziffern	Frauenerwerbsquote[1]	Sozialhilfeempfänger mit Kindern	Eheschließungen	Ehescheidungen	Ein-Personen-Haushalte in %[3]
1960	968.629	17,36	2.366	41,0	–	521.445	49.325	20,6 (2,88)
1965	1.044.328	17,70	2.507	39,3	–	492.128	59.039	24,2 (2,70)
1970	810.808	13,29	2.016	38,1	115.779	444.510	76.711	25,1 (2,74)
1975	600.512	9,71	1.451	38,8	153.459	386.681	106.932	27,6 (2,60)
1980	620.657	10,08	1.445	39,3	134.563	362.408	96.351	30,2 (2,48)
1981	624.557	10,13	14.35	38,0	130.486	359.658	109.520	30,8 (2,46)
1982	621.173	10,08	1.407	40,2	149.311	361.966	118.609	31,3 (2,43)
1983	594.177	9,67	1.331	41,0	167.682	369.963	121.475	–[4]
1984	584.157	9,55	1.291	41,1	180.427	364.140	130.744	–[4]
1985	586.155	9,61	1.281	41,7	198.167	364.661	128.124	33,6 (2,31)
1986	625.963	10,25	1.345	42,0	218.047	372.112	122.443	34,3 (2,29)
1987	642.010	10,49	1.368[2]	42,3	284.319	382.564	129.850	34,6 (2,28)
1988	677.289	10,97	1.413[2]	42,4	298.209	397.738	128.729	34,9 (2,24)
1989	681.537	10,99	1.395	43,2	319.767	397.369	126.628	35,3 (2,24)
1990	729.199	11,57	–	–	320.400	414.475	122.869	34,9 (2,22)

1) Erwerbsquote von Frauen im Alter von 15 Jahren und älter bezogen auf die entsprechende Wohnbevölkerung; 2) teilweise geschätzt nach Calot-Verfahren; 1989: 3.Vj.; 3) 1960: Ergebnis der Volkszählung 1961; Anteil an der Gesamtzahl der Privathaushalte; in Klammern durchschnittliche Haushaltsgröße; 4) nicht verfügbar.
Quellen: BT-Drs. 11/5106; Statistisches Jahrbuch für die Bundesrepublik Deutschland, lfde.Jge.; Wirtschaft und Statistik, Heft 9/1989, S.590 f.

Einer der entscheidenden Bestimmungsgründe des Geburtenrückgangs wird vor allem in der **zunehmenden Frauenerwerbstätigkeit** gesehen. Das Streben der Frauen nach emanzipatorischer Selbstverwirklichung im Beruf sowie nach finanzieller Unabhängigkeit beinhaltet auch ein verändertes Rollenverhalten verheirateter Frauen; anders als früher versuchen sie immer häufiger, Familienaufgaben und Kinderaufzucht mit Erwerbsarbeit zu verbinden. Allerdings ist die Erwerbstätigkeit der Frau vielfach auch deshalb notwendig, um einen gesellschaftlich vermittelten Lebensstandard realisieren zu können.

Nicht zuletzt als Folge der verstärkten Frauenerwerbstätigkeit haben sich die **Opportunitätskosten der Kinderaufzucht** außerordentlich erhöht. Der Verzicht auf Kinder oder zumindest auf eine größere Kinderzahl ist aus ökonomischen Gründen naheliegend. Die

Aufrechterhaltung eines bestimmten Lebensniveaus erfordert im allgemeinen, daß beide Ehepartner auch bei Vorhandensein von Kindern erwerbstätig bleiben, sofern nicht eine deutliche **Einbuße an Wohlstand** hingenommen werden soll. Hinzu kommt, daß Familien mit Kindern in dieser Gesellschaft nicht nur materiell zumeist schlechter gestellt sind, sondern sich zudem mit zahlreichen zusätzlichen Problemen konfrontiert sehen (z.B. Mangel an familiengerechten Mietwohnungen; Fehlen von Kindergartenplätzen; allgemeine Zukunftsängste). Im Jahre 1988 beliefen sich die Aufwendungen für ein Kind immerhin auf durchschnittlich 525 DM im Monat [vgl. BT-Drs. 11/5106].

Die stärkere Orientierung staatlichen Handelns an den **Lebensbedürfnissen kinderreicher Familien** *(vgl. Dornbusch, 1983, S. 109ff.)* und die Schaffung von Bedingungen, unter denen Frauenerwerbstätigkeit und Kinderaufzucht vereinbar werden, stellen entscheidende Voraussetzungen einer auf Stabilisierung des Bevölkerungsprozesses gerichteten Familienpolitik dar. Hinzu treten müssen innerfamiliäre Bedingungen mit einer auf dem Gleichheitsprinzip beruhenden **flexiblen Rollenverteilung zwischen Mann und Frau**; insbesondere darf die Entscheidung zugunsten von Kindern für die Frau nicht gleichbedeutend sein mit dem Verzicht auf eine berufliche Selbstverwirklichung.

Hinsichtlich der staatlichen Familienpolitik gibt es nicht nur zwischen den verschiedenen gesellschaftlichen Gruppen (z.B. Kirchen, Gewerkschaften, Frauengruppen) außerordentlich **unterschiedliche Vorstellungen**, auch die beiden großen **Volksparteien** SPD und CDU/CSU verfolgen – ausgehend von unterschiedlichen Wertvorstellungen – teilweise sehr gegensätzliche familienpolitische Konzeptionen. Kernpunkte der Auseinandersetzung sind dabei vor allem die **Rolle der Frau** sowie das **Verhältnis von Staat und Familie**.

Ziel der **sozial-liberalen Familienpolitik** war es, die Familien wirtschaftlich zu entlasten, die Eltern bei der Erziehung ihrer Kinder zu unterstützen, die Entwicklungschancen der Kinder unabhängig von der sozialen Stellung der Eltern zu verbessern und Wohnungen und Wohnumwelt familienfreundlicher zu gestalten *(vgl. BMJFG, 1975 a, 1975 b, 1975 c; SB 1980, S. 33)*. Erreicht werden sollten eine Stützung und Förderung der Familie in der Erfüllung ihrer Aufgaben im Innenverhältnis und im Verhältnis zur Gesellschaft. Im Mittelpunkt stand allerdings primär das Individuum, dessen **Selbstverwirklichungschancen** und **Emanzipation** in der Familie unterstützt werden sollten *(vgl. Tophoven-Triltsch, 1987, S. 179)*.

Entschieden abgelehnt wurde die sozial-liberale Familienpolitik von der CDU/CSU, die es keineswegs als Aufgabe der Familienpolitik betrachtete, einzelnen Familienmitgliedern Hilfe zu gewähren, um sich individuell entfalten und emanzipieren zu können *(vgl. CDU/CSU, 1985, S. 15)*. Emanzipatorische Bestrebungen hätten vielmehr dazu geführt, daß „der innere Zusammenhang gesellschaftlicher Strukturen aufgelöst worden" *(CDU, 1983, S. 51)* sei. Unter dem Stichwort der »**neuen Mütterlichkeit**« plädierte die CDU stattdessen für eine **Aufwertung der Familientätigkeit**. Sie verwehrte sich dagegen, einseitig die außerhäusliche Erwerbstätigkeit der Frauen zu fördern; Beruf sei für sie ebenso die **Tätigkeit der Hausfrau in der Familie** und bei ihren Kindern *(vgl. Kohl, 1982, S. 853 ff.)*.

Nach Überzeugung der seit 1982 regierenden Koalitionsregierung von CDU/CSU und FDP ist die »Familie das Fundament für eine Gesellschaft mit menschlichem Gesicht«; dort lernten die Menschen Verhaltensweisen, die die Gesellschaft in der Bundesrepublik prägten. Entsprechend sei es **Aufgabe der Familienpolitik**, Bedingungen zu schaffen, die eine Entscheidung für ein Leben in der Familie, für Kinder, für eine Tätigkeit im Haus und in der Familie nicht länger gegenüber anderen Entscheidungen benachteilige. Hierzu gehören nach Ansicht dieser Bundesregierung insbesondere ein gerechter Familienlastenausgleich, besondere Hilfen für junge Familien, die Anerkennung von Erziehungszeiten in der Rentenversicherung, familiengerechte Wohnungen, eine kinderfreundliche Wohnumwelt sowie Maßnahmen zum Schutze des ungeborenen Lebens. Die Familienpolitik der Bundesregierung soll eigenen Aussagen zufolge dazu beitragen, daß **gesellschaftliche Rahmenbedingungen** geschaffen werden, die eine **Entscheidung für die Familie** und für ein **Leben mit Kindern** leichter machen, unter denen Familien gesellschaftlich anerkannt und gestärkt werden und Kinder sich persönlich und sozial gut entwickeln können [BT-Drs. 11/5106].

7. 2 Familienlastenausgleich

7. 2. 1 Einführung des Mutterschaftsurlaubs

Angesichts einer zunehmenden **Erwerbstätigkeit der Frauen** sowie einer gleichzeitig **sinkenden Geburtenrate** setzten Mitte der 70er Jahre erneut Überlegungen zu einer Verbesserung des Mutterschutzes ein, um den deutlich sichtbar gewordenen **Konflikt zwischen Beruf und Schwangerschaft** zu mildern. Die Reformüberlegungen zielten auf die Einführung eines Mutterschaftsurlaubs im Anschluß an die Schutzfrist nach der Entbindung mit der gleichzeitigen Weitergewährung des Mutterschaftsgeldes, auf die Erweiterung des Kündigungsschutzes sowie auf eine Ausdehnung des begünstigten Personenkreises über die Arbeitnehmerinnen hinaus ab. Das **Mutterschaftsurlaubsgesetz vom 25. Juni 1979** [BGBl.I S.797] folgte diesen Grundgedanken, brachte aber noch nicht den Übergang zu einer familienpolitischen Konzeption. Vielmehr knüpfte es an den vorhandenen Mutterschutz an und gab Müttern, die in einem privatrechtlichen Arbeitsverhältnis standen, die Möglichkeit, zur Betreuung ihrer neugeborenen Kinder vom Arbeitgeber einen **Mutterschaftsurlaub** zu verlangen *(vgl. Meisel, 1979; Heilmann, 1984)*.

Mutterschaftsurlaub konnten lediglich erwerbstätige leibliche Mütter in einem Arbeitsverhältnis oder in Heimarbeit im Anschluß an die achtwöchige Schutzfrist nach der Entbindung (bei Früh- und Mehrlingsgeburten 12 Wochen) bis zu 4 Monate (bei Früh- und Mehrlingsgeburten bis zu 3 Monate) beanspruchen. Auf Verlangen des Arbeitgebers mußte die Mutter spätestens 4 Wochen nach Beginn des Mutterschaftsurlaubs mitteilen, ob sie beabsichtigte, das Arbeitsverhältnis nach Beendigung des Mutterschaftsurlaubs fortzusetzen; während des Mutterschaftsurlaubs und für weitere 2 Monate danach konnte ihr nicht gekündigt werden. Die Versicherung in der Kranken-, Renten- und Arbeitslosenversicherung wurde beitragsfrei aufrechterhalten. Während des Mutterschaftsurlaubs wurde ein Mutterschaftsgeld in Höhe des Nettoentgelts bis zu maximal 25 DM pro Tag bzw. rd. 750 DM monatlich netto aus Bundesmitteln gezahlt. Diese Regelungen des Mutterschaftsurlaubsgesetzes wurden durch die 3. Verordnung zur Änderung der Verordnung über den Mutterschutz für Beamtinnen vom 27. Juni 1979 [BGBl.I S.835] weitgehend auf die Beamtinnen des Bundes übertragen *(vgl. SB 1980, S.18 f.)*.

Mit dem **HBegleitG 1984 vom 22. Dezember 1983** [BGBl.I S.1532] wurde das während des Mutterschaftsurlaubs zu zahlende Mutterschaftsgeld auf max. 17 DM täglich (ca. 510 DM monatlich) begrenzt. Diese Maßnahme diente einerseits der Entlastung des Bundeshaushalts, wurde aber auch mit der geplanten Erweiterung des begünstigten Personenkreises über den Bereich der Arbeitnehmerinnen hinaus begründet *(vgl. SB 1983, S.29)*. Das während der Schutzfristen gem. § 3 Abs.2 und § 6 Abs.1 MuSchG zu zahlende Mutterschaftsgeld betrug jedoch weiterhin mindestens 3,50 DM und höchstens 25 DM je Kalendertag (§ 200 Abs.2 RVO; § 27 Abs.2 KVLG) *(vgl. Zmarzlik / Zipperer, 1984)*.

7. 2. 2 Erziehungsurlaub und Erziehungsgeld

Die ökonomische Absicherung der Schwangeren und Mütter im Rahmen einer arbeitsrechtlichen Lösung war seit Beginn der 70er Jahre zunehmender Kritik ausgesetzt. Im

Zusammenhang mit der Diskussion um adäquate Sozialisationsbedingungen der Kinder angesichts des Wandels in Familie und Arbeitswelt entstand die Forderung nach Einführung eines **Erziehungsgeldes**. Bei zunehmender Erwerbstätigkeit von Müttern, auch von alleinerziehenden Müttern, „sollte die zwangsweise sich stellende Alternative einer Fortsetzung der Erwerbstätigkeit unmittelbar nach der Geburt oder einer Betreuung des Kindes unter (vorübergehender) Aufgabe der Erwerbstätigkeit sowohl unter finanziellen Gesichtspunkten wie auch von einer Rückkehrmöglichkeit in die frühere Beschäftigung her aufgehoben und eine größere Vereinbarkeit zwischen Familie und Erwerbstätigkeit hergestellt werden" *(Sudmann, 1986, S. 79).* Zur Begründung der Forderung wurde nachdrücklich auf wissenschaftliche Erkenntnisse hingewiesen, wonach es gerade in der ersten Lebensphase für das Kind außerordentlich bedeutsam sei, Zuwendung und Liebe durch Vater und Mutter zu erfahren.

In politische Initiativen umgesetzt wurden derartige Überlegungen erstmals in einem Gesetzentwurf der CDU/CSU-Fraktion vom 24.4.1974, mit dem ein Erziehungsgeld eingeführt werden sollte [BT-Drs. 7/2031]. Die CDU/CSU betrachtete die Einführung eines Erziehungsgeldes als Kernstück ihres im Februar 1974 vorgelegten **Programms zur Förderung der Familie** und des Schutzes des ungeborenen Lebens. Grundlage des Antrages waren Vorarbeiten einer unter dem Vorsitz des damaligen rheinland-pfälzischen Sozialministers H. Geissler tätigen Arbeitsgruppe gewesen. Während der Vorstoß im Bundestag seinerzeit erfolglos blieb, wurde in Niedersachsen von 1978 bis 1980 ein **Modellversuch Erziehungsgeld** durchgeführt. Noch vor einer bundeseinheitlichen Regelung gewährten u.a. Baden-Württemberg und Niedersachsen aufgrund **landesrechtlicher Regelungen** – ergänzend zum Mutterschaftsgeld – ein Erziehungsgeld *(vgl. Frerich, 1987, S. 488f.; siehe auch K. Schwarz, 1987, S. 409ff.).*

Die **CDU/CSU/FDP-Regierung** griff Mitte der 80er Jahre frühere Vorstellungen erneut auf und legte nach relativ kurzen Vorarbeiten im September 1985 den Entwurf eines Gesetzes über die Gewährung von Erziehungsgeld und Erziehungsurlaub [BT-Drs. 10/3792] vor. Etwa zur selben Zeit brachte die **SPD-Fraktion** einen Gesetzentwurf zur Förderung der Vereinbarkeit von Familie und Beruf (Elternurlaubsgesetz) [BT-Drs. 10/3806] im Deutschen Bundestag ein.

Der ersten Lesung beider Gesetzentwürfe im Bundestag am 13.9.1985 folgten sehr zügige Ausschußberatungen. Der Bundesrat, der am 27.9.1985 Stellung nahm, schlug verschiedene Änderungen vor, denen die Bundesregierung im wesentlichen zustimmte [BT-Drs. 10/3926; 10/4039]. Bereits am 14.11.1985 wurde das Erziehungsgeldgesetz nach zweiter und dritter Lesung in namentlicher Abstimmung beschlossen [Sten.Bericht, 10.WP, S.13041 (C)]. Das verabschiedete Gesetz entsprach dabei im wesentlichen dem Regierungsentwurf; der von der SPD eingebrachte Gesetzentwurf fand dagegen keine parlamentarische Mehrheit.

Nach den Vorstellungen der SPD-Fraktion sollte die frühere Höhe des Mutterschaftsurlaubsgeldes von 750 DM im Monat wiederhergestellt werden; zugleich war unter Anrechnung der Mutterschaftsleistungen die Einführung eines bezahlten Elternurlaubs von 12 Monaten für alle abhängig beschäftigten Mütter und Väter vorgesehen; während dieses Urlaubs sollte ein vom Familieneinkommen abhängiges Elternurlaubsgeld bis zu 600 DM monatlich gezahlt werden. Im Anschluß daran sollten als Arbeitnehmer beschäftigte Mütter und Väter Anspruch auf eine weitere unbezahlte Beurlaubung bis zu 12 Monaten haben. Der Anspruch auf Elternurlaub und Urlaubsgeld sollte sich um drei Monate verlängern, sofern jeder Elternteil den Elternurlaub für mindestens 4 Monate in Anspruch nehmen würde. Hiermit sollte ein Anreiz geschaffen werden, den Elternurlaub zwischen Mann und Frau zu teilen und Familienaufgaben verstärkt Männern zu übertragen. Vorgesehen waren auch besondere Arbeitsplatzgarantien und Kündigungsschutzvorschriften für die Zeit des Elternurlaubs. Nicht abhängig beschäftigte Mütter und Väter sollten für die Dauer von 12 Monaten ein vom Familieneinkommen abhängiges Elternurlaubsgeld von monatlich bis zu 600 DM erhalten [BT-Drs. 10/3806].

Als neue familienpolitische Leistung führte das am 1.1.1986 in Kraft getretene **Bundeserziehungsgeldgesetz (BErzGG) vom 6. Dezember 1985** [BGBl.I S.2154] das Erziehungsgeld und den Erziehungsurlaub ein und löste zugleich das Institut des Mutterschaftsurlaubs ab. Der mit diesem Gesetz verfolgte Hauptzweck ist die Förderung der **Betreuung und Erziehung** des Kleinkindes in der für die ganze spätere Entwicklung entscheidenden ersten Lebensphase. Erreicht werden sollte dies durch die Gewährung eines staatlichen Erziehungsgeldes sowie die Ermöglichung eines Erziehungsurlaubs. Mit dem Erziehungsgeld wollte der Staat zugleich die **Erziehungsleistungen** junger Familien anerkennen und diesen eine finanzielle Hilfe zukommen lassen. Grundsätzlich sollte damit für Mütter und Väter mehr **Wahlfreiheit** zwischen der **Tätigkeit für die Familie** und der **Erwerbstätigkeit** geschaffen werden, wobei die Eltern selbst entscheiden können sollten, wer die Betreuung des Kindes übernimmt. Für Mütter sollte die Neuregelung ferner die Möglichkeit bieten, sich – neben der Betreuung des Kindes – gesundheitlich zu regenerieren. Außerdem sollte schwangeren Frauen in wirtschaftlich begründeten Konfliktsituationen durch die finanziellen Zuwendungen die Entscheidung für das Kind erleichtert werden [BT-Drs. 10/3792, S.13] *(vgl. Hönsch, 1988)*.

Einen Anspruch auf Erziehungsgeld haben gem. § 1 BErzGG Personen, die ihren Wohnsitz oder ihren gewöhnlichen Aufenthalt im Geltungsbereich des Gesetzes haben und mit einem nach dem 31.12. 1985 geborenen Kind, für das ihnen die Personensorge zusteht, in einem Haushalt leben, dieses Kind selbst betreuen und erziehen und keine oder keine volle Erwerbstätigkeit (d.h. weniger als 19 Wochenstunden) ausüben. Erfüllen beide Ehegatten den Anspruch, erhält derjenige das Erziehungsgeld, den sie gemeinsam zum Berechtigten bestimmen. Ohne Berechtigungsbestimmung bis zum Ablauf des 3. Lebensmonats des Kindes ist die Ehefrau die Berechtigte. Erziehungsgeld wird vom Tage der Geburt bis zur Vollendung des 10.Lebensmonats gewährt (für nach dem 31.12.1987 geborene Kinder endet der Erziehungsgeldanspruch erst mit Vollendung des 12. Monats). Die Höhe des Erziehungsgeldes beträgt 600 DM monatlich und wird bis zum 6. Lebensmonat einkommensunabhängig gewährt; ab dem 7. Lebensmonat wird das Erziehungsgeld gemindert, soweit das Einkommen des Berechtigten gewisse Grenzen übersteigt (§ 5 Abs.2, Abs.3 BErzGG). Laufend zu zahlendes Mutterschaftsgeld, das der Mutter nach öffentlich-rechtlichen Bestimmungen gewährt wird, ist auf das Erziehungsgeld anzurechnen. Dagegen bleiben bestimmte andere Sozialleistungen (z.B. Wohngeld, Sozial-, Arbeitslosenhilfe) bis zur Höhe von 600 DM als Einkommen unberücksichtigt. Die Ausgaben für das Erziehungsgeld trägt gem. § 11 BErzGG der Bund (die Verwaltungskosten werden in bestimmten Fällen von den Ländern getragen).

Tabelle 62: Erziehungsgeld und Erziehungsurlaub 1986–1991

Jahr	Mütter	Erziehungsgeldempfänger insgesamt[1]	in % der Mütter	Erziehungsgeldempfänger			davon abhängig Beschäftigte	
				Frauen	Männer[1]	Männeranteil in %	insgesamt	dar. Erziehungsurlaub
1986	619.050	521.400	84,23	513.871	7.529	1,44	239.322	226.810
1987	633.227	613.995	96,96	605.177	8.818	1,43	274.394	267.338
1988	669.259	639.934	95,62	630.721	9.213	1,44	288.404	283.404
1989	682.000	649.796	95,28	640.200	9.596	1,48	301.815	295.973
1990	723.634	680.897	94,09	671.554	9.343	1,39	323.018	298.697
1991[2]	721.251	702.251	97,37	692.014	10.237	1,48	354.311	326.997

1) einschl. Eltern im Wechsel; 2) altes Bundesgebiet.
Quelle: BMJFFG, Erziehungsgeld-Statistik; StJbBRD, 1991, S.471.

Personen, die vor dem Bezug von Erziehungsgeld erwerbstätig waren, haben zugleich Anspruch auf Erziehungsurlaub gegenüber ihrem Arbeitgeber für die Dauer des Erziehungsgeldbezuges, wobei der Krankenversicherungsschutz und der Schutz der Arbeitslosenversicherung beitragsfrei aufrechterhalten bleiben. Während der Dauer des Erziehungsurlaubs kann das Arbeitsverhältnis nur in ganz eng begrenzten Ausnahmefällen und mit Zustimmung der für den Arbeitsschutz zuständigen obersten Landesbehörde gekündigt werden. Zugleich regelte das Gesetz die Zulässigkeit von befristeten Arbeitsverträgen zum Zwecke der Erziehungsurlaubsvertretung. Keinen Anspruch auf Erziehungsurlaub nach dem BErzGG haben Beamte, Richter und Soldaten; die Erziehungsurlaubsverordnung (ErzUrlV) vom 17. Dezember 1985 [BGBl.I S.2322] räumt ihnen aber einen vergleichbaren Sonderurlaubsanspruch ein.

Die 1985 geschaffene Regelung betrachtete die Bundesregierung lediglich als Einstieg; wegen der **Bedeutung der elterlichen Erziehung** für die Entwicklung des Kindes strebte sie an, die Anspruchsdauer auf einen Zeitraum von bis zu drei Jahren auszudehnen. Dies sollte schrittweise im Rahmen des finanziell Möglichen und des politisch Durchsetzbaren erreicht werden. Ein erster Schritt in diese Richtung erfolgte mit dem **Gesetz zur Änderung des Bundeserziehungsgeldgesetzes und anderer Vorschriften vom 30. Juni 1989** [BGBl.I S.1297]; durch dieses Gesetz wurden die Bezugsdauer für das Erziehungsgeld und der Erziehungsurlaub für die nach dem 30.6.1989 geborenen Kinder um drei Monate auf 15 Monate und für die nach dem 30.6.1990 geborenen Kinder um weitere drei Monate auf dann 18 Monate verlängert.

Darüber hinaus enthielt das Gesetz Anspruchseinschränkungen für Ausländer (Berechtigung nur noch von Ausländern mit Aufenthaltsberechtigung oder Aufenthaltserlaubnis, die nicht nur für einen vorübergehenden Zweck erteilt worden ist), eine Neubestimmung der »Ausübung einer nicht vollen Erwerbstätigkeit« (Zulässigkeit einer Erwerbstätigkeit von bis zu 19 Wochenstunden sowie eine Beschäftigung zur Berufsausbildung), die Einführung eines mehrfachen Erziehungsgeldanspruchs sowie des Erziehungsgeldes für Personen, die Kinder adoptiert oder in Adoptionspflege genommen haben.

Erste Erfahrungen zeigen eine außerordentlich hohe **Inanspruchnahme** sowohl des Erziehungsgeldes wie des Erziehungsurlaubs. Bei 669.259 Müttern wurden 1988 immerhin 639.934 Empfänger von Erziehungsgeld gezählt; dies entsprach einem Anteil von 95,62 %. Unter den Erziehungsgeldempfängern waren allerdings nur 7.489 Männer sowie 1.724 Eltern, die sich abwechselten. Von den anspruchsberechtigten Beschäftigten nutzten 283.404 oder 98,27 % den Erziehungsurlaub, darunter 266.512 (94,04 %) für einen Zeitraum von mehr als 6 Monaten *(vgl. auch Tabelle 62).*

Neben dem Bundeserziehungsgeld gewähren einzelne Bundesländer zusätzlich ein **Landeserziehungsgeld** *(vgl. BMA, 1990 a, S.355f.).*

— Nach dem Bayerischen Landeserziehungsgeldgesetz vom 12. Juni 1989 [BayGVBl. S.206] haben Personen, die mindestens 15 Monate in Bayern ihren Hauptwohnsitz haben, nach dem für die Beendigung des Bundeserziehungsgeld-Anspruchs festgesetzten Zeitpunkt für weitere 6 Lebensmonate des Kindes Anspruch auf ein Landeserziehungsgeld in Höhe von 500 DM monatlich; im einzelnen orientieren sich die Anspruchs- und Kürzungsvoraussetzungen am BErzGG.

— Das nach Richtlinien des Ministeriums für Arbeit, Gesundheit, Familie und Soziales gewährte baden-württembergische Erziehungsgeld wird für 12 Monate im Anschluß an das Bundeserziehungsgeld gezahlt. Es beträgt maximal 400 DM monatlich und ist einkommensabhängig. Eine Erwerbstätigkeit darf vom Bezieher nur ausgeübt werden, wenn der Verdienst unterhalb der Versicherungspflichtgrenze bleibt. Die maßgeblichen Einkommensgrenzen weichen vom BErzGG ab. Beim 1. Kind liegt die Einkommensgrenze bei 2.000 DM monatlich; für jedes weitere Kind erhöht sie sich um 300 DM. Eine Überschreitung führt zu einer stufenweisen Minderung.

— Auch das in Berlin gemäß den Richtlinien vom 21. 10. 1986 gewährte Familiengeld schließt an das Bundeserziehungsgeld an. Zusammen mit diesem soll es einen Leistungszeitraum von 2 Jahren abdecken. Das Familiengeld in Höhe von höchstens 600 DM monatlich ist ebenfalls einkommensabhängig.

— Im Gegensatz zu den bisherigen Regelungen wird das Familiengeld in Rheinland-Pfalz (geregelt in der Verwaltungsvorschrift des Ministeriums für Soziales und Familie vom 29. 7. 1986) erst ab dem 3. Kind gezahlt. In Abhängigkeit vom Einkommen wird es für höchstens 12 Monate in Höhe von bis zu 300 DM gewährt (im Anschluß an das Bundeserziehungsgeld).

7. 2. 3 Stiftung Mutter und Kind

Ausgehend von ihren gesellschaftspolitischen Grundwerten betrachtete die konservativ-liberale Bundesregierung die **hohe Zahl von Schwangerschaftsabbrüchen** mit besonderer Besorgnis. Den verbesserten Schutz des ungeborenen Lebens begriff sie daher als vordringliche Aufgabe. Sowohl die allgemeinen familienpolitischen Maßnahmen als auch spezielle Hilfen sollten dazu beitragen, zu verhindern, daß Frauen dadurch, daß sie ein Kind bekommen, in eine finanzielle Notlage geraten. Durch die Bereitstellung von Hilfen sollten die Schwangerschaftsabbrüche verringert werden, zumal an eine **Änderung des § 218 StGB** – wie von Teilen der CDU nach wie vor gefordert – politisch nicht zu denken war. Als eine derartige Hilfe gedacht war die unter der Bezeichnung **»Mutter und Kind – Schutz des ungeborenen Lebens«** durch Gesetz vom 13. Juli 1984 [BGBl.I S.880] in Bonn errichtete Bundesstiftung.

Diese Stiftung, die der Rechtsaufsicht des BMJFFG untersteht, verfolgt den Zweck, werdenden Müttern durch wirtschaftliche Unterstützung eine Hilfe zu bieten, um die Fortsetzung einer Schwangerschaft zu erleichtern. Die Stiftung vergibt die Mittel an Einrichtungen in den Ländern, die die Stiftungsmittel für die Erstausstattung des Kindes, die Weiterführung des Haushalts, die Wohnung und Einrichtung sowie die Betreuung des Kleinkindes verwenden können; auf die Leistungen aus Mitteln der Stiftung besteht kein Rechtsanspruch. Das Gesetz bestimmt im einzelnen auch die Steuer- und Pfändungsfreiheit der Leistungen sowie das Verhältnis zu anderen Sozialleistungen; es enthält darüber hinaus entsprechende Regelungen zum Stiftungsvermögen sowie über die Satzung und die Organe der Stiftung.

Die ursprünglichen Stiftungsmittel in Höhe von 25 Mio. DM sollten in den Jahren 1985 bis 1988 auf 50 Mio. aufgestockt werden. Da das Stiftungskapital jedoch bei weitem nicht ausreichte, um die Beratungsstellen mit einem nennenswerten Unterstützungsfonds auszustatten, wurde durch das Änderungsgesetz vom 2. Dezember 1985 [BGBl.I S.2140] eine Erhöhung der Stiftungsmittel vorgenommen. In den Jahren 1985 bis 1988 sollten der Stiftung »Mutter und Kind« jährlich 60 Mio. DM zur Verfügung stehen. Mit dem Gesetz vom 18. Dezember 1987 [BGBl.I S.2797] sind die Stiftungsmittel von 1987 an um jährlich mindestens 30 Mio. auf nunmehr 110 Mio. DM erhöht worden. Diese weitere Erhöhung der Stiftungsmittel wurde angesichts steigender Akzeptanz dieser Einrichtung erforderlich, um werdenden Müttern in Notlagen wirksamer helfen zu können. Die Kritik an dieser Einrichtung bezieht sich vor allem darauf, daß auf diese Leistungen kein Rechtsanspruch besteht und daß in einzelnen Bundesländern oftmals bereits in der Jahresmitte keine Mittel mehr zur Verfügung stehen. Bis Ende 1988 hatten 233.451 Frauen Anträge auf Hilfen aus Mitteln der Bundesstiftung gestellt; davon wurden in 219.310 Fällen Bewilligungen ausgesprochen. Rein rechnerisch wurde je Einzelfall ein Durchschnittsbetrag von ca. 1.756 DM gewährt [BT-Drs. 11/5106, S.22].

7. 2. 4 Kindererziehungszeiten in der Rentenversicherung

Ebenfalls als Element ihrer Familienpolitik wertete die CDU/CSU/FDP-Regierung die mit dem **Hinterbliebenenrenten- und Erziehungszeitengesetz vom 11. Juli 1985** [BGBl.I S.1450] erstmalig in der GRV eingeführte Anerkennung von **Kindererziehungszeiten**. Damit sollte die bisherige Benachteiligung derjenigen Frauen gemildert werden, die wegen der Erziehung eines oder mehrerer Kinder ihren Beruf vorübergehend oder vollständig aufgegeben haben. Die Einführung der Erziehungszeiten wird allerdings auch als ein gewisser Ausgleich dafür angesehen, daß mit dem in der Hinterbliebenenversorgung eingeführten Anrechnungsmodell die **soziale Sicherung der Frau** nicht verbessert worden war. Daher sollte nach dem Willen der Bundesregierung durch die gleichzeitige Einführung der Erziehungszeiten ein »Beitrag zu einer Gleichbewertung der Tätigkeit in der Familie und der außerhäuslichen Erwerbstätigkeit« geleistet werden [BT-Drs. 10/2677]. Aus Gründen der **Finanzierbarkeit** wurde jedoch der Kreis der **Anspruchsberechtigten** zunächst auf Angehörige der Jahrgänge ab 1921 beschränkt; die bei Inkrafttreten des Gesetzes am 1.1.1986 bereits 65jährigen Personen wurden nicht berücksichtigt; gleiches galt für versicherungsfreie bzw. von der Versicherungspflicht befreite Personen, wobei jedoch eine Nachversicherung zur Anrechnung von Erziehungszeiten führte.

Durch die Anrechnung von Kindererziehungszeiten werden in erster Linie die leiblichen Eltern eines Kindes begünstigt; ihnen sind jedoch verschiedene Personengruppen als Ersatzeltern gleichgestellt. Von wenigen Ausnahmen abgesehen, muß die Erziehung des Kindes im Geltungsbereich des Gesetzes erfolgt sein oder erfolgen. Bei gemeinsamer Erziehung eines Kindes durch mehrere Personen werden die Kindererziehungszeiten nur einer Person angerechnet; allerdings bestehen hier gewisse Wahlmöglichkeiten.

Den Anspruchsberechtigten wird für jedes Kind ein Erziehungsjahr im Anschluß an den Geburtsmonat zuerkannt. Überschneiden sich die Erziehungszeiten oder werden zur selben Zeit mehrere Kinder – z.B. Zwillinge – erzogen, so verlängert sich der 12-Monats-Zeitraum für jedes weitere Kind um die Anzahl der Monate, in denen gleichzeitig mehrere Kinder erzogen worden sind. Die Kindererziehungszeiten werden auf die rentenrechtliche Wartezeit angerechnet: Erziehungszeiten vor 1986 sind Versicherungszeiten eigener Art mit ersatzzeitenähnlicher Wirkung, Erziehungszeiten ab 1986 sind demgegenüber Pflichtbeitragszeiten. Die ersteren werden grundsätzlich der Mutter zugeordnet, während die letzteren sowohl bei der Mutter als auch bei dem Vater angerechnet werden können. Die Bewertung der Kindererziehungszeiten erfolgt einheitlich mit 75 % des Durchschnittsverdienstes aller Versicherten.

Das Gesetz sieht auch die Möglichkeit der Nachentrichtung von Beiträgen für diejenigen Personen vor, die ansonsten trotz der Anrechnung von Kindererziehungszeiten die Wartezeit von 60 Kalendermonaten bis zum 65. Lebensjahr nicht mehr erfüllen würden. Dieses Nachentrichtungsrecht steht demjenigen zu, der zur freiwilligen Versicherung berechtigt ist und dem die Zeiten der Kindererziehung vor dem 1.1.1986 angerechnet werden. Ab dem 1.1.1986 werden alle Zugangsrenten unter Berücksichtigung anrechenbarer Kindererziehungszeiten festgestellt. Für die Bestandsrenten gelten jedoch Sonderregelungen; die betroffenen Personen müssen bis zum Eintritt des nächsten Versicherungsfalles oder bis zur Vollendung des 65. Lebensjahres warten, bis sie eine Neuberechnung der Rente unter Berücksichtigung der Kindererziehungszeiten verlangen können.

Nach dem HEZG konnten sich aus der Anrechnung von Kindererziehungszeiten im Einzelfall Nachteile ergeben, wenn für den betreffenden Zeitraum der Vomhundertsatz der persönlichen Bemessungsgrundlage bereits über 75 % lag. Mit dem **6. RV-ÄndG vom 24. April 1986** [BGBl.I S.569] wurde die Bestimmung, daß Kindererziehungszeiten vor dem 1.1.1986 nur dann angerechnet werden, wenn dies für den Berechtigten insgesamt günstiger ist, auf alle denkbaren Fälle ausgedehnt. Ferner wurde sichergestellt, daß sich Zeiten der Kindererziehung nach dem 31.12.1985 nicht mehr nachteilig auf die Bewertung einer Zurechnungszeit auswirken können.

Die massive Kritik in der Öffentlichkeit an der Außerachtlassung der sog. **»Trümmer-Frauen«** bei der Anrechnung von Kindererziehungszeiten führte zu dem **Kindererziehungsleistungs-Gesetz** (KLG) **vom 12. Juli 1987** [BGBl.I S.1585], wodurch unabhängig von sonstigen Ansprüchen an die GRV und ohne Anrechnung auf andere Sozialleistungen auch Leistungen für Kindererziehung an Mütter der Geburtsjahrgänge vor 1921 in vier Stufen ab 1.10.1987 festgelegt wurden. Außerdem wurde klargestellt, daß Kindererziehungszeiten nach dem HEZG ohne zusätzliche Beitragszahlung berücksichtigt werden, wenn Empfänger einer 1957 pauschal umgestellten Rente die Altersruhegeldgrenze erreichen. Durch diese Neuregelung entstanden dem Bund ab 1987 Mehrkosten bis zur Höhe von 3,3 Mrd. DM im Jahr, die jedoch ab 1991 laufend abnehmen werden.

Die Kindererziehungsleistung, die Mütter erhalten, die vor dem 1.1.1921 geboren sind, belief sich Anfang 1990 auf monatlich 28,80 DM je Kind, und zwar unabhängig davon, ob die Mutter eine Rente bezieht oder nicht. Im März 1990 erhielten insgesamt 2.605.380 Mütter diese Leistung; der Monatsbetrag je Fall betrug 71,42 DM. In der Gesamtzahl enthalten waren 433.697 Mütter, die die Kindererziehungsleistung ohne vorherigen Rentenbezug bekamen *(vgl. VDR-Info, Nr. 2/1990, S. 20)*.

Bei der **Rentenreform '92** haben sich die Koalitionsparteien CDU/CSU/FDP sowie die SPD darauf verständigt, Personen, die Kinder erziehen, stärker als bislang zu begünstigen. Diese Parteien sehen in der **Anerkennung der Kindererziehungszeiten** »einen ersten Schritt zur Gleichstellung der Arbeit in der Familie mit Erwerbstätigkeit« [BT-Drs. 11/5530, S.49]. So werden für Geburten ab 1992 die Kindererziehungszeiten um zwei auf drei Jahre verlängert. Entgegen den Wünschen der SPD und der FDP hatte man sich bei den »Konsensverhandlungen« allerdings nicht auf eine **additive Anrechnung** der Kindererziehungszeiten einigen können; während die CDU/CSU bei einer additiven Anrechnung eine rentenmäßige Benachteiligung der Kindererziehenden mit Erwerbsunterbrechung sah, betrachteten die übrigen Parteien die letztlich verabschiedete Regelung als eine Diskriminierung erwerbstätiger Frauen [BT-Drs. 11/5530, S.33, 49 ff.]. **Familienbezogene Elemente** werden zudem bei der sog. »Rente nach Mindesteinkommen« berücksichtigt. Zwar wird künftig eine 35jährige Wartezeit vorausgesetzt (statt bislang 25 Jahre), dabei werden allerdings nunmehr neben Ausfallzeiten und freiwilligen Beitragszeiten auch Kinder- und Pflegeberücksichtigungszeiten angerechnet (je Kind maximal 10 Erziehungsjahre). Man hofft, dadurch die Zugangsvoraussetzungen zur Rente für Frauen mit Kindern zu erleichtern.

Nachdem nach heftigen Auseinandersetzungen durch das **Kindererziehungszuschlagsgesetz** (KEZG) **vom 18. Dezember 1989** [BGBl.I S.2234] ein Kompromiß erreicht worden war, der verhindern sollte, daß Kindererziehungszeiten bei Versorgungsempfängern eine höhere Bewertung als bei Beziehern von Renten der gesetzlichen Rentenversicherung erfahren *(vgl. S.258 f.)*, sorgte das vom Bundestag am 30.3.1990 beschlossene Gesetz über Strukturverbesserungen in der Beamtenversorgung für neuerliche Konflikte zwischen der SPD und den Koalitionsparteien. Gemäß § 92 des Fünften Gesetzes zur Änderung besoldungsrechtlicher Vorschriften vom 28. Mai 1990 [BGBl.I S.967] wird eine Beurlaubung bis zu 3 Jahren als volle Dienstzeit anerkannt.

Die SPD kritisierte, daß – mit der Änderung der Vorschriften über Versorgungsabschläge – zur Kindererziehung beurlaubte Beamtinnen nun doch bei der Versorgung wieder bessergestellt würden als normale Arbeitnehmerinnen. Sie hält es für »geradezu skandalös«, daß den Beamtinnen künftig bis zu drei Jahre Urlaub zur Kindererziehung als volle Dienstzeit angerechnet werden und sie damit später entsprechend höhere Pensionen erhalten. Dagegen wurde nach Auffassung der CDU/CSU mit diesen Änderungen lediglich eine ungerechte Vorschrift der Beamtenversorgung beseitigt, die Zeiten der Teilzeit und Beurlaubung mit überproportionalen Versorgungskürzungen belegt habe *(vgl. SZ v. 31.3.1990)*.

7. 2. 5 Kindergeldgesetzgebung

Die politischen Auseinandersetzungen um die **Konzeption des Familienlastenausgleichs** mittels Kindergeld und Kinderzulagen blieben auch in der Phase nach 1975 bestehen. Während die SPD seit langem einen primär über das **Kindergeldrecht** organisierten Familienlastenausgleich präferiert, gibt vor allem die CDU/CSU dem **dualen System des Familienlastenausgleichs** den Vorzug *(vgl. auch H. Zimmermann, 1989, S. 149ff.)*. Entsprechend diesen Grundpositionen hatte die SPD mit dem Gesetz zur Reform der Einkommensteuer, des Familienlastenausgleichs und der Sparförderung vom 5. August 1974 [BGBl.I S.1769] eine grundlegende Umstellung der Konzeption des Familienlastenausgleichs durchgesetzt. Anstelle der **Kinderfreibeträge** im Einkommensteuerrecht und im Besoldungsrecht des öffentlichen Dienstes wurde das **Kindergeld ohne Einkommensgrenzen ab dem ersten Kind** eingeführt. In der Folgezeit wurde das Leistungsrecht des BKGG bis zu den Ende 1981 beginnenden allgemeinen Einsparmaßnahmen sukzessive erweitert; neben wiederholten **Anhebungen der gewährten Kindergeldbeträge** kam es dabei zu verschiedenen **strukturellen Verbesserungen** hinsichtlich der Anspruchsvoraussetzungen.

Nachdem mit dem Einführungsgesetz zum Einkommensteuerreformgesetz vom 21. Dezember 1974 [BGBl.I S.3656] der Kreis der anspruchsberechtigten Personen erheblich ausgedehnt sowie wesentliche Änderungen hinsichtlich der Berücksichtigung über 18 Jahre alter Kinder (bis zum 26. Lebensjahr; bei Verzögerung der Ausbildung auch darüber hinaus) vorgenommen und durch das BKGG-ÄndG vom 18. Juli 1975 [BGBl.I S.1918] Sonderregelungen für die Angehörigen des öffentlichen Dienstes eingeführt worden waren, führte das BKGGÄndG vom 18. August 1976 [BGBl.I S.2213] die Möglichkeit ein, Kindergeld auch für jene Kinder zu zahlen, die das 18., aber noch nicht das 23. Lebensjahr vollendet hatten und mangels Ausbildungsplatz ihre Ausbildung nicht beginnen oder fortsetzen konnten oder nicht erwerbstätig waren und weder Arbeitslosengeld noch Arbeitslosenhilfe bezogen, aber der Arbeitsvermittlung zur Verfügung standen.

Während das SteuerÄndG vom 16. August 1977 [BGBl.I S.1586] ab dem 1.1.1978 eine Erhöhung des Kindergeldes für das 2. Kind von 70 auf 80 DM, für das 3. und jedes weitere Kind von 120 auf 150 DM monatlich vornahm, brachte das 8. BKGGÄndG vom 14. November 1978 [BGBl.I S.1757] in Verbindung mit dem SteuerÄndG 1979 vom 30. November 1978 [BGBl.I S.1849] ab dem 1.1.1979 eine Erhöhung des Kindergeldes für das 3. und jedes weitere Kind von 150 DM auf 200 DM und ab dem 1. 7.1979 für das 2. Kind von 80 DM auf 100 DM monatlich. Außerdem wurden die Vorschriften des BKGG schrittweise an das SGB I angepaßt und die Kindergeldgewährung bei Bezug ähnlicher Leistungen verbessert.

Abgesehen von einer weiteren Erhöhung des Kindergeldes zu Beginn des Jahres 1981 dominierten in der weiteren Entwicklung auch beim Familienlastenausgleich zunächst die im Zuge der Wirtschafts- und Finanzkrise eingeleiteten **Sparmaßnahmen**, die zu verschiedenen **Einschränkungen** bei der Kindergeldgewährung führten. Neben einer Herabsetzung des Kindergeldes kam es vor allem zu nachhaltigen Beschränkungen des anspruchsberechtigten Personenkreises. Zwar wurde wiederholt bekräftigt, **einkommensschwache und kinderreiche Familien** im Rahmen dieser Sparmaßnahmen schonen zu wollen; dennoch trafen die Leistungseinschränkungen insbesondere solche Personen, für deren Interessenlage eine nur begrenzte Organisations- und Konfliktfähigkeit im politisch-administrativen System sichtbar geworden war.

Nachdem mit Wirkung vom 1.2.1981 das Kindergeld für das 2. Kind von monatlich 100 auf 120 DM und für jedes weitere Kind von 150 auf 240 DM erhöht worden war, leitete das 9. BKGG-ÄndG vom 22. Dezember 1981 [BGBl.I S.1566] die grundsätzliche Tendenzwende im Familienlastenausgleich ein. Das Kindergeld wurde für das 2. und 3. Kind jeweils um 20 DM gesenkt; die Regelaltersgrenze für den Bezug des Kindergeldes wurde von 18 auf 16 Jahre herabgesetzt; nur in der Ausbildung befindliche Kinder über 16 Jahre blieben kindergeldberechtigt; an der Maximalgrenze von 27 Jahren wurde nichts geändert. Eine weitere wichtige Änderung des 9. BKGGÄndG bezog sich auf die Neuregelung des Kindergeldbezuges für die Übergangszeiten zwischen einzelnen Ausbildungsstufen; ferner wurde die Regelung abgeschafft, nach der Jugendliche zwischen 18 und 23 Jahren, die nicht mehr ausgebildet werden wollten, jedoch keinen Arbeitsplatz fanden und noch keinen Anspruch auf Arbeitslosengeld hatten, weiter Kindergeld erhielten. Verheiratete, die in der Ausbildung standen und ganz oder überwiegend vom Ehepartner unterhalten werden konnten, verloren den Kindergeldanspruch. Der Zeitraum, in dem über das 27. Lebensjahr hinaus Kindergeld bezogen werden konnte, wurde auf die Dauer des Grundwehr- oder Zivildienstes begrenzt; eine Verzögerung wegen fehlenden Studienplatzes oder Wohnortwechsels der Eltern wurde von da an nicht mehr anerkannt. Schließlich wurde durch § 21 BKGG die Möglichkeit der Überprüfung des Fortbestehens von Anspruchsvoraussetzungen durch Meldedatenübermittlung geschaffen.

Die im Herbst 1982 an die Regierung gelangte Koalition aus CDU/CSU und FDP ging schon bald daran, den 1975 abgeschafften **dualen Familienlastenausgleich** wieder einzuführen. Ein erster Teilschritt dazu erfolgte durch das **HBegleitG 1983 vom 20. Dezember 1982** [BGBl.I S.1857], durch das das Kindergeld – zumindest teilweise – wieder einkommensabhängig ausgestaltet wurde.

Mit Wirkung vom 1.1.1983 trat für Eltern mit zwei oder mehr Kindern eine Neuregelung ein, wonach bei Überschreiten bestimmter Einkommensgrenzen eine stufenweise Minderung des Kindergeldes vorgenommen wurde; die maßgebliche Einkommensgrenze belief sich für ein Ehepaar mit zwei Kindern auf 42.000 DM netto pro Jahr und erhöhte sich für jedes weitere Kind um 7.800 DM netto pro Jahr; die Sockelbeträge des Kindergeldes wurden auf 70 DM für das 2. und 140 DM für jedes weitere Kind festgelegt.

Das 10. BKGGÄndG vom 21. Dezember 1984 [BGBl.I S.1726] führte zu einer Erhöhung der Altersgrenze für ausbildungswillige oder arbeitslose Jugendliche von 18 auf 21 Jahre. Allerdings galt die kindergeldrechtliche Berücksichtigung für verheiratete, geschiedene oder verwitwete Jugendliche nur in Ausnahmefällen. Kein Kindergeld sollten Jugendliche erhalten, die in der Wartezeit auf eine Beschäftigung eine Lohnersatzleistung oder aus einer Übergangsbeschäftigung ein Bruttoentgelt von wenigstens 400 DM monatlich erhalten.

Eine neuerliche Konzeptionsumstellung im Familienlastenausgleich setzte die konservativ-liberale Regierung schließlich ab 1985 durch, als sie sich für den weiteren Ausbau des dualen Systems entschied und mit dem 1986 in Kraft getretenen Steuersenkungsgesetz 1986/88 vom 26. Juni 1985 [BGBl.I S.1153] umfangreiche **steuerrechtliche Maßnahmen** zum Familienlastenausgleich einführte. Um der Kritik am dualen Familienlastenausgleich und an der mangelnden Verzahnung zwischen Sozial- und Steuerrecht entgegenzuwirken, wurde allerdings zugleich der sog. **Kindergeldzuschlag** (§ 11 a BKGG) geschaffen, mit dem die durch das duale System hervorgerufenen Verwerfungen zumindest partiell ausgeglichen werden sollten.

Mit dem durch das 11. BKGGÄndG vom 27. Juni 1985 [BGBl.I S.1251] eingeführten Zuschlag zum Kindergeld in Höhe von bis zu 46 DM monatlich je Kind sollten diejenigen Personen einen sozialrechtlichen Ausgleich erhalten, die infolge ihres geringen Einkommens den steuerlichen Kinderfreibetrag nicht oder nicht in vollem Umfange nutzen können. Dieser Kinderzuschlag von 46 DM entsprach einer Steuerentlastung in der unteren Proportionalzone (22 %) von 2.482 DM. Außerdem wurden die Freibeträge für die einkommensabhängige Minderung des Kindergeldes von 42.000 DM auf 42.480 DM netto pro Jahr und der Zuschlag für das 3. und jedes weitere Kind auf 9.200 DM netto pro Jahr erhöht. Schließlich wurde auch ein Kindergeld für alleinstehende Kinder (Vollwaisen) eingeführt (§ 14 BKGG).

Die Änderungen des BKGG im Jahre 1985 standen im Zusammenhang mit anderen **familienpolitischen Maßnahmen** wie der Einführung eines Erziehungsgeldes und -urlaubs, der Anrechnung von Kindererziehungszeiten in der Rentenversicherung sowie der Neuregelung der Kinderfreibeträge in der Einkommensteuer und schließlich der Verstärkung der Kinderkomponente im Wohngeldgesetz, die sämtlich zum 1.1.1986 in Kraft traten und Ausdruck einer **familienpolitischen Neuorientierung** sein sollen. Allerdings konnte die enorme **wirtschaftliche und soziale Belastung** gerade **kinderreicher Familien** nur begrenzt gemildert werden. Eine systematische Reaktion des politisch-administrativen Systems auf den Rückgang der Geburtenhäufigkeit in der Bundesrepublik Deutschland ist zweifellos ausgeblieben *(vgl. Frerich, 1987, S.487f.)*.

Die Koalitionsvereinbarungen für die 11. Legislaturperiode sahen zwar eine Erhöhung des Kindergeldes ab dem 2. Kind vor, weitergehende Maßnahmen des Familienlastenausgleichs waren mit Rücksicht auf die angestrebte Konsolidierung des Bundeshaushaltes jedoch nicht vorgesehen. Die CDA sowie CDU-Familienpolitiker forderten allerdings zunehmend massiver von der Regierung sehr viel deutlichere Schritte zugunsten der Familien mit Kindern. Erst nach sehr mühsamen und langwierigen Verhandlungen gelang es den Koalitionsparteien, sich in einem zweiten Anlauf am 17. März 1989 auf ein **»familienpolitisches Paket«** zu verständigen. Massive Kritik in der Öffentlichkeit und Verärgerung in der CDU/CSU-Fraktion hatte insbesondere der vorgesehene Steuerfreibetrag für die Einstellung von Haushaltshilfen (**»Dienstmädchen-Paragraph«**) hervorgerufen.

Ein ursprünglich von Vertretern der CDU/CSU und FDP ausgehandelter Kompromiß hatte u.a. die Erhöhung des Zweitkindergeldes um 40 DM ab 1992 sowie die Einführung eines Steuerfreibetrags bis zu 12.000 DM für die Einstellung einer Haushaltshilfe ab Anfang 1990 vorgesehen. Entgegen dem Votum der CDU/CSU-Führungen lehnte die Fraktion nach einer stürmischen Debatte die mit der FDP vereinbarten familienpolitischen Regelungen ab und verlangte Neuverhandlungen. In einem weiteren Koalitionsgespräch wurde eine Einigung darüber erzielt, das Zweitkindergeld bereits ab dem 1.7.1990 um 30 DM monatlich zu erhöhen. Zwar blieb es bei dem »Hausgehilfinnen-Steuerfreibetrag«; dieser wurde allerdings an die Voraussetzung gebunden, daß Alleinerziehende mindestens ein Kind und Verheiratete mindestens zwei Kinder unter 10 Jahren haben bzw. ein schwerpflegebedürftiger Angehöriger zum Haushalt gehört.

Entsprechend den Koalitionsbeschlüssen wurde mit dem **12. BKGGÄndG vom 30. Juni 1989** [BGBl.I S.1294] das Kindergeld für das zweite Kind ab 1.7.1990 von 100 auf 130 DM erhöht; außerdem wurden verschiedene Anrechnungsvorschriften modifiziert. Schließlich erfolgte unter dem 30.1.1990 eine Bekanntmachung der **Neufassung des Bundeskindergeldgesetzes** [BGBl.I S.149].

Während die CDU/CSU und die FDP am dualen Familienlastenausgleich festhielten, plädierte die SPD in den letzten Jahren für eine **drastische Anhebung des Kindergeldes**. Die familienpolitischen Vorhaben der CDU/CSU – vor allem die beabsichtigte Erhöhung der Kinderfreibeträge – waren nach Ansicht der SPD geeignet, die »bestehenden **Ungerechtigkeiten der Kinderförderung**« noch weiter zu verschärfen. In einem Ende März 1990 im Bundestag eingebrachten Antrag forderte die SPD ein **einheitliches Kindergeld** von mindestens 200 DM im Monat. Zur Finanzierung derartiger Maßnahmen verlangte sie seit einiger Zeit bereits die Ersetzung des Ehegatten-Splittings durch ein **Familien-Splitting** [BT-Drs. 11/6751].

Nach den Vorstellungen der SPD sollte der Splittingvorteil für Höchstverdiener bei Bruttoeinkommen von über 100.000 DM begrenzt werden. Die dadurch gewonnenen Mittel sollten für einen neuen Familienlastenausgleich verwendet werden. Neben dem einheitlichen Kindergeld von 200 DM verlangte die SPD in ihrem Antrag einen Familienzuschlag von 100 DM monatlich für Familien mit vier Kindern, von 200 DM für Familien mit fünf Kindern und zusätzlich 100 DM für jedes weitere Kind. Das derzeitige System des Familienlastenausgleichs kritisierte sie in diesem Zusammenhang als »ungerecht, undurchschaubar und bürokratisch«. Nach Ansicht der SPD sind die steuerlichen Kinderfreibeträge ungerecht, weil die steuerliche Entlastung mit wachsendem Einkommen ansteige. Höchstverdiener erhielten damit für ihre Kinder fast dreimal so viel wie Eltern mit niedrigem Einkommen. Vor allem das Kindergeld für das erste und zweite Kind sei zu niedrig. Im übrigen hätten die Bürger durch das »unkoordinierte Nebeneinander von Kinderfreibeträgen, Kindergeld, einkommensabhängiger Kürzung des Kindergeldes und Kindergeldzuschlag« die Übersicht meistens völlig verloren. Außerdem führe die Verwaltung des Familienlastenausgleichs durch die Finanzämter einerseits und Arbeitsämter andererseits zu unnötiger Bürokratie und Doppelarbeit bei Bürgern und Behörden.

7.2.6 Kindergeldähnliche Leistungen

Dem Kindergeld vergleichbare Leistungen gewährten lange Zeit auch die gesetzliche Unfallversicherung und die Rentenversicherungen in Form der **Kinderzulage** bzw. des **Kinderzuschusses**. Ebenso wie das Kindergeld wurden diese Leistungen aufgrund des **HStruktG vom 18. Dezember 1975** [BGBl.I S.3091] seit 1976 nicht mehr für volljährige, in Ausbildung stehende Kinder gezahlt, wenn diesen aus dem Ausbildungsverhältnis Bruttobezüge von wenigstens 750 DM monatlich zustanden. Im übrigen erhielten in der GUV Verletzte, die eine Rente von 50 % oder mehr der Vollrente bezogen, für jedes Kind eine Kinderzulage in Höhe von 10 % der Verletztenrente (§ 583 RVO). In den Rentenversicherungen wurde Beziehern einer Rente wegen Berufs- oder Erwerbsunfähigkeit oder des Altersruhegeldes ein Kinderzuschuß gewährt (§ 1262 RVO; § 39 AVG; § 60 RKnG). Beim Bezug dieser kindergeldähnlichen Leistungen wurde kein Kindergeld gewährt (§ 8 Abs.1 BKGG).

Durch das **HBegleitG 1983 vom 20. Dezember 1982** [BGBl.I S.1857] wurde festgelegt, daß die nach dem BKGG vorgesehenen **Kindergeldausgleichsbeträge** nicht mehr von den Rentenversicherungsträgern, sondern von den Kindergeldstellen ausgezahlt werden. Zugleich wurde in der **Unfallversicherung** die bisherige Aufstockung einer niedrigeren Kinderzulage auf die Höhe des Kindergeldes gestrichen; allerdings sollte ein eventueller Differenzbetrag weiterhin von den Kindergeldstellen gezahlt werden. War der Bruttobetrag der kindergeldähnlichen Leistungen aus der GUV oder der GRV niedriger als das Kindergeld nach § 10 Abs.1 BKGG, so wurde der Unterschiedsbetrag gezahlt (sog. **Teilkindergeld**).

Schon mit dem **20. RAG vom 27. Juni 1977** [BGBl.I S.1040] waren die Kinderzuschüsse und -zulagen auf die am 1.7.1977 erreichten Beträge festgeschrieben worden (in der Arbeiterrenten- und Angestelltenversicherung auf jährlich 1.834,80 DM und in der Knappschaftsversicherung auf jährlich 1.840 DM). Das **HBegleitG 1984 vom 22. Dezember 1983** [BGBl.I S.1532] bestimmte schließlich, daß die GUV und die GRV nurmehr für jene Kinder eine Kinderzulage bzw. einen Kinderzuschuß gewähren, die bereits vor dem 1.1. 1984 darauf Anspruch hatten.

7. 2. 7 Entscheidungen des BVerfG zum Familienlastenausgleich

Mitte 1990 traf das BVerfG zwei Entscheidungen [BGBl.I S.1513] zum Kindergeldrecht, von denen allgemein erwartet wird, daß sie zu Konsequenzen bei der Ausgestaltung des **Familienlastenausgleichs** führen werden.

In seinem Beschluß vom 29. Mai 1990 [1 BvL 20/84 u.a.] stellte das BVerfG fest, daß § 10 Abs.2 BKGG i.d.F. des Art.13 Nr.2 des HBegleitG 1983 bis zum 31.12.1985 mit Art. 3 Abs.1 i.V.m. Art 6 Abs.1 GG unvereinbar war. In einem weiteren Beschluß vom 12. Juni 1990 [1 BvL 72/86] vertrat das BVerfG ferner die Auffassung, daß § 32 Abs.8 des EStG i.d.F. des Art.1 Nr.7 b des HBegleitG 1983 ebenfalls mit Art.3 i.V.m. Art.6 Abs.1 GG unvereinbar war [BGBl.I 1990, S.1513]. Im wesentlichen gelangte das BVerfG in seinen Entscheidungen zu der Auffassung, daß in den Jahren 1983 bis 1985 der Grundfreibetrag und der Kinderfreibetrag zu niedrig angesetzt waren. Dieser Beurteilung legte das BVerfG den Grundsatz zugrunde, daß der Staat dem Steuerpflichtigen sein Einkommen insoweit steuerfrei belassen muß, als es zur Schaffung der Mindestvoraussetzungen für ein menschenwürdiges Dasein benötigt wird.

Die verfassungsrechtlichen Grundlagen hierfür bilden Art.1 Abs.1 GG sowie das Sozialstaatsgebot des Art.20 Abs.1 GG und der in Art.6 Abs.1 GG verankerte Schutz der Familie. Aus letzterem folgert das Gericht, daß bei der Besteuerung einer Familie das Existenzminimum sämtlicher Familienmitglieder steuerfrei bleiben müsse. Konkret bedeutet dies, daß der Staat bei der Beurteilung der steuerlichen Leistungsfähigkeit den Unterhaltsaufwand für Kinder des Steuerpflichtigen in dem Umfang als besteuerbares Einkommen außer Betracht lassen muß, in dem die Unterhaltsaufwendungen zur Gewährleistung des Existenzminimums der Kinder erforderlich sind. Lediglich jenseits des verfassungsrechtlich gebotenen »Freibetrages« in Höhe des Existenzminimums von Kindern steht es dem Gesetzgeber frei, soziale Gesichtspunkte stärker zu berücksichtigen und Bezieher höherer Einkommenen steuerlich stärker zu belasten *(vgl. iwd, Nr.44, 1.11.1990, S.7; Allert, 1990, S.195 ff., 251 f.)*.

Da das BVerfG die beanstandeten Gesetzesvorschriften nur für unvereinbar mit dem GG erklärt hat, haben die Entscheidungen rückwirkend nur für diejenigen Steuerpflichtigen Auswirkungen, deren Steuerbescheide noch nicht bestandskräftig geworden sind. Allerdings hat das BVerfG mit diesem „Urteilspruch ... die alte Diskussion um die richtige Ausgestaltung des Familienlastenausgleichs neu entfacht" *(iwd, Nr.44, 1.11.1990, S.7)*.

7.3 Ausbildungsförderung

7.3.1 Förderung von Schülern und Studenten

In der 2. Hälfte der 70er Jahre wurde die sozialpolitische Gesetzgebung im Bereich der Ausbildungsförderung weitgehend von dem nahezu einheitlichen Willen aller im Bundestag vertretenen Parteien geprägt, einem möglichst großen Teil der Jugendlichen den Besuch weiterführender Schulen und ggf. ein Studium an einer Fachhochschule oder einer wissenschaftlichen Hochschule zu ermöglichen. Die Gesetze zur Schüler- und Studentenförderung sowie zur Graduiertenförderung wurden überwiegend einvernehmlich verabschiedet. Entsprechend der vorherrschenden Politikausrichtung kam es in der zweiten Hälfte der 70er Jahre zunächst noch zu einer Reihe von **Verbesserungen** hinsichtlich der Gewährung der Ausbildungsförderung.

Das HStruktG vom 18. Dezember 1975 [BGBl.I S.3091] führte zu einer Senkung des Vomhundertsatzes für die Bemessung des Zusatzfreibetrages vom Einkommen des Ehegatten und der Eltern des Auszubildenden und gleichzeitig zu einer Verdoppelung des Erhöhungsbetrages für Kinder. Zum Ausgleich für die verschobene Anpassung der Bedarfssätze und Freibeträge an die wirtschaftliche Entwicklung wurde ein Härteausgleich in Höhe von 10 % des Förderbetrages eingeführt. Allerdings wurde die Förderung mit Zuschüssen nach einem Fachrichtungswechsel eingeschränkt.

Tabelle 63: Strukturdaten zur BAföG-Ausbildungsförderung (Studenten[1]) 1975–1990

Jahr	Finanzieller Aufwand in Mio. DM	Geförderte[2]	Geförderten-quote in %	Frauen-anteil in %	Geförderte Arbeiter-kinder[3]	Förder-betrag in DM/ Monat[4]	Bedarfssatz für Studenten		Preis-index[6]
							Betrag	Index[5]	
1975	1.710,0	323.475	43,5	33,1	18,8	405	500	119,0	132,6
1976	1.550,0	309.581	38,6	34,9	19,3	400	580	138,1	134,7
1977	1.679,8	317.572	36,1	34,9	20,3	441	580	138,1	139,4
1978	1.791,9	324.608	36,4	37,1	20,6	460	580	138,1	143,1
1979	1.799,2	324.370	35,1	36,5	20,7	462	620	147,6	147,8
1980	2.044,2	340.939	35,6	38,2	20,2	500	620	147,6	155,5
1981	2.039,2	344.042	33,0	38,9	20,4	494	660	157,1	172,4
1982	2.067,9	338.093	30,3	39,1	20,8	510	660	157,1	172,4
1983	2.025,5	326.954	37,7	38,0	21,1	516	660	157,1	180,5
1984	1.887,1	301.955	33,6	37,1	20,9	521	690	164,3	183,6
1985	1.904,7	290.300	31,9	37,2	20,2	542	690	164,3	187,1
1986	1.835,1	275.870	30,7	37,1	19,4	549	710	169,0	187,4
1987	1.873,9	272.874	30,3	36,3	18,3	551	710	169,0	186,8
1988	1.804,9	259.455	28,5	36,9	17,5	571	725	172,6	188,8
1989	1.884,6	263.060	27,8	36,9	16,7	585	725	172,6	195,7
1990	2.081,7	291.060	29,5	37,7	16,1	576	750	178,6	202,5

1) Studenten an höheren Fachschulen, Akademien, Fachhochschulen, Kunsthochschulen, Wissenschaftliche Hochschulen; 2) durchschnittlicher Monatsbestand; 3) Anteil der Studenten, deren Vater von Beruf Arbeiter ist; 4) durchschnittlicher monatlicher Förderbetrag bezogen auf den monatlichen Durchschnittsbestand; 5) 1971 = 100; 6) 1971 = 100; Zwei-Personen-Haushalt von Renten- und Sozialhilfeempfängern.
Quellen: BMBW (Hrsg.): Grund- und Strukturdaten, lfde. Jge.; Statistisches Bundesamt: Fachserie 11, Reihe 7: Ausbildungsförderung nach dem BAföG, 1980 ff.

Das 4. BAföGÄndG vom 26. April 1977 [BGBl.I S.653] führte zu einer Anhebung der Bedarfssätze für die Förderung um 16 % sowie zu einer Erhöhung der Freibeträge vom Einkommen des Auszubildenden, seiner Eltern und seines Ehegatten um etwa 18 %. Deutlich angehoben wurde auch der pauschale Abzug der Aufwendungen zur sozialen Sicherung von den Einkünften. Das Gesetz brachte außerdem neue Vorschriften für die Vermögensanrechnung mit Fortfall des Förderungsanspruchs, wenn der Auszubildende, die Eltern oder der Ehegatte vermögensteuerpflichtig waren.

Mit dem 5. BAföGÄndG vom 17. November 1978 [BGBl.I S.1794] erfolgte die Einbeziehung von Schülern der Klasse 10 aller schulischen Formen der beruflichen Grundausbildung und der Klasse 10 der Berufsfachschulen in die Ausbildungsförderung. Voraussetzung für die auf 3 Jahre bis zum 1.8. 1981 befristete Erweiterung des Förderungsbereichs war, daß die Ausbildung an Schulen in Form des Zeitunterrichts durchgeführt wurde. Eine erneute Anpassung der Bedarfssätze und Freibeträge, aber auch eine Senkung der Altersgrenze für den Beginn einer Förderung von 35 auf 30 Jahre, brachte das 6. BAföGÄndG vom 16. Juli 1979 [BGBl.I S.1037]. Außerdem sah das Gesetz eine Verbesserung der elternunabhängigen Förderung und der Bedingungen für den Teilerlaß und die Rückzahlung von Darlehen vor.

Ungeachtet einer weiteren **Anpassung der Bedarfssätze und Freibeträge** an die wirtschaftliche Entwicklung begannen mit dem 7. BAföGÄndG vom 13. Juli 1981 [BGBl.I S. 625] und dem 2. HStruktG vom 22. Dezember 1981 [BGBl.I S.1523] **Einsparmaßnahmen** auch im Bereich der Ausbildungsförderung.

Das 7. BAföGÄndG brachte zwar eine abermalige Anpassung der Bedarfssätze und Freibeträge mit Wirkung zum 1.4.1982 sowie eine Zwischenanpassung der Freibeträge und Sozialpauschalen für das Jahr 1983, zugleich sah es jedoch verschiedene Einsparungen vor, so z. B. durch die Verschiebung des Anpassungstermins sowie durch die Neueingrenzung der Tatbestände hinsichtlich der Förderung weiterer Ausbildungen. Das 2. HStruktG schließlich beseitigte die Zuschüsse zur Studentenkrankenversicherung und führte die volle Anrechnung staatlicher Leistungen an Schüler und Studenten auf den Ausbildungsfreibetrag der Eltern ein.

Tabelle 64: Daten zur BAföG-Ausbildungsförderung von Schülern 1977–1990

Jahr	Geförderte						Finanzieller Aufwand in Mio. DM	durchs. Förderbetrag DM/Monat
	insgesamt	Vollförderung	in %	Teilförderung	in %	durchs. Monatsbestand		
1977	449.967	150.610	33,5	299.357	66,5	269.549	861,9	266
1978	525.270	204.818	39,0	320.452	61,0	314.337	995,8	264
1979	660.852	323.411	48,9	337.441	51,1	406.264	1.260,2	258
1980	798.707	398.583	49,9	400.124	50,1	488.985	1.592,1	271
1981	787.875	306.368	38,9	481.507	61,1	467.972	1.512,1	269
1982	770.708	299.579	38,9	471.129	61,1	446.308	1.505,0	281
1983	504.564	192.673	38,2	311.891	61,8	298.269	1.068,8	299
1984	163.101	78.243	48,0	84.858	52,0	92.002	433,6	393
1985	125.054	58.986	47,2	66.068	52,8	73.185	413,0	470
1986	115.783	54.528	47,1	61.255	52,9	67.607	412,9	509
1987	116.564	54.721	46,9	61.843	53,1	67.928	431,9	530
1988	118.470	57.247	48,3	61.223	51,7	69.126	448,5	541
1989	118.826	57.247	48,2	61.223	51,8	69.655	474,0	567
1990	147.632	57.028	38,7	61.798	63,3	80.091	508,7	528

Quellen: Statistisches Bundesamt: Fachserie 11, Reihe 7: Ausbildungsförderung nach dem BAföG, 1980 ff.

Der **politische Gesamtwille** hinsichtlich der Schüler- und Studentenförderung begann zu zerbrechen, als die sozial-liberale Koalition mit Zustimmung des Bundesrates, aber ohne Zustimmung der CDU/CSU im Bundestag erhebliche Einschränkungen der Förderung durchsetzte, die jedoch die Einheitlichkeit von Schüler- und Studentenförderung zunächst unangetastet ließen. Erst das Haushaltsbegleitgesetz 1983 vom 20. Dezember 1982 [BGBl.I S.1857] leitete die entscheidende **Wende in der Ausbildungsförderung** ein. Ausdruck dafür waren die Umstellung der studentischen Ausbildungsförderung auf **Volldarlehen** sowie die drastische **Beschränkung der Ausbildungsförderung für Schüler**.

Nach der bis 1983 gültigen Schülerausbildungsförderung erhielten Schüler der gymnasialen Oberstufe, der beruflichen Schulen (mit einigen Ausnahmen) und Studierende des zweiten Bildungsweges nach verschiedenen Kriterien gestaffelte Förderungsbeträge. Ab dem Schuljahr 1983 wurde an Schüler, die zuhause wohnen, keine Ausbildungsförderung mehr geleistet (Ausnahmen: Abendschulen und Kollegs). Anspruch auf Ausbildungsförderung hatten demnach nur noch Schüler, die nicht bei ihren Eltern wohnen können, weil sie von deren Wohnort aus eine entsprechende zumutbare Ausbildungsstätte nicht erreichen können. Diese Grundsätze wurden ergänzt durch eine Härteregelung zugunsten der Schüler aus besonders einkommensschwachen Familien. Im Ergebnis konzentrierte sich seitdem die Ausbildungsförderung auf etwa 1/3 der bisher geförderten Schüler.

Die Umstellung der studentischen Ausbildungsförderung auf Volldarlehen, wobei sich der Förderungsanspruch wie bisher nach Einkommensgrenzen richtete, erfolgte mit Beginn des WS 1983/84. Zwar sahen die Neuregelungen in gewissem Umfange einen Darlehenserlaß vor, z.B. für Studenten, die ein Studium vorzeitig abschließen, zu den besten Studenten eines Examensjahrganges gehören und/oder das Darlehen früher zurückzahlen; aber auch unter Berücksichtigung dieser Aspekte lag die Darlehensschuld nach der neuen Regelung im allgemeinen deutlich höher als bei der alten Regelung.

Die Neuregelung der Ausbildungsförderung hatte in der Praxis **nachhaltige Konsequenzen**. Die getroffenen Maßnahmen waren – ungeachtet der in der Folgezeit vorgenommenen partiellen Verbesserungen – unter bildungs-, verteilungs-, ordnungs- und finanzpolitischen Aspekten kritisch zu beleuchten. Insbesondere wurde das bildungspolitische **Ziel der Chancengleichheit** in der Ausbildung gefährdet; da die Einführung von Leistungskomponenten sich weitgehend auf den Bereich der Ausbildungsförderung beschränkte und nicht den generellen Hochschulzugang einbezog, bewirkte sie lediglich eine **Selektion** unter den **einkommensschwächeren Personengruppen**, während die einkommensstärkeren Personengruppen nach wie vor das vorhandene Ausbildungssystem in voller Breite nutzen konnten, obwohl auch bei ihnen Leistungsmotivation und Begabung sehr unterschiedlich gestreut sind. Zum weiteren dürfte sich die **Haushaltsentlastung** zumindest auf mittlere Sicht in engen Grenzen halten, und auch auf lange Sicht werden nur etwa 20 bis 30 % der ausgelegten Finanzmittel wertmäßig wieder zurückfließen *(vgl. Frerich, 1987, S.502ff.; J. Wahl, 1983, S.376ff.)*.

Bei grundsätzlicher **Beibehaltung der bisherigen Grundkonzeption** wurden in der Folgezeit mit dem 8. BAföGÄndG vom 24. Mai 1984 [BGBl.I S.707], dem 9. BAföG-ÄndG vom 26. Juni 1985 [BGBl.I S.1243] sowie dem 10. BAföGÄndG vom 16. Juni 1986 [BGBl.I S.897] vor allem die **Bedarfssätze** und **Einkommensfreibeträge** der Ausbildungsförderung an die wirtschaftliche Entwicklung angepaßt, zugleich aber auch verschiedene **strukturelle Leistungsverbesserungen** vorgenommen.

U.a. erhielten Schüler wieder Förderungsleistungen für den Monat August. Auszubildende, die mindestens 1 Kind im Haushalt betreuen, wurden in die Förderung wieder einbezogen; es kam zu Verbesserungen beim Studium im Ausland und zu einer Erhöhung der Einkommensgrenzen in bezug auf die Rückzahlung; ferner wurden die Voraussetzungen für die Gewährung eines Darlehenserlasses für die Zeit der Kinderbetreuung erweitert und Verbesserungen für geförderte Behinderte eingeführt. Das 11. BAföGÄndG vom 21.6.1988 [BGBl.I S.829] folgte nochmals dieser Entwicklungslinie mit der Anhebung der Bedarfssätze um durchschnittlich 2 % zum Herbst 1988 und der Anhebung der Freibeträge um durchschnitllich 3 % zum Herbst 1988 und zum Herbst 1989 bei gleichzeitiger Aktualisierung der Höchstbetragsregelungen aufgrund des Anstiegs der sozialversicherungsrechtlichen Beitragsbemessungsgrenzen; das Auswahlverfahren beim leistungsabhängigen Darlehenserlaß wurde leistungsgerechter gestaltet und der studienzeitabhängige Darlehenserlaß durch einen zweiten Stichtag modifiziert.

Spätestens seit Mitte der 80er Jahre war die Ausbildungsförderung im Rahmen des BAföG zunehmend **heftiger Kritik** ausgesetzt. Immer deutlicher wirksam wurden die im Dezember 1982 gemachten tiefgreifenden Einschnitte in das BAföG, so daß die ursprünglich verfolgten Ziele gefährdet wurden und eine **Chancengleichheit** nicht mehr gewährleistet werden konnte.

Bei einem insgesamt deutlichen Rückgang der Zahl der geförderten Studenten (1983-1988 Verringerung der Gefördertenquote von 37,7 auf 28,5 %) hatte sich vor allem im Teilförderungsbereich die soziale Lage der Studenten nachhaltig verschlechtert. Die Elternfreibeträge und Bedarfssätze entsprachen zunehmend weniger dem bei der Einführung der Ausbildungsförderung gewollten Stand der Grundsicherung. Kinder aus Familien mit geringeren Einkommen oder Kinder mit mehreren Geschwistern konnten nur noch dann studieren, wenn die Eltern und die Familien ihren eigenen Lebensstandard erheblich reduzierten. Kinder aus Familien im mittleren Einkommensbereich fielen zuletzt praktisch völlig aus der Förderung heraus. Von der negativen Entwicklung waren Mädchen, junge Frauen und Arbeiterkinder besonders betroffen. Untersuchungen stellten seit dem Wegfall des Schüler-BAföG und dem Abbau des BAföG für Studenten einen überdurchschnittlichen Studienverzicht von jungen Frauen fest. Der Anteil der Arbeiterkinder an den Studierenden ging auf 8,2 % zurück. Die Universitäten beobachteten einen Anstieg der Erwerbstätigkeit von Studenten mit entsprechend negativen Auswirkungen auf die Studienleistung und -dauer. Zudem bedeutete die Umstellung der Förderung auf Volldarlehen eine zunehmend höhere Schuldenbelastung am Ende des Studiums beim Eintritt in ein (unsicheres) Arbeitsleben.

Aufgrund massiver Kritik der negativen Entwicklung der Ausbildungsförderung hatte der Bundesbildungsminister 1986 den BAföG-Beirat mit der **Überprüfung der Ausbildungsförderung** beauftragt. Dieser stellte in seinem am 11. Oktober 1988 vorgelegten Bericht eine Reihe von Mängeln fest und formulierte einen umfangreichen **Empfehlungskatalog** *(vgl. Beirat, 1988; Weismann, 1989)*.

Unter anderem empfahl der Beirat die Wiedereinführung der Schülerförderung ab Klasse 11 sowie die Ersetzung der Darlehensförderung für Studenten durch ein gemischtes System. Nach Ansicht des Beirats enthält die bisherige Darlehensförderung durch die Ausgestaltung ihrer Rückzahlungsbedingungen einen erheblichen »Subventionswert«. Bei entsprechender Verschärfung der Rückzahlungsbedingungen für die weiterhin als Darlehen gewährte Förderung hielt er es für möglich, die andere Hälfte ohne Mehrkosten als Zuschuß zu gewähren. Kritisch stand der Beirat auch den Vorschriften des BAföG über die elternunabhängige Förderung gegenüber. Er sah in diesen Bestimmungen eine Verletzung des Subsidiaritätsprinzips und eine Fehlallokation knapper öffentlicher Mittel. Nach seiner Ansicht sollten die Mittel nur dort eingesetzt werden, wo der Bedarf am dringendsten ist *(vgl. Beirat, 1988, S.63 ff.)*. Im übrigen sprach sich der Beirat für eine erhöhte Transparenz des Systems und eine Vereinfachung der Förderungsrichtlinien aus.

Die Empfehlungen des Beirats fanden Eingang sowohl in den **Gesetzentwurf der Bundesregierung für ein 12. BAföGÄndG vom 4. Dezember 1989** [BT-Drs. 11/5961] wie in den von der SPD-Fraktion unterbreiteten **Entwurf eines BAföG-ReformG 1990 vom 5. Oktober 1989** [BT-Drs. 11/5347]. Gemeinsam war den beiden Gesetzentwürfen die Absicht, das bisherige Bundesausbildungsförderungsgesetz strukturell zu verbessern, die **Elternfreibeträge** zugunsten von Familien mit mittleren Einkommen wirksamer zu gestalten sowie 50 % des Förderungsbetrages für Studenten als **Zuschuß** zu gewähren. Allerdings enthalten sie auch diverse Unterschiede.

Im einzelnen sah der Gesetzentwurf der Regierung neben den genannten Regelungen u.a. vor, die relativen Freibeträge bei der Anrechnung von Elterneinkommen erheblich anzuheben, die Ausbildungsförderung während der Zweitausbildung stärker von der wirtschaftlichen Leistungskraft der Eltern abhängig zu machen, Schüler bestimmter Berufsaufbau- und Fachoberschulen ab Klasse 11 in die Förderung aufzunehmen, eine Studienabschlußförderung einzuführen, den KV-Zuschlag für Studenten anzuheben, den leistungsabhängigen Darlehenserlaß um eine Zeitkomponente zu ergänzen, die Bedingungen der Förderung und Darlehensrückzahlung für behinderte Auszubildende zu verbessern, die monatliche Rückzahlungsmindestrate für Darlehen auf 200 DM anzuheben sowie die Bedarfssätze zum Herbst 1990 um 3 % und die Freibeträge zum Herbst 1990 und 1991 um durchschnittlich jeweils 3 % anzuheben [BT-Drs. 11/5961].

Der Entwurf der SPD-Fraktion unterschied sich davon insbesondere durch die Absicht, die 1983 abgeschaffte Schülerförderung nicht nur für verschiedene berufsbildende Ausbildungsgänge, sondern auch für den Besuch allgemeinbildender Schulen ab Klasse 11 wieder einzuführen. Desweiteren sah der SPD-Entwurf den Wegfall des leistungs- und zeitabhängigen Darlehensteilerlasses gem. § 18 b Abs.1 BAföG vor sowie eine zusätzliche Förderung von 2 Semestern bei Pflege und Erziehung eines Kindes im Alter von bis zu 10 Jahren.

Besonders strittig war vor allem die **Neuregelung der Schülerförderung**. Bei der Einführung einer auf den Sekundarbereich der berufsbildenden Schulen begrenzten Schülerförderung werden Kritikern zufolge „neben fiskalischen Interessen Motive der Bedarfslenkung deutlich, die bisher der Ausbildungsförderung fremd waren" *(Weismann, 1989, S.384)*. Offensichtlich werde damit angestrebt, die Zahl der Abiturienten zugunsten gut ausgebildeter Praktiker zu reduzieren. In der Tendenz liefe eine derartige Regelung darauf hinaus, allgemeinbildende Schulformen den wirtschaftlich besser gestellten Bevölkerungsgruppen vorzubehalten; damit aber werde die ursprüngliche Motivation zur Ausbildungsförderung geradezu in ihr Gegenteil verkehrt *(vgl. Weismann, 1989, S.384)*.

Eine öffentliche Sachverständigen-Anhörung des zuständigen Bundestags-Ausschusses am 17.1. 1990 v.a. zu Fragen der Wiedereinführung der allgemeinen Förderung für Schülerinnen und Schüler ab Klasse 11, der Ausbildungsfinanzierung in Familien mit mittlerem Einkommen, der Studienabschlußförderung sowie der Auswirkungen des europäischen Binnenmarktes und der Entwicklungen in Osteuropa bzw. in der DDR auf die Ausbildungsförderung führte zu keiner Annäherung der Standpunkte von Koalitions- und Oppositionsparteien. Hauptziel der Gesetzesänderungen blieb für die Fraktionen von CDU/CSU und FDP, Familien mit mittlerem Einkommen zu entlasten und damit das sog. »Mittelstandsloch« zu schließen. Mit einer Verordnungsermächtigung beabsichtigten sie, den aus den Veränderungen in der DDR resultierenden Entwicklungen (u.a. Bildungspendler mit Wohnsitz in der DDR und Besuch einer Ausbildungsstätte im Geltungsbereich des BAföG) Rechnung zu tragen. Während der Ausschußberatungen befürworteten die Koalitionsparteien darüber hinaus, die Pflege und Erziehung eines Kindes stärker bei der Bemessung der Förderungsdauer zu berücksichtigen, als im Regierungsentwurf vorgesehen war. Die SPD-Fraktion betonte, daß an die anstehende BAföG-Reform weit höhere Erwartungen geknüpft worden seien; die von den Koalitionsparteien vertretene Novelle schließe lediglich das Mittelstandsloch. Dagegen werde entgegen dem Votum der Sachverständigen in der Anhörung die Förderung aller Schüler ab Klasse 11 nicht wieder aufgenommen. Bemängelt wurde von der SPD ferner das Fehlen einer Regelung für jene Studierende, die bisher mit Volldarlehen gefördert worden seien und nunmehr eine hohe Schuldenlast abzutragen hätten. Auch die Fraktion DIE GRÜNEN stellte fest, daß der Regierungsentwurf in wesentlichen Punkten seinen Anspruch verfehle, die Ausbildungsförderung strukturell zu verbessern [BT-Drs. 11/6747].

Ungeachtet der Kritik der Oppositionsparteien sowie der kritischen Stimmen außerhalb des Parlaments verabschiedete der Bundestag am 25.3.1990 mit den Stimmen der Koalitionsparteien das 12. BAföGÄndG, das in seinen Grundzügen dem Regierungsentwurf entsprach. Im einzelnen sah das **12. BAföGÄndG vom 22. Mai 1990** [BGBl.I S.936] folgende Neuregelungen vor:

- die relativen Freibeträge bei der Anrechnung von Elterneinkommen erheblich anzuheben;
- die Ausbildungsförderung während einer Zweitausbildung stärker von der wirtschaftlichen Leistungskraft der Eltern abhängig zu machen;
- Schüler der Berufsaufbauschulen und Fachoberschulen, deren Besuch eine abgeschlossene Berufsausbildung voraussetzt, sowie Schüler von Fach- und Berufsfachschulklassen – die zu einem berufsqualifizierenden Abschluß führen (ab Klasse 11) – in die Förderung aufzunehmen;
- die Ausbildungsförderung der Studenten zu 50 % als Zuschuß zu leisten;
- eine Studienabschlußförderung einzuführen;
- den Krankenversicherungszuschlag für Studenten anzuheben;
- den leistungsabhängigen Darlehensteilerlaß um eine Zeitkomponente zu ergänzen;
- die Bedingungen der Förderung und Darlehensrückzahlung für behinderte Auszubildende zu verbessern;
- die monatliche Rückzahlungsmindestrate für Darlehen nach dem BAföG auf 200 DM anzuheben und
- die Bedarfssätze zum Herbst 1990 sowie die Freibeträge jeweils zum Herbst 1990 und zum Herbst 1991 um durchschnittlich 3 Prozent anzuheben.

7. 3. 2 Graduiertenförderung

Nachdem durch das **Graduiertenförderungsgesetz vom 2. September 1971** [BGBl.I S. 1465] die Möglichkeit einer verstärkten Förderung des wissenschaftlichen Nachwuchses mittels der Vergabe von Stipendien zur Vorbereitung auf die Promotion geschaffen worden und die Befristung der Graduiertenförderung durch das **ÄndG vom 18. Juli 1975** [BGBl.I S.1917] bei unverändertem Finanzierungsschlüssel (Bund und Länder im Verhältnis 3:1) bis 1977 verlängert worden war, brachte das **2. ÄndG vom 28. März 1978** [BGBl.I S.445] eine erneute Verlängerung der Finanzierungsregelung der Graduiertenförderung bis zum 31.12.1981.

Während in den Jahren 1971 bis 1979 auf den Bund 75 % und auf die Länder 25 % der Kosten der Graduiertenförderung entfielen, übernahmen Bund und Länder in den Jahren 1980 und 1981 65 % bzw. 35 % der durch die Ausführung dieses Gesetzes entstehenden Ausgaben. Bereits vor dem Inkrafttreten der BAföG-Neuregelungen wurden nach dem Graduiertenförderungsgesetz nur noch **Darlehen** und nicht mehr Stipendien gezahlt. Dabei sollten Ende 1983 die letzten Zahlungen auslaufen.

Der Abbau der Graduiertenförderung ist in den letzten Jahren gleichfalls auf wachsende Kritik gestoßen. Nicht zuletzt unter Hinweis auf die internationale Wettbewerbsfähigkeit der deutschen Wirtschaft wurde von verschiedenen Seiten eine nachhaltigere Förderung des wissenschaftlichen Nachwuchses gefordert. Insgesamt stellte der Bund 1988 rd. 100 Mio. DM zur **direkten Förderung des wissenschaftlichen Nachwuchses** zur Verfügung. Die acht Begabtenförderungswerke erhielten hiervon rd. 86 Mio. DM; damit förderten sie rd. 10.000 Studierende sowie etwa 1.700 Doktoranden. Die von den Ländern in ihren **Promotionsförderungsgesetzen** gelassene Förderungslücke für hochqualifizierte promovierte Nachwuchswissenschaftler wurde 1985 vom Bund durch das **Postdoktoranden-Programm** des Bundesministers für Bildung und Wissenschaft teilweise geschlossen. Im Rahmen dieses Programms, das über die Deutsche Forschungsgemeinschaft abgewickelt wird, erhalten vornehmlich solche jungen Promovierten Stipendien, die nach einer Phase der Forschungstätigkeit an einer Hochschule eine Berufsperspektive außerhalb der Hochschule suchen. 1988 beliefen sich die Mittel dieses Programms auf 11,7 Mio. DM. Seit 1978 läuft darüber hinaus das sog. **Heisenberg-Programm**, das Stipendien an Habilitierte oder entsprechend ausgewiesene jüngere Wissenschaftler vergibt, um sie – angesichts der schwierigen Stellensituation an den Hochschulen – der Forschung zu erhalten und ihnen eine Weiterqualifizierung zu ermöglichen. Die Kosten dieses Programms – 13,5 Mio. DM im Jahre 1988 – werden je zur Hälfte vom Bund und den Ländern getragen *(vgl. BPA, 1988, S.641 ff.)*. Darüber hinaus gibt es verschiedene kleinere Schwerpunktprogramme zur Förderung von Doktoranden, z.T sogar auf interuniversitärer Zusammenarbeit beruhend (z.B. EDP).

7. 4 Jugendpolitik

Nach dem in der Bundesrepublik Deutschland vorherrschenden **Verständnis von Jugendpolitik** besteht ihre Aufgabe in der Schaffung geeigneter Voraussetzungen, damit die heranwachsenden jungen Menschen ihre Rechte und Pflichten in sozialer Verantwortung wahrnehmen können und aktuelle Gefährdungen von ihnen abgewendet werden *(vgl. Nikles, 1976)*. Ein wichtiger Bestandteil dieser Jugendpolitik ist die **Jugendhilfe** mit differenzierten Regelungsbereichen wie Jugendarbeit, Hilfen in Tageseinrichtungen für Kinder, Maßnahmen der Familienfreizeit und Familienerholung, ambulante erzieherische Hilfen und Beratung in Fragen der Erziehung, Pflegekinderwesen und Heimerziehung, Amtspflegschaft und Amtsvormundschaft, freiwillige Erziehungshilfe und Fürsorgeerziehung sowie Heimaufsicht *(vgl. Fluk, 1972; Gernert, 1973; Hellmer, 1975; Jordan, 1975; Jordan u.a., 1977; G. Kaiser, 1973, 1977; Kurzeja, 1973; Moser, 1975; Steuber, 1976)*. Ein weiteres wichtiges Instrument der Jugendpolitik ist der **Bundesjugendplan**, durch den die Bundesregierung insbesondere die politische Bildung, die internationale und kulturelle Jugendarbeit sowie sozialpädagogische Modell-Maßnahmen für sozial benachteiligte junge Menschen fördert *(vgl. SB 1980, S.34f.; SB 1983, S.32f.; SB 1986, S. 52f.)*.

7. 4. 1 Problembereiche der Kinder- und Jugendpolitik

Nicht zuletzt seit Mitte der 70er Jahre hat die gesellschaftliche Entwicklung **neue Problemlagen** für Kinder und Jugendliche entstehen lassen. Ebenfalls einschneidend geändert hat sich in dieser Zeit die **Lebenslage der Familien**. Kennzeichnend sind hier u.a. [BT-Drs. 11/6748] *(vgl. auch Höhn, 1988)*:

- die steigende Zahl von Familien mit einem Kind,
- die steigende Zahl von Kindern, die bei nur einem Elternteil aufwachsen,
- der Wandel der Rollen der Familienmitglieder, insbesondere der Frauen, der u.a. in dem Wunsch zum Ausdruck kommt, Erwerbstätigkeit und Familie miteinander vereinbaren zu können,
- hohe Trennungs- und Scheidungsraten sowie
- eine anhaltend hohe Arbeitslosigkeit, die die erzieherischen Kräfte der Familie schwächt und die Entwicklungsbedingungen der Kinder negativ beeinflußt.

Zwar stellte der Anfang 1990 vorgelegte **Achte Jugendbericht** [BT-Drs. 11/6576] fest, daß „die verbesserten sozioökonomischen Rahmenbedingungen für viele Familien, Kinder und Jugendliche, die zunehmende Öffnung des Bildungssystems, die Öffnung und Integration Europas ... der jetzt heranwachsenden Generation von Kindern und Jugendlichen ganz andere Entwicklungschancen als der eigenen Elterngeneration" böten. Gleichzeitig betonte der Bericht jedoch, daß dieses **günstige Gesamtbild** allerdings nicht die **Ungleichheiten** – teilweise sogar **Notlagen** – verdecken dürfe, von denen Jugendliche betroffen sein können.

U.a. weist der Bericht auf die unterschiedlichen Lebensbedingungen, die sich in den letzten Jahrzehnten aus der Veränderung der Geburtenrate ergeben hätten, sowie auf die Knappheit an Ausbildungs- und Arbeitsplätzen hin, die sich insbesondere zu Lasten derjenigen Jugendlichen ausgewirkt habe, die den schulischen und den wachsenden beruflichen Qualifikationsanforderungen nicht genügen konnten. Festgestellt wird weiterhin, daß geschlechtsspezifische Benachteiligungen von Mädchen und jungen Frauen in Ausbildung und Beruf noch nicht abgebaut werden konnten. Zumindest in Teilbereichen wird auch die Lebenslage der ausländischen Jugendlichen als problematisch eingestuft. Schließlich weist der Bericht darauf hin, daß 1986 immerhin fast 8 % der Kinder und Jugendlichen unter 15 Jahren Sozialhilfe erhielten.

Kennzeichnend für die gegenwärtige Phase ist nach Ansicht der Autoren des Achten Jugendberichts, daß sich Probleme der Lebensbewältigung in zunehmend offeneren Situationen als zentrale Fragen stellen und entsprechend vielfältigere Orientierungshilfen nötig machen. Hervorgehoben werden v.a. die Tendenzen der **Pluralisierung von Lebenslagen** und der **Individualisierung von Lebensführungen**, die dazu geführt hätten, daß Menschen nicht mehr an vorgegebene Lebensmuster gebunden seien, sondern sich für individuelle Lebensformen entscheiden müßten. Diese Veränderungen beinhalteten für die heranwachsenden Jugendlichen sowohl Chancen als auch Risiken der Lebensbewältigung.

Besonders beklagt wird, daß es trotz aller Bemühungen nicht gelungen sei, für Kinder und Jugendliche in den einzelnen Regionen der Bundesrepublik möglichst gleiche Lebensbedingungen herzustellen. Nach wie vor bestünden erhebliche Unterschiede zwischen städtischen und ländlichen Regionen. Andererseits gebe es vor allem in den urbanen Ballungszentren kaum noch Raum für die elementaren Bedürfnisse von Kindern, ihre Lebensumwelt zu entdecken. Die sehr ungleiche Infrastrukturausstattung (Tageseinrichtungen, Spielorte, Treffpunkte, Jugendhäuser, Beratungsstellen) sei nicht das Ergebnis des Bedarfs, sondern politischer Entscheidungen. Verschärfte Probleme konstatiert der Bericht beim Übergang von Schule und Ausbildung in den Beruf. Nicht wenige Jugendliche scheiterten und müßten als Arbeitslose von Sozialhilfe leben oder seien zu Gelegenheitsarbeiten gezwungen.

Trotz gestiegener Chancen und Entwicklungsmöglichkeiten für junge Menschen sind mit den veränderten Lebensbedingungen auch verschiedene **Gefährdungen** verbunden. Der Achte Jugendbericht erwähnt insbesondere den **Straßenverkehr**, den Konsum von Alkohol und Tabak durch junge Menschen, den **Medikamentenmißbrauch** und den Konsum illegaler Drogen sowie die **Jugendkriminalität** [BT-Drs. 11/6576, S.65 ff.].

In der **Praxis der Jugendhilfe** zeichneten sich Entwicklungstendenzen mit dem Versuch ab, den sich allenthalben stellenden neuen Aufgaben gerecht zu werden. Über die verschiedenen Tätigkeitsfelder hinweg seien neue Strukturen erkennbar, die im Spannungsfeld der gesellschaftlichen Entwicklungen als **innovative Ansätze** in Richtung auf mehr Bürgerbeteiligung, Prävention, Regionalisierung und Alltagsorientierung zu werten seien [BT-Drs. 11/6576, S.199]

Einen Schwerpunkt in der politischen Diskussion bildet die Bereitstellung von **Kinderbetreuungseinrichtungen**. Allerdings wird der Bedarf an derartigen Betreuungsformen, deren Bedeutung in den letzten Jahrzehnten erheblich zugenommen hat, im Hinblick auf die Altersstufen des Kindes in Wissenschaft und Praxis unterschiedlich eingeschätzt. Unbestritten ist inzwischen die allgemeine Bedeutung der **Kindergartenerziehung** für Kinder vom vollendeten 3. Lebensjahr an bis zum Schuleintritt. „Kinder dieser Altersstufe bedürfen eines ganzheitlich orientierten familienergänzenden Bildungs-, Betreuungs- und Erziehungsangebotes" [BT-Drs. 11/5948]. Obwohl anerkannt wird, daß jedes Kind im Alter von 3 bis 6 Jahren die Möglichkeit haben sollte, einen Kindergarten zu besuchen, ist eine ausreichende Versorgung noch immer nicht gewährleistet. Mit regionalen Schwankungen innerhalb einer Bandbreite von etwa 50 bis 95 % lag die Versorgungsquote im Bundesdurchschnitt Ende der 80er Jahre lediglich bei rd. 78 % [BT-Drs. 11/5948].

Kontrovers beurteilt wird dagegen bis heute der Bedarf an Betreuungsplätzen für Kinder unter 3 Jahren. Obgleich die Bundesregierung ein flächendeckendes, öffentlich organisiertes und finanziertes Betreuungsangebot für Kinder unter 3 Jahren nicht für erforderlich hält, räumt sie ein, daß hier ein großer Nachholbedarf besteht. Insbesondere das Angebot an Tageseinrichtungen (z.B. **Kinderkrippen**) konnte mit der wachsenden Nachfrage nicht Schritt halten. Ende 1986 standen lediglich 28.353 von den Jugendämtern genehmigte Krippenplätze zur Verfügung (Versorgungsgrad: 1,6 %); davon befanden sich allerdings allein 10.814 in Berlin (West) und 4.130 in Hamburg [vgl. BT-Drs. 10/6730, S. 36].

Nach Feststellungen der Bundesregierung ist der Mangel an Betreuungsplätzen u.a. ein Grund dafür, daß Kinder alleinerziehender Elternteile in Heimen und Pflegestellen weit überrepräsentiert sind. Sie machen etwa 75 % aller dort untergebrachten Kinder der entsprechenden Altersgruppe aus. Um Eltern – auch kleinerer Kinder – überhaupt eine realistische Möglichkeit zu geben, Erwerbstätigkeit und Familie besser vereinbaren zu können, müsse das derzeitige Betreuungsangebot weiter ausgebaut und qualifiziert werden. Für die überwiegende Mehrheit Alleinerziehender sei ein entsprechendes Betreuungsangebot unverzichtbar, um einer Erwerbstätigkeit nachgehen zu können und nicht Sozialhilfe in Anspruch nehmen zu müssen. Darüber hinaus gehöre die Bereitstellung eines qualifizierten Betreuungsangebotes zu den konkreten sozialen und familienpolitischen Maßnahmen, um ein kinder- und familienfreundliches Umfeld in der Gesellschaft zu schaffen und den Schutz des ungeborenen Lebens zu verstärken [BT-Drs. 11/5948, S.63].

Tabelle 65: Plätze in Kindergärten, Kinderkrippen und Kinderhorten 1957–1986

Jahr	Kindergärten		Kinderkrippen		Kinderhorte	
	Plätze	in %[1]	Plätze	in %[2]	Plätze	in %[3]
1957[4]	770.877	28,5	16.283	0,5	61.467	1,9
1963	889.596	32,5	17.137	0,6	68.630	2,2
1965	925.875	31,8	18.108	0,6	73.636	2,1
1970	1.160.736	38,5	17.457	0,6	72.937	1,8
1975	1.478.856	65,5	24.251	1,3	82.790	2,1
1980	1.393.708	78,0	26.104	1,5	105.673	3,9
1982	1.334.997	76,9	26.245	1,4	86.831	3,6
1986	1.538.383	78,9	28.353	1,6	102.874	4,4

1) Versorgungsgrad bezogen auf Kinder im Alter von 3-5 Jahren; 2) im Alter von 0-2 Jahren; 3) im Alter von 6-10 Jahren; 4) ohne Saarland, außer Nordrhein-Westfalen einschl. Kindertagesstätten.
Quellen: Statistisches Bundesamt: Fachserie 13: Sozialleistungen, Reihe 6: Jugendhilfe, versch. Jge.

Ein Grund für die völlig unzureichende Versorgung in diesem Bereich dürfte sicher auch sein, daß „die familienergänzende Erziehung von Kindern unter drei Jahren ... von ideologischen Kontroversen um verschiedene Lebenskonzepte von Frauen belastet (ist) – eine Situation, die erwerbstätigen Müttern ein schlechtes Gewissen macht“ [BT-Drs. 11/6576, S.96]. Noch immer würden, so der Anfang 1990 vorgelegte Achte Jugendbericht, Forschungsergebnisse, die belegen, daß sich eine Betreuung in guten Einrichtungen oder durch qualifizierte Tagesmütter positiv auf die kindliche Entwicklung auswirken kann, von dem negativen Bild der »Fremdbestimmung« überlagert [BT-Drs. 11/6576, S.96].

Eine gleichfalls weit über dem Angebot liegende Nachfrage kennzeichnet die Situation bei den Betreuungsmöglichkeiten von Kindern im Schulalter. Ende 1986 waren in 3.041 Horten lediglich 102.874 Plätze vorhanden. Bezogen auf die 6–10jährigen Kinder entsprach dies einem Versorgungsgrad von lediglich 4,4% *(vgl. auch K. Schwarz, 1987, S. 424ff.)*.

7.4.2 Reform des Jugendhilferechts

Seit Mitte der 70er Jahre wurde in der Bundesrepublik wiederholt eine **grundlegende Reform des Jugendhilferechts** angekündigt *(vgl. SB 1978, S.47; SB 1980, S.34; SB 1986, S. 52)*; es blieb jedoch bis in die Gegenwart bei partiellen Korrekturen des Rechtssystems, wenngleich auch in zweifellos wichtigen Randbereichen der Jugendpolitik. So wurde das Jugendhilferecht insbesondere von Änderungen beim **Sorge-** und **Unterhaltsrecht** berührt *(vgl. Schellhorn, 1986 a, S.114ff.)*.

Nachdem durch das ÄndG vom 18. Dezember 1975 [BGBl.I S.3150] der Anwendungsbereich des Jugendwohlfahrtsgesetzes hinsichtlich der Hilfen zur Erziehung punktuell erweitert worden war, wurde 1977 die Vorschrift zum Unterhaltsregelbedarf für Minderjährige ergänzt; seitdem finden die Regelbedarfssätze auch auf den Unterhaltsbedarf minderjähriger ehelicher Kinder Anwendung, deren Eltern geschieden sind oder nicht nur vorübergehend getrennt leben. Das Gesetz zur Neuregelung des Rechts der elterlichen Sorge vom 18. Juli 1979 [BGBl.I S.1061] brachte eine Anpassung des seit der Jahrhundertwende nahezu unveränderten Rechts über das Verhältnis zwischen Eltern und Kindern an die Wertvorstellungen des Grundgesetzes und die heutigen gesellschaftlichen Bedingungen. Das Gesetz zur Sicherung des Unterhalts von Kindern alleinstehender Mütter und Väter durch

Unterhaltsvorschüsse oder -ausfalleistungen vom 23.Juli 1979 [BGBl.I S.1184] führte zu einer Verbesserung der Erziehungsbedingungen der Kinder alleinstehender Elternteile; Zielgruppe dieser Maßnahme sind Kinder unter 6 Jahren, die bei einem alleinstehenden Elternteil leben; dieser erhält auf Antrag eine Unterhaltsleistung aus öffentlichen Mitteln bis zur Höhe des Regelbedarfs für nichteheliche Kinder, wenn der andere Elternteil keinen Unterhalt in entsprechender Höhe leistet oder im Falle seines Todes keine entsprechenden Waisenbezüge gezahlt werden; staatliche Unterstützungen werden für längstens drei Jahre gezahlt *(vgl. SB 1980, S.34)*.

Die einhellige Erkenntnis, daß das Jugendwohlfahrtsgesetz, das in seinem Kern auf das Reichsjugendwohlfahrtsgesetz aus dem Jahre 1922 *(vgl. Bd.1, S.234f.)* zurückgeht, in weiten Teilen den heutigen Anforderungen an die Jugendarbeit in einer gewandelten Gesellschaft nicht mehr gerecht wird, schuf einen nachhaltigen **Reformbedarf**. Eine im Laufe der 7. und 8. Legislaturperiode (1974–1980) in Angriff genommene **umfassende Neugestaltung** führte zwar zur Verabschiedung eines Jugendhilfegesetzes durch den Deutschen Bundestag am 23. Mai 1980; der **Bundesrat** lehnte das Gesetz jedoch durch einen Beschluß vom 4. Juli 1980 ab [BR-Drs. 287/80]. Ein neuer, im Jahre 1984 vorgelegter Referentenentwurf zur Änderung des JWG war ebenfalls nach der Abstimmung mit den Ländern und Fachverbänden aus Zeit- und Kostengründen nicht weiterverfolgt worden. Im Jahre 1986 wurde für die 1987 beginnende Legislaturperiode erneut ein Gesetzentwurf zur **grundlegenden Neuordnung der Jugendhilfe** angekündigt *(vgl. SB 1986, S.52)*. Nach vier vergeblichen Anläufen gelang es endlich dem Bundeskabinett – nach umfangreichen koalitionsinternen Beratungen und Abstimmungen mit den Ländern – am 27. September 1989, einen Gesetzentwurf zur Neuordnung des Kinder- und Jugendhilferechts zu verabschieden. Am 1.12.1989 brachte die Bundesregierung im Deutschen Bundestag den Entwurf eines Kinder- und Jugendhilfegesetzes ein [BT-Drs. 11/5948].

Unter Berücksichtigung der in den letzten zwanzig Jahren entscheidend **gewandelten Lebensumstände von Familien** (z.B. Zunahme von Familien mit Einzelkindern und alleinerziehenden Elternteilen, verringerte Spielmöglichkeiten durch zunehmende Verstädterung) soll das neue Gesetz die **Erziehungskraft der Familie** stärken und jungen Menschen helfen, in die Gesellschaft hineinzuwachsen. Ungeachtet der jeweiligen familiären Situation soll das Gesetz für Eltern, Kinder und Jugendliche bessere Erziehungsbedingungen sichern und Benachteiligungen abbauen. Dabei wird auch angestrebt, durch **bundeseinheitliche Rahmenvorgaben** die enormen Ausstattungs- und Leistungsunterschiede zwischen den einzelnen Jugendämtern abzubauen *(Bulletin der BReg, 1989, S.861)*.

Der Gesetzentwurf wies darauf hin, daß die Jugendhilfepraxis heute neben Kindern und Jugendlichen immer stärker die Familie und das soziale Umfeld in ihre pädagogische Arbeit einbeziehe. Der Handlungsansatz habe sich zunehmend von Eingriffen in die Familie (d.h. der Trennung des Kindes von den Eltern) zu einer offenen und präventiven Arbeit hin verlagert; angestrebt werde eine Einbeziehung möglichst der gesamten Familie in die Therapie, um ihr Erziehungspotential zu stärken. Der Gesetzentwurf hatte daher zum Ziel, das **eingriffs- und ordnungsrechtliche Instrumentarium** des JWG durch ein modernes, **präventiv orientiertes Leistungsgesetz** im Rahmen des SGB abzulösen. Die grundgesetzlich den Eltern obliegende Erziehungsverantwortung sollte durch die öffentliche Jugendhilfe gestützt werden. Zugleich sollte damit die Erziehungssituation von Kindern und Jugendlichen verbessert werden. Ein System beratender und unterstützender Maßnahmen war vorgesehen, um an die Stelle der im JWG dominierenden Erziehungshilfen, nämlich der Fürsorgeerziehung und der freiwilligen Erziehungshilfe, zu treten. In diesem Sinne setzte der Gesetzentwurf folgende Schwerpunkte:

— Verstärkung der allgemeinen Angebote zur Förderung der Jugendarbeit und der Jugendsozialarbeit,

— Verbesserung der allgemeinen Angebote zur Förderung der Erziehung in der Familie,
— Verbesserung der Hilfen für Familien in besonderen Lebenssituationen (insbesondere für alleinerziehende Elternteile),
— Aufstellung von Grundsätzen zur Verbesserung der Angebote der Tagesbetreuung von Kindern, die von den Ländern zu erfüllen sind,
— gesetzliche Verankerung ambulanter und teilstationärer erzieherischer Hilfen neben den klassischen Formen der Pflegefamilie und der Heimerziehung,
— Neuordnung der öffentlich-rechtlichen Regelungen im Pflegekinderwesen,
— Verbesserung der Hilfen für junge Volljährige,
— Zusammenfassung aller Erziehungshilfen auf der Ebene des örtlichen Jugendamtes,
— verstärkte Zuordnung seelisch behinderter Kinder und Jugendlicher zur Jugendhilfe,
— Stärkung des Funktionsschutzes freier Träger,
— Harmonisierung und Vereinfachung der Vorschriften über die Heranziehung zu den Kosten von Jugendhilfeleistungen,
— Neuordnung der Heimaufsicht,
— Harmonisierung der Erziehungshilfen mit den ambulanten Maßnahmen des Jugendgerichtsgesetzes,
— bundeseinheitliche Regelung der Inobhutnahme von Kindern und Jugendlichen,
— Neuregelung der örtlichen Zuständigkeit des Jugendamtes und
— Neuordnung der rechtlichen Grundlagen sowie des Erhebungsprogramms in der Jugendhilfestatistik.

In den Ausschußberatungen standen die Grundsatzfrage der **Familienbezogenheit der Kinder- und Jugendhilfe** sowie die Frage, ob der Jugendhilfe ein **eigenständiges Erziehungsrecht** neben den Eltern zukomme, im Mittelpunkt. Einen weiteren Schwerpunkt bildete die Frage eines Rechtsanspruchs auf Förderung von **Tages-Betreuungsstätten** für Kinder im Alter von 3 bis 6 Jahren [BT-Drs. 11/6748, S.79].

Die SPD verlangte, den Vorrang der Familie vor Kindern und Jugendlichen zugunsten eines besseren Gleichklangs beider Interessenfelder zurückzunehmen. Ferner sollten ein eigenständiges Erziehungsziel für die Jugendhilfe neben der Familie und das Recht des Kindes auf Erziehung im Gesetz verankert werden. Sie lehnte es ab, die Inanspruchnahme von Kinder- und Jugendhilfe durch Ausländer zu einem Ausweisungsgrund zu machen, und forderte, für Kinder und Jugendliche ein eigenes Antragsrecht auf Leistungen zu schaffen. Als unzureichend empfand sie weiterhin die Leistungen für junge Volljährige sowie die Berücksichtigung der Jugendverbände. Schließlich sprach sie sich für einen gesetzlichen Rechtsanspruch auf einen Kindergartenplatz aus. Eine ähnliche Haltung nahmen DIE GRÜNEN ein, die eine lebensweltorientierte Jugendhilfe forderten und ebenfalls für einen Rechtsanspruch auf den Kindergartenplatz eintraten.

Erneut waren in den Gesetzesberatungen erhebliche Änderungswünsche der Bundesländer zu berücksichtigen. Neben Fragen der organisatorischen Anwendung, die weitgehend in die Kompetenz der Länder fällt, interessierten die Länder vor allem die aus diesem Gesetz resultierenden **finanziellen Konsequenzen**. Immerhin ging der Regierungsentwurf von jährlichen **Mehrkosten** für die Gemeinden und Gemeindeverbände in Höhe von 420 Mio. DM aus. An den Kosten waren letztlich auch die Bestrebungen gescheitert, den Anspruch auf einen Kindergartenplatz gesetzlich zu verankern, zumal der Bund offensichtlich nicht bereit war, die materielle Ausgestaltung eines solchen Rechtsanspruches auch finanziell gegenüber den Gemeinden abzusichern.

Während der Ausschußberatungen war der Gesetzentwurf noch an zahlreichen Stellen durch rd. 75 Änderungsanträge der CDU/CSU und der FDP-Fraktion modifiziert worden. U.a. wurden das »plurale Angebot« unterschiedlicher Träger in das Gesetz aufgenommen und der ursprüngliche Absatz gestrichen, wonach die Inanspruchnahme von Jugendhilfeleistungen bei Ausländerkindern als Ausweisungsgrund gelten sollte. Die Bemessung des Pflegegeldes für Pflegekinder wurde von den Regelsätzen der Sozialhilfe abgekoppelt. Besondere Erwähnung fand weiterhin die Arbeit der Jugendverbände. Aufgenommen wurde ferner eine Regelung, die es ermöglicht, auch jungen Volljährigen bis zum 21. Lebensjahr Hilfe für die Persönlichkeitsentwicklung und die eigenverantwortliche Lebensführung zu gewähren. Berücksichtigt wurden im übrigen verschiedene Änderungsvorschläge des Bundesbeauftragten für den Datenschutz.

Obwohl sich die SPD mit ihren **Hauptforderungen**, nämlich der Einführung eines Rechts auf Erziehung und auf einen Kindergartenplatz, nicht hatte durchsetzen können und demgemäß Vorbehalte gegen das »unvollkommene« Gesetz äußerte, stimmte sie dem Gesetzentwurf schließlich doch zu, um dem »20jährigen Gezerre« um die Jugendhilfe ein Ende zu machen. DIE GRÜNEN, die sich bei der Schlußabstimmung im Ausschuß der Stimme enthielten, betonten gleichfalls, daß sie mit zahlreichen Punkten des Gesetzes einverstanden seien. Nachdem dem am 28. 3. 1990 vom Bundestag mit breiter Mehrheit verabschiedeten neuen Kinder- und Jugendhilfegesetz am 11. 5. 1990 auch der Bundesrat seine Zustimmung erteilt hatte, konnte endlich das aus dem Jahre 1922 stammende JWG abgelöst werden.

Das **Gesetz zur Neuordnung des Kinder- und Jugendhilferechts** (KJHG) **vom 26. Juni 1990** [BGBl.I S.1163] brachte v. a. Verbesserungen im Bereich der allgemeinen Angebote der Jugendarbeit und der Jugendsozialarbeit, bei den Maßnahmen zur Förderung der Erziehung in der Familie, den Hilfen in besonderen Lebenslagen (z. B. Betreuung und Versorgung von Kindern in Notsituationen), den Angeboten der Tagesbetreuung von Kindern, der Hilfen für Volljährige, der vorrangigen Zuordnung seelisch behinderter Kinder und Jugendlicher zur Jugendhilfe sowie der Zusammenarbeit mit Jugendverbänden, Wohlfahrtsverbänden und neuen gesellschaftlichen Gruppen *(vgl. SB 1990, S. 78)*.

7. 4. 3 Sonstige Maßnahmen der Jugendpolitik

Ebenso wie das Jugendhilferecht wurde auch der **Bundesjugendplan** seit den 70er Jahren kaum weiterentwickelt. In den Jahren 1977–79 stellte der Bund im Rahmen des 28. bis 30. Bundesjugendplanes insgesamt rd. 316 Mio. DM zur Förderung der außerschulischen Jugendarbeit bereit. Zur Finanzierung des 31. Bundesjugendplanes 1980 waren rd. 128 Mio. DM vorgesehen; 1982 wurden rd. 127 Mio. DM und 1983 rd. 130 Mio. DM zur Verfügung gestellt. 1986 erreichten die Mittel des Bundesjugendplanes schließlich 138 Mio. DM *(vgl. SB 1980, S. 35; SB 1983, S. 32; SB 1986, S. 52; vgl. auch Deininger, 1989 a, S. 176 ff.)*. Obgleich der Bundesjugendplan das zentrale förderungspolitische Instrument des Bundes im Bereich der Jugendpolitik und Jugendarbeit darstellt, sind die dafür bereitgestellten Mittel in den letzten Jahren praktisch nicht erhöht worden. 1988 beliefen sie sich auf 134,6 Mio. DM *(vgl. BPA, 1988, S. 398)*.

Der weitaus größte Teil der Bundesjugendplan-Förderung fließt seit Jahren in jene **Breitenprogramme**, die keine ziel- bzw. problemgruppenspezifische Orientierung aufweisen, also v.a. in die Förderung der Jugendverbände sowie in die kulturelle, politische und internationale Jugendarbeit. Zunehmende Bedeutung erlangten in den letzten Jahren allerdings die **sozialpädagogischen Hilfen** für Sonder- und Problemgruppen (z.B. junge Arbeitslose, junge Aussiedler).

Wie eine 1987 im Auftrag des BMJFFG von EMNID durchgeführte Untersuchung »Zur Beteiligung junger Menschen an Jugendorganisationen« ergab, erreichen die Jugendverbände nach wie vor einen beträchtlichen Teil der Jugendlichen; in der Altersgruppe zwischen 12 und 25 Jahren waren es immerhin rd. 40 % oder 5 Mio. Jugendliche. Die Sportverbände sprechen gut 30 % (rd. 3,8 Mio.), die im Deutschen Bundesjugendring organisierten Jugendverbände etwa 10 % (rd. 1,3 Mio.) und die im Ring politischer Jugend organisierten politischen Jugendverbände 1,3 % (150.000-200.000 Jugendliche) in dieser Altersgruppe an *(vgl. BPA, 1987, S. 414)*.

Mit der über den Bundesjugendplan bereitgestellten öffentlichen Förderung für überregionale Maßnahmen und Aktivitäten soll den freien Trägern ein hohes Maß an Autonomie auch in der Verwendung von öffentlichen Fördermitteln gewährleistet werden. Erst durch die Finanzierung von Teilen der Träger-Infrastruktur wird vielfach überhaupt eine kontinuierliche Arbeit ermöglicht. Die Jugendverbandsarbeit wurde 1988 mit ca. 22,2 Mio. DM gefördert. Mittel in Höhe von rd. 18,2 Mio. DM erhielten ferner im Rahmen des Programms »Politische Bildung außerhalb der Jugendverbände« verschiedene Bildungswerke, Akademien und Jugendbildungseinrichtungen zur Durchführung überregionaler politischer Bildungsarbeit. Im Rahmen eines seit 1984 laufenden Programms fördert das BMJFFG desweiteren mehrere Projekte der Jugendsozialarbeit für arbeitslose und von Arbeitslosigkeit bedrohte Jugendliche. Außerdem werden mit Mitteln des Bundesjugendplanes (1988: rd 18,5 Mio. DM) durch Jugendgemeinschaftswerke und sonstige Eingliederungseinrichtungen der Träger der Jugendsozialarbeit junge Aussiedler und Zuwanderer betreut *(vgl. BPA, 1988, S.399f.)*.

Im Bereich der internationalen Jugendarbeit sind v.a. die zahlreichen bilateralen Austauschprogramme hervorzuheben, die in den letzten Jahren quantitativ erheblich ausgeweitet wurden. Eine herausragende Stellung nimmt dabei weiterhin das nunmehr seit über 25 Jahren bestehende **Deutsch-Französische Jugendwerk** ein.

8. Sozialhilfe

8.1 Wirtschaftskrise und »Neue Armut«

Unter dem Einfluß der **Wirtschaftskrise** sind die **Sozialhilfeleistungen** seit Mitte der 70er Jahre beträchtlich angestiegen. Beliefen sich die Bruttoausgaben für die Sozialhilfe gemäß Sozialbudget 1975 noch auf 9,22 Mrd. DM, so waren es 1980 bereits 14,97 Mrd. DM; bis 1990 war ein Anstieg auf 33,75 Mrd. DM zu verzeichnen. Der Anteil der Sozialhilfe am gesamten Sozialbudget betrug 1975 noch 2,7 %, 1980 waren es 3,1 % und 1990 4,8 % *(vgl. Tabelle 67)*. Diese Entwicklung führte zu einer enormen finanziellen Belastung insbesondere der Gemeinden und verschärfte die dort unter dem Einfluß der Wirtschaftskrise entstehende Finanzkrise *(vgl. SB 1990, S.207ff.; BArBl., Nr.7-8/1988)*.

Nachdem »**Armut**« in größerem Ausmaß bereits längere Zeit als ein Phänomen der Vergangenheit angesehen wurde *(vgl. Naegele, 1979, S.650)*, haben die verschiedenen, ab Mitte der 70er Jahre zu verzeichnenden Wirtschaftskrisen – zusammen mit weitreichenden strukturellen Veränderungen der Gesellschaft – dazu geführt, daß das Problem der **Verarmung breiterer Bevölkerungskreise** spätestens seit den frühen 80er Jahren erneut zu einem zentralen gesellschaftspolitischen Thema geworden ist *(vgl. Hauser u.a., 1981; R. Hauser, 1982; Th. Klein, 1987 a)*. Ein Indikator – allerdings kein ausschließlicher – für die Situation in diesem Bereich stellt die Entwicklung der **Sozialhilfeleistungen** dar. In der Tat hat die Bedeutung der Sozialhilfe seit Beginn der 80er Jahre im Zuge der angestiegenen und persistenten **Massenarbeitslosigkeit** stark zugenommen. Diese Entwicklung betrifft insbesondere die laufende Hilfe zum Lebensunterhalt als **Grundlage der Existenzsicherung**. Überproportional zugenommen hat zugleich die Zahl von Sozialhilfeempfängern im Erwerbs- und Reproduktionsalter *(vgl. Th. Klein, 1987 b)*.

Die kumulative Zahl der **Sozialhilfeempfänger** (d.h. alle Personen, die innerhalb eines Jahres mindestens einmal Sozialhilfe erhielten) stieg zwischen 1980 und 1989 von 2.144.085 auf 3.626.104; letztere Zahl entsprach einem Anteil an der Gesamtbevölkerung von 5,8 %. Mehr als verdoppelt hat sich in diesem Zeitraum sogar die Zahl der Empfänger von laufender Hilfe zum Lebensunterhalt; sie erhöhte sich von 1.322.429 auf

2.774.114 *(vgl. Tabelle 66).* In diesen Zahlen sind rd. 100.000 Nichtseßhafte nicht enthalten. Der ganz überwiegende Teil der Bezieher laufender Hilfe lebt außerhalb von Anstalten *(vgl. Deininger, 1981, 1983, 1987, 1989 b, 1990, S.421ff.).* Auf 1.000 Einwohner kamen 1987 immerhin 38 Empfänger laufender Hilfe zum Lebensunterhalt, während es 1980 erst 22 und 1970 nur 12 Empfänger gewesen waren.

Tabelle 66: Empfänger von Sozialhilfe 1970–1990

Jahr	insgesamt[1]	nach Hilfearten[2]		nach Unterbringung[2]		nach Alter		Sozialhilfeempfänger je je 1.000 Einwoh.
		laufende Hilfe zum Lebensunterhalt	Hilfen in besond. Lebenslagen	außerhalb von Einrichtungen	in Einrichtungen	unter 18 Jahren	60 Jahre und älter	
1970	1.491.113	749.916	965.135	1.075.258	449.636	439.953	606.924	24,44
1975	2.049.228	1.190.200	1.147.387	1.583.621	511.726	630.074	762.949	33,14
1980	2.144.085	1.322.429	1.124.785	1.625.958	563.057	605.000	670.000	34,83
1981	2.083.391	1.291.431	1.079.588	1.584.326	532.168	567.853	645.359	33,78
1982	2.319.523	1.560.314	1.061.264	1.801.859	549.378	618.654	630.789	37,63
1983	2.436.746	1.725.582	1.016.217	1.923.910	544.139	666.052	601.513	39,67
1984	2.569.568	1.837.496	1.046.727	2.032.455	568.906	709.172	587.491	42,00
1985	2.813.666	2.063.232	1.107.575	2.253.423	596.654	771.713	571.222	46,11
1987	3.136.279	2.332.226	1.256.200	2.557.299	624.300	862.407	634.651	51,25
1988	3.348.933	2.508.803	1.348.274	2.747.656	645.000	938.529	658.843	54,26
1989	3.626.104	2.774.114	1.404.002	3.012.453	656.552	1.026.557	685.200	58,21
1990	3.753.743	2.889.866	1.510.326	3.105.249	699.105	1.070.122	714.192	58,90

1) Alle Fälle, in denen im Laufe des Jahres Hilfe gezahlt wurde. Ohne Empfänger von einmaligen Leistungen zum Lebensunterhalt sowie Nichtseßhafte. Personen, die gleichzeitig mehrere Hilfen erhielten, wurden nur einmal erfaßt; 2) Personen mit mehreren Hilfen wurden bei jeder Hilfe als Empfänger erfaßt.
Quellen: Statistisches Bundesamt, Fachserie 13: Sozialleistungen, Reihe 2: Sozialhilfe, versch. Jge.

Will man die Inanspruchnahme von Sozialhilfeleistungen als Maßstab für die Verbreitung von Armut nehmen, darf die sog. **Dunkelziffer** (Relation zwischen sozialhilfeberechtigten Nichtempfängern und Empfängern von Sozialhilfe) nicht unberücksichtigt bleiben. Obgleich diese Dunkelziffer umstritten ist, gehen Schätzungen davon aus, daß annähernd jeder zweite berechtigte Haushalt keine Sozialhilfe beantragt *(vgl. Hartmann, 1981).* Die Dunkelziffer, die auch als **»verdeckte Armut«** bezeichnet wird *(vgl. Hauser u.a., 1981),* konzentriert sich in starkem Maße auf Männer.

Die wichtigsten Ursachen „für die hohe Dunkelziffer sind einerseits die Unkenntnis über Anspruchsvoraussetzungen, Rückzahlungsverpflichtungen, die Inanspruchnahme von Verwandten usw. sowie andererseits die als entwürdigend empfundene Bedürftigkeitsprüfung – verbunden mit einer negativen Stigmatisierung des Sozialhilfebezuges" *(Th. Klein, 1988 b, S.53).* Untersuchungen ergaben ferner ein zwischen nördlichen und südlichen Regionen der Bundesrepublik differierendes Inanspruchnahmeverhalten *(vgl. Krug/Rehm, 1986).* Vermutungen gehen ferner davon aus, daß sich gerade bei jüngeren Erwachsenen die Einstellung zur Inanspruchnahme von Sozialhilfeleistungen zumindest teilweise verändert haben dürfte *(vgl. Deutsche Bundesbank, 1989 b, S.36).* Anzeichen sprechen dafür, daß in den südlichen Regionen und bei den älteren Menschen eine größere Zurückhaltung gegenüber der Inanspruchnahme von Sozialhilfe vorhanden ist.

Dessenungeachtet wird der Umfang des Bezuges laufender Hilfen zum Lebensunterhalt in der öffentlichen Diskussion häufig als **Armutsindikator** herangezogen oder als Hinweis auf die Verbreitung von Armut interpretiert. Kritiker halten dem entgegen, daß „eine hohe Sozialhilfequote ... nicht ohne weiteres als hohe Armutsquote interpretiert werden" *(Th. Klein, 1988 b, S.53)* dürfe; noch weniger könne aus ihr ein Versagen der Ar-

mutsbekämpfung abgeleitet werden. U.a. wird darauf verwiesen, daß die Empfängerzahl von der **Höhe der Regelsätze** selbst abhänge und hohe Regelsätze eine stärkere Armutsbekämpfung bzw. eine geringere Armut bedeuteten.

Unabhängig von diesen Meinungsverschiedenheiten bestehen allerdings kaum Zweifel, daß Armut in der Bundesrepublik längst nicht mehr nur ein Randphänomen darstellt. Kontrovers diskutiert werden dagegen Umfang, Ursachen und Auswirkungen der Armut. Nachdem das Thema Armut lange Zeit keine Rolle mehr gespielt hatte, war es 1975 der damalige rheinland-pfälzische Sozialminister H. GEISSLER gewesen, der das Armutsproblem im Zusammenhang mit dem Konzept der **»Neuen Sozialen Frage«** wieder in die politische Diskussion gebracht hatte. Er warf der sozial-liberalen Regierung seinerzeit vor, durch ihre Politik 5,8 Mio. Bundesbürger an den Rand des Existenzminimums gedrückt zu haben. Allerdings verwies er darauf, daß jede Armutsdefinition relativ sein müsse. Die von ihm genannte Zahl von Personen betrachtete er als arm im Verhältnis zur übrigen Gesellschaft *(vgl. H. Geißler, 1975, 1976; Gölter, 1978)*.

Hervorgegangen war das Konzept der Neuen Sozialen Frage aus dem Bemühen vor allem des christlich-sozialen Flügels in der Union, der CDU erneut sozialpolitische Kompetenz zu verschaffen *(vgl. Mosdorf, 1980)*. Die von GEISSLER vorgelegte Studie zur Armut in der Wohlfahrtsgesellschaft Bundesrepublik Deutschland sollte dafür die empirische Basis liefern. Ungeachtet aller methodischen Kritik bestand der Überraschungseffekt dieser Armutsstudie in der Größenordnung des Armutspotentials *(vgl. Mosdorf, 1980, S. 95)*. Zugleich versuchte die Studie, die Hypothese zu bestätigen, daß Nichterwerbstätige und Nichtorganisierte sozialpolitisch besonders stark vernachlässigt wurden. Nach Ansicht der Vertreter des Konzepts der Neuen Sozialen Frage gibt es in der **Wohlstandsgesellschaft** andere **soziale Probleme** als jene, die bislang im Mittelpunkt der Sozialpolitik gestanden haben. Den alten Klassenkonflikt, der die traditionelle Sozialpolitik geprägt hatte, betrachteten sie als gelöst. Zu den neuen **Unterprivilegierten** gehörten vielmehr gerade jene, die nicht im Produktionsprozeß verankert sind. Die Neue Soziale Frage stelle sich vor allem im Hinblick auf die Nichtorganisierten, die alten Menschen, die Mütter mit Kindern oder die nicht mehr Arbeitsfähigen, die den organisierten Verbänden in aller Regel unterlegen seien. Verursacht wurden die neuen sozialen Probleme nach Ansicht der Verfechter dieses Konzepts vor allem dadurch, daß die bisherige Betonung des Konflikts zwischen Arbeit und Kapital die Probleme der wirklich Schwachen und Bedürftigen in unserer Gesellschaft verdeckt, die Macht der Verbände die Unorganisierten benachteiligt und die Regierung mit ihrer Sozialpolitik jene sozialen Rand- und Problemgruppen vernachlässigt habe, die sich nur unzureichend artikulieren können *(vgl. H. Geißler, 1976)*.

Dem Konzept der Neuen Sozialen Frage kam zweifellos das Verdienst zu, akzentuiert auf **Aspekte des sozialen Wandels** hingewiesen und auf wichtige **soziale Nischen** aufmerksam gemacht zu haben, die „im Vollzug einer mehr oder weniger erfolgreichen, aber traditionellen Sozialpolitik ... vernachlässigt" *(Mosdorf, 1980, S. 116)* worden waren. Problematisch an dem Konzept war, daß „zwischen analytischen Aussagen, programmatischen Vorschlägen und der realen politischen Durchsetzungsintention" *(Mosdorf, 1980, S. 116)* der CDU eine erhebliche Diskrepanz bestand. Zahlreiche – als Konsequenz ihrer Analyse der neuen sozialen Probleme – von GEISSLER, BLÜM u.a. erhobene sozialpolitische Forderungen (z.B. Verbesserung der sozialen Leistungen im Alter durch Errichtung von Sozialstationen und Erhöhung der Rente, Aufstockung der Sozialhilfesätze, Herabsetzung der flexiblen Altersgrenze, umfassende Maßnahmen zugunsten Alleinerziehender etc.) konnten sich gegen die Vorstellungen des konservativen und ordo-liberalen Flügels innerhalb der Union nicht oder nur begrenzt durchsetzen *(vgl. auch Herder-Dorneich, 1977b; Glombig, 1978; Kodalle, 1977; Katzer, 1978)*.

Eine neuerliche Belebung erfuhr die Diskussion nach dem Regierungswechsel im Herbst 1982, als nunmehr vor allem die SPD der konservativ-liberalen Regierung vorwarf, das Problem wachsender Armut zu negieren. Gleichzeitig wies seit 1984 der DGB verstärkt auf die »in der Geschichte der Bundesrepublik neue Form der Armut«, nämlich die »**Armut der Arbeitslosen**« hin. Die Tatsache, daß die Zahl der Sozialhilfeempfänger trotz prosperierender Wirtschaft und steigender Einkommen weiter zunahm, führte schließlich zum Begriff der sog. »**Zwei-Drittel-Gesellschaft**«; damit soll ausgedrückt werden, daß bei immer stärker steigendem Wohlstand einer Mehrheit der Bevölkerung ein kleinerer Teil zunehmend ärmer wird. Als »**neu**« wird dabei die Armut von vielen deswegen bezeichnet, weil sie sich strukturell verschoben habe; dominierende Klientel der Sozialämter seien nicht mehr Kleinrentner und ältere Pflegebedürftige sowie »soziale Randgruppen« (Obdachlose, Nichtseßhafte, Landfahrer, entlassene Strafgefangene etc.), sondern junge, erwerbsfähige Menschen und kinderreiche Familien, die durch langanhaltende Massenarbeitslosigkeit und »Sozialabbau« unter die Armutsgrenze gerieten. Vertreter dieser These beobachten in Verbindung damit eine wachsende »**Entsolidarisierung der Gesellschaft**«.

In der sich seit 1987 deutlich zuspitzenden Auseinandersetzung um die »**Neue Armut**« wies die Bundesregierung bislang entschieden die Vorwürfe der Opposition sowie der Wohlfahrtsverbände zurück. Ihren Kritikern warf sie eine »konstruierte Armutsdiskussion vor« und argumentierte damit, daß die Realeinkommen der Sozialhilfebezieher – gemessen an der Entwicklung der Regelsätze – zwischen 1980 und 1988 wesentlich stärker gestiegen seien als die realen Renten- und Arbeitnehmereinkommen. Falsch sei auch die These, wonach die Entwicklung der Arbeitslosigkeit zu einem massiven Anstieg der Sozialhilfeausgaben geführt habe.

Zunehmend entschiedener kritisiert wird diese Position inzwischen von den **Wohlfahrtsverbänden**; in einem Anfang November 1989 vorgelegten Bericht schätzte der Deutsche Paritätische Wohlfahrtsverband, daß weit mehr als 6 Mio. Menschen in der Bundesrepublik »am unteren Rand der Gesellschaft« leben. Dabei wurde auch beklagt, daß es in der Bundesrepublik keine offizielle Statistik über Umfang und Auswirkungen von Armut gebe. Bereits im Januar 1989 hatte der DGB die regelmäßige Veröffentlichung eines »**nationalen Armutsberichts**« durch die Bundesregierung und die Bereitstellung von Mitteln zur **Armutsbekämpfung** verlangt.

Die Ursachen steigender Sozialhilfeempfängerzahlen werden sehr kontrovers diskutiert. Für viele Beobachter ist jedoch die lang anhaltende **Massenarbeitslosigkeit** die zentrale Ursache *(vgl. VdK-Mitteilungen, 3/1990, S.5)*. Im Zeitraum 1980–1988 stiegen die Zahl der längerfristig Arbeitslosen von 106.145 auf 684.670 und ihr Anteil an allen Arbeitslosen von 12,9 auf 32,6 % *(vgl. Tabelle 37)*. Als weiteres Problem betrachten andere auch unzureichende **Lohnersatzleistungen** sowie vor allem die vielfach für Frauen charakteristischen **Niedriglöhne**. Trotz eines insgesamt gestiegenen Niveaus der Alterssicherung ist **Einkommensarmut im Alter** weiterhin in bedrückend hohem Ausmaß gegeben.

Nach den Ergebnissen des Mikrozensus 1987 bezogen von den gut 2,3 Mio. Erwerbslosen in Privathaushalten nur knapp 60 % Lohnersatzleistungen nach dem AFG. Die Zahl der Erwerbslosen, die Sozialhilfe bezogen, erhöhte sich 1980–1987 von 79.100 auf 302.000. Während 1981 erst in 10,5 % der Fälle Arbeitslosigkeit als Hauptursache des Sozialhilfebezuges genannt wurde, bildete 1985 bereits in 25 % und 1988 schließlich in 31,5 % der Fälle der Verlust des Arbeitsplatzes den entscheidenden Anlaß *(vgl. Deininger, 1983, 1987; VdK-Mitteilungen, 3/1990, S.4)*. Nach Feststellung einer in Nordrhein-Westfalen durchgeführten Studie sind von der Armut zunehmend kinderreiche Familien betroffen. Lagen die Familieneinkommen 1981 bei über 3 % der Familien mit einem Kind unter dem Sozialhilfesatz, so waren es 1986 bereits 8,6 %, nach Abzug des Einkommens der Mutter sogar etwa 18 %. Unter dem am Sozialhilfesatz orientierten Existenzminimum befanden sich 1986 immerhin die

Einkommen von 27 % der Familien mit drei und mehr Kindern *(vgl. Westdeutsche Allgemeine v. 3.12.1988; Hohmann/Jordan/Schumacher/Sengling, 1988, S.348).*

Eine jüngst erstellte Analyse der Armut anhand der Mikrodaten aus den ersten vier Wellen des Sozio-ökonomischen Panels ergab für den Zeitraum von 1983 bis 1986 ebenfalls einen deutlichen Anstieg der relativen Armut in der Bundesrepublik. U.a. zeigt die Untersuchung, daß Haushalte mit einem nicht beschäftigten Vorstand (»pensioniert«, »arbeitslos« oder »sonstiges«) ein viel höheres Armutsrisiko aufweisen als Haushalte mit einem berufstätigen Haushaltsvorstand und daß die Armut bei Haushalten mit ausländischem Haushaltsvorstand wesentlich höher liegt als bei Haushalten mit deutschem Haushaltsvorstand. Unter Zugrundelegung eines Äquivalenzeinkommens von 40 % stieg die Zahl der armen Personen 1983–1986 von 3.810.000 auf 5.338.000, die Armutsquote von 6,4 auf 8,9 %. An der 50 %-Grenze belief sich die Armutsquote 1986 sogar auf 18,8 %. Bei Alleinstehenden mit 2 und mehr Kindern erhöhten sich die Armutsquoten an der 40 %-Grenze sogar von 28,8 (1983) auf 44,9 % (1986). Insgesamt kam die Studie zu dem Schluß, daß die steigende relative Armut und die damit einhergehenden strukturellen Veränderungen das Armutsrisiko besonders zu Lasten der Jungen und Alleinerziehenden verschoben haben. Die sichtbar gewordenen Strukturverschiebungen innerhalb der Armutsbevölkerung machten eine Umorientierung der Sozial- und Arbeitsmarktpolitik erforderlich *(vgl. Hauser/Semrau, 1990, S.34 ff.).*

Folgen der **Langzeitarbeitslosigkeit** und der damit verbundenen Armut sind in vielen Fällen Verschuldung, **soziale Diskriminierung** und ungünstige Bildungschancen der Kinder betroffener Familien. Beobachtet werden auch **gesundheitliche und psychische Probleme**; hingewiesen wird ferner darauf, daß die Armut für viele eine normale Teilnahme am sozialen und kulturellen Leben verhindere.

Armut bedeutet nicht nur materielle Not, sondern hat auch existentielle Aspekte; nach der Auffassung vieler Wissenschaftler werden Auswirkungen des erzwungenen Nichtstuns, die psychosomatischen, seelischen und sozialen Deformationen noch weitgehend unterschätzt. Das Gefühl, den wirtschaftlichen und gesellschaftlichen Veränderungen ausgeliefert zu sein, führe zu sinkendem Selbstvertrauen, zu wachsenden Zweifeln an den eigenen Fähigkeiten im Beruf und im Leben überhaupt und letztlich zu der Auffassung, die eigenen Lebensbedingungen gar nicht mehr steuern zu können. Resultat sind vielfach eine ausgeprägte Hilflosigkeit und Gleichgültigkeit. Folge der wachsenden Verarmung ist nach Beobachtungen von Kommunen auch ein Anstieg der Obdachlosigkeit, denn längere Arbeitslosigkeit führt häufig zu Mietrückständen und schließlich zu Räumungsklagen.

Wissenschaftler verweisen darauf, daß es nicht ausreiche, wenn Armut lediglich als **Einkommensarmut** gesehen und mittels einer Armutsgrenze bestimmt werde, wie groß das so definierte Armenpotential einer Gesellschaft sei. Armut sei zum einen eine relative Größe, zum anderen sei die Armutsgrenze beliebig zu definieren. Die **Sozialhilfeschwelle**, die vielfach zur Bestimmung von Armut herangezogen wird, gilt weithin als wenig brauchbar (u.a. deshalb, weil der Regelsatz relativ beliebig administrativ verändert werden kann). Als Kompromiß wird allenfalls die auch von der EG-Kommission verwandte Definition angesehen, wonach als Armutsschwelle ein Einkommen von 40 % des Durchschnittseinkommens betrachtet wird. Nicht zuletzt vor diesem Hintergrund wird nachhaltig gefordert, sich nicht auf die quantitative Erfassung von Armut zu beschränken, sondern die Vielschichtigkeit von **Verarmungsprozessen** und die **Benachteiligung von Armen** in ihrer gesamten Lebenslage zu berücksichtigen.

Zahlreiche Untersuchungen gerade aus der jüngeren Zeit betonen hinsichtlich der psychischen und sozialen Seite der Armut den **Zeitfaktor**; während ein kurzzeitiges Absinken in Armut mit anschließendem Wiederaufstieg (z.B. als Folge einer mehrmonatigen Arbeitslosigkeit) zumeist ohne weiterreichende Folgen bleibe, könne Armut während einer ganzen Lebensphase (z.B. während der Kindheit oder als Jugendlicher) **gravierende soziale Konsequenzen** haben. Weiterhin sehen Wissenschaftler dann ein erhebliches Problem entstehen, wenn die Armut zu einer Massenerscheinung wird und sich örtlich konzentriert; derartige Entwicklungen könnten zu einer **»Kultur der Armut«** führen, d.h. zu „einer Veränderung der Verhaltensweisen in Richtung auf Lethargie, Ablehnung und

Selbstausgrenzung aus der Gesellschaft, psychischen Schäden, Slumbildung bis hin zur Kriminalität" *(R. Hauser, 1988, S.19f.).*

8. 2 Fortentwicklung des Sozialhilferechts

8. 2. 1 Allgemeine Regelungen

Der oben skizzierte enorme **Anstieg der Ausgaben** für die Sozialhilfe vollzog sich weitgehend vor dem Hintergrund des bis dahin entstandenen Rechtssystems; das Sozialhilferecht wurde nur partiell modifiziert. Die durchgeführten Änderungen des BSHG wurden überwiegend mit den **finanziellen Belastungen** begründet, die die Aufwendungen für die Sozialhilfe vor allem für die Kommunen als den weitaus größten Finanzierungsträgern zur Folge gehabt haben *(vgl. Schulte/Trenk-Hinterberger, 1988, S.21).* Außerdem wurde verschiedenen **Sonderproblemen** bzw. den Problemlagen besonderer Gruppen Rechnung getragen.

Hervorzuheben ist zudem die Einbeziehung der Sozialhilfe in das **Sozialgesetzbuch** (SGB). Seit dem 1.1.1976 ist das BSHG ein besonderer Teil des SGB (Art.II § 1 Nr.15). Wenngleich für die Sozialhilfe nur bestimmte Paragraphen des SGB I und X ohne Vorbehalt gelten, ist die Sozialhilfe damit doch als **soziales Recht** (§ 9 SGB I) den Aufgaben des SGB verpflichtet. Zugleich werden in § 9 SGB I **Grundprinzipien der Sozialhilfe** formuliert. Diese Einbeziehung in das SGB hat dazu beigetragen, „die eigenständige und gleichberechtigte Stellung dieses Sozialleistungsbereichs neben den anderen Sozialleistungsbereichen als elementaren Baustein des verfassungsrechtlich fundierten Sozialstaates (Art.20GG) zu verdeutlichen" *(Schulte/Trenk-Hinterberger, 1988, S.10; vgl. Trenk-Hinterberger, 1988, S.951ff.; Knopp/Fichtner, 1988, S.14ff.).*

Im Anschluß an das **3. BSHG-ÄndG vom 25. März 1974** [BGBl.I S.777] wurde durch **Verordnung vom 23. November 1976** [BGBl.I S.3234] eine Anpassung der Vorschriften über die Berechnung des Einkommens in der Sozialhilfe vorgenommen. Zugleich wurden die **Hilfen für ältere Menschen** verbessert. So sah z.B. die Heimmitwirkungsverordnung vom 19. Juli 1976 [BGBl.I S.1819] die **Bildung von Heimbeiräten** vor.

Der Interessenschutz der Heimbewohner wurde durch Verordnung vom 27. Januar 1978 [BGBl.I S.189] hinsichtlich der Mindestanforderungen an Altenheime, Altenwohnheime und Pflegeheime für Volljährige weiterentwickelt; hinzu trat die Verordnung vom 24. April 1978 [BGBl.I S.553] über die Pflichten der Träger von Altenheimen, Altenwohnheimen und Pflegeheimen für Volljährige im Falle der Entgegennahme von Leistungen zum Zwecke der Unterbringung eines Bewohners oder Bewerbers; mittels dieser Verordnung sollte eine Sicherung von Finanzierungsbeiträgen alter oder behinderter Heimbewohner an Heimträger gewährleistet werden. Die Verordnung vom 6. Dezember 1979 [BGBl.I S.2004] führte zu einer Erhöhung der Barbeträge, die in der Sozialhilfe unberücksichtigt bleiben.

Erfolglos blieb dagegen ein dem Bundestag durch die Bundesregierung im Februar 1979 zugeleiteter **Gesetzentwurf** zur Änderung des BSHG, obwohl er »kostenneutral« angelegt war. Vorgesehen waren u.a. Leistungsverbesserungen zugunsten alleinstehender Elternteile, die für die Pflege und Erziehung eines Kindes sorgen, sowie zugunsten pflegebedürftiger Personen in häuslicher Pflege; ferner enthielt der Entwurf »geringfügige Korrekturen des Leistungsrechts«. Hinzuweisen ist andererseits auf die 1981 eingeführte **Rechtsberatungs-** und **Prozeßkostenhilfe** (Gesetz über die Prozeßkostenhilfe vom 13. Juni 1980 [BGBl.I S.677]), die als eine Art der »Sozialhilfe in besonderen Lebenslagen« ausgestaltet ist und regelt, in welchen Fällen bedürftigen Personen außergerichtliche Rechtsberatung und Vertretung sowie die Führung eines Rechtsstreits auf Kosten der Allgemeinheit ermöglicht werden *(vgl. Lindemann/Trenk-Hinterberger, 1987; Schoreit/Dehn, 1987).*

Während sich die BSHG-Änderungsgesetzgebung bis 1980 durch eine Ausweitung des Berechtigtenkreises, eine Ausdifferenzierung des Leistungsangebots, eine Verbesserung der Leistungsmodalitäten sowie eine Anhebung des Leistungsniveaus kennzeichnete *(vgl. Trenk-Hinterberger, 1988, S.953)*, setzte 1981 unter dem Einfluß der Wirtschafts- und Finanzkrise die sog. **»Reduktionsgesetzgebung«** *(vgl. Giese, 1982, S.285)* ein, die schwerpunktmäßig Leistungseinschränkungen sowie Möglichkeiten restriktiver Handhabung der Hilfegewährung zum Gegenstand hatte *(vgl. Trenk-Hinterberger, 1988, S. 953)*.

Erste gravierende **Leistungseinschränkungen** im Bereich der Sozialhilfe brachten vor allem die in Art. 21 des **2. HStruktG vom 22. Dezember 1981** [BGBl.I S.1523] enthaltenen Änderungen des Sozialhilferechts.

Im einzelnen wurde durch das 2. HStruktG zunächst einmal der § 15 b neu in das BSHG eingefügt, der den Sozialhilfeträgern das Recht einräumte, in Fällen, in denen laufende Leistungen zum Lebensunterhalt voraussichtlich nur für kurze Dauer zu gewähren sind, nach ihrem Ermessen Geldleistungen nurmehr in Form von – u.U. zu verzinsenden – Darlehen zu gewähren. Ersatzlos gestrichen wurden zugleich die Vorschriften über die Ausbildungshilfe (§§ 31–35 BSHG a.F.). Außerdem wurde klargestellt, daß Auszubildende, die dem Grunde nach gemäß BAföG bzw. AFG förderungsfähig sind, keinen Anspruch auf Hilfe zum Lebensunterhalt haben. Weiterhin wurden die zum 1.1.1983 fällige Anpassung der Regelsätze an die gestiegenen Lebenshaltungskosten um ein halbes Jahr auf den 1.7.1983 hinausgeschoben und die Erhöhung für 1982 und 1983 auf jeweils 3 % begrenzt, was deutlich unterhalb des Anstiegs der Lebenshaltungskosten lag. Ebenfalls festgeschrieben wurden bis 1983 die Sätze für das Pflege- und Blindengeld. Weitere Änderungen betrafen die Kürzung des Zusatztaschengeldes für Heimbewohner und der Mehrbedarfszuschläge bei den Regelsätzen sowie die Neuregelung der Beteiligung der Eltern an den Kosten der Unterbringung ihrer in Einrichtungen lebenden behinderten Kinder.

Bestimmte für Heimbewohner und Behinderte durch das 2. HStruktG geschaffene Härten wurden nach heftigen öffentlichen Protesten allerdings bereits durch Art. II § 14 des Gesetzes vom 4. November 1982 (SGB – Zusammenarbeit der Leistungsträger und ihre Beziehungen zu Dritten) [BGBl.I S.1450] wieder beseitigt; Hilfeempfänger, die in stationären Einrichtungen untergebracht sind und einen Teil der Kosten selbst tragen, erhalten seitdem einen zusätzlichen Barbetrag in Höhe von 5 % ihres Einkommens (höchstens 15 % des Regelsatzes eines Haushaltsvorstandes).

Die **Haushaltsbegleitgesetze 1983 vom 20. Dezember 1982** [BGBl.I S.1857] **und 1984 vom 22. Dezember 1983** [BGBl.I S.1532] führten im Interesse der **Haushaltskonsolidierung** zu weiteren Leistungseinschränkungen in der Sozialhilfe *(vgl. Gottschick/Giese, 1985; Naegele, 1985 a, S.196ff.)*.

Mit dem HBegleitG 1983 wurde § 22 Abs.4 BSHG dahingehend geändert, daß für 1983 an die Stelle einer Neufestsetzung der Regelsätze lediglich eine Erhöhung der seit dem 1.1.1982 geltenden Sätze um 2 % trat. Zugleich wurde die Anhebung der Blindenhilfe und des Pflegegeldes an die Versorgungsbezüge gemäß § 56 BVG gekoppelt und ihre Anpassung auf den 1.7.1984 verschoben.

Erst Art.26 des HBegleitG 1984 erlaubte den zuständigen Landesbehörden, die Regelsätze ab dem 1.7.1984 neu festzusetzen, wobei allerdings die Anhebung die erwartete Entwicklung des Anstieges der Lebenshaltungskosten nicht übersteigen durfte. Desweiteren enthielt das Gesetz Änderungen in bezug auf den Kostenersatz durch Erben (Erweiterung des zu berücksichtigenden Zeitraumes von 5 auf 10 Jahre) sowie die ausdrückliche Verankerung des Grundsatzes des Vorrangs ambulanter vor stationärer Hilfe im BSHG (§ 3 a). Danach ist dem Verlangen der Hilfegewährung in einer Einrichtung nurmehr zu entsprechen, wenn die stationäre Hilfe »nach der Besonderheit des Einzelfalles« erforderlich ist. Zugleich wurden die Vorschriften hinsichtlich der Kostenübernahmeverpflichtung gegenüber den Trägern stationärer Einrichtungen geändert.

Der Phase der Leistungseinschränkungen folgte ab 1985 eine **»Korrekturgesetzgebung«** *(vgl. Trenk-Hinterberger, 1988, S.953)*, die neben Rechtsbereinigungen und Anpassungen an veränderte Verhältnisse auch verschiedene punktuelle Verbesserungen für die auf Sozialhilfe angewiesenen Personen brachte. Zu nennen sind in diesem Zusammenhang insbesondere das **4. BSHG-ÄndG vom 21. Juni 1985** [BGBl.I S.1081] sowie das **5. BSHG-ÄndG vom 28. Oktober 1986** [BGBl.I S.1657].

Durch das 4. BSHG-ÄndG wurde für Sozialhilfeempfänger ab dem 60. Lebensjahr und für Alleinerziehende mit einem Kind unter 7 Jahren ein Mehrbedarf von 20 % des maßgebenden Regelsatzes eingeführt; die Grundbeträge als Bestandteil der Einkommensgrenzen für die Hilfen in besonderen Lebenslagen wurden nunmehr als Festbeträge ausgewiesen und in einen Dynamisierungsverbund mit der allgemeinen Bemessungsgrundlage in der GRV einbezogen. Durch Rechtsverordnung sollten sie jährlich neu festgesetzt werden. Hintergrund dieser Änderung war das gleichzeitig eingeführte neue Bedarfsmengenschema (»Alternatives Warenkorb-Modell«) und die dadurch eingetretene Erhöhung der Regelsätze; unter Beibehaltung des bisherigen Modus wäre es zu einer für untragbar angesehenen finanziellen Mehrbelastung der Sozialhilfeträger gekommen [BT-Drs. 10/1079].

Aufgrund des 5. BSHG-ÄndG wurden seit dem 1.11.1986 neben den Grundrenten nach dem BVG auch die diesen vergleichbaren Entschädigungsrenten nach dem BEG nicht mehr auf die Sozialhilfe angerechnet. Dadurch sollten die durch nationalsozialistische Gewaltmaßnahmen Verfolgten mit den Kriegsopfern im Sozialhilferecht gleichbehandelt werden. Angesichts der geringen Zahl der von dieser Neuregelung betroffenen Personen wurde die damit verbundene Mehrbelastung der öffentlichen Haushalte auf bundesweit 1,8 Mio. DM geschätzt [BT-Drs. 10/4662].

Nachdem zudem durch das **2. Rechtsbereinigungsgesetz vom 16. Dezember 1986** [BGBl.I S.2441] die Sondervorschriften des BSHG über die **Tuberkulosehilfe** und die Tuberkulosebekämpfung außerhalb der Sozialhilfe – die ohnehin ihre praktische Bedeutung vorloren hatten – aufgehoben worden waren, wurde das BSHG unter dem Datum des 20. Januar 1987 in einer **Neufassung** bekanntgemacht [BGBl.I S.401; 494] *(vgl. Knopp/Fichtner, 1988, S.13)*.

8.2.2 Sondermaßnahmen für sozial Schwache

Von der in den 70er Jahren einsetzenden **Steigerung der Energiepreise** wurden neben Sozialhilfeempfängern insbesondere Wohngeldbezieher, Kriegsopferfürsorgeempfänger sowie Bezieher entsprechender öffentlich-rechtlicher Leistungen betroffen. Um dieser besonderen Problemlage Rechnung zu tragen, wurden wiederholt **Heizölkostenzuschüsse** gewährt.

Erstmalig wurde ein derartiger Zuschuß durch das Heizölkostenzuschußgesetz vom 21. Dezember 1973 [BGBl.I S.1985] bewilligt, wenn leichtes Heizöl in der Zeit vom 15.10.1973 bis zum 14.4.1974 zum Beheizen von Wohnraum bezogen worden war oder wenn sich bei Sammel- oder Fernheizung die Heizungskosten für Wohnraum wegen des Preisanstiegs für leichtes Heizöl erhöht hatten; der Zuschuß betrug höchstens 300 DM. Mit dem Heizölkostenzuschußgesetz vom 23. Oktober 1979 [BGBl.I S.1753] wurde an diese Maßnahme angeknüpft; zum einmaligen Ausgleich von Härten, die durch den Preisanstieg für leichtes Heizöl verursacht wurden, wurde ein Heizölkostenzuschuß für die Heizperiode 1979/80 gewährt; der Zuschuß wurde auf Antrag alleinstehenden Personen bzw. Haushaltsvorständen gewährt, denen innerhalb dieses Zeitraumes für mindestens drei aufeinanderfolgende Monate Wohngeld zustand oder bei denen das durchschnittliche monatliche Einkommen der im Haushalt lebenden Personen während dreier aufeinanderfolgender Monate den Betrag von 900 DM nicht überstieg (der Betrag erhöhte sich für die zweite im Haushalt lebende Person um 350 DM, um 250 DM für jede weitere Person); der Zuschuß betrug für Haushalte mit einer Person 120 DM und erhöhte sich für jede weitere im Haushalt lebende Person um 60 DM bis zu einem Höchstbetrag von 420 DM für den einzelnen Haushalt.

8.2.3 Hilfswerk für behinderte Kinder

Durch Gesetz vom 17. Dezember 1971 [BGBl.I S.2018] war eine Stiftung **»Hilfswerk für behinderte Kinder«** errichtet worden, die v.a. die Eingliederung von jugendlichen Behinderten in die Gesellschaft verbessern sollte, indem sie Einrichtungen sowie Forschungs- und Erprobungsvorhaben der Rehabilitation förderte; außerdem sollte die Stiftung contergangeschädigten Kindern Kapitalentschädigungen und Renten gewähren.

Durch Gesetz vom 22. Juli 1976 [BGBl.I S.1876] wurde das Stiftungsvermögen aufgestockt; die von der Bundesrepublik Deutschland eingebrachte Einlage in Höhe von 100 Mio. DM wurde um 50 Mio. DM erhöht; diese Erhöhung verfolgte v.a. den Zweck, eine Anhebung der Renten für contergangeschädigte Kinder einmalig um etwa 25 % zu ermöglichen. Mit dem Änderungsgesetz vom 31. Januar 1980 [BGBl.I S.111] wurde das von der Bundesrepublik in das Stiftungsvermögen eingebrachte Kapital um weitere 170 Mio. DM auf 320 Mio. DM aufgestockt; außerdem wurden ab 1.1.1980 die Rentenleistungen wegen Conterganschädigungen um etwa 13 % erhöht; zusätzliche Leistungen aus dem Bundeshaushalt sollten die Rentenleistungen für die gesamte Rentenlaufzeit abdecken. Neben den einmalig entstehenden Kosten von 170 Mio. DM wurden die jährlichen Kosten für den Bund auf etwa 30 Mio. DM geschätzt. Mit dem 5. ÄndG vom 20. Juli 1988 [BGBl.I S.1052] wurden die Renten erneut linear um 6 % erhöht.

Bis Ende 1988 hat die Stiftung insgesamt mehr als 340 Mio. DM für Renten und Kapitalentschädigungen an **Contergangeschädigte** aufgewandt. Allein im Jahre 1988 wurden insgesamt 22 Mio. DM für Rentenleistungen ausgegeben. Außerdem wurden Einrichtungen und Forschungsvorhaben zur Verbesserung der Lebenssituation von Behinderten mit rd. 110 Mio. DM gefördert.

8.3 Probleme und neuere Entwicklungen der Sozialhilfe

Seit Beginn und verstärkt seit Mitte der 80er Jahre wird zunehmend intensiver über die heutige **Funktion der Sozialhilfe** diskutiert. Ausgangspunkt dieser Diskussion sind vor allem die in den letzten Jahren außerordentlich angestiegenen **finanziellen Belastungen der Kommunen**, die sich in wachsendem Maße als Lückenbüßer für Kürzungen sozialer Leistungen in anderen Bereichen betrachten. Während sich die **Kostenbeteiligung des Bundes** an der Sozialhilfe auf einige wenige Bereiche beschränkt (v.a. Leistungen an Deutsche im Ausland) und insgesamt auf weniger als 0,5 % der Gesamtaufwendungen beläuft und die Länder einen **Finanzierungsanteil** von bundesweit rd. 20 % aufweisen, haben Gemeinden und Gemeindeverbände als örtliche bzw. überörtliche Träger der Sozialhilfe etwa 80 % der Aufwendungen für die Sozialhilfe zu tragen.

Kommunalpolitiker aller Parteien beklagen seit Jahren die sich als Folge enorm gestiegener Sozialhilfeleistungen seit 1982 drastisch vermindernde **kommunale Finanzkraft**. Insbesondere Kommunen mit einer Konzentration von Sozialhilfeempfängern sehen sich immer weniger in der Lage, die wachsende Armut und die drohende Deklassierung ganzer Bevölkerungsgruppen aus eigener Kraft zu überwinden. Indem die Höhe der Sozialhilfeaufwendungen stark von den jeweiligen **regionalen Gegebenheiten** abhängt, werden die Länder und Gemeinden in der Bundesrepublik in unterschiedlichem Maße belastet. In größeren Städten ist die Hilfsbedürftigkeit deutlich höher als in kleineren Gemeinden. Zudem ist die Belastung durch Sozialhilfeaufwendungen in den norddeutschen Bundesländern spürbar höher als in den süddeutschen Ländern.

Wie in den vorangegangenen Jahren lagen auch 1988 die auf die Einwohnerzahl bezogenen Sozialhilfeausgaben in den Stadtstaaten mit 873 DM mehr als zweimal so hoch wie in den Flächenstaaten (410 DM). Während Bayern je Einwohner lediglich 270 DM aufzuwenden hatte, waren es in Hamburg 918 DM, in Nordrhein-Westfalen 517 DM und in Schleswig-Holstein 513 DM. Von den 1988 für Sozialhilfe ausgegebenen 27,0 Mrd. DM entfielen rd. 11 Mrd. auf die Hilfe zum Lebensunterhalt und 16 Mrd. DM auf Hilfen in besonderen Lebenslagen. Im Durchschnitt der Jahre 1980/87 war die Hilfe zum Lebensunterhalt jährlich um 11,7 % gestiegen, während sich die Steigerungsrate bei den Hilfen in besonderen Lebenslagen auf durchschnittlich 7,4 % belief. Unter den Hilfen in besonderen Lebenslagen stellten sich hohe Ausgaben vor allem bei jenen Notlagen ein, die durch den Gesundheitszustand der Hilfeempfänger hervorgerufen werden. Besonders »ausgabenwirksam« waren dabei Hilfen, die für Personen in Pflegeheimen, Rehabilitationsstätten und Anstalten gewährt werden. Im Jahre 1989 betrugen die Ausgaben für Hilfen in besonderen Lebenslagen je Empfänger rd. 12.082 DM (bei Empfängern in Einrichtungen sogar 25.054 DM). Einen bedeutenden Ausgabenblock bildete 1989 mit 9.147,6 Mio. DM insbesondere die Hilfe zur Pflege (etwa 30 % der gesamten Sozialhilfeaufwendungen); über 86 % davon entfielen auf Heimbewohner. Angesichts der sich abzeichnenden demographischen Entwicklung dürfte dieser Ausgabenbereich auch in Zukunft beträchtlich wachsen, während bei den Hilfen zum Lebensunterhalt darauf gehofft werden kann, daß sich die Zahl der Hilfeempfänger bei einer weiteren Besserung der wirtschaftlichen Lage wieder reduziert *(vgl. Deutsche Bundesbank, 1989 b, S. 39 f.)*.

Tabelle 67: Ausgaben und Einnahmen der Sozialhilfe 1970–1990 (in Mio. DM)

Jahr	Ausgaben						Einnahmen[1] (BSHG)	Netto-ausgaben (BSHG)
	insgesamt[2]	darunter aufgrund des BSHG	darunter nach Hilfearten: Hilfe zum Lebensunterhalt	Hilfe in besonderen Lebenslagen: insgesamt	Hilfe zur Pflege	Einglied. f. Behind.		
1970	3.507,0	3.336,0	1.181,0	2.155,0	1.107,0	379,0	732,0	2.604,0
1975	9.094,0	8.405,0	3.025,0	5.380,0	2.956,0	1.320,0	1.838,0	6.567,0
1980	14.076,4	13.266,0	4.338,7	8.927,3	5.003,0	2.666,0	3.143,7	10.122,2
1981	15.643,1	14.782,6	4.795,4	9.987,2	5.581,0	3.041,0	3.385,9	11.396,7
1982	17.197,4	16.329,1	5.520,7	10.808,4	6.028,0	3.385,0	3.783,0	12.546,1
1983	18.378,1	17.569,5	6.122,8	11.446,7	6.386,0	3.651,0	4.110,4	13.459,1
1984	19.591,3	18.783,7	6.751,5	12.032,2	6.660,0	3.932,0	4.299,7	14.484,0
1985	21.678,0	20.845,8	8.024,6	12.821,0	7.152,0	4.151,0	4.553,9	16.291,9
1986	24.062,5	23.196,8	9.395,4	13.801,4	7.595,0	4.547,0	5.072,8	18.124,0
1987	26.113,2	25.199,0	10.269,6	14.929,4	8.163,1	4.944,9	5.504,7	19.694,3
1988	28.037,4	27.009,7	10.962,3	16.047,4	8.675,1	5.436,6	5.866,3	21.143,4
1989	29.924,5	28.774,5	11.810,7	16.963,8	9.147,6	5.868,0	6.186,1	22.588,4
1990	33.031,6	31.781,6	12.976,3	18.805,6	10.154,3	6.566,5	6.543,4	25.238,3

1) Kostenbeiträge bzw. Aufwendungsersatz, Ersatzleistungen (z.B. von Unterhaltspflichtigen und von anderen Sozialleistungsträgern), Tilgungen und Zinseinnahmen; 2) Bruttoausgaben gem. BSHG zzgl. sozialhilfeähnl. Leistungen der Länder, z.B. Landespflege- und Landesblindengeld.
Quellen: Statistisches Bundesamt, Fachserie 13, Reihe 2: Sozialhilfe, versch. Jge.; Wirtschaft und Statistik, Heft 10/1989, S.669; Heft 1/1992, S.30.

In der Öffentlichkeit werden die laufenden Leistungen zum Lebensunterhalt äußerst kontrovers diskutiert. Während diese für die einen eine Höhe erreicht haben, die zum Mißbrauch anrege, betrachten andere sie als völlig unzureichend, um auch nur annähernd am gesellschaftlichen Leben partizipieren zu können. Insbesondere könne die Forderung des BSHG nach »Führung eines Lebens, ... das der Würde des Menschen entspricht,« nicht erfüllt werden.

Nachdem die Regelsätze 1982/1983 weniger stark erhöht worden waren, als es der Preisentwicklung entsprochen hätte, waren sie vor allem 1985 spürbar heraufgesetzt worden. Dies geschah nicht zuletzt dadurch, daß der den Regelleistungen zugrundeliegende Warenkorb den veränderten Verbrauchsgewohnheiten angepaßt worden war. Die Regierung verwies dann auch nachdrücklich darauf, daß sich die Regelsätze zwischen 1980 und 1988 real um 8,5 % erhöht hätten, während die GRV-Renten im selben Zeitraum nur um rd. 4,0 % gestiegen seien. Kritiker gaben jedoch zu bedenken, daß es angesichts der Funktion der Sozialhilfe als »Netz unter dem Netz« bedenklich sei, die Entwicklung der Regelsätze mit Erhöhungen der Löhne oder anderer Sozialleistungen zu vergleichen. In Anbetracht dessen, daß die Regelsätze als konventionelles Existenzminimum anzusehen seien, tangiere jedes Zurückbleiben der Regelsätze hinter der Preisentwicklung die existenzsichernde Funktion der Sozialhilfe *(vgl. Schulte/Trenk-Hinterberger, 1988, S. 24)*.

Als problematisch werteten zahlreiche Fachleute zudem den der Ermittlung des Regelsatzes zugrundeliegenden Warenkorb *(vgl. Scherer/Stock, 1990)*. Der Eckregelsatz ergab sich lange Zeit aus einem Warenkorb für den existenzminimalen Grundbedarf, bewertet mit den jeweiligen Preisen; dabei wurden jedoch Verhaltensweisen unterstellt, die gerade Sozialhilfeempfänger objektiv und subjektiv kaum erfüllen können (z.B. Ausnutzung günstiger Einkaufsgelegenheiten, wirtschaftliches Planungsverhalten, Kauf von Großpackungen). Seit Mitte 1988 wird der Eckregelsatz, der sich 1987/

88 im Bundesdurchschnitt auf 403 DM monatlich belief, nicht mehr am Warenkorb, sondern am tatsächlichen Ausgabe- und Verbrauchsverhalten unterer Einkommensschichten orientiert *(vgl. Hauser/Klein, 1985; Tschoepe, 1987; Seffen, 1988, S.290)*.

Ungeachtet aller Kritik halten v.a. die Sozialhilfeinitiativen die **Warenkorbmethode** für das auf absehbare Zeit einzig taugliche Verfahren zur Ermittlung und Berechnung des tatsächlichen Lebensbedarfs. Entschieden abgelehnt wird von ihnen jedenfalls das von den Ministerpräsidenten im Oktober 1989 verabschiedete **neue Bemessungssystem** der Sozialhilfe. Sie befürchten durch das neue System eine weitere Verarmung der Sozialhilfeempfänger *(vgl. Scherer/Stock, 1990)*.

Tabelle 68: Hilfen in besonderen Lebenslagen nach der Art der Hilfe 1970–1990

Jahr	Empfänger insgesamt[1]	davon						
		Hilfe zur Pflege	Eingliederungshilfe	Krankenhilfe	Altenhilfe	Überwindung bes. sozialer Schwierigkeiten	vorbeugende Gesundheitshilfe	Weiterführung des Haushalts
1970	965.135	259.969	85.815	348.982	19.044	3.978	99.399	15.593
1975	1.147.347	402.089	137.541	432.606	38.463	9.360	100.124	14.603
1980	1.124.785	462.946	194.340	376.996	30.063	17.003	65.188	12.810
1985	1.107.575	467.020	224.383	343.199	19.960	20.388	41.402	10.020
1987	1.256.200	506.977	246.308	431.617	17.884	26.203	43.191	11.880
1988	1.348.274	525.429	262.896	490.762	17.189	27.092	42.404	12.682
1989	1.404.002	535.064	277.266	526.317	15.340	30.869	33.922	13.114
1990	1.510.426	545.942	289.744	618.414	14.005	30.508	27.326	13.701

1) In und außerhalb von Anstalten.
Quellen: Statistisches Bundesamt: Fachserie 13: Sozialleistungen, Reihe 2: Sozialhilfe, versch. Jge.

Die Grundlage des – seit dem 1.7.1990 gültigen – neuen Bedarfsbemessungssystems bildet die vom Statistischen Bundesamt alle fünf Jahre erhobene »Einkommens- und Verbrauchsstichprobe« (EVS). Zur Festlegung des Regelsatzes wird das Verbrauchsverhalten derjenigen Personengruppen zugrundegelegt, die sich mit ihrem monatlichen Einkommen minimal über den nach dem BSHG gewährten Leistungen befanden. Ermittelt wird der Regelsatz somit nicht mehr nach dem real vorhandenen Bedarf, sondern nach dem tatsächlich realisierbaren Konsum der Referenzgruppe. Dabei wird allerdings das Ausgabeverhalten der Referenzgruppe um diejenigen Positionen korrigiert, auf die Sozialhilfeempfänger keinen Anspruch haben oder die über sog. »einmalige Beihilfen« abgedeckt werden. Da die EVS-Daten jeweils nur in großen zeitlichen Abständen und mit erheblicher zeitlicher Verzögerung vorliegen, ist eine laufende Anpassung erforderlich. Anstatt diese unter Berücksichtigung der Preissteigerungsrate des regelsatzrelevanten Verbrauchs vorzunehmen, soll dafür der Lebenshaltungsindex aller Haushalte herangezogen werden. Im Gegensatz zur letzteren Variante hätte erstere erhebliche Mehrkosten (schätzungsweise 1 Mrd. DM) zur Folge gehabt. Während sich nämlich zwischen 1983 (letzte verfügbare EVS-Daten) und 1988 der Preisindex für die Lebenshaltung aller Haushalte nur um 4,6 % erhöht hat, betrug die Preissteigerungsrate des regelsatzrelevanten Verbrauchs im selben Zeitraum 12,6 %. Ferner beschlossen die Ministerpräsidenten Regelsatzabsenkungen für die Altersgruppe der 11- bis unter 14jährigen sowie der 18- bis unter 21jährigen Haushaltsangehörigen. Im Gegensatz zum Individualisierungsgrundsatz des BSHG sprachen sie sich ferner dafür aus, mittelfristig Familienregelsätze einzuführen. Außerdem legten sie fest, die prozentualen Anteile des Eckregelsatzes für sonstige Haushaltsangehörige sowie für alleinstehende junge Erwachsene unter 25 Jahren herabzusetzen.

Erstmals nach dem »Statistikmodell« berechnet sind die am 1.7.1990 in Kraft getretenen Sozialhilfesätze. Der **Eckregelsatz** in der Sozialhilfe liegt nunmehr bei durchschnittlich 447 DM im Monat (bisher 425 DM). In den einzelnen Bundesländern erhalten Haushaltsvorstände und Alleinerziehende zwischen 435 DM (Bayern) und 462 DM (West-Berlin) (vgl. 2. VO zur Änderung der RegelsatzVO vom 31.3.1990 [BGBl. I S.562].

Die **ungleiche regionale Belastungsverteilung**, die besonders die Stadtstaaten und die norddeutschen Flächenstaaten negativ berührt, hatte bereits 1988 die norddeutschen Bundesländer – angeführt vom damaligen niedersächsischen Ministerpräsidenten ALBRECHT – dazu veranlaßt, eine Art Belastungsausgleich auf dem Umweg über eine **Finanzierungsbeteiligung des Bundes** zu verlangen.

Nach diesem Konzept sollte der Bund die Hälfte der Nettosozialhilfekosten übernehmen; im Gegenzug sollte der den Ländern zustehende Anteil am Mehrwertsteueraufkommen von 35 auf 31 % gesenkt werden. Effektiv hätte der Bund etwa ein Viertel der Sozialhilfeaufwendungen zu tragen gehabt. Interessant an dem Modell war zudem, daß die einzelnen Bundesländer in unterschiedlichem Maße entlastet worden wären, wodurch sich das Belastungsgefälle von Nord nach Süd zumindest partiell vermindert hätte. Letztendlich konnten sich die norddeutschen Länder mit ihrer Forderung allerdings nicht durchsetzen; nach langwierigen Verhandlungen einigte man sich lediglich auf einen besonderen Strukturfonds für die ärmeren Länder *(vgl. Seffen, 1988, S. 294)*.

Ständig steigende Zahlen von Sozialhilfeempfängern und die Tatsache, daß zunehmend mehr Personen darauf angewiesen sind, laufende Hilfen zum Lebensunterhalt über lange Zeiträume hinweg zu beziehen, warfen auch die Frage auf, inwieweit **Sinn und Zweck des BSHG**, Bedürftigen die Möglichkeit zur Selbsthilfe und schnellstmöglichen Unabhängigkeit zu eröffnen, überhaupt noch erfüllt werden können, zumal unbestritten ist, daß dies nur bei einer sowohl materiell als auch personell ausreichenden Ausstattung der Hilfeleistungen möglich ist. Die quantitativen Entwicklungen lassen daran jedoch zunehmend Zweifel aufkommen.

Durch die aktuelle Entwicklung hat auch jene Diskussion eine neue Belebung erfahren, die seit langem auf die Unfähigkeit der Sozialhilfe verweist, eine **veritable Grundsicherung** zu gewährleisten. Als mögliche Lösungsansätze werden einerseits ein Ausbau der Sozialhilfe zu einer **effektiven Mindestsicherung** und zum anderen Konzepte diskutiert, die darauf hinauslaufen, die gehobenen Vorsorgesysteme so umzugestalten, daß diese eine **bedarfsorientierte Grundsicherung** bereitstellen. Darüber hinausgehende Vorschläge, die eine Umgestaltung des bestehenden sozialen Sicherungssystems beinhalten, haben unter den Stichworten »**Staatsbürgerrente**« oder »**garantiertes Mindesteinkommen für jedermann**« Eingang in die Reformdiskussion gefunden.

Während derartige Vorschläge auf absehbare Zeit kaum politisch mehrheitsfähig sein dürften, gibt es für die Notwendigkeit von Maßnahmen im Hinblick auf das Problem der »**Pflegebedürftigkeit**« durchaus politische Übereinstimmungen. Hinsichtlich der konkreten Lösungsansätze bestehen allerdings auch hier zwischen den politischen Parteien erhebliche Divergenzen; während die FDP auf die private Vorsorge (ggf. durch private Pflegeversicherungen) setzt, finden sich in der CDU/CSU auch Vertreter, die sich für einen neuen beitragsfinanzierten Sozialversicherungszweig aussprechen. In der SPD wird zwar ebenfalls für eine sozialrechtliche Lösung plädiert, allerdings tendierte man dort noch bis vor kurzem zu einem steuerfinanzierten Leistungsgesetz *(vgl. S. 301 ff.)*.

Zur Beseitigung der zunehmenden Verarmung fordern die **Gewerkschaften** die Durchsetzung »gerechter und ausreichender Leistungen«. Sie betonen, daß sie für die »solidarische Verantwortung, gegen Ausgrenzung und Privatisierung der Risiken stünden«. Ihrer Ansicht nach ist die Arbeitslosenversicherung nicht mehr in der Lage, die Arbeitslosen ausreichend abzusichern; insbesondere Langzeitarbeitslose würden in die Armut abgedrängt. Den Ausweg sehen die Gewerkschaften in einer wirksamen staatlichen Beschäftigungspolitik, in regionalen Förderprogrammen sowie in einer Fortsetzung der Arbeitszeitverkürzung.

Die SPD verlangte in ihrer im Juli 1987 vorgelegten Dokumentation »Neue Armut in Deutschland«, in der sie der Bundesregierung eine »Politik des Nichtstuns« vorwarf, der zunehmenden Verarmung durch Einführung eines **Mindesteinkommens** für Arbeitslose, Rentner sowie Berufs- und Erwerbsunfähige zu begegnen. Diese »**Grundsicherung**« solle unabhängig vom Einkommen der Familienangehörigen (ausgenommen die Ehe- und Lebenspartner) gewährt werden; zugleich erwartet die SPD von dieser Leistung, daß sie auch von jenen in Anspruch genommen wird, die sich bislang scheuten, zum Sozialamt zu gehen. Die **Mehrkosten** einer derartigen Grundsicherung (auf Sozialhilfeniveau) für den Bund bezifferte die SPD auf rd. 4 Mrd. DM; bei der von ihr geforderten Anhebung der Sozialhilfe um 25 % würden Kosten in Höhe von 6 Mrd. DM entstehen *(vgl. Evangelischer Pressedienst, 24.7.1987)*.

Unterdessen hat die Fraktion DIE GRÜNEN mit einem am 25.1.1990 im Bundestag eingebrachten Entschließungsantrag einen neuerlichen Versuch unternommen, die Bundesregierung zur Vorlage eines **Armuts- und Reichtumsberichts** zu verpflichten [BT-Drs. 11/6316]. Begründet wurde der Antrag u.a. damit, daß die Bundesregierung beharrlich die Existenz und das Ausmaß von Armut ignoriere. Häufig verdeckte soziale Problemlagen, die mit extrem ungleichen Verteilungsbedingungen zusammenhingen, müßten transparent gemacht werden. Dies sei die notwendige Voraussetzung dafür, daß politische Maßnahmen ergriffen werden könnten.

Im Herbst 1990 lag dem Bundestag noch immer ein Gesetzentwurf des Bundesrates zur Änderung des BSHG vor [BT-Drs. 11/391]. Nachdem bereits die VO zur Durchführung des § 88 Abs.2 Nr.8 des BSHG vom 11. Februar 1988 [BGBl.I S.150] durch Erhöhung der nicht zu berücksichtigenden Barbeträge den **Vermögensschutz bei Inanspruchnahme von Sozialhilfe** verbessert hatte, zielt die Bundesratsinitiative darauf ab, die Verwertung auch größeren Hausgrundvermögens ohne Auswirkung auf den Sozialhilfebezug zuzulassen.

Von Bedeutung für die zahlreichen Sozialhilfe empfangenden Heimbewohner ist das **Erste Gesetz zur Änderung des Heimgesetzes vom 28. April 1990** [BGBl.I S.758], das die rechtliche Stellung der Heimbewohner verbesserte, Klarstellungen und Vereinfachungen brachte und verschiedene Mängel beseitigte. Es beinhaltet u.a. für rd. 600.000 betroffene Heimbewohner Regelungen über Form und Kernbestandteile des Heimvertrages. Ferner regelt es die Bestellung eines Heimfürsprechers in den Fällen, in denen die Bildung eines Heimbeirates nicht möglich ist.

9. Soziale Wohnungspolitik

9. 1 Entwicklungstendenzen der Wohnungspolitik

9. 1. 1 Quantitative Entwicklung des Wohnungsbaus

Nachdem 1973 mit 714.226 Wohnungen die Rekordmarke in der **Wohnungsbautätigkeit** nach dem Kriege erreicht worden war, sank in der Folgezeit die Zahl der fertiggestellten Wohnungen rapide ab. 1979 wurde mit 357.751 Baufertigstellungen ein vorläufiger Tiefpunkt erreicht. Der Anteil des sozialen Wohnungsbaus an den fertiggestellten Wohnungen lag zwar 1976/77 noch bei etwa 33 %, fiel jedoch bis Ende der 70er Jahre deutlich ab; 1980 belief sich die Zahl der Bewilligungen im sozialen Wohnungsbau nurmehr auf 97.171 gegenüber noch 153.989 im Jahre 1975. Der Anteil der in Ein- und Zweifamilienhäusern fertiggestellten Wohnungen stieg bis 1980 auf etwa 69 %. Sowohl der soziale Wohnungsbau als auch der steuerbegünstigte und freifinanzierte Mehrfamilien-Mietwohnungsbau sind ab Mitte der 70er Jahre beträchtlich geschrumpft, während der Bau von Wohnungen in Ein- und Zweifamilienhäusern zum entscheidenden Faktor der Wohnungsbautätigkeit wurde *(vgl. Lampert, 1980, S.354; BMWI, 1982, S.5f; Ziercke, 1982, S.96f.; StBA, Fachserie 5, Reihe 1; Tabellen 29 und 70).*

Der **Rückgang** der Wohnungsbautätigkeit setzte sich auch zu Beginn der 80er Jahre fort; die Zahl der Baufertigstellungen sank von 388.904 im Jahre 1980 über 312.053 im Jahre 1985 auf 217.343 im Jahre 1987 (1989 dann 238.637). Durch das angekündigte Auslaufen des »**Bauherren-Modells**« sowie das Sonderprogramm 1983/84 wurde der Trend lediglich 1984 kurzfristig unterbrochen; in diesem Jahr kam es zu 398.373 Baufertigstellungen. Ebenfalls ist in den 80er Jahren die Zahl der Wohnungsbaufertigstellungen öffentlich geförderter Wohnungen kontinuierlich zurückgegangen; waren es 1985 noch 68.952 gewesen, belief sich ihre Zahl 1988 nurmehr auf 38.869; 1989 waren es jedoch bereits wieder 68.276 Wohnungen. Der Anteil öffentlich geförderter an allen Wohnungsbaufertigstellungen sank im Zeitraum von 1980 bis 1987 von 24,9 % auf 18,7 %, stieg aber 1988 und insbesondere 1989 erneut deutlich an *(vgl. Tabellen 29 und 70).*

9.1.2 Versorgung mit Wohnraum

Spätestens Ende der 70er Jahre wurde – zumindest rein rechnerisch – von einem **ausgeglichenen Wohnungsmarkt** ausgegangen. Schon im Städtebaubericht 1975 hatte die Bundesregierung festgestellt, daß der Gleichstand zwischen der Zahl der Wohnungen und der Zahl der Haushalte darauf hinweise, „daß die akute, allgemeine Wohnungsnot der Vergangenheit angehört" *(Städtebaubericht 1975, S.13).* Gemäß der amtlichen Fortschreibung standen Ende 1979 rd. 24,5 Mio. Haushalten 25,0 Mio. Wohnungseinheiten gegenüber (Ende 1978: 24,2 Mio. Haushalte und 24,7 Mio. Wohnungen) *(vgl. BPA, Gesellschaftliche Daten 1982, S.19, 257).* Immer häufiger war daher von einer **Sättigung des Wohnungsmarktes** die Rede. **Sinkende Renditeerwartungen** ließen den Mietwohnungsbau für Investoren zunehmend unattraktiver werden. Für viele waren die strukturellen Probleme des Wohnungsmarktes erste Anzeichen eines nachhaltigen Angebotsüberhangs und Vorboten eines drastischen Werteverfalls am Immobilienmarkt.

Erste deutliche Kontroversen über die tatsächliche Versorgungssituation lösten die Anfang 1980 bekanntgewordenen Daten aus der **78er Wohnungsstichprobe** aus. Danach standen 23,7 Mio. Haushalten (einschl. jenen in Nichtwohngebäuden und Unterkünften) 24,7 Mio. Wohneinheiten zur Verfügung. Statistisch bedeutete dies eine »Sättigung« des Wohnungsmarktes. Schon eine differenziertere Betrachtung ergab allerdings ein etwas anderes Bild; bei Berücksichtigung nur jener Wohneinheiten, die über eine eigene Kochgelegenheit verfügten, fehlten rein rechnerisch noch immer 340.000 Wohnungen.

Unstrittig war demgegenüber das Ergebnis der 78er Wohnungsstichprobe, wonach sich die durchschnittliche Wohnungsversorgung hinsichtlich **Größe** und **Ausstattungsqualität** der Wohnungen nachhaltig verbessert hatte. Durchschnittlich wurden die Wohnräume (incl. Küche) nur noch von 0,6 Personen bewohnt, wobei sich die durchschnittliche Wohnfläche pro Person auf 32 m^2 belief (1950: 15 m^2; 1968: 24 m^2). Nahezu 90 % der Wohnungen verfügten Ende der 70er Jahre über ein Bad gegenüber erst 46 % im Jahre 1960 *(vgl. Tabelle 29).*

Unabhängig davon, ob Anfang der 80er Jahre tatsächlich ein **Wohnungsüberangebot** existierte oder nicht, was angesichts der unzulänglichen Datenlage nur schwer zu beantworten ist, kennzeichnete sich die Wohnungsversorgung weiterhin durch das Fortbestehen **besonderer Bedarfsschwerpunkte** und gewisser **Disparitäten**.

Am deutlichsten sichtbar waren regional unterschiedliche Versorgungsniveaus mit einer partiellen Unterversorgung vor allem in städtischen Verdichtungsräumen. Ein spezifischer Bedarf ergab sich ferner aus der mangelnden Kaufkraft einzelner Bevölkerungsgruppen (z.B. alte Menschen, kinderreiche Familien, Ausländer und Aussiedler). Gerade die einkommensschwachen Personenkreise blieben überproportional unterhalb der anerkannten Standards in der Wohnungsversorgung. Ferner waren teilweise Disparitäten zwischen der Nachfrage und der Art der angebotenen Wohnungen vorhanden, z.B. ein hohes Angebot an Haus- und Wohnungseigentum oder teuren Mietwohnungen bei einer starken Nachfrage nach preisgünstigen Sozialwohnungen.

Daß es bei einem global durchaus ausreichenden Wohnungsangebot in der Wohnungsversorgung örtlich dennoch **Engpässe** gab, unterstrichen auch die zahlreichen – vor allem zu Beginn der 80er Jahre beobachtbaren – **spektakulären Hausbesetzungen**, die sich mit Nachdruck in das öffentliche Bewußtsein einprägten und heftige politische Kontroversen auslösten.

Obgleich sich vor allem im freifinanzierten Wohnungsbau der **Mietanstieg** in der zweiten Hälfte der 70er Jahre verlangsamt hatte, mußten die Haushalte einen zunehmend größeren Teil ihres verfügbaren Einkommens für die Wohnung aufwenden. Waren es in den 50er Jahren lediglich rd. 9 % des Einkommens, 9–13 % in den 60er und 70er Jahren, so machten die **Wohnungsausgaben** Anfang der 80er Jahre bereits fast 14 % aus *(vgl. Tabelle 29)*. Auch die Bedingungen für die **Bildung von Wohnungseigentum** sind in diesem Zeitraum deutlich ungünstiger geworden. Mußte ein Industriearbeiter mit einem durchschnittlichen Jahreseinkommen 1950 etwa das Sechsfache seines Netto-Jahresverdienstes für ein Einfamilienhaus aufwenden, so war Ende der 70er Jahre das Zwölffache erforderlich.

9.1.3 Wohnungspolitische Kontroversen

Das „beachtenswerte Zusammenwirken von Wohnungswirtschaft und Wohnungsbaupolitik jenseits ideologischer Positionen" hatte seit dem Entstehen der Bundesrepublik zwar eine Wohnungsbauleistung ermöglicht, durch die man in der zweiten Hälfte der 70er Jahre einer „globalen Sättigung des Marktes näherrückte" *(Dringenberg, 1983, S.152)*, zugleich jedoch für lange Zeit ideologische Gegensätze in den **wohnungspolitischen Grundpositionen** überlagert, die nun mit besonderer Heftigkeit die wohnungspolitische Diskussion bestimmten. Ende der 70er Jahre zunehmend deutlicher werdende **Fehlentwicklungen** (z.B. wachsender Leerstand teuer subventionierter Sozialwohnungen, Fehlbelegungen und Mietverzerrungen im Wohnungsbestand sowie ein Versiegen privater Kapitalinvestitionen im Mietwohnungsbau) ließen eine **strukturelle Umorientierung** der Wohnungspolitik als unabdingbar erscheinen.

Die wohnungspolitische Auseinandersetzung, die mit besonderer Vehemenz seit Beginn der 80er Jahre geführt wird und insbesondere in den letzten Jahren zu einem wesentlichen Wahlkampfthema geworden ist, wird analog zu anderen Bereichen ebenfalls von der Kontroverse »**Markt versus Staat**« maßgeblich geprägt. Vor allem von liberaler Seite wird heftige Kritik an der staatlichen Wohnungspolitik geübt und eine konsequente **Deregulierung des Wohnungsmarktes** gefordert *(vgl. Schneider/Kornemann, 1977; Biedenkopf/Miegel, 1978b; Lambsdorff, 1981, S.798ff.)*.

Die **Verfechter marktwirtschaftlicher Positionen** im Wohnungswesen, wie z.B. der »Kronberger Kreis«, fordern u.a. eine Liberalisierung des Mietrechts (Vertragsfreiheit für neu zu vermietende Wohnungen), die Einstellung des sozialen Wohnungsbaus zugunsten reiner Subjektförderung, die Aufhebung des Wohnungsgemeinnützigkeitsgesetzes, die Besteuerung von Wohneigentum nach dem »Investitionsgut-Modell«, die Abschaffung der Grunderwerbsteuer sowie Anreize zur Privatisierung von Mietwohnungsbeständen *(vgl. Kronberger Kreis, 1984)*.

Dagegen ist der Wohnungsmarkt aus der Sicht der Befürworter einer regulierenden staatlichen Wohnungspolitik durch gravierende partielle Ungleichgewichte charakterisiert, die u.a. durch Angebotsinelastizitäten, eine geringe Markttransparenz, arbeitsplatzbedingte Mobilitätsbarrieren der Nachfrager nach Wohnungen und Grenzen der finanziellen Belastbarkeit breiter Bevölkerungskreise verursacht werden. Sie verweisen darauf, daß Überangebote an großen und teuren Wohnungen sich nicht zur Deckung der Nachfrage der Bezieher mittlerer und niedriger Einkommen eigneten *(vgl. Lampert, 1985, S. 243)*. Ebenso stelle der Markt nicht genügend geeignete Wohnungen für Familien mit mehreren Kindern bereit. Die Notwendigkeit einer **staatlichen Wohnungspolitik** ergebe sich letztlich daraus, „daß angesichts der hohen Kosten der Herstellung, des Unterhalts und der Nutzung des für die Lebenssicherung und die Lebensqualität entscheidenden Gutes Wohnung einerseits und der begrenzten Einkommen andererseits ohne politische Eingriffe ein Wohnungsangebot, das qualitativ und quantitativ den Versorgungszielen entspricht, nicht zustandekommt" *(Lampert, 1985, S.242)*.

9. 2. Staatliche Maßnahmen der Wohnungspolitik

Wie in anderen Politikbereichen deutet auch in der Wohnungswirtschaft einiges darauf hin, daß zwischen der in Wissenschaft und Politik geführten Diskussion, die insbesondere seit Ende der 70er Jahre deutlich von »**Entstaatlichungsforderungen**« geprägt ist, und den tatsächlich durchgeführten staatlichen Maßnahmen eine nicht unerhebliche Diskrepanz besteht *(vgl. Drupp/Hoppe/Schulz, 1985, S.299)*. Der bereits in den 60er Jahren eingeleitete Weg einer **sukzessiven Liberalisierung des Wohnungswesens** ist jedoch auch in den Jahren nach 1975 fortgesetzt worden.

9. 2. 1 Vergünstigungen im Wohnungswesen bis zum Beginn der 80er Jahre

Kennzeichnend für die Wohnungspolitik war in der zweiten Hälfte der 70er Jahre zweifellos die schwerpunktmäßige Ablösung der Neubaupolitik durch die Bestandspolitik, in deren Rahmen **Modernisierungsprogramme** in den Vordergrund traten. Gleichzeitig fand im Subventionssystem eine politisch gewollte Verlagerung von der Mietwohnungs- zur **Eigentumsförderung** statt.

Angesichts der Situationsverbesserung auf den Wohnungsmärkten war nach Ansicht der Bundesregierung in der zweiten Hälfte der 70er Jahre für die Wohnungspolitik der Zwang zu quantitativ umfangreichen Maßnahmen entfallen. Für den traditionellen sozialen Wohnungsbau blieb jedoch die Aufgabe, „dort zur Beseitigung von Wohnungsengpässen beizutragen, wo der Markt allein nicht für einen Ausgleich sorgt" *(SB 1978, S.49)*. Mit dem Ziel, auch für Haushalte mit durchschnittlichen und niedrigen Einkommen die Wohnungsversorgung zu verbessern, wurden auch nach 1975 die Vergünstigungen im Wohnungswesen zunächst noch sukzessive ausgebaut.

Das **Gesetz zur Förderung von Wohnungseigentum und Wohnbesitz im sozialen Wohnungsbau vom 23. März 1976** [BGBl.I S.737] erleichterte die Finanzierung von Wohnungseigentum und führte die Wohnbesitzwohnung ein, die öffentlich gefördert wird und ein schuldrechtliches Dauerwohnrecht begründet. Mit dem **Wohnungsmodernisierungsgesetz vom 23. August 1976** [BGBl.I S.2429] war die Vergabe preiswerter Darlehen für Modernisierungszwecke vorgesehen, um auf diese Weise eine Stabilisierung der Mieten zu erreichen. Das Wohnungsmodernisierungsgesetz wurde durch Gesetz vom 27. Juni 1978 [BGBl.I S.878] geändert, um die Modernisierung von Wohnungen breiter Schichten der Bevölkerung zu intensivieren; gleichzeitig wurde die Förderung von Maßnahmen zur Einsparung von Heizenergie in Wohnungen eingeleitet.

Das **Wohnungsbauänderungsgesetz vom 20. Februar 1980** [BGBl.I S.159] brachte einerseits einen verstärkten Schutz der Mieter vor Verdrängungen im Zuge der Umwandlung von Sozialmietwohnungen in Eigentumswohnungen und lockerte andererseits die Belegungs- und Mietpreisbindungen auf, soweit dadurch nicht die grundlegende Funktion des Sozialwohnungsbestandes vor allem in den Bedarfsschwerpunkten beeinträchtigt wurde.

Das Gesetz sah neben Maßnahmen zur Entzerrung des Mietengefüges eine Anhebung der Einkommensgrenzen im sozialen Wohnungsbau unter besonderer familienpolitischer Ausrichtung vor; ebenso erfolgte eine familiengerechtere Ausgestaltung der maßgeblichen Wohnflächengrenzen im sozialen und steuerbegünstigten Wohnungsbau; bei Familienvergrößerung konnten innerhalb von acht Jahren seit Bezugsfertigkeit nachträglich Wohnungen als steuerbegünstigt anerkannt werden *(vgl. SB 1980, S.57)*.

Im Zuge der verschiedenen **Wohnungsmodernisierungsprogramme** wurde im Zeitraum von 1974 bis 1979 die Modernisierung von insgesamt 350.000 Wohnungen gefördert. Dabei handelte es sich überwiegend um Mehrfamilienhäuser im Eigentum von Wohnungsgesellschaften. Nach ihren eigenen Aussagen verfolgte die Regierung mit dieser Förderung neben den primär wohnungspolitischen Zielsetzungen auch soziale und städtebauliche Anliegen.

9.2.2 Neuorientierung der Wohnungspolitik seit Beginn der 80er Jahre

Auf die zunehmende Kritik an der staatlichen Wohnungsbaupolitik sowie an den **sinkenden Renditeerwartungen** privater Kapitalgeber bei **steigenden Bau- und Finanzierungskosten** und einem damit verbundenen Rückzug der Investoren vom Wohnungsmarkt reagierte die sozial-liberale Regierung mit einem politischen Kompromiß. Durch eine vorsichtige Öffnung zu marktwirtschaftlichen Konzepten sollte einerseits den Erfordernissen des Wohnungsmarktes Rechnung getragen werden, andererseits jedoch eine neue Kontinuität der Wohnungspolitik angelegt werden, in der „auch die sozialen Sicherungsmechanismen nicht fehlten" *(Dringenberg, 1983, S.153)*. Entsprechend wurde in der Regierungserklärung 1980 die Absicht bekundet, die Bedingungen des freifinanzierten Wohnungsbaus zu verbessern, z.B. »durch Vereinfachung des Vergleichsmietenverfahrens und Zulassung von Staffelmieten, um die Investitionsbereitschaft ... zu verstärken«.

Nach den **wohnungspolitischen Beschlüssen** der Bundesregierung vom Frühjahr 1981 sollten dem freifinanzierten Wohnungsbau neue Impulse gegeben (u.a. durch Anhebung der Abschreibungssätze, Einführung von Staffelmieten und Änderung des Vergleichsmietenverfahrens), die steuerliche Förderung des Wohnungseigentums verbessert, einzelne Regelungen des Mieterschutzes ausgebaut (z.B. bei Modernisierungsmaßnahmen und Umwandlung in Eigentumswohnungen) und Strukturverzerrungen im Sozialwohnungsbestand durch eine Fehlbelegungsabgabe entgegengetreten werden. Durch Zinsanhebungen für ältere Sozialwohnungen *(vgl. hierzu bereits Kurth, 1967, S.170ff.)* war gleichzeitig die Finanzierung neuer Programme beabsichtigt [vgl. BT-Drs. 9/1708, S.7 f.].

Abbau der Fehlsubventionierung und Lockerung der Wohnungsbindung

Einen ersten Schritt zur Verwirklichung dieses Programms bildete das als Art.27 des 2. HStruktG ergangene **Gesetz zum Abbau der Fehlsubventionierung und der Mietverzerrung** (AFWoG) **vom 22. Dezember 1981** [BGBl.I S.1542], durch das zugleich das WoBindG und das II.WoBauG geändert wurden.

Hintergrund des sog. Fehlbelegungsgesetzes war die häufig anzutreffende Situation, daß Personen in öffentlich geförderten Wohnungen wohnen, deren aktuelle Einkommensverhältnisse einen Anspruch auf eine Sozialwohnung ausschließen. Ursache dafür ist, daß für den Bezug einer öffentlich geförderten Mietwohnung lediglich die Einkommensverhältnisse des Wohnungssuchenden zum Zeitpunkt der Erteilung des Wohnberechtigungsscheines (§ 5 WoBindG) maßgebend sind. Nach § 25 des II.WoBauG dürfen Mieter von Sozialwohnungen dagegen in den Wohnungen bleiben, auch wenn ihr Einkommen im Laufe der Zeit die Einkommensgrenzen für den sozialen Wohnungsbau erheblich übersteigt. Diese seit langem als unbefriedigend angesehene Situation führte schließlich zu der Überlegung, zuviel verdienende Sozialmieter mit einer entsprechenden Ausgleichsabgabe zu belasten, zumal Überlegungen, derartigen Mietern zu kündigen, sich sehr schnell als praktisch nicht realisierbar erwiesen hatten.

Nach dem AFWoG, das nicht bundesweit galt, sondern auf Gemeinden begrenzt war, die die jeweilige Landesregierung durch Rechtsverordnung bestimmen konnte, sollten Inhaber einer Sozialwohnung (bzw. einer mit Wohnungsfürsorgemitteln geförderten Wohnung) in einer auf diese Weise bestimmten Gemeinde an die öffentliche Hand eine Ausgleichszahlung leisten, sofern das Haushaltseinkommen die für den Bezug einer öffentlich geförderten Wohnung maßgebenden Einkommensgrenzen um mehr als 20 % überstieg. Die Höhe der – nach der Einkommensüberschreitung gestaffelten – Abgabe reichte nach den bundesrechtlichen Regelungen von 0,50 bis 2,00 DM je m^2. Zur Verfahrensvereinfachung sah das Gesetz vor, daß die Zahlungshöhe nur alle drei Jahre festgesetzt wird. Außerdem konnten nur Gemeinden mit mehr als 300.000 Einwohnern in den Geltungsbereich des Gesetzes einbezogen werden. Unberührt von der Fehlbelegungsabgabe blieb das zivilrechtliche Miet- oder Nutzungsverhältnis, desgleichen die Höhe der Miete. Die Abgabe war vielmehr gedacht als eine Abschöpfungsabgabe des Mieters an die öffentliche Hand, „um die Fehlleitung von Subventionen auszugleichen" *(Dyong, 1989, S.2374)*.

Das Aufkommen aus der **Fehlbelegungsabgabe** war zweckgebunden; die Mittel standen dem Land zu, das sie zur Förderung des sozialen Wohnungsbaus verwenden sollte. Das ursprünglich bis zum 31.12.1994 befristete Gesetz wurde zunächst nur in Bayern, Bremen, Berlin, Baden-Württemberg und Nordrhein-Westfalen eingeführt. Die Einnahmen aus der Fehlbelegungsabgabe beliefen sich (ohne Baden-Württemberg) auf jährlich durchschnittlich rd. 250 Mio. DM. Dabei lag der **Verwaltungsaufwand** für die Erhebung bei unter 15 % der Einnahmen *(vgl. Dyong, 1989, S.2375)*.

Nachdem bereits durch das WoBauÄndG 1980 Belegungs- und Mietpreisbindungen für öffentlich geförderte Wohnungen durch Einbeziehung von Mietwohnungen gelockert worden waren, brachte das **WoBindÄndG vom 21. Juli 1982** [BGBl.I S.969] die notwendige Anpassung des § 18 an vorausgegangene Änderungen, die die Möglichkeiten zur Erhöhung der Zinsen für öffentliche Baudarlehen geschaffen hatten, um auf diese Weise die mit Zins- und Tilgungshilfen geförderten Wohnungen in den Subventionsabbau einbeziehen zu können.

In diesem Zusammenhang wurden ab dem 1.1.1983 Zinsanhebungen für ältere Sozialwohnungen, differenziert nach Eigenheimen und Mietwohnungen sowie nach den Bewilligungsterminen öffentlicher Darlehen, aber auch unter Beachtung von Einkommensgrenzen, durchgeführt, durch die das Problem der Mietverzerrungen im sozialen Wohnungsbau entschärft werden sollte. Mit Wirkung vom 1.8.1984 trat ferner die bis zum 31.12.1994 befristete AFWoG-Pauschbetragsverordnung vom 30. Juli 1982 [BGBl.I S.1123] mit der seit längerem geplanten Erhöhung der Pauschalsätze für die Instandhaltungskosten der Sozialwohnungen in Kraft, wodurch Erhöhungen der Kostenmiete für Sozialwohnungen in der Größenordnung von 0,25 bis 0,35 DM pro m^2 und Monat möglich wurden *(vgl. Frerich, 1987, S.75 f.)*.

In der Praxis haben die Möglichkeiten der **vorzeitigen Rückzahlung öffentlicher Baudarlehen** nach § 16 Abs.1 WoBindG zu teilweise **erheblichen Mietpreiserhöhungen** geführt. Der Grund dafür war, daß die sich auf § 28 Abs.1 Satz 2 WoBindG stützende Berechnungsverordnung erlaubte, bei der Wirtschaftlichkeitsrechnung anstelle des (in der Regel nur geringfügig zu verzinsenden) zurückgezahlten öffentlichen Darlehens ein Finanzierungsmittel zu setzen, das zum marktüblichen Zinssatz verzinst werden konnte (solange eine Preisbindung gem. § 8 WoBindG bestand: max. 5 %). Die Folge war, daß die vorzeitige freiwillige Rückzahlung öffentlicher Baudarlehen im sozialen Wohnungsbau zum Anlaß genommen werden konnte, die Mieten der betroffenen Wohnungen zu erhöhen.

Änderungen des Mietrechts

In der Zeit der SPD/FDP-Regierung gelangte das als Referentenentwurf vorliegende »Mietrechtsänderungsgesetz 1981« nicht zur Verabschiedung. Die im Herbst 1982 an die Regierung gelangte CDU/CSU/FDP-Koalition hielt zunächst an den wohnungspolitischen Beschlüssen der vorherigen Regierung fest, unterstrich jedoch entschiedener als diese den wirtschaftspolitischen Primat. Entsprechend wurden die vorliegenden Beschlüsse in einigen wesentlichen Punkten modifiziert. Besonders deutlich wurde dies bereits bei dem ersten unter der neuen Koalitionsregierung verabschiedeten **Gesetz zur Erhöhung des Angebots an Mietwohnungen vom 20. Dezember 1982** [BGBl.I S.1912]. Im Vergleich zu den Absichten der sozial-liberalen Regierung sah das nunmehr verabschiedete Gesetz weitergehende Änderungen beim Vergleichsmietensystem und bei den Mietspiegeln sowie Staffelmieten auch für den Wohnungsbestand vor.

Das Gesetz erlaubte bei sämtlichen neu abgeschlossenen Mietverträgen für einen Mietzeitraum von bis zu 10 Jahren die Vereinbarung sog. »Staffelmieten« (nach altem Recht waren diese wegen Verstoßes gegen § 10 MiethöheG unzulässig). Gestattet wurden ferner Zeitmietverträge ohne Kündigungsschutz. Desweiteren bestimmte das Gesetz, daß bei der Aufstellung von Mietspiegeln nur noch die Mieten der letzten drei Jahre zugrunde zu legen waren; zugleich konnte der Vermieter ohne weitere Begründung die Obergrenze der im Mietspiegel ausgewiesenen Mietpreisspanne fordern, anstatt sich – wie bisher – am Mittelwert orientieren zu müssen. Ferner durften die bei Mietpreiserhöhungsforderungen nachzuweisenden drei Vergleichswohnungen nunmehr aus dem eigenen Bestand sein. Schließlich bestimmte das Gesetz, daß sich die sog. 20%-Grenze (deren Überschreiten eine Ordnungswidrigkeit darstellt) nicht mehr vom Durchschnitt aller Mieten (ortsübliche Vergleichsmiete) errechnet, sondern von der neuen Vergleichsmiete (nur Mietabschlüsse der letzten 3 Jahre).

In der Öffentlichkeit war das Gesetz heftig umstritten; während der Deutsche Mieterbund durch die darin getroffenen Regelungen das Mietrecht in seiner sozialen Schutzfunktion als wesentlich eingeschränkt ansah, brachte es für andere die notwendigen Rahmenbedingungen für einen marktwirtschaftlichen Mietwohnungsbau, indem potentiellen Investoren größere Möglichkeiten für laufende Mietpreisanhebungen und damit eine bessere langfristige Rentabilität eingeräumt werden sollten. In der Praxis bewirkte das Gesetz keine dauerhaften Impulse für den Mietwohnungsbau, führte allerdings auch nicht zu den von vielen befürchteten drastischen Mietpreissteigerungen.

Erleichterung des Wohnungsbaus durch Rechts- und Verwaltungsvereinfachung

Einen wesentlichen Bestandteil der auf eine **Stärkung privater Investitionen** angelegten Wohnungspolitik bildeten neben Änderungen im Bereich der Wohnungsbausubventionierung Maßnahmen, die den Wohnungsbau vor allem durch **Vereinfachung von Rechts- und Verwaltungsvorschriften** erleichtern sollten. Am 22. Februar 1984 beauftragte die Bundesregierung den Bundesbauminister, konkrete Schritte zur **Entbürokratisierung im Baubereich** durchzuführen. „Gesetzliche Anforderungen und bautechnische Regeln sollten auf ein notwendiges Maß reduziert, inhaltlich sowie verfahrensmäßig stärker aufeinander abgestimmt und für Bürger und Wirtschaft übersichtlicher und verständlicher gefaßt werden“ *(BPA, 1986, S.555)*.

Ein erstes Ergebnis der daraufhin vom Bundesbauminister eingeleiteten Überprüfungsarbeiten bildete die durch das Gesetz vom 5. November 1984 [BGBl.I S.1321] erfolgte **Neuordnung des städtebaulichen Sanierungsrechts**, das die Bundesregierung als wichtigen Beitrag »zur Vereinfachung und Entbürokratisierung sowie zur Stärkung der privaten Investitionsbereitschaft« verstand [BT-Drs. 10/1013, Anl.2, S.13]. Die dadurch erfolgten Änderungen wurden von der SPD und den GRÜNEN mit der Begründung abgelehnt, daß durch den Verzicht auf die Aufstellung von Bebauungsplänen die Möglichkeiten der Bürgerbeteiligung weiter geschmälert, private Investoren und Bodeneigentümer dagegen begünstigt würden.

Die wichtigsten Änderungen bildeten die Aufhebung des Zwangs zur Anwendung der besonderen bodenrechtlichen Vorschriften (§§ 15-23 StbauFG) durch Einführung eines vereinfachten Verfahrens, die Entbindung der Gemeinden von der Verpflichtung, in jedem Falle flächendeckende Bebauungspläne aufzustellen, sowie die Regelung, wonach die Gemeinden auf die Ausschöpfung eines Ausgleichsbeitrags (als Kostenbeitrag des Eigentümers) verzichten können, sofern durch die Sanierung keine wesentliche Grundstückswertsteigerung eintritt.

Fortgesetzt wurden diese Bemühungen mit dem am 23.10.1986 vom Bundestag nach intensiven parlamentarischen Beratungen verabschiedeten **Gesetz über das Baugesetzbuch vom 8. Dezember 1986** [BGBl.I S.2191]. Das Gesetz, das nach der Zustimmung des Bundesrates am 28.11.1986 zum 1.7.1987 in Kraft treten konnte, hatte den Zweck, das bisher weitgehend zersplitterte Bundesbaurecht zu vereinheitlichen und durch Einbeziehung des Städtebauförderungsgesetzes zu einer **Gesamtkodifikation des Städtebaurechts** des Bundes zusammenzufassen. Zugleich sollten mit dem Gesetz einerseits eine weitgehende Entbürokratisierung des Bauwesens und andererseits eine **Eingrenzung überzogener Eingriffsrechte** des Staates erreicht werden. Die einzelnen Bauherren sind in Zukunft bei Bau-, Ausbau- und Umbaumaßnahmen zwar weiterhin den **ländergesetzlichen Regelungen** unterworfen; es wird jedoch davon ausgegangen, daß auch diese Normensysteme im Laufe der Zeit von dem bisherigen Übermaß an restriktiven Auflagen befreit werden.

Soweit es um die in der Regelungskompetenz des Bundes liegenden Vorschriften geht, verzichtete das neue Bundesbaurecht auf »übersteigerte« Normvorstellungen, die das Bauen bisher hemmten und teuer machten. Die Gemeinden erhielten weitreichende Möglichkeiten, den Prozeß der Zersiedlung zu bremsen und den Bau von reinen Urlaubswohnungen in Fremdenverkehrsgebieten einzugrenzen; allerdings sind sie dabei auf die Mithilfe der Länder angewiesen. Die Gemeinden können in Zukunft unter wesentlich erleichterten Bedingungen ihre Bebauungspläne aufstellen. Dies soll die Bereitstellung von Bauland begünstigen, die Bebaubarkeit beschleunigen und die Rechtsmittelanfälligkeit verringern *(vgl. Frerich, 1987, S.573)*.

Erwähnenswert ist in diesem Zusammenhang auch die zum 1.1.1983 in Kraft getretene Neuordnung des **Grunderwerbsteuerrechts** durch Gesetz vom 17. Dezember 1982 [BGBl.I S.1777], die u.a. das ländermäßig zersplitterte Recht zusammenfaßte, die zahlreichen Ausnahmen weitgehend beseitigte und den Steuersatz von 7 % auf 2 % senkte. Die Neuregelung begünstigt vor allen Dingen die Erwerber von höherwertigem Wohneigentum. Die Käufer von selbstgenutzten Eigenheimen unter 350.000 DM (Einfamilienhaus oder Eigentumswohnung) oder unter 420.000 DM (Zweifamilienhaus) sind durch die Neuregelung schlechter gestellt; oberhalb dieser Grenze ist eine Steuererleichterung wirksam.

Wohnungspolitische Maßnahmen Mitte der 80er Jahre

Neben der Vereinfachung des Baurechts gehörte zu den wohnungspolitischen Schwerpunkten der konservativ-liberalen Bundesregierung eine **Vereinfachung des Wohnungsrechts**. Nachdem ein zu dieser Frage im März 1984 bekanntgewordener Referentenentwurf (Wohnungsrechtsvereinfachungsgesetz 1984 – WoVereinfG 1984) auf entschiedene Kritik insbesondere des Deutschen Mieterbundes gestoßen war *(vgl. Mieterzeitung, Nr.5/1984, S.1f.)*, verabschiedete das Bundeskabinett im September 1984 einen etwas modifizierten Gesetzentwurf.

Der Gesetzentwurf, der von der Bundesregierung als weiterer »Beitrag zur Entbürokratisierung« *(SozUmschau, Nr.179/1984)* bezeichnet wurde, sah die Änderung von 70 Paragraphen und die Aufhebung von zwei Gesetzen, zwei Rechtsverordnungen und über 50 Einzelvorschriften vor. Vorgesehen waren u.a. der Wegfall aller gesetzlichen Mietpreis- und Belegungsbindungen für Eigenheime bzw. Eigentumswohnungen, für die öffentliche Mittel zurückgezahlt werden oder schon zurückgezahlt wurden, der Wegfall aller detaillierten Standardregelungen, die Streichung der besonderen Einkommensgrenze für Familienzusatzdarlehen, der Wegfall der Möglichkeit der Verrechnung von Verlusten aus einer Einkommensart mit den Gewinnen aus anderen Einkommen gem. § 25 II.WoBauG sowie die Streichung der Vorschriften über Wohnbesitzwohnungen [BT-Drs. 10/2913].

Sowohl im parlamentarischen Bereich wie in der öffentlichen Diskussion war dieser Gesetzentwurf außerordentlich umstritten. Während er für die einen eine weitere – sozialpolitisch umstrittene – Einschränkung von Schutzvorschriften darstellte, sahen andere in ihm lediglich eine wohnungspolitisch wünschenswerte Vereinfachung bestehender Regelungen (Beseitigung überflüssiger Mehrfachregelungen, überzogener Standardregeln sowie faktisch bedeutungslos gewordener Vorschriften).

Schließlich wurde das **Wohnungsrechtsvereinfachungsgesetz 1985** (WoVereinfG) **vom 11. Juli 1985** [BGBl.I S.1277] im wesentlichen in der Fassung der Regierungsvorlage verabschiedet. Ein Änderungsantrag der SPD [BT-Drs. 10/3499] fand dagegen keine Mehrheit.

Nach dem WoVereinfG 1985 wurden die gesetzlichen Mietpreis- und Belegungsbindungen bei Eigenheimen und eigengenutzten Eigentumswohnungen aufgehoben, sobald die Eigentümer die öffentlichen Mittel abgelöst haben (nicht mehr erst 8 Jahre danach); die Neuregelung war auch für zurückliegende Fälle vorgesehen, in denen die öffentlichen Mittel bereits zurückgezahlt worden waren. Weiterhin wurden die Bedingungen der Objektförderung im sozialen Wohnungsbau hinsichtlich Einkommensbegriff, Einkommensgrenzen und Kinderkomponente sowie hinsichtlich der Bestimmungen über Wohnraumgröße und Ausstattung einer Sozialwohnung gelockert. Zudem wurden zur Vereinfachung von Vorschriften zahlreiche Bestimmungen, die einen unangemessen hohen Verwaltungsaufwand verursachen oder sich als überflüssig erwiesen haben, aufgehoben.

Gleichzeitig mit diesem Gesetz wurde das auf eine Initiative des Bundesrates zurückgehende **AFWoÄndG vom 11. Juli 1985** [BGBl.I S.1276] beschlossen, das verschiedene Änderungen bei der von gut verdienenden Sozialmietern zu leistenden Ausgleichszahlungen brachte. U.a. wurden die relevanten Einkommensgrenzen und der Maximalbetrag der Fehlbelegungsabgabe angehoben und den Ländern gestattet, auf die Anwendung des Gesetzes zu verzichten, soweit an seiner Stelle landesrechtliche Vorschriften erlassen werden.

Förderung des sozialen Wohnungsbaus durch den Bund

Mitte der 80er Jahre vertrat die Bundesregierung die Auffassung, daß die **staatliche Förderung des sozialen Wohnungsbaus** eines ihrer Hauptziele, die »Behebung des Wohnraummangels«, erreicht habe. Unter Hinweis auf die »Normalisierung auf dem Mietwohnungsmarkt« beschloß die Regierung, die direkte staatliche Wohnungsbauförderung in Ergänzung der steuerlichen Förderung auf die **Bildung selbstgenutzten Wohneigentums** durch Familien mit geringem Einkommen zu konzentrieren. Entsprechend beschränkte der Bund ab dem Programmjahr 1986 seine Finanzhilfen an die Länder ausschließlich auf die Förderung des Erwerbs eigengenutzten Wohneigentums. Der Bau von Mietwohnungen wurde durch den Bund seitdem nurmehr in sehr geringem Umfang gefördert (z.B. im Rahmen von Stadtsanierungen und für ganz spezielle Bedürfnisse).

Kritiker sahen in dieser **Umstellung der Förderungspolitik** letztlich einen „Rückzug des Bundes aus seiner sozialpolitischen Verantwortung für die Versorgung von am Wohnungsmarkt benachteiligten Bevölkerungsgruppen" *(Drupp/Hoppe/Schulz, 1985, S. 301)*. Als Konsequenz des »einseitigen, nicht abgesprochenen Rückzug(s) des Bundes aus der Förderung des sozialen Mietwohnungsbaus« forderten die SPDregierten Bundesländer die Übertragung der gesetzgeberischen Kompetenz für den öffentlich geförderten Sozialwohnungsbau auf die Länder *(vgl. Gemeinnütziges Wohnungswesen, Nr. 1/1985, S. 6)*.

Die alleinige Unterstützung von Eigentumsmaßnahmen, aber auch haushaltspolitische Sparmaßnahmen haben seit 1985 zu einer drastischen Reduktion der Finanzhilfen des Bundesverpflichtungsrahmens geführt. Nachdem sich das Förderungsvolumen für das Jahr 1985 noch auf 1,07 Mrd. DM (davon 570 Mio. DM für den Mietwohnungsbau im 1. Förderungsweg und 500 Mio. für das Eigentumsprogramm im 2. Förderungsweg) belaufen hatten, standen 1986 nurmehr 946,5 Mio. DM (davon 446,5 Mio. DM für Baudarlehen und 500 Mio. DM für Aufwendungsdarlehen) zur Verfügung. Im Jahre 1987 betrugen die Finanzhilfen nurmehr 700 Mio. DM, und im Bundeshaushalt 1988 waren sogar lediglich 450 Mio. DM eingeplant (150 Mio. DM für Baudarlehen und 300 Mio. für Aufwendungsdarlehen) *(vgl. BPA, 1988, S. 541)*.

Die **Kürzung der Förderungsmittel** führte zu einem nachhaltigen Rückgang der Zahl der aus Mitteln der öffentlichen Haushalte geförderten Wohnungen. Wurden 1983 noch 104.083 Wohnungen gefördert, waren es 1987 nurmehr 40.623. Ausgewirkt hat sich dabei auch die wohnungspolitische Prioritätensetzung für Eigentumsmaßnahmen; der Anteil der Eigentümerwohnungen an allen geförderten Wohnungen, der 1985 erst bei 56,1 % gelegen hatte, belief sich 1986 auf 69,2 % und 1987 auf 68,9 % (1988: 67,4 %, 1989: 42,1 %, 1990: 36,4 %) *(vgl. auch Tabelle 70)*.

Der auf Eigentumsbildung ausgerichteten staatlichen Wohnungspolitik entsprach das **Wohneigentumsförderungsgesetz** (WohneigFG) **vom 15. Mai 1986** [BGBl. I S. 730], das die steuerliche Eigentumsförderung auf eine neue rechtliche Grundlage stellte und den Ende 1986 ausgelaufenen erweiterten Schuldzinsenabzug sowie den Abzug erhöhter Absetzungen gem. § 7 b EStG ersetzte. Ziel dieses Gesetzes war es, „die steuerrechtliche Förderung wirksamer zu gestalten, dauerhaft zu verbessern und durch eine verstärkte familienorientierte Gestaltung vor allem Familien mit Kindern den Zugang zu Wohneigentum zu verbessern" *(BPA, 1986, S. 550)*. Nach Auffassung der Bundesregierung stellt die Bildung von Wohneigentum nicht nur eine Erweiterung des individuellen Freiraumes dar, sondern bildet zugleich einen »wesentlichen Beitrag zur privaten Alters- und Daseinsvorsorge«. Demgemäß versteht sie die von ihr vertretene **neue Eigenheimförderung** als wichtigen Bestandteil der Vermögenspolitik.

Aufhebung der Preisbindungen für Berliner Altbauwohnungen

In Berlin, wo – anders als im Bundesgebiet – für einen beträchtlichen Wohnungsbestand **Mietpreisbindungen** erhalten geblieben waren, wurde durch das auf Initiative der CDU/CSU und FDP zurückgehende **Gesetz zur dauerhaften sozialen Verbesserung der Wohnungssituation im Land Berlin vom 14. Juli 1987** [BGBl. I S. 1625] die bestehende Preisbindung für Berliner Altbauwohnungen aufgehoben.

Aufgrund dieses Gesetzes galt ab 1.1.1988 für Altbauwohnungen in Berlin (West) hinsichtlich der Miethöhe – von Übergangsregelungen abgesehen – künftig grundsätzlich das gleiche Recht wie im übrigen Bundesgebiet. Nach Auffassung der Bundesregierung gewährleistete das Gesetz »einen sozial verträglichen Übergang von einer staatlich reglementierten zu einer marktkonformen Mietpreisbildung unter den Sicherungen des sozialen Mietrechts«. Damit werde dem »bisherigen unsozialen System der Abstandszahlungen und Schwarzmärkte der Boden entzogen und der Marktzugang für neue Mieter erleichtert« *(BPA, 1987, S. 597)*. Erste Erfahrungen nach der Aufhebung der Mietpreisbindung ließen keine gravierenden Mietsteigerungen erkennen.

9.2.3 Wohngeld

In der zweiten Hälfte der 70er Jahre wurde auch die **subjektive Förderung** im Wohnungswesen mit Hilfe des gebundenen Wohngeldes **sukzessive ausgebaut**. Das **4. ÄndG zum Zweiten WoGG vom 23. August 1977** [BGBl.I S.1629] brachte mit Wirkung vom 1.1. 1978 eine Anpassung der Wohngeldtabellen an die zwischenzeitliche Mieten- und Einkommensentwicklung unter weitgehender Beseitigung bisheriger struktureller Verzerrungen; neben der Anpassung der Miethöchstbeträge an die Mietenentwicklung und der Differenzierung des allgemeinen Freibetrages durch pauschalen Abzug von 15 %, 22,5 % oder 30 % vom Einkommen brachte das Gesetz auch eine Annäherung der Einkommensgrenzen des Wohngeldes an die des sozialen Wohnungsbaus. Das **5. ÄndG vom 4. August 1980** [BGBl.I S.1159] begünstigte v.a. einkommensschwächere Haushalte, insbesondere ab 4 Personen, sowie Alleinerziehende; das Gesetz brachte eine Anpassung der Wohngeldleistungen an die Mieten- und Einkommensentwicklung sowie eine Verstärkung der familienpolitischen Komponente *(vgl. Frerich, 1987, S.122)*. In der Folgezeit führte die Wirtschafts- und Finanzkrise des Staates jedoch auch zu **Leistungseinschränkungen** im Bereich des Wohngeldes.

Mit dem 2. HStruktG vom 22. Dezember 1981 [BGBl.I S.1523] ergaben sich verschiedene Einschränkungen der Leistungen nach dem WoGG für Wohnungseigentümer und Mieter. Die zuschußfähige Belastung der Wohnungseigentümer orientierte sich nunmehr an den tatsächlichen Belastungsverhältnissen; einige Sonderregelungen für Schwerbehinderte wurden eingegrenzt. Die Berücksichtigung des Einkommens der letzten 12 Monate und nicht mehr des letzten vollen Kalenderjahres für die Wohngeldbemessung sowie die teilweise Reduzierung der Pauschalabzüge bei der Ermittlung des wohngeldrelevanten Einkommens waren weitere Kernpunkte des Gesetzes.

Tabelle 69: Wohngeld 1975–1990

Jahr	Empfänger von Wohngeld[1]		davon Empfänger von[2]		durchschnittlicher monatlicher Wohngeldanspruch			gezahlte Wohngeldbeträge in Mio. DM[3]
	insgesamt	in % der Privathaushalte	Mietzuschuß	Lastenzuschuß	insgesamt in DM	Mietzuschuß in DM	Lastenzuschuß in DM	
1975	1.665.671	7,00	1.566.600	99.100	71,99	70,41	97,10	1.642,9
1978	1.548.800	6,40	1.453.600	95.200	83,20	81,65	107,35	1.784,4
1980	1.485.700	6,10	1.407.200	78.500	86,05	85,42	97,42	1.829,7
1981	1.609.000	6,40	1.487.900	121.100	110,00	105,00	162,00	2.415,3
1982	1.610.900	6,40	1.499.900	111.000	109,00	106,00	146,00	2.667,8
1983	1.422.500	5,70	1.329.400	93.100	111,00	110,00	137,00	2.419,2
1984	1.383.200	5,40	1.296.400	86.800	118,00	117,00	138,00	2.462,1
1985	1.357.300	5,30	1.419.600	92.300	119,00	118,00	135,00	2.462,1
1986	1.672.900	6,40	1.731.600	145.700	144,00	143,00	163,00	3.363,0
1987	1.692.300	6,50	1.754.700	142.500	145,00	144,00	156,00	3.727,3
1988	1.648.776	6,20	1.722.500	135.900	148,00	147,00	153,00	3.682,2
1989	1.583.064	5,69	1.668.100	124.400	150,00	150,00	150,00	3.678,4
1990	1.530.873	5,43	1.654.158	120.127	156,00	155,00	156,00	3.618,0

1) jeweils zum 31. Dezember eines Jahres, ohne rückwirkende Bewilligungen; 2) jeweils zum 31. Dezember des Jahres, ab 1985 einschl. rückwirkender Bewilligungen aus dem 1. Vierteljahr des folgenden Jahres; 3) jährlich.
Quellen: Statistisches Jahrbuch für die Bundesrepublik Deutschland 1989, S.419; Wohngeld- und Mietenbericht 1989, BT-Drs. 11/6483 vom 15.2.1990; Wirtschaft und Statistik, Heft 11/1989, S.720; Statistisches Bundesamt: Fachserie 13: Sozialleistungen, Reihe 4: Wohngeld, versch. Jge.

Mit dem HBegleitG 1983 vom 20. Dezember 1982 [BGBl.I S.1857] wurden strukturelle Verzerrungen bei der Einkommensermittlung für das Wohngeld beseitigt; auf der anderen Seite wurden jedoch bestimmte Freibeträge der Wohngeldberechnung aufgehoben oder eingeschränkt und der Pauschalbetrag für Steuern und Sozialversicherungsbeiträge an die tatsächliche Abgabenbelastung angepaßt; Wohngeldbeträge unter 20 DM im Monat wurden gestrichen. Von diesen Kürzungen wurde jeder 2. Wohngeldempfänger betroffen.

Erst mit dem **6. WoGG-ÄndG vom 11. Juli 1985** [BGBl.I S.1318] zeichnete sich eine Tendenzwende in der Subjektförderung im Wohnungswesen ab. Neben einer allgemeinen Erhöhung des Wohngeldes zum 1.1.1986 wurden verschiedene strukturelle Verbesserungen des Wohngeldes durchgeführt.

Dabei wurden die Miethöchstbeträge und die Einkommensgrenzen angehoben sowie die Ermittlung des wohngeldrelevanten Einkommens nach Maßgabe der Einnahmen im Bewilligungszeitraum und nicht mehr nach dem Einkommen der letzten 12 Monate abgeändert. Die Staffelung der Miethöchstbeträge erfolgte nun nicht mehr nach den Gemeindegrößen, sondern nach den sich aus dem örtlichen Mietenniveau ergebenden Mietenstufen. Wesentliche Verbesserungen brachte das Gesetz durch die Stärkung der Kinder- und Familienkomponente; der durch das HBegleitG 1983 aufgehobene Familienfreibetrag für Kinder bzw. Pflegekinder mit eigenen Einnahmen wurde in Höhe von 1.200 DM wieder eingeführt; die Wohngeldleistungen an Haushalte, in denen Personen über 62 Jahre mit Kindern zusammenleben, wurden durch einen besonderen Elternfreibetrag von 2.400 DM im Jahr erhöht. Diese Rechtsänderungen führten zu nicht unerheblichen Wohngelderhöhungen; im einzelnen ergaben sich durchschnittliche Mehrbeträge pro Monat in Höhe von 30 DM für einen Ein-Personen-Haushalt, von etwa 50 DM für Zwei- bis Drei-Personen-Haushalte und von etwa 60-70 DM für Mehr-Personen-Haushalte; Arbeitslose erhielten seitdem im Durchschnitt etwa 60 DM mehr Wohngeld, und die Familienkomponente zugunsten älterer Mitbewohner führte zu einer zusätzlichen Wohngelderhöhung gegenüber den allgemeinen Maßnahmen von durchschnittlich 45 DM pro Monat. Die jährlichen Mehrausgaben bei Bund und Ländern erreichten nahezu 1 Mrd. DM *(vgl. auch Th. Klein, 1988 a)*.

9. 2. 4 Änderung der Wohnungsgemeinnützigkeits-Regelung

Vor allem in Zeiten einer unzureichenden Wohnungsversorgung bedienten sich die staatlichen Organe mit Erfolg der **Träger des gemeinnützigen Wohnungsbaus**, um die Ziele ihrer Wohnungspolitik umzusetzen. Gerade die Erfolge im sozialen Wohnungsbau sind in wesentlichem Maße der gemeinnützigen Wohnungswirtschaft zu verdanken, die ihren Ursprung in den als Selbsthilfeorganisationen der Arbeitnehmer gegründeten Bauvereinen und Baugenossenschaften hat, die ursprünglich dazu beitragen sollten, für einkommensschwache Bevölkerungskreise gesundheitsförderliche Wohnungen kostengünstig zu bauen *(vgl. Brück, 1981, S.329ff.; Lampert, 1985, S.254; Heuer u.a., 1979, S. 105ff.)*. Nachdem in dieser Richtung tätigen Baugenossenschaften 1930 erstmals die **»Gemeinnützigkeit«** zuerkannt worden war, regelte das **Wohnungsgemeinnützigkeitsgesetz (WGG) vom 26. März 1934** [RGBl.I S.246], das i.d.F. der Bekanntmachung vom 29. Februar 1940 [RGBl.I S.437] im wesentlichen bis Anfang 1990 Gültigkeit hatte, Einzelheiten der gemeinwirtschaftlichen Wohnungswirtschaft.

Als Gegenleistung für umfangreiche Steuerbefreiungen unterlagen die nach diesem Gesetz anerkannten gemeinnützigen Wohnungsunternehmen einer besonderen Mietpreisbindung (objektbezogene Kostenmiete, § 7 Abs.2 S.1 WGG i.V.m. § 13 WGGDV), einer gemeinnützigkeitsrechtlichen Vermögensbildung (Beschränkung der Gewinnausschüttung auf max. 4 % jährlich; dauerhafte Bindung des Vermögens an den sozialen Zweck), der Verpflichtung, Wohnungen für sozial schwache Bevölkerungskreise zu bauen, der Pflicht zur Verwendung staatlich genehmigter Mustermietverträge mit einem über den gesetzlichen Rahmen hinausgehenden Mieterschutz sowie einer umfassenden staatlichen Überwachung der Unternehmensführung.

Eine besondere Bedeutung erlangten die gemeinnützigen Wohnungsbauunternehmen in der Zeit nach dem Zweiten Weltkrieg, als ihnen der Staat einen großen Teil des **sozialen Wohnungsbaus** übertrug. Die 1.892 gemeinnützigen Wohnungsunternehmen (1978), die überwiegend von Bund, Ländern und Gemeinden, Gewerkschaften, Kirchen und Sozialversicherungsträgern getragen werden (das größte Unternehmen war die ehemals gewerkschaftseigene »**Neue Heimat**«), bauten in der Nachkriegszeit zeitweise zwei Fünftel aller Neubauwohnungen. Insgesamt errichteten sie zwischen 1949 und 1978 immerhin 4.409.136 Wohnungen (über ein Viertel aller in dieser Zeit gebauten Wohnungen) und versorgten damit rd. 10 Mio. Menschen mit einer Wohnung. Ende 1986 befanden sich insgesamt 3,38 Mio. Wohnungen in ihrem Besitz, darunter 2,74 Mio. nach 1949 errichtete Wohnungen; davon waren 2,40 Mio. Sozialwohnungen [BT-Drs. 11/2157].

Die mit der allmählichen Normalisierung der Wohnungsversorgung einhergehenden Bestrebungen nach Deregulierung der Wohnungswirtschaft beinhalteten auch Forderungen nach **Einschränkung der steuerlichen Privilegien** der gemeinnützigen Wohnungsunternehmen. Kritiker sahen in den diesen Unternehmen gewährten Steuerbefreiungen eine Wettbewerbsverzerrung im Verhältnis zu freien Unternehmen; beanstandet wurde zunehmend auch die Konzentration von Wohnungseigentum in quasi-staatlicher Hand. Nachdem bereits Anfang der 60er Jahre Überlegungen zur Reform des WGG angestellt worden waren, begannen Anfang 1980 erneut nachhaltige Auseinandersetzungen um die **Zukunft der Wohnungsgemeinnützigkeit** *(vgl. Drupp, 1989)*.

Erste konkrete Absichten zur Änderung des WGG, wie sie z.B. der CDU/CSU-Entwurf zu einem Wohnungsbauänderungsgesetz 1981 [BT-Drs. 9/468] oder ein Referentenentwurf des Bauministeriums vom 15.7.1981 enthielten, wurden zwar zunächst nicht verwirklicht, veranlaßten den damaligen Bundesbauminister aber immerhin, 1982 eine Bund-Länder-Kommission einzusetzen, die Vorschläge zur Reform des Wohnungsgemeinnützigkeitsgesetzes ausarbeiten sollte. Die von der Bund-Länder-Kommission in ihrem Schlußbericht vom 14.10.1983 vorgestellten Reformvorschläge sahen v.a. eine Eingrenzung des Tätigkeitsbereichs gemeinnütziger Wohnungsunternehmen sowie eine stärkere Reglementierung der Unternehmen vor. Empfohlen wurden u.a. eine gesetzliche Festlegung des zu betreuenden Personenkreises, Möglichkeiten einer Belegungs- und Preisbindung durch die Kommunen sowie eine stärkere Kontrolle der Unternehmen (jährliche Berichtspflicht, Erweiterung der Auskunftspflicht, zusätzliche Maßnahmen zum Ausschluß von Interessenkollisionen). Vehement abgelehnt wurden diese Vorstellungen von den gemeinnützigen Wohnungsunternehmen, die darin einen Eingriff in die Unternehmensautonomie mit »zwangswirtschaftlichem Charakter« sahen. „Tatsächlich erfolgte in der BLK-Konzeption eine weitgehende Beschränkung wohnungsgemeinnütziger Inhaltsbestimmung anhand des Kriteriums der Versorgung einkommens- und sozialschwacher Personengruppen unter Außerachtlassung traditioneller wohnungsgemeinnütziger Leistungen wie der Zweckbindung des Vermögens, der Dividendenbegrenzung, aber auch der Erbringung zusätzlicher sozialer und wohnkultureller Leistungen" *(Drupp/Hoppe/Schulz, 1985, S. 302)*.

Nachdem zunächst eine Entscheidung über die Reform des WGG zurückgestellt und stattdessen vom BMF eine **Sachverständigenkommission** eingesetzt worden war, die gutachterlich zur Frage Stellung nehmen sollte, inwieweit steuerliche Vergünstigungen für gemeinnützige Wohnungsunternehmen gerechtfertigt sind, sorgten die in der ersten Hälfte der 80er Jahre bekannt gewordenen und stark kritisierten Geschäftspraktiken der »**Neuen Heimat**« für eine erhebliche Verunsicherung von Mietern, öffentlichen Körperschaften und Kreditinstituten. Während einzelne Länder von der Neuen Heimat umfangreichere Wohnungsbestände zum Schutz der Mieter übernahmen, erwartete die Bundesregierung von den Eigentümern der Neuen Heimat ein überzeugendes **Sanierungskonzept** sowie die Zuführung der erforderlichen Eigenmittel. Die Bundesregierung selbst war lediglich bereit, Ermessensentscheidungen der öffentlichen Hand zu erörtern, lehnte jedoch eine Sanierung des Konzerns durch zusätzliche Subventionen aus Steuermitteln entschieden ab. Bei aller Berechtigung zahlreicher Vorwürfe hinsichtlich der bei der Neuen Heimat aufgedeckten **Mißwirtschaft** wurde diese Angelegenheit zusehends zum Gegenstand parteipolitischer und wahltaktischer Auseinandersetzungen.

Die gewerkschaftseigene gemeinnützige Neue Heimat war in den Nachkriegsjahren zusammen mit der ausschließlich gewinnorientierten »Neue Heimat Städtebau« (NHS) zu Europas größtem Wohnungsbaukonzern aufgestiegen. Mit spektakulären »Enthüllungen« des SPIEGEL über „die unsägliche Korruption und Vetternwirtschaft des früheren NH-Chefs ALBERT VIETOR" *(Kempe, 1990)* wurde Anfang 1982 nicht nur einer der größten Skandale der deutschen Nachkriegsgeschichte aufgedeckt, sondern zugleich die „Ära des Verfalls des gewerkschaftseigenen Firmenimperiums" *(Kempe, 1990)* eingeleitet.

Auf die Veröffentlichungen des SPIEGEL über die skandalösen Geschäftspraktiken und persönlichen Bereicherungen führender Manager der Neuen Heimat reagierten die Gewerkschaften zwar mit der sofortigen Ablösung des alten Managements und der Einsetzung einer unbelasteten neuen Geschäftsführung, die Entstehung einer breiten öffentlichen Diskussion – auch über die Wirtschaftstätigkeit der Gewerkschaften insgesamt – konnte damit jedoch nicht mehr verhindert werden. Die fortwährende öffentliche Diskussion und weitere »Enthüllungen« ließen dem neuen NH-Management von Anfang an kaum Möglichkeiten eines Neubeginns. „Die seit Anfang 1982 amtierende Geschäftsführung (hatte) nicht nur mit der – vorwiegend prozessualen – Aufarbeitung des Bereicherungsskandals und vor allem mit der Bewältigung der zunehmenden wirtschaftlichen Schwierigkeiten zu tun, sondern (mußte) auch die geschäfts- und beteiligungspolitische Vergangenheit der Neuen Heimat seit Anfang der 60er Jahre aufarbeiten" *(Kempe, 1990)*. Nur durch umfangreiche finanzielle Stützungsmaßnahmen des DGB und der Einzelgewerkschaften konnte damals die NHS vor dem sofortigen Konkurs gerettet werden. Mitte der 80er Jahre, als sich die Situation auf dem Wohnungsmarkt zusehends verschlechterte, geriet auch die stark überschuldete gemeinnützige Neue Heimat in immer größere finanzielle Bedrängnis. Obgleich bis September 1985 bereits 55.000 der ehemals mehr als 300.000 Wohnungen der Neuen Heimat verkauft worden waren, erwies sich eine Sanierung des Unternehmens zunehmend als unmöglich. Der in dieser Situation unternommene Versuch, den Konzern durch Verkauf der regionalen NH-Ge-sellschaften an die Bundesländer bzw. landeseigene Trägergesellschaften zu liquidieren, geriet vor dem Hintergrund der öffentlichen Diskussion allerdings schon bald ins Stocken, da es sich kaum noch eine politische Institution leisten konnte, unbefangen mit der NH zu verhandeln.

Den Höhepunkt der Skandalgeschichte um den Wohnungsbaukonzern Neue Heimat bildete schließlich am 19. September 1986 der Verkauf des gesamten NH-Imperiums an den mittelständischen Berliner Brotfabrikanten HORST SCHIESSER zum symbolischen Preis von einer DM. Die Hoffnung der Gewerkschaften, damit endgültig aus den Schlagzeilen zu kommen, erfüllte sich jedoch nicht. „Die Öffentlichkeit stand Kopf, Schiessers Seriosität geriet in Zweifel, die Banken sahen ihre Forderungen (immerhin 17 Milliarden Mark) bedroht und erzwangen den Rückkauf der Neuen Heimat durch die BGAG zum gleichen Preis von einer Mark" *(Kempe, 1990)*. Erst als es danach etwas ruhiger um die Neue Heimat geworden war, gelang es einem Treuhänder, den Konzern im Einklang mit den Gläubigerbanken, die sich bis Ende 1988 zu einem Stillhalteabkommen verpflichtet hatten, im wesentlichen durch Verkauf der regionalen NH-Gesellschaften sukzessive zu liquidieren. Geblieben ist von dem ehemals größten Wohnungsbaukonzern Europas inzwischen nurmehr ein unbedeutender Restbereich.

Vor diesem Hintergrund blieb es nicht aus, daß die Vorschläge und Empfehlungen des Untersuchungsausschusses »Neue Heimat« des Deutschen Bundestages [BT-Drs. 10/6779] sowie des Parlamentarischen Untersuchungsausschusses des Hamburger Senats [Drs. 11/5900] zu einer neuerlichen Belebung der Forderung nach **Überprüfung des Wohnungsgemeinnützigkeitsgesetzes** führten. Schwerpunkte einer Novellierung des WGG sollten nach den Vorstellungen des Bundesbauministers u.a. die Klarstellung des sozialen Auftrags der gemeinnützigen Wohnungsunternehmen, der Wegfall der Baupflicht, die Präzisierung der Bedingungen für das Ausscheiden aus der Wohnungsgemeinnützigkeit sowie die Regelung der Rahmenbedingungen der Bauträgerschaft sein.

Schließlich vereinbarten die Koalitionsparteien in ihren Beschlüssen vom 10.10. und 3.11.1987, die Steuerfreiheit der gemeinnützigen Wohnungs- und Siedlungsunternehmen auf Genossenschaften zu beschränken, deren Tätigkeit auf Vermietung begrenzt ist;

zugleich sollte die Steuerfreiheit der Unternehmen, die als Organe der staatlichen Wohnungspolitik anerkannt sind, aufgehoben werden. Entsprechende Regelungen wurden von der Bundesregierung in den Entwurf eines Steuerreformgesetzes 1990 aufgenommen [BT-Drs. 11/2157, S.209 ff.].

Unterdessen sind die noch rd. 1.800 gemeinnützigen Wohnungsunternehmen und die 51 als Organe der staatlichen Wohnungspolitik anerkannten Unternehmen [BT-Drs.11/2157, S.210] durch das **Gesetz zur Überführung der Wohnungsgemeinnützigkeit in den allgemeinen Wohnungsmarkt** (Art. 21 des SteuerRG 1990) **vom 25. Juli 1988** [BGBl.I S. 1136] auf eine neue gesetzliche und wirtschaftliche Grundlage gestellt worden. Gleichzeitig wurden das aus dem Jahre 1934 stammende Wohnungsgemeinnützigkeitsgesetz (WGG) und die hierzu ergangene WGGDV mit Wirkung zum 1.1.1990 aufgehoben. Das Gesetz brachte einerseits den **Wegfall der Steuerfreiheit**, andererseits aber auch die Beseitigung der diesen Unternehmen auferlegten vermögensmäßigen, sozial- und wohnungspolitischen, prüfungs- und aufsichtsrechtlichen **Bindungen des WGG**.

Aufgrund des Gesetzes entfiel ab 1990 (auf Antrag ab 1991) die Befreiung der gemeinnützigen Unternehmen von der Körperschaft-, Gewerbe- und Vermögensteuer. Unabhängig von der bisherigen Gemeinnützigkeit sind künftig nur noch Erwerbs- und Wohnungsgenossenschaften sowie Vereine steuerbefreit, die Wohnungen herstellen oder erwerben und ihren Mitgliedern zum Gebrauch überlassen, soweit ihre Einnahmen aus sonstigen Geschäften nicht mehr als 10 % der Gesamteinnahmen übersteigen. Mit dem Wegfall der Steuervorteile sind die bisherigen Unternehmen allerdings auch nicht mehr an die wohnungsgemeinützigkeitsrechtliche Kostenmietbindung gebunden. Für einen Übergangszeitraum bis 1995 können durch Verordnung der Landesregierung die Mieterhöhungen für Gebiete mit erhöhtem Wohnungsbedarf auf maximal 5 % jährlich begrenzt werden. Außerdem gelten für die Unternehmen nicht mehr die bisherigen Beschränkungen des Geschäftsbetriebes, die Ausschüttungsbegrenzung sowie die zweckbestimmte Vermögensbindung. Schließlich besteht nicht mehr die Pflicht zur Mitgliedschaft in einem nach dem WGG zugelassenen regionalen Prüfverband.

Die Aufhebung des WGG hat erhebliche **Kontroversen** ausgelöst. Während die Bundesregierung in diesem Schritt die Chance sieht, die **Leistungsfähigkeit** der gemeinnützigen Wohnungsunternehmen auf Dauer zu erhalten und zu stärken, sehen andere in dieser Maßnahme eine erhebliche Verschlechterung der Rechtsposition der Mieter und betonen, daß der Wohnungsmarkt des **preisregulierenden Korrektivs** eines gemeinnützigkeitsrechtlich gebundenen Angebots bedürfe *(vgl. Deutscher Mieterbund, 1988)*. Die SPD akzeptierte zwar die Notwendigkeit gewisser Reformen, sprach sich jedoch in einem dem Bundestag vorgelegten Antrag für die Erhaltung und die Stärkung der Wohnungsgemeinnützigkeit aus [BT-Drs. 11/1389].

Zwar wollte die Bundesregierung nicht ausschließen, daß es in einer Übergangsphase bei Wohnungen, auf die sich der Wegfall der gemeinnützigkeitsrechtlichen Kostenmietbindung unmittelbar auswirkt, zu Mieterhöhungen kommt; sie erwartete jedoch, daß die Unternehmen sich ihrer Tradition gemäß auch in Zukunft sozial verantwortungsbewußt verhalten würden. Umgekehrt könnten die Unternehmen nach Beseitigung der starren gesetzlichen Bindungen nach betriebswirtschaftlichen Überlegungen handeln und ihre Fähigkeiten besser nutzen. Dies senke die Kosten, stärke die Wettbewerbsfähigkeit und ermögliche so günstige Mieten. Mit der Aufhebung der besonderen Kostenmiete könnten Mietverzerrungen ausgeglichen, wirtschaftlich notwendige Mietanpassungen vorgenommen und das Investitionspotential besser genutzt werden. Demgegenüber erwartet der Mieterbund nachteilige Auswirkungen für die Mieter, die bisher umfassend gegen untragbare Mieterhöhungen und Verdrängung geschützt gewesen seien. Immerhin habe der durchschnittliche »Mietvorteil« aufgrund der gemeinnützigkeitsrechtlichen Mietpreisbindung netto rd. 80 Pfg./m^2 monatlich betragen. Die Aufhebung der gesetzlichen Bindungen eröffne Mieterhöhungsspielräume von beträchtlichem Umfang sowie die Möglichkeit, das Wohnungsbauvermögen am freien Markt zu veräußern und es anderen als Wohnungsbauzwecken zuzuführen.

9. 3 Aktuelle Entwicklungen der Wohnungspolitik

9. 3. 1 Die Lage auf dem Wohnungsmarkt seit 1987

Noch Mitte der 80er Jahre dominierten Schlagworte wie »Leerstände«, »Wohnungshalden« und »Preisverfall« die wohnungspolitische Diskussion. Leerstände vor allem bei den Mietwohnungen wurden als deutliches Zeichen einer allgemeinen Marktsättigung gedeutet. Verschiedene ökonomische und demographische Entwicklungen – zweifellos aber auch die Auswirkungen der von der konservativ-liberalen Bundesregierung veranlaßten Maßnahmen zur Deregulierung des Wohnungswesens – haben seitdem zu nachhaltigen Veränderungen auf dem Wohnungsmarkt geführt. Während die Bundesregierung noch 1987 von einem **ausgeglichenen Verhältnis von Angebot und Nachfrage auf dem Wohnungsmarkt** ausging, den Nachholbedarf an Wohnraum als gedeckt ansah und die Ansicht vertrat, daß die »fortschreitende Normalisierung auf dem Wohnungsmarkt ... die Position der Mieter« *(BPA, 1987, S.593)* gestärkt habe, warnten Kritiker bereits vor einer **Erosion des sozialen Mietrechts** sowie einer zunehmenden **Verknappung des Angebots an bezahlbaren Mietwohnungen**. Sie sahen sich in ihren Befürchtungen bestätigt, daß eine weitgehende Liberalisierung des Wohnungsmarktes keine ausreichende Wohnraumversorgung der gesamten Bevölkerung garantiere. Seit 1987 drastisch **steigende Mieten** sowie sich außerordentlich verlängernde Wartelisten bei den öffentlichen Wohnungsämtern machten die **Wohnungsfrage** seit Anfang des Jahres 1988 zu einem der brisantesten innenpolitischen Themen mit erheblicher wahlpolitischer Bedeutung.

Eine Verbesserung der Datengrundlage hinsichtlich der tatsächlichen Wohnungsversorgung der Bevölkerung lieferte die **Gebäude- und Wohnungszählung 1987**, aus der erste Ergebnisse Ende 1988 zur Verfügung standen. Danach gab es im Mai 1987 in der Bundesrepublik insgesamt 26,280 Mio. Wohnungen, rund 6,6 Mio. oder 33,7 % mehr als zum Zeitpunkt der letzten Gebäude- und Wohnungszählung 1968.

Von den im Mai 1987 gezählten 26,28 Mio. Wohnungen in Wohngebäuden und sonstigen Gebäuden standen am Zähltag rd. 467.000 (1,8 %) leer; rund 226.000 Wohnungen wurden ausschließlich für Urlaub und Freizeit genutzt. 152.000 Wohnungen befanden sich in Wohnheimen; ferner wurden 113.000 Wohnungen von Angehörigen ausländischer Streitkräfte und diplomatischer Vertretungen bewohnt. Sieht man von diesen Sonderfällen ab, so standen 25,321 Mio. Wohnungen zur Verfügung, in denen 26,136 Mio. Haushalte (97,7 %) wohnten. 24,629 Mio. Haushalte lebten allein in einer Wohnung, während 1,507 Mio. sich die Wohnung mit einem anderen Haushalt teilten. Dies bedeutet, daß 692.000 Wohnungen von mehr als einem Haushalt bewohnt wurden. Neben den eigentlichen Wohnungen wurden 1987 insgesamt 316.000 sonstige Wohneinheiten gezählt, und zwar in Gebäuden ohne eigene Küche/Kochnische 269.000 und in sonstigen Unterkünften wie Baracken, Wohnwagen oder Lauben zusammen 47.000.

Abermals deutlich verbessert hat sich die Wohnungsversorgung gegenüber 1968 in qualitativer Hinsicht. Besonders zugenommen hat vor allem die Wohnfläche, die durchschnittlich von einer Person bewohnt wird, von 23,8 qm oder 1,38 Räumen 1968 auf 35,5 qm oder 1,87 Räume im Jahre 1987. In den 9,949 Mio. sog. Eigentümerwohnungen entfielen auf ein Haushaltsmitglied im Durchschnitt sogar 38,25 qm (1968: 25,51 qm) bzw. 1,88 Räume (1968: 1,56 Räume); in Mietwohnungen belief sich die durchschnittliche Wohnfläche pro Person auf 33 qm oder 1,78 Räume *(vgl. auch Tabelle 29; StBA, Fachserie 5, Reihe 1 - Gebäude- und Wohnungszählung vom 25. Mai 1987)*.

Die Bundesregierung hielt zwar weiterhin an ihrer These von einer »sehr guten Versorgungslage« fest, räumte im Laufe des Jahres 1989 allerdings sukzessive ein, daß insbesondere in den Ballungsgebieten **deutliche Angebotsengpässe** zu spüren seien. Nach wie vor betrachtete sie unter Hinweis auf die »durchwegs sehr gute Wohnungsversorgung« den Bau von Wohnungen »als originäre Aufgabe der privaten Marktteilnehmer«; zugleich stellte sie jedoch fest, daß angesichts der zutage getretenen Engpässe die »**sozialpolitischen Aspekte der Wohnungspolitik**« wieder verstärkt an Bedeutung gewännen.

In Abhängigkeit vom politischen Standort werden die Ursachen der Trendwende auf dem Wohnungsmarkt in sehr unterschiedlichen Faktoren gesehen. Die SPD, DIE GRÜNEN und der Deutsche Mieterbund betrachten vornehmlich die von der Bundesregierung verfolgte Deregulierungspolitik als eine der Hauptursachen. Es gibt aber auch zahlreiche andere Entwicklungen, die für die Verknappung des Wohnungsangebots ausschlaggebend gewesen sind. Ein wesentlicher Faktor ist zweifellos die seit Mitte der 80er Jahre auf einen Tiefpunkt zusteuernde Wohnungsbautätigkeit; wurden zu Beginn des Jahrzehnts im Jahresdurchschnitt noch rd. 370.000 Wohnungen fertiggestellt, so waren es in den Jahren nach 1985 durchschnittlich nur noch knapp 240.000 jährlich *(vgl. auch Tabelle 29)*.

Als ursächlich für diesen Rückgang gilt u.a., daß die aus der negativen Einkommensentwicklung und den einschneidenden Beschäftigungseinbrüchen resultierende Nachfrageschwäche als Marktsättigung fehlgedeutet wurde. Ein Teil der Kritiker weist darauf hin, daß die Leerstände bei Sozialwohnungen nicht als Folge staatlich administrierter Preise, die den Bezug zum Markt verloren hatten, verstanden worden, sondern vielmehr als Überangebot am Wohnungsmarkt interpretiert worden seien. Die Marktsättigungsdiskussion in Verbindung mit pessimistischen Bevölkerungsprognosen – die sich in dieser Form nicht bewahrheiteten – hätte zu einer erheblichen Verunsicherung der Investoren geführt. Andere machen zudem für den Rückgang des Wohnungsneubaus den deutlichen Abbau der staatlichen Fördermaßnahmen verantwortlich.

Neben einem sich abflachenden Neuzugang wurde das Wohnungsangebot auch durch einen sich beschleunigenden Abgang von Wohnungen aus dem Bestand vermindert. Schätzungen zufolge reduzierte sich der Bestand jährlich durch Zusammenlegung und durch **Überführung in gewerbliche Nutzung** um gut 80.000 Wohnungen. Einen zusätzlichen Abbau erfuhr der Mietwohnungsbestand durch **Umwandlung von Miet- in Eigentumswohnungen**. Der Deutsche Mieterbund schätzt, daß in den letzten Jahren etwa 50.000 Mietwohnungen in Einzeleigentum umgewandelt wurden.

Die Möglichkeiten der Gemeinden, Wohnungssuchenden durch Vermittlung einer Sozialwohnung zu helfen, sind zugleich in den letzten Jahren immer geringer geworden. Zum einen sind im Sozialwohnungsbestand sinkende Fluktuationsraten zu verzeichnen, zum anderen laufen bei einem steigenden Anteil des Sozialwohnungsbestandes die **Sozialbindungen** aufgrund planmäßiger und vor allem vorzeitiger Rückzahlung der öffentlichen Baudarlehen aus. Allein zwischen 1978 und 1988 wurden für rd. 1,16 Mio. Wohnungen die öffentlichen Baudarlehen vorzeitig zurückgezahlt. Auch in den kommenden Jahren ist mit einem deutlichen Rückgang des Bestandes an Sozialwohnungen (Ende 1989: rd. 3 Mio. Wohnungen) zu rechnen *(vgl. Koeppinghoff, 1990, S.87)*.

Die angespannte Wohnungssituation ist allerdings nicht nur eine Folge der Angebotsentwicklung, sondern in starkem Maße auch das Ergebnis einer nachhaltigen **Ausweitung der Wohnungsnachfrage**. Diese Mehrnachfrage hat mehrere Ursachen *(vgl. Koeppinghoff, 1990, S.84ff.)*:

- Seit Mitte der 80er Jahre zu verzeichnende steigende **verfügbare Realeinkommen** der Haushalte haben zu einer »wohlstandsbedingten« Zusatznachfrage geführt, die sich vor allem in einem Anstieg der Pro-Kopf-Fläche niederschlägt.
- Demographisch bedingt (geburtenstarke Jahrgänge der frühen 70er Jahre) kam es in den letzten Jahren zu einer starken Zunahme der **Zahl der Haushalte**; außerdem hält der Trend zu kleineren Haushalten unvermindert an.
- Ein sprunghafter Anstieg der **Zuwanderungen** aus Osteuropa und der DDR hat innerhalb kürzester Zeit eine zusätzliche Nachfrage ausgelöst, auf die der Markt in keiner Weise vorbereitet war.

Kennzeichnend für den Wohnungsmarkt der letzten Jahre ist neben den Angebotsengpässen auch ein signifikanter **Anstieg der Mieten**.

Gemäß Bundesmietenindex, der sowohl aufgrund seiner Aufgabenstellung als auch aus methodischen Gründen nur bedingt aussagefähig ist *(vgl. Bartholmai, 1986, S.45 f.)*, stieg der Index der Mieten insgesamt von Januar 1980 bis September 1989 um + 40,0 % (Altbaumieten: + 46,7 %; freifinanzierte Neubauwohnungen: + 31,5 %; Sozialwohnungen + 43,9 %). Legt man jedoch die Ergebnisse der Einkommens- und Verbrauchsstichprobe vom Januar 1983 und der Volkszählung vom Mai 1987 zugrunde, erhöhte sich der Mietpreis je m^2 in diesem Zeitraum um + 27,5 % (Anstieg des Bundesmietenindex: + 13,4 %). Daher geht der Deutsche Mieterbund davon aus, daß sich von 1980 bis 1989 die Mieten im Bundesdurchschnitt um 70 bis 80 % erhöht haben (in Ballungsräumen sogar um 100 % und mehr). Im Vergleich dazu verteuerten sich die allgemeinen Lebenshaltungskosten im selben Zeitraum lediglich um knapp 30 %. Einen besonders starken Anstieg verzeichneten insbesondere die Mieten der früher als »preiswert« geltenden Altbauwohnungen; Ursache hierfür war einerseits, daß bei diesen Wohnungen die Erhöhungsspielräume am größten waren, und andererseits, daß die Forcierung gerade der Altbaumodernisierung vielfach deutliche Mieterhöhungen nach sich zog. Ebenfalls überdurchschnittliche Mietpreissteigerungen erfuhr seit 1987 nachfragebedingt die Neuvermietung von Wohnraum, insbesondere in den Großstädten *(zur Methode der Indexberechnung vgl. WiSt, Heft 6/1985, S.505 ff.)*.

Ein Hauptproblem stellt vor allem die Entwicklung der Mieten bei **Erst- und Wiedervermietung** dar. Während sich der Mietanstieg bei laufenden Mietverhältnissen eher moderat entwickelte, sind die Erstvertragsmieten in den beiden letzten Jahren geradezu sprunghaft angestiegen. Nach Erhebungen des Rings Deutscher Makler lagen im 1. Quartal 1988 die erfaßten Mieten um 5 bis 7 % über den Vorjahreswerten. Im ersten Quartal 1989 waren bei Wiedervermietung im Altbau um 10 bis 13 %, im Neubau um 7 bis 9 % und bei Erstbezug um rd. 10 % höhere Mieten zu verzeichnen *(vgl. Wohngeld- und Mietenbericht 1989, S.15)*.

Die Folge dieser Entwicklungen auf dem Wohnungsmarkt ist ein stetig härter werdender **Verdrängungswettbewerb**, unter dem vor allem die einkommensschwachen Haushalte immer stärker zu leiden haben. Während zahlungskräftige Nachfrager eine (Preiserhöhungen ermöglichende) Nachfrage erzeugen, wird es für **einkommensschwache Personengruppen** zusehends problematischer, den Mindestbedarf an Wohnraum überhaupt befriedigen zu können. Schätzungen zufolge sind derzeit immerhin rd. 1 Mio. Haushalte ohne angemessene Wohnraumversorgung. **Versorgungsschwierigkeiten** haben vor allem verschiedene besondere Nachfragergruppen (Studenten, Alleinerziehende, Ausländer, Aus- und Übersiedler). Der Nachfrageüberhang zeigt sich deutlich in dem raschen Anstieg der bei den Städten registrierten **Wohnungssuchenden**. Nach Angaben des Deutschen Städtetages erhöhte sich die Zahl der bei den kommunalen Wohnungsämtern registrierten Wohnungssuchenden von 635.000 Ende 1987 auf 819.000 im September 1989 *(vgl. Steimel/Bartella, 1990, S.6)*.

Prognosen über den auf mittlere Sicht **nachfrageadäquaten Bedarf an Wohnungen** sind aufgrund der unsicheren Datenlage hinsichtlich der weiteren Zuwanderungen gegenwärtig nur begrenzt möglich. Für Ende 1989 gingen Fachleute bundesweit von rd. 750.000 fehlenden Wohnungen aus. Nach Berechnungen des Ifo-Instituts München werden bis zum Jahr 2000 mindestens 5,1 Mio. neue Wohnungen benötigt; erforderlich wäre demnach eine jährliche **Neubauleistung** von ca. 400.000 Wohneinheiten *(vgl. Behring, 1989, S.10)*. Wie Erfahrungen aus der Vergangenheit zeigen, ist dies zwar nicht unmöglich, es bestehen jedoch erhebliche Zweifel, ob dies auch unter den derzeitigen Rahmenbedingungen realisierbar ist. Verschiedene Fakten sprechen daher eher dafür, daß sich das Wohnungsproblem zunächst noch verschärfen dürfte *(vgl. Bartholmai, 1989, S.267 ff., 1990, S.27ff.)*.

9.3.2 Wohnungsbedarf und -versorgung von Aus- und Übersiedlern

Eine besondere Akzentuierung hat die Frage der Wohnungsversorgung seit 1987 zweifellos durch die enorm und sprunghaft angestiegene Zuwanderung von **Aussiedlern** und **Übersiedlern** (aus der DDR) erhalten. Die ohnehin das Angebot übersteigende Nachfrage nach Wohnraum machte es für Aus- und Übersiedler bereits frühzeitig relativ schwierig, auf dem freien Wohnungsmarkt eine Wohnung zu finden; lediglich eine marginale Entlastung ergab sich dadurch, daß ein Teil der Aus- und Übersiedler vorübergehend bei Verwandten und Bekannten eine Unterkunft fand. Die vorhandenen administrativen und organisatorischen Voraussetzungen für die Aufnahme von Aus- und Übersiedlern waren nicht für einen derartigen Massenzustrom konzipiert. Sehr schnell erwiesen sich die **bereitgehaltenen Kapazitäten** insbesondere für die **vorläufige Unterbringung** als unzureichend. Selbst die Unterbringung in Hotels sowie in Behelfsquartieren stieß inzwischen auf Grenzen. Zahlreiche Kommunen und auch einige Bundesländer sahen bereits im Laufe des Jahres 1988 ihre **Aufnahmefähigkeit** als erschöpft an.

Nachdem die Bundesregierung zunächst vor allem an die Solidarität der Bundesbürger appellierte, kam sie Mitte 1988 schließlich nicht mehr umhin, selbst Initiativen zu ergreifen *(vgl. Pelzer, 1989, S.361)*. Dazu geführt hat zweifellos auch das nachhaltige Drängen sämtlicher Bundesländer, die – im Gegensatz zur Bundesregierung – ohnehin die **Rechtsauffassung** vertreten, daß es sich bei der Wohnungsversorgung der Aussiedler um ein **Problem der Kriegsfolgelasten** handelt, deren Aufwendungen der Bund allein zu tragen hat.

Ohne vorher eine Entscheidung in diesem Verfassungsstreit zu suchen *(vgl. Pelzer, 1989, S.360)*, beschloß das Bundeskabinett als kurzfristige Entlastungsmaßnahme am 31.8. 1988 ein **Sonderprogramm Wohnungsversorgung für Aussiedler**, in dessen Rahmen der Bund den Ländern zur Finanzierung von Wohnungen für Aussiedler für das Jahr 1989 Mittel in Höhe von 750 Mio. DM als Zuschuß zur Verfügung stellte; weitere 375 Mio. DM waren für 1990 vorgesehen.

Die Finanzhilfen des Bundes setzten die Bereitstellung von Ländermitteln in mindestens gleicher Höhe voraus. Als Durchschnittsförderung pro Wohneinheit wurde ein Zuschuß von 50.000 DM (davon 25.000 DM Bundeszuschuß) zugrundegelegt. Angestrebt wurde, mit diesen Finanzhilfen neuen Wohnraum durch Neubau, aber auch durch kostengünstigere Maßnahmen wie den Um- und Ausbau oder die Erweiterung bestehender Gebäude zu fördern. Einzelheiten der jeweiligen Förderbestimmungen sollten die Länder auf der Basis der mit dem Bund abgeschlossenen Verwaltungsvereinbarung in alleiniger Zuständigkeit festlegen. Eine grundsätzliche Voraussetzung für die Inanspruchnahme der Bundesmittel war allerdings eine siebenjährige Belegungsbindung zugunsten von Aus- und Übersiedlern. Das Ziel dieser Finanzhilfen war, im Programmjahr 1989 die Bereitstellung von ca. 30.000 neuen Wohneinheiten zu erreichen.

Im Zusammenhang mit der für die Umsetzung dieses Programms erforderlichen Verwaltungsvereinbarung bekräftigten die Bundesländer abermals ihre Auffassung, daß im Hinblick auf Art. 120 GG (Kriegsfolgelasten) der Bund verpflichtet sei, die Wohnungsversorgung der Aussiedler zu weit mehr als nur zur Hälfte zu finanzieren. Außerdem kritisierten sie, daß das vorgesehene Fördervolumen das tatsächliche Ausmaß des Bedarfs nicht ausreichend berücksichtige, angesichts des zu erwartenden weiteren Zustroms Überlegungen für die Folgejahre fehlten und der anvisierte durchschnittliche Förderungsbetrag die in den einzelnen Bundesländern sehr unterschiedlichen Baukosten nicht in Betracht ziehe.

Im einzelnen sah die Verwaltungsvereinbarung eine Verteilung der Fördermittel auf die einzelnen Bundesländer entsprechend der tatsächlich aufgenommenen Zahl von Aus- und Übersiedlern vor. Aus rechtlichen Gründen, aber auch zur Gewährleistung einer größtmöglichen Flexibilität, wurde den Ländern lediglich ein grober Rahmen vorgegeben, innerhalb dessen sie Details nach Maßgabe eigener Förderrichtlinien vorgeben konnten. Bereits im Laufe des Jahres 1989 zeichnete sich eine außerordentlich starke Nachfrage nach den Mitteln des Förderprogramms ab; bereits im Frühjahr 1989 wurde eine das Programmvolumen sprengende Antragsflut erkennbar. Trotz des starken Interesses sowie einer ausdrücklich angestrebten zügigen Programmabwicklung dürften Wohnungen aus diesem Programm dennoch erst mit einer gewissen Verzögerung zur Verfügung stehen.

Abgesehen davon, daß sich sehr schnell abzeichnete, daß dieses Förderprogramm bei weitem nicht ausreichte, den dringendsten Wohnungsbedarf der in **überbelegten Übergangsunterkünften** wartenden Aus- und Übersiedler auch nur annähernd zu befriedigen, sahen sich Bund, Länder und Kommunen angesichts der kurzfristig nicht zu beseitigenden Versorgungsschwierigkeiten einheimischer Wohnungssuchender, die teilweise ebenfalls bereits Jahre auf eine vernünftige Unterbringung warten, sehr bald mit **wachsenden Widerständen** in der Bevölkerung gegenüber Sonderprogrammen zugunsten von Aus- und Übersiedlern konfrontiert.

Diese sich immer deutlicher zeigenden **Akzeptanzprobleme** bei der ortsansässigen Bevölkerung stärkten bei den verantwortlichen Politikern die Überzeugung, daß es zweckmäßig sei, in Zukunft auf explizite Sonderprogramme zugunsten von Aus- und Übersiedlern zu verzichten. Die Wohnungsbauförderung sollte daher ab 1990 für alle berechtigten Personengruppen zusammen erfolgen.

Entgegen dieser Absicht sah sich die Bundesregierung Anfang 1990 dennoch gezwungen, den Ländern erneut besondere Finanzhilfen zur vorläufigen Unterbringung von Aus- und Übersiedlern zu gewähren. Durch das auf einen Gesetzentwurf der Bundesregierung vom 21.3.1990 [BT-Drs. 11/6750] zurückgehende Gesetz vom 5. Juli 1990 [BGBl.I S.1347] sollten die Länder in den Jahren 1990/91 zusätzlich 500 Mio. DM erhalten, um damit neue **Übergangswohnheime für Aus- und Übersiedler** schaffen zu können.

9. 3. 3 Wohnungspolitische Initiativen der Bundesregierung

Spätestens die Ergebnisse der Wahlen zum Berliner Abgeordnetenhaus und der Kommunalwahlen in Hessen im Frühjahr 1989, bei denen die CDU jeweils hohe Verluste hinnehmen mußte, veranlaßten die Bundesregierung, von ihrem rein marktwirtschaftlichen Konzept wieder abzugehen. In der Folgezeit wurden verstärkt Überlegungen angestellt und Beschlüsse gefaßt, um den **sozialen Mietwohnungsbau** wieder zu beleben.

Zuvor bereits hatte sich die Bundesregierung hinsichtlich des **Sozialmietwohnungsbaus** allerdings gegen eine Neubelebung der klassischen Förderungsinstrumente entschieden und stattdessen am 29.9.1988 beschlossen, durch Änderungen des II. WoBauG die »**vertraglich vereinbarte Förderung**« als 3. Förderungsweg im sozialen Wohnungsbau einzuführen [BR-Drs. 13/89]. Durch das **WoBauÄndG 1988 vom 21. Februar 1989** [BGBl.I S.242] ist dieses Instrument inzwischen in Kraft getreten. Im Jahre 1989 erfolgten bereits 27 % der Bewilligungen im sozialen Wohnungsbau nach diesem 3. Förderungsweg *(vgl. Koeppinghoff, 1990, S.88)*.

Abweichend von den Regelungen nach dem 1. und 2. Förderungsweg können zwischen dem Darlehens- oder Zuschußgeber und dem Bauherrn bei der abzuschließenden Vereinbarung insbesondere Bestimmungen über Höhe und Einsatzart der Mittel, die Zweckbestimmung, Besetzungsdichte, die Beachtung von Einkommensgrenzen, die Höhe des Mietzinses usw. getroffen werden. Die im Rahmen der »vereinbarten Förderung« geschaffenen Wohnungen unterliegen dagegen nicht den Vorschriften des WoBindG, sind also insbesondere nicht an die Kostenmiete gebunden. Stattdessen gilt für diese Wohnungen das allgemeine Mietrecht (Miethöhegesetz). Allerdings soll sichergestellt sein, daß sich der Mieter auf die Einhaltung der zwischen dem Bauherrn und dem Darlehens- und Zuschußgeber vereinbarten Mietregelungen berufen kann. Die Förderungsmittel gelten indessen nicht als öffentliche Mittel im Sinne des II.WoBauG. Im übrigen soll die vereinbarte Förderung auch im Bereich der Wohnungsfürsorge der öffentlichen Hand angewendet werden können.

Auf Initiative der Bundesregierung [BT-Drs. 11/4085] erfolgte desweiteren eine **Neuregelung der Fehlbelegungsabgabe im Wohnungswesen**. Damit kam sie einem Beschluß des BVerfG vom 8. Juni 1988 *(NJW 1988, S.2599)* nach, mit dem der Bundesgesetzgeber aufgefordert worden war, mit Wirkung ab 1990 die als Grenze für die Erhebung der Fehlbelegungsabgabe gewählte Einwohnerzahl von 300.000 so weit zu senken, daß sie den Anforderungen des Gleichheitsgrundsatzes genügt.

Nach dem 2. AFWoÄndG vom 8. Juni 1989 [BGBl.I S.1058] ist es weiterhin Sache der Länder zu bestimmen, ob in ihren Gebieten die Fehlbelegungsabgabe eingeführt werden soll oder nicht. Sofern sich allerdings das Land für eine Einführung entscheidet, muß es dies in allen Gemeinden tun, »in denen die Kostenmieten (§ 8-8 b WoBindG) öffentlich geförderter Mietwohnungen die ortsüblichen Mieten vergleichbarer, nicht preisgebundener Mietwohnungen erheblich unterschreiten« (§ 1 IV 1 n.F. AFWoG). Dies bedeutet, daß bei Bestehen derartiger Mietdifferenzen Gemeinden unabhängig von ihrer Einwohnerzahl in die Erhebung der Fehlbelegungsabgabe einzubeziehen sind. Hiervon kann lediglich dann abgesehen werden, wenn der Verwaltungsaufwand für die Erhebung der Ausgleichszahlung in einem unangemessenen Verhältnis zu den erwarteten Einnahmen stehen würde. Zudem genügt es zukünftig nicht mehr, die Gemeinden durch Rechtsverordnung zu bestimmen; vielmehr muß dies durch den Landesgesetzgeber erfolgen. Schließlich ist die bisherige Bestimmung über die Befristung des Fehlbelegungsgesetzes bis zum 31.12.1994 aufgehoben worden *(vgl. Dyong 1989, S.2375)*.

Nicht zuletzt die für die Koalitionsparteien ungünstigen Ergebnisse der Wahlen zum Abgeordnetenhaus von West-Berlin sowie der Kommunalwahlen in Hessen veranlaßten die Regierung, am 14./16.3.1989 mit einem **weiteren Maßnahmenpaket** auf die in der Öffentlichkeit zunehmend emotionaler diskutierte Wohnungsknappheit zu reagieren.

Im Rahmen dieses umfassenden Maßnahmenbündels einigten sich die Koalitionsparteien auf eine Verbesserung der steuerlichen Abschreibungsbedingungen für Mietwohnungen durch eine Verstärkung der degressiven Abschreibung (u.a. Erhöhung der Abschreibungssätze in den ersten 4 Jahren auf 28 % und Verkürzung der Abschreibungsdauer von 50 auf 40 Jahre), die Aufstockung des Verpflichtungsrahmens für den sozialen Wohnungsbau für 1990 von 1,25 Mrd. DM auf 1,6 Mrd. DM, die Aufhebung der Trennung zwischen dem Aussiedlerprogramm und dem allgemeinen sozialen Wohnungsbau ab 1990 sowie die gleichberechtigte Förderung von Miet- und Eigentumswohnungen. Ferner beschlossen sie eine Verbesserung des Wohngeldes durch Einführung einer 6. Mietenstufe in Regionen mit besonders hohem Mietenniveau und die Fortführung der Städtebauförderung über 1990 hinaus (mit 660 Mio. DM Bundesmitteln jährlich).

Als eine weitere flankierende Maßnahme zur Erhöhung des Angebots an preisgünstigen Mietwohnungen faßte das Kabinett am 21.6.1989 ferner einen Beschluß zur Novellierung des WoBindG zum Zwecke des **Sozialwohnungstausches**. Mit dieser Gesetzesänderung sollte der Tausch von Sozialwohnungen zugunsten von kinderreichen Familien und anderen Anspruchsberechtigten dadurch erleichtert werden, daß Haushalte, die eine größere Sozialmietwohnung freimachen, auch dann in eine kleinere Sozialwohnung einziehen können, wenn ihr Einkommen die Einkommensgrenzen für den sozialen Wohnungsbau überschreitet.

Zahlreiche Beschlüsse des Kabinetts bzw. der Regierungskoalition haben durch das Steuerreformgesetz 1990 vom 25. Juli 1988 [BGBl.I S.1093] bzw. das Gesetz zur Änderung des Steuerreformgesetzes 1990 sowie zur **Förderung des Mietwohnungsbaus vom 30. Juni 1989** [BGBl.I S.1267] eine gesetzliche Konkretisierung erfahren.

Das Hauptziel des Steuerreformgesetzes 1990 im Bereich des Wohnungswesens bestand in der weiteren Verbesserung der steuerlichen Rahmenbedingungen; insbesondere sollte die seit 1987 geltende Neuregelung der steuerlichen Förderung des selbstgenutzten Wohnungseigentums weiter verbessert werden. U.a. sollte durch Anhebung der zusätzlichen kinderbedingten Förderung (sog. Kinderkomponente) von 600 auf 750 DM für Familien mit Kindern die Bildung von Wohneigentum erleichtert werden *(vgl. S.406f.)*.

Einen weiteren Schwerpunkt der Änderungen bildete die Neuordnung der Förderung des Bausparens. Zu diesem Zweck wurden mit Wirkung ab 1.1.1990 die Grenzen des zu versteuernden Einkommens für die Förderung von Bausparbeiträgen mit Arbeitnehmer-Sparzulage und Wohnungsbauprämie von 24.000/48.000 DM (Ledige/Ehegatten) auf 27.000/54.000 DM angehoben (bei Wegfall der bisherigen Erhöhungsbeträge für Kinder). Gleichzeitig wurde der Höchstbetrag für Bausparbeiträge, die als vermögenswirksame Leistungen begünstigt angelegt werden können, von 624 auf 936 DM erhöht. Diesen Verbesserungen, die zu einer Ausweitung des von der Förderung begünstigten Personenkreises und des Sparvolumens führen, stehen verschiedene Einschränkungen gegenüber; so wurden die Sätze der Wohnungsbauprämie und der Arbeitnehmer-Sparzulage bei Anlagen zum Zwecke des Wohnungsbaus ab 1989 bzw. 1990 auf einheitlich 10 % abgesenkt. Ferner werden Bausparkassenbeiträge, die als Sonderausgaben geltend gemacht werden, ab 1990 nur noch zur Hälfte berücksichtigt.

Mit dem Gesetz zur Förderung des Mietwohnungsbaus wurde vor allem die von den Koalitionsparteien im März 1989 beschlossene Verbesserung der **steuerlichen Abschreibungsbedingungen** auf eine gesetzliche Grundlage gestellt. Während bis dahin die Abschreibungssätze im Mietwohnungsbau in den ersten 10 Jahren lediglich eine Absetzung von 45 % der Anschaffungs- oder Herstellungskosten erlaubten, können nun bei Verkürzung der Gesamtabschreibungsdauer von 50 auf 40 Jahre in den ersten 10 Jahren 58 % der Investitionen abgeschrieben werden (§ 7 Abs.5 EStG).

Die bis Mitte 1989 von der Bundesregierung ergriffenen Maßnahmen wurden durch die **Entwicklung am Wohnungsmarkt** allerdings rasch überholt. Die ab Sommer 1989 drastisch ansteigende Zahl von DDR-Übersiedlern offenbarte zusehends deutlicher die am Wohnungsmarkt vorhandene Anspannung. Die Kommunen waren letztlich nicht mehr in der Lage, Wohnraum für Dringlichkeitsfälle bereitzustellen. Aussiedler und Übersiedler konnten ab Herbst 1989 schließlich nur noch in großer Zahl in Turnhallen, Wohncontainern und anderen Notunterkünften untergebracht werden. Angesichts dieser Entwicklung geriet die Wohnungsversorgung erneut in die Schlagzeilen der öffentlichen Diskussion. Hinzu kam, daß die Länder und Kommunen, die vor Ort mit der Problematik konfrontiert waren, verstärkt Druck auf die Bundesregierung ausübten.

Vor diesem Hintergrund faßten die Koalitionsparteien am 3.10.1989 weitere Beschlüsse, mit denen eine Erhöhung des Wohnungsangebotes erreicht werden sollte (**»Wohnungspolitische Sofortmaßnahmen«**). Vorgesehen wurde u.a. eine Förderung der Schaffung von **zusätzlichem Wohnraum im vorhandenen Gebäudebestand** *alternativ* durch steuerliche Sonderabschreibungen (Herstellungsaufwand von max. 60.000 DM je Wohnung über 5 Jahre jeweils mit 20 %) *oder* zinsgünstige Kredite der Kreditanstalt für Wiederaufbau (Zinsverbilligung um 3 Prozentpunkte über 10 Jahre). Geplant wurde, bei der KfW ein Kreditvolumen von 1,5 Mrd. DM bereitzustellen. Dadurch sollten 75 % der Baukosten bis zu einem Darlehensbetrag von 750 DM/m² Wohnfläche begünstigt werden. Angekündigt wurde ferner, das KfW-Gemeindeprogramm für die Aufschließung von Bauland zu öffnen und den Studentenwohnungsbau zu fördern.

Auch diese Entscheidungen wurden durch die aktuelle Entwicklung schnell überholt; bereits am 7.11.1989 sahen sich die Parteien der Regierungskoalition gezwungen, Maßnahmen zu einer noch stärkeren Förderung des Wohnungsbaus zu beschließen (**»Erweitertes Wohnungsbauprogramm«**). Neben einer spürbaren Anhebung der für den **sozialen Wohnungsbau** bereitgestellten Finanzmittel sieht die Koalitionsvereinbarung eine nochmalige Ausdehnung der **steuerlichen Sonderabschreibung**, ein **Bauspar-Zwischenfinanzierungsprogramm**, die Förderung von **Übergangsheimen** sowie Änderungen des

Mietrechts vor. Im einzelnen beschlossen die Regierungsparteien folgende Maßnahmen:

— Erhöhung des Verpflichtungsrahmens des Bundes für soziale Wohnungsbaumaßnahmen und für die dauerhafte Unterbringung von Personen mit besonderem Wohnbedarf für das Jahr 1990 auf 2,0 Mrd. DM bei einer Verstetigung des Mitteleinsatzes bis zum Jahre 1993. Die gegenüber den ursprünglichen Ansätzen zusätzlichen Beträge sollten ausschließlich über den 3. Förderungsweg vergeben werden.
— Schaffung einer – alternativ zur Direktförderung – günstigeren Abschreibungsregelung für Investoren von preis- und belegungsgebundenen Wohnungen (85 % Abschreibungen in den ersten 10 Jahren; 10jährige Belegungsbindung; Mietpreisbindung und Einhaltung von Höchstmieten).
— Bereitstellung zinsverbilligter Bauspar-Zwischenfinanzierungskredite für den Bau und den Ersterwerb von selbstgenutzten Wohneinheiten (Mittelvolumen: 500 Mio. DM); Mittelbereitstellung im »Windhundverfahren«; Förderungsumfang etwa 80.000 Wohnungen; wesentliche Programmkonditionen: Darlehenshöchstbetrag 80.000 DM (+ 20.000 DM je Kind), Zinsverbilligung um 2,5 Prozentpunkte für höchstens 3 Jahre.
— Bereitstellung von Zuschüssen in Höhe von 300 Mio. DM durch den Bund zugunsten der Länder zur Durchführung eines Sonderprogramms zur Förderung von 20.000 Wohnheimplätzen für Studenten.
— Förderung von Einrichtungen zur Übergangsunterbringung durch Gemeinden und andere Träger: Zinsverbilligung um 4 Prozentpunkte für Kredite im Rahmen des KfW-Gemeindeprogramms.
— Erweiterung der Wohnungsfürsorge des Bundes für seine Bediensteten (10 Mio. DM).
— Verzicht auf Restriktionen im Mietrecht; stattdessen eng begrenzte mietrechtliche Änderungen zur befristeten Unterbringung in Ferienwohnungen, zur Erleichterung der Vermietung an Studenten sowie zum Abbau mietrechtlicher Hemmnisse für Maßnahmen des Um- und Ausbaus.
— Anhebung des Wohngeldes auf ein zeitgerechtes und angemessenes Niveau.
— Flankierende Maßnahmen zur Erleichterung des Wohnungsbaus (z.B. Unterstützung der Gemeinden bei der Aufschließung von Wohnbauflächen; Grundstücksvergabe aus Bundesvermögen zu günstigen Konditionen; Ausweitung der Baukapazitäten; vorübergehende Erleichterungen bei den planungs- und baurechtlichen Bestimmungen).

Generelles Ziel dieser beiden Maßnahmenpakete, die das BMBau auch als **»Programm für 1 Million Wohnungen«** bezeichnete, war die Realisierung von 400.000 Baugenehmigungen im Jahre 1990 sowie der Bau von rd. 1 Mio. Wohnungen innerhalb der folgenden 3 Jahre. Unter Hinweis darauf, daß der Bund seine Mittel 1990 gegenüber dem Vorjahr nahezu verdoppelt habe, wurde von den Ländern eine entsprechende Steigerung ihrer Wohnungsbauausgaben erwartet (auf rd. 8 Mrd. jährlich).

Ausgehend von diesen Vereinbarungen haben die Fraktionen der CDU/CSU und der FDP kurz darauf verschiedene Gesetzentwürfe im Bundestag eingebracht. Ein erster am 14.11.1989 vorgelegter **Entwurf eines Gesetzes zur steuerlichen Förderung des Wohnungsbaus und denkmalgeschützter Gebäude** (WoBauFG) [BT-Drs. 11/5680] sah vor, durch verschiedene steuerrechtliche Maßnahmen neue Anreize zu schaffen, um privates Kapital verstärkt in den Wohnungsbau zu lenken.

Durch einen neuen § 7 c EStG sollte ein Anreiz geschaffen werden, vorhandene Gebäudeflächen durch Aus- und Umbaumaßnahmen mit verhältnismäßig geringem Aufwand zur Nutzung als zusätzliche, abgeschlossene Mietwohnungen umzuwandeln. Vorgesehen war ferner, für Wohnungen, die durch Baumaßnahmen an bestehenden Gebäuden geschaffen werden, erhöhte Absetzungen von jährlich 20 % der Aufwendungen über fünf Jahre – beschränkt auf 60.000 DM je Wohnung – zuzulassen. Durch einen neuen § 7 k EStG sollte für neu errichtete Mietwohnungen, die auf die Dauer von mindestens 10 Jahren zu einer sozial verträglichen Miete an Personen vermietet werden, die im öffentlich geförderten Wohnungsbau wohnberechtigt sind, eine besondere Abschreibungsmöglichkeit geschaffen werden. Weiterhin sollte die Schaffung neuen Wohnraums durch die Möglichkeit der Entnahme von Gebäuden aus dem Betriebsvermögen erleichtert und die Übergangsregelung zur Nutzwertbesteuerung bei selbstgenutzten Wohnungen in eine Dauerregelung für denkmalgeschützte Wohnungen im Betriebsvermögen umgewandelt werden. Schließlich sollte die steuerliche Förderung von Baudenkmälern und Gebäuden in Sanierungsgebieten und städtebaulichen Entwicklungsbereichen fortgeführt und verstärkt werden.

Das **Wohnungsbauförderungsgesetz** (WoBauFG) **vom 22. Dezember 1989** [BGBl.I S. 2408] war von den Oppositionsparteien heftig kritisiert worden. Während die SPD vor allem die in dem Gesetz enthaltenen Abschreibungserleichterungen ablehnte [BT-Drs. 11/5975], hatten DIE GRÜNEN die Vorlage als ein Gesetz für Privilegierte bezeichnet, das im Widerspruch zu der Zielsetzung stehe, zusätzlichen Wohnraum zu schaffen. Die mit dem Gesetz geschaffene steuerliche Abschreibung mit Sozialbindung wurde auf Bauvorhaben beschränkt, die bis Ende 1992 fertiggestellt werden.

Zur flankierenden Unterstützung der übrigen wohnungspolitischen Maßnahmen sah des weiteren der **Entwurf eines Wohnungsbau-Erleichterungsgesetzes** (WoBauErlG) vom 5.12.1989 [BT-Drs. 11/5972] gesetzliche Maßnahmen vor, damit Wohnbauland verstärkt und schneller ausgewiesen, Wohnungsbauvorhaben erleichtert und Wohnraum aus dem Bestand zur Verfügung gestellt werden können. Neben verschiedenen zeitlich befristeten **Erleichterungen des Planungs- und Baurechts** sollten einige **mietrechtliche Vorschriften** geändert werden.

Hierzu gehörten u.a. die generelle Freistellung von Ferienhäusern und -wohnungen vom Mietrecht, die Suspendierung des Kündigungsschutzes bei Anmietung von Wohnräumen durch die Gemeinde zum Zwecke der Vermietung an Dritte, die Gestattung der Teilkündigung von Nebenräumen sowie die Aufhebung des Zweckentfremdungsverbotes bei Umwandlung gewerblich genutzter Räume in Wohnraum. Entschieden abgelehnt wurden die in diesem Gesetzentwurf vorgeschlagenen Maßnahmen von den GRÜNEN, die darin einerseits eine Verschlechterung des Mieterschutzes und zum anderen weitere Einschnitte in die Bürgerbeteiligung bei Baumaßnahmen sahen [BT-Drs. 11/6705]. Auch die SPD wandte sich in einem Änderungsantrag gegen die geplanten Sonderkündigungsregelungen [BT-Drs. 11/6650].

Bei Ablehnung der Änderungsanträge der Oppositionsparteien verabschiedete der Bundestag am 29.3.1990 den Gesetzentwurf entsprechend der Beschlußempfehlung des Ausschusses [BT-Drs. 11/6773]. Das am 1.7.1990 in Kraft getretene **Wohnungsbau-Erleichterungsgesetz** (WoBauErlG) **vom 17. Mai 1990** [BGBl.I S.926] soll eine verstärkte und schnellere Ausweisung von Bauland ermöglichen, die Durchführung von Wohnungsbauvorhaben erleichtern sowie Wohnraum aus dem Bestand schaffen.

Ebenfalls am 29.3.1990 verabschiedete der Bundestag ein **Gesetz zur Änderung des Wohnungsbindungsgesetzes** (WoBindÄndG), das auf Gesetzentwürfe der Bundesregierung [BT-Drs. 11/6524] sowie des Bundesrates [BT-Drs. 11/4482] zurückging. Der Zweck des Gesetzes war, zu verhindern, daß die vorzeitige Rückzahlung öffentlicher Baudarlehen zu Mietpreiserhöhungen führt; außerdem sollten der Wohnungstausch für Mieter von Sozialwohnungen erleichtert und die Abnahme des Bestandes an Sozialwohnungen verzögert werden. Durch das **WoBindÄndG vom 17. Mai 1990** [BGBl.I S.934] sollte daher sichergestellt werden,

— daß nach vorzeitiger Rückzahlung Zinsen für Ersatzfinanzierungsmittel nur in der Höhe der bisherigen Zinsen für das öffentliche Baudarlehen angesetzt werden dürfen,
— daß Wohnungsberechtigungsbescheinigungen ausnahmsweise unabhängig vom Gesamteinkommen des Tauschwilligen erteilt werden können, wenn dadurch der Tausch von Sozialwohnungen ermöglicht werden kann und
— daß die Regelungen über Geldleistungen bei schuldhaften Gesetzesverstößen vollzugstauglich bleiben.

Einen Vorschlag des Bundesrates aufgreifend, befürwortete der Ausschuß für Raumordnung und Städtebau, die Nachwirkungsfristen bei vorzeitiger Rückzahlung öffentlicher

Baudarlehen zu verlängern, um dem **Rückgang des Sozialwohnungsbestandes** entgegenzusteuern und die Anreize zur Rückzahlung zu vermindern. Entgegen dem ursprünglichen Bundesratsvorschlag und gegen die Stimmen der Oppositionsparteien sieht das Gesetz allerdings nur eine Verlängerung der Nachwirkungsfrist bei vorzeitiger unfreiwilliger Rückzahlung von 10 auf 12 Jahre und bei vorzeitiger freiwilliger Rückzahlung von 8 auf 10 Jahre vor. Die in § 16 Abs. 3 und § 16 a WoBindG vorgesehenen verkürzten Nachwirkungsfristen wurden ebenfalls auf 10 Jahre verlängert.

Abgelehnt wurde im Bundestag dagegen ein Gesetzentwurf des Bundesrates zur Änderung des II.WoBauG [BT-Drs. 11/6005]. Schon der zuständige Bundestags-Ausschuß war der Meinung gewesen, daß der Vorschlag des Bundesrates, den Ländern die Möglichkeit einzuräumen, Rückflußmittel des sozialen Wohnungsbaus auch für städtebauliche Maßnahmen verwenden zu können, kontraproduktiv und nicht zeitgemäß sei [BT-Drs. 11/6774].

Mehr Erfolg beschieden war einem Gesetzentwurf des Bundesrates vom 7.2. 1990 [BT-Drs. 11/6374], der darauf abzielte, die Rechtsstellung des Mieters bei **Begründung von Wohnungseigentum an vermieteten Wohnungen** zu verbessern.

Der Initiative lag das Problem zugrunde, daß der Drang zum Erwerb von Wohnungseigentum in jüngster Zeit in großem Umfang dazu geführt hatte, bestehende Wohnhäuser mit vermieteten Wohnungen in Eigentumswohnungen aufzuteilen (»umzuwandeln«) und diese Wohnungen anschließend zu veräußern. Sehr häufig kündigten die Erwerber das Mietverhältnis wegen Eigenbedarfs. Ziel des Gesetzentwurfes war es, in diesen Fällen den Mieter in Gebieten, in denen er wegen eines zu geringen Angebots an Wohnraum nur schwer eine angemessene Ersatzwohnung finden kann, besser gegen die Verdrängung aus seiner alten Wohnung zu schützen. Um dies zu erreichen, war vorgesehen, die in § 564 Abs.2 Nr.2 S.2 BGB enthaltene Sperrfrist, nach der sich der Erwerber einer umgewandelten Wohnung auf Eigenbedarf berufen kann, von 3 auf 7 Jahre zu verlängern. Allerdings sollte sich diese Sperrfristverlängerung nur auf Gebiete mit erhöhtem Wohnraumbedarf beschränken.

In ihrer Stellungnahme zu der Bundesratsinitiative stellte die Bundesregierung fest, daß auch sie Maßnahmen für notwendig erachte, die die Umwandlung vermieteter Wohnungen insbesondere in den Gebieten mit starkem Wohnungsmangel erschweren. Nach Schätzungen des Deutschen Mieterbundes wurden – nicht selten zu spekulativen Zwekken – in den letzten Jahren jährlich rd. 50.000 Mietwohnungen in Eigentumswohnungen umgewandelt. Während die SPD die Bundesratsinitiative unterstützte und die vorgesehenen Maßnahmen zum Schutz von Mietern bei Eigenbedarfskündigung im Umwandlungsfalle als richtigen – wenn auch nicht ausreichenden – Schritt bezeichnete [BT-Drs.11/7291], sah der von der Koalition eingebrachte Entwurf lediglich eine Verlängerung der Frist auf 5 Jahre und auch nur in Gebieten vor, in denen die Wohnungsversorgung besonders stark gefährdet ist. Das schließlich verabschiedete **Gesetz zur Verbesserung der Rechtsstellung des Mieters bei Begründung von Wohnungseigentum an vermieteten Wohnungen vom 20. Juli 1990** [BGBl.I S.1456] enthält die von der Koalition vergeschlagene Regelung.

9.3.4 Erweiterung der Subjektförderung

Die aktuellen Entwicklungen am Wohnungsmarkt haben das Wohngeld mehr denn je zu einem dringend notwendigen sozialpolitischen Instrument gemacht. Nicht zuletzt für die Befürworter einer konsequenten Deregulierung der Wohnungswirtschaft stellt das Wohngeld ein „treffsicheres, auf die individuellen Verhältnisse ausgerichtetes soziales Korrektiv der marktwirtschaftlichen Wohnungsversorgung“ *(BPA,1987,S.594)* dar. Über Verbesserungen beim Wohngeld soll sichergestellt werden, daß sich auch einkommensschwache Haushalte eine angemessene Wohnung leisten können *(vgl. Th. Klein,*

1987 a, S.351ff.). Auf angespannten Wohnungsmärkten soll es Haushalte mit niedrigem Einkommen in die Lage versetzen, Mietsteigerungen zumindest teilweise aufzufangen, und ihre Wahlmöglichkeiten bei der Wohnungssuche erweitern *(Wohngeld- und Mietenbericht 1989, S.19f.).*

Seit 1987 hat die Entwicklung am Wohnungsmarkt allerdings dazu geführt, daß die **Neuvertragsmieten** insbesondere in den Ballungsgebieten ein Niveau erreichten, das die **Zahlungsfähigkeit vieler Wohnungssuchenden** überforderte und das deutlich oberhalb der beim Wohngeld anrechenbaren Mietobergrenzen lag. Dies bedeutete, daß ein zunehmender Teil der Wohnkosten nicht mehr durch zusätzliche Wohngeldleistungen aufgefangen wurde, so daß einkommensschwache Wohnungssuchende auch unter Berücksichtigung des Wohngeldes die Neuvertragsmieten kaum noch tragen konnten *(vgl. Koeppinghoff, 1990, S.86).* Allein zwischen Ende 1986 und Ende 1988 stieg der Anteil der Mietzuschußempfänger, deren Mieten höher als die **förderungsfähigen Höchstbeträge** waren, von 30,5 % auf 37,6 %. Die **Wohnkostenbelastung** der Hauptmieter erhöhte sich in diesem Zeitraum von 38,6 % auf 41,2 %, nach Abzug des Wohngeldes von 22,7 % auf 24,1 % des verfügbaren Einkommens *(Wohngeld- und Mietenbericht 1989, S.26ff.).*

Als Folge der 6. Wohngeldnovelle stieg die Zahl der Wohngeldempfänger zwischen 1985 und 1988 um rd. 350.000 Haushalte an; Ende 1988 dürften rd. 1,9 Mio. Haushalte Wohngeld bezogen haben. Das durchschnittliche Wohngeld belief sich auf 148 DM monatlich. Damit waren 12 % der Mieter und 1,5 % der Eigentümer Wohngeldempfänger. Während 1981 die Rentner noch 62,1 % der Wohngeldempfänger stellten, erreichte ihr Anteil 1988 nur noch 35,4 %; dagegen stieg der Anteil der Arbeitslosen unter den Wohngeldempfängern von 5 % auf 17 % an. Pro Person standen den Wohngeldempfängern durchschnittlich 28 m^2 Wohnfläche zur Verfügung. Die durchschnittliche Quadratmetermiete der Hauptmieter mit Wohngeldbezug betrug 1988 6,66 DM. Etwa 40 % der zwischen 1984 und 1987 zugezogenen Aus- und Übersiedler erhielten 1988 Wohngeld *(vgl. Wohngeld- und Mietenbericht 1989; Tabelle 69).*

Trotz dieser Entwicklung sah die Bundesregierung unter Hinweis auf die als Folge der 6. Wohngeldnovelle erheblich angestiegenen **Wohngeldausgaben** (1985–1989 von 2,46 auf 3,68 Mrd. DM) im Jahre 1989 von einer allgemeinen Anpassung des Wohngeldes ab. Erforderlich hielt auch sie jedoch Verbesserungen für Gemeinden und Kreise, die ein besonders hohes Mietenniveau sowie überdurchschnittliche Mietsteigerungen aufwiesen [BT-Drs. 11/5115]. Das **7. WoGG-ÄndG vom 13. Dezember 1989** [BGBl.I S.2148] diente daher primär dem Zweck, durch Einführung einer **zusätzlichen VI. Mietenstufe** die Belastungsunterschiede als Folge der regionalen Wohnkostenunterschiede abzumildern.

Mit dem am 1.1.1990 in Kraft getretenen 7.WoGG-ÄndG wurde insbesondere für Gemeinden und Kreise, in denen die von den Hauptmietern mit Wohngeldbezug gezahlten Quadratmetermieten um mindestens 25 % höher als der Bundesdurchschnitt sind, eine Mietenstufe VI eingeführt (§ 8 Abs.1 und Abs.5 WoGG). Eine besondere Verordnungsermächtigung (§ 36 Abs.2 WoGG) erlaubt darüber hinaus, Gemeinden und Kreise mit einem überdurchschnittlichen Mietenanstieg in eine höhere Mietenstufe einzuordnen. Während für 11 Gemeinden die Mietenstufe IV in Betracht kommt, erfolgt für 61 Gemeinden und Kreise eine Höherstufung. Von der dadurch ausgehenden Erhöhung des monatlichen Wohngeldes um durchschnittlich 10–20 DM dürften rd. 88.000 Haushalte profitieren. Zu den weiteren wesentlichen Änderungen aufgrund der 7. Wohngeldnovelle gehören die Erhöhung der anrechnungsfrei bleibenden Geburtshilfen, eine praxisgerechtere Regelung der Berichtspflicht der Bundesregierung sowie günstigere Voraussetzungen für die Weitergewährung bewilligten Wohngeldes in Umzugsfällen bei verspäteter Antragstellung.

Allerdings gab es bereits Ende 1989 Anzeichen, daß auch die 7.Wohngeldnovelle nicht ausreicht, um den regional teilweise **extremen Wohnkostenunterschieden** angemessen Rechnung zu tragen. Vor diesem Hintergrund zeichneten sich Ende 1989 Bestrebungen ab, das bundeseinheitliche Wohngeld durch ein **kommunales Wohngeld** zu ergänzen. So hat als erste Großstadt **München** beschlossen, ab dem 1.7.1990 für alle Mieter- und Eigentümerhaushalte, die seit mehr als 2 Jahren in München ihren Wohnsitz haben, ein kommunales Wohngeld einzuführen. Schätzungen zufolge dürften rd. 12.000 Wohngeldempfänger in München ein zusätzliches kommunales Wohngeld von durchschnittlich 74 DM erhalten.

Anfang 1990 schließlich trug auch die Bundesregierung der Einkommens- und Mietenentwicklung Rechnung und brachte am 30.3.1990 beim Bundesrat den **Entwurf einer 8. Wohngeldnovelle** [BR-Drs.214/90] ein, die neben Leistungsverbesserungen für alle Wohngeldempfänger verschiedene strukturelle Anpassungen vorsah. Zugleich sollten das Verfahren bei der Gewährung von Wohngeld an Empfänger von Sozialhilfe- und Kriegsopferfürsorgeleistungen vereinfacht und der Verwaltungsaufwand verringert werden. Im einzelnen waren folgende Maßnahmen vorgesehen:

- Anhebung der durchschnittlichen Höchstbeträge in den Mietenstufen I-III um 10 %, in den Mietenstufen IV um 12 % und V um 14 % sowie in der Mietenstufe VI um 16 %;
- Absenkung der Grenze von 20.000 auf 10.000 Einwohner für die individuelle Zuordnung von Gemeinden zu einer Mietenstufe entsprechend dem örtlichen Mietenniveau;
- Anhebung des Einkommensfreibetrages für Schwerbehinderte mit einer Erwerbsminderung um 80 % und mehr von 2.300 auf 3.000 DM;
- Einführung eines pauschalierten Wohngeldes für Empfänger von Sozialhilfe/Kriegsopferfürsorge.

Das am 31. Mai 1990 vom Bundestag verabschiedete **8. WoGGÄndG vom 10. August 1990** [BGBl.I S.1522] wurde zwar grundsätzlich auch von der SPD begrüßt, von ihr jedoch als eine verspätete und unzureichende Maßnahme gewertet. Sie kritisierte insbesondere den Anpassungstermin (1.10.1990), zumal die letzte allgemeine Anpassung bereits nahezu 5 Jahre zurücklag [BT-Drs. 11/7288].

9. 3. 5 Forderungen an die staatliche Wohnungspolitik

In der politischen Diskussion wurden die von der Bundesregierung seit Mitte 1988 ergriffenen wohnungspolitischen Initiativen als bei weitem nicht ausreichend kritisiert. Gefordert wurde u.a. *(vgl. SVR, 1989, S. 174)*:

- den **Sozialmietwohnungsbau** in großem Umfange neu zu beleben,
- die **Bindungsfristen** für Sozialwohnungen, die aufgrund einer Ablösung der öffentlichen Baudarlehen frei geworden sind oder künftig frei werden, zu verlängern,
- die **Mietpreiskontrolle** zu verschärfen,
- den **Mieterschutz** weiter auszubauen und die Verfügungsrechte der Vermieter weiter zu beschneiden,
- den Fortfall der subjektiven Steuerbefreiung der **gemeinnützigen Wohnungsunternehmen** ab 1.1.1990 wieder rückgängig zu machen.

Entschieden kritisiert wurde die Wohnungspolitik der Bundesregierung vor allem von der SPD, den GRÜNEN, den Gewerkschaften und dem Deutschen Mieterbund. Die **SPD-Fraktion** warf der Bundesregierung in einem am 24.2.1989 vorgelegten **»Sofortprogramm für eine aktive Wohnungspolitik«** [BT-Drs. 11/4083] vor, die wachsenden Probleme auf dem Wohnungsmarkt jahrelang verdrängt zu haben. Die bisherige Politik, durch Lockerung des Mietrechts ein hinreichendes Wohnungsangebot sicherzustellen, sei gescheitert. Innerhalb kurzer Zeit seien Wohnungsleerstände verschwunden; in vielen städtischen Gebieten sei demgegenüber bereits wieder **Wohnungsnot** anzutreffen. Nach Ansicht der SPD sind die derzeitigen Wohnungsprobleme mittelfristig lösbar, und zwar insbesondere durch eine prioritäre Förderung des sozialen Wohnungsbaus, durch Anregung des freifinanzierten Wohnungsbaus, eine soziale Weiterentwicklung des Wohngeldes sowie durch den Einsatz geeigneter Instrumente zur Sicherung preiswerten Wohnens.

Wie schon in einem Antrag vom 22.5.1987 [BT-Drs. 11/344] forderte die SPD-Fraktion in einem weiteren Antrag vom Februar 1989 die Bundesregierung erneut auf, sich 1989 und in den Folgejahren mit mindestens 1 Mrd. DM jährlich an der Förderung des Städtebaus zu beteiligen. Im einzelnen forderte die SPD in ihrem Sofortprogramm:

— Um einkommensschwachen Wohnungssuchenden schnell und wirksam zu helfen, sollte das Fördervolumen (Zuschüsse und Darlehen) im sozialen Wohnungsbau deutlich erhöht werden. Konkret sollte der Bund 1989 und in den Folgejahren den Bundesländern im Rahmen der Mischfinanzierung jährlich insgesamt 2,5 Mrd. DM für den Neubau von Sozialwohnungen zur Verfügung stellen (davon mindestens 2 Mrd. DM für den Mietwohnungsbau).
— Zeitlich begrenzt sollten geeignete Maßnahmen ergriffen werden, um zusätzlich den freifinanzierten Mietwohnungsbau anzuregen, soweit dieser für Wohnungssuchende unterer und mittlerer Einkommensgruppen bestimmt ist.
— Das Wohngeld sollte sozial fortentwickelt werden; u.a. sollten das Wohngeld dem starken Mietenanstieg angepaßt und die wachsenden Wohnkostenbelastungen kinderreicher Familien, Alleinerziehender und Einkommensschwacher ebenso wie die hohen Wohnkosten in den Ballungsgebieten besonders berücksichtigt werden.
— Das Mietrecht sollte gesichert werden; zur Bremsung der Mietenexplosion sollten bei der Ermittlung der ortsüblichen Vergleichsmiete wieder der gesamte Wohnungsbestand zugrundegelegt, die höchstzulässige Erhöhung der Miete im Bestand deutlich reduziert, Mietpreiserhöhungen im Falle von Neuvermietungen gesetzlich begrenzt und den Kommunen die Möglichkeit gegeben werden, in Problemgebieten die Umwandlung von Miet- in Eigentumswohnungen zu verhindern. Außerdem sollte gewährleistet werden, daß die vorzeitige Rückzahlung öffentlicher Mittel nicht zum vorzeitigen Wegfall von Mietpreis- und Belegungsbindungen führt.

Tabelle 70: Baugenehmigungen und öffentlich geförderte Wohnungen 1975–1990

Jahr	Baugenehmigungen			mit öffentl. Mitteln geförderte Wohnungen[2]				geförd.
	Wohnungen insgesamt	in neu errichteten Wohngebäuden	davon Einfamilienwohnungen[3]	1. Förderungsweg	2. Förderungsweg	insgesamt[1]	dar. Eigentümerwohnungen	Miet-sozialwohnungen
1975	368.718	336.205	29,4	89.804	64.185	153.989	72.464	81.525
1980	380.609	355.589	38,0	46.267	50.904	97.171	56.992	40.183
1981	355.981	328.635	30,7	48.253	44.649	92.902	46.762	46.140
1982	335.007	305.476	25,6	56.207	43.406	99.613	40.215	59.398
1983	419.655	384.859	25,7	49.113	54.970	104.083	45.035	59.048
1984	336.080	306.923	27,7	37.574	42.834	80.408	40.450	39.958
1985	252.248	225.567	34,8	37.916	31.036	68.952	38.714	30.238
1986	219.205	195.711	43,1	29.786	22.246	52.032	36.000	16.645
1987	190.696	169.566	52,4	23.714	16.909	40.623	27.969	12.699
1988	214.252	191.233	50,9	22.952	15.917	38.869	26.201	12.685
1989	276.022	245.631	42,8	33.612	16.502	68.276	28.745	39.539
1990	391.374	331.609	32,4	39.815	20.012	92.740	33.796	58.944

1) ab 1989 einschl. 3. Förderungsweg; 2) Fertigstellungen; 3) in %.
Quellen: Bundesministerium für Raumordnung, Bauwesen und Städtebau; Statistisches Bundesamt: Fachserie 5: Bautätigkeit und Wohnungen, Reihe 2, versch. Jge.

Angesichts der Entwicklungen auf dem Wohnungsmarkt hatte auch die SPD im Verlaufe des Jahres 1989 ihre wohnungspolitischen Forderungen wiederholt modifiziert. Ende 1989 forderte die SPD-Fraktion neben der Sicherung der sozialen Funktion des Wohnungsbestandes Maßnahmen zur Mobilisierung von Bauland und einen besseren Mieterschutz:

- ab 1990 jährlich eine Bundesfinanzhilfe von 3,5 Mrd. DM für den sozialen Wohnungsbau (zusammen mit einem leicht erhöhten Länderanteil von 4,7 Mrd. DM und kommunalen Mitteln von rd. 1 Mrd. DM sollte ein Gesamtvolumen von 10 Mrd. DM erreicht werden),
- die Auszahlung der Bundesfinanzhilfen an die Länder gemäß Baufertigstellungsfristen in 2–3 Jahren sowie
- die Förderung von echten Sozialmietwohnungen mit langfristigen, bis zu 40jährigen Mietpreis- und Belegungsbindungen und die Förderung des selbstgenutzten Eigenheimbaus.

Im Gegensatz hierzu betrachtete der **SVR** in dem Jahresgutachten 1989/90 die von der Bundesregierung auf den Weg gebrachten finanziellen Förderungsmaßnahmen als Obergrenze dessen, „was in Anbetracht der Kapazitätssituation in der Bauwirtschaft und – vor allem – mit Blick auf die Erhaltung der Funktionsfähigkeit des Wohnungsmarktes mittelfristig vertretbar erscheint“ *(SVR, 1989, S.174)*. Er warnte nachdrücklich vor einer Wiederbelebung des »klassischen« sozialen Mietwohnungsbaus, den er für teuer, unsozial und ineffizient hält. Die Knappheit am Wohnungsmarkt ist nach seiner Auffassung nur durch mehr private Investitionen abzumildern. Um zu höheren Investitionen im Mietwohnungsbau zu kommen, hält er verbesserte Renditeerwartungen für erforderlich. Die Rahmenbedingungen für Bauherrn und Vermieter müßten verbessert, dürften keinesfalls verschlechtert werden. Eindringlich warnt er vor weiteren Eingriffen in die freie Mietpreisbildung und die Verfügungsrechte des Vermieters. Neben dem SVR plädieren auch andere Befürworter marktwirtschaftlicher Lösungen dafür, selbst unter den Ende 1989 bestehenden Verhältnissen nicht zu einem verstärkten **staatlichen Interventionismus** zurückzukehren. Ihrer Ansicht nach sind dauerhaft verläßliche Rahmenbedingungen für das Wohnungsangebot gesamtwirtschaftlich besser und sozialpolitisch effektiver als eine Vielzahl kurzfristiger Maßnahmen *(vgl. Frankfurter Institut, 1989)*.

In Anbetracht dessen, daß sich die Lage auf dem Wohnungsmarkt trotz der zahlreichen bis Anfang 1990 getroffenen Fördermaßnahmen auch 1990 weiter verschärfte, blieb die **Wohnungsnot** weiterhin ein politisch brisantes Thema. Immer deutlicher zeichnete sich ab, daß die für 1990 gesetzte Zielmarke von 400.000 Wohnungen (Baugenehmigungen) nicht erreicht werden konnte. Ungewiß blieb auch, inwieweit die Länder in der Lage sind, die für die Realisierung der von der Bundesregierung angestrebten Ziele erforderlichen Finanzierungsmittel aufzubringen. Hinzu kamen konterkarierende Einflüsse der Kapitalmarktentwicklung sowie ein angesichts begrenzter Baukapazitäten unvermeidlicher stärkerer Anstieg der Baupreise. Der im Laufe des Jahres 1990 zu verzeichnende Zinsanstieg zeigte beim eigengenutzen Wohnungsbau bereits erste Auswirkungen. Auch im Mietwohnungsbau wirkte sich die Zinsentwicklung zu Lasten der Realisierung der angestrebten Förderungszahl aus.

Vor diesem Hintergrund und einer weiterhin steigenden Wohnungsnachfrage kam es Mitte 1990 auch innerhalb der Koalition zu Kontroversen über die weitere staatliche Wohnungspolitik. Während sich die FDP auch weiterhin gegen zusätzliche regulierende Eingriffe des Staates v.a. im Bereich der Mietpreisbindung wandte, schloß die damalige Bundesbauministerin HASSELFELDT angesichts einer **»Mietenexplosion«** Begrenzungen des Mietpreisanstiegs nicht mehr grundsätzlich aus.

Unter Hinweis auf die »dramatische Verschlechterung« der Situation auf den bundesdeutschen Wohnungsmärkten brachte die SPD-Fraktion am 19.6.1990 einen neuen Gesetzentwurf zur **Bekämpfung der Wohnungsnot** im Deutschen Bundestag ein [BT-Drs. 11/7356]. Zur Lösung der Probleme schlug sie eine ökologisch verträgliche und städtebaulich sinnvolle Belebung der Bautätigkeit, ein stärkeres finanzielles Engagement des Bundes und die steuerliche Förderung von selbstgenutztem Wohneigentum sowie mehr soziale Gerechtigkeit und einen höheren Mieterschutz vor. Die Gemeinden sollten durch Einführung eines preisgebundenen kommunalen Vorkaufsrechts und eines kommunalen Steuerrechts besser ausgestattet werden, um Bauland zu gewinnen. Zugleich sollten sie verbilligt Bauland zum Wohnungsbau zur Verfügung stellen. Ferner sollten sie die Möglichkeit erhalten, leerstehenden Wohnraum zu nutzen und die Zweckentfremdung von Wohnraum zu bekämpfen.

Auch der Bundesrat beschloß in seiner 616. Sitzung am 6.7.1990, beim Bundestag den **Entwurf eines Gesetzes zur Bekämpfung der Wohnungsnot** [BR-Drs. 426/90] einzubringen. Nach Ansicht des Bundesrates war die Wohnungsnot eine Folge der »seit 1983 betriebenen Politik der Kürzungen im Wohnungsbau, der Durchlöcherung des sozialen Mietrechts und der falschen Signale an die potentiellen Bauherren«. Mit dem Gesetzentwurf wollte der Bundesrat »schnell wirksame Eckdaten in wichtigen Bereichen« setzen und gleichzeitig die Fördermittel langfristig festschreiben, »um Investoren und Bauwirtschaft klare Orientierungen und Rahmendaten für Planung und Investitionen und Kapazitäten zu geben« [BR-Drs. 426/90]. Im einzelnen schlug der Bundesrat u.a. folgende Maßnahmen vor:

- Verstärkung der Finanzhilfen zur direkten Förderung des Wohnungsneubaus (sozialer Wohnungsbau), der Sanierung und Modernisierung von Wohnraum durch die mittelfristige Festschreibung einer Bundesfinanzhilfe von 3,5 Mrd. DM jährlich für den öffentlich geförderten Wohnungsbau sowie einer Bundesfinanzhilfe von 1 Mrd. jährlich für Stadterneuerung und Wohnungsmodernisierung.
- Förderung des selbstgenutzten Wohnungseigentums und Belebung des freifinanzierten Mietwohnungsbaus durch Umstellung der Förderung auf einen einkommensneutralen Abzug des Förderbetrages von der Steuerschuld, Erhöhung des Baukindergeldes auf 1.200 DM pro Jahr ab dem 1. Kind, Auszahlung der Förderbeträge als feste Zuschüsse, wenn die verbleibende Steuerschuld zu gering ist, Anspruch auf einen erhöhten Abzugsbetrag, wenn mehrere Personen gemeinsam ein Objekt bauen oder erwerben und Abmilderung der Folgen der Zinsentwicklung mittels eines Sonderprogramms der KfW.
- Stärkung und Sicherung des Mieterschutzes durch Schaffung eines gemeindlichen Satzungsrechts gegen die Umwandlung von Miet- in Eigentumswohnungen, Neudefinition und damit Begrenzung des Rechts auf Eigenbedarfskündigungen, Verlängerung der Schutzfristen, Einführung eines Vorkaufsrechts für die Mieter von Räumen, an denen nach Mietbeginn Wohnungseigentum begründet wurde, Begrenzung der Mieterhöhungen bei bestehenden und beim Abschluß neuer Mietverträge, Änderung des Verfahrens zur Ermittlung der ortsüblichen Vergleichsmiete, Abschaffung der Staffelmiete sowie Änderungen der Belegungsbindungen gem. WoBindG.
- Mobilisierung von Bauland, Dämpfung des Preisanstiegs und Nutzung des Wohnungsbestandes;
- Förderung der Energieeinsparung und der ökologischen Verträglichkeit des Bauens;
- Stärkung der Leistungsfähigkeit der Bauwirtschaft durch verstärkte Förderung von Qualifizierung und Umschulung zur Sicherung einer ausreichenden Zahl von Fachkräften und Förderung des Winterbaues zur Verstetigung des Baugeschehens.

Bei einer Verwirklichung seines Gesetzentwurfs rechnete der Bundesrat für den Bund mit Mehrkosten von jährlich 3,5 Mrd. DM gegenüber den bisherigen Haushaltsansätzen. Weitere 0,8 Mrd. DM wären für Maßnahmen der Energieeinsparung und strukturverbessernde Maßnahmen in der Bauwirtschaft erforderlich.

10. Soziale Vermögenspolitik

Mitte der 70er Jahre war die staatliche Vermögenspolitik in der Bundesrepublik im wesentlichen durch die **Sparförderung** nach dem Spar-Prämiengesetz, dem Wohnungsbau-Prämiengesetz sowie dem 3. Vermögensbildungsgesetz *(vgl. S.138ff.)* gekennzeichnet. Im Vergleich dazu war die **Beteiligung der Arbeitnehmer am Produktivvermögen** der Unternehmen weitgehend ein Stiefkind der staatlichen Sozialpolitik geblieben. Zwar sahen die bisherigen Vermögensbildungsgesetze bereits Anlagemöglichkeiten vor, die in diese Richtung zielten, doch war der Anwendungsbereich dieser Regelungen recht schmal *(vgl. auch Claupein, 1990).*

10. 1 Vermögenspolitische Initiativen bis Ende der 70er Jahre

Im Mittelpunkt der vermögenspolitischen Diskussion standen bis Mitte der 70er Jahre Pläne, die Arbeitnehmer auf **überbetrieblichem Wege** am Produktivvermögen der Wirtschaft zu beteiligen. Neben der FDP (1971) und der SPD (1973) hatte sich 1973 auch der DGB für ein Konzept der überbetrieblichen Beteiligung der Arbeitnehmer am Produktivvermögen ausgesprochen *(vgl. S.141f.).* Trotz gewisser interner Probleme hatte sich schließlich auch die sozial-liberale Koalition am 19. Januar 1974 auf **Grundlinien eines Vermögensbeteiligungsgesetzes** verständigt, die gleichfalls eine gesetzliche überbetriebliche Gewinnbeteiligung vorsahen *(vgl. Bulletin der BReg, 1974, S.112ff.).*

Rezessionsbedingt rückläufige Gewinnerwartungen der Wirtschaft – aber auch rechtliche Probleme – veranlaßten die Regierung allerdings schon kurze Zeit später, auf eine schnelle Umsetzung ihrer vermögenspolitischen Pläne zu verzichten. In der Folgezeit bewirkten die „offensichtlichen Schwierigkeiten bei der Realisierung überbetrieblicher Gewinnbeteiligungspläne" *(Guski, 1979, S.534)* eine inhaltliche Schwerpunktverlagerung in der vermögenspolitischen Diskussion. Deutlich in den Vordergrund traten Überlegungen, die Arbeitnehmer durch tarifvertragliche Vereinbarungen auf **betrieblicher Ebene** am Produktivvermögen zu beteiligen.

Tabelle 71: Leistungen im Bereich der Vermögensbildung 1960–1989 (in Mio. DM)

Jahr	Sparprämien	Wohnungsbauprämien	§ 10 EStG	Vermögensbildungsgesetz			§ 19 a EStG	Leistungen insgesamt[1]
				Arbeitnehmersparzulage	Arbeitgeberleistungen	Arbeitgebervergünstigung		
1960	–	448	–	–	–	–	–	448
1965	440	810	–	130	–	–	–	1.380
1970	1.170	1.620	–	590	1.075	–	–	4.455
1975	1.633	3.168	–	2.840	5.735	–	–	13.376
1980	1.270	1.973	640	2.600	6.340	55	70	12.183
1985	1.023	878	820	1.700	7.470	85	110	11.071
1986	845	885	990	1.700	7.900	225	120	11.330
1987	532	862	830	1.700	8.000	230	150	11.094
1988	5	842	740	1.800	8.100	170	210	10.747
1989	–	838	600	1.800	8.300	175	225	10.938

1) ohne steuerliche Vergünstigungen.
Quellen: Sozialbudget, versch. Jahre.

Während die **CDU/CSU-Opposition** bereits vor 1975 die prämien- und steuerrechtliche Förderung betrieblicher Arbeitnehmerbeteiligungen favorisiert und in einem im Mai

1975 im Bundestag eingebrachten Antrag von der Bundesregierung die Förderung der betrieblichen Gewinn- und Kapitalbeteiligung der Arbeitnehmer verlangt hatte, signalisierte der im Januar 1976 vorgelegte Jahreswirtschaftsbericht erstmals die Bereitschaft der **Bundesregierung**, Formen einer betrieblichen Mitarbeiterbeteiligung anzuerkennen [BT-Drs.7/4677,S.10]. Den endgültigen Kurswechsel in der von der sozial-liberalen Bundesregierung verfolgten Vermögenspolitik markierte der sog. FRIDERICHS-Plan vom August 1976.

Die als »Realistische Vorschläge zur Fortentwicklung der Vermögenspolitik« veröffentlichten Vorstellungen des damaligen Bundeswirtschaftsministers liefen auf eine betriebliche Vermögensbeteiligungspolitik durch Anpassung rechtlicher und steuerrechtlicher Vorschriften hinaus. Den Sozialpartnern empfahl er, vermögenswirksame Tarifverträge abzuschließen und Vereinbarungen über Beteiligungen am Produktivvermögen auf betrieblicher Ebene zu treffen. Der Staat sollte die vermögenspolitischen Aktivitäten der Tarifpartner erleichtern und das 624-DM-Gesetz auf 936 DM aufstocken *(vgl. Friderichs, 1976)*. Unterstützung fanden diese Überlegungen bei den Arbeitgebern, die kurz nach den Bundestagswahlen im Herbst 1976 mit einem Grundsatzbeschluß zur Vermögenspolitik an die Öffentlichkeit getreten waren *(vgl. iwd, Nr.41 vom 14.10.1976; Guski, 1979, S.536)*.

Die Bundesregierung hatte zu jener Zeit allerdings längst die früheren Pläne aufgegeben und plädierte nunmehr ebenfalls für den Ausbau **betrieblicher Beteiligungsformen**. In der Regierungserklärung vom 16.12.1976 forderte demnach Bundeskanzler SCHMIDT die Tarifvertragspartner auf, den Rahmen des 624-DM-Gesetzes voll zu nutzen, und kündigte an, bei Bedarf den Begünstigungsrahmen des 3.VermBG auf 936 DM erweitern zu wollen (allerdings sollten dadurch die staatlichen Gesamtaufwendungen für die Sparförderung nicht erhöht werden). Ferner gab er bekannt, daß die Bundesregierung die Absicht habe, den Anlagekatalog des 3.VermBG zu erweitern, um verstärkt Beteiligungen an Unternehmen zu ermöglichen, und diesbezügliche steuerliche Hemmnisse abzubauen *(Bulletin der BReg, 1976, S.1293)*. Obgleich die Bundesregierung in ihrem Jahreswirtschaftsbericht 1978 erneut zusagte, einen Gesetzentwurf vorzulegen, um Hemmnisse, die einer stärkeren Beteiligung der Arbeitnehmer am Produktivvermögen entgegenstehen, soweit wie möglich abzubauen [BT-Drs. 1471, S.10], blieb eine entsprechende Initiative aus.

Konkrete Gesetzesvorschläge legten dagegen am 13.1.1978 der Bundesrat [BT-Drs. 8/1418] und am 24.2.1978 die CDU/CSU-Fraktion [BT-Drs. 8/1565] vor. Obwohl der Gesetzentwurf der CDU/CSU zur Förderung freiwilliger betrieblicher Gewinn- und Kapitalbeteiligung durchaus in die Richtung der von der Bundesregierung bekundeten Absichten zielte und die **vermögenspolitische Bundestagsdebatte vom Juni 1978** eher deutlich machte, daß die Positionen von Regierung und Opposition im Grundsatz nicht allzu weit auseinanderlagen, sah sich die sozialliberale Bundesregierung in der 8. Legislaturperiode – wohl nicht zuletzt mit Rücksicht auf die Gewerkschaften, die nach wie vor jeglicher betrieblichen Vermögensbeteiligung eine Absage erteilten – nicht in der Lage, eine gesetzliche Lösung durchzusetzen *(vgl. Guski, 1979, S.536f.; Adam, 1979, S. 557)*.

Anders als die Bundesregierung hielten die **Gewerkschaften** auch in der zweiten Hälfte der 70er Jahre an ihrer ablehnenden Haltung gegenüber betrieblichen Beteiligungskonzepten fest. Insbesondere die einflußreiche IG Metall lehnte die vermögenspolitischen Konzepte der Arbeitgeber und der CDU/CSU-Opposition als vermögenspolitischen Rückschritt uneingeschränkt ab. Im Mai 1978 bekräftigte der DGB-Bundeskongreß einstimmig die Auffassung, „daß jede Vermögensbeteiligung zugunsten der Arbeitnehmer überbetrieblich und von den Tarifvertragsparteien ausgestaltbar angelegt sein muß. Es wäre gesellschaftspolitisch verfehlt, in der Vermögenspolitik Tendenzen zu einer betrieblichen statt einer überbetrieblichen Tarifpolitik zu unterstützen" *(DGB, 1978, Antrag 26)*.

Ihre Ablehnung betrieblicher Beteiligungsformen begründeten die Gewerkschaften weiterhin mit möglichen **Mobilitätsbeschränkungen** der Arbeitnehmer und einem »unzumutbaren« doppelten Risiko. Stattdessen verlangten sie, das **Sparförderungssystem** in Richtung auf gewerkschaftliche Ziele hin weiterzuentwickeln. U.a. sollten staatliche Fördermaßnahmen konsequent auf Bezieher niedriger und mittlerer Einkommen beschränkt, Tendenzen der Unternehmen, bestimmte Lohnbestandteile in abgabenfreie Versorgungslöhne umzuwandeln, bekämpft und die Gestaltungsmöglichkeiten der Tarifvertragsparteien beim Sparförderungssystem erweitert werden *(vgl. DGB-Nachrichtendienst, 157/78).*

Anzumerken ist allerdings, daß sich in verschiedenen Einzelgewerkschaften – z.B. bei der IG Chemie und der IG Bau-Steine-Erden – auch Positionen durchzusetzen begannen, die die Bereitschaft erkennen ließen, mit den Arbeitgebern über vermögenswirksame Tarifverträge, die zur Beteiligung der Arbeitnehmer am Produktivvermögen führen, zumindest zu verhandeln *(vgl. Guski, 1979, S.536).*

An der **faktischen Handlungsunfähigkeit** der Regierung in Fragen der Vermögenspolitik änderten allerdings auch die Bundestagswahlen des Jahres 1980 nichts; erstmals fehlte in der Regierungserklärung der sozial-liberalen Koalition vom Herbst 1980 sogar jeglicher Hinweis auf beabsichtigte Regelungen zur Vermögensbeteiligung der Arbeitnehmer *(vgl. Guski, 1984, S.8).*

10. 2 Weiterentwicklung der Vermögensbeteiligung der Arbeitnehmer

10. 2. 1 Traditionelle Förderungsmaßnahmen

Parallel zur Diskussion um eine Erweiterung der Vermögensbeteiligung der Arbeitnehmer am Produktivvermögen verstärkte sich in den 70er Jahren die Skepsis an der **vermögenspolitischen Effizienz** der **traditionellen Sparförderung**. Die anhaltende Wirtschafts- und Finanzkrise des Staates gab schließlich den Ausschlag dafür, die entsprechenden Leistungen sukzessive einzugrenzen. Nach ersten, 1976 bereits wirksam gewordenen Einschränkungen, erfolgte insbesondere Anfang der 80er Jahre eine **partielle – überwiegend auf Leistungseinschränkungen hinauslaufende – Neuregelung der staatlichen Sparförderung.**

Mit dem Haushaltsstrukturgesetz vom 18. Dezember 1975 [BGBl.I S.3091] war erstmals zur Verringerung künftiger Haushaltsbelastungen die Prämiengewährung eingeschränkt worden (Herabsetzung des Prämiensatzes bei Sparprämien von bisher 20 auf 14 % und bei Wohnungsbauprämien von 23 auf 18 %). Noch entschiedenere Sparmaßnahmen wurden zu Beginn der 80er Jahre ergriffen: die Sparprämie nach dem Spar-Prämiengesetz entfiel für Sparverträge, die nach dem 12.11. 1980 abgeschlossen wurden. Gleichzeitig wurde die Wohnungsbauprämie nach dem Wohnungsbau-Prämiengesetz ab 1982 von bis dahin 18 auf 14 % (zzgl. 2 % je Kind) herabgesetzt und die für Bausparverträge als Voraussetzung geltende Sperrfrist von 7 auf 10 Jahre für Verträge verlängert, die nach dem 12.11. 1980 abgeschlossen worden waren. Ferner wurde 1982 die bis dahin mögliche Doppelbegünstigung für vermögenswirksame Leistungen einerseits durch die Arbeitnehmer-Sparzulage nach dem 3. VermBG und andererseits durch Sparprämie, Wohnungsbauprämie oder Sonderausgabenabzug beseitigt [SubvAbG vom 26.6.1981, BGBl.I S.537].

Das 2. HStruktG vom 22. Dezember 1981 [BGBl.I S.1523] brachte mit Wirkung vom 1.1.1982 eine Kürzung der steuer- und sozialabgabenfreien Sparzulage nach dem 3. VermBG von 30 auf 23 % bzw. von 40 auf 33 % (bei Familien mit 3 und mehr Kindern), soweit es sich um Anlagen nach dem Wohnungsbau-Prämiengesetz, beim Erwerb von Belegschaftsaktien sowie beim Abschluß von Wertpapier-Sparverträgen zum Erwerb von Aktien und Investmentanteilen von Aktienfonds handelte; für die übrigen Anlageformen (Geldsparen, Lebensversicherungssparen) wurde die Sparzulage auf 16 bzw. 26 % reduziert *(vgl. Frerich, 1987, S.125).*

Die verschiedenen **Sparmaßnahmen**, aber auch die infolge der Einkommensentwicklung sich zunehmend restriktiv auswirkenden gesetzlich festgelegten Einkommensgrenzen bewirkten, daß die Leistungen im Rahmen der Vermögensbildung von 1977 bis 1983 von 15,1 auf 11,4 Mrd. DM zurückgingen *(vgl. SB 1983, S.112)*.

Eine Wiederbelebung der traditionellen staatlichen Fördermaßnahmen erscheint eher unwahrscheinlich. Vor allem durch die **Vermögensbeteiligungsgesetze** von 1983 und 1986 wurde die Förderung der Vermögensbildung seit Beginn der 10. Legislaturperiode stärker als je zuvor auf **Vermögensbeteiligungen** ausgerichtet. Ferner wurden aufgrund der im Jahre 1988 erfolgten Änderungen des 5.VermBG ab 1990 die Anlageformen des Konten- und Versicherungssparens nicht mehr gefördert und die Sparzulagensätze für die Anlage aufgrund von Verträgen über Vermögensbeteiligungen und von Bausparverträgen auf 20 % bzw. 10 % gesenkt. Begründet wurden diese Maßnahmen mit der **Vereinfachung der Förderung** und der Notwendigkeit des weiteren **Subventionsabbaus**.

10. 2. 2 Neuorientierung der Vermögensbeteiligung der Arbeitnehmer

In der Vergangenheit war die staatliche Vermögenspolitik vor allem auf die Bildung von Wohnungseigentum und Geldvermögen in Arbeitnehmerhand gerichtet; eine stärkere Beteiligung der Arbeitnehmer am Produktivvermögen wurde von staatlicher Seite zwar oft gefordert, ohne daß sich jedoch die politischen Parteien auf eine Lösung einigen konnten. Nach der Wende im Herbst 1982 brachte die konservativ-liberale Koalition **neue Bewegung** in die Vermögenspolitik, indem sie zügig daran ging, ihre in der Oppositionszeit vertretene Vorstellung gesetzgeberisch umzusetzen.

Erstes Vermögensbeteiligungsgesetz

Nach Ansicht der konservativ-liberalen Regierung hatten die bis dahin praktizierten Formen staatlicher Förderung der Vermögensbildung »noch nicht die angestrebten Ergebnisse bei der Beteiligung breiter Schichten der Arbeitnehmer am Produktivkapital gebracht« *(SB 1983, S.30)*. Die **vermögenswirksamen Leistungen** nach dem 3.VermBG seien zu 98 % in Spar-, Bauspar- und Lebensversicherungsverträge und nur zu 2 % in Form von Produktivbeteiligungen in die Unternehmen zurückgeflossen. Das Gebot wirtschafts- und gesellschaftspolitischer Vernunft sei jedoch nicht die Sparförderung, sondern »die Beteiligung der Arbeitnehmer am Produktivkapital der Wirtschaft« *(SB 1983, S.30)*. Nach Auffassung der Bundesregierung war die **Arbeitnehmerbeteiligung am Produktivvermögen** u.a. aus folgenden **Gründen** zu fördern:

- der vermehrte Besitz persönlichen Eigentums der Arbeitnehmer am Produktivvermögen festige das System der sozialen Marktwirtschaft; zugleich werde die freiheitliche Ordnung im Sinne verbesserter sozialer Gerechtigkeit weiterentwickelt;
- eine stärkere Kapitalbeteiligung der Arbeitnehmer trage zu verstärkter partnerschaftlicher Integration in das arbeitgebende Unternehmen bei; Mitverantwortung und Motivation würden gestärkt;
- die stärkere Beteiligung der Arbeitnehmer am Produktivkapital diene der Verbesserung der Kapitalstruktur der Wirtschaft;
- die Beteiligung von Arbeitnehmern am Produktivkapital diene der Eigenvorsorge für die Aufrechterhaltung des Lebensstandards in wirtschaftlichen Notfällen, und
- staatliche Initiativen zur Vermögensbildung müßten auf dem Grundsatz der Freiwilligkeit beruhen und dürften keine neuen bürokratischen Strukturen schaffen *(vgl. SB 1983, S.30)*.

Entsprechend diesen Ausgangsüberlegungen sollte mit dem **Vermögensbeteiligungsgesetz vom 22. Dezember 1983** [BGBl.I S.1592] erstmals auf breiter Basis ausschließlich der Erwerb von Produktiveigentum in Arbeitnehmerhand begünstigt werden *(vgl. auch Guski, 1984)*.

Durch das Vermögensbeteiligungsgesetz wurde der Anlagekatalog des 3.VermBG durch stille Beteiligungen, Genußscheine und Mitarbeitergenußrechte, Geschäftsguthaben sowie Genossenschaftsanteile erweitert; ferner wurden für Mitarbeiterdarlehen und Namensschuldverschreibungen neue Formen der Absicherung vorgesehen. Der Förderungsbetrag von 624 DM jährlich wurde um weitere 312 DM auf 936 DM für vermögenswirksame Leistungen erhöht, wenn die Arbeitnehmer diese in Kapitalbeteiligungen bzw. in Arbeitgeberdarlehen anlegten; nicht begünstigt waren dabei die Anlageformen Kontensparen, Bausparen und Lebensversicherungssparen. Im Falle begünstigter Anlagen wurde eine Arbeitnehmersparzulage von 23 %, bei 3 und mehr Kindern von 33 % gezahlt. Dabei waren Einkommensgrenzen (24.000 DM bzw. 48.000 DM zzgl. 1.800 DM für jedes Kind pro Jahr) sowie Festlegungsfristen (6 bis 7 Jahre) zu beachten.

Nach § 19 a EStG wurde eine Lohnsteuerbefreiung für Vermögensbeteiligungen eingeführt, wodurch die kostenlose und/oder verbilligte Überlassung von Vermögensbeteiligungen steuerlich begünstigt wurde. Der einem Arbeitnehmer zufließende Vorteil sollte dann steuerfrei bleiben, soweit er nicht höher war als der halbe Wert der Vermögensbeteiligung und soweit er nicht mehr als 300 DM betrug. Diese steuerliche Begünstigung war an keine Einkommensgrenzen gebunden; es mußte jedoch die 6jährige Sperrfrist eingehalten werden. Die Steuerermäßigung, die bisher kleine Unternehmen mit bis zu 50 Arbeitnehmern wegen der von ihnen erbrachten vermögenswirksamen Leistungen erhielten, wurde zugleich auf Unternehmen mit bis zu 60 Arbeitnehmern ausgedehnt (ohne Anrechnung der Auszubildenden).

Von gewissen Startschwierigkeiten des neuen Gesetzes wegen des Fehlens der für die Praxis **erforderlichen Durchführungsverordnungen** abgesehen, stieß vor allen Dingen der Abschluß vermögenswirksamer Tarifverträge zur Ausschöpfung des Vermögensbeteiligungsgesetzes auf Probleme.

Der erste bundesweite Vertrag kam für die 350.000 Beschäftigten des Bankgewerbes und der Bausparkassen zustande; er sah die Aufstockung der Arbeitgeberleistungen von 624 DM auf 780 DM im Jahr vor. Bei einem regionalen Tarifvertrag für die Stromversorgungsunternehmen in Baden-Württemberg gehörte die ÖTV, bei einem Tarifvertrag für die Beschäftigten bei der Preußen Elektra auch die IG Metall auf der Gewerkschaftsseite zu den Unterzeichnern. Dies ist umso bemerkenswerter, als sich diese beiden Gewerkschaften – wie der DGB insgesamt – offiziell gegen eine reine Kapitalbeteiligung der Arbeitnehmer (ohne Mitsprache und Mitbestimmung) an Firmen ausgesprochen haben. Bis Ende 1986 waren 21 Tarifverträge gemäß dem Vermögensbeteiligungsgesetz abgeschlossen worden. Von diesen Ausnahmen abgesehen, blieben tarifvertragliche Regelungen bisher jedoch in den Anfängen stecken.

Umso bedeutungsvoller sind die beachtlichen Erfolge, die mit Hilfe des Vermögensbeteiligungsgesetzes im Bereich der **freiwilligen Beteiligungsinitiativen** erreicht worden sind. Während seit Anfang der 70er Jahre jährlich etwa 30–40 neue Beteiligungsunternehmen gezählt werden konnten, haben 1984 120 Firmen **Beteiligungsmodelle** eingerichtet. 1985 und 1986 kamen etwa 250 Beteiligungsunternehmen hinzu. Insgesamt praktizierten damit Ende 1986 immerhin 1.353 Unternehmen ein Modell der Mitarbeiterbeteiligung. Etwa 1,1 Mio. Arbeitnehmer (bei 11,5 Mio. in beteiligungsfähigen Unternehmen beschäftigten Arbeitnehmern) besaßen betriebliches Beteiligungskapital. Das von ihnen gehaltene **Betriebskapital** belief sich auf rd. 14,2 Mrd. DM (1983 waren es erst 5,5 Mrd. DM) *(vgl. Guski/Schneider, 1986)*.

Allerdings muß davon ausgegangen werden, daß bei diesen Firmen Arbeitnehmer und Arbeitgeber ohnehin eine grundsätzliche Bereitschaft zum Aufbau betrieblicher Vermögensbeteiligungen hatten; unter dem Einfluß des neuen Gesetzes war nunmehr die vorhandene Beteiligungsbereitschaft konkretisiert worden. Für die Zukunft ist kaum mit einem ähnlichen Zuwachs an Beteiligungsunternehmen zu rechnen.

Zweites Vermögensbeteiligungsgesetz

Obgleich man v.a. auf seiten der Regierung und der Arbeitgeber mit den Auswirkungen des ersten Vermögensbeteiligungsgesetzes weitgehend zufrieden war, wurden gewisse

Unzulänglichkeiten gesehen. Kritisiert wurde insbesondere die **Kompliziertheit** des 936-DM-Gesetzes, die viele Arbeitnehmer davon abgehalten habe, die Möglichkeiten des Gesetzes zu nutzen; gefordert wurden ferner Möglichkeiten **außerbetrieblicher Kapitalbeteiligungen an nicht-börsennotierten Unternehmen** *(vgl. Guski/Schneider, 1986, S. 12).* Die Koalition reagierte darauf, indem sie am 28.1.1986 beschloß, dem Vermögensbeteiligungsgesetz noch in der laufenden Legislaturperiode eine sog. 2. Stufe folgen lassen zu wollen.

Das Ergebnis waren das **Zweite Vermögensbeteiligungsgesetz vom 19. Dezember 1986** [BGBl.I S.2595] sowie das **Gesetz über Unternehmensbeteiligungsgesellschaften** (UBGG) **vom 17. Dezember 1986** [BGBl.I S.2488], die beide Anfang 1987 in Kraft traten. Zugleich wurde das Vermögensbildungsgesetz geändert sowie unter der Bezeichnung **5. Vermögensbildungsgesetz** (5.VermBG) neugefaßt und unter dem 19. 2. 1987 bekanntgemacht [BGBl.I S.630].

Das Zweite Vermögensbeteiligungsgesetz brachte insbesondere folgende Änderungen: Zulassung von Kapitalanlagegesellschaften mit Beteiligungs-Sondervermögen zur Erleichterung indirekter außerbetrieblicher Kapitalbeteiligung insbesondere der Arbeitnehmer; Erhöhung des Lohnsteuerfreibetrages nach § 19 a EStG von 300 auf 500 DM; Aufnahme von GmbH-Geschäftsanteilen in die Förderungskataloge des Vermögensbildungsgesetzes und des § 19 a EStG; Vereinfachung und Erleichterung des Erwerbs von Vermögensbeteiligungen und der Vermögensbildungsförderung.

Das Gesetz über Unternehmensbeteiligungsgesellschaften sah die Eröffnung des Zugangs für nichtbörsennotierte Unternehmen zu den organisierten Märkten für Eigenkapital sowie die Ermöglichung mittelbarer Kapitalbeteiligungen an mittelständischen Unternehmen für ein breites Anlegerpublikum vor. Mit beiden Gesetzen sollte auch eine Verbesserung der Kapitalstruktur insbesondere mittelständischer Unternehmen bewirkt werden, die mittlerweile allgemein als äußerst problematisch angesehen wurde *(vgl. SB 1986).*

Wenngleich auch diese Vermögensbeteiligungsgesetze noch deutliche Schwachpunkte aufwiesen, so gingen von ihnen doch zukunftsweisende Impulse für die Förderung der Vermögensbildung in Arbeitnehmerhand aus *(vgl. Frerich, 1987, S. 591 ff.).*

Die Förderung nach dem 5.VermBG nahmen 1988 immerhin 10,8 Mio. Arbeitnehmer in Anspruch. Von den tarifgebundenen Arbeitnehmern hatten rd. 95 % einen tarifvertraglichen Anspruch auf vermögenswirksame Leistungen der Arbeitgeber, darunter 60 % in Höhe von mindestens 624 DM. Der Gesamtbetrag der zulagebegünstigt angelegten vermögenswirksamen Leistungen betrug 1988 etwa 7,5 Mrd. DM, die darauf gezahlte Arbeitnehmersparzulage rd. 1,5 Mrd. DM. Nach Ansicht der Bundesregierung wirkt sich die verstärkte Förderung von Vermögensbeteiligungen zunehmend aus; während bis Ende 1983 noch etwa 98 % der vermögenswirksamen Leistungen in das Konten-, Versicherungs- und Bausparen geflossen sein dürften und nur etwa 2 % in Vermögensbeteiligungen angelegt wurden, habe sich dieses Verhältnis seit 1984 zugunsten der Anlage in Vermögensbeteiligungen verschoben. Für 1988 wurde davon ausgegangen, daß etwa 16 % der vermögenswirksamen Leistungen zum Erwerb von Vermögensbeteiligungen verwendet werden *(vgl. BPA, 1988, S. 330 f.).*

10. 2. 3 Änderungen des 5.Vermögensbeteiligungsgesetzes und der Bausparförderung

Mit Wirkung zum 1.1.1989 traten verschiedene Änderungen des 5.VermBG i.d.F. vom 19. Januar 1989 [BGBl.I S.137] sowie des § 19 a EStG in Kraft, die durch Art. 18 des Steuerreformgesetzes 1990 vom 25. Juli 1988 [BGBl.I S.1093, 2074] sowie das Haushaltsbegleitgesetz 1989 vom 20. Dezember 1988 [BGBl.I S.2262] vorgenommen worden waren. Anlaß für die Änderungen waren u.a. die im Bereich **außerbetrieblicher stiller Beteiligungen** zu beobachtenden **Fehlentwicklungen**. Ziel der Gesetzesänderung war daher vor allem auszuschließen, daß vermögenswirksame Leistungen weiterhin in als »Beteiligungsfonds« oder ähnlich firmierende Unternehmen fließen, die in wachsender Zahl eigens für stille Arbeitnehmer-Beteiligungen gegründet worden waren. Es sprach einiges dafür, daß viele dieser Unternehmen nicht ausreichend unterrichtete oder beratene Arbeitnehmer veranlaßt haben, ihre vermögenswirksamen Leistungen im Rahmen von für sie unvorteilhaften und offenbar risikoreichen Beteiligungen als stille Gesellschafter dieser Unternehmen zu verwenden.

Aufgrund der gesetzlichen Neuregelung sind seit dem 1.1.1989 Neuverträge über außerbetriebliche stille Beteiligungen als Anlageform vermögenswirksamer Leistungen nicht mehr zulässig. Zugleich wurde ein gesetzliches Kündigungsrecht für Altverträge über außerbetriebliche stille Beteiligungen geschaffen. Danach konnten Arbeitnehmer vor 1989 abgeschlossene Beteiligungs-Verträge kündigen. Die rechtzeitige Kündigung erlaubte es, die Zahlungen an den Vertragspartner ab dem 1.1.1990 einzustellen und zu verlangen, daß das Endguthaben aus den stillen Beteiligungen ermittelt und bis zum 1.1.1996 an sie ausgezahlt wird. Bei nicht rechtzeitiger Kündigung müssen für derartige Verträge ab dem 1.1.1990 statt vermögenswirksamer Leistungen der Barlohn oder andere Eigenmittel aufgewendet werden.

Darüber hinaus wurden ab 1990 im Rahmen des 5.VermBG die **Einkommensgrenzen** hinsichtlich des Anspruchs auf Arbeitnehmer-Sparzulage auf 27.000 DM bzw. 54.000 DM (bei Wegfall der kinderbedingten Erhöhung) erhöht, der geförderte **Höchstbetrag** vermögenswirksamer Leistungen auf einheitlich 936 DM festgesetzt und die Auszahlung der Sparzulage vereinfacht (Übertragung der Auszahlung vom Arbeitgeber auf das Finanzamt). Ferner wurden die **Steuerermäßigungen** für Arbeitgeber aufgehoben. Außerdem wurde der bisherige Sparzulagensatz von 23% für die in Vermögensbeteiligungen angelegten vermögenswirksamen Leistungen auf 20% reduziert.

Ebenfalls neu geordnet wurde mit Wirkung ab 1.1.1990 die **Förderung des Bausparens**. U.a. wurden die Grenzen des zu versteuernden Einkommens für die Förderung von Bausparbeiträgen mit Arbeitnehmer-Sparzulage und Wohnungsbauprämie von 24.000/ 48.000 DM (Ledige/Ehegatten) auf 27.000/54.000 DM angehoben (bei Wegfall der bisherigen Erhöhungsbeträge für Kinder) und der Höchstbetrag für Bausparbeiträge, die als vermögenswirksame Leistungen prämienbegünstigt angelegt werden können, von 624 auf 936 DM erhöht. Auf der anderen Seite wurde der Satz der Wohnungsbauprämie ab 1989 auf 10% abgesenkt; ferner wurden Bausparkassenbeiträge, die als Sonderausgaben geltend gemacht werden, seit 1990 nur noch zur Hälfte berücksichtigt.

11. Steuerliche Maßnahmen der Sozialpolitik

11.1 Steuern auf Einkommen

Die zentralen sozialpolitischen Komponenten des Steuerrechts sind bis in die Gegenwart hinein im **Einkommensteuerrecht** zu finden. Nachdem bereits in den 70er Jahren ein gewisser Abschluß in der Fortentwicklung erreicht worden war und im Zuge der **Haushaltskonsolidierung** der frühen 80er Jahre **Streichungen** bzw. **Einschränkungen** verschiedener steuerlicher Vergünstigungen vorgenommen worden waren, verfolgte die Regierung in ihrer Steuerpolitik seit 1986 wieder verstärkt **sozialpolitische Zielsetzungen**. Einen besonderen Schwerpunkt der Steuerpolitik bildete auch nach 1975 die steuerrechtliche Förderung des **Erwerbs von Wohnungseigentum**. Die sich darauf beziehenden Entwicklungen des Einkommensteuerrechts werden im folgenden in einem gesonderten Abschnitt im Zusammenhang dargestellt *(vgl. S. 403f.; allg. auch Muscheid, 1986; Deutsche Bundesbank, 1985b, 1989c)*.

11.1.1 Entwicklungen bis Anfang der 80er Jahre

Die weitreichenden Änderungen der großen Einkommensteuerreform 1974, die überwiegend zum 1.1.1975 in Kraft getreten waren *(vgl. Laux, 1974)*, hatten zur Folge, daß die sozialpolitischen Elemente des Einkommensteuerrechts in der zweiten Hälfte der 70er Jahre zunächst nur marginale Fortentwicklungen erfuhren. Erste Korrekturen insbesondere der Kinderfreibetragsregelung brachte das **SteuerÄndG 1977 vom 16. August 1977** [BGBl.I S.1586].

Durch das SteuerÄndG 1977 wurden in die Kinderfreibetragsregelung des § 32 EStG unter bestimmten Voraussetzungen diejenigen Kinder zwischen dem 18. und 23. Lebensjahr einbezogen, die ihre Berufsausbildung mangels eines Ausbildungsplatzes nicht beginnen oder fortsetzen können oder nicht erwerbsfähig sind. In einer Ergänzung des § 33 EStG über außergewöhnliche Belastungen wurde ein Freibetrag für Unterhalt zahlende Elternteile eingeführt; jedem Steuerpflichtigen wurde ein Freibetrag von 600 DM im Kalenderjahr für jedes in Betracht kommende Kind zugestanden, wenn er seinen Unterhaltsverpflichtungen gegenüber dem Kind nachkommt.

Nachdem durch das Gesetz zur Steuerentlastung und Investitionsförderung vom 4. November 1977 [BGBl.I S.1965] der **Weihnachtsfreibetrag** sowie der **Grundfreibetrag** bei der Einkommensbesteuerung deutlich erhöht worden waren, enthielt das **Steuer-ÄndG 1979 vom 30. November 1978** [BGBl.I S.1849] vor allem verschiedene Neuregelungen der einkommensteuerlichen Behandlung außergewöhnlicher Belastungen.

Das Gesetz führte hinsichtlich § 33 EStG zu einer Berücksichtigung von Kindern von nicht in ehelicher Gemeinschaft lebenden Eltern und von nicht-ehelichen Kindern für die Berechnung der zumutbaren Belastung auch bei demjenigen Elternteil, der seiner Unterhaltsverpflichtung nachkommt, dem die Kinder jedoch nicht zugeordnet sind. Der Höchstbetrag für außergewöhnliche Belastungen wegen Unterhalt und Berufsausbildung gem. § 33 a EStG wurde auf 3.600 DM (Anrechnung eigener Einkünfte ab 4.200 DM) angehoben; die Absetzbarkeit von Unterhaltsaufwendungen an nicht im Inland ansässige Personen wurde eingeschränkt; ferner wurde zugelassen, daß ein Ausbildungsfreibetrag für ein Kind aus einer nicht intakten Ehe sowie für ein nicht-eheliches Kind grundsätzlich auf die beiden Elternteile je zur Hälfte aufgeteilt wird, wenn beiden Eltern Aufwendungen für die Berufsausbildung des Kindes erwachsen. Durch eine Ergänzung des § 33 a EStG wurde ein sog. Kinderbetreuungsbetrag mit einer einkommensteuerrechtlichen Berücksichtigung von Aufwendungen für Dienstleistungen zur Beaufsichtigung oder Betreuung von Kindern unter 18 Jahren bis zu einem Höchstbetrag von grundsätzlich 600 DM bei Alleinstehenden und 1.200 DM bei Ehegatten je Kind ab 1980 eingeführt. Der Körperbehinderten- bzw. Hinterbliebenen-Pauschbetrag gem. § 33 b EStG, der einem Kind geschiedener oder dauernd getrennt lebender Eltern oder einem nicht-ehelichen Kind zusteht, wurde grundsätzlich auf beide Elternteile je zur Hälfte übertragen.

Das **Steueränderungs- und -vereinfachungsgesetz vom 18. August 1980** [BGBl.I S. 1537], das **Steuerentlastungsgesetz 1981** (StEntlG 1981) **vom 16. August 1980** [BGBl.I S.1381] sowie das **Subventionsabbaugesetz** (SubvAbG) **vom 26. Juni 1981** [BGBl.I S. 537] brachten in der Folgezeit weitere Änderungen.

Das sog. Vereinfachungsgesetz 1980 führte zu einer Anpassung des steuerrechtlichen Kinderbegriffs an die durch die Neuregelung des Adoptionsrechts geänderten Verhältnisse. Zugleich wurden die Berechnung der zumutbaren Belastung gem. § 33 EStG vereinfacht und die Familienkomponente in der Berücksichtigung außergewöhnlicher Belastungen verstärkt. Für die Gewährung der Ausbildungsfreibeträge gem. § 31 a EStG von 1.800 DM und 4.200 DM (ab 1984: 900 und 2.100 DM) war nicht mehr zu prüfen, ob die Berufsausbildung der entscheidende Anlaß für die auswärtige Unterbringung ist; außerdem wurde die Sonderregelung für die Anrechnung der einem Kind als Zuschuß gewährten Leistung nach BAföG auf den in Betracht kommenden Ausbildungsfreibetrag aufgehoben.

Das StEntlG 1981 brachte hinsichtlich der Kinder- und Sonderfreibeträge des § 32 EStG eine Abschaffung des allgemeinen Tariffreibetrages gem. § 32 Abs.8 EStG. Außerdem wurden die Haushaltsfreibeträge gem. § 32 Abs.3 Nr.1-2 EStG von 840 auf 864 DM und von 3.000 auf 4.212 DM angehoben. Als Folge der Beseitigung des Sonderausgabenabzugs von Bausparbeiträgen, für die eine Arbeitnehmer-Sparzulage gewährt wird, entfiel aufgrund des SubvAbG für vermögenswirksame Leistungen die Ausnahme vom Kumulierungsverbot.

11. 1. 2 Einschränkungen im Zuge der Haushaltskonsolidierung

Angesichts einer sich verschärfenden **Wirtschafts- und Finanzkrise** ergaben sich durch das 2. HStruktG vom 22. Dezember 1981 [BGBl.I S.1523] sowie durch das HBegleitG 1983 vom 20. Dezember 1982 [BGBl.I S.1857] weitreichende **Einschränkungen** im gesamten Sozialleistungssystem. Diese betrafen auch die steuerlichen Maßnahmen der Sozialpolitik. Leistungsverbesserungen, die dem allgemeinen Trend der Sozialpolitik zuwiderliefen, zeigten sich lediglich im Bereich der staatlichen Förderung der Bildung von Wohnungseigentum.

Im einzelnen enthielt das **2. HStruktG** folgende Leistungseinschränkungen:

- ab 1983 Herabsetzung der Altersgrenze für Kinder, die ohne weitere Voraussetzungen bei der Veranlagung von Steuerpflichtigen berücksichtigt werden, vom 18. auf das 16. Lebensjahr; Verschärfung der Voraussetzungen, unter denen ältere und behinderte Kinder berücksichtigt werden können;
- Anrechnung der Ausbildungsbeihilfen aus öffentlichen Mitteln in voller Höhe auf die Ausbildungsfreibeträge; diese waren ferner ab 1982 für Kinder im Ausland auf das nach den Verhältnissen des Wohnstaates notwendige und angemessene Maß zu begrenzen;
- Streichung des Haushaltsfreibetrages für über 49 Jahre alte Alleinstehende ohne Kinder (Art.26 Nr.11 a HStruktG); auf diese Weise wurde der Haushaltsfreibetrag ausschließlich zu einem Freibetrag für Steuerpflichtige, die weder die Voraussetzungen für das Ehegattensplitting noch die Voraussetzungen für das Verwitwetensplitting bzw. das Splitting nach Auflösung der Ehe erfüllen, denen aber ein Kinderfreibetrag anzurechnen ist; allerdings war der Haushaltsfreibetrag fortan unabhängig vom Alter des Steuerpflichtigen zu gewähren.

Im Zuge einer Einschränkung von Steuervergünstigungen führte das **HBegleitG 1983** zur Streichung des Kinderbetreuungsbetrages nach § 33 a Abs.3 EStG und zur erneuten **Einführung eines Kinderfreibetrages** in Höhe von 432 DM im Rahmen der Ermittlung des zu versteuernden Einkommens gem. § 32 Abs.8 EStG. Im Hinblick auf die außergewöhnlichen Belastungen des § 33 a Abs.1 EStG erfolgte eine **Reduzierung der Ausbildungsfreibeträge** ab 1984 um die Hälfte.

Durch das **Steuerbereinigungsgesetz 1985 vom 14. Dezember 1984** [BGBl.I S.1493] wurde für Alleinstehende die Möglichkeit eingeführt, Kinderbetreuungskosten steuerlich geltend zu machen. Außerdem wurden die einkommensteuerrechtlichen Regelungen zur Geltendmachung von Kinderfreibeträgen erneut geändert.

Im Hinblick auf die Kinderfreibeträge des § 32 EStG wurde eine Anpassung des § 32 Abs.6 Nr.1 EStG an die Regelungen des 10. BKGG-ÄndG vorgenommen. Zwecks steuerlicher Berücksichtigung der Kinderbetreuungskosten Alleinerziehender wurde ein neuer § 33 c EStG geschaffen; danach können alleinerziehende Elternteile Kinderbetreuungskosten für Kinder, die uneingeschränkt steuerpflichtig sind und zu Beginn des Kalenderjahres das 16. Lebensjahr noch nicht vollendet haben, geltend machen, soweit die Aufwendungen durch die Erwerbstätigkeit des Steuerpflichtigen veranlaßt sind; der anrechenbare Höchstbetrag beträgt bei Einzelnachweis für das 1. Kind 4.000 DM sowie 2.000 DM für das 2. und jedes weitere Kind (Pauschbeträge von 480 DM je Kind).

11. 1. 3 Steuerliche Förderung der Bildung von Wohnungseigentum

Nachdem durch das **Gesetz über steuerliche Vergünstigungen bei der Herstellung oder Anschaffung bestimmter Wohngebäude vom 11. Juli 1977** [BGBl.I S.1213] der Geltungsbereich des § 7 b EStG auf den Erwerb von Ein- und Zweifamilienhäusern sowie Eigentumswohnungen und die Grundsteuerbefreiung für den Erwerb solcher eigengenutzter Objekte bis zu bestimmten Höchstbeträgen ausgedehnt worden war, folgten bereits mit dem **SteuerÄndG 1977 vom 16. August 1977** [BGBl.I S.1586] sowie dem Steueränderungs- und -vereinfachungsgesetz vom 18. August 1980 [BGBl.I S.1537] weitere relevante Neuregelungen des Einkommensteuerrechts.

Das SteuerÄndG 1977 sah mit Wirkung ab 21.8.1977 eine Erweiterung der Regelungen für die steuerlich unschädliche vorzeitige Verfügung über Bausparbeiträge um den Tatbestand der Arbeitslosigkeit gemäß § 10 Abs.6 EStG vor. Hinsichtlich § 10 Abs.1 Nr.3 EStG wurde nach dem Vereinfachungsgesetz 1980 die Bindung an die einmal getroffene Wahl zwischen Sonderausgabenabzug und Wohnungsbauprämie für Bausparbeiträge aufgehoben.

Während die Regelungen des **2. HStruktG vom 22. Dezember 1981** [BGBl.I S.1523] vor allem steuerliche Vergünstigungen eingrenzten, wurde auf der anderen Seite in § 10 Abs.1 Nr.3 EStG zugelassen, daß Bausparmittel vor Ablauf der Festlegungsfrist steuerunschädlich von Mietern zur Modernisierung ihrer Wohnung verwendet werden können. Außerdem wurde eine Anhebung der Absetzungshöchstbeträge des § 7 b EStG um jeweils 50.000 DM vorgenommen; die neuen Höchstbeträge galten erstmals für Objekte, für die der Bauantrag nach dem 29.7.1981 gestellt oder für die mit den Bauarbeiten nach diesem Stichtag begonnen worden war; eine entsprechende zeitliche Eingrenzung galt für die Anschaffung von Gebäuden. Außerdem wurde mit § 34 f EStG eine Kinderkomponente zu § 7 b EStG eingeführt, die bei Inanspruchnahme erhöhter Absetzungen eine Ermäßigung der tariflichen Einkommensteuer auf Antrag um je 600 DM für das 2. und jedes weitere Kind des Steuerpflichtigen und seines Ehegatten vorsah.

Das **HBegleitG 1983 vom 20. Dezember 1982** [BGBl.I S.1857] führte in einer Abänderung des § 21 a EStG einen zusätzlichen Schuldzinsenabzug bis zu 10.000 DM jährlich auf die Dauer von jeweils drei Jahren für in vollem Umfang selbst genutzte Gebäude und Eigentumswohnungen sowie Ausbauten und Erweiterungen daran ein.

Voraussetzung dafür war, daß der Antrag auf Baugenehmigung nach dem 30.9.1982 gestellt worden war; bei einem vor dem 1.10.1982 gestellten Antrag genügte es, wenn mit den Bauarbeiten nach dem 30.9.1982 begonnen worden war. Diese Vergünstigung war auf Fertigstellungen oder Anschaffungen vor dem 1.1.1987 begrenzt; Anschaffungen mußten bis zum Ende des Jahres der Fertigstellung erfolgt sein.

Nach dem **Wohneigentumsförderungsgesetz vom 15. Mai 1986** [BGBl.I S.730] wurde mit Wirkung vom 1.1.1987 eine Neuregelung der steuerlichen Förderung der zu eigenen Wohnzwecken genutzten Wohnung im eigenen Haus vorgenommen, wobei gleichzeitig die bisherige Nutzungswertbesteuerung entfiel.

Die steuerrechtliche Förderung des Erwerbs von Wohneigentum im Rahmen des neuen § 10 e EStG ist im Gegensatz zur bisherigen Regelung des § 7 b EStG auf selbstgenutzte Wohnungen beschränkt; sie ist jedoch unabhängig davon, ob es sich um eine Wohnung in einem Einfamilienhaus, Zweifamilienhaus oder Mehrfamilienhaus handelt. Die Förderung kann von jedem Steuerpflichtigen nur einmal in Anspruch genommen werden. Der förderungsfähige Höchstbetrag wurde auf 300.000 DM Herstellungs- oder Anschaffungskosten angehoben; demzufolge kann der Eigentümer einer eigengenutzten Wohnung 8 Jahre lang jeweils bis zu 15.000 DM jährlich steuerlich als Sonderausgaben absetzen. Zu dieser Grundförderung kommt noch die sog. Kinderkomponente von jährlich 600 DM je Kind, der Steuerabzugsbetrag gilt ab dem 1. Kind. Diese Neuregelung gilt für Häuser und Eigentumswohnungen, die nach dem 31.12.1986 hergestellt oder angeschafft wurden. Neben den neuen Regelungen des § 10 e EStG bleiben jedoch die alten Regelungen des § 7 b EStG für Eigentum, das vor dem 1.1.1987 erworben und fertiggestellt wurde, in Kraft.

Nachdem bereits durch das **Rückkehrhilfegesetz vom 28. November 1983** [BGBl.I S. 1377] die Möglichkeit einer vorzeitigen steuerunschädlichen Verfügung über Bausparbeiträge für heimkehrende Ausländer unter bestimmten Voraussetzungen geschaffen worden war, brachte das **Gesetz über eine Wiedereingliederungshilfe im Wohnungsbau für rückkehrende Ausländer vom 18. Februar 1986** [BGBl.I S.280] weiterreichende Erleichterungen. Rückkehrenden Ausländern wurde die Möglichkeit der Nutzung deutscher Bausparverträge auch für den Wohnungsbau im Heimatland eingeräumt. Durch Erwerb von Wohneigentum mit zinsgünstigen Bauspardarlehen im Heimatland sollte die Wiedereingliederung rückkehrender Ausländer erleichtert werden.

11.1.4 Neuregelungen der dreistufigen Steuerreform 1986/1988/1990

Nachdem die konservativ-liberale Regierung im Zeitraum 1982/85 den Schwerpunkt ihrer Finanz- und Steuerpolitik auf den **Abbau der öffentlichen Defizite** gelegt hatte, sollte in einer zweiten Phase eine **umfassende Steuerreform** erfolgen. Ziel dieser Reform sollte sein, die **Leistungsbereitschaft** stärker zu belohnen und die **endogenen Wachstumskräfte des Marktes** zu stärken. Im Rahmen umfangreicher Steuerentlastungen wurde eine Neugestaltung des Einkommensteuertarifs angestrebt; als weitere Hauptelemente, die insbesondere die Bezieher niedriger Einkommen und Familien mit Kindern begünstigen sollten, waren »kräftige Aufstockungen des Grundfreibetrages und des Kinderfreibetrages sowie eine Senkung des Eingangssteuersatzes« vorgesehen.

Eingeleitet wurde diese – von der Regierung als Kernstück ihrer Politik bezeichnete – Steuerreform mit dem **Steuersenkungsgesetz 1986/88** (StSenkG 1986/88) **vom 26. Juni 1985** [BGBl.I S.1153]. Vorgesehen war ursprünglich, die Steuerzahler in zwei Stufen – ab 1986 und ab 1988 – um insgesamt 19,4 Mrd. DM zu entlasten (später wurde die Gesamtentlastung mit Wirkung ab 1988 um 5,2 Mrd. DM aufgestockt). In der ersten Stufe sollten vor allem **Bezieher kleinerer und mittlerer Einkommen** und die **Familien** um insgesamt rd. 11 Mrd. DM entlastet werden. Ab 1988 wirksam werdende Entlastungen in Höhe von insgesamt 14 Mrd. DM sollten vornehmlich **Arbeitnehmern** und **Selbständigen** zugute kommen. Besonderes Gewicht legte die Regierung nach eigenen Aussagen in allen drei Stufen der Steuerreform auf die **Verbesserung des steuerlichen Familienlastenausgleichs**.

Steuersenkungsgesetz 1986/88

Den Zielsetzungen der Regierung entsprechend enthielt das StSenkG 1986/88 differenzierte Neuregelungen gerade der steuerlichen Instrumente der Sozialpolitik. Neben der für 1986 vorgesehenen Tarifänderung zwecks Entlastung der Bezieher kleinerer und mittlerer Einkommen sowie der für 1988 vorgesehenen Abflachung der Progression und Absenkung der steuerlichen Grenzbelastung enthielt das Gesetz weitreichende Regelungen zur Ehegattenbesteuerung, zu den Kinder- und Haushaltsfreibeträgen sowie zu den außergewöhnlichen Belastungen. Mit Wirkung ab 1986 brachte das Gesetz u.a. eine **Erhöhung der Grundfreibeträge** (um 324/648 DM auf 4.536/9.072 DM für Alleinstehende bzw. Verheiratete) sowie erste **Tarifverbesserungen** (Absenkung der Grenzsteuersätze in der Progressionszone des Steuertarifs). Zur **Verbesserung der Lage der Familien** sah das Gesetz ab 1988 folgende **Neuregelungen** vor:

- Anhebung des vom Einkommen abziehbaren Kinderfreibetrages von 432 auf 2.484 DM für jedes Kind pro Kalenderjahr bzw. auf 1.242 DM gem. dem Halbteilungsgrundsatz (§ 32 Abs.6 EStG). Gleichzeitig wurden jedoch aus Gründen der Steuervereinfachung die kindbezogenen Erhöhungsbeträge beim Sonderausgabenabzug von Vorsorgeaufwendungen, die sog. Kinderadditive, die bis dahin mit höchstens 900 DM angerechnet wurden, in diese Beträge einbezogen;
- Anhebung des Höchstbetrages für den Abzug von Unterhaltsleistungen für bedürftige volljährige Angehörige, für die ein Kinderfreibetrag nicht in Betracht kommt, von 3.600 auf 4.500 DM; außerdem wurde der Betrag, ab dem eigene Einkünfte des Unterstützten anzurechnen sind, gleichfalls von 4.200 auf 4.500 DM erhöht;
- Anhebung des Haushaltsfreibetrages für Alleinstehende, zu deren Haushalt mindestens ein Kind gehört, von 4.212 auf 4.536 DM (§ 32 Abs.7 EStG);
- Anhebung der Ausbildungsfreibeträge (§ 33a Abs.2 S.1 EStG): für Kinder über 18 Jahre, die im Haushalt des Steuerpflichtigen untergebracht sind, von 1.200 auf 1.800 DM, bei auswärtiger Unterbringung von 2.100 auf 3.000 DM, sowie bei Kindern unter 18 Jahren bei auswärtiger Unterbringung von 900 auf 1.200 DM;

- Verdoppelung des Höchstbetrages für den Abzug von Unterhaltskosten an den Ehegatten nach Trennung (Realsplitting) von 9.000 auf 18.000 DM;
- Erweiterung der Kinderbetreuungskostenregelung, wie sie für Alleinstehende galt, auf Fälle einer Behinderung oder einer länger andauernden Krankheit eines oder beider Ehegatten.

Darüber hinaus wurden der einkommensteuerliche Kinderbegriff präzisiert und die Voraussetzungen festgelegt, unter denen Kinder, die zu Beginn des Kalenderjahres das 16., aber noch nicht das 27. Lebensjahr vollendet haben, einkommensteuerlich berücksichtigt werden können. So werden z.B. Stiefkinder künftig nicht mehr in den einkommensteuerlichen Kinderbegriff aufgenommen. Durch Neufassung des § 33 Abs.3 EStG galten zudem für die Bemessung der zumutbaren Belastung im Rahmen der steuerlichen Anerkennung von außergewöhnlichen Belastungen als Kinder wieder solche, für die der Steuerpflichtige einen Kinderfreibetrag erhält.

Steuersenkungs-Erweiterungsgesetz 1988

Noch bevor sämtliche Maßnahmen des StSenkG 1986/88 wirksam geworden waren, kündigte Bundeskanzler KOHL in der Regierungserklärung vom 18. März 1987 an, die Konsolidierungsfortschritte bei Bund, Ländern und Gemeinden für eine weitere Senkung der Steuerlast nutzen zu wollen. Beabsichtigt war insbesondere die Einführung eines »sanft ansteigenden linearen Einkommensteuertarifs«, der »sozial ausgewogen, mittelstandsfreundlich und leistungsgerecht« sein sollte. Außerdem sollten u.a. die Familien mit Kindern in den Genuß zusätzlicher Entlastungen gelangen. Obgleich diese weitere Steuerentlastung im wesentlichen erst ab 1990 in Kraft treten sollte, wurde ein Teil in Höhe von 5 Mrd. DM auf Anfang 1988 vorgezogen, »um die bereits beschlossene Steuersenkung zu verstärken«.

Das daraufhin beschlossene **Steuersenkungs-Erweiterungsgesetz** (StSenkErwG 1988) vom 14. Juli 1987 [BGBl.I S.1629] brachte an sozialpolitisch relevanten Neuregelungen vor allem eine weitere Anhebung des **Grundfreibetrages** (auf 4.752/9.504 DM für Alleinstehende bzw. Verheiratete), eine **weitere Abflachung der Progression**, eine erneute Anhebung des **Haushaltsfreibetrages** für Alleinstehende (auf 4.752 DM) sowie insbesondere eine zusätzliche Anhebung der **Ausbildungsfreibeträge** (Kinder unter 18 Jahren bei auswärtiger Unterbringung: von 1.200 DM auf 1.800 DM; Kinder über 18 Jahren: von 1.800 DM bzw. 3.000 DM auf 2.400 DM bzw. 4200 DM bei Unterbringung zu Hause bzw. auswärts).

Steuerreformgesetz 1990

Mit dem **Steuerreformgesetz 1990 vom 25. Juli 1988** [BGBl.I S.1093] beabsichtigte die Regierung, die von ihr 1986 eingeleitete Steuerreform abzuschließen. Insbesondere sollte dadurch die ihrer Ansicht nach überhöhte Belastung der Einkommen aus Arbeit und unternehmerischer Tätigkeit mit Steuern und Abgaben beseitigt werden. Die bisherige steuerliche Belastung habe der Volkswirtschaft geschadet, weil sie den »Anreiz zur beruflichen Anstrengung« gemindert und die Investitionsmöglichkeiten beschränkt habe. Die dreistufige Steuerreform sollte daher die Bürger und Betriebe ab 1990 durch dauerhafte Steuersenkungen um netto insgesamt fast 50 Mrd. DM entlasten. Um dies zu erreichen, brachte insbesondere das Steuerreformgesetz 1990 weitreichende Veränderungen beim Steuertarif, bei den Familienfreibeträgen sowie Sonderregelungen im Arbeitnehmerbereich.

Hinsichtlich des **Steuertarifs** bestanden die Änderungen vor allem in einer nochmaligen Anhebung der Grundfreibeträge (auf 5.616/11.232 DM), der Senkung des Eingangssteuersatzes von 22 auf 19 % sowie der Ersetzung des nach oben gewölbten Verlaufes der

Grenzsteuersatzkurve in der Progressionszone für Einkommensbestandteile zwischen 8.153 und 120.041 DM bzw. 16.307 und 240.083 DM durch einen geradlinig-progressiven Tarif. Außerdem wurde der Spitzensteuersatz von 56 auf 53 % gesenkt.

Für die **Familien** sah das Steuerreformgesetz 1990 folgende Neuregelungen vor:

- Anhebung des Kinderfreibetrages von 2.484 auf 3.024 DM;
- Anhebung des Haushaltsfreibetrages für Alleinstehende, zu deren Haushalt mindestens ein Kind gehört, von 4.752 auf 5.616 DM;
- Anhebung der Höchstbeträge für den Abzug von Unterhaltsaufwendungen für bedürftige Angehörige von 2.484 DM / 4.500 DM auf 3.024 bzw. 5.400 DM;
- Abzug der Ausbildungsfreibeträge für Kinder, die gesetzlichen Grundwehr- oder Zivildienst geleistet haben, bis zur Vollendung des 29. Lebensjahres;
- Anrechnung von Ausbildungszuschüssen nur auf die anteiligen Ausbildungsfreibeträge der Kalendermonate, für die die Zuschüsse bestimmt sind;
- Förderung der häuslichen Pflege durch Einführung eines Pauschbetrages und Anhebung des Abzugs für eine Hilfe im Haushalt im Pflegefall; Abzug der Aufwendungen bis zu 1.200 DM jährlich für die Beschäftigung einer Hausgehilfin oder Haushaltshilfe, wenn ein zum Haushalt des Steuerpflichtigen gehörendes Kind nicht nur vorübergehend hilflos oder schwer körperbehindert ist, oder für die Beschäftigung einer Hausgehilfin oder Haushaltshilfe wegen Krankheit des Kindes (§ 33 a Abs.3 Nr.2 EStG).
- Anhebung des Baukindergeldes zur Förderung des Erwerbs von Familien-Eigenheimen je Kind von 600 auf 750 DM.

Ergänzend brachte das Gesetz zur Änderung des Steuerreformgesetzes 1990 sowie zur Förderung des Mietwohnungsbaus und von Arbeitsplätzen in Privathaushalten vom 30. Juni 1989 [BGBl.I S.1267] steuerliche Entlastungen bei Aufwendungen für bestimmte hauswirtschaftliche Beschäftigungsverhältnisse ab 1990. Zugleich wurde der Sparerfreibetrag (Alleinstehende/Verheiratete) von 300/600 DM auf 600/1200 DM erhöht. Schließlich wurde im Rahmen des Wohnungsbauförderungsgesetzes vom 22. Dezember 1989 [BGBl.I S.2408] der Höchstbetrag für das bei Unterhaltsleistungen an den geschiedenen oder dauernd getrennt lebenden Ehegatten in Betracht kommende sog. Realsplitting von 18.000 auf 27.000 DM angehoben.

11.1.5 Kritik der steuerlichen Maßnahmen der Bundesregierung

Die verschiedenen Maßnahmen der dreistufigen Steuerreform 1986/1988/1990 sind in der politischen Diskussion innerhalb und außerhalb des Parlaments auf ein teilweise sehr gegensätzliches Echo gestoßen. Vor allem von seiten der SPD und aus gewerkschaftlichen Kreisen wurden die steuerpolitischen Maßnahmen der Regierung als eine »**Umverteilung von unten nach oben**« charakterisiert *(vgl. Tofaute, 1985, S. 330ff., 1986, S. 758ff.).*

Im Gegensatz zur Bundesregierung und den Koalitionsparteien sprachen sich die SPD und DIE GRÜNEN Mitte der 80er Jahre u.a. für die **Abschaffung der Kinderfreibeträge**, eine **Splittingbegrenzung** und **Erhöhung des Kindergeldes** sowie die Beibehaltung bzw. sogar Erhöhung (DIE GRÜNEN) des Spitzensteuersatzes aus. Die SPD plädierte darüber hinaus für eine Konzentration der Progressionsabflachung auf untere und mittlere Einkommensbereiche.

Der DGB hatte 1986 auf seinem 13. Bundeskongreß in einem Antrag zur einer »gerechteren Gestaltung der Steuergesetzgebung« die Zusammenfassung aller kinderbezogenen Vergünstigungen zu einheitlichen Unterstützungsleistungen gefordert. Anstelle der steuerlichen Kinderfreibeträge forderte auch der DGB die ausschließliche Berücksichtigung von Kindern mittels des Kindergeldes. Noch unentschieden war die gewerkschaftliche Haltung zur Splitting-Besteuerung; diskutiert wurden hier sowohl eine völlige Abschaffung wie eine Einschränkung des maximalen Splittingvorteils *(vgl. Wehner, 1986, S.806 ff.)*.

In einem am 31.3.1990 vorgelegten Antrag für »einen kinderfreundlichen, gerechten, einfachen und finanziell soliden Familienlastenausgleich« verlangte die SPD abermals die Abschaffung der steuerlichen Kinderfreibeträge sowie eine Reform des **Ehegattensplitting** [BT-Drs. 11/6751]. Die SPD lehnt das derzeitige Splitting-System u.a. ab, weil es Vorteile für die bloße Eheschließung gewähre, ohne daß in der Ehe Kinder vorhanden sein müßten. Außerdem kritisiert sie, daß die Steuerreform 1990 dazu geführt habe, daß der Splittingvorteil für die Bezieher mittlerer Einkommen zurückgegangen, zugleich jedoch für hohe und höchste Einkommen weiter angestiegen sei. Sie verweist darauf, daß der maximale Splittingvorteil, der 1982 noch bei 14.837 DM gelegen habe, durch die Tarifänderung 1988 auf 19.561 DM und mit der Steuerreform 1990 auf 22.842 DM angehoben worden sei.

Die SPD schlug daher vor, den jährlichen Splittingvorteil von Ehegatten auf maximal 6.000 DM zu begrenzen. Dieses Kappungs-Modell würde gewährleisten, daß nur Bezieher von Einkommen von über 100.000 DM brutto jährlich ihren Splittingvorteil verlieren. Zugleich ermöglicht dieses Modell nach Ansicht der SPD durch die finanzielle Umschichtung eine insgesamt aufkommensneutrale Reform des Familienlastenausgleichs. In ihrem Programm »Fortschritt '90« forderte die SPD darüber hinaus die Entlastung breiter Schichten der Bevölkerung durch eine kräftige Verbesserung des Grundfreibetrages sowie die Wiedereinführung des Weihnachtsfreibetrages für Arbeitnehmer in Höhe von 600 DM. Zu den Hauptzielen ihrer Steuerpolitik gehört danach die Schaffung von mehr Steuergerechtigkeit durch gezielte Entlastung der Arbeitnehmereinkommen *(vgl. intern, Nr.13/1989, S.5)*.

Auch die **CDU-Arbeitnehmerschaft** (CDA) war mit den bisherigen Steuerreformen keineswegs völlig zufrieden. Sie verlangte Anfang 1990 neben weiteren Steuersenkungen vor allem eine Senkung der Lohnsteuerquote. Während diese die Rekordhöhe von 18,8 % erreicht habe, liege die Belastung der Bruttoeinkommen aus Unternehmertätigkeit und Vermögen »auf der Niedrigstmarke« von rd. 14 %. Daher fordert die CDA u.a. eine Anhebung des Grundfreibetrages und der Kinderfreibeträge auf Sozialhilfeniveau sowie die Wiedereinführung eines Weihnachtsfreibetrages von 480 DM *(vgl. Handelsblatt v. 19.4.1990)*.

11. 2 Sozialpolitische Elemente sonstiger Steuern

11. 2. 1 Steuern auf Vermögen

Das Vermögensteuerrecht, das durch das **Vermögensteuerreformgesetz** (VStRG) **vom 17. April 1974** [BGBl.I S.949] eine grundlegende Reform erfahren hatte, blieb in der Folgezeit von nennenswerten Änderungen verschont. Erwähnenswert ist allenfalls, daß verschiedene im Einkommensteuerrecht erfolgte Neudefinitionen des Kinderbegriffs i.d.R. auch auf die Freibeträge nach § 6 Abs.2 VStG Anwendung gefunden haben. So war insbesondere der durch das SteuerÄndG 1977 vom 16. August 1977 eingefügte § 32 Abs.6 Nr.1 a EStG ab 1.1.1977 auch auf die Zusammenveranlagung mit Kindern bei der Vermögensteuer und bei der Gewährung von Kinderfreibeträgen anzuwenden.

11. 2. 2 Kraftfahrzeugsteuer

Die sozialpolitisch begründeten Sonderregelungen im Bereich der KraftSt sind vor allem durch das **KraftStG vom 22. Dezember 1978** [BGBl.I S.2063] nachhaltig geändert worden. U.a. brachte das Gesetz die Beseitigung der Unterscheidung zwischen Schwerbeschädigten und anderen Körperbehinderten.

Im einzelnen wurde durch dieses Gesetz die Vorschrift des § 3 KraftStG 1964/72 durch jene des § 3 Abs. 11 ersetzt. Die Steuerbefreiung stand nunmehr allen Behinderten in vollem Umfang zu (unabhängig vom Grad der Erwerbsfähigkeit und von den wirtschaftlichen Verhältnissen), die nicht nur vorübergehend in ihrer Bewegungsfähigkeit im Straßenverkehr erheblich beeinträchtigt sind, wobei das Gesetz bei einer dauernden Minderung der Erwerbsfähigkeit von mindestens 80 % eine derartige erhebliche Beeinträchtigung unterstellte. Das Vorliegen einer Beeinträchtigung war durch einen Ausweis oder eine Bescheinigung des zuständigen Versorgungsamtes nachzuweisen. Gleichzeitig waren Schwerkriegsbeschädigte und diesen gleichgestellte Personen, denen mit Ablauf des KraftStG 1972 die Steuer erlassen war und die nicht erheblich behindert waren, aufgrund von § 17 KraftStG den begünstigten Behinderten gleichgestellt, sofern die Erwerbsminderung mindestens 50 % betrug.

Die Bemühungen zur Konsolidierung der Haushaltslage führten 1984 auch zu **Einschränkungen bei den Kfz-Steuerermäßigungen** Behinderter. Aufgrund des Steuerentlastungsgesetzes 1984 vom 22. Dezember 1983 [BGBl.I S.1583] waren ab 1.4.1984 nur noch diejenigen Schwerbehinderten von der KraftSt befreit, die hilflos, blind oder außergewöhnlich gehbehindert sind, sowie Schwerkriegsbeschädigte, diesen gleichgestellte Personen und NS-Verfolgte mit einer Erwerbsminderung von mindestens 50 %, denen die KraftSt bereits am 1.6.1979 erlassen war (persönliche Besitzstandswahrung).

Die Behinderung muß seitdem durch einen Ausweis mit dem Merkzeichen H, Bl oder aG nachgewiesen werden. Für Schwerbehinderte mit einem Ausweis des Merkzeichens G ermäßigt sich die Kfz-Steuer um 50 %, sofern von diesen Personen die unentgeltliche Beförderung im Personenverkehr nicht in Anspruch genommen wird (§ 3 a Abs.2 KraftStG).

Unterdessen wurde durch Art.6 des **1. SchwbG-ÄndG vom 24. Juli 1986** [BGBl.I S.1110] die Steuerermäßigung auf Kraftfahrzeuge von Gehörlosen um 50 % ausgedehnt. Diese können nunmehr ebenso wie Gehbehinderte zwischen der unentgeltlichen Beförderung im öffentlichen Nahverkehr und der Kfz-Steuerermäßigung wählen. In diesem Zusammenhang ist auch die KraftfahrzeughilfeVO vom 28. September 1987 [BGBl.I S.2251] zu nennen, die durch Harmonisierung und Fortentwicklung des geltenden Rechts eine Verbesserung der Situation der Behinderten anstrebte, die wegen ihrer Behinderung zu ihrer beruflichen Eingliederung auf ein Kraftfahrzeug angewiesen sind.

12. Organisationsfragen und soziale Gerichtsbarkeit

12. 1 Selbstverwaltung

Die Selbstverwaltung im Bereich der Sozialversicherung galt zwar als ein grundsätzlich bewährtes Organisationsprinzip, die Kritik an einzelnen Aspekten hielt jedoch auch in der zweiten Hälfte der 70er Jahre an. Nachdem durch das Achte Gesetz zur Änderung des Selbstverwaltungsgesetzes im Jahre 1973 *(vgl. S.153)* vor allem Vereinfachungen beim Wahlverfahren vorgenommen worden waren, ersuchte der Bundestag in einer Entschließung vom 7. Juni 1973 [BT-Drs. 7/644] die Bundesregierung um einen Bericht und ggf. um die Unterbreitung von Vorschlägen, wie das Selbstverwaltungsrecht neu geordnet werden könnte. Gefragt wurde u. a. nach Möglichkeiten der weiteren Verbesserung der Funktionsfähigkeit der Selbstverwaltung, nach der Gewährleistung der gleichberechtigten Mitwirkung der Arbeitnehmer in den Organen, nach dem Wahlverfahren sowie nach der Wahl und Stellung der Geschäftsführer.

Dem Ersuchen des Bundestages folgend, legte die Bundesregierung am 3. November 1975 einen **Bericht zu Fragen der Selbstverwaltung in der Sozialversicherung** [BT-Drs. 7/4244] vor. Insgesamt gelangte die Bundesregierung zu der Auffassung, daß trotz der eingetretenen tatsächlichen und rechtlichen Änderungen und damit des Funktionswandels der sozialen Selbstverwaltung diese auch für die Zukunft ihre hervorragende Bedeutung behalte. Die soziale Selbstverwaltung sei ein Teil der selbstverantwortlichen, demokratischen Mitwirkung der Betroffenen an der Verwirklichung des sozialen Rechtsstaates, auf die für die Lösung der komplexen Probleme der sozialen Sicherung nicht verzichtet werden könne [BT-Drs. 7/4244, S.5].

Dennoch kam auch die Bundesregierung nicht umhin, einige Mängel aufzuzeigen und Änderungen zu empfehlen. U. a. stellte sie fest, daß bei der sozialen Selbstverwaltung durch Zurücktreten der Gestaltungsmöglichkeit im Rahmen der autonomen Rechtsetzung ein Funktionswandel eingetreten sei. Die Ursache dafür sah sie vor allem in einer stärkeren Normierung der Sozialversicherung durch Gesetze, Rechtsverordnungen und Verwaltungsvorschriften. Diese Entwicklung habe insbesondere zu einer Einengung der Funktionen der Vertreterversammlung geführt. Um in diesem Bereich Abhilfe zu schaffen, sei daran zu denken, die Aufgabenbereiche der Vertreterversammlung zu vergrößern und ihre Kontrollbefugnisse zu verstärken, Aufgaben des Vorstandes auf die Vertreterversammlung zu übertragen und ggf. Vorstand und Vertreterversammlung zu einem Organ zusammenzufassen. Ferner räumte sie ein, daß sich zunehmend Schwierigkeiten ergäben, die Interessen der versicherten Arbeitnehmer gleichgewichtig zur Geltung zu bringen. Hier wurde u. a. angeregt, bei grundsätzlicher Beibehaltung der Parität für Entscheidungen in wichtigen Fragen die Mehrheit in beiden Gruppen vorzusehen. Trotz weiterhin vorhandener Unzulänglichkeiten wollte sie dagegen das Wahlverfahren mit der Möglichkeit der Wahlhandlung ohne Wahl beibehalten. Für dringend erforderlich hielt sie allerdings eine Verbesserung der Information der Wahlberechtigten. Hinsichtlich der Wahl des Geschäftsführers auf Lebenszeit sah sie Vor- und Nachteile, die sorgfältig gegeneinander abgewogen werden müßten.

Ein besonderes Problem stellte bereits seit den 60er Jahren die Namensführung von Mitgliedergemeinschaften dar, die den Namen des Versicherungsträgers ganz oder teilweise in ihren Vereinsnamen aufnahmen. So errang z. B. bei den Wahlen 1962 die »Gemeinschaft von DAK-Mitgliedern« bei der DAK mit 17,6 % 11 der 60 Sitze. Nachdem der Gesetzgeber durch das 7. ÄndG vom 23. August 1967 [BGBl.I S.917] das sog. Namensführungsverbot eingeführt hatte, erreichte dieselbe Mitgliedergemeinschaft bei den Wahlen 1968 unter dem Namen »Freie Gemeinschaft« nur noch 3,58 % der Stimmen und infolge der Fünfprozentklausel keinen Sitz mehr. Da das BVerfG in seinem Beschluß vom 24. Februar 1971 [BVerfGE 30, 227 ff.] das Namensführungsverbot im wesentlichen für verfassungswidrig erklärt hatte, konnte diese Vereinigung unter ihrer ursprünglichen Bezeichnung bei den Wahlen 1974 mit 56,62 % insgesamt 34 der 60 Sitze und damit die absolute Mehrheit erringen.

Einer der Hauptpunkte der öffentlichen Kritik an den Sozialversicherungswahlen ist stets die Tatsache gewesen, daß bei der weit überwiegenden Zahl der Versicherungsträger **Wahlen ohne Wahlhandlung**, also ohne Stimmabgabe stattfinden. Die zumeist geringe **Wahlbeteiligung** ließ zudem erhebliche Zweifel an der **Legitimität der Sozialwahlen** aufkommen.

Einer 1974/75 durchgeführten empirischen Untersuchung zufolge waren 43 % der Befragten der Auffassung, Probleme der sozialen Sicherheit sollten Fachleuten überlassen bleiben, nur 38 % meinten, der Bürger solle in diesem Bereich mehr mitbestimmen. Andererseits hielten 64 % allgemeine Mitwirkungsrechte in der Sozialversicherung für besonders wichtig. Allerdings hatten nach dieser Umfrage nur 30 % der Befragten von der Selbstverwaltung gehört, während sie für 69 % völlig unbekannt war. Nur 46 % der Versicherten wußten, daß 1974 Sozialversicherungswahlen stattgefunden hatten [BT-Drs. 7/4244, S.24 ff.].

Die Neukodifikation des Selbstverwaltungsrechts in der Sozialversicherung im Rahmen des **Sozialgesetzbuches – gemeinsame Vorschriften für die Sozialversicherung – vom 23. Dezember 1976** [BGBl.I S.3845] (Dritter Abschnitt §§ 29–66) bot nicht nur Gelegenheit zur Zusammenfassung der verstreuten Vorschriften und zur rechtssystematischen Überarbeitung, sondern auch zur Beseitigung verschiedener Mängel *(vgl. Langenberg/Meixner, 1980, S.47)*. In das SGB IV aufgenommen wurde zunächst allerdings nur die

Selbstverwaltung in der Renten-, Kranken- und Unfallversicherung sowie in der Altershilfe für Landwirte. Die Selbstverwaltung im Bereich der Bundesanstalt für Arbeit blieb im AFG geregelt.

Tabelle 72: Daten zu den Sozialversicherungswahlen 1953–1986

Wahl	Zahl der Träger	davon gewählt bei	Wahl-berechtigte	abgegebene Stimmen	Wahlbeteiligung in %			Anteil der Briefwahl in %
					insgesamt	AOK	BfA	
1953	2.145	9	5.200.000	2.203.000	42,38	14,42	40,96	–
1958	2.200	19	10.294.344	2.836.542	27,55	28,53	24,00	10,83
1962	2.150	38	16.688.205	4.371.471	26,19	27,11	25,26	9,64
1968	2.088	52	28.693.502	5.615.907	19,57	17,38	18,40	28,32
1974	1.702	38	21.608.186	9.442.780	43,70	34,51	43,30	98,13
1980	1.452	49	32.817.263	14.366.617	43,78	36,14	43,06	98,61
1986	1.330	35	35.269.038	15.464.364	43,85	44,56	43,96	100,00

Quelle: BMA (Hrsg.): Übersicht über die Soziale Sicherheit, Bonn 1990, S.492; Bundeswahlbeauftragter: Schlußbericht der Wahlbeauftragten über die allgemeinen Wahlen in der Sozialversicherung im Jahre 1986, o.O., Dezember 1986.

Mit dem Inkrafttreten des SGB IV wurden dessen §§ 29 ff. Rechtsgrundlage des Selbstverwaltungsrechts der Sozialversicherung (das Aufsichtsrecht regelten die §§ 87 ff.). Damit wurden die Vorschriften des Selbstverwaltungsgesetzes und die aufsichtsrechtlichen Vorschriften der RVO abgelöst. Für die Sozialversicherungswahlen wurde zusätzlich eine Wahlordnung (SVWO) erlassen. Während das SVwG keine genaue Bestimmung der Selbstverwaltungsrechte in der Sozialversicherung enthielt, bestimmte § 29 SGB IV nunmehr grundsätzlich, daß – von Ausnahmen abgesehen – die Träger der Sozialversicherung rechtsfähige Körperschaften des öffentlichen Rechts mit Selbstverwaltung sind, die Selbstverwaltung durch Versicherte und Arbeitgeber ausgeübt wird und die Versicherungsträger im Rahmen des Gesetzes und des sonstigen für sie maßgebenden Rechts ihre Aufgaben in eigener Verantwortung erfüllen.

Die Stellung der Vertreterversammlung wurde durch das SGB IV gestärkt und verbessert. Insbesondere erhielt die Vertreterversammlung durch die neuen Vorschriften über das Haushalts- und Rechnungswesen (§§ 67 ff. SGB IV) umfassendere Steuerungs- und Kontrollbefugnisse. Ferner wurde einheitlich bestimmt, daß die Geschäftsführer und die Mitglieder der Geschäftsführungen auf Vorschlag des Vorstandes von den Vertreterversammlungen zu wählen sind. Neu war zudem die Befugnis, bestehende Zuständigkeiten der Selbstverwaltungsorgane zu verändern (sog. Kompetenz-Kompetenz). Außerdem entfiel für die durch die Selbstverwaltung gewählte Geschäftsführung der Bestätigungsvorbehalt. Schließlich wurde die Haftung der ehrenamtlich Tätigen in allen Fällen auf Vorsatz und grobe Fahrlässigkeit beschränkt und bei der Neuregelung des Aufsichtsrechts dem Anliegen der Selbstverwaltung, vor unberechtigten, voreiligen und unverhältnismäßigen Eingriffen der Aufsichtsbehörde geschützt zu werden, Rechnung getragen [BT-Drs. 9/1264].

In einem **Ergänzenden Bericht zu Fragen der Selbstverwaltung in der Sozialversicherung** vom 13. Januar 1982 [BT-Drs. 9/1264] zog die Bundesregierung Schlußfolgerungen aus den Sozialversicherungswahlen 1979/80. Als notwendig erachtet wurde insbesondere eine konkrete gesetzliche Abgrenzung der Anforderungen an vorschlagsberechtigte selbständige Arbeitnehmervereinigungen, zumal sich die Probleme hinsichtlich des Auftretens von Mitgliedervereinigungen in Form sog. Zweckgründungen bei diesen Wahlen erheblich verstärkt hatten.

Ausgehend von den in den vorangegangenen Wahlen gemachten Erfahrungen legte die Bundesregierung am 22. 3. 1984 den Entwurf eines Gesetzes zur Verbesserung des Wahlrechts für die Sozialversicherungswahlen [BT-Drs. 10/1162] vor. Der Zweck bestand vor allem darin, noch vorhandene Mängel im Wahlverfahren zu beseitigen und die Haftung der Organmitglieder neu zu regeln. Das **Gesetz zur Verbesserung des Wahlrechts für** die

Sozialversicherungswahlen vom 27. Juli 1984 [BGBl.I S.1029] brachte verschiedene strukturelle und verfahrenstechnische Verbesserungen.

Mit der Neuregelung der Anforderungen des Vorschlagsrechts für Gewerkschaften und sonstige Arbeitnehmervereinigungen nahm das Gesetz einige für die Praxis wichtige Klarstellungen vor. Angestrebt wurde insbesondere ein Schutz der Wähler vor solchen Vereinigungen, die Versicherten- und Arbeitnehmerinteressen nicht durchsetzen können und vorrangig wegen ihres Namens gewählt werden. Dagegen sollten die Neuregelungen das Recht des einzelnen Versicherten, unmittelbar Vorschlagslisten für eine Wahl aufzustellen oder einzureichen (freie Listen), nicht beschneiden und auch die Wahlmöglichkeiten ernsthafter, auf Dauer angelegter sonstiger Arbeitnehmervereinigungen mit berufs- oder sozialpolitischer Zwecksetzung nicht einschränken. Beseitigt wurden durch das Gesetz die kaum noch benutzten Wahlräume. Änderungen erfolgten ferner in bezug auf die Haftung der ehrenamtlich Tätigen. Ferner wurden die für den wirksamen und beschleunigten Rechtsschutz während des Wahlverfahrens und nach dessen Abschluß notwendigen Rechtsbehelfe verbessert und ergänzt.

Zwischen den Regierungsparteien und der SPD war das in § 48 a Abs.4 S.1 festgelegte Unterschriftenquorum strittig. Vor allem auf Drängen der FDP wurde das im Regierungsentwurf ursprünglich festgelegte Quorum beitragzahlender Mitglieder während der Ausschußberatungen auf die Hälfte der nach § 438 Abs.2 geforderten Anzahl reduziert. Begründet wurde diese Änderung mit dem Hinweis, daß durch eine Absenkung des Quorums der Wettbewerb zwischen Gewerkschaften und sonstigen Arbeitnehmervereinigungen verbessert und nicht unproblematische Zutrittsschranken vermieden würden [BT-Drs. 10/1658, S.14].

Zur weiteren **Verbesserung und Vereinfachung des Wahlverfahrens** legte die Regierung vor dem Hintergrund der Sozialversicherungswahlen 1986 am 1. Februar 1990 erneut einen Gesetzentwurf vor [BT-Drs. 11/6337]. Während die im Gesetzentwurf der Bundesregierung vorgeschlagenen Änderungen im wesentlichen unstrittig waren, sorgte der Vorschlag des Bundesrates, **Ausländern auch das passive Wahlrecht** zu den Selbstverwaltungsorganen der Sozialversicherungsträger zuzuerkennen [BR-Drs. 547/1/89], für erhebliche Kontroversen.

Der am 1.2.1990 vorgelegte Gesetzentwurf sah vor, die Feststellung der Vorschlagsberechtigung von Arbeitnehmerorganisationen zeitlich vorzuverlagern, um die notwendigen Prüfverfahren sorgfältig durchführen und vor den Wahlen abschließen zu können. Beabsichtigt war weiterhin, die nicht sachgerechte Beschränkung des Vorschlagsrechts und des passiven Wahlrechts dadurch zu beseitigen, daß künftig auch berufsständische Vereinigungen der Landwirtschaft oder deren Verbände »Beauftragte« sollten zur Wahl stellen können. Weiterhin war vorgesehen, die starre Stichtagsregelung für die Wählbarkeit aufzulockern, die Nachbenennung von Organmitgliedern durch flexiblere Vorschriften zu erleichtern und die Einrichtung von betrieblichen Räumen zur Stimmabgabe und bei der Vertretung der Listenträger im Ergänzungsverfahren zu vereinfachen.

Der Bundesrat verlangte darüber hinaus, auf die deutsche Staatsangehörigkeit für das passive Wahlrecht zu verzichten. Er verwies darauf, daß bei den Kassenärztlichen Vereinigungen Ausländer sowohl das aktive als auch das passive Wahlrecht besäßen. Außerdem trage die Beitragsleistung der ausländischen Sozialversicherungsmitglieder erheblich zur Stabilität dieser Systeme bei; abgesehen davon setze die angestrebte Rechtsänderung ein wichtiges europapolitisches Signal. Im übrigen stehe der Einführung des passiven Wahlrechts für Ausländer in der Sozialversicherung verfassungsrechtlich nichts entgegen, da die Selbstverwaltung der Sozialversicherung nicht unter Art. 28 Abs.2 GG falle [BVerfGE 39, 302, 314].

Während der Bundestag am 31.5.1990 bei Stimmenthaltung der Fraktion DIE GRÜNEN den Gesetzentwurf mit großer Mehrheit verabschiedete, beschloß der Bundesrat am 22.6.1990, den Vermittlungsausschuß anzurufen [BT-Drs.11/7503]. Nachdem der Bundestag bereits am 19.9.1990 die Beschlußempfehlung des Vermittlungsausschusses [BT-Drs. 11/7845] abgelehnt hatte, versagte ihr am 21.9.1990 [BT-Drs. 11/8001] auch der Bundesrat seine Zustimmung. Damit war die Gesetzesinitiative gescheitert.

Erfolg hatte dagegen kurz vor Ende der 11. Legislaturperiode eine Initiative zur **Verlängerung der Amtsdauer der Organmitglieder in der sozialen Selbstverwaltung** [BT-Drs. 11/8022]. Mit dem am 25. Oktober 1990 vom Bundestag verabschiedeten [BT-Drs. 11/

8180] und am 17. Dezember 1990 verkündeten Gesetz [BGBl.I S.2822] wurde die Amtsdauer mit Rücksicht auf die deutsche Einigung um ein Jahr verlängert. Damit finden die nächsten Sozialwahlen statt 1992 erst 1993 statt.

Insgesamt läßt sich feststellen, daß es trotz aller Anstrengungen nicht gelungen ist, das **Interesse an den Sozialwahlen** entscheidend zu erhöhen. Seit 1974 stagniert die Wahlbeteiligung bei rd. 44 % der Wahlberechtigten. Weiterhin dominiert bei den meisten Versicherungsträgern die sog. **Friedenswahl**. 1986 wurde lediglich bei 35 von insgesamt etwa 1.300 Versicherungsträgern tatsächlich gewählt, und auch dort in der Regel nur auf Versichertenseite. Hinzuweisen ist allerdings darauf, daß tatsächliche Wahlen vor allem bei den großen Versicherungsträgern stattfanden, so daß 1986 immerhin 35,3 Mio. Versicherte wahlberechtigt waren. Getragen wird die soziale Selbstverwaltung derzeit von rd. 50.000 ehrenamtlich Tätigen *(vgl. Tabelle 72)*.

12. 2 Sozialgesetzbuch

Bestrebungen, inhaltlich in bestimmter Weise zusammengehörende Rechtsbereiche in zusammenhängenden Gesetzbüchern zu kodifizieren, hat es in der Rechtsgeschichte praktisch schon immer gegeben. Auch im Arbeits- und Sozialrecht haben Überlegungen eine lange Tradition, die einzelnen Gesetze in einem Gesetzbuch zusammenzufassen, zu systematisieren und von Überlappungen und möglichen Widersprüchen zu bereinigen. Ein erster durchaus gelungener Versuch bildete die 1911 geschaffene **Reichsversicherungsordnung** (RVO). Dagegen führten Initiativen zur Schaffung eines Arbeitsgesetzbuches in der Weimarer Zeit nicht zum Erfolg *(vgl. Bd. 1, S. 177)*.

Nachdem die RVO in ihrer langen Geschichte höchst unterschiedliche politische Systeme überdauert hatte, mehrten sich in den 60er Jahren Zweifel an ihrer Brauchbarkeit für die weitere Sozialrechtsentwicklung. „Zahllose Änderungen, das Hinzutreten neuer Leistungsbereiche, z. B. die Arbeitslosenversicherung, Kriegsopferversorgung, Ausbildungsförderung, Wohngeld etc. sowie deren weitere Anpassung an sich ändernde gesellschaftliche Verhältnisse erforderten einen weiteren Ansatz zur Systematik" *(Langenberg/Meixner, 1980, S. 46)*.

Erste konkrete Forderungen nach einer Kodifikation des gesamten Sozialrechts enthielt 1955 bereits die Rothenfelser Denkschrift, die ein einheitliches, soziales Gesetzeswerk mit einem Allgemeinen Teil anregte *(vgl. Achinger u.a., 1955, S. 132ff.)*. Auf politischer Ebene war es die SPD, die als erste in ihrem Godesberger Programm von 1959 die Schaffung eines Sozialgesetzbuches verlangte. Allerdings dauerte es noch rund zehn Jahre, bis in der Regierungserklärung von Bundeskanzler BRANDT vom 28. 10. 1969 die Umsetzung dieser Forderung eingeleitet wurde. Die praktische Arbeit an der Kodifikation begann schließlich auf der Grundlage eines Kabinettsbeschlusses vom 19. 3. 1970 mit der Einsetzung einer **Sachverständigenkommission**.

Der im Mai 1970 eingesetzten Sachverständigenkommission gehörten Professoren des Sozial-, Arbeits- und Verwaltungsrechts, Richter der Sozial- und Verwaltungsgerichtsbarkeit, Vertreter der Länder und Vertreter der zuständigen Verbände sowie der Sozialleistungsträger und der Kriegsopferverbände an. Ziel und Inhalt des Gesetzgebungsvorhabens sollten vor allem sein, die soziale Stellung und die Sicherung des Bürgers im Staat erkennbar und überschaubar zu machen. Das geplante SGB sollte daher einerseits durch die Zusammenfassung des Sozialrechts der zunehmenden Komplexität und Unübersichtlichkeit der sozialrechtlichen Vorschriften entgegenwirken, andererseits durch Angleichung und Harmonisierung der vielfach nicht aufeinander abgestimmten Regelungen in den einzelnen Sozialbereichen das Vertrauen der Bürger in die sozialen Institutionen stärken sowie das Rechtsverständnis und die Rechtssicherheit fördern. Beabsichtigt wurde, die in das SGB aufzunehmenden Sozialgesetze nicht nur zu harmonisieren, sondern auch an die strukturellen Veränderungen anzupassen *(vgl. SB 1971, S. 16f.)*.

Die aus 30 Experten bestehende Sachverständigenkommission sichtete die einzelnen Bereiche des Sozialrechts und erarbeitete umfangreiche Empfehlungen für die Kodifikation. U. a. schlug sie vor, in das SGB das gesamte Recht der Sozialversicherung, das Arbeitsförderungsgesetz und das Kindergeldgesetz, das Recht der Sozial- und Jugendhilfe sowie das Bundesversorgungsgesetz einzubeziehen. Vorangestellt werden sollte dem SGB ein Allgemeiner Teil, der die soziale Stellung und Sicherung des Menschen im Staat umschreiben und dem Bürger seine sozialen Rechte und die für ihn zuständigen Institutionen übersichtlich zeigen sollte. Nach den Vorstellungen der bis 1980 arbeitenden Sachverständigenkommission sollte sich das Sozialgesetzbuch in 10 Bücher gliedern:

1. Buch – Allgemeiner Teil
2. Buch – Ausbildungsförderung
3. Buch – Arbeitsförderung
4. Buch – Sozialversicherung
5. Buch – Soziale Entschädigung bei Gesundheitsschäden
6. Buch – Kindergeld
7. Buch – Wohngeld
8. Buch – Jugendhilfe
9. Buch – Sozialhilfe
10. Buch – Verwaltungsverfahren

Die vorgeschlagene Gliederung erfuhr zwar im Zuge der praktischen Realisierung einige Änderungen, bildete jedoch für die weiteren Arbeiten eine hilfreiche Basis. Obwohl bereits 1971 mit den Arbeiten zum Allgemeinen Teil des SGB begonnen worden war, konnten erst 1975 erste Teile des SGB verabschiedet werden. Ein erster Gesetzentwurf hatte zwar bereits dem 6. Deutschen Bundestag vorgelegen [BT-Drs. VI/3764], war jedoch von diesem nicht mehr beraten und verabschiedet worden. So führte erst der am 27.6.1973 eingebrachte Gesetzentwurf [BT-Drs. 7/868] zum **Sozialgesetzbuch – Allgemeiner Teil vom 11. Dezember 1975** [BGBl.I S.3015] und damit zum ersten konkreten Schritt auf dem Wege zur Verwirklichung des SGB. Der Allgemeine Teil des SGB beinhaltete zunächst eine Art **innerstaatlicher Sozialcharta**, durch die die Stellung des einzelnen Bürgers im Sozialrecht verdeutlicht werden sollte. Ferner hatte er die Funktion, die für alle Bereiche des Sozialrechts **gemeinsamen Vorschriften** einheitlich zu regeln.

Im einzelnen bestimmte das Gesetz in § 1 die Aufgaben des SGB und formulierte in den §§ 2–10 sogenannte soziale Rechte. Der Zweck dieses Abschnittes sollte sein, die sozialrechtlichen Grundpositionen des Bürgers und die Leitideen aufzuzeigen, die den Vorschriften der einzelnen Sozialleistungsbereiche zugrundeliegen. Ferner sollte die »Sozialcharta«, die unter dem Vorbehalt der Anspruchskonkretisierung in den besonderen Teilen des SGB stand, Verwaltung und Rechtsprechung bei der Auslegung von Vorschriften des SGB und bei der Ausübung von Ermessen binden. Schwerpunkt des zweiten Abschnittes bildete eine umfassende Information des Bürgers durch »Einweisungsvorschriften« über die ihm zustehenden Sozialleistungen und die hierfür zuständigen Stellen (§§ 13–15). In Verbindung damit wurden Ansprüche des Bürgers auf allgemeine Aufklärung, Beratung und Auskunft durch die Sozialleistungsträger formuliert. Der dritte Abschnitt enthielt allgemeine Regelungen, die für alle Sozialleistungen Geltung haben sollten. U. a. fanden sich in diesem Abschnitt eine Zusammenstellung allgemeiner Grundsätze des Leistungsrechts, wie Vorschriften über Verzinsung, Verjährung, Verzicht, Übertragung und Pfändung, Vererbung und ähnliche Fragen, die bis dahin an ganz verschiedenen Stellen und zum Teil ohne zwingenden Grund unterschiedlich geregelt waren [BT-Drs. 7/3786] *(vgl. v. Maydell, 1986 d, S.305 f.)*.

Knapp ein Jahr später wurde mit dem **Sozialgesetzbuch – gemeinsame Vorschriften für die Sozialversicherung vom 23. Dezember 1976** [BGBl.I S.3845] das erste Kapitel des vierten Buches geschaffen. Unter Ausschluß der Arbeitslosenversicherung enthielt es die für alle Zweige der Sozialversicherung gemeinsam geltenden Vorschriften.

Der Zweck dieses Teils des SGB sollte vor allem sein, die kaum noch überschaubaren Regelungen des Sozialversicherungsrechts zusammenzufassen und soweit wie möglich zu harmonisieren. In diesem Sinne faßte das erste Kapitel des 4. Buches die Vorschriften über die Versicherungspflicht und das Versicherungsverhältnis (§§ 2–6), das Beschäftigungsverhältnis (§§ 7–13), das Arbeitsentgelt (§§ 14–18) sowie das Beitragsrecht (§§ 20–28) zusammen, soweit die Unterschiedlichkeit der einzelnen Versicherungszweige ein Vorziehen »vor die Klammer« zuließ. Unter Ablösung des Selbstverwaltungsgesetzes regelte es ferner die Organisationsstruktur der Sozialversicherungsträger (§§ 29–66). Gleichzeitig brachte es Regelungen über das Haushalts- und Rechnungswesen, das Vermögen sowie die zu einer Selbstverwaltung notwendigerweise gehörende Aufsicht. Schließlich beinhaltete es Rahmenvorschriften über den Umfang der Versicherung, die u.a. sicherstellen sollten, daß Arbeitnehmer, die für deutsche Firmen im Ausland tätig waren, den Schutz der deutschen Sozialversicherung behielten [BT-Drs. 7/4122, 7/5457].

Fortgesetzt wurden die Arbeiten am Sozialgesetzbuch durch die Verabschiedung von Regelungen über das **sozialrechtliche Verwaltungsverfahren** und den **Schutz der Sozialdaten** vom 18. August 1980 [BGBl.I S.1469].

Die Regelungen über das sozialrechtliche Verwaltungsverfahren beinhalteten eine systematische Zusammenfassung und Vereinheitlichung von bisher in zahlreichen Einzelgesetzen enthaltenen Verfahrensregelungen mit bestimmten Abweichungen gegenüber dem allgemeinen Verwaltungsverfahrensgesetz gemäß den sozialpolitischen Erfordernissen. Für den Sozialdatenschutz wurde eine Regelung nach dem Enumerationsprinzip unter Vermeidung von Generalklauseln getroffen. Dies bedeutete insbesondere eine Einschränkung der Offenbarungsbefugnis von Sozialdaten auf Fälle bestimmter unverzichtbarer Erfordernisse in Bereichen wie Amtshilfe, Aufgabenerfüllung anderer Sozialleistungsträger, innere und äußere Sicherheit und Strafverfahren. Vorgesehen waren ferner ein besonderer Schutz medizinischer Daten sowie Regelungen für die Datenverarbeitung.

Eine weitere Fortführung der Arbeiten am Sozialgesetzbuch bildete auch die Verabschiedung von Regelungen über die **Zusammenarbeit der Leistungsträger und ihre Beziehungen zu Dritten (SGB X Drittes Kapitel) vom 4. November 1982** [BGBl.I S.1450]. Das Gesetz galt für alle Teile des Sozialrechts und beinhaltete eine systematische Zusammenfassung und Vereinheitlichung von bisher in zahlreichen Einzelgesetzen enthaltenen unterschiedlichen und lückenhaften Regelungen.

Im einzelnen enthielt das Gesetz vor allem eine wesentliche Fortentwicklung der Vorschriften über den Übergang von Schadenersatzansprüchen des Versicherten auf den Sozialleistungsträger in dem Fall, daß dem Versicherten durch einen Dritten ein Schaden zugefügt worden ist, für dessen Beseitigung der Leistungsträger eine Sozialleistung erbracht hat. Durch die Neuregelung wurde das bisherige Recht des ersten Zugriffs – das sog. »Quotenrecht« – der Sozialversicherungsträger in diesen Fällen beseitigt und die Rechtsstellung des Versicherten gegenüber dem Versicherungsträger verbessert. Während Schadenersatzansprüche in solchen Fällen nach altem Recht stets in vollem Umfang auf den Sozialversicherungsträger übergingen, sollten sie in Zukunft zwischen dem Versicherungsträger und dem Versicherten im Verhältnis der Sozialleistung zu dem Teil des Schadens, der durch die Sozialleistung nicht gedeckt ist, aufgeteilt werden. Als weitere materiellrechtliche Änderungen brachte das Gesetz u.a. Bestimmungen über die Beschleunigung von Sozialleistungen und zur Vermeidung von ärztlichen Doppeluntersuchungen.

Die Verabschiedung des Gesetzes erfolgte im wesentlichen einmütig durch sämtliche Parteien, nachdem die von der SPD-FDP-Koalition ursprünglich vorgesehene generelle gesetzliche Institutionalisierung von Arbeitsgemeinschaften der Leistungsträger im Vermittlungsausschuß durch einen Kompromißvorschlag auf spezielle Arbeitsgemeinschaften zur Eingliederung Behinderter eingeengt worden war.

Das SGB blieb lange Zeit ein Torso, da zunächst nur allgemeine Vorschriften aufgenommen wurden, eine Einbeziehung der besonderen Teile jedoch unterblieb. Als Behelfslösung waren allerdings die Einzelgesetze in Art.II § 1 SGB I zu **besonderen Teilen** des SGB erklärt worden. Die allgemeinen Vorschriften sind inzwischen durch verschiedene ergänzende Regelungen weiter vereinheitlicht worden. Zudem mußten verschiedene datenschutzrechtliche Vorschriften an das Volkszählungsurteil des BVerfG vom 15.12. 1983 [BVerfGE 65,1] angepaßt werden. U.a. wurden durch das **1. SGB-ÄndG vom 20. Juli 1988** [BGBl.I S.1046] die Pfändbarkeit des Kindergeldes, der Leistungen der Stiftung »Mutter und Kind« und des Erziehungsgeldes eingeschränkt und Regelungen zur Verhinderung der Zweckentfremdung der Versicherungsnummer getroffen. Durch ein weiteres Gesetz vom 20. Dezember 1988 [BGBl.I S.2330] wurden zudem die Vorschriften über die Meldepflichten des Arbeitgebers in der Kranken- und Rentenversicherung sowie im Arbeitsförderungsrecht vereinheitlicht und die Bestimmungen über den Einzug des Gesamtsozialversicherungsbeitrages in das IV. SGB eingeordnet.

Zu deutlichen Fortschritten kam es jedoch erst Ende der 80er Jahre, als mit dem GRG erstmals ein besonderer Sozialleistungsbereich innerhalb des SGB kodifiziert wurde. Abweichend von der ursprünglichen Gliederung wurde das **Recht der Krankenversicherung** als V. Buch in das SGB eingeordnet. Mit dem Rentenreformgesetz 1992 wurde gleichzeitig das **Rentenrecht** als VI. Buch in das SGB eingefügt. Ferner ist inzwischen im VIII. Buch das Kinder- und Jugendhilferecht Bestandteil des SGB geworden. Für die 12. Legislaturperiode ist vorgesehen, das Unfallversicherungsrecht (VII. Buch) sowie das Rehabilitations-, und Schwerbehindertenrecht innerhalb des SGB neu zu regeln. Für die Sozialhilfe ist das IX. Buch reserviert. Mit bisher rd. 960 Paragraphen dürfte inzwischen etwas mehr als die Hälfte des Sozialgesetzbuches verkündet sein.

12.3 Sozialbudget

Bereits in den 50er Jahren war im Zuge der Diskussion um die Neuordnung des Sozialleistungssystems das Fehlen verläßlicher sozialstatistischer Daten und Informationen als ein wesentlicher Mangel empfunden worden *(vgl. Hensen, 1955)*. Praktisch sämtliche sozialpolitischen Konzeptionen litten darunter, daß »objektive« Daten zur Stützung der eigenen Argumentation fehlten *(vgl. W. Scholz, 1984, S. 614)*. Zutreffend mußte MACKENROTH 1952 feststellen, daß sich Fachleute in Wissenschaft, Politik und Sozialverwaltung darüber einig seien, daß auf dem Gebiet der Sozialleistungen in Deutschland ein heilloser Wirrwar herrsche *(vgl. Berié, 1970, S. 8)*. Nachdem die SPD in ihrem 1957 vorgelegten Sozialplan für Deutschland ein **Modell einer Mehrjahresbilanz der Sozialen Sicherung** präsentiert hatte *(vgl. Auerbach u.a., 1957)*, trat Mitte der 60er Jahre v. a. H. MEINHOLD mit Nachdruck für ein Sozialbudget ein, in dem eine Aufstellung des Ausmaßes der bestehenden Sozialleistungen vorgenommen werden sollte. Nach seiner Ansicht waren konkrete Aussagen über die Weiterentwicklung der sozialen Aufwendungen und ihre Zumutbarkeit nicht machbar, solange ein mittelfristiges Sozialbudget fehlte *(vgl. Meinhold, 1966, Ziff. 404f.)*. Kurz zuvor hatte der Arbeitgeberpräsident BALKE gefordert, das Parlament solle einen mittelfristig orientierten **»Sozialhaushalt«** im Gesetzgebungswege festlegen *(vgl. Balke, 1965, S. 403)*.

Den Hintergrund für die sich Mitte der 60er Jahre entwickelnde lebhafte Diskussion um ein Sozialbudget bildete der sozialpolitische Meinungsstreit über den **Umfang der Sozialleistungsausgaben**. Während vor allem von seiten der Wirtschaft eine Überlastung der deutschen Volkswirtschaft mit »Sozialkosten« geltend gemacht wurde, ging es anderen darum, mit Hilfe eines Sozialbudgets ihre These von der unzureichenden Verwirklichung des Sozialstaatsgebots zu untermauern *(vgl. W. Scholz, 1984, S. 615)*. Insbesondere die erste tiefgreifende Nachkriegsrezession 1966/67 verhalf Argumenten zu Popularität, die in dem nach ihrer Ansicht zur **»Soziallast«** gewordenen Umfang der Sozialleistungen eine der Hauptursachen für das ausbleibende Wirtschaftswachstum und die damit einhergehende Beschäftigungs- und Finanzkrise sahen *(vgl. W. Scholz, 1984, S. 613)*.

Die öffentliche Kontroverse dürfte mit dazu geführt haben, daß die Große Koalition im Oktober 1968 einen **Kabinettsausschuß für Sozialbudget und soziale Strukturfragen** einsetzte. Auf der Grundlage des Anfang 1968 erschienenen **Sozialbudgets 1968** sollte dieser Ausschuß Überlegungen zur sozialen Sicherung anstellen. Die Absicht, in diesem Sozialbudget Höhe und Struktur der Sozialleistungen auszuweisen, erwies sich als außerordentlich schwierig. Zum einen gab es Meinungsverschiedenheiten über die Abgrenzung des Gegenstandsbereiches, zum anderen standen zahlreiche erforderliche Daten nur lückenhaft zur Verfügung. Insofern wies das Sozialbudget sowohl unter methodischen wie unter statistischen Aspekten zahlreiche Unzulänglichkeiten auf.

Tabelle 73: Sozialbudget nach Funktionen 1960–1990 (in Mio. DM)

Sozialleistungsfunktionen	1960	1965	1970	1975	1980	1985	1990
Sozialbudget	68.943	114.603	180.144	346.598	478.512	575.498	703.058
Ehe und Familie	14.148	23.414	30.805	47.998	67.755	71.223	90.202
Kinder, Jugendliche	6.903	11.867	14.901	25.143	38.920	37.831	56.441
Ehegatten	6.500	10.549	14.528	20.696	25.128	29.788	29.888
Mutterschaft	744	998	1.376	2.159	3.707	3.604	3.753
Gesundheit	18.561	30.846	53.084	107.487	157.682	191.302	232.797
Rehabilitation	1.479	2.914	4.318	8.101	9.792	11.173	16.055
Krankheit	12.026	19.873	36.346	77.055	113.043	135.862	164.272
Arbeitsunfall	1.674	3.121	4.875	8.323	12.045	13.958	16.248
Invalidität (allgemein)	3.381	4.959	7.445	14.009	22.803	30.309	36.222
Beschäftigung	1.822	2.403	5.798	22.146	28.534	45.479	59.264
Berufliche Bildung	505	663	2.337	6.992	8.174	8.770	13.449
Mobilität	247	740	1.709	2.153	5.948	6.029	12.510
Arbeitslosigkeit	1.070	1.000	1.753	13.001	14.412	30.681	33.305
Alter und Hinterbliebene	28.411	45.372	72.342	135.037	185.161	229.300	284.168
Alter	26.938	42.742	68.035	126.981	173.339	217.641	271.680
Hinterbliebene	1.473	2.629	4.306	8.046	11.822	11.659	12.489
Folgen politischer Ereignisse	3.082	3.841	4.732	7.625	8.239	5.711	4.645
Wohnen	716	4.936	5.948	8.195	10.383	11.673	12.758
Sparen/Vermögensbildung	1.133	2.670	6.045	16.069	18.508	17.146	16.130
Allgemeine Lebenshilfen	1.071	1.100	1.390	2.024	2.249	3.663	3.093

Quelle: BMA (Hrsg.): Übersicht über die Soziale Sicherheit, Bonn 1990, S.532.

Den Ausführungen im Sozialbudget 1968 zufolge bestand die Hauptaufgabe des Budgets darin, allgemeine Informationsquelle sowie Orientierungs- und Entscheidungshilfe für die Politik zu sein. Im Sinne einer sozialpartnerschaftlichen Auffassung von gesellschaftlicher Konfliktlösung sollte es gleichzeitig dazu dienen, „daß das notwendige Gespräch zwischen den sozialen Gruppen sachlicher geführt werden kann" *(SB 1968, S.2f.)*. Darüber hinaus bestand von Beginn an die Absicht, das Budget so zu gestalten, daß eine Integration in die bestehenden wirtschafts- und finanzpolitischen Planungen möglich war. Im Gegensatz zu späteren Budgets war es lediglich nach Institutionen gegliedert, wobei noch zahlreiche Sozialleistungsinstitutionen fehlten (z. B. Jugendhilfe, Wohngeld, soziale Entschädigungsleistungen, Entgeltfortzahlung, Ausbildungsförderung, betriebliche Sozialleistungen) *(vgl. auch P. Rosenberg, 1969 a, S.97 ff., 1969 b, S.134 ff.)*.

Bereits in den beiden folgenden Sozialbudgets – 1970 und 1972 – wurden wesentliche Mängel des ersten Budgets behoben, zugleich jedoch auch weitreichende Weichenstellungen für die Zukunft vorgenommen. Im Streit darüber, welche Sozialleistungen in das Sozialbudget aufgenommen werden sollten, entschied sich das BMA zugunsten einer pragmatischen Maximallösung *(vgl. W. Scholz, 1984, S.602)*. Zwar wurden vor allem unter Informationsgesichtspunkten soviel Daten wie möglich aufgenommen, diese jedoch in einer Weise aufbereitet, daß je nach Interessenlage auch Informationen zu anders abgegrenzten Budgets möglich waren.

Die institutionelle Gliederung wurde ab dem zweiten Sozialbudget durch eine **funktionale Gliederung** ergänzt. Allerdings erwies sich „dieses – für sich genommen – sinnvolle zweite Gliederungskriterium des Sozialbudgets, ... rasch als »ein Treibmittel zur Aufblähung« des Sozialbudgets insgesamt *(W. Scholz, 1984, S.604)*. Die Niveauidentität von funktionaler und institutioneller Gliederung konnte dabei erst im Sozialbudget 1972 erreicht werden. In der Folgezeit ging es dann vor allem darum, den Einbau des Sozialbudgets in die **Volkswirtschaftliche Gesamtrechnung** zu vervollkommnen. Nachdem die ersten sechs Sozialbudgets in sehr dichter Reihenfolge erschienen waren, folgten sie ab 1976 in zweijährigen Abständen. In den 80er Jahren sind daraus noch größere Abstände geworden.

Seit der ersten Vorlage 1968 ist das Sozialbudget laufend verbessert und vervollständigt worden. Trotz zweifellos verfeinerter statistischer Methoden und deutlich besserem Datenmaterial gibt es allerdings noch immer Kontroversen über die **Aussagefähigkeit einzelner Größen des Sozialbudgets**. Während ursprünglich im Vordergrund stand, die Höhe der Belastung der Volkswirtschaft und des Steuer- und Beitragszahlers zu ermitteln, soll es inzwischen primär dazu dienen, „eine ausführliche Darstellung der bisherigen Entwicklung der Sozialleistungen und ihrer Finanzierungsstruktur zu geben, die gegenwärtige Situation zu schildern sowie eine Vorausschau des Verlaufs und des Wachstums der sozialen Leistungen und ihrer Finanzierung in einem überschaubaren Zeitraum zu geben" *(BMA, 1990 a, S.529)*.

Ergänzend zum Sozialbudget veröffentlichte die Bundesregierung seit 1970 den sog. **Sozialbericht**. Darin wurden die von der Bundesregierung initiierten sozialpolitischen Maßnahmen sowie beabsichtigte sozialpolitische Vorhaben beschrieben. Nicht zu verwechseln sind diese Sozialberichte mit den bis 1969 alljährlich aufgrund der Rentenversicherungs-Neuregelungsgesetze abgegebenen Sozialberichten (daraus wurden ab 1970 die sog. **Rentenanpassungsberichte**). Während diese Berichte vor allem in der sozialpolitischen Reformphase der frühen 70er Jahre noch dazu dienten, Bereiche mit Handlungsbedarf aufzuzeigen und sozialpolitische Perspektiven zu skizzieren, sind sie seit Mitte der 70er Jahre zunehmend stärker zu unkritischen Darstellungen des sozialpolitischen Handelns der Regierung degeneriert. Das jüngste Beispiel stellte der **Sozialbericht 1990** [BT-Drs. 11/7527] dar, der rechtzeitig vor den Bundestagswahlen eine Erfolgsbilanz der Regierungspolitik vermitteln sollte.

12. 4 Sozialversicherungsausweis

Erfahrungen bei der seit Mitte der 70er Jahre deutlich intensivierten Bekämpfung der illegalen Beschäftigung und der Schwarzarbeit ließen seit Anfang der 80er Jahre Überlegungen aufkommen, zur besseren Kontrolle einen sog. **Sozialversicherungsausweis** für sämtliche Arbeitnehmer einzuführen.

Mit dem Ziel, das Instrumentarium zur Bekämpfung von illegaler Beschäftigung, Leistungsmißbrauch und mißbräuchlicher Ausnutzung der Geringfügigkeitsgrenze zu erweitern und zu verbessern, legte die Bundesregierung am 22. August 1988 dem Bundestag den Entwurf eines Gesetzes zur Einführung eines Sozialversicherungsausweises und zur Änderung anderer Sozialgesetze [BT-Drs. 11/2807] vor. Neben der Einführung eines Sozialversicherungsausweises sah der Gesetzentwurf insbesondere die Einbeziehung geringfügig Beschäftigter in das bestehende Meldeverfahren zur Sozialversicherung, die Festschreibung der Geringverdienergrenze auf dem damaligen Niveau von 600 DM monatlich sowie die Erweiterung der Kontrollbefugnisse vor.

Nach fast zweijähriger, intensiver und teilweise sehr kontroverser Diskussion verabschiedete der Bundestag am 30. Juni 1989 das **Gesetz zur Einführung eines Sozialversicherungsausweises und zur Änderung anderer Sozialgesetze vom 6. Oktober 1989** [BGBl.I S.1822]. Mit diesem Gesetz wurden die Rentenversicherungsträger verpflichtet, vom 1. 7. 1991 an bis spätestens Ende 1995 für jeden Arbeitnehmer einen fälschungssicheren Sozialversicherungsausweis (SVA) – in bestimmten Fällen mit Lichtbild – auszustellen *(vgl. H. Schneider, 1990 a, S.46ff.; v. Stiphout, 1990, S.132ff.).* Im einzelnen sah das Gesetz vor allem folgende Maßnahmen vor:

- Jeder Beschäftigte erhält durch die Rentenversicherungsträger einen Sozialversicherungsausweis, den sich der Arbeitgeber bei Beginn einer Beschäftigung vorlegen lassen muß. Bis alle Sozialversicherungsausweise ausgegeben sind, gilt das Versicherungsnachweisheft weiter.
- Der Arbeitgeber wird zu einer Kontrollmeldung bei Beschäftigungsbeginn verpflichtet, wenn der Sozialversicherungsausweis nicht vorgelegt wird.
- Für bestimmte Wirtschaftsbereiche, in denen in der Vergangenheit festgestellt wurde, daß häufig Beschäftigungen ohne Beachtung der Sozial- und Steuergesetze und des Ausländerrechts ausgeübt wurden, wurde eine Pflicht zur Mitführung des Sozialversicherungsausweises eingeführt (z.B. Bau-, Schausteller- und Gebäudereinigungsgewerbe sowie beim Auf- und Ausbau von Messen und Ausstellungen). Für Beschäftigte in diesen Bereichen muß der Ausweis mit einem Lichtbild versehen werden. Soweit der Ausweis mitzuführen ist, kann seine Vorlage von den zuständigen Behörden verlangt werden; zur Kontrolle dürfen Grundstücke und Geschäftsräume von Arbeitgebern und Dritten betreten werden.
- Zur besseren Bekämpfung des Leistungsmißbrauchs sollen die Arbeitsämter oder die Sozialämter den Sozialversicherungsausweis einziehen, wenn sie Leistungen an den betroffenen Arbeitnehmer zahlen. Den Ausweis können auch die Krankenkassen einziehen.
- Verstöße gegen das Gesetz können bei Arbeitgebern mit Geldbußen in Höhe von bis zu 5.000 DM, bei den Arbeitnehmern bis zu 1.000 DM geahndet werden.
- Die Geringverdienergrenze wurde auf ein Siebtel der monatlichen Bezugsgröße herabgesetzt. Damit sind die Entgeltgrenzen für die Versicherungsfreiheit geringfügiger Beschäftigungen und die Geringverdienergrenze einander angeglichen.

Unterdessen hat der Bundesrat am 1.6.1990 die **Sozialversicherungsausweis-VO** verabschiedet. In der VO vom 25. Juli 1990 [BGBl.I S.1706] ist festgelegt, wie der ab dem 1.7.1991 auszugebende Sozialversicherungsausweis auszusehen hat.

Ebenso wie das Versicherungsnachweisheft soll der SVA folgende Daten enthalten: Name und Vorname, eine zwölfstellige Versicherungsnummer, das Ausstellungsdatum sowie die Bezeichnung des ausstellenden Versicherungsträgers. In neun Sprachen soll sich der Aufdruck »Sozialversicherungsausweis« auf dem Ausweis befinden. Ferner soll er aus einem gebrauchsfesten Sicherheitspapier mit einem mehrstufigen Wasserzeichen bestehen und gegen Fälschungen und Verfälschungen umfassend geschützt sein. Er soll so vorbereitet sein, daß ein Lichtbild – sofern erforderlich – problemlos eingeklebt werden kann.

Bisher gibt es noch keine Erfahrungen mit dem Sozialversicherungsausweis; inwieweit er die in ihn gesetzten Erwartungen erfüllen kann, ist umstritten. In Frage gestellt wird insbesondere, ob der entstehende **Verwaltungsaufwand** in vertretbarer Relation zum erwarteten Erfolg steht. Kritisiert wird zudem, daß durch verschiedene Ausnahmeregelungen von vornherein **Lücken** im neuen Meldeverfahren gelassen werden, die Anreize zu Umgehungen schaffen *(vgl. v. Stiphout, 1990, S.138)*

12.5 Soziale Gerichtsbarkeit

12.5.1 Arbeitsgerichtsbarkeit

Die 1953 erfolgte Neuordnung der Arbeitsgerichtsbarkeit hatte sich im wesentlichen bewährt. Immerhin blieb das ArbGG mit seiner völligen Verselbständigung der Arbeitsgerichtsbarkeit gegenüber der ordentlichen Justiz in seinen tragenden Regelungen in mehr als 25 Jahren ohne nennenswerte Veränderungen. Dies bedeutete indessen nicht, daß es nicht auch im Bereich der Arbeitsgerichtsbarkeit gewisse Probleme gab.

Erstmals einschneidende **Verfahrensänderungen** brachte das Gesetz zur Beschleunigung und Bereinigung des arbeitsgerichtlichen Verfahrens vom 21. Mai 1979 [BGBl.I S. 545]. Die hauptsächlichen Gründe für die Änderungen waren, „daß einerseits wegen der konjunkturellen Schwierigkeiten, andererseits aber auch wegen des zunehmenden

Rechtsbewußtseins der Arbeitnehmer die Eingänge bei den Gerichten für Arbeitssachen seit mehreren Jahren in starkem Maße zugenommen hatten" *(Halbach u.a., 1989, S. 475)*. Vor allem bei den Rechtsmittelinstanzen war es zu einer starken Zunahme der anhängigen Verfahren und damit zu einer überaus **langen Verfahrensdauer** gekommen. Insbesondere im arbeitsgerichtlichen Prozeß ist es von außerordentlicher Bedeutung, daß die rechtsuchenden Parteien in angemessener Zeit zu einer Verwirklichung ihres Rechts gelangen. Nur dann kann es – zumal im Rahmen eines weiter bestehenden Arbeitsverhältnisses – gelingen, den Rechtsfrieden wiederherzustellen *(vgl. auch Dütz, 1980, S. 81 ff.; Stahlhacke, 1979a, 1979b, S. 401)*.

Tabelle 74: Tätigkeit der Arbeitsgerichte (Urteilsverfahren) 1975–1990

Jahr	während d. Jahres eingereichte Klagen	dar. Erledigung durch		dar. Art des Streitgegenstandes[1]			Berufungen bei den LAG[2]	Revisionen beim BAG[3]
		Vergleich	streitiges Urteil	Arbeitsentgelt	Kündigung	Arbeitspapiere		
1975	301.625	106.905	30.598	148.847	123.620	14.436	12.882	797
1978	327.271	102.921	29.911	149.733	111.043	12.823	14.637	844
1980	302.602	109.597	29.546	142.852	114.913	14.574	12.832	740
1982	386.789	142.966	38.191	149.344	182.910	15.475	16.877	810
1985	367.725	136.750	36.500	155.630	162.204	15.216	18.048	751
1986	365.895	135.858	37.207	120.946	155.225	15.037	18.643	759
1987	360.813	136.989	35.867	119.510	151.508	15.386	17.831	956
1988	356.960	134.607	35.779	114.778	146.093	14.609	17.494	822
1989	336.816	131.443	33.429	109.210	136.690	14.729	16.259	685
1990	325.969	129.218	30.650	107.271	127.030	–	15.827	715

1) bezogen auf die erledigten Klagen; 2) im Berichtsjahr eingereichte Berufungen bei den Landesarbeitsgerichten (LAG); 3) im Berichtsjahr erledigte Revisionen beim Bundesarbeitsgericht (BAG).
Quellen: BMA (Hrsg.): Arbeits- und Sozialstatistik. Hauptergebnisse, versch. Jge.

In der Begründung des am 1.3.1978 von der Bundesregierung vorgelegten Gesetzentwurfes [BT-Drs. 8/1567] wurden anhand von Zahlen die Überlastung der Arbeitsgerichte und die sich daraus ergebende ständig zunehmende Verfahrensdauer verdeutlicht. Während 1971 rd. 77 % der Urteilsverfahren bei den Arbeitsgerichten nicht länger als 3 Monate dauerten, waren es 1976 nur noch 67 %. Bei den Landesarbeitsgerichten sank im selben Zeitraum der Anteil der Urteilsverfahren mit einer Erledigung innerhalb eines halben Jahres von 80 auf 70 %, beim Bundesarbeitsgericht sank der Anteil der Verfahren, die binnen 12 Monaten entschieden wurden, gar von 92 auf 40 %. Die Verlängerung der Verfahrensdauer wurde insbesondere bei den für die wirtschaftliche Existenz des Arbeitnehmers besonders wichtigen Kündigungsschutzverfahren als kaum mehr tragbar angesehen. Finanzielle, aber auch qualitative Gesichtspunkte ließen eine Lösung der Probleme allein über eine Verstärkung des richterlichen und nichtrichterlichen Personals nicht zu. Abgesehen davon war zwischen 1969 und 1976 die Zahl der Richterstellen von 286 auf 425 erhöht worden; bei den Landesarbeitsgerichten war die Zahl von 64 auf 100 gestiegen. Ein wichtiger Gesichtspunkt war ferner, durch ein konzentrierteres und zügigeres Verfahren den notwendigen Rechtsschutz des einzelnen nicht zu reduzieren. Vermieden werden sollte zudem, daß die Beschleunigung des Verfahrens die Stellung der ehrenamtlichen Richter schwächt.

Entsprechend dem Hauptzweck des Änderungsgesetzes, nämlich der **Beschleunigung des arbeitsgerichtlichen Verfahrens** in allen drei Instanzen, sah das Gesetz vor allem folgende Neuregelungen vor:

- Konzentration des Verfahrens auf eine einzige streitige Verhandlung durch beschränkte Erweiterung der Befugnisse des Vorsitzenden Richters vor allem bei formalrechtlichen Entscheidungen;
- besondere Beschleunigung des Kündigungsschutzverfahrens (Gütetermin muß innerhalb einer bestimmten Frist stattfinden);

- Entlastung der Landesarbeitsgerichte dadurch, daß die Berufung nur noch zulässig war, wenn der Wert des Beschwerdegegenstandes 800 DM (vorher 300 DM) überstieg;
- Neuordnung des Revisionsverfahrens durch Abschaffung der Streitwertrevision, d.h. der bisherigen Abhängigkeit der Revision von einem Streitwert von mindestens 6.000 DM;
- Schaffung des Beschlußverfahrens.

Wie Statistiken zeigen, haben die gesetzlichen Änderungen allenfalls vorübergehend zu einer Entlastung beigetragen. Im Jahre 1982 z.B. wurden bei den Arbeitsgerichten 386.789 Klagen eingereicht gegenüber 327.271 im Jahre 1978. Auch bei den Landesarbeitsgerichten war Anfang der 80er Jahre eher ein Anstieg denn eine Abnahme der Berufungen zu verzeichnen. Seit Mitte der 80er Jahre stagniert die Zahl der eingereichten Klagen bei den Arbeitsgerichten mit gewissen Schwankungen bei rd. 350.000 jährlich *(vgl. Tabelle 74)*. 1988 wiesen 86 % der erledigten Klagen vor den Arbeitsgerichten eine Verfahrensdauer von weniger als 6 Monaten auf (97 % von weniger als 12 Monaten) *(vgl. StJbBRD, 1990, S. 340)*. Im Jahre 1988 gab es bei den Arbeitsgerichten 545 Berufsrichter und 14.732 ehrenamtliche Richter; die Landesarbeitsgerichte zählten 150 Berufsrichter und 2.946 ehrenamtliche Richter. Das Bundesarbeitsgericht bestand aus 28 Berufsrichtern und 170 ehrenamtlichen Richtern, wovon je die Hälfte Arbeitgeber und Gewerkschaften stellten *(vgl. Halbach u.a., 1989, S. 480)*.

Einen Streitpunkt, der vor allem von den Bundesländern immer wieder neu belebt wurde, bildete die Regelung, wonach für die Verwaltung und die Dienstaufsicht über die Arbeitsgerichtsbarkeit die obersten Arbeitsbehörden der Länder bzw. auf Bundesebene das Bundesarbeitsministerium zuständig waren. Nach Ansicht einzelner Länder gab es gegen diese Zuordnung verfassungsrechtliche Bedenken, da durch sie in die Organisationsgewalt der Länder eingegriffen würde. Den eigentlichen Hintergrund bildeten Absichten der Länder, die **Verwaltung und Dienstaufsicht über die Arbeitsgerichtsbarkeit** sog. **Rechtspflegeministerien** zu übertragen.

Einen ersten Vorstoß zur **Änderung der bestehenden Zuständigkeitsregelung** unternahmen die Länder mit einem am 24. Mai 1977 vom Bundesrat eingebrachten Gesetzentwurf [BT-Drs. 8/465]. In Übereinstimmung mit der Haltung der Bundesregierung lehnte der Bundestag damals das Begehren des Bundesrates ab [BT-Drs. 8/2535].

Begründet wurde die Ablehnung der Bundesratsinitiative damit, daß sich die bisherige Zuständigkeit der Arbeitsminister für die Gerichte für Arbeitssachen bewährt habe. Die Regelung finde insbesondere die Zustimmung und das Vertrauen der maßgebenden Verbände des Arbeitslebens und der Richterschaft in der Arbeitsgerichtsbarkeit. Ferner spreche dafür die auch in sonstigen Bereichen bestehende besonders enge Verbindung der Arbeitsressorts mit den Gewerkschaften und Arbeitgeberverbänden, die eine vertrauensvolle und sachkundige Zusammenarbeit ermöglicht habe. Von daher stelle eine Änderung eine erhebliche sozialpolitische Akzentverschiebung dar [BT-Drs. 8/2535, S. 33].

Obgleich sich auch in der Folgezeit nahezu alle unmittelbar an der Arbeitsgerichtsbarkeit beteiligten Verbände und Organisationen, insbesondere jedoch die dort tätige Richterschaft gegen eine Änderung der Ressortierung aussprachen, legte die Bundesregierung am 25. Oktober 1989 den Entwurf eines **Arbeitsgerichts-Änderungsgesetzes** [BT-Drs. 11/5465] vor, dessen hauptsächliches Anliegen darin bestand, die bindende Zuständigkeitsregelung für die Arbeitsgerichte/Landesarbeitsgerichte aufzugeben und den Ländern freizustellen, die Verwaltung und Dienstaufsicht auf die Justizminister bzw. neue **Rechtspflegeministerien** zu übertragen.

Der Gesetzentwurf stieß nicht nur bei den Oppositionsparteien, sondern auch bei den Gewerkschaften und den Berufsverbänden aus dem Bereich der Arbeitsgerichtsbarkeit auf entschiedene Ablehnung. Die Konferenz der Präsidenten der Landesarbeitsgerichte verwies darauf, daß bereits die 1983 in Mannheim tagende 45. Konferenz einer Änderung der §§ 15, 34, 40 ArbGG entschieden widersprochen und festgestellt habe, daß sich die weit über 30 Jahre bestehende Ressortierung der Gerichte für Arbeitssachen bei den Arbeitsministerien bewährt habe. Auf der 49. und 51. Konferenz 1987 bzw. 1989 sei dieser Beschluß ausdrücklich wiederholt und bekräftigt worden. Mit Nachdruck wandte sich auch der DGB gegen eine Änderung, da es aus seiner Sicht keine stichhaltigen Gründe für diese Maßnahme gab. „Ein in Verkennung der Besonderheiten des Arbeitsrechts und der Arbeitsrechtspflege erfolgender Abbau der gegenwärtigen Eigenständigkeit der Arbeitsgerichtsbarkeit würde einen historischen Rückschritt darstellen und müßte von Gewerkschaften und Arbeitnehmern als Versuch zur Beseitigung bislang anerkannter sozialstaatlicher Grundprinzipien angesehen werden" *(BT-Ausschuß für Arbeit und Sozialordnung, Drs. 11/1488, S.2)*. Eine vom Ausschuß für Arbeit und Sozialordnung am 14.2.1990 durchgeführte Anhörung von Sachverständigen brachte – von wenigen Ausnahmen abgesehen – ebenfalls keine Unterstützung für den Regierungsentwurf.

Gegen alle Bedenken der Fachleute sowie den massiven Widerstand der Gewerkschaften und der SPD setzten die Regierungsparteien – vor allem auf Drängen der FDP – die Verabschiedung des Gesetzentwurfes im Deutschen Bundestag durch. Neben der Neuordnung der Ressortierung brachte das **Arbeitsgerichts-Änderungsgesetz vom 26. Juni 1990** [BGBl.I S.1206] vorwiegend rechtstechnische Änderungen, die sich seit der letzten Novellierung des Arbeitsgerichtsgesetzes im Jahre 1979 als zweckmäßig herausgestellt hatten.

Im einzelnen stellte es das ArbGG-ÄndG den Bundesländern frei, die Arbeitsgerichtsbarkeit wie bisher den Arbeitsbehörden oder aber dem Justizministerium zuzuordnen. Daneben wurde die sachliche Zuständigkeit der Gerichte für Arbeitssachen auf Streitigkeiten zwischen Arbeitgebern oder Unterstützungskassen einerseits und dem Träger der Insolvenzsicherung andererseits sowie auf Streitigkeiten erweitert, bei denen für eine in die Zuständigkeit der Gerichte für Arbeitssachen fallende Forderung ein einstandspflichtiger Dritter in Anspruch genommen werden soll.

12.5.2 Sozialgerichtsbarkeit

Ähnlich wie im arbeitsrechtlichen Verfahren ist der **Bestand an unerledigten Verfahren** bei den Sozialgerichten seit Mitte der 70er Jahre deutlich angestiegen. Auch hier erfordert die wirksame soziale Sicherung, daß im Streitfall eine schnelle gerichtliche Klärung darüber herbeigeführt wird, welche Leistungen dem Bürger zustehen.

Tabelle 75: Tätigkeit der Sozialgerichte 1976–1990

Jahr	Sozialgerichte				Landessozialgerichte		Bundessozialgericht	
	anhängige Klagen am Jahresanfang	neu eingereichte Klagen	am Jahresende unerledigt	Erledigung d. Entscheidung	anhängige Berufungen (Jahresende)	erledigte Berufungen	anhängige Revisionen (Jahresende)	erledigte Revisionen
1976	132.331	141.021	138.169	40.882	16.031	15.019	757	821
1978	138.960	146.385	145.826	42.378	17.067	15.594	741	757
1980	148.715	148.735	153.969	40.793	17.026	16.170	797	775
1982	157.541	170.093	169.532	42.866	16.944	16.207	657	755
1985	187.533	176.713	193.606	46.938	20.544	17.090	742	719
1986	193.606	168.337	190.303	46.706	22.584	17.434	686	726
1988	183.191	168.175	185.521	45.863	21.994	18.475	708	661
1990	192.698	174.878	195.865	44.254	21.211	18.129	631	749

Quelle: BMA (Hrsg.): Arbeits- und Sozialstatistik. Hauptergebnisse, versch. Jge.

Von den erledigten Klagen bei den Sozialgerichten wiesen 1988 rd. 26 % eine Verfahrensdauer von bis zu 6 Monaten, 56 % eine von bis zu 12 Monaten auf. Ähnliche Werte in bezug auf die Verfahrensdauer wiesen die Landessozialgerichte auf. Beim Bundessozialgericht wurden lediglich 53 % der Revisionen binnen 12 Monaten erledigt. Rund 7 % waren nach 24 Monaten noch nicht erledigt *(vgl. StJbBRD, 1990, S.341)*. Anfang 1989 waren im Bereich der Sozialgerichtsbarkeit insgesamt 1.013 Berufsrichter tätig, davon 40 beim Bundessozialgericht *(vgl. BMA, 1990a, S.521)*.

Eine Beschleunigung und Vereinfachung der Verfahren vor den Sozialgerichten war u. a. Ziel der seit langem diskutierten Vereinheitlichung der allgemeinen und besonderen verwaltungsgerichtlichen Verfahrensgesetze. Eine von der Bundesregierung eingesetzte

Kommission erarbeitete den Entwurf einer alle Zweige der Verwaltungsgerichtsbarkeit umfassenden Verwaltungsgerichtsordnung. Auf dieser Grundlage leitete die Bundesregierung im März 1982 dem Bundesrat den **Gesetzentwurf einer Verwaltungsprozeßordnung** (VwPO) zu; zusammen mit der Stellungnahme des Bundesrates wurde der Gesetzentwurf am 14. Juli 1982 beim Bundestag eingebracht [BT-Drs. 9/1851]. Infolge der vorzeitigen Auflösung des 9. Bundestages fand eine Beratung nicht mehr statt. Am 31. Mai 1985 wurde der Gesetzentwurf in unveränderter Fassung dem Bundestag erneut zur Beratung vorgelegt [BT-Drs. 10/3437].

Tabelle 76: Verfahren vor den Sozialgerichten nach Angelegenheiten 1976–1990

Jahr	erledigte Klagen	darunter Angelegenheit der						
		Krankenversicherung	Unfallversicherung	Arbeiterrentenversich.	Angestelltenversich.	Schwerbehind.-Feststell.	Arbeitslosenversich.	Kriegsopferversorg.
1976	135.183	5.272	23.086	39.497	21.106	–	15.372	22.959
1978	139.519	7.024	20.807	38.649	17.873	–	20.168	27.301
1980	143.481	7.004	21.042	36.981	18.339	17.807	18.713	16.585
1982	158.102	7.919	23.105	35.517	15.882	32.779	20.447	15.094
1985	170.640	8.126	20.063	40.650	17.147	34.670	30.009	12.069
1986	171.640	8.665	20.638	39.606	18.736	33.320	30.768	11.777
1987	168.392	9.974	21.306	36.582	18.755	30.259	31.478	11.470
1988	165.845	11.125	21.223	35.743	17.477	28.877	31.451	10.977
1990	171.641	13.743	20.016	36.600	17.394	29.740	33.901	10.214

Quellen: StJbBRD, lfde. Jge.

Der Gesetzentwurf zielte im wesentlichen darauf ab, die bisher unterschiedlichen Verfahrensordnungen in der Verwaltungs-, Finanz- und Sozialgerichtsbarkeit abzulösen und durch eine einheitliche Verwaltungsprozeßordnung zu ersetzen, in der die „Vorschriften über die Gerichtsverfassung sowie das Verfahren in der Verwaltungs-, Sozial- und Finanzgerichtsbarkeit unter Wahrung der notwendigen Besonderheiten in den einzelnen Gerichtszweigen vereinheitlicht und in einem Gesetz zusammengefaßt werden" *(Hambüchen, 1988, S. 327)* sollten. Mit der Vereinheitlichung des Prozeßrechts für alle öffentlich-rechtlichen Sachgebiete sollten vor allem sachlich nicht begründete Unterschiede in den bisherigen Verfahrensordnungen beseitigt und damit der Rechtsschutz verbessert werden [BT-Drs. 10/3437, S. 60 ff.]. Obgleich der Gesetzentwurf nach der 1. Beratung am 26. Juni 1985 an die zuständigen Ausschüsse überwiesen worden war, kam es in der 10. Legislaturperiode nicht zu einer Verabschiedung einer gemeinsamen Verwaltungsprozeßordnung.

Die Bestrebungen nach einer sinnvollen Harmonisierung der Prozeßordnungen sind in der 11. Wahlperiode fortgesetzt worden. Abzuwarten bleibt, inwieweit allein durch verfahrenstechnische Änderungen eine Beschleunigung des sozialgerichtlichen Verfahrens erreicht werden kann.

Kapitel 3

Entwicklungslinien der internationalen Sozialpolitik

Eine die jeweiligen nationalstaatlichen Grenzen überschreitende internationale Sozialpolitik gibt es zwar nicht erst seit Mitte der 70er Jahre, in den letzten beiden Jahrzehnten hat ihr Stellenwert jedoch deutlich zugenommen. In ihren Anfängen reicht die internationale Sozialpolitik bis ins letzte Jahrhundert zurück. Das erste Abkommen über Rentenversicherung schloß das Deutsche Reich 1912 mit Italien; es sah u. a. vor, daß die Beiträge der im Deutschen Reich beschäftigten italienischen Arbeiter an die italienische Rentenversicherung überwiesen wurden und dort zu Rentenansprüchen führten. Nach dem Ersten Weltkrieg unterzeichnete das Deutsche Reich vor allem mit den Nachbarstaaten Abkommen über Soziale Sicherheit, die auf den Grundsätzen der Gleichbehandlung der Staatsangehörigen der Vertragsstaaten, der Zahlung von Leistungen auch an Berechtigte, die im anderen Vertragsstaat wohnen (Leistungsexport), der Zusammenführung der Versicherungszeiten in beiden Vertragsstaaten zur Erfüllung der Wartezeit für einen Leistungsanspruch und der Anteiligen Rentenzahlung (pro-rata-Prinzip) beruhten. Außerdem wurden mehrere Abkommen geschlossen, die die Folgen der Gebietsabtretungen für die Ansprüche und Anwartschaften der Versicherten sowie die finanziellen Auswirkungen für die beteiligten Versicherungsträger regelten.

Auch auf multilateraler Ebene gab es spätestens seit der 1891 von Deutschland organisierten Internationalen Arbeitsschutzkonferenz Ansätze, sozialpolitische Fragen und Probleme länderübergreifend zu bewältigen. Zu einem nachhaltigen Durchbruch bei der Entwicklung des internationalen Rechts der Sozialen Sicherheit und der Setzung internationaler Arbeitsrechtsnormen führte aber erst die 1919 gegründete **Internationale Arbeitsorganisation**. Ihre ersten Beschlüsse befaßten sich mit drängenden Problemen jener Zeit, wie der Durchsetzung des Achtstundentages, dem Kampf gegen Arbeitslosigkeit, dem Mutterschutz und den Arbeitsbedingungen von Frauen und Jugendlichen. Nachdem bereits das Übereinkommen Nr.2 über die Arbeitslosigkeit von 1919 die Mitgliedstaaten verpflichtet hatte, fremden Arbeitnehmern dieselben Versicherungsleistungen wie den staatsangehörigen Arbeitnehmern zu gewähren, verlangte z. B. das Übereinkommen Nr.19 vom 5. Juni 1925 – dem bis heute große Bedeutung zukommt – die Gleichbehandlung von einheimischen und ausländischen Arbeitnehmern bei der Entschädigung von Arbeitsunfällen. In großem Umfang hatten die Übereinkommen der IAO nicht nur Vorbildfunktion für die Ausgestaltung bilateraler Sozialversicherungsabkommen, auch das EG-Sozialrecht haben sie nicht unwesentlich beeinflußt.

Vor allem im Zuge der fortschreitenden europäischen Integration entstanden bzw. entstehen in immer stärkerem Maße internationale Regelungen im Bereich der Sozialpolitik. Gemeinschaftsrechtliche Vorschriften werden auch im Sozial- und Arbeitsrechtsbereich zunehmend die nationalstaatlichen Handlungsspielräume beschränken. Die kontinuierlich steigende internationale wirtschaftliche Verflechtung sowie die damit einhergehende wachsende grenzüberschreitende Mobilität von Personen haben gerade in den letzten Jahren die Notwendigkeit transnationaler sozialer Regelungen immer offensichtlicher werden lassen.

Aus sozialpolitischer Sicht von besonderer Bedeutung ist auch heute noch die **Internationale Arbeitsorganisation** (IAO), zu deren wichtigsten Aufgaben die Hebung der Lebens- und Arbeitsbedingungen der Arbeitnehmer in den Mitgliedstaaten zählt. Wichtige sozialpolitische Regelungen hat ferner der 1949 zur Förderung des wirtschaftlichen und sozialen Fortschritts gegründete **Europarat** geschaffen. Am weitreichendsten beeinflußt wird die deutsche Sozial- und Arbeitsrechtspolitik jedoch inzwischen durch die **Europäischen Gemeinschaften**, zumal bestimmte gemeinschaftliche Rechtsakte in der Bundesrepublik unmittelbar geltendes Recht darstellen. Auf die Darstellung der unterschiedlichsten sozialpolitischen Aktivitäten anderer internationaler Organisationen, wie z.B. der **Vereinten Nationen** (z.B. Internationaler Pakt über wirtschaftliche, soziale und kulturelle Rechte von 1966) oder der **Organisation für wirtschaftliche Zusammenarbeit und Entwicklung** (OECD), muß im Rahmen dieser Arbeit leider verzichtet werden.

1. Sozialpolitik der Europäischen Gemeinschaften

Ungeachtet der Verdienste der **Internationalen Arbeitsorganisation** (IAO) um die Entwicklung des internationalen Rechts der sozialen Sicherheit sowie die Angleichung des Arbeitsrechtes und des Arbeitsschutzes begann mit der Schaffung der Europäischen Gemeinschaften auch für das internationale Sozial- und Arbeitsrecht eine neue Etappe. Erstmals wurden auch für sozialpolitische Regelungsbereiche Hoheitsrechte an eine überstaatliche Vertragsgemeinschaft abgegeben, womit die Ausgestaltung bestimmter Materien nur noch im Rahmen der in den europäischen Verträgen gezogenen Grenzen möglich war. Trotz der in allen **Gründungsverträgen** (EGKS, EWG, EURATOM) enthaltenen sozialpolitischen Postulate ist eine wirkliche **europäische Sozialpolitik** auch heute noch allenfalls in schwachen Konturen erkennbar *(vgl. auch Collins, 1975; Heise, 1966; Kapteyn, 1977; Rummel, 1975; Ribas, 1979; Kuhn, 1991; Wellner/Schmich, 1986, 1988; Jungk, 1986, S.35ff.; Kaufmann, 1986, S.69ff.; Masberg/Pintz, 1982, S.53ff.; Schulte, 1986, S.1ff., 1990, S.79ff.; Shanks, 1977).*

Ansatzpunkte für eine überstaatliche Sozialpolitik finden sich – wenn auch begrenzt auf den vergleichsweise kleinen Montanbereich – bereits in dem am 18.4.1951 in Paris unterzeichneten Vertrag zur Errichtung der **Europäischen Gemeinschaft für Kohle und Stahl** (EGKS). Diese Gemeinschaft galt als ein selbständiges Völkerrechtssubjekt, das durch Fusion gewisser Hoheitsrechte der Mitgliedstaaten auf übernationaler Ebene gebildet wurde. Die Organe der Gemeinschaft, die diese hoheitlichen Befugnisse zukünftig ausüben sollten, waren berechtigt, den Staaten und den beteiligten Unternehmen Weisungen zu erteilen, zu deren Ausführung diese verpflichtet waren *(vgl. Müller-Roschach, 1980, S.24f.).*

Der EGKS-Vertrag brachte an verschiedenen Stellen die Absicht der Vertragsstaaten zum Ausdruck, durch Förderung der wirtschaftlichen Integration indirekt auch eine soziale Integration zu erreichen. Von den neu geschaffenen Organen wurde in Art.3 Buchst.e verlangt, »auf eine Verbesserung der Lebens- und Arbeitsbedingungen der Arbeitnehmer hinzuwirken, die es erlaubt, diese Bedingungen im Rahmen der Fortschritte in jeder der zu ihrem Aufgabenkreis gehörenden Industrien einander anzugleichen«. Erreicht werden sollte dies vor allem durch finanzielle Hilfen für Investitionen sowie für die Regelung der sozialen Folgen marktbedingter Produktionsanpassungen. Ferner verpflichtete Art.69 EGKSV die Vertragsstaaten, für die Kohle- und Stahlfacharbeiter die Freizügigkeit herzustellen. Im Rahmen des Art.68 Abs.2 und 3 erhielt die Kommission gewisse Möglichkeiten, gegen Lohndumping im Bereich der Montanwirtschaft vorzugehen.

Größere sozialpolitische Bedeutung erlangten indessen insbesondere die finanziellen Beihilfen, denen ursprünglich die Funktion zugedacht war, die Arbeitnehmer vor den Lasten der Anpassung ihrer Unternehmen an die Errichtung des Gemeinsamen Marktes zu schützen und ihnen eine produktive Beschäftigung zu sichern. Gemäß Art.56 Abs.1 EGKSV [BGBl.II 1952, S.445] konnten u. a. Beihilfen gewährt werden, wenn Unternehmen der Kohle- und Stahlindustrie wegen grundlegender Änderungen der Absatzbedingungen gezwungen waren, ihre Tätigkeit endgültig einzustellen, einzuschränken oder zu ändern. Im Jahre 1960 wurden die Möglichkeiten zur Gewährung von Anpassungshilfen erweitert und auf Produktionsum-/-einstellungen erstreckt, die auf nicht auf dem Gemeinsamen Markt beruhenden Absatzeinschränkungen beruhten (Art.56 Abs.3 EGKSV).

Die zahlreichen **Zechenstillegungen** sowie die Strukturkrise in der **Stahlindustrie** führten dazu, daß die EGKS-Beihilfen im Laufe der Jahre immer extensiver genutzt wurden. Da die hierfür erforderlichen Mittel (1980: rd. 212 Mio. ECU) nicht aus eigenen Haushaltsmitteln der EGKS aufgebracht werden konnten, wurden Sonderzuweisungen aus den Haushalten der Mitgliedstaaten erforderlich. Zur gemeinschaftlichen Finanzierung von Sonderbeihilfen (Frührente oder Kurzarbeitergeld) gem. Art.56 Abs.2 EGKSV beschloß der Ministerrat am 23.2.1982 ferner [EG-ABl. L 74/27], der EGKS zu Lasten des EG-Gesamthaushalts finanzielle Mittel in Höhe von 62 Mio. ECU zu gewähren. Derartige Hilfen wurden in der Folgezeit noch häufiger notwendig.

1. 1 Ausgangslage und Entwicklungen bis Ende der 60er Jahre

Sozialpolitische Fragen standen zwar nicht im Vordergrund der Überlegungen, die 1957 zur Unterzeichnung der Römischen Verträge und zur Bildung der Europäischen Wirtschaftsgemeinschaft geführt hatten, dennoch enthielt der EWG-Vertrag vom 25. März 1957 [BGBl.II S.753, 1678] verschiedene Bestimmungen mit durchaus sozialpolitischem Inhalt. Neben der Wirtschaftspolitik wurde die Sozialpolitik sogar explizit an verschiedenen Stellen des Vertrages hervorgehoben. Immerhin gehörten zu den wesentlichen Vertragszielen laut Präambel der **wirtschaftliche und soziale Fortschritt** sowie die **stetige Verbesserung der Lebens- und Beschäftigungsbedingungen**. Art.2 EWGV zählte die »beschleunigte Hebung der Lebenshaltung« zu den ausdrücklichen Aufgaben der Gemeinschaft. Obgleich in den Vertrag ein besonderer Titel »Sozialpolitik« aufgenommen worden war, bezog sich die soziale Komponente der Gemeinschaft vornehmlich auf die Vorschriften zur **Freizügigkeit und sozialen Sicherheit der Arbeitnehmer** (Art. 48–51 EWGV) sowie auf die **Errichtung des Sozialfonds** (Art. 123–128) *(vgl. Walwai, 1990, S.48)*. Eine wirkliche Rechtsetzungskompetenz im Bereich des Arbeits- und Sozialrechts wurde der Gemeinschaft dagegen nicht eingeräumt, auch wenn Art.117 EWGV das Postulat enthielt, daß bei den Mitgliedstaaten Einigkeit darüber bestehe, auf eine Verbesserung und Angleichung der Lebens- und Arbeitsbedingungen der Arbeitskräfte in der Gemeinschaft hinzuwirken *(vgl. Kuhn, 1991, S.40)*.

1. 1. 1 Herstellung der Freizügigkeit der Arbeitnehmer

Die in Art.48 EWGV verankerte **Freizügigkeit der Arbeitnehmer** in der Gemeinschaft zählt zu den vier Grundfreiheiten und war gem. Art.8 spätestens bis zum Ende der Übergangszeit, d.h. bis zum 1.1.1970, herzustellen. Zu gewährleisten waren u. a. das Recht auf **freien Zugang zum Arbeitsmarkt** in einem anderen Mitgliedstaat, das Recht auf Gleichstellung bei der Berufsausübung, die soziale Sicherheit und das Recht auf Einreise und Aufenthalt. Zur Erreichung des Endzustandes der Freizügigkeit hat die Gemeinschaft in den 60er Jahren eine Reihe von vertraglich vorgesehenen Durchführungsmaßnahmen ergriffen, durch die die vorhandenen Diskriminierungen schrittweise abgebaut wurden. Die ersten konkreten Schritte zur Umsetzung der Vertragsbestimmungen erfolgten mit den nachstehenden Verordnungen und Richtlinien:

- VO Nr. 15/61 über die ersten Maßnahmen zur Herstellung der Freizügigkeit der Arbeitnehmer innerhalb der Gemeinschaft vom 16. August 1961 [EG-ABl. Nr.75/1073] einschl. der RL betreffend die Verwaltungsverfahren und -praktiken für Aufnahme, Beschäftigung und Aufenthalt der Arbeitnehmer vom 16. August 1961 [EG-ABl. Nr.80/1513],
- VO Nr. 38/64/EWG über die Freizügigkeit der Arbeitnehmer innerhalb der Gemeinschaft vom 25. März 1964 [EG-ABl. Nr.62/965],
- Richtlinie 64/240/EWG zur Aufhebung der Reise- und Aufenthaltsbeschränkungen für Arbeitnehmer der Mitgliedstaaten und ihrer Familienangehörigen innerhalb der Gemeinschaft vom 25. März 1964 [EG-ABl. Nr.62/981] und die
- Richtlinie 64/221/EWG zur Koordinierung der Sondervorschriften für die Einreise und den Aufenthalt von Ausländern, soweit sie aus Gründen der öffentlichen Ordnung, Sicherheit oder Gesundheit gerechtfertigt sind, vom 25. Februar 1964 [EG-ABl. Nr.56/850].

Endgültig hergestellt wurde die Freizügigkeit der Arbeitnehmer und ihrer Familienangehörigen mit der **VO Nr. 1612/68 über die Freizügigkeit der Arbeitnehmer innerhalb der Gemeinschaft vom 15. Oktober 1968** [EG-ABl. L 257/2] sowie der RL Nr.68/360/ EWG zur Aufhebung der Reise- und Aufenthaltsbeschränkungen für Arbeitnehmer der Mitgliedstaaten und ihrer Familienangehörigen innerhalb der Gemeinschaft vom 15. Oktober 1968 [EG-ABl. L 257/13].

Im Gegensatz zu den ab 1964 geltenden Regelungen sah die VO Nr. 15/61 noch vor, daß Staatsangehörige eines anderen Mitgliedstaates nur dann zur Arbeitsaufnahme in einem anderen Mitgliedstaat berechtigt waren, »wenn für die offene Stelle auf dem regulären Arbeitsmarkt dieses anderen Mitgliedstaates keine geeignete Arbeitskraft verfügbar« war. Ferner war seinerzeit der Familiennachzug auf den Ehegatten und die noch nicht 21 Jahre alten Kinder beschränkt. Bereits 1964 wurden diese Einschränkungen weitgehend aufgehoben. Gem. Art.1 der VO Nr. 38/64 waren Arbeitnehmer nunmehr grundsätzlich berechtigt, jede dem zuständigen Arbeitsamt gemeldete offene Stelle anzunehmen; allerdings erlaubte Art.2 den Mitgliedstaaten, die Anwendung dieses Grundsatzes unter bestimmten Voraussetzungen zeitweilig auszusetzen. Zugleich wurde das Familiennachzugsrecht auf Verwandte des Arbeitnehmers in auf- und absteigender Linie erweitert, denen dieser Unterhalt gewährte *(vgl. Grabitz, 1970, S.69ff.; E. Schmidt, 1964; Levi-Sandri, 1968, S.5ff.; H. Werner, 1973; Straubhaar, 1988, S.45ff.)*.

Die VO Nr. 1612/68 beseitigte endgültig den noch in eingeschränktem Umfang bestehenden Vorrang des inländischen Arbeitsmarktes, indem sie Gemeinschaftsbürgern einen Anspruch auf Zugang zu den verfügbaren Stellen mit dem gleichen Recht gab.

In Art.1 räumte die VO jedem Staatsangehörigen eines Mitgliedstaates ungeachtet seines Wohnortes das Recht ein, ein Lohn- oder Gehaltsverhältnis im Hoheitsgebiet eines anderen Mitgliedstaates nach den für den Arbeitnehmer dieses Staates geltenden Rechts- und Verwaltungsvorschriften aufzunehmen und auszuüben. EG-Bürger hatten mit dem gleichen Vorrang Anspruch auf den Zugang zu den verfügbaren Stellen wie die Angehörigen des jeweiligen Staates. Alle Rechts- und Verwaltungsvorschriften sowie Praktiken, die das Stellenangebot und das Arbeitsgesuch, den Zugang zur Beschäftigung und deren Ausübung durch Ausländer einschränkten oder von diskriminierenden Bedingungen abhängig machten, waren verboten. Ferner verpflichtete Art.5 die Arbeitsämter, Gemeinschaftsbürgern die gleiche Hilfe wie Inländern zu gewähren. Neben dem gleichberechtigten Zugang zur Beschäftigung umfaßte das gemeinschaftliche Freizügigkeitsrecht die uneingeschränkte Gleichbehandlung hinsichtlich der Beschäftigungs- und Arbeitsbedingungen.

Vorerst abgeschlossen wurde die Ausgestaltung des EG-Freizügigkeitsrechts durch die **VO Nr. 1251/70/EWG über das Recht der Arbeitnehmer, nach Beendigung einer Beschäftigung im Hoheitsgebiet eines Mitgliedstaates zu verbleiben, vom 29. Juni 1970** [EG-ABl. L 142/24]. Darin wurden die Bedingungen festgelegt, unter denen das in Art. 48 Abs.3 d EWGV vorgesehene **Verbleiberecht** wahrgenommen werden kann.

Das Verbleiberecht konnten Arbeitnehmer und ihre Familienangehörigen i.S.d. VO Nr. 1612/68 in Anspruch nehmen, die mit Erreichen des Rentenalters ihre Beschäftigung aufgaben, im betreffenden Mitgliedstaat in den letzten 12 Monaten eine Beschäftigung ausgeübt und sich dort mindestens 3 Jahre ständig aufgehalten hatten; Arbeitnehmer, die infolge dauernder Arbeitsunfähigkeit ihre Beschäftigung aufgeben mußten, konnten verbleiben, wenn sie sich in dem Staat seit mindestens 2 Jahren aufgehalten hatten. Ähnliche Bestimmungen galten für die Familienangehörigen. Ihr Verbleiben war möglich, wenn das Verbleiberecht des Arbeitnehmers vor dessen Tod erworben wurde; besondere Regelungen galten, wenn der Tod des Arbeitnehmers während des Berufslebens eingetreten war.

Im Zusammenhang mit der Freizügigkeit stand Art.50 EWGV, der die Mitgliedstaaten verpflichtete, im Rahmen eines gemeinsamen Programms den **Austausch junger Arbeitskräfte** zu fördern.

Neben der Pflege des Gemeinschaftsgefühls der jüngeren Bevölkerung stand hinter diesem Programmsatz vermutlich auch die Erwartung, daß dieser Austausch die Bereitschaft fördere, in einem anderen Mitgliedstaat zu arbeiten, zum Erwerb von Sprachkenntnissen beitrüge und der Erweiterung und Vertiefung beruflicher Kenntnisse wie der Gegebenheiten des gastgebenden Mitgliedstaates diene. Ein erstes gemeinsames Programm war am 8. Mai 1964 aufgestellt worden (64/307/EWG) [EG-ABl. Nr.78/1226].

1.1.2 Gewährleistung der sozialen Sicherheit

Die Verwirklichung der Freizügigkeit war nur dann sinnvoll, wenn gewährleistet war, daß den Wanderarbeitnehmern beim Wechsel zwischen unterschiedlichen Sozialversicherungssystemen Leistungsansprüche erhalten blieben. Daher verpflichtete der Vertrag in Art.51 die Mitgliedstaaten zur Einführung eines Systems, das die Zusammenrechnung aller nach den verschiedenen staatlichen Rechtsvorschriften berücksichtigten Zeiten für den Erwerb und die Aufrechterhaltung des Leistungsanspruchs sowie für die Berechnung der Leistungen gewährleisten sowie Zahlungen auch an die in anderen Mitgliedstaaten wohnenden Personen ermöglichen sollte. Der Vertrag verlangte **keine Harmonisierung der Sozialversicherungssysteme**, sondern lediglich deren Koordinierung. Das in Art.51 EWGV geforderte System wurde bereits mit der **VO Nr. 3/58 über die Soziale Sicherheit der Wanderarbeitnehmer vom 25. September 1958** [EG-ABl. Nr.30/561] und der zur Durchführung ergangenen VO Nr.4 vom 3. Dezember 1958 [EG-ABl. Nr.30/597] eingeführt. Mit der VO Nr.36/63/EWG vom 2. April 1963 [EG-ABl. Nr.62/1314] wurden besondere Regelungen für die soziale Sicherheit der Grenzgänger geschaffen.

Einer 1968 durchgeführten Erhebung zufolge belief sich die Gesamtzahl der Leistungsempfänger aufgrund der Gemeinschaftsverordnungen über die soziale Sicherheit auf rd. 2,15 Mio. Personen; die Mittelübertragungen zwischen den Mitgliedstaaten betrugen 1968 rd. 150 Mio. RE *(vgl. EG-SB 1970, S.36)*.

Nachdem die einschlägigen Verordnungen bereits im Laufe der 60er Jahre zahlreiche Anpassungen und Änderungen erfahren hatten, wurde die Koordinierung der nationalen Rechtssysteme der sozialen Sicherung durch die **VO Nr.1408/71 zur Anwendung der Systeme der sozialen Sicherheit auf Arbeitnehmer und deren Familien, die innerhalb der Gemeinschaft zu- und abwandern, vom 14. Juni 1971** [EG-ABl. L 149/2] sowie durch die VO Nr. 574/72 über die Durchführung der VO Nr. 1408/71 vom 21. März 1972 neu geregelt [EG-ABl. L 74/1]. Die 1971/72 vorgenommene Revision der Vorschriften zur sozialen Sicherheit präzisierte u. a. den Kreis der Leistungsempfänger und führte durch ein getrenntes bzw. kumuliertes Zusammenrechnungsverfahren teilweise zu höheren Rentenbezügen.

Die VO Nr. 3/1958 wie auch die VO Nr. 1408/71 zielten darauf ab, eine koordinierte Anwendung der geltenden nationalen Vorschriften im Bereich der sozialen Sicherheit sicherzustellen, damit die innerhalb der Gemeinschaft zu- und abwandernden Arbeitnehmer und ihre Familienangehörigen nicht auf Leistungen der sozialen Sicherheit verzichten mußten. Die außerordentlich komplizierten und überwiegend sehr technischen Verordnungsvorschriften können hier nicht dargestellt werden, genannt werden sollen jedoch die wesentlichen Grundsätze. Die VO ging vom Gleichbehandlungsgrundsatz aus, d. h. Arbeitnehmer in einem Mitgliedstaat sollten die gleichen Rechte und Pflichten auf dem Gebiet der sozialen Sicherheit haben wie die Angehörigen dieses Staates. Weitere wichtige

Grundsätze, auf denen die VO basierte, waren die Zusammenrechnung der Versicherungszeiten und die Exportfähigkeit von Leistungen. Anwendung fand ferner der Grundsatz des *pro rata temporis*. Unter die Bestimmungen der VO fielen folgende Leistungsarten: Leistungen bei Krankheit, Mutterschaft und Invalidität, Altersversorgung, Hinterbliebenenversorgung, Leistungen bei Arbeitsunfällen und Berufskrankheiten, Sterbegeld, Leistungen bei Arbeitslosigkeit und Familienbeihilfen. Vom Anwendungsbereich der VO ausgenommen blieb insbesondere die Sozialhilfe *(vgl. auch Weber/Leienbach, 1989; Klang, 1986; Bahlmann, 1989; Pompe, 1986; Kaupper, 1982, S.39 ff.; Ewert, 1987; Sieveking, 1987, S.515 ff.; Bauer/Hannemann/Kinzel, 1986).*

1. 2 Sozialpolitische Aktivitäten seit Anfang der 70er Jahre

Nachdem sich „die sozialpolitische Programmatik und Praxis der Europäischen Gemeinschaften im Zeitraum 1953 bis 1967 in erster Linie als notwendige Ergänzung auf dem Wege zur Zollunion und zur Verwirklichung der mehr oder weniger spontan daraus resultierenden Wirtschaftsintegration" *(Rummel, 1975, S.28)* erwiesen hatte, wurde seit dem Eintritt in den Stufenplan zur Wirtschafts- und Währungsunion (WWU) zunehmend eine **Interdependenz zwischen sozialen Elementen und wirtschaftspolitischen Zielen** anerkannt *(vgl. Rummel, 1975, S.28; Krebsbach, 1974).*

Rückblickend stellte die EG-Kommission Anfang der 70er Jahre fest, daß die Notwendigkeit einer Wechselwirkung zwischen den wirtschaftlichen und den sozialen Aspekten des Integrationsprozesses sich immer mehr aufgedrängt habe. „Die mangelnde Parallelität bei der Verwirklichung der wirtschafts- und währungspolitischen Aspekte auf der einen sowie der sozialpolitischen Aspekte der Integration auf der anderen Seite" habe den Erfolg des eingeleiteten Prozesses gefährden können [Sonderbeilage 2/72, EG-Bull. 4/71, S.7]. Bereits am 13. März 1968 hatte die EG-Kommission daher vor dem EP »**vordringliche Leitlinien im Sozialbereich**« [Dok.V/326/1/71-D, 19.5.1971, S.2] *(vgl. W. Elsner, 1974, S.123)* verkündet. Ende der 60er/Anfang der 70er Jahre verstärkten die verschiedenen EG-Organe ihre Bemühungen, „alle sozialpolitischen Teilmaßnahmen auf den verschiedensten Gebieten in einen Zusammenhang und in den Rahmen der Programme für die mittelfristige Wirtschaftspolitik zu stellen" *(W. Elsner, 1974, S.123f.).*

Historisch **grundlegende Weichenstellungen** erfolgten auf dem EG-Gipfel der Staats- und Regierungschefs am 1./2. Dezember 1969 in Den Haag. Die Konferenz beschloß nicht nur die rasche Verwirklichung einer **Wirtschafts- und Währungsunion**, sondern verständigte sich auch auf eine »**weitgehende Abstimmung der Sozialpolitik**«. Zugleich wurde dort die Zweckmäßigkeit einer Reform des Sozialfonds im Rahmen einer engen Konzertierung der Sozialpolitik anerkannt *(vgl. EG-SB 1970, S. 9).* Unterstrichen wurde der neue Stellenwert der Sozialpolitik innerhalb der EG u. a. durch die vom Rat am 26. November 1970 beschlossene Einsetzung eines »**Ständigen Ausschusses für Beschäftigungsfragen**«, in dem auch die Sozialpartner vertreten sein sollten. Bereits am 27. Juli 1970 hatte sich der Rat auf eine **Reform des Europäischen Sozialfonds** geeinigt, um diesem erweiterte Aktionsmöglichkeiten für regional- und strukturpolitische Anpassungsmaßnahmen zu verschaffen [EG-Bull. Nr.8-10/1970, 1.T., Kap. III]. Auf der Basis des Ratsbeschlusses vom 9. Februar 1971 über das 3. Programm für die mittelfristige Wirtschaftspolitik legte die EG-Kommission schließlich am 18. März 1971 ein Dokument mit dem Titel »**Vorläufige Ausrichtung für ein Programm einer gemeinschaftlichen Sozialpolitik**« vor.

Anläßlich der Annahme des 3. Programms für die mittelfristige Wirtschaftspolitik am 9. Februar 1971 hatte der Rat erneut festgestellt, daß den Wechselbeziehungen zwischen der wirtschaftlichen und sozialen Entwicklung große Bedeutung beizumessen sei. „Einerseits ist ein anhaltendes, ausgewogenes Wirtschaftswachstum eine notwendige Voraussetzung für den sozialen Fortschritt; andererseits fordert eine befriedigende Wirtschaftsentwicklung soziale Sicherung und sozialen Fortschritt. Es muß unserer Gesellschaft gelingen, diese beiden Aspekte miteinander in Einklang zu bringen"

(EG-SB 1970, S.11). Als allgemeine Ziele nannte das 3. Programm die bessere Bereitstellung öffentlicher Leistungen (vor allem im Erziehungswesen, im Gesundheitswesen und für den Wohnungsbau), um eine ausgewogene Entwicklung und gerechte Verteilung der materiellen Güter herbeizuführen, die energische Bekämpfung der unerwünschten Auswirkungen des Wachstums auf die Umwelt, die Erreichung größerer Gleichheit der Startchancen jedes einzelnen durch eine bessere Bildungs- und Einkommenspolitik, eine gerechtere Einkommens- und Vermögensverteilung sowie die Anpassung des sozialen Schutzes an die gesellschaftlichen Erfordernisse der Gegenwart. Nach Ansicht der EG-Kommission ergab sich daraus für die Sozialpolitik das Ziel, „die Vollbeschäftigung und eine bessere Beschäftigung zu fördern, die Früchte des Wachstums besser zu verteilen, die Lebens- und Arbeitsbedingungen zu verbessern, Gesundheit und Umwelt zu schützen und die wirksame Beteiligung der einzelnen wie der Gruppen am gemeinsamen Fortschritt zu gewährleisten" *(EG-SB 1970, S.14)*.

Präzisiert hatte die EG-Kommission ihre Vorstellungen in dem bereits erwähnten vorläufigen Programm einer gemeinschaftlichen Sozialpolitik, das den anderen EG-Organen und den Sozialpartnern mit dem erklärten Ziel zugeleitet worden war, „Überlegungen auf breiter Basis auszulösen, um die schrittweise Festigung eines kohärenten Aktionsprogramms zur stufenweisen Verwirklichung der weitgehenden Abstimmung der Sozialpolitik der Mitgliedstaaten ... zu ermöglichen" [Sonderbeilage 2/72, EG-Bull. 4/71, S.5]. Auf der Grundlage der großen Endziele, d. h. Vollbeschäftigung und bessere Beschäftigungsbedingungen, größere soziale Gerechtigkeit und Anhebung der qualitativen Lebensverhältnisse, schlug die Kommission eine Reihe vorrangiger Maßnahmen vor, die die Grundlage für ein während der ersten Stufe der WWU zu verwirklichendes sozialpolitisches Programm der EG bilden sollten. Schwerpunkte bildeten danach für die Kommission die Verwirklichung eines echten und dynamischen gemeinsamen Arbeitsmarktes, die allmähliche Beseitigung der Unterbeschäftigung und der strukturellen Arbeitslosigkeit, die Verbesserung der Stellung der Frau, die Verbesserung der Sicherheits- und Hygienebedingungen am Arbeitsplatz, die Verbesserung der Lebensbedingungen, die Förderung der Eingliederung von Behinderten ins Erwerbsleben, die Aufstellung eines europäischen Sozialbudgets sowie eine aktive Zusammenarbeit der Sozialpartner *(vgl. EG-SB 1971, S.20f.)*.

Endgültig Eingang in die offizielle Programmatik der EG fanden die sozialpolitischen Zielsetzungen auf der **Pariser EG-Gipfelkonferenz vom Oktober 1972**. In ihrer Schlußerklärung betonten die Staats- und Regierungschefs, »daß für sie energischen Maßnahmen im sozialen Bereich *die gleiche Bedeutung* zukommt wie der Verwirklichung der Wirtschafts- und Währungsunion. Sie halten es für unerläßlich, zu einer wachsenden *Beteiligung* der Sozialpartner an den *wirtschaftlichen und sozialen Entscheidungen* der Gemeinschaft zu gelangen«. Nicht weniger entscheidend war auch die Feststellung, daß die wirtschaftliche Expansion, die »kein Selbstzweck« sei, vorrangig dazu dienen müsse, die Unterschiede in den Lebensbedingungen zu verringern *(vgl. EG, 6. Gesamtbericht, 1973, Rdnr.5)*. Die Erklärungen von Paris bedeuteten nicht nur die **förmliche Anerkennung der Bedeutung der Entwicklung einer kohärenten Sozialpolitik** für die Gemeinschaft, hingewiesen wurde auch darauf, daß den Sozialpartnern eine wichtige Rolle bei der Integration der sozialen Aspekte in die Gesamtheit der Gemeinschaftspolitik zukomme.

1.2.1 Sozialpolitisches Aktionsprogramm;

Neben der Anerkennung einer eigenständigen sozialen Dimension der Gemeinschaftspolitik war ein wesentliches Ergebnis der Pariser Gipfelkonferenz der Auftrag an die Gemeinschaftsorgane, ein **sozialpolitisches Aktionsprogramm** auszuarbeiten, dessen Hauptziele vor allem eine koordinierte Beschäftigungs- und Berufsausbildungspolitik, die Verbesserung der Arbeits- und Lebensbedingungen, die Gewährleistung der Mitwirkung der Arbeitnehmer in den Unternehmensorganen, die Förderung des Abschlusses europäischer Tarifverträge und die Stärkung und Koordinierung der Maßnahmen auf dem Gebiet des Verbraucherschutzes sein sollten *(vgl. EG-SB 1972, S.21)*.

Dem Auftrag folgend, erarbeitete die EG-Kommission ein Diskussionsdokument (»Leitlinien für ein sozialpolitisches Aktionsprogramm«) und veröffentlichte dieses im April 1973 als Grundlage für eine Beratung mit den Gemeinschaftsorganen und den Sozialpartnern über Art und Inhalt des sozialpolitischen Aktionsprogramms. Im Oktober 1973 unterbreitete die EG-Kommission schließlich ihr endgültiges Programm zusammen mit dem Entwurf einer Ratsentschließung zu den wichtigsten, im sozialpolitischen Aktionsprogramm enthaltenen Zielsetzungen und Aktionen. Ausgehend von den in der Schlußerklärung der Pariser Gipfelkonferenz enthaltenen Zielen umriß die am 11. Dezember 1973 vom Rat angenommene Entschließung die einzelnen Reformen, die die Gemeinschaft während der nächsten drei Jahre 1974–1976 auszuführen beabsichtigte. Außerdem beinhaltete sie einen Zeitplan, der den Rat zu einer Entscheidung über jeden zu verwirklichenden Vorschlag innerhalb einer Frist von 5 Monaten nach Abschluß des normalen Anhörungsverfahrens verpflichtete.

Das soziale Aktionsprogramm mit den in den drei Stufen zu realisierenden Aktionen und Initiativen verabschiedete der Rat am 12. Februar 1974 [EG-ABl. C 13/1]. Für die erste Stufe hatte die Kommission bereits Ende 1973 ein Bündel von sieben Aktionen vorgelegt [EG-Bull., Beilage 4/73]; im einzelnen betrafen sie:

- die Beteiligung des Europäischen Sozialfonds zugunsten von Wanderarbeitnehmern und behinderten Arbeitskräften;
- ein Aktionsprogramm für behinderte Arbeitskräfte;
- eine wirksame Anwendung des Grundsatzes der Lohngleichheit für Männer und Frauen;
- die Festlegung der normalen Arbeitszeit von 40 Stunden bis 1975 und von vier Wochen bezahltem Urlaub als unmittelbare Ziele in jedem Mitgliedstaat;
- die Errichtung einer Europäischen Stiftung zur Verbessserung der Umwelt sowie der Lebens- und Arbeitsbedingungen;
- den Schutz der Arbeitnehmer durch Angleichung der Rechtsvorschriften der Mitgliedstaaten über Massenentlassungen;
- die Einsetzung eines allgemeinen Europäischen Ausschusses für Betriebssicherheit.

In der zweiten Stufe (die Vorschläge sollten bis April 1974 vorliegen) waren vorgesehen:

- ein erstes Aktionsprogramm für Wanderarbeitnehmer;
- die Errichtung eines Europäischen Zentrums für Berufsbildung;
- der Schutz der von Arbeitnehmern erworbenen Ansprüche bei Wechsel des Eigentümers von Unternehmen, insbesondere bei Zusammenschlüssen.

In der dritten Stufe erwartete der Rat von der Kommission bis Ende 1974 u. a. Vorschläge für ein umfassendes Aktionsprogramm für die Wanderarbeitnehmer, die Errichtung eines Europäischen Zentrums für berufliche Bildung und eine Richtlinie zur Harmonisierung der Rechtsvorschriften in bezug auf die Aufrechterhaltung der Ansprüche und Vergünstigungen bei Wechsel des Eigentums der Unternehmen, für eine verbesserte Abstimmung der Beschäftigungspolitik sowie die Verwirklichung einer gemeinsamen Politik auf dem Gebiet der Berufsausbildung.

Die Kommission selbst hielt für eine erfolgreiche Ausführung des sozialpolitischen Aktionsprogramms die volle Unterstützung durch die Regierungen der Mitgliedstaaten, die Sozialpartner und die Gemeinschaftsorgane für erforderlich. Zugleich räumte sie ein, daß ihre Politik nicht darauf gerichtet sei, zu einer zentralen Lösung aller sozialen Probleme oder zu einer Angleichung um der Angleichung willen zu gelangen. Aufgabe der Gemeinschaft sei es vielmehr, **Mindestsozialnormen** aufzustellen, die regelmäßig verbessert werden könnten. Die sozialpolitischen Aktivitäten der Gemeinschaft wurden zwar überwiegend begrüßt, stießen teilweise aber auch auf Kritik. Kritisiert wurde u. a., daß die »großen Worte« der Gipfeltreffen in einem „eklatanten Mißverhältnis zu den nachfolgenden Aktionen" *(Rummel, 1975, S.32)* stünden. Der Kommission wurde vorgeworfen, in ihren Vorschlägen bereits die enge Ebene des Kompromisses im Rat zu antizipieren. Zudem habe sich die Kommission mehr mit der Formulierung neuer sozialpolitischer Konzeptionen als mit konkreten Aktionen beschäftigt.

1.2.2 Reform des Europäischen Sozialfonds

Eine erste konkrete Konsequenz der Ende der 60er Jahre erfolgten sozialpolitischen Neuorientierung bestand in der Reform des Europäischen Sozialfonds. Angesichts der wachsenden Integrationsprobleme und der sich keineswegs automatisch vollziehenden Angleichung der Arbeits- und Lebensbedingungen in den Gemeinschaftsländern zeigten sich zunehmend deutlicher die **Unzulänglichkeiten** des Europäischen Sozialfonds als Instrument sozialpolitischer Intervention. Trotz des allgemein anerkannten dringlichen Reformbedarfs kam es letztlich nur zu einem Kompromiß. Gemäß dem Beschluß Nr. 71/66/EWG vom 1. Februar 1971 [EG-ABl. L 28/15] wurden dem ESF zumindest für eine erste Phase zwei **getrennte Aufgabengebiete** zugewiesen, für welche unterschiedliche Durchführungsmodalitäten festgelegt wurden.

Aufgrund der während der Ratsberatungen zutage getretenen Meinungsverschiedenheiten wurde festgelegt, daß der ESF einerseits die Verwirklichung der gemeinsamen Politik erleichtern und andererseits zur Lösung wichtiger Tagesprobleme beitragen sollte, die eine harmonische Entwicklung der Gemeinschaft behindern und ein Vorgehen auf längere Sicht erforderlich machen. Während der ESF im ersteren Fall aufgrund von Entscheidungen tätig wurde, die der Rat auf Vorschlag der Kommission nach den jeweiligen Notwendigkeiten traf, erfolgte die Intervention in letzterem Falle nach Maßgabe vorher festgelegter Bedingungen. Für den zweiten Beteiligungsbereich sollte außerdem im ersten Zeitraum von fünf Jahren mindestens die Hälfte der Mittel verwandt werden. Am 1. Mai 1972 nahm der erneuerte Sozialfonds seine Tätigkeit auf [EG-ABl. L 101/3]. Einzelne Beihilfen des Fonds waren in der VO (EWG) 2396/71 sowie der VO (EWG) 2397/71 vom 8. November 1971 [EG-ABl. L 249/54,58] festgelegt (z. B. Maßnahmen zugunsten der Förderregionen und zur Anpassung an den technischen Fortschritt). Von der in Art.4 des Beschlusses für die Gemeinschaft geschaffenen Möglichkeit, selbst Einfluß auf die geförderten Maßnahmen zu nehmen, machte die Kommission erstmalig im Juli 1972 Gebrauch (Beschluß Nr.72/428/EWG [EG-ABl. L 291/158]); danach sollte der ESF zur Finanzierung von Maßnahmen beitragen, die die Umschulung und die Wiederbeschäftigung aus der Landwirtschaft ausscheidender Erwerbspersonen in Berufe außerhalb der Landwirtschaft bezwecken. Am 10. Juni 1974 faßte der Rat zwei Beschlüsse über die Gewährung von Zuschüssen aus dem Fonds nach Art.4 für bestimmte Maßnahmen zugunsten von Behinderten und Wanderarbeitnehmern. Im Jahre 1973, seinem ersten vollen Tätigkeitsjahr, betrug die Mittelausstattung des neuen ESF 177,95 Mio. RE (durch Ratsbeschluß vom 21.9.1973 um 45 Mio. aufgestockt). Die Tätigkeit des alten Sozialfonds wurde in Anwendung von Art.125 EWGV gem. der allgemeinen Durchführungs-VO (EWG) 2396/71 [EG-ABl. L 249/54] zunächst fortgesetzt *(vgl. auch Nohlen, 1984, S.336f.)*.

In den ersten 5 Jahren nach der Reform, als rd. 2 Mio. Arbeitnehmer von den ESF-Mitteln profitierten, entfielen etwa 90 % der gesamten Fondsmittel auf Maßnahmen zur Förderung der beruflichen Mobilität. Vor dem Hintergrund einer anhaltend schwierigen Beschäftigungslage in der Gemeinschaft unterbreitete die EG-Kommission am 24. März 1977 dem Rat Vorschläge für verbesserte Bestimmungen über die **Arbeitsweise des Sozialfonds**, die von diesem auf seinen Tagungen vom 28. 6. und 28. 10. 1977 [EG-Bull. 3-1977, Ziff.1.3.1 ff; 6-1977, Ziff.1.1.9; 10-1977, Ziff.2.1.31] geprüft wurden. Mit der neuerlichen Reform des ESF wurde vor allem das Ziel verfolgt, eine **größere Wirksamkeit beim Einsatz der Fondsmittel** und deren Koordinierung mit anderen der Strukturverbesserung dienenden EG-Finanzierungsinstrumenten zu erreichen, den Beteiligungssatz für Vorhaben in strukturschwachen oder im Niedergang begriffenen Gebieten zu erhöhen, die Zuschüsse für die Berufsbildung von Frauen zu erhöhen und das Tätigkeitsgebiet des Fonds zu erweitern *(vgl. EG-SB 1977, S.12, 27)*.

Die aus drei Verordnungen und vier Beschlüssen bestehenden, am 20. Dezember 1977 vom Rat verabschiedeten neuen Vorschriften [EG-ABl. L 337/1–14] traten am 1. 1. 1978 in Kraft. Die neuen Vorschriften haben u. a. die Geltungsdauer der Beteiligungsmöglichkeiten gem. Art.4 zugunsten von jugendlichen Arbeitslosen, aus der Landwirtschaft ausgeschiedenen Arbeitskräften, Arbeitskräften der Textil- und Bekleidungsindustrie und von Wanderarbeitnehmern bis Ende 1980 verlängert. Neu eröffnet wurde der Beteiligungsbereich zur Förderung der beruflichen und räumlichen Mobilität von Frauen. Ferner wurde festgelegt, daß zukünftig mindestens 50 % der Haushaltsmittel des Fonds für Maßnahmen nach Art.5 des Beschlusses von 1971 verwandt werden müssen, und beschlossen, für alle Maßnahmen in bestimmten benachteiligten Gebieten einen erhöhten Beteiligungssatz von 55 % zu zahlen. Schließlich wurde eine Reihe von Vereinfachungen im Verwaltungs- und Abrechnungsverfahren vorgenommen.

Die erheblichen Beschäftigungsprobleme von Jugendlichen veranlaßten den Rat am 18. Dezember 1978, die VO Nr.3039/78 zur Schaffung neuer Beihilfen zugunsten von Jugendlichen unter 25 Jahren zu erlassen [EG-ABl. L 361/3]. Beihilfen kamen für zwei Arten von Fondsbeteiligungen in Betracht:

- Beschäftigungsprämien als Anreiz für Unternehmen, ihren Personalbestand zu erhöhen;
- Zuschüsse zu Programmen zur Beschäftigung Jugendlicher an neugeschaffenen Arbeitsplätzen, die für die Allgemeinheit von Nutzen sind.

Insgesamt führte die Reform 1977 zu einer noch stärkeren Konzentration der ESF-Mittel auf die **Förderung rückständiger Regionen**. Der Gesamthaushalt des ESF für die Gewährung von Zuschüssen belief sich 1978 immerhin auf 569,5 Mio. RE; davon entfielen 238 Mio. RE auf Maßnahmen nach Art.4 und 330 Mio. RE für Maßnahmen nach Art.5 des Beschlusses von 1971 *(vgl. EG-SB 1978, S.29)*. Dennoch lag das Gesamtvolumen der Zuschußanträge weiterhin deutlich über den verfügbaren Mitteln.

Entsprechend dem Ratsbeschluß vom 1.2.1971 sollten die Regeln des Europäischen Sozialfonds bis Ende 1982 überprüft und gegebenenfalls aufgrund einer auf Art.126 EWGV gestützten Stellungnahme der Kommission geändert werden.

Die Überprüfung zielte darauf ab, eine engere Abstimmung zwischen dem Fonds und den gemeinschaftlichen Prioritäten im Bereich der Beschäftigung und beruflichen Bildung zu erreichen; außerdem sollten die Fondsbeteiligungen besser auf die wirtschaftlichen, industriellen und bereichlichen Ziele abgestellt und eine wirksamere Koordinierung zwischen dem Fonds und den übrigen Finanzierungsinstrumenten der Gemeinschaft erreicht werden.

Unter Bezugnahme auf die Schlußfolgerungen des Rates vom 29./30.3.1982 sowie die Entschließung des Rates über eine Gemeinschaftsaktion zur Bekämpfung der Arbeitslosigkeit vom 12. Juli 1982 [EG-ABl. C 186/1], in denen ebenfalls **Leitgedanken für eine Überprüfung des ESF** formuliert wurden, legte die Kommission am 15. Oktober 1982 eine Stellungnahme vor [EG-ABl. C 308/4], in der sie empfahl, den **Schwerpunkt der Förderung** des ESF auf die Schaffung von Arbeitsplätzen und Hilfsdiensten für die Beratung der Arbeitnehmer und die Berufsausbildung der Jugendlichen zu legen. Ferner schlug sie vor, auf eine bessere Abstimmung der Tätigkeit des ESF und der anderen Gemeinschaftsfonds mit den nationalen Instrumenten zu achten.

Ende 1983 schließlich führten die verschiedenen Reformüberlegungen zu einer weitgehenden **Neuorientierung der Ziele des ESF** und zu einer Neugestaltung der Regeln über **Aufgaben und Arbeitsweise des ESF**. Verabschiedet wurden dafür folgende neue Rechtsvorschriften:

- Beschluß Nr.83/516/EWG des Rates über die Aufgaben des ESF vom 17. Oktober 1983 [EG-ABl. L 289/38], geändert durch Beschluß Nr.85/568/EWG [EG-ABl. L 370/40];
- VO (EWG) 2950/83 zur Anwendung des Beschlusses Nr.83/516/EWG über die Aufgaben des ESF vom 17. Oktober 1983 [EG-ABl. L 289/1], geändert durch Anh. I Kap.VIII Nr.5 BeitrA 1985, VO (EWG) 3823/85 [EG-ABl. L 370/23] und VO (EWG) 3824/85 [EG-ABl. L 370/25];
- Beschluß Nr.83/517/EWG des Rates über die Satzung des Ausschusses des ESF vom 17. Oktober 1983 [EG-ABl. L 289/42] und Entscheidung der Kommission über die Verwaltung des ESF (83/673/EWG) vom 22. Dezember 1983 [EG-ABl. L 377/1].

Gestützt auf den Beschluß Nr.83/516/EWG verabschiedete die Kommission Ende 1983 zunächst für die Haushaltsjahre 1984–86 **Leitlinien für die Verwaltung des ESF** [EG-ABl. 1984 C 5/2 v. 10.1.1984]. Mit der Reform des ESF wurde v.a. das Ziel verfolgt, die Unterstützung durch den ESF stärker an **arbeitsmarktpolitischen Zielsetzungen** auszurichten. Wie schon bisher sollte der besondere Schwerpunkt der geförderten Vorhaben bei Berufsausbildungsmaßnahmen für Jugendliche liegen. ESF-Zuschüsse kamen zudem nunmehr verstärkt langfristig Arbeitslosen zugute, da bei deren Einstellung Lohnkostenzuschüsse gewährt werden konnten. An die Stelle der früheren Aufteilung in verschiedene Beteiligungsbereiche trat nun ein **Katalog von Zielgruppen**, die nach arbeitsmarktpolitischen Gesichtspunkten ausgewählt waren.

Die Priorisierung der Maßnahmen zur Bekämpfung der Jugendarbeitslosigkeit beinhaltete die Möglichkeit, künftig auch die Erstausbildung von Jugendlichen im Anschluß an die Vollzeitschulpflicht zu fördern. Im übrigen sah der Beschluß Nr.83/516/EWG die bevorzugte Behandlung der Gebiete mit hoher Arbeitslosigkeit vor. Ferner konnte sich der ESF an spezifischen Maßnahmen beteiligen, die innovatorische Vorhaben (Modellversuche) und Untersuchungen über die Wirksamkeit der geförderten Vorhaben sowie den Erfahrungsaustausch darüber umfaßten. Im einzelnen gehörten gem. Art.1 Abs.2 des Beschlusses Nr.83/516/EWG zum Aufgabenkatalog des ESF die Förderung von Maßnahmen zur beruflichen Bildung und Berufsberatung, die Einstellung und Entlastung bei den Lohnkosten im Rahmen von Programmen zur Schaffung von Arbeitsplätzen, die Übersiedlung und soziale und berufliche Integration im Zusammenhang mit der räumlichen Freizügigkeit innerhalb der Gemeinschaft, Dienstleistungen und Beratung im Zusammenhang mit der Schaffung von Arbeitsplätzen sowie Vorbereitungs- und Auswertungsmaßnahmen und Studien im Rahmen der genannten Förderbereiche. Die Förderung der Schaffung von Arbeitsplätzen war auf einen Zeitraum von 12 Monaten je Person begrenzt; gewährt wurde ein Zuschuß in Höhe von 15% des durchschnittlichen Bruttolohnes. Vorrangig zu fördern waren Jugendliche unter 25 Jahren, die wegen unzureichender oder fehlender Berufsausbildung besonders schlechte Beschäftigungsmöglichkeiten hatten. Überhaupt berücksichtigt werden konnten im Rahmen von ESF-Fördermaßnahmen folgende Personengruppen: Arbeitslose sowie von Arbeitslosigkeit bedrohte Arbeitskräfte (insb. Langzeitarbeitslose); Frauen, die wieder eine Erwerbstätigkeit aufnehmen wollten; Behinderte, die fähig waren, sich in den Arbeitsmarkt einzugliedern; Beschäftigte vor allem kleinerer und mittlerer Unternehmen, deren Umschulung im Hinblick auf die Einführung neuer Technologien notwendig war.

Die Beteiligung des ESF an Fördermaßnahmen erfolgte entsprechend einer Quotenregelung, die zugleich die Rangfolge bei der Verwendung der Mittel beeinflußte. Den Regeln entsprechend mußten mindestens 75 % aller verfügbaren Mittel für Maßnahmen zugunsten Jugendlicher unter 25 Jahren verwendet werden; dagegen war die Unterstützung der sog. spezifischen Maßnahmen auf höchstens 5 % der Mittel begrenzt. Die Mittel für Maßnahmen nach Art.3 Abs.1 (Förderung von Maßnahmen im Rahmen der Arbeitsmarktpolitik) waren zu 40 %, später zu 44,5 % zugunsten besonders benachteiligter Gebiete zu verwenden. Die verbliebenen Mittel sollten in den sonstigen Gebieten konzentriert werden, die von hoher Arbeitslosigkeit oder industrieller bzw. sektoraler Umstrukturierung betroffen waren. Im Jahre 1985 belief sich das Förderungsvolumen des Fonds auf insgesamt 4,462 Mrd. DM; hiervon entfielen rd. 220 Mio. DM auf deutsche Projekte.

Mit dem Inkrafttreten der EEA war die Kommission beauftragt worden, einen »Gesamtvorschlag« zu unterbreiten, »der darauf abzielt, an der Struktur und an den Regeln der bestehenden Strukturfonds (EAGFL, EFRE, ESF) die zur Präzisierung und Rationalisierung der Aufgaben dieser Fonds gegebenenfalls erforderlichen Änderungen vorzunehmen, um zur Erreichung der Ziele der Artikel 130 a und 130 c beizutragen, die Effizienz der Fonds zu erhöhen und deren Tätigkeiten sowohl untereinander als auch im Verhältnis zu den Tätigkeiten der vorhandenen Finanzierungsinstrumente zu koordinieren« (Art. 130 d EWGV).

Auf dem Brüsseler Sondergipfel vom Februar 1988 wurde für den Zeitraum 1987 bis 1993 eine **reale Verdopplung der Finanzmittel** der Europäischen Strukturfonds beschlossen (von ca. 7,8 auf 14,1 Mio. ECU), um die wirtschaftlich schwächeren Staaten schneller an den Entwicklungsstand der übrigen Länder heranzuführen. Für den gesamten Zeitraum stehen damit rd. 123 Mrd. DM zur Verfügung. Den Anforderungen des Art. 130 d EWGV wurde mit der **Rahmenverordnung (EWG) 2052/88 vom 24. Juni 1988** [EG-ABl. L 185/9] Rechnung getragen. Gemäß Art.1 der Rahmenverordnung sollen sämtliche Fonds vorrangig für folgende **fünf Ziele** eingesetzt werden:

- Ziel 1: Regionen mit Entwicklungsrückstand,
- Ziel 2: altindustrielle Gebiete,
- Ziel 3: Bekämpfung der Langzeitarbeitslosigkeit,
- Ziel 4: Bekämpfung der Jugendarbeitslosigkeit,
- Ziel 5: a) beschleunigte Anpassung der Agrarstrukturen,
  b) Förderung der Entwicklung des ländlichen Raumes.

Hauptaufgaben des ESF innerhalb dieses Konzepts sollen Interventionen im Bereich der Ziele 3 und 4 sein. Darüber hinaus ist vorgesehen, daß sich der ESF an sozialen Begleitmaßnahmen bei der Umstellung der von rückläufiger Industrieentwicklung betroffenen Gebiete (Ziel 2) und bei der Förderung der Entwicklung des ländlichen Raumes (Ziel 5 b) beteiligt. Auf seiner Sitzung am 19.12.1988 hat der Rat der Außenminister vier Durchführungsverordnungen zur Reform der EG-Strukturfonds erlassen. Die **spezifischen Aufgaben des ESF** innerhalb dieses »Verbunds« wurden dabei in der VO (EWG) 4255/88 vom 19. Dezember 1988 [EG-ABl. L 374/21] festgelegt.

Darüber hinaus hat die EG-Kommission am 4. Mai 1988 Leitlinien für die Verwaltung des ESF erlassen, die die Zielvorstellungen und Kriterien für eine Förderung von Maßnahmen und Programmen durch den ESF präzisieren [EG-ABl. L 143/45]. Für die Mittelvergabe bedeutsam sind ferner die von der Kommission aufgestellten **Leitlinien für die Beteiligung des ESF an Maßnahmen zur Bekämpfung der Langzeitarbeitslosigkeit und zur Eingliederung der Jugendlichen in das Erwerbsleben** vom 24. Februar 1989 [EG-ABl. C 45/6].

In der Absicht, die Fondsmittel konzentriert und strategisch für eine gezielte europäische Strukturpolitik einzusetzen, wurden mit der Reform der Strukturfonds grundlegende Änderungen für das Verfahren zur Beantragung von Fördermitteln eingeführt. Anders als bisher ist zukünftig eine direkte Antragstellung bei der Kommission nicht mehr möglich. Gefördert werden nur noch Vorhaben, die sich in eine zwischen den nationalen Instanzen und der Kommission abgesprochene Gesamtstrategie einfügen. Voraussetzung für die Gewährung von ESF-Mitteln ist die Einrichtung von Plänen, anhand derer Schwerpunkte ausgewählt werden, die für eine Gemeinschaftsintervention in Frage kommen *(vgl. auch BBJ-Consult, 1989)*.

1.2.3 Schritte auf dem Weg zu einer gemeinschaftlichen Beschäftigungspolitik

Nicht zuletzt vor dem Hintergrund sich verschärfender **Beschäftigungsprobleme** zeichnete sich seit Mitte der 70er Jahre im Bereich der **Beschäftigungspolitik** eine verstärkte Kooperation der Mitgliedstaaten ab. Anstrengungen zur quantitativen und qualitativen Verbesserung der Beschäftigung wurden zunächst vor allem mit Hilfe des **Europäischen Sozialfonds** unternommen. Durch das im Dezember 1972 eingeführte **SEDOC-System** (Europäisches System zur Übermittlung von Stellen- und Bewerberangeboten im internationalen Ausgleich) bemühte sich die Kommission zudem, zu einem grenzüberschreitenden Ausgleich von Angebot und Nachfrage im Beschäftigungsbereich zu gelangen.

Die seit der ersten Hälfte der 70er Jahre zu beobachtende **dramatische Zunahme der Arbeitslosigkeit innerhalb der Gemeinschaft** (zwischen Ende 1975 und Ende 1980 stieg die Zahl der registrierten Arbeitslosen in der EG von 5,5 auf 8,0 Mio.) zwang die EG-Organe im Laufe der Jahre, sich immer stärker mit Fragen der **Beschäftigungspolitik** zu befassen, wenngleich die Handlungskompetenzen der Gemeinschaft gerade in diesem Bereich äußerst beschränkt sind. Die einzelnen Mitgliedstaaten verfolgten nicht nur höchst unterschiedliche **Konzepte zur Bekämpfung der Arbeitslosigkeit**, sondern sträubten sich stets auch dagegen, weiterreichende Kompetenzen auf die EG zu übertragen. Diese Ausgangslage machte es der EG-Kommission von vornherein unmöglich, eine umfassende und in sich geschlossene gemeinschaftliche Beschäftigungspolitik zu entwickeln. Stattdessen kam es zu verschiedenen Einzelinitiationen, deren Wirksamkeit schwer zu messen ist. Ein Beispiel dafür ist die auf der Grundlage des Art. 120 EWGV zustande gekommene Verabschiedung der Empfehlung Nr. 75/457/EWG über den **Grundsatz der 40-Stunden-Woche und des vierwöchigen bezahlten Jahresurlaubs** vom 22. Juli 1975 [EG-ABl. L 199/32].

Ende der 70er Jahre, als die **Verbesserung der Beschäftigungslage** für die Kommission eines ihrer Hauptziele darstellte, hielt sie es vor allem für nötig, die Investitionen und Erneuerungen in den Unternehmen zu fördern, um Neueinstellungen zu begünstigen oder Entlassungen zu vermeiden. Neben weiteren Begleitmaßnahmen im Bereich der Arbeitsmarktpolitik betrachtete sie kurzfristig Maßnahmen zur besseren Gestaltung der Arbeitszeit als vorrangig. Für die weitere Arbeit der Kommission maßgebend waren dabei insbesondere die von den EG-Ratsministern am 18. Dezember 1979 verabschiedeten **Leitlinien zur Anpassung der Arbeitszeit** [EG-ABl. 1980 C 2/1].

Danach sollten unter Achtung der Autonomie der Sozialpartner und unter Berücksichtigung der Probleme der Arbeitnehmer mit niedrigem Lohn die regelmäßige Leistung von Überstunden eingeschränkt, für ältere Arbeitnehmer auf freiwilliger Basis die flexible Altersgrenze angestrebt, Teilzeitarbeit bei gleichen sozialen Rechten und Pflichten ermöglicht, der Mißbrauch der gewerbsmäßigen Arbeitnehmerüberlassung begrenzt, der Schutz der in diesem Rahmen tätigen Arbeitnehmer verbessert, die tatsächliche jährliche Arbeitszeit verkürzt und das Problem der Schichtarbeit unter den Aspekten von Arbeitsbedingungen und Gesundheitsschutz in Angriff genommen werden.

Auf der Basis dieser Leitlinien legte die Kommission Anfang der 80er Jahre verschiedene Vorschläge für eine flexiblere Arbeitszeitgestaltung vor. Hierzu gehörten u. a. Richtlinienvorschläge zur Regelung der **freiwilligen Teilzeitarbeit**, zur **Begrenzung der Überstunden**, zur Gestaltung der **Zeitarbeit**, zur **flexiblen Altersgrenze**, zur **Schichtarbeit** und zum **jährlichen Arbeitsvolumen**. Größerer Erfolg war diesen Initiativen der Kommission allerdings nicht beschieden. Wenn überhaupt, verabschiedete der Rat lediglich sehr vage Empfehlungen, die für die Mitgliedstaaten keinerlei Bindungswirkung besaßen.

— Ein Richtlinienvorschlag der Kommission zur Regelung der freiwilligen Teilzeitarbeit [EG-ABl. 1982 C 62/7], der später von der Kommission geändert wurde [EG-ABl. 1983 C 18/5], sollte vor allem einen besseren Schutz der Teilzeitbeschäftigten gewährleisten. Im einzelnen war vorgesehen: Nichtdiskriminierung zwischen Vollzeit- und Teilzeitbeschäftigten, proportionaler Anspruch auf Arbeitsentgelt und auf bezahlten Urlaub, Verpflichtung zum Abschluß eines schriftlichen Arbeitsvertrages, Vorrang für Belegschaftsangehörige beim Wechsel von einer Teilzeitbeschäftigung zur Vollzeitbeschäftigung und umgekehrt.

— In der Empfehlung Nr. 82/857/EWG des Rates zu den Grundsätzen für ein gemeinsames Vorgehen betreffend die Altersgrenze vom 10. Dezember 1982 [EG-ABl. L 357/27] wurden die Mitgliedstaaten verpflichtet, auf lange Sicht schrittweise die flexible Altersgrenze einzuführen und innerhalb von 2 Jahren ihre Systeme im Hinblick auf die Verwirklichung dieses Ziels zu überprüfen.

Ergänzt wurden die Bemühungen der Kommission um eine konzertierte Aktion zur Bekämpfung der Arbeitslosigkeit durch eine Entschließung des Rates vom 27. Juni 1980 über **Leitlinien für eine gemeinsame Arbeitsmarktpolitik** [EG-ABl. C 168/1].

Hierin wurde u. a. festgehalten, daß sich die Antwort auf die Gefahr einer fortdauernd besorgniserregenden Beschäftigungslage in eine globale Strategie einfügen müsse, die das Wachstums-, Wettbewerbs- und Innovationspotential stärke, die Beschäftigungslage verbessere und neuen sozialen Bedürfnissen gerecht werde. Ein besser abgestimmtes Vorgehen sei ebenso nötig wie eine vorausschauende Arbeitsmarktpolitik. Als Ziele gemeinschaftlicher Arbeitsmarktpolitik wurden die optimale Nutzung der Stellenangebote und die Unterstützung aller Maßnahmen festgelegt, die auf eine Erhöhung des Beschäftigungsvolumens und eine Bekämpfung der Arbeitslosigkeit abstellen. Die Arbeitsmarktpolitik solle auf eine stärkere Integration des gemeinschaftlichen Arbeitsmarktes abzielen, für zielgerechte Strukturen der Arbeitsvermittlung und Berufsausbildung sorgen, die Sozialpartner aktiver beteiligen und auf eine größere Kohärenz zwischen wirtschafts- und sozialpolitischen Maßnahmen hinwirken.

Anstelle einer Verbesserung der sozialen Lage stieg die Arbeitslosigkeit in der Gemeinschaft Anfang der 80er Jahre noch deutlich an; Ende 1983 waren 12 Mio. Personen (darunter 4,7 Mio. unter 25 Jahren) in der EG arbeitslos. Dies waren immerhin 10,3% der Erwerbspersonen gegenüber 5,3% im Jahre 1979 *(vgl. EG-SB 1983, S.5)*. Damit blieb für die Kommission die Arbeitslosigkeit **das Hauptproblem der Gemeinschaft** [vgl. KOM (83) 722 endg. v. 28.11.1983, S.9]. Die Folgen der Arbeitslosigkeit berührten zunehmend stärker alle Bereiche des sozialen Lebens. Gleichzeitig wurde immer deutlicher, daß die verschiedenen Mitgliedstaaten mit ähnlichen Problemen konfrontiert waren. Besonders auffallend war diese Übereinstimmung hinsichtlich der Probleme der **Jugendarbeitslosigkeit** und der **Langzeitarbeitslosigkeit**. Entsprechend wurde hier mit besonderem Nachdruck nach gemeinschaftlichen Lösungskonzepten gesucht.

Sowohl in der Entschließung des Rates vom 12. Juli 1982 über eine **Gemeinschaftsaktion zur Bekämpfung der Arbeitslosigkeit** [EG-ABl. C 186/1] wie in der Mitteilung der Kommission über die wirtschaftliche und soziale Lage der Gemeinschaft vom 28. November 1983 [KOM (83) 722 endg.] wurde unterstrichen, daß die extrem ungünstige Arbeitsmarktlage es erforderlich mache, neue Maßnahmen zu ergreifen. Hierbei handelte es sich hauptsächlich um Versuche zur **Verkürzung und Neugestaltung der Arbeitszeit**, um verschiedene **örtliche Beschäftigungsinitiativen** sowie um die Entwicklung von **Berufsbildungsprogrammen** *(vgl. EG-SB 1983, S. 10f.)*.

Durch die Verabschiedung einer ganzen Reihe von Entschließungen unterstrich der Rat im Jahre 1984 die Bedeutung, die er der Bekämpfung der Arbeitslosigkeit beimaß. Zu nennen sind insbesondere:

— die Entschließung des Rates vom 7. Juni 1984 zur Bekämpfung der Frauenarbeitslosigkeit [EG-ABl. C 161/4], die insbesondere unterstrich, daß Männer und Frauen gleiches Recht auf Arbeit und Einkommen haben und daß den Frauen bei Maßnahmen der Beschäftigungspolitik gleiche Chancen eingeräumt werden müssen. Dabei wurden auch positive Aktionen für Frauen gefordert, um ihre faktische Ungleichbehandlung im Erwerbsleben zu beseitigen.

— die Entschließung des Rates vom 7. Juni 1984 über den Beitrag der örtlichen Beschäftigungsinitiativen zur Bekämpfung der Arbeitslosigkeit [EG-ABl. C 161/1], die die Mitgliedstaaten aufforderte, solche Initiativen – in der Regel Zusammenschlüsse von Arbeitslosen oder von Arbeitslosigkeit unmittelbar Bedrohten – durch Förderung des Erfahrungsaustausches, geeignete Beratung, Hilfe durch Sozialpartner sowie öffentliche Stellen und ggf. durch die Überprüfung hemmender rechtlicher Regelungen zu unterstützen.

— die Entschließung des Rates vom 19. Dezember 1984 zur Bekämpfung der Langzeitarbeitslosigkeit [EG-ABl. 1985 C 2/3], die betonte, daß die Beseitigung der Langzeitarbeitslosigkeit nur durch eine Wiederherstellung des wirtschaftlichen Wachstums erreicht werden könne. Die Mitgliedstaaten wurden aufgefordert, im Rahmen ihrer Arbeitsmarktpolitik die Arbeitsbeschaffungsmaßnahmen für Langzeitarbeitslose und die Wirksamkeit der Arbeitsverwaltung zu verbessern, von Langzeitarbeitslosigkeit bedrohte Arbeitnehmer rechtzeitig zu beraten und Maßnahmen der Fortbildung und Umschulung oder Vorruhestandsregelungen anzubieten, die Flexibilität der Arbeitsmärkte, z. B. durch Überwindung der Hindernisse bei neuen Arbeitszeitformen, zu vergrößern und Arbeitslose zur Gründung eigener Betriebe zu ermutigen.

— die Entschließung des Rates vom 23. Januar 1984 zur Förderung der Beschäftigung von Jugendlichen [EG-ABl. C 29/1].

Beschäftigungspolitische Bedeutung hatten schließlich auch die 1984 vom Rat beschlossenen Folgerungen betreffend den **technologischen Wandel** und die daraus resultierenden **sozialen Veränderungen**. Danach müsse vorrangiges Ziel sein, die **»soziale Akzeptanz«** neuer Technologien zu fördern.

Der Rat hob hervor, daß die Einführung neuer Technologien zur Stärkung der Wettbewerbsfähigkeit und des Wirtschaftswachstums notwendig sei. Unterstrichen wurde zugleich die Bedeutung der allgemeinen und beruflichen Bildung, Fortbildung und Umschulung sowie die erforderliche Information und Konsultation der betroffenen Arbeitnehmer und ihrer Vertreter bei der Einführung neuer Technologien. Deutlich gemacht wurde, daß der technische Wandel erheblich erleichtert werde, wenn die Arbeitnehmer bei seiner Durchführung beteiligt seien.

Trotz einer realen Zuwachsrate des BIP von 2,2% stieg die Zahl der Arbeitslosen auch 1985 noch leicht an. Ende des Jahres waren mehr als 13 Mio. Personen (rd. 11,1% der Erwerbspersonen) als Arbeitslose registriert. Positiv war lediglich die Entwicklung bei der Jugendarbeitslosigkeit als Anteil an der Gesamtarbeitslosigkeit; dieser sank von 40,1% im Oktober 1982 auf 37,4% im Oktober 1985. Allerdings bedeutete dies weiterhin, daß rd. 4,8 Mio. Jugendliche unter 25 Jahren Arbeit suchten, wobei der größte Teil von ihnen kaum berufliche Qualifikationen besaß, so daß die Chancen für eine Eingliederung in den Erwerbsprozeß sehr gering waren *(vgl. EG-SB 1986, S.1)*. Im Gegensatz dazu nahmen die Anteile der Frauen, der Langzeitarbeitslosen und der Wanderarbeitnehmer unter den Arbeitslosen nochmals leicht zu.

Auf seiner Tagung am 29./30. März 1985 einigte sich der Europäische Rat dahingehend, das Schwergewicht der Gemeinschaftstätigkeit auf vier Punkte zu konzentrieren [EG-Bull. 3-1985, Ziff.1.2.1 ff.]:

- Verwirklichung eines großen Binnenmarktes bis zum Jahre 1992;
- Förderung der Gründung von Klein- und Mittelbetrieben;
- Neugestaltung der Beschäftigungs- und Arbeitsbedingungen und ihre Anpassung an die neuen sozialen, wirtschaftlichen und technischen Gegebenheiten und
- Ausweitung der Beschäftigung, u.a. durch gezielte Programme für bestimmte benachteiligte Gruppen.

In ihrem Jahreswirtschaftsbericht 1985–1986 [KOM (85) 570 endg.] schlug die Kommission »eine kooperative Wachstumsstrategie für mehr Beschäftigung« vor, um die Arbeitslosenquote von rd. 11% auf etwa 7% bis Ende des Jahrzehnts zu senken. Vorgeschlagen wurde eine ausgewogene Kombination wirtschaftspolitischer Maßnahmen, die im Rahmen des sozialen Dialogs zwischen den betroffenen Parteien verwirklicht werden sollten. Im wesentlichen ging es dabei um die Fortsetzung einer maßvollen Reallohnentwicklung und die Gewährleistung einer angemessenen Höhe der Gesamtnachfrage. In ihrer Beschäftigungsstrategie legte sie den Schwerpunkt auf die Schaffung moderner Arbeitsmärkte sowie auf die Verbesserung der Funktionsweise der Arbeitsmärkte.

Die durch den Beitritt Spaniens und Portugals Ende 1986 auf 16,4 Mio. angestiegene Zahl der registrierten Arbeitslosen veranlaßte den Rat, am 22. Dezember 1986 ein **Aktionsprogramm zur Förderung des Beschäftigungswachstums** [EG-ABl. C 340/2] zu verabschieden.

Mit diesem Aktionsprogramm unterstrich der Rat die Notwendigkeit, durch Maßnahmen in mehreren Politikbereichen die hohe Arbeitslosigkeit in den Mitgliedstaaten abzubauen und die Schaffung von Arbeitsplätzen zu fördern. Die Entschließung enthielt vier Hauptziele: Förderung von Unternehmensgründungen und Schaffung von Arbeitsplätzen; besser funktionierende Arbeitsmärkte; Verbesserung der Berufsausbildung; Abbau der Langzeitarbeitslosigkeit. Hauptadressaten des Aktionsprogramms waren die Mitgliedstaaten, während die Gemeinschaft vor allem flankierend tätig sein sollte. Die Kommission wurde u. a. aufgefordert, Vorschläge und Mitteilungen betreffend die Berufsausbildung von Jugendlichen, die Erwachsenenbildung und die Langzeitarbeitslosigkeit vorzulegen.

Obschon die Arbeitslosenquote 1987 gegenüber dem Vorjahr leicht von 11,9 auf 11,7% zurückging, bildete die Bekämpfung der Arbeitslosigkeit bei nach wie vor rd. 16 Mio. Arbeitslosen weiterhin ein Hauptanliegen der Kommission. Neben der Fortführung bereits begonnener Maßnahmen und Initiativen leitete die Kommission auch neue Schritte ein. Hierzu gehörten ein am 18. Mai 1987 vorgelegtes **Memorandum betreffend die Bekämpfung der Langzeitarbeitslosigkeit** [KOM (87) 231 endg.], die verstärkte Nutzung der Instrumente des Europäischen Sozialfonds zur Bekämpfung der Langzeitarbeitslosigkeit, das **Aktionsprogramm zur Ausbildung der Jugendlichen und zu ihrer Vorbereitung auf das Erwachsenen- und Erwerbsleben vom 4. April 1987** [EG-ABl. C 90/4] sowie das vom Rat am 14. Mai 1986 beschlossene sog. **ERASMUS-Programm**, das die Mobilität von Hochschulstudenten innerhalb der Gemeinschaft fördern sollte.

Ferner hat die Kommission ihre Überlegungen zu neuen Beschäftigungsformen, zur Eingliederung der Jugendlichen, zur Schwarzarbeit und zur Auswertung der Gemeinschaftserhebungen fortgeführt. U. a. hat die Kommission gem. Entschließung des Rates vom 7. Juni 1984 das sog. LEDA-Programm (Aktionsprogramm zur örtlichen Beschäftigungsentwicklung [EG-ABl. C 161/1]) zur Analyse der Entwicklung auf örtlicher Ebene ausgeweitet und das »System der gegenseitigen Unterrichtung über die Beschäftigungspolitik in Europa« (MISEP) ausgebaut.

1.2.4 Angleichung der Arbeitnehmerrechte im Unternehmen

Das sozialpolitische Aktionsprogramm von 1974 trug nicht nur zu einer Stärkung des sozialpolitischen Bewußtseins in der Gemeinschaft bei, sondern führte in der zweiten Hälfte der 70er Jahre sowohl zu zahlreichen Initiativen der EG-Kommission als auch zu konkreten Richtlinien, die zumindest teilweise nicht unerhebliche Auswirkungen auf das Arbeits- und Sozialrecht der Mitgliedstaaten hatten.

So verabschiedete der Rat in Ausführung des Aktionsprogramms verschiedene Richtlinien mit dem Ziel, die Rechte der Arbeitnehmer im Unternehmen anzugleichen. Im einzelnen handelte es sich um die Richtlinien über **Massenentlassungen**, über die **Wahrung von Ansprüchen der Arbeitnehmer beim Übergang von Unternehmen** sowie über den **Schutz der Arbeitnehmer bei Zahlungsunfähigkeit des Arbeitgebers**.

Die RL Nr. 75/129/EWG zur Angleichung der Rechtsvorschriften der Mitgliedstaaten über Massenentlassungen vom 17. Februar 1975 [EG-ABl. L 48/29] schrieb Konsultationen des Arbeitgebers mit den Arbeitnehmervertretern mit dem Ziel vor, Massenentlassungen zu vermeiden oder einzuschränken. Massenentlassungen waren danach der zuständigen Behörde anzuzeigen und frühestens 30 Tage nach Eingang der Anzeige wirksam. Diese Frist konnte von der Behörde auf 60 Tage verlängert werden. Während dieser Zeit sollte sich die Behörde um Lösungen für die durch Massenentlassungen aufgeworfenen Probleme bemühen. Von der RL unberührt blieben weitergehende Regelungen in den einzelnen Mitgliedstaaten.

Die Wahrung von Ansprüchen der Arbeitnehmer beim Übergang von Unternehmen, Betrieben oder Betriebsteilen war Gegenstand der RL Nr. 77/187/EWG vom 14. Februar 1977 [EG-ABl. L 61/26]. Der Hauptzweck dieser RL bestand darin, bei einem Wechsel des Betriebsinhabers oder bei Fusionsvorgängen den Arbeitnehmern ihren sozialen Besitzstand zu sichern. Dafür legte die RL einerseits das Verfahren zur Information und Konsultation der Vertreter der vom Übergang betroffenen Arbeitnehmer fest; andererseits sah sie vor, daß die Rechte und Pflichten des Veräußerers aus bestehenden Arbeitsverhältnissen auf den Erwerber übergehen und der Übergang eines Unternehmens oder Betriebsteils in der Regel keinen Grund zur Kündigung darstellt. Grundsätzlich fortbestehen bleiben sollten auch die jeweiligen Arbeitnehmervertretungen. Bestehende Betriebstarifverträge sollten bis zu ihrem Ablauf wirksam bleiben (mindestens jedoch für die Dauer eines Jahres nach dem Betriebsübergang).

Der Angleichung der Arbeitsbedingungen diente ferner die RL Nr. 80/987/EWG über den Schutz der Arbeitnehmer bei Zahlungsunfähigkeit des Arbeitgebers vom 20. Oktober 1980 [EG-ABl. L 283/23]. Danach mußten die Mitgliedstaaten innerhalb einer Frist von 36 Monaten Garantieeinrichtungen schaffen, deren Vermögen vom Betriebsvermögen des Arbeitgebers unabhängig und so angelegt sein mußte, daß es bei einem Verfahren wegen Zahlungsunfähigkeit nicht zugänglich war; diese Einrichtungen sollten innerhalb bestimmter Grenzen die unerfüllten Ansprüche der Arbeitnehmer befriedigen, die vor der Zahlungsunfähigkeit des Arbeitgebers entstanden waren.

Außerdem hatte die Kommission am 24. Oktober 1980 einen Vorschlag für eine Richtlinie über die **Unterrichtung und Anhörung der Arbeitnehmer** von Unternehmen mit komplexer, insbesondere transnationaler Struktur [EG-ABl. C 297; EG-Bull., Beilage 3/80] unterbreitet, der allerdings bislang ohne Erfolg blieb.

Ziel des Vorschlages war es, die Unterrichtung über die Geschäftslage des Unternehmens und die dezentralisierte Anhörung (bei Stillegungen, Umstrukturierungsmaßnahmen etc.) auf der Ebene der Tochterunternehmen oder der Betriebe mit mindestens 1.000 Beschäftigten vorzuschreiben, unabhängig davon, ob das Unternehmen ausschließlich auf nationaler oder transnationaler Ebene tätig war. Für die Wahrung der Interessen der Arbeitnehmervertretung war kein spezielles Gremium vorgesehen; vielmehr sollte das angestrebte Unterrichtungs- und Anhörungsverfahren über die in den einzelnen Staaten bestehenden nationalen Strukturen erfolgen. Obgleich die Kommission am 13. Juli 1983 [EG-ABl. C 217/3] einen geänderten Vorschlag unterbreitet hatte, fand auch dieser trotz langwieriger Diskussionen von seiten der Mitgliedstaaten nicht die erforderliche Unterstützung.

1.2.5 Vertretung der Arbeitnehmer in europäischen Unternehmen

Die bewußt angestrebte wirtschaftliche Verflechtung zwischen den Mitgliedstaaten der EWG ließ bereits früh Überlegungen entstehen, für grenzüberschreitend tätige Unternehmen ein **europäisches Gesellschaftsrecht** zu schaffen. Nach Ansicht der EG-Kommission sollte den Unternehmen des Gemeinsamen Marktes eine Organisationsform angeboten werden, mit der sie ihren Standort innerhalb der Gemeinschaft unabhängig von gesellschaftsrechtlichen Erwägungen nach rein wirtschaftlichen Gesichtspunkten sollten wählen können *(vgl. auch Hondrich, 1970)*.

Nachdem die französische Regierung 1965 ein einheitliches Gesetz über eine »Handelsgesellschaft europäischen Typs« angeregt hatte, legte P. SANDERS 1966 einen im Auftrag der Kommission ausgearbeiteten Vorentwurf eines Statuts vor. Der Rat stellte 1967 die Behandlung dieses Vorentwurfs ein, nachdem sich eine von ihm eingesetzte Arbeitsgruppe in verschiedenen Grundsatzfragen nicht hatte einigen können. Während seitens der Kommission zunächst lediglich an eine rein aktienrechtliche Behandlung des Gesamtproblems gedacht wurde, machten die europäischen Gewerkschaften bereits 1967 deutlich, daß sie einer Gemeinschaftsregelung nur dann zustimmen würden, wenn eine befriedigende Regelung für die Vertretung der Arbeitnehmer in den Organen der europäischen Gesellschaft getroffen und die bestehenden nationalen Mitbestimmungsrechte der Arbeitnehmer und ihrer Organisationen auf keinen Fall vermindert würden *(vgl. EG-Gewerkschafts- und Arbeitnehmerinformationen, 6-7/1967, S. 24)*.

Verschiedene von der EG-Kommission in Auftrag gegebene Studien bildeten schließlich die Grundlage für den von der Kommission erarbeiteten und am 30. Juni 1970 vorgelegten Vorschlag einer **VO des Rates über das Statut für europäische Aktiengesellschaften** [EG-ABl. C 124 vom 10.10.1970], der mit 284 Artikeln ein umfassendes Regelwerk darstellte. Forderungen der Gewerkschaften aufgreifend, enthielt der Vorschlag auch Regelungen zur **Vertretung der Arbeitnehmer**. Mit der Aufnahme der Mitbestimmungsfrage in den Vorschlagsentwurf waren allerdings zugleich heftige politische Kontroversen vorprogrammiert.

Der Titel V des Vorschlages, der die Vertretung der Arbeitnehmerinteressen regelte, sah vor allem drei Instrumente vor, mit denen die Arbeitnehmer europäischer Gesellschaften ihre Interessen vertreten sollten: den Europäischen Betriebsrat, die Vertretung im Aufsichtsrat sowie die Möglichkeit tarifvertraglicher Vereinbarungen mit der Europäischen Aktiengesellschaft (SE). Unter Fortbestehen der nach nationalen Vorschriften gebildeten Betriebsvertretungen sollte bei jeder SE, die Betriebsstätten in mehreren Mitgliedstaaten unterhielt, ein Europäischer Betriebsrat gebildet werden, der für Angelegenheiten des Gesamtunternehmens zuständig sein sollte. Hinsichtlich der Mitbestimmung im Aufsichtsrat orientierte sich die Kommission an den Regelungen des deutschen BetrVG und schlug vor, daß die Mitglieder des Aufsichtsrates zu wenigstens einem Drittel (und höchstens zur Hälfte) von den Arbeitnehmern und die übrigen Mitglieder von den Aktionären gewählt werden sollten. Schließlich sollte die SE eine besondere Tariffähigkeit erhalten, d. h. das Recht haben, mit den in ihren Betrieben vertretenen Gewerkschaften Fragen der Arbeitsbedingungen zu regeln *(vgl. auch Friedrich, 1972, S. 49 ff.; von der Groeben, 1972, S. 7 ff.; Vetter, 1972, S. 17 ff.; Kramer, 1977, S. 38 f.)*.

Während der **europäische Unternehmerverband** UNICE sowohl die Tariffähigkeit der SE wie die Mitbestimmung im Aufsichtsrat entschieden ablehnte, hatten die **Gewerkschaften** der EG-Mitgliedstaaten zunächst Schwierigkeiten, eine gemeinsame Haltung zu dem Vorschlag festzulegen.

Schließlich forderte der EBFG in einem am 17.3.1970 beschlossenen offiziellen Standpunkt für den Aufsichtsrat eine paritätische Besetzung, bestehend aus einem Drittel Vertretern der Arbeitnehmer, einem Drittel Vertretern der Anteilseigner sowie einem Drittel Personen, die durch Kooptation hinzugewählt werden. Außerdem wurde die Bildung eines zentralen Unternehmensrates gefordert, der weitergehende Rechte als der vorgesehene Europäische Betriebsrat haben sollte.

Der WSA, der sich auf seiner Tagung am 25.10.1972 mit dem Kommissionsvorschlag befaßte, vertrat in seiner Stellungnahme zur Zusammensetzung vier unterschiedliche Meinungen, zum Europäischen Betriebsrat drei und zur Tariffähigkeit der SE zwei Meinungen *(vgl. W. Elsner, 1974, S.142f.)*. Nach jahrelangen Beratungen und einem vorangegangenen Beschluß vom Dezember 1972, der den Kommissionsvorschlag gebilligt hatte, sprach sich das **Europäische Parlament** in einem im Juni 1974 mit großer Mehrheit verabschiedeten Entschließungsentwurf [EG-ABl. C 93/22] für das von den Gewerkschaften vertretene Mitbestimmungsmodell aus. Weitere Änderungswünsche betrafen die obligatorische Einsetzung eines Betriebsrates und die Verfahren für die Wahl der Arbeitnehmervertreter. Angesichts der breiten Unterstützung beschloß die Kommission, die Vorschläge des EP zu übernehmen und legte am 27. Mai 1975 einen geänderten Vorschlag für ein **SE-Statut** vor [EG-Bull., Beilage 4/75, S.11 ff.]. Über den Kommissionsvorschlag verhandelte bis 1982 eine vom Rat 1976 eingesetzte Ad-hoc-Arbeitsgruppe.

Diese Verhandlungen beschränkten sich auf die rein gesellschaftsrechtlichen Fragen mit Ausnahme des Rechts der Rechnungslegung und des Konzernrechts. Die in dem Vorschlag ebenfalls enthaltenen Regelungen über die Mitbestimmung der Arbeitnehmer in den Organen der SE und über die Mitbestimmung der Arbeitnehmer im Rahmen der Betriebsverfassung (Europäischer Betriebsrat und Konzernunternehmensrat) wurden nicht erörtert.

Nachdem die Frage eines SE-Statuts im Rat seit 1982 ruhte, startete die Kommission 1985 eine neue Initiative, indem sie die **Verabschiedung eines SE-Statuts** in ihr Weißbuch über die Vollendung des Binnenmarktes aufnahm [KOM (85) 310 endg., Rdnr.137]. Allerdings legte die Kommission zunächst keinen geänderten Vorschlag vor, sondern präsentierte am 15. Juli 1988 ein **Memorandum** [KOM (88) 320 endg.], in dem sie die Notwendigkeit sowohl der Harmonisierung des nationalen Unternehmensrechts wie der Schaffung eines SE-Statuts unterstrich:

»Der klassische Weg der Koordinierung des Gesellschaftsrechts ... ist ... ein langwieriges Unternehmen ... Zudem spielt sie, wie es aussieht, bei der Festlegung der internationalen Strategien der großen Firmen kaum eine entscheidende Rolle ... Die Schaffung einer industriellen Grundlage für die Gemeinschaft erfordert die Bereitstellung eines von innerstaatlichem Recht unabhängigen transnationalen Gesellschaftstyps, der es der Industrie ermöglicht, beträchtliche Vermögenswerte zu konzentrieren und mit amerikanischen und japanischen Unternehmen in Konkurrenz zu treten...« [KOM (88) 320 endg., S.11 f.]. Um für die Unternehmen attraktiv zu sein, müsse das Statut »die derzeitigen rechtlichen Schwierigkeiten, die mit Vereinigungen oder Fusionen von Gesellschaften ... verbunden sind«, überwinden, die Besteuerung der SE entsprechend »der ihr zugrunde liegenden Logik« ausgestalten (Berücksichtigung im Ausland entstandener Verluste) und »relativ einfach zu handhaben sein«. Nach Auffassung der Kommission waren in einem solchen Statut als »spezielle Fragenkomplexe« zu behandeln: a) das Nebeneinander von nationalen Gesellschaftssystemen und SE-Statut, b) die Mitbestimmung der Arbeitnehmer, c) der soziale Dialog und die Information und Konsultation der Arbeitnehmer, d) die Konzernproblematik und e) die Besteuerung.

Der Rat, das Europäische Parlament und die Sozialpartner wurden von der Kommission aufgefordert, sich insbesondere zu drei Kernfragen, nämlich dem Grundsatz eines fakultativen Statuts, der Unabhängigkeit des Statuts gegenüber innerstaatlichem Recht und der Aufnahme von drei Modellen der Arbeitnehmermitbestimmung zu äußern. Sowohl der Rat wie der Wirtschafts- und Sozialausschuß billigten im November 1988 grundsätzlich das Konzept der Kommission. Das Europäische Parlament bezeichnete in seiner Entschließung vom 16. März 1989 [EG-ABl. C 96/163] die SE als ein sinnvolles Instrument zur Umstrukturierung der europäischen Unternehmen, stellte aber gleichzeitig einen ganzen Katalog von Anforderungen auf, insbesondere an die Ausgestaltung der Mitbestimmung im Rahmen der SE.

Auf der Grundlage dieser Vorarbeiten unterbreitete die Kommission am 25. August 1989 einen **neuen Vorschlag** [KOM (89) 268 endg.], der anders als seine Vorläufer aus zwei Teilen bestand. Während die Vorschriften, die für die Gründung und Tätigkeit einer SE erforderlich sind, in einer auf Art.100 a EWGV basierenden VO zusammengefaßt werden sollten, war nunmehr vorgesehen, die Stellung der Arbeitnehmer in der SE in einer separaten, auf Art.54 EWGV gestützten Richtlinie zu regeln. Der Richtlinienentwurf sah im Kern vor, daß bei Gründung einer SE die Arbeitgeberseite eines der folgenden **Mitbestimmungsmodelle** akzeptieren muß:

a) *Modell A (Modell der internen Beteiligung):* Mindestens ein Drittel, höchstens die Hälfte der Mitglieder des Aufsichts- oder Verwaltungsorgans (dualistisches bzw. monistisches System) werden durch Wahl oder Kooptation mit Möglichkeit des Einspruchs der Hauptversammlung und der Arbeitnehmervertreter bestellt.
b) *Modell B (Modell einer externen Beteiligung):* Beteiligung der Arbeitnehmer über ein eigenes Organ, das die Arbeitnehmer der SE vertritt. Die Zahl der Mitglieder und Modalitäten werden einvernehmlich mit den Vertretern der Arbeitnehmer der Gründungsgesellschaften in der Sitzung festgelegt.
c) *Modell C (Modell einer ausgehandelten Beteiligung):* Durch Vereinbarungen zwischen den Leitungs- und Verwaltungsorganen der Gründungsgesellschaften und den Arbeitnehmern dieser Gesellschaften oder ihren Vertretern wird die Art der Arbeitnehmerbeteiligung festgelegt.

Der Vorschlag der Kommission, die Mitbestimmung durch das Angebot verschiedener Modelle flexibler zu gestalten, schien zunächst die Akzeptanz und damit die politische Durchsetzbarkeit zu erhöhen. Erste Reaktionen haben die Erwartungen auf eine baldige Verabschiedung eines SE-Statuts allerdings erneut gedämpft *(vgl. auch Nagel, 1990, S. 205ff.; Däubler, 1990b, S.14ff.; Kolvenbach, 1989, S.1957ff.).*

Neben der Schaffung von Rechtsgrundlagen für europäische Gesellschaften bemühte sich die Kommission – gestützt auf Art.54 Abs.3 g – ebenfalls schon seit den 60er Jahren um die Harmonisierung des nationalen Gesellschaftsrechts. In diesem Bereich gelang es zwar inzwischen mittels verschiedener Richtlinien, Teilbereiche zu vereinheitlichen, erhebliche Schwierigkeiten gab es jedoch stets hinsichtlich der **Harmonisierung** gewisser **Kernbereiche des Gesellschaftsrechts** sowie der **Beteiligung der Arbeitnehmer**.

Durch die erste RL (Registerpublizität, Vertretungsmacht, Nichtigkeit der Gesellschaft) vom 9.3. 1968 [EG-ABl. L 65/8], die zweite RL (Gründung, Kapitalaufbringung und -erhaltung, Kapitalveränderungen) vom 13.12.1976 [EG-ABl. 1977, L 26/1], die dritte RL (Verschmelzung von Gesellschaften) vom 9.10.1978 [EG-ABl. L 295/36], die vierte RL (Jahresabschluß und dessen Publizität) vom 25.7.1978 [EG-ABl. L 222/11], die sechste RL (Börsenzulassung von Wertpapieren zur amtlichen Notierung) vom 17.3. 1980 [EG-ABl. L 100/1], die siebte RL (Konsolidierung von Konzernbilanzen) vom 13.6.1983 [EG-ABl. L 193/1] und die achte RL (Befähigung der zur Durchführung der Pflichtprüfung der Rechnungsunterlagen befugten Personen) vom 10.4.1984 [EG-ABl. L 126/20] gelang es, die Harmonisierung des Aktienrechts nicht unwesentlich voranzubringen. In Vorbereitung befinden sich zudem eine neunte RL zum Konzernrecht und eine zehnte RL zur grenzüberschreitenden Verschmelzung von Aktiengesellschaften.

Bislang nicht verabschiedet werden konnte dagegen die bereits am 9. Oktober 1972 vorgeschlagene **fünfte RL** [EG-ABl. C 131/49], die sich mit der **Struktur der Aktiengesellschaften** sowie der Frage der **Arbeitnehmermitbestimmung** befassen soll. Dieser Vorschlag gewann besonderes politisches Gewicht, da er gegenüber den anderen gesellschaftsrechtlichen Vorhaben der EG eine besondere mitbestimmungspolitische Qualität aufwies. Seine Verwirklichung würde bedeuten, daß die Gestaltung des Mitbestimmungsrechts in entscheidenden Teilen durch Gemeinschaftsrecht vorgegeben und damit dem nationalen Gesetzgeber entzogen würde.

Als Antwort auf verschiedene Stellungnahmen hatte die Kommission 1975 als Entscheidungshilfe ein sog. »Grünbuch« (Mitbestimmung der Arbeitnehmer und Struktur der Gesellschaften) vorgelegt, in dem die wichtigsten der strittigen Fragen, insbesondere die Struktur der Verwaltung der Aktiengesellschaft und die Modelle für die Beteiligung der Arbeitnehmer behandelt wurden [EG-Bull., Beilage 8/75]. Der Wirtschafts- und Sozialausschuß gab 1974 eine erste [EG-ABl. C 109/9] und 1978 eine zweite Stellungnahme [EG-ABl. 1979 C 94/2] zu dem Kommissionsvorschlag ab. Das Europäische Parlament, das den Vorschlag und das Grünbuch ausführlich in seinen Ausschüssen und zweimal auf Plenartagungen erörterte, verabschiedete 1982 eine Stellungnahme [EG-ABl. C 149/20].

In Anbetracht dessen, daß die verschiedenen Stellungnahmen zum Teil wesentliche Änderungen verlangten und kaum Aussicht auf Verabschiedung des ursprünglichen Vorschlages bestand, legte die Kommission im August 1983 einen **geänderten Vorschlag für eine fünfte RL** vor [Rats.Dok.Nr. 8949/83].

Der neue Vorschlag unterschied sich von dem bisherigen vor allem dadurch, daß er flexiblere Vorschriften über die Struktur der Verwaltung und die Beteiligung der Arbeitnehmer enthielt. Für die Struktur der Verwaltung der Gesellschaft sollen die Mitglieder nunmehr die Wahl haben, ob sie für die Aktiengesellschaft eine dualistische Struktur mit einem Aufsichts- und einem Leitungsorgan vorschreiben oder ihnen die Wahl zwischen einer solchen und einer monistischen Struktur mit einem einzigen Verwaltungsorgan überlassen wollen. Für Gesellschaften mit einer bestimmten Mindestgröße (mindestens 1.000 Arbeitnehmer) soll eine Beteiligung der Arbeitnehmer vorgeschrieben werden. Diese ist von den Mitgliedstaaten nach einem von vier Modellen zu regeln: 1) Beteiligung durch Arbeitnehmervertreter im Aufsichts- oder Verwaltungsorgan; 2) Beteiligung bei der Bestellung von Mitgliedern des Aufsichtsorgans durch Kooptation; 3) Beteiligung durch eine Arbeitnehmervertretung und 4) Beteiligung nach einem der drei vorgenannten Modelle durch Tarifvertrag. Für jedes der vorgesehenen Modelle sollen bestimmte gemeinsame Grundsätze für die Wahl der Arbeitnehmervertreter in die Gesellschaftsorgane oder die Arbeitnehmervertretung gelten.

Seit Oktober 1983 verhandeln die Mitgliedstaaten in einer Arbeitsgruppe des Rats über den Inhalt des geänderten Richtlinienvorschlages, darunter seit Frühjahr 1986 auch über die Vorschriften hinsichtlich der Beteiligung der Arbeitnehmer. Dabei zeigte sich, daß die Kernfragen weiterhin unter den Mitgliedstaaten strittig sind. Den zahlreichen Initiativen betreffend die **Information, Konsultation und Mitwirkung der Arbeitnehmer in der Gemeinschaft** ist gemeinsam, daß es bislang zu keiner Annäherung hinsichtlich der gerade in diesen Fragen sehr kontroversen Standpunkte der Mitgliedstaaten kam.

Dabei hatte der Rat in einer Entschließung vom 21. Juli 1986 [EG-ABl. C 203/1] die politische und wirtschaftliche Bedeutung des Problems anerkannt und die Bedeutung eines Sozialraumes im Rahmen der Verwirklichung des Binnenmarktes sowie die Notwendigkeit einer größeren Konvergenz des Rechts der Arbeitnehmer in den einzelnen Mitgliedstaaten auf Unterrichtung und Anhörung in bezug auf die wesentlichen Entscheidungen der betreffenden Unternehmen unterstrichen. Unter Hinweis auf Art. 118 b EWGV hatte er ferner an die Sozialpartner der Gemeinschaft appelliert, auf geeigneter Ebene zu Vereinbarungen zu gelangen, die die Unterrichtung und Anhörung der Arbeitnehmer vorsehen.

Unterdessen verlangt die Ende 1989 verabschiedete **Gemeinschaftscharta der sozialen Grundrechte**, die »Unterrichtung und Anhörung der Arbeitnehmer ... in geeigneter Weise, unter Berücksichtigung der in den Mitgliedstaaten herrschenden Gepflogenheiten«, weiterzuentwickeln. Gefordert wird dies insbesondere für grenzüberschreitend tätige Unternehmen.

In seiner Stellungnahme vom 18. Oktober 1989 zu den sozialen Folgen grenzübergreifender Unternehmenszusammenschlüsse bekräftigte der WSA [EG-ABl. C 329/35 v.30.12.1989] die Notwendigkeit von Informations- und Beteiligungsrechten der betrieblichen Arbeitnehmervertreter angesichts grenzüberschreitender Unternehmenszusammenschlüsse und verlangte, dafür einen geeigneten gemeinschaftsrechtlichen Rahmen zu schaffen. Gleichzeitig schlug er vor, auf der Ebene der Konzern-/Unternehmensleitungen einen Europäischen Beratenden Ausschuß von Arbeitnehmervertretern zu errichten. Auch das Europäische Parlament empfahl u. a. in Entschließungen vom 16. März 1989 [EG-ABl. C 96/163] und 15. Februar 1990 [EG-ABl. C 68/155] die Einsetzung beratender europäischer Ausschüsse in multinationalen Unternehmen.

Die verschiedenen Vorstöße aufgreifend, legte die Kommission am 25. Januar 1991 einen Richtlinienvorschlag über die **Einsetzung Europäischer Betriebsräte** zur Information und Konsultation der Arbeitnehmer in gemeinschaftsweit operierenden Unternehmen und Unternehmensgruppen [KOM (90) 581 endg.] vor.

1.2.6 Schutz vor Gesundheitsgefahren am Arbeitsplatz

Fragen der Betriebssicherheit, der Arbeitshygiene und des Gesundheitsschutzes am Arbeitsplatz waren nicht nur stets ein bedeutendes Aktionsfeld der Gemeinschaftspolitik – vor allem auch der EGKS –, sondern auch ein Bereich, in welchem auf Gemeinschaftsebene die vergleichsweise größten Fortschritte auf sozialem Gebiet erzielt wurden. Schon 1974 war mit dem **Beratenden Ausschuß für Sicherheit, Arbeitshygiene und Gesundheitsschutz am Arbeitsplatz** ein dreigliedriges Organ geschaffen worden [EG-ABl. L 185/15]. Dahinter stand vor allem die Absicht, die **Sozialpartner** aktiv in den Prozeß der Verbesserung des Gesundheitsschutzes und der Erweiterung der Sicherheit am Arbeitsplatz einzubeziehen. Hervorzuheben ist ferner die durch VO Nr. 1365/75 vom 26. Mai 1975 [EG-ABl. L 139/1] zur Erforschung der Lebens- und Arbeitsbedingungen in der Gemeinschaft eingesetzte **Europäische Stiftung zur Verbesserung der Lebens- und Arbeitsbedingungen** mit Sitz in Dublin.

Der Ausschuß setzte sich aus 72 Mitgliedern zusammen, wobei jeder Mitgliedstaat zwei Regierungsvertreter, zwei Gewerkschaftsvertreter und zwei Vertreter der Arbeitgeberverbände stellte. Der Ausschuß sollte u.a. den Meinungs- und Erfahrungsaustausch organisieren, gemeinsame Vorgehensweisen bei Problemen im Bereich Sicherheit, Arbeitshygiene und Gesundheitsschutz am Arbeitsplatz ausarbeiten, die Kommission auf Gebiete aufmerksam machen, auf denen der Erwerb neuer Kenntnisse und die Durchführung geeigneter Ausbildungs- und Forschungsmaßnahmen notwendig erschienen, und bei der Ausarbeitung von Kriterien und Zielen der Bekämpfung von Unfall- und Gesundheitsgefahren im Betrieb mitwirken.

In der zweiten Hälfte der 70er Jahre verabschiedete der Rat u. a. folgende Richtlinien:

- RL Nr. 76/579/EURATOM zur Festlegung der überarbeiteten Grundnormen für den Gesundheitsschutz der Bevölkerung und der Arbeitskräfte gegen die Gefahren ionisierender Strahlungen vom 1. Juni 1976 [EG-ABl. L 187];
- RL Nr. 77/312/EWG über die biologische Überwachung der Bevölkerung auf Gefährdung durch Blei vom 29. März 1977 [EG-ABl. L 105/10];
- RL Nr. 77/576/EWG zur Angleichung der Rechts- und Verwaltungsvorschriften der Mitgliedstaaten über die Sicherheitskennzeichnung am Arbeitsplatz vom 25. Juli 1977 [EG-ABl. L 229/12], geändert durch RL Nr. 79/640/EWG vom 21. Juni 1979 [EG-ABl. L 183/11];
- RL Nr. 78/610/EWG zur Angleichung der Rechts- und Verwaltungsvorschriften der Mitgliedstaaten über den Schutz der Gesundheit von Arbeitnehmern, die Vinylchloridmonomer ausgesetzt sind, vom 29. Juni 1978 [EG-ABl. L 197/12].

Ein entscheidender Impuls ging in diesem Bereich vor allem von dem vom Rat am 29. Juni 1978 beschlossenen **Aktionsprogramm für Sicherheit und Gesundheitsschutz am Arbeitsplatz** [EG-ABl. C 165/1] aus. Erstmals leitete die Kommission mit diesem Aktionsprogramm in Übereinstimmung mit den Sozialpartnern eine sich auf vier Jahre erstreckende koordinierte Aktion ein. Das Aktionsprogramm, das die Durchführung von 14 konkreten Maßnahmen vorsah, betraf hauptsächlich die Ätiologie der Arbeitsunfälle und arbeitsbedingten Krankheiten, den Schutz gegen gefährliche Stoffe, den Schutz gegen Gefahren und schädliche Auswirkungen von Maschinen und schließlich die Verbesserung des menschlichen Verhaltens.

Im Zuge der Verwirklichung des ersten Aktionsprogramms gelangte die Kommission zu der Auffassung, daß bei gewissen gefährlichen industriellen Tätigkeiten nicht nur für die jeweiligen Arbeitnehmer, sondern für die gesamte Bevölkerung bestimmte Sicherheitsgarantien unerläßlich sind. Trotz aller Fortschritte, die u. a. durch das erste Aktionsprogramm erreicht worden waren, stellten nach Ansicht der Kommission die durch „Arbeit verursachten Unfälle und Krankheiten (weiterhin) eine wahre soziale Geißel dar" *(EG-*

SB 1982, S.24). Ausgehend von dieser Einschätzung legte die Kommission dem Rat am 4. November 1982 ein **zweites Aktionsprogramm für Sicherheit und Gesundheitsschutz am Arbeitsplatz** [EG-ABl. C308/11] vor, das darauf abzielte, durch etwa 20 weitere vorrangige Maßnahmen den Schutz am Arbeitsplatz bis Ende 1988 zu verbessern. Das zweite Programm setzte die im ersten begonnenen Aktionen fort und fügte neue Aspekte hinzu, wie z. B. Ausbildung, Information, Statistik, Forschung und Zusammenarbeit mit anderen internationalen Organisationen. Der Rat billigte das neue Aktionsprogramm in einer Entschließung vom 27. Februar 1984 [EG-ABl. C67/2].

Die wohl entscheidendste Maßnahme im Zuge der Umsetzung des ersten Aktionsprogramms bildete die vom Rat am 27. November 1980 verabschiedete **Rahmenrichtlinie 80/1107/EWG zum Schutz der Arbeitnehmer vor der Gefährdung durch chemische, physikalische und biologische Arbeitsstoffe bei der Arbeit** [EG-ABl. L327/8], die als Grundlage für zahlreiche Einzelrichtlinien über Blei, Asbest, Gefährdung durch Lärm, Benzol und Karzinogene diente. Aufgrund eines Vorschlages der Kommission vom 30. Mai 1986 wurde die Rahmenrichtlinie zum Zwecke einer Harmonisierung von Expositionshöchstgrenzen 1988 geändert. Mit der Änderungsrichtlinie 88/642/EWG vom 16. Dezember 1988 [EG-ABl. L 356/74] sollte vor allem die Luftverschmutzung am Arbeitsplatz begrenzt werden. Hierzu war vorgesehen, für eine Vielzahl von Stoffen sog. Grenzwerte berufsbedingter Exposition festzulegen.

Die Hauptziele der Rahmenrichtlinie 80/1107/EWG waren die Beseitigung oder Begrenzung der Belastung der Arbeitnehmer durch chemische, physikalische und biologische Stoffe bei der Arbeit sowie der Schutz von Arbeitnehmern, die diesen Stoffen ausgesetzt sind oder sein könnten. Die Mitgliedstaaten wurden aufgefordert, bestimmte kurz- und langfristige Maßnahmen zu ergreifen. Um die Hauptziele zu erreichen, sollten die Mitgliedstaaten ein Paket von 14 Maßnahmen erfüllen; hierzu zählten u. a. die begrenzte Verwendung des Arbeitsstoffes am Arbeitsplatz, die Begrenzung der Anzahl der Arbeitnehmer, die einer Belastung ausgesetzt sind oder ausgesetzt sein könnten, die Vorbeugung durch technische Maßnahmen, die Festlegung von Grenzwerten sowie von Einzelheiten der Probenahme, der Messung und Bewertung der Ergebnisse, kollektive und individuelle Schutzmaßnahmen, hygienische Vorkehrungen, Vorkehrungen für Notfälle, die bei anomalen Belastungen zu treffen sind, die Unterrichtung der Arbeitnehmer sowie die Überwachung der Gesundheit der Arbeitnehmer.

Gestützt auf diese Rahmenrichtlinie (insb.Art.8) wurden bislang folgende Richtlinien vom Rat beschlossen bzw. von der Kommission vorgeschlagen:

- RL Nr. 82/605/EWG über den Schutz der Arbeitnehmer gegen Gefährdung durch metallisches Blei und seine Ionenverbindungen am Arbeitsplatz vom 28. Juli 1982 [EG-ABl. L 247/12] (1. Einzelrichtlinie);
- RL Nr. 83/477/EWG über den Schutz der Arbeitnehmer gegen Gefährdung durch Asbest am Arbeitsplatz vom 19. September 1983 [EG-ABl. L 263/25] (2. Einzelrichtlinie);
- RL Nr. 86/188/EWG über den Schutz der Arbeitnehmer gegen Gefährdung durch Lärm am Arbeitsplatz vom 12. Mai 1986 [EG-ABl. L 137/28] (3. Einzelrichtlinie);
- RL Nr. 88/364/EWG zum Schutz der Arbeitnehmer durch ein Verbot bestimmter Arbeitsstoffe und/oder Arbeitsverfahren vom 9. Juni 1988 [EG-ABl. L 179/44] (4. Einzelrichtlinie);
- Vorschlag für eine RL über den Schutz der Arbeitnehmer gegen Gefährdung durch Benzol am Arbeitsplatz vom 3. Dezember 1985 [KOM (85) 669 endg.] (5. Einzelrichtlinie);
- RL Nr. 90/394/EWG über den Schutz der Arbeitnehmer gegen Gefährdung durch Karzinogene bei der Arbeit vom 28. Juni 1990 [EG-ABl. L 196/1] (6. Einzelrichtlinie).

Neben dem Schutz der Arbeitnehmer, der im Mittelpunkt der Aktivitäten der Kommission stand, wurden vereinzelt auch Schritte zum Schutz der Bevölkerung insgesamt unternommen. Ein Beispiel hierfür stellt insbesondere die Richtlinie Nr. 82/501/EWG über die Gefahren schwerer Unfälle bei bestimmten Industrietätigkeiten (**»Seveso-Richtlinie«**) vom 24. Juni 1982 [EG-ABl. L230/1] dar.

Die Umsetzung der in den beiden Aktionsprogrammen angekündigten Maßnahmen war teilweise mit erheblichen Schwierigkeiten und vor allem starken zeitlichen Verzögerungen verbunden. Von den 10 Richtlinienvorschlägen der Kommission hatte der Rat 1987 erst sieben verabschiedet. Die damals in Kraft getretene EEA gab den gemeinschaftlichen Bemühungen um Verbesserung des Gesundheitsschutzes und der Sicherheit am Arbeitsplatz nicht nur zusätzliche Impulse, sondern schuf auch **bessere Rechtsgrundlagen**.

Von Bedeutung waren zum einen der Art. 100 a, der Gesundheitsschutz- und Sicherheitsfragen im Zusammenhang mit den Bestimmungen für die Schaffung und das Funktionieren des Binnenmarktes betraf, und zum anderen vor allem der Art. 118 a, der explizit auf Verbesserungen des Gesundheitsschutzes und der Sicherheit der Arbeitnehmer, vor allem in der Arbeitsumgebung, abzielte.

Ohne den Abschluß des zweiten Aktionsprogramms abzuwarten, reagierte die Kommission auf die EEA mit der Erarbeitung eines **neuen Arbeitsprogramms über Sicherheit und Arbeitsschutz**, das der Rat in einer Entschließung vom 21. Dezember 1987 [EG-ABl. 1988, C 28/1] als geeigneten Rahmen für den Beginn der Durchführung des Art. 118 a begrüßte.

Die Kommission kündigte darin weitere Maßnahmen in den Bereichen Sicherheit und Ergonomie, Gesundheitsschutz- und Arbeitshygiene, Information und Ausbildung, Klein- und Mittelbetriebe sowie sozialer Dialog an. Bereits im März 1988 legte sie ein umfangreiches Richtlinienpaket vor, das neben einer Rahmenrichtlinie über die Durchführung von Maßnahmen zur Verbesserung der Sicherheit und des Gesundheitsschutzes der Arbeitnehmer bei der Arbeit fünf Einzelrichtlinien über Mindestvorschriften für Sicherheit und Gesundheitsschutz in Arbeitsstätten, bei der Benutzung von Arbeitsmitteln, bei Benutzung persönlicher Schutzausrüstungen, bei der Arbeit an Bildschirmgeräten und bei der manuellen Handhabung von Lasten umfaßte.

Die neue **Rahmenrichtlinie 89/391/EWG vom 12. Juni 1989** [EG-ABl. L 183/1] legte allgemeine Grundsätze für die Verhütung berufsbedingter Gefahren, für die Unterweisung, die Information, die Anhörung und die Beteiligung der Arbeitnehmer fest und galt sowohl für öffentliche wie für private Tätigkeitsbereiche.

Im einzelnen verpflichtete die RL die Arbeitgeber, für die Sicherheit und den Gesundheitsschutz der Arbeitnehmer in bezug auf alle Aspekte, die die Arbeit betreffen, zu sorgen, die hierfür erforderlichen Maßnahmen zu treffen, Vorbeugungsmaßnahmen zu ergreifen, Aufzeichnungen über Gefahren und Unfälle zu führen, die Arbeitnehmer (bzw. ihre Vertreter) über die Gefahren und die Maßnahmen zur Gefahrenverhütung zu unterrichten bzw. anzuhören und die Gesundheit der Arbeitnehmer zu überwachen. Den Arbeitnehmern wurde das Recht eingeräumt, zu Fragen des Gesundheitsschutzes und der Sicherheit Vorschläge zu machen, sich an die zuständigen Behörden zu wenden und im Falle einer ernsten Gefahr die Arbeit niederzulegen. Zugleich waren sie jedoch verpflichtet, sich an die Sicherheitsanweisungen des Arbeitgebers zu halten und mögliche Gefahren zu melden *(vgl. Soziales Europa, 2/90, S. 32 ff.)*.

Bei den fünf zwischenzeitlich vom Rat verabschiedeten Einzelrichtlinien handelte sich um die:

- RL Nr. 89/654/EWG über Mindestvorschriften für Sicherheit und Gesundheitsschutz in Arbeitsstätten vom 30. November 1989 [EG-ABl. L 393/1];
- RL Nr. 89/655/EWG über Mindestvorschriften für Sicherheit und Gesundheitsschutz bei Benutzung von Arbeitsmitteln durch Arbeitnehmer bei der Arbeit vom 30. November 1989 [EG-ABl. L 393/13];
- RL Nr. 89/656/EWG über Mindestvorschriften für Sicherheit und Gesundheitsschutz bei Benutzung persönlicher Schutzausrüstungen durch Arbeitnehmer bei der Arbeit vom 30. November 1989 [EG-ABl. L 393/18];
- RL Nr. 90/269/EWG über Mindestvorschriften bezüglich der Sicherheit und des Gesundheitsschutzes bei der manuellen Handhabung von Lasten, die für die Arbeitnehmer insbesondere eine Gefährdung der Lendenwirbelsäule mit sich bringt, vom 29. Mai 1990 [EG-ABl. L 156/9];

— RL Nr. 90/270/EWG über die Mindestvorschriften bezüglich der Sicherheit und des Gesundheitsschutzes bei der Arbeit an Bildschirmgeräten vom 29. Mai 1990 [EG-ABl. L 156/14].

Bis Ende 1990 hatte die Kommission zahlreiche weitere Vorschläge für Einzelrichtlinien vorgelegt, darunter Mindestvorschriften zum Schutz der Arbeitnehmer auf **ortsveränderlichen Baustellen** [KOM (90) 275 endg.], zum Zweck einer besseren **medizinischen Versorgung auf Schiffen** [KOM (90) 272 endg.] und von **Schwangeren und Wöchnerinnen am Arbeitsplatz** [KOM (90) 406 endg.] sowie für die **Sicherheits- und Gesundheitsschutzkennzeichnung am Arbeitsplatz** [KOM (90) 664 endg.].

Neben den auf Art. 118 a gestützten Richtlinien sind inzwischen ergänzende Richtlinien auf der Grundlage des Art. 100 a ergangen. Diese Gemeinschaftsvorschriften zielen auf die Festlegung grundlegender Vorschriften zum Schutz allgemeiner Interessen ab, z. B. zum Schutz der Sicherheit der Arbeitnehmer, die bei Herstellung und der Vermarktung von Erzeugnissen zu berücksichtigen sind. Während bei Regelungen nach Art. 118 a die einzelnen Staaten höhere Schutzvorschriften (z. B. kürzere Expositionszeiten) vorsehen können, dürfen sie bei Vorschriften auf der Basis von Art. 100 a keinen noch höheren Schutz verlangen. Beispiele dafür sind die RL Nr. 89/392/EWG vom 14. Juni 1989 zur **Angleichung der Rechtsvorschriften für Maschinen** [EG-ABl. L 183/9] und die RL Nr. 89/686/EWG vom 21. Dezember 1989 zur **Angleichung der Rechtsvorschriften für persönliche Schutzausrüstungen** [EG-ABl. L 399/18].

1. 2. 7 Gleichbehandlung von Männern und Frauen

Ebenfalls Mitte der 70er Jahre neu belebt wurde die Anwendung des Art. 119 EWGV. Obgleich diese Vorschrift ein **subjektives Recht des Arbeitnehmers auf Gleichbehandlung** in bezug auf den Arbeitslohn bei gleicher Arbeit ohne Rücksicht auf das Geschlecht begründete, stellte die EG-Kommission in einem Memorandum 1974 noch erhebliche Vollzugsdefizite fest. Verschiedene Urteile des EuGH ließen zusätzlichen Handlungsbedarf in diesem Bereich entstehen. In einem ersten Schritt verabschiedete der Rat die RL **Nr. 75/117/EWG über die Anwendung des Grundsatzes des gleichen Entgelts für Männer und Frauen** vom 10. Februar 1975 [EG-ABl. L 45/19]. In der Folgezeit wurde der Grundsatz der Gleichbehandlung von Männern und Frauen durch die RL Nr. 76/207/EWG vom 9. Februar 1976 [EG-ABl. L 39/40] auf den Bereich des Zugangs zur Beschäftigung, zur Berufsausbildung, zum beruflichen Aufstieg sowie in bezug auf die Arbeitsbedingungen und durch die RL Nr. 79/7/EWG vom 19. Dezember 1978 [EG-ABl. 1979 L 6/24] auch auf den Bereich der gesetzlichen Systeme der sozialen Sicherheit ausgedehnt.

Die Bedeutung der RL Nr. 75/117/EWG lag zum einen darin, daß sie den Grundsatz des gleichen Entgelts auf gleichwertige Arbeit erweiterte, und zum anderen in der Festlegung des für den Betroffenen vorgeschriebenen Schutzes im Falle der Verletzung des Grundsatzes durch den Arbeitgeber. Enthalten waren ferner Vorschriften zur Aufhebung entgegenstehender Bestimmungen, über Sanktionen sowie Regelungen hinsichtlich der Bekanntgabe der Bestimmungen an die Betroffenen.

Während diese Richtlinie allerdings im wesentlichen nur eine Konkretisierung des Art. 119 EWGV darstellte, brachte die RL Nr. 76/207/EWG eine Erweiterung des gemeinschaftsrechtlichen Gleichbehandlungsgrundsatzes in nicht unerheblichem Umfange. Mit Ausnahme des Bereichs der sozialen Sicherheit umfaßte diese RL sämtliche beruflichen Tätigkeiten, unabhängig davon, ob es sich um abhängige oder selbständige Beschäftigungen oder um Arbeitsverhältnisse in der Privatwirtschaft oder im öffentlichen Dienst handelte. Ausnahmen vom Gleichbehandlungsgrundsatz waren nur noch in wenigen Ausnahmefällen zugelassen. Unzulässig waren insbesondere auch Arbeitsschutzvorschriften, die dem Grundsatz der Gleichbehandlung zuwiderliefen, sofern der Schutzgedanke, aus dem heraus sie einmal entstanden waren, nicht mehr begründet ist. Von Bedeutung war ferner, daß Art. 2 Abs. 1 der RL nicht nur jede unmittelbare, sondern auch jede mittelbare Diskriminierung untersagte. Angesichts des Fehlens einer klaren Definition des Begriffs der »mittelbaren Diskriminierung« ergaben sich allerdings in der Praxis erhebliche Rechtsunsicherheiten, zumal auch die bisher ergangenen Urteile keine abschließende Bewertung zulassen.

Mit der RL Nr. 79/7/EWG schließlich wurde der Gleichbehandlungsgrundsatz für die gesamte Erwerbsbevölkerung sowie die im Ruhestand befindlichen Arbeitnehmer und Selbständigen auf den Bereich der gesetzlichen Sozialversicherungssysteme erweitert. Konkret verbot die RL jede Ungleichbehandlung aufgrund des Geschlechts im Rahmen der gesetzlichen Sozialversicherungssysteme hinsichtlich der Zugangsvoraussetzungen, der Beitragspflicht, der Berechnung der Beiträge und Leistungen sowie der Zuschläge für den Ehegatten und für unterhaltsberechtigte Personen (Ausnahme: Regelungen zum Mutterschutz). In Anbetracht der weitreichenden Auswirkungen dieser RL auf die nationalen Sicherungssysteme wurde den Mitgliedstaaten eine Umsetzungsfrist von sechs Jahren zugestanden.

Auch in den 80er Jahren hat die Kommission ihre Bemühungen fortgesetzt, die **Chancengleichheit der Frauen im Arbeitsleben** zu verbessern. Aufgrund des Beschlusses Nr. 82/43/EWG vom 9. Dezember 1981 [EG-ABl. 1982 L 20/35] wird sie dabei seitdem von einem Beratenden Ausschuß für Chancengleichheit von Frauen und Männern unterstützt. In Ergänzung der drei Richtlinien nahm die Kommission am 9. Dezember 1981 ein neues **Aktionsprogramm zur Förderung der Chancengleichheit für Frauen** an [EG-Bull. Nr.2/1981, Ziff.2.3.7]. Außerdem verabschiedete der Rat am 12. Juli 1982 eine Entschließung zur Förderung der Chancengleichheit der Frauen [EG-ABl. C 186/3].

Ziel des Programms war vor allem, die normativen Gemeinschaftstätigkeiten durch positive Maßnahmen zu ergänzen. Angestrebt wurde zum einen, durch Verwirklichung der Gleichbehandlung die Rechte des einzelnen zu verstärken, und zum anderen, insbesondere durch positive Maßnahmen die Chancengleichheit in der Praxis zu verwirklichen. Während das erste Ziel eine erfolgreiche Anwendung der entsprechenden Rechtsvorschriften erforderte, verlangte die Erreichung des zweiten Zieles u. a. eine bessere Vorbereitung der Frauen auf das Erwerbsleben sowie eine Verbesserung der Lebens- und Arbeitsqualität, vor allem durch eine Änderung der Denkweisen *(vgl. EG-SB 1981, S. 14 f.)*.

Besonderes Augenmerk widmete die Kommission der **Beschäftigungssituation der Frauen**. In einer **Mitteilung zur Frauenarbeitslosigkeit** vom 16. November 1983 [KOM (83) 653 endg.] stellte sie fest, daß der Umfang der Arbeitslosigkeit sowie die im Gange befindlichen Umwälzungen am Arbeitsmarkt die Bemühungen zur **Herstellung von Chancengleichheit** erschwerten.

Vor diesem Hintergrund plädierte die Kommission für eine Reihe besonderer Maßnahmen, wie z. B. die bevorzugte Behandlung von Frauen, Maßnahmen zur Erleichterung der Kinderbetreuung und die Unterstützung bei der Verbesserung der Stellenvermittlung. In einer auf Anregung der Kommission zustande gekommenen Entschließung vom 7. Juni 1984 [EG-ABl. C 161/4] erkannte der Rat an, daß aufgrund der besonderen Merkmale der Frauenarbeitslosigkeit auch spezielle Anstrengungen zur Beseitigung der Hindernisse für die Beschäftigung der Frauen und zur Förderung der Chancengleichheit auf dem Arbeitsmarkt unternommen werden müßten.

Folgerichtig verabschiedete der Rat am 13. Dezember 1984 eine **Empfehlung (84/635/EWG) zur Förderung positiver Maßnahmen für Frauen** [EG-ABl. L 331/34].

Der Empfehlung zufolge sollten zur Herstellung der Chancengleichheit positive Aktionen mit dem Ziel entwickelt werden, die faktischen Ungleichheiten zu beseitigen, um dadurch die Beschäftigungsaussichten der Frauen zu verbessern und die gemischte Beschäftigung zu fördern. Angestrebt wurde z. B., der Benachteiligung der erwerbstätigen und arbeitsuchenden Frauen aufgrund der vorhandenen Einstellungen, Verhaltensmuster und Strukturen, die auf einer herkömmlichen Rollenverteilung in der Gesellschaft zwischen Männern und Frauen basieren, entgegenzuwirken oder auszugleichen. Erreicht werden sollte ferner, die Benachteiligung der Frauen in den verschiedenen Berufen und Bereichen, in denen sie gegenwärtig unterrepräsentiert sind, zu fördern, um zu einer besseren Nutzung aller menschlichen Ressourcen zu gelangen.

Das Auslaufen des Internationalen Jahrzehnts der Frau im Jahre 1985 nahm die Kommission zum Anlaß, ihre Maßnahmen zur konkreten Anwendung der **drei EG-Gleich-**

behandlungsrichtlinien nochmals zu verstärken. Um die Tätigkeiten in diesem Bereich zu präzisieren, auszubauen und an die politische, soziale und kulturelle Entwicklung sowie den technologischen Wandel anzupassen, initiierte die Kommission ein **zweites mittelfristiges Programm zur Förderung der Chancengleichheit der Frauen im Zeitraum 1986–1990** [KOM (85) 801 endg.].

Zur Verwirklichung des Grundsatzes der Chancengleichheit beider Geschlechter in der Praxis legte das Programm die Zuständigkeiten der Beteiligten (gemeinschaftliche, nationale und regionale Stellen sowie Gesellschafts- und Berufsgruppen) fest und wies nachdrücklich auf die Notwendigkeit hin, politische Maßnahmen auf Gemeinschaftsebene verstärkt abzustimmen, um eine Verbesserung der Stellung der Frau zu erreichen. Zu diesem Zweck schlug das Programm sieben Schwerpunktbereiche vor: Verbesserung der Anwendung der bestehenden Vorschriften, Anpassung von Bildung und Unterricht im Bereich der wirtschaftlichen und sozialen Veränderungen, Verbesserung der Beschäftigungslage der Frauen durch Maßnahmen zur Förderung ihrer Beschäftigung, Gemeinschaftsmaßnahmen zugunsten derjenigen Frauen, die besondere Probleme aufweisen (Einelternfamilien, alleinstehende Frauen, ausländische Frauen usw.). Angestrebt wurden durch das Programm ferner die Beseitigung der mittelbaren Diskriminierung von Frauen in der sozialen Sicherheit, die Förderung einer echten beruflichen Gleichstellung durch Teilung der Pflichten in Familie und Beruf sowie die Einleitung systematischer Sensibilisierungsmaßnahmen, um eine positive Entwicklung in den Denkweisen herbeizuführen *(vgl. EG-SB 1985, S.9)*.

Neben den Aktionsprogrammen, denen eher empfehlender Charakter zukam, unternahm die Kommission in den 80er Jahren auch weitere Anstrengungen zur Ausdehnung der Gleichstellungsrichtlinien. Ein Ergebnis waren die RL Nr. 86/378/EWG zur Verwirklichung des Grundsatzes der Gleichbehandlung von Männern und Frauen bei den **betrieblichen Systemen der Sozialen Sicherheit** vom 24. Juli 1986 [EG-ABl. L 225/40] sowie die RL Nr. 86/613/EWG zur Verwirklichung des Grundsatzes der Gleichbehandlung von Männern und Frauen, die eine **selbständige Erwerbstätigkeit** – auch in der Landwirtschaft – ausüben, sowie über den **Mutterschutz** vom 11. Dezember 1986 [EG-ABl. L 359/56].

Die erste Richtlinie erweiterte den Gleichbehandlungsgrundsatz auf den Bereich betrieblicher Sozialversicherungssysteme. Die Richtlinie verpflichtete gem. Art.5 zur Durchführung des Grundsatzes der Gleichbehandlung in bezug auf den Anwendungsbereich und den Zugang zu den betrieblichen Sozialversicherungssystemen, die Beitragspflicht und die Höhe der Beiträge sowie die Höhe der Leistungen einschließlich der Zuschläge im Hinblick auf die familiäre Situation. Die zweite Richtlinie bezweckte eine verstärkte Anerkennung der Mitarbeit von Ehegatten im Familienbetrieb, die in mehreren Mitgliedstaaten weder als selbständige noch als abhängige Arbeit im Rahmen des Sozialversicherungssystems, in bezug auf Vertretungsdienste und hinsichtlich des Mutterschutzes anerkannt wird.

Bereits am 23. Oktober 1987 unterbreitete die Kommission einen Richtlinienvorschlag zur ergänzenden Verwirklichung des Grundsatzes der Gleichbehandlung von Männern und Frauen [KOM (87) 494 endg.].

Nachdem in den früheren Richtlinien des Rates vom 19. 12. 1978 und 24. 7. 1986 (79/7/EWG und 86/378/EWG) [EG-ABl. 1979 L 6/24, EG-ABl. 1986 L 225/40] einige Bereiche vom Gebot der Verwirklichung des Grundsatzes der Gleichbehandlung ausgenommen worden waren, zielte der neue Richtlinienvorschlag darauf ab, die noch ausstehenden Bereiche abschließend in die Gleichbehandlung einzubeziehen. Dabei handelte es sich um gesetzliche und betriebliche Leistungen für Hinterbliebene (überlebende Ehegatten, Waisen und sonstige Hinterbliebene) sowie bestimmte Familienleistungen (Kindergeld und Geburts- und Adoptionsbeihilfen). Neben dem Anliegen, die Gleichbehandlung zu verwirklichen, enthielt der Entwurf auch die Tendenz zur Individualisierung von Ansprüchen, d.h. abgeleitete Sozialleistungsansprüche sollten durch eigene Ansprüche ersetzt werden.

Entsprechend der Ankündigung in ihrem Ende 1989 vorgelegten Aktionsprogramm veröffentlichte die Kommission am 6. November 1990 ihre Mitteilung über ein **drittes Aktionsprogramm der Gemeinschaft zur Chancengleichheit für Frauen und Männer** [KOM (90) 449 endg.].

Einleitend wies die Kommission darauf hin, daß die Politik der Chancengleichheit für Frauen und Männer nicht länger nur als eine politische Maßnahme mit begrenztem Anwendungsbereich betrachtet werden dürfe; vielmehr müsse sie als Bestandteil und eigenständige Dimension der Wirtschafts- und Sozialpolitik sowie der Strukturpolitik der Gemeinschaft angesehen werden. Mit dem 3. Aktionsprogramm, das eine stärker integrierte und umfassendere Aktionsstrategie anbieten soll, werden vor allem folgende *Zielsetzungen* verfolgt:

- den gemeinschaftlichen Besitzstand zu konsolidieren sowie die bisherigen Erfahrungen zu verwerten und daraus Nutzen zu ziehen;
- neue Initiativen zugunsten der Frauen im Bereich der Berufsausbildung und der Beschäftigung zu entwickeln, die sich in den Rahmen der gemeinschaftlichen Politiken und Programme einfügen;
- die partnerschaftlichen Beziehungen und die gegenseitige Ergänzung der von den verschiedenen betroffenen Akteuren (Kommission, Mitgliedstaaten und Sozialpartner) durchgeführten Aktionen zu verstärken.

Die im Rahmen des 3. Aktionsprogramms vorgeschlagenen Maßnahmen sollen sich an folgenden drei Grundsatzthemen orientieren:

1. *Anwendung und Entwicklung des rechtlichen Rahmens:* Sicherstellung der Anwendung und Weiterentwicklung der vorhandenen Rechtsvorschriften; Vertiefung der Beschäftigung mit den spezifischen Konzepten des gleichen Entgelts bei gleicher Arbeit und der mittelbaren Diskriminierung; Anhebung des Niveaus der Information über Rechte und Pflichten.
2. *Integration der Frauen in den Arbeitsmarkt:* Verstärkung der Mitwirkung der Frauen auf dem Arbeitsmarkt durch Entwicklung spezifischer Maßnahmen zugunsten der Beschäftigung von Frauen sowie durch Förderung von weiblichen Unternehmern und von örtlichen Beschäftigungsinitiativen; Verbesserung der Qualität der Beschäftigung von Frauen durch sinnvollere Nutzung ihres Potentials; Abbau von Hindernissen, die dem Zugang der Frauen zu einer Beschäftigung und ihrer Mitwirkung im Berufsleben entgegenstehen (insb. Maßnahmen zur Erleichterung eines Ausgleichs zwischen den Pflichten in Familie und Beruf).
3. *Verbesserung der Stellung der Frauen in der Gesellschaft:* die Sensibilisierungsaktionen zu den spezifischen Zielsetzungen des Aktionsprogramms fortführen und weiterentwickeln und die Information über die Themen der Chancengleichheit verbessern und verbreiten; weiterhin eine sinnvollere Mitwirkung der Frauen in den Medien ermutigen und neuartige Programme entwickeln, die ein positives Bild der Frau vermitteln; Maßnahmen anregen, die die Mitwirkung der Frauen am Entscheidungsprozeß im wirtschaftlichen und sozialen Leben fördern sollen.

Trotz nach wie vor bestehender **Diskriminierungen** und weiterhin vorhandenen **Handlungsbedarfs** läßt sich feststellen, daß „Frauen ... in den letzten 15 Jahren auf der rechtlichen Ebene deutlich von der europäischen Integration profitiert (haben). Vor allem in Fragen des Diskriminierungsabbaus hat das EG-Recht über einen erstaunlich frauenfreundlich entscheidenden EuGH und zunehmend vorlagefreudiger werdende Arbeitsgerichte eine eindeutig progressive Wirkung auf die innerstaatliche Rechtsentwicklung gehabt" *(Raasch, 1990, S.77).*

1.2.8 Bekämpfung der Armut und Maßnahmen zugunsten Behinderter

Ausgehend von der Forderung des Vertrags, möglichst gleiche Lebensbedingungen innerhalb der Gemeinschaft herzustellen, betrachtete die Kommission die **Bekämpfung der Armut** als eine gemeinschaftliche Aufgabe. In verschiedenen Beschlüssen hatte der Rat (Beschluß Nr.75/458/EWG vom 22.7.1975 [EG-ABl. L 199/34]; Beschluß Nr.77/779/EWG vom 12.12.1977 [EG-ABl. L 322/28] und Beschluß Nr.80/1270/EWG vom 22.12.1980 [EG-ABl. L 375/68]) die Kommission mit der Durchführung von **Modellvorhaben** und **Modellstudien** über die Bekämpfung der Armut beauftragt. Im Dezember 1981 legte die Kommission einen Schlußbericht über das **erste Programm zur Bekämpfung der Armut** [KOM (81) 769 endg.] vor, in dem sie sich sowohl auf nationaler wie auf Gemeinschaftsebene für weitergehende Maßnahmen der Armutsbekämpfung aussprach. Dem Bericht zufolge gab es in der Gemeinschaft noch Millionen Armer; hierzu gezählt wurden Personen, deren Einkommen so niedrig war, daß die Betreffenden den Mindestlebensstandard ihrer Länder nicht erreichten.

Auf Vorschlag der Kommission vom 18. Juli 1984 genehmigte der Rat durch Beschluß vom 19. Dezember 1984 für den Zeitraum von 1985–1988 ein **zweites Programm zur Bekämpfung der Armut auf Gemeinschaftsebene** mit einem Budget von insgesamt 25 Mio. ECU. Infolge des Beitritts von Spanien und Portugal kam es am 22.12.1986 zu einem Änderungsbeschluß und zu einer Aufstockung des Budgets um 4 Mio. ECU.

Mit der Genehmigung dieses zweiten Programms erkannte der Rat an, daß das Fortbestehen der Armut und der Instabilität im Beschäftigungsbereich nicht mit den in Art. 2 EWGV definierten Zielen vereinbar ist, wo explizit »eine ausgewogene Wirtschaftsentwicklung und eine größere Stabilität« gefordert werden. Zugleich akzeptierte der Rat, daß zusätzlich zu den arbeitsfördernden und zugleich armutsbekämpfenden Maßnahmen der Gemeinschaft gezielte Maßnahmen zur Bekämpfung der Armut erforderlich sind. Im Rahmen des Programms konnte die Kommission drei Aktionstypen fördern oder finanziell unterstützen: a) verschiedene Aktionsforschungsvorhaben, b) Vorbereitung und Austausch von Informationen, Koordinierung und Evaluierung der Maßnahmen zur Bekämpfung der Armut sowie des Transfers von innovativen Methoden zwischen den Mitgliedstaaten und c) Verarbeitung und regelmäßiger Austausch von vergleichbaren Daten über die Armut. Nach Angaben eines am 28. November 1988 vorgelegten Zwischenberichts [KOM (88) 621 endg.] waren Schätzungen zufolge von den 315 Mio. Einwohnern der Gemeinschaft 44 Mio. verarmt; dies entsprach etwa 14 % der Gesamtbevölkerung. Die Zunahme der Verarmung wurde vor allem auf die gestiegene Arbeitslosigkeit, die Unterbeschäftigung, die Zunahme der ungesicherten und schlechtbezahlten Arbeiten sowie auf die größere Zahl der Einelternfamilien zurückgeführt.

Hinsichtlich der **Behinderten in der Gemeinschaft** hatte der Rat am 27. Juni 1974 [EG-ABl. C 80/30] ein (erstes) **Aktionsprogramm zur beruflichen Wiedereingliederung Behinderter** verabschiedet, das vor allem Beihilfen des Sozialfonds zugunsten der Rehabilitation Behinderter vorsah. Durch eine Entscheidung vom 21. Dezember 1981 [EG-ABl. C 347/1] war dieses Programm durch ein **mittelfristiges Aktionsprogramm zur sozialen Integration der Behinderten** abgelöst worden. Sein Schwerpunkt lag auf den örtlichen Bedürfnissen der Behinderten, wie z. B. der Ausbildung, der Beschäftigung und dem Wohnungsbau.

Hauptziel dieses neuen Aktionsprogramms war es, die gesellschaftliche Eingliederung behinderter Menschen zu erleichtern und die Möglichkeiten der beruflichen (Wieder-)eingliederung behinderter Menschen zu verbessern. Vorgesehen waren insbesondere der Ausbau der Kooperation und des Erfahrungs- und Entwicklungsaustausches, die Entwicklung von Methoden und die Koordination von bestehenden Aktivitäten in den Mitgliedstaaten. Zur Verwirklichung dieser Maßnahmen wurde ein Gemeinschaftsnetz von Rehabilitationszentren mit regelmäßigen Kontakten geschaffen.

Im Anschluß an frühere Entschließungen verabschiedete der Rat am 24. Juli 1986 eine **Empfehlung zur Beschäftigung von Behinderten in der Gemeinschaft** [EG-ABl. L 225/43], die die Mitgliedstaaten aufforderte, geeignete Maßnahmen zu ergreifen, um eine angemessene Behandlung der Behinderten im Bereich der Beschäftigung und der Berufsausbildung zu gewährleisten und zu diesem Zweck ihre Politik zugunsten der Behinderten fortzusetzen und, sofern erforderlich, zu intensivieren und zu überprüfen.

In Fortsetzung der Gemeinschaftspolitik zugunsten Behinderter beschloß der Rat am 18. April 1988 für den Zeitraum 1988 bis 1991 ein **weiteres Aktionsprogramm** mit der Bezeichnung **HELIOS** (Handicapped People in the European Community living Independently in an Open Society).

Das HELIOS-Programm zielt in erster Linie auf die wirtschaftliche, d. h. die berufliche und die soziale Integration sowie auf die Förderung einer selbständigen Lebensführung der behinderten Menschen ab. Im Mittelpunkt der Aktivitäten stehen die Bedürfnisse behinderter Menschen auf lokaler Ebene. Die bestehenden nationalen Maßnahmen sollen durch einen regen Erfahrungsaustausch und eine bessere Koordination auf europäischer Ebene vervollständigt und zu optimalen Ergebnissen geführt werden. Einen wesentlichen Bestandteil des Programms bildet das von der Kommission in Zusammenarbeit mit den Mitgliedstaaten entwickelte computergestützte Informationssystem HANDYNAT; im Endstadium soll dieses System Informationen über sämtliche Bereiche der sozialen und beruflichen Integration Behinderter für alle Interessenten in den EG-Amtssprachen zur Verfügung stellen *(vgl. Wehrens, 1990, S. 43 ff.)*.

1.2.9 Freizügigkeit, Wanderarbeitnehmer und Ausbau der sozialen Sicherheit

Die Frage der Wanderarbeitnehmer, die die Gemeinschaft in den 60er Jahren in starkem Maße beschäftigt hatte, war Anfang der 70er Jahre zunächst etwas in den Hintergrund getreten. Erst die ab 1974 einsetzende Beschäftigungskrise, die insbesondere unter ausländischen Arbeitnehmern zu starker Arbeitslosigkeit führte und zahlreiche Mitgliedstaaten veranlaßte, eine restriktivere Politik gegenüber Ausländern zu ergreifen, bewog die Kommission, sich verstärkt den **sozialen Problemen der Wanderarbeitnehmer** zu widmen.

Um den zahlreichen Problemen, mit denen nahezu alle Mitgliedstaaten konfrontiert waren, zu begegnen, legte die Kommission am 18. Dezember 1974 ein **Aktionsprogramm zugunsten der Wanderarbeitnehmer und ihrer Familienangehörigen** vor, das den Rat dazu veranlaßte, am 9. Februar 1976 eine entsprechende Entschließung zu verabschieden [EG-ABl. 1974 C 34/2; EG-Bull., Beilage 3/76].

Zur Durchführung des Aktionsprogramms übermittelte die Kommission dem Rat am 4. November 1976 einen Richtlinienvorschlag über die Angleichung der Rechtsvorschriften der Mitgliedstaaten zur Bekämpfung der illegalen Zuwanderung und der illegalen Beschäftigung [EG-ABl. C 277/2]. Sowohl der Beratende Ausschuß für Freizügigkeit wie die Kommission stellten darüber hinaus Überlegungen hinsichtlich einer Konzertierung der Wanderungspolitik gegenüber Drittländern an. Dem Rat legte die Kommission am 23. März 1979 eine Mitteilung über die Abstimmung der Wanderungspolitik der Mitgliedstaaten vor. Auf seiner Tagung am 22. November 1979 erklärte der Rat, daß er einer angemessenen Abstimmung, die es den Mitgliedstaaten erleichtern soll, gemeinsame Standpunkte einzunehmen, große Bedeutung beimesse.

Ein wichtiger Schritt zur Verbesserung der Lage der Wanderarbeitnehmer und ihrer Familien bildete ferner die **Richtlinie über die schulische Betreuung der Kinder von Wanderarbeitnehmern vom 25. Juli 1977** [EG-ABl. L 199/32]. Ausgehend von der Entschließung des Europäischen Parlaments vom 18. November 1983 zum Problem der Wanderarbeitnehmer [EG-ABl. C 342/139] sowie den Schlußfolgerungen des Ministerrates vom 22. Juni 1984 hinsichtlich eines mittelfristigen sozialen Aktionsprogrammes [EG-ABl. C 175/1] präsentierte die Kommission am 1. März 1985 **Leitlinien für eine Wanderungspolitik der Gemeinschaft** [KOM (85) 48 endg.].

Die Kommission unterstrich darin die politische Notwendigkeit, die Maßnahmen der Gemeinschaft zur Förderung der sozialen und kulturellen Integration der Wanderarbeitnehmer zu verstärken. Angesichts des tiefgreifenden Wandels der wirtschaftlichen und sozialen Bedingungen vertrat sie die Auffassung, daß eine Wanderungspolitik auf Gemeinschaftsebene allmählich zu einem festen Bestandteil eines Europas der Bürger werden müsse. Für die Ausgestaltung einer derartigen Wanderungspolitik unterschied die Kommission drei große Interventionsbereiche: a) Verbesserung der gemeinschaftlichen Rechtsvorschriften und aller damit zusammenhängenden Maßnahmen zugunsten von Zuwanderern aus Mitgliedstaaten (einschl. der Zuerkennung politischer Rechte); b) die Abstimmung der einzelstaatlichen Wanderungspolitik mit den anderen Staaten, insbesondere in bezug auf die Zuwanderer aus Drittländern; c) Verbesserung der Unterrichtung sowohl der Bevölkerung des Gastlandes als auch der Zuwanderergemeinschaften, um die Eingliederung der Zuwanderer zu erleichtern.

Die Leitlinien für eine Wanderungspolitik der Gemeinschaft waren auch Gegenstand einer Entschließung des Rates vom 16. Juli 1985 [EG-ABl. C 186/3]. Hierauf gestützt erging am 8. Juli 1985 die Entscheidung 85/381/EWG der Kommission zur Einführung eines **Mitteilungs- und Abstimmungsverfahrens über die Wanderungspolitik gegenüber Drittländern** [EG-ABl. L 217/25]. Die Entscheidung, mit der die Mitgliedstaaten zu einer verbindlichen Abstimmung ihrer Wanderungspolitik verpflichtet werden sollten, wurde von zahlreichen Mitgliedstaaten im Wege der Klage vor dem EuGH angefochten. Bei aller Bereitschaft zu einer stärkeren Zusammenarbeit lehnten es die Mitgliedstaaten ab, irgendwelche Kompetenzen hinsichtlich ihrer Zuständigkeit für Arbeitnehmer aus Drittstaaten abzugeben.

Bei aller politischen Einsicht in die Notwendigkeit einer gemeinschaftlichen Wanderungspolitik sind Fortschritte in diesem Bereich nach wie vor außerordentlich schwierig zu erzielen. Obwohl die Staats- und Regierungschefs schon auf ihrer Pariser Gipfelkonferenz vom 9./10. Dezember 1974 empfohlen hatten, den Bürgern der Mitgliedstaaten besondere Rechte als Angehörige der Gemeinschaft zuzuerkennen, blieben die **gemeinschaftsweite Freizügigkeit** und das **Aufenthaltsrecht** auf bestimmte Personengruppen, insbesondere Arbeitnehmer und Selbständige mit ihren Familienangehörigen, beschränkt. Einer Entschließung des Europäischen Parlaments vom 11. November 1977 zufolge sollte hierzu u. a. ein allgemeines Aufenthaltsrecht gehören. In diesem Sinne legte die Kommission am 31. Juli 1979 einen Richtlinienvorschlag über das **Aufenthaltsrecht der Staatsangehörigen der Mitgliedstaaten im Hoheitsgebiet eines anderen Mitgliedstaates** [EG-ABl. C 207/14 v. 17.8.1979] vor.

Zweck des Richtlinienvorschlages war es, zur Abrundung der einschlägigen gemeinschaftsrechtlichen Vorschriften das Aufenthaltsrecht jedem europäischen Bürger einzuräumen, dem dieses Recht noch nicht aufgrund des geltenden Gemeinschaftsrechts zustand. Trotz mehrfacher Änderungen [EG-ABl. 1980, C 188/7, 1980, C 292/3, 1985, C 171/8] mußte die Kommission nach zehnjährigen Diskussionen feststellen, daß eine Einigung unter den Mitgliedstaaten nicht zu erzielen war, obgleich der Ad-hoc-Ausschuß »Europa der Bürger« (Adonnino-Ausschuß) in seinem 1985 vorgelegten Bericht das Aufenthaltsrecht als wesentlich eingestuft und auch der Europäische Rat auf seiner Tagung am 26./27. Juni 1986 verlangt hatte, die Arbeit auf dem Gebiet des Aufenthaltsrechts voranzutreiben.

Die Bemühungen um die Schaffung des europäischen Binnenmarktes haben inzwischen die Notwendigkeit, für alle Angehörigen der Gemeinschaft ein Aufenthaltsrecht einzuführen, besonders dringlich gemacht. Es erschien zunehmend als widersprüchlich, einen Raum ohne Binnengrenzen herzustellen, in denen der freie Verkehr von Gütern gewährleistet ist, den Gemeinschaftsbürgern jedoch das Recht vorenthalten werden soll, sich am Ort ihrer Wahl in der Gemeinschaft aufzuhalten. Einer Empfehlung des Rates folgend, zog die Kommission ihren aus dem Jahre 1979 stammenden Vorschlag im Mai 1989 zurück und legte mit demselben Regelungsziel am 26. Juni 1989 drei Richtlinienvorschläge über das Aufenthaltsrecht der **Studenten**, der **Rentner** und der **selbständigen Erwerbstätigen** vor [KOM (89) 275 endg.].

Nicht zuletzt vor dem Hintergrund der politischen und ökonomischen Entwicklung in Osteuropa und einem daraus möglicherweise resultierenden Zuwanderungsdruck auf die EG, aber auch angesichts eines dramatischen Bevölkerungswachstums in den Magrebstaaten, beschäftigt sich die EG-Kommission seit Ende der 80er Jahre verstärkt mit der Frage einer **gemeinsamen Wanderungspolitik gegenüber Drittstaaten**.

In einem von der Gruppe der Koordinatoren »Freizügigkeit« für den Rat erarbeiteten Papier vom 7.11.1990 wurde festgestellt, daß die Mitgliedstaaten ungeachtet der Unterschiede in ihrer Bevölkerungsstruktur oder ihren Beziehungen zu den Drittländern künftig mit einem starken Einwanderungsdruck aus nichteuropäischen Ländern und aus den Ländern Mittel- und Osteuropas konfrontiert seien. Die Mitgliedstaaten seien sich einig, daß dieser Einwanderungsdruck bewältigt werden müsse, darüber hinaus aber auch die Integration der Staatsangehörigen von Drittländern, die sich rechtmäßig innerhalb der EG aufhalten, erleichtert werden sollte. Diese Integration hänge entscheidend von der Möglichkeit ab, den Zugewanderten Arbeitsplätze anzubieten und ihnen und ihren Familien gleichzeitig gute Lebensbedingungen zu gewährleisten. Grundsätzlich wurde jedoch an der Auffassung festgehalten, daß für eine kontrollierte Einwanderungspolitik zunächst einmal die Mitgliedstaaten zuständig seien. Während langfristig eine stärkere Harmonisierung angestrebt werden könne, sei kurzfristig lediglich eine bessere Koordinierung möglich. Neben einem erweiterten Informationsaustausch wird an eine gemeinsame Visumpolitik zur Kontrolle der Außengrenzen der EG gedacht sowie an eine intensivere Zusammenarbeit bei der Bekämpfung der illegalen Einwanderung.

Einem Auftrag der Ratstagung vom 8. / 9. Dezember 1989 folgend, ließ die Kommission zur weiteren Behandlung dieser Frage inzwischen von Sachverständigen einen Bericht über **Wanderungspolitiken und soziale Eingliederung der Zuwanderer in der EG** erarbeiten [SEK (90) 1813 endg. v. 28. 9. 1990].

1.3 Bemühungen um die Schaffung eines europäischen Sozialraumes

Ungeachtet der im EWG-Vertrag enthaltenen sozialpolitischen Postulate und der verschiedenen Aktivitäten der EG-Kommission im Sozialbereich im Anschluß an das Aktionsprogramm von 1974 waren Anfang der 80er Jahre kaum **Konturen einer europäischen Sozialpolitik** erkennbar. Im Zuge der Anfang der 80er Jahre sichtbar werdenden Bemühungen, die Stagnation im Integrationsprozeß zu überwinden, brachte die französische Präsidentschaft in einem im Oktober 1981 vorgelegten Memorandum über die Fortentwicklung der Gemeinschaft [EG-Bull. 11-1981, 3.5.1 B Pkt. 1-3] den Gedanken an einen **Europäischen Sozialraum** in die Diskussion ein. In diesem Zusammenhang wurden folgende drei Hauptziele aufgestellt:

- Beschäftigung im Mittelpunkt der Sozialpolitik der Gemeinschaft: Einrichtung einer gemeinschaftlichen »Auswertungsstelle für Beschäftigungspolitik«, in der die Sozialpartner vertreten sein sollten; Stärkung des Europäischen Sozialfonds; Förderung der örtlichen Beschäftigungsinitiativen; Ausbau der Gemeinschaftsinstrumente zur Anpassung und Verkürzung der Arbeitszeit und Förderung der Ausbildung, der Umschulung und der Umstellung auf die neuen Technologien;
- Intensivierung des sozialen Gesprächs: Verbesserung und Harmonisierung der Verfahren zur Unterrichtung und Anhörung der Arbeitnehmer;
- Bessere Zusammenarbeit und Abstimmung in Fragen der sozialen Sicherung: Aufstellung eines europäischen Sozialbudgets (gemeinschaftlicher Vergleichsmaßstab für nationale Initiativen) zusammen mit den Sozialpartnern.

Der Rat, der das Memorandum bereits auf seiner Tagung am 8. 12. 1981 prüfte, erklärte in seinen **Schlußfolgerungen** vom 22. 6. 1984 allerdings lediglich, daß »die Gemeinschaft ... ihren wirtschaftlichen Zusammenhalt gegenüber der internationalen Konkurrenz nur festigen (könne), wenn sie gleichzeitig ihren Zusammenhalt im sozialen Bereich« verstärke. Daher müsse die Sozialpolitik auf Gemeinschaftsebene ebenso ausgebaut werden wie die Wirtschafts-, Währungs- und Industriepolitik. Gleichzeitig betonte der Rat: »Die Unterschiede zwischen den sozialen Einrichtungen und den Sozialpolitiken schließen nicht aus, daß gemeinsame Maßnahmen zur schrittweisen Errichtung eines europäischen Sozialraumes getroffen werden« [EG-ABl. C 175/1].

Parallel zu diesen ersten Überlegungen zur Schaffung und Gestaltung eines europäischen Sozialraumes waren seit Anfang der 80er Jahre noch deutlichere Aktivitäten zu beobachten, einen **gemeinsamen Wirtschaftsraum** zu schaffen. Hintergrund dieser vor allem von EG-Institutionen und -gremien ausgehenden Bemühungen war zweifellos die Verhinderung einer Desintegration, die um so wahrscheinlicher erschien, je stärker die einzelnen Staaten mit gravierenden nationalen Wirtschafts- und Arbeitsmarktproblemen konfrontiert waren. Den Höhepunkt dieser Aktivitäten bildete das von der Kommission am 14. Juni 1985 dem EG-Ministerrat übermittelte **Weißbuch zur Vollendung des Binnenmark-**

tes, in dem neben einer Bestandsaufnahme des Gemeinsamen Marktes insbesondere jene Hemmnisse aufgezeigt wurden, die nach wie vor die freie Bewegung von Gütern, Diensten, Kapital und Personen behinderten *(vgl. Ullmann/Walwai/Werner, 1990, S.26)*.

Die Kommission unterschied bei ihren Vorschlägen zwischen materiellen, technischen und steuerlichen Schranken, die es zu beseitigen gelte. U. a. verlangte die Kommission den Abbau der Grenzkontrollen, die Aufhebung der technischen und steuerlichen Hemmnisse sowie die Erleichterung der Rechtsangleichung durch ein Abrücken vom Erfordernis der Einstimmigkeit. Nach den Vorstellungen der Kommission sollten die vorgeschlagenen Maßnahmen bis Ende 1992 verwirklicht werden. Als Instrumente zur Erreichung dieses Ziels definierte die Kommission einen Katalog von rd. 300 legislativen Akten (zumeist EG-Richtlinien), die der Rat bis zu diesem Zeitpunkt beschließen sollte [KOM (85) 310 endg.].

Die Verwirklichung des von der Kommission vorgelegten **Gemeinschaftsprogramms** erforderte eine **Erweiterung der Kompetenzen** der europäischen Institutionen sowie eine größere **Flexibilität des Beschlußbildungsprozesses**. Bemerkenswert war, daß das Weißbuch keinerlei Aussagen zur sozialen Dimension des Binnenmarktes enthielt. Dabei hatte die EG-Kommission noch in ihrem Arbeitsprogramm für 1985 erklärt, daß die Verwirklichung eines großen Marktes mit der Schaffung und Gestaltung des europäischen Sozialraumes einhergehen müsse.

Die Kommission vertrat die Ansicht, daß die positiven Auswirkungen des großen Marktes verloren gehen würden, „wenn einige Mitgliedstaaten versuchen sollten, sich gegenüber anderen Wettbewerbsvorteile um den Preis eines sozialen Rückschritts zu verschaffen. ... Ein europäischer Sozialraum sollte also soziale Dumpingpraktiken verhindern, die sich nachteilig auf die Gesamtbeschäftigung auswirken. Durch die Angleichung der Lebens-, Ausbildungs- und Arbeitsbedingungen wird es ein solcher Sozialraum ermöglichen, die berufliche Mobilität zu verbessern und die Effizienz des Arbeitsmarktes zu erhöhen ... Die Tarifpolitik, die Verhandlungen zwischen Arbeitgeber- und Arbeitnehmerverbänden sind eine der Grundlagen der neuen Struktur" [EG-Bull., Beilage 4/85, Pkt. 56]. Ebenso wie in den Aktionsprogrammen für 1986 und 1987 fehlten jedoch konkrete Aussagen darüber, welche größeren sozialpolitischen Initiativen die Kommission zu ergreifen beabsichtigte. Das Programm für 1986 betonte lediglich ein weiteres Mal die Notwendigkeit des »wirtschaftlichen und sozialen Zusammenhalts«.

Obgleich der Wirtschafts- und Sozialausschuß in seiner Ende 1985 vorgelegten Stellungnahme zum Weißbuch hervorgehoben hatte, daß es »keine konkreten und zeitlich abgestimmten Vorstellungen über ein Aktionsprogramm zur Gestaltung und Verwirklichung einer europäischen Dimension im Sozialbereich« [EG-ABl. C 344/16] enthalte, und ähnlich kritische Anmerkungen auch durch das Europäische Parlament erfolgt waren, billigten die EG-Staats- und Regierungschefs am 28./29. Juni 1985 in Mailand die Leitlinien des Weißbuches. Die zugleich beschlossene Einsetzung einer **Regierungskonferenz zur Ausarbeitung einer Reformakte** führten schließlich zu der am 2./3. Dezember 1985 vom Europäischen Rat angenommenen **Einheitlichen Europäischen Akte** (EEA) [EG-Bull. 11-1985, S.9 ff., 12-1985, S.12 ff.]. Die EEA, die die vertraglichen Rechtsgrundlagen für die Vollendung des Binnenmarktes schaffen sollte, wurde am 17. Februar 1986 von neun, am darauffolgenden Tag von den übrigen drei Mitgliedstaaten unterzeichnet. Nach Ratifizierung durch die nationalen Parlamente trat die EEA am 1. Juli 1987 in Kraft.

Inwieweit die EEA das vorhandene sozialpolitische Instrumentarium der Gemeinschaft verändert hat, ist umstritten. Während die einen die Neuregelungen als bedeutende Fortschritte werten, zeigten sich andere von den Entscheidungen eher enttäuscht. Aus sozialpolitischer Sicht bedeutsam waren vor allem die neu eingeführten Art. 100 a und 118 a, die das Abstimmungsverfahren der qualifizierten Mehrheit vorsahen, sowie der Art. 118 b, der den Dialog zwischen den Sozialpartnern auf europäischer Ebene fördern sollte. Der neu eingefügte Art. 100 a, der eine Rechtsangleichung durch Mehrheitsbeschluß ermöglichte, galt allerdings ausdrücklich nicht für »Bestimmungen über die Rechte und Interessen der Arbeitnehmer«; hier mußte weiterhin auf die das Einstimmigkeitsprinzip verlangenden Art. 100, 235 zurückgegriffen werden. Eine Ausnahme bildete dagegen der Art. 118 b, der es dem Rat erlaubt, mit qualifizierter Mehrheit Mindestvorschriften zu erlassen, um die Verbesserung »insbesondere der Arbeitsumwelt zu fördern und so die Sicherheit und Gesundheit der Arbeitnehmer zu schützen«.

Die mit der Schaffung des Binnenmarktes einhergehende Gefahr eines **Sozialkostenwettbewerbs** *(vgl. Däubler, 1990 a, S.641)* sowie der im Zuge der Herstellung des freien Waren- und Kapitalverkehrs denkbare Verlust von sozialen Rechten der Bürger verstärkten in der zweiten Hälfte der 80er Jahre Forderungen nach einer deutlichen **Konkretisierung der sozialen Dimension des europäischen Binnenmarktes**. Vor allem seit Mitte 1988 mehrten sich Stimmen, die sich für die Verabschiedung einer **EG-Sozialcharta** aussprachen. Dies galt insbesondere für die im **Europäischen Gewerkschaftsbund** zusammengeschlossenen Gewerkschaften, aber auch für die meisten Arbeitgeberverbände.

Der **sozialpolitische Aspekt**, der im Zuge der Binnenmarkt-Diskussion zunächst vernachlässigt worden war, wurde erst wieder unter der deutschen EG-Präsidentschaft im ersten Halbjahr 1988 zu einem **Schwerpunkt der Gemeinschaftspolitik**. In der am 28.6. 1988 in Hannover angenommenen Erklärung betonte der Rat »die Bedeutung der sozialen Aspekte« auf dem Weg zur Verwirklichung der Ziele für 1992. Ausdrücklich verlangte er, den Binnenmarkt so zu konzipieren, daß er der gesamten Bevölkerung der Gemeinschaft zugute kommt *(vgl. auch Steinkühler, 1989; Mosley/Auer, 1989, S.3f.; Brok, 1988; Paque, 1989, S.112ff.; Busch, 1989; Breit, 1988 a, 1988 b; Knigge, 1989, S.17ff.; Kaeding, 1989, S.15ff.; Clever, 1989, S.18ff.; Görgens, 1990)*.

Die Impulse des Rates aufgreifend, legte die Kommission im September 1988 das Dokument **Soziale Dimension des Binnenmarktes** [SEK (88) 1148 endg.] vor, in dem die ihrer Ansicht nach erforderlichen sozialpolitischen Vorhaben aufgelistet und ein erster programmatischer Rahmen für eine gemeinschaftliche Sozialpolitik entworfen wurden. Nachdrücklich plädierte die Kommission zugunsten einer aktiven Sozialpolitik, um u.a. zu verhindern, daß es in Anbetracht der ohnehin vorhandenen beträchtlichen Entwicklungsunterschiede in einem großen Wirtschaftsraum zu einer noch stärkeren Polarisierung und Auseinanderentwicklung kommt. Anfang 1989 schließlich konkretisierten sich Überlegungen, die wesentlichen sozialen Rechte und Grundsätze, die die Grundlage der zukünftigen gemeinschaftlichen Sozialpolitik bilden sollten, in einer **Charta** festzuschreiben. Einen ersten Vorentwurf hierzu übermittelte die Kommission am 30. Mai 1989 dem Rat [KOM (89) 248 endg.].

Zur Enttäuschung der Bundesregierung wie der Gewerkschaften sah dieser Kommissionsentwurf allerdings nicht die Verabschiedung verbindlicher Rechte vor, sondern beschränkte sich auf eine feierliche Deklaration. Demgegenüber verlangten die Bundesregierung und die deutschen Sozialpartner ebenso wie das Europäische Parlament (vgl. Entschließungen vom 22.11.1989 [EG-ABl. C 323/44] und vom 15.2.1990 [EG-ABl. C 68/155]) die Formulierung konkreter sozialer Mindestnormen, die in keinem Mitgliedstaat unterschritten werden durften. In einem mit den Gewerkschaften und den Arbeitgebern abgestimmten Neun-Punkte-Katalog hatte die Bundesregierung die Gewährleistung konkreter Arbeitnehmerrechte gefordert (z. B. Festlegung des Jahresurlaubs, Lohnfortzahlung an Feiertagen und im Krankheitsfalle etc.).

Obschon praktisch von vornherein auf die Festlegung bindender und einklagbarer Rechte verzichtet worden war, bedurfte es sehr langwieriger Verhandlungen, bis sich die Staats- und Regierungschefs schließlich auf die am 9. Dezember 1989 auf der Ratstagung in Straßburg zumindest von 11 Mitgliedstaaten (Großbritannien lehnte die Charta ab) feierlich angenommene **Gemeinschaftscharta der sozialen Grundrechte** einigten. Die Charta enthält eine Auflistung von 26 politischen, rechtlich jedoch nicht verbindlichen Forderungen und Verpflichtungen. Im einzelnen sind dies:

- das Recht auf Freizügigkeit für Arbeitnehmer, Gleichbehandlung bei den Lebens- und Arbeitsbedingungen, Harmonisierung von Aufenthaltsbedingungen und Familienzusammenführung, Verbesserungen für Grenzarbeitnehmer, Gleichbehandlung beim Sozialversicherungsschutz;
- das Recht auf angemessene Bezahlung und ausreichenden Pfändungsschutz, freie Berufswahl und Berufsausübung und unentgeltliche Vermittlungsdienste;
- die Verbesserung der Lebens- und Arbeitsbedingungen durch Angleichung der Arbeitszeiten und Arbeitsgestaltung, der besonderen Arbeitszeitformen abweichend vom unbefristeten Vollarbeitszeitverhältnis; das Recht auf bezahlten Jahresurlaub und wöchentliche Ruhezeit;
- das Recht auf angemessenen sozialen Schutz und Sozialhilfe;
- das Recht auf Koalitionsfreiheit und Tarifverhandlungen einschließlich Streik und Aussperrung, den Ausbau des sozialen Dialogs;
- das Recht auf Berufsausbildung und gleichen Zugang hierzu für alle EG-Bürger, die Schaffung von Voraussetzungen für Weiterbildung einschließlich Bildungsurlaub;
- das Recht auf Gleichbehandlung von Männern und Frauen, Verstärkung der Chancengleichheit insbesondere beim Arbeitsentgelt;
- das Recht auf Unterrichtung, Anhörung und Mitwirkung von Arbeitnehmern (insb. in Unternehmen mit Niederlassungen in mehreren Ländern der Gemeinschaft) bei Entscheidungen über technologischen Wandel, Umstrukturierungen und im Falle von Grenzarbeitnehmern;
- das Recht auf Gesundheitsschutz und Sicherheit am Arbeitsplatz;
- die Sicherstellung von Kinder- und Jugendschutz, Kinderarbeitsverbot für Jugendliche unter 15 Jahren, gerechtes Arbeitsentgelt, Möglichkeit für zusätzliche Berufsausbildung, Höchstarbeitszeit, Verbot der Nachtarbeit;
- die Garantie eines Mindesteinkommens und des sozialen Schutzes für ältere Menschen;
- die möglichst vollständige Eingliederung der Behinderten in das Erwerbsleben.

Unter Rückgriff auf das ihr zustehende Initiativrecht versuchte die Kommission, die nur sehr unverbindlichen Absichtserklärungen der Gemeinschaftscharta in einem bereits am 29. November 1989 vorgelegten **Aktionsprogramm zur Anwendung der Gemeinschaftscharta der sozialen Grundrechte** [KOM (89) 568 endg.] zu konkretisieren.

Das Aktionsprogramm war als ein Zwischenschritt zur Umsetzung der Gemeinschaftscharta anzusehen. Es enthielt jedoch noch keine ausformulierten Vorschläge für soziale Mindeststandards oder andere neue Initiativen. Insgesamt kündigte die Kommission darin 46 Einzelvorschläge zu nahezu sämtlichen Bereichen der Sozialpolitik an. Davon sollten 20 Vorschläge zu rechtsverbindlichen Regelungen (Richtlinien oder Verordnungen) führen; hierunter befanden sich 10 Arbeitsschutzvorhaben sowie 5 Initiativen zur Änderung bestehender EG-Verordnungen bzw. Neuauflagen steckengebliebener Vorschläge. Wirklich neu waren lediglich fünf Vorhaben, u. a. eine Richtlinie zur Arbeitszeit, eine Richtlinie über »atypische« Arbeitsverhältnisse, eine Richtlinie zum Schutz schwangerer Frauen am Arbeitsplatz, eine Richtlinie zum Jugendschutz sowie eine Richtlinie zur Verbesserung des Behindertentransports. Im übrigen bestand das Aktionsprogramm aus Empfehlungen, Aktionsprogrammen (in der Regel Verlängerungen bereits bestehender Programme) sowie sog. Gemeinschaftsinstrumenten. Vor allem von den nationalen Regierungen wurde das ausdrückliche Bekenntnis der Kommission zum Subsidiaritätsprinzip begrüßt. Deutlich sichtbar war, daß sich die Kommission bei ihren Vorschlägen auf Maßnahmen konzentrierte, die konsensfähig erschienen. Die Kommission versprach, ihre Vorschläge bis spätestens Ende 1992 vorlegen zu wollen. Gleichzeitig sollte sich der Rat verpflichten, eine Entscheidung darüber spätestens zwei Jahre danach zu treffen.

Ende 1990, zu einem Zeitpunkt, als die Kommission gerade die ersten im Aktionsprogramm angekündigten Richtlinienvorschläge vorgelegt hatte, ließ sich noch nicht absehen, in welchem Umfange eine Verwirklichung des Aktionsprogramms tatsächlich gelingen wird. Einigermaßen sicher schien lediglich, daß die vom Europäischen Parlament gewünschte Umsetzung bis zur Herstellung des Europäischen Binnenmarktes Ende 1992 nicht möglich sein wird [vgl. EP-DOK. A 3–175/90 vom 4.7.1990]. Außerdem zeichnete sich bereits zu Beginn der Beratungen ab, daß in zahlreichen sozialpolitischen Fragen sowohl zwischen den einzelnen Mitgliedstaaten, vor allem aber zwischen dem Rat und dem Europäischen Parlament, **kaum überbrückbare Meinungsunterschiede** fortbestehen.

2. Sozialpolitische Aktivitäten des Europarates

Der mit Unterzeichnung der Satzung am 5. Mai 1949 [BGBl. 1950, S.263] von 10 europäischen Staaten gegründete **Europarat** war zwar das erste sichtbare Ergebnis der nach dem Zweiten Weltkrieg sich bemerkbar machenden europäischen Einigungsbewegung, hat jedoch insbesondere für die Mitgliedstaaten der EG sukzessive an Bedeutung eingebüßt, zumal seine Kompetenzen sehr beschränkt blieben. Neben der Bundesrepublik, die am 2. 5. 1951 Vollmitglied geworden war, gehören ihm heute 23 Staaten an. Die wichtigsten Organe bilden das Ministerkomitee und die sog. Beratende Versammlung *(vgl. Carstens, 1956; Institut für Europäische Politik, 1974)*.

Die in Art. 1 der Satzung beschriebene Aufgabenstellung war sehr allgemein gehalten und reichte vom Schutz und der Förderung der «Ideale und Grundsätze«, die das gemeinsame Erbe der Mitgliedstaaten bilden, bis zur Förderung des »wirtschaftlichen und sozialen Fortschritts«. Ungeachtet der beschränkten Kompetenzen ist im Laufe der Zeit durch den Europarat eine Reihe von Instrumenten entstanden, die die Mitgliedstaaten völkerrechtlich verpflichten, aber auch für einzelne Personen konkrete Ansprüche begründen.

Aus sozialpolitischer Sicht bedeutsam sind insbesondere die folgenden Übereinkommen des Europarates:

- **Europäische Menschenrechtskonvention** vom 4. November 1950 [BGBl.II 1952, S.685, 953];
- **Europäisches Fürsorgeabkommen** vom 11. Dezember 1953 [BGBl.II 1956, S.563];
- **Europäisches Niederlassungsabkommen** vom 13. Dezember 1955 [BGBl.II 1959, S.997];
- **Europäische Sozialcharta** vom 18. Oktober 1961 [BGBl.II 1964, S.1261];
- **Europäische Ordnung der Sozialen Sicherheit** vom 16. April 1964 [BGBl.II 1970, S.909].

Das **Europäische Fürsorgeabkommen** von 1953 sah vor, daß Leistungen der Sozialhilfe und der Gesundheitsfürsorge auch Staatsangehörigen anderer Mitgliedstaaten zu gewähren waren, die sich legal auf dem Gebiet des Mitgliedstaates aufhielten. Dabei war es unerheblich, ob eine zunächst vorhandene Aufenthaltserlaubnis wegen der »Nachlässigkeit« des Betroffenen nicht verlängert worden war. Ferner bestimmte das Abkommen, daß Angehörige der Mitgliedstaaten, die sich mindestens 5 Jahre legal in einem Mitgliedstaat aufgehalten haben, nicht allein wegen der Inanspruchnahme von Sozialhilfeleistungen »zurückgeschafft« werden durften.

Das **Europäische Niederlassungsabkommen** von 1955 garantierte unter gewissen Voraussetzungen für die Bürger der Mitgliedstaaten Freizügigkeit und beschränkte die Ausweisungsmöglichkeiten. Ausländern wurde nach Art. 10 ff. das Recht zur freien (selbständigen oder unselbständigen) Erwerbstätigkeit eingeräumt. Außerdem sah Art. 17 eine Gleichbehandlung der Angehörigen anderer Mitgliedstaaten bei Arbeitsentgelt und allgemeinen Arbeitsbedingungen vor.

Als grundlegendes Vertragswerk des Europarates auf dem Gebiet der Sozialpolitik ist die am 26. 2. 1965 in Kraft getretene **Europäische Sozialcharta** anzusehen. Sie sollte wichtige sozialpolitische Forderungen als gemeinsame Ziele der Mitgliedstaaten herausstellen. Allerdings begründete die Charta kein unmittelbar geltendes Recht, sondern lediglich zwischenstaatliche Verpflichtungen der Vertragsparteien. Inzwischen wurde die Charta von 15 Staaten einschließlich der Bundesrepublik ratifiziert.

Zu den wichtigsten Grundsätzen der Sozialcharta gehören das Recht auf Arbeit, gerechte, sichere und gesunde Arbeitsbedingungen und gerechtes Entgelt, Berufsberatung und berufliche Ausbildung, Schutz der Gesundheit, soziale Sicherheit und Fürsorge sowie Inanspruchnahme sozialer Dienste. Des weiteren gewährleistet sie das Recht der körperlich, geistig und seelisch Behinderten auf berufliche Ausbildung sowie auf berufliche und soziale Eingliederung oder Wiedereingliederung, den Familienschutz und das Recht der Wanderarbeitnehmer und ihrer Familienangehörigen auf Schutz und Beistand. Mit der Ratifizierung verpflichteten sich die Staaten, die Grundsätze der Charta als eigene Erklärung der Ziele ihrer Politik anzusehen, die sie mit allen geeigneten Mitteln verfolgen werden. Durch ein Zusatzprotokoll vom 4. Mai 1988 wurde die Charta um weitere Rechte wie die Chancengleichheit von Frauen und Männern im Berufsleben, die Mitwirkung der Arbeitnehmer im Betrieb und den sozialen Schutz alter Menschen ergänzt. Das von 10 Mitgliedstaaten paraphierte Zusatzprotokoll wurde bislang allerdings nur von Schweden ratifiziert, ist also noch nicht in Kraft getreten.

Ebenfalls bedeutende Regelungen hat der Europarat auf dem Gebiet der sozialen Sicherheit geschaffen. Zu nennen ist hier vor allem die am 28. 1. 1972 in Kraft getretene **Europäische Ordnung der Sozialen Sicherheit.**

Dieses Vertragswerk setzte für die Mitgliedstaaten in allen Zweigen der sozialen Sicherheit Normen hinsichtlich des Kreises der zu schützenden Personen, der Anspruchsvoraussetzungen sowie der Art und Höhe der zu gewährenden Leistungen. Auch hier handelt es sich um zwischenstaatliche Verpflichtungen, nicht um individuelle Rechtsansprüche. Die Einhaltung der Verpflichtungen soll durch umfangreiche Berichtspflichten gewährleistet werden. Als einer der wenigen Mitgliedstaaten hat die Bundesrepublik sämtliche sich aus der Ordnung sowie dem ergänzenden Protokoll ergebenden Verpflichtungen als für sich bindend akzeptiert.

Unmittelbar geltendes Recht schufen die beiden **Vorläufigen Europäischen Abkommen über Soziale Sicherheit** vom 11. Dezember 1953 [BGBl.II 1956, S.507]. Diese Abkommen sind am 1. 9. 1956 in Kraft getreten und 1970 revidiert worden.

Gegenstand der Abkommen sind zum einen Alters-, Invaliden- und Hinterbliebenenrenten und zum anderen Leistungen bei Arbeitslosigkeit, Krankheit, Mutterschaft, Arbeitsunfällen und Berufskrankheiten sowie Familienbeihilfen. Sie regeln insbesondere, wie jeder Vertragsstaat die Angehörigen anderer Vertragsstaaten, vor allem Wanderarbeitnehmer, zu behandeln hat. U. a. verpflichten sie die Vertragsstaaten, unter bestimmten Bedingungen Angehörigen jedes anderen Vertragsstaates sowie Flüchtlingen bei der Anwendung innerstaatlicher Rechtsvorschriften über soziale Sicherheit und bei der Anwendung der zwischen den Vertragsstaaten bestehenden zwei- und mehrseitigen Abkommen die gleiche Behandlung wie den eigenen Staatsangehörigen einzuräumen.

Seit Dezember 1973 liegt ferner das **Europäische Abkommen über Soziale Sicherheit** des Europarates vor, das die beiden Vorläufigen Europäischen Abkommen ablösen soll. Hierbei handelt es sich um ein umfassendes **multilaterales Sozialversicherungsabkommen**, dessen Unterzeichnung durch die Bundesrepublik jedoch nochr aussteht.

3. Internationale Arbeitsorganisation (IAO)

Die auf arbeitsrechtlichem und sozialpolitischem Gebiet wichtigste Internationale Organisation stellt die 1919 gegründete **Internationale Arbeitsorganisation** (IAO) dar. Die in der IAO verkörperte Idee einer internationalen Sozialpolitik hat ihre Wurzeln zum einen in der Forderung von Arbeiterorganisationen nach transnationalen Maßnahmen zum Schutz der arbeitenden Menschen und zum anderen in Bestrebungen verschiedener Industriestaaten, zur Vermeidung von Wettbewerbsnachteilen die Durchsetzung sozialpolitischer Maßnahmen zwischen den einzelnen Staaten abzustimmen. Ein erster konkreter Versuch in dieser Richtung war die 1890 von der deutschen Regierung organisierte **Internationale Arbeiterschutzkonferenz** *(vgl. Bd. 1, S. 131)*.

Nachdem es zunächst lediglich 1906 zu den beiden Abkommen über das Verbot der Nachtarbeit von in der Industrie beschäftigten Frauen und das Verbot der Verwendung weißen (gelben) Phosphors in der Zündholzindustrie kam, führte die **Pariser Friedenskonferenz** im Anschluß an den Ersten Weltkrieg zu wesentlichen Weiterentwicklungen auf dem Gebiet der internationalen Zusammenarbeit. Mit der Gründung der IAO, deren Verfassung als Teil »Arbeit« in die Friedensverträge aufgenommen wurde, erkannte die internationale Staatengemeinschaft an, daß sozialpolitische Fragen nicht ausschließlich innere Angelegenheit eines jeden Staates waren und soziale Rechte durch internationale quasi-gesetzgeberische Rechtsakte geschützt werden sollen *(vgl. Adamy/Bobke/Lörcher, 1990, S.149; ILO, 1984)*.

Bereits vor Ende des Zweiten Weltkrieges hatte die IAO auf der Konferenz von Philadelphia im Jahre 1944 eine Neubestimmung der Ziele und Aufgaben der Organisation vorgenommen. Die damals verabschiedete Erklärung wurde 1946 Bestandteil der Verfassung der IAO, die im selben Jahr zur ersten Sonderorganisation der Vereinten Nationen wurde. Im Jahre 1948 zählte die IAO 55 Mitgliedstaaten. Die Bundesrepublik, die auf der 33. Internationalen Arbeitskonferenz als Beobachter teilnehmen durfte, wurde im folgenden Jahr mit einer Mehrheit von 165 Ja-Stimmen gegen 12 Nein-Stimmen und 5 Enthaltungen als Mitglied in die IAO aufgenommen. Anläßlich der Aufnahme in die IAO erklärte die Bundesregierung, daß sie die vom Deutschen Reich ratifizierten Übereinkommen als für sich bindend ansehe und auch die sich daraus ergebenden Verpflichtungen anerkenne. Obgleich die Bundesrepublik erst 1973 der UNO beitrat, wurde sie schon 1954 ständiges Mitglied im Verwaltungsrat der IAO.

Entsprechend der bei der Aufnahme abgegebenen Erklärung galten für die Bundesrepublik zunächst die 17 vom Deutschen Reich ratifizierten Übereinkommen. Bis 1970 stieg die Zahl der von der Bundesrepublik als verbindlich anerkannten IAO-Übereinkommen auf 40. Insbesondere bis Mitte der 70er Jahre entschloß sich die Bundesrepublik zu einer Vielzahl von Ratifizierungen. Entsprechend erhöhte sich die Zahl der Ratifizierungen bis 1977 auf 60; seitdem hat sich das Ratifikationstempo deutlich reduziert. Ende der 80er Jahre hatte die Bundesrepublik erst 69 von insgesamt 169 IAO-Übereinkommen ratifiziert. Damit gehört die Bundesrepublik zwar zu den 15 Staaten mit den meisten Ratifizierungen, vergleichbare europäische Staaten wie Frankreich oder Großbritannien haben jedoch deutlich mehr Übereinkommen ratifiziert.

Für die Nicht-Ratifizierung bestimmter IAO-Übereinkommen gibt es sehr unterschiedliche Gründe. Zum einen hat die IAO eine Reihe von Übereinkommen geschaffen, die Verhältnisse regeln, die in der Bundesrepublik nicht vorkommen (z. B. Situation von Naturvölkern oder Plantagenarbeit) oder die sich mit Fragen der Entkolonialisierung befassen, zum anderen gibt es Abkommen, deren Inhalte von der Bundesrepublik faktisch erfüllt werden, bei denen jedoch formale Aspekte einer Ratifikation entgegenstehen. Nach Angaben der Bundesregierung sind 35 IAO-Übereinkommen derzeit mit geltendem deutschen Recht »nicht vereinbar«.

Von der Bundesrepublik nicht ratifiziert wurden bislang u. a. das Übereinkommen Nr.1 über die Arbeitszeit von 1919, das Übereinkommen Nr.14 über den wöchentlichen Ruhetag im Gewerbe von 1921, das Übereinkommen Nr.47 zur 40-Stunden-Woche von 1934, die Übereinkommen Nr.77 und Nr.78 zur ärztlichen Untersuchung Jugendlicher, das Übereinkommen Nr.94 bezüglich der Arbeitsklauseln bei der Vergabe öffentlicher Aufträge von 1949, das Übereinkommen Nr.89 über die Nachtarbeit von Frauen von 1948, das Übereinkommen Nr.103 über den Mutterschutz von 1952, das Übereinkommen Nr.119 über den Maschinenschutz von 1963, das Übereinkommen Nr. 143 über Mißbräuche bei Wanderungen und die Förderung der Chancengleichheit und der Gleichbehandlung der Wanderarbeitnehmer, das Übereinkommen Nr.149 über das Krankenpflegepersonal von 1977, das Übereinkommen Nr.151 über den Schutz des Vereinigungsrechts und über Verfahren zur Festsetzung der Beschäftigungsbedingungen im öffentlichen Dienst, das Übereinkommen Nr.154 über die Förderung der Kollektivverhandlungen, das Übereinkommen Nr.155 über Arbeitsschutz und Arbeitsumwelt, das Abkommen Nr.156 über die Chancengleichheit und die Gleichbehandlung männlicher und weiblicher Arbeitnehmer sowie das Übereinkommen Nr.158 über die Beendigung des Arbeitsverhältnisses.

Auch wenn es hier nicht möglich ist, sämtliche vom Deutschen Reich bzw. von der Bundesrepublik ratifizierten IAO-Übereinkommen zu nennen, seien einige doch an dieser Stelle erwähnt:

- *Übereinkommen Nr.19 über die Gleichbehandlung einheimischer und ausländischer Arbeitnehmer bei Entschädigung aus Anlaß von Betriebsunfällen vom 5. Juni 1925* [RGBl.II 1928, S.509]. Dieses Übereinkommen verpflichtet die Mitgliedstaaten, den Staatsangehörigen jedes anderen Mitgliedstaates, der das Übereinkommen ratifiziert hat, hinsichtlich der Entschädigung bei Betriebsunfällen die gleiche Behandlung wie den eigenen Staatsangehörigen zu gewähren.
- *Übereinkommen Nr.87 über die Vereinigungsfreiheit und den Schutz des Vereinigungsrechts vom 9. Juli 1948* [BGBl.II 1956, S.2072].
- *Übereinkommen Nr.98 über das Recht auf Kollektivverhandlungen vom 1. Juli 1949* [BGBl.II 1955, S.1122]
- *Übereinkommen Nr.102 über die Mindestnormen der Sozialen Sicherheit vom 28. Juni 1952* [BGBl.II 1957, S.1321]. Die ratifizierenden Staaten verpflichtet dieses Übereinkommen, bestimmte Mindeststandards für die Leistungen in den verschiedenen Zweigen der sozialen Sicherheit einzuhalten. Die Bundesrepublik hat die Verpflichtungen aus diesem Übereinkommen für alle Zweige der sozialen Sicherheit übernommen.
- *Übereinkommen Nr.111 über die Diskriminierung in Beschäftigung und Beruf vom 25. Juni 1958* [BGBl.II 1961, S.97].
- *Übereinkommen Nr.118 über die Gleichbehandlung von Inländern und Ausländern in der Sozialen Sicherheit vom 28. Juni 1962* [BGBl.II 1970, S.802]. Es verpflichtet die Unterzeichnerstaaten zur Gleichbehandlung und ergänzt die Mindestnormen der sozialen Sicherheit des Übereinkommens Nr.102.
- *Übereinkommen Nr.121 über Leistungen bei Arbeitsunfällen und Berufskrankheiten vom 8. Juli 1964* [BGBl.II 1971, S.1169].
- *Übereinkommen Nr.128 über Leistungen bei Invalidität und Alter sowie an Hinterbliebene vom 29. Juni 1967* [BGBl.II 1970, S.813].
- *Übereinkommen Nr.130 über ärztliche Betreuung und Krankengeld vom 25. Juni 1969* [BGBl.II 1974, S.705].
- *Übereinkommen Nr.135 über den Schutz von gewerkschaftlichen Vertrauensleuten und von Betriebs- und Personalräten vom 23. Juni 1971* [BGBl.II 1973, S.953]
- *Übereinkommen Nr.159 über die berufliche Rehabilitation und die Beschäftigung der Behinderten vom 20. Juni 1983.* Das durch Gesetz vom 9. Januar 1989 [BGBl.II S.2] ratifizierte Übereinkommen verfolgt vor allem die Zielsetzung, Behinderte durch Maßnahmen im Bereich der Berufsberatung, Berufsausbildung, Arbeitsvermittlung und Beschäftigungsförderung in den allgemeinen Arbeitsmarkt zu integrieren.

Insgesamt kann festgestellt werden, daß die IAO-Normen einen durchaus wesentlichen Einfluß auf die Gesetzgebung der Bundesrepublik hatten *(vgl. IAA, 1977; Klotz, 1973, S. 499ff.; Schnorr, 1974, S.539ff.; Peruzzo, 1981, S.496ff.; Lörcher, 1991, S.97ff.).* In verschiedenen Fällen erfolgten aufgrund von Hinweisen der IAO-Überwachungsorgane gesetzgeberische Schritte, um innerstaatliches Recht mit den Bestimmungen ratifizierter Übereinkommen in Einklang zu bringen.

Kapitel 4

Sozialpolitische Aspekte des deutschen Einigungsprozesses (1989–1990)

Nach mehr als 40 Jahren getrennter sozialpolitischer Entwicklung stellte sich im Zuge des deutschen Einigungsprozesses, der sich unmittelbar an die politische Wende in der DDR im Spätherbst 1989 anschloß, schon bald die Frage nach der Wiederherstellung der sozialen Einheit Deutschlands. Der unerwartet schnelle Zusammenbruch der DDR-Wirtschaft und die mit den tiefgreifenden gesellschaftspolitischen Umwälzungen einhergehenden sozialen Veränderungen ließen Lösungen im sozialpolitischen Bereich zunehmend stärker zu einem Schlüsselelement des **Einigungsprozesses** werden. Auch wenn es im wesentlichen sehr schnell gelang, das bundesdeutsche Arbeits- und Sozialrecht auf die ehemaligen Länder der DDR zu übertragen, wird es noch geraume Zeit dauern, bis für die dort lebenden Menschen gleiche soziale Bedingungen hergestellt sein werden.

Es kann nicht die Aufgabe dieses Kapitels sein, die politische Wende in der DDR im Detail darzustellen, die vielfältigen Ursachen des politischen und ökonomischen **Zusammenbruchs des SED-Regimes** zu analysieren oder den politischen Einigungsprozeß umfassend nachzuzeichnen. Als zweifellos wesentliche Zäsur in der Geschichte der Sozialpolitik in Deutschland erscheint es jedoch unverzichtbar, auf die wichtigsten sozialpolitischen Aspekte in der Periode vom Spätherbst 1989 bis zur **Herstellung der staatlichen Einheit** Deutschlands am 3. Oktober 1990 einzugehen.

1. Ausgangslage und Entwicklungen nach der Wende in der DDR

Während die SED-Führung am 6./7. Oktober 1989 mit Fackelzügen der FDJ, pompösen Großveranstaltungen und Militärparaden der NVA den 40. Jahrestag der DDR-Gründung feierte, verstärkte sich im Lande die **demokratische Protestbewegung**, die am 2. Oktober 1989 in Leipzig begonnen hatte, als nach dem **traditionellen Montagsgebet** in der Nikolaikirche erstmals nach 36 Jahren wieder 20.000 Menschen mit dem Ruf nach Freiheit und politischer Demokratie zu einer ersten **spontanen Massendemonstration** auf die Straße gegangen waren. Noch wurden allerdings parallel zu den SED-Jubelfeiern in Ost-Berlin, Leipzig, Dresden und zahlreichen anderen Städten der DDR abgehaltene Demonstrationen für Meinungsfreiheit und Reformen, an denen Zehntausende teilnahmen, gewaltsam und zum Teil mit großer Brutalität aufgelöst. Anders als früher bewirkte das Vorgehen der Staatsmacht diesmal jedoch nicht mehr eine Einschüchterung der Bevölkerung. Bereits am folgenden Tag demonstrierten erneut mehrere tausend Menschen, wobei es wiederum zu **Übergriffen der Sicherheitskräfte** und zahlreichen Festnahmen von Demonstranten kam *(vgl. Spittmann, 1989 a, S. 1201)*.

1. 1 Der Sturz Honeckers und die ersten politischen Veränderungen

Während der SED-Generalsekretär HONECKER vor dem Hintergrund der Entwicklung noch erklärte, daß es darum gehe, »unbeirrt an den Grundwerten des Sozialismus festzuhalten und gleichzeitig die sozialistische Gesellschaft ständig weiter zu vervollkommnen« *(vgl. DA, 11/1989, S.1320)*, unterzeichneten am 9. Oktober 1989 erstmals drei Sekretäre einer SED-Bezirksleitung einen Aufruf, in dem sie die Notwendigkeit eines freien Meinungsaustausches über die Weiterführung des Sozialismus anerkannten und **Bereitschaft zum Dialog** mit allen Bürgern der DDR versprachen.

In der Folgezeit zerfiel die alte Ordnung in der DDR mit einer vorher kaum für denkbar gehaltenen Geschwindigkeit. Innerhalb weniger Tage und Wochen zerriß „das Netzwerk der SED-Herrschaft über Staat, Wirtschaft, Parteien und Massenorganisationen" *(Spittmann, 1989b, S.1329)*. Nach zwei Wochen eskalierender Protestdemonstrationen in Ost-Berlin und vielen Städten der DDR trat das Zentralkomitee der SED am 18. Oktober 1989 zu einer außerordentlichen Tagung zusammen, um den Rücktritt ERICH HONECKERS von allen Partei- und Staatsämtern entgegenzunehmen und EGON KRENZ zum Generalsekretär des ZK der SED zu bestimmen *(vgl. DA, 11/1989, S.1306)*. Diese unter dem Druck der Bevölkerung und der SED-Parteibasis zustandegekommenen Entscheidungen *(vgl. Spittmann, 1989a, S.1202)* kamen jedoch zu spät und waren in ihrer Zielsetzung zu durchsichtig, um der SED-Führung erneut die politische Initiative zurückzubringen.

Als erste Reaktion auf die immer massiver gewordenen Forderungen nach politischer Veränderung hatte das SED-Politbüro am 11. Oktober 1989 eine Erklärung zur aktuellen Situation in der DDR herausgegeben, mit der Volk und Partei beschwichtigt und die politische Führung zurückgewonnen werden sollten. In „fataler Verkennung der Dimension des Bewußtseinswandels" *(Spittmann, 1989a, S.1201)* und der realen Lage im Lande glaubte die SED-Spitze zu dieser Zeit noch, mit geringfügigen Zugeständnissen auszukommen. Unter Hinweis auf den bevorstehenden XII. SED-Parteitag wurden alle Bürger aufgerufen, »Gedanken und Vorschläge einzubringen«, wie der Sozialismus in den 90er Jahren vorangebracht werden sollte. Das Politbüro gestand zwar die Notwendigkeit von Veränderungen zu, jedoch nur unter Führung der Partei und in den von ihr gesteckten Grenzen. Es entstand der Eindruck, daß das „alte Regime mit kleinen Korrekturen und neuen Etiketten, aber der gleichen Arroganz der Macht überwintern wollte" *(Spittmann, 1989a, S.1202)*. Insofern war es nicht überraschend, daß sich das Volk mit dieser Erklärung nicht zufrieden gab, sondern seine Forderungen nach konkreten politischen Rechten, Reisefreiheit, Wirtschaftsreformen, Bestrafung von Schuldigen, Zulassung von Oppositionsgruppen und freien Wahlen noch deutlicher als zuvor zum Ausdruck brachte.

Auch der nächste Versuch der SED, durch Auswechseln einiger Führungspersonen Vertrauen zurückzugewinnen, war von Beginn an zum Scheitern verurteilt. Zwar wurde HONECKER abgelöst, mit EGON KRENZ jedoch ein Mann zum Nachfolger bestimmt, der aus dem Apparat kam und kaum geeignet war, Reformbereitschaft zum Ausdruck zu bringen. Seine Antrittsrede war „weder von neuem Stil noch von neuem Geist geprägt" *(Spittmann, 1989a, S.1202)*. Zusammen mit HONECKER mußten die für Wirtschaft und Medien zuständigen Politbüro-Mitglieder GÜNTER MITTAG und JOACHIM HERMANN gehen. Trotz deutlicher Widerstände in der Bevölkerung beanspruchte auch KRENZ die uneingeschränkte Machtfülle seiner Vorgänger. Am 24. Oktober 1989 ließ er sich zum Staatsratsvorsitzenden und Vorsitzenden des Nationalen Verteidigungsrates wählen. Erstmals in der Geschichte der DDR wurde das Staatsoberhaupt jedoch nicht einstimmig gewählt. Nach seiner Wahl kündigte KRENZ ein umfangreiches Demokratisierungsprogramm an, „beharrte aber auf der führenden Rolle der SED, die er als Verfassungsauftrag definierte" *(Spittmann, 1989a, S.1203; vgl. DA, 11/1989, S.1325)*. Unter anderem versprach er mögliche Änderungen in der Wahlgesetzgebung und appellierte an die Mitbürger, der DDR nicht den Rücken zu kehren.

All diese Maßnahmen konnten nicht verhindern, daß die Demonstrationen weitergingen und die **Fluchtwelle** aus der DDR ungebrochen anhielt. Nachdem bereits zwischen Juli und Oktober 1989 über 50.000 Menschen durch die neuen Breschen des »Eisernen Vorhangs« *(vgl. Ammer, 1989, S. 1208; Hilmer/Köhler, 1989, S. 1220ff.)* die DDR verlassen hatten, füllte sich mit der Wiederherstellung des visafreien Verkehrs in die CSSR ab 1. 11. 1989 erneut die bundesdeutsche Botschaft in Prag umgehend mit ausreisewilligen DDR-Bürgern.

Drei Tage später wurden in der bundesdeutschen Botschaft in Prag bereits 4.500 Personen gezählt. Schließlich mußte die DDR-Regierung einlenken und die Ausreise aus der CSSR in die Bundesrepublik ohne besonderes Genehmigungs- oder Ausbürgerungsverfahren, lediglich unter Vorlage eines gültigen Personalausweises dulden. Obwohl KRENZ die DDR-Bürger abermals zum Bleiben aufforderte und ein neues Reisegesetz ankündigte, setzte sich die Massenflucht über die CSSR fort. Allein zwischen dem 1. und 7. November 1989 gelangten über diesen Weg 37.000 DDR-Bürger in die Bundesrepublik. Daran änderte zunächst auch der am 6. November 1989 zur öffentlichen Diskussion gestellte Entwurf eines neuen Reisegesetzes nichts; „zwar fielen die Beschränkungen auf Verwandtenbesuche und festgelegte Anlässe fort. Aber die bürokratischen Fußangeln – Begrenzung auf 30 Reisetage, Visumpflicht für jede Ausreise, lange Bearbeitungszeiten, undurchsichtige Verweigerungsgründe, Versagung von Zahlungsmitteln – führten zu Protesten nicht nur der Bevölkerung, sondern auch des Verfassungs- und Rechtsausschusses der Volkskammer und zum weiteren Anwachsen des Flüchtlingsstromes über die CSSR" *(Spittmann, 1989 a, S. 1204).*

Vor dem Hintergrund der anhaltenden **Massenflucht** sowie weiterer **Massenkundgebungen** in der gesamten DDR *(vgl. DA, 12/1989, S. 1474f.)* forderte der Verfassungs- und Rechtsausschuß der Volkskammer eine sofortige Plenarsitzung, auf der die Krise in der DDR behandelt werden sollte. Nachdem die DDR-Regierung am 7. November 1989 die Konsequenzen gezogen hatte und geschlossen zurückgetreten war, folgte ihr auf der 10. Tagung des ZK der SED das SED-Politbüro *(vgl. Neues Deutschland v. 11./12.11. 1989; Ammer/Kuppe, 1989, S. 1393ff.).* Die Demonstrationen »für freie Wahlen und gegen den Führungsanspruch der SED« gingen allerdings unbeeindruckt davon weiter.

Eine gewisse Zäsur brachte erst der am Abend des 9. November 1989 durch das SED-Politbüromitglied GÜNTER SCHABOWSKI eher beiläufig bekanntgegebene Beschluß des DDR-Ministerrates, mit sofortiger Wirkung die **Grenzübergänge** zur Bundesrepublik Deutschland und nach West-Berlin zu **öffnen** *(vgl. DA, 12/1989, S. 1476).*

Danach sollten ab sofort Genehmigungen für Reisen kurzfristig erteilt und nur noch in besonderen Ausnahmefällen verweigert werden. Personen, die die DDR verlassen wollten, sollten unverzüglich Visa erhalten können, wobei die Ausreise über sämtliche Grenzübergänge möglich sein sollte. Wenige Stunden nach dieser Mitteilung strömten – größtenteils völlig unkontrolliert – bereits Tausende, vor allem Ost-Berliner, in den Westteil der Stadt. In den folgenden Tagen und Wochen reisten Millionen DDR-Bürger in die Bundesrepublik und nach West-Berlin. Sukzessive wurden weitere Grenzübergänge geöffnet und die Sperrzone für alle Personen zugänglich gemacht. Nach Mitteilungen des DDR-Innenministeriums waren bis zum Mittag des 12. November 1989 rund 4,3 Millionen Visa für Privatreisen in die Bundesrepublik und nach West-Berlin erteilt worden.

Unterdessen setzte sich der **Machtzerfall der SED** fort, zumal die Parteibasis zunehmend bestimmte Forderungen der Oppositionsbewegung übernahm und immer heftigere Kritik an den alten verkrusteten Führungsstrukturen der Partei übte. Ihre inhaltlichen Reformvorstellungen skizzierte die SED-Führung in dem vom 10. ZK-Plenum beschlossenen **Aktionsprogramm** *(vgl. Neues Deutschland v. 11./12.11.1989, S. 1f.)*, das jedoch selbst innerhalb der Partei umstritten blieb *(vgl. Ammer/Kuppe, 1989, S. 1395).* Immerhin sah sich die SED nunmehr gezwungen, auf breiter Linie den Forderungen der Bürgerrechtsbewegungen nachzugeben.

Unter anderem kündigte das SED-Aktionsprogramm ein neues Wahlgesetz »zur Durchführung einer freien, allgemeinen, demokratischen und geheimen Wahl« an, die Bildung einer Koalitionsregierung, die kommunale Selbstverwaltung, eine Verwaltungsreform, die Errichtung eines Verfassungsgerichts, eine Änderung des politischen Strafrechts, ein Mediengesetz, Gesetze über die Vereinigungs- und Versammlungsfreiheit, die Kontrolle der Sicherheitsorgane durch die Volkskammer sowie eine umfangreiche Wirtschaftsreform. Einen Termin für freie Wahlen nannte die SED zunächst jedoch noch nicht. Auch innerparteilich sollten verschiedene Reformmaßnahmen eine stärkere Demokratisierung bewirken. Der Marxismus-Leninismus sollte zwar »Weltanschauung« der SED bleiben, allerdings wollte die SED auf das »Wahrheitsmonopol« verzichten. Diese zaghaften »Demokratisierungs«-Versuche der SED-Führung konnten mittlerweile allerdings noch nicht einmal mehr die eigenen Mitglieder beschwichtigen. Offiziellen Angaben zufolge waren allein im Zeitraum von September bis November 1989 nahezu 200.000 Mitglieder aus der SED ausgetreten, darunter vor allem Arbeiter *(vgl. Neues Deutschland v. 25./26.11.1989)*. Ein Beispiel dafür, daß die Basis ihrer Führung zunehmend die Gefolgschaft verweigerte, waren die Auseinandersetzungen um den Sonderparteitag. Während die Parteiführung zunächst vom 15. bis 17. Dezember 1989 lediglich eine Parteikonferenz abhalten wollte, war das am 13. 11. 1989 abgehaltene 11. ZK-Plenum schließlich gezwungen, für Mitte Dezember einen Sonderparteitag einzuberufen. Zugleich mußte KRENZ eingestehen, daß man mit dem ursprünglichen Beschluß hinter den »dynamischen, schnellen Entwicklungen« der Partei zurückgeblieben war *(vgl. Neues Deutschland v. 13.11.1989, S.1)*.

Inzwischen war längst klar geworden, daß die SED ihre uneingeschränkte Machtstellung in der DDR verloren hatte. Eine Reform von Gesellschaft und Wirtschaft wurde der SED nicht mehr zugetraut. Zunächst noch eher widerwillig mußte die SED die politische Macht mit den neuen Oppositionsparteien und Bürgerbewegungen teilen. Die früheren **Blockparteien** gingen zugleich auf deutliche Distanz zur SED, hatten allerdings wie diese mit zahlreichen eigenen Problemen, insbesondere den alten, durch die Partizipation an der Macht korrumpierten Führungen zu kämpfen *(vgl. Lapp, 1990, S. 62ff.)*.

1. 2 Entwicklungen in der Zeit der Regierung Modrow

Obwohl der Zerfall der alten Ordnung in der DDR mit sehr großer Geschwindigkeit voranging, versuchte die SED zunächst noch die »Existenz des Sozialismus auf deutschem Boden« zu retten. Immerhin räumte sie ein, daß dies nicht ohne Erneuerung des politischen Systems denkbar sei. Nach Ansicht des SED-Fraktionsvorsitzenden JAROWINSKY erforderte die »sozialistische Demokratie« eine wahre Volksherrschaft, in der das Parlament – die Volkskammer – tatsächlich die Grundfragen der Staatspolitik entscheide. Auf der 11. Tagung der Volkskammer am 13. 11. 1989 sprach sich die SED für die Bildung einer »demokratischen Koalitionsregierung« aus, der auch parteilose Fachleute angehören sollten. Hinsichtlich der Bürgervertretungen vertrat die SED nunmehr die Auffassung, daß es an der Zeit sei, aufeinander zuzugehen.

Von der weiterhin ohne demokratische Legitimation bestehenden Volkskammer wurde am 13. 11. 1989 bei einer Gegenstimme das SED-Politbüro-Mitglied HANS MODROW zum neuen **Ministerpräsidenten** gewählt. Angesichts der realen Entwicklungen stand eigentlich von Anfang an fest, daß dies nur eine Übergangsregierung sein konnte. In der folgenden Volkskammer-Sitzung am 17. 11. 1989 gab MODROW seine Regierungserklärung ab und präsentierte die Mitglieder seiner Regierung, die von der Volkskammer bei 5 Gegenstimmen und 6 Enthaltungen gewählt wurden.

Parallel zur Bildung einer Koalitionsregierung und zur zunehmenden Distanzierung der früheren Blockparteien von der SED wuchs die Kritik an dem neuen SED-Generalsekretär EGON KRENZ. Anfang Dezember 1989 forderte die DDR-CDU ihn auf, von seinen Ämtern als Vorsitzender des Staatsrates und Vorsitzender des Nationalen Verteidigungsrates zurückzutreten. Schon am 6. Dezember 1989 folgte er dieser Aufforderung; mit der Wahrnehmung der entsprechenden verfassungsmäßigen Rechte wurde sein bisheriger Stellvertreter, der LDPD-Vorsitzende MANFRED GERLACH, beauftragt. Wenige Tage später verlor er zudem seine Parteifunktionen, als der überhastet einberufene **außerordentliche SED-Parteitag** am 8. Dezember 1989 GREGOR GYSI mit 95,32 % aller abgegebenen Stimmen zum neuen Parteivorsitzenden wählte. Trotz Einigkeit der Delegierten, die Partei nicht aufzulösen, spiegelte der am 16./17. Dezember 1989 fortgesetzte

Parteitag im wesentlichen den Verfallsprozeß, die innere Zerstrittenheit und die Perspektivlosigkeit der SED wider. Daran änderte auch nichts, daß sich die Partei fortan als SED-PDS (Partei des Demokratischen Sozialismus) präsentieren wollte *(vgl. K.W. Frikke, 1990, S.7ff.; Kuppe, 1990a, S.52ff.)*.

Geprägt wurde die Übergangszeit allerdings nicht nur von der Regierung und der Volkskammer, sondern auch von dem auf Initiative der Bürgerrechtsgruppen am 7.12.1989 konstituierten zentralen »**Runden Tisch**«, dessen Legitimität und Funktion bis heute sehr unterschiedlich beurteilt werden. Er selbst sah seine Aufgabe vor allem darin, Vorschläge für die Überwindung der Krise zu erarbeiten. Außerdem verstand er sich bis zur Durchführung freier, demokratischer und geheimer Wahlen als Bestandteil der **öffentlichen Kontrolle** *(vgl. Süß, 1991, S.470ff.; Thaysen, 1990; Herles/Rose, 1990)*.

Am Runden Tisch vertreten waren mit gleichen Stimmengewichten die »alten« und die sog. »neuen« politischen Kräfte in der DDR. Vor allem den Bürgerrechtsbewegungen ging es in der ersten Phase darum, mittels dieses Gremiums Kontrolle über das Handeln der Regierung zu gewinnen. Spätestens nachdem Teile des Runden Tisches versuchten, das »plebiszitäre Kontrollorgan« in eine Art Nebenregierung zu transformieren *(vgl. Süß, 1991, S.473)*, wurden die von Beginn an bestehenden Konflikte immer größer. Hinzu kam, daß der »alte Machtkampf« mit der SED und den von ihr beherrschten Institutionen sukzessive durch einen »neuen Machtkampf«, nämlich dem Wahlkampf im Vorfeld der ersten freien Parlamentswahlen in der DDR, abgelöst wurde *(vgl. Thaysen, 1990, S.16f.)*. In dieser Phase zeigte sich zudem immer deutlicher die sehr unterschiedliche Interessenlage der am Runden Tisch vertretenen Organisationen; während die politischen Parteien daran gingen, um die politische Macht zu konkurrieren, interessierte die Bürgerrechtler hauptsächlich, endgültig die alte Macht der SED zu brechen und die Vergangenheit aufzuarbeiten. Anders als die politischen Parteien strebten die Bürgerrechtler dabei soweit möglich den politischen Konsens, nicht die programmatische Differenzierung an. An dieser grundsätzlich anderen Zielsetzung änderte auch die Tatsache nichts, daß die Bürgerrechtsorganisationen am 5.2.1990 in die Regierung eintraten. Nachdem ein erstes Ziel des Runden Tisches, die Eigenständigkeit der DDR zu bewahren, schon wenige Wochen nach seiner Konstituierung obsolet geworden war, versuchten die am Runden Tisch bis zuletzt engagierten Vertreter, einige nach ihrer Auffassung wesentliche Punkte für die Zeit nach der Wahl festzuschreiben. Diesem Zweck dienen sollten insbesondere die vom Runden Tisch verabschiedete Sozialcharta sowie der erst nach den Wahlen vorgelegte Verfassungsentwurf, in dem versucht wurde, „basisdemokratische Impulse aus der Herbstrevolution aufzunehmen" *(Süß, 1991, S.476; vgl. Frankfurter Rundschau, Nr.63 v. 15.3.1990, S.3)*.

1.2.1 Reformabsichten der Regierung Modrow

MODROW selbst charakterisierte seine Regierung in der **Regierungserklärung** als eine »Regierung der Koalition, eines neu verstandenen, kreativen politischen Bündnisses«. Er kündigte an, daß seine Regierung alles tun wolle, »damit die eben begonnene demokratische Erneuerung des gesamten öffentlichen Lebens tiefe Wurzeln bekommt und behält«. Als eine der wichtigsten Aufgaben seiner Regierung bezeichnete er die Erreichung der dringend notwendigen **Stabilisierung der DDR-Wirtschaft**. Angestrebt werden sollte, wieder zu einer realen Vergrößerung des Sozialprodukts zu gelangen. Eine eindeutige Absage erteilte er den bisherigen Einschränkungen der Regierungsarbeit, der früheren Bevormundung sowie dem willkürlichen Kommandieren der Wirtschaft. Von den Nachbarn der DDR verlangte er, den Wandel nicht nur wohlwollend zu betrachten, sondern auch »politisch und wirtschaftlich zu fördern«.

Im einzelnen nannte MODROW fünf Bereiche, in denen Reformen zügig, aber nicht überhastet in Angriff genommen werden sollten. Vorgesehene Maßnahmen sollten dabei ausdrücklich öffentlich diskutiert werden.

An den Anfang der Reformen stellte er eine Reform des politischen Systems, verbunden mit gesetzgeberischen Schritten, um Rechtsstaatlichkeit und Rechtssicherheit zu stärken. Hierzu zählte er insbesondere ein Wahlgesetz, ein Gesetz über den Ministerrat sowie ein neues Mediengesetz. Für schnell möglich hielt er auch Änderungen des Strafrechts. Konkret kündigte er die Vorlage eines

Reisegesetzes an. In dem angestrebten Rechtsstaat müßten »Grund- und Menschenrechte gewährleistet und die gesellschaftlichen Verhältnisse auf der Grundlage des Rechts gestaltet« werden. Die Regierung gehe in ihrem Rechtsverständnis davon aus, »daß den Bürgern alles erlaubt sein (müsse), was nicht ausdrücklich untersagt (sei); dem Staat (dürfe) nur erlaubt sein, was ihm rechtlich gestattet (sei)«. Durch Gesetz geregelt werden sollten ferner die Vereinigungs- und Versammlungsfreiheit, der Wehrersatzdienst sowie das Verwaltungsverfahren.

Als zweiten Schwerpunkt nannte er die Wirtschaftsreform, die zum Ziel haben sollte, »die Eigenverantwortung der wirtschaftlichen Einheiten zu erhöhen, um die Effektivität ihrer Arbeit bedeutend zu vergrößern, die zentrale Leitung und Planung auf das erforderliche Maß zu reduzieren sowie ... das Leistungsprinzip mehr und mehr durchzusetzen«. Als besondere Aufgabe in diesem Zusammenhang bezeichnete er die »sorgfältige, unvoreingenommene Prüfung der Subventions- und Preispolitik«.

Neben drittens einer Bildungsreform hielt er viertens ein langfristig angelegtes, von Jahr zu Jahr zu realisierendes Programm für erforderlich, das zum Ziel haben sollte, Ökonomie und Ökologie mehr als bisher in Übereinstimmung zu bringen. U. a. forderte er, daß es künftig niemandem gestattet sein dürfe, geplante Umweltschutzmaßnahmen zu streichen und zu verschleppen. Als besonders dringend wertete er ein neues Energiekonzept, um den Energieverbrauch zu senken.

Fünfter wesentlicher Reformschwerpunkt seiner Regierung sollte die Verwaltungsreform sein. Sie sollte mit dem Ziel durchgeführt werden, »die staatliche Leitung und Verwaltung zu demokratisieren, ihre Arbeit überschaubarer zu machen sowie nicht zuletzt den Verwaltungsaufwand finanziell und personell erheblich zu verringern«. Durch Reduzierung des Verwaltungsaufwandes sollten Mitarbeiter des Staatsapparates für andere Aufgaben frei werden. Dieser langfristige Umsetzungsprozeß sollte unter voller Wahrung des Arbeitsrechts erfolgen, und die betroffenen Mitarbeiter sollten entsprechend ihrer Qualifikation und möglichst nach ihrer Neigung verwandt werden. Auch in der Wirtschaft und in Organisationen und Institutionen sah er die Notwendigkeit, den Anteil des Verwaltungspersonals zu verringern.

Im außenpolitischen Teil seiner Regierungserklärung ließ er keinen Zweifel daran, daß er an einer selbständigen DDR festzuhalten gewillt war. Mit den angestrebten, bereits begonnenen Reformen des politischen Systems werde »auch der Weg zur Wahrung und Durchsetzung des Selbstbestimmungsrechts des Volkes der DDR auf neuer Grundlage gegangen«. MODROW zufolge sollte nicht durch Beteuerungen, sondern »durch eine neue Realität des Lebens in der DDR ... den ebenso unrealistischen wie gefährlichen Spekulationen über eine Wiedervereinigung eine klare Absage erteilt« werden.

Trotz einer Reihe von klaren Reformaussagen bekannte sich MODROW nach wie vor zu einer **ökonomischen Volkswirtschaftsplanung** sowie zu »sozialistischem Unternehmergeist«.

Obgleich unbestritten war, daß die Unzufriedenheit der DDR-Bevölkerung sich nicht nur auf das Fehlen politischer Freiheiten bezog, sondern ihre Ursprünge auch in den unzureichenden materiellen Lebensbedingungen hatte, enthielt das Regierungsprogramm nur wenige konkrete Aussagen zum zukünftigen Wirtschaftssystem *(vgl. Lörler, 1990, S.77 ff.)*. Ein eindeutiges Bekenntnis zu einem marktwirtschaftlichen Wirtschaftssystem fehlte; lediglich Kleinbetriebe der Konsumgüterindustrie sollten durch private Unternehmer übernommen werden können. Ferner sollte den ökonomischen Wirkungen von Angebot und Nachfrage und einer entsprechenden flexiblen Preisbildung mehr Spielraum gegeben werden. Schließlich wurde beabsichtigt, Hemmnisse, die den Initiativen von Handwerkern und Gewerbetreibenden entgegenstanden, abzubauen *(vgl. DA, 1/1990, S.126)*.

1. 2. 2 Erste wesentliche Reformschritte und gesellschaftspolitische Veränderungen

Die erste wichtige Veränderung bestand zunächst darin, daß die Regierung MODROW die erste Regierung der DDR überhaupt war, die diesen Namen verdiente *(vgl. Winters, 1989, S.1338)*. Zwar zählte die neue Regierung statt 44 nur noch 28 Minister, der entscheidende Fortschritt war sie jedoch noch nicht. Abgesehen davon, daß der neuen Regierung zahlreiche frühere Minister weiterhin angehörten, besetzte die SED noch immer wichtige Schlüsselressorts. Außerdem blieben die neuen Bürgerrechtsgruppen und Parteien, wie das »Neue Forum« oder die SPD, weiterhin ausgegrenzt.

Einen wichtigen Reformschritt stellte zweifellos die am 1. Dezember 1989 auf Antrag aller VK-Fraktionen ohne Gegenstimmen erfolgte Streichung der 1968 in die DDR-Verfassung eingefügten Festschreibung der »führenden Rolle« der Arbeiterklasse und ihrer Partei, der SED, dar. Allerdings blieb die DDR gemäß Art. 1 der Verfassung »**ein sozialistischer Staat der Arbeiter und Bauern**«. Mit dieser durch das Verfassungs-ÄndG vom 1. Dezember 1989 [GBl.I S.265] vorgenommenen Änderung verzichtete die SED jedoch auf ihr Machtmonopol *(vgl. Winters, 1989, S.1338)*.

Zu den vorrangigen Aufgaben der Volkskammer und der Regierung nach der »Wende« gehörten konkrete Maßnahmen zur **weiteren Demokratisierung** und zur **Vorbereitung erster freier und geheimer Wahlen** in der DDR. Zu diesem Zweck wurden unmittelbar nach der Regierungsbildung eine Kommission zur Änderung und Ergänzung der Verfassung eingesetzt sowie ein zeitweiliger Ausschuß zur Ausarbeitung eines neuen Wahlgesetzes gebildet. Ein weiterer Ausschuß erhielt die Aufgabe, Fälle des Amtsmißbrauches, der Korruption, der persönlichen Bereicherung und anderer Handlungen, bei denen der Verdacht der Gesetzesverletzung bestand, zu überprüfen [GBl.I 1989, S.249].

Als Ergebnis dieser Arbeiten, aber auch umfangreicher Diskussionen unter den Bürgerrechtsbewegungen wurden Anfang 1990 in rascher Folge zahlreiche Gesetze verabschiedet, die ein Mindestmaß demokratischer polititischer Freiheiten sicherten. Hervorzuheben sind insbesondere das **Parteiengesetz** vom 21. Februar 1990 [GBl.I S.66], das **Vereinigungsgesetz** vom 21. Februar 1990 [GBl.I S.75], der **Beschluß über die Gewährleistung der Meinungs-, Informations- und Medienfreiheit** vom 5. Februar 1990 [GBl.I S. 39] sowie das **Versammlungsgesetz** vom 7. März 1990 [GBl.I S.145]. Für die Gewährleistung von bürgerlichen Grundrechten waren ferner das **Staatsbürgerschaftsgesetz** vom 29. Januar 1990 [GBl.I S.31] sowie das **Reisegesetz** vom 11. Januar 1990 [GBl.I S.8] von Bedeutung.

Anfang 1990 schuf die MODROW-Regierung mit einer Reihe gesetzlicher Änderungen erste unabdingbare Voraussetzungen für grundlegende **Veränderungen in der Wirtschaft** der DDR. Ersten Schritten in Richtung auf ein **marktwirtschaftliches System** stand allerdings die Beibehaltung von Elementen eines sozialistisch-planwirtschaftlichen Systems gegenüber. Während vor allem die Eigentumsordnung – zumindest hinsichtlich von Grund und Boden – weitgehend unverändert blieb, das staatliche Außenhandelsmonpol fortbestand und die Preise weiterhin staatlich festgelegt waren, durften die Bürger ein Gewerbe ausüben und private Gesellschaften gründen. Das Gesetz zur Änderung und Ergänzung der Verfassung der DDR vom 12. Januar 1990 [GBl.I S.15] bildete den Anfang auf dem Wege einer Öffnung der sozialistischen Planwirtschaft hin zur freien Marktwirtschaft, indem der Ausschließlichkeitsanspruch des Volkseigentums gemäß Art. 12 Abs. 1 aus der Verfassung beseitigt wurde *(vgl. Däubler, 1990d, S.149)*.

Zwar verbot die Verfassung weiterhin »privatwirtschaftliche Vereinigungen zur Begründung wirtschaftlicher Macht«, wirtschaftliche Einheiten konnten nunmehr jedoch Joint-Ventures mit ausländischer Beteiligung bei gemischten Eigentumsverhältnissen gründen. Entscheidend war zudem der neu eingefügte Art. 14 a, der »die Gründung von Unternehmen mit ausländischer Beteiligung durch Kombinate, Betriebe, Einrichtungen, Genossenschaften sowie Handwerker, Gewerbetreibende und andere Bürger« erlaubte. Die Bildung von Gemeinschaftsunternehmen war im einzelnen in der VO über die Gründung und Tätigkeit von Unternehmen mit ausländischer Beteiligung in der DDR vom 25. 1. 1990 [GBl.I S.16] sowie der dazu ergangenen AO vom 29. 1. 1990 [GBl.I S.34] und den fünf DB geregelt. Hinsichtlich der Gesellschaftsformen wurde auf das Aktiengesetz von 1937, das GmbH-Gesetz von 1898 sowie das HGB von 1897 verwiesen. Im übrigen konnten der Gesellschaftsvertrag oder die Satzung in den von der VO festgelegten Grenzen frei gestaltet werden. Allerdings mußte der ausländische Anteil mindestens 20 % und durfte – mit Ausnahmen in Einzelfällen – höchstens 49 % betragen *(vgl. Däubler, 1990d, S.151; Däubler/Klebe, 1990, S.24)*. Festzuhalten ist jedoch, daß mit der Joint-Venture-Verordnung zwar eine Verbindung von Volkseigentum und privatem, in diesem Fall von außerhalb der DDR kommendem Eigentum ermöglicht, aber noch nichts privatisiert wurde *(vgl. Maskow/Hoffmann, 1990, S.1)*.

Die **»Joint-Venture-VO«** enthielt aber nicht nur gesellschaftsrechtliche, sondern auch weitreichende **arbeitsrechtliche Bestimmungen**, die im Westen teilweise auf Kritik stießen, da sie angesichts des in der DDR bestehenden Kapitalbedarfs als eher investitionshemmend angesehen wurden *(vgl. Handelsblatt v. 23./24.3.1990, S.3)*.

Nach § 31 Abs.1 der VO war in Joint-Venture-Unternehmen die »Tätigkeit der Gewerkschaften zum Schutz der Interessen der Werktätigen ... zu garantieren«. Zugleich bestimmte der Abs.2, daß die »Werktätigen in allen Angelegenheiten, die sie betreffen, ein Mitbestimmungsrecht bei der Leitung der Unternehmen auf der Grundlage der Verfassung der DDR und der hierfür geltenden Rechtsvorschriften« besitzen. Vorgesehene Mitbestimmungsrechte durften weder durch die Satzung noch den Gesellschaftsvertrag beschränkt werden. Allerdings ließ die VO einigermaßen unklar, wer die Mitbestimmungsrechte ausüben und ob sich die Mitbestimmung auch auf »wirtschaftliche Angelegenheiten« erstrecken sollte. Offen blieb zudem, was geschehen sollte, wenn sich die Betriebsleitung über die Mitbestimmungsrechte hinwegsetzt *(vgl. Däubler, 1990d, S.152; Luttosch/v. Schlabrendorff, 1990, S.60f.; J. Becher, 1990, S.693)*. Desweiteren verlangte die VO, daß dem Antrag auf Genehmigung des Joint-Venture die Stellungnahme der BGL des beteiligten DDR-Unternehmens beigefügt werden mußte (§ 10) und das Unternehmen gemäß § 22 Abs.3 einen Kultur- und Sozialfonds sowie einen Prämienfonds zu bilden hatte, dessen Mittel allein vom Unternehmen aufzubringen waren. Ferner regelte die VO, daß gegenüber den Beschäftigten des Unternehmens das DDR-Arbeitsrecht anzuwenden war; § 32 Abs.2 erlaubte allerdings die Entsendung ausländischer Fachkräfte in das Unternehmen außerhalb des DDR-Arbeitsrechts. Schließlich wurde die Unternehmensleitung in § 31 Abs.3 verpflichtet, bei »Rationalisierungsmaßnahmen, Strukturveränderungen, Auflösung von Unternehmen und anderen die Arbeitsverhältnisse der Werktätigen grundlegend verändernden betrieblichen Entscheidungen« entsprechend den Rechtsvorschriften soziale Maßnahmen vorzusehen. Auch diesbezüglich ließen die Vorschriften der VO offen, ob damit z. B. Verhandlungen der Arbeitnehmervertretung über einen Sozialplan zulässig sein sollten *(vgl. Däubler, 1990d, S.152)*.

Trotz des planwirtschaftlichen Ansatzes, der der Joint-Venture-Verordnung zugrunde lag, und der Skepsis auf westdeutscher Seite war die Regelung, die nur bis zum Inkrafttreten der Wirtschafts- und Währungsunion galt, nicht völlig erfolglos *(vgl. Maskow/Hoffmann, 1990, S.3)*. Immerhin wurden während ihrer Geltungsdauer 2.833 Gemeinschaftsunternehmen gebildet, davon 92 mit größerer wirtschaftlicher Bedeutung, die von zentralen Kommissionen genehmigt werden mußten. Rund 30 % der Unternehmen entfielen auf den industriellen Bereich; daneben entstanden zahlreiche kleinere Betriebe, die auf beiden Seiten von privatem Kapital getragen wurden. Schätzungen zufolge belief sich der jährliche Gesamtumsatz sämtlicher Gemeinschaftsunternehmen auf 19 Mrd. DM *(vgl. DDR-Wirtschaftsministerium, 1990)*.

Zur Ablösung der bisherigen Plankommission war außerdem durch Beschluß vom 18. Januar 1990 [GBl.I S.24] als neues Organ beim Ministerrat ein sog. »Wirtschaftskomitee« gebildet worden, das von einem Minister geleitet wurde und dem unter anderem die Aufgabe oblag, die für die Gründung von Unternehmen in der DDR erforderlichen Genehmigungen zu erteilen. In dieser Eigenschaft hatte „das Wirtschaftskomitee umfangreiche Befugnisse, die nach wie vor staatliche Leitungs-, Lenkungs- und Kontrollbefugnisse" *(Luttosch/v. Schlabrendorff, 1990, S.60f.)* umfaßten.

Zur Verwirklichung der Regierungserklärung war eine Arbeitsgruppe eingesetzt worden, die Zielsetzung, Grundrichtung, Etappen und mittelbare Maßnahmen der Wirtschaftsreform festlegen sollte. Ein von dieser Arbeitsgruppe ausgearbeitetes Konzept war am 1. Februar 1990 vom DDR-MinR beschlossen und anschließend den Volkskammerausschüssen sowie dem Runden Tisch übergeben worden. Angestrebt werden sollten u. a. ein schrittweiser Übergang zu einer sozialen und ökologischen Marktwirtschaft, eine breitere Entfaltung vieler Eigentumsformen und eine umfassende **demokratische Mitbestimmung der Werktätigen** *(vgl. Turner/Pflicke, 1990, S.1639)*. Bereits zuvor hatte der DDR-MinR am 26. 1. 1990 mehrere Beschlüsse gefaßt, um die Bedingungen für eine volle **Gewerbefreiheit** zu schaffen.

Nachdem bereits durch Gesetz vom 11. Januar 1990 [GBl.I S.7] das Handwerksrecht geändert worden war, folgte am 22. Februar 1990 eine VO über die Organisation des Handwerks in der DDR [GBl.I S.150]. Sie ermöglichte den künftig in Innungen organisierten Handwerkern größeren Spielraum für ihre Tätigkeiten, u.a. durch die Aufhebung der Beschäftigungsbegrenzung, die Zulassung der Gründung von Personengesellschaften, die Beseitigung der Lohndiskriminierung gegenüber der volkseigenen Wirtschaft sowie die Erhöhung des Steuerfreibetrages für mitarbeitende Ehegatten. Vervollständigt wurden diese Maßnahmen durch das DDR-Gewerbegesetz vom 6. März 1990 [GBl.I S.138] und die dazu ergangene DV vom 8. März 1990 [GBl.I S.140], die verschiedene in der Vergangenheit bestehende gewerberechtliche Restriktionen beseitigte. Unter Aufhebung der früheren Beschränkung der Zahl der Beschäftigten eines Gewerbebetriebes war zukünftig eine bestimmte fachliche Qualifikation nicht mehr unbedingte Voraussetzung für die Ausübung eines Gewerbes; zudem konnten Gewerbe nun auch von Personengesellschaften betrieben werden. Entsprechend der 2. DV (Gewerbebehörden) vom 15. März 1990 [GBl.I S.169] behielt sich der Staat jedoch auch weiterhin die Kontrolle der Gewerbetätigkeit vor *(vgl. Schwappach, 1990, S.24 ff.)*.

Neben der verstärkten Förderung des privaten Handwerks und der privaten Gewerbetreibenden begann die Regierung auch mit der **Privatisierung** und **Dezentralisierung** des Unternehmensbereichs. Zum einen wurde zur Verwaltung des Volksvermögens eine **Treuhandanstalt** gegründet und zum anderen gesetzliche Grundlagen für die Umwandlung von Kombinaten, Betrieben und Einrichtungen zu **Kapitalgesellschaften** geschaffen. Bereits beim Erlaß der Joint-Venture-Verordnung war klar geworden, „daß wesentlich konsequentere Schritte erforderlich (waren), und zwar nicht nur auf dem Gebiet der wirtschaftlichen Makrostruktur, sondern auch auf Unternehmensebene" *(Maskow/ Hoffmann, 1990, S.4)*. Grundsätzlich war unstrittig, daß eine Unternehmensstruktur geschaffen werden mußte, die marktwirtschaftlichen Erfordernissen entsprach.

Um das volkseigene Vermögen, das sich in Fondsinhaberschaft der Kombinate, Betriebe und Einrichtungen befand, ordnungsgemäß zu erfassen und zu verwalten sowie einen »Ausverkauf des Volksvermögens« zu verhindern, sah ein Beschluß vom 1. März 1990 [GBl.I S.107] die Gründung einer Treuhandanstalt vor. Gemäß dem vom DDR-MinR am 15. März 1990 [GBl.I S.167] beschlossenen Statut war die Treuhandanstalt eine Anstalt des öffentlichen Rechts mit territorialen Außenstellen. Ihre Aufgabe sollte primär in der treuhänderischen Verwaltung des Volksvermögens (ausgenommen das volkseigene Vermögen in der Rechtsträgerschaft der Städte und Gemeinden sowie das von landwirtschaftlichen Produktionsgenossenschaften genutzte Volksvermögen) im Interesse der Allgemeinheit bestehen. An der Spitze der Treuhand stand ein auf fünf Jahre bestelltes fünfköpfiges Direktorium. Die Treuhandanstalt war eine Haushaltsorganisation und hatte die Einnahmen auf der Grundlage von Beschlüssen der Volkskammer zu verwenden *(vgl. Luttosch/v. Schlabrendorff, 1990, S.62 f.; Däubler, 1990 d, S.152; Weimar, 1990, S.11; J.-P. Lachmann, 1990, S.238)*.

Weitere Schritte zur Einführung der Marktwirtschaft bildeten schließlich die **UmwandlungsVO vom 1. März 1990** [GBl.I S.107] sowie das **Gesetz über die Gründung und Tätigkeit privater Unternehmen und über Unternehmensbeteiligungen vom 7. März 1990** [GBl.I S.141]. Geradezu rigoros *(vgl. J.-P. Lachmann, 1990, S.238)* statuierte die UmwandlungsVO die Pflicht, volkseigene Kombinate und Betriebe sowie sonstige zur volkseigenen Wirtschaft zählende Wirtschaftseinheiten in eine GmbH oder eine Aktiengesellschaft umzuwandeln.

Für die Umwandlung von Kombinaten und Betrieben zu Kapitalgesellschaften war eine Anmeldung erforderlich, der u. a. eine notariell beurkundete Umwandlungserklärung, ein Gründungsbericht, eine Eröffnungsbilanz, ein Prüfbericht, eine Stellungnahme des Vertretungsorgans der Beschäftigten beizufügen waren (§ 6). Gemäß § 7 Abs.1 wurde die Umwandlung selbst zudem erst mit ihrer Eintragung in das Register wirksam. Grundsätzlich war vorgesehen, daß die Treuhandanstalt die Geschäftsanteile bzw. Aktien der durch Umwandlung gebildeten Kapitalgesellschaften übernehmen sollte (§ 3 Abs.1). Zwar sollte gemäß § 10 auch ein Verkauf von Aktien an Private möglich sein, allerdings nur aufgrund einer besonderen gesetzlichen Regelung. Sozialpolitisch bedeutsam war § 9 der UmwandlungsVO, der die Verpflichtung enthielt, einen Aufsichtsrat einzurichten. Dieser sollte sich aus vier Vertretern der Anteilseigner sowie vier Vertretern der Belegschaft (davon ein leitender Angestellter) zusammensetzen; beide Gruppen zusammen sollten ein weiteres Aufsichtsratsmitglied kooptieren, wobei allerdings ein Konfliktregelungsmechanismus für den Fall der Nichteinigung nicht vorgesehen war. Die Unternehmensmitbestimmung war im übrigen an keine bestimmte Unternehmensgröße gebunden *(vgl. Däubler, 1990 d, S.153)*.

In der Praxis wurde sehr schnell deutlich, daß die UmwandlungsVO zahlreiche Unzulänglichkeiten aufwies. Angesichts der spezifischen Situation, in der sich die DDR-Wirtschaft damals befand, war sie viel zu bürokratisch und zeitaufwendig *(vgl. J.-P. Lachmann, 1990, S.238)*. Für eine rasche Umwandlung von rd. 8.000 Unternehmenseinheiten fehlten allein schon die verwaltungstechnischen Kapazitäten. Erhebliche Probleme bereitete vor allem die Bewertung der Unternehmen und die Erstellung von Eröffnungsbilanzen. Insgesamt gab es Ende Juni 1990 dennoch rd. 3.400 umgewandelte Unternehmen. Da in einer Reihe von Fällen der Umwandlungsprozeß mit einer Entflechtung verbunden war, belief sich die Zahl der nicht umgewandelten Unternehmen auf etwas mehr als 4.600 *(vgl. Maskow/Hoffmann, 1990, S.4)*.

Das Unternehmensgesetz gab zwar DDR-Bürgern fortan die Möglichkeit, Unternehmen zu gründen, nicht jedoch Ausländern. Als Rechtsform für die Unternehmen standen mehrere Alternativen zur Verfügung (z. B. OHG, KG, GmbH und AG), wobei wiederum auf die alten gesellschaftsrechtlichen Normen der Zeit vor 1945 verwiesen wurde. Ziel des Gesetzes war vor allem die Förderung der Bildung kleinerer und mittlerer privatwirtschaftlicher Unternehmen. Außerdem wurden erste Schritte zur Klärung der Enteignungsproblematik eingeleitet, indem § 17 die Umwandlung der 1972 in Volkseigentum übergeleiteten Betriebe in Personengesellschaften oder Einzelunternehmen vorsah. Dazu hatten die ehemaligen privaten Inhaber oder deren Erben innerhalb von sechs Monaten Anträge zu stellen *(vgl. Luttosch/v. Schlabrendorff, 1990, S.62)*. Interessant war, daß das Unternehmensgesetz im Gegensatz zur UmwandlungsVO keine Arbeitnehmermitbestimmung im Aufsichtsrat vorsah. Verlangt wurde lediglich, in den Unternehmen die Tätigkeit der Gewerkschaften und anderer gewählter Interessenvertretungen zum Schutz der Interessen der Beschäftigten auf der Grundlage der Rechtsvorschriften zu garantieren (§ 15 Abs.1). Ferner schrieb § 14 Abs.2 auch hier bei Umstrukturierungsmaßnahmen die Einleitung von »sozialen Maßnahmen« vor *(vgl. Däubler, 1990d, S.153; Däubler/Klebe, 1990, S.24)*.

Im Grunde war allen Politikern und Experten von Anfang an klar, daß bis zur Volkskammerwahl nur Teilbereiche des Rechts demokratisiert und in vielen Fällen nur Übergangslösungen getroffen werden konnten. Immerhin wurden in dieser Zeit 22 Gesetze (davon 5 verfassungsändernde) und 15 Beschlüsse verabschiedet, und zwar in einer Weise, die sich nachhaltig von früheren Verfahren abhob. Die Einleitung dieser Reformgesetzgebung war dabei keineswegs einfach. Die Tatsache, daß es sich um eine wirkliche Umbruchphase handelte, dürfte einen Teil der zweifellos vorhandenen Widersprüchlichkeiten erklären. Zu berücksichtigen ist auch, daß die „vorgelegten Konzeptionen für kurz- und mittelfristige gesetzgeberische Maßnahmen sowohl in bezug auf den Inhalt wie den Zeithorizont" *(Turner/Pflicke, 1990, S.1638)* wiederholt durch den Druck der Ereignisse und die Diskussionen um die Herausbildung einer deutsch-deutschen Wirtschafts- und Währungsunion überholt wurden. Während dadurch auf der einen Seite auf bestimmte zunächst vorgesehene Maßnahmen verzichtet wurde, mußten andere gesetzgeberische Schritte in größter Eile realisiert werden.

„Bei näherem Hinsehen (trat dann auch) zutage, daß die Willensbildung für die notwendigen staatlichen Normativakte ein äußerst komplizierter und häufig quälender Prozeß war. Zumindest bis etwa Mitte Januar wurden auch immer wieder Stimmen laut, die notwendigen Maßnahmen würden zögerlich vorbereitet und getroffen. Es scheint, daß hier zwei Aspekte Beachtung verdienen. Einerseits wurden – aus der Entwicklung heraus nur allzu verständlich – Zweifel an der Legitimität der Volkskammer und der Regierung, aber auch des ‚Runden Tisches' geäußert und wirksam. Es entwickelt(e) sich – dennoch oder gerade deswegen – zunehmend ein sachlicher Dialog und ein auf die von allen als notwendig erkannten Ergebnisse bezogenes Zusammenwirken zwischen dem Runden Tisch, der Regierung *Modrow* ... und der Volkskammer und ihren Ausschüssen" *(Turner/Pflicke, 1990, S.1637)*.

Daß der **wirtschaftliche Umwandlungsprozeß** und die Privatisierung zunächst nur langsam vorankamen, lag nicht nur an zweifellos vorhandenen Kräften innerhalb des Apparates, die den eingeleiteten Prozeß zu blockieren versuchten. Es gab auch zahlreiche objektive Faktoren, die die Überführung des Volkseigentums in marktwirtschaftliche Strukturen außerordentlich schwierig gestalteten. Neben der Regelung offener Vermögensfragen galt es auch Probleme zu lösen, für die es nirgendwo in der Welt abschließende Erfahrungen gab *(vgl. SVR, Sondergutachten 1990, S.276ff.)*.

1.2.3 Entwicklung der ökonomischen Lage

Schneller als erwartet führten die gesellschaftlichen Veränderungen und der politische Umbruch zu einem immer rascher voranschreitenden Zusammenbruch der DDR-Wirtschaft. Bereits um die Jahreswende 1989/90 wurden die gravierenden **Strukturmängel** der sozialistischen Planwirtschaft, die sich bereits seit Mitte der 80er Jahre in einer **schwerwiegenden Krise** befunden hatte, zunehmend deutlicher *(vgl. auch Gutmann, 1990, S.17ff.; J. Becher, 1990, S.687)*. Während 1981–1985 das Nationaleinkommen jährlich im Durchschnitt noch um 4,5 % gewachsen war, sanken die Zuwachsraten 1986 auf 4,3 %, 1987 auf 3,3 %, 1988 auf 2,8 % und 1989 schließlich auf nur noch 2,0 % *(vgl. J. Becher, 1990, S.687)*. Ende der 80er Jahre waren 21 % der Industrieanlagen älter als 20 Jahre und nur 27 % weniger als fünf Jahre alt. In der Bauwirtschaft waren 40 % der Produktionsausrüstungen vollständig abgeschrieben. Sowohl hinsichtlich des **technologischen Niveaus** wie auch bei der **Arbeitsproduktivität** verzeichnete die DDR einen wachsenden Rückstand gegenüber der Weltwirtschaft. Hinzu kam eine kaum vorstellbare Verschlechterung der ökologischen Situation. „Die modernen Entwicklungstrends der Produktivkräfte, insbesondere ihre Internationalisierung wurden bestenfalls verbal erkannt, die wirtschaftspraktischen Entscheidungen liefen dagegen in Richtung zunehmender Autarkie – zunächst (ab 1961) gegenüber der Entwicklung in Westeuropa, nach 1985 aber auch gegenüber der UdSSR und anderen RGW-Ländern" *(J. Becher, 1990, S.687; vgl. auch Bönisch, 1990, S.378f.)*.

Vor diesem Hintergrund hatten die politischen Veränderungen Ende 1989 einen dramatischen Abfall der volkswirtschaftlichen Produktion zur Folge. Die Hauptgründe für die wachsenden Probleme waren vor allem die zurückgehende Zahl von Arbeitskräften, gestörte Kooperationsbeziehungen zwischen den Betrieben, umweltpolitisch bedingte Produktionseinstellungen sowie eine stark verringerte Investitionstätigkeit *(vgl. DA, 7/1990, S.1019)*. Zunehmende Unsicherheiten ergaben sich zudem bei dem für die DDR-Wirtschaft nicht unwichtigen Osthandel.

Nachdem das arbeitstägliche Produktionsvolumen der DDR-Wirtschaft im Januar 1990 bereits um 5,6 % gegenüber dem gleichen Monat des Vorjahres gesunken war, lag es im Februar 1990 sogar 6,2 % unter dem Vorjahreswert. Der Industrie standen rd. 120.000 Arbeitskräfte (4,2 %) weniger als im Vorjahr zur Verfügung. Die Bauproduktion ging gegenüber dem Vergleichsmonat des Vorjahres sogar um 11,8 % zurück, was sich vor allem beim Wohnungsbau deutlich zeigte. Während sich der Wohnungsneubau um rd. ein Drittel verringerte, wurde bei der Modernisierung von Wohnungen sogar ein Rückgang um etwa 60 % verzeichnet. Insgesamt wurde in den Monaten Januar bis April 1990 ein Produktionsvolumen erzielt, das um 4,5 % geringer als das des Vergleichszeitraumes des Vorjahres war *(vgl. DA, 5/1990, S.648, 6/1990, S.838, 7/1990, S.1018)*. Zwar sprach der Regierungspressedienst der DDR vom 17. 4. 1990 wohl unter Bezug auf die im März registrierte geringere Abschwächungsrate von »konsolidierenden Tendenzen«, eine Trendwende in der eher düsteren ökonomischen Entwicklung war jedoch kaum zu erkennen. Angesichts der niedrigen Investitionsraten war vielmehr mit weiteren Verschlechterungen zu rechnen. Im ersten Quartal 1990 investierte die Industrie insgesamt 19 % weniger als im Vorjahr, darunter der Maschinen- und Fahrzeugbau um 28 %, die Wirtschaftszweige Chemie und Elektrotechnik/Gerätebau um jeweils 22 % und die Energie- und Brennstoffindustrie um 21 % weniger *(vgl. DA, 7/1990, S.1019)*.

Insgesamt hatte die ökonomische Lage der DDR einen Zustand erreicht, der den in der DDR lebenden Menschen „keine den Bürgern in der Bundesrepublik gleichwertigen Lebensbedingungen und ... keine attraktiven Zukunftsaussichten" *(SVR, Sondergutachten 1990, S.280)* bot. Die seit Anfang 1990 öffentlich gewordenen Informationen zeigten darüber hinaus, daß die wirtschaftliche Situation in vielen Bereichen erheblich negativer war, als im Westen angenommen wurde und offizielle DDR-Statistiken ausgewiesen hatten. Besonders deutlich zeigte dies das Eingeständnis des früheren DDR-Finanzministers vor der Volkskammer im November 1989, daß die **Staatsverschuldung** tatsächlich auf 130 Mrd. Mark aufgelaufen sei. Ebenfalls erst nach der Wende war deutlich geworden, in welch enormem Umfange die Lebensqualität in der DDR durch **Umweltbelastungen** beeinträchtigt war.

Das **enorme Wohlstandsgefälle** zwischen den beiden deutschen Staaten und die in der DDR vorhandenen gravierenden **Versorgungsmängel** insbesondere bei langlebigen Konsumgütern machten vor dem Hintergrund offener Grenzen zügige Reformen zu einer unabdingbaren Notwendigkeit. Zum einen ging es darum, „bei den DDR-Bürgern die Erwartung zu begründen, daß es sich lohnt, in der DDR zu bleiben und an der wirtschaftlichen Erneuerung aktiv mitzuwirken"; zum anderen war es erforderlich, „bei den bundesdeutschen und ausländischen Investoren die Bereitschaft zu schaffen, das Kapitalengagement in der DDR zu wagen" *(SVR, Sondergutachten 1990, S.280)*. Allein schon die ohne sichtbare Veränderungen zu erwartenden anhaltenden Übersiedlungen in die Bundesrepublik engten aber die Spielräume für die politischen Akteure von Anfang an stark ein.

1.2.4 Sozialpolitische Maßnahmen

Auch wenn Anfang 1990 noch das in der DDR-Verfassung niedergelegte »Recht auf Arbeit« galt, „das in der Vergangenheit tatsächlich jedem Bürger ein juristisch gültiges Arbeitsverhältnis garantiert hatte" *(Belwe, 1991, S.27)*, wurden in der Praxis DDR-Bürger nach der Wende erstmals in ihrem Leben in spürbarem Umfange mit dem Phänomen der **Arbeitslosigkeit** konfrontiert. Schneller als erwartet setzte – wenn auch zunächst noch gesetzwidrig – der Abbau unrentabler Arbeitsplätze ein *(vgl. Belwe, 1990)*.

Trotz der einschlägigen Bestimmungen des AGB, wonach Werktätigen, die von Strukturveränderungen und Rationalisierungsmaßnahmen ihres Betriebes betroffen waren, ein Änderungsvertrag über eine zumutbare andere Arbeit vorzulegen war, kam es immer häufiger unter bewußter Verletzung der AGB-Bestimmungen zu Entlassungen. Betriebs- und Kombinatsdirektoren hatten noch nicht einmal Konsequenzen zu befürchten, da Urteile der Arbeitsgerichte zugunsten entlassener Werktätiger – sofern sie überhaupt noch zustande kamen – bereits Anfang 1990 nicht mehr »vollstreckbar« waren *(vgl. Belwe, 1990)*.

Trotz sich abzeichnender sozialer Probleme hatte HANS MODROW in seiner auf der 12. Volkskammertagung am 17. November 1989 abgegebenen Regierungserklärung kaum konkrete Aussagen zur weiteren sozialpolitischen Entwicklung gemacht. Sieht man von den grundsätzlichen Ausführungen zur Wirtschaftsreform, zur Demokratisierung und zur Herstellung der Rechtsstaatlichkeit ab, berührte er nur sehr fragmentarisch sozialpolitische Aspekte. Ein Grund dafür war offensichtlich, daß die neue Regierung nicht mit Versprechungen antreten wollte, deren Einlösung ökonomisch noch nicht abgesichert war. Mehr auf aktuelle Entwicklungen reagierend als einem konkreten sozialpolitischen Konzept folgend, kam es ab Januar 1990 dennoch zu einer Reihe sozialpolitischer Maßnahmen und Entscheidungen. Im Vordergrund standen dabei zunächst ad-hoc-Maßnahmen, um der drastisch ansteigenden Arbeitslosigkeit wenigstens durch **soziale Flankierung** zu begegnen.

Mit der **VO über die Gewährung staatlicher Unterstützung und betrieblicher Ausgleichszahlung an Bürger während der Zeit der Arbeitsvermittlung vom 8. Februar 1990** [GBl.I S.41] führte die DDR wieder eine Arbeitslosenversicherung ein, nachdem die in der Nachkriegszeit geschaffene Arbeitslosenunterstützung 1977 auch formal abgeschafft worden war *(vgl. D. Berg, 1990, S.419)*.

Anspruch auf Arbeitslosenunterstützung bestand nach dieser VO u. a. nur dann, wenn das Amt für Arbeit dem Bürger keine zumutbare Tätigkeit vermitteln konnte. Hatte der Antragsteller sein Arbeitsverhältnis durch eigene Kündigung aufgelöst, obwohl er durch den Betrieb auf die Folgen dieses Schrittes hingewiesen worden war, trat eine vierwöchige Sperrfrist ein. Fristlos Entlassene erhielten sogar frühestens acht Wochen nach Beendigung des Arbeitsverhältnisses eine Unterstützung. Kein

Anspruch auf Unterstützung bestand zudem, wenn der Arbeitsuchende Krankengeld, Invaliden- bzw. Altersrente oder eine entsprechende Versorgung erhielt. Die Unterstützung betrug monatlich 500 Mark; bei einer bisherigen Teilzeitbeschäftigung wurde sie allerdings nur anteilig gewährt. Personen mit einem bisherigen Nettodurchschnittslohn unter 500 Mark monatlich erhielten eine Unterstützung in Höhe ihres bisherigen Nettodurchschnittsverdienstes. Neben der vom Staat gezahlten Unterstützung sah die VO betriebliche Ausgleichszahlungen vor. Unterstützungsberechtigte Personen hatten zusätzlich gegenüber dem Betrieb, in dem sie zuletzt beschäftigt waren, Anspruch auf einen Ausgleich in Höhe der Differenz zwischen der Unterstützung und 70 % des bisherigen Nettodurchschnittslohnes, höchstens jedoch 500 Mark, sofern die Tätigkeit nicht durch eigene Kündigung oder fristlose Entlassung beendet worden war. Die VO regelte auch das Antragsverfahren und sah gegen ablehnende Entscheidungen nach Durchlaufen des Beschwerdeverfahrens eine gerichtliche Nachprüfung in der Sache selbst vor *(vgl. ROW, 1991, S.168f.; Belwe, 1990; Kreizberg, 1990a, S.220)*.

Eine ebenfalls rückwirkend erlassene 2. DB vom 22. Februar 1990 [GBl.I S.94] regelte eine Reihe von Besonderheiten des Unterstützungsanspruchs. U. a. hatten nun auch Absolventen des Direktstudiums einer Hoch- oder Fachschule, denen unmittelbar nach dem Studium keine zumutbare Tätigkeit vermittelt werden konnte, Anspruch auf Unterstützung. Als zumutbar wurde dabei zunächst eine Tätigkeit in der jeweiligen Qualifikationsstufe angesehen (dies galt im übrigen generell, also nicht nur für Berufsanfänger). Nach sechsmonatiger Arbeitslosigkeit kam die nächst niedrigere oder unter bestimmten Voraussetzungen eine noch tiefere Qualifikationsstufe in Betracht. Wurde die angebotene Tätigkeit abgelehnt, konnte das Amt für Arbeit die Unterstützungszahlung für den Zeitraum von vier Monaten aussetzen *(vgl. Berliner Allgemeine, Nr.21 v. 24./25.2.1990)*.

Obschon zu diesem Zeitpunkt niemand mehr die Augen vor einer wachsenden offenen Arbeitslosigkeit verschließen konnte, vermied es die VO noch „fast peinlich, den Begriff »Arbeitslosigkeit« zu erwähnen" *(Wolter, 1990, S.38)*. Bis Ende Februar 1990 hatten 10.743, bis Mitte März 27.924 und bis Ende März bereits 38.313 Personen Arbeitslosenunterstützung beantragt, wobei die meisten Anträge zunächst im Bereich von Ost-Berlin und Potsdam gestellt worden waren. Ende März hatten die zuständigen Stellen allerdings erst 16.725 Anträge genehmigt und 5,710 Mio. Mark an Arbeitslosengeld ausbezahlt. Mehr als 5.170 Arbeitslose erhielten Angaben des Arbeitsministeriums zufolge zusätzlich eine betriebliche Ausgleichszahlung. Von den antragstellenden Arbeitslosen waren seinerzeit mehr als die Hälfte (56,8 %) Facharbeiter; 18,89 % besaßen einen Hoch- oder Fachhochschulabschluß. Der Anteil der Frauen unter den Arbeitslosen lag bei 41,87 %, der der Jugendlichen bei 16,66 %. Unter den Antragstellern waren ferner 2.294 Alleinerziehende, 249 Schwerbeschädigte sowie 186 Ausländer. Vor allem von seiten des Arbeitslosenverbandes der DDR wurden die offiziellen Zahlen angezweifelt; er schätzte die tatsächliche Zahl der Erwerbslosen Ende März auf 60.000 bis 70.000 *(vgl. Süddeutsche Zeitung v. 7. und 9.4.1990; Frankfurter Allgemeine Zeitung v. 25. 5. 1990; Die Wirtschaft v. 23. 5. 1990; Belwe, 1990; Zentrale Arbeitsverwaltung, Bericht zur Beschäftigungslage im März 1990)*.

Flankierend schuf eine weitere am 8. Februar 1990 erlassene **VO über die Umschulung von Bürgern zur Sicherung einer Berufstätigkeit** [GBl.I S.83] erste Möglichkeiten, Umschulungsmaßnahmen mit dem Ziel durchzuführen, die berufliche Mobilität der Bürger zu erhöhen und dadurch die Wiederaufnahme einer Berufstätigkeit zu unterstützen.

Zuständig für derartige Maßnahmen waren die Ämter für Arbeit. Bei diesen konnten sich Arbeitsuchende über Angebote der beruflichen Umschulung und die sich daraus ergebenden Möglichkeiten zur Wiederaufnahme einer Beschäftigung informieren und beraten lassen. Lehrgangsgebühren und Kosten für Lernmittel, aber auch für die Verpflegung und eventuell auswärtige Unterbringung wurden von den Ämtern für Arbeit übernommen. Bei der Umschulung sollte von den Erfordernissen des Arbeitsmarktes ausgegangen werden, wobei die Dauer der Maßnahme 12 Monate nicht überschreiten sollte. Abgesehen davon, daß es bei weitem zu wenig Kurse gab, „die eine Umschulung entsprechend den Erfordernissen des sich wandelnden Arbeitsmarktes sicherstell(t)en, (war) eine solche Maßnahme nicht gleichbedeutend damit, daß ein Arbeitsplatz wie bisher gesellschaftlich vermittelt (wurde)" *(Belwe, 1990)*. Insgesamt war diese VO ein allererster Versuch, auf die sich ändernden Rahmenbedingungen zu reagieren; seine Wirksamkeit hing entscheidend vom Aufbau qualifizierter Umschulungsangebote, aber auch der »Eigeninitiative« der betroffenen Arbeitnehmer ab.

Die VO über Arbeitslosenunterstützung sollte nur bis zu der gesetzlichen Regelung einer Arbeitslosenversicherung gelten. Dies zeigte, daß „mit der bisher verabschiedeten Verordnung zunächst (allenfalls) die schlimmsten sozialen Auswirkungen verhütet werden"

(D. Berg, 1990, S.423) sollten. Die ebenfalls am 8. Februar 1990 erlassene und rückwirkend zum 1.2. in Kraft gesetzte **VO über die Gewährung von Vorruhestandsgeld** [GBl.I S.42] deutete darauf hin, daß die Übergangsregierung bereits damals von Arbeitskräftefreisetzungen in weit größerem Umfange ausging.

Nach dieser VO hatten Arbeiter und Angestellte bei Beendigung des Arbeitsrechtsverhältnisses ab dem 5. Jahr vor Erreichen des Rentenalters Anspruch auf Vorruhestandsgeld, wenn sie die vereinbarte Arbeitsaufgabe wegen ärztlich festgestellter Nichteignung, infolge von Rationalisierungsmaßnahmen oder Strukturveränderungen oder wegen anderer von ihnen nicht zu vertretender Gründe nicht mehr ausübten, ihnen keine zumutbare andere Arbeit im selben oder einem anderen Betrieb oder eine zumutbare Umschulung angeboten werden konnte und sie mindestens 25 Jahre (Männer) bzw. 20 Jahre (Frauen) versicherungspflichtig tätig waren (davon mindestens 5 Jahre vor Ausscheiden aus dem Arbeitsrechtsverhältnis). Das Vorruhestandsgeld, das auf Antrag vom Betrieb bis zur Gewährung der Alters- oder Invalidenrente gezahlt wurde, betrug bei Vollbeschäftigten in der Regel 70 % des Nettolohnes der letzten 12 Monate, mindestens jedoch 500 Mark (bei Verdiensten unter 500 Mark wurde dieser Betrag als Vorruhestandsgeld gewährt). Das Vorruhestandsgeld wurde nicht besteuert, war aber beitragspflichtig zur Sozialversicherung (entsprechend galt die Bezugsdauer als versicherungspflichtige Tätigkeit). Bezieher von Vorruhestandsgeld durften bis zu 25 % des bisherigen Nettolohnes, monatlich jedoch höchstens 400 Mark hinzuverdienen. Den Betrieben wurden auf Antrag 50 % des gezahlten Vorruhestandsgeldes aus Mitteln des Staatshaushaltes erstattet. Unter bestimmten Voraussetzungen galt die VO auch für Mitglieder von Produktionsgenossenschaften *(vgl. D. Berg, 1990, S.423; ROW, 1991, S.169)*.

Während diese Maßnahmen erste Konsequenzen der wirtschaftlichen Umstrukturierung lediglich sozial abfedern konnten, war schnell klar, daß der **Aufbau einer funktionsfähigen Arbeitsverwaltung** der nächste Schritt sein mußte, „um die Arbeitsmarktprobleme sozial verträglich in den Griff zu bekommen" *(D. Berg, 1990, S.423)*. Die bisherigen Ämter für Arbeit waren kaum darauf vorbereitet, in größerer Zahl arbeitslose Personen zu betreuen. Mit der **VO über die Aufgaben, Rechte und Pflichten der Arbeitsämter und der Betriebe zur Sicherung des Rechts auf Arbeit vom 8. März 1990** [GBl.I S. 161] wurde auch hier ein erster Versuch gemacht, die Effizienz der Arbeitsmarktverwaltung zu erhöhen.

Umfassender als bisher regelte die VO zu diesem Zweck die Befugnisse und den Tätigkeitsbereich der Ämter für Arbeit. Dabei wurde insbesondere berücksichtigt, daß sie nunmehr auch für Entscheidungen über Anträge auf Gewährung staatlicher Unterstützung und betrieblicher Ausgleichszahlungen zuständig waren *(vgl. Luttosch/v. Schlabrendorff, 1990, S.60)*. Seit Anfang 1990 kam es auch zu ersten Kontakten zwischen den zuständigen Stellen der DDR und dem BMA bzw. der Bundesanstalt für Arbeit, die dem Ziel dienen sollten, Hilfeleistungen beim Aufbau einer funktionierenden und leistungsfähigen Arbeitsmarktverwaltung zu gewährleisten *(vgl. BA-Geschäftsbericht, 1990, S.7 f)*.

Die für DDR-Bürger völlig neue Konfrontation mit dem Phänomen Arbeitslosigkeit löste erhebliche Unruhe und Ängste aus. Obgleich eine Umfrage von Anfang Februar 1990 ergab, daß 71 % weiterhin die Durchsetzung der AGB-Regelungen durch die Regierung wünschten und 44 % nach wie vor auf eine Gesellschaft ohne Arbeitslosigkeit hofften, stellte sich die Bevölkerung allmählich darauf ein, daß in Zukunft der Arbeitsplatz nicht mehr durch den Staat garantiert werden kann *(vgl. Belwe, 1990)*. Für Beunruhigung sorgten dabei insbesondere die höchst unterschiedlichen Prognosen hinsichtlich der Höhe der zu erwartenden Arbeitslosigkeit. Die genannten Zahlen reichten von einigen Zehntausend bis zu mehreren Millionen Erwerbslosen.

Ebenfalls eine schnelle Reaktion auf aktuelle Entwicklungen stellte die Mitte Januar in Kraft getretetene **VO über die Gewährung eines Zuschlages zum staatlichen Kindergeld vom 4. Januar 1990** [GBl.I S.3] dar.

Ihre Verabschiedung stand in direktem Zusammenhang mit der Neufestsetzung von Einzelhandelsverkaufspreisen für bestimmte Artikel von Kinderbekleidung und war als eine soziale Ausgleichsmaßnahme gedacht. Die VO führte einen steuer- und sozialabgabenfreien monatlichen Zuschlag zum Kindergeld ein, der für Kinder bis zu zwölf Jahren 45 und für Kinder ab dem 13. Lebensjahr 65 Mark betrug.

Erste Anpassungsmaßnahmen wurden von der Übergangsregierung zudem im **Sozialfürsorgerecht** mit der 4. SozialfürsorgeVO vom 8. März 1990 [GBl. I S. 165] sowie im **Rentenrecht** mit der 5. RentenVO vom 25. Januar 1990 [GBl. I S. 24] vorgenommen.

Die SozialfürsorgeVO enthielt erstmals einen Anspruch auf Sozialfürsorgeunterstützung und regelte die Sätze der monatlichen Unterstützung neu. Sie betrugen nun für alleinstehende Bürger monatlich 300 Mark und für Ehepaare monatlich 500 Mark. In Ergänzung bestehender Vorschriften anerkannte die 5. RentenVO bestimmte Zeiten als versicherungspflichtige Tätigkeiten. Hierbei handelte es sich u. a. um Zeiten der Berufstätigkeit nach dem 31. 12. 1945, für die aufgrund der in dieser Zeit geltenden Bestimmungen keine Versicherungspflicht bestand, sowie um Zeiten des Arbeitseinsatzes während des Strafvollzuges.

Eine weitere Vergünstigung für die Arbeitnehmer brachte die **3. VO über den Erholungsurlaub vom 22. Februar 1990** [GBl. I S. 85], durch die der Grundurlaub bzw. der erhöhte Grundurlaub für alle Arbeitnehmer und Lehrlinge um 2 Arbeitstage erweitert wurde. Bei ununterbrochener Tätigkeit in einem Betrieb konnte die Erhöhung unter bestimmten Voraussetzungen sogar 3 Tage betragen.

Neben den eher pragmatischen Maßnahmen zur Überbrückung unmittelbar aufgetretener sozialer Problemlagen gab es in der Endphase der Regierung MODROW auch Versuche, bestimmte »sozialpolitische Errungenschaften der DDR« für die Zukunft gesetzlich festzuschreiben. Dazu gehörten insbesondere die vom »Runden Tisch« vorgelegte **Sozialcharta** sowie das sog. **Gewerkschaftsgesetz**. Beide Projekte waren zum einen in der DDR selbst nicht unumstritten, stießen aber insbesondere im Hinblick auf die angestrebte Vereinigung bei verschiedenen Kräften in der Bundesrepublik auf entschiedene Ablehnung.

Nach längeren Beratungen hatte der »Runde Tisch« am 5. März 1990 die DDR-Regierung aufgefordert, in die Verhandlungen über eine Wirtschafts- und Währungsunion eine Sozialcharta einzubringen, in der u. a. die Beibehaltung der öffentlich finanzierten Kinderbetreuung einschließlich Schulspeisung, eine staatliche Mietpreisaufsicht, die Festschreibung des Rechts auf Arbeit, Wohnung, unentgeltliche Bildung und Gesundheitsbetreuung, die Absicherung sozial Benachteiligter, das Streikrecht und ein Aussperrungsverbot sowie die Gleichstellung von Mann und Frau in allen gesellschaftlichen Bereichen verlangt wurden. In diesem Zusammenhang schlug der »Runde Tisch« zudem vor, ein Ministerium für Gleichstellungsfragen sowie ein Ministerium für Familie und Soziales zu schaffen. Auf ihrer letzten Sitzung am 7. März 1990 verabschiedete die DDR-Volkskammer einen Beschluß über die Grundlinie und die Standpunkte einer Sozialcharta. In ihr waren jene Punkte festgehalten, die die DDR in eine Sozialunion mit der Bundesrepublik Deutschland einbringen sollte *(vgl. DA, 4/1990, S. 631; Frankfurter Rundschau, Nr. 63 v. 15.3.1990, S. 3; Zeitschrift für Sozialreform, 36. Jg., Heft 3-4/1990, S. 256 ff.)*. Erhebliche Kritik an der Sozialcharta kam vor allem von seiten der Unternehmer sowie der eher konservativen Kräfte in der Bundesrepublik. Nach ihrer Auffassung bewegte sich die »Sozialcharta« „in weiten Teilen noch in den Denkstrukturen sozialistischer Luftschlösser" *(Seehofer, 1990)*. Besonders wurde kritisiert, daß in der Sozialcharta ungeachtet der realsozialistischen Erfahrungen erneut das »Recht auf Arbeit« verbrieft werden sollte. Ihrer Ansicht nach habe die soziale Marktwirtschaft bewiesen, daß sozialer Wohlstand und soziale Sicherheit besser durch möglichst geringen Staatseinfluß zu gewährleisten seien. Dagegen ziele die Sozialcharta darauf ab, Menschen weiterhin in staatlicher Abhängigkeit und Unmündigkeit zu halten *(vgl. Seehofer, 1990)*. Auch wenn es daneben Positionen gab, die zumindest einzelne Ansätze der Sozialcharta für beachtenswert hielten, wurden dem Projekt insgesamt jedoch von kaum jemandem ernsthaftere Erfolgsaussichten beigemessen. Die entstandene Dynamik der politischen Entwicklungen, die zunehmend deutlicher auf eine weitgehende Übernahme westdeutscher Sozialstrukturen hinsteuerte, hatte zur Folge, daß der »Entwurf einer Sozialcharta« sehr schnell in Vergessenheit geriet.

Während es sich bei der Sozialcharta lediglich um einen Auftrag handelte, wurde das **Gesetz über die Rechte der Gewerkschaften in der DDR** [GBl. I S. 110] von der Volkskammer am 6. März 1990 einschließlich der dafür notwendigen Verfassungsänderung verabschiedet.

Das Gewerkschaftsgesetz brachte hinsichtlich der Organisation von Gewerkschaften gegenüber dem früheren Rechtszustand in der DDR keineswegs grundlegende Änderungen. Formal sollten auch nach altem DDR-Recht die Gewerkschaften frei und unabhängig sein, jedoch hatte „sich die SED nie daran gehalten und ständig Arbeitsanweisungen für die Gewerkschaftsleitungen in den Betrieben erteilt" *(Luttosch/v. Schlabrendorff, 1990, S.65)*. Das neue Gewerkschaftsgesetz räumte jedem, der in einem Arbeits-, Lehr- Dienst- oder Studienverhältnis stand, das Recht ein, sich in freien und unabhängigen Gewerkschaften zu organisieren. Die Gewerkschaften sollten rechtsfähig und berechtigt sein, über alle die Arbeits- und Lebensbedingungen der Werktätigen betreffenden Fragen Verträge und Vereinbarungen zu schließen. Das Gesetz billigte den Gewerkschaften ein Recht auf Gesetzesinitiative sowie das Recht auf Mitbestimmung bei allen betrieblichen Fragen, die die Werktätigen berührten, zu. Die Gewerkschaften hatten ferner nach erfolglosem Schlichtungsverfahren das Recht auf Streik. Dagegen wurde die Aussperrung ausdrücklich verboten und durfte weder direkt noch indirekt als Arbeitskampfmittel eingesetzt werden. Ebenfalls ausgeschlossen wurde die Geltendmachung von Schadenersatzansprüchen bei Arbeitskämpfen. Darüber hinaus war in allen Fällen mittelbar arbeitskampfbedingter Produktionsstörungen eine Lohnfortzahlung für die betroffenen Arbeitnehmer gesetzlich zu gewährleisten. Betrieblichen Gewerkschaftsvertretern durfte ohne vorherige Zustimmung der/des übergeordneten Gewerkschaftsleitung/-vorstandes weder ordentlich noch fristlos gekündigt werden, wobei der entsprechende Kündigungsschutz bis zu drei Jahren nach Beendigung der während der Wahrnehmung gewerkschaftlicher Aufgaben erfolgten Freistellung fortbestehen sollte *(vgl. Däubler/Klebe, 1990, S.24; Nägele, 1990 b, S.16 ff.)*.

Das Gesetz enthielt damit eine außerordentlich umfassende **Absicherung des Streikrechts** sowie eine vollständige **Absicherung gegenüber Streikfolgen** jeder Art. Als weitere Absicherung gewerkschaftlicher Aktivitäten gedacht war offensichtlich auch die am 15. März 1990 – also wenige Tage vor den Wahlen – erlassene und am 1. 4. 1990 in Kraft getretene AO über die Finanzierung der Entlohnung der freigestellten betrieblichen Gewerkschaftsvertreter [GBl.I S.180]. Danach hatten die Betriebe monatlich bestimmte Beträge in einen Fonds der zuständigen Gewerkschaft abzuführen.

Während westdeutsche Gewerkschaftsrepräsentanten das DDR-Gewerkschaftsgesetz als einen »Schritt in die richtige Richtung« werteten und vor allem das in diesem Gesetz verankerte Aussperrungsverbot nachdrücklich begrüßten, sahen Vertreter von CDU/CSU, FDP sowie der Unternehmerverbände in dem Gesetz den Versuch des FDGB, seine Machtpositionen langfristig abzusichern *(vgl. Hettlage, 1990)*. Weniger interessengebundene Fachleute kritisierten an dem Gesetz seine rechtstechnischen Unzulänglichkeiten sowie die Tatsache, daß es praktisch völlig darauf verzichtete, die realen Entwicklungen in den Betrieben der DDR aufzugreifen. Wegen der weitgehenden Nichtbeachtung der ablaufenden Entwicklungen wurde davon ausgegangen, daß dem Gesetz keine große Lebensdauer beschieden sein dürfte *(vgl. Däubler/Klebe, 1990, S.24)*.

Die Gegner des Gewerkschaftsgesetzes betonten, daß von einem Gleichgewicht der Kräfte nicht im entferntesten mehr die Rede sein könne. Absicht des Gesetzes sei es, die Unternehmer bei sozialen Konflikten völlig wehrlos zu stellen. Freie unternehmerische Entscheidungen würden „durch eine einschneidende Mitbestimmung der Gewerkschaften stranguliert, die sich auf alle betrieblichen Gegebenheiten erstreck(e)" *(Hettlage, 1990)*. Als unannehmbar wurden ferner das Verbot der Aussperrung sowie das parlamentarische Initiativrecht des FDGB angesehen. Für die Bundesvereinigung der Deutschen Industrie stellte das Gesetz ein »Investitionshemmnis erster Güte« dar. Auch für den Vorsitzenden der Ost-SPD war das Gesetz in dieser Form nicht aufrechtzuerhalten *(vgl. Handelsblatt v. 12.3.1990)*. Von den den Gewerkschaften nahestehenden Fachleuten und Politikern wurden vor allem erhebliche Vorbehalte gegen die Nichtberücksichtigung von Betriebsräten in diesem Gesetz gemacht. Auch wenn ostdeutsche Gewerkschafter ihrem System weiterhin anhingen, erscheine es schwer vorstellbar, daß es eine Arbeitsverfassung gebe, die nicht für ganz Deutschland die Wahl von Betriebsräten eröffne. Völlig inakzeptabel war auch für sie der ursprüngliche Gesetzentwurf des FDGB gewesen, der eine Reihe unannehmbarer Organisations- und Überlebenshilfen für den FDGB enthalten hatte und außerdem in Arbeitssachen ein Veto des FDGB gegen beschlossene Gesetze vorsah *(vgl. Handelsblatt v. 19.3.1990; Wilke, 1990 a, S.369)*.

Großes Aufsehen und erhebliches Mißfallen vor allem in der Bundesrepublik erregte auch die von der Regierung Modrow am 22. Februar 1990 erlassene **VO zur Arbeit mit Personalunterlagen** [GBl.I S.84]. Auch wenn sich aus der VO selbst keine Ermächtigung zum »Säubern« von Personalunterlagen durch den Arbeitnehmer ergab, wurde diese VO doch dahingehend verstanden, daß vor allem den ehemaligen SED-Kadern ermöglicht werden sollte, ihre Personalakten um jene Belobigungen und Auszeichnungen zu bereinigen, von denen anzunehmen war, daß sie sich in der Zukunft eher zuungunsten der betreffenden Personen auswirken könnten.

Die VO selbst sollte gemäß Präambel den Zweck haben, den Schutz persönlicher Daten der Werktätigen in den Staatsorganen, Kombinaten, Betrieben, Genossenschaften, Verwaltungen und sonstigen Einrichtungen zu gewährleisten. Anstelle der bisherigen Personalakten sollten die Organe und Betriebe nur noch entsprechend den betrieblichen Erfordernissen Personalunterlagen über ihre Mitarbeiter führen, in die die Betroffenen auf Ersuchen Einsicht nehmen konnten. Die Betriebsleiter hatten zudem das Recht, von den Werktätigen Dokumente und Informationen zu verlangen, die für eine Aktualisierung der Personalunterlagen erforderlich waren. Sie waren zugleich berechtigt, nicht mehr aktuelle Unterlagen und Dokumente aus den Personalunterlagen zu entfernen und den Werktätigen zurückzugeben. Im übrigen hatten die Leiter der Organe und Betriebe zu veranlassen, daß die vorhandenen Personalakten zusammen mit dem Werktätigen sukzessive aufgelöst (spätestens bis zum Ausscheiden des Betreffenden) und nicht mehr benötigte Schriftstücke dem Werktätigen zur persönlichen Verfügung ausgehändigt wurden *(vgl. ROW, 1991, S.247)*.

1.2.5 Der Niedergang des Freien Deutschen Gewerkschaftsbundes (FDGB)

Noch weniger als in der SED gab es innerhalb des Freien Deutschen Gewerkschaftsbundes im Herbst 1989 Anzeichen für reformerische Überlegungen; „bis Anfang Dezember 1989 vollzog der FDGB die Entwicklung der SED lediglich in zeitlichem Abstand nach. Erst dann begann er, eine Politik der »Eigenständigkeit« gegenüber der Partei und dem Staat zu verfolgen" *(Wilke, 1990a, S.367)*. Die Tatsache, daß der FDGB es war, der mit am längsten an alten ideologischen Positionen und der alten SED-Führung festgehalten hatte, ließen die Chancen auf eine innere Erneuerung von Anfang an auf ein Minimum schwinden. Innerhalb dieser Massenorganisation gab es keine nennenswerten Kräfte, die sich darauf hätten berufen können, maßgeblich an der Herbeiführung der Wende mitgewirkt zu haben.

Nachdem am 17.10.1989 die erste Gründung einer unabhängigen Betriebsgewerkschaft bekannt geworden war und der neue SED-Generalsekretär KRENZ kurz danach den FDGB aufgefordert hatte, »seine großen Möglichkeiten demokratischer Mitbestimmung effektiver auszuschöpfen«, hatte am 1.11.1989 ein von Vertretern der FDGB-Hochschule erarbeitetes Diskussionspapier eine »Wende in der Gewerkschaftsarbeit« gefordert. Ausgehend von einem für den FDGB konstatierten »Autoritätsverfall« sorgten sie sich »um die Rettung und Bewahrung der Einheitsgewerkschaften als wirkliche Interessenvertreter der Werktätigen«. Unter Hinweis auf die DDR-Verfassung (Art.44 Abs.2) traten sie für eine Eigenständigkeit des FDGB ein und verlangten neben einem Gewerkschaftsgesetz mit Regelungen für den »Konfliktfall (einschließlich Arbeitsniederlegung) zwischen Staat und Gewerkschaft« einen gesetzlichen Schutz »der Gewerkschaftsfunktionäre vor ungerechtfertigten Kritiken«. Während bei diesen Gewerkschaftern zumindest ansatzweise eine Änderung erkennbar war, hatte der FDGB-Vorsitzende TISCH kurz zuvor noch unmißverständlich klargestellt, daß der Grundsatz der Eigenständigkeit keine politische Neutralität bedeute. »Wer die Gewerkschaften benutzen will, um unter ihrem Schirm gegen den Staat aufzutreten, der ist bei uns in der DDR am falschen Platz« *(vgl. Wilke, 1990a, S.367; Tribüne v. 1.11.1989)*.

Ungeachtet aller Bemühungen geriet allerdings auch der FDGB – wie sämtliche früheren von der SED abhängigen Massenorganisationen – sehr schnell in eine immer **tiefgreifendere Identitätskrise**. Als man damit begann, sich auf die neue Situation einzustellen, und versuchte, die Organisation zu stabilisieren, „war die Zeit schon darüber hinweggegangen" *(Wilke, 1990a, S.367)*. Erstes deutlich sichtbares Zeichen des sich an der Gewerkschaftsbasis formierenden Unwillens und Mißtrauens war der Sturz des langjährigen FDGB-Vorsitzenden HARRY TISCH am 2. November 1989. An seine Stelle trat zunächst die Vorsitzende des Ost-Berliner FDGB-Bezirks ANNELIS KIMMEL. Noch in der Hoffnung, den Verband retten zu können, beschloß die 11. Tagung des FDGB-Bundesvorstandes am 29. November 1989, HARRY TISCH wegen Amtsmißbrauch aus dem FDGB auszuschließen und für Ende Januar 1990 einen außerordentlichen FDGB-Kongreß einzuberufen *(vgl. DA, 12/1990, S. 1486)*. Ebenso wie bei der SED drängte auch hier die Gewerkschaftsbasis zu rascheren Entscheidungen.

Am 6. 12. 1989 demonstrierten rund 2.000 Gewerkschafter vor dem Gebäude des FDGB-Bundesvorstandes in Ost-Berlin gegen Korruption und Amtsmißbrauch, für eine konsequente Erneuerung der Gewerkschaft und eine Teilnahme an den Gesprächen am »Runden Tisch«. Nicht zuletzt unter diesem Eindruck sowie wegen sich konkretisierender Personalskandale traten auf der 12. Tagung des FDGB-Bundesvorstandes am 9. 12. 1989 der gesamte Bundesvorstand und das von ANNELIS KIMMEL geleitete Arbeitssekretariat zurück. Die Leitung des FDGB übernahm ein 32 köpfiges Komitee zur Vorbereitung eines außerordentlichen Gewerkschaftstages. Ihm gehörten zu zwei Dritteln Mitglieder aus Zentral-, Bezirks- und Kreisvorständen der Einzelgewerkschaften an, darunter 11 Mitglieder aus den Zentralvorständen und 6 Funktionäre aus betrieblichen Gewerkschaftsleitungen. Für die weitere Entwicklung stellte das Komitee fünf Thesen über ein Gewerkschaftsgesetz zur Diskussion.

Die Haupttendenz der Vorschläge zielte auf eine nachhaltige Absicherung der Machtpositionen des FDGB durch Gesetz ab. Monopol-Privilegien für die Betriebsgewerkschaftsleitungen sowie ein besonderer gesetzlicher Schutz für die Gewerkschaftsfunktionäre zählten weiterhin zu den Hauptforderungen. „Nachdem die SED die Position und die Institution des FDGB nicht mehr garantieren konnte, sollte es Sache des Staates werden, den gewerkschaftlichen Monopolanspruch abzusichern. Bei diesem Ruf der FDGB-Funktionäre nach staatlicher Protektion durch ein Gewerkschaftsgesetz kamen die Mitglieder und ihre Interessen noch nicht vor. Den kommunistischen Gewerkschaftskadern wollte nicht in den Kopf, daß die Stärke ihrer Organisation künftig auf dem freiwilligen Beitritt und der freiwilligen Folgebereitschaft jedes einzelnen Mitglieds beruhen könnte" *(Wilke, 1990 a, S. 368)*. Entsprechend planten die FDGB-Funktionäre die vorgesehene Neuorganisation des Gewerkschaftsverbandes von oben.

Bereits von **Auflösungserscheinungen** gekennzeichnet fand am 31. 1./1. 2. 1990 in Ost-Berlin ein **außerordentlicher FDGB-Kongreß** statt, auf dem die Delegierten eine neue Satzung verabschiedeten, die den Einzelgewerkschaften Eigenständigkeit einräumte und dem FDGB nur noch den Charakter einer Dachgewerkschaft zuwies. Gleichzeitig wurde HELGA MAUSCH zur neuen FDGB-Vorsitzenden gewählt. In dem Versuch, mit der Vergangenheit zu brechen, wurden in der Folgezeit zahlreiche Einzelgewerkschaften neu gegründet.

Als der FDGB Ende Januar 1990 zu seinem außerordentlichen Kongreß zusammentrat, mußten auch die Funktionäre die neue Situation zur Kenntnis nehmen. Die einst stolzeste »Massenorganisation« der SED mit rd. 9,5 Mio. Mitgliedern und einem Organisationsgrad von nahezu 100 Prozent war längst in einen sich ständig beschleunigenden Zerfallsprozeß eingetreten. „Betriebsgewerkschaftsleitungen lösten sich auf, nachdem sie ihre wichtigste Stütze vorloren hatten: die Betriebsparteisekretäre und -agitatoren der SED. Hinzu kam eine massive Austrittswelle: 983.092 Mitglieder (ca. 10 Prozent) hatten dem FDGB den Rücken gekehrt. Ein knappes Drittel verweigerte den Beitrag oder zahlte nur noch das Minimum von 0,50 Mark, fror die Gelder auf Sperrkonten ein oder verbot den beitragserhebenden Grundorganisationen, die Gelder an die Zentrale zu überweisen" *(Wilke, 1990 a, S. 368; vgl. Beyme, 1990, S. 332 ff.; Seideneck, 1991, S. 3 f.)*.

Auch wenn die FDGB-Funktionäre zunächst wohl annahmen, mit der Umwandlung der Massenorganisation in einen Bund selbständiger Einzelgewerkschaften einen Konsolidierungsprozeß eingeleitet zu haben, und es ihnen gelang, die noch nicht demokratisch legitimierte Volkskammer zu veranlassen, ein Gewerkschaftsgesetz zu verabschieden, das ganz darauf zugeschnitten war, die Macht- und Einflußpositionen des FDGB dauerhaft zu sichern, ging der FDGB unaufhaltsam seinem Untergang entgegen.

1. 2. 6 Erste Schritte auf dem Weg zur deutschen Einheit

Obgleich bei den Demonstrationen in der DDR zunehmend Rufe nach einer Vereinigung der beiden deutschen Staaten laut wurden, hielten direkt nach der Wende die politischen Führungsebenen auf beiden Seiten allenfalls eine Intensivierung der bilateralen Beziehungen für denkbar. Zwar erklärte der Übergangs-Ministerpräsident HANS MODROW bereits in seiner Regierungserklärung vom 17. November 1989 seine Bereitschaft, eine kooperative Koexistenz auf eine neue Basis zu heben. Mit der von ihm angebotenen **Vertragsgemeinschaft**, die weit über den Grundlagenvertrag hinausgehen sollte, beabsichtigte er aber dennoch nicht, die DDR in absehbarer Zeit als selbständigen Staat zu eliminieren. Abgesehen davon, daß MODROW bei seinen Vorstellungen noch sehr allgemein geblieben war, ging es ihm zunächst primär darum, durch ein engeres Vertragsverhältnis zur Bundesrepublik Hilfe für den Aufbau der maroden DDR-Wirtschaft zu erhalten *(vgl. Rauschning, 1990, S.3; Mahnke, 1990, S.133; Neues Deutschland v. 18.11.1989; DA, 1/1990, S.135)*.

Bundeskanzler KOHL griff den Gedanken der Vertragsgemeinschaft nicht nur auf, sondern ging in seiner am 28. November 1989 im Bundestag abgegebenen **Zehn-Punkte-Erklärung** [Sten.Prot.BT 11.WP., S.13510 ff.] noch darüber hinaus, indem er konföderative Strukturen bis hin zu einer bundesstaatlichen Ordnung vorschlug und dabei nicht versäumte, auf das vom Grundgesetz der Bundesrepublik vorgegebene Ziel, die staatliche Einheit herzustellen, hinzuweisen.

Bezug nehmend auf die von MODROW vorgeschlagene Vertragsgemeinschaft wies KOHL darauf hin, daß die »Nähe und der besondere Charakter der Beziehungen zwischen den beiden Staaten in Deutschland ein immer dichteres Netz von Vereinbarungen in allen Bereichen und auf allen Ebenen« erfordere. Dabei ging er davon aus, daß diese Zusammenarbeit zunehmend auch gemeinsame Institutionen notwendig machen werde. Bereits bestehende Kommissionen sollten neue Aufgaben erhalten, weitere zusätzlich gebildet werden. Konkret dachte der Kanzler an die Bereiche Wirtschaft, Verkehr, Umweltschutz, Wissenschaft und Technik, Gesundheit und Kultur. In einem weiteren Schritt sei man bereit, »konföderative Strukturen« zwischen beiden Staaten in Deutschland mit dem Ziel zu entwickeln, eine Föderation, d. h. eine bundesstaatliche Ordnung in Deutschland zu schaffen. Letzteres setze nach seiner Ansicht allerdings zwingend eine demokratisch legitimierte Regierung in der DDR voraus. Nach freien Wahlen hielt er schon bald u. a. einen gemeinsamen Regierungsausschuß zur ständigen Konsultation und politischen Abstimmung, gemeinsame Fachausschüsse sowie ein gemeinsames parlamentarisches Gremium für vorstellbar. Er empfahl, in einem stufenweisen Prozeß neue Formen institutioneller Zusammenarbeit zu entwickeln und sie ständig auszuweiten *(vgl. Bull.d.BReg. v. 28.11.1989, S.1147)*.

Ein erster direkter Austausch über die gegenseitigen Vorstellungen erfolgte bereits wenige Wochen später bei Gesprächen zwischen KOHL und MODROW am 20. Dezember 1989 in Dresden. Übereinstimmung bestand u. a. darin, daß die Wirtschaft ein zentrales Element der Vertragsgemeinschaft bilden müsse und in der DDR eine Wirtschaftsreform anzustreben sei, die sich an Marktbedingungen orientiert *(vgl. FAZ v. 21. 12. 1989, S.14; H.-J. Fink, 1990, S.3)*.

In einer Gemeinsamen Mitteilung wurde festgehalten, daß man – ausgehend vom Grundlagenvertrag – die Beziehungen auf eine andere Stufe heben und sie enger und langfristiger gestalten wolle. Weiter hieß es: »Angesichts der historisch bedingten Besonderheit der Beziehungen zwischen beiden deutschen Staaten wird ein dichteres Netz von Vereinbarungen in allen Bereichen und auf allen Ebenen erforderlich werden, in das Berlin (West) entsprechend dem Viermächte-Abkommen einzubeziehen ist. Über die bestehenden Verträge hinaus soll eine Vertragsgemeinschaft entwickelt werden mit Institutionen zur Behandlung der gemeinsamen Probleme des gesellschaftlichen Lebens« *(Bull.d.BReg. v. 20.12.1989, S.1250; Neues Deutschland v. 20.12.1989, S.1,6)*. Neben zahlreichen unmittelbar praktischen Vereinbarungen (Öffnung des Brandenburger Tores; vorgezogene Befreiung der Bundesbürger und West-Berliner von Visapflicht und Zwangsumtausch; Bekanntgabe eines neuen Umtauschsatzes zwischen Mark und DM; Entlassung aller politischen Häftlinge) wurde in Dresden vereinbart, Experten beider Seiten mit der Ausarbeitung eines Vertrages über Zusammenarbeit und gute Nachbarschaft zu beauftragen. Beschlossen wurde zudem die Bildung von 11 Kommissionen und Expertengruppen, um die Vertragsgemeinschaft mit konkreten Inhalten auszufüllen. Außerdem kam man überein, den bereits seit langem vorgesehenen gemeinsamen Wirtschaftsausschuß endlich ins Leben zu rufen, um neue Bereiche der Zusammenarbeit insbesondere im Handwerk, im Handel und den Dienstleistungen einschließlich des Tourismus zu erschließen.

Eine Rahmenvereinbarung sollte die Bedingungen für die Bildung von deutsch-deutschen Gemeinschaftsunternehmen (»joint ventures«) verbessern. Allerdings lehnte es die bundesrepublikanische Seite ab, »Steuergeschenke« an die DDR zu verteilen; zur Erleichterung der Gründung von Klein- und Mittelunternehmen sowie zur Förderung von Gemeinschaftsunternehmen sollte vielmehr der Kreditrahmen aus dem ERP-Sondervermögen von 2 auf 6 Mrd. DM aufgestockt und das für Lieferungen in die DDR vorgesehene Kredit-Garantievolumen von 1,5 auf ebenfalls 6 Mrd. DM erhöht werden *(vgl. FAZ v. 21.12.1989, S.9; H.-J. Fink, 1990, S.3)*.

Das SPD-Präsidium hatte sich am 11. Dezember 1989 ebenfalls für eine Vertragsgemeinschaft als Vorstufe zu einer Konföderation ausgesprochen. Im Gegensatz zur Bundesregierung ging die SPD davon aus, daß die Vertragsgemeinschaft eine **Währungsgemeinschaft** vorbereiten solle, wobei zunächst an ein Stützen der Mark der DDR durch die Bundesbank gedacht war *(vgl. FAZ v. 12.12.1989, S.2)*. Demgegenüber stand die Bundesregierung noch Ende Januar 1990 einer Kopplung der Währungen eher skeptisch gegenüber. Nach Ansicht des Bundesfinanzministers WAIGEL setzte ein Währungsverbund vergleichbare wirtschaftliche Ordnungsrahmen, realistische Wechselkurse und ähnliche wirtschaftspolitische Zielvorstellungen voraus *(vgl. FAZ v. 16.1.1990, S.16)*.

Angesichts der Dynamik der Entwicklung geriet die Bundesregierung im Januar 1990 zunehmend in ein Dilemma. Während in der DDR die Einheitsgefühle zunehmend massivere Ausdrucksformen annahmen und allenthalben rasches Handeln erwartet wurde, hatte die Bundesregierung zum einen außenpolitische Gesichtspunkte zu berücksichtigen, war aber zum anderen wohl auch wenig geneigt, mit einer Übergangsregierung, die zudem nicht durch demokratische Wahlen legitimiert war, weitergehende Vereinbarungen zu treffen. Insbesondere wollte sie jeglichen Anschein vermeiden, die von der »gewendeten« SED-PDS geführte und um die alten Blockparteien ergänzte Regierung zu stützen *(vgl. H.-J. Fink, 1990, S.5)*.

Während mit Ausnahme der SED-PDS seit Mitte Dezember 1989 praktisch sämtliche Parteien der DDR, die sich auf die Volkskammerwahlen vorbereiteten, in Übereinstimmung mit einer immer größeren Mehrheit der Bevölkerung die staatliche Einheit Deutschlands zu ihrem Ziel erklärt hatten, dürften die Vorstellungen MODROWS zunächst noch auf die Erhaltung der staatlichen Souveränität einer sozialistischen DDR gerichtet gewesen sein *(vgl. Mahnke, 1990, S.134; Rauschning, 1990, S.3)*. Nachdem er noch Mitte November 1989 den »ebenso unrealistischen wie gefährlichen Spekulationen über die Wiedervereinigung« eine klare Absage erteilt hatte, überraschte er am 1. Februar 1990 auf einer Pressekonferenz mit dem Plan »Für Deutschland, einig Vaterland – Konzeption zu einem einheitlichen Deutschland« *(vgl. Neues Deutschland v. 2.2.1990)*.

Unter Hinweis auf das »verständliche Drängen großer Teile der Bevölkerung in beiden Staaten« hielt er es für erforderlich, eine Konzeption für ein stufenweises, für die europäischen Völker überschaubares und berechenbares Zusammengehen beider deutscher Staaten vorzuschlagen. Nach eigenen Aussagen beinhaltete seine Konzeption Vorschläge, wie die Überwindung der Spaltung der deutschen Nation in einer europäischen Friedensordnung vorstellbar sei. Der erste Schritt auf dem möglichen Weg zur deutschen Einheit sollte danach die vertragliche Einigung über eine Vertragsgemeinschaft sein, die bereits wesentliche konföderative Elemente wie Wirtschafts-, Währungs- und Verkehrsunion sowie Rechtsangleichung enthalten sollte. In einem zweiten Schritt sollte die Bildung einer Konföderation von DDR und BRD mit gemeinsamen Organen und Institutionen (z.B. parlamentarischer Ausschuß, Länderkammer, gemeinsame Exekutivorgane für bestimmte Bereiche) folgen. Auf die »Machtorgane der Konföderation« sollten bereits »Souveränitätsrechte beider Staaten« übertragen werden. Der einheitliche deutsche Staat schließlich sollte gebildet werden durch Wahlen in beiden Teilen der Konföderation und das Zusammentreten eines einheitlichen Parlaments, welches eine einheitliche Verfassung und eine einheitliche Regierung mit Sitz in Berlin bilden sollte. Als notwendige Voraussetzungen für diese Entwicklung nannte er u.a. die »militärische Neutralität von DDR und BRD auf dem Weg zur Konföderation« *(vgl. ADN v. 1.2.1990)*.

Auf der anderen Seite beschloß das Bundeskabinett am 7. Februar 1990, der DDR Verhandlungen über eine **Währungsunion** mit Einführung der DM als Zahlungsmittel in der

DDR vorzuschlagen, sofern durch umfassende Wirtschaftsreformen in der DDR dafür die Voraussetzungen geschaffen würden *(vgl. FAZ v. 8.2.1990, S.1f.)*.

Fortgesetzt wurde der sich entwickelnde Diskussionsprozeß über die Herstellung der deutschen Einheit anläßlich des zweitägigen **Arbeitsbesuches** von MODROW und 17 seiner Minister am 13./14. Februar 1990, auch wenn das unmittelbare Echo dieses Besuches sehr zwiespältig war. Dies lag vor allem daran, daß die DDR-Delegation vornehmlich mit dem Wunsch nach kurzfristiger Hilfe zur Stabilisierung der DDR nach Bonn gekommen war, die Bundesregierung es jedoch nachhaltig ablehnte, bedingungslos Milliardenbeträge zur Stützung des DDR-Haushaltes zu bewilligen.

Für die Verhandlungen der DDR-Regierung in Bonn hatte der »Runde Tisch« ein Positionspapier verabschiedet, in dem u. a. gefordert wurde, »allen weiteren politischen Entscheidungen ein Konzept des stufenweisen und vertraglich geregelten Zusammenwachsens der beiden deutschen Staaten zugrunde zu legen«. Verlangt wurde ferner, daß alle Maßnahmen zur Lösung von Währungs- und Wirtschaftsfragen mit einer sozialen Absicherung der DDR-Bevölkerung verbunden werden müßten. Eigentlicher Zündstoff war jedoch die Forderung, die Bundesrepublik solle »sofort, unabhängig von allen weiteren Verhandlungen«, einen »Solidarbeitrag ... in Höhe von zehn bis 15 Milliarden DM« zahlen. Statt der erhofften Soforthilfe bot die Bundesregierung der DDR-Delegation an, sofort in Verhandlungen über die Herstellung einer Währungsunion und einer Wirtschaftsgemeinschaft einzutreten *(vgl. Kuppe, 1990b, S.338)*.

Bundeskanzler KOHL machte in seiner Regierungserklärung von 15. Februar 1990 deutlich, daß sich die Bundesregierung der Risiken einer forcierten Herstellung der Wirtschafts- und Währungsunion bewußt war und die alten Stufenpläne nur unter dem Druck der »krisenhaften Zuspitzung der Lage in der DDR« aufgegeben hatte *(vgl. Bull.d. BReg. v. 16.2.1990, S.205)*. Trotz der Verärgerungen und Enttäuschungen nach dem Bonn-Besuch blieb MODROW letztlich nichts anderes übrig, als das Verhandlungsangebot zu akzeptieren. Daraufhin konnte am 20. Februar 1990 die erste Gesprächsrunde der deutsch-deutschen Kommission für eine Wirtschafts- und Währungsunion beginnen *(vgl. DA, 3/1990, S.491)*.

Die Überlegungen zur Schaffung einer Wirtschafts- und Währungsunion wurden schon bald um die Forderung nach Herstellung einer deutsch-deutschen **Sozialunion** erweitert. In allen politischen Lagern begann man damit, intensive Überlegungen hinsichtlich der erforderlichen sozialen Flankierungen anzustellen.

Die Bundesregierung, die Mitte April 1990 ihre Vorstellungen für eine deutsch-deutsche Sozialgemeinschaft weitgehend konkretisiert hatte, sprach sich zur Angleichung der beiden deutschen Rentensysteme für eine Umstellung der laufenden Renten in der DDR auf DM im Verhältnis von 1:1 aus. Zugleich sollte durch Anhebung und Anpassung der Renten sichergestellt werden, daß beim realen Rentenniveau keine Nachteile entstehen und die Rentner an der Einkommensentwicklung partizipieren. Im Rahmen der finanziellen Möglichkeiten der DDR-Rentenversicherung sollte möglichst schnell ein Nettorentenniveau von 70% (bei einem Rentner mit 45 Versicherungsjahren) erreicht werden. Künftige Übersiedler aus der DDR und Personen, die ihren Wohnsitz von der Bundesrepublik in die DDR verlegen, sollten von der bis zur Übersiedlung zuständigen Rentenversicherung ihre nach dem Recht des Herkunftsgebietes berechnete Rente nach dort zurückgelegten Zeiten erhalten. Ähnliche Regelungen strebte die Bundesregierung im Bereich der Unfallversicherung an. Im Bereich der Krankenversicherung und der Gesundheitsversorgung sollte ebenfalls eine Angleichung erfolgen; in Anbetracht der gravierenden Systemunterschiede und im Interesse der Aufrechterhaltung der Funktionsfähigkeit der gesundheitlichen Versorgung wurde hier jedoch von einem deutlich langsameren Anpassungsprozeß ausgegangen.

Die SPD, die im März 1990 ein umfangreiches Diskussionspapier unter dem Titel »Erste Schritte zur Sozialunion Bundesrepublik Deutschland – DDR« vorgelegt hatte, empfahl zunächst eine Reihe von kurzfristigen Übergangsmaßnahmen. Im Gegensatz zur Bundesregierung, die für eine weitgehende Angleichung der Verhältnisse in der DDR an die bundesrepublikanischen Strukturen eintrat, sollte nach Ansicht der SPD das Organisationsmodell der Bundesrepublik nicht unkritisch als Maßstab gelten, da es selbst mit zahlreichen Mängeln behaftet sei. Der zukünftigen Gestaltung in einem vereinigten Deutschland sollte eine umfassende kritische Bestandsaufnahme vorangehen, wobei Änderungen in der Bundesrepublik nicht von vornherein ausgeschlossen sein sollten. In jedem Fall beibehalten wollte die SPD die in der DDR vorhandenen Elemente der Mindestsicherung, die einheitliche Trägerschaft für Arbeiter und Angestellte sowie die Einbeziehung des öffentlichen Dienstes in die allgemeine Sozialversicherung *(vgl. Die Sozialversicherung, Heft 5/1990, S.130; DAngVers, 5/1990, S.224)*.

Kaum Meinungsverschiedenheiten gab es zwischen Regierung und Opposition darüber, unverzüglich in der DDR ein umfassendes, beitragsfinanziertes System der Arbeitsförderung und der Arbeitslosenversicherung in Anlehnung an das AFG einzurichten. Im Grundsatz bestand auch Übereinstimmung, daß die **Arbeitsrechtsordnung** der DDR grundlegend reformiert werden mußte, und zwar durch Übernahme der westdeutschen Koalitionsfreiheit und Tarifautonomie. Lange Zeit ungeklärt und teilweise strittig waren die **Finanzierungsfragen**. Während die Bundesregierung bereits frühzeitig bereit war, für die Arbeitslosenversicherung in der DDR während einer Übergangszeit eine »Anschubfinanzierung« zu leisten, war zunächst strittig, ob überhaupt und in welchem Ausmaß Finanzierungshilfen für die Renten-, Kranken- und Unfallversicherung zugesagt werden sollten *(vgl. DAngVers, 5/1990, S.223)*.

Die inneren Entwicklungen in der DDR, aber auch die zunehmend massiver werdenden Forderungen nach baldiger Vereinigung der beiden deutschen Staaten blieben nicht ohne Auswirkungen auf das **Tempo des demokratischen Umgestaltungsprozesses**. Nachdem die Teilnehmer des »Runden Tisches« am 7. Dezember 1989 noch bei 22 Ja-Stimmen und 11 Enthaltungen den 6. Mai 1990 als Termin für die ersten freien und demokratischen **Volkskammerwahlen** vorgeschlagen hatten, zwang die täglich sich verändernde Entwicklung, insbesondere die wachsende Instabilität und Unsicherheit, Anfang 1990 zur Vorziehung der Volkskammerwahlen.

Nicht zuletzt der anhaltende Flüchtlingsstrom, die sich ständig verschlechternde Lage der DDR-Volkswirtschaft und der rapide Zerfall staatlicher Autorität vor allem in den Bezirken, Städten, Kreisen und Gemeinden machten es unumgänglich, den Wahltermin vorzuverlegen, „um so schnell wie möglich eine demokratisch legitimierte Volksvertretung und eine handlungsfähige Regierung in der DDR zu etablieren, die als vollgültiger Partner zusammen mit Bundestag und Bundesregierung den Prozeß der Vereinigung in Gang setzen und gestalten (konnte)" *(Winters, 1990, S.497)*. Dem politischen Druck nachgebend, schlug MODROW in einer Rede auf der 15. Volkskammertagung am 29.1.1990 vor, die Wahlen für die Volkskammer auf den 18. März vorzuziehen und am 6. Mai 1990 Wahlen zu den Volksvertretungen sämtlicher Städte und Gemeinden abzuhalten. Er begründete diesen Vorschlag mit den zunehmenden ökonomischen und sozialen Spannungen in der Gesellschaft und den in wachsendem Maße aufkommenden Forderungen nach Erhöhung der Löhne und Gehälter, nach Verlängerung des Urlaubs, nach Erhöhung der Renten und nach weiteren sozialen Verbesserungen. Diese Forderungen in Höhe von mehr als 40 Mrd. Mark überstiegen bei weitem die Möglichkeiten des Staates und gefährdeten – sofern ihnen nachgegeben werde – die Existenz der DDR. Hinzu komme eine sich besorgniserregend verschlechternde ökonomische Lage, da Streiks und befristete Arbeitsniederlegungen, langsameres Arbeiten und andere Störungen zu erheblichen Produktionsausfällen führten. Vor diesem Hintergrund seien die politisch verantwortlichen Vertreter aller Parteien zu dem Entschluß gelangt, die Volkskammerwahlen zu einem früheren Zeitpunkt durchzuführen. Damit solle eine Beruhigung und allmähliche Stabilisierung der politischen Situation erreicht werden *(vgl. DA, 3/1990, S.466ff.)*.

Die Entscheidung, bereits am 18. März 1990 Volkskammerwahlen durchzuführen, löste zwiespältige Gefühle aus; auf der einen Seite gab es das unabweisbare politische Erfordernis, das rasch nach einem demokratisch legitimierten Parlament verlangte, auf der anderen Seite ergab sich ein Zeitdruck, der viele rechtsstaatlich begründete Zweifel an den Wahlen entstehen ließ.

Von der alten Volkskammer mußte nicht nur ein mit „heißer Nadel" *(Winters, 1990, S.497)* zustandegebrachtes Wahlgesetz verabschiedet werden, auch alle für eine ordentliche Vorbereitung der Wahl nötigen Fristen mußten auf ein kaum noch zu vertretendes Mindestmaß reduziert werden. Zum Teil erst wenige Tage oder Wochen alte Parteien waren gezwungen, völlig unvorbereitet in einen Wahlkampf einzutreten, der ihnen kaum Zeit ließ, sich bei den Wählern bekannt zu machen und diese über ihre programmatischen Aussagen zu informieren. Wie hektisch und überstürzt die Wahl vorbereitet werden mußte, zeigt allein die Tatsache, daß das Wahlgesetz vom 20. Februar 1990 [GBl.I S.60] und die Wahlordnung vom gleichen Tage [GBl.I S.68] erst am 23. Februar 1990 im DDR-Gesetzblatt veröffentlicht werden konnten, kaum vier Wochen vor dem Wahltermin.

1. 3 Von den Volkskammerwahlen im März 1990 bis zur Wirtschafts-, Währungs- und Sozialunion

Die ersten freien und geheimen Wahlen zur Volkskammer der DDR am 18. März 1990 endeten mit einem Ergebnis, das sich zwar in den letzten beiden Wochen vor der Wahl angedeutet, in dieser Weise jedoch nicht erwartet worden war. Wahlsieger waren nicht die neu gegründete Sozialdemokratische Partei der DDR oder die Gruppierungen der Bürgerrechtsbewegung, sondern die auf Drängen der West-CDU zustandegekommene **»Allianz für Deutschland«** unter der Führung der Ost-CDU, einer der früheren Blockparteien in der DDR.

Noch bis Ende Februar 1990 war allgemein von einem deutlichen Sieg der Sozialdemokraten ausgegangen worden. Eine von Infratest zwischen Mitte und Ende Februar 1990 durchgeführte Meinungsumfrage ergab für die DDR-SPD noch einen Stimmenanteil von 44 % gegenüber nur 20 % für die Ost-CDU. Je näher der Wahltermin rückte, um so mehr wurde die Frage der deutschen Einigung zum beherrschenden Wahlthema. Dazu beigetragen hat zweifellos auch die massive Intervention der Westparteien in den DDR-Wahlkampf. Andererseits verfügten einige der neu entstandenen Parteien und die zu Parteien umformierten Bürgerbewegungen weder über die notwendige Organisation noch über die finanziellen und personellen Mittel für einen flächendeckenden Wahlkampf. Entscheidend für den Meinungsumschwung dürfte jedoch gewesen sein, daß sich die West-CDU mit der von ihr initiierten »Allianz für Deutschland« hinter die Ost-CDU stellte *(vgl. auch Ammer, 1990, S. 376ff.; Hesse, 1990, S.502ff.)*.

Bei einer mit 93,38 % überraschend hohen Wahlbeteiligung erlangte die »gewendete« CDU trotz ihrer Vergangenheit als eine der treuesten Blockparteien 40,81 %, die von der CSU massiv geförderte DSU immerhin 6,37 % und der von der West-FDP geförderte Bund Freier Demokraten 5,27 % der abgegebenen Stimmen. Dagegen kamen die so vielversprechend gestarteten Sozialdemokraten der DDR nur auf 21,88 % und das »Bündnis 90«, zu dem sich die Bürgerbewegungen »Neues Forum«, »Demokratie Jetzt« und die »Initiative Frieden und Menschenrechte« vereinigt hatten, lediglich auf enttäuschende 2,91 % der Stimmen. In den mehr oder minder von außen gesteuerten Stimmungswahlen *(vgl. Winters, 1990, S.500)* ging es jedoch nicht um die Inhalte der einzelnen Parteiprogramme, sondern um die Zukunft der DDR; dieses Votum aber war eine eindeutige Entscheidung für ein schnelles Ende der DDR und eine möglichst baldige Vereinigung mit der Bundesrepublik *(vgl. auch Winters, 1990, S.498f.; Mantzke, 1990, S.287ff.; Martin, 1990, S.212f.; Roth, 1990, S.369ff.; Forschungsgruppe Wahlen, 1990; Gibowski, 1990, S.5ff.; Kaase/Gibowski, 1990, S.14ff.; v.d. Meer, 1990, S.43ff.)*.

Einen ganz entscheidenden Anteil an diesem Wahlausgang hatte nicht zuletzt Bundeskanzler KOHL, der sich massiv im DDR-Wahlkampf engagiert hatte. In Anbetracht dessen, daß die West-Politiker und ihre Parteien zuletzt diesen Wahlkampf weitgehend beherrschten, spricht einiges dafür, daß die DDR-Wähler weniger ihre eigenen, sondern vielmehr die West-Parteien wählten. Insbesondere die Ost-CDU hat dabei zweifellos vom Kanzler-Bonus profitiert. Vor allem die Wahlkämpfer der Regierungskoalition hatten bei der Bevölkerung hohe Erwartungen geweckt. Die mit den Bonner Regierungsparteien liierten Ost-Parteien wurden so zu den Siegern der Wahl, weil man dem Bundeskanzler und den Parteien der ihn tragenden Koalition offenbar die Kompetenz zuerkannte, „die Vereinigung Deutschlands in der versprochenen und von den Deutschen in der DDR gewünschten Weise zu vollziehen" *(Winters, 1990, S.499)*. In dieser Situation half es den DDR-Sozialdemokraten wenig, daß auch sie für die soziale Marktwirtschaft und eine baldige Vereinigung der beiden deutschen Staaten eintraten; ihr westliches Pendant war eben nur Oppositionspartei und ohne gestaltenden Einfluß auf die Regierungsgeschäfte.

Gemäß dem am 23. März 1990 von der Wahlkommission endgültig festgestellten Ergebnis entfielen auf die »Allianz für Deutschland« 192 (CDU 163, DSU 25, DA 4), die SPD 88, die PDS 66, den Bund Freier Demokraten 21, das Bündnis 90 12, den DBD 9, die Grüne Partei 8, die NDPD 2, die Vereinigte Linke und den DFD zusammen 2 Sitze *(vgl. Berliner Zeitung v. 24./25.3.1990; M. Jung, 1990, S.3ff.)*.

1.3.1 Koalitionsvereinbarung und Regierungsbildung

Trotz des klaren Wahlergebnisses nahm die Regierungsbildung einige Zeit in Anspruch. Die »Allianz für Deutschland«, die bei der VK-Wahl die absolute Mehrheit knapp verfehlt hatte, bot der SPD und dem Bund Freier Demokraten bereits am 19. März 1990 Koalitionsgespräche an. Während die SPD das Angebot noch am selben Tage ablehnte, einigten sich die »Allianz«-Parteien und die drei liberalen Parteien am 22. März 1990 auf die Bildung einer Koalition. Allerdings waren die konservativ-liberalen Parteien weiterhin an einer großen Koalition interessiert.

Die SPD, die im Wahlkampf jede künftige Zusammenarbeit mit der DSU vor allem wegen deren Wahlkampfführung ausgeschlossen hatte, blieb zunächst bei ihrer Linie. Insbesondere der Parteivorstand und weite Teile der Parteibasis sprachen sich angesichts des Wahlausgangs für die Übernahme der Oppositionsrolle aus. Allerdings erklärten sich die Sozialdemokraten dazu bereit, Verfassungsänderungen, die eine Zwei-Drittel-Mehrheit erforderten, gegebenenfalls mitzutragen. Angesichts der weitreichenden und schwierigen gesetzlichen und verfassungsrechtlichen Regelungen, die die neue Regierung im Hinblick auf einen Beitritt zur Bundesrepublik zu treffen hatte, gaben die bürgerlichen Parteien allerdings ihre Bemühungen um eine Teilnahme der SPD an der Regierungskoalition nicht auf. Nach längerem Hin und Her und teilweise widersprüchlichen Erklärungen führender SPD-Vertreter stimmte die SPD-Volkskammer-Fraktion am 27.3.1990 dann doch der Aufnahme von Sondierungsgesprächen mit der DDR-CDU über eine mögliche Koalition zu. In der SPD-Fraktion dürfte sich dabei die Erkenntnis durchgesetzt haben, „daß nur noch durch eine Regierungsbeteiligung der von der Allianz propagierte rasche Vereinigungsweg über Art.23 Grundgesetz gebremst und den zu erwartenden, unerwünschten Umarmungsversuchen der oppositionellen PDS entgangen werden könne" *(DA, 5/1990, S.646f.)*.

Schließlich führten die am 3. April 1990 nach langwierigen Sondierungsgesprächen offiziell aufgenommenen Koalitionsverhandlungen, nachdem sie zwischenzeitlich mehrfach zu scheitern drohten, am 11. April 1990 zur Unterzeichnung einer 50seitigen **Koalitionsvereinbarung** zwischen CDU, SPD, DSU, Liberalen und Demokratischem Aufbruch, die „weitgehend die Handschrift der SPD (trug). Als Regierungsprogramm auch Grundlage für die Vereinbarungsverhandlungen mit der Bundesregierung (enthielt) sie in einigen Bereichen allerhand Zündstoff" *(DA, 5/1990, S.647)*.

Weitgehend unstrittig war die in der Koalitionsvereinbarung festgehaltene Absicht, die deutsche Vereinigung durch Beitritt der restituierten Länder der DDR nach Art.23 GG herzustellen. Vorgesehen war ferner, die neue Wirtschafts- und Sozialordnung der DDR nach dem Vorbild der Bundesrepublik zu gestalten und einige von der Regierung MODROW verabschiedete, damals jedoch bereits umstrittene Gesetze wie das Gewerkschaftsgesetz durch andere Regelungen zu ersetzen. Festgeschrieben wurde auch, daß als Grundlage einer Währungsunion ein Umstellungskurs von 1:1 bei Sparguthaben, Löhnen und Renten angestrebt werden sollte. Neben diesen eher unproblematischen Festlegungen enthielt die Koalitionsvereinbarung aber auch Punkte vor allem für die Verhandlungen mit der Bundesrepublik, deren Umsetzung als schwierig galt. Hierzu gehörte die Forderung, daß Grund und Boden in der DDR nur mit erheblichen Einschränkungen frei verkäuflich sein und das Produktivvermögen durch ausschließlich von DDR-Bürgern erwerbbare Volksaktien privatisiert werden sollte. Schließlich sollten die polnische Westgrenze schon vor der Vereinigung von beiden deutschen Parlamenten als »völkerrechtlich verbindlich« anerkannt, eine NATO-Mitgliedschaft eines vereinten Deutschlands von einer Änderung der Strategie des westlichen Bündnisses abhängig gemacht und die gesamtdeutsche Armee auf maximal 200.000 Mann reduziert werden *(vgl. DA, 5/1990, S.647)*.

Nachdem auf der konstituierenden Sitzung der ersten freigewählten Volkskammer am 5. April 1990 die CDU-Abgeordnete SABINE BERGMANN-POHL zur Präsidentin gewählt

[VK-StenNdrs 10.WP, S.3] und LOTHAR DE MAIZIERE für das Amt des Ministerpräsidenten nominiert [VK-StenNdrs 10.WP, S.9] und mit der Regierungsbildung beauftragt worden war, wurden der Ministerpräsident und seine Regierung auf der 2. VK-Sitzung am 12. April 1990 gewählt und vereidigt [VK-StenNdrs 10.WP, S.27 ff.]. Neben dem Regierungschef stellte die CDU neun, die SPD sechs, die Liberalen drei, die DSU zwei Kabinettsmitglieder sowie der DA den neuen Minister für »Abrüstung und Verteidigung«. Für die am 19. April 1990 abgegebene **Regierungserklärung** [VK-StenNdrs 10.WP, S.41 ff.], die inhaltlich weitgehend der von den fünf Regierungsparteien unterzeichneten Koalitionsvereinbarung entsprach, erhielt der Ministerpräsident auch anerkennende Zustimmung von den Oppositionsparteien. Besondere Unterstützung fanden vor allem die Feststellungen, daß für seine Regierung jeder Währungs-Umstellungssatz für Sparkonten, Löhne und Renten anders als 1:1 nicht akzeptabel sei und daß die »Teilung ... tatsächlich nur durch Teilen aufgehoben werden könne« *(vgl. Neues Deutschland v. 20.4.1990)*.

Den Schwerpunkt der Regierungserklärung bildeten Aussagen zu den Schritten und den erforderlichen Maßnahmen auf dem Wege zur Herstellung der Einheit Deutschlands. Als wirtschaftspolitische Zielsetzung der Koalitionsregierung nannte er die Umstellung der bisher staatlich gelenkten Kommandowirtschaft auf eine ökologisch orientierte soziale Marktwirtschaft. Die Einheit müsse so schnell wie möglich kommen, allerdings unter vernünftigen und zukunftsfähigen Rahmenbedingungen. Es seien Bedingungen zu vereinbaren, die sicherten, daß die DDR-Bürger nicht das Gefühl bekämen, »zweitklassige Bundesbürger« zu werden. Für den Übergang zur Marktwirtschaft kündigte er den Erlaß einer Reihe von Wirtschaftsgesetzen (u. a. Gesetz zur Förderung der Stabilität und des Wachstums der Wirtschaft, Kartellgesetz, Gesetz zur Entflechtung der Kombinate, Überarbeitung des Bankgesetzes) an. Gleichzeitig werde die Regierung sofort konkrete Maßnahmen in Angriff nehmen, um die Länder wiederzuerrichten, rechtsstaatliche Grundsätze in allen Bereichen durchzusetzen (u.a. durch Errichtung eines Verfassungsgerichts sowie von Verwaltungs-, Sozial und Arbeitsgerichten, durch Abschaffung der Militärgerichte) und die unter dem SED-Regime politisch Verfolgten zu rehabilitieren. In die Verhandlungen mit der Bundesrepublik wollte er mit dem festen Grundsatz gehen, daß Währungs-, Wirtschafts- und Sozialunion eine »untrennbare Einheit« bilden müßten und eine Anschubfinanzierung, insbesondere im Sozialbereich, unerläßlich sei. Bei der Übernahme des Wirtschafts- und Sozialsystems solle darauf geachtet werden, daß für Übergangszeiten die notwendigen Sonderregelungen getroffen würden.

Zu ersten Kontroversen in der Volkskammer kam es über die bis zur Einheit zu verwendende Verfassungsgrundlage. Die Forderung von Bündnis 90 und den GRÜNEN, noch vor der Vereinigung den Entwurf des Runden Tisches für eine separate DDR-Verfassung in Kraft zu setzen, wurde in der 3. VK-Sitzung am 19. April 1990 [VK-StenNdrs 10.WP, S. 51 ff.] von den Fraktionen der »Allianz« abgelehnt. Stattdessen sollten in der Übergangszeit sowohl Bestimmungen der Verfassung von 1949 als auch des Verfassungsentwurfs des Runden Tisches »berücksichtigt« werden.

Seit Dezember 1989 hatte eine Arbeitsgruppe des Runden Tisches, der alle 16 am Zentralen Runden Tisch vertretenen Parteien und Bürgerbewegungen angehörten, an einem Verfassungsentwurf gearbeitet und diesen am 18. April 1990 vorgelegt. Zwar übernahm der aus 138 Artikeln bestehende Entwurf in großen Teilen Regelungen des Grundgesetzes, ging aber vor allem in seinem sehr umfangreichen Grundrechtsteil auch über dieses hinaus. Eine Reihe von politischen Grundsätzen sollte nach diesen Vorstellungen Verfassungsrang erhalten und damit nur mit Zwei-Drittel-Mehrheit geändert werden können. Dazu gehörten u. a.: „die Verpflichtung des Staates, auf die Gleichstellung der Frau hinzuwirken, neben dem Recht auf Leben und körperliche Unversehrtheit auch der Anspruch des Menschen auf »Achtung seiner Würde im Sterben«, das Recht der Frau auf »selbstbestimmte Schwangerschaft«, das Recht auf Ein- und Ausreise, ein sehr weitreichender Datenschutz, ein spezieller Rechtsschutz der Kinder, das Recht auf Arbeit und Arbeitsförderung, die Mitbestimmung im Betrieb und Unternehmen, Umweltschutz und entsprechende Auskunftsrechte der Bürger, Rechte der Bürgerbewegungen, Rechte der Gewerkschaften und Aussperrungsverbot, Abschaffung von Todesstrafe und lebenslanger Freiheitsstrafe sowie der Wehrpflicht" *(DA, 6/1990, S.843)*. Die Parteien der »Allianz« begründeten ihre ablehnende Haltung gegenüber dem Verfassungsentwurf vor allem damit, daß angesichts des zeitlich absehbaren Beitritts eine neue DDR-Verfassung nicht mehr benötigt werde. Die SPD, die den Entwurf zumindest an den zuständigen VK-Ausschuß überweisen wollte und Teile des Entwurfs positiv bewertete, war ebenfalls der Ansicht, daß die Frage einer besonderen DDR-Verfassung von den Entwicklungen überrollt worden sei. Neben den Bürgerbewegungen trat dagegen insbesondere die PDS vehement für den Verfassungsentwurf ein *(vgl. Neues Deutschland v. 7. und 12./13.5.1990; Süddeutsche Zeitung v. 7.5.1990).*

1.3.2 Verhandlungen über die Bildung einer Wirtschafts- und Währungsunion

Erwartungsgemäß war die Bundesregierung nach der Neuwahl der Volkskammer bereit, mit der neuen demokratisch legitimierten DDR-Regierung sofort in konkrete Verhandlungen über die Herstellung einer Wirtschafts-, Währungs- und Sozialunion einzutreten. Bereits am 20. März 1990 beschloß sie, dieses Ziel möglichst bis zum Sommer 1990 zu erreichen. Gleichzeitig beabsichtigte sie, durch Gesetz zum 1. Juli 1990 das Notaufnahmeverfahren für DDR-Übersiedler abzuschaffen *(vgl. DA, 4/1990, S.636).*

Die sich intensivierende Diskussion um die Bildung einer Währungsunion führte allerdings schon bald zu erheblichen **Kontroversen**. Auslösend dafür war u.a. ein am 29.3. 1990 im Beisein von Bundesfinanzminister WAIGEL gefaßter Grundsatzbeschluß des Zentralbankrates der Deutschen Bundesbank, der eine Umstellung der DDR-Mark zur DM grundsätzlich im Verhältnis von 2:1 vorsah. Zu einem Kurs von 1:1 sollten lediglich Spareinlagen von DDR-Bürgern bis zur Höhe von 2.000 Mark je Person umgestellt werden. Vor der Gefahr einer strukturellen Krise der DDR-Wirtschaft bei einer für die DDR-Bürger zu günstigen Umstellung der Löhne hatten zuvor bereits zahlreiche Wirtschaftswissenschaftler gewarnt *(vgl. Handelsblatt v. 21.3.1990).*

Vor allem in der DDR lösten die Beschlüsse der Zentralbank erhebliche Unruhe aus; entsprechend kam es am 5. April 1990 in allen größeren Städten der DDR zu Demonstrationen gegen Währungsmodelle, die einen für DDR-Bürger ungünstigeren Umstellungskurs als 1:1 vorsahen. Folge des Bundesbank-Konzeptes wäre gewesen, daß sich die Löhne und Gehälter von durchschnittlich rd. 1.250 Mark auf etwas mehr als 600 DM halbiert hätten. Immerhin sollte der Betrag nach den Vorstellungen der Bundesbank durch höhere Zuschläge und einen von den Betrieben zu zahlenden Teuerungsausgleich in Höhe von etwa 25 % des Einkommens als Ausgleich für wegfallende Verbraucherpreissubventionen aufgestockt werden. Auch bei Politikern in beiden Staaten lösten die Vorschläge der Bundesbank heftige Reaktionen aus; vor allem die Sozialdemokraten warfen Bundeskanzler KOHL Wortbruch vor, da er in seinen Wahlkampfreden den Eindruck erweckt habe, daß eine Währungsumstellung im Verhältnis 1:1 beabsichtigt sei. Sie sahen in dem angekündigten Verfahren einen vorprogrammierten Sozialabbau für die DDR-Bürger. Auch Vertreter der Ost-CDU bezeichneten den Beschluß als »unzumutbar« und bekräftigten, man werde am Ziel eines 1:1-Umstellungskurses festhalten.

Nachdem die Bundesregierung der DDR-Regierung am 23. April 1990 formell die Bildung einer Währungsunion mit einem Umstellungskurs von 1:1 für Löhne und Gehälter, Renten, Bargeld und Sparguthaben bis zu 4.000 Mark pro Kopf und zudem eine Anhebung der Renten auf 70 % des durchschnittlichen Nettoarbeitsverdienstes bei 45 Versicherungsjahren angeboten hatte *(vgl. Bull.d.BReg., Nr.47/1990, S.375)*, verabredeten Bundeskanzler KOHL und DDR-Ministerpräsident DE MAIZIERE schon am folgenden Tag, daß die Wirtschafts-, Währungs- und Sozialunion am 2. Juli in Kraft treten solle *(vgl. Bull.d.BReg., Nr.48/1990, S.381).*

Die in der Folgezeit intensivierten Verhandlungen über einen Staatsvertrag hatten allerdings noch zahlreiche Probleme zu bewältigen. Erschwert wurden die Verhandlungen nicht zuletzt durch das „Fehlen einer klaren Analyse der Wirtschaftssituation der DDR" *(Rauschning, 1990, S.4).* Von DDR-Seite wurde das Bonner Angebot lediglich als »interessantes«, jedoch noch nicht ausreichendes Verhandlungsangebot bezeichnet. Unter anderem erklärte der DDR-Regierungssprecher am 25. April 1990, daß die DDR Ausgleichszahlungen für Bezieher niedriger Einkommen und eine Anhebung des Höchstbetrages von 4.000 Mark für den 1:1-Umtausch von Bargeld und Sparguthaben wünsche. Bereits wenige Tage später, am 2. Mai 1990, einigten sich die beiden deutschen Regierungen dann aber doch auf die Modalitäten der für den 1. Juli vorgesehenen Währungsumstellung in der DDR *(vgl. Bull.d.BReg., Nr.50/1990, S.393).* Beide Seiten dürften dabei unter dem Druck gestanden haben, „spätestens zum 6. Mai, dem Tag der ersten freien Kommunalwahlen in der DDR, ein in den Grunddaten fixiertes Vertragsgerüst vorlegen zu müssen, das die sozialen Ängste der DDR-Bürger vor der DM-Einführung dämpft(e) und für den Bundesbürger die Modalitäten und Kosten der Vereinigung etwas überschaubarer macht(e)" *(DA, 6/1990, S.835)*. Aufgrund der vor allem zwischen den Finanzministern WAIGEL und ROMBERG zügig geführten Verhandlungen konnte sich die Expertengruppe beider deutschen Staaten am 11. Mai 1990 zur abschließenden Beratungsrunde über den Staatsvertrag zwischen der Bundesrepublik Deutschland und der DDR treffen.

Unmittelbar nach Mitteilung der Beendigung der Expertengespräche über den Staatsvertrag am 13. Mai 1990 wurde von verschiedenen Seiten erhebliche Kritik an dem Vertragswerk laut. Nicht zuletzt die DDR-SPD forderte erhebliche finanzielle Nachbesserungen. Nach weiteren Beratungen auf verschiedenen Regierungsebenen und dem Eingehen der Bundesregierung auf die Forderung der DDR, bei der Währungsumstellung für eine Übergangszeit die in der DDR gezahlten Mindestrenten aufzustocken, schlossen die beiden Finanzminister am 17. Mai 1990 die Verhandlungen über den Staatsvertrag formell ab. Bereits am folgenden Tage wurde der **Staatsvertrag zwischen der Bundesrepublik Deutschland und der DDR** in Bonn von Bundesfinanzminister WAIGEL und seinem Ost-Berliner Amtskollegen ROMBERG unterzeichnet *(vgl. FAZ v. 19.5.1990, S.10; DA, 6/1990, S.990)*.

1.3.3 Debatten um den Staatsvertrag

Angesichts der Bedeutung des Vertragswerkes und seiner weitreichenden Auswirkungen auf sämtliche Politik- und Gesellschaftsbereiche war es kaum überraschend, daß die Reaktionen darauf sehr unterschiedlich ausfielen. Während die Regierungsparteien in Bonn und Ost-Berlin naturgemäß den Vertrag begrüßten oder wie die Ost-SPD ihn zumindest als »vertretbaren Kompromiß« werteten, wurde er von PDS und DDR-Gewerkschaften scharf kritisiert. Auch die West-SPD äußerte erhebliche Bedenken an dem Vertragswerk und forderte Nachbesserungen.

Bereits vor dem formellen Abschluß der Vertragsverhandlungen war es in der Volkskammer zu kontroversen Diskussionen und in Ost-Berlin zu einer Koalitionskrise gekommen. Am 10. Mai 1990 hatte die Ost-SPD die Verhandlungsführung und Teile der Vereinbarung vor allem im sozialen Bereich kritisiert. Unter anderem wandte sie sich gegen die Höhe der Versicherungsbeiträge und die ihrer Ansicht nach zu niedrigen Renten für etwa eine Million Rentner. Die »Koalitionskrise« konnte allerdings abgewendet werden, nachdem es DE MAIZIERE offensichtlich gelungen war, die Bedenken der SPD-Fraktion wenigstens teilweise auszuräumen [VK-StenNdrs 10.WP, S.177 ff.].

Während „in der Bevölkerung weder deutlicher Widerspruch noch begeisterte Zustimmung zu registrieren war" *(DA, 7/1990, S.1012)*, kritisierte die PDS den Vertrag als Unterordnung der DDR unter die gesamte Wirtschafts-, Sozial- und Währungshoheit der Bundesrepublik und warnte vor der drohenden Gefahr einer Senkung der Realeinkommen der DDR-Bürger [VK-StenNdrs 10.WP, S. 218 ff., 571 f.]. Ebenfalls abgelehnt wurde der Vertrag vom Bündnis 90/GRÜNE, während die DDR-Gewerkschaften ihn zwar kritisierten, jedoch im wesentlichen mittragen wollten. Die Fraktion Bündnis 90/GRÜNE lehnte den Vertrag vor allem ab, weil durch ihn die sozialistische Verfassung gebrochen werden solle und die Selbständigkeit der DDR verlorengehe. Produktivvermögen sowie Grund und Boden würden verschleudert, während die Rechtsangleichung und die Probleme bei der Umstellung der Wirtschaft nicht zu bewältigen seien [VK-StenNdrs 10.WP, S.224 ff.]. Gewisse Bedenken an dem Vertrag äußerten allerdings auch einige der östlichen SPD-Vertreter, so die DDR-Arbeitsministerin REGINE HILDEBRANDT. Ein von der PDS eingebrachter Antrag auf parlamentarische Behandlung des Vertragsentwurfes noch vor seiner Unterzeichnung wurde zwar abgelehnt, von der Volkskammer jedoch Maßnahmen zum Schutz des DDR-Binnenmarktes vor Überschwemmung mit westlichen Nahrungs- und Konsumgütern beschlossen, „wodurch – indirekt – eine DDR-Reaktion auf Befürchtungen über die Auswirkungen des Vertrages erfolgte" *(DA, 7/1990, S.1012)*.

Obgleich von vornherein kaum Aussicht bestand, substantielle Änderungen des Vertrages zu bewirken, entfachte vor allem die West-SPD eine Kontroverse über Zustimmung oder Ablehnung des Staatsvertrages. Auf Drängen des SPD-Kanzlerkandidaten LAFON-

TAINE hatte sich der Parteivorstand am 21. Mai 1990 gegen den Staatsvertrag ausgesprochen *(vgl. FAZ v. 22.5.1990, S.1)*. Auf weitgehendes Unverständnis auch in den eigenen Reihen stieß dabei vor allem LAFONTAINES Empfehlung, die SPD-Fraktion im Bundestag solle den Staatsvertrag ablehnen, die SPD-regierten Länder ihm jedoch seine Zustimmung geben.

Die SPD kritisierte zunächst die Eile und Hektik, mit der der Staatsvertrag verhandelt und abgeschlossen worden sei, und beklagte, daß der Bundestag an den Verhandlungen nicht beteiligt worden sei. Die von ihr vorgebrachten Nachbesserungswünsche betrafen in erster Linie den Sozial- und Umweltbereich. Gefordert wurde u.a. die Schaffung einer gleichrangigen Umweltunion. Ferner verlangte sie Maßnahmen zur Verhinderung von Mißbrauch beim Geldumtausch, insbesondere zur Vermeidung von Spekulationsgewinnen. Außerdem sollte im Staatsvertrag oder begleitenden Dokumenten sichergestellt werden, daß das Vermögen der bisher herrschenden Parteien und Organisationen für Zwecke der Allgemeinheit herangezogen würde [Sten.Prot.BT 11.WP, 212. Sitz., S.16678 ff.]. Schließlich trat sie dafür ein, die Wirtschaftsumstellung durch Strukturhilfen, zeitweiligen Konkurrenzschutz sowie Qualifizierungsprogramme zu erleichtern *(vgl. Rauschning, 1990, S.14)*.

In der Volkskammer fand die 1. Lesung des von der DDR-Regierung eingebrachten **Gesetzes zum Staatsvertrag** [VK-Drs. Nr.24] auf einer Sondertagung am 21. Mai 1990 statt [VK-StenNdrs 10.WP, S.210 ff.]. Auf westdeutscher Seite wurde die parlamentarische Beratung des von den Koalitionsfraktionen vorgelegten Gesetzentwurfs zum Staatsvertrag [BT-Drs. 11/7171] in Sondersitzungen des Bundesrates am 22. Mai 1990 und des Bundestages am 23. Mai 1990 [Sten.Prot.BT 11.WP 212.Sitz., S.16666 A-16714 B] aufgenommen. Zusammen mit den Stellungnahmen des Bundesrates und der Gegenäußerung der Bundesregierung wurde der Gesetzentwurf am 7. Juni 1990 zusätzlich als Regierungsvorlage eingebracht [BT-Drs.11/7350, 11/7351]. Sowohl in der Bundesrepublik wie in der DDR wurden die Gesetzentwürfe zur federführenden Beratung den in beiden Staaten eigens konstituierten Ausschüssen **»Deutsche Einheit«** überwiesen.

Der Bundesrat hatte in seiner Stellungnahme [613. und 614. Sitzung am 1.6.1990] vor allem die Erwartung geäußert, daß in den mit der DDR noch zu treffenden Vereinbarungen über alle im Zusammenhang mit Enteignungen stehenden Fragen Lösungen gefunden werden, die rechtsstaatlichen Grundsätzen Rechnung tragen [BT-Drs. 11/7351]. Während die Bundesregierung den Änderungswünschen des Bundesrates, insbesondere zum Aufbau eines Krankenversicherungssystems, nicht folgte, stimmte sie dem Vorschlag zu, eine zeitliche Verteilung der Mittel des Fonds »Deutsche Einheit« vorzunehmen. Zudem erklärte sie, daß über die Vorschläge, die Länder stärker zu beteiligen, eine Verständigung möglich sei.

Nach langen und teilweise sehr schwierigen Verhandlungen wurde der Staatsvertrag schließlich am 21. Juni 1990 von der Volkskammer in 2. Lesung behandelt und das notwendige Verfassungsgesetz mit 302 gegen 82 Stimmen bei 1 Enthaltung angenommen [VK-StenNdrs 10.WP, S.590]. Am selben Tag wurde auch vom Bundestag das Vertragsgesetz nach 2. und 3. Lesung mit 444 gegen 60 Stimmen verabschiedet [Sten.Prot.BT 11.WP., 217.Sitz., S.17140 ff.]. Trotz Ablehnung durch die Länder Saarland und Niedersachsen erhielt der Staatsvertrag am 22. Juni 1990 auch die erforderliche Mehrheit im Bundesrat [BR-Prot. 615.Sitz., S.357 ff.].

Die mehrheitliche Zustimmung der SPD-Fraktion im Deutschen Bundestag zum Staatsvertrag in der ursprünglichen Form hatte der Vorsitzende VOGEL damit begründet, daß die SPD den Schritt zur Einheit Deutschlands nicht aufhalten wollte [Sten.Prot.BT 11.WP. 217.Sitz., S.17163 ff.]. Die Gegenstimmen kamen aus den Fraktionen DIE GRÜNEN und der SPD. Die SPD-Angeordneten, die das Vertragsgesetz abgelehnt hatten, begründeten ihre Haltung mit der Furcht, daß der Staatsvertrag die Wirtschaftskrise in der DDR dauerhaft verschärfen könnte, die hohen Kosten des Staatsvertrages vor allem den Durchschnittsverdienern in der Bundesrepublik aufgebürdet würden und der Vertrag eine ernste Gefahr für die europäische und die internationale Einbindung Deutschlands mit sich bringe *(vgl. Rauschning, 1990, S.14)*. In der Volkskammer hatten vor allem die Abgeordneten der PDS und des Bündnis 90/GRÜNE gegen den Staatsvertrag gestimmt. Das Saarland begründete seine Ablehnung damit, daß die Herstellung der Währungs- und Wirtschaftsunion Schutz- und

Übergangsvorschriften erfordert hätte; da diese fehlten, ergäben sich schwere Verwerfungen und nicht verantwortbare soziale Einschnitte.

2. Von der Herstellung der Sozialunion bis zum Einigungsvertrag

Mit dem am 18. Mai 1990 unterzeichneten und am 1. Juli 1990 in Kraft getretenen deutsch-deutschen **Staatsvertrag** (StaatsV) [BGBl.II S.518] wurden nicht nur eine Wirtschafts- und Währungsunion, sondern auch eine Sozialunion geschaffen. Nach Art.1 Abs.4 S.1 des StaatsV bildeten alle drei Bereiche – Währungs-, Wirtschafts- und Sozialunion – eine Einheit *(vgl. Ruland, 1990a, S.455; Michaelis/Reimann, 1990a, S.293; Verweyst, 1990, S.407).* Faktisch führte der Staatsvertrag zudem „eine weit darüber hinausreichende und nicht mehr rückgängig zu machende Rechtsunion und rechtliche Verflechtung beider Staaten herbei" *(Kriele, 1990, S.188; vgl. auch R. Scholz, 1990, S.1; Engelhard, 1990, S.129ff.; Schmidt-Bleibtreu, 1990, S.138ff.).*

Auch wenn es nicht möglich ist, hier auf sämtliche Einzelheiten des Vertragswerkes einzugehen, sind doch einige allgemeine Bemerkungen zum Inhalt erforderlich, um die sozialpolitischen Regelungen einordnen zu können. Das aus mehreren Dokumenten bestehende Vertragswerk stellte in der Präambel den Wunsch der beiden Vertragsparteien fest, daß die deutsche Einheit auf dem Wege des Beitritts der DDR zur Bundesrepublik nach Art.23 GG hergestellt werden soll. Die 38 Artikel des Vertrages legten Grundsätze fest, nach denen über die Währungs-, Wirtschafts- und Sozialunion ab 1. Juli 1990 die weiteren Voraussetzungen für den Beitritt zu schaffen waren. Daneben hatten die vertragschließenden Seiten verbindliche Leitsätze in einem gemeinsamen Protokoll vereinbart.

Ausgefüllt wurde der durch den Vertrag vorgegebene Rahmen jedoch vor allem durch die 9 zum Vertrag gehörenden Anlagen, von denen die Anlage I die Grundsätze und Verfahrensweisen für die Einführung der DM ab 1.7.1990 als alleinige Währung in der DDR enthielt. Die Anlagen II bis VII beinhalteten im wesentlichen die Grundsätze, nach denen sich beide Staaten verpflichteten, in enger Abstimmung angleichende Rechtsvorschriften zu erlassen bzw. vorhandene, dem Einigungsgrundsatz widersprechende Regelungen außer Kraft zu setzen. Während die Anlage VIII allgemeine Verfahrensvorschriften für das Schiedsgericht enthielt, definierte Anlage IX schließlich Möglichkeiten des Eigentumserwerbs privater Investoren an Grund und Boden sowie an Produktionsmitteln zur Förderung gewerblicher arbeitsplatzschaffender Investitionen *(vgl. auch v. Schlabrendorff/Michaelis de Vasconcellos, 1990, S.143).*

2. 1 Leitlinien und Regelungsinhalte des Staatsvertrages

Die unmittelbar wichtigste Regelung des Vertrages bildete zweifellos die für den 1.7.1990 vereinbarte **Währungsunion**. Nach heftigen Debatten und intensiven Verhandlungen hatte die DDR-Seite dabei einen Umstellungssatz der Währungen für Löhne, Gehälter, Stipendien, Renten, Pachten und Mieten sowie für begrenzte Guthaben von natürlichen Personen – differenziert nach Lebensalter – von 1:1 erreicht.

Im einzelnen bestimmte Art.1 Abs.2 StaatsV, daß die Bundesrepublik Deutschland und die DDR ab 1.7.1990 ein einheitliches Währungsgebiet mit der Deutschen Mark als gemeinsamer Währung bilden. Zum gleichen Zeitpunkt erhielt die Deutsche Bundesbank die Zuständigkeit für die Währungshoheit auch auf dem Gebiet der DDR. Gemäß Art.10 Abs.1 Satz 1 bedeutete dies, daß die Deutsche Mark damit Zahlungsmittel, Rechnungseinheit und Wertaufbewahrungsmittel im gesamten Währungsgebiet wurde *(vgl. Haferkamp, 1990, S.151ff.).* Zu den wesentlichen Einzelregelungen gehörten dabei *(vgl. auch R. Scholz, 1990, S.3; Rauschning, 1990, S.5f.; Nierhaus, 1990, S.24f.; Schmieding, 1990; Pohl/Thiemer, 1990, S.83ff.; Kronberger Kreis, 1990a):*

- die auf Mark der DDR lautenden Verbindlichkeiten und Forderungen wurden nach Maßgabe des Vertrages auf DM umgestellt;

- Löhne, Gehälter, Stipendien, Mieten, Pachten und Renten sowie andere wiederkehrende Versorgungszahlungen wurden im Verhältnis 1:1 umgestellt (Ausnahme: wiederkehrende Zahlungen aus und in Lebensversicherungen); bei Löhnen und Gehältern wurden hierzu die Bruttobeträge in Höhe der am 1.5.1990 geltenden Tarifverträge zugrundegelegt;
- natürliche Personen mit ständigem Wohnsitz in der DDR konnten Bargeld und Bankguthaben in Höhe von 2.000 Mark (Kinder bis zum vollendeten 14. Lebensjahr), 4.000 Mark (Personen im Alter von 15 bis unter 60 Jahren) bzw. 6.000 Mark (Personen ab dem 60. Lebensjahr) zum Kurs 1:1 tauschen (Art.6 Anlage I); hinsichtlich darüber hinausgehender Beträge galt ein Umtauschkurs von 2:1 und, soweit Guthaben nach dem 31.12.1989 entstanden waren, ein Kurs von 3:1;
- gemäß Art.12 Anlage I hatte die Bundesbank in Berlin eine ihrem Direktorium unterstehende »Vorläufige Verwaltungsstelle« einzurichten; ausdrücklich bestätigt wurde dabei in Art.10 Abs.3 StaatsV die Weisungsunabhängigkeit nach § 12 BBankG gegenüber den Regierungen der Vertragsparteien; zudem war die DDR-Regierung verpflichtet, in Geld- und Währungsfragen die Bundesbank zu unterstützen.

Die Einführung der Währungsunion war allerdings mit der Erweiterung des Zuständigkeitsbereichs der Bundesbank um das Territorium der DDR nicht abgeschlossen. Nach Art.10 Abs.2 StaatsV sollten die währungspolitischen Prinzipien der Bundesbank gewährleistet bleiben. Entsprechend verlangte Art.10 Abs.4 ein »marktwirtschaftliches Kreditsystem« und verpflichtete die DDR, eine Reihe für die Währung und das Geldwesen geltender Bundesgesetze (z.B. Bundesbankgesetz, Gesetz über das Kreditwesen, Hypothekenbankgesetz, Gesetz über die Pfandbriefe und verwandten Schuldverschreibungen öffentlich-rechtlicher Kreditanstalten, Bausparkassengesetz, Gesetz über Kapitalanlagegesellschaften, Depotgesetz, Versicherungsaufsichtsgesetz) zu übernehmen (Anlage II Abs. II) sowie eigene Gesetze (z.B. Gesetz über die Staatsbank der DDR, Devisengesetz) außer Kraft zu setzen (Anlage III Abs.I). Den währungspolitischen Verpflichtungen war die DDR mit dem Gesetz über die Inkraftsetzung von Rechtsvorschriften der Bundesrepublik Deutschland in der DDR vom 21. Juni 1990 [GBl.I S.357] nachgekommen (§§ 6–13).

Kaum weniger gravierend waren die Veränderungen, die sich für die DDR-Wirtschaft aus der vereinbarten **Wirtschaftsunion** ergaben. Indem Art.1 Abs.3 StaatsV die **Soziale Marktwirtschaft** als gemeinsame Wirtschaftsordnung beider Vertragsparteien festschrieb, verlangte er von der DDR nicht weniger als den „unmittelbaren Wechsel von der sozialistischen Plan- und Kommandowirtschaft zur Sozialen Marktwirtschaft" *(R. Scholz, 1990, S.4)*. Daß dieser „ebenso unvermittelte wie grundlegende Systemwechsel" *(R. Scholz, 1990, S.4)* eine Fülle von wirtschaftspolitischen Problemen implizierte und nur stufenweise erfolgen konnte, lag auf der Hand. Ungeachtet der verbindlich vereinbarten Grundsätze war unstrittig, daß die Ablösung der sozialistischen Planwirtschaft nicht über Nacht realisiert werden konnte, sondern eines längeren Umstrukturierungsprozesses bedurfte. Im Vordergrund standen daher vor allem Leitsätze über die zukünftige gemeinsame Wirtschaftsordnung, an denen sich die DDR bei ihren Rechtsetzungsakten zu orientieren hatte *(vgl. Rauschning, 1990, S.7)*.

Konkret hatte die DDR gemäß Art.11 Abs.1 StaatsV sicherzustellen, »daß ihre wirtschafts- und finanzpolitischen Maßnahmen mit der sozialen Marktwirtschaft in Einklang stehen«, wobei die konkreten Maßnahmen so zu treffen waren, »daß sie im Rahmen der marktwirtschaftlichen Ordnung gleichzeitig zur Stabilität des Preisniveaus, zu einem hohen Beschäftigungsstand und zu außenwirtschaftlichem Gleichgewicht bei stetigem und angemessenem Wirtschaftswachstum« beitrugen. Dies bedeutete, daß die Zielsetzung des gesamtwirtschaftlichen Gleichgewichts bzw. des § 1 StWG auch für die soziale Marktwirtschaft der DDR zur maßgebenden Richtschnur bestimmt wurde. Neben gleichen Grundsätzen im makroökonomischen Bereich war die DDR auch im mikropolitischen Bereich verpflichtet, bundesdeutsche Prinzipien zur Anwendung zu bringen *(vgl. R. Scholz, 1990, S. 4)*. Als konstitutive Elemente der gemeinsamen Wirtschaftsordnung definierte Art.1 Abs.3 Staatsvertrag das Privateigentum, den Leistungswettbewerb, die freie Preisbildung sowie die grundsätzlich volle Freizügigkeit von Arbeit, Kapital, Gütern und Dienstleistungen unter Beachtung des Umweltschutzes *(vgl. v.Schlabrendorff/Michaelis de Vasconcellos, 1990, S.142; Rauschning, 1990, S.6)*. Gemäß Art.2 Abs.1 waren auch auf dem Gebiet der DDR als wirtschaftliche Freiheitsrechte »Vertragsfreiheit, Gewerbe-, Niederlassungs- und Berufsfreiheit, die Freizügigkeit von Deutschen im gesamten Wirtschaftsgebiet« und die Koalitionsfreiheit sowie das Eigentum Privater an Grund und Boden und an Produktionsmitteln zu garantieren. Schließlich hatte die DDR entsprechend Art.11 Abs.2

»die Rahmenbedingungen für die Entfaltung der Marktkräfte und der Privatinitiative« zu schaffen, »um den Strukturwandel, die Schaffung moderner Arbeitsplätze, eine breite Basis aus kleinen und mittleren Unternehmen sowie freien Berufen und den Schutz der Umwelt zu fördern«.

Das in Art.1 Abs.2 enthaltene Bekenntnis zur sozialen Marktwirtschaft sowie die in Art. 2 Abs.1 StaatsV bekräftigte Garantie der freien wirtschaftlichen Betätigung wurden in den unter A.II des Gemeinsamen Protokolls ausgeführten generellen Leitsätzen zur Wirtschaftspolitik konkretisiert. Sie ergänzten die Vertragsbestimmungen zur Wirtschaftsunion und die mit Inkrafttreten des Vertrages gemäß Anlagen II bis IV anzuwendenden, aufzuhebenden, zu ändernden oder neu zu erlassenden Rechtsvorschriften. Im einzelnen verlangten die **wirtschaftspolitischen Leitsätze** u. a.:

— wirtschaftliche Leistungen sollen vorrangig privatwirtschaftlich und im Wettbewerb erbracht werden;
— die Vertragsfreiheit wird gewährleistet; sachlich gebotene, nicht zu vermeidende Eingriffe in die wirtschaftliche Betätigungsfreiheit sind auf ein Mindestmaß zu beschränken;
— einzelbetriebliche Planvorgaben sind unzulässig und private und öffentliche Unternehmen vor einer Reglementierung ihrer unternehmerischen Tätigkeit zu schützen;
— private Unternehmen und freie Berufe dürfen nicht schlechter behandelt werden als staatliche und genossenschaftliche Betriebe;
— die Preisbildung ist frei, sofern nicht aus zwingenden gesamtwirtschaftlichen Gründen Preise staatlich festgesetzt werden müssen;
— die Freiheit des Erwerbs, der Verfügung und der Nutzung von Grund und Boden und sonstiger Produktionsmittel wird für unternehmerische Tätigkeit gewährleistet;
— Unternehmen im unmittelbaren oder mittelbaren Staatseigentum sind nach den Grundsätzen der Wirtschaftlichkeit zu führen; sie sind zudem so rasch wie möglich wettbewerblich zu strukturieren und – soweit möglich – in Privateigentum zu überführen [BT-Drs.11/7171, S.113 f.].

Im Zusammenhang mit der Wirtschaftsunion nahm die Frage der zukünftigen **Eigentumsordnung** einen besonderen Stellenwert ein. In Abkehr vom bisher allein dominierenden Staats- bzw. Volkseigentum sollte die künftige Wirtschaftsordnung primär auf dem **Privateigentum** aufbauen. Beim Übergang hierzu waren allerdings die größten Schwierigkeiten zu erwarten, da es nicht nur um die rasche Privatisierung bisheriger Staatsbetriebe und die privatwirtschaftliche Verfügbarkeit von Eigentum, sondern auch um die Restituierung bzw. rechtsstaatliche Revision jener Eigentumsentziehungen ging, die vom bisherigen System in rechtsstaatswidriger Weise und überwiegend entschädigungslos vorgenommen worden waren *(vgl. R. Scholz, 1990, S.4)*. Vor allem im Hinblick auf die Gewinnung des dringend benötigten Investitionskapitals wurden für die Anfangsphase in Anlage IX Grundsätze aufgestellt, die sicherstellen sollten, daß Eigentum an Grund und Boden in der DDR auch tatsächlich erworben werden konnte [BT-Drs.11/7171, S.143 f.].

Hinsichtlich der **Sozialunion** legte der StaatsV selbst vor allem die Ziele fest und enthielt dazu in seinem Kapitel IV grundlegende Bestimmungen. Hinzu kamen die in Abschnitt IV des Protokolls enthaltenen Leitsätze zum Arbeits- und Sozialrecht. Nach Art.1 Abs.4 StaatsV bildete sie mit der Wirtschafts- und Währungsunion eine »Einheit«, die sich insbesondere durch eine »der sozialen Marktwirtschaft entsprechende Arbeitsrechtsordnung und ein auf den Prinzipien der Leistungsgerechtigkeit und des sozialen Ausgleichs beruhendes umfassendes System der sozialen Sicherung« kennzeichnen sollte. Angesichts des weitgehenden Zusammenbruchs des alten Systems und der abzusehenden Übergangsschwierigkeiten vor allem im Bereich der Beschäftigung sowie des außerordentlichen Gefälles des Lebensstandards zwischen beiden deutschen Staaten war die Sozialunion ein unverzichtbares Element, wenn soziale Unzufriedenheit und unkalkulierbare Wanderungsbewegungen in Grenzen gehalten werden sollten *(vgl. R. Scholz, 1990, S.7; Rauschning, 1990, S.9 ff.; Leibfried, 1990, S.263 ff.; v. Maydell, 1990 a, S.515 ff.; Lampert, 1990 b, 1990 c, S.27 ff.; Ehrenberg, 1990)*.

Für den Bereich der **Sozialversicherung** bestimmte Art.18 Abs.1 StaatsV, daß die DDR die bisherige Einheitsversicherung durch ein **gegliedertes System der Sozialversicherung** zu ersetzen hatte. Ebenso wie in der Bundesrepublik sollte die Sozialversicherung getrennt nach den Zweigen Kranken-, Unfall-, Renten- und Arbeitslosenversicherung organisiert werden.

In näherer Spezifizierung wurde festgelegt, daß die verschiedenen Versicherungen jeweils von Selbstverwaltungskörperschaften des öffentlichen Rechts durchzuführen waren, die der Rechtsaufsicht des Staates unterliegen sollten. Vorgegeben wurde ferner, daß die Versicherungsleistungen vor allem durch Beiträge finanziert werden sollten. Dabei sollten die Beiträge grundsätzlich je zur Hälfte von Arbeitnehmern und Arbeitgebern entsprechend den Beitragssätzen in der Bundesrepublik und zur Unfallversicherung von den Arbeitgebern allein getragen werden. Schließlich verlangte der StaatsV, daß sich die Lohnersatzleistungen an der Höhe der versicherten Entgelte zu orientieren haben. Abweichend von bundesdeutschen Regelungen erlaubte Art.18 Abs.3 StaatsV für eine Übergangszeit, die in der DDR bestehende umfassende Sozialversicherungspflicht beizubehalten.

In realistischer Einschätzung einer längeren Dauer der **Umstrukturierung** der bisherigen Sozialversicherung sah der StaatsV für die Einführung des gegliederten Systems eine Übergangsregelung vor (Art.18 Abs.2 S.1,2).

Danach sollten in einer ersten Phase die Aufgaben der Renten-, Kranken- und Unfallversicherung zunächst noch von einem gemeinsamen Träger durchgeführt werden; allerdings sollten bereits von Beginn an die Einnahmen und Ausgaben getrennt nach den Versicherungsarten erfaßt und abgerechnet werden. Eigenständige Träger für die verschiedenen Versicherungszweige sollten möglichst bis zum 1. 1. 1991 gebildet werden *(vgl. Michaelis/Reimann, 1990 a, S.294)*. Ziel war dabei eine Organisationsstruktur der Sozialversicherung, die der in der BRD entsprach (Art.18 Abs.2 S.3). Neben der Angleichung der Sozialversicherung verlangte der StaatsV (Art.19) die Einführung eines Systems der Arbeitslosenversicherung einschließlich der Arbeitsförderung entsprechend den in der Bundesrepublik geltenden Regelungen des AFG. Desgleichen hatte die DDR gemäß Art.24 StaatsV ein Sozialhilfesystem in Anlehnung an das bundesdeutsche BSHG aufzubauen.

Für die Umgestaltung des **Bereichs des Arbeitsrechts** maßgebend war Art.1 Abs.4 StaatsV, der als notwendiges Korrelat zu der künftig privatwirtschaftlich bestimmten Wirtschaftsordnung eine »der sozialen Marktwirtschaft entsprechende **Arbeitsrechtsordnung**« forderte *(vgl. Schmitthenner/Bobke, 1990, S.639; F. Kunz, 1990, S.310)*.

Dazu hieß es in Art.2 Abs.1 StaatsV, daß sich beide Seiten »zur freiheitlichen, demokratischen, föderativen, rechtsstaatlichen und sozialen Grundordnung« bekennen und insbesondere »die Vertragsfreiheit..., Berufsfreiheit, ... die Freiheit, zur Wahrung und Förderung der Arbeits- und Wirtschaftsbedingungen Vereinigungen zu bilden«, garantieren. Diese Grundsätze und die im Gemeinsamen Protokoll vereinbarten Leitsätze sollten in der DDR gelten, wobei fortbestehendes Recht gemäß diesen Grund- und Leitsätzen auszulegen und anzuwenden (Art.4 Abs.1 StaatsV) war. Entgegenstehende Verfassungsvorschriften und gesetzliche Regelungen (z. B. das Gewerkschaftsgesetz) waren nicht mehr anzuwenden (Art.2 Abs.2 StaatsV). Schließlich sollten die Unternehmen frei über die Arbeitsverhältnisse entscheiden können (Art.11 Abs.2 StaatsV). Als Kernelemente der neuen Arbeitsrechtsordnung hatte die DDR gemäß Art.17 StaatsV das Koalitionsrecht, die Tarifautonomie, das Arbeitskampfrecht, die Betriebsverfassung, die Unternehmensmitbestimmung und das Kündigungsschutzrecht entsprechend dem in der Bundesrepublik geltenden Recht zu gewährleisten. Ausdrücklich wurden zudem in Abschn.III Ziff.1 der Leitsätze die Gewerkschaften und Arbeitgeberverbände »in ihrer Bildung, ihrer Existenz, ihrer organisatorischen Autonomie und ihrer koalitionsmäßigen Betätigung geschützt«.

Bei der Ausarbeitung des Staatsvertrages war davon ausgegangen worden, daß die vereinbarte Umstellung der staatlich gelenkten Wirtschaft der DDR auf die soziale Marktwirtschaft aufgrund der in der Übergangsphase nicht ausreichenden Selbstfinanzierungskraft zu erheblichen Defiziten im Staatshaushalt der DDR führen würde. Aus »Solidarität mit der Bevölkerung der DDR« [BT-Drs.11/7171, S.1] verpflichtete sich die Bundesrepublik zu einem teilweisen **Defizitausgleich**, und zwar in Höhe von 22 Mrd. DM für das 2. Halbjahr 1990 und von 35 Mrd. DM für 1991.

Die Lasten der Finanzierung sollten über den Fonds »Deutsche Einheit« gemeinsam von Bund und Ländern (einschließlich Gemeinden) getragen werden *(vgl. Heilemann, 1990, S.195 ff.; Münstermann, 1990, S.145 ff.)*. Der Fonds wurde gemäß Art.31 des StaatsV-G als Sondervermögen des Bundes nach Art.110 Abs.1 GG errichtet. Finanziert werden sollte er bis 1994 durch Haushaltszuweisungen des Bundes in Höhe von 20 Mrd. DM sowie Kredite im Gesamtbetrag von 95 Mrd. DM. Vorgesehen war, der DDR über diesen Fonds in den Jahren 1990–1994 insgesamt 115 Mrd. DM zur Verfügung zu stellen. Die Schuldendienstverpflichtungen sollte der Bund tragen; die Länder sollten an den Bund allerdings aus ihrem Anteil an der Umsatzsteuer jährliche Beträge in Höhe von 50 % der Fondszuschüsse abtreten. Mit den zu leistenden Beträgen sollten insbesondere die gemeinsam mit der DDR festgelegten neuen Politiken in den Bereichen der Infrastruktur, der Wirtschaftsstruktur und der Landwirtschaft sowie die Verbesserung der allgemeinen Lebensverhältnisse in der DDR abgedeckt werden.

Neben den allgemeinen Finanzzuweisungen erklärte sich der Bund bereit, für die Rentenversicherung und die Arbeitslosenversicherung eine Anschubfinanzierung aus dem Bundeshaushalt in Höhe von insgesamt 2,75 Mrd. DM im 2. Halbjahr 1990 und 3 Mrd. DM im Jahre 1991 zu leisten [BT-Drs. 11/7171, S.1 f.]. Eine Heranziehung westdeutscher Beitragszahler der Sozialversicherung zur Finanzierung der Sozialleistungen in der DDR wurde durch die Bundesregierung ausdrücklich ausgeschlossen.

Mit der Fonds-Finanzierung wurden die Kosten der deutschen Einheit als einer »gesamtstaatlichen Aufgabe« auf sämtliche Gebietskörperschaften verteilt und zum anderen die Belastungen der laufenden Haushalte begrenzt. Die Finanzierung eines beträchtlichen Teils der einigungsbedingten Kosten über langfristige Kredite bedingte jedoch für die Zukunft nicht unerhebliche Belastungen der öffentlichen Haushalte. Der Finanzminister rechtfertigte diese Finanzierungslösung einerseits damit, daß der erhöhte Mittelbedarf nur vorübergehend sei und der Fonds daher nicht als Dauereinrichtung gedacht sei, andererseits jedoch vor allem mit der Erwartung, daß mit Wirksamwerden des marktwirtschaftlichen Steuerungssystems in der DDR schon bald beschleunigte Wachstumsimpulse freigesetzt würden, die sich in steigenden Einkommen und einer zunehmenden Zahl von Arbeitsplätzen niederschlügen *(vgl. Bull. d. BReg., Nr. 66/1990, S.563 f.)*.

Als »Gegenleistung« für die Bereitschaft, den DDR-Haushalt teilweise aus Bundesmitteln zu decken, mußte die DDR-Regierung verschiedene **ausgabenbeschränkende Vereinbarungen** akzeptieren und sich zur Einhaltung bestimmter **finanz- und haushaltspolitischer Grundsätze** bekennen *(vgl. auch H. Richter, 1990, S.4 ff.; Pohmer, 1990, S.93 ff.; Rauschning, 1990, S.11 f.; M. Schulz, 1990, S.306 ff.)*.

Die in Art.26 StaatsV und in Abschn.III der Anlage IV enthaltenen Grundsätze für die Finanzpolitik schrieben vor, die öffentlichen Haushalte in der DDR an den Grundsätzen des gesamtwirtschaftlichen Gleichgewichts auszurichten. Zugleich waren die Haushalte ausgeglichen zu gestalten. Außerdem waren gemäß Art.26 Abs.2 StaatsV der Sozialbereich, die Wirtschaftsunternehmen und die Verkehrsbetriebe haushaltsmäßig aus dem Gesamthaushalt auszugliedern und aufgrund von Art. 26 Abs.4 eine »Bestandsaufnahme des volkseigenen Vermögens« vorzunehmen. Um die Haushalte der DDR-Gebietskörperschaften zu sanieren, verpflichtete Art.26 Abs.3 zur Defizitbegrenzung und zum Abbau von Haushaltssubventionen insbesondere für Industriewaren, landwirtschaftliche Produkte und Nahrungsmittel. Desgleichen waren die Personalausgaben im öffentlichen Dienst nachhaltig zu senken und alle Ausgaben auf ihre Notwendigkeit und Finanzierbarkeit zu überprüfen. Der Art.27 StaatsV schließlich sah eine Begrenzung für die Aufnahme von Krediten sowie die Erteilung von Kreditermächtigungen vor; konkret wurden die Kreditermächtigungen für 1990 auf 10 Mrd. DM und für 1991 auf 14 Mrd. DM limitiert, wobei die Verteilung im Einvernehmen mit dem Bundesfinanzminister zu erfolgen hatte. Für das Treuhandvermögen wurden für 1990 zur Vorfinanzierung zu erwartender Erlöse Kreditaufnahmen bis zu einer Höhe von 7 Mrd. DM erlaubt.

Obgleich der Finanzausschuß des Bundestages die Auffassung vertrat [BT-Drs.11/7413], daß die aus dem Staatsvertrag resultierenden Mehrausgaben aus den öffentlichen Haushalten der Bundesrepublik finanzierbar seien und der Bundesfinanzminister der Meinung war, daß der Prozeß der deutschen Vereinigung finanzpolitisch verantwortlich gestaltet sei, beinhaltete die Finanzierung des Einigungsprozesses von Beginn an ein erhebliches Maß an Unsicherheit, da die weitere wirtschaftliche Entwicklung in der DDR nach der Währungsumstellung und dem Übergang zur Marktwirtschaft kaum vorhersehbar war, zumal es neben den eher optimistischen Prognosen der Bundesregierung auch durchaus ernstzunehmende Warnungen wirtschaftswissenschaftlicher Institute gab.

2. 2 Situation der DDR-Wirtschaft nach Herstellung der Wirtschafts- und Währungsunion

Die ökonomischen Ausgangsbedingungen, unter denen die Umwandlung der zentral gelenkten sozialistischen Planwirtschaft in eine Marktwirtschaft stattzufinden hatte, waren außerordentlich ungünstig. Fachleute schätzten, daß in den Betrieben der ehemaligen DDR zwischen 30 und 50 % der Arbeitsplätze im internationalen Wettbewerb nicht überlebensfähig sein würden. Die Wirtschafts- und Währungsunion brachte es zudem mit sich, daß die Unternehmen in der DDR „über Nacht voll im kalten Wind des Wettbewerbs (standen) und ein großer Teil diesem Wettbewerb entweder gar nicht oder nur bei Reduzierung (der Zahl) der beschäftigten Mitarbeiter gewachsen (war)" *(Heier, 1991, S. 84; vgl. auch Heinrich, 1990, S.6).* Der Systemwechsel führte vor allem hinsichtlich des Produktionsfaktors Arbeit zu einem grundlegend anderen Verhalten. Der nun wirksam werdende Kostenfaktor und die Konkurrenz zwangen dazu, das der »aufgeblähten Beschäftigung immanente Rationalisierungspotential« zu nutzen und in den Betrieben **versteckt vorhandene Arbeitslosigkeit** offenzulegen. Allerdings hat die Einführung der Marktwirtschaft auch „direkt zu einem Verlust an Absatzmärkten geführt und so durch Nachfrageausfall Arbeitslosigkeit erzeugt" *(Heier, 1991, S.84).*

Die sich rasch abzeichnende **Anpassungskrise** bewirkte sehr bald einen totalen **Umschwung der Stimmungslage** und der **Erwartungen**. Obwohl ein bedeutender Rückgang zu erwarten war, hat die „Tiefe des Einbruchs bei Produktion und Beschäftigung" *(SVR, Sondergutachten 1991, S.252)* überrascht. Verantwortlich dafür waren teilweise auch westdeutsche Politiker, die trotz vieler Warnungen nicht davon abließen, bei der ostdeutschen Bevölkerung unerfüllbare Erwartungen zu wecken. Auch ihnen mußte bewußt gewesen sein, daß es ausgeschlossen war, „eine sozialistische Wirtschaft innerhalb weniger Monate in eine blühende Marktwirtschaft umzuwandeln" *(SVR, Sondergutachten 1991, S.252).* So wenig der wirtschaftliche Niedergang an sich also eine Überraschung darstellte, gab es doch über Ausmaß und Dauer des Abschwungs sehr große Unterschiede in der Beurteilung.

Stärker als erwartet zeigte sich nach Eintritt in die Wirtschafts- und Währungsunion, daß kaum ein Unternehmen aus der früheren DDR dem Wettbewerb westlicher Konkurrenten gewachsen war. Überall brachen nun die überkommenen Strukturen zusammen, die in der marktwirtschaftlichen Ordnung keine Überlebenschancen mehr hatten. Wie vorauszusehen, gerieten die ostdeutschen Betriebe mit der schlagartigen Öffnung der Märkte in größte Absatzschwierigkeiten, da „hohe Kosten durch veraltete Produktionsverfahren sowie durch personelle Überbesetzung wie auch ungenügende betriebswirtschaftliche Kenntnisse ... ein Mithalten mit konkurrierenden westlichen Anbietern unmöglich (machten)" *(SVR, Sondergutachten 1991, S.253).* Hinzu kam, daß die Qualität ostdeutscher Produkte vielfach nicht den Ansprüchen der Nachfrager sowohl im Konsumgüter- wie im Investitionsgüterbereich genügte. „Die Beseitigung des bisherigen Monopols der volkseigenen Alleinproduzenten (brachte) es mit sich, daß jahrzehntelang produzierte Güter nicht mehr gekauft" *(Heier, 1991, S.84)* wurden. Während Westwaren die Geschäfte der ehemaligen DDR im Sturm eroberten, blieben Waren aus der Ost-Produktion nun in den Regalen liegen *(vgl. Süddeutsche Zeitung v. 25.9. 1990, S.24).* Zusätzlich erschwert wurde das Überleben vieler DDR-Betriebe bei alledem durch den Zusammenbruch gewachsener Lieferbeziehungen. Verschärfend wirkte auch, daß gleichzeitig mit dem Binnenmarkt die traditionellen Absatzmärkte im Osten in weitem Umfange wegbrachen. Als Folge der Wirtschaftsunion ging die industrielle Warenproduktion insgesamt von 100 % (Durchschnitt 2. Vierteljahr 1990) auf einen Wert von 61,0 % im Juli und 52,1 % im August 1990 zurück. Gegenüber dem Vorjahreszeitraum wies sie im 3. Vierteljahr 1990 ein Minus von 48,1 % auf *(vgl. SVR, Sondergutachten 1991, S.264).*

2. 2. 1 Entwicklung des Arbeitsmarktes

Das vielleicht wichtigste Problem der DDR-Bürger und der Wirtschaft insgesamt wurde die **zunehmende Freisetzung von Arbeitskräften**. Die bereits nach der Wende offenkundig gewordene Tatsache, daß in der DDR im Verhältnis zu den produktiven Leistungen der Wirtschaft weitaus zu viele Arbeitskräfte beschäftigt wurden, zeigte sich im Zuge der Währungsumstellung auf dem Arbeitsmarkt in besonders drastischer Weise. Überbesetzt war nicht nur der ganz überwiegende Teil der Betriebe; auch der Verwaltungsapparat war in allen Bereichen überdimensioniert, selbst wenn man die enorme Zahl der »unproduktiv« Beschäftigten (z. B. Sicherheitsapparat) außer Betracht läßt.

Seit Beginn der amtlichen Erfassung der Arbeitslosenzahlen war ein monatliches Ansteigen der registrierten Arbeitslosen zu verzeichnen. Nachdem es Ende März 1990 erst 38.313 Personen gewesen waren, wurden Ende April bereits 64.948, Ende Mai 94.807 und Ende Juni schließlich 142.096 Personen als arbeitslos gezählt. Die Arbeitslosenquote hatte sich damit im 1. Halbjahr 1990 von 0,10 auf 1,6 % erhöht *(vgl. Belwe, 1991, S.28)*. Die tatsächliche Zahl der Arbeitslosen lag jedoch faktisch bereits damals deutlich höher als die registrierte Arbeitslosenzahl.

Einen abrupten und dramatischen Anstieg verhinderten zunächst noch verschiedene Übergangsregelungen und tarifvertragliche Vereinbarungen. Hinzu kamen viele Arbeitnehmer, die zwar formell noch beschäftigt waren, die jedoch bereits ihre Kündigung erhalten hatten oder ihren Kündigungstermin kannten. Entlastet wurde der offizielle Arbeitsmarkt zudem dadurch, daß zahlreiche Personen, die ihren Arbeitsplatz verloren hatten, sich um eine Beschäftigung in West-Berlin bzw. im alten Bundesgebiet bemühten.

Tabelle 77: Entwicklung der Arbeitslosigkeit in der ehemaligen DDR im Jahre 1990

Monat	Arbeitslose		Kurzarbeiter		offene Stellen[3]	Arbeits-vermitt-lungen[2]	Eintritte in berufl. Förder-maßnahm.	Beschäf-tigte in ABM[3]
	insge-samt[1;3]	davon Frauen	insge-samt[3]	über 50 % Arbeits-ausfall				
Januar	7.440	1.031	–	–	158.602	7.054	208	–
Februar	10.994	3.914	–	–	141.365	10.435	371	–
März	38.313	16.040	–	–	105.863	17.487	201	–
April	64.948	27.278	–	–	73.558	17.968	1.011	–
Mai	94.807	40.729	–	–	54.284	7.477	1.859	–
Juni	142.096	69.203	–	–	41.382	5.791	2.944	–
Juli	272.017	140.481	656.277	–	27.728	5.458	7.816	–
August	361.286	192.247	1.499.872	–	20.426	9.535	7.670	–
Septemb.	444.856	244.842	1.771.576	566.905	24.289	11.979	12.639	4.268
Oktober	537.799	291.354	1.767.034	599.829	24.737	17.337	23.173	8.417
Novemb.	589.178	321.618	1.709.899	645.707	23.781	17.911	32.730	14.545
Dezemb.	642.182	351.779	1.795.264	737.853	21.630	17.535	30.019	20.316

1) Januar-Mai: Bürger ohne Arbeitsrechtsverhältnis, die einen Antrag auf staatliche Unterstützung gestellt haben; 2) Januar-Mai: von den Ämtern für Arbeit im Monat vermittelte Arbeitsplätze an Bürger ohne Arbeitsrechtsverhältnis; 3) Bestand am Monatsende.
Quellen: Zentrale Arbeitsverwaltung der DDR: Arbeitsmarktberichte; Bundesanstalt für Arbeit, Presse-Information 1/91; Belwe, 1991, S.28.

Innerhalb nur weniger Monate hatte sich das Qualifikationsprofil der arbeitslosen DDR-Bürger nachhaltig verändert. Während Anfang des Jahres unter den Arbeitslosen jene mit Hoch- und Fachschulabschluß überproportional vertreten waren (Januar 1990: 50 %; Februar 1990: 25 %), setzten sich infolge vermehrter Entlassungen aus dem Bereich der Produktion bereits im März 1990 die Arbeitslosen zu 56,8 % aus Facharbeitern und Meistern, zu 24,2 % aus An- und Ungelernten und zu 19 % aus höher qualifizierten Beschäftigten zusammen. In der Folgezeit verschob sich das Qualifikationsprofil der Arbeitslosen weiter zuungunsten der Facharbeiter; nach einem leichten Rückgang auf 55,4 % (April 1990) stieg ihr Anteil bis Juni auf 58 %.

Der Anteil der Frauen an den Arbeitslosen, der im Februar 1990 noch deutlich unter 40 % gelegen hatte, stieg im Mai 1990 auf 42,96 % und kurz vor der Währungsunion auf 48,7 %. Angesichts der sehr prekären Lage der Leichtindustrie, in der 60 % der weiblichen Beschäftigten der DDR tätig waren, mußte diese spürbare Zunahme der Frauenarbeitslosigkeit erwartet werden. Ebenfalls eine steigende Tendenz war bei der Jugendarbeitslosigkeit zu beobachten. Nach 15 % im Mai 1990 waren im Juni 1990 immerhin 19,3 % der Arbeitslosen Jugendliche. Interessanterweise hatte von den 27.000 arbeitslosen Jugendlichen allerdings rund ein Drittel ihre Stelle selbst gekündigt *(vgl. DA, 8/1990, S. 1180; Zentrale Arbeitsverwaltung, Arbeitsmarktbericht Mai 1990).*

Spiegelbildlich zum Anstieg der Arbeitslosenzahlen war eine rasche Abnahme der Zahl der offenen Stellen zu beobachten. Nahezu kontinuierlich war die Zahl der offenen Stellen von 158.602 Ende Januar 1990 (Februar: 141.365; März: 105.863) auf zunächst 73.558 im April 1990 und schließlich 41.382 im Juni 1990 zurückgegangen *(vgl. Tabelle 77).*

Auch bei den offenen Stellen zeigten sich die äußerst ungünstigen Beschäftigungsaussichten der Arbeitnehmer mit Hochschul- und Fachschulabschluß. Die Zahl der für diesen Personenkreis angebotenen Stellen hatte sich allein von März bis April 1990 um gut 20.000 auf 3.900 reduziert. Für Facharbeiter gab es im April noch 48.577, für An- und Ungelernte 21.000 freie Arbeitsplätze *(vgl. Süddeutsche Zeitung v. 5.7.1990, S.5; taz v. 5.7.1990, S.11; Frankfurter Rundschau v. 5.7.1990, S.9).*

Als Folge der, für den 1. Juli 1990 geplanten, Währungsumstellung wurde mit einer weiteren beträchtlichen Zunahme sowohl der registrierten wie der nicht registrierten Arbeitslosen gerechnet. Die Befürchtung einer **drastisch ansteigenden Arbeitslosenzahl** war umso plausibler, als schon vor der Währungsunion der Inlandsmarkt der DDR weitgehend zusammengebrochen war und sich heimische Produkte kaum mehr verkaufen ließen.

Prognosen gingen seinerzeit davon aus, daß 40 % der Betriebe unmittelbar vor dem Konkurs standen; lediglich 10 % galten als wettbewerbsfähig. Etwas optimistischere Analysen gelangten zu dem Ergebnis, daß etwa 30 % der Betriebe rentabel genug arbeiteten, um ohne finanzielle Hilfe überleben zu können; von 20 % wurde angenommen, daß sie nicht zu retten waren *(vgl. Der Morgen v. 7.5.1990, S.5; Neues Deutschland v. 11.5.1990, S.2).* Entprechend groß war die Bandbreite der für die Zukunft erwarteten Zahl der Arbeitslosen. Sie reichte von der höchst optimistischen Schätzung des DDR-Wirtschaftsministers POHL von Ende April 1990, wonach mit höchstens 200.000 Arbeitslosen zu rechnen war, bis zu Prognosen, die bis zu eine Million Arbeitslose für nicht unrealistisch hielten. Ähnlich weit gingen die Aussagen bezüglich der Zahl der neuen Arbeitsplätze auseinander. Dabei wurde von vielen die Erwartung, daß es gelingen werde, 500.000 neue Arbeitsplätze zu schaffen, als eher unwahrscheinlich angesehen.

Die ersten **Arbeitslosenzahlen** nach **Herstellung der Währungsunion** erfüllten zwar nicht die allerschlimmsten Prognosen; mit den 272.017 Mitte Juli 1990 registrierten Arbeitslosen wurde dennoch die Prognose des DDR-Wirtschaftsministers bereits zu diesem Zeitpunkt übertroffen. Vor diesem Hintergrund ging der DDR-Finanzminister ROMBERG davon aus, daß sich die Zahl der Arbeitslosen im 2. Halbjahr auf ca. 435.000 erhöhen würde. Auch diese Zahl wurde früher als erwartet übertroffen; kurz vor dem Beitritt wurden 444.856 Arbeitslose registriert, was einer offiziellen Arbeitslosenquote von 5,0 % entsprach *(vgl. Soz Umschau, Nr.409/1990).*

In den ersten drei Monaten nach der Währungssumstellung war die Zahl der registrierten Arbeitslosen von 272.017 (Juli) über 361.286 (August) auf 444.856 (September 1990) gestiegen. Darunter befanden sich im Juli 3.525 und im September 26.956 Teilzeitarbeitslose. Fortgesetzt hatte sich die deutliche Zunahme der Frauenarbeitslosigkeit. Nachdem die Frauen mit einem Anteil von 51,64 % im Juli 1990 erstmals die Mehrheit der Arbeitslosen gestellt hatten, waren im September 1990 schon 55,03 % aller Arbeitslosen weiblichen Geschlechts. Die Zahl der jugendlichen Arbeitslosen, die sich von Juli bis August 1990 noch von 14.477 auf 23.253 erhöht hatte, stieg im September nurmehr auf 28.905. Seit Juni hatte sich die Zahl der arbeitslosen Schwerbehinderten etwa vervierfacht (von 2.478 auf 8.080 im September 1990). Während sich im September 1990 der Zugang an Arbeitslosen auf 107.100 belief, von denen der größte Teil vorher erwerbstätig war, beendeten im selben Monat lediglich 23.500 Erwerbspersonen ihre Arbeitslosigkeit.

Einen deutlich stärkeren Anstieg der Arbeitslosenzahlen hatte die im Juli 1990 eingeführte **Kurzarbeiterregelung** verhindert. Aufgrund der in der DDR geltenden erleichterten Voraussetzungen für den Bezug von Kurzarbeitergeld befanden sich viele der Kurzarbeiter nur im Wartestand auf die Arbeitslosigkeit. „Die früher durch Überbeschäftigung in den Volkseigenen Betrieben und Kombinaten vorhandene ‚verdeckte Arbeitslosigkeit' (gab es nun) in Form der Kurzarbeit" *(Belwe, 1991, S.30)*.

Im Anschluß an die Wirtschafts- und Währungsunion waren die Betriebe und Verwaltungen zunächst bestrebt, die weiter wachsenden Beschäftigungsprobleme in erster Linie über mehr Kurzarbeit aufzufangen. Hierbei war zu berücksichtigen, daß aufgrund der speziellen gesetzlichen Regelung in der DDR auch dann zu Kurzarbeit übergegangen werden konnte, wenn die Schwierigkeiten der Betriebe nicht nur vorübergehender Natur waren. Die Zahl der gemeldeten Kurzarbeiter stieg von 656.277 im Juli auf 1.499.872 im August und schließlich auf 1.771.576 im September 1990. Von den im September 1990 gezählten Kurzarbeitern hatten 444.666 einen Arbeitsausfall von 10 bis 25 %, 760.005 von 25 bis 50 %, 356.087 von 50 bis 75 % und 210.818 von 75 bis 100 %.

Weiter zurückgegangen war seit Juni 1990 der Bestand an **offenen Stellen**, auch wenn der Neuzugang von Juli bis September 1990 etwas zugenommen hatte. Entsprechend gering war die Zahl der durch die Arbeitsämter getätigten **Arbeitsvermittlungen**.

Die Zahl der gemeldeten offenen Stellen war von Juni bis August 1990 von 41.382 auf 20.426 zurückgegangen, um anschließend leicht auf 24.289 im September 1990 anzusteigen. Im September 1990 meldeten die Betriebe 18.628 offene Stellen gegen über 8.621 im Juli und 10.398 im August 1990. Die Zahl der Arbeitsvermittlungen hatte seit Juli 1990 leicht zugenommen und im September 11.979 erreicht *(vgl. SozUmschau, Nr.409/1990)*.

Bei alldem spiegelten die Zahlen der Arbeitsmarktverwaltung das ganze Ausmaß der **Arbeitskräftefreisetzung** nur unvollkommen wider *(vgl. Heier, 1991, S.94; Belwe, 1991, S.32f.; Adamy, 1990b, S.426ff., 1990c, S.433ff.)*. Bis Ende September 1990 hatten rd. 300.000 Arbeitnehmer von der noch unter MODROW eingeführten Vorruhestandsregelung Gebrauch gemacht *(vgl. ANBA, 12/1990, S.1712)*. Arbeitsmarktentlastend wirkten zudem die anhaltende Abwanderung von Teilen der arbeitsfähigen Bevölkerung in den Westen, die Pendlerbewegung, der Abbau der Zahl der berufstätigen Rentner, die einsetzende Verdrängung von Frauen vom Arbeitsmarkt, die Kündigung von Ausländern sowie der Beginn von Arbeitszeitverkürzungen *(vgl. Wahse, 1990, S.22)*.

Unter Berücksichtigung dieser Faktoren war die der Berechnung der offiziellen Arbeitslosenquote zugrundegelegte Zahl von 8,8 Mio. Erwerbspersonen bereits im Sommer 1990 nicht mehr korrekt. Wie die Berufstätigenerhebung des Statistischen Bundesamtes zum Stichtag 30. November 1990 (Inlandskonzept, ohne Auspendler) ergab, waren tatsächlich nur noch 7.584.464 Personen in den neuen Bundesländern berufstätig, darunter 7.338.262 als Arbeitnehmer *(vgl. Kusch/Lambert/Winter, 1991, S.783)*.

2.2.2 Rechtsangleichung im Unternehmensbereich und wirtschaftspolitische Maßnahmen

Die vereinbarte Wirtschaftsunion verlangte von der DDR die Verabschiedung von Rechtsvorschriften, die zum einen zur Beseitigung der sozialistischen Planwirtschaft beizutragen hatten und zum anderen zu einer Angleichung an das bundesdeutsche Wirtschaftsrecht der sozialen Marktwirtschaft führen sollten. Die Ausgestaltung des Wirtschaftsrechts berührte auch sozialpolitische Gesichtspunkte, zumal nach der Währungsunion zwangsläufig **Betriebsschließungen** und Konkurse zu erwarten waren. Auch die angestrebte **Beschleunigung der Privatisierung** des Volksvermögens hatte sowohl Auswirkungen auf die arbeitsrechtliche Situation dort beschäftigter Arbeitnehmer als auch auf den Arbeitsmarkt in der DDR *(vgl. auch Flassbeck/Hoffmann/Pohl, 1990, S.65ff.; Arbeitsgruppe DDR im DIW, 1990, S.221ff.)*.

Die noch von der Regierung MODROW mit der Errichtung der Treuhandanstalt begonnene Umwandlung des Volksvermögens sowie verschiedene andere Ansätze zur Liberalisierung des Wirtschaftsrechts wurden als nicht ausreichend angesehen, um die mit der Wirtschaftsunion angestrebte Transformation der früheren Planwirtschaft in eine Marktwirtschaft zügig voranzubringen. Um den Prozeß der Reorganisation des Volksvermögens zu beschleunigen, verabschiedete daher die neu gewählte Volkskammer als eines der ersten Gesetze das **Gesetz zur Privatisierung und Reorganisation des volkseigenen Vermögens (Treuhandgesetz) vom 17. Juni 1990** [GBl.I S.300]. Während bis dahin die Umwandlung des früheren Volksvermögens Hauptziel gewesen war, stand nun die **tatsächliche Privatisierung** eindeutig im Vordergrund. Entsprechend bestimmte § 1 ganz generell, daß das Volkseigentum zu privatisieren sei *(vgl. Maskow/Hoffmann, 1990, S.5)*.

Entsprechend dem Gemeinsamen Protokoll über Leitsätze (Nr.A II 7) hatte sich die DDR im Staatsvertrag verpflichtet, Unternehmen im unmittelbaren oder mittelbaren Staatsbesitz nach den Grundsätzen der Wirtschaftlichkeit zu führen, sie so rasch wie möglich wettbewerblich zu strukturieren und soweit wie möglich in Privateigentum zu überführen. Um den übernommenen Verpflichtungen schnell nachzukommen, beinhaltete das Treuhandgesetz eine faktische Umwandlungsautomatik; die bis zum 1.7.1990 noch nicht umgewandelten Wirtschaftseinheiten wurden von Gesetzes wegen zu Kapitalgesellschaften (§ 11 Abs.2 TreuhG), und zwar volkseigene Kombinate zu Aktiengesellschaften, Kombinatsbetriebe und andere Wirtschaftseinheiten zu Gesellschaften mit beschränkter Haftung (§ 11 Abs.1 TreuhG). Die umgewandelten Unternehmen wurden Eigentümer der Fonds, die sie besaßen, und des Grund und Bodens, dessen Rechtsträger sie waren (§ 11 Abs.2 TreuhG). Als Stammkapital sah das Gesetz für eine GmbH 50.000 DM und für eine Aktiengesellschaft 100.000 DM vor. Die Anteile aller umgewandelten Gesellschaften wurden von der THA gehalten (§ 1 Abs.4 TreuhG). Die auf diese Weise entstandenen Gesellschaften trugen die Bezeichnung »im Aufbau«, da die nach dem Gesellschaftsrecht erforderlichen Schritte erst noch zu folgen hatten. Bis zum 31.10.1990 hatten sie eine Satzung auszuarbeiten sowie u.a. die Schlußbilanz, die Eröffnungbilanz, einen Gründungsbericht sowie einen Geschäftsbericht mit Angaben über den Grund und Boden der Gesellschaft vorzulegen *(vgl. Maskow/Hoffmann, 1990, S.5f.; Weimar, 1990, S.12)*. Die Umwandlung der Volkseigenen Betriebe in privatwirtschaftliche Gesellschaftsformen war allerdings nur als erster Schritt zur Privatisierung anzusehen.

Neben der Privatisierung zielte das TreuhG gemäß Präambel darauf ab, die Wettbewerbsfähigkeit möglichst vieler Unternehmen herzustellen und Grund und Boden bereitzustellen. Außerdem enthielt es in Anlehnung an Art.10 Abs.6 StaatsV ein verbrieftes Anteilsrecht für Sparer. Nach § 2 TreuhG gehörten zu den Hauptaufgaben der Treuhandanstalt (THA):
- Privatisierung und Verwertung volkseigenen Vermögens nach den Prinzipien der sozialen Marktwirtschaft;
- Strukturanpassung der Wirtschaft an die Erfordernisse des Marktes, insbesondere Entwicklung sanierungsfähiger Betriebe zu wettbewerbsfähigen Unternehmen;
- Entflechtung und Kreditaufnahme im Rahmen von Art.27 Abs.1 StaatsV.

Die Einnahmen waren aufgrund von § 5 TreuhG vorrangig für die Strukturanpassung der Unternehmen und erst in zweiter Linie für den Staatshaushalt und laufende Ausgaben der THA zu verwenden. Die Beteiligungen, deren Inhaberin zunächst kraft Gesetzes die THA wurde (§ 1 Abs.4 TreuhG) waren durch die 1. DV zum TreuhG vom 15. August 1990 [GBl.I S.1076] unverzüglich auf die Treuhand-Aktiengesellschaften zu übertragen. Nach § 1 Abs.2 war der Ministerrat für die Privatisierung und Reorganisation des volkseigenen Vermögens verantwortlich. Mit der Durchführung der hierzu erforderlichen Maßnahmen beauftragte er die Treuhandanstalt, deren Struktur das TreuhG sowie ein Beschluß des DDR-MinR über die Satzung der Treuhandanstalt vom 18. Juli 1990 [GBl.I S.809] regelten. Danach bestand die THA aus einem Vorstand sowie einem Verwaltungsrat. Ihre Aufgaben hatte die THA in dezentraler Organisationsstruktur über Treuhand-AGs zu verwirklichen. Dabei war für die zu gründenden Treuhand-Aktiengesellschaften eine branchenmäßige Gliederung vorgesehen (Schwerindustrie, Investitionsgüterindustrie, Konsumgüterindustrie und Dienstleistungen). Diese wiederum hatten nach § 8 TreuhG die Aufgabe, durch Veräußerung von Geschäfts- oder Vermögensteilen zu privatisieren, die Effizienz und Wettbewerbsfähigkeit der Unternehmen zu sichern sowie das Vermögen von nicht sanierungsfähigen Unternehmen und Unternehmensteilen zu verwerten und diese stillzulegen. Die Treuhand-Aktiengesellschaften, die bis zum 31.8.1990 zu gründen waren und deren Aufgaben die 1. DV zum TreuhG regelte, sind letztlich dann doch nicht gegründet worden *(vgl. Weimar, 1990, S.12)*.

Trotz der organisatorischen Änderungen und der Neugestaltung des gesetzlichen Instrumentariums beschleunigte sich die Privatisierung zunächst nicht in dem von der Bundesregierung erhofften Maße. Bis zum 21. August 1990, als der Wechsel an der Spitze der THA für Aufsehen sorgte, konnten lediglich 15 Verträge über Unternehmensveräußerungen unterzeichnet werden, darunter allerdings einige von großer Bedeutung. Aus unterschiedlichen Gründen entwickelte sich von Beginn an sowohl bei Kaufinteressenten wie in der Öffentlichkeit eine **erhebliche Unzufriedenheit** mit der Arbeit der THA, die jedoch nur teilweise von dieser zu verantworten war. Die immer wieder beklagte Immobilität sowie das äußerst langsame Voranschreiten der Privatisierung waren in weit stärkerem Maße darauf zurückzuführen, daß eine Reihe von Regelungen und Entscheidungen unterblieben waren. Von Anfang an weitgehend unklar war insbesondere das Gewicht, das „Privatisierung, Sanierung und Stillegung in ihrem Verhältnis zueinander erhalten sollten" *(DIW, 1992 d, S.63)*. Während eine Reihe von Kritikern vor einer zu weitgehenden **Betonung der Sanierungsfunktion** durch die THA aus ordnungspolitischen Bedenken, aber auch unter Hinweis auf die daraus entstehenden finanziellen Belastungen warnte, kritisierten andere – vor allem die Gewerkschaften – die einseitige Ausrichtung auf die Privatisierung und die Vernachlässigung sozialer Gesichtspunkte und **strukturpolitischer Erfordernisse** durch die THA.

Abgesehen davon, daß die THA selbst erst aufgebaut und für ihre Arbeit Leitlinien entwickelt werden mußten, gab es eine Reihe von Hemmnissen, die potentielle Investoren zögern ließen. Dazu gehörte angesichts der ausnahmlos starken personellen Überbesetzung der Betriebe sicherlich der § 59 a AGB, der dem § 613 a BGB entsprach und festlegte, daß bestehende Arbeitsverhältnisse bei Betriebsübernahmen fortgalten; weitere Gründe waren aber auch die unsichere Datenlage, die schwer überschaubaren Altlasten sowie die Tatsache, daß die Betriebsgrundstücke nach wie vor dem Risiko von Restitutionsansprüchen ausgesetzt waren *(vgl. J.-P. Lachmann, 1990, S.240)*. Neben den objektiven Problemen war auch zu berücksichtigen, daß die THA vor der gewaltigen Aufgabe stand, etwa 8.000 Betriebe mit etwa 4,1 Mio. Beschäftigten zu privatisieren, zu sanieren bzw. ggf. zu liquidieren, eine Aufgabe, für die es weltweit keinerlei vergleichbare Erfahrungen gab.

Gesonderte Regelungen wurden für die Übertragungen an den Staat sowie die Privatisierung von Genossenschaften geschaffen. Nach § 1 Abs.1 umfaßte die Privatisierung nach dem TreuhG nicht das Eigentum des Staates und der Unternehmen und Einrichtungen, die zu den territorialen Einheiten gehörten. Einzelheiten in diesen Bereichen regelten das **Kommunalvermögensgesetz** vom 6. Juli 1990 [GBl.I S.660], das **Landwirtschaftsanpassungsgesetz** vom 29. Juni 1990 [GBl.I S.642] sowie eine Reihe weiterer Gesetze.

Dem Kommunalvermögensgesetz lag das Prinzip zugrunde, das Volkseigentum, das kommunalen Aufgaben oder Diensten diente, den Kommunen unentgeltlich zu übertragen. Im einzelnen waren darin die Verteilung auf die verschiedenen Ebenen der Kommunen und das Übertragungsverfahren geregelt. Die Eigentumsüberführungsverfahrensordnung vom 25. Juli 1990 [GBl.I S.781], die erstmals von der Existenz von Ländern ausging, bestimmte, daß die volkseigenen Vermögenswerte, die für die Erfüllung der Funktionen des Staates und der Länder erforderlich waren, nicht den Kommunen übertragen werden sollten. Ein spezielles Gesetz vom 22. Juli 1990 [GBl.I S.897] regelte zudem die Übertragung volkseigener Güter, staatlicher Forstwirtschaftsbetriebe und anderer volkseigener Betriebe der Land- und Forstwirtschaft in das Eigentum der Länder und Kommunen. Ferner wurde den Gemeinden und Städten aufgrund eines Gesetzes vom 22. Juli 1990 [GBl.I S.901] das auf ihrem Territorium befindliche Volksvermögen, das sich vormals in der Rechtsträgerschaft von Wohnungswirtschaftsunternehmen befand, übereignet.

Für den Bereich der Landwirtschaft bestimmte das Landwirtschaftsanpassungsgesetz gleichfalls als Grundsatz, daß das private Eigentum an Grund und Boden und die darauf beruhende Bewirtschaftung wiederhergestellt und gesichert werden sollten (§ 1). Nach § 41 war es deshalb möglich, landwirtschaftliche Produktionsgenossenschaften durch Beschluß mit ⅔-Mehrheit aufzulösen; zugleich erlaubte § 43 Mitgliedern, ihre Mitgliedschaft zu kündigen, um einen Familienbetrieb zu bilden. Da allerdings zunächst nur wenig Interesse an der Bildung von Familienbetrieben bestand, sah das Gesetz unterschiedliche Möglichkeiten vor, um LPG zu dezentralisieren und in andere Rechtsformen, vor allem eingetragene Genossenschaften, zu überführen. Derartige Maßnahmen sollten durch das Gesetz vom 6. Juli 1990 [GBl. I S. 633] zur Förderung der agrarstrukturellen und agrarsozialen Anpassung der Landwirtschaft der DDR an die soziale Marktwirtschaft unterstützt werden.

Schließlich wurden Maßnahmen getroffen, um entsprechend den Vorgaben des StaatsV Grund und Boden für gewerbliche Zwecke bereitzustellen. Dazu gehörte u. a. die VO vom 11. Juli 1990 über die Förderung des Erwerbs von Grund und Boden durch kleinere und mittelständische Unternehmen der DDR [GBl. I S. 665] *(vgl. auch Hannemann/Bergmann, 1990, S. 183 ff.)*.

Die Bewältigung der nach der Herstellung der Wirtschaftsunion entstandenen Schwierigkeiten erforderte neben Maßnahmen der Rechtsangleichung **aktive wirtschaftliche Fördermaßnahmen**. Dies war umso dringender erforderlich, als – bedingt durch die industrielle Situation – der Beschäftigungsabbau im Vordergrund der Betrachtungen stand. In dieser Situation konzentrierten sich die Hoffnungen vor allem auf den bevorstehenden Strukturwandel und die in diesem Zusammenhang erwartete Gründungs- und Aufbauwelle bei selbständigen Existenzen, im Handwerk und in anderen Dienstleistungsbereichen. In Erwartung einer in ihrem Umfang nicht einzuschätzenden friktionellen Arbeitslosigkeit sahen die Unternehmer für die Übergangsphase bei grundsätzlichem Vorrang der Modernisierung folgende Strategien vor:

- Aufrechterhaltung des Produktionsprozesses – wenn eben möglich,
- Haltung der Beschäftigten – so lange wie möglich – im System und
- volle Anwendung des AFG (z. B. Kurzarbeitergeld, Vorruhestandsgeld, Qualifizierung) *(vgl. BDA, 1990b, S. 2)*.

Um den Standort DDR attraktiv zu machen und den den Schätzungen zufolge notwendigen Abbau von einer Million Arbeitsplätzen (davon rd. 80 % in der Industrie) etwas aufzufangen, beabsichtigten die DDR-Regierung und die Bundesregierung die **großzügige Förderung von Privatinvestitionen** sowie die rasche Durchführung umfangreicher **öffentlicher Investitionen in die wirtschaftliche Infrastruktur**. Beabsichtigt bzw. teilweise schon begonnen war eine Anzahl entsprechender **Förderprogramme**.

Bereits in der Regierungserklärung vom April 1990 war für den Bereich Handwerk und Gewerbe die Aufgabe gestellt worden, noch im Jahre 1990 etwa 500.000 neue Arbeitsplätze zu schaffen, um in der Industrie freiwerdende Arbeitskräfte aufzunehmen. Im einzelnen rechnete das DDR-Wirtschaftsministerium mit 50.000 Arbeitsplätzen durch Betriebsgründungen im Handwerk, 75.000 Arbeitsplätzen durch Erweiterung von Handwerksbetrieben, 200.000 durch Betriebsgründungen von Gewerbebetrieben im Bereich der Industrie, 125.000 durch Betriebsgründungen von Dienstleistungsunternehmen sowie 50.000 aufgrund von Niederlassungen aus dem Ausland *(vgl. Minister für Arbeit und Soziales der DDR, 1990, S. 12)*.

Auf der Grundlage von Art. 14 StaatsV wurde von der DDR im Einvernehmen mit der Bundesrepublik ein Katalog von Methoden und Instrumenten erarbeitet, der die strukturelle Anpassung der Unternehmen an die Marktwirtschaft fördern sollte und Anreize für die Bildung neuer Unternehmen, vor allem des gewerblichen Mittelstandes, bot. Im einzelnen gehörten hierzu u. a. *(vgl. Minister für Arbeit und Soziales der DDR, 1990, S. 10 ff.)*:

- eine allgemeine Investitionsförderung in Form von zeitlich befristeten Investitionszulagen aus dem Staatshaushalt für Ausrüstungsinvestitionen, Gewährung von Zinsverbilligungen aus dem Staatshaushalt für Bankkredite sowie von ERP-Mitteln aus der Bundesrepublik und Sonderabschreibungen;
- die gezielte Förderung sanierungsfähiger Unternehmen durch Kooperation und Fusion mit leistungsfähigen westdeutschen Unternehmen; Mobilisierung von Kapital durch Verkauf oder Belastung treuhänderisch verwalteten staatlichen Vermögens sowie die Gewährung von gewinnabhängig bedingt rückzahlbaren Staatskrediten oder staatlichen Bürgschaften für Bankkredite;
- der Aufbau einer wirtschaftsnahen Infrastruktur für grenznahe und strukturschwache Gebiete, die die Erschließung von Industriegelände, einschließlich Anbindung an bestehende Verkehrsnetze, die Schaffung von Anlagen der Abwasserreinigung und -beseitigung, von Aus- und Fortbildungseinrichtungen sowie von Fremdenverkehrseinrichtungen umfassen sollte;

- die Gewährung von Präferenzen für in der DDR angesiedelte Unternehmen bei der künftigen Vergabe von öffentlichen Aufträgen und
- zeitweilige Schutzmaßnahmen für Konsumgüter der gewerblichen Wirtschaft, die in der DDR in ausreichender Menge produziert werden.

Aufgrund des StaatsV standen im Haushalt der DDR nicht unerhebliche Beträge für die Strukturanpassung (insbesondere Schaffung von Arbeitsplätzen und Qualifizierung) zur Verfügung. Im Jahre 1990 waren dies u. a. 2 Mrd. DM zur RGW-Export-Sicherung, 5 Mrd. DM für Infrastrukturmaßnahmen, 1 Mrd. DM zur Investitionsförderung und 7 Mrd. DM zur Strukturanpassung. Trotz allen Engagements gelang es allerdings den DDR-Ministerien bis zum Ende der DDR nur noch, einige wenige Maßnahmen ansatzweise in Gang zu bringen, deren Effekte zudem gegenüber den Abschwungserscheinungen deutlich im Hintergrund blieben. Auch der erwartete Umfang neuer Arbeitsplätze wurde bei weitem nicht erreicht.

2.3 Anpassungsmaßnahmen beim Arbeitsrecht

2.3.1 Anpassung der DDR-Arbeitsrechtsordnung an westdeutsche Verhältnisse

Auch im Arbeitsrechtsbereich enthielt der StaatsV zahlreiche konkrete Vorgaben für die DDR. Die Umsetzung erfolgte u. a. durch das **Gesetz über Verfassungsgrundsätze vom 17. Juni 1990** [GBl.I S.299], das die Koalitionsfreiheit der Tarifvertragsparteien verankerte, und das **Gesetz über die Inkraftsetzung von Rechtsvorschriften der BRD in der DDR vom 21. Juni 1990** [GBl.I S.357], mit dem die DDR zahlreiche mitbestimmungsrechtliche Normen der Bundesrepublik übernahm (z. B. das Montanmitbestimmungsgesetz, das Mitbestimmungsergänzungsgesetz, das Betriebsverfassungsgesetz 1952, das Tarifvertragsgesetz sowie das Kündigungsschutzgesetz) *(vgl. Wolter, 1990, S. 37ff.; Wlotzke/Lorenz, 1990, S. 1ff.; Löw, 1990, S. 29ff.; Kissel, 1990b, S. 545ff.)*.

Im einzelnen waren von der DDR aufgrund des Staatsvertrages zum 1. Juli 1990 das Gesetz über die Mitbestimmung der Arbeitnehmer in den Aufsichtsräten und Vorständen der Unternehmen des Bergbaus und der Eisen und Stahl erzeugenden Industrie, das Gesetz zur Ergänzung des Gesetzes über die Mitbestimmung der Arbeitnehmer in den Aufsichtsräten und Vorständen der Unternehmen des Bergbaus und der Eisen und Stahl erzeugenden Industrie, das Mitbestimmungsgesetz, Teile des Betriebsverfassungsgesetzes 1952 (insbesondere ohne die abgabenrechtlichen Vorschriften), das Betriebsverfassungsgesetz 1972, das Tarifvertragsgesetz sowie das Kündigungsschutzgesetz in Kraft gesetzt worden. Aufgehoben wurden durch den StaatsV das Gewerkschaftsgesetz vom 6. März 1990 [GBl.I S.110], die VO über die Arbeitsämter vom 8. März 1990 [GBl.I S.161], die VO über die Gewährung staatlicher Unterstützung und betrieblicher Ausgleichszahlung an Bürger während der Zeit der Arbeitsvermittlung vom 8. Februar 1990 [GBl.I S.41], die Konfliktkommissionsverordnung vom 12. März 1982 [GBl.I S.274], soweit darin das Verfahren für arbeitsrechtliche Streitigkeiten geregelt wurde, die Richtlinie über die Beschwerdekommissionen der Sozialversicherung bei der SVAA und der Staatlichen Versicherung vom 21. Februar 1978 [GBl.I S.109] bzw. 4. Mai 1979 [GBl.I S.106].

Anlage II des StaatsV verlangte darüber hinaus von der DDR, in ihrem Arbeitsgesetzbuch von 1977 [GBl.I S.185] jene Rechtsvorschriften zu ändern, die mit dem StaatsV nicht mehr vereinbar waren. Entsprochen wurde diesem Verlangen durch das **Gesetz zur Änderung und Ergänzung des AGB vom 22. Juni 1990** [GBl.I S.371]. Am deutlichsten zum Ausdruck kam die Umgestaltung des Arbeitsrechts dabei vor allem „in dem Wegfall der bisherigen Präambel und zahlreichen Bestimmungen über die Grundsätze des sozialistischen Arbeitsrechts, die weniger Rechtsnorm denn politischer Programmsatz und ideologische Handlungsmaxime waren" *(Kittke/Roessler, 1990, S. 306)*.

Während der Staatsvertrag „die demokratischen Strukturen aus der Arbeitsverfassung der BRD, insbesondere aus dem Bereich des kollektiven Arbeitsrechts, gleichsam 1 : 1

übertrug" *(Wolter, 1990, S.40)*, erlaubte er der DDR bei den sozialen Regelungen, diese durch eigenständige gesetzliche Vorschriften einzuführen.

„Mit Ausnahme des Kündigungsschutzgesetzes, das in der bekannten Fassung der BRD in Kraft zu setzen war, wurden also die Elemente des kollektiven Arbeitsrechts, die keine unmittelbaren finanziellen Auswirkungen für den Staatshaushalt der DDR hatten, in das Rechtssystem inkorporiert, während die kostenwirksamen Sozialgesetze aus dem Recht der BRD zunächst nicht in Kraft gesetzt wurden. Insofern reservierte der Gesetzgeber der DDR sich noch Handlungsspielraum" *(Wolter, 1990, S.40)*.

Übertragung des bundesdeutschen kollektiven Arbeitsrechts

Die in den letzten beiden Wochen vor Inkrafttreten der Wirtschafts- und Währungsunion zu beobachtenden „hektischen Gesetzgebungsaktivitäten der Volkskammer" *(Wolter, 1990, S.40)* galten u. a. dem Bemühen, die in Art.3 und 4 StaatsV und den Anlagen II bis IV auferlegten Pflichten zu erfüllen.

Die in den verbindlichen Leitsätzen des Gemeinsamen Protokolls näher formulierten bundesdeutschen Prinzipien der positiven und negativen **Koalitionsfreiheit**, der **Tarifautonomie** und der Tariffähigkeit von Gewerkschaften und Arbeitgeberverbänden sowie das nicht näher konkretisierte **Arbeitskampfrecht** traten am 1. Juli 1990 in der DDR aufgrund des als Verfassungsgesetz konzipierten Zustimmungsgesetzes der DDR zum Vertrag vom 18. Mai 1990 [GBl.I S.331] in Kraft *(vgl. Kissel, 1990 a, S.157ff.)*. Seine verfassungsändernde Wirkung war in Art.9 des Verfassungsgrundsätzegesetzes vom 17. Juni 1990 [GBl.I S.299] festgelegt worden.

Das Verfassungsgrundsätzegesetz normierte in Art.4 einen Teil der kollektiv-rechtlichen Materie wie die Koalitionsfreiheit und die Tarifparteien als Verfassungsrecht der DDR. Außerdem wurde in Art.7 mit dem »Schutz der Arbeit« eine Art reduziertes Recht auf Arbeit festgeschrieben. Soweit das DDR-Verfassungsrecht nicht dem StaatsV – besonders in bezug auf das zu übernehmende Arbeitskampfrecht der Bundesrepublik – entsprach, wurde es durch das Zustimmungsgesetz der DDR zum StaatsV geändert *(vgl. Wlotzke/Lorenz, 1990, S.2; Wolter, 1990, S.40)*. Das nach Ansicht vieler Kommentatoren den Prinzipien der Koalitionsfreiheit und dem bundesdeutschen Betriebsverfassungsrecht widersprechende Gewerkschaftsgesetz *(vgl. auch Krölls, 1990, S.17f.)* wurde durch das Aufhebungsgesetz vom 28. Juni 1990 [GBl.I S.483] mit Wirkung zum 1. 7. 1990 außer Kraft gesetzt.

Ebenfalls gemäß den Vorgaben des StaatsV (Art.3 Satz 2 i.V.m. Anl.II und I 1) setzte die DDR mit dem sog. Mantelgesetz vom 21. Juni 1990 [GBl.I S.357] das **Tarifvertragsgesetz**, das Betriebsverfassungsgesetz sowie die bundesdeutschen gesetzlichen Regelungen über die **Unternehmensmitbestimmung** in Kraft. In beiden Fällen wurden zugleich die dazugehörigen Wahlordnungen übernommen *(vgl. Löw, 1990, S.31)*.

Das BetrVG war gemäß Anl.II Abschn.IV Nr.5 StaatsV in seinem gesamten Umfange in der DDR in Kraft zu setzen, also einschließlich der Sozialplanvorschriften, deren Übernahme mit Rücksicht auf die notwendigen Strukturanpassungen der DDR-Wirtschaft während der Beratungen zeitweise strittig diskutiert worden war. Allerdings befand sich unter den in der DDR in Kraft zu setzenden bundesdeutschen Gesetzen nicht das Gesetz über den Sozialplan im Konkurs- und Vergleichsverfahren vom 20. 2. 1985 [BGBl.I S.369]. Immerhin gehörte das Insolvenzrecht zu jenen Rechtsbereichen, die von der DDR im weiteren Verlauf entsprechend bundesdeutschem Recht geregelt werden sollten *(vgl. Kissel, 1990 a, S.156f.)*. Ähnliches galt für die Sprecherausschüsse der leitenden Angestellten (Anl.VI Abschn.II Nr.5), obschon es mit Inkrafttreten des § 5 Abs.3 BetrVG künftig auch in der DDR den »leitenden Angestellten« gab. Als besondere Maßgabe mußten für das Gebiet der DDR außerdem Kriterien festgelegt werden, wie Arbeiter und Angestellte abzugrenzen waren.

Gemäß § 30 Ziff.3 des Mantelgesetzes galten für die Wahl der Betriebsräte allerdings bestimmte Übergangsvorschriften, die in der VO zu Übergangsregelungen bis zur erstmaligen Wahl der Betriebsräte nach dem BetrVG vom 11. Juli 1990 [GBl.I S.715] konkretisiert wurden. Danach blieben bis zu den erstmaligen Betriebsratswahlen als Arbeitnehmervertretungen auch die gewählten betrieblichen gewerkschaftlichen Interessenvertretungen im Amt, die nach demokratischen Grundsätzen in geheimer Abstimmung von der Mehrheit der Belegschaft gewählt worden waren *(vgl. Wlotzke/Lorenz, 1990, S.6; W. Schneider, 1990, S.303f.)*.

Nicht mehr fristgerecht gelang es der Volkskammer, die Interessenvertretung für den öffentlichen Dienst zu regeln [VK-Drs. Nr.140; VK-StenNdrs 10.WP, S.1035 ff.]. Das Gesetz zur sinngemäßen Anwendung des bundesdeutschen Personalvertretungsgesetzes wurde erst am 22. Juli 1990 verabschiedet [VK-StenNdrs 10.WP, S.1192, 1280]. Zusammen mit der Wahlordnung vom selben Tage trat es allerdings rückwirkend zum 1.7.1990 in Kraft [GBl.I S.1014,1030]. Obwohl die gesetzlichen Regelungen erst am 17. 8. 1990 im Gesetzblatt veröffentlicht wurden, schrieb das Gesetz die Durchführung von Wahlen in der Zeit vom 13. 8. bis 12. 10. 1990 vor. Ähnlich wie im Bereich des Betriebsverfassungsgesetzes sollten auch hinsichtlich der bestehenden Interessenvertretungen im öffentlichen Dienst der DDR bestimmte Übergangsregelungen gelten. Entsprechendes sahen sowohl eine Gemeinsame Erklärung des Parlamentarischen Staatssekretärs im Amt des DDR-Ministerpräsidenten, des Parlamentarischen Staatssekretärs im Ministerium für Arbeit und Soziales und des Vertreters des Sprecherrates der Gewerkschaften vom 27. Juni 1990 wie der Beschluß 16/7/90 des DDR-MinR zu Art.29 Satz 2 StaatsV vom 11. Juli 1990 *(vgl. Wolter, 1990, S.41)* vor.

Neben dem BetrVG 1972 waren gemäß Anl.II, Abschn.IV StaatsV das Montan-MitbestG, das MitbestEG, das MitbestG sowie die §§ 76, 77, 77 a, 81, 85, 87 des BetrVG 1952 in der DDR in Kraft zu setzen. Ferner sollten nach Abschn.III der Anl.2 zukünftig auch dort das GmbHG, das AktG sowie das GenG gelten. Dies bedeutete, daß sich für Unternehmen in der DDR nach Errichtung der Währungsunion im „wesentlichen die gleiche Rechtslage wie für Unternehmen in der BRD" *(Rademacher, 1990, S.37)* ergab.

Gleichzeitig mit der Inkraftsetzung bundesdeutschen Mitbestimmungsrechts war allerdings nach Anl.III StaatsV die VO über die Gründung und Tätigkeit von Unternehmen mit ausländischer Beteiligung vom 25. 1. 1990 vollständig aufzuheben. Entsprechend unterlagen künftig auch die Unternehmen mit ausländischer Beteiligung den Mitbestimmungsregelungen nach dem BetrVG 1952, dem MitbestG und dem Montan-MitbestG. Ebenfalls aufzuheben war die in § 9 UmwVO enthaltene Mitbestimmungsregelung. Danach hatten umgewandelte Unternehmen in der DDR gleichfalls erst bei einer Beschäftigtenzahl von 500 Arbeitnehmern einen Aufsichtsrat gemäß den Vorschriften des BetrVG 1952 zu bilden. Im übrigen galten auch für umgewandelte Unternehmen bei Vorliegen der Voraussetzungen das MitbestG sowie das Montan-MitbestG.

Hinsichtlich des **Individualarbeitsrechts** und des **sozialen Arbeitsschutzrechtes** ließ der StaatsV der DDR dagegen einen noch vergleichsweise breiten Gestaltungsspielraum. Hier konnte die DDR durchaus vom bundesdeutschen Recht abweichen und eigenes Recht bewahren bzw. neues Recht einführen. Einzige Bedingung war jedoch, daß die Regelungen mit den Grundprinzipien des StaatsV vereinbar sein mußten. Um u. a. diese Vereinbarkeit zu gewährleisten, wurde das **DDR-Arbeitsgesetzbuch** mit dem **Gesetz vom 22. Juni 1990** [GBl.I S.371] an insgesamt 173 Stellen teilweise grundlegend geändert.

Die der DDR zugestandenen Freiräume im Bereich des Individualarbeitsrechts hat der DDR-Gesetzgeber unter anderem genutzt, kein unterschiedliches Arbeitsvertragsrecht für Arbeiter und Angestellte einzuführen. Z. B. galten nach dem reformierten AGB für beide Arbeitnehmergruppen in Anlehnung an bundesdeutsche Regelungen für Arbeiter (§ 622 Abs.2, 3 und 5 BGB) einheitliche Mindestkündigungsvorschriften (§ 55 AGB n. F.) und gemeinsame Vorschriften bei der Lohnfortzahlung (§ 115 a ff. AGB n. F.). Während dieser Schritt vor dem Hintergrund der aktuellen Rechtsprechung des BVerfG allgemein als richtig angesehen wurde, stieß die »freiwillige« (eine Verpflichtung durch den StaatsV bestand nicht) Übernahme des § 613 a BGB (Rechte und Pflichten bei Betriebsübergang) in das DDR-Arbeitsrecht vor allem in Kreisen der Arbeitgeber auf teilweise heftige Kritik. Ebenfalls in ihr AGB aufgenommen hatte die DDR den § 611 a BGB (Gleichstellung von Männern und Frauen) (§ 59 a und §§ 70 a, b AGB n. F.) *(vgl. Wlotzke/Lorenz, 1990, S.2; Sander, 1990, S.198 f.).*

Neben der Streichung zahlreicher, eindeutig auf sozialistische Arbeitsrechtsverhältnisse abgestellter Bestimmungen blieben allerdings auch im neuen AGB viele für die Arbeitnehmer in der DDR günstigere Rechtspositionen erhalten. Hierzu gehörte u. a.:

— daß für Befristungen von Arbeitsverträgen über eine Dauer von sechs Monaten – abgesehen von Kleinbetrieben mit bis zu 5 Arbeitnehmern – stets ein sachlicher Grund erforderlich war (§ 47 AGB n. F.), also die Befristungserleichterungen gemäß § 1 Beschäftigungsförderungsgesetz nicht übernommen wurden;

- daß weiterhin ein gesetzlicher Mindesturlaub von 20 Arbeitstagen im Jahr (§§ 190, 200 a AGB n. F.) bei Beibehaltung des Grundsatzes der 5-Tage-Arbeitswoche (§ 161 AGB) galt;
- die Beibehaltung längerer Mindestpausen und Mindestruhezeiten als nach der AZV (§§ 165 Abs.2, 166 AGB n. F.);
- der monatliche, vom Arbeitgeber mit dem Tariflohn zu bezahlende Hausarbeitstag für alle vollbeschäftigten Frauen mit eigenem Haushalt, wenn sie verheiratet waren und Kinder unter 18 Jahren zum Haushalt gehörten (§ 185 AGB n. F.);
- der besondere Kündigungsschutz für Wehrdienstleistende und Zeitsoldaten bis zu 3 Jahren (§ 58 Abs.1 Buchst. c AGB n. F.) sowie für Schwangere, für Mütter bzw. Väter mit Kindern bis zu einem Jahr und für alleinerziehende Arbeitnehmer mit Kindern bis zu 3 Jahren (§ 58 Abs.1 Buchst. b AGB n. F.);
- die wesentlich längere Schutzfrist als nach dem MuSchG für Mütter nach der Geburt eines Kindes (§ 244 Abs.1 AGB n. F.) sowie der sehr weitgehende Freistellungsanspruch nach der Schutzfrist bis zum Ende des 1. Lebensjahres des Kindes, beim Fehlen eines Krippenplatzes bis zum Ende des 3. Lebensjahres des Kindes (§ 246 Abs.3 AGB n. F.) *(vgl. Wlotzke/Lorenz, 1990, S.3)*.

Dessenungeachtet war der Gesetzentwurf [VK-Drs. Nr.66] in den Beratungen der Volkskammer außerordentlich kontrovers diskutiert worden [VK-StenNdrs 10.WP, S.397 ff.]. Mehrere Abgeordnete hatten beklagt, daß zu viele »Errungenschaften zugunsten der Arbeitnehmer« gestrichen würden *(vgl. auch Bobke/Giese, 1991, S.327)*.

Während einige Abgeordnete verlangten, die Einschränkungen der Kündigungsmöglichkeiten auf Opfer des Stalinismus zu erweitern, kritisierten andere, daß zahlreiche frühere Verpflichtungen der Betriebe von diesen künftig nur noch »im Rahmen der Möglichkeit« zu gewähren waren. Weiterhin wurde bemängelt, daß die maximale Überstundenregelung von 120 Stunden aufgehoben und der Sonntagszuschlag auf jene Fälle begrenzt werden sollte, in denen Sonntagsarbeit nicht mindestens eine Woche vorher angekündigt worden war. Als Rückschritt betrachtet wurden ferner die Neuregelung der Schadenersatzforderung der Arbeitnehmer (§ 267 AGB), die Streichung des Kündigungsverbotes während der Dauer der Arbeitsunfähigkeit sowie der vorgesehene Wegfall des § 240 AGB, der den Betrieb verpflichtete, Bedingungen für die Vereinbarkeit von Mutterschaft und Beruf zu sichern.

Unter Hinweis auf die Vorgaben des StaatsV wurden in den Ausschußberatungen die meisten Änderungs- und Ergänzungswünsche mehrheitlich abgelehnt. Insgesamt kam es daher nur zu vergleichsweise marginalen Korrekturen des vom DDR-MinR vorgelegten Gesetzentwurfes [VK-StenNdrs 10.WP, S.592 ff.]. Versuche, während der 2. Lesung in der Volkskammer noch Änderungsanträge durchzubringen, führten zu geschäftsordnungsrechtlichen Auseinandersetzungen und zur Rücküberweisung des Gesetzentwurfes an die Ausschüsse. Dies hatte insbesondere zur Folge, daß das schließlich verabschiedete Gesetz in § 240 die Arbeitgeber aufforderte, die Arbeitsbedingungen der bei ihnen beschäftigten Arbeitnehmer so zu gestalten, daß die sich aus Beruf und Elternschaft ergebenden Pflichten vereinbart werden können [VK-StenNdrs 10.WP, S.641]. Bei Ablehnung sonstiger Änderungsanträge wurde der Gesetzentwurf in der Fassung der Beschlußempfehlung des Ausschusses schließlich aber bei wenigen Gegenstimmen angenommen [VK-StenNdrs 10.WP, S.643].

Lediglich am Rande verpflichtete der StaatsV die DDR, ihre Vorschriften über die Sicherheit und den Gesundheitsschutz der Arbeitnehmer innerhalb einer angemessenen Übergangsfrist an das bundesdeutsche Arbeitsschutzrecht anzupassen (Gemeinsames Protokoll über Leitsätze zu IV 3). Eine unmittelbare Rechtsangleichung des **technischen Arbeitsschutzrechts** enthielt der StaatsV aber nicht. Zu erwähnen ist jedoch, daß die DDR durch VO vom 5. September 1990 [GBl.I S.1433] den **Aufbau von Gewerbeaufsichtsbehörden** einleitete.

Zum weiteren Bereich des Arbeitsrechts gehörte auch das **Gesetz über die Inkraftsetzung des Berufsbildungsgesetzes der Bundesrepublik Deutschland in der DDR vom 19. Juli 1990** (IGBBiG) [GBl.I S.907]. Obwohl der StaatsV detailliert die Teile bzw. Abschnitte des Berufsbildungsgesetzes genannt hatte, die im Verlaufe der Errichtung der Wirtschafts- und Währungsunion von der DDR einzuführen seien, setzte die Volkskammer das gesamte bundesdeutsche Berufsbildungsgesetz mit wenigen marginalen Sonderbestimmungen und Übergangsregelungen in Kraft [VK-StenNdrs 10.WP, S.1102 ff.].

Interessant war in diesem Zusammenhang, daß in Art.2 Abs.3 bestimmt wurde, daß auf der Grundlage des Berufsbildungsgesetzes erlassene Rechtsverordnungen automatisch auch in der DDR gelten sollten. Außerdem wurde durch das Gesetz das 6. Kapitel des AGB »Berufsausbildung« außer Kraft gesetzt, obgleich dieses erst sechs Wochen zuvor umfassend überarbeitet worden war *(vgl. Wolter, 1990, S.41 f.)*.

Unter arbeitsrechtlichen Gesichtspunkten erwähnenswert ist ferner das Haushaltsgesetz vom 22. Juli 1990 [GBl.I S.787], das massive Beschränkungen für den öffentlichen Dienst in der DDR beinhaltete und faktisch die gerade erst garantierte Tarifautonomie erheblich einschränkte.

U. a. wurden in § 13 des Haushaltsgesetzes für die Beschäftigten im öffentlichen Dienst ein Einstellungsstopp und ein Verbot von Höhergruppierungen verfügt sowie »sonstige Veränderungen« von Arbeitsverträgen »durch Vertrag oder Gesetz«, soweit sie zu Lohn- und Gehaltserhöhungen, zu verlängerten Kündigungsfristen oder Einschränkungen von Kündigungsmöglichkeiten führten, untersagt.

Nicht nur das Haushaltsgesetz, auch andere Initiativen und Forderungen deuteten an, daß sich die **Neuordnung des sog. öffentlichen Dienstes** zu einem der schwierigsten Bereiche entwickeln würde. Unter Hinweis darauf, daß die Demonstrationen im Herbst 1989 auch zum Ziel gehabt hätten, die alten Verwaltungsstrukturen zu erneuern, verlangte ein von der SPD und dem Bündnis 90 eingebrachter **Gesetzentwurf über die Arbeitsrechtsverhältnisse im öffentlichen Dienst und die Ausschreibung von Planstellen für leitende Bedienstete** [VK-Drs. Nr.78] die generelle Befristung der Arbeitsrechtsverhältnisse in diesem Bereich bis zum 31. Dezember 1990 [VK-StenNdrs 10.WP, S.617].

Nach Ansicht der Initiatoren sollte dieses Gesetz einen Diskussionsprozeß einleiten, in dessen Verlauf im Einzelfall – vor allem auf der Grundlage der bestehenden Qualifikationsanforderungen – über die Weiterbeschäftigung bzw. Neubesetzung entschieden werden sollte. Um damit jedoch keine wahllosen Entlassungen auszulösen, war vorgesehen, daß eine Beendigung des Arbeitsrechtsverhältnisses nur bei erheblichen Bedenken gegen eine Weiterbeschäftigung erfolgen sollte. Die Neubesetzung sollte im übrigen nur im Wege einer öffentlichen Ausschreibung möglich sein.

Entgeltfortzahlung im Krankheitsfalle

Der Verpflichtung des Art.21 Abs.3 StaatsV, eine Entgeltfortzahlung für den Krankheitsfall einzuführen, die vergleichbaren Regelungen in der Bundesrepublik entsprechen sollte, war die DDR-Volkskammer im Rahmen des von ihr verabschiedeten Gesetzes zur Änderung und Ergänzung des AGB vom 22. Juni 1990 [GBl.I S.371] nachgekommen. In sieben zusätzlich in das AGB eingefügten Paragraphen (§§ 115 a–115 g) war die **Fortzahlung des Arbeitsentgelts im Krankheitsfall** geregelt worden.

Die in der DDR eingeführten Lohnfortzahlungsregelungen entsprachen weitgehend den Vorschriften des bundesdeutschen Lohnfortzahlungsgesetzes. Nach § 115 a AGB hatten Arbeitnehmer danach grundsätzlich Anspruch auf Entgeltfortzahlung für die Dauer von 6 Wochen bei krankheitsbedingter Arbeitsunfähigkeit. Keinen Anspruch auf Fortzahlung des Arbeitsentgelts hatten Arbeitnehmer in Betrieben, die weniger als 30 Arbeitnehmer (ohne Lehrlinge) beschäftigten. Arbeitnehmer in kleineren Betrieben hatten vom ersten Krankheitstage an Anspruch auf Krankengeld gegen die Krankenversicherung. Der Arbeitgeber war in diesen Fällen verpflichtet, im Krankheitsfalle einen Zuschuß in Höhe der Differenz zwischen dem Krankengeld und dem Nettodurchschnittsverdienst zu zahlen (§ 115 b AGB).

Regelung von Arbeitsstreitigkeiten

Während kein Zweifel bestand, daß die sozialistische Rechtsprechung in Form der Konfliktkommissionen nicht fortbestehen konnte, gab es vor allem praktische Probleme, kurzfristig eine funktionierende Arbeitsgerichtsbarkeit nach bundesdeutschem Vorbild zu installieren. Nicht zuletzt die vergleichsweise geringe Richterzahl in der DDR machte es unmöglich, arbeitsrechtliche Streitigkeiten durch besondere Gerichte für Arbeitssachen entscheiden zu lassen. Als Übergangsregelung verabschiedete der DDR-Gesetzgeber daher das **Gesetz über die Errichtung und das Verfahren der Schiedsstellen für Arbeitsrecht vom 29. Juni 1990** [GBl.I S.505]. Dies war als ein Versuch anzusehen, „dem erwarteten sprunghaften Anstieg von Arbeitsrechtsstreitigkeiten Herr zu werden" *(Nägele, 1990a, S.19)*.

Bislang geltende Vorschriften des Gesetzes über die gesellschaftlichen Gerichte der DDR und über die Konfliktkommissionen außer Kraft setzend, regelte das Gesetz den Vorrang des betrieblichen Schiedsstellenverfahrens vor der Anrufung des Kreisgerichts. Entsprechend dem Gesetz waren in Betrieben mit mehr als 50 Arbeitnehmern Schiedsstellen zu bilden, deren Aufgabe die Beilegung von Rechtsstreitigkeiten zwischen Arbeitgeber und Arbeitnehmer aus dem Arbeitsverhältnis war. Fakultativ war die Bildung von Schiedsstellen in kleineren Betrieben. Vorgesehen war, daß sich die Schiedsgerichte aus einem Vorsitzenden sowie zwei Beisitzern zusammensetzen. Letztere wurden paritätisch vom Arbeitgeber und dem Betriebsrat aus dem Kreise der Betriebsangehörigen (Mindestalter 25 Jahre) bestellt. In Betrieben ohne Betriebsrat sollte der von der Arbeitnehmerseite gestellte Beisitzer in geheimer Wahl durch die Belegschaft gewählt werden. Die bestellten bzw. gewählten Beisitzer sollten sich innerhalb von 2 Wochen auf einen Vorsitzenden einigen; gelang dies nicht, wurde dieser auf Antrag eines Beisitzers vom Kreisgericht durch unanfechtbaren Beschluß bestellt. Die Amtszeit der ehrenamtlich tätigen Schiedsstellen-Mitglieder betrug vier Jahre mit der Möglichkeit der erneuten Bestellung *(vgl. Nägele, 1990 a, S.19 ff.)*.

Dem Arbeitgeber oblag es laut Gesetz, dem Kreisgericht die erfolgte Bildung einer Schiedsstelle mit namentlicher Nennung der Mitglieder anzuzeigen. Das gebührenfreie Verfahren vor der Schiedsstelle ging der Anrufung des zuständigen Kreisgerichts zwingend vor und wurde durch Beschluß entschieden, der auf Antrag vom Kreisgericht für vorläufig vollstreckbar erklärt werden konnte. Gegen zugegangene Beschlüsse der Schiedsstellen war binnen zwei Wochen der Einspruch zulässig, über den das örtlich zuständige Kreisgericht dann durch Urteil zu entscheiden hatte.

Insgesamt orientierte sich das Gesetz noch deutlich an der Konfliktkommissionsordnung, auch wenn es Elemente aus den Regelungen über die Einigungsstelle nach dem BetrVG übernahm. Allerdings dürften bei dieser Entscheidung „mehr die unüberwindbaren organisatorischen Probleme bei der Errichtung einer Arbeitsgerichtsbarkeit im Vordergrund gestanden haben als die Zufriedenheit mit der Tätigkeit der Konfliktkommissionen" *(Nägele, 1990a, S.21)*. Zahlreiche Mängel des Gesetzes ließen von Anfang an befürchten, daß die Schiedsstellen für Arbeitsrecht kein geeignetes Mittel waren, „dem zu erwartenden Ansturm von arbeitsrechtlichen Streitigkeiten sachgerecht zu begegnen" *(Nägele, 1990a, S.22)*.

Einführung des Schwerbehindertenrechts

Noch vor Einführung einer dem deutschen Schwerbehindertenrecht vergleichbaren Regelung hatte die DDR-Regierung am 29. Mai 1990 die **AO über die Förderung der Beschäftigung von Bürgern, die in ihrem Sozialverhalten gestört sind** [GBl.I S.364], erlassen.

Diese AO regelte die Aufgaben, Rechte und Pflichten der Arbeitsämter sowie der Betriebe aller Eigentumsformen, der Genossenschaften und der Handwerks- und Gewerbebetriebe zur Förderung der Beschäftigung solcher Bürger. Ziel der AO war offensichtlich, die Resozialisierung zu unterstützen. Vorgesehen war, in ihrem Sozialverhalten gestörte Bürger bis zu zwei Jahren besonders zu fördern. Die Grundlage der Tätigkeit der Arbeitsämter sollte eine durch den Psychologischen Dienst der Arbeitsämter erstellte Leistungs- und Persönlichkeitseinschätzung bilden. Dabei konnten die Arbeitsämter zum Ausgleich finanzieller Mehraufwendungen Lohnkostenzuschüsse auch für Betreuungspersonal gewähren.

Ebenfalls einem Auftrag des StaatsV folgend, hatte die DDR-Regierung in der Volkskammer den Entwurf eines Schwerbehindertengesetzes eingebracht [VK-Drs. Nr.59]. Das schließlich verabschiedete **Gesetz zur Sicherung der Eingliederung Schwerbehinderter in Arbeit, Beruf und Gesellschaft** (SchwbG-DDR) **vom 21. Juni 1990** [GBl.I S. 381], das ebenfalls am 1. 7. 1990 in Kraft trat, lehnte sich in Teilen an das bundesdeutsche Schwerbehindertengesetz an.

Im einzelnen regelte das SchwbG-DDR den geschützten Personenkreis, die Beschäftigungspflicht der Arbeitgeber, den Kündigungsschutz, die Rolle des Betriebsrates bzw. vergleichbarer Vertretungen sowie der Schwerbehindertenvertretung und des Beauftragten des Arbeitgebers. Einen Schwerpunkt der Gesamtmaßnahmen zur Eingliederung Behinderter in das Arbeits- und Berufsleben bildete auch im SchwbG-DDR die Förderung der beruflichen Rehabilitation *(vgl. Kreizberg, 1990b, S.628)*. Dazu diente u. a. die in § 54 SchwbG-DDR vorgesehene Förderung von Werkstätten für Behinderte sowie die Schaffung geeigneter Einrichtungen der Aus- und Weiterbildung. Das Ziel bestand vorrangig darin, „behinderten Menschen zu ermöglichen, ihre Erwerbsfähigkeit entsprechend ihrer Leistungsfähigkeit herzustellen, zu erhalten oder zu verbessern" *(Kreizberg, 1990b, S.628)*. In Verbindung mit dem AFG-DDR sah das SchwbG-DDR eine Reihe finanzieller Förderungsmöglichkeiten vor, wie die Erstattung der notwendigen Kosten einer beruflichen Fortbildungs- oder Umschulungsmaßnahme (§ 31 Abs.2). Die neu geschaffenen Hauptfürsorgestellen konnten ferner an Schwerbehinderte Geldleistungen für technische Hilfen, zum Erreichen des Arbeitsplatzes, zur wirtschaftlichen Selbständigkeit, zur Beschaffung, Ausstattung und Erhaltung einer schwerbehindertengerechten Wohnung oder zur Erhaltung der Arbeitskraft gewähren. Außerdem konnten Arbeitgeber Unterstützungen zur behindertengerechten Einrichtung von Arbeitsplätzen sowie für außergewöhnliche Belastungen, die durch die Beschäftigung Schwerbehinderter entstehen, erhalten (§ 31 Abs.3 Nr.2).

Schwerbehindert im Sinne des SchwbG-DDR waren Personen mit einem Grad der Behinderung von mindestens 50 % (§ 1 Abs.1). Als Beschädigte galten Personen mit einem Grad der Behinderung von weniger als 50, aber mindestens 30 %. Unter Behinderung verstand das Gesetz die Auswirkung einer nicht nur vorübergehenden Funktionsbeeinträchtigung, die auf einem regelwidrigen körperlichen, geistigen oder seelischen Zustand beruhte (§ 3 Abs.1). Dabei war nun auch in der DDR die Auswirkung der Funktionsbeeinträchtigung als Grad der Behinderung (GdB) – nach Zehnergraden abgestuft von 20 bis 100 – festzustellen. Gemäß § 5 Abs.1 SchwbG hatten alle Arbeitgeber, die über mindestens 16 Arbeitsplätze verfügten, auf wenigstens 6 % der Arbeitsplätze als sog. Pflichtplätze Schwerbehinderte zu beschäftigten. Für jeden unbesetzten Pflichtplatz hatten die Arbeitgeber monatlich eine Ausgleichsabgabe von 250 DM zu entrichten (§ 11 Abs.1 f.). Ein Antrag der Fraktion Bündnis 90/GRÜNE, die Ausgleichsabgabe auf monatlich 500 DM festzusetzen, war von der Volkskammer mehrheitlich abgelehnt worden [VK-StenNdrs 10.WP, S.612]. Die Arbeitgeber mußten überdies prüfen, ob freie Arbeitsplätze mit Schwerbehinderten besetzt werden konnten. Ferner waren bei Maßnahmen der beruflichen Bildung im Betrieb Schwerbehinderte bevorzugt zu berücksichtigen.

Im übrigen galt für Schwerbeschädigte – wie schon früher auch – weiterhin ein besonderer Kündigungsschutz. Nach § 15 bedurfte ihre Kündigung der vorherigen Zustimmung der Hauptfürsorgestelle, wobei eine mindestens vierwöchige Kündigungsfrist einzuhalten war. Zur Vorbereitung ihrer Stellungnahme hatte die Hauptfürsorgestelle nicht nur den Betroffenen zu hören, sondern auch Stellungnahmen des zuständigen Arbeitsamtes, des Betriebsrates und der Schwerbehindertenvertretung einzuholen. Anstatt 3 Tage erhielten Schwerbehinderte zukünftig 5 Tage Zusatzurlaub (§ 47). Zudem räumte § 47 Abs.1 f den Schwerbeschädigten das Recht ein, Überstunden- und Nachtarbeit abzulehnen. Ebenso durften bei der Bemessung des Arbeitsentgelts aus einem bestehenden Beschäftigungsverhältnis Renten und vergleichbare Leistungen, die wegen der Behinderung bezogen wurden, nicht berücksichtigt werden.

In organisatorischer Hinsicht sah das neue SchwbG-DDR analog zur Bundesrepublik Hauptfürsorgestellen vor. Ferner sollte beim Minister für Arbeit und Soziales ein Beirat für die Rehabilitation der Behinderten errichtet werden (§ 35). Dieser sollte den Minister u. a. bei der Förderung von Rehabilitationseinrichtungen und der Vergabe der Mittel des Ausgleichsfonds beraten. Für die Vertretung der Schwerbehinderten waren gem. § 24 in allen Betrieben und Dienststellen, in denen wenigstens 5 Schwerbehinderte nicht nur vorübergehend beschäftigt wurden, Schwerbehindertenvertretungen zu wählen *(vgl. auch Berliner Zeitung v. 8. 6. 1990, S.3)*.

Auch wenn das SchwbG-DDR gegenüber dem alten DDR-Recht zahlreiche Verbesserungen brachte, stieß es nicht auf ungeteilte Zustimmung [VK-StenNdrs 10.WP, S.382 ff.; 602 ff.]. Von den Behindertenverbänden und -gruppen wurde vor allem kritisiert, daß der bestehende Anspruch auf eine einkommensunabhängige Invalidenrente nicht in das neue Gesetz übernommen wurde. Dadurch seien Behinderte, die durch die Art und das Einsetzen ihrer Behinderung keine eigenen Rentenansprüche erwerben konnten, zukünftig der „entwürdigenden Beantragung von Sozialhilfe und dauerhafter Abhängigkeit von Familienangehörigen ausgesetzt" *(DA, 7/1990, S.1021)*.

Die rasche Zunahme der Entlassungen veranlaßte die Volkskammer-Fraktionen bereits am 19. Juli 1991, den Entwurf eines SchwbG-Änderungsgesetzes [VK-Drs. Nr.146] einzubringen [VK-StenNdrs 10.WP, S.1101 f., 1253 f.]. Das ohne Gegenstimmen verabschiedete **Schwerbehinderten-ÄndG vom 22. Juli 1990** [GBl.I S.897] erweiterte den Kündigungsschutz für Arbeitnehmer, die ständig in ihrem Haushalt lebende Schwerbehinderte betreuen. Auch diesen Personen durfte künftig nur nach vorheriger Abstimmung und Zustimmung der Hauptfürsorgestellen gekündigt werden.

2. 3. 2 Maßnahmen im Bereich der Ausländerbeschäftigung

Bereits kurz nach der Wende hatte die Beschäftigung ausländischer Arbeitskräfte aus den sozialistischen Bruderländern zu zahlreichen Problemen geführt. Vor dem Hintergrund einer sich dramatisch verschlechternden Arbeitsmarktlage gingen viele Betriebe dazu über, zuerst ihren ausländischen Arbeitskräften ungeachtet der (noch) geltenden Staatsverträge zu kündigen. Mitte April 1990 lagen bereits 9.066 Anträge auf Entlassung der ausländischen Arbeitskräfte aus 183 Betrieben vor *(vgl. Neues Deutschland v. 28./29.4.1990)*. Angesichts dieser Entwicklung und einer sich unerwartet rasch bemerkbar machenden **Ausländerfeindlichkeit** bemühte sich die DDR-Regierung sehr schnell darum, die vorhandenen Verträge zu kündigen bzw. sie zu modifizieren *(vgl. auch Stach/Hussain, 1991; Welte, 1991, S.501 ff.; Fritsche, 1990, S.1 ff.)*.

Diese Absicht war umso leichter zu realisieren, als einige der Entsendeländer aufgrund des ideologischen Wandels in der DDR ohnehin dazu tendierten, ihre Landsleute möglichst schnell nach Hause zu holen. So hatte z. B. der vietnamesische Arbeitsminister am 6. 4. 1990 erklärt, daß dort, wo weder angemessene Einkommen noch würdige Arbeits- und Lebensbedingungen für die vietnamesischen Arbeitskräfte gewährleistet seien, deren Rückkehr nach Vietnam ins Auge gefaßt werden müsse. Vor diesem Hintergrund unterzeichneten die DDR und Vietnam am 13. 5. 1990 in Hanoi ein Protokoll zur Abänderung des Regierungsabkommens über den Einsatz vietnamesischer Arbeiter in der DDR, das u. a. vorsah, die Laufzeit der Arbeitsverträge von 5 auf 4 Jahre zu verkürzen *(vgl. RIAS-Monitor-Dienst v. 14.5.1990, S.6 f.; DW-Monitor-Dienst v. 11.5.1990, S.7 f.)*.

Nachdem im Zuge der rasch voranschreitenden ökonomischen Umwälzungen immer mehr ausländische Arbeitskräfte unter rechtlich teilweise fraglichen Bedingungen von ihren Betrieben entlassen worden waren, sollte die **VO über die Veränderung der Arbeitsrechtsverhältnisse mit ausländischen Bürgern vom 13. Juni 1990** [GBl.I S.398] klare rechtliche Regelungen bringen. Inbesondere sollte die VO die rechtlichen Voraussetzungen dafür schaffen, die Arbeitsverhältnisse der ausländischen Personen, die aufgrund von Regierungsabkommen in der DDR beschäftigt und qualifiziert wurden, vorzeitig zu beenden.

Zu diesem Zweck erlaubte die VO den Betrieben aus zwingenden Gründen, ein Arbeitsrechtsverhältnis vor der im Arbeitsvertrag vereinbarten Beschäftigungsdauer zu beenden. Derartige zwingende Gründe waren insbesondere, daß eine Erhöhung der Rentabilität des Betriebes nur durch die Reduzierung des Produktionspersonals erreicht werden konnte, daß die Umstellung des Produktionsprofils eine Verringerung des Personals erforderte oder daß aus Gründen des Umweltschutzes der Betrieb oder Betriebsteile die Produktion einstellen mußten. Nach der VO mußte zwischen dem Zeitpunkt der Beendigung des Arbeitsrechtsverhältnisses und dem Rückreisetermin eine Frist von mindestens zwei Monaten gewährleistet sein. Zudem hatte der Betrieb vor Kündigung des Arbeitsverhältnisses alle Möglichkeiten zum Abschluß eines Änderungsvertrages und – sofern dies nicht möglich war – eines Überleitungsvertrages auszuschöpfen.

Desweiteren regelte die VO im einzelnen die den ausländischen Arbeitnehmern zustehenden Ansprüche auf Ausgleichszahlungen. Vorgesehen war auch, daß ausländische Bürger, denen ihr Arbeitsverhältnis aus zwingenden Gründen gekündigt worden war und die nicht in ihre Heimatländer zurückkehren wollten, das Recht hatten, bis zum Ablauf der ursprünglichen Vertragsdauer in der DDR zu bleiben. Diese Ausländer hatten Anspruch auf Wohnunterkunft im bisherigen Wohnheim für mindestens 3 Monate, auf Erteilung einer Arbeitserlaubnis durch das Arbeitsamt, auf Vermittlung oder Umschulung durch das Arbeitsamt, auf staatliche Unterstützung und betriebliche Ausgleichszahlung sowie auf Gewährung einer Gewerbeerlaubnis zu den gleichen Bedingungen wie DDR-Bürger *(vgl. Kittke/Roessler, 1990, S.307; E.-M. Elsner, 1990, S.160)*.

Zur Anwendung der VO vom 13. Juni 1990 auf Staatsangehörige Vietnams, Moçambiques und Angolas erging am selben Tage eine DB [GBl.I S.666]. Ebenfalls zur Ausführung dieser VO wurde die **VO über finanzielle Leistungen bei vorzeitiger Beendigung der Beschäftigung ausländischer Bürger in Unternehmen der DDR vom 18. Juli 1990** [GBl.I S.813] erlassen.

Letztgenannte VO sah vor, gekündigten ausländischen Bürgern, die in ihr Heimatland zurückkehren mußten, bestimmte finanzielle Ausgleichsleistungen zu gewähren. Danach sollten die betroffenen ausländischen Arbeitnehmer im Falle der Ausreise eine einmalige Abfindung von 3.000 DM als Überbrückungshilfe zur Wiedereingliederung, zusätzlich 70 % der letzten drei Monatslöhne sowie die Flugkarte erhalten. Die Ansprüche sollten von den betroffenen Betrieben der ausländischen Arbeitnehmer erfüllt werden; lediglich in Ausnahmefällen sollte der Staat die Zahlungen leisten *(vgl. Frankfurter Allgemeine Zeitung v. 7. 11. 1990)*. Bis Ende Oktober 1990 machten rd. 35.000 ausländische Arbeitnehmer von der Regelung Gebrauch; Schätzungen gingen davon aus, daß sich diese Zahl bis zum Jahresende auf 56.000 erhöhen könnte [BT-Drs.11/8433].

Als erster Schritt zur Anpassung an westdeutsche Regelungen trat schließlich am 1. 7. 1990 die auf der Grundlage des AFG-DDR erlassene **AO über die Arbeitserlaubnis für nichtdeutsche Arbeitnehmer** [GBl.I S.1080] in Kraft. In Analogie zur westdeutschen Arbeitserlaubnisverordnung enthielt die AO Vorschriften zur Gewährung der allgemeinen und besonderen Arbeitserlaubnis sowie zur Durchführung des entsprechenden Erteilungsverfahrens.

Schätzungen zufolge hatten die notwendige Rationalisierung der Produktion und der Abbau überflüssigen Personals bereits zwischen Januar und Mai 1990 zur vorzeitigen Entlassung von 14.000 ausländischen Arbeitnehmern geführt. Von den übriggebliebenen Personen hatten Mitte 1990 etwa 60 % die Kündigung erhalten *(vgl. Stach/Hussain, 1991, S.8)*. Nachdem Mitte des Jahres noch rd. 85.000 ausländische Arbeitnehmer, die sich aufgrund bilateraler Regierungsabkommen in der DDR aufhielten, gezählt wurden, waren es Ende September 1990 nur noch 61.900 [BT-Drs.11/8433].

2. 4 Arbeitsmarktpolitische Maßnahmen in der DDR

2. 4. 1 Übernahme westdeutscher Arbeitsmarktinstrumentarien durch die DDR

Die äußerst **dramatische Entwicklung am Arbeitsmarkt** erforderte rasch wirksame Maßnahmen, um eine **leistungsfähige Arbeitsmarktverwaltung** aufzubauen. Dazu gehörte zum einen, die Situation der völlig überlasteten Ämter für Arbeit möglichst schnell zu verbessern, und zum anderen, ein der neuen Wirtschaftsordnung angepaßtes gesetzliches Instrumentarium zu schaffen. Schon kurz nach Unterzeichnung des StaatsV wurden erste Schritte eingeleitet, um auch in der DDR ein System der Arbeitslosenversicherung und der Arbeitsmarktverwaltung einzuführen, das zumindest in den Grundzügen den Regelungen des Arbeitsförderungsgesetzes der Bundesrepublik entsprach *(vgl. auch Bach, 1990a, S.399ff., 1990b, S.164f.; Gürtler/Ruppert/Vogler-Ludwig, 1990; Hüsson, 1990a, S.16f.; Pröbsting, 1990, S.3090ff.;)*.

Das **Arbeitsförderungsgesetz** (AFG-DDR) **vom 22. Juni 1990** [GBl.I S.403] basierte zwar im wesentlichen auf dem AFG der Bundesrepublik, enthielt jedoch einige nicht unwichtige Abweichungen, mit denen vor allem den spezifischen Problemen der damaligen Arbeitsmarktsituation in der DDR Rechnung getragen werden sollte [VK-Drs. Nr.58, VK-StenNdrs 10.WP, S.378 ff.]. Den erwarteten Arbeitsmarktproblemen sollte vor allem mit Kurzarbeit, beruflicher Qualifizierung und Arbeitsbeschaffungsmaßnahmen begegnet werden. Demgemäß war der Zugang zu diesen **Instrumenten aktiver Arbeitsmarktpolitik** im Vergleich zur Bundesrepublik erleichtert worden *(vgl. Kreizberg, 1990b, S. 627; Kittke/Roessler, 1990, S.307; DA, 8/1990, S.1180; Pröbsting, 1990, S.3090f.)*. Wesentliche Unterschiede gab es – bedingt durch das Fehlen einer der Bundesanstalt für Arbeit vergleichbaren Institution – zudem bei der **Organisation der Arbeitsmarktverwaltung** und der **Durchführung** des AFG.

Die Erfüllung der Aufgaben, die sich aus der Umsetzung und Einhaltung des AFG ergaben, oblag der **Arbeitsmarktverwaltung**. Diese war zwar mit dem 1. Juli 1990 aus der allgemeinen Staatsverwaltung ausgegliedert worden, sollte jedoch während einer halbjährigen Übergangszeit unter der direkten Leitung des Ministers für Arbeit und Soziales tätig sein.

Insgesamt wies das AFG-DDR dem Minister für Arbeit und Soziales weitreichende Einflußmöglichkeiten bei Aufgaben zu, die nach dem AFG der Bundesrepublik selbständig von der Bundesanstalt für Arbeit oder deren Organen durchgeführt wurden. Dies galt insbesondere für sämtliche finanziellen Fragen. Die Arbeitsmarktverwaltung selbst hatte zunächst noch keine Organe. Bis zu deren Bildung sollten sog. Beiräte den Leiter der Arbeitsmarktverwaltung und die Direktoren der Arbeitsämter beraten. Allerdings hatten die Beiräte, die analog den BA-Organen zusammengesetzt waren, bereits damals dieselben Aufgaben wie die Organe der BA. Anders als für die Mitglieder der BA-Organe enthielt das AFG-DDR keine zeitliche Festschreibung der Amtsdauer für die Beiratsmitglieder der Arbeitsmarktverwaltung (§ 193 AFG-DDR). Desgleichen sah das AFG-DDR keine Haftung der Beiratsmitglieder gegenüber der Arbeitsmarktverwaltung vor. Schließlich wurden nach dem AFG-DDR die Geschäfte der Arbeitsmarktverwaltung ausschließlich durch Angestellte wahrgenommen (§ 210 AFG-DDR) *(vgl. Kittke/Roessler, 1990, S. 307)*.

Entscheidender als die Unterschiede im organisatorischen Aufbau waren zweifellos jedoch die Besonderheiten des Leistungsrechts im AFG-DDR. Ganz besondere Bedeutung kam in diesem Zusammenhang den Regelungen über das **Kurzarbeitergeld** zu.

Nach § 63 AFG-DDR zahlten die Arbeitsämter in der DDR Arbeitnehmern Kurzarbeitergeld, die entweder verkürzt oder gar nicht arbeiteten, aber trotzdem von ihren Betrieben nicht entlassen wurden. Das Kurzarbeitergeld betrug 68 % des letzten Nettoeinkommens, wenn ein Kind zu versorgen war, sonst 63 % und wurde für die Zeit der ausgefallenen Stunden gewährt. Weitere Vorzüge der DDR-spezifischen Kurzarbeiterregelung waren, daß der von Kurzarbeit betroffene Arbeitnehmer in seinem Arbeitsvertrag verblieb und somit dem Betrieb eingearbeitete Arbeitskräfte erhalten blieben. Der Betrieb konnte abwarten, ob sich die Auftragslage besserte, und die Mitarbeiter dorthin umschulen, wo sie gebraucht wurden. Während normalerweise für den Bezug von Kurzarbeitergeld vorausgesetzt wird, daß der Arbeitsausfall nur vorübergehend ist, galten in der DDR folgende erleichterte Bedingungen *(vgl. Pröbsting, 1990, S. 3091)*:

- Beruhte Kurzarbeit auf betrieblichen Strukturveränderungen oder betriebsorganisatorischen Maßnahmen im Zusammenhang mit der Schaffung einer Wirtschafts-, Währungs- und Sozialunion, mußte der Arbeitsausfall nicht vorübergehend, sondern konnte auch endgültig sein. Diese Regelung sollte zunächst bis 30. 6. 1991 gelten (§ 63 Abs.5 AFG-DDR).
- Bis zum 31. 12. 1995 sollte ferner auch an Arbeitnehmer Kurzarbeitergeld gewährt werden, die zur Vermeidung von anzeigepflichtigen Entlassungen im Sinne des § 17 Abs.1 des Kündigungsschutzgesetzes in einer betriebsorganisatorisch eigenständigen Einheit zusammengefaßt waren, wenn der Arbeitsausfall auf einer schwerwiegenden strukturellen Verschlechterung der Lage des Wirtschaftszweiges beruhte und der hiervon betroffene Arbeitsmarkt außergewöhnliche Verhältnisse aufwies (§ 63 Abs.4 AFG-DDR).
- In den Fällen des § 63 Abs.4 AFG-DDR trug der Arbeitgeber 25 % der Beiträge zur Renten- und Krankenversicherung, den Rest die Arbeitsmarktverwaltung; ab 1. 7. 1991 sollte der Arbeitgeber 50 % der Beiträge zahlen.
- Kurzarbeiter konnten in einer betrieblichen Einheit zusammengefaßt werden, so daß einige Teile des Betriebes voll produzierten, während andere Teile die Arbeit voll einstellten.
- Während des Bezuges von Kurzarbeitergeld konnten die betroffenen Arbeitnehmer nicht nur an Umschulungs- und Qualifizierungsmaßnahmen teilnehmen, die Betriebe waren gem. § 63 Abs.4 und 5 sogar dazu aufgefordert, ihren Arbeitnehmern derartige Möglichkeiten anzubieten. Sofern die während des Arbeitsausfalls durchgeführten Qualifizierungsmaßnahmen die Voraussetzungen der §§ 33 ff. AFG-DDR erfüllten, stand dem Teilnehmer Unterhaltsgeld in Höhe von 65 % bzw. 73 % (bei mindestens einem Kind) des Nettoentgelts zu; das Unterhaltsgeld trat in diesen Fällen an die Stelle des Kurzarbeitergeldes. Die Förderung der beruflichen Qualifizierung konnte bis zu 2 Jahren dauern.

— Neben dem Kurzarbeitergeld konnte der Arbeitgeber, der abweichend von der Bundesrepublik das Kurzarbeitergeld selbst berechnete und auszahlte, einen Aufstockungsbetrag leisten, der nicht auf das Kurzarbeitergeld angerechnet wurde.
— Der Sozialzuschlag nach § 242 AFG-DDR wurde sowohl Beziehern von Kurzarbeitergeld wie auch Empfängern von Unterhaltsgeld gewährt.

Neben den besonderen Kurzarbeitervorschriften sah das AFG-DDR auch abweichende **Maßnahmen der Arbeitsbeschaffung** (ABM) vor.

Abweichend von bundesdeutschen Vorschriften konnten für AB-Maßnahmen, die in der DDR seit dem 1. 7. 1990 möglich waren, von den Arbeitsämtern unter bestimmten Voraussetzungen (Arbeitslosenquote mußte in dem betreffenden Arbeitsamtsbezirk im Durchschnitt der letzten 6 Monate vor der Bewilligung mindestens 30 % über dem Durchschnitt der DDR gelegen haben) bis zu 90 % der Bruttolohnkosten (einschließlich der Beiträge zur Sozialversicherung) (§ 94 Abs.3 AFG-DDR), und sofern der Träger außerstande war, einen Teil des Arbeitsentgelts des zugewiesenen Arbeitnehmers zu übernehmen, sogar 100 % der Lohnkosten übernommen werden. Allerdings durften 100 %-Zuschüsse für höchstens 15 % aller in einem Kalenderjahr zugewiesenen Arbeitnehmer bewilligt werden. Nach einem Jahr der Förderung war eine Verlängerung der Förderungsdauer auf zwei Jahre möglich. Sofern der Träger der Maßnahme eine Festanstellung in Aussicht stellte, konnte sogar ein drittes Jahr gefördert werden. Die besonderen Förderungsbedingungen galten zunächst für Maßnahmen, die bis zum 30. 6. 1991 bewilligt wurden. Bis zum 31. 12. 1991 konnten gemäß § 91 Abs.4 AFG-DDR auch in jenen Arbeitsamtsbezirken AB-Maßnahmen bewilligt werden, in denen eine im Verhältnis zum Durchschnitt der DDR gute Arbeitsmarktlage herrschte. Träger der AB-Maßnahmen konnten juristische Personen des öffentlichen Rechts, gemeinnützige Einrichtungen und sonstige Unternehmen sein, wenn zu erwarten war, daß die Förderung den Arbeitsmarkt in wirtschafts- und sozialpolitischer Weise belebt *(vgl. Pröbsting, 1990, S.3092)*.

Etwas anders geregelt als in der Bundesrepublik war im AFG-DDR auch der Bereich **Fortbildung und Umschulung**. Auch damit sollte insbesondere den aktuellen arbeitsmarktpolitischen Bedürfnissen in der DDR besser entsprochen werden.

Neben einfachen im Betrieb zu vollziehenden Bildungsmaßnahmen sah das AFG-DDR auch länger laufende, ganztägige Bildungsmaßnahmen vor. Bei Notwendigkeit einer grundlegenden beruflichen Umorientierung konnte die Umschulung gefördert werden. Ebenfalls vorgesehen war die Förderung der betrieblichen Einarbeitung. Das Arbeitsamt übernahm ganz oder teilweise die notwendigen Kosten der Maßnahme, wie Lehrgangskosten, Lernmittel, Fahrtkosten und Kosten der Arbeitskleidung. Die Teilnehmer erhielten ein Unterhaltsgeld, sofern sie zuvor arbeitslos, ungelernt oder von Arbeitslosigkeit bedroht waren. Das Unterhaltsgeld betrug 73 % des letzten Nettoverdienstes, wenn mindestens ein Kind zu versorgen war, ansonsten 65 %. Die Teilnehmer blieben während der Zeit der Maßnahme Angehörige ihres Betriebes. Im übrigen konnte die DDR-Arbeitsmarktverwaltung aus ihren Finanzmitteln auch die Teilnahme an Bildungsmaßnahmen in der Bundesrepublik fördern (§ 34 Abs.1 a AFG-DDR).

Weitere Abweichungen vom bundesdeutschen AFG waren bei der **Sperrzeitenregelung**, der **Erstattungspflicht der Arbeitgeber** und den Leistungsvorschriften im Zusammenhang mit den **Arbeitskämpfen** festzustellen.

Im Unterschied zur Bundesrepublik trat nach § 119 Abs.1 Nr.1 AFG-DDR nur dann eine Sperrzeit für den Bezug von Arbeitslosengeld ein, wenn der Arbeitslose sein Beschäftigungsverhältnis gekündigt oder durch ein arbeitsvertragswidriges Verhalten Anlaß für die Lösung des Beschäftigungsverhältnisses gegeben und er dadurch vorsätzlich oder grob fahrlässig die Arbeitslosigkeit herbeigeführt hatte. Demgegenüber trat im Falle des Abschlusses eines Aufhebungsvertrages keine Sperrzeit ein. In das AFG-DDR nicht übernommen worden war ferner § 128 des AFG-BRD; damit bestand keine Erstattungspflicht des Arbeitgebers für das an langjährig beschäftigte, ältere Arbeitnehmer gezahlte Arbeitslosengeld *(vgl. auch Michas, 1991, S.XVIII f.)*.

Vor allem von den Arbeitgebern war heftig kritisiert worden, daß die DDR in ihr AFG nicht die Absätze 3 bis 6 des § 116 übernommen hatte. Nach ihrer Ansicht fehlten damit im AFG-DDR zentrale Vorschriften zur Gewährleistung eines funktionierenden Arbeitskampfrechts. In dieser reduzierten Form verstoße der § 116 AFG-DDR gegen die Grundsätze der Tarifautonomie, die auch in der DDR ab 1. 7. 1990 eingeführt worden war, da er die Kampfparität zu Lasten der Arbeitgeber verschiebe *(vgl. Deutschland-Info-Dienst, Nr.19/1990, S.1)*. In den von der DDR-Volkskammer vorgenommenen Modifizierungen sahen die Arbeitgeber sogar einen Verstoß gegen Artt. 17 und 19 des StaatsV, in denen die DDR sich verpflichtet habe, die Koalitions- und Tariffreiheit entsprechend bundesdeutschem Recht zu regeln und dem bundesdeutschen AFG entsprechende Regelungen einzuführen *(vgl. Kreizberg, 1990 b, S. 628).*

Das AFG-DDR unterschied sich vom bundesdeutschen AFG nicht nur durch Sonderregelungen, sondern auch dadurch, daß bestimmte Regelungen nicht übernommen wurden.

Im AFG-DDR fehlten u. a. die Vorschriften zur Förderung der ganzjährigen Beschäftigung in der Bauwirtschaft. Dies hatte zur Folge, „daß den Arbeitgebern des Baugewerbes in der DDR weder Leistungen zur Beschaffung von Geräten und Einrichtungen, die es ermöglichen, Bauarbeiten bei ungünstiger Witterung durchzuführen (§ 77 AFG/BRD), sowie Leistungen zur Abgeltung der sonstigen witterungsbedingten Mehrkosten des Bauens (§ 78 AFG/BRD) von der Arbeitsverwaltung gewährt werden" *(Kittke/Roessler, 1990, S. 307)* konnten. Entsprechendes galt für die Arbeitnehmer im Baugewerbe der DDR, die weder Anspruch auf Wintergeld noch auf Schlechtwettergeld bei witterungsbedingtem Arbeitsausfall hatten. Verständlicher als der Verzicht auf die Sonderregelungen für die Bauwirtschaft war, daß das AFG-DDR seinerzeit noch auf die Übernahme der Vorschriften über die Eingliederung der Aus- und Übersiedler (§§ 62 a–e AFG/BRD) verzichtete. Abweichungen ergaben sich zudem häufig daraus, daß das AFG-DDR nicht die Verweisungen auf andere bundesdeutsche Bestimmungen übernahm und daß Bezugnahmen auf Rechtsvorschriften der EG noch gänzlich fehlten.

Ergänzend zum AFG-DDR wurden zum 1. Juli 1990 insgesamt 16 teilweise höchst umfangreiche Einzelanordnungen zum AFG vom DDR-Arbeitsministerium erlassen (z. B. AO Fortbildung und Umschulung, ABM-AO, Anwartschaftszeit-AO, Kug-Anordnung, FdA-AO, Aufenthalts-AO und Zumutbarkeits-AO [GBl. I S. 1080-1125]).

2. 4. 2 Aufbau der Arbeitsmarktverwaltung und praktische Umsetzung der DDR-Arbeitsmarktpolitik

Im Vorgriff auf die zu erwartenden arbeitsmarktpolitischen Probleme im Zuge der wirtschaftlichen Umstrukturierung hatte das BMA schon im Frühjahr 1990 der DDR praktische Unterstützung beim **Aufbau der Arbeitsmarktverwaltung** angeboten. Mit dem Heranrücken der Sozialunion mußten die Aufbaumaßnahmen allerdings deutlich beschleunigt werden. Vorgesehen war, daß ab 1. 7. 1990 in der DDR eine Arbeitsmarktverwaltung nach bundesdeutschem Muster tätig sein sollte. Zur Bewältigung der verschiedenen arbeitsmarktpolitischen Aufgaben war die Einrichtung von 38 **Hauptarbeitsämtern** und 161 Nebenstellen vorgesehen.

Als Gegenstück zur Bundesanstalt für Arbeit wurde in Ost-Berlin eine Zentrale Arbeitsmarktverwaltung unter Leitung eines Staatssekretärs des Arbeitsministeriums gebildet. Als Berater stand insbesondere der frühere Arbeitsminister der Bundesrepublik HERBERT EHRENBERG zur Verfügung. Zudem war die Bundesanstalt für Arbeit bereit, beim Aufbau der DDR-Arbeitsmarktverwaltung durch Personalschulung, Beratung und Planung zu helfen.

Nachdem am 11. 6. 1990 die Direktoren der 38 Hauptarbeitsämter berufen worden waren, ging es in den folgenden Wochen darum, die Arbeitsämter kurzfristig sowohl materiell-technisch als auch personell so auszustatten, daß sie in der Lage waren, die von ihnen erwarteten Aufgaben zu erfüllen. Beabsichtigt war, die Zahl der Arbeitsamtsmitarbeiter, die sich Mitte Mai 1990 auf rd. 5.500 belief, innerhalb weniger Wochen auf 10.000 zu erhöhen. Tatsächlich waren aber von 10.600 Mitarbeitern (Soll) Mitte Juli 1990 erst rd. 8.500 eingestellt, die zudem nahezu in ihrer Gesamtheit für ihre neuen beruflichen Aufgaben geschult werden mußten *(vgl. Pröbsting, 1990, S. 3091).* Während die Hauptarbeitsämter neben der fachlichen Beratung der Arbeitsuchenden für die Vermittlung von Arbeitsplätzen und Umschulungsmöglichkeiten sowie für die Leistungsgewährung zuständig waren, sollten die Nebenstellen nur Beratung und Ausbildungsvermittlung durchführen, jedoch kein Arbeitslosengeld auszahlen. Geplant war im übrigen, in jedem der 38 Hauptarbeitsämter ein »Pilotprojekt« für Fortbildung und Umschulung sowie für Arbeitsbeschaffung zu starten *(vgl. Neues Deutschland v. 2./3. 6. 1990, S. 2, 6. 6. 1990, S. 1, 12. 6. 1990, S. 3; Tribüne v. 6. 6. 1990, S. 2).*

Finanziell unterstützte die Bundesrepublik die Arbeitsmarktpolitik der DDR durch Bereitstellung einer **Anschubfinanzierung** in Höhe von 2 Mrd. DM für die zweite Jahreshälfte 1990 (Art.28 StaatsV). Bereits Mitte Juli 1990 ging jedoch der Beauftragte für die zentrale Arbeitsverwaltung in der DDR, HORST KLINITZ, davon aus, daß die vorgesehenen Mittelzuschüsse aller Wahrscheinlichkeit nach nicht ausreichten *(vgl. Handelsblatt v. 12.6.1990).*

Die am 20. 8. 1990 zurückgetretene DDR-Arbeits- und Sozialministerin REGINE HILDEBRANDT rechnete aufgrund notwendiger Strukturanpassungen mit spürbaren Veränderungen innerhalb der Beschäftigtenstruktur, wovon rund eine Million Arbeitskräfte der Industrie und etwa 250.000 landwirtschaftliche Arbeitskräfte betroffen seien. Engagiert kämpfte sie dafür, daß diese 1,25 Mio. Menschen nicht einfach arbeitslos würden, sondern nach **Qualifizierung und Weiterbildung** in anderen Bereichen Beschäftigung fänden. Da zur Umsetzung dieser Strategie die ursprünglich von der Bundesregierung bereitgestellten Mittel nicht ausreichten, hatte sie Anfang August 1990 eine »kurzfristige Finanzspritze in Milliardenhöhe« angemahnt *(vgl. Süddeutsche Zeitung v. 4./5.8.1990).*

Für den Fortbildungs- und Umschulungsprozeß standen seit Inkrafttreten der Wirtschafts- und Währungsunion 160 Mio. DM zur Verfügung. Jeweils die Hälfte dieses Betrages, mit dem bis zum Jahresende berufliche Fortbildungs- und Umschulungsprojekte finanziert werden sollten, waren von der Regierung der DDR und der Bundesregierung aufzubringen. Die Mittel sollten für ca. 100.000 Umschulungsplätze ausreichen. Nach den Vorstellungen der DDR-Arbeitsämter sollten 1990 ca. 69.000 Menschen in den Fortbildungs- und Umschulungsprozeß einbezogen werden. Mitte August 1990 waren es 30.000 Personen, die auf Tätigkeiten in den Bereichen Handel und Baugewerbe vorbereitet wurden. Wegen lange vorhandener Unsicherheiten über Weiterbildungsinhalte (es fehlte sowohl an Programmen wie an Konzepten), aber auch wegen seinerzeit noch fehlender freier Bildungsträger, waren die notwendigen Maßnahmen nur schleppend angelaufen. Daraufhin hatte die DDR-Arbeits- und Sozialministerin am 30. 6. 1990 Richtlinien zur Förderung selbständiger Bildungsträger der beruflichen Fortbildung und Umschulung in der DDR erlassen. Danach konnten rechtlich selbständige Bildungseinrichtungen, z. B. Arbeitgeber- und Arbeitnehmerverbände, Industrie- und Handelskammern, Berufsverbände, gemeinnützige Stiftungen sowie Städte und Gemeinden, Zuschüsse erhalten, wenn sie Kapazitäten für Fortbildung und Umschulung schufen *(vgl. DA, 9/1990, S.1340f.; taz v. 16.8.1990).*

2. 5 Neuordnung des Gewerkschaftswesens und erste tarifpolitische Entwicklungen

2. 5. 1 Herausbildung neuer gewerkschaftlicher Strukturen in der DDR

Noch vor der Sommerpause zeigte sich immer deutlicher, daß der bis aufs äußerste diskreditierte und mit einem nachhaltigen Vertrauensverlust seiner Mitglieder konfrontierte FDGB keine Perspektive besaß *(vgl. auch Schmitz/Tiemann, 1990, S.1608ff.).* Zwar konferierte der DDR-Ministerpräsident am 7.5. 1990 noch mit einer Delegation des geschäftsführenden FDGB-Vorstandes, lehnte jedoch dessen Forderung nach Einführung der 38-Stunden-Woche und einer 50-%igen Lohnerhöhung angesichts der desolaten Wirtschaftslage als indiskutabel ab *(vgl. Wilke, 1990 a, S.371).*

In den Folgetagen beschleunigte sich der Auflösungsprozeß. Nachdem die IG Bergbau, Energie und Wasserwirtschaft (IG BEW) schon am 25. 4. 1990 ultimativ vom FDGB die Offenlegung der Finanzen und des Gewerkschaftsvermögens gefordert und seine Finanzabführungen an den FDGB gekürzt hatte, beschloß der Hauptvorstand der IG BEW am 8.5.1990, seine Mitgliedschaft im FDGB ruhen zu lassen. Gleichzeitig entzog er dem FDGB das Recht, künftig im Namen der IG BEW Erklärungen abzugeben; andere Mitgliedsgewerkschaften wurden aufgefordert, sich dem Standpunkt der IG BEW anzuschließen.

Als am folgenden Tag auch noch der Generalsekretär der Ost-CDU KIRCHNER und der DGB-Vorsitzende BREIT erklärten, daß der FDGB für sie kein Verhandlungspartner mehr sei, gerieten die Einzelgewerkschaften unter Zugzwang. Vor dem Hintergrund dieser Entwicklungen vereinbarten die 20 Vorsitzenden der Einzelgewerkschaften die Umwandlung des FDGB in einen »Bund der Vorsitzenden der Industriegewerkschaften und Gewerkschaften« und beschlossen, auf einem für den Herbst einzuberufenden Kongreß die **Auflösung des FDGB** formell vorzunehmen.

Der an die Stelle des FDGB getretene »Bund der Gewerkschaftsvorsitzenden« sollte bis dahin von einem fünf Personen umfassenden Sprecherrat geführt werden. Vorsitzender dieses Sprecherrates wurde der seit Anfang Februar 1990 amtierende Vorsitzende der neugegründeten Eisenbahnergewerkschaft PETER ROTHE. Vorangehend war festgestellt worden, daß der Dachverband in seiner bisherigen Struktur die Herausforderungen der Zeit nicht mehr bewältigen könne und daß der Begriff FDGB nach wie vor politisch diskreditiert sei. Der Sprecherrat wurde beauftragt, die juristischen Voraussetzungen zu schaffen, um die Vermögenswerte des FDGB zu strukturieren und auf die Industriegewerkschaften und Gewerkschaften aufzuteilen, sowie enge Beziehungen zum DGB zu gestalten. Zugleich wurde beschlossen, daß der Sprecherrat seine Aufgabe verliere, wenn sich die Einzelgewerkschaften der DDR und der BRD zusammengeschlossen haben *(vgl. Wilke, 1990 a, S.365 f.)*.

Der Vorsitzende des Sprecherrates und der DGB-Vorsitzende BREIT einigten sich schon am 10. Mai 1990 darauf, für ganz Deutschland eine Einheitsgewerkschaft auf der Basis des Zusammenschlusses der DGB-Mitgliedsgewerkschaften mit den Einzelgewerkschaften in der DDR zu schaffen. Es wurde für möglich gehalten, noch im Jahre 1990 eine gesamtdeutsche Gewerkschaftsleitung zu bilden. Dabei wurden die Schwierigkeiten, die beim Zusammenschluß insbesondere aufgrund der unterschiedlichen Organisationszuständigkeiten in beiden deutschen Staaten entstehen konnten, keineswegs übersehen. Ein weiteres Problem wurde darin gesehen, daß bei Fortbestehen des hohen Organisationsgrades in der DDR (der FDGB zählte immerhin 8,6 Mio. Mitglieder, der DGB jedoch nur 7,8 Mio.) die Mitglieder aus dem Beitrittsgebiet in einer vereinigten Einheitsgewerkschaft ein zahlenmäßiges Übergewicht haben würden.

Während der Kongreß zur formellen Auflösung des FDGB für den 14.9.1990 nach Ost-Berlin einberufen wurde, setzten sich der **Prozeß der Neugestaltung und Umstrukturierung** der DDR-Gewerkschaften und die Vorbereitungen zum Zusammenschluß mit den entsprechenden bundesdeutschen Gewerkschaften beschleunigt fort. Dabei ist allerdings festzuhalten, daß weder der DGB noch seine Mitgliedsgewerkschaften auf die Aufgabe vorbereitet waren, nach über 40 Jahren die Gewerkschaftseinheit in Deutschland herzustellen. Wie bei anderen Organisationen auch wurde das gewerkschaftliche Handeln in dieser Phase weniger von einem klaren Konzept, sondern primär von der Dynamik des Einigungsprozesses bestimmt. Hierbei hatte der DGB auch mit dem Problem fertig zu werden, bis zuletzt im Namen des Friedens einen Dialog mit dem FDGB geführt zu haben *(vgl. Wilke, 1990 a, S.372; Seideneck, 1991, S.4 f.)*.

Während die IG Chemie, Papier, Keramik sich bereits Anfang 1990 zum Ziel der deutschen Gewerkschaftseinheit bekannte und damit begann, ihrer ostdeutschen Schwesterorganisation bei der Umorientierung zu helfen, plädierte der IG Metall-Vorsitzende FRANZ STEINKÜHLER zunächst für eine eigenständige Entwicklung in der DDR. Die IG CPK vereinbarte darüber hinaus bereits im März 1990 mit dem westdeutschen Bundesarbeitgeberverband Chemie, gemeinsam die »positiven Erfahrungen mit dem in der Bundesrepublik entwickelten speziellen System der Chemie-Sozialpartnerschaft« auf die DDR zu übertragen *(vgl. Frankfurter Allgemeine Zeitung v. 14.3.1990; Wilke, 1990 b, S.380; Schmitz/Tiemann, 1990, S.1608 ff.)*. Erste praktische Schritte des DGB bestanden darin, ab März 1990 in Ost-Berlin ein Verbindungsbüro zu unterhalten, dessen vorrangige Aufgabe es war, den Sprecherrat zu beraten und Kontakte zur Regierung der DDR, zur Volkskammer und zu weiteren Institutionen der DDR zu halten. Mit dem Ende der DDR und der Auflösung des FDGB wurde dieses Büro Ende 1990 ebenfalls aufgelöst. Der Aufbau von zukünftigen DGB-Strukturen in der ehemaligen DDR erfolgte durch eine Außenstelle des DGB-Bundesvorstandes in Ost-Berlin und entsprechenden Regionalstellen in den neuen Bundesländern *(vgl. Seideneck, 1991, S.8 f.; Hüsson, 1990 b, S.17 f.; Schmitz/Tiemann, 1990, S.1617 f.)*. Seit Januar 1990 waren zudem 75 hauptamtliche Rechtsschutzsekretäre des DGB in der DDR tätig.

Es dauerte allerdings nicht lange, bis „nach einer Phase der moralischen Verlegenheit und ideologischen Verwirrung" *(Wilke, 1990 b, S. 380)* im DGB der Pragmatismus der Industriegewerkschaften zu dominieren begann. Nach dem Abbruch der Kooperation des DGB mit dem FDGB war ab April 1990 klar, daß sich der Weg zu **gesamtdeutschen Gewerkschaften** über das Zusammenwachsen der Einzelgewerkschaften vollziehen würde.

Als erste vereinbarten Anfang April 1990 die beiden deutschen Bergbaugewerkschaften, sich rasch zu einem Verband zusammenzuschließen. Nachdem die IG Bergbau und Energie (IG BE) ihre Unterstützung für das Ziel, die deutsche Einheit so schnell zu verwirklichen, wie dies unter vernünftigen Bedingungen möglich sei, bekräftigt hatte und dafür die Schaffung einer einheitlichen Gewerkschaftsbewegung als erforderlich ansah, bekannten sich die Delegierten der IG Bergbau, Energie und Wasserwirtschaft (IG BEW) auf ihrem Kongreß am 6./7. 4. 1990 zur Einheit beider Verbände und zu den zuvor von der westdeutschen IG BE geforderten Grundsätzen der demokratischen Einheitsgewerkschaft. Kurz darauf wiederholte FRANZ STEINKÜHLER auf der 12. zentralen Delegiertenkonferenz der IG Metall (Ost) seine Forderung, die Erneuerung der Gewerkschaftsbewegung in der DDR über die Industriegewerkschaften von »unten nach oben« zu vollziehen. Zugleich verlangte er von der Ost-Organisation einen radikalen Bruch mit ihrer Vergangenheit als Teil der SED-Massenorganisation FDGB. In den Folgemonaten gab es zwischen zahlreichen Einzelgewerkschaften aus dem Westen und dem Osten Deutschlands Vereinbarungen über den Weg des Zusammenschlusses. Die IG Druck und Papier, die Gewerkschaft Kunst und der Verband der Journalisten in der DDR z. B. lösten sich zum 30. 9. 1990 auf und empfahlen ihren Mitgliedern, unmittelbar in die IG Medien der Bundesrepublik einzutreten. Entsprechend einer gemeinsamen Erklärung der IG BEW und der IG BE vom 18. 6. 1990 wollte die IG BEW den Übergang ihrer Mitglieder zum 1. 11. 1990 ermöglichen. Auch die Mitglieder der IG Bau-Steine-Erden sowie der IG Bau-Holz der DDR sollten sich einer Erklärung vom 27. 6. 1990 zufolge persönlich für eine Mitgliedschaft in den entsprechenden westdeutschen Organisationen entscheiden *(vgl. Schmitz/Tiemann, 1990, S. 1608 ff.; Die Quelle, Nr. 8/1990, S. 25)*.

Gewisse Probleme auf dem Wege zu gesamtdeutschen Gewerkschaften ergaben sich daraus, daß die Organisationsbereiche der DDR-Verbände nicht immer deckungsgleich mit denen der DGB-Gewerkschaften waren. Insbesondere zwischen der IG Bergbau und Energie und der westdeutschen ÖTV gab es einen heftigen Streit über die gewerkschaftliche Zugehörigkeit der Beschäftigten in der DDR-Energiewirtschaft *(vgl. Handelsblatt v. 13.9.1990; Seideneck, 1991, S. 8)*. Erst ein Schlichtungsverfahren des DGB-Bundesvorstandes, in dem die ÖTV recht erhielt, konnte die Lage zumindest formal etwas entschärfen.

Juristisch besiegelt wurde das Ende der zahlenmäßig stärksten Massenorganisation der DDR am 14. 9. 1990, als die Delegierten des 13. FDGB-Kongresses mit großer Mehrheit (112 Stimmen bei zwei Enthaltungen) die Auflösung des Gewerkschaftsverbandes zum 30. 9. 1990 beschlossen. Der Anfang Mai gebildete Sprecherrat sollte am 3. 10. 1990 sein Mandat verlieren, da ab diesem Zeitpunkt der DGB für alle 16 Bundesländer zuständig sei. Ebenfalls auf der Tagesordnung des Kongresses standen Vermögensfragen, um die es bereits im Vorfeld zu Auseinandersetzungen gekommen war.

Der den Delegierten vorgelegte Finanzbericht bezifferte die Sachwerte mit Stand vom 30. Juni 1990 auf rd. 900 Mio. DDR-Mark ohne den FDGB-Feriendienst. Rund 770 Mio. Mark entfielen danach auf die 330 Immobilien des FDGB, darunter 233 Gewerkschaftshäuser im Bruttowert von 280 Mio. Mark und fünf zentrale Gewerkschaftshäuser im Wert von 270 Mio. Mark. Ende 1989 hatte das Vermögen noch rd. 4,3 Mrd. Mark betragen, wovon 2,9 Mrd. auf den FDGB-Feriendienst entfielen. Der Rückgang des Vermögens wurde damit erklärt, daß bei eindeutiger Rechtslage zwischenzeitlich eine Reihe von eigenständigen GmbHs gegründet worden seien.

Nachdem ursprünglich der DGB die Linie vertreten hatte, weder moralisch noch materiell das Erbe des FDGB antreten zu wollen, hatte der IG Metall-Vorsitzende FRANZ STEINKÜHLER mit einem Brief Irritationen ausgelöst, in dem er sich scharf gegen einen Antrag der DSU wandte, der die Enteignung der Grundvermögen von Parteien und Massenorganisationen verlangte. Den Antrag der DSU bewertete er als Versuch, »den Anfang einer demokratischen Gewerkschaftsarbeit in der DDR durch die Zerschlagung aller Vermögenswerte zunichte zu machen«, und als einen »Angriff auf die freie, demokratische und durch das Grundgesetz geschützte Gewerkschaftsarbeit« *(vgl. taz v. 30.8. 1990)*. Auf daraufhin aufkommende Bereicherungsvorwürfe reagierte er mit der Klarstellung, daß nur das Gewerkschaftsvermögen beansprucht werde, das den Gewerkschaften vor 1933 gehört habe; ferner solle »rechtmäßig aus Mitgliedsbeiträgen erworbenes Gewerkschaftsvermögen weiterhin für gewerkschaftliche Zwecke genutzt werden« *(vgl. taz v. 12.9.1990)* können.

2. 5. 2 Tarifbewegungen in der DDR seit Frühjahr 1990

Nachdem die DDR-Gewerkschaften in den ersten Wochen nach der Wende – noch ganz der alten Tradition folgend – Rahmenkollektivverträge abgeschlossen hatten, stellte sich schon kurz nach der Jahreswende immer deutlicher heraus, „daß die Zeit der zentral gelenkten Planwirtschaft ihrem Ende entgegenging". Da „ein Übergang zu einem marktwirtschaftlichen Wirtschaftssystem notwendig auch zu verschärften Rationalisierungsprozessen, zu Betriebsstillegungen und damit auch zu Arbeitslosigkeit größeren Umfangs führen würde, konzentrierten sich die Gewerkschaften darauf, durch Rationalisierungsschutzabkommen die absehbaren Risiken für die Beschäftigten tarifpolitisch abzumildern" *(Bispinck/WSI-Tarifarchiv, 1990, S.20; vgl. auch Clasen, 1991 a, S.17, 1991 b, S.5ff.)*.

Die noch in der Phase der MODROW-Regierung von den alten Gewerkschaften geschlossenen **Rationalisierungsschutzabkommen** waren äußerst umstritten, da sie außerordentlich weitreichende Regelungen enthielten und dadurch grundlegende betriebliche Änderungen erschwerten.

Parallel zum raschen Zerfall der alten FDGB-Gewerkschaften wurden in der DDR die DGB-Gewerkschaften aktiv und begannen mit einer neuen eigenständigen Tarifpolitik. Auch die bundesdeutschen Arbeitgeberverbände waren offensichtlich von Beginn an daran interessiert, die Grundstruktur des westdeutschen Tarifvertragssystems auf das Gebiet der DDR zu übertragen.

Die bundesdeutschen Arbeitgeberverbände schätzten ganz offenkundig „die ordnungs- und wettbewerbspolitische Funktion einer solchen Strategie höher ein als die eventuellen Vorteile, die sich aus einer Deregulierungs- und Dezentralisierungsstrategie in bezug auf die Regelung der Arbeits- und Entlohnungsbedingungen in der DDR für die Unternehmen ergeben könnten. Ein wichtiger Grund für diese Entscheidung war zweifellos auch die im Unternehmerlager und in der Bundesregierung weitverbreitete Sorge vor einem möglichen ‚heißen Herbst' in der DDR als Reaktion auf die absehbaren ökonomischen und sozialen Probleme infolge der brachialen Einführung der Währungsunion. Nicht anders kann beispielsweise auch die Bereitschaft erklärt werden, ein relativ weitgehendes Konzept ‚Qualifizieren statt entlassen' mitzutragen" *(Bispinck/WSI-Tarifarchiv, 1990, S.20f.)*.

Die ersten **Lohn- und Gehaltstarifverhandlungen** für die Zeit nach Einführung der Währungsunion wurden bereits im Mai/Juni 1990 geführt. In Anbetracht der völligen Unsicherheit hinsichtlich der Auswirkungen der Währungsumstellung hatten die Gewerkschaften bei diesen Verhandlungen eine schwierige Gratwanderung zu bewältigen. Erschwert wurde die Verhandlungsposition überdies durch die damals bereits spürbar steigende Arbeitslosigkeit. Aus gewerkschaftlicher Sicht sollte tarifpolitisch auch auf die zu erwartenden tiefgreifenden Veränderungen im Steuer- und Sozialrecht sowie die Aufhebung bestimmter Preissubventionen reagiert werden.

Trotz der für die Durchsetzung von Tarifforderungen ungünstigen Rahmenbedingungen zeigten die Belegschaften in den DDR-Betrieben eine erstaunliche Kampfbereitschaft. Insbesondere während der Tarifverhandlungen für die Metallindustrie und die Deutsche Reichsbahn beteiligten sich Hunderttausende an **Warnstreiks, Demonstrationen** und **betrieblichen Aktionen**. Den Unwägbarkeiten der zukünftigen Entwicklung versuchten die Gewerkschaften durch den Abschluß von Tarifverträgen mit einer relativ kurzen Laufzeit zu begegnen. Im einzelnen konnten im Laufe des Sommers 1990 u. a. folgende Lohn- und Gehaltsabkommen vereinbart werden:

- Der am 23. Mai 1990 von der DDR-Gewerkschaft Öffentliche Dienste (GÖD) zusammen mit der HBV für 14.000 Angestellte der Versicherungswirtschaft unterzeichnete Tarifvertrag sah eine Erhöhung der bisherigen Einkommen um 50%, mindestens aber 300 Mark vor. Hinzu kamen jeweils 50 % Urlaubs- und Weihnachtsgeld.
- Für die 20.000 Beschäftigten der Sparkassen der DDR brachte der am 15. Juni 1990 geschlossene Tarifvertrag ebenfalls ab dem 1. 7. eine Erhöhung ihrer Ist-Gehälter um durchschnittlich 50%, mindestens aber 30 % bzw. 300 DM bei betrieblicher Umsetzung sowie ein im August zahlbares Urlaubsgeld von 50 %. Für die 40.000 Beschäftigten der Banken und der Genossenschaftsbanken betrug die Gehaltsanhebung durchschnittlich 40 % (mindestens 30 % bzw. 300 DM). Hinzu kam hier eine Einmalzahlung in Höhe eines Bruttomonatsgehalts im August. HBV-Angaben zufolge lag damit das Durchschnittseinkommen von Bank- und Sparkassenbeschäftigten in der DDR bei etwa 1.500 Mark; für vergleichbare Tätigkeiten wurden in der Bundesrepublik damals zwischen 3.800 und 4.500 Mark gezahlt *(vgl. Frankfurter Rundschau v. 18.6.1990)*.
- Für den Bereich der Metallindustrie konnte die DDR-IG Metall am 13. 7. 1990 mit dem Verband der Metall- und Elektroindustrie im Tarifberzirk Berlin-Brandenburg einen Pilotabschluß erreichen, der später in den übrigen Tarifbezirken übernommen wurde. Die Gehaltsanhebung bestand hier aus einem monatlichen Pauschalbetrag von 250 Mark für die Monate Juli bis September und 300 Mark für Oktober bis Dezember. Bezogen auf die Bruttolohn- und Gehaltssumme je Beschäftigtem von 1.102 Mark monatlich entsprach dies einer Steigerung um 22,7 bzw. 27,2%. Im Vergleich zu den Löhnen in der bundesdeutschen Metallindustrie beliefen sich die DDR-Lohn- und Gehaltseinkommen auf etwa 33,8 % *(vgl. Bispinck/WSI-Tarifarchiv, 1990, S. 23)*.
- Im Bauhauptgewerbe (Bauindustrie) vereinbarte die IG Bau-Holz am 2. 7. 1990 für die Arbeiter Löhne, die zwischen 55 und 72% des vergleichbaren Tariflohnes in der BRD lagen. Die Angestelltengehälter sollten ab 1. 7. sogar 60 % des bundesdeutschen Niveaus betragen. Im Bauhandwerk wurden ein Lohnniveau von 63 % und ein Gehaltsniveau von 55 % der westdeutschen Tarifvergütungen erreicht *(vgl. Bispinck/WSI-Tarifarchiv, 1990, S. 23)*.
- Für die rd. 350.000 Beschäftigten der chemischen Industrie vereinbarte die IG CPK am 10. 7. 1990 eine Anhebung der Grundlöhne ab dem 1. 7. um 35 %; im Durchschnitt bedeutete dies eine Anhebung der Löhne um 250 Mark monatlich. Eine entsprechende Vereinbarung kam am 1. 8. 1990 auch für die Beschäftigten der Papierindustrie zustande.
- In der Druckindustrie Sachsen-Anhalts, Thüringens und Sachsens erhielten die Beschäftigten aufgrund eines gemeinsam von der IG Medien und der IG Druck und Papier abgeschlossenen Vertrages ab dem 1. 7. eine Einkommenserhöhung von 43,7 %, womit ein Niveau von 50 % der Lohn- und Gehaltssätze in der BRD erreicht wurde.
- Für den Bereich des Handels wurde am 18. 7. 1990 eine Vereinbarung getroffen, die den 650.000 Handelsbeschäftigten der DDR zunächst einen einmaligen Teuerungszuschlag von 300 DM (Konsumgenossenschaften 275 DM) im August gewährte. Für den Ostberliner Einzelhandel strebte die HBV-DDR eine Anhebung der Löhne auf zunächst 55 % der Westberliner Tarifsätze an *(vgl. Bispinck/WSI-Tarifarchiv, 1990, S. 24)*.
- Die rund 250.000 Beschäftigten der Deutschen Reichsbahn bekamen nach dem am 1. 7. 1990 wirksam gewordenen Tarifvertrag zunächst eine monatliche Erhöhung ihrer Löhne und Gehälter um 300 DM. Gleichzeitig wurde vereinbart, die Tariflöhne und -gehälter ab dem 1. 1. 1991 auf 50–60% des in der BRD geltenden Niveaus anzuheben.

Die Tarifabschlüsse für das Gebiet der DDR wurden vor allem von der Bundesbank, dem Sachverständigenrat, aber auch führenden Politikern der Koalitionsparteien heftig kritisiert und als überhöht und wirtschaftlich nicht vertretbar bezeichnet. Die Gewerkschaften, die durchaus akzeptierten, daß nicht alle tarifpolitischen Probleme im Lohn- und Gehaltsbereich auf einen Schlag zu lösen waren, hielten diese Kritik für nicht gerechtfertigt.

Die Gewerkschaften hielten ihren Kritikern entgegen, daß sie erstens für die einzelnen Branchen differenzierte Lösungen in Abhängigkeit von der jeweiligen wirtschaftlichen Situation, sofern diese überhaupt zu beurteilen war, vereinbart hätten. Zweitens habe das absolute Tarifvolumen im allgemeinen gerade ausgereicht, um die Mehrbelastungen durch Steuern und Sozialabgaben auszugleichen und geringfügige Einkommensverbesserungen zu bewirken. Drittens, argumentierten die Gewerkschaften, hätten ihre Abschlüsse auch zum Ziel gehabt, qualifizierte Fachkräfte in der DDR zu halten und eine teilweise Auszehrung der Belegschaften durch einen verstärkten »brain drain« in den Westen zu verhindern *(vgl. Bispinck/WSI-Tarifarchiv, 1990, S. 23)*. Nach Ansicht der Gewerkschaften stellte eine Politik des Lohnverzichts kein Patentrezept zum wirtschaftlichen Überleben der Betriebe dar, da die Kostenentlastung – gemessen am riesigen Investitionsbedarf – vergleichsweise gering sei und der dadurch bewirkte Verfall der kaufkräftigen Nachfrage in der DDR in jedem Fall krisenverschärfende Wirkung gehabt hätte *(vgl. IG Metall, 1990)*.

Neben Vereinbarungen zur Anpassung der Löhne und Gehälter wurden bereits damals in zahlreichen Tarifverträgen erste Schritte zur **Verkürzung der Arbeitszeit** eingeleitet. Dabei ist zu berücksichtigen, daß die allgemeine gesetzliche Regelarbeitszeit für etwa 75 % der Beschäftigten in der DDR damals noch bei 43,75 Std. lag. Lediglich besondere Gruppen von Beschäftigten (Jugendliche, Schichtarbeiter, Frauen mit 2 und mehr Kindern) hatten bereits kürzere Arbeitszeiten. Die neuen Tarifvereinbarungen sahen neben einem Übergang zur 42-Stunden-Woche für einzelne Branchen bereits die 40-Stunden-Woche vor *(vgl. Clasen, 1991 b, S. 6)*.

Für die meisten energie- und versorgungswirtschaftlichen Unternehmen wurde die Einführung der 40-Stunden-Woche zum 1. 1. 1991 (teilweise schon zum 1. 11. 1990) vereinbart. Entsprechendes galt für die Braunkohlen- und die Glasindustrie. In der Mitteldeutschen Kali AG galt ab 1. 7. 1990 unter Tage im durchgehenden 4-Brigade-3-Schichtsystem in Gruben mit mehr als 18 Produktionsschichten sogar die 39-Stunden-Woche. Ebenfalls ab 1. 7. 1990 galt für die etwa 80.000 Beschäftigten der Eisen- und Stahlindustrie die 40-Stunden-Woche. Für die rd. 1,7 Mio. Beschäftigten der Metall- und Elektroindustrie sollte die 40-Stunden-Woche zunächst bis zum 1.10.1990 gelten. Die Einführung der 42-Stunden-Woche war u. a. vorgesehen für die Druckindustrie in Sachsen, Thüringen und Sachsen-Anhalt (ab 1.1.1991), die Süßwarenindustrie (ab 1.9.1990), das Bauhauptgewerbe (ab 16.7.1990) sowie die Interhotel AG (ab 1.7.1990) *(vgl. Bispinck/WSI-Tarifarchiv, 1990, S. 25)*.

Einen weiteren wichtigen Schwerpunkt der Tarifpolitik im Sommer 1990 bildeten Regelungen zum **Rationalisierungsschutz** und zu **Qualifizierungsmaßnahmen**. Ziel der Gewerkschaften war es angesichts der sich abzeichnenden negativen Wirtschaftsentwicklung, einen Prozeß »unkontrollierter (Massen-)Entlassungen infolge der Währungsunion zu verhindern«. Zu diesem Zweck wurde angestrebt, einzelne Elemente des DGB-Konzepts »**Qualifizieren statt entlassen**« über tarifvertragliche Vereinbarungen abzusichern *(vgl. DGB, 1990 b, S. 3; Hüsson, 1990 a, S. 16 f.; Clasen, 1991 b, S. 7)*.

Vor allem die IG Metall forderte frühzeitig eine tarifvertragliche Festschreibung des Vorrangs von Qualifizierungsmaßnahmen vor Entlassungen. U. a. verlangte sie, für die Dauer von Umschulungs- und Qualifizierungsmaßnahmen betriebsbedingte Entlassungen auszuschließen und das Kurzarbeitergeld durch betriebliche Ausgleichszahlungen aufzustocken. Nachdem zunächst Sondierungsgespräche zwischen der IG Metall (West) und Gesamtmetall gescheitert und zentrale Tarifverhandlungen für die gesamte Metallindustrie der DDR erfolglos geblieben waren, gelang mit dem am 13. 7. 1990 für den Tarifbezirk Berlin-Brandenburg geschlossenen **Tarifvertrag über Kündigungsschutz und Qualifizierung bei Umstrukturierungsmaßnahmen** der Durchbruch. Die im Anschluß daran in anderen Tarifbezirken übernommene Vereinbarung sah u. a. vor:

- Kündigungen aufgrund dringender betrieblicher Erfordernisse konnten frühestens zum 30. 6. 1991 wirksam werden, wobei gekündigte Arbeitnehmer bei späteren Neueinstellungen bis zum 31. 12. 1992 bevorzugt wieder eingestellt werden sollten.
- Der Arbeitgeber sollte entsprechend der Zielsetzung des Tarifvertrages innerhalb dieses Zeitraumes Kurzarbeit einführen und den davon betroffenen Arbeitnehmern für sie geeignete und zumutbare Maßnahmen der betrieblichen Qualifizierung im Betrieb oder außerhalb des Betriebes anbieten (insbesondere solche im Sinne der §§ 41 ff. AFG).
- In diesen Fällen sollte eine paritätisch besetzte Kommission gebildet werden, die bei der Vorbereitung und Durchführung der Qualifizierungsmaßnahmen beratend mitwirken sollte.

— Das Unterhaltsgeld bei Qualifizierungsmaßnahmen und das Kurzarbeitergeld in Höhe von 63 % bzw. 68 % sollten aufgestockt werden, so daß ein Nettoeinkommen in Höhe von 85 % (für Beschäftigte ohne Kinder) bzw. 90 % (mit Kindern) erreicht wurde. Dieser Ausgleichsbetrag sollte längstens bis zum 31. 3. 1992 gezahlt werden.
— Schließlich war vorgesehen, zur Unterstützung der gemeinsamen Initiative für die Metall- und Elektroindustrie durch die Tarifparteien eine Kommission für berufliche Qualifizierung zu bilden, der je drei Vertreter beider Seiten angehören sollten. Aufgabe dieser Kommission sollte die Erfassung der von Arbeitslosigkeit bedrohten Beschäftigten, die Feststellung von Bildungskapazitäten, die Ermittlung von Zielen und Inhalten der angestrebten Qualifizierungsmaßnahmen sowie die Erarbeitung von Empfehlungen zur Durchführung entsprechender Maßnahmen sein *(vgl. Bispinck/WSI-Tarifarchiv, 1990, S.27)*.

Auch außerhalb der Metall- und Elektroindustrie erreichten die Gewerkschaften besondere Vereinbarungen zum Rationalisierungsschutz und zur Durchführung von Qualifizierungsmaßnahmen.

In der chemischen Industrie wurden die Regelungen zum Rationalisierungsschutz aus dem bundesdeutschen Manteltarifvertrag übernommen und eine Aufstockung des Kurzarbeitergeldes auf 90 % des Nettoeinkommens vereinbart. Der mit dem Verband energie- und versorgungswirtschaftlicher Unternehmungen geschlossene Tarifvertrag über Rationalisierungsschutz und Arbeitsplatzsicherung sah vor, daß bei Rationalisierungsmaßnahmen »der qualifikationsgerechte Wiedereinsatz des Arbeitnehmers ... vorrangig zu sichern« war und die »Beendigung des Arbeitsverhältnisses durch betriebsbedingte Kündigung ... erst nach Nutzung aller Möglichkeiten der Vermittlung eines Arbeitsplatzes, speziell ... in der Energiewirtschaft, erfolgen« konnte. Ferner sollten für drei Jahre rationalisierungsbedingte Einkommensminderungen ausgeglichen werden. Bereits Ende März 1990 hatte die DDR-Postgewerkschaft ein Rationalisierungsschutzabkommen vereinbart, das u. a. einen in Abhängigkeit von Lebensalter und Dienstjahren gestaffelten Kündigungsschutz, das Angebot zumutbarer anderer Arbeitsaufgaben bei Wegfall der bisherigen Arbeit, bei Bedarf Qualifizierungs- und Umschulungsmaßnahmen sowie die Sicherung der Tarifgruppe bzw. des Durchschnittslohnes bei Übernahme geringer bewerteter Arbeitsaufgaben enthielt *(vgl. Bispinck/WSI-Tarifarchiv, 1990, S.27 f.)*.

Von seiten der **Arbeitgeber** wurde nachdrücklich darauf verwiesen, daß die Lohnentwicklung von maßgeblicher Bedeutung für die Beschäftigungsentwicklung in der näheren Zukunft sei. Sie forderten, daß die Angleichung der Lohn- und Einkommensverhältnisse in beiden Teilen Deutschlands nur im Ausmaß der in der DDR realisierten **Produktivitätssteigerungen** erfolgen könne. Parallel dazu sollte nach ihrer Auffassung eine Angleichung der Lohn- und Gehaltsstrukturen auf der Basis der westdeutschen Tarifstrukturen erfolgen, da sich diese als leistungssteigernd herausgestellt hätten. Ebenfalls als nicht zeitgemäß werteten sie Forderungen nach Arbeitszeitverkürzungen in der DDR *(vgl. Neifer-Dichmann, 1990, S.622)*. Auch Wirtschaftsforschungsinstitute kritisierten, daß sich die Tarifabschlüsse vornehmlich an der **Preisentwicklung** orientierten, ohne zu berücksichtigen, daß Lohnerhöhungen durch Produktivitätssteigerungen gedeckt werden müßten. Bemängelt wurde ferner, daß pauschale Lohnsteigerungen dazu führten, die in der DDR schon bisher wenig **differenzierte Lohnstruktur** weiter zu nivellieren. Nach ihrer Ansicht sollten stärkere Akzente auf einer Entlohnung liegen, die sich mehr als früher an beruflichen Qualifikationen und Tätigkeiten orientiere *(vgl. Gornig/Schwarze, 1990, S.1619ff.; Schwarze, 1990a)*.

2. 6 Neuregelung der Sozialversicherung und der Sozialhilfe durch die DDR

Die Leitsätze und Vorgaben des Staatsvertrages erforderten vor allem in der DDR zu ihrer konkreten Umsetzung eine Reihe gesetzlicher Maßnahmen. In Art.4 Abs.1 StaatsV hatte sich die DDR verpflichtet, entsprechend den Festlegungen in Anlage V des StaatsV im Rahmen der Sozialunion Rechtsvorschriften mit dem Ziel der Angleichung an das Recht der Bundesrepublik zu erlassen.

2.6.1 Sozialversicherungs-Gesetz vom 28. Juni 1990

Einen ersten wesentlichen Schritt zur Überführung der rahmenrechtlichen Festlegungen des StaatsV in DDR-Recht vollzog die DDR mit dem am 13.6.1990 in der Volkskammer eingebrachten [VK-Drs. Nr.70/1; VK-StenNdrs 10.WP, S.453 ff.; 495 ff.; 695 f.] und wenige Tage vor Inkrafttreten der Wirtschafts- und Währungsunion von der Volkskammer verabschiedeten **Gesetz über die Sozialversicherung** (SVG-DDR) **vom 28. Juni 1990** [GBl.I S. 486]. In diesem Gesetz wurden vor allem die neuen Grundprinzipien des Sozialversicherungsrechts verankert, wobei das bisherige DDR-Recht nur zum Teil verdrängt, im wesentlichen aber ergänzt wurde *(vgl. Ruland, 1990 a, S.459, 1990 c, S.158 ff.; Ammermüller/Diel, 1990, S.335 ff.; Michaelis/Reimann, 1990 a, S.293 ff.; Achenbach, 1990, S.108 ff.; Kaltenbach, 1990; Kirner/Vortmann/Wagner, 1990, S.167 ff.; Kolb/Ruland, 1990, S.141 ff.; Reimann, 1990, S.125 ff.; v. Maydell, 1990 a, S.515 ff., 1990 b, S.387 ff.; Recht, 1990, S.241 ff.; H.Schneider, 1990 b, S.32 ff.; Barth/Hain, 1990, S.732 ff.; Bäcker/Steffen, 1990, S.157 ff.; Ruf, 1990 b, S.113 ff.; Kannengießer, 1990 a, S.222 ff., 1990 b, S.327 ff.; DIW, 1990, S.167 ff.; M. Schmidt, 1991, S.14 ff.; Schermer, 1990 a, S.275 ff.; Glombik, 1990, S.24 ff.)*.

Laut offizieller Begründung des Gesetzentwurfes sollte die SV in eigenständige Selbstverwaltungskörperschaften des öffentlichen Rechts unter Rechtsaufsicht des Staates umgestaltet werden. Als erste Schritte dazu sah der Gesetzentwurf die sofortige Zusammenführung der beim FDGB angesiedelten SVAA und der SV bei der Staatlichen Versicherung in einen gemeinsamen Träger der Kranken-, Renten- und Unfallversicherung vor. Damit sollten gleichzeitig die bisherigen besonderen Befugnisse des FDGB, der Gewerkschaften sowie der BGL entfallen. Vorgesehen war ferner eine getrennte Abrechnung der Einnahmen und Ausgaben bei den einzelnen Versicherungszweigen, wobei die versicherungsfremden Leistungen künftig aus dem Staatshaushalt erstattet werden sollten. Weitere Umgestaltungsschritte unter Beteiligung der Gewerkschaften und der Arbeitgeber kündigte die Begründung für die nähere Zukunft an, wobei gewährleistet werden sollte, daß die »Sozialleistungen weiterhin in vollem Umfang und ohne Verzögerung erbracht und die Beiträge vollständig und rechtzeitig für alle Zweige der Sozialversicherung erhoben werden« [VK-Drs. Nr.70/1].

Die Hauptaufgabe des SVG-DDR bestand zweifellos darin, die „erste Stufe der Angleichung des Sozialversicherungsrechts entsprechend den Bestimmungen des Staatsvertrages zu regeln und dabei den Weg für die weitere Angleichung offenzuhalten" *(Ammermüller/Diel, 1990, S.335)*. Grundsätzlich bestand die Möglichkeit, diese Aufgabe gesetzgebungstechnisch entweder durch Übernahme der entsprechenden Rechtsvorschriften des Rechts der BRD bei gleichzeitiger Anpassung an die Bedingungen in der DDR oder durch die Erarbeitung eines eigenständigen Normativaktes zu lösen *(vgl. Ammermüller/Diel, 1990, S.335)*. Obgleich die sich bereits damals abzeichnende rasche Vereinigung eine Entscheidung zugunsten der ersten Variante als zweckmäßig erscheinen ließ, entschied man sich aus politischen, aber auch praktischen Gründen schließlich doch für die **Erarbeitung eines eigenständigen Gesetzes**.

Politisch ausschlaggebend war zum einen, daß in der DDR ein gewachsenes, unter den damaligen Bedingungen funktionierendes Sozialversicherungssystem bestand und somit nicht bei Null begonnen werden konnte. Es hätte sogar gefährlich sein können, „durch eine radikale und umfassende Angleichung an das Sozialversicherungsrecht der Bundesrepublik die Erbringung von Leistungen in diesem für den Bürger sensiblen Bereich zu gefährden" *(Ammermüller/Diel, 1990, S.335)*. Zum anderen wäre bei Übernahme des BRD-Sozialversicherungsrechts aufgrund der völlig andersartigen Ausgangsbedingungen eine derartige Vielzahl von Übergangs- und Ausnahmeregelungen erforderlich gewesen, daß das Gesetz dann zwar der Struktur nach mit bundesdeutschem Recht übereingestimmt, inhaltlich aber mehr Unterschiede als Gemeinsamkeiten aufgewiesen hätte *(vgl. Ammermüller/Diel, 1990, S.335)*. Gegen eine sofortige Übertragung der bundesdeutschen Rechtsnormen sprach aus praktischen Gründen, daß für ein derartiges Projekt die zur Verfügung stehende Zeit nicht ausgereicht hätte; der zur Erarbeitung des SVG eingesetzten Arbeitsgruppe blieben lediglich vier Wochen, bis sie dem DDR-MinR einen Gesetzentwurf vorlegen mußte. Ferner war auch zu berücksichtigen, daß das im SVG geschaffene Recht unmittelbar in der Praxis angewandt werden mußte, d.h. keine Vorbereitungszeit gegeben war, um Fachleute für den Umgang mit dem äußerst komplizierten und umfangreichen bundesdeutschen Sozialversicherungsrecht vertraut zu machen *(vgl. Ammermüller/Diel, 1990, S.335)*.

Bei der Erarbeitung des SVG-Entwurfes wurde davon ausgegangen, daß das Gesetz zum einen Regelungen beinhalten sollte, die entsprechend dem StaatsV erforderlich waren, und zum anderen Grundsätze des bisherigen Rechts aufnehmen sollte, soweit diese weitergalten und im Interesse der Einheitlichkeit und Überschaubarkeit einer erneuten Kodifikation bedurften. Im übrigen sollten die vorhandenen SV-Vorschriften unter Berücksichtigung der Festlegungen durch das SVG weiter Anwendung finden. Schließlich sollte bei bestimmten Komplexen, z. B. bei Organisationsfragen, im Gesetz lediglich eine Zielbestimmung erfolgen, Einzelheiten jedoch später geregelt werden. Insofern kam dem SVG von vornherein Übergangscharakter zu *(vgl. Ammermüller/Diel, 1990, S.335)*.

Die Festlegungen des StaatsV aufgreifend, führte § 1 SVG-DDR ein nach **Versicherungszweigen** gegliedertes System der Sozialversicherung mit den Versicherungszweigen Kranken-, Renten- und Unfallversicherung ein.

Auch bei den weiteren Vorschriften zur Organisation der Sozialversicherung folgte der DDR-Gesetzgeber den Vorgaben des Staatsvertrages. Nach § 31 SVG-DDR war der Träger der Sozialversicherung eine rechtsfähige Körperschaft des öffentlichen Rechts mit einer durch die Versicherten und die Arbeitgeber ausgeübten Selbstverwaltung. Im Rahmen von Gesetzen und sonstigen Rechtsvorschriften sollte der Versicherungsträger seine Aufgaben in eigener Verantwortung erfüllen (§ 31 Abs.3 SVG-DDR). Aus praktischen Gründen sah das Gesetz zunächst zwar lediglich die Errichtung eines Sozialversicherungsträgers vor (§ 32 Abs.1 SVG-DDR), enthielt aber schon die Verpflichtung, Voraussetzungen für den Aufbau eigenständiger Versicherungsträger für die einzelnen Zweige zu schaffen. Diesem Zweck diente auch die Vorschrift des § 32 Abs.2, der eine getrennte Rechnungsführung für die einzelnen Zweige verlangte. Aufgrund der noch völlig unzureichenden organisatorischen Voraussetzungen wurden dem Minister für Arbeit und Soziales sowie dem Minister für Gesundheitswesen in § 33 SVG-DDR weitreichende Regelungsermächtigungen eingeräumt. Mit der Aufforderung, Vertreter der Gewerkschaften und der Arbeitgeber anzuhören (gewissermaßen als Ersatz für die noch fehlende Selbstverwaltung), wurden sie beauftragt, die erforderlichen Maßnahmen zur Realisierung des Aufbaus eigenständiger Versicherungsträger, zur Ausgestaltung der Selbstverwaltung sowie zur Durchführung der Rechtsaufsicht zu veranlassen *(vgl. Ruland, 1990 a, S.462 f.; Michaelis/Reimann, 1990 a, S.294; Ammermüller/Diel, 1990, S.336)*. Programmatisch verlangte das Gesetz, die Schaffung eigenständiger Versicherungsträger möglichst bis zum 1.1.1991 anzustreben *(vgl. Ruland, 1990 a, S.462 f.)*.

Für die Angleichung an bundesdeutsches Recht war auch eine völlige Neuorientierung der **Finanzierung der Sozialversicherung** erforderlich. Insbesondere ging es darum, die bisherige Einbeziehung der Sozialversicherung in den Staatshaushalt zu beseitigen und nachvollziehbare Beziehungen zwischen Beitragseinnahmen und Ausgaben der Sozialversicherung herzustellen.

In diesem Sinne wurde ab 1.7.1990 die Sozialversicherung aus dem Staatshaushalt herausgelöst und die direkten Beziehungen zum Staatshaushalt beendet (§ 77 SVG-DDR). Nach § 34 Abs.1 SVG-DDR sollte die Finanzierung der einzelnen Versicherungszweige künftig jeweils gesondert und im wesentlichen nur durch die Beiträge der Versicherten zur Kranken- und Rentenversicherung sowie durch die Unfallumlage der Arbeitgeber erfolgen. Während § 35 SVG-DDR für die Krankenversicherung einen Staatszuschuß ausdrücklich ausschloß, war für die Rentenversicherung – vergleichbar mit der Bundesrepublik – ein Staatszuschuß vorgesehen. Nachdem der Staat für das Kalenderjahr 1990 noch den gesamten Unterschiedsbetrag zwischen Einnahmen und Ausgaben tragen sollte, war ab 1.1.1991 eine Begrenzung des Staatszuschusses auf 18,8 % der Rentenausgaben vorgesehen (§ 39 SVG-DDR). Unter Berücksichtigung der Erfahrungen in der Bundesrepublik hielten Rentenfachleute die Höhe des Staatszuschusses für unzureichend und kritisierten, daß er nicht den Zuschuß zur knappschaftlichen Versicherung berücksichtige. Als erforderlich angesehen wurde vielmehr ein Satz von 23,6 % *(vgl. Ruland, 1990 b, S.163)* [VK-StenNdrs 10.WP, S.497].

In der Rentenversicherung war für die Anfangsphase eine **Anschubfinanzierung** erforderlich, um nach Umstellung der Währung die Renten in DM ausbezahlen zu können. Die Bundesrepublik beteiligte sich daran mit einer Finanzhilfe aus Steuermitteln in Höhe von 750 Mio. DM (§ 28 Abs.1 StaatsV) *(vgl. Doetsch, 1990, S.379f.; Ruland, 1990b, S.164).* Für das **Beitragswesen** bedeutete die Übernahme westdeutscher Sozialversicherungsstrukturen vor allem eine Erhöhung der Beitragssätze und eine Anhebung der Beitragsbemessungsgrenze *(vgl. Reimann, 1990, S.129; DIW-Wochenbericht, 14/1990, S. 167ff.; Michaelis/Reimann, 1990a, S.295).*

Der Übergang zu einem weitgehend beitragsfinanzierten Sozialversicherungssystem führte für die Arbeitnehmer in der DDR zu einer deutlich höheren Sozialabgabenbelastung. Während sie früher bei einer Beitragsbemessungsgrenze von 600 Mark einen einheitlichen SV-Beitrag in Höhe von 10 % für sämtliche Versicherungen zu zahlen hatten, mußten nun Beiträge zur Renten-, Kranken- und Arbeitslosenversicherung entrichtet werden. Allein für die Rentenversicherung betrug der hälftig vom Arbeitgeber und vom Versicherten zu tragende Beitrag 18,9 % (§ 40 Abs.1 SVG-DDR). Insgesamt stieg die Sozialabgabenbelastung der Arbeitnehmer von 10,0 auf 17,9 % *(vgl. Ruland, 1990b, S.163).* Zugleich wurde die Beitragsbemessungsgrenze (BBG) auf die bundesdeutsche Relation (etwa das 1,8fache des Durchschnittsverdienstes) angehoben. Ab 1. 7. 1990 galt damit in der Rentenversicherung eine BBG von 2.700 DM und in der Krankenversicherung eine von 2.075 DM (§ 42 Abs.1 SVG-DDR). Als Folge davon wurde die freiwillige Zusatzrentenversicherung mit Wirkung zum 30. Juni 1990 geschlossen (Art.20 Abs.4 StaatsV i.V.m. § 10 Abs.2 Satz 1 RAnglG-DDR) *(vgl. Mitteilungen der LVA Berlin 5/90, S.123f.).*

Um die deutlich höhere Sozialabgabenbelastung sozial verträglich zu gestalten, wurden die Arbeitnehmer bei der Lohnsteuer entlastet, indem dort der bundesdeutsche Tarif auf das niedrigere Lohngefüge der DDR angewendet wurde. Außerdem sah der Staatsvertrag vor, daß Produktionsarbeiter mit Lohneinkünften bis Ende 1990 einen Zuschuß zu ihrem Rentenversicherungsbeitrag erhalten sollten (Art.18 Abs.4 StaatsV). Dieser Zuschuß betrug 30 DM bei einem monatlichen Bruttolohn bis 600 DM; er verringerte sich auf 10 DM bei Bruttolöhnen von 800 DM und mehr *(vgl. Ruland, 1990b, S.163; Michaelis/Reimann, 1990a, S.296).* Trotz der Zuschüsse und steuerlichen Entlastungen ergaben sich bei Einkommen über 700 DM wachsende Nettoeinkommenseinbußen (bei einem monatlichen Bruttoeinkommen von 1.300 DM immerhin 104 DM).

Für die Entscheidung von Rechtsstreitigkeiten sah das SVG die Errichtung von **Widerspruchsstellen für Sozialversicherung** vor. Diese Organe waren von den Versicherungsträgern anstelle der bisherigen Beschwerdekommissionen zu bilden.

Nach § 74 Abs.1 SVG konnten die Versicherten gegen eine Entscheidung der Sozialversicherung innerhalb eines Monats Widerspruch einlegen. Die Widerspruchsstellen hatten danach Verfahren gegen Entscheidungen des Versicherungsträgers durchzuführen. Grundsätzlich hatte das Widerspruchsverfahren einem Gerichtsverfahren vorauszugehen. Damit sollte gesichert werden, „daß Streitigkeiten möglichst vorher erledigt bzw. der Sachverhalt ausreichend geklärt bzw. rechtlich gewürdigt wird" *(Ammermüller/Diel, 1990, S.336).*

Hinsichtlich des in den einzelnen Sozialversicherungszweigen versicherten Personenkreises schöpfte das SVG die in Art.18 Abs.4 StaatsV vereinbarte Möglichkeit der vorübergehenden Beibehaltung der **umfassenden Versicherungspflicht** weitestgehend aus *(vgl. Ammermüller/Diel, 1990, S.337; Michaelis/Reimann, 1990a, S.294).*

Pflichtversichert waren in der Krankenversicherung gemäß §§ 14–17 SVG-DDR abhängig beschäftigte Arbeitnehmer, selbständig Tätige, Personen in einem Ausbildungsverhältnis, bestimmte Personen in Einrichtungen der Jugendhilfe sowie Behinderte in anerkannten Werkstätten für Behinderte. In den Kreis der sozialversicherten Personen wurden politischen Forderungen folgend durch das SVG auch die Angehörigen der NVA, der Deutschen Volkspolizei, der Zollverwaltung sowie anderer Organe des Innenministeriums einbezogen. Die genannten Personengruppen unterlagen zugleich der Sozialversicherungspflicht in der Renten- und Unfallversicherung (§ 9 Abs.1 SVG-DDR). In der Krankenversicherung pflichtversichert waren darüber hinaus immatrikulierte Studenten, Praktikanten und Pflichtassistenten, Empfänger von Lohnersatzleistungen nach dem AFG, von Vorruhestandsgeld sowie von Renten der gesetzlichen Rentenversicherung bzw. einer entsprechenden Versorgung (§ 14 SVG-DDR). In der Rentenversicherung waren über die Personen hinaus, die in allen Versicherungszweigen pflichtversichert waren, Bezieher von AFG-Lohnersatzleistungen und von Vorruhestandsgeld pflichtversichert (interessanterweise nicht Bezieher von Krankengeld) (§ 18 SVG-DDR). In die Unfallversicherungspflicht einbezogen waren – zusätzlich zu den allgemein Pflichtversicherten – Studenten sowie Personen, die Pflichten nach dem AFG oder dem Sozialhilfegesetz erfüllten (§ 22 SVG-DDR). Versicherungsfrei blieben sowohl in der Kranken- als auch in der Rentenversicherung lediglich Personen, die geringfügig beschäftigt oder geringfügig selbständig tätig waren (§ 15; § 19 Abs.1 SVG-DDR). Die Geringfügigkeitsgrenze von einem Siebtel des Arbeitsentgelts betrug ab 1.7.1990 monatlich 200 DM anstelle von zuvor 75 Mark (§ 5 SVG-DDR) *(vgl. Soz-Umschau, Nr.404/1990).*

Eine **Befreiung von der Versicherungspflicht** sah das SVG-DDR in der Kranken- und Rentenversicherung für bestimmte Selbständige vor. Umgekehrt kannte das SVG-DDR für bestimmte Personengruppen die **Versicherungsberechtigung**.

Sowohl in der Kranken- wie in der Rentenversicherung konnten Personen, die eine selbständige Tätigkeit ausübten, innerhalb von fünf Jahren nach erstmaliger Aufnahme der selbständigen Tätigkeit (Berufsanfänger) auf Antrag von der Versicherungspflicht befreit werden. In der KV galt dies nicht für Landwirte, in der RV darüberhinaus nicht für freiberufliche Künstler sowie in die Handwerksrolle eingetragene Handwerker. Die Befreiung setzte in beiden Zweigen zudem voraus, daß der Versicherte für sich und seine Familienangehörigen Anspruch auf gleichwertige Leistungen aus einer anderen Versicherung hatte (§ 16 Abs.1,2; § 20 Abs.1,2 SVG-DDR). Freiwillig versichern konnten sich insbesondere Personen, die Arbeitsentgelt oder Arbeitseinkommen erzielten und nicht pflichtversichert waren. Krankenversicherungsberechtigt waren desweiteren Personen, die eine Rente aus der Bundesrepublik bezogen. Mit der freiwilligen KV wurden allerdings nur Ansprüche auf Sachleistungen erworben (§ 17 Abs.1 SVG-DDR).

Abgesehen von traditionellen Gesichtspunkten hatte sich die DDR bewußt für sehr enge Befreiungsmöglichkeiten entschieden; zum einen sollte vermieden werden, daß Personen aus Kostengründen ihre soziale Absicherung vernachlässigen, und zum anderen galt es zu verhindern, daß gerade in dieser Übergangsphase mit enormen finanziellen Problemen größere Personengruppen aus der Solidargemeinschaft ausschieden. Die neu eingeführte freiwillige Versicherung war vor allem für jene Personen gedacht, die wegen der Anhebung der Geringfügigkeitsgrenze aus der Versicherungspflicht herausfielen *(vgl. Ammermüller/Diel, 1990, S.337).*

Von wenigen Sonderregelungen abgesehen, galten für die **Beitragsberechnung** in der Sozialversicherung ähnliche Grundsätze wie in der Bundesrepublik.

In der Krankenversicherung, wo ab 1. 7. 1990 ein einheitlicher Beitragssatz von 12,8 % galt, waren die Beiträge je zur Hälfte von den Versicherten und deren Arbeitgebern zu tragen. Beiträge für Studenten, Praktikanten und Pflichtassistenten hatte gem. § 36 Abs.2 SVG-DDR die Studieneinrichtung zu entrichten. Ferner sah das SVG-DDR in § 36 Abs.8 vor, daß die Beiträge für Rentner als Pauschalsumme an die Krankenversicherung abzuführen waren. Die Höhe der Pauschalsumme bestimmte sich dabei nach dem Gesamtbetrag der Renten bzw. Versorgungsbezüge vor Abzug des auf die Rentner entfallenden Anteils am KV-Beitrag. Zusätzlich zu dem KV-Beitrag hatten Arbeitgeber, die im Krankheitsfalle keine Entgeltfortzahlung leisteten (Arbeitgeber mit weniger als 30 Beschäftigten, Genossenschaften) einen Umlagesatz von 3 % zu zahlen. Dieser Umlagesatz, den auch selbständig Tätige zu erbringen hatten, diente der Finanzierung der Krankengeldzahlung in den ersten 6 Wochen der Arbeitsunfähigkeit. In der RV betrug der je zur Hälfte von den Versicherten und ihren Arbeitgebern zu entrichtende Beitragssatz ab 1.7.1990 18,7% (bergbaulich Versicherte: Arbeitnehmer 9,35 %; Betriebe 15,1 %) (§ 40 Abs.1,2 SVG-DDR). Abweichend von sonstigen Regelungen lag der Beitragsberechnung von selbständig Tätigen in der RV als Arbeitseinkommen 50% der Bezugsgröße (ab 1.7.1990 monatlich 700 DM) zugrunde (allerdings mit der Möglichkeit, sich für das tatsächliche Arbeitseinkommen als Berechnungsgrundlage zu entscheiden). Damit sollte die Beitragsbelastung für selbständig Tätige eingegrenzt werden (§ 41 Abs.1 b SVG-DDR) *(vgl. Michaelis/Reimann, 1990 a, S.295 f.).*

Im Bereich des **Leistungsrechts** enthielt das SVG-DDR gleichfalls erste Ansätze der Angleichung an bundesdeutsches Recht. Dies betraf zum einen den Katalog der Leistungen und zum anderen deren Umfang bzw. Höhe. Daneben trennte das SVG-DDR die Leistungen der Versicherung von den Leistungen, die von den Versicherungsträgern nur noch im Auftrag des Staates auszuzahlen waren *(vgl. Reimann, 1990, S.125 ff.; Ammermüller/Diel, 1990, S.335 ff.; Schermer, 1990 a, S.275 ff.; Michaelis/Reimann, 1990 a, S. 293 ff.).*

Nach § 27 SVG-DDR gewährte die Rentenversicherung den Versicherten Altersrente, Invalidenrente, Bergmannsaltersrente, Bergmannsinvalidenrente, Bergmannsvollrente, Hinterbliebenenrente, Übergangshinterbliebenenrente, Unterhaltsrente sowie Ehegatten- und Kinderzuschläge. Als neue Leistung der RV brachte das SVG-DDR die Gewährung von Leistungen der Rehabilitation. Allerdings sollten diese Leistungen gem. § 27 Abs.2 SVG-DDR vorläufig im Umfang der im Haushalt der RV veranschlagten Mittel von der Krankenversicherung erbracht werden. Schließlich stellte das SVG-DDR klar, daß die RV zwar Kriegsbeschädigtenrenten, Pflegegelder, Blindengelder und Sonderpflegegelder auszahlte, jedoch nicht mehr als Leistungen der Rentenversicherung. Entsprechend hatte die RV für die von ihr ausgezahlten Leistungen einen Erstattungsanspruch gegenüber dem Staat *(zum Leistungsrecht der Unfall- und Krankenversicherung vgl. S.531 und 535).*

2. 6. 2 Umstellung und Angleichung der Renten in der DDR

Während das SVG-DDR übergreifende Aspekte des in der DDR neu eingeführten Sozialversicherungsrechts regelte, wurde die Umstellung und Angleichung der Renten in dem gleichzeitig verabschiedeten **Gesetz zur Angleichung der Bestandsrenten an das Nettorentenniveau der BRD und zu weiteren rentenrechtlichen Regelungen** (RAnglG-DDR) **vom 28. Juni 1990** [GBl.I S.495] vorgenommen [VK-Drs. Nr.89; VK-StenNdrs 10.WP, S.652 ff.; 689 ff.]. Bereits durch den StaatsV (Art. 10 Abs.5) war entschieden worden, die in der DDR laufenden Renten 1:1 auf DM umzustellen und sie an das bundesdeutsche Rentenniveau »anzugleichen«. Zugleich verlangte Art.20 Abs.3 StaatsV, die Bestandsrenten bei der Umstellung auf DM auf ein der BRD vergleichbares Nettorentenniveau von 70 % auszurichten. Aufgrund der Vorgaben sollte nicht nur eine Verschlechterung der Einkommensposition der Rentner im Vergleich zu den Erwerbstätigen verhindert, sondern eine deutliche Verbesserung der Einkommensposition der Rentner in der DDR angestrebt, also das Rentenniveau angehoben werden *(vgl. B.Heller, 1991, S.40; Doetsch, 1990, S.378f.; Flecken, 1991, S.12f.).*

Im Kern war vorgesehen, die Angleichung durch eine prozentuale Erhöhung der seinerzeit gezahlten Alters- und Invalidenrenten vorzunehmen. Die »Aufstockung« sollte sich an einer Durchschnittsrente nach 45 Versicherungsjahren orientieren und 70 % des in der DDR erzielbaren Nettodurchschnittsentgelts (damals: 990 Mark) erreichen. Dabei wurde allerdings vorausgesetzt, daß der Versicherte jeweils entsprechend seinen rechtlichen Möglichkeiten Beiträge zur Pflichtversicherung sowie zur freiwilligen Zusatzversicherung (seit 1971) entrichtet hatte. Ausgehend von diesen Voraussetzungen betrug die Regelaltersrente bei 45 Arbeitsjahren 672 Mark. Die Erhöhung der Bestandsrenten erfolgte gemäß § 2 Abs.1 RAnglG-DDR in Abhängigkeit von der Anzahl der zurückgelegten Arbeitsjahre und vom Jahr des Rentenbeginns. Entsprechend ergaben sich bei 45 Arbeitsjahren unterschiedlich hohe Zuschläge; während er für einen Durchschnittsrentner, dessen Rente 1970 zu laufen begann, 43 % betrug, belief sich der Anhebungssatz für eine 1990 begonnene Rente auf 11,6 % (vgl. Anlage zu §§ 2, 10 RAnglG-DDR). Dieses Verfahren berücksichtigte, daß nach altem DDR-Rentenrecht keine Aktualisierung der Anwartschaften erfolgte und zudem sehr unterschiedliche Möglichkeiten bestanden hatten, Anwartschaften zu erwerben, mit der Folge, daß die ältesten Rentner die niedrigsten Renten erhielten *(vgl. Ruland, 1990 a, S.459; Michaelis/Reimann, 1990 a, S.297).* Bei mehr als 45 Arbeitsjahren konnten entsprechend höhere Anhebungen erreicht werden. Allerdings erhöhten die Zuschläge der Tabelle nur die Rentenbeträge, die sich ohne die Mindestrentenregelung (330 Mark) ergaben. Nicht angehoben wurden Renten, denen weniger als 24 Arbeitsjahre (Rentenzugang 1970) bzw. 37 Arbeitsjahre (Rentenzugang 1990) zugrundelagen. In diesen Fällen wurde der bisherige Rentenzahlbetrag weitergewährt (§ 2 Abs.2 RAnglG-DDR). In der Begründung des Gesetzentwurfes wurde davon ausgegangen, daß sich für etwa 2,3 Mio. Alters- und Invalidenrentner (von insgesamt 2,9 Mio.) eine prozentuale Rentenanhebung ergeben würde. Ein ähnliches Verfahren wie für die Bestandsrenten war auch für die ab 1. 7. 1990 neu zugehenden Renten vorgesehen. Soweit das SVG-DDR oder das RAnglG-DDR nichts anderes bestimmte, wurden die Zugangsrenten zunächst nach altem DDR-Recht berechnet und anschließend entsprechend den für das Rentenzugangsjahr 1990 ausgewiesenen, nach Arbeitsjahren gestaffelten Anhebungssätzen angehoben (§§ 10 f RAnglG-DDR).

Die genannten Grundsätze der Umstellung der Bestandsrenten sollten auch auf die Hinterbliebenenrenten angewandt werden (§ 3 RAnglG-DDR). Dazu wurde die Hinterbliebenenrente von jener Rente abgeleitet, die der Verstorbene nach der Angleichung erhalten hätte. Hierbei wurde insoweit pauschaliert, als bei der Angleichung der Versichertenrente das Jahr des Rentenbeginns auf den Beginn der Hinterbliebenenrente abgestellt und die Zahl der Arbeitsjahre einheitlich auf 45 gesetzt wurde (§ 3 Abs.2 RAnglG-DDR ermöglichte Hinterbliebenen auch den Nachweis der tatsächlichen Verhältnisse). Ferner wurden durch § 8 Abs.3 RAnglG-DDR die bislang als 2. Leistung gezahlten Witwen(r)renten ab 1. 7. 1990 mindestens in Höhe von 90 Mark (statt 50 Mark) ausgezahlt. Dagegen blieb es im wesentlichen bei den bisherigen Regelungen hinsichtlich des Zusammentreffens zweier Renten aus der Pflichtversicherung, d. h. weiterhin wurde die höhere der beiden Renten voll und die niedrigere nur zu 25 % gewährt.

Um die Einkommensposition der Rentner dauerhaft zu stabilisieren, sahen die neuen rentenrechtlichen Regelungen der DDR in Anlehnung an die BRD eine **dynamische Anpassung der Bestandsrenten** an die Nettolohnentwicklung der Erwerbstätigen vor. Angesichts der Unsicherheit über die künftige Lohnentwicklung verzichtete allerdings § 19 RAnglG-DDR darauf, bestimmte Termine, zu denen eine Rentenanpassung durchzuführen war, gesetzlich zu fixieren.

Vergleichsweise kontrovers war zunächst die Frage, wie in der Phase der ökonomischen Umstrukturierung auch jenen Rentnern existenzsichernde Leistungen zugänglich gemacht werden sollten, deren Renten aufgrund einer zu geringen Zahl von Arbeitsjahren nicht angehoben wurden und die normalerweise – sofern anderweitiges Einkommen nicht vorhanden war – Anspruch auf Sozialhilfe haben würden. Abgesehen davon, daß die Einführung eines funktionierenden Sozialhilfesystems kurzfristig als nicht realisierbar angesehen wurde, ging es wohl auch darum, in dieser psychologisch so wichtigen Übergangsphase nicht eine große Zahl von Rentnern auf die Sozialhilfe verweisen zu müssen.

Zur Lösung dieses Problems hatte man sich in der DDR schließlich zur Zahlung eines sog. Sozialzuschlags zusätzlich zur Rente entschieden. Dieser sollte sicherstellen, daß jeder Alters- oder Invalidenrentner mindestens 495 DM erhielt, auch wenn seine eigene Rente unter diesem als fiktives Sozialhilfeniveau angenommenen Betrag lag (§ 18 RAnglG-DDR). Der Sozialzuschlag wurde personenbezogen gewährt; auch wurden andere Einkünfte (z. B. Arbeitseinkommen) bei der Berechnung des Sozialzuschlages nicht berücksichtigt. Als Sozialzuschlag gezahlt wurde die Differenz zwischen 495 DM und dem Renteneinkommen (maximal waren dies 165 DM monatlich). Von wenigen Ausnahmen abgesehen war eine besondere Antragstellung durch den Sozialzuschlagsberechtigten nicht erforderlich. In Anbetracht des sozialversicherungsrechtlichen Sonderstatus der »Sozialzuschläge« erfolgte ihre Finanzierung nicht aus Beiträgen; die Aufwendungen für diese Leistung sollten der Rentenversicherung aus öffentlichen Mitteln erstattet werden (§ 18 Abs.5 RAnglG-DDR) *(vgl. Michaelis/Reimann, 1990 a, S.300)*.

Ebenfalls einige Schwierigkeiten im Rahmen der Rentenangleichungsmaßnahmen bereitete die **Überführung von Zusatz- und Sonderversorgungssystemen** in die Rentenversicherung. Hier war insbesondere zu berücksichtigen, daß der StaatsV verlangte, die bestehenden Zusatz- und Sonderversorgungssysteme grundsätzlich (d. h. mit Ausnahmen) zum 1. 7. 1990 zu schließen. Bisher erworbene Ansprüche und Anwartschaften sollten in die Rentenversicherung überführt werden mit der Maßgabe, daß die sich daraus ergebenden Mehraufwendungen aus dem Staatshaushalt zu erstatten waren. Außerdem forderte der StaatsV, Ansprüche aus diesen Systemen mit dem Ziel zu überprüfen, ungerechtfertigte Leistungen abzuschaffen und überhöhte Leistungen abzubauen *(vgl. Ammermüller/Diel, 1990, S.342)*.

Ausgehend von diesen Vorgaben verfügte § 22 RAnglG-DDR die Schließung aller Zusatzversorgungssysteme zum 30. 6. 1990. Damit waren nach diesem Termin weder Neueintritte noch Beitragszahlungen und Anwartschaftserwerb möglich (§ 22 Abs.3 RAnglG-DDR). Für die Behandlung der erworbenen Ansprüche und Anwartschaften bestimmte das RAnglG-DDR:

- Für Empfänger zusätzlicher Versorgungsleistungen sollte die Rente aus der Sozialversicherung zum 1. 7. 1990 nicht erhöht, sondern grundsätzlich in der bisherigen Höhe (umgestellt auf DM-

Beträge) weitergezahlt werden (§ 24 Abs.1 RAnglG-DDR). Eine Anpassung war erst nach Überführung der Zusatzversorgungssysteme in die RV vorgesehen.

- Bei Empfängern von Zusatzrenten aus Versorgungssystemen der Parteien, der gesellschaftlichen Organisationen, des Staatsapparates sowie der Generaldirektoren von Kombinaten erfolgte eine Begrenzung der Gesamtversorgung auf 1.500 Mark monatlich (§ 23 Abs.2 RAnglG-DDR).
- Die Überführung der Versorgungsansprüche und eine Neufestsetzung der Renten sollten im 2. Halbjahr 1990 erfolgen. Dabei sollten nach 1971 liegende Zeiten der Zugehörigkeit zu einem Zusatzversorgungssystem so behandelt werden, als ob für diese Zeiten Beiträge zur FZR entrichtet worden wären. Die auf diese Weise neu berechneten Renten sollten nach dem für Bestandsrenten entwickelten Verfahren umgestellt und ggf. erhöht werden (§ 24 Abs.2 RAnglG-DDR).
- In einer zweiten Stufe sollte die neu ermittelte Rente (aus SV-Rente plus fiktiver FZR-Rente) mit dem Gesamtbetrag aus Rente und Versorgung, der am 1. 7. 1990 zu zahlen war, verglichen werden. Lag die frühere Versorgung über dem neu ermittelten Rentenanspruch, wurde aus Gründen des Vertrauensschutzes der Differenzbetrag als »zusätzliche Versorgung« dennoch weiter bezahlt (allerdings maximal bis 90 % des Nettoverdienstes vor Eintritt des Versorgungsfalles). Diese zusätzliche Versorgung sollte jedoch durch die zukünftigen Rentenanpassungen aufgezehrt werden (§ 24 Abs.5 RAnglG-DDR).
- Analog zu den Bestandsrenten sollte auch für die aus den Zusatzversorgungssystemen zugehenden Renten innerhalb der nächsten 5 Jahre eine »Bestandsschutzgarantie« gelten.

Neben diesen Überführungsbestimmungen bestimmte das RAnglG-DDR in § 32, daß Ehrenpensionen für Kämpfer und Verfolgte des Faschismus zwar nicht angepaßt, jedoch in der bisherigen Höhe in DM weitergewährt werden sollten. Dagegen wurden gem. § 31 RAnglG-DDR die Kampfgruppenzuschläge ab 1. 7. 1990 als »ungerechtfertigte Leistungen« im Sinne des StaatsV nicht mehr gezahlt. Entsprechend dem StaatsV eröffnete das Gesetz zudem die Möglichkeit, Ansprüche und Anwartschaften zu Zusatzversorgungssystemen zu kürzen, wenn der Berechtigte in schwerwiegendem Maße seine Stellung zum eigenen Vorteil oder zum Nachteil anderer mißbraucht hatte. Von der Kürzung ausgenommen waren Ansprüche, die auf eigenen Beitragszahlungen beruhten. Über die Kürzung selbst sollte eine noch einzusetzende Kommission entscheiden (§ 28 RAnglG-DDR).

Ebenfalls neu geregelt wurde durch das RAnglG-DDR die Angleichung der **Kriegsbeschädigtenrenten**, die in der früheren DDR aus politischen Gründen stark vernachlässigt worden waren.

Die Kriegsbeschädigtenrenten, die bei einem Körperschaden von 66 ⅔ % geleistet wurden, entsprachen in ihrer Höhe von 470 Mark in der DDR der aus der Rentenversicherung bei 45 Arbeitsjahren gezahlten Mindestrente. Um diese Renten nach der Umstellung auf einen Betrag von 672 DM anzuheben, wurde ein fiktives durchschnittliches Arbeitsentgelt von 960 DM der Berechnung zugrundegelegt (§ 7 Abs.1 RAnglG-DDR). Neu eingeführt wurde eine Kriegsbeschädigtenrente an Zivilpersonen, die durch unmittelbare Kriegseinwirkungen beschädigt worden waren (§ 7 Abs.5 RAnglG-DDR). Allerdings wurden Kriegsbeschädigtenrenten und Alters- und Invalidenrenten als gleichartige Renten angesehen, so daß nur die jeweils höchste Rente gezahlt wurde. Desgleichen wurde die Kriegsbeschädigtenrente bis zum Erreichen des Rentenalters bei Erwerbseinkommen gekürzt, wobei jedoch ein Mindestbetrag von 150 DM verblieb. Zugleich unterblieb künftig der Wegfall dieses Mindestbetrages bei Bezug einer Alters- oder Invalidenrente (§ 7 Abs.3 RAnglG-DDR). Damit erhielten die Kriegsopfer einen zusätzlichen Ausgleich für ihre besonderen Belastungen. Allerdings mußte dieser Ausgleich beantragt werden.

Entgegen den Erwartungen und den Forderungen des StaatsV enthielt das Gesetz keine Festlegungen hinsichtlich der zukünftigen Behandlung der Sonderversorgungssysteme. Die Versorgungssysteme der NVA, des Ministeriums des Innern sowie der Zollverwaltung blieben zunächst bestehen. Die in § 23 Abs.2 für bestimmte Zusatzrenten getroffene Begrenzung des Rentenzahlbetrages auf maximal 1.500 DM monatlich galt allerdings auch für Versorgungsbezüge aus den Sonderversorgungssystemen des Ministeriums für Nationale Verteidigung sowie des Ministeriums des Innern [VK-StenNdrs 10.WP, S. 692]. Da bei diesen Systemen keine Pflichtrente hinzutrat, wirkte sich diese Höchstgrenze sogar noch schärfer als bei den Zusatzversorgungssystemen aus.

Eine besondere Regelung erfolgte lediglich für das Sonderversorgungssystem des ehemaligen Ministeriums für Staatssicherheit durch das gesondert verabschiedete **Gesetz über die Aufhebung der Versorgungsordnung des ehemaligen Ministeriums für Staatssicherheit/Amtes für Nationale Sicherheit vom 29. Juni 1990** [GBl.I S.501].

In Anbetracht der Tatsache, daß nicht wenige Bürger der DDR durch die Tätigkeit des MfS physisch und psychisch gequält, materiell und finanziell geschädigt sowie beruflich und persönlich benachteiligt wurden, hielt es der DDR-MinR für gerechtfertigt, in dem am 13.6.1990 beschlossenen Gesetzentwurf [VK-Drs. Nr.63] eine besondere Versorgung für die ehemaligen Mitarbeiter des MfS mit einer drastischen Reduzierung der bisherigen Versorgungsleistungen vorzusehen. Im Gegensatz zum später beschlossenen Gesetz empfahl er allerdings lediglich eine Begrenzung der Leistungen auf höchstens 1.200 DM monatlich [VK-StenNdrs 10.WP, S.531; 765].

Mit dem Ziel einer Anpassung des Rentenniveaus an den zivilen Bereich kürzte § 2 Stasi-G ab 1.7. 1990 nachhaltig die nach dieser Versorgungsordnung festgesetzten Renten. So wurden die Alters- und Invalidenrenten um 50 % des 495 DM übersteigenden Betrages gekürzt und zusätzlich auf einen Höchstbetrag von 990 DM begrenzt. Von diesen abgeleitete Hinterbliebenenrenten durften bei Witwen nur noch in Höhe von maximal 404 DM, bei Vollwaisen in Höhe von maximal 269 DM und bei Halbwaisen in Höhe von maximal 202 DM gezahlt werden. Übergangsrenten sollten von der gekürzten Invalidenrente abgeleitet und längstens bis Ende 1990 gezahlt werden. Dieselbe Kürzungsvorschrift wie für Altersrenten galt ferner für Dienstbeschädigungsvollrenten. Daneben hob das Stasi-G die Versorgungsordnung des ehemaligen MfS mit Wirkung zum 1.7.1990 auf. Die bestehenden Versorgungen sollten zum 1.1.1991 in die Rentenversicherung überführt werden, wobei prinzipiell dieselben Grundsätze wie für die Überführung der Zusatzversorgungssysteme Anwendung finden sollten. Allerdings war hier eine Begrenzung der bei der Überführung neu festgesetzten Renten auf maximal 990 DM vorgesehen. Nach § 4 Stasi-G sollten zusätzliche Versorgungen an erwerbsfähige Witwen und Witwer zum 30.9.1990 eingestellt werden, sofern sie bereits zwei Jahre und länger gezahlt worden waren (bei kürzerer Bezugszeit war eine Begrenzung auf 270 DM vorgesehen). Schließlich sah § 5 Stasi-G die Möglichkeit der Kürzung oder Aberkennung von Versorgungsleistungen vor, wenn der Berechtigte »in schwerwiegendem Maße seine Stellung zum eigenen Vorteil oder zum Nachteil anderer mißbraucht« hatte *(vgl. auch Die Welt v. 7.7.1990)*.

Die von der DDR-Regierung und der Volkskammer getroffenen Maßnahmen zur Anpassung des bisherigen Rentenrechts an die rentenversicherungsrechtliche Situation in der Bundesrepublik waren keineswegs unumstritten. Kritik gab es vor allem wegen der sehr **umfassenden Bestandsschutzregelungen**, der »großzügigen« Anerkennung der Ansprüche und Anwartschaften aus den Zusatzversorgungssystemen sowie der Einführung zahlreicher **versicherungsfremder Systemelemente**, insbesondere des **Sozialzuschlages**.

Die BDA z.B. forderte, die Mindestrenten mit der Einführung der Sozialhilfe zu beseitigen und die Ansprüche aus Zusatz- und Sonderversorgungssystemen auf ihre sachliche Berechtigung und die Vertretbarkeit der Höhe nach zu überprüfen *(vgl. BDA, 1990 b, S.4)*. Demgegenüber verlangte der DGB eine fortschrittliche Anpassung der Alterssicherung der DDR an die Alterssicherung in der BRD. Dabei sei auch zu prüfen, ob und inwieweit bestimmte Elemente des DDR-Rentenrechts nicht nur während einer Übergangsphase beibehalten, sondern auch in ein gemeinsames System übertragen werden könnten. Hierzu gehörten nach Ansicht des DGB die Einführung einer generellen Versicherungspflicht aller Erwerbstätigen, die Rente für von Geburt an Behinderte, die Mindestsicherung sowie die gemeinsame Trägerschaft für Arbeiter und Angestellte.

2.6.3 Praktische Auswirkungen der rentenrechtlichen Änderungen

Nach Art.22 § 5 StaatsV-G waren die bundesdeutschen Versicherungsträger und ihre Verbände berechtigt, die Sozialversicherung der DDR beim organisatorischen Aufbau eines leistungsfähigen, gegliederten Sozialversicherungssystems im Einvernehmen mit den Aufsichtsbehörden zu unterstützen und dabei eigene Mittel einzusetzen. Damit war eine rechtliche Grundlage für die vielfältigen Hilfsmaßnahmen der westdeutschen Rentenversicherungsträger gegeben.

Nach Maßgabe der Durchführungsbestimmungen zum SVG-DDR hatte die Überleitungsanstalt im zweiten Halbjahr 1990 die Errichtung und den Aufbau von Landesversicherungsanstalten vorzubereiten. Seitens des Verbandes Deutscher Rentenversicherungsträger wurden bereits im Laufe des Jahres 1990 Gremien eingerichtet, die laufend Probleme im Zusammenhang mit der Errichtung der fünf neuen Landesversicherungsanstalten und der Erstreckung der bundesunmittelbaren RV-Träger berieten und Lösungsvorschläge erarbeiteten. In diesem Rahmen beschloß der Arbeitskreis »Deutsch-deutsche Fragen« am 25. 7. 1990, sieben Projektgruppen zu bilden, die sich ab Anfang Juli 1990 mit ausgewählten Problemstellungen beschäftigen sollten. Ferner wurden von den LVA im bisherigen Bundesgebiet in allen Bezirksstädten des Beitrittsgebietes Informationsbüros eingerichtet *(vgl. VDR-Geschäftsbericht 1990, S.39 ff.; Christmann, 1991, S.8 f.)*.

Die Herstellung der Währungsunion brachte für die DDR-Rentner nicht nur eine Umstellung ihrer Renten auf DM-Beträge, sondern zugleich eine Angleichung ihrer Renten an das neue Rentenrecht *(vgl. auch Kiel/Müller/Roth, 1990, S.468 ff.)*.

Erste Analysen der Rentenangleichung vom 1. 7. 1990 brachten eine Reihe interessanter Ergebnisse. Bezogen auf das Rentenvolumen wie auf die Alterssicherungsfunktion für die Rentenbezieher kristallisierten sich die Alters- und Invalidenrenten eindeutig als größte Rentenartengruppe heraus. 2,4 Mio. oder über 90 % der Rentenbezieher der ehemaligen SVAA bezogen danach Alters- und Invalidenrenten. Sie erhielten vor der Angleichung eine Gesamtrentenleistung (Rente aus 1. und 2. Leistung plus freiwilliger Zusatzrentenversicherung) von durchschnittlich 493 Mark, mit deutlichen Unterschieden bei Männern und Frauen. Während Männer im Durchschnitt auf eine Rente von 593 Mark kamen, waren es bei Frauen lediglich 455 Mark. Ursächlich dafür war vor allem die Differenz der angerechneten Arbeitsjahre, die für Rentner durchschnittlich 47 Jahre und für Rentnerinnen 36 Arbeitsjahre betrug *(vgl. VDR-Geschäftsbericht 1990, S.153)*. Durch das RAnglG-DDR stiegen die Renten für Alters- und Invalidenrentner um etwa 26 % auf 620 DM (Renten ohne Zuschläge und ohne Sozialzuschlag). Männer mit Vollrenten dieser Rentenartgruppe erhielten im Durchschnitt eine Gesamtrentenleistung von 757 DM (Erhöhung um rd. 30 %), Frauen von 562 DM (Erhöhung um 23 %). Unter Einbeziehung des steuerfinanzierten Sozialzuschlages erhöhten sich die Renten um durchschnittlich 33 % auf 655 DM (bei den Männern auf 783 DM und bei den Frauen auf 600 DM). Dies zeigt, daß der Sozialzuschlag vor allem bei den Renten für Frauen von großer Bedeutung war *(vgl. VDR-Geschäftsbericht 1990, S.153; Veil, 1991, S.320 ff.)*. Während etwa 457.000 Vollrenten der Sozialpflichtversicherung mit der Rentenumstellung nicht erhöht wurden, weil die bislang gezahlte Rente höher war als jene, die sich bei Angleichung ergeben hätte, und etwa 226.000 Vollrenten ohne Erhöhung blieben, weil sie mit einer anderen Altersversorgung zusammenfielen, erhielten ab 1. 7. 1990 rund 674.000 Rentner zu ihrer Rente einen Sozialzuschlag von durchschnittlich 87 DM monatlich, der die Rentenleistung auf den Mindestbetrag von 495 DM/Monat aufstockte [BT-Drs. 11/8504].

Erhebliche Probleme bereitete ab Juli 1990 der **Einzug der SV-Beiträge**. Bereits im August 1990 wurde deutlich, daß die Höhe des Beitragseingangs weit hinter den Erwartungen zurückblieb. Außerdem bildeten die ungewöhnlich langen Banklaufzeiten in der damaligen DDR ein erhebliches Problem, da Gelder vielfach Wochen vom Arbeitgeber zum Träger der Sozialversicherung unterwegs waren.

Mit der Einführung einer gegliederten Sozialversicherung mußten ab 1. 7. 1990 nach den verschiedenen Versicherungszweigen unterteilte Beiträge eingezogen werden. Weiterhin zuständig für den Beitragseinzug blieben aber bis zum 31. 12. 1990 zunächst die Finanzämter. Die Schwierigkeiten beim Beitragseinzug beruhten im wesentlichen auf der Unkenntnis der zuständigen Mitarbeiter der Finanzämter sowie auf einer personellen Unterbesetzung. Zum einen war oftmals noch nicht einmal die Vergabe von Steuernummern als Voraussetzung für die ordnungsgemäße Abführung von Steuern und Beiträgen gewährleistet, zum anderen leiteten die Finanzämter nicht immer bei Beitragsrückständen die erforderlichen Mahnverfahren ein. Durch einfache Sichtkontrollen konnten für die Monate Juli und August 1990 fast 12 Mio. DM an Fehlbeträgen für die Rentenversicherung ermittelt werden. Zugleich waren in diesen beiden Monaten über 70 Mio. DM an SV-Beiträgen fälschlicherweise in den Staatshaushalt geflossen.

Neben Informations- und Aufklärungskampagnen wurde versucht, die Probleme vor allem durch praktische Hilfen vor Ort zu beseitigen. Im August 1990 begann die Rentenversicherung damit, Prüfbeauftragte in die einzelnen Bezirke der damaligen DDR zu entsenden. Ab. 1.8.1990 arbeiteten zunächst 15 und ab 3.9.1990 weitere 19 Prüfbeauftragte mit den Revisoren der Verwaltung der Sozialversicherung zusammen. Um die Schwachstellen des Beitragseinzuges zu erkennen und zu beseitigen, wurde ferner vom 18. bis 21. 9. 1990 eine konzertierte Aktion der Sozialversicherungsträger aus Ost und West durchgeführt, im Rahmen derer rd. 500 Prüfer insgesamt 684 Betriebe und 119 Finanzämter aufsuchten *(vgl. VDR-Geschäftsbericht 1990, S. 44 f.; Sozialversicherung der DDR, 1990).*

2. 6. 4 Änderungen im Bereich der Unfallversicherung

Auch wenn zunächst noch die Aufgaben der Renten-, Kranken- und Unfallversicherung von einem gemeinsamen Träger durchgeführt werden sollten (Art. 18 Abs. 2 StaatsV), war die Entscheidung zugunsten einer eigenständigen Unfallversicherung gefallen. Dementsprechend wurden mit Beginn der Sozialunion Maßnahmen zum Aufbau von Berufsgenossenschaften eingeleitet. Parallel zum organisatorischen Aufgliederungsprozeß war die DDR durch den StaatsV verpflichtet, Schritte zu unternehmen, »um das Unfallversicherungsrecht an das der Bundesrepublik anzugleichen« (Art. 23 Abs. 1 StaatsV) *(vgl. Sokoll, 1990, S. 406; Aulmann, 1990 b, S. 343 ff., 1990 c, S. 184 ff.).*

Erste Regelungen zur Reform des Unfallversicherungswesens unternahm die DDR im Rahmen des SVG-DDR vom 28. Juni 1990 [GBl. I S. 486]. Ähnlich wie in der Bundesrepublik wies auch dieses Gesetz dem Unfallversicherungsträger die Aufgabe der Rehabilitation und der Unfallverhütung zu. Um diese Aufgaben auch praktisch durchführen zu können, war allerdings eine Reihe von weiteren Voraussetzungen zu schaffen. U. a. waren Vorkehrungen zu treffen, um Fachkräfte des bisherigen Arbeitsschutzes in der DDR für die künftigen Aufgaben der technischen Aufsichtsdienste auszuwählen, auf bundesdeutsches Arbeitsschutzrecht umzuschulen und vorbereitend in der DDR einzusetzen. Im Bereich der Arbeitsmedizin ging es darum, jene Strukturen des bisherigen Betriebsgesundheitswesens zu erhalten, die geeignet waren, die arbeitsmedizinische Betreuung von Betrieben auch künftig sicherzustellen. Aus Sicht der Unfallversicherung interessant war dabei vor allem die präventive arbeitsmedizinische Funktion des Betriebsgesundheitswesens *(vgl. Sokoll, 1990, S. 407).*

Nach § 28 SVG-DDR gewährte die Unfallversicherung den Versicherten künftig neben Leistungen zur Rehabilitation Sachleistungen wegen Arbeitsunfall oder Berufskrankheit (ärztliche und zahnärztliche Behandlung sowie stationäre Behandlung in Krankenhäusern und anderen Gesundheitseinrichtungen ohne zeitliche Begrenzung, Arzneimittel sowie Heil- und Hilfsmittel, prophylaktische Kuren sowie Heil- und Genesungskuren). Die Geldleistungen umfaßten gem. § 29 SVG-DDR Krankengeld bei Arbeitsunfähigkeit, Unfallrente, Hinterbliebenenrente, Übergangsrente, Ehegatten- und Kinderzuschläge sowie Pflegegeld, Blindengeld und Sonderpflegegeld.

Die Angleichung der Bestandsrenten aus der Unfallversicherung erfolgte ähnlich denen der Rentenversicherung. Im Bereich der Unfallversicherung wurde jedoch der aktuelle Bruttoarbeitsverdienst zugrundegelegt, der für 1990 mit 1.140 DM festgesetzt wurde (§ 4 Abs. 1 RAnglG-DDR). Dieser „Durchschnittsverdienst war für alle Bestandsrenten maßgeblich, so daß ... insoweit wieder eine Nivellierung erfolgt(e), die jedoch wegen der festgehaltenen Beitragsbemessungsgrenze und des Fehlens eines Ausgleichs durch die FZR unumgänglich" *(Ammermüller/Diel, 1990, S. 341)* war. Bei einem Körperschaden von 100 % betrug die Unfallrente ⅔ von 1.140 DM, also 760 DM (der bisherige Festbetrag von 150 bzw. 50 Mark entfiel). Während weiterhin Kinderzuschläge in Höhe von 10 % der neu festgesetzten Rente gezahlt wurden, wurden die in der Bundesrepublik unbekannten Ehegattenzuschläge lediglich in unveränderter Höhe von 200 DM weitergewährt. Nach § 4 Abs. 4 RAnglG-DDR durften die Unfallrenten einschließlich Zuschlägen künftig zudem 85 % des maßgeblichen Bruttoverdienstes nicht überschreiten. Die Zugangsrenten in der Unfallversicherung sollten nach dem persönlich erzielten Durchschnittsverdienst des letzten Jahres festgesetzt werden, wobei von der neuen Beitragsbemessungsgrenze in Höhe von 2.700 DM auszugehen war (§§ 12, 13 RAnglG-DDR). Als neuer monatlicher Mindestverdienst war der Betrag von 60 % der Bezugsgröße vorgesehen. Für die Festsetzung von Unfallrenten galt damit im wesentlichen bereits das in der Bundesrepublik übliche Verfahren.

Parallel zur Angleichung des Unfallversicherungsrechts sollte die DDR laut Gemeinsamem Protokoll über Leitsätze (B IV, Nr. 3) [BT-Drs. 11/7171, S. 67] innerhalb einer angemessenen Übergangszeit die Vorschriften über die **Sicherheit und den Gesundheitsschutz der Arbeitnehmer** an das in der Bundesrepublik geltende Arbeitsschutzrecht anpassen.

Um der DDR die Umsetzung dieser Verpflichtung zu ermöglichen, wurden die Spitzenverbände der Unfallversicherung in Art.23 § 4 StaatsV-G berechtigt, den Träger der Unfallversicherung bei der Gewinnung von sicherheitstechnischen und arbeitsmedizinischen Fachkräften für die Technischen Aufsichtsdienste zu unterstützen. Die Versicherungsträger und ihre Verbände wurden zugleich ermächtigt, im Sinne der angestrebten Sozialunion mit der DDR beim organisatorischen Aufbau eines leistungsfähigen, gegliederten Sozialversicherungssystems mit eigenen Mitteln zu helfen. Um die Steuerung dieses Prozesses nicht aus der Hand zu geben, stand diese Berechtigung allerdings unter dem Vorbehalt des Einvernehmens mit der Aufsichtsbehörde (Art.21 § 5 StaatsV-G).

Bereits zum Zeitpunkt des Beginns der Sozialunion bestand auch bei den Unfallversicherungsträgern kaum mehr ein Zweifel, daß der ursprüngliche Stufenplan nur noch teilweise zu verwirklichen war. Schneller, als ursprünglich angenommen wurde, hatten sich die Berufsgenossenschaften darauf einzurichten, ihre Tätigkeit auf das Gebiet der DDR zu erstrecken. Unter dieser Perspektive wuchs natürlich das Eigeninteresse der Berufsgenossenschaften, Einfluß auf den Umstrukturierungsprozeß in der DDR zu nehmen *(vgl. Sokoll, 1990, S.406; Die BG, 1990, S.408ff.)*.

2. 6. 5 Einführung der Sozialhilfe in der DDR

Ebenfalls wurde von der DDR-Volkskammer am 21. Juni 1990 ein **Gesetz über den Anspruch auf Sozialhilfe** (SHG-DDR) [GBl.I S.392] verabschiedet, das sich stark an Bestimmungen in der Bundesrepublik anlehnte und im formalen Aufbau dem Bundessozialhilfegesetz entsprach. Mit 42 Paragraphen war das DDR-Sozialhilfegesetz jedoch nur knapp ein Viertel so umfangreich wie das BSHG *(vgl. Kreizberg, 1990b, S.633; Nees, 1990, S.154; Wenzel/Wienand, 1990, S.197ff.; B. Habermann, 1990, S.261ff.)*. Laut Begründung zu Art.24 StaatsV sollte die Sozialhilfe sicherstellen, daß »bei den mit der Einführung einer Wirtschafts-, Währungs- und Sozialunion verbundenen Veränderungen ... jedem Bewohner der DDR die Mittel zur Verfügung stehen, die ihm die Führung eines Lebens ermöglichen, das der Würde des Menschen entspricht«.

Bei der Einbringung des Gesetzentwurfes [VK-Drs. Nr.64] wandte sich die DDR-Familien- und Frauenministerin entschieden gegen das Argument, daß ein solches Gesetz sein müsse, weil durch die Einführung der sozialen Marktwirtschaft viele Menschen zu Almosenempfängern würden. Vielmehr werde durch das SHG in der DDR zum ersten Mal ein Anspruch der Bürger, die unverschuldet in Not geraten sind, auf staatliche Hilfe begründet. Zudem habe endlich ein System ein Ende, das soziale Not verschwiegen habe, unter den Teppich kehrte und das seine Wohltaten bestenfalls nach Gutdünken verteilte. Mit diesem Gesetz mache man dem würdelosen Verhalten des Staates ein Ende, der seine in Not geratenen Bürger gleichsam zu Würdelosen degradiert habe [VK-StenNdrs 10.WP, S.389].

Im Gegensatz zum BSHG enthielt das SHG-DDR eine geringere Regelungsdichte für die Träger der Sozialhilfe sowie weniger Arten der zu gewährenden Hilfen. Im einzelnen sah es nur die Hilfe zum Lebensunterhalt, die Krankenhilfe, die vorbeugende Gesundheitshilfe, die Hilfe zur Pflege in Einrichtungen und die Hilfe in besonderen Lebenslagen vor. Während es also eine Reihe von Hilfen in besonderen Lebenslagen nicht kannte, bezog das SHG-DDR in § 24 als »Hilfe in anderen besonderen Lebenslagen« Leistungen aufgrund der Sozialfürsorge-VO und anderer sozialrechtlicher Bestimmungen der DDR in den Leistungskatalog ein. Es ging jedoch ebenso von der Nachrangigkeit der Sozialhilfe aus und gewährleistete einen Anspruch des Bürgers, der nicht übertragen, verpfändet und gepfändet werden konnte (§ 4 Abs.2). Auch in der DDR sollte die Sozialhilfe vorbeugend gewährt werden. Daneben konnte sie in Notlagen gewährt werden, sofern dies erforderlich war, um die Wirksamkeit der zuvor gewährten Hilfe zu sichern (§ 6 Abs.1 und 2) *(vgl. Kittke/Roessler, 1990, S. 308)*. Gemäß § 8 SHG-DDR wurde Sozialhilfe als persönliche Hilfe, Geldleistung oder Sozialleistung gewährt. Örtliche Träger der Sozialhilfe wurden die Gemeinden, kreisfreien Städte, Stadtbezirke und Landkreise. Große Beachtung genossen im übrigen die freien Träger der Sozialhilfe.

Die Höhe der Regelsätze – im bundesdeutschen Recht in einer eigenen Regelsatz-Verordnung kodifiziert – sollte entsprechend dem SHG-DDR vom Familien- und Finanzministerium festgesetzt werden (§ 20 Abs.3). Festzusetzen waren Regelsätze für den Haushaltsvorstand und für sonstige Haushaltsangehörige; diese galten auch für Alleinstehende. Der Regelsatz für den Haushaltsvorstand wurde einheitlich auf 400 DM festgesetzt, während er am 1.7.1990 für die alte Bundesrepublik im rechnerischen Durchschnitt 447 DM betrug. Die Höhe der Regelsätze für sonstige Familienangehörige entsprach den bundesdeutschen Prozentsätzen, sieht man von den leicht geänderten Altersgrenzen ab. Ebenfalls nicht in das SHG-DDR übernommen wurden die im BSHG enthaltenen Mehrbedarfszuschläge von 20 % des maßgebenden Regelsatzes für Personen ab 60 Jahre, für unter 60jährige Erwerbsunfähige, für werdende Mütter ab Beginn des 6. Schwangerschaftsmonats sowie für Tuberkulosekranke während der Dauer der Heilbehandlung.

Für die Hilfe zur Pflege in Einrichtungen enthielt das SHG-DDR für eine Übergangszeit eine Besitzschutzregelung bei gleichzeitiger angemessener Erhöhung des Kostenanteils an den Unterbringungskosten durch den Heimbewohner. Befristet bis zum 30.12.1990 hatten Heimbewohner einen pauschalen monatlichen Unterhaltsbeitrag von 300 DM in Altersheimen und 335 DM in Pflegeheimen zu leisten. Der Sozialhilfeträger übernahm die Kosten der Unterbringung, wenn der Hilfeempfänger die Kosten nicht aufbringen konnte und dies weder seinem Ehegatten oder anderen Unterhaltsverpflichteten aus anderen Mitteln zuzumuten war. Zu beachten war dabei, daß bis dahin die zu entrichtenden Kosten der Heimunterbringung unabhängig vom Einkommen 105 bzw. 120 Mark monatlich betrugen, obschon sich die tatsächlichen Kosten auf durchschnittlich 640 Mark beliefen. Mit der neuen Regelung verminderte sich das zur freien Verfügung stehende Geld auf 160 DM monatlich [VK-StenNdrs 10.WP, S.389] *(vgl. Nees, 1990, S.155)*.

Trotz heftiger Kritik der DDR-SPD, der PDS und dem Bündnis 90/ GRÜNE enthielt auch das SHG-DDR Vorschriften über die Bereitschaft zur Aufnahme zumutbarer Erwerbstätigkeit als Anspruchsvoraussetzung für Sozialhilfe sowie die Pflicht zur Offenlegung der eigenen und familiären Vermögensverhältnisse *(vgl. Kreizberg, 1990b, S.633)*.

Die PDS hatte gefordert, die Unterhaltspflicht für Angehörige generell aufzuheben [VK-StenNdrs 10.WP, S.391 f.]. Vom Bündnis 90/GRÜNE war ferner kritisiert worden, daß mit dem Gesetz ein überlebtes Familienmodell festgeschrieben werde, da die Hauptzahlung einem Haushaltsvorstand zugeteilt werde [VK-StenNdrs 10.WP, S.603].

2.7 Erste Ansätze zur Umgestaltung des Gesundheitswesens

Im Gegensatz zu verschiedenen anderen sozialpolitischen Bereichen, bei denen eine Angleichung der bisherigen DDR-Strukturen an bundesdeutsche Verhältnisse kaum umstritten war, gab es hinsichtlich der Neuordnung des Gesundheitswesens teilweise sehr kontroverse Standpunkte, und zwar nicht nur in der DDR, sondern vor allem auch in der Bundesrepublik. Dazu trug nicht zuletzt bei, daß es in der Bundesrepublik seit einigen Jahren eine sehr lebhafte gesundheitspolitische Reformdiskussion gab und in nicht wenigen Bereichen politischer Handlungsbedarf gesehen wurde.

2.7.1 Ausgangslage im DDR-Gesundheitswesen

Die Organisation und die Finanzierung der Gesundheitsversorgung in der DDR unterschieden sich besonders stark von dem in der Bundesrepublik bestehenden System. Eine im wesentlichen auf der Übernahme bundesdeutschen Rechts basierende Angleichung der Systeme war allein nicht ausreichend. Angesichts des sich aus grundlegenden Regelungsunterschieden ergebenden **außerordentlichen Anpassungsbedarfs** konnte sich der **Angleichungsprozeß** im Bereich der Krankenversicherung und der Gesundheitsversorgung „nur schrittweise und in dem Maße vollziehen, wie dort vergleichbare Strukturen geschaffen" *(Jagoda, 1990, S.153)* wurden *(vgl. auch Thiele, 1990; A. Weber, 1990, S.97 ff.; Knieps/am Orde/Tophoven, 1990; Thomae, 1990, S.157ff.; Arnold/Schirmer, 1990)*.

Anders als in der BRD gab es in der DDR weder eine eigenständige Krankenversicherung noch Krankenkassen. Abgesehen davon, daß sich der Krankenversicherungsschutz auf nahezu die gesamte Bevölkerung erstreckte, war die Finanzierung der gesundheitlichen Versorgung äußerst unübersichtlich und völlig anders als in der BRD. Trotz gewisser Übereinstimmungen gingen zudem die in der DDR gewährten Leistungen in Teilbereichen über den Leistungsumfang der bundesdeutschen GKV hinaus.

Für die Finanzierung kennzeichnend war dabei nicht nur das Fehlen eines nach Versicherungszweigen differenzierten Beitrages, sondern auch die vollständige Entkopplung zwischen der Höhe der Beiträge und den Leistungsausgaben. Rentner und Studenten waren beitragsfrei versichert, und Zuzahlungen für Gesundheitsleistungen existierten praktisch nicht. Entsprechend entstand ein fortwährend hohes Finanzierungsdefizit, das aus dem Staatshaushalt gedeckt werden mußte. Aus dem Staatshaushalt wurden allerdings nicht nur Defizite abgedeckt, sondern überhaupt große Teile der gesundheitlichen Versorgung bestritten, wobei zum Bereich gesundheitlicher Versorgung jedoch auch Versorgungsgebiete zählten, die nach bundesdeutscher Systematik nicht dem Gesundheitswesen zugeordnet würden (z. B. Pflege in Heimen, Kinderbetreuung, ambulante Pflege) *(vgl. Jagoda, 1990, S.153)*.

Mit zunehmender Zugänglichkeit zu Informationen wurde immer deutlicher sichtbar, daß das Gesundheitswesen der DDR insgesamt als nur bedingt funktionsfähig angesehen werden konnte. Entsprechend zeichnete sich schon frühzeitig die Notwendigkeit einer **qualitativen Verbesserung der gesundheitlichen Versorgungsstrukturen** in der DDR ab.

Trotz hoher staatlicher Zuschüsse erreichte das Gesundheitswesen der DDR nicht das Niveau des bundesdeutschen Systems. Auffallend waren insbesondere die teilweise vorhandenen erheblichen Engpässe, die baulichen Mängel vieler Einrichtungen sowie die Defizite in der Ausstattung mit Medizintechnik. Neben erheblichen Versorgungsmängeln im Krankenhausbereich wies das DDR-Gesundheitswesen ferner eine im Vergleich zur Bundesrepublik stark eingeschränkte Arzneimittel- sowie Heil- und Hilfsmittelversorgung auf *(vgl. Jagoda, 1990, S.153; Arnold/Schirmer, 1990; Thomae, 1990, S.157)*.

Im Hinblick auf die Angleichung der Systeme war ferner die grundsätzlich anders organisierte **Struktur der Erbringung gesundheitlicher Leistungen** von Bedeutung. Ganz im Gegensatz zur BRD, wo das gesundheitliche Versorgungsangebot überwiegend von privaten Leistungsanbietern erbracht wird und den niedergelassenen Ärzten und Zahnärzten eine Schlüsselrolle zukommt, erfolgte die Gesundheitsversorgung in der DDR auf der Grundlage eines abgestuften Versorgungskonzepts fast ausschließlich „im Rahmen eines staatlichen und zentral gelenkten Systems von Krankenhäusern, Polikliniken, Ambulatorien, staatlichen Arztpraxen, pharmazeutischen Zentren und betrieblichen Gesundheitsdiensten unterschiedlicher Art" *(Jagoda, 1990, S.155)*.

Bei grundsätzlicher Einigkeit über die Notwendigkeit des Aufbaus einer sozialen Krankenversicherung in der DDR und einer Angleichung des Versorgungsniveaus an bundesdeutsche Standards gab es bereits frühzeitig sehr differierende Vorschläge über die hierbei einzuschlagenden Wege. Während ein Teil der Politiker und Verbände für eine möglichst rasche Übertragung bundesdeutscher Regelungen und Strukturen eintrat, plädierten andere dafür, bei der Reorganisation des Gesundheitsversorgungssystems von vornherein in der BRD beklagte Mängel zu vermeiden. Im Bereich der Krankenversicherung ging es dabei vor allem um die **zukünftige Organisationsform** der GKV. Strittig war insbesondere, ob das **bundesdeutsche gegliederte System** sofort eingeführt oder die medizinische Versorgung für einen bestimmten Zeitraum zunächst durch **Basis- oder Regionalkassen** erfolgen sollte *(vgl. W.-D. Leber, 1990, S.128ff.)*.

Als eine der ersten hatte die Planungsabteilung des AOK-Bundesverbandes bereits Ende Februar 1990 den Entwurf eines Positionspapiers zur deutsch-deutschen Entwicklung vorgelegt *(vgl. Knieps/am Orde/Tophoven, 1990)*. Danach sollte die DDR-Sozialversicherung im gesundheitlichen Bereich zunächst durch eine regional ausgerichtete Basiskrankenversicherung abgelöst und erst zu einem späteren Zeitpunkt über die Zulassung weiterer Kassenarten nachgedacht werden. Nach den Vorstellungen der AOK sollte Voraussetzung für die Zulassung aller westdeutschen Kassenarten im Gebiet der DDR zudem eine Organisationsreform in der BRD sein. Während der stellvertretende SPD-Fraktionsvorsitzende DRESSLER die Positionen des AOK-Bundesverbandes unterstützte und vor der Angleichung eine Neuordnung des Krankenversicherungsrechts in der BRD forderte, lehnten sowohl die FDP wie die CDU/CSU die AOK-Vorschläge ab. Vor allem die FDP forderte von Anfang an mit aller Entschiedenheit die sofortige Errichtung eines pluralen und gegliederten Krankenversicherungssystems *(vgl. Thomae, 1990, S.157)*. Für den raschen Aufbau eines gegliederten Krankenversicherungssystems sprachen sich neben den ärztlichen Organisationen auch die übrigen GKV-Spitzenverbände aus. Dagegen beabsichtigte die Bundesregierung bei den Verhandlungen zum StaatsV anfangs offensichtlich eine Zwischenlösung; ein kassenartenneutraler Träger sollte erst später durch eine westdeutschen Verhältnissen entsprechende Gliederung abgelöst werden *(vgl. dfg, Nr. 50-51/1990, S.3)*.

Unter dem Einfluß der bundesrepublikanischen Auseinandersetzungen bildete der Komplex der Krankenversicherung auch einen Streitpunkt bei den Koalitionsverhandlungen in der DDR. Während die Ost-SPD sich ursprünglich für eine regional gegliederte einheitliche Krankenkasse aussprach, waren CDU und DSU der Meinung, daß eine Aufgliederung nicht verhindert werden könne. Der in der **Koalitionsvereinbarung** vom 12. April 1990 gefundene Kompromiß sah schließlich vor, daß zunächst ein **kassenneutraler, selbstverwalteter, regional gegliederter Träger** für alle Aufgaben der Krankenversicherung zuständig sein sollte und erst später unter der Bedingung von Wahlfreiheit und Kontrahierungszwang ein gegliedertes Krankenversicherungssystem möglich sein sollte. In Abhängigkeit von den jeweiligen Standpunkten löste der Kompromiß bei den Bonner Parteien sehr unterschiedliche Reaktionen aus.

Während die SPD-Gremien in einer Entschließung vom 23.4.1990 feststellten, daß wichtige Elemente der Koalitionsvereinbarung und der Regierungserklärung mit sozialdemokratischen Zielsetzungen (z. B. in der Frage der allgemeinen Versicherungspflicht, der Forderung nach Wahlfreiheit für alle Versicherten mit Kontrahierungszwang der Kassen und der regionalen Bedarfsplanung für die kassenärztliche Zulassung durch die Krankenkassen) übereinstimmten, zeigten sich Vertreter der Regierungskoalition enttäuscht über die Koalitionsvereinbarung. Die FDP warf den DDR-Koalitionsparteien vor, am bisherigen »maroden Einheitsversicherungssystem festhalten zu wollen« und eine moderne gegliederte Krankenversicherung abzulehnen. Der FDP-Abgeordnete THOMAE appellierte an die Ost-Berliner Koalitionsparteien, »unverzüglich dafür zu sorgen, daß bei der Neuordnung ... entgegen den Aussagen in der Koalitionsvereinbarung eine Monopol-Krankenkasse abgelehnt« werde. Die Herstellung einer Sozialunion verlange auch in der DDR »unverzichtbar« eine gegliederte soziale Krankenversicherung. Nachdrücklich forderte er von der Bundesregierung, bei den StaatsV-Verhandlungen »kompromißlos« auf die Festschreibung der Einführung eines gegliederten GKV-Systems zu drängen.

Die Haltung von CDU/CSU und FDP blieb nicht ohne Auswirkungen auf die Verhandlungen über den StaatsV. Nachdem ein Entwurf vom 17.4.1990 noch vorgesehen hatte, daß bis zur Schaffung eines nach Kassenarten gegliederten KV-Systems die für die Krankenversicherung zuständige Körperschaft zunächst kassenneutral errichtet werden solle, verpflichtete der StaatsV die DDR letztlich, ihr Krankenversicherungsrecht in allen Bereichen an das Recht der GKV in der BRD anzugleichen. Ähnlich parteipolitisch geprägte Kontroversen gab es auch im Hinblick auf die **Neugestaltung der Versorgungsstrukturen**. Strittig war hier vor allem die zukünftige Bedeutung und Rolle der Polikliniken und Ambulatorien sowie des Betriebsgesundheitswesens *(vgl. G. Brenner, 1990, S. 1454ff.; Schönbach, 1990, S.430ff.; Dt.Ärztebl., Heft 31-32/1990, S.1673ff.; Das Krankenhaus, 6-7/1990, S.249ff.; Hofmann, 1990, S.260ff.)*.

2.7.2 Regelungen des Staatsvertrages im Bereich der Krankenversicherung und des Gesundheitswesens

Der StaatsV folgte auch im Bereich der Krankenversicherung der Grundlinie der Übernahme des bundesdeutschen Rechts durch die DDR (Art.18). Gemäß Art.21 Abs.1 hatte die DDR alle erforderlichen Maßnahmen einzuleiten, um ihr Krankenversicherungsrecht an das der BRD anzugleichen. Gleichzeitig stellten die Vertragsparteien in Art.22 Abs.1 fest, daß für sie die »medizinische Betreuung und der Schutz der Gesundheit der Menschen ... ein besonderes Anliegen« darstelle.

Der StaatsV traf zwar die Grundsatzentscheidung zugunsten der Einführung eines gegliederten GKV-Systems auch für das Gebiet der DDR, sah allerdings für eine Übergangszeit gewisse organisatorische Übergangsregelungen vor. Letztlich unverbindlich verlangte Art.18 Abs.2 lediglich, möglichst bis zum 1. 1. 1991 Voraussetzungen für das Funktionieren eines gegliederten Systems zu schaffen. Abgesehen von der Festlegung grundsätzlicher Zielvorstellungen überließ der StaatsV die Ausgestaltung des Anpassungsprozesses zudem weitgehend der DDR *(vgl. Lauf, 1990, S.417)*.

Angesichts der Unterschiede im gesundheitlichen Leistungsrecht wurde davon ausgegangen, daß das in der DDR geltende Leistungsrecht vorerst weiter gelten sollte. Zwingende Änderungen schrieb der StaatsV nur für die Entgeltfortzahlung im Krankheitsfalle vor, die wie in der BRD auch von den Arbeitgebern übernommen werden sollte (Art.21 Abs.3). Allerdings bestimmte Art.21 Abs.2, daß Leistungen, die nach bisher geltenden Rechtsvorschriften von der KV finanziert wurden, die jedoch nach den Abgrenzungen in der BRD nicht zum Leistungskatalog der GKV gehören, zukünftig aus dem Staatshaushalt der DDR finanziert werden sollten. Im Hinblick darauf, daß die neue Krankenversicherung als beitragsfinanziertes System konzipiert war, sah Art.21 Abs.4 die grundsätzliche Einbeziehung der Rentner in die Beitragspflicht zur GKV vor. Schließlich legte Art.21 Abs.5 eindeutig fest, daß Investitionen bei stationären und ambulanten Einrichtungen des Gesundheitswesens der DDR aus Mitteln des Staatshaushalts und nicht aus Beitragsmitteln zu finanzieren waren.

Hinsichtlich der künftigen **Versorgungsstrukturen im Gesundheitswesen** bestimmte Art.22 Abs.2 StaatsV, daß die DDR schrittweise ein Versorgungsangebot mit privaten Leistungsanbietern nach bundesdeutschem Vorbild schaffen würde.

Dieser Vorgabe sollte insbesondere durch die Schaffung rechtlicher Voraussetzungen für die Zulassung niedergelassener Ärzte, Zahnärzte und Apotheker sowie selbständig tätiger Erbringer von Heil- und Hilfsmitteln Rechnung getragen werden. Dazu gehörte auch die vermehrte Zulassung privater und freigemeinnütziger Träger von Krankenhäusern zur Versorgung. Allerdings erlaubte der StaatsV, die bestehenden Versorgungsstrukturen in dem zur Aufrechterhaltung der medizinischen Versorgung der Bevölkerung notwendigen Umfange vorläufig fortzuführen. Ferner übernahm die DDR die Verpflichtung, zum Aufbau der erforderlichen vertraglichen, insbesondere vergütungsrechtlichen Beziehungen zwischen den Trägern der Krankenversicherung und den Leistungserbringern die notwendigen gesetzlichen Rahmenbedingungen zu erlassen *(vgl. Lauf, 1990, S.417)*.

2. 7. 3 Umsetzung der gesundheitspolitischen Vorgaben des Staatsvertrages

Die Umsetzung der Vorgaben des StaatsV im Bereich des Gesundheitswesens erforderten den Erlaß einer Vielzahl gesetzlicher Regelungen. Angesichts vieler im Übergang befindlicher Versorgungsstrukturen und im Vergleich zur BRD grundsätzlich anderer Ausgangsbedingungen bestand das Hauptproblem darin, die neuen rechtlichen Regelungen so zu gestalten, daß neue Versorgungsstrukturen entstehen konnten, bis dahin jedoch die vorhandenen Einrichtungen die medizinische Versorgung der Bevölkerung gewährleisteten. Sichergestellt werden sollte dies primär durch das **Krankenhausfinanzierungsgesetz vom 30. August 1990** [GBl.I S.1428], das **Krankenkassenerrichtungsgesetz vom 13. September 1990** [GBl.I S.1538] sowie das **Krankenkassen-Vertragsgesetz** vom selben Tage [GBl.I S.1533].

Aufbau des Krankenversicherungssystems

In Umsetzung der Vorgaben des StaatsV erarbeitete das DDR-Gesundheitsministerium bis Anfang Juli 1990 den **Entwurf eines Krankenkassenerrichtungsgesetzes** [VK-Drs. Nr.172]. Ziel sollte sein, den Aufbau einer Gesundheitsversorgung in der DDR zu gewährleisten, die quantitativ wie qualitativ das bundesrepublikanische Niveau erreicht. Das Gesetz sollte zudem dazu dienen, die verschiedenen Versicherungszweige möglichst zum 1. 1. 1991 organisatorisch zu trennen und die in der Bundesrepublik bekannten Formen der Gliederung einzuführen sowie das Versorgungssystem in der DDR an das der Bundesrepublik anzugleichen [VK-StenNdrs 10.WP, S.1470 ff.].

Eine zügige Verabschiedung eines Krankenkassen-Errichtungsgesetzes wurde schon deshalb angestrebt, um den Krankenkassen frühzeitig die Chance zu geben, in der DDR möglichst bis zum 1.1.

1991 funktionsfähige Krankenversicherungsträger nach westdeutschem Vorbild aufzubauen. Gemäß der Begründung des Gesetzentwurfes sollten die Regelungen allerdings zunächst nur für die Zeit des Aufbaus eines gegliederten Krankenversicherungssystems in der DDR gelten. Es sei davon auszugehen, daß nach Herstellung der deutschen Einheit die in der BRD bestehenden bundesweit tätigen Krankenkassen die Möglichkeit haben würden, ihr Geschäftsgebiet auf das gesamte Staatsgebiet auszudehnen. Im Grundsatz sah der Entwurf eine Gliederung der GKV gemäß den in der BRD bestehenden Kassenarten vor. Um zum Zeitpunkt des Inkrafttretens des Gesetzes eine flächendeckende Gesundheitsversorgung der DDR-Bevölkerung zu gewährleisten, sollte kraft Gesetzes für jeden Bezirk der DDR eine AOK errichtet werden. Entsprechendes sollte für die knappschaftliche Krankenkasse, die landwirtschaftliche Krankenkasse und die See-Krankenkasse gelten. Betriebs-, Innungs- und Ersatzkassen sollten auf Antrag errichtet werden können, wobei für die Errichtung dieser Kassen im wesentlichen dieselben Voraussetzungen wie in der BRD vorgesehen waren. Zahlreiche weitere Regelungen (Zuständigkeit der Krankenkassen, Wahlrechte der Mitglieder, Verbände der Krankenkassen) entsprachen mit geringen Abweichungen entsprechenden Vorschriften des SGB V. Der nach § 36 Abs.1 SVG-DDR geltende Beitragssatz (12,8 %) sollte solange Anwendung finden, bis ein von der Krankenkasse kalkulierter eigener Beitragssatz von der Aufsichtsbehörde genehmigt war *(vgl. auch Kompaß, Heft 8/1990, S.424 ff.; Schermer, 1990 a, S.275 ff.)*.

Nachdem es bereits im Vorfeld zu erheblichen Meinungsverschiedenheiten zwischen den Krankenkassen in der BRD über zukünftige Strukturen gekommen war, führte auch der Gesetzentwurf zu sehr unterschiedlichen Reaktionen.

Der AOK-Bundesverband, der wiederholt gefordert hatte, daß in der DDR beim Übergang zur sozialen Marktwirtschaft eine starke und funktionsfähige Basiskrankenversicherung vorhanden sein müsse, und die Ansicht vertrat, daß das Prinzip der Versorgungssicherheit Vorrang vor allen organisatorischen Fragen haben müsse, kritisierte vor allem, daß der Gesetzentwurf ab 1. 1. 1991 einen ungeregelten Wettbewerb zwischen den verschiedenen Kassenarten um die versicherungstechnisch guten Risiken auslöse *(vgl. SdO, Nr.7/1990, S.120)*. Im Hinblick auf die Vermeidung von gravierenden Beitragssatzverwerfungen hielt der AOK-Bundesverband die Bezirksebene für die absolute organisatorische Untergrenze für die Gliederung der AOK. Konkret appellierte der AOK-Bundesverband an die Volkskammer, Regelungen zu treffen, nach denen kassenartenindividuelle Beitragssätze erst dann ermöglicht werden, wenn die Auswirkungen des wirtschaftlichen Anpassungsprozesses abschätzbar seien. Der VdAK, der ebenso wie der AOK-Bundesverband zuvor bereits umfangreiche eigene Vorschläge für ein Krankenkassenerrichtungsgesetz vorgelegt hatte, bat zu prüfen, inwieweit am 1. 1. 1991 Arbeitslosen ein Wahlrecht eingeräumt werden könne.

Das schließlich verabschiedete **Gesetz zur Errichtung von Krankenkassen vom 13. September 1990** [GBl.I S.1538] wies trotz aller Kontroversen gegenüber dem Entwurf nur unwesentliche Änderungen auf und trat am 19. 9. 1990 in Kraft [VK-StenNdrs 10.WP, S.1722 f.].

Nach § 46 waren alle erforderlichen Maßnahmen zur Errichtung von Krankenkassen zu treffen, die allerdings frühestens zum 1. 1. 1991 wirksam werden sollten. Abweichend vom bundesdeutschen Recht entfiel gemäß § 51 während einer 12monatigen Übergangszeit die Prüfung der Bestands- und Leistungsgefährdung vorhandener Ortskrankenkassen durch die Errichtung von Betriebs- und Innungskrankenkassen *(vgl. dfg, Nr.37/1990, S.8)*.

Neugestaltung der Versorgungsstrukturen

Nicht minder intensiv waren die Diskussionen um die Neugestaltung der medizinischen Versorgungsstrukturen. Während hier die Vertreter der DDR tendenziell für einen teilweisen Erhalt oder allenfalls für einen längerfristig anzustrebenden Umbau des dortigen Versorgungssystems eintraten, schwebte vor allem den bundesdeutschen Verbänden der Leistungserbringer eine möglichst rasche Anpassung der DDR-Strukturen an westliche Verhältnisse und eine Finanzierung der Gesundheitsleistungen durch die GKV vor. Weitgehend ungeklärt war dabei allerdings die Frage, wie die Umstrukturierung mit den gegebenen Beitragssätzen finanziert werden sollte.

Einer der ersten Schritte zur Entstaatlichung des Gesundheitswesens bildete das **Gesetz zur Umstrukturierung des staatlichen ambulanten Gesundheitswesens, Veterinär-**

wesens und Apothekenwesens vom 22. Juli 1990 [GBl.I S.1049], das die Modalitäten der Überführung bisher staatlicher Einrichtungen in private Hand brachte.

Dieses Gesetz, das anfänglich auf einen Antrag der CDU/DA-Fraktion zurückging [VK-Drs. Nr. 144], war erst nach langen parlamentarischen Beratungen zustande gekommen. Während der Wirtschaftsausschuß die Ablehnung des ursprünglichen Gesetzentwurfes empfohlen hatte, präsentierte der Gesundheitsausschuß einen modifizierten Gesetzentwurf [VK-Drs. Nr.144 b]. Trotz erheblicher Bedenken gegen das Gesetzesvorhaben wurde an ihm festgehalten, um dem Auftrag gerecht zu werden, zu einem pluralistischen Gesundheitswesen zu gelangen und über die Angebote und die Differenziertheit die Betreuung der Bürger zu verbessern. Zu lösen war dabei die Frage, welche Einrichtungen in welcher Form in andere Eigentumsformen überführt werden sollten. Zugleich ging es darum, eine zweckentfremdete Nutzung der ohnehin knappen Gesundheitseinrichtungen zu verhindern. Das verabschiedete Gesetz sollte daher sicherstellen, daß bei der Privatisierung von Einrichtungen des Gesundheitswesens Ärzte aus der DDR vorrangig berücksichtigt werden, insbesondere jene bereits in Einrichtungen tätigen Ärzte. Über die Privatisierung entscheiden sollten als die einzig legitimierten Gremien vorläufig die Kreistage [VK-StenNdrs 10.WP, S.1282 f.].

Ergänzt wurden diese Regelungen durch das Kommunalvermögensgesetz vom 6. Juli 1990 [GBl.I S.660] sowie der DV vom 25. 7. 1990 [GBl.I S.781] zum Gesetz über das Vermögen der Gemeinden, Städte und Landkreise. Diese Vorschriften regelten in Verbindung mit dem Treuhandgesetz vom 17. Juni 1990 [GBl.I S.300] und der Kommunalverfassung vom 17. Mai 1990 [GBl.I S.255] das Verfahren zur Überführung volkseigenen Vermögens, das kommunalen Aufgaben dient, in das Eigentum der Städte, Gemeinden und Landkreise.

Angesichts der sehr unterschiedlichen Interessenlagen löste auch der vom DDR-Gesundheitsministerium vorgelegte **Entwurf einer Verordnung über die vertraglichen Beziehungen der Krankenversicherung zu den Leistungserbringern** (Kassenvertragsordnung) höchst lebhafte Reaktionen aus.

Der Ende Juni vorgelegte Entwurf einer Kassenvertragsordnung beabsichtigte u. a. festzulegen, daß die ambulante medizinische Versorgung durch niedergelassene Ärzte und Zahnärzte sowie bestehende kommunale und staatliche Gesundheitseinrichtungen einschließlich der Einrichtungen des Betriebsgesundheitswesens sichergestellt werden soll. Die Krankenkassen sollten in Zusammenarbeit mit der kassenärztlichen Vereinigung und der zuständigen staatlichen Behörde für jeden Kreis eine Bedarfsplanung durchführen. Über die Zulassung als Kassenarzt sollte auf Antrag der Zulassungsausschuß der jeweiligen Kassenärztlichen Vereinigung entscheiden. Ein Antrag sollte dabei abgelehnt werden, wenn für den Ort der Niederlassung eine angemessene ärztliche Versorgung gewährleistet war. Im übrigen sollte einen Zulassungsantrag nur stellen können, wer am 1. 1. 1990 DDR-Bürger war, seinen ständigen Wohnsitz in der DDR hatte und eine staatliche Erlaubnis zur Ausübung der ärztlichen Tätigkeit besaß. Während der Entwurf noch keine näheren Regelungen zur Vergütung der Kassenärzte enthielt, sah er für die ambulanten kommunalen und staatlichen Einrichtungen eine pauschale Leistungsvergütung vor. Hinsichtlich der Arzneimittelversorgung war die Erstellung eines Arzneimittelverzeichnisses beabsichtigt. In ihm sollten jene Arzneimittel verzeichnet sein, die unentgeltlich für den Versicherten zu Lasten der KV verordnungsfähig waren. Ferner sollte der Gesundheitsminister das Recht erhalten, in Ausnahmefällen für Arzneimittel Festbeträge festsetzen zu können; eine mögliche Differenz zwischen Festbetrag und Apothekenabgabepreis hätte der Versicherte zu zahlen gehabt. Gleichzeitig sollten die Apotheken in bestimmten Fällen zur Abgabe des preisgünstigsten Medikaments verpflichtet werden *(vgl. dfg, Nr. 25/1990, S. 6)*.

Vor allem bei den Verbänden der Leistungserbringer und der FDP wurde der Entwurf auf das heftigste kritisiert. Bundesärztekammer und KBV verkündeten, daß die Ärzteschaft bestürzt sei, daß die bisherigen Versorgungsstrukturen in ihrem Bestand vor einer Konkurrenz durch in freier Praxis niedergelassene Ärzte geschützt werden sollten.

In der vorgesehenen umfassenden Aufrechterhaltung der ambulanten ärztlichen Versorgung durch Polikliniken und Ambulatorien mit der im VO-Entwurf vorgesehenen Investitionsfinanzierung bei gleichzeitiger Beschränkung der Zulassungsmöglichkeiten für niedergelassene Ärzte auf unterversorgte Gebiete sahen sie einen Verstoß gegen die in Art.22 Abs.2 StaatsV niedergelegte Verpflichtung, die freie Niederlassung von Ärzten und Zahnärzten zu fördern *(vgl. dfg, Nr. 28/1990, S. 3)*. Die FDP wandte sich neben der Bedürfnisprüfung im Rahmen der Niederlassung vor allem gegen die öffentliche Finanzierung der Investitionskosten von Gesundheitseinrichtungen, die unterschiedliche

Vergütung von ärztlichen Leistungen, das Arzneimittelverzeichnis sowie die vorgesehenen Festbeträge *(vgl. dfg Nr.28/1990, S.5)*. Während sich der AOK-Bundesverband für eine »sinnvolle Eingliederung« der bestehenden Gesundheitseinrichtungen »im Rahmen des Sicherstellungsauftrages der Kassenärztlichen Vereinigungen« aussprach, begrüßte der BKK-Bundesverband »den auf diese Einrichtungen erweiterten Sicherstellungsauftrag«. Letzterer wandte sich nachdrücklich gegen eine Sonderstellung der niedergelassenen Ärzte bei der Bedarfsplanung oder Zulassung. Die Entwicklung der Versorgungsanteile wollte der BKK-Bundesverband der Leistungsfähigkeit der jeweiligen Versorgungsformen, dem Wettbewerb und der freien Inanspruchnahme durch die Versicherten in der DDR überlassen. Dagegen wandten sich die Ersatzkassen entschieden gegen eine unbefristete Bestandsgarantie für Polikliniken und Ambulatorien *(vgl. dfg Nr.28/1990, S.5ff.)*. Der Bundesverband der Pharmazeutischen Industrie und die Bundesvereinigung Deutscher Apothekerverbände wandten sich nachhaltig gegen die vorgesehene »Positivliste« sowie gegen die Festbeträge *(vgl. dfg Nr.28/1990, S.10)*.

Offensichtlich auch als Folge der massiven Kritik erklärte sich der Gesundheitsminister während der 27.VK-Tagung am 22. 7. 1990 dazu bereit, die schwierige Materie anstatt in einer Verordnung in einem Gesetz zu regeln. Tatsächlich enthielt der am 6. 9. 1990 von der Volkskammer in 1. Lesung [VK-StenNdrs 10.WP, S.1613 ff.] beratene Gesetzentwurf [VK-Drs. Nr.227] einige Modifikationen. Zwar trat das **Krankenkassen-Vertragsgesetz vom 13. September 1990** [GBl.I S.1533] noch zu DDR-Zeiten in Kraft, war inhaltlich jedoch in wesentlichen Teilen bereits durch die im EinigungsV getroffenen Vereinbarungen überholt.

Im Gegensatz zum Verordnungsentwurf verzichtete das Gesetz auf eine Bedarfsplanung. Andere umstrittene Regelungen, wie z. B. das vom Gesundheitsminister zu erlassende Arzneimittelverzeichnis und die Befugnis, Festbeträge für Arzneimittel festsetzen zu können, wurden demgegenüber beibehalten. Im einzelnen bestimmte das Gesetz, daß die ambulante ärztliche Versorgung durch niedergelassene Ärzte und durch bestehende ärztlich geleitete kommunale, staatliche und freigemeinnützige Gesundheitseinrichtungen sichergestellt werden soll. Entsprechend einer Ergänzung in den parlamentarischen Beratungen erfolgte die ambulante Versorgung zudem durch Fachambulanzen an Krankenhäusern jeglicher Trägerschaft. Nach § 3 Abs.1 war den Versicherten und ihren Familienangehörigen eine bedarfsgerechte und gleichmäßige Versorgung in zumutbarer Entfernung zur Verfügung zu stellen. Während im Entwurf noch davon die Rede war, daß die Niederlassung von Ärzten in freier Praxis mit dem Ziel zu fördern sei, den freiberuflich tätigen Arzt »zum eigentlichen Träger der ambulanten Versorgung« zu machen, enthielt § 4 Abs.1 des Gesetzes nurmehr die Festlegung, die Niederlassung von Ärzten in freier Praxis zu fördern. Kommunale und staatliche Gesundheitseinrichtungen waren im übrigen gemäß § 11 Abs.1 bis zum 31. 12. 1995 zur ambulanten Versorgung zugelassen.

Die Angleichung der Rechtsverhältnisse in der DDR umfaßte auch die Einführung einer **ärztlichen Selbstverwaltung** in Ärztekammern und Kassenärztlichen Vereinigungen. Die Rechtsgrundlagen hierfür bildeten das Gesetz über die Berufsvertretungen und die Berufsausübung der Ärzte, Zahnärzte, Tierärzte und Apotheker (Kammergesetz) vom 13. Juli 1990 [GBl.I S.711] sowie das Krankenkassen-Vertragsgesetz vom 13. September 1990 [GBl.I S.1533], dessen § 5 für jedes Bundesland die Errichtung einer Kassenärztlichen Vereinigung in der Rechtsform einer Körperschaft des öffentlichen Rechts verlangte.

Das Kammergesetz vom 13. Juli 1990 verpflichtete die dort genannten Berufsgruppen zur Mitgliedschaft (Eintragung in die Kammerrolle) in den künftigen Ländern zu bildenden DDR-Ärztekammern. Die Pflichtmitgliedschaft ergab sich schon deshalb, da den Ärztekammern gesetzliche Aufgaben übertragen wurden, die sie in Selbstverwaltung durchführen sollten. Nach Maßgabe des Kammergesetzes hatten die Kammern u. a. zum Wohle der Allgemeinheit die beruflichen Belange der Ärzte zu wahren und zu vertreten, die Erfüllung der Berufspflichten der Ärzte zu überwachen, die Qualitätssicherung im Gesundheitswesen zu fördern, eine ordnungsgemäße Fort- und Weiterbildung der Ärzte durchzuführen sowie bei Streitigkeiten aus der beruflichen Tätigkeit zwischen Ärzten und Dritten zu vermitteln. Den Ärztekammern wurde zugleich das Recht eingeräumt, Fürsorge- und Versorgungseinrichtungen für Ärzte zu schaffen. Bis zur Errichtung der Ärztekammern sollten die nach demokratischen Regeln entstandenen, privatrechtlich konstituierten vorläufigen Ärztekammern nach Bestätigung des Gesundheitsministeriums die Aufgaben wahrnehmen. Entsprechend waren sie verpflichtet, eine Wahlordnung zu erstellen und bis spätestens 30.6.1991 Wahlen durchzuführen *(vgl. Dt. Ärztebl., Heft 39/1990, S.1304 f.)*.

Die Bildung von Kassenärztlichen und Kassenzahnärztlichen Vereinigungen richtete sich zum einen nach einer AO des DDR-Gesundheitsministers vom 29. August 1990 und zum anderen gemäß § 5 des Krankenkassen-Vertragsgesetzes vom 13. September 1990 [GBl.I S.1448, 1533]. Beide Rechtsgrundlagen enthielten allerdings identische Vorschriften. Entsprechend dem Sicherstellungssplitting zwischen dem Kassenarztsystem und den bisherigen zur ambulanten Versorgung zugelassenen Gesundheitseinrichtungen gehörten – abweichend von westlichen Vorschriften – den Kassenärztlichen Vereinigungen als ordentliche Mitglieder sowohl die vom Zulassungsausschuß zugelassenen Kassenärzte als auch die in den zunächst für 5 Jahre zur ambulanten Versorgung zugelassenen Gesundheitseinrichtungen angestellten Fachärzte an. In den Organen sollten beide Gruppen je zur Hälfte vertreten sein.

Ein von allen Fraktionen eingebrachter Entwurf eines Gesetzes über die Berufsvertretungen und die Berufsausübung des nichtärztlichen Hochschulpersonals im Gesundheitswesen (**Rahmenkammergesetz**) sah auch für nichtärztliche Personengruppen des Gesundheitswesens die Bildung von Kammern als Einrichtungen berufsständischer Selbstverwaltung vor [VK-Drs. Nr.138 a]. Zwar wurde der Gesetzentwurf auf der 35. Tagung der Volkskammer am 13.9.1990 noch mit großer Mehrheit verabschiedet [VK-StenNdrs 10.WP, S.1729], im Gesetzblatt der DDR jedoch nicht mehr veröffentlicht.

Während dieses Gesetz letztlich folgenlos blieb, kam dem **Krankenhausfinanzierungsgesetz vom 30. August 1990** [GBl.I S.1428] in Anbetracht der dramatischen Lage der stationären Versorgung in der DDR erhebliche Bedeutung zu.

Das vom DDR-MinR eingebrachte [VK-Drs. Nr.192] und von der Volkskammer am 30.8.1990 in zweiter Lesung verabschiedete KHG-DDR [VK-StenNdrs 10.WP, S.1539], das sich gleichfalls in weiten Teilen an bundesdeutsche Regelungen anlehnte, sollte für die DDR die rechtlichen Grundlagen für die Neugestaltung der Krankenhausfinanzierung schaffen. Zu den wesentlichen Grundsätzen des Gesetzes gehörte das zwingende Gebot, daß bei seiner Durchführung die Vielfalt der freigemeinnützigen, privaten und öffentlichen Krankenhausträger beachtet werden sollte. Alle Trägergruppen sollten gleichberechtigt an der Versorgung der Bevölkerung und an der Investitionsförderung teilnehmen. Ausdrücklich schrieb das Gesetz vor, daß durch die Gewährung staatlicher Fördermittel die Eigenständigkeit und Unabhängigkeit der Krankenhäuser nicht angetastet werden durfte. Die laufenden Ausgaben der im Krankenhausplan der zukünftigen Länder erfaßten Krankenhäuser sollten aus Mitteln der Krankenkassen auf der Grundlage von Pflegkostensätzen finanziert werden. Die Pflegekostensätze waren zwischen dem Krankenhausträger und den Krankenkassen vor Beginn jeder Wirtschaftsperiode zu vereinbaren. Vorgesehen war dabei zunächst noch ein vereinfachter Kosten- und Leistungsnachweis. Den Krankenhäusern räumte das Gesetz einen Anspruch auf Investitionsförderung ein, wobei zwischen Einzelförderung und Pauschalförderung unterschieden wurde. Die Fördermittel sollten unter Berücksichtigung des Nachholbedarfs bereitgestellt werden.

Entwicklung der Arzneimittelversorgung in der DDR

Mit der Herstellung der Wirtschafts- und Währungsunion waren ab Juli 1990 nicht nur die Arzneimittelpreise freigegeben worden, sondern auch Beschränkungen für den Import von Arzneimitteln aus der BRD weitgehend weggefallen. Dies war angesichts der bereits unmittelbar nach Öffnung der deutschen-deutschen Grenze entstandenen Nachfrage nach westdeutschen Arzneimitteln allerdings auch kaum zu verhindern. Mit der am 27.7.1990 in Kraft getretenen **VO über Arzneimittelpreise vom 4. Juli 1990** [GBl.I S. 715] war ferner die bundesdeutsche Arzneimittelpreis-Verordnung für die Aufschlagskalkulation bei Großhandel und Apotheken übernommen worden.

Die ursprüngliche Absicht der west- und ostdeutschen Pharmaverbände BPI und VDPI, mit geeigneten Maßnahmen den ostdeutschen Pharmabetrieben eine Anpassungszeit zur Einstellung auf marktwirtschaftliche Verhältnisse einzuräumen, blieb ohne nennenswerte Wirkung. Nach den Ende April 1990 vereinbarten »Gemeinsamen Leitlinien« sollte bis Ende 1992 die Grundversorgung der ostdeutschen Bevölkerung mit bereits vorhandenen Medikamenten und solchen aus Kooperationsvorhaben erfolgen; die westdeutschen Unternehmen sollten dagegen bis dahin nur komplementäre, auf dem ostdeutschen Markt nicht verfügbare Arzneien liefern.

Mit ähnlicher Zielsetzung, aber auch um bei sofortiger unbeschränkter Übernahme aller in Westdeutschland zugelassenen Arzneimittel eine akute Überforderung bei Ärzten und Patienten zu vermeiden, beabsichtigte die Anweisung Nr.1 des DDR-Gesundheitsministers vom 7.6.1990 »über das Inverkehrbringen von Arzneimitteln aus der BRD«, das Arzneimittelsortiment der DDR in den Jahren 1990/91 zu ergänzen und schrittweise zu erweitern. U.a. sollten bisher in der DDR nicht verfügbare Arzneimittel sofort, zusätzliche apothekenpflichtige Arzneimittel ab 1991 zugelassen werden, wobei für die Zulassung bundesdeutsche Urkunden ausreichen sollten. Alle in der DDR zugelassenen Arzneimittel durften auch zu Lasten der Kostenträger verordnet werden. Ein zunächst vorgesehenes Verzeichnis der erstattungsfähigen Arzneimittel (Positivliste) wurde nicht eingeführt. Für die Ärzte galt lediglich die Verpflichtung zur wirtschaftlichen Verordnungsweise.

Beide Maßnahmen waren seit Inkrafttreten der Wirtschaftsunion gegenstandslos geworden; ab 1.7.1990 konnten in den alten Bundesländern zugelassene Arzneimittel nach Registrierung praktisch uneingeschränkt vertrieben werden. Zugleich wurde auch in der DDR die Preisbildung der Hersteller frei. Zwar führte die Einführung der freien Preisbildung teilweise zu einer Verbilligung überteuerter Arzneimittel, teilweise aber auch zu Preissteigerungen bei jenen Medikamenten, für die die bisherigen staatlichen Subventionen weggefallen waren. Berechnungen des WIdO zufolge lagen die Preise im ostdeutschen Arzneimittelmarkt im Juli 1990 um 20% über dem Vorjahresniveau *(vgl. SVRKA, 1991, S.255ff.)*.

Folge dieser Regelungen waren **rapide steigende Arzneimittelausgaben**. Trotz eines deutlich niedrigeren Einkommensniveaus in der DDR und damit geringerer Beitragseinnahmen der Krankenkassen waren die Arzneimittelpreise sehr schnell auf das bundesdeutsche Preisniveau gestiegen. Die enorm erhöhten Arzneimittelausgaben veranlaßten den DDR-Gesundheitsminister Anfang August 1990, einen Staatszuschuß in Höhe von 500 Mio. DM für die DDR-Krankenversicherung zu fordern. Die GKV-Spitzenverbände kritisierten zwar ebenfalls die enorm gestiegenen Arzneimittelausgaben, lehnten einen »Staatszuschuß« zum Ausgleich der Mehrkosten für Arzneimittel jedoch ab.

Der DDR-Gesundheitsminister ging davon aus, daß die Aufwendungen der Krankenversicherung durch die freie Preisbildung der pharmazeutischen Industrie um ca. 25 %, durch die Anwendung höherer Zuschläge für den Großhandel um rd. 15% und durch die MwSt um 14% gestiegen waren. Den sich daraus ergebenden Anstieg der Arzneimittelausgaben schätzte er auf ca. 150%. Allein die Kostensteigerung in diesem Ausgabenbereich würde bereits im 2. Halbjahr 1990 einen zusätzlichen Finanzbedarf der KV von ca. einer Mrd. DM auslösen. Statt staatlicher Zuschüsse forderten die GKV-Spitzenverbände, in der DDR umgehend wirksame Instrumente zur Ausgabensteuerung einzuführen. Gedacht war an die alsbaldige Festsetzung von Festbeträgen sowie für eine Übergangszeit an eine Minderung der Kosten für Großhandel und Apotheken durch Fixaufschläge auf die Herstellerabgabepreise (alternativ schlugen sie einen dreifachen Apothekenabschlag vor) *(vgl. dfg Nr.30/1990, S.2; General-Anzeiger v. 27.7.1990; Frankfurter Allgemeine Zeitung v. 27.7.1990)*.

Nachdem bereits das Gesetz zur Umstrukturierung des staatlichen Gesundheitswesens vom 22. Juli 1990 [GBl.I S.1049] auch für Apotheken die Modalitäten der Überführung in private Hand geregelt hatte, enthielt die **VO über das Apothekenwesen vom 1. August 1990** [GBl.I S.1236] vor allem Vorschriften für die Neugründung und den Betrieb von Apotheken. Zugleich brachte sie neue Bestimmungen hinsichtlich der für den Betrieb einer Apotheke erforderlichen Erlaubnis und die Rechtsstellung der Apotheken.

2.8 Sonstige sozialpolitische Bereiche

Der deutsch-deutsche Einigungsprozeß berührte nicht nur das Arbeitsrecht und die Sozialversicherung, er hatte auch Auswirkungen auf andere sozialpolitische Bereiche. Während für die genannten Gebiete eine Übernahme bundesdeutscher Regelungen gemeinhin als Fortschritt angesehen wurde, gab es auch Bereiche, in denen die DDR-Bevölkerung vorhandene Regelungen und Strukturen als »sozialpolitische Errungenschaften« bewertete und daher – zumindest in großen Teilen – bestrebt war, diese auch bei einem Beitritt zur Bundesrepublik zu bewahren. Ganz eindeutig betraf dies die Frage der **gesellschaftlichen Stellung der Frau** sowie die Organisation der **Kinderbetreuung** *(vgl. Malarski, 1990; Hampele, 1990, S.34ff.; Kipp, 1990, S.1ff.; S. Mundorf, 1990, S.1ff.; Oeter, 1990, S.30ff.; Schuster/Tügel, 1990, S.318ff.; Schwarze, 1990b, S.202ff.)*.

2.8.1 Familien- und frauenpolitische Maßnahmen und Diskussionen

Erhebliche Änderungen waren im Hinblick auf die deutsche Einheit vor allem beim Familienrecht erforderlich, zumal gerade dieses Rechtsgebiet in besonderer Weise sozialistische Ideologievorstellungen widerspiegelte. Einen ersten Schritt dazu bildete das **Erste Familienrechtsänderungsgesetz vom 20. Juli 1990** [GBl.I S.1038].

Der vom DDR-MinR eingebrachte Gesetzentwurf [VK-Drs. Nr.92] sollte einen Anfang in dem Bemühen darstellen, in diesem sehr schwierigen Bereich zu einer Rechtsangleichung zu gelangen. Zugleich wurden mit ihm »unaufschiebbare Korrekturen zur Lösung von brennenden Widersprüchen zwischen der gesellschaftlichen Realität und dem geltenden Recht vorgenommen« [VK-StenNdrs 10.WP, S.723]. Er zielte vor allem darauf ab, Bestimmungen zu beseitigen, die sich an gesellschaftlich überholten Ziel- und Wertvorstellungen orientierten, eine vereinfachte Anpassung der bestehenden Unterhaltsverpflichtungen zu ermöglichen, das eheliche Güterrecht für besonders den Bedürfnissen des Mittelstandes entsprechenden Regelungen ihrer privaten und ehelichen Eigentumsverhältnisse zu öffnen sowie die seit langem schwelenden Konflikte in bezug auf die rechtliche Stellung der nichterziehungsberechtigten Elternteile zu mildern *(vgl. Wünsche, 1990, S.137 f.)*. Ganz im Vordergrund stand dabei die ideologische »Entrümpelung« des geltenden Familiengesetzbuches. Insbesondere wurden die zahlreichen Aussagen über das Verhältnis der Familie zu Staat und Gesellschaft in einer Bestimmung zusammengefaßt und dabei der Primat der Eltern bei der Erziehung ihrer Kinder hervorgehoben. Nach § 1 Abs.2 sollten die staatlichen und kommunalen Einrichtungen nur noch Unterstützung anbieten. Außerdem sollten kinderreiche Familien, Familien mit behinderten Kindern und alleinerziehende Mütter und Väter eine besondere Fürsorge erfahren.

Bei den **familienpolitischen Leistungen** wurden zum einen Anpassungen an die wirtschaftliche Entwicklung und zum anderen an die in der Bundesrepublik herrschenden Verhältnisse vorgenommen.

In Berücksichtigung der wirtschaftlichen Entwicklung wurde, einem Antrag des Ausschusses für Familie und Frauen folgend [VK-Drs. Nr.110], von der Volkskammer am 13. Juli 1990 [GBl.I S.713] beschlossen [VK-StenNdrs 10.WP, S.796 f.; 1023], das staatliche Kindergeld für die Zeit vom 1.7. bis 31.12.1990 in den Fällen auf Antrag um einen monatlichen Ausgleichsbetrag von 25 DM zu erhöhen, in denen nur ein Elternteil lohnsteuerpflichtige Einkünfte aus einem Arbeitsverhältnis bezog. Nach Auffassung der Volkskammer sollte damit erreicht werden, sämtliche Kinder kindergeldrechtlich gleichzustellen. Außerdem wurde durch VO vom 29.8.1990 [GBl.I S.1423] analog zur BRD die Auszahlung des staatlichen Kindergeldes, das weiterhin aus dem Staatshaushalt finanziert wurde, auf die Arbeitsämter übertragen.

Demgegenüber wurden durch die 2. VO über die Gewährung von Krediten zu vergünstigten Bedingungen an junge Eheleute vom 18. Juli 1990 [GBl.I S.812] die bisherigen Regelungen dahingehend geändert, daß neue Verträge nicht mehr abgeschlossen werden konnten. Zugleich wurde der Krediterlaß auf bis zum 31.12.1990 geborene Kinder beschränkt.

Stärker noch als einzelne finanzielle familienpolitische Leistungen wurde die **zukünftige Rolle der Frau** in der DDR zu einem wichtigen Thema der politischen Diskussion. Vor allem die Frauen befürchteten, in der sich neu gestaltenden Gesellschaft die »Verlierer« zu sein. Bestärkt wurden zahlreiche Frauen in dieser Einschätzung nicht zuletzt dadurch, daß Frauen schon frühzeitig überproportional von Entlassungen betroffen waren, erste Einrichtungen, die früher für die – wenn auch notdürftige – Vereinbarkeit von Familie und Beruf gesorgt hatten, allmählich zu verschwinden begannen und die von nicht wenigen DDR-Frauen als Errungenschaft angesehene Fristenlösung beim Schwangerschaftsabbruch vor allem aus dem Westen in Frage gestellt wurde. Letzteres Problem führte dann auch im Rahmen der Verhandlungen zum EinigungsV zu einem äußerst heftigen und langanhaltenden Streit, der erst in allerletzter Minute durch einen Kompromiß beigelegt werden konnte.

Kritiker bemängelten vor allem, daß die Übertragung des bundesdeutschen Rechts auf die DDR-Verhältnisse insbesondere die Frauen benachteilige. Als Beispiel wurde vielfach das Rentenrecht genannt, wo mit der Rechtsangleichung das „frauenpolitische Leitbild der Hausfrauenehe im Sozialrecht verankert (werde), ... das in der ehemaligen DDR als Leitbild gar nicht existierte" *(Veil, 1991, S.322)*.

In der an westdeutschen Maßstäben orientierten Rechtsangleichung sahen sie einen Prozeß, „durch den DDR-Frauen in neue und für sie unbekannte Abhängigkeiten gebracht (würden): die Abhängigkeit von Ehemann und Sozialhilfe. Dies (geschehe) durch Streichung eigenständiger frauenspezifischer Rentenansprüche, (von) Zurechnungszeiten und Mindestbeträgen. Als ‚sozialer Ausgleich' (würden) abhängige Leistungen wie die Hinterbliebenenrente ausgebaut und das Bundessozialhilfegesetz eingeführt" *(Veil, 1991, S.322)*. Auch hinsichtlich des ökonomischen Strukturwandels sahen viele insbesondere die Frauen auf der Verliererseite *(vgl. Bobke/Giese, 1991, S.328 ff.)*. U.a. wurde der Vorwurf erhoben, daß mit der Übernahme bundesdeutschen Rechts es in erster Linie darum gehe, „die weiblichen Arbeitskräfte zu verbilligen und flexibler einsetzbar zu machen. Gleichzeitig (werde) der Wegfall zahlreicher Schutzvorschriften dazu führen, daß Frauen sich aus dem Erwerbsleben (zurückzögen), weil unter solchen Bedingungen die Doppelbelastung durch Haushalt und Erwerbsarbeit unerträglich werde" *(Däubler, 1990 c, S.366; vgl. Däubler, 1990 e, S.208 ff.)*. Der mit dem Einigungsprozeß verbundene ökonomische und gesellschaftliche Strukturwandel, der zugleich das bis dahin geltende Wertesystem beeinflußte, brachte insbesondere die erwerbstätigen Frauen in der DDR in einen Doppelkonflikt „zwischen tradierte(n) individuelle(n) und gesellschaftliche(n) Erwartungen an die Erwerbstätigkeit von Frauen und zwischen individuelle(n) Ansprüche(n) und deren faktische(n) Realisierungsmöglichkeiten angesichts der ... Arbeitsmarktlage" *(Engelbrech, 1991, S.648; vgl. Kirner, 1990, S.145 ff.; Ott/Radtke/Thiel/Wagner, 1990, S.152 ff.; Schenk, 1990, S.149 ff.)*.

2. 8. 2 Kinderbetreuungseinrichtungen und Jugendhilfe

Bei aller Kritik am qualitativen Zustand zahlreicher Kinderbetreuungseinrichtungen in der DDR gab es kaum Zweifel, daß eine Mehrheit der DDR-Bürger das vorhandene Versorgungsangebot schätzte. Die wachsenden wirtschaftlichen Schwierigkeiten zahlreicher Betriebe ließen jedoch schon bald die nicht unbegründete Befürchtung entstehen, daß im Zuge des ökonomischen Umstrukturierungsprozesses zahlreiche Kinderbetreuungseinrichtungen vor allem der Betriebe geschlossen werden könnten.

Um einer breiten Schließung in diesem Bereich entgegenzuwirken, legten sowohl die **VO über die Aufrechterhaltung betrieblicher Kindergärten, polytechnischer und berufsbildender Einrichtungen vom 6. Juni 1990** [GBl.I S.297] wie die VO vom 4. Juli 1990 über die **Aufrechterhaltung von Leistungen betrieblicher und betriebseigener Kinderkrippen** [GBl.I S.662] den betroffenen Unternehmen die Pflicht auf, vereinbarte Leistungen zur Kinderbetreuung weiterhin zu erfüllen. Gleichzeitig wurde ihnen eine einseitige Lösung aus diesen Pflichten untersagt. Entsprechend der andererseits angestrebten Entstaatlichung der Kinderbetreuung trat am 1. 8. 1990 die VO über das Errichten und Betreiben von Tageseinrichtungen für Kinder in freier Trägerschaft vom 27. Juni 1990 [GBl.I S.620] in Kraft.

Letztere VO bestimmte, daß freie Träger zum Betrieb von Kinderkrippen, Kindergärten, Horten und anderen Einrichtungen, in denen sich Kinder teilweise oder ganztägig aufhalten, einer Erlaubnis bedurften. Zugleich regelte sie Einzelheiten des entsprechenden Verwaltungsverfahrens. Ergänzend dazu ergingen am 18. 9. 1990 eine VO über Tageseinrichtungen für Kinder [GBl.I S.1577] sowie eine VO über die Betreuung von Kindern in Tagespflege [GBl.I S.1579]. Erstere VO, die zugleich die

VO über das Errichten und Betreiben von Tageseinrichtungen für Kinder in freier Trägerschaft vom 27. Juni 1990 [GBl.I S.620] aufhob, verpflichtete in § 8 Abs.1 die Kommunen, in ihrem Territorium bedarfsgerecht geeignete Plätze in Tageseinrichtungen für Kinder bereitzustellen, wobei zugleich die Bereitstellung eines warmen Mittagessens – vor allem bei ganztägiger Betreuung – zu sichern war. Bei zeitweilig nicht ausreichendem Angebot an Plätzen sollten die zuständigen Behörden im Benehmen mit den Einrichtungen und den gewählten Elternvertretungen Aufnahmekriterien nach sozialen Gesichtspunkten festlegen (§ 8 Abs.2). Nach § 9 Abs.1 waren die Tageseinrichtungen für Kinder unter Berücksichtigung der örtlichen Gegebenheiten und der Bedürfnisse der Erziehungsberechtigten und Kinder offenzuhalten. Den Trägern der Einrichtungen räumte § 16 einen Förderungsanspruch ein; für die Kosten zur Errichtung, zum Erhalt und Betrieb der Einrichtungen sollten sie im Rahmen der vorhandenen Haushaltsmittel öffentliche Zuschüsse erhalten. Andererseits konnten gemäß § 17 Abs.1 für die Inanspruchnahme der Leistungsangebote von den Trägern Elternbeiträge festgelegt werden. Sofern den Eltern die finanzielle Belastung nicht zugemutet werden konnte, sollten die Elternbeiträge auf Antrag teilweise oder gänzlich erlassen werden.

Ebenfalls noch in der Zeit der letzten DDR-Regierung wurde damit begonnen, die **Organisation der Jugendhilfe** neu zu gestalten *(vgl. Braun, 1990, S.378ff.; Jaide/Hille, 1990, S.36ff.; Jockenhövel-Schiecke, 1990, S.143ff.; Lempp, 1990, S.373ff.; Seidenstücker, 1990, S.328ff.)*. Unter Außerkraftsetzung bisheriger Bestimmungen enthielt das **Jugendhilfeorganisationsgesetz vom 20. Juli 1990** [GBl.I S.891] hierzu neben allgemeinen Regelungen insbesondere Vorschriften zu den Aufgaben der Jugendhilfe, zu den Trägern der öffentlichen Jugendhilfe sowie zur Zusammenarbeit mit der freien Jugendhilfe und ehrenamtlich Tätigen.

Auch im Kinder- und Jugendhilferecht ging es nach dem StaatsV zunächst darum, eine rechtliche Angleichung einzuleiten. Ziel des vom DDR-MinR vorgelegten Gesetzentwurfes [VK-Drs. Nr.128] war es, einerseits bestehende Angebote zu erhalten und andererseits neue inhaltliche und strukturelle Maßnahmen hinsichtlich des Aufgabenbereichs und der Leistungen der Jugendhilfe vorzubereiten [VK-StenNdrs 10.WP, S.965]. Erreicht werden sollte, die Voraussetzungen für eine Übernahme des neuen bundesdeutschen Kinder- und Jugendhilferechts zum 1. 1. 1991 zu schaffen. Ähnlich wie in der Bundesrepublik definierte das Gesetz in § 1 Abs.1 einen Rechtsanspruch eines jeden jungen Menschen auf Förderung seiner Entwicklung und auf Erziehung zu einer eigenverantwortlichen und gemeinschaftsfähigen Persönlichkeit. Ausdrücklich betonte dabei Art.1 Abs.2, daß die Pflege und Erziehung der Kinder das natürliche Recht der Eltern und die zuvörderst ihnen obliegende Pflicht seien. Die Gemeinschaft habe lediglich über deren Betätigung zu wachen.

2. 8. 3 Angleichungen im Wohnungswesen

Von Anfang an war auch im Bereich der **Wohnungsversorgung** und der **Wohnungswirtschaft** mit erheblichen Anpassungschwierigkeiten zu rechnen. Trotz des in den 70er und 80er Jahren mit großem Aufwand durchgeführten sozialistischen Wohnungsbauprogramms befand sich die Wohnungsversorgung der DDR in einer äußerst **desolaten Situation**, wobei es sich weniger um ein quantitatives Problem handelte. Vordringlich waren kurzfristig vor allem die Erhaltung und Sanierung der heruntergewirtschafteten Bausubstanz. Mittelfristig ergab sich auch hier die Aufgabe, die Wohnungsversorgung an den westlichen Standard heranzuführen *(vgl. auch Schröder, 1990; Berberich, 1990, S.114f.; Dietrich-Buchwald, 1990, S.111ff.; Eekhoff, 1990, S.22ff.; Franke, 1990, S.34ff.; Helbig, 1990, S.19f.; Klös, 1990, S.85ff.; Köpfler, 1990, S.204f.; Riecke, 1990, S.189ff.; Schroeder, 1990, S.24ff.; Steinert, 1990, S.255ff.; J. Zimmermann, 1990, S.9ff.)*.

Für die Lösung dieser Aufgaben war neben gezielten **Fördermaßnahmen** nicht zuletzt eine Anpassung der weit unterhalb der Kosten fixierten **Wohnungsmieten** erforderlich, um eine rentable Bewirtschaftung der Wohnungen zu ermöglichen. Bereits erste Maßnahmen machten deutlich, daß hier Änderungen auf erhebliche Schwierigkeiten stoßen würden. Zu berücksichtigen war, daß für die DDR-Bürger eine marktwirtschaftliche Wohnungsversorgung völlig unbekannt war und der Mietpreis als Steuerungselement im früheren System praktisch keine Bedeutung hatte.

Im Hinblick auf die Einführung der Wirtschafts- und Währungsunion und die dadurch erwarteten Preisentwicklungen wurden zunächst durch die **VO über die Aufhebung bzw. Beibehaltung von Rechtsvorschriften auf dem Gebiet der Preise vom 25. Juni 1990** [GBl.I S.472] die einschlägigen Mietpreisbindungen aufrechterhalten *(vgl. Sternel, 1991, S.289).*

Damit galten für die Mietpreise weiterhin die Preisanordnung Nr.415 vom 6. Mai 1955 [GBl.I S.330], die VO über die Verbesserung der Wohnverhältnisse vom 10. Mai 1972 [GBl.II S.318] sowie die VO über die Festsetzung von Mietpreisen in volkseigenen und genossenschaftlichen Neubauwohnungen vom 19. November 1981 [GBl.I S.389]. Nach Maßgabe dieser VO lag das Preisniveau demnach zwischen 0,80–0,90 DM/qm monatlich, wobei bei Vorhandensein einer Zentralheizung monatlich 0,40 DM/qm hinzukamen. In Ost-Berlin betrug der Mietzins 1,00–1,25 DM/qm monatlich.

Einen ersten Schritt auf dem Wege zur Neuorganisation der Wohnungswirtschaft bildete das **Gesetz über die Umwandlung volkseigener Wohnungswirtschaftsbetriebe in gemeinnützige Wohnungsbaugesellschaften und zur Übertragung des Grundeigentums an die Wohnungsgenossenschaften vom 22. Juli 1990** [GBl.I S.901].

Begründet wurde dieses Gesetz damit, daß der Prozeß der Umwandlung der volkseigenen, juristisch selbständigen Betriebe der Wohnungswirtschaft nicht mit dem erforderlichen Tempo verlaufe. Anfang Juli 1990 waren von den insgesamt 311 Wohnungswirtschaftsbetrieben erst rd. 6 % in gemeinnützige Wohnungsbaugesellschaften umgewandelt. Ursachen für diesen unbefriedigenden Umstand waren vor allem unterschiedliche Standpunkte der kommunalen Organe und Betriebe zur Rechtsform der neuen Unternehmen sowie zur Überführung des Eigentums an Wohngebäuden wie auch an Grund und Boden [VK-StenNdrs 10.WP, S.942 ff.].

Zugleich wurden allerdings Maßnahmen getroffen, die eine sozialverträgliche Reorganisation der Wohnungsversorgung gewährleisten sollten. Diesem Zweck diente insbesondere das **Gesetz über die Gewährleistung von Belegungsrechten im kommunalen und genossenschaftlichen Wohnungswesen vom 22. Juli 1990** [GBl.I S.894].

Laut Begündung [VK-Drs.Nr.127] war Anlaß des Gesetzentwurfes, die WohnraumlenkungsVO, »deren dirigistisches Wesen und bürokratische Verfahrensweise mit dem Übergang zur sozialen Marktwirtschaft« als unvereinbar angesehen wurden, abzulösen. Ziel sollte sein, den Kommunen bzw. den Verfügungsberechtigten über die Wohnungen eine deutlich höhere Eigenverantwortung einzuräumen. Inbesondere sollten die Zuweisung eines bestimmten Wohnraumes entfallen und Wohnungen in privaten Häusern aus den Belegungsbindungen herausgenommen werden. Die Wohnungsämter sollten die für die mit öffentlichen Mitteln geschaffenen Wohnungen eingeführten Belegungsrechte wahrnehmen und so vor allem einkommensschwächere Wohnungssuchende absichern [VK-StenNdrs 10.WP, S.981]. Wenngleich fast alle politischen Parteien für eine Lockerung der Wohnraumzwangsbewirtschaftung eintraten, gab es doch im Detail Kritik an dem vorgelegten Gesetzentwurf. Strittig waren insbesondere die Definition der Gebiete mit erhöhtem Wohnungsbedarf, die Wahlmöglichkeit zwischen drei Berechtigten sowie der weitgehende Wegfall von Regelungen für private Wohnungen.

Das Gesetz ermächtigte die zukünftigen Landesregierungen und den Magistrat von Berlin, für Gebiete mit erhöhtem Wohnungsbedarf Festlegungen zu treffen, die befristet oder unbefristet bestimmten, daß der Verfügungsberechtigte eine freie oder bezugsfertig werdende Wohnung nur einem von der zuständigen Stelle benannten Wohnungssuchenden zum Gebrauch überlassen durfte. Die in der Bescheinigung über die Wohnberechtigung angegebene Wohnungsgröße durfte dabei grundsätzlich nicht überschritten werden (§ 5 Abs.2). Gleichwohl abgeschlossene Mietverträge waren unwirksam (§ 5 Abs.7). Der Verfügungsberechtigte hatte allerdings das Recht, aus mindestens drei wohnungsberechtigten Wohnungssuchenden auszuwählen. Dies galt lediglich dann nicht, wenn Belegungsrechte zwischen den Verfügungsberechtigten und der zuständigen Stelle vertraglich vereinbart waren. Für die Erteilung der Wohnberechtigungsbescheinigungen, die nicht an Einkommensgrenzen geknüpft waren, waren die örtlichen Wohnungsämter zuständig (§ 6). Das Gesetz, das die WohnraumlenkungsVO vom 16. Oktober 1985 [GBl.I S.301] aufhob, sah Belegungsbindungen für Wohnungen vor, welche sich ab 1.9.1990 in Kommunaleigentum befanden, für Genossenschaftswohnungen, die mit staatlichen Mitteln belastet oder mit öffentlichen Mitteln gefördert waren, sowie für neue, mit staatlichen Mitteln gebaute kommunale bzw. genossenschaftliche Wohnungen. Immerhin war es möglich, mit dem Gesetz rd. 60 % des Wohnungsbestandes mit Belegungsrechten zu binden. Das Gesetz beseitigte nicht die auch für den privaten Bereich geltenden Mietpreisbindungen. Bei Aufhebung der entsprechenden Rechtsvorschriften hatte die Regierung gem. § 18 Abs.2 die Möglichkeit, die Mietpreise wiederum gesetzlich zu binden [VK-StenNdrs 10.WP, S. 1271 ff.]. Zur Ausführung des Gesetzes trat am 1.9.1990 eine DB [GBl.I S.1262] in Kraft, die in der Anlage u. a. eine Richtlinie über die Wohnungserfassung und -kontrolle enthielt *(vgl. Kittke, 1991, S. 51; Sternel, 1991, S.289).*

Vervollständigt werden sollte die Wohnungsgesetzgebung durch den am 23. August 1990 von der Volkskammer in 1. Lesung beratenen **Entwurf eines Gesetzes zum freifinanzierten Wohnungsbau** [VK-Drs. Nr.190] sowie den **Entwurf eines Gesetzes über das Wohnungseigentum und das Dauerwohnrecht** [VK-Drs. Nr.191]. Beide Gesetzentwürfe lehnten sich dabei in wesentlichen Punkten an bundesdeutsche Regelungen an.

Ersterer Gesetzentwurf sollte die Voraussetzungen für die Schaffung von Wohnraum regeln, der nicht mit Mitteln aus öffentlichen Haushalten gefördert wird. U. a. sollte mit ihm ein Signal für Investoren gesetzt werden, die zu den in der Bundesrepublik üblichen marktwirtschaftlichen Konditionen privaten und freifinanzierten Wohnungsneubau vornehmen wollten. Mit dem zweiten Gesetzentwurf sollten Vorschriften für die DDR übernommen werden, wie sie das bundesdeutsche Gesetz über das Wohnungseigentum und das Dauerwohnrecht enthielt, wobei notwendige Übergangs- und Anpassungsregelungen vorgesehen waren. Damit sollte neben der Sicherung einer sozialverpflichteten Wohnungspolitik mit Gewährleistung sozialen Mietrechts und Mieterschutzes vor allem der Erwerb von persönlichem Eigentum an Wohnungen und Wohnungsgrundstücken ermöglicht werden. Gleichzeitig sollten auch mit diesem Gesetzentwurf für private Investoren Sicherheiten geschaffen werden, zu ähnlichen Investitions- und Verwertungsbedingungen wie in der Bundesrepublik tätig werden zu können *(vgl. Dokumentations-Service, Nr.1/1990).*

Die beiden Gesetzentwürfe wurden zwar noch von den zuständigen Volkskammerausschüssen beraten, wurden jedoch letzlich ein Opfer des Zeitmangels; Termin und Möglichkeit des Wirksamwerdens der beiden Gesetze wurden von der Vereinigung überholt. Nach Ansicht des Volkskammerausschusses für Bauwesen, Städtebau und Wohnungswirtschaft waren viele seiner Forderungen und Wünsche bei den Verhandlungen zum EinigungsV unberücksichtigt geblieben. In der VK-Sitzung am 20.9.1990 begnügte man sich damit, die Beschlußempfehlungen des Ausschusses [VK-Drs. Nrn. 190 a; 191 a] zu verabschieden, um sie ggf. als Grundlage für Nachverhandlungen zum EinigungsV nutzen zu können [VK-StenNdrs 10.WP, S.1780 f.].

Zur Angleichung der Wohnungsbauförderung an westdeutsche Verhältnisse gehörte schließlich auch, daß der DDR-MinR bereits durch VO vom 21. Juni 1990 [GBl.I S.478] in der DDR das **Bausparen** eingeführt hatte.

2. 9 Anpassungen im Arbeits- und Sozialrecht der Bundesrepublik

Der StaatsV verlangte zwar vor allem von der DDR Maßnahmen, um ihr Arbeits- und Sozialrecht an die Erfordernisse eines marktwirtschaftlichen Wirtschaftssystems anzupassen, die beabsichtigte Sozialunion machte aber auch in der Bundesrepublik einige sozialrechtliche Änderungen notwendig. Neben eher technischen Anpassungen und der Schaffung von Rechtsgrundlagen für Aktivitäten bundesdeutscher Sozialleistungsträger im damaligen Noch-Ausland DDR bedurfte insbesondere das **Fremd- und Auslandsrentenrecht** einer Anpassung an die geänderten deutsch-deutschen Verhältnisse.

Das Zustimmungsgesetz zum StaatsV vom 25. Juni 1990 [BGBl.II S.518], das am 30.6. 1990 in Kraft trat und in seinem Art.1 die Ratifikation des StaatsV beinhaltete, setzte mit den folgenden Artt. 2 bis 37 die allgemeinen politischen Leitlinien des StaatsV auf bundesdeutscher Seite in einzelne gesetzliche Bestimmungen um. Auch dieses Gesetz war allerdings lediglich eine Übergangsregelung bis zur Vereinheitlichung des deutschen Sozial- und Arbeitsrechts [BT.-Drs.11/7171, S.38]. Im Bereich der **Sozialversicherung** brachte das StaatsV-Gesetz vom 25. Juni 1990 neben der Festlegung, daß für nach dem 18. Mai 1990 in die Bundesrepublik gekommene Übersiedler das Fremdrentengesetz keine Anwendung mehr findet, Anpassungsmaßnahmen sowohl auf dem Gebiet des Versicherungsrechts wie des Leistungsrechts. Zur Lösung der Transfer-Probleme in der Übergangszeit wurde zum einen auf die Prinzipien der **Einstrahlung–Ausstrahlung** zurückgegriffen und zum anderen im Verhältnis der beiden deutschen Sozialversicherungssysteme in Teilbereichen das **Exportprinzip** eingeführt *(vgl. Grieß, 1990, S.346; Polster, 1990,S.508ff.; Stephan,1990,S.303ff.; Ruland,1990c,S.165; U. Werner,1990,S.388 f.).*

Als unmittelbare Folge der Wirtschafts-, Währungs- und Sozialunion war künftig mit einer stärkeren grenzüberschreitenden Mobilität von Arbeitnehmern und Rentnern auszugehen. Angesichts der noch bestehenden Unterschiede bei den Löhnen und den Renten bedurfte es geeigneter Regelungen, die einerseits die erwünschte Mobilität nicht behinderten und andererseits keine Anreize boten, unerwünschte Übersiedlungen zu stimulieren. Notwendig war daher zunächst, die Geltungsbereiche der jeweiligen Sozialversicherungsrechte abzugrenzen.

Bei grundsätzlicher Geltung des Territorialprinzips (§ 3 Nr.1 SGB IV; § 9 SVG-DDR) wurden bei zeitlich begrenzter Beschäftigung im jeweils anderen deutschen Staat gewisse Ausnahmen von diesem Grundsatz vorgesehen. Entsprechend bestimmten sowohl Art.22 § 1 StaatsV-G als auch das SVG-DDR (§ 13 Abs.1), daß Personen, die für begrenzte Zeit im Bundesgebiet bzw. in der DDR beschäftigt sind, auf Antrag von der Versicherungspflicht befreit werden konnten, wenn sie im anderen Teil Deutschlands versichert waren. Um Mißbräuche zu verhindern, sah das bundesdeutsche Recht allerdings vor, daß trotz der Befreiung der Arbeitgeberbeitrag zu entrichten war (Art.22 § 1 Abs.4 StaatsV-G). Umgekehrt konnten Personen, die in den anderen Teil Deutschlands für begrenzte Zeit entsandt wurden, auf Antrag nach ihrem Heimatrecht versichert bleiben (Art.22 § 2 StaatsV-G; § 13 Abs.2 SVG-DDR) *(vgl. Stephan, 1990, S.303 ff.).*

Die auf Art.20 Abs.7 StaatsV basierenden Anpassungsmaßnahmen im Bereich der **Rentenversicherung**, die sich in Art.23 StaatsV-G wiederfanden, sahen neben der Ablösung des Fremdrentenrechts für neu zuziehende Übersiedler insbesondere Bestimmungen vor, die den gegenseitigen Leistungstransfer und die Berechnung der zu transferierenden Leistungen regelten.

- Nach Art.23 § 1 blieb bei einem Wohnsitzwechsel nach dem 18. Mai 1990 aus der ehemaligen DDR in die ehemalige Bundesrepublik und umgekehrt der bisherige RV-Träger für die Rentenzahlungen aus den bei ihm zurückgelegten Zeiten zuständig *(vgl. auch Binne, 1991, S.493).*
- Für Fälle, in denen nach dem 18. Mai 1990 der Wohnsitz aus der ehemaligen DDR in die ehemalige Bundesrepublik verlegt wurde, enthielt Art.23 § 2 Regelungen zur Anspruchsprüfung und zur Rentenberechnung. Für die Anspruchsprüfung waren die (nach § 1 ausgeschlossenen) DDR-Zeiten mit den rentenrechtlichen Zeiten nach Bundesrecht zusammenzurechnen. Dem Grundsatz der Verteilung der Versicherungslasten entsprechend flossen die DDR-Zeiten in die bundesdeutsche Rentenberechnung dagegen nicht ein; sie waren vom Träger der ehemaligen DDR abzugelten. Gebietsneutrale Zeiten wurden für die bundesdeutsche Rente in dem Verhältnis angerechnet, in dem die Bundesgebietsbeitragszeiten zur Summe der Bundesgebietsbeitragszeiten und der DDR-Beitragszeiten standen *(vgl. BfA-Geschäftsbericht 1990, S.77).*
- In Durchbrechung des aus § 96 AVG und § 1317 RVO sich ergebenden Zahlungsverbotes von bundesdeutschen Renten in die DDR erlaubte Art.23 § 3 StaatsV-G für Personen, die nach dem 18. Mai 1990 ihren gewöhnlichen Wohnsitz in das Gebiet der DDR verlegten, den Export von Rentenleistungen. Allerdings wurden nur Renten in die DDR gezahlt, die auf Bundesgebietszeiten beruhten (Art.23 §§ 2,3 StaatsV-G). Ferner wurde gem. Art.23 § 3 Abs.3 StaatsV-G zu der aus der Bundesrepublik zu zahlenden Rente ein Zuschuß zu der freiwilligen Krankenversicherung nach § 83 e Abs.1 Nr.2 AVG geleistet.

Mit ähnlicher Zielsetzung wie für die Rentenversicherung brachte Art.24 StaatsV-G auch für die **Unfallversicherung** eine Reihe wesentlicher Rechtsänderungen *(vgl. Raschke, 1991, S.153ff.).*

Im Bereich der Unfallversicherung bestimmte Art.24 § 1 StaatsV-G zunächst, daß für Arbeitsunfälle, die nach dem 18.5.1990 auf dem Gebiet der DDR eingetreten waren, die Bestimmungen des Fremdrentenrechts keine Anwendung mehr fanden. Analog zur Rentenversicherung legte Art.24 § 3 StaatsV-G auch für die Unfallversicherung eine teilweise Aufgabe des Wohnsitzgrundsatzes fest,

d. h. für Personen, die nach dem 18. 5. 1990 ihren gewöhnlichen Aufenthalt in das Gebiet der DDR verlegten, erfolgte ein voller Export von RVO-Leistungen. Allerdings galt die Aufhebung des Wohnsitzgrundsatzes nicht für Leistungen nach dem FRG.

Im **Krankenversicherungsrecht** ging es vor allem darum, sicherzustellen, daß in der Bundesrepublik in der GKV Versicherte auch bei Eintritt eines Versicherungsfalles in der DDR Leistungen ihrer Krankenkasse erhalten konnten. Ferner wurden Regelungen getroffen, um in der DDR zurückgelegte Versicherungszeiten unter gewissen Voraussetzungen in der Bundesrepublik anzuerkennen.

— Nach Art.25 § 1 Abs.1 erhielten GKV-Versicherte, die sich in der DDR aufhielten, abweichend von § 16 Abs.1 Nr.1 und § 17 SGB V von ihrer Krankenkasse Leistungen im Krankheitsfall oder bei Schwangerschaft. Ferner waren Familienangehörige von Mitgliedern der GKV auch dann mitversichert, wenn diese ihren Wohnsitz in der DDR hatten und für sie in der KV der DDR kein Versicherungsschutz bestand. Versicherten, die Sachleistungen in der DDR in Anspruch nahmen, wurden die entstehenden Kosten bis zu der Höhe erstattet, in der sie der Krankenkasse im Geltungsbereich des SGB V entstanden wären.

— In der DDR zurückgelegte Vorversicherungszeiten wurden gemäß Art.25 § 2 anerkannt, soweit sie für die Versicherungspflicht von Personen in der KVdR, für die freiwillige Versicherung, für den Anspruch auf Mutterschaftsgeld nach § 200 Abs.1 RVO und für den Anspruch auf Leistungen bei Schwerstpflegebedürftigkeit nach § 54 Abs.1 Satz 1 SGB V erforderlich waren.

— Beim Tod eines Versicherten wurde Sterbegeld nach § 58 SGB V auch dann gezahlt, wenn der Verstorbene am 1. 1. 1989 in der SV der DDR versichert war.

— Nach Art.25 § 4 galten die Renten aus der DDR als der Rente vergleichbare Einnahmen (Versorgungsbezüge) nach § 229 SGB V. Bei Versicherungspflicht nach § 5 Abs.1 Nr.11 SGB V galt für die Bemessung der Beiträge aus der Rente der DDR die Hälfte des allgemeinen Beitragssatzes der zuständigen Krankenkasse. Die Beiträge hatte der Rentner nach § 250 Abs.1 Nr.2 SGB V alleine zu tragen.

Für den Bereich des **Arbeitsförderungsrechts** enthielt Art.25 StaatsV-G vor allem Regelungen, durch die Arbeitnehmer, die aus der DDR in das Bundesgebiet übersiedelten, in das allgemeine Leistungssystem des AFG einbezogen wurden.

Im einzelnen wurde durch Änderung der §§ 62 a ff. AFG sichergestellt, daß Übersiedler ab dem 30. 6. 1990 unter den gleichen Voraussetzungen wie in den alten Bundesländern beschäftigte Arbeitnehmer Anspruch auf beitragsabhängige Leistungen des AFG, vor allem Arbeitslosengeld, hatten. Die Zahlung eines Eingliederungsgeldes wurde zugleich auf den Personenkreis der Aussiedler beschränkt.

Ergänzend zum StaatsV-G änderte das **Aussiedleraufnahmegesetz (AAG) vom 28. Juni 1990** [BGBl.I S.1247] das Bundesvertriebenengesetz dahingehend, daß u. a. die Zugehörigkeit zum Personenkreis der Sowjetzonenflüchtlinge i. S. d. § 43 Abs.1 nur noch dann gegeben war, wenn die Flucht vor dem 1. 7. 1990 erfolgt war.

Insgesamt hatte der StaatsV im Arbeits- und Sozialrecht für die Bundesbürger nur marginale Auswirkungen. Anders als für die DDR-Bürger hatten sie sich in der Regel nicht auf neue gesetzliche Regelungen einzustellen. Befürchtungen, über die Sozialversicherungsbeiträge zur Finanzierung herangezogen zu werden, bewahrheiteten sich zunächst noch nicht. Hoffnungen verschiedener Seiten, die bevorstehende Einheit würde zu einer gesamtdeutschen Reform bestimmter Bereiche des Arbeits- und Sozialrechts führen oder zumindest in der Bundesrepublik als längst überfällig erachtete Reformen beschleunigen, waren indessen ebenso unberechtigt. Sieht man von den unabdingbaren Anpassungs- und Übergangsregelungen ab, wurde überwiegend bundesdeutsches Recht – und zwar weitgehend unkritisch – auf die DDR übertragen. Angesichts der alles dominierenden »Einheits-Euphorie« und den besonderen historischen Umständen hatten jene Kräfte, die eine etwas behutsamere und auch eine etwas »gegenseitigere« Angleichung befürworteten, keine ernsthaften Chancen. Warnungen vor sozialpolitischen Folgeproblemen wurden damals von den meisten Verantwortlichen noch nicht ernst genommen.

3. Deutsche Einheit und sozialpolitische Regelungen des Einigungsvertrages

Die außerordentliche Geschwindigkeit des Einigungsprozesses ab dem Sommer 1990 und die sich geradezu überstürzenden politischen Ereignisse erfordern es, die Darstellung auf die wesentlichen Entwicklungen zu konzentrieren. Dies bedeutet auch, daß hier nicht auf sämtliche politischen und ökonomischen Veränderungen eingegangen werden kann. Dabei gibt es keinen Zweifel, daß es gerade in dieser Phase kaum eine politische Entscheidung oder eine neue gesetzliche Regelung gab, die nicht wenigstens mittelbar Auswirkungen auf den sozialpolitischen Bereich hatte. Schwierigkeiten für die Darstellung bereitet zudem die Komplexität der damals laufenden Prozesse; während in der Volkskammer noch sozialpolitische Gesetzentwürfe eingebracht und in den dortigen Ausschüssen um deren Verabschiedung gerungen wurde, enthielten die parallel dazu formulierten Entwürfe des Einigungsvertrages bereits Aussagen über die Zukunft dieser vielfach noch nicht einmal verabschiedeten DDR-Gesetze. Tatsächlich waren dann auch viele gesetzliche Regelungen, die mit großem Arbeitsaufwand erstellt worden waren, bereits bei ihrem Inkrafttreten Makulatur. Entsprechendes galt für zahlreiche Vereinbarungen und konzeptionelle Überlegungen, die, kaum daß sie bekannt wurden, von der Aktualität überholt waren.

3. 1 Politische und ökonomische Rahmenbedingungen im Vorfeld der deutschen Einigung

Kaum waren die Wirtschafts-, Währungs- und Sozialunion hergestellt, begann in beiden deutschen Staaten die Diskussion um den Termin und die Form der deutschen Einheit. Nachdem sich die CDU/DA-Fraktion in der Volkskammer bereits am 12. Juni 1990 für den Beitritt der DDR zur Bundesrepublik im Sommer und gesamtdeutsche Wahlen im Dezember 1990 ausgesprochen hatte, stellte die DSU auf der 15. VK-Sitzung am 17. Juni 1990 überraschend den Antrag, die Volkskammer möge den Beitritt der DDR zur BRD nach Art.23 GG mit sofortiger Wirkung beschließen [VK-StenNdrs 10.WP, S.535]. Zwar wurde dieser Antrag auf Empfehlung des DDR-Ministerpräsidenten damals noch an die zuständigen Ausschüsse überwiesen [VK-StenNdrs 10.WP, S.542], längst war jedoch klar, daß die Einheit nur noch eine Frage von Monaten sein konnte.

3. 1. 1 Kontroversen um den Beitrittstermin und gesamtdeutsche Wahlen

Nachdem wesentliche außenpolitische Hürden auf dem Wege zur deutschen Einheit sukzessive beseitigt werden konnten bzw. sich Lösungen andeuteten, begannen Anfang Juli 1990 die Gespräche über einen **zweiten Staatsvertrag** (»Einigungsvertrag«), in dem noch offene Rechtsfragen im Falle eines Beitritts geregelt werden sollten. Im Mittelpunkt der öffentlichen Diskussion standen zunächst jedoch weiterhin der **Beitrittstermin** sowie die Frage **gesamtdeutscher Wahlen** *(vgl. Nolden, 1990)*.

Während die beiden sozialdemokratischen Parteien und die Liberalen zwischenzeitlich für einen Beitritt der DDR vor gesamtdeutschen Wahlen oder aber zumindest am Wahltag eintraten, sollte der Beitritt nach den Vorstellungen der Ost-CDU und der PDS erst nach solchen Wahlen erfolgen. Nach längerem Hin und Her stimmte die DDR-Regierung schließlich am 3. Juli 1990 der Abhaltung gesamtdeutscher Wahlen am 2. Dezember 1990 zu. Zugleich wurde endgültig die Wiederherstellung der früheren Länder beschlossen und der Termin für Landtagswahlen auf den 14. Oktober 1990 festgelegt.

Die Auseinandersetzungen über den Beitritt und die Wahlmodalitäten gingen allerdings weiter und führten Ende Juli 1990 zu einer Regierungskrise in Ost-Berlin. Unmittelbar auslösend dafür war ein von der SPD unterstützter Vorstoß der Liberalen am 20. Juli 1990 in der Volkskammer, einen sofortigen Beschluß über einen Beitrittstermin vor gesamtdeutschen Wahlen herbeizuführen [VK-StenNdrs 10.WP, S.1129]. Die Ablehnung dieses Antrages mit der Mehrheit der Stimmen von CDU/DA, PDS und der übrigen Oppositionsparteien lieferte für die Liberalen den Anlaß, am 24.7.1990 aus der Koalition auszuscheiden, ohne allerdings ihre beiden Minister zurückzuziehen. Einen entsprechenden Schritt kündigte auch die SPD an, sofern DE MAIZIERE keine Bereitschaft zeige, ihr in entscheidenden Punkten des Wahlrechts entgegenzukommen. Hinter diesen Kontroversen steckten bei allen Parteien „überwiegend wahltaktische Überlegungen, kaschiert mit wenig überzeugenden verfassungsrechtlichen und politischen Argumenten" *(DA, 8/ 1990, S.1172; vgl. auch W. Schmidt, 1990, S.1891ff.; R. Wahl, 1990, S.2585ff.).*

Im Gegensatz zur CDU/DA, der PDS und dem Bündnis 90/Grüne, die unterschiedliche Wahlgesetze in der Bundesrepublik und der DDR und keine oder eine wesentlich niedrigere Sperrklausel favorisierten, beharrten SPD und Liberale auf einem einheitlichen Wahlgebiet und Wahlrecht sowie einer 5%-Sperrklausel für das gesamte Gebiet. Vor allem letztere Forderung hätte, so die damalige Vermutung, zur Folge gehabt, daß weder die PDS noch das Bündnis 90/Grüne in einem gesamtdeutschen Bundestag vertreten gewesen wären. Da von derartigen Regelungen allerdings auch die CSU-Schwester DSU betroffen gewesen wäre, hatte die CDU gewisse Rücksichten zu nehmen.

Nach weiteren Konsultationen einigte man sich schließlich auf einer gemeinsamen Tagung der Ausschüsse »Deutsche Einheit« von Bundestag und Volkskammer am 26. Juli 1990 auf **gesamtdeutsche Wahlen** am 2. Dezember 1990 in einem **einheitlichen Wahlgebiet** unter Anwendung eines **gemeinsamen Wahlgesetzes**.

Ein ausgehend von dieser Grundsatzvereinbarung erarbeiteter Vertrag zur Vorbereitung und Durchführung der ersten gesamtdeutschen Wahl des Deutschen Bundestages zwischen der DDR und der BRD vom 3. August 1990 **(Wahlstaatsvertrag)** [VK-Drs., Nr. 193] wurde von der Volkskammer durch das auf der Sitzung am 22.8.1990 [VK-StenNdrs 10.WP, S.1355 ff.] mit der notwendigen Zwei-Drittel-Mehrheit verabschiedete **Verfassungsgesetz** [GBl.II S.45] bestätigt. Zwar billigte auch der Bundestag am 23.8.1990 mit Mehrheit das **Gesetz zum Wahlrechtsvertrag** [BT-Drs. 11/7624, 11/7652], die Auseinandersetzungen um diese Wahlen waren damit aber nicht beendet, sondern wurden nun vor dem Bundesverfassungsgericht fortgesetzt.

Das Gesetz zum Wahlvertrag vom 29. August 1990 [BGBl.II S.813] hatte das bisher in der DDR geltende Wahlrecht ersetzt und das Bundeswahlgesetz mit Wirkung für die BRD durch die Erweiterung des Wahlgebietes und die Beteiligung von Parteien und politischen Vereinigungen mit unterschiedlichen organisatorischen Ausgangsbedingungen, also in zwei für die Chancengleichheit der Parteien wesentlichen Punkten, modifiziert. Besonders umstritten war dabei die Einführung einer auf das gesamte Wahlgebiet bezogenen 5%-Sperrklausel. Sie hätte u.a. zur Folge gehabt, daß Parteien, deren Wirkungsbereich sich bisher auf das Gebiet der DDR beschränkte, in diesem Gebiet 23,75% der Zweitstimmen hätten erzielen müssen, um die 5%-Hürde bundesweit zu überspringen und damit im Bundestag vertreten zu sein. Um die Wirkung der Sperrklausel abzuschwächen, war durch § 53 Abs.2 BWahlG immerhin zugelassen worden, daß Parteien, die in keinem Land (ausgenommen Berlin) miteinander konkurrieren, für die erste gesamtdeutsche Wahl Listenverbindungen eingehen konnten [BT-Drs.7624, S.21]. Eine Chance, trotz Nichterreichens des Quorums am Verhältnisausgleich teilzunehmen, hatten faktisch jedoch von vornherein nur einzelne der kleineren Parteien. Auch wenn formal jeder Partei die Listenverbindungsmöglichkeit offen stand, war klar, daß diese Regelung vor allem die PDS benachteiligte, die keine Chancen hatte, in der Altbundesrepublik einen stimmengewichtigen Partner zu finden *(vgl. auch Weides/Kremke, 1990, S.1888ff.).*

In seinem Urteil vom 29. September 1990 erklärte das BVerfG [Az 2 BvE 1/90, 3/90, 4/90, 2 BvR 1247/90] die Organklagen der Republikaner, der GRÜNEN und der Linken Liste/PDS sowie die Verfassungsbeschwerden von zwei Mitgliedern der GRÜNEN für berechtigt und zentrale Bestimmungen des Gesetzes für verfassungswidrig. Die Antragsteller hatten vor allem geltend gemacht, daß die Chancengleichheit der Parteien bei den Wahlen durch die auf das gesamte Wahlgebiet bezogene 5%-Sperrklausel und die Vorschriften über Listenverbindungen beeinträchtigt sei. Das BVerfG hatte in seinem Urteil zwar festgestellt, daß das Festhalten an einer Sperrklausel auch bei den ersten gesamtdeutschen Wahlen grundsätzlich zulässig sei, mit Rücksicht auf die ungleichen Ausgangsbedingungen der Parteien in den beiden ehemaligen deutschen Staaten jedoch nur eine regionalisierte Sperrklausel für die bisherige BRD einschließlich West-Berlin einerseits und die ehemalige DDR einschließlich Ost-Berlin andererseits verfassungsrechtlich unbedenklich sei. Während die Höhe und das Ob einer Sperrklausel der Gestaltungsfreiheit des Gesetzgebers oblagen, hielt es das BVerfG aus Gründen der Wahlrechtsgleichheit für unzulässig, für die beiden Bezugsgebiete unterschiedlich hohe Sperrklauseln festzulegen. Zudem erachtete das BVerfG zum Ausgleich der unterschiedlichen Startbedingungen weitere Vergünstigungen für Parteien des Beitrittsgebietes, wie z.B. die Möglichkeit von Listenverbindungen, für erforderlich.

Abbildung 2: Beschluß der Volkskammer zum Beitritt zur Bundesrepublik gemäß Art.23 GG

Beschluß der Volkskammer der Deutschen Demokratischen Republik über den Beitritt der Deutschen Demokratischen Republik zum Geltungsbereich des Grundgesetzes der Bundesrepublik Deutschland vom 23. August 1990

Die Volkskammer erklärt den Beitritt der Deutschen Demokratischen Republik zum Geltungsbereich des Grundgesetzes der Bundesrepublik Deutschland gemäß Artikel 23 des Grundgesetzes mit Wirkung vom 3. Oktober 1990.

Sie geht dabei davon aus,

- daß die Beratungen zum Einigungsvertrag zu diesem Termin abgeschlossen sind,
- die Zwei-plus-vier-Verhandlungen einen Stand erreicht haben, der die außen- und sicherheitspolitischen Bedingungen der deutschen Einheit regelt,
- die Länderbildung soweit vorbereitet ist, daß die Wahl in den Länderparlamenten am 14. Oktober 1990 durchgeführt werden kann.

Vorstehender Beschluß wurde von der Volkskammer der Deutschen Demokratischen Republik in ihrer 30. Tagung am 23. August 1990 gefaßt.

Berlin, 23. August 1990

Die Präsidentin der Volkskammer
der Deutschen Demokratischen Republik

Bergmann-Pohl

Der Gesetzgeber reagierte in der ersten Arbeitssitzung des gesamtdeutschen Parlaments am 5. 10. 1990 auf die Einwände und verabschiedete einen von CDU/CSU und FDP vorgelegten Gesetzentwurf [BT-Drs. 11/8023, 11/8079] zur Umsetzung der Vorgaben des BVerfG im Bundeswahlgesetz und im Parteiengesetz.

Durch das 10. Gesetz zur Änderung des Bundeswahlgesetzes sowie zur Änderung des Parteiengesetzes vom 8. Oktober 1990 [BGBl.I S.2141] wurde für die erste gesamtdeutsche Wahl eine regionalisierte Sperrklausel festgelegt, die für die Gebiete der beiden früheren Staaten (einschließlich der jeweiligen Teile Berlins) auf jeweils 5 % der abgegebenen gültigen Zweitstimmen festgesetzt wurde. Desweiteren erhielten die Parteien und politischen Vereinigungen im Gebiet der neuen Bundesländer die Möglichkeit, gemeinsame Wahlvorschläge (Listenvereinigungen) einzureichen. Sobald eine Partei die 5 %-Hürde in einem der Wahlgebiete überwand, war sie im Deutschen Bundestag vertreten.

Neben dem Wahlverfahren wurde der endgültige **Beitrittstermin** im August 1990 zum beherrschenden Thema der politischen und öffentlichen Diskussion. Während einige einen möglichst schnellen Beitritt wünschten, sollte dieser nach den Vorstellungen anderer erst am Wahltag bzw. nach dem formellen Abschluß der 2+4-Verhandlungen erfolgen. Auch hier standen hinter den verschiedenen Argumenten vornehmlich wahltaktische Überlegungen. Schließlich trat die Volkskammer am 22. 8. 1990 spätabends zu einer Sondersitzung zusammen, um über einen Antrag der DSU [VK-Drs. Nr.200] und einen Antrag von mehr als 20 CDU/DA-Abgeordneten [VK-Drs. Nr.201] zu beraten, die beide die Frage des Beitritts zum Geltungsbereich des GG der BRD betrafen [VK-Sten-Ndrs 10. WP, S.1370 ff.].

Während der Antrag der DSU verlangte, mit sofortiger Wirkung den Beitritt zur BRD gemäß Art.23 GG zu erklären, sah der Antrag der CDU/DA-Abgeordneten lediglich einen Beschluß vor, wonach auf einer VK-Sitzung am 9. Oktober 1990 der Beitritt der DDR zur BRD gemäß Art.23 GG mit Wirkung vom 14. Oktober 1990, 24.00 Uhr, beschlossen werden sollte. Nachdem nach heftigen Debatten der DSU-Antrag mit 183 Nein-Stimmen und 125 Stimmenthaltungen bei 56 Ja-Stimmen ebenso wie verschiedene Änderungsanträge abgelehnt worden war, gelang es in hektischen, während der Sitzung und in Sitzungsunterbrechungen geführten Gesprächen, doch noch einen Kompromiß herbeizuführen und die allmählich unwürdig werdende und von der Masse der Bevölkerung nicht mehr zu verstehende Beitrittsdiskussion endlich zu beenden.

Beinahe symptomatisch für das politische Geschehen jener Phase war, daß die Bevölkerung von der **Beitrittsentscheidung** teilweise überrascht wurde; in den frühen Morgenstunden des 23. August 1990 nahm die Volkskammer in namentlicher Abstimmung bei notwendiger Zwei-Drittel-Mehrheit mit 294 Ja-Stimmen, 62 Nein-Stimmen und 7 Enthaltungen einen gemeinsamen Antrag der Fraktionen CDU/DA, DSU, FDP und SPD betreffend **Beitritt der DDR zum Geltungsbereich des Grundgesetzes der BRD gemäß Art.23 mit Wirkung vom 3. Oktober 1990** [VK-StenNdrs 10.WP, S.1381] an [GBl.I S.1324].

3. 1. 2 Ökonomische Entwicklungen im Vorfeld des Beitritts

Beschleunigt wurde die Entscheidung zugunsten einer raschen Herstellung der deutschen Einheit sicherlich durch die ökonomischen Entwicklungen und die sich abzeichnenden Defizite des DDR-Staatshaushaltes. Zugleich erschien es immer weniger einsichtig, mit viel Aufwand in der DDR separate Strukturen und Einrichtungen aufzubauen, deren Existenz nur von kurzer Dauer sein würde. Probleme und Mißbrauchsgefahren ergaben sich zudem aus der Tatsache, daß in einem faktisch gemeinsamen Wirtschaftsraum noch immer zwei unterschiedliche Rechtssysteme existierten und die Handlungsmöglichkeiten staatlicher Vollzugsorgane – wenn auch mit gewissen Ausnahmen – formal auf das jeweilige Staatsgebiet beschränkt waren. Je länger dieser Zustand andauerte, umso größer wurden die Unsicherheit und der Autoritätsverlust insbesondere der DDR-Regierung. Bedeutsam war diese Situation nicht zuletzt für Investitionsentscheidungen, die u. a. deshalb nicht getroffen wurden, weil unklar war, welche rechtlichen Rahmenbedingungen in naher Zukunft maßgebend sein würden.

Spätestens seit August 1990 war immer deutlicher geworden, daß sich die Probleme der DDR mehrten, weil der erwartete wirtschaftliche Aufschwung nicht in Gang kam, die alten bürokratischen Strukturen fortbestanden und die DDR offensichtlich mehr Finanzmittel benötigte, als die Bundesregierung ohne Gefährdung der finanziellen Stabilität bereitzustellen gewillt war.

Besonders kritisch stellte sich in diesem Zusammenhang die Situation der Industrie dar; Schätzungen gingen davon aus, daß etwa 50 % des vorhandenen Personals in den nächsten 5 Jahren abgebaut werden müßten. In vielen Bereichen waren auch jene Betriebe, die mit durchaus akzeptabler Qualität produzierten, wegen fehlender eigener Vertriebs- und Servicenetze sowie des Mangels an Managern mit betriebswirtschaftlichen Kenntnissen nicht mehr **konkurrenzfähig**. Hinzu kam, daß sich für nahezu sämtliche Betriebe ein enormer **Modernisierungsbedarf** ergab, der kaum aus eigener Kraft zu bewältigen war. Nicht wenige Studien bewerteten die DDR als »ein einziges großes Sanierungsgebiet«, wobei für die meisten ein Aufschwung noch nicht in Sicht war *(vgl. IAW, 1990)*.

Die zunehmenden Mängel bei der Versorgung der Wirtschaft mit Rohstoffen, Materialien und Zulieferungen, der Ausfall der erhofften Konsumfreude der DDR-Bürger an DDR-Produkten, der Rückgang der Beschäftigtenzahl aufgrund von Rationalisierung und Übersiedlung sowie das Ausbleiben von Investitionen in einem nennenswerten Umfang wirkten sich volkswirtschaftlich zunehmend negativ aus, so daß zu erwarten war, daß das **Bruttoinlandsprodukt** nach einem realen Rückgang gegenüber dem ersten Halbjahr 1989 um 7 % und gegenüber dem zweiten Halbjahr 1989 um 16,2 % auch im zweiten Halbjahr 1990 rückläufig sein würde. Neben der extrem schlechten Infrastruktur ließ die unklare Situation bezüglich der **Altschulden** und der **ökologischen Altlasten** westliche Investoren zögern *(vgl. DA, 10/1990, S. 1495)*. Nach Ansicht des DDR-Wirtschaftsministeriums spiegelten die gesamtwirtschaftlichen Eckdaten der DDR für das 1. Halbjahr „konzentriert die Folgen der verfehlten Wirtschaftspolitik der zentralen Kommandowirtschaft und die daraus resultierenden gravierenden Probleme beim Übergang zur sozialen Marktwirtschaft" *(Regierungspressedienst, Nr. 35/1990)* wider. Für die Deutsche Bundesbank schließlich kennzeichnete sich die Wirtschaftslage nach Einführung der DM durch eine völlig **unterschiedliche Entwicklung** in beiden Teilen Deutschlands: durch ein **Konjunkturhoch in Westdeutschland** und gleichzeitige **Produktionseinbrüche in Ostdeutschland** *(Deutsche Bundesbank, 1990, S. 14 ff.; Görzig/Gornig, 1991; Krummrich, 1992; Ketzel, 1990; Buck, 1991)*.

Während man sich in der Beurteilung der aktuellen Lage noch halbwegs einig war, gingen die Einschätzungen hinsichtlich der weiteren Entwicklung deutlich auseinander. Obwohl nach der Währungsumstellung teilweise ganze Regionen ohne Arbeit zu werden drohten und sich selbst rentable Betriebe wegen der Liquiditätsengpässe kaum mehr am Markt behaupten konnten, betracheteten zahlreiche Experten einen **Aufschwung** ab Mitte 1991 für möglich *(vgl. SVR, 1990, S. 158)*. Der BDI-Präsident TYLL NECKER erwartete sogar eine Trendwende in der DDR-Wirtschaft schon im folgenden Frühjahr und wandte sich gegen das »selbstzerstörerische Gerede«, die Wirtschaft der DDR treibe einem Chaos zu. Die Optimisten wiesen dabei u. a. auf die seit dem 1. 1. 1990 eingereichten 197.286 **Gewerbeanmeldungen** (bis 30.9.1990; bei 12.328 Abmeldungen) sowie die nahezu 3.000 Beteiligungen von Westunternehmen an Ostfirmen hin *(vgl. DA, 10/1990, S. 1496; SVR, 1990, S. 236)*.

Kaum weniger kontrovers waren die Meinungen hinsichtlich der nach der Währungsumstellung eingetretenen **Preisentwicklung**. Während das DIW von einer generellen Preissteigerung von 30 % ausging, kamen andere zu dem Ergebnis, daß die Lebenshaltungskosten gegenüber der Zeit vor der Währungsunion – zumindest aber gegenüber dem Vorjahr – gesunken seien. Zu einem Teil waren allerdings die höchst unterschiedlichen Aussagen auf Annahmen hinsichtlich der Veränderung des »Warenkorbes« zurückzuführen. Den im allgemeinen steigenden Lebensmittelpreisen standen überwiegend erheblich gesunkene Preise für technische Konsumgüter gegenüber *(vgl. auch Roppel, 1990, S.378 ff.)*.

Deutlich zum Ausdruck kam die fortschreitende Verschlechterung der ökonomischen Lage in der **negativen Entwicklung auf dem Arbeitsmarkt**. Dabei wurde zugleich immer offensichtlicher, daß die Umsetzung arbeitsmarktpolitischer Aktivitäten – zumindest in den ersten Monaten nach der Währungsumstellung – „weit hinter den Zielsetzungen zurückblieb, obwohl der Bedarf unübersehbar (war)" *(Adamy, 1990 b, S.426)*.

Die Tatsache, daß die Zahl der registrierten Arbeitslosen nach dem drastischen Anstieg in den ersten Wochen nach der Währungsumstellung ab August 1990 zunächst nur noch moderat zunahm, war nicht als Zeichen einer Beruhigung am Arbeitsmarkt zu interpretieren. Tatsächlich waren Mitte August 1990 insgesamt rd. 1,8 Millionen Menschen – immerhin 20,3 % der Beschäftigten der DDR – von Entlassungen oder von Kurzarbeit betroffen. Die Zahl der Kurzarbeiter belief sich damals auf 1,44 Mio. Personen in rd. 16.000 Betrieben, wobei Schätzungen davon ausgingen, daß der Anteil der Kurzarbeiter, die Null Stunden arbeiteten, etwa 75 % betrug *(vgl. Regierungspressedienst, Nr.36 v. 10.9.1990)*. Der Arbeitslosenverband ging davon aus, daß es bis Jahresende in der DDR rd. 2,5 Mio. Arbeitslose geben werde *(vgl. Handelsblatt v. 6.9.1990)*.

Ebenfalls sukzessive korrigiert werden mußten die Annahmen hinsichtlich der zur Stützung der in der DDR gewährten Sozialleistungen erforderlichen Finanzmittel. Ein entscheidender Grund dafür waren die fortbestehenden Probleme beim Beitragseinzug, aber auch die Unterschätzung der negativen wirtschaftlichen Auswirkungen.

Bis Mitte August 1990 war z. B. bei der Rentenversicherung nur ein Drittel der Beiträge eingegangen, die rechnerisch hätten eingehen müssen. War bei den ursprünglichen Berechnungen noch davon ausgegangen worden, daß der Sozialversicherung im laufenden Jahr Beitragseinnahmen in DM für 5,8 Monate zufließen würden, konnte im September nur noch ein Betrag für einen Zeitraum von lediglich 4,5 Monaten unterstellt werden. Allein diese Korrektur bedeutete jedoch ein Einnahmedefizit von rund 4 Mrd. DM. Bereits zu jenem Zeitpunkt war daher klar, daß das DDR-Sozialsystem im Jahre 1990 deutlich mehr Geld benötigen würde, als ursprünglich angenommen worden war. Im BMA wurde der zusätzliche Liquiditätsbedarf schon im August 1990 auf etwa 7 Mrd. DM geschätzt.

Insgesamt sprachen die meisten ökonomischen Daten für eine rasche Vereinigung. Der DDR-Wirtschaftsminister Gerhard Pohl machte zwar wiederholt auf Investitionshilfen und -förderungen aufmerksam, wonach allen Unternehmen, die auf dem Gebiet der DDR Ausrüstungsinvestitionen durchführten, im Zeitraum vom 1. 7. 1990 bis zum 30. 6. 1991 aus dem Staatshaushalt der DDR eine Investitionszulage von 12 % und in der Zeit vom 1. 7. 1991 bis zum 30. 6. 1992 eine solche von 8 % gewährt werde *(vgl. Die Wirtschaft, Nr.17/1990)*, ließ dabei aber unerwähnt, daß diese Verpflichtungen kaum aus dem DDR-Haushalt beglichen werden konnten. Das am 22. 7. 1990 von der Volkskammer verabschiedete [VK-StenNdrs 10.WP, S.1229] **Haushaltsgesetz 1990** [GBl.I S.787] sah für das zweite Halbjahr 1990 einen Haushalt im Umfang von 64,155 Mrd. DM vor, wobei jedoch 3,41 Mrd. DM bereits bei der Verabschiedung ungedeckt waren und das dem Haushalt zugrunde gelegte Steueraufkommen mehr als fraglich war (tatsächlich blieben die Steuereinnahmen um 7 Mrd. DM hinter dem erwarteten Aufkommen zurück). Trotz dieser absehbaren Deckungslücken hielt der DDR-Finanzminister bereits Anfang August 1990 einen Nachtragshaushalt für unausweichlich, da nach seiner Ansicht die »Grenzen der Sparsamkeit« längst überschritten waren *(vgl. taz v. 2.8.1990)*. Bei alledem wurden darüber hinaus von der Bundesregierung erhebliche Zuschüsse für die neu zu schaffenden Länder erwartet, deren Finanzierung und Haushaltspolitik noch weitgehend unklar waren *(vgl. auch SVR, 1990, S.78 ff.)*.

Seitens der Bundesregierung reagierte man ziemlich gereizt auf die sich häufenden zusätzlichen **finanziellen Forderungen** der DDR. Finanzminister WAIGEL machte unmißverständlich klar, daß die Bundesrepublik kein »Zahlmeister« sei und es auch nicht werde. Stattdessen verlangte er von der DDR, ihre Defizite durch Einsparungen auszugleichen. Allerdings dürften zu diesem Zeitpunkt auch im Bundesfinanzministerium keine Zweifel mehr bestanden haben, daß die anfallenden Kosten letztlich aus einem gesamtdeutschen Haushalt zu zahlen waren. Insofern ging es nicht primär um die Finanzierung der Anpassungsprobleme im Osten, sondern darum, wer über die Finanzmittel und deren Verwendung zu entscheiden hatte. Ohne Zweifel wäre längerfristig ein Transfer von jährlich zweistelligen Milliardenbeträgen an einen formal unabhängigen Staat politisch kaum durchsetzbar gewesen.

3.1.3 Erarbeitung und parlamentarische Behandlung des Einigungsvertrages

Von den Kontroversen über Beitrittstermin und Wahlverfahren etwas in den Hintergrund der öffentlichen Aufmerksamkeit gedrängt, war bereits am 3. Juli 1990 in Ost-Berlin bei der ersten Gesprächsrunde Einigkeit erzielt worden, die Verhandlungen über den Einigungsvertrag zwischen beiden deutschen Staaten möglichst bis Ende August abzuschließen. Entsprechend waren schon am 10. Juli 1990 in Bonn und Ost-Berlin die Expertengespräche über verschiedene Themen der Vereinigung von BRD und DDR aufgenommen worden. Zwar lag es an der parlamentarischen Vertretung der DDR-Bevölkerung, den Beitritt gem. Art.23 GG zu erklären, eine angemessene Lösung der damit verbundenen Probleme erschien jedoch nur möglich, „wenn der Beitritt im Zusammenhang mit einem Staatsvertrag erklärt (würde), der alle notwendigen rechtlichen Regelungen zur Herstellung der Einheit bündelte und in einem Schritt in Kraft setzte" *(JbdBReg, 1990, S.93)*. Nach Ansicht der BReg hätte sich eine Rechtsangleichung im Wege der Überleitungsgesetzgebung durch das gesamtdeutsche Parlament über Monate hingezogen und den Wiederaufbau in der ehemaligen DDR zusätzlich behindert *(vgl. JbdBReg, 1990, S.93)*.

Im Rahmen der Verhandlungen zum Einigungsvertrag ging es hauptsächlich um die Ausarbeitung der Wahlmodalitäten, die Lösung der noch strittigen Eigentumsfrage, die abschließende Angleichung des DDR-Rechts an das bundesrepublikanische Rechtssystem, um die schwierige Frage der in beiden Staaten sehr unterschiedlich geregelten Schwangerschaftsunterbrechung, um Änderungen des Grundgesetzes sowie die Hauptstadtfrage. Notwendig waren ferner komplizierte Regelungen mit den Bundesländern über die zukünftige Finanzverfassung und die Finanzierung der deutschen Einheit. Allerdings war die Herstellung der Einheit aufgrund der fortbestehenden Vier-Mächte-Rechte und -Verantwortlichkeiten in bezug auf Berlin und Deutschland als Ganzes letztlich nur in engem Zusammenwirken mit den ehemaligen Besatzungsmächten zu erreichen.

Aufgrund seiner weitreichenden Folgen für nahezu alle Lebens- und Politikbereiche erforderte die Ausarbeitung des Vertrages von Anfang an eine enge Abstimmung zwischen den Bundesressorts, mit den gesetzgebenden Körperschaften, den politischen Parteien, den Ländern, dem Bundesrechnungshof sowie der Deutschen Bundesbank. Da verfassungsändernde Mehrheiten erforderlich waren, war zudem eine begleitende Konsultation der SPD sowie der Länder zweckmäßig. Auf diese Weise konnten zahlreiche kontroverse Punkte bereits während der Verhandlungen durch von allen Parteien akzeptierbare Kompromisse entschärft werden.

Nach außerordentlich intensiven, knapp zweimonatigen Verhandlungen konnte das „in Umfang und Regelungsdichte in der jüngeren Gesetzgebungsgeschichte einmalige" *(JbdBReg, 1990, S.93)* Vertragswerk zeitgerecht fertiggestellt und am 31. August 1990 von den Verhandlungsführern, dem Bundesinnenminister WOLFGANG SCHÄUBLE und dem DDR-Staatssekretär GÜNTHER KRAUSE, unterzeichnet werden.

Für die Beratung des Einigungsvertrages und des in der 222. Sitzung des Deutschen Bundestages am 5.9.1990 federführend an den Ausschuß Deutsche Einheit überwiesenen

Entwurfs eines Einigungsvertragsgesetzes [BT-Drs.11/7760] sowie der Erläuterungen der BReg zu den Anlagen des Vertrages [BT-Drs. 11/7817, 11/7831] stand den zuständigen parlamentarischen Gremien nur wenig Zeit zur Verfügung. Die Erwartungen der Bevölkerung sowie die entstandene Eigendynamik ließen ihnen zudem kaum eine andere Wahl, als durch Zustimmung den Weg zur **staatlichen Einheit Deutschlands** freizumachen.

Vor diesem Hintergrund war es keine Überraschung, daß sowohl der Deutsche Bundestag auf seiner 226.Sitzung am 20.9.1990 als auch der Bundesrat auf seiner 619. Sitzung am 21. 9. 1990 mit großer Mehrheit (440 Ja- und 47 Nein-Stimmen) bzw. einstimmig (Bundesrat) dem **Einigungsvertrags-Gesetz vom 23. September 1990** [BGBl. II S.885] ihre Zustimmung gaben. Da auch die Volkskammer durch das von ihr am 6.9. 1990 in erster Lesung beratene [VK-StenNdrs 10.WP, S.1565 ff.] und am 20.9. 1990 mit 299 Ja- bei 80 Nein-Stimmen beschlossene [VK-StenNdrs 10.WP, S.1759] **Verfassungsgesetz vom 20. September 1990** [GBl.I S.1627] den Vertrag gebilligt hatte, war der Vertrag am 29. September 1990 in Kraft getreten.

Obgleich die Verständigung über den EinigungsV und seine parlamentarische Verabschiedung damit schneller – als bisweilen erwartet – zustandegekommen waren, hatte es bis zuletzt einige strittige Fragen gegeben, die beinahe zu einem Scheitern geführt hätten. Nachdem der gesamtdeutsche Kabinettsausschuß »Deutsche Einheit« in der Frage des zukünftigen Sitzes des gesamtdeutschen Parlaments einen Kompromiß erzielt hatte, indem festgelegt wurde, daß darüber das künftige Parlament selbst entscheiden sollte, und auch die Frage des Wahlverfahrens zwischenzeitlich geklärt werden konnte, bildete die Frage der Regelung des Schwangerschaftsabbruchs im künftigen Gesamtdeutschland bis zum Schluß eine kaum überwindbare Hürde. Während nach den Vorstellungen der Bundesregierung die Fristenregelung nur noch während einer möglichst kurzen Übergangszeit für die in der ehemaligen DDR wohnenden Frauen gelten, westdeutsche Frauen aber auch bei einer Abtreibung in den neuen Bundesländern der Strafverfolgung ausgesetzt sein sollten, machte die SPD ihre Zustimmung in Bundestag und Bundesrat davon abhängig, daß zum einen das sog. »Tatortprinzip« Anwendung finden und zum anderen eine gesamtdeutsche Neuregelung erfolgen sollte. Erst am 29.8.1990 verständigten sich die Regierungskoalition und die SPD-Opposition darauf, entgegen den Festlegungen im Entwurf das Tatortprinzip (für zwei Jahre Fortgeltung der DDR-Fristenregelung nach der Vereinigung; westdeutsche Frauen, die im Beitrittsgebiet Schwangerschaftsunterbrechungen vornehmen lassen, bleiben straffrei) in den Einigungsvertrag aufzunehmen. Außerdem wurde in Art.31 Abs.4 festgelegt, daß der gesamtdeutsche Gesetzgeber bis spätestens Ende 1992 eine neue Regelung verabschieden sollte, die den Konflikt der schwangeren Frau besser lösen kann, als dies bisher in der Bundesrepublik und in der DDR der Fall war *(vgl. Tagesspiegel v. 1.9. 1990)*.

Strittig war danach im wesentlichen nurmehr die Frage, wie mit den personenbezogenen Daten aus den rd. 6 Mio. Stasi-Akten verfahren werden sollte. Entgegen der ursprünglichen Absicht der BReg, diese Akten im Koblenzer Bundesarchiv zu verwahren, entschieden sich die beiden Regierungen nach der Besetzung der ehemaligen Stasi-Zentrale in Ost-Berlin durch Mitglieder der Bürgerrechtsbewegung für einen Verbleib der Akten auf dem Gebiet der fünf neuen Bundesländer.

Auch die von 8 Bundestagsabgeordneten aus der CDU/ CSU erhobene Klage vor dem BVerfG gegen den Vertrag konnte das Inkrafttreten des EinigungsV nicht verhindern. Die in dieser Klage geltend gemachte Verfassungswidrigkeit der Festschreibung der Oder-Neiße-Grenze als endgültiger Grenze zwischen Deutschland und Polen wurde vom BVerfG in einer Ende September 1990 ergangenen Entscheidung ohne Einschränkungen zurückgewiesen.

Mit dem 45 Artikel und über 200 Seiten Anlagen umfassenden **Einigungsvertrag** (EinigungsV) **vom 31. August 1990** [BGBl.II S.889], dem das Konzept der Rechtsangleichung zugrundelag, wurde vor allem das Ziel verfolgt, mit der staatlichen Einheit auch die Rechtseinheit herbeizuführen *(vgl. Nissel, 1990, S.330)*. Der Vertrag verwirklichte die rechtliche Einheit insbesondere dadurch, daß

- der Geltungsbereich des Grundgesetzes auf das Gebiet der beigetretenen Länder der ehemaligen DDR ausgedehnt,
- das Bundesrecht pauschal und unverändert dort in Kraft gesetzt wurde und
- gleichzeitig bisheriges DDR-Recht seine Wirksamkeit verloren hatte.

Der EinigungsV legte in seinem Art.8 fest, daß mit Wirksamwerden des Beitritts im Beitrittsgebiet grundsätzlich Bundesrecht in Kraft trat, soweit durch den Vertrag, besonders dessen Anlage I, nicht ausdrücklich Ausnahmen vorgesehen waren. Für den Vertrag selbst bestimmte Art.45, daß er nach der Einheit als Bundesrecht fortgilt.

In seiner Gesamtheit regelte der EinigungsV mit seinen drei umfangreichen Anlagen sowie einer Durchführungs- und Auslegungsvereinbarung detailliert die Voraussetzungen und Folgen des Beitritts der DDR zur Bundesrepublik. Inbesondere ist mit dem Vertrag das gesamte Rechtssystem der BRD einschließlich des Verwaltungsaufbaus auf die neuen Bundesländer übertragen worden. Entsprechend dem von der BReg favorisierten Verhandlungskonzept wurden im EinigungsV lediglich solche **Verfassungsänderungen** vorgenommen, die einigungsbedingt zwingend erforderlich waren. Mit darüberhinaus gehenden Verfassungsfragen, die sich durch die Einheit stellen, sollen sich die gesetzgebenden Körperschaften des vereinten Deutschlands gesondert befassen. Neben unmittelbar mit dem Beitritt wirksamen Regelungen, die vor allem auf die **Schaffung von Rechtssicherheit** abzielten und einen notwendigen Beitrag zur Organisation der staatlichen Einheit darstellen, enthielt der Vertrag einen **programmatischen Teil**, der dem gesamtdeutschen Gesetzgeber auftrug, innerhalb bestimmter Fristen verschiedene grundlegende Fragen und Probleme zu lösen.

U. a. sollen nach dem EinigungsV innerhalb eines Zweijahreszeitraumes verfassungsrelevante Empfehlungen insbesondere zum Bund-Länder-Verhältnis gemäß Ministerpräsidentenbeschluß vom 5. Juli 1990, zur Neugliederung für den Raum Berlin/Brandenburg, zu Überlegungen über die Aufnahme von Staatszielbestimmungen in das GG, zur Anwendung von Artikel 146 GG oder zu Reformaufträgen wie im Falle des § 218 StGB abgegeben werden. Zugleich soll bis dahin ein Zustand voller Anwendung der Grundrechte erreicht und auf die tatsächliche Verwirklichung des Verfassungsauftrages von Art.72 GG – Wahrung bzw. Herstellung der Einheitlichkeit der Lebensverhältnisse im Geltungsbereich des GG – hingewirkt werden. Nach einem Fünf-Jahres-Zeitraum müssen gemäß Vertrag Rechtsprechung und Verwaltung dem GG entsprechen.

3. 2 Sozialpolitische Regelungen des Einigungsvertrages

Ebenso wie in anderen Rechtsbereichen hatte der EinigungsV auch hinsichtlich des Arbeits- und Sozialrechts die Aufgabe, einerseits das Recht der BRD auf das Beitrittsgebiet zu übertragen und zum anderen befristete Übergangsregelungen festzulegen, die angesichts völlig anderer Ausgangsbedingungen aus Gründen der Praktikabilität von Regelungen, aber auch aus Gründen des Vertrauensschutzes erforderlich waren. Entsprechend war auf Drängen der DDR-Verhandlungspartner auch in den arbeits- und sozialrechtlichen Vertragsteil eine Reihe – wenn auch überwiegend einstweiliger – Bestandsgarantien für Teile des DDR-Rechts aufgenommen worden.

3. 2. 1 Allgemeine arbeitsrechtliche Regelungen

In Anbetracht dessen, daß die DDR bereits aufgrund des Staatsvertrages grundsätzlich die Arbeitsrechtsordnung der Bundesrepublik übernommen hatte und dadurch z. B. Koalitionsfreiheit, Tarifautonomie und Arbeitskampfrecht mit Verfassungsrang galten *(vgl. Wank, 1991, S. 3)*, brachte der EinigungsV hier vor allem Detailregelungen für einen Übergangszeitraum. Obwohl die DDR-Verhandlungsseite bestrebt war, eine Reihe von AGB-Vorschriften, die für Arbeitnehmer günstiger als entsprechende Vorschriften der BRD waren, festzuschreiben, setzte sich größtenteils die Auffassung durch, daß auf Dauer in einem einheitlichen Rechts- und Wirtschaftsgebiet nur eine einheitliche Arbeitsrechtsordnung gelten kann *(vgl. Schwedes, 1991, S. 5ff.; Wank, 1991, S. 3ff.; Bobke/Giese, 1991, S. 323ff.; Däubler, 1990c, S. 364ff.; Pfeiffer/Birkenfeld-Pfeiffer, 1990, S. 325ff.)*.

Den Wünschen der DDR nach Beibehaltung bestimmter, als »soziale Errungenschaft« angesehener Regelungen wurde im Vertrag insoweit Rechnung getragen, als dem gesamtdeutschen Gesetzgeber in Art.30 Abs.1 EinigungsV konkrete **Gesetzgebungsaufträge** hinsichtlich des **Arbeitsvertragsrechts**, des **Arbeitszeitrechts**, des **Frauenarbeitsschutzes** sowie des **öffentlich-rechtlichen Arbeitsschutzes** erteilt wurden.

Anknüpfend an das Arbeitsgesetzbuch der DDR sowie an in der Vergangenheit auch in der Bundesrepublik unternommene Versuche wurde dem Gesetzgeber aufgetragen, möglichst bald das Arbeitsvertragsrecht sowie das öffentlich-rechtliche Arbeitszeitrecht einschließlich der Zulässigkeit von Sonn- und Feiertagsarbeit und den besonderen Frauenarbeitschutz einheitlich neu zu kodifizieren. Ziel soll dabei sein, ein für mehr als 35 Mio. Arbeitnehmer außerordentlich wichtiges Rechtsgebiet verständlicher und übersichtlicher zu gestalten. Zeitgemäß neu zu regeln hat der Gesetzgeber ferner den öffentlich-rechtlichen Arbeitsschutz nicht zuletzt, um ihn mit den zahlreichen, kaum mehr überschaubaren Vorgaben des EG-Rechts in Übereinstimmung zu bringen. Von Bedeutung ist schließlich auch Art.5 EinigungsV, der Überlegungen zur Aufnahme von Staatszielbestimmungen in das GG empfiehlt; konkret geht es im Arbeitsrechtsbereich um die neu belebten – allerdings sehr umstrittenen – politischen Bestrebungen, ein Recht auf Arbeit ins GG aufzunehmen *(vgl. Wank, 1991, S.4)*.

Im übrigen wurden nach Art.8 EinigungsV grundsätzlich auch das bisher im Geltungsbereich des GG geltende Arbeitsrecht und Arbeitsschutzrecht auf das Beitrittsgebiet übergeleitet, so daß auch für diesen Bereich eine weitgehende Rechtseinheit herbeigeführt wurde. Allerdings gab es davon auch einige Ausnahmen, so z. B. vor allem hinsichtlich der Vorschriften des gesetzlichen Arbeitsvertragsrechts, die unterschiedliche Regelungen für Arbeiter und Angestellte vorsehen.

Von einer Überleitung des § 622 BGB und des Gesetzes über die Fristen für die Kündigung von Angestellten wurde mit Rücksicht auf die Entscheidung des BVerfG vom 30. Mai 1990 [1 BvL 2/83] abgesehen, mit der eine Ungleichbehandlung von Arbeitern und Angestellten als mit dem GG unvereinbar erklärt wurde. Derselbe Grund galt auch für einzelne weitere Bestimmungen des BGB, des HGB, der GewO sowie des Lohnfortzahlungsgesetzes. Sonstiges im bisherigen Bundesgebiet geltendes Arbeitsrecht wurde zum Teil mit Maßgaben übergeleitet oder soll erst zu einem späteren Zeitpunkt in Kraft gesetzt werden. Die Maßgaben sind teilweise rechtstechnischer Natur, teilweise haben sie aber auch materielle Bedeutung. Demgegenüber blieben von den Vorschriften des bereits von der frei gewählten DDR-Volkskammer stark geänderten AGB nur wenige vorläufig in Kraft. Hinsichtlich der Überleitung arbeitsrechtlicher Elemente des EG-Rechts ist zwischen Bestimmungen zu unterscheiden, die bereits in Bundesrecht umgesetzt wurden, und solchen, die auch in der alten BRD noch nicht umgesetzt waren. Teilweise soll die EG – z. B. im Bereich des Arbeitsschutzes – Übergangsfristen für die Anpassung des Rechts im Beitrittsgebiet an EG-Anforderungen zugestehen. Zu diesem Zweck hatte die EG-Kommission am 21. 8. 1991 ein Paket von Vorschlägen für Rechtsakte im Hinblick auf die Eingliederung der DDR in die EG vorgelegt, wobei zunächst vorläufige Regelungen gemäß der EG-Recht-Überleitungsverordnung galten [BT-Drs. 11/7770].

Eine der politisch, aber auch rechtlich strittigsten Fragen der Arbeitsrechtsüberleitung bildete die Übertragung der auch in der Bundesrepublik immer kritischer diskutierten **Untergliederung der Arbeitnehmerschaft** in unterschiedliche Beschäftigungskategorien. Angesichts der Tatsache, daß in der ehemaligen DDR eine derartige Differenzierung kaum von Bedeutung war, wurde „im Zuge des Einigungsprozesses ... die Chance nicht genutzt, die Unterscheidung zwischen Arbeitern und Angestellten ... aufzugeben und zu einem einheitlichen Arbeitnehmerbegriff zu kommen" *(Wank, 1991, S.5)*. Ebenfalls ohne der seit längerem stattfindenden kritischen Diskussion um das Berufsbeamtentum Rechnung zu tragen, verlangte Art.20 Abs.2 Satz 1 EinigungsV, die Wahrnehmung hoheitlicher Befugnisse im Beitrittsgebiet sobald wie möglich Beamten zu übertragen.

Kündigungsrecht

Hinsichtlich des für Arbeitnehmer im Beitrittsgebiet angesichts der wirtschaftlichen Umstrukturierung besonders bedeutsamen **Kündigungsrechtes** galten nach dem Einigungsvertrag sowohl Vorschriften des AGB wie des BGB und des KSchG.

Hinzu kamen die erst durch den EinigungsV geschaffenen **Sonderkündigungsvorschriften** für öffentlich-rechtliche Beschäftigungsverhältnisse. Bei der Ausgestaltung dieses Bereiches ging es zum einen darum, vom BVerfG bereits als verfassungwidrig erklärtes Recht nicht auf das Beitrittsgebiet zu übertragen, und zum anderen um die – zumindest vorübergehende – Beibehaltung bestimmter alter Vorschriften aus Gründen der Sozialverträglichkeit *(vgl. Pfeiffer/Birkenfeld-Pfeiffer, 1990, S.326)*.

Aus den bereits genannten Gründen wurden weder der § 622 BGB, der für Arbeiter kürzere Kündigungsfristen als für Angestellte vorsieht, noch folgerichtig das Angestelltenkündigungsschutzgesetz auf das Beitrittsgebiet übertragen (Anl.I Kap.III Sachgeb. B Abschn. II; Kap.VIII Sachgeb.A Abschn. I und Abschn. III Nr.1). Stattdessen blieb bis auf weiteres der § 55 AGB, der eine einheitliche Kündigungsfrist von zwei Wochen vorsieht, die sich mit der Dauer der Betriebszugehörigkeit auf bis zu drei Monate erhöht, in Kraft. Für die Kündigungsgründe maßgebend ist nunmehr das Kündigungsschutzgesetz, das für das Beitrittsgebiet einige geringfügige Änderungen erfuhr. Unmittelbares Recht geworden sind im Beitrittsgebiet ferner die §§ 613 a, 626 und 628 BGB, die die Kündigung bei Übernahme von Unternehmen sowie die außerordentliche Kündigung regeln. Ebenfalls unbefristet bzw. befristet beibehalten wurden verschiedene Vorschriften des besonderen Kündigungsschutzes. Gemäß § 58 Abs.1 Buchst.a und Abs.2, § 59 Abs.2 AGB ist auch weiterhin die fristgemäße Kündigung gegenüber Kämpfern gegen den Faschismus und Verfolgten des Faschismus unzulässig. Während für Arbeitnehmer, deren Kinder seit dem 1. 1. 1991 geboren wurden bzw. werden, auch im Beitrittsgebiet die Vorschriften über den besonderen Kündigungsschutz des MuSchG (§ 9) und des BErzGG (§ 18) anzuwenden sind, galt bis zum 30. 12. 1990 für Schwangere noch der besondere Kündigungsschutz des § 58 Abs.1 Buchst.b AGB; für Mütter und Väter blieb dieser Kündigungsschutz bestehen, wenn deren Kinder vor dem 1. 1. 1991 geboren wurden. Darüber hinaus gilt die entsprechende Vorschrift für alleinerziehende Arbeitnehmer mit Kindern bis zu 3 Jahren fort, soweit die Kinder vor dem 1. 1. 1992 geboren wurden. Bis zum 31. 12. 1991 blieben ebenfalls die für durch Berufung begründete Arbeitsverhältnisse maßgeblichen §§ 62-66 AGB in Kraft (Anl.II Kap.VIII Sachgeb.A Abschn.III 1 a–c) in Kraft *(vgl. auch Michas, 1991)*.

Lohnfortzahlung

Gleichfalls führten verfassungsrechtliche Bedenken zu dem Verzicht, das bundesdeutsche **Lohnfortzahlungsgesetz** im Beitrittsgebiet einzuführen. Stattdessen wurde für das Beitrittsgebiet die aufgrund des Staatsvertrags in den §§ 115 a ff. AGB geschaffene Arbeitgeber-Lohnfortzahlung, die für den Krankheitsfall eine einheitliche Entgeltfortzahlung für sechs Wochen vorsieht, mit verschiedenen Änderungen übernommen.

Unbefristet übernommen wurden durch den EinigungsV allerdings lediglich die §§ 115 a und 115 c–e; dagegen wurde der § 115 b AGB dahingehend geändert, daß – anstelle des früheren Durchschnittsverdienstes des Arbeitsnehmers – nunmehr auch im Beitrittsgebiet an das Lohnausfallprinzip angeknüpft wird. Neben Änderungen im Bereich der Lohnfortzahlung für Heimarbeiter brachte der EinigungsV zudem Neuregelungen bei der Lohnfortzahlung in Kleinbetrieben. Dies war notwendig, da bei der Umstellung auf die arbeitsrechtliche Lösung in der DDR für Arbeitnehmer in Betrieben mit bis zu 30 Beschäftigten nicht die Arbeitgeber-Lohnfortzahlung, sondern lediglich ein Arbeitgeber-Zuschuß eingeführt worden war. In Angleichung an das bundesdeutsche Recht sollte auch im Beitrittsgebiet das Lohnausgleichsverfahren für Kleinbetriebe eingeführt werden. Da dieser Ausgleich funktionierende Krankenkassen voraussetzt, sollten die §§ 8, 10–19 LFZG mit einigen Anpassungen erst ab dem 1. 7. 1991 im Beitrittsgebiet wirksam werden *(vgl. Schwedes, 1991, S.7)*.

Urlaubsrecht

Beim **Erholungsurlaub** sah der EinigungsV abweichende Regelungen gegenüber dem alten Bundesgebiet vor. Während sich in der DDR der Urlaub gemäß §§ 190 f. AGB aus dem Grundurlaub von 18–24 Tagen und dem Zusatzurlaub zusammensetzte, galt nunmehr auch dort das BUrlG, jedoch mit der Maßgabe eines von § 3 Abs.1 abweichenden Mindesturlaubsanspruchs von 20 Arbeitstagen.

Der im Vergleich zum alten Bundesgebiet um zwei Tage längere Mindesturlaub wurde damit gerechtfertigt, daß im Beitrittsgebiet noch keine weitergehenden tarifvertraglichen Regelungen existierten. Angesichts eines für die überwiegende Mehrheit der Arbeitnehmer im alten Bundesgebiet geltenden tarifvertraglichen Urlaubsanspruchs von etwa 29 Arbeitstagen wurde in Kauf genommen, daß die Arbeitnehmer im Beitrittsgebiet auf absehbare Zeit einen kürzeren Urlaubsanspruch haben. Allerdings sollte durch die gesetzliche Festschreibung eine beitrittsbedingte Urlaubsverkürzung ausgeschlossen werden. Darüber hinausgehende, aufgrund von Rechtsverordnungen geltende Urlaubsregelungen sollten nach dem EinigungsV für eine Übergangsfrist bis zum 30. Juni 1991 fortgelten, um bis zu einer Neuregelung in Tarifverträgen oder arbeitsvertraglichen Vereinbarungen keine Lükke entstehen zu lassen [BT-Drs.11/7817, S.137].

Arbeitszeitrecht und sozialer Arbeitsschutz

Für den **sozialen Arbeitsschutz** wurde zwar ebenfalls grundsätzlich bundesdeutsches Recht übergeleitet, aus verschiedenen Gründen wurden jedoch zahlreiche Ausnahmen festgelegt. Während beim **Arbeitszeitrecht** vor allem dem Fehlen tarifvertraglicher Regelungen Rechnung getragen werden sollte, ergaben sich die Abweichungen beim **Frauenarbeitsschutz** aus der mit der bundesdeutschen Situation nicht vergleichbaren Stellung der Frauen im Arbeitsleben der früheren DDR. Ausdrücklich betonte Art.30 der Denkschrift zum EinigungsV, daß die Vorschriften über den besonderen Frauenarbeitsschutz in der BRD überholungsbedürftig seien und daher nicht einfach auf das Beitrittsgebiet hätten übertragen werden können [BT-Drs. 11/7760, S.370].

Im einzelnen wurden daher insbesondere folgende Sonderregelungen getroffen:

— Bei grundsätzlichem Wirksamwerden der Arbeitszeitordnung (AZO) wurden entsprechend bisherigen Regelungen in der DDR im Beitrittsgebiet weder ein Verbot der Nachtarbeit für Arbeiterinnen noch ein Beschäftigungsverbot für Frauen auf Baustellen eingeführt. Im Vorgriff auf beabsichtigte Neuregelungen des Arbeitszeitrechts insgesamt war die Übertragung von § 16 Abs.2 und § 14 AZO auch nicht zu einem späteren Zeitpunkt vorgesehen. Zugleich sollte mit dieser Regelung gewährleistet werden, daß die Frauen im Beitrittsgebiet auf ihren bisherigen Arbeitsplätzen weiterbeschäftigt werden konnten.

  An die Stelle der entfallenden Vorschriften des AGB zum Arbeitszeitrecht (§§ 160 ff., 172–179 AGB) traten die Regelungen der Arbeitsordnung. Dabei war jedoch zu berücksichtigen, daß in der Bundesrepublik die wöchentliche Arbeitszeit überwiegend in Tarifverträgen geregelt ist, die für Arbeitnehmer praktisch durchweg günstiger sind als die gesetzliche Regelung gem. Arbeitszeitordnung. Um bis zum Wirksamwerden tarifvertraglicher Vereinbarungen für die Arbeitnehmer in den neuen Bundesländern keine Verschlechterungen eintreten zu lassen, wurde das bundesdeutsche Arbeitszeitrecht nur mit einer Reihe von Maßgaben übergeleitet. Ausgeschlossen wurde u. a., daß die individualrechtlich vereinbarte Arbeitszeit mit der Begründung erhöht wird, daß die mit dem Wirksamwerden des Beitritts geltende AZO höhere Höchstarbeitszeiten erlaubt.

  Durch eine weitere Maßgabe sollte für eine Übergangszeit bis zum 30. 6. 1991 sichergestellt werden, daß die in bisherigen Rechtsvorschriften der DDR festgelegte Arbeitszeit, die in Tarifverträgen oder in Arbeitsverträgen als maßgebliche Arbeitszeit bezeichnet wird, als tarifvertraglich vereinbarte Arbeitszeit gilt. Damit sollte gewährleistet werden, daß bis zum Abschluß von Tarifverträgen Regelungen über die von den Arbeitnehmern tatsächlich zu erbringende Arbeitszeit vorhanden waren. Entsprechendes sollte auch für die Zuschläge für Sonn- und Feiertags-, Nacht- und Überstundenarbeit gelten *(vgl. Wlotzke/Lorenz, 1990, S.8)*.

— In Anbetracht dessen, daß es in der früheren DDR keine Sondervorschriften über die Arbeit in Bäckereien gab, sah der EinigungsV vor, daß die §§ 5–7 BAZG über das Nachtback- und Ausfahrverbot sowie über das Verbot der Sonntagsarbeit erst ab dem 1. 1. 1993 gelten sollen (Anl.I Kap.VII Sachgeb. C Abschn.III Nr.11).

— Obgleich auch in der früheren DDR § 168 Abs.1 AGB a. F. Sonn- und Feiertage als Tage der Arbeitsruhe bezeichnete, sah das Gesetz eine solche Vielzahl von Ausnahmen vor, daß die Sonn- und Feiertagsarbeit praktisch nach Belieben erfolgen konnte. Die Vorschriften der §§ 105 a–f GewO über die Sonn- und Feiertagsruhe und die gestützt darauf erlassenen Rechtsverordnungen sollten gemäß EinigungsV im Beitrittsgebiet erst ab dem 1. 1. 1993 Anwendung finden. Bis zu diesem Zeitpunkt sollte der durch das AFG-ÄndG vom 22. Juni 1990 neugefaßte § 168 AGB, der die Weiterarbeit aus wirtschaftlichen und produktionstechnischen Gründen etwas einschränkte, angewendet werden. Begründet wurde diese Regelung damit, daß der Wirtschaft in der schwierigen Übergangsphase ermöglicht werden sollte, die »zum Teil größeren Freiräume für Sonn- und Feiertagsarbeit nach den bisher geltenden Rechtsvorschriften zu nutzen« [BT-Drs.11/7817, S.142].

— Die DDR-spezifische Regelung des Hausarbeitstages, nach der vor allem für vollbeschäftigte werktätige Frauen und alleinerziehende Väter unter bestimmten Voraussetzungen ein Tag pro Monat als Hausarbeitstag gewährt wurde, sollte aus sozialpolitischen Gründen bis zum 31.12. 1991 in Kraft bleiben.

Technischer Arbeitsschutz

Auch im Bereich des technischen Arbeitsschutzes wurden – wenngleich mit einer Reihe von Übergangsregelungen – mit dem 3.10.1990 die staatlichen Vorschriften und die Standards der ehemaligen DDR durch die bundesdeutschen staatlichen Vorschriften und die sie ausfüllenden Regeln für die **Sicherheit und den Gesundheitsschutz der Arbeitnehmer** weitgehend abgelöst. Klarheit bestand allerdings darüber, daß die „sofortige praktische Anwendung dieses Rechts ... naturgemäß mit einer Reihe von Schwierigkeiten verbunden" *(Tegtmeier, 1990, S.5)* sein würde, zumal die unterschiedlichen Wirtschaftsordnungen auch voneinander abweichende Arbeitsschutzsysteme hervorgebracht hatten. Die Überleitungsregelungen des EinigungsV hatten daher zum Ziel, „in der Umstellungsphase den Betrieb bestehender Anlagen nicht zu blockieren und sicherzustellen, daß die Belange des Arbeitsschutzes bei der anstehenden Umstrukturierung vieler Betriebe gewahrt werden" *(Tegtmeier, 1990, S.5)*.

In Anbetracht dessen, daß sich auch das bundesdeutsche Arbeitsschutzrecht aufgrund von noch umzusetzenden EG-Richtlinien selbst in einer Übergangsphase befindet, wurden im wesentlichen nur die unbedingt notwendigen Vorschriften übergeleitet. Von daher soll an dieser Stelle auf eine detaillierte Darstellung der Übergangsregelungen verzichtet werden. Hervorzuheben sind allerdings zwei grundsätzliche Regelungen *(vgl. Tegtmeier, 1990, S.5; Wank, 1991, S.10; Wlotzke/Lorenz, 1990, S.10f.)*:

— In Anlehnung an das frühere DDR-Recht, das für sämtliche Arbeitnehmer einheitliche Arbeitsschutzvorschriften vorsah, bestimmte der EinigungsV, daß die Grundsatzvorschriften über den Arbeitsschutz in den §§ 120a und b GewO in den neuen Bundesländern auch für Unternehmen gelten, die von der GewO im übrigen nicht erfaßt werden, also auch für die Land- und Forstwirtschaft sowie den öffentlichen Dienst.

— Für überwachungsbedürftige Anlagen i. S. v. § 24 GewO war vorgesehen, daß für sie die Beschaffenheitsanforderungen des bisherigen Rechts weiter maßgebend sein sollten. Zugleich wurde für Arbeitsstätten keine Anpassung an die Arbeitsstättenverordnung verlangt, sofern dies nur durch umfangreiche Umbauten möglich gewesen wäre. Erst mit Ablauf des Jahres 1991 sollten auch für sog. Altanlagen bundesdeutsche Vorschriften verbindlich werden. Allerdings konnten die zuständigen Behörden bereits vorher Anpassungen verlangen, wenn die Anlage wesentlich verändert wurde oder dies zur Vermeidung von Gefahren geboten war.

— Im Grundsatz übernommen wurden zum 3.10.1990 neben einzelnen Bestimmungen der GewO die Arbeitsstättenverordnung, das Gerätesicherheitsgesetz einschließlich der Verordnungen nach § 4 GSiG sowie die Gefahrstoffverordnung (Kap.VIII Anl.I Sachgeb.B Abschn.II Nr.8, Abschn.III Nr.10,14).

Abgesehen von der Überleitung von Rechtsvorschriften erforderte die effektive Durchführung des technischen Arbeitsschutzes auch den Aufbau eines entsprechenden **Überwachungssystems**. Während die Länder vor der Aufgabe standen, Aufsichtsbehörden für Arbeitssicherheit einzurichten, lag es an den Berufsgenossenschaften, technische Aufsichtsbeamte zu bestellen.

Insolvenz, Arbeitnehmer- und Arbeitgeberhaftung

Auf die neuen Bundesländer nicht übertragen wurden durch den EinigungsV die Konkursordnung, die Vergleichsordnung sowie das Gesetz über den Sozialplan im Konkurs-

und Vergleichsverfahren. In diesem Gebiet gilt stattdessen weiterhin die Gesamtvollstreckungsordnung vom 6. Juni 1990 [GBl.I S.285] mit einigen Änderungen (Kap.III Anl.II Sachgeb.A Abschn.II Nr.1) *(vgl. auch Bobke/Giese, 1991, S.328).*

In der Bundesrepublik und der DDR waren die **Arbeitnehmer-** und die **Arbeitgeberhaftung** teilweise sehr unterschiedlich geregelt. In der früheren DDR gab es zum einen die »disziplinarische Verantwortlichkeit« (§§ 54 ff. AGB) sowie die »materielle Verantwortlichkeit« der Werktätigen (§§ 260–266 AGB) *(vgl. auch Gerstewitz, 1990, S.37ff.).* Bis zum 31.12.1991 sollten die im geänderten AFG (§§ 260–265 a) enthaltenen Vorschriften über die Schadenshaftung fortbestehen. Diese Frist sollte für die Arbeitnehmer die Anpassung an weitgehend neue rechtliche Regelungen ermöglichen. Die Gewerkschaften hätten es bevorzugt, wenn hier die für die Arbeitnehmer günstigere Begrenzung der Arbeitnehmerhaftung auf das übrige Bundesgebiet übertragen worden wäre. Im Bereich der Arbeitgeberhaftung galten die früheren Vorschriften nur noch bis Ende 1990; an ihre Stelle trat danach bei Personenschäden der Unfallversicherungsschutz *(vgl. Wlotzke/Lorenz, 1990, S.8).*

Koalitions- und Arbeitskampfrecht, Rationalisierungsschutzabkommen

Nachdem das kollektive Arbeitsrecht in der DDR bereits aufgrund des Staatsvertrages weitgehend bundesdeutschem Recht angeglichen worden war, führte der EinigungsV im wesentlichen nurmehr dazu, daß die einschlägigen Gesetze künftig als Bundesgesetze Anwendung finden. Das **Tarifvertragsgesetz** wurde durch den EinigungsV mit der Maßgabe erstreckt, daß Rahmenkollektivverträge oder Tarifverträge alten Rechts, wenn und soweit sie entsprechend den Vorschriften des AGB vom 16.6.1977 registriert waren, bis zum Abschluß eines neuen Tarifvertrages fortgelten. Die Tarifvertragsparteien konnten allerdings einen fortgeltenden Kollektivvertrag ganz oder teilweise ersetzen oder ersatzlos außer Kraft setzen *(vgl. auch Wlotzke/Lorenz, 1990, S.5).*

Besonderheiten sah der EinigungsV hinsichtlich der vor dem 1.6.1990 abgeschlossenen und registrierten **Rationalisierungsschutzabkommen** vor. Die Rechte daraus sollten lediglich bis zum 31.12.1990 erhalten bleiben, danach jedoch die Abkommen ohne Nachwirkung außer Kraft treten *(vgl. Schwedes, 1991, S.6; Clasen, 1991 a, S.11).*

Die überwiegend noch zur Zeit der Regierung MODROW entstandenen Rationalisierungsschutzabkommen, die Umsetzungen und Entlassungen sozialverträglich gestalten sollten, waren seit langem heftig umstritten, da sie in einer Reihe von Fällen in sehr großzügiger Weise Ansprüche zu Lasten Dritter entfalteten. Insbesondere unter Hinweis auf das seit dem 1.7.1990 auch in der DDR zur Verfügung stehende Instrumentarium des AFG wurden sie zudem als unvereinbar mit der neuen Rechtslage angesehen. Als problematisch galt vor allem, daß diese Abkommen davon ausgingen, daß sog. Überleitungsverträge zwischen dem bisherigen Betrieb, dem Arbeitnehmer und einem übernehmenden Betrieb zustande kommen. Allerdings war die Rechtsfigur des Überleitungsvertrages (§ 51 Abs.1 AGB a.F.) mit dem 1.7.1990 weggefallen. In der bis Ende 1990 währenden Übergangszeit hatten die Tarifvertragsparteien die Gelegenheit, die Rationalisierungsschutzabkommen an die veränderte Gesetzeslage anzupassen. Arbeitnehmer, die bereits Ansprüche und Rechte aus Rationalisierungsschutzabkommen erworben hatten, indem sie die maßgebenden Anspruchsvoraussetzungen bis zum Zeitpunkt des Außerkrafttretens des jeweiligen Abkommens erfüllt haben, behielten diese Ansprüche und Rechte unter den Gesichtspunkten des Vertrauens- und Bestandsschutzes [BT-Drs.11/7817, S.138].

Unternehmensmitbestimmung

Auch hinsichtlich der Unternehmensmitbestimmung hatte sich die DDR schon in Anlage II, IV Nr.1–4 StaatsV verpflichtet, die einschlägigen **Mitbestimmungsgesetze** der Bundesrepublik in Kraft zu setzen. Mit dem EinigungsV traten die daraufhin von der DDR erlassenen Gesetze als Bundesgesetze in Kraft, wobei einige wenige Anpassungsregelungen aufgrund der Verhältnisse in der früheren DDR getroffen wurden.

Gemäß EinigungsV war der § 38 des MitbestG von 1976 im Beitrittsgebiet nicht anzuwenden. Hierbei handelt es sich um eine Übergangsvorschrift, die durch Zeitablauf gegenstandslos geworden war. Ebenfalls eine Sonderregelung war hinsichtlich des § 1 Abs.1 Montan-MitbestG erforderlich, da die dort getroffene Abgrenzung auf die Situation im alten Bundesgebiet abzielte. Nach der in § 1 Abs.1 enthaltenen »Walzwerkklausel« war die Herstellung der dort bezeichneten Walzwerkerzeugnisse als Eisen- und Stahlerzeugung i. S. d. Gesetzes anzusehen, erfaßte allerdings im wesentlichen nur die am 1.6.1981 dem Montan-MitbestG unterliegenden Unternehmen. Später gegründete Walzwerke außerhalb von montanmitbestimmten Unternehmen wurden dagegen nicht erfaßt. Im EinigungsV war nun festgelegt worden, daß bis zum 31.3.1991, das war die zur erstmaligen Bestellung von Aufsichtsräten nach dem Montan-MitbestG voraussichtlich erforderliche Zeit, die »Walzwerkklausel« im Beitrittsgebiet zunächst ohne Stichtagsregelung fortgelten sollte. Vom 1.4.1991 an sollte dann jedoch auch in den neuen Bundesländern aus Gründen der Gleichbehandlung eine Stichtagsregelung in Kraft treten, allerdings mit Stichtag 1.4.1991 *(vgl. auch Wlotzke/Lorenz, 1990, S.6)*.

Betriebs- und Personalvertretungsrecht

Gleichfalls Bundesrecht wurde mit dem 3.10.1990 das von der DDR zum 1.7.1990 in Kraft gesetzte bundesdeutsche **Betriebsverfassungsgesetz**, jedoch mit dem geänderten § 6 sowie der in § 13 getroffenen Sonderregelung bezüglich der Durchführung von Betriebsratswahlen *(vgl. Pfeiffer/Birkenfeld-Pfeiffer, 1990, S.327 f.)*.

Die Sonderregelung des § 6 war erforderlich, da das befristet fortgeltende DDR-Rentenrecht keine Unterscheidung zwischen Arbeitern und Angestellten kannte. Die daher geschaffene besondere Definition, die inhaltlich der rentenrechtlichen Abgrenzung in der alten Bundesrepublik entsprach, sollte vorübergehend in Kraft bleiben und am 1.1.1992 durch § 133 SGB IV abgelöst werden. Weitere Sondervorschriften betrafen die ersten Betriebsratswahlen, die bis zum 30.7.1991 durchzuführen waren. Bis zu diesem Zeitpunkt sollte die VO vom 11.7.1990 [GBl.I S.715] in Kraft bleiben. Entsprechend sollten die schon vor dem 31.10.1990 nach demokratischen Grundsätzen gewählten betrieblichen Arbeitnehmervertretungen bis dahin in ihren Ämtern bleiben.

Laut EinigungsV sollte auch im Beitrittsgebiet mit Änderungen in § 37 das **Sprecherausschußgesetz** Geltung erlangen. Unter vorläufiger Anerkennung auf freiwilliger Basis bereits bestehender Sprecherausschüsse sollten Wahlen bis zum 30.6.1991 erfolgen. Mit verschiedenen Maßgaben wurden gleichfalls das **Bundespersonalvertretungsgesetz** und die dazugehörige Wahlordnung für das Beitrittsgebiet übernommen.

Betriebliche Altersversorgung

Erst zum 1.1.1992 trat im Beitrittsgebiet mit verschiedenen Übergangsregelungen das westdeutsche Gesetz zur Verbesserung der **betrieblichen Altersversorgung** in Kraft. Die §§ 1–18 sollten dabei lediglich für Zusagen gelten, die ab 1992 erteilt werden. Begründet wurde dies damit, daß »unkalkulierbare Risiken aus bestehenden Versorgungszusagen« vermieden werden sollten [BT-Drs. 11/7817, S.138]. Während der EinigungsV in Anl.II Kap.VIII Sachgeb.H Nr.4 eindeutig regelte, daß die ZusatzversorgungsAO für volkseigene Betriebe aus dem Jahre 1954 bis zum 31.12.1991 Anwendung finden sollte und bis dahin durch Tarifvertrag oder Betriebsvereinbarung von ihr abgewichen werden konnte, ließ der Vertrag Zweifel bestehen, wie mit den aufgrund der AO bis Ende 1991 entstandenen Ansprüchen zu verfahren war *(vgl. Höfer, 1990, S.251ff.; Heuse, 1990, S. 245f.; Dreissig, 1991, S.1ff.; Betriebliche Altersversorgung, Heft 1/1991, S.4ff.; Höfer/Küpper, 1991, S.208ff.)*.

3.2.2 Arbeitsrechtliche Regelungen im Bereich des öffentlichen Dienstes

Einen besonderen Problembereich im Zuge der Herstellung der deutschen Einheit bildeten die Arbeitsverhältnisse der in der öffentlichen Verwaltung der DDR tätigen Personen. Während weitgehend unstrittig war, daß die starke Überbesetzung des öffentlichen Bereichs einen **Personalabbau** unumgänglich machte, gingen die Auffassungen darüber, wie dieser im einzelnen erfolgen sollte, sehr auseinander. Ebenfalls kritisch beurteilt wurde die in Art.20 Abs.2 Satz 1 EinigungsV getroffene Grundsatzentscheidung, die Wahrnehmung hoheitlicher Befugnisse im Gebiet der ehemaligen DDR sobald wie möglich Beamten zu übertragen, also auch dort das **Berufsbeamtentum** einschließlich seiner rechtlichen Grundlagen einzuführen *(vgl. Wank, 1991, S.5; Nicksch, 1990, S.340 ff.; Daxner, 1991, S.444ff.; Däubler, 1991; Zundel, 1991 S.311ff.).*

Für die Überführung und Neustrukturierung des öffentlichen Dienstes sowie den Aufbau des Berufsbeamtentums im Beitrittsgebiet enthielt der EinigungsV eine Vielzahl detaillierter Regelungen, insbesondere für eine »sozialverträgliche« **Reduzierung des Beschäftigtenbestandes.** Obgleich die DDR mit Wirksamwerden des Beitritts als Arbeitgeber aufhörte zu existieren, sollten gemäß EinigungsV die bisherigen Arbeitsverhältnisse der öffentlich Bediensteten »im Interesse der Verwaltungskontinuität und der Beschäftigten« [BT-Drs.11/7817, S.179] zu unveränderten Bedingungen fortgelten, allerdings geknüpft an eine Reihe von Maßgaben. Hierzu gehörten vor allem eine besondere **Ruhensregelung** mit einem **Wartegeld,** die Nichtanwendbarkeit **tarifrechtlicher Ansprüche** sowie besondere **Kündigungsregelungen** (Anl.I Kap.XIX Sachgeb.A Abschn. III Nr.1 Abs.1–7) *(vgl. auch H.J. Becker, 1991, S.178ff.; Püttner, 1991, S.327ff.).*

Ohne den Begriff der öffentlichen Verwaltung im einzelnen zu definieren, wurden von den einschlägigen Regelungen alle jene Bereiche erfaßt, die bei entsprechender Erstreckung des räumlichen Geltungsbereichs des Rechts des öffentlichen Dienstes im übrigen Bundesgebiet zur öffentlichen Verwaltung zu rechnen waren, insbesondere die zentralen und örtlichen Staatsorgane mit den zugehörigen nachgeordneten Einrichtungen, die Einrichtungen der kommunalen Daseinsvorsorge sowie des Gesundheits- und Bildungswesens, die Deutsche Reichsbahn, die Deutsche Bundespost, die Deutsche Volkspolizei, Justizorgane und die Zivilbediensteten der Nationalen Volksarmee. Entsprechend dem EinigungsV hatten für die dort Beschäftigten die Regelungen des EinigungsV Vorrang vor tarifvertraglichen Regelungen. Dies galt insbesondere für in Tarifverträgen vorgesehene Kündigungsbeschränkungen oder besondere Abfindungsregelungen (Anl.I Kap.XIX Sachgeb.A Abschn.III Nr.1 Abs.1). Erst nach Wirksamwerden des EinigungsV konnten danach tarifvertragliche Vereinbarungen mit dem Ziel einer schrittweisen Annäherung an das für den öffentlichen Dienst im übrigen Bundesgebiet geltende Tarifrecht getroffen werden.

Aufgrund des EinigungsV bestanden die Arbeitsverhältnisse allerdings nur für jene Arbeitnehmer fort, die in Einrichtungen tätig waren, die vom Bund oder den Ländern übernommen wurden. Für die übrigen Arbeitnehmer ruhten die Arbeitsverhältnisse unter Zahlung eines sog. Wartegeldes ab dem 3. 10. 1990.

Während des Ruhens des Arbeitsverhältnisses hatte der Arbeitnehmer Anspruch auf ein monatliches Wartegeld in Höhe von 70 % des durchschnittlichen monatlichen Arbeitsentgelts der letzten 6 Monate (ohne Sonderzahlungen). Anderweitig erzieltes Einkommen wurde angerechnet, soweit es die Bemessungsgrundlage des Wartegeldes überstieg. Innerhalb dieses Übergangszeitraumes hatte der Arbeitgeber in Zusammenarbeit mit der Arbeitsverwaltung die für eine Weiterverwendung erforderlichen Fortbildungs- und Umschulungsmaßnahmen zu fördern. Wurde der Arbeitnehmer nicht innerhalb von sechs Monaten im öffentlichen Dienst »weiterverwendet«, endete das Arbeitsverhältnis mit Ablauf dieser Frist (für Arbeitnehmer, die das 50. Lebensjahr vollendet hatten, betrug die Frist aus sozialen Gründen 9 Monate).

Zusätzlich zu der Ruhensregelung enthielt der EinigungsV für einen zweijährigen Zeitraum besondere Vorschriften über die **ordentliche** und **außerordentliche Kündigung,** die zur Folge hatten, daß die öffentlichen Bediensteten einen geringeren Kündigungsschutz als Beschäftigte anderer Wirtschaftsbereiche hatten *(vgl. Wank, 1991, S.6).* Unklar war dabei, inwieweit diese Vorschriften alternativ oder zusätzlich zu den Regelungen des Kündigungsschutzgesetzes galten, zumal hinsichtlich der **Kündigungsfristen** ausdrücklich auf § 55 AGB verwiesen wurde.

Laut EinigungsV war bei Beschäftigten der öffentlichen Verwaltung eine ordentliche Kündigung u. a. aus mangelnder persönlicher Qualifikation oder persönlicher Eignung sowie aus betriebsbedingten Gründen zulässig, und zwar entweder wegen mangelnden Bedarfs oder infolge Auflösung bzw. Umstrukturierung der bisherigen Beschäftigungsstelle. Nicht eindeutig geregelt war, inwieweit soziale Gesichtspunkte bei der Auswahl der zu Entlassenden Berücksichtigung finden konnten. Bei betriebsbedingten Kündigungen konnte ein dem Wartegeld hinsichtlich Höhe und Dauer vergleichbares Übergangsgeld gewährt werden. Zu den wichtigsten Gründen für eine außerordentliche Kündigung zählten Verstöße gegen elementare Grundsätze der Menschlichkeit und Rechtsstaatlichkeit sowie die Tätigkeit für das frühere Ministerium für Staatssicherheit oder das Amt für Nationale Sicherheit, wobei es unerheblich war, ob die Tätigkeit haupt- oder nebenamtlich (z. B. »Offiziere im besonderen Einsatz«) erfolgt war. Die Regelungen über die außerordentliche Kündigung sollten »die Trennung von vorbelastetem Personal erleichtern und insbesondere auch ein politisches Signal setzen« [BT-Drs.11/7817, S.180].

Die Inkraftsetzung des **Bundesbeamtengesetzes** (BBG) und die Überführung von Arbeitsverhältnissen in Beamtenverhältnisse erfolgte ebenfalls unter Maßgaben, die insbesondere dem Umstand Rechnung tragen sollten, daß die für eine Berufung ins Beamtenverhältnis in Betracht kommenden Beschäftigten aus der öffentlichen Verwaltung im Beitrittsgebiet – von wenigen Ausnahmen – nicht die gesetzlich vorgeschriebenen laufbahnrechtlichen Voraussetzungen erfüllen konnten. Als zeitlich befristete Übergangsregelung wurde zu diesem Zweck die Möglichkeit der Berufung in ein generell **dreijähriges Probebeamtenverhältnis** geschaffen *(vgl. auch Weichert, 1991, S.457 ff.; Nicksch, 1990, S. 343)*.

Aufgrund der Übergangsregelungen war vorgesehen, beamtenrechtliche Statusverhältnisse nur im Wege der Einzelfallprüfung nach den Kriterien Eignung, Befähigung und fachliche Leistung zu begründen. Unter Verzicht auf Vor- und Ausbildungserfordernisse wurde für die Berufung in das Probebeamtenverhältnis auf die Bewährung auf einem entsprechenden Dienstposten abgestellt. Nach dem EinigungsV ist die Ernennung von Bundesbeamten abweichend vom Bundesbeamtengesetz allerdings längstens bis zum 31. 12. 1996 zulässig *(vgl. Nicksch, 1990, S.343)*.

Sowohl für Richter und Staatsanwälte als auch für Soldaten galten nochmals besondere Vorschriften. So war z. B. beabsichtigt, sämtliche rd. 2.500 Richter und Staatsanwälte durch sog. Richterwahlausschüsse bis zum 15. 4. 1991 einzeln zu überprüfen. Die etwa 800 Mitglieder des Obersten Gerichts der DDR sowie der Generalstaatsanwaltschaft waren sofort entlassen worden *(vgl. auch Majer, 1991, S.171 ff.)*. Auch für Hochschullehrer galten besondere Übernahmebedingungen, wobei u. a. die Vorläufige Hochschulordnung des DDR-MinR vom 18. September 1990 maßgebend war *(vgl. MittHV, 1990, S.317 ff.; Daxner, 1991, S.444 ff.)*.

Für die Bereiche **Besoldung** und **Versorgung** ermächtigte der EinigungsV die Bundesregierung, durch Rechtsverordnung Übergangsregelungen zu bestimmen, die den besonderen Verhältnissen in den neuen Bundesländern Rechnung tragen sollten.

Hinsichtlich des Ruhegehalts war dabei insbesondere die Festlegung von Bedeutung, daß als ruhegehaltsfähig nur solche Zeiten anerkannt werden können, die nach Wirksamwerden des Beitritts abgeleistet wurden. Damit sollte vermieden werden, daß z. B. Zeiten in der Volkspolizei oder in der Nationalen Volksarmee unmittelbar nach der Verbeamtung einen Ruhegehaltsanspruch begründen [BT-Drs. 11/7817, S.182] *(vgl. auch E. Reiners, 1991, S.53 ff.)*.

Die Regelungen zur Verringerung des Personalbestandes in der öffentlichen Verwaltung des Beitrittsgebietes und zur Verbeamtung von Personen aus diesem Gebiet stießen vor allem bei den Betroffenen, aber überraschenderweise auch bei verschiedenen Beamtenverbänden aus der Altbundesrepublik auf teilweise **massive Kritik**. Eine Reihe von Betroffenen versuchte, sich mit einer Verfassungsklage gegen ihre »Entlassung« zu wehren *(vgl. ÖTV, 1992, S.111 f.)*.

3.2.3 Arbeitsmarktpolitische Regelungen

Nach der Auffassung der Bundesregierung sollte den mit dem Wechsel von der zentralen Planwirtschaft zur sozialen Marktwirtschaft auftretenden **Schwierigkeiten auf dem Arbeitsmarkt** sowohl mit wirtschafts- und finanzpolitischen als auch mit arbeitsmarktpolitischen Maßnahmen entgegengetreten werden. Dabei ging sie von dem Grundsatz aus, daß nur in denjenigen Bereichen, in denen es die im beigetretenen Gebiet herrschende Ausnahmesituation verlangte, die früher in der DDR geltenden Vorschriften als Sonderregelungen in die bundesdeutsche Fassung des AFG mit einer maximalen Befristung bis Ende 1991 übernommen werden sollten [BT-Drs. 11/7817, S.143]. Bei grundsätzlicher Erstreckung des Geltungsbereichs des bundesdeutschen AFG auf das Beitrittsgebiet sollten für dieses Gebiet folgende Sonderregelungen gelten *(vgl. Michas, 1991)*:

— Die bereits durch das AFG-DDR eingeführte Regelung, daß Kurzarbeitergeld auch dann gezahlt werden konnte, wenn die Erhaltung der Arbeitsplätze nicht gesichert war (§ 63 Abs.5 AFG-DDR), wurde durch den EinigungsV zunächst bis zum 30. Juni 1991 verlängert. Ergänzend war eine Ermächtigung für den Bundesarbeitsminister vorgesehen, die Geltung dieser Regelung sowie der Kurzarbeitergeld-Bezugsfrist in diesen Fällen bis zum 31. 12. 1991 durch Rechtsverordnung zu verlängern. Ferner wurde festgelegt, daß derjenige, der während der Kurzarbeit an ganztägigen Bildungsmaßnahmen teilnimmt, ein Kurzarbeitergeld in Höhe des Unterhaltsgeldes (73 bzw. 65 % des letzten Nettoentgelts) erhält. Schließlich bestimmte der EinigungsV, daß die BA während eines Übergangszeitraumes (längstens bis Juni 1992) Arbeitgebern Zuschüsse bzw. erhöhte Zuschüsse zu den Krankenversicherungs- und Rentenversicherungsbeiträgen für Bezieher von Kurzarbeitergeld gewährt *(vgl. Info-Dienst Deutsche Einheit, Nr. 5/1990, S. 5)*.

— Die Vorschriften der Produktiven Winterbauförderung waren mit Wirkung vom 1. 4. 1991, die Vorschriften zum Schlechtwettergeld mit Wirksamwerden des Beitritts, anzuwenden. Auch hier waren erhöhte Zuschüsse für die Arbeitgeber zu den KV- und RV-Beiträgen für Bezieher von Schlechtwettergeld bis längstens Juni 1992 vorgesehen.

— Abweichend vom alten Bundesgebiet konnten AB-Maßnahmen im Beitrittsgebiet auch in Arbeitsamtsbezirken mit einer guten Beschäftigungslage gefördert werden, sofern die Förderung vor dem 31. 12. 1991 bewilligt wurde. Ferner konnte die BA für AB-Maßnahmen, deren Förderung vor dem 30. 6. 1991 bewilligt und die von Trägern und überwiegend mit zugewiesenen Arbeitnehmern mit Wohnsitz im Beitrittsgebiet durchgeführt wurden, die Förderungsvoraussetzungen der Maßnahmen, die von juristischen Personen des öffentlichen Rechts durchgeführt werden, erleichtern. Bei solchen Maßnahmen konnte die BA zudem die vollen Bruttolohnkosten übernehmen (auch für mehr als 15 % aller im Kalenderjahr zugewiesenen Arbeitnehmer).

— Der Tatsache Rechnung tragend, daß der Aufbau entsprechender Bildungsstrukturen eine gewisse Zeit in Anspruch nehmen würde, sollten bis zum 31. 12. 1992 auch berufliche Fortbildungs- und Umschulungsmaßnahmen gefördert werden, die an Fachhochschulen, Hochschulen oder ähnlichen Bildungseinrichtungen durchgeführt werden. Schließlich sollte die Teilnahme an einer vor dem 31. 12. 1992 angetretenen Bildungsmaßnahme auch dann gefördert werden, wenn der Antragsteller nicht unmittelbar von Arbeitslosigkeit bedroht war.

Einigungsbedingt sahen weitere für das gesamte Bundesgebiet geltende Änderungen des AFG eine Erweiterung des Vorstands und des Verwaltungsrates der BA für die Restdauer der laufenden Amtsperiode um Mitglieder aus dem Beitrittsgebiet vor (Erhöhung der Verwaltungsratsmitglieder um 12 auf 51 und der Vorstandsmitglieder um 3 auf 12). Außerdem wurden in das AFG verschiedene Regelungen eingefügt, die eine Gleichstellung von Leistungen nach dem AFG-DDR und dem AFG sowie die Anerkennung von Beschäftigungszeiten im Beitrittsgebiet vor Einführung des AFG bewirkten.

Bei gleichzeitiger Ausdehnung des **Altersteilzeitgesetzes** vom 20. Dezember 1988 [BGBl. I S. 2343, 2348] mit einigen beitrittsbedingten Änderungen auf die neuen Bundesländer wurde zur Entlastung des angespannten Arbeitsmarktes die bislang geltende Vorschrift über die Gewährung eines Vorruhestandsgeldes durch die Neuregelung eines **Altersübergangsgeldes** gemäß Art. 30 Abs. 2 EinigungsV für einen befristeten Zeitraum ersetzt.

Die Altersübergangsgeld-Regelungen sahen für 1990 vor, daß Frauen, die das 55. Lebensjahr, und Männer, die das 57. Lebensjahr vollendet hatten, bei Arbeitslosigkeit ein Altersübergangsgeld für die Dauer von 3 Jahren (Männer) bzw. 5 Jahren (Frauen), längstens aber bis zum frühestmöglichen Bezug einer Rente erhalten konnten. Ab 1991 galten eine einheitliche Altersgrenze von 57 Jahren sowie eine einheitliche Höchstbezugsdauer von 3 Jahren. Die Höhe des Altersübergangsgeldes betrug 65 % des letzten durchschnittlichen Nettoarbeitsentgeltes. Für Arbeitnehmer, deren Anspruch bis zum 1.4.1991 entstand, wurde das Altersübergangsgeld für 312 Tage um einen Zuschlag von 5%-Punkten erhöht. Das Altersübergangsgeld wurde von der BA gewährt. Sie konnte einen Antrag ablehnen, wenn feststand, daß in der Region für die bisherige berufliche Tätigkeit des Antragstellers ein deutlicher Mangel an Arbeitskräften bestand. Der Bundesarbeitsminister wurde ermächtigt, die Gewährung von Altersübergangsgeld durch Rechtsverordnung auf Zugänge im Jahre 1992 zu erstrecken. Soweit die Aufwendungen für das Altersübergangsgeld die Aufwendungen für das Arbeitslosengeld (das die Betroffenen an dessen Stelle erhalten würden) überstiegen, wurden diese der BA vom Bund erstattet *(SozInf, Nr.10/1990, S.2)*.

Von den Gewerkschaften wurde mit einiger Besorgnis registriert, daß durch den EinigungsV auch im Beitrittsgebiet das **Arbeitnehmerüberlassungsgesetz** Geltung erlangte, wenn auch mit gewissen Einschränkungen (Anl.I Kap.VIII Sachgeb.E Abschn.II Nr.2). Die in beiden Teilen Deutschlands sehr unterschiedlichen Lohntarife nährten Befürchtungen, daß mit »billigen« Arbeitskräften aus Ostdeutschland in westlichen Bundesländern Lohndumping betrieben werden könnte. Tatsächlich wurde eine Reihe von Fällen bekannt, in denen ostdeutsche Verleihunternehmen Arbeitnehmer zu niedrigen Stundenlöhnen an Unternehmen im Westen ausgeliehen hatten.

3.2.4 Schwerbehindertenrecht, Maßnahmen für Behinderte und Rehabilitation

Eine weitgehende Überleitung sah der EinigungsV hinsichtlich des bundesdeutschen Schwerbehindertenrechts vor. Um den besonderen Verhältnissen in den neuen Bundesländern Rechnung zu tragen, waren allerdings auch in diesem Bereich verschiedene befristete Sonderregelungen erforderlich. Dabei ging es insbesondere um die Geltung der bisherigen **Schwerbeschädigtenausweise** sowie die **unentgeltliche Beförderung Schwerbehinderter** *(vgl. Rindt, 1990 a, S.10ff., 1990 b, S.20ff.; E. Kunz, 1990, S.160f.)*. Im einzelnen galten aufgrund des EinigungsV folgende Übergangsregelungen:

- Um sicherzustellen, daß die Schwerbehinderten sofort den arbeitsrechtlichen Schutz des SchwbG genießen und ab Januar 1991 Steuerfreibeträge gestaffelt nach dem GdB geltend machen konnten, galten die Schwerbeschädigtenausweise der früheren DDR bis zum Ablauf ihrer Gültigkeit – längstens bis zum 31.12.1993 – als Schwerbehindertenausweise mit einem Grad der Behinderung (GdB) von 50, 80 oder 100. Die Ausweisstufe I galt als Feststellung über das Vorliegen einer Behinderung mit einem GdB von 30.
- Neufeststellungen des GdB sowie weiterer gesundheitlicher Merkmale (z. B. Hilflosigkeit, außerordentliche Gehbehinderung) sollten als vorläufige Neubescheidung in der Regel nach Aktenlage erfolgen. Bis zur Errichtung von Versorgungsämtern sollten die Feststellung der Behinderung und die Ausgabe von Ausweisen durch die Dezernate Gesundheitswesen der Kommunen und Kreise erfolgen.
- Die für 1991 vorgesehene Durchführung erstmaliger Wahlen der Schwerbehindertenvertretungen sollte u. a. nach den Grundsätzen des vereinfachten Wahlverfahrens erfolgen.
- Im Hinblick auf die niedrigeren Fahrpreise im ÖPNV des Beitrittsgebietes galt bei der unentgeltlichen Beförderung eine geringere Eigenbeteiligung. Die Vorschriften über die unentgeltliche Beförderung wurden grundsätzlich auf die neuen Bundesländer ausgedehnt, für den Bereich der Deutschen Reichsbahn allerdings erst mit Wirkung vom 1.7.1991 *(vgl. auch Siebenweiber, 1991, S.121ff.)*.
- Schließlich wurde bestimmt, daß bis zum 31.12.1992 Schwerbehinderte in den neuen Bundesländern nur unter Berücksichtigung von Art und Schwere ihrer Behinderung zur Nachtarbeit herangezogen werden durften.

Neben den befristeten Sonderregelungen sah der EinigungsV einige für das gesamte Bundesgebiet geltende Änderungen vor, darunter insbesondere die einheitliche Festsetzung der **Ausgleichsabgabe** auf 200 DM, was für das alte Bundesgebiet eine Anhebung und für das Beitrittsgebiet eine Senkung um 50 DM bedeutete. Desweiteren wurden der Beirat für Rehabilitation der Behinderten von 33 auf 38 Mitglieder erweitert und die bei der unentgeltlichen Beförderung geltende Sonderregelung für Kriegsopfer (Freifahrt ohne Eigenbeteiligung) auf Kriegsopfer in den neuen Bundesländern ausgedehnt.

Mit dem Beitritt erlangte auch § 10 SGB I, der ein soziales Recht auf die notwendigen Hilfen zur Eingliederung normiert und „damit auch die Ziele und Grundsätze der Rehabilitation bestimmt" *(Rindt, 1990 a, S. 10)*, Geltung im Beitrittsgebiet. Zugleich wurden ohne Abstriche das Rehabilitationsangleichungsgesetz (RehaAnglG) – jedenfalls was den allgemeinen Teil betraf – sowie die Kraftfahrzeughilfe-Verordnung in Kraft gesetzt.

Im einzelnen bedeutete dies, daß im Beitrittsgebiet sofort die Rehabilitationsmaßnahmen entsprechend den allgemeinen Vorschriften des ersten Teils durchgeführt werden konnten, zumal ebenfalls ab dem Beitritt die nach § 5 Abs.6 und § 8 RehaAnglG geschlossenen Gesamtvereinbarungen sowie die von den Rehabilitationsträgern festgelegten Kostengrundsätze auf die im Beitrittsgebiet tätigen Rehabilitationsträger erstreckt wurden. Mit für die einzelnen Rehabilitationsträger unterschiedlichen Maßgaben wurden demgegenüber die Vorschriften über Voraussetzungen sowie Art und Umfang der Leistungen auf das Beitrittsgebiet übertragen.

Die sofortige Übertragung der Kraftfahrzeughilfe-Verordnung vom 28. 9. 1987 [BGBl.I S.2251] gewährleistete, daß auch die Behinderten im Beitrittsgebiet, die infolge der Behinderung auf die Benutzung eines Kraftfahrzeugs angewiesen sind, um den Arbeits- oder Ausbildungsort aufzusuchen, die erforderliche Hilfe erhalten. Wie im alten Bundesgebiet richtete sich die Höhe des Zuschußbetrages nach dem Einkommen, allerdings mit dem Unterschied, daß im Beitrittsgebiet die dort maßgebende Bezugsgröße gem. § 18 SGB IV von seinerzeit 1.400 DM zugrundegelegt wurde *(vgl. Tiedt, 1991, S.97)*.

Neben der Übertragung rechtlicher Grundlagen entstand mit dem Beitritt die Aufgabe, auch in den neuen Bundesländern für jene Behinderten, deren Eingliederung in das Arbeitsleben besondere berufliche Qualifizierungsmaßnahmen voraussetzte, ein Netz **berufsfördernder Einrichtungen** aufzubauen. Entsprechendes galt für die **Werkstätten für Behinderte**, wobei teilweise auf die in der DDR vorhandenen geschützten Werkstätten des Gesundheits- und Sozialwesens zurückgegriffen werden konnte *(vgl. Rindt, 1991, S.3 ff.)*.

3.2.5 Berufliche Ausbildung und Ausbildungsförderung

Der deutsch-deutsche Einigungsprozeß führte auch zu einer Angleichung der Ausbildungsstrukturen. Zwar erfolgte in der DDR wie in der alten Bundesrepublik die Ausbildung auf der Grundlage anerkannter Ausbildungsberufe (in der DDR generell als Facharbeiterberufe bezeichnet); während es jedoch in der Bundesrepublik für die Ausbildung in Berufen des dualen Systems keine Zulassungsvoraussetzungen gibt, waren in der ehemaligen DDR alle Ausbildungsberufe bestimmten Schulabschlüssen zugeordnet.

Die DDR-Systematik der Facharbeiterberufe von 1984 enthielt insgesamt 356 Berufe, die sich nach Branchen orientierten. Für 238 Berufe, davon 98 sog. Grundberufe mit 392 Spezialisierungsrichtungen, war der Abschluß der 10. Klasse der Polytechnischen Oberschule (POS) Voraussetzung. Die Ausbildungsdauer betrug hier in der Regel 2 Jahre. Hinzu kamen 47 sog. seltene Handwerksberufe, in denen jedoch nur sehr wenige Lehrlinge ausgebildet wurden. Für die Absolventen der 10. Klasse, die eine Berufsausbildung mit Abitur (3 Jahre) absolvieren wollten, standen 86 Berufe offen. Die Zahl der Ausbildungsberufe für Absolventen der 8. Klasse der POS war mit Wirkung vom 1. 9. 1990 von 63 auf 83 erhöht worden (Ausbildungsdauer 2½ bis 3 Jahre). Weitere 8 Berufe konnten nur im Rahmen der Erwachsenenbildung erlernt werden *(vgl. Gewande, 1990 a, 1990 b; Schaumann/Hofmann, 1990)*.

Bei der Umstellung der Berufsausbildung in den neuen Bundesländern auf westdeutsche Regelungen und Strukturen war zum einen der Vertrauensschutz der Jugendlichen hinsichtlich erworbener Befähigungen zu gewährleisten und zum anderen dem Umstellungsprozeß der Ausbildungsbetriebe und der zuständigen Stellen Rechnung zu tragen. Nicht zuletzt vor dem Hintergrund einer äußerst krisenhaften wirtschaftlichen Entwicklung in den neuen Bundesländern waren die Veränderungen des Berufsbildungswesens mit erheblichen Problemen verbunden. Abgesehen davon, daß das Angebot an Ausbildungsplätzen bis zum Sommer 1990 drastisch zurückging, gelang es nicht, eine den künftigen wirtschaftlichen Anforderungen genügende Berufsstruktur des Angebots und der Ausbildungsqualität sicherzustellen.

Mitte 1990 wurde nicht nur ein ständig steigender Anteil von Jugendlichen an den Arbeitslosen registriert (Ende August 76.108 gegenüber 54.700 Ende Juli), sondern auch eine Zunahme der Jugendlichen ohne Ausbildungsplatz festgestellt. Waren es im Juli 1990 erst 9.096 Schulabgänger, die keinen Ausbildungsplatz hatten, erhöhte sich ihre Zahl schon im August auf 12.043. Zu einem besonderen Problem wurde dabei die immer häufiger werdende Kündigung bereits bestehender Lehrverträge. Zwar konnten bei 14.480 gekündigten Lehrverträgen Ende August 1990 rd. 6.300 Jugendliche erneut in einen Ausbildungsplatz vermittelt werden, die Unsicherheit blieb jedoch bestehen. Immerhin gingen Schätzungen davon aus, daß Anfang September 1990 etwa 30.000 bis 40.000 Jugendliche ohne Ausbildungsplatz sein würden *(vgl. Neue Zeit v. 3.8.1990; Der Morgen v. 31.8.1990; Regierungspressedienst, Nr.34 v. 27.8.1990)*.

Die sich Mitte 1990 abzeichnende dramatische Entwicklung auf dem **Ausbildungsstellenmarkt** mit einem ausgesprochenen Mißverhältnis von Angebot und Nachfrage machte schnelle **Hilfsmaßnahmen** erforderlich. Diesem Problem wurde zunächst durch das Sofortprogramm des MinR der ehemaligen DDR vom 22. August 1990 sowie durch das Vorsorgeprogramm der Bundesregierung vom 25. September 1990 entsprochen *(vgl. Berufsbildungsbericht 1991, S.3)*. Abgesehen von den generellen Umstellungsschwierigkeiten bildeten die **vorzeitigen Vertragsauflösungen** eines der Hauptprobleme. Erhebliche Schwierigkeiten bereitete auch die durch das DDR-Berufsschulgesetz vom 19. Juli 1990 [GBl.I S.919] verfügte Verlagerung der Betriebsberufsschulen in kommunale Trägerschaft, da die öffentlichen Haushalte in besonderer Weise unter knappen Finanzmitteln litten.

Die rechtliche Grundlage für die berufliche Ausbildung bildete in den neuen Bundesländern das Gesetz über die Inkraftsetzung des Berufsbildungsgesetzes der BRD in der DDR vom 19. Juli 1990 (IGBBiG) [GBl.I S.907]. Die darin enthaltenen Übergangsbestimmungen waren durch den EinigungsV im wesentlichen übernommen worden (Anl.I Kap.XVI Sachgeb.C Abschn.III Nr.1).

Entgegen allen ursprünglichen Befürchtungen enspannte sich im Herbst 1990 die Lage auf dem Ausbildungsstellenmarkt *(vgl. Kompaß, Heft 12/1990, S.661)*, obschon weiterhin eine hohe Zahl von vorzeitigen Vertragsauflösungen zu verzeichnen war (Ende September 1990: 18.512). Zum Stichtag 24. 9. 1990 waren von den 129.191 gemeldeten Berufsausbildungsstellen sogar 892 nicht besetzt. Nicht vermittelt waren zu diesem Zeitpunkt 3.209 Lehrstellenbewerber, davon 1.587 wegen Lehrvertragslösungen *(vgl. Berufsbildungsbericht 1991, S.25)*. Allerdings standen den Bewerbern lediglich rd. 96.000 betriebliche Ausbildungsplätze zur Verfügung; weitere 23.500 Ausbildungsmöglichkeiten waren bis Oktober 1990 über Hilfsmaßnahmen geschaffen bzw. gesichert oder aktiviert worden. Von den insgesamt 122.953 Jugendlichen, die im Herbst 1990 in den neuen Bundesländern ihre Ausbildung neu aufnahmen, hatten bereits 97.484 (79,28 %) Verträge für Ausbildungsberufe nach § 3 Berufsbildungsgesetz; nur noch 25.469 wurden nach den Berufsbildern der früheren DDR ausgebildet *(vgl. Berufsbildungsbericht 1991, S.26)*.

Das **Bundesausbildungsförderungsgesetz** und die nach ihm erlassenen Rechtsverordnungen sollten gemäß EinigungsV erst zum 1. 1. 1991 im Beitrittsgebiet in Kraft gesetzt werden (Anl.I Kap.XVI Sachb.B Abschn.II Nr.1), da der Aufbau der für den Vollzug notwendigen Förderungsverwaltung vor diesem Zeitpunkt nicht gewährleistet werden konnte. Zugleich war zur Anpassung an die besonderen Verhältnisse in den neuen Bundesländern eine Reihe von Sondervorschriften vorgesehen:

- Übergangsregelungen zugunsten einzelner Gruppen von Auszubildenden, die sich in einer nach dem BAföG im Regelfall nicht mehr förderungsfähigen Ausbildung befinden (§ 5, 16, 48 und 66 a BAföG);
- Differenzierung und Anpassung der Bedarfssätze an die unterschiedlichen Ausbildungs- und Lebenshaltungskosten, insbesondere Mietkosten, im alten und neuen Bundesgebiet (§ 12, 13 BAföG, § 9 HärteV); für im Beitrittsgebiet Studierende war z. B. ein Bedarfssatz von 500 DM

zzgl. 50 DM monatlich bei auswärtiger Unterbringung vorgesehen (210 DM, sofern der Studierende im alten Bundesgebiet wohnte);
- Aktualisierung der Einkommensanrechnung im Hinblick auf die noch starken Veränderungen unterliegende Einkommensentwicklung in den neuen Bundesländern;
- Erleichterung des Vollzugs des BAföG in der Übergangsphase (z. B. Nichterstattung in der Übergangsphase überzahlter Förderungsbeträge) (§ 59 BAföG);
- Festsetzung der Förderungshöchstdauer für die Ausbildung an Hochschulen im Beitrittsgebiet (§ 9 FörderungshöchstdauerV);
- Erhöhung der Zahl der Mitglieder des Beirates für Ausbildungsförderung von 21 auf 28 (§ 2 BeiratsV);
- Aufhebung der VO über die Ausbildungsförderung für Auszubildende mit Wohnsitz außerhalb des Geltungsbereiches des Gesetzes (BAföG-PendlerV) und ihrer gesetzlichen Ermächtigungsgrundlage. Angesichts der Unterschiede in den Lebensverhältnissen war mit der BAföG-PendlerV vom 1. Juni 1990 [BGBl.I S.998] für Auszubildende, die ihren Wohnsitz in der ehemaligen DDR hatten und als »Pendler« eine Ausbildungsstätte in der alten Bundesrepublik besuchten, eine Differenzierung der Bedarfssätze vorgenommen worden. Durch die 1. BAföG-PendlerV-ÄndV vom 11. Oktober 1990 [BGBl.I S.2165] waren vom 1. 10. 1990 an die Bedarfssätze für Bildungspendler aus dem Beitrittsgebiet wegen des dort zu verzeichnenden Anstiegs der Lebenshaltungskosten angehoben worden.

Im Gegensatz zur BReg, die eine Überleitung des Bundesausbildungsförderungsgesetzes zum 1. 4. 1991 präferierte, hatte die DDR-Regierung dringend gebeten, die Möglichkeit zu prüfen, dies bereits zum 1. 1. 1991 vorzusehen. Das BMBW drängte im übrigen darauf, die DDR ausdrücklich zu verpflichten, alle Bescheide über die Gewährung von Stipendien nach bisherigem DDR-Recht bis zum 31. 3. 1991 zu befristen. Mit der StipendienAO vom 29. Juni 1990 [GBl.I S.1079] war in der DDR bereits ein einkommensabhängiges Stipendium für Studierende an Hoch- und Fachschulen eingeführt worden. Danach wurde seit dem 1. 7. 1990 ein einkommensunabhängiges Grundstipendium von 280 DM monatlich gezahlt, zu dem ein einkommensabhängiger Erhöhungsbetrag, der sich nach dem Einkommen des Auszubildenden, seines Ehegatten oder seiner Eltern bemaß, von bis zu 170 DM monatlich geleistet wurde.

Um bis zum Inkrafttreten des BAföG sowie des BKGG eine Förderungslücke zu vermeiden, bestimmte der EinigungsV, daß bis Ende 1990 DDR-Rechtsvorschriften über die Gewährung von Ausbildungsbeihilfen und Stipendien an Schüler und Studenten im Beitrittsgebiet wirksam bleiben sollten [BT-Drs. 11/7817, S.177].

3. 2. 6 Krankenversicherung und gesundheitliche Versorgung

Die Angleichung der Gesundheitssysteme im vereinten Deutschland orientierte sich an der **ordnungspolitischen Zielvorgabe** eines freiheitlichen, pluralistischen Systems der medizinischen Versorgung. Entsprechend wurde ab 1. 1. 1991 die Einführung des **gegliederten Systems der Krankenversicherung** im Beitrittsgebiet zwingend vorgeschrieben. Gemäß Anlage I Kap.VIII Sachgeb.G Abschn.II Nr.1 EinigungsV sollte ab 1. 1. 1991 auch im Beitrittsgebiet das SGB V gelten, vorbehaltlich abweichender Regelungen, die in den neu angefügten §§ 308–314 SGB V enthalten waren *(vgl. auch Chavet, 1990, S. 311ff.)*.

Während für die Überleitung des Krankenversicherungsrechts keine grundsätzlichen Schwierigkeiten erwartet wurden, bestand während der Verhandlungen zum Einigungsvertrag lange Zeit Dissens hinsichtlich des **Abbaus von Besserstellungen** nach geltendem DDR-Recht (über das SGB V hinausgehende DDR-Leistungen; bei den Zuzahlungen). Zunächst war die DDR lediglich zu dem Zugeständnis bereit, daß über die Rechtsangleichung in diesen Bereichen unter Berücksichtigung der Lohnentwicklung bis Ende 1992 entschieden werden sollte. Ebenfalls als problematisch betrachtete das BMA den Wunsch der DDR, eine landwirtschaftliche Krankenversicherung zu errichten.

Das BMA ging bei seinen Forderungen davon aus, daß die von der DDR verfolgte Besserstellung bei den bundesdeutschen Versicherten nicht auf Akzeptanz stieße und zudem den Widerstand des Bundesfinanzministers erhöhe, die aus Sicht des BMA und der DDR notwendigen Staatszuschüsse an die Krankenkassen im Beitrittsgebiet zu leisten. Nach Einschätzung des BMA waren wegen des voraussichtlichen Defizits der DDR-Krankenversicherung Zuschüsse für einen vorübergehenden Zeitraum unumgänglich. Andernfalls hätte die Beitragsbelastung der DDR-Versicherten in einem – auch beschäftigungspolitisch – unvertretbaren Maße steigen müssen, und/oder die bundesdeutschen Beitragszahler hätten zur Deckung des Defizits herangezogen werden müssen. Entsprechend hielt man es für zwingend notwendig, allen Bestrebungen, die auf eine weitere Ausgabensteigerung im DDR-Gesundheitswesen hinausliefen, entschieden entgegenzutreten und auf eine Kostendämpfung hinzuwirken.

Nach den Überleitungsregelungen sollte ab Januar 1991 im Beitrittsgebiet eine den alten Bundesländern vergleichbare **Organisation der Krankenversicherung** entstehen, zunächst jedoch noch mit einer getrennten Haushaltsführung der Krankenkassen und separaten Finanzausgleichen.

Für die am 14. 10. 1991 bestehenden 14 Bezirke des Beitrittsgebietes war gemäß § 312 Abs.2 a SGB V je eine AOK zu errichten. Mit der Errichtung der Ortskrankenkassen sollten auf diese die die Krankenkassen betreffenden Aufgaben der Sozialversicherung in der DDR übergehen, soweit nicht andere Krankenkassen zuständig waren. Zugleich wurde bestimmt, daß die See-Krankenkasse, die Bundesknappschaft und die bundesunmittelbaren Ersatzkassen ab diesem Zeitpunkt ihre Zuständigkeit auf das Beitrittsgebiet ausdehnen. Entsprechend erweiterte sich die Zuständigkeit der AOK Berlin (West) auf den Ostteil der Stadt. Die übrigen Krankenkassen erhielten die Möglichkeit, sich im Beitrittsgebiet zu etablieren oder sich auf das dortige Gebiet auszudehnen. Dabei waren für die Errichtung und Anschlußerrichtung bzw. Ausdehnung von Betriebs- und Innungskrankenkassen im Beitrittsgebiet für eine Übergangszeit erleichterte Voraussetzungen vorgesehen (§ 312 Abs.3 und 5 SGB V).

Ebenfalls übertragen wurde das 2. Gesetz über die Krankenversicherung der Landwirte, wobei vorgesehen war, zum 1. 1. 1991 eine gemeinsame landwirtschaftliche Krankenkasse mit Sitz in Potsdam zu errichten. Den neuen Bundesländern wurde das Recht eingeräumt, unter Beachtung der wirtschaftlichen Leistungsfähigkeit durch Gesetz für jedes Land eine eigene landwirtschaftliche Krankenkasse einzurichten. Bis zur Aufnahme der Tätigkeit der landwirtschaftlichen Krankenkasse sollte die Hannoversche Landwirtschaftliche Krankenkasse deren Aufgaben wahrnehmen. Abweichend von § 2 Abs.1 Nr.1 KVLG sollten die Maßstäbe zur Berechnung der Existenzgrundlage von der Selbstverwaltung der landwirtschaftlichen Krankenkasse festgelegt werden. Dabei sollte bis zum Erlaß einer Satzungsregelung die Mindesthöhenfestsetzung der landwirtschaftlichen Alterskasse Oldenburg-Bremen gelten.

Auch im Beitrittsgebiet waren künftig alle Arbeitnehmer, die gegen Entgelt nicht nur geringfügig beschäftigt waren (Geringfügigkeitsgrenze 1990: 200 DM; 1991: 230 DM), bis zur Beitragsbemessungsgrenze, die ab 1. 1. 1991 für das Beitrittsgebiet 2.250 DM betrug (vorher: 2.025 DM), pflichtversichert.

Wer am 31. 12. 1990 aus der Versicherungspflicht ausschied, blieb versichert, ohne daß es eines Antrages bedurfte. Die Versicherung wurde als freiwillige Versicherung bis zum Wirksamwerden einer Austrittserklärung weitergeführt. Die Mitgliedschaft bei einer gewählten Krankenkasse begann zum 1. 1. 1991, wenn das Wahlrecht bis zum 15. 1. 1991 ausgeübt und dem Arbeitgeber mitgeteilt wurde (§ 312 Abs.7 SGB V). Gemäß § 182 Abs.3 SGB V gehörten bei der Neuerrichtung einer Betriebs- oder Innungskrankenkasse dieser diejenigen krankenversicherungspflichtigen Rentner an, die im Fall ihres Bestehens während ihres letzten Beschäftigungsverhältnisses deren Mitglieder gewesen wären.

Hinsichtlich der **Finanzierung** bestimmte § 311 Abs.1 Buchst. a SGB V, daß – bei Anwendung des Grundsatzes der Beitragssatzstabilität – die Krankenkassen zur Deckung ihrer Ausgaben nur die Einnahmen aus der Durchführung der Versicherung im Beitrittsgebiet verwenden durften. Entsprechend mußten bei einer Ausdehnung Haushaltsführung und Finanzausgleiche getrennt für die Gebiete Bundesrepublik und ehemalige DDR vorgenommen werden (§ 313 SGB V). Zugleich wurde festgelegt, daß für alle Krankenkassen im Beitrittsgebiet für 1991 ein **einheitlicher Beitragssatz** von 12,8 % gelten sollte. Die KV-Beiträge für Rentner waren im Kalenderjahr 1991 von den RV-Trägern in Höhe von 12,8 % des Gesamtbetrages der Renten pauschal an die BfA für die Krankenkassen mit Ausnahme der landwirtschaftlichen Krankenkassen abzuführen.

Statt eines teilweise geforderten Staatszuschusses, der vor allem von der FDP als völlig unakzeptabel bezeichnet worden war, erlaubte § 313 Abs.9 den Krankenkassen im Beitrittsgebiet bei unzureichenden Einnahmen die Aufnahme von **Betriebsmitteldarlehen** bis zu sechs – mit Zustimmung der Aufsichtsbehörde auch mehr – Monatsausgaben. In Anbetracht der kaum vorhersehbaren finanziellen Entwicklung und der Unkenntnis der Risikoverteilung befriedigte diese Lösung allerdings nicht alle Kassen *(vgl. Knieps, 1990, S.395).*

Der durch den Einigungsvertrag verankerte Grundsatz der Beitragssatzstabilität für die einzelnen Ausgabenbereiche der Krankenversicherung, aus dem ein **»Einstiegswinkel«** von 45 % des bundesdeutschen Vergütungsniveaus als Orientierungsgröße für Vertragsabschlüsse der Krankenkassen resultierte, führte vor allem bei den betroffenen Interessenverbänden zu heftigsten Kontroversen *(vgl. J. Müller, 1991, S.12; H. Schneider, 1990 b, S.37f.; dfg, Nr.36/1990, S.4, 38/1990, S.4).*

Diese Maßgaben verlangten, daß sich die Vergütungen für die Leistungserbringer im Gesundheitswesen am Grundlohnniveau im Beitrittsgebiet orientieren mußten. Die unter diesen Voraussetzungen durchzuführenden Vertragsverhandlungen mit den Leistungserbringern gestalteten sich teilweise außerordentlich schwierig, da zwar nicht die Grundlöhne, jedoch viele Preise, Mieten und Zinsen sehr schnell fast westdeutsches Niveau erreicht hatten *(vgl. Schönbach, 1991, S.6)*. Grundsätzlich war vorgesehen, die Honorare der Ärzte und Zahnärzte in den Gebührenordnungen auf 45 % des Niveaus in der Bundesrepublik festzusetzen. Bei Festsetzung der Honorare durch Verhandlungen konnte davon nur unter Beachtung des Grundsatzes der Beitragssatzstabilität abgewichen werden.

In zahlreichen Stellungnahmen wandten sich die Verbände der Ärzte und Zahnärzte gegen die Koppelung des Vergütungsrahmens an die niedrigeren Grundlöhne im Beitrittsgebiet. Nach ihrer Ansicht verhinderte diese Regelung den zügigen Aufbau einer ambulanten medizinischen Versorgung durch freipraktizierende Ärzte, da sie bis auf weiteres jeder ärztlichen und zahnärztlichen Existenzgründung die wirtschaftliche Grundlage entziehe und die wenigen bestehenden freien Praxen in eminenter Weise gefährde.

Nach sehr schwierigen Verhandlungen gelang es den Bundesverbänden der Krankenkassen am 11.12.1990, mit der Kassenärztlichen Bundesvereinigung einen Anhang zum Bundesmantelvertrag Ärzte (BMV-Ä) für die neuen Bundesländer zu vereinbaren. Danach sollte – soweit keine abweichenden Vereinbarungen getroffen waren – auch in den neuen Bundesländern der BMV-Ä einschließlich seiner Anlagen gelten, wobei sich die freie Arztwahl der Versicherten im Beitrittsgebiet auch auf die ambulanten Gesundheitseinrichtungen gem. § 311 Abs.2 SGB V (Polikliniken, Ambulatorien, staatliche Arztpraxen etc.) erstreckte. Gesonderte Regelungen wurden für die Versorgung von Versicherten aus dem Vertragsgebiet Ost durch Kassenärzte im Vertragsgebiet West sowie umgekehrt und die Abrechnung der dabei erbrachten ärztlichen Leistungen getroffen. Gemäß § 311 Abs.1 Buchst. c richtete sich die Vergütung für Leistungen, die in den alten Bundesländern für Versicherte der GKV der neuen Bundesländer erbracht werden, vorläufig nach den Vergütungsregelungen für vergleichbare Leistungen im Beitrittsgebiet, wobei der Leistungserbringer nicht zur Behandlung verpflichtet war und vom Versicherten den Differenzbetrag zu derjenigen Vergütung verlangen konnte, die er für die Behandlung eines Versicherten aus den alten Bundesländern erhalten würde. Diese Regelungen sollten nicht gelten, wenn die Behandlung einer akuten Erkrankung unaufschiebbar oder die Behandlung einer Krankheit im Beitrittsgebiet nicht möglich war *(vgl. auch dfg, Nr.42/1990, S.6).*

In einem Rahmen-Gesamtvertrag vereinbarten die Spitzenverbände für die niedergelassenen Ärzte im Beitrittsgebiet für das Jahr 1991 einen garantierten Punktwert von 6,1 Pfennig. Hinzu kamen die Vergütungen für die besonderen Leistungen (z. B. Dialyse, Schutzimpfungen, Onkologie) sowie die Abgeltungen für den Sprechstundenbedarf. Zunächst sollten die niedergelassenen Ärzte monatliche Abschlagszahlungen nach Maßgabe der für das 3. Quartal 1990 gemeldeten Zahl der Fälle erhalten. Für die Vergütung der Leistungen in ambulanten Gesundheitseinrichtungen wurden fachgruppengewichtete Behandlungsfallpauschalen vereinbart, die sich am durchschnittlichen Behandlungsfallwert der an der kassenärztlichen Versorgung teilnehmenden Ärzte orientieren und die jeweilige Zusammensetzung der Polikliniken mit Ärzten der verschiedenen Fachgruppen berücksichtigen sollten. Bis zur Ermittlung spezifischer Fallpauschalen auf der Basis einer Strukturanalyse in 12 ausgewählten Polikliniken sollten für das 1. Quartal 1991 kassenübergreifend Abschlagszahlungen auf der Grundlage des November-Budgets erfolgen. Sowohl die Höhe des Punktwertes wie der Behandlungsfallpauschalen sollte im Jahre 1991 quartalsweise unter Berücksichtigung der Grundlohnsummenentwicklung überprüft werden *(vgl. dfg, Nr. 40/1990, S. 7)*.

Trotz noch stärkerer Widerstände gelang es, auch mit der Kassenzahnärztlichen Bundesvereinigung eine Ergänzung zum Bundesmantelvertrag Zahnärzte (BMV-Z) sowie einen Vergütungsvertrag für die neuen Bundesländer zu vereinbaren. Immerhin stimmte die KZBV einem Einstieg von 86 Pfennig für die ersten beiden Quartale zu; für den Rest des Jahres sollte der Punktwert 1,00 DM betragen. Mit dem Verband deutscher Zahntechniker-Innungen wurde eine Vergütung der zahntechnischen Leistungen auf der Basis der Ende 1990 geltenden durchschnittlichen Höchstpreise vereinbart, und zwar in Höhe von 60,9 % für die ersten beiden und 70,8 % für die letzten beiden Quartale des Jahres 1991 *(vgl. Schönbach, 1991, S. 8; dfg, Nr. 46/1990, S. 6)*.

Ebenfalls heftigste Auseinandersetzungen löste die im EinigungsV vorgesehene gesetzliche Begrenzung der Arzneimittelpreise aus. Insbesondere bei der pharmazeutischen Industrie stieß der **Arzneimittelpreisabschlag** des § 311 Abs. 1 Buchst. b SGB V auf entschiedene Ablehnung. Art. 33 Abs. 2 EinigungsV hatte bestimmt, daß der gesamtdeutsche Gesetzgeber zur Vermeidung von Defiziten bei den Arzneimittelausgaben der Krankenversicherung im Beitrittsgebiet eine zeitlich befristete Regelung trifft, durch die der Herstellerabgabepreis i. S. d. Arzneimittelpreisverordnung um einen Abschlag verringert wird, der dem Abstand zwischen den beitragspflichtigen Einkommen in den neuen und den alten Bundesländern entspricht.

In Ausführung der Vorgabe des Art. 33 Abs. 2 EinigungsV sah § 311 Abs. 1 Buchst. b SGB V vor, daß der Herstellerabgabepreis i. S. d. Arzneimittel-Preisverordnung vom 14. November 1980 für apothekenpflichtige Arzneimittel bei Abgabe an Verbraucher im Beitrittsgebiet im Jahre 1991 um einen Abschlag von 55 % verringert wird, wobei die Höhe des Abschlags jeweils zum 1. 1. 1992 und 1993 durch Verordnung des BMA entsprechend dem Verhältnis der beitragspflichtigen Einnahmen in den neuen und den alten Bundesländern vermindert werden sollte. Die Vorschrift sollte insgesamt mit Ablauf des 31. 12. 1993 außer Kraft treten.

Bereits im Vorfeld der Unterzeichnung des EinigungsV war es zwischen dem BMA und dem Bundesverband der Pharmazeutischen Industrie (BPI) zu lebhaften Auseinandersetzungen in der Frage der Arzneimittelpreisgestaltung gekommen. Während das BMA derartige Maßnahmen für zwingend erforderlich hielt, um die Krankenkassen im Beitrittsgebiet um schätzungsweise 3 Mrd. DM an zusätzlichen Arzneimittelausgaben zu entlasten, hatte der BPI die vorgesehene Regelung als ordnungspolitisch unvertretbar und in der Praxis nicht durchführbar kritisiert. Er forderte Bundestag und Volkskammer auf, der Regelung wegen ihrer präjudizierenden Wirkung auf die gesamte Wirtschaft nicht zuzustimmen, sondern systemkonforme, marktwirtschaftliche Lösungen anzustreben *(vgl. dfg, Nr. 34/1990, S. 3)*.

Während das BMA als Alternative zur Abschlagsregelung für Arzneien im Beitrittsgebiet auch über eine besondere Festbetragsregelung nachgedacht hatte *(vgl. dfg, Nr. 34/1990, S. 4)*, einigten sich Ende November 1990 Arzneimittelhersteller, Großhandel und Apotheken auf einen Kompromißvorschlag, um den im EinigungsV vorgesehenen Preisabschlag für Arzneimittel abzuwenden. Danach waren sie bereit, ein bei den Kassen enstandenes Defizit durch die Arzneimittelausgaben zumindest teilweise auszugleichen. Ein Defizit bis zu 500 Mio. DM sollte voll, ein Defizit von 1 Mrd. DM zu 75 % und ein Defizit von 1,5 Mrd. DM zu 55 % übernommen werden. Zur Finanzierung dieser Defizitabdeckung wollten die Hersteller den Krankenkassen einen Abschlag von 22 % auf den Herstellerpreis, der Großhandel von 21 % auf den Apothekeneinkaufspreis und die Apotheken außer dem normalen gesetzlichen Rabatt von 5 % noch einmal 19 % auf ihren Verkaufspreis gewähren *(vgl. dfg, Nr. 46/1990, S. 6)*.

Bei grundsätzlicher Übernahme des bundesdeutschen **Leistungsrechts** legte § 310 SGB V übergangsweise für die Versicherten im Beitrittsgebiet besondere **Zuzahlungsregelungen** in Abstimmung mit den dortigen Einkommensverhältnissen fest *(vgl. H. Schnei-*

der, 1990 b, S.36ff.; dfg, Nr.33/1990, S.7; Info-Dienst Deutsche Einheit, Nr.5/1990, S.7 f.):

— abgesehen vom Zahnersatz blieben die Versicherten im Beitrittsgebiet bis zum 30.6.1991 von Zuzahlungen befreit; danach hatten die Versicherten für eine Übergangszeit bis zum 30.6.1992 Zuzahlungen grundsätzlich in Höhe von 50 % des in der alten Bundesrepublik geltenden Niveaus zu leisten;

— bei der Versorgung mit Zahnersatz, die in der Zeit vom 1.1.1991 bis zum 30.6.1992 begonnen wurde, übernahm die Krankenkasse 80 % der in der kassenzahnärztlichen Versorgung vereinbarten Vergütung für die durchgeführte medizinisch notwendige Versorgung, für nach dem 30.6.1992 beginnende Zahnersatz-Behandlungen 50 % zuzüglich eines Bonus in Höhe von 10 % (entsprechend § 30 Abs.1–4 SGB V);

— für bis zum 30.6.1991 durchgeführte kieferorthopädische Behandlungen sollten die vollen Kosten, vom 1.7.1991 bis zum 30.6.1992 – mit Ausnahmen – 90 % der Kosten und bei Behandlungen ab dem 1.7.1992 unabhängig vom Behandlungsbeginn gem. § 29 Abs.1 SGB V 80 bzw. 90 % der Kosten übernommen werden;

— ab dem 1.7.1991 galt für GKV-Versicherte je abgegebenem Arzneimittel ein Zuzahlungsbetrag von 1,50 DM; ausgenommen davon waren Arzneimittel, für die ein Festbetrag galt; ferner waren ab dem 1.7.1991 Kontrazeptiva (Anti-Baby-Pillen) auf Kassenrezept nur noch dann verordnungsfähig, wenn sie zur Behandlung einer Krankheit erforderlich waren;

— bei Inanspruchnahme stationärer Vorsorge- und Rehabilitationsmaßnahmen waren vom 1.7.1991 bis zum 30.6.1992 je Kalendertag 5 DM zuzuzahlen; bei Krankenhausbehandlung sollte die Zuzahlung für längstens 14 Tage im zweiten Halbjahr 1991 je Kalendertag 2,50 DM und im ersten Halbjahr 1992 je Tag 5 DM betragen;

— die Zuzahlung bei Hilfsmitteln sollte vom 1.7.1991 bis zum 30.6.1992 5 %, bei orthopädischen Schuhen 50 % des Eigenanteils in der alten Bundesrepublik ausmachen; abweichend von § 36 Abs.2 konnten für Hilfsmittel bis zum 31.12.1993 statt der Festsetzung von Festbeträgen Vertragspreise vereinbart werden, die als Höchstpreise galten;

— das Sterbegeld nach § 59 SGB V belief sich beim Tod eines Mitglieds auf 70 % der in der ehemaligen DDR geltenden Bezugsgröße (1990: bei einer Bezugsgröße von 1.400 DM höchstens 980 DM); für ein mitversichertes Familienmitglied wurde die Hälfte gezahlt;

— auch im Beitrittsgebiet sollten die Sozialklausel und die Härtefallregelung Versicherte vor einer finanziellen Überforderung schützen; die jeweils maßgebenden Höchstgrenzen orientierten sich an der herabgeminderten monatlichen Bezugsgröße und Arbeitsentgeltgrenze.

Um das zukünftige Leistungsspektrum der GKV hatte es zwischen der Bundesregierung und der DDR zähe Verhandlungen gegeben, da das DDR-Gesundheitssystem nicht nur die Leistungen ganz überwiegend kostenlos gewährte, sondern auch für Leistungen zuständig war, die nicht zum Katalog der GKV gehören. Während die Bundesregierung einen Verzicht auf Zuzahlungsregelungen ablehnte, kam sie der DDR-Seite in der Frage der **Pflege erkrankter Kinder** entgegen.

Es wurde vereinbart, die großzügige DDR-Regelung noch bis zum 30.6.1991 zu erhalten. Statt der bundesdeutschen Regelung mit jährlich 5 Tagen Pflegeurlaub bei Erkrankung von Kindern bis zu 8 Jahren stand DDR-Eltern bis dahin noch der gestaffelte Pflegeurlaub für Kinder bis zu 14 Jahren zu. Dieser betrug bei einem Kind bis zu 4 Wochen, bei vier Kindern bis zu 10 Wochen. Dabei erhielten die Eltern an den ersten beiden Tagen 90 % ihres Nettoverdienstes, anschließend gestaffelt nach der Kinderzahl zwischen 70 und 90 % des Nettoentgelts. Die Krankenkassen, die diese Leistungen auszahlten, erhielten den im Beitrittsgebiet anfallenden Differenzbetrag zu den bundesdeutschen Leistungen vom Staat erstattet *(vgl. dpa, 36/90, S.4)*. Dagegen wurde das Wochengeld nach der Geburt eines Kindes ab dem 1.1.1991 für DDR-Frauen von bisher 20 Wochen auf 8 Wochen reduziert.

Weiterhin strittig war auch im Zuge der Verhandlungen zum EinigungsV die Gestaltung der gesundheitlichen Versorgung, insbesondere die Zukunft der aus DDR-Zeiten stammenden Gesundheitseinrichtungen (Polikliniken, Ambulatorien etc.). Die Konzertierte Aktion im Gesundheitswesen hatte sich in der auf der Herbstsitzung 1990 verabschiedeten **Erklärung zu den gesundheitspolitischen Aufgaben im vereinten Deutschland** folgendermaßen geäußert:

Nach Herstellung der staatlichen Einheit müsse das Gesundheitswesen in Deutschland zusammenwachsen. Dem Gesundheitswesen als Teil der freiheitlichen, sozialverpflichteten Wirtschafts- und Gesellschaftsordnung im freien Teil stehe im anderen Teil Deutschlands ein staatlich verwaltetes Gesundheitswesen mit zentralistischen Entscheidungsstrukturen und fehlender Verantwortung der Versorgungsträger gegenüber. Andererseits hätten sich dort z. B. im Bereich der Prävention oder beim Funktionsverbund in der gesundheitlichen Versorgung (räumliche und fachliche Nähe der Prävention, ärztliche Versorgung und medizinische Rehabilitation) Strukturen entwickelt, deren Weiterentwicklung im Interesse der Patienten geprüft werden müsse. Von vorrangiger Bedeutung seien u. a. der Aufbau des organisatorischen Rahmens für die Erfüllung der Aufgaben nach dem SGB V vom 1. 1. 1991 an, die Entstaatlichung und Dezentralisierung durch Förderung freiberuflicher bzw. selbständiger Tätigkeit der Ärzte und weiterer Leistungserbringer im Gesundheitswesen, jedoch unter Vermeidung eines überstürzten Abbaus von Polikliniken und Ambulatorien, sowie die Verbesserung der stationären Versorgung durch ein regional abgestuftes Netz leistungsfähiger Krankenhäuser in pluralistischer Trägerschaft *(vgl. DOK, 1990, S.718; Ch. Schulte, 1991, S.324).*

Die schließlich zur zukünftigen **Gestaltung der gesundheitlichen Versorgungsstruktur** im EinigungsV getroffenen Regelungen bildeten letztlich einen Kompromiß, wenngleich den traditionellen Gesundheitseinrichtungen der früheren DDR kaum mehr als eine »Gnadenfrist« eingeräumt wurde. Eindeutig verlangte § 310 Abs. 10 SGB V nämlich, daß die **Niederlassung in freier Praxis** mit dem Ziel zu fördern sei, daß »der freiberuflich tätige Arzt maßgeblicher Träger der ambulanten Versorgung wird«. Zu diesem Zweck war der Anteil der bisherigen staatlichen oder betrieblichen Polikliniken und Ambulatorien entsprechend zu verringern.

Der Tatsache Rechnung tragend, daß ohne die Beteiligung von Ambulatorien und Polikliniken die ambulante Versorgung – jedenfalls in dieser Übergangsphase – nicht zu gewährleisten war *(vgl. Knieps, 1990, S.394)*, legte § 311 Abs.2 SGB V immerhin fest, daß zur Sicherstellung der kassenärztlichen Versorgung im Beitrittsgebiet die bestehenden ärztlich geleiteten kommunalen, staatlichen und freigemeinnützigen Gesundheitseinrichtungen einschließlich derjenigen des Betriebsgesundheitswesens (Polikliniken, Ambulatorien etc.) kraft Gesetzes bis zum 31. 12. 1995 zur ambulanten Versorgung mit Möglichkeiten des Widerrufs und der Verlängerung der Zulassung weiterhin zugelassen waren. Als Förderung der freien Niederlassung akzeptiert wurde gem. EinigungsV auch die Umwandlung der bisherigen Einrichtungen in Gemeinschaftseinrichtungen der ambulanten ärztlichen Versorgung (Gemeinschaftspraxen, Praxisgemeinschaften) *(vgl. Ersatzkasse, Nr.11/1990, S. 435).*

Auch im beigetretenen Teil Deutschlands wurde der Sicherstellungsauftrag für die ambulante Versorgung an die Kassenärztlichen Vereinigungen übertragen. Trotz der Teilnahme an der kassenärztlichen Versorgung wurde allerdings bestimmt, daß die niedergelassenen Ärzte – unabhängig von ihrer tatsächlichen Bedeutung – einen Stimmenanteil von 50 % in der Kassenärztlichen Vereinigung haben. Nach Ablauf des Übergangszeitraumes soll der Zulassungsausschuß über eine Verlängerung der Zulassung im Benehmen mit der Landesbehörde, insbesondere unter Berücksichtigung des Anteils der in freier Praxis niedergelassenen Ärzte entscheiden (§ 311 Abs.2 SGB V). Ferner sah der EinigungsV die Errichtung einer gemeinsamen Treuhandanstalt der KBV und der GKV-Spitzenverbände vor, um einen Rechtsträger „für von der Auflösung bedrohte, aber noch versorgungsnotwendige Ambulatorien und Polikliniken zu gewährleisten" *(Knieps, 1990, S.394).*

Im Hinblick auf die Besonderheiten der Übergangszeit wurde bei Ärzten und Zahnärzten auf die Ableistung einer kassenärztlichen Vorbereitungszeit als Voraussetzung für die Eintragung in das Arztregister verzichtet, sofern der betreffende Arzt am 3. 10. 1990 die Facharztanerkennung besaß oder als Zahnarzt zu diesem Zeitpunkt mindestens zwei Jahre tätig war (§ 311 Abs.7 SGB V). Ferner sollte bis zum 31. 12. 1995 die im bisherigen Bundesgebiet vorgeschriebene Altersgrenze für zulassungswillige Ärzte der Jahrgänge 1941 und älter aus der früheren DDR nicht gelten, da diesen bislang die Zulassung als freiberuflich tätigem Arzt weitgehend verweigert worden sei [BT-Drs.11/7817, S.151].

In bezug auf die Zulassung von Heil- und Hilfsmittelerbringern sah der EinigungsV vor, daß die im Bereich des SGB V relevanten §§ 124–126 mit der Maßgabe gelten sollten, daß bis zum 31. 12. 1993 in der DDR bestehende ärztlich geleitete kommunale, staatliche und freigemeinnützige Gesundheitseinrichtungen (einschl. des Betriebsgesundheitswesens), die Heil- und Hilfsmittel erbringen, zugelassen waren, soweit sie wirtschaftlich leistungsfähig waren. Danach sollte die Zulassung dieser

Einrichtungen nur noch möglich sein, soweit eine wirtschaftliche Versorgung mit Heil- und Hilfsmitteln durch private Leistungserbringer nicht sichergestellt werden könne (§ 311 Abs.11 SGB V) *(vgl. J. Müller, 1991, S.16)*.

Während den einen der »Bestandsschutz« der Polikliniken und Ambulatorien bereits zu weit ging, sahen andere die Arbeit dieser Einrichtungen und die Vergütung der Leistungen dieser Einrichtungen durch den EinigungsV als ernsthaft gefährdet an. Abgesehen davon, daß einige ein dauerhaftes Nebeneinander unterschiedlicher Versorgungsstrukturen präferierten und hierzu für die Polikliniken und Ambulatorien faire Wettbewerbsbedingungen gefordert hatten, wurde befürchtet, daß die Umstellung für viele – insbesondere ältere – Beschäftigte des DDR-Gesundheitswesens zu unvertretbaren sozialen Härten führen könnte.

Die DKG kritisierte, daß der Wegfall der im StaatsV vereinbarten Investitionsförderung bei gleichzeitiger Befristung der Teilnahme an der kassenärztlichen Versorgung auf 5 Jahre zwangsläufig dazu führe, daß die Funktionsfähigkeit, Leistungsfähigkeit und wirtschaftliche Existenz dieser Einrichtungen von vornherein ausgehöhlt und gefährdet werde. Die für die ambulanten Leistungen vorgesehenen Honorare reichten keinesfalls aus, sowohl die laufenden Betriebskosten als auch den Investitionsbedarf zu decken *(vgl. DKG-Pressemitteilung v. 10.8.1990)*. Die BKK hätten es begrüßt, wenn sich auch in der ambulanten Versorgung eine Vielgestaltigkeit von Versorgungsformen hätte entwickeln können. Sie sprachen sich nachdrücklich dafür aus, nicht nur Gemeinschaftspraxen und Praxisgemeinschaften gleichberechtigt an der Versorgung teilnehmen zu lassen, sondern auch den Polikliniken zumindest für eine Übergangszeit, mit dem Ziel, neue Entwicklungsmöglichkeiten nicht abzuschneiden, eine faire Überlebenschance im Wettbewerb einzuräumen *(vgl. dfg, Nr.49/1990, S.10)*. Kritiker warnten auch davor, daß sich das Ausstattungsniveau der gebietsärztlichen Praxen rasch erhöhen werde, woraus für die Ärzte ein nicht unbeträchtliches Investitions- und Niederlassungsrisiko folge, insbesondere für ältere Ärzte ohne nennenswertes Eigenkapital. Ärzten, die dies nicht auf sich nehmen könnten, solle eine Alternative geboten werden. Hinzu käme, daß es gegenwärtig kaum geeignete Praxisräume gebe *(vgl. dfg, Nr.46/1990, S.7)*.

Mehrfach wurde die Sorge zum Ausdruck gebracht, daß in vielen Polikliniken voreilig Ärzten die Kündigung ausgesprochen würde und mehrere Kommunen und Betriebe versuchten, ihre Trägerschaft möglichst schnell loszuwerden. Vor allem die Krankenkassen hielten die Kündigungen für unvertretbar und mahnten die Kommunen, ihrer Verantwortung für die gesundheitliche Versorgung der Bevölkerung nachzukommen. Nachdrücklich erklärte der AOK-Bundesverband, daß eine Übernahme der Trägerschaft durch die Spitzenverbände der GKV und die KBV in Form einer Treuhandgesellschaft nicht zum Regelfall werden dürfe. Auch wenn die AOK vorschnellen Kündigungen von Mitarbeitern eine eindeutige Absage erteilte, räumte sie ein, daß die Wirtschaftlichkeit der Polikliniken und Ambulatorien nicht aus den Augen verloren werden dürfe. Ziel der AOK war es, die Polikliniken in ärztliche Gemeinschaftseinrichtungen umzuwandeln *(vgl. dfg, Nr.49/1990, S.6)*.

Bei der **Neugestaltung der stationären Versorgung** bildeten weniger ordnungspolitische Konzeptionen einen Streitpunkt, sondern vor allem die Frage der Bereitstellung der für die dringend notwendigen umfangreichen Sanierungen erforderlichen **Finanzmittel**. Ausdrücklich war der Gesetzgeber in Art.33 Abs.1 EinigungsV aufgefordert worden, die Voraussetzungen dafür zu schaffen, daß das Niveau der stationären Versorgung der Bevölkerung in den fünf neuen Bundesländern »zügig und nachhaltig verbessert und der Situation im übrigen Bundesgebiet angepaßt wird«. Gerade im Krankenhausbereich war nach Feststellungen der Deutschen Krankenhaus-Gesellschaft jedoch die Ausgangslage außerordentlich prekär.

Ende 1990 gab es in den neuen Bundesländern etwa 440 Krankenhäuser mit rd. 165.000 Betten, wobei 150.000 Betten als bedarfsnotwendig angesehen wurden. Der Zustand der Krankenhaussubstanz war überwiegend schlecht angesichts der Tatsache, daß ein Drittel der Bettenkapazität nicht und ein weiteres Drittel nur mit hohem Aufwand sanierungsfähig war; lediglich ein Drittel entsprach dem Standard, bedurfte aber ebenfalls technischer und apparativer Nachrüstung. Noch schlechter einzustufen war der Zustand der stationären psychiatrischen Einrichtungen. Angesichts dieser Situation schätzte die DKG den investiven Nachholbedarf auf mindestens 35 Mrd. DM *(vgl. Ersatzkasse, Nr.11/1990, S.436)*.

Im EinigungsV selbst war vorgesehen, daß ab dem 1. 1. 1991 in den neuen Bundesländern das westdeutsche **Krankenhausfinanzierungsgesetz** (KHG) sowie die **Bundespflegesatzverordnung** (BPflV) gelten, wobei der besonderen Lage der Krankenhäuser in der ehemaligen DDR durch zeitlich befristete Übergangsregelungen Rechnung getragen werden sollte. Während bis Ende 1990 noch das DDR-Krankenhausfinanzierungsrecht gelten sollte, war beabsichtigt, bis zum 1. 1. 1994 die völlige Rechtseinheit zu verwirklichen.

Bis dahin regelten die durch den EinigungsV als neuer Abschnitt 4 mit den §§ 21–26 in das KHG eingefügten Vorschriften die Investitionsfinanzierung der Krankenhäuser und der Vorsorge- und Rehabilitationseinrichtungen sowie die Krankenhausplanung. Entsprechend fanden die §§ 9 und 17 Abs.5 S.1 KHG bis Ende 1993 im Beitrittsgebiet keine Anwendung. Im Gegensatz zum bisherigen Bundesgebiet wurde die Einzelförderung der Krankenhäuser in den neuen Bundesländern im wesentlichen auf die Errichtung (Neubau, Sanierung, Erweiterung und Umbau) und Erstausstattung sowie auf die Schließung und Umstellung von Krankenhäusern auf andere Aufgaben beschränkt. Dagegen erhalten die Krankenhäuser im beigetretenen Gebiet im Rahmen der Pauschalförderung für die Instandhaltung und Instandsetzung, die Wiederbeschaffung und Ergänzung der Anlagegüter sowie für den sogenannten kleinen Baubedarf (bis 100.000 DM jährlich) wesentlich höhere Pauschalbeträge, als dies im bisherigen Bundesgebiet der Fall ist. Ziel war es, damit die Bürokratie abzubauen und die Krankenhäuser im Beitrittsgebiet zur Eigeninitiative zu ermutigen. Wegen der Gewichtsverlagerung von der Einzel- auf die Pauschalförderung mußten die Jahrespauschalen für die Krankenhäuser im Beitrittsgebiet höher als sonst angesetzt werden. Die Förderpauschale war nach den Versorgungsstufen der DDR-Krankenhäuser differenziert und reichte von 8.000 bis 15.000 DM je Planbett. Insgesamt schätzte die Bundesregierung den für die Förderpauschale erforderlichen Mittelbedarf auf 1,9 Mrd. DM jährlich und den Förderbedarf im Bereich der Einzelförderung auf 1,5 Mrd. DM [BT-Drs.11/7817, S.150] *(vgl. Ch. Schulte, 1991, S.325 f.)*.

Anders als im bisherigen Bundesgebiet wurden für eine dreijährige Übergangszeit in die staatliche Investitionsförderung – nicht in das Pflegesatzrecht – auch die Vorsorge- und Rehabilitationseinrichtungen im beigetretenen Teil Deutschlands einbezogen, um die bestehende Versorgung der Bevölkerung aufrecht zu erhalten. Von dieser Maßnahme blieb unberührt, daß Krankenkassen medizinische Leistungen zur Vorsorge und Rehabilitation nur in solchen Einrichtungen gewähren können, mit denen ein Versorgungsvertrag besteht. Entsprechend bedarf die Aufnahme in die Förderliste der Länder gemäß § 26 Abs.3 KHG ausdrücklich eines Aufnahmeantrages des Einrichtungsträgers sowie der Zustimmung der Landesverbände der Krankenkassen. Vorläufigen Erhebungen zufolge war Ende 1990 die Belegung von 48 Einrichtungen mit 5.684 Betten möglich *(vgl. Schönbach, 1991, S.9; siehe auch Müller-Fahrnow, 1990, S.345 ff.)*.

Auch wenn grundsätzlich schon für 1991 erste Pflegesatzverhandlungen zwischen den Krankenhäusern und Krankenkassen der neuen Bundesländer vorgesehen waren, sollten auch hier Übergangsregelungen einen reibungslosen Übergang von der bisherigen globalen Staatsfinanzierung der stationären Behandlung auf die vertragliche Pflegesatzfinanzierung sicherstellen.

Da die Krankenhäuser im Beitrittsgebiet aufgrund ihres bisherigen Rechnungswesens die für die alten Bundesländer geltenden Ausweispflichten nur partiell erfüllen konnten, wurden ihnen durch den Einigungsvertrag vorübergehend verschiedene Erleichterungen eingeräumt. Gestützt auf § 19a Abs.1 BPflV erlaubte das BMA durch Rechtsverordnung für das Jahr 1991 die Anwendung eines vereinfachten Kosten- und Leistungsnachweises. Solange für 1991 Pflegesätze noch nicht rechtswirksam vereinbart wurden, erhielten die Krankenhäuser von den Krankenkassen monatliche Abschlagszahlungen auf der Basis ihres im Dezember 1990 von der Sozialversicherung der ehemaligen DDR gezahlten Budgetanteils *(vgl. Schönbach, 1991, S.8 f.)*.

Ende 1990 ließ sich feststellen, daß die Ausgabensituation im Bereich der Krankenversicherung weniger defizitär sein würde, als ursprünglich angenommen worden war. Zurückzuführen war dies zum einen auf eine hinter den Erwartungen zurückgebliebene **Ausgabendynamik** und zum anderen auf die nachhaltige Verbesserung des Beitragseinzugsverfahrens. Nichtsdestoweniger sah sich vor allem die AOK in der Startphase 1991 mit erheblichen **Liquiditätsproblemen** konfrontiert *(vgl. dfg, Nr.49/1990, S.5 f.)*.

Anfang 1991 nahmen nicht nur 14 neue AOK ihren Geschäftsbetrieb auf, auch die **Errichtung von Betriebskrankenkassen** war bereits Ende 1990 in vollem Gange. Noch vor der tatsächlichen Installierung eines gegliederten Systems hatte im Beitrittsgebiet ein harter Kampf um zukünftige Marktanteile begonnen.

Der Bundesverband der Betriebskrankenkassen rechnete für Anfang 1991 mit insgesamt 700.000 Mitgliedern und 30 neuen Krankenkassen im Beitrittsgebiet. Insgesamt hatten bis Ende 1990 über 50 Unternehmen Anträge auf Errichtung einer BKK gestellt. Entschieden wehrte sich der BKK-Bundesverband gegen Vorwürfe, daß vor allem in den stabilsten und gesündesten Unternehmen die Errichtung von BKK betrieben würde. Bekannt sei, daß auf die meisten Trägerbetriebe ungeheure Umstrukturierungsmaßnahmen zukämen *(vgl. dfg, Nr.49/1990, S.8)*. Neben den Neugründungen erwartete der BKK-Bundesverband durch die Erstreckung bisheriger BKK auf das Gebiet der neuen Bundesländer weitere rd. 200.000 neue Mitglieder *(vgl. dfg, Nr.46/1990, S.7)*.

3. 2. 7 Rentenversicherung

Nachdem bereits durch den StaatsV und seine Umsetzung „wichtige Grundsatzentscheidungen über Struktur und Ausgestaltung der gesetzlichen RV getroffen und zahlreiche Modifikationen am DDR-Rentenversicherungsrecht vorgenommen worden" *(Michaelis/Reimann, 1990 b, S.417)* waren, brachte der EinigungsV für den Bereich der Rentenversicherung weitere grundsätzliche Festlegungen und Detailregelungen. Allerdings war von vornherein angesichts der vorhandenen rentenrechtlichen Unterschiede darauf verzichtet worden, bereits zum 1. 1. 1991 sämtliche Regelungen des bundesdeutschen Rentenrechts im Beitrittsgebiet in Kraft zu setzen *(vgl. auch Backhaus/Grintsch/Neidert/Polster, 1991, S.15ff.; Engelen-Kefer, 1991 b, S.437ff.)*.

Nach Aussagen des BMA war das Ziel lediglich, im EinigungsV jene Regelungen zu bestimmen, die sofort übernommen werden konnten, und für die Bereiche, in denen bundesdeutsches Rentenrecht erst zu einem späteren Zeitpunkt in Kraft treten sollte, das zeitlich befristete Weitergelten bestimmter Regelungen des DDR-Rentenrechts festzulegen *(vgl. JbdBReg, 1990, S.395)*. Auch hier sollte also die Rechtsangleichung schrittweise erfolgen, wobei der EinigungsV vor allem die wesentlichen Eckpunkte sowie den zeitlichen Rahmen vorgab. Im einzelnen war vorgesehen, die Angleichung im organisatorischen und verfahrensrechtlichen Bereich grundsätzlich bereits zum 1. 1. 1991 auf der Grundlage der Bestimmungen des SGB I, des SGB IV sowie des SGB X zu vollziehen (Anl.I Kap. VIII Sachgeb. D Abschn.III Nr.1 und 2; Sachgeb. F Abschn.III Nr.1 EinigungsV). Demgegenüber hatte man sich dafür entschieden, das materielle Rentenrecht der ehemaligen DDR für eine Übergangszeit im wesentlichen beizubehalten und eine Angleichung erst zum 1. 1. 1992 auf der Grundlage des dann auch in den Altbundesländern in Kraft getretenen SGB IV vorzunehmen, wobei in einem vom gesamtdeutschen Gesetzgeber zu verabschiedenden besonderen Gesetz im einzelnen Übergangsbestimmungen festgelegt werden sollten (Art.30 Abs.5 i.V.m. Anl.I Kap.VIII Sachgeb.H Abschn.III Nr.1 EinigungsV).

Entsprechend dem EinigungsV wurden zum 1. 1. 1991 die **organisationsrechtlichen Regelungen** des SGB VI (§§ 125–145) im Beitrittsgebiet in Kraft gesetzt. Während die bundesweiten Träger ab diesem Zeitpunkt ihren Zuständigkeitsbereich auf das Beitrittsgebiet ausdehnten, sollten als Träger der Arbeiterrentenversicherung in den fünf neuen Ländern des Beitrittsgebietes je eine Landesversicherungsanstalt errichtet werden. Gleichzeitig wurde die LVA Berlin für das Gebiet von Gesamt-Berlin zuständig. Da aus technisch-organisatorischen Gründen eine sofortige Übernahme der Aufgaben durch die ab dem 1. 1. 1991 grundsätzlich zuständigen RV-Träger nicht möglich war, sollte der bis zum 31. 12. 1990 weiterarbeitende Träger der Sozialversicherung der DDR unter Ausgliederung des Geschäftsbereichs der Krankenversicherung in eine **Überleitungsanstalt Sozialversicherung** umgewandelt werden *(vgl. Jorks, 1991, S.181ff.)*.

Die als rechtsfähige Anstalt des öffentlichen Rechts konzipierte Überleitungsanstalt Sozialversicherung (Anl.I Kap.VIII Sachgeb.F Abschn.II Nr.1 EinigungsV) sollte allerdings längstens bis zum 31. 12. 1991 im Namen und Auftrag der zuständigen Renten- und Unfallversicherungsträger deren Aufgaben erfüllen. Neben der Abwicklung alter Geschäfte gehörten zu den Hauptaufgaben der Überleitungsanstalt vor allem die Weiterzahlung laufender Renten, die Entgegennahme von Rentenanträgen aus dem Beitrittsgebiet, die Erstellung von Rentenbescheiden gemäß dem fortgeltenden DDR-Rentenrecht sowie die Durchführung daraus resultierender Rechtsmittelverfahren. Den zuständigen Trägern räumte der EinigungsV allerdings die Möglichkeit ein, unter bestimmten Voraussetzungen bereits im Laufe des Jahres 1991 Aufgaben der Überleitungsanstalt zu übernehmen.

Hinsichtlich der **Versicherungspflicht** und **-berechtigung** sollten im wesentlichen die bisher im Beitrittsgebiet geltenden Bestimmungen noch bis zum 31. 12. 1991 für das Beitrittsgebiet in Kraft bleiben (Anl.II Kap.VIII Sachgeb.F Abschn.III Nr.2–5 EinigungsV). In einzelnen Bereichen nahm der EinigungsV allerdings auch Modifizierungen des Versicherungsrechts vor, die vor allem durch andere in diesem Vertrag getroffene Regelungen erforderlich geworden waren. Im einzelnen waren dies:

- Durch sofortiges Inkraftsetzen der in § 5 Abs.1 S.1 und 2 SGB VI vorgesehenen Regelungen des RRG 1992 im Beitrittsgebiet galt für Beamte, Richter, Berufssoldaten und gleichgestellte Beschäftigte ab dem 3.10.1990 in der RV die Versicherungsfreiheit kraft Gesetzes. Gleichzeitig wurden Vorschriften in Kraft gesetzt, die die Nachversicherung von Beamten für den Fall des unversorgten Ausscheidens aus dem Dienstverhältnis regelten *(vgl. Költzsch, 1991, S.161 ff.)*.
- Ab 3.10.1990 konnten Angehörige berufsständischer Versorgungseinrichtungen auf Antrag von der Versicherungspflicht in der gesetzlichen RV befreit werden *(vgl. W. Schmidt, 1991, S.38 f.; H. Schneider, 1990b, S.34)*.
- Mit der Erstreckung des Wehrpflicht- und Zivildienstgesetzes wurde zugleich für die nach diesen Gesetzen Dienstleistenden ab dem 3.10.1990 eine Versicherungspflicht in der gesetzlichen Rentenversicherung eingeführt.
- Ebenfalls versicherungspflichtig wurden gem. § 18 Buchst.a SVG-DDR im Beitrittsgebiet Personen, die Altersübergangsgeld nach dem durch den EinigungsV neu eingefügten § 249e AFG bezogen.
- Versicherungsfrei in der gesetzlichen RV wurden demgegenüber ab dem 1.1.1991 im Beitrittsgebiet Personen, die während ihres Studiums Arbeitsentgelt oder -einkommen erzielen (sog. Werkstudenten).
- Änderungen brachte der EinigungsV schließlich bei der Versicherungsfreiheit geringfügig Beschäftigter im Beitrittsgebiet ab dem 1.1.1991 durch die Ersetzung des § 5 SFV-DDR durch den § 8 SGB IV; im Beitrittsgebiet galt allerdings weiterhin eine an die niedrigere Bezugsgröße gekoppelte abweichende Geringfügigkeitsgrenze (1990: 1/7 von 1.400 DM = 200 DM).

Ebenfalls sah der EinigungsV kaum Änderungen im **Beitragsrecht** zur RV vor. Von wenigen beitragsrechtlichen Änderungen abgesehen sollten auch hier die entsprechenden Vorschriften des DDR-Rechts im Beitrittsgebiet grundsätzlich bis zum 1.1.1992 Bestand haben *(vgl. auch Behringer, 1990, S.623 ff.)*.

In Erwartung steigender Löhne und Gehälter sollte die Beitragsbemessungsgrenze jedoch ab dem 1.1.1990 von vorher 2.700 DM auf 3.000 DM angehoben werden. Beitragsrechtliche Neuregelungen waren insbesondere für die Versicherung der Wehr- und Zivildienstleistenden aus dem Beitrittsgebiet sowie für die Nachversicherung von Beamten erforderlich. Außerdem sollte bereits ab dem 1.1.1991 auch im Beitrittsgebiet die Künstlersozialabgabe nach den §§ 23 ff. KSVG erhoben werden, obschon das Inkrafttreten des KSVG insgesamt erst für den 1.1.1992 vorgesehen war.

Im Rahmen der Überleitung bundesdeutschen Sozialrechts auf das Beitrittsgebiet bildete die Rechtsangleichung im Bereich des **Leistungsrechts** der Rentenversicherung eine der größten Herausforderungen *(vgl. auch Kolb, 1991, S.1 ff.)*. Für eine Überleitung des Leistungsrechts erst zum 1.1.1992 sprach zum einen die Schwierigkeit der Materie, die eine entsprechende Vorbereitungszeit erforderte, zum anderen aber, daß ebenfalls für die alten Bundesländer zu diesem Zeitpunkt erhebliche, durch das RRG 1992 beschlossene rentenrechtliche Änderungen wirksam werden sollten. Bei der Überführung des materiellen westlichen Rentenrechts waren zudem sowohl Aspekte des Vertrauensschutzes wie Fragen der Finanzierung von Leistungen zu beachten *(vgl. Michaelis/Reimann, 1990b, S.421)*. Ausgenommen von der grundsätzlichen Fortgeltung des materiellen Rentenrechts der ehemaligen DDR war lediglich das **Rehabilitationsrecht**, für das der EinigungsV eine vorgezogene Rechtsangleichung zum 1. 1. 1991 festlegte *(vgl. Tiedt, 1991, S.90ff.; Jorks, 1991, S.181ff.)*.

Im Gegensatz zum alten Bundesgebiet, wo die Rehabilitationsvorschriften des SGB VI erst zum 1.1. 1992 in Kraft traten, hatte man sich dafür entschieden, diese im Beitrittsgebiet bereits ab dem 1.1. 1991 anzuwenden, wenngleich auch mit besonderen Maßgaben. Ohne Einschränkungen fanden Anwendung im Beitrittsgebiet die Vorschriften über die Pflicht des Versicherten zur aktiven Mitwirkung bei der Rehabilitation (§ 9 SGB VI), der Grundsatz »Rehabilitation vor Rente«, allerdings nach Maßgabe des § 7 RehaAnglG und nicht nach § 116 SGB VI, die Vorschriften über die persönlichen und die versicherungsrechtlichen Voraussetzungen für Rehabilitationsleistungen (§§ 10, 11 SGB VI mit Ausnahme von § 11 Abs.3 SGB VI) sowie die Bestimmungen der §§ 12 bis 19 SGB VI (z.B. Drei-Jahres-Frist für Wiederholungsbehandlungen, Leistungsumfang und Leistungsabgrenzung zwischen RV und KV, Ort der Leistung, Art und Dauer der medizinischen und berufsfördernden Leistungen). Nur zum größten Teil anzuwenden waren dagegen die SGB VI-Vorschriften zum Übergangsgeld (Anl.I Kap.VIII Sachgeb.H Abschn.III Nr.1 Buchst.d).

3. 2. 8 Unfallversicherung

Für den Bereich der Unfallversicherung erfolgte die Rechtsangleichung ähnlich wie in der Rentenversicherung. Während die **Organisationsstrukturen der Unfallversicherung** bereits zu Beginn des Jahres 1991 angeglichen wurden, war die Übertragung des **Leistungsrechts** der Unfallversicherung erst zum 1. 1. 1992 vorgesehen. Die Einzelheiten der Überleitung des materiellen Rechts der UV sollten durch den gesamtdeutschen Gesetzgeber unter Wahrung des Vertrauensschutzes und in Abstimmung mit den Regelungen der GRV geregelt werden (Art.30 Abs.5 S.1 EinigungsV). Außerdem wurde dem gesamtdeutschen Gesetzgeber in Art.30 Abs.6 EinigungsV aufgegeben, bei der **Fortentwicklung der BerufskrankheitenVO** zu prüfen, inwieweit die bisher im Beitrittsgebiet geltenden Regelungen berücksichtigt werden könnten.

Aufgrund der Regelungen des EinigungsV wurde zum 1. 1. 1991 die Zuständigkeit von 30 gewerblichen Berufsgenossenschaften auf das Beitrittsgebiet erstreckt (Anl.I Kap.VIII Sachgeb.I Abschn. III Nr.1 c). Vorgesehen war, daß diese Berufsgenossenschaften in 11 Städten Bezirksverwaltungen oder Geschäftsstellen errichteten und insgesamt 71 Stützpunkte für den Technischen Aufsichtsdienst aufbauten *(vgl. Aulmann, 1990 a, S.608)*. Für die Arbeitnehmer der neuen Bundesländer und der Gemeinden sollten neue Unfallversicherungsträger auf Landesebene entstehen. Ferner legte der EinigungsV für die Länder des Beitrittsgebietes die Errichtung einer gemeinsamen landwirtschaftlichen Berufsgenossenschaft fest *(vgl. Graeff, 1990, S.680; Die BG, 1990, S.434; Wlotzke/Lorenz, 1990, S.13)*.

Ebenso wie für die Rentenversicherung sollten bestimmte Aufgaben längstens bis zum 31.12.1991 von der Überleitungsanstalt Sozialversicherung wahrgenommen werden. Hierzu gehörte insbesondere die Entschädigung aller Arbeitsunfälle, die bis 31. 12. 1990 eingetreten waren, sowie die Entgegennahme und Verwaltung der Unfallumlage und sonstiger Einnahmen der Unfallversicherung. Die bis zum 31. 12. 1990 im Gebiet der ehemaligen DDR eingetretenen ca. 300.000 Arbeitsunfälle (»Altfälle«) wurden auf die sich erstreckenden oder neu zu errichtenden Unfallversicherungsträger nach einem pauschalen Schlüssel übertragen (Anl.I Kap.VIII Sachgeb.I Abschn.III Nr.1 c (8) und 2).

Zwar war vorgesehen, das bundesdeutsche **Leistungsrecht** der Unfallversicherung im wesentlichen erst zum 1. 1. 1992 im Beitrittsgebiet einzuführen und bis dahin nach dem durch das SVG-DDR und das RAnglG-DDR geschaffene Recht zu verfahren, einzelne Rechtsvorschriften des 3., 5. und 6. Buches der RVO [BGBl.III Gl.-Nr.820-1] sollten jedoch bereits ab dem 1. 1. 1991 im Beitrittsgebiet wirksam werden.

Im einzelnen wurden zum 1. 1. 1991 die Regelungen über die Unfallverhütung (§ 537), die Haftung von Unternehmen und anderen Personen (§§ 636–642, 849), die Bußgeldvorschriften (§§ 772,773, 834 und 895), die Beziehungen der Versicherungsträger untereinander und zu anderen Verpflichteten (§§ 1501–1543 e) sowie zum Verfahren (§§ 1545–1548, 1552–1587, 1735–1772) übergeleitet (Anl.I Kap.VIII Sachgeb.I Abschn.III Nr.1 a). Gleichfalls schon ab diesem Zeitpunkt anzuwenden waren mit bestimmten Maßgaben die Vorschriften über medizinische, berufsfördernde und ergänzende Leistungen. Von den neu errichteten oder erstreckten UV-Trägern waren ab dem 1.1.1991 die im bisherigen Geltungsbereich des GG bekanntgemachten Unfallverhütungsvorschriften anzuwenden, solange diese keine eigenen in Kraft gesetzt hatten *(vgl. SozUmschau, Nr.383/1990)*.

Hinsichtlich der medizinischen, berufsfördernden und ergänzenden Leistungen waren die Bestimmungen über die Höhe des Pflegegeldes noch nicht zum 1.1.1991 anzuwenden, sondern zunächst die entsprechenden Bestimmungen des DDR-Rechts. Abgesehen davon galten allerdings in der Unfallversicherung die Vorschriften der Gewährung der Pflege als Sachleistung durch Haus- und Anstaltspflege gem. § 558 Abs.1 und 2 RVO ab dem 1.1.1991. Die Höhe des Verletzten- und Übergangsgeldes knüpfte dagegen an die Bestimmungen über das Krankengeld gem. § 44 ff. SGB V an. In bezug auf die Unfall- und Hinterbliebenenrenten galt weiterhin das DDR-Recht, wobei die Höchstgrenze des zu berücksichtigenden Bruttomonatsverdienstes ab dem 1.1.1991 auf 3.000 DM festgesetzt worden war. Erst ab dem 1.1.1992 auf das Beitrittsgebiet übergeleitet werden sollten die bundesdeutschen Regelungen über die Bestattungsbeihilfe sowie die Abfindungen, die dem DDR-Recht unbekannt waren *(vgl. Zöller, 1990, S.682ff.)*.

Notwendigerweise wurde durch den EinigungsV auch die **Finanzierung der Unfallversicherung** im Beitrittsgebiet geregelt. Dabei wurde entschieden, daß die Aufwendungen ab dem 1.1.1991 von den Mitgliedern der Unfallversicherungsträger insgesamt finanziert werden sollen *(vgl. Graeff, 1990, S.680)*.

Konkret bedeutete dies, daß die Aufwendungen für die Arbeitsunfälle in den neu hinzugekommenen Mitgliedsbetrieben in die allgemeine Umlage mit eingehen, also keine gesonderte Umlage für das Beitrittsgebiet erhoben werden soll. Die neu gegründeten Unfallversicherungsträger sollten im Jahre 1992 den Finanzbedarf für 1991 bestimmen und die Kosten auf alle Mitgliedsunternehmer unter Zugrundelegung der Gefahrklassen umlegen. Die bis zum 31.12.1991 weiterhin von allen Arbeitgebern des Beitrittsgebietes gem. § 44 Abs.1 SVG-DDR zu erhebende Unfallumlage, deren Höhe vom Bundesarbeitsminister festzusetzen war, galt als Vorschuß auf die später zu erhebenden Beiträge (Anl.I Kap.VIII Sachgeb.I Abschn.III Nr.1 e (1)). Für den Fall, daß die Unfallumlage als Vorschuß im Jahre 1991 zur Deckung der Aufwendungen nicht ausreichte, hatten die die Aufgaben der UV wahrnehmenden Versicherungsträger einen Beitrag in Höhe des Defizits aus Betriebsmitteln und Rücklagen vorläufig bereitzustellen [BT-Drs.11/7817, S.154]. Abweichend von den Regelungen des EinigungsV sahen sich die Berufsgenossenschaften in der Lage, den Einzug der Unfallumlage bereits ab dem 1.1.1991 selbst vorzunehmen *(vgl. BVA-Tätigkeitsbericht 1990, S.24)*.

Die bundesdeutschen Spitzenverbände der Unfallversicherung hatten bereits seit dem Frühsommer 1990 intensive Kontakte mit den zuständigen DDR-Stellen. Ein von der Selbstverwaltung der gewerblichen BG erarbeitetes Positionspapier, das den Aufbau der UV im Beitrittsgebiet skizzierte *(vgl. Die BG, 1990, S.405ff.)*, war bereits am 22.6.1990 vom DDR-Ministerium für Arbeit und Soziales als Grundlage für gemeinsam abgestimmte Aktivitäten bewertet worden.

Neben dem Aufbau organisatorischer Strukturen und der Information über das System der Unfallversicherung sahen die westdeutschen Träger der Unfallversicherung eine Hauptaufgabe darin, die DDR-Unfallversicherung bis zum Jahresende zu stabilisieren. Hierfür sowie für die Gewährleistung eines ordnungsgemäßen Verfahrens des Übergangs wurde eine weitreichende personelle und sächliche Unterstützung zur Verfügung gestellt. Als vorrangig angesehen wurde ferner der Aufbau der Unternehmensverzeichnisse (Kataster) für alle Branchen.

Als Folge der deutschen Einigung verfügt der Bund mit der **Bundesanstalt für Arbeitsmedizin** (BAfAM) in Ost-Berlin erstmals über eine eigene arbeitsmedizinische Einrichtung. Ebenfalls einigungsbedingt erhielt die Dortmunder Bundesanstalt für Arbeitsschutz und Unfallforschung (BAU) durch Übernahme des früheren Zentralinstituts für Arbeitsschutz (ZIAS) der DDR in Dresden eine Außenstelle.

Gemäß Art.13 EinigungsV war bis Ende 1990 über die Zukunft staatlicher Einrichtungen in der DDR zu entscheiden. Mit dem Erlaß über die BAfAM vom 21.12.1990 [BAnz Nr.8, S.182] wurde die Bundesanstalt für Arbeitsmedizin als eine nicht rechtsfähige Anstalt des öffentlichen Rechts begründet. Ihre Aufgabe besteht danach in der Unterstützung des BMA in allen Fragen des medizinischen Arbeitsschutzes. Entsprechend dem Erlaß hat die BAfAM die Arbeitsbedingungen und ihre Auswirkungen auf die Gesundheit der Arbeitnehmer zu beobachten und zu analysieren sowie wissenschaftliche und praktische Entwicklungen auf dem Gebiet des medizinischen Arbeitsschutzes zu verfolgen und von Amts wegen auszuwerten *(vgl. Bieneck, 1991, S.18ff.)*.

3.2.9 Sozialzuschlag, Verwaltungsverfahren und internationales Sozialversicherungsrecht

Zweifellos zu den schwierigsten Fragen im Zuge der Beitrittsverhandlungen gehörte der von der ehemaligen DDR eingeführte **Sozialzuschlag** zu Leistungen der Renten-, Unfall- und Arbeitslosenversicherung, durch den diese generell auf 495 DM monatlich aufgestockt wurden. Während das DDR-Arbeitsministerium den Wunsch hatte, den Sozialzuschlag beizubehalten und ihn künftig entsprechend der Rentenanpassung zu dynamisieren, lehnte das BMA eine Dynamisierung strikt ab. Für den Fall der Beibehaltung in der bisherigen Ausgestaltung und Höhe verlangte es zudem eine Befristung.

Das BMA begründete seine Haltung damit, daß es sich beim Sozialzuschlag nicht um eine Form von Mindestrente handele, sondern um eine Leistung, die eingeführt worden sei, da ein Sozialhilfesystem nach bundesdeutschem Vorbild und die entsprechenden Verwaltungsstrukturen erst noch geschaffen werden mußten. Vor diesem Hintergrund sei es richtig, die Gewährung des Sozialzuschlages zeitlich zu begrenzen. Im übrigen ging das BMA davon aus, daß sich die Zahl der Bezieher eines Sozialzuschlages rasch deutlich verringern werde, sobald sich das Lohn- und Rentenniveau im Beitrittsgebiet spürbar erhöhe *(vgl. SozUmschau, Nr.383/1990)*. Kritiker sahen in dem als Übergangslösung zur Aufstockung niedriger Renten eingeführten Sozialzuschlag zudem die Gefahr, daß er denjenigen Auftrieb und Argumente liefern werde, „die im Rahmen der gesetzlichen Angleichung der beiden Rentenversicherungssysteme die Rentenversicherung im Sinne einer Grund- oder Mindestsicherung neu konzipieren oder eine bedürftigkeitsorientierte Mindestsicherung einführen wollen" *(Kolb, 1991, S.11; vgl. Schmähl, 1990, S.432)*.

Die in Art.30 Abs.3 EinigungsV schließlich gefundene Regelung brachte eine Begrenzung des Sozialzuschlags auf Neuzugänge bis zum 31.12.1991. Gleichzeitig wurde festgelegt, diese Leistung längstens bis zum 30.6.1995 zu zahlen.

Nachdem bis Ende 1990 für die Sozialversicherung noch das Verwaltungsvollzugsverfahren gem. SVG-DDR Anwendung finden sollte, sah der EinigungsV ab dem 1.1.1991 auch für das Beitrittsgebiet die Einführung des **Verwaltungsverfahrens** gemäß SGB X vor, um frühzeitig die Einheit des Verwaltungsvollzuges herbeizuführen. Weitere Neuregelungen enthielt der EinigungsV hinsichtlich des **Beitragseinzugs** sowie des **Meldeverfahrens** *(vgl. Schermer, 1990b, S.425ff.; H. Schneider, 1990b, S.36f.; Bieker u. a., 1991, S.183ff.)*. Als vorübergehende Maßnahme bis zum Ende der Wahlperiode war bei sich erstreckenden Versicherungsträgern eine **Erweiterung der Selbstverwaltungsorgane** vorgesehen.

Entsprechend der Zunahme der Zahl der zur Gruppe der Versicherten gehörenden Personen sollten die Selbstverwaltungsorgane durch die Hinzuwahl weiterer Organmitglieder ergänzt werden. Die Höchstzahl von 60 Organmitgliedern konnte dabei überschritten werden. Das Ergänzungsverfahren, das eine Wahl ohne Wahlhandlung vorsah, mußte bis zum 31.3.1991 abgeschlossen werden. Von den neu hinzugewählten Mitgliedern der Vertreterversammlung sollten die Mitglieder des Vorstandes gewählt werden (Anl.I Kap.VIII Sachgeb.F Abschn.III Nr.1 g–h).

Der Vollzug der nationalen Einheit hatte gleichfalls Auswirkungen auf das **über- und zwischenstaatliche Sozialversicherungsrecht**. Die maßgebenden Vorschriften hierzu enthielt der EinigungsV insbesondere in den Artt. 10 bis 12 *(vgl. Raschke, 1991, S.153ff.; Ebenhöch, 1990, S.578ff.)*.

Mit dem Wirksamwerden des Beitritts zum 3.10.1990 wurde gemäß Art.10 EinigungsV der Anwendungsbereich des EG-Rechts der Sozialen Sicherheit der Wanderarbeitnehmer nach den Verordnungen (EWG) Nr. 1408/71 und 574/72 auf das Beitrittsgebiet erstreckt. Entsprechendes galt aufgrund von Art.11 EinigungsV auch für die bisher allein für die alte Bundesrepublik verbindlichen zwei- und mehrseitigen Abkommen über soziale Sicherheit. Demgegenüber wurde die Weitergeltung der von der DDR eingegangenen völkerrechtlichen Verträge und Regierungsabkommen nach Art.12 EinigungsV unter den Vorbehalt der in Art.3 des Zustimmungsgesetzes vom 23. September 1990 [BGBl.II S.885] vorgesehenen Entscheidung der Bundesregierung gestellt. Die Bundesregierung war danach ermächtigt, Rechtsverordnungen zu erlassen, die u. a. Bestimmungen über die Zuständigkeit der Versicherungsträger, das Verwaltungsverfahren sowie die gegenseitige Umrechnung von Versicherungszeiten nach den Rechtsvorschriften der Vertragsstaaten zum Inhalt haben konnten. Die Erstreckung des EG-Sozialversicherungsrechts auf das Gebiet der ehemaligen DDR bedeutet, daß – soweit in der Vergangenheit von Trägern anderer EG-Mitgliedstaaten an deutsche Staatsangehörige mit Wohnsitz im Gebiet der früheren DDR Leistungen nicht gezahlt worden waren – diese nunmehr erbracht werden müssen *(vgl. Ebenhöch, 1990, S.578 ff.; Aulmann, 1990 a, S.606)*. Ebenfalls begünstigt von dieser Regelung sind umgekehrt Personen, die die DDR schon vor dem Beitritt verlassen und ihren Wohnsitz in einem EG-Mitgliedstaat genommen hatten.

In einem gewissen Schwebezustand befanden sich seit dem Beitritt die von der DDR getroffenen Sozialabkommen, da hier zunächst Gespräche mit den Vertragspartnern der DDR erfolgen sollten. Betroffen davon waren die Eingliederungsabkommen mit der Sowjetunion, Polen, der Tschechoslowakei, Rumänien und Ungarn sowie die Abkommen mit Bulgarien und Jugoslawien, die einen »Leistungsexport« vorsahen *(vgl. Michaelis/Reimann, 1990 b, S.423)*.

3.2.10 Soziales Entschädigungsrecht

Keine Differenzen gab es zwischen den Vertragsparteien, für die rd. 310.000 Kriegsopfer und deren Hinterbliebene, die durch das SED-Regime vernachlässigt und teilweise diskriminiert worden waren, schon zum 1.1.1991 das **Bundesversorgungsgesetz** (einschließlich der zur Durchführung erforderlichen Rechtsvorschriften) mit dem gesamten Leistungsspektrum in Kraft zu setzen. Ebenfalls vorgesehen war die grundsätzliche Überleitung des **Opferentschädigungsrechts** (Anl.I Kap.VIII Sachgeb.K Abschn.III Nrn. 1, 2 und 18). Allerdings wurden die aufgrund dieser Gesetze gewährten Leistungen im Beitrittsgebiet an das sich dort entwickelnde Einkommensniveau angepaßt.

Im einzelnen bedeutete dies, daß für Anspruchsberechtigte im Beitrittsgebiet die Leistungen im Vergleich zum alten Bundesgebiet auf rd. 40% abgesenkt wurden. Im übrigen sollte sich das Leistungsniveau nach dem jeweiligen Verhältnis der verfügbaren Renten in beiden Teilen Deutschlands richten. Damit galt auch für das Beitrittsgebiet der Anpassungsverbund zwischen Versorgungsberechtigten und Sozialrentnern; entsprechend der Anpassung der Renten im Beitrittsgebiet stieg auch die Höhe der nach dem BVG gewährten Leistungen. Die bislang nach dem RAnglG-DDR gewährten Kriegsbeschädigtenrenten sollten zunächst weitergezahlt werden, allerdings auf Versorgungsleistungen nach dem BVG angerechnet werden. Bei einem Verhältnis der Standardrenten von 672: 1.667,01 DM ergab sich Ende 1990 ein Ableitungssatz von 40,3%. Je nach MdE folgte daraus eine Grundrente für Beschädigte von 84 bis 441 DM (Grundrente für Witwen: 263 DM) *(vgl. K.-A. Otto, 1990 b, S.10 f.)*. Hinsichtlich der Leistungen der Heil- und Krankenbehandlung sowie der Kriegsopferfürsorge wurden diese, sofern es sich um Sachleistungen handelte (z.B. orthopädische Hilfsmittel), kostenfrei erbracht bzw. im Falle bedarfsabhängiger Leistungen in Höhe der für die Bedarfsdekkung tatsächlich erforderlichen Aufwendungen. Abgesenkte Renten erhielten Berechtigte, die ihren Wohnsitz am 18.5.1990 im Beitrittsgebiet hatten bzw. nach diesem Termin als Deutsche oder deutsche Volkszugehörige dort ihren Wohnsitz nahmen *(vgl. Reichsbund, Nr.10/1990, S.4)*.

Neben dem BVG und dem OEG ebenfalls übergeleitet wurden das Häftlingshilfegesetz (Anl.I Kap. II Sachgeb.D Abschn.III Nr.3), das Soldatenversorgungsgesetz (Anl.I Kap.IX Sachgeb.B Abschn.III Nr.5), das Zivildienstgesetz (Anl.I Kap.X Sachgeb.C Abschn.III Nr.2) und das Bundesseuchengesetz (Anl.I Kap.X Sachgeb.D Abschn.III Nr.3). Während die versorgungsrechtlichen Vorschriften des HHG und des OEG ab 1.1.1991 in den neuen Bundesländern galten, wurden Leistungen für Wehr- und Zivildienstbeschädigungen bereits für Schädigungen erbracht, die nach dem 2.10.1990 eingetreten waren. Die Stichtagsregelung des OEG wurde in der Weise auf die neuen Bundesländer übertragen, daß für Gewalttaten, die in der Zeit vom 7.10.1949 bis zum 31.12.1990 auf dem Gebiet der ehemaligen DDR begangen worden sind, die Härteregelung des § 10 a OEG Anwendung findet *(vgl. K.-A. Otto, 1990 a, S.13 ff., 1990 b, S.9; Hirrlinger, 1990, S.1 ff.)*.

Grundsätzlich wurde davon ausgegangen, daß die neuen Bundesländer zur Durchführung der Aufgaben nach dem BVG **Landesversorgungsämter** und **Versorgungsämter** errichten. Um eine zügige Bearbeitung der großen Zahl erwarteter Anträge zu ermöglichen, erlaubte der EinigungsV, die Aufgaben auch von anderen Bundesländern wahrnehmen zu lassen (Anl.I Kap.VIII Sachgeb.K Abschn.III Nr.2 c EinigungsV). Angesichts der Schwierigkeiten beim Aufbau geeigneter Verwaltungsstrukturen sowie wegen oftmals lange zurückliegender Anspruchstatbestände waren verschiedene Verfahrenserleichterungen vorgesehen.

Unter anderem sah der EinigungsV (Anl.I Kap.VIII Sachgeb.K Abschn.III Nr.1 k) vor, daß die Rente eines Beschädigten ohne ärztliche Untersuchung unter Zugrundelegung des bisher anerkannten Grades der MdE zugebilligt werden konnte. Ergab eine später vorzunehmende Untersuchung eine abweichende MdE, konnte innerhalb von 5 Jahren eine Neufestsetzung vorgenommen werden. Vorgesehen war auch, zunächst über einen Teil der Ansprüche zu entscheiden, z. B. die Grundrente zuzuerkennen, und über andere Leistungen erst später zu entscheiden. In jedem Falle war sichergestellt, daß Rentenleistungen ab dem 1. 1. 1991 nachgezahlt wurden, sofern der Antrag vor Ende 1993 gestellt worden war.

Während in der ehemaligen DDR Anfang 1990 lediglich rund 5.000 Personen eine Kriegsbeschädigtenrente erhielten, schätzte man die Zahl der Versorgungsberechtigten nach Inkrafttreten des BVG auf etwa 310.000, darunter 142.000 Beschädigte, 161.000 Witwen, 3.200 Waisen sowie 3.800 Eltern. Zugleich wurde mit bis zu 600.000 Anträgen gerechnet. Von daher war abzusehen, daß die abschließende Bearbeitung sämtlicher Anträge eine beträchtliche Zeit dauern würde *(vgl. Reichsbund, Nr.10/1990, S.4).*

3. 2. 11 Sozialhilfe

Ähnlich anderen Sozialleistungsbereichen hatte die letzte DDR-Regierung auch im Bereich der Sozialhilfe bereits vor dem Beitritt erhebliche Vorarbeiten geleistet. Insofern legte der EinigungsV nur noch den abschließenden **Aufbau des Sozialhilfesystems** in den neuen Bundesländern und die weitere Rechtsangleichung im einzelnen fest. Die Grundsatzentscheidung, das **Bundessozialhilfegesetz** (BSHG) ab dem 1. 1. 1991 auch auf dem Gebiet der ehemaligen DDR einzuführen, war angesichts der sehr unterschiedlichen Strukturen und Lebensverhältnisse allerdings nur mit gewissen Einschränkungen zu realisieren *(vgl. Nees, 1990, S.157).*

Gemäß Anl.I Kap.X Sachgeb.H Abschn.II Nrn. 3–10 traten das BSHG und mit ihm die Verordnungen zu den §§ 22, 24, 47, 72, 76, 81 und 88 zum 1. 1. 1991 im Beitrittsgebiet in Kraft; bis dahin galten noch das DDR-Sozialhilfegesetz vom 21. Juni 1990, noch nicht aufgehobene Teile der Sozialfürsorge-VO vom 23. November 1979 sowie die drei DB zum Sozialhilfegesetz (Anl.II Kap.X Sachgeb.H Abschn.III Nrn.10–14). Für den Bereich der Sozialhilfe bedeutsam waren allerdings auch die im EinigungsV getroffenen Regelungen zum Aufbau der Landesverwaltung (Art.15), zur Förderung des Auf- und Ausbaus der freien Wohlfahrtspflege (Art.32) sowie das vorgesehene Inkrafttreten des SGB I und SGB X. Entscheidend für die zukünftige Finanzausstattung und Finanzplanung der kommunalen Sozialhilfeträger waren zudem die Vereinbarungen, den Sozialzuschlag, der im Kern eine pauschalierte Sozialhilfeleistung darstellte, für Neuzugänge noch bis Ende 1991 und für Altfälle längstens bis Ende 1995 zu gewähren.

Eine dreimonatige Übergangsfrist wurde als sinnvoll angesehen, um den Behörden wenigstens eine gewisse Zeitspanne einzuräumen, während derer sie sich auf die neue Rechtslage einstellen konnten. Zudem mußte die Finanzierung von Einrichtungen der Alten- und Behindertenhilfe, die bislang über den Staatshaushalt erfolgte, erst ab dem 1. 1. 1991 über kostendeckende Pflegesätze erfolgen. Für ein lediglich „schrittweises Einführen der Leistungsgesetze sprach ... auch das bei den Verhandlungen von DDR-Seite gewünschte nur schrittweise Auslaufen einiger DDR-Leistungen" *(Nees, 1990, S.157).* Im übrigen resultierten die Maßgaben vor allem aus der besonderen Situation, die sich durch ein niedriges Einkommens- und dementsprechend niedriges Verbrauchsniveau sowie durch einen kurzfristig nicht zu behebenden Mangel an sozialen Diensten und Einrichtungen kennzeichnete [BT-Drs.11/7817, S.164]; eine unveränderte Übertragung westdeutscher Bezugsgrößen hätte dazu geführt, daß bei einem Großteil der Bevölkerung wirtschaftliche Bedürftigkeit vorgelegen hätte. Im einzelnen wurden daher die folgenden abweichenden Regelungen getroffen:

— Bis zu einer anderweitigen landesrechtlichen Regelung wurden die neuen Bundesländer zu überörtlichen Trägern der Sozialhilfe bestimmt. Dies sollte den Ländern die Gelegenheit geben, in Ruhe eine handlungsfähige Sozialhilfeverwaltung aufzubauen.
— Dem Mangel an sozialen Diensten und Einrichtungen Rechnung tragend wurde es als gerechtfertigt angesehen, die Erfüllung von Rechtsansprüchen unter den Vorbehalt des Vorhandenseins bzw. der Erreichbarkeit der jeweils benötigten Dienste und Einrichtungen zu stellen. Damit sollte auch verhindert werden, daß der Rückstand zu einer ausweichenden Inanspruchnahme entsprechender Einrichtungen in den alten Bundesländern führte und die dabei entstehenden (zumeist höheren) Kosten von den neuen Bundesländern zu tragen gewesen wären *(vgl. Nees, 1990, S.157)*.
— Der einheitlich festgesetzte Regelsatz für den Haushaltsvorstand in Höhe von 400 DM monatlich lag etwas unter dem bundesdeutschen Durchschnittsbetrag von 447 DM *(vgl. Deininger, 1991, S.633)*.
— Vorerst nicht eingeführt wurden die Mehrbedarfszuschläge von 20 % für erwerbsunfähige und ältere Sozialhilfeempfänger. Begründet wurde dies mit verwaltungspraktischen und finanzpolitischen Gründen. „Bei einem Regelsatz von 400 DM hätte die Anerkennung eines Altersmehrbedarfs in Höhe von 80 DM selbst bei einer Warmmiete von monatlich nur 20 DM zur Folge gehabt, daß (fast) alle Empfänger des Sozialzuschlags zur Rente und zur Arbeitslosenunterstützung ... einen Anspruch auf ergänzende Sozialhilfe gehabt hätten" *(Nees, 1990, S.157)*.
— Die Höhe des Barbetrags zur persönlichen Verfügung für minderjährige Hilfeempfänger in Einrichtungen war gleichfalls einheitlich – gestaffelt nach dem Lebensalter – auf 10 bis 40 DM monatlich festgesetzt worden. Im Hinblick auf die Unterschiede im Einkommensniveau beliefen sich die Grundbeträge der Einkommensgrenzen auf 700 DM (§ 79 Abs.1 und 2 BSHG), 1.050 DM (§ 81 Abs.1) und 1.450 DM (§ 81 Abs.2). Die Blindenhilfe nach § 67 und das pauschale Pflegegeld nach § 69 BSHG wurden vorläufig nur in Höhe der Hälfte des im alten Bundesgebiet geltenden Betrages gewährt.

Bis zur Herstellung einheitlicher Lebensverhältnisse wurde dem BMJFFG die Aufgabe übertragen, jeweils zum 1. Juli eines Jahres durch Rechtsverordnung die Grundbeträge der Einkommensgrenzen und die Höhe des Pflege- und Blindengeldes unter Berücksichtigung der Einkommensentwicklung anzupassen. Ungeachtet aller Ausnahmeregelungen blieb den Sozialhilfeträgern die Pflicht gemäß § 17 Abs.1 Nr.2 SGB I, auf das Bereitstellen ausreichender Dienste und Einrichtungen hinzuwirken. Daneben ging es darum, den Aufbau der Sozialhilfeverwaltung möglichst schnell abzuschließen. Neben organisatorischen und finanziellen Problemen ergab sich allerdings auch die Aufgabe, die Bevölkerung in den neuen Bundesländern, für die das Instrument der Sozialhilfe praktisch unbekannt war, zu informieren und aufzuklären.

Ersten Erhebungen zufolge gewährten die Sozialhilfeträger in den neuen Bundesländern im 2. Halbjahr 1990 insgesamt 134.403 Personen (65.600 Männern und 68.800 Frauen) Sozialleistungen verschiedenster Art. Dafür mußten die neuen Bundesländer zusammen 119,9 Mio. DM aufwenden.

Mit einem Empfängeranteil von 97,9 % kam der Hilfe zum Lebensunterhalt bei weitem die größte Bedeutung zu. Hilfen in besonderen Lebenslagen erhielten insgesamt 6.181 Personen, darunter 3.631 Personen Hilfe zur Pflege in Einrichtungen. Auffallend war, daß das Schwergewicht der Bedürftigkeit noch auf Personen im jüngeren und mittleren Lebensalter lag. Bemerkenswert war auch der Anstieg der Zahl der Hilfeempfänger innerhalb des letzten Vierteljahres 1990; wurden Ende September erst 62.832 Sozialhilfeempfänger gezählt, waren es Ende des Jahres bereits 130.163. Auf je 1.000 Bewohner der neuen Bundesländer kamen im 2. Halbjahr 1990 allerdings erst 8,3 Sozialhilfeempfänger, also wesentlich weniger als in den alten Bundesländern (etwa 28 je 1.000 Einwohner). Die Hauptursache der Bedürftigkeit war bei rund zwei Drittel aller Sozialhilfe beziehenden Haushalte Arbeitslosigkeit und bei weiteren 17 % unzureichendes Erwerbseinkommen. Auch in den neuen Bundesländern befanden sich unter den Sozialhilfeempfängern bereits überproportional viele Haushalte alleinerziehender Frauen und Männer *(vgl. Deininger, 1991, S. 633 ff.)*.

3. 2. 12 Soziale Gerichtsbarkeit

Völlig neu aufgebaut werden mußte in den neuen Bundesländern eine der alten Bundesrepublik vergleichbare soziale Gerichtsbarkeit. Während eine unabhängige **Verwaltungs- und Sozialgerichtsbarkeit** überhaupt nicht existierten und Korrekturen von Verwaltungsentscheidungen allenfalls über Petitionen an das ZK der SED möglich waren, gab es zwar eine **Arbeitsgerichtsbarkeit**, die allerdings kaum mit jener in der Bundesrepublik zu vergleichen war und längst nicht deren Bedeutung besaß.

Ein erster Schritt auf dem Wege zu einer unabhängigen Arbeitsgerichtsbarkeit war bereits durch das **Gesetz über die Errichtung und das Verfahren der Schiedsstellen für Arbeitsrecht** (ArbSchVerfG) **vom 29. Juni 1990** [GBl.I S.505] erfolgt, mit dem das Schiedsstellenverfahren als »Verfahren in Arbeitsrechtssachen« eingeführt wurde. Es sollte vor allem der Entlastung der Kammern für Arbeitssachen bei den Kreisgerichten im Beitrittsgebiet dienen *(vgl. Schwedes, 1991, S. 8 f.)*.

Schiedsstellen waren in Betrieben mit mehr als 50 Arbeitnehmern zu bilden (§ 5 Abs.1 ArbSchVerfG). Die Schiedsstellen entschieden in einer Zusammensetzung von einem Vorsitzenden und zwei Beisitzern, wobei die Beisitzer paritätisch von der Arbeitgeber- und der Arbeitnehmerseite bestellt wurden. Die Mitglieder sollten zwar Erfahrung auf dem Gebiet des Arbeitslebens haben, benötigten jedoch keine juristischen Kenntnisse. Im wesentlichen war angestrebt worden, daß die Schiedsstellen die Verfahren durch gütliche Einigung beenden. Gem. § 17 ArbSchVerfG konnte die Schiedsstelle durch Beschluß in tatsächlich oder rechtlich schwierigen Fällen das Verfahren an das Kreisgericht abgeben. In strittigen Fällen entschied die Schiedsstelle durch Beschluß über die Sache. Gegen den Schiedsspruch konnte innerhalb von zwei Wochen beim Kreisgericht/Kammer für Arbeitssachen Einspruch eingelegt werden. Die Anrufung des Kreisgerichts war – von Ausnahmen abgesehen – nur nach vorheriger Anrufung der Schiedsstelle für Arbeitsrecht zulässig *(vgl. Ponschab/Czarnetzki, 1991, S. 22 f.; Nägele, 1990 a, S. 19)*.

Gemäß Anl.I Kap.III Sachgeb.A Abschn.III Nr.1 Buchst. a EinigungsV sind – bis zur Errichtung selbständiger Gerichtsbarkeiten – die Kreis- und Bezirksgerichte nach den Maßgaben t) bis x) auch in Angelegenheiten der Arbeits- und Sozialgerichtsbarkeit zuständig. Entsprechend Maßgabe w) Abs.1 und 2 waren zu diesem Zweck an den Kreisgerichten Kammern und an den Bezirksgerichten Senate für Arbeits- und Sozialrecht einzurichten. Mit entsprechenden Maßgaben galt das Arbeitsgerichtsgesetz. Ebenfalls zunächst mit geringen Änderungen blieb das Schiedsstellengesetz vom 29. Juni 1990 (Anl.II Kap.VIII Sachgeb.A Abschn.III Nr.3) in Kraft *(vgl. Wank, 1991, S. 14; Ponschab/Czarnetzki, 1991, S. 22; U. R. Scholz, 1991, S. 1; Pfeiffer/Birkenfeld-Pfeiffer, 1990, S. 327 f.)*.

Die äußerst komplizierte und für viele Bürger des Beitrittsgebietes nicht nachvollziehbare Umstellung des Sozial- und Arbeitsrechts sowie die außerordentliche Häufigkeit von Kündigungen und Massenentlassungen infolge von Betriebsumstrukturierungen und -schließungen haben zu einer wahren **Antragsflut** bei arbeits- und sozialrechtlichen Klagen geführt. Dadurch ergab sich eine hoffnungslose Überlastung der Gerichte mit von Monat zu Monat wachsenden Bergen **unerledigter Streitfälle**. Angesichts der Erwartungshaltung der ehemaligen DDR-Bürger, nunmehr endlich in einem Rechtsstaat zu leben, deutete sich hier eine äußerst besorgniserregende Entwicklung an. Die Zahl der unerledigten Arbeitsrechtssachen stieg von 2.066 Anfang 1990 über 23.966 Ende September 1990 auf 35.677 Ende Oktober 1990. Allein im Oktober 1990 standen 16.784 Eingängen nur 5.073 Erledigungen gegenüber.

Ursachen der krisenhaften Entwicklung im Bereich der Arbeitsgerichtsbarkeit in den neuen Bundesländern waren – neben organisatorischen Aufbauschwierigkeiten und Problemen bei der Gewinnung ehrenamtlicher Beisitzer vor allem auf der Arbeitgeberseite – zuallererst enorme **personelle Engpässe** bei den Arbeitsrichtern.

Kritiker bemängeln, daß – obwohl spätestens seit dem Frühjahr 1990 bekannt gewesen sei, daß für den Aufbau einer eigenständigen Arbeitsgerichtsbarkeit eine Vielzahl von Richtern benötigt würden – nur in unzureichendem Maße Richter aus der Arbeitsgerichtsbarkeit entsandt worden seien. Anstatt der im Juni 1990 geforderten 100 Arbeitsrichter hätten schließlich ab 1.9. bzw 1.10.1990 lediglich 32 Richter ihren Dienst in den neuen Bundesländern aufgenommen. Abgesehen davon, daß viele Richter der ehemaligen DDR aufgrund ihrer Vergangenheit den Dienst inzwischen quittiert hatten, war für die verbliebenen Richter erst eine Einarbeitung in das neue Arbeitsrecht erforderlich. Die personellen Engpässe verschlimmerten sich zum einen infolge der materiellen Unzulänglichkeiten und zum anderen durch den im Vergleich zu den alten Bundesländern weitaus größeren je Verhandlung erforderlichen Zeitaufwand. Die Entsendung von Arbeitsrichtern hatte sich u. a. verzögert, weil der Bund angekündigt hatte, seine 50 %ige Beteiligung an den Kosten der Zuweisungen lediglich bis Ende 1990 und nicht – wie ursprünglich geplant – für zwei Jahre aufrechtzuerhalten.

3.2.13 Familienpolitische Regelungen und Frauenpolitik

Nach Ansicht der Bundesregierung brachte die Umstellung von der KindergeldVO der ehemaligen DDR auf den Familienlastenausgleich der Bundesrepublik für die Familien in den neuen Bundesländern in der Regel keine Verschlechterung, sondern »eine erhebliche Verbesserung« [BT-Drs. 11/8434]. Bei den Verhandlungen über den EinigungsV bestand die Möglichkeit, entweder das Bundeskindergeldgesetz zum 1.1.1991 auf die neuen Länder überzuleiten oder statt dessen die KindergeldVO der ehemaligen DDR weiter gelten zu lassen.

Die Entscheidung zugunsten des Bundeskindergeldgesetzes begründete die Bundesregierung damit, daß die Verordnungen der DDR zumindest für Familien mit mehr als zwei Kindern geringere Leistungen als die Bundesgesetze vorsahen und kein Kindergeld für Kinder in weiterführender Ausbildung gewährten. Eine vermittelnde Lösung, die den ehemaligen DDR-Familien neben den vollen Vorzügen des Bundeskindergeldgesetzes auch noch den in der DDR eingeführten altersabhängigen Zuschlag von monatlich 45 oder 65 DM eingeräumt hätte, habe sich »im vorrangigen Interesse der Rechtseinheit« verboten. Die Bundesregierung schätzte die Zahl der Kinder in den neuen Bundesländern, für die Kindergeld zu zahlen war, für die Jahre 1990 und 1991 auf etwa 4 Mio. Kinder. Auch beim Familienlastenausgleich bestand das Problem hoher Schätzrisiken angesichts der völligen Unklarheit der Entwicklung der durchschnittlichen Bruttoeinkommen. Das durchschnittliche Bruttoeinkommen von Familien sei nicht berechenbar, ebensowenig wie familienstatistische Angaben über den Anteil der Familien, in denen beide Eltern berufstätig waren *(vgl. BA-Presseinformationen, Nr. 45/1990)*.

Das Ministerium für Familie und Frauen der DDR hatte für den Bereich der DDR zudem gefordert, daß für Kinder, die nach dem 31.12.1990 als drittes oder weiteres Kind geboren werden, Erziehungsgeld bis zur Vollendung des 24. Lebensmonats gewährt wird. Die Kosten bezifferte es für das 2. Halbjahr 1992 auf maximal 60 Mio. DM für das Beitrittsgebiet. Die bundesdeutsche Seite hat dieser Forderung allerdings entschieden widersprochen.

Im zweiten Halbjahr 1990 wurde jedem Elternteil in den neuen Bundesländern, der Arbeitnehmer war, je Kind ein Steuerfreibetrag von monatlich 126 DM eingeräumt. Dieser Freibetrag war in die Lohnsteuertabellen eingearbeitet. Ab 1991 konnten Eltern im Beitrittsgebiet die gleichen **kindbedingten Steuerermäßigungen** (Kinder- und Ausbildungsfreibetrag) in Anspruch nehmen wie Eltern in den alten Bundesländern.

In der öffentlichen Diskussion spielte die **Stellung der Frauen** im zukünftigen Deutschland eine nicht unwesentliche Rolle, zumal die Frauen in der früheren DDR ihre Stellung bewahren wollten und Frauen in den alten Bundesländern durch die Erfahrungen in der DDR auf Fortschritte bei ihren Bemühungen um weitere Gleichberechtigung hofften. Bei allen Unzulänglichkeiten und fortbestehenden Benachteiligungen im Detail sahen viele in der **hohen Erwerbsbeteiligung** der DDR-Frauen einen Ausdruck gesellschaftlicher und beruflicher Emanzipation der Frauen. Vor allem frauenpolitische Organisationen befürchteten, daß die Übertragung familienpolitischer Leitbilder der alten Bundesrepublik und der Abbau gesellschaftlicher Einrichtungen, die in der früheren DDR die Vereinbarkeit von Familie und Beruf unterstützt hatten, für die Frauen im Beitrittsgebiet zu Rückschritten und zu neuen Benachteiligungen führen würden.

Während die Bundesregierung hervorhob, daß an die Stelle des Zwangs zur Erwerbstätigkeit für Mütter und Väter Wahlfreiheit, an die Stelle von Dirigismus und ideologischer Beeinflussung das Recht und die an erster Stelle den Eltern obliegende Pflicht zur Erziehung der Kinder sowie ein hohes Maß an Freiheit in der Gestaltung des familiären Alltags und an die Stelle der Übernahme familiärer Aufgaben durch den Staat die Unterstützung der Eigenverantwortung der Familie durch Staat und Gesellschaft trete *(vgl. JbdBReg, 1990, S.493)*, sahen andere darin den Versuch, die Frauen auch in den neuen Bundesländern in die traditionelle Rolle der Hausfrau und Mutter hineinzudrängen. Als eine erste Bestätigung dieser Befürchtung werteten sie nicht zuletzt die Entwicklung auf dem Arbeitsmarkt, die eine wachsende Freisetzung weiblicher Arbeitskräfte offenbarte.

In ihren Befürchtungen bestärkt wurden die eher liberalen Kräfte zudem durch die schon während des Einigungsprozesses einsetzenden heftigen Auseinandersetzungen um die zukünftige Regelung des Rechts des **Schwangerschaftsabbruchs**.

Die äußerst unterschiedlichen gesellschaftlichen Leitvorstellungen gerade in der Frauen- und Familienpolitik zwischen der früheren DDR und der alten Bundesrepublik konnten durch den EinigungsV erwartungsgemäß nicht überwunden werden. Die schließlich zu diesem Komplex getroffenen Aussagen waren dann auch entsprechend dürftig und eher unbefriedigend. Im wesentlichen beließ es der EinigungsV dabei, in Art.31 einige Aufgaben als vordringlich herauszustellen *(vgl. auch Grandke, 1990, S.321ff.)*:

- Gestaltung der Rechtslage unter dem Gesichtspunkt der Vereinbarkeit von Familie und Beruf und Beauftragung des Gesetzgebers, die Gesetzgebung zur Gleichberechtigung weiterzuentwickeln.
- Weiterführung der Einrichtungen zur Tagesbetreuung von Kindern durch finanzielle Beteiligung des Bundes für eine Übergangszeit bis zum 30. Juni 1991.
- Verpflichtung des gesamtdeutschen Gesetzgebers, bis zum 31. 12. 1992 eine Regelung zu treffen, die den Schutz vorgeburtlichen Lebens und die verfassungskonforme Bewältigung von Konfliktsituationen schwangerer Frauen besser gewährleistet, als dies in beiden Teilen Deutschlands zur Zeit der Vereinigung der Fall war.

Trotz der Bereitschaft des Bundes, sich bis Ende Juni 1991 an den Kosten für die **Kinderbetreuungseinrichtungen** zu beteiligen, blieb die Zukunft der umfangreichen Angebote zur Kinderbetreuung in der früheren DDR weitgehend ungewiß.

Festgelegt wurde lediglich, daß die Sicherstellung eines »bedarfsgerechten Angebots« künftig grundsätzlich Ländersache sei. Offen blieb aber, wie dies die östlichen Bundesländer, die sich sämtlich in einer äußerst prekären finanziellen Lage befanden, gewährleisten sollten. Hinzu kam, daß ein Großteil der Kinderbetreuungseinrichtungen früher von den Betrieben getragen wurden und diese nun verstärkt dazu übergingen, solche Errichtungen zu schließen, zum einen, weil sie die Unterhaltung solcher Einrichtungen nicht mehr als ihre Aufgabe ansahen, zum anderen aber auch, um sich vor dem Hintergrund ohnehin vorhandener großer wirtschaftlicher Probleme von zusätzlichen Kosten zu entlasten [BT-Drs. 12/661].

3.2.14 Soziales Wohnungswesen

Erhebliche Schwierigkeiten deuteten sich bereits während des Einigungsprozesses bei der **Umstrukturierung der Wohnungswirtschaft** im Beitrittsgebiet an. Angesichts des enormen Nachholbedarfs bei der Verbesserung der Wohnverhältnisse in den neuen Bundesländern ist von einem langen Prozeß der Angleichung der Verhältnisse auszugehen. Um so bedenklicher war in dieser Situation, daß sich der seit 1986 zu verzeichnende Rückgang der Wohnungsbaufertigstellungen seit der Wende noch beschleunigt hatte.

Die Zahl der gebauten Wohnungen (Neubau, Rekonstruktion, Um- und Ausbau) war von 116.545 in 1986 um 5,8 % auf 109.754 in 1987, um 4,6 % auf 104.666 in 1988 und um weitere 11,8 % auf 92.347 in 1989 zurückgefallen. Ein drastischer weiterer Einbruch von 35,4 % folgte in den Monaten Januar bis Oktober 1990. In diesem Zeitraum wurden nur noch 50.954 Wohnungen in den neuen Bundesländern fertiggestellt, und zwar 48.929 durch Neubau (Rückgang gegenüber dem Vergleichszeitraum des Vorjahres um 31,3 %), 1.290 Wohnungen durch Rekonstruktion (– 77 %) sowie 735 Wohnungen durch Um- und Ausbau (– 65 %) *(vgl. Hausbau-Informationen, Nr. 3/1991)*.

Für die neuen Bundesländer enthielt der EinigungsV zahlreiche Regelungen im Bereich des Wohnungs- und Städtebaus, die gegenüber dem geltenden bundesdeutschen Recht einige Besonderheiten und Übergangsbestimmungen aufwiesen. Nach Meinung von Bundesbauministerin HASSELFELDT sollten die getroffenen Regelungen einen Interessenausgleich zwischen Mietern, Vermietern und Investoren herstellen. Angestrebt wurde, den völlig überalterten Wohnungsbestand so schnell wie möglich zu erneuern, ohne dabei die Mieter finanziell zu überfordern. Entsprechend sollten die Mieten immer nur schrittweise angepaßt und gegebenenfalls durch Wohngeldzahlungen abgefedert werden *(SozUmschau, Nr.384/1990)*. Im einzelnen sah der EinigungsV folgende wohnungspolitischen Regelungen vor *(vgl. Presseinformation BMBau, Nr.80/1990; Möschel, 1991, S.72ff.; Sternel, 1991, S. 289; Göhring, 1990, S.317ff.)*:

— Vom Zeitpunkt des Beitritts an sollte grundsätzlich für alle Mietverhältnisse das Mietrecht des BGB gelten. Ausgeschlossen blieb jedoch zunächst die Kündigung wegen besserer wirtschaftlicher Verwertung des Grundstücks. Weiterhin wurde festgelegt, daß die Eigenbedarfskündigung grundsätzlich erst ab Ende 1992 zulässig sein sollte.
— Keine unmittelbare Änderung erfuhren die Bestandsmieten durch den EinigungsV, zumal die DDR-Preisbindung zunächst bestehen blieb. Allerdings wurde die Bundesregierung ermächtigt, die Mieten durch Rechtsverordnung, die der Zustimmung des Bundesrates bedarf, unter Berücksichtigung der Einkommensentwicklung schrittweise anzuheben. Insofern waren damit die rechtlichen Voraussetzungen geschaffen, um die seit 1936 eingefrorenen Mieten anheben zu können.
— Die Modernisierungskosten sollten künftig auch in den neuen Bundesländern in Höhe von 11 % jährlich auf die Miete umgelegt werden können. Die auch im Beitrittsgebiet geltende Härteklausel des § 541 b BGB sollte sicherstellen, daß sich die Mieter gegen Modernisierungsmaßnahmen wenden können, die zu unzumutbaren Mieterhöhungen führen.
— Das Wohngeldgesetz sollte gemäß EinigungsV ab 1. 1. 1991 in ganz Deutschland gelten. Zur Anwendung des Gesetzes waren jedoch noch einzelne Vorschriften durch RechtsVO an das unterschiedliche Mieten- und Einkommensniveau der neuen Bundesländer anzupassen. Dies galt z. B. für die Höchstbeträge, bis zu denen die Miete wohngeldfähig ist, für bestimmte Freibeträge und für die Pauschalen, die die Belastung durch Steuern und Sozialabgaben berücksichtigen.
— Der soziale Wohnungsbau erhielt seine rechtlichen Grundlagen durch die Überleitung des Zweiten Wohnungsbaugesetzes, des Wohnungsbindungsgesetzes, der Neubaumietenverordnung sowie der Zweiten Berechnungsverordnung. Auch hier war vorgesehen, die Einkommensgrenzen in § 25 II. WoBauG an die Einkommensverhältnisse in den neuen Bundesländern anzupassen.
— Keine endgültige Regelung wurde hinsichtlich der Belegungsrechte für den volks- und kommunaleigenen Mietwohnungsbestand, der rund 80 % aller Mietwohnungen umfaßt, getroffen. Dies sollte dem gesamtdeutschen Gesetzgeber überlassen bleiben. Bis dahin sollte das DDR-Gesetz über die Gewährleistung der Belegungsrechte weitergelten, das allerdings spätestens nach 5 Jahren außer Kraft treten sollte. Im übrigen gingen die volkseigenen Wohnungen in das Eigentum der Kommunen über. Ziel dieser Regelung war es, zügig eine marktwirtschaftliche Wohnungswirtschaft aufzubauen und im Wege der Privatisierung die Bildung indviduellen Wohneigentums zu ermöglichen.

Um die stark rückläufige Wohnungsbautätigkeit anzukurbeln, wurde im Herbst 1990 für die neuen Bundesländer im Rahmen des Strukturhilfeprogramms zur Beschleunigung des wirtschaftlichen Wachstums ein 10-Milliarden-Wohnungsbauprogramm aufgelegt.

Die für die Jahre bis 1993 zur Verfügung gestellten zinsverbilligten Kredite waren für Modernisierungs- und Instandsetzungsmaßnahmen an vermieteten und selbstgenutzten Wohnungen vorgesehen. Ein weiteres Kreditprogramm von ebenfalls 10 Mrd. DM sollte u. a. die Gemeinden bei städtebaulichen Sanierungsmaßnahmen unterstützen *(vgl. auch Bartholmai/Melzer, 1991)*.

Kapitel 5

Sozialpolitische Probleme und Perspektiven im geeinten Deutschland

Die innenpolitische Entwicklung in Deutschland war seit der Herstellung der deutschen Einheit am 3. Oktober 1990 über weite Strecken maßgebend geprägt durch die zahlreichen Folgeprobleme, die sich aus diesem Schritt ergaben. Mit dem Einigungsvertrag waren zwar formal die staatliche Einheit vollzogen und für diese ein rechtlicher Rahmen geschaffen worden, von einer Einheitlichkeit der Lebensverhältnisse – insbesondere in sozialer Hinsicht – kann jedoch auf absehbare Zeit noch nicht gesprochen werden. Einiges deutet darauf hin, daß gerade im sozialen Bereich die Probleme in den neuen Bundesländern seit dem 3. Oktober 1990 eher noch zugenommen haben bzw. seitdem erst deutlich zum Vorschein gekommen sind.

Das vorliegende Buch setzt bewußt den zeitlichen Schlußpunkt in der Darstellung und Analyse der sozialpolitischen Entwicklung in Deutschland mit der Herstellung der deutschen Einheit, auch wenn sich in den ersten 18 Monaten im geeinten Deutschland eine Reihe wesentlicher sozialpolitischer Entwicklungen vollzogen hat. Dieses Datum bildet nicht nur für eine geschichtliche Betrachtung eine nahezu ideale Zäsur, sondern schließt auch einen langen Entwicklungsprozeß mit höchst unterschiedlichen sozialpolitischen Konzeptionen ab. Nicht zuletzt ist die Endphase dieses Prozesses mit der rechtlichen Angleichung zweier Sozialsysteme, die kaum unterschiedlicher hätten sein können, historisch ein bislang singulärer Vorgang und daher auch hinsichtlich ihres endgültigen Ergebnisses noch nicht absehbar. Die Sozialpolitik im geeinten Deutschland wird zu einem Zeitpunkt einer detaillierteren Analyse und Bewertung zu unterziehen sein, zu dem mehr als spekulative Einschätzungen über die weitere Entwicklung möglich sind.

Unstrittig war allerdings schon Mitte 1992, daß der Einigungsprozeß noch geraume Zeit in Anspruch nehmen wird. Die in mehr als 40 Jahren getrennter sozialer Entwicklung – zumal in zwei gesellschaftspolitisch gegensätzlichen Systemen – entstandenen Strukturen sowie Einstellungen und Verhaltensweisen der Menschen lassen sich nicht von einem auf den anderen Tag beseitigen oder überwinden. Die gesellschaftspolitische Aufgabe der Herstellung einer wirklichen sozialen Einheit durch die Angleichung der sozialen Lebensbedingungen der Menschen ist ohne Zweifel weitaus schwieriger, als im Oktober 1990 angenommen wurde.

Die bis Anfang 1992 erfolgte sozialpolitische Gesetzgebung zeigt zudem deutlich das Ausmaß der noch zu bewältigenden Probleme und der bislang unerledigten Aufgaben auf. Trotz der grundsätzlichen Entscheidung, im wesentlichen das soziale System der alten Bundesrepublik einschließlich seiner rechtlichen Ausgestaltung auf das Beitrittsgebiet zu übertragen, erfordern die tatsächlich vorhandenen Strukturen immer neue Überleitungsregelungen und Anpassungsmaßnahmen.

1. Aspekte der sozialen Lage im vereinten Deutschland

Die überraschend möglich gewordene Einheit Deutschlands hat seit 1990 entscheidenden Einfluß auf das gesamte politische Leben gehabt. Die Folgen der Einheit für Gesamtdeutschland und die Lage in den neuen Bundesländern werden – ohne daß es einer besonderen Prognosefähigkeit bedarf – auch die weitere wirtschaftliche, soziale und gesellschaftspolitische Entwicklung bis zum Ende dieses Jahrhunderts maßgeblich prägen. Bei aller Einigkeit darüber, daß die staatliche Einheit nicht mit einer fortgesetzten gesellschaftlichen Spaltung einhergehen darf, haben die sozialen Konflikte und Zukunftsängste vor dem Hintergrund sich nicht erfüllender Erwartungen in den neuen Bundesländern und wachsenden finanziellen Belastungen der Bevölkerung in den alten Bundesländern seit 1990 deutlich zugenommen. Wurde zu Beginn des Einigungsprozesses noch an eine rasche Angleichung der Lebensverhältnisse in Ost und West geglaubt und dies auch vor allem der Bevölkerung in der ehemaligen DDR versprochen, gehen seriöse Prognosen inzwischen von einem langwierigen Anpassungsprozeß aus. Ferner haben die Menschen in den alten Bundesländern, denen anfänglich immer wieder gesagt wurde, daß die Einigung keine nennenswerten finanziellen Opfer von ihrer Seite erfordere, unterdessen spürbar erfahren, daß ihr Lebensstandard wohl mittelfristig nur noch minimal wachsen wird.

Entgegen zahlreichen Versprechungen aus dem politischen Bereich hatte die Einheit für das Gebiet der ehemaligen DDR eine tiefgreifende wirtschaftliche Krise zur Folge. Dabei hatte sich die „ostdeutsche Bevölkerung ... in mehreren Wahlen nicht allein aus nationalen Gründen für eine so rasche Währungsunion und politische Vereinigung ausgesprochen, sondern auch in der Erwartung, daß die ‚reiche' Bundesrepublik Deutschland für die damit verbundenen wirtschaftlichen Risiken schon geradestehen würde" *(Bosch/ Knuth, 1992, S.137)*. Inzwischen wird von niemandem mehr bestritten, daß der gesamte Prozeß der **Umstrukturierung** in Ostdeutschland nicht ohne tiefgreifende Einschnitte für die Menschen dort wird stattfinden können. Auch werden sich negative soziale Auswirkungen dabei für den einzelnen nicht immer vermeiden lassen. Noch auf längere Sicht werden – angesichts der rapide verschlechterten Möglichkeiten der primären Einkommenserzielung in den neuen Bundesländern – erhebliche **öffentliche Transferleistungen** aus dem Westen Deutschlands erforderlich sein *(vgl. DIW, 1991 a, S.539)*, um die enormen wirtschaftlichen Probleme und die sozialen Härten wenigstens abzumildern und einen grundlegenden Stimmungsumschwung in der Gesellschaft zu vermeiden. Immerhin signalisieren jüngste Meinungsumfragen bereits zwei Jahre nach der »Wende« unter der Bevölkerung in den neuen Bundesländern eine abnehmende Zustimmung zur Demokratie. Bei alledem ist zu befürchten, daß die eigentlich »heiße Phase« erst noch bevorsteht, zumal wenn Transfermittel nicht mehr im bisherigen Umfang zur Verfügung stehen werden und sich dadurch bislang noch verdeckte Verteilungskonflikte und Interessengegensätze verschärfen dürften.

1. 1 Wirtschaftliche Entwicklung und öffentliche Finanzen in Deutschland

Wie viele andere Aussagen haben sich auch die wirtschaftlichen Prognosen seit der Einigung Deutschlands – insbesondere hinsichtlich der Situation in den neuen Bundesländern – häufig als falsch erwiesen *(vgl. H. Becker, 1992, S.463f.)*. Erst ganz allmählich waren an die Stelle anfangs vielfach sehr optimistischer Einschätzungen realistischere Betrachtungsweisen getreten. Mit 183 Mrd. DM lag das Bruttoinlandsprodukt in Ostdeutschland 1991 um 33,9 % unter dem von 1990 in Höhe von 277 Mrd. DM (Rückgang gegenüber 1989: 14,7 %). Zwar rechneten Wirtschaftsforschungsinstitute für 1992 mit einer **Überwindung des Produktionstiefs** und mit einem allmählichen wirtschaftlichen Aufschwung, die **Talsohle am Arbeitsmarkt** stand allerdings erst noch bevor. Die Zahl der Beschäftigten, die im 4. Quartal 1989 noch 9,570 Mio. betragen hatte, belief sich im 1. Quartal 1992 nur noch auf 5,846 Mio. *(vgl. DIW, 1992g, S.270; WSI-Projektgruppe Prognose, 1992, S.255; Arbeitsgemeinschaft, 1992, S.208ff.)*. Wie groß der **wirtschaftliche Rückstand** Ostdeutschlands gegenüber Westdeutschland tatsächlich war, zeigte sich darin, daß der BSP-Anteil des Beitrittsgebiets bei gleicher Produktivität und gleichem Beschäftigungsstand 21,6 % hätte betragen müssen, sich aber 1991 lediglich auf 6,8 % belief *(vgl. auch Kronberger Kreis, 1990c)*.

Trotz einer gegenüber dem vergleichbaren Vorjahreszeitraum im 1. Quartal 1992 gestiegenen gesamtwirtschaftlichen Wertschöpfung wurden die weiteren **konjunkturellen Aussichten** für Deutschland insgesamt eher ungünstig beurteilt. Zwar hatte sich der Produktionsrückgang in Ostdeutschland seit Herbst 1991 etwas abgeschwächt, die wenigen vorhandenen statistischen Indikatoren ließen jedoch nicht erkennen, daß eine durchgreifende Besserung der wirtschaftlichen Entwicklung in Sicht war.

In ihrem Jahreswirtschaftsbericht vom Januar 1992 ging die Bundesregierung von einem realen Zuwachs des Bruttoinlandsprodukts von 1½ bis 2 % in West- und 6 bis 10 % in Ostdeutschland aus. Während danach im Westen die Erwerbstätigenzahl um 1 % steigen sollte, wurde im Osten ein Beschäftigungsrückgang um 10 bis 15 % erwartet. Mit einem Anteil von 6,4 % hatte der Beitrag Ostdeutschlands zur gesamtdeutschen Wertschöpfung im 2. Quartal 1991 seinen Tiefpunkt erreicht; obwohl er danach etwas gestiegen war, hatte er den Anteil von rd. 10 % zu Beginn der Wirtschafts- und Währungsunion Mitte 1990 noch nicht wieder erreicht. Bei einer im Westen kaum mehr zunehmenden Stundenproduktivität war es ab Sommer 1991 in den neuen Ländern gelungen, die Produktivität wieder zu erhöhen, indem auf den Rückgang der Produktion mit einem noch stärkeren Rückgang des Arbeitsvolumens reagiert wurde. Dennoch war die ostdeutsche Stundenproduktivität in Relation zur westdeutschen mit zuletzt 34,5 % (Frühjahr 1992) immer noch geringer als vor der Wende (37 %) *(vgl. DIW, 1992g, S.264; H. Becker, 1992, S.461ff.; Arbeitsgemeinschaft, 1992, S.208ff.)*. Ausgehend von einem sehr niedrigen Niveau wurde im Jahre 1992 im Osten eine Steigerung der Produktivität um 20 bis 24 % für möglich gehalten.

Angesichts eines für eine Angleichung der Verhältnisse geschätzten Investitionsbedarfs für die neuen Länder in diesem Jahrzehnt von 1.200 bis 1.500 Mrd. DM war das 1991/1992 erkennbare Investitionsvolumen bei weitem nicht ausreichend. Insbesondere die private Investitionstätigkeit blieb – verglichen mit der für ein marktwirtschaftliches System typischen Investitionsstruktur – weit hinter den Erwartungen zurück. Nach 13 Mrd. DM im Jahre 1991 wurden für 1992 öffentliche Investitionen von etwa 20 Mrd. DM erwartet. Bei den privaten Investitionen konnte nach Erkenntnissen des Ifo-Instituts 1992 ein Investitionsvolumen von 45 Mrd. DM erreicht werden (1991 waren es rd. 26 Mrd. DM) *(vgl. Arbeitsgemeinschaft, 1992, S.212)*.

Besonders kritisiert wurde von den Wirtschaftsforschungsinstituten, daß die **Lohnpolitik** in Deutschland nicht den von ihr erwarteten Beitrag zur Bewältigung der wirtschaftlichen Herausforderungen, die im Zuge der Vereinigung Deutschlands entstanden waren, leistete. Der zu Beginn der Währungsunion festgeschriebene Weg der Lohnanpassung an das westdeutsche Niveau erwies sich mehr und mehr als eine schwere Hypothek für den Aufbauprozeß *(vgl. Arbeitsgemeinschaft, 1992, S.220ff.)*. Als hinderlich für den Aufbau in den neuen Ländern wurden auch die zahlreichen fortbestehenden **administrativen Hemmnisse** angesehen. Zwar funktionierten die im Aufbau befindlichen Verwaltungen allmählich besser, die schleppende Ausweisung von Gewerbegebieten durch die Kommunen und die weiterhin ungeklärten Eigentumsverhältnisse ließen jedoch noch immer viele Investitionsabsichten scheitern.

Inzwischen vorgestellte **Entwicklungsszenarien** gingen überwiegend von einem mehrere Jahrzehnte dauernden Anpassungsprozeß aus. Unter optimistischen Annahmen – so Prognosen – könnte Ostdeutschland nach 30 Jahren den Produktivitätsanschluß gefunden haben *(vgl. Handelsblatt v. 20.9.1991, S.8)*. Auch das DIW rechnete bei der Anpassung der Produktivität zwischenzeitlich mit einem Zeitraum von 20 Jahren *(vgl. DIW, 1992e)*.

Nach einer Studie des Instituts für angewandte Wirtschaftsforschung (IAW) vom Oktober 1991 kann zwischen dem Ausgangsjahr 1991 und dem Jahr 2000 für Ostdeutschland mit einem durchschnittlichen jährlichen Wachstum des realen BSP von knapp 9,5 % gerechnet werden. Damit könnten im Jahr 2000 etwa 80 % der westdeutschen Arbeitsproduktivität erreicht werden. In diesem Falle würden in den neuen Bundesländern etwa 6,364 Mio. Erwerbstätige Beschäftigung finden. Dies wären immer noch 3,3 Mio. weniger als am Ende der DDR und noch 350.000 Erwerbstätige weniger als 1991. Die Prognose unterstellt dabei, daß die private Wirtschaft und der Staat im jährlichen Durchschnitt Bruttoanlageinvestitionen in Höhe von 120 Mrd. DM vornehmen. Insgesamt sieht das IAW dennoch günstige Chancen, „bis zum Ende des Jahrtausends eine spürbare Angleichung der Lebensverhältnisse zwischen beiden Teilen Deutschlands zu erreichen" *(IAW, 1991, S.75)*. Vieles spreche für einen zügigen Abbau des Produktivitätsgefälles. Schwieriger werde es sein, „auch hinsichtlich des Produktions- und Beschäftigungsniveaus in einem Maße voranzukommen, daß die noch von außen subventionierte Aufwärtsbewegung sich selbst trägt und die große Mehrheit der ostdeutschen Bürger eine Chance auf Erwerbstätigkeit und damit auf eine wichtige Grundlage menschlicher Selbstverwirklichung hat" *(IAW, 1991, S.75)*.

Auch wenn sich die **Finanzsituation** der **öffentlichen Haushalte** 1991 weniger dramatisch entwickelte, als zunächst vielfach befürchtet worden war, dürfte der lange Zeit unterschätzte Bedarf an öffentlichen Mitteln in Ostdeutschland mittelfristig noch erhebliche **Finanzprobleme** hervorrufen und zu Konflikten zwischen den verschiedenen Haushaltsebenen führen. Das **Haushaltsdefizit** der Haushalte von Bund, Ländern und Gemeinden, das 1990 auf 90 Mrd. DM und 1991 auf etwa 126 Mrd. DM gestiegen war, summiert sich 1992 unter Einschluß der verschiedenen Sonderfonds voraussichtlich auf 124½ Mrd. DM [BT-Drs.12/2191]. Da die Finanzpolitik zunächst angesichts einer offensichtlichen Fehleinschätzung der Lage eher zurückhaltend reagiert hatte, waren die Gebietskörperschaften und die Sozialversicherung seit Beginn des Einigungsprozesses mehrfach gezwungen, ihre Haushalte nachzubessern *(vgl. Höhnen, 1991, S.307ff.)*. Erst mit den „Beschlüssen vom Februar/ März 1991 hat die Finanzpolitik nach ihrer selbst verordneten Lethargie vor und nach der Bundestagswahl einen Kurswechsel vollzogen und mehr Mittel für die Stabilisierung und für den Aufbau der ostdeutschen Wirtschaft zur Verfügung gestellt" *(DIW, 1991a, S.539)*.

Nachdem zur Finanzierung der öffentlichen Transfers von West nach Ost zunächst im Mai 1990 der **»Fonds Deutsche Einheit«** und mit dem EinigungsV der **Kreditabwicklungsfonds** geschaffen worden waren, hatte die Bundesregierung mit dem im Frühjahr 1991 beschlossenen **»Gemeinschaftswerk Aufschwung-Ost«** ein weiteres Instrument für den Ausbau der Infrastruktur und die Finanzierung von Arbeitsbeschaffungsmaßnahmen zur Verfügung gestellt. Trotz dieser nicht unbeträchtlichen Anstrengungen sollten die Probleme eher noch zunehmen: erheblich größer, als ursprünglich veranschlagt, waren nicht nur die **finanziellen »Altlasten«**, die von der öffentlichen Hand zu tragen waren, enorme Belastungen entstanden den öffentlichen Haushalten auch durch den Kreditabwicklungsfonds. Hinzu kamen die Schulden des in das Eigentum der Kommunen übergegangenen ehemals volkseigenen **Wohnungsvermögens**, die ebenfalls bedient werden mußten.

Der anstelle eines gesamtdeutschen Länderfinanzausgleichs für die Jahre 1990 bis 1994 eingerichtete »Fonds Deutsche Einheit«, der zunächst mit einem Gesamtvolumen von 115 Mrd. DM ausgestattet war, stellte eine der wichtigsten Finanzierungsquellen der ostdeutschen Länderhaushalte dar. Über diesen Fonds standen ihnen allgemeine Haushaltsmittel zur Durchführung ihrer eigenen Aufgaben zur Verfügung. Entsprechend den Beschlüssen zum Finanzpaket '92 sollte das Steuermehraufkommen durch die Anhebung des Umsatzsteuer-Normalsatzes auf 15 % in den Jahren 1993 und 1994 über den »Fonds Deutsche Einheit« für die neuen Länder verwendet werden. Einschließlich der vom Bund zu leistenden Sonderzahlungen von 1 Mrd. DM jährlich sollte dies zu einer Aufstokkung der Fondsmittel um 11,5 Mrd. DM im Jahr 1993 und um 13,9 Mrd. DM im Jahr 1994 führen. Insgesamt sollten die neuen Länder damit bis 1995 über diesen Fonds Mittel in einer Gesamthöhe von 146,3 Mrd. DM erhalten. Vor allem die jährlich schätzungsweise um 20 % steigenden Personalausgaben dürften den Finanzierungssaldo der ostdeutschen Flächenstaaten von derzeit rund 11,6 Mrd. DM auf 39,7 Mrd. DM anwachsen lassen *(vgl. DIW, 1992 a, S.316 f.; Höhnen, 1991, S.311)*.

Trotz der Verkaufserlöse in Milliardenhöhe war die Treuhand gezwungen, in deutlich größerem Umfange, als zunächst eingeplant, ihre Aktivitäten über Kredite zu finanzieren. Das Volumen der von der Treuhand gegebenen Bürgschaften für Liquidationskredite stieg von 18 Mrd. DM im April auf über 22 Mrd. DM Ende 1991. Schätzungen gingen davon aus, daß die Nettoschulden der THA Ende 1994 einen Betrag von 200 bis 250 Mrd. DM erreicht haben dürften (Schuldenstand 1992: 146 Mrd. DM), für die der Bund aufzukommen hat *(vgl. DIW, 1992 a, S.316)*. Auf voraussichtlich 100 Mrd. DM dürften sich zudem bis Ende 1993 die Schulden des Kreditabwicklungsfonds summiert haben. Während bis Ende 1993, wenn der Fonds aufgelöst werden soll, Bund und THA je zur Hälfte für die Zinsen aufzukommen haben, sollen danach die Schulden je zur Häfte auf den Bund und die neuen Bundesländer übergehen. Zwar wurden aufgrund eines Moratoriums zwischen Wohnungs- und Kreditwirtschaft die Zins- und Tilgungszahlungen für die Verbindlichkeiten des ehemals volkseigenen Wohnungsvermögens bis Ende 1993 gestundet, bis dahin jedoch wurde mit einem Anwachsen der Schulden der kommunalen Wohnungswirtschaft auf deutlich über 30 Mrd. DM gerechnet (Schuldenstand allerdings bereits 1991: 38,5 Mrd. DM; 1992: 46,7 Mrd. DM [BT-Drs. 12/2191]) *(vgl. Höhnen, 1991, S.313 f.; Deutschland-Info-Dienst, Nr.5/92, S.4)*.

Die sich Anfang 1991 dramatisch zuspitzende Krisensituation im Beitrittsgebiet veranlaßte die Bundesregierung, mit den finanz- und steuerpolitischen Beschlüssen vom 8. März 1991 energischere Schritte zur Lösung der Probleme im Beitrittsgebiet einzuleiten. Im Mittelpunkt stand dabei das sog. »Gemeinschaftswerk Aufschwung-Ost«, ein auf zwei Jahre befristetes Programm, das eine Vielzahl von Einzelmaßnahmen zur Förderung von privaten und öffentlichen Investitionen sowie die Bereitstellung von Mitteln für zusätzliche Arbeitsbeschaffungsmaßnahmen im Gesamtumfang von 24 Mrd. DM (je 12 Mrd. DM für 1991 und 1992) umfaßte. Gleichzeitig wollte der Bund die Finanzausstattung der neuen Länder und Kommunen im Umfang von 10 Mrd. DM verbessern, indem er auf seinen Anteil am »Fonds Deutsche Einheit« verzichtete. Im Gegensatz zu den Mitteln aus dem »Fonds Deutsche Einheit« mußten die Länder allerdings für das Gemeinschaftswerk in vielen Bereichen Komplementärmittel aufbringen.

Angesichts der absehbaren Belastungen wird die **Finanzpolitik** auch im weiteren Verlauf der 90er Jahre eine zentrale Rolle spielen. Neben der Bewältigung der Altlasten erfordert das Ziel, das ostdeutsche Wirtschaftsniveau an westliche Verhältnisse anzugleichen, enorme finanzielle Aufwendungen für den **Ausbau** und die **Modernisierung der öffentlichen Infrastruktur**. Je Einwohner gerechnet, schätzte der Sachverständigenrat den Wert der ostdeutschen Infrastruktur auf nur 20 % des westdeutschen Niveaus. Den jährlichen Nachholbedarf bezifferte er mit 50 Mrd. DM *(vgl. SVR, 1991, Ziff.318)*. Bei aller Notwendigkeit einer **Haushaltskonsolidierung** sollte diese nach Ansicht der Wirtschaftsforschungsinstitute weder zu Lasten der für den Aufbau der Infrastruktur und der Verwaltung notwendigen Transfers in die neuen Bundesländer noch notwendiger Infrastrukturinvestitionen im Westen gehen *(vgl. Arbeitsgemeinschaft, 1992, S.223)*.

Im Mittelpunkt öffentlicher Kritik stand fortgesetzt die **Treuhandanstalt** (THA), die die Aufgabe hatte, die ehemals staatlichen Unternehmen der DDR zu sanieren und zu privatisieren. Die Meinungen über die Aktivitäten der THA gingen naturgemäß deutlich auseinander *(vgl. DIW, 1991 b, S.575 ff.)*. Während die einen die beachtlichen **Privatisierungserfolge** hervorhoben, warfen ihr andere vor, mit dem „Festhalten an der Privatisierungsstrategie ... wertvolle, insbesondere kostspielige Zeit (zu verschenken) und damit den ökonomischen Strukturwandel (zu verzögern)" *(WSI-Projektgruppe Prognose, 1992, S.255)*.

Angesichts der 11.759 von der Treuhand übernommenen oder gemäß Spaltungsgesetz entstandenen Unternehmen mit THA-Beteiligung waren die bis Ende Mai 1992 durchgeführten 7.613 Privatisierungen (einschließlich Unternehmens-Teilprivatisierungen) eine durchaus beachtliche Zahl, die aber auch über bestimmte Probleme hinwegtäuschte. Noch immer befanden sich nämlich 6.117 Unternehmen mehrheitlich im Besitz der THA, darunter nicht nur die meisten Industriebetriebe, sondern insbesondere jene Betriebe, die nur schwer verkäuflich waren *(vgl. THA, 1992, S.6)*. Ihre Veräußerung bzw. Liquidation ließ nicht nur kaum Gewinne erwarten, sondern sollte mit hohen Kosten für Sanierungs- und Sozialplanmaßnahmen verbunden sein. Trotz der Verkaufserlöse in Höhe von 29,3 Mrd. DM (bis Mai 1992) ergaben sich bei der THA ständig steigende Schulden *(vgl. Deutschland-Info-Dienst, Nr.5/92, S.3)*.

Im Zuge der 7.613 Unternehmensprivatisierungen (Stand: Mai 1992) hatte die THA mit den Käufern die Schaffung oder den Erhalt von insgesamt 1.169.983 Arbeitsplätzen vereinbart. Gleichzeitig waren von den Erwerbern Investitionen in Höhe von 138,5 Mrd. DM zugesagt worden. 390 Unternehmen bzw. Betriebsteile hatten einen ausländischen Käufer gefunden (106.626 Arbeitsplatzzusagen; 11,6 Mrd. DM Investitionszusagen) *(vgl. THA, 1992, S.3; SozUmschau, Nr.220/1992)*. Nach Meinung von Fachleuten waren die Investitionszusagen je zu erhaltendem Arbeitsplatz im Hinblick auf den großen Erneuerungsbedarf in den ostdeutschen Betrieben eher als gering anzusehen *(vgl. Arbeitsgemeinschaft, 1992, S.209)*. Zu einem wichtigen Instrument der Privatisierungsstrategie war das Konzept des Management-Buy-Out (MBO) geworden, also der Erwerb von Unternehmen bzw. Betriebsteilen durch die bisherigen Manager der Unternehmen. Nach THA-Angaben hatten bis Ende Mai 1992 insgesamt 1.351 MBO-Projekte realisiert werden können *(vgl. THA, 1992, S.15)*.

Neben den Unternehmensprivatisierungen hatte die THA bis Ende Mai 1992 im Bereich der Treuhandliegenschaftsgesellschaften 1.805 Privatisierungen durchgeführt (101.828 Arbeitsplatzzusagen) sowie 13.374 ha landwirtschaftliche Nutzfläche (107.787 Arbeitsplatzzusagen) und 736 ha forstwirtschaftliche Betriebsfläche verkauft (4.408 Arbeitsplatzzusagen). Zum gleichen Zeitpunkt waren 2.729 Vermögensgegenstände durch Zuordnungsbescheide an die Kommunen übertragen, 225 Betriebe kommunalisiert und 230 kreisgeleitete Betriebe an die Kommunen überführt worden. Ferner konnten von 14.863 erfaßten Anmeldungen vermögensrechtlicher Ansprüche für die Restitution von Unternehmen 4.468 Reprivatisierungen abgeschlossen werden (darunter 840 ganze Unternehmen, 2.809 Unternehmensteile, 662 Rückgaben von Vermögensgegenständen) *(vgl. THA, 1992, S.19 ff.; SozUmschau, Nr.220/1992)*.

Mit der fortschreitenden Privatisierung und der Liquidation von Unternehmen hatte nicht nur die Zahl der THA-Betriebe abgenommen, sondern auch ihre Bedeutung für die Beschäftigung. Während die THA einmal mit gut 4,08 Mio. Beschäftigten (1.7.1990) begonnen hatte, zählte sie am 1.1.1991 bereits nur noch 2,937 Mio. und am 1.4.1992 gerade noch 1,235 Mio. Beschäftigte (16,2% der zu diesem Zeitpunkt Erwerbstätigen). Bis Anfang 1994 wurde eine weitere Abnahme auf 1,036 Mio. Beschäftigte erwartet *(vgl. THA, 1992, S.29; Kühl/Schaefer/Wahse, 1991, S.501 f., 1992, S.32 ff.; Kühl, 1991, S.682 ff.)*.

Die Gewerkschaften, zum Teil aber auch die ostdeutschen Landespolitiker, warfen der THA wiederholt vor, ausschließlich die Privatisierung im Auge zu haben, an die beschäftigungs-, sozial- und strukturpolitischen Auswirkungen ihrer Entscheidungen jedoch nicht zu denken. Kritisiert wurde zudem, daß die THA Milliarden rein passiv für Zinsen auf Altschulden und zur Finanzierung ihres Defizits verwende, was weder zur Schaffung von Arbeitsplätzen noch zu Investitionen oder zu einer Verbesserung der Qualifikation der Beschäftigten der THA-Betriebe führe *(vgl. Kühl, 1991, S.683 f.; Priewe, 1991, S.208 ff.; Wirtschaftsdienst, IV/1991, S.163 ff.)*.

Trotz der zweifellos vorhandenen großen arbeitsmarktpolitischen Bedeutung der THA enthielt das Treuhandgesetz keine beschäftigungspolitischen Maßgaben. Entscheidend für die Personalpolitik der THA waren lediglich drei Vereinbarungen: die Leitlinien für eine Zusammenarbeit zwischen der THA und der BA vom April 1991 *(vgl. MittAB, Heft 1/1991, S.230 ff.)*, die Erklärung von DGB, DAG und THA über Interessenausgleich und Sozialplan vom April 1991 *(vgl. MittAB, Heft 1/1991, S.232 ff.)* sowie die Rahmenvereinbarung zur Bildung von Gesellschaften zur Arbeitsförderung, Beschäftigung und Strukturentwicklung (ABS) vom 17. Juli 1991 *(vgl. Die Wirtschaft, Nr.30/1991 v. 25.7.1991, S.21)*. Auf der Grundlage der ersten Vereinbarung erhob die THA quartalsweise in ihren Unternehmen die von diesen geplanten betriebsnotwendigen Kündigungen, die gemäß einem BA-Erlaß vom 4.6.1991 den jeweils zuständigen örtlichen Arbeitsämtern mitgeteilt wurden (Aufbau einer Art Frühwarnsystem). Nach der mit den Gewerkschaften getroffenen Sozialplanvereinbarung erhielten rund 1,2 Mio. entlasssene Arbeitnehmer einen durchschnittlichen Abfindungsbetrag von je 5.000 DM. Allerdings hatte etwa die Hälfte der THA-Betriebe keinen Sozialplan. Mit der Unterstützung von ABS-Gesellschaften trug die THA ferner zumindest in gewissem Umfange dazu bei, für die insbesondere durch ihre Unternehmen entlassenen Arbeitnehmer Auffangstrukturen zu errichten *(vgl. Kühl/Schaefer/Wahse, 1991, S.501 f.)*.

Angesichts dessen, daß mit einer raschen Privatisierung der verbliebenen THA-Betriebe nicht gerechnet werden konnte, empfahl das DIW im Herbst 1991, das bisherige Subventionierungs- und Privatisierungskonzept grundlegend zu überprüfen. Das Institut hielt es zugleich für unumgänglich, für mehr Transparenz bei der Sanierung zu sorgen, auf Einzelfallentscheidungen weitgehend zu verzichten und stärkere Anreize für die Privatisierung zu setzen. Faktisch steckte die THA viel Geld in Betriebe, ohne diese Zuschüsse mit Auflagen zur Modernisierung von Produkten und Anlagen zu verbinden. Die Liquiditätsbürgschaften hätten die Unternehmen eher zu einem Abwarten als zu einer Umstrukturierung mit Rationalisierung und zu einer aktiven Investitionspolitik veranlaßt *(vgl. DIW, 1991 b, S.575 f.)*.

1. 2 Entwicklung des Arbeitsmarktes in Deutschland

Bei einem sich seit Mitte 1991 merklich **abschwächenden Beschäftigungsboom** in Westdeutschland und weiterhin düsteren Beschäftigungsaussichten in Ostdeutschland wird die **Arbeitsmarktentwicklung** in Deutschland zweifellos noch für Jahre im Blickpunkt des politischen Interesses bleiben. Selbst wenn man unterstellt, daß es auf absehbare Zeit im Westen zu keinem gravierenden Anstieg der Arbeitslosenzahlen kommt, ist eine Lösung der in den neuen Bundesländern bestehenden Arbeitsmarktprobleme gegenwärtig noch nicht erkennbar. Dabei war in Anbetracht dieses historisch einzigartigen Produktionseinbruchs der Anstieg der Arbeitslosigkeit zunächst noch vergleichsweise moderat. Die Gründe dafür waren zum einen, daß nicht in dem ökonomisch eigentlich erforderlichen Umfange Personal abgebaut wurde, und zum anderen, daß der Einsatz umfangreicher arbeitsmarktpolitischer Instrumente das Anschwellen der **offenen Arbeitslosigkeit** in Grenzen hielt.

Von den ehemals 9,8 Mio. Beschäftigten (Herbst 1989) des Beitrittsgebietes waren im Januar 1992 gerade noch 5,7 Mio. Personen regulär beschäftigt. Die Zahl der registrierten Arbeitslosen, die bis Ende Oktober 1990 auf 536.800 angestiegen war, erhöhte sich zwischen Januar und Dezember 1991 nahezu kontinuierlich von 757.162 auf 1.037.709. Aufgrund des Auslaufens verschiedener Sonderregelungen zum Jahresende 1991 kam es im Januar 1992 zu einem drastischen Anstieg der Arbeitslosenzahl auf 1.343.449 (Zugang an Arbeitslosen allein im Januar 1992: 416.738); seitdem stagniert diese Zahl zwar bzw. hat sogar leicht abgenommen, allerdings vorwiegend aufgrund der Absorption potentiell Arbeitsloser durch andere Maßnahmen. Im Mai 1992 waren in den neuen Bundesländern 1.149.140 Personen arbeitslos. Ihnen standen 30.245 offene Stellen gegenüber. Die Arbeitslosenquote betrug 14,6 %. Im selben Monat wurden im Bereich der Arbeitslosen ein Zugang von 80.441 Personen und ein Abgang von 127.263 Personen registriert, wobei 52.000 Personen vermittelt werden konnten. Der Anteil der Frauen an den Arbeitslosen lag bei 63,2 %. Regional betrachtet wiesen die einzelnen neuen Länder im Mai 1992 etwas voneinander abweichende Arbeitslosenquoten auf: mit 13,2 % war die Quote in Sachsen am niedrigsten, gefolgt vom Ostteil Berlins mit 14,3 %, Brandenburg mit 14,6 % und Thüringen mit 14,8 %; mit 15,1 % bzw. 16,7 % fiel die Quote in Sachsen-Anhalt und Mecklenburg-Vorpommern am höchsten aus.

Deutlich abweichend von Ostdeutschland entwickelte sich in den letzten beiden Jahren der **Arbeitsmarkt** in den **alten Bundesländern**. Die seit Mitte der 80er Jahre zu beobachtende Zunahme der Zahl der Erwerbstätigen hat sich 1990/1991 zunächst noch fortgesetzt. Im Oktober 1991 wurden 29,551 Mio. Erwerbstätige gezählt, 631.000 mehr als ein Jahr zuvor und 1,557 Mio. mehr als im Oktober 1989. Auch die Zahl der sozialversicherungspflichtig Beschäftigten stieg zwischen Dezember 1989 und Dezember 1991 von 21,907 Mio. auf 23,479 Mio. Personen. Der **Bestand an Arbeitslosen** war parallel dazu von 2.037.781 im Jahresdurchschnitt 1989 auf 1.689.365 im Jahresdurchschnitt 1991, die Arbeitslosenquote war von 7,9 auf 6,3 % zurückgegangen. Seit Beginn des Jahres 1992 wurden hinsichtlich der Arbeitsmarktentwicklung im Westen allerdings deutliche **Stagnationstendenzen** sichtbar. Im Zeitraum von Januar bis Mai 1992 waren durchschnittlich 30.329 Personen mehr als im gleichen Zeitraum des Vorjahres als arbeitslos registriert. Zugleich hatte sich die Zahl der **Kurzarbeiter** mit 244.461 im Durchschnitt der Monate Januar bis Mai 1992 gegenüber dem entsprechenden Zeitraum des Jahres 1991 (134.000 Kurzarbeiter) nahezu verdoppelt *(vgl. auch DIW, 1992 b, S. 49f.)*.

Tabelle 78: Arbeitsmarktentwicklung in den neuen Bundesländern seit September 1990

am Quartalsende	Arbeitslose insgesamt	in %[1]	arbeitslose Frauen	in %[1]	offene Stellen	Kurzarbeiter	über 50 % Ausfall[2]	Beschäftigte in AB-Maßnahmen	Empf. von Arbeitslosengeld etc.[3]
3/1990	444.859	5,0	244.842	–	24.289	1.728.749	32,73	4.268	280.103
4/1990	642.182	7,3	351.779	–	22.624	1.794.032	41,32	20.316	460.761
1/1991	808.349	9,2	446.523	10,4	20.897	1.989.813	56,38	62.549	665.128
2/1991	842.504	9,5	482.392	11.2	31.733	1.898.937	58,94	148.235	639.879
3/1991	1.028.751	11,7	617.492	14,3	42.958	1.333.362	58,73	313.029	802.433
4/1991	1.037.709	11,8	634.710	14,7	35.441	1.034.543	60,06	389.861	767.007
1/1992	1.220.138	15,5	760.599	20,1	33.281	493.940	51,09	401.471	1.018.257
2/1992	1.149.140	14,6	726.070	19,2	30.245	436.533	49,56	404.853	959.699

am Quartalsende	Eintritte FuU-Maßn.[4]	Bestand in FuU-Maßnahmen[5]	Altersübergangsgeld[6]	Vorruhestandsgeld[7]	Zugang[9]	Abgang[9]	Personen ohne reguläre Beschäftigung[8]	in %[1]
					von Arbeitslosen im jew. letzten Monat			
3/1990	12.639	–	–	–	107.052	23.482	–	–
4/1990	30.019	–	–	253.619	95.402	42.398	–	–
1/1991	55.023	167.800	121.139	382.339	91.189	69.832	3.531.989	40,20
2/1991	81.263	272.400	143.991	366.743	81.785	81.566	3.672.810	41,41
3/1991	85.739	350.500	225.885	347.370	94.495	128.981	3.598.897	40,93
4/1991	88.679	435.200	328.813	329.101	91.073	84.082	3.555.227	40,43
1/1992	99.388	496.900	469.264	314.671	83.966	154.203	3.396.384	43,15
2/1992	77.152	510.300	478.593	301.263	80.441	127.263	3.280.682	41,68

1) In % der abhängigen zivilen Erwerbspersonen (abhängig zivile Erwerbstätige aus der Berufstätigen-Erhebung plus Arbeitslose); ab Januar 1992 Ergebnisse der BTE vom November 1990; 2) Anteil der Kurzarbeiter mit einem Arbeitsausfall von mehr als 50 %; 3) Arbeitslosengeld, -hilfe und Eingliederungsgeld, bis März 1991 einschl. Altersübergangsgeld; 4) Eintritte im letzten Monat des Quartals; 5) geschätzt; 6) März 1991 = April 1991; 7) Nach Angaben des Bundesamtes für Finanzen, Außenstelle Berlin; 8) Arbeitslose + Kurzarbeiter + ABM-Beschäftigte + Teilnehmer an FuU-Maßnahmen + Empfänger von Altersübergangs- und Vorruhestandsgeld; Doppelzählungen möglich; 9) Zu- und Abgänge im letzten Monat des jeweiligen Quartals.

Quelle: BA: Arbeitsmarkt in Zahlen. Aktuelle Daten für das Beitrittsgebiet, Nürnberg, lfde. Ausgaben.

Trotz eines leichten Rückgangs bei den registrierten Arbeitslosen seit Anfang 1992 blieb die Situation auf dem ostdeutschen Arbeitsmarkt auch Mitte 1992 außerordentlich angespannt. Nach wie vor leisteten die **arbeitsmarktpolitischen Maßnahmen** einen wesentlichen Beitrag dazu, daß sich der tatsächliche **Verlust an Arbeitsplätzen** in den neuen Ländern nicht in vollem Umfang als Arbeitslosigkeit auf die erwerbsfähige Bevölkerung auswirkte. Daher war mittelfristig eine **aktive Arbeitsmarktpolitik** in den neuen

Ländern ein unerläßliches Instrumentarium zur sozialen Absicherung der dort lebenden Menschen.

Von Anfang an war grundsätzlich unstrittig, daß die Folgen der wirtschaftlichen Umstrukturierung im Beitrittsgebiet durch einen **offensiven Einsatz der aktiven Arbeitsmarktpolitik** flankiert werden mußten *(vgl. Günther, 1991, S.6)*. Über Umfang und Ausgestaltung des sowohl qualitativ wie quantitativ deutlich erweiterten arbeitsmarktpolitischen Instrumentariums gab es aber dennoch immer wieder sehr kontroverse Diskussionen. Während die Befürworter keine sozial vertretbaren Alternativen sahen, befürchteten Kritiker, daß der massive Einsatz arbeitsmarktpolitischer Maßnahmen zumindest partiell den als notwendig angesehenen Strukturwandel verzögern würde.

Trotz eines vergleichsweise frühzeitigen Angebots an arbeitsmarktpolitischen Instrumenten dauerte es zunächst geraume Zeit, bis die teilweise notwendigen **Trägerstrukturen** aufgebaut und sonstige **Anlaufschwierigkeiten** überwunden waren. Danach jedoch wurden die arbeitsmarktpolitischen Förderungsinstrumente in einem zuvor nicht erwarteten Umfang in Anspruch genommen *(vgl. auch Günther, 1991, S.7)*.

Einen außerordentlichen Umfang erreichten im Laufe des Jahres 1991 die Arbeitsbeschaffungsmaßnahmen. Das für 1991 gesetzte Ziel von 280.000 ABM-Beschäftigten war bereits im September 1991 mit 313.029 Beschäftigten in AB-Maßnahmen übertroffen worden. Seit Anfang 1992 befanden sich allmonatlich rd. 400.000 Personen in AB-Maßnahmen. Noch immer in den AB-Maßnahmen unterrepräsentiert waren im 1. Halbjahr 1992 die Frauen mit einem Anteil von 38,88 %, auch wenn sich die Situation gegenüber dem 1. Halbjahr 1991 leicht gebessert hatte (36,85 %). Die kurzfristig starke Ausweitung des Angebots an ABM-Stellen war insbesondere durch die im Rahmen des »Gemeinschaftswerks Aufschwung-Ost« vorgesehenen AB-Maßnahmen möglich geworden, da diese – anders als die auf der Basis des AFG durchgeführte Personenförderung – auf eine Projektförderung abstellten. Dadurch konnten auch Planung und Vorbereitung von Maßnahmen gefördert und Zuschüsse zu den Sachkosten gewährt werden (bis zu einem Drittel der Lohnkosten). Die auf diese Weise oftmals fast 100%ige Fremdfinanzierung eröffnete vor allem den Kommunen einmalige Chancen. Entsprechend wurde mit ihrer Unterstützung eine Reihe von Großprojekten in Angriff genommen und sog. »Mega-ABM« gebildet *(vgl. BMA, 1991 d, S.14 ff.)*.

Neben den AB-Maßnahmen spielte die Qualifizierung von Beginn an eine wesentliche Rolle. Bereits im 2. Halbjahr 1990 waren durch ein Sonderprogramm zur institutionellen Förderung 128 Weiterbildungseinrichtungen im Beitrittsgebiet mit 18.000 Plätzen gefördert worden; bis Ende 1991 stieg die Zahl der Einrichtungen auf 269 mit rd. 40.000 Plätzen und einer Fördersumme von 420 Mio. DM *(vgl. BMA-Pressemitteilung, 3/92)*. Durch die intensive Förderung gelang zwar eine rasche Expansion der Weiterbildungsmaßnahmen. Befürchtungen, daß dies mit Qualitätsmängeln der Weiterbildung erkauft wurde, sind aber nicht völlig von der Hand zu weisen. Tatsächlich „standen nicht ausreichend qualifizierte Ausbilder zur Verfügung und – mehr noch als in Westdeutschland – partizipierten unseriöse Bildungsträger am Geldsegen der Arbeitsmarktpolitik" *(Bosch/Knuth, 1992, S.142)*. Wenigstens anfänglich gab es zudem erhebliche konzeptionelle Probleme, abgesehen davon, daß die völlig unklaren Gesamtperspektiven in Ostdeutschland die Beantwortung der Frage erheblich erschwerten, in welche Richtung eigentlich qualifiziert werden sollte. Dennoch gelang es, die für 1991 vorgegebene Zielgröße von durchschnittlich 352.000 Teilnehmern in FuU-Maßnahmen und über 500.000 Eintritten zu erreichen. Insgesamt wurden von Januar bis Dezember 1991 in Ostdeutschland 892.145 Eintritte gemeldet, darunter 509.780 Frauen (57,1 %); 451.035 eingetretene Teilnehmer waren zuvor arbeitslos; 276.144 befanden sich in Kurzarbeit. Die von der BA in den neuen Bundesländern für FuU-Maßnahmen ausgegebenen Mittel beliefen sich 1990 auf 5,246 Mrd. DM und 1991 auf 11,165 Mrd. DM [BT-Drs.12/2678].

Erhebliche Diskussionen hat das in den neuen Bundesländern erstmals in größerem Umfange eingesetzte Instrument der **Arbeitsförderungs-** bzw. der sog. **Beschäftigungsgesellschaften** ausgelöst *(vgl. Klauder/Kühlewind, 1991, S.3ff.)*.

Arbeitsförderungsgesellschaften sind keine grundsätzlich neue Idee, jedoch in den neuen Bundesländern erstmals in größerem Umfange in die Praxis umgesetzt worden. Beschäftigungs- und Qualifizierungsgesellschaften sollen als Träger für das Umsetzen arbeitsmarktpolitischer Maßnahmen, insbesondere von AB-Maßnahmen und beruflicher Weiterbildung, einen Beitrag zum Aufbau neuer Arbeitsplätze leisten. Grundsätzlich wird davon ausgegangen, daß derartige Gesellschaften ihrer Zielsetzung nach vorübergehenden Charakter haben *(vgl. auch Bosch/Neumann, 1991).*

Die Gründung derartiger Gesellschaften war anfänglich vor allem von den Betriebsräten und Gewerkschaften gefordert worden, insbesondere im Zusammenhang mit dem Auslaufen des tarifvertraglich vereinbarten Kündigungsschutzes in der Industrie. Nur sehr widerstrebend und zögernd unterstützten die Arbeitgeber (die Treuhand hatte Anfang Juni 1991 ihre Betriebe angewiesen, sich an derartigen Gesellschaften nicht zu beteiligen) die von den Gewerkschaften vertretene Auffassung, daß zur Abfederung des schmerzlichen Umstrukturierungsprozesses zusätzlich zum AFG organisatorische Verfahrensweisen in einem speziellen Aktivitätsverbund in Form von Arbeitsförderungsgesellschaften angezeigt sind *(vgl. Himmelreich, 1991).* Da beide „Seiten die zu entlassenden Arbeitskräfte nicht ins Bodenlose fallen lassen (wollten)" *(vgl. Klauder/Kühlewind, 1991, S.12)*, kam es schließlich am 17. Juli 1991 zwischen Gewerkschaften, Arbeitgebern, Treuhandanstalt und den fünf neuen Bundesländern zu einer gemeinsamen Rahmenvereinbarung über die Bildung von »Gesellschaften zur Arbeitsförderung, Beschäftigung und Strukturentwicklung (ABS)« *(vgl. FAZ v. 18.7. 1991).*

Die THA verpflichtete sich, von sich aus ABS-Gesellschaften zu initiieren mit dem Ziel, einen Beitrag zur wirtschaftlichen Neuorientierung der ostdeutschen Wirtschaft zu leisten. Die Betriebe unterstützen die ABS in der Regel durch Bereitstellung von Sachmitteln, sind jedoch nicht direkt an den ABS beteiligt. Um die externen Perspektiven zu verstärken, sollten die ABS Gesellschafter auf regionaler Ebene suchen. An der Trägergesellschaft auf Landesebene beteiligte sich die THA mit 10 %. Bei den unterdessen entstandenen ABS handelt es sich um gemeinnützige Einrichtungen, deren Hauptzweck ist, „Arbeitskräften befristet öffentlich geförderte Arbeit und Bildung anzubieten" *(Bosch/Knuth, 1992, S.143).* Getragen werden die Gesellschaften vornehmlich von Kommunen, Einzelpersonen und Gewerkschaften. ABS-Gesellschaften entfalten vor allem Aktivitäten auf dem Gebiet der Sanierung von Betriebsgeländen und des Umweltschutzes. „ABS bauen etwa ihre stillgelegten Betriebe zu Gewerbehöfen aus, mit denen Neuansiedlungen für Klein- und Mittelbetriebe erleichtert werden sollen" *(Bosch/Knuth, 1992, S.143; vgl. auch Knuth, 1992; Sund, 1991, S.330ff.; Unterhinninghofen, 1991).* Nach einer Untersuchung des IAB waren bis zum Jahresende 1991 insgesamt 333 Gesellschaften gegründet worden; weitere 90 befanden sich in Gründung. Etwa 119.000 Personen oder im Durchschnitt 10 % aller Teilnehmer an Kurzarbeit mit Arbeitsausfall über 75 %, an ABM und an Maßnahmen der Fortbildung und Umschulung waren in eine Maßnahme einbezogen, die von ABS-Gesellschaften durchgeführt wurde *(vgl. IAB-Kurzbericht, 1992).*

Die Kritiker von ABS-Gesellschaften befürchteten, daß mit diesen Einrichtungen dauerhafte, einem marktwirtschaftlichen Wirtschaftssystem fremde Strukturen entstünden. Zugleich sahen sie in ihnen ein Hemmnis für einen beschleunigten Strukturwandel sowie eine mögliche Konkurrenz für neu entstehende private Betriebe. Allenfalls sollten nach ihrer Ansicht ABS-Gesellschaften übergangsweise und unter konkreten Bedingungen zugelassen werden.

Trotz der nicht zu unterschätzenden Entlastung des ostdeutschen Arbeitsmarktes waren die seit der Wende in der DDR quantitativ bedeutsam gewordenen **Pendler- und Wanderungsströme** zwischen den beiden Teilen Deutschlands längerfristig nicht ungefährlich für die Restrukturierung der ostdeutschen Wirtschaft.

Während in der ersten Phase noch die endgültige Übersiedlung in den Westen deutlich dominierte, stieg – seitdem die »Wende« in der DDR unumkehrbar geworden war – die Zahl der Personen, die zum Arbeiten in den Westen pendelten, stark an. Schätzungen zufolge wuchs der Pendlerstrom von 33.000 Personen im 2. Quartal 1990 auf 157.000 im 4. Quartal 1990 und 335.000 im 2. Quartal 1991 *(vgl. DIW/IfW, 1991, S.555).* Anfang 1992 wurde von etwa 505.000 West- und 23.000 Ostpendlern ausgegangen *(vgl. Bosch/Knuth, 1992, S.139).* Das Pendeln in den Westen entlastete nicht nur den ostdeutschen Arbeitsmarkt und ermöglichte den Betroffenen, der dortigen Strukturkrise zu entkommen, es bot – zumindest theoretisch – zugleich die Möglichkeit, auf westdeutschen Arbeitsplätzen moderne technische Kenntnisse zu sammeln. Zudem führten die Einkommen der Pendler zu einer Erhöhung des ostdeutschen BSP *(vgl. auch G. Wagner, 1992, S.84ff.; DIW, 1992c, S.58ff.).*

Die im Westen von Pendlern erworbenen Erfahrungen werden der ostdeutschen Wirtschaft allerdings nur dann zugute kommen, wenn es alsbald gelingt, im Osten neue berufliche Perspektiven entstehen zu lassen. Im anderen Falle könnte das Pendeln auch der erste Schritt zu einer endgültigen Abwanderung sein. Untersuchungen belegen, daß rd. 60 % der Pendler einen Umzug in den Westen nicht für ausgeschlossen halten. Die Gefahren für die ostdeutsche Wirtschaft liegen vor allem darin, daß die Pendler in zahlreichen Eigenschaften vom Durchschnitt abweichen und damit zu einer negativen Selektion unter den Erwerbstätigen beitragen. Westpendler sind durchschnittlich 31 Jahre alt (38 Jahre bei allen Beschäftigten) und überdurchschnittlich qualifiziert (43 % von ihnen sind Facharbeiter gegenüber 31 % der Beschäftigten insgesamt). Außerdem sind Männer unter den Pendlern deutlich überrepräsentiert. Nach Ansicht des DIW könnte sich die dauerhafte „Abwanderung von Arbeitskräften ... in der Tat als eine schwere Hypothek für den Aufbau der ostdeutschen Wirtschaft erweisen, wenn sich der Mangel an qualifiziertem Personal zu einem Investitionshemmnis entwikkelt" *(DIW, 1992h, S.26; vgl. IAB-Kurzbericht, 1991)*.

Tabelle 79: Arbeitsmarktentwicklung in den alten Bundesländern seit September 1990

Zeitpunkt	Arbeitslose insgesamt	in %[1]	arbeitslose Frauen	in %[1]	offene Stellen	Kurzarbeiter	Beschäftigte in AB-Maßnahmen	Bestand FuU-Teilnehmer
3/1990	1.727.760	6,6	857.702	7,9	319.521	32.233	85.324	333.363
4/1990	1.784.150	6,8	838.336	7,7	282.529	50.471	80.164	363.387
1/1991	1.730.959	6,5	792.701	7,0	340.570	139.020	79.533	377.147
2/1991	1.592.611	5,9	757.665	6,7	363.631	162.531	85.287	375.882
3/1991	1.609.520	6,0	770.960	6,9	341.028	132.625	85.717	348.706
4/1991	1.731.218	6,5	787.672	7,0	287.387	173.382	81.803	388.983
1/1992	1.767.856	6,5	793.342	6,9	356.619	266.021	79.585	390.649
2/1992	1.704.442	6,2	785.983	6,8	357.671	246.017	80.460	386.764

1) Arbeitslose in % der abhängig zivilen Erwerbspersonen (sozialversicherungspflichtig Beschäftigte, geringfügig Beschäftigte, Beamte, Arbeitslose).
Quelle: BA: Arbeitsmarkt in Zahlen. Aktuelle Daten für das Bundesgebiet West, Nürnberg, lfde. Ausgaben.

Der Einsatz arbeitsmarktpolitischer Instrumente stieß 1992 zunehmend an **finanzielle Grenzen**. Mit einem Volumen von 85,216 Mrd. DM war der Etat der BA für das Haushaltsjahr 1992 gegenüber dem Vorjahr nochmals kräftig erhöht worden (1991: 71,922 Mrd. DM) *(vgl. BA-Presseinformationen, Nr.77/1991)*. Obschon die BA 1991 im Beitrittsgebiet nur 4,55 Mrd. DM an Beitragseinnahmen erzielte, wurden dort aus ihrem Haushalt 29,87 Mrd. DM eingesetzt. Zusammen mit weiteren Bundesmitteln wurden 1991 rd. 30 Mrd. DM im Rahmen der Arbeitsmarktpolitik in den Osten transferiert *(vgl. Bosch/Knuth, 1992, S.136)*. Bei alledem war unstrittig, daß die Arbeitsmarktpolitik im engeren Sinne „nur flankierend zur globalen Wirtschafts- und Arbeitsmarktpolitik tätig werden (konnte), indem sie im Sinne einer ‚Brückenfunktion' kurzfristig den Arbeitsmarkt entlaste(te)" *(Klauder/Kühlewind, 1991, S.9)*.

1. 3 Entwicklung der Renten

Zu einem wichtigen innenpolitischen Dauerthema wurde seit der deutschen Einigung auch die **Entwicklung der Renten** – zunächst vor allem im Beitrittsgebiet, unterdessen aber auch in den alten Bundesländern, nachdem 1992 bei der Rentenanhebung erstmals der durch das RRG 1992 neu eingeführte Anpassungsmodus zur Anwendung gelangte.

In den neuen Bundesländern ging es primär darum, die Höhe der Renten an die stürmische Lohn- und Preisentwicklung anzupassen. Zweifellos mit Blick auf die ersten Landtagswahlen im Beitrittsgebiet sowie auf die bevorstehenden Bundestagswahlen war die

SPD vorangeeilt und hatte im Bundestag am 8. Oktober 1990 einen Gesetzentwurf vorgelegt, in dem sie eine Anpassung der Renten auf dem Gebiet der früheren DDR »einschließlich der Sozialzuschläge« um 10% schon zum 1. Dezember 1990 forderte. Auf diese Weise unter Druck gesetzt, gab Bundesarbeitsminister BLÜM am 11. Oktober 1990 eine 15%ige **Rentenerhöhung** in den neuen Bundesländern zum 1. Januar 1991 bekannt.

Begründet wurde die mit der 1. Rentenanpassungsverordnung vom 14. Dezember 1990 [BGBl.I S. 2867] vorgezogene Rentenanpassung um 15% zum 1. 1. 1991 mit der zwischenzeitlichen Entwicklung der Nettolöhne und -gehälter im Beitrittsgebiet. Obgleich der EinigungsV eine Einbeziehung des Sozialzuschlages in die Dynamisierung ausschloß, entschied sich das BMA trotz der Vorbehalte vieler Rentenexperten der Koalition dafür, den Rentenerhöhungsbetrag nicht auf den Sozialzuschlag anzurechnen. Abgesehen von der Systemfremdheit des Sozialzuschlages befürchteten Kritiker, daß das vorgesehene Verfahren den Forderungen nach Einführung einer Mindestsicherung auch in den alten Bundesländern Vorschub leisten könnte. Die insgesamt rd. 4 Mrd. DM kostende Rentenanpassung führte zu einer Steigerung der Standardrente von 672 auf 773 DM. Damit erhöhte sich die Relation zur Standardrente im Westen von 40,13 auf 46,16 %. Unter Hinzurechnung des Sozialzuschlages verfügten Kleinrentner seit Anfang 1991 über eine Mindestrente von 544,50 DM monatlich *(vgl. Die Sozialversicherung, Heft 12/1990, S. 322; Kranitzki, 1990, S. 635 f.)*.

Tabelle 80: Entwicklung der Durchschnittsrenten[1] und der Mindestrenten in Mark/DM in den neuen Bundesländern 1990–1991

Rentenart	DDR-Rente[2,4,5] 1.5.1990	RentenAnglG 1. 7. 1990		1.Rentenanpassung 1. 1. 1991		2.Rentenanpassung 1. 7. 1991		3.RAnp 1.1.1992[8]
		Sozialzuschlag		Sozialzuschlag		Sozialzuschlag		
		ohne[4,5]	mit[3,4,5]	ohne[6]	mit[6]	ohne[6]	mit[6]	
Versichertenrenten								
Männer u. Frauen	493,43	619,09	654,54	738,96	757,76	845,38	863,65	955,67
Männer	582,98	756,58	783,21	889,59	893,52	1.006,00	1.009,81	1.148,62
Frauen	455,48	560,79	600,01	671,53	697,00	773,00	797,79	812,19
Witwen(r)renten								
Männer u. Frauen	419,19	538,42	598,88	628,37	670,16	730,08	768,00	–
Männer	373,25	456,08	533,54	499,27	569,32	573,10	637,45	–
Frauen	419,21	538,45	598,91	628,48	670,25	730,22	768,11	–
Mindestrenten nach DDR-Recht	330.00	330,00	495,00	380,00	545,00	437,00	602,00	487,35
% d.Westniveaus[7]	33,59[8]	40,13		46,16		50,77		56,70

1) Durchschnittliche monatliche Rentenhöhe aus 1. und 2. Leistung (jeweils einschl. FZR); die Zuordnung zu einer Rentenart erfolgt über die Pflichtrente der 1. Leistung; 2) Rentenrecht vor Rentenangleichung; 3) Ergebnisse einer Simulation auf der Basis des Bestandes vom 1.5.1990; 4) ohne Rentenleistungen aus der Sozialversicherung bei der Staatlichen Versicherung der DDR; 5) Rentenleistung ohne Kinder- oder Ehegattenzuschläge; 6) Rentenleistung mit Kinder- und Ehegattenzuschlägen; 7) Standardrente Ost in % der Standardrente West; 8) für das Rentenzugangsjahr 1980; 8) nur Versichertenrenten, ohne 2. Leistung mit Sozialzuschlag, daher mit Vorjahren nicht voll vergleichbar.

Quelle: VDR: Rentenversicherung in Zahlen. Ausgewählte statistische Daten Stand: Juli 1991, Frankfurt/M. o.J., S.55.

Auch die im April 1991 angekündigte **zweite Rentenanpassung** zum 1. Juli 1991 begründete die Bundesregierung vornehmlich mit der erkennbaren Tendenz einer fortgesetzten Annäherung des ostdeutschen Lohn- und Gehaltsniveaus an die westdeutschen Arbeitsentgelte. Um entsprechend dem Staatsvertrag ein Nettorentenniveau von 70% in der ehemaligen DDR sicherzustellen, hielt sie zum 1. Juli 1991 eine abermalige Erhöhung für erforderlich.

Mit der am 7.6.1991 vom Bundesrat verabschiedeten 2. VO zur Anpassung der Renten vom 19.6. 1991 [BGBl.I S.1300] erfuhren die dort lebenden rd. 3 Mio. Rentner zum 1. 7. 1991 eine abermalige Anhebung ihrer Renten um 15%. Wie schon bei der ersten Anhebung wurde wiederum von einer

Anrechnung auf den Sozialzuschlag abgesehen. Die erneute Nichtanrechnung rechtfertigte die Bundesregierung damit, daß die Sozialhilfeverwaltung noch nicht überall reibungslos funktioniere. Nach Angaben der Bundesregierung erhöhte sich die sog. »Eckrente« durch die Anpassung von 773 auf 889 DM. Damit erreichte die Standardrente im Beitrittsgebiet 50,77 % der entsprechenden Rente im übrigen Bundesgebiet. Anders als bei der ersten Rentenanpassung wurde die Erhöhung nur noch begrenzt auf die Zusatzversorgung angerechnet. Die Anrechnung war diesmal beschränkt auf jene Fälle, in denen die Summe aus Rente und Zusatzversorgung bestimmte Höchstbeträge überschritt. Die um den Sozialzuschlag aufgestockte »Mindestrente« erhöhte sich zugleich auf 602 DM (dies entsprach gegenüber dem Stand vom 1.5.1990 immerhin einer Erhöhung um 83 %) *(vgl. Fendrich, 1991, S.9; Kompaß, Heft 9/1991, S.504; VDR-Info, Nr.4/1991, S.2 ff.; Ruland, 1991 a, S.82).*

Erhebliche Irritation löste die dritte Rentenanhebung im Osten zum 1.1.1992 aus, die mit der Umbewertung der Renten gemäß Rentenüberleitungsgesetz (RÜG) zusammenfiel. Dieser Umstand führte dazu, daß nicht die Zahlbeträge sämtlicher Renten um den in der **3. Rentenanpassungsverordnung vom 19. Dezember 1991** [BGBl.I S.2344] genannten Satz von 11,65 % erhöht wurden.

Im Gegensatz zu den vorangegangenen beiden Rentenanpassungen wurden nach der Rentenumbewertung nicht mehr die jeweiligen Zahlbeträge, sondern nur noch die nach dem SGB VI anpassungsfähigen Teile der Rente in die Rentenerhöhung einbezogen. Hinzu kam, daß im westdeutschen Rentenrecht strukturfremde Elemente des früheren Rechts nach langen Übergangsfristen endgültig beseitigt wurden (Einstellung der Zahlung von rd. 50.000 Kinderzuschlägen und etwa 500.000 Blinden-, Pflege- und Sonderpflegegeldern) *(vgl. Almsick, 1992 b, S.236).* Schließlich kam es durch die für die Gewährung des Sozialzuschlages nunmehr geltenden Höchstbeträge (Alleinstehende 600 DM; Ehepaare 960 DM) zum Wegfall von rd. 460.000 Sozialzuschlagsleistungen. Insgesamt hatte die Rentenüberleitung zusammen mit der Anpassung für etwa 80 % der rd. 3 Mio. Rentenbezieher zu einer Erhöhung der Gesamtleistung um durchschnittlich 19 % bzw. 170 DM geführt. Lediglich in 11 % der Fälle war eine Minderung um durchschnittlich 13 % bzw. 90 DM eingetreten *(vgl. Ohsmann/Stolz, 1992, S.181).*

Erstmals zum 1. Juli 1992 erfolgte die Rentenanpassung sowohl im Westen wie (näherungsweise) im Osten nach dem SGB VI *(vgl. Almsick, 1992 a, S.161 ff.).* Während seit der Rentenreform 1957 die Renten im Prinzip nach Bruttogrundsätzen angepaßt wurden, soll zukünftig bei der Erhöhung der Renten entsprechend der **Nettolohnentwicklung** verfahren werden (**Rentenanpassungsverordnung 1992 vom 5. Juni 1992** [BGBl.I S.1017]). Wohl weniger das Verfahren selbst, sondern der sich danach für den Westen ergebende Anpassungssatz von 2,71 % hat bei den Rentnern in den alten Bundesländern erheblichen **Unmut und Proteste** hervorgerufen, insbesondere vor dem Hintergrund der für 1992 zu erwartenden Preisniveausteigerung und angesichts des fast fünffachen Anpassungssatzes für die neuen Bundesländer.

Unter Zugrundelegung des durch das SGB VI zwingend vorgegebenen Anpassungsverfahrens ergab sich für die Rentenanpassung zum 1.7.1992 ein Anpassungssatz von 2,71 % im Westen und 12,79 % im Osten. Vor allem im Westen hat diese vergleichsweise niedrige Rentenerhöhung erhebliche Irritationen unter den Rentnern ausgelöst. Der niedrige Anpassungssatz im Westen erklärt sich vor allem damit, daß die Nettolohn- und -gehaltsentwicklung deutlich hinter den Bruttogrößen zurückblieb. Ursächlich dafür waren neben der Anhebung des Beitragssatzes zur BA von 4,3 auf 6,8 %, der seit Juli 1991 zu zahlende befristete Solidaritätszuschlag zur Lohn- und Einkommensteuer in Höhe von 7,5 % des jeweiligen Steuerbetrages sowie die im Gegensatz zu den Vorjahren fehlende Minderung der Progressionswirkung des Einkommensteuertarifs.

Mit der Rentenanpassung zum 1. Juli 1992 erreichte die Standardrente-Ost 62,26 % des West-Niveaus. Trotz teilweiser Unzufriedenheit der Ost-Rentner – angesichts allenthalben steigender Preise – ist dies – verglichen mit der Ausgangssituation im Juni 1990 – zweifellos ein beachtlicher Fortschritt gewesen. Forderungen, die Rentenzahlbeträge im Osten noch rascher an das westliche Niveau anzugleichen, dürften bei den Rentnern und Beitragszahlern in den alten Bundesländern auf erhebliche **Akzeptanzprobleme** stoßen. Bereits im Jahre 1992 werden infolge der Herstellung des Finanzverbundes zwischen der

RV-West und der RV-Ost brutto schätzungsweise 17,2 Mrd. DM aus Mitteln der Rentenversicherung-West an die Rentenversicherung-Ost fließen. Noch höhere Anpassungssätze im Osten hätten „neben dem Verlust einer konkreten Lohnbezogenheit der Renten zur Folge, daß der Beitragssatz zur Rentenversicherung angehoben werden müßte" *(Almsick, 1992 a, S.168).*

Eine Anhebung der Beitragssätze in der Rentenversicherung zur Finanzierung der Ost-Renten dürfte sich jedoch politisch kaum durchsetzen lassen. Neben einer weiteren Sozialabgabenbelastung von Arbeitnehmern und Arbeitgebern würde dies im Westen zu einer entsprechenden Verminderung der Rentenanpassung führen. Eine derartige Maßnahme träfe bei den westlichen Rentnern zudem umso weniger auf Verständnis, als bestimmte im Rentenrecht-Ost unter Vertrauensschutztatbeständen fortwährende systemfremde Strukturelemente (z.B. Mindestrentenregelungen, Vergleichsberechnungen) von West-Rentnern nicht in Anspruch genommen werden können. Bereits heute gibt es in den alten Bundesländern nicht wenige Rentenbezieher, für die eine Mindestrente (Ost) eine erhebliche Verbesserung darstellen würde.

1. 4 Entwicklung der Wohnverhältnisse und der Mieten

Ein in beiden Teilen Deutschlands gegenwärtig und wohl auch zukünftig zentrales Thema bilden die **Wohnraumversorgung** und die **Mietenentwicklung**. Während im Westen eine durch eine enorme **Wohnungsknappheit** ausgelöste, für normale Einkommensbezieher kaum mehr tragbare **Mietenexplosion** im Vordergrund steht, stößt in Ostdeutschland die an marktwirtschaftlichen Gesichtspunkten orientierte **Umstrukturierung der Wohnungswirtschaft**, die ebenfalls mit deutlichen Mietsteigerungen verbunden ist, auf erhebliche Schwierigkeiten und Widerstände seitens der Bevölkerung. Hinzu kommt im Osten eine starke Verunsicherung der Bevölkerung durch ungeklärte Eigentumsansprüche und Restitutionsforderungen von Alteigentümern.

Infolge des anhaltenden Nachfrageüberhangs nach Wohnungen wies der Mietenindex für die Bruttokaltmiete seit Ende der 80er Jahre in den alten Bundesländern eine deutlich steigende Tendenz auf.

Nachdem im Jahre 1987 der Mietanstieg einen Tiefstand von jahresdurchschnittlich 1,6 % erreicht hatte, erhöhten sich seitdem die durchschnittlichen Mietsteigerungen kontinuierlich auf 4,3 % im Jahre 1991. Während sich bei Altbauten der Mietanstieg von 2,3 % (1987) auf 4,5 % im Jahre 1991 beschleunigte, nahmen die Steigerungen bei freifinanzierten Neubauwohnungen im selben Zeitraum von 1,5 % auf ebenfalls 4,5 % und bei den Sozialwohnungen von 1,6 % auf 3,4 % zu [BT-Drs.12/2356]. Dabei ist zu berücksichtigen, daß die Knappheitsverhältnisse auf dem Wohnungsmarkt, die sich zuerst auf die bei Erst- bzw. Wiedervermietungen vereinbarten Mieten auswirken, nur verzögert im amtlichen Mietenindex zum Ausdruck kommen. Wie der RDM-Preisspiegel zeigt, sind zwischen 1988 und 1991 die Mieten bei Erst- und Wiedervermietung jährlich um durchschnittlich ca. 10 % und mehr angestiegen, speziell die Altbaumieten sogar um insgesamt 37 bis 41 %. Im Jahre 1991 lag das Mietniveau für Wohnungen mit mittlerem Wohnwert je nach Baualter der Wohnung und Größe der Stadt im Durchschnitt zwischen knapp 8 und 15 DM, bei Wohnungen mit gutem Wohnwert waren es 9,50 bis 17,40 DM. Vor allem in Großstädten erreichten die Mieten für Neubauwohnungen mittlerweile enorme Größenordnungen. Die hinter der allgemeinen Entwicklung etwas zurückbleibenden Mieten für Sozialwohnungen haben die Nachfrage nach Sozialwohnungen bei einem abnehmenden Angebot deutlich erhöht. Vor allem in den Großstädten und Ballungszentren finden inzwischen Wohnungssuchende mit niedrigen und mittleren Einkommen sowie kinderreiche Familien mit erhöhtem Wohnraumbedarf kaum noch für sie bezahlbare Wohnungen.

Grundsätzlich besteht Einigkeit darüber, daß die Ursache der steigenden Mieten in einem unzureichenden Wohnungsangebot bei einer wachsenden Nachfrage nach Wohnungen liegt. Dissens besteht jedoch darüber, wie es zu diesem Wohnungsmangel gekommen ist und wie er wieder beseitigt werden kann. Während die amtierende Bundesregierung vor allem auf die nicht vorhersehbare hohe Zahl von Zuwanderern und die seit Ende der 80er Jahre deutlich erhöhte »Wohnkaufkraft« verweist, sehen Opposition und Mieterbund das Problem in einer nach ihrer Ansicht in den letzten Jahren verfehlten Wohnungspolitik. Kaum weniger kontrovers diskutiert wird auch die aktuelle Entwicklung der **Wohnungsbautätigkeit** und das Wirken der **staatlichen Förderpolitik** *(vgl. Mieterzeitung, Nr.6/1992, S.6 f.; Kronberger Kreis, 1990 b).*

Zwar räumt auch die Bundesregierung ein, daß die spürbar steigenden Wohnungsfertigstellungen nicht ausreichen, um die höhere Nachfrage auszugleichen, sieht insgesamt aber eine positive Wohnungsbauentwicklung. Deutlich werde dies insbesondere beim freifinanzierten Mietwohnungsbau, wo trotz höherer Kosten offenbar wieder wettbewerbsfähige Renditen erzielt werden könnten. Sie führt dies zurück auf höhere Mieterträge und wieder positive Wertsteigerungsraten. Die Zahl der fertiggestellten Wohnungen in neu errichteten Wohngebäuden stieg von 186.191 im Jahre 1988 auf 224.080 im Jahr 1990 und schließlich 314.544 im Jahre 1991. Ebenfalls zugenommen hat die Zahl der in Mehrfamilienhäusern fertiggestellten Wohnungen, und zwar von 62.812 (1988) auf 96.731 (1990) bzw. 135.151 (1991) *(vgl. Hausbau-Informationen, Nr.16/1992).* Die Zahl der öffentlich geförderten Wohnungen, die bis 1988 auf 38.866 zurückgegangen war, erhöhte sich 1989 auf 68.276 und 93.565 im Jahre 1991. Davon wurden allerdings bereits rd. 40 % über den sog. »Dritten Förderungsweg« gefördert, bei dem die Sozialbindung nach 7 bis 10 Jahren entfällt (1989 belief sich dieser Anteil auf 26,6 %).

Etwas anders – aber kaum weniger schwierig – gestalteten sich die Probleme in den neuen Bundesländern. Hier besteht die Schwierigkeit, bei noch verhältnismäßig niedrigen Einkommen der Bevölkerung und einem qualitativ vielfach unzureichenden Wohnungsbestand zu **kostendeckenden Mieten** zu gelangen, die eine in großem Umfange erforderliche Sanierung und Modernisierung überhaupt erst ermöglichen. Der EinigungsV ermächtigte die Bundesregierung, durch Rechtsverordnungen mit Zustimmung des Bundesrates die höchstzulässige Miete unter Berücksichtigung der Einkommensentwicklung anzuheben und zu bestimmen, daß die Betriebskosten anteilig auf die Mieter umgelegt werden dürfen. Die Anhebungen durften sich allerdings nicht nur an den wirtschaftlichen Erfordernissen orientieren, die Belastungen mußten auch sozial vertretbar sein. In Anwendung dieser Ermächtigung erließ die Bundesregierung mit Wirkung zum 1. Oktober 1991 Rechtsverordnungen zur **Erhöhung der höchstzulässigen Grundmiete** und zur **Umlage der Betriebskosten**.

Die VO über die Erhöhung der Grundmieten (1. GrundMV) sowie die VO über die Umlage der Betriebskosten (BetrKostUV) vom 17.6.1991 [BGBl.I S.1269, 1270], von denen die meisten Vermieter Gebrauch machten, erlaubten, die Grundmieten unter Berücksichtigung des Wohnwerts monatlich um durchschnittlich 1,00 DM/qm anzuheben und alle Betriebskosten – bei Begrenzung der umlagefähigen Heiz- und Warmwasserkosten auf 3,00 DM pro qm – auf die Mieter umzulegen. Die Berücksichtigung des Wohnwertes erfolgte z. B. in mit Bad und/oder Zentralheizung ausgestatteten Wohnungen durch einen Zuschlag von 0,15 DM/qm bzw. durch einen Abschlag in derselben Höhe bei Wohnungen mit Außen-WC oder bei nicht abgeschlossenen Wohnungen. Damit lag der Erhöhungsbetrag zwischen 0,70 und 1,30 DM pro qm monatlich [BT-Drs.12/2356, S.24] *(vgl. auch Pfeiffer, 1991, S.693 ff.).*

Nach Angaben des Statistischen Bundesamtes stieg der Mietenindex als Folge der Mietenreform bei Altbauten (vor 1919 errichtete Gebäude) von September bis Oktober 1991 auf das 4,4 fache. Dies bedeutete eine Bruttokaltmiete von durchschnittlich etwa 3,00 DM pro qm. Die Warmmieten stiegen bei Wegfall der Energiesubventionen im Durchschnitt von etwas über 1,00 DM um etwa 3,00 DM auf 4,00 bis 5,00 DM pro qm monatlich. Die Warmmieten gut ausgestatteter Neubauwohnungen mit Fernheizung belaufen sich inzwischen auf 6,00 bis 7,00 DM je qm. Mit durchschnittlich rd. 5,00 DM pro qm entsprach das Mietniveau in den neuen Bundesländern etwa 50 % des Niveaus im Westen. Im Vergleich zum Westen ist auffällig, daß auf die Heiz- und Warmwasserkosten sowie die kalten Betriebskosten insgesamt über 60 % der Wohnkosten entfallen (in den alten Bundesländern: 30–35 %). Während der Mieterbund die Mieterhöhungen scharf kritisierte und die Masse der Mieterhaushalte an der Grenze ihrer finanziellen Leistungsfähigkeit sah *(vgl. Mieterzeitung, Nr.6/1992, S.12),* hielten Bundesregierung und Bundesrat die Maßnahmen für sozial vertretbar. Sie verwiesen darauf, daß Schätzungen zufolge die verfügbaren Einkommen der Haushalte bei durchschnittlich

2.500 DM im Monat gelegen hätten, was über 50 % des Westniveaus entspreche. Bei etwa halb so hohen Einkommen und halb so hohen Quadratmetermieten ergäben sich aufgrund der niedrigeren Wohnflächen im Durchschnitt spürbar niedrigere Wohnkostenbelastungen als in den alten Bundesländern, zumal wenn man das Sonderwohngeld berücksichtige, das deutlich höhere Leistungen als das Wohngeld im Westen vorsehe [BT-Drs.12/2356, S.26].

Inzwischen vorliegende erste Ergebnisse zeigen, daß die Zahl der **Wohngeldempfänger** in den neuen Bundesländern erheblich geringer ist, als von den Ländern ursprünglich erwartet worden war, und dies, obwohl aufgrund des seit dem 1. Oktober 1991 geltenden Wohngeldsondergesetzes nach den üblichen Richtlinien Wohnkosten bis zu 10,80 DM je qm voll zuschußfähig sind.

Während ursprünglich immerhin 3,93 Mio. Wohngeldanträge erwartet worden waren, lagen bei den Wohngeldämtern Ende Dezember 1991 lediglich rd. 2,48 Mio. Anträge vor. Das durchschnittlich gewährte Wohngeld lag zwischen 100 DM (Sachsen-Anhalt) und 146 DM (Ost-Berlin) bei einem Gesamtdurchschnitt von ca. 115 DM monatlich. Ersten Auswertungen zufolge liegt die durchschnittliche Wohnkostenbelastung der Wohngeldempfänger durch die Bruttokaltmiete bei angemessener Wohnfläche nach Abzug des Wohngeldes bei 10–12 % des verfügbaren Einkommens (in den alten Bundesländern: 23 %). Nach der brandenburgischen Wohngeldstatistik beliefen sich im Durchschnitt die Wohnkosten einschließlich Heizung bei Empfängern von Mietzuschüssen auf 5,21 DM pro qm. Durchschnittlich reduzierte sich ihre Miete aufgrund eines Mietzuschusses in Höhe von 106 DM um 36,3 % auf 186 DM monatlich. Unter den Wohngeldempfängern spielten in Brandenburg die Rentner mit 45,7 % aller Wohngeldempfänger eine noch größere Rolle als in den westlichen Bundesländern (34 %). Auch der Anteil der Angestellten und Arbeiter war mit 37,7 % höher als im Westen [BT-Drs.12/2356, S.43 f.].

Nachdem im Anschluß an den ersten Mieterhöhungsschritt nach zunächst heftigen Protesten allmählich wieder etwas Ruhe eingekehrt war, sorgte die Bundesbauministerin mit ihrer Ankündigung vom Mai 1992, zum 1. 1. 1993 eine gestaffelte Erhöhung der Grundmieten zwischen 50 und 100 % zu planen, abermals für heftige Proteste in Ostdeutschland *(vgl. Rheinische Post v. 24.6.1992).* Die möglicherweise in diesem Ausmaß nicht erwartete Ablehnung der beabsichtigten Maßnahmen in der Bevölkerung brachte vor allem die neuen Bundesländer in ein Dilemma; da die Mieten bislang noch immer nicht ausreichen, um die Beseitigung des in der Vergangenheit entstandenen Instandhaltungsdefizits zu finanzieren und Kapitalkosten und Abschreibungen abzudecken, ergeben sich gerade für die kommunalen Wohnungsunternehmen weiterhin wachsende finanzielle Verpflichtungen. Mit Rücksicht auf ihre Bevölkerung drängten die neuen Bundesländer die Bundesbauministerin dennoch zu einem etwas langsameren Anpassungsprozeß. In einem Ende Juni 1992 gefundenen Kompromiß einigte man sich auf **Mieterhöhungen** in den neuen Ländern um höchstens 2,10 DM/qm ab 1. 1. 1993 und zusätzlich maximal 0,60 DM/qm ab 1. 1. 1994. Dies ermögliche den Übergang in das in Westdeutschland praktizierte Vergleichsmietensystem, so daß ab 1995 auf eine staatliche Mietpreisregulierung verzichtet werden könne.

Im einzelnen sieht die MieterhöhungsVO für 1993/1994 bei den Grundmieten ab 1.1.1993 eine Erhöhung um einen Sockelbetrag von 1,20 DM/qm vor; falls die Wohnung kein Bad enthält, soll sich dieser Betrag um 0,30 DM/qm und bei Fehlen eines Innen-WC um 0,15 DM/qm verringern. Zum gleichen Zeitpunkt sollen für Fenster, Dach und Fassade Beschaffenheitszuschläge von je 0,30 DM/qm zulässig sein, sofern »keine erheblichen Schäden vorliegen« (ab. 1.1.1994 Zuschläge auch für Hausflure oder Treppenhäuser). Demgegenüber soll ab 1.1.1994 die Höchstgrenze für die zulässige Umlage von Heiz- und Warmwasserkosten von 3,00 auf 2,50 DM/qm gesenkt werden. Bei Neuvermietungen ab 1.1.1993 kann ferner ein Zuschlag von bis zu 5,5 % der Kosten für »erhebliche Instandsetzungsmaßnahmen«, höchstens aber bis zu einem Drittel der Grundmiete vereinbart werden *(vgl. Handelsblatt v. 27./28.6.1992).*

Wie in den westlichen Bundesländern wird auch im Beitrittsgebiet die weitere Entwicklung der Wohnungsversorgung maßgeblich vom künftigen Angebot an Wohnungen abhängen. Dabei ist zu berücksichtigen, daß von den Anfang der 90er Jahre vorhandenen rd. 7 Mio. Wohnungen ein bis zwei Millionen Wohnungen dringend hätten saniert werden müssen und über 500.000 bereits nicht mehr bewohnbar waren. Trotz zahlreicher Wohnungsbaufördermaßnahmen zugunsten der neuen Länder kam die Neubautätigkeit bis Mitte 1992 noch nicht richtig in Gang. Die Zahl der Fertigstellungen verringerte sich von 92.349 Wohnungen im Jahre 1989 auf etwa 62.467 im Jahre 1990 (und schätzungsweise 45.00 im Jahre 1991).

1. 5 Preis- und Lohnentwicklung

Ein weitgehend abgesichertes Bild zur materiellen Lage der Bevölkerung in den neuen Bundesländern war auch Mitte 1992 wegen nur unzureichender statistischer Daten kaum möglich. Inbesondere ein Vergleich mit der Situation in der früheren DDR stößt angesichts der komplexen Veränderungen auf beträchtliche Schwierigkeiten. Insofern erklärt sich teilweise auch das Auseinanderfallen zwischen der persönlichen Einschätzung und objektiven statistischen Daten. Hinzu kommt, daß vielfach der Vergleichsmaßstab nicht die Situation in der früheren DDR, sondern der Lebensstandard in Westdeutschland ist. Außerdem entsteht in den neuen Bundesländern allmählich eine für viele Bürger nicht gewohnte einkommensmäßige Differenzierung der Haushalte – mit der Folge, daß sich für bestimmte Bevölkerungsgruppen der Lebensstandard seit der Wirtschafts- und Währungsunion spürbar verbessert, für andere dagegen kaum verändert oder möglicherweise sogar verschlechtert hat.

Unterschiedlichen Berechnungen zufolge sind 1991 die **Beschäftigteneinkommen** in Ostdeutschland im Jahresdurchschnitt zwischen 25 und 30% gegenüber dem Vorjahr gestiegen. Gleichzeitig haben sich die Preise um rd. 17,5 % erhöht. Trotz der bestehenden Beschäftigungsprobleme wurde für das verfügbare Einkommen der privaten Haushalte im Jahresdurchschnitt 1992 ein Zuwachs von durchschnittlich 16–20% vorhergesagt, wobei mit Preissteigerungen von 12–14 % gerechnet wurde.

Nach einem nochmals kräftigen Anstieg zu Beginn des Jahres 1992 lagen die Durchschnittseinkommen der Arbeitnehmer mit fast 2.200 DM um 700 DM (55 %) über dem Vorjahr. Damit hatten sie bereits etwa 62 % des Niveaus vergleichbarer Inlandseinkommen in Westdeutschland erreicht *(vgl. Arbeitsgemeinschaft, 1992, S.211)*. Nach Berechnungen des DIW werden die real verfügbaren Einkommen der privaten Haushalte nach 10 % im Jahre 1991 und 6 % im Jahre 1992 im Jahre 1993 allerdings nur noch um knapp 2 % expandieren *(vgl. DIW, 1992 f, S.339)*. Im Unterschied zu den alten Bundesländern spielen die übertragenen Einkommen auch zukünftig in den neuen Bundesländern eine herausragende Rolle. Während in den alten Bundesländern 1991 einer Nettolohn- und -gehaltssumme von 893,7 Mrd. DM übertragene Einkommen in Höhe von 485,9 Mrd. DM gegenüberstanden, belief sich die Nettolohn- und -gehaltssumme in den neuen Bundesländern im selben Jahr auf 115 Mrd. DM bei übertragenen Einkommen in Höhe von 80,8 Mrd. DM. Schätzungen gehen für 1993 von einem übertragenen Einkommen in der Größenordnung von 113,5 Mrd. DM aus; die Nettolohn- und -gehaltssumme wird bis dahin voraussichtlich auf 144,5 Mrd. DM steigen. Diese Daten zeigen deutlich, in welch großem Umfange die privaten Haushalte in den neuen Bundesländern auf Transferzahlungen angewiesen sind. Immerhin bestanden 1991 die Einkünfte der privaten Haushalte lediglich zu 58,7 % aus Erwerbseinkommen.

Sowohl in Westdeutschland als auch in den neuen Bundesländern – dort sogar verstärkt – befand sich die **gewerkschaftliche Lohnpolitik** Anfang der 90er Jahre in einer außerordentlich schwierigen Situation *(vgl. Barthel/Kroker, 1992, S.359ff.; Kleinhenz, 1992, S. 14ff.; Bispinck, 1991, S.671; Bispinck/WSI-Tarifarchiv, 1991 a, S.466, 1991 b)*. Während die einen sozial- und gesellschaftspolitisch kaum eine Alternative dazu sahen, die Löhne in Ostdeutschland möglichst rasch dem westlichen Niveau anzugleichen, werteten Vertreter der Wirtschaft und der Wissenschaft die von den Gewerkschaften durchgesetzte **Lohnanpassung** als ein zentrales Hindernis für den wirtschaftlichen Aufschwung und als eine der Hauptursachen der massiven **Arbeitskräftefreisetzungen**.

Lohnerhöhungen von knapp 7% bei einer leicht steigenden Produktivität (ca. 2,0%) in Westdeutschland standen 1991 in den neuen Ländern Steigerungen der Stundenlöhne um über 60% bei stagnierender Produktivität gegenüber. Während im Westen die Lohnstückkosten um 4,5% zunahmen, erhöhten sie sich im Osten um 67,1% *(vgl. DIW, 1992f, S.333f.)*. Dies bedeutete, daß 1991 die Lohnstückkosten in Ostdeutschland um 55% höher als in Westdeutschland lagen. Dadurch aber entstehe ein Wettbewerbsnachteil ostdeutscher Betriebe, der durch die staatliche Investitionsförderung nicht ausgeglichen werden könne *(vgl. SozUmschau, Nr. 213/1992)*.

Nach Ansicht der Bundesregierung hätte die Tarifpolitik dafür sorgen müssen, daß Produktivitätsgewinne in der Aufholphase in erster Linie für Investitionen und Arbeitsplätze hätten genutzt werden können *(vgl. SozUmschau, Nr. 213/1992)*. Wirtschaftsforschungsinstitute wiesen darauf hin, daß der Anpassungsprozeß der ostdeutschen Wirtschaft durch die forcierte Lohnpolitik unnötig verlängert und verschärft werde. Für falsch hielten sie das Argument, daß eine rasche Anpassung der Löhne zur Vermeidung von Abwanderungen erforderlich sei; der Abwanderungsdruck werde vielmehr um so geringer, je besser die Beschäftigungsperspektiven seien. Im übrigen gehe es nicht um die Verhinderung der Anpassung, sondern nur um das Tempo der Einkommensangleichung. Notwendig sei ferner genügend Raum für Lohndifferenzierungen, um den gravierenden Produktivitätsunterschieden Rechnung zu tragen.

Im Anschluß an die ersten freien **Tarifabschlüsse** des 2. Halbjahres 1990 waren in den neuen Bundesländern zu Beginn des Jahres 1991 für die meisten Wirtschaftszweige neue Tariflöhne festgelegt sowie Zusatzleistungen und sonstige Arbeitsbedingungen in Manteltarifverträgen geregelt worden. Vielfach wurden dabei die Strukturen westdeutscher Tarifverträge übernommen und zum Teil stufenweise Anpassungen für mehrere Jahre – überwiegend aber bis 1994/1995 – auf bis zu 100% des westdeutschen Tarifniveaus vereinbart *(vgl. BMA, 1991d, S.27)*.

Eine Vorreiterrolle in der stufenweisen Anpassung an das westdeutsche Lohnniveau spielte die IG Metall mit dem am 1.3.1991 nach 19stündigen Verhandlungen für Mecklenburg-Vorpommern erreichten Tarifvertrag. Dieser sah eine Besitzstandssicherung auf der Basis der Effektiveinkommen aus dem letzten Quartal 1990 plus Teuerungszuschlag von 5%, eine stufenweise Anhebung der Löhne, Gehälter und Ausbildungsvergütungen auf 100% des Tarifniveaus im Tarifgebiet Schleswig-Holstein bis zum 1.4.1994 mit einer Laufzeit bis 31.3.1995, die Verkürzung der Wochenarbeitszeit in zwei Schritten auf 39 Stunden (ab 1.4.1994) und 38 Stunden (ab 1.10.1996), die Verlängerung des Urlaubs in Stufen auf 30 Arbeitstage bis 1996, ein Urlaubsgeld von 50% ab 1995, betriebliche Sonderzahlungen – gestaffelt nach Betriebszugehörigkeit – in Stufen auf bis zu 50% ab 36 Monaten Betriebszugehörigkeit ab 1994 sowie die stufenweise Einführung und Anhebung von Leistungszulagen für Arbeiter (bis auf 16% ab 1.4.1995) und Angestellte (bis auf 6% ab 1.4.1995) sowie eine Leistungslohnabsicherung von 115% vor *(vgl. Bispinck/WSI-Tarifarchiv, 1991a, S.469)*. Zwar gelang es der IG Metall nach teilweise massiven Warnstreiks, eine Übernahme dieses Abkommens auf die meisten anderen Tarifgebiete durchzusetzen, die übrigen Branchen folgten jedoch keineswegs alle dem Beispiel des Metallabschlusses. Mitte 1991 bestanden erst in 13 Tarifbereichen Abkommen mit Stufenplänen bis zu 100% des Westniveaus.

Für die rd. 1,3 Mio. Beschäftigten im öffentlichen Dienst Ostdeutschlands und die 200.000 Bediensteten der Reichsbahn erreichten die Gewerkschaften ebenfalls nach langen Verhandlungen am 16. Juni 1992 einen Abschluß, der eine Anpassung in drei Stufen auf 80% der westlichen Löhne und Gehälter bis Juli 1993 vorsah. Außerdem wurde für den öffentlichen Dienst ein Sozialtarifvertrag vereinbart, der für ausscheidende Beschäftigte eine Abfindung von bis zu 10.000 DM beinhaltete *(vgl. FAZ v. 17.6.1992)*.

Heftige Kritik erfuhren indessen nicht nur die Tarifabschlüsse in Ostdeutschland, massive Auseinandersetzungen gab es auch um die Tarifrunde 1992 in Westdeutschland, wo die Gewerkschaften vor einer falschen Bescheidenheit gewarnt und Lohnforderungen von bis zu 10,5% aufgestellt hatten. Während die Bundesregierung diese Forderungen als eine **tarifpolitische Fehlentwicklung** charakterisierte und nachdrücklich auf moderate Tarifabschlüsse drängte, sprachen die Gewerkschaften von einem »**Lohndiktat**«.

Der Wissenschaftliche Beirat beim Bundeswirtschaftsminister sah sich angesichts der gewerkschaftlichen Haltung gar veranlaßt, ein »Versagen der Tarifautonomie« feststellen zu müssen und daraus den Schluß zu ziehen, daß es einen Korrekturbedarf im System der kollektiven Lohnfindung gebe, bei dem auch »Eingriffe in die geltende Arbeitsmarktordnung, zumindest temporäre ... nicht tabu sein« dürften *(vgl. BMWI, 1991, S.28f.)*.

Auch wenn derartige Empfehlungen vorerst noch keine praktischen Konsequenzen haben werden, sind sie doch Ausdruck verschärfter verteilungspolitischer Auseinandersetzungen. Sofern sich Prognosen und Feststellungen von Wirtschaftsforschungsinstituten und Wissenschaftlern bewahrheiten sollten, daß für Einkommenszuwächse im Westen in den nächsten Jahren kaum Raum sein wird, dürfte sich tatsächlich für die Tarifautonomie und die viel gelobte Sozialpartnerschaft eine ernste Bewährungsprobe ergeben. Ob staatlich regulierende Eingriffe wirklich zu besseren Lebensverhältnissen und günstigeren ökonomischen Ergebnissen führen würden als freie Tarifverhandlungen, kann allerdings mehr als bezweifelt werden *(vgl. Kleinhenz, 1992, S.14ff.)*.

2. Erste gesetzgeberische Schritte im vereinten Deutschland

Der erste gesamtdeutsche Bundestag, der aus den Bundestagswahlen vom 2. Dezember 1990 hervorgegangen ist und in dem die Koaltionsparteien CDU/CSU und FDP eine überzeugende Mehrheit besitzen, hatte sich bereits in der Anfangsphase der 12. Legislaturperiode mit zahlreichen sozialpolitischen Fragen zu befassen. Ohne im folgenden auf sämtliche Einzelheiten einzugehen, sollen doch einige gesetzgeberische Aktivitäten beispielhaft Erwähnung finden.

Fast schon bezeichnend für die Sozialpolitik nach der Herstellung der Einheit war, daß der erste sozialpolitische Gesetzentwurf, mit dem sich das Bundeskabinett in seiner Sitzung am 31. Januar 1991 befaßte, Maßnahmen zum Inhalt hatte, um die **finanziellen Probleme** im Zusammenhang mit der Einigung zu bewältigen.

Der Entwurf eines Gesetzes zur Änderung der Beitragssätze in der GRV und bei der Bundesanstalt für Arbeit begründete die zum 1.4.1991 vorgesehene Erhöhung der Beitragssätze um netto 1,5 % mit dem erheblichen Finanzbedarf der Arbeitsverwaltung vor allem im Gebiet der neuen Bundesländer. Danach sollte die Erhöhung des Arbeitslosenversicherungsbeitrages auf 6,8 % in der Zeit vom 1. 4. bis 31.12.1991 Mehreinnahmen von 18,3 Mrd. DM zur Folge haben. Bei einem Beitragssatz von 6,3 % im Jahre 1992 wurden Mehreinnahmen von 23 Mrd. DM erwartet. Die gleichzeitig vorgesehene Absenkung des Rentenversicherungsbeitrages auf 17,7 % wurde damit gerechtfertigt, daß sich die Schwankungsreserve ohne diese Maßnahmen Ende 1991 auf 43,3 Mrd. DM und bis Ende 1993 auf 69,3 Mrd. DM belaufen würde. Daher seien Beitragsmindereinnahmen von 7,6 Mrd. DM (1991) bzw. 12,2 Mrd. DM (1992) durchaus zu verkraften [BT-Drs.12/56] *(vgl. auch Kannengießer, 1991 a, S.49 f.)*.

Trotz erheblicher Widerstände der SPD-Opposition und gewisser Bedenken der Rentenversicherungsträger wurde das **BeitrS. RV/BAÄndG vom 28. März 1991** [BGBl.I S.790] mit der Koalitionsmehrheit verabschiedet. Wie sich allerdings schon bald herausstellen sollte, reichten diese Beitragsmehreinnahmen bei weitem nicht aus, um die finanziellen Verpflichtungen in den neuen Bundesländern – vor allem im Bereich der Arbeitsmarktpolitik – zu decken.

Zwischen den Regierungs- und Oppositionsparteien war dabei kaum die Frage finanzieller Opfer für den Aufbau in den neuen Bundesländern strittig, sondern vielmehr die Maßnahmen, die die Bundesregierung hierfür vorschlug, zumal nach der sog. **»Steuerlüge«** – wie die Opposition die Tatsache bezeichnete, daß die beiden Regierungsparteien im Bundestagswahlkampf 1990 noch Steuererhöhungen zur Finanzierung der deutschen Einheit ausgeschlossen hatten, bereits kurz nach der Wahl jedoch gezwungen waren, Steuererhöhungen in Betracht zu ziehen *(vgl. DIW, 1991 a, S.541)*.

Da die Beitragsanhebungen allein zur Finanzierung der enormen Kosten im Beitrittsgebiet nicht ausreichten, folgten schon kurz darauf mit dem sog. **Solidaritätsgesetz vom 24. Juni 1991** [BGBl.I S.1318] vor allem für die Arbeitnehmer weitere Belastungen. Begründet wurden die Verbrauchssteueranhebungen und der vorgesehene Lohn- und Einkommensteuerzuschlag mit der notwendigen Verbesserung der Haushaltseinnahmen zur Finanzierung zusätzlicher Aufgaben im Mittleren Osten (Golfkrieg), in Südost- und Osteuropa sowie in den neuen Bundesländern. Die geplanten Maßnahmen waren aus unterschiedlichen Gründen bei den Verbänden und in der Öffentlichkeit höchst umstritten. Während Bundesbank und Wirtschaftskreise die Steuer- und Abgabenerhöhungen als »kleineres Übel« im Vergleich zu einer auf dem Kapitalmarkt »tendenziell zinssteigernd« wirkenden weiteren Staatsverschuldung einstuften, kritisierten vor allem die Gewerkschaften das Solidaritätsgesetz als **sozial unausgewogen** und **einseitig**.

Das von der SPD-Bundestagsfraktion abgelehnte Solidaritätsgesetz führte für die Zeit vom 1.7.1991 bis zum 30.6.1992 einen befristeten Solidaritätszuschlag zur Lohn-, Einkommen- und Körperschaftsteuer von 7,5 % ein. Ferner beinhaltete das Gesetz eine differenzierte Erhöhung der Mineralölsteuer sowie die Anhebung der Versicherungssteuer von 7 auf 10 % und der Tabaksteuer um einen Pfennig je Zigarette. Erwartet wurden aufgrund des Gesetzes Steuermehreinnahmen von 17,4 Mrd. DM (1991), 27,2 Mrd. DM (1992), 18,6 Mrd. DM (1993) und 19,2 Mrd. DM (1994).

Die **Finanzierung der deutschen Einheit** blieb auch in der Folgezeit ein zentrales und zumeist kontrovers diskutiertes Thema. Auch wenn prinzipiell Einigkeit darüber bestand, daß der Aufbau der neuen Bundesländer »Opfer« der westdeutschen Bevölkerung rechtfertige, blieb die **Lastenverteilung** stets umstritten. Vor allem die SPD-Opposition und die Gewerkschaften warfen der Regierung wiederholt eine einseitige Belastung der westdeutschen Arbeitnehmer vor. Mehrfach forderten sie die Einführung einer **Arbeitsmarktabgabe**, an der auch die Beamten und Selbständigen zu beteiligen seien, bzw. einer **Ergänzungsabgabe** für Besserverdienende. Insbesondere letzteres wurde von CDU/CSU und FDP jedoch stets mit dem Hinweis abgelehnt, daß ein derartiger Schritt die so dringend benötigte Investitionsbereitschaft beeinträchtige.

2. 1 Arbeitsmarktpolitische Maßnahmen und Initiativen

Die sich sukzessive verschlechternde Situation auf dem Arbeitsmarkt machte schon im Frühjahr 1991 eine Erweiterung der gesetzlichen arbeitsmarktpolitischen Instrumentarien erforderlich. Zu diesem Zweck hatten die CDU/CSU- und FDP-Fraktion einen am 14.3.1991 in erster Lesung beratenen **Entwurf eines Gesetzes zur Änderung arbeitsförderungsrechtlicher und anderer sozialrechtlicher Vorschriften** vorgelegt [BT-Drs. 12/222]. Im wesentlichen war beabsichtigt, die im Beitrittsgebiet geltenden Sonderregelungen für das Kurzarbeitergeld und für die Förderung von Maßnahmen zur Arbeitsbeschaffung, die nach geltendem Recht am 30.6.1991 ausgelaufen wären, über diesen Zeitpunkt hinaus zu verlängern. Zugleich sollten die Inanspruchnahmemöglichkeiten des Altersübergangsgeldes etwas erweitert werden. Die SPD, die das Gesetz zur Änderung arbeitsförderungsrechtlicher und anderer sozialrechtlicher Vorschriften vom 21. Juni 1991 [BGBl.I S.1306] schließlich mittrug, war im Gegensatz zur Bundesregierung und den Koalitionsfraktionen für eine Verlängerung der Kurzarbeiterregelung bis zum 31.12.1992 sowie eine Einbeziehung weiterer Geburtsjahrgänge in die Altersübergangsregelung und eine Erhöhung des Leistungssatzes auf 75 % der Bemessungsgrundlage gewesen.

Nach engagierten Diskussionen im zuständigen Bundestagsausschuß sowie der Durchführung einer Anhörung von Sachverständigen wurde schließlich beschlossen, die Sonderregelung über das Kurzarbeitergeld einschließlich der Bezugsfrist für das Kurzarbeitergeld bis zum 31.12.1991 zu verlängern. Ebenfalls bis zu diesem Zeitpunkt wurden den Arbeitgebern die vollen Beiträge zur Sozialversicherung dieser Kurzarbeitergeld-Bezieher von der BA erstattet. Bei unbegründeter Weigerung eines Kurzarbeitergeld-Beziehers, an einer ihm vom Arbeitsamt angebotenen beruflichen Bildungsmaßnahme während des Arbeitsausfalls teilzunehmen, trat eine Sperrzeit ein. Ferner wurden arbeitsrechtliche Leistungen des Arbeitgebers zur Aufstockung des Kurzarbeitergeldes auf das Kurzarbeitergeld angerechnet, soweit die Summe aus Kurzarbeitergeld und arbeitsrechtlicher Leistung 75 % des ausgefallenen Nettoarbeitsentgeltes überstieg.

Ebenfalls bis zum 31.12.1991 verlängert wurden durch dieses Gesetz die besonderen Regelungen für die Förderung von Maßnahmen zur Arbeitsbeschaffung in den neuen Bundesländern, nämlich die uneingeschränkte Förderungsfähigkeit juristischer Personen des öffentlichen Rechts als ABM-Träger sowie die uneingeschränkte Zulassung des 90 %-ABM-Zuschusses und die weitgehende Zulassung des 100 %-ABM-Zuschusses. Entsprechend wurden die Regelungen über die Grundlagen für die Berechnung des Bundesdurchschnitts im Zusammenhang mit der ABM-Förderung in den alten Bundesländern verlängert. Ferner wurden Zeiten einer selbständigen Tätigkeit in der ehemaligen DDR den Zeiten einer die Beitragspflicht nach dem AFG begründenden Beschäftigung gleichgestellt. Damit erhielten Selbständige, die ihre Tätigkeit im Zusammenhang mit der wirtschaftlichen Umstellung aufgegeben hatten, wie Arbeitnehmer Lohnersatzleistungen bei Arbeitslosigkeit nach dem AFG. Als AFG-Leistungen begründend wurden zudem Zeiten anerkannt, in denen Arbeitnehmer aus politischen Gründen in der früheren DDR an der Ausübung einer Beschäftigung gehindert waren *(vgl. auch Günther, 1991, S. 6 f.)*.

Auf die miserable Arbeitsmarktlage in den neuen Bundesländern war auch zurückzuführen, daß in diesem Gebiet nunmehr auch solche Personen das Altersübergangsgeld nach § 249 e AFG beanspruchen konnten, die nach Vollendung des 55. Lebensjahres aus einer beitragspflichtigen Beschäftigung ausschieden (bis dahin 57jährige und ältere Personen). Die Verlängerung der Anspruchsdauer auf bis zu 5 Jahre sollte im Regelfall einen nahtlosen Übergang in die Altersrentenversorgung gewährleisten [BT-Drs. 12/496, S. 14 f.].

Neben den primär einigungsbedingten Regelungen brachte das Gesetz eine Verminderung der Höchstdauer der Sprachförderung von Aussiedlern von 10 auf 8 Monate, die Aufhebung der Vorschriften über die Wartezeit von Asylbewerbern (Möglichkeit der Ausübung einer Beschäftigung während des gesamten Anerkennungsverfahrens in Wirtschaftsbereichen, in denen Arbeitskräfte fehlen) sowie die Streichung des § 128 AFG als Folge vorangegangener Entscheidungen des Bundesverfassungsgerichtes.

Da die **besondere Kurzarbeiterregelung** in den neuen Bundesländern nur bis zum 31. Dezember 1991 galt und befürchtet wurde, daß danach kurzarbeitende Arbeitnehmer überwiegend entlassen würden, verlangte die SPD in einem am 5. Dezember 1991 in 1. Lesung beratenen Antrag [BT-Drs. 12/1645] von der Bundesregierung, die besondere Kurzarbeiterregelung beizubehalten und ab 1. Januar 1992 mit einer besonderen Förderung von Qualifizierungsmaßnahmen zu verbinden.

Die Koalitionsparteien begründeten ihre ablehnende Haltung damit, daß durch eine Verlängerung der Regelung für die Betroffenen letzten Endes nichts gewonnen würde. Im Ergebnis würden nur die notwendige Strukturveränderung in der Wirtschaft der neuen Bundesländer hinausgezögert und die Bereitschaft der Arbeitnehmer beeinträchtigt, durch Fortbildungsmaßnahmen oder Umschulung die Kenntnisse und Fähigkeiten zu erwerben, die nötig seien, um den dringend erforderlichen Qualifikationsschub zu ermöglichen *(vgl. auch Reß, 1992, S. 112 f.)*.

Dagegen akzeptierte die Bundesregierung – nicht zuletzt aufgrund massiven Drängens der neuen Bundesländer sowie der SPD-Opposition – schließlich eine **Verlängerung der Altersübergangsregelung**. Von der gesetzlichen Ermächtigung Gebrauch machend, verlängerte der Bundesarbeitsminister durch Verordnung vom 19. Dezember 1991 [BGBl. I S. 2342] die in § 249 e Abs. 1 AFG genannte Befristung bis zum 30. Juni 1992.

Parallel dazu hatte der Bundesrat in seiner 636. Sitzung am 8. November 1991 einen von Mecklenburg-Vorpommern eingebrachten **Entwurf eines AFG-Änderungsgesetzes** beschlossen, der darauf abzielte, Teilnehmern an Maßnahmen der beruflichen Weiterbildung im Beitrittsgebiet ein Unterhaltsgeld von mindestens 800 DM monatlich zu gewähren, um das Existenzminimum zu sichern und die Bereitschaft zur Qualifizierung zu stabilisieren. Ferner sollten die Kurzarbeiter-Sonderregelung bis zum 30. Juni 1992 verlängert und in den Organen der Bundesanstalt für Arbeit die neuen Bundesländer besser repräsentiert werden [BT-Drs. 12/1985, 12/2922].

Die anhaltend ungünstige Arbeitsmarktsituation führte dazu, daß auch 1992 vor allem von der SPD-Opposition – teilweise zumindest indirekt unterstützt durch die neuen Bundesländer – immer wieder **arbeitsmarktpolitische Initiativen** ergriffen wurden. U. a. verlangte die SPD in einem am 11. März 1992 eingebrachten Antrag **»Sofortmaßnahmen zur Arbeitsmarktpolitik«** [BT-Drs.12/2212]:

— Schaffung von Voraussetzungen, um auch 1992 bei Arbeitsbeschaffungsmaßnahmen ein Beschäftigungsvolumen entsprechend den für 1991 vorgesehenen Zielgrößen zu erreichen (92.000 in West- und 400.000 in Ostdeutschland); dabei sollte sichergestellt werden, daß Neueintritte in Vollzeit-ABM eine Laufzeit von mindestens einem Jahr haben, Sachmittelzuschüsse für ABM von 30 % gewährt, die Regelentgelte für ABM wieder auf 90 % erhöht und spezielle Regelungen eingebaut werden, um den unterproportionalen Anteil von Frauen bei ABM zu erhöhen;
— erhöhte Mittelbereitstellung im Rahmen des »Gemeinschaftswerkes Aufschwung-Ost« und
— Verlängerung des bis Ende Juni 1992 befristeten Altersübergangsgeldes bis zum Jahresende.

Sowohl diese Forderungen wie auch Initiativen, die in einem am 25. Mai 1992 vorgelegten weiteren Antrag **»Zukunftsorientierte Arbeitsmarktpolitik – Arbeit statt Arbeitslosigkeit«** [BT-Drs.12/2666] enthalten waren, in dem die SPD-Fraktion u. a. die Auflage eines Strukturförderprogramms zur Förderung von 500.000 zusätzlichen Arbeitsplätzen in den neuen Bundesländern in den nächsten drei Jahren mit 100%igen Lohnkostenzuschüssen des Bundes verlangte, wurden von der Koalitionsmehrheit mit unterschiedlichen Begründungen abgelehnt [Sten.Prot.BT 12/97, S.8042 ff.]. Offensichtlich unter Druck auch von östlichen CDU-Abgeordneten sowie den neuen Bundesländern entschied sich das BMA allerdings am 24. Juni 1992 dafür, die **Altersübergangsregelung** nochmals – und, wie es hieß, letztmalig – um ein halbes Jahr zu verlängern (2. VO zum Altersübergangsgeld vom 26. Juni 1992 [BGBl.I S.1177]) *(vgl. Kompaß, Heft 2/1992, S.89; Die Sozialversicherung, Heft 2/1992, S.50).*

Parallel zu den Diskussionen um eine Ausweitung der Arbeitsmarktförderung war das BMA allerdings bereits damit beschäftigt, den von den Koalitionsparteien getragenen **Eckwertebeschluß des Kabinetts** vom 13. Mai 1992 umzusetzen, durch den der Bundesarbeitsminister beauftragt worden war, rechtzeitig zur Beschlußfassung des Haushaltsentwurfs 1993 den Entwurf einer AFG-Novelle vorzulegen, mit dem sichergestellt wird, daß der Haushalt der BA 1993 ohne Bundeszuschüsse ausgeglichen wird. Dies bedeutete aber nichts anderes, als im Haushalt der BA **Einsparungen** in einer Größenordnung von rd. 6 Mrd. DM vorzunehmen.

Fristgerecht zur Kabinettssitzung am 1. Juli 1992 legte das BMA den **Entwurf eines Gesetzes zur Änderung von Fördervoraussetzungen im Arbeitsförderungsgesetz und anderen Gesetzen** vor, um seinen Beitrag zu der vom Bundesfinanzminister beabsichtigten Begrenzung der Netto-Kreditaufnahme des Bundes zu leisten. Angesichts des Hintergrundes war kaum überraschend, daß diese AFG-Novelle kaum strukturelle Elemente, sondern überwiegend **Einsparmaßnahmen** und **Leistungsstreichungen** enthielt. Als angekündigten Ersatz für den ab Juli 1991 aufgehobenen § 128 AFG sah der Entwurf zudem Neuregelungen im Bereich der **Frühverrentung** vor.

Laut Gesetzesbegründung erfordere das Ziel, trotz knapper Haushaltsmittel weiterhin einen hohen Stand der Arbeits- und Bildungsförderung zu halten, einerseits die Beitragszahler zur BA von der Finanzierung bestimmter Leistungen zu entlasten und andererseits die begrenzten Finanzmittel zielgerechter einzusetzen. Im einzelnen schlug das BMA daher folgende Maßnahmen vor:

— Entlastung der Beitragszahler durch Modifizierung der AFG-Eingliederungsleistungen für Aussiedler; ab 1993 sollte für neu einreisende Aussiedler der Anspruch auf Eingliederungsgeld während der Zeit der Arbeitslosigkeit, der Teilnahme an FuU-Maßnahmen und an Deutsch-Sprachlehrgängen entfallen. Stattdessen sollten sie künftig eine bedürftigkeitsabhängige Eingliederungshilfe für längstens 6 Monate aus Bundesmitteln erhalten (bei Arbeitslosigkeit oder Teilnahme an Sprachlehrgängen). Hierdurch wurden Entlastungen der BA um 1,7 Mrd. DM (1993) bzw. 3,0 Mrd. DM (1994) erwartet.

— Im Bereich der individuellen Förderung der beruflichen Fortbildung und Umschulung waren Regelungen mit dem Ziel vorgesehen, bestimmte berufliche Bildungsmaßnahmen ganz aus der Förderung herauszunehmen (z. B. Maßnahmen zur Verbesserung der Vermittlungsaussichten gem. § 41 a AFG; Einschränkung der Förderung von zweiten Maßnahmen auch für Arbeitslose) und die Überprüfung der Qualität und arbeitsmarktpolitischen Zweckmäßigkeit von beruflichen Bildungsmaßnahmen vor Beginn einer Förderung abzuschließen (Abschluß der Überprüfung nach § 34 AFG vor Beginn der Maßnahme; Ergänzung der Kriterien nach § 34 AFG hinsichtlich der arbeitsmarktpolitischen Zweckmäßigkeit und Verankerung einer Beratungspflicht vor Teilnahme an einer Bildungsmaßnahme).

— Um Mitnahmeeffekte und reine Lohnsubventionierungen möglichst auszuschließen, sollten Förderungshöhe und -dauer beim Einarbeitungszuschuß eingeschränkt werden (grundsätzlich nur noch 30 % und längstens 6 Monate; Rückzahlungsverpflichtung, wenn der Arbeitnehmer nicht mindestens ein Jahr durch den Arbeitgeber beschäftigt wird).

— Abweichend vom EinigungsV sollten die ABM-Sonderregelungen für die neuen Bundesländer zeitlich befristet fortgelten, d. h. Zulassung eines Höchstförderungssatzes von 90 % bzw. in ganz besonderen Fällen von 100 %. Um dennoch weiterhin durchschnittlich 300.000 Arbeitnehmer fördern zu können, sollte die geförderte Arbeitszeit jedoch auf 80 % der normalen Arbeitszeit reduziert werden.

— Desweiteren waren Verschärfungen der Förderungsvoraussetzungen bei der Förderung der beruflichen Rehabilitation, die Einstellung der Förderung von Vorbereitungslehrgängen zum nachträglichen Erwerb des Hauptschulabschlusses und von allgemeinbildenden Kursen, die Einführung eines beschleunigten, gesetzlich festgeschriebenen Etatisierungsrechts des BMA zur Durchsetzung von Maßgaben in der Haushaltsgenehmigung für den Fall eines defizitären BA-Haushalts, die Aussetzung der Förderung durch Investitions- und Mehrkostenzuschüsse der produktiven Winterbauförderung bis 1994 sowie die Einführung von Gebühren für Arbeitserlaubnisse von Werkvertragsarbeitnehmern beabsichtigt.

Als neues Arbeitsförderungsinstrument, das vornehmlich zur Umweltsanierung in den neuen Bundesländern eingesetzt werden sollte, sah der Entwurf befristet bis 1997 die Einführung einer sog. **Arbeitsförderung »Umwelt Ost«** vor.

Das neue Instrument sollte u. a. in jenen Fällen eine Brückenfunktion haben, wo z. B. in Großprojekten der Sanierung und Beseitigung von Umweltschäden die AB-Maßnahmen nach den gesetzlichen Fristen ausliefen, wo aber weder die Sanierungsarbeiten abgeschlossen waren noch für die bisher ABM-Beschäftigten neue, alternative Arbeitsplätze hatten entstehen können. Die BA sollte daher die Möglichkeit erhalten, die Beschäftigung von sonst Arbeitslosen in Projekten der Umweltsanierung durch einen pauschalierten Zuschuß zu den Lohnkosten in Höhe des ersparten Arbeitslosengeldes bzw. der Arbeitslosenhilfe zu fördern. Die übrigen erforderlichen Mittel sollten von den Sanierungsunternehmen durch Eigenbeiträge oder von anderen beteiligten Stellen sichergestellt werden. Voraussetzung sollte zudem sein, daß die Sanierungsarbeiten grundsätzlich durch ein Wirtschaftsunternehmen durchgeführt werden, der Träger mit dem Arbeitslosen (bzw. Null-Stunden-Kurzarbeiter) ein normales Arbeitsverhältnis mit einer Arbeitszeit von höchstens 80 % begründet, Mitnahmeeffekte vermieden werden und der Anreiz zum Wechseln in ein ungefördertes Vollarbeitszeitverhältnis bestehen bleibt.

Um die Solidargemeinschaft der Beitragszahler von Belastungen zu befreien, die ihr durch Frühverrentungsregelungen aufgebürdet wurden, obwohl die arbeitsrechtlichen Regelungen grundsätzlich einen besonderen Bestandsschutz der Beschäftigungsverhältnisse älterer Arbeitnehmer gewährleisten, sah der Gesetzentwurf eine Nachfolgeregelung für den aufgrund der Rechtsprechung abgeschafften § 128 AFG vor.

Zur Lösung dieses Problems war vorgesehen, für diejenigen Arbeitgeber, die ältere Arbeitnehmer entlassen, eine Pflicht zur Erstattung des Arbeitslosengeldes einzuführen. Die zweijährige Erstattungspflicht sollte u. a. entfallen, wenn der Arbeitslose die Voraussetzungen für eine Lohnersatzleistung wegen verminderter Leistungsfähigkeit (z. B. EU-Rente) erfüllt, bei nach arbeitsrechtlichen Maßnahmen sozial gerechtfertigten Kündigungen sowie für Arbeitgeber, die nicht mehr als 20 Arbeitnehmer beschäftigen. Gleichzeitig sollten durch Verschärfung der Sperrzeitfolgen (§ 110 AFG) der Zugang zum Arbeitslosengeld beim Ausscheiden aus dem Arbeitsleben ohne wichtigen Grund erschwert (Reduzierung der Anspruchsdauer von 2 Jahren und 8 Monaten auf nur noch 2 Jahre) und die Anrechnung von Abfindungen auf das Arbeitslosengeld (§ 117 a AFG neu) verschärft werden. Konkret war daran gedacht, bei einem Ausscheiden des Arbeitnehmers aus einem Beschäftigungsverhältnis ohne wichtigen Grund und gegen Zahlung einer Abfindung diese in Höhe von 20 % auf das Arbeitslosengeld anzurechnen und durch Ruhen des Arbeitslosengeldes die Anspruchsdauer zu mindern.

In ersten Reaktionen wurden die beabsichtigten Einsparungsmaßnahmen vor allem von der SPD und den Gewerkschaften als ausgesprochen »verfehlt« angesichts der allgemeinen Arbeitsmarktlage - insbesondere der anhaltenden Massenarbeitslosigkeit in den ostdeutschen Ländern - kritisiert. Auch im Westen erschwerten die vorgesehenen Kürzungen bei ABM, Hauptschulabschlußkursen und Sprachlehrgängen nur die ohnehin geringen Vermittlungschancen bereits gehandicapter Arbeitsloser *(vgl. O.Schreiner, 1992)*. Den Bundesländern drohten vor allem durch die Änderungen der Regelungen über die Eingliederungsleistungen der Aussiedler zusätzliche finanzielle Belastungen im Bereich der Sozialhilfe.

2. 2 Entwicklungen und Maßnahmen im Bereich des Gesundheitswesens

Gemäß den am 15. Januar 1991 getroffenen Koalitionsvereinbarungen sollten in der 12. Legislaturperiode im Bereich des Gesundheitswesens u. a. das Gesundheits-Reformgesetz zügig weiter umgesetzt, die Bemühungen, rasch ein einheitliches hohes Niveau der gesundheitlichen Versorgung in ganz Deutschland zu erreichen, fortgesetzt, die Pflegeberufe materiell und ideell aufgewertet, das Berufsbild und die Tätigkeit der Psychotherapeuten gesetzlich geregelt, die Struktur der Krankenhausfinanzierung zur Erhöhung der Wirtschaftlichkeit weiterentwickelt sowie eine Reform der Organisations- und Finanzstrukturen (Erweiterung der Kassenwahlfreiheit unter Wahrung des gegebenen gegliederten Systems; Reduzierung von strukturell bedingten Beitragssatzunterschieden bei Ablehnung eines kassenartenübergreifenden Finanzausgleichs) der gesetzlichen Krankenversicherung durchgeführt werden *(vgl. dfg, Nr.2/1991, S.8f.)*.

Die bereits bei Unterzeichnung des EinigungsV formulierte massive Kritik der Pharmaindustrie an der dort getroffenen **Arzneimittelpreisregelung** gipfelte Anfang 1991 in einer erbitterten Auseinandersetzung mit der Bundesregierung.

Eine Reihe von Pharmaunternehmen hatte zu Beginn des Jahres 1991 wegen des im Einigungsvertrag vorgeschriebenen 55 %igen Preisabschlages die Belieferung der Apotheken in den neuen Bundesländern eingestellt. Während ostdeutsche Apotheker unter Hinweis auf Versorgungsengpässe in Warnstreiks traten, bezeichneten die GKV-Spitzenverbände die Maßnahmen der westdeutschen Pharmahersteller als eine unverantwortliche Verunsicherung der Bevölkerung in den neuen Bundesländern. Daraufhin war es am 3. 1. 1991 zu einem Gespräch im BMA gekommen, in dem ein Kompromiß zwischen den beteiligten Ministerien einerseits und den Pharmaherstellern, dem Pharmagroßhandel und den Apothekern andererseits erreicht werden konnte. Vereinbart wurde, die Abschlagsregelung möglichst bis zum 1. 4. 1991 durch eine teilweise Defizithaftung von Pharmaindustrie, Pharmagroßhandel und Apothekern abzulösen. Die Gespräche über eine Modifizierung der bisherigen Regelung hatte der Bundesarbeitsminister davon abhängig gemacht, daß die Vertreter des Bundesverbandes der pharmazeutischen Industrie einen gemeinsamen Appell mittrugen, in dem die westdeutschen Arzneimittelhersteller aufgefordert wurden, Lieferbeschränkungen in die neuen Bundesländer zurückzunehmen *(vgl. dfg Nr.1/1991, S.6ff.)*.

Die nach schwierigen Verhandlungen zwischen den Verbänden der Leistungserbringer und dem BMA unter Beteiligung des Bundeskanzleramtes und des Bundesfinanzministers zustandegekommene **Vereinbarung** für eine Modifizierung des § 311 Abs.1 Buchst. b SGB V *(vgl. SozInf, Nr.1/1991)* sah folgende **Finanzierungsbeteiligung** von Herstellern, Großhändlern und Apothekern vor:

- Im 1. Jahr der Neuregelung (1.4.1991–31.3.1992): Bei einem Finanzierungsdefizit bis zu 500 Mio. DM erfolgt der Ausgleich durch die Marktbeteiligten zu 100 %, darüber hinaus tragen sie 50 % des ein Finanzierungsdefizit von 500 Mio. DM überschreitenden Betrages.
- Im 2. Jahr der Neuregelung (1.4.1992–31.3.1993): Bei einem Finanzierungsdefizit bis zu 1 Mrd. DM erfolgt der Ausgleich durch die Marktbeteiligten zu 100 %; darüber hinaus tragen sie 50 % des ein Finanzierungsdefizit von 1 Mrd. DM überschreitenden Betrages.
- Im 3. Jahr der Neuregelung (1.4.1993–31.12.1993): Bei einem Finanzierungsdefizit bis zu 700 Mio. DM erfolgt der Ausgleich durch die Marktbeteiligten zu 100 %; darüber hinaus tragen sie 50 % des ein Finanzierungsdefizit von 700 Mio. DM überschreitenden Betrages.

Zusätzlich sicherte der Bundesarbeitsminister für die Laufzeit der Vereinbarung einen Ausgabenanteil für Arzneimittel von 15,6 % der Beitragseinnahmen der GKV-Ost zu. Das BMF erklärte sich außerdem bereit, in Höhe von 600 Mio. DM auf Rückzahlung des der GKV im Beitrittsgebiet im Haushaltsjahr 1990 zur Verfügung gestellten Betriebsmitteldarlehens zu verzichten *(vgl. dfg, Nr.1/1991, S.7; Kompaß, Heft 2/1991, S.102)*.

Auf der Grundlage dieser Vereinbarung erarbeitete das BMA einen Gesetzentwurf für ein **Erstes Gesetz zur Änderung des SGB V** [BR-Drs.41/91], der von den Koalitionsfraktionen übernommen und zur Beschleunigung des parlamentarischen Verfahrens am 29.1.1991 als Initiativantrag in den Bundestag eingebracht [BT-Drs. 12/57] wurde. Unter starkem zeitlichen Handlungszwang wurde die erste SGB V-Novelle über die Ablösung des 55 %igen Preisabschlags bei Arzneimitteln im Beitrittsgebiet durch ein **Rabattmodell** am 14.3.1991 mit den Stimmen der Koalitionsfraktionen und Teilen der SPD verabschiedet. Nachdem auch der Bundesrat dem Gesetzentwurf in seiner 627. Sitzung am 22. März 1991 zugestimmt hatte, konnte das **Erste Gesetz zur Änderung des SGB V vom 28. März 1991** [BGBl.I S.792] am 1.4.1991 in Kraft treten.

Im wesentlichen brachte das Gesetz den Krankenkassen einen Abschlag von 22,5 % vom Apothekenabgabepreis (5 % üblicher Apothekenrabatt plus weitere 18,5 % Abschlag) sowie eine begrenzte Defizithaftung der pharmazeutischen Unternehmer, des Großhandels und der Apotheken bis zum 31.12.1993 und sicherte den Krankenkassen erneut die Anschubfinanzierung von 600 Mio. DM zur alleinigen Verfügung zu. Im einzelnen bestimmte § 311 a, daß die Krankenkassen im Beitrittsgebiet von den Apotheken für die ab dem 1.4.1991 zu ihren Lasten abgegebenen Arzneimittel auf den um den Abschlag von 5 % verringerten Arzneimittelabgabepreis einen Rechnungsabschlag in Höhe von 22 % erhalten. Gleichzeitig hatten der pharmazeutische Großhandel für diese Arzneimittel einen Rechnungsabschlag von 24 % und die pharmazeutischen Unternehmen einen Abschlag von 25 % zu gewähren. Der Bundesgesundheitsminister sollte durch RechtsVO diese Abschläge anpassen, um die von den Beteiligten zugesagte Defizitübernahme sicherzustellen. Ein Defizit wurde angenommen, sofern die Arzneimittelausgaben der Ost-Krankenkassen 15,6 % der Beitragseinnahmen überstiegen *(vgl. dfg, Nr.9/1991, S.2f.)*. Die SPD hatte in den Beratungen bemängelt, daß – für den Fall eines höheren Defizits bei den Arzneimittelausgaben als vorauskalkuliert – weder Nachverhandlungen mit den Marktbeteiligten noch eine Deckungsvorsorge im Bundeshaushalt vorgesehen sei. Nach ihrer Ansicht sei jedenfalls zu verhindern, daß die Krankenkassen das mögliche Defizit zu tragen hätten.

Die Arzneimittelversorgung bildete nicht nur im Beitrittsgebiet ein Problem; auch für die alten Bundesländer ergab sich in diesem Bereich im Laufe des Jahres 1991 Handlungsbedarf. Anlaß dafür war die im GRG beschlossene Einführung einer 15 %igen Selbstbeteiligung ab dem 1.1.1992 für nicht festbetragsgebundene Arzneimittel anstelle der bisherigen Zuzahlung von 3 DM je Arzneimittel (§ 31 Abs.3 Nr.2 SGB V). Bei Verabschiedung dieser Regelung war man allerdings davon ausgegangen, daß bis zu diesem Zeitpunkt rd. 80 % der verordnungsfähigen Arzneimittel durch Festbeträge erfaßt sein würden, ein Ziel, das tatsächlich jedoch bei weitem nicht erreicht wurde.

Im Gegensatz zur SPD, die in dieser Situation für eine dreijährige Verschiebung plädierte, gab es in der Koalition sehr unterschiedliche Vorschläge. Während der gesundheitspolitische Sprecher der CDU/CSU-Fraktion die Neuregelung der Selbstbeteiligung um ein Jahr hinauszögern wollte, sprach sich die Bundesgesundheitsministerin für die Einführung einer 10 %igen Selbstbeteiligung für nicht festbetragsgebundene Arzneimittel aus. Die FDP wiederum hätte eine 10 %ige Selbstbeteiligung für sämtliche Arzneimittel mitgetragen, lehnte aber eine Begrenzung auf die nicht festbetragsgebundenen Arzneien ab. Sie trat daher für eine planmäßige Umsetzung der gesetzlichen Vorgaben ein *(vgl. dfg, Nr. 34/1991, S. 2 ff.)*. Zahlreiche weitere Änderungsvorschläge der Bundesgesundheitsministerin, die vor allem darauf abzielten, verschiedene Ansätze des GRG effektiver umzusetzen, sorgten innerhalb der Koalition ebenfalls für Konfliktstoff und wurden schließlich fallengelassen *(vgl. dfg, Nr. 38/1991, S. 2 ff.)*.

Nach diesen teilweise heftigen koalitionsinternen Auseinandersetzungen verständigte sich die Regierung im September 1991 schließlich auf einen Gesetzentwurf für eine Zweite SGB V-Novelle, die vor allem die Zuzahlungsvorschrift des GRG für Arzneimittel ohne Festbetrag etwas abmildern sollte [BT-Drs. 12/1154]. Dagegen sah ein ebenfalls am 18. September 1991 von der SPD-Fraktion eingebrachter Gesetzentwurf [BT-Drs. 12/1155] vor, die Einführung der im GRG vorgesehenen Eigenbeteiligung am Arzneimittelpreis um 3 Jahre auf den 1. Januar 1995 zu verschieben.

Nach dem Regierungs- und Koalitionsentwurf sollte die Selbstbeteiligung zwar am 1. 1. 1992 von 3 DM auf 15 % steigen, statt auf 15 DM sollte der Zuzahlungshöchstbetrag jedoch auf 10 DM begrenzt werden. Neben diesem besonders kontroversen Punkt sah der Entwurf eine Ausweitung der Freistellung von der Arbeit bei Erkrankung eines Kindes vor. U. a. sollten die Altersgrenze für kranke Kinder von 8 auf 12 Jahre erhöht und die Bezugsdauer auf 10 Arbeitstage je Kind und Jahr (bei Alleinerziehenden auf 20 Tage) erhöht werden. Zugleich sollte auch bei Erkrankung von Kindern bis zu 12 Jahren eine Haushaltshilfe in Anspruch genommen werden können. Weitere Änderungen betrafen die Vergütung von nichtärztlichen sozialpädiatrischen Leistungen für versicherte Kinder, Erleichterungen bei der Vorversicherungszeit für Leistungen bei Schwerpflegebedürftigkeit sowie die Einführung einer gleitenden Härtefallregelung beim Zahnersatz. Ferner sollten die Versicherten in den neuen Bundesländern bei den Härteklauseln nach den Einkommensgrenzen des alten Bundesgebietes behandelt werden *(vgl. Kompaß, Heft 11/1991, S. 615; Kaesbach/Schönbach, 1992, S. 34 ff.)*.

Die SPD, die das Festbetragskonzept als gescheitert ansah, schlug vor, die bestehende Zuzahlungsregelung für weitere drei Jahre beizubehalten und in dieser Zeit eine grundlegende gesetzliche Neuordnung des Arzneimittelmarktes zu versuchen. Ebenfalls drastisch kritisiert wurde die Regierungsvorlage vom Bundesrat. Nachdem die Bundesregierung die Änderungswünsche des Bundesrates [BR-Drs. 12/1363] ablehnte und der Regierungsentwurf in den Ausschußberatungen durch die Koalitionsfraktionen lediglich insofern nachgebessert worden war, als die höhere Selbstbeteiligung bis zum 1. Oktober 1992 verschoben werden sollte [BT-Drs. 12/1387], rief der Bundesrat in seiner 636. Sitzung am 8. 11. 1991 erwartungsgemäß den Vermittlungsausschuß an [BT-Drs. 12/1526]. Da der Bundesrat gegen den Vorschlag des Vermittlungsausschusses, die 15 %ige Selbstbeteiligung (höchstens 10 DM je Arzneimittel) erst ab 1. 7. 1993 für nicht festbetragsgebundene Arzneimittel einzuführen, abermals Einspruch eingelegt hatte [BT-Drs. 12/1695], mußte der Bundestag in seiner 64. Sitzung am 5. 12. 1991 den Einspruch in namentlicher Abstimmung mit 358 Ja-Stimmen zurückweisen [BR-Drs. 768/91].

Damit konnte das in allerletzter Minute zustandegekommene **Zweite Gesetz zur Änderung des SGB V vom 20. Dezember 1991** [BGBl. I S. 2325] doch noch fristgerecht am 1. 1. 1992 in Kraft treten *(vgl. Koch, 1992, S. 38 ff.)*. Trotz des im Vermittlungsausschuß gefundenen Kompromisses konnte das Ergebnis nicht wirklich befriedigen, zumal durch das Gesetz die von den GKV-Spitzenverbänden vorgeschlagenen wichtigen Änderungswünsche überhaupt nicht aufgegriffen worden waren. Bereits konfrontiert mit dramatisch zunehmenden **Ausgabensteigerungen** beklagten die Krankenkassen dann auch die »finanzpolitische Substanzlosigkeit« dieser SGB V-Novelle.

Bereits im Vorfeld der Diskussionen um eine SGB V-Novelle hatten die GKV-Spitzenverbände u. a. gesetzliche Regelungen zur Einführung der Krankenversicherungskarte unabhängig von der Kassenärztlichen Bundesvereinigung, zur erleichterten Gruppenbildung für Arzneimittelfestbeträge, zum Vergütungsausschluß von nicht bedarfsgerechten medizinisch-technischen Großgeräten und von Material- und Laborkosten beim Zahnersatz, zur Informationspflicht des Arztes bei Verordnung von Hilfsmitteln sowie zur Qualitätssicherung in der ambulanten Versorgung gefordert.

Sieht man von den Anfangsproblemen bei der Arzneimittelversorgung ab, verliefen die **Einführung des gegliederten Krankenversicherungssystems** in den neuen Bundesländern zum 1. Januar 1991 und der Aufbau gesundheitlicher Versorgungsstrukturen nach westlichem Muster dagegen ohne allzu große Schwierigkeiten. Die verschiedenen Krankenkassen, die sämtlich zu Jahresbeginn 1991 im Beitrittsgebiet ihre Arbeit planmäßig aufnahmen, führen seitdem anstelle der Finanzämter den Beitragseinzug durch. Für ihre eigenen Aktivitäten waren sie zugleich mit den notwendigen Betriebsmitteldarlehen ausgestattet worden. Erhebliche Probleme ergaben sich allerdings hinsichtlich der Finanzierung der in den neuen Bundesländern erforderlichen **Krankenhaussanierungen**. Insgesamt wurde der Mittelbedarf für die nächsten Jahre auf rd. 35 Mrd. DM geschätzt. Da diese Summe von den neuen Bundesländern allein nicht aufgebracht werden könne, forderte das Land Sachsen in einer im Frühjahr im Bundesrat eingebrachten Gesetzesinitiative neue Finanzierungsregelungen, insbesondere eine stärkere Beteiligung des Bundes *(vgl. Ärzte-Zeitung v. 20.2.1992)*.

Ebenfalls als weitgehend funktionsfähig erwies sich die **gesundheitliche Versorgung** in den neuen Bundesländern, wenngleich in einzelnen Bereichen noch ein nicht unerheblicher Nachholbedarf besteht, um das westdeutsche Versorgungsniveau zu erreichen. Außerordentlich schnell erfolgte dabei insbesondere die **freie Niederlassung** von Ärzten und Zahnärzten. Im Gegenzug ging die Zahl der Polikliniken und Ambulatorien rascher als erwartet zurück.

Nachdem es am 1. Juli 1990 in der damaligen DDR erst rd. 900 niedergelassene Ärzte gab, waren Anfang 1991 bereits 6.056 Ärzte als Kassenarzt niedergelassen. Bis August 1991 stieg die Zahl auf 11.700. Demgegenüber hatte sich die Zahl der poliklinischen Einrichtungen in den neuen Bundesländern von 1.545, die im November 1990 Abschlagszahlungen erhielten, im Juni 1991 auf 839 verringert. Die Zahl der in diesen Einrichtungen im Rahmen der GKV tätigen Ärzte betrug zu diesem Zeitpunkt gerade noch 5.808.

Als schon bald eindeutig überholt erwies sich demgegenüber die Anfang 1991 getroffene Feststellung von Bundesarbeitsminister BLÜM, daß das „freiheitliche Gesundheitssystem ... heute wieder auf einem soliden Fundament" *(Blüm, 1991, S. 5)* stehe und daß sein Einsturz habe verhindert werden können.

Nach seiner Auffassung war das Gesundheitswesen zu Beginn der 12. Wahlperiode durch eine stabile Finanzlage mit Überschüssen der Krankenkassen, durch sinkende Beitragssätze, durch eine gesicherte medizinische Versorgung auf Spitzenniveau für alle Versicherten sowie durch Finanzierungsspielräume für gesundheitspolitisch wichtige neue Aufgaben gekennzeichnet. Zugleich war er überzeugt davon, daß die von ihm durchgesetzte »Gesundheitsreform« die Grundlagen für die finanzielle Stabilisierung der gesetzlichen Krankenversicherung geschaffen habe. Als Beweis dafür wies er darauf hin, daß sich der durchschnittliche Beitragssatz, der vor der Reform in einem stetigen Aufwärtsprozeß auf 12,9 % gestiegen sei, »bei soliden Rücklagen« inzwischen auf nur noch 12,2 % belaufe *(vgl. Blüm, 1991, S. 5; vgl. auch Semrau, 1991, S. 10ff.)*.

Während das BMA noch die günstige Finanzentwicklung der GKV im Jahre 1990 feierte, als die Krankenkassen trotz der Beitragssenkungen und des Ausgabenanstiegs mit einem Einnahmenplus von 6,1 Mrd. DM abschlossen und dadurch die Betriebsmittel um 4,7 Mrd. DM auf 14,8 Mrd. DM und die Rücklagen um 0,9 Mrd. DM auf 4,8 Mrd. DM aufstocken konnten *(vgl. Semrau, 1991, S. 10ff.)*, mußte bereits für das 1. Quartal 1991 ein **alarmierender Kostentrend** festgestellt werden. Angesichts einer 8,4 %igen Ausgabensteigerung bei einem Grundlohnsummenzuwachs von lediglich 3,3 % forderte Bundesgesundheitsministerin HASSELFELDT dringend weitere **Wirtschaftlichkeitsmaßnahmen**. Andernfalls – so machte sie deutlich – drohten spätestens Anfang 1993 **Beitragssatzerhöhungen**. Obwohl sie in der Einschätzung der Lage von den Krankenkassen und vielen Experten unterstützt wurde, gelang es ihr zunächst nicht, innerhalb der Koalition etwas zu erreichen.

Erst als sich die extrem negative Ausgabenentwicklung im Verlaufe des Jahres 1991 fortsetzte und sich die Bundesgesundheitsministerin veranlaßt sah, mit drastischen Maßnahmen zu drohen (z. B. Festlegungen bei Festbeträgen, Wirtschaftlichkeitsprüfungen oder Richtgrößen durch RechtsVO, Einführung von Beitragsobergrenzen, Einfrierung der Honorare), begann in den Koalitionsparteien eine äußerst **kontroverse Diskussion** um die zukünftige Gesundheitspolitik, in der die FDP von Beginn an klarstellte, daß dirigistische Eingriffe mit ihr nicht zu machen seien.

In dem Maße, in dem sich die mit der Verabschiedung des GRG verknüpfte Hoffnung nach einer dauerhaften Stabilität der Beitragssätze in der GKV als unrealistisch erwies, häuften sich Stimmen, die von einem **Scheitern des Gesundheitsreform-Gesetzes** sprachen. Nach Ansicht vieler Kritiker hat sich nach einem einmaligen Niveaueffekt der Ausgabensenkung, der zudem im wesentlichen durch Ausgrenzungen und erhöhte Zuzahlungen zu Lasten der Versicherten erreicht worden sei, die „alte Dynamik der Ausgabenexpansion wieder etabliert" *(Standfest, 1992, S. 4)*. Während ein Versagen der sog. »Strukturreform« nur noch von wenigen bestritten wird, gehen die Meinungen über die Ursachen in der politischen Diskussion deutlich auseinander *(vgl. auch Kiefer, 1992, S. 137 ff.)*.

Während die eine Seite die Ansätze des GRG nach wie vor als richtig einstuft und vor allem die der Selbstverwaltung übertragenen Umsetzungsaufträge als unzureichend realisiert betrachtet, halten andere das GRG bereits im Ansatz für verfehlt. Dabei wird auch zu bedenken gegeben, daß das GRG weitgehend deshalb gescheitert sei, weil die „politischen Machtverhältnisse strukturelle Eingriffe zu Lasten der Leistungsanbieter kaum gestatten" *(Standfest, 1992, S. 7)*. Wer daher heute eine »Reform an Haupt und Gliedern« fordere, müsse bedenken, daß es im Rahmen unseres Ordnungsmodells kaum andere Instrumente als jene gebe, die im GRG konzeptionell vorhanden seien *(vgl. Standfest, 1992, S. 7)*. Als entscheidend für das Scheitern des GRG werten viele Kommentatoren auch, daß seinerzeit bewußt auf eine Neuordnung der Krankenhausfinanzierung sowie eine Organisationsreform der GKV verzichtet worden sei. Gerade die Politik des Ausklammerns aber sei zu einem Hauptproblem der aktuellen defizitären Finanzsituation der GKV geworden *(vgl. Kiefer, 1992, S. 137; Arnold, 1992, S. 53 ff.; Jeske, 1992, S. 84 ff.; v. Loeper, 1992, S. 77 ff.; Oesingmann, 1992, S. 65 ff.; Ries, 1992, S. 73 ff.; Ruf, 1992 a, S. 101 ff.; Schad, 1992, S. 69 ff.; Stürzbacher, 1992, S. 81 ff.; Thomae/Weber, 1992, S. 127 ff.; Zöllner, 1992, S. 58 ff.)*.

Die im Frühsommer bekanntgewordenen Rechnungsergebnisse der GKV für das Jahr 1991 zwangen die Verantwortlichen bei allen Meinungsverschiedenheiten endgültig zum Handeln. Danach verursachte 1991 eine drastische Steigerung der Leistungsausgaben um 10,5 % bei einem deutlich niedrigeren Grundlohnanstieg von 5 % ein Defizit der Krankenkassen im Westen von insgesamt 5,5 Mrd. DM. Entsprechend kam es Anfang 1992 zu einem Anstieg des durchschnittlichen Beitragssatzes von 12,24 auf 12,46 % *(vgl. G. Schulte, 1992, S. 261; König, 1992, S. 287; J. Müller, 1992 a, S. 87 ff., 1992 b, S. 175 ff.)*. Da auch für die Zukunft mit einer ungünstigen Kostenentwicklung (verlangsamtes Grundlohnwachstum, Rückkehr zur Einzelleistungsvergütung, höhere Ausgaben im Krankenhaus durch Nachwirkungen der Tariferhöhung und durch die verbesserten Personalanhaltszahlen) zu rechnen war, entschied sich die Koalition im Frühsommer 1992 endlich zur Einleitung von **Kostendämpfungsmaßnahmen**.

Die Durchsetzung entschiedener Maßnahmen wurde allerdings nicht mehr der seit Monaten in der öffentlichen Kritik stehenden Gesundheitsministerin HASSELFELDT zugetraut; unter dem ständigen Druck auch aus der eigenen Partei trat sie am 27. April 1992 zurück und überließ es ihrem Nachfolger HORST SEEHOFER, die konzeptionell zerstrittenen Parteien der Regierungskoalition auf das Mittragen eines wenig populären Maßnahmenpaketes zu verpflichten. Dabei kam ihm sicherlich zugute, daß ohne entschiedenes Handeln nicht nur die Beitragssätze zur GKV vor den nächsten Bundestagswahlen dramatisch angestiegen wären, sondern wegen des Rentenanpassungsmechanismus auch die Rentenerhöhungen im Wahljahr 1994 voraussichtlich äußerst niedrig ausgefallen wären *(vgl. auch Kannengießer, 1992 a, S.218ff.)*.

Der neue Gesundheitsminister legte am 2. Juni 1992 das in einer mehrwöchigen Klausur führender Koalitionspolitiker erarbeitete Sparkonzept der Regierungskoalition für das Gesundheitswesen in Form von Eckpunkten für ein **»Gesundheits-Strukturgesetz 1993«** vor, durch das zur Verhinderung von Beitragserhöhungen jährlich 11,4 Mrd. DM eingespart werden sollten. Ärzte, Krankenhäuser, Pharmaindustrie und Apotheker sollten davon mit rd. 8,2 Mrd. DM betroffen sein, die Patienten durch neue oder erhöhte Zuzahlungen mit 3,2 Mrd. DM. Im einzelnen sah das Sparpaket, das am 1. 1. 1993 in Kraft treten sollte, folgende Maßnahmen auf Seiten der Versicherten vor:

— Bei Medikamenten sollte für alle Präparate eine zehnprozentige Zuzahlung eingeführt werden, also auch für die bisher zuzahlungsfreien Festbetrags-Arzneimittel. Der Patient sollte künftig mindestens drei und höchstens 10 DM zuzahlen; dafür sollte die ab dem 1. Juli 1993 vorgesehene Zuzahlung von 15 % (höchstens 10 DM) entfallen. Die Härtefallregelungen, wonach bei kleineren Einkommen nichts oder nur wenig zugezahlt wird, sollten aber fortbestehen.
— Im Krankenhaus sollten täglich 11 DM (Ostdeutschland: 8 DM) statt bisher 10 DM zugezahlt werden, und zwar über die gesamte Dauer des Aufenthalts (bisher nur 14 Tage lang).
— Bei Zahnersatz sollten nur noch Regelleistungen wie bisher mit 60 % von der Krankenkasse übernommen werden; aufwendigere Versorgungsformen gelten als Wahlleistung und sollten nur in Höhe der Regelleistung bezuschußt werden.

Hinsichtlich der sog. Leistungserbringer im Gesundheitswesen wurden die folgenden **ausgabenbeschränkenden Maßnahmen** beabsichtigt:

— Im Bereich der stationären Versorgung, die beim GRG noch weitgehend ausgeklammert worden war, sollte zum 1. 1. 1993 das Selbstkostendeckungsprinzip aufgehoben werden, um einen grundlegenden Strukturfehler im Krankenhaus zu beseitigen und einen entscheidenden Anreiz für mehr Wirtschaftlichkeit zu schaffen. Ferner war vorgesehen, für die Jahre 1993 bis 1995 die dem Krankenhaus zur Verfügung stehenden GKV-Mittel auf den Zuwachs der beitragspflichtigen GKV-Einnahmen zu begrenzen. Außerdem sollten private Investitionen erleichtert und ab 1995 der tagesgleiche Pflegesatz – so schnell und so weitgehend wie möglich – durch leistungsorientierte und pauschalierte Vergütungen abgelöst werden. Andererseits sollte die VO zur besseren Ausstattung der Krankenhäuser mit Pflegemitarbeitern zum 1. 1. 1993 in Kraft gesetzt werden, um die zusätzliche Einstellung von weiteren 13.000 Krankenschwestern und -pflegern zu ermöglichen.
— Unter Hinweis auf die durch eine steigende Zahl von Kassenärzten induzierte Überversorgung wurden für Anfang 1993 eine wirksamere Ausgestaltung des geltenden Rechts der Bedarfsplanung sowie die gesetzliche Begrenzung der Zahl der Kassenärzte ab 1. 1. 1999 angekündigt. Ab diesem Zeitpunkt sollte die Kassenzulassung grundsätzlich mit dem 65. Lebensjahr enden. Zusätzlich zu einer Absenkung der Vergütung für zahntechnische Leistungen um 10 % war eine Reduzierung der Vergütung für Zahnersatz in der GKV ab 1993 um 20 % vorgesehen. Schließlich sollten der Zuwachs der Gesamtvergütungen der Kassenärzte und -zahnärzte im Zeitraum 1993 –1995 auf den Zuwachs der beitragspflichtigen Einkommen limitiert und die im GRG vorgesehenen Rahmenbedingungen für Wirtschaftlichkeitsprüfungen und Richtgrößen sowie die Krankenversicherungskarte notfalls durch das BMfG umgesetzt werden.
— Um verstärkte Anreize für eine wirtschaftliche Verordnungsweise zu schaffen, sollte ab 1993 ein Arznei- und Heilmittelbudget auf der Basis von 1991 festgelegt werden, dessen Überschreitung die Vergütung des einzelnen Arztes verringern sollte. Geplant war außerdem, als Solidarbeitrag der Pharmahersteller, des Apothekengroßhandels und der Apotheken den Herstellerabgabepreis für Arzneimittel ohne Festbetrag am 1. 1. 1993 auf gesetzlicher Grundlage um 5 % abzusenken und bis zum 31. 12. 1994 festzuschreiben.
— Lediglich zur Vorbereitung einer Organisationsreform sollten gesetzliche Regelungen getroffen werden, um in den Jahren 1993 und 1994 eine Datenerhebung durchzuführen. Außerdem sollten Voraussetzungen geschaffen werden, um die Versicherten über die von ihnen in Anspruch genommenen Leistungen und die damit verbundenen Kosten zu informieren. Zusätzlich zu den Ersatzkassenmitgliedern sollten auch die freiwilligen Mitglieder der übrigen Kassen ein Wahlrecht

zwischen Sachleistung und Kostenerstattung erhalten. Auch hier wurde die Zunahme der Verwaltungsausgaben auf den Beitragseinnahmenzuwachs eingefroren.

Nach Meinung des Bundesgesundheitsministers berücksichtigte sein Maßnahmenpaket, das außerdem **neue Härtefallregelungen** vorsah, die Leistungsfähigkeit der Beteiligten und wäre sozial ausgewogen. Von den Koalitionsparteien hatte er zudem die Verpflichtung eingefordert, daß bis 1995 durch Bundesgesetz keine neuen Belastungen für die GKV beschlossen würden. Bei unvermeidbaren Ausgaben müsse ein dauerhafter und gleichgewichtiger Ausgleich innerhalb der GKV gewährleistet werden. Sichtbar diktiert von der neuerlichen **Kostenexplosion im Gesundheitswesen** dominierten **kostendämpfende ad-hoc-Maßnahmen**, während strukturelle Elemente nur ansatzweise vorkamen. Bei einem Teil der vorgeschlagenen Maßnahmen war zudem die praktische Umsetzbarkeit nicht geklärt. Vor allem hinsichtlich der Einschnitte im stationären Bereich war ferner die keineswegs gesicherte Zustimmung des Bundesrates erforderlich. Insgesamt war die Reaktion der Verbände allerdings differenzierter als seinerzeit zum GRG-Entwurf.

Mit Ausnahme der Innungskrankenkassen, die Zweifel äußerten, daß die Leistungserbringer den größeren Teil der Belastungen trügen, und kritisierten, daß die Vorschläge nicht die Gründe für die besorgniserregende Ausgabenentwicklung beseitigten *(vgl. FAZ v. 5.6.1992; dpa v. 4.6.1992)*, reagierten die übrigen Krankenkassen eher positiv auf die Vorschläge des Bundesgesundheitsministers. Sie hielten den gesetzlichen Ausgabenstopp angesichts der explosionsartigen Zuwächse als zeitlich befristete Sondermaßnahme zur Sicherung stabiler Beitragssätze für akzeptabel. Zudem lasse die vorgesehene Verteilung der Einsparungen auf die Versicherten und die Leistungserbringer das Bemühen um eine ausgewogene Lastenverteilung erkennen *(vgl. Ärzte-Zeitung v. 4.6.1992)*. Der DGB, der insgesamt zurückhaltend reagierte, lehnte zwar die weiteren Selbstbeteiligungen der Patienten ab, lobte aber die angestrebten Ausgabenbeschränkungen bei den Leistungsanbietern. Massive Kritik kam erwartungsgemäß von seiten der Leistungserbringer. Die Deutsche Krankenhaus-Gesellschaft hielt bei Verwirklichung der Pläne Leistungseinschränkungen und Qualitätsminderungen zu Lasten der Patienten sowie erhebliche Defizite im Krankenhausbetrieb für nahezu unvermeidbar. Vertreter der Ärzte sahen die Freiberuflichkeit und Unabhängigkeit des Arztes gefährdet. Es sei ein Angriff auf das Vertrauensverhältnis Patient-Arzt, wenn für jeden Arzt ein Arznei- und Heilmittelbudget festgelegt werde. Ebenso entschieden wandten sich die Ärzte-Verbände gegen einen Zulassungsstopp für Kassenärzte sowie die vorgesehene Altersbegrenzung *(vgl. FAZ v. 4.6. 1992)*.

Die SPD-Opposition, die das vorgeschlagene Maßnahmenpaket als Fortsetzung der Politik des »Abkassierens« strikt ablehnte, kündigte an, das Gesetz mit ihrer Mehrheit im Bundesrat zu Fall bringen zu wollen. Nach Ansicht der SPD enthielten die Vorschläge nur unzureichend strukturelle Elemente. Pauschale Deckelungsregelungen für Ärzte, Zahnärzte, Krankenhäuser und Arzneimittel seien nicht nur ordnungspolitisch fragwürdig, sie seien auch gesundheitspolitisch falsch, weil sie die Ursachen für den Ausgabenanstieg unberührt ließen. Die Aufteilung in Grund- und Wahlleistungen beim Zahnersatz markiere den Beginn des Ausstiegs aus der umfassenden Leistungspflicht der Krankenkassen und den Einstieg in eine Zwei-Klassen-Medizin. Die SPD werde Kostendämpfungsmaßnahmen nur unter der Voraussetzung mittragen, daß eine Krankenkassenreform die freie Kassenwahl für alle Versicherten verankere sowie zur Reform der Arzneimittelversorgung ein unabhängiges Arzneimittelinstitut geschaffen werde, wobei über die Arzneimittelpreise direkte Verhandlungen zwischen Kassen und Pharma-Anbietern stattfinden müßten. Insgesamt müsse ein Einkaufsmodell verwirklicht werden, nach dem die Kassen mit den Anbietern nur für den tatsächlichen Bedarf ihrer Versicherten Leistungsverträge abschließen *(vgl. Handelsblatt v. 5./6.6.1992)*.

2. 3 Überleitung des Renten- und Unfallversicherungsrechts auf das Beitrittsgebiet

Zu den herausragenden gesetzgeberischen Aktivitäten des ersten gesamtdeutschen Bundestages gehörte zweifellos die im EinigungsV noch ausgeklammerte Vereinheitlichung insbesondere des materiellen Rechts der Renten- und der Unfallversicherung. Obgleich für die **Überleitung des Rentenrechts** ein etwas längerer Zeitraum als im übrigen zur Verfügung stand, gab und gibt es genügend Probleme auf dem Weg zur Herstellung der

Rechtseinheit in der gesetzlichen Rentenversicherung. Die Alterssicherung gehört nicht nur im Westen, sondern auch in den östlichen Bundesländern zu den sensibelsten Bereichen des sozialen Sicherungssystems. Änderungen in diesem Bereich werden dementsprechend von der Bevölkerung aufmerksam verfolgt und Eingriffe in vorhandene Ansprüche regelmäßig mit heftigen, häufig auch sehr emotionalen Reaktionen beantwortet.

Daß die Überleitung des Rentenrechts auf das Beitrittsgebiet sowohl rententechnisch wie politisch besonders schwierig werden würde, war unter Fachleuten unstrittig. Zum einen hatten sich in 40 Jahren der Trennung höchst unterschiedliche Rentenversicherungssysteme mit gänzlich voneinander abweichenden Strukturelementen herausgebildet, zum anderen gab es innerhalb des DDR-Altersversorgungssystems ein äußerst unübersichtliches, teilweise kaum bekanntes Geflecht an zusätzlichen Versorgungsleistungen, die über das Spektrum und Niveau der westdeutschen Rentenversicherung in einer Reihe von Fällen deutlich hinausgingen *(vgl. Reimann, 1992, S.14; Rahn, 1992, S.1f.; Michaelis, 1992, S.165 ff.; v. Einem, 1991 b, S.286ff.; Michaelis/Stephan, 1991, S.149 ff.; Ruland, 1991 c, S.365ff.).*

Den Vorgaben des EinigungsV folgend (Art.30 Abs.5), legten die Koalitionsfraktionen und die Bundesregierung am 11. April 1991 inhaltsgleiche **Entwürfe eines Rentenüberleitungsgesetzes** [BT-Drs.12/405; 12/630] vor, die am 26. April 1991 vom Bundestag in erster Lesung beraten wurden [Sten.Prot.BT 12/14, S.1607 ff.].

Die Entwürfe lösten nicht nur zwischen den Parteien erhebliche Kontroversen aus, sondern führten vor allem auch in den neuen Bundesländern zu einer lebhaften öffentlichen Auseinandersetzung und zu massiven Protesten. Sowohl auf politischer Ebene als auch in der Bevölkerung standen sich dabei in zahlreichen Punkten im Grunde zwei Lager gegenüber: Während die eine Seite die Überleitungsregelungen für zu günstig und damit für kaum finanzierbar hielt, sprach die andere Seite von massiven Eingriffen zu Lasten der Anwartschaften der Versicherten in den neuen Bundesländern und von der Beseitigung sozialpolitischer Errungenschaften (z. B. Mindestrente, frauenspezifische Elemente).

Nach Art. 30 Abs.5 EinigungsV waren das SGB VI sowie das Recht der gesetzlichen Unfallversicherung durch besonderes Bundesgesetz zum 1. 1. 1992 auf das Beitrittsgebiet überzuleiten. Für Versicherte, die ihren Rentenbeginn in der Zeit vom 1. 1. 1992 bis zum 30. 6. 1995 haben, sollte die Rente nach den Grundsätzen des Rentenrechts der ehemaligen DDR gezahlt werden, wenn sich hieraus eine höhere Rente als nach dem Recht des SGB VI ergibt. Entsprechend den Vorgaben des EinigungsV waren Ansprüche und Anwartschaften aus Zusatz- und Sonderversorgungssystemen in die Rentenversicherung zu überführen. Dafür sah der EinigungsV bestimmte Maßgaben vor, deren Einhaltung weder zu sachgerechten noch zu sozialpolitisch vertretbaren Ergebnissen geführt hätte. Ferner waren die geltenden Regelungen des Fremdrentenrechts den politischen Veränderungen in den Herkunftsgebieten und den Verhältnissen anzupassen, die sich aus der Herstellung der deutschen Einheit ergaben.

Im Mittelpunkt der **Auseinandersetzungen** standen vor allem Fragen im Zusammenhang mit der Überführung der Zusatz- und Sonderversorgungssysteme, der künftigen sozialen Absicherung der Frauen im Beitrittsgebiet, der Ausgestaltung des Sozialzuschlages sowie der Neufassung des Fremdrentenrechts. Insbesondere die Behandlung der **Ansprüche und Anwartschaften aus Zusatz- und Sonderversorgungssystemen** entwikkelte sich im Laufe der Beratungen zu einem Hauptstreitpunkt, zumal der EinigungsV hier Maßgaben vorsah, deren Einhaltung nach Ansicht der Bundesregierung weder zu sachgerechten noch zu sozialpolitisch vertretbaren Ergebnissen geführt hätte [BT-Drs.12/786, S.II].

Der Bundesrat, der zu dem RÜG-Gesetzentwurf in seiner 630. Sitzung am 21. Mai 1991 eine erste Stellungnahme abgab, anerkannte zwar die »objektiv außerordentlich schwierige Aufgabe« und würdigte die zahlreichen Verbesserungen, die die Regierungsvorlage für die Menschen im Beitrittsgebiet bringen werde, kritisierte aber auch, daß sich die Bundesregierung zu sehr am westdeutschen Rentenrecht orientiert habe. Insbesondere sah der Bundesrat in dem Gesetzentwurf Nachteile für die Frauen, da zahlreiche im Rentenrecht der DDR sich zugunsten von Frauen auswirkende Elemente abgeschafft würden. Die Einführung der zweifellos besseren westdeutschen Witwenrente sei keine Kompensation für die an anderen Stellen erlittenen Einbußen. Im Gegensatz zur Bundesregierung sprach er sich desweiteren dafür aus, den Sozialzuschlag für 3 weitere Zugangsjahre zu verlängern. Nach Ansicht des Bundesrates hatte sich der Sozialzuschlag als ein geeignetes Mittel erwiesen, die Preissteigerungen für Kleinstrentner in Ostdeutschland abzumildern und zu vermeiden, daß aus Rentnern Sozialhilfeempfänger würden. Schließlich trat der Bundesrat dafür ein, das Eingliederungsprinzip im Fremdrentenrecht durch das Leistungsexportprinzip zu ersetzen. Entschieden zurückgewiesen wurde von der Bundesregierung der Vorwurf des Bundesrates, der Gesetzentwurf sei frauenfeindlich. Ebenso lehnte sie eine Verlängerung des Sozialzuschlages wegen seiner Systemfremdheit kategorisch ab. Demgegenüber teilte die Bundesregierung die Auffassung, daß die Veränderungen in Osteuropa eine grundlegende Überprüfung der Kriegsfolgengesetzgebung erforderten *(vgl. Die Sozialversicherung, Heft 7/1991, S.193f.)*.

Obgleich alle drei Fraktionen des Deutschen Bundestages grundsätzlich daran interessiert waren, die Angleichung des Rentenrechts im Konsens durchzuführen, war es bis zuletzt in den Ausschußberatungen nicht gelungen, eine Übereinstimmung zwischen der Koalitionsfraktion der CDU/CSU einerseits und der Fraktion der SPD andererseits, die sich in zahlreichen Punkten die Haltung des Bundesrates zu eigen gemacht hatte, zu erreichen. Erst nach Abschluß der Ausschußberatungen fand ein kleiner Kreis von Sozialpolitikern und Fachleuten nach stundenlangen Beratungen einen **Kompromiß**. Die dabei gefundenen Lösungen sind mit einem Paket von **Änderungsanträgen** [BT-Drs.12/829] in der 2. und 3. Lesung in den vom Ausschuß beschlossenen Gesetzentwurf [BT-Drs.12/826], der schließlich mit großer Mehrheit am 21. Juni 1991 vom Bundestag verabschiedet wurde, eingefügt worden *(vgl. Kannengießer, 1991 b, S.262)*.

Noch vor dem Zustandekommen des Konsenses hatte die SPD-Fraktion als Alternative den Entwurf eines **Renten-Vorschaltgesetzes** [BT-Drs.12/724] eingebracht.

Nach Ansicht der SPD war die Vereinheitlichung des in beiden Teilen Deutschlands noch unterschiedlichen Rentenrechts – sofern unsoziale Einschnitte und schwerwiegende Verwaltungs- und Organisationsprobleme vermieden werden sollten – nur unter der Bedingung möglich, daß die vorliegenden Gesetzentwürfe der Koalitionsfraktionen und der Bundesregierung grundlegend überarbeitet und erst zum 1. 1. 1993 in Kraft gesetzt würden. Allerdings sollten im Vorgriff auf das zeitlich zu verschiebende RÜG in den fünf neuen Bundesländern bei sonst weiter geltendem alten Rentenrecht die Altersgrenzenregelungen, das Berufs- und Erwerbsunfähigkeitsrecht sowie das Witwer- und Witwenrecht nach dem SGB VI bereits zum 1. 1. 1992 in Kraft gesetzt werden. Abgesehen davon, daß die Koalitionsmehrheit den Gesetzentwurf ablehnte, spielte er nach der erzielten Einigung auch keine Rolle mehr.

Angesichts der Vielzahl der **Neuregelungen**, die das RÜG insbesondere für das Beitrittsgebiet brachte, kann im folgenden nur auf die wichtigsten Aspekte eingegangen werden *(vgl. Klattenhoff, 1991, S.352ff.; Kiel/Luckert, 1991, S.555ff.; H.-W. Müller, 1991b, S. 535; Wunderlich, 1991, S.253ff.; Rahn, 1992, S.1ff.; Kraus, 1992, S.38ff.; Michaelis, 1992, S.165ff.; Ruland, 1991 b, S.518ff.; v. Einem, 1991 b, S.286ff.; Zabre, 1992, S.185 ff.; Wilmerstadt, 1992)*. Im einzelnen bedeutete die Überführung des Rentenrechts in der Fassung des RRG 1992 zum 1. 1. 1992 für die dort lebenden Versicherten und Rentner:

- Ermittlung der Rente grundsätzlich unter Berücksichtigung der tatsächlichen individuellen Entgelte; hierbei sah das RÜG vor, daß bis zur Herstellung einheitlicher Lebensverhältnisse persönliche Entgeltpunkte (Ost) und ein aktueller Rentenwert (Ost) gebildet werden (Art.1 § 254 RÜG); für Zeiten, in denen die jeweiligen Arbeitsverdienste nur bis zu bestimmten Beitragsbemessungsgrenzen versichert werden konnten, werden zur Ermittlung der Entgeltpunkte auch die nachgewiesenen Entgelte oberhalb dieser Grenzen berücksichtigt (Art.1 § 256 a III RÜG).
- Regelmäßige Anpassung der Renten entsprechend der Entwicklung von Nettolöhnen und Gehältern im Beitrittsgebiet; die Anpassung erfolgt dabei mit der Zielsetzung, im Beitrittsgebiet ein ebenso hohes Nettorentenniveau wie in den alten Bundesländern zu erreichen.
- Geltung der Altersgrenzen des SGB VI ab 1. 1. 1992; während bisher die Versicherten in Ostdeutschland erst mit dem 65. Lebensjahr Anspruch auf eine Altersrente hatten, kommt diese

künftig u. a. bereits mit 63 Jahren (für langjährig Versicherte) oder sogar mit 60 Jahren (bei Arbeitslosigkeit, Schwerbehinderung, Frauen unter bestimmten Voraussetzungen) in Betracht. Die RV-Träger rechneten damit, daß von dieser Neuregelung voraussichtlich 200.000 Versichert Gebrauch machen werden *(vgl. Rahn, 1992, S.3; Michaelis, 1992, S.170ff.; Ruland, 1991 b, S.527)*. Beachtenswert war, daß für Versicherte, die Ende 1991 bereits einen Anspruch auf eine Rente wegen Alters vor Vollendung des 65. Lebensjahres hatten, ein unbeschränkter Hinzuverdienst zulässig war *(vgl. Michaelis, 1992, S.171)*.

– Geltung der Regelungen des SGB VI über Renten wegen verminderter Erwerbsfähigkeit ebenfalls ab dem 1. 1. 1992; dies bedeutet, daß die bei einer Erwerbsminderung von mindestens zwei Dritteln geleistete einheitliche Invalidenrente künftig unter den in den §§ 43, 44 SGB VI genannten Voraussetzungen durch eine Berufs- oder Erwerbsunfähigkeitsrente ersetzt wird; dabei ist vorgesehen, laufende Invalidenrenten als EU-Renten weiterzuzahlen, sofern die Hinzuverdienstgrenze von einem Siebtel der monatlichen Bezugsgröße nicht überschritten wird; andernfalls besteht ein Anspruch auf eine BU-Rente (Art.1 § 302a RÜG); da nach westdeutschem Recht wegen der »konkreten Betrachtungsweise« bei der Beurteilung der Erwerbsunfähigkeit des Versicherten auch die Arbeitsmarktsituation zu berücksichtigen ist, wurde im Beitrittsgebiet mit zahlreichen Neuanträgen auf BU- und EU-Renten gerechnet (schätzungsweise 100.000) *(vgl. Ruland, 1991 b, S.527)*.
– Geltung des Hinterbliebenenrentenrechts des SGB VI ab 1992 auch für Todesfälle vor 1992; Anspruch auf Witwerrente grundsätzlich bei Tod der Ehefrau nach 1985 (davor nur bei überwiegendem Unterhalt durch die verstorbene Ehefrau); hierdurch entfiel insbesondere die bisherige Regelung, wonach eine Witwen- oder Witwerrente, die neben einer Versichertenrente bezogen wird, auf 25 % gekürzt wird (Art.2 § 41 Abs.2 RÜG). Gleiches gilt für die einschränkenden Voraussetzungen, denen zufolge Witwenrenten nur an über 60jährige Witwen bzw. an über 65jährige Witwer gezahlt wurden. Schätzungen zufolge kam das neue Hinterbliebenenrentenrecht etwa 900.000 Witwen zugute; ihre Witwenrenten stiegen durchschnittlich von 194,46 auf 392,58 DM *(vgl. Kiel/Luckert, 1991, S.583)*. Außerdem wurde angenommen, daß rd. 150.000 Witwen durch das neue Recht überhaupt erst einen Rentenanspruch erhielten *(vgl. Ruland, 1991 b, S.527)*. Mit teilweise komplizierten Regelungen versuchte Art.31 RÜG (Versorgungsausgleichs-Überleitungsgesetz – VAÜG) ein Instrumentarium zur Verfügung zu stellen, um während einer Übergangszeit den Besonderheiten von Anrechten, die im Beitrittsgebiet erworben worden sind, im Rahmen des bisherigen Systems Rechnung zu tragen *(vgl. Klattenhoff, 1991, S.352ff., 1992, S. 85 ff.; Wunderlich, 1991, S.253ff.)*.
– Den Anspruch auf Leistungen für Kindererziehung begrenzte das RÜG im Beitrittsgebiet auf vor 1927 geborene Mütter, die keinen eigenen Rentenanspruch erworben hatten (Art.1 § 294a RÜG). Damit wurde dem Umstand Rechnung getragen, daß Mütter mit eigenem Rentenanspruch Kindererziehungszeiten bereits nach DDR-Recht berücksichtigt erhielten. Für Mütter und Väter mit einem Geburtsjahr ab 1927 wird gem. Art.1 §§ 249, 249a RÜG für die Erziehung eines vor dem 1. 1. 1992 geborenen Kindes ein Versicherungsjahr auf der Grundlage von 75 % des Durchschnittsentgelts aller Versicherten angerechnet. Während der Beratungen hatte es Kritik gegeben, daß die im DDR-Recht vorgesehenen Vergünstigungen im Rentenrecht nicht übernommen wurden. U. a. war gefordert worden, Frauen mit 3 und mehr Kindern auch für Geburten vor 1992 3 Jahre Kindererziehungszeit anzurechnen – und dies zudem additiv, d. h. zusätzlich zu Versicherungszeiten *(vgl. Ruland, 1991 b, S.527f.; Rahn, 1992, S.3; H.-W. Müller, 1991 a, S.451ff.)*.
– Umstellung der Bestandsrenten auf der Grundlage der Anzahl der Arbeitsjahre und des individuellen Durchschnittseinkommens der letzten 20 Arbeitsjahre zum 1. 1. 1992. Dies bedeutete, daß mit der Überleitung des SGB VI auf das Beitrittsgebiet fast 4 Mio. Bestandsrenten neu zu berechnen waren. War der nach den Grundsätzen des SGB VI aus den persönlichen Entgeltpunkten und dem aktuellen Rentenwert (Ost) ermittelte Rentenbetrag, der allein in vollem Umfang künftigen Rentenanpassungen unterliegt, niedriger als der für Dezember 1991 geleistete Zahlbetrag, so wurde die Differenz durch einen sog. »Auffüllbetrag« ausgeglichen (Art.1 § 315a RÜG). Ab 1996 soll dieser Betrag durch die weiteren Anpassungen um ein Fünftel, mindestens um 20 DM, aufgezehrt werden. Modellrechnungen zufolge bekamen mit der Umbewertung insgesamt 2.462.808 Versichertenrentner (83,5 %) Auffüllbeträge in durchschnittlicher Höhe von 222,60 DM monatlich (Männer: 166,76 DM; Frauen: 235,96 DM). Während von den Männern nur 53 % Auffüllbeträge bekamen, waren es bei den Frauen immerhin 96,3 % *(vgl. Kiel/Luckert, 1991, S.574)*.
– Krankenversicherungspflichtige Rentner des Beitrittsgebiets haben seit dem 1. 1. 1992 aus ihrer Rente Beiträge zur Krankenversicherung zu zahlen; der je zur Hälfte vom Rentner und vom RV-

Träger zu tragende Beitragssatz belief sich im 1. Halbjahr 1992 auf 12,8 %. Um infolge der neu eingeführten Eigenbeteiligung eine Rentenminderung zu vermeiden, wurden die besitzgeschützten Beträge der noch nach altem DDR-Recht festgestellten Bestandsrenten um 6,84 % erhöht (§ 315 a SGB VI). Entsprechendes galt für die nach Art.2 RÜG zu berechnende Vergleichsrente (Art.2 § 39 RÜG) *(vgl. Michaelis, 1992, S.176; Lauf, 1991, S.549 ff.).*

— Zur Erleichterung des ohnehin schwierigen Verfahrens erfolgte die Umbewertung der Bestandsrenten in einem maschinellen Verfahren unter Zugrundelegung der vorhandenen – keineswegs immer richtigen – Daten. Erst später sollten die so ermittelten Rentenbeträge einer Überprüfung unterzogen werden. Ein Rechtsanspruch auf Überprüfung besteht dabei aber erst ab dem 1. 1. 1994 (§ 307 a Abs.8 SGB VI).

Die in das RÜG aufgenommene **Vertrauensschutzregelung**, die über den EinigungsV und den Gesetzentwurf hinausgeht, beinhaltet, daß für Versicherte, deren Rente in der Zeit vom 1. Januar 1992 bis zum 31. Dezember 1996 beginnt, eine **Vergleichsrente** nach den Ende 1991 geltenden Rechtsvorschriften gezahlt wird, sofern diese Rente höher ist als die nach den Vorschriften des SGB VI berechnete Rente oder ein Rentenanspruch nur nach früherem DDR-Rentenrecht besteht (Art.2 §§ 1, 45 RÜG).

Während der Gesetzentwurf die Vertrauensschutzregelung bis zum 30. 6. 1995 begrenzen wollte, waren verschiedene Bundesländer für eine Bestandsschutzwahrung bis Ende 1996 eingetreten. Bei den Zugangsrenten der Jahre 1992 und 1993 wird diese Differenz in Form eines »Rentenzuschlages« (Art.1 § 319 a RÜG) ausgeglichen, die wie bei Bestandsrenten erst ab 1996 abgeschmolzen wird. Dagegen wird der Abbau des Differenzbetrages bei Zugangsrenten der Jahre 1994 bis 1996 im Rahmen der laufenden Rentenanpassungen erfolgen. Insgesamt soll diese Regelung sicherstellen, daß kein Rentner eine im Vergleich zum früheren DDR-Rentenrecht niedrigere Rente erhält *(vgl. Michaelis, 1992, S.174; Fendrich, 1991, S.9 f.).*

Eine bis zuletzt zwischen Regierungsparteien und Opposition strittige Frage war die weitere Behandlung des **Sozialzuschlages**. Dabei spielte auch eine Rolle, daß nicht wenige befürchteten, daß durch die mit dem Sozialzuschlag in die GRV eingeführte bedürftigkeitsorientierte Mindestsicherung Signalwirkungen auf die alte Bundesrepublik ausgehen könnten. Während die Bundesregierung beabsichtigte, den Sozialzuschlag Ende 1994 auslaufen zu lassen, trat der Bundesrat mit Nachdruck für dessen längere Beibehaltung ein.

Gemäß dem nach langen Verhandlungen als Kompromißlösung zustandegekommenen Gesetz zur Zahlung eines Sozialzuschlages zu Renten im Beitrittsgebiet wird ein bereits gewährter Sozialzuschlag längstens bis Ende 1996 gezahlt; neu bewilligt wird er nur noch für Renten, die vor dem 1. 1. 1994 beginnen (Art.40 § 1 RÜG). Allerdings ist er seit Anfang 1992 vom Familienstand des Berechtigten und von der Höhe seines Einkommens abhängig. Die Zahlung erfolgt in Höhe des Betrages, um den das monatliche Einkommen bei Alleinstehenden die Summe von 600 DM und bei Verheirateten das Gesamteinkommen von 960 DM unterschreitet (Art.40 § 2 RÜG). Neu ist auch, daß der Sozialzuschlag seit dem 1. 7. 1992 regelmäßig entsprechend der durchschnittlichen Steigerung des Regelsatzes der Sozialhilfe für das Beitrittsgebiet erhöht wird (Art.40 § 2 Abs.1 RÜG) *(vgl. Michaelis, 1992, S.176; Rahn, 1992, S.5).*

Entsprechend dem EinigungsV (Anl.II Kap.VIII Sachgeb.H Abschn.III Nr.9) hatte der Gesetzgeber den Auftrag, die erworbenen Anrechte aus Sonder- und Zusatzversorgungssystemen bis zum 31. Dezember 1991 in die Rentenversicherung zu überführen. Die Umsetzung dieses Auftrages bereitete nicht nur beträchtliche Probleme, sondern führte auch zu erheblichen Kontroversen *(vgl. Ruland, 1991 b, S.531).* Erst umfangreiche Änderungen während der parlamentarischen Beratungen führten zu der Ausgestaltung der Überleitung, wie sie nunmehr in Art.3 RÜG (**Anspruchs- und Anwartschaftsüberführungsgesetz** – AAÜG) enthalten ist. Die schließlich gefundene Lösung weicht dabei sowohl von den Vorgaben des EinigungsV wie vom ursprünglichen Gesetzentwurf nicht unerheblich ab.

Abweichend von den Maßgaben des EinigungsV spielen bei der Überführung der Zusatz- und Sonderversorgungssysteme die geleisteten Beiträge keine Rolle; zugleich können die bisher gezahlten Leistungen unterschritten werden *(vgl. v. Einem, 1991 b, S.291).* Entgegen den Absichten des Gesetzentwurfes wurden die Versorgungssysteme der Parteien von der Überführung ausgeklammert, nachdem in der Frage der Kostenerstattung kein Kompromiß erzielt werden konnte. Der Gesetzentwurf sah ferner vor, das jeweilige Einkommen maximal nur bis zum allgemeinen Durchschnittseinkommen zu berücksichtigen (d. h. maximal ein Entgeltpunkt pro Jahr). Bei Stasi-Renten sollten die berücksichtigungsfähigen Entgelte sogar auf 65 % des Durchschnittseinkommens gekappt werden. Zudem sollte in einer Übergangsphase die Kumulation von gleichartigen Renten aus der RV und den Zusatzversorgungssystemen auf 1.500 DM, bei den Stasi-Renten auf 600 DM begrenzt werden. Allerdings war beabsichtigt, die Bundesregierung zu ermächtigen, durch RechtsVO die Personengruppen zu bestimmen, für die wegen ihrer bei typisierender Betrachtung relativ geringen Staats- oder Systemnähe auch das Einkommen zwischen dem jeweiligen Durchschnittsentgelt und der jeweiligen BBG ganz oder teilweise Berücksichtigung finden sollte. Schließlich sollten durch die RV-Träger auf Vorschlag einer unabhängigen Kommission die der Rentenberechnung zugrunde liegenden Entgelte bei besonders Belasteten gekürzt oder ganz aberkannt werden (Art.4 des Gesetzentwurfes – Versorgungskürzungsgesetz) *(vgl. Ruland, 1991 b, S.531)*.

An den im Gesetzentwurf enthaltenen Überführungsgrundsätzen wurde insbesondere kritisiert, daß die Kürzung der Entgelte auf maximal das Durchschnittseinkommen aller Versicherten im Beitrittsgebiet eine strafrechtliche Sanktion darstelle, die dem Rentenversicherungsrecht grundsätzlich fremd sei [Sten.Prot.BT 12/24, S.1638]. Eine verfassungswidrige Ungleichbehandlung wurde ferner darin gesehen, daß alle Versorgungssysteme ungeachtet ihrer Staatsnähe gleich behandelt werden sollten. Daß „die Bundesregierung ermächtigt werden sollte, mit einer Verordnung weniger belastete, systemferne Mitglieder von Zusatzversorgungssystemen aus dieser Sanktion herauszunehmen, (verkehre) bestenfalls das Regel-Ausnahmeverhältnis" *(Ruland, 1991 b, S.531)*. Besonders umstritten waren zudem die im sog. Versorgungskürzungsgesetz vorgesehenen individuellen Kürzungsmöglichkeiten. Bedenken bestanden zum einen darin, daß die Vorschriften „wegen zu großer Unbestimmtheit und Konturenlosigkeit für die Verwaltung nicht praktikabel und für die Gerichte nicht justitiabel seien" *(v. Einem, 1991 b, S.292)*. Zum anderen wurde darauf hingewiesen, daß damit in das Rentenrecht pönale Elemente eingeführt würden, die diesem grundsätzlich wesensfremd seien. Auf entschiedene, nahezu einhellige Ablehnung stieß hierbei auch, daß die Durchführung der Kürzungen und Aberkennungen den RV-Trägern obliegen sollte. Damit wäre ihnen eine Aufgabenstellung zugewiesen worden, die sie objektiv nicht hätten leisten können. Vor allem die RV-Träger warnten nachdrücklich davor, ihnen die formale Verantwortung für die Kürzung von Renten und Anwartschaften aus politischen Gründen zu übertragen *(vgl. Rische, 1991, S.232; Kannengießer, 1991 b, S.264)*.

Die massive Kritik von einzelnen Abgeordneten und zahlreichen Verbänden – insbesondere aber auch von Fachleuten erhobene verfassungsrechtliche Bedenken gegenüber bestimmten vorgesehenen Regelungen – veranlaßten den Gesetzgeber, einen anderen Ansatz zu wählen und eine Reihe von Verbesserungen vorzunehmen. Im einzelnen erfolgte die Überführung nun folgendermaßen *(vgl. Reimann, 1992, S.14ff.; BfA, 1991)*:

- Nach dem Grundsatz des Art.3 § 2 RÜG sind die Ansprüche und Anwartschaften auf Leistungen, die in einem Zusatz- oder Sonderversorgungssystem erworben worden sind, zum 31.12.1991 in die RV überführt worden. Zeiten in einem dieser Systeme sind als Pflichtbeitragszeiten der RV zu berücksichtigen, sofern in diesen Zeiten eine Beschäftigung oder Tätigkeit ausgeübt wurde, wobei die Frage der tatsächlichen Beitragsentrichtung unerheblich ist.
- Bei der Ermittlung von Entgeltpunkten wird grundsätzlich vom tatsächlichen Einkommen ausgegangen, das allerdings nur bis zur Höhe der BBG berücksichtigt wird (Art.3 § 6 Abs.2 RÜG). Abweichend davon ist für bestimmte Personengruppen, die kraft ihrer Funktion oder der Zugehörigkeit zu einem bestimmten Versorgungssystem dem System besonders nahe standen, eine Begrenzung auf den allgemeinen Durchschnittsverdienst (1,0 Entgeltpunkte) vorgesehen. Grundsätzlich erfolgt diese Begrenzung für Generaldirektoren zentral geleiteter Kombinate und »verdienstvolle« Vorsitzende von landwirtschaftlichen Produktionsgenossenschaften (§ 6 Abs.3 i.V. m. Anl.1 Nr.2, 3 AAÜG) sowie Betriebsdirektoren, Leiter auf dem Gebiet der Kaderarbeit oder hauptamtliche Parteisekretäre (§ 6 Abs.3 Satz 3 AAÜG). Für Angehörige bestimmter staatsnaher Versorgungseinrichtungen (z. B. MdI, NVA, Zoll, hauptamtliche Mitarbeiter des Staatsapparats und gesellschaftlicher Organisationen, FDGB) erfolgt die Entgeltbegrenzung dagegen nur, wenn eine leitende Tätigkeit oder Funktion ausgeübt wurde. Eine solche wird angenommen, wenn das Arbeitsentgelt über dem 1,4fachen des Durchschnittsentgelts gelegen hat. Allerdings werden davon in § 6 Abs.4 bestimmte Personengruppen ausdrücklich ausgenommen (Angehörige der Berufsfeuerwehr, Sozialversicherungsmitarbeiter, hauptamtliche Mitarbeiter

des Roten Kreuzes) *(vgl. Michaelis, 1992, S.178; v. Einem, 1991 b, S.291 f.; Ruland, 1991 b, S.532; Salthammer, 1991, S.548 f.)*. Geblieben ist es bei der besonderen Begrenzung für Angehörige des Sonderversorgungssystems des MfS; gem. § 7 AAÜG sind für dort zurückgelegte Zeiten ausnahmslos höchstens 0,7 Entgeltpunkte zu berücksichtigen.

- Für Angehörige der zu überführenden Systeme, deren Rente 1992 bzw. 1993 beginnt, sieht § 4 Abs.4 AAÜG einen Besitzschutz vor. In diesen Fällen ist wenigstens ein Monatsbetrag zu zahlen, der sich unter Berücksichtigung des vor dem 1.1.1992 geltenden Rechts im Beitrittsgebiet ergeben hätte, höchstens jedoch der jeweilige Höchstbetrag nach § 10 AAÜG.
- Mit Wirkung vom 1.8.1991 begrenzt § 10 AAÜG die Summe der Zahlbeträge aus RV und Versorgungssystem bei Versichertenrenten auf 2.010 DM, bei Witwenrenten auf 1.206 DM, bei Vollwaisenrenten auf 804 DM und bei Halbwaisenrenten auf 603 DM. Auch hier gelten für Angehörige des Sonderversorgungssystems des MfS abweichende Zahlbetragsbegrenzungen (Versichertenrenten: 802 DM; Witwenrenten: 481 DM; Waisenrenten: 321 bzw. 241 DM).
- Grundsätzlich verzichtet wurde auf eine individuelle Kürzung der Versorgung wegen einer besonders schuldhaften Verstrickung in das System. Ein Ruhen der Ansprüche auf überführte Leistungen ist lediglich dann vorgesehen, wenn gegen den Berechtigten ein Strafverfahren wegen einer als Träger oder Inhaber politischer oder gesellschaftlicher Funktionen begangenen Straftat gegen das Leben oder wegen einer anderen schwerwiegenden Straftat gegen die körperliche Unversehrtheit oder die persönliche Freiheit betrieben wird und sich dieser dem Verfahren durch Auslandsaufenthalt entzieht (Art.4 § 1 RÜG). Die Entscheidung über das Ruhen obliegt nicht dem RV-Träger, sondern gem. Art.4 § 2 Abs.1 RÜG dem Bundesversicherungsamt auf Vorschlag einer speziell dafür eingesetzten Kommission.

Die Verbesserungen gegenüber dem Gesetzentwurf befriedigten allerdings die Betroffenen überwiegend nicht. Sie kritisieren die Vorschriften des AAÜG als rechtsstaatswidrig und werfen dem Gesetzgeber weiterhin vor, mittels des Rentenrechts eine **politische Bestrafung** vorzunehmen. Als im Einzelfall äußerst unbefriedigend wird insbesondere die typisierende Betrachtungsweise angesehen. Eine Reihe von Betroffenen sieht sich in ihren Grundrechten beeinträchtigt und klagt entsprechend vor dem BVerfG.

Neben der Überführung des Rentenrechts auf das Beitrittsgebiet erfolgten durch die Artt. 14 und 15 RÜG auch teilweise grundlegende Änderungen des **Fremdrentenrechts**. Erneut ging es darum, die geltenden Regelungen des FRG an die politischen Veränderungen in den Herkunftsgebieten und an die Verhältnisse anzupassen, die sich aus der Herstellung der deutschen Einheit ergaben. Gefunden werden mußte insbesondere eine Lösung für die seit dem StaatsV bestehende Ungleichbehandlung zwischen »ehemaligen« Übersiedlern und Aussiedlern. Zugleich mußte vermieden werden, daß für die Aussiedler weiterhin Anreize bestanden, ihren Wohnsitz ausschließlich im alten Bundesgebiet zu nehmen *(vgl. Polster, 1992, S.166)*. Eine abschließende Neuregelung des Fremdrentenrechts war allerdings erst möglich, nachdem auch im **deutsch-polnischen Verhältnis** mit dem neuen Sozialversicherungsabkommen vom 8. Dezember 1990 [BGBl.II 1991 S.741] den veränderten Rahmenbedingungen Rechnung getragen worden war *(vgl. auch Ebenhöch, 1991, S.564ff.; Dahm, 1992, S.19ff.)*.

An der durch das StaatsV-G vorgegebenen Differenzierung festhaltend, sollte das Fremdrentenrecht laut Gesetzesbegründung so fortentwickelt werden, daß die »Sicherung eines angemessenen Lebensstandards für Aussiedler auf der Grundlage des Integrationsprinzips in Abhängigkeit vom Aufenthaltsort in den alten oder neuen Bundesländern« erfolgt [BT-Drs. 12/630]. Trotz der tiefgreifenden Veränderungen in den osteuropäischen Staaten und berechtigten Zweifeln am Fortdauern eines gegen die deutsche Bevölkerung gerichteten Vertreibungsdrucks hielt die Bundesregierung eine völlige Aufgabe des Integrationsprinzips nicht für vertretbar [BT-Drs. 12/5405, S.115]. Die nunmehr gefundene Lösung sieht eine Anwendung des Integrationsprinzips in der Weise vor, daß Aussiedler, die nach dem 31.12.1990 aus einem Herkunftsgebiet in das alte Bundesgebiet zugezogen sind bzw. künftig zuziehen, nur noch eine FRG-Leistung auf einem Niveau erhalten, das dem Lohnniveau strukturschwacher Regionen des alten Bundesgebietes entspricht. Konkret erfolgt dies, indem die nach bisherigem Recht errechnete Leistung pauschal um 30 % abgesenkt wird (§ 22 Abs.3 FRG). Keine Anwendung sollte die Absenkung auf 70 % allerdings auf jene finden, die vor 1991 ihren gewöhnlichen Aufenthalt im alten Bundesgebiet genommen oder vor dem 1.8.1991 einen Anspruch auf Rentenzahlungen erworben haben, sowie jene, für die weiterhin das deutsch-polnische Abkommen vom 9.10.1975 gilt. Aussiedler, die ab 1991 aus einem Herkunftsgebiet in das Beitrittsgebiet ziehen, sollen FRG-Leistungen auf dem Rentenniveau (Ost) erhalten. Ferner bekommen gem. Art.6 § 4 Abs.6 FANG FRG-Berechtigte, die nach 1990 aus dem Beitrittsgebiet in die alten Bundesländer übersiedeln, für nach dem FRG anrechenbare Zeiten nur noch Leistungen nach den Vorschriften des Beitrittsgebietes. Des weiteren wurden in Anlehnung an die Vorschriften des AAÜG bei denjenigen Personen die FRG-Leistungen begrenzt, die im Herkunftsgebiet Tätigkeiten ausgeübt haben, die in der DDR zu einer Mitgliedschaft in einem Sonder- bzw. Zusatzversorgungssystem geführt hätten *(vgl. Polster, 1992, S.167)*. Schließlich wurde im Fremdrentenrecht ab dem 1.1. 1992 die Ermittlung von Werteinheiten für nach dem FRG anrechenbare Zeiten vollständig neu gestaltet. Unter Abkehr von den bisherigen Leistungsgruppen werden die Werte für FRG-Leistungen künftig in derselben Weise ermittelt wie die Werte für nur glaubhaft gemachte Beitragszeiten im Beitrittsgebiet *(vgl. Grieß, 1991, S.556; Polster, 1992, S.168ff.; Strunk, 1991, S.520ff.)*.

Die weitreichendsten Auswirkungen für die Versicherten im alten Bundesgebiet hatte die Entscheidung, im Zusammenhang mit der Rentenüberleitung zwischen der Rentenversicherung-West und der Rentenversicherung-Ost einen **Finanzverbund** ab 1992 herzustellen, um in Deutschland eine **einheitliche Solidargemeinschaft** zu bilden. Dies bedeutete, daß die finanziellen Belastungen der Rechtsangleichung auf die Beitragszahler übergingen und zugleich der Bundeshaushalt entlastet wurde *(vgl. Kannengießer, 1991 a, S. 49f.)*.

Während bis Ende 1991 für die Finanzierung der Ausgaben der RV-Träger im Beitrittsgebiet nur die dort erzielten Einnahmen verwandt werden durften (Anl.I Kap.VIII Sachgeb.H Abschn.II Nr.1 § 5 EinigungsV), werden zukünftig die Rentenausgaben in Ost und West gemeinsam von allen ost- und westdeutschen Beitragszahlern getragen. Zugleich wurde analog zum alten Bundesgebiet ein Wanderungsausgleich zwischen ArV/AnV und knappschaftlicher Rentenversicherung eingeführt. Zwar schloß die RV-Ost das Rechnungsjahr 1991 mit einem Überschuß von rd. 500 Mio. DM ab *(vgl. Genzke, 1992, S.139)*, mit der Überleitung des Rentenrechts wird ab 1992 jedoch zunächst mit wachsenden Defiziten gerechnet. Schätzungen beziffern die der RV entstehenden Mehrkosten aufgrund der Überleitungsgesetzgebung für das Jahr 1992 auf 8,7 Mrd. DM und für das Jahr 1993 auf ca. 10 Mrd. DM *(vgl. Ruland, 1991 b, S.532f.; H.-W. Müller, 1991 b, S.535ff.)*. Modellrechnungen gehen davon aus, daß im Jahre 1992 rund 13 Mrd. DM an die ArV und die AnV (Ost) transferiert werden müssen, um dort ein rechnungsmäßiges Defizit zu vermeiden *(vgl. H.-W. Müller, 1991 b, S.549)*.

Hinsichtlich der Überleitung des **Unfallversicherungsrechts** brachte das RÜG u.a. folgende Neuregelungen:

- Geltung der Vorschriften der RVO zur gesetzlichen Unfallversicherung für alle Versicherungsfälle im Beitrittsgebiet seit dem 1.1.1992;
- Übernahme aller vor dem 1.1.1992 eingetretenen Arbeitsunfälle und Berufskrankheiten aus der Sozialversicherung des Beitrittsgebietes; keine Neuberechnung laufender Unfallrenten;
- bei Überprüfung laufender Unfallrenten im Beitrittsgebiet: Bemessung der Unfallfolgen nach den Grundsätzen der RVO; Wahrung des Besitzstandes;
- Übertragung des Hinterbliebenenrentenrechts der RVO ab 1992 auf das Beitrittsgebiet auch für Todesfälle vor 1992;
- Anpassung der Unfallrenten und der Pflegegelder entsprechend der Anpassung der Renten in der Rentenversicherung im Beitrittsgebiet.

Gleichzeitig mit dem Renten-Überleitungsgesetz verabschiedete der Bundestag in seiner 35. Sitzung am 21.6.1991 einen Entschließungsantrag der Fraktionen der CDU/CSU, SPD und FDP [BT-Drs. 12/837], in dem gefordert wurde, die Zeit bis zum Auslaufen der für die neuen Bundesländer im Rentenrecht getroffenen Bestandsschutzregelungen zu nutzen, die **Alterssicherung der Frauen** in der leistungsbezogenen Rentenversicherung zu verbessern. Vor allem sollte eine derartige Reform der Alterssicherung der Frauen die Familienarbeit erwerbstätiger Frauen besser berücksichtigen, eigene Anwartschaften der Frauen ausbauen und einen wichtigen Beitrag zur Lösung des Problems der Altersarmut leisten *(vgl. Ruland, 1992, S.68ff.)*.

Gleichfalls rascher Regelungsbedarf bestand in der politisch sehr sensiblen Frage des Umgangs mit den in der früheren DDR als Entschädigung für während der Nazizeit erlittenes Unrecht gewährten sog. **Ehrenpensionen**, da die Rechtsgrundlagen im wesentlichen am 31. 12. 1991 ausliefen. Zugleich bestand das Problem, daß einem Teil der NS-Opfer in der ehemaligen DDR in der Vergangenheit Ehrenpensionen oder andere Entschädigungsleistungen in rechtsstaatswidriger Weise entzogen oder verweigert worden waren. Zudem fehlte eine Verfahrensregelung zur Kürzung bzw. Aberkennung von Ehrenpensionen, wenn der Berechtigte gegen die Grundsätze der Menschlichkeit oder der Rechtsstaatlichkeit verstoßen hatte [BT-Drs. 12/1790]. Erst nach langwierigen und komplizierten Gesprächen auf höchster Ebene zwischen Koalition und SPD unter Einbeziehung des Zentralrates der Juden konnte Ende November 1991 in den wichtigsten Eckpunkten eine Einigung erzielt werden *(vgl. Nothelle, 1991)*. Nach der Beratung in den parlamentarischen Gremien [BT-Drs.12/2224] brachte das **Entschädigungsrentengesetz vom 28. April 1992** [BGBl.I S.906] u. a. folgende Regelungen *(vgl. Konieczka, 1992, S.242ff.)*:

— Die im Beitrittsgebiet laufenden Ehrenpensionen werden – unter Vereinheitlichung auf dem Niveau der Leistungen für Verfolgte des Faschismus, d. h. 1.400 DM monatlich – als Entschädigungsrenten weitergezahlt (arbeitsunfähige Witwen: 800 DM; Vollwaisen: 500 DM; Halbwaisen: 300 DM);

— die Entschädigungsrenten werden zudem nach den Grundsätzen des Bundesentschädigungsgesetzes dynamisiert, wobei die Dynamisierung zu einem Zeitpunkt beginnt, zu dem eine vergleichbare Entschädigungsleistung in den alten Bundesländern (BEG-Rente in Höhe von derzeit 1.000 DM/Monat) durch Anpassung die Höhe von 1.400 DM überschreitet;

— Entschädigungsrenten werden in den Fällen neu bewilligt, in denen in der Vergangenheit in der ehemaligen DDR in rechtsstaatswidriger Weise Wiedergutmachungsleistungen aberkannt oder entzogen wurden;

— Entschädigungsrenten werden bei jenen Personen gekürzt oder entzogen, die gegen die Grundsätze der Menschlichkeit oder Rechtsstaatlichkeit verstoßen haben oder in schwerwiegendem Maße ihre Stellung zum eigenen Vorteil oder zum Nachteil anderer mißbraucht haben.

Für die Entschädigung von Verfolgten im Sinne des § 1 BEG, die keinen Anspruch auf Leistungen nach dem Entschädigungsrentengesetz hatten, sollte die Bundesregierung **Härtefallrichtlinien** erlassen. Insgesamt war das Gesetz das Ergebnis einer sehr schwierigen Abwägung zwischen verschiedenen ins Gewicht fallenden Faktoren. Dabei wurden durchaus die Probleme gesehen, die sich daraus ergeben, daß ein Teil der Verfolgten ihrerseits aktiv an der Unterstützung eines Unrechtsregimes mitgewirkt hat [BT-Drs.12/2224].

Auch in der weiteren parlamentarisch-politischen Arbeit zeigte sich bereits im Laufe des Jahres 1991, daß die Herstellung der Einheit kein auf einen kurzen Zeitraum begrenzbarer einmaliger Akt war. Deutlich wurde auch, daß der Einigungsprozeß nicht ein für alle mal planbar war. Immer häufiger zeigten sich Unzulänglichkeiten und Lücken des EinigungsV, die zum Teil bei längerer Beratungszeit des Vertragswerkes möglicherweise hätten vermieden werden können, die teilweise aber auch erst nachträglich sichtbar wurden, als zunehmend mehr Fakten und Zusammenhänge über die frühere DDR bekannt wurden. Auch im sozialpolitischen Bereich wurden erst allmählich Informationen zugänglich, die Korrekturen ursprünglich vorgesehener Lösungen erforderten. Hinzu kam, daß erst im Zeitablauf sichtbar wurde, daß bestimmte, im EinigungsV vorgesehene Terminvorstellungen einfach nicht zu halten waren, abgesehen davon, daß neue Problemlagen entstanden, mit denen in dieser Weise zuvor niemand gerechnet hatte.

Eine Reihe gesetzlicher Aktivitäten – vor allem gegen Ende des Jahres 1991 – war erforderlich, um Fehlentwicklungen und Unzulänglichkeiten zu korrigieren bzw. um auf neu entstandene Probleme zu reagieren.

Noch bevor das RÜG in seinem vollen Umfang wirksam geworden war, mußte es durch das **Renten-Überleitungs-Änderungsgesetz (RÜG-ÄndG) vom 18. Dezember 1991** [BGBl.I S.2207] novelliert werden, um dem bei der Umsetzung des RÜG sichtbar gewordenen Änderungs- und Ergänzungsbedarf gerecht zu werden [BT-Drs.12/1275]. Das interfraktionell getragene Gesetz brachte neben stärkeren Begrenzungen der Leistungen für ehemalige haupt- und nebenamtliche Mitarbeiter des MfS/AfNS vor allem Modifizierungen hinsichtlich des KV-Beitrages von Rentnern im Beitrittsgebiet sowie des Sozialzuschlages.

Mit der vorgesehenen Auflösung der Überleitungsanstalt Sozialversicherung zum Jahresende 1991 war es erforderlich, die Vermögensfragen der Sozialversicherung im Beitrittsgebiet abschließend zu regeln. Nach Art.22 EinigungsV war das Vermögen der Sozialversicherung in der ehemaligen DDR nicht unter die allgemeinen Zuordnungsvorschriften gefallen, sondern einer Gesamthandsgemeinschaft übertragen worden. Nachdem die verschiedenen Träger der Sozialversicherung im wesentlichen im Jahre 1991 ihre Tätigkeit im Beitrittsgebiet aufgenommen hatten, konnten mit dem **Gesetz zur Regelung von Vermögensfragen der Sozialversicherung im Beitrittsgebiet vom 20. Dezember 1991** [BGBl.I S.2313] noch verbliebene offene Vermögensfragen zwischen den Sozialversicherungsträgern abschließend geregelt werden *(vgl. auch W. Schmidt, 1992, S.142f.; Schulz-Weidner, 1992, S.24ff.)*.

2.4 Soziale Absicherung des Risikos der Pflegebedürftigkeit

Bislang ebenfalls ungelöst – und dies nach einer mehr als 20jährigen Diskussion – ist die Frage einer **sozialen Absicherung des Pflegefallrisikos**. Nachdem es bereits im Verlaufe der 10. Legislaturperiode Mitte der 80er Jahre im Bundestag und Bundesrat verschiedene Gesetzesinitiativen gegeben hatte, die eine bessere Unterstützung von Pflegebedürftigen zum Ziele hatten, war die Frage der Einführung einer umfassenden Absicherung des Pflegerisikos Ende der 80er Jahre zunächst etwas in den Hintergrund getreten. Neu belebt wurde die Diskussion Anfang 1990 durch den von Baden-Württemberg vorgelegten Entwurf eines Pflegevorsorgegesetzes [BR-Drs.367/90] sowie den Gesetzentwurf des Landes Rheinland-Pfalz für ein Pflegehilfen-Neuregelungsgesetz [BR-Drs.425/90]. Im Anschluß an die Vorlage dieser beiden Gesetzesinitiativen entwickelte sich eine breite öffentliche Diskussion, die sich nicht zuletzt angesichts des starken Interesses in der Bevölkerung insbesondere vor der Bundestagswahl 1990 noch verstärkte. Bereichert worden war die Diskussion dabei zwischenzeitlich vor allem um die vom Bundesarbeitsminister Blüm vorgelegten Vorschläge zur Absicherung des Pflegerisikos sowie das vom SPD-Parteitag Ende September 1990 bekräftigte Konzept zur künftigen Absicherung des Pflegerisikos *(vgl. Thiede, 1991, S.63f.; Handelsblatt v. 27.9., 2./3.1990; SPD, 1991; Orde, 1991 a, S.117ff.; Tophoven, 1991, S.34ff.; Leienbach, 1991, S.130ff.; Seehofer, 1991, S.104ff.; v. Maydell, 1991, S.119ff.; G. Wagner, 1991 a, S.40ff.; Bäcker, 1991, S.69ff.; v. Einem, 1991 a, 53ff.; Wasem, 1991, S.122ff.; Ruf, 1992 b, S.29ff.; Uhrig, 1991, S.125f.; G. Wagner, 1991 b, S.139ff., 1991 c; Zweig, 1991, S.259ff.)*.

Zu Beginn der 12. Legislaturperiode gab es schließlich einen **breiten gesellschaftlichen Konsens**, daß die soziale Sicherung gegen das Risiko, pflegebedürftig zu werden, eine der sozialpolitischen Herausforderungen der 90er Jahre darstellen wird. Eine **gesetzliche Lösung dieses Problemes** in der 12. Legislaturperiode galt zunächst als durchaus wahrscheinlich, zumal sich die Regierungsparteien in der Koalitionsvereinbarung vom 15. Januar 1991 – bei fortbestehenden konzeptionellen Divergenzen – darauf verständigt hatten, bis zum 1. Juni 1992 einen Gesetzentwurf zur Absicherung der Pflegebedürftigkeit vorzulegen *(vgl. Koalitionsvereinbarung, V, Ziff. 34).*

Aufgrund des Widerstands von seiten der FDP sowie auch maßgeblicher Kräfte innerhalb der Union gelang es in der Koalitionsvereinbarung lediglich, sich auf Grundzüge zur Lösung des Pflegeproblems zu verständigen. Festgelegt wurde, daß ein steuerfinanziertes Leistungsgesetz nicht in Frage kommen und eine Lösung außerhalb der Sozialhilfe erfolgen sollte. Außerdem sollte die Rehabilitation Vorrang vor Pflegeleistungen und häusliche Pflege Vorrang vor stationärer Unterbringung haben *(vgl. K. Jung, 1991, S. 351).*

Nach wie vor eine wichtige Rolle in der politischen Diskussion spielt das sog. **BLÜM-Modell**, das der Bundesarbeitsminister in groben Konturen erstmals auf dem Ersatzkassentag im September 1990 präsentiert hatte und das weiterhin vom Bundesarbeitsministerium als der geeignetste Lösungsansatz angesehen wird. Unterstützt wird dieses Konzept insbesondere von den CDU-Sozialausschüssen *(CDA, 1991)*, aber auch einer Reihe von Verbänden *(vgl. K. Jung, 1991, S. 351 ff.).*

Nach Ansicht des Bundesarbeitsministers sollte eine eigenständige soziale Pflegeversicherung als 5. Säule des Sozialversicherungssystems unter dem Dach der GKV aufgebaut werden. Vorteile eines derartigen Vorgehens seien u. a., daß bereits Pflegebedürftige bzw. pflegenahe Jahrgänge sofort die neuen Leistungen erhalten, die Beitragssätze ohne Risikozuschläge, aber mit Einbeziehung der Familienangehörigen sozial tragbar gestaltet und eine Steuerung des Leistungsangebots über Versorgungsverträge und Vergütungsverhandlungen durch die Krankenkassen gewährleistet werden könnten. Die nach und nach konkretisierten Vorschläge des Bundesarbeitsministers beschränkten den Kreis der Versicherungspflichtigen auf die in der GKV Versicherten unterhalb der Beitragsbemessungsgrenze einschließlich der Bezieher von Einkommensleistungen der Sozialversicherung. Finanziert werden sollte die Pflegeversicherung durch einen bundeseinheitlichen Beitragssatz von ca. 2 %. Die Beiträge sollten je zur Hälfte von den Arbeitnehmern und ihren Arbeitgebern aufgebracht werden. Ehegatten und Kinder, deren Einkommen monatlich unter einem bestimmten Betrag liegt, sollten beitragsfrei mitversichert sein. Der Leistungskatalog sah für »erheblich Pflegebedürftige« Geldleistungen von 400 DM bzw. Sachleistungen im Wert von 750 DM vor. Schwerpflegebedürftige sollten Leistungen in doppelter Höhe (800 DM Geld- bzw. 1.500 DM Sachleistung), Schwerstpflegebedürftige die dreifachen Sätze (1.200 DM Geld- oder 2.250 DM Sachleistung) erhalten. Bei stationärer Pflege sollten pflegebedingte Kosten bis zu 2.000 DM monatlich übernommen werden (die Kosten für Unterkunft und Verpflegung sollte der Pflegebedürftige selbst tragen). Darüber hinaus sollte die häusliche Betreuung durch Familienangehörige durch die soziale Absicherung der Pflegepersonen (Begründung von Rentenanwartschaften durch Pflegezeiten) gefördert werden *(vgl. BMA, 1991 b, 1991 c; Seehofer, 1991, S. 104 ff.).*

In der CDU stießen die Vorstellungen BLÜMS keineswegs auf uneingeschränkte Zustimmung. Massive Widerstände kamen vor allem von seiten des CDU-Wirtschaftsrates und der Mittelstandsvereinigung. Erst nach langen internen Auseinandersetzungen faßte der CDU-Bundesvorstand am 30. September 1991 einen sog. **Tendenzbeschluß**, der das BLÜM-Modell, ohne konkrete Details einer Regelung zu nennen, in einigen Punkten modifizierte, immerhin jedoch eine Festlegung zugunsten einer sozialversicherungsrechtlichen Lösung beinhaltete, allerdings unter der Voraussetzung, daß eine anderweitige Entlastung der Wirtschaft gefunden wird.

Im Vorfeld dieses Beschlusses war innerhalb der CDU eine Reihe von Kompromiß-Modellen diskutiert worden. Eingebracht worden war u. a. ein Vorschlag des BMA, der – ausgehend vom ursprünglichen BMA-Konzept – eine Ausdehnung des versicherten Personenkreises auf alle Bürger mit Befreiungsmöglichkeiten, als Antwort auf das demographische Risiko ein Kapital-Ansammlungs-Element im Beitragssatz (zwischen 0,2 und 0,5 Beitragssatzpunkten) sowie Maßnahmen zur Stabilisierung der Beitragsbelastung in der Sozialversicherung als Antwort auf steigende Lohn-Zusatzkosten vorsah. Einen ähnlichen Vermittlungsvorschlag machte auch die CDU-Fraktions-Arbeitsgruppe am 19. 9. 1991, befürwortete dabei aber ein stufenweises Inkrafttreten (ambulante Leistungen ab 1. 1. 1994; stationäre Leistungen ab 1. 1. 1995). Weitere Vorschläge unterbreitete der sozialpolitische Sprecher der CDU Julius LOUVEN; danach sollten eine soziale und private Pflegeversicherung hintereinander geschaltet kombiniert werden. Während Berufsanfänger einer privaten Versicherung beitreten sollten, wären alle übrigen Bürger Mitglieder einer sozialen Pflegeversicherung geworden.

Das Problem dabei war, daß die Beitragsausfälle in der Sozialversicherung durch die nicht in ihr versicherten Jüngeren einen steigenden Subventionsbedarf erfordert hätten. Dieser durch Beitragsausfälle entstehende Finanzbedarf sollte über einen Kapital-Ansparbeitrag der sozialen Pflegeversicherung und zusätzlich über einen Kapital-Ansparbeitrag der Privatversicherten, hilfsweise über eine Abgabe oder Sondersteuer finanziert werden. Um dennoch vorhandene Finanzierungsprobleme zu entschärfen, schlug er ferner zur Minderung der Ausgaben in der sozialen Pflegeversicherung die Einführung von Bedürftigkeitsprüfungen, Vorversicherungszeiten und Selbstbeteiligungselementen mit Härteklauseln vor.

Nach dem schließlich von der CDU gefaßten Tendenzbeschluß sollte die Grundversicherung für die Pflegebedürftigkeit auf der Basis eines Umlageverfahrens im Rahmen der Sozialversicherung mit einem Beitragssatz von ca. 1,5 % durchgeführt werden, wobei von einer Pflichtversicherung der gesamten Bevölkerung ausgegangen wurde (bestimmte Befreiungsmöglichkeiten bei Nachweis einer gleichwertigen Absicherung). Eine darüber hinausgehende Vorsorge sollte privatrechtlich versichert werden. Um kommende Generationen mit ihrer Beitragsbelastung nicht zu überfordern, hielt die CDU eine privateigentumsrechtliche Kapitalrückstellung für erforderlich. Ferner wurde festgeschrieben, daß die Gesamtbelastung der Wirtschaft durch die Pflegeversicherung nicht steigen dürfe. Die dafür notwendigen Entscheidungen müßten zusammen mit dem Gesetz über eine Pflegeversicherung verabschiedet werden. Während die CDU im ambulanten Bereich grundsätzlich die Gewährung von Geldleistungen (wahlweise Sachleistungen) vorsah, sollten stationäre Leistungen als Sachleistungen erbracht werden. Ferner trat die CDU für eine Vielfalt des Angebots ein – mit der Maßgabe, freigemeinnützigen und privaten Trägern den Vorrang einzuräumen. Ferner sollte die soziale Sicherheit der Pflegenden in der häuslichen Pflege gewährleistet werden.

Die SPD, die im Juni 1988 noch ein Bundesleistungsgesetz vorgelegt hatte *(vgl. Dreßler, 1991 a, S.116)*, favorisierte spätestens seit dem Sommer 1990 mit Nachdruck die Einführung einer sozialen Pflegeversicherung, die organisatorisch bei der GKV angesiedelt werden, jedoch finanztechnisch davon getrennt bleiben sollte *(vgl. SPD, 1991; Andres, 1991; Kirschner, 1991)*. Im Gegensatz zu anderen Parteien hatte sie ihre Vorstellungen bereits frühzeitig in einem am 18. September 1991 im Bundestag eingebrachten Entwurf eines **Gesetzes zur Einführung einer gesetzlichen Pflegeversicherung** (Pflegeversicherungsgesetz – PflegeVersG) [BT-Drs.12/1156 (neu)] konkretisiert. Einen gleichlautenden Gesetzentwurf [BR-Drs. 534/91] haben die SPD-regierten Länder im Bundesrat eingebracht, der dort am 29. September 1991 in erster Lesung beraten wurde.

Im Gegensatz zu den BMA-Vorschlägen plädierte die SPD von Anfang an für die Einbeziehung der gesamten Wohnbevölkerung in die Versicherungspflicht zur gesetzlichen Pflegeversicherung. Ein Befreiungsrecht war nur in bestimmten Fällen aufgrund gleichartiger oder -wertiger Absicherung vorgesehen. Bei Geltung der Beitragsbemessungsgrenze der GRV sollte der kostendeckende Beitragssatz 1,4 % betragen und je zur Hälfte von Arbeitgebern und Arbeitnehmern aufgebracht werden, und zwar auch von den Beamten. Minderjährige Kinder und Ehepartner ohne Einkommen, die Kinder bis zum 18. Lebensjahr erziehen, sollten beitragsfrei mitversichert sein. Als Leistungsvoraussetzung sah der SPD-Entwurf einen fünfjährigen Wohnsitz im Inland vor der Antragstellung vor. Der Gesetzentwurf unterschied zwischen drei Stufen der Pflegebedürftigkeit: erheblich, außergewöhnlich und schwerstpflegebedürftig. Den Pflegebedürftigen sollte ein Wahlrecht zwischen ambulanter Pflege als Sachleistung – nämlich häuslicher Pflege bis zu 60 Pflegeeinsätzen im Gegenwert von 1.800 DM monatlich – und einem Pflegegeld eingeräumt werden, das je nach der Pflegestufe 500, 1.200 oder 1.500 DM pro Monat betragen sollte. Neben der Sachleistung war ggf. ein Drittel des Pflegegeldes vorgesehen. Stationäre Pflege sollte als Sachleistung in Form von Betreuung und Pflege gewährt werden (ohne Übernahme der Kosten für Unterbringung und Verpflegung). Pflegepersonen sollten außer einer beitragsfreien Versicherung in der Renten- und Unfallversicherung ein Beitrittsrecht zur GKV erhalten. In besonderen Fällen waren darüber hinausgehende Leistungen vorgesehen (z. B. Ersatzpflege bis zu 30 Tagen; Hilfeleistungen zur Gewährleistung angemessener Wohnverhältnisse; Übernahme von Fahrt- und Transportkosten) *(vgl. Andres, 1991)*. Nach Berechnungen der SPD würde die von ihr vorgeschlagene Pflegeversicherung jährlich ca. 25,7 Mrd. DM benötigen. Die Aufwendungen für die Renten- und Unfallversicherung der Pflegepersonen in Höhe von etwa 620 Mio. DM sollte der Bund tragen. Gleichzeitig wurde angenommen, daß die Sozialhilfeträger um ca. 6,5 Mrd. DM im Jahr entlastet würden und die gesetzlichen Krankenkassen Einsparungen in Höhe der heutigen Pflegeleistungen (etwa 5,1 Mrd. DM/Jahr) zu verzeichnen hätten.

Von Anfang an wandten sich die **Arbeitgeber** entschieden gegen ein Sozialversicherungsmodell, mußten allerdings konstatieren, daß ein politischer Druck in Richtung eines Pflegeversicherungssystems bestehe und nur ein solches Modell Realisierungschancen habe, das die finanziellen Probleme des akuten Pflegebedarfs befriedigend berücksichtige. Als Lösung brachten sie ihr sog. »**Zwei-Komponenten-Modell**« in die Diskussion ein, das im Kern darauf hinauslief, das Pflegerisiko durch eine Kombination eines Umlageverfahrens mit einem **Kapitaldeckungsverfahren** abzudecken *(vgl. BDA, 1991; Murmann, 1991; V. Hansen, 1991, S. 133 ff.; Husmann, 1991, S. 376)*.

Die Arbeitgeber begründeten das von ihnen vorgeschlagene Modell u. a. damit, daß die Personalzusatzkosten durch ein „verfehltes Modell der Pflegeabsicherung" *(BDA, 1991, S. 2)* nicht weiter erhöht werden dürften. Im übrigen sei ein Arbeitgeberbeitrag zur Pflegeabsicherung sachlich nicht zu begründen, da es keine Beziehung zwischen Pflegerisiko und Beschäftigungsverhältnis gebe. Außerdem sei die Eigenvorsorge beim Pflegerisiko unter den heutigen „Wohlstands- und Vermögensbedingungen zumutbar und durchführbar" *(BDA, 1991, S. 2)*. Aufgrund dieser Ausgangsbedingungen hielt die BDA die Kombination eines Umlageverfahrens für über 60jährige mit einer privaten Pflegeversicherung für die unter 60jährigen auf der Grundlage des Kapitaldeckungsverfahrens für die richtige Lösung.

Im einzelnen sollten gemäß dem BDA-Modell alle Personen ab dem 25. Lebensjahr (einschließlich der über 60jährigen) versicherungspflichtig sein. Die Prämien sollten nach dem Alter gestaffelt sein und bei einer Pflegeleistung von monatlich 1.500 DM zwischen 32,30 DM und 74,13 DM (Höchstprämie für 60jährige und ältere) im Monat betragen. Für diejenigen, die beim Eintritt in die Versicherung älter als 60 Jahre wären, sollten die Beiträge bei nach dem Eintrittsalter reduzierten Leistungen (mindestens 750 DM monatlich) konstant sein. Für Einkommensschwache sowie für die Absicherung von Hausfrauen ohne eigenes Einkommen sollten nach den BDA-Vorstellungen Steuervorteile oder Prämienzuschüsse ins Auge gefaßt werden. Für die akuten Pflegefälle und die über 60jährigen Personen (sog. Altfälle), für die eine Eigenvorsorge nicht mehr in Betracht kam, sollte der laufende Pflegeaufwand aus einem umlagefinanzierten Fonds beglichen werden. Dabei gingen die Arbeitgeber davon aus, daß die Finanzierung des gegenwärtigen Pflegeaufwandes eine gesamtgesellschaftliche Aufgabe sei. Entsprechend sollte der Übergangsfonds von allen Steuerzahlern sowie jenen Institutionen finanziert werden, die durch eine Neuregelung der Pflegeabsicherung entlastet würden (Kommunen, Krankenhäuser, Krankenkassen). Im ersten Jahr hielten die Arbeitgeber für diesen Fonds ein Finanzvolumen von ca. 20 Mrd. DM für erforderlich; innerhalb von 10 Jahren sollte es sich auf deutlich unter 5 Mrd. DM verringern *(vgl. Arbeitgeber, Nr. 10/1991, S. 384; BDA, 1991)*. Insgesamt – so die Arbeitgeber – sorge ihr Modell für eine gerechte Verteilung der Lasten zwischen den Generationen und verhindere, daß die Kosten der Pflege von der heutigen aktiven Generation auf die schwächer besetzten späteren Generationen verschoben werden. Abgesehen davon, daß ihrer Ansicht nach eine Beitragspflicht für Arbeitgeber auf eine verfassungswidrige Sonderabgabe hinausliefe, würde ein damit verbundener „weiterer Schub bei den Personalzusatzkosten ... zu erheblichen negativen Beschäftigungs- und Wachstumseffekten führen" *(Arbeitgeber, Nr. 10/1991, S. 384; vgl. Berenz/Brock/Worzalla, 1991, S. 381 ff.)*.

Offensichtlich unter politischem und öffentlichem Druck haben die Arbeitgeber ihre Vorschläge zur **Finanzierung des Fonds** zugunsten der Pflegebedürftigen und der pflegenahen Jahrgänge im Laufe der Zeit modifiziert. Nachdem sie wenige Tage zuvor noch vehement die Ansicht untermauert hatten, daß eine finanzielle Heranziehung der Arbeitgeber eindeutig verfassungswidrig sei *(vgl. auch Friauf, 1991, S. 1773 ff.; Maschmann, 1991, S. 300 ff.)*, machten sie am 28. August 1991 überraschend das Angebot, sich auf **freiwilliger Basis** an der Finanzierung des in ihrem Modell vorgesehenen Übergangsfonds im ersten Jahr mit einem Betrag von 11 Mrd. DM (innerhalb von 10 Jahren mit insgesamt 55 Mrd. DM) zu beteiligen *(vgl. PDA-Pressedienst, Nr. 48/1991)*.

Um das BLÜM-Modell unter allen Umständen zu verhindern, entschlossen sich die Unternehmer nach anfänglichem Zögern, sich an dem in ihrem Modell vorgesehenen Übergangsfonds finanziell zu beteiligen. Zugleich sollte damit Argumenten der Boden entzogen werden, die dieses Modell für nicht finanzierbar hielten. Den nun vorgelegten Berechnungen der Arbeitgeber zufolge erfordert der Übergangsfonds im ersten Jahr 23 Mrd. DM, im zehnten Jahr noch 5,3 Mrd. DM und danach immer weniger. Die Wirtschaft erklärte sich im ersten Jahr zu einem Zuschuß von 11 Mrd. DM und im fünften Jahr noch zu einem Zuschuß von 5,3 Mrd. DM (2,6 Mrd. DM im 10. Jahr) bereit. Insgesamt errechneten sie für die ersten 10 Jahre einen Arbeitgeber-Beitrag von insgesamt 55 Mrd. DM. Je Erwerbstätigem falle der Pflegefonds-Zuschuß der Arbeitgeber damit von 28 DM monatlich im ersten auf 6,30 DM im 10. Jahr. Die Kommunen müßten sich dabei zunächst mit 6 Mrd. DM, die Krankenkassen mit 5,5 Mrd. DM und die öffentliche Hand mit 0,5 Mrd. DM beteiligen. Die Höhe der aus Steuermitteln aufzubringenden Beitragssubventionen für Einkommensschwache und Hausfrauen bezifferten die Arbeitgeber im ersten Jahr auf 3 Mrd. DM. Durch den sukzessiven Abbau der Fondsleistungen würden die Sozialhilfeträger in den ersten 5 Jahren um 8,9 Mrd. DM, innerhalb von 10 Jahren um 30 Mrd. DM entlastet. Die Krankenkassen würden bis zum Jahre 2000 rd. 7,8 Mrd. DM und bis 2005 sogar etwa 26,1 Mrd. DM einsparen. Der Monatsbeitrag der Privatversicherten sollte je nach Alter zwischen 22 und 88 DM betragen und im Zeitverlauf stabil bleiben. Ein etwaiger finanzieller Mehrbedarf sollte durch Zinserträge aus dem angesammelten Kapital abgedeckt werden *(vgl. dpa-Sozialpolitische Nachrichten, Nr. 26/91 v. 2.9.1991; Handelsblatt v. 29.8.1991; Süddeutsche Zeitung v. 29.8.1991; Frankfurter Rundschau v. 29.8.1991; Die Welt v. 29.8.1991).*

Trotz des finanziellen Angebots konnten die Arbeitgeber die Befürworter einer Sozialversicherungslösung nicht überzeugen. Während der DGB die neuen Arbeitgebervorschläge als »sozial untragbar, widersprüchlich und dubios« ablehnte, wies das BMA nachdrücklich die Behauptung der Arbeitgeber zurück, in einer sozialen Pflegeversicherung käme es zu einem gigantischen Kostenanstieg. Zugleich wurde seitens des BMA den Berechnungen der Arbeitgeber widersprochen; abgesehen davon, daß bei gleichem Leistungsniveau der Mindestbeitrag für 25jährige nicht 22 DM, sondern 35 DM monatlich betragen müsse, seien im ersten Jahr für den Übergangsfonds statt 23 Mrd. DM mehr als 30 Mrd. DM erforderlich. Außerdem reduziere sich der Finanzbedarf des Fonds nicht bereits in den ersten 10 Jahren auf 1/4, sondern erst in 20 Jahren *(vgl. auch Orde, 1991 b, S. 308).*

Als Antwort auf die sich immer mehr zugunsten einer Sozialversicherungslösung entwikkelnde Diskussion legten die Arbeitgeber Anfang Februar 1992 ihr sog. **»Konsensmodell«** vor, das die bisherigen Vorschläge präzisierte und ergänzte und vor allem hinsichtlich der Arbeitgeberbeteiligung eine Nachbesserung enthielt *(vgl. BDA, 1992; Handelsblatt v. 19.2.1992; FAZ v. 19.2.1992).*

Auch nach dem neuen Modell sollten sich alle Bürger über 25 Jahre privat gegen das Pflegerisiko versichern, vom 60. Lebensjahr an jedoch den konstanten Höchstbeitrag von 60 DM in einen Fonds zahlen. Für die übrigen sollte die Eingangsprämie statt 22 nun 30 DM monatlich, die Höchstprämie statt 87,60 nur noch 60 DM betragen. Damit würden die Versichertenprämien zugunsten der älteren Jahrgänge sozial gestaffelt. Kombiniert werden sollte das Prämiensystem mit einer haushaltsbezogenen, wohngeldähnlichen Subventionierung geringer Einkommen, die pro Jahr je nach Ausgestaltung 2,5 bis 4,5 Mrd. DM erfordern würde. Je nach Pflegegrad sollten nach dem Arbeitgebermodell 600, 900 und maximal 1.500 DM monatlich an Pflegegeld gezahlt werden. Die Pflegeleistungen für die bereits vorhandenen Pflegefälle sowie die über 60jährigen sollten weiterhin aus einem Fonds beglichen werden. Auf der Basis von 1992 wären nach den BDA-Berechnungen rd. 20,6 Mrd. DM nötig; diese Summe werde bis zum Jahre 2000 auf 17,8 und bis 2010 auf 13,9 Mrd. DM sinken. Im Unterschied zu ihrem früheren Modell bauten die Arbeitgeber inzwischen nicht mehr darauf, daß Kommunen und Krankenkassen eingesparte Mittel in den Fonds einzahlen. Unter Berücksichtigung der Einzahlungen der über 60jährigen in Höhe von 14,7 Mrd. DM im ersten Jahr bliebe für die Arbeitgeber ein Finanzierungsbetrag von 5,9 Mrd. DM. Insgesamt erklärten sie sich bereit, bis zum Jahre 2010 Zuschußleistungen in einer Größenordnung von 63 Mrd. DM aufzubringen. Während sich für die Arbeitgeber die Belastung in den ersten Jahren reduzieren würde, stiegen die notwendigen Zuschüsse später bis auf 10,5 Mrd. DM (2010) an. Mit den verschiedenen Umverteilungen sollte nach Aussagen der Arbeitgeber die Finanzierung einer »ordnungspolitisch sauberen« privaten Zwangs-Pflegeversicherung für alle Bürger sichergestellt werden. Angesichts der aktuellen Finanzierungsprobleme plädierten sie jedoch mit Nachdruck dafür, die Einführung der Pflegeversicherung bis 1995 oder 1996 zu verschieben *(vgl. BDA, 1992; Süddeutsche Zeitung v. 19.2.1992; Stuttgarter Zeitung v. 19.2.1992; Mannheimer Morgen v. 19.2.1991; Westfälische Rundschau v. 19.2.1992; Handelsblatt v. 19.2.1992; FAZ v. 19.2.1992).*

Ebenfalls für eine **privatversicherungsrechtliche Absicherung** bei Pflegebedürftigkeit trat die **FDP** ein, die ihre Position jüngst allerdings etwas verändert hat. Noch Anfang

1991 plädierte sie dafür, daß es jedem freigestellt werden müsse, ob er sich gegen das Risiko der Pflegebedürftigkeit absichern wolle oder nicht. Als Anreiz für eine private Vorsorge sollte nach FDP-Vorstellungen vor allem eine Reihe steuerlicher Begünstigungen geschaffen werden. Durch Beschlüsse ihrer Bundestagsfraktion vom 8. Oktober 1991 sowie des Parteitages von Suhl vom 2. November 1991 hatte sich die FDP mittlerweile auf eine **private Pflege-Pflichtversicherung** festgelegt.

Nach den ursprünglichen FDP-Vorstellungen sollte die Pflegeabsicherung auf freiwilliger Basis bei privaten Trägern erfolgen. Als Anreiz für den Abschluß einer privaten Pflegeversicherung sollte es einen zusätzlichen Steuerabzug geben. Ferner wurde angeregt, Beiträge für eine Pflegeversicherung zu den vermögenswirksamen Leistungen zu zählen und Versicherungsverträge als Sonderausgaben von den Steuern absetzbar zu machen. Ab einer Vorsorge-Mindesthöhe sollten eine Begrenzung bzw. ein Ausschluß des Rückgriffs der Sozialhilfe auf eigenes Vermögen des Pflegebedürftigen und auf seine Unterhaltsverpflichteten erfolgen *(vgl. Thomae, 1991, S.116ff.)*.

Inzwischen favorisierte auch die FDP eine Pflichtversicherung, die dem „Haftpflichtmodell" ähnelt. Die vorgeschlagene Pflicht zur Versicherung sollte in der privaten Versicherung mit Kontrahierungszwang auf der Grundlage des Kapitaldeckungsverfahrens erfüllt werden. Die Versicherungspflicht sollte spätestens mit dem 25. Lebensjahr beginnen und bis ans Lebensende dauern, wobei auch Selbständige, Beamte sowie Rentner versicherungspflichtig wären. Gemäß dem Grundsatzbeschluß sollte es bei einem einheitlichen Beitragssatz und einer beitragsfreien Mitversicherung der jungen Generation Wahlfreiheit zwischen verschiedenen Versicherungsunternehmen geben. Nach Wahl der Versicherten waren für ambulante und stationäre Leistungen vorrangig Geldleistungen geplant. Die bei Inkrafttreten der Regelung bereits Pflegebedürftigen sollten bei Bedürftigkeit Leistungen aus einem Fonds erhalten, aus dem zugleich den schon über 60jährigen Beitragszuschüsse gewährt werden sollten. Der Fonds soll finanziert werden durch den Bund, die Sozialhilfeträger, die GKV und die Arbeitgeber *(vgl. FDP, 1991 a; FDP, 1991 b)*. Nach Überzeugung der FDP vermeide das von ihr vorgeschlagene Modell eine Überwälzung der Kosten auf folgende Generationen, eine Belastung der deutschen Arbeitsplätze mit weiteren Personalzusatzkosten, die Gefahr von sog. Sozialexporttatbeständen sowie das Auftreten von kosten- und beitragssteigernd wirkenden Mitnahmeeffekten *(vgl. FDP, 1991 c)*.

Im Gegensatz zum BMA, zur SPD und zu verschiedenen Verbänden, die für eine Sozialversicherungslösung unter dem Dach der GKV – allerdings bei getrennter Rechnungslegung von Pflege- und Krankenversicherung – plädieren, tritt der **Deutsche Gewerkschaftsbund** (DGB) für eine vollständige Integration des Risikos der Pflegebedürftigkeit in die GKV und das Gesundheitswesen ein *(vgl. DGB, 1991 a, 1991, b; Engelen-Kefer, 1992 a)*. Die Deutsche Angestelltengewerkschaft (DAG) sieht dagegen zusammen mit der Bundesärztekammer und dem Marburger Bund die Lösung in einem – bei zumutbarer Selbstbeteiligung der Betroffenen – aus Steuermitteln finanzierten **Pflegeleistungsgesetz** *(vgl. Freitag, 1992; DAG/BÄK/MB, 1990)*.

Der DGB, der in der Analyse – vor allem hinsichtlich eines »Gesamtkonzepts Pflege« sowie des Stellenwerts von Prävention und Rehabilitation – mit den Befürwortern eines Sozialversicherungsmodells grundsätzlich übereinstimmt, fordert insbesondere vor dem Hintergrund, daß Pflegebedürftigkeit und Krankheit nicht oder kaum abgrenzbar sind, die sozialrechtliche Unterscheidung in Krankheit und Pflegebedürftigkeit aufzugeben und Leistungen bei Pflegebedürftigkeit in den Leistungskatalog der GKV zu integrieren. Aus der Sicht des DGB spricht für ein derartiges Vorgehen, daß die GKV am ehesten in der Lage ist, dem Grundsatz der ganzheitlichen Betrachtung Rechnung zu tragen, daß bei gleichzeitiger Zuständigkeit der GKV für Krankheit und Pflege »Verschiebebahnhöfe« vermieden würden und für die Betroffenen kein Zuständigkeitsgerangel entstehe. Konkret sollten nach den DGB-Vorstellungen die Krankenkassen schrittweise die Pflegeleistungen übernehmen. So sollte ab dem 1.1.1993 der Kreis der Anspruchsberechtigten auf ambulante Leistungen um erheblich Pflegebedürftige (bisher Schwerpflegebedürftige) erweitert werden. Gleichzeitig seien die Leistungen nach dem Grad der Pflegebedürftigkeit zu stufen und für Schwer- und Schwerstpflegebedürftige gegenüber dem derzeitigen Niveau aufzustocken. Die Bedingung der Vorversicherungszeit sollte abgeschafft werden. Nicht-GKV-Mitglieder sollten nach dem DGB-Plan verpflichtet werden, eine entsprechende private Absicherung nachzuweisen. Darüber hinaus will der DGB Pflegepersonen, die häusliche Pflege erbringen, in die soziale Sicherung einbeziehen. Die der GKV durch diese

Leistungsausweitungen entstehenden jährlichen Mehrausgaben von etwa 10 Mrd. DM sollten nach den DGB-Überlegungen durch eine Anhebung der Beitragsbemessungsgrenze auf die der gesetzlichen Rentenversicherung finanziert werden. In der zweiten Stufe soll nach diesem Konzept ab 1994 eine stationäre Pflegehilfe als Kassenleistung eingeführt werden, wobei die öffentliche Hand die Investitionsförderung für ambulante, teilstationäre und stationäre Einrichtungen zu übernehmen hätte. Auch die stationären Pflegeleistungen sind nach Überzeugung des DGB ohne größere Beitragssatzanhebungen zu finanzieren. Voraussetzung sei insgesamt allerdings, daß die Wirtschaftlichkeitsreserven im Gesundheitswesen endlich konsequent ausgeschöpft würden *(vgl. Engelen-Kefer, 1991 a, S.361 ff., 1992 a; General-Anzeiger v. 19.2.1992).*

Die DAG begründete ihr Eintreten für ein steuerfinanziertes Leistungsgesetz vor allem mit dem Argument, daß auf diese Weise eine sozialverträgliche Verteilung der Belastungen erreicht werde. Im einzelnen sah das Konzept eine Kostenteilung vor; die Kosten für Investitionen in ambulante und stationäre Pflegeeinrichtungen sollten die Länder, die Kosten der medizinischen Versorgung die Krankenkassen und die Kosten für Unterkunft und Verpflegung die Pflegebedürftigen selbst tragen. Lediglich die Kosten des pflegebedingten Mehraufwandes (Kosten der Grundpflege) sollten – abgestuft nach dem Grad der Pflegebedürftigkeit und abhängig von der Einkommenshöhe – durch ein entsprechend differenziertes Pflegegeld (450 – 1.800 DM monatlich) über ein Pflegefinanzierungsgesetz abgedeckt werden. Als sachgerecht beurteilte die DAG, mit der Organisation, Abwicklung und Auszahlung des Pflegegeldes die Versorgungsämter zu beauftragen. Ein Rückgriff auf das Vermögen sowie auf unterhaltsverpflichtete Angehörige zur Finanzierung der Grundpflege sollte ausgeschlossen werden. Den Pflegebedürftigen sollten zudem 20 % ihres Einkommens, mindestens aber 200 DM monatlich, verbleiben.

Die Diskussion um die Einführung einer Pflegeversicherung hatte sich Anfang 1992 eher intensiviert, ohne daß jedoch lange Zeit ein Kompromiß vor allem zwischen den Positionen von CDU/CSU und FDP in Sicht war. Vor dem Hintergrund von Steuer- und Abgabenerhöhungen blieb die konzeptionelle Ausgestaltung der Pflegeabsicherung nach wie vor äußerst umstritten, wobei die **Auseinandersetzungen** an Brisanz wohl noch zugenommen hatten. Allerdings gab es auch in der CDU/CSU-Fraktion nicht wenige Gegner einer sozialversicherungsrechtlichen Lösung. Für eine mögliche Zustimmung forderten sie unter Hinweis auf die Lohnnebenkosten eine Entlastung **der Arbeitgeber** in anderen Bereichen.

Ins Gespräch gebracht wurden in diesem Zusammenhang u. a. die Einführung von Karenztagen, die Abschaffung eines Feiertages sowie die Übertragung der Lohnfortzahlung auf die GKV. In Anbetracht dessen, daß es sich hierbei überwiegend um tarifvertraglich abgesicherte Rechtspositionen handelt und die Gewerkschaften sofort erbitterten Widerstand gegen derartige Pläne signalisierten, scheinen diese Vorschläge kaum Aussicht auf Erfolg zu haben.

Unterdessen hatte der **Ausschuß für Arbeit und Sozialordnung** mit einer dreitägigen **Anhörung** Ende Mai/Anfang Juni 1992 die Beratung des SPD-Gesetzentwurfes aufgenommen. Mit Ausnahme der Arbeitgeberverbände, der Deutschen Bundesbank sowie der Versicherungsunternehmen sprachen sich dabei die angehörten Verbände ganz überwiegend – wenn auch mit unterschiedlichen Vorschlägen im Detail – für eine sozialversicherungsrechtliche Lösung aus.

In der öffentlichen Diskussion immer stärker unter Druck stehend, drängte die CDU/CSU – angeführt durch den Kanzler – auch mit Blick auf ihr Wählerpotential bis Ende Juni 1992 auf eine Entscheidung in der Koalition. Nach etlichen Verhandlungsrunden zwischen CDU/CSU und FDP – bei denen zeitweilig sogar die Fortsetzung der Koalition in Frage stand – akzeptierte am 29. Juni 1992 schließlich eine Mehrheit in der FDP-Fraktion unter bestimmten **Bedingungen** und erst ab 1996 die Einführung einer **sozialen**, im Umlageverfahren finanzierten **Pflegeversicherung.**

Nach dieser in letzter Minute zustandegekommenen Koalitionsentscheidung soll eine Pflegeversicherung in Anlehnung an das Modell des Bundesarbeitsministers verwirklicht werden. Vorgesehen ist ein je zur Hälfte von Arbeitgebern und Arbeitnehmern zu tragender Beitragssatz in Höhe von 1,7 % bis zur Beitragsbemessungsgrenze der GKV. Den nicht in der GKV-Pflichtversicherten sollen bei Nachweis einer angemessenen privaten Pflegeversicherung Befreiungsmöglichkeiten eingeräumt werden. Andere Eckpunkte sind u. a. der Vorrang von Maßnahmen der Prävention und Rehabilitation vor Pflegeleistungen, der Vorrang der häuslichen Pflege vor stationärer Unterbringung, die Gewährung von Geldleistungen im Bereich der häuslichen Pflege sowie die soziale Absicherung der Pflegepersonen *(vgl. dfg, Nr.26/1992, S.2ff.).*

Während die inhaltlichen Eckpunkte der zukünftigen Pflegeversicherung lediglich am Rande zur Kenntnis genommen wurden, lösten die von der FDP eingeforderten **Kompensationsleistungen** für die durch die Pflichtbeiträge der Arbeitgeber entstehenden »Belastungen der Wirtschaft« unmittelbar nach der Koalitionsentscheidung eine äußerst lebhafte und engagierte Diskussion aus. In der Frage der Benennung von Entlastungen vertrat die FDP die Auffassung, daß dies die Aufgabe jener sei, die unter allen Umständen eine soziale Pflegeversicherung gefordert hätten. Daraufhin von Vertretern der CDU/CSU in die Diskussion gebrachte Vorschläge, insbesondere der Vorschlag, die Arbeitgeber durch **Einführung eines Karenztages** zu entlasten, stießen aus verschiedenen Gründen auf heftigste Ablehnung. Die IG Metall sah sich gar veranlaßt, zu Demonstrationen aufzurufen *(vgl. KND, Nr.36 v. 21.5.1992; dfg, Nr.26/1992, S.2ff.).*

2. 5 Weitere sozialpolitisch relevante Gesetzgebungsmaßnahmen

Wenngleich zu Beginn der 12. Legislaturperiode die Arbeitsmarktpolitik, die Überleitung des Rentenrechts, die Gesundheitspolitik und die Frage einer Pflegeversicherung eindeutig im Mittelpunkt des Politikgeschehens standen, gab es doch auch in anderen sozialpolitisch relevanten Bereichen bereits verschiedene Neuregelungen.

Mit dem mit großer Mehrheit angenommenen **Gesetz zur Aufhebung des Heimkehrergesetzes und zur Änderung anderer Vorschriften vom 20. Dezember 1991** [BGBl.I S. 2317] wurde ein erster Teil der Kriegsfolgengesetzgebung den inzwischen veränderten Verhältnissen angepaßt.

Das Gesetz hob das aus dem Jahre 1950 stammende Heimkehrergesetz, das infolge zahlreicher Änderungen in den vergangenen Jahren ohnehin nur noch wenige relevante Regelungen beinhaltete, endgültig auf. Gleichzeitig stellte es die Übernahme der noch nicht in allgemeine Gesetze übernommenen Regelungen für Zeiten der Kriegsgefangenschaft, Internierung und Verschleppung inbesondere in der Alters- und Hinterbliebenenversorgung, sicher. Gerechtfertigt wurde die Aufhebung des Gesetzes u. a. damit, daß die jetzt noch in Deutschland eintreffenden Heimkehrer ohnehin nicht nur die Heimkehrereigenschaft besäßen, sondern auch zum Personenkreis der Vertriebenen i.S.d. Bundesvertriebenengesetzes gehörten. Es sei nicht zu rechtfertigen, daß diese Aussiedler gegenüber den Aussiedlern, die keine Heimkehrer seien, zusätzliche Leistungen erhielten. Insofern bringe das Gesetz auch ein Stück Gleichbehandlung unter den Aussiedlern [BT-Drs.12/1481].

Die Entwicklung in den neuen Bundesländern war Anlaß des Gesetzes zur Aufhebung des Gesetzes über die Errichtung und das Verfahren der Schiedsstellen für Arbeitsrecht und zur Änderung des Arbeitsförderungsgesetzes vom 20. Dezember 1991 [BGBl.I S. 2321]. Durch das Gesetz wurde das im Beitrittsgebiet geltende **Schiedsstellenverfahren für Arbeitsrechtsstreitigkeiten** aufgehoben. Zugleich sollten die Flexibilität des Einsatzes arbeitsmarktpolitischer Instrumente erhöht und eine Verknüpfung von Arbeitsbeschaffungs- und Bildungsmaßnahmen erleichtert werden [BT-Drs.12/1551].

Im Hinblick darauf, daß die nach dem Einigungsvertrag aufgrund partiellen Bundesrechts fortbestehenden Schiedsstellen nach dem spätestens Ende 1992 erreichten Stand des Aufbaus der Arbeitsgerichte nicht mehr erforderlich wären, hob das Gesetz ein entsprechendes DDR-Gesetz vom 29. Juni 1990 mit Wirkung zum 31. Dezember 1992 auf. Dieser Schritt fiel umso leichter, als sowohl Gewerkschaften und Arbeitgeber wie Arbeitsrichter eine entlastende Wirkung dieser Schiedsstellen überwiegend verneinten. Wichtiger erschien demgegenüber, im Zuge der Herstellung einheitlicher Rechts- und Lebensverhältnisse in der Bundesrepublik möglichst bald auch einen einheitlich ausgestalteten Zugang zu den Gerichten in den alten und den neuen Bundesländern zu gewährleisten.

Zugleich wurden die Länder bei Errichtung einer eigenständigen Arbeitsgerichtsbarkeit zu einer früheren Aufhebung der Schiedsstellenregelung ermächtigt [BT-Drs.12/1551].

Kurz vor der Sommerpause 1992 fand das bereits seit längerem diskutierte Problem der **Wählbarkeit von Ausländern bei den Sozialversicherungswahlen** eine Lösung. Nachdem sich 1990 eine entsprechende Forderung des Bundesrates trotz Anrufung des Vermittlungsausschusses gegen die CDU/CSU- und FDP-Mehrheit im Bundestag nicht hatte durchsetzen lassen, führte nun eine auf Betreiben Hamburgs zustandegekommene Initiative des Bundesrates [BR-Drs.69/92] zum Erfolg.

Dem vom Bundesrat in seiner 640. Sitzung am 13. 3. 1992 verabschiedeten Gesetzentwurf [BT-Drs. 12/2734], der für Ausländer das passive Wahlrecht bei den Sozialversicherungswahlen vorsieht, stimmte der Bundestag in seiner 101. Sitzung am 26. 6. 1992 zwar grundsätzlich zu, allerdings mit einer wesentlichen Änderung; nach den Vorstellungen der Mehrheit im Bundestag sollen die Ausländer nur dann wählbar sein, wenn sie sich mindestens 6 Jahre im Bundesgebiet aufgehalten haben. Zugleich hatte der Bundestag das Gesetz um Änderungen beim Wahlverfahren im Bereich der landwirtschaftlichen Sicherungssysteme ergänzt [BT-Drs.12/2909].

Im Bereich des **Arbeitsschutzes** kam es zwar noch zu keiner Kodifizierung der einschlägigen Regelungen in einem Arbeitsschutzgesetzbuch, wie von der SPD gefordert, mit dem **Zweiten Gesetz zur Änderung des Gerätesicherheitsgesetzes** (GSiGÄndG) [BT-Drs.12/2693], das der Bundestag am 26. Juni 1992 verabschiedete, wurden jedoch erste **Anpassungen an EG-Rechtsvorschriften** in diesem Bereich vorgenommen [BT-Drs.12/2919].

Mit der Änderung sollte das Gerätesicherheitsgesetz (GSiG) so ausgestaltet werden, daß es als Grundlage für die Umsetzung von EG-Richtlinien zur Angleichung der Rechtsvorschriften über Anforderungen an technische Geräte, insbesondere in den Bereichen Maschinen und persönliche Schutzausrüstungen, dienen kann. Die zur Realisierung des freien Warenverkehrs im EG-Binnenmarkt entwickelte Konzeption der technischen Harmonisierung weist bei der Gerätesicherheit Besonderheiten auf, denen mit den bisherigen deutschen Rechtsgrundlagen nur unzureichend entsprochen werden konnte. Ursache dafür waren vor allem das Nebeneinander verschiedener Rechtsgrundlagen für die Festlegung von Beschaffenheitsanforderungen in der GewO, der RVO und dem GSiG, der eingeschränkte sachliche Anwendungsbereich des GSiG und die Anerkennung von Prüfstellen durch RechtsVO. Neben der Beseitigung dieser Unzulänglichkeiten zielte das Gesetz darauf ab, das Arbeitsschutzrecht in einem Teilbereich überschaubarer zu gestalten und durch Neuregelung des Rechts der Sicherheit von technischen Arbeitsmitteln und von überwachungsbedürftigen Anlagen im Beitrittsgebiet dem Auftrag des Art.30 EinigungsV Rechnung zu tragen. Durch das Änderungsgesetz wurden der Anwendungsbereich des GSiG (Integration der Vorschriften der GewO über überwachungsbedürftige Anlagen) und die Ermächtigung zum Erlaß von Rechtsverordnungen so erweitert, daß damit alle zum Schutz der Arbeitnehmer und Verbraucher in Übereinstimmung mit dem EG-Recht erforderlichen Maßnahmen für das »Inverkehrbringen technischer Geräte« geregelt werden können. Ferner wurden die Einschränkungen des behördlichen Ermessens im Gesetz selbst geregelt *(vgl. SozUmschau, Nr.95/1992)*.

Den Koalitionsvereinbarungen folgend, nahm die Bundesregierung mit dem **Zweiten Gesetz zur Änderung des Bundeserziehungsgeldgesetzes und anderer Vorschriften vom 6. Dezember 1991** [BGBl.I S.2142] Erweiterungen beim Erziehungsgeld und -urlaub vor. Diese Verbesserungen standen in engem Zusammenhang mit der laufenden Diskussion um die Neuregelung des § 218 StGB. Mit dem Gesetz soll insbesondere schwangeren Frauen, die sich aus sozialen und wirtschaftlichen Gründen in einer Konfliktlage befinden, die Entscheidung für das Kind erleichtert werden.

Im einzelnen führte das Gesetz zu einer Ausweitung des Erziehungsurlaubs für nach dem 31. 12. 1991 geborene Kinder von bisher 16 auf 36 Monate ab dem 1. 1. 1992. Gleichzeitig wurde die Bezugsdauer von Erziehungsgeld für nach dem 31. 12. 1991 geborene Kinder von bisher 18 auf 24 Monate verlängert. Aufgrund von Änderungen während der parlamentarischen Beratungen haben künftig auch nicht-sorgeberechtigte Väter nicht-ehelicher Kinder Anspruch auf Erziehungsgeld und -urlaub (in Härtefällen auch nahe Verwandte und deren Ehegatten), sofern sie ihr Kind betreuen wollen und die Mutter zustimmt. Diese Regelung ist insbesondere für die neuen Bundesländer von Bedeutung, da dort etwa ein Drittel der Eltern bei der Geburt des Kindes nicht verheiratet ist. Beseitigt wurde ferner die bisherige Regelung, auf das Erziehungsgeld des Vaters das Mutterschaftsgeld anzurechnen. Das neue Gesetz erlaubt ferner einen dreimaligen Wechsel bei der Inanspruchnahme des Erziehungsurlaubs unter den Berechtigten, die vorzeitige Beendigung oder Verlängerung des Erziehungsurlaubs bei Zustimmung des Arbeitgebers sowie ebenfalls mit dessen Zustimmung die Ableistung einer Teilzeitbeschäftigung in einem anderen Betrieb während des Erziehungsurlaubs *(vgl. Die Sozialversicherung, Heft 11/1991, S.304)*.

Bereits zuvor war durch das auf Initiative der Koalitionsfraktionen zustandegekommene **Gesetz zur Einführung von Mütterunterstützung für Nichterwerbstätige in den neuen Bundesländern vom 1. August 1991** [BGBl.I S.1750] ein Anspruch auf Mütterunterstützung (monatlich 250 DM für das 1. Kind, 300 DM für das 2. Kind und 350 DM für das 3. und jedes weitere Kind) für Hausfrauen und Schülerinnen in den neuen Bundesländern geschaffen worden, die nach den Bestimmungen des EinigungsV von den nach altem DDR-Recht gewährten Leistungen für zwischen dem 2. 10. und dem 31. 12. 1990 geborene Kinder ausgeschlossen waren.

Besondere Bedeutung für das Beitrittsgebiet hatte ferner das **Gesetz zur Änderung des Unterhaltsvorschußgesetzes und der Unterhaltssicherungsverordnung vom 20. Dezember 1991** [BGBl.I S.2322], mit dem das westdeutsche Unterhaltsvorschußrecht auf das Gebiet der ehemaligen DDR zum 1. 1. 1992 übergeleitet wurde und gleichzeitig die Ansprüche zum 1. 1. 1993 durch Erhöhung der Altersgrenze auf die Vollendung des 12. Lebensjahres und durch Verlängerung der Höchstleistungsdauer auf 72 Monate verbessert wurden.

Während es bei diesen im weiteren Sinne familienpolitischen Neuregelungen – von Akzentuierungen abgesehen – kaum politische Kontroversen gab, entwickelte sich hinsichtlich der vom BVerfG aufgrund seiner Beschlüsse vom Mai/Juni 1990 verlangten Änderung bei der Besteuerung der Familien mit Kindern und des sich daraus ergebenden Auftrags einer **grundlegenden Reform des Familienlastenausgleichs** eine äußerst kontroverse Auseinandersetzung. Während die Koalitionsparteien vorrangig eine steuerrechtliche Lösung anstrebten *(vgl. auch W. Scherf, 1992, S.69ff.)*, brachte die SPD erneut ihre Forderung nach einem deutlich höheren **einheitlichen Kindergeldbetrag** in die Diskussion.

In einem am 11. 12. 1991 eingebrachten Gesetzentwurf [BT-Drs. 12/1802] schlug die SPD als ersten Schritt zu der vom BVerfG [BSteuerBl. II S.653, 664] verlangten Reform des Familienlastenausgleichs eine Anhebung des Erstkindergeldes von 50 auf 125 DM im Monat und ein Einfrieren des Kinderfreibetrages auf dem bisherigen Stand von 3.024 DM vor. Im Gegensatz dazu setzten die Bundesregierung und die sie tragenden Koalitionsparteien vorrangig auf eine weitere steuerliche Entlastung der Familien.

Vor allem mit dem **Steueränderungsgesetz 1991 vom 24. Juni 1991** [BGBl.I S.1322] sowie dem **Gesetz zur Entlastung der Familien und zur Verbesserung der Rahmenbedingungen für Investitionen und Arbeitsplätze** (StÄndG 1992) **vom 25. Februar 1992** [BGBl.I S.297], die beide erst nach langwierigen Auseinandersetzungen und zahlreichen Änderungen im Zuge des Vermittlungsverfahrens endgültig verabschiedet werden konnten, setzte die Bundesregierung neben zahlreichen sonstigen steuer- und finanzpolitischen Maßnahmen auch einige ihrer Vorstellungen zur Entlastung der Familien sowie zur Förderung des Wohnungsbaus und des Erwerbs von Wohnungseigentum durch.

Das StÄndG 1991, das u. a. zur »Sicherung von Arbeitsplätzen« eine Verbesserung der steuerlichen Bedingungen privater Investitionen im Beitrittsgebiet vorsah (z. B. Verzicht auf die Erhebung der Gewerbekapital- und Vermögensteuer, Einführung eines Staffeltarifs für mittelständische Personenunternehmen bei der Gewerbeertragsteuer, befristete Sonderabschreibungen für Betriebsgebäude und Ausrüstungsinvestitionen, Gewährung der Investitionszulage neben den neuen Sonderabschreibungen, Ausweitung der Investitionsfristen für die 12- und 8prozentige Zulage, befristete Einführung eines Tariffreibetrags), brachte – neben einer Anhebung des Begünstigungsrahmens für die Wohneigentumsbildung und des Baukindergeldes sowie erhöhten Absetzungen für bis zum 31.

12. 1995 fertiggestellte Wohnungen mit Sozialbindung (§ 7 k EStG) und Steuervergünstigungen für selbstgenutztes Wohneigentum (§ 10 e) – eine Korrektur des Familienlastenausgleichs in den noch offenen Steuerfällen der Jahre 1983 bis 1985 durch Anhebung der Kinderfreibeträge, den Wegfall der Minderung des Kindergeldes für das 2. Kind, wenn kein erhöhter Kinderfreibetrag beansprucht werden kann, sowie eine Anhebung der Altersgrenze für die Eintragung von Kindern auf der Steuerkarte von 16 auf 18 Jahre (§ 32 Abs.3, 4 EStG). Aufgrund von Ausschußberatungen [BT-Drs.12/562] wurde zudem der Abbau der Arbeitnehmerzulage sowie der Lohn- und Einkommensteuerpräferenzen auf den 1. 10. 1991 verschoben.

Noch heftiger umstritten als das StÄndG 1991 war das StÄndG 1992, das nach den Vorstellungen der Bundesregierung vor allem die Aufgabe haben sollte, den Familienlastenausgleich, die Unternehmensbesteuerung und die Steuerstruktur zu verbessern, Steuermindereinnahmen auszugleichen und die Einnahmenbasis wegen zusätzlicher nationaler und internationaler Anforderungen zu verstärken. Außerdem sollte es durch Anhebung des MwSt-Satzes um einen Prozentpunkt auf 15 % ab 1993 zur Steuerharmonisierung in der EG beitragen [BT-Drs.12/1368]. Im Bereich des Familienlastenausgleichs setzten sich die Koalitionsfraktionen mit ihren Vorschlägen durch, den Kinderfreibetrag ab 1992 von jährlich 3.024 auf 4.014 DM und das Erstkindergeld von monatlich 50 auf 70 DM anzuheben. Außerdem wurden für Kindergartenzuschüsse des Arbeitgebers Steuerbefreiungen eingeführt. Ferner wurde die steuerliche Förderung selbstgenutzten Wohneigentums u. a. durch eine Erhöhung der höchstmöglichen Abzugsbeträge in den ersten vier Jahren von 5 auf 6 % sowie durch einen auf 3 Jahre befristeten Schuldzinsenabzug von jährlich 12.000 DM verbessert.

Im Gegensatz zur Bundesregierung hatte der Bundesrat für die Belassung des Kinderfreibetrages in seiner gegenwärtigen Höhe und für eine Anhebung des Kindergeldes für das erste Kind von 50 auf 125 DM monatlich plädiert. Die SPD, die die Ansicht vertrat, daß Kinderfreibeträge dazu führten, daß die steuerliche Entlastung mit steigendem Einkommen wachse, sprach sich dafür aus, für alle Kinder ein einheitliches Kindergeld von 230 DM je Kind und Monat einzuführen. Ebenfalls abgelehnt wurden von der SPD die Änderungen der Wohneigentumsförderung im Einkommensteuerrecht. Die SPD wollte, daß die Regierung die steuerliche Förderung in einen »progressionsunabhängigen Abzug von der Steuerschuld« umgestaltet. Der Abzugsbetrag sollte danach im ersten Jahr 2,5 %, in den folgenden vier Jahren 2,0 % und in den drei Jahren danach 1,5 % der Herstellungskosten von maximal 330.000 DM betragen. Ebenso wie der Bundesrat setzte sie sich außerdem für eine Erhöhung des Baukindergeldes auf 1.200 DM je Kind ein. Dies sollte zudem maximal 10 Jahre für jedes Kind, insgesamt höchstens 15 Jahre lang, ausgezahlt werden.

Aufgrund der Besonderheiten in den neuen Bundesländern sowie der Entwicklung der Lebenshaltungskosten waren bereits zu Beginn der 12. Legislaturperiode Änderungen des Bundesausbildungsförderungsrechts erforderlich. Während das **14. BAföG-ÄndG vom 30. Juli 1991** [BGBl.I S.1732] im wesentlichen eine Anpassung der Regelungen zur Einkommens- und Vermögensanrechnung an die Verhältnisse in den neuen Bundesländern sowie Vorschriften zur Förderung von Auszubildenden aus EG-Staaten in ihrem Heimatland entsprechend einem EuGH-Urteil vom 13. November 1990 enthielt, brachte das im Mai 1992 vom Bundestag verabschiedete **15. BAföG-ÄndG vom 19. Juni 1992** [BGBl.I S.1062] weitreichende Anpassungen an die geänderten wirtschaftlichen Bedingungen [BT-Drs.12/2108, 2118, 2518].

Im einzelnen sah das 15. BAföG-ÄndG eine Anhebung der Bedarfssätze in den alten Bundesländern zum Herbst 1992 um durchschnittlich 6 % und der Freibeträge im gesamten Bundesgebiet um durchschnittlich 3 % jeweils zum Herbst 1992 und Herbst 1993 vor. Damit belief sich der Förderungshöchstsatz ab Herbst 1992 im alten Bundesgebiet auf 940 DM und in Ostdeutschland auf 855 DM. Ferner sollten die Höchstbeträge aufgrund des Anstiegs der sozialversicherungsrechtlichen Bemessungsgrenzen aktualisiert, der Grundbedarf in den neuen Ländern zum Herbst 1992 angehoben und zum Herbst 1993 voll an das Westniveau angeglichen werden. Weitere Änderungen betrafen die Anhebung des Wohnbedarfs und die Regelung des Wohnzuschlags nach der Härteverordnung zur individuellen Erhöhung der Förderungsleistung in den neuen Ländern. Schließlich sollten im Inland förderungsberechtigte Ausländer in die Auslandsförderung einbezogen, die Förderungsart für Auszubildende, denen wegen einer Schwangerschaft oder der Pflege und Erziehung eines Kindes Ausbildungsförderung über die Förderungsdauer hinaus geleistet wird, geändert sowie in West-Berlin Wohnende und in Ost-Berlin Studierende nach West-Bedarfssätzen gefördert werden *(vgl. SozUmschau, Nr.215/1992)*.

Im Bereich der **Wohnungspolitik** ergab sich dringender Handlungsbedarf – zum einen infolge der äußerst angespannten Lage auf dem Wohnungsmarkt und zum anderen durch die Aufgabe, die staatlich kontrollierte Wohnungsversorgung in der bisherigen DDR in ein marktorientiertes System zu überführen. Weitgehende Einigkeit bestand darüber, daß sowohl in den alten wie in den neuen Bundesländern Maßnahmen erforderlich sind, um das Angebot an Wohnungen deutlich zu erhöhen. Darüber, wie dies erreicht werden kann, gibt es allerdings höchst unterschiedliche Vorstellungen *(vgl. auch Bartholmai/Melzer/Schulz, 1991, S.301ff.; A. Großmann, 1991a, 1991b, 1991c, 1992; Gerlach/Malik/Osenberg/Schwandt, 1991, S.253ff.; Veser, 1991, S.359ff.; Böltken, 1991, S.277ff.).*

In den neuen Bundesländern besteht dabei nach Ansicht der Bundesregierung das Problem, daß es »die für eine Verbesserung der Wohnungsversorgung notwendigen Neubau- und Bestandsinvestitionen ... nur geben (werde), wenn es der Wohnungspolitik geling(e), nach der jahrzehntelangen Planwirtschaft so schnell wie möglich marktwirtschaftliche – und dies heißt: investitionsfreundliche ebenso wie sozial verträgliche – Rahmenbedingungen zu schaffen« [BT-Drs.12/2356, S.8]. Als wesentlich angesehen wurde hierfür insbesondere die sukzessive Überführung der **staatlich kontrollierten Mieten** in das **marktorientierte Vergleichsmietensystem**. Um die als notwendig angesehene Anhebung der Mieten in den neuen Bundesländern sozial zu flankieren, wurden für die neuen Bundesländer besondere Regelungen im **Wohngeldrecht** getroffen. Dazu zählt vor allem das **Wohngeldsondergesetz** (WoGSoG) **vom 20. Juni 1991** [BGBl.I S.1250], das parallel zu der ab dem 1. Oktober 1991 im Beitrittsgebiet wirksam gewordenen 1. Stufe der Mietenreform in Kraft trat und verhindern sollte, daß der für die meisten Haushalte erwartete und eingetretene sprunghafte Anstieg der Mieten zu sozialen Härten führt.

In den neuen Bundesländern war das Wohngeldgesetz gem. Art.1 EinigungsV-G i.V.m. Anl.I Kap. XIV Abschn.II Nr.8 sowie Abschn.III EinigungsV – einschließlich der im übrigen Bundesgebiet erst zum 1.4.1991 in Kraft getretenen Bestimmungen über das pauschalierte Wohngeld (Art.2 der 8. WoGG-Novelle vom 10. August 1990 [BGBl.I S.1522]) – zum 1.1.1991 eingeführt worden. Wegen der im Vergleich zum westlichen Bundesgebiet unterschiedlichen Einkommen, Preise und Mieten wurden übergangsweise jedoch bestimmte Vorschriften des WoGG sowie der WoGVO außer Anwendung gesetzt (§ 42 Abs.1 Nr.1, 3 WoGG) sowie der Vomhundertsatz des pauschalierten Wohngeldes nach § 32 Abs.1 WoGG einheitlich auf 50 % festgelegt.

Das am 1.10.1991 für das Beitrittsgebiet in Kraft getretene WoGSoG paßte zum einen die Wohngeldleistungen an die Mieten- und Einkommensverhältnisse und die besonderen Belastungen durch hohe Heizungs- und Warmwasserkosten in den neuen Bundesländern an und führte andererseits zu einer gegenüber dem WoGG deutlichen Rechtsvereinfachung. Letzteres war erforderlich angesichts der erst neu aufgebauten Wohngeldverwaltung und der Notwendigkeit, innerhalb kurzer Zeit über mehrere Millionen Wohngeldanträge entscheiden zu müssen. Die Vorschriften des WoGSoG sind in der Zeit vom 1.10.1991 bis zum 31.12.1993 auf vor dem 1.2.1993 gestellte Wohngeldanträge im Beitrittsgebiet anzuwenden. Gleichzeitig sind während dieses Zeitraums dort das WoGG (ausgenommen der 5. Teil), die WoGVO (bis auf Einzelvorschriften) sowie die ÜVWoGG vom 17.12.1990 [BGBl.I S.2830] nicht anwendbar. Dagegen wurde der zur Bemessung des pauschalierten Wohngeldes für Empfänger laufender Leistungen der Sozialhilfe und der Kriegsopferfürsorge anzuwendende Satz durch das 9. WoGGÄndG vom 20. Juni 1991 [BGBl.I S.1250, 1264] von 50 auf 60 % erhöht. Anders als in den alten Bundesländern werden nach dem WoGSoG die Heiz- und Warmwasserkosten bei der Berechnung des Wohngeldes durch einen Zuschlag je qm Wohnfläche berücksichtigt, der von der Heizungsart abhängt und schrittweise reduziert wird. Ferner wurden die Bestimmungen über die Einkommensermittlung drastisch vereinfacht. Im Vergleich zum WoGG ergeben sich nach dem WoGSoG erhöhte Wohngeldleistungen, die u. a. auf dem Wegfall der nach Baualtersklasse und Ausstattung differenzierten Höchstbeträge für Mieten und Belastung, der Einbeziehung des Zuschlags für Wärme und Warmwasser, der Beschränkung der zum Jahreseinkommen rechnenden Einnahmearten sowie einer Erhöhung der Wohngeldbeträge in den Tabellen (entspricht einem Einkommensfreibetrag von 1.200 DM jährlich für die 1. und jeweils 300 DM für jede weitere zum Haushalt zählende Person) beruhen.

Mit Blick auf geplante weitere Anhebungen der Grundmieten in den neuen Bundesländern billigte der Deutsche Bundestag am 26. 6. 1992 ein vom Bundesrat eingebrachtes Erstes Gesetz zur Änderung des Wohngeldsondergesetzes [BT-Drs.12/2601, 12/2941, 12/2920]. Neben einer Verlängerung der Gültigkeitsdauer des WoGSoG um ein Jahr und der Verschiebung des einzuleitenden stufenweisen Abbaus des Zuschlages für Heizung und Warmwasser um ebenfalls ein Jahr, sah das Gesetz die Einführung eines Abzuges von allen Einnahmearten, von denen nicht bereits ein Abzug um 25 % vorzunehmen war, in Höhe von 6,5 %, die Erweiterung der Wohngeldtabellen, die Einbeziehung weiterer Einkommensarten in die Einkommensermittlung sowie die Gewährung eines Freibetrages von 3.000 DM jährlich für bestimmte Schwerbehinderte und von 1.200 DM jährlich für jedes Kind für bestimmte Alleinerziehende vor.

Das Wohngeldrecht insgesamt erfuhr seit dem 8. WoGGÄndG vom 10. August 1990 [BGBl.I S.1522], das Anpassungen der Wohngeldleistungen und eine vereinfachte Wohngeldgewährung an Empfänger von Sozialhilfe und Kriegsopferfürsorge gebracht hatte, vor allem durch das **9. WoGGÄndG vom 20. Juni 1991** [BGBl.I S.1250,1264] sowie Art.37 des **Steueränderungsgesetzes 1992 vom 25. Februar 1992** [BGBl.I S.297, 334] verschiedene Änderungen.

Obgleich die Bundesregierung mit dem Wohnungsbauerleichterungsgesetz u. a. durch Einführung einer Reihe von mietrechtlichen Neuerungen sowie durch verschiedene in den Jahren 1989/1990 aufgelegte wohnungsbaupolitische Förderprogramme bereits versucht hatte, die Investitionstätigkeit im Wohnungsbau zu stimulieren, machte die anhaltend schlechte Lage am Wohnungsmarkt weitere Aktivitäten erforderlich. Allerdings hält die Bundesregierung weiterhin an ihrer Auffassung fest, daß gravierende Eingriffe in das Mietrecht der falsche Weg seien, da sie das Wohnungsangebot verringerten und so zu einer weiteren Verschärfung der Wohnungsmarktengpässe beitrügen. Die Wohnungsprobleme ließen sich nur lösen, wenn es gelänge, verstärkt und dauerhaft privates Kapital für den Wohnungsbau zu gewinnen, was zuallererst investitionsfördernde Rahmenbedingungen erfordere. Unterdessen anerkennt aber auch die Bundesregierung, daß der anhaltende Nachfrageüberhang es zeitweilig notwendig mache, die Mieter in laufenden Verträgen besser vor überzogenen Mieterhöhungen zu schützen [BT-Drs.12/2356, S.14 f.].

Als Antwort auf die Wohnungsversorgungsprobleme präsentierte die Bundesregierung zunächst am 17. Oktober 1991 ein weiteres **wohnungspolitisches Förderprogramm**. Ziel sollte sein, neben einer verstärkten Förderung des sozialen Mietwohnungsbaus den infolge hoher Zins- und Kostensteigerungen zurückgehenden Eigenheimbau zu stabilisieren. Über das bereits bestehende Förderinstrumentarium hinaus sah das Programm für 1992 bis 1995 einen Förderrahmen mit einem Volumen von 3 Mrd. DM aus Bundesmitteln vor.

Auf die anhaltend steigenden Mieten reagierte die Bundesregierung im Mai 1992 mit der Verabschiedung eines **Gesetzentwurfs zur Begrenzung des Mietanstiegs**. Die darin vorgesehenen Maßnahmen sollten »in gerechter Abwägung der Mieter- und Vermieterinteressen den Mietanstieg in sozial verträglicher Weise begrenzen und insbesondere in den Ballungsgebieten zu einer Entspannung der Mietenentwicklung beitragen« *(vgl. SozUmschau, Nr.233/1992)*.

Im einzelnen sah der Gesetzentwurf eine Senkung der Kappungsgrenze auf 20 % vor, d. h. bei über 8 DM/qm liegenden Mieten (ohne Nebenkosten) sollten im laufenden Mietverhältnis innerhalb von 3 Jahren nur noch Mieterhöhungen von 20 % statt bisher 30 % zulässig sein. Dabei sollten die ortsübliche Vergleichsmiete absolute Obergrenze sein und Mieterhöhungen aufgrund von Modernisierungen sowie von Betriebskosten- und Zinserhöhungen unberücksichtigt bleiben. Ferner sollte die Regelung auf 5 Jahre befristet sein und nur für vor dem 1. 1. 1981 fertiggestellte Wohnungen gelten. Vorgesehen war zudem, künftig einvernehmlich zwischen Mieter und Vermieter verabredete Mietzins-Gleitklauseln auch in Wohnraummietverträgen zu erlauben. Des weiteren sollten der Höchstbetrag der Geldbuße für Mietüberhöhungen auf 100.000 DM verdoppelt und erstmals gesetzlich der Grundsatz festgelegt werden, daß eine Mietüberhöhung vorliegt, wenn die Miete die ortsübliche

Vergleichsmiete um mehr als 20 % übersteigt. Schließlich war geplant, die Vermittlungsgebühr, die Wohnungsvermittler von Mietinteressenten verlangen dürfen, auf nur noch 2 Monatsmieten zu begrenzen, mietrechtliche Hemmnisse im Werkswohnungsbau u. a. durch Zulassung von Zeitmietverträgen zu beseitigen und das im EinigungsV festgelegte, bis Ende 1992 befristete Verbot der Eigenbedarfskündigungen von Mietwohnungen im Beitrittsgebiet um weitere drei Jahre bis Ende 1995 zu verlängern.

Wiederholt entschieden kritisiert wurde die Wohnungs- und Mietenpolitik der Bundesregierung von der SPD. Sie verlangte u. a. eine grundlegende Überarbeitung des Systems der Wohnungsbauförderung. Nach ihrer Ansicht sollte die wohnungspolitische Wirksamkeit des Förderungssystems durch den Abbau steuerlicher Mitnahmeeffekte und durch eine Umstellung der bisherigen Eigentumsförderung auf einen direkten Abzug von der Steuerschuld erhöht werden. Ferner verlangte sie eine stärkere Orientierung in Richtung auf den Neubau durch Differenzierung der Eigentumsförderung zwischen Neubau und Bestandserwerb, eine Verstärkung der Objektförderung des sozialen Wohnungsbaus und eine bessere und wirksamere Verzahnung dieser Förderung mit einem weiterentwickelten Wohngeld. Anläßlich der Beratung des Bundeshaushalts 1992 stellte die SPD den Antrag, die Mittel im sozialen Wohnungsbau um ein Drittel auf insgesamt 5 Mrd. DM aufzustocken.

3. Rahmenbedingungen und Problembereiche zukünftiger Sozialpolitik

Die sich aufgrund der sehr hohen Kosten der deutschen Einheit zunehmend problematischer gestaltende Finanz- und Haushaltslage der Bundesrepublik Deutschland hat zweifellos nachhaltige Auswirkungen auf die **Sozialpolitik der 90er Jahre**. Die Verwirklichung **sozialpolitischer Reformüberlegungen** – zumal wenn sie mit Kosten verbunden sind – dürfte zunehmend schwieriger, wenn nicht weitgehend unmöglich werden. Demzufolge beherrschen allenthalben Überlegungen und Vorschläge die öffentliche und politische Diskussion, die darauf abzielen, gerade im sozialen Bereich **Einsparungen** zu ermöglichen sind. Sich verringernde **Verteilungsspielräume** lassen dabei die **Interessengegensätze** immer deutlicher werden. Selbst kostenneutrale Reformen sind unter diesen Bedingungen nur noch schwer, vielfach bereits überhaupt nicht mehr realisierbar. Tatsächlich besteht die Gefahr, daß es in den 90er Jahren zu einem **sozialpolitischen Stillstand** kommen könnte *(vgl. auch Nahnsen, 1992, S. 7ff.)*.

Wie eng die finanziellen Gestaltungsspielräume mittelfristig tatsächlich sein werden, zeigt die Ende Juni 1992 vom Bundeskabinett beschlossene **Finanzplanung** bis 1996 *(vgl. Soz Umschau, Nr. 242/1992)*. Bei dieser Gelegenheit gestand Bundeskanzler KOHL erstmals ein, den Vollzug der deutschen Einheit »bei weitem zu optimistisch« eingeschätzt und sich – »wie namhafte Fachleute« – bei den Kosten geirrt zu haben. Die Finanzierung der Einheit wird danach auf Jahre hinaus 4 bis 5 % des gesamtdeutschen BSP erfordern – mithin Finanztranfers vom Westen in den Osten von rd. 150 Mrd. DM jährlich.

Diese Transfers sollen jedoch anders als bislang nicht mehr über höhere Staatsschulden abgedeckt werden. Um dennoch Steuererhöhungen vermeiden zu können, müßten Bund und alte Länder einschließlich ihrer Gemeinden eine Haushaltskonsolidierung mit durchschnittlich höchstens 2,5 %-igen Ausgabensteigerungen strikt einhalten. Die ostdeutschen Länder, denen eine bessere Finanzausstattung zugestanden wurde, sollen zur Finanzierung der Einheit Deutschlands beitragen durch eine »besonders sparsame Verwendung ihrer Einnahmen und durch die Bereitschaft ihrer Bevölkerung, einen wirtschaftlich und politisch vertretbaren Anstieg ihrer Arbeits- und Sozialeinkommen sowie angemessene Mieten und Kosten für öffentliche Leistungen zu akzeptieren und damit die Leistungsfähigkeit und -bereitschaft der westdeutschen Bevölkerung nicht zu überfordern«. Von der westdeutschen Bevölkerung wurde zugleich erwartet, daß sie begreift, welch schwierige Übergangsphase in Ostdeutschland zu bewältigen sei und daß der Aufbau im Osten eindeutig Vorrang vor dem Ausbau im Westen haben müsse *(vgl. Frankfurter Rundschau v. 2.7.1992, S.4)*.

Dessenungeachtet sind die dringend einer Lösung bedürfenden **sozialen Problemlagen** und Tatbestände keinesfalls geringer geworden; nicht erst die Herstellung der deutschen Einheit hat eine Vielzahl neuer **sozialpolitischer Herausforderungen** entstehen lassen, auch in der alten Bundesrepublik gibt es eine Reihe von Fragen, die nicht erst heute nach einer Lösung verlangen.

Unabhängig davon, inwieweit es durch die Mitte 1992 vom Bundesgesundheitsminister vorgeschlagenen Maßnahmen gelingt, die Ausgabenentwicklung im Bereich des Gesundheitswesens in den Griff zu bekommen, wird eine **Organisationsreform der gesetzlichen Krankenversicherung** in den 90er Jahren kaum zu vermeiden sein. Beitragssatzunterschiede zwischen den einzelnen Krankenkassen von bis zu 100% dürften angesichts der zwangsweisen Zuweisung der Arbeiter zu einer bestimmten Kasse kaum verfassungskonform sein. Auch die unterschiedliche Behandlung von Arbeitern und Angestellten läßt sich im Lichte der jüngsten Rechtsprechung des BVerfG in diesem Bereich nurmehr schwer aufrechterhalten. Weiterhin dürfte jedoch auch hinsichtlich der **Strukturen der gesundheitlichen Versorgung** Handlungsbedarf bestehen.

Bei der Diskussion von Lösungswegen dürfte sich dabei auch in den 90er Jahren die in der Vergangenheit bestehende Gegnerschaft zwischen Vertretern einer mehr **marktwirtschaftlichen Orientierung** und Verfechtern einer stärker **reglementierenden Politik** fortsetzen *(vgl. Dalhoff, 1992, S.15ff.; Fiedler, 1992 a, S.168ff.; Knieps, 1991, S.237ff.; Clade, 1992, S.262; H. Reiners, 1991, S.26ff.; Hoffacker, 1992, S.5ff.; Dreßler, 1991 b; Niedersächsisches Ärzteblatt, Nr.3/1992, S.9f.)*

Gleichfalls vor einer erneuten Reform steht die **Rentenversicherung**, wenn der Gesetzgeber seiner in einer Entschließung eingegangenen Selbstverpflichtung nachkommt, bis zum Jahresbeginn 1997 die **Alterssicherung der Frauen** in der leistungsbezogenen Rentenversicherung zu verbessern *(vgl. Ruland, 1992, S.68ff.)*. Erneut belebt wurde diese keineswegs neue Frage im Zusammenhang mit der Verabschiedung des Rentenüberleitungsgesetzes. Bei der seinerzeit geführten Debatte ging es u. a. darum, ob und inwieweit die sozialen Vergünstigungen, die das Recht der ehemaligen DDR für Frauen mit Kindern vorgesehen hatte, in das bundesdeutsche Recht überführt werden können [Sten.Prot. BT 12/24, S.1615 D].

Auf der Tagesordnung der sozialpolitischen Diskussion steht auch wieder die Einführung einer **sozialen Grundsicherung**. Vor allem die SPD, die Gewerkschaften und verschiedene Wohlfahrtsverbände sehen dringenden Handlungsbedarf *(vgl. Heyenn, 1992 b, S. 161ff.)*.

Einem Anfang Mai 1992 von der SPD im Bundestag eingebrachten Antrag [BT-Drs.12/2519] zufolge, ist die Schaffung einer sozialen Grundsicherung, die die Inanspruchnahme von Sozialhilfe durch Rentner und Rentnerinnen überflüssig mache, seit langem überfällig. Nach Ansicht der SPD sollte eine soziale Grundsicherung nicht allein der noch immer weit verbreiteten versteckten Armut entgegenwirken, sondern auch die Sozialhilfe organisatorisch und finanziell entlasten. Wesentliches Element einer sozialen Grundsicherung im Alter und bei Berufs- und Erwerbsunfähigkeit sollte entsprechend den Vorstellungen der SPD die Aufstockung der Renten aus der GRV bis auf einen pauschaliert anzusetzenden Betrag sein, der den notwendigen Grundbedarf abdeckt und die Inanspruchnahme der Sozialhilfe überflüssig macht. Durchgeführt werden sollte diese Grundsicherung, auf die sonstiges Einkommen angerechnet werden sollte, durch die RV-Träger. Die Kosten dafür sollte aber der Bund tragen.

Als weitere in den kommenden Jahren zu reformierende Bereiche gelten die **Unfallversicherung** sowie das **Rehabilitations- und Behindertenrecht**. Neben einer Kodifizierung im Rahmen des SGB geht es hierbei um eine Weiterentwicklung und eine Vereinheitlichung. Absichten, für Behinderte ein sog. Anti-Diskriminierungsgesetz zu verabschieden, dürften angesichts der enormen Kostenwirksamkeit jedoch vermutlich in den nächsten Jahren kaum Chancen haben. Etwas konkreter sind bereits Überlegungen zur Reform der **agrarsozialen Sicherung** geworden; die vor allem von den Landfrauen seit langem geforderte Einführung einer eigenständigen Alterssicherung dürfte dabei aber zunächst (wieder einmal) ausgeklammert werden.

Handlungsbedarf besteht für die kommenden Jahre nicht nur im Sozialversicherungsbereich, sondern auch auf dem Gebiet des **Arbeitsrechts** und der **Arbeitsförderung** *(vgl. auch Bach, 1992, S.89ff.; Berthold, 1992, S.3ff.; Dobischat/Husemann, 1992, S.348ff.; W. Lachmann, 1991, S.36ff.; Mackscheidt, 1991, S.26ff.; Weinkopf/Bosch, 1992, S.388 ff.; U. Widmaier, 1991, S.14ff.).*

Im Bereich des Arbeitsrechts hat der Gesetzgeber alsbald der Forderung des BVerfG nachzukommen, das Problem der rechtlichen Gleichstellung von Arbeitern und Angestellten – z.B. beim **Kündigungsrecht** und bei der **Lohnfortzahlung im Krankheitsfalle** – verfassungsgemäß zu gestalten. Außerdem hat er den Auftrag des EinigungsV zu erfüllen, das im Altbundesgebiet in zahlreichen Einzelgesetzen verstreute und somit für die betroffenen Arbeitnehmer kaum zu überschauende **Arbeitsrecht zu kodifizieren** *(vgl. Däubler, 1992, S.129ff.).* Dabei wird es auch darum gehen, über die reine Kodifizierung hinaus eine Reihe arbeitsrechtlicher Regelungen – wie das **Arbeitszeitrecht** *(vgl. Engelen-Kefer, 1992b, S.161ff.; Frohner/Pieper, 1992, S.97ff.),* das **Urlaubsrecht** (gesetzliche Verankerung eines vierwöchigen Mindesturlaubs), die Frage der **geringfügig Beschäftigten** *(vgl. Reineck, 1992, S.175ff.)* oder das **Arbeitnehmerhaftungsrecht** – dem sozialen Fortschritt entsprechend auszugestalten *(vgl. Heyenn, 1992a, S.94; Slapnicar, 1992, S.33).*

Im Gespräch sind ferner eine Fortentwicklung und bereichsspezifische Verbesserung des **Sozialdatenschutzes** sowie Maßnahmen, um die **Gleichbehandlung von Männern und Frauen am Arbeitsplatz** *(vgl. Hoffmann/Meyer, 1992, S.149ff.)* zu verbessern. U.a. geht es dabei um eine Neuregelung des **Nachtarbeitsverbotes** sowie um gesetzliche Regelungen gegen die **sexuelle Belästigung am Arbeitsplatz.**

Erwartungsgemäß hatte das BVerfG in seiner Entscheidung vom 28.1.1992 [1 BvR 1025/82, 1 BvL 16/83, 1 BvL 10/91] das Nachtarbeitsverbot für Arbeitnehmerinnen für verfassungswidrig erklärt *(vgl. AuR, Heft 3/1992, S.92).* Nach seiner Auffassung verstoße die ungleiche Behandlung von Männern und Frauen ebenso gegen das GG wie die Sonderbehandlung von Arbeiterinnen im Vergleich zu weiblichen Angestellten. Zwar war das Nachtarbeitsverbot aufgrund der bereits seit längerem bestehenden Bedenken im EinigungsV nicht auf das Beitrittsgebiet übertragen worden, dennoch ist der Gesetzgeber nunmehr aufgefordert, ein neues Nachtarbeitsrecht für Frauen und Männer sowie für Arbeiter und Angestellte zu schaffen. Eine Neuregelung wird dabei auch berücksichtigen müssen, daß das BVerfG die Nachtarbeit in einer allgemeinen Bewertung als gesundheitsgefährdend eingestuft hat. Die konkrete Ausgestaltung dürfte nichtsdestoweniger zu erheblichen politischen Auseinandersetzungen führen, zumal die Positionen vom grundsätzlichen Nachtarbeitsverbot mit Ausnahmetatbeständen bis hin zur fast schrankenlosen Freigabe reichen *(vgl. Kompaß, Heft 4/1992, S.203; Schiek, 1992, S.152ff.; Seifert/Stolz-Willig, 1992, S.158ff.; Blanke/Diederich, 1992, S.165ff.).*

In der Frage der sexuellen Belästigung am Arbeitsplatz hat die SPD-Fraktion bereits die Initiative ergriffen und dem Bundestag einen entsprechenden Antrag [BT-Drs. 12/2096] vorgelegt. Darin verlangt sie, daß der Arbeitgeber ein abgestuftes, effektives Beschwerdeverfahren für den Betrieb einführt. Eine Beschwerdekommission soll jeder Beschwerde einer Frau über sexuelle Belästigung nachgehen und dem Arbeitgeber vortragen. Je nach der Schwere des Falles soll der Arbeitgeber verpflichtet werden, Sanktionen zu verhängen, die vom schriftlichen Verweis bis zur fristlosen Kündigung reichen sollen. Verstöße des Arbeitgebers gegen seine Pflichten sollen als Ordnungswidrigkeiten mit Geldbuße belegt werden. Auch bei diesem Problem ist davon auszugehen, daß es noch erhebliche

Kontroversen geben wird, sofern eine gesetzliche Regelung in absehbarer Zeit überhaupt zustande kommen sollte.

Um einen weiteren Diskussionspunkt bereichert wird die sozialpolitische Diskussion der nächsten Jahre durch den einstimmigen Beschluß der 68. Arbeits- und Sozialministerkonferenz (ASMK) vom 10./11. Oktober 1991, der einen **Ausbau der Länderkompetenzen in der Sozialversicherung** verlangt. Übereinstimmend vertreten die 16 Bundesländer die Ansicht, daß die tatsächliche Entwicklung in der Sozialversicherung der verfassungsmäßigen Grundwertung zugunsten der Länderzuständigkeit immer weniger gerecht werde. Offensichtlich angeregt durch die nach der deutschen Einigung in Gang gekommene neue **Föderalismusdiskussion**, lösten sie mit dieser Offensive eine außerordentlich **kontroverse Diskussion** um Vor- und Nachteile einer **Regionalisierung der Sozialversicherung** aus *(vgl. auch Münzer, 1992, S.26).*

Die Länder, die sich in ihren Forderungen auf Artt.30 und 83 GG stützen, die die Zuständigkeit in der Durchführung der Sozialversicherung in die Kompetenz der Länder stellen, bemängeln, daß die länderbezogenen Träger der Sozialversicherung (z. B. Landesversicherungsanstalten, Ortskrankenkassen) einen permanenten Substanzverlust zugunsten bundesunmittelbarer zentraler Träger (Bundesversicherungsanstalt für Angestellte, Ersatzkassen) verzeichnen. Sie treten daher für eine Änderung des Art.97 Abs.2 GG mit dem Ziel ein, den Grundsatz der Länderzuständigkeit in der Sozialversicherung besser zur Geltung zu bringen.

Im Bereich der Krankenversicherung sehen sie insbesondere hinsichtlich der Ersatzkassen Handlungsbedarf; ihre unzureichende regionale Einbindung wirke statt kostendämpfend eher kostentreibend. Die Beitragssatzgestaltung solle sich jeweils an den regionalen Gegebenheiten in bezug auf Einnahmen und Ausgaben orientieren. Die Subventionierung von Versichertenbeiträgen in Ballungszentren mit besonders hohen Gesundheitskosten durch Regionen mit niedrigem Inanspruchnahmeverhalten sei nicht länger tragbar. Hinsichtlich der Rentenversicherung verweisen die Länder darauf, daß durch die anhaltende Zunahme der Zahl der Angestellten die föderalistisch landesbezogene Rentenversicherung der Arbeiter in ihrem Umfang und Gewicht zugunsten der bundesweit zentralistisch organisierten Bundesversicherungsanstalt für Angestellte rückläufig sei. Falls hier keine Änderung erfolge, werde sich der Schrumpfungsprozeß der Arbeiterrentenversicherung ungebrochen fortsetzen und die Länderzuständigkeit weiter reduzieren. Auch bei der Arbeitslosenversicherung wünschen sie größere Einflußmöglichkeiten als bisher. Trotz ihrer Vertretung in den Gremien der BA seien ihre tatsächlichen Einflußmöglichkeiten äußerst gering. Arbeitsmarktrelevante Maßnahmen und Programme könnten die Länder allenfalls aus eigenen Mitteln durchführen. Dagegen fehlten ihnen Gestaltungsmöglichkeiten für eine regionale Arbeitsmarktpolitik aus Mitteln der Arbeitslosenversicherung.

Eine von den Arbeitsministern eingesetzte Arbeitsgruppe erhielt den Auftrag zu prüfen, welche Änderungen im Organisationsrecht erforderlich seien, um die dem Föderalismus entsprechenden Länderzuständigkeiten in den Sozialversicherungszweigen herzustellen und zu wahren. Anläßlich der ersten Sitzung dieser Arbeitsgruppe Anfang Februar 1992 zeigte sich, daß die Interessen der einzelnen Länder in bezug auf eine Regionalisierung keineswegs völlig deckungsgleich waren. Die inzwischen deutlich gewordenen Unterschiede in den einzelnen Positionen dürften auch auf die überwiegend negative Reaktion bei den betroffenen Verbänden, dem BMA sowie in den Medien zurückzuführen sein.

Kritiker des Regionalisierungskonzeptes werfen den Ländern eine **Entsolidarisierung** zwischen den Regionen und eine Zerschlagung effektiver Verwaltungs- und Organisationsstrukturen vor. Sie befürchten durch die Absichten der Länder eher eine Verstärkung der Unterschiede zwischen den Wirtschaftsregionen, die sich im Bereich der GKV in divergierenden Beitragssätzen manifestieren und die die Situation von Problemregionen verschlimmern würden. Eine **Verschärfung des Nord-Süd-Gefälles** – verstärkt durch eine Ost-West Komponente – sei die Folge *(vgl. Baum, 1992, S.9ff.; Fiedler, 1992b, S.213 ff.; Kannengießer, 1992b, S.157ff.; Kirschner, 1992, S.4ff.; Ersatzkassen-Report, Nr.2/ 1992, S.1 f.).*

Unterdessen hat das Land Mecklenburg-Vorpommern bereits zum jetzigen Zeitpunkt eine Regionalisierung der Sozialversicherung abgelehnt. Nach seiner Auffassung würde derzeit eine vollständige Regionalisierung der Versicherungszweige Rentenversicherung, Krankenversicherung und Arbeitslosenversicherung zu erheblichen beitrags- und leistungsrechtlichen Nachteilen für wirtschaftlich schwächere Länder führen. Zwar erklärten die übrigen Länder nachdrücklich, daß niemand an eine Veränderung der Finanzierungsgrundlagen der Rentenversicherung, eine Verschlechterung des Leistungsniveaus in einzelnen Regionen oder an eine Entsolidarisierung der Menschen zwischen Nord und Süd oder Ost und West denke, Bedenken, daß die Änderung der Organisationszuständigkeit nur den Einstieg in eine längerfristig am regionalen Beitragsaufkommen orientierte regionale Sozialpolitik sein könnte, sind zumindest nicht von vornherein auszuschließen.

Nicht zuletzt vor dem Hintergrund der **Lohnnebenkostendiskussion** dürfte es für die wirtschaftlich stärkeren Länder, die derzeit andere Bundesländer über Sozialversicherungsbeiträge subventionieren, durchaus attraktiv sein, an eine stärkere Bindung des Beitragsaufkommens im eigenen Land zu denken. Überhaupt beeinflußt die seit der Einigung erneut heftig belebte Kontroverse über die »Gefährdung« des »**Wirtschaftsstandorts Deutschland**« und die dabei von Vertretern der Wirtschaft beklagte »überbordende Kostenbelastung« in zunehmendem Maße die gesamte sozialpolitische Diskussion *(vgl. Schoenaich-Carolath, 1992, S.366ff.; Welsch, 1992, S.283ff.)*. Beklagt wird neben der im Vergleich zu anderen Industriestaaten zu kurzen Arbeitszeit, den mangelnden Möglichkeiten der Anpassung der Arbeitszeiten an die Maschinenlaufzeiten und den zu hohen Sozialabgabenbelastungen immer wieder auch der vermeintlich »überhöhte Krankenstand« *(vgl. Schnabel, 1991, S.298ff.)*.

Beeinflußt werden wird die Weiterentwicklung des Arbeitsrechts, aber ebenso des Sozialleistungssystems, in den nächsten Jahren sicherlich auch durch die seit Mitte der 80er Jahre verstärkt in Gang gekommene allgemeine Diskussion um den **Abbau von Marktregulierungen**. Die Befürworter einer **Deregulierung** sehen in Marktöffnung und Wettbewerb das Leitbild einer zukunftsorientierten Wirtschaftspolitik. Wettbewerb gebe den wirtschaftlichen Antriebskräften Raum zur Entfaltung, steigere kontinuierlich die gesamtwirtschaftliche Effizienz und begrenze wirtschaftliche Macht *(vgl. Deregulierungskommission, 1991)*. Nicht zuletzt im derzeitigen Arbeitsrecht sehen die Deregulierungsbefürworter erhebliche Hemmnisse für die von ihnen favorisierte stärkere Wettbewerbsorientierung von Wirtschaft und Gesellschaft.

Im einzelnen fordern die Deregulierungsbefürworter u. a. die zeitweilige Abdingbarkeit von Tarifverträgen durch Betriebsvereinbarung, die Zulassung der Vereinbarung untertariflicher Arbeitsbedingungen bei Einstellung von Langzeitarbeitslosen (für maximal 3 Jahre), die Beschränkung der staatlichen Allgemeinverbindlichkeitserklärung von Tarifverträgen, die generelle Zulässigkeit von befristeten Arbeitsverträgen bis zu einer Höchstdauer von 18 Monaten, die Beschränkung der Pflicht zur Berücksichtigung sozialer Gesichtspunkte im Rahmen von betriebsbedingten Kündigungen, die Begrenzung der gesetzlichen Sozialplanleistungen auf einen Ausgleich der wirtschaftlichen Nachteile, die Abdingbarkeit des gesetzlichen Anspruchs auf einen Sozialplan durch Tarifvertrag oder Betriebsvereinbarung über einen generellen Anspruch auf Abfindungszahlungen, die Vereinfachung der Verkleinerung der Belegschaft beim Betriebsübergang im Insolvenzfall, die Aufhebung des Vermittlungsmonopols der Bundesanstalt für Arbeit und die Zulassung der gewerbsmäßigen Arbeitsvermittlung, die Liberalisierung der Ladenschlußzeiten sowie die möglichst weitgehende Flexibilisierung der gesetzlichen Arbeitszeitordnung.

Die Verfechter einer Deregulierung des Arbeitsmarktes und des Arbeitsrechts erwarten von den von ihnen vorgeschlagenen Maßnahmen die Eröffnung größerer **invidueller Freiheitsspielräume** und eine **Steigerung der Beschäftigung**. Eine **flexiblere Arbeitsmarktordnung** entspreche nicht nur den bei zunehmendem Wohlstand immer stärker differierenden Präferenzen der einzelnen Arbeitnehmer, sie schaffe auf Dauer auch eine größere Sicherheit der Arbeitsplätze, da sie dem wachstumsbedingten und technisch bedingten **Strukturwandel** den Weg ebne. Der soziale Friede werde gewinnen, „wenn die Arbeitsmarktordnung nicht länger bestimmten Gruppen von Arbeitnehmern ein erhöhtes Beschäftigungsrisiko zuweise und Arbeitslose diskriminiere" *(Deregulierungskommission, 1991, S.275).*

Entschieden zurückgewiesen werden die Deregulierungsvorschläge vor allem von den Gewerkschaften, aber auch von einer Reihe von SPD-Sozialpolitikern und Wissenschaftlern *(vgl. Heyenn, 1992c, S.361ff.).* Sie verweisen nachdrücklich darauf, daß sich der Arbeitsmarkt durch eine Reihe gravierender Besonderheiten deutlich von den Gütermärkten unterscheide. Regulierungen auf dem Arbeitsmarkt dienten dazu, das aus einer **ungleichen Machtverteilung** resultierende **Marktversagen** zu korrigieren. Abgesehen davon, daß die Gegner der Deregulierung die optimistischen Wirkungserwartungen der Befürworter nicht teilen, werten sie die psychischen, gesellschaftlichen und politischen Schäden, die ihrer Ansicht nach derartige Deregulierungen anrichten würden, als unerträglich für das Gemeinwesen *(vgl. auch Walwai, 1991; Heyenn, 1992c, 1992d).*

Literaturverzeichnis

Abendroth, W.: Zum Begriff des demokratischen und sozialen Rechtsstaates im Grundgesetz der Bundesrepublik Deutschland, in: Aus Geschichte und Politik, Festschrift zum 70. Geburtstag von Ludwig Bergstraesser, Düsseldorf 1954, S.279-300

Abendroth, W.: Das Grundgesetz – Eine Einführung in seine politischen Probleme, Pfullingen 1966

Abendroth, W.: Antagonistische Gesellschaft und politische Demokratie, Neuwied-Berlin 1967

Abholz, H.-H.: Soziale Unterschiede im Zugang zu Institutionen gesundheitlicher Versorgung, in: F. Hauß / F.Naschold / R. Rosenbrock: Schichtenspezifische Versorgungsprobleme im Gesundheitswesen (Forschungsberichte »Gesundheitsforschung«, Nr.55), hrsg. vom BMA, Bonn 1981, S.64-93

Abshoff, J.: Überlegungen für eine Neuordnung des Krankenhausfinanzierungssystems, in: Das Krankenhaus, 74.Jg., Heft 9/1982, S.366-374

Achenbach, K.: Rentenrechtliche Folgerungen aus Veränderungen im deutsch-deutschen Verhältnis, in: Sozialer Fortschritt, 39.Jg., Heft 5/1990, S.108-111

Achinger, H.: Zur Neuordnung der sozialen Hilfe. Konzept für einen deutschen Sozialplan, Stuttgart 1954

Achinger, H.: Sozialpolitik als Gesellschaftspolitik (Schriften des Deutschen Vereins für öffentliche und private Fürsorge, Schrift 249), 2. erw. Aufl., Frankfurt 1971

Achinger, H. / **Bogs**, W. / **Meinhold**, H. / **Neundörfer**, L. / **Schreiber**, W.: Soziale Sicherung in der Bundesrepublik Deutschland. Bericht der Sozialenquête-Kommission, Stuttgart-Berlin-Köln-Mainz o.J. <1966>

Achinger, H. / **Höffner**, J. / **Muthesius**, H. / **Neundörfer**, L.: Neuordnung der sozialen Leistungen. Denkschrift, Köln 1955

Achten, J.: Gesetz zur Bekämpfung der Schwarzarbeit. Textausgabe mit Erläuterungen, Berlin-Bielefeld-München 1957

Adam, D. / **Zweifel**, P. (Hrsg.): Preisbildung im Gesundheitswesen (Beiträge zur Gesundheitsökonomie, Bd.9), Gerlingen 1985

Adam, H.: Macht und Vermögen in der Wirtschaft, 2. überarb. u. erw. Aufl., Köln 1976

Adam, H.: Vermögensverteilung und wirtschaftliche Macht, in: D.B. Simmert (Hrsg.): Wirtschaftspolitik – kontrovers (Schriftenreihe der Bundeszentrale für politische Bildung, Bd.146), Bonn 1979, S.538-561

Adamy, W.: Deregulierung des Arbeitsmarktes – Zwischenbilanz des Beschäftigungsförderungsgesetzes, in: WSI-Mitteilungen, 41.Jg., Heft 8/1988, S.475-482

Adamy, W.: Die Integration von Aus- und Übersiedlern in den bundesdeutschen Arbeitsmarkt, in: Arbeit und Sozialpolitik, 44.Jg., Heft 7/1990, S.254-257 (1990a)

Adamy, W.: Aktuelle arbeitsmarktpolitische Herausforderungen infolge der deutschen Einheit, in: Arbeit und Sozialpolitik, 44.Jg., Heft 11-12/1990, S.426-429 (1990b)

Adamy, W.: Marktwirtschaft und Arbeitslosigkeit in der DDR. Zwei Seiten einer Medaille?, in: WSI-Mitteilungen, 43.Jg., Heft 7/1990, S.433-441 (1990c)

Adamy, W. / **Bobke**, M. / **Lörcher**, K.: Einleitung zum Recht der Internationalen Arbeitsorganisation (IAO), in: W. Däubler / M. Kittner / K. Lörcher (Hrsg.): Internationale Arbeits- und Sozialordnung, Köln 1990, S.147-178

Adomeit, K.: In Zukunft neue Mittel für Lohnregelungen?, in: Frankfurter Allgemeine Zeitung vom 10. August 1984

Aktionsgemeinschaft Soziale Marktwirtschaft (Hrsg.): Sinnvolle und sinnwidrige Sozialpolitik (Tagungsprotokoll Nr.12), Ludwigsburg 1959

Albers, W.: Ökonomische Wirkungen der Rentenreform, in: Finanzarchiv, N.F. Bd.18, 1957, S.59-80

Albers, W.: Strukturfragen aus ökonomischer, finanzwissenschaftlicher und sozialer Sicht: Auswirkungen der Steuerung von Leistungen und Einkommensteilen durch die GKV. Bestandsaufnahme und Perspektiven, in: Wissenschaftliches Institut der Ortskrankenkassen (Hrsg.): Strukturfragen im Gesundheitswesen der Bundesrepublik Deutschland (WIdO-Materialien, Bd.21), Bonn 1983, S.45-64

Albers, W. (Hrsg.): Öffentliche Finanzwirtschaft und Verteilung I (Schriften des Vereins für Socialpolitik, N.F. Bd.75/I), Berlin 1974

Albertin, L. (Hrsg.): Probleme und Perspektiven der Europäischen Einigung, Köln 1986

Albrecht, G. / **Backhaus**, R.: Die beitrags- und rentenrechtlichen Auswirkungen des Haushaltsbegleitgesetzes 1983, in: Deutsche Rentenversicherung, 54.Jg., Heft 2-3/1983, S.147-175

Allekotte, H.: Arten der Vermögensbildungspläne, in: H.E. Büschgen (Hrsg.): Handwörterbuch der Finanzwirtschaft, Stuttgart 1976, Sp.1747-1760

Allert, E.: Bundesverfassungsgericht zum Kinderlastenausgleich. Kindergeldkürzung und Kinderfreibeträge in den Jahren 1983 bis 1985 unvereinbar mit dem Grundgesetz, in: MittHV, Nr.4/90, S.195-198; Nr.5/90, S.251-252

Almsick, J. van: Die Rentenanpassung zum 1. Juli 1992, in: Kompaß, 102.Jg., Heft 4/1992, S.161-168 (1992a)

Almsick, J. van: Rentenanpassung zum 1. Juli 1992 in den alten und neuen Bundesländern, in: Die Angestelltenversicherung, 39.Jg., Heft 6/1992, S.229-239 (1992b)

Ammer, Th.: Stichwort: Flucht aus der DDR, in: Deutschland-Archiv, 22.Jg., Heft 11/1989, S.1206-1208

Ammer, Th.: Anfänge eines demokratischen Parteiensystems in der DDR, in: Aussenpolitik, 41.Jg., 4. Quartal 1990, S.376-385

Ammer, Th. / **Kuppe**, J. L.: Ein langer Abschied. Die SED nach dem Sturz Honeckers, in: Deutschland-Archiv, 22.Jg., Heft 12/1989, S.1393-1401

Ammermüller, M. G. / **Diel**, U.: DDR-Sozialversicherung wird angeglichen, in: Kompaß, 100.Jg., Heft 7/1990, S.333-342

Andreae, C.A. / **Theurl**, E. (Hrsg.): Marktsteuerung im Gesundheitswesen (Veröffentlichungen der Hanns-Martin-Schleyer-Stiftung, Bd.15), Köln 1985

Andres, G.: Pflegeversicherung. Beitrag auf der öffentlichen Anhörung der SPD-Bundestagsfraktion am 26. 9. 1991, Bonn 1991

Andresen, H. / **Schulenburg**, J.-M. Graf von der (Hrsg.): Kommentierte Bibliographie zur Gesundheitsökonomie (Beiträge zur Sozialökonomie und Versicherungswissenschaft, Bd.1), Berlin 1987

AOK-Bundesverband (Hrsg.): Krankenversicherung 1972. Sechstes Presseseminar des AOK-Bundesverbandes, Bonn 1972

AOK-Bundesverband (Hrsg.): Krankenversicherung 1975. Achtes Presseseminar des AOK-Bundesverbandes, Bonn 1976

AOK-Bundesverband (Hrsg.): Lebendige Krankenversicherung – 13. Presseseminar des AOK-Bundesverbandes, Bonn 1985

AOK-Bundesverband (Hrsg.): Lebendige Krankenversicherung. Forderungen der AOK zur Organisationsreform. Presseseminar, Bonn 1989

Arbeitsgemeinschaft deutscher wirtschaftswissenschaftlicher Forschungsinstitute e. V.: Die Lage der Weltwirtschaft und der deutschen Wirtschaft im Frühjahr 1992, in: DIW-Wochenbericht, 59.Jg., Nr.16-17/1992, S.199-233

Arbeitsgruppe DDR im DIW: Quantitative Aspekte einer Reform von Wirtschaft und Finanzen in der DDR, in: DIW-Wochenbericht, 57.Jg., Nr.17/1990, S.221-245

Arendt, W.: Kennzeichen sozial. Wege und Ziele der sozialen Sicherung, Stuttgart-Berlin-Köln-Mainz 1972

Arendt, W.: Das Sozialprogramm für den Bergbau in der Strukturkrise, in: R. Bartholomäi u.a. (Hrsg.): Sozialpolitik nach 1945. Geschichte und Analysen, Bonn-Bad Godesberg 1977, S.239-249

Arndt, A. / **Teichmann**, F.: Mutterschutzgesetz vom 24.1.1952, Hamburg 1952

Arnim, H.H. von: Verfallbarkeit von betrieblichen Ruhegeldanwartschaften, Wiesbaden 1970

Arnold, M.: Medizin zwischen Kostendämpfung und Fortschritt, Stuttgart 1986

Arnold, M.: Warum ist eine Strukturreform in der GKV aus medizinischer Sicht nötig?, in: P. Oberender (Hrsg.): Neuorientierung im Gesundheitswesen (Schriften zur Gesundheitsökonomie, Bd. 2), Bayreuth 1988, S.17-32

Arnold, M.: Beitragssatzstabilität in der gesetzlichen Krankenversicherung, in: Sozialer Fortschritt, 41.Jg., Heft 3/1992, S.53-58

Arnold, M. / **Schirmer**, B.: Gesundheit für ein Deutschland. Ausgangslage, Probleme und Möglichkeiten der Angleichung der medizinischen Versorgungssysteme der Bundesrepublik Deutschland und der DDR zur Bildung eines einheitlichen Gesundheitswesens, Köln 1990

Auerbach, W.: Dringliche Aufgaben der Bundesgesetzgebung auf dem Gebiete des sozialen Rechts, in: RdA, 2.Jg., 1949, S.401-403
Auerbach, W.: Die Bundesanstalt für Arbeitsvermittlung und Arbeitslosenversicherung, in: RdA, 4.Jg., 1951, S.121-124
Auerbach, W.: Modell eines Sozialplans. Eine Skizze, in: Die Krankenversicherung, 4.Jg., Heft 5/1952, S.106-111
Auerbach, W.: Krankenhauspolitik und Krankenhausbedarfsplanung, in: Soziale Sicherheit, 17.Jg., 1968, S.168-171, 194-197
Auerbach, W.: Beiträge zur Sozialpolitik, Neuwied-Berlin 1971
Auerbach, W. u.a.: Sozialplan für Deutschland. Auf Anregung des Vorstandes der SPD, Berlin-Hannover 1957
Auffarth, F.: Der gegenwärtige Stand des Arbeitskampfrechts in der Bundesrepublik Deutschland unter besonderer Berücksichtigung des Streikrechts, in: RdA, 30.Jg., 1977, S.129-135
Auffarth, F.: Zehn Jahre Betriebsverfassungsgesetz 1972, in: RdA, 35.Jg., 1982, S.201-204
Aulmann, H.: Die gesetzliche Unfallversicherung im Vertragswerk über die Herstellung der Einheit Deutschlands, in: Kompaß, 100.Jg., Heft 12/1990, S.605-609 (1990a)
Aulmann, H.: Die Verhütung und Entschädigung von Arbeitsunfällen und Berufskrankheiten in der DDR unter Berücksichtigung des Staatsvertrages, in: Kompaß, 100.Jg., Heft 7/1990, S.343-345 (1990b)
Aulmann, H.: Gemeinsamkeiten und Unterschiede in der Verhütung und Entschädigung von Arbeitsunfällen und Berufskrankheiten in der Bundesrepublik Deutschland und in der DDR, in: Die BG, Heft 4/1990, S.184-199 (1990c)
Aye, H.A.: Die Leistungen für Kriegsbeschädigte und Kriegshinterbliebene, Lübeck 1948
Aye, H.A.: Das Sozialversicherungs-Anpassungsgesetz, in: RdA, 2.Jg., 1949, S.378-382 (1949a)
Aye, H.A.: Die Selbstverwaltung in der deutschen Sozialversicherung, Weißenburg/Bayern 1949 (1949b)
Aye, H.A.: Das Mutterschutzgesetz vom 24.1.1952. Handkommentar, 2.Aufl., Essen 1953
Aye, H.A.: Die Leistungen nach dem Bundesversorgungsgesetz, Bonn-Bad Godesberg 1956
Bach, H.-U. u.a.: Zur Arbeitsmarktentwicklung 1988/89, in: MittAB, 21.Jg., Heft 4/1988, S.455-466
Bach, H. W.: Das Problem der Langzeitarbeitslosigkeit in der Bundesrepublik Deutschland und in der Deutschen Demokratischen Republik: Analyse und Ansätze zur Therapie, in: Zeitschrift für Sozialreform, 36.Jg., 1990, S.399-427 (1990a)
Bach, H. W.: Auswirkungen der Entwicklungen in der DDR auf die Langzeitarbeitslosigkeit, in: Sozialer Fortschritt, 39.Jg., Heft 7/1990, S.164-165 (1990b)
Bach, H. W.: Langzeitarbeitslosigkeit – auch in den neuen Bundesländern?, in: Sozialer Fortschritt, 41.Jg., Heft 4/1992, S.89-96
Bäcker, G.: Probleme älterer Arbeitnehmer – Probleme einer fehlgeleiteten Sozialpolitik? Anmerkungen zur neueren Diskussion über die Altersgrenze, in: Soziale Sicherheit, 28.Jg., 1979, S.353-358; 29.Jg., 1980, S.3-9
Bäcker, G.: Soziale Absicherung bei Pflegebedürftigkeit. Ist trotz der erneuten Vertagung eine Lösung in Sicht?, in: Soziale Sicherheit, 40.Jg., 1991, S.69-80
Bäcker, G. / **Bispinck**, R.: Sozialpolitik in Deutschland, Köln 1977
Bäcker, G. / **Bispinck**, R. / **Hofemann**, K. / **Naegele**, G.: Sozialpolitik, Köln 1980
Bäcker, G. / **Hofemann**, K.: Zielerreichung und Zielrevision im Bereich staatlicher Sozialpolitik an den Hochschulen – Ein Beitrag zur Analyse des Bundesausbildungsförderungsgesetzes, in: Soziale Sicherheit, 24.Jg., 1975, S.325-328
Bäcker, G. / **Steffen**, J.: Sozialunion: Das Beispiel Rentenversicherung. Die Duplizierung bundesdeutscher Verhältnisse auf DDR-Sozialstrukturen, in: Sozialer Fortschritt, 39.Jg., Heft 7/1990, S.157-163
Backhaus, R. / **Grintsch**, U. / **Neidert**, A. / **Polster**, A.: Das Versicherungs- und Rentenrecht im beigetretenen Teil Deutschlands, in: Deutsche Rentenversicherung, 62.Jg., Heft 1/1991, S.15-89
Badura, B.: Sozialpolitik und Selbsthilfe aus traditioneller und aus sozialpolitischer Sicht, in: B. Badura / Ch. von Ferber (Hrsg.): Selbsthilfe und Selbstorganisation im Gesundheitswesen, München-Wien 1981, S.147-160

Badura, B.: Gesundheitspolitik: Probleme und Reformperspektiven, in: Gewerkschaftliche Monatshefte, 36. Jg., Heft 6/1985, S.342-351

Badura, B. / **Ferber**, Ch. von (Hrsg.): Selbsthilfe und Selbstorganisation im Gesundheitswesen, München-Wien 1981

Baethge, M.: Ausbildung und Herrschaft, Frankfurt 1970

Bahlmann, K.: Das Sozialversicherungsrecht in der Europäischen Gemeinschaft, in: Die Angestelltenversicherung, 36.Jg., Heft 4/1989, S.169-172

Baier, H.: Gibt es eine Ethik des Sozialstaates? Über Moral und Interessen im Sozial- und Gesundheitswesen, in: G.Gäfgen (Hrsg.): Neokorporatismus und Gesundheitswesen (Gesundheitsökonomische Beiträge, Bd.1), Baden-Baden 1988, S.231-250

Baker, H.W.: Beginn der deutschen Sozial- und Arbeitspolitik unter der Militärregierung, in: R. Bartholomäi u.a. (Hrsg.): Sozialpolitik nach 1945. Geschichte und Analysen, Bonn-Bad Godesberg 1977, S.23-31

Balke, S.: Artikel 113 – auch für die Wirtschaft?, in: Arbeitgeber, 17.Jg., Heft 15-16/1965, S.403

Balluseck, H. von: Ursprünge und Tendenzen der Sozialpolitik für alte Menschen, in: Soziale Sicherheit, 31.Jg., 1982, S.106-114, 145-151

Bals, Ch.: Aussiedlerintegration als Herausforderung für die Gesellschaft der Bundesrepublik Deutschland, in: Informationen zur Raumentwicklung, Heft 5/1989, S.305-314

Balzer, D.: Zehn Jahre Kostendämpfungspolitik am Ende?, in: AOK-Bundesverband (Hrsg.): Lebendige Krankenversicherung – 13. Presseseminar des AOK-Bundesverbandes, Bd.10, Bonn 1985, S.5-13

Bank, H.-P.: Die Sozialgesetzgebung der Bundesrepublik Deutschland und ihr zeitlicher Zusammenhang mit den Wahlterminen seit 1949, in: RdA, 23.Jg., 1970, S.101-108

Barth, S. / **Hain**, W.: Szenarien zur demographischen Entwicklung in einem vereinigten Deutschland – Perspektiven für die gesetzliche Rentenversicherung, in: Deutsche Rentenversicherung, 61.Jg., Heft 12/1990, S.732-741

Barthel, A. / **Kroker**, R.: Finanzierung der Deutschen Einheit: Wo bleibt die Solidarität der Gewerkschaften?, in: Arbeitgeber, 44.Jg., Heft 10/1992, S.359-361

Bartholmai, B.: Zur Entwicklung der Mietbelastung privater Haushalte, in: DIW-Wochenbericht, 53.Jg., Nr.4/1986, S.45-52

Bartholmai, B.: Lage und Perspektiven am Wohnungsmarkt, in: DIW-Wochenbericht, 56.Jg., Nr. 24/1989, S.267-274

Bartholmai, B.: Wohnungsbau 1989 und 1990 – Förderung nicht ausreichend, in: DIW-Wochenbericht, 57.Jg., Nr.3/1990, S.27-35

Bartholmai, B. / **Melzer**, M.: Künftige Perspektiven des Wohnungsbaus und der Wohnungsbaufinanzierung für das Gebiet der neuen Bundesländer (DIW-Beiträge zur Strukturforschung), Berlin 1991

Bartholmai, B. / **Melzer**, M. / **Schulz**, E.: Aktuelle Tendenzen der Wohnungsmarktentwicklung in Deutschland, in: Informationen zur Raumentwicklung, Heft 5-6/1991, S.301-314

Bartholomäi, R.: Sozialplanung, in: A. Christmann u.a. (Hrsg.): Sozialpolitik. Ziele und Wege, Köln 1974, S.57-77

Bartholomäi, R. u.a. (Hrsg.): Sozialpolitik nach 1945. Geschichte und Analysen, Bonn-Bad Godesberg 1977

Bartling, H.: Bedürfnis und Bedarf im Gesundheitswesen, in: R. Vogel (Hrsg.): Bedarf und Bedarfsplanung im Gesundheitswesen, Stuttgart 1983, S.2-15

Bauer, E.: Vertrauensärztlicher Dienst und Lohnfortzahlung, in: Soziale Sicherheit, 18.Jg., 1969, S.321-325

Bauer, K. / **Hannemann**, K. / **Kinzel**, D.: EWG. Verordnungen Nr.1408/71 und 574/72 aus der Sicht der Rentenversicherung. Textausgabe mit Erläuterungen und systematischer Übersicht, 12. Aufl., Berlin 1986

Bauer, U.: Möglichkeiten ausgabenwirksamer Steuerungsmaßnahmen bei der Versorgung mit Arzneimitteln, in: Die Krankenversicherung, 38.Jg., Heft 11/1986, S.293-299

Baum, G.: Sozialversicherung: Föderalismus und Sozialversicherung, in: Arbeit und Sozialpolitik, 46.Jg., Heft 3-4/1992, S.9-14

Baumgarten, J.: Zur Kontrolle der wirtschaftlichen Betriebsführung der Krankenhäuser, in: Krankenhaus-Umschau, Heft 5/1974, S.405-407

Baumgarten, J.: Zum Verhältnis Krankenkassen – Krankenhäuser. Analyse und Perspektiven, in: Die Ortskrankenkasse, 68.Jg., Heft 5/1986, S.130-132

Bayer, H.: Die überbetriebliche Mitbestimmung und die technische Entwicklung der industriellen Gesellschaft, Köln 1956

Bayer, W. u.a.: Aktuelle Probleme der Finanzierung von Krankenhausinvestitionen, in: Soziale Sicherheit, 32.Jg., 1983, S.42-46

BBJ-Consult (Hrsg.): Die Reform des Europäischen Sozialfonds. Leitfaden zur Umsetzung, BBJ-Consult-INFO, I/II 1989

Becher, C.: Lohnfortzahlungsgesetz. Kommentar, Bonn-Bad Godesberg 1971

Becher, J.: Das Ringen um die Wirtschaftsreform in der DDR, in: Deutschland-Archiv, 23.Jg., Heft 5/1990, S.687-696

Beck-Gernsheim, E.: Der geschlechtsspezifische Arbeitsmarkt, Frankfurt 1976

Becker, F.: Kommentar zum Arbeitnehmerüberlassungsgesetz, Neuwied 1973

Becker, H.: Wirtschaft in den neuen Bundesländern. Strukturwandel und Neuaufbau, in: Deutschland-Archiv, 25.Jg., Heft 5/1992, S.461-475

Becker, H.J.: Schwerbeschädigtengesetz. Textausgabe, Berlin-Frankfurt 1953

Becker, H.J.: Gesetz über die Beschäftigung Schwerbeschädigter (Schwerbeschädigtengesetz) vom 16. Juni 1953, Berlin-Frankfurt 1955

Becker, H.J.: Die Beschäftigung Schwerbeschädigter, Stuttgart 1963

Becker, H.J.: Aktuelle Entwicklungen und Probleme im Beamtenrecht, in: Recht im Amt, 38.Jg., Heft 4/1991, S.178-186

Becker, W.: Arbeitsmarkt und Schwerbehindertengesetz, in: Soziale Sicherheit, 26.Jg., 1977, S.49-52

Behrendt, W.: Der Entwurf des Arbeitsmarktanpassungsgesetzes als Beginn einer aktiven Arbeitsmarktpolitik, in: R. Bartholomäi u.a. (Hrsg.): Sozialpolitik nach 1945. Geschichte und Analysen, Bonn-Bad Godesberg 1977, S.339-348

Behring, K.: Baubedarf bis 2000: Keine Sättigung, in: ifo-schnelldienst, 42.Jg., Nr.31/1989, S.6-12

Behringer, R.: Das Versicherungs- und Beitragsrecht in der Bundesrepublik Deutschland im Jahre 1991, in: Kompaß, 100.Jg., Heft 12/1990, S.623-626

Beine, R.: Kontrollratsgesetz Nr.35. Ausgleichs- und Schiedsverfahren in Arbeitsstreitigkeiten, Hamburg 1948

Beirat für Ausbildungsförderung beim BMBW: Vorschläge zur Reform des Bundesausbildungsförderungsgesetzes (Schriftenreihe „Grundlagen und Perspektiven für Bildung und Wissenschaft", Nr.21, hrsg. vom BMBW), Bonn 1988

Bekemeier, H.: Die Rente auf Zeit aus sozialpolitischer und rechtlicher Sicht, in: Soziale Sicherheit, 17.Jg., 1968, S.268-271, 300-303

Belwe, K.: Recht auf Arbeit – trotzdem Arbeitslos. Neue soziale Probleme für die DDR-Bürger, in: Das Parlament, 6. April 1990

Belwe, K.: Zur Beschäftigungssituation in den neuen Bundesländern. Entwicklung und Perspektiven, in: Aus Politik und Zeitgeschichte, B 29/1991, S.27-39

Benda, E.: Das sozialstaatliche System der Bundesrepublik Deutschland und seine Grenzen, in: Selbstverwaltung der Ortskrankenkassen, 1985, S.95-104

Benda, E.: Sozialrechtliche Eigentumspositionen im Arbeitskampf. Ein Beitrag zur Diskussion um die Änderung des § 116 Arbeitsförderungsgesetz, Baden-Baden 1986 (1986a)

Benda, E.: Das Arbeitskampfrecht in der Rechtsordnung der Bundesrepublik Deutschland, in: RdA, 39.Jg., 1986, S.143-146 (1986b)

Berberich, P.: Möglichkeiten genossenschaftlicher Wohnungsversorgung in der DDR, in: Informationsdienst und Mitteilungsblatt des VHW, 44.Jg., Heft 10/1990, S.114-115

Berenz, C. / **Brock**, G. / **Worzalla**, M.: Verfassungsrechtliche Grenzen überschritten, in: Arbeitgeber, 43.Jg., Heft 10/1991, S.381-384

Berg, D.: Jetzt hat auch die DDR Arbeitslose, in: Deutschland-Archiv, 23. Jg., Heft 3/1990, S.417-424

Berg, H.: Bilanz der Kostendämpfungspolitik im Gesundheitswesen: 1977-1984, hrsg. vom Wissenschaftlichen Institut der Ortskrankenkassen (WIdO), St. Augustin 1986 (1986a)

Berg, H.: Bilanz der Kostendämpfungspolitik im Gesundheitswesen seit 1977, in: Soziale Sicherheit, 35.Jg., 1986, S.148-155 (1986b)

Bergmann, J. / **Jacobi**, O. / **Müller-Jentsch**, W.: Gewerkschaften in der Bundesrepublik. Gewerkschaftliche Lohnpolitik zwischen Mitgliederinteressen und ökonomischen Systemzwängen, Bd.1, Frankfurt 1975

Berié, H.: Das Sozialbudget, Bonn-Bad Godesberg 1970

Berndt, F. u.a.: Arbeitsförderungsgesetz (AFG). Mit Anmerkungen, Verweisungen und weiter geltenden Durchführungsvorschriften, Stuttgart 1969

Berndt, H.: Wohnungsbau und Wohnungsversorgung in der Bundesrepublik Deutschland – Rückblick, Situation, Ausblick, in: Der Langfristige Kredit, Heft 21-22/1985, S.699-704

Bernrath, U.: Wirtschaftspolitik und Wirtschaftskrise 1974-1976 in der BRD, Lollar 1976

Berthold, N.: Arbeitslosigkeit in Deutschland. Auf der Suche nach einer effizienten Arbeitsmarktpolitik, in: Aus Politik und Zeitgeschichte, B 12/1992, S.3-13

Beske, F. / **Zalewski**, Th.: Gesetzliche Krankenversicherung – Analysen, Probleme, Lösungsansätze, Kiel 1981

Bethusy-Huc, V. von: Das Sozialleistungssystem der Bundesrepublik Deutschland, 2.Aufl., Tübingen 1976

Beuster, H.: Die Neuregelung der Altershilfe für Landwirte, in: ZfS, 15.Jg., Heft 12/1961, S.382-385

Beuster, H.: Probleme der landwirtschaftlichen Altershilfe, in: RdL, 19.Jg., 1967, S.121-124, 143-145

Bever, S.: Gesundheits-Reformgesetz und Kassenarztrecht, in: Die Krankenversicherung, 41.Jg., Heft 1-2/1989, S.49-52

Beyer, H.-T.: Betriebliche Arbeitszeitflexibilisierung zwischen Utopie und Realität, München 1986

Beyme, K. von: Interessengruppen in der Demokratie, 4. Aufl., München 1974

Beyme, K. von: Gewerkschaften und Arbeitsbeziehungen in kapitalistischen Ländern, München-Zürich 1977

Beyme, K. von: Aspekte der Gewerkschaftsentwicklung in einem geeinten Deutschland: historische Chancen oder strukturelle Sackgassen?, in: Gewerkschaftliche Monatshefte, 41.Jg., Heft 5-6/1990, S.332-340

Bieback, K.-J.: Arbeitserlaubnisrecht. Seine Grundlagen und aktuellen Probleme, Frankfurt 1985

Bieback, K.-J. u.a.: Streikfreiheit und Aussperrungsverbot, Neuwied-Darmstadt 1979

Biedenkopf, K.H.: Das Zweite Vermögensbildungsgesetz, in: RdA, 18.Jg., 1965, S.241-253

Biedenkopf, K.H.: Mitbestimmung im Unternehmen – Zum Bericht der »Mitbestimmungskommission«, in: RdA, 23.Jg., 1970, S.129-136

Biedenkopf, K.H.: Das Verhältnis von Staat und Wirtschaft in der Bundesrepublik Deutschland, in: P. Harbusch / D. Wiek (Hrsg.): Marktwirtschaft, Stuttgart 1975, S.47-57

Biedenkopf, K.H.: Arbeitsmarktpolitik in der sozialen Marktwirtschaft, in: D.B. Simmert (Hrsg.): Wirtschaftspolitik – kontrovers (Schriftenreihe der Bundeszentrale für politische Bildung, Bd. 146), Bonn 1979, S.241-258

Biedenkopf, K.H. / **Miegel**, M.: Wege aus der Arbeitslosigkeit, Stuttgart 1978 (1978a)

Biedenkopf, K.H. / **Miegel**, M.: Wohnungsbau am Wendepunkt, Stuttgart 1978 (1978b)

Bieker, K. / **Knöpfl**, E. / **Kraus**, U. / **Volkenant**, N.: Rentenversicherung. Das Versicherungs- und Beitragsrecht in den neuen Bundesländern ab 1.1.1991 (Teil III), in: Die Sozialversicherung, 46.Jg., Heft 7/1991, S.183-188

Bieneck, H.-J.: Arbeitsschutz: Arbeitsmedizin gestärkt, in: BArBl., 42.Jg., Heft 3/1991, S.18-21

Bilski, F. / **Sendler**, H.: Gedanken zum Zielkonzept einer Strukturreform der GKV, in: Die Krankenversicherung, 38.Jg., Heft 4/1986, S.100-107 (1986a)

Bilski, F. / **Sendler**, H.: Kassenärztliche und kassenzahnärztliche Versorgung. Vorschläge für Gesetzgeber und Selbstverwaltung im Rahmen einer Strukturreform, in: Die Krankenversicherung, 38.Jg., Heft 8/1986, S.217-226 (1986b)

Bilski, F. / **Sendler**, H.: Krankenhauspflege, Arzneimittel, Heil- und Hilfsmittel. Vorschläge für Gesetzgeber und Selbstverwaltung im Rahmen einer Strukturreform, in: Die Krankenversicherung, 38.Jg., Heft 10/1986, S.269-278 (1986c)

Binkert, G.: Konzeptionelle Probleme bei arbeitsrechtlichen Teilreformen, in: JZ, 1979, S.747-752

Binne, W.: Unterschiedliches Rentenniveau für Aussiedler und Übersiedler – ein Verstoß gegen das Gleichheitsgebot des Grundgesetzes?, in: Deutsche Rentenversicherung, 62.Jg., Heft 7/1991, S. 493-503

Bischoff, G.-U.: Die Belastung mit Steuern und Sozialversicherungsbeiträgen, in: Arbeits- und sozialstatistische Mitteilungen, 26.Jg., Heft 5/1975, S.119-123

Bispinck, R.: Tarifrunde 1992: Kein Anlaß für eine „neue Bescheidenheit", in: WSI-Mitteilungen, 44.Jg., Heft 11/1991, S.671

Bispinck, R. / **WSI-Tarifarchiv**: Tarifbewegungen im 1. Halbjahr 1990. Durchbruch zur 35-Stunden-Woche und Beginn der Tarifpolitik in der DDR, in: DGB-Tarifbericht, Extra II/1990, August 1990

Bispinck, R. / **WSI-Tarifarchiv**: „Alle Dämme gebrochen" – Die Tarifpolitik in den neuen Bundesländern im 1. Halbjahr 1991, in: WSI-Mitteilungen, 44.Jg., Heft 8/1991, S.466-478 (1991a)

Bispinck, R. / **WSI-Tarifarchiv**: Tarifpolitik in der Transformationskrise. Eine Bilanz der Tarifbewegungen in den neuen Ländern im Jahr 1991, in: DGB-Tarifbericht-Ost, Düsseldorf 1991 (1991b)

Bitz, M.: Pläne und Maßnahmen zur Vermögensbildung, Köln-Berlin-Bonn-München 1971

Blanke, Th. / **Diederich**, H.: Das Ende des Nachtarbeitsverbots?, in: Arbeit und Recht, 40.Jg., Heft 6/1992, S.165-172

Blaschke, D.: Aussiedler – Eine Problemskizze aus der Sicht der Arbeitsmarkt- und Berufsforschung, in: Arbeit und Sozialpolitik, 43.Jg., Heft 8-9/1989, S.238-245

Blaschke, D.: Aussiedler und Übersiedler auf dem bundesdeutschen Arbeitsmarkt, in: Wirtschaftsdienst, Heft 5/1990, S.256-263

Blessin, E. / **Giessler**, H.: Bundesentschädigungsschlußgesetz. Kommentar, München-Berlin 1967

Blomeyer, W.: Der Betriebsrentner im Spannungsfeld zwischen Arbeitgeber, Unternehmen, Belegschaft und Insolvenzsicherung. Dargelegt am Problem der Ruhegeldkürzung bei wirtschaftlicher Notlage des Unternehmens, in: RdA, 30.Jg., 1977, S.1-13

Blomeyer, W. (Hrsg.): Betriebliche Altersversorgung unter veränderten Rahmenbedingungen, Karlsruhe 1984

Blüm, N.: Grundsätze und Ziele der Gesundheitspolitik, in: G. Gäfgen (Hrsg.): Ökonomie des Gesundheitswesens (Schriften des Vereins für Socialpolitik, N.F. Bd.159), Berlin 1986, S.19-30

Blüm, N.: Gesundheitssystem: Wieder auf solider Basis, in: BArBl., 42.Jg., Heft 3/1991, S.5-10

Blume, O.: Möglichkeiten und Grenzen der Altenhilfe, Tübingen 1968

Blumenroth, U.: Deutsche Wohnungspolitik seit der Reichsgründung. Darstellung und kritische Würdigung, Diss. Münster 1973

Blumenwitz, D.: Gutachten zur aktuellen Bindungswirkung des sog. Kassenarzturteils des Bundesverfasungsgerichts, o. O. 1985

Blumenwitz, D. u.a. (Hrsg.): Konrad Adenauer und seine Zeit, Bd.1, Stuttgart 1976

Bobke, M.H.: Die neue BAG-Rechtsprechung zur Mitbestimmung des Betriebsrats bei der Einführung arbeitskampfbedingter Kurzarbeit, in: Blätter für Steuerrecht, Sozialversicherung und Arbeitsrecht, 36.Jg., Heft 18/1981, S.273-276

Bobke, M.H.: Arbeitskampfrecht im Umbruch – Zur Zukunft von Streikfreiheit und Tarifautonomie, in: WSI-Mitteilungen, 39.Jg., Heft 3/1986, S.227-237

Bobke, M. H. / **Giese**, S.: Arbeitsrechtspolitik in Deutschland – Probleme und Perspektiven, in: WSI-Mitteilungen, 44.Jg., Heft 5/1991, S.323-331

Bock-Rosenthal, E. / **Hachmeister**, H. / **Sorge**, A.: Mitbestimmung am Arbeitsplatz, Göttingen 1977

Böckel, E.: Künstlersozialversicherungsgesetz. 2. Aufl., Freiburg i.Br. 1988

Bode, G. u.a.: Das Recht der Vertriebenen, Flüchtlinge und Kriegsgeschädigten, Stuttgart-Köln 1954

Boettcher, E. (Hrsg.): Sozialpolitik und Sozialreform, Tübingen 1957

Bog, I.: Deutschlands Wirtschaft im industriellen Zeitalter. Die Entwicklung des deutschen Wirtschaftslebens seit 1871, in: 100 Jahre Deutsche Geschichte, herausgegeben von der Niedersächsischen Landeszentrale für Politische Bildung, Leer 1971, S.85-110

Bogs, H.: Die Sozialversicherung im Staat der Gegenwart, Berlin 1973

Bogs, H.: Strukturprobleme der Selbstverwaltung einer modernen Sozialversicherung, in: H. Bogs / Ch. von Ferber / Infas (Hrsg.): Soziale Selbstverwaltung – Aufgaben und Funktion der Selbstverwaltung in der Sozialversicherung, Bd.1, Bonn <1977>, S.6-96

Bogs, H.: Staat und Selbstverwaltung im gesundheitsökonomischen Planungssystem der gesetzlichen Krankenversicherung, in: Ludwig Sievers Stiftung u.a. (Hrsg.): Gesundheitspolitik zwischen Staat und Selbstverwaltung. Zur Ordnungspolitik des Gesundheitswesens, Köln 1982, S.415-480

Bogs, H. / **Ferber**, Ch. von / **Infas**: Soziale Selbstverwaltung – Aufgaben und Funktion der Selbstverwaltung in der Sozialversicherung, Bd.1, Bonn <1977>

Bogs, W.: Die Sozialgerichtsbarkeit, in: RdA, 6.Jg., 1953, S.456-461

Bogs, W.: Das Renten-Mehrbetrags-Gesetz, in: RdA, 7.Jg., 1954, S.455-457

Bogs, W.: Grundfragen des Rechts der sozialen Sicherheit und seiner Reform (Sozialwissenschaftliche Abhandlungen der Hochschule für Sozialwissenschaften Wilhelmshaven-Rüstersiel, Heft 3), Berlin 1955

Bogs, W.: Der Gesetzentwurf zur Krankenversicherungsreform, in: RdA, 13.Jg., 1960, S.41-48

Bogs, W.: Neue Rechtsgestaltungen im landwirtschaftlichen Sozialrecht, in: Agrarrecht, 2.Jg., Heft 12/1972, S.477-485

Bogs, W. (Hrsg.): Gegenwartsfragen sozialer Versicherung, Heidelberg 1950

Böhle, F.: Humanisierung der Arbeit und Sozialpolitik, in: Ch. von Ferber / F.-X. Kaufmann (Hrsg.): Soziologie und Sozialpolitik, Opladen 1977, S.290-324

Böhle, F. / **Altmann**, N.: Industrielle Arbeit und Soziale Sicherheit. Eine Studie über Risiken im Arbeitsprozeß und auf dem Arbeitsmarkt, Frankfurt 1972

Böhle, F. / **Sauer**, D.: Intensivierung der Arbeit und staatliche Sozialpolitik, in: Leviathan, 3.Jg., Heft 1/1975, S.49-78

Böhm, F.: Das deutsch-israelische Abkommen 1952, in: D. Blumenwitz u.a. (Hrsg.): Konrad Adenauer und seine Zeit, Bd.1, Stuttgart 1976, S.437-465

Böhnisch, L.: Jugendarbeit in der Diskussion, München 1973

Boldt, G.: Das Mitbestimmungsrecht in Eisen und Kohle, in: RdA, 4.Jg., 1951, S.169-174

Boldt, G.: Mitbestimmungsgesetz Eisen und Kohle, München-Berlin 1952

Boldt, G.: Die Holding-Novelle zum Mitbestimmungsgesetz Bergbau und Eisen, in: RdA, 9.Jg., 1956, S.241-247

Boldt, G.: Mitbestimmungsergänzungsgesetz. Kommentar, München-Berlin 1957

Bolle, M. (Hrsg.): Arbeitsmarkttheorie und Arbeitsmarktpolitik, Opladen 1976

Böltken, F.: Wohnbedingungen und ihre Bewertung in der Bundesrepublik Deutschland am Jahresende 1990. Ergebnisse eines Ost-West-Vergleichs, in: Informationen zur Raumentwicklung, Heft 5-6/1991, S.277-300

Bönisch, A.: Wesen und Nachteile der Planwirtschaft in der DDR, in: Arbeitgeber, 42.Jg., Heft 9/1990, S.378-379

Böpple, A.: Sozialpolitik in der Krise, Frankfurt 1977

Borchert, E.-J.: Familienlastenausgleich, in: B. Baron von Maydell (Hrsg.): Lexikon des Rechts. Sozialrecht, Neuwied-Darmstadt 1986, S.83-89

Borchert, G.: Ordnungspolitik im Arzneimittelbereich. Integriertes Konzept, in: BArBl., 35.Jg., Heft 12/1984, S.25-26

Borries, M. von: Das Gesetz über die Sozialversicherung Behinderter, in: Die Betriebskrankenkasse, 63.Jg., 1975, S.133-137

Borsdorf, U. / **Hemmer**, H.O. (Hrsg.): Gewerkschaften, Wissenschaft, Mitbestimmung, Köln 1979

Bosch, G.: Das arbeitsmarktpolitische Sonderprogramm der Bundesregierung von 1979, in: Soziale Sicherheit, 30.Jg., 1981, S.70-76

Bosch, G.: Verkürzung und Flexibilisierung der jährlichen Arbeitszeit – Ursachen, Wirkungen, Kontroversen, in: Soziale Sicherheit, 36.Jg., 1987, S.227-237

Bosch, G. / **Knuth**, M.: Der Arbeitsmarkt in Ostdeutschland. Längerfristige Übergangsregelungen bleiben notwendig, in: Soziale Sicherheit, 41.Jg., 1992, S.136-146

Bosch, G. / **Neumann**, H. (Hrsg.): Beschäftigungsplan und Beschäftigungsgesellschaft, Köln 1991

Braun, B. / **Reiners**, H.: Kostendämpfung als Gegenreform, in: Blätter für deutsche und internationale Politik, Heft 2/1988, S.182-195

Braun, B. u.a.: Selbstverwaltung in der Krankenversicherung. Bedingungen und Chancen gewerkschaftlicher Gesundheitspolitik als sozialpolitische Mitbestimmung, in: Soziale Sicherheit, 32.Jg., 1983, S.316-324

Braun, W.: Der Zusammenbruch der kommunistischen Ideologie: sozialpädagogische und jugendtheoretische Konsequenzen, in: Jugendwohl, 71.Jg., Heft 8-9/1990, S.378-385

Brauser, H.-L.: Das neue Jugendarbeitsschutzgesetz, in: Soziale Sicherheit, 25.Jg., 1976, S.261-265

Brecht, H.Th.: Lohnfortzahlung für Arbeiter. Kommentar zum Gesetz über die Fortzahlung des Arbeitsentgelts im Krankheitsfalle und über Änderungen des Rechts der gesetzlichen Rentenversicherung, Herne-Berlin 1969

Brecht, H.Th.: Heimarbeitsgesetz, München 1977

Breidenstein, W.: Versorgungsempfänger des öffentlichen Dienstes am 1. Februar 1989, in: Wirtschaft und Statistik, Heft 6/1989, S.377-379

Breit, E. (Hrsg.): Europäischer Binnenmarkt: Wirtschafts- oder Sozialraum?, Bonn 1988 (1988a)

Breit, E.: Europäischer Binnenmarkt kein Selbstzweck: Für ein soziales Europa, Hamburg 1988 (1988b)

Brennberger, U. / **Bauernfeind**, H.: Das Jugendarbeitsschutzgesetz mit Nebenbestimmungen. Kommentar, Neuwied 1960

Brenner, G.: Wieviel niedergelassene Ärzte braucht die DDR?, in: Deutsches Ärzteblatt, 87.Jg., 1990, S.1454-1456

Brenner, O.: Gewerkschaftliche Dynamik in unserer Zeit, Frankfurt 1966

Breuer, J.: Bestandsaufnahme der agrarsozialen Sicherung, in: Arbeit und Sozialpolitik, 42.Jg., Heft 4/1988, S.136-140

Breyer, F.: Die Nachfrage nach medizinischen Leistungen. Eine empirische Analyse von Daten aus der Gesetzlichen Krankenversicherung, Berlin-Heidelberg-New York-Tokio 1984

Brigmann, W.: Sozialversicherung und Zusatzversorgung im öffentlichen Dienst, Hamburg 1967

Brockelmann, K.: Gewaltopfer erhalten Anspruch auf Entschädigung, in: Soziale Sicherheit, 24.Jg., 1975, S.60-61

Brockelmann, K.: Entschädigung für Opfer von Gewalttaten, in: Soziale Sicherheit, 25.Jg., 1976, S.75-78

Broecker, B.: Wirtschaftliche Mitbestimmung der Betriebsräte? Eine Frage aus dem Bereich der Wirtschaftsdemokratie, Stuttgart 1948

Brok, E.: Soziale Aspekte des Europäischen Binnenmarktes (Schriftenreihe der EVP-Fraktion im Europäischen Parlament und der CDU/CSU-Fraktion im Deutschen Bundestag, Heft 9), Bonn 1988

Brox, H.: Gesetzliche Regelung des Arbeitskampfrechts, in: B. Baron von Maydell / W. Kannengießer (Hrsg.): Handbuch Sozialpolitik, Pfullingen 1988, S.412-421

Brück, G.W.: Allgemeine Sozialpolitik. Grundlagen, Zusammenhänge, Leistungen, Köln 1976, 2. erw. u. aktualisierte Auflage, Köln 1981

Brück, G.W. / **Eichner**, H.: Perspektiven der Sozialpolitik (Veröffentlichungen der Kommission für wirtschaftlichen und sozialen Wandel, Bd.41), Göttingen 1974

Bruckenberger, E.: Planungsanspruch und Planungswirklichkeit im Gesundheitswesen. Am Beispiel Krankenhaus, Stuttgart 1978

Bruckenberger, E.: Dauerpatient Krankenhaus. Diagnosen und Heilungsansätze, Freiburg 1989

Brüggemann, I. von / **Schwefel**, D. / **Zöllner**, H. (Hrsg.): Bedarf und Planung im Gesundheitswesen (Wissenschaftliche Beiträge des Zentralinstituts für die Kassenärztliche Versorgung in der Bundesrepublik Deutschland, Bd.11) Köln 1978

Brunkhorst, J.: Zur Problematik unterschiedlicher Risikostruktur und ihres Ausgleichs in der Sozialversicherung insbesondere in der gesetzlichen Krankenversicherung, Berlin 1987

Brunkhorst, J.: Risikoausgleich und regionale Krankenversicherung, in: Arbeit und Sozialpolitik, 42.Jg., Heft 8/1988, S.234-237

Bucerius, G.: Rechnung für Hitlers Krieg. Lastenausgleich – die größte Vermögensabgabe der Geschichte, in: Die Zeit, Ausgabe vom 13.4.1979

Büchner, J.-J.: Pflegesatz und Budgetierung – Einblicke in Verhaltens- und Verhandlungsmaximen nach dem neuen Pflegesatzrecht, in: Krankenhaus-Umschau, Heft 12/1985, S.899-904

Büchner, J.-J.: Neues Pflegesatzrecht: Wege zur Planung, Budgetierung und Steuerung im Krankenhaus, in: Krankenhaus-Umschau, Heft 8/1986, S.598-609

Buck, H. F.: Von der staatlichen Kommandowirtschaft der DDR zur sozialen Marktwirtschaft des vereinten Deutschland. Sozialistische Hypotheken, Transformationsprobleme, Aufschwungchancen (Schriftenreihe Hochschule/Wirtschaft, Heft 8), Düsseldorf 1991

Budischin, H.-J.: Die Formung der staatlichen Sozialpolitik in der Bundesrepublik Deutschland (Schriftenreihe zur Industrie- und Entwicklungspolitik, Bd.20), Berlin 1976

Bührig, E.: Schlichtung von Arbeitsstreitigkeiten, Ausgleichs-Schiedsverfahren in Arbeitsstreitigkeiten, Gesetz Nr.35 der Alliierten Kontrollbehörde – Kontrollrat, Berlin 1947

Bührig, E.: Der Weg zum neuen Tarifrecht, in: RdA, 1.Jg., 1948, S.11-15

Bührig, E.: Die nächsten sozialpolitischen Aufgaben. Der Standpunkt der Gewerkschaften, in: BArBl., 1.Jg., Heft 3/1950, S.98-99

Bührig, E.: Handbuch der Betriebsverfassung, Köln 1953

Bull, H.P.: Die Staatsaufgaben nach dem Grundgesetz, Frankfurt 1973

Bulla, G.-A.: Das neue Mutterschutzgesetz (MuSchG) des Bundes, in: RdA, 5.Jg., 1952, S.10-16

Bulla, G.-A.: Mutterschutzgesetz und Frauenarbeitsrecht. Kommentar, München-Berlin 1954

Bulla, G.-A. / **Buchner**, H.: Mutterschutzgesetz. Kommentar, 4. Aufl., München 1975

Bundesanstalt für Arbeit (BA) (Hrsg.): Überlegungen zu einer vorausschauenden Arbeitsmarktpolitik, Nürnberg 1974

Bundesanstalt für Arbeit (BA) (Hrsg.): Geschäftsbericht 1988, Nürnberg 1989

Bundesminister des Innern (BMI) (Hrsg.): Die öffentliche Fürsorge, Köln 1956

Bundesminister des Innern (BMI) (Hrsg.): Modellrechnungen zur Bevölkerungsentwicklung in der Bundesrepublik Deutschland. Aktualisierte Fassung, Bonn 1987

Bundesminister für Vertriebene, Flüchtlinge und Kriegsgeschädigte (BMVFK) (Hrsg.): Die Lastenausgleichsgesetze, 8 Bde., Bonn 1962 ff.

Bundesminister für Arbeit und Sozialordnung (BMA) (Hrsg.): Einkommens- und Vermögensverteilung 1977, Auswahl aus der amtlichen und verbandlichen Statistik, Bonn 1977

Bundesminister für Arbeit und Sozialordnung (BMA) (Hrsg.): Arbeitsförderung – Leitfaden zum Arbeitsförderungsgesetz, Bonn 1979 (1979a)

Bundesminister für Arbeit und Sozialordnung (BMA) (Hrsg.): Möglichkeiten der Übertragung amerikanischer Pflegesatzerfahrungen (Forschungsberichte „Gesundheitsforschung", Nr.13), Bonn 1979 (1979b)

Bundesminister für Arbeit und Sozialordnung (BMA) (Hrsg.): Symposion Strukturreform der gesetzlichen Krankenversicherung, Bonn 1982

Bundesminister für Arbeit und Sozialordnung (BMA) (Hrsg.): Gutachten der Beratergruppe zur Neuordnung der Krankenhausfinanzierung, Bonn 1983

Bundesminister für Arbeit und Sozialordnung (BMA) (Hrsg.): Rentenreform '92. Informationen über den Diskussions- und Referentenentwurf, Bonn 1988

Bundesminister für Arbeit und Sozialordnung (BMA) (Hrsg.): Bericht zur Umsetzung des Gesundheits-Reformgesetzes in der Kabinettssitzung am 5. April 1989, Pressemitteilung vom 5.April 1989 (1989a)

Bundesminister für Arbeit und Sozialordnung (BMA) (Hrsg.): Erfahrungsbericht über die Auswirkungen der Krankenhaus-Neuordnung 1984, Bonn 1989 (1989b)

Bundesminister für Arbeit und Sozialordnung (BMA) (Hrsg.): Die gesetzliche Unfallversicherung in der Bundesrepublik Deutschland im Jahre 1988. Statistischer und finanzieller Bericht, Bonn 1989 (1989c)

Bundesminister für Arbeit und Sozialordnung (BMA) (Hrsg.): Übersicht über die Soziale Sicherheit, Bonn 1990 (1990a); 2.Aufl., Bonn 1991 (1991a)

Bundesminister für Arbeit und Sozialordnung (BMA) (Hrsg.): Der Vorschlag des Bundesarbeitsministers zur Absicherung bei Pflegebedürftigkeit, Bonn 1991 (1991b)

Bundesminister für Arbeit und Sozialordnung (BMA) (Hrsg.): Sicherung bei Pflegebedürftigkeit – Fakten und Argumente, Bonn 1991 (1991c)

Bundesminister für Arbeit und Sozialordnung (BMA) (Hrsg.): Bestandsaufnahme der Entwicklung in den neuen Ländern zur Arbeitsmarkt- und Sozialpolitik. Stand: 5.8.1991, Bonn 1991 (1991d)

Bundesminister für Arbeit und Sozialordnung (BMA) (Hrsg.): Sozialbericht 1968, Bonn 1968

Bundesminister für Arbeit und Sozialordnung (BMA) (Hrsg.): Sozialbericht 1970, Bonn 1970

Bundesminister für Arbeit und Sozialordnung (BMA) (Hrsg.): Sozialbericht 1971, Bonn 1971

Bundesminister für Arbeit und Sozialordnung (BMA) (Hrsg.): Sozialbericht 1972, Bonn 1972

Bundesminister für Arbeit und Sozialordnung (BMA) (Hrsg.): Sozialbericht 1976, Bonn 1976

Bundesminister für Arbeit und Sozialordnung (BMA) (Hrsg.): Sozialbericht 1978, Bonn 1978

Bundesminister für Arbeit und Sozialordnung (BMA) (Hrsg.): Sozialbericht 1980, Bonn 1980

Bundesminister für Arbeit und Sozialordnung (BMA) (Hrsg.): Sozialbericht 1983, Bonn Dezember 1983/Januar 1984

Bundesminister für Arbeit und Sozialordnung (BMA) (Hrsg.): Sozialbericht 1986, Bonn 1986

Bundesminister für Arbeit und Sozialordnung (BMA) (Hrsg.): Sozialbericht 1990, Bonn 1990 (1990b)

Bundesminister für Forschung und Technologie (BMFT) (Hrsg.): Forschungsprogramm zur Humanisierung des Arbeitslebens, Bonn o.J. <1974>

Bundesminister für Gesundheit (BMfG) (Hrsg.): Daten des Gesundheitswesens, Ausgabe 1991, Baden-Baden 1991

Bundesminister für Jugend, Familie und Gesundheit (BMJFG) (Hrsg.): Mehr Chancen für die Jugend, Stuttgart-Berlin 1974

Bundesminister für Jugend, Familie und Gesundheit (BMJFG) (Hrsg.): Familienpolitik in der Bundesrepublik Deutschland (Schriftenreihe des BMJFG, Bd.7), Bonn 1975 (1975a)

Bundesminister für Jugend, Familie und Gesundheit (BMJFG) (Hrsg.): Die Bedeutung der Familie im Sozialisationsprozeß, Bonn 1975 (1975b)

Bundesminister für Jugend, Familie und Gesundheit (BMJFG) (Hrsg.): Zweiter Familienbericht, Bonn 1975 (1975c)

Bundesminister für Jugend, Familie und Gesundheit (BMJFG) (Hrsg.): Aufbau und Finanzierung ambulanter und stationärer Pflegedienste, Bonn 1980

Bundesminister für Wirtschaft (BMWI) (Hrsg.): Aktuelle Probleme der Beschäftigungspolitik. Gutachten des Wissenschaftlichen Beirats beim Bundesminister für Wirtschaft, in: Studien, Heft 19, Göttingen 1977

Bundesminister für Wirtschaft (BMWI) (Hrsg.): Probleme der Wohnungswirtschaft. Gutachten des Wissenschaftlichen Beirats beim Bundesminister für Wirtschaft. Vervielfältigtes Manuskript, Bonn 1982

Bundesminister für Wirtschaft (BMWI) (Hrsg.): Vermindert Arbeitszeitverkürzung die Arbeitslosigkeit? Stellungnahme des Wissenschaftlichen Beirats beim BMWI vom 25. Juni 1983

Bundesminister für Wirtschaft (BMWI) (Hrsg.): Lohn- und Arbeitsmarktprobleme in den neuen Bundesländern. Gutachten des Wissenschaftlichen Beirats beim Bundesministerium für Wirtschaft (BMWi Studienreihe, Nr.75), Bonn 1991

Bundesregierung (Hrsg.): Sechster Bericht der Bundesregierung über Erfahrungen bei der Anwendung des Arbeitnehmerüberlassungsgesetzes – AÜG – sowie über die Auswirkungen des Gesetzes zur Bekämpfung der illegalen Beschäftigung – BillBG, BT-Drs. 11/2639 vom 7. Juli 1988

Bundesverband Katholischer Unternehmer (BKU) (Hrsg.): Reform der Gesetzlichen Krankenversicherung. Solidarität-Subsidiarität-Wirtschaftlichkeit. Empfehlungen des Bundes Katholischer Unternehmer (Diskussionsbeiträge des BKU, Nr.11), Bonn 1988

Bundesvereinigung der Deutschen Arbeitgeberverbände (BDA) (Hrsg.): Krankenversicherung in der Krise. Vorschläge zur Gesundung der Finanzen, Köln 1985

Bundesvereinigung der Deutschen Arbeitgeberverbände (BDA) (Hrsg.): Stellungnahme für den BT-Ausschuß für Arbeit- und Sozialordnung (Drs. 1482), Köln am 28. Februar 1990 (1990a)

Bundesvereinigung der Deutschen Arbeitgeberverbände (BDA) (Hrsg.): Stellungnahme zum Entwurf eines Gesetzes zu dem Vertrag vom 18. Mai 1990 über die Schaffung einer Währungs-, Wirtschafts- und Sozialunion zwischen der Bundesrepublik Deutschland und der Deutschen Demokratischen Republik – Bundestags-Drucksache 11/7171 –, Köln Juni 1990 (1990b)

Bundesvereinigung der Deutschen Arbeitgeberverbände (BDA) (Hrsg.): Das »Zwei-Komponenten-Modell«, Köln 13. Juni 1991

Bundesvereinigung der Deutschen Arbeitgeberverbände (BDA) (Hrsg.): Konsensmodell der Bundesvereinigung zur Neuordnung der Pflegeabsicherung (aktualisiertes Zwei-Komponenten-Modell), Köln Januar 1992

Bundesversicherungsanstalt für Angestellte (BfA) (Hrsg.): Die Zusatz- und Sonderversorgungssysteme der ehemaligen DDR. Überführung in die gesetzliche Rentenversicherung, Berlin 1991

Bundeswahlbeauftragter (Hrsg.): Schlußbericht der Wahlbeauftragten über die allgemeinen Wahlen in der Sozialversicherung im Jahre 1986, o. O., Dezember 1986

Bunge, Th.: Die Sicherung der Betriebsrenten bei wirtschaftlicher Notlage des Arbeitgebers, in: RdA, 34 Jg., 1981, S.13-17

Bungert, K.: Neues Wahlrecht in der sozialen Selbstverwaltung, in: Soziale Sicherheit, 16.Jg., 1967, S.257-260, 353-357; 17.Jg., 1968, S.97-100

Bunz, A.R. / **Jansen**, R. / **Schacht**, K.: Qualität des Arbeitslebens. Soziale Kennziffern zur Arbeitszufriedenheit und Berufschancen, INFAS-Studie, hrsg. vom Bundesminister für Arbeit und Sozialordnung, Bonn 1974

Busch, B.: EG-Binnenmarkt. Herausforderung für Unternehmen und Politik (Beiträge zur Wirtschafts- und Sozialpolitik des Instituts der deutschen Wirtschaft, Bd.169), Köln 1989

Büschgen, H.E. (Hrsg.): Handwörterbuch der Finanzwirtschaft, Stuttgart 1976

Buttler, F. / **Walwai**, U. / **Werner**, H. (Hrsg.): Arbeits- und Sozialraum im Europäischen Binnenmarkt (BeitrAB 129), Nürnberg 1990

Buttler, F. u. a. (Hrsg.): Europa und Deutschland. Zusammenwachsen der Arbeitsmärkte und Sozialräume. Festschrift für Heinrich Franke, Stuttgart 1992

Buttler, G. / **Seffen**, A.: Modellrechnungen zur Rentenfinanzierung, Köln 1975

Buttler, G. / **Winterstein**, H. / **Jäger**, N.: Aussiedler – Ein Gewinn oder Verlust für das System der Sozialen Sicherung?, in: Arbeit und Sozialpolitik, 43.Jg., Heft 8-9/1989, S.232-237

Caesar, P.: Grundriß der deutschen Sozialversicherung, Stuttgart-Köln 1949

Carolsfeld, S. von: Probleme des Mitbestimmungs-Ergänzungsgesetzes, in: RdA, 16.Jg., 1963, S.249-254

Carstens, K.: Das Recht des Europarats, Berlin 1956

Cassel, D.: Wettbewerb in der Krankenversicherung. Möglichkeiten und Grenzen, in: BArBl., 35.Jg., Heft 12/1984, S.31-33

Cassel, D.: Möglichkeiten und Grenzen des Wettbewerbs im System der gesetzlichen Krankenversicherung. Expertise im Auftrag des Bundesministers für Arbeit und Sozialordnung (BMA) (Forschungsberichte „Gesundheitsforschung", Nr.149), hrsg. vom Bundesminister für Arbeit und Sozialordnung, Bonn 1987

Cassel, D. / **Henke**, K.: Reform der Gesetzlichen Krankenversicherung in der Bundesrepublik Deutschland zwischen Utopie und Pragmatik: Kostendämpfung als Strukturreform?, in: H.-M. Sass (Hrsg.): Ethik und öffentliches Gesundheitswesen, Berlin-Heidelberg 1988, S.13-33

CDU/CSU – Bundestagsfraktion (Hrsg.): Familienpolitik im Wandel – Bericht der Kommission Familienlastenausgleich, Bonn 1985

CDU – Frauenvereinigung (Hrsg.): Die Welt von morgen braucht uns heute, Mainz 1983

Chavet, A.: Soziale Einheit, in: Die Krankenversicherung, 42.Jg., Heft 11/1990, S.311-314

Chmurzinski, B.: Der Inflationsschutz in der Altersversorgung, in: RdA, 34.Jg., 1981, S.18-33

Christmann, A.: Bundesversicherungsamt – Im Vorfeld der Reformen, in: BArBl., 40.Jg., Heft 7-8/1989, S.22-27

Christmann, A.: Bundesversicherungsamt: Das Jahr 1990, in: BArBl., 42.Jg., Heft 6/1991, S.8-14

Christmann, A. u.a. (Hrsg.): Sozialpolitik. Ziele und Wege, Köln 1974

Cichon, M.: Überlegungen zur Analyse von Wettbewerbsmodellen in der GKV zwischen ökonomischer Theorie und politischer Axiomatik. Hypothesen, Prämissen und Präferenzen müssen auf den Tisch!, in: Sozialer Fortschritt, 35.Jg., Heft 1-2/1986, S.23-34

Clade, H.: Strukturreform im Gesundheitswesen. SPD-Denkanstöße – marktwirtschaftlich verbrämt, in: Deutsches Ärzteblatt, 89.Jg., 1992, S.262

Clasen, L.: Tarifverträge 1988. Weitere Arbeitszeitverkürzungen, in: BArBl., 40.Jg., Heft 3/1989, S. 17-22

Clasen, L.: Tarifverträge 1990: Erstmals gesamtdeutsch, in: BArBl., 42.Jg., Heft 3/1991, S.11-18 (1991a)

Clasen, L.: Tarifentwicklung/Ost: Erste Zwischenbilanz, in: BArBl., 42.Jg., Heft 6/1991, S.5-8 (1991b)

Claupein, E.: Vermögen und Vermögensbildungsprozesse der privaten Haushalte (Beiträge zur Ökonomie von Haushalt und Verbrauch, Heft 21), Berlin 1990

Clemens, H. / **Lantermann**, H.: Die Entwicklung der Beamtenbesoldung im letzten Jahrzehnt, in: RdA, 35.Jg., 1982, S.218-229

Clever, P.: Herausforderung für eine europäische Sozialpolitik, in: BArBl., 40.Jg., Heft 6/1989, S.18-24

Collins, N.: The European Communities. The Social Policy of the First Phase, London 1975

Commerzbank: Systeme betrieblicher Altersversorgung, Bericht der Abteilung Volkswirtschaft, o.O. 1981

Czlczor, K.: Die Schlechtwetterregelung in der Bauwirtschaft, in: RdA, 13.Jg., 1960, S.361-369

Dahm, D.: Das neue Sozialversicherungsabkommen zwischen der Bundesrepublik Deutschland und der Republik Polen. Die maßgeblichen Regelungen für die gesetzliche Unfallversicherung, in: Kompaß, 102.Jg., Heft 1/1992, S.19-22

Dahrendorf, R.: Das Mitbestimmungsproblem, Tübingen 1963

Dalhoff, M.: Krankenhausfinanzierung und Krankenhauspolitik – Ein neues Gesetz und kein Ende der Probleme, in: Soziale Sicherheit, 34.Jg., 1985, S.101-107

Dalhoff, M.: Warum wird das Pflegeproblem nicht gelöst?, in: Sozialer Fortschritt, 36.Jg., Heft 4/1987, S.85-91

Dalhoff, M.: Erstmals häusliche Pflegehilfe, in: BArBl., 40.Jg., Heft 4/1989, S.25-27

Dalhoff, M.: Modelle und Entwicklungsperspektiven für die gesetzliche Krankenversicherung, in: Arbeit und Sozialpolitik, 46.Jg., Heft 3-4/1992, S.15-28

Dapprich, G.: Das sozialgerichtliche Verfahren, Köln-Berlin 1960

Däubler, W.: Das soziale Ideal des Bundesarbeitsgerichts, in: M. Kittner (Hrsg.): Streik und Aussperrung, Frankfurt-Köln o.J. <1974>, S.411-522

Däubler, W.: Das Arbeitsrecht 2 – Ein Leitfaden für Arbeitnehmer, 3.Aufl., Reinbek 1983

Däubler, W.: Das Arbeitsrecht, 6.Aufl., Reinbek 1985

Däubler, W.: Deregulierung und Flexibilisierung im Arbeitsrecht, in: WSI-Mitteilungen, 41.Jg., Heft 8/1988, S.449-457 (1988a)

Däubler, W.: Sonntagsarbeit aus technischen und wirtschaftlichen Gründen, in: Der Betrieb, Beilage Nr.7/1988 zu Heft 13/1988 (1988b)

Däubler, W.: Einleitung zum Recht der Europäischen Gemeinschaften, in: W. Däubler / M. Kittner / K. Lörcher (Hrsg.): Internationale Arbeits- und Sozialordnung, Köln 1990, S.633-663 (1990a)

Däubler, W.: Mitbestimmung – ein Thema für Europa, in: Kritische Justiz, 23.Jg., Heft 1/1990, S.14-30 (1990b)

Däubler, W.: Einigungsvertrag und Arbeitsrecht, in: Arbeitsrecht im Betrieb, 11.Jg., Heft 10/1990, S.364-368 (1990c)

Däubler, W.: Die Entwicklung des Arbeitsrechts in der DDR – eine Momentaufnahme, in: Arbeit und Recht, 38. Jg., Heft 5/1990, S.149-154 (1990d)

Däubler, W.: Staatsvertrag und Arbeitsrecht, in: Arbeitsrecht im Betrieb, 11.Jg., Heft 6-7/1990, S.208-212 (1990e)

Däubler, W.: Der öffentliche Dienst in der ehemaligen DDR. Verfassungsrechtliche Probleme. Gutachten, Stuttgart 1991

Däubler, W.: Ein Arbeitsvertragsgesetz?, in: Arbeit und Recht, 40.Jg., Heft 5/1992, S.129-137

Däubler, W. / Hege, H.: Koalitionsfreiheit. Kommentar, Baden-Baden 1976

Däubler, W. / Kittner, M. / Lörcher, K. (Hrsg.): Internationale Arbeits- und Sozialordnung, Köln 1990

Däubler, W. / Klebe, Th.: Wieviel Mitbestimmung wird in Zukunft in der DDR bestehen?, in: Frankfurter Rundschau vom 26. April 1990, S.24

Däubler, W. (Hrsg.): Arbeitskampfrecht, Baden-Baden 1984

Däubler-Gmelin, H.: Frauenarbeitslosigkeit, Hamburg 1977

Däubler-Gmelin, H. / Pfarr, H.M. / Weg, M.: Mehr als nur gleicher Lohn!, Hamburg 1985

Daxner, M.: Die Überführung der Wissenschaft in den Westen, in: Kritische Justiz, 24.Jg., Heft 4/1991, S.444-457

DDR-Wirtschaftsministerium: Abschlußinformation zur Genehmigungserteilung von Joint Venture im 1. Halbjahr 1990 (MW-Information), Ost-Berlin 1990

Deininger, D.: Empfänger laufender Hilfen zum Lebensunterhalt im September 1981, in: Nachrichtendienst des Deutschen Vereins für öffentliche und private Fürsorge, 61.Jg., 1981, S.208-211

Deininger, D.: Laufende Hilfe zum Lebensunterhalt, in: Wirtschaft und Statistik, Heft 3/1983, S. 254-264

Deininger, D.: Sozialhilfeaufwand 1986, in: Wirtschaft und Statistik, Heft 11/1987, S.872-877

Deininger, D.: Jugendhilfe 1987, in: Wirtschaft und Statistik, Heft 3/1989, S.176-182 (1989a)

Deininger, D.: Sozialhilfeempfänger 1987, in: Wirtschaft und Statistik, Heft 8/1989, S.537-543 (1989b)

Deininger, D.: Sozialhilfeempfänger 1988, in: Wirtschaft und Statistik, Heft 6/1990, S.421-429

Deininger, D.: Sozialhilfe 1990 in den neuen Bundesländern, in: Wirtschaft und Statistik, Heft 9/1991, S.633-638

Deppe, F. u.a.: Kritik der Mitbestimmung, Frankfurt 1971

Deppe, H.-U.: Zur gesellschaftlichen Lage und Perspektive von niedergelassenen Ärzten, in: H.-U. Deppe u.a. (Hrsg.): Medizin und gesellschaftlicher Fortschritt, Köln 1973, S.97-105

Deppe, H.-U.: Krankheit ist ohne Politik nicht heilbar, Frankfurt 1987

Deppe, H.-U. u.a. (Hrsg.): Medizin und gesellschaftlicher Fortschritt, Köln 1973

Deregulierungskommission (Hrsg.): Marktöffnung und Wettbewerb, Stuttgart 1991

Dersch, H. u.a.: Arbeitsgerichtsgesetz, 6.Aufl., Berlin-Frankfurt 1955

Deutscher Bundestag (Hrsg.): Beschäftigungsmöglichkeiten für Langzeitarbeitslose (Zur Sache, 88-6), Bonn 1988

Deutscher Gewerkschaftsbund (DGB): Mitbestimmung. Eine Forderung unserer Zeit, Düsseldorf 1973

Deutscher Gewerkschaftsbund (DGB): Protokoll des 11. Ordentlichen Bundeskongresses des DGB vom 21.-27. Mai 1978 in Hamburg, Düsseldorf 1978

Deutscher Gewerkschaftsbund (DGB): Stellungnahme des Deutschen Gewerkschaftsbundes zur Anhörung des Ausschusses für Arbeit und Sozialordnung am 7. März 1990, Düsseldorf 1990 (1990a)

Deutscher Gewerkschaftsbund (DGB): Qualifizieren statt entlassen – Arbeitsmarktpolitische Soforthilfe für die DDR, in: Informationen zur Sozial- und Arbeitsmarktpolitik, 3/1990, S.3 (1990b)

Deutscher Gewerkschaftsbund (DGB): Vorstellungen des DGB zur Verbesserung der Versorgung und der sozialen Absicherung bei Pflegebedürftigkeit und Krankheit (im Alter), Düsseldorf Mai 1991 (1991a)

Deutscher Gewerkschaftsbund (DGB): Die Lücke in der sozialen Sicherung – Vorstellungen des DGB zur Absicherung bei Pflegebedürftigkeit, Düsseldorf September 1991 (1991b)

Deutscher Mieterbund: Stellungnahme zum Antrag „Die Wohnungsgemeinnützigkeit erhalten und stärken" der SPD-Bundestagsfraktion – Drucksache 11/1389, Köln 1988

Deutscher Verein für öffentliche und private Fürsorge: Fürsorge und Sozialreform, o.O. 1955

Deutscher Verein für öffentliche und private Fürsorge: Die Neuordnung des Fürsorgerechts als Teil einer Sozialreform, o.O. 1958

Deutsches Industrieinstitut: Bibliographie zur Mitbestimmung und Betriebsverfassung, Köln 1955

Deutsches Institut für Wirtschaftsforschung (DIW): Die deutsche Wirtschaft zwei Jahre nach dem Zusammenbruch, Berlin 1947

Deutsches Institut für Wirtschaftsforschung (DIW): Gesetzentwurf zur Rentenreform 1992: Neuorientierung erforderlich, DIW-Wochenbericht, 56.Jg., Nr.23/1989, S.259-265

Deutsches Institut für Wirtschaftsforschung (DIW): DDR: Übergang zum neuen Rentenrecht schwierig, in: DIW-Wochenbericht, 57.Jg., Nr.14/1990, S.167-171

Deutsches Institut für Wirtschaftsforschung (DIW): Die öffentlichen Haushalte in Deutschland 1991/1992: Anhaltend hohe Finanzierungsdefizite trotz Steuererhöhungen, in: DIW-Wochenbericht, 58.Jg., Nr.38/1991, S.539-548 (1991a)

Deutsches Institut für Wirtschaftsforschung (DIW): Subventionierung und Privatisierung durch die Treuhandanstalt: Kurswechsel erforderlich, in: DIW-Wochenbericht, 58.Jg., Nr.41/1991, S. 575-579 (1991b)

Deutsches Institut für Wirtschaftsforschung (DIW): Finanzprobleme der neuen Bundesländer und Länderfinanzausgleich: Verteilungskonflikte programmiert, in: DIW-Wochenbericht, 59.Jg., Nr. 25/1992, S.315-325 (1992a)

Deutsches Institut für Wirtschaftsforschung (DIW): Der Arbeitsmarkt in Deutschland, in: DIW-Wochenbericht, 59.Jg., Nr.5-6/1992, S.49-57 (1992b)

Deutsches Institut für Wirtschaftsforschung (DIW): Abwanderung von Arbeitskräften und Einkommenspolitik in Ostdeutschland, in: DIW-Wochenbericht, 59.Jg., Nr.5-6/1992, S.58-61 (1992c)

Deutsches Institut für Wirtschaftsforschung (DIW): Zur Politik der Treuhandanstalt – Eine Zwischenbilanz, in: DIW-Wochenbericht, 59.Jg., Nr.7/1992, S.63-68 (1992d)

Deutsches Institut für Wirtschaftsforschung (DIW): Eine Modellrechnung zur wirtschaftlichen Angleichung zwischen Ost- und Westdeutschland, in: DIW-Wochenbericht, 59.Jg., Nr.7/1992, S. 80-81 (1992e)

Deutsches Institut für Wirtschaftsforschung (DIW): Bundesrepublik Deutschland: Die Stagnation überwinden!, in: DIW-Wochenbericht, 59.Jg., Nr.26-27/1992, S.333-353 (1992f)

Deutsches Institut für Wirtschaftsforschung (DIW): Die wirtschaftliche Entwicklung in Deutschland im ersten Quartal 1992. Erste Ergebnisse der volkswirtschaftlichen Gesamtrechnung, in: DIW-Wochenbericht, 59.Jg., Nr.20-21/1992, S.263-272 (1992g)

Deutsches Institut für Wirtschaftsforschung (DIW): Pendler und Migranten – Zur Arbeitskräftemobilität in Ostdeutschland, in: DIW-Wochenbericht, 59.Jg., Nr.3/1992, S.21-26 (1992h)

Deutsches Institut für Wirtschaftsforschung / Institut für Weltwirtschaft (DIW/IfW): Gesamtwirtschaftliche und unternehmerische Anpassungsprozesse in Ostdeutschland. Dritter Bericht, in: DIW-Wochenbericht, 58.Jg., Nr.39-40/1991, S.553-574

Deutsches Jugendinstitut (Hrsg.): Zur Reform der Jugendhilfe. Analysen und Alternativen, München 1973

Deutsche Angestellten-Gewerkschaft (DAG) / **Bundesärztekammer** (BÄK) / **Marburger Bund** (MB): Konzept zur Pflegeabsicherung, Hamburg-Köln Dezember 1990

Deutsche Bundesbank: Finanzielle Entwicklung der Zusatzversorgung im öffentlichen Dienst, in: Monatsberichte der Deutschen Bundesbank, 30.Jg., Nr.8/1978, S.23-30

Deutsche Bundesbank: Aktuelle Tendenzen in der finanziellen Entwicklung der gesetzlichen Krankenversicherung, in: Monatsberichte der Deutschen Bundesbank, 37.Jg., Nr.1/1985, S.29-39 (1985a)

Deutsche Bundesbank: Die Entwicklung des Steueraufkommens seit Beginn der achtziger Jahre, in: Monatsberichte der Deutschen Bundesbank, 37.Jg., Nr.7/1985, S.25-35 (1985b)

Deutsche Bundesbank: Die Finanzentwicklung der Bundesanstalt für Arbeit seit Mitte der achtziger Jahre, in: Monatsberichte der Deutschen Bundesbank, 41.Jg., Nr.1/1989, S.13-21 (1989a)

Deutsche Bundesbank: Die Ausgaben für Sozialhilfe seit Beginn der achtziger Jahre, in: Monatsberichte der Deutschen Bundesbank, 41.Jg., Nr.4/1989, S.34-43 (1989b)

Deutsche Bundesbank: Die Entwicklung des Steueraufkommens seit dem Jahre 1986, in: Monatsberichte der Deutschen Bundesbank, 41.Jg., Nr.8/1989, S.41-50 (1989c)

Deutsche Bundesbank: Die Währungsunion mit der Deutschen Demokratischen Republik, in: Monatsberichte der Deutschen Bundesbank, 42.Jg., Nr.7/1990, S.14-29

De Cesare-Müller, R. / **Kompe**, H.: Sozialisierung und Wirtschaftsordnung. Eine sozialisierungsfreundliche Sicht, in: Th. Meyer / S. Miller / J. Rohlfes (Hrsg.): Geschichte der deutschen Arbeiterbewegung, Bd.3, Bonn 1984, S.123-140

Diamant, M.: Zur Ausländerbeschäftigung. Ein Integrationsprozeß ist im Gange, in: Die Quelle, 24.Jg., Heft 7-8/1973, S.306-309

Dietrich-Buchwald, B.: Selbstbestimmung für Sozialwohnungen – ein Beitrag zur Lösung deutscher Wohnungsprobleme in Ost und West?, in: Informationsdienst und Mitteilungsblatt des VHW, 44.Jg., Heft 10/1990, S.111-114

Dietz, O.: Ausgaben der öffentlichen Haushalte für soziale Leistungen, in: Wirtschaft und Statistik, Heft 2/1989, S.109-112

Dietz, R.: Personalvertretungsgesetz. Kommentar, München-Berlin 1956

DIE GRÜNEN: Vorläufiger Entwurf eines Antidiskriminierungsgesetzes, Bonn 1985

DIE GRÜNEN: Alternativen und Strategien in der Gesundheitspolitik der Grünen, in: Die Grünen im Bundestag (Hrsg.): Kritik des Gesundheitswesens und Grüne Alternativen, Bonn 1986, S.131-142

DIE GRÜNEN im Bundestag (Hrsg.): Kritik des Gesundheitswesens und Grüne Alternativen, Bonn 1986

Dobbernack, W.: Die Selbstverwaltung in der Sozialversicherung, Essen 1951

Dobischat, R. / **Husemann**, R.: Berufliche Weiterbildung im Spannungsfeld betrieblicher und außerbetrieblicher Strukturen in den neuen Bundesländern. Beschleunigte Segmentationstendenzen in den Beschäftigungschancen, in: WSI-Mitteilungen, 45.Jg., Heft 6/1992, S.348-355

Doetsch, W.: Die Insolvenzsicherung in der betrieblichen Altersversorgung, in: RdA, 30.Jg., 1977, S.26-28

Doetsch, W.: Aktuelle Probleme der Rentenversicherung, in: Deutsche Rentenversicherung, 61.Jg., Heft 7/1990, S.377-386

Dohse, K.: Ausländische Arbeiter und bürgerlicher Staat. Genese und Funktion von staatlicher Ausländerpolitik und Ausländerrecht. Vom Kaiserreich bis zur Bundesrepublik Deutschland, Königstein 1981

Dombois, R. / **Schumann**, M.: Mindestnormen als Humanisierung. Überlegungen zu einem Konzept gewerkschaftlicher Arbeitsgestaltungspolitik, in: Kursbuch 43, Berlin 1976, S.82-86

Dornbusch, H.-L.: Zum Kinderlastenausgleich, in: FamRZ, 30.Jg., Heft 2/1983, S.109-119

Draeger, K.: Das Heimkehrergesetz, in: RdA, 3.Jg., 1950, S.217-218

Draeger, K.: Heimkehrergesetz. Kommentar und sonstiges Heimkehrerrecht, 2.Aufl., Berlin-Frankfurt 1953

Drath, M.: Über die Zulässigkeit deutscher Betriebsrätegesetze und die Gewährung eines Mitbestimmungsrechtes, in: RdA, 1.Jg., 1948, S.130-133

Dreissig, E.: Erfahrungsbericht über betriebliche Altersversorgung in der ehemaligen DDR, in: Betriebliche Altersversorgung, 46.Jg., Heft 1/1991, S.1-4

Dreßler, R.: Aufschub nicht mehr möglich. SPD fordert Pflegeversicherung, in: Gesellschaftspolitische Kommentare, 32.Jg., Sonderausgabe 2/1991, S.115-117 (1991a)

Dreßler, R.: Zur Lage im Gesundheitswesen, Bonn 19. Dezember 1991 (1991b)

Dringenberg, R.: Tendenzen der Wohnungspolitik in den 80er Jahren, in: Sozialer Fortschritt, 32. Jg., Heft 7/1983, S.152-158

Drupp, M.: Genossenschaften als Instrumente der Wohnungspolitik, Diss. Bochum 1989

Drupp, M. / **Hoppe**, U. / **Schulz**, F.: „Ohne Hast, aber beharrlich!" – Zum Stand der Entstaatlichungspolitik im Bereich der öffentlichen Wirtschaft und des Wohnungswesens, in: WSI-Mitteilungen, 38.Jg., Heft 5/1985, S.293-303

Duda, E.: Bundesanstalt für Arbeit und Arbeitsmarktpolitik, in: Gewerkschaftliche Monatshefte, 26.Jg., Heft 3/1975, S.188-192

Dürk, B. / **Hellmann**, J. / **Trümmer**, R.: Rechtliche und politische Aspekte der Frauendiskriminierung beim Zugang zur Beschäftigung, in: WSI-Mitteilungen, 39.Jg., Heft 2/1986, S.86-96

Dütz, W.: Die Beilegung von Arbeitsstreitigkeiten in der Bundesrepublik Deutschland, in: RdA, 31.Jg., 1978, S.291-303

Dütz, W.: Aktuelle Fragen zur Arbeitsgerichtsgesetz-Novelle 1979, in: RdA, 33.Jg., 1980, S.81-100

Duwendag, D.: Marktwirtschaft und Immobiliensektor – Konsequenzen für die Vermögenspolitik, in: P. Harbusch / D. Wiek (Hrsg.): Marktwirtschaft, Stuttgart 1975, S.297-316

Dyong, H.: Das Zweite Gesetz zur Änderung des Gesetzes über den Abbau der Fehlsubventionierung im Wohnungswesen, in: NJW, 42.Jg., Heft 38/1989, S.2374-2375

Ebenbeck, G.: Das Kostenerstattungssystem – ein untaugliches Mittel zur Strukturreform, in: Soziale Sicherheit, 36.Jg., 1987, S.79-80

Ebenhöch, H.: Auswirkungen der Wiedervereinigung Deutschlands auf das über- und zwischenstaatliche Rentenversicherungsrecht, in: Kompaß, 100.Jg., Heft 11/1990, S.578-582

Ebenhöch, H.: Überblick über das über- und zwischenstaatliche Sozialversicherungsrecht (Rentenversicherung) nach dem Stand vom 1. Januar 1992, in: Kompaß, 101.Jg., Heft 9/1991, S.495-500 (Teil I), Heft 10/1991, S.561-566 (Teil II),

Eberle, G.: Die Konzertierte Aktion im Gesundheitswesen. Entstehung, Arbeitsweise, Bedeutung für die GKV, in: Soziale Sicherheit, 34.Jg., 1985, S.211-216

Eberle, G.: Ärztliche Honorarentwicklung 1980 bis 1985, in: Die Ortskrankenkasse, 68.Jg., Heft 13/1986, S.386-388

Eberwein, W. / **Tholen**, J.: Arbeitsvermittlung in der Krise – Die Praxis der Arbeitsvermittlung- und -beratung in den Arbeitsämtern und die Diskussion um das »Vermittlungsmonopol«, in: Soziale Sicherheit, 34.Jg., 1985, S.146-153

Eekhoff, J.: Wohnungsmärkte und Städtebau in der DDR: Ausgangslage – Probleme – Konzepte, in: ifo-schnelldienst, 43.Jg., Nr.15/1990, S.22-25

Ehrenberg, H.: Der „Leber-Plan" 1964 – ein heute noch zukunftsweisendes Projekt, in: R. Bartholomäi u.a. (Hrsg.): Sozialpolitik nach 1945. Geschichte und Analysen, Bonn-Bad Godesberg 1977, S.413-426

Ehrenberg, H.: Damit keiner unter die Räder kommt: Strategien für einen gesamtdeutschen Sozialstaat, Köln 1990

Eichhorn, S.: Alternative Formen der Preisgestaltung im Krankenhaus. Theoretische Ansätze und Modellversuche, in: G. Gäfgen (Hrsg.): Ökonomie des Gesundheitswesens (Schriften des Vereins für Socialpolitik, N.F. Bd.159), Berlin 1986, S.501-519

Eichhorn, S.: Perspektiven für die Ordnungspolitik in der Krankenhauswirtschaft, in: Das Krankenhaus, 79.Jg., Heft 7/1987, S.268-273, Heft 8/1987, S.301-307

Eichhorn, S. / **Schmidt**, R. (Hrsg.): Planung, Kontrolle und Effektivität im Krankenhaus (Beiträge zur Gesundheitsökonomie, Bd.5), Gerlingen 1984

Eilers, E. / **Schanzenbach**, M.: Zur Nachkriegsgeschichte der Familienpolitik aus sozialdemokratischer Sicht, in: R. Bartholomäi u.a. (Hrsg.): Sozialpolitik nach 1945. Geschichte und Analysen, Bonn-Bad Godesberg 1977, S.229-238

Einem, H.-J. von: Rechtliche Probleme einer Pflegeversicherung, in: Die Sozialgerichtsbarkeit, 38. Jg., Heft 2/1991, S.53-58 (1991a)

Einem, H.-J. von: Das Rentenüberleitungsgesetz (RÜG), in: Die Sozialversicherung, 46.Jg., Heft 11/1991, S.286-293 (1991b)

Eisen, R. / **Schrüfer**, K.: Gesundheitsleistungen: Märkte, Wahlen oder Bürokraten. Ein Beitrag zu einer positiven Gesundheitsökonomik, in: G. Gäfgen (Hrsg.): Ökonomie des Gesundheitswesens (Schriften des Vereins für Socialpolitik, N.F. Bd.159), Berlin 1986, S.207-222

Elixmann, D. u.a.: Gesamtwirtschaftliche Auswirkungen alternativer Bemessungsgrundlagen für die Arbeitgeberbeiträge zur Sozialversicherung, Bonn 1985

Ellwein, Th. / **Zoll**, R.: Berufsbeamtentum. Anspruch und Wirklichkeit, Düsseldorf 1973

Elsholz, K.: Die Sozialreform im staatspolitischen Zusammenhang, in: Sozialer Fortschritt, 4.Jg., Heft 11/1955, S.243-252; 5.Jg., Heft 4/1956, S.77-79

Elsholz, K.: Die finanzielle Sicherung der Rentenversicherung, in: Arbeit und Sozialpolitik, 20.Jg., Heft 10/1966, S.263-270

Elsner, E.-M.: Zur Rechtsstellung der ausländischen Arbeitnehmer in der DDR, in: ZAR, 10.Jg., Heft 4/1990, S.157-162

Elsner, I. / **Proske**, R.: Der Fünfte Stand. Eine Untersuchung über die Armut in Westdeutschland, in: Frankfurter Hefte, 8.Jg., 1953, S.101-111

Elsner, W.: Die EWG. Herausforderung und Antwort der Gewerkschaften, Köln 1974

Elsner, W.: Veränderungen im Rentenrecht nach dem 20. RAG, in: Soziale Sicherheit, 26.Jg., 1977, S.261-268

Engelbrech, G.: Vom Arbeitskräftemangel zum gegenwärtigen Arbeitskräfteüberschuß: Frauen und Erwerbstätigkeit in den neuen Bundesländern, in: MittAB, 24.Jg., Heft 4/1991, S.648-657

Engelen-Kefer, U.: Beschäftigungspolitik, Köln 1976

Engelen-Kefer, U.: Probleme und Perspektiven der Arbeitsmarktpolitik, in: D.B. Simmert (Hrsg.): Wirtschaftspolitik – kontrovers (Schriftenreihe der Bundeszentrale für politische Bildung, Bd. 146), Bonn 1979, S.223-240

Engelen-Kefer, U.: Arbeitsförderungskonsolidierungsgesetz: Arbeitsmarktpolitik am Scheideweg, in: WSI-Mitteilungen, 35.Jg., Heft 2/1982, S.76-85

Engelen-Kefer, U.: Der Arbeitsmarkt in der Bundesrepublik Deutschland – Zur aktuellen Lage und zu den Entwicklungstendenzen, in: Gewerkschaftliche Monatshefte, 40.Jg., Heft 2/1989, S.76-84

Engelen-Kefer, U.: DGB plädiert für eine verbesserte Absicherung pflegebedürftiger Menschen im Rahmen der Gesetzlichen Krankenversicherung, in: Die Krankenversicherung, 43.Jg., Heft 12/ 1991, S.361-363 (1991a)

Engelen-Kefer, U.: Aktuelle Probleme der Rentenversicherung, in: Deutsche Rentenversicherung, 62.Jg., Heft 7/1991, S.437-450 (1991b)

Engelen-Kefer, U.: Reform statt Ruin – Forderungen des DGB zur Qualität und Wirtschaftlichkeit im Gesundheitswesen und Vorschläge für eine Kompromißlösung zur Absicherung Pflegebedürftiger. Statement bei der Pressekonferenz am 18. Februar 1992 in Bonn (1992a)

Engelen-Kefer, U.: Reform des Arbeitszeitrechts, in: Arbeit und Recht, 40.Jg., Heft 6/1992, S.161-164 (1992b)

Engelhard, H. A.: Stand und Perspektiven Deutsch-Deutscher Rechtsangleichung nach Inkrafttreten des Staatsvertrages, in: Deutsch-Deutsche Rechts-Zeitschrift, 1.Jg., Heft 5/1990, S.129-134

Enz, R.: Erwerbsunfähigkeit als Anspruchsvoraussetzung für das vorzeitige Altersgeld für Landwirte, in: ZfS, 17.Jg., Heft 10/1963, S.388-390

Erdmann, G.: Das Betriebsverfassungsgesetz vom 11. Oktober 1952, 1.Aufl., Neuwied 1952, 2.Aufl., Neuwied 1954

Erdmann, G.: Die deutschen Arbeitgeberverbände im sozialgeschichtlichen Wandel der Zeit, Neuwied-Berlin 1966

Ernst, F.: Die Deutschen und ihre jüngste Geschichte. Beobachtungen und Bemerkungen zum deutschen Schicksal der letzten 50 Jahre (1911-1961), Stuttgart 1963

Ernst, H.: Arbeitsmarktpolitik und Arbeitsförderungsgesetz, in: Arbeit und Sozialpolitik, 22.Jg., Heft 1/1968, S.12-16

Esser, O.: Konfliktregulierung in Freiheit und Verantwortung, in: F. Gamillscheg/B. Rüthers/E. Stahlhacke (Hrsg.): Sozialpartnerschaft in der Bewährung, Festschrift für Karl Molitor zum 60. Geburtstag, München 1988, S.99-106

Eucken, W.: Das ordnungspolitische Prinzip, in: ORDO, Bd.1, 1948, S.56-90

Eucken, W.: Grundsätze der Wirtschaftspolitik, Bern-Tübingen 1952

Evans, R.J.: Die sozialistische Frauenbewegung, in: Th. Meyer/S. Miller/J. Rohlfes (Hrsg.): Geschichte der deutschen Arbeiterbewegung, Bd.3, Bonn 1984, S.231-245

Ewert, H.: Der Beitrag des Gerichtshofs der Europäischen Gemeinschaft zur Entwicklung des Europäischen Sozialrechts dargestellt am Beispiel der Verordnung (EWG) Nr.1408/71, München 1987

Expertenkommission der Bundesregierung: Empfehlungen zur Reform der Versorgung im psychiatrischen und psychotherapeutisch/psychosomatischen Bereich auf der Grundlage des Modellprogramms Psychiatrie der Bundesregierung, hrsg. vom Bundesminister für Jugend, Familie, Frauen und Gesundheit, Bonn 1988

Eylert, M.: Ausbildungsförderung, in: B. Baron von Maydell (Hrsg.): Lexikon des Rechts. Sozialrecht, Neuwied-Darmstadt 1986, S.56-64

Farthmann, F.: Entwicklungen im Tarifrecht der Nachkriegszeit, in: R. Bartholomäi u.a. (Hrsg.): Sozialpolitik nach 1945. Geschichte und Analysen, Bonn-Bad Godesberg 1977, S.441-457

Faude, M. / **Schüren**, P.: Vorruhestandsgesetz. Kommentar unter Berücksichtigung der Durchführungsanweisungen der Bundesanstalt für Arbeit mit Erläuterungen zur 59er-Novelle, Heidelberg 1985

Faupel, G.: Neuregelung des Hinterbliebenenrechts – 84er Reform?, in: Soziale Sicherheit, 33.Jg., 1984, S.140-143, 166-171

Faupel, G.: Reform des Hinterbliebenenrechts in der gesetzlichen Rentenversicherung. Kritische Anmerkungen zur Verabschiedung des HEZG aus gewerkschaftlicher Sicht, in: Soziale Sicherheit, 34.Jg., 1985, S.193-196

Fechner, E.: Freiheit und Zwang im sozialen Rechtsstaat, Tübingen 1973

Fehrs, D.: Die Ausgaben für die soziale Sicherheit und ihre Deckung in den Jahren 1949 bis 1954, in: BArBl., 6.Jg., Heft 18/1955, S.797-802

Felderer, B.: Wirtschaftliche Entwicklung bei schrumpfender Bevölkerung, Berlin 1983

Felix, G.: Die steuerliche Behandlung von betrieblichen Pensionsverpflichtungen, in: RdA, 11.Jg., 1958, S.89-95

Fendrich, P.: Sozialstaat Deutschland: Auf gutem Weg, in: BArBl., 42.Jg., Heft 11/1991, S.5-11

Fenge, H.: Das Dritte Rentenversicherungs-Änderungsgesetz, in: Arbeit und Sozialpolitik, 23.Jg., Heft 9/1969, S.275-282

Ferber, Ch. von: Sozialpolitik in der Wohlstandsgesellschaft, Hamburg 1967

Ferber, Ch. von: Soziale Selbstverwaltung – Fiktion oder Chance?, in: H. Bogs/Ch. von Ferber/Infas (Hrsg.): Soziale Selbstverwaltung – Aufgaben und Funktion der Selbstverwaltung in der Sozialversicherung, Bd.1, Bonn <1977>, S.97-199

Ferber, Ch. von: Soziale Krankenversicherung im Wandel – Weiterentwicklung oder Strukturreform?, in: WSI-Mitteilungen, 38.Jg., Heft 10/1985, S.584-594

Ferber, Ch. von / **Kaufmann**, F.-X. (Hrsg.): Soziologie und Sozialpolitik, Opladen 1977

Ferber, Ch. von / **Reinhardt**, U.E. / **Schaefer**, H. / **Thiemeyer**, Th. (Hrsg.): Kosten und Effizienz im Gesundheitswesen. Gedenkschrift für Ulrich Geißler (Soziologie und Sozialpolitik, Bd.4), München 1985

Ferencz, B.B.: Lohn des Grauens, Frankfurt-New York 1981

Fettback, R.: Vertragsfreiheit und Zwang im Tarifvertragsrecht, in: RdA, 2.Jg., 1949, S.404-406

Fiedler, E.: Begrenzung der Kassenarztzahl unter Qualitätsgesichtspunkten, in: Die Ersatzkasse, 72. Jg., Heft 5/1992, S.168-171 (1992a)

Fiedler, E.: Regionalisierung bedeutet Atomisierung der Gesetzlichen Krankenkassen, in: Die Ersatzkasse, 72.Jg., Heft 6/1992, S.213-215 (1992b)

Fink, H.-J.: Deutscher Gipfel an der Elbe, in: Deutschland-Archiv, 23.Jg., Heft 1/1990, S.1-6

Fink, U.: Zukunftsfelder der Arbeit, in: Aus Politik und Zeitgeschichte, B 3/1990, S.14-20

Finke, H.: Sondersysteme der Sozialversicherung – Künstlersozialversicherung, in: B. Baron von Maydell / F. Ruland (Hrsg.): Sozialrechtshandbuch (SRH), Neuwied-Darmstadt 1988, S.879-885

Fitting, K.: Das Arbeitsgerichtsgesetz vom 6. Dezember 1946 mit Erläuterungen, München 1947

Fitting, K.: Kontrollratsgesetz Nr. 22 und deutsche Betriebsräte-Gesetzgebung, in: RdA, 1.Jg., 1948, S.89-92

Fitting, K.: Die Neuregelung des Heimarbeitsrechts, in: RdA, 3.Jg., 1950, S.453-457

Fitting, K.: Das Gesetz über die Festsetzung von Mindestarbeitsbedingungen, in: RdA, 5.Jg., 1952, S.5-9

Fitting, K.: Die Novelle zum Arbeitsgerichtsgesetz vom 2.12.1955, in: RdA, 9.Jg., 1956, S.9-13

Fitting, K.: Die Entwicklung der Mitbestimmung, in: R. Bartholomäi u.a. (Hrsg.): Sozialpolitik nach 1945. Geschichte und Analysen, Bonn-Bad Godesberg 1977, S.371-389

Fitting, K. / **Auffarth**, F. / **Kaiser**, H. / **Heither**, F.: Betriebsverfassungsgesetz. Handkommentar, 15. neubearb. und erw. Aufl., München 1987

Fitting, K. / **Hentrich**, U.: Das Zweite Vermögensbildungsgesetz, Frankfurt 1965

Fitting, K. / **Karpf**, H.: Heimarbeitsgesetz. Kommentar, Köln 1953

Fitting, K. / **Kraegeloh**, W.: Betriebsverfassungsgesetz, Berlin-Frankfurt 1952

Fitting, K. / **Kraegeloh**, W.: Arbeitsgerichtsgesetz vom 3.September 1953, Berlin-Frankfurt 1953

Fitting, K. / **Wlotzke**, O. / **Wißmann**, H.: Mitbestimmungsgesetz. Kommentar, München 1976

Fitting, K. u.a.: Personalvertretungsgesetz. Kommentar, Hamburg-Berlin-Bonn 1955

Flamm, F.: Grundfragen zur Reform des Jugendhilferechts, in: Vierteljahreszeitschrift Archiv für Wissenschaft und Praxis der Sozialen Arbeit, Heft 1/1970, S.25-45

Flassbeck, H. / **Hoffmann**, L. / **Pohl**, R.: Reform der Wirtschaftsordnung in der DDR und die Aufgaben der Bundesrepublik, in: DIW-Wochenbericht, 57.Jg., Nr.6/1990, S.65-71

Flechtheim, O.K. (Hrsg.): Dokumente zur parteipolitischen Entwicklung in Deutschland seit 1945, Bd.3: Programmatik der deutschen Parteien, 2.Teil, Berlin 1963

Flecken, L.: Rentenrecht: begrenzt gültig, in: BArBl., 42.Jg., Heft 9/1991, S.9-15

Fleischer, H. / **Proebsting**, H.: Aussiedler und Übersiedler – Zahlenmäßige Entwicklung und Struktur, in: Wirtschaft und Statistik, Heft 9/1989, S.582-589

Fluk, E.: Jugendamt und Jugendhilfe im Spiegel der Fachliteratur, München 1972

Föhl, C.: Kreislaufanalytische Untersuchung der Vermögensbildung in der Bundesrepublik Deutschland und die Beeinflußbarkeit ihrer Verteilung, Tübingen 1964

Forsbach, W.: Dynamisierung der Altersgelder in der Altershilfe für Landwirte. 7. Änderungsgesetz GAL in Kraft, in: BArBl., 25.Jg., Heft 2/1974, S.67-71 (1974a)

Forsbach, W.: Die Altershilfe für Landwirte nach dem Gesetz über die laufende Anpassung der Altersgelder (Siebentes Änderungsgesetz GAL – 7. ÄndG-GAL), in: SdL, 1974, S.1-14 (1974b)

Forschungsgruppe Wahlen e. V.: Wahl in der DDR: eine Dokumentation der Volkskammerwahl vom 18. März 1990, Mannheim 1990

Franke, H.: Der Weg aus der Krise: private Finanzierungsmodelle als Beitrag zur Sanierung der DDR-Infrastruktur, in: Bauwirtschaft, 44.Jg., Nr.5/1990, S.34-38

Frankfurter Institut: Wohnungsmarkt Bundesrepublik – Weniger Staat bringt mehr, in: Argumente zur Wirtschaftspolitik, Nr.24/April 1989

Frehsee, H. / **Zöllner**, D.: Die Entwicklung der Agrarsozialpolitik, in: R. Bartholomäi u.a. (Hrsg.): Sozialpolitik nach 1945. Geschichte und Analysen, Bonn-Bad Godesberg 1977, S.263-273

Freie Demokratische Partei (FDP): Das Konzept der FDP zur Pflegevorsorge, Bonn 19. August 1991 (1991a)

Freie Demokratische Partei (FDP): Grundsatzbeschluß der F.D.P.-Bundestagsfraktion zur Pflegevorsorge vom 8. 10. 1991 (1991b)

Freie Demokratische Partei (FDP): Pflege. Beschluß des 42. ordentlichen Bundesparteitages der F.D.P., Suhl 1.-3. November 1991 (1991c)

Freitag, L.: Pflegeabsicherung, Hamburg 6. März 1992

Frerich, J.: Sozialpolitik. Das Sozialleistungssystem der Bundesrepublik Deutschland, München 1987, 2.Aufl., München 1990

Frey, M.: Die Beschäftigung ausländischer Arbeitnehmer. Daten und Fakten aus dem Beschäftigungsbereich, in: M. Frey/U. Müller (Hrsg.): Ausländer bei uns – Fremde oder Mitbürger? (Schriftenreihe der Bundeszentrale für politische Bildung, Bd.186), Bonn 1982, S.55-86 (1982a)

Frey, M.: Ausländerpolitik in der Bundesrepublik Deutschland. Ausländerpolitische Positionen staatlicher Stellen und gesellschaftlicher Kräfte, in: M. Frey/U. Müller (Hrsg.): Ausländer bei uns – Fremde oder Mitbürger? (Schriftenreihe der Bundeszentrale für politische Bildung, Bd.186), Bonn 1982, S.87-160 (1982b)

Frey, M.: Direkte und indirekte Rückkehrförderung seitens der Aufnahmeländer – Überblick, in: H. Körner/U. Mehrländer (Hrsg.): Die „neue" Ausländerpolitik in Europa. Erfahrungen in den Aufnahme- und Entsendeländern, Bonn 1986, S.15-63

Frey, M./**Müller**, U. (Hrsg.): Ausländer bei uns – Fremde oder Mitbürger? (Schriftenreihe der Bun-deszentrale für politische Bildung, Bd.186), Bonn 1982

Freymann, H.: Budgetierung und Krankenhausbetriebsführung, in: Krankenhaus-Umschau, Heft 5/1987, S.443-447

Friauf, K.H.: Arbeitgeberbeiträge zu einer sozialen Pflegeversicherung, in: Der Betrieb, Heft 34/1991, S.1773-1779

Friauf, K.H. (Hrsg.): Handbuch für die öffentliche Verwaltung (HÖV), Bd.2: Besonderes Verwaltungsrecht, Neuwied 1984

Fricke, F.: Die Probleme der Mitbestimmung in der modernen Volkswirtschaft, in: F. Fricke/E. Bührig u.a.: Aufgaben und Ziele der Gewerkschaftsbewegung, München 1953, S.5-16

Fricke, F./**Bührig**, E. u.a.: Aufgaben und Ziele der Gewerkschaftsbewegung, München 1953

Fricke, K.W.: Symptome eines Verfalls. Impressionen vom Außerordentlichen Parteitag der SED, in: Deutschland-Archiv, 23.Jg., Heft 1/1990, S.7-12

Fricke, W.: Arbeitsorganisation und Qualifikation. Ein industriesoziologischer Beitrag zur Humanisierung der Arbeit, Bonn 1975

Fricke, W.: Humanisierung der Arbeit als autonomie-orientierte Gestaltung von Arbeits- und Produktionsprozessen. Bericht über ein sozialwissenschaftliches Experiment, in: Ch. von Ferber/F.-X. Kaufmann (Hrsg.): Soziologie und Sozialpolitik, Opladen 1977, S.325-330

Friderichs, H.: Realistische Vorschläge zur Fortentwicklung der Vermögenspolitik, BMWI-Dokumentation, Nr.299, Bonn 1976

Friedeburg, L. von/**Weltz**, F.: Altersbild und Altersvorsorge der Arbeiter und Angestellten, Frankfurt 1958

Friedrich, O.A.: Der Mitbestimmungsvorschlag aus der Sicht der Arbeitgeber, in: H. von der Groeben/H.O. Vetter / O.A. Friedrich (Hrsg.): Europäische Aktiengesellschaft – Beitrag zur sozialen Integration? (Europäische Schriften des Bildungswerks Europäische Politik, Bd.31), Bonn 1972, S.49-78

Fritsche, K.: Zur Lage der vietnamesischen Arbeiter in der DDR, in: Aktuelle Analysen, Nr.43/1990, S.1-8

Fritzsche, H.-A.: Gesetzliche Rentenversicherung für Selbständige, Arbeitnehmer, Hausfrauen und andere Personen (Schriftenreihe »Der Betrieb«), Düsseldorf 1975

Frohner, S./**Pieper**, R.: Befristete Arbeitsverhältnisse, in: Arbeit und Recht, 40.Jg., Heft 4/1992, S. 97-110

Fuchs, H.: Der Sozialplan nach dem Betriebsverfassungsgesetz 1972, Köln 1977

Fuchs, M.: Wohngeldrecht, in: B. Baron von Maydell/F. Ruland (Hrsg.): Sozialrechtshandbuch (SRH), Neuwied-Darmstadt 1988, S.1112-1119

Funke, H.: Industriearbeit und Gesundheitsverschleiß, Frankfurt 1974

Funke, H. u.a.: Produktionsprozeß und Krankheit, Frankfurt-Köln 1974

Gäfgen, G.: Ordnungspolitik im Krankenhausbereich. Sparen durch Gestalten, in: BArBl., 35.Jg., Heft 12/1984, S.19-22

Gäfgen, G.: Effizienz- und Wettbewerbswirkungen der Krankenhausplanung in der Bundesrepublik Deutschland, in: C.A. Andreae/E. Theurl (Hrsg.): Marktsteuerung im Gesundheitswesen, Köln 1985, S.85-105

Gäfgen, G. / **Lampert**, H. (Hrsg.): Betrieb, Markt und Kontrolle im Gesundheitswesen (Beiträge zur Gesundheitsökonomie, Bd.3), Gerlingen 1982

Gäfgen, G.(Hrsg.): Ökonomie des Gesundheitswesens. Jahrestagung des Vereins für Socialpolitik – Gesellschaft für Wirtschafts- und Sozialwissenschaften – in Saarbrücken vom 16. bis 18. September 1985 (Schriften des Vereins für Socialpolitik, N.F. Bd.159), Berlin 1986

Gäfgen, G. (Hrsg.): Neokorporatismus und Gesundheitswesen (Gesundheitsökonomische Beiträge, Bd.1), Baden-Baden 1988

Gagel, A. (Hrsg.): Arbeitsförderungsgesetz. Loseblatt-Kommentar, München 1984

Galperin, H.: Kommentar zum Betriebsverfassungsgesetz, 2.Aufl., Heidelberg 1953

Galperin, H.: Grundgedanken und Struktur des Kündigungsschutzgesetzes – Eine dogmatische Studie, in: RdA, 19.Jg., 1966, S.361-366

Galperin, H.: Das Betriebsverfassungsgesetz 1972, Heidelberg 1972

Galperin, H.: Die Stellung der Leitenden Angestellten in der Rechtsordnung, in: RdA, 30.Jg., 1977, S.65-74, 143-152, 228-235, 288-294

Gamillscheg, F. / **Rüthers**, B. / **Stahlhacke**, E. (Hrsg.): Sozialpartnerschaft in der Bewährung, Festschrift für Karl Molitor zum 60. Geburtstag, München 1988

Gaul, D.: Zur Beschäftigung ausländischer Arbeitnehmer, in: RdA, 14.Jg., 1961, S.324-329

Geigant, F.: Niederlassung in freier Praxis – Noch Gegenwart oder schon Vergangenheit?, in: G. Gäfgen (Hrsg.): Ökonomie des Gesundheitswesens (Schriften des Vereins für Socialpolitik, N.F. Bd.159), Berlin 1986, S.305-322

Geigant, F. / **Oberender**, P.: Möglichkeiten und Grenzen einer Marktsteuerung im Gesundheitswesen der Bundesrepublik Deutschland (Beiträge zur Gesundheitsökonomie, Bd.8), Gerlingen 1985

Geiß, B.: Grundsatzüberlegungen zur Betrieblichen Altersversorgung, in: Soziale Sicherheit, 21.Jg., 1972, S.290-292, 324-328

Geißler, H.: Neue Soziale Frage – Zahlen, Daten, Fakten, Manuskript, Bonn 1975

Geißler, H.: Die Neue Soziale Frage, Freiburg 1976

Geißler, U.: Kassenärztliche Bedarfsplanung. Ziele und Methoden der Planung, in: Wissenschaftliches Institut der Ortskrankenkassen (Hrsg.): Kassenärztliche Bedarfsplanung (WIdO-Schriftenreihe, Bd.1), Bonn 1978, S.59-86

Geißler, U.: Probleme der Vergütungspolitik unter dem Aspekt des Ärzteanstiegs, des Zahnärztemangels und der kassenärztlichen Bedarfsplanung, in: Die Ortskrankenkasse, 61.Jg., Heft 4/1979, S.125-130

Geißler, U.: Erfahrungen mit der Selbstbeteiligung in der gesetzlichen Krankenversicherung in der Bundesrepublik Deutschland, in: Internationale Gesellschaft für Gesundheitsökonomie (Hrsg.): Selbstbeteiligung im Gesundheitswesen, Stuttgart 1980, S.37-57

Gentz, M.: Arbeitszeitgestaltung als Managementaufgabe, in: O.R. Kissel (Hrsg.): Das Arbeitsrecht der Gegenwart, Bd.26, Berlin 1989, S.19-33

Genzel, H.: Sozialstaat und Gesundheitsökonomie. Zu den verfassungsrechtlichen und wirtschaftlichen Grundlagen des Gesundheitswesens, insbesondere des Krankenhausbereiches, München 1983

Genzel, H.: Zum stationären Versorgungsauftrag der Kommunen, in: Bayerische Verwaltungsblätter, Heft 15/1984, S.449-492

Genzke, J.: Die finanzielle Situation der gesetzlichen Rentenversicherung – Ergebnisse des Jahres 1991 und Ausblick, in: Die Angestelltenversicherung, 39.Jg., Heft 4/1992, S.133-142

Gerdelmann, W.: Krankenhaus-Kostendämpfungsgesetz. Was hat das Gesetz vom 22. 10. 1982 gebracht?, in: Die Ortskrankenkasse, 64.Jg., Heft 7-8/1982, S.237-240

Gerdelmann, W.: Auswirkungen der Reform der Krankenhausfinanzierung, in: Ch. von Ferber/ U.E. Reinhardt/H. Schaefer/Th. Thiemeyer (Hrsg.): Kosten und Effizienz im Gesundheitswesen. Gedenkschrift für Ulrich Geißler (Soziologie und Sozialpolitik, Bd.4), München 1985, S.167-184

Gerlach, H. / **Malik**, R. / **Osenberg**, H. / **Schwandt**, A.: Erste Regionalinformationen zur Wohnungsversorgung im vereinten Deutschland, in: Informationen zur Raumentwicklung, Heft 5-6/1991, S.253-276

Gerner, E.: Die Befugnisse des Bundes auf dem Gebiet der Jugendhilfe, in: Nachrichtendienst des Deutschen Vereins für öffentliche und private Fürsorge, 41.Jg., 1959, S.318-324

Gernert, W.: Jugendhilfe, München 1973

Gerstewitz, S.: Arbeitsrechtliche Verantwortlichkeit der Werktätigen und Schadensersatzleistungen des Betriebes in der DDR, in: Der Betriebs-Berater, Beilage zu Heft 18/1990, S.37-39

Gesellschaft für sozialen Fortschritt e.V.: Tagungs- und Ausschußbericht vom 4.12.1953 in Bonn, in: Die Ortskrankenkasse, 36.Jg., Heft 1/1954, S.2-11

Gesellschaft für sozialen Fortschritt e.V.: Familie und Sozialreform (Schriftenreihe der Gesellschaft für sozialen Fortschritt), o.O. 1955

Gesellschaft für sozialen Fortschritt e.V.: Gutachten des Ausschusses zur Reform der ärztlichen Versorgung in der sozialen Krankenversicherung, in: Sozialer Fortschritt, 7.Jg., Beilage zu Heft 12/1958

Gesellschaft für sozialen Fortschritt e.V.: Die ökonomischen Grundlagen der Familie in ihrer gesellschaftlichen Bedeutung, Berlin 1960

Gesellschaft für Versicherungswissenschaft und -gestaltung e.V.: Vorschläge für die Neuordnung der sozialen Rentenversicherung, Köln 1954

Gesellschaft für Versicherungswissenschaft und -gestaltung e.V.: Vorschläge für eine Neuordnung der sozialen Krankenversicherung, Köln 1955

Gesellschaft für Versicherungswissenschaft und -gestaltung e.V.: Ergänzte Vorschläge für eine Neuordnung der sozialen Krankenversicherung, Köln 1958

Gester, H.: Die betriebsverfassungsrechtliche Stellung von Belegschaft und Betriebsrat, Köln 1958

Gewande, W.-D.: Anerkennung von Übersiedlerzeugnissen. Berufliche Bildung und Berufliche Qualifikation in der DDR, hrsg. vom Bundesinstitut für Berufsbildung, Berlin 1990 (1990a)

Gewande, W.-D.: Anerkennung von Übersiedlerzeugnissen. Beschreibung von DDR-Facharbeiterberufen – Empfehlungen für die Gleichstellung mit Ausbildungsberufen, hrsg. vom Bundesinstitut für Berufsbildung, Berlin 1990 (1990b)

Gewerkschaft ÖTV (Hrsg.): Geschäftsbericht 1988–1991, Stuttgart 1992

Gibowski, W. G.: Demokratischer (Neu-)Beginn in der DDR: Dokumentation und Analyse der Wahl vom 18. März 1990, in: Zeitschrift für Parlamentsfragen, 21.Jg., Heft 1/1990, S.5-22

Giersch, H. (Hrsg.): Wie es zu schaffen ist. Agenda für die deutsche Wirtschaftspolitik, Stuttgart 1983

Giese, D.: Zur Reduktionsgesetzgebung auf dem Gebiet der Sozialhilfe. Änderungen des Bundessozialhilfegesetzes durch Art. 21 des 2. Haushaltsstrukturgesetzes, in: Zeitschrift für Sozialreform, 28.Jg., 1982, S.285-294

Giese, H. / **Ibels**, H. / **Rehkopf**, H.: Kommentar zum Gesetz über Betriebsärzte, Sicherheitsingenieure und andere Fachkräfte für Arbeitssicherheit, Heidelberg 1974, 2.Aufl., Heidelberg 1975

Gitter, W.: Gleichberechtigung der Frau: Aufgaben und Schwierigkeiten, in: NJW, 35.Jg., Heft 29/1982, S.1567-1571

Gitter, W.: Personalvertretungsrecht, in: K.H. Friauf (Hrsg.): Handbuch für die öffentliche Verwaltung (HÖV), Bd.2: Besonderes Verwaltungsrecht, Neuwied 1984, S.531-549

Gitter, W.: Strukturprinzipien des Grundgesetzes und soziale Sicherung, in: Soziale Selbstverwaltung 1985, Heft 11/1985, S.82-85 (1985a)

Gitter, W.: Arbeitsunfälle und Berufskrankheiten: Leistungen und Rehabilitation, in: RdA, 38.Jg., 1985, S.200-209 (1985b)

Gitter, W.: Unfallversicherung, in: B. Baron von Maydell / F. Ruland (Hrsg.): Sozialrechtshandbuch (SRH), Neuwied-Darmstadt 1988, S.682-732

Gitter, W. / **Oberender**, P.: Möglichkeiten und Grenzen des Wettbewerbs in der gesetzlichen Krankenversicherung, Baden-Baden 1987

Gladen, A.: Geschichte der Sozialpolitik in Deutschland. Eine Analyse ihrer Bedingungen, Formen, Zielsetzungen und Auswirkungen, Wiesbaden 1974

Glaeske, G.: Festbeträge im Arzneimittelbereich – ein Schritt in Richtung Positivliste, in: Arbeit und Sozialpolitik, 42./43.Jg., Heft 12/1988-1/1989, S.398-402

Glastetter, W.: Die wirtschaftliche Entwicklung der Bundesrepublik Deutschland im Zeitraum 1950 bis 1975. Befunde und Aspekte, Berlin-Heidelberg-New York 1977

Gleitze, B.: Sozialkapital und Sozialfonds als Mittel der Vermögenspolitik, Köln 1968

Glock, G.: Die Lage der gesetzlichen Krankenversicherung im Bundesgebiet, in: Die Ortskrankenkasse, 31.Jg., Heft 12/1949, S.378-389

Glöckner, W.H.: Soziale Sicherung: Die Wende wird fortgesetzt. Der Bundeshaushalt 1984 und seine Begleitgesetze, in: Soziale Sicherheit, 33.Jg., 1984, S.1-6

Glombig, E.: Die Rehabilitation in der deutschen Nachkriegsgeschichte, in: R. Bartholomäi u.a. (Hrsg.): Sozialpolitik nach 1945. Geschichte und Analysen, Bonn-Bad Godesberg 1977, S.211-227

Glombig, E.: Gesamtreform der Sozialen Sicherung – eine Zukunftsaufgabe für die SPD, in: Die Neue Gesellschaft, 25.Jg., Heft 2/1978, S.101-105

Glombig, E.: Behinderte und Rehabilitation, in: H.F. Zacher / N. Blüm (Hrsg.): 40 Jahre Sozialstaat Bundesrepublik Deutschland, Baden-Baden 1989, S.497-512

Glombik, M.: Strukturen der Rentenversicherung in der DDR, in: Der Betriebs-Berater, Beilage zu Heft 17/1990, S.24-27

Göbel, U. / **Niedenhoff**, H.-U. u.a.: Gewerkschaften 2000 – Bestandsaufnahme und Perspektive, Köln 1989

Göhring, J.: Einigungsvertrag und Mietrecht, in: Deutsch-Deutsche Rechts-Zeitschrift, 1.Jg., Heft 9/1990, S.317-321

Goldberg, J. / **Jung**, H.: Die Wirtschaftskrise 1974-76 in der Bundesrepublik Deutschland, Frankfurt 1976

Goldberg, J. u.a.: Arbeitslosigkeit, Frankfurt 1977

Goldschmidt, H. / **Andres**, K.: Die Kindergeldgesetze in der ab 1.2.1956 geltenden Fassung, Berlin-Frankfurt 1956

Gölter, G.: Begleiter der Arbeitslosigkeit: Abstieg und Armut. Dokumentation zur wirtschaftlichen Lage der Arbeitslosen in der Bundesrepublik Deutschland, Mainz 1978

Görgens, E.: Sozial- und Lohnpolitik in einem einheitlichen europäischen Währungsraum, in: Volkswirtschaftliche Korrespondenz der Adolf-Weber-Stiftung, 29.Jg., Nr.5/1990

Gornig, M. / **Schwarze**, J.: Hohe pauschale Lohnsteigerungen in der DDR gefährden die Wettbewerbsfähigkeit. Stärkere Differenzierung des Lohngefüges erforderlich, in: Deutschland-Archiv, 23.Jg., Heft 10/1990, S.1619-1624

Görs, D.: Berufsbildungsberichte: Buchhalterische Skizzen des bildungspolitischen Reform-(kon)kurses, in: WSI-Mitteilungen, 31.Jg., Heft 6/1978, S.310-320

Görtemaker, G.: Änderung des Schwerbehindertengesetzes, in: Der Schwerbehinderte im öffentlichen Dienst, Heft 1-2/1990, S.1

Görzig, B. / **Gornig**, M.: Produktivität und Wettbewerbsfähigkeit der Wirtschaft der DDR (DIW-Beiträge zur Strukturforschung, Heft 121/1991), Berlin 1991

Gossrau, E.: Das Gesetz zur Bekämpfung der Schwarzarbeit, in: RdA, 10.Jg., 1957, S.210-213

Gottschick, H. / **Giese**, D.: Kommentar zum Bundessozialhilfegesetz, 7.Aufl., Köln 1981; 9.Aufl., Köln-Berlin-Bonn-München 1985

Gotzen, O.: Das Gesetz zur Änderung des Schwerbeschädigtengesetzes, in: RdA, 14.Jg., 1961, S.312-315

Gräb, Ch.: Krankenhäuser 1987, in: Wirtschaft und Statistik, Heft 6/1989, S.372-374

Grabendorff, W.: Bundesbeamtengesetz in der Fassung vom 18. September 1957, 2.Aufl., München 1958

Gräber, F.: Jugendwohlfahrtsgesetz. Kommentar, 2. völlig neu bearb. Aufl., Münster 1963

Grabitz, E.: Europäisches Bürgerrecht. Europäisches Bürgerrecht zwischen Marktbürgerschaft und Staatsbürgerschaft (Europäische Schriften des Bildungswerks Europäische Politik, Bd.25), Köln 1970

Graeff, G.: Gesetz über Betriebsärzte, Sicherheitsingenieure und andere Fachkräfte für Arbeitssicherheit, Köln 1974

Graeff, G.: Das Recht der gesetzlichen Unfallversicherung im Gebiet der ehemaligen DDR ab dem 3. Oktober 1990 – ein Wegweiser, in: Die BG, Heft 11/1990, S.676-681

Grandke, A.: Familienrecht in der ehemaligen DDR nach dem Einigungsvertrag, in: Deutsch-Deutsche Rechts-Zeitschrift, 1.Jg., Heft 9/1990, S.321-325

Griesewell, G.: Sockelbeträge für Rentner?, in: Sozialer Fortschritt, 24.Jg., Heft 10/1975, S.221-225

Griesewell, G.: Strategien der Kostendämpfung in der sozialen Krankenversicherung, in: Sozialer Fortschritt, 26.Jg., Heft 4/1977, S.84-89; Heft 5/1977, S.110-112

Griesewell, G.: Kostendämpfungs- und Strukturpolitik in der Bundesrepublik Deutschland, in: Ch. von Ferber/U.E. Reinhardt/H. Schaefer/Th. Thiemeyer (Hrsg.): Kosten und Effizienz im Gesundheitswesen. Gedenkschrift für Ulrich Geißler (Soziologie und Sozialpolitik, Bd.4), München 1985, S.555-580

Grieß, Th.: Auswirkungen des Staatsvertrages zwischen der Bundesrepublik und der DDR auf die bundesdeutsche Rentenversicherung, in: Kompaß, 100.Jg., Heft 7/1990, S.346-350

Grieß, Th.: Änderungen im Fremdrentenrecht, in: Kompaß, 101.Jg., Heft 10/1991, S.554-557

Groeben, H. von der: Mitbestimmung in der Europäischen Aktiengesellschaft – der Vorschlag der Kommission der EG, in: H. von der Groeben / H. O. Vetter / O. A. Friedrich (Hrsg.): Europäische Aktiengesellschaft – Beitrag zur sozialen Integration? (Europäische Schriften des Bildungswerks Europäische Politik, Bd.31), Bonn 1972, S.7-15

Groeben, H. von der /**Vetter**, H.O. / **Friedrich**, O.A. (Hrsg.): Europäische Aktiengesellschaft – Beitrag zur sozialen Integration? (Europäische Schriften des Bildungswerks Europäische Politik, Bd. 31), Bonn 1972

Grohmann, H.: Die Entwicklung eines Bevölkerungsmodells zur Beurteilung der Finanzierung der dynamischen Rente, Berlin 1965

Gröninger, K.: Betriebs- und Gefahrenschutz, Arbeitszeitschutz- und Frauenschutz, Frankfurt 1951

Gröninger, K.: Schwerbeschädigtengesetz, Frankfurt 1954

Großmann, A.: System der Wohnungsbauförderung muß grundlegend überarbeitet werden, in: Die SPD im Deutschen Bundestag, Nr.281, 5. Februar 1991 (1991a)

Großmann, A.: Sozialdemokratische Perspektiven für einen sozialen und leistungsfähigen Wohnungsmarkt, in: Die SPD im Deutschen Bundestag, Nr.2080, 30. August 1991 (1991b)

Großmann, A.: Fünf Milliarden für den sozialen Wohnungsbau, in: Die SPD im Deutschen Bundestag, Nr.3063, 26. November 1991 (1991c)

Großmann, A.: Sozialen Sprengstoff entschärfen – Nutzer und Mieter in den neuen Bundesländern brauchen Rechtssicherheit, in: Die SPD im Deutschen Bundestag, Nr.62, 13. Januar 1992

Großmann, R.: Zur Reform des Rechts der Berufsausbildung, in: RdA, 19.Jg., 1966, S.93-100

Grube, F. / **Richter**, G. (Hrsg.): Der SPD-Staat, München 1977

Grüll, F.: Arbeitsgerichtsgesetz, Berlin/Frohnau-Neuwied 1953

Grunsky, W.: Sozialplan und Konkurs des Arbeitgebers, in: RdA, 31.Jg., 1978, S.174-180

Gruss, L.: Die Einwirkungen des Bonner Grundgesetzes auf das Arbeitsrecht und die Sozialversicherung, Diss. Marburg 1951

Günther, H.: Das Wirtschaftlichkeitsgebot in der kassenärztlichen Verordnungsweise (Beiträge zur Sozialpolitik und zum Sozialrecht, Bd.5), Berlin 1988

Günther, H.: Arbeitsmarktpolitik: Aufschwung im Osten, in: BArBl., 42.Jg., Heft 5/1991, S.5-8

Güntner, H.: Neues Tarifvertragsrecht, in: RdA, 27.Jg., 1974, S.153-160

Gürtler, J. / **Ruppert**, W. / **Vogler-Ludwig**, K.: Verdeckte Arbeitslosigkeit in der DDR (hrsg. vom Ifo-Institut für Wirtschaftsforschung), München 1990

Guski, H.-G.: Das Dritte Vermögensbildungsgesetz, in: Arbeit und Sozialpolitik, 24.Jg., Heft 7/1970, S.203-205

Guski, H.-G.: Betriebliche Vermögensbeteiligung – Modelle, Erfahrungen, Zukunftsaussichten, in: RdA, 24.Jg., 1971, S.282-288

Guski, H.-G.: Vermögenspolitik in der sozialen Marktwirtschaft, in: D.B. Simmert (Hrsg.): Wirtschaftspolitik – kontrovers (Schriftenreihe der Bundeszentrale für politische Bildung, Bd.146), Bonn 1979, S.514-537

Guski, H.-G.: Vermögenspolitik auf neuem Kurs (Beiträge zur Wirtschafts- und Sozialpolitik des Instituts der deutschen Wirtschaft, Bd.127), Köln 1984

Guski, H.-G. / **Schneider**, H.-J.: Betriebliche Vermögensbeteiligung in der Bundesrepublik Deutschland. Eine Bestandsaufnahme, Köln 1977

Guski, H.-G. / **Schneider**, H.-J.: Betriebliche Vermögensbeteiligung. Bestandsaufnahme 1986 (Beiträge zur Wirtschafts- und Sozialpolitik des Instituts der deutschen Wirtschaft, Bd.145), Köln 1986

Gutmann, G.: Produktivität und Wirtschaftsordnung. Die Wirtschaft der DDR im Wandel, in: Aus Politik und Zeitgeschichte, B 33/1990, S.17-26

Güttler, H.: Bauland für Aussiedler-Wohnungsbau, in: Informationen zur Raumentwicklung, Heft 5/1989, S.353-357

Haase, H.: Das Unfallversicherungs-Neuregelungsgesetz. Entlastung der gesetzlichen Krankenkassen. Vorgeschichte und wichtigste Bestimmungen, in: ZfS, 17.Jg., Heft 4/1963, S.128-131

Haase-Koch, H.: Die Unfallversicherung, München 1963

Haberkorn, K.: Zur Berechnung des Krankengeldzuschusses, in: RdA, 15.Jg.,1962, S.180-184

Habermann, B.: Sozialhilfe und Jugendhilfe in Deutschland – Auswirkungen der Sozialunion. Bericht über eine Fachtagung am 5. und 6. Juli 1990 im Deutschen Verein, in: Nachrichtendienst des Deutschen Vereins für öffentliche und private Fürsorge, 70.Jg., 1990, S.261-270

Habermann, D.: Die gesetzliche „Lücke" in der sozialen Absicherung älterer mitarbeitender Familienangehöriger, in: SdL, 1980, S.601-602

Hadrich, J.: Die Arztfrage in der deutschen Sozialversicherung. Ihre soziologischen und wirtschaftlichen Probleme, Berlin 1955

Haensch, D.: Repressive Familienpolitik, Reinbek 1972

Haferkamp, D.: Stellung und Aufgaben der Deutschen Bundesbank in der Deutschen Demokratischen Republik, in: Deutsch-Deutsche Rechts-Zeitschrift, 1.Jg., Heft 5/1990, S.151-155

Halbach, G.: Gesetz zur Förderung der Vermögensbildung der Arbeitnehmer, in: RdA, 14.Jg., 1961, S.309-312

Halbach, G.: Zweites Gesetz zur Förderung der Vermögensbildung der Arbeitnehmer mit Nebengesetzen. Textausgabe mit Einführung und Erläuterungen, Köln-Berlin-Bonn-München 1965

Halbach, G.: Das bisherige System der Sparförderung und seine Ergebnisse, in: Arbeit und Sozialpolitik, 21.Jg., Heft 4-5/1967, S.118-121

Halbach, G. / **Mertens**, A. / **Schwedes**, R. / **Wlotzke**, O.: Übersicht über das Recht der Arbeit (hrsg. vom Bundesminister für Arbeit und Sozialordnung), 3. neubearb. und erw. Auflage, Bonn 1989

Hamann, W.: Gesundheitsökonomische Analyse von Steuerungsproblemen der Gesetzlichen Krankenversicherung, Diss. Köln 1981

Hambüchen, U. (Hrsg.): Handbuch des Fachanwalts – Sozialrecht, Neuwied 1988

Hamelbeck, B.: Soldatengesetz. Kommentar, München 1956

Hamm, W.: Irrwege der Gesundheitspolitik, Tübingen 1980

Hamm, W.: Programmierte Unfreiheit und Verschwendung: Zur überfälligen Reform der Gesetzlichen Krankenversicherung, in: ORDO, Bd.35, 1984, S.22-42 (1984a)

Hamm, W.: Für eine Strukturreform der GKV, in: W. Hamm / J. Jessen / D. Nord / H. Pehlke (Hrsg.): Aspekte zur GKV-Strukturreform, Stuttgart-New York 1984, S.89-99 (1984b)

Hamm, W. / **Jessen**, J. / **Nord**, D. / **Pehlke**, H. (Hrsg.): Aspekte zur GKV-Strukturreform (hrsg. von der Medizinisch-Pharmazeutischen Studiengesellschaft e.V.), Stuttgart-New York 1984

Hampel, G.: Sozialreform durch Sozialpläne? Anmerkungen zur sozialpolitischen Nachkriegsentwicklung, in: Zeitschrift für Sozialreform, 16.Jg., 1970, S.1-18

Hampele, A.: DDR: Frauen im Aufbruch. in: Päd extra & demokratische Erziehung, 3.Jg., Heft 6/1990, S.34-37

Hanau, P.: Befristung und Abrufarbeit nach dem Beschäftigungsförderungsgesetz 1985, in: RdA, 40.Jg., 1987, S.25-29

Hanau, P.: Die Sozialpartner, in: B. Baron von Maydell / W. Kannengießer (Hrsg.): Handbuch Sozialpolitik, Pfullingen 1988, S.164-171

Hanau, P. / **Ulmer**, P.: Mitbestimmungsgesetz, München 1981

Hannemann, K.-H. / **Bergmann**, S.: Zur Gesetzgebung in der DDR nach dem 18. 3. 1990, in: Deutsch-Deutsche Rechts-Zeitschrift, 1.Jg., Heft 5/1990, S.183-188

Hansen, H.-Ch.: Die Armut in der heutigen Gesellschaft, in: Sozialer Fortschritt, 4.Jg., Heft 12/1955, S.279-283

Hansen, V.: Vor Schnellschüssen kann nur gewarnt werden, in: Arbeitgeber, 43.Jg., Heft 4/1991, S. 133-135

Harbusch, P. / **Wiek**, D. (Hrsg.): Marktwirtschaft, Stuttgart 1975

Hardach, K.: Wirtschaftsgeschichte Deutschlands im 20. Jahrhundert, Göttingen 1976

Häring, D.: Zur Geschichte und Wirkung staatlicher Interventionen im Wohnungssektor. Gesellschaftliche und sozialpolitische Aspekte der Wohnungspolitik in Deutschland, Hamburg 1974

Harmssen, G.W.: Reparationen, Sozialprodukt, Lebensstandard. Versuch einer Wirtschaftsbilanz, Bremen 1947

Harsdorf, H./**Friedrich**, G.: Krankenhausfinanzierungsgesetz, 2. erw. Aufl., Köln 1973

Härtel, L.: Der Länderrat des amerikanischen Besatzungsgebietes, Stuttgart-Köln 1951

Hartmann, H.: Sozialhilfebedürftigkeit und „Dunkelziffer der Armut" (Schriftenreihe des BMJFG, Bd.98), Stuttgart 1981

Hartwich, H.-H.: Sozialstaatspostulat und gesellschaftlicher Status quo, Köln-Opladen 1970

Hartwich, H.-H.: Sozialstaat und Arbeitskampf. Zum Staatsverständnis in der Rechtsprechung des Bundesarbeitsgerichts, in: M. Kittner (Hrsg.): Streik und Aussperrung, Frankfurt-Köln o.J. <1974>, S.349-410

Hartwich, H.-H. (Hrsg.): Politik im 20. Jahrhundert, Braunschweig-Berlin-Hamburg-München-Kiel-Darmstadt 1964

Hartwig, H.: Das Lohnfortzahlungsgesetz und der Vertrauensärztliche Dienst, in: Soziale Sicherheit, 20.Jg., 1971, S.293-295, 332-334

Hasenclever, Ch.: Jugendhilfe und Jugendschutzgesetzgebung seit 1900, Göttingen 1978

Hattenhauer, H.: Geschichte des Beamtentums, in: W. Wiese (Hrsg.): Handbuch des öffentlichen Dienstes, Bd.I, Köln 1980

Hauck, K. / **Bürsch**, Y.: Die sozialrechtliche Gesetzgebung 1984 und 1985, in: G. Wannagat (Hrsg.): Jahrbuch des Sozialrechts der Gegenwart 1986, Bd.8, Berlin 1986, S.23-35

Hauff, M. von u.a. (Hrsg.): Internationale Sozialpolitik, Stuttgart 1982

Hauser, H.: Beurteilung des Systems der Globalsteuerung im Rahmen des KVKG, in: C.A. Andreae / E. Theurl (Hrsg.): Marktsteuerung im Gesundheitswesen, Köln 1985, S.106-121

Hauser, R.: Grundprobleme und Grundansatzpunkt der Armutsbekämpfung in der Bundesrepublik Deutschland, in: Armut in der Bundesrepublik Deutschland, Loccumer Protokolle, 25/1982, S.3-24

Hauser, R.: Ergebnisse der Armutsforschung in der Bundesrepublik Deutschland, in: Mitteilungen der Akademie der Arbeit in der Universität Frankfurt, N. F. Nr.38, 1988, S.5-29

Hauser, R. / **Cremer-Schäfer**, H. / **Nouvertné**, U.: Armut, Niedrigeinkommen und Unterversorgung in der Bundesrepublik Deutschland, Frankfurt/M. 1981

Hauser, R. / **Fischer**, T. / **Klein**, Th.: Verarmung durch Arbeitslosigkeit?, in: S. Leibfried / F. Tennstedt (Hrsg.): Politik der Armut und Die Spaltung des Sozialstaates, Frankfurt 1985, S.213-248

Hauser, R. / **Klein**, Th.: EVS und Sozialhilfe. Alternative Methoden der Leistungsmessung für die Sozialhilfe: Die Einkommens- und Verbrauchsstichprobe als eine ihrer empirischen Grundlagen, in: Blätter der Wohlfahrtspflege, 132.Jg., 1985, S.29-32

Hauser, R. / **Semrau**, P.: Zur Entwicklung der Einkommensarmut von 1963 bis 1986, in: Sozialer Fortschritt, 39.Jg., Heft 2/1990, S.27-36

Hauß, F. / **Naschold**, F.: Arbeitsschutz und Sozialpartnerschaft in Schweden, Berlin 1978

Hauß, F. / **Naschold**, F. / **Rosenbrock**, R. (Hrsg.): Schichtenspezifische Versorgungsprobleme im Gesundheitswesen (Forschungsberichte »Gesundheitsforschung«, Bd.55), hrsg. vom Bundesminister für Arbeit und Sozialordnung, Bonn 1981

Hautmann, W.: Die Beschäftigung von Schwerbeschädigten, Stuttgart 1955

Hayek, F.A. von: Individualismus und wirtschaftliche Ordnung, Erlenbach-Zürich 1952

Heier, D.: Arbeitslosigkeit in den neuen Bundesländern. Ursachen, Ausmaß, Entwicklungstendenzen, beschäftigungspolitische Probleme und sozialpolitische Implikationen, in: Sozialer Fortschritt, 40.Jg., Heft 4/1991, S.83-95

Heilemann, U.: Zu den Kosten der Einigung: gesamtwirtschaftliche Wirkungen des Fonds »Deutsche Einheit« und der Investitionshilfe, in: Sozialer Fortschritt, 39.Jg., Heft 9/1990, S.195-203

Heilmann, J.: Kommentar zum Mutterschutzgesetz, Baden-Baden 1984

Heine, W.: Krankenversicherung der Rentner – eine eigentumsgeschützte Position? Zur Geschichte und Systematik einer Sozialversicherungsleistung im Lichte des Art. 14 GG, in: Deutsche Rentenversicherung, 56.Jg., Heft 6-8/1985, S.345-369

Heine, W.: Rentenreformgesetz 1992 – Kontinuitäten, Kompromisse, Konsequenzen, in: Arbeit und Sozialpolitik, 43.Jg., Heft 6/1989, S.146-156, Heft 7/1989, S.196-204

Heinemann, G. / **Koch**, A.: Kassenarztrecht, Berlin 1955

Heinrich, F.: Das schwere DDR-Erbe: Ein veralteter Kapitalstock, in: Handelsblatt vom 30./31. März 1990, S.6

Heise, B.: Sozialpolitik in der Europäischen Wirtschaftsgemeinschaft. Zweckmäßigkeit und Grenzen einer sozialen Harmonisierung im Bereich der EWG unter besonderer Berücksichtigung der Maßnahmen zur sozialen Sicherung, Göttingen 1966

Heissmann, E.: Die betriebliche Altersfürsorge, 3. Aufl., Köln 1953

Heissmann, E.: Die betrieblichen Ruhegeldverpflichtungen, Köln 1955

Heissmann, E.: Zur Frage des Entgeltcharakters betrieblicher Ruhegeldverpflichtungen, in: RdA, 10.Jg., 1957, S.251-256

Heissmann, E.: Die betriebliche Altersversorgung, Herne 1962

Heissmann, E.: Die betriebliche Altersversorgung im Spannungsfeld der Sozialpolitik, in: RdA, 21.Jg., 1968, S.47-56 (1968a)

Heissmann, E.: Die Anpassung betrieblicher Ruhegelder anläßlich des Wegfalls der Versicherungspflichtgrenze und der Beitragserhöhungen in der sozialen Rentenversicherung, in: RdA, 21.Jg., 1968, S.126-132 (1968b)

Heissmann, E.: Zur Neuorientierung der betrieblichen Altersversorgung, in: RdA, 22.Jg., 1969, S.262-267

Helbig, W.: Fremdnutzung von Wohnungen: Wohnungsmarkt in der DDR, in: Bauwirtschaft, 44.Jg., Nr.6/1990, S.19-20

Helfert, M.: Berufliche Bildung und das Berufsbildungsgesetz, in: WWI-Mitteilungen, 23.Jg., 1970, S.152-159, 229-240

Helfert, M.: Wohnungsversorgung – nur ein Problem des Marktes? Thesen zur Wohnungspolitik, in: WWI-Mitteilungen, 24.Jg., 1971, S.366-375

Helfert, M.: Humanisierung der Arbeit und gewerkschaftliche Aktivierung der Arbeitnehmer, in: WSI-Mitteilungen, 25.Jg., Heft 10/1972, S.320-332

Helfert, M.: Indikatoren für die Arbeitsbedingungen in der Bundesrepublik, in: IG Metall (Hrsg.): Materialien zur Tagung Krise und Reform in der Industriegesellschaft, Frankfurt 1976, S.438-511

Helfert, M. / **Trautwein-Kalms**, G.: Die gewerkschaftliche Auseinandersetzung um Arbeitsbedingungen und das Forschungsprogramm der Bundesregierung zur Humanisierung des Arbeitslebens, in: WSI-Mitteilungen, 31.Jg., Heft 2/1978, S.73-83

Heller, B.: Rentenanpassung in den neuen Bundesländern, in: Die Angestelltenversicherung, 38.Jg., Heft 2/1991, S.40-42

Heller, W.: Zum Prinzip der Kostenerstattung, in: BArBl., 40.Jg., Heft 4/1989, S.15-17

Hellmer, J.: Jugendkriminalität, Neuwied 1975

Hempel, F.: Das Spannungsverhältnis zwischen dem sozialen Schutz der Arbeitnehmer und den wirtschaftlichen Interessen der Verleiher und Entleiher bei der Arbeitnehmerüberlassung, Berlin-München 1975

Henke, K.-D.: Ordnungspolitik im Gesundheitswesen. Ergebnisorientierung, in: BArBl., 35.Jg., Heft 12/1984, S.11-13

Henke, K.-D.: Möglichkeiten einer Reform der Gesetzlichen Krankenversicherung in der Bundesrepublik Deutschland, in: G. Gäfgen (Hrsg.): Ökonomie des Gesundheitswesens (Schriften des Vereins für Socialpolitik, N.F. Bd.159), Berlin 1986, S.611-630

Henke, K.-D.: Abhängigkeit der Sozialpolitik von wirtschaftlichen und demographischen Rahmenbedingungen, in: B. Baron von Maydell / W. Kannengießer (Hrsg.): Handbuch Sozialpolitik, Pfullingen 1988, S.121-128 (1988a)

Henke, K.-D.: Funktionsweise und Steuerungswirksamkeit der Konzertierten Aktion im Gesundheitswesen (KAiG), in: G. Gäfgen (Hrsg.): Neokorporatismus und Gesundheitswesen (Gesundheitsökonomische Beiträge, Bd.1), Baden-Baden 1988, S.113-157 (1988b)

Henke, K.-D. / **Metze**, I.: Finanzierung im Gesundheitswesen (Beiträge zur Gesundheitsökonomie, Bd.10), Gerlingen 1986

Hennig, W. u.a.: Arbeitsförderungsgesetz. Loseblatt-Werk, Frankfurt 1969 ff.

Henning, F.-W.: Das industrialisierte Deutschland 1914-1976, 4.Aufl., Paderborn 1978

Hensen, H.: Die Finanzen der Sozialen Sicherung im Kreislauf der Wirtschaft. Versuch einer ökonomischen Analyse (Kieler Studien, Bd.36), Kiel 1955

Hensen, H.: Zur Geschichte der Rentenfinanzen, in: R. Bartholomäi u.a. (Hrsg.): Sozialpolitik nach 1945. Geschichte und Analysen, Bonn-Bad Godesberg 1977, S.137-150

Herbert, U.: Geschichte der Ausländerbeschäftigung in Deutschland 1880 bis 1980: Saisonarbeiter, Zwangsarbeiter, Gastarbeiter, Berlin-Bonn 1986

Herbst, K.W. u.a.: Beschäftigung ausländischer Arbeitskräfte, Köln 1961

Herder-Dorneich, Ph.: Wachstum und Gleichgewicht im Gesundheitswesen. Die Kostenexplosion in der gesetzlichen Krankenversicherung und ihre Steuerung, Opladen 1976

Herder-Dorneich, Ph.: Kostenexplosion im Gesundheitswesen, in: B. Külp / H.-D. Haas (Hrsg.): Soziale Probleme der modernen Industriegesellschaft (Schriften des Vereins für Socialpolitik, N.F. Bd.92/I und 92/II), Berlin 1977, S.577-608 (1977a)

Herder-Dorneich, Ph.: Die Neue Soziale Frage – Eine Herausforderung an die Ordnungspolitik, in: Arbeit und Sozialpolitik, 31.Jg., Heft 4/1977, S.122-124 (1977b)

Herder-Dorneich, Ph.: Gesundheitsökonomik. Systemsteuerung und Ordnungspolitik im Gesundheitswesen, Stuttgart 1980

Herder-Dorneich, Ph.: Der Sozialstaat in der Rationalitätenfalle. Grundfragen der sozialen Steuerung, Stuttgart 1982 (1982a)

Herder-Dorneich, Ph.: Funktionsfähigkeit und ordnungspolitische Einordnung der Konzertierten Aktion im Gesundheitswesen, in: Ludwig-Sievers-Stiftung u.a. (Hrsg.): Gesundheitspolitik zwischen Staat und Selbstverwaltung. Zur Ordnungspolitik des Gesundheitswesens, Köln 1982, S. 375-414 (1982b)

Herder-Dorneich, Ph.: Gesundheitspolitik als Ordnungspolitik, in: Ludwig-Sievers-Stiftung u.a. (Hrsg.): Gesundheitspolitik zwischen Staat und Selbstverwaltung. Zur Ordnungspolitik des Gesundheitswesens, Köln 1982, S.481-520 (1982c)

Herder-Dorneich, Ph.: Systemimmanenz der Kostenexplosion, in: Die Ortskrankenkasse, 65.Jg., Heft 6/1983, S.237-241

Herder-Dorneich, Ph.: Ordnungspolitik im Gesundheitswesen. Zwischen Utopie und Pragmatik, in: BArBl., 35.Jg., Heft 12/1984, S.5-8

Herder-Dorneich, Ph. / **Klages,** H. / **Schlotter,** H.G. (Hrsg.): Überwindung der Sozialstaatskrise. Ordnungspolitische Ansätze, Baden-Baden 1984

Herder-Dorneich, Ph. / **Schuller,** A.: Die Ärzteschwemme (Ordnungspolitik im Gesundheitswesen, Bd.4), Baden-Baden 1985

Herder-Dorneich, Ph. / **Sieben,** G. / **Thiemeyer,** Th. (Hrsg.): Wege zur Gesundheitsökonomie I (Beiträge zur Gesundheitsökonomie, Bd.1), Gerlingen 1981

Herder-Dorneich, Ph. / **Sieben,** G. / **Thiemeyer,** Th. (Hrsg.): Wege zur Gesundheitsökonomie II (Beiträge zur Gesundheitsökonomie, Bd.2), Gerlingen 1982

Hergt, S. (Hrsg.): Mitbestimmung. 35 Modelle und Meinungen zu einem gesellschaftspolitischen Problem, Opladen 1973

Herles, H. / **Rose,** E. (Hrsg.): Vom Runden Tisch zum Parlament, Bonn 1990

Hermann, Ch.: Gleichstellung der Frau und Rentenrecht. Zur bevorstehenden Reform der Alterssicherung, Berlin-München 1984

Hermann, Ch.: Zur Zukunft der Alterssicherung: Hat die Politik noch eine Chance?, in: Arbeit und Sozialpolitik, 43.Jg., Heft 4/1989, S.84-89

Hermann, Ch.: Der Bundestag und die Zukunft der Krankenversicherungsreform, in: Kompaß, 100. Jg., Heft 2/1990, S.57-68 (1990a)

Hermann, Ch.: Die Kassenorganisationsreform zwischen Politikberatung und Politikdominanz, in: Arbeit und Sozialpolitik, 44.Jg., Heft 2/1990, S.60-67 (1990b)

Herschel, W.: Die Aufhebung des Lohnstopps, in: RdA, 1.Jg., 1948, S.121-123

Herschel, W. / **Steinmann,** G.: Kommentar zum Kündigungsschutzgesetz, 2.Aufl., Heidelberg 1953

Herzog, H.: Kassenarztrecht, in: B. Baron von Maydell (Hrsg.): Lexikon des Rechts. Sozialrecht, Neuwied-Darmstadt 1986, S.127-136

Hesse, J.: Die Allianz für Deutschland, in: Deutschland-Archiv, 23.Jg., Heft 4/1990, S.502-506

Hessel, Ph.: Das Gesetz über Ausgleichs- und Schiedsverfahren in Arbeitsstreitigkeiten, in: RdA, 2.Jg., 1949, S.13-15

Hessischer Minister für Arbeit, Umwelt und Soziales: Entwurf eines Gesetzes zur Absicherung des Risikos der Pflegebedürftigkeit – Pflegeversicherungsgesetz (PflegeVersG), Wiesbaden 1985

Hettlage, M. C.: DDR-Gewerkschaftsgesetz. Ein Handstreich gegen das Volk, in: Bayern-Kurier, 17. März 1990

Heubeck, G.: Reform der Alterssicherung, in: B. Baron von Maydell / W. Kannengießer (Hrsg.): Handbuch Sozialpolitik, Pfullingen 1988, S.453-471 (1988a)

Heubeck, G.: Betriebliche Altersversorgung, in: B. Baron von Maydell / W. Kannengießer (Hrsg.): Handbuch Sozialpolitik, Pfullingen 1988, S.317-325 (1988b)

Heubeck, G. u.a.: Gesetz zur Verbesserung der betrieblichen Altersversorgung, Heidelberg 1975

Heuer, J. u.a.: Lehrbuch der Wohnungswirtschaft, Frankfurt/M. 1979

Heuse, R.: Situation und Perspektiven der Alterssicherung in den neuen Bundesländern, in: Betriebliche Altersversorgung, 45.Jg., Heft 8/1990, S.245-246

Heyenn, G.: Die Gesetzgebungsarbeit im Ausschuß für Arbeit und Sozialordnung des Deutschen Bundestages, in: Zeitschrift für Gesetzgebung, 7.Jg., Heft 1/1992, S.87-95 (1992a)

Heyenn, G.: Plädoyer für eine soziale Grundsicherung. Die Mehrheiten für eine stufenweise Einführung mobilisieren, in: Soziale Sicherheit, 41.Jg., 1992, S.161-164 (1992b)

Heyenn, G.: Der Preis der Deregulierung oder ein Beitrag wider die „kühle Luft" analytisch ökonomischer Argumentation, in: F. Buttler u. a. (Hrsg.): Europa und Deutschland. Zusammenwachsen der Arbeitsmärkte und Sozialräume. Festschrift für Heinrich Franke, Stuttgart 1992, S.361-368 (1992c)

Heyenn, G.: Gewerbsmäßige Arbeitsvermittlung mit Sozialstaatsgebot unvereinbar und mittelstandsfeindlich, in: Die SPD im Deutschen Bundestag, Nr.590, 16. Februar 1992 (1992d)

Heyn, W.: Die Wirkungen der Erhöhung der Krankenversicherungspflichtgrenze. Die gesetzliche Krankenversicherung in den ersten 10 Monaten des Jahres 1965, in: Arbeit und Sozialpolitik, 20.Jg., Heft 3/1966, S.62-63, Heft 5/1966, S.124-126

Hickel, R.: Deregulierung der Arbeitsmärkte: Grundlagen, Wirkungen und Kritik, in: Gewerkschaftliche Monatshefte, 40.Jg., Heft 2/1989, S.85-96

Hilger, M.L.: Zur Geschichte der Arbeitsgerichtsbarkeit nach 1945, in: RdA, 34.Jg., 1981, S.93-95

Hilmer, R. / **Köhler**, A.: Der DDR läuft die Zukunft davon. Die Übersiedler-/Flüchtlingswelle im Sommer 1989, in: Deutschland-Archiv, 22.Jg., Heft 11/1989, S.1220-1226

Himmelreich, F.H.: Arbeitsförderungsgesellschaften – Nothilfe für den Arbeitsmarkt, in: Arbeitgeber, 43.Jg., Heft 12/1991, S.468

Hippe, W.: Das Problem der Bestandsrentenanpassung in den Rentenversicherungen der Arbeiter und der Angestellten, Berlin 1966

Hirrlinger, W.: Im Zeichen der deutschen Einheit und der schwierigen Sozialunion Hoffnungen nicht enttäuschen, in: VdK-Mitteilungen, Nr.10/1990, S.1-8

Höcker, L. / **Johannsen**, M.: Gesetz über die Mitbestimmung der Arbeitnehmer in den Aufsichtsräten und Vorständen der Unternehmen des Bergbaus und der Eisen und Stahl erzeugenden Industrie, Essen 1951

Hockerts, H.G.: Sozialpolitische Reformbestrebungen der frühen Bundesrepublik, in: Vierteljahreshefte für Zeitgeschichte, 25.Jg., Heft 3/1977, S.341-372

Hockerts, H.G.: Sozialpolitische Entscheidungen im Nachkriegsdeutschland. Alliierte und deutsche Sozialversicherungspolitik 1945-1957, Stuttgart 1980

Hoernigk, R.: »Gastarbeiter« und Rentenversicherung, in: Arbeit und Sozialpolitik, 19.Jg., Heft 7/1965, S.215-218

Hoernigk, R. u.a.: Fremdrenten- und Auslandsrentengesetz mit Nebengesetzen. Kommentar, Bonn-Bad Godesberg 1954

Hofe, G.: Betriebliche Mitbestimmung und Humanisierung der Arbeitswelt, Königstein i.T. 1978

Hofemann, K.: Sozialabbau in der Sozialen Krankenversicherung, in: Soziale Sicherheit, 33.Jg., 1984, S.6-11

Höfer, E. / **Höfer**, R.: Verträge über unmittelbare Versorgungszusagen (Betriebliche Pensionszusagen), Heidelberg 1976

Höfer, E. u.a.: Neuregelung der betrieblichen Altersversorgung, Düsseldorf 1975

Höfer, R.: Verborgene Betriebsrentenlasten in den neuen Bundesländern, in: Betriebliche Altersversorgung, 45.Jg., Heft 8/1990, S.251-253

Höfer, R. / **Küpper**, P.: Zur Geltung des Betriebsrentengesetzes in den neuen Bundesländern, in: Betriebliche Altersversorgung, 46.Jg., Heft 7/1991, S.208-210

Hoffacker, P.: Organisationsreform mit Augenmaß, in: Die Betriebskrankenkasse, 80.Jg., 1992, S.5-9

Hoffmann, B. / **Meyer**, L.: Neue Perspektiven für Frauen auf dem Bau?, in: Soziale Sicherheit, 41.Jg., 1992, S.149-151

Hoffmann, G.: Wirtschaftliches Krankenhaus ist ein Ziel des Reformgesetzes, in: BArBl., 40.Jg., Heft 4/1989, S.57-61

Hoffmann, R.: Der Grundsatz der Parität und die Zulässigkeit der Aussperrung, in: M. Kittner (Hrsg.): Streik und Aussperrung, Frankfurt-Köln o.J. <1974>, S.47-93

Hofmann, J.: Das Gesundheitswesen der DDR – eine Chance für einen marktwirtschaftlichen Neubeginn auch in der Bundesrepublik Deutschland?, in: Sozialer Fortschritt, 39.Jg., Heft 11/1990, S. 260-263

Hofmann, K. / **Schroeter**, K.: Sozialgerichtsgesetz. Textausgabe, Berlin-Frankfurt 1953; 2.Aufl., Berlin-Frankfurt 1955

Hohlfeld, J. (Hrsg.): Dokumente der deutschen Politik und Geschichte, Bd.6: Deutschland nach dem Zusammenbruch 1945, Berlin 1952

Hohmann, H.-J. / **Jordan**, E. / **Schumacher**, N. / **Sengling**, D.: Zur Verteilung der Armut in Nordrhein-Westfalen, in: Arbeit und Sozialpolitik, 42.Jg., Heft 11/1988, S.348-352

Höhn, Ch.: Von der Großfamilie zur Kernfamilie? – Zum Wandel der Familienformen während des demographischen Übergangs, in: Zeitschrift für Bevölkerungswissenschaft, 14.Jg., Heft 3/1988, S. 237-250

Höhne, G.: Betrieblicher Krankengeldzuschuß für Arbeiter. Die praktische Anwendung des Gesetzes zur Verbesserung der wirtschaftlichen Sicherung der Arbeiter im Krankheitsfall, Heidelberg 1958

Höhne, G. u.a.: Anpassung betrieblicher Ruhegelder nach dem Gesetz zur Verbesserung der betrieblichen Altersversorgung vom 19.12.1974, 2.Aufl., Heidelberg 1975

Höhnen, W.: Die wichtigsten Aspekte des neuen Vermögensbildungsgesetzes, in: WWI-Mitteilungen, 18.Jg., 1965, S.186-191

Höhnen, W.: Die vermögenspolitischen Gesetze und Maßnahmen in der BRD. Entwicklung, Ergebnisse und kritische Beurteilung, Köln 1968

Höhnen, W.: Die Finanzierung der deutschen Einheit: eine Zwischenbilanz, in: WSI-Mitteilungen, 44.Jg., Heft 5/1991, S.307-314

Holler, A.: Erfordert die Lohnfortzahlung eine Reform der Krankenversicherung?, in: RdA, 17.Jg., 1964, S.50-53

Holler, A.: Die Selbstverwaltung im Bereich der Sozialversicherung – Aspekte und Tendenzen, in: Soziale Sicherheit, 23.Jg., 1974, S.257-260

Holler, A.: Krankenversicherung der Studenten, in: Die Ortskrankenkasse, 57.Jg., Heft 11-12/1975, S.414-417

Holler, A.: Die Entwicklung der sozialen Krankenversicherung in den Jahren 1945 bis 1975, in: R. Bartholomäi u.a. (Hrsg.): Sozialpolitik nach 1945. Geschichte und Analysen, Bonn-Bad Godesberg 1977, S.303-314

Holler, A.: Das Finanzierungssystem nach dem Krankenhausfinanzierungsgesetz (KHG) und Fragen der Versorgungskrise, in: Ch. von Ferber / U.E. Reinhardt / H. Schaefer / Th. Thiemeyer (Hrsg.): Kosten und Effizienz im Gesundheitswesen. Gedenkschrift für Ulrich Geißler (Soziologie und Sozialpolitik, Bd.4), München 1985, S.153-166

Höller, F. / **Warda**, G.: Zum Dritten Rentenversicherungs-Änderungsgesetz, in: Soziale Sicherheit, 18.Jg., 1969, S.365-366; 19.Jg., 1970, S.15, 75-76, 110-111

Hölters, W.: Die unbewältigte Konzernproblematik des Mitbestimmungsgesetzes 1976, in: RdA, 32. Jg., 1979, S.335-340

Hondrich, K.O.: Mitbestimmung in Europa. Ein Diskussionsbeitrag (Europäische Schriften des Bildungswerks Europäische Politik, Bd.20), Köln 1970

Hönekopp, E.: Rückkehrförderung und Rückkehr ausländischer Arbeitnehmer – Ergebnisse des Rückkehrförderungsgesetzes, der Rückkehrhilfe-Statistik und der IAB-Rückkehrerberatung, in: E. Hönekopp (Hrsg.): Aspekte der Ausländerbeschäftigung in der Bundesrepublik Deutschland (BeitrAB 114), Nürnberg 1987, S.287-338

Hönekopp, E. (Hrsg.): Aspekte der Ausländerbeschäftigung in der Bundesrepublik Deutschland (BeitrAB 114), Nürnberg 1987

Hönig, G.: Die Entstehungsgeschichte der Rentenversicherungs-Neuregelungsgesetze für Arbeiter und Angestellte, Diss. Bonn 1961

Hönsch, R.: Erziehungs- und Kindergeldrecht – Eine systematische Darstellung mit Bundeskindergeldgesetz (BKGG) und Bundeserziehungsgeldgesetz (BErzGG) im Anhang, Neuwied 1988

Höpfner, K. / **Ramann**, B. / **Rürup**, B.: Ausländische Arbeitnehmer. Gesamtwirtschaftliche Probleme und Steuerungsmöglichkeiten, Bonn 1973

Hoppe, W.: Zweites Änderungsgesetz zum Bundeskindergeldgesetz verabschiedet, in: Soziale Sicherheit, 19.Jg., 1970, S.368-370

Hoppe, W.: Das Arbeitsförderungsgesetz und die älteren Arbeitnehmer, in: Soziale Sicherheit, 20. Jg., 1971, S.297-299, 336-337, 365-367

Hoppe, W.: Förderung der beruflichen Bildung nach neuem Recht ab 1. Januar 1973, in: Soziale Sicherheit, 21.Jg., 1972, S.97-101

Hoppe, W.: Neutralität im Arbeitskampf – Neue Vorschriften der Bundesanstalt für Arbeit, in: Soziale Sicherheit, 23.Jg., 1974, S.103-106

Hoppe, W.: Übergangsgeld für Behinderte – jüngste Leistung der Bundesanstalt für Arbeit, in: Soziale Sicherheit, 24.Jg., 1975, S.132-137 (1975a)

Hoppe, W.: Die Förderung von Werkstätten für Behinderte durch die Bundesanstalt für Arbeit nach dem AFG, in: Soziale Sicherheit, 24.Jg., 1975, S.264-269 (1975b)

Hörburger, H. / **Rath-Hörburger**, F.: Europas Frauen gleichberechtigt? – Die Politik der EG-Länder zur Gleichberechtigung der Frau im Arbeitsleben, hrsg. von der Landeszentrale für politische Bildung Hamburg, Hamburg 1988

Hübner, R. / **Niebur**, R.: Unternehmenspolitik und Mitbestimmung, in: U. Borsdorf / H.O. Hemmer (Hrsg.): Gewerkschaften, Wissenschaft, Mitbestimmung, Köln 1979, S.141-157

Hudemann, R.: Sozialstruktur und Sozialpolitik in der französischen Besatzungszone 1945-1949, in: Jahrbuch für westdeutsche Landesgeschichte 5 (1979), S.373-408

Hueck, A.: Das neue Kündigungsschutzgesetz des Wirtschaftsrates, in: RdA, 2.Jg., 1949, S.331-336

Hueck, A.: Kündigungsschutzgesetz. Kommentar, München-Berlin 1951 [3.Aufl. 1954] (1951a)

Hueck, A.: Das Bundeskündigungsschutzgesetz, in: RdA, 4.Jg., 1951, S.281-286 (1951b)

Hueck, A.: Einwirkungen der Rentenreform auf betriebliche Ruhegeldverpflichtungen, Düsseldorf 1957 (1957a)

Hueck, A.: Rentenreform und betriebliche Ruhegeldverpflichtungen, in: RdA, 10.Jg., 1957, S.401-405 (1957b)

Hueck, A. / **Nipperdey**, H.C.: Tarifvertragsgesetz mit Durchführungs- und Nebenvorschriften, München-Berlin 1950

Hueck, A. / **Nipperdey**, H.C.: Grundriß des Arbeitsrechts, 1.Aufl., Berlin-Frankfurt 1960, 3. neubearb. Aufl., Berlin-Frankfurt 1965

Hueck, G.: Die Neuregelung der Unfallversicherung durch das UVNG und die Haftung des Arbeitgebers und anderer Personen bei Arbeitsunfällen, in: RdA, 16.Jg., 1963, S.224-227

Huffelmann, K.: Die Arbeitszeitverkürzung, Essen 1964

Huhle, F.: Die betrieblichen Sozialleistungen, Berlin 1957

Hungenberg, H.: Das Gesetz über die Krankenversicherung der Landwirte, in: WzS, 1972, S.289-303

Husmann, J.: Pflegeabsicherung. Aus Strukturfehlern lernen, in: Arbeitgeber, 43.Jg., Heft 10/1991, S.376

Huss, N. / **Schmidt**, E. (Hrsg.): Kooperation und Mitbestimmung, Frankfurt 1972

Hüsson, N.: DGB: Soforthilfe für die DDR. Qualifizieren – nicht entlassen, in: Die Quelle, 41.Jg., Heft 8/1990, S.16-17 (1990a)

Hüsson, N.: DGB-Hilfe für DDR-Gewerkschaften. Beerdigung ohne Trauer, in: Die Quelle, 41.Jg., Heft 8/1990, S.17-18 (1990b)

Huster, E.U. / **Kraiker**, G. / **Scherer**, B. / **Schlotmann**, F.-K. / **Welteke**, M.: Determinanten der westdeutschen Restauration 1945-1949, Frankfurt 1972

IAB-Kurzbericht: Im Osten wohnen – im Westen arbeiten. Umfang und Struktur der Pendlerbewegung aus den neuen Bundesländern, Nürnberg, 8.10.1991

IAB-Kurzbericht: ABS in den neuen Bundesländern: Bestand, Maßnahmeschwerpunkte, Teilnehmer, Nürnberg, 21.2.1992

Ifo-Institut für Wirtschaftsforschung: Die volkswirtschaftliche Problematik der dynamischen Sozialrente, Berlin-München 1956

Igl, G.: Pflegebedürftigkeit, Baden-Baden 1987

Igl, G.: Familienlastenausgleichsrecht, in: B. Baron von Maydell/F. Ruland (Hrsg.): Sozialrechtshandbuch (SRH), Neuwied-Darmstadt 1988, S.1120-1147

Industriegewerkschaft Metall (Hrsg.): Die Ausländerwelle und die Gewerkschaften. Dokumentation, Frankfurt 1966

Industriegewerkschaft Metall (Hrsg.): Materialien zur Tagung Krise und Reform in der Industriegesellschaft, Frankfurt 1976

Industriegewerkschaft Metall Abt. Wirtschaftspolitik (Hrsg.): Zur Auswirkung der Tarifabschlüsse für die Metall- und Elektroindustrie in der DDR (Manuskript), Frankfurt a.M., Juli 1990

Institut der deutschen Wirtschaft (IW) (Hrsg.): Die Integration deutscher Aussiedler – Perspektiven für die Bundesrepublik Deutschland (Gutachten), Köln 1989

Institut für angewandte Verbraucherforschung Tübingen: Kauf am Abend – Nutzung der Einkaufsmöglichkeiten am Donnerstag, Köln 1989

Institut für angewandte Wirtschaftsforschung (IAW): Wirtschaftsreport. Daten und Fakten zur wirtschaftlichen Lage Ostdeutschlands, Berlin 1990

Institut für angewandte Wirtschaftsforschung (IAW): Der mühsame Aufstieg. Gutachten zur Lage und zu den Aussichten der Wirtschaft in den neuen Bundesländern, Berlin Oktober 1991

Institut für Europäische Politik (Hrsg.): Das Europa der Siebzehn. Bilanz und Perspektiven von 25 Jahren Europarat, Bonn 1974

Internationales Arbeitsamt (IAA): Der Einfluß der Übereinkommen und Empfehlungen der Internationalen Arbeitsorganisation, Genf 1977

Internationale Gesellschaft für Gesundheitsökonomie (Hrsg.): Selbstbeteiligung im Gesundheitswesen, Stuttgart 1980

International Labour Office (ILO): Die internationale Arbeitsorganisation, Genf 1984

Issing, O. (Hrsg.): Zukunftsprobleme der sozialen Marktwirtschaft (Schriften des Vereins für Socialpolitik, N.F. Bd.116), Berlin 1981

Jacobs, K. / **Schmähl**, W.: Der Übergang in den Ruhestand. Entwicklungen, öffentliche Diskussion und Möglichkeiten seiner Umgestaltung, in: MittAB, 21.Jg., Heft 2/1988, S.194-205

Jaeggi, U.: Kapital und Arbeit in der Bundesrepublik, Frankfurt 1973

Jäger, H.: Die Änderungen des Mutterschutzgesetzes, in: Soziale Sicherheit, 15.Jg., 1966, S.16-18

Jagoda, B.: Auswirkungen des deutsch-deutschen Einigungsprozesses auf die Krankenversicherung, in: Die Krankenversicherung, 42.Jg., Heft 6/1990, S.153-156

Jahn, E.: Neuordnung der Finanzierung oder Strukturreform des Krankenhauswesens? Überlegungen zu einer Strukturreform, in: Soziale Sicherheit, 33.Jg., 1984, S.309-316

Jahn, F.-A.: Wohnungs(bau)politik in Deutschland – was macht sie so schwierig?, in: Der Langfristige Kredit, Heft 4/1986, S.100-105

Jahn, K.: Der Kreis der Anspruchsberechtigten nach dem Fremdrentengesetz unter Berücksichtigung der Härtenovelle, in: Soziale Sicherheit, 14.Jg., 1965, S.358-361

Jahnz, A.: Neue Zusatzversicherung für quasi-öffentlichen Dienst, in: Soziale Sicherheit, 15.Jg., 1966, S.179-181 (1966a)

Jahnz, A.: Zusatzversorgung im öffentlichen Dienst – Gesamtversorgung für Arbeitnehmer des Bun-des, der Länder und Gemeinden ab 1. Januar 1967, in: Soziale Sicherheit, 15.Jg., 1966, S.341-343, 373-375 (1966b)

Jaide, W. / **Hille**, B.: Jugend in der DDR im Wandel?, in: Politik und Kultur, 17.Jg., Heft 4/1990, S.36-48

Jans, K.-W.: Trends für ein neues Jugendhilferecht, in: Recht der Jugend und des Bildungswesens, 20.Jg., Heft 11/12, 1972, S.343-347

Jantz, K.: Die Neuregelung der Unfallversicherung, in: RdA, 16.Jg., 1963, S.121-124

Jantz, K.: Zur sozialen Sicherung in der Landwirtschaft, in: SdL, 1972, S.176-183

Jantz, K.: Die Rentendynamik 1957 als Vorbild im Sozialleistungsrecht, in: R. Bartholomäi u.a. (Hrsg.): Sozialpolitik nach 1945. Geschichte und Analysen, Bonn-Bad Godesberg 1977, S.109-123

Jecht, H.: Ökonomische Probleme der Produktivitätsrente, Stuttgart 1956

Jenkins, H.W.: Wohnungswirtschaft und Wohnungspolitik in beiden deutschen Staaten – Versuch eines Vergleichs, 2. durchges. Aufl., Hamburg 1976

Jeske, W.-D.: Das GRG hat die vom Handwerk gehegten Erwartungen hinsichtlich der Eindämmung der Ausgabenexpansion nicht erfüllt, in: Die Krankenversicherung, 44.Jg., Heft 3/1992, S.84-87

Jessen, J.: Der Wandel der Gesellschaft erfordert eine Anpassung der GKV, in: W. Hamm / J. Jessen / D. Nord / H. Pehlke (Hrsg.): Aspekte zur GKV-Strukturreform, Stuttgart-New York 1984, S.41-87

Joachim, H.-G.: Ist der Grundsatz der Verhältnismäßigkeit ein geeignetes Kriterium für die rechtliche Erfassung des Phänomens „Arbeitskampf"?, in: M. Kittner (Hrsg.): Streik und Aussperrung, Frankfurt-Köln o.J. <1974>, S.27-46

Jockenhövel-Schiecke, H.: Jugendhilfe in der DDR: Erste Begegnungen nach den Jahren der getrennten Entwicklung, in: Nachrichtendienst des Deutschen Vereins für öffentliche und private Fürsorge, 70.Jg., 1990, S.143-149

Jordan, E. (Hrsg.): Jugendhilfe, Weinheim-Basel 1975

Jordan, E. u.a.: Einführung in die Jugendhilfe, München 1977

Jorks, E.: Aufbau der gesetzlichen Rentenversicherung im Beitrittsgebiet, in: Die Sozialversicherung, 46.Jg., Heft 7/1991, S.181-183

Jung, K.: Von der Kausalität zur Finalität. Das neue Schwerbehindertengesetz als ein Beispiel für das Umdenken in der Sozialpolitik, in: RdA, 27.Jg., 1974, S.161-168

Jung, K.: Strukturreform im Gesundheitswesen aus der Sicht des Bundesministeriums für Arbeit und Sozialordnung, in: P. Oberender (Hrsg.): Neuorientierung im Gesundheitswesen (Schriften zur Gesundheitsökonomie, Bd.2), Bayreuth 1988, S. 33-62

Jung, K.: Strukturreform im Gesundheitswesen. Neues Kapitel in der Krankenversicherung, in: BArBl., 40.Jg., Heft 2/1989, S.11-16

Jung, K.: Privat oder Sozial – für das Blüm-Modell einer sozialen Pflegeversicherung sprechen die besseren Argumente, in: Die Krankenversicherung, 43.Jg., Heft 12/1991, S.351-356

Jung, M.: Parteiensystem und Wahlen in der DDR: eine Analyse der Volkskammerwahl vom 18. März 1990 und der Kommunalwahlen vom 6. Mai 1990, in: Aus Politik und Zeitgeschichte, B 27/1990, S.3-15

Jung, V.: Gewerkschaftliche Mitbestimmungspolitik, in: U. Borsdorf / H.O. Hemmer (Hrsg.): Gewerkschaften, Wissenschaft, Mitbestimmung, Köln 1979, S.131-140

Jungk, W.: Integrationstheoretische Grundlagen der Sozialpolitik der EG, in: H. Lichtenberg (Hrsg.): Sozialpolitik in der EG, Baden-Baden 1986, S.35-49

Jünke, F.: Die Beseitigung der Überversorgung im öffentlichen Dienst, in: RdA, 32.Jg., 1979, S.27-35

Jürgens, H.W. / **Tegtmeyer**, H. (Hrsg.): Beiträge zu Bevölkerungsfragen, Beilage 4 zur Zeitschrift für Bevölkerungswissenschaft, 14.Jg., Heft 1/1988

Jürgens, J. / **Köstler**, R.: Abwehrstrategien gegen die Mitbestimmung und rechtliche Elemente gewerkschaftlicher Gegenwehr, in: U. Borsdorf / H.O. Hemmer (Hrsg.): Gewerkschaften, Wissenschaft, Mitbestimmung, Köln 1979, S.158-172

Kaase, M. / **Gibwoski**, W. G.: Deutschland im Übergang: Parteien und Wähler vor der Bundestagswahl 1990, in: Aus Politik und Zeitgeschichte, B 37-38/1990, S.14-26

Kaeding, K.: Die soziale Dimension des Binnenmarktes der Europäischen Gemeinschaften, in: Zeitschrift für Sozialreform, 35.Jg., 1989, S.15-23

Kaesbach, W. / **Schönbach**, K.-H.: Die Vereinbarkeit der Festbetragsregelung mit der Einführung der prozentualen Selbstbeteiligung für Arzneimittel ab dem 1.7.1993, in: Arbeit und Sozialpolitik, 46.Jg., Heft 3-4/1992, S.34-48

Kahmann, C. u.a.: Das Handwerkerversorgungsrecht (Handwerkerversicherungsgesetz), Bonn-Bad Godesberg 1964

Kaiser, G.: Jugendrecht und Jugendkriminalität. Untersuchung über die Beziehung zwischen Gesellschaft, Jugendrecht und Jugendkriminalität, Weinheim-Basel 1973

Kaiser, G.: Jugendkriminalität. Rechtsbrüche, Rechtsbrecher und Opfersituationen im Jugendalter, Weinheim-Basel 1977

Kaiser, S.: Gefährliche Arbeitsstoffe: Schwerpunkt der Arbeitsschutzpolitik, in: Soziale Sicherheit, 31.Jg., 1982, S.68-75

Kalbritz, R.: Aussperrungen in der Bundesrepublik, Frankfurt 1979

Kaltenbach, H.: Vorschläge der 84er-Kommission und der Parteien zur sozialen Sicherung der Frau und der Hinterbliebenen, in: Die Angestelltenversicherung, 27.Jg., Heft 8/1980, S.263-284

Kaltenbach, H.: Wege zur Angleichung des Rentenrechts, in: BfA-aktuell. 17. Presseseminar der BfA, Berlin 1990

Kannengießer, W.: Auf dem Weg zur Sozialunion, in: Die Angestelltenversicherung, 37.Jg., Heft 5/1990, S.222-225 (1990a)

Kannengießer, W.: Bundesdeutsches Sozialsystem für die DDR, in: Die Angestelltenversicherung, 37.Jg., Heft 7-8/1990, S.327-331 (1990b)

Kannengießer, W.: Sozialbeiträge werden kräftig erhöht, in: Die Angestelltenversicherung, 38.Jg., Heft 2/1991, S.49-51 (1991a)

Kannengießer, W.: Die Angleichung des Rentenrechts, in: Die Angestelltenversicherung, 38.Jg., Heft 7-8/1991, S.262-268 (1991b)

Kannengießer, W.: Jetzt wird über Einsparungen diskutiert, in: Die Angestelltenversicherung, 39. Jg., Heft 5/1992, S.218-222 (1992a)

Kannengießer, W.: Regionalisierung bleibt auf der Tagesordnung, in: Die Angestelltenversicherung, 39.Jg., Heft 4/1992, S.157-159 (1992b)

Kappes, K.-H.: Heilbare Probleme? – Schwierigkeiten mit dem neuen Gesetz über Sprecherausschüsse der leitenden Angestellten, in: Der Betrieb, Heft 23/1989, S.1188-1190

Kapteyn, P.: The Social Policy of the European Community, Leyden 1977

Karl, A.: Überzonaler Zusammenschluß der deutschen Gewerkschaftsbewegung, in: RdA, 2.Jg., 1949, S.121-125

Kasiske, R. (Hrsg.): Gesundheit am Arbeitsplatz, Reinbek 1976

Katzer, H.: Grundpositionen der Sozialpolitik, in: Arbeit und Sozialpolitik, 32.Jg., Heft 1/1978, S.18-21

Kaufmann, F.-X.: Nationale Traditionen der Sozialpolitik und Europäische Integration, in: L. Albertin (Hrsg.): Probleme und Perspektiven der Europäischen Einigung, Köln 1986, S.69-82

Kaukewitsch, P.: Verbreitung der betrieblichen Altersversorgung im produzierenden Gewerbe. Ergebnisse der Arbeitskostenerhebung, in: Wirtschaft und Statistik, Heft 8/1984, S.705-714

Kaupper, H.: Die zwischen- und überstaatliche Regelung über soziale Sicherheit. Entwicklung, Bedeutung und Gestaltung, in: M. von Hauff u.a. (Hrsg.): Internationale Sozialpolitik, Stuttgart 1982, S.39-50

Kehrmann, K.: Die Lage des Arbeitnehmers im Krankheitsfall, in: RdA, 31.Jg., 1978, S.313-319

Kehrmann, K. / **Pelikan**, W.: Lohnfortzahlungsgesetz, 2.Aufl., München 1973

Kellenbenz, H. (Hrsg.): Wirtschaftspolitik und Arbeitsmarkt, München 1974

Kempe, M: Die unendliche Geschichte der Neuen Heimat, in: die Tageszeitung, 23. Mai 1990

Kempen, B.: Gleichberechtigung und Gleichstellung. Zum Entwurf eines Bundesgesetzes zur Gleichstellung von Mann und Frau im Berufsleben, in: Zeitschrift für Rechtspolitik, 22.Jg., Heft 10/1989, S.367-371

Kempen, O.E.: Grundgesetz und Arbeitsmarkt, in: M. Kittner (Hrsg.): Arbeitsmarkt. Ökonomische, soziale und rechtliche Grundlagen, Heidelberg 1982, S.129-153

Ketzel, E.: DDR-Wirtschaft. Befunde, Probleme, Perspektiven (hrsg. vom Deutschen Sparkassen- und Giroverband; Reihe: Wirtschafts- und Währungspolitik, Nr.10), Bonn 1990

Kiefer, G.: Bilanz und Perspektiven der Gesundheitsreformpolitik, in: Die Krankenversicherung, 44. Jg., Heft 5/1992, S.137-143

Kiel, W. / **Luckert**, H.: Finanzielle Auswirkungen der Umwertung der Bestandsrenten des Beitrittsgebiets nach dem Renten-Überleitungsgesetz, in: Deutsche Rentenversicherung, 62.Jg., Heft 8-9/1991, S.555-602

Kiel, W. / **Müller**, H.-W. / **Roth**, M.: Die Bestandsrenten der Sozialversicherung der Arbeiter und der Angestellten der DDR und deren Angleichung an das Nettorentenniveau der Bundesrepublik Deutschland, in: Deutsche Rentenversicherung, 61.Jg., Heft 8/1990, S.468-507

Kiesau, G.: Umsetzung staatlich geförderter Humanisierungsforschung. Aufgaben des Bundeszentrums Humanisierung des Arbeitslebens bei der Bundesanstalt für Arbeitsschutz und Unfallforschung (BAU), in: Soziale Sicherheit, 31.Jg., 1982, S.333-347

Kipp, A.: Von der Frauenfrage zur Frauenpolitik, in: Dpa-Hintergrund, Nr.3335, 1990, S.1-13

Kirch, P.: Gesundheitspolitische Pleite statt Jahrhundertwerk; Bilanz nach einem Jahr GRG, in: Die Krankenversicherung, 42.Jg., Heft 1-2/1990, S.15-17

Kirchner, R.: Änderung des GAL im Zusammenhang mit dem 2. Haushaltsstrukturgesetz, in: SdL, 1982, S.35-70

Kirner, E.: Konsequenzen der gesellschaftlichen Organisation von Kinderbetreuung und Erwerbsarbeit für sozial- und familienpolitische Regelungen im Transfersystem, in: Sozialer Fortschritt, 39.Jg., Heft 7/1990, S.145-149

Kirner, E. / **Vortmann**, H. / **Wagner**, G.: DDR: Übergang zum neuen Rentensystem schwierig, in: DIW-Wochenbericht, 57.Jg., Nr.14/1990, S.167-171

Kirschner, K.: Pflegeversicherung. Redebeitrag auf der Konferenz der SPD-Bundestagsfraktion für Geschäftsführer und leitende Mitarbeiter der Krankenkassen am 13. Juni 1991, Bonn 1991

Kirschner, K.: Regionalität versus Zentralismus. Politische Anmerkungen zu einem polemischen Streit nicht nur über Organisationsfragen, in: Arbeit und Sozialpolitik, 46.Jg., Heft 3-4/1992, S.4-8

Kissel, O.R. (Hrsg.): Das Arbeitsrecht der Gegenwart, Bd.26, Berlin 1989 (1989a)

Kissel, O.R.: Bundesarbeitsgericht. Rückblick auf 1988, in: BArBl., 40.Jg., Heft 5/1989, S.14-19 (1989b)

Kissel, O. R.: Arbeitsrecht nach dem Staatsvertrag, in: Deutsch-Deutsche Rechts-Zeitschrift, 1.Jg., Heft 5/1990, S.155-159 (1990a)

Kissel, O. R.: Arbeitsrecht und Staatsvertrag, in: Neue Zeitschrift für Arbeits- und Sozialrecht, 7.Jg., Heft 14/1990, S.545-552 (1990b)

Kittke, H.-D.: Die Rechtsentwicklung in der DDR (Stand: Oktober 1990), in: Recht in Ost und West, 35.Jg., Heft 1/1991, S.46-57

Kittke, H.-D. / **Roessler**, S.: Die Rechtsentwicklung in der DDR, in: Recht in Ost und West, 34.Jg., Heft 7/1990, S.301-310

Kittner, M.: Die Wahl der Arbeitnehmervertreter im Aufsichtsrat nach dem Betriebsverfassungsgesetz (Schriftenreihe der Hans-Böckler-Stiftung, Bd.3), Köln 1972

Kittner, M. (Hrsg.): Streik und Aussperrung, Frankfurt-Köln o.J. <1974>

Kittner, M. (Hrsg.): Arbeitsmarkt. Ökonomische, soziale und rechtliche Grundlagen, Heidelberg 1982

Kittner, M. (Hrsg.): Gewerkschaftsjahrbuch 1988, Köln 1988

Kittner, M. / **Unterhinninghofen**, H.: Zur geplanten Änderung des § 116 AFG, in: Arbeit und Recht, 34.Jg., Heft 1/1986, S.1-8

Kittner, M. u.a.: Arbeitskampfrecht, Köln 1983

Klang, K.A.: Soziale Sicherheit und Freizügigkeit im EWG-Vertrag, Baden-Baden 1986

Klattenhoff, R.: Versorgungsausgleich nach der Rechtseinheit in der gesetzlichen Rentenversicherung, in: Die Angestelltenversicherung, 38.Jg., Heft 10/1991, S.352-368

Klattenhoff, R.: Rentenreformgesetz 1992 und Versorgungsausgleich, in: Die Angestelltenversicherung, 39.Jg., Heft 3/1992, S.85-91

Klauder, W.: Längerfristige Arbeitsmarktperspektiven, in: Aus Politik und Zeitgeschichte, B 3/1990, S.21-36

Klauder, W. / **Kühlewind**, G: Arbeitsmarkttendenzen und Arbeitsmarktpolitik in den neunziger Jahren, in: Aus Politik und Zeitgeschichte, B 34-35/1991, S.3-13

Klauder, W. / **Schnur**, P. / **Thon**, M.: Arbeitsmarktperspektiven der 80er und 90er Jahre. Neue Modellrechnungen für Potential und Bedarf an Arbeitskräften, in: MittAB, 18. Jg., Heft 1/1985, S.41-62

Klein, H.: Koalitionsfreiheit im pluralistischen Sozialstaat, Königstein 1979

Klein, Th.: Arbeitslosengeld, Arbeitslosenhilfe und Wohngeld im Kampf gegen Verarmung und Abstieg durch Arbeitslosigkeit: Ergebnisse einer mikroanalytischen Untersuchung zur Auffangwirkung einkommensabhängiger Sozialleistungen, in: MittAB, 20.Jg., Heft 3/1987, S.351-367 (1987a)

Klein, Th.: Sozialer Abstieg und Verarmung von Familien durch Arbeitslosigkeit – Eine mikroanalytische Untersuchung für die Bundesrepublik, Frankfurt/M. 1987 (1987b)

Klein, Th.: Wohngeld, in: H.W. Jürgens / H. Tegtmeyer (Hrsg.): Beiträge zu Bevölkerungsfragen, Beilage 4 zur Zeitschrift für Bevölkerungswissenschaft, 14.Jg., Heft 1/1988, S.46-49 (1988a)

Klein, Th.: Sozialhilfe, in: H.W. Jürgens / H. Tegtmeyer (Hrsg.): Beiträge zu Bevölkerungsfragen, Beilage 4 zur Zeitschrift für Bevölkerungswissenschaft, 14.Jg., Heft 1/1988, S.50-55 (1988b)

Kleinhenz, G.: Tarifpartnerschaft im vereinten Deutschland. Die Bedeutung der Arbeitsmarktorganisationen für die Einheit der Arbeits- und Lebensverhältnisse, in: Aus Politik und Zeitgeschichte, B 12/1992, S.14-24

Kleinhenz, G. / **Lampert**, H.: Zwei Jahrzehnte Sozialpolitik in der BRD. Eine kritische Analyse, in: ORDO, Bd.22, 1971, S.103-158

Kleßmann, Ch.: Die doppelte Staatsgründung. Deutsche Geschichte 1945-1955 (Schriftenreihe der Bundeszentrale für politische Bildung, Bd.193), Bonn 1982

Kliemt, G.: Die Praxis des Betriebsverfassungsgesetzes im Dienstleistungsbereich, Tübingen 1971

Klös, H.-P.: Erspartes für Eigentumserwerb mobilisieren: DDR-Bürger haben 160 Milliarden Mark „auf der hohen Kante", in: Die freie Wohnungswirtschaft, 44.Jg., Nr.3/1990, S.85-87

Klotz, V.: Der Einfluß der Übereinkommen der Internationalen Arbeitsorganisation auf die innerstaatliche Gesetzgebung, in: BArBl., 24.Jg., Heft 10/1973, S.499-504

Knappe, E.: Ausgabenexplosion im Gesundheitssektor: Folge einer ordnungspolitischen Fehlsteuerung, in: O. Issing (Hrsg.): Zukunftsprobleme der sozialen Marktwirtschaft (Schriften des Vereins für Socialpolitik, N.F. Bd.116), Berlin 1981, S.499-528

Knappe, E.: Reform der Krankenversicherung, in: H. Giersch (Hrsg.): Wie es zu schaffen ist. Agenda für die deutsche Wirtschaftspolitik, Stuttgart 1983, S.297-325

Knappe, E.: Neokorporatistische Ordnungsformen als Leitbild einer Strukturreform im Gesundheitswesen, in: G. Gäfgen (Hrsg.): Neokorporatismus und Gesundheitswesen (Gesundheitsökonomische Beiträge, Bd.1), Baden-Baden 1988, S.271-294 (1988a)

Knappe, E.: Krankenversicherungsreform, in: B. Baron von Maydell / W. Kannengießer (Hrsg.): Handbuch Sozialpolitik, Pfullingen 1988, S.432-451 (1988b)

Knappe, E. / **Roppel**, U.: Zur Stärkung marktwirtschaftlicher Steuerungselemente im Gesundheitssystem. Probleme und Ansatzpunkte (Beiträge zur Wirtschafts- und Sozialpolitik des Instituts der deutschen Wirtschaft, Bd.107/108), Köln 1982

Knieps, F.: Optionen und Empfehlungen für eine grundlegende Reform, in: Die Ortskrankenkasse, 70.Jg., Heft 23-24/1988, S.693-698

Knieps, F.: Das neue Krankenversicherungsrecht, in: B. Baron von Maydell / F. Ruland (Hrsg.): Sozialrechtshandbuch (SRH), Neuwied-Darmstadt 1988; Nachtrag zum Beitrag c.14 (1989)

Knieps, F.: Das Gesundheitswesen und die Krankenversicherung im beigetretenen Teil Deutschlands. Die Entwicklung 1990 und die Weichenstellung für die Zukunft, in: Arbeit und Sozialpolitik, 44.Jg., Heft 11-12/1990, S.392-397

Knieps, F.: Entwicklung und Stand der Diskussion um die Reform der Kassenorganisations- und Finanzstrukturen, in: Soziale Sicherheit, 40.Jg., 1991, S.237-243

Knieps, F. / **Orde**, B. am / **Tophoven**, Ch.: Die deutsch-deutsche Entwicklung und mögliche Auswirkungen auf die AOK, Bonn-Bad Godesberg Februar 1990

Knigge, A.: Die 5. Novelle zum Arbeitsförderungsgesetz, in: Der Betrieb, Heft 32/1979, S.1552-1559

Knigge, A.: Der Europäische Sozialraum: Beruhigungspille oder Chance zum Fortschritt?, in: Soziale Sicherheit, 38.Jg., 1989, S.17-24

Knigge, A. u.a.: Kommentar zum Arbeitsförderungsgesetz (AFG). Ein Kommentar für Studium und Praxis, Baden-Baden 1984; 2. Aufl., Baden-Baden 1988

Knopp, A. / **Fichtner**, O. (Hrsg.): Bundessozialhilfegesetz. Kommentar, 6. neubearb. Aufl., München 1988

Knopp, A. / **Gossrau**, E.: Jugendarbeitsschutzgesetz. Kommentar, Köln 1961

Knopp, A. / **Schroeter**, K.: Bundespersonalvertretungsgesetz. Ein Erläuterungsbuch, 2.Aufl., Bonn-Bad Godesberg 1974

Knuth, M.: Arbeitsmarktpolitische Potentiale von Gesellschaften zur Arbeitsförderung, Beschäftigung und Strukturentwicklung (ABS), Kurzexpertise für das BMA, Gelsenkirchen 1992

Koch, E.: Zweites Gesetz zur Änderung des Fünften Buches des Sozialgesetzbuches, in: Kompaß, 102.Jg., Heft 1/1992, S.38-40

Kodalle, H.-M.: Die Neue Soziale Frage und das Grundsatz-Dilemma der CDU, in: Frankfurter Hefte, 32.Jg., 1977, S.9-20

Koeppinghoff, S.: Soziale Aspekte der Wohnungsmarktentwicklung, in: Arbeit und Sozialpolitik, 44.Jg., Heft 3/1990, S.84-88

Kohl, H.: Regierungserklärung des Bundeskanzlers vor dem Deutschen Bundestag, in: Bulletin der Bundesregierung, Nr.93/14.Oktober 1982, S.853-868

Köhler, C.: Das Rentenversicherungs-Änderungsgesetz, in: Soziale Sicherheit, 14.Jg., 1965, S.246-247

Köhler, P.A. / **Zacher**, H.F. (Hrsg.): Ein Jahrhundert Sozialversicherung in der Bundesrepublik Deutschland, Frankreich, Großbritannien, Österreich und der Schweiz (Schriftenreihe für Internationales und Vergleichendes Sozialrecht, Bd.6), Berlin 1981

Köhne, W.: Die Neuordnung der Krankenversicherung der Rentner im Rentenanpassungsgesetz 1982, in: Soziale Sicherheit, 30.Jg., 1981, S.166-171

Kolb, R.: Hinterbliebenenversicherung oder Hinterbliebenenversorgung?, in: Deutsche Rentenversicherung, 55.Jg., Heft 11/1984, S.635-649

Kolb, R.: „Bedürftigkeit" und „Bedarf" – Begriffsbestimmungen in der Hinterbliebenenversicherung, in: Deutsche Rentenversicherung, 56.Jg., Heft 1/1985, S.40-46

Kolb, R.: Rehabilitationsrecht, in: B. Baron von Maydell/F. Ruland (Hrsg.): Sozialrechtshandbuch (SRH), Neuwied-Darmstadt 1988, S.1081-1111

Kolb, R.: Zukunftsprobleme der gesetzlichen Rentenversicherung, in: Deutsche Rentenversicherung, 62.Jg., Heft 1/1991, S.1-14

Kolb, R. / **Ruland**, F.: Die Rentenversicherung in einem sich einigenden Deutschland, in: Deutsche Rentenversicherung, 61.Jg., Heft 3/1990, S.141-153

Kolb, R. / **Seidel**, E.: Rehabilitationsrecht, Münster 1985

Költzsch, M.: Versicherungspflicht und Versicherungsberechtigung in der Rentenversicherung im vereinten Deutschland, in: Die Angestelltenversicherung, 38.Jg., Heft 5/1991, S.161-166

Kolvenbach, W.: Statut für die Europäische Aktiengesellschaft (1989), in: Der Betrieb, Heft 39/1989, S.1957-1962

Kommission für wirtschaftlichen und sozialen Wandel: Wirtschaftlicher und sozialer Wandel in der Bundesrepublik Deutschland, Bonn 1976

Kommission Krankenhausfinanzierung: Krankenhausfinanzierung in Selbstverwaltung – Kommissionsbericht. Vorschläge zu einer Neuordnung der Organisation und Finanzierung der Krankenhausversorgung. Teil I: Bericht der Kommission Krankenhausfinanzierung der Robert-Bosch-Stiftung (Beiträge zur Gesundheitsökonomie, Bd.20), Gerlingen 1987

Könen, W.: Der Weg zur Sozialhilfe, in: R. Bartholomäi u.a. (Hrsg.): Sozialpolitik nach 1945. Geschichte und Analysen, Bonn-Bad Godesberg 1977, S.401-411

Konieczka, M.: Entschädigung für NS-Verfolgte der ehemaligen DDR, in: Die Angestelltenversicherung, 39.Jg., Heft 6/1992, S.242-248

König, W.: Einnahmen und Ausgaben der Krankenversicherung im Jahre 1991, in: Die Betriebskrankenkasse, 80.Jg., 1992, S.287-296

Königbauer, G.: Freiwillige Schlichtung und tarifliche Schiedsgerichtsbarkeit, Stuttgart 1971

Konstanty, R.: Arbeitsstättenverordnung – Probleme der Umsetzung, in: Soziale Sicherheit, 25.Jg., 1976, S.143-146

Konstanty, R.: Arbeitsschutz 1976-1980: Bilanz und Ausblick, in: Soziale Sicherheit, 29.Jg., 1980, S.260-265 (1980a)

Konstanty, R.: Die neue Arbeitsstoffverordnung – nur ein halber Schritt vorwärts, in: Soziale Sicher-heit, 29.Jg., 1980, S.295-297 (1980b)

Konstanty, R. / **Schmidt**, A.: Probleme der Angleichung der Leistungen zur Rehabilitation, in: Soziale Sicherheit, 23.Jg., 1974, S.353-359

Konstanty, R. / **Schmidt**, A.: Das Leistungsrecht im Rehabilitationsangleichungsgesetz, in: Soziale Sicherheit, 24.Jg., 1975, S.6-12, 34-37

Konzen, H.: Arbeitnehmerschutz, in: B. Baron von Maydell / W. Kannengießer (Hrsg.): Handbuch Sozialpolitik, Pfullingen 1988, S.202-212 (1988a)

Konzen, H.: Streikrecht und Boykott, in: F. Gamillscheg / B. Rüthers / E. Stahlhacke (Hrsg.): Sozialpartnerschaft in der Bewährung, Festschrift für Karl Molitor zum 60. Geburtstag, München 1988, S.181-206 (1988b)

Köpfler, Th.: »Sieben-Punkte-Programm«: Überlegungen zum Wohnungsbau in der DDR, in: Gemeinnütziges Wohnungswesen, 43.Jg., Heft 5/1990, S.204-205

Kornemann, R.: Fehlsubventionierungen im öffentlich geförderten sozialen Wohnungsbau. Bilanz einer systemwidrigen Marktintervention (Schriftenreihe des Instituts für Städtebau, Wohnungswirtschaft und Bausparwesen e.V. – Arnold-Knoblauch-Institut, Bd.25), Bonn 1973

Körner, H. / **Mehrländer**, U. (Hrsg.): Die „neue" Ausländerpolitik in Europa. Erfahrungen in den Aufnahme- und Entsendeländern, Bonn 1986

Korspeter, L. / **Haack**, W.: Politik für Vertriebene, Flüchtlinge, Kriegsgeschädigte, Heimkehrer, politische Häftlinge und Aussiedler, in: R. Bartholomäi u.a. (Hrsg.): Sozialpolitik nach 1945. Geschichte und Analysen, Bonn-Bad Godesberg 1977, S.275-293

Köst, E.: Mutterschutzgesetz. Kommentar, 2.Aufl., Heidelberg 1968

Kötter, H.-W.: Gesetz über die Mitbestimmung der Arbeitnehmer in den Aufsichtsräten und Vorständen der Unternehmen des Bergbaus und der Eisen und Stahl erzeugenden Industrie vom 21.5.1951, Berlin 1952

Kötter, H.-W.: Zur Problematik einer Einführung der Montan-Mitbestimmung bei Holding-Gesellschaften, in: RdA, 7.Jg., 1954, S.161-166

Köttgen, A.: Die Befugnisse des Bundes auf dem Gebiet der Jugendhilfe, in: Nachrichtendienst des Deutschen Vereins für öffentliche und private Fürsorge, 41.Jg., 1959, S.310-318

Kraegeloh, W.: Künstlersozialversicherungsgesetz (KSVG). Loseblatt-Kommentar, Frankfurt 1983

Kramer, H.: Ziele und Verhalten der Sozialpartner in Westeuropa als Faktoren für die Gemeinschaftsbildung (Stiftung Wissenschaft und Politik SWP-S 254), Ebenhausen 1977

Krämer, W.: Keine Angst vor der Ärzteschwemme, in: Arbeit und Sozialpolitik, 42.Jg., Heft 4/1988, S.110-115

Krämer, W.: Die Krankheit des Gesundheitswesens. Die Fortschrittsfalle der modernen Medizin, Frankfurt 1989

Kranitzki, F.: Renten in den beigetretenen Ländern werden zum 1. Januar 1991 um 15 % erhöht, in: Kompaß, 100.Jg., Heft 12/1990, S.635-636

Krasney, O.E.: Zum Finanzänderungsgesetz 1967, in: Soziale Sicherheit, 17.Jg., 1968, S.66-69, 100-103, 135-137

Kraus, U.: Die Behandlung der rentenrechtlichen Zeiten im Beitrittsgebiet nach dem SGB VI, in: Die Sozialversicherung, 47.Jg., Heft 1/1992, S.8-15 (Teil I), Heft 2/1992, S.28-41 (Teil II)

Krause, P.: Kriegsopferversorgung, in: B. Baron von Maydell (Hrsg.): Lexikon des Rechts. Sozialrecht, Neuwied-Darmstadt 1986, S.171-187 (1986a)

Krause, P.: Wiedergutmachung, in: B. Baron von Maydell (Hrsg.): Lexikon des Rechts. Sozialrecht, Neuwied-Darmstadt 1986, S.429-433 (1986b)

Krause, P.: Selbstverwaltung als mittelbare Staatsverwaltung: Ihre verfassungsrechtliche Problematik, in: G. Gäfgen (Hrsg.): Neokorporatismus und Gesundheitswesen (Gesundheitsökonomische Beiträge, Bd.1), Baden-Baden 1988, S.253-270

Krebs, H.: Die neuen Bestimmungen des Gesetzes über Arbeitsvermittlung und Arbeitslosenversicherung (AVAVG), in: RdA, 10.Jg., 1957, S.7-14

Krebs, H.: Das Arbeitsförderungsgesetz, in: RdA, 23.Jg., 1970, S.33-38

Krebs, H.: Das Gesetz über Betriebsärzte, Sicherheitsingenieure und andere Fachkräfte für Arbeitssicherheit, in: RdA, 28.Jg., 1975, S.153-157

Krebsbach, U.: Europäische Sozialpolitik – Hemmschuh oder Integration, Hamburg 1974

Kreizberg, K.: Hohe Staatsquote – niedrige Renten, in: Arbeitgeber, 42.Jg., Heft 6/1990, S.217-221 (1990a)

Kreizberg, K.: Die Sozialunion im Staatsvertrag, in: Arbeitgeber, 42.Jg., Heft 16/1990, S.626-633 (1990b)

Krelle, W. / **Schunck**, J. / **Siebke**, J.: Überbetriebliche Ertragsbeteiligung der Arbeitnehmer, Tübingen 1968

Kremp, H.-J.: Renten nach Mindesteinkommen, in: Arbeits- und sozialstatistische Mitteilungen, 25. Jg., Heft 7/1974, S.236-238

Krengel, W.: Das Gesetz über die Krankenversicherung der Studenten, in: Die Betriebskrankenkasse, 63.Jg., 1975, S.266-271

Krengel, W.: Recht der Finanzierung, in: BArBl., 40.Jg., Heft 4/1989, S.42-45

Krieger, H. / **Printar**, L.: Regionale Arbeitsmarktstruktur und ihre Implikationen auf objektive Arbeitsmarktchancen von Arbeitslosen, Köln 1977

Kriele, M.: Die politische Bedeutung des Staatsvertrages, in: Deutsch-Deutsche Rechts-Zeitschrift, 1.Jg., Heft 5/1990, S.188-189

Kroll, G.: Von der Weltwirtschaftskrise zur Staatskonjunktur, Berlin 1958

Krölls, A.: Das Arbeitskampfrecht im Zeichen der Wirtschafts- und Sozialunion – Verfassungsrechtliche Aspekte, in: Der Betriebs-Berater, Beilage zu Heft 17/1990, S.17-23

Kronberger Kreis: Mehr Markt in der Wohnungswirtschaft (Schriftenreihe des Frankfurter Instituts für wirtschaftspolitische Forschung e.V., Bd.7), Bad Homburg 1984

Kronberger Kreis: Mehr Markt im Gesundheitswesen (Schriftenreihe des Frankfurter Instituts für wirtschaftspolitische Forschung e.V., Bd.13), Bad Homburg 1987

Kronberger Kreis: Soziale Marktwirtschaft in der DDR: Währungsordnung und Investitionsbedingungen (Schriftenreihe, Bd. 20), Frankfurt 1990 (1990a)

Kronberger Kreis: Soziale Marktwirtschaft in der DDR. Reform der Wohnungswirtschaft (Schriftenreihe, Bd. 21), Frankfurt 1990 (1990b)

Kronberger Kreis: Wirtschaftspolitik für das geeinte Deutschland (Schriftenreihe, Bd. 22), Frankfurt 1990 (1990c)

Kronenberg, B. / Scheibe-Lange, I.: Mitbestimmungsunternehmen nach dem Stand vom 31. Dezember 1989, in: WSI-Mitteilungen, 43.Jg., Heft 7/1990, S.468-471

Krug, W. / Rehm, N.: Disparitäten der Sozialhilfedichte. Eine statistische Analyse (Schriftenreihe des Bundesministeriums für Jugend, Familie, Frauen und Gesundheit, Bd.190), Stuttgart 1986

Krüger, H.: Geltung und Verfassungsmäßigkeit des Nachtbackverbots, Hamburg 1967

Krummrich, K.: Ostdeutsche Wirtschaft im Wandel: Bestandsaufnahme und Perspektiven eines Aufholprozesses (hrsg. vom Deutschen Sparkassen- und Giroverband; Reihe: Wirtschafts- und Währungspolitik, Nr.1), Bonn 1992

Krumper, A.: Gesamtwirtschaftliche Auswirkungen einer Verkürzung der Arbeitszeit, in: ifo-schnelldienst, 36.Jg., Nr.30/1983, S.8-26

Krupp, H.-J. u.a. (Hrsg.): Alternativen der Rentenreform 84, Frankfurt-New York 1981

Kruse, S. / Kruse, U.: Gründungsboom bei den Betriebskrankenkassen (I): Beitragseinsparungen sprechen nicht für die Gründung neuer Betriebskrankenkassen, in: Arbeit und Sozialpolitik, 43. Jg., Heft 5/1989, S.128-131

Kruse, W.: Die Qualifikation der Arbeiterjugend, Frankfurt 1976

Küchenhoff, G.: Betriebsverfassungsgesetz, Münster 1954

Küchenhoff, G.: Das neue Kassenarztrecht, in: RdA, 8.Jg., 1955, S.413-421

Küchenhoff, G.: Die Freiheit der Zulassung zur kassenärztlichen Tätigkeit, in: RdA, 13.Jg., 1960, S.202-210, 241-246

Kühl, J.: Das Arbeitsförderungsgesetz (AFG) von 1969. Grundzüge seiner arbeitsmarkt- und beschäftigungspolitischen Konzeption, in: MittAB, 15.Jg., Heft 3/1982, S.251-260

Kühl, J.: Beschäftigungspolitische Wirkungen der Treuhandanstalt, in: WSI-Mitteilungen, 44.Jg., Heft 11/1991, S.682-686

Kühl, J. / Schaefer, R. / Wahse, J.: Beschäftigungsperspektiven von Treuhandunternehmen, in: MittAB, 24.Jg., Heft 3/1991, S.501-513

Kühl, J. / Schaefer, R. / Wahse, J.: Beschäftigungsperspektiven von Treuhandunternehmen und Ex-Treuhandfirmen im Oktober 1991, in: MittAB, 25.Jg., Heft 1/1992, S.32-50

Kühlewind, G.: Beschäftigung und Ausgliederung älterer Arbeitnehmer. Empirische Befunde zu Erwerbsbeteiligung, Rentenübergang, Vorruhestandsregelung und Arbeitslosigkeit, in: MittAB, 19.Jg., Heft 2/1986, S.209-232

Kühlewind, G. / Tessaring, M.: Argumente für und gegen eine beschäftigungsorientierte Bildungspolitik, Göttingen 1975

Kuhn, B.: Sozialunion in Europa, in: Aus Politik und Zeitgeschichte, B 3-4/1991, S.40-46

Kühn, H.: Betriebliche Arbeitsschutzpolitik und Interessenvertretung der Beschäftigten, Frankfurt-New York 1982

Kühn, H.: Soziale Sicherheit und angebotsorientierte Wirtschaftspolitik, in: WSI-Mitteilungen, 38. Jg., Heft 2/1985, S.94-102

Kühn, H.: Krankenhauspolitik im Zeitalter der Kostendämpfung (unveröffentlichtes Manuskript), Berlin 1988

Külp, B.: Der Einfluß von Schlichtungsformen auf Verlauf und Ergebnis von Tarif- und Schlichtungsverhandlungen, Berlin-München 1972

Külp, B. / Haas, H.-D. (Hrsg.): Soziale Probleme der modernen Industriegesellschaft (Schriften des Vereins für Socialpolitik, N.F. Bd.92/I und 92/II), Berlin 1977

Kunz, E.: Auswirkungen des Einigungsvertrages auf das Schwerbehindertenrecht, in: Behindertenrecht, 29.Jg., Heft 6/1990, S.160-161

Kunz, F.: Arbeitsrecht und Vereinigung der beiden deutschen Staaten, in: WSI-Mitteilungen, 43.Jg., Heft 5/1990, S.308-312

Kunze, O.: Mitbestimmung in der Wirtschaft und Eigentumsordnung, in: RdA, 25.Jg., 1972, S.257-269

Kuppe, J. L.: Der Außerordentliche Parteitag der SED, in: Deutschland-Archiv, 23.Jg., Heft 1/1990, S.52-58 (1990a)

Kuppe, J. L.: Modrow in Bonn, in: Deutschland-Archiv, 23.Jg., Heft 3/1990, S.337-340 (1990b)

Kurth, M.: Marktgerechte Mieten für Sozialwohnungen. Der Fehlbelegung ist allein durch Zinserhöhung nicht beizukommen, in: Arbeit und Sozialpolitik, 21 Jg., Heft 6/1967, S.170-175

Kurz-Scherf, I.: Arbeitszeit im Umbruch – Inventur des tariflichen Regelungsstandes, in: WSI-Mitteilungen, 40.Jg., Heft 12/1987, S.694-713

Kurz-Scherf, I.: Tarifpolitik und Arbeitskämpfe, in: M. Kittner (Hrsg.): Gewerkschaftsjahrbuch 1988, Köln 1988, S.69-118 (1988a)

Kurz-Scherf, I.: Tarifrunde 1987: Bilanz der Tarifbewegungen, in: WSI-Mitteilungen, 41.Jg., Heft 3/1988, S.133-150 (1988b)

Kurz-Scherf, I.: WSI-Tarifarchiv: Tarifbewegungen 1988, in: WSI-Mitteilungen, 42.Jg., Heft 3/1989, S.115-131

Kurzeja, D.: Jugendkriminalität und Verwahrlosung, Gießen 1973

Kusch, H. / **Lambert**, M. / **Winter**, H.: Erste Ergebnisse der Berufstätigenerhebung 1990 in den neuen Bundesländern, in: Wirtschaft und Statistik, Heft 12/1991, S.779-786

Lachmann, J.-P.: Das Treuhandgesetz, in: Deutsch-Deutsche Rechts-Zeitschrift, 1.Jg., Heft 7/1990, S.238-240

Lachmann, W.: Möglichkeiten und Grenzen ursachenadäquater Bekämpfung der Arbeitslosigkeit, in: Aus Politik und Zeitgeschichte, B 34-35/1991, S.36-46

Lambsdorff, O. Graf: Wohnungspolitik braucht endlich Umkehr. Grundzüge einer liberalen Wohnungspolitik, in: Gemeinnütziges Wohnungswesen, 34.Jg., Heft 12/1981, S.798-802

Lampert, H.: Sozialpolitik, Berlin-Heidelberg-New York 1980

Lampert, H.: Verfassung und Struktur der Märkte für Gesundheitsgüter als Problem und Aufgabenbereich der Gesundheitsökonomik, in: G. Gäfgen / H. Lampert (Hrsg.): Betrieb, Markt und Kontrolle im Gesundheitswesen (Beiträge zur Gesundheitsökonomie, Bd.3), Gerlingen 1982, S.267-310

Lampert, H.: Strukturfragen aus ordnungspolitischer Sicht: Gesundheitswesen und GKV in der Sozialordnung der Bundesrepublik Deutschland, in: WIdO (Hrsg.): Strukturfragen im Gesundheitswesen der Bundesrepublik Deutschland (WIdO-Materialien, Bd.21), Bonn 1983, S.65-108

Lampert, H.: Soziale Selbstverwaltung als ordnungspolitisches Prinzip staatlicher Sozialpolitik, in: H. Winterstein (Hrsg.): Selbstverwaltung als ordnungspolitisches Problem des Sozialstaates II (Schriften des Vereins für Socialpolitik, N.F. Bd.133/II), Berlin 1984, S.37-62

Lampert, H.: Lehrbuch der Sozialpolitik, Berlin-Heidelberg-New York-Tokyo 1985

Lampert, H.: Die Wirtschafts- und Sozialordnung der Bundesrepublik Deutschland (Geschichte und Staat, Bd.278), 10.Aufl., München 1990 (1990a)

Lampert, H.: Sozialpolitische Probleme der Umgestaltung in der DDR: Konsequenzen für die Deutschlandpolitik (hrsg. von der Jakob-Kaiser-Stiftung e.V.), Königswinter 1990 (1990b)

Lampert, H.: Sozialpolitische Aufgaben der Umgestaltung der Wirtschafts- und Sozialordnung der DDR, in: Aus Politik und Zeitgeschichte, B 33/1990, S.27-33 (1990c)

Lampert, H. (Hrsg.): Aktuelle Probleme der Gesundheitspolitik in der BRD (Schriften des Vereins für Socialpolitik, N.F. Bd.82), Berlin 1975 (1975a)

Lampert, H. (Hrsg.): Beiträge zur Sozialpolitik als Arbeitsmarktpolitik, Berlin 1975 (1975b)

Lampert, H. / **Kühlewind**, E. (Hrsg.): Das Sozialsystem in der Bundesrepublik Deutschland (Beiträge zur Arbeitsmarkt- und Berufsforschung, Bd.83), Nürnberg 1984

Langenberg, J. / **Meixner**, H.: Dreißig Jahre Sozialgesetzgebung in der Bundesrepublik Deutschland (Schriftenreihe der Bundeszentrale für politische Bildung, Sonderdruck), Bonn 1980

Lapp, P. J.: Ehemalige DDR-Blockparteien auf der Suche nach Profil und Glaubwürdigkeit, in: Deutschland-Archiv, 23.Jg., Heft 1/1990, S.62-68

Laterner, S. / **Schön**, B.: Jugendarbeitslosigkeit. Materialien und Analysen zu einem neuen Problem, Reinbek 1975

Lauf, U.: Die Sozialunion aus der Sicht der knappschaftlichen Krankenversicherung, in: Kompaß, 100.Jg., Heft 8/1990, S.415-418

Lauf, U.: Renten-Überleitungsgesetz ändert Krankenversicherungsrecht, in: Kompaß, 101.Jg., Heft 10/1991, S.549-553

Lauterbach, H. / **Wickenhagen**, E.: Die Kindergeldgesetzgebung. Kommentar, 2.Aufl., Köln-Berlin 1958

Laux, H.: Das Dritte Vermögensbildungsgesetz. Die Neuerungen des 624-DM-Gesetzes und ihre Auswirkungen, Heidelberg 1970

Laux, H.: Einkommensteuer und Sparförderung ab 1975, Heidelberg 1974

Laux, H.: Die marginale Belastung von Arbeitnehmereinkommen durch Steuern und Sozialabgaben im Jahre 1976, in: Der Betriebs-Berater, Heft 15/1976, S.690-693

Leber, W.: Konkurrierende Regionalkassen – ein Konzept zur Neuordnung des gegliederten Krankenkassensystems, in: Arbeit und Sozialpolitik, 42.Jg., Heft 10/1988, S.313-318

Leber, W.-D.: Organisationsreform der gesetzlichen Krankenversicherung im Rahmen einer deutschen Sozialunion, in: Arbeit und Sozialpolitik, 44.Jg., Heft 4/1990, S.128-134

Leciejewski, K.: Zur wirtschaftlichen Eingliederung der Aussiedler, in: Aus Politik und Zeitgeschichte, B 3/1990, S.52-62

Leibfried, S. / **Tennstedt**, F. (Hrsg.): Politik der Armut und die Spaltung des Sozialstaates, Frankfurt 1985

Leibfried, St.: Sieben Thesen zur »Deutsch-deutschen Sozialunion«, in: Zeitschrift für Sozialreform, 36.Jg., 1990, S.263-266

Leienbach, V.: Die Absicherung des Pflegerisikos. Status quo und Reformvorschläge. Tagungsbericht, in: Die Krankenversicherung, 43.Jg., Heft 5/1991, S.130-133

Leingärtner, K.: Die wichtigsten Leistungsverbesserungen des Rentenreformgesetzes, in: Soziale Sicherheit, 21.Jg., 1972, S.335-337, 368-370

Leingärtner, K.: Weiterhin ungleiche Anspruchsvoraussetzungen für Witwen- und Witwerrenten?, in: Soziale Sicherheit, 24.Jg., 1975, S.79-82

Lemberg, E. / **Edding**, F. (Hrsg.): Die Vertriebenen in Westdeutschland, 3 Bde., Kiel 1959

Leminsky, G.: Beziehungen zwischen Gewerkschaften und qualifizierter Mitbestimmung, in: WWI-Mitteilungen, 19.Jg., 1966, S.81-88

Leminsky, G.: Der Mitbestimmungsbericht der Regierungskommission, in: WWI-Mitteilungen, 23. Jg., 1970, S.220-227

Leminsky, G. / **Höhnen**, W.: Zur langfristigen Perspektive der Vermögenspolitik, in: WWI-Mitteilungen, 24.Jg., 1971, S.101-110

Leminsky, G. / **Otto**, B.: Politik und Pragmatik des Deutschen Gewerkschaftsbundes, Köln 1974

Lempp, R.: Bietet die Vereinigung der Bundesrepublik und der DDR eine Chance für eine Verbesserung der Sozialhilfe für Kinder und Jugendliche?, in: Zentralblatt für Jugendrecht, 77.Jg., Heft 6/1990, S.373-377

Lenk, E.: Die qualifizierte Mitbestimmung der Arbeitnehmer und ihre wirtschaftliche Problematik, Köln 1961

Leopold, D.: Die Selbstverwaltung in der Sozialversicherung, 3.Aufl., St. Augustin 1980

Lerche, P.: Verfassungsrechtliche Zentralfragen des Arbeitskampfes, Bad Homburg v.d.H. 1968

Leszcynski, D. von: Systeme der Arzthonorierung (Berichte des Deutschen Industrieinstituts zur Sozialpolitik, Nr.6), Köln 1970

Leven, K.: 40 Jahre Sozialstaat. Soziales Entschädigungsrecht ausgebaut, in: BArBl., 40.Jg., Heft 9/1989, S.5-11

Levi-Sandri, L.: Die Freizügigkeit der Arbeitnehmer in der Europäischen Gemeinschaft, in: Bulletin der Europäischen Gemeinschaften, Nr.11/1968, S.5-9

Leydhecker, E.G.: Das Sonderarbeitsrecht der Schwerbeschädigten, Heimkehrer, Heimarbeiter, Berlin/Frohnau-Neuwied 1953

Lichtenberg, H. (Hrsg.): Sozialpolitik in der EG, Baden-Baden 1986

Lindemann, K. / **Trenk-Hinterberger**, P.: Beratungshilfegesetz: Gesetz über Rechtsberatung und -vertretung für Bürger mit geringem Einkommen, München 1987

Linnenkohl, K.: Das Problem der Neugestaltung der Arbeitszeit aus arbeitsrechtlicher Sicht, in: O.R. Kissel (Hrsg.): Das Arbeitsrecht der Gegenwart, Bd.26, Berlin 1989, S.83-104

Litsch, M./Reichelt, H./Selke, G.W.: Die Auswirkungen der Arzneimittelfestbeträge (hrsg. vom WIdO), Bonn-Bad Godesberg 1990

Loeper, H. von: Ausweichstrategien, die in einem zweigeteilten Arzneimittelmarkt auftreten, lassen sich nur vermeiden, wenn im Prinzip alle Arzneimittel einer prozentualen Zuzahlung unterliegen, in: Die Krankenversicherung, 44.Jg., Heft 3/1992, S.77-80

Lohrmann, R./Manfrass, K. (Hrsg.): Ausländerbeschäftigung und internationale Politik. Zur Analyse transnationaler Sozialprozesse, München-Wien 1974

Loppusch, S.: Kommentar zum Betriebsrätegesetz, Düsseldorf 1948

Lörcher, K.: Die Normen der Internationalen Arbeitsorganisation und des Europarats: ihre Bedeutung für das Arbeitsrecht der Bundesrepublik, in: Arbeit und Recht, 39.Jg., Heft 4/1991, S.97-104

Lörler, S.: Sozialistischer Rechtsstaat – sozialistische Wirtschaftsordnung, in: Deutschland-Archiv, 23.Jg., Heft 1/1990, S.77-85

Löw, H.-P.: Das Arbeitsrecht der DDR nach der Sozialunion, in: Der Betriebs-Berater, Beilage zu Heft 18/1990, S.29-33

Löwisch, M.: Die Neutralitätsverpflichtung der Bundesanstalt für Arbeit (BfA) bei Arbeitskämpfen (§ 116 AFG), in: RdA, 25.Jg., 1972, S.73-80

Löwisch, M.: Das Gesetz zur Sicherung der Neutralität der Bundesanstalt für Arbeit in Arbeitskämpfen, in: Neue Zeitschrift für Arbeits- und Sozialrecht, 3.Jg., Heft 11/1986, S.345-376

Löwisch, M.: Neuorientierung des Arbeitsrechts, in: B. Baron von Maydell/W. Kannengießer (Hrsg.): Handbuch Sozialpolitik, Pfullingen 1988, S.404-411

Löwisch, M.: Taschenkommentar zum Betriebsverfassungsgesetz, 2. neubearb. Aufl., Heidelberg 1989

Löwisch, M.: Die Entwürfe eines Gesetzes zum Ausbau und zur Änderung der betrieblichen Mitbestimmung. Stellungnahme für die öffentliche Sachverständigenanhörung durch den Bundestagsausschuß für Arbeit und Sozialordnung am 7. März 1990 in Bonn, Freiburg 1990

Lubecki, P.: Kassenärztliche Versorgung bei steigenden Arztzahlen. Neue Steuerungsinstrumente, in: Die Ortskrankenkasse, 68.Jg., Heft 21/1986, S.633-636

Lubecki, P.: Zulassungsbeschränkungen für Kassenärzte. Ein Baustein für die Strukturreform des Gesundheitswesens, in: Die Ortskrankenkasse, 69.Jg., Heft 7/1987, S.194-196

Luber, F.: Bundessozialhilfegesetz. Kommentar in Loseblatt-Form, München 1961 ff.

Lücking, K.: Anpassung von Betriebsrenten, in: Soziale Sicherheit, 26.Jg., 1977, S.366-370

Ludwig-Sievers-Stiftung u.a. (Hrsg.): Gesundheitspolitik zwischen Staat und Selbstverwaltung. Zur Ordnungspolitik des Gesundheitswesens, Köln 1982

Lukes, R.: Vom Arbeitnehmerschutz zum Verbraucherschutz – Überlegungen zum Maschinenschutzgesetz, in: RdA, 22.Jg., 1969, S.220-223

Lund, H.: Die Änderung der Verordnung zur Durchführung des Tarifvertragsgesetzes, in: Der Betrieb, Heft 12/1989, S.626-630

Lünendonk, H.: Entwurf eines Gesetzes über die Alterssicherung der Landwirte, in: Die Sozialversicherung, 11.Jg., Heft 9/1956, S.253-254

Luttosch, G./Schlabrendorff, F. von: DDR-Reformgesetzgebung vom 9. 11. 1989 bis 18. 3. 1990, in: Deutsch-Deutsche Rechts-Zeitschrift, 1.Jg., Heft 2-3/1990, S.60-68

Lutz, B./Sengenberger, W.: Arbeitsmarktstrukturen und öffentliche Arbeitsmarktpolitik. Eine kritische Analyse von Zielen und Instrumenten, Göttingen 1974

Mackenroth, G.: Die Reform der Sozialpolitik durch einen deutschen Sozialplan (Schriften des Vereins für Sozialpolitik, N.F. Bd.4), Berlin 1952, S.39-76

Mackscheidt, K.: Finanzierung der Arbeitslosigkeit in: Aus Politik und Zeitgeschichte, B 34-35/1991, S.26-35

Mähler, K.: Das neue Recht der Rentenversicherung – Kritische Betrachtung des Rentenversicherungs-Änderungsgesetzes, in: Arbeit und Sozialpolitik, 19.Jg., Heft 6/1965, S.205-207, Heft 7/1965, S.226-232

Mahnke, H. H.: Vertragsgemeinschaft, konföderative Strukturen und Föderation, in: Recht in Ost und West, 34.Jg., Heft 3/1990, S.133-140

Majer, D.: Die Überprüfung von Richtern und Staatsanwälten in der ehemaligen DDR, in: Zeitschrift für Rechtspolitik, 24.Jg., Heft 5/1991, S.171-179

Malarski, R.: Frauen – Verlierer der Einigung?, (Friedrich-Ebert-Stiftung, Abteilung Außenpolitik- und DDR-Forschung), Bonn 1990

Manfrass, K.: Die Beziehungen zwischen der Bundesrepublik und den einzelnen Herkunftsländern im Zeichen der Arbeitskräftewanderung. Das Entstehen neuer Beziehungsstrukturen im staatlichen und gesellschaftlichen Bereich, in: R. Lohrmann / K. Manfrass (Hrsg.): Ausländerbeschäftigung und internationale Politik. Zur Analyse transnationaler Sozialprozesse, München-Wien 1974, S.255-334

Männer, L.: Der Organisationstyp Gesetzliche Krankenversicherung: Merkmale der Finanzierungs-, Allokations-, Produktions- und Distributionsebene, in: G. Neubauer (Hrsg.:) Alternativen der Steuerung des Gesundheitswesens im Rahmen einer Sozialen Marktwirtschaft (Beiträge zur Gesundheitsökonomie, Bd.13), Gerlingen 1984, S.161-197

Mantzke, M.: Eine Republik auf Abruf: die DDR nach den Wahlen vom 18. März 1990, in: Europa-Archiv, 45.Jg., Heft 8/1990, S.287-292

Marburger, H.: Die Neuregelung der Krankenversicherung der Rentner, in: RdA, 32.Jg., 1979, S.154-158

Martin, R.: Vor der Urwahl: Beobachtungen im DDR-Wahlkampf, in: Evangelische Kommentare, 23.Jg., Heft 4/1990, S.212-213

Masberg, D. / **Pintz**, P.: Die Sozialpolitik der Europäischen Gemeinschaft, in: M. von Hauff u.a. (Hrsg.): Internationale Sozialpolitik, Stuttgart 1982, S.51-74

Maschler, E.: Das Kindergeldrecht, Köln-Berlin-Bonn-München 1974

Maschmann, F.: Der Arbeitgeberbeitrag zur Gesetzlichen Pflegeversicherung – eine verfassungswidrige Fremdlast, in: Die Sozialgerichtsbarkeit, 38.Jg., Heft 8/1991, S.300-306

Maskow, D. / **Hoffmann**, J.: Rechtsfragen der Privatisierung in den ostdeutschen Bundesländern, in: Der Betriebs-Berater, Beilage zu Heft 35-36/1990, S.1-10

Matthöfer, H.: Humanisierung der Arbeit und Produktivität in der Industriegesellschaft, Köln 1977

Matthöfer, H.: Humanisierung der Arbeit als Aufgabe der Forschungspolitik, in: Soziale Sicherheit, 27.Jg., 1978, S.1-4

Matthöfer, H.: Zur Rolle der Finanzpolitik in der Wirtschafts- und Gesellschaftspolitik, in: D.B. Simmert (Hrsg.): Wirtschaftspolitik – kontrovers (Schriftenreihe der Bundeszentrale für politische Bildung, Bd.146), Bonn 1979, S.277-302

Matzke, H.: Die Neuregelung der Beziehungen der Krankenkassen zu Ärzten, Zahnärzten und Krankenhäusern seit dem 1. Januar 1977, in: Die Sozialgerichtsbarkeit, 25.Jg., Heft 3/1978, S.89-96

Maunz, Th. / **Schraft**, H.: Die Sozialversicherung und ihre Selbstverwaltung, Loseblattkommentar, 10 Bde., Berlin 1975

Maunz, Th. / **Schraft**, H. (Hrsg.): Die sozialpolitische Gesetzgebung der Bundesrepublik auf dem Gebiete der Sozialversicherung 1950-1960 mit Zahlenspiegel über Entwicklung und Stand, Bielefeld 1961

Maus, W.: Lohnfortzahlungsgesetz. Textausgabe mit Kurzerläuterungen, Baden-Baden 1969

Maus, W.: Kommentar zum Kündigungsschutzgesetz, Baden-Baden 1973

Maydell, B. Baron von: Das Arbeitsförderungsgesetz und die dazugehörenden Nebengesetze in der sozialgerichtlichen Rechtsprechung und Literatur, in: G.Wannagat (Hrsg.): Jahrbuch des Sozialrechts der Gegenwart 1986, Bd.8, Berlin 1986, S.213-238 (1986b)

Maydell, B. Baron von: Sozialstaatsgrundsatz, in: B. Baron von Maydell (Hrsg.): Lexikon des Rechts. Sozialrecht, Neuwied-Darmstadt 1986, S.361-365 (1986c)

Maydell, B. Baron von: Sozialgesetzbuch, in: B. Baron von Maydell (Hrsg.): Lexikon des Rechts. Sozialrecht, Neuwied-Darmstadt 1986, S.303-308 (1986d)

Maydell, B. Baron von: Auf dem Wege zu einer einheitlichen deutschen Sozialordnung, in: Zeitschrift für Sozialreform, 36.Jg., 1990, S.515-528 (1990a)

Maydell, B. Baron von: Die Rentenversicherung auf dem Wege zur deutschen Einigung, in: Die Rentenversicherung, 31.Jg., Heft 7/1990, S.387-396 (1990b)

Maydell, B. Baron von: Pflegefallabsicherung. Dringender Handlungsbedarf gegeben, in: Gesellschaftspolitische Kommentare, 32.Jg., Sonderausgabe 2/1991, S.119-122

Maydell, B. Baron von (Hrsg.): Lexikon des Rechts. Sozialrecht, Neuwied-Darmstadt 1986 (1986a)

Maydell, B. Baron von / **Kannengießer**, W. (Hrsg.): Handbuch Sozialpolitik, Pfullingen 1988

Maydell, B. Baron von / **Ruland**, F. (Hrsg.): Sozialrechtshandbuch (SRH), Neuwied-Darmstadt 1988

Mayntz, R. / **Scharpf**, F.W. (Hrsg.): Planungsorganisation. Die Diskussion um die Reform von Regierung und Verwaltung des Bundes, München 1973

Meenzen, H.: Die Beamtenpension als Vorbild. Wie die Zusatzversorgungen die Lücke schließen, in: Arbeit und Sozialpolitik, 20.Jg., Heft 7-8/1966, S.198-201

Meer, H. von der: Zu den Ergebnissen der ersten freien Wahlen für die Volkskammer, in: IPW-Berichte, 19.Jg., Heft 5/1990, S.43-45

Meilicke, H. / **Meilicke**, W.: Kommentar zum Mitbestimmungsgesetz 1976, 2.Aufl., Heidelberg 1976

Meinhardt, V. / **Zwiener**, R.: Vorruhestandsregelung sollte verlängert werden, in: DIW-Wochenbericht, 55.Jg., Nr.4 / 1988, S.41-49

Meinhold, H.: Wirtschaftliche Probleme der sozialen Sicherung, in: Sozialenquête – Soziale Sicherung in der Bundesrepublik Deutschland, Stuttgart-Berlin-Köln-Mainz 1966, Ziffern 404 ff., S. 141-162

Meinhold, H.: Ökonomische Probleme der sozialen Sicherheit, Tübingen 1978

Meisel, P.G.: Mutterschaftsurlaub, München 1979

Meisel, P.G. / **Hiersemann**, W.: Kommentar zur Arbeitszeitordnung, Berlin-Frankfurt 1970 [2. Aufl., 1977]

Melzner, W.: Zum Selbstverwaltungsrecht in der landwirtschaftlichen Sozialversicherung (LSV), in: SdL, 1981, S.21-59

Mendner, J.H.: Technologische Entwicklung und Arbeitsprozeß, Frankfurt 1975

Menger, C.F.: Der Begriff des sozialen Rechtsstaates im Bonner Grundgesetz, Tübingen 1953

Mergner, U. / **Osterland**, M. / **Pelte**, K.: Arbeitsbedingungen im Wandel (Schriftenreihe der Kommission für wirtschaftlichen und sozialen Wandel, Bd.70), Göttingen 1975

Merkl, P.H.: Die Entstehung der Bundesrepublik Deutschland, Stuttgart 1965

Metze, I.: Probleme der Ärztehonorierung und ihre Reform, in: H. Lampert (Hrsg.): Aktuelle Probleme der Gesundheitspolitik in der BRD (Schriften des Vereins für Socialpolitik, N.F. Bd.82), Berlin 1975, S.29-94

Metze, I.: Gesundheitspolitik. Ökonomische Instrumente zur Steuerung von Angebot und Nachfrage im Gesundheitswesen, Stuttgart-Berlin-Köln-Mainz 1982

Meyer, D.: Ordnungs- und sozialpolitische Aspekte einer Absicherung des Pflegefallrisikos, in: Wirtschaftsdienst, Heft 6/1989, S.299-306

Meyer, Th. / **Miller**, S. / **Rohlfes**, J. (Hrsg.): Geschichte der deutschen Arbeiterbewegung. Darstellung – Chronologien – Dokumente, Bd.1, 2 und 3, Bonn 1984

Meyer-Harter, R.: Die Stellung der Frau in der Sozialversicherung. Lageanalyse und Reformmöglichkeiten, Berlin 1974

Meyer-Stolte, K.: Zum Entwurf eines Bundeskindergeldgesetzes, in: FamRZ, 10.Jg., Heft 7/1963, S.321-326

Michaelis, K.: Neuordnung der Hinterbliebenenrenten in der gesetzlichen Rentenversicherung. Renten für Witwen und Witwer (hrsg. von der BfA), 3. Aufl., Berlin 1989

Michaelis, K.: Die gesetzliche Rentenversicherung in den neuen Bundesländern, in: Die Angestelltenversicherung, 39.Jg., Heft 5/1992, S.165-179

Michaelis, K. / **Reimann**, A.: Die gesetzliche Rentenversicherung im Staatsvertrag, in: Die Angestelltenversicherung, 37.Jg., Heft 7-8/1990, S.293-302 (1990a)

Michaelis, K. / **Reimann**, A.: Die gesetzliche Rentenversicherung im Einigungsvertrag, in: Die Angestelltenversicherung, 37.Jg., Heft 11/1990, S.417-426 (1990b)

Michaelis, K. / **Stephan**, R.-P.: Überleitung des Rentenrechts auf das Beitrittsgebiet, in: Die Angestelltenversicherung, 38.Jg., Heft 5/1991, S.149-160

Michas, J.: Arbeitsrecht in den neuen Bundesländern, München 1991

Michels, R.: Betriebs- und Haushaltshilfe in der landwirtschaftlichen Sozialversicherung, in: SdL, 1972, S.231-238

Michels, R.: Auswirkungen des 18. Rentenanpassungsgesetzes auf die Altershilfe für Landwirte, in: SdL, 1975, S.241-247

Miesbach, H.: Knappschaftsversicherung, in: HdSW, Bd.6, Stuttgart 1959, S.21-27

Miller, S.: Die SPD vor und nach Godesberg (Kleine Geschichte der SPD, Bd.2), 3. erw. Aufl., Bonn 1978

Ministerium für Soziales, Gesundheit und Umwelt Rheinland-Pfalz: Neue Hilfen für die Altenpflege – Entwurf eines Pflegehilfen-Neuregelungsgesetzes, Mainz 1985

Minister für Arbeit und Soziales der DDR: Konzeption zur aktiven Arbeitsmarktpolitik als Integration von Wirtschaftsförderung und Arbeitsförderung, Berlin, 29. Mai 1990

Mitzscherling, P.: Auf dem Wege zu einer »sozialistischen« Sozialpolitik? Die Anfänge der Sozialpolitik in der SBZ/DDR, in: R. Bartholomäi u.a. (Hrsg.): Sozialpolitik nach 1945. Geschichte und Analysen, Bonn-Bad Godesberg 1977, S.81-94

Mohnen, H.: Soziales Mietrecht, in: RdA, 16.Jg., 1963, S.292-297

Molitor, B.: Vermögensverteilung als wirtschaftspolitisches Problem, Tübingen 1965

Molitor, B.: Krankenhausfinanzierung – Krankenhausplanung, in: Soziale Sicherheit, 21.Jg., 1972, S.267-268

Molitor, B.: Zur Kostenerstattung übergehen. Plädoyer für marktwirtschaftliche Steuerungsinstrumente, in: Das Parlament, 37.Jg., Nr.11/1987, S.12

Molitor, B. / **Watrin**, Ch.: Grenzen des Sozialstaates in ökonomischer und ordnungspolitischer Sicht (Beiträge zur Wirtschafts- und Sozialpolitik des Instituts der deutschen Wirtschaft, Bd.12), Köln 1977

Molitor, E.: Personalvertretungsgesetz und Betriebsverfassungsgesetz, in: RdA, 8.Jg., 1955, S.404-408

Molitor, E.: Bundespersonalvertretungsgesetz vom 5. August 1955. Kommentar unter Berücksichtigung der Länderpersonalvertretungsgesetze, 2.Aufl., Berlin-Frankfurt 1958

Molitor, E.: Grundfragen des neuen Jugendarbeitsschutzgesetzes, in: RdA, 13.Jg., 1960, S.281-285

Molitor, E. / **Volmer**, B. / **Germelmann**, C.-H.: Jugendarbeitsschutzgesetz. Kommentar, 2.Aufl., München 1978

Möller, C.: Flexibilisierung – Eine Talfahrt in die Armut. Prekäre Arbeitsverhältnisse im Dienstleistungssektor, in: WSI-Mitteilungen, 41.Jg., Heft 8/1988, S.466-475

Möller-Lücking, N.: Arbeitskampf und Neutralitätspflicht der Bundesanstalt für Arbeit, in: Soziale Sicherheit, 21.Jg., 1972, S.13-14

Möller-Lücking, N.: Zur Novellierung des Schwerbehindertengesetzes und zur Wahl der Schwerbehindertenvertrauensleute, in: Soziale Sicherheit, 35.Jg., 1986, S.224-229

Möschel, W.: Wohnungswirtschaft in den fünf neuen Bundesländern, in: Deutsch-Deutsche Rechts-Zeitschrift, 2.Jg., Heft 3/1991, S.72-76

Mosdorf, S.: Die sozialpolitische Herausforderung. Wohlfahrtsstaatkritik, Neue Soziale Frage und die Zukunft der deutschen Sozialpolitik (Schriftenreihe der Otto Brenner Stiftung, Bd.16), Frankfurt 1980

Moser, T.: Jugendkriminalität und Gesellschaftsstruktur. Zum Verhältnis von soziologischen, psychologischen und psychoanalytischen Theorien des Verbrechens, Frankfurt 1975

Mosley, H. / **Auer**, P.: Die soziale Dimension des Europäischen Binnenmarktes, in: Internationale Chronik zur Arbeitsmarktpolitik, Nr.37/1989, S.3-6

Muhr, G.: Reform der sozialen Alterssicherung für die Frauen, in: Soziale Sicherheit, 25.Jg., 1976, S.193-200

Muhr, G.: Konsequenzen aus der Finanzlage der sozialen Rentenversicherung, in: Soziale Sicherheit, 26.Jg., 1977, S.1-4, 33-43

Muhr, G.: 25 Jahre Selbstverwaltung der Sozialversicherung – Rückblick und Ausblick, in: Soziale Si-cherheit, 27.Jg., 1978, S.161-166 (1978a)

Muhr, G.: Die Finanzsituation der sozialen Rentenversicherung und ihre Konsequenzen, in: Soziale Sicherheit, 27.Jg., 1978, S.129-137, 166-169 (1978b)

Muhr, G.: Von der Kostendämpfung zur Strukturreform im Gesundheitswesen, in: Soziale Sicherheit, 35.Jg., 1986, S.130-142

Müller, G.: Das neue Arbeitsgerichtsgesetz, in: RdA, 6.Jg., 1953, S.241-245

Müller, G.: Fragen zum Arbeitskampfrecht nach dem Beschluß des Großen Senats des Bundesarbeitsgerichts vom 21.April 1971, in: Gewerkschaftliche Monatshefte, 23.Jg., Heft 5/1972, S.273-286

Müller, G.: Arbeitskampf und Arbeitskampfrecht, insbesondere die Neutralität des Staates und verfahrensrechtliche Fragen (Gutachten, erstattet für den Bundesminister für Arbeit und Sozialordnung), Bonn 1985

Müller, G. / **Lehmann**, R.: Kommentar zum Mitbestimmungsgesetz Bergbau und Eisen, Heidelberg 1952

Müller, G. / **Seifert**, H.: Markt versus Staat, in: WSI-Mitteilungen, 38.Jg., Heft 5/1985, S.253

Müller, H.-W.: Zur Problematik der Rentenniveausicherung, in: Deutsche Rentenversicherung, 44.Jg., Heft 3/1973, S.144-156

Müller, H.-W.: Kostenaspekte der Rentenumwertung und der Kindererziehungszeiten im Beitrittsgebiet, in: Deutsche Rentenversicherung, 62.Jg., Heft 7/1991, S.451-467 (1991a)

Müller, H.-W.: Finanzstatistiken und finanzielle Vorausberechnungen für die Arbeiter- und die Angestelltenversicherung unter Berücksichtigung des Beitrittsgebietes, in: Deutsche Rentenversicherung, 62.Jg., Heft 8-9/1991, S.535-554 (1991b)

Müller, H.-W. / **Nowatzki**, J.: Abschätzung der finanziellen Auswirkungen der Reform der Hinterbliebenenrenten, in: Deutsche Rentenversicherung, 55.Jg., Heft 11/1984, S.677-693

Müller, H.: Die Neuordnung der Krankenhausfinanzierung – Eine zwingende Notwendigkeit der Gesundheitspolitik, in: Ch. von Ferber / U.E. Reinhardt / H. Schaefer / Th. Thiemeyer (Hrsg.): Kosten und Effizienz im Gesundheitswesen. Gedenkschrift für Ulrich Geißler (Soziologie und Sozialpolitik, Bd.4), München 1985, S.185-200

Müller, J.: Bei Heil- und Hilfsmitteln Wirtschaftlichkeit verbessert, in: BArBl., 40.Jg., Heft 4/1989, S.20-22

Müller, J.: Hilfsmittelversorgung in den fünf neuen Bundesländern – Konsequenzen des Einigungsvertrages, in: Die Betriebskrankenkasse, 79.Jg., 1991, S.12-17

Müller, J.: Bericht zur Beitragssatzentwicklung in der Gesetzlichen Krankenversicherung und zur Umsetzung der Empfehlungen der Konzertierten Aktion im Gesundheitswesen. Bilanz des Bundesministers für Gesundheit für die Jahre 1989 bis 1991, in: Die Krankenversicherung, 44.Jg., Heft 3/1992, S.87-90 (1992a)

Müller, J.: Finanzentwicklung der GKV 1991 – Unterschiedliche Trends in den alten und neuen Bundesländern, in: Die Ersatzkasse, 72.Jg., Heft 5/1992, S.175-179 (1992b)

Müller, J. / **Wasem**, J.: Kostenerstattung in der Gesetzlichen Krankenversicherung – Sozial- und gesundheitspolitisch vertretbare Alternative zum Sachleistungsprinzip?, in: Zeitschrift für Sozialreform, 33.Jg., 1987, S.300-315

Müller, K. u.a.: Arbeitsförderungsgesetz. Erläuterte Textausgabe, Loseblatt-Sammlung, Opladen 1969 (1969a)

Müller, K. u.a.: Berufsbildungsgesetz. Erläuterte Textausgabe, Loseblatt-Sammlung, Opladen 1969 (1969b)

Müller-Armack, A.: Wirtschaftslenkung und Marktwirtschaft, Hamburg 1947

Müller-Armack, A.: Soziale Marktwirtschaft, in: HdSW, Bd.9, Stuttgart 1956, S.390-392

Müller-Fahrnow, W.: Stationärer Rehabilitationsbedarf für das Gebiet der DDR in einem künftigen Deutschland. Eine Schätzung des kurzfristigen und mittelfristigen Bettenbedarfs, in: Die Angestelltenversicherung, 37.Jg., Heft 9/1990, S.345-358

Müller-Roschach, H.: Die deutsche Europapolitik 1949–1977. Eine politische Chronik (Europäische Schriften des Instituts für Europäische Politik, Bd.55), Bonn 1980

Münder; J.: Jugendhilferecht, in: B. Baron von Maydell / F. Ruland (Hrsg.). Sozialrechtshandbuch (SRH), Neuwied-Darmstadt 1988, S.987-1009

Mundorf, H.: Ein Instrument der Tarifnivellierung, in: Handelsblatt vom 15./16. April 1988

Mundorf, S.: Familienpolitik in der DDR und der Bundesrepublik: Daten und Maßnahmen im Vergleich, in: Familienpolitische Informationen, 29.Jg., Heft 3/1990, S.1-5

Münnich, F.E.: Gesundheit als Problem der Nationalökonomie, in: Arzt und Krankenhaus, Heft 9/1978, S.268-273

Münnich, F.E.: Eigenverantwortung als gesellschaftliches Organisationsprinzip. Alternativen und Modelle dargestellt am Beispiel der Gesetzlichen Krankenversicherung, in: Vierteljahresschrift für Sozialrecht, 3.Jg., 1981, S.197-220

Münnich, F.E.: Alternative Gestaltungsprinzipien für die gesundheitliche Sicherung der Bevölkerung und ihre Folgerungen, insbesondere im Hinblick auf die bestehende gesetzliche Krankenversicherung, in: Bundesminister für Arbeit und Sozialordnung (Hrsg.): Symposion Strukturreform der gesetzlichen Krankenversicherung, Bonn 1982, S.88-98

Münnich, F.E.: Ordnungspolitik im Gesundheitswesen. Mehr Markt, in: BArBl., 35.Jg., Heft 12/1984, S.8-11

Münstermann, E.: Der Fonds »Deutsche Einheit« und die Auswirkungen auf den kommunalen Finanzausgleich – am Beispiel Nordrhein-Westfalen, in: Der Gemeindehaushalt, 91.Jg., Heft 7/1990, S.145-149

Münzer, B.: Sozialversicherung: Optimismus in ostdeutscher Wirtschaft?, Föderalismus und Sozialversicherung, in: Arbeit und Sozialpolitik, 46.Jg., Heft 1-2/1992, S.26-27

Murmann, K.: Modell zur Pflegeversicherung, in: PDA Presse-Dienst, Nr.37, 13.5.1991

Murswieck, A.: Ende des Sozialstaats?, in: F. Grube/G. Richter (Hrsg.): Der SPD-Staat, München 1977, S.126-139

Muscheid, J.: Die Steuerpolitik in der Bundesrepublik Deutschland 1949-1982 (Volkswirtschaftliche Schriften, Heft 365), Berlin 1986

Muszynski, B.: Wirtschaftliche Mitbestimmung zwischen Konflikt- und Harmoniekonzeptionen. Theoretische Voraussetzungen, geschichtliche Grundlagen und Hauptprobleme der Mitbestimmungsdiskussion in der BRD, Meisenheim 1975

Naegele, G.: Verarmung durch Arbeitslosigkeit – Einige Anmerkungen zur aktuellen Armutsdiskussion, in: WSI-Mitteilungen, 32.Jg., Heft 12/1979, S.650-658

Naegele, G.: Die Situation in der Sozialhilfe 1983/85, in: Soziale Sicherheit, 34.Jg., 1985, S.196-201 (1985a)

Naegele, G.: Voran mit der familiären Pflege – Ein Weg zurück!, Neuere Praxis-Konzepte zur Beseiti-gung des Pflegenotstandes, in: WSI-Mitteilungen, 38.Jg., Heft 7/1985, S.394-403 (1985b)

Naegele, G. / **Voges**, W.: Die Umsetzung des Vorruhestandsgesetzes und seine beschäftigungspolitischen Auswirkungen, (unveröffentlichtes Manuskript), Augsburg 1988

Nagel, B.: Erosion der Mitbestimmung und EG-Kommissionsentwürfe zur Europa-AG, in: Arbeit und Recht, 38.Jg., Heft 7/1990, S.205-213

Nägele, S.: Die Schiedsstellen für Arbeitsrecht in der DDR, in: Der Betriebs-Berater, Beilage zu Heft 24/1990, S.19-24 (1990a)

Nägele, S.: Streikrecht und Aussperrung in der DDR: das neue Gewerkschaftsgesetz, in: Recht der internationalen Wirtschaft, 36.Jg., Heft 4/1990, Beilage 6, S.16-18 (1990b)

Nahnsen, I.: Die Gefährdung sozialpolitischer Gestaltungsspielräume durch die Diskreditierung sozialpolitischer Muster als SED-spezifisch, in: Sozialer Fortschritt, 41.Jg., Heft 1/1992, S.7-13

Naschold, F.: Kassenärzte und Krankenversicherungsreformen, Freiburg 1967

Naschold, F.: Zur Effizienz des medizinischen Versorgungssystems in der Bundesrepublik Deutschland, in: Die Ortskrankenkasse, 59.Jg., Heft 12/1977, S.459-462

Natzel, B.: Jugendarbeitsschutzgesetz mit Nebengesetzen. Handkommentar, Münster 1961

Natzel, B.: Neues Ausbildungsrecht – Das Ausbildungsplatzförderungsgesetz, in: RdA, 30.Jg., 1977, S.278-285

Natzel, B.: Neues Ausbildungsrecht – Ergänzungsgesetze zum Ausbildungsplatzförderungsgesetz, in: RdA, 32.Jg., 1979, S.148-150

Nees, A.: Sozialhilfe im Gebiet der neuen Bundesländer, in: Behindertenrecht, 29.Jg., Heft 6/1990, S.153-159

Neidert, A.: Die Situation der Selbständigen in der gesetzlichen Rentenversicherung der Bundesrepublik Deutschland, in: Deutsche Rentenversicherung, 61.Jg., Heft 7/1990, S.426-439

Neifer-Dichmann, E.: Investitionen haben jetzt Vorrang, in: Arbeitgeber, 42.Jg., Heft 16/1990, S. 621-622

Nettekoven, H.: Das Finanzänderungsgesetz und die knappschaftliche Rentenversicherung, in: Soziale Sicherheit, 17.Jg., 1968, S.111-114

Neubauer, G.: Konkurrenz der Steuerungssysteme in der gesetzlichen Krankenversicherung, in: Ph. Herder-Dorneich/H. Klages/H.-G. Schlotter (Hrsg.): Überwindung der Sozialstaatskrise, Baden-Baden 1984, S.149-168 (1984b)

Neubauer, G.: Notwendigkeit und Möglichkeiten von Reformen im Gesundheitsbereich – Bilanz und Perspektiven, in: H. Lampert/E. Kühlewind (Hrsg.): Das Sozialsystem in der Bundesrepublik Deutschland (Beiträge zur Arbeitsmarkt- und Berufsforschung, Bd.83), Nürnberg 1984, S.83-99 (1984c)

Neubauer, G.: Wahlen als Steuerungs- und Kontrollinstrument der gemeinsamen Selbstverwaltung, in: G. Gäfgen (Hrsg.): Ökonomie des Gesundheitswesens (Schriften des Vereins für Socialpolitik, N.F. Bd.159), Berlin 1986, S.223-240

Neubauer, G.: Staat, Verwaltung und Verbände. Entwicklung der Ordnungs- und Steuerungsstrukturen in der gesetzlichen Krankenversicherung, in: G. Gäfgen (Hrsg.): Neokorporatismus und Gesundheitswesen (Gesundheitsökonomische Beiträge, Bd.1), Baden-Baden 1988, S.91-112

Neubauer, G. (Hrsg.): Alternativen der Steuerung des Gesundheitswesens im Rahmen einer sozialen Marktwirtschaft (Beiträge zur Gesundheitsökonomie, Bd.13), Gerlingen 1984 (1984a)

Neubauer, G. / Maneval, H.: Ordnungspolitik im Gesundheitssektor in der sozialen Marktwirtschaft, in: Mensch, Medizin, Gesellschaft, Bd.7, Heft 3/1982, S.172-178

Neubauer, G. / Rebscher, H.: Gemeinsame Selbstverwaltung als Steuerungsinstrument der Gesundheitsversorgung, in: Die Ersatzkasse, 65.Jg., Heft 5/1985, S.178-182

Neubert, K.: Eingliederungshilfe nach dem Bundessozialhilfegesetz, im Rahmen der Kriegsopferfürsorge und nach dem Schwerbeschädigtengesetz, in: Soziale Sicherheit, 15.Jg., 1966, S.274-277, 305-308

Neuhaus, R. / Paquet, R. / Schräder, W.: Epidemiologische Transparenz und sozialmedizinischer Diskurs als Instrumente der Mengensteuerung in der Gesetzlichen Krankenversicherung am Beispiel der Krankenhausleistungen, in: WSI-Mitteilungen, 38.Jg., Heft 10/1985, S.607-613

Neumann, D.: Das Bundesurlaubsgesetz, in: RdA, 16.Jg., 1963, S.41-44

Neumann, D.: Beschäftigung Behinderter in Werkstätten für Behinderte, in: RdA, 34.Jg., 1981, S. 143-148

Neumann, L.F. / Schaper, K.: Die Sozialordnung der Bundesrepublik Deutschland, Bonn 1981

Neumann-Duesberg, H.: Das Bundesbeamtengesetz und das Arbeitsrecht des öffentlichen Dienstes, in: RdA, 6.Jg., 1953, S.361-369

Neumann-Duesberg, H.: Das Bundesvertriebenen- und Bundesevakuiertengesetz unter besonderer Berücksichtigung der arbeitsrechtlichen Probleme, in: RdA, 7.Jg., 1954, S.46-53

Neumann-Duesberg, H.: Betriebsverfassungsrecht. Ein Lehrbuch, Berlin 1960

Neumann-Duesberg, H.: Probleme des Betriebsverfassungsrechts, in: RdA, 15.Jg., 1962, S.404-410

Neumann-Duesberg, H.: Mitbestimmung in wirtschaftswissenschaftlicher Sicht, in: RdA, 17.Jg., 1964, S.132-136

Nicksch, H.-J.: Die Einführung des Berufsbeamtentums im Gebiet der früheren DDR nach dem Einigungsvertrag, in: Deutsch-Deutsche Rechts-Zeitschrift, 1.Jg., Heft 9/1990, S.340-344

Nicolay, W. / Knieps, F.: Krankenversicherung, in: B. Baron von Maydell / F. Ruland (Hrsg.): Sozialrechtshandbuch (SRH), Neuwied-Darmstadt 1988, S.612-681

Niedenhoff, H.-U.: Die Sprecherausschußwahlen 1990 – mit einem Situationsbericht von Bruno Drews (Beiträge zur Gesellschafts- und Bildungspolitik des Instituts der deutschen Wirtschaft, Bd.162), Köln 1991

Niehl, F.: Chancengleichheit ohne Chance?, Stuttgart 1975

Niemeyer, G.: Die wiederkehrenden Geldleistungen der landwirtschaftlichen Alterskasse unter Berücksichtigung des 17. und 18. Rentenanpassungsgesetzes, in: SdL, 1975, S.290-297

Niemeyer, W.: 40 Jahre Sozialstaat. Kernstück Rentenversicherung, in: BArBl., 40.Jg., Heft 6/1989, S.5-11

Niemeyer, W. / Otting, A.: Die sozialrechtliche Gesetzgebung 1986 und 1987, in: G. Wannagat (Hrsg.): Jahrbuch des Sozialrechts der Gegenwart 1988, Bd.10, Berlin 1988, S.21-36

Nierhaus, W.: DDR: Kaufkrafteffekte durch Währungsunion?, in: ifo-schnelldienst, 43.Jg., Nr.13/1990, S.24-26

Nikisch, A.: Arbeitsrecht, Bd.2: Koalitionsrecht, Arbeitskampfrecht und Tarifvertragsrecht, 2.Aufl., Tübingen 1959

Nikles, B.: Jugendpolitik in der Bundesrepublik Deutschland. Entwicklungen, Merkmale, Orientierungen, Opladen 1976

Nipperdey, H.C.: Das Tarifvertragsgesetz des Vereinigten Wirtschaftsgebietes, in: RdA, 2.Jg., 1949, S.81-89 (1949a)

Nipperdey, H.C.: Das Arbeitsrecht im Grundgesetz, in: RdA, 2.Jg., 1949, S.214-216 (1949b)

Nipperdey, H.C.: Die Ersatzansprüche für die Schäden, die durch den von den Gewerkschaften gegen das geplante Betriebsverfassungsgesetz geführten Zeitungsstreik vom 27.-29. Mai 1952 entstanden sind. Rechtsgutachten, Köln 1953

Nissel, R.: Fortgeltendes DDR-Recht nach dem Einigungsvertrag, in: Deutsch-Deutsche Rechts-Zeitschrift, 1.Jg., Heft 9/1990, S.330-333

Nitsche, A.: Das Beamtenversorgungsgesetz, in: Kompaß, 100.Jg., Heft 7/1990, S.379-381

Noell, K.: Die gesetzliche landwirtschaftliche Altershilfe, in: Die Krankenversicherung, 10.Jg., Heft 9/1958, S.222-226

Noell, K.: Fünfzehn Jahre Altershilfe für Landwirte, in: SdL, 1973, S.1-20

Noell, K.: Die sozialrechtlichen Maßnahmen zur Strukturverbesserung, 3. neu bearb. Aufl., Berlin 1974

Noell, K.: Grundlagen und System des landwirtschaftlichen Sozialrechts, in: SdL, 1978, S.76-100

Noell, K.: Die Altershilfe für Landwirte – mit Erläuterungen und Beispielen. 10. überarb. und erw. Aufl., Berlin 1983

Noell, K. / **Rüller**, C.: Die Altershilfe für Landwirte mit Erläuterungen und Beispielen. Dargestellt nach dem Gesetz über eine Altershilfe für Landwirte, 1.Aufl., Berlin 1957

Noell, K. u.a.: KVLG, 11. Aufl., 1987

Noetzel, M.: Die Berliner Sozialversicherung der Nachkriegsjahre, in: R. Bartholomäi u.a. (Hrsg.): Sozialpolitik nach 1945. Geschichte und Analysen, Bonn-Bad Godesberg 1977, S.37-55

Nohlen, D.: Europäischer Sozialfonds, in: W. Woyke (Hrsg.): Europäische Gemeinschaft. Problemfelder – Institutionen – Politik, München-Zürich 1984, S.336-337

Nolden, H.-W.: 2. Dezember 1990. Politische Perspektiven der ersten gesamtdeutschen Wahl (Beiträge zur Gesellschafts- und Bildungspolitik des Instituts der deutschen Wirtschaft, Bd.156), Köln 1990

Nord, D.: Abseits der Vernunft. Ideologie und Wirklichkeit der Festbeträge, München 1990

Nothelle, A.: Ehrenpensionen, in: Der Aktuelle Begriff, Nr.24/1991

Nöthlichs, M.: Das neue Arbeitssicherheitsgesetz, in: Soziale Sicherheit, 23.Jg., 1974, S.143-147

Nowak, M. / **Schaper**, K.: Reform der Selbstverwaltung in der Gesetzlichen Krankenversicherung (GKV), in: WSI-Mitteilungen, 34.Jg., Heft 5/1981, S.307-316

O.V.: Bizone: Entwurf eines Gesetzes betreffend Schlichtung von Arbeitsstreitigkeiten (Ergebnis der Beratungen zwischen Vertretern der Gewerkschaften und der Vereinigungen der Arbeitgeber vom 1.4.1949 in Bad Münster am Stein), in: RdA, 2.Jg., 1949, S.177-178

O.V.: Die Hattenheimer Entschließungen – mit einer Stellungnahme von A. Hueck, in: RdA, 3.Jg., 1950, S.63-67

O.V.: Zur Entstehungsgeschichte eines neuen Standes – Die Altersrentner nach 1957. Bericht über Trendbeobachtungen des Instituts für Demoskopie Allensbach, in: BArBl., 11.Jg., Heft 2/1960, S.66-67

O.V.: Verstärkte Hilfen für die Behinderten. Aktionsprogramm der Bundesregierung zur Förderung der Rehabilitation verkündet, in: BArBl., 21.Jg., Heft 5/1970, S.339-340

Oberender, P.: Mehr Wettbewerb im Gesundheitswesen. Zur Reform des Gesundheitswesens in der Bundesrepublik Deutschland, in: Jahrbuch für Sozialwissenschaft, Bd.31, Heft 1/1980, S.145-176

Oberender, P.: Ordnungspolitik im Arzneimittelbereich. Für Marktwirtschaft, in: BArBl., 35.Jg., Heft 12/1984, S.27-30

Oberender, P.: Möglichkeiten und sozialpolitische Grenzen einer Marktsteuerung der Gesundheitsnachfrage, in: F. Geigant / P. Oberender (Hrsg.): Möglichkeiten und Grenzen einer Marktsteuerung im Gesundheitswesen der Bundesrepublik Deutschland (Beiträge zur Gesundheitsökonomie, Bd.8), Gerlingen 1985, S.13-42

Oberender, P.: Reform des Gesundheitswesens durch Zulassung marktwirtschaftlicher Steuerungselemente: Diagnose und Therapie unter besonderer Berücksichtigung der gesetzlichen Krankenversicherung, in: Hamburger Jahrbuch für Wirtschafts- und Gesellschaftspolitik, 31.Jg., 1986, S. 177-199

Oberender, P. (Hrsg.): Gesundheitswesen im Umbruch?, Bayreuth 1987

Oberender, P. (Hrsg.): Neuorientierung im Gesundheitswesen (Schriften zur Gesundheitsökonomie, Bd.2), Bayreuth 1988

Oberhauser, A.: Finanzpolitik und private Vermögensbildung, Köln-Opladen 1963

Oberhauser, A.: Familienlastenausgleich, in: Handwörterbuch der Wirtschaftswissenschaft (HdWW), Bd.2, 1980, S.583-589

Oesingmann, U.: Auch nach Anwendung aller Vorschriften des GRG kann Beitragssatzstabilität in der GKV langfristig nicht erreicht werden, in: Die Krankenversicherung, 44.Jg., Heft 3/1992, S.65-67

Oestreicher, E.: Bundessozialhilfegesetz mit Recht der Kriegsopferfürsorge. Kommentar, München-Berlin 1962

Oeter, F.: Lohnfortzahlung und Objektivierung der Arbeitsunfähigkeit, in: Arbeit und Sozialpolitik, 20.Jg., Heft 3/1966, S.64-67

Oeter, F.: Die Lage der Familien in Deutschland-Ost und Deutschland-West, in: Orientierungen zur Wirtschafts- und Gesellschaftspolitik, Nr.3/1990, S.30-33

Oetker, H.: Geringfügige Beschäftigung des Vorruheständlers – Zugleich eine Erörterung zentraler Fragen des Vorruhestandsgesetzes, in: RdA, 39.Jg., 1986, S.295-307

Offe, C.: Berufsbildungsreform. Eine Fallstudie über Reformpolitik, Frankfurt 1975

Offe, C.: Opfer des Arbeitsmarktes. Zur Theorie der strukturierten Arbeitslosigkeit, Neuwied-Darmstadt 1977

Ohsmann, S. / Stolz, U.: Ergebnisse von Rentenumbewertung und -anpassung in den neuen Bundesländern, in: Die Angestelltenversicherung, 39.Jg., Heft 5/1992, S.180-185

Oldiges, F.-J.: Strukturreform im Gesundheitswesen. Reform auch der tragenden Elemente der Krankenversicherung?, in: Die Ortskrankenkasse, 69.Jg., Heft 6/1987, S.161-165 (1987a)

Oldiges, F.-J.: Zehn Jahre Kostendämpfung. Eine politische Bilanz, in: Die Ortskrankenkasse, 69. Jg., Heft 13/1987, S.373-378 (1987b)

Oldiges, F.-J.: Die Diskussion um die Organisationsreform, in: AOK-Bundesverband (Hrsg.): Lebendige Krankenversicherung. Forderungen der AOK zur Organisationsreform. Presseseminar, Bonn 1989, S.47-59

Oldiges, F.-J. / Picard, E.: Rehabilitation in der Krankenversicherung, in: Ch. von Ferber / U.E. Reinhardt / H. Schaefer / Th. Thiemeyer (Hrsg.): Kosten und Effizienz im Gesundheitswesen. Gedenkschrift für Ulrich Geißler (Soziologie und Sozialpolitik, Bd.4), München 1985, S.435-456

Oppen, M.: Auswirkungen der Krise auf den Krankenstand: Verändertes Arbeitsunfähigkeitsverhalten der Beschäftigten, in: Soziale Sicherheit, 33.Jg., 1984, S.46-50

Oppermann, L.: Die Wiedereinführung der Arbeitslosenversicherung, Rendsburg 1946

Orda, K.-H.: Im Vorfeld der Rentenreform, in: R. Bartholomäi u.a. (Hrsg.): Sozialpolitik nach 1945. Geschichte und Analysen, Bonn-Bad Godesberg 1977, S.95-107

Orde, B. am: Absicherung bei Pflegebedürftigkeit ja – aber wie?, Anmerkungen zur Diskussion über die verschiedenen Konzepte, in: Soziale Sicherheit, 40.Jg., 1991, S.117-120 (1991a)

Orde, B. am: Vom Sozialstaat in die Zweiklassengesellschaft?, Diskussionen um die Neuregelung bei Pflegebedürftigkeit – (k)ein Ende in Sicht, in: Soziale Sicherheit, 40.Jg., 1991, S.304-308 (1991b)

Orthbrandt, E.: Der Deutsche Verein in der Geschichte der deutschen Fürsorge. Zum hundertjährigen Bestehen des Deutschen Vereins, Frankfurt-Stuttgart 1980

Ortlepp, H.P.: Gesetz zur Verbesserung der betrieblichen Altersversorgung, Bergisch Gladbach 1975

Osterland, M. (Hrsg.): Arbeitssituation, Lebenslage und Konfliktpotential. Festschrift für Solms-Roedelheim, Köln-Frankfurt 1975

Ostermann, H.-J.: Verzichtbares Risiko?, in: BArBl., 40.Jg., Heft 2/1989, S.36-37

Ott, N. / Radtke, H. / Thiel, W. / Wagner, G.: Marktwirtschaftliche Möglichkeiten einer erziehungsfreundlichen Erwerbsarbeit in Deutschland, in: Sozialer Fortschritt, 39.Jg., Heft 7/1990, S.152-157

Otto, H.: Die Verteilung des Arbeitskampfrisikos und § 116 AFG 1986, in: RdA, 40.Jg., 1987, S.1-13

Otto, K.-A.: Kriegsopfer werden versorgt, in: BArBl., 41.Jg., Heft 12/1990, S.13-16 (1990a)

Otto, K.-A.: BVG in den neuen Bundesländern. Einführung per 1. Januar 1991 ein kühner Schritt – vergleichbar mit den Umständen im Jahre 1950, in: VdK-Mitteilungen, Nr.12/1990, S.8-26 (1990b)

Paasch, U.: Leiharbeit und private Ausbildungsstellenvermittlung. Die Neuregelungen durch das »Beschäftigungsförderungsgesetz 1985«, in: Soziale Sicherheit, 34.Jg., 1985, S.337-340

Paffrath, D. / Reiners, H.: 10 Jahre Kostendämpfungsgesetze. Eine empirische Bilanz, in: Die Ortskrankenkasse, 69.Jg., Heft 13/1987, S.369-372

Pankoke, E.: Sozialpolitik zwischen staatlicher Systematisierung und situativer Operationalisierung. Zur Problem- und Programmgeschichte sozialer Politik, in: Ch. von Ferber/F.-X. Kaufmann (Hrsg.): Soziologie und Sozialpolitik, Opladen 1977, S.76-97

Papier, H.-J.: Der Einfluß des Verfassungsrechts auf das Sozialrecht, in: B. Baron von Maydell/F. Ruland (Hrsg.): Sozialrechtshandbuch (SRH), Neuwied-Darmstadt 1988, S.114-150

Pappai, F.: Rente nach Mindesteinkommen, in: BArBl., 24.Jg., Heft 3-4/1973, S.147-151

Paque, K.-H.: Die soziale Dimension des EG-Binnenmarktes – Theorie, Bestandsaufnahme und Kritik, in: Die Weltwirtschaft, Heft 1/1989, S.112-123

Paquet, R.: Umverteilung und Wettbewerb in der gesetzlichen Krankenversicherung, Berlin 1987

Pascheck, W.: Zur Problematik der Versicherungspflicht in der gesetzlichen Rentenversicherung, Diss. Bonn 1968

Pauly, H.-J.: Generell erleichterte Widerrufsmöglichkeit bei Unterstützungskassenzusagen? Zum Beschluß des Bundesverfassungsgerichts vom 19.10.1983, in: RdA, 38.Jg., 1985, S.346-352

Pelikan, W.: Rentenreform 1972, München 1972

Pelzer, G.M.: Der Beitrag des Bundes zum Wohnungsbau für Aussiedler, in: Informationen zur Raumentwicklung, Heft 5/1989, S.359-367

Pergande, H.-G.: Bergarbeiterwohnungsbaugesetz, Kommentar, Hamburg 1952

Pergande, H.-G.: Mieterhöhungen – Wohngeld – Kündigungsrecht. Ein Leitfaden zum neuen Mietrecht in weißen und schwarzen Kreisen mit vielen Beispielen und Musterbriefen, 2.Aufl., Bonn 1966

Perl, A.: Neue Ausbildungsförderung ab 1. Juli 1970, in: Soziale Sicherheit, 19.Jg., 1970, S.145

Peruzzo, G.: International Labour Organisation, in: NJW, 34.Jg., Heft 10/1981, S.496-498

Peters, H.: Das Mutterschutzgesetz vom 24.1.1952. Kommentar, Lübeck 1953

Peters, H.: Das Kassenarztrecht, Bonn-Bad Godesberg 1955

Peters, H.: Die Geschichte der sozialen Versicherung [1.Aufl., 1955; 2.Aufl., 1973], 3.Aufl., St. Augustin 1978

Petwaidic-Fredericia, W.: Der Irrweg der Mitbestimmung, Stuttgart 1969

Petzold, H.J.: Jugend ohne Berufsperspektive, Weinheim-Basel 1976

Pfaff, M.: Strukturinstrumente in der GKV. Das Beispiel der Kostensteuerung, in: WIdO (Hrsg.): Strukturfragen im Gesundheitswesen der Bundesrepublik Deutschland (WIdO-Materialien, Bd. 21), Bonn 1983, S.133-180

Pfaff, M.: Reform der gesetzlichen Krankenversicherung. Ausgabensteuerung durch Wettbewerb oder Budgetierung, in: Arbeit und Sozialpolitik, 41.Jg., Heft 11/1987, S.298-308

Pfaff, M.: Kuriert das Gesundheits-Reformgesetz nur an Symptomen?, in: Arbeit und Sozialpolitik, 42.Jg., Heft 8/1988, S.247-249

Pfaff, M. / **Busch**, S.: Forderungen zur Strukturreform der Gesetzlichen Krankenversicherung im Überblick, in: Sozialer Fortschritt, 36.Jg., Heft 11/1987, S.245-258

Pfaff, M. / **Voigtländer**, H. (Hrsg.): Sozialpolitik im Wandel – von der selektiven zur integrierten Sozialpolitik, Bonn 1978

Pfarr, H.M.: Zur Kritik des Entwurfs eines Gesetzes über die Gleichbehandlung von Männern und Frauen am Arbeitsplatz, in: Blätter für Steuerrecht, Sozialversicherung und Arbeitsrecht, 35.Jg., Heft 2/1980, S.17-23

Pfarr, H.M.: Herausforderung und Konsequenzen von Frauenförderplänen. Referat. Vervielfältigtes Manuskript, Wiesbaden 1985

Pfeiffer, F.-G.: September '91 – Mieterhöhung und Betriebskostenumlage, in: Monatsschrift für Deutsches Recht, 45.Jg., Heft 8/1991, S.693-696

Pfeiffer, Th. / **Birkenfeld-Pfeiffer**, D.: Arbeitsrecht nach dem Einigungsvertrag, in: Deutsch-Deutsche Rechts-Zeitschrift, 1.Jg., Heft 9/1990, S.325-330

Pilz, F.: Das sozialstaatliche System der Bundesrepublik Deutschland. Grundzüge der Sozial- und Gesellschaftspolitik, München 1978

Pitz, K.H. (Hrsg.): Das Nein zur Vermögenspolitik, Reinbek 1974

Pohl, H. (Hrsg.): Entstehung und Entwicklung der sozialen Marktwirtschaft. Referate und Diskussionsbeiträge der öffentlichen Vortragsveranstaltung der Gesellschaft für Unternehmensgeschichte, Stuttgart 1986

Pohl, R. / **Thiemer**, A.: Realwirtschaftliche Voraussetzungen und monetäre Implikationen einer gesamtdeutschen Währungsunion, in: RWI-Mitteilungen, 41.Jg., Nr.1-2/1990, S.83-92

Pohlschröder, K.: Vermögensbildung durch Tarifvertrag und Gesetz. Die rechtliche Problematik des Investivlohns, Berlin 1966

Pohmer, D.: Die finanzpolitischen Fragen der Wirtschafts- und Währungsunion: was die DDR selbst leisten muß, wo die Bundesrepublik helfen sollte und wie das finanziert werden kann, in: Der Bürger im Staat, 40.Jg., Heft 2/1990, S.93-96

Polster, A.: Änderungen des Fremdrenten- und Auslandsrentenrechts durch das Gesetz zum Staatsvertrag, in: Deutsche Rentenversicherung, 61.Jg., Heft 8/1990, S.508-517

Polster, A.: Erneute Änderung des Fremdrentenrechts, in: Deutsche Rentenversicherung, 63.Jg., Heft 2-3/1992, S.165-174

Pompe, P.: Leistungen der sozialen Sicherheit bei Alter und Invalidität für Wanderarbeitnehmer nach Europäischem Gemeinschaftsrecht, Köln 1986

Ponschab, R. / **Czarnetzki**, A.: Das Verfahren vor den Schiedsstellen für Arbeitsrecht aus anwaltlicher Sicht, in: Der Betriebs-Berater, Beilage zu Heft 9/1991, S.22-24

Potthoff, E.: Zur Geschichte der Montan-Mitbestimmung, Köln 1955

Potthoff, E.: Der Kampf um die Montan-Mitbestimmung, Köln/Deutz 1957

Preuss, B.: Die soziale Sicherung landwirtschaftlicher Unternehmer im Rahmen der sozialen Sicherung der Selbständigen, in: Soziale Sicherheit, 28.Jg., 1979, S.325-336

Preuss, B.: Zweites Gesetz zur Verbesserung und Ergänzung sozialer Maßnahmen in der Landwirtschaft (Zweites Agrarsoziales Ergänzungsgesetz – 2. ASEG) vom 9. Juli 1980, in: SdL, 1980, S.354-373

Priewe, J.: Logik des Kahlschlags. Die Aufgaben der Treuhand-Anstalt sind unlösbar, in: Blätter für deutsche und internationale Politik, Heft 2/1991, S.208-215

Pröbsting, K.: Rechtliche Zweifelsfragen zum Dritten Vermögensbildungsgesetz, in: RdA, 25.Jg., 1972, S.217-225

Pröbsting, K.: Die Neunte Novelle zum Arbeitsförderungsgesetz. Änderungen im Leistungskatalog und Einführung einer Altersteilzeit, in: Der Betrieb, Heft 13/1989, S.678-682; Heft 14/1989, S.724-729

Pröbsting, K.: Arbeitsförderung in der DDR, in: Beilage Nr.7/90 zu Der Betrieb Nr.32/1990, S.3090-3092

PROGNOS: Gesamtwirtschaftliche Entwicklung und gesetzliche Rentenversicherung vor dem Hintergrund einer schrumpfenden Bevölkerung, Untersuchung im Auftrag des Verbandes Deutscher Rentenversicherungsträger, Basel 1987

Püttner, G.: Die Zukunft des öffentlichen Dienstes im vereinigten Deutschland, in: Die öffentliche Verwaltung, 44.Jg., Heft 8/1991, S.327-329

Raasch, S.: Mindestens die Hälfte aller Arbeits- und Ausbildungsplätze für Frauen?, in: WSI-Mitteilungen, 39.Jg., Heft 8/1986, S.575-582

Raasch, S.: Perspektiven für die Gleichberechtigung der Frau im EG-Binnenmarkt '92, in: Kritische Justiz, 23.Jg., Heft 1/1990, S.62-78

Rademacher, A.: Regelungen zur Mitbestimmung im Unternehmen. Rechtslage in der Bundesrepublik Deutschland und der Deutschen Demokratischen Republik, in: Der Betriebs-Berater, Beilage zu Heft 18/1990, S.33-37

Raehlmann, I.: Der Interessenstreit zwischen DGB und BDA um die Ausweitung der Mitbestimmung, Köln 1975

Rahn, M.: Die Vereinheitlichung des Rentenrechts durch das Renten-Überleitungsgesetz, in: Deutsch-Deutsche Rechts-Zeitschrift, 3.Jg., Heft 1/1992, S.1-6

Raiser, Th.: Paritätische Mitbestimmung in einer freiheitlichen Wirtschaftsordnung, in: P. Harbusch / D. Wiek (Hrsg.): Marktwirtschaft, Stuttgart 1975, S.261-278

Raiser, Th.: Mitbestimmungsgesetz. Kommentar, 2.Aufl., Berlin-New York 1984

Rajewsky, X.: Arbeitskampfrecht in der Bundesrepublik, 2.Aufl., Frankfurt 1972

Ramm, Th.: Das Koalitions- und Streikrecht der Beamten. Rechtsgutachten, Köln 1970

Raschke, U.: Interlokale und internationale Auswirkungen von Sozialunion und Einigungsvertrag in der gesetzlichen Unfallversicherung, in: Die BG, Heft 3/1991, S.153-163

Raupach, H.: Die Schlichtung von kollektiven Arbeitsstreitigkeiten und ihre Probleme, Berlin 1964

Rausch, R.: Die freigemeinnützigen Krankenhäuser in der Bundesrepublik Deutschland. Entwicklung, Lage, Leistungen und Zukunftsaussichten (Beiträge zur Gesundheitsökonomie, Bd.14), Gerlingen 1984

Rauschenbach, F. / **Maier**, K.: Was bringt und was kostet die Partnerrente?, in: Arbeit und Sozialpolitik, 29.Jg., Heft 7/1975, S.269-283

Rauschning, D.: Der deutsch-deutsche Staatsvertrag als Schritt zur Einheit Deutschlands, in: Aus Politik und Zeitgeschichte, B 33/1990, S.3-16

Rauterberg, E.: Verstärkte Prävention, in: BArBl., 40.Jg., Heft 4/1989, S.12-13

Rebscher, H.: Die Perspektive des Medizinischen Dienstes – Seine Einbindung in das System der GKV, in: Arbeit und Sozialpolitik, 43.Jg., Heft 8-9/1989, S.246-252

Recht, G.: Überlegungen im Bundesarbeitsministerium zum Rentenrecht und zur betrieblichen Altersversorgung, in: Betriebliche Altersversorgung, 45.Jg., Heft 8/1990, S.241-244

Reher, R. / **Reichelt**, H.: Arzneimittelfestbeträge. Lösungen für die Praxis (WIdO-Materialien, Bd. 32), Bonn 1989

Rehker, A.: Das Dritte Änderungsgesetz zum AVAVG, in: RdA, 14.Jg., 1961, S.194-197

Reichel, H.: Tarifvertragsrecht, 3.Aufl., Frankfurt 1977

Reichelt, G. / **Schlieper**, A.: Heimarbeitsgesetz, Düsseldorf 1951

Reichelt, H.: Die Preiskompensation der Pharmaindustrie (WIdO-mafes), Bonn 1989

Reichelt, H./ **Selke**, G.W.: Auswirkungen der Arzneimittelfestbeträge, in: U. Schwabe/D. Paffrath: Arzneimittelreport '90, Stuttgart-New York 1990, S.417-435

Reimann, A.: Zur Neuordnung des Rentenrechts in der DDR, in: Betriebliche Altersversorgung, 45.Jg., Heft 4/1990, S.125-130

Reimann, A.: Überführung der Zusatz- und Sonderversorgungssysteme der ehemaligen DDR in die bundesdeutsche Rentenversicherung, in: Betriebliche Altersversorgung, 47.Jg., Heft 1/1992, S.14-19

Reineck, W.: Modifizierung oder Abschaffung der geringfügigen Beschäftigungsverhältnisse – Ein aktueller Meinungsstreit, in: Deutsche Rentenversicherung, 63.Jg., Heft 2-3/1992, S.175-199

Reiners, E.: 1989/90: Regelungen und Regelungsvorhaben auf Bundesebene auf dem Gebiet des Dienst-, Besoldungs- und Versorgungsrechts (Nachtrag: Abschluß der 11. Legislaturperiode), in: Recht im Amt, 38.Jg., Heft 2/1991, S.53-62

Reiners, H.: Die Grenzen des Sachverstandes – Anmerkungen zum Jahresgutachten 1985/86 des Sachverständigenrates zur Begutachtung der gesamtwirtschaftlichen Entwicklung, in: Soziale Sicherheit, 35.Jg., 1986, S.49-52

Reiners, H.: Ordnungspolitik im Gesundheitswesen. Ausgangspunkte und Konzepte (WIdO-Materialien, Bd.30), Bonn 1987

Reiners, H.: Die stationäre Versorgung im Zeichen der einnahmeorientierten Ausgabenpolitik der Gesetzlichen Krankenversicherung – Zum Verhältnis von Krankenhaus und Krankenkasse (unveröffentlichtes Manuskript), Köln 1988

Reiners, H.: Die Webfehler unseres Gesundheitswesens. Konsequenz einer Dethematisierung der Gesundheitspolitik, in: Arbeit und Sozialpolitik, 42./43.Jg., Heft 12/1988-1/1989, S.394-397

Reiners, H.: Das Gesundheits-Reformgesetz – Ende der »Kostenexplosion« im Gesundheitswesen?, in: Arbeit und Sozialpolitik, 44.Jg., Heft 1/1990, S.39-42

Reiners, H.: Sozialversicherung: Die Organisationsreform der GKV – Eine unendliche Geschichte?, in: Arbeit und Sozialpolitik, 45.Jg., Heft 11-12/1991, S.26-32

Restle, D.: Aussiedlerintegration. Herausforderung und Chance, in: BArBl., 40.Jg., Heft 5/1989, S.25-28

Reß, W.: Kurzarbeitergeldregelungen werden überstrapaziert, in: Arbeitgeber, 44.Jg., Heft 4/1992, S.112-113

Ribas, J. J.: La politique sociale des Communautés Européennes, Paris 1979

Richardi, R.: Grenzen industrieller Sonntagsarbeit. Ein Rechtsgutachten, 1988 (1988a)

Richardi, R.: Die ultima-ratio-Regel als Prinzip des Arbeitskampfrechts, in: F. Gamillscheg / B. Rüthers / E. Stahlhacke (Hrsg.): Sozialpartnerschaft in der Bewährung, Festschrift für Karl Molitor zum 60. Geburtstag, München 1988, S.269-292 (1988b)

Richter, H.: Wie Haushalts- und Finanzwirtschaft auf Bedingungen föderativen Staatsaufbaus und sozialer Marktwirtschaft umstellen?, in: Finanzwirtschaft, 44.Jg., Heft 4/1990, S.4-6

Richter, I.: Ausbildungsförderung, in: B. Baron von Maydell / F. Ruland (Hrsg.): Sozialrechtshandbuch (SRH), Neuwied-Darmstadt 1988, S.1148-1177

Richter, W.: Die Wiederherstellung der Selbstverwaltung in der Sozialversicherung, in: RdA, 3.Jg., 1950, S.447-453

Riecke, J.: Wohnen in der DDR: jetzige Lage, Neuorientierungsvorschläge und Bewertung, in: Wohnungswirtschaft und Mietrecht, 43.Jg., Nr.5/1990, S.189-194

Riedel, H.: Jugendarbeitsschutzgesetz mit See-Jugendarbeitsschutzrecht, Hamburg-Berlin-Bonn 1961

Riedel, H.: Jugendwohlfahrtsrecht, 5.Aufl., München-Berlin 1962

Riedlbauer, E.: Die Betriebliche Altersversorgung – Ihre Eingliederung in ein Gesamtversorgungssystem in der Bundesrepublik Deutschland, Karlsruhe 1975

Rieger, K.: Sechstes Gesetz zur Änderung und Ergänzung des Gesetzes über eine Altershilfe für Landwirte, in: BArBl., 23.Jg., Heft 9/1972, S.497-499

Ries, R.: Eine bessere Verzahnung zwischen ambulanter und stationärer Versorgung ist nur im Gesetz- oder Verordnungswege zu erreichen, da die durch das GRG gegebene Möglichkeit gescheitert ist, in: Die Krankenversicherung, 44.Jg., Heft 3/1992, S.73-76

Rindt, M.: 40 Jahre Sozialstaat. Politik für Behinderte, in: BArBl., 40.Jg., Heft 5/1989, S.5-14

Rindt, M.: Einheit und Rehabilitation, in: BArBl., 41.Jg., Heft 12/1990, S.10-12 (1990a)

Rindt, M.: Deutsche Einigung und Rehabilitation. Lebensverhältnisse von gleich hoher Qualität in ganz Deutschland – Ziel und vordringliche Aufgabe, in: VdK-Mitteilungen, Nr.12/1990, S.20-26 (1990b)

Rindt, M.: Behindertenpolitik. Berufliche Eingliederung vordringlich, in: BArBl., 42.Jg., Heft 10/1991, S.3-8

Rische, H.: Bedeutung des Renten-Überleitungsgesetzes für die Rentenversicherung im geeinten Deutschland, in: Die Angestelltenversicherung, 38.Jg., Heft 7-8/1991, S.229-233

Ritzmann, G.: Zur Reform der Arbeitsgerichtsbarkeit, in: RdA, 10.Jg., 1957, S.320-322

Rohrbach, W. / **Roehrbein**, E. / **Meyrich**, C.: Zum Problem der Realisierbarkeit der Vorschläge der Rothenfelser Denkschrift über »Die Neuordnung der sozialen Leistungen«, Berlin 1955

Rohs, H. / **Hartmann**, G.: Grundsätze und Formen betrieblicher Altersversorgung, Düsseldorf 1951

Rohwer-Kahlmann, H.: Die Ausgleichsabgabe bei Nichtbeschäftigung von Schwerbeschädigten, in: RdA, 6.Jg., 1953, S.57-59 (1953a)

Rohwer-Kahlmann, H.: Die Beschäftigungspflicht nach dem neuen Schwerbeschädigtengesetz, in: RdA, 6.Jg., 1953, S.369-371 (1953b)

Rohwer-Kahlmann, H. / **Mann**, M.: Schwerbeschädigtengesetz, Kommentar und Rechtsprechung, München 1953

Röpke, Th. / **Lenz**, M.: Bedarfsplanung im Gesundheitswesen. Rückblick auf eine unzureichend regionalisierte Fachplanung, in: Informationen zur Raumentwicklung, Heft 3-4/1985, S.245-254

Röpke, W.: Jenseits von Angebot und Nachfrage, 5.Aufl., Bern-Stuttgart 1979

Roppel, U.: Gesamtwirtschaftliche Größenordnung und Entwicklungsperspektiven des Wohlstandsgefälles zwischen Ost- und Westdeutschland, in: Arbeit und Sozialpolitik, 44.Jg., Heft 11-12/1990, S.378-388

Rosenbaum, H.: Familie als Gegenstruktur zur Gesellschaft. Kritik grundlegender theoretischer Ansätze der westdeutschen Familiensoziologie, Stuttgart 1973

Rosenberg, L.: Die deutschen Gewerkschaften, in: RdA, 1.Jg., 1948, S.123-126

Rosenberg, P.: Möglichkeiten und Grenzen eines Sozialbudgets, in: Soziale Sicherheit, 18.Jg., 1969, S.97-100 (1969a)

Rosenberg, P.: Das erste Sozialbudget der Bundesregierung, in: Soziale Sicherheit, 18.Jg., 1969, S. 134-137, 163-165 (1969b)

Rosenberg, P.: Betriebliche Altersversorgung aus gewerkschaftlicher Sicht, in: Soziale Sicherheit, 22.Jg., 1973, S.290-294

Rosenberg, P.: Gesundheitsökonomische Aspekte der Vergütungspolitik, in: Die Ortskrankenkasse, 61.Jg., Heft 4/1979, S.121-124

Rosenbrock, R.: Arbeitsmediziner und Sicherheitsexperten im Betrieb, Frankfurt-New York 1982

Rosenbrock, R.: Gesundheitssicherung durch Krankenkassenpolitik?, Thesen zur Strukturreform der Gesetzlichen Krankenversicherung (unveröffentlichtes Manuskript), Berlin 1988

Rosenbrock, R. / **Hauß**, F.: Krankenkassen und Prävention (Wissenschaftszentrum Berlin, Internationales Institut für Vergleichende Gesellschaftsforschung, Arbeitspolitik), Berlin 1985

Roth, D.: Die Wahlen zur Volkskammer in der DDR: der Versuch einer Erklärung, in: Politische Vierteljahresschrift, 31 Jg., Heft 3/1990, S.369-393

Rüb, F.W.: Entwicklungstendenzen des Rentenrechts in der ökonomischen Krise, in: Kritische Justiz, 21 Jg., Heft 4/1988, S.377-402

Rübsteck, R.: Neuregelung der Zusatzversorgung im öffentlichen Dienst. Beamtenähnliche Gesamtversorgung auch für Angestellte und Arbeiter, in: Soziale Sicherheit, 14 Jg., 1965, S.147-148

Rudzio, W.: Die ausgebliebene Sozialisierung an Rhein und Ruhr. Zur Sozialisierungspolitik von Labour-Regierung und SPD 1945-1948, in: Archiv für Sozialgeschichte, Bd. XVIII, 1978, S.1-39

Ruf, Th.: Das neue Recht der Rentenversicherung, in: Arbeit und Sozialpolitik, 22 Jg., Heft 2/1968, S.42-45

Ruf, Th.: Zur Geschichte der Vermögenspolitik nach dem Krieg, in: R. Bartholomäi u.a. (Hrsg.): Sozialpolitik nach 1945. Geschichte und Analysen, Bonn-Bad-Godesberg 1977, S.427-440

Ruf, Th.: Gesundheitsreformgesetz – ein Schritt in die richtige Richtung, in: Die Sozialversicherung, 45 Jg., Heft 2/1990, S.42-46 (1990a)

Ruf, Th.: Soziale Sicherung in der DDR und in der Bundesrepublik Deutschland, in: Die Sozialversicherung, 45 Jg., Heft 5/1990, S.113-117 (1990b)

Ruf, Th.: Kostenerstattungs- oder Sachleistungssystem in der gesetzlichen Krankenversicherung, in: Die Sozialversicherung, 47 Jg., Heft 4/1992, S.101-103 (1992a)

Ruf, Th.: Umlage- oder Kapitaldeckungsverfahren bei der Pflegeversicherung. Ökonomen melden sich zu Wort, in: Arbeit und Sozialpolitik, 46 Jg., Heft 3-4/1992, S.29-33 (1992b)

Rüfner, W.: Das Sozialrecht in der Rechtsprechung des Bundesverfassungsgerichts, in: G. Wannagat (Hrsg.): Jahrbuch des Sozialrechts der Gegenwart 1988, Bd.10, Berlin 1988, S.37-57

Rüfner, W.: Das Gesetz zur Strukturreform im Gesundheitswesen (Gesundheits-Reformgesetz), in: NJW, 42 Jg., Heft 16/1989, S.1001-1012

Ruland, F.: Möglichkeiten und Grenzen einer Annäherung der Beamtenversorgung an die gesetzliche Rentenversicherung. Zu den verfassungsrechtlichen Vorgaben der Versorgung der Beamten. Rechtsgutachten, in: Sachverständigenkommission Alterssicherungssysteme: Anlageband B zum Gutachten der Sachverständigenkommission, Stuttgart-Berlin-Köln-Mainz 1983

Ruland, F.: Rentenversicherung, in: B. Baron von Maydell / F. Ruland (Hrsg.): Sozialrechtshandbuch (SRH), Neuwied-Darmstadt 1988, S.733-828 (1988a)

Ruland, F.: Die Beamtenversorgung, in: B. Baron von Maydell / W. Kannengießer (Hrsg.): Handbuch Sozialpolitik, Pfullingen 1988, S.326-341 (1988b)

Ruland, F.: Reform der Alterssicherung, in: Zeitschrift für Rechtspolitik, 22 Jg., Heft 10/1989, S. 377-383

Ruland, F.: Auswirkungen des Staatsvertrages auf die gesetzliche Rentenversicherung, in: Deutsche Rentenversicherung, 61. Jg., Heft 8/1990, S.455-467 (1990a)

Ruland, F.: Auswirkungen des Staatsvertrages auf die gesetzliche Rentenversicherung, in: Deutsch-Deutsche Rechts-Zeitschrift, 1 Jg., Heft 5/1990, S.159-166 (1990b)

Ruland, F.: Soziale Sicherung in Deutschland – Gesetzliche Rentenversicherung, in: Nachrichtendienst des Deutschen Vereins für öffentliche und private Fürsorge, 70 Jg., 1990, S.158 ff. (1990c)

Ruland, F.: Die Rentenversicherung in den neuen Bundesländern, in: Betriebliche Altersversorgung, 46 Jg., Heft 4/1991, S.81-86 (1991a)

Ruland, F.: Die Herstellung der Rechtseinheit in der gesetzlichen Rentenversicherung – Zum »Renten-Überleitungsgesetz«, in: Deutsche Rentenversicherung, 62 Jg., Heft 8-9/1991, S.518-534 (1991b)

Ruland, F.: Soziale Grundsicherung im Beitrittsgebiet – Modell für eine gesamtdeutsche Sozialordnung, in: Deutsche Rentenversicherung, 62 Jg., Heft 6/1991, S.365-380 (1991c)

Ruland, F.: Reform der sozialen Sicherung der Frau. Analyse des Ist-Zustandes und Bericht über die noch in der Diskussion befindlichen Lösungsvorschläge, in: Deutsche Rentenversicherung, 63 Jg., Heft 2-3/1992, S.68-105

Rummel, R.: Soziale Politik für Europa. Ein integrationspolitisches Konzept (Europäische Schriften des Instituts für Europäische Politik, Bd.38), Bonn 1975

Ruppert, F. / **Kraegeloh**, W.: Das Recht der öffentlichen Fürsorge. Textsammlung mit ergänzenden Anmerkungen, Köln-Berlin 1953

Russ, D.: Die Sozialversicherung im Spannungsfeld umfassender sozialer Sicherheit und volkswirtschaftlicher Leistungsfähigkeit, Diss. Berlin 1975

Rüter, G.: Die Krankenhausplanung aus ordnungspolitischer Sicht, in: P. Oberender (Hrsg.): Neuorientierung im Gesundheitswesen (Schriften zur Gesundheitsökonomie, Bd.2), Bayreuth 1988, S.109-118

Rüthers, B.: Streik und Verfassung, Köln 1960

Rüthers, B.: Richterrecht als Methoden- und Verfassungsproblem, in: F. Gamillscheg / B. Rüthers / E. Stahlhacke (Hrsg.): Sozialpartnerschaft in der Bewährung, Festschrift für Karl Molitor zum 60. Geburtstag, München 1988, S.293-307

Sabel, A.: Das Personalvertretungsgesetz, in: RdA, 8.Jg., 1955, S.328-331

Sabel, H.-J.: Die neue Mutterschaftshilfe nach der RVO, in: Soziale Sicherheit, 14.Jg., 1965, S.364-365

Sabel, L.: Krankheit – ein versicherbares Wagnis?, in: Deutsche Versicherungszeitschrift, 1955, S.81-84

Sachverständigenkommission Alterssicherungssysteme: Vergleich der Alterssicherungssysteme und Empfehlungen der Kommission. Gutachten der Sachverständigenkommission, Berichtsband 1, hrsg. vom Bundesminister für Arbeit und Sozialordnung, Bonn 1983 (1983a)

Sachverständigenkommission Alterssicherungssysteme: Möglichkeiten und Grenzen einer Annäherung der Beamtenversorgung an die gesetzliche Rentenversicherung. Anlageband B zum Gutachten der Sachverständigenkommission, hrsg. vom Bundesminister für Arbeit und Sozialordnung, Stuttgart-Berlin-Köln-Mainz 1983 (1983b)

Sachverständigenkommission für die soziale Sicherung der Frau und der Hinterbliebenen: Gutachten, Bonn 1979

Sachverständigenrat (SVR): Zur Unterstützung der Wirtschaftsreform in der DDR: Voraussetzungen und Möglichkeiten. Sondergutachten vom 20. Januar 1990, in: Jahresgutachten 1990/1991 vom 15. November 1990 [BT-Drs.11/8472], S.276-305

Sachverständigenrat (SVR): Marktwirtschaftlichen Kurs halten. Zur Wirtschaftspolitik für die neuen Bundesländer. Sondergutachten vom 13. April 1991, in: Jahresgutachten 1991/1992 vom 18. November 1991 [BT-Drs.12/1618], S.251-267

Sadowski, D.: Zur Möglichkeit und Angemessenheit einer staatlichen Ausbildungsplatzförderungspolitik, Disskussionspapier, Bonn 1979

Saekel, R.: Ordnungspolitische Reformen im Gesundheitswesen, in: Die Sozialversicherung, 40.Jg., Heft 7/1985, S.176-181

Saekel, R.: Veränderte Prioritäten in der zahnmedizinischen Versorgung, in: BArBl., 40.Jg., Heft 4/1989, S.23-24

Sahmer, H.: Arbeitsgerichtsgesetz. Textausgabe mit Anmerkungen, Neuwied-Berlin 1965

Salthammer, K.: Die finanziellen Auswirkungen des Rentenüberleitungsgesetzes, in: Kompaß, 101. Jg., Heft 10/1991, S.545-549

Sander, P.: Das geänderte AGB – nur Übergangsrecht?, in: Arbeit und Arbeitsrecht, 45.Jg., Heft 8/1990, S.198-199

Sandmann, G.: Das Arbeitsförderungsgesetz, in: Arbeit und Sozialpolitik, 23.Jg., Heft 9/1969, S. 283-287

Sanmann, H.: Regulierung und Deregulierung im Rahmen der Arbeitsmarktpolitik für Schwerbehinderte, in: Th. Thiemeyer (Hrsg.): Regulierung und Deregulierung im Bereich der Sozialpolitik (Schriften des Vereins für Socialpolitik, N.F. Bd.177), Berlin 1988, S.47-81 (1988a)

Sanmann, H.: Langfristprobleme der Sozialen Alterssicherung in der Bundesrepublik Deutschland, in: Hamburger Jahrbuch für Wirtschafts- und Gesellschaftspolitik, 33.Jg., 1988, S.189-222 (1988b)

Sass, H.-M. (Hrsg.): Ethik und öffentliches Gesundheitswesen, Berlin-Heidelberg 1988

Schacht, K. / **Unterseher**, L.: Streiks und gewerkschaftliche Strategie in der Bundesrepublik, in: D. Schneider (Hrsg.): Zur Theorie und Praxis des Streiks, Frankfurt 1971

Schad, W.: Eine solidarisch finanzierte Krankenversicherung kann nur dann aufrechterhalten werden, wenn der Anspruch aufgegeben wird, alles bezahlen zu wollen, was medizinisch machbar ist, in: Die Krankenversicherung, 44.Jg., Heft 3/1992, S.69-72

Schäfer, D.: Die Rolle der Fürsorge im System sozialer Sicherung, Frankfurt 1965

Schäfer, D.: Soziale Schäden, soziale Kosten und soziale Sicherung. Argumente für ein Modell zur Integration aller Ausgleichsleistungen für Personenschäden in dem sozialen Sicherungssystem, Berlin 1972

Schanze, E.: Zur Frage der Verfassungsmäßigkeit der erleichterten Zulassung befristeter Arbeitsverträge im Beschäftigungsförderungsgesetz, in: RdA, 39.Jg., 1986, S.30-34

Schaper, K.: Kollektivgutprobleme einer bedarfsgerechten Inanspruchnahme medizinischer Leistungen. Eine Diskussion der public goods-, uncertainty- and moral hazard-Theoreme allokativer Mängel von Gesundheits- und Krankenversicherungssystemen, Frankfurt 1978

Schaper, K.: Zur Kritik des Moral-Hazard-Theorems der Überinanspruchnahme medizinischer Leistungen, in: Sozialer Fortschritt, 28.Jg., Heft 7-8/1979, S.178-183

Scharf, B.: Kostendämpfungsgesetz: Eine Zwischenbilanz der Reformbemühungen um die Soziale Krankenversicherung, in: Soziale Sicherheit, 26.Jg., 1977, S.268-274

Scharf, B.: Mehr Markt – mehr Wirtschaftlichkeit? – Marktökonomische Illusionen konservativer Gesundheitsökonomik, in: WSI-Mitteilungen, 38.Jg., Heft 10/1985, S.569-583

Scharf, B.: Der solidarischen Gesundheitssicherung die Zukunft. Erste Arbeitsergebnisse der Gesundheitspolitischen Strukturkommission beim DGB-Bundesvorstand, in: Soziale Sicherheit, 35. Jg., 1986, S.143-147

Scharpf, F.W. u.a.: Politische Durchsetzbarkeit innerer Reformen, Göttingen 1974

Schaub, G.: Die betriebliche Altersversorgung in der Rechtsprechung des Bundesarbeitsgerichts, in: RdA, 33.Jg., 1980, S.155-161

Schaumann, F. / **Hofmann**, H.-G.: Bildungspolitischer Reformbedarf in der Bundesrepublik und in der DDR (Beiträge zur Gesellschafts- und Bildungspolitik des Instituts der deutschen Wirtschaft, Bd.155), Köln 1990

Schediwy, R.: Die Zuschußzahlung zum Krankengeld im Krankheitsfall von Arbeitern im Hinblick auf die Bestimmung des § 616 BGB und auf tarifliche und betriebliche Regelungen, in: RdA, 11.Jg., 1958, S.51-54

Schellhorn, W.: Jugendhilfe, in: B. Baron von Maydell (Hrsg.): Lexikon des Rechts. Sozialrecht, Neuwied-Darmstadt 1986, S.114-126 (1986a)

Schellhorn, W.: Sozialhilfe, in: B. Baron von Maydell (Hrsg.): Lexikon des Rechts. Sozialrecht, Neuwied-Darmstadt 1986, S.309-331 (1986b)

Schelp, G.: Verbesserung der wirtschaftlichen Lage des Arbeiters im Krankheitsfalle, in: RdA, 10.Jg., 1957, S.245-251

Schelp, G.: Die Änderung des Gesetzes zur Verbesserung der wirtschaftlichen Sicherung der Arbeiter im Krankheitsfall, in: RdA, 14.Jg., 1961, S.306-309

Schenk, S.: Die Situation erwerbstätiger Frauen in der DDR, in: Sozialer Fortschritt, 39.Jg., Heft 7/1990, S.149-152

Schenke, K.: Die Problematik der Rentenniveausicherung, in: Die Rentenversicherung, 14.Jg., Heft 1/1973, S.1-5

Scherer, W. / **Stock**, L.: „Still und leise soll den Armen in die Tasche gegriffen werden". Die Ministerpräsidenten der Länder haben sich auf ein neues Bemessungssystem der Sozialhilfe geeinigt, in: Frankfurter Rundschau vom 22. März 1990

Scherf, H.: Zur Debatte um die Arbeitslosigkeit, in: WSI-Mitteilungen, 41.Jg., Heft 10/1988, S.566-571

Scherf, W.: Der Regierungsentwurf zur Neuregelung des Familienlastenausgleichs, in: Sozialer Fortschritt, 41.Jg., Heft 3/1992, S.69-71

Schermer, J.: DDR: Von der Einheitsversicherung zur gegliederten Krankenversicherung, in: Die Ersatzkasse, 70.Jg., Heft 7/1990, S.270-278 (1990a)

Schermer, J.: Das Mitgliedschafts-, Melde- und Beitragsrecht der Arbeiter und Angestellten in den neuen Bundesländern, in: Die Ersatzkasse, 70.Jg., Heft 11/1990, S.425-433 (1990b)

Scherpner, H.: Theorie der Fürsorge, Göttingen 1962

Scherpner, H.: Geschichte der Jugendfürsorge, 2.Aufl., Göttingen 1979

Schewe, D.: Die Alterssicherung der Landwirte, in: WzS, 1957, S.261-263

Schewe, D.: Das System der Rentenanpassung und deren erste Verwirklichung, in: RdA, 12.Jg., 1959, S.123-127

Schewe, D.: Zum Werdegang des Dritten Rentenversicherungs-Änderungsgesetzes, in: BArBl., 20.Jg., Heft 8/1969, S.463-466

Schewe, D.: Die flexible Altersgrenze in der Rentenversicherung, Köln 1973

Schewe, D.: Von der ersten zur zweiten Rentenreform 1957-1976. Die Entwicklung der Gesetzgebung über die Rentenreform, in: R. Bartholomäi u.a. (Hrsg.): Sozialpolitik nach 1945. Geschichte und Analysen, Bonn-Bad Godesberg 1977, S.183-190

Schewe, D.: Das politische Risiko der Rentenversicherung und der Rentner, in: Sozialer Fortschritt, 32.Jg., Heft 1/1983, S.2-6

Schewe, D.: Vier Gesetzentwürfe über Hilfen bei Pflegebedürftigkeit, in: Sozialer Fortschritt, 35.Jg., Heft 4/1986, S.90-92

Schewe, D. / **Schenke**, K. / **Meurer**, A. / **Hermsen**, K.-W.: Übersicht über die soziale Sicherung, 10. Aufl., Stand: 1. April 1977, hrsg. vom Bundesminister für Arbeit und Sozialordnung, Bonn 1977

Schewe, D. / **Zöllner**, D.: Das Gesetz über die Altershilfe für Landwirte, in: BArBl., 8.Jg., Heft 16/1957, S.531-540

Schewe, D. u.a.: Übersicht über die soziale Sicherung. Stand 1. Juni 1970, Bonn 1970

Schieckel, H.: Die Grundzüge des Bundesversorgungsgesetzes vom 20.12.1950, in: RdA, 4.Jg., 1951, S.49-53

Schieckel, H.: Kindergeldgesetze (Gesetz über die Gewährung von Kindergeld und die Errichtung von Familienausgleichskassen, Kindergeld-Anpassungsgesetz und Kindergeld-Ergänzungsgesetz in der Fassung des Änderungsgesetzes vom 27.7.1957, BGBl.I S.1061). Kommentar, 3.Aufl., München 1960

Schieckel, H.: Das Bundeskindergeldgesetz, in: Die Sozialgerichtsbarkeit, 11.Jg., Heft 8/1964, S. 221-224

Schiek, D.: Nachtarbeit begrenzen und humanisieren. Eckpunkte für ein Nachtarbeitsschutzgesetz, in: Soziale Sicherheit, 41. Jg., 1992, S.152-154

Schlabrendorff, F. von / **Michaelis de Vasconcellos**, H.: Die Wirtschaftsunion der beiden deutschen Staaten ab 1. 7. 1990, in: Deutsch-Deutsche Rechts-Zeitschrift, 1.Jg., Heft 5/1990, S.142-147

Schlaffke, W. (Hrsg.): Jugendarbeitslosigkeit. Unlösbare Aufgabe für das Bildungs- und Beschäftigungssystem?, Köln 1976

Schluchter, W.: Bestimmungsgründe und Probleme staatlicher und institutioneller Familienpolitik am Beispiel der Bundesrepublik, Diss. Heidelberg 1973

Schmahl, H.-J.: Globalsteuerung des Wirtschaftsablaufs, in: Wirtschaftswissenschaftliches Studium (WiSt), 1973, S.216-222

Schmähl, W.: Flexible Altersgrenze, Senkung des Rentenniveaus und laufende Rentenzahlungen, in: Jahrbuch für Sozialwissenschaft, Bd.23, Heft 1/1972, S.75-87

Schmähl, W.: Das Rentenniveau in der Bundesrepublik Deutschland, Frankfurt 1974

Schmähl, W.: Neuregelung der Hinterbliebenenversorgung in längerfristiger Perspektive, in: Deutsche Rentenversicherung, 56.Jg., Heft 5/1985, S.288-296

Schmähl, W.: Ökonomische Grundlagen sozialer Sicherung, in: B. Baron von Maydell / F. Ruland (Hrsg.): Sozialrechtshandbuch (SRH), Neuwied-Darmstadt 1988, S.151-202

Schmähl, W.: Das System der Alterssicherung in der Bundesrepublik Deutschland im Prozeß der deutschen Einigung, in: Die Angestelltenversicherung, 37.Jg., Heft 11/1990, S.427-434

Schmatz, H. / **Fischwasser**, G.: Das Gesetz zur Verbesserung der wirtschaftlichen Sicherung der Arbeiter im Krankheitsfalle, Berlin-Bielefeld-München 1957

Schmid, R.: Zum politischen Streik, in: Gewerkschaftliche Monatshefte, 5.Jg., Heft 1/1954, S.1-8

Schmidt, A.: Wirtschaftliche Sicherung der Krankenhäuser, in: Soziale Sicherheit, 19.Jg., 1970, S. 358-364; 20.Jg., 1971, S.33-38

Schmidt, A.: Betriebliche Altersversorgung grundlegend reformiert, in: Soziale Sicherheit, 24.Jg., 1975, S.65-71

Schmidt, A.: Die Selbstverwaltung in der knappschaftlichen Versicherung – Organisation und Wiederaufbau nach dem Krieg, in: R. Bartholomäi u.a. (Hrsg.): Sozialpolitik nach 1945. Geschichte und Analysen, Bonn-Bad Godesberg 1977, S.251-261 (1977a)

Schmidt, A.: Zum Entstehen der Selbstverwaltung in der Nachkriegszeit, in: R. Bartholomäi u.a. (Hrsg.): Sozialpolitik nach 1945. Geschichte und Analysen, Bonn-Bad Godesberg 1977, S.391-400 (1977b)

Schmidt, A. / **Jahn**, E. / **Scharf**, B.: Der solidarischen Gesundheitssicherung die Zukunft. Bürgernähe, Arbeitnehmer- und Patientenorientierung statt Anbieterdominanz, Bd.1: Grundmängel.

Grundanforderungen. Reformperspektiven (WSI-Studie zur Wirtschafts- und Sozialforschung, Nr.60), Düsseldorf 1987

Schmidt, E.: Die arbeitsrechtliche Stellung der europäischen Wanderarbeitnehmer im Rahmen der EWG, Diss. Würzburg 1964

Schmidt, E.: Ordnungsfaktor oder Gegenmacht. Die politische Rolle der Gewerkschaften, Frankfurt 1971

Schmidt, E.: Die verhinderte Neuordnung 1945-1952. Zur Auseinandersetzung um die Demokratisierung der Wirtschaft in den westlichen Besatzungszonen und in der Bundesrepublik Deutschland, 1.Aufl., Frankfurt 1970; 4. unveränd. Aufl., Frankfurt 1973

Schmidt, H.: Änderungen des Sozialgerichtsgesetzes, in: Soziale Sicherheit, 24.Jg., 1975, S.37-40, 76-79

Schmidt, M.: Das System der Rentenversicherung in der ehemaligen DDR, in: Arbeit und Sozialpolitik, 45.Jg., Heft 5-6/1991, S.14-20

Schmidt, W.: Rechtliche Voraussetzungen »gesamtdeutscher« Bundestagswahlen nach einem Beitritt gemäß Art.23 S.2 GG, in: NJW, 43.Jg., Heft 31/1990, S.1891-1893

Schmidt, W.: Die Rentenversicherung der Selbständigen im Beitrittsgebiet, in: Die Angestelltenversicherung, 38.Jg., Heft 2/1991, S.37-39

Schmidt, W.: Überleitungsanstalt Sozialversicherung zum 31.12.1991 aufgelöst, in: Die Angestelltenversicherung, 39.Jg., Heft 4/1992, S.142-143

Schmidt-Bleubtreu, B.: Der Vertrag über die Schaffung einer Währungs-, Wirtschafts- und Sozialunion zwischen der Bundesrepublik Deutschland und der Deutschen Demokratischen Republik, in: Deutsch-Deutsche Rechts-Zeitschrift, 1.Jg., Heft 5/1990, S.138-142

Schmidtchen, G.: Arbeitnehmer der Metallindustrie gegen kollektive Arbeitszeitverkürzung. Ergebnisse einer Arbeitnehmer-Umfrage, in: ifo-schnelldienst, 36.Jg., Nr.23/1983, S.30-31

Schmieding, H.: Währungsunion und Wettbewerbsfähigkeit der DDR-Industrie (hrsg. vom Institut für Weltwirtschaft), Kiel 1990

Schmitt, G. / **Witzke**, H. von: Ziel- und Mittelkonflikte sektorspezifischer Systeme sozialer Sicherung. Das Beispiel der landwirtschaftlichen Sozialpolitik in der Bundesrepublik Deutschland, Berlin 1975

Schmitthenner, H. / **Bobke**, M.: Das Recht auf Arbeit in einer gesamtdeutschen Verfassung, in: Gewerkschaftliche Monatshefte, 41.Jg., Heft 10/1990, S.638-644

Schmitz, K. T. / **Tiemann**, H.: Auf dem Weg zur Gewerkschaftseinheit – Ein Bericht, in: Deutschland-Archiv, 23.Jg., Heft 10/1990, S.1608-1619

Schmölders, G.: Die Pläne für eine Neuordnung der sozialen Leistungen im Lichte der Finanz- und Währungspolitik, Köln o.J. <1955>

Schnabel, K.: Strukturelle und konjunkturelle Determinanten des Krankenstandes, in: Sozialer Fortschritt, 40.Jg., Heft 12/1991, S.298-304

Schnapp, E.: Die Stellung der Sozialversicherungsträger in der Verfassungsordnung – dargestellt am Problem ihrer Grundrechtsfähigkeit, in: Soziale Sicherheit, 19.Jg., 1970, S.199-203

Schneider, D. (Hrsg.): Zur Theorie und Praxis des Streiks, Frankfurt 1971

Schneider, H.: Die öffentlich-rechtliche Alterssicherung freier Berufe und das Grundgesetz, Stuttgart 1959

Schneider, H.: Einführung eines Sozialversicherungsausweises und neuer Meldepflichten für die Sozialversicherung, in: Die Sozialversicherung, 45.Jg., Heft 2/1990, S.46-49 (1990a)

Schneider, H.: Sozialversicherungsrecht in der ehemaligen DDR nach dem Beitritt zur Bundesrepublik Deutschland, in: Der Betriebs-Berater, Beilage zu Heft 28/1990, S.32-38 (1990b)

Schneider, H.K. / **Kornemann**, R.: Soziale Wohnungsmarktwirtschaft, Bonn 1977

Schneider, M.: Aussperrung. Ihre Geschichte und Funktion vom Kaiserreich bis heute, Frankfurt 1980

Schneider, W.: Betriebsverfassung in der DDR – Neuanfang oder Anpassung?, in: Arbeitsrecht im Betrieb, 11.Jg., Heft 8/1990, S.303-307

Schneider, W. / **Hartmann-Besche**, W.: Arzneimittelfestbeträge sollen den Preiswettbewerb stärken, in: BArBl., 40.Jg., Heft 4/1989, S.17-20

Schnorr, G.: The influence of ILO standards on law and practice in the Federal Republic of Germany, in: International Labour Review, December 1974, S.539-564

Schoden, M.: Fünf Jahre Betriebsrentengesetz, in: Soziale Sicherheit, 29.Jg., 1980, S.78-86, 109-111

Schoenaich-Carolath, A.-F. Prinzessin zu: Arbeitszeit und -kosten – Trendwende erforderlich, in: Arbeitgeber, 44.Jg., Heft 10/1992, S.366-368

Scholz, R.: Arbeitnehmerische Vermögensbildung durch fondskonzentrierte Gewinn- und Unternehmensbeteiligung? Zum Konzept eines neuen Vermögensbildungsmodells, in: RdA, 26.Jg., 1973, S.65-69

Scholz, R.: Der Staatsvertrag zur Währungs-, Wirtschafts- und Sozialunion, in: Der Betriebs-Berater, Beilage zu Heft 18/1990, S.1-9

Scholz, R. / **Konzen**, H.: Die Aussperrung im System von Arbeitsverfassung und kollektivem Arbeitsrecht, Berlin 1980

Scholz, U. R.: Zur Lage der Arbeitsgerichtsbarkeit in den neuen Bundesländern, in: Der Betriebs-Berater, Beilage zu Heft 6/1991, S.1-7

Scholz, W.: Sozialbudget der Bundesrepublik Deutschland – Anmerkungen zur Geschichte eines politischen Rechenwerks, in: Zeitschrift für Sozialreform, 30.Jg., 1984, S.599-624

Scholz, W. / **Hofmann**, C. F.: Sozialpolitik und gesamtwirtschaftliches Wachstum – Konflikt oder Konnex?, in: Arbeit und Sozialpolitik, 37.Jg., Heft 12/1983, S.430-436

Schönbach, K.-H.: Zur Reorganisation von Betriebs-Polikliniken und Ambulatorien im System der ambulanten medizinischen Versorgung der DDR, in: Die Betriebskrankenkasse, 78.Jg., 1990, S.430-446

Schönbach, K.-H.: Vertragliche Regelungen für das Gesundheitswesen im beigetretenen Teil Deutschlands, in: Die Betriebskrankenkasse, 79. Jg., 1991, S.6-11

Schönbach, K.-H. / **Waldeck**, J.: Wettbewerb durch Regulierung – Zur Neuordnung des Arzneimittelmarktes in der GKV, in: Arbeit und Sozialpolitik, 44.Jg., Heft 1/1990, S.12-19

Schoreit, A. / **Dehn**, J.: Beratungshilfegesetz, Prozeßkostenhilfegesetz. Kommentar, 3. neubearb. Aufl., Heidelberg 1987

Schrader, H.: Besonderheiten der Selbstverwaltung in der Unfallversicherung, in: W. Bogs (Hrsg.): Gegenwartsfragen sozialer Versicherung, Heidelberg 1950, S.177-186

Schreiber, E.: Neuregelung der Altershilfe für Landwirte, in: Deutsche Versicherungszeitschrift, 1961, S.168-173 (1961a)

Schreiber, E.: Das Gesetz zur Neuregelung der Altershilfe für Landwirte, in: Die Krankenversicherung, 13.Jg., Heft 12/1961, S.317-322 (1961b)

Schreiber, W.: Existenzsicherheit in der industriellen Gesellschaft. Vorschläge des Bundes katholischer Unternehmer zur Reform der Sozialversicherung, Köln 1955

Schreiber, W.: Existenzsicherheit in der industriellen Gesellschaft, in: E. Boettcher (Hrsg.): Sozialpolitik und Sozialreform, Tübingen 1957, S.75-114

Schreiner, H.: Lohnfortzahlung und Krankenversicherungsreform, in: RdA, 16.Jg., 1963, S.254-257

Schreiner, O.: Blüms Kürzungen sind Geisterfahrerei, in: Die SPD im Deutschen Bundestag, Nr. 1762, 20. Juni 1992

Schröder, Ch.: Wohnungspolitik in Deutschland. Erfahrungen und Perspektiven (Beiträge zur Wirtschafts- und Sozialpolitik des Instituts der deutschen Wirtschaft, Bd.186), Köln 1990

Schroeder, D.: DDR-Wohnungsbedarf: wiederholt sich das deutsche Bauwunder?, in: Wertpapier, 38.Jg., Nr.10/1990, S.24-32

Schröer, H.: Opportunismus ohne Grenzen? Arbeitsmarkt und Ausländerpolitik, in: Das Parlament, 31.Jg., Nr.35-36/1981, S.4

Schroeter, K.: Der Finanzausgleich zwischen Arbeiter- und Angestellten-Rentenversicherung. Ein Beitrag zur Geschichte des Wanderversicherungsausgleichs, in: Soziale Sicherheit, 14.Jg., 1965, S.33-36

Schubel, H.-D. / **Engelbrecht**, G.: Kommentar zum Gesetz über die gewerbsmäßige Arbeitnehmerüberlassung, Heidelberg 1973

Schulin, B.: Soziales Entschädigungsrecht, in: B. Baron von Maydell / F. Ruland (Hrsg.): Sozialrechtshandbuch (SRH), Neuwied-Darmstadt 1988, S.1041-1080

Schulte, B.: Das Künstlersozialversicherungsgesetz, in: NJW, 30.Jg., Heft 3/1977, S.93-95

Schulte, B.: Europäische Sozialpolitik – Eine Zwischenbilanz. Anmerkungen zur Diskussion um die Formulierung einer gemeinschaftlichen Sozialpolitik in der EG, in: Sozialer Fortschritt, 35.Jg., Heft 1-2/1986, S.1-13

Schulte, B.: Das Gesetz zur Änderung des Künstlersozialversicherungsgesetzes, in: NJW, 42.Jg., Heft 16/1989, S.1021-1022

Schulte, B.: »... und für die Arbeitnehmer wenig oder nichts?« Sozialpolitik und Sozialrecht in den Europäischen Gemeinschaften, in: Kritische Justiz, 23.Jg., Heft 1/1990, S.79-97

Schulte, B. / **Trenk-Hinterberger**, P.: Bundessozialhilfegesetz, 2., neubearb. Aufl., München 1988

Schulte, Ch.: Beziehungen zu den Leistungserbringern im Gesundheitswesen in den neuen Bundesländern – unter besonderer Berücksichtigung der Versorgung der knappschaftlich Versicherten, in: Kompaß, 101.Jg., Heft 6/1991, S.321-327

Schulte, G.: Handlungsschwerpunkte der Gesundheitspolitik, in: Die Betriebskrankenkasse, 80.Jg., 1992, S.260-262

Schulte Langforth, M.: Das Ladenschlußgesetz, in: RdA, 10.Jg., 1957, S.41-46

Schulz, E.: Zur langfristigen Entwicklung der Bevölkerung in der Bundesrepublik Deutschland, in: DIW-Wochenbericht, 55.Jg., Nr.32/1988, S.397-408

Schulz, M.: Grundfragen des Aufbaus und der Aufgaben der Finanzverwaltung in der DDR, in: Deutsches Steuerrecht, 28.Jg., Heft 10/1990, S.306-309

Schulz-Weidner, W.: Eigentums- und vermögensrechtliche Konsequenzen der deutschen Einheit für die Sozialversicherungsträger, in: Deutsche Rentenversicherung, 63.Jg., Heft 1/1992, S.24-28

Schulze, E.: Kommentar zum Künstlersozialversicherungsgesetz, Wilhelmshaven 1983

Schumann, M.: Arbeitsbedingungen in der Bundesrepublik Deutschland. Bestandsaufnahme, Analyse und Entwicklungstrend im Produktionsbereich, in: H.O. Vetter (Hrsg): Humanisierung der Arbeit als gesellschaftspolitische und gewerkschaftliche Aufgabe, Frankfurt-Köln 1974, S.41-55

Schuon, K.Th.: Ökonomische und soziale Entwicklung der Bundesrepublik Deutschland 1945-1981, in: Th. Meyer / S. Miller / J. Rohlfes (Hrsg.): Geschichte der deutschen Arbeiterbewegung, Bd.2, Bonn 1984, S.693-710

Schüssler, H.: Betrachtungen zum Maschinenschutzgesetz aus gewerkschaftlicher Sicht, in: Soziale Sicherheit, 16.Jg., 1967, S.271-273

Schüssler, H.: Bedeutung und Stellenwert des Arbeitsschutzes im sozialpolitischen Kräftespiel der Bundesrepublik nach 1945, in: R. Bartholomäi u.a. (Hrsg.): Sozialpolitik nach 1945. Geschichte und Analysen, Bonn-Bad Godesberg 1977, S.315-323

Schuster, D.: Die deutsche Gewerkschaftsbewegung – DGB, 4.Aufl., Düsseldorf 1973

Schuster, M. / **Tügel**, A.: Die Vereinbarkeit von Beruf, Familie und Kindererziehung: ein Vergleich von Leitbildern und Regelungen in der DDR und in der BRD, in: Arbeit und Sozialpolitik, 44.Jg., Heft 8-9/1990, S.318-325

Schütz, J. / **Frey**, M.: Zur Arbeitslosigkeit infolge technologischer Revolutionen, in: Konjunkturpolitik, 33.Jg., Heft 4/1987, S.211-218

Schwabe, U./ **Paffrath**, D.: Arzneimittelreport '90, Stuttgart-New York 1990

Schwappach, J.: Auf dem Weg zur Selbstverwaltung: neue Vorschriften für das Handwerk und die Handwerksorganisationen in der DDR, in: Deutsches Handwerksblatt, 42.Jg., Heft 7/1990, S.24-26

Schwarz, K.: Demographische Wirkungen der Familienpolitik in Bund und Ländern nach dem Zweiten Weltkrieg, in: Zeitschrift für Bevölkerungswissenschaft, 13.Jg., Heft 4/1987, S.409-450

Schwarz, W.: Die Wiedergutmachung nationalsozialistischen Unrechts in der Bundesrepublik, in: Deutsche Richterzeitung, 1979, S.178-181

Schwarz-Schilling, Ch. (Hrsg.): Langfristig sichere Rente. Ein Weg zur Erfüllung des Generationen-Vertrages, Bonn 1988

Schwarze, J.: Qualifikation und Branchenlohnstruktur – eine vergleichende Humankapitalanalyse für beide deutschen Staaten (DIW-Diskussionspapier Nr.12), Berlin 1990 (1990a)

Schwarze, J.: Die Bedeutung der Frauenerwerbstätigkeit für die Einkommensverteilung in beiden deutschen Staaten, in: Arbeit und Sozialpolitik, 44.Jg., Heft 6/1990, S.202-206 (1990b)

Schwede, Th.C.: Weiterentwicklung des Altershilferechts, in: RdL, 24.Jg., 1972, S.1-8

Schwede, Th.C.: Verbesserung der Altershilfe der Landwirte, in: RdL, 26.Jg., 1974, S.5-7

Schwedes, R.: Einigungsvertrag: Rechtseinheit im Arbeitsrecht, in: BArBl., 42.Jg., Heft 2/1991, S.5-9

Schwefel, D. / **Eimeren**, W. von / **Satzinger**, W. (Hrsg.): Der Bayern-Vertrag. Evaluation einer Kostendämpfungspolitik im Gesundheitswesen. Berlin-Heidelberg-New York-London-Paris-Tokio 1986

Seegert, G.: Die Formierung des Streikrechts, Frankfurt-New York 1985

Seehofer, H.: Sozialcharta. Das faule Ei vom Runden Tisch, in: Bayern-Kurier, 17. März 1990

Seehofer, H.: Solidarische Pflegeversicherung. Die elementaren Lebensrisiken müssen sozial und solidarisch abgesichert werden, in: Gesellschaftspolitische Kommentare, 32.Jg., Sonderausgabe 2/1991, S.104-107

Seffen, A.: Die Sozialhilfe – Ausfallbürge des Sozialstaates, in: B. Baron von Maydell / W. Kannengießer (Hrsg.): Handbuch Sozialpolitik, Pfullingen 1988, S.288-295

Seidel, H.: Die Willensbildung in mitbestimmten Unternehmen, Köln 1963

Seideneck, P.: Die soziale Einheit gestalten. Über die Schwierigkeiten des Aufbaus gesamtdeutscher Gewerkschaften, in: Aus Politik und Zeitgeschichte, B 13/1991, S.3-11

Seidenstücker, B.: Jugend, Recht und Jugendhilfe in der DDR, in: Neue Praxis, 20.Jg., Heft 4/1990, S.328-341

Seifert, H.: Beschäftigungswirkungen und Perspektiven der Arbeitszeitpolitik, in: WSI-Mitteilungen, 42.Jg., Heft 3/1989, S.156-162

Seifert, H. / **Simmert**, D.B.: Arbeitsmarktpolitik in der Krise, Köln 1977

Seifert, H. / **Stolz-Willig**, B.: Nachtarbeit sozialverträglich gestalten, in: WSI-Mitteilungen, 45.Jg., Heft 3/1992, S.158-163

Seiler, G.: Vorschläge und Maßnahmen zur breitgestreuten Vermögensbildung in der Bundesrepublik Deutschland, in: W. Albers (Hrsg.): Öffentliche Finanzwirtschaft und Verteilung I (Schriften des Vereins für Socialpolitik, N.F. Bd.75/I), Berlin 1974, S.9-19

Seiter, H.: Die neue Aussperrungsrechtsprechung des Bundesarbeitsgerichts, in: RdA, 34.Jg.,1981, S.65-93

Semrau P.: Krankenversicherung: Günstige Finanzentwicklung, in: BArBl., 42.Jg., Heft 12/1991, S. 10-14

Sendler, H.: Zum Verfassungsrahmen einer Strukturreform in der GKV, in: Die Sozialgerichtsbarkeit, 33.Jg.,Heft 6/1986, S.230-235

Serfling, K.: Möglichkeiten und Grenzen der betrieblichen Altersversorgung durch Bildung von Pensionsrückstellungen nach dem Betriebsrentengesetz vom 19.12.1974, in: Soziale Sicherheit, 25. Jg., 1976, S.321-333

Shanks, M.: European Social Policy. Today and Tomorrow, Oxford-New York 1977

Siebenweiber, A.: Schwerbehindertengesetz und Schwerbehindertenausweisverordnung zum 1.7. 1991 geändert, in: Behindertenrecht, 30.Jg., Heft 5/1991, S.121-123

Siebke, J.: Vermögenskonzentration, in: K.H. Pitz (Hrsg.): Das Nein zur Vermögenspolitik, Reinbek 1974, S.65

Siebrecht, F.: Das Recht im Arbeitskampf, 3.Aufl., Düsseldorf 1964

Sieveking, K.: Die sozialrechtliche Stellung der EG-Ausländer. Sozialrechtspositionen im Spannungsfeld von nationaler Staatsangehörigkeit und gemeinschaftlicher Sozialbürgerschaft, in: Zeitschrift für Sozialreform, 33.Jg., 1987, S.515-532

Simmert, D.B. (Hrsg.): Wirtschaftspolitik – kontrovers (Schriftenreihe der Bundeszentrale für politische Bildung, Bd.146), Bonn 1979

Sinz, R.: Die Aussiedlerfrage als Herausforderung für das Land Nordrhein-Westfalen und seine Kommunen, in: Informationen zur Raumentwicklung, Heft 5/1989, S.369-376

Skrodzki, B.: Plan 26, o.O. 1956

Slapnicar, K.: Zum Kodifikationsbedarf der Arbeitnehmerhaftung „Ein weiteres Kapitel zu einer unendlichen Geschichte", in: Arbeit und Recht, 40.Jg., Heft 2/1992, S.33-40

Smigielski, E.: Zur Problematik der Globalsteuerung im Gesundheitswesen unter besonderer Berücksichtigung der Konzertierten Aktion im Gesundheitswesen, in: Die Ortskrankenkasse, 63.Jg., Heft 13/1981, S.521-526

Smigielski, E.: Das Konzept der »Strukturierten Budgetierung«, in: Die Ortskrankenkasse, 68.Jg., Heft 6-7/1986, S.145-146

Socialdata: Anzahl und Situation zu Hause lebender Pflegebedürftiger (Schriftenreihe des BMJFG, Bd. 80), Stuttgart-Berlin 1980

Sokoll, G.: Aufbruch zu einem gesamtdeutschen Unfallversicherungssystem, in: Die BG, Heft 7/1990, S.405-407

Solcher, H.: Die geschichtliche Entwicklung der Krankenversicherung der Rentner, in: Deutsche Rentenversicherung, 46.Jg., Heft 3/1975, S.165-170

Söllner, A.: Arbeitsrecht, 4.Aufl., Stuttgart 1974

Söllner, A.: Freiheitliche Züge des Arbeitsrechts, in: P. Harbusch/D. Wiek (Hrsg.): Marktwirtschaft, Stuttgart 1975, S.251-259

Söllner, A.: Gute Gewohnheit – Gutes Recht. Zur Rechtmäßigkeit alter und neuer Verhaltensweisen im Arbeitskampf, in: F. Gamillscheg/B. Rüthers/E. Stahlhacke (Hrsg.): Sozialpartnerschaft in der Bewährung, Festschrift für Karl Molitor zum 60. Geburtstag, München 1988, S.333-350

Sonne, R.: Die Anpassung betrieblicher Ruhegelder. Eine Untersuchung über die Dynamisierung von Betriebsrenten unter besonderer Beachtung von § 16 des Gesetzes zur Verbesserung der betrieblichen Altersversorgung, München 1978

Sörgel, W.: Konsensus und Interessen. Eine Studie zur Entstehung des Grundgesetzes für die Bundesrepublik Deutschland, Stuttgart 1969

Sozialausschüsse der Christlich-demokratischen Arbeitnehmerschaft (CDA) – **Landesverband Nordrhein-Westfalen**: Pflegeversicherung – Argumentation für die Pflegeversicherung, Düsseldorf 1991

Sozialdemokratische Partei Deutschlands (SPD): Eckwerte einer Gesetzlichen Pflegeversicherung, Bonn 14. Februar 1991

Sozialdemokratische Partei Deutschlands (SPD) (Hrsg.): Protokoll des SPD-Parteitags 1947

Sozialversicherung der DDR: Konzertierte Aktion Beitragseinzug; 18. bis 21. September 1990, Berlin 1990

SPD-Bundestagsfraktion (Arbeitskreis Sozialpolitik): Eckdaten eines sozialdemokratischen Konzepts zur Strukturreform im Gesundheitswesen, Bonn 1988

Spethmann, D. / **Schnorr**, G.: Die Beteiligung der Arbeitnehmer in den Aufsichtsräten nach dem Betriebsverfassungsgesetz – Ein Überblick über die Rechtsprobleme, in: RdA, 6.Jg., 1953, S.448-456

Spieker, W.: Der Aufsichtsrat der mitbestimmten Montan-GmbH, Köln 1960

Spieker, W.: Das »öffentliche Interesse« in der Unternehmensmitbestimmung, in: U. Borsdorf/H.O. Hemmer (Hrsg.): Gewerkschaften, Wissenschaft, Mitbestimmung, Köln 1979, S.119-130

Spittmann, I.: Eine Übergangsgesellschaft, in: Deutschland-Archiv, 22.Jg., Heft 11/1989, S.1201-1205 (1989a)

Spittmann, I.: Die Krise der DDR und die deutsche Einheit, in: Deutschland-Archiv, 22.Jg., Heft 12/1989, S.1329-1330 (1989b)

Spitzmüller, K.: Reform der Unfallversicherung, in: R. Bartholomäi u.a. (Hrsg.): Sozialpolitik nach 1945. Geschichte und Analysen, Bonn-Bad Godesberg 1977, S.325-338

Sprink, J. / **Hellmann**, W.: Finanzielle Belastung oder ökonomisches Potential? Regional unterschiedliche Konsequenzen des Aussiedlerzustroms, in: Informationen zur Raumentwicklung, Heft 5/1989, S.323-329

Stach, A. / **Hussain**, S.: Ausländer in der DDR. Ein Rückblick (hrsg. von der Ausländerbeauftragten des Berliner Senats), Berlin 1991

Stahlhacke, E.: Arbeitsgerichtsgesetz 1979, Neuwied 1979 (1979a)

Stahlhacke, E.: Das Gesetz zur Beschleunigung und Bereinigung des arbeitsgerichtlichen Verfahrens, in: RdA, 32.Jg., 1979, S.401-406 (1979b)

Standfest, E.: Probleme von Reformen im Bereich der materiellen Alterssicherung, in: WSI-Mitteilungen, 28.Jg., Heft 3/1975, S.138-142

Standfest, E.: Soziale Selbstverwaltung – Zum Problem der Partizipation in der Sozialpolitik, in: Ch. von Ferber/F.-X. Kaufmann (Hrsg.): Soziologie und Sozialpolitik, Opladen 1977, S.424-437

Standfest, E.: Sozialpolitik als Reformpolitik. Aspekte der sozialpolitischen Entwicklung in der Bundesrepublik Deutschland, Köln 1979

Standfest, E.: Krankenversicherung. Ist das Gesundheitsreformgesetz gescheitert?, in: Arbeit und Sozialpolitik, 46.Jg., Heft 1-2/1992, S.4-7

Statistisches Bundesamt: Modellrechnungen zur Bevölkerungsentwicklung. Basis: 31.12.1986, Juni 1988

Statistisches Bundesamt (Hrsg.): Volks- und Berufszählung vom 6. Juni 1961. Heft 2: Ausgewählte Bevölkerungsgruppen. Deutsche Bevölkerung und Ausländer, Fachserie A: Bevölkerung und Kultur, Stuttgart-Mainz 1967

Steimel, B. / **Bartella**, R.: Wohnungsnot in den Städten – was ist jetzt zu tun?, in: Der Städtetag, Nr.1/1990, S.3-7

Stein, E.: Qualifizierte Mitbestimmung unter dem Grundgesetz. Zur verfassungsrechtlichen Problematik einer allgemeinen Einführung des Montanmodells, Frankfurt 1976

Steinert, J.: Benötigt wird eine Strategie: die genossenschaftliche Wohnungswirtschaft in der Bundesrepublik und der DDR, in: Gemeinnütziges Wohnungswesen, 43.Jg., Heft6/1990, S.255-261, 264

Steinkühler, F.: Recht auf Arbeit – Gewerkschaftliche Perspektiven, in: WSI-Mitteilungen, 41.Jg., Heft 8/1988, S.442-449

Steinkühler, F.: Europa '92. Industriestandort oder sozialer Lebensraum, Hamburg 1989

Stephan, R.-P.: Staatsvertrag bringt Änderungen im bundesdeutschen Versicherungs- und Rentenrecht, in: Die Angestelltenversicherung, 37.Jg., Heft 7-8/1990, S.303-312

Sternel, F.: Mietrechtsangleichung nach dem Einigungsvertrag in den neuen Bundesländern, in: Monatsschrift für Deutsches Recht, 45.Jg., Heft 4/1991, S.289-293

Steuber, H.: Jugendverwahrlosung und Jugendkriminalität, Stuttgart 1976

Stille, F. / **Zwiener**, R.: Arbeitszeitverkürzung als Instrument der Beschäftigungspolitik – Zum „Lohnausgleich" und den Beschäftigungseffekten im privaten und staatlichen Bereich, in: WSI-Mitteilungen, 41.Jg., Heft 10/1988, S.590-598

Stingl, J.: Vom Gesetz über Arbeitsvermittlung und Arbeitslosenversicherung (AVAVG) zum Arbeitsförderungsgesetz (AFG), in: R. Bartholomäi u.a. (Hrsg.): Sozialpolitik nach 1945. Geschichte und Analysen, Bonn-Bad Godesberg 1977, S.349-359

Stiphout, Th. von: Gesetz zur Einführung eines Sozialversicherungsausweises, in: Die Betriebskrankenkasse, 78.Jg., 1990, S.132-141

Stolleis, M.: Quellen zur Geschichte des Sozialrechts (Quellensammlung zur Kulturgeschichte, Bd. 20), Göttingen-Frankfurt-Zürich 1976

Stolper, G.: Die deutsche Wirklichkeit, Hamburg 1949

Stolper, G. / **Häuser**, K. / **Borchardt**, K.: Deutsche Wirtschaft seit 1870, 2.Aufl., Tübingen 1966

Stork, E.: Die Entwicklung der Kriegsopferfürsorge, in: Behindertenrecht, 29.Jg., Heft 4/1990, S.104-108

Strasser, J.: Grenzen des Sozialstaats?, Köln-Frankfurt 1979

Straßmann, W. / **Nitsche**, W.: Kommentar zum Bundesvertriebenengesetz, München-Berlin 1953

Straubhaar, Th.: International labour migration within a common market – some aspects of EC experience, in: Journal of common market studies, Vol.27, No.1/1988, S.45-62

Ströer, H.: Das neue Künstlersozialversicherungsgesetz. Textausgabe, 1983

Strunk, W.: Die Regelungen des Renten-Überleitungsgesetzes (RÜG) zum Fremdrentenrecht für den Bereich der gesetzlichen Unfallversicherung, in: Die BG, Heft 9/1991, S.520-529

Sturn, H.: Gesetz zur Aufhebung des Lohnstopps, Hamburg 1949

Stürzbacher, K.: Die Gesundheitsreform hat, jedenfalls im Arzneimittelbereich, die geplanten Einsparziele für die Krankenkassen zu einem guten Teil erreicht, in: Die Krankenversicherung, 44.Jg., Heft 3/1992, S.81-83

Stützel, W. / **Watrin**, Ch. / **Willgerodt**, H. / **Hohmann**, K. (Hrsg.): Grundtexte zur Sozialen Marktwirtschaft, Stuttgart-New York 1981

Sudmann, H.: Erziehungsgeld, in: B. Baron von Maydell (Hrsg.): Lexikon des Rechts. Sozialrecht, Neuwied-Darmstadt 1986, S.79-82

Sund, O.: Menschengerechte Arbeitsstätten – Verordnung legt Mindestanforderungen fest, in: Soziale Sicherheit, 24.Jg., 1975, S.166-168

Sund, O.: Zur Diskussion von Beschäftigungsgesellschaften in der ehemaligen DDR, in: G. Bosch / H. Neumann (Hrsg.): Beschäftigungsplan und Beschäftigungsgesellschaft, Köln 1991, S.330-339

Süß, W.: Mit Unwillen zur Macht. Der Runde Tisch in der DDR der Übergangszeit, in: Deutschland-Archiv, 24.Jg., Heft 5/1991, S.470-478

Tegtmeier, W.: Zukunft des Sozialstaates, in: B. Baron von Maydell / F. Ruland (Hrsg.): Sozialrechtshandbuch (SRH), Neuwied-Darmstadt 1988, S.203-223

Tegtmeier, W.: Perspektiven des Arbeitsschutzes, in: BArBl., 41.Jg., Heft 12/1990, S.5-9

Tegtmeyer, K.: Das Zweite Vermögensbildungsgesetz, in: Arbeit und Sozialpolitik, 19.Jg., Heft 10/1965, S.304-311

Tennstedt, F.: Geschichte des Sozialrechts, in: B. Baron von Maydell/F. Ruland (Hrsg.): Sozialrechtshandbuch (SRH), Neuwied-Darmstadt 1988, S.66-113

Tesic, D.: Heimkosten und Sozialhilfe, in: Blätter der Wohlfahrtspflege, 131.Jg., 1984, S.245-247

Thaysen, U.: Der Runde Tisch. Oder: Wo blieb das Volk?, Der Weg der DDR in die Demokratie, Opladen 1990

Theile, H.-O.: Die Nachentrichtung von Beiträgen durch ausgeschiedene Landwirte nach dem Agrarsozialen Ergänzungsgesetz, in: SdL, 1971, S.11

Theuerkauf, E.: Mutterschutzgesetz vom 24.1.1952. Kommentar, neubearb. Ausgabe, Köln 1954

Thiede, R.: Neue Ansätze zur Absicherung des Pflegerisikos. Überblick über die sozialpolitische Diskussion des Jahres 1990, in: Sozialer Fortschritt, 40.Jg., Heft 3/1991, S.62-67

Thieding, F.: Das soziale Mosaik. Eine Studie der industriellen und kollektiven Leistungen zur Sicherung des Lebens, Hamburg 1956

Thiele, W. (Hrsg.): Das Gesundheitswesen der DDR: Aufbruch oder Einbruch?, Denkanstöße für eine Neuordnung des Gesundheitswesens in einem deutschen Staat (hrsg. vom Hamburger Arbeitskreis für Sozial- und Gesundheitspolitik), St. Augustin 1990

Thiemeyer, Th.: Krankenhausfinanzierung, in: H. Lampert (Hrsg.): Aktuelle Probleme der Gesundheitspolitik in der BRD (Schriften des Vereins für Socialpolitik, N.F. Bd.82), Berlin 1975, S.95-157 (1975a)

Thiemeyer, Th.: Soziale Selbstverwaltung unter ökonomischem Aspekt, in: Zeitschrift für Sozialreform, 21.Jg., 1975, S.539-559 (1975b)

Thiemeyer, Th.: Kostenexplosion im Gesundheitswesen, in: M. Pfaff/H. Voigtländer (Hrsg.): Sozialpolitik im Wandel – von der selektiven zur integrierten Sozialpolitik, Bonn 1978, S.77-102

Thiemeyer, Th.: Selbstverwaltung im Gesundheitsbereich, in: H. Winterstein (Hrsg.): Selbstverwaltung als ordnungspolitisches Problem des Sozialstaates II (Schriften des Vereins für Socialpolitik, N.F. Bd.133/II), Berlin 1984, S.63-97

Thiemeyer, Th.: Honorierungsprobleme in der Bundesrepublik Deutschland (Ärzteeinkommen, Steuerungsprobleme usw.), in: Ch. von Ferber/U.E. Reinhardt/H. Schaefer/Th. Thiemeyer (Hrsg.): Kosten und Effizienz im Gesundheitswesen. Gedenkschrift für Ulrich Geißler (Soziologie und Sozialpolitik, Bd.4), München 1985, S.35-58

Thiemeyer, Th. (Hrsg.): Regulierung und Deregulierung im Bereich der Sozialpolitik (Schriften des Vereins für Socialpolitik, N.F. Bd.177), Berlin 1988

Thomae, D.: Wettbewerb und Pluralität für das DDR-Gesundheitswesen, in: Die Krankenversicherung, 42.Jg., Heft 6/1990, S.157-159

Thomae, D.: Krankenhausfinanzierung und Pflegeversicherung – freiheitliche Lösungen entwikkeln, in: Die Krankenversicherung, 43.Jg., Heft 5/1991, S.116-118

Thomae, D./**Weber**, Ch.: Weiterentwicklung der Krankenhausfinanzierung, in: Die Krankenversicherung, 44.Jg., Heft 5/1992, S.127-136

Thomas, F.: Die neuen Urlaubsgesetze, Dortmund 1950

Thomas, H.-P.: Unfallversicherung – Schutz gegen Gefahren der Arbeitswelt, in: BArBl., 40.Jg., Heft 7-8/1989, S.11-15

Tiede, G.: Rechtsfragen aus dem Kindergeldgesetz, in: RdA, 8.Jg., 1955, S.9-14

Tiedt, G.: Rehabilitation im Beitrittsgebiet im Jahre 1991, in: Deutsche Rentenversicherung, 62.Jg., Heft 1/1991, S.90-105

Tiedtke, K.-P.: Die deutschen Aussiedler. Hintergründe, Fakten und Perspektiven der Aussiedlung und der Eingliederung, in: Informationen zur Raumentwicklung, Heft 5/1989, S.343-352

Tofaute, H.: Splitting, Kinderfreibeträge, Sozialer Familienlastenausgleich: Ein harmonischer Dreiklang?, Kritische Anmerkungen zum Steuersenkungsgesetz 1986/88, in: Soziale Sicherheit, 34.Jg., 1985, S.330-337

Tofaute, H.: Gesamtwirtschaftliche Entwicklungslinien der Steuerpolitik aus verteilungspolitischer Sicht, in: WSI-Mitteilungen, 39.Jg., Heft 12/1986, S.758-772

Töns, H.: Die wirtschaftliche Sicherung der Arbeitnehmer bei Arbeitsunfähigkeit, Stuttgart-Berlin-Köln-Mainz 1970

Töns, H.: Rechtsänderungen in der Krankenversicherung der Rentner, in: Die Ortskrankenkasse, 64.Jg., Heft 13/1982, S.429-447

Töpfer, R.: Handbuch der Beschädigtenversorgung, Hamburg-Berlin 1961

Tophoven, Ch.: Pflegeversicherung: Die Absicherung des Pflegerisikos aus der Sicht der GKV, in: Arbeit und Sozialpolitik, 45.Jg., Heft 3-4/1991, S.34-39

Tophoven-Triltsch, Ch.: Familiengründung – neue Entscheidungstheorien und ihre Kritik aus sozialpolitischer Sicht, Köln 1987

Trenk-Hinterberger, P.: Sozialhilferecht, in: B. Baron von Maydell/F. Ruland (Hrsg.): Sozialrechtshandbuch (SRH), Neuwied-Darmstadt 1988, S.951-986

Treuhandanstalt Zentrales Controlling (THA): Monatsinformation der THA. Stand: 31.05.1992, Berlin 1992

Trometer, L.: Die Kriegsopferversorgung nach 1945, in: R. Bartholomäi u.a. (Hrsg.): Sozialpolitik nach 1945. Geschichte und Analysen, Bonn-Bad Godesberg 1977, S.191-205

Tschoepe, A.: Neues Bedarfsbemessungssystem für die Regelsätze in der Sozialhilfe nach § 22 BSHG, in: Nachrichtendienst des Deutschen Vereins für öffentliche und private Fürsorge, 67.Jg., 1987, S.433-442

Turner, G. / Pflicke, G.: DDR-Recht im Umbruch, in: NJW, 43.Jg., Heft 27/1990, S.1637-1640

Uhlenbruck, W.: Die Auswirkungen des Gesetzes über Konkursausfallgeld, in: RdA, 28.Jg., 1975, S.182-184

Uhrig, N.: Die politische Diskussion über Pflegesicherung, in: Die Krankenversicherung, 43.Jg., Heft 5/1991, S.125-126

Ullmann, H. / Walwai, U. / Werner, H.: Etappen und Probleme der Vollendung des Europäischen Binnenmarktes, in: F. Buttler/U. Walwai/H. Werner (Hrsg.): Arbeits- und Sozialraum im Europäischen Binnenmarkt (BeitrAB 129), Nürnberg 1990, S.22-44

Unterhinninghofen, H.: Beschäftigungsgesellschaften und Treuhandanstalt, in: Arbeitsrecht im Betrieb, 12.Jg., Heft 9/1991, S.301-304

Vauth, W.: Arbeitszeitrecht, Heidelberg 1963

Veil, M.: Frauen in der Rentenversicherung. Auswirkungen des Rentenreformgesetzes auf Frauen aus beiden Teilen Deutschlands und Entwicklungsperspektiven, in: WSI-Mitteilungen, 44.Jg., Heft 5/1991, S.315-322

Verband Deutscher Rentenversicherungsträger: Gutachten zur langfristigen Entwicklung der gesetzlichen Rentenversicherung, Frankfurt Juni 1987

Verlag C.H. Beck (Hrsg.): Bundesvertriebenengesetz, Reichssiedlungsgesetz, Umsiedlungsgesetz, Notaufnahmegesetz, Flüchtlingsnotleistungsgesetz mit Durchführungsbestimmungen, München-Berlin 1953

Verlag C.H. Beck (Hrsg.): Heimkehrergesetz und Kriegsgefangenen-Entschädigungsgesetz, München-Berlin 1954

Verlag C.H. Beck (Hrsg.): Bundesentschädigungsgesetz. Kommentar, 2.Aufl., München-Berlin 1957

Verweyst, E.: Die Sozialunion und das Rentenleistungsrecht, in: Kompaß, 100.Jg., Heft 8/1990, S. 407-415

Veser, J.: Das Abschmelzen des Sozialwohnungsbestandes. Ursachen und Auswirkungen auf unterschiedlichen regionalen Wohnungsmärkten, in: Informationen zur Raumentwicklung, Heft 5-6/1991, S.359-378

Vetter, H.O.: Der Mitbestimmungsvorschlag aus der Sicht der Gewerkschaften, in: H. von der Groeben / H. O. Vetter / O. A. Friedrich (Hrsg.): Europäische Aktiengesellschaft – Beitrag zur sozialen Integration? (Europäische Schriften des Bildungswerks Europäische Politik, Bd.31), Bonn 1972, S.17-48

Vetter, H.O.: Mitbestimmung – Idee, Wege, Ziel. Beiträge zur Gesellschaftspolitik 1969 bis 1979, Köln 1979

Vetter, H.O. (Hrsg.): Humanisierung der Arbeit als gesellschaftspolitische und gewerkschaftspolitische Aufgabe, Frankfurt-Köln 1974

Vey, J.: Die Sozialgerichtsbarkeit, Köln/Deutz 1954

Vielhaber, Th.: Ein erster Einstieg in die Organisationsreform der GKV, in: BArBl., 40. Jg., Heft 4/1989, S.74-78

Vilmar, F. (Hrsg.): Menschenwürde im Betrieb. Modelle der Humanisierung und Demokratisierung der industriellen Arbeitswelt, Reinbek 1973

Vilmar, F. / **Sattler**, K.-O.: Wirtschaftsdemokratie und Humanisierung der Arbeit, Köln-Frankfurt 1978

Vogel, R. (Hrsg.): Bedarf und Bedarfsplanung im Gesundheitswesen, Stuttgart 1983

Vogt, St.: Langer Donnerstag – Das Gesetz zur Einführung eines Dienstleistungsabends, in: NJW, 42.Jg., Heft 38/1989, S.2376-2377

Vollmer, R.J.: Verzahnung von ambulanter und stationärer Behandlung, in: BArBl., 40.Jg., Heft 4/1989, S.61-68

Vorkötter, U. / **Wied-Nebbeling**, S.: Gesamtwirtschaftliche Auswirkungen einer beschleunigten Arbeitszeitverkürzung, Tübingen 1980

Wacker, A.: Arbeitslosigkeit, Frankfurt-Köln 1976

Wagner, G.: Pflegeversicherung: Geringe Unterschiede zwischen privatwirtschaftlicher und sozialversicherungsrechtlicher Vorsorge, in: Arbeit und Sozialpolitik, 45.Jg., Heft 3-4/1991, S.40-49 (1991a)

Wagner, G.: Die Absicherung bei Pflegebedürftigkeit wäre in den Krankenversicherungen optimal zu lösen, in: Die Krankenversicherung, 43.Jg., Heft 5/1991, S.139-141 (1991b)

Wagner, G.: Pflegebedürftigkeit – Bei Versicherungspflicht sind die Unterschiede zwischen privatwirtschaftlicher und sozialversicherungsrechtlicher Vorsorge gering. DIW-Diskussionspapier Nr. 19, Berlin 1991 (1991c)

Wagner, G.: Arbeitslosigkeit, Abwanderung und Pendeln von Arbeitskräften der neuen Bundesländer, in: Sozialer Fortschritt, 41.Jg., Heft 4/1992, S.84-89

Wagner, H.R.H.: Erfahrungen mit dem Betriebsverfassungsgesetz, Köln 1960

Wagner, K.P.: Arbeitslosenversicherung/Arbeitsförderung, in: B. Baron von Maydell / F. Ruland (Hrsg.): Sozialrechtshandbuch (SRH), Neuwied-Darmstadt 1988, S.887-950

Wagner, W.: Verelendungstheorie. Die hilflose Kapitalismuskritik, Frankfurt 1976

Wahl, J.: Sozialpolitik und Haushalts-Konsolidierung: Die Änderungen beim BAföG. Eine Beurteilung aus sozio-ökonomischer Sicht, in: Soziale Sicherheit, 32.Jg., 1983, S.376-382

Wahl, R.: Das Wahlrecht in der Sondersituation der deutschen Einigung, in: NJW, 43.Jg., Heft 41/1990, S.2585-2593

Wahl, S.: Zuwanderung von Aussiedlern in der Kurz- und Langzeitperspektive, in: Informationen zur Raumentwicklung, Heft 5/1989, S.315-321

Wahse, J.: Fachkräfte gehen in den Westen – Frauen und Alte bleiben zu Hause, in: horizont, 24.Jg., Heft 11/1990, S.22

Waldmann, H.: Zur Finanzierung des neuen Rentenreformgesetzes, in: Deutsche Rentenversicherung, 43.Jg., Heft 5/1972, S.288-309

Wallich, H.C.: Triebkräfte des deutschen Wiederaufstiegs, Frankfurt 1955

Walwai, U.: Arbeits- und Sozialrecht im Europäischen Binnenmarkt, in: F. Buttler / U. Walwai / H. Werner (Hrsg.): Arbeits- und Sozialraum im Europäischen Binnenmarkt (BeitrAB 129), Nürnberg 1990, S.45-68

Walwai, U.: Viele Wege führen nach Rom. Pro und Kontra Vermittlungs-„Monopol" im internationalen Bereich, in: MatAB, Nr.4/1991

Wander, H.: Die Flüchtlinge in der Bevölkerungs- und Arbeitsmarktstruktur West-Deutschlands, in: RdA, 3.Jg., 1950, S.218-223

Wank, R.: Das Arbeits- und Sozialrecht nach dem Einigungsvertrag, in: RdA, 44.Jg., 1991, S.3-16

Wanka, R.: Arbeitsförderungs-Konsolidierungsgesetz (AFKG). Problematik der „59jährigen", in: Arbeitgeber, 34.Jg., Heft 7/1982, S.387-389

Wannagat, G.: Das Gesetz über eine Altershilfe für Landwirte, in: ZfS, 11.Jg., Heft 9/1957, S.225-228

Wannagat, G.: Lehrbuch des Sozialversicherungsrechts, Bd.I, Tübingen 1965

Wannagat, G.: Zur Ausgestaltung der Alterssicherung der Selbständigen und der freien Berufe, in: Soziale Sicherheit, 17.Jg., 1968, S.291-294

Wannagat, G. (Hrsg.): Jahrbuch des Sozialrechts der Gegenwart 1986, Bd.8, Berlin 1986

Wannagat, G. (Hrsg.): Jahrbuch des Sozialrechts der Gegenwart 1988, Bd.10, Berlin 1988

Wannagat, G. / **Gitter**, W.: Zur Gefährdung der Beitragssatzstabilität und der sachgerechten Versorgung durch steigende Arztzahlen, o. O. 1985

Wanner, E.: Kassenarzt- und Verbänderecht im Sozialgesetzbuch neu gefaßt, in: BArBl., 40.Jg., Heft 4/1989, S.39-42

Warda, G. / **Höller**, F.: Auswirkungen des Finanzänderungsgesetzes auf die Sozialversicherung, in: Soziale Sicherheit, 17.Jg., 1968, S.69-71, 104-106, 137-139, 197-200

Wasem, J.: Reform der Pflegebedürftigkeit – Zum aktuellen Diskussionsstand, in: ZfS, 40.Jg., Heft 8/1986, S.232-238

Wasem, J.: Der versicherte Personenkreis wurde neu abgegrenzt, in: BArBl., 40.Jg., Heft 4/1989, S.6-11 (1989a)

Wasem, J.: Minderung der Ausgaben bei Fahrkosten und Rettungsdiensten, in: BArBl., 40.Jg., Heft 4/1989, S.27-29 (1989b)

Wasem, J.: Gestaltungsalternativen. Zwischen Sozial- und Privatversicherung, in: Gesellschaftspolitische Kommentare, 32.Jg., Sonderausgabe 2/1991, S.122-124

Webber, D.: Krankheit, Geld und Politik: Zur Geschichte der Gesundheitsreformen in Deutschland, in: Leviathan, 16.Jg., Heft 2/1988, S.156-203

Weber, A.: Das Gesundheitswesen in der Deutschen Demokratischen Republik, in: Die Sozialversicherung, 45.Jg., Heft 4/1990, S.97-101

Weber, A. / **Leienbach**, V.: Soziale Sicherung in Europa. Die Sozialversicherung in den Mitgliedstaaten der Europäischen Gemeinschaft, Baden-Baden 1989

Weber, H.: Die Stellung der Bundesanstalt für Arbeit bei Arbeitskämpfen, in: RdA, 25.Jg., 1972, S.80-84

Weber, H.P.: Recht der gefährlichen Arbeitsstoffe. Kommentar zur Arbeitsstoffverordnung unter besonderer Berücksichtigung der Vorschriften über krebserzeugende Arbeitsstoffe, der Unfallverhütungsvorschriften und der Regeln der Technik, München 1981

Weber, R.: Ist das AVAVG noch zeitgemäß? Grundsätzliche Überlegungen zu einer aktuellen Reform, in: Arbeit und Sozialpolitik, 20.Jg., Heft 10/1966, S.274-277

Weber, R.: Berufsbildungsgesetz. Kommentar. Loseblatt-Werk, Köln 1970 ff.

Weber, R.: Das Arbeitsförderungsgesetz. Konzeption und Realität, Köln 1973

Weddigen, W. (Hrsg.): Zur Theorie und Praxis der Mitbestimmung (Schriften des Vereins für Socialpolitik, N.F. Bd.24/I und II), Berlin 1964

Wedel, E.: Haushalte 1987. Methode und Ergebnis der Volkszählung, in: Wirtschaft und Statistik, Heft 5/1989, S.273-276

Weg, M.: Das Ende der Bescheidenheit. Probleme und Perspektiven von Frauenförderplänen, in: WSI-Mitteilungen, 39.Jg., Heft 8/1986, S.566-575

Wehner, H.G.: Anforderungen an die Steuerpolitik aus gewerkschaftlicher Sicht vor dem Hintergrund der aktuellen Steuerpolitik, in: WSI-Mitteilungen, 39.Jg., Heft 12/1986, S.806-812

Wehrens, B.: Mit Daten-Vernetzung den Markt technischer Hilfsmittel EG-weit transparent machen, in: VdK-Mitteilungen, Nr.10/1990, S.43-49

Weichert, Th.: Überprüfung der öffentlichen Bediensteten in Ostdeutschland, in: Kritische Justiz, 24.Jg., Heft 4/1991, S.457-475

Weides, P. / **Kremke**, M.: Verfassungsrechtliche Fragen zur ersten gesamtdeutschen Parlamentswahl, in: NJW, 43.Jg., Heft 31/1990, S.1888-1891

Weidner, J.: Zur Weiterentwicklung der Altershilfe der Landwirte, in: SdL, 1979, S.239-253

Weidner, J.: Auswirkungen des Rentenanpassungsgesetzes 1982 auf den Bereich der Altershilfe für Landwirte, in: SdL, 1982, S.9-26

Weigand, H. / **Wohlgemuth**, H.H.: Arbeitskampf, Köln 1980

Weimar, R.: Treuhandanstalt und Treuhandgesetz, in: Der Betriebs-Berater, Beilage zu Heft 35-36/1990, S.10-15

Weinkopf, C. / **Bosch**, G.: Berufliche Weiterbildung in der Arbeitsmarktpolitik: Anforderungen an ein Reformkonzept, in: WSI-Mitteilungen, 45.Jg., Heft 6/1992, S.388-396

Weismann, B.: Strukturreform der Ausbildungsförderung. Vorschläge zum 12. BAföGÄnderungsgesetz, in: Zeitschrift für Rechtspolitik, 22.Jg., Heft 10/1989, S.383-386

Weisser, G.: Die Gesetzgebung über den Lastenausgleich, in: Finanzarchiv, N.F. Bd.16, 1955, S.62-80

Weiß, A. u.a.: Handbuch der betrieblichen Altersfürsorge, München-Düsseldorf 1952

Weller, A.: Das Bundessozialhilfegesetz, in: RdA, 14.Jg., 1961, S.427-429

Weller, B.: Vom AVAVG zum AFG, in: Soziale Sicherheit, 19.Jg., 1970, S.12-14, 36-40

Wellner, W. / **Schmich**, G.: Europäische Sozialpolitik. Entwicklung, Analysen, Perspektiven, München 1986

Wellner, W. / **Schmich**, G.: Europa auf dem Wege zur Sozialunion. Entwicklung, Analysen, Perspektiven, Bonn 1988

Welsch, J.: Akute „Standortschwäche" oder Strategiedefizite?, in: WSI-Mitteilungen, 45.Jg., Heft 5/1992, S.283-293

Welte, H.-P.: Die Partizipation der „DDR-Ausländer" am Einigungsprozeß beider deutscher Staaten, in: Die öffentliche Verwaltung, 44.Jg., Heft 8/1991, S.501-505

Welter, P.: Entwicklung, Stand und Problematik der vereinbarten Schlichtung in der Bundesrepublik, Diss. Marburg 1958

Wendeling-Schröder, U.: Die Zukunft der Gewerkschaften im Rechtssystem, in: WSI-Mitteilungen, 39.Jg., Heft 3/1986, S.238-245

Wenzel, R. / **Wienand**, M.: Das Sozialhilfegesetz der DDR, in: Nachrichtendienst des Deutschen Vereins für öffentliche und private Fürsorge, 70.Jg., 1990, S.197-204

Wermel, M.T. / **Urban**, R.: Arbeitslosenfürsorge und Arbeitslosenversicherung in Deutschland (Neue Soziale Praxis Heft 6/I-III, Schriftenreihe des Bayerischen Staatsministeriums für Arbeit und Sozialfürsorge), München 1949

Werner, H.: Freizügigkeit der Arbeitskräfte und die Wanderungsbewegungen in den Ländern der Europäischen Gemeinschaft, in: MittAB, 6. Jg., Heft 4/1973, S.326-371

Werner, R.: Soziale Indikatoren und politische Planung. Einführung in Anwendungen der Makrosoziologie, Reinbek 1975

Werner, U.: Entsendung von Arbeitnehmern im Rahmen des Vertrages vom 18. Mai 1990 über die Schaffung einer Währungs-, Wirtschafts- und Sozialunion zwischen der Bundesrepublik Deutschland und der Deutschen Demokratischen Republik, in: Kompaß, 100.Jg., Heft 8/1990, S.388-389

Wertenbruch, W.: Zur Selbstverwaltung im System der sozialen Sicherheit, in: Zeitschrift für Sozialreform, 21.Jg., 1975, S.518-539

Westhoff, S.: Die Änderung der Versorgungsform in der betrieblichen Altersversorgung – Wechsel zwischen Direktzusage und Direktversicherung, in: RdA, 32.Jg., 1979, S.412-418

Westphal, E.: Krankenhauspflegesätze 1986. Hat die Selbstkostenerstattung ausgedient?, in: Die Ortskrankenkasse, 68.Jg., Heft 1-2/1986, S.18-21

Wicke, L.: Die personelle Vermögensverteilung in der Bundesrepublik Deutschland am Jahresende 1969, in: Finanzarchiv, N.F. Bd.34, 1975, S.39-65 (1975a)

Wicke, L.: Vermögensverteilung und schleichende Inflation, Meisenheim 1975 (1975b)

Wickenhagen, E. / **Krebs**, H.: Bundeskindergeldgesetz, Loseblatt (1965 ff.), Köln-Berlin-Bonn-München 1975

Widmaier, H.P.: Sozialpolitik im Wohlfahrtsstaat. Zur Theorie politischer Güter, Reinbek 1976

Widmaier, U.: Segmentierung und Arbeitsteilung. Die Arbeitsmarktpolitik in der Bundesrepublik Deutschland in der Diskussion, in: Aus Politik und Zeitgeschichte, B 34-35/1991, S.14-25

Wiedemann, H.: Der persönliche Geltungsbereich des Gesetzes zur Verbesserung der betrieblichen Altersversorgung, in: RdA, 30.Jg., 1977, S.13-25

Wiese, W.: Beamtenrecht. Handbuch des öffentlichen Dienstes, Bd. II/1, hrsg. von W. Wiese, 2. Aufl., Köln 1982

Wiese, W. (Hrsg.): Handbuch des öffentlichen Dienstes, Bd.I, Köln 1980

Wiesenthal: Die Konzertierte Aktion im Gesundheitswesen. Ein Beispiel für Theorie und Politik des modernen Korporatismus, Frankfurt-New York 1981

Wilke, M.: Deutsche Gewerkschaftseinheit, in: Aussenpolitik, 41.Jg., 4. Quartal 1990, S.365-375 (1990a)

Wilke, M.: Auch die Gewerkschaften haben ihren „Art.23", in: Arbeitgeber, 42.Jg., Heft 9/1990, S.380 (1990b)

Wilmerstadt, R. u. a.: Das neue Rentenrecht (SGB VI) – In den alten und den neuen Bundesländern nach dem Einigungsvertrag und der Renten-Überleitung, München 1992

Wilrodt, H.: Die Bundesanstalt für Arbeitsvermittlung und Arbeitslosenversicherung, in: RdA, 5.Jg., 1952, S.121-124

Wilrodt, H.: Das neue Schwerbeschädigtengesetz, in: RdA, 6.Jg., 1953, S.201-204

Wilrodt, H./**Neumann**, D.: Schwerbeschädigtengesetz. Gesetz über die Beschäftigung Schwerbeschädigter in der Fassung vom 14. August 1961. Kommentar, 2.Aufl., München-Berlin 1964

Wilrodt, H. u.a.: Schwerbeschädigtengesetz. Gesetz über die Beschäftigung Schwerbeschädigter vom 16.6.1953, München-Berlin 1953

Wingen, M.: Zur sozio-ökonomischen Lage von Familien heute. Daten und Probleme, in: Zeitschrift für Bevölkerungswissenschaft, 12.Jg., Heft 2/1986, S.221-237

Winterhager, W.D. (Hrsg.): Humanisierung der Arbeitswelt, Berlin-New York 1975

Winters, P.J.: Ein neues Demokratiegefühl. Die Volkskammer ist nicht mehr sprachlos, in: Deutschland-Archiv, 22.Jg., Heft 12/1989, S.1331-1339

Winters, P.J.: Zum ersten Mal frei. Die Wahlen zur Volkskammer, in: Deutschland-Archiv, 23.Jg., Heft 3/1990, S.497-501

Winterstein, H.: Der Investivlohn in der Bundesrepublik Deutschland, Berlin 1961

Winterstein, H.(Hrsg.): Selbstverwaltung als ordnungspolitisches Problem des Sozialstaates I und II (Schriften des Vereins für Socialpolitik, N.F. Bd.133/I und 133/II), Berlin 1984 (1984a)

Winterstein, H.: Der Bayernvertrag. Ein Element der Selbstverwaltung im Bereich der gesetzlichen Krankenversicherung, in: H. Winterstein (Hrsg.): Selbstverwaltung als ordnungspolitisches Problem des Sozialstaates I (Schriften des Vereins für Socialpolitik, N.F. Bd.133/I), Berlin 1984, S.9-44 (1984b)

Winterstein, H. (Hrsg.): Sozialpolitik in der Beschäftigungskrise (Schriften des Vereins für Socialpolitik, N.F. Bd.152/I und 152/II), Berlin 1986

Wirtschafts- und Sozialwissenschaftliches Institut (WSI): Ergebnisse des Rentenreformgesetzes von 1972, in: WSI-Mitteilungen, 27.Jg., Heft 7/1974, S.280-281

Wirtschafts- und Sozialwissenschaftliches Institut (WSI): Sozialpolitik und Selbstverwaltung. Zur Demokratisierung des Sozialstaates. WSI-Studie Nr.35, Köln 1978

Wirtschaftswissenschaftliches Institut (WWI): Die Überführung des Wohnungswesens in die Marktwirtschaft – Ein Experiment mit Fehlschlägen, in: WWI-Mitteilungen, 18.Jg., 1965, S.81-93

Wissenschaftliches Institut der Ortskrankenkassen (WIdO) (Hrsg.): Kassenärztliche Bedarfsplanung (WIdO-Schriftenreihe, Bd.1), Bonn 1978 (1978a)

Wissenschaftliches Institut der Ortskrankenkassen (WIdO) (Hrsg.): Das Ärzteangebot bis zum Jahr 2000 (WIdO-Schriftenreihe, Bd.2), Bonn 1978 (1978b)

Wissenschaftliches Institut der Ortskrankenkassen (WIdO) (Hrsg.): Strukturfragen im Gesundheitswesen der Bundesrepublik Deutschland (WIdO-Materialien, Bd.21), Bonn 1983

Wissenschaftliche Arbeitsgruppe Krankenversicherung: Vorschläge zur Strukturreform der Krankenversicherung. Endbericht, Bayreuth 1988

Wlotzke, O.: Die geplanten Änderungen zum Betriebsverfassungsgesetz (außer „leitende Angestellte") – Überlegungen zum Vorhaben der Regierungskoalition, in: F. Gamillscheg/B. Rüthers/E. Stahlhacke (Hrsg.): Sozialpartnerschaft in der Bewährung, Festschrift für Karl Molitor zum 60. Geburtstag, München 1988, S.397-418

Wlotzke, O.: 40 Jahre Sozialstaat. Ständiger Fortschritt im Arbeitsschutz, in: BArBl., 40.Jg., Heft 2/1989, S.5-10 (1989a)

Wlotzke, O.: Arbeitsrecht bewährt und unverzichtbar, in: BArBl., 40.Jg., Heft 3/1989, S.5-11 (1989b)

Wlotzke, O.: Die Änderungen des Betriebsverfassungsgesetzes und das Gesetz über Sprecherausschüsse der leitenden Angestellten, in: Der Betrieb, Heft 2/1989, S.111-126; Heft 3/1989, S.173-178 (1989c)

Wlotzke, O./**Lorenz**, M.: Arbeitsrecht und Arbeitsschutzrecht im deutsch-deutschen Einigungsprozeß, in: Der Betriebs-Berater, Beilage zu Heft 28/1990, S.1-13

Wohlgemuth, H.H./**Bobke**, M.H.: Aktuelle Probleme der Arbeitskampfrechtsprechung: Warnstreik – Solidaritätsstreik – Notdienst, in: Sozialer Fortschritt, 31.Jg., Heft 12/1982, S.273-283

Wolter, H.: Der Prozeß der deutschen Einigung, dargestellt am Beispiel des Arbeitsrechts, in: Der Betriebs-Berater, Beilage zu Heft 35-36/1990, S.37-45

Woltmann, E.: Kindergeld für 2. Kinder, in: Arbeit, Beruf und Arbeitslosenhilfe – das Arbeitsamt, 12.Jg., Heft 8/1961, S.172-174

Woyke, W. (Hrsg.): Europäische Gemeinschaft. Problemfelder – Institutionen – Politik, München-Zürich 1984

WSI-Projektgruppe Prognose: Die wirtschaftliche Entwicklung in Deutschland im Jahre 1992, in: WSI-Mitteilungen, 45.Jg., Heft 5/1992, S.253-266

Wunderlich, K.: Deutsch-deutsche Rechtseinheit und Geschiedenenwitwenrente – Ansprüche nach §§ 1265 RVO, 42 AVG, 65 RKG und 243 SGB VI, in: Die Sozialversicherung, 46.Jg., Heft 10/1991, S.253-259

Wünsche, K.: Zum Verlauf der Rechts- und Justizreform in der DDR, in: Deutsch-Deutsche Rechts-Zeitschrift, 1.Jg., Heft 5/1990, S.134-138

Würtenberger, Th.: Recht und Erziehung in der öffentlichen Jugendhilfe, in: Zeitschrift für die gesamte Strafrechtswissenschaft, Bd.71, Heft 1/1959, S.15-37

Wusterhausen, W.: Erneute Diskussion um Lohnfortzahlung und Krankenstand – Arbeitgeberbroschüre kommt zu zweifelhaften Schlüssen, in: Soziale Sicherheit, 25.Jg., 1976, S.137-140

Zabre, B.-R.: Rehabilitation in den neuen Bundesländern 1991/92, in: Die Angestelltenversicherung, 39.Jg., Heft 5/1992, S.185-193

Zacher, H.F.: Sozialstaatsprinzip, in: Handwörterbuch der Wirtschaftswissenschaft (HdWW), Bd.7, 1977, S.152-160

Zacher, H.F. (Hrsg.): Bedingungen für die Entstehung und Entwicklung von Sozialversicherung (Schriftenreihe für Internationales und Vergleichendes Sozialrecht, Bd.3), Berlin 1979

Zacher, H.F. / Blüm, N. (Hrsg.): 40 Jahre Sozialstaat Bundesrepublik Deutschland, Baden-Baden 1989

Zachert, U.: Tarifvertrag, Köln 1979

Zachert, U.: Entwicklung und Perspektiven des Normalarbeitsverhältnisses, in: WSI-Mitteilungen, 41.Jg., Heft 8/1988, S.457-466

Zentralkomitee der Deutschen Katholiken (ZdK): Stabilisierung der gesetzlichen Rentenversicherung, Erklärung vom 7. Januar 1988

Zerche, J.: Gewerkschaften und private Vermögensbildung, in: Hamburger Jahrbuch für Wirtschafts- und Gesellschaftspolitik, 21.Jg., 1976, S.241-252

Ziercke, M.: Entwicklungen auf den Wohnungsmärkten der Bundesrepublik Deutschland, Hamburg 1982

Zigan, H.: Kommentar zum Schwerbeschädigtengesetz, Heidelberg 1953

Zimmermann, H.: Kindergeld, Kinderfreibetrag oder Familiensplitting, in: Wirtschaftsdienst, Heft 3/1989, S.149-153

Zimmermann, J.: Wohnungsmarkt und Städtebau in der DDR: Ausgangslage – Probleme – Konzepte, in: ifo-schnelldienst, 43.Jg., Nr.15/1990, S.9-21

Zinn, K.G. (Hrsg.): Strategien gegen die Arbeitslosigkeit, Frankfurt-Köln 1977

Zipperer, M.: Ein wichtiger Schritt auf dem Wege zum Sozialgesetzbuch, in: BArBl., 40.Jg., Heft 4/1989, S.4-6 (1989a)

Zipperer, M.: Die Härtefallregelungen, in: BArBl., 40.Jg., Heft 4/1989, S.30-35 (1989b)

Zmarzlik, J.: Jugendarbeitsschutzgesetz. Kommentar, München 1976, 3. neubearb. Aufl., München 1985

Zmarzlik, J. / Zipperer, M.: Mutterschutzgesetz, Mutterschaftshilfe, 4.Aufl., Köln 1984

Zöller, H.: Die Renten und das Pflegegeld der gesetzlichen Unfallversicherung der DDR nach dem Stand der am 1. 7. 1990 in Kraft getretenen Rechtsänderungen und die Überleitung nach dem Einigungsvertrag vom 31. 8. 1990, in: Die BG, Heft 11/1990, S.682-691

Zöllner, D.: Die Neuregelung der Altershilfe für Landwirte, in: BArBl., 12.Jg., Heft 14/1961, S.474-478

Zöllner, D.: Die Altershilfe für Landwirte. Sozialpolitik in Deutschland, Bonn 1964

Zöllner, D.: Die Situation des Arbeitnehmers im Falle der Krankheit, in: RdA, 31.Jg., 1978, S.304-313

Zöllner, D.: Länderbericht Deutschland, in: P.A. Köhler / H.F. Zacher (Hrsg.): Ein Jahrhundert Sozialversicherung in der Bundesrepublik Deutschland, Frankreich, Großbritannien, Österreich und der Schweiz (Schriftenreihe für Internationales und Vergleichendes Sozialrecht, Bd.6), Berlin 1981, S.45-180

Zöllner, D.: Beitragssatzstabilität: Eignung, Bedingungen und künftige Entwicklung, in: Sozialer Fortschritt, 41.Jg., Heft 3/1992, S.58-61

Zuleeg, M.: Unternehmerische Mitbestimmung und Demokratie, in: RdA, 31.Jg., 1978, S.223-230

Zuleeg, M.: Subventionsrecht zur Schaffung und Erhaltung von Arbeitsplätzen, in: M. Kittner (Hrsg.): Arbeitsmarkt. Ökonomische, soziale und rechtliche Grundlagen, Heidelberg 1982, S.155-186

Zumbansen, W.: Das Sozialversicherungs-Anpassungsgesetz, Heidelberg 1949

Zundel, R.: Nochmals: Zur Warteschleife des Einigungsvertrages – Bemerkungen zur „Warteschleife", dem Urteil des Bundesverfassungsgerichts und den „Ansätzen zur Erforschung eines neuen Rechtsinstituts" von Henner Wolter (ZTR, Heft 7/1991), in: ZTR, Heft 8/1991, S.311-314

Zweifel, P. / **Hauser**, H.: Krankenversicherung unter Wettbewerbsbedingungen, in: Zeitschrift für die gesamte Versicherungswissenschaft, Bd.76, 1987, S.301-317

Zweig, G.: Anmerkungen zum Sicherungswert einer Pflegeversicherung, in: Sozialer Fortschritt, 40. Jg., Heft 11/1991, S.259-261

Verzeichnis sonstiger Quellen

(Amtliche) Gesetzes-Sammlungen und Verordnungsblätter

Amtliches Mitteilungsblatt des Hauptamtes für Soforthilfe, *1951–1953, Göttingen (später Amtliches Mitteilungsblatt des Bundesausgleichsamtes, Bad Homburg)*

Amtsblatt der Alliierten Hohen Kommission in Deutschland, *Official Gazette of the Allied High Commission for Germany, Journal Officiel de la Haute Commission Alliée en Allemagne, 1949–1955, Bonn-Petersberg*

Amtsblatt der Militärregierung in Deutschland (MRABl.), *1945 ff., Berlin*

Amtsblatt des Bayerischen Staatsministeriums für Arbeit und Soziale Fürsorge, *Bd. 1 ff., 1946 ff., München*

Amtsblatt des Kontrollrats in Deutschland (KRABl.), *1945 ff., hrsg. vom Alliierten Sekretariat, Berlin*

Befehle des Obersten Chefs der Sowjetischen Militärverwaltung in Deutschland (SMAD-Befehle), *Sammelheft 1 und 2, 1945/1946 hrsg. vom Stab der sowjetischen Militärverwaltung in Deutschland, Ost-Berlin*

Bundesanzeiger (BAnz), *1949 ff. (bis 1951: Bundesanzeiger und öffentlicher Anzeiger für das Vereinigte Wirtschaftsgebiet), Köln*

Bundesgesetzblatt (BGBl.), *1949 ff., 1951–1957 Teilung in Teil I und II, 1958 ff. Teilung in Teile I bis III, hrsg. vom Bundesminister der Justiz, Bonn*

Deutsche Justiz. Rechtspflege und Rechtspolitik (DJ), *1933–1945, amtliches Blatt der deutschen Rechtspflege, hrsg. vom Reichsjustizminister und vom Preußischen Justizminister, Berlin*

Deutscher Reichs-Anzeiger und Preußischer Staats-Anzeiger (DRA), *1933 ff., Berlin (davor 1871–1918: Deutscher Reichs-Anzeiger und Königlich Preußischer Staats-Anzeiger)*

Gemeinsames Ministerialblatt (GMBl.), *1950 ff., Berlin/Bonn*

Gesetz- u. Verordnungsblatt der Verwaltung des Vereinigten Wirtschaftsgebietes (WiGBl.), *1947–1949, Frankfurt*

Gesetzblatt der Deutschen Demokratischen Republik (GBl.), *1949–1954, ab 1955 Teil I und II, 1960–1971 Teil III, Sonderdruck, Nr. 1/1953 ff., Ost-Berlin*

Ministerialblatt BMF, *hrsg. vom Bundesminister der Finanzen, 1949/50, Bonn-Köln*

Mitteilungsblatt der Verwaltung für Wirtschaft des Vereinigten Wirtschaftsgebietes (VfWMBl.), *1948 f., Bonn*

Reichs-Gesetzblatt (RGBl.), *1871–1945, Berlin (ab 1922 Teilung in Teil I und Teil II)*

Sammlung der Länderratsgesetze (LRGS), *o. O., 1949*

Verordnungsblatt der Stadt Berlin (VOBl.Berlin), *1945 ff., hrsg. vom Magistrat für Groß-Berlin, Berlin*

Zentralverordnungsblatt (ZVOBl.), *Mai 1947–1949, amtliches Organ der Deutschen Wirtschaftskommission und ihrer Hauptverwaltungen, Ost-Berlin*

Veröffentlichungen staatlicher statistischer Ämter

Bevölkerung und Wirtschaft 1872–1972, *hrsg. vom Statistischen Bundesamt, Wiesbaden 1972*

Bevölkerung und Wirtschaft. Langfristige Reihen 1871 bis 1957 für das Deutsche Reich und die Bundesrepublik Deutschland, *Statistik der Bundesrepublik Deutschland, Bd. 199, hrsg. vom Statistischen Bundesamt, Wiesbaden 1958*

Einkommens- und Verbrauchsstichproben, *1962/63 (1964 ff.),* Fachserie M: Preise, Löhne, Wirtschaftsrechnungen, Reihe 18; *(1973 ff.)*, Fachserie 15: Wirtschaftsrechnungen, *unregelmäßig, hrsg. vom Statistischen Bundesamt, Wiesbaden*

Fachserie 1: Bevölkerung und Erwerbstätigkeit, Reihe 1: Gebiet und Bevölkerung, *jährlich, 1981 (1983) ff., hrsg. vom Statistischen Bundesamt, Wiesbaden*

Fachserie 1: Bevölkerung und Erwerbstätigkeit, Reihe 3: Haushalte und Familien (Ergebnisse des Mikrozensus), *1977 ff., jährlich, hrsg. vom Statistischen Bundesamt, Wiesbaden*

Fachserie 1: Bevölkerung und Erwerbstätigkeit, Reihe 4.3: Streiks und Aussperrungen, *1976 ff., jährlich, hrsg. vom Statistischen Bundesamt, Wiesbaden*

Fachserie 1: Bevölkerung und Erwerbstätigkeit, Reihe 4.1: Stand und Entwicklung der Erwerbstätigkeit (Ergebnisse des Mikrozensus), *1976 (1977) ff., jährlich, hrsg. vom Statistischen Bundesamt, Wiesbaden*

Fachserie 5: Bautätigkeit und Wohnungen, Reihe S.5: Die Wohnsituation der Haushalte (Mietbelastung und Unterbringung), *1982 ff., unregelmäßig, hrsg. vom Statistischen Bundesamt, Wiesbaden*

Fachserie 11: Bildung und Kultur, Reihe 7: Ausbildungsförderung nach dem Bundesausbildungsförderungsgesetz (BAföG), *1980 ff., jährlich, hrsg. vom Statistischen Bundesamt, Wiesbaden*

Fachserie 12: Gesundheitswesen, Reihe 1: Ausgewählte Zahlen für das Gesundheitswesen, *1975 ff., jährlich, hrsg. vom Statistischen Bundesamt, Wiesbaden*

Fachserie 13: Sozialleistungen, Reihe 1: Versicherte in der Kranken- und Rentenversicherung (Ergebnisse des Mikrozensus), *1976 ff., jährlich, hrsg. vom Statistischen Bundesamt, Wiesbaden*

Fachserie 13: Sozialleistungen, Reihe 2: Sozialhilfe, *1976 ff., jährlich, hrsg. vom Statistischen Bundesamt, Wiesbaden*

Fachserie 13: Sozialleistungen, Reihe 3: Kriegsopferfürsorge, *1976 ff., jährlich, hrsg. vom Statistischen Bundesamt, Wiesbaden*

Fachserie 13: Sozialleistungen, Reihe 4: Wohngeld, *1972 ff., jährlich, hrsg. vom Statistischen Bundesamt, Wiesbaden*

Fachserie 13: Sozialleistungen, Reihe 5.1: Schwerbehinderte, *1982 ff., zweijährig, hrsg. vom Statistischen Bundesamt, Wiesbaden*

Fachserie 13: Sozialleistungen, Reihe 5.2: Rehabilitationsmaßnahmen, *1974 ff., jährlich, hrsg. vom Statistischen Bundesamt, Wiesbaden*

Fachserie 13: Sozialleistungen, Reihe 6.1: Erzieherische Hilfen und Aufwand für die Jugendhilfe, *1982 ff., jährlich, hrsg. vom Statistischen Bundesamt, Wiesbaden*

Fachserie 13: Sozialleistungen, Reihe 6.2: Maßnahmen der Jugendarbeit im Rahmen der Jugendhilfe, *1982 ff., vierjährig, hrsg. vom Statistischen Bundesamt, Wiesbaden*

Fachserie 13: Sozialleistungen, Reihe 6.3: Einrichtungen und tätige Personen in der Jugendhilfe, *1982 ff., vierjährig, hrsg. vom Statistischen Bundesamt, Wiesbaden*

Fachserie A, Bevölkerung und Kultur, Reihe 5: Haushalte und Familien, *1969 (1970) ff., unregelmäßig, hrsg. vom Statistischen Bundesamt, Wiesbaden*

Fachserie A, Bevölkerung und Kultur, Reihe 6 I.: Entwicklung der Erwerbstätigkeit, *1957 (1963) ff., jährlich, hrsg. vom Statistischen Bundesamt, Wiesbaden*

Fachserie A, Bevölkerung und Kultur, Reihe 6 II.: Versicherte in der gesetzlichen Kranken- und Rentenversicherung, *1966 (1968) ff., jährlich, hrsg. vom Statistischen Bundesamt, Wiesbaden*

Fachserie A, Bevölkerung und Kultur, Reihe 6 III.: Streiks, *1961 ff., jährlich, hrsg. vom Statistischen Bundesamt, Wiesbaden*

Fachserie A, Bevölkerung und Kultur, Reihe 7: Gesundheitswesen, *1959–1974, jährlich, hrsg. vom Statistischen Bundesam, Wiesbaden*

Statistische Berichte, Arb. Nr. VI/18, *1949 ff., hrsg. vom Statistischen Bundesamt, Wiesbaden*

Statistische Monatszahlen, *1949 ff., hrsg. vom Statistischen Bundesamt, Wiesbaden*

Statistischer Wochendienst, *1950 ff., hrsg. vom Statistischen Bundesamt, Wiesbaden*

Statistisches Jahrbuch für die Bundesrepublik Deutschland, *1952 ff., hrsg. vom Statistischen Bundesamt, Wiesbaden*

Statistisches Jahrbuch für die Deutsche Demokratische Republik, *1955–1990, Ost-Berlin*

Wirtschaft und Statistik, monatlich, *1921–1944, hrsg. vom Statistischen Reichsamt, Berlin; 1948, hrsg. vom Statistischen Amt des Vereinigten Wirtschaftsgebietes; N. F. 1949/1950 ff., hrsg. vom Statistischen Bundesamt, Wiesbaden*

Sonstige statistische Veröffentlichungen

Arbeits- und Sozialstatistik. Hauptergebnisse, *1961 ff., jährlich, hrsg. vom Bundesminister für Arbeit und Sozialordnung*

Arbeits- und sozialstatistische Mitteilungen, *1950–1961, hrsg. vom Bundesminister für Arbeit*

Arbeitsmarkt in Zahlen. Aktuelle Eckdaten, *monatlich, hrsg. von der Bundesanstalt für Arbeit, Nürnberg*

Arbeitsmarkt in Zahlen. Aussiedler-Übersiedler, *monatlich, hrsg. von der Bundesanstalt für Arbeit*

Arbeitsstatistik – Jahreszahlen, *jährlich, Sondernummer der Amtlichen Nachrichten der Bundesanstalt für Arbeit, hrsg. von der Bundesanstalt für Arbeit, Nürnberg*

Arbeitsunfähigkeit und Krankenhausbehandlung nach Krankheitsarten, *jährlich, hrsg. vom Bundesminister für Arbeit und Sozialordnung*

Basisdaten des Gesundheitswesens, *1979/1980 ff., jährlich, hrsg. vom Bundesverband der Pharmazeutischen Industrie e. V., Frankfurt*

Die gesetzliche Krankenversicherung in der Bundesrepublik Deutschland. Statistischer und finanzieller Bericht, *1966 (1969) ff., jährlich, hrsg. vom Bundesminister für Arbeit und Sozialordnung, Bonn*

Die gesetzliche Unfallversicherung in der Bundesrepublik Deutschland im Jahre .... Statistischer und finanzieller Bericht, *jährlich, hrsg. vom Bundesminister für Arbeit und Sozialordnung, Bonn*

Die Rentenbestände in der Rentenversicherung der Arbeiter und der Angestellten in der Bundesrepublik Deutschland, *1962 ff., hrsg. vom Bundesminister für Arbeit und Sozialordnung, Bonn*

Die Rentenversicherung der Arbeiter und der Angestellten in der Bundesrepublik Deutschland im Jahre .... Statistischer und finanzieller Bericht, *jährlich, hrsg. vom Bundesminister für Arbeit und Sozialordnung, Bonn*

Die soziale Krankenversicherung im Jahre .... in der Bundesrepublik Deutschland. Statistischer und finanzieller Bericht, *1948(1949)–1962(1965), hrsg. vom Bundesminister für Arbeit, Bonn*

Gesellschaftliche Daten, *1973 ff., jährlich, hrsg. vom Presse- und Informationsamt der Bundesregierung, Bonn*

Grund- und Strukturdaten, *1974 ff., jährlich, hrsg. vom Bundesminister für Bildung und Wissenschaft, Bonn*

Grunddaten zur kassenärztlichen Versorgung in der Bundesrepublik Deutschland, *jährlich, hrsg. von der Kassenärztlichen Bundesvereinigung, Köln*

Jahresbericht. Leistungen, Analysen, Aspekte, *hrsg. von der Arbeitsgemeinschaft der Deutschen Hauptfürsorgestellen, Münster*

Monatsberichte der Deutschen Bundesbank, *1949 ff., monatlich, hrsg. von der Deutschen Bundesbank, Frankfurt*

Statistik der Versorgung von Kriegsopfern und gleichgestellten Personen innerhalb und außerhalb des Bundesgebietes, *hrsg. vom Bundesministerium für Arbeit und Sozialordnung*

Statistische Informationen, *1953 ff., hrsg. vom Bundesausgleichsamt, Bad Homburg (ab 1959 mehrere Reihen, darunter Statistik über den Lastenausgleich)*

Statistisches Taschenbuch. Arbeits- und Sozialstatistik, *1973 ff., jährlich, hrsg. vom Bundesminister für Arbeit und Sozialordnung*

VDR-Statistik Pflichtversicherte, *1973, 1974, 1982/1983 ff., jährlich hrsg. vom Verband Deutscher Rentenversicherungsträger, Frankfurt*

VDR-Statistik Rehabilitationsmaßnahmen, *1954–57, ab 1958 jährlich, hrsg. vom Verband Deutscher Rentenversicherungsträger, Frankfurt*

VDR-Statistik Rentenbestand, *1954–57, 1972, ab 1984 jährlich, hrsg. vom Verband Deutscher Rentenversicherungsträger, Frankfurt*

VDR-Statistik Rentenzugang, Rentenwegfall, *1950–52, ab 1953 jährlich, hrsg. vom Verband Deutscher Rentenversicherungsträger, Frankfurt*

Zahlen zur wirtschaftlichen Entwicklung der Bundesrepublik Deutschland, *jährlich, 1969 ff., hrsg. vom Institut der deutschen Wirtschaft, Köln*

Zahlen-Daten-Fakten, *jährlich, hrsg. von der Deutschen Krankenhaus-Gesellschaft, Düsseldorf*

Zahlen-Fibel. Ergebnisse der Arbeitsmarkt- und Berufsforschung in Tabellen, *unregelmäßig, hrsg. vom Institut für Arbeitsmarkt- und Berufsforschung*

Fachzeitschriften und Veröffentlichungen von Verbänden, Organisationen und ähnlichen Institutionen

Agrarrecht, *1971 ff., Zeitschrift für das gesamte Recht der Landwirtschaft, der Agrarmärkte und der ländlichen Räume; hrsg. von der Deutschen Gesellschaft für Agrarrecht, Hiltrup*

Aktuelle Analysen, *hrsg. vom Bundesinstitut für Ostwissenschaft und Internationale Studien, Köln*

Arbeit und Recht, *1953 ff., Zeitschrift für Arbeitsrechtspraxis, Köln-Deutz*

Arbeit und Sozialfürsorge, *1946–1962, amtliches Organ der Deutschen Verwaltung für Arbeit und Sozialfürsorge, ab 1960 Verlag die Wirtschaft, Ost-Berlin*

Arbeit, Beruf und Arbeitslosenhilfe – das Arbeitsamt (ABA), *1950 ff., Fachzeitschrift für die Aufgaben der Bundesanstalt für Arbeit, Stuttgart*

Arbeitgeber, *1949 ff., hrsg. von der Bundesvereinigung der Deutschen Arbeitgeberverbände, Köln*

Arbeitsrecht im Betrieb (AiB), *1980 ff., Zeitschrift für Betriebsratsmitglieder, hrsg. vom Deutschen Gewerkschaftsbund, Köln*

Archiv für Sozialgeschichte, *1961 ff., hrsg. von der Friedrich-Ebert-Stiftung, Hannover*

Archiv für Wissenschaft und Praxis der sozialen Arbeit, *1970 ff., Vierteljahreshefte zur Förderung von Sozial-, Jugend- und Gesundheitshilfe, hrsg. im Auftrag des Deutschen Vereins für öffentliche und private Fürsorge, der Akademie für Jugendarbeit und Sozialarbeit und des Instituts für Gemeinwohl, Frankfurt./M.*

Argumente zur Wirtschaftspolitik, *1985 ff., hrsg. vom Frankfurter Institut für wirtschaftspolitische Forschung, Bad Homburg*

Arzt und Krankenhaus, *1976 ff., hrsg. vom Verband der leitenden Krankenhausärzte Deutschlands, Lübeck*

Aus Politik und Zeitgeschichte, *1951 ff., Beilage zur Wochenzeitung Das Parlament, hrsg. von der Bundeszentrale für politische Bildung (anfangs von der Bundeszentrale für Heimatdienst), Bonn*

Bayerische Verwaltungsblätter, *1924 ff. (N. F. 1955 ff.), Zeitschrift für öffentliches Recht und öffentliche Verwaltung, München*

Behindertenrecht, *1962 ff., Fachzeitschrift für die Gebiete Schwerbehindertenrecht, Kriegsopferfürsorge, Rehabilitation, hrsg. unter Mitwirkung der Arbeitsgemeinschaft der Deutschen Hauptfürsorgestellen, München*

Beiträge zur Gesellschafts- und Bildungspolitik, *1976 ff., Schriftenreihe des Instituts der deutschen Wirtschaft, Köln*

Beiträge zur Gesundheitsökonomie, *1982 ff., Schriftenreihe der Robert-Bosch-Stiftung GmbH, Gerlingen*

Beiträge zur Wirtschafts- und Sozialpolitik, *1975 ff., Schriftenreihe des Instituts der deutschen Wirtschaft, Köln*

Betriebliche Altersversorgung, *1955 ff., Mitteilungsblatt der Arbeitsgemeinschaft für betriebliche Altersversorgung e. V., Köln*

Blätter der Wohlfahrtspflege, *1848 ff., Monatsschrift der öffentlichen und freien Wohlfahrtspflege, hrsg. vom Landeswohlfahrtswerk Baden-Württemberg, Stuttgart*

Das Krankenhaus. Zentralblatt für das deutsche Krankenhauswesen, *1949 ff., hrsg. von der Deutschen Krankenhaus-Gesellschaft, Stuttgart-Berlin-Köln*

Daten, Fakten, Informationen der IG Metall, *1976 ff., hrsg. von der Industriegewerkschaft Metall, Frankfurt*

Der aktuelle Begriff, *hrsg. von den Wissenschaftlichen Diensten des Deutschen Bundestages*

Der Arbeitgeber, *1909 ff (1949 ff.), Offizielles Organ der Arbeitgeber-Verbands-Organisationen des Vereinigten Wirtschaftsgebietes*

Der Betriebs-Berater, *1946 ff., Heidelberg*

Der Bürger im Staat, *1951 ff., hrsg. von der Arbeitsgemeinschaft »Bürger im Staat e. V.«, Stuttgart*

Der Gemeindehaushalt, *1899 ff., Fachzeitschrift für das gemeindliche Haushalts-, Kassen-, Rechnungs- und Prüfungswesen, Stuttgart-Köln*

Der Gewerkschafter, *1953 ff., Monatsschrift für die Funktionäre der IG Metall, Frankfurt*

Der langfristige Kredit, *1950 ff., Die Spezialinformation für den Kapitalbereich, München*

Der Schwerbehinderte im öffentlichen Dienst, *1958 ff., hrsg. von der Arbeitsgemeinschaft der Schwerbehindertenvertretungen des Bundes und der Länder, Bonn*

Der Städtetag, *Zeitschrift für kommunale Praxis und Wissenschaft, 1948 ff., Neue Folge, hrsg. vom Präsidium des Deutschen Städtetages, Köln*

Der Versorgungsbeamte, *1950 ff., hrsg. vom Bund der Versorgungsbeamten im Deutschen Beamtenbund, Köln*

Deutsche Rentenversicherung (DRV), *1962 ff., monatlich, hrsg. vom Verband Deutscher Rentenversicherungsträger, Frankfurt*

Deutsche Richterzeitung, *1950 ff., Organ des Deutschen Richterbundes, Berlin; vereinigt mit »Justiz und Verwaltung«, 1909 ff., Berlin*

Deutsche Versicherungszeitschrift für Sozialversicherung und Privatversicherung, *1947/48 ff., hrsg. von der Gesellschaft für Versicherungswissenschaft und -gestaltung, Berlin*

Deutsches Ärzteblatt, *1872 ff., zuletzt hrsg. von der Bundesärztekammer und der Kassenärztlichen Bundesvereinigung, Köln*

Deutsches Steuerrecht, *1962 ff., Organ der Bundeskammer der Steuerbevollmächtigten, München-Berlin-Frankfurt*

Deutschland-Archiv (DA), *1968 ff., monatlich, Zeitschrift für Fragen der DDR und der Deutschlandpolitik, Köln*

DGB-Informationsdienst, *1951 ff., hrsg. vom Deutschen Gewerkschaftsbund, Düsseldorf*

DGB-Nachrichten-Dienst, *1951 ff., hrsg. vom Deutschen Gewerkschaftsbund, Düsseldorf*

Die Angestelltenversicherung (DAngVers), *1954 ff., monatlich, hrsg. von der Bundesversicherungsanstalt für Angestellte, Berlin*

Die Betriebskrankenkasse, *1908 ff., monatlich, hrsg. vom Bundesverband der Betriebskrankenkassen, Essen*

Die BG. Fachzeitschrift für Arbeitssicherheit und Unfallversicherung, *hrsg. vom Hauptverband der gewerblichen Berufsgenossenschaften e. V., Berlin-Bielefeld-München*

Die Ersatzkasse, *1916 ff., hrsg. vom Verband der Angestellten-Krankenkassen, St. Augustin*

Die freie Wohnungswirtschaft, *1946 ff., Informationsdienst des Verbandes freier Wohnungsunternehmen e. V., Hamburg*

Die Krankenversicherung (KrV), *1949 ff., monatlich, hrsg. vom Bundesverband der Innungskrankenkassen, Bergisch Gladbach*

Die Neue Gesellschaft, *1905-1907, Berlin; 1954 ff., Bielefeld, später Bonn*

Die Ortskrankenkasse (DOK), *1913 ff. als Deutsche Krankenkasse, hrsg. vom Reichsverband der Ortskrankenkassen, 1933 ff. als Die deutsche Ortskrankenkasse, ab 1935 ff. als Die Ortskrankenkasse; 1949 ff. hrsg. von der Vereinigung der Ortskrankenkassenverbände*

Die private Krankenversicherung. Rechenschaftsbericht, *jährlich, hrsg. vom Verband der privaten Krankenversicherung e. V., Köln*

Die Quelle, *1950 ff., Funktionärszeitschrift des Deutschen Gewerkschaftsbundes, Köln*

Die Sozialversicherung, *1946 ff., Zeitschrift für alle Angelegenheiten der Kranken-, Renten- und Unfallversicherung, Heidelberg*

Die Sozialversicherung, *1955–1964, Zeitschrift für Räte und Bevollmächtigte der Sozialversicherung, hrsg. vom Bundesvorstand des FDGB, Ost-Berlin*

Die Weltwirtschaft, *1950 ff., hrsg. vom Institut für Weltwirtschaft an der Universität Kiel, Kiel*

DKG-Pressemitteilung, *Pressemitteilungen der Deutschen Krankenhaus-Gesellschaft, Düsseldorf*

Dpa-Hintergrund, *1965 ff., Archiv- und Informationsmaterial, Hamburg*

dv-aktuell, *Pressedienst des Deutschen Vereins für öffentliche und private Fürsorge e. V., Frankfurt*

epd-dokumentation, *1970 ff., hrsg. von der Zentralredaktion des Evangelischen Pressedienstes, Witten*

Ersatzkassen Report, *1978 ff., hrsg. vom Verband der Angestellten-Krankenkassen, St. Augustin*

Europa-Archiv, *1946 ff., halbmonatlich, hrsg. von der Deutschen Gesellschaft für Auswärtige Politik, Bonn*

Familienpolitische Informationen, *1962 ff., hrsg. vom Verein zur Förderung der Evangelischen Aktionsgemeinschaft für Familienfragen, Bonn*

FDP-Tagesdienst, *1950 ff., Pressedienst der FDP-Bundestagsfraktion, Bonn*

Finanzarchiv, *1884 ff., begründet von Georg von Schanz, Stuttgart (später Tübingen)*

Frankfurter Hefte, *1946 ff., Zeitschrift für Kultur und Politik, Frankfurt*

Gemeinnütziges Wohnungswesen, *1948 ff., hrsg. vom Gesamtverband gemeinnütziger Wohnungsunternehmen, Hamburg*

Geschäftsbericht, *1950/51 (1952), hrsg. vom Deutschen Gewerkschaftsbund, Düsseldorf*

Gesellschaftspolitische Kommentare, *1954 ff., hrsg. vom Zentralausschuß der christlich-sozialen Kollegenschaft im DGB, Düsseldorf*

Gewerkschaftliche Monatshefte. Zeitschrift für soziale Theorie und Praxis, *1950 ff., hrsg. vom Deutschen Gewerkschaftsbund, Köln*

Gewerkschaftliche Praxis, *1947 ff., Informationsdienst für die Mitarbeiter des DGB, Köln*

Hamburger Jahrbuch für Wirtschafts- und Gesellschaftspolitik, *1956 ff., Veröffentlichungen des HWWA-Instituts für Wirtschaftsforschung, Tübingen*

Hausbau-Informationen, *hrsg. vom Institut für Städtebau, Wohnungswirtschaft und Bausparwesen (Arnold-Knoblauch-Institut) Bonn*

Ifo-Beiträge zur quantitativen Wirtschaftsforschung, *1975 ff., hrsg vom Ifo-Institut für Wirtschaftsforschung, München*

ifo-schnelldienst, *1951 ff., hrsg. vom Ifo-Institut für Wirtschaftsforschung, München*

Informationen zur Raumentwicklung, *1974 ff., hrsg. von der Bundesforschungsanstalt für Raumkunde und Landesplanung, Bonn-Bad Godesberg*

Informationen zur Sozial- und Arbeitsmarktpolitik, *hrsg. vom Deutschen Gewerkschaftsbund*

Informationsdienst und Mitteilungsblatt des VHW, *1947 ff., hrsg. vom Deutschen Volksheimstättenwerk, Köln*

intern, *Informationsdienst für die Mitglieder der SPD-Bundestagsfraktion, Bonn*

International Labour Review, *1929 ff., hrsg. von der International Labour Organization, Genf*

Internationale Chronik der Arbeitsmarktpolitik, *1980 ff., hrsg. vom Wissenschaftszentrum für Sozialforschung Berlin, Forschungsschwerpunkt Arbeitsmarkt und Beschäftigung, Berlin*

IPW-Berichte, *1972 ff., hrsg. vom Institut für Internationale Politik und Wirtschaft, Ost-Berlin*

iwd – Informationsdienst des Instituts der deutschen Wirtschaft, *1975 ff., wöchentlich, hrsg. vom Institut der deutschen Wirtschaft, Köln*

Jahrbuch für Sozialwissenschaft, *1950 ff., Göttingen*

Jahrbuch für westdeutsche Landesgeschichte, *1975 ff., hrsg. im Auftrag der Landesarchivverwaltung Rheinland-Pfalz, Koblenz*

Journal of common market studies, *1962 ff., Oxford*

KND, *Kurz-Nachrichten-Dienst, hrsg. von der Bundesvereinigung der Deutschen Arbeitgeberverbände, Köln*

Kompaß, *1886 ff., Organ der Knappschafts-Berufsgenossenschaft für das Deutsche Reich, ab 1950 ff., Mitteilungsblatt der Bergbau-Berufsgenossenschaft, ab 1965 ff., hrsg. von der Arbeitsgemeinschaft der Knappschaften der Bundesrepublik Deutschland, ab 1969 ff., hrsg. von der Bundesknappschaft, Bochum*

Kompaß. Zeitschrift für Sozialversicherung der Bergleute, *1888 ff., hrsg. von der Bergbau-Berufsgenossenschaft und der Bundesknappschaft, Bochum*

Konjunkturpolitik, *1954 ff., Zeitschrift für angewandte Konjunkturforschung, Berlin*

Krankenhaus-Umschau, *1927 ff., Organ des Verbandes der Krankenhausdirektoren, Kulmbach*

Loccumer Protokolle, *hrsg. von der Evangelischen Akademie Loccum*

Materialien aus der Arbeitsmarkt- und Berufsforschung (MatAB), *1970 ff., hrsg. vom Institut für Arbeitsmarkt- und Berufsforschung (IAB), Nürnberg*

Medikament & Meinung. Zeitschrift für Arzneimittel- und Gesundheitswesen, *1978 ff., hrsg. vom Bundesverband der Pharmazeutischen Industrie, Frankfurt*

Mieterzeitung, *1952 ff., hrsg. vom Deutschen Mieterbund, Köln*

Mitteilungen aus der Arbeitsmarkt- und Berufsforschung (MittAB), *1967 ff., vierteljährlich, Nürnberg, hrsg. von Karl Martin Bolte u.a., Nürnberg*

Mitteilungen der Akademie der Arbeit an der Universität Frankfurt, *Frankfurt*

Mitteilungen des Hochschulverbandes, *zweimonatlich, 1952 ff., hrsg. vom Deutschen Hochschulverband, Bonn-Bad Godesberg*

Nachrichtendienst des Deutschen Vereins für öffentliche und private Fürsorge, *1946 ff., Augsburg*

Neue Zeitschrift für Arbeits- und Sozialrecht, *1984 ff., München*

ORDO, *1948 ff., Jahrbuch für die Ordnung von Wirtschaft und Gesellschaft, Düsseldorf-München*

Orientierungen zur Wirtschafts- und Gesellschaftspolitik, *1979 ff., hrsg. von der Ludwig-Erhard-Stiftung, Bonn*

ÖTV-Magazin, *1949 ff., hrsg. vom Hauptvorstand der Gewerkschaft Öffentliche Dienste, Transport und Verkehr, Stuttgart*

Päd extra & demokratische Erziehung, *1988 ff., Köln, voher:* päd extra, *1973 ff., Aktuelles Magazin für Erziehung, Wissenschaft und Politik, Birkenau*

PDA-Presse-Dienst, *hrsg. von der Bundesvereinigung der Deutschen Arbeitgeberverbände*

PKV-Publik, *neunmal jährlich, hrsg. vom Verband der privaten Krankenversicherung e. V., Köln*

Politische Vierteljahresschrift (PVS), *1960 ff., hrsg. von der Deutschen Vereinigung für politische Wissenschaft, Opladen*

Presseschau, *1962 ff., hrsg. vom AOK-Bundesverband, Bonn*

Protokoll ... ordentlicher (außerordentlicher) Bundeskongreß des Deutschen Gewerkschaftsbundes, *1947 ff., Düsseldorf*

Recht der internationalen Wirtschaft, *1954 ff., Berichte und Informationen mit Nachrichten der Studiengesellschaft für privatrechtliche Auslandsinteressen e. V., Heidelberg*

Recht der Landwirtschaft (RdL), *1949 ff., Zeitschrift für Landwirtschaftsrecht, Hamburg*

RWI-Mitteilungen, *1950 ff., hrsg. vom Rheinisch-Westfälischen Institut für Wirtschaftsforschung, Essen*

SdO-Impulse, Fakten, Hintergründe, *1953 ff., monatlich, hrsg. vom AOK-Bundesverband, Bonn*

Selbstverwaltung der Ortskrankenkassen (SdO), *1953 ff., hrsg. vom Verein der Ortskrankenkassenverbände, Bad Godesberg*

Soziale Ordnung. Christlich-demokratische Blätter der Arbeit, *1947 ff., Bonn*

Soziale Selbstverwaltung, *1953 ff., Informationsdienst für die Mitglieder der Selbstverwaltung in der Sozialversicherung, hrsg. von der Bundesvereinigung der Deutschen Arbeitgeberverbände, Bergisch Gladbach*

Soziale Sicherheit in der Landwirtschaft (SdL), *1971 ff., hrsg. vom Bundesverband der landwirtschaftlichen Berufsgenossenschaften, dem Gesamtverband der landwirtschaftlichen Alterskassen und dem Bundesverband der landwirtschaftlichen Krankenkassen, Kassel*

Soziale Sicherheit. Zeitschrift für Sozialpolitik, *1952 ff., hrsg. vom Deutschen Gewerkschaftsbund, Köln*

Sozialer Fortschritt. Unabhängige Zeitschrift für Sozialpolitik, *1952 ff., monatlich, hrsg. von der Gesellschaft für Sozialen Fortschritt e. V., Berlin-München*

Tarifbericht, *hrsg. vom Deutschen Gewerkschaftsbund, Abteilung Tarifpolitik, Düsseldorf*

Tätigkeitsbericht, *1958 ff., hrsg. von der Arbeitsgemeinschaft der Kassenärztlichen Vereinigungen, Köln*

VdK-Mitteilungen, *1951 ff., monatlich, hrsg. vom Verband der Kriegs- und Wehrdienstopfer, Behinderten und Sozialrentner Deutschlands e. V.*

Vierteljahreshefte für Zeitgeschichte, *1953 ff., hrsg. im Auftrag des Instituts für Zeitgeschichte München, Stuttgart*

Volkswirtschaftliche Korrespondenz der Adolf-Weber-Stiftung, *1962 ff., Frankfurt*

Wertpapier, *1947 ff., Zeitschrift der Deutschen Schutzvereinigung für Wertpapierbesitz, Düsseldorf*

WIdO-Schriftenreihe, *Bonn 1978 ff., Schriftenreihe des Wissenschaftlichen Instituts der Ortskrankenkassen, Bonn*

Wirtschaftsdienst, *1916 ff., hrsg. vom Hamburger Weltwirtschaftsarchiv und dem Institut für Weltwirtschaft der Universität Kiel, Hamburg*

Wirtschaftsdienst, *1949 ff., hrsg. vom Politischen Informationsbüro, Berlin*

Wirtschaftswissenschaftliches Studium, *1972 ff., Zeitschrift für Ausbildung und Hochschulkontakt*

Wochenbericht, *1934 ff., hrsg. vom Deutschen Institut für Wirtschaftsforschung, Berlin*

Wohnungswirtschaft und Mietrecht, *1949 ff., hrsg. vom Deutschen Mieterbund, Neuwied*

WSI-Mitteilungen, *1972 ff., monatlich, hrsg. vom Wirtschafts- und Sozialwissenschaftlichen Institut des Deutschen Gewerkschaftsbundes, Düsseldorf*

WWI-Mitteilungen, *1948–1971, hrsg. vom Wirtschaftswissenschaftlichen Institut des Deutschen Gewerkschaftsbundes, Düsseldorf*

Zahnärztliche Mitteilungen, *1948 ff., hrsg. vom Bundesverband der Deutschen Zahnärzte e. V. und der Kassenzahnärztlichen Bundesvereinigung, Köln*

Zeitschrift für Bevölkerungswissenschaft – Demographie, *1975 ff., hrsg. vom Bundesinstitut für Bevölkerungswissenschaft, Wiesbaden*

Zeitschrift für die gesamte Strafrechtswissenschaft, *1882 ff., Berlin*

Zeitschrift für die gesamte Versicherungswissenschaft, *1901 ff. (bis 1943), 1966 ff., hrsg. vom Deutschen Verein für Versicherungs-Wissenschaft, Berlin*

Zeitschrift für Parlamentsfragen (ZParl), *1970 ff., hrsg. von der Deutschen Vereinigung für Parlamentsfragen, Opladen*

Zeitschrift für Tarifrecht (ZTR), *1987 ff., Zeitschrift für Tarif-, Arbeits- und Sozialrecht des öffentlichen Dienstes, München*

Zentralblatt für Jugendrecht, *1950 ff., Zeitschrift für Jugend und Familie, Jugendhilfe, Jugendgerichtshilfe, Organ des Deutschen Instituts für Vormundschaftswesen, Köln; vorher: Zentralblatt für Jugendrecht und Jugendwohlfahrt, 1909 ff., Detmold*

Zentralblatt für Sozialversicherung, *1947 ff.;* Zentralblatt für Sozialversicherung und Versorgung, *1951 ff.,* Zentralblatt für Sozialversicherung, Sozialhilfe und Versorgung, *1964 ff. Düsseldorf*

Sonstige Fachzeitschriften

Arbeit und Arbeitsrecht, *1963 ff., Ost-Berlin (anstelle von Arbeit und Sozialfürsorge)*

Arbeit und Recht, *1952 ff., Köln*

Arbeit und Sozialpolitik, *1947 ff., monatlich, Bonn*

Archiv des öffentlichen Rechts, *1886 ff., Tübingen*

Aussenpolitik, *1950 ff., Zeitschrift für internationale Fragen, Stuttgart*

Bauwirtschaft, *1947 ff., Zentralblatt für das gesamte Bauwesen, Wiesbaden*

Blätter für deutsche und internationale Politik, *1956 ff., Köln*

Blätter für Steuerrecht, Sozialversicherung und Arbeitsrecht, *1946 ff., Berlin-Frohnau*

Das Arbeitsrecht der Gegenwart, *1963 (1964) ff., Jahrbuch für das gesamte Arbeitsrecht und die Arbeitsgerichtsbarkeit, Berlin*

Der Betrieb, *1948 ff., Düsseldorf*

Der Sicherheitsbeauftragte im öffentlichen Dienst (DSiöD), *1965 ff., Heidelberg*

Der Staat. *Zeitschrift für Staatslehre, Öffentliches Recht und Verfassungsgeschichte, 1962 ff., vierteljährlich, Berlin*

Deutsch-Deutsche Rechts-Zeitschrift (DtZ), *1990 ff., München*

Deutsches Handwerksblatt, *1949 ff., Frankfurt a. M.*

Deutsches Verwaltungsblatt, *1875 ff., Köln*

Die Öffentliche Verwaltung (DÖV). Zeitschrift für öffentliches Recht und Verwaltungswissenschaft, *1947 ff., Stuttgart*

Die Rentenversicherung, *1960 ff., Bonn-Bad Godesberg*

Die Sozialgerichtsbarkeit (SGb), *1954 ff., Wiesbaden*

Dienst für Gesellschaftspolitik, *1962 ff., Köln-Bonn*

Evangelische Kommentare, *1968 ff., monatlich, Stuttgart*

Finanzwirtschaft, *1946 ff., Ost-Berlin*

Gewerkschaftsjahrbuch, *1984 ff., Daten-Fakten-Analysen, Köln*

Jugendwohl, *1912 ff., Zeitschrift für Kinder- und Jugendhilfe, Freiburg*

Juristenzeitung, *1945 ff., Tübingen*

Kritische Justiz, *1968 ff., vierteljährlich, Frankfurt*

Kursbuch, *1965 ff., Frankfurt*

Leviathan, *1973 ff., Zeitschrift für Sozialwissenschaft, Düsseldorf*

Monatsschrift für Deutsches Recht, *1947 ff.*

Neue Juristische Wochenschrift, *1947 ff., München*

Neue Praxis, *1971 ff., Kritische Zeitschrift für Sozialarbeit und Sozialpädagogik, Neuwied*

Politik und Kultur, *1974 ff, Berlin*

Rabels Zeitschrift für ausländisches und internationales Privatrecht, *1936 ff., Tübingen*

Recht der Arbeit (RdA), *1948 ff., München*
Recht der Jugend und des Bildungswesens, *1952 ff., Neuwied*
Recht im Amt, *1954 ff., Zeitschrift für Behörden, Verwaltungen und Öffentliche Betriebe, Neuwied*
Recht in Ost und West (ROW), *1957 ff., zweimonatlich, Berlin*
Versicherungsrecht, *1946 ff., Karlsruhe*
Verwaltungsarchiv, *1953 ff., Köln*
Vierteljahresschrift für Sozialrecht, *1990 ff., Köln*
Vierteljahresschrift für Zeitgeschichte, *1953 ff., München*
Wege zur Sozialversicherung (WzS), *1947 ff., Stankt Augustin*
Zeitschrift für Ausländerrecht und Ausländerpolitik (ZAR), *1980 ff., Baden-Baden*
Zeitschrift für das Fürsorgewesen, *1949 ff., Hannover*
Zeitschrift für das gesamte Familienrecht (FamRZ), *1954 ff., Bielefeld*
Zeitschrift für Gesetzgebung (ZG), *Vierteljahresschrift für staatliche und kommunale Rechtssetzung, 1986 ff., München*
Zeitschrift für Rechtspolitik mit ZPR-Gesetzgebungs-Report, *monatlich, 1968 ff., München*
Zeitschrift für Sozialhilfe und Sozialgesetzbuch (ZfSH/SGB), *1962 ff., Starnberg*
Zeitschrift für Sozialreform, *1955 ff., Wiesbaden*
Zentralblatt für Sozialversicherung, Sozialhilfe und Versorgung (ZfS), *1947 ff., St. Augustin*

Tages- und Wochenzeitungen

Allgemeiner Deutscher Nachrichtendienst (ADN), *Ost-Berlin*
Bayernkurier, *1950 ff., Deutsche Wochenzeitung für Politik, Wirtschaft und Kultur, München*
Berliner Allgemeine, *Berlin*
Berliner Zeitung, *1945 ff., Berlin*
Der Morgen, *Berlin*
DER SPIEGEL, *1947 ff., Hamburg*
Deutsche Presse-Agentur (dpa), *Hamburg*
die tageszeitung – taz, *Berlin*
Die Welt, *1946 ff., Hamburg, Bonn*
Die Wirtschaft, *1950 ff., Ost-Berlin*
Die Zeit, *1946 ff., Hamburg*
DW-Monitor-Dienst, *Monitor-Dienst der Deutschen Welle, Köln*
Frankfurter Allgemeine Zeitung (FAZ), *1949 ff., Frankfurt*
Frankfurter Rundschau (FR), *1945 ff., Frankfurt*
General-Anzeiger, *1725 ff., Bonn*
Handelsblatt, *1946 ff., Düsseldorf*
horizont, *1968 ff., Sozialistischen Wochenzeitung für internationale Politik und Wirtschaft, Ost-Berlin*
PPP-Parlamentarisch-Politischer-Pressedienst, *1949 ff., Bonn*
RIAS-Monitor-Dienst, *Monitor-Dienst von RIAS, Berlin*
Süddeutsche Zeitung (SZ), *1945 ff., München*
Tagesspiegel, *Berlin*
Tribüne, *ehemalige Tageszeitung des FDGB, Ost-Berlin*
Welt der Arbeit, *1950 ff., Wochenzeitung des Deutschen Gewerkschaftsbundes, Köln*
Westfälische Rundschau, *1946 ff., Dortmund*

Entscheidungssammlungen der Gerichte

Arbeitsrechtliche Praxis, *1954 ff., München-Berlin*
Entscheidungen des Bundesarbeitsgerichts (BAG), *Bd. 1 ff., 1955 ff., Berlin*
Entscheidungen des Bundessozialgerichts (BSG), *Bd. 1 ff., 1958 ff., Köln-Berlin*

Entscheidungen des Bundesverfassungsgerichts (BVerfGE), *Bd.1 ff., 1952 ff., Tübingen*
Entscheidungen des Bundesverwaltungsgerichts (BVerwGE), *Bd.1 ff., 1955 ff., Berlin*
Sammlung der Rechtsprechung des Gerichtshofes der Europäischen Gemeinschaften, *1958 ff., Luxemburg*

Materialien von Regierung und oberen Behörden

Amtliche Mitteilungen der Bundesanstalt für Arbeitsschutz, *1950 ff., zweimonatlich, Dortmund*
Amtliche Nachrichten der Bundesanstalt für Arbeit (ANBA), *monatlich, hrsg. von der Bundesanstalt für Arbeit, Nürnberg*
Amtliche Nachrichten der Bundesanstalt für Arbeitsvermittlung und Arbeitslosenversicherung, *1953 ff., Nürnberg*
Arbeit und Sozialordnung. Pressemitteilung, *hrsg. vom Bundesminister für Arbeit und Sozialordnung*
Arbeitsmarktbericht, *hrsg. von der Zentralen Arbeitsmarktverwaltung, Ost-Berlin*
Beiträge zur Arbeitsmarkt- und Berufsforschung, *1971 ff., unregelmäßig, hrsg. vom Institut für Arbeitsmarkt- und Berufsforschung, Nürnberg*
Bericht über die Tätigkeit des Bundesgesundheitsamtes, *1969/73 (1974) ff., hrsg. vom Bundesgesundheitsamt, Berlin*
Bericht zur Beschäftigungslage, *hrsg. von der Zentralen Arbeitsmarktverwaltung, Ost-Berlin*
BMI-Informationen, *1972 (1973) ff., hrsg. vom Bundesministerium des Innern, Referat Öffentlichkeitsarbeit, Bonn*
Bonner Almanach, *1968 ff., jährlich, hrsg. vom Presse- und Informationsamt der Bundesregierung*
Bulletin der Bundesregierung, *1950 ff., hrsg. vom Presse- und Informationsamt der Bundesregierung, Bonn*
Bundesarbeitsblatt, *1950 ff., monatlich, hrsg. vom Bundesminister für Arbeit und Sozialordnung*
Bundesbaublatt, *1952 ff., hrsg. vom Bundesminister für Raumordnung, Bauwesen und Städtebau, Bonn-Bad Godesberg*
Bundesgesundheitsblatt, *1958 ff., Berlin*
Bundesratsdrucksachen, *1949 ff., fortlaufend, Bonn*
Bundessteuerblatt, *1951 ff., hrsg. vom Bundesminister der Finanzen, Bonn*
Bundestag-Report, *1973 ff., zehnmal jährlich, hrsg. vom Deutschen Bundestag, Referat Öffentlichkeitsarbeit, Bonn*
Bundestagsdrucksachen, *1949 ff., fortlaufend*
Deutschland im Wiederaufbau: Tätigkeitsbericht der Bundesregierung für das Jahr ..., *1949/50 (1950)–1959(1960), hrsg. vom Presse- und Informationsamt der Bundesregierung, Bonn*
Deutschland-Info, *1990 ff., hrsg. vom Presse- und Informationsamt der Bundesregierung, Bonn*
Geschäftsbericht der Bundesanstalt für Arbeit, *1968(1969) ff., jährlich, Nürnberg*
Geschäftsbericht der Bundesanstalt für Arbeitsvermittlung und Arbeitslosenversicherung, *1952/1953(1953)–1967(1968), Nürnberg*
Geschäftsbericht der Bundesversicherungsanstalt für Angestellte (BfA), *Berlin*
Geschäftsbericht des Verbandes Deutscher Rentenversicherungsträger (VDR), *Frankfurt*
Info-Dienst Deutsche Aussiedler, *1989 ff., hrsg. vom Beauftragten der Bundesregierung für Aussiedlerfragen, Bonn*
Info-Dienst Deutsche Einheit
Informationen, *1971 ff., hrsg. vom Bundesminister für innerdeutsche Beziehungen in Zusammenarbeit mit dem Gesamtdeutschen Institut, Bonn*
Jahresbericht der Bundesregierung, *1967 (1968) ff., jährlich, hrsg. vom Presse- und Informationsamt der Bundesregierung, Bonn*
Jahresbericht, *1973/74 (1975) ff., hrsg. vom Bundesinstitut für Berufsbildungsforschung, Berlin*
Jahreswirtschaftsbericht der Bundesregierung, *1968 (1967) ff., Bonn*
Materialien, *1965 ff., hrsg. vom Wissenschaftlichen Dienst des Deutschen Bundestages, Bonn*

Mitteilungen der LVA Berlin, *1951 ff., Amtliches Veröffentlichungsblatt der Landesversicherungsanstalt Berlin, Berlin*

PRESSE-Informationen, *hrsg. von der Bundesanstalt für Arbeit, Nürnberg*

Regierungspressedienst, *hrsg. vom Ministerrat der DDR, Ost-Berlin*

Schriftenreihe Berufliche Bildung, *1973 ff., hrsg. vom Bundesminister für Bildung und Wissenschaft, Bonn*

Schriftenreihe des Bundesministers für Arbeit und Sozialordnung, *1959 ff., Stuttgart-Köln-Berlin-Mainz*

Schriftenreihe des Bundesministers für Jugend, Familie und Gesundheit, *1972 ff., Stuttgart-Berlin-Köln-Mainz*

Sozialpolitische Informationen, *Nr. 1/1959–Nr. 1/1967; N. S., 1967 ff., hrsg. vom Bundesminister für Arbeit und Sozialordnung*

Sozialpolitische Umschau, *1964 ff., hrsg. vom Presse- und Informationsamt der Bundesregierung, Bonn*

Stand der Gesetzgebung des Bundes (GESTA), *hrsg. vom Deutschen Bundestag/Bundesrat, Gruppe Datenverarbeitung, 1977 ff., Bonn*

Tätigkeitsbericht des Bundesversicherungsamtes (BVA), *Berlin*

Verhandlungen des Deutschen Bundestages. Stenographische Berichte der Sitzungen des Deutschen Bundestages, *1949 ff., Bonn*

Veröffentlichte Gesetzesmaterialien zu Bundesgesetzen, *1976 ff., hrsg. vom Wissenschaftlichen Dienst des Deutschen Bundestages, Bonn*

Berichte der Bundesregierung und der Bundesministerien

Bericht nach § 35 des Bundesausbildungsförderungsgesetzes zur Überprüfung der Bedarfssätze, Freibeträge sowie Vomhundertsätze und Höchstbeträge nach § 21 Abs.2, *Erster Bericht 1973, Bt-Drs. 7/1440; Zweiter Bericht 1976, BT-Drs. 8/28; Dritter Bericht 1978, BT-Drs. 8/2269; Vierter Bericht 1981, BT-Drs. 9/206; Fünfter Bericht 1983, BT-Drs. 10/835; Sechster Bericht 1986, BT-Drs. 10/4617; Siebter Bericht 1987, BT-Drs. 11/877; Achter Bericht 1989, BT-Drs. 11/5524; Neunter Bericht 1992, BT-Drs. 12/1920*

Bericht über Bestrebungen und Leistungen der Jugendhilfe. Jugendbericht, *Erster Jugendbericht 1965, BT-Drs. IV/3515; Zweiter Jugendbericht, BT-Drs. V/302; Dritter Jugendbericht 1972, BT-Drs. VI/3170; Vierter Jugendbericht, BT-Drs. 8/2110; Fünfter Jugendbericht 1980, BT-Drs. 8/3684, 8/3685; Sechster Jugendbericht 1984, BT-Drs. 10/1007; Siebter Jugendbericht 1986, BT-Drs. 10/6730; Achter Jugendbericht 1990, BT-Drs. 11/6576*

Bericht über das Selbstverwaltungsrecht [Sozialversicherung], *einmalig, BT-Drs. 7/4244, 9/1264*

Bericht über den Stand der Unfallverhütung und das Unfallgeschehen in der Bundesrepublik Deutschland (Unfallverhütungsbericht – Statistischer Teil), *jährlich (gemäß § 722 RVO), 1965 ff., BT-Drs. (1966) V/152, (1967) V/1470, (1968) V/3745, (1969) VI/183, (1970) VI/1970, (1971) VI/2590, (1972) 7/189, (1973) 7/991, (1974) 7/2622, (1975) 7/4668, (1976) 7/5817, (1977) 8/1128, (1978) 8/2328, (1979) 8/3650, (1980) 9/43, (1981) 9/901, (1982) 9/2045, (1983) 10/618, (1984) 10/2353, (1985) 10/4601, (1986) 10/6690, (1987) 11/1574, (1988) 11/3736, (1989) 11/5898, (1990) 11/8165*

Bericht über den Stand der Unfallverhütung und das Unfallgeschehen in der Bundesrepublik Deutschland (Unfallverhütungsbericht – Textteil), *einmal in der Wahlperiode, BT-Drs. 8/1128, 8/3650, 10/6690*

Bericht über die »Soziale Sicherung in der Bundesrepublik Deutschland (Sozialenquête)«, *(1966) BT-Drs. V/961*

Bericht über die Anwendung des in Artikel 119 des EWG-Vertrages niedergelegten Grundsatzes des gleichen Entgelts für Männer und Frauen in der Bundesrepublik Deutschland, *alle zwei Jahre (ab 1969), alle drei Jahre ab 1980, BT-Drs. V/3782, VI/1702, 7/90, 7/1451, 7/3267, 8/547, 8/4156, 10/6501, 11/5785*

Bericht über die bei der Anwendung des Gesetzes zur Regelung der gewerbsmäßigen Arbeitnehmerüberlassung gewonnenen Erfahrungen, *alle zwei Jahre, BT-Drs. 7/2365, 7/5352, 7/5631, 8/2025, 8/4479*

Bericht über die Entwicklung der Mieten für Wohnraum (Mietenbericht), *ab 1972 jährlich, VI/3237, 7/651* (Forts. Wohngeld- und Mietenbericht)

Bericht über die Entwicklung der wirtschaftlichen Leistungsfähigkeit und der Produktivität sowie die Veränderungen des Volkseinkommens je Erwerbstätigem und über die Finanzlage der gesetzlichen Rentenversicherung (Sozialbericht), *jährlich (gemäß § 1273 ArVNG), 1958–1969, BT-Drs. III/568, III/1255, III/2082, III/3005, IV/641, IV/1486, IV/2566, IV/3795, V/940, V/3256, V/4645.*

Bericht über die Erfahrungen bei der Anwendung des Arbeitnehmerüberlassungsgesetzes – AüG – und des Gesetzes zur Bekämpfung der illegalen Beschäftigung, *alle vier Jahre, 1984 ff., 10/1934, 11/2639*

Bericht über die Erfahrungen bei der Durchführung des Gesetzes zur Verbesserung der betrieblichen Altersversorgung, *einmalig, BT-Drs. 8/2377*

Bericht über die gesetzlichen Rentenversicherungen, insbesondere über deren Finanzlage in den künftigen 15 Kalenderjahren, gemäß §§ 1273 und 579 RVO, § 50 AVG und § 71 RKG (Rentenanpassungsbericht), *jährlich (gemäß der §§ 1273 und 579 RVO, § 50 AVG und § 71 RKG), 1970 ff., BT-Drs. VI/581, VI/2040, VI/3254, 7/88, 7/1176, 7/2721, 7/4250, 8/119, 8/132, 8/1615, 8/1665, 8/2709, 8/3845, 9/290, 9/2002, 10/475, 10/1650, 10/2665, 10/4466, 11/52, 11/1540, 11/3735, 11/6123, 11/8504*

Bericht über die in den einzelnen Ländern gemachten Erfahrungen mit dem Wohngeldgesetz (Wohngeldbericht), *ab 1967 alle zwei Jahre, V/796, V/2399, VI/378, 7/1563* (Forts. Wohngeld- und Mietenbericht)

Bericht über die Lage der Behinderten und die Entwicklung der Rehabilitation, *ab 1983 einmal in der Wahlperiode, BT-Drs. 10/1233, 11/4455*

Bericht über die Lage der Familien in der Bundesrepublik Deutschland (Familienbericht), *ab 1966 alle zwei Jahre, ab 1974 alle 4 Jahre, ab der 10. Wahlperiode jede zweite Wahlperiode, BT-Drs. V/2532, 7/3502, 8/3120, 8/3121, 10/6145*

Bericht über die Lage der Landwirtschaft (Agrarbericht; Grüner Bericht), *jährlich (§ 4 des Landwirtschaftsgesetzes vom 5.9.1955), BT-Drs. II/2100, II/3200, III/200, III/850, III/1600, III/2400, IV/180, IV/940, IV/1860, IV/2990, V/255, V/1400, V/2540, V/2990, VI/372, VI/1800, VI/3090, 7/146, 7/1650, 7/3210, 7/4680, 8/80, 8/1500, 8/2530, 8/3635, 9/140, 9/1340, 9/2402, 10/980, 10/2850, 10/5015, (1987) 11/85, (1988) 11/1760, (1989) 11/3968, (1990) 11/6587, (1991) 12/70,71*

Bericht über die Lage der Psychiatrie in der Bundesrepublik Deutschland, *einmalig, BT-Drs. 7/1124, 7/4200, 7/4201*

Bericht über die Situation der Frauen in Beruf, Familie und Gesellschaft sowie evtl. weitere Berichte aufgrund sich als notwendig erweisender Untersuchungen und statistischer Erhebungen, *unregelmäßig, BT-Drs. V/909, VI/3689, 12/447*

Bericht über die soziale Sicherung der selbständigen Künstler (Künstlerbericht), *einmalig, BT-Drs. 7/3071*

Berufsbildungsbericht, *1977 ff., jährlich, hrsg. vom Bundesminister für Bildung und Wissenschaft, ab 1982 als Bundestagsdrucksache, BT-Drs. 9/1424, 10/334, 10/1135, 10/2974, 10/5110, 11/98, 11/2032, 11/4442, 11/6787, 12/348*

Materialien zum Bericht zur Lage der Nation, *unregelmäßig, VI/223, VI/1690, VI/3080, 7/2423, (1987) 11/11*

Sozialbericht/Sozialbudget. Maßnahmen und Vorhaben der Gesellschafts- und Sozialpolitik, *(1968) Anlage zu BT-Drs. V/416, (1969/1970) VI/643, (1971) VI/2155, (1972) VI/3432, (1973) 7/1167, (1974) 7/2853, (1976) 7/4953, (1978) 8/1805, (1980) 8/4327, (1983) 10/842, (1986) 10/5810, (1990) 11/7527*

Städtebaubericht, *BT-Drs. VI/1497, 7/3593, 10/5999*

Wohngeld- und Mietenbericht, *ab 1975 alle zwei Jahre, (1975) BT-Drs. 7/4460, (1977) 8/707, (1979) BT-Drs. 8/3528, (1981) 9/1242, (1983) 10/854, (1985) 10/3222, (1987) 11/1583, (1989) 11/6483*

Berichte von Sachverständigenkommissionen

Das Transfersystem in der Bundesrepublik Deutschland. Bericht der Sachverständigenkommission zur Ermittlung des Einflusses staatlicher Transfereinkommen auf das verfügbare Einkommen der privaten Haushalte, *hrsg. vom Bundesminister für Arbeit und Sozialordnung und vom Bundesminister für Wirtschaft, Bonn 1981*

Jahresgutachten des Sachverständigenrates zur Begutachtung der gesamtwirtschaftlichen Entwicklung, *1964/65 ff., jährlich, hrsg. vom Sachverständigenrat zur Begutachtung der gesamtwirtschaftlichen Entwicklung, (Bonn) Stuttgart*

Jahresgutachten. Vorschläge für die Konzertierte Aktion im Gesundheitswesen, *1987 ff., jährlich, hrsg. vom Sachverständigenrat für die Konzertierte Aktion im Gesundheitswesen, (Bonn) Baden-Baden*

Vergleich der Alterssicherungssysteme und Empfehlungen der Kommission (Berichtsband 1); Darstellung der Alterssicherungssysteme und der Besteuerung von Alterseinkommen (Berichtsband 2). Gutachten der Sachverständigenkommission Alterssicherungssysteme, *hrsg. vom Bundesminister für Arbeit und Sozialordnung, Bonn 1983; Anlageband A: Unterlagen zum empirischen Vergleich der Alterssicherungssysteme; Anlageband B: Möglichkeiten und Grenzen einer Annäherung der Beamtenversorgung an die gesetzliche Rentenversicherung*

Vorschläge zur sozialen Sicherung der Frau und der Hinterbliebenen. Gutachten der Sachverständigenkommission für die soziale Sicherung der Frau und der Hinterbliebenen, *hrsg. vom Bundesminister für Arbeit und Sozialordnung, Bonn Mai 1979; Anlageband 1: Grundlagen des Gutachtens; Anlageband 2: Einzelgutachten von Mitgliedern der Sachverständigenkommission*

Wirtschaftlicher und sozialer Wandel in der Bundesrepublik Deutschland. Gutachten der Kommission für wirtschaftlichen und sozialen Wandel, *Sonderdruck, Bonn 1976*

Veröffentlichungen der Europäischen Gemeinschaft

Amtsblatt der Europäischen Gemeinschaften, *1958 ff., i. d. R. täglich, Ausgabe L (Rechtsvorschriften), Ausgabe C (Mitteilungen und Bekanntmachungen), Brüssel-Luxemburg*

Bericht über die Entwicklung der sozialen Lage in den Gemeinschaften im Jahre ... (EG-Sozialbericht), *1966 ff., hrsg. von der Kommission der Europäischen Gemeinschaften, Brüssel-Luxemburg*

Bulletin der Europäischen Gemeinschaften. Kommission, *1968 ff., Brüssel-Luxemburg*

EG-Gewerkschafts- und Arbeitnehmerinformationen, *hrsg. von der Generaldirektion Information der EG-Kommission, 1977–1983, Brüssel*

Europäische Dokumentationen, *1976 ff., unregelmäßig, hrsg. vom Amt für amtliche Veröffentlichungen der Europäischen Gemeinschaften, Brüssel-Luxemburg*

Europäisches Parlament. Sitzungsdokumente, *Serie A: Berichte; Serie B: Entschließungsanträge, mündliche Anfragen; Serie C: Dokumente anderer Institutionen*

Gesamtbericht über die Tätigkeit der Europäischen Gemeinschaften nach Artikel 122 des EWG-Vertrages, *1966 ff., hrsg. von der Kommission der Europäischen Gemeinschaften, Brüssel-Luxemburg*

KOM-Dokumente, *Offizielle Dokumente der Europäischen Kommission, unregelmäßig, Brüssel*

SEK-Dokumente, *Offizielle Dokumente der Europäischen Kommission, unregelmäßig, Brüssel*

Soziales Europa, *3 Hefte jährlich, Luxemburg-Brüssel*

Verhandlungen des Europäischen Parlaments, *unregelmäßig, Luxemburg*

Handwörterbücher und ausgewählte Kommentare (Loseblatt-Sammlungen)

100 Jahre Deutsche Geschichte, *hrsg. von der Niedersächsischen Landeszentrale für Politische Bildung, Leer 1971*

Angestelltenversicherungsgesetz mit Sozialgesetzbuch. Textausgabe mit den wichtigsten Nebengesetzen und Verordnungen *(Schriftenreihe Nr.18 der Bundesversicherungsanstalt für Angestellte), hrsg. von der Bundesversicherungsanstalt für Angestellte, Berlin 1991*

Arbeitsgesetze 1992, *hrsg. von G. Halbach, Bonn 1992*

Arbeitsrechtliche Formularsammlung und Arbeitsgerichtsverfahren, *5. überarb. Aufl., von G. Schaub, München 1990*

Arbeitsrechts-Handbuch, *7. überarb. Aufl., von G. Schaub, München 1992*

Betriebsverfassungsgesetz. Handkommentar, *hrsg. von K. Fitting / F. Auffarth / H. Kaiser / F. Heither, 15. neubearb. und erw. Aufl., München 1987*

BetrVG. Betriebsverfassungsgesetz, *2. neubearb. Aufl., von O. Wlotzke, München 1992*

Das Mutterschutzgesetz vom 24.1.1952. Handkommentar, *2. Aufl., von H. A. Aye, Essen 1953*

Datenhandbuch zur Geschichte des Deutschen Bundestages 1949 bis 1982, *verfaßt und bearbeitet von Peter Schindler, hrsg. vom Presse- und Informationszentrum des Deutschen Bundestages, Bonn 1983*

DDR-Handbuch, *2 Bde., 3. überarbeitete und erw. Aufl., Köln 1985*

DDR-Sozialreport, *Band I und II (Manuskriptdruck), hrsg. von Gunnar Winkler (Institut für Soziologie und Sozialpolitik der Akademie der Wissenschaften der DDR), Ost-Berlin 1990*

Fundstellen- und Inhaltsnachweis Arbeits- und Sozialrecht, *1973 ff., hrsg. von F. Luber, Starnberg-Percha*

Fundstellennachweise zu den Gesetzesmaterialien der Bundesgesetze, *1976 ff., hrsg. vom Wissenschaftlichen Dienst des Deutschen Bundestages, Bonn*

Geschichte der deutschen Arbeiterbewegung. Darstellung-Chronologien-Dokumente, *3 Bde., Bonn 1984, hrsg. von Th. Meyer/S. Miller/J. Rohlfes*

Grundausbildung für den Krankenkassendienst, *hrsg. von H. Töns, 13. überarb. Aufl., St. Augustin 1983*

Handbuch der Beschädigtenversorgung, *hrsg. von R. Töpfer, Hamburg-Berlin 1961*

Handbuch der betrieblichen Altersfürsorge, *hrsg. von A. Weiß u. a., München-Düsseldorf 1952*

Handbuch der Betriebsverfassung, *hrsg. von E. Bührig, Köln 1953*

Handbuch der gesetzlichen Rentenversicherung. Festschrift aus Anlaß des 100jährigen Bestehens der gesetzlichen Rentenversicherung, *hrsg. im Auftrag des Vorstandes des Verbandes Deutscher Rentenversicherungsträger von F. Ruland, Neuwied-Frankfurt a. M. 1990*

Handbuch der Krankenversicherung – Sozialgesetzbuch V, *19. Aufl. (Loseblattausgabe), von H. Peters/G. Mengert, Stuttgart 1992*

Handbuch des Behindertenrechts. Schwerbehindertengesetz mit Rechtsverordnungen und Bezugsgesetzen, Vorschriften über die Rehabilitation sowie über Nachteilsausgleiche, *hrsg. vom Verband der Kriegs- und Wehrdienstopfer, Behinderten und Sozialrentner Deutschlands e. V., Bonn, 1. Aufl., 1986*

Handbuch des öffentlichen Dienstes, *hrsg. von H. Wiese, Köln 1980*

Handbuch für die öffentliche Verwaltung (HÖV), *hrsg. von K. H. Friauf, Neuwied 1984*

Handbuch Sozialpolitik, *hrsg., von B. Baron von Maydell / W. Kannengießer, Pfullingen 1988*

Handwörterbuch der Finanzwirtschaft, *hrsg. von H. E. Büschgen, Stuttgart 1976*

Handwörterbuch der Sozialwissenschaften (HdSW), *12 Bde., Registerband, hrsg. von E. von Beckerath u. a., Tübingen-Stuttgart-Göttingen 1956-1965*

Handwörterbuch der Wirtschaftswissenschaften (HdWW), *9 Bde., hrsg. von W. Albers u. a., 1977-1982, Stuttgart-New York-Göttungen-Tübingen*

Handwörterbuch des Städtebaues, Wohnungs- und Siedlungswesens, *hrsg. von H. Wandersleb u.a., 3 Bde., Stuttgart 1959*

Jahrbuch des Sozialrechts der Gegenwart, *Bd. 1, Berlin 1979 ff., hrsg. von G. Wannagat*

Jugendarbeitsschutz mit Nebengesetzen. Handkommentar, *hrsg. von B. Natzel, Münster 1961*

Kommentar zur Sozialgerichtsbarkeit (Peters/Sautter/Wolff), *4. Aufl. (Loseblattausgabe), bearb. von H. Hommel/H. Bley/P. Kummer, Stuttgart 1991*

Lexikon des Rechts. Sozialrecht, *hrsg. von B. Baron von Maydell, Neuwied-Darmstadt 1986*

Rentenversicherung im Beitrittsgebiet 1991. Gesetze – Verordnungen – Durchführungsbestimmungen, *hrsg. von der Bundesversicherungsanstalt für Angestellte, Berlin 1991*

RRG-Handbuch II. Renten-Reformgesetz, Sozialgesetzbuch VI, Rentenüberleitung, *hrsg. vom KKF-Verlag, Altötting 1992*

Soziale Krankenversicherung. Kommentar, *Loseblattsammlung, München, hrsg. von D. Krauskopf / D. Schroeder-Printzen*

Sozialgesetzbuch SGB IV – Gemeinsame Vorschriften, *Bearbeiter: P. Clausing, hrsg. von der Bundesversicherungsanstalt für Angestellte und den Landesversicherungsanstalten im Verband Deutscher Rentenversicherungsträger, 7. Aufl., Berlin 1991*

Sozialgesetzbuch SGB VI (Gesetzliche Rentenversicherung) Handbuch der Rentenversicherung – Band 4, *3. Aufl. (Loseblattausgabe), von J. Zweng/R. Scheerer, G. Buschmann/G. Dörr, Stuttgart 1990*

Sozialgesetzbuch SGB VIII – Kinder- und Jugendhilfe, *(Loseblattausgabe), hrsg. von K. Hauck/H. Haines, Berlin-Bielefeld-München 1991*

Sozialgesetzbuch, *hrsg. vom Verband der Angestellten-Krankenkassen, Essen 1992*

Sozialraum Europa (IW-Dossier - Fakten-Service des Instituts der deutschen Wirtschaft, Nr.7), *1989, hrsg. vom Institut der Deutschen Wirtschaft, Köln*

Sozialrechtshandbuch (SRH), *hrsg. von B. Baron von Maydell / F. Ruland, Neuwied-Darmstadt 1988*

Einzelinformationen und teilweise interne Materialien folgender Institutionen

Aktionsgemeinschaft Soziale Marktwirtschaft; Ausländerzentralregister; Bund-Länder-Kommissionen; Bundesanstalt für Arbeitsschutz und Unfallforschung; Bundesanstalt für Arbeitsvermittlung und Arbeitslosenversicherung; Bundesarbeitsgemeinschaft für Rehabilitation; Bundesinstitut für Berufsbildung; Bundesminister der Finanzen; Bundesminister des Innern; Bundesminister für Arbeit und Sozialordnung; Bundesminister für Bildung und Wissenschaft; Bundesminister für Forschung und Technologie; Bundesminister für Jugend, Familie und Gesundheit; Bundesminister für Jugend, Familie, Frauen und Gesundheit; Bundesminister für Vertriebene, Flüchtlinge und Kriegsgeschädigte; Bundesminister für Wirtschaft; Bundesversicherungsanstalt für Angestellte; Christlich-Demokratische Arbeitnehmerschaft; Christlich-Demokratische Union; Christlich-Soziale Union; Deutsche Angestellten-Gewerkschaft; Deutsche Krankenhaus-Gesellschaft; Deutscher Beamtenbund; Deutscher Gewerkschaftsbund; Deutscher Mieterbund; Deutscher Paritätischer Wohlfahrtsverband; Deutscher Städtetag; Deutsches Jugendinstitut; Evangelische Kirche Deutschlands; Gewerkschaft Nahrung, Genuß, Gaststätten; Gewerkschaft Öffentliche Dienste, Transport und Verkehr; Hessischer Minister für Arbeit, Umwelt und Soziales; Industriegewerkschaft Metall; Institut für angewandte Verbraucherforschung; Institut für Arbeitsmarkt- und Berufsforschung; Internationale Arbeitsorganisation; Kassenärztliche Bundesvereinigung; Kommission Krankenhausfinanzierung; Kreditanstalt für Wiederaufbau; Künstlersozialkasse; Ministerium für Soziales, Gesundheit und Umwelt Rheinland-Pfalz; Ring Deutscher Makler; Sozialdemokratische Partei Deutschlands; Sozialversicherungsanstalt Berlin; Wirtschafts- und Sozialwissenschaftliches Institut der Gewerkschaften; Wirtschaftswissenschaftliches Institut der Gewerkschaften; World Health Organization; Zentralkomitee der deutschen Katholiken; Zusatzversorgungskasse/Zusatzversorgungswerk für Arbeitnehmer in der Land- und Forstwirtschaft.

Verzeichnis der Abkürzungen

§	=	Paragraph
§§	=	Paragraphen
%	=	Prozent
a.F.	=	alte Fassung
a.G.	=	auf Gegenseitigkeit
AAG	=	Aussiedleraufnahmegesetz (Entwurf)
AAO	=	AusländerAO
AAÜG	=	Anspruchs- und Anwartschaftsüberleitungsgesetz
AB	=	Arbeitsbeschaffung
ABA	=	Arbeit, Beruf und Arbeitslosenhilfe (Zeitschrift)
Abg.	=	Abgeordneter
ABl.	=	Amtsblatt
ABl.bay.ArbMin.	=	Amtsblatt des bayerischen Arbeitsministeriums
ABM	=	Arbeitsbeschaffungsmaßnahmen
ABS	=	Gesellschaften zur Arbeitsförderung, Beschäftigung und Strukturentwicklung
Abs.	=	Absatz
Abschn.	=	Abschnitt
ADN	=	Allgemeiner Deutscher Nachrichtendienst
AE, ArbE	=	Arbeitserlaubnis
AEVO	=	Arbeitserlaubnisverordnung
AfA	=	Absetzung für Abnutzung
AFG	=	Arbeitsförderungsgesetz
AFG-DDR	=	Arbeitsförderungsgesetz (DDR)
AFKG	=	Arbeitsförderungs-Konsolidierungsgesetz
AfNS	=	Amt für Nationale Sicherheit
AföG	=	Ausbildungsförderungsgesetz
AFWoÄndG	=	Gesetz zur Änderung des Gesetzes zum Abbau der Fehlsubventionierung und der Mietverzerrung
AFWoG	=	Gesetz zum Abbau der Fehlsubventionierung und der Mietverzerrung
AG	=	Aktiengesellschaft
aG	=	außergewöhnlich gehbehindert (Merkzeichen)
AGB	=	Arbeitsgesetzbuch
AHGB	=	Allgemeines Deutsches Handelsgesetzbuch
AHK	=	Alliierte Hohe Kommission
AiP	=	Arzt im Praktikum
AKG	=	Allgemeines Kriegsfolgengesetz
AktG	=	Aktiengesetz
AKV	=	Allgemeine Krankenversicherung
Alg	=	Arbeitslosengeld
Alhi	=	Arbeitslosenhilfe
Allg.	=	Allgemeine(r,s)
AlU	=	Arbeitslosenunterstützung
AlV	=	Arbeitslosenversicherung
amtl.	=	amtlich
ANBA	=	Amtliche Nachrichten der Bundesanstalt für Arbeit
ÄndG	=	Änderungsgesetz
ÄndVO	=	Änderungsverordnung
Anh.	=	Anhang
Anl.	=	Anlage
Anmerk.d.Verf.	=	Anmerkung des Verfassers
AnpG	=	Anpassungsgesetz
AnV	=	Angestelltenversicherung

AnVNG	=	Angestelltenversicherungs-Neuregelungsgesetz
AO	=	Anordnung
AOK	=	Allgemeine Ortskrankenkasse
AP	=	Arbeitsrechtliche Praxis (Zeitschrift)
APlFG	=	Ausbildungsplatzförderungsgesetz
ArbG	=	Arbeitsgericht
ArbGG	=	Arbeitsgerichtsgesetz
Arbschutz	=	Arbeitsschutz
ArbSchVerfG	=	Gesetz über die Errichtung und das Verfahren der Schiedsstellen für Arbeitsrecht
ArbZG	=	Arbeitszeitgesetz
Art.	=	Artikel
Artt.	=	Artikel (Mehrzahl)
ArV	=	Arbeiterrentenversicherung
ArVNG	=	Arbeiterrentenversicherungs-Neuregelungsgesetz
ASEG	=	Agrarsoziales Ergänzungsgesetz
ASiG	=	Arbeitssicherheitsgesetz
ASMK	=	Arbeits- und Sozialministerkonferenz
AStVO	=	Allgemeine SteuerVO
ASVO	=	Arbeitsschutzverordnung
AU	=	Arbeitsunfähigkeit
Aufl.	=	Auflage
AÜG	=	Arbeitnehmerüberlassungsgesetz
AuR	=	Arbeit und Recht (Zeitschrift)
AuS	=	Arbeit und Sozialfürsorge (amtliches Organ der Deutschen Verwaltung für Arbeit und Sozialfürsorge)
AuslG	=	Ausländergesetz
AuslVO	=	AusländerVO
AVAVG	=	Gesetz über Arbeitsvermittlung und Arbeitslosenversicherung
AVE	=	Allgemeinverbindlichkeitserklärung (Tarifverträge)
AVG	=	Angestelltenversicherungsgesetz
Az	=	Aktenzeichen
AZO	=	Arbeitszeitordnung
AZR	=	Ausländerzentralregister; Aktenzeichen des Bundesarbeitsgerichts
AZV	=	Arbeitszeitverordnung
BA	=	Bundesanstalt für Arbeit
BAfAM	=	Bundesanstalt für Arbeitsmedizin
BAföG	=	Bundesausbildungsförderungsgesetz
BAföG-ÄndG	=	BAföG-Änderungsgesetz
BAföG-PendlerÄndV	=	Änderungsverordnung zur BAföG-Pendlerverordnung
BAföG-PendlerV	=	BAföG-Pendlerverordnung
BAG	=	Bundesarbeitsgericht
BAGE	=	Entscheidungen des Bundesarbeitsgerichts
BÄK	=	Bundesärztekammer
BAnz	=	Bundesanzeiger
BAR	=	Bundesarbeitsgemeinschaft Rehabilitation
BArBl.	=	Bundesarbeitsblatt
BAU	=	Bundesanstalt für Arbeitsschutz und Unfallforschung
BAVAV	=	Bundesanstalt für Arbeitsvermittlung und Arbeitslosenversicherung
BAZG	=	Bundesarbeitszeitgesetz
BBankG	=	Bundesbankgesetz
BBesG	=	Bundesbesoldungsgesetz
BBG	=	Beitragsbemessungsgrenze
BBJ	=	Verein zur Förderung kultureller und beruflicher Bildung von Jugendlichen und jungen Erwachsenen e.V.
Bd.	=	Band
BDA	=	Bundesvereinigung der Deutschen Arbeitgeberverbände
BDI	=	Bundesverband der Deutschen Industrie e.V.

BeamtVG	=	Beamtenversorgungsgesetz
BeamtVGÄndG	=	Gesetz zur Änderung des Beamtenversorgungsgesetzes und sonstiger dienst- und versorgungsrechtlicher Vorschriften
BEG	=	Bundesentschädigungsgesetz
BEG-SchlußG	=	Bundesentschädigungs-Schlußgesetz
BeiratsV	=	Verordnung über den Beirat für Ausbildungsförderung
BeitrAB	=	Beiträge zur Arbeitsmarkt- und Berufsforschung
BeitrS.	=	Beitragssatz
BerBiFG	=	Berufsbildungsförderungsgesetz
BErzGG	=	Bundeserziehungsgeldgesetz
BeschFG	=	Beschäftigungsförderungsgesetz
BesG	=	Besoldungsgruppe
BesVNG	=	Gesetz zur Vereinheitlichung und Neuregelung des Besoldungsrechts in Bund und Ländern
betr.	=	betreffend
Betr.	=	Betrieb
BetrKostUV	=	VO über die Umlage der Betriebskosten
BetrVG	=	Betriebsverfassungsgesetz
BewG	=	Bewertungsgesetz
BfA	=	Bundesversicherungsanstalt für Angestellte
BFG	=	Beweissicherungs- und Feststellungsgesetz
BG	=	Berufsgenossenschaft
BGAG	=	Beteiligungsgesellschaft für Gemeinwirtschaft AG
BGB	=	Bürgerliches Gesetzbuch
BGBl.	=	Bundesgesetzblatt
BGen	=	Berufsgenossenschaften
BGH	=	Bundesgerichtshof
BGL	=	Betriebsgewerkschaftsleitung
BGS	=	Bundesgrenzschutz
BHG	=	Beamtenhinterbliebenengesetz
BIB	=	Bundesinstitut für Berufsbildung
BillBG	=	Gesetz zur Bekämpfung der illegalen Beschäftigung
Bio.	=	Billionen
BIP	=	Bruttoinlandsprodukt
BK	=	Berufskrankheit
BKGG	=	Bundeskindergeldgesetz
BKK	=	Betriebskrankenkasse
Bkm.	=	Bekanntmachung
BKnEG	=	Bundesknappschafts-Errichtungsgesetz
BKU	=	Bundesverband Katholischer Unternehmer
BKVO	=	Berufskrankheitenverordnung
Bl	=	blind (Merkzeichen)
BLK	=	Bund-Länder-Kommission
BM	=	Bundesministerium
BMA	=	Bundesminister für Arbeit und Sozialordnung
BMBau	=	Bundesminister für Raumordnung, Bauwesen und Städtebau
BMBW	=	Bundesminister für Bildung und Wissenschaft
BMF	=	Bundesminister der Finanzen
BMfG	=	Bundesminister für Gesundheit
BMFT	=	Bundesminister für Forschung und Technologie
BMI	=	Bundesminister des Innern
BMJFFG	=	Bundesminister für Jugend, Familie, Frauen und Gesundheit
BMJFG	=	Bundesminister für Jugend, Familie und Gesundheit
BMV-Ä	=	Bundesmantelvertrag Ärzte
BMV-Z	=	Bundesmantelvertrag Zahnärzte
BMVFK	=	Bundesminister für Vertriebene, Flüchtlinge und Kriegsgeschädigte
BMWI	=	Bundesminister für Wirtschaft
BPA	=	Presse- und Informationsamt der Bundesregierung

BPersVG	=	Bundespersonalvertretungsgesetz
BPflV	=	Bundespflegesatzverordnung
BPI	=	Bundesverband der Pharmazeutischen Industrie
BR	=	Betriebsrat bzw. Bundesrat
BR Prot.	=	Protokoll des Bundesrates
BR-Drs.	=	Bundesratsdrucksache
BRD	=	Bundesrepublik Deutschland
BReg	=	Bundesregierung
BRG	=	Betriebsrätegesetz
BRRG	=	Beamtenrechtsrahmengesetz
BRüG	=	Bundesrückerstattungsgesetz
BSeuchG	=	Bundesseuchengesetz
BSG	=	Bundessozialgericht
BSHG	=	Bundessozialhilfegesetz
BSP	=	Bruttosozialprodukt
BStBl.	=	Bundessteuerblatt
BT	=	Bundestag
BT-Drs.	=	Bundestagsdrucksache
BTE	=	Berufstätigenerhebung
BU	=	Berufsunfähigkeit
Buchst.	=	Buchstabe
Bull.d.BReg	=	Bulletin der Bundesregierung
Bündnis 90	=	Parteiname
BUrlG	=	Bundesurlaubsgesetz
BVA	=	Bundesversicherungsamt
BVerfG	=	Bundesverfassungsgericht
BVerfGE	=	Entscheidungen des Bundesverfassungsgerichts
BVerwG	=	Bundesverwaltungsgericht
BVerwGE	=	Entscheidungen des Bundesverwaltungsgerichts
BVFG	=	Bundesvertriebenengesetz
BVG	=	Bundesversorgungsgesetz
BvL, BvR, BvE, BvF	=	Aktenzeichen des BVerfG
BWahlG	=	Bundeswahlgesetz
bzgl.	=	bezüglich
bzw.	=	beziehungsweise
ca.	=	circa
CDA	=	Christlich-Demokratische Arbeitnehmerschaft
CDU	=	Christlich-Demokratische Union
COMECON	=	Council for Mutual Economic Assistance
CSSR	=	Tschechoslowakische Sozialistische Republik
CSU	=	Christlich-Soziale Union
d.h.	=	das heißt
d.J.	=	dieses Jahres
DA	=	Demokratischer Aufbruch (Partei)
DA	=	Deutschland-Archiv (Zeitschrift)
DAG	=	Deutsche Angestellten-Gewerkschaft
DAK	=	Deutsche Angestellten-Krankenkasse
DAngVers	=	Die Angestelltenversicherung (Zeitschrift)
dar.	=	darunter
dav.	=	davon
DB	=	Der Betrieb (Zeitschrift)
DB(en)	=	Durchführungsbestimmung(en)
DBB	=	Deutscher Beamtenbund
DBD	=	Demokratische Bauernpartei Deutschlands
DBG	=	Deutsches Beamtengesetz
DDR	=	Deutsche Demokratische Republik
DFD	=	Demokratischer Frauenbund Deutschlands
dfg	=	Dienst für Gesellschaftspolitik
DGB	=	Deutscher Gewerkschaftsbund

DIE GRÜNEN	=	Parteiname
Diss.	=	Dissertation
DIW	=	Deutsches Institut für Wirtschaftsforschung
DJ	=	Deutsche Justiz (Zeitschrift)
DKG	=	Deutsche Krankenhaus-Gesellschaft
DM	=	Deutsche Mark
DOK	=	Die Ortskrankenkasse (Zeitschrift)
Dok.	=	Dokument
Dok.CES	=	Dokumente des Wirtschafts- und Sozialausschusses
dpa	=	Deutsche Presse-Agentur
DRK	=	Deutsches Rotes Kreuz
Drs.	=	Drucksache
DRV	=	Deutsche Rentenversicherung (Zeitschrift)
dschn.	=	durchschnittlich
DSiöD	=	Der Sicherheitsbeauftragte im öffentlichen Dienst (Zeitschrift)
DSU	=	Deutsche Soziale Union
Dt.Ärztebl.	=	Deutsches Ärzteblatt (Zeitschrift)
DtZ	=	Deutsch-Deutsche Rechts-Zeitschrift
durchges.	=	durchgesehen(e)
DV	=	Durchführungsverordnung
dv-aktuell	=	Pressedienst des Deutschen Vereins für private und öffentliche Fürsorge
DVOzTVG	=	Durchführungsverordnung zum Tarifvertragsgesetz
DW	=	Deutsche Welle
e.V.	=	eingetragener Verein
EAGFL	=	Europäischer Ausgleichs- und Garantiefonds für die Land- und Forstwirtschaft
EBFG	=	Europäischer Bund Freier Gewerkschaften
ECU	=	European Currency Unit (europäische Währungseinheit)
EDP	=	European Doctoral Programme
EEA	=	Einheitliche Europäische Akte
EFRE	=	Europäischer Fonds für Regionale Entwicklung
EG	=	Europäische Gemeinschaft(en)
EG-ABl.	=	Amtsblatt der Europäischen Gemeinschaften
EG-AGB	=	Einführungsgesetz zum Arbeitsgesetzbuch
EG-BGB	=	Einführungsgesetz zum Bürgerlichen Gesetzbuch
EG-Bull.	=	EG-Bulletin
EG-EStRG	=	Einführungsgesetz zum Einkommensteuerreformgesetz
EG-SB	=	Sozialbericht der Europäischen Gemeinschaften
EGKS	=	Europäische Gemeinschaft für Kohle und Stahl
EGKSV	=	Vertrag über die Europäische Gemeinschaft für Kohle und Stahl
EinfG	=	Einführungsgesetz
EinglAnpG	=	Eingliederungsanpassungsgesetz
EinigungsV	=	Vertrag zwischen der Bundesrepublik Deutschland und der Deutschen Demokratischen Republik über die Herstellung der Einheit Deutschlands
EinigungsV-G	=	Einigungsvertragsgesetz
einschl.	=	einschließlich
EKD	=	Evangelische Kirche Deutschlands
EMNID	=	Markt- und Meinungsforschungsinstitut
endg.	=	endgültig
EP	=	Europäisches Parlament
EP-DOK	=	Dokumente des Europäischen Parlaments
epd	=	Evangelischer Pressedienst (Mitteilungsblatt)
ERASMUS	=	Europäisches Hochschulkooperationsprogramm zur Förderung der Studentenmobilität (European Action Scheme for the Mobility of University Students)
ErgG	=	Ergänzungsgesetz
ErgSt	=	Ergänzungssteuer

ErgStG	=	Ergänzungssteuergesetz
ERP	=	European Recovery Programme
erw.	=	erweitert(e)
Erw.	=	Erwerb
ErwVO	=	Erweiterungsverordnung
ErzUrlV	=	Erziehungsurlaubsverordnung
ESF	=	Europäischer Sozialfonds
ESt	=	Einkommensteuer
EStÄndG	=	Einkommensteuer-Änderungsgesetz
EStDV	=	Einkommensteuerdurchführungsverordnung
EStG	=	Einkommensteuergesetz
EStReformG	=	Einkommensteuerreformgesetz
etc.	=	et cetera
EU	=	Erwerbsunfähigkeit
EuGH	=	Europäischer Gerichtshof
EURATOM	=	Europäische Atomgemeinschaft
EVP	=	Europäische Volkspartei
EVS	=	Einkommens- und Verbrauchsstichprobe
EWG	=	Europäische Wirtschaftsgemeinschaft
EWGV	=	Vertrag der Europäischen Wirtschaftsgemeinschaften
f.	=	folgende Seite
FAG	=	Fremdrenten- und Auslandsrentengesetz
FamRZ	=	Zeitschrift für das gesamte Familienrecht
FANG	=	Fremdrenten- und Auslandsrenten-Neuregelungsgesetz
FAZ	=	Frankfurter Allgemeine Zeitung
FdA	=	Förderung der Arbeitsaufnahme
FDGB	=	Freier Deutscher Gewerkschaftsbund
FDJ	=	Freie Deutsche Jugend
FDP	=	Freie Demokratische Partei
FELEG	=	Gesetz zur Förderung der Einstellung der landwirtschaftlichen Erwerbstätigkeit
FES	=	Friedrich-Ebert-Stiftung
ff.	=	folgende Seiten
FlüHG	=	Flüchtlingshilfegesetz
FörderungshöchstdauerV	=	Verordnung über die Förderungshöchstdauer
FRG	=	Fremdrentengesetz
FuU	=	Fortbildung und Umschulung
FZR	=	Freiwillige Zusatzrentenversicherung (DDR)
G	=	gehbehindert (Merkzeichen)
GAL	=	Gesetz über eine Altershilfe für Landwirte
GBl.	=	Gesetzblatt
GdB	=	Grad der Behinderung
gem.	=	gemäß
GenG	=	Genossenschaftsgesetz
gew., gewerbl.	=	gewerblich
GewG	=	Gewerbegericht
GewGG	=	Gewerbegerichtsgesetz
GewO	=	Gewerbeordnung
GG	=	Grundgesetz für die Bundesrepublik Deutschland
ggf.	=	gegebenenfalls
GKAR	=	Gesetz über Kassenarztrecht
GKV	=	Gesetzliche Krankenversicherung
GmbH	=	Gesellschaft mit beschränkter Haftung
GmbHG	=	GmbH-Gesetz
GMBl	=	Gemeinsames Ministerialblatt
GÖD	=	Gewerkschaft Öffentliche Dienste (DDR)
GRG	=	Gesundheits-Reformgesetz
GrundMV	=	VO über die Erhöhung der Grundmieten
GrundStÄndG	=	Grundsteuer-Änderungsgesetz

GrundStDV	=	Grundsteuerdurchführungsverordnung
GrundStG	=	Grundsteuergesetz
GRV	=	Gesetzliche Rentenversicherung
GS	=	Prüfzeichen für Gerätesicherheit
GSiG	=	Gerätesicherheitsgesetz
GSiGÄndG	=	Gesetz zur Änderung des Gerätesicherheitsgesetzes
GSv	=	Gesetz über die Selbstverwaltung und über Änderungen von Vorschriften auf dem Gebiete der Sozialversicherung
GUV	=	Gesetzliche Unfallversicherung
GVBl.	=	Gesetz- und Verordnungsblatt
GVBl.WiR	=	Gesetz- und Verordnungsblatt des Wirtschaftsrates
GVG	=	Gerichtsverfassungsgesetz
GWG	=	Gemeinnützige Wohnungsbaugenossenschaft
H	=	hörgeschädigt (Merkzeichen)
ha	=	Hektar
HANDYNAT	=	computergestütztes Informationssystem
HärteV	=	Härteverordnung
HBegleitG	=	Haushaltsbegleitgesetz
HBV	=	Gewerkschaft Handel, Banken, Versicherungen
HdSW	=	Handwörterbuch der Sozialwissenchaften
HdWW	=	Handwörterbuch der Wirtschaftswissenschaften
HELIOS	=	Handicapped People in the European Community living Independently in an Open Society
HEZG	=	Hinterbliebenenrenten- und Erziehungszeitengesetz
HGB	=	Handelsgesetzbuch
HHG	=	Häftlingshilfegesetz
HKG	=	Heimkehrergesetz
HMAUS	=	Hessischer Minister für Arbeit, Umwelt und Soziales
HÖV	=	Handbuch für die öffentliche Verwaltung
Hrsg.	=	Herausgeber
hrsg.	=	herausgegeben
HStruktG	=	Haushaltsstrukturgesetz
HV	=	Hauptverwaltung
HwV	=	Handwerkerversicherung
HwVG	=	Handwerkerversicherungsgesetz
i.a.	=	im allgemeinen
i.d.F.	=	in der Fassung
i.d.R.	=	in der Regel
i.d.S.	=	in dem Sinne
i.e.S.	=	im engeren Sinne
i.S.d.	=	im Sinne der (des)
i.S.v.	=	im Sinne von
i.V.m.	=	in Verbindung mit
i.w.S.	=	im weiteren Sinne
IAA	=	Internationales Arbeitsamt
IAB	=	Institut für Arbeitsmarkt- und Berufsforschung
IAO	=	Internationale Arbeitsorganisation
IAW	=	Institut für angewandte Wirtschaftsforschung
IBM	=	International Business Machines
Ifo-Institut	=	Informationsforschungsinstitut
IfW	=	Institut für Weltwirtschaft
IG	=	Industriegewerkschaft
IG BE	=	IG Bergbau und Energie
IG BEW	=	IG Bergbau, Energie und Wasserwirtschaft
IG CPK	=	IG Chemie - Papier - Keramik
IGBBiG	=	Gesetz über die Inkraftsetzung des Berufsbildungsgesetzes der Bundesrepublik Deutschland in der DDR
IHK	=	Industrie- und Handelskammer
IKK	=	Innungskrankenkasse

ILO	=	International Labour Organization
Infas	=	Institut für angewandte Sozialforschung
insb.	=	insbesondere
IPW	=	Internationale Politik und Wirtschaft (Institut, Ost-Berlin)
IW	=	Institut der deutschen Wirtschaft
iwd	=	Informationsdienst des Instituts der deutschen Wirtschaft
JArbSchG	=	Jugendarbeitsschutzgesetz
JAV	=	Jahresarbeitsverdienst
JbdBReg	=	Jahresbericht der Bundesregierung, hrsg. vom Bundespresseamt
JD	=	Jahresdurchschnitt
Jg.	=	Jahrgang
Jge.	=	Jahrgänge
Jhdt.	=	Jahrhundert
JHG	=	Jugendhilfegesetz
JWG	=	Jugendwohlfahrtsgesetz
JZ	=	Juristenzeitung
KAiG	=	Konzertierte Aktion im Gesundheitswesen
Kap.	=	Kapitel
KAR	=	Knappschaftsausgleichsrente
KB	=	Kriegsbeschädigte
KBV	=	Kassenärztliche Bundesvereinigung
KEZG	=	Kindererziehungszuschlagsgesetz
KfW	=	Kreditanstalt für Wiederaufbau
Kfz	=	Kraftfahrzeug
KG	=	Kindergeld
KG	=	Kommanditgesellschaft
KGaA	=	Kommanditgesellschaft auf Aktien
KGAG	=	Kindergeldanpassungsgesetz
KGEG	=	Kindergeldergänzungsgesetz
KgfEG	=	Kriegsgefangenenentschädigungsgesetz
KGG	=	Kindergeldgesetz
KHG	=	Krankenhausfinanzierungsgesetz
KHG-DDR	=	Krankenhausfinanzierungsgesetz (DDR)
KHKG	=	Krankenhaus-Kostendämpfungsgesetz
KHNG	=	Krankenhaus-Neuordnungsgesetz
KJHG	=	Kinder- und Jugendhilfegesetz
KLG	=	Kindererziehungsleistungs-Gesetz
km	=	Kilometer
KND	=	Kurz-Nachrichten-Dienst
KnG	=	Knappschaftsgesetz
KnRV	=	Knappschaftliche Rentenversicherung
KnV	=	Knappschaftsversicherung
KnVAG	=	Knappschaftsversicherungs-Anpassungsgesetz
KnVNG	=	Knappschaftsrentenversicherungs-Neuregelungsgesetz
KOM	=	Dokumente der EG-Kommission
KOV	=	Kriegsopferversorgung
KPD	=	Kommunistische Partei Deutschlands
KR	=	Kontrollrat
KRABl.	=	Amtsblatt des Kontrollrats
KraftSt	=	Kraftfahrzeugsteuer
KraftStDB	=	Kraftfahrzeugsteuerdurchführungsbestimmungen
KraftStDV	=	Kraftfahrzeugsteuerdurchführungsverordnung
KraftStG	=	Kraftfahrzeugsteuergesetz
KRDir.	=	Kontrollratsdirektive
KRG	=	Kontrollratsgesetz
KSchG	=	Kündigungsschutzgesetz
KSK	=	Künstlersozialkasse
KSVG	=	Künstlersozialversicherungsgesetz
Kug	=	Kurzarbeitergeld

KV	=	Krankenversicherung
KVÄndG	=	Krankenversicherungs-Änderungsgesetz
KVD	=	Kassenärztliche Vereinigung Deutschlands
KVdR	=	Krankenversicherung der Rentner
KVEG	=	Kostendämpfungs-Ergänzungsgesetz
KVG	=	Krankenversicherungsgesetz
KVKG	=	Krankenversicherungs-Kostendämpfungsgesetz
KVL	=	Krankenversicherung der Landwirte
KVLG	=	Gesetz über die Krankenversicherung der Landwirte
KVMG	=	Gesetz über die Verwaltung der Mittel der Träger der Krankenversicherung
KVSG	=	Gesetz über die Krankenversicherung der Studenten
KVWG	=	Krankenversicherungsweiterentwicklungsgesetz
KZ	=	Konzentrationslager
KZBV	=	Kassenzahnärztliche Bundesvereinigung
LAG	=	Landesarbeitsgericht
LAG	=	Lastenausgleichsgesetz
LAH	=	Landwirtschaftliche Altershilfe
landw.	=	landwirtschaftlich
LDPD	=	Liberal-Demokratische Partei Deutschlands
LEDA	=	Aktionsprogramm zur örtlichen Beschäftigungsentwicklung
lfde. Jge.	=	laufende Jahrgänge
lfde. Nrn.	=	laufende Nummern
LFZG	=	Lohnfortzahlungsgesetz
Linke Liste	=	Parteiengruppe
lit.	=	Buchstabe
Loseblattslg.	=	Loseblattsammlung
LP	=	Legislaturperiode
LPG	=	Landwirtschaftliche Produktionsgenossenschaft
LRGS	=	Gesetzessammlung des Länderrates
LSV	=	Landwirtschaftliche Sozialversicherung
LT	=	Landtag
LV	=	Landesversicherung
LVA	=	Landesversicherungsanstalt
M	=	Mark
MatAB	=	Materialien aus der Arbeitsmarkt- und Berufsforschung
max.	=	maximal
MB	=	Marburger Bund
MBO	=	Managment-Buy-Out
MdE	=	Minderung der Erwerbsfähigkeit
MdI	=	Ministerium des Innern (DDR)
med.	=	medizinisch(e)
MfS	=	Ministerium für Staatssicherheit
MiethöheG	=	Miethöhegesetz
Min.	=	Minute
MinBlFin.	=	Ministerialblatt des Bundesministers der Finanzen
MindRG	=	Gesetz zur Verstärkung der Minderheitenrechte in den Betrieben und Verwaltungen (Gesetzentwurf)
MinR	=	Ministerrat
MinVfg.	=	Ministerialverfügung
Mio.	=	Million(en)
MISEP	=	System zur gegenseitigen Unterrichtung über die Beschäftigungspolitik in Europa
Mitbest-ErgänzungsG	=	Mitbestimmungs-Ergänzungsgesetz
MitbestEG	=	Montan-Mitbestimmungs-Ergänzungsgesetz
MitbestFG	=	Montan-Mitbestimmungs-Fortgeltungsgesetz
MitbestG	=	Mitbestimmungsgesetz
Mitgl.	=	Mitglied
MittAB	=	Mitteilungen aus der Arbeitsmarkt- und Berufsforschung

MittHV	=	Mitteilungen des Hochschulverbandes
Montan-MitbestG	=	Montan-Mitbestimmungsgesetz
MRABl.	=	Amtsblatt der Militärregierung
Mrd.	=	Milliarde(n)
MSGU	=	Ministerium für Soziales, Gesundheit und Umwelt
MuSchG	=	Mutterschutzgesetz
MW	=	Ministerium für Wirtschaft (DDR)
MwSt	=	Mehrwertsteuer
n.F.	=	neue Fassung
N.F.	=	Neue Folge
NATO	=	North Atlantic Treaty Organization
NDPD	=	Nationaldemokratische Partei Deutschlands
neubearb.	=	neubearbeitet(e)
NGG	=	Gewerkschaft Nahrung, Genuß, Gaststätten
NH	=	Neue Heimat
NHS	=	Neue Heimat Städtebau
NJW	=	Neue Juristische Wochenschrift
No.	=	Number
NOG	=	Neuordnungsgesetz
Nov.	=	Novelle
Nr.	=	Nummer
NRW	=	Nordrhein-Westfalen
NS	=	Nationalsozialismus
NSDAP	=	Nationalsozialistische Deutsche Arbeiterpartei
NVA	=	Nationale Volksarmee
N°	=	Numéro
o.J.	=	ohne Jahresangabe
o.O.	=	ohne Ortsangabe
o.V.	=	ohne Verfasser
OECD	=	Organisation für wirtschaftliche Zusammenarbeit und Entwicklung
OEG	=	Opferentschädigungsgesetz
OHG	=	Offene Handelsgesellschaft
OKK	=	Ortskrankenkasse
OLG	=	Oberlandesgericht
ÖPNV	=	Öffentlicher Personennahverkehr
ORDO	=	Jahrbuch für die Ordnung von Wirtschaft und Gesellschaft
ÖTV	=	Gewerkschaft Öffentliche Dienste, Transport und Verkehr
p	=	vorläufig
p.a.	=	pro Jahr
PDA	=	Pressedienst der Arbeitgeber
PDS	=	Partei des Demokratischen Sozialismus
Pers.	=	Personen
PersVG	=	Personalvertretungsgesetz
Pfg.	=	Pfennig
pfl.	=	pflichtige
PflegeVersG	=	Pflegeversicherungsgesetz
PflegeVG	=	Pflegevorsorgegesetz
Pkt.	=	Punkt
PKV	=	Private Krankenversicherung
Plenarprot. Dt.BT.	=	Plenarprotokoll des Deutschen Bundestages
POS	=	Polytechnische Oberschule
PR	=	Parlamentarischer Rat
qm	=	Quadratmeter
RAG	=	Rentenanpassungsgesetz
RAnglG-DDR	=	Gesetz zur Angleichung der Bestandsrenten an das Nettorentenniveau der BRD und zu weiteren rentenrechtlichen Regelungen
Rats.Dok.	=	Dokumente des Europäischen Rates
rd.	=	rund
RdA	=	Recht der Arbeit (Zeitschrift)

RdL	=	Recht der Landwirtschaft (Zeitschrift)
RDM	=	Ring Deutscher Makler
Rdnr.	=	Randnummer
RE	=	Rechnungseinheit
RechtsVO	=	Rechtsverordnung
ReformG	=	Reformgesetz
Reha	=	Rehabilitation
RehaAnglG	=	Rehabilitations-Angleichungsgesetz
RepG	=	Reparationsschädengesetz
rev.	=	revidiert
RFV	=	Reichfürsorgepflicht-Verordnung
RGBl.	=	Reichsgesetzblatt
RGr	=	Reichsgrundsätze über Voraussetzung, Art und Maß öffentlicher Fürsorgeleistungen
RGW	=	Rat für Gegenseitige Wirtschaftshilfe
RIAS	=	Rundfunksender
RJWG	=	Reichsjugendwohlfahrtsgesetz
RL	=	Richtlinie
RM	=	Reichsmark
RMG	=	Renten-Mehrbetrags-Gesetz
RMinABl.DtschWiss	=	Amtsblatt des Reichsministers für Wissenschaft, Erziehung und Volksbildung
ROW	=	Recht in Ost und West (Zeitschrift)
RRG	=	Rentenreformgesetz
RSiedlungsG	=	Reichssiedlungsgesetz
RückHG	=	Rückkehrhilfegesetz
RÜG	=	Rentenüberleitungsgesetz
RV	=	Rentenversicherung
RVÄndG	=	Rentenversicherungs-Änderungsgesetz
RVFinanzG	=	Gesetz zur Stärkung der Finanzgrundlagen der gesetzlichen Rentenversicherung
RVO	=	Reichsversicherungsordnung
RVZG	=	Rentenvorschußzahlungsgesetz
RWI	=	Rheinisch-Westfälisches Institut für Wirtschaftsforschung
RZG	=	Rentenzulagengesetz
S.	=	Seite (Satz: im Zusammenhang mit Gesetzesstellen)
Sachgeb.	=	Sachgebiet
SB	=	Sozialbericht
SBZ	=	Sowjetische Besatzungszone
SchfG	=	Schornsteinfegergesetz
SchwbG	=	Schwerbeschädigtengesetz/Schwerbehindertengesetz
SchwbG-DDR	=	Gesetz zur Sicherung der Eingliederung Schwerbehinderter in Arbeit, Beruf und Gesellschaft (DDR)
SdL	=	Soziale Sicherheit in der Landwirtschaft (Zeitschrift)
SdO	=	Selbstverwaltung der Ortskrankenkassen
SE	=	Europäische Aktiengesellschaft
SED	=	Sozialistische Einheitspartei Deutschlands
SEDOC	=	Europäisches System zur Übermittlung von Stellen- und Bewerberangeboten im internationalen Ausgleich
SEK	=	Dokumente der EG-Kommission
SEL	=	Standard Elektrik Lorenz
Sept.	=	September
SFV-DDR	=	Sozialfürsorgeverordnung (DDR)
SGb	=	Sozialgerichtsbarkeit (Zeitschrift)
SGB	=	Sozialgesetzbuch
SGG	=	Sozialgerichtsgesetz
SHG	=	Soforthilfegesetz
SHG-DDR	=	Sozialhilfegesetz (DDR)
Sitz.	=	Sitzung

SMA	=	Sowjetische Militär-Administration
SMAD	=	Sowjetische Militär-Administration in Deutschland
sog.	=	sogenannt
SozInf	=	Sozialpolitische Informationen
SozUmschau	=	Sozialpolitische Umschau
Sp.	=	Spalte
SparPG	=	Spar-Prämiengesetz
SPD	=	Sozialdemokratische Partei Deutschlands
SprAuG	=	Sprecherausschußgesetz
SRH	=	Sozialrechtshandbuch
StaatsV	=	Staatsvertrag
StaatsV-G	=	Staatsvertragsgesetz
StÄndG	=	Steueränderungsgesetz
Stasi	=	Staatssicherheit
Stasi-G	=	Gesetz über die Aufhebung der Versorgungsordnung des ehemaligen Ministeriums für Staatssicherheit/Amtes für Nationale Sicherheit
StbauFG	=	Städtebauförderungsgesetz
Std.	=	Stunde(n)
stellv	=	stellvertretender
Sten.Prot.BT	=	Stenographische Protokolle des Bundestages
Sten.BR	=	Stenographische Protokolle der Sitzungen des Bundesrates
StEntlG	=	Steuerentlastungsgesetz
SteuerÄndG	=	Steueränderungsgesetz
SteuerNeuOG	=	Steuerneuordnungsgesetz
SteuerRG	=	Steuerreformgesetz
StGB	=	Strafgesetzbuch
StJbBRD	=	Statistisches Jahrbuch für die Bundesrepublik Deutschland
StSenkErwG	=	Steuersenkungs-Erweiterungsgesetz
StSenkG	=	Steuersenkungsgesetz
StWG	=	Gesetz zur Förderung der Stabilität und des Wachstums der Wirtschaft
SubvAbG	=	Subventionsabbaugesetz
SV	=	Sozialversicherung
SVA	=	Sozialversicherungsanordnung
SVA	=	Sozialversicherungsanstalt
SVA	=	Sozialversicherungsausweis
SVAA	=	Sozialversicherung der Arbeiter und Angestellten
SVAG	=	Sozialversicherungs-Anpassungsgesetz
SVBEG	=	Sozialversicherungs-Beitragsentlastungsgesetz
SVBG	=	Gesetz über die Sozialversicherung Behinderter
SVD	=	Sozialversicherungsdirektive
SVG	=	Sozialversicherungsgesetz
SVG-DDR	=	Gesetz über die Sozialversicherung (DDR)
SVR	=	Sachverständigenrat
SVR KA	=	Sachverständigenrat für die Konzertierte Aktion im Gesundheitswesen
SVwG	=	Selbstverwaltungsgesetz
SVWO	=	Sozialversicherungswahlordnung
SWP	=	Stiftung Wissenschaft und Politik
SZ	=	Süddeutsche Zeitung
SZG	=	Sonderzulagen-Gesetz
t	=	Tonne
T.	=	Teil
Tab.	=	Tabelle
taz	=	Tageszeitung
Tbc	=	Tuberkulose
THA	=	Treuhandanstalt
Tit.	=	Titel

TreuhG	=	Treuhandgesetz
TVG	=	Tarifvertragsgesetz
Tz.	=	Textziffer
u.	=	und
u.ä.	=	und ähnliches
u.a.	=	unter anderem/und andere
u.U.	=	unter Umständen
überarb.	=	überarbeitet(e)
UBGG	=	Gesetz über Unternehmensbeteiligungsgesellschaften
UdSSR	=	Union der Sozialistischen Sowjet-Republiken
UhAnpV	=	Unterhaltshilfe-Anpassungsverordnung
Uhg	=	Unterhaltsgeld
UmwVO	=	Umwandlungsverordnung
UN	=	United Nations
UNICE	=	Europäischer Unternehmerverband
UNO	=	Organisation der Vereinten Nationen
US	=	United States
USA	=	United States of America
usw.	=	und so weiter
UV	=	Unfallversicherung
UVNG	=	Unfallversicherungs-Neuregelungsgesetz
ÜVWoGG	=	Überleitungsverordnung zum Wohngeldgesetz
v.	=	von/vom
v.a.	=	vor allem
VA	=	Verwaltungsanordnung
VAB	=	Sozialversicherungsanstalt Berlin
VAÜG	=	Versorgungsausgleichs-Überleitungsgesetz
VBL	=	Versorgungsanstalt des Bundes und der Länder
VdAK	=	Verband der Angestellten-Krankenkassen
VdK	=	Verband der Kriegs- und Wehrdienstopfer, Behinderten und Sozialrentner Deutschlands e.V.
VDPI	=	Verband der Pharmazeutischen Industrie
VDR	=	Verband Deutscher Rentenversicherungsträger
VerfO	=	Verfahrensordnung
VermBG	=	Vermögensbildungsgesetz
versch.	=	verschieden(e)
Versich.-pfl.	=	Versicherungspflichtiger
VfWMBl.	=	Mitteilungsblatt der Verwaltung für Wirtschaft des Vereinigten Wirtschaftsgebietes
vgl.	=	vergleiche
VGR	=	Volkswirtschaftliche Gesamtrechnung
vH	=	vom Hundert
VHW	=	Volksheimstättenwerk
Vj	=	Versicherungsjahre
VK	=	Volkskammer
VK-Drs.	=	Volkskammer-Drucksache
VK-StenNdrs	=	Volkskammer: Stenographische Niederschrift
VO	=	Verordnung
VOBl.	=	Verordnungsblatt
VOBl.Berlin	=	Verordnungsblatt der Stadt Berlin
Vol.	=	Volume
VSt	=	Vermögensteuer
VStG	=	Vermögensteuergesetz
VStRG	=	Vermögensteuerreformgesetz
VSV	=	Verordnung über die Sozialversicherung
VVaG	=	Versicherungsverein auf Gegenseitigkeit
VW	=	Volkswagen
VwPO	=	Verwaltungsprozeßordnung
VZ	=	Veranlagungszeitraum

VZ	=	Volkszählung
WdA	=	Welt der Arbeit (Zeitschrift)
WGG	=	Wohnungsgemeinnützigkeitsgesetz
WGSVG	=	Gesetz über die Behandlung der Verfolgten des Nationalsozialismus in der Sozialversicherung
WHO	=	World Health Organization
WIdO	=	Wissenschaftliches Institut der Ortskrankenkassen
WiGBl.	=	Gesetzblatt der Verwaltung des Vereinigten Wirtschaftsgebietes
WiSt	=	Wirtschaft und Statistik (Zeitschrift)
WiSt	=	Wirtschaftswissenschaftliches Studium (Zeitschrift)
WKSchG	=	Wohnraumkündigungsschutzgesetz
WoBauÄndG	=	Wohnungsbauänderungsgesetz
WoBauErlG	=	Wohnungsbau-Erleichterungsgesetz
WoBauFG	=	Wohnungsbauförderungsgesetz
WoBauG	=	Wohnungsbaugesetz
WoBindÄndG	=	Gesetz zur Änderung des Wohnungsbindungsgesetzes
WoBindG	=	Wohnungsbindungsgesetz
WoGG	=	Wohngeldgesetz
WoGGÄndG	=	Änderungsgesetz zum Wohngeldgesetz
WoGSoG	=	Wohngeldsondergesetz
WoGVO	=	Wohngeldverordnung
WohneigFG	=	Wohneigentumsförderungsgesetz
WoPG	=	Wohnungsbau-Prämiengesetz
WoVereinfG	=	Wohnungsrechtsvereinfachungsgesetz
WP	=	Wahlperiode
WRV	=	Weimarer Reichsverfassung
WS	=	Wintersemester
WSA	=	Wirtschafts- und Sozialausschuß
WSI	=	Wirtschafts- und Sozialwissenschaftliches Institut der Gewerkschaften
WWI	=	Wirtschaftswissenschaftliches Institut der Gewerkschaften
WWU	=	Wirtschafts- und Währungsunion
WzS	=	Wege zur Sozialversicherung (Zeitschrift)
z.B.	=	zum Beispiel
z.T.	=	zum Teil
ZAR	=	Zeitschrift für Ausländerrecht
ZDG	=	Zivildienstgesetz
ZdK	=	Zentralkomitee der Deutschen Katholiken
ZfA	=	Zentralamt für Arbeit
ZfB	=	Zeitschrift für Betriebswirtschaft
ZfS	=	Zentralblatt für Sozialversicherung, Sozialhilfe und Versorgung
ZGB	=	Zivilgesetzbuch
ZIAS	=	Zentralinstitut für Arbeitsschutz
Ziff.	=	Ziffer
zit.	=	zitiert
ZK	=	Zentralkomitee
ZLA	=	Zusatzversorgungskasse für Arbeitnehmer in der Land- und Forstwirtschaft
ZLF	=	Zusatzversorgungswerk für Arbeitnehmer in der Land- und Forstwirtschaft
ZPO	=	Zivilprozeßordnung
ZTR	=	Zeitschrift für Tarifrecht
ZVALG	=	Gesetz über die Errichtung einer Zusatzversorgungskasse für Arbeitnehmer in der Land- und Forstwirtschaft
zzgl.	=	zuzüglich
°C	=	Grad Celsius

Verzeichnis der Tabellen

Verzeichnis der Abbildungen

Personenregister

Sachregister

Kolibri 360 GmbH
Ferdinand-Jühlke-Straße 7
99095 Erfurt, Deutschland
produktsicherheit@kolibri360.de